세계 지형도

Great Basin	대지형
Caribbean Sea	수역
Aleutian Trench	해저지형

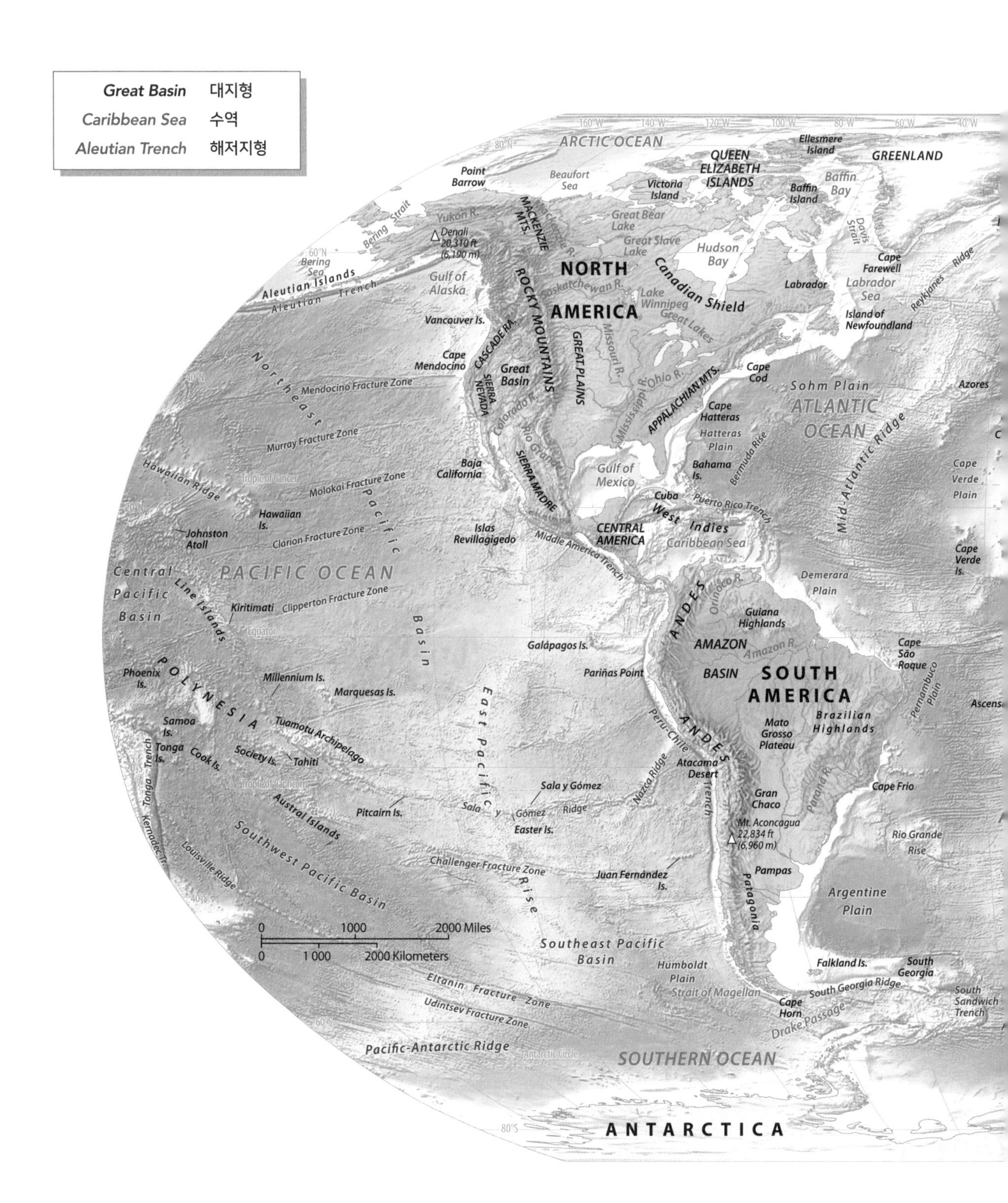

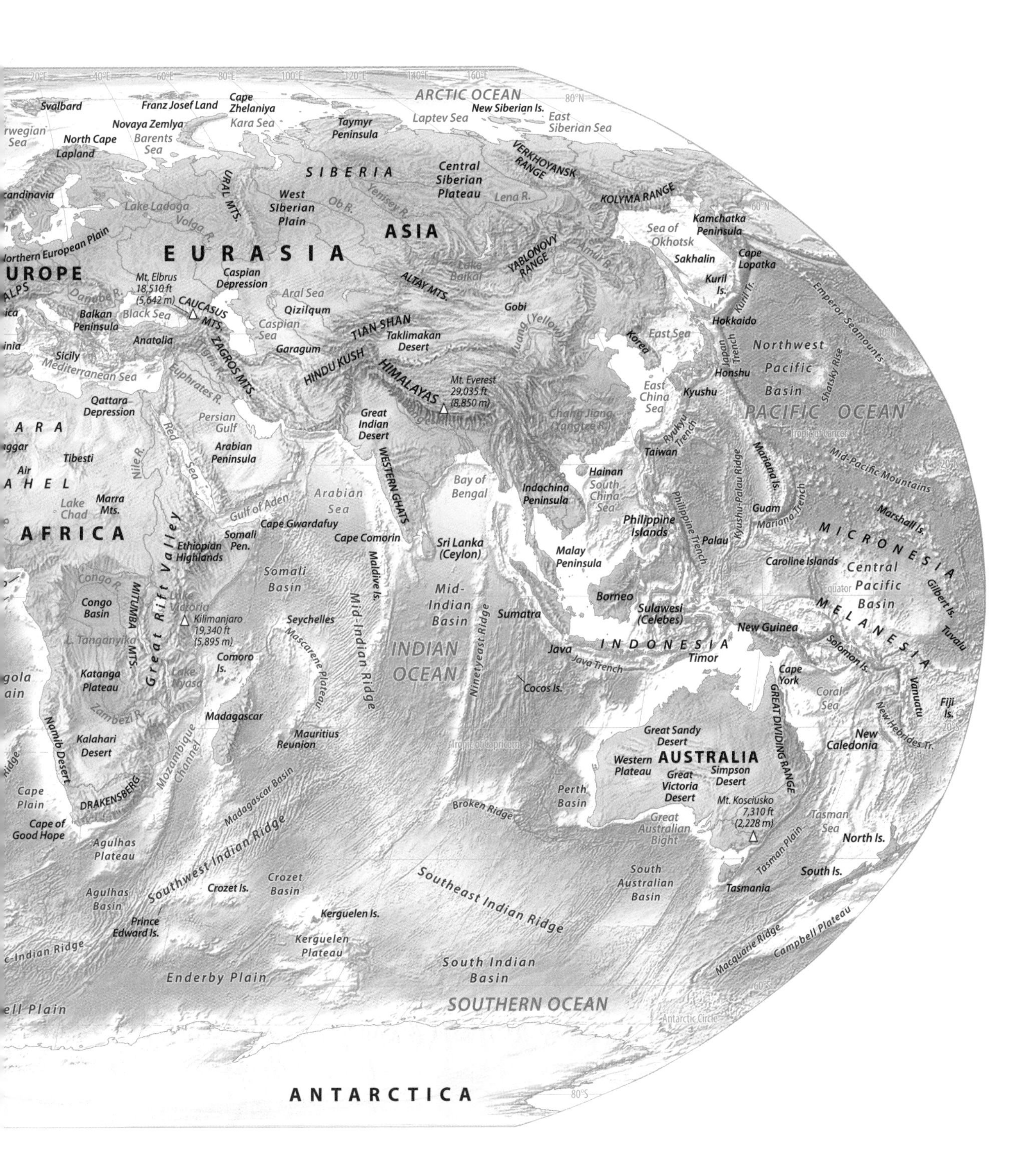

ARCTIC OCEAN
Svalbard
Franz Josef Land
Cape Zhelaniya
Kara Sea
New Siberian Is.
Laptev Sea
East Siberian Sea
Novaya Zemlya
Taymyr Peninsula
North Cape
Barents Sea
Lapland
VERKHOYANSK RANGE
SIBERIA
Central Siberian Plateau
URAL MTS.
West Siberian Plain
Ob R.
Yenisey R.
Lena R.
KOLYMA RANGE
Lake Ladoga
Volga R.
ASIA
Sea of Okhotsk
Kamchatka Peninsula
EURASIA
Caspian Depression
Lake Baikal
YABLONOVY RANGE
Amur R.
Sakhalin
Cape Lopatka
Mt. Elbrus 18,510 ft (5,642 m)
ALTAY MTS.
Kuril Is.
Danube R.
Aral Sea
Kuril Tr.
Emperor Seamounts
CAUCASUS MTS.
Qizilqum
Gobi
Balkan Peninsula
Black Sea
Caspian Sea
TIAN SHAN
Hokkaido
Taklimakan Desert
Huang (Yellow)
East Sea
Northwest Pacific Basin
Anatolia
ZAGROS MTS.
Garagum
Japan Trench
Shatsky Rise
Sicily
Mediterranean Sea
HINDU KUSH
Korea
Honshu
HIMALAYAS
Tigris R.
Euphrates R.
Mt. Everest 29,035 ft (8,850 m)
East China Sea
Kyushu
Qattara Depression
PACIFIC OCEAN
Persian Gulf
Great Indian Desert
Chang Jiang (Yangtze R.)
Ryukyu Trench
Tropic of Cancer
Red Sea
Arabian Peninsula
Taiwan
Mariana Is.
Tibesti
Nile R.
WESTERN GHATS
Mid-Pacific Mountains
Air
Bay of Bengal
Hainan
Kyushu-Palau Ridge
Arabian Sea
Indochina Peninsula
South China Sea
Lake Chad
Marra Mts.
Gulf of Aden
Philippine Trench
Guam
Marshall Is.
AFRICA
Cape Gwardafuy
Mariana Trench
Somali Pen.
Cape Comorin
Philippine Islands
Ethiopian Highlands
Sri Lanka (Ceylon)
Palau
MICRONESIA
Great Rift Valley
Malay Peninsula
Caroline Islands
Central Pacific Basin
Somali Basin
Maldive Is.
Congo R.
Mid-Indian Basin
Equator
Gilbert Is.
Congo Basin
MITUMBA MTS.
Lake Victoria
Borneo
Sulawesi (Celebes)
MELANESIA
Kilimanjaro 19,340 ft (5,895 m)
Seychelles
Sumatra
Mid-Indian Ridge
Ninetyeast Ridge
New Guinea
Tuvalu
L. Tanganyika
INDIAN OCEAN
Mascarene Plateau
INDONESIA
Java
Timor
Solomon Is.
Comoro Is.
Java Trench
Cape York
Katanga Plateau
Lake Nyasa
Cocos Is.
GREAT DIVIDING RANGE
Coral Sea
Vanuatu
Zambezi R.
Fiji Is.
Madagascar
New Hebrides Tr.
Namib Desert
Kalahari Desert
Mozambique Channel
Mauritius
Reunion
Great Sandy Desert
New Caledonia
Tropic of Capricorn
Western Plateau
AUSTRALIA
Simpson Desert
Great Victoria Desert
Madagascar Basin
Perth Basin
Cape Plain
DRAKENSBERG
Broken Ridge
Mt. Kosciusko 7,310 ft (2,228 m)
Tasman Sea
Cape of Good Hope
Great Australian Bight
North Is.
Agulhas Plateau
Southwest Indian Ridge
Tasman Plain
Crozet Basin
South Australian Basin
South Is.
Agulhas Basin
Crozet Is.
Southeast Indian Ridge
Tasmania
Prince Edward Is.
Kerguelen Is.
Kerguelen Plateau
Campbell Plateau
Macquarie Ridge
South Indian Basin
Enderby Plain
SOUTHERN OCEAN
Antarctic Circle
ANTARCTICA

McKnight의

제 12 판

자연지리학

경관에 대한 이해

McKnight 의

자연지리학

제 12 판

경관에 대한 이해

Darrel Hess 지음 | Dennis Tasa 일러스트

윤순옥, 김영훈, 김종연, 다나카 유키야, 박 경, 박병익, 박정재, 박지훈, 박철웅, 박충선, 이광률, 최광용, 최영은, 황상일 옮김

Σ 시그마프레스

McKnight의 **자연지리학**, 제12판

발행일 | 2019년 3월 15일 초판 1쇄 발행
2020년 8월 3일 초판 2쇄 발행
2022년 6월 1일 초판 3쇄 발행

저 자 | Darrel Hess
역 자 | 윤순옥, 김영훈, 김종연, 다나카 유키야, 박경, 박병익, 박정재, 박지훈, 박철웅, 박충선, 이광률, 최광용, 최영은, 황상일
발행인 | 강학경
발행처 | (주)시그마프레스
디자인 | 강경희
편 집 | 김문선

등록번호 | 제10-2642호
주소 | 서울시 영등포구 양평로 22길 21 선유도코오롱디지털타워 A401~402호
전자우편 | sigma@spress.co.kr
홈페이지 | http://www.sigmapress.co.kr
전화 | (02)323-4845, (02)2062-5184~8
팩스 | (02)323-4197

ISBN | 979-11-6226-090-6

McKnight's Physical Geography: A Landscape Appreciation, 12th Edition

Authorized translation from the English language edition, entitled MCKNIGHT'S PHYSICAL GEOGRAPHY: A LANDSCAPE APPRECIATION, 12th Edition, 9780134195421 by HESS, DARREL; TASA, DENNIS G., published by Pearson Education, Inc, publishing as Pearson, Copyright © 2017

* 책값은 책 뒤표지에 있습니다.
* 이 도서의 국립중앙도서관 출판예정도서목록(CIP)은 서지정보유통지원시스템 홈페이지(http://seoji.nl.go.kr)와 국가자료공동목록시스템(http://www.nl.go.kr/kolisnet)에서 이용하실 수 있습니다.(CIP제어번호 : CIP2019006206)

역자 서문

인문지리학과 더불어 지리학을 구성하는 한 축인 자연지리학은 지표에서 발생하는 자연현상인 기후학, 생물지리학, 토양지리학, 지형학을 포괄하는 학문이다. 대항해 시대 이래 자연지리학 지식은 제국주의 국가들이 식민지를 획득하거나 경영하는 데 가장 중요한 정보를 제공하였고, 근대 이후에도 국제적인 관계가 많은 선진국과 국토개발이나 자원개발에 관심이 컸던 사회주의 국가들을 중심으로 자연지리학은 더욱 발전하였다.

우리나라는 일제강점기 동안 누구도 제대로 된 자연지리학 훈련을 받을 기회를 갖지 못하였으나, 해방 이후 불모지에서 시작하여 지난 70여 년 동안 많은 연구자들의 노력으로 자연지리학 분야에 값진 연구 성과를 얻었지만 대학 수준의 교재는 질적, 양적으로 턱없이 부족한 상황이었다. 최근에서야 자연지리학 개론서와 세부 전공 분야의 번역서들이 출판되었는데, 2011년 이 책의 제10판이 출간된 이후 **지오시스템**, **지형학 원리**, **핵심지형학**이 ㈜시그마프레스에서 출판되면서 자연지리학 일반에 대한 정보는 이전보다 훨씬 풍부하고 다양하게 되었다.

초등학교부터 고등학교까지 학습한 지리 수업의 내용은 대부분 암기할 엄청난 양의 지식으로 채워져 있었는 데 비해 이 책의 구조는 경관의 형성 과정에 영향을 미친 인과관계를 제시한다. 사례 지역은 기후, 식생, 토양 분야는 주로 지구적 규모로 제시되지만 지형 분야는 다양한 지형 프로세스를 통하여 전형적인 지형경관을 가지는 북아메리카 지역을 중심으로 논의가 진행된다.

자연지리학의 연구 대상인 지표면의 대기권, 암석권, 수권, 생물권에서 발생하는 자연현상은 독립적이 아니라 서로 연관되어 있다. 경관은 기후, 식생, 암석에 따라 유사한 지역이 광범위하게 분포하지만, 지역적으로 독특한 경관이 나타나기도 한다.

글로벌 시대에 지역 간 교류가 폭발적으로 증가하고 이를 뒷받침하는 사회기반시설들이 갖추어지면서 독특한 자연경관은 엄청난 부가가치를 창출하는 자원이 되었다. 세계자연유산이나 지오파크로 지정된 지역은 오버투어리즘을 걱정할 정도로 관광객이 모여들고 있다. 근대 이전에는 다른 나라에 용병으로 갈 정도로 생활이 어려웠던 스위스는 관광산업을 통해 지금은 세계에서 가장 잘 사는 나라에 포함된다. 우리나라도 많은 사람들이 세계적으로 잘 알려진 독특한 경관을 보기 위하여 해외여행을 떠나고 있다. 그러나 이들을 위해 만들어진 여행 안내서에는 기술된 경관에 대한 자연지리학적 설명이 충분하지 않으므로 복잡한 형성 과정을 이해하는 데에는 한계가 있다.

급격한 세계의 인구 증가로 인하여 자원의 대량 소비가 진행되면서 경관 형성에 자연적인 요소 외에 인간의 영향이 대단히 커지고 있다. 지구적 기후 변화, 특히 지구온난화는 변화의 속도와 불확실성으로 인하여 인류에게 어두운 그림자를 드리우고 있다. 이것은 지구상의 모든 자연 및 인문 환경에 영향을 미치지만, 인간의 기술로 통제할 수 있는 수준을 벗어날 것이며 재해의 규모는 상상하기 힘들 정도로 크고 이로 인해 발생할 기후난민은 정치적 난민 규모의 수준을 훨씬 뛰어넘을 것이다.

자연재해는 자연현상이다. 자연현상이 인간의 이해와 관계될 때, 그 일부는 재해가 되는 것이다. 자연현상을 발생시키는 요인들 가운데 인간의 영향이 지속적으로 커지고 있다. 자연지리학은 지표면을 구성하는 다양한 요소들의 상호관계를 학습하므로 인간과 자연과의 상호관계에서 자연재해를 이해하여 이를 예측하며, 이로 인해 발생하는 문제들을 해결하는 데 기여할 수 있을 것이다.

이 책은 McKnight의 자연지리학 : 경관에 대한 이해 제12판을 14명의 자연지리학자가 번역하였다. 윤순옥 교수와 박충선 박사는 전반적인 번역 지침과 용어집을 작성한 후 이를 기초로 용어를 포함하여 전체 내용의 일관성을 유지하였다. 제1장과 2장은 김영훈 교수, 제3장과 6장은 최영은 교수, 제4장과 부록은 이광률 교수, 제5장과 7장은 최광용 교수, 제8장은 박병익 교수, 제9장과 12장은 다나카 유키야 교수, 제10장과 18장은 박지훈 교수, 제11장은 박정재 교수, 제13장과 19장은 박철웅 교수, 제14장은 박경 교수, 제15장과 16장은 김종연 교수, 제17장과 20장은 황상일 교수가 맡아서 번역하였다.

인간과 자연환경의 상호관계를 이해하는 것은 지리학을 배우는 가장 중요한 목표 가운데 하나이다. 인간을 이해하기 위하여 기본적으로 자연환경 전반에 대한 깊은 이해가 필요하다. 금세기 동안 인류에게 가장 중요한 화두가 될 기후 변화, 경관 보전, 지속 가능한 발전 등은 자연지리학의 기초 위에서 논의될 것이다. 그러므로 이 책은 대학 학부 과정의 지리학 전공자 외에도 공학, 이학, 사회학, 인문학 학부생들의 독서 목록에 포함되어야 할 것으로 생각된다. 한자에 익숙하지 않은 경우에는 용어 이해에 부담이 있으나, 풍부한 사진과 그림 및 지도를 통해 내용을 파악하는 데 어려움이 거의 없을 것이다.

더 나아가 번역에 참여한 역자들은 이 책이 기초학문으로서 자연지리학에 관심을 가진 학생들에게 전문가의 길을 선택하는 데 도움이 되고 환경 및 관광 분야와 자연재해 분야에 관심을 가진 이들에게 유용한 자료가 되었으면 하는 바람이 있다.

마지막으로 지리학 발전을 위해 지원을 아끼지 않으시는 ㈜시그마프레스 강학경 사장님과 김갑성 차장님, 그리고 번역 과정에 교정과 편집을 맡아 준 편집부 직원들에게 감사드린다.

2019년 2월
고황산 기슭에서
대표 역자 윤순옥

이 책은 자연지리학의 개념을 글로 명확하게 전달할 수 있는 방법을 통해 설명하여, 학생들이 지구의 물리적 경관을 이해할 수 있도록 돕는다. 제12판은 Tom McKnight이 30년 전 검증한 자연지리학에 대한 접근 방법을 유지하면서, 철저한 개정을 거쳤다.

제12판의 새로운 내용

이전 판을 읽은 독자라면 몇몇 핵심 영역에서 관련 자료가 추가되거나 최신화되었지만 각 장의 전체적인 흐름과 대부분의 주제는 동일하게 유지되는 것을 알 수 있을 것이다. 개정판에는 다음과 같은 내용이 바뀌었다.

- 새로 추가된 "글로벌 환경 변화"는 전문가가 쓴 자연 및 인간에 의한 환경 변화에 대한 간략한 사례연구로, 현대에 발생한 중요한 사건과 미래에 미칠 영향에 대하여 탐색한다.
- 새로 추가된 "모바일 현장학습"은 저명한 사진가이자 파일럿인 마이클 콜리어이(Michael Collier)가 하늘과 지상에서 촬영한 북아메리카를 비롯한 여러 지역들의 대표적 경관을 담은 영상을 제공한다. 이 책에 있는 20개의 QR 코드를 스캔하여 영상을 시청할 수 있다.
- 새로 추가된 '항공 프로젝트 드론 영상'은 QR 코드를 통해 음성 설명과 자막이 포함된 드론 영상을 제공하며 북아메리카 지형 형성 과정의 이해를 돕는다.
- 각 장은 "~에 대해 궁금했던 적이 있는가?"라는 질문으로 시작하여 학생들에게 각 장에서 다루는 문제를 일상 속의 큰 범주 안에서 생각하고 참여하도록 유도한다.
- "지리적으로 바라보기"는 각 장의 시작과 끝에서 질문을 통해 내용을 읽기 전의 생각과 읽은 후 핵심 개념의 이해도를 점검하기 위하여 시각적 분석 및 비판적 사고를 수행하도록 개정되었다.
- 새로 추가된 "Practicing Geography"는 오늘날 실제 지리학 및 과학 분야에 종사하고 있는 전문가들의 모습을 담고 있다.
- "21세기의 에너지"에는 "탈화석연료", "태양발전", "풍력", "온실가스 배출 감축을 위한 전략", "바이오연료", "비통상적 탄화수소와 수압파쇄 혁명", "수력발전", "지열 에너지", "조력"을 포함하는 주제의 내용이 추가되었다.
- "포커스" 글상자에 "과학자로서 시민, 시민과학자", "지리적 의사결정을 위한 GIS", "다중연도 대기 및 해양 주기", "토양의 차이 — 모든 것은 규모와 관련되어 있다", "데스밸리의 놀라운 분지-산릉 지형"이 새롭게 추가되었다.
- "포커스" 글상자 중 "위성에 의한 지구 표면 온도의 측정", "GOES 기상위성", "중위도 저기압의 수송대 모델", "기상 레이더", "북극에서 기후 변화의 신호", "숲을 파괴하는 것은 무엇인가?", "기후 변화에 영향을 받는 조류 개체군", "지진 예측", "위태로워진 산호초"의 내용이 수정되었다.
- "인간과 환경" 글상자에 "플로리다의 침입종", "최근의 화산 분화가 인간에게 미친 영향", "오소 산사태"의 주제가 추가되었고, 기존 "자외선 지수", "태평양 거대 쓰레기 지대", "미시시피강 삼각주의 미래", "남극 빙붕의 붕괴" 글상자 내용이 수정되었다.
- 이 책에 실린 모든 그림은 삽화가 Dennis Tasa에 의해 철저한

개정과 최신화를 거듭하였다. 200개 이상의 도표와 지도, 사진이 추가되었으며, 기존의 그림들도 세밀한 변화를 통해 가독성과 유용성을 향상시켰다.

- 각 장은 학생들이 핵심 주제와 개념을 우선적으로 습득할 수 있도록 돕는 '주요 질문'들로 시작하도록 개정되었다.
- 각 장에 추가되거나 개정된 "학습 체크"는 내용에 대한 학생의 이해를 주기적으로 확인할 수 있도록 한다.
- 각 장의 마지막에 있는 "학습내용 평가"에서 확장된 "환경 분석"이라는 창의적 활동은 온라인으로 제공되는 다양한 연계 과학자료 및 데이터를 통하여 학생들이 데이터 분석 및 비판적 사고를 할 수 있도록 한다.
- IPCC의 제5차 평가보고서의 내용이 전반적으로 포함되었다.
- 제2장의 GPS와 GIS에 대한 내용이 최신화 및 확장되었다.
- 제4장의 온실효과에 대한 내용이 최신화 및 개정되었다.
- 제5장에 엘니뇨 현상을 설명하는 새로운 그림이 추가되었다.
- 제7장에 2015년 발생한 허리케인 패트리샤를 포함한 최근에 발생한 폭풍에 대한 그림 및 설명이 추가되었다.
- 제8장에서 기후 및 기후 변화에 대한 내용이 가장 최신 자료로 갱신 및 개정되었으며, IPCC에서 최근 새롭게 발견한 내용을 모두 포함시켰다.
- 제14장에 추가되거나 수정된 그림들은 대부분 내적 작용을 설명하는 내용이다.
- 책 전반에 걸쳐 130개 이상의 QR 코드가 포함되어 있어 학생들에게 모바일 기기를 통해 "모바일 현장학습" 영상, '항공 프로젝트 드론 영상' 또는 지구 과학과 관련된 애니메이션 영상을 적시에 제공하여 개념 이해에 대한 학습효과를 향상시킨다.

학생에게

이 책에 입문한 것을 환영한다. 이 책을 둘러보면 자연지리학을 배우는 데 도움이 되는 다음과 같은 몇 가지 특징을 확인할 수 있다.

- 이 책에는 많은 도표와 지도, 사진을 포함하고 있다. 자연지리학은 시각적인 학문이기 때문에 본문 내용을 읽는 것만큼 그림과 그림 설명을 공부하는 것도 중요하다.
- 책에서 언급되는 장소들의 위치를 이해하는 데 도움을 주기 위해 많은 사진에 '위치 지도'가 함께 제시되어 있다.
- 세계의 자연지형에 대한 지도는 책의 가장 앞부분에 있으며, 각 국가를 표시한 세계지도는 책의 가장 뒷부분에 있다.
- "Practicing Geography"는 오늘날 실제 지리학 및 과학 분야에 종사하고 있는 전문가들의 모습을 담고 있는 사진이다.
- 각 장은 해당 장에서 학습할 수 있는 내용에 대한 몇 가지 질문과 함께 학습 개요로 시작한다.
- 각 장을 시작하는 사진을 살펴보자. "지리적으로 바라보기" 질문을 통해 해당 장의 내용과 지리학자가 경관을 보고 배울 수 있는 것에 대하여 생각하게 한다.
- 각 장을 학습할 때 중간중간 짧은 "학습 체크" 문제가 있다. 이러한 질문들은 학습 중인 단락의 핵심 정보를 이해하고 있는지 확인하도록 도와주는 역할을 한다.
- 각 장에는 "학습내용 평가"가 포함되어 있다. 학습내용 평가는 기본적인 사실 정보와 핵심 용어(본문에서 굵은 글씨로 표시된 단어)에 대한 이해를 확인하는 "주요 용어와 개념" 문제로 시작하여 해당 장에서 다루고 있는 주요 개념을 확인하는 "학습내용 질문" 그리고 지도나 도표를 해석하고 기초적인 계산을 통하여 학습 내용에 대한 이해를 강화할 수 있는 "연습문제"로 구성되어 있다.
- 각 장의 마지막에 있는 "환경 분석" 활동은 다양한 연계 과학자료 및 데이터를 통하여 학생들이 광범위한 데이터 분석 및 비판적 사고를 할 수 있도록 도와준다.
- "학습내용 평가"의 마지막에 있는 "지리적으로 바라보기"의 해답을 찾으면 해당 장이 끝난다. 질문에 대한 해답을 찾기 위해서는 각 장에서 학습한 내용을 활용해야 할 것이다. 이 책을 학습해 가면서 자연지리학을 배우면 자연경관으로부터 얼마나 많은 것들을 볼 수 있는지 깨닫게 될 것이다.
- 이 책의 마지막 부분에 있는 "용어 해설"은 책에 쓰인 모든 주요 용어의 정의를 제공한다.
- 모든 장에는 QR 코드가 포함되어 있어 모바일 기기를 통해 모바일 현장학습, 항공 프로젝트 드론 영상, 온라인 애니메이션 등 많은 영상을 시청할 수 있으며, 앱스토어에서 무료로 QR 코드 스캔 어플을 다운받을 수 있다. 애니메이션과 동영상은 자연지리학에서 중요한 개념을 설명하는 데 도움을 주며, 생생한 실제 사례 연구를 제공해 준다.

Darrel Hess

글로벌 환경 변화 탐색

글로벌 환경 변화

전문가가 쓴 자연 및 인간에 의한 환경 변화에 대한 간략한 사례연구를 다룬 글상자로, 현대에 발생한 중요한 사건과 미래에 미칠 영향에 대하여 탐색한다.

글로벌 환경 변화

사막 한가운데에서 커져 가는 도시

▶ Bradley Shellito, 영스타운주립대학교

세계 인구는 1987년 50억에서 2015년 말이 되면서 약 73억으로 늘어났다. 이러한 성장 이면에는 엄청난 인류 생존의 수요가 수반되었다. 주택이나 공장에서부터 인류의 삶의 질까지 자연 환경과는 정반대의 요구가 늘어나고 있다. 예를 들어 사우디아라비아에서는 사막에서 농작물을 경작하고 있고, 불과 30년 전에는 중국에서 가장 전형적인 농촌 지역이라고 불렸던 주장강 삼각주 지역이 지금은 세계에서 유래를 찾아볼 수 없을 정도의 도시 성장을 경험하고 있는 지역으로 변모하였다.

환락의 라스베이거스 : 지난 몇 년 동안 네바다주 라스베이거스는 미국에서 가장 도시 성장이 빠른 도시로 손꼽히고 있다. 미국통계국 조사에 따르면 라스베이거스 지역은 2014년에 약 110만 명이 넘는 도시로 성장하였다. 이것은 1990년보다 거의 300% 이상 증가한 수치이다. 더구나 이 도시를 방문한 사람 수는 2014년에 약 4,100만 명으로 1990년보다 2배 이상이다. 사막 생태계 한가운데에서 이런 엄청난 변화를 수용하기 위해서는 사람들이 사는 공간뿐만 아니라 각종 업무지구와 상업 및 관광 시설이 증가할 수밖에 없다. 라스베이거스는 모하비사막 분지 지역에 자리 잡고 있다. 이 도시의 가장자리는 새로운 주거지와 가로망의 확산으로 계속해서 사막 가운데로 뻗어 가고 있다.

사막 환경에서 이러한 도시 성장은 자연환경, 특히 물 수요와 지속 가능한 환경이란 문제에 대해 우리에게 여러 질문과 도전을 제기하고 있다. 라스베이거스 지역의 주요 물 공급원은 인근의 미드호이다. 그런데 콜로라도강의 저수지인 이 호수의 수위는 지속적으로 낮아지고 있다. 이러한 물 부족에 따른 지속 가능한 물 절약 캠페인이 다양한 모습으로 진행되고 있다. 실내 오폐수 정화수를 호수로 다시 보내기도 하고, 잔디 심기를 제한하거나 금지하고 있다. 또한 공공 장소에서의 물 사용 억제 등 여러 가지 다양한 물 절약 운동이 전개되고 있다.

지리공간정보 기술은 라스베이거스 지역의 도시 성장과 자연환경 관련성의 '밑그림'을 검토하고 분석하는 데 유용하게 활용될 수 있다. 또한 지속 가능한 도시 발전에 필요한 여러 도시계획의 모니터링에도 적용될 수 있다. 원격탐사 기술에 의한 라스베이거스 도시의 위성영상은 공간적으로 도시가 얼마나 성장하고 어떻게 확산되고 있는지 생생한 모습을 보여 준다. 라스베이거스가 어디로 확산되고 있는지, 확산 정도는 얼마인지를 위성영상을 통해 한눈에 확인할 수 있다. 예를 들어 랜드샛 위성영상 아카이브는 40년 넘게 16일 주기로 라스베이거스가 지금까지 사막의 생태계를 어떻게 변화시켜 오고 있는지 생생하게 보여 준다. 1984년과 2011년의 랜드샛 영상 이미지는 이 도시가 사막에서 얼마나 확산되어 왔는지를 분명하게 보여 준다. 이 기간 동안 도시 인구와 관광객을 수용하기 위해서 지어졌던 집들과 가게, 각종 도시 기반 시설, 관광지 등의 확산을 통해 이 도시가 얼마나 급속하게 성장해 왔는지 한눈에 볼 수 있다(그림 2-A). 이러한 위성영상은 지리정보체계(GIS, 이 장의 후반부에서 소개)와 함께 라스베이거스 지역의 도시 계획과 물자원 관리 전략을 분석하는 데 활용될 수 있다.

인공섬 : 라스베이거스 지역이 환경 모니터링과 도시계획을 위해 지리공간정보 기술이 적용된 유일한 사례 지역은 아니다. 페르시아만의 팜아일랜드(Palm Islands)도 대표적이다. 팜아일랜드는 세계적인 휴양지를 목적으로 사막 국가인 아랍에미리트의 두바이 해안가에 건설된 인공섬이다. 모래와 암석들로 호텔과 각종 휴양시설이 만들어지는 동안 인공섬들의 식생군락은 두바이 해안가 자연환경에 또 다른 새로운 도전을 던져 주었다. 이러한 환경의 도전과 함께 위성영상과 원격탐사 기술은 두바이의 팜아일랜드 변화의 파수꾼 역할을 하였다(그림 2-B). 특히 원격탐사 기술은 두바이 해안의 수질 환경을 모니터링하는 데 활용될 뿐 아니라 두바이의 도시화와 그로 인한 환경 변화와의 관련성 등을 파악하는 데에도 이용되고 있다. 팜아일랜드의 건설 과정과 변화 모습은 http://earthobservatory.nasa.gov에서 볼 수 있다(인터넷 검색창에 'World of Change: Urbanization of Dubai'를 입력할 수도 있다). 또한 타임랩스 앱(http://world.time.com/timelapse/)을 통해 시계열적으로 변해 온 지구의 모습을 생생하게 볼 수 있다. 이 애플리케이션은 1984년부터 2012년까지 랜드샛으로 촬영한 지구 영상을 서비스하고 하고 있다. 이 시기 동안의 라스베이거스와 두바이의 위성영상도 물론 볼 수 있다.

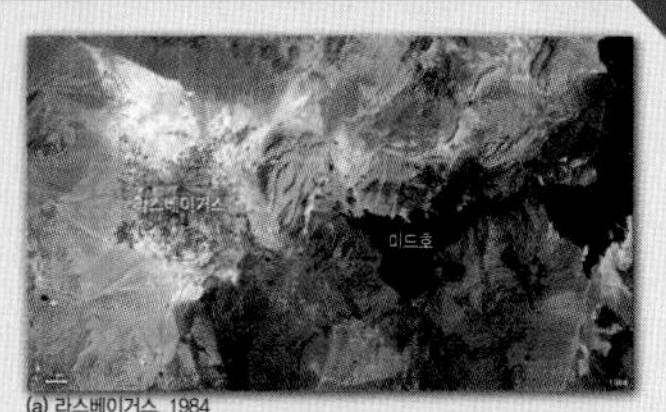

(a) 라스베이거스, 1984

(b) 라스베이거스, 2011

▲그림 2-A 랜드샛 5TM으로 본 1984년과 2011년의 라스베이거스 위성영상

앞을 내다보다 : 지구상의 인구는 2040년이 되면 약 90억 명이 될 것으로 예상되고 있고 계속 증가할 것이다. 이러한 인구 증가는 다양한 형태로 지구의 자연환경에 영향을 미칠 것이다. 위성영상과 원격탐사 기술은 인구 증가와 도시화로 인한 자연환경의 영향을 모니터링하고 분석하는 데 효과적으로 이용될 것이다. 지리정보체계 기술 또한 이러한 공간적 패턴 변화를 분석하는 데 적극적으로 활용될 것이다. 이러한 지리공간 기술의 렌즈를 통해서 인류는 지속 가능한 미래를 위한 글로벌 차원의 환경 변화의 영향과 환경 계획을 쉽게 이해하고 대처해 나갈 수 있다.

질문

1. 도시 관리자들은 주기적으로 촬영된 위성영상 이미지를 활용해서 어떻게 지속 가능한 도시 성장 계획을 수립하고 현명한 의사결정을 내릴 수 있는가?
2. 사막과 연안 지역의 도시화가 급속하게 진행되면서 그 지역의 자연생태계가 직면하고 있는 지속 가능발전의 도전과제들은 어떤 것들이 있는가? 원격탐사 기술들은 이런 과제에 대응하기 위해 어떻게 활용될 수 있는가?

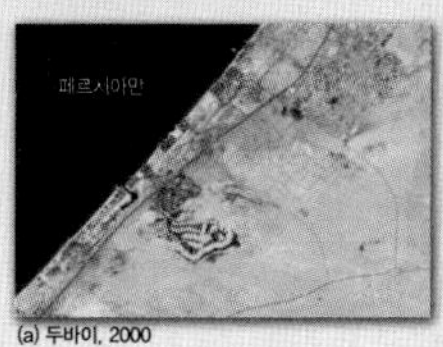

(a) 두바이, 2000

(b) 두바이, 2011

▲그림 2-B (a) 2000년과 (b) 2011년의 랜드샛 위성영상. 영상에서 붉은색은 식생 지역

환경 분석 구름기후학

기후에 대한 구름의 역할을 이해하기 위해 세계위성 구름기후학 프로젝트(International Satellite Cloud Climatology Project, ISCCP)에서는 여러 나라의 기상위성에서 구름자료를 수집한다.

활동

ISCCP의 웹사이트인 https://isccp.giss.nasa.gov/products/browsed2.html에 접속해서 "Select Variable"은 "Total Cloud Amount(%)"로, "Select Time Period"는 "Mean Annual"로 설정한 뒤 "View" 버튼을 클릭하라.

1. 지도는 연평균 운량을 %로 보여 준다. 북쪽 끝에서 운량의 범위는 얼마인가? 남쪽 끝은 얼마인가?
2. 일반적으로 해양과 육지 중에 운량이 많은 곳은 어디인가? 그 이유는 무엇인가?

이전 화면으로 되돌아가서, "Select Variable"을 "Mean Precipitable Water for 1000-680mb"로 설정한 뒤 "View" 버튼을 클릭하라.

3. 지도는 대류권의 하층 절반에 존재하는 가강수량을 보여 준다. 북쪽 끝에서 가강수량은 얼마인가?
4. 온도와 마찬가지로 가강수량은 적도 지역에서 높고, 극으로 갈수록 줄어든다. 가강수량과 온도가 이런 관계를 보여 주는 이유는 무엇인가?

이전 화면으로 되돌아가서, "Select Variable"을 "Mean Precipitable Water for 680-310mb"로 설정한 뒤 "View" 버튼을 클릭하라.

5. 지도는 대류권의 상층 절반에 존재하는 가강수량을 보여 준다. 다시 말해 적도에서 가강수량이 가장 풍부하다. 여기에서는 어떤 유형의 구름이 발달할까?
6. 북쪽 끝의 운량(활동 1번)과 가강수량(활동 2번)을 다시 보자. 북쪽 끝에는 어떤 유형의 구름이 발달할까? 그림 6-14를 참조하라.

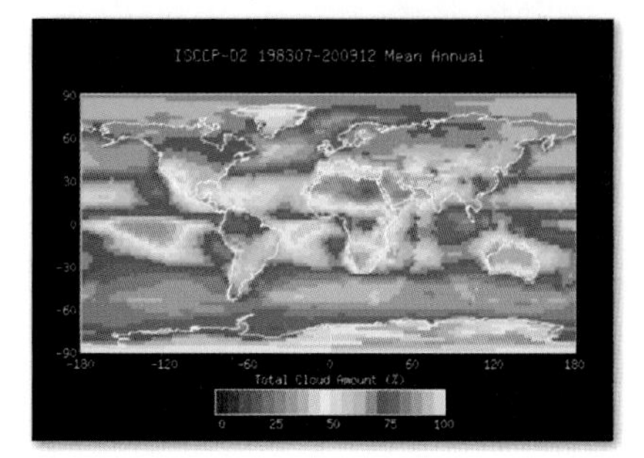

환경 분석 활동

각 장의 마지막에서 온라인으로 제공되는 다양한 연계 과학자료 및 데이터를 통하여 데이터 분석 및 비판적 사고 활동을 수행하도록 한다.

모바일 현장학습

저명한 사진가이자 파일럿인 마이클 콜라이어(Michael Collier)가 하늘과 지상에서 촬영한 북아메리카를 포함한 여러 지역들의 대표적 경관을 담은 영상을 제공한다. 이 책에 있는 20개의 QR 코드를 스캔하여 영상을 시청할 수 있다.

항공 프로젝트 드론 영상

음성 설명과 자막이 포함된 드론 영상을 통해 북아메리카 지형 형성 과정의 이해를 돕는다.

학생들을 위한 체계화된 학습

주요 질문
각 장의 큰 흐름과 중요한 주제의 틀을 잡아 준다.

이 장의 내용을 배우면서 생각해야 할 주요 질문은 다음과 같다.

- 물의 어떠한 특성이 대기에 영향을 미치는가?
- 잠열은 무엇인가?
- 상대습도를 변화시키는 원인은 무엇인가?
- 구름의 형성과 강수 현상에 상승기류가 중요한 이유는 무엇인가?
- 일반적으로 지구에서 습한 지역과 건조한 지역이 발달하는 원인은 무엇인가?
- 산성비의 발생 원인과 영향은 무엇인가?

학습 체크
각 장을 구성하는 문단들의 내용을 통합적으로 이해하고 있는지 점검한다.

학습 체크 2-9 수치 고도 모델은 실제 지구의 지형 모습을 어떻게 다루고 있는가?

학습 체크 2-10 GPS에서는 지구상의 사물의 위치를 어떤 방식으로 계산하는가?

학습 체크 2-11 근적외선 이미지와 열적외선 이미지의 차이점은 무엇이고 지상의 사물을 분석할 때 각각 어떤 지형지물의 분석이 가능한지에 대해 설명하라.

지리적으로 바라보기
각 장의 시작과 끝에서 질문을 통해 내용을 읽기 전의 생각과 읽은 후 핵심 개념의 이해도를 점검하기 위하여 시각적 분석 및 비판적 사고를 수행하도록 도와준다.

지리적으로 바라보기

이 장의 시작 부분에 있는 토네이도 사진을 다시 보라. 이 지역의 지형은 토네이도의 발생 가능성에 어떻게 영향을 주었는가? 왜 봄-초여름에 토네이도가 가장 많이 발생하는가? 왜 그것이 지상과 접촉할 때보다 구름 가까이 있을 때 깔때기 구름 모양이 더 달라 보이는가?

자연지리학을 실제 세계에 적용하기

포커스

여러 전문가들이 쓴 자연지리학적 주제가 적용된 심층적인 연구 사례를 소개한다.

포커스

지리적 의사결정을 위한 GIS

▶ Keith Clarke, 캘리포니아대학교 샌타바버라 캠퍼스

앞으로 해안 습지에 해수면 상승이나 태풍 혹은 허리케인이 미칠 영향은 해안 환경 연구자들이 항상 관심을 가지는 연구 분야이다. 자연재해 담당자들이 허리케인에 대비하여 얼마나 많은 지역 주민을 어떤 대비 경로를 통해 신속하게 대피시킬 것인지의 문제도 언제나 중요한 업무 영역이다. 도시 계획가들은 토지이용 변화와 이산화탄소와 온실가스 배출과의 관련성, 앞으로 이들 관계와 상호 영향에 대해 알고 싶어 한다. 지리정보체계(GIS)는 각각의 개별 사안에 대해 종합적인 관점에서 자연환경과 인문환경을 결합하여 의사결정을 하는 데 하나의 지리적인 대안이나 해결책을 제시한다. GIS는 먼저 지리적 문제에 대해 관련 데이터, 특히 공간 데이터를 필요로 한다. 공간 데이터는 각종 공간현상과 관련된 좌표와 주소 같은 정보를 말한다. 이런 공간정보는 항상 지도에 표시하기 위해서 좌표값을 가져야 한다. 중앙정부의 공공데이터포털이나 지방정부와 지자체 기관에서 자체적으로 구축한 정보를 활용할 수도 있고, 경우에 따라서는 직접 현장에 나가 구축할 수도 있다. 이런 데이터와 정보들이 수집되고 구축되면, 동일한 좌표체계로 통일화하여 지리

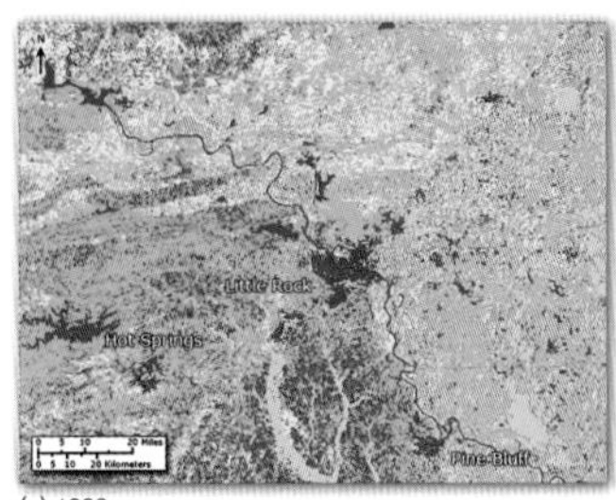

(a) 1992 (b) 2050

▲그림 2-D 아칸소 주 리틀록의 토지이용 비교. (a) 1992년 토지이용 상황, (b) GIS 모델링에 의해 예측된 2050년 상황(붉은색=개발지, 주황색=경작지, 노란색=목초지, 짙은 초록색=상록수림 지대)

제 토지이용 현황과 이를 기반으로 공간모델의 미래 토지이용 변화를 비교하는 것은 토지이용 연구에서 아주 유용하다. 그림 2-D에서 아칸소주 리틀록의 토지이용을 보자. 1992년 위성영상을 통해 그 당시의 토지

을 하는 데 많은 정보와 도움을 제공해 준다.

GIS와 의사결정, 현황과 추세 : 오늘날의 의사결정 지원은 계획, 비즈니스, 산업, 연구 등 민간과 산학의

Practicing Geography

오늘날 실제 지리학 및 과학 분야에 종사하고 있는 전문가들의 모습을 담고 있다.

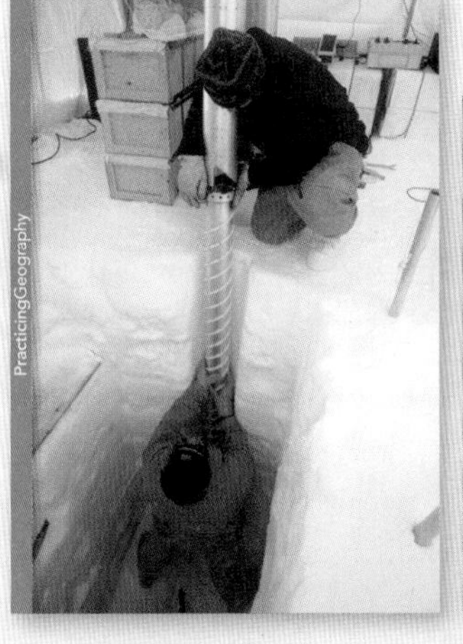

21세기의 에너지

재생 가능한 에너지와 재생 불가능한 에너지 자원의 범위에 대한 전문가의 의견을 제시한다.

21세기의 에너지

탈화석연료

▶ Michael E. Mann, 펜실베이니아주립대학교

화석연료(석탄, 석유, 천연가스)는 태양빛이 식물에 흡수되거나, 지하에 탄화수소 화합물로 저장되어 수백만 년 동안 축적된 에너지이다. 산업혁명이 시작된 이후 화석연료는 인류 문명에 동력을 제공하는 가장 중요한 에너지원이었지만, 현재는 보다 새로운 청정에너지 형태로 전환이 진행 중이다.

화석연료의 역사적 의미 : 화석연료를 사용하기 이전까지 사람들은 대부분 자신의 근력이나 동물을 이용하여 기계적 작업을 했고, 두 수단 모두 광합성을 하는 식물과 그 식물을 먹는 동물에게 저장된 태양에너지에서 온 것이다(제10장 참조). 화석연료는 근력을 사용하는 대신에 증기엔진과 마침내는 전기 생산, 자동차와 같은 기계시대를 도래하게 했다. 이런 변화는 노동생산성과 교통망 발전에 극적인 변화를 가져왔다. 더욱이 화석연료에 대한 의존도가 높아지면서 일하는 동물의 먹이를 재배하던 농장과 난방, 요리, 제련에 사용하는 나무와 숯을 공급하던 숲과 같은 드넓은 땅을 해방시켰다.

이러한 발전으로 역사적으로 전 세계가 필요로 한 에너지의 80% 정도를 화석연료에서 취하였다. 하지만 최근에 재생에너지의 사용이 증가하면서 그 비율이 낮아지고 있다(그림 3-D).

화석연료에 대한 높은 의존의 결과 : 화석연료 에너

가장 두드러지게 보이지만, 우크라이나와 북미의 천연가스 파이프라인, 미국의 수압파쇄와 산정 석탄 채굴도 문제이다.

대체에너지 : 최근 수십 년간 '대체에너지'로 전환을 지지하는 과학자, 정책입안자, 대중들이 점점 많아지고 있다. 대부분의 대체에너지는 전기를 생산한다. 전기는 석탄과 천연가스를 연소하여 증기를 만들고, 터빈을 회전시켜 생산된다. 운송 부분은 대부분 원유를 정유한 액체연료를 이용한다. 유일한 액체 대체에너지는 바이오연료이다(제10장 참조). 바이오연료는 농장에서 재배하는 곡물을 이용하기 때문에 식량생산과 경쟁해야 한다. 에너지그리드에서 충전하는 전기와 플러그인하이브리드 자동차의 사용이 급속하게 증가하여 운송 부분에서 화석연료에 대한 의존도를 절감하는 방법이 되고 있다.

개개 대체에너지는 한계점이 있지만, 대부분 대체에너지원은 전망이 밝다. 핵발전은 현재 가장 중요한 대체에너지원이지만, 2011년 쓰나미로 발생한 후쿠시마 재앙과 같은 대규모 사고의 위험이 있고, 방사능 폐기물을 남긴다(제20장 참조). 수력은 전기를 생산하기 위해 댐과 낙하하는 물의 힘을 이용한다(제16장 참조). 그러나 댐은 하천 생태계를 파괴하고, 수몰 지역이 생겨 사람들이 이주해야 한다. 지열(제17장 참조)이나 조

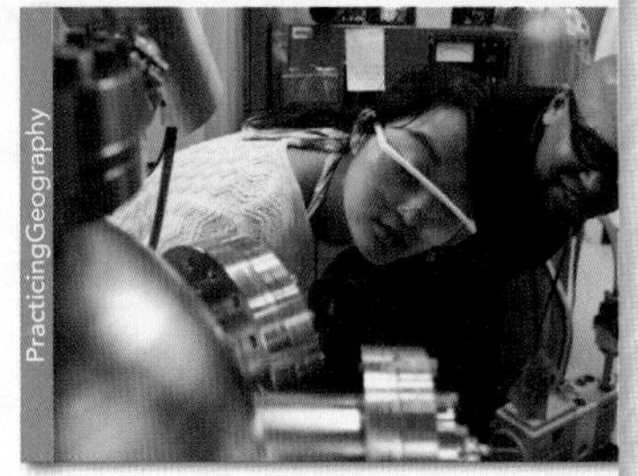

▲그림 3-E 미국재생가능한에너지실험실(NREL)에서 태양전지의 효율성 강화 실험 중인 과학자들

동안 화석연료는 저렴하였고, 단기 비용만을 고려하면 대체에너지가 화석연료와 경쟁하기 어렵다. 현재 화석연료사업의 고수익성은 초기에는 수익성이 적은 대체에너지원으로 전환하는 것을 방해한다. 이런 방해에도 불구하고 기술의 진보로 재생에너지는 점점 화석연료에 대한 경쟁력이 커지고 있으며, 이 경향은 계속되어

요약 차례

차례

제 1 장

지구에 관한 소개 1

제 2 장

지구를 보여 주다 29

제 10 장
생물권의 순환과 패턴 287

제 11 장
육상 동식물상 315

제 12 장

토양 351

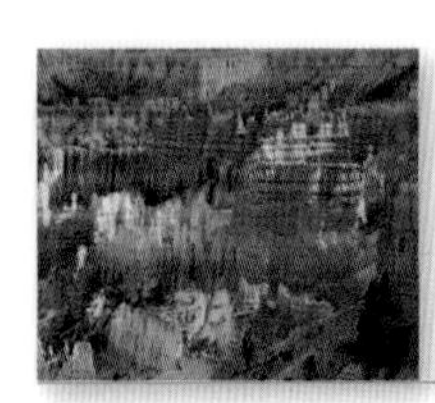

제 13 장

지형 연구의 입문 381

제 14 장

내적 작용 407

지리적으로 바라보기

이 사진은 우주에서 바라본 지구의 모습인데, 미국항공우주국(NASA)의 위성영상을 합성해서 만든 이미지이다. 이 사진에서 지구에 사람이 산다는 것을 어떻게 알 수 있을까? 어떤 증거들이 있는가? 왜 바다와 해양 색깔이 다를까? 육지와 바다 색깔이 다른 것은 왜 그럴까? 구름으로 덮혀 있는 지역과 덮혀 있지 않은 지역 사이에는 어떤 관련이 있을까?

지구에 관한 소개

인간 활동이 지구의 기후 변화에 영향을 미친다는 것에 대해 한번쯤 궁금했던 적이 없는가? 시애틀에 사는 사람이라면 지진에 대해 민감해야 한다. 반면 미니애폴리스에 사는 사람은 지진에 대해 걱정할 필요가 없다. 왜 그럴까? 캥거루는 호주에만 있다고 하는데 중국에는 왜 없을까? 심지어 이런 의문도 들 수 있다. 낮의 길이가 여름이 겨울보다 길다고 한다. 왜 그럴까? 이런 의문들은 자연지리학이 대답해 줄 수 있다.

만약 여러분이 생각하는 지리학이라는 학문이 단지 지도에 나와 있는 땅 이름을 기억하고 외우는 학문이라고 알고 있다면 명백하게 그렇지 않다. 이 책을 펼치는 순간 지명을 암기하는 그 이상의 내용을 연구하는 학문임을 알게 될 것이다. 지리학을 연구하는 지리학자들이 가장 먼저 기본적으로 관심을 갖는 내용은 지구상 모든 것들의 입지와 분포이다. 예를 들어 지리학자들은 비가 오는 현상 혹은 산과 나무처럼 우리가 보는 현상뿐만 아니라 언어, 이주, 선거 패턴과 같이 우리 눈에 보이지 않는 현상까지 모든 인간과 자연 현상의 분포와 패턴을 연구한다.

이 책을 통해서 여러분은 자연 세계의 기본적이고 근본적인 패턴과 프로세스에 대해 배우게 될 것이다. 여러분이 집 밖을 나서면 볼 수 있는 모든 자연 현상이 그 대상이다. 하늘에 떠 있는 구름, 산이나 계곡, 하천, 동물과 식물 등 여러분이 집 밖을 나서는 순간 볼 수 있는 모든 자연 현상의 패턴과 프로세스를 이 책을 통해서 배우게 된다. 이외에도 여러분은 이 책에서 자연 현상이 인간 생활에 미치는 영향, 인간 활동이 자연 환경에 미치는 영향 등을 비롯해서 인간과 자연과의 상호작용을 배울 것이다. 예를 들면 허리케인이나 지진, 홍수 등의 자연재해가 인간의 삶에 어떤 영향을 미치는지, 어떻게 인간 활동이 점점 더 지구 환경을 변화시키고 있는지에 대해 배우게 된다. 아마 여러분이 이 책의 마지막 페이지를 읽을 때쯤이면 자연 환경과 자연 경관에 대해 새로운 시각과 관점을 가지게 될 것이고, 어쩌면 이런 관점을 가지게 된 것에 대해 여러분 스스로 감사해할지도 모른다.

이 장의 내용을 배우면서 생각해야 할 주요 질문은 다음과 같다.

- 지리학자는 세상을 어떻게 바라볼까?
- 지구상의 서로 다른 환경을 어떻게 이해할까?
- 지구는 태양계와 어떻게 조화하면서 존재할까?
- 지구상의 위치를 어떻게 알 수 있을까?
- 사계절이 있는 이유는 뭘까?
- 전 세계에서 시간대는 어떻게 작용하고 있을까?

사진작가이자 파일럿, 지구과학 분야의 작가로도 유명한 마이클 콜라이어(Michael Collier)가 만든 모바일 야외답사 비디오이다. 모바일 콘텐츠로 하늘과 땅에서 경험할 수 있는 가상의 자연지리 답사를 경험할 수 있다. QR 코드에 담겨 있는 모바일 답사 비디오는 여러분을 자연지리학의 세계로 초대할 것이다.

지리학과 과학

지리학(geography)이라는 용어는 '지구에 대한 기술(description)'이라는 의미의 그리스어에 그 기원을 두고 있다. 수천 년 전에는 많은 학자들이 '지구 기술가(Earth describer)'였고 당연히 지리학자는 그 어떤 사람보다도 지구에 대해 서술하는, 어쩌면 그 이상의 전문가였다. 하지만 그 후 수백 년 동안 이러한 일반적인 학문 경향은 점점 더 하나의 전문화된 세부 영역으로 변화되어 갔고 지구를 바라보는 학문적 시각 역시 포괄적인 방식을 벗어났다. 그래서 지질학이나 기상학, 경제학, 생물학처럼 하나의 전문화된 학문 영역으로 지구를 바라보는 세부 학문들이 나타나게 되었다. 이런 흐름 속에서 지리학은 하나의 학문 영역에서 포괄적으로 서술하는 전문성의 의미가 다소 퇴색되기도 하였다. 하지만 지난 몇 세기 동안 지리학은 고유의 학문 영역에서 다시 한 번 지위를 회복하였고, 오늘날 다양한 분야와 주제를 중심으로 지리학은 고유 영역을 확장하고 있다.

세상을 지리적으로 연구하다

지리학자는 장소에 따라 사물이 어떻게 다른지에 대해 연구한다. 즉, 지리학은 지표면의 공간적 분포 패턴과 입지, 혹은 좀 어려운 표현으로 '사물의 공간적 측면'에 대해 연구한다. 그림 1-1은 지리학에서 바라보는 2개의 학문 영역인 **자연지리학**(physical geography)과 **인문지리학**(human geography), 그리고 이 두 학문 영역을 구성하는 핵심적인 요소들을 보여 주고 있다. 자연지리학의 주요 요소는 자연환경에 그 본질적 기원을 두고 있고, 경우에 따라서 자연지리학은 환경지리학(environmental geography)으로 불리기도 한다. 인문지리학의 주요 요소는 인간 활동에 그 기원을 두고 있으며 주요 세부 학문 분야로 문화지리학, 경제지리학, 정치지리학, 도시지리학 등이 있다. 지구상에서 이러한 자연적이고 인문적인 요소들 간에는 거의 무제한적이고 무한정의 상호 융합과 결합이 이루어지고 있다.

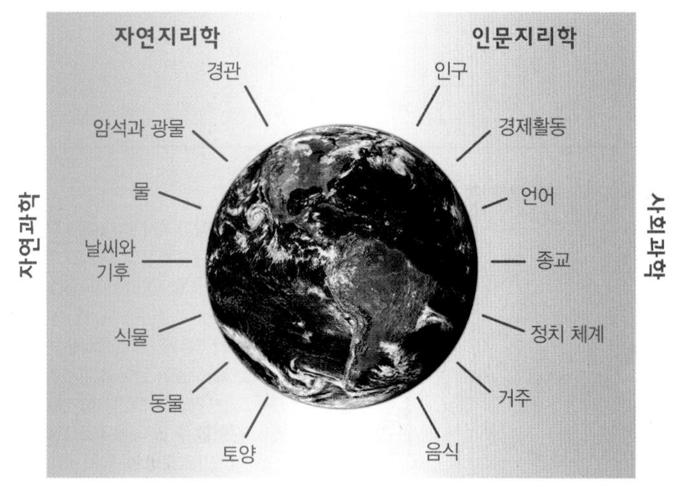

▲그림 1-1 지리학을 구성하는 요소들은 크게 두 유형인 자연지리학과 인문지리학으로 나뉜다. 자연지리학은 주로 자연과학과 관련이 깊고, 인문지리학은 사회과학과 관련이 깊다.

그림 1-1의 용어들은 지리학을 공부하는 사람이라면 익숙한 용어들이다. 이런 용어들이 익숙하다는 의미는 지리학이 학문적으로 다른 학문과는 차별화되는 기본적인 지리학만의 특징을 갖고 있다는 것을 의미한다. 그렇지만 이 용어들이 오직 지리학자만이 연구해야 하거나 지리학자만이 관심을 가지는 대상이나 실체라는 의미는 아니다. 예를 들면, 지질학은 암석에 초점을 둔다면, 경제학은 경제체계, 인구학은 인구에 초점을 둔다. 반면 지리학은 대부분의 다른 학문과 달리 영역이 아주 광범위하다. 이를테면 지리학은 다른 학문 분야의 관련 대상을 차용해서 자연과 인문현상을 종합적으로 연구하는 학문이라고 할 수 있다. 지리학자들도 암석이나 경제 체계, 인구 자체에 관심이 많다. 하지만 지리학자들은 어떤 현상 그 자체보다 이들 현상이나 대상이 공간적으로 어떤 분포와 패턴, 관련성을 가지고 있는지에 대해 분석하고 해석하는 것에 더 많은 관심을 가진다. 지리학을 공부하고 연구하는 우리는 이렇게 말한다. 즉, 지리학이 던지는 근본적인 질문은 늘 이렇다. "어떤 현상이 왜 하필 그곳에서 발생했을까?", "그 지형지물이 왜 그곳에 있을까? 그래서 뭐 어떻다는 것인데?"

학습 체크 1-1 자연지리학과 인문지리학의 차이점들은 무엇인가?

지리학의 또 다른 기본적인 특성은 바로 '상호 관련성'이다. 특정 자연환경의 특성을 이해하기 위해서는 해당 특성과 관련 있는 주변의 다른 특성과의 관련성을 염두에 두지 않으면 안 된다. 예를 들면 토양 분포를 이해하기 위해서는 토양 생성과 관련된 원래의 암석 특성뿐만 아니라 사면 경사, 기후와 식생 조건 등 여러 주변 조건과의 관련성을 이해해야 한다. 그렇지 않고서는 토양의 공간적 분포에 대해 연구한다는 것은 불가능하다. 인문지리적인 현상도 마찬가지이다. 예를 들어 농업 현상을 보자. 농업과 연관되는 기후, 지형, 토양, 관개, 인구, 경제적 조건, 기술 상황, 역사적 변화 등 다른 조건들과의 종합적인 연관성을 이해하지 않고서는 해당 농업의 분포 특성을 이해할 수 없다. 이처럼 하나의 현상은 자연과학과 사회과학과 연관되어 있고 그 현상과 관련된 자연과학과 사회과학의 범위 자체는 넓을 수밖에 없다. 따라서 지리학은 이 두 학문 영역 사이를 이어 주는 일종의 연결고리 역할을 한다. 그 예가 바로 그림 1-1에 나와 있는 개념들이며, 얼핏 보기에는 복잡하게 얽혀 있는 것처럼 보이지만 지리학에서는 이러한 개념들을 체계적으로 다루고 있다.

이 책에서 초점을 두는 내용은 다음과 같다. 경관을 이루는 자연 환경적 구성요소와 이런 요소와 관련이 있는 각종 프로세스, 공간적 분포 그리고 이들 간의 기본적인 상호작용 등을 다루고 있다. 각 장에서는 각종 자연적 작용에 의해 변화하는 경관과 인간에 의해 변하는 자연 경관 그리고 이와 관련된 다양한 자연지리적 개념들을 다룬다. 또한 이 책에서는 자연환경 요소의 분포

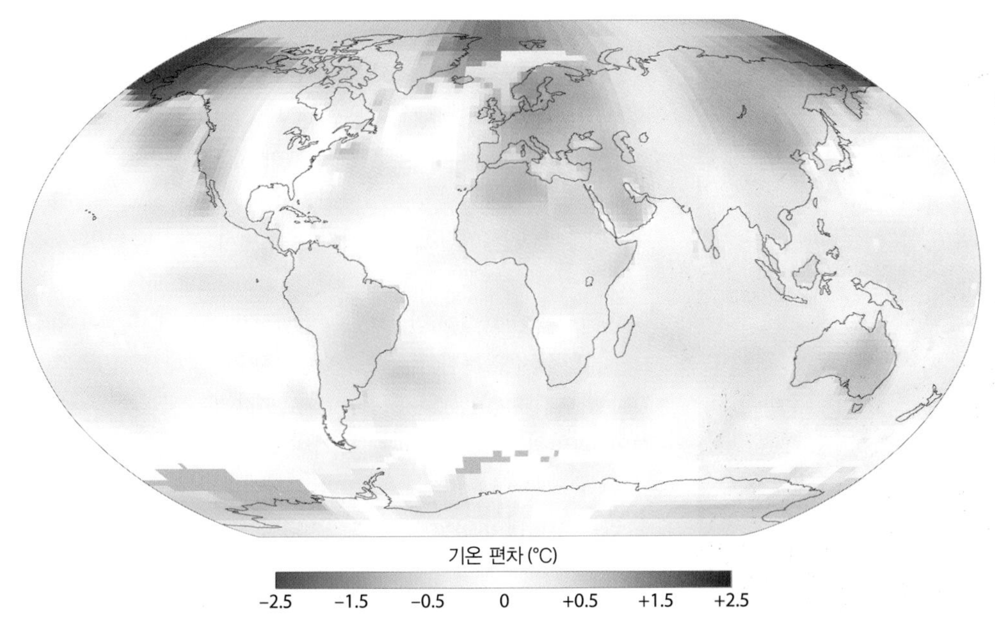

◀그림 1-2 지구의 기후 변화 양상. 이 지도는 1951~1980년 평균 기온에 대한 2014년 기온의 편차(온도는 섭씨)를 보여 주고 있다(NASA).

와 변화를 설명하는 인문지리, 특히 자연환경 변화와 변형에 인간이 어떤 영향을 미치는지에 대한 인문지리 내용도 다룬다.

지구 환경 변화 : 이 책에서는 여러 가지 광범위한 지리적 주제들을 다룬다. 그중 하나는 **지구 환경 변화**이다. 인간이든 자연이든 자연과 인간은 어떤 형태로든 현재 지구상의 각종 모습들을 바꾸고 있다. 이런 변화 중에서 어떤 것들은 불과 몇 년 만에 나타난 것도 있고, 지난 수십 년 혹은 수천 년 동안 변한 모습들도 있다(그림 1-2). 우리가 주목하는 것은 지구환경에 대한 인간 활동이 날로 증가하고 있고 가속화되고 있다는 사실이다. 따라서 대기와 관련된 장들에서는 인간 활동에 의한 기후 변화와 오존 파괴, 산성비 같은 이슈들을 다루는 반면 다른 장들에서는 열대우림 파괴와 해안 침식 같은 주제들을 다룬다.

지구 환경 변화에 대해 이 책에서는 하나의 개별 주제로 보지 않고 전체적으로 모든 장에 걸쳐 통합적으로 다루고 있다. 독자들의 이해를 돕기 위해 관련 부분마다 짧은 글상자 형식의 내용 소개란을 두고 있다. "인간과 환경" 글상자는 주로 자연환경과 인간 활동 간의 상호작용에 대한 사례를 소개하고 있다. "21세기의 에너지" 글상자에서는 화석연료를 보완 혹은 궁극적으로 대체할 신재생에너지자원에 관한 내용을 소개하고 있다. 글상자는 자연환경과 사회경제적 모습이 서로 연결되어 있다는 것을 이해하는 데 도움을 줄 것이다. 예를 들어 글상자를 읽으면서 여러분은 전 세계 기온이 얼마나 변화하고 있는지, 해수면 변동은 어떠한지, 북극 빙하는 얼마나 녹고 있는지, 지구상의 동식물 종의 분포 변화는 어떠한지 등과 같은 자연환경 이슈들과 사회와 글로벌 경제 사이에 분명히 어떤 연관성이 있다는 사실을 그려 낼 수 있을 것이다.

더 나아가서 각 장마다 "글로벌 환경 변화"라는 제목의 글상자가 있다. 이 글상자는 각 장에서 특별히 중요하다고 생각되는 주제와 자연과 인간에 의한 환경 변화를 이해하는 데 도움이 되는 질문과 학습 활동을 포함하고 있다.

세계화 : 이 책의 전반적인 내용에서 관련은 있지만 약간은 모호하게 여겨질 주제가 있다. 바로 세계화(globalization)이다. 넓게 볼 때, 세계화는 전 지구적 차원에서 경제와 문화, 정치 체계 등 전 세계적으로 서로 연결된 세계라는 의미이다. 세계화라는 용어가 주로 전 세계의 사회경제문화적 영역과 관련이 있는 것으로 알고 있지만, 사실 세계화에는 환경적 요소도 밀접하게 관련되어 있다. 예를 들면 세계 여러 지역에서 행해지고 있는 무분별한 벌채와 상업적 목적의 열대우림 훼손은 그 지역과 전혀 무관하게 지리적으로 멀리 떨어져 있는 국가(주로 선진국)의 상품 수요 증가와 밀접한 관련이 있다(그림 1-3). 이와 유사한 또 다른 사례는 신흥공업국가들의 급속한 경제성장이 선진국의 온실가스 배출 증가와 관계가 깊다는 점이다. 서로 연결된 세계 경제는 이미 자연환경에도 상당히 영향을 미치고 있다.

이처럼 자연과 인문환경 모두와 관계되고 그 관련성이 전 세계적인 시점에서 시급한 해결이 요구되는 글로벌 차원의 많은 당면 문제에 대해 지리학은 나름의 통찰력을 제시할 수 있다. 특히 당면 문제들이 좁은 관점으로 해결하기에는 너무나 복잡하고 복합적인 내용일수록 지리학적 관점은 해결책이나 해결을 위한 대안 제시에 많은 도움을 준다. 예를 들면, 만약 기후 변화 연구에서 기후 변화와 관련된 각종 사회경제적, 문화적, 역사적, 정치적 측면을 고려하지 않는다면 각종 기후 변화로 인한 폐해를 제대로 밝힐 수 없다. 또한 전 세계 부의 불평등과 정치권력의 불균형 같은 글로벌 불균형 문제 역시 만약 우리가 환경적 이슈와 자원 문제를 관련짓지 않는다면 제대로 이해할 수 없다.

사실 전 세계 모든 것들은 서로서로 모두 연결되어 있다. 지리학을 통해서 우리는 이런 연결을 잘 이해할 수 있다.

학습 체크 1-2 왜 자연지리학자들은 세계화에 관심을 가지고 있는가?

▲그림 1-3 열대지역의 산림 파괴 현장. 열대우림의 산림 파괴는 이 지역이 아닌 다른 지역의 소비재 수요 증가와 관계가 있다. 사진은 말레이시아 보르네오섬에 있는 사라왁의 벌채 장면이다.

과학으로의 과정

자연지리학이 자연계의 패턴과 과정에 관심을 두는 학문이기 때문에 자연지리학에서의 지식은 과학으로의 학문을 통해서 성장한다. 따라서 일반적인 측면에서 자연지리학을 이해하기 위해 우선 과학에 관한 몇 가지 개념을 파악하는 것을 시작으로 이를 살펴볼 필요가 있다.

과학은 (너무 단순하게 표현될 수 있지만) 흔히 **과학적 방법**을 수반하는 하나의 과정이라고 한다. 이 과정은 다음과 같다.

1. 문제점이 있거나 질문을 촉발시키는 현상에 대한 관찰
2. 이러한 문제의 해답을 찾기 위한 가설 수립
3. 이러한 가설 확인을 위한 실험 설계
4. 가설 검증을 위한 실험 결과 예측
5. 실험 수행과 결과의 관찰
6. 실험 결과에 기반한 일반화된 '법칙' 혹은 결론 도출

하지만 실제로 과학은 항상 실험을 통해서만 성립되는 것은 아니다. 과학 분야 중에서 실험이 중요한 분야도 있지만 어떤 현상의 관찰을 통해 축적된 자료가 지식의 기반이 되는 과학 분야들도 있다. 어느 측면에서 보더라도 과학은 지식을 얻는 데 있어 하나의 과정으로서, 아니면 심지어 사고방식에서도 가장 나은 하나의 사상 체계임에는 틀림없다. 과학적 접근이라고 하는 것은 관찰과 실험, 논리적 추론, 확인되지 않은 결론에 대한 의구심, 그리고 오랜 기간 사실이라고 생각해 왔던 과학적 사실을 수정하거나 심지어 새로운 결과를 바탕으로 기존 이론을 반박할 수 있는 의지 같은 것들을 기반으로 하고 있다. 예를 들면, 1950년대까지도 지구과학자들은 대륙이동설을 믿지 않았다. 그러나 제14장에 나와 있듯이, 1960년대 후반 대륙이 이동한다는 수많은 증거들이 나왔고 지구과학자들은 이전의 생각을 바꿀 수밖에 없었다. 대륙의 움직임은 여전하고 현재도 계속 변하고 있는 것이다!

비록 일반인들에게는 '과학적 증거(scientific proof)' 같은 용어들이 널리 쓰이고 있지만, 엄밀히 말하자면 과학에서는 아이디어를 '증명'하지 않는다. 대신, 과학은 증거에 의해서 설명되지 않거나 밝혀지지 않는 설명들을 차례로 제거한다. 사실 하나의 가설이 '과학적'이기 위해서는 그 가설을 '반박'할 수 있는 관찰이나 실험도 진행되어야 한다. 만약 관찰이나 실험을 통해 밝혀낼 수 없는 아이디어가 있다면 그 아이디어는 간단히 말해서 과학이라고 할 수 없다.

우리가 일상 대화에서 흔히 이야기할 때 사용하는 '이론(theory)'은 '육감이나 추측(hunch or conjecture)'의 의미도 있지만, 과학에서 **이론**은 하나의 정보 구성체(body of information)를 이해하는 데 있어 최상위 단계이다. 즉, 과학에서 이론은 다양하고 광범위한 사실과 관찰을 모두 포함하는 일종의 논리적이고 체계적으로 검증받은 하나의 설명체이다. 제14장에서도 설명하겠지만 '판구조 이론(theory of plate tectonics)'은 지구의 지각판 운동 과정을 이해하는 데 있어 이미 실험적으로 검증받았을 뿐만 아니라 널리 받아들여지고 있는 하나의 지배적인 설명 체계이다.

과학적으로 어떤 아이디어 혹은 이론이 받아들여진다는 것은 어떤 '믿음'이나 특정 '권위'에 의해서 되는 것이 아니라 각종 관련 증거물들의 우위를 기초로 이루어진다. 과학자들은 새롭게 발견한 결과나 관찰을 토대로 자신의 이론이나 결과 혹은 다른 과학자들의 이론과 결과를 수정·보완한다. 과학적 지식을 정교화하기 위한 노력의 상당 부분은 전문 학술지의 논문 투고와 발간을 통해서 이루어진다. 관련 분야의 전문가로 구성된 논문 심사자들은 투고된 논문에 대해 보편타당한 추론 과정과 적절한 자료 구축, 탄탄한 증명 절차와 결과 등을 고려하여 해당 논문의 학술지 게재 여부를 면밀히 검토한다. 심사자들은 심사 논문의 결과에 반드시 동의할 필요는 없다. 하지만 심사자들이 확인하고자 하는 점은 게재되는 논문이 탄탄한 학문적 기준을 충족하는지이다.

새로운 증거들에 의해서 과학자들은 기존에 그들이 가졌던 생각들을 바꿔야 할 경우도 있다. 따라서 바람직한 과학은 이것까지 고려해서 논문에서 신중하게 결론을 내린다. 그렇기 때문에 많은 과학 분야의 논문이나 연구 보고서에서는 새로운 발견에 대해 서술할 때 서론에서 'the evidence suggests' 혹은 'the results most likely show'와 같은 문장으로 표현한다. 어떤 경우에는 동일한 자료에 대해 과학자들이 서로 다르게 해석하여 서로의 결과에 대해 동의하지 않을 때도 있다. 이런 경우, 흔히 과학 분야의 연구에서는 '좀 더 많은 연구가 필요하다(more research is needed)'라는 표현이 자주 등장한다. 원래부터 과학에 내재되어 있는 불확실성으로 인해 일반 대중들은 과학 분야의 연구 결과에 의심을 가질 수도 있다. 특히 연구 결과가 단순히 다른 대안이 없는 비과학적인 내용으로 일반인들에게 설명될 경우 일반인들은 더욱더 이런 과학적 결과에 의문을 가질 수밖에 없다. 그러나 이러한 과학적 불확실성은 오히려 과학자로 하여금 과학적 지식과 이해에 대한 탐구 열기를 더욱 고조시키는 촉진제가 된다.

이 책은 이미 과학적으로 입증된 연구 결과와 내용을 바탕으로 자연지리학의 기본적인 내용들을 담고 있다. 또한 현재 우리가 갖고 있는 자연 현상에 대한 관점과 이해가 시간에 따라 어떻게 변화되어 왔는지도 다룬다. 이와 더불어 자연지리학 분야에서 여전히 결론이 나지 않은 채 남아 있는 분야와 내용이 무엇인지, 어떤 분야들이 여전히 학자들 간의 논쟁 대상인지 혹은 학자들 사이에서 흥미로운 연구 주제로 남아 있는 것이 무엇인지에 대한 내용들도 다룬다.

학습 체크 1-3 왜 '과학'이라는 용어는 일반 대중에게 종종 오해를 불러일으키는가?

대중화된 휴대폰과 모바일 기기 사용으로 비전문가들이 각종 과학실험이나 연구에 참여하는 경향이 늘어나고 있다. 이들을 자발적 '시민과학자'라고 부른다. 이들은 자료를 수집하고 전문가들에게 그들이 관찰한 결과와 관련된 사진 등을 보내기도 한다. 관련 내용은 글상자 "포커스 : 과학자로서 시민, 시민과학자"에 설명되어 있다.

숫자 체계와 도량형 체계

많은 과학 분야들이 계량적인 자료와 관찰에 기초하여 연구를 진행하기 때문에 자연지리학도 예외 없이 수학으로부터 자유로울 수는 없다. 이 책에서는 고급 수준의 수학 공식에 의존하지 않고 하나의 개념과 관점에 기초하여 자연지리학을 소개한다. 하지만 숫자와 각종 도량형 체계는 자연지리학을 공부하는 데 중요한 학습 요소이다. 이 책에서는 자연지리 개념을 전달하기 위해 어느 정도 숫자와 간단한 수학 공식을 활용한다. 이 중에서 특히 거리와 규모, 중량, 온도와 관련하여 숫자와 수학 공식을 인용할 것이다.

오늘날 전 세계에서는 서로 다른 두 도량형 체계가 사용되고 있다. 하나는 미국에서 사용되고 있는 도량형으로 흔히 **영국 단위계**(English System)라고 하는데, 마일, 파운드, 화씨(Fahrenheit)를 말한다. 반면 과학계를 포함하여 나머지 전 세계 대부분의 국가는 미터법인 국제 단위계의 도량형을 사용하고 있다. **국제 단위계**(International System, 약어로 '미터법'이라고 한다. S.I.로도 쓰는데, 불어의 *Systéme International*에서 유래되었다)는 흔히 알고 있는 킬로미터, 킬로그램, 섭씨(Celsius)와 같은 단위를 말한다. 만약 이 두 도량형에 익숙하지 않은 독자라면 어느 정도 단위 변환에 대한 지식이 필요하다.

이 책은 국제 단위계(S.I.)와 영국 단위계 둘 다 표시한다. 표 1-1에서 기본적인 단위 변환 정보를 제공해 주고 있으며, 보다 자세한 영국 단위계와 S.I. 법에 대한 변환 값은 "부록 I"에 상세하게 나와 있다.

표 1-1 단위 변환 — 근사치

	미터법(S.I.)에서 영국 단위계로 변환	영국 단위계에서 미터법(S.I.)으로 변환
거리 :	1센티미터 = 1/2인치보다 약간 짧다.	1인치 = 약 2 1/2센티미터
	1미터 = 3피트보다 약간 길다.	1피트 = 약 1/3미터
	1킬로미터 = 약 2/3마일	1야드 = 약 1미터
		1마일 = 약 1 1/2킬로미터
양 :	1리터 = 약 1쿼트	1쿼트 = 약 1리터
		1갤런 = 약 4리터
무게 :	1그램 = 약 1/30온스	1온스 = 약 30그램
	1킬로그램 = 약 2파운드	1파운드 = 약 1/2킬로그램
온도 :	섭씨 1도(℃) = 화씨 1.8도(℉)	화씨 1도(℉) = 약 섭씨 0.6도(℃)

정확한 수치 변환 공식은 "부록 I" 참조

과학자로서 시민, 시민과학자

▶ Christopher J. Seeger, 아이오와주립대학교

만약 당신이 공원에서 하이킹을 하면서 새와 곤충, 주변 경관을 사진으로 찍는다고 상상해 보자. 공원에 있는 호수와 실개천 수온을 정기적으로 재거나 숲속의 각종 소리를 녹음하거나 하이킹을 하면서 여러분이 느낀 감정과 경험을 기록한다. 이런 자료와 데이터를 모으고 기록하는 활동을 통해 일반인도 '참여과학(participatory science)' 연구 프로젝트에 동참할 수 있다. 그리고 만약 자신의 사진과 기록들을 교육 관련 인터넷 사이트나, http://greatnatureproject.org 같은 위키 관련 웹사이트에 올려 다른 사람들과 공유한다면, 어느새 여러분은 환경 모니터링에도 기여하게 된다. 아니면 생물종 목록 데이터베이스 구축에 기여할 수도 있다. 더 나아가 환경보존과 환경관리 분야와도 연결될 수 있다. 보통은 연구 프로젝트에 필요한 자료의 대부분은 이 과제에 참여한 전문 연구자들이 수집하고 구축한 자료들이다. 하지만 이외에도 연구 과제에 참여한 일반인이나 자원봉사자의 정보가 활용되는 경우도 있다(그림 1-A). 이런 참가자들은 전문가는 아니지만 각종 실험 자료와 과학적인 데이터 저장소를 구축하는 데 다 함께 참여하고 돕는 역할을 하고 있어, 이들을 '시민과학자(citizen scientist)'라고 부른다.

자발적 지리정보 : 자발적으로 지리정보를 생성하고 공유하는 일련의 과정을 '자발적 지리정보(Volunteered Geographic Information, VGI)'라고 한다. 자발적 지리정보는 '지리공간 크라우드소싱(geospatial crowdsourcing)'의 한 형태이다. 최근에는 위성위치추적장치인 GPS가 탑재된 스마트폰과 온라인상의 지도 제작 기법들이 하나로 통합되어 웬만한 일반인도 위성영상 이미지에 여러 공간정보를 중첩할 수 있고, 다양한 공간 데이터를 쉽게 만들고 공유할 수 있다. 전문적으로 교육받지 않은 일반 개인도 대규모 연구 프로젝트에 참여할 수 있다는 측면에서 자발적 지리정보는 하나의 의미 있는 접근이다. 예를 들어 대규모 연구 프로젝트에서 좀 더 많은 정보가 필요한 의사결정을 위해 한 개인의 관찰이나 지각정보의 공유는 중요하다. 또한 자연재해나 사회적 소요사태의 현장 기록 역시 자발적인 참여자가 없다면 쉽게 얻을 수 없다. 따라서 자발적 지리정보는 가치 있는 지리정보의 수단이자 도구이다.

자료의 타당성 : 자발적 지리정보 덕분에 지역 현장의 수많은 최신 지리정보를 쉽게 얻을 수 있다. 이것을 일종의 '조력적인 자발적 지리정보(Facilitated-VGI, F-VGI)'라고 한다. 조력적인 자발적 지리정보(F-VGI)는 기존의 자발적 지리정보에서 제기되었던 지리정보의 위치 정확성에 대한 자료 타당성의 메커니즘을 추가한 개념이다. 즉, F-VGI는 수집되거나 구축되는 지리정보에 대한 일종의 신뢰를 보증하는 의미이다. F-VGI에서는 해당 지점이나 장소에서 수집하는 지리정보 혹은 해당 지역 주민이 직접 구축하는 데이터를 요구하기 때문에 해당 지리정보에 대해 신뢰할 수 있다. 이외에도 특정 장소에 대한 자발적 지리정보의 신뢰성은 다양한 계층의 참여자들이 제공한 정보에 의해서 그 확실성이 더해진다.

사례들 : 대중 참여 방식의 과학 프로젝트는 그 연구 범위와 내용이 아주 다양하다. 예를 들어 애팔래치아 산맥 클럽(Appalachian Mountain Club, www.outdoors.org/conservation/mountainwatch/vizvols-how.cfm)이라는 연구 프로젝트가 있다. 이 연구과제에서는 애팔래치아 산악지역의 공기질과 안개 속의 오염 정도를 연구하는 데 필요한 주변 지역의 사진을 일반인을 대상으로 공개적으로 모집하였다. 또 다른 사례로서, Did You Feel It? 프로그램(http://earthquake.usgs.gov/earthquakes/dyfi/)이 있다. 일반인을 대상으로 지진에 대한 생각과 감정 그리고 지진 피해 정도와 이후의 영향 등에 대해 의견을 수집하였다(그림 1-B).

자발적 지리정보는 자연생태계 다양성의 지도화에도 아주 많은 기여를 한다. 예를 들면, 수많은 호주의 시민과학자(자발적 지리정보 참여자)들은 호주 전역의 다양한 동식물의 목격담과 생생한 자료들을 자기 지역별, 지방별 혹은 호주 전체별로 Atlas of Living Australia(www.ala.org.au)라는 웹사이트에 자발적으로 올리고 있다. Unified Butterfly Recorder(www.reimangardens.com/collections/insects/unified-butterfly-recorder-app)라는 앱은 나비 사진을 찍을 때 해당 지점의 좌표와 시간과 날짜, 날씨정보도 자동적으로 함께 저장한다. What Do Birds Eat? 연구 프로젝트(www.whatdobirdseat.com)에서는 자료의 위치 정확도를 개선한 일반인들의 사진을 지도화하고 있다.

자발적 지리정보는 자연재난 복구에도 도움을 준다. '재난 지도'가 그 예이다. 재난이 발생했을 때 재해 현장에서 바로 입력하는 수많은 공간 데이터들은 실시간으로 재난 지도를 제작하고 분석하는 데 기여한다. 이러한 재난 지도가 피해 지역과 주민들에게도 도움을 주는 것은 당연하다. 2015년 네팔 지진의 사례를 보자. 현장에 있었던 수천 명의 '자발적 지도 제작자'들이 만든 지도들은 또 다른 인도주의적 지원의 형태였다. 항공사진을 기반으로 디지타이징 작업을 거쳐 구축된 공간정보와 현장에서 바로 입력한 지리정보는 재난 지도 제작에 유용한 자원이다. 이런 자발적 지리정보 활동은 자연재난에 관한 이론과 실제 재난의 현실적의 간격을 메우는 데 기여한 셈이다.

자발적 지리정보의 미래 : 서로 연관되어 있는 지리정보를 거의 즉시 동시에 공유할 수 있다는 것은 지리학의 과학화에 아주 중요한 내용이다. 과거와 달리 지리공간 데이터를 수집하고 구축할 수 있는 장치와 도구들이 우리 주변에 점점 더 일반화되고 많아지고 있다. 이런 현실에서 일종의'(지리정보의) 센서로서 시민(citizen as sensor)' 개념은 더 이상 낯선 용어가 되지 않을 것이다.

질문

1. 자발적 지리정보가 일기예보와 모니터링에 적용될 수 있는 사례들을 제시하라.
2. 자발적 지리정보에서 유효한 데이터가 제공되지 않는 때는 언제인가?

◀ **그림 1-A** 자원봉사자들이 태평양의 미드웨이섬(미드웨이 환초)에 있는 앨버트로스 새 둥지 수를 세고 있다.

미국지질조사국의 커뮤니티 인터넷 지진 지도
일본 오가사와라 제도가 진앙지인 지진에 대한 지역 주민 반응 정도

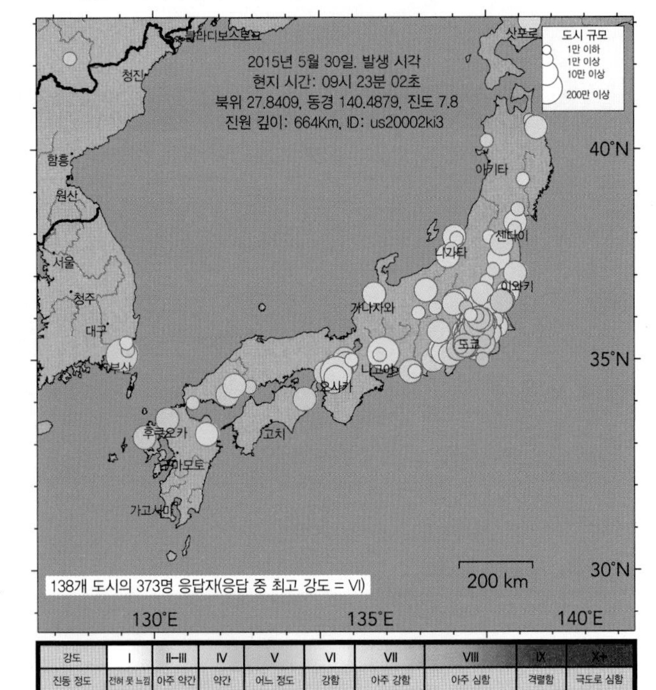

강도	I	II–III	IV	V	VI	VII	VIII	IX	X+
진동 정도	전혀 못 느낌	아주 약간	약간	어느 정도	강함	아주 강함	아주 심함	격렬함	극도로 심함
피해 정도	없음	없음	없음	아주 약간	약간	약간 심함	약간 심함/심함	심함	아주 심함

▲ **그림 1-B** 미국지질조사국(USGS)의 'Did You Feel It?' 웹사이트에 올린 2015년 5월 지진에 대해 지진 강도를 얼마나 느꼈는지 일반인 참여자들의 반응 정도를 보여 주는 지도

환경권과 지구 시스템

자연지리학의 관점에서 볼 때, 지구 표면은 복합적인 하나의 연결체(interface)이다. 이곳에서 주요한 네 부분의 자연환경 구성요소들이 서로 만나고 때로는 어느 정도 서로 간에 영역이 겹치기도 하며 상호 영향을 주고받기도 한다(그림 1-4). 이들 네 구성요소를 종종 지구의 **환경권역**(environmental sphere)이라고 한다.

지구의 환경권역

이 중에서 첫 번째 영역은 **암석권**[1](lithosphere, *litho*는 그리스어로 '돌'이란 뜻)으로, 단단한 무기물로 이루어진 지구상의 특정 영역을 말한다. 암석권은 단단한 기반암 위에 존재하는 각종 비고결성 광물질 입자뿐만 아니라 지각 암석들로 구성되어 있는 부분을 말한다. 이러한 암석권의 표면은 해저면과 대륙, 도서의 육지를 포함하여 지구 표면의 다양한 육지면을 이루고 있다.

두 번째 영역으로 지구를 둘러싸고 있는 각종 가스층인 **대기권**(atmosphere, *atmo*는 그리스어로 '공기'라는 뜻)을 들 수 있다. 대기권은 지구상에서 생물이 존재하는 데 필수적인 산소뿐만 아니라 대기 중의 복합적인 가스 성분을 포함하고 있는 영역이다. 대기권의 대부분은 지표면 부근에 분포하고 있는데, 해수면에 가까울수록 밀도가 높은 반면 고도가 높아질수록 급격하게 밀도가 낮아진다. 대기권은 태양 에너지와 지구 자전, 공전에 의해 일정한 움직임을 유지하지만 내부적으로는 아주 활발한 움직임을 보이는 영역권이다.

수권(hydrosphere, *hydro*는 그리스어로 '물'이란 뜻)은 지구상에 물로 이루어진 영역을 말한다. 지구에서는 대양(ocean)이 대부분의 수권을 구성하는 부분으로 강수의 주요 수분 공급원 역할을 한다. 수권의 하위 구성 영역으로 눈과 얼음으로 이루어진 **빙권**(cryosphere, *cry*는 그리스어로 '차갑다'라는 뜻)이 있다.

생물권(biosphere, *bio*는 그리스어로 '생명'이라는 뜻)은 생물체가 존재하는 지구상의 모든 부분을 포함하는 영역이다. 넓게 말하면 생물권은 지구상에 존재하는 모든 생명체를 포함한다(그래서 *biota*라는 용어가 사용되기도 한다).

그런데 자연지리학에서는 이러한 '권역(sphere)'을 각각 개별적이고 분리된 실체 혹은 영역이 아니라 서로 간에 상당히 연관되어 있는 개념으로 이해해야 한다. 이러한 연관성은 해양의 사례에서 잘 볼 수 있다. 해양은 그 자체로 보면 수권의 대부분을 차지하는 영역이지만 동시에 생물계를 구성하는 각종 어류와 유기물 생명체가 존재하는 공간이기도 하다. 토양의 예는 더욱더 복합적인 사례이다. 토양을 구성하는 많은 구성 물질은 광물(암석권)인 동시에 생물권에 해당하는 수많은 생명체가 토양 속에 분포하고 있으며(생물권), 토양 속의 공기(대기권), 토양 수분(수권), 토양 틈새의 얼음(빙권)과도 밀접하게 연관되어 있다.

1 제13장에서도 보겠지만 지각판(plate tectonics)과 지형 지세의 측면에서 볼 때 '암석권'은 지구 표면의 지각과 상부층의 맨틀 암석을 구성하는 '판(plate)'에 한정해서 지칭하는 용어이다.

▲**그림 1-4** 지표면의 자연 경관은 복합적이고 서로 연관관계에 있는 4개의 '권역'으로 구성되어 있다. 대기권은 인간이 숨쉬는 대기를 말하고 수권은 강, 호수, 해양, 토양과 대기 중의 수분과 같은 물의 영역과 빙권의 눈과 얼음의 영역을 포함하고 있다. 생물권은 지구상의 모든 생물체가 존재하는 영역을 말하고, 암석권은 지구 표면을 덮고 있는 토양과 기반암 영역을 말한다. 사진은 알래스카의 디날리국립공원의 원더레이크 호수와 디날리(과거 이름은 매킨리) 산의 전경이다.

이러한 환경권들은 체계적인 자연지리학 연구와 학습에 필요한 개념 정립에 중요한 내용이다. 이러한 환경권을 잘 이해하는 것은 자연지리학을 이해하는 데 상당히 도움이 된다. 이 책의 내용 구성도 이러한 방식을 유지하고 있다.

학습 체크 1-4 암석권, 대기권, 수권, 빙권, 생물권의 정의를 간략하게 요약하라.

지구 시스템

지구의 환경권역들은 복합적인 **지구 시스템**(Earth system) 속에서 상호작용을 하고 있다. 여기서 '시스템'이란 전체적으로 모두가 연결되고 작동하는 사물과 과정들의 집합체를 의미한다. 예를 들면 우리가 글로벌 '금융 시스템'이라고 하면 개인과 기관, 조직, 회사 간의 화폐 교환과 환전 등을 포함하는 의미로 생각한다. 혹은 사람과 물자의 이동과 관련된 '교통 시스템'도 우리 생활에서 흔히 볼 수 있다. 이처럼 자연계에서 하나의 시스템은 자연 속에서 서로 연결된 에너지와 물질의 순환과 축적을 포함한다.

닫힌계 : 외부와 물질을 주고받지 않고 효율적으로 스스로 자급

자족하는 시스템을 닫힌계(closed system)라고 부른다. 자연에서는 이런 폐쇄된 시스템을 거의 찾아볼 수 없다. 지구를 하나의 물질 측면으로 본다면 전체적으로 지구는 하나의 닫힌계이다. 현재 지구를 하나의 물질로 간주한다면 총량 측면에서 급격한 증가 혹은 감소가 전혀 없다. 물론 아주 적은 양이지만 우주에서 날아오는 유성 잔해라든가, 대기에서 우주로 사라지는 가스 성분이 있기는 하지만 아주 미소한 정도라서 지구의 닫힌계를 설명하는 데에는 거의 영향을 미치지 않는다. 다른 말로 하면, 지구 시스템 내에서 에너지는 항상 일정하게 들어오고 나가고 있다.

열린계 : 대부분의 지구 시스템은 **열린계**(open system)이다. 물질과 에너지는 열린계의 경계를 넘나들면서 서로 교환된다. 물질과 에너지가 열린계로 들어올 때 이를 **유입**(input)이라고 하고 열린계에서 주변으로 빠져 나갈 때를 **유출**(output)이라고 한다. 예를 들면, 제19장에서 다루겠지만 빙하는 하나의 열린계처럼 작동한다(그림 1-5). 빙하에 입력되는 주요 물질은 암석과 얼음이 이동하면서 만드는 암설과 함께 눈과 얼음 형태의 물을 포함한다. 빙하에서 빠져나가는 주요 유출 물질은 빙하 이동으로 운반되거나 퇴적되는 암석과 암설뿐만 아니라 대기 중으로 빠져나가는 수증기와 얼음에서 녹은 물 등이 포함된다. 빙하 시스템으로 유입되는 가장 확실한 에너지는 태양복사이다. 태양복사에 의해서 얼음이 녹거나 얼음에 바로 흡수되기도 한다. 이에 비해서 **잠열**은 열린계에서 상대적으로 태양복사보다 덜 명확하다. 이를테면 잠열일 때는 얼음이 녹아 물이 될 때나 증발할 때 얼음 둘레에서 열을 흡수하고, 거꾸로 물이 얼거나 응결할 때 같은 열을 방출한다(잠열에 대해서는 제6장에서 자세히 다룬다).

평형 : 한 시스템의 유입과 유출이 시간이 지나면서 균형을 이룰 때, 시스템 내의 상태는 같게 된다. 즉, 우리는 이러한 상태를 **평형**(equilibrium)이라고 한다. 예를 들면 만약 빙하가 되는 얼음과 눈의 양과 빙하에서 녹는 얼음과 눈의 양이 같다면 빙하의 크기와 규모는 변동이 없을 것이다. 그러나 만약 이러한 유입과 유출의 균형에 변화가 생긴다면 평형 상태는 깨질 것이다. 예를 들어 만약 수년 동안 강설량이 증가한다면 어떤 새로운 평형 상태에 도달할 때까지 빙하는 성장할 것이다.

상호 연관 시스템 : 자연지리학에서는 지구 시스템과 그 하부 시스템 사이에 존재하는 무수히 많은 상호연결성을 볼 수 있다. 빙하의 사례를 다시 보자. 하나의 개별 빙하에서 존재하는 시스템은 많은 관련 지구 시스템, 예를 들면 지구의 태양복사수지(제4장), 기압 패턴(제5장), 수문 순환(제6장) 등과 서로 관련되어 있다. 만약 이들 하위 시스템의 유출입이 변하게 된다면, 빙하 시스템 역시 변하게 된다. 예를 들어 만약 지구의 태양복사수지가 변동되면서 기온이 높아진다면, 강설 수증기량과 강설 후 녹는 용융비 정도에서 차이가 발생하고 결국은 빙하의 크기와 규모의 변화를 가져온다.

학습 체크 1-5 "어떤 시스템이 평형이다."라는 것은 어떤 의미인가?

되먹임 고리 : 하나의 시스템이 작동하면서 만들어진 산출물이 다시 그 시스템으로 돌아가는 경우가 있다. 이런 '되먹임'을 통해서 그 시스템의 변화가 더욱 촉진되기도 한다. 제8장에서 살펴보겠지만 지난 수십 년 동안 북극의 기온이 상승하면서 태양에너지를 반사하는 역할을 하는 여름해빙(summer sea ice)의 양이 줄어들고 있다. 북극해의 바다 위를 덮은 해빙(sea ice)은 태양에너지

▼ **그림 1-5** 열린계로서 빙하를 설명하는 모식도. 열린계로서 빙하에 유입되는 주요 물질은 눈, 얼음, 암석과 암설이다. 반면 유출되는 물질은 녹은 물, 수증기와 빙하가 이동하면서 운반되는 암석과 암설이다. 열린계의 에너지 교환은 태양복사와 얼음과 물, 수증기 간의 잠열 변환을 포함한다.

를 반사하는 반면 바다는 열을 흡수하는 역할을 하게 한다. 따라서 북극의 해빙 양이 줄어들게 되면 태양에너지의 반사가 더 줄어들고, 결과적으로 북극해는 더 따뜻해지고 남은 얼음의 양은 더 줄어드는 현상이 일어난다. 반대로 만약 북극의 온도가 낮아진다면, 태양에너지를 반사하는 해빙의 양은 늘어나고 북극해의 바다가 흡수하는 태양복사량도 적어진다. 이것은 북극의 냉각 국면을 촉진하는 작용을 한다. 이처럼 되먹임 과정이 특정 방향으로 자연계의 어떤 변화를 강화하는 것을 **양의 되먹임 고리**(positive feedback loop)라고 한다.

반대로 **음의 되먹임 고리**(negative feedback loop)는 특정 작용에 대해 반대 방향으로 작용하는 되먹임이다. 어떤 시스템의 유입물이 증가할수록 그 결과는 그 작용을 억제하도록 작용하고, 결국은 자연계의 평형 상태를 유지하는 작용을 한다. 예를 들어 대기 중 기온 상승은 수증기 증가를 가져오고 증가된 수증기는 응결되어 구름 양을 증가시킨다. 증가된 구름으로 태양복사에 영향을 미치게 되고 추가적인 기온 상승은 억제된다.

비록 음의 되먹임 고리에 의해 변화가 억제될 수 있지만 그 시스템은 현재 상황을 더 이상 유지할 수 없는 한계 상황, 즉 **임계치**(tipping point 또는 threshold)에 도달할 수 있다. 임계치를 지나면 시스템은 불안정하게 되고 새로운 평형 상태에 도달하기 전까지 급격한 변화 상태에 놓이게 된다. 예를 들면 제9장에서 살펴보겠지만, 북극의 빙하가 녹으면 얼음 속의 담수 유출이 증가하고 이것은 대서양 심해의 **열염분 순환**(thermohaline circulation)의 에너지 전환 체계를 언젠가 붕괴시킬 수 있다. 이것은 갑작스러운 기후 변화를 불러 일으킨다.

앞서 제시한 여러 사례들을 가지고 여러분을 혼란스럽게 하려는 의도는 없다. 오히려 이들 사례를 통해 지구는 하나의 상호 연결된 시스템의 복합체라는 사실을 그려 내려는 의도에서 제시되었다. 이러한 복잡성 때문에 이 책에서는 먼저 하나의 프로세스 혹은 독립적인 지구 시스템을 먼저 설명하고 그다음으로 다른 관련 시스템과의 상호 연관성을 설명하는 구조로 이루어져 있다.

학습 체크 1-6 양의 되먹임 고리와 음의 되먹임 고리의 차이점은 무엇인가?

지구와 태양계

지구는 거대한 **태양계**(solar system)의 한 부분이다. 태양계도 하나의 열린계이고 이 열린계와 지구는 상호작용을 하고 있다. 지구는 지표면 대부분이 단단한 물질로 이루어진 회전체이고 이 회전체는 뜨거운 가스로 가득 차 있는 거대한 가스 덩어리 주위를 돌고 있다. 이 거대한 가스 덩어리가 태양이다. 공간적 관계성에 항상 관심을 두고 있는 지리학자라면 지리적 흥미의 출발점은 바로 우주 내 지구의 상대적 위치에서부터 시작한다.

애니메이션 (MG)
태양계 형성

http://goo.gl/alti7U

태양계

태양계에는 지구를 포함한 8개의 행성과 위성, 명왕체, 혜성, 소행성, 유성들로 구성되어 있다. 좀 더 구체적으로 보면 태양계에는 8개의 행성과 이들 주위를 도는 약 160개의 위성과 '달', 명왕성과 같은 정확한 숫자를 알 수 없는 작은 **왜소행성**(dwarf planet), 수많은 혜성(암석과 금속 광물질 조각과 함께 결빙된 물과 각종 가스로 이루어진 눈 덩어리), 약 50만 개의 소행성(작은 암석 혹은 꽁꽁 언 물체, 지름이 수 킬로미터인 작은 암석으로 이루어진 천체) 그리고 수백만 개의 유성체(모래알 정도 크기의 작은 물체)들이 포함되어 있다.

전체 우주에서 본다면 중간 정도 크기인 태양은 태양계의 중심이면서 태양계 전체 질량의 99.8%를 차지하고 있다. 태양계는 우리은하의 일부에 속해 있는 천체로 우리은하계는 약 2,000억 개의 별들이 접시모양의 나선형으로 퍼져 있는 형태로 지름이 약 10만 광년, 중심에서의 두께는 약 1만 광년 크기이다(1광년은 빛의 속도로 1년 동안 갈 수 있는 거리를 말하는 것으로 1광년은 약 9조 5,000억 km 거리를 말한다). 그런데 우리은하계는 우주에 존재하고 있는 수천억 개 은하 중 단지 하나일 뿐이다.

태양계의 기원 : 지구와 우주가 언제 시작되었는지 그 기원에 대해서 완벽하게 알려지지 않았다. 다만 일반적으로 이야기한다면 우주는 **빅뱅**(big bang)이라고 알려진 약 137억 년 전의 우주 대폭발로 시작되었다. 이 연대는 가장 오래되었다고 알려진 별들의 연대와 비슷하다. 빅뱅 이론에 따른다면 우주는 극도로 뜨겁고 응집된 작은 입자들이 모든 방향으로 순식간에 폭발하면서 시작되었는데, 이 과정에서 우주가 확장되고 우주 공간이 오늘날 우리가 아는 에너지와 물질로 채워졌다고 한다.

태양계는 약 45~50억 년 전, **성운**(nebula, 거대하고 차가운 가스와 먼지로 이루어진 대규모의 성간구름)이라는 항성의 전신이 되는 고온 고밀도 형태의 **원시별**(protostar)이 만들어지면서 물질의 중력적 붕괴로 내부 수축이 시작되어 탄생했다고 한다. 이 뜨거운 중심부에 있는 태양은 차갑고 회전하는 가스와 먼지 덩어리의 원반에 둘러싸이게 되었고, 결국 이러한 물질들이 서로 압축되고 모여서 지구를 비롯한 지금의 행성이 만들어졌다.

또한 (지구의 북극 상공에서 우주 밖으로 나가 태양계를 '내려다보면' 행성들이 태양 주위를 반시계 방향으로 돌고 있는 것처럼) 태양계의 모든 행성은 태양을 중심으로 태양 주위를 타원 궤도로 돌고 있다. 이 행성들의 궤도가 거의 동일한 평면 방향을 보이므로 태양계의 기원은 성운 원반설(nebular disk)과 관련이 있음을 알 수 있다(그림 1-6).

태양계 행성 : 수성, 금성, 지구, 화성과 같은 **지구형 행성**(terrestrial planet) 혹은 내행성은 **목성형 행성**(Jovian planet) 혹은

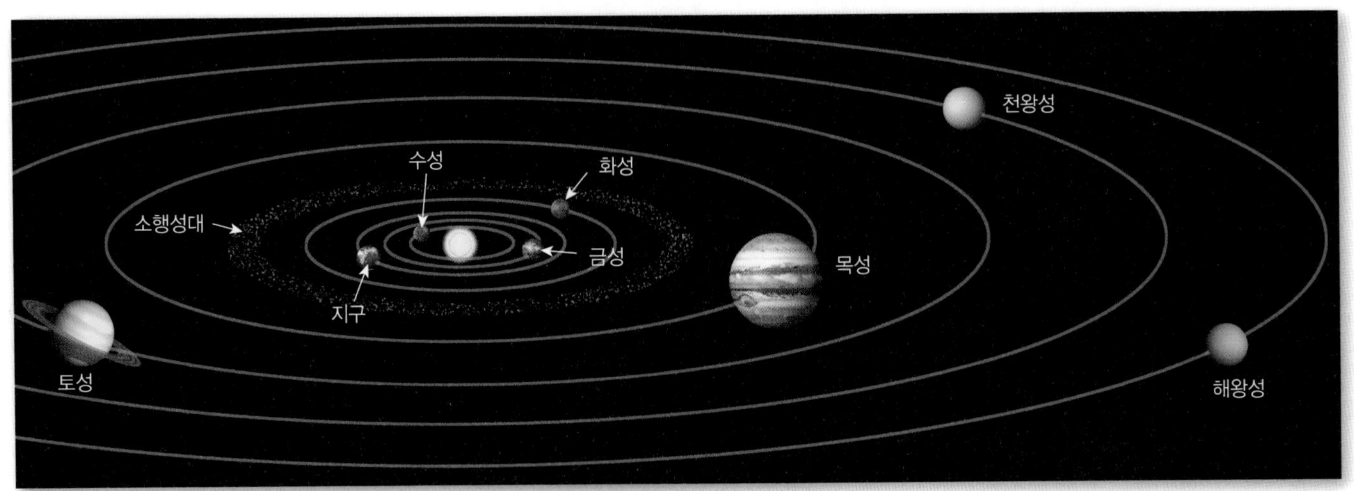

▲ 그림 1-6 태양계(위치와 궤도는 편의상 왜곡되어 있어 정확하지 않다). 태양은 태양계의 정중앙에 위치해 있는 것은 아니지만 태양계의 행성들은 태양을 중심으로 타원상의 궤도를 따라 공전하고 있다. 카이퍼 벨트(Kuiper Belt)는 명왕성과 같은 왜소행성을 포함하여 해왕성 바깥에서 태양 주위를 도는 작은 천체들의 집합체를 말한다.

외행성(목성, 토성, 천왕성, 해왕성)보다 대체적으로 크기가 작지만 밀도가 높고 타원형(oblate) 구체로 목성형 행성보다 자전 속도가 늦다. 또한 이들 지구형 행성은 주로 광물질(규산염)로 구성되어 있고, 대기층의 경우 공기가 없는 수성을 제외하고는 다양하지만 상대적으로 대기층의 두께가 얇은 특성을 지니고 있다. 반대로 4개의 목성형 행성들은 지구형 행성보다 훨씬 크고 부피도 크고(대신 밀도가 낮다), 타원형 구체로 자전 속도도 지구형 행성보다 빠르다. 목성형 행성은 수소와 헬륨과 같은 가스와 메테인, 암모니아 성분의 얼음을 주성분으로 한다(지표면 부근에는 부분적으로 물이 존재하기도 하지만 내부로 갈수록 동결 상태로 되어 있다). 또한 대기층 두께도 두껍다.

명왕성은 오랫동안 태양계의 아홉 번째 행성으로 태양에서 가장 멀리 떨어져 있는 행성으로 알려져 있었다. 그러나 천문학자들은 최근 명왕성과 유사한 얼음으로 이루어져 있고 해왕성의 궤도 바깥에서 태양 주위를 돌고 있는 얼음행성(ice body)들로 이루어진 **카이퍼 벨트**(Kuiper Belt) 또는 **해왕성 횡단 지역**(trans-Neptunian region)이라는 소천체군을 발견하였다. 2008년 6월 국제천문학회는 명왕성을 행성 지위에서 빼고 태양계 내의 다른 유사한 크기의 별들과 함께 재분류하여 **명왕체**(Plutoid)로 재명명하였다. 여러 천문학자들은 태양계 바깥에 아직까지 발견되지 않은 명왕체와 수십여 개의 소행성체들이 존재하고 있을 것으로 추측하고 있다.

학습 체크 1-7 태양계에서 내행성과 외행성의 특성을 비교하라.

지구의 크기와 형태

지구는 클까 아니면 작을까? 이 질문에 대한 답은 어떤 기준을 적용하느냐에 따라 달라진다. 만약 우주를 기준으로 본다면 당연히 지구는 아주 작은 행성이다. 지구의 지름은 약 13,000km인데 우주 크기로 본다면 아주 작은 거리에 불과하다. 예를 들면 지구에서 달까지의 거리는 약 385,000km이고, 태양은 지구에서 약 150,000,000km나 떨어져 있으며, 지구에서 가장 가까운 별까지의 거리는 약 40,000,000,000,000km이다.

지구의 크기 : 그런데 인간의 기준에서 보면 지구는 아주 거대한 행성이다. 지표면의 고도로 본다면 해수면 기준으로 가장 높은 고도는 에베레스트산으로 해발고도가 8,850m이다. 해저 깊이로 보면 가장 깊은 곳은 수심이 약 11,033m인 태평양의 마리아나해구이다. 지구에서 이 두 곳의 높이 차이는 약 19,883m이다.

인간의 시각에서 보면 이런 고도의 차이가 아주 큰 수치일지도 모르지만 행성의 차원에서 보면 작은 숫자에 불과하다(그림 1-7). 만약 지구를 농구공 크기로 가정한다면, 에베레스트산은 농구공 표면에서 눈에 보이지 않은 정도로 솟아 있는 0.17mm 정도의 작은 돌기 정도이다. 마리아나해구의 수심도 0.21mm 깊이로 파인 주름 정도이다. 이 정도 수치는 종이 한 장 두께도 아니다.

우리가 이런 지구의 지형적인 규모나 크기를 실제보다 과장해서 인식하고 있는 것은 지도나 지구본상에서 표현된 지표면의 왜곡된 모습 때문이다. 지형 변화를 부각시키거나 강조하기 위해 실제 높이보다 약 8~20배 정도 과장해서 표현한다. 이 책의 많은 다이어그램도 마찬가지이다. 지구 대기를 다이어그램으로 표현할 때에도 특정한 중요 개념의 가독성을 높이기 위해 크기를 상대적으로 과장해서 표현하기도 한다.

2,600년보다 더 오래전에 그리스 학자들은 지구가 하나의 둥근 모양의 구체라는 것을 어느 정도 추측하고 있었다. 약 2,200년 전에 알렉산드리아의 그리스인 도서관 관장이었던 에라토스테네스는 삼각함수법을 이용해서 지구의 지름을 계산했다. 에라토스테네스는 알렉산드리아와 시에네 두 도시에서 정오 때 해가 비치는 각도와 이 두 도시 간의 거리(약 800km)를 계산한 다음, 두 도시에서의 각도와 직선 거리를 이용하여 지구 둘레가 약 43,000km라고 계산하였다. 이 결과는 실제 지구 둘레인

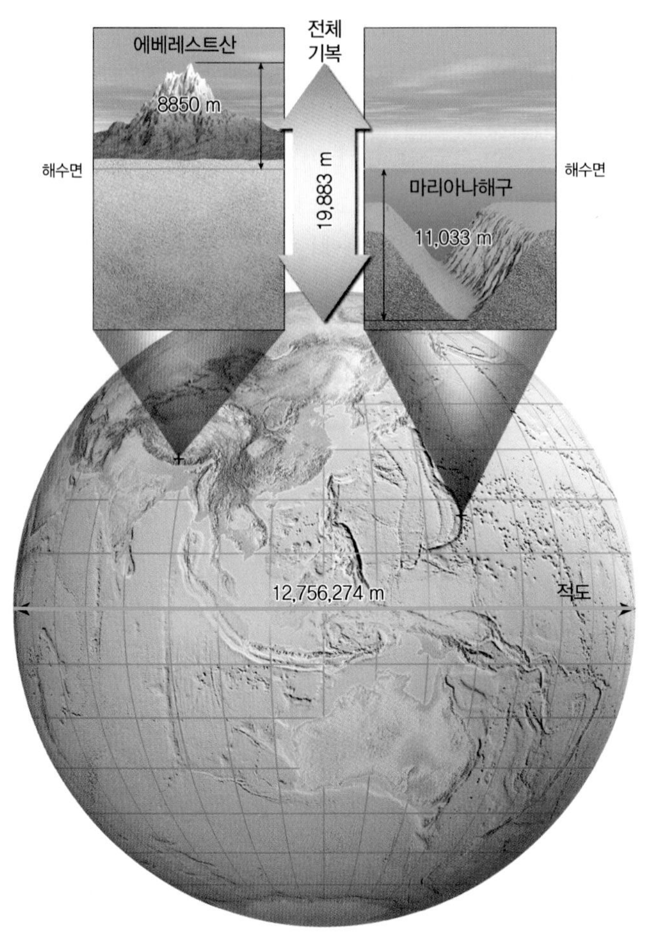

▲그림 1-7 지구는 지표상의 지형지물과 비교하면 아주 크다. 지구의 최대 높이 차는 19,883m로 약 20km이다. 이 수치는 가장 낮은 지점인 태평양의 마리아나해구의 해저면에서 가장 높은 지점인 에베레스트산 정상까지의 값이다.

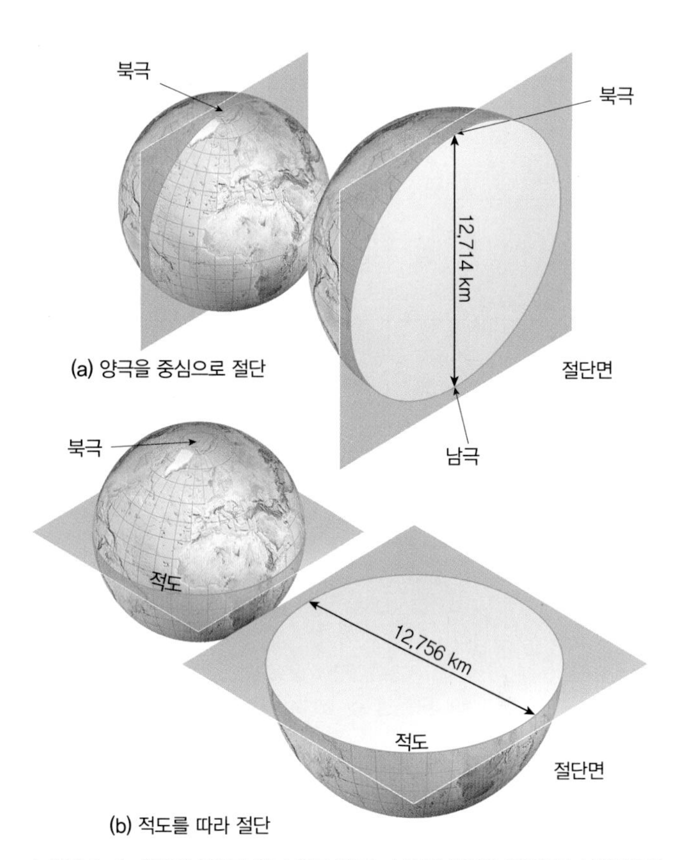

▲그림 1-8 완전한 구체가 아닌 지구. 지구는 남극과 북극의 지표면이 상대적으로 약간 편평한 반면 적도 부근에서는 약간 볼록한 형태이다. 그래서 양극을 잘라 놓았을 때의 모습과 적도를 잘라 놓았을 때의 모습인 (a)와 (b)의 지름을 비교해 보면 지구는 적도를 중심으로 동서로 약간 불룩한 모양이다.

학습 체크 1-8 지구에서 가장 높은 지점과 가장 낮은 지점은 어디인가? 이 두 곳의 높이 차이는 대략 얼마 정도인가?

40,000km와 아주 유사한 값이다.

지구의 형태 : 지구는 거의 둥근 형태이지만 그렇다고 완전한 구체는 아니다. 적도 중심의 반지름과 남극과 북극 중심의 반지름 간에는 차이가 있다. 즉, 적도를 중심으로 지구를 절반으로 자른다면 거의 원형에 가까운 형태이지만, 양극을 중심으로 지구를 자르면 약간 타원에 가까운 형태이다. 어떤 회전체도 회전을 계속 하다 보면 한가운데 부분(적도)은 약간 불룩해지고 회전축의 양 꼭지점(남극과 북극)은 상대적으로 평평해진다. 아무리 지구 표면이 단단한 암석들로 둘러싸여 움직임이 거의 없는 것처럼 보이더라도, 적도 부근이 불룩해질 만큼 사실 지구는 연약하다. 남극과 북극 간의 거리인 지구 상하 간의 지름은 약 12,714km이고 약간 불룩한 모양의 적도를 중심으로 한 동서 간의 지름은 약 12,756km이다. 이 두 방향의 거리 차이는 약 0.3%에 불과하다(그림 1-8). 그래서 지구의 모습은 완전히 둥근 모양이라고 하기보다는 **편평한 구체**(oblate spheroid) 모양이라고 하는 편이 적절하다. 그러나 실제 둥근 모양에 비교해서 0.3%는 아주 작은 수치라서, 이 책 대부분의 경우에는 지구를 완전히 둥근 하나의 구체로 간주한다.

지리적 좌표 체계 – 위도와 경도

지표상의 각종 지리적 형상의 분포를 이해하기 위해서는 무엇보다 정확한 위치를 알 수 있는 체계가 필요하다. 정확한 위치를 알 수 있는 가장 간단한 방법은 그림 1-9와 같이 동서와 남북 방향으로 적절하게 동일한 간격으로 나누어 남북과 동서 방향의 두 직선을 직각으로 교차시킨 다음 지표상의 위치 정보를 파악하는 좌표 체계를 들 수 있다. 둥근 지표면의 성격을 반영하기 위해 지금까지 변형되어 왔던 이런 사각형 방식의 좌표 체계는 지리적 좌표 체계를 구성하는 데 기여하였다.

만약 지구가 자전하지 않는다면 지구상의 위치를 정확하게 파악하는 것은 지금보다 훨씬 어려운 문제가 될 수 있다. 예를 들어 완벽하게 둥글고 투명하고 깨끗한 공이 있다. 이 공의 어떤 지점을 누군가에게 말해야 한다고 상상해 보자. 자전과 공전이 없으니 당연히 자전축과 같은 기준 축이 없기 때문에 위치를 표시하는 데 어려움이 발생할 수밖에 없다. 다행스럽게도 지구는 자전을 하고 있고 자전축을 시작점으로 해서 지구상의 위치를 나타낼

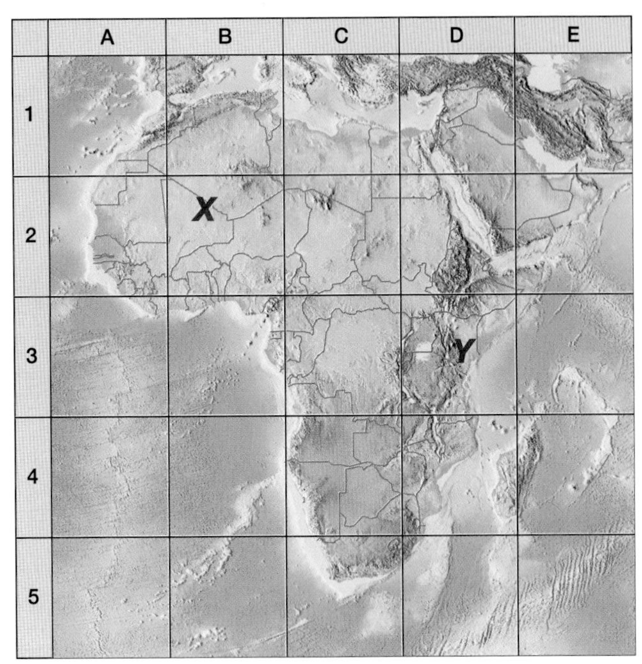

▲그림 1-9 지리좌표계의 사례. 점 X는 2B 혹은 B2로 표시할 수 있다. Y 지점은 3D 혹은 D3이다.

수 있다.

사실, 지구 자전축은 지표면상의 **북극점**(North Pole)과 **남극점**(South Pole)을 연결하는 하나의 가상 선이다(그림 1-10). 또한 양극에서 지구의 중간을 관통하는 면과 수직으로 만나는 가상적인 면을 **적도면**(plane of the equator)이라고 하고, 이 적도면상의 선을 **적도**(equator)라고 한다. 즉, 적도는 지구의 중심을 통과하는 자전축에 수직으로 지표를 나누는 선이라고 할 수 있다. 남극, 북극, 자전축, 적도면은 지표면상의 위치를 나타내거나 위치를 계산하는 기준으로 적용된다.

대권 : 지구의 중심을 지나는 평면은 지구를 정확하게 절반으로 자를 수 있는데, 이 면과 지표면상의 지점들이 접하면서 형성되는 원이 **대권**(great circle)이다(그림 1-11a). 그 외의 지표면을 관통하는 평면이 지표면과 만날 때에는 **소권**(small circle)이 나타난다(그림 1-11b).

대권은 주목할 만한 두 특성이 있다.

1. 대권은 구체에서 나타날 수 있는 가장 큰 원을 말하는 것으로 구체를 정확하게 반으로 나눌 때 대권이 나타난다. 흔히 **반구**(hemisphere)라고 한다. 이 장의 뒷부분에서 다루겠지만 지구에서 낮과 밤이 구분되는 가장자리도 대권이다.
2. 지구본에서 하나의 대권은 지구본 상의 어떤 두 지점 간에도 나타날 수 있다. 결과적으로 이들 두 지점을 연결하는 대권상의 호(arc, segment)는 항상 두 지점 간 최단거리가 된다. 실제 항로상에서는 이를 **대권 항로**(great circle route)라고 한다(대권 항로에 대해서는 제2장에서 보다 자세하게 다룰 것이다).

지금까지 서술한 내용을 기초로 지구상의 위치에 대한 지리적인 좌표 체계가 이루어진다. 이러한 좌표 체계는 지구가 태양 주위를 공전하면서 생기는 다양한 위치와 아주 밀접하게 연관되어 있다. 지구의 좌표 체계는 경선과 위선으로 이루어진 **경위선**(graticule)과 관련되어 있다.

학습 체크 1-9 대권은 무엇인지 정의하고 대권에 대한 한 가지 사례를 제시하라.

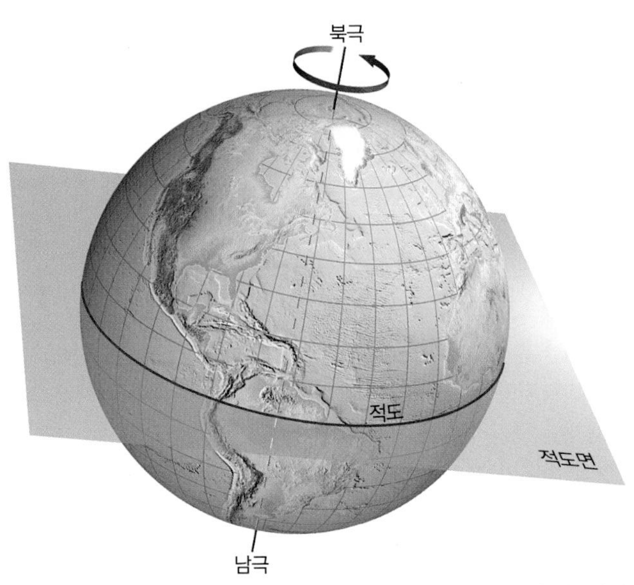

▲그림 1-10 지구는 자전축을 중심으로 돈다. 자전축은 북극과 남극을 가로지르는 가상적인 선이다. 이 두 극 사이의 지축선상을 정확하게 반으로 가로지르는 면을 적도라고 한다.

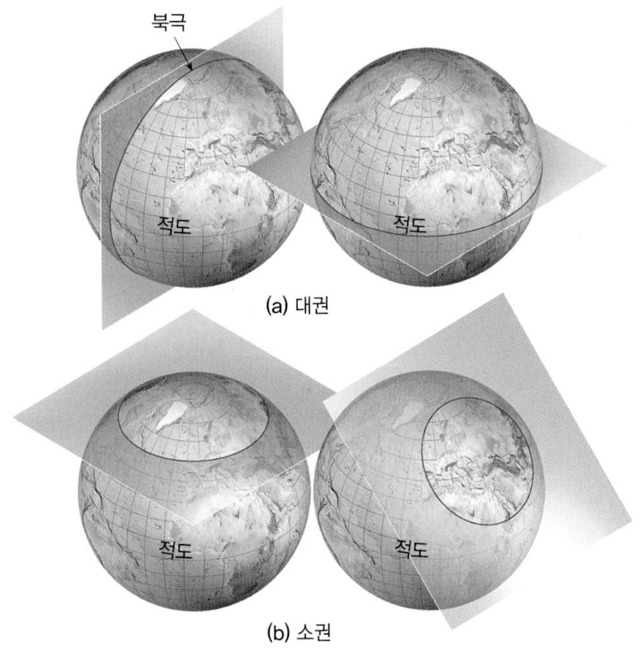

▲그림 1-11 (a) 대권은 지구 중심을 지나는 어떤 평면이 지표면을 절단할 때 나타나는 원이다. (b) 소권은 지구 중심을 지나지 않는 평면이 지표면을 절단할 때 나타나는 원이다.

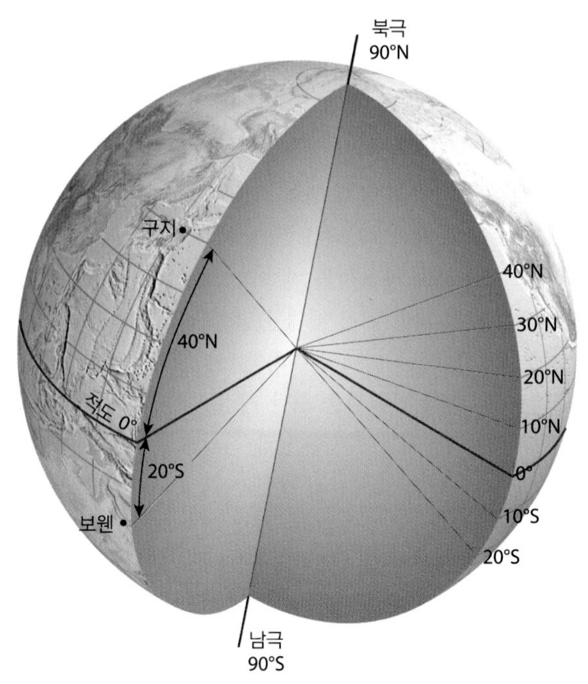

▲그림 1-12 위도 개념을 표현한 모식도. 일본의 구지에서부터 지구의 중앙부까지 가상선을 긋는다면 이때의 각도는 적도로부터 40°이다. 이 관계를 위도로 표시하면 쿠지의 위도는 북위 40° 혹은 40°N으로 표시된다. 오스트레일리아의 보웬에서 지구 중앙부까지의 가상선과 적도와의 각도는 20°이다. 위도로 나타내면 남위 20° 혹은 20°S이다.

위도

위도(latitude)는 적도에서 남북 방향의 각으로 표현되는 위치에 대한 서술이다. 그림 1-12처럼 어느 지점에서 지구 중심으로 선을 그었을 때 그 지점과 적도면과의 각도가 바로 이 지점의 위도값이 된다.

위도는 도, 분, 초로 표현되는데 원은 360°, 분은 60′, 초는 60″로 나타낸다. GPS 수신기의 성능이 향상됨에 따라서(제2장에서도 설명하지만), 경위도의 표시 단위는 소수점 이하로 표시된다. 예를 들어 38°22′47″N은 38°22.78′N이 된다(47″가 78′로 되는 것은 60″가 되면 1′이 더해지기 때문에 47/60로 계산되어 47″는 60″의 78%에 해당되는 수치이다). 혹은 38.3797°N로 표시될 수 있다. 이때 22′47″은 22/60 + 47/3,600로 계산되어 38°와 더해져서 38.3797값이 된다.

위도의 범위는 적도에서 위도 0°인 지점에서부터 북극점인 북위 90°, 남극점인 남위 90°까지이다. 적도를 기준으로 적도 북쪽은 '북위'라고 하고 적도 남쪽은 '남위'라고 한다(단순하게 말하면 적도는 위도가 0°인 지점을 말한다).

위도상의 각 선들은 위도를 따라 서로 평행하기 때문에 같은 위도상에 있는 모든 지점들을 이은 가상의 선은 **위선**(parallel)이다(그림 1-13). 적도는 0° 위도상의 위선이다. 이때 0° 위선은 모든 위선 중에서 유일하게 대권이고 그 외의 다른 위도대의 위선은 소권이다. 모든 위선은 각 위도별로 동서 방향의 일직선이다.

이론상 위선을 무한히 세분화된 값으로 나타내거나 무한정 위

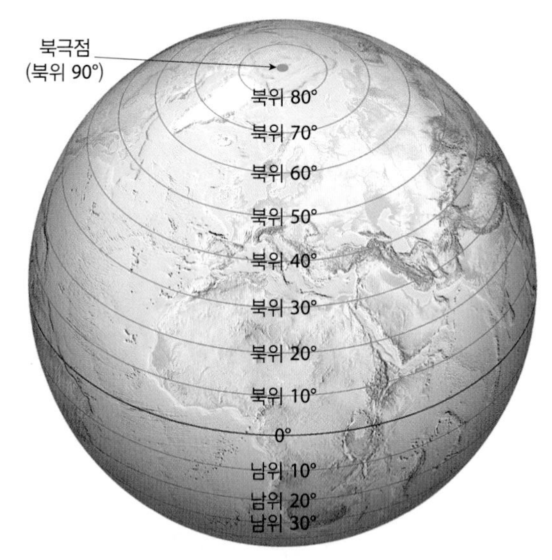

▲그림 1-13 위선은 남북의 위치를 나타낸다. 각 위선은 서로 평행하기 때문에 '평행선(parallel)'이라는 의미를 지니고 있다.

선을 지도상에 표시할 수 있지만, 다음의 7개 위도와 위선 값이 지구를 연구하는 일반적인 분야에서 특히 중요하게 다루는 부분이다(그림 1-14).

1. 적도, 0°(그림 1-15)
2. 북회귀선, 23.5°N
3. 남회귀선, 23.5°S
4. 북극권, 66.5°N

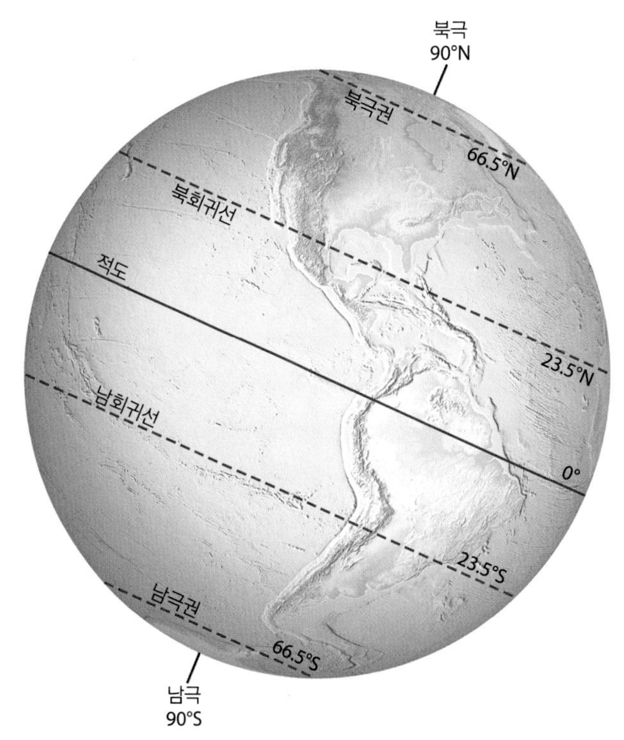

▲그림 1-14 주요한 7개의 위선. 뒤에 계절 관련 부분에서 설명하겠지만 이들 위도는 특별한 의미를 지니고 있다. 왜냐하면 1년 중 태양의 특정한 일주 시점과 관련이 있기 때문이다.

▲그림 1-15 다른 위선과 마찬가지로 적도 역시 가상의 선이다. 사진은 에콰도르의 수도인 키토 부근에 세워진 '세상의 중심'이라는 의미의 적도 상징물인 Mitad del Mundo의 모습이다.

5. 남극권, 66.5°S
6. 북극, 90°N
7. 남극, 90°S

북극점과 남극점은 물론 선이 아니라 하나의 점이지만 이 두 극점은 무한히 작은 값의 위선이 지나는 지점으로 생각할 수도 있다. 이러한 7개의 중요한 위선 개념들은 뒷부분의 계절 관련 내용에서 자세히 다룰 것이다.

학습 체크 1-10 왜 위선을 평행선이라고 부르는가?

위도대 지역 : 종종 지구상의 지역을 위도와 관련지어 어떤 지역대 혹은 지역군으로 설명하기도 한다. 다음 내용은 이 책 전반에 걸쳐 인용되는 위도와 관련된 일반적인 용어들이다(이들 용어 중에는 지역이 서로 중복되기도 한다).

- 저위도 — 적도와 남북위 30° 사이
- 중위도 — 남북위 30~60° 사이
- 고위도 — 남북위 60° 이상
- 적도대 — 적도에서 몇 도 범위
- 열도대 — 열대 주변(남북위 23.5° 사이)
- 아열대 — 열대에서 어느 정도 양극으로 이동한 범위(일반적으로 남북위 25~30° 범위)
- 극지 — 남극과 북극에서 몇 도 범위

해리 : 지표면에서 위도 1° 간의 거리는 남북으로 약 111km이다. 하지만 양극에서의 지구 편평도 때문에 위도에 따라 위도 간의 거리는 변한다. 해리[nautical mile, 노트(knot)는 1시간에 1해리를 갈 수 있는 속도]는 위도의 1′에 해당하는 거리로, 법정 마일(statute mile)로는 약 1.85km이다.

경도

위도가 지구의 위치를 남북 위치 체계로 나눈 지구 좌표 체계라면 **경도**(longitude)는 지구 좌표 체계의 다른 한 부분을 차지하는 위치 개념으로 본초 자오선을 기준으로 동쪽과 서쪽으로 얼마나 떨어져 있는지에 대한 위치 체계를 말한다. 경도 역시 위도와 마찬가지로 도, 분, 초로 나누어 위치를 나타낸다.

경도는 북극점과 남극점을 최단 거리로 연결하는 세로선을 통해서 표시되는데, 적도에서 위선과 직각으로 교차한다. 이때의 가상의 선이 **자오선**(meridian, 경선)이다. 경선은 적도에서는 서로 평행하지만, 그 외 지점에서는 서로 평행하지 않다. 경선의 간격은 적도에서 가장 넓고 양극으로 갈수록 간격이 줄어들며 양극에서 수렴한다(그림 1-16).

본초 자오선 : 적도에서부터 위도가 계산되기 때문에 적도는 일종의 자연적인 기준이 될 수 있는 반면 경도는 이러한 자연적 기준이 될 만한 대상이 없었기 때문에 역사적으로도 자연스럽게 받아들여진 기준 자체가 없었다. 그래서 1800년대 이전까지는 각 국가마다 자국만의 '본초 자오선'을 두어 동-서 방향의 거리를 측정하였다. 1880년대에는 전 세계에 적어도 13개의 경선이 있었다.

1884년에 전 세계의 표준 경선 체계를 제정하기 위한 국제회의가 미국 워싱턴 D.C.에서 열렸다. 몇 주 동안의 토론을 거쳐 잉글랜드의 그리니치천문대를 지나는 경선을 **본초 자오선**(prime meridian)으로 하여 경선의 기준으로 정하였다(그림 1-17). 당시 그리니치 경선을 본초 자오선으로 채택한 것은 현실적인 이유에

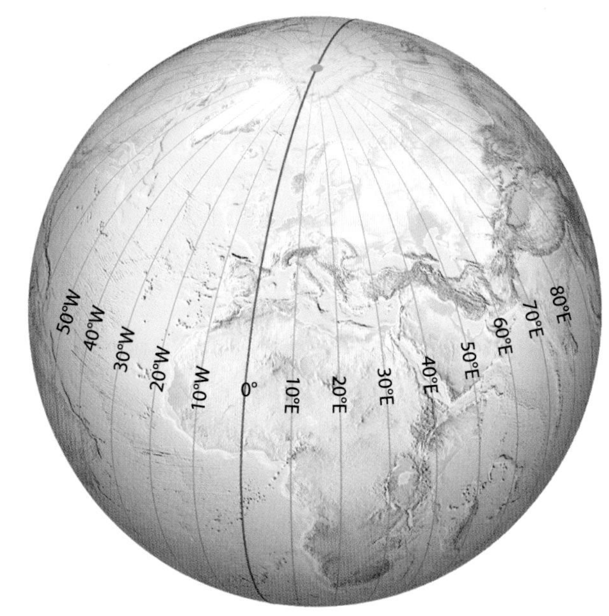

▲그림 1-16 경선과 자오선. 경선은 동서의 위치를 나타내고 모든 경선은 남극과 북극으로 수렴한다.

▲그림 1-17 경도 0°0′0″인 본초 자오선, 잉글랜드 그리니치에 있다(런던에서 약 8km에 위치).

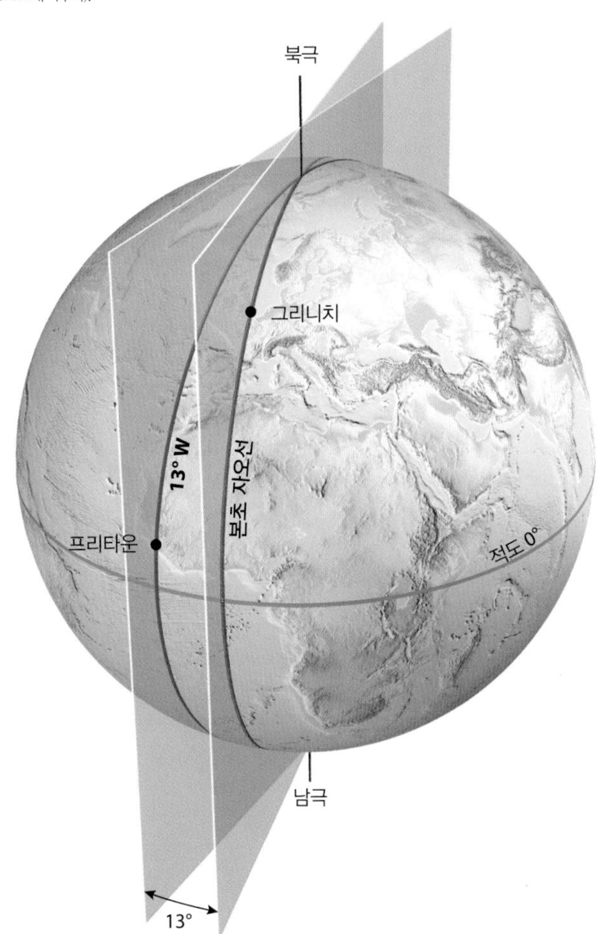

▲그림 1-18 자오선은 양극에서 지구 자전축을 따라 지구를 자르는 평면이 지구 표면과 닿아 있는 부분을 이은 선이다. 그림은 서경 13° 지점에서의 그리니치를 지나는 본초 자오선 평면과 프리타운을 지나는 자오선 평면 간의 각도 관계를 보여 주고 있다.

서였다. 그 당시 전 세계 선박의 3분의 2 이상이 바다에서 운항을 할 때 그리니치 경선을 사용하고 있었기 때문이다.

그래서 북극에서 남극으로 지구 자전축을 따라 지구를 절단할 때, '본초 자오선 평면'이 잉글랜드의 그리니치를 지나면서 지구를 정확하게 반으로 절단한다. 경도값의 경우, 지구상의 어떤 지점에서 지구 자전축을 중심으로 또다시 지구를 정확히 절반으로 절단하는 평면이 있다면 이 평면과 본초 자오선 평면과의 각도가 경도값이 된다. 예를 들어 본초 자오선인 그리니치 본초 자오선 평면과 프리타운(아프리카 서부 시에라리온의 한 도시)을 지나는 평면과의 각도 차이가 13°15′12″라고 할 때 프리타운이 본초 자오선 서쪽에 있기 때문에 프리타운의 경도는 13°15′12″W이다(그림 1-18).

경도 측정: 경도는 본초 자오선을 기준으로 동쪽과 서쪽으로 경도값이 모두 존재하며 각 방향으로 최대값은 180°이다. 본초 자오선으로부터 정확히 지구 반대쪽에 있는 자오선은 태평양 한가운데 지점으로 180°이다(그림 1-19). 지구상의 모든 지점은 본초 자오선이 지나는 그리니치(경도 0°)와 지구 정반대편에 있는 180° 지점(경도 180°)을 제외하고는 동경 혹은 서경으로 경도값을 가진다.

두 경선 간의 간격은 여러분의 예상대로 일정한 간격은 아니다. 적도의 경우, 위도 1° 간의 거리와 경도 1° 간의 거리는 같다. 하지만 지구가 둥글기 때문에 그리고 경선이 극으로 갈수록 줄어들고 양극에서 만나기 때문에 극으로 갈수록 경선 간의 간격은 줄어든다(그림 1-20). 경선이 양극에서 만나기 때문에 당연히 양극에서의 경도 간격은 0이 된다.

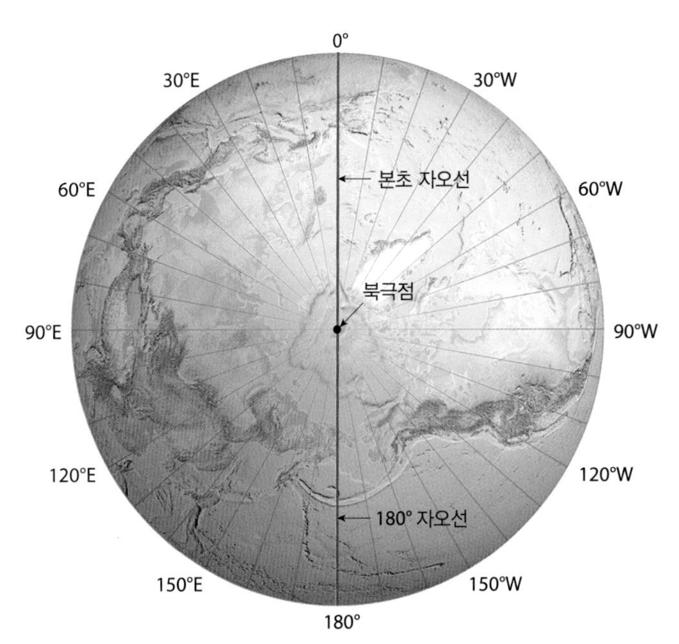

▲그림 1-19 북극점에서부터 방사상으로 뻗어 있는 경선. 이 선을 따라 지구를 자른다고 하면, 잘라진 평면의 맨 위는 북극이고 맨 아래는 남극이 위치한다. 이 평면의 가로면과 세로면은 수직으로 만나게 되어 있다(역주 : 이를 통해 경선과 위선은 직각을 이루고 있음을 이해할 수 있다).

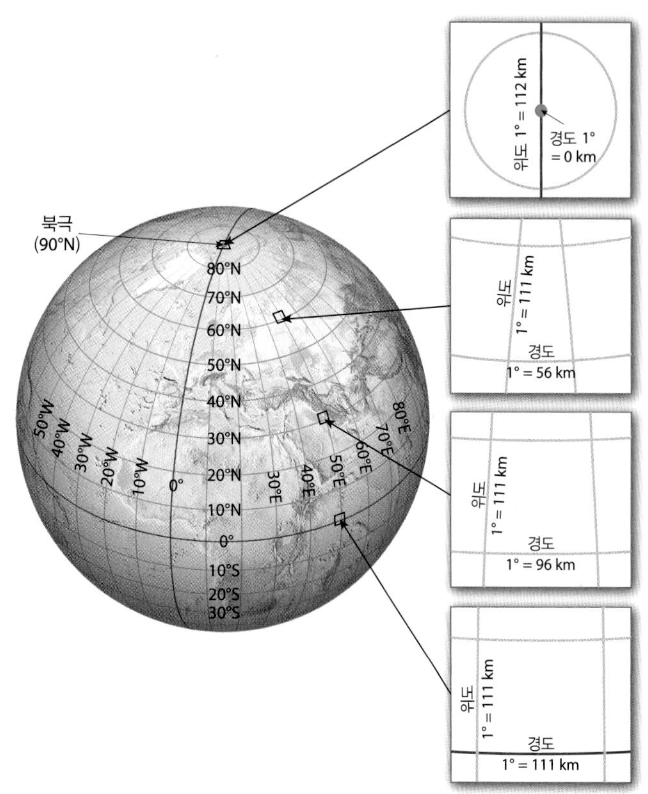

▲ 그림 1-20 지리 좌표계 혹은 경위선 체계. 경선이 양극으로 갈수록 수렴하기 때문에 경도 1° 간격은 적도에서 가장 크고, 극으로 갈수록 줄어들며 극에서 0이 된다. 하지만 양극은 약간 평평하기 때문에 위도 1° 간격은 위치에 따라 아주 약간씩 다르다.

지리적 좌표 체계에서 위치 정하기

위선과 경선이 교차하는 선들의 네트워크를 통해서 전 지구상의 지표면에 대한 지리적 좌표 체계가 만들어진다(그림 1-20 참조). 지구상의 어떤 작은 지점이라도 위도와 경도 값을 아주 세밀한 수치로 표시할 수 있다. 예를 들어 1964년에 뉴욕시는 뉴욕 만국 박람회를 기념하기 위해 타임캡슐(당시의 각종 생활상과 기록들을 캡슐에 넣어 이를 오랜 시간이 경과한 후에 개봉하여 그 당시의 모습을 미래의 후손들에게 알리고자 하는 목적에서 이용한 캡슐)을 묻었다. 그 지점의 위치는 미국연안측지조사국(US Coast and Geodetic Survey)에서 조사한 바에 따르면 북위 40°28′34.089″, 서경 73°43′16.412″이다. 미래의 어느 시점에서 만약 이 좌표 지점에 땅을 판다면 아마 오차 15cm 이내에서 그 타임캡슐을 찾을 수 있을 것이다.

학습 체크 1-11 북아메리카의 경도는 동경일까, 서경일까? 중국은 어떠한가?

지구와 태양과의 관계 그리고 계절

지구의 거의 모든 생명체는 태양 에너지에 의존하고 있다. 그래서 지구와 태양 간의 관계는 아주 중요하다. 지구가 계속 돈다는 것 때문에 지구와 태양의 이런 관계는 1년 내내 일정하지 않다. 이 절에서는 먼저 지구의 움직임과 태양과 지구 자전축의 관계를 먼저 설명하고 다음으로 계절의 변화 내용을 설명한다.

지구의 움직임

지구의 두 가지 기본적인 움직임은 자전축을 따라 매일 도는 자전과 태양 주위를 1년마다 도는 공전이다. 이 두 움직임은 지구 자전축의 '극성(polarity)'과 경사(inclination) 특성과 결합해서 태양에 대한 지구의 운동에 영향을 미치고 계절의 변화를 가져온다.

자전 : 지구는 자전축을 중심으로 서쪽에서 동쪽으로 24시간 동안 한 바퀴 회전, 즉 **자전**(rotation)하고 있다(그림 1-21, 북극점 바로 위 우주 상공에서 지구를 내려다보면 지구는 반시계 방향으로 돌고 있다). 그래서 태양이나 달, 그 외 우주의 별들은 지구에서 보면 동쪽에서 뜨고 서쪽으로 지는 것처럼 보인다. 물론 이것은 지구가 동쪽으로 항상 자전하는 현상 때문에 나타나는 일종의 착시 현상이다.

지구 자전은 회전 운동이 없는 양극을 제외하고 지구상의 모든 지점이 서쪽에서 동쪽으로 움직인다. 이처럼 위도별로 서로 다른 자전 속도를 보이고 있지만(그림 1-21 참조), 같은 지점에서는 자전 속도가 일정하기 때문에 사람들은 자신이 있는 곳에서는

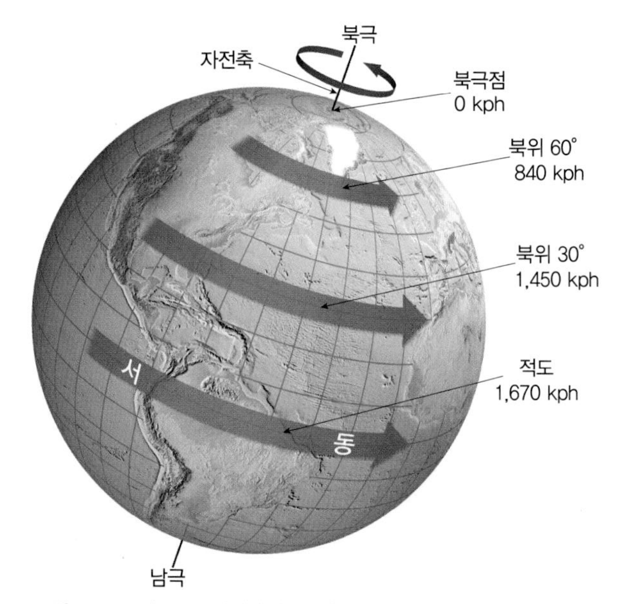

▲ 그림 1-21 지구는 수직에서 약간 기울어져 있는 지구 자전축을 중심으로 서쪽에서 동쪽으로 돌고 있다. 북극점 상공에서 보면 지구는 마치 반시계 방향으로 도는 것처럼 보인다. 자전 속도는 일정하지만 위도에 따라 다르다. 적도에서 가장 빠르고 극으로 갈수록 줄어들고 극에서는 속도가 0이다. 그림에서의 속도는 각 위도에서의 속도이고 시간당 킬로미터 단위이다.

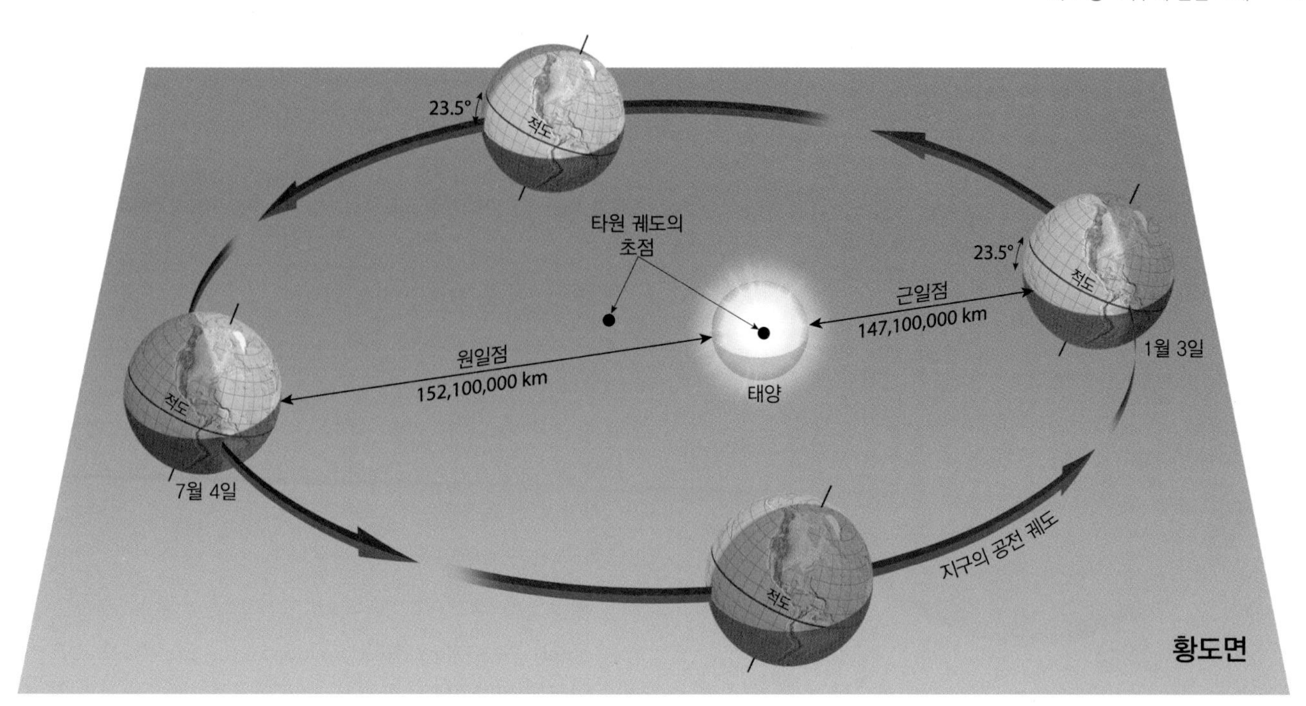

▲그림 1-22 지구 자전축이 기울어져 있기 때문에 황도면과 적도면은 일치하지 않고 지구가 태양 주위를 도는 궤도는 태양을 중심으로 타원이다. 지구와 태양이 가장 가까운 근일점은 1월 3일경이다. 반면 지구가 태양과 가장 멀리 위치한 원일점은 7월 4일경이다. 황도면(ecliptic plane)은 태양 주위를 도는 지구의 궤도면이다. 지구 자전축이 기울어져 있기 때문에 황도면과 적도면은 일치하지 않는다. 지구는 태양을 초점으로 타원으로 태양 주위를 공전하고 있다(그림에서 지구 공전 궤도는 타원 형태의 공전 궤도를 강조하기 위해 편의상 왜곡하여 표현하고 있음). 지구 자전축의 방향은 어느 궤도에서나 같다.

지구가 돌고 있는 것을 느끼지 못한다. 우리가 비행기를 탔을 때 비행기의 속도가 갑자기 변하는 이륙과 착륙 때를 제외하고는 아주 빠른 속도의 비행기 움직임을 거의 못 느끼는 것과 같은 이치이다.

자전은 지구의 물리적 특성에 여러 가지 중요한 영향을 미치고 있다. 관련 사례는 다음과 같다.

1. 지구와 태양 간의 거리가 가까워지고 멀어지는 일련의 과정에서 지구 자전의 영향을 가장 확실하게 확인할 수 있는 사실은 하루 중에 밤과 낮이 있다는 **일주기**(diurnal) 특성이다. 이것은 햇빛 강도와 차이, 기온과 습도, 바람의 움직임 등에 많은 영향을 미친다. 동굴이나 심해에 서식하는 생물체를 제외하고 지구상의 모든 생명체는 밤과 낮의 변화에 적응하면서 살고 있다. 예를 들어 사람들은 시간차가 많이 나는 지역으로 장거리 비행을 한 직후에는 24시간 **생체리듬**이 심각하게 방해를 받아 수면이나 일상생활에 많은 어려움을 경험한다. 이렇게 일상생활에서 수면이나 불편함을 느끼는 현상을 '시차증(jet lag)'이라고 한다.
2. 지구 자전은 태양과 달의 중력에도 영향을 받는데, 이러한 중력의 강약에 따라 지구 환경에도 변화가 나타난다. 지구는 해양이나 바다보다도 표면이 훨씬 단단하기 때문에 태양과 달의 중력 작용에 심하게 반응하지 않는다. 하지만 지구의 자전과 태양과 달의 중력과의 상호작용으로 인하여 해양에는 일정한 패턴의 밀물과 썰물 작용이 나타난다. 이러한 결과에 따른 해수면 변동을 **조석**(tide)이라고 한다. 이 부분은 제9장에서 자세하게 다룬다.
3. 지구가 항상 일정한 속도로 같은 방향으로 움직이기 때문에 지구 내의 대기와 해류 흐름도 장소에 따라 항상 특정한 방향성을 보이고 있다. 이러한 편향성은 북반구에서는 오른쪽 방향, 남반구에서는 왼쪽 방향을 나타내고 있으며 이러한 현상을 **코리올리 효과**(Coriolis effect)라고 한다. 자세한 내용은 제3장에서 다룬다.

공전 : 지구의 움직임을 이해하기 위한 또 다른 중요한 주제는 지구가 태양 주위를 도는 **공전**(revolution)이다. 지구가 태양을 한 바퀴 도는 데 걸리는 시간은 365일 5시간 48분 46초 혹은 365.242199일이다. 이것을 공식적인 용어로 **태양년**(tropical year)이라고 하고 편의상 365.25일이라고 부른다.

태양 주위를 도는 지구의 공전 궤도는 완전한 원이 아니라 타원(ecllipse)이다(그림 1-22). 타원 궤도이기 때문에 지구와 태양 간의 거리 역시 일정하지 않다. 그래서 지구가 태양과 가장 가까워지는 공전 궤도상의 지점인 **근일점**(perihelion)에서부터 가장 멀어지는 공전 궤도상의 지점인 **원일점**(aphelion)까지 지구와 태양 간의 거리는 일정하지 않다. 근일점(*peri*는 그리스어로 '부근'이라는 의미이고 *helios*는 '태양'이라는 의미)에서의 지구와 태양 간의 거리는 약 147,100,000km로 1년 중 1월 3일 부근이고 원일점(*ap*는 그리스어로 '멀리'라는 뜻)의 경우, 지구와 태양 간의 거리는 약 152,100,000km이고 1년 중 7월 4일 근처이다. 태양과 지구 간의 평균 거리는 약 149,597,871km이고 이를 1 **천문단위 거리**(astronomical unit) 혹은 1 태양거리라고 하고 1AU로 표기한다.

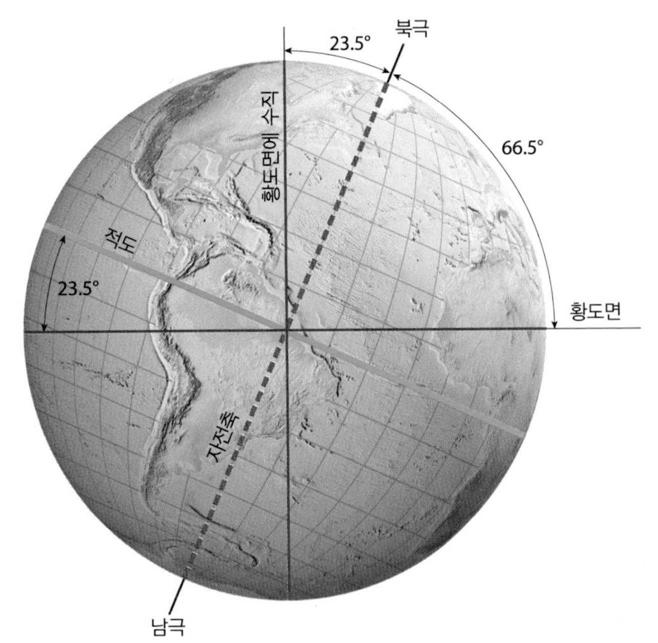

▲그림 1-23 지구 자전축은 황도면으로부터 23.5° 기울어져 있다.

지구와 태양과의 거리는 북반구를 기준에서 볼 때 겨울이 여름보다 태양에 약 3.3% 더 가깝다. 하지만 이 수치는 지구와 태양 간의 거리 변화는 지구의 계절 변화의 요인이 아니라는 의미이다. 실제로 지구의 계절 변화에 영향을 미치는 요인들은 자전과 공전 그리고 지축의 경사(inclination)와 자전축의 극성(polarity)이다.

학습 체크 1-12 지구의 자전과 공전의 차이점을 구별하라.

자전축의 경사 : 태양 주위를 도는 지구의 공전 궤도상의 가상적인 평면을 **황도면**(plane of the ecliptic)이라고 한다. 그런데 지구의 자전축이 일정한 각도로 기울어져 있기 때문에 황도면과 적도면은 수직으로 만나지 않는다(그림 1-22 참조). 지구 자전축은 23.5° 기울어져 있고(그림 1-23) 이 경사도가 1년 내내 변하지 않는다. 지구 자전축의 경사를 **지축의 경사**(inclination of Earth's axis)라고 한다.

자전축의 극성 : 지구 자전축이 항상 상대적으로 공전 궤도상에서 기울어져 태양 주위를 돌기 때문에 자전축은 언제나 공전 궤도상에서 같은 방향을 가리키고 있다. 이러한 방향성으로 인해 북극성은 지구에서 언제나 같은 방향에 떠 있는 것을 볼 수 있다(그림 1-24). 다른 말로 하면, 1년 내내 지구 자전축은 항상 동일한 각도를 유지하고 있다는 의미이고 이런 특성을 지구 **자전축(지축)의 극성**(polarity of Earth's axis, 다른 말로 parallelism)이라고 한다.

자전과 공전, 지축의 경사, 극성이 서로 영향을 미쳐 이 결과로 지구에서는 계절 패턴과 변화가 나타난다. 그림 1-24에서 보는 것처럼, 북반구의 여름에 북극은 지구 공전 궤도에서 태양에 가장 가깝게 기울어져 있고, 반면 6개월 후인 북반구의 겨울에 북극은 태양에서 가장 멀리 기울어져 있다. 이것이 1년 동안 볼 수 있는 계절적 변화의 가장 기본적인 패턴이다.

학습 체크 1-13 북극은 1년 내내 태양 쪽으로 기울어져 있는가? 만약 아니라면, 태양과 관련하여 북극의 기울기는 1년 동안 어떻게 바뀌는가?

계절의 연중 변화

1년 동안 지구가 태양에 어떤 영향을 어떻게 받고 있는지는 낮과 밤의 길이 차이와 지표면에 비추는 햇빛의 각도가 다르다는 사실로 판단할 수 있다. 이런 변화는 중위도와 고위도 지역에서 가장 쉽게 볼 수 있지만, 적도에서도 중요한 차이가 나타난다.

계절의 연중 변화를 논의하는 데 있어 다음의 세 가지 조건에 대해 특히 주목해야 한다.

1. 태양빛을 수직으로 받는 위도[다른 말로 태양직하점(subsolar point) 혹은 **태양편위**(declination of the Sun)라고도 한다]
2. 위도별 **태양 고도**(solar altitude, 지평선으로부터의 태양고도)
3. 위도별 낮의 길이(일광 시간)

이 절에서는 먼저 4개의 주요 절기인 춘분, 하지, 추분, 동지의 조건을 다룬다(그림 1-24a 참조). 이 내용을 이해하면 네 절기가 계절의 변화와 관계가 있기 때문에 이 장의 앞에서 다룬 '7개의 중요한 위도대(적도, 북회귀선, 남회귀선, 북극권, 남극권, 북극, 남극)'에 대한 내용도 알 수 있다. 먼저 하지에 대해서 알아보자.

하지 : 1년 중 날짜가 조금씩 바뀌기는 하지만 **하지**(June solstice)는 6월 21일 전후이다. 하지는 1년 중에서 북극이 태양 쪽으로 가장 가깝게 기울어져 있는 때이다. 이때 태양은 북위 23.5°인 **북회귀선**(Tropic of Cancer)에서 지표면에 수직으로 비춘다(그림 1-24b). 만약 우리가 하지 때 북회귀선 지역에 있다면 정오에 태양은 우리 머리 바로 위쪽에 있음을 알 수 있다. 다른 의미로, 이 때 태양광이 수직으로 지표면에 비추기 때문에 태양 고도는 90°이다. 북회귀선은 1년 중 태양 고도가 수직으로 지표면을 비추는 가장 북쪽 범위이다.

태양이 지구를 비출 때 태양광이 비추는 지구의 절반(낮이 되는 지역)과 비추지 않는 절반(밤이 되는 지역)의 경계를 **조명원**(circle of illumination)이라고 한다. 하지 때에 조명원은 적도선을 정확하게 반으로 나눈다(그림 1-24b). 이러한 결과로 적도에서는 하지 때 낮과 밤의 길이가 12시간씩 된다. 하지만 적도를 중심으로 하지 때 북반구에서는 태양광이 비추는 면적이 넓어짐에 따라서 고위도로 갈수록 낮의 길이는 길어지고, 남반구에서는 반대로 적도에서 남극으로 갈수록 낮의 길이가 줄어든다.

또한 그림 1-24b를 자세히 보면 북반구의 하지 때 조명원 범위는 북위 66.5°와 남위 66.5°도 사이이다. 북반구에서 조명원은 북극점에서 남쪽으로 23.5°인 지점, 즉 북위 66.5°이다. 이 의미는 지구가 자전하기 때문에 북반구 하지 때의 66.5°N 이상인 지

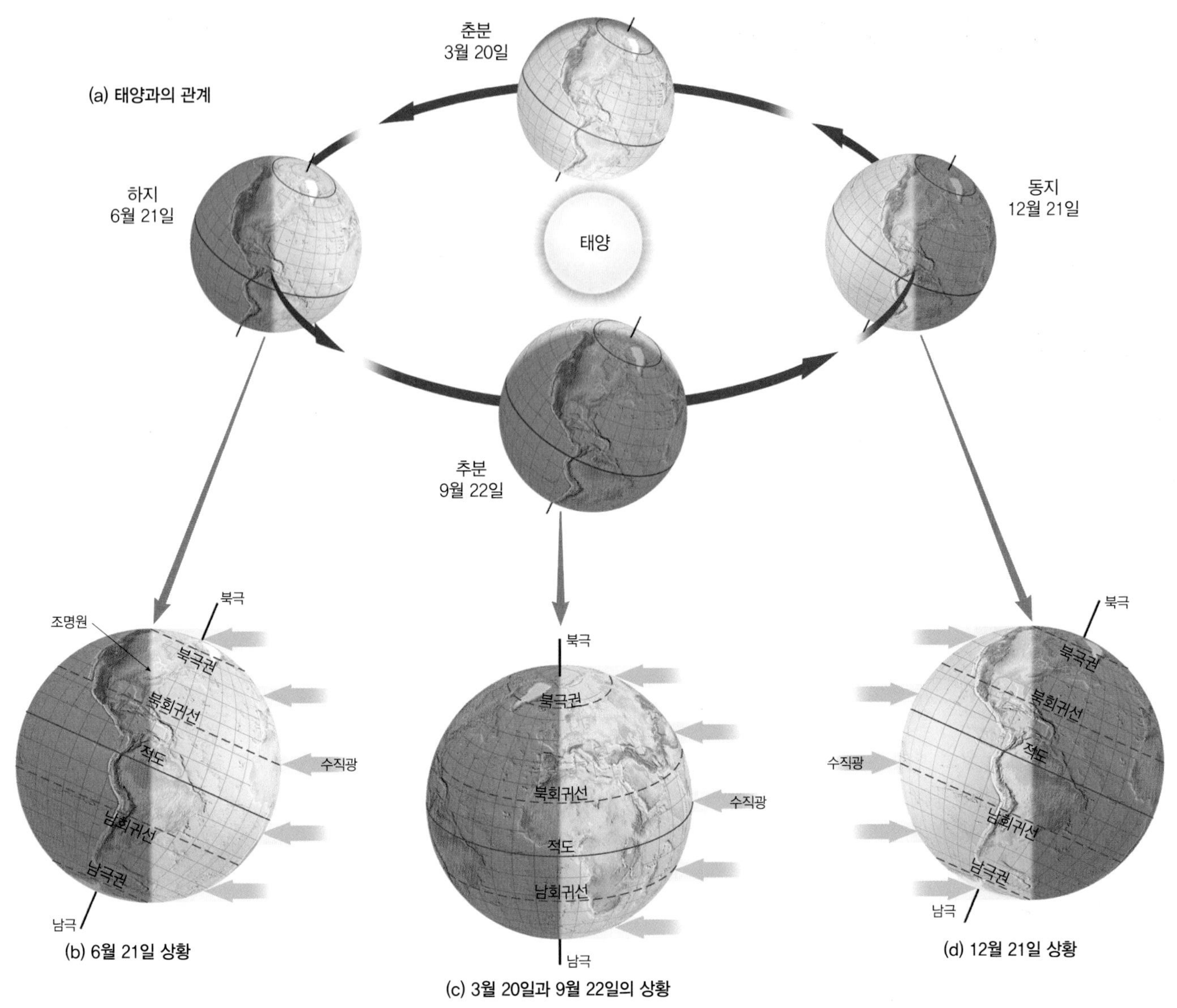

▲그림 1-24 (a) 계절의 연중 변화에 영향을 미치는 하지, 추분, 동지, 춘분 때의 태양과 지구와의 관계(각 날짜는 주변일임). (b) 하지(북반구 기준)의 정오 시점에서 태양이 수직으로 지표면을 비추는 위도는 23.5°N이다. 1년 중 어느 때라도 지구의 반은 태양이 비추고 있는데, 태양이 비추는 낮과 비추지 않는 밤의 경계를 조명원이라고 한다. (c) 춘분과 추분의 정오 시점에서 태양이 수직으로 지표면을 비추는 위도는 적도이다. (d) 동지(북반구 기준)의 정오 시점에서 태양이 수직으로 지표면을 비추는 위도는 23.5°S이다.

역은 24시간 내내 조명원 범위 내에 포함되어 있어 낮이 계속된다는 의미이다. 반대로 66.5°S 이상인 지역(남위 66.5°에서 남극점)은 북반부 하지 때에는 24시간 내내 조명원 밖이기 때문에 밤이 계속된다는 의미이다. 이렇게 북반구의 하지나 동지일 때 24시간 낮이나 밤이 계속되는 지역을 극권(polar circle)이라고 하고 66.5°N부터 북극까지 지역을 **북극권**(Arctic Circle), 66.5°S부터 남극까지 지역을 **남극권**(Antarctic Circle)이라고 한다.

이렇게 하지를 북반구에서는 여름 하지라고 하고 남반구에서는 겨울 동지라고 한다(북반구와 남반구에서는 이들 날을 '여름이 시작되는 날' 혹은 '겨울이 시작되는 날'이라 부른다).

학습 체크 1-14 하지일 때 태양고도가 수직인 위도대는 어디인가?

추분 : 하지가 지난 후 대략 3개월 후인 9월 22일 전후로 북반구는 **추분**(September equinox)이 된다(이 시기는 매년 약간씩 날짜가 달라지기도 한다). 그림 1-24c에서 보는 바와 같이 추분에는 적도에서 태양이 지표면에 수직이다. 이때 우리가 적도에 있다면 정오 때 태양이 우리 머리 위에 직각으로 떠 있는 것을 볼 수 있다. 또한 이 시기에 조명원은 양극을 포함하여 지구 전체를 양분해서 지구의 모든 지역은 낮과 밤이 12시간씩이 된다(*equinox*는 라틴어에서 기원한 단어로, '낮과 밤의 시간이 같은'이라는 의미이다). 물론 절기에 관계없이 적도 지역에는 매일 낮과 밤의 길이가 12시간씩이지만 지구의 다른 지역은 추분과 춘분에만 낮과 밤의 길이가 같다.

북반구에서는 'September equinox'를 추분(autumnal equinox)이라 부르고 남반구에서는 춘분(vernal equinox)이라 부른다(그래서 'September equinox'를 북반구에서는 '가을이 시작되는 첫날'이라 하고 남반구에서는 '봄이 시작되는 첫날'이라 부르고 있다).

표 1-2 절기별 자연환경의 특징

	춘분	하지	추분	동지
태양이 수직인 위도	0°	23.5°N	0°	23.5°S
적도에서의 낮의 길이	12시간	12시간	12시간	12시간
북반구 중위도에서의 낮의 길이	12시간	낮의 길이는 적도에서 북쪽으로 갈수록 늘어난다.	12시간	낮의 길이는 적도에서 북쪽으로 갈수록 짧아진다.
남반구 중위도에서의 낮의 길이	12시간	낮의 길이는 적도에서 남쪽으로 갈수록 짧아진다.	12시간	낮의 길이는 적도에서 남쪽으로 갈수록 늘어난다.
24시간 낮인 지역	없음	북극권에서 북극까지	없음	남극권에서 남극까지
24시간 밤인 지역	없음	남극권에서 남극까지	없음	북극권에서 북극까지
북반구의 계절	봄	여름	가을	겨울
남반구의 계절	가을	겨울	봄	여름

동지 : 동지(December solstice)는 대략 12월 21일 즈음으로 지구 공전 궤도에서 북극이 태양에서 1년 중 가장 멀리 기울어진 때로 태양은 23.5°S인 **남회귀선**(Tropic of Capricorn)에서 수직으로 비춘다(그림 1-24d). 하지와 마찬가지로 조명원은 양극 중 어느 한 쪽은 모두 포함하는 반면 다른 한 극은 일부 지역만 포함한다. 이 시기는 하지 때와는 반대로 북극권 지역은 24시간 밤이 계속되고 남극권 지역은 24시간 낮이 계속된다.

하지와 동지는 지구와 태양 간의 관계에서 서로 아주 비슷하다. 예를 들어 이 두 시기의 자연 현상은 북반구와 남반구가 서로 정반대이다. 북반구에서는 12월 21일경의 절기를 동지(winter solstice)라고 부르고 남반구에서는 이 절기를 하지(summer solstice)라고 부른다(동지는 '겨울이 시작되는 첫날'이라는 의미이고 하지는 '여름이 시작되는 첫날'이라는 의미이다).

춘분 : 동지가 지난 후 대략 3개월 후인 3월 20일 전후로 북반구는 **춘분**(March equinox)이 된다. 춘분과 추분일 때의 태양과 지구와의 관계는 이 두 절기가 서로 같다(그림 1-24c). 'March equinox'를 북반구에서는 다른 표현으로 춘분(vernal equinox)이라고 하고 남반구에서는 추분(autumnal equinox)이라고 하여 북반구에서는 '봄이 시작되는 첫날', 남반구에서는 '가을이 시작되는 첫날'로 부른다. 표 1-2는 지금까지 서술한 다양한 절기에 대한 특징을 요약한 것이다.

학습 체크 1-15 1년 동안 적도에서 일조시간의 변화는 어떻게 되는가?

계절의 변화 추이

지금까지 동지, 하지, 춘분, 추분의 네 절기 때의 하루에 대해 설명했다. 하지만 네 절기 이외의 날에 나타나는 일조시간과 태양

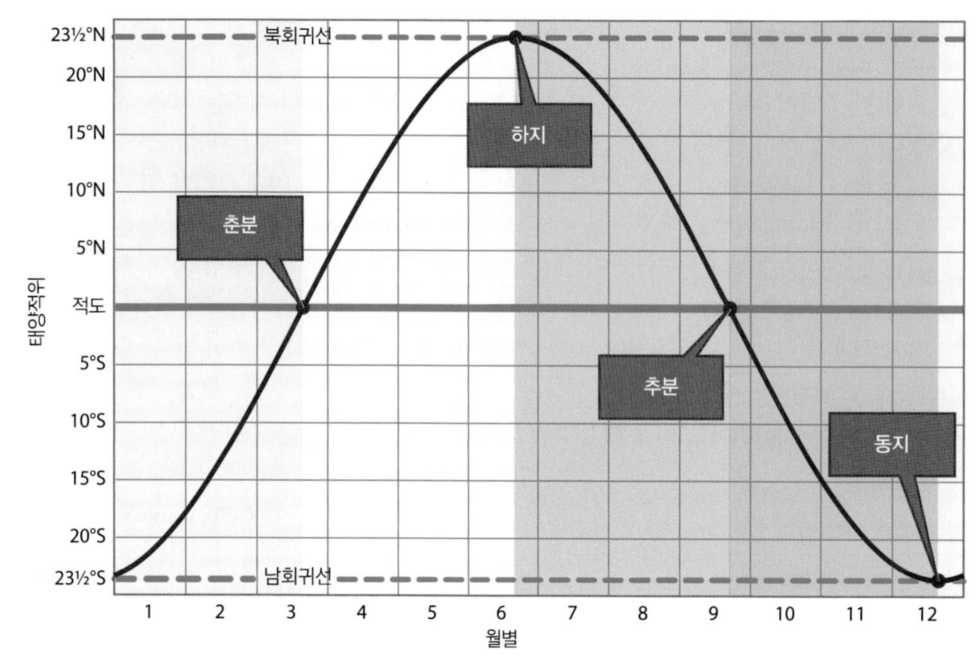

◀ **그림 1-25** 태양이 지표면과 수직일 때의 위도[태양이 지표와 수직일 때를 '태양 편위(declination of the Sun)'라 하며, 위도 −23.5°~+23.5°이다]. 지표에서 태양각이 수직이 될 때와 지점은 춘분과 추분일 때의 적도이고, 하지 때는 북회귀선, 동지 때는 남회귀선이다(역주 : 예를 들면, 하지 때 태양 편위는 북위 23.5°이고, 동지 때는 남위 23.5°이다).

표 1-3 하지일 때 낮의 길이와 정오의 태양고도

위도	낮의 길이(시간)	정오 때 태양고도
90°N	24시간	23.5
60°N	18시간 53분	53.5
30°N	14시간 5분	83.5
0°	12시간 7분	66.5
30°S	10시간 12분	36.5
60°S	5시간 52분	6.5
90°S	0	0

출처 : Robert J. List, *Smithsonian Meteorological Tables*, 6th rev. ed. Washington, D.C.: Smithsonian Institution, 1963, Table 171.

각의 변화 추이를 이해하는 것도 중요하다.

태양과의 각도가 수직인 위도 : 지표면상에서 태양이 수직으로 떠 있는 것을 관찰할 수 있는 위도대는 북회귀선에서 남회귀선 사이이다. 춘분이 지나면 지표에서 수직으로 태양광이 비추는 위도대는 적도에서 북쪽으로 이동한다. 하지 때는 북회귀선에서 태양이 지표면과 수직이 된다(비록 북회귀선보다 고위도에 위치한 북반구 지역은 태양과 지표가 수직은 아니지만 태양 고도가 가장 높다). 하지가 지나고 추분으로 가면서 태양과의 각도가 수직인 지점은 다시 남쪽으로 이동하고, 추분 때 적도에서 정오에는 지표면과 수직이 된다. 추분이 지나고 동지로 가면서 이러한 태양과 수직 관계인 지역은 남회귀선 위도대로 이동한다(동지 때 북반구는 1년 중 가장 태양 고도가 낮은 시기가 된다). 동지가 지나면 태양과 수직 관계인 위도대는 남회귀선에서 북쪽으로 이동하여 춘분 때 다시 적도에 도달하게 된다. 지표에서의 태양 각도와 위도와의 관계는 그림 1-25에 제시되어 있다.

낮의 길이 : 낮의 길이가 1년 동안 변하지 않고 일정한 지역은 적도 지역으로 하루의 밤과 낮의 길이는 각각 12시간이다.

북반구에서 북극권까지는 동지 때 낮의 길이가 가장 짧고 동지가 지나면서 낮의 길이는 서서히 길어져서 춘분 때 낮과 밤의 길이가 같아져 12시간씩 된다. 이후 낮의 길이는 서서히 길어져 하지 때가 가장 길다(이 기간 동안 남반구에서는 낮의 길이가 점점 더 짧아진다).

1년 중 낮의 길이가 가장 긴 하지를 지나면서 북반구에서 낮의 길이 패턴은 반대로 된다. 낮의 길이는 추분으로 가면서 춘분과 마찬가지로 낮과 밤이 12시간씩 되다가 이후에 서서히 짧아지고 동지 때 낮의 길이가 가장 짧게 된다(이 기간 동안 남반구에서는 낮의 길이가 길어진다).

전체적으로 보면 낮의 길이 변화의 정도는 적도 지방에서 가장 적고 고위도로 갈수록 변화 정도가 커짐을 알 수 있다(표 1-3).

학습 체크 1-16 적도에서 태양각이 지표와 수직인 날(절기)은 언제인가?

북극과 남극에서의 낮의 길이 북극과 남극에서의 일조 패턴도 살펴볼 필요가 있다. 북극점에서 태양은 춘분 때 떠서 6개월 동안 하늘에 떠 있다. 춘분 때부터 태양 고도는 하지 때까지 하루에 조금씩 고도가 높아진다. 하지 정오 때 북극점에서 태양은 직각이 된다. 하지가 지난 다음부터 태양 고도는 다시 낮아지기 시작해서 추분이 되면 지평선까지 낮아진다.

춘분이 지나면서 매주 24시간 태양이 떠 있는 백야 지역은 범위가 점점 더 넓어지고 가장 범위가 넓어지는 것은 하지 때인데, 북위 66.5°인 북극권까지 확장된다. 하지가 지나면 다시 그 범위는 줄어들기 시작하고 추분 때는 태양이 지평선 아래로 사라지며 이후 북극권부터 북극점까지 24시간 계속 밤이 지속된다.

추분이 지나면서 24시간 밤이 되는 지역의 범위는 북극점을 중심으로 동지까지 계속 남쪽으로 확대되어 동지에는 북극점에서 북극권(66.5°N)까지 모든 지역이 24시간 동안 밤이 된다. 동지가 지나면서 24시간 밤이 되는 지역은 춘분 때까지 점차 줄어들어 춘분 때는 다시 북극점에서 태양이 지평선 위로 올라오는 모습을 볼 수 있다.

남반구의 남극 지역에서는 이러한 계절적 패턴이 북반구와 정반대이다.

계절적 패턴의 중요성

낮의 길이와 지표면에서의 태양 각도, 두 요소 모두 특정 위도에서의 태양 에너지 양을 결정하는 주요 결정 인자이다. 일반적으로 지표면에서의 태양 고도가 높으면 높을수록 지표면은 더 가열된다. 겨울철의 짧은 일광 시간과 여름철의 긴 일광 시간은 중위도와 고위도 지역에서의 계절별 기온차에 상당한 영향을 미친다.

그래서 적도 지방에서는 연중 태양 고도가 높고 낮의 길이가 일정(12시간)하기 때문에 전체적으로 기온이 높다고 할 수 있다. 반면 극지방은 낮은 태양 고도 때문에 기온이 낮아 추운 기후 특성을 보인다. 극지방에서 여름은 아무리 24시간 내내 태양이 떠 있다고 해도 낮은 입사각(low angle of incidence) 때문에 태양열을 확보하는 데는 한계가 있다. 중위도에서는 태양각과 낮의 길이에 있어 계절적 차이가 많이 발생하기 때문에 계절별 기온 차이도 중위도에서 가장 크다.

학습 체크 1-17 북극에서 1년 중 태양을 볼 수 없는 기간은 몇 달인가?

시간에 대하여

시간을 이해하기 위해서는 두 가지 개념을 알아야 한다. (1) 위도와 경도의 좌표 체계와 (2) 태양-지구 관계이다.

선사시대에는 일출과 일몰이 시간을 말하는 주요한 수단이었지만, 문명이 발달함에 따라서 좀 더 정확하게 시간을 기록하고 지정할 필요성이 제기되었다. 태양 정오(solar noon)는 하루 중 그

▲그림 1-26 해시계의 중앙에 수직으로 솟아 있는 금속 바늘을 '노몬(gnomon)'이라고 한다. 이 바늘의 위쪽 끝부분은 해시계 바닥에서 위로 경사진 형태이다. 이때 경사진 각도는 해시계가 설치된 지점의 위도와 같은 각도로 경사지게 만들어졌다. 북반구의 해시계 바늘은 북극을 향하게 되어 있고 남반구에서는 남극으로 향하도록 되어 있다. 태양빛이 해시계에 비출 때, 해시계의 바늘은 막대의 그림자를 이용해서 그 시점의 시간을 표시한다. 하루 중 태양이 동에서 서로 이동함에 따라 그림자의 위치도 변하고 시간도 바뀌게 된다. 사진의 해시계는 오후 2시를 가리키고 있다.

림자가 가장 짧은 때를 말한다. 로마 시대에는 시간을 알기 위해 해시계를 사용하였는데(그림 1-26), 이 중에서 하루 중 태양이 가장 높게 떠 있는 때를 *meridian*[하루(*diem*) 중 태양이 가장 높이 떠 있는(*meri*) 때]이라고 해서 정오에 대해서 아주 중요한 의미를 부여하였다. 우리가 지금 사용하고 있는 오전(A.M. — *ante meridian* : 정오 이전)과 오후(P.M. — *post meridian* : 정오 이후)의 의미도 로마 시대의 정오 시간의 의미에서 기원하였다.

모든 교통수단이 도보나 말, 선박에 의존했던 과거에는 다른 지역의 시간을 비교하는 것이 상당히 어려운 일이었다. 이 시기에는 각 지역별로 그림자가 가장 짧은 시간을 정오로 해서 이것을 기준으로 시간을 정했다.

표준시

전보와 철도의 등장으로 도시와 도시 간의 소식 전달이나 사람들의 이동은 이전 시기와 비교할 수 없을 정도로 빠르게 이루어졌다. 이로 인해 각 지역별로 서로 다르게 사용되어 온 지방시는 많은 혼란을 가져왔고 이것이 표준시의 필요성을 자극하는 계기가 되었다.

전 세계 표준시 제정을 위해 1884년 워싱턴 D.C.에서 국제자오선회의(International Prime Meridian Conference)가 열렸다. 여기에서 각국의 대표들은 세계 표준 시간대를 정하기 위해 경도 15°씩, 전 세계를 24개의 **표준 시간대**(time zone)로 나누었다. 또한 전 세계의 표준 시간대의 기준이 되는 시간대로 영국의 그리니치를 지나는 경선을 본초 자오선으로 정하고, 본초 자오선의 시간대를 그리니치 경선으로부터 동쪽과 서쪽으로 각각 경도 7.5°씩의 범위로 정했다. 이와 같은 방식으로 그리니치 본초 자오선을 기준으로 동쪽으로 혹은 서쪽으로 15°씩 이동하면서 전 세계의 다른 시간대가 나누어졌고 각각 그 시간대의 **중앙 경선**(central meridian)도 정해졌다(그림 1-27). 보통 서쪽에서 동쪽으로 어떤 시간대에서 바로 옆의 시간대로 이동한다면 1시간을 더해야 한다.

현재에도 **그리니치 표준시**(Greenwich Mean Time, GMT)가 **세계 표준시**(Universal Time Coordinated, UTC)로 간주되고 있지만 여전히 본초 자오선을 표준시의 기준으로 생각하고 있다. 어느 지역에서 정확한 시간을 알기 위해서는 이 지역의 시간대가 그리니치 본초 자오선보다 빠른지 혹은 늦은지에 대한 시간차를 알아야 한다. 하지만 인도를 비롯한 몇몇 국가들은 1시간 단위의 표준 시간 체계를 따르지 않고 그들만의 방식을 고수하고 있다.

전 세계 대부분의 국가는 동서로 1시간의 표준 시간대에 포함될 정도라서 특정 시간대를 표준 시간대로 하고 있지만, 몇몇 나라는 나라가 넓기 때문에 한 국가 내에 여러 개의 표준 시간대가 있다. 대표적으로 러시아와 미국이다. 러시아는 10개의 시간대가 있고 미국의 경우에는 하와이와 알래스카 시간대를 포함하여 6개의 시간대가 있다(그림 1-28a).

국제적으로 해상이나 해양에서는 해당 시간대가 15°씩 나누어져 있지만 육상의 시간대는 각종 정치·경제적인 편의성에 영향을 받는다. 예를 들면 미국에서 중부 시간대(Central Standard Time Zone)는 서경 90°가 중앙인데, 텍사스주의 대부분을 이 시간대에 포함시키기 위해 중부 시간대를 서경 105°까지 확장하였다(사실 서경 105°는 산악 시간대의 지역 중앙 경선이기도 하다). 반대로 텍사스주 엘파소의 경우에는 공식적으로 산악 시간대에 포함되어 있는데, 이 지역이 산악 시간대에 속하는 뉴멕시코주 남부 지역의 상업 중심지로서 주요한 역할을 하고 있기 때문에 행정적으로는 텍사스주이지만 시간대는 중부 시간대가 아니라 산악 시간대(Mountain Standard Time Zone)에 포함되어 있다. 좀 더 극단적인 예는 중국으로, 동서로 약 4개의 경도 15° 구역이 존재하지만 베이징에 가장 가까운 동경 120° 시간대를 국가 표준 시간대로 정해 중국 전체가 하나의 시간대를 사용하고 있다.

각 시간대 가운데에 지역 중앙 경선이 지나고 있다. 지역 중앙 경선이 지나는 지역의 시간은 평균 태양시와 같다(예를 들면 태양시는 낮 12시일 때 태양 고도가 가장 높다. 지역 중앙 경선에서 하루 중 가장 태양 고도가 높은 시간도 낮 12시이다). 하지만 같은 표준 시간대에서 중앙 경선을 제외하고 다른 지점에서는 태양시와 시간이 일치하는 것은 아니다. 이에 대한 설명은 미국 지역을 사례로 그림 1-28b에 제시되어 있다.

학습 체크 1-18 세계 시간대에서 서쪽에서 동쪽으로 바로 옆 시간대로 1시간 이동하면 시간은 어떻게 변하는가?

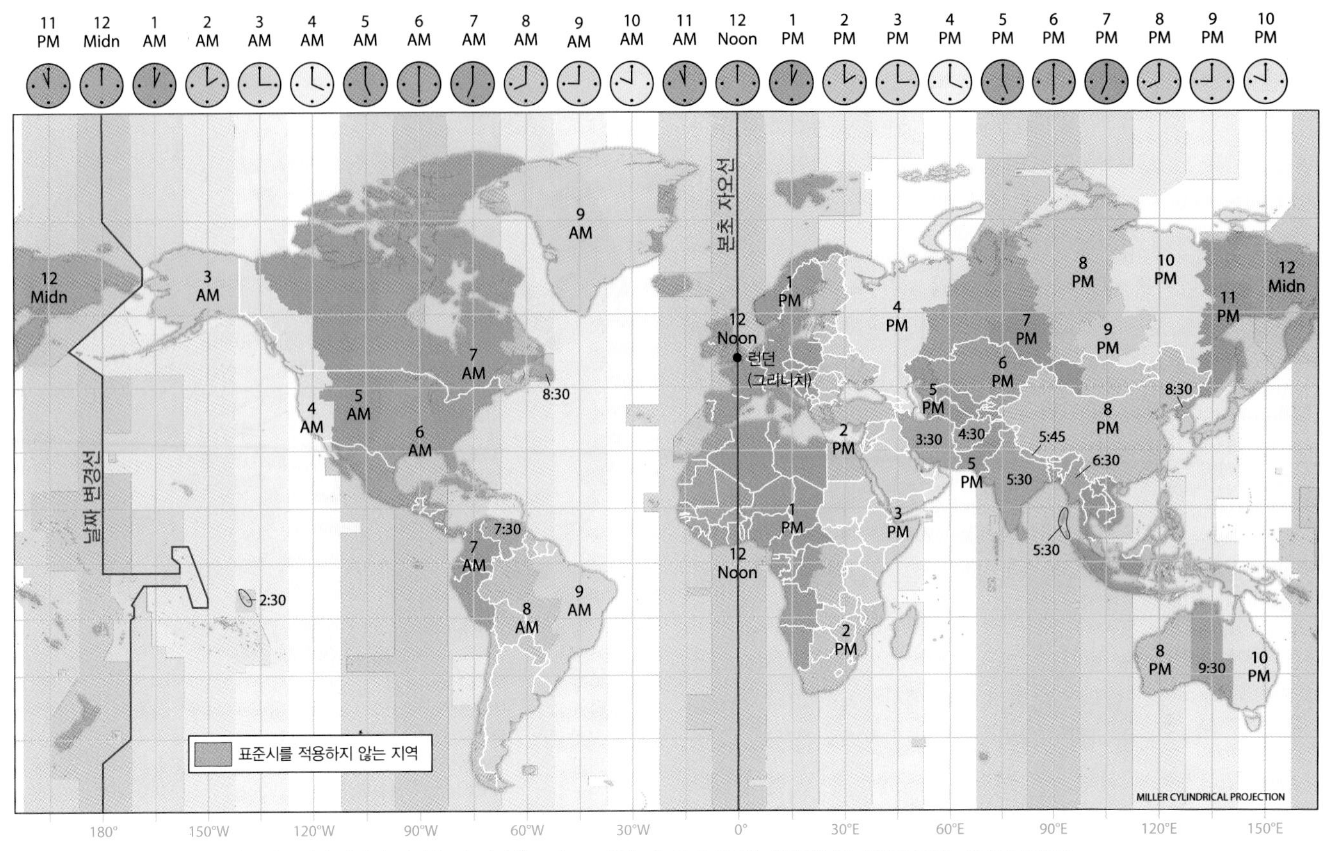

▲ 그림 1-27 24개의 시간대로 나누어진 세계의 시간대. 각 시간대는 경도 15°씩 나누어져 있지만 육지에서의 시간대 경계는 바다와 다르다.

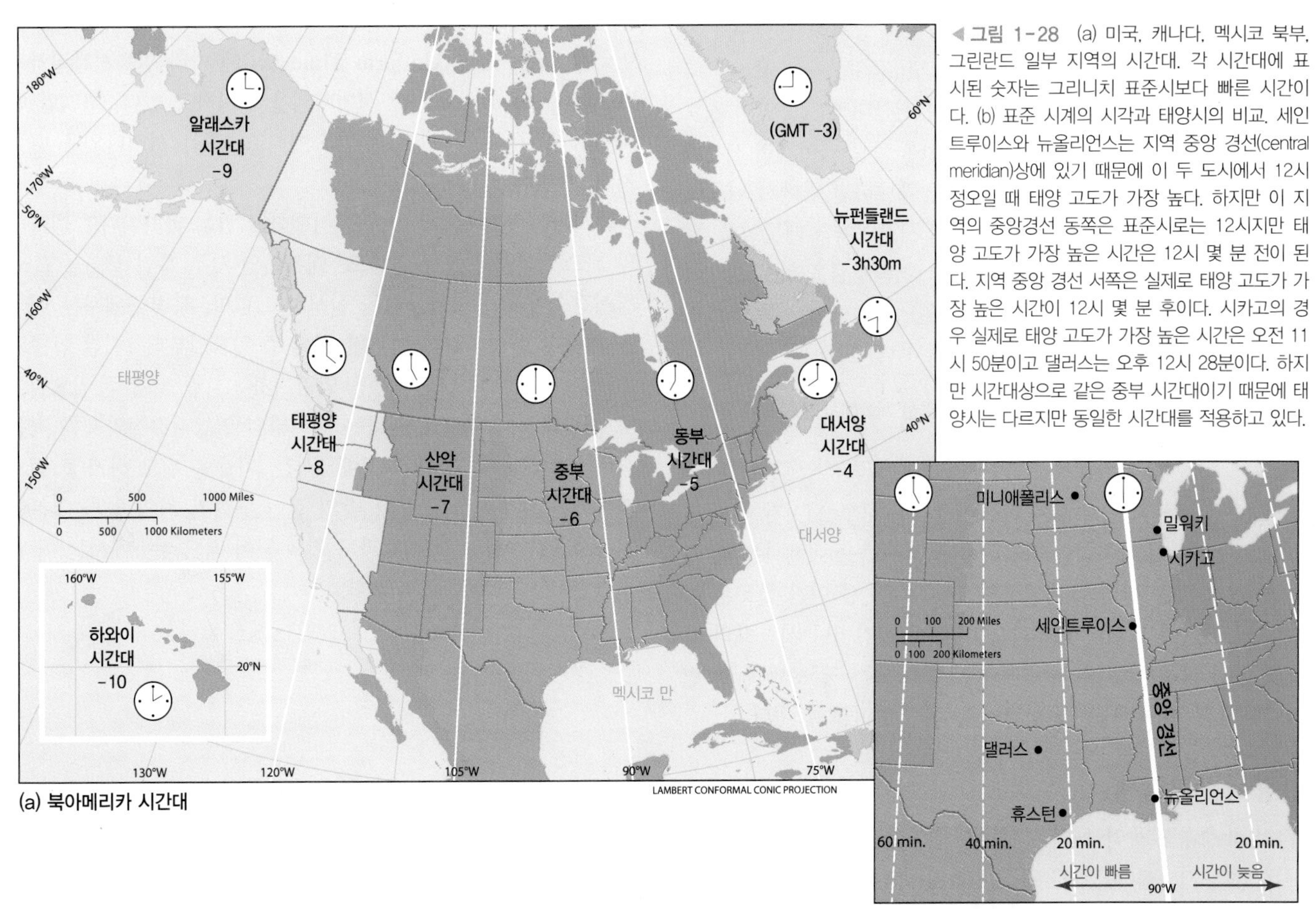

◀ 그림 1-28 (a) 미국, 캐나다, 멕시코 북부, 그린란드 일부 지역의 시간대. 각 시간대에 표시된 숫자는 그리니치 표준시보다 빠른 시간이다. (b) 표준 시계의 시각과 태양시의 비교. 세인트루이스와 뉴올리언스는 지역 중앙 경선(central meridian)상에 있기 때문에 이 두 도시에서 12시 정오일 때 태양 고도가 가장 높다. 하지만 이 지역의 중앙경선 동쪽은 표준시로는 12시지만 태양 고도가 가장 높은 시간은 12시 몇 분 전이 된다. 지역 중앙 경선 서쪽은 실제로 태양 고도가 가장 높은 시간이 12시 몇 분 후이다. 시카고의 경우 실제로 태양 고도가 가장 높은 시간은 오전 11시 50분이고 댈러스는 오후 12시 28분이다. 하지만 시간대상으로 같은 중부 시간대이기 때문에 태양시는 다르지만 동일한 시간대를 적용하고 있다.

날짜 변경선

1519년 페르디난드 마젤란(Ferdinand Magellan)은 241명의 선원들과 함께 다섯 척의 배로 아시아 항해를 위해 스페인을 출발하였다. 3년 후 세계일주를 마치고 스페인으로 다시 돌아왔을 때는 배 한 척에 선원 18명이었다. 이들이 세계일주를 하는 동안 최대한 정확하게 항해 일지를 기록한다고 했지만 도착한 후 그들의 기록과 실제 날짜를 비교해 보니 하루의 시간 오차가 있었다. 이것이 인간이 최초로 전 지구적 차원의 시간 변화를 경험한 경우였다. 전 세계의 시간 변화를 현실적으로 실현한 것은 **날짜 변경선**(International Date Line)의 도입이었다.

그리니치 경선을 본초 자오선으로 정한 이유 중의 하나는 그리니치의 정반대편이 태평양이라는 지리적 특징 때문이었다. 180° 경선이 지나는 태평양 한복판은 사람이 거의 거주하지 않아 하루가 시작하고 끝나는 날짜 변경에 대해 인간 생활에 아주 큰 영향을 주지 않기 때문이다. 경선 180° 날짜 변경선은 위치에 따라서 약간 휘어져 있다. 날짜 변경선은 알래스카의 알류샨열도 전체가 동일한 날짜에 포함되도록 하기 위해 베링해에서 러시아 쪽으로 휘어져 있다. 또한 피지와 통가 같은 남태평양의 섬들도 한 범위 내에 포함시키기 위해 날짜 변경선이 동쪽으로 쭉 뻗어 있다(그림 1-29). 그리고 태평양 중부를 지나는 날짜 변경선이 상당히 동쪽으로 뻗어 나간 이유는 키리바시공화국의 섬들 때문이다. 많은 섬들이 태평양 바다 곳곳에 산재되어 있어 이 섬들을 같은 시간대에 포함시키기 위해서는 날짜 변경선을 상당히 먼 동쪽까지 휘어지게 정할 수밖에 없었다.

날짜 변경선이 경도에 의해서 구분된 시간대의 정중앙인 경도 180°에 위치하기 때문에 이 날짜 변경선을 바로 넘어가면 시간대가 변하는 것이 아니라 날짜만 바뀐다. 왜냐하면 앞에서 나왔듯이 날자 변경선 좌우로 7.5°씩이 하나의 시간대이기 때문이다. 날짜 변경선을 기준으로 서쪽에서 동쪽으로 변경선을 바로 넘어가면 하루가 절약되고(1월 2일에서 1월 1일), 동쪽에서 서쪽으로 바로 넘어가면 하루가 더해진다(1월 1일에서 1월 2일).

학습 체크 1-19 날짜변경선을 기준으로 변경선 서쪽에서 동쪽으로 넘어가면 날짜는 어떻게 변하는가?

인공위성에서 찍은 수많은 지구 영상들은 하루 24시간 낮과 밤 동안 지구상에서 활동하는 다양한 인간의 모습을 이해하는 데 도움을 준다. 각종 상업, 교통, 공업, 도시 활동 등 인간 활동은 아무리 먼 거리의 도시라 하더라도 더 이상 야간이나 시간차의 제약을 받지 않는다. 이와 관련하여 뒤에 나오는 "글로벌 환경 변화 : 밤에 본 지구 모습" 글상자에서 좀 더 알아볼 수 있다.

일광시간절약제

제1차 세계대전 동안 독일은 에너지 절약을 위해서 모든 시간을 1시간 앞당기도록 하였다. 이것은 독일 국민들로 하여금 낮 1시간을 '절약'하도록 하였고 결국 전기 소비를 줄이는 데 기여하였다. 미국은 1918년에 이와 유사한 '서머타임'을 시작했었다. 미국은 표준시간법(Uniform Time Act)에 따라 **일광시간절약제**(dalylight-saving time)인 서머타임을 실시하고 있다. 하지만 하와이와 인디애나주 일부 지역과 애리조나주는 서머타임을 따르지 않고 있다.

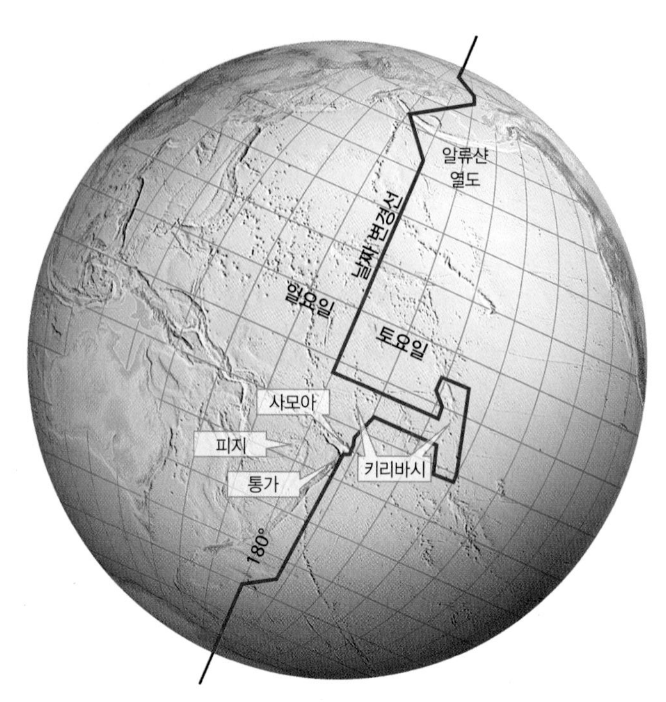

▲그림 1-29 날짜 변경선은 경도 180°를 기준으로 정해져 있지만 남태평양의 여러 도서 주변은 일정하지 않은데, 특히 키리바시에서 심하다. 만약 여러분이 일요일에 날짜 변경선을 넘어 서쪽으로 이동한다면 토요일이 되고, 동쪽에서 날짜 변경선을 넘어 서쪽으로 이동한다면 토요일에서 일요일이 된다(역주 : 한국에서 미국으로 여행할 때 도착 날짜가 바뀐다면 이유는 이 때문이다).

러시아는 일광시간절약제를 시행하고 있는 국가이다.[2] 캐나다와 오스트레일리아, 뉴질랜드, 대부분의 서부 유럽 국가들도 일광시간절약제인 서머타임을 실시하고 있다. 북반구에서는 미국을 비롯한 여러 국가들이 3월 둘째 주 일요일부터 1시간 앞당기고(봄이 되었으니 1시간 '봄을 앞당기자') 11월 첫째 주 일요일에 다시 원래 시간대로 환원하는 서머타임 일광시간절약제를 적용하고 있다(가을을 보내기 전에 1시간 '가을을 뒤로 하자'). 적도 지방에는 계절적으로 낮과 밤의 길이 변화가 거의 없기 때문에 일광시간절약제의 적용 효과도 거의 없어 적도 지방에서는 이 제도가 널리 채택되고 있지 않다.

---

2 역주 : 러시아에서는 여름철에 2시간을 앞당기는 서머타임 시간절약제를 채택했다. 2014년 10월부터는 이러한 서머타임을 폐지하고 동절기 시간절약제만 실시하고 있다.

밤에 본 지구 모습

▶ Paul Sutton, 사우스오스트레일리아대학교

밤에 본 지구 모습은 마치 전 세계의 대도시들을 지도에 표현한 것 같다(그림 1-C). 상상해 보자. 만약 가능하다면 10만 년 전에도 우주에서 밤에 지구의 모습을 지금처럼 하나의 영상으로 담았다고 해 보자. 어떻게 보일까? 그 당시 인류의 생존 모습을 유추할 단서가 될까? 아마도 그 당시 지구 어딘가에 대규모 경작이나 화전을 위해 산이나 초원을 불태우지 않는 이상 인간이 만든 불빛의 흔적은 볼 수 없을 것이다. 야간의 인간 활동을 분석하기 위해 야행고도투시(nocturnal high-elevation perspective) 기법을 고안한 때는 불과 200여 년 전이다. 미국 남북전쟁 때는 상대편 캠프파이어 규모를 알기 위해 열기구를 이용하기도 했다. 여러분이 보는 대부분의 지구 모습은 인공위성이나 국제우주정거장(International Space Station, ISS)에서 찍은 영상이다.

▲그림 1-C 야간에 찍은 지구의 위성영상 합성본

현실 속의 '빅데이터' : 밤에 본 지구 모습을 담은 대부분의 위성영상들은 단 하나의 영상이 아니다. 수백여 장의 위성영상 이미지를 한 장의 이미지로 합성한 것이다. 사실 여러분이 '셀카'를 찍을 때처럼 전체 지구의 모습을 사각형의 이미지 한 장으로 우주에서 찍을 수는 없다. 당연하지만 지구는 둥글기 때문에 한쪽이 어두우면(밤이면), 다른 한쪽은 밝다(낮이다). 밤에 지구를 관측하는 인공위성은 보통 지상에서 약 800km 상공에서 지구를 도는 극궤도 위성이다. 극궤도 위성은 한 번에 지구 전체 영상을 촬영할 수 없다. 극궤도 위성이 지구를 돌면서 저장한 각각의 영상은 모자이크 처리 과정을 거쳐 한 장의 이미지로 변환된다. 마치 농구공을 테이프로 둘둘 감은 다음 펼친다고 생각하면 된다.

이들 이미지는 무엇을 말하고 있는가 : 지구의 야간 영상은 지금까지 인문 현상과 자연 현상을 분석하기 위한 일종의 대리지표로 개발되어 왔다. 위성영상 자체가 시공간적인 정보를 담고 있기 때문에 위성영상 처리 과정을 거쳐서 다양한 지구의 밤 모습을 지도화할 수 있다. 예를 들면 도시의 불빛뿐만 아니라 산불, 벼락, 야간 조업, 천연가스 분출 같은 다양한 지구상의 모습을 지도에 담을 수 있다. 이런 '지도'는 일종의 디지털 데이터를 담고 있기 때문에 수학과 통계적 분석도 가능하다. 이런 수리통계 분석을 통해 도시의 불빛 데이터를 가지고 그 도시의 인구밀도와 규모를 산출할 수 있다. 즉, 도시 불빛 지도가 인구밀도 모델로도 사용될 수 있다. 정교한 수학적 분석은 다양한 도시 지역 데이터를 산출할 수 있다. 예를 들면 도시화 지역, 경제활동 지역, 에너지 소비 정도, 생태발자국, 이산화탄소 배출 등의 지도를 만들 수 있다. 이처럼 위성영상의 잠재적 활용 가능성은 무한하다.

질문

1. 그림 1-C와 같은 지구 모습을 찍으려면 우주 어디에서 가능할까?
2. 밤에 찍은 지구영상이 지구상의 에너지 소비량을 분석하는 일종의 대리 지표라는 것은 어떤 의미인가?

제 1 장 학습내용 평가

이 장을 학습했다면 다음 질문에 대한 답을 찾아보자. 이 장의 학습내용에 대한 주요 용어는 진한 글씨로 표시되어 있다. 이 용어의 정의는 이 책 뒷부분에 제공된 별도의 용어해설에 나와 있다.

주요 용어와 개념

지리학과 과학

1. **지리학**이란 무엇인가? **자연지리학**과 **인문지리학**을 서로 비교하여 설명하라.
2. 만약 어떤 아이디어가 관찰이나 검증을 통해서 확인할 수 없다면 이 아이디어는 과학(적)이라고 할 수 있는가? 이 점에 대해 설명하라.
3. **국제 단위계**(S.I.)인 1km를 영국 단위계로 변환하면 얼마인가?

환경권과 지구 시스템

4. 다음의 환경권을 간략하게 설명하라 — **대기권**, **수권**, **빙권**, **생물권**, **암석권**
5. 열린계와 닫힌계를 비교하여 설명하라.
6. 어떤 시스템이 **평형**이라는 의미는 무엇인지 설명하라.
7. 양의 되먹임 고리는 음의 되먹임 고리와 어떻게 다른지 설명하라.

지구와 태양계

8. 태양계의 지구형 행성과 목성형 행성이 어떤 면에서 서로 다른지 설명하라.
9. 지구의 크기를 지표 크기와 대기와 비교해서 그 차이를 설명하라.
10. 지구는 완전한 구체인가? 이에 대해 설명하라.

지리적 좌표 체계 — 경도와 위도

11. 다음 용어의 정의에 대해 알아보자.
    위도, **경도**, **위선**, **경선(자오선)**, **본초 자오선**
12. 위도의 범위는 남북 ________°에서 ________°까지이다.
    경도의 범위는 동서 ________°와 ________° 사이이다.
13. 다음 장소와 지점의 위도를 적어 보자.
    적도, **북극점**, **남극점**, **북회귀선**, **남회귀선**, **북극권**, **남극권**
14. **대권**과 소권을 설명하고 사례를 제시하라.

지구와 태양과의 관계 그리고 계절

15. 지구의 계절 변화와 관련된 지구-태양의 관계에 있어 다음의 네 가지 요소를 설명하라 — **자전**, **공전**, **지축의 경사**, **지축의 극성**
16. **황도면**은 적도면과 정확히 일치하는가? 이를 설명하라.
17. 1년 중 지구가 태양과 가장 가까워지는 때(**근일점**)와 가장 멀리 떨어져 있을 때(**원일점**)는 언제인가?
18. 다음의 절기에 해당하는 대략의 날짜를 말하라 — **춘분**, **하지**, **추분**, **동지**
19. **조명원**은 무엇을 말하는가?
20. **태양 고도**는 무슨 뜻인가?
21. 북반구에서 여름과 겨울에 지구가 태양으로 향하는 방향에 대해 설명하라.
22. 춘분이 시작되는 시점에서 1년 중 지표면에 태양이 수직으로 비추는 위도의 변화인 **태양편위**에 대해 설명하라.
23. 북반구의 중위도에서 1년 중 어느 날에 태양 고도가 가장 높은가? 가장 낮은 날은 언제인가?
24. 적도에서 정오일 때, 춘분, 하지, 추분, 동지 절기 때의 낮 시간에 대해 각각 설명하라.
25. 1년 중 북반구의 중위도에서 낮 시간이 가장 긴 날은 언제인가? 그리고 남반구의 중위도에서 낮 시간이 가장 긴 날은 언제인가?
26. 북극점에서 정오일 때 춘분, 하지, 추분, 동지 절기 때의 낮 시간에 대해 각각 설명하라.
27. 1년 중 북극점에서 전혀 해가 뜨지 않는 날은 몇 개월 동안인가?

시간에 대하여

28. 서쪽에서 동쪽으로 표준 시간대를 통과한다면 시간은 어떻게 변하는가?
29. **그리니치 표준시**와 **세계 표준시**의 의미에 대해 설명하라.
30. 동쪽에서 서쪽으로 **날짜 변경선**을 지나간다면 요일 변화는 어떻게 되는지 설명하라.
31. 봄에 **일광시간절약제**가 시작되는 서머타임 때에는 오전 2시를 __________ 시로 바꾸어야 한다.

학습내용 질문

1. 왜 자연지리학자들은 경제의 세계화에 관심을 가져야 하는가?
2. 왜 적도에서 위도 1°간 거리와 북위 45°에서 위도 1°간 거리가 다른가?
3. 지구의 계절 변화에서 근일점과 원일점이 중요한 이유는 무엇인가?
4. 계절 변화와 관련하여 북회귀선과 남회귀선, 북극권과 남극권이 왜 중요한지 설명하라.
5. 낮 정오에 미시간주의 디트로이트(북위 42°)에서 태양은 머리 바로 위에 수직으로 떠 있는가? 만약 그렇지 않다면, 1년 중 가장 태양 고도가 높은 날은 몇 월 며칠인가? 가장 태양고도가 낮은 날은 언제인가?
6. 만약 지구의 자전축이 황도면에 기울어져 있지 않다면 계절 변화에 어떤 영향을 줄 수 있을까?
7. 만약 북극이 항상 태양 쪽으로 기울어져 있다면 계절 변화에 어떤 영향을 줄 수 있을까?
8. 만약 지구의 자전축 각도가 20°라고 한다면 북회귀선과 북극권의 위도는 어떻게 될까?
9. 왜 표준 시간대는 경도 15° 간격인가?
10. 대부분의 기상 위성영상은 해당 지역 시간 대신 세계 표준시(UTC) 혹은 그리니치 표준시(Zulu time) 방식으로 날짜와 시간을 기록한다(UTC는 시간을 군용시간제처럼 24시간제로 표시). 그 이유는 무엇인가?

연습 문제

1. 부록 I(A-1 페이지)에 나와 있는 도량형 공식을 보고 다음의 국제 단위계(S.I.)를 영국 단위계로 변환하라.
   a. 21센티미터 = __________ 인치
   b. 130킬로미터 = __________ 마일
   c. 18,000피트 = __________ 미터
   d. 7쿼트 = __________ 리터
   e. 11킬로그램 = __________ 파운드
   f. 섭씨 20도 = 화씨__________ 도
2. 세계지도나 지구본을 사용해서 일리노이주 시카고와 중국 상하이의 경도와 위도를 찾아보자. 이 두 장소가 북위인지 남위인지, 동경인지 서경인지 확인해 보자.
3. 태양고도(SA)는 1년 중 어느 때라도 다음 공식을 이용하면 어

디서라도 계산이 가능하다. SA = 90° − AD, AD는 태양편위(declination of the Sun)와 해당 지점의 위도 간의 차이를 말한다. 예를 들어,

하지 때는 90° − 그 지점의 위도 + 23.5°,

동지 때는 90° − 그 지점의 위도 − 23.5°,

춘분과 추분 때는 90° − 그 지점의 위도이다.

그림 1-25에서 태양 편위 값을 유추하여 다음 지점의 태양 고도를 구하라.

a. 스페인 마드리드(40°N), 11월 1일

b. 케냐 나이로비(1°S), 9월 1일

c. 알래스카 페어뱅크스(65°N), 5월 1일

4. 북아메리카 시간대 지도를 참조(그림 1-28a)해서 만약 볼티모어(39°N, 77°W)가 목요일 오후 4시라면 새크라멘토(39°N, 121°W)는 무슨 요일 몇 시인가?
5. 세계 시간대 지도를 참조(그림 1-27)해서 만약 그리니치 표준시가 오전 8시라고 하면 시애틀(48°N, 122°W)은 몇 시인가?

환경 분석 하지와 동지

하루 중 어떤 지점의 태양 에너지 양은 태양이 비추는 시간과 태양 복사 강도와 직접적인 관련이 있다. 이때 강도는 태양 고도각에 따라 달라진다(구름도 주요한 역할을 한다).

활동

표 1-3을 참조하라.

1. 적도 혹은 북위 30° 지역은 하지 때 다른 때보다 많은 태양 에너지를 받는다. 그 이유는 무엇인가?
2. 북극점은 하지 때 하루 24시간 내내 낮이다. 반면, 적도는 낮이 12시간밖에 되지 않는다. 그런데도 북극점이 적도보다 하지 때 더 추운 이유는 무엇인가? 그 이유를 설명하라.
3. 태양 복사 측면에서 하지이지만 남위 30°는 왜 '겨울'인가?

미국 해군 천문대(U.S. Naval Observatory) 웹 사이트 중 aa.usno.navy.mil/data/docs/AltAz.php를 참고해서 하지와 동지 때 여러분이 선택한 지역의 태양고도 값을 찾아보자.

4. 하지와 동지에 여러분 지역의 정오 때 태양 고도(최고 고도)는 얼마인가?
5. 하지와 동지에 여러분 지역의 최고 태양 고도 값의 차이는 얼마인가?
6. 하지와 동지에 여러분 지역의 태양편위(그림 1-25)의 차이는 하지와 동지 때 태양 고도와의 차이와 얼마나 관련성이 있는지 설명하라.

미국 해군 천문대 웹 사이트 중 aa.usno.navy.mil/data/docs/RS_OneDay.php를 참고해서 여러분 지역의 일출 시간과 일몰 시간을 찾아보자.

7. 하지와 동지 때 여러분 지역의 일출 시간은 언제인가?
8. 활동 7에서 지역을 알래스카 앵커리지와 플로리다 키웨스트 지역으로 바꾸어서 일출 시간을 알아보자(이외에도 네브라스카주의 오마하도 알아보자).
9. 위의 세 도시의 일출 시간을 비교해 보고 차이가 나는 이유에 대해 설명하라.

지리적으로 바라보기

이 장의 첫 페이지에 있는 우주에서 찍은 지구의 위성영상 이미지를 보자. 지구 환경권역 중에서 어떤 권역을 볼 수 있는가? 지구본이나 세계지도를 참고해서 이 이미지의 중앙의 위도와 경도값은 얼마인가? 조명원(circle of illumination) 측면에서 본다면 스페인은 이른 아침일까, 늦은 오후일까?

2

지리적으로 **바라보기**

위에 보이는 이미지는 미국항공우주국(NASA) 데이터를 합성해서 만든 밤에 본 지중해 서쪽 지역의 위성영상인데, 수십 장의 위성영상들을 하나로 합성한 것이다. 한 도시의 모든 불빛들을 단 하나의 위성영상에 담을 수 있다는 것이 신기하지 않은가? 도시 불빛의 패턴이 담고 있는 의미에 대해 생각해 보자. 이것을 통해 인구밀집 지역이 어디인지, 사회기반 시설이 주로 어디에 분포하는지 생각해 볼 여지는 없는가? 혹시 이 영상에서 실제 세상이 왜곡되거나 이상하게 보여 주는 곳은 없는지 살펴보자.

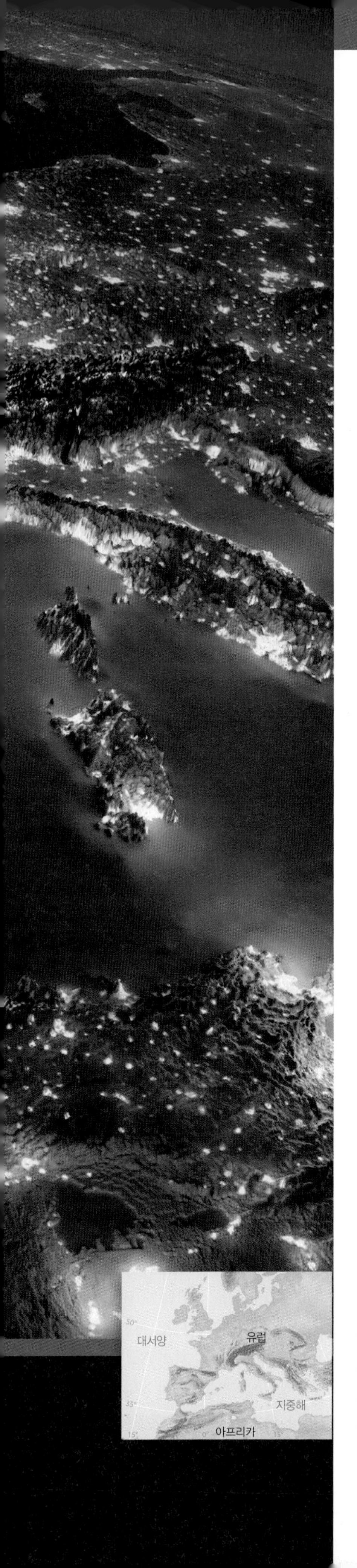

지구를 보여 주다

여러분은 지금까지 자동차의 내비게이션이나 휴대폰에 있는 GPS 수신기가 현재 위치를 어떻게 아는 지 궁금했던 적이 정말 한 번도 없었는가? 아니면 어떻게 최단거리를 알 수 있는지, 위성영상을 확대하면 어떻게 당신의 집을 잘 볼 수 있는지에 대해 생각해 본 적이 없는가? 제2장의 주요 주제와 내용의 출발은 우리가 당연하다고 생각하는 이런 의문과 관련된 기술적인 내용에서 시작한다. 즉, 이 장에서는 주로 어떻게 지도와 위성영상, GPS에서 지리정보를 습득하고 구축하고 분석하는지, 그리고 지리정보체계(GIS)를 통해서 이런 정보들을 실제로 어떻게 활용할 수 있는 지에 대해 다룬다.

지구의 실제 모습과 지표면의 복잡하고 다양한 현상을 지도화하고 시각화하기 위해서는 특별한 도구와 수단이 필요하다. 지리학에서 가장 기본적인 도구는 지도이다. 지리적 사물을 지도화하는 것은 지리적 사물의 공간적 분포와 관계를 이해하는 시작이다. 이 책을 통해서 여러분은 다양한 종류의 지도를 보게 될 것이다. 이 책에서 소개되는 지도 하나하나는 지리적 개념과 사실 혹은 공간적 관계에 대한 여러분의 이해력을 넓히는 데 도움을 줄 것이다.

또한 이 장에서는 다양한 유형의 현대 지리학자의 지리적 도구와 수단에 대해서도 논의한다. 이 논의의 시작을 지도의 기본적인 특징과 속성, 지도의 한계에 관한 내용으로 할 것이다. 그런 다음 지구의 모습들이 항공사진과 위성영상을 통해서 어떻게 표현되고 연구되는지를 다룰 것이다. 마지막으로 어떻게 지도와 컴퓨터 데이터베이스가 강력한 공간분석 시스템으로 통합되는지, 그리고 이 시스템이 어떻게 지리학의 과학적 연구와 우리 일상의 구매행태까지 분석하는 데 활용되고 있는지에 대한 논의를 끝으로 이 장을 마치고자 한다.

이 장의 내용을 배우면서 생각해야 할 주요 질문은 다음과 같다.

- **지도는 지구본과 어떻게 다른가?**
- **지도에서 축척의 의미는 무엇인가?**
- **지도 도법에서 정적과 정형은 어떻게 다른가?**
- **왜 여러 지도 투영법이 필요한가?**
- **지도에서 등치선은 어떤 의미를 전달하고 있는가?**
- **GPS는 어떻게 우리 위치를 알 수 있을까?**
- **원격탐사는 무엇인가?**
- **지리정보체계(GIS)는 공간데이터와 지리정보를 어떻게 분석하는가?**

사진작가이자 파일럿, 지구과학 분야의 작가로도 유명한 마이클 콜라이어(Michael Collier)가 만든 모바일 야외답사 비디오이다. 모바일 콘텐츠로 하늘과 땅에서 경험할 수 있는 가상의 자연지리 답사를 경험할 수 있다. QR 코드에 담겨 있는 모바일 답사 비디오는 여러분을 자연지리학의 세계로 초대할 것이다.

지도와 지구본

지구본은 실제 지구를 줄여 놓은 것이다(그림 2-1). 지구본은 지구의 둥근 모습을 그대로 보여 줄 뿐만 아니라 지표면의 형태나 면적, 거리, 방위 등을 왜곡 없이 실제 지구와 가장 비슷하게 나타낸 모습을 담고 있다.

하지만 지구본의 가장 큰 단점은 지구의 모습 그대로가 아니면 아주 상세한 모습까지는 담을 수 없다는 데 있다. 만약 그림 2-2의 지도에 나와 있는 지역을 지구본에서도 똑같이 나타내려면 아마도 지구본 지름이 적어도 500m는 넘어야 될 것이다. 지름 500m 지구본을 상상해 보자! 종이 지도가 지구본보다 휴대하기도 간편하고 효율적이기 때문에 전 세계적으로 수입억 장의 종이 지도가 제작되고 있는 반면 지구본은 수적으로나 다양성 측면에서 종이 지도에 비교가 안 될 정도이다.

지도

지도(map)는 간단하게 말하면 3차원의 지구 모습을 2차원의 평면에 줄여놓은 것이다. 지구의 모든 모습을 나타내기보다는 선택된 특정 현상의 공간적 분포를 2차원으로 표현한 것이다.

지도가 갖추어야 할 기본적인 속성은 평면상 도면에 거리, 방향, 크기, 형태를 왜곡 없이 실제의 지구 모습에 가깝게 얼마나 잘 나타낼 수 있는가이다. 이런 기본적인 조건 이외에도 지도는 다양한 정보와 자료를 평면상의 도면에 잘 표현해야 하지만 대부분 특정한 목적에 맞게 만들어진다. 따라서 지도의 기본 목적은 주로 특정한 공간적 현상의 분포를 지도화하는 데 있다(그림 2-2 참조). 그래서 이런 지도를 **주제도**(thematic map)라고 한다. 주제도는 자연과 인간의 다양한 모습들, 예를 들면 가로망, 태즈메이니아 사람들의 분포, 태양과 구름의 비율, 토양 속에 있는 1큐빅당 땅속 벌레의 숫자와 같이 수많은 지리적 사실과 그 사실들의 공간적 조합을 잘 표현하기 위해 고안된 지도의 한 유형이다. 지도는 '무엇이 어디에 있는지'를 쉽게 알 수 있게 하고, 그 현상이 '왜' 그곳(장소)에서 발생하는지에 대한 근거를 찾는 데 효과적인 지리적 도구이다. 그래서 지도는 지리를 공부하는 사람들에게 필수적인 도구이자 수단이다. 물론 지도에는 여러 한계와 제한 사항도 존재한다. 그리고 지구 모습을 완벽하게 구현한 지도가 없는 것도 사실이다.

◀ 그림 2-1 지구본은 실제 지구 모습을 가장 가깝게 줄여 놓은 것이다. 하지만 그만큼 자세한 정보는 담을 수 없다.

지도의 왜곡 : 대부분의 사람들은 인터넷이나 신문, 책에서 나오는 내용들을 100% 정확하고 확실하다고는 생각하지 않는다(좀 더 냉소적인 표현을 들자면, "당신이 읽고 있는 모든 것을 믿지 마라."라는 서양 격언도 있다). 하지만 이런 사람들조차도 지도에서 표현된 장소의 위치나 내용, 정보들에 대해서는 거의 의심하지 않고 사실인 것처럼 받아들인다. 그러나 어떤 지도라도 100% 완벽한 지도는 없다. 왜냐하면 둥근 지구의 모습을 평면 지도에 아무런 왜곡 없이 그대로 표현할 수 없기 때문이다. 예를 들어 오렌지 껍질을 평평하게 바닥에 깐다고 상상해 보자. 껍질 사이에 빈틈이 생길 것이고 이것을 메우려면 껍질을 늘이거나 찢을 수밖에 없을 것이다. 둥근 지구를 평면지도로 만들려면 이런 과정을 거쳐야만 한다.

기하학적인 지도 표현의 문제는 축약의 문제와 축척의 문제가 서로 연관되었을 때 실제로 문제가 된다. (1) 축약의 문제는 한 장의 지도에 얼마나 많은 지구의 내용을 혹은 넓은 지구의 모습을 표현할 것인지의 문제이다. 그런데 이때 발생하는 왜곡의 문제(그것이 형태의 왜곡이든, 거리의 왜곡이든, 방향의 왜곡이든, 면적의 왜곡이든)가 세계지도에서는 심각하지만, 조그마한 지역이나 동네 지도를 만든다고 할 때에는 별로 중요하지 않다. 왜냐하면 한 장의 지도에 세계의 모습을 자세하게 그리는 것보다 동네 모습을 자세하게 그리는 것이 더 쉽고 정확하기 때문이다. 이와 연관하여 제기되는 지도 표현상의 문제는 바로 다음 절에서 다룰 (2) 지도상의 **축척**(scale)이다.

학습 체크 2-1 왜 평면 지도는 지구본만큼 실제 지구 모습을 온전하게 표현할 수 없는가?

지도 축척

실제 지구의 어떤 부분을 아무리 지도에 자세하게 표현한다 하더라도 지표상의 모든 정보를 담을 수 없을 뿐만 아니라 한정된 지도 크기로 인해서 지구의 모습이나 정보를 축소하여 나타낼 수밖에 없다. 따라서 지도에 표현된 지역적인 관련성(예를 들면 거리 혹은 상대적 크기)을 이해하기 위해서는 반드시 **지도 축척**(map scale)을 알아야 한다. 지도에서 축척은 지도상에서의 거리와 지표면의 실제 거리 간의 관계를 나타낸 것이다. 축척을 통해서 여러 지점들 간의 거리를 계산할 수 있고, 이를 통해 지역의 면적을 파악할 수 있으며 지역 간의 거리와 면적을 비교할 수도 있다.

구체의 곡면을 평면상에 오차 없이 정확하게 변환하는 것은 불가능하기 때문에 지표면의 형상 역시 100% 정확하게 평면 지도에 나타내는 것은 현실적으로 불가능하다. 그러므로 어떤 지역을 한 장의 지도에 표현하더라도 그 지역 내 모든 지점들 간에는 축척이 동일하지는 않다. 조그마한 지역이나 국가라면 지도에 제시된 하나의 축척으로도 그 지역이나 국가의 지리적 내용을 지도에서 파악할 수 있다. 하지만 만약 세계지도와 같은 소축척 지도에

(a) 고해상도 정사영상

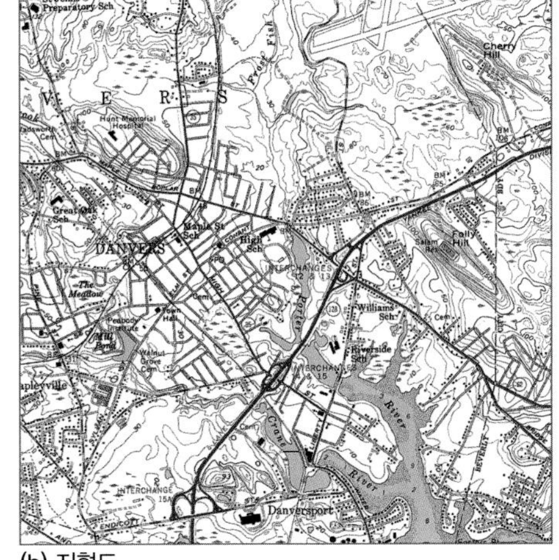

(b) 지형도

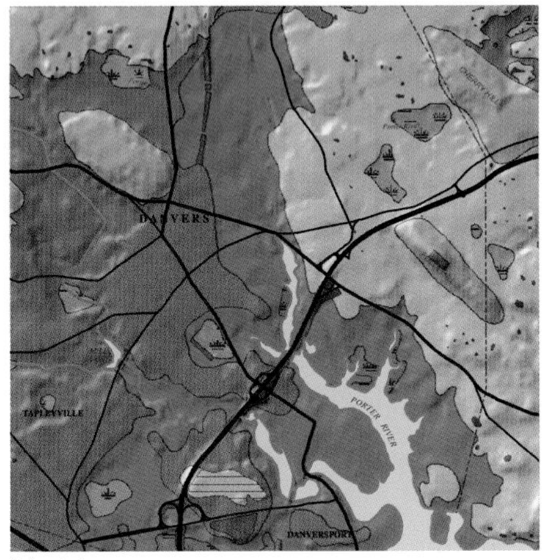

(c) 지질도

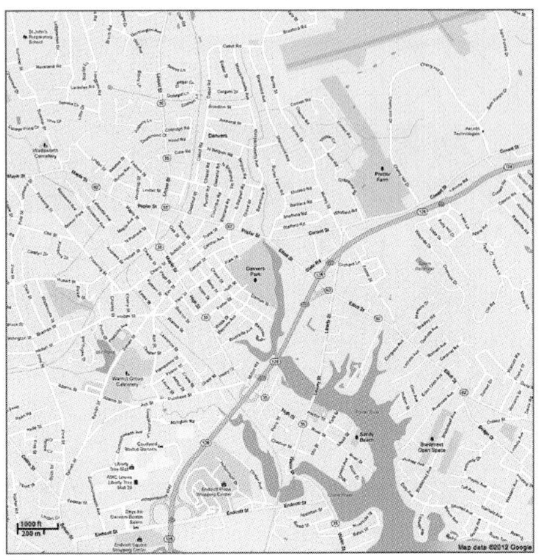

(d) 구글 지도

◀그림 2-2 서로 다른 형태의 지도는 서로 다른 지구의 모습을 담고 있다. 네 지도는 미국 매사추세츠주의 세일럼(Salem) 지역의 서로 다른 경관을 담고 있다. (a) 정사투영 항공사진(축척 1:24,000), (b) 등고선이 표시된 지형도(축척 1:24,000), (c) 암석 종류가 색깔로 표현된 지질도. 오렌지색=빙하퇴적물, 파란색=해빙 퇴적물, 초록색=빙하표석 점토, 보라색=습지 퇴적물(축척 1:50,000), (d) 도로망이 나오는 구글 지도

서는 지도상에서 그 어떤 곳도 축척의 오차가 없을 수 없다. 세계 지도에서 어떤 곳(적도, 중위도, 고위도)이냐에 따라 축척의 오차는 상당한 차이가 있을 수 있다(이런 경우에는 주요 위도대에 맞는 축척 정보가 필요하다). 따라서 다양한 축척에 따른 지도에 대한 특성과 장점을 알아야 할 뿐만 아니라 이들 지도의 축척에 대한 한계와 문제점들도 동시에 알아야 한다.

축척의 표현 형태

지도 축척에는 다양한 형태가 사용되고 있는데 그중에서 가장 대표적인 표현법은 크게 세 가지 방법인 막대식 방법, 분수식 방법, 서술식 방법이 있다(그림 2-3).

막대식 방법 : **막대식 방법**(graphic scale)은 지도상에 가는 막대나 선을 그려서 축척을 표시한 방식으로, 지상의 두 지점 간의 거리는 지도상의 거리를 막대에 표시된 눈금과 비교하여 계산할 수 있다. 막대식 방법의 장점은 계산의 간편함이다. 막대에 측정 단위가 표시되어 있기 때문에 지도상의 거리를 실제 지상 거리로 전환시켜 생각할 수 있다. 일상생활에서 이동 거리를 간편하게 계산할 수 있다는 이점 때문에 자동차로 여행할 때 특히 막대식 축척이 있는 지도가 인기가 있다. 이외에도 막대식 축척 표현 방법은 지도를 확대하거나 축소하더라도 막대의 눈금과 막대 그래프가 동시에 확대되거나 축소되기 때문에 지도 축척에 변화가 없다는 장점이 있다.

분수식 방법 : **분수식 방법**(fractional scale)은 지상 거리에 대한 도상 거리의 비율을 분수식이나 비례식으로 나타내는 방식으로 **분수 표현**(representative fraction)이라고도 한다. 분수식 축척 방법의 표기 방식은 비례식 표현인 1: 250,000이나 분수식 표현인 1/250,000 형태로 나타낸다. 만약 단위가 지정되어 있다면 이 표현 방식에 따라 도상 거리 한 단위(one unit)는 지상 거리로는 250,000이 된다. 만약 단위가 밀리미터(mm)라면 지도상의 1mm는 실제 거리는 63,360mm가 되고 인치라면 도상 거리 1인치는 지상 거리가 63,360인치가 된다.

서술식 방법 : **서술식 방법**[verbal scale, 다른 용어로 **문장식 방법**(word scale)]은 실제 거리와 지도상의 축척을 말로 서술하는 방식으로 "1cm가 10km이다." 또는 "1인치가 5마일이다."와 같은 방법이다. 이러한 방법은 분수식 축척 방식을 수학적으로 풀어서 말로 해당 정보를 전달해 주는 방식이다. 예를 들면 1마일이 63,360인치일 때 분수식으로는 1: 63,360으로 표현된다면, 서술식 방법으로는 "이 지도에서 1인치는 1마일이다."로 표현된다.

학습 체크 2-2 어떤 지도에서 분수식 혹은 비례식 표현으로 1:10,000이라면 이 지도에서의 1cm는 실제로는 거리가 얼마인가?

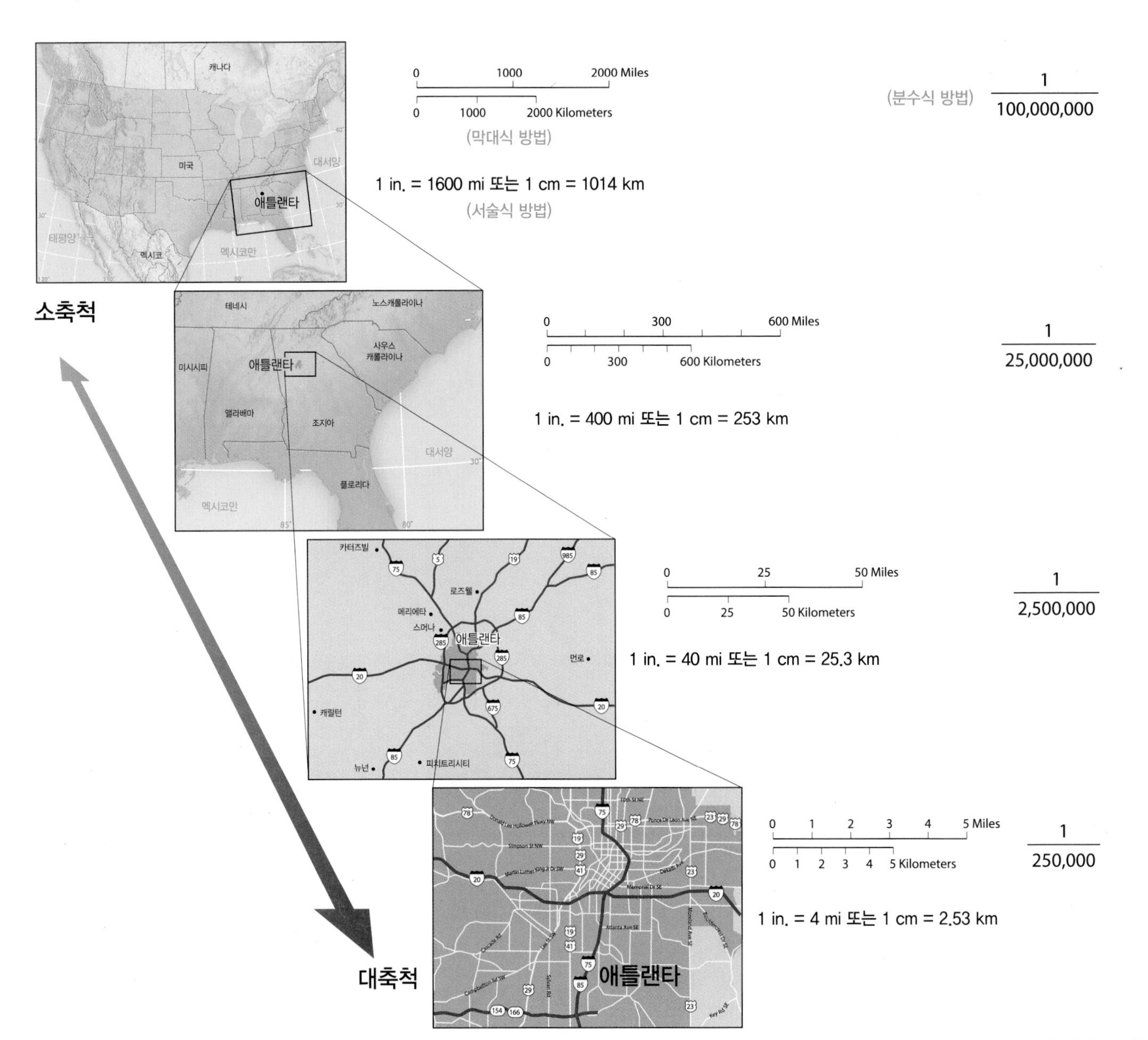

▲그림 2-3 소축척, 중축척, 대축척의 사례와 축척 변화에 따른 거리와 지역 크기의 비교. 소축척 지도일수록 지도상에 나타나는 지역 면적은 넓은 편이지만 지도상에 중요한 정보만 표현된다. 반면 대축척 지도일수록 나타내는 면적은 좁은 대신에 상세한 정보를 담고 있다.

대축척 지도와 소축척 지도

축척에서 '대축척'과 '소축척'의 의미는 절대적인 의미보다는 상대적인 비교의 의미이다. 다른 의미로 여러 지도의 축척과 비교해서 이 지도가 '대축척' 혹은 '소축척'이라는 뜻이다(그림 2-3 참조). **대축척 지도**(large-scale map)는 상대적으로 분수식의 값이 큰 축척으로 분모가 적을수록 대축척으로 구분된다. 1/10,000 지도의 분수값이 1/1,000,000 지도보다 크게 나타나기 때문에 1 : 10,000 축척의 지도가 1 : 1,000,000 축척의 지도보다 대축척 지도이다. 이렇게 도상 거리에 대한 지상 거리 값이 적기 때문에 대축척 지도일수록 지도에 나타나는 지표면의 면적은 좁은 대신에 상세한 지표면의 정보가 표현된다. 예를 들어 이 책의 한 면에 1 : 10,000 축척의 지도가 실린다면 지표면의 범위는 보통 미국 도시의 일부만 나타나지만 아주 자세한 도시 정보가 지도에 표현될 수 있다.

소축척 지도(small-scale map)는 상대적으로 분수식의 값이 작은 축척으로 분모가 클수록 소축척으로 구분된다. 1 : 10,000,000 축척의 지도라면 소축척 지도로 분류될 수 있으며, 이 책의 한 면에 미국 대륙의 1/3 정도를 지도에 담을 수 있다. 하지만 상대적으로 실리는 정보는 제한적일 수밖에 없다.

학습 체크 2-3 소축척 지도와 대축척 지도를 비교하라.

지도 투영법과 주요 속성

지도학자(cartographer, 혹은 지도 제작자)에게 항상 존재하는 도전은 구체의 기하학적인 정확성을 평면상의 지도에 어려움 없이 정확하게 표현하는 것이다. 이것은 지금까지도 여전히 해결되지 않은 근본적인 문제이다. 즉, 둥근 지구 표면의 정보를 최소한의 왜곡으로 평면상의 지도로 정확하게 변환하는 문제이다. 지도 투영법이 이러한 역할을 담당한다.

지도 투영법

지도 투영법(map projection)은 구형의 지구 표면을 평면상의 지도에 나타내기 위해 관련 정보와 자료를 변형시키는 것을 말한다. 자, 여기에 지구본이 있다. 이 지구본에는 위선과 경선, 각 대륙의 경계가 그려져 있고 한가운데에 전구가 들어 있다고 상상해 보자. 그런 다음 큰 도화지를 이 지구본에 둘러싸거나 지구본의 한 면에 대거나, 아니면 고깔모양으로 덮어씌운다고 가정해 보자(그림 2-4). 그런 다음 지구본 한가운데에 있는 전구에 불을 켜고 지구본상의 위선과 경선, 대륙의 경계선을 종이 마분지 위에 투영해서 그대로 따라 그린다고 생각해 보자. 그런 다음 도화지를 펼치면 각각의 투영 방법에 따라 그려진 세계지도가 완성된다(사실 이런 방식으로 세계지도를 종이 위에 그려서 만든 지도는 거의 없고 대부분은 컴퓨터에 의해 수학적 계산방식을 거쳐 원통도법의 평면지도가 제작된다).

도화지를 찢거나 주름지게 쭈글쭈글하게 하지 않고서는 둥근 지구본에 도화지를 매끈하게 한 번에 붙일 수는 없다. 그리고 지구본의 모습을 지도에 투영한다고 해도 지구본을 평면상의 지도로 변환시키는 과정에서 경위선의 좌표 체계나 형태, 거리, 방향, 면적 등 어느 부분은 왜곡될 수밖에 없다. 지도 제작자들이 이런 모든 왜곡 조건을 감안해서 한 장의 지도에 지구본의 모습과 똑같이 나타낼 수 없기 때문에 적어도 한두 가지 왜곡을 줄이거나 조절하여 평면 지도를 만든다.

학습 체크 2-4 지도 투영법이란 무엇인가?

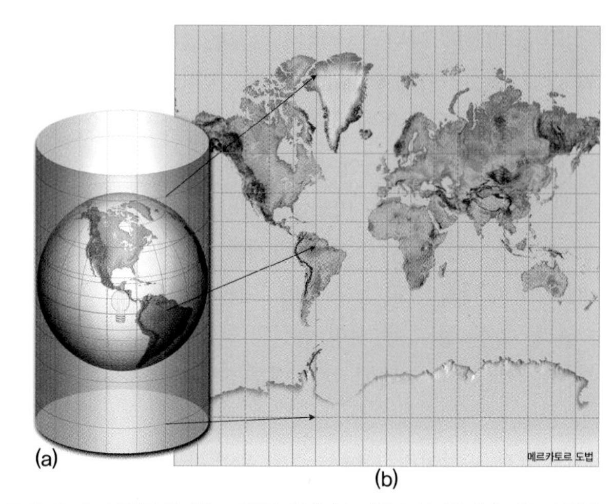

▲ **그림 2-4** 투영법 중 원통 도법의 사례. (a) 지구본 한가운데에 전구가 있다고 가정하고 지구본을 에워싸서 종이 위에 지구본의 경계를 투영한 후에 (b) 그 종이 위에서 투영되어 나온 지도의 모습을 원통 도법에 의해 만들어진 지도라고 한다.

지도의 속성

지도 제작자는 지도의 정확성을 유지할 때 항상 면적을 정확하게 유지할 것인지 아니면 형태를 정확하게 할 것인지에 대해 고민을 한다. 이와 같이 지도 투영법에 있어 면적의 정확성을 유지하려는 속성을 **정적성**(equivalence)이라고 하고 형태의 정확성을 유지하려는 속성을 **정형성**(conformality)이라고 한다(그림 2-5).

정적성 : 정적 도법(equivalent map projection, 다른 용어로 equal-area map projection)은 지구상 어떤 지역의 면적과 지도상의 해당 지역의 면적 비율이 그대로 유지되도록 하는 투영법이다. 따

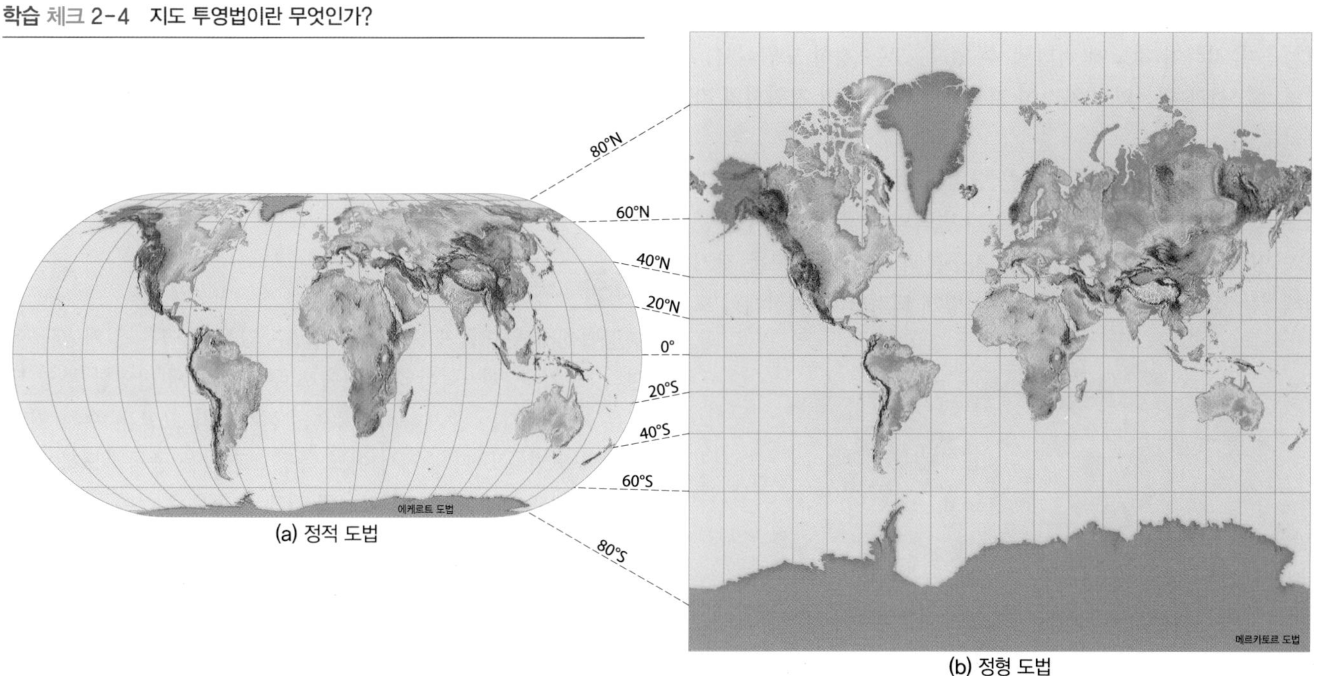

(a) 정적 도법

(b) 정형 도법

▲ **그림 2-5** 정적 도법과 정형 도법의 세계지도. (a) 정적 도법(일명 에케르트 도법)으로, 면적은 정확하지만 고위도로 갈수록 형태가 심하게 왜곡된다. (b) 정형 도법(일명 메르카토르 도법)에 의한 세계지도로, 형태는 정확하게 나타나지만 고위도와 지도 주변부로 갈수록 면적의 왜곡이 심하다. 세계지도에 형태와 면적 모두를 정확하게 나타내는 것은 불가능하다. 남극과 알래스카, 그린란드 대륙의 형태와 면적을 비교해 보자.

라서 정적 도법상에 나타난 지역의 비율은 실제 지구상의 해당 지역과 같다. 좀 더 쉽게 이해하기 위해, 정적도법의 세계지도가 있다고 하자. 세계지도 위에 동전 하나씩을 브라질, 오스트레일리아, 시베리아, 남아프리카에 놓는다고 하자. 그런 다음 동전을 이용해서 각 국가의 면적을 비교해 보면 네 국가의 면적은 서로 비슷할 것이다. 정적 도법은 면적 관계를 중요시하는 지도를 제작할 때 면적의 왜곡을 피할 수 있어 유용하다. 정적 도법은 지형 범위, 면적, 확산 정도 등 지형 속성의 공간적 분포를 나타내는 데 적합하기 때문에 이 책에 있는 대부분의 세계지도는 정적 도법 지도이다.

그러나 정적 도법이라고 해서 결코 완벽한 것은 아니다. 면적의 정확성을 유지하기 위해서 형상의 왜곡을 수반하기 때문에 면적을 통해 적절한 지역적 관계성을 유지하려는 소축척 지도에서는 형상의 왜곡이 불가피하다. 대부분의 정적 도법에 의한 세계지도에서 형상의 왜곡이 발생하는데, 특히 고위도가 심하다. 그림 2-5a에서 보는 바와 같이 알래스카와 그린란드의 형태는 실제와 달리 '뭉툭'해 보인다(그림 2-5a).

정형성 : **정형 도법**(conformal map projection)은 지도상에 나타난 지역의 형상이 실제 해당 지역의 형상과 닮은꼴로 나타나도록 정각성을 바탕으로 한 투영법이다. 이렇게 정형성을 유지하기 위해서는 지도상 경위선의 교차 각도가 지구본과 동일하게 유지되도록 해야 한다. 이렇게 정각성을 유지하는 특성 때문에 정각 도법이라고도 한다. 그러나 정형성을 유지하는 투영법에서는 대륙과 같이 넓은 지역의 형상을 실제와 똑같이 정확하게 지도화하는 것은 불가능하다. 최대한 오차를 적게 해서 나타내더라도 모양이 왜곡될 수밖에 없다. 그에 반해 지역의 크기가 작은 경우에는 정형성을 유지하여 지도에 나타낼 수 있다. 모든 정형 도법에서는 지역의 경선과 위선의 교차각이 지구본의 해당 지역 경위선의 각도와 같다.

정형 또는 정각 도법의 가장 큰 단점은 정적 도법의 경우와 반대로 형상이 지구본과 유사한 대신에 면적의 왜곡이 심하다는 문제가 있다. 그래서 경위도상으로 지구본과 동일한 각도를 갖기 위해서는 정각성을 갖추어야 되고 이렇게 되려면 한 지점에서 모든 방향으로 동일한 축척이 적용되어야 한다. 결국 이러한 속성을 유지하기 위해서 축척은 지도상의 지점들마다 달라지게 된다. 예를 들면 정형 도법에 의해 만들어진 세계지도에서는 고위도로 갈수록 지역의 면적이 커지게 된다(그림 2-5b).

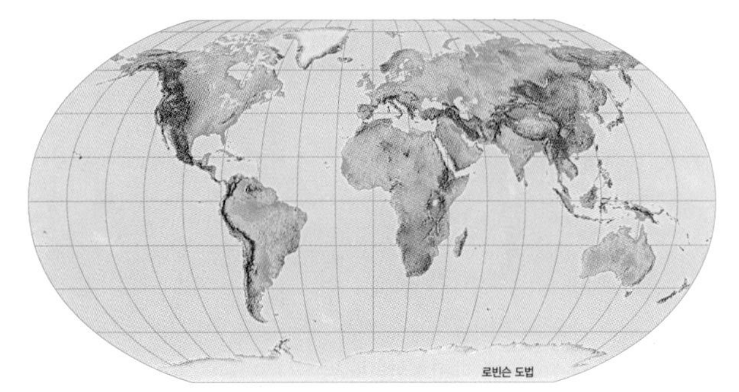

▲ 그림 2-6 수많은 세계지도는 순수한 정형성도 정적성을 어느 정도 반영하여 일종의 절충식으로 만들어진다. 이 중에서 가장 널리 알려진 세계지도는 로빈슨 도법의 지도이다.

절충식 도법 : 작은 지역을 자세하게 지도에 표현할 경우(이때는 대축척 지도), 지도에서는 면적이든 형태이든 어느 한 투영법에서 형태와 면적의 왜곡이 거의 없다. 왜냐하면 넓은 지역(세계지도, 소축척 지도)에 비해서 좁은 지역(우리나라 전도, 대축척 지도)은 어느 투영법을 적용하든 형태와 면적의 차이가 거의 없기 때문이다. 하지만 아무리 면적이 좁고 작은 지역이라고 하더라도 이론상으로 정형성과 정적성을 모두 만족하는 혹은 이 두 속성을 하나의 투영법에 반영하여 지도를 제작할 수는 없다. 면적과 형태가 왜곡이 없는 것처럼 보이지만 실제로는 이 두 속성 중 하나는 오차가 있다. 그래서 지도 제작을 마치 정치 행위처럼, 타협과 절충의 예술이라고 한다. 대표적인 예로 정적성과 정형성을 적절히 조절해서 만든 로빈슨 도법(Robinson projection)이 있다. 로빈슨 도법은 정적성이나 정형성 중 하나를 선택한 것이 아니라 이 두 속성을 적절하게 조합해서 적절한 형태의 정확성과 면적의 정확성을 반영한 지도 기법이다(그림 2-6). 로빈슨 도법의 특징은 세계지도에서 국가와 대륙 형태는 왜곡을 비교적 적게 하고 시각적으로도 보기 좋게 고안한 일종의 **절충식 도법**(compromise map projection)이다. 그래서 교실에서 흔히 볼 수 있는 일반적인 세계지도에 적용되는 도법이다.

전체적으로 볼 때 어떤 지도는 순수하게 정적성에 초점을 둔 반면, 어떤 지도는 순수하게 정형성에 초점을 두고 제작된다. 이 두 조건을 모두 정확하게 반영한 투영 도법은 없기 때문에 많은 지도들이 정적성과 정형성을 적절하게 조합한 일종의 절충적인 방식으로 만들어진다.

학습 체크 2-5 정적 도법 지도와 정형 도법 지도의 차이점은 무엇인가?

각종 도법들

투영법에서 완벽하게 왜곡을 피할 수 있는 방법은 없기 때문에 면적, 크기, 방향, 형상의 조건을 모두 완벽하게 반영한 투영 도법은 지금까지는 존재하지 않는다. 현재까지 고안된 수천 가지 이상의 도법들도 이 중에서 어느 특정 조건만을 충족하도록 고안되었다. 지도 도법들은 대체로 몇 가지 유형으로 분류될 수 있고 같은 유형의 도법이라도 서로 비슷한 지도 속성과 왜곡성을 가지고 있다.

원통 도법

원통 도법(cylindrical projection)은 마치 도화지로 지구본을 원통처럼 '둘러싼' 다음에 광원을 지구본 중심에 두고 지구본을 비춘

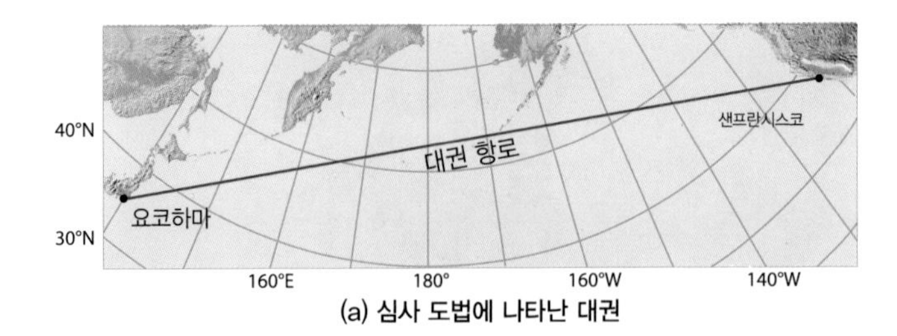

(a) 심사 도법에 나타난 대권

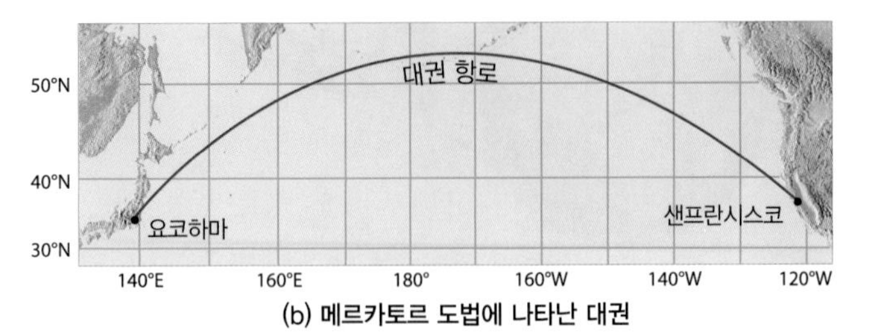

(b) 메르카토르 도법에 나타난 대권

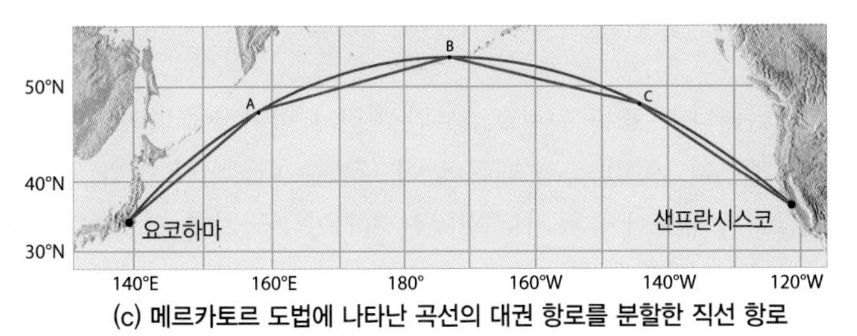

(c) 메르카토르 도법에 나타난 곡선의 대권 항로를 분할한 직선 항로

▲그림 2-7 메르카토르 도법의 가장 큰 장점은 항해 시 항로가 지도에서 직선으로 표시되어 나타난다는 점이다. (a) 심사 도법에서는 요코하마에서 샌프란시스코 사이의 최단거리가 직선으로 나타난다(대권이 직선으로 나타남). (b) 최단거리의 대권 항로를 나타낸 메르카토르 도법(최단거리 경로가 곡선으로 변환됨). (c) 메르카토르 도법에서는 곡선의 대권 항로가 직선의 항정선으로 변환되어 직선 경로화된다. 이렇게 만들어진 직선 경로의 항해 시 직선의 기울기가 바뀌는 몇 개 지점에서 나침반의 방향을 일정하게 바꾸어 주면 약간의 오차는 있겠지만 항정선이면서 최대한 최단경로의 대권 항로에 가깝게 항해할 수 있다.

다음에 원통을 펼쳐서 수학적인 변화와 작도상의 수정을 가하여 지도를 제작하는 방법이다(그림 2-4 참조). 이때 투영면의 중심이 적도와 '접하도록(tangent)' 하면 적도 중심 투영법이 되고 이때 적도는 원통과 접하는 부분인 **접원**(circle of tangency)이 된다. 그리고 적도의 위선은 **표준 위선**(standard parallel)이 된다(이외에도 적도가 아니라 다른 곳에 접하도록 투영시켜 원통을 전개하는 도법도 있다). 그러면 곡선인 지구본의 경선과 위선은 투영면에서 완벽하게 정각으로 교차하여 사각형의 격자망을 이루게 된다. 이때 적도가 투영면에 접하기 때문에 적도 주위에서는 면적의 왜곡이 없지만 적도 접원, 즉 적도에서 멀어질수록 왜곡이 심해진다. 이러한 왜곡은 메르카토르 도법에서 쉽게 볼 수 있다.

메르카토르 — 세상에 가장 잘 알려진 도법 : 지금까지 수백 년 동안 수많은 지도 도법이 고안되어 왔지만, 가장 널리 알려지고 지금도 여전히 큰 변화 없이 사용되고 있는 도법이 있다. 이 도법은 1569년 플랑드르 지방(지금의 벨기에)의 지리학자이자 지도학자인 메르카토르에 의해 고안된 **메르카토르 도법**(Mercator projection)이다(그림 2-5b 참조). 메르카토르 도법은 대양 항해를 위해 고안된 정형도법의 지도 제작 기법이다.

지금까지 일반 사람들에게 널리 알려진 메르카토르 도법의 가장 큰 장점은 이른바 **정방위선**이 직선으로 나타난다는 점이다. **정방위선**(loxodrome), 다른 말로 **항정선**(rhumb line)은 모든 자오선과 항상 일정한 각도를 유지하는 구체의 곡선으로 나침반의 방향이 일정한 선이다. 이 항정선을 따라 항해하는 경우 나침반의 방향을 항상 일정하게 유지할 수 있어 항해용으로 매우 유용하다. 사실 대양을 항해한다면 출발지와 목적지의 최단거리는 직선의 대권이다. **심사도법**(gnomonic projection)에서는 최단거리가 직선으로 나타난다(그림 2-7a). 하지만 메르카토르 도법에서는 대권이 직선이 아니라 곡선으로 나타나고, 두 지점을 이은 직선은 항정선으로 변환되어 지도상에 표시된다(그림 2-7b, 대권 항로는 제1장에 설명되어 있다). 대권 항로의 곡선을 연속된 직선으로 분할하여 직선 경로로 만들고 직선 경로상에서 직선의 기울기가 주기적으로 바뀌는 몇 개 지점에서 나침반의 방향을 조금씩 바꾸어 주면 가능한 한 최단거리에서 항해 또는 비행할 수 있다(그림 2-7c). 오늘날 이런 방식은 모두 컴퓨터를 이용해서 자동적으로 계산한다.

메르카토르 도법에서는 저위도에서 상대적으로 왜곡이 적다. 그러나 메르카토르 도법이 정각 도법의 일종이기 때문에 중위도에서 고위도로 갈수록 면적의 왜곡은 급격하게 커진다. 지구상에서 경선은 극으로 갈수록 수렴하는 데 비해 메르카토르 도법에서는 경선의 간격이 그대로 유지되기 때문에 위선의 간격도 그에 맞추어 극으로 갈수록 커진다. 경선의 간격이 그대로 유지되면서 동서 방향으로 왜곡이 발생(동서 방향으로 축척이 증가)하는 것을 감안하여 위선의 간격을 증가시켜 남북 방향으로의 축척을 증가시킨다. 결국 동서 방향과 남북 방향으로의 축척 증가 비율을 동일하게 하도록 고안되어 메르카토르 도법에서는 정각성을 유지할 수 있다. 하지만 이러한 과정으로 형태는 어느 정도 정확하게 나타지만 면적은 상당한 왜곡이 나타난다. 예를 들어, 위도 60°에서는 이론상 실제보다 4배로 확대되고 위도 80°에서는 36배로 증가한다. 그래서 북극점을 메르카토르 도법에서 표현한다면 점 하나가 아니라 적도처럼 하나의 긴 선 형태로 표현한다.

이러한 문제점에도 불구하고 메르카토르 도법이 지도학에서 하나의 획기적인 발전을 가져온 것은 틀림없다. 20세기 초반까지 메르카토로 도법 방식은 미국의 학교에서 벽걸이 세계지도와 각종 지도집에 널리 사용되었다. 불행하게도 몇 세대에 걸쳐 미국 사람들은 학교 교실에 걸린 메르카토르 세계지도를 통해서 세계를 바라보는 기본적인 관점을 가져 왔다. 메르카토르 세계지도를 통해 미국인들은 그들이 의식하지 못한 수많은 세계의 모습에 대해 오해와 편견을 학습하게 되었다. 특히 고위도 지역 대륙의 상대적 크기에 대한 혼동이 대표적이다. 예를 들어 메르카토르 세계지도에서는 그린란드가 아프리카나 오스트레일리아, 남아메리카만큼 커 보이지만 실제로는 그린란드보다 아프리카가 14배, 남아메리카가 약 9배, 오스트레일리아가 약 3.5배 더 큰 대륙이다.

학습 체크 2-6 전 세계 산림 피복의 손실을 연구하고자 할 때 메르카토르 도법의 세계지도가 적절할까? 적절하다면 그 이유는 무엇인가? 적절하지 않다면 그 이유는 무엇인가?

평면 도법

평면 도법[planar projection, 다른 용어로 **방위 도법**(azimuthal projection) 또는 **천정 도법**(zenithal projection)]은 평면을 지구본의 어느 지점(극, 적도 혹은 임의적 지점)과 맞닿도록 해서 광원에서 지구본과 접하는 점을 중심으로 평면에 투영해서 만든 도법을 말한다(그림 2-8). 지구본과의 투영 접점(point of tangency)에 따라 극 중심, 적도 중심, 임의점 중심 도법으로 구분된다. 접점에서는 왜곡이 없지만 투영 접점에서 멀어질수록 왜곡이 매우 심해져 지도상에서 반구 이상을 나타낼 수 없다.

보통 평면도법의 세계지도는 전 세계를 한 번에 보여 줄 수 없고 어느 한 부분만을 보여 준다. 교실의 지구본을 볼 때나 우주에서 지구를 볼 때와 비슷하다[때로는 **정사도법**(orthographic projection)이라고도 부른다]. 평면 도법이 접점에서의 높은 정확성으로 인해 특정 지역의 지도 제작에는 유용할지 몰라도 세계지도의 경우 마치 지구본의 한쪽만 보는 것과 같은 반쪽짜리 지도가 된다는 단점이 있다. 가장 널리 알려진 평면도법 지도는 북극이나 남극이 중심인 지도이다.

원뿔 도법

원뿔 도법(conic projection)은 고깔모양의 원추를 지구본에 투영시켜서 원추를 전개한 것으로 원추가 투영면이 된다(그림 2-9). 보통은 원추의 꼭지는 극 위쪽이 되고 이때의 원뿔 도법은 '극 중심 원뿔 도법'이 된다. 이때 접선은 위선과 일치하며 위선은 극을 중심으로 동심원상으로, 경선은 방사선상 등간격의 직선으로 나타난다. 왜곡은 표준 위선 주변에서 가장 적게 나타나고 표준 위선으로부터 거리가 멀어짐에 따라 급격하게 심해진다. 이런 특징 때문에 이 도법은 미국이나 유럽, 중국과 같이 중위도에서 동서로 펼쳐진 지역이나 국가를 지도화할 경우 유용하다. 원뿔 도법은 도법의 특성상 지구의 1/4 이상을 나타내는 데 어려움이 많아 보통은 전세계지도보다는 미국의 주나 카운티같이 상대적으로 면적이 적은 지역의 지도 제작에 효과적이다.

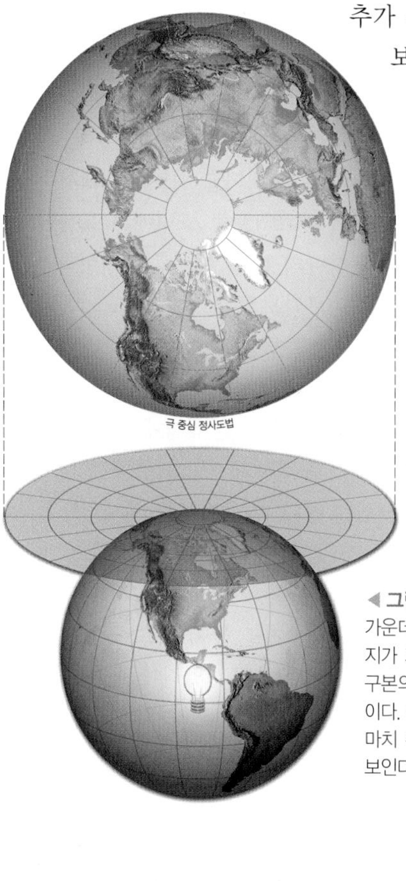

◀ **그림 2-8** 평면 도법은 지구본 한가운데에 전구가 있다고 가정하고 도화지가 지구본의 한 면과 맞닿게 한 후 지구본의 경계를 종이 위에 투영하는 원리이다. 이 도법에 의해서 만들어진 지도는 마치 우주에서 지구를 바라본 모습처럼 보인다.

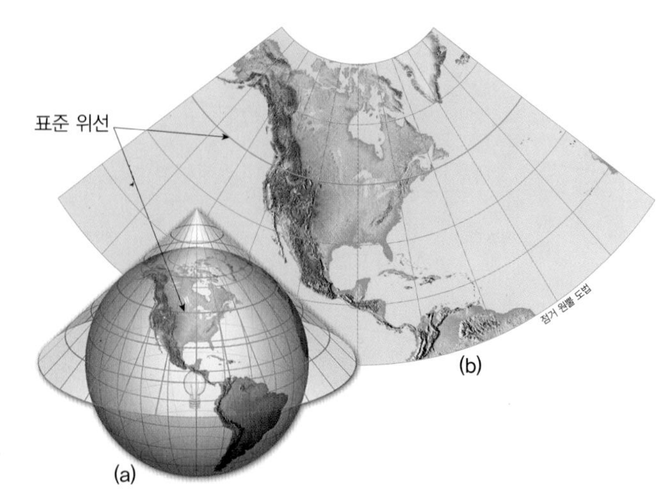

▲ **그림 2-9** 원뿔 도법의 사례. 지구본 한가운데에 전구가 있다고 가정하고, (a) 지구본을 고깔모양의 도화지로 둘러싸 지구본의 경계를 종이 위에 투영한 후, (b) 종이 위에 투영되어 나온 지구의 모습을 원뿔 도법에 의해 만들어진 지도라고 한다.

가상 원통 도법

가상 원통 도법(pseudocylindrical projection)은 다른 용어로 **타원 도법**(elliptical 또는 oval projection)이라고도 한다. 가상 원통 도법에서 가운데 부분은 왜곡이 적어 좁은 지역을 나타내는 데 적합하지만, 전 세계를 지도에 표현할 경우 가장자리가 타원 형태로 나타나는 도법이다(그림 2-5a의 에케르트 도법과 그림 2-6의 로빈슨 도법 참조). 가상 원통 도법은 일반적인 원통 도법처럼 적도를 중심으로 마치 원통으로 지구를 둘러싸는 방식을 적용하지만, 기존의 원통 도법과 달리 둥근 지구의 곡면을 효과적으로 반영하기 위해 경선이 극으로 수렴하는 방식을 채택하고 있다.

대부분의 가상 원통 도법상의 세계지도에서는 기준이 되는 중앙 경선(보통은 본초 자오선)과 중앙 위선(보통은 적도를 지나는 위선)이 지도 가운데에서 서로 직각으로 교차한다. 보통은 적도를 중심한 위선에 경도 0° 선인 본초 자오선이 지도의 중앙에서 직각으로 교차한다. 이때의 지점은 왜곡이 없지만 여기서부터 지도의 주변부로 갈수록 면적과 형태의 왜곡이 급격하게 증가한다. 가상 원통 도법에서는 모든 위선이 중앙 위선을 중심으로 평행하는 직선으로 나타나고 중앙 경선과 수직하고 있다. 이때 중앙 경선을 제외하고 모든 경선은 타원의 곡선 형태로 나타난다.

단열 도법 : 가상 원통 도법의 일종으로 대륙의 왜곡을 최소화하기 위해서 해양 부분을 '절단'하여 대륙별로 단열시켜 나타낸

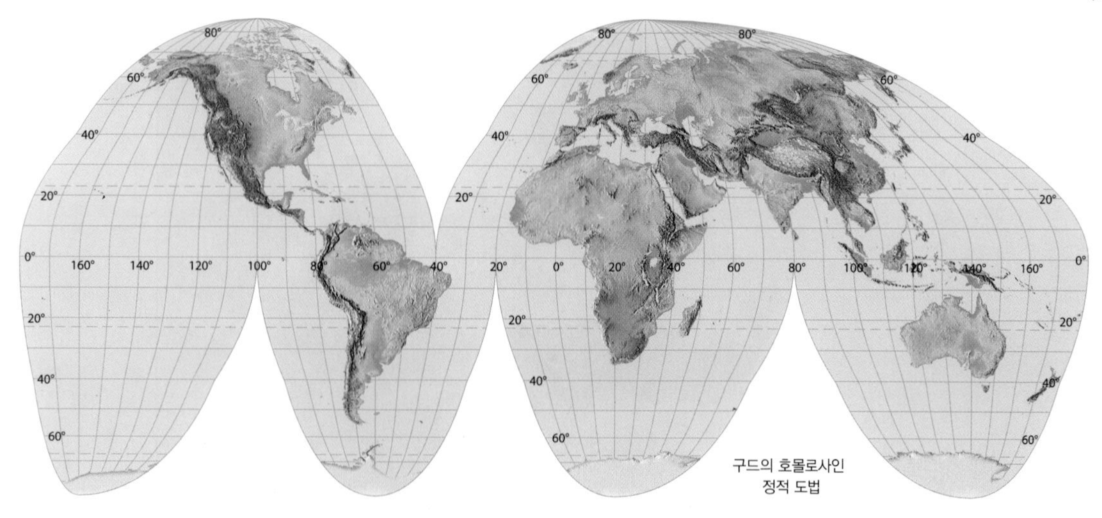

◀ **그림 2-10** 세계를 단열로 표현한 구드 도법. 단열 도법이 사용되는 이유는 강조하고자 하는 내용이나 사물(대륙)을 보다 정확하게 표현하기 위해 상대적으로 불필요한 내용이나 사물(해양)을 삭제함으로써 왜곡도를 줄일 수 있기 때문이다. 왼쪽 지도는 '구드의 호몰로사인 정적 도법'의 세계지도이다. 또한 이 책에는 이 도법을 변형한 다양한 지도들이 실려 있다.

도법을 말한다. **구드의 호몰로사인 정적 도법**(Goode's interrupted homolosine equal-area projection)이 가장 널리 알려진 도법이다(그림 2-10). 구드 도법은 일종의 정적 도법으로 정형성을 동시에 유지할 수는 없지만, 경선을 중심으로 하여 대륙을 단열시켜서 가능한 한 고위도 지역의 형상 왜곡도를 감소시켰다.

전 세계의 공간적 분포를 이 도법에서 나타낼 경우, 분포 관계는 일반적으로 대륙을 대상으로 나타낼 경우가 많으므로 자연적으로 해양은 지도에서 빈 공간으로 남게 된다. 이 경우 구드 도법에서는 태평양과 대서양, 인도양 등은 절단되어 나타난다. 그리고 각 대륙별로 기준 중앙 경선을 설정(6개 대륙이므로 6개의 중앙 경선을 설정)하여 그 선을 따라 적도 근처까지 단열시켜 왜곡도를 상당히 줄일 수 있도록 하였다. 따라서 중앙 경선을 중심으로 최대한 육지 부분이 나타나고 왜곡은 줄어들게 된다. 해양 부분에서 단절된 빈 공간은 이 도법과 관련된 부가적인 정보들로 채워질 수 있다. 결국 구드 도법에서 해양은 절단되어 나타나지 않거나 왜곡도가 대륙보다 해양에서 더 크게 나타나지만, 대륙이나 육지 부분의 왜곡은 상대적으로 적게 나타난다. 이런 특성으로 구드 도법을 적용하면 다른 도법에 비해서 전 세계를 대상으로 한 육상의 공간적 분포 패턴을 정확하게 표현할 수 있다(만약 해양이나 바다에 초점을 둔다면 육지와 대륙 부분이 단열되어 지도화되고, 따라서 이 도법에서는 어떻게 단열시키는지에 따라 지도의 유용성이 달라질 수 있다). 이 책에는 이 도법을 변형한 다양한 지도들이 실려 있다.

학습 체크 2-7 구드 도법과 같은 단열 도법의 이점은 무엇인가?

지도를 통한 정보 전달

지금까지 지도에 있어 기본적인 본질, 그중에서 지도의 축척, 지도의 속성, 투영법에 대해 살펴보았다. 그 외에 중요한 지도의 본질적인 부분은 지리정보를 지도를 통해서 어떻게 표현하고 전달할 것인가에 대한 내용이다. 먼저 지도 자체의 기본적인 특성에 대해 알아보자.

지도의 본질

지도는 무수히 다양한 형태와 크기에 따라 제작되고 그만큼 무한한 목적에 활용된다. 모든 지도는 지도의 기본적인 목적을 수행하기 위해서 반드시 갖추어야 될 기본적인 항목과 요소가 있다(그림 2-11).

- **제목** : 제목은 지도의 사용 목적과 내용을 간단하게 요약한 정보이다. 제목은 지도 내용이 무엇인지 어느 정도 짐작할 수 있도록 명료해야 한다.
- **제작일** : 지도가 언제 만들어졌는지 혹은 지도에 사용된 정보가 어느 시점이나 기간 동안 수집된 것인지에 대한 정보가 중요하다.
- **범례** : 지도에 적용된 기호와 색깔, 색채 혹은 그래픽에 대한 정보이다.
- **축척** : 축척 표현 방식에는 막대식, 서술식, 분수식이 있다
- **방위** : 지도에서 지리적인 방향을 가리키는 개념으로 지도에서 주로 경선과 위선 같은 지리적인 좌표(geographic grid) 형식으로 표현된다. 보통 지도의 위쪽은 북쪽을 의미하고, 방위를 나타내는 화살표가 있을 경우 북쪽을 가리킨다.
- **위치 혹은 좌표 체계** : 보통은 경선과 위선에 의한 동서와 남북의 경도와 위도가 나타나는 격자망의 지리적인 좌표 형태이다. 흔히 그래프에서 XY 축으로 수직, 수평선을 긋고 지형지물의 위치값을 계산하는 직각 좌표 체계와 같은 좌표 체계 방식이다. 경우에 따라서는 하나의 지도에 두 가지 방식 이상의 좌표 체계가 적용되기도 한다.
- **자료 출처** : 지도에 사용된 자료의 출처 정보이다.
- **투영법** : 많은 지도들, 특히 소축척 지도에서는 투영 체계 정보가 해당 지도 속성의 왜곡 정도를 이해하는 데 도움을 준다.

등치선

지도상에 지리적 자료와 정보를 표현하기 위해 지리학에서는 다

▶ **그림 2-11** 지도의 기본적인 요소가 포함된 전형적인 주제도

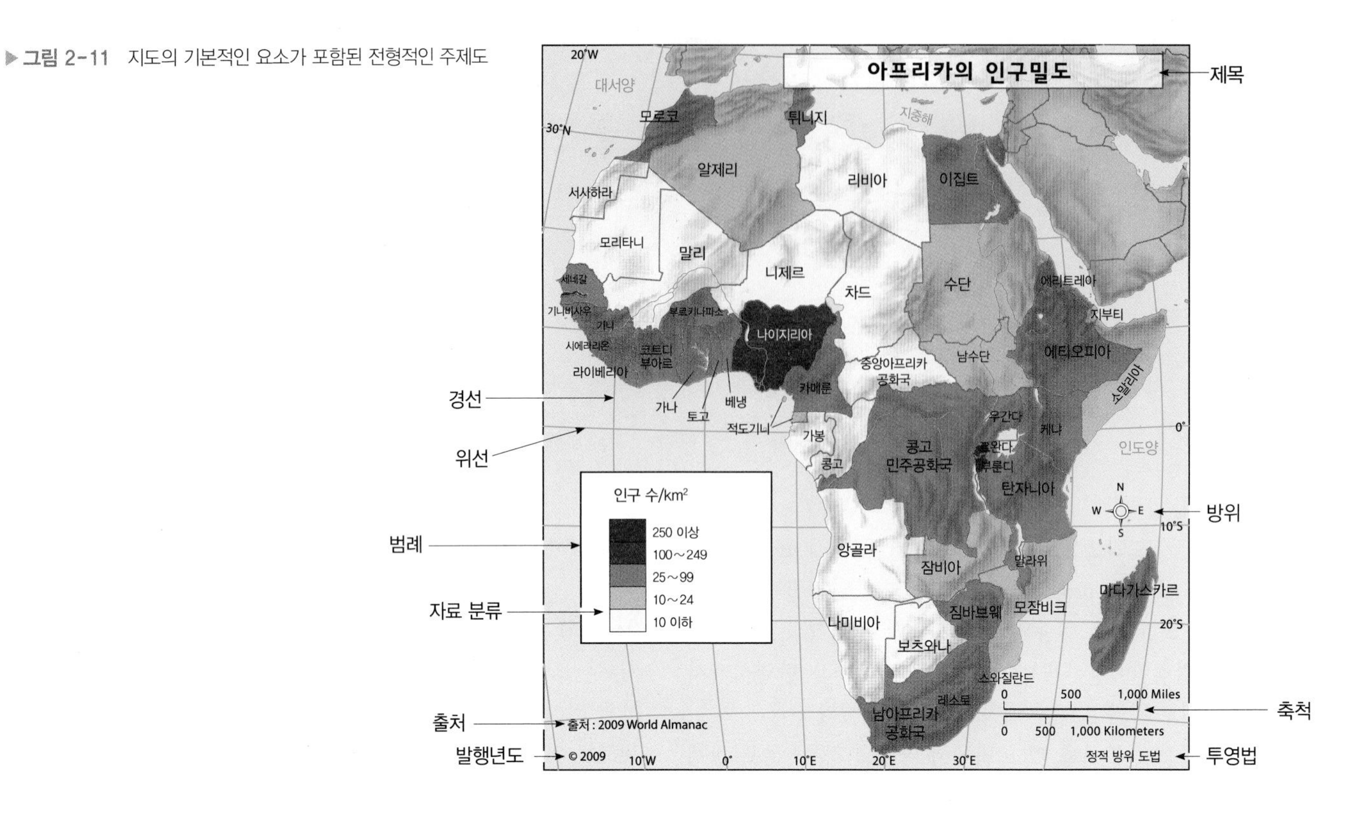

양한 지도학적 방법과 기법들이 사용되고 있다. 이 중에서 지리적 현상의 공간적 분포를 표현하는 데 가장 널리 사용되고 있는 기법 중 하나는 등치선(isoline)이다(*isos*는 그리스어로 '같다'라는 의미이다). **등치선**은 지표면상의 같은 값의 지점을 연결한 일련의 선이다.

등치선은 지표상에 연속적으로 분포하는 양의 크기를 표면 형태로 표현할 수도 있다. 가장 대표적인 것이 지형도이다. 이 지형도에서 해발고도를 연속적인 선으로 나타낸 것이 **등고선**(elevation contour line)이다(그림 2-12). 등치선은 지형도의 해발고도처럼 실제로 측정 가능한 수치뿐만 아니라 기온이나 강수량처럼 실제로 존재하지 않거나 비가시적인 값을 연속적인 선으로 표현하는 데 사용되는 지도학적 기법이다. 또한 비율이나 비례와 같은 상대적인 값의 표현에도 등치선이 적용된다(그림 2-13). 등치선도의 종류는 100여 개가 넘는다. 이 중에서 자연지리학 입문 과정에서 반드시 알아야 할 등치선도는 다음과 같다.

- 등고선 — 지표면의 해발고도가 같은 지점들을 연결한 선(미국 지질조사국 지형도를 설명한 "부록 II" 참조)
- 등온선 — 지표상에서 온도(기온)값이 같은 지점들을 연결한 선
- 등압선 — 동일한 기압을 가진 지점들을 연결한 선
- 등우선 — 주어진 기간 동안 강우량이 같은 지점들을 연결한 선(그리스어에서 *hyeto*는 '강우'라는 의미)
- 등편각선/등방위각선 — 지구의 자기 방향이 같은 지점들을 연결한 선

헬리혜성의 발견자로 유명한 영국의 천문학자이자 지도학자인 Edmund Halley(1656~1742)는 등치선을 사용한 최초의 인물은 아니지만, 그가 그린 등치선도가 현존하는 가장 오래된 지도로 알려져 있다. 그는 1700년에 대서양의 지구 자기장의 변화를 나타내기 위해 등편각선(isogonic line)을 이용한 등치선도를 제작하였다. 이 지도는 지금까지 알려진 가장 오래된 등치선도이다.

등치선의 기본 특성

- 개념적으로 등치선은 단절되는 경우가 없이 항상 폐곡선을 이룬다. 그러나 그림 2-12에서처럼 실제로 등치선의 값이 지도의 범위를 벗어난 영역까지 확대된다.
- 등치선은 양적 크기에 대한 점진적인 변화를 나타내는 선이기 때문에 아주 특별한 경우(예 : 아주 급경사의 절벽)가 아니면 등치선이 교차되거나 서로 붙는 경우가 없다(그림 2-13 참조).
- 한 등치선상의 값과 인접한 다른 등치선상 값의 차이를 **구간**(interval)이라고 한다. 등치선도에서 등치선 간격은 지도 제작자의 선호에 따라 달라질 수 있지만 전체 지도에서는 등치선이 일정한 간격을 유지한다.
- 등치선 간격으로 값의 변화를 유추할 수 있다. 등치선 간격이 좁으면 좁을수록(급경사일수록) 값의 변화가 급격하고, 경사가 완만할수록 값의 변화는 점진적이다.

등치선 만들기 : 등치선 지도를 제작하기 위해서는 우선 알려지지 않은 지점들의 값을 추정해야 한다. 그림 2-14는 해발고도를 사례로 등치선도를 만드는 간단한 과정을 보여 주고 있다. 이 그림은 해발고도를 나타내는 등고선을 보여 주고 있는데, 그림 2-14a는 해발고도를 실측한 지점들과 각 지점별 고도값을 나타내고 있다.

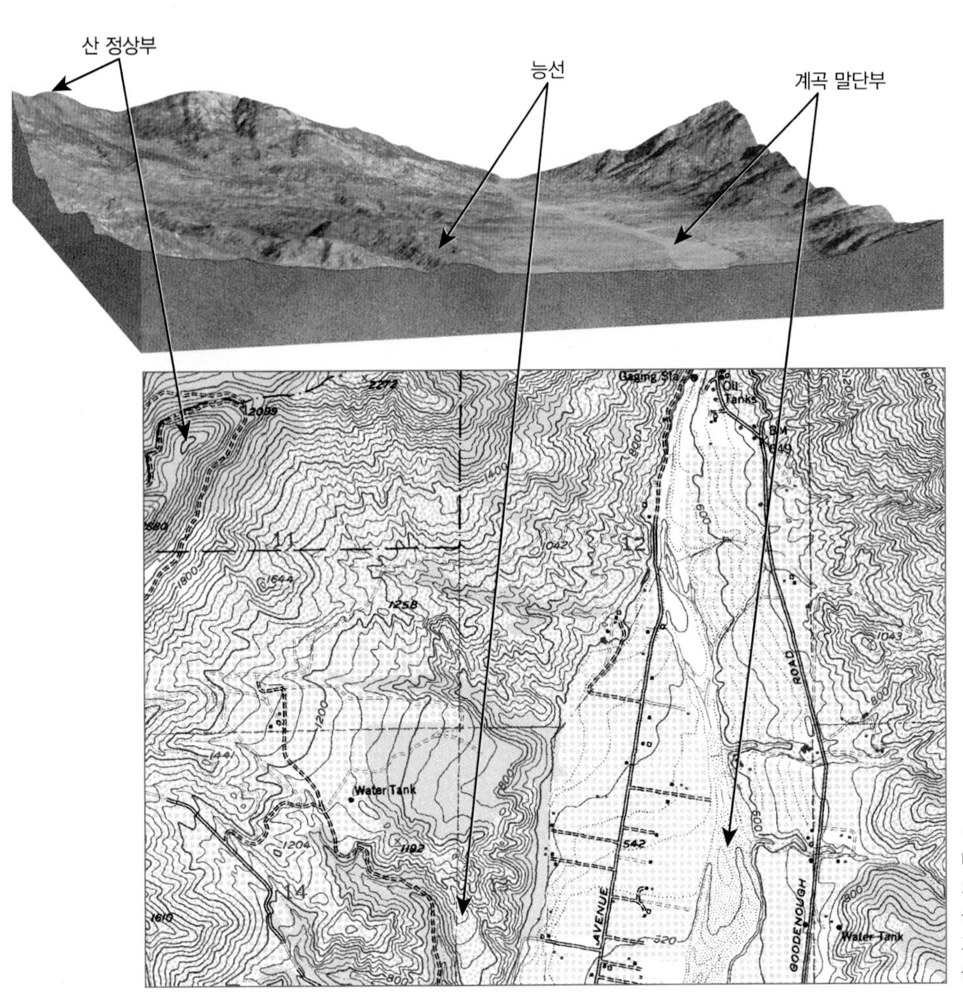

◀그림 2-12 이 그림은 해발고도를 등치선으로 나타낸 지형도와 지형도의 등고선 그리고 지형도상의 주요 자연 경관이다. 해당 지역은 미국지질조사국(USGS)에서 제작한 미국 캘리포니아주의 필모어 지역의 지형도 중 일부이다. 축척은 1:24,000으로 등고선의 간격은 40피트(12m)이다.

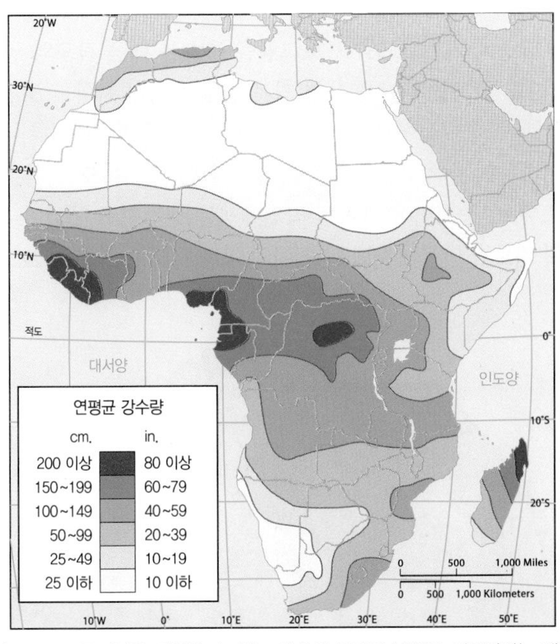

▲그림 2-13 등치선은 관찰할 수 없는 현상의 공간적 변화를 지도화하는 데에도 이용된다. 이 지도는 아프리카 대륙의 연평균 강수량 변화에 관한 등치선도이다. 이 지도에서는 강수량의 지역적 변화 패턴을 강조하기 위해 등치선도 사이를 색으로 구분하였다.

이 지점들을 대상으로 115m에 해당하는 지점을 이은 일련의 선(등치선)을 그릴 수가 있다. 예를 들어 115m 등고선은 고도 114m와 116m 사이와 113m와 116m 지점들 사이를 지나 그려진다(그림 2-14b 참조). 그다음은 그림 2-14c처럼 보간법(interpolation) 과정을 거쳐 다른 해발고도 값에 대한 등고선이 그려진다. 마지막으로 그림 2-14d처럼 각각의 등고선 사이의 표면을 음영으로 구분하여 고도 변화 패턴을 표현할 수 있다.

등치선이 비록 보간법을 통해 추정한 인위적인 값을 연결한 선의 형태이지만, 보간법은 현재 지리학자들에게 공간적인 변화와 패턴을 가시화하는 데 가장 일반적이고 널리 사용되는 지도학적 기법이다. 예를 들어 한 장의 등치선도는 만약 등치선으로 표현되지 않았더라면 도저히 파악할 수 없는 자연·인문적인 관련성을 공간적으로 유추·해석하는 데 효과적이다. 일반적인 공간 지각력으로 파악하는 데 한계가 있는 광범위한 분포 패턴이나 복잡하고 복합적인 공간 패턴도 등치선을 통해서 명료하게 표현될 수 있다.

학습 체크 2-8 '등치선'의 정의에 대해 설명하고, 등치선도를 통해 설명할 수 있는 지리적 분포 패턴의 사례를 제시하라.

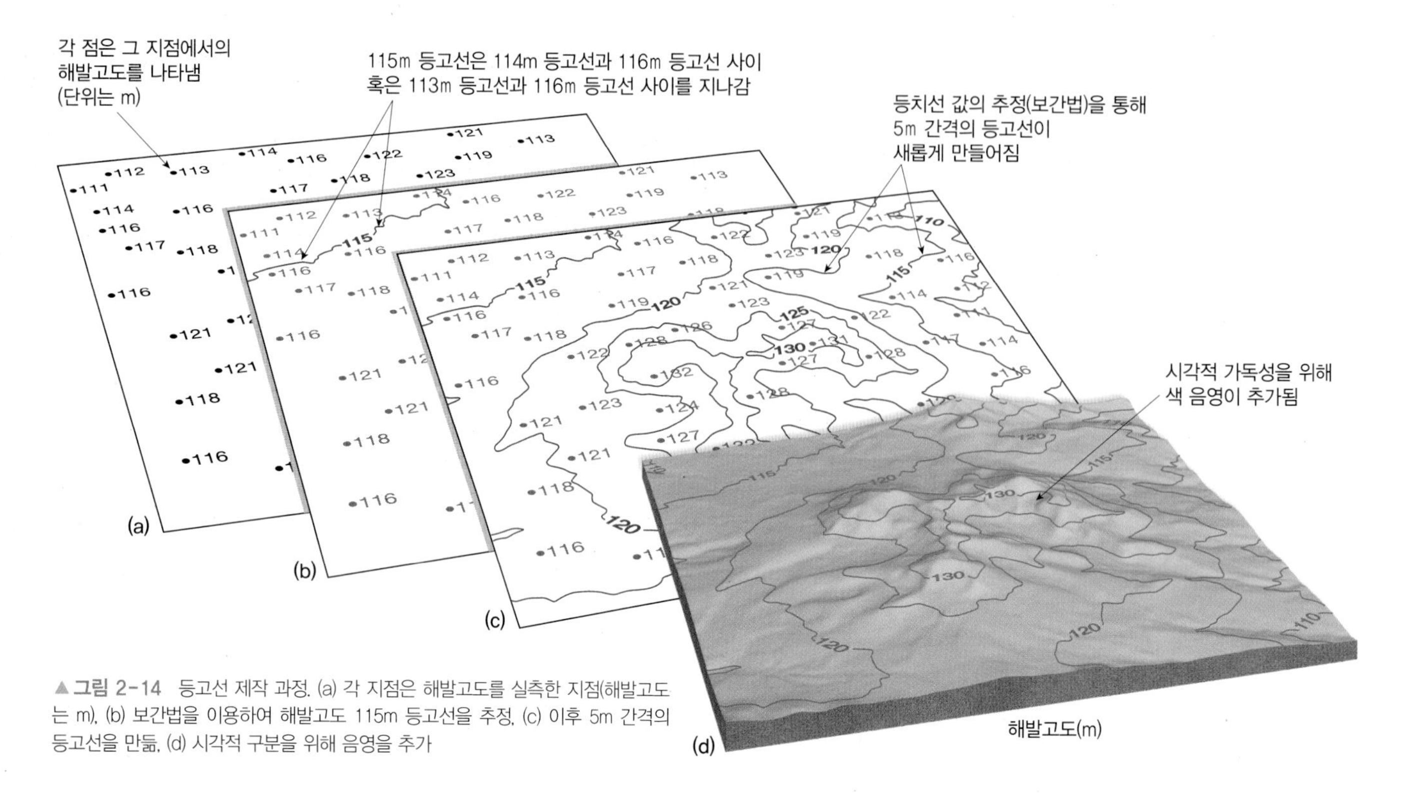

▲ 그림 2-14 등고선 제작 과정. (a) 각 지점은 해발고도를 실측한 지점(해발고도는 m), (b) 보간법을 이용하여 해발고도 115m 등고선을 추정, (c) 이후 5m 간격의 등고선을 만듦, (d) 시각적 구분을 위해 음영을 추가

3차원 경관의 표현

대부분의 지도는 3차원의 지구 표면을 2차원의 평면으로 나타내는 데 초점을 둔다. 그러나 자연지리학에서 지형지물의 수직적인 관계는 아주 중요한 연구 분야 중 하나이다. 자연지리학에서는 지형 기복 모형(actual raised-relief model)뿐만 아니라 2차원의 평면 지도상에서 3차원의 경관을 나타내기 위해 전통적으로 다양한 방법들이 사용되어 왔다.

해발고도 : 3차원 경관을 2차원으로 표현하는 가장 대표적인 사례는 등고선이다. 종이 지형도에는 등고선이 나와 있는 것이 일반적이다. 미국에서는 여전히 각종 지도에서 등고선이 있는 지형도가 해발고도를 파악하는 데 널리 사용되고 있다(그림 2-12 참조). 미국 USGS의 'National Map' 포털 서비스(http://nationalmap.gov)의 사례에서처럼 지형 연구에 있어 점차 종이 지도에서 수치 지도로 전환되어 가는 시점이긴 하지만, 여전히 등고선이 나와 있는 종이 지형도는 많이 활용되고 있다. 지형도와 등고선에 관련된 내용은 "부록 II"에서 다루고 있다.

수치고도모델 : 지도학에서 최근 놀랄 만한 발전을 들자면 지형을 수치모델로 표현한 **수치고도(표고)모델**(Digital Elevation Model, DEM)의 등장이다. 수치고도모델은 정확한 해발고도의 수치 정보화이다. 예를 들면 미국의 USGS는 미국 전역의 해발고도 정보를 다양한 공간 해상도를 가진 격자망 정보로 매년 데이터베이스화하고 있다(공간 해상도란 지형지물을 식별할 수 있는 가장 작은 크기를 말한다). 가장 일반적으로 활용되고 있는 수치고도모델의 해상도는 30m 격자 데이터이다(30m 격자란 가로세로 30m 격자망의 크기로 지형 수치값을 가진다는 의미로서 30m 간격으로 해발고도 값을 데이터베이스화하고 있다는 뜻이다). 해발고도 해상도는 점점 더 높아지고 있어 1m 공간 해상도의 수치고도모델도 구축되어 있다.

이러한 수치고도모델을 바탕으로 컴퓨터에서는 음영 기복 이미지를 추출할 수 있다. 음영 기복 이미지란 일정한 각도와 고도에서 태양이 해당 지형 지물을 비출 때를 가정해서 지형의 기복과 음영 정도를 수치화한 이미지 정보이다(그림 2-15). 과거에는 전적으로 수작업으로 이런 음영 기복도가 제작되었지만, 최근에는 컴퓨터의 수치고도모델 프로그램을 통해서 태양 각도와 공간 스케일, 입체 과장과 같은 음영 기복 변수에 따라 다양한 조건의 음영 기복도가 만들어진다. 더 나아가서 다양한 종류의 수치 정보나 이미지들이 수치표고모델(DEM)이나 음영 기복도와 같은 수치 지도 위에 중첩되어 과거 수작업에서는 생각지도 못했던 새로운 수치 지도가 만들어지고 있다(이에 대한 사례로 그림 2-27 참조)

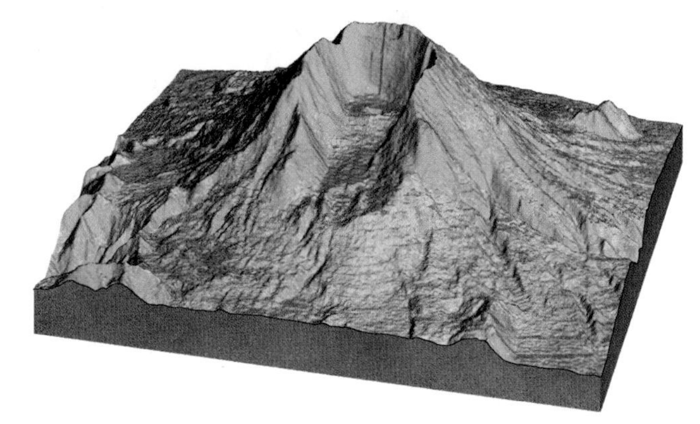

▲ 그림 2-15 1980년 화산 폭발 이후의 세인트헬렌스산을 음영 기복 수치고도모델로 표현한 사례

학습 체크 2-9 수치 고도 모델은 실제 지구의 지형 모습을 어떻게 다루고 있는가?

글로벌 위성항법시스템

1970년대 이후 내비게이션과 지도 제작의 변화를 가져온 새로운 기술들이 계속 개발되어 오고 있다. 이 중에는 지구상의 각종 지점에 대한 정확한 좌표값과 위치 데이터를 제공해 주는 기술도 포함된다. **글로벌 위성항법시스템**(Global Navigation Satellite System, GNSS)이라는 위성 기술과 시스템을 결합한 기술이 그 중 하나이다. 대표적인 사례로는 미국의 GPS(Global Positioning System)와 러시아의 글로나스(GLONASS)가 있다. 유럽은 갈릴레오(Galileo)를 2016년부터 완전히 가동할 예정이다. 중국도 독자적인 위성항법시스템인 베이더우(BeiDou, 또는 Compass) 개발을 추진 중이다.

일반인에게 가장 널리 알려진 위성항법시스템인 GPS는 미국 국방부에서 1970년대와 1980년대에 군사용으로 처음 개발되었다. 개발 당시에는 전투 비행 안내나 미사일 유도, 지상군 작전용으로 추진되었다. 최초의 GPS 수신기 크기는 거의 사무실 캐비닛 정도였지만 관련 기술이 계속 발전하면서 최근에는 크기가 손가락 마디 정도로 소형화되고 있다. 최근에는 태블릿이나 디지털 카메라, 휴대폰 같은 모바일 기기에도 글로벌 위성항법장치 칩이 탑재되어 있다. 이러한 모바일 기기에서의 위성항법장치 탑재는 지도 제작이나 실내외의 데이터 수집과 지도 데이터 검색에서 하나의 혁명적인 변화를 가져오고 있다.

이러한 GPS 시스템은 원래 NAVSTAR GPS(Navigation Signal Timing and Ranging Global Positioning System의 약자)를 줄여 부르는 것으로 최소 24개의 고도 위성(high-altitude satellite)으로 구성되어 있고, 그중에서 4~6개 위성에서 오는 신호를 기반으로 자신의 위치를 파악하는 장치이다(현재는 31개의 GPS 위성이 운용 중이고 몇 개의 구형 GPS 위성들도 백업용으로 운용 중이다).

개별 위성은 지상 물체 위치와 인식 정보를 지상의 수신기로 지속적으로 전송한다(그림 2-16). 지상의 GPS 수신기와 4개 이상의 위성을 한 그룹으로 하는 여러 GPS 위성 그룹들 간의 거리는 GPS 위성에 탑재된 시계와의 지상 수신기의 시계와 시간차를 이용하여 거리 편차를 계산한다. 그다음 수신기 위치의 3차원 좌표(예를 들면 경도, 위도, 고도)는 삼각 측량을 통해서 정확한 위치값이 계산된다. 하나의 GPS 수신군 내에 신호를 담당하는 채널이 많으면 많을수록(현재는 아무리 저가의 GPS라고 하더라도 최소 12개 채널이 있다) 더 많은 위성들이 위치 추적을 할 수 있고 위치 정확도는 향상된다. 현재 가장 기본적인 GPS 단말기라도 위치의 정확성은 약 10m 정도의 오차에 불과하다. 휴대폰과 같은 모바일 기기에서의 위치 정확도는 휴대전화 기지국이나 다른 지상위치 감지 기능의 지원에 따라 2m까지 확보될 수 있다.

광역 애플리케이션 서비스: 광역 애플리케이션 서비스(Wide Area Augmentation System, WAAS)는 원래 항공기의 정밀 접근과 비행 단계에 필요한 위치 정확성을 높이기 위해 미국연방항공청(Federal Aviation Administration, FAA)에서 개발한 시스템이다. 북미 전역의 수십 개 지상 기지는 위성에서 전송한 GPS 신호를 모니터링하고 이를 보정한 신호를 지상의 GPS 단말기로 보낸다. WAAS 덕분에 GPS 단말기의 위치 정확성은 약 95% 확률로 7m 이내로 줄어들었고, 이러한 WAAS 기술은 이미 모든 최신 GPS 수신기에 탑재되어 있다. 유사한 시스템이 아시아와 유럽에서 운영 중인데, 이 중 대표적인 것은 일본의 Multi-Functional Satellite Augmentation System과 유럽의 Euro Geostationary Navigation Overlay Service이다.

GPS 상시관측기: 미국해양대기청(National Oceanic and

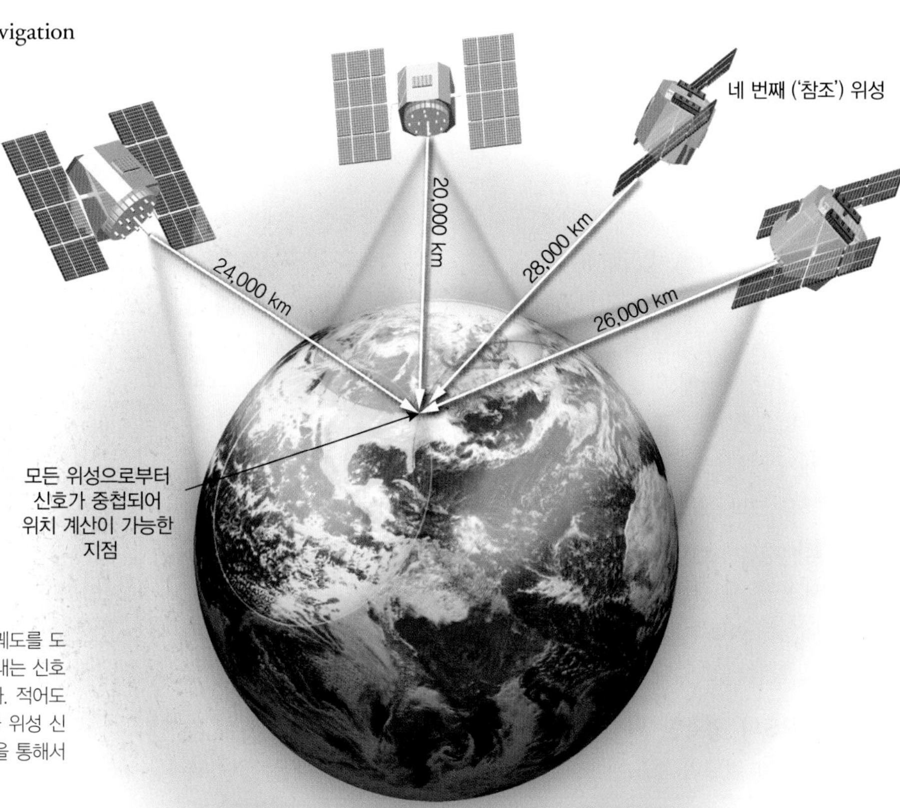

▶ **그림 2-16** 지상으로부터 약 20,200km 우주 상공에서 지구 궤도를 도는 GPS 위성은 지상 기지국으로 위치 신호를 보낸다. 위성에서 보내는 신호가 지상 기지국으로 도달하는 시간차를 이용하여 거리를 계산한다. 적어도 3개 이상 위성에서의 신호가 서로 겹치는 위치에서 지상 수신기와 위성 신호의 시간차를 이용하여 거리 편차를 계산한다. 그다음 삼각 측량을 통해서 정확한 위치값이 계산된다.

Atmospheric Administration, NOAA)은 항구적인 GPS 수신 기지국 역할을 하는 **GPS 상시관측기**(Continuously Operating GPS Reference Station, CORS)를 운영하고 있다. 이 관측 시스템에서는 위도와 경도, 고도값에 있어 1cm 이하까지 위치값을 인식할 수 있는 자료를 제공하고 있다. 이 자료들은 지각판 이동이나 화산 하부의 마그마 분출에 의해 발생하는 아주 미세한 지표면 변동에 대한 장기간 모니터링에 이용되고 있다.

GPS 현대화 프로그램 : 미국의 경우 오래된 GPS 위성 교체와 다른 나라들과의 글로벌 위성항법시스템(GNSS)의 호환을 위해 4세대 민간방송 GPS(일명 'L1C') 신호 도입을 추진하고 있다. 가장 최신의 GPS 위성(GPS III)은 2018년에 발사될 예정이다.

GPS 활용 : 1983년 레이건 정부가 GPS 시스템 및 관련 기술을 민간에게 공개하기로 결정한 이후 GPS 성장은 놀랄 정도이다. GPS 활용에 있어 과학 분야와 민간 부문은 이미 국방 분야를 추월하여 점점 더 범위를 확대하고 있다. 현재에는 거의 모든 분야에서 GPS가 활용되고 있다. 이는 비행기, 자동차, 기차, 트럭, 버스, 선박, 휴대폰 등 인간생활과 관련된 모든 부문에 궁극적으로 GPS 수신 장치가 탑재된다는 의미이다. 동시에 GPS는 지진 예측, 해저 지도 제작, 화산활동 모니터링, 다양한 지도 제작 프로젝트 등에도 활용되고 있다. 예를 들면 저렴한 비용으로 공간 정보를 수집할 수 있는 GPS의 장점에 주목한 미국연방재난관리국(FEMA)은 허리케인과 홍수를 비롯한 각종 자연재해와 재난의 피해 및 영향 평가에 GPS 시스템 및 관련 기술을 적용하고 있다. 대표적인 사례가 2012년 10월 미국 북동부를 강타한 허리케인 샌디로 인한 자연재해에서 교통 패턴 분석을 위해 GPS를 활용하여 수집한 뉴욕시 택시 데이터이다. 이것은 GPS 데이터가 앞으로 자연 재해를 대비하는 데 효과적인 정보를 제공할 수 있음을 보여 주는 사례이다.

여러분의 휴대폰에 위치접근 허용 기능이 작동할 때에도 새로운 경험을 할 수 있다. 휴대폰의 위치 검색 기능을 켜자마자 위치기반 서비스 회사는 여러분에게 가장 가까운 커피숍이 어디에 있는지 혹은 원하는 상품을 판매하고 있는 가장 가까운 쇼핑센터와 상점이 어디에 있는지에 대한 위치 정보를 아주 손쉽고 간단한 방법으로 알려 준다. 더 나아가서 GPS가 탑재된 모바일 기기 자체가 하나의 새로운 위치 기반 자료를 수집하는 역할을 한다. 최근의 **크라우드소싱**(crowdsourcing)과 시민과학자 프로젝트(citizen science project)로 알려진 대중참여 공간정보 사례도 있다(상세한 내용은 제1장의 "포커스 : 과학자로서 시민, 시민과학자" 참조). 이처럼 GPS의 성공은 원래의 군사적 목적을 넘어 새로운 영역으로 확장되고 있다.

GPS의 정확한 위치 정보 표시 : 제1장에서 이미 보았듯이 전통적인 위도와 경도는 도, 분, 초 단위로 표시된다. 예를 들면 북위 40도 45분 10초는 40°45′10″N으로 표시된다. 이때 위도 1″(1초)간 거리는 약 31m 정도이다. GPS는 이보다 훨씬 정밀한 좌표 정보를 제공하고 있다. 소수점 자리까지 포함해서 40°45′10.4″N 까지 나타낸다(위도 0.1″는 거리상으로 약 3.1m이다).

대부분의 모바일 기기에서도 GPS 수신 기능이 있어 다양한 단위의 좌표 정보를 제공하여 정밀한 위치 정보를 알 수 있다. 예를 들어 위치 표시 방식도 기존의 도·분·초 방식인 40°45′10.4″N에서 40°45.173′N으로 표시하여 1/100까지 위치 정확성을 알 수 있다. 어떤 기기는 이러한 1/100분 방식(decimal minutes) 외에도 40.75288°N 방식으로 경도를 표시하기도 한다.

학습 체크 2-10 GPS에서는 지구상의 사물의 위치를 어떤 방식으로 계산하는가?

원격탐사

역사적으로 지표상의 각종 형태를 가장 정확하게 표현한 도구는 지도일 것이다. 그러나 과학기술이 발달하면서 직접 답사를 하는 대신 지상으로부터 일정 고도에서 지구에 관한 정보를 저장하고 수집하는 정교한 기술들이 개발되어 오고 있다. 이러한 기술들은 지표를 연구 대상으로 하는 학문 분야의 획기적인 발전을 가져왔다. 일반적으로 **원격탐사**(remote sensing)는 사람이 직접 접촉하거나 답사하지 않고 각종 지형 지물의 정보를 수집하고 저장하여 정보화하는 일련의 기술을 말한다.

원격탐사는 원래 비행기를 통해서 이루어졌다. 그러나 인공위성의 등장으로 원격탐사 기술과 기법에는 혁명적인 변화와 발전이 있었다. 현재 수십여 국가의 약 1,200여 개 위성들이 각종 원격탐사와 관련하여 운용되고 있는데, 지상 약 20,000km 상공의 저고도 위성에서부터 지상으로부터 약 36,000km 상공의 **정지 궤도 위성**(geosynchronous orbit)까지 지구 궤도를 돌고 있다. 이 위성들은 통신, 위치 정보, 기상 및 기후뿐만 아니라 다양한 상업과 과학 분야의 응용에 필요한 정보와 영상 이미지 정보들을 제공하고 있다. 이에 대한 사례는 "글로벌 환경 변화 : 사막 한가운데에서 커져 가는 도시" 글상자를 참조하라.

비디오 MG
다중 위성 센서를 이용한 화재 연구

http://goo.gl/qKVJa

항공사진

1960년대까지만 하더라도 유일한 원격탐사 수단은 항공사진이었다. 최초의 **항공사진**(aerial photograph)은 1858년 프랑스의 열풍선에서 찍은 사진이었다. 제2차 세계대전(1939~1945년)까지는 항공기에서 흑백 사진과 컬러 사진을 촬영하여 군사와 작전 목적으로 주로 사용하였다. 이후 항공사진으로부터 획득된 자료를 바탕으로 지도를 만들거나 정보를 분석하는 **사진 측량학**(photogrammetry)이 발전하였다. 현대 사회에서

사막 한가운데에서 커져 가는 도시

▶ Bradley Shellito, 영스타운주립대학교

세계 인구는 1987년 50억에서 2015년 말이 되면서 약 73억으로 늘어났다. 이러한 성장 이면에는 엄청난 인류 생존의 수요가 수반되었다. 주택이나 공장에서부터 인류의 삶의 질까지 자연 환경과는 정반대의 요구가 늘어나고 있다. 예를 들어 사우디아라비아에서는 사막에서 농작물을 경작하고 있고, 불과 30년 전에는 중국에서 가장 전형적인 농촌 지역이라고 불렸던 주장강 삼각주 지역이 지금은 세계에서 유래를 찾아볼 수 없을 정도의 도시 성장을 경험하고 있는 지역으로 변모하였다.

환락의 라스베이거스 : 지난 몇 년 동안 네바다주 라스베이거스는 미국에서 가장 도시 성장이 빠른 도시로 손꼽히고 있다. 미국통계국 조사에 따르면 라스베이거스 지역은 2014년에 약 110만 명이 넘는 도시로 성장하였다. 이것은 1990년보다 거의 300% 이상 증가한 수치이다. 더구나 이 도시를 방문한 사람 수는 2014년에 약 4,100만 명으로 1990년보다 2배 이상이다. 사막 생태계 한가운데에서 이런 엄청난 변화를 수용하기 위해서는 사람들이 사는 공간뿐만 아니라 각종 업무지구와 상업 및 관광 시설이 증가할 수밖에 없다. 라스베이거스는 모하비사막 분지 지역에 자리 잡고 있다. 이 도시의 가장자리는 새로운 주거지와 가로망의 확산으로 계속해서 사막 가운데로 뻗어 가고 있다.

사막 환경에서 이러한 도시 성장은 자연환경, 특히 물 수요와 지속 가능한 환경이란 문제에 대해 우리에게 여러 질문과 도전을 제기하고 있다. 라스베이거스 지역의 주요 물 공급원은 인근의 미드호이다. 그런데 콜로라도강의 저수지인 이 호수의 수위는 지속적으로 낮아지고 있다. 이러한 물 부족에 따른 지속 가능한 물 절약 캠페인이 다양한 모습으로 진행되고 있다. 실내 오폐수 정화수를 호수로 다시 보내기도 하고, 잔디 심기를 제한하거나 금지하고 있다. 또한 공공 장소에서의 물 사용 억제 등 여러 가지 다양한 물 절약 운동이 전개되고 있다.

지리공간정보 기술은 라스베이거스 지역의 도시 성장과 자연환경 관련성의 '밑그림'을 검토하고 분석하는 데 유용하게 활용될 수 있다. 또한 지속 가능한 도시 발전에 필요한 여러 도시계획의 모니터링에도 적용될 수 있다. 원격탐사 기술에 의한 라스베이거스 도시의 위성영상은 공간적으로 도시가 얼마나 성장하고 어떻게 확산되고 있는지 생생한 모습을 보여 준다. 라스베이거스가 어디로 확산되고 있는지, 확산 정도는 얼마인지를 위성영상을 통해 한눈에 확인할 수 있다. 예를 들어 랜드샛 위성영상 아카이브는 40년 넘게 16일 주기로 라스베이거스가 지금까지 사막의 생태계를 어떻게 변화시켜 오고 있는지 생생하게 보여 준다. 1984년과 2011년의 랜드샛 영상 이미지는 이 도시가 사막에서 얼마나 확산되어 왔는지를 분명하게 보여 준다. 이 기간 동안 도시 인구와 관광객을 수용하기 위해서 지어졌던 집들과 가게, 각종 도시 기반 시설, 관광지 등의 확산을 통해 이 도시가 얼마나 급속하게 성장해 왔는지 한눈에 볼 수 있다(그림 2-A). 이러한 위성영상은 지리정보체계(GIS, 이 장의 후반부에서 소개)와 함께 라스베이거스 지역의 도시 계획과 물자원 관리 전략을 분석하는 데 활용될 수 있다.

인공섬 : 라스베이거스 지역이 환경 모니터링과 도시계획을 위해 지리공간정보 기술이 적용된 유일한 사례 지역은 아니다. 페르시아만의 팜아일랜드(Palm Islands)도 대표적이다. 팜아일랜드는 세계적인 휴양지를 목적으로 사막 국가인 아랍에미리트의 두바이 해안가에 건설된 인공섬이다. 모래와 암석들로 호텔과 각종 휴양시설이 만들어지는 동안 인공섬들의 식생군락은 두바이 해안가 자연환경에 또 다른 새로운 도전을 던져 주었다. 이러한 환경의 도전과 함께 위성영상과 원격탐사 기술은 두바이의 팜아일랜드 변화의 파수꾼 역할을 하였다(그림 2-B). 특히 원격탐사 기술은 두바이 해안의 수질 환경을 모니터링하는 데 활용될 뿐 아니라 두바이의 도시화와 그로 인한 환경 변화와의 관련성 등을 파악하는 데에도 이용되고 있다. 팜아일랜드의 건설 과정과 변화 모습은 http://earthobservatory.nasa.gov에서 볼 수 있다(인터넷 검색창에 'World of Change: Urbanization of Dubai'를 입력할 수도 있다). 또한 타임랩스 앱(http://world.time.com/timelapse/)을 통해 시계열적으로 변해 온 지구의 모습을 생생하게 볼 수 있다. 이 애플리케이션은 1984년부터 2012년까지 랜드샛으로 촬영한 지구 영상을 서비스하고 하고 있다. 이 시기 동안의 라스베이거스와 두바이의 위성영상도 물론 볼 수 있다.

(a) 라스베이거스, 1984

(b) 라스베이거스, 2011

▲그림 2-A 랜드샛 5TM으로 본 (a) 1984년과 (b) 2011년의 라스베이거스 위성영상

앞을 내다보다 : 지구상의 인구는 2040년이 되면 약 90억 명이 될 것으로 예상되고 있고 계속 증가할 것이다. 이러한 인구 증가는 다양한 형태로 지구의 자연환경에 영향을 미칠 것이다. 위성영상과 원격탐사 기술은 인구 증가와 도시화로 인한 자연환경의 영향을 모니터링하고 분석하는 데 효과적으로 이용될 것이다. 지리정보체계 기술 또한 이러한 공간적 패턴 변화를 분석하는 데 적극적으로 활용될 것이다. 이러한 지리공간 기술의 렌즈를 통해서 인류는 지속 가능한 미래를 위한 글로벌 차원의 환경 변화의 영향과 환경 계획을 쉽게 이해하고 대처해 나갈 수 있다.

질문

1. 도시 관리자들은 주기적으로 촬영된 위성영상 이미지를 활용해서 어떻게 지속 가능한 도시 성장 계획을 수립하고 현명한 의사결정을 내릴 수 있는가?
2. 사막과 연안 지역의 도시화가 급속하게 진행되면서 그 지역의 자연생태계가 직면하고 있는 지속 가능 발전의 도전과제들은 어떤 것들이 있는가? 원격탐사 기술들은 이런 과제에 대응하기 위해 어떻게 활용될 수 있는가?

(a) 두바이, 2000

(b) 두바이, 2011

▲그림 2-B (a) 2000년과 (b) 2011년의 랜드샛 위성영상. 영상에서 붉은색은 식생 지역

▲그림 2-17 정사사진지도(노스캐롤라이나의 윌밍턴 지역). 축척은 1:24,000이다.

는 위성영상이 여러 분야에서 항공사진의 역할을 대체하고 있다고 하지만 여전히 대축척 지역의 중요 지역 정보 수집이나 정보 분석을 위해서 디지털 항공영상 정보가 유용하게 사용되고 있다. 미국지질조사국(USGS)의 디지털 항공영상이 대표적이다.

정사 사진 지도: 정사 사진 지도(orthophoto map)는 항공사진과 디지털 이미지로부터 얻어진 일종의 다색(multicolor)의 무왜곡(distortion-free) 지도이다. 정사 사진에서는 카메라 경사나 해발고도 변화로 인해 발생하는 위치 오류와 위치 이동 문제들이 제거되기 때문에 지도 제작 과정에서 기하학적 특성이 잘 반영된다(그림 2-17). 정사 사진 방식으로 제작된 지도는 이전의 지도 제작 방법보다도 훨씬 더 자세하게 자연경관을 지도에 나타낼 수 있을 뿐만 아니라 일반적인 지도의 특성인 정확한 거리 측정도 가능하다. 정사 사진에 의한 지도는 특히 평탄한 해안 지역의 지도 제작에 효과적인데, 예를 들면 습지대와 같이 거의 고도값이 없는 낮은 저기복 지형의 상세한 내용까지도 파악할 수 있다.

가시광선 적외선 센서

가시광선 이외에도 다른 복사 에너지 파장이 있다는 것이 발견되고, 이런 복사 에너지의 파장이 과학 분야에 활용될 수 있다는 것을 알게 된 이후 원격탐사는 아주 놀랄 만한 발전을 이루었다. 제4장에서 나오겠지만 **전자기 복사 에너지**(electromagnetic radiation)는 태양과 지구의 각종 물체에서 나오는 다양하고 광범위한 파장을 포함하고 있지만(그림 2-18), (전통적인 항공사진 필름을 포함하여) 인간의 시각은 단지 전자기 파장의 스펙트럼 중에서 무지개 색깔과 같이 눈에 보이는 **가시광**(visible light)을 포함해서 아주 일부의 파장만 인식할 수 있다. 그러나 자연계에서는 X-선, 자외선, 적외선, 라디오파와 같이 지표면에서 방사되거나 반사 혹은 지표면에 흡수되는 굉장히 다양한 전자파들이 존재하고 있다. 자연환경에 대한 엄청난 정보들을 담고 있는 이러한 다양한 전자파들은 특수장비와 필름을 통해서 탐지될 수 있다.

컬러 적외선(color infrared, color IR) 이미지는 전자기 스펙트럼 중에서 **근적외선**(near infrared)에 민감한 전자 센서나 사진 필름을 이용한다. 근적외선은 인간이 식별 가능한 파장보다 긴 파장이다. 컬러 적외선 이미지 형상과 함께, 가시광의 초록색 파장의 감광도는 근적외선 파장의 감광도로 대체된다. 이러한 과정을 통해서 얻어지는 이미지 형상은 비록 이미지의 색상이 실제 지표상의 색상과는 다르지만(예를 들어 컬러 적외선에서는 생육 식생 초록색이 아니라 붉은색으로 나타난다), 상당한 활용성을 지니고 있다. 최초의 컬러 적외선 필름은 제2차 세계대전에서 활발하게 사용되었는데, 전투 시 위장용으로 사용된 건조 식생과 생육 식생을 구별할 수 있기 때문에 '위장 탐지 필름'이라고도 불렸다. 오늘날 컬러 적외선 이미지의 주요 활용 분야 중의 하나는 식생 식별과 평가 분야이다(그림 2-19).

열적외선 센서

전자기 스펙트럼에서 중적외선이나 원적외선에 포함되는 **열적외선**(thermal infrared, thermal IR)은 종래의 디지털카메라 혹은 전통적으로 사용되어 온 사진 필름에서는 전혀 탐지되지 않는다. 그래서 열적외선을 감지하기 위해서는 특수 과냉 스캐너(special supercooled scanner)가 필요하다. 열감지 스캐너는 주야간의 제약을 받지 않고 지표상의 물체에서 나오는 온도를 감지할 수 있다. 열적외선 이미지는 육지와 바다 간의 낮 시간대의 온도차라든가 열 수질 오염 연구

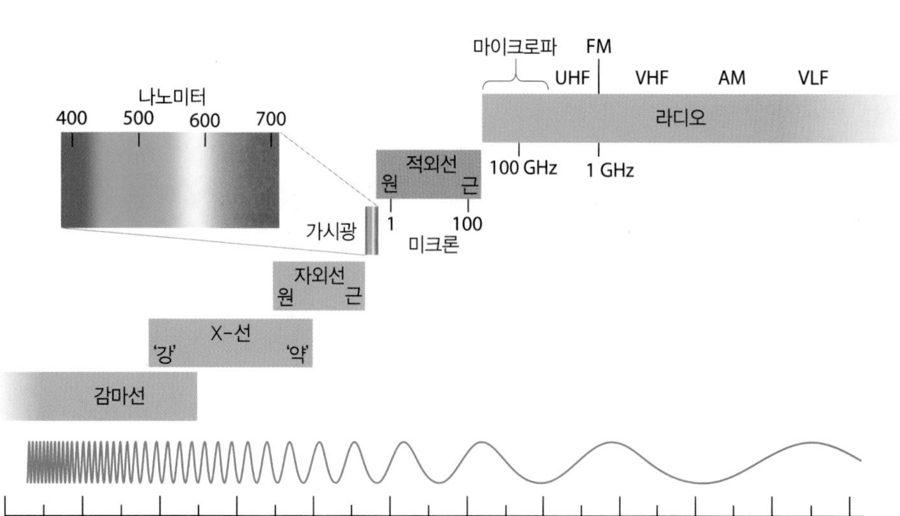

◀그림 2-18 전자기 스펙트럼. 인간은 단지 가시광선 파장만 인식할 수 있다. 일반적인 항공사진도 전체 파장 중에서 일부 파장만 인식할 수 있었던 것에 반해 인공위성 스캐너는 다양한 목적으로 특화될 뿐만 아니라 전체 스펙트럼 파장에서 다른 복사선들도 식별할 수 있다.

를 위한 기반암과 충적토 간의 온도차 혹은 산불 탐색 등의 분야에 활발히 적용되고 있다.

하지만 이 중에서 열적외선의 이점을 가장 잘 활용하고 있는 분야는 기상 부문이다(예 : 제6장의 "포커스 : GOES 기상위성" 참조). 비록 열적외선 센서가 제공하는 공간 해상도가 다른 원격탐사 위성만큼 높지는 않지만 열적외선 센서는 그 이전의 기상위성 자료보다도 상세한 정보를 제공하기 때문에 과거보다도 훨씬 정확하고 체계적인 기후 예측이 가능하다.

학습 체크 2-11 근적외선 이미지와 열적외선 이미지의 차이점은 무엇이고 지상의 사물을 분석할 때 각각 어떤 지형지물의 분석이 가능한지에 대해 설명하라.

▲ 그림 2-19 캘리포니아의 팜데저트와 캐시드럴시티, 팜스프링스 도시의 ASTER(Advanced Spaceborne Thermal Emission and Reflection Radiometer) 영상 이미지. 적외선 이미지에서 의사 색채(false-color)의 경우, 생육 식생은 붉은색으로 표시되고 나대지는 회청색으로 표시된다.

다중분광 원격탐사

오늘날 대부분의 첨단 원격탐사 위성들은 **다중분광**(multi-spectral) 혹은 **다중밴드**(multiband) 위성이라고 부른다(전자기 스펙트럼의 다양한 파장대를 일명 **밴드**라고도 하기 때문에 다중밴드라고 한다). 이러한 다중분광 위성 시스템은 동시에 여러 개의 전자기파 파장대를 이용하여 지표상의 대상체나 대상 지역의 지표면에 흡수, 반사, 발산하는 다양한 에너지를 수집한다. 과거의 항공사진 필름이 인간의 눈에 보이는 가시광선 중에서 특정 밴드 하나만 감지할 수 있었던 데 반해 다중분광 원격탐사 위성은 한 번에 여러 스펙트럼 밴드(예 : 가시광선, 근적외선, 중적외선, 열적외선 등)를 가지고 지표면을 촬영하기 때문에 다양한 지표면의 특성을 파악할 수 있다. 여러 스펙트럼 밴드는 각 밴드별로 특성에 맞는 지표면 정보를 가지고 있어 전문적인 개별 분야에 활용된다.

다중분광 위성에서는 지표면을 격자망의 픽셀 매트릭스 단위로 인식하여 지표면 정보를 파악한다. 지표면을 격자망으로 변환해서 각 격자 **픽셀**(pixel)마다 해당 지표면의 상태를 디지털 숫

▼ 그림 2-20 다중분광 위성 센서에서 인식한 지표면 정보가 디지털 이미지로 변환되는 과정

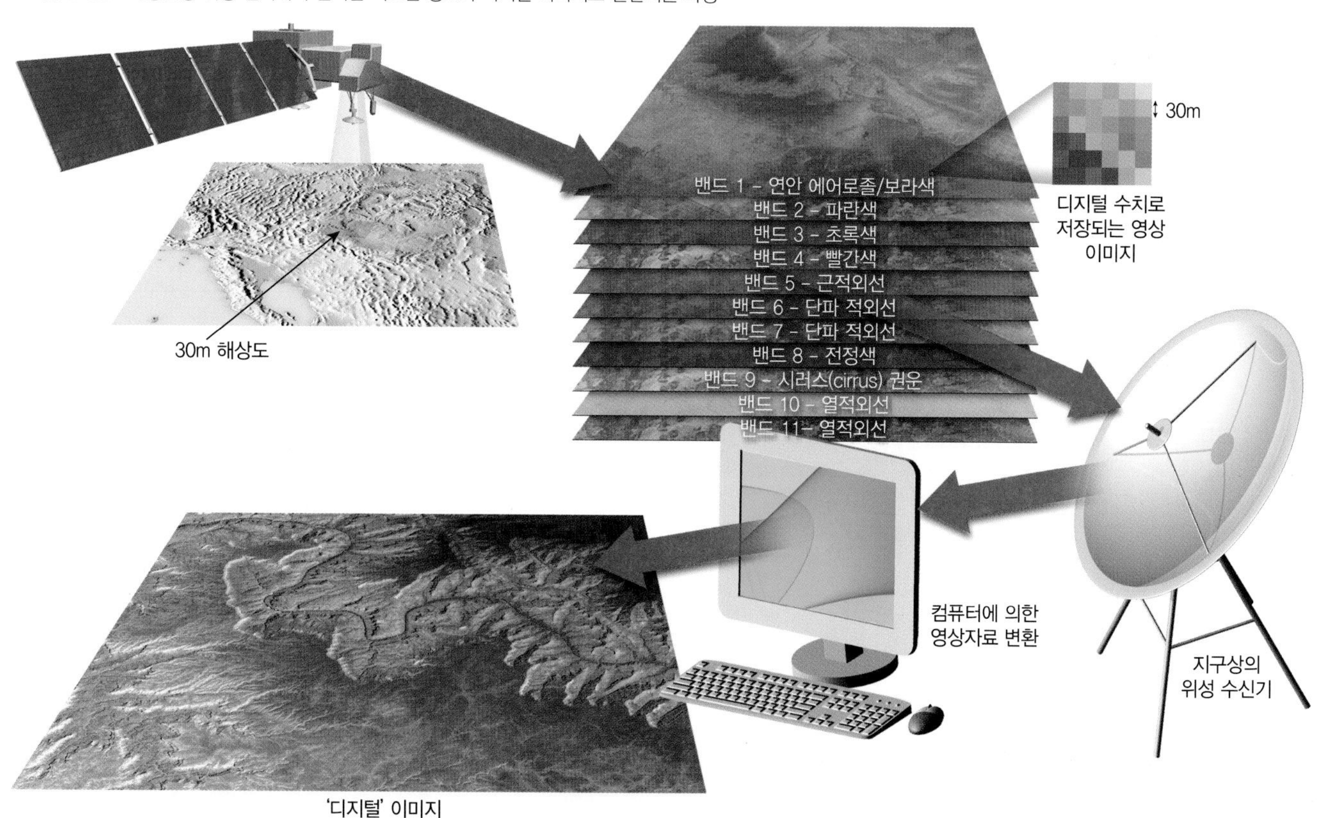

자값으로 저장하고 전체적으로 하나의 격자 매트릭스를 분광밴드별로 저장한다. 이러한 밴드별 격자 매트릭스와 매트릭스 내의 디지털 값은 지표면의 특성을 분석하기 위한 기초 자료로 활용한다. 이렇게 디지털화된 수치 매트릭스 정보는 지상의 수신센터로 보내지고 컴퓨터 분석을 통해서 회색이나 컬러 색상으로 컴퓨터 화면이나 출력물의 형태로 변환되어 출력된다(그림 2-20).

랜드샛 : 초창기 NASA의 우주탐사 계획이었던 머큐리, 제미니, 아폴로는 여러 선형 배열 카메라를 통해 얻어진 다중밴드 사진을 이들 탐사에 활용하였다. 이러한 과정들이 성공적으로 수행되고 만족스러운 성과를 얻게 되자 NASA는 지구의 자원 정보의 효과적인 획득을 위해 일련의 ERTS(Earth Resources Technology Satellite Series) 프로그램에 착수하게 된다. 이후 랜드샛(Landsat) 위성 센서 프로젝트로 발전하게 되었다. 1970년대와 1980년대에 걸쳐 다양한 센서 시스템이 탑재된 5개의 랜드샛 위성이 지구 궤도에 발사되었다.

1999년에 발사된 랜드샛 7호는 ETM+(Enhanced Thematic Mapper Plus) 센서를 통해서 8개의 분광밴드가 탑재되었다. 주요 밴드 정보로는 15×15m의 공간 해상도를 갖는 전정색 밴드(panchromatic band), 공간 해상도 30×30m로 가시광선과 단파 적외선 파장을 가진 6개 밴드, 공간 해상도가 60×60m로 열적외선 파장 등을 들 수 있다.

2013년에 발사된 랜드샛 8호는 총 11개의 파장 밴드(표 2-1)와 한층 선명한 영상 촬영이 가능하다(그림 2-21). 또한 OLI(Operational Land Imager)라는 관측 장치와 TIRS(Thermal Infrared Sensor)라는 열적외선 센서를 통해서 다양한 지상 정보를 수집할 수 있다.

지구관측 시스템 위성 : 1999년 NASA는 테라(Terra)라고 명명한 최초의 지구관측 시스템(Earth Observing System, EOS) 위성들을 지구 궤도로 발사했다. 이 원격탐사 위성의 가장 핵심적인 부분은 해상도 영상 분광계 센서(MODIS)로서 총 36개의 밴드를 통해서 1~2일 주기로 전 지구적 자료를 수집하고 있다는 점이다(그림 2-22). MODIS 이외도 테라 위성에는 지구 에너지 수지평형 관계를 관측하는 CERES(Clouds and the Earth's Radiant Energy System)와 다양한 형태의 대기 입자, 지표 피복, 구름 형태와 상태 등을 구분할 수 있는 MISR(Multiangle Image Spectroradiometer) 원격탐사 장치들이 탑재되어 있다. 이외에도 테라 위성을 통해서 특정 목적의 영상 처리와 3차원 이미지 데이터 모델 구축도 가능하다.

최근에 발사된 또 다른 지구관측 시스템 위성으로는 아쿠아(Aqua) 위성이 있다. 아쿠아 위성은 일종의 상용 기상위성으로 수증기, 구름, 강수, 빙하, 토양의 수분 함유 정도 등을 모니터링

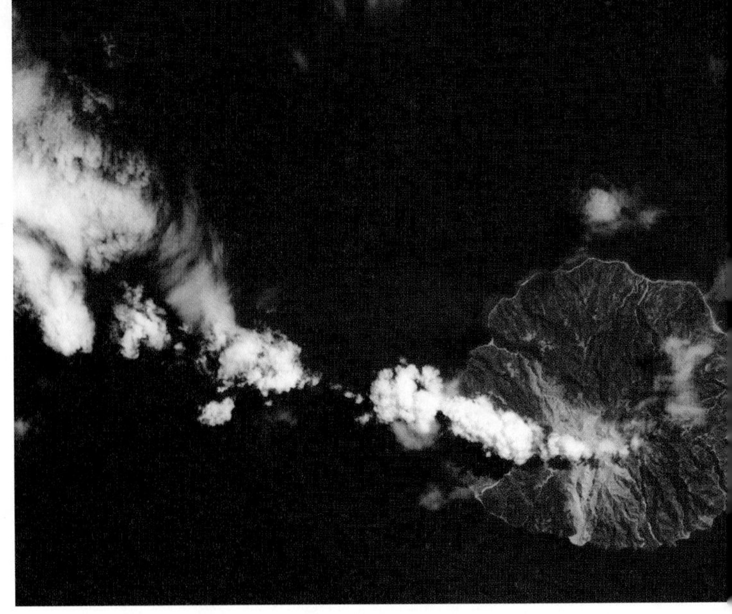

▲ 그림 2-21 랜드샛 8의 영상으로 인도네시아 팔루에섬의 로카텐다 화산의 모습이다. 영상의 회색 부분은 2013년 9월 화산 폭발로 남은 분출물 잔해이다.

표 2-1 랜드샛 8호의 밴드 특성

밴드	분광 해상도(μm)	스펙트럼 색상	공간 해상도(m)	밴드 이용 분야
1	0.43~0.45	연안 에어로졸색	30	연안 및 에어로졸 연구
2	0.45~0.51	파란색	30	수심도 제작 및 토양 · 식생 분석
3	0.53~0.59	초록색	30	식생 분석
4	0.64~0.67	빨간색	30	식생 분석
5	0.85~0.88	근적외선	30	생물자원 및 해안 연구
6	1.57~1.65	단파 적외선	30	토양 수분 및 하층의 얇은 구름대 분석
7	2.11~2.29	단파 적외선	30	토양 및 식생 수분 분석
8	0.50~0.68	전정색	15	고해상도 영상
9	1.36~1.38	시러스/권운		권운 구름 탐지
10	10.60~11.19	TIRS 1	100	열 지도 제작 및 토양 수분 분석
11	11.50~12.51	TIRS 2	100	열 지도 제작 및 토양 수분 분석

◀ 그림 2-22 알래스카에서 남서쪽으로 뻗어진 알류샨 열도를 찍은 천연색 위성영상. NASA의 아쿠아 위성에 탑재된 MODIS 센서로 2014년 5월 15일에 촬영한 것이다.

하여 지구 전체의 물수지 순환에 대한 상세 정보를 수집하기 위해 고안되었다. 아쿠아 위성에는 앞서 설명한 MODIS 센서뿐만 아니라 AIRS(Atmospheric Infrared Sounder)를 통해서 아주 자세하고 정확한 대기 온도 자료도 수집할 수 있다.

2011년 NASA는 해양 표면에 녹아 있는 염분 집중도를 모니터링할 수 있는 아쿠아리우스(Aquarius) 위성을 발사하였다(그림 9-6 참조). 아쿠아리우스 위성에서 제공하는 이러한 데이터는 엘니뇨(El Niño)와 같은 단기간의 자연 현상과 장기간 기후 변화의 영향을 이해하는 데 많은 도움을 준다(관련 내용은 제5장을 참조).

현재 다양한 위성영상들이 NASA, NOAA, USGS 등의 인터넷 사이트에서 무료로 제공되고 있다. http://earthobservatory.nasa.gov, http://www.goes.noaa.gov, http://eros.usgs.gov/imagegallery/를 접속해 보라.

민간 고해상도 위성 : GOES 위성, 랜드샛, EOS 위성과 같은 정부에서 운용하는 위성영상은 무료이거나 저렴한 비용으로 일반에게 제공하고 있으며, 민간에서 상업적 목적에서 제공하는 위성영상은 50~60cm 고해상도의 정밀한 위성영상이 서비스되고 있다. 대표적으로 SPOT(Satellite Pour l'Observation de la Terre), GeoEye-1, QuickBird, WorldView, Digital Globe 등이 있다. 2004년 구글에 인수되기도 했던 Skybox[1]는 일반적으로 대용량의 대규모 자본이 필요했던 기존의 인공위성과 달리 저렴한 비용으로 상대적으로 작은 크기의 위성을 개발하였다. Skybox 위성은 저렴한 비용으로 경제성을 확보한 동시에 고품질의 영상 이미지를 보장하고 있다. 이처럼 위성영상의 상업 시장은 해마다 급격하게 성장하고 있다.

학습 체크 2-12 '다중분광' 원격탐사에 대하여 설명하라.

레이더 센서, 수중 음파 탐지, 라이더 : 지금까지 살펴본 모든 원격탐사 위성 시스템들은 지구상의 사물에서 반사되거나 발산 혹은 흡수되는 자연계의 복사 에너지를 탐지하여 관련 자료와 정보를 기록, 수집하는 센서들로 구성되어 있다. 이런 시스템을 **수동형 원격탐사 시스템**(passive system)이라고 하고 스스로 전자기 에너지를 방출하는 것을 **능동형 원격탐사 시스템**(active system)이라고 한다. 지구과학 분야의 연구에서 가장 대표적이고 중요한 능동형 시스템은 **레이더**(radar, 'radio detection and ranging'의 약어)이다. 레이더는 1mm보다 긴 파장들을 탐지할 수 있는데, 기본 원리는 마이크로파(극초단파)의 전자기파를 물체에 발사시켜 반사되는 전자기파를 수신하여 물체와의 거리, 방향, 고도 등을 알아내는 것이다.

다른 위성 센서와 마찬가지로 레이더 센서도 주야간 구분 없이 촬영이 가능하다. 특히 구름을 투과할 수 있기 때문에 구름에 덮여 있는 지형 영상 정보를 수집할 수 있는 장점이 있다(그림 2-23).

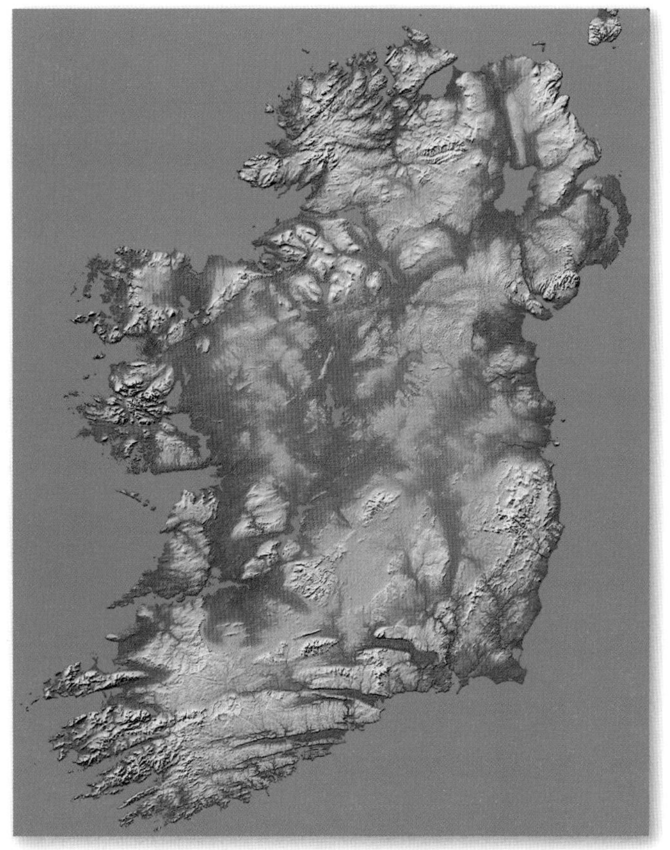

▲ 그림 2-23 레이더 영상 이미지를 통해서 본 아일랜드 지형의 모습. 미국 우주왕복선 인데버호에 설치된 SRTM(Shuttle Radar Topography Mission)에서 2000년에 촬영한 영상 자료를 바탕으로 편집한 아일랜드 지형 영상이다. 해발고도 데이터를 색깔에 따라 다르게 보이도록 저지대는 초록색, 산악지대는 흰색으로 표현하였고 지형의 변화를 강조하기 위해 음영 기복을 추가하였다.

1 역주 : 현재는 플래닛랩스에 매각됨

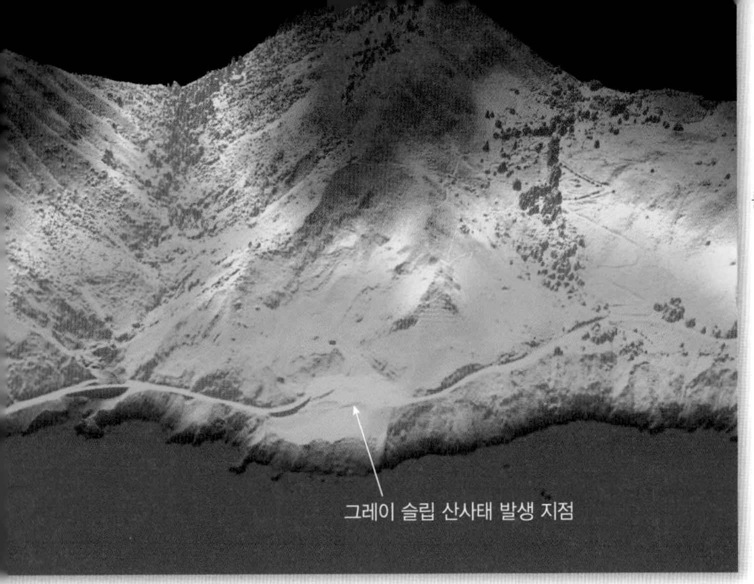

◀ **그림 2-24** 캘리포니아의 빅서(Big Sur) 해안에 발생한 그레이 슬립(Gray Slip) 산사태를 보여 주는 라이다 영상

이러한 특징으로 레이더 센서는 다른 원격탐사 시스템에서 탐지될 수 없었던 열대우림기후 지역의 영상 촬영과 관련 정보 수집에 효과적으로 활용되고 있다. 특히 레이더 센서는 구름에 덮여 있는 지역이나 울창한 식생 지역의 지형 분석에 효과적이다. 또한 기상 분야에서 강수 현상의 지도화와 악천후 기상도 제작 및 실시간 기상 상황 분석에 효과적으로 활용된다[기상학에서의 도플러 레이더(Doppler Radar)에 대한 논의는 제7장을 참조].

이외에도 활발하게 활용되고 있는 또 다른 원격탐사 시스템으로 **소나**(sonar, sound navigation and ranging, 수중 음파 탐지) 센서가 있다. 소나는 해수면 아래의 영상 촬영이 가능하다. 이런 장점을 바탕으로 대양의 지각 형태 분석을 위해 소나 센서와 영상을 적극적으로 활용하고 있다.

라이다(lidar, 빛이라는 의미의 'light'와 레이더의 'radar'에서 유래) 센서는 레이저를 목표물에 비춤으로써 사물까지의 거리를 감지할 수 있는 기술이다. 초기의 지상이나 차량에 탑재되는 방식에서 항공기나 위성에까지 탑재되어 운용되고 있다. 라이다 센서의 정확도는 이전의 원격탐사 기술보다 훨씬 정확하고 정밀한 수준으로, 지표상의 지형 지물과 사물의 3차원 영상 정보 수집이 가능하다(그림 2-24).

지리정보체계

지도 제작자들이 고대 이집트 시대부터 활동해 왔지만 불과 50여 년 전까지만 하더라도 지도 제작은 종이 위에 손으로 그리는 방식에서 벗어나지 못했다. 그러나 컴퓨터의 등장으로 지난 50여 년 동안 지도 제작 기술은 급격한 변화를 경험하였다. 컴퓨터는 지도 제작의 이미지 처리와 속도에서 엄청난 기여를 하고 있다. 지난 몇십 년 동안 지도학에서 가장 발전한 기술 중에서 가장 혁신적인 부분은 지리정보체계이다.

지리정보체계 혹은 **지리정보시스템**(Geographic Information System, GIS)은 각종 공간정보를 처리하고 출력하는 일종의 컴퓨터 시스템이다. GIS는 사용자로 하여금 실세계의 각종 지리 자

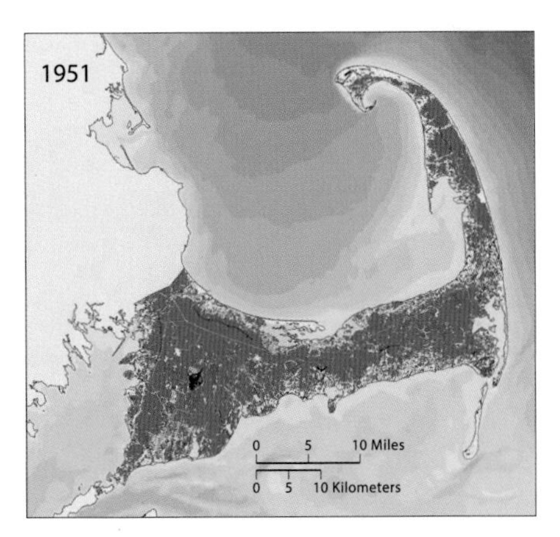

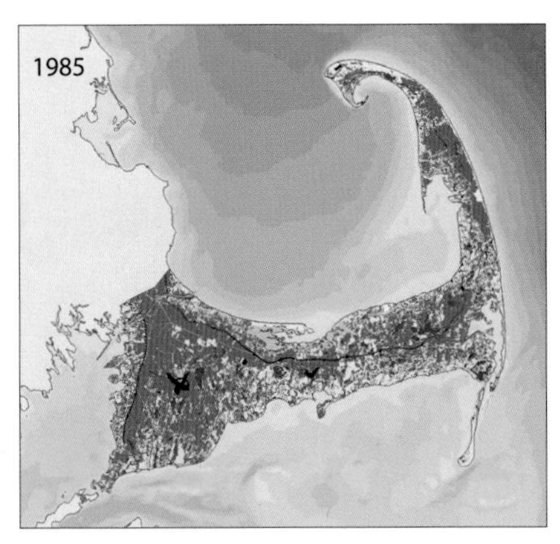

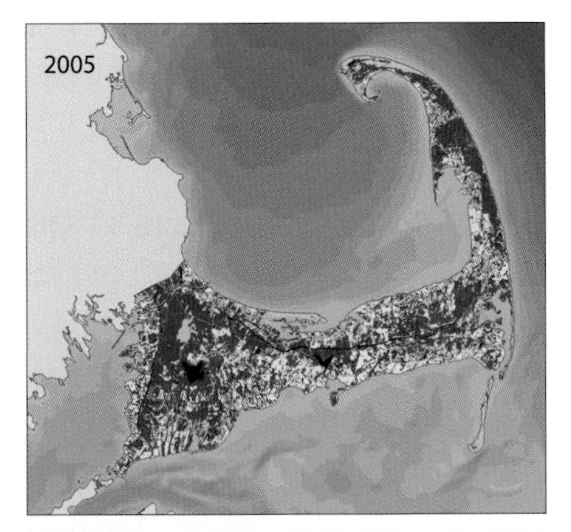

▲ **그림 2-25** GIS를 통한 1951~2005년간 코드곶 지역의 토지 이용 변화. 주거 지역의 확대와 산림 지역의 축소를 확인할 수 있다. 짙은 초록색은 산림 지역이고, 노란색은 주거 지역, 붉은색은 상업 지역과 공업 지역이다.

료와 정보를 수집, 저장, 분석, 출력하여 지도화하는 하나의 전문 하드웨어와 소프트웨어의 종합 시스템이다(그림 2-25).

지리정보체계는 원래 컴퓨터과학, 지리학, 지도학에서 출발하였다. 개발 초기에는 측지, 사진 측량, 공간 통계, 원격탐사 분야에서 널리 활용되어 왔지만 그 후 다양한 지리적 분석에 활용되어 오고 있다. 현재는 공간 분석 과학인 **지리정보과학**(geographic information science, GISci)으로 변화하고 있다. 또한 GIS 소프트웨어는 공간 자료와 정보에서 수십억 달러의 산업 효과를 불러일으키고 있다.

지리정보체계는 일종의 정보 도서관으로서 직관적이고 시각적 방법으로 각종 정보를 관찰하고 저장하고 분석, 관리하며 지도화하는 정보 시스템이다. 보통의 컴퓨터 데이터베이스가 속성 정보를 열과 행의 테이블 형태로 자료를 관리하는 시스템인 것처럼, GIS에서는 이들 속성정보를 지도와 결합하여 관리하고 분석한다. 이때 '자료를 지도와 결합'한다는 의미는 지도상의 위치값에 의해서 비공간 자료인 속성 자료와 지도 간의 공간 자료가 서로 간에 공간관계를 가진다는 의미이다. 예를 들면 어떤 지역을 격자망으로 지도화할 경우, 각종 지리적 형상(예 : 학교, 병원, 주택 등)이 점 자료로 표현된다면, GIS에서는 이들의 위치를 좌표값으로 수치화하여 데이터베이스에서 관리한다. GIS에서 지리정보 데이터베이스가 구축되면 사용자는 특정 지역의 학교나 병원, 주택의 속성정보를 검색하거나 수정할 수 있다. 혹은 특정 지도상의 지역 검색을 통해서 이들 GIS 자료를 검색하고 수정할 수 있다. GIS 데이터의 또 다른 특징은 다른 형태의 자료와 구조라고 하더라도 서로 공유하는 위치 정보를 통해서 자료와 데이터를 하나로 통합할 수 있다는 점이다. 예를 들면 야외 조사에서 수집한 데이터, 종이 지도의 데이터, 위성영상 이미지와 같이 서로 다른 자료 구조와 내용이지만 동일한 축척과 투영체계, 정확한 위치 좌표값을 가진다면 하나의 데이터베이스로 서로 통합되며 궁극적으로 이들 자료들은 다양한 공간 분석에 활용될 수 있다. 또한 하나의 GIS 데이터베이스 내에서 특정 지도 레이어는 다른 지도 레이어와의 분석에서 위치 정보의 기준이 되기도 한다. 예를 들어 하천 레이어는 지질이나 토양, 심지어 사면 경사에서도 하천 데이터를 중심으로 지질이나 토양, 사면의 상황을 파악할 수 있다.

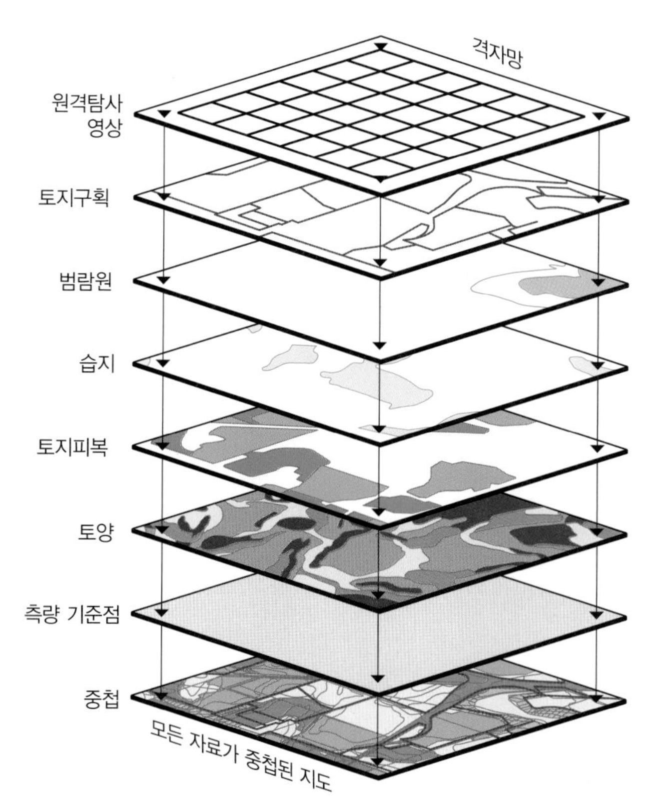

▲그림 2-26 수많은 GIS 분석은 2개 이상의 서로 다른 지리정보를 중첩하여 진행한다.

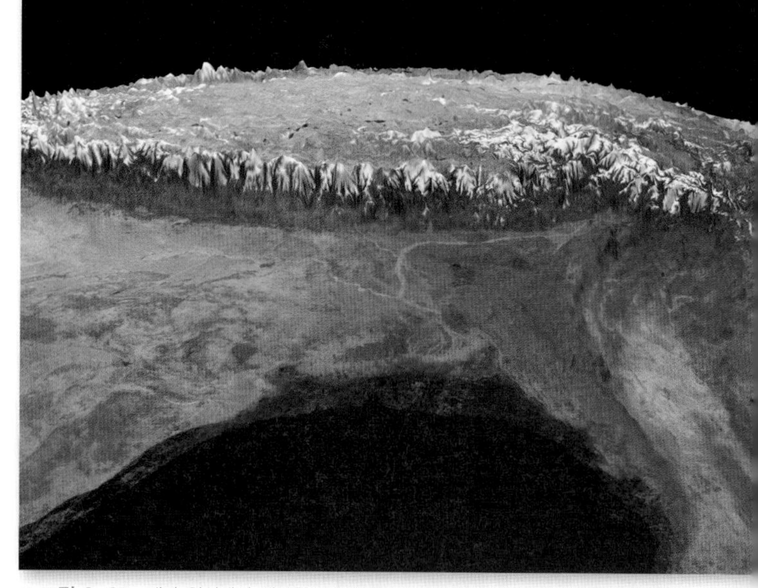

▲그림 2-27 테라 위성에서 제공한 MODIS 이미지를 변환하여 나타낸 방글라데시와 히말라야 지역. 원래의 수치고도모델로부터 지형의 높이를 50배 과장하여 보여 주고 있다.

중첩 분석

GIS는 **중첩 분석**(overlay analysis)에 흔히 사용된다. 중첩 분석은 2개 이상의 레이어를 겹쳐서 서로 공통적인 혹은 배타적인 내용을 통합·분석하는 GIS 분석 기법이다. GIS 중첩 분석 과정에서 각각의 공간 변수는 하나의 개별적인 레이어로 다루어진다(그림 2-26). 중첩 분석을 위해서는 다양한 데이터가 입력 자료로 활용된다. 지형, 식생, 토지 이용, 토지 소유권, 지적 측량과 같은 데이터가 GIS 레이어라는 이름으로 입력 데이터로 사용된다. 또한 이러한 다양한 정보들은 GIS 분석을 위해 디지털로 변환되어 기본적인 지도정보 혹은 자료군(data set)으로 통합된다. 수치고도모델은 GIS 없이는 구현되기 불가능했던 지형 경관을 보여 줄 수 있다. 이러한 수치고도모델과 이를 이용해서 생성된 지형 데이터상에 공간정보와 위성영상 이미지와 같은 데이터들이 중첩되어 분석될 경우, GIS는 자연지리 연구 분야에서 더욱 유용해질 수 있다(그림 2-27).

◀ 그림 2-28 쓰나미와 태풍 조기경보 시스템으로서 GIS를 활용하고 있는 사례(인도국립해양정보센터)

의사결정에서의 GIS

비록 개발 초기에는 GIS 개발과 활용이 극소수의 전문가 영역에 한정되어 있었지만, 최근에는 많은 GIS 소프트웨어가 사용자 친화적 환경으로 개발되고 있고, 오픈소스 기반의 개방형 GIS 프로그램도 상당히 많이 개발되고 있다. 더구나 많은 GIS 데이터와 애플리케이션들이 '클라우드' 기반 환경하에서 실시간 매핑과 데이터 공유가 가능하도록 GIS 환경이 변화하고 있다. 또한 즉각적인 공간정보 매핑을 모바일 기기에서 바로 접속하여 실행되도록 하는 다양한 실시간 웹 매핑 애플리케이션들도 개발되고 있다. 따라서 이전에는 상상도 못했던 수많은 일상에서의 지리적 의사결정이 가능하게 되었다. 예를 들면 교통 정체나 혼잡을 피할 수 있는 경로가 어디인지에서부터 대규모 산불 진화를 위해서 어디에 있는 소방관들을 어디로 보낼 것인지와 같은 다양하고 복잡한 일상에서의 의사결정에 GIS가 적극적으로 활용되고 있다.

오늘날 지리정보체계는 지리 문제와 관련된 다양한 의사결정 분야에 활용되고 있다. 많은 기관과 조직의 의사결정 과정과 의사결정 구조에서 GIS가 필수적인 요소로 자리 잡고 있다(그림 2-28). GIS는 자원 관리, 환경 모니터링, 자연재해 분석 및 평가를 비롯하여 수많은 환경 및 자연지리 분야에서 문제 해결을 위한 새로운 접근방법과 관점을 제공하고 있다. 최근 들어 GIS는 더욱더 급격하게 발전하고 있어 학술 연구 분야뿐만 아니라 정부 및 공공기관, 민간 부문까지 GIS를 활용하지 않는 분야가 없을 정도

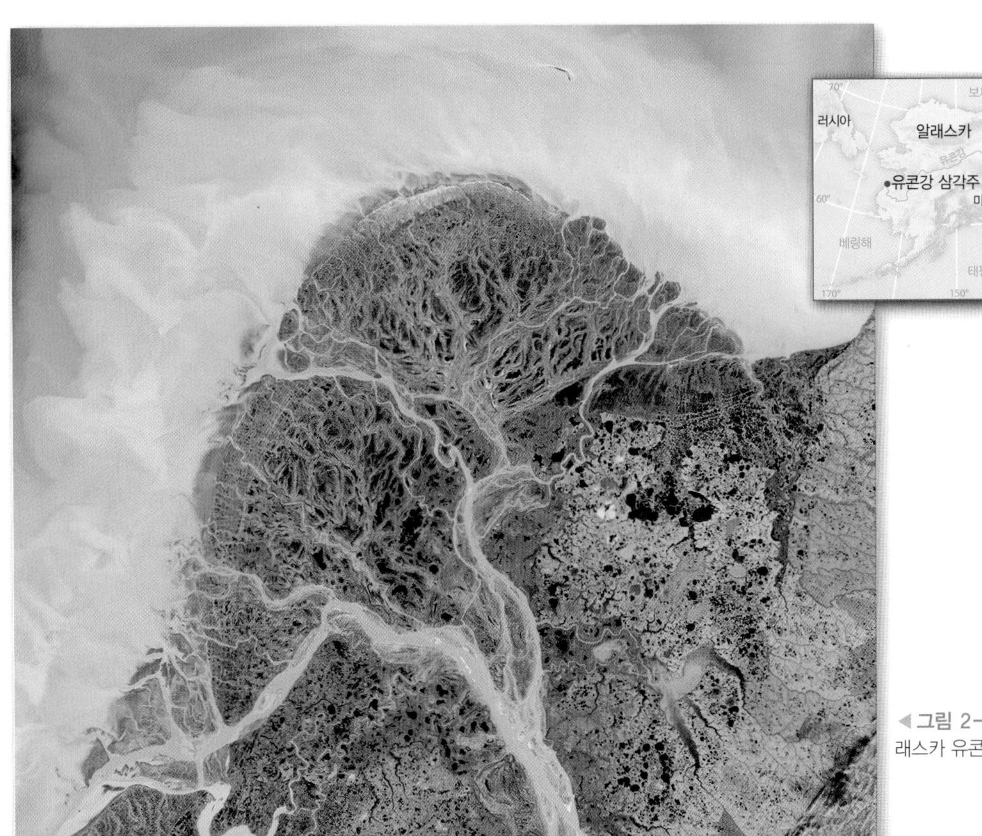

◀ 그림 2-29 랜드샛 7호에 탑재된 ETM+에서 찍은 알래스카 유콘강 삼각주의 천연색 위성영상 이미지

포커스

지리적 의사결정을 위한 GIS

▶ Keith Clarke, 캘리포니아대학교 샌타바버라 캠퍼스

앞으로 해안 습지에 해수면 상승이나 태풍 혹은 허리케인이 미칠 영향은 해안 환경 연구자들이 항상 관심을 가지는 연구 분야이다. 자연재해 담당자들이 허리케인에 대비하여 얼마나 많은 지역 주민을 어떤 대비 경로를 통해 신속하게 대피시킬 것인지의 문제도 언제나 중요한 업무 영역이다. 도시 계획가들은 토지이용 변화와 이산화탄소와 온실가스 배출과의 관련성, 앞으로 이들 관계와 상호 영향에 대해 알고 싶어 한다. 지리정보체계(GIS)는 각각의 개별 사안에 대해 종합적인 관점에서 자연환경과 인문환경을 결합하여 의사결정을 하는 데 하나의 지리적인 대안이나 해결책을 제시한다. GIS는 먼저 지리적 문제에 대해 관련 데이터, 특히 공간 데이터를 필요로 한다. 공간 데이터는 각종 공간현상과 관련된 좌표와 주소 같은 정보를 말한다. 이런 공간정보는 항상 지도에 표시하기 위해서 좌표값을 가져야 한다. 중앙정부의 공공데이터포털이나 지방정부와 지자체 기관에서 자체적으로 구축한 정보를 활용할 수도 있고, 경우에 따라서는 직접 현장에 나가 구축할 수도 있다. 이런 데이터와 정보들이 수집되고 구축되면, 동일한 좌표체계로 통일화하여 지리정보 레이어로 변환되어 중첩에 활용된다(그림 2-26 참조).

모든 정보를 하나로 : GIS에서는 공간 분석을 위해 지리정보 레이어로의 변환뿐만 아니라 분석 결과의 시각화와 지도화도 가능하다. 이를 기반으로 다양한 상황과 시나리오에 대응하는 의사결정을 위한 공간 분석이 수행된다. 예를 들어, 해수면 상승으로 샌프란시스코만의 수위가 지금보다 1m 이상 상승한다면 어떻게 될지를 가정해 보자(그림 2-C). 인터넷 온라인 사이트인 coast.noaa.gov/slr에서 해수면 상승에 따른 해안 지역의 침수 정도를 알 수 있다. 이 사이트에서 캘리포니아만을 보면 해수면 상승으로 가장 먼저 피해를 입는 곳은 지금 현재 염전으로 유명한 저지대로서, 이 지역은 곧바로 물에 잠길 것으로 예상할 수 있다. 또한 GIS의 중첩과 공간 분석 모델을 이용하면 재해재난 시 대피 경로를 파악하고 이와 관련된 의사결정을 수행할 수 있다.

미래의 보다 나은 결정을 위한 모델 활용 : GIS 공간 분석 모델은 토지이용 연구에도 아주 적합하다. 실제 토지이용 현황과 이를 기반으로 공간모델의 미래 토지이용 변화를 비교하는 것은 토지이용 연구에서 아주 유용하다. 그림 2-D에서 아칸소주 리틀록의 토지이용을 보자. 1992년 위성영상을 통해 그 당시의 토지이용 지도를 만들 수 있다. 이 영상 데이터를 기반으로 GIS 모델은 2050년의 토지이용 지도를 만들 수 있다. 이 두 시기의 토지이용 현황을 서로 비교해 보자(그림 2-D). 2050년 토지이용 변화 결과는 기후 변화에 관한 정부간 협의체인 IPCC(Intergovernmental Panel on Climate Change) 시나리오를 기반으로 GIS 모델을 활용하여 구현하였다. IPCC 보고서에는 미래 지구 변화의 모습으로 급속한 경제성장, 2050년을 정점으로 한 세계인구의 감소, 적정 기술 개발, 지구촌의 소득격차 완화 등의 내용을 담고 있다(IPCC 보고서와 시나리오 관련 내용은 제8장을 참조). 또한 미국지질조사국(USGS)은 GIS 모델을 활용하여 IPCC 시나리오 기반의 미국 내 이산화탄소와 온실가스 배출 상황을 평가하고 앞으로의 변화를 예측하는 연구 과제를 진행하기도 했다. 미국 내 생태계의 탄소와 온실가스 배출에 관한 평가 프로젝트의 한 부분으로서 USGS는 GIS 시스템을 기반으로 이 모델의 결과와 다양한 여러 IPCC 시나리오 내용을 비교하는 과제를 진행하였다. 문제 해결 혹은 대안 제시를 위한 이런 다양한 GIS 모델의 활용은 의사결정자로 하여금 보다 나은 현명한 공간 의사결정을 하는 데 많은 정보와 도움을 제공해 준다.

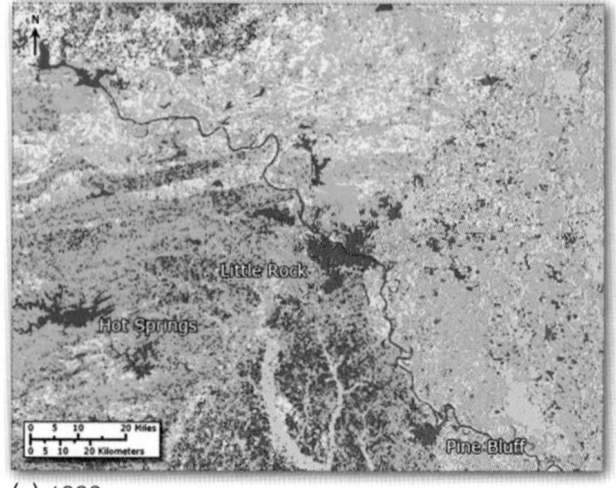

(a) 1992

(b) 2050

▲ **그림 2-D** 아칸소주 리틀록의 토지이용 비교. (a) 1992년 토지이용 상황, (b) GIS 모델링에 의해 예측된 2050년 상황(붉은색=개발지, 주황색=경작지, 노란색=목초지, 짙은 초록색=상록수림 지대)

GIS와 의사결정, 현황과 추세 : 오늘날의 의사결정 지원은 계획, 비즈니스, 산업, 연구 등 민간과 산학의 통합적 접근을 기반으로 한다. 의사결정 지원 시스템도 하나의 융합 시스템이다. 대부분의 정부와 공공기관 분야뿐만 아니라 비즈니스, 도시 및 지역계획 분야를 막론하고 공간 의사결정 지원 시스템으로서 GIS는 실로 다양한 분야에서 복합적인 의사결정 분야에 적용되고 있다. GIS는 허리케인 대비와 상품 배송의 최적경로 분석까지 자연과 인문환경의 대부분의 의사결정 지원에 활용되고 있다. 이러한 GIS 의사결정 지원 시스템을 위해 고차원의 의사결정을 위한 고도화된 시스템이 개발되고 있다. 예를 들어 다차원 속성 기반의 지도화 기능 탑재, 토지 적정성 분석 모델 개발, 인구통계와 교통계획 분석 개발 등 다양한 기법과 모델들이 개발되어 GIS에 탑재되고 있다. 지리정보시스템에는 이러한 분석 기법과 모델을 비롯해서 3차원 시각화와 인포그래픽스, 애니메이션 등의 부가 기능들도 GIS 시각화 기능으로서 통합되고 있다. 또한 광범위하고 복합적인 의사결정 지원을 위해 최적화 프로그램과 시나리오 탐색 소프트웨어 등 다른 범용 소프트웨어와의 연계도 가능하다. 이런 기능들은 인터넷 지도포털 서비스에서도 위치 탐색 기능과 함께 이미 탑재되어 서비스되고 있다. 예를 들어 구글지도(Google Maps)나 빙(Bing), 포스퀘어(FourSquare) 같은 인터넷 지도포털에서는 지도화 및 시각화 기능과 함께 간단한 공간 분석 기능(예 : 최단거리)도 서비스되고 있다.

▲ **그림 2-C** NOAA 해안 변화 탐색 사이트에서 보여 주는 해수면 1m 상승에 따른 캘리포니아만의 변화(coast.noaa.gov/slr).

질문

1. 샌프란시스코만의 사례에서 GIS 레이어와 위성영상 이미지 중에 미국해양대기청(National Oceanic and Atmospheric Adminstration)에서 제공한 데이터는 어떤 것들이 있는가?
2. 이 글상자에서 언급하는 IPCC 시나리오는 특정 주제나 내용에 대해 심각하지만 일반적인 시선으로 미래의 심각성을 다루고 있다. 그렇다면 2050년 아칸소주 리틀록의 토지이용은 어떤 모습을 보일 것인가?
3. 의사결정 관점에서 본다면 앞으로 GIS의 미래는 어떻게 될 것인가?

이다. 이러한 사례와 관련하여 "포커스 : 지리적 의사결정을 위한 GIS" 글상자를 참조하라.

학습 체크 2-13 GIS와 GPS의 차이점에 대해 설명하라.

지리학자의 도구

지금까지 본 것처럼 다양하고 방대한 지도 자료, 위성영상 이미지와 원격탐사 데이터를 GIS와 함께 활용한다는 것은 지리학자들로 하여금 과거 그 어느 때보다 적극적으로 지리적 문제 해결에 나서도록 하고 있고, 실제로 이것을 가능하게 하고 있다. 즉, GIS가 지리적 문제 해결을 위한 강력한 분석 수단이 되고 있다. 그러나 이러한 도구를 효과적으로 활용한다는 것은 또 다른 측면에서 신중한 사고와 고민이 수반되는 문제이다. 요즘은 인터넷에서 위성영상을 내려받거나 사용자 취향에 맞게 다양한 형태로 쉽게 지도를 출력할 수 있는 환경이다. 하지만 위성영상과 지도들이 모든 분석에 적합하지 않을 수도 있고 효과적으로 활용되지 않을 가능성도 있다. 분석에 적합한 투영체계를 갖추었는지, 분석 지역과 대상에 적합한 축척인지, 분석하고자 하는 목적에 맞는 자료인지에 대해 사용자의 지리적 사고가 제대로 갖추어지지 않는다면 처음의 분석 목적과 달리 결과물이 실망스럽기도 하고 오히려 분석에 방해가 될 수도 있다. 그럼에도 불구하고 조금만 세심한 노력과 주의를 기울인다면 지금까지 우리가 파악한 각종 지리정보들은 분석 그 이상의 활용 가치를 확보할 수 있다.

효과적인 지도와 영상 이미지 선택 : 모든 지리정보들은 각각의 특성과 목적에 따라 활용 가능성이 크다. 위성영상의 특성을 반영한 이미지 데이터의 경우, 목적에 맞는 분석에 활용될 경우 위성영상의 활용 가능성은 극대화된다. 분석 대상 지역의 범위에 따라서 위성영상 자료의 활용성은 차이가 발생한다. 예를 들어 지표면의 지형지물을 분석하고자 할 경우 고공 위성영상이 유용하다(그림 2-29). 수권 분석에는 지구 반구 전체를 포함하는 다중대역 위성영상이 효과적이다. 다중대역 영상 이미지는 수권 분석뿐만 아니라 특정 시기의 구름과 기단, 빙하, 설원이나 만년설의 수분 상태 등에 관한 상세한 정보를 제공한다. 생물권의 식생 패턴 분석에는 시계열 컬러 적외선 이미지가 가장 적합하다. 도시나 교통네트워크 분석에는 항공사진이나 대축척 위성영상이 가장 적합한 정보가 될 수 있다. 따라서 GIS를 활용한다면 개별적인 지리정보나 데이터 혹은 이미지 영상만을 적용했을 때에는 알 수 없었던 다양한 지리적인 내용과 관련성을 찾아내거나 분석할 수 있다.

마지막으로, 이러한 도구(GIS)를 사용함에 있어 자연지리학자들이 명심해야 할 점은 지구를 이해하고자 하는 자연지리학의 중요한 목적성이다. 지구에 대한 이해는 단순히 특정 GIS 기술의 활용과 응용을 통해서 이루어지는 것이 아니라 GIS를 이용하는 과정에서 세심하고 주의 깊은 연구자의 탐구심으로부터 출발한다. 이런 측면에서 현지 조사와 답사 같은 전통적인 지리정보 원천도 GIS 자료 못지않게 지구 환경을 이해하는 정보로 호응을 받는다.

제 2 장 학습내용 평가

이 장을 학습했다면 다음 질문에 대한 답을 찾아보자. 이 장의 학습내용에 대한 주요 용어는 진한 글씨로 표시되어 있다. 이 용어의 정의는 이 책 뒷부분에 제공된 별도의 용어해설에 나와 있다.

주요 용어와 개념

지도와 지구본

1. **지도**와 지구본의 차이에 대해 설명하라.
2. 평면 지도가 지구본만큼 정확하게 지구를 나타내는 것이 왜 불가능한지에 대해 설명하라.

지도 축척

3. **지도 축척**의 개념과 내용에 대해 설명하라.
4. 지도 축척의 표현 방법 중 **막대식**, **분수식**, **서술식 방법**을 비교하라.
5. 지도 축척 표시에서 분수식 표현 방법인 1/100,000(또는 1 : 100,000)의 의미는 무엇인가?
6. **대축척 지도**와 **소축척 지도**의 차이점에 대해 설명하라.

지도 투영법과 주요 속성

7. **지도 투영법**의 의미는 무엇인가?
8. **정적 도법**과 **정형 도법**의 차이점에 대해 설명하라.
9. 지도 투영법에서 정적성과 정형성을 동시에 적용할 수 있는가, 아니면 적용할 수 없는가?
10. **절충식 도법**이 무엇인지 설명하라.

각종 도법들

11. 간략하게 다음의 도법에 대해 설명하라 — **원통 도법**, **평면 도**

법, 원뿔 도법, 가상 원통 도법

12. **메르카토르 도법**이 항해용으로 유용한 이유는 무엇인가? 그런데 학교 교실에서 교육용이나 일반적인 목적으로는 적합하지 않은 이유에 대해 설명하라.
13. **정방위선**(또는 항정선)은 무엇인가?

지도를 통한 정보 전달

14. **등치선**의 개념에 대해 설명하라.
15. 지도에서 볼 수 있는 등온선, 등압선, **등고선**의 주요 특징은 무엇인가?
16. **수치고도모델**(DEM)은 해발고도 같은 자연경관을 어떻게 표현하고 있는가?

글로벌 위성항법시스템

17. GPS 같은 **글로벌 위성항법시스템**(GNSS)은 어떻게 작동하는지 간단하게 설명하라.

원격탐사

18. **원격탐사**란 무엇인가?
19. 다음의 용어에 대한 간략한 정의에 대해 살펴보라 — **항공사진, 사진 측량학, 정사 사진 지도**
20. **컬러 적외선** 이미지 영상의 활용 부문에 대해 말하라.
21. **열적외선** 이미지 영상의 활용 부문에 대해 말하라.
22. **다중분광** 원격탐사에 대해 설명하라.
23. **레이더**와 **소나**, **라이다**를 대조하여 각각의 특징을 비교하라.

지리정보체계

22. GPS와 **지리정보체계**(GIS)의 차이점에 대해 설명하라.

학습내용 질문

1. 왜 지도 투영법이 여러 종류인가?
2. 어떤 종류의 지도 투영법이 북극의 영구동토층 변화 연구에 가장 적합한가? 그 이유는 무엇인가? 정적 도법과 정형 도법을 포함해서 일반적인 지도 투영법과 그 속성들을 참고하여 설명하라.
3. 제1장의 그림 1-27에 나와 있는 세계 시간대를 참조하여 다음 질문에 답하라.
   a. 이 지도의 도법은 정적 도법인가, 정형 도법 혹은 절충식 도법인가? 여러분의 생각을 말하라.
   b. 대표적인 네 가지 투영법 중에서 어느 투영법으로 만들어졌을까? 여러분의 생각을 말하라.
4. 등치선은 단절되는 경우가 없이 항상 폐곡선을 이룬다. 그 이유는 무엇인가?
5. 여러분 자동차의 내비게이션에는 GPS 수신장치가 있어 여러분의 위치를 경위도 좌표값으로 알 수 있다. 그렇다면 내비게이션은 이런 위치 정보를 이용해서 여러분 자동차의 속도와 주행 방향을 어떻게 알 수 있는가?
6. 레이더 영상이 지리적 연구와 분석에 효과적인 사례를 한 가지만 제시하라. 그리고 그 사례를 바탕으로 다른 원격탐사에 비해 레이더 센서와 영상이 가지는 장점들에 대해 설명하라.

연습 문제

1. 1 : 24,000 축척의 지도에 대해 다음 물음에 답하라.
   a. 1인치는 실제로는 몇 피트인가?
   b. 1cm는 실제로는 몇 미터인가?
   c. 지도의 크기가 가로 17cm, 세로 23cm라고 한다면, 이 지도에서 $1km^2$ 사각형이 몇 개 있을 수 있는가?
2. 만약 1 : 1,000,000 축척의 지구본이 있다면 이 지구본의 지름은 얼마인가? (미터 단위로 계산하라)
3. 다음의 십진수로 표시된 좌표값(GPS 좌표값)을 도·분·초의 위도와 경도 값으로 변환하라.

   42.6700° N = ________ ° ________ ′ ________ ″N
   105.2250° W = ________ ° ________ ′ ________ ″W
4. 다음의 도·분·초 위도와 경도 값을 십진수의 좌표값으로 변환하라.

   22° 20′ 15″ N = ___________ °N
   137° 30′ 45″ E = ___________ °E
   22° 20′ 15″ N = 22° 20.___________ ′N
   137° 30′ 45″ E = 137.___________ °E

환경 분석 원격탐사로 세상을 탐색하다

원격탐사 기술을 이용하면 광범위한 지역의 대용량의 데이터를 직접 사람이 수집하거나 답사할 필요 없이 단기간에 적은 비용으로 관련 데이터를 수집할 수 있다. 인간 활동으로 인해 얼마나 많은 토지이용 변화가 있어 왔을까? 환경 변화는 얼마나 진행되어 오고 있을까? 원격탐사 데이터는 이런 질문에서 대해 아주 명쾌한 답을 줄 수 있다.

활동

http://eros.usgs.gov/views-news/lake-erie-algae에 접속해서 미국 오대호 중 이리호(Lake Erie)에서 확산되고 있는 말조류(algae)에 대해 조사해 보자.

1. 2014년 6~8월 사이 이리호 수계와 토지이용에서 나타난 변화에 대해 서술하라.
2. 말조류가 확산되고 있는 상류부의 토지이용은 어떤 상황인가? 토지이용과 말조류 간에는 어떤 관련성이 있을까?

구글어스 프로(Google Earth Pro™, www.google.com/earth/)를 작동시켜 탐색창에서 미국 워싱턴주의 엘화강(Elwha River)을 검색하라.

3. 앨드웰호(Lake Aldwell)에서 시작하는 엘화강의 해발고도는 얼마인가?
4. 구글어스에서 볼 때 앨드웰호의 상태는 어떠한가?

구글어스에서 과거 위성사진 보기 기능을 선택하라. 그리고 다각형 그리기 기능을 이용하여 다음 질문에 답하라.

5. 2009년 위성영상에서 앨드웰호의 호수 면적을 계산하라(평방미터로 계산).
6. 실제 호수 바닥은 항상 일정한 높이가 아니다. 하지만 호수 전체 수심이 평균 12m라고 가정하고 2009년 당시 앨드웰호의 전체 담수량(입방미터)을 계산하라.
7. 구글어스를 참조해서 엘화댐이 없었을 때의 담수 면적을 계산하고 그 과정을 설명하라.

다시 최신 위성 영상을 선택하라.

8. 엘화강 하구에서 구 엘화댐까지의 하천 길이는 얼마나 되는가? 이를 위해 구글어스 메뉴창에서 거리 계산하기 기능을 이용하라.
9. 엘화강 하구를 주목하라. 엘화강 하구로 운반되는 물질들은 주로 어디에서 운반되어 오는 것인가?

지리적으로 바라보기

제2장을 처음 시작할 때 보았던 지중해 서쪽 지역의 위성영상을 다시 주목해 보자. 이 영상에서 어떤 두 지점 간의 거리를 계산한다고 할 때, 하나의 거리 단위가 나와 있는 막대식 축척 방식이 적합할까, 아니면 2개의 거리 단위가 나온 축척 표현 방식이 적합할까? 여러분의 생각은 어떠한가? 보통 영상에서는 입체감을 주기 위해 어느 정도 높이나 체적의 값을 과장하여 수직 정도를 표현하고 있다. 이 영상도 어느 정도 과장되어 있는데, 이것을 어떻게 알 수 있는가? 이 위성영상에 해당하는 지역을 지구본에서 찾아서 지역의 모습을 비교해 보자. 얼마나 비슷한가? 얼마나 다른가? 이 영상은 정적도법과 정형도법 중 어느 도법을 기반으로 만들어졌을까?

3

지리적으로 바라보기

이 합성영상은 NASA/NOAA의 Suomi NPP 위성이 2015년 4월 9일에 남아프리카와 남인도양을 촬영한 모습이다. 이 영상에서 지구 표면에 생명체가 존재한다고 볼 수 있는 근거는 무엇인가? 열대성저기압인 졸레인(Joalane, 영상 위쪽)의 구름 패턴은 남아프리카 서쪽 해양에 발달한 구름과 어떻게 다른가? 지구의 지름과 비교하여 대기의 두께는 어느 정도인가?

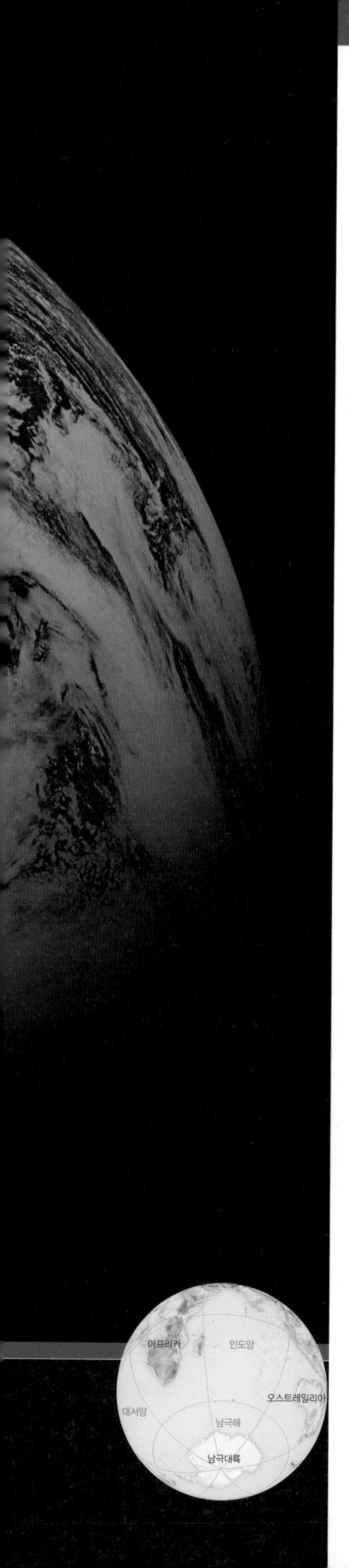

대기의 기초

태양계의 다른 행성과 달리 다양한 생명체가 지구 표면에 존재하는 이유를 생각해 보았는가? 지구는 다른 행성과 여러 면에서 다르다. 가장 주요한 차이로 다른 행성과 달리 지구에는 대기가 존재한다. 대기가 존재하기 때문에 지구에는 다양한 생명체가 서식할 수 있다.

대기는 식물이 필요로 하는 이산화탄소뿐만 아니라 동물과 식물의 생존에 필수적인 대부분의 산소를 공급한다. 대기는 모든 생명체가 필요로 하는 물을 제공한다. 대기는 온도의 극한으로부터 지표면을 보호하여, 생존에 적합한 환경을 제공한다. 또한 대기는 지구의 생명체에 치명적인 태양의 자외선으로부터 지구를 보호한다.

대기는 복잡하고, 역동적인 시스템이다. 이 장에서는 대기와 대기의 장기간의 패턴인 '기후'와 함께 단기간의 대기 패턴과 과정인 '기상'을 이해할 수 있는 기초 지식을 제공한다. 먼저 대기의 조성 물질과 구조에 대해서 알아보자. 그리고 인류의 활동이 대기를 어떻게 변화시켰는지 토론해 보자. 마지막으로 기상과 기후의 기본 요소와 이에 영향을 미치는 중요한 '요인'에 대해서 다룰 것이다.

이 장의 내용을 배우면서 생각해야 할 주요 질문은 다음과 같다.

- **대기를 조성하는 물질은 무엇인가?**
- **대기에 존재하는 다양한 층에는 무엇이 있고, 그와 같은 구조가 형성되는 원인은 무엇인가?**
- **인류가 대기를 어떻게 변화시켰는가?**
- **기후와 기상의 차이는 무엇인가?**

대기의 크기와 조성물질

일반적으로 대기와 같은 개념으로 사용하는 공기는 특정 기체를 지칭하지 않고, 산소와 질소를 주요 성분으로 하는 여러 기체의 혼합체이다. 대기는 일부 기체 상태의 불순물뿐만 아니라 공기 중에 부유하는 고체와 액체 입자를 포함한다.

깨끗한 대기는 무취, 무미이며 육안으로는 볼 수 없다. 반면에 많은 불순물들은 보통 냄새가 나며, 미세한 고체와 액체 입자가 햇빛을 반사하거나 산란시킬 수 있을 만큼 큰 입자로 성장하면 사람의 눈으로 대기를 볼 수 있다. 대기에서 눈에 가장 잘 띄는 현상인 구름은 미립자를 중심으로 물방울 또는 얼음결정이 합쳐져서 형성된다.

지구 대기의 크기

대기는 지구를 완전히 둘러싸고 있어서 바닥을 지구로 가진 거대한 공기의 바다로 보기도 한다(그림 3-1). 대기는 중력의 영향으로 지구에 고정되어 있고 천체 운동의 영향을 받는다. 그러나 지구와 대기 간의 결합력은 약하다. 대기는 고체의 지구가 할 수 없는 고유한 운동을 한다.

고도가 증가하면 밀도는 감소한다 : 대기는 최소 10,000km 정도 우주로 연장되어 있지만, 대부분의 대기 물질은 매우 낮은 고도에 집중된다. 대기 조성물질의 50%는 북아메리카의 최고봉이며 높이가 6.2km인 알래스카의 디날리산(매킨리산)보다 낮은 고도에 존재한다. 대기 물질의 약 98%는 해수면으로부터 고도 26km 내에 존재한다(그림 3-2). 그러므로 지구의 지름이 약 13,000km 라는 사실과 비교하면 인류가 거주하는 '공기의 바다'는 매우 좁은 영역이다.

대기는 대부분 지표면 위에 존재하지만, 일부는 지하로 확장한다. 대기는 팽창하여 빈 공간을 채우기 때문에 암석과 토양의 틈새와 동굴로 파고든다. 공기는 생명체의 혈류와 지구의 물에도 녹아 있다.

대기는 지구 환경의 다른 구성요소들과 상호작용하며 쾌적한 삶의 환경을 제공하는 데 중요한 역할을 한다. 인류를 지구의 창조물이라고 칭하지만 더 정확하게는 우리는 대기의 창조물이라고 할 수 있다. 해양이 해저를 기어 다니는 게에게 서식지인 것처럼 대기의 바닥에 사는 사람에게는 대기가 거주지라 할 수 있다.

학습 체크 3-1 일반적으로 고도가 증가하면 대기의 밀도는 어떻게 변화하는가?

오늘날 지구 대기의 발달

오늘날의 대기는 지구가 형성된 초기와 매우 다르다. 46억 년 전 지구가 형성된 직후에 대기는 수소와 헬륨과 같은 가벼운 원소로 구성되어 있었다. 약 40억 년 전까지 수소와 헬륨과 같은 가벼운 기체는 소실되고, 화산 분화로 인해 질소와 같은 다양한 소량 기체와 함께 이산화탄소와 수증기가 대량 배출되었다. 대기에 물이 생기는 데 혜성 또한 큰 역할을 하였다. 원시 지구가 냉각하면서 대부분의 수증기는 응결하여 물이 되었고, 거대한 바다를 형성하

▼ 그림 3-1 국제우주정거장에서 촬영한 파키스탄 북부에 발달한 강력한 폭풍우 구름. 얇은 푸른 띠 밖에는 검은색의 우주가 있다.

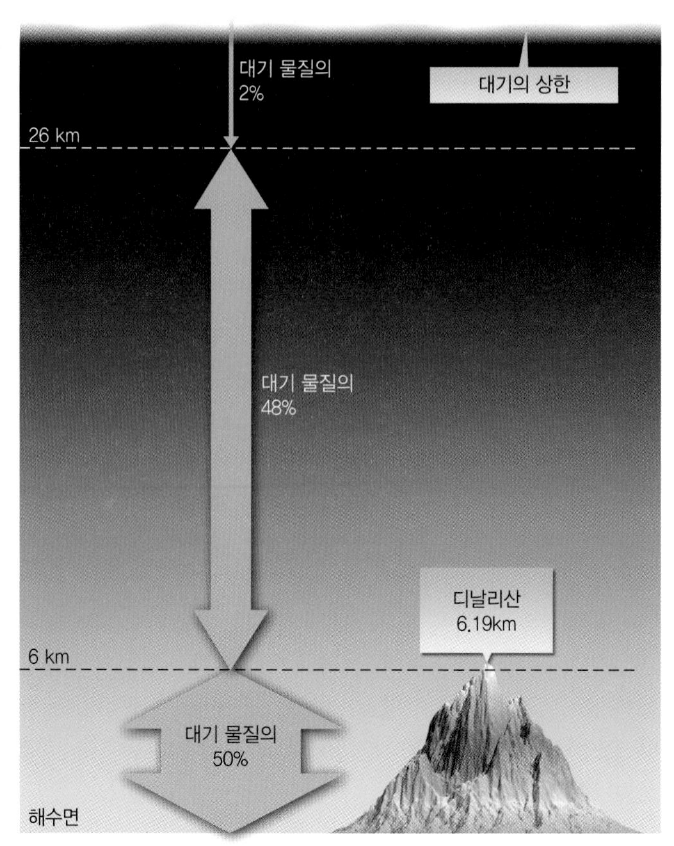

▲그림 3-2 대부분의 대기를 구성하는 물질은 지표 부근에 존재한다. 대기 물질의 50% 이상이 북아메리카 최고봉인 디날리산(매킨리산)보다 낮은 고도에 존재한다. 대기 물질의 약 98%는 고도 26km 이하에 있다.

였다.

약 35억 년 전까지 산소 없이도 생존할 수 있는 박테리아와 같은 원시 생명체가 이산화탄소를 제거하고, 대기로 산소를 배출하였다. 해양과 육상 식물들은 오랜 시간 동안 광합성(제10장에서 상세하게 다룸)을 계속하여 이산화탄소가 풍부했던 대기를 산소가 풍부한 대기로 전환시켰다. 그러므로, 오늘날의 대기는 지구의 생명체에 의해서 상당한 영향을 받았다고 볼 수 있다.

현재 대기의 조성 물질

오염되지 않고, 건조한 하층 대기(약 80km 이하의 고도)의 조성은 단순하고 동일하다. 그리하여 현재 대기에서 주요 조성 성분(영구기체)의 농도는 근본적으로 변하지 않는다. 그러나 대기 중 달라지는 수분의 양처럼 일부 미량기체(변량기체)와 비기체 입자(분진)는 장소와 시간에 따라 크게 달라진다.

영구기체

질소와 산소 : 질소와 산소는 대기에 가장 많은 두 기체이다(그림 3-3). 질소는 전체 대기의 약 78%를, 산소는 약 21%를 차지한다. 질소는 유기물의 연소와 부식, 화산 폭발, 일부 암석의 화학적 풍화에 의해 대기로 배출되며, 그중 일부는 생물 순환 과정에서 제거되고, 비와 눈에도 씻겨 내린다. 전체적으로 질소가 배출되는 양과 제거되는 양은 상쇄되어 결과적으로 대기 중에 질소는 일정하게 유지된다. 식생은 산소를 생산하고, 다양한 유기와 무기 과정은 산소를 제거하여 산소 총량도 안정하게 유지된다.

나머지 1% 대기 부피의 대부분은 비활성 기체인 아르곤이 차지한다. 3대 주요 대기 조성 기체인 질소, 산소, 아르곤은 기상과 기후에 미치는 영향이 작아 여기에서는 더 이상 언급하지 않는다. 또 다른 영구기체로서 소량 존재하는 네온, 헬륨, 크립톤, 수소도 기상과 기후에 영향을 미치지 않는다.

변량기체

몇몇 기체들은 양은 적지만 변화가 매우 크고 기상과 기후에 미치는 영향도 크다.

수증기 : 수증기(water vapor)는 기체 상태의 물이다. 수증기는 보이지 않지만, 구름과 강수는 액체나 고체 상태(얼음)의 물로 눈으로 볼 수 있다. 열대 해양과 같이 따뜻하고 표면이 습한 지역의 대기에서는 수증기가 풍부하여, 전체 대기의 약 4%를 차지한다. 그러나 사막과 극 지역에서는 1% 정도로 매우 적다. 지구 전체로 보면 대기 중 수증기의 총량은 거의 변하지 않는다. 수증기는 위치에 따라 변동성이 커서 그림 3-3에는 '변량기체(variable gas)'로 제시하였다.

수증기는 모든 구름과 강수의 근원으로 기상과 기후에 미치는 영향이 크다. 또한 수증기는 특정 파장대를 흡수하여 대기의 온도

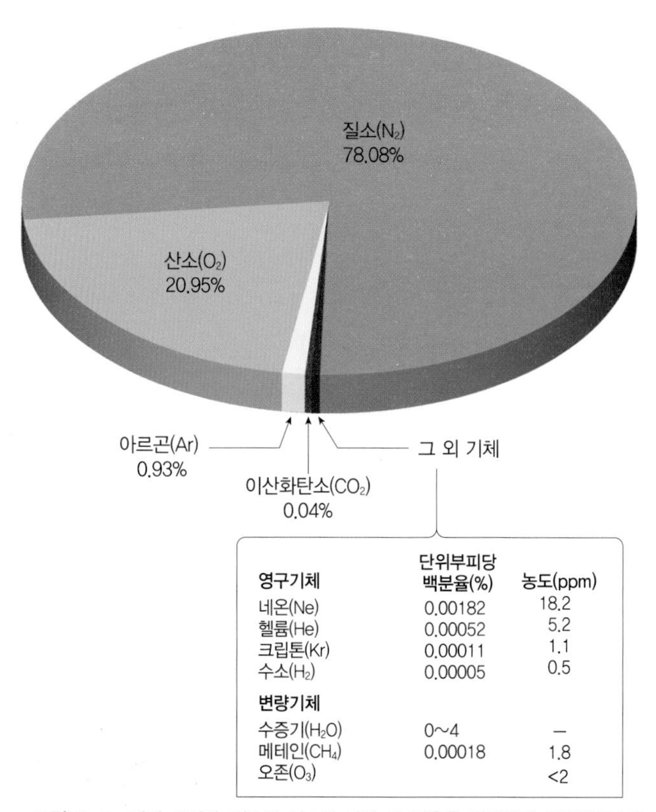

영구기체	단위부피당 백분율(%)	농도(ppm)
네온(Ne)	0.00182	18.2
헬륨(He)	0.00052	5.2
크립톤(Kr)	0.00011	1.1
수소(H_2)	0.00005	0.5
변량기체		
수증기(H_2O)	0~4	–
메테인(CH_4)	0.00018	1.8
오존(O_3)		<2

▲그림 3-3 대기 조성비. 질소와 산소가 가장 큰 비율을 차지한다. 이산화탄소와 수증기와 같은 변량기체는 미량이지만 대기 과정에는 중요한 역할을 한다.

를 조절하는 데 중요한 역할을 한다.

이산화탄소 : 또 하나의 중요한 대기 조성 성분은 **이산화탄소**(carbon dioxide, CO_2)이다. 수증기와 같이 이산화탄소도 열적외선을 흡수하여 대기의 하층부를 가열하기 때문에 기후에 상당한 영향을 미친다. 이산화탄소는 대기 하층부에 상당히 균일하게 분포하지만, 지난 세기 동안 **화석연료**(fossil fuel)의 연소 증가로 인해 농도가 꾸준히 증가하고 있다. 석탄, 석유, 천연가스와 같은 화석연료는 유기물이 지질시대를 거치면서 형성된 자연 발생적인 연료이다. 대기 중 이산화탄소의 농도는 매년 0.0002%(2ppm)씩 증가하여 현재 약 401ppm이다. 아직까지 예측하기는 어렵지만, 많은 대기과학자는 이산화탄소 농도의 증가로 인하여 하층대기가 전 세계적인 규모의 기후 변화를 일으킬 정도로 온난해졌다고 결론지었다(지구온난화는 제4장에서 상세하게 다룰 것이다).

오존 : 대기 중에서 미량이지만 생명과 밀접한 관련이 있는 또 다른 기체는 **오존**(ozone, O_3)으로, 일반적인 2개의 산소원자(O_2) 대신에 3개의 산소원자(O_3)로 이루어진 분자이다. 오존은 대부분 지표로부터 15~48km 고도에 위치하는 **오존층**이라고 불리는 대기층에 집중 분포한다. 오존은 태양복사 중 자외선을 탁월하게 잘 흡수하는 물질이다. 오존은 자외선을 걸러 내서 치명적 피해의 위험으로부터 지구의 생명체를 보호한다(최근 오존층 감소에 관한 논의는 이 장의 후반부에서 다룰 것이다).

그 외 변량기체 : 메테인(CH_4)은 자연적으로 또는 인간활동에 의해서 대기로 배출되어 특정 파장대의 복사를 흡수하고 대기 온도를 조절하는 역할을 한다. 극소량이 존재하는 일산화탄소, 이산화황, 일산화질소, 다양한 탄화수소는 공장과 자동차로부터 점점 많은 양이 대기로 배출되고 있다. 이들 모두는 생명체에 해롭고, 기후에도 영향을 미친다.

부유미립자(에어로졸)

대기 중에 존재하는 비기체 물질들은 대부분 구름, 비, 눈, 진눈깨비, 우박을 만드는 액체의 물과 얼음이다. 또한 눈으로 볼 수 있는 큰 먼지 입자들은 난류로 인해 하늘을 뿌옇게 할 정도로 많은 양이 부유하지만, 무거워서 대기 중에 오래 머물지 못한다(그림 3-4). 눈에 보이지 않는 매우 작은 입자들은 수개월에서 수년 동안 대기를 떠다니며 부유하기도 한다.

대기에 존재하는 모든 고체와 액체 입자를 **부유미립자**(particulate) 또는 **에어로졸**(aerosol)이라 부른다. 에어로졸은 자연적으로 또는 인류활동의 결과로 수많은 장소에서 발생한다. 화산재, 바람에 날려 온 토양, 화분, 유성 잔해, 산불의 연기, 부서지는 파도에서 나온 염분은 자연 발생적인 에어로졸이다. 공장과 자동차의 배출가스와 인위적 산불로 인한 검댕과 연기는 인위적으로 발생한 에어로졸의 대부분을 차지한다.

이러한 부유미립자는 도시, 해안, 활화산, 몇몇 사막 지역과 같은 발원지 근처에 가장 많다. 그러나 이들 입자들은 대기가 끊임없이 움직이기 때문에 수평, 수직으로 장거리를 이동하기도 한다. 에어로졸은 다음의 두 가지 방법으로 기상과 기후에 큰 영향을 미친다.

1. 대부분의 에어로졸은 **흡습성**(hygroscopic)이 강하고(수분을 흡수한다는 의미), 수증기는 흡습성이 강한 **응결핵**(condensation nuclei) 주변에 응결한다. 물분자의 집적은 구름 형성에 중요 단계로 제6장에서 다룰 것이다.
2. 어떤 에어로졸은 복사에너지를 흡수하지만, 또 다른 유형의 에어로졸은 복사에너지를 반사한다. 그런 이유로 대기 중의 분진은 대기의 온도에 영향을 미친다.

학습 체크 3-2 대기 중에 가장 풍부하게 존재하는 기체는 무엇인가? 그 기체는 대기 과정에 중요한 역할을 하는가? 대기에서 오존이 하는 역할은 무엇인가?

◀ **그림 3-4** 먼지입자 때문에 종종 일부 지역의 하늘이 단시간 동안 뿌예지곤 한다. 오스트레일리아 뉴사우스웨일스에서 관측된 모습이다. '먼지폭풍(dust storm)'이란 용어는 매우 적절한 표현이고, 그 시각 효과는 인상적이다.

대기의 수직 구조

이 책의 다음 5개 장에서는 대기 과정과 이들이 기후 패턴에 미치는 영향을 설명하고자 한다. 대부분의 기상 현상이 발생하는 하층 대기를 집중적으로 다룰 것이다. 상층 대기가 지표 환경에 미치는 영향은 미미하지만 그럼에도 불구하고 대기 전체를 이해할 필요가 있다.

다음에서 토의할 특징이나 특성에 따라 개개 대기의 특정 층(고도에 따른 구분)을 구분하고, 고유한 명칭을 부여한다. 온도 특성에 따라 분류한 대기의 층 구분을 먼저 제시하고, 그 외 특성에 따른 대기 구조를 소개할 것이다.

온도 변화에 따른 구조(온도층)

많은 사람들이 고도에 따른 온도 변화를 직접 경험해 봤을 것이다. 예를 들어 사람들은 산을 오를 때 온도가 낮아지는 것을 느낀다. 약 100년 전까지는 대기 전체에서 일반적으로 고도가 높아질수록 기온이 낮아진다고 믿었지만 지금은 사실이 아님이 밝혀졌다.

온도의 수직 패턴은 복잡하여, 온도가 번갈아 가며 하강하고 상승하는 여러 층으로 구성된다(그림 3-5). 이러한 온도 변화에 따라 대기층은 지표에서부터 **대류권**, **성층권**, **중간권**, **열권**, **외기권**으로 정의한다. 각 권의 상한도 고유한 명칭이 있는데, 대류권의 상한은 **대류권계면**, 성층권의 상한은 **성층권계면**, 중간권의 상한은 **중간권계면**이라고 부른다.

대류권 : 지표와 유일하게 접해 있는 대기의 최하층이 **대류권**(troposphere)이다. **대류권**과 **대류권계면**(tropopause, 대류권의 상한)이란 명칭은 그리스어의 '뒤집다(*tropos*)'에서 유래되었는데, 이는 이 권역에서 공기가 뒤섞인다는 의미이다. 대류권의 두께는 장소와 시간에 따라 달라진다(그림 3-6). 대류권은 적도에서 가장 두껍고 극지방에서 가장 얇으며, 겨울보다 여름에 두껍고 온난기단과 한랭기단의 통과 여부에 따라서도 달라진다. 대류권의 평균 상한은 해수면에서부터 적도에서는 약 18km, 극에서는 약 8km 정도이다.

대류권의 특성은 다음과 같은 이유로 사람에게 중요하다.

- 대류권에서는 일반적으로 고도가 높아지면 기온은 하강한다(그림 3-5 참조). 지구 평균기온은 해수면에서 약 15℃인데 고도가 높아지면서 기온은 점점 하강하고, 대류권계면에서는 약 -57℃까지 낮아진다. 더 높은 고도에 도달할 때까지는 대류권계면은 대기에서 '추운 영역'이다. 대류권 하층부의 열원은 지표면 그 자체이다. 태양복사에너지는 지표를 가열시키고, 이 에너지는 다시 다양한 과정으로 대류권에 전달된다(제4장에서 대류권의 기온 상승을 상세하게 다룬다).
- 대류권계면은 지표에 의해서 가열된 공기의 상승작용과 강력하게 발달한 뇌우구름의 꼭대기와 같이 지표에서 발생한 요란 현상이 영향을 미치는 대기의 상한이다.

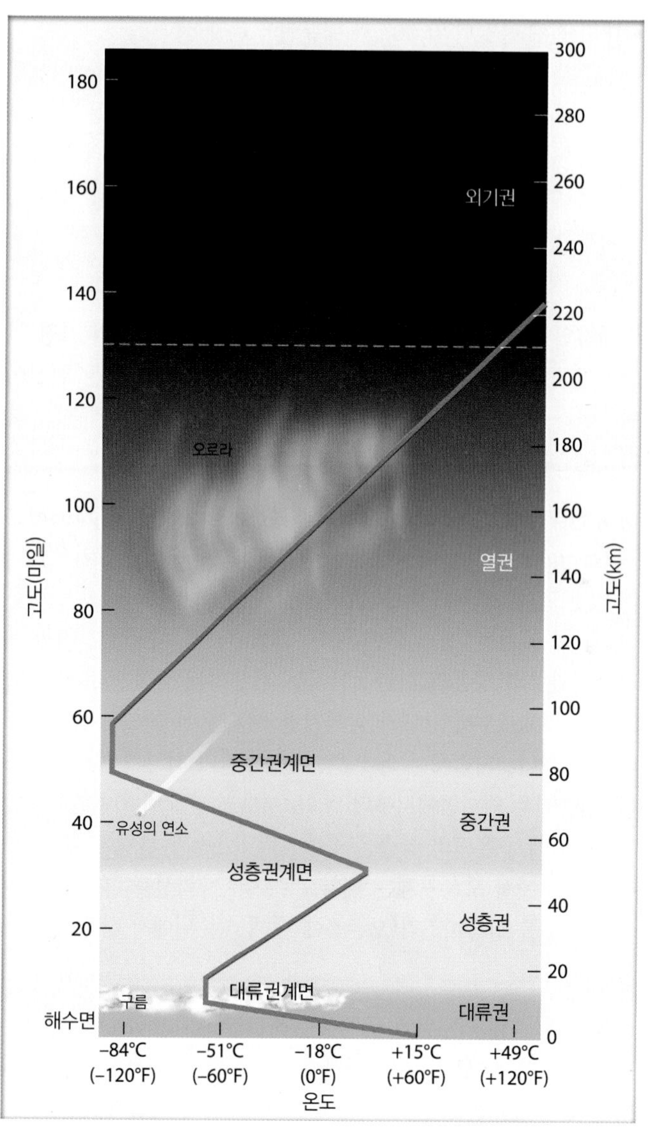

▲그림 3-5 대기의 열적 구조. 대류권과 중간권에서 기온(붉은 선)은 고도가 높아지면 하강하고, 성층권과 열권에서는 고도가 높아지면 상승한다. 거의 모든 기상현상이 대류권에서 발생한다.

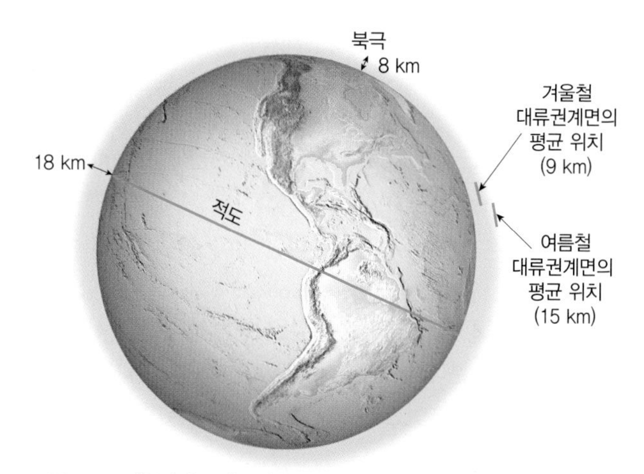

▲그림 3-6 대류권의 두께는 일정하지 않다. 이 열층은 지표기온이 높고, 열혼합이 최대가 되는 적도에서 가장 두꺼우며, 양극에서 가장 얇다. 겨울보다는 여름에 더 두껍다. 이 그림에서 대기의 두께는 매우 과장되어 있다.

- 대기 전체 물질의 약 80%가 대류권에 존재한다.
- 수증기와 구름은 대부분 대류권에 존재한다. 약 16km 이상의 고도에서는 기온이 너무 낮아서 대기에 존재하는 모든 수분은 얼어서 얼음이 된다. 그러므로 이 고도에서는 조금의 구름을 만들 수 있는 수증기도 존재하지 않는다. 비행기를 타 봤다면, 이륙한 비행기가 짙은 구름층의 꼭대기를 지나면서 구름 한 점 없는 멋진 하늘이 나타나는 것을 기억할 것이다.

대기의 연구는 주로 대류권에 초점을 맞춘다. 대기의 가장 하층부인 이곳에서 우리가 '기상'이라고 부르는 거의 모든 현상이 발생한다. 그럼에도 불구하고 대류권 위를 덮고 있는 열층들, 특히 성층권에 대해서 간략하게 다루고자 한다.

성층권 : **성층권**(stratosphere)과 **성층권계면**(stratopause)은 '층(*stratum*)'이라는 라틴어에서 유래되었으며, 수직 혼합이 일어나지 않는 층을 말한다. 대류권의 공기가 '역동적(turbulent)'이라면 성층권의 공기는 '정체'되어 있다. 그림 3-5에 제시한 것처럼 대류권계면부터 성층권 하층부까지는 기온이 일정하게 유지된다. 고도 약 20km부터 고도가 높아지면 기온은 상승하고, 중간권의 하층인 48km 지점에서 약 -2℃로 성층권의 최고기온이 나타난다. 성층권은 해수면에서부터 약 18~48km 고도에 위치한다.

성층권에서 온도의 상승은 성층권의 **오존층**과 관련이 깊다. 오존층 내부에서 오존기체는 태양으로부터 자외선을 흡수하여 대기의 온도를 상승시킨다(오존층에 대해서는 뒤에서 상세하게 다룰 것이다).

상층 대기 : 성층권 위에 위치하는 **중간권**(mesosphere)에서 기온은 고도가 상승하면서 하강한다(그리스어로 *meso*는 '중간'을 의미). 중간권은 48km에서 시작하여 80km까지 확장하며, 대기의 온도가 최저에 도달하는 영역이다. 대류권 하층부나 성층권에 존재하는 열원이 중간권에는 없기 때문에 기온은 중간권에서 하강한다.

중간권 위에는 **열권**(thermosphere, 그리스어로 '열'을 의미하는 *therm*에서 유래)이 위치하는데, 열권은 해수면으로부터 80km 고도에서 시작한다. 열권에서 기온은 200km 고도까지 상승하여 대류권의 최고온도보다 더 높다. 열권에 존재하는 다양한 원자와 분자들은 태양으로부터 오는 자외선을 흡수하여 분해하며 가열되기 때문에 기온이 상승한다.

열권의 상한은 분명하지 않다. 대신에 이곳은 온도의 개념을 더 이상 적용할 수 없는 **외기권**(exosphere)이라 불리는 영역으로 점진적으로 합쳐진다. 외기권은 우주로 합쳐진다. 따라서 대기와 우주 공간 사이에는 분명한 경계가 없기 때문에 '대기 상한(top of the atmosphere)'은 실존한다기보다는 이론적인 개념이다.

학습 체크 3-3 지표에서 대류권계면에 도달할 때까지 대기의 온도는 일반적으로 어떻게 변하는가? 대류권계면 위의 성층권에서 온도는 어떻게 변하는가? 그와 같은 변화가 일어나는 원인은 무엇인가?

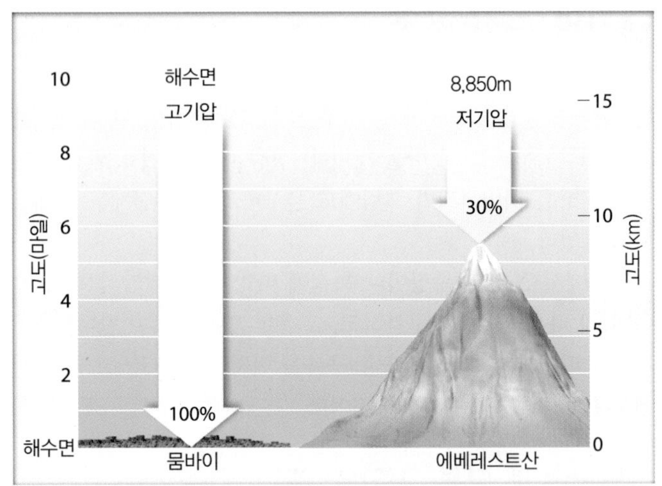

▲그림 3-7 기압은 해수면에서 최대이고, 고도가 높아지면 감소한다. 에베레스트산 정상에서 기압은 해수면의 30% 정도밖에 되지 않는다.

이 책의 내용이 대부분 대류권에 집중하지만 우리는 대기 전체의 압력과 조성물질의 변동을 고려해야 할 필요가 있다.

기압

기압은 대기에 존재하는 분자로 인해서 단위면적당 작용하는 힘이다. 간단하게 말해서 기압은 위에 놓여 있는 공기의 '무게'이다(제5장에서 기압의 개념에 대해 상세하게 다룰 것이다). 그림 3-7에 제시한 것처럼 물체 위에 놓인 '공기 기둥'이 높으면 높을수록 물체에 가해지는 압력은 커진다. 공기는 압축성이 크기 때문에 하층 대기는 그 위 상층 대기에 의해서 압축되고, 이러한 압축은 하층에 가해지는 압력과 이 층의 밀도(단위부피당 질량)를 동시에 증가시킨다(그림 3-2 참조).

보통 기압과 밀도는 해수면에서 가장 높고 고도가 높아지면서 급격하게 낮아진다. 그러나 고도에 따른 기압의 변화는 일정하지 않다. 일반적으로 기압은 고도가 높아질수록 그 감소율이 줄어든다(그림 3-8).

해수면으로부터 5.6km 고도에서 기압은 해수면의 약 50%까지 떨어지고, 밀도도 해수면의 약 절반이 된다. 다시 말하면 대기를 구성하는 기체분자의 절반이 5.6km 이하의 고도에 존재한다. 이런 이유로 높은 산을 등반하는 사람들은 산소탱크를 지참해야 한다. 기체분자의 90%는 해수면으로부터 16km 고도 이내에 집중되어 있다(열대에서 대류권계면의 평균 고도). 80km 이상 고도의 상층 대기에서 기압은 매우 낮아서 일반 기압계로는 기압을 측정할 수 없다. 이보다 높은 고도에서는 대기가 매우 희박해서 해수면 높이의 실험실에서 완벽하게 구축한 진공 상태보다 기압이 더 낮다.

조성물질

지표면에서부터 80km 이내의 고도에서 대기의 주요 기체는 수직적으로 매우 균일하게 분포한다. 이렇게 균일한 조성을 이루는

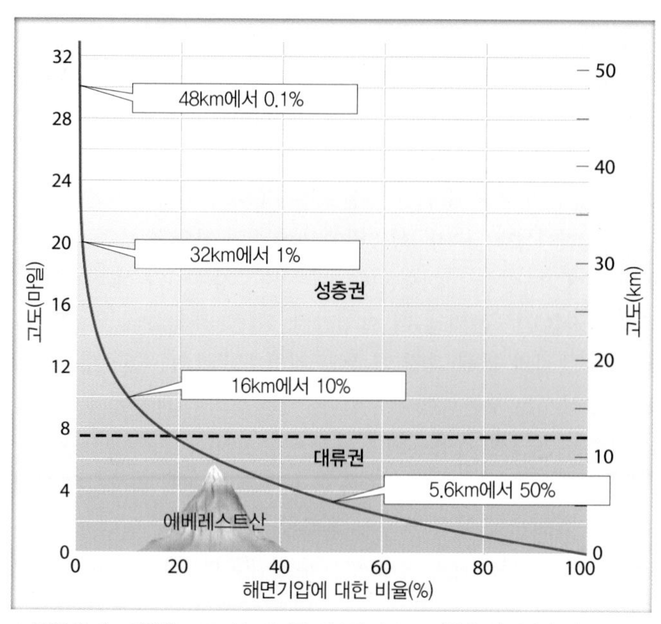

▲그림 3-8 기압은 고도가 높아지면 감소하지만 그 비율은 일정하지 않다. 5.6km의 고도까지 해수면 기압의 50%가 감소하고, 32km 이상의 고도에서는 해수면 기압의 1% 정도가 된다.

▲그림 3-10 알래스카의 베어호에 나타난 전리권의 북극광

영역을 **동질권**(homosphere)이라 한다(그림 3-9). 동질권 위에 위치하는 대기가 희박한 영역은 균일하게 분포하지 않고, 무게에 따라 층을 이룬다. 질소분자(N_2)가 맨 아래에 위치하고, 그 위에 산소(O), 헬륨(He), 수소(H) 원자가 순서대로 위치한다. 이 상층 영역을 **이질권**(heterosphere)이라 부른다.

오존층 : **오존층**(ozone layer)은 고도 15~48km 사이에 위치한다. 오존이 성층권 하층에 집중되어 있기 때문에 종종 **성층권 오존층**이라고 불린다. 명칭과는 달리 오존층에 오존만 있는 것은 아니다. 오존층은 오존의 농도가 다른 기체와 비교하여 최대로 높기 때문에 지어진 이름이다. 오존이 최대 농도에 도달하는 약 25km 고도의 오존층에서도 오존 농도는 15ppm을 넘지 않는다.

전리권 : **전리권**(ionosphere)은 60~400km 부근에 중간권의 중층과 상층, 열권의 하층에 있는 두꺼운 **이온**(전기적으로 극성을 띠는 분자와 원자) 층이다. 전리권은 전파를 반사시켜 지구로 돌려보내 원거리 통신을 돕는 역할을 하기 때문에 중요하다. 전리권에서는 또한 태양에서 유입된 극성을 띠는 원자들이 극 부근 지구의 자기장에 갇혀서 발달하는 '북극광'과 같은 오로라가 발달한다(그림 3-10). 전리권에서 이

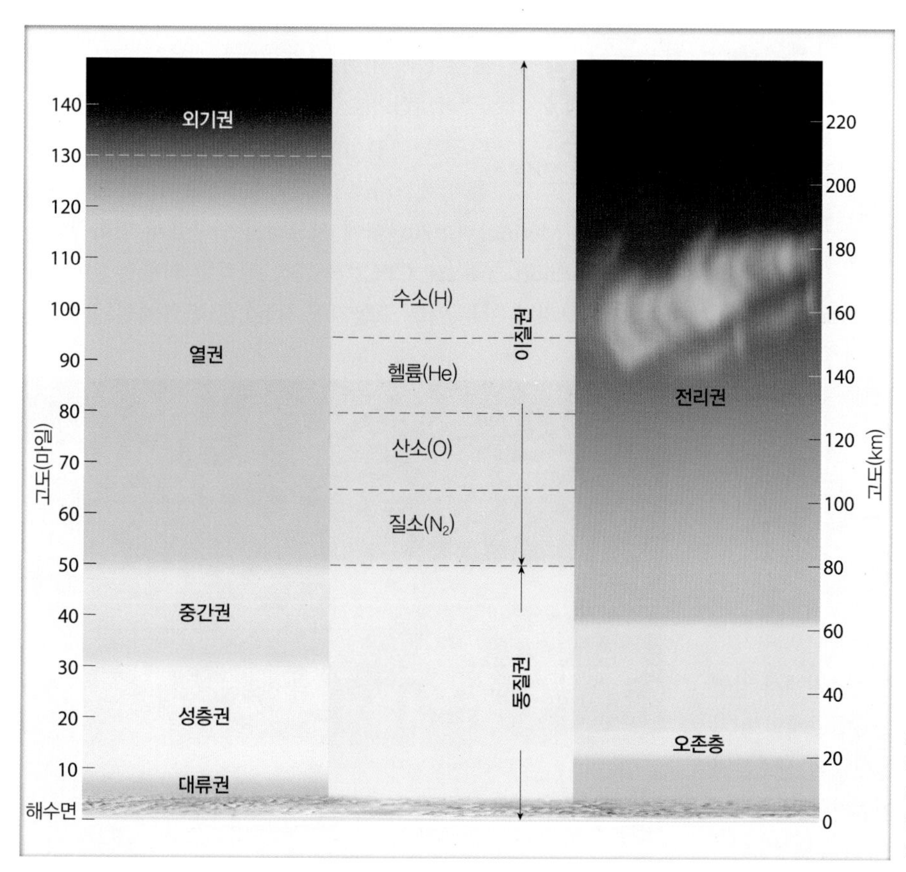

◀그림 3-9 대기층의 관계. '동질권'은 기체의 수직 분포가 균일한 구역이다. 하지만 그 위의 '이질권'은 분자량이나 원자량에 따라서 무거운 기체가 아래, 가벼운 기체가 위에 분포한다. 오존층에는 많은 오존이 집중되어 있다. 전리권은 전하를 띠는 분자와 원자로 구성된 두꺼운 이온층이다.

입자들은 질소분자와 산소원자를 활성화시켜서 네온 라이트와 같은 빛을 발광한다.

학습 체크 3-4 오존은 성층권 오존층에서 농도가 가장 높은 기체인가, 아닌가? 그 이유를 설명하라.

인위적 대기변화

지난 세기 동안 인류 활동은 통제가 점점 불가능하고 의도하지 않은 영향을 대기에 미쳤으며 그 결과가 지구 전체에서 나타나고 있다. 간단하게 말해 이러한 인류의 영향은 이전에 경험하지 못한 빠른 속도로 대기에 불순물을 배출하고 있으며, 이러한 불순물들은 지구기후를 변화시키고 생명체에 해를 끼친다. '인위적'(인류 활동으로 인한) 대기변화의 결과, 특히 기후 변화는 지난 수십 년간 대기과학자들의 걱정거리였다. 그러나 최근 기후 변화의 영향은 과학계뿐만 아니라 일반 대중에게까지 세계적인 주목을 받고 있다.

2014년 5월에 12개 이상의 연방정부 기관과 백악관이 참여한 과학 협의체인 미국지구변화연구프로그램(US Global Change Research Program, USGCRP)이 「제3차 미국 기후영향평가」 보고서를 배포했다. 이 보고서는 지구 기후 변화와 관련한 결론을 다음과 같이 제공하였다.

> 기후 변화의 증거는 대기의 상한부터 해양의 심층까지 충분히 많다. 전 세계 과학자들과 공학자들이 인공위성과 고층 기상용 기구, 온도계, 부이 등 다양한 관측시스템의 네트워크를 이용하여 이들 증거를 꼼꼼하게 수집하고 있다. 기후 변화의 증거는 또한 종의 위치와 행태, 생태계 기능의 변화에서도 관찰되고 측정된다. 종합해 보면 이러한 증거들은 '지구는 온난해지고 있고, 지난 반세기 동안에 일어난 온난화는 주로 인류 활동에 기인했다'고 분명하게 제시하고 있다.

기후 변화에 관한 정부간 협의체(Intergovernmental Panel on Climate Change, IPCC, 이후 장들에서 논의할 예정)의 「제5차 평가보고서」를 포함하여 다양한 연구 노력의 결과물이 이런 결론을 되풀이한다.

다음 절에서는 인위적 환경변화의 여러 측면과 이를 개선할 수 있는 방법을 주로 다룬다. 오존층의 파괴가 첫 번째로 주목할 지구 환경변화의 주요 주제이다.

애니메이션 MG
오존층 파괴
http://goo.gl/V8JNt3

오존층의 파괴

이미 논의한 바와 같이 오존은 성층권에서 자연적으로 생성된다. 오존은 일반적인 2개의 원자(O_2)가 아닌 3개의 원자(O_3)로 구성된 산소분자이다. 오존은 상층 대기에서 이원자 산소(diatomic oxygen, O_2) 분자에 태양복사의 자외선이 작용하여 생성된다.

자연적인 오존의 생성 : 태양에서 유입하는 자외선 복사는 UV-A, UV-B, UV-C(복사는 제4장에서 더 자세하게 논의할 것이다) 등 3개 파장대(가장 긴 파장에서부터 가장 짧은 파장)로 나뉜다. 성층권에서 산소분자(O_2)는 UV-C의 영향으로 산소원자로 분리되고, 일부 자유 산소원자는 산소분자(O_2)와 결합하여 오존(O_3)을 형성한다(그림 3-11). 성층권에서 오존의 자연적 분해는 UV-B, UV-C의 영향으로 오존(O_3)이 산소분자(O_2)와 하나의 자유 산소원자(O)로 분리될 때 발생한다. 이런 지속적인 오존의 자연적인 형성과 분해 과정 때문에, 거의 모든 UV-C와 대부분의 UV-B 복사는 오존층에 흡수된다. 이런 광화학 과정에서 UV 복사의 흡수는 또한 성층권의 온도를 상승시킨다.

대기 전체에 존재하는 오존의 약 90%는 잠재적 위험성을 지닌 태양의 자외선 복사를 대부분 흡수하는 성층권에 있다. 자외선 복사는 여러 가지 측면에서 생물체에 해롭다. UV 복사에 장시간 노출되면 피부암이 발병할 수 있다. 또한 자외선 복사는 백내장의 발병 위험을 증가시키고, 인간의 면역체계에 악영향을 끼치며, 많은 농작물의 수확량을 감소시키고, 해양 표면의 플랑크톤과 같은 미생물을 파괴해서 수중 먹이사슬을 붕괴시킨다.

오존은 인간 활동으로 지표 근처 대류권에서 생성되고, 이는 광화학 스모그의 구성 성분 중 하나가 된다(이 장의 후반부에서 논의할 부분이다). 그러나 처음 관측된 1970년대 이후로 성층권 오존층의 파괴는 광범위한 연구와 감시가 이루어지고 있다.

비디오 MG
오존층 구멍
http://goo.gl/Z9LsBX

오존층의 '구멍' : 오존층은 자연적 요인 때문에 변하지만, 오늘날 대기과학자들은 인위적으로 합성된 화학물질의 배출로 인해(전적으로는 아니더라도) 1970년대 이후로 오존층이 극단적으로 얇아지고 있다는 관측 결과에 의견을 함께한다. 대기과학자인 Sherwood Rowland와 Mario Molina는 1970년대에 선도적인 연구에서 **염화불화탄소**(chlorofluorocarbons, CFCs)가 가장 심각한 화학물질이라고 밝혔다. 그러나 할론(일부 소화기에 사용), 브롬화메틸(살충제),

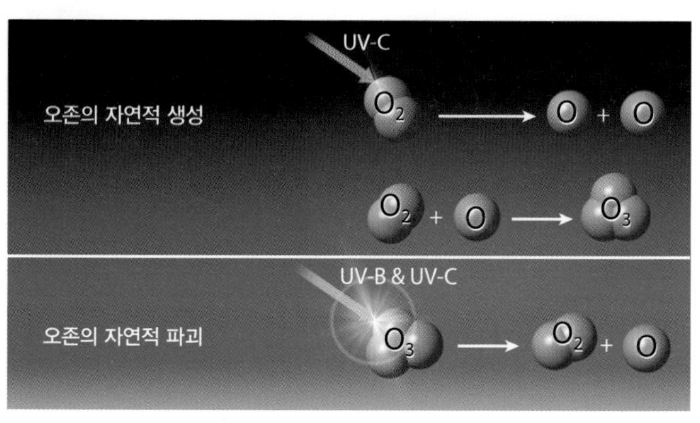

▲그림 3-11 오존의 자연적 생성과 파괴. 자외선 복사는 산소분자(O_2)를 자유 산소원자(O)로 분해하고, 이 중 일부는 다른 O_2와 결합하여 오존(O_3)을 생성한다. 또한 UV 복사의 영향으로 오존은 자연적으로 O_2와 자유 산소원자로 다시 분해된다.

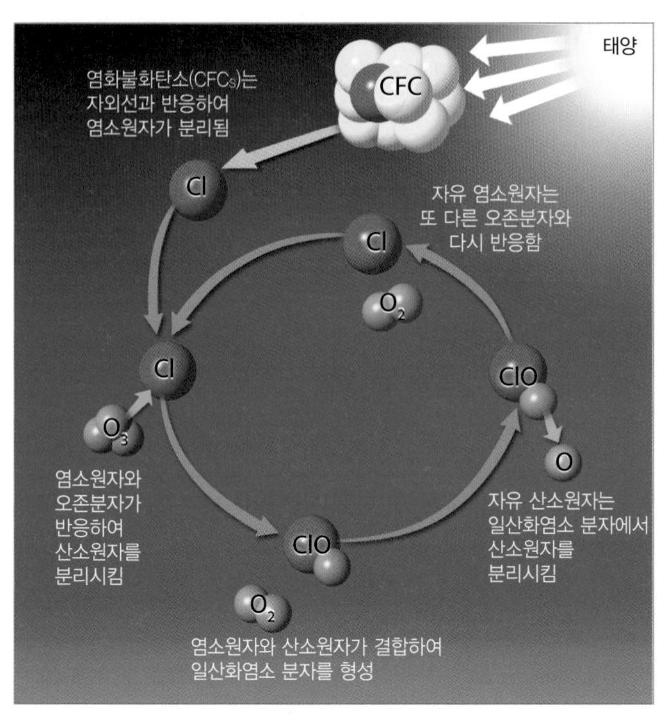

▲ 그림 3-12 대기에서 CFCs가 분해되어 생성된 염소원자에 의한 성층권의 오존 파괴. 염소원자는 화학적 반응에 변하지 않고, 과정을 반복할 수 있다. 따라서 하나의 염소원자는 수만 개의 오존분자를 파괴할 수 있다.

일산화질소도 오존을 감소시키는 또 다른 물질들이다(1995년 Rowland, Molina와 이들의 동료 과학자인 Paul Crutzen은 오존 감소에 관한 연구로 노벨 화학상을 받았다).

CFCs는 무취, 불연, 비부식, 비활성 기체이다. CFCs는 냉장고와 에어컨[냉매 프레온(Freon™)이 CFCs이다], 거품제재와 플라스틱 제조, 스프레이에 광범위하게 사용되었다. CFCs는 하층 대기에서는 극히 안정적이고 비활성 물질이지만, 오존층에 도달하면 자외선 복사의 영향으로 쉽게 분해된다. UV 복사의 영향으로 CFCs 분자에서 하나의 염소원자가 방출된다(그림 3-12). 이 염소원자(Cl)는 오존과 다시 반응하여 오존을 분해하며 일산화염소 분자(ClO)와 산소분자(O_2)를 생성한다. 일산화염소 분자는 자유 산소원자 1개와 다시 반응하여 이원자 산소분자를 형성하고, 자유 염소원자는 또 다른 오존분자와 다시 반응한다. 방출된 1개의 염소원자는 무려 100,000개나 되는 오존분자를 파괴한다.

오존층은 옅어질 뿐만 아니라 몇몇 장소에서는 일시적으로 완전히 사라지기도 한다. 1979년 이후부터 현재까지 NASA의 오라(Aura) 위성에 탑재한 **오존 감시 시스템**(Ozone Monitoring System)이 연중 오존층의 변화를 계속 기록하고 있는데, 남극에서 '오존층 구멍'은 매년 발달하고, 그 지속 시간이 점점 더 길어지고 있다(그림 3-13). 북극에서도 1980년대 말에 '오존층 구멍'이 발견되었다.

남극의 극대기 : 극, 특히 남극에서 오존 감소가 더욱 심각한 이유는 무엇일까? 부분적으로는 겨울에 발생하는 극한 냉각으로 인해 회오리 형태의 바람 패턴인 **극소용돌이**(polar vortex)가 발달하여, 극대기를 저위도의 대기로부터 효과적으로 고립시키기 때문이다. 성층권에서 빙정들은 얇은 **극성층권구름**(Polar Stratospheric Cloud, PSC)을 생성하는데, 이 구름은 오존 파괴 과정을 극적으로 가속화시키는 역할을 한다. PSC의 빙정 표면에서 염소분자의 축적을 포함하여 수많은 반응이 일어난다. 극에 봄이 오면 태양빛이 돌아오고(남반구에서는 9월), 자외선 복사가 촉매 반응을 일으켜서 오존이 파괴되기 시작한다.

북극에서는 남극과 같은 극한 대기환경이 잘 발달하지 않기 때문에 오존의 감소가 남극보다 덜 심각하다.

자외선 지수 : 남극, 오스트레일리아, 유럽의 산악 지역, 캐나다 중부, 뉴질랜드에서 성층권의 오존 파괴는 지표에 도달하는 자외선 복사량을 증가시킨다. 지표면에 도달하는 자외선 복사량이 증가하면 건강을 위협하는 위험성이 커져서, 특정 지역의 자외선

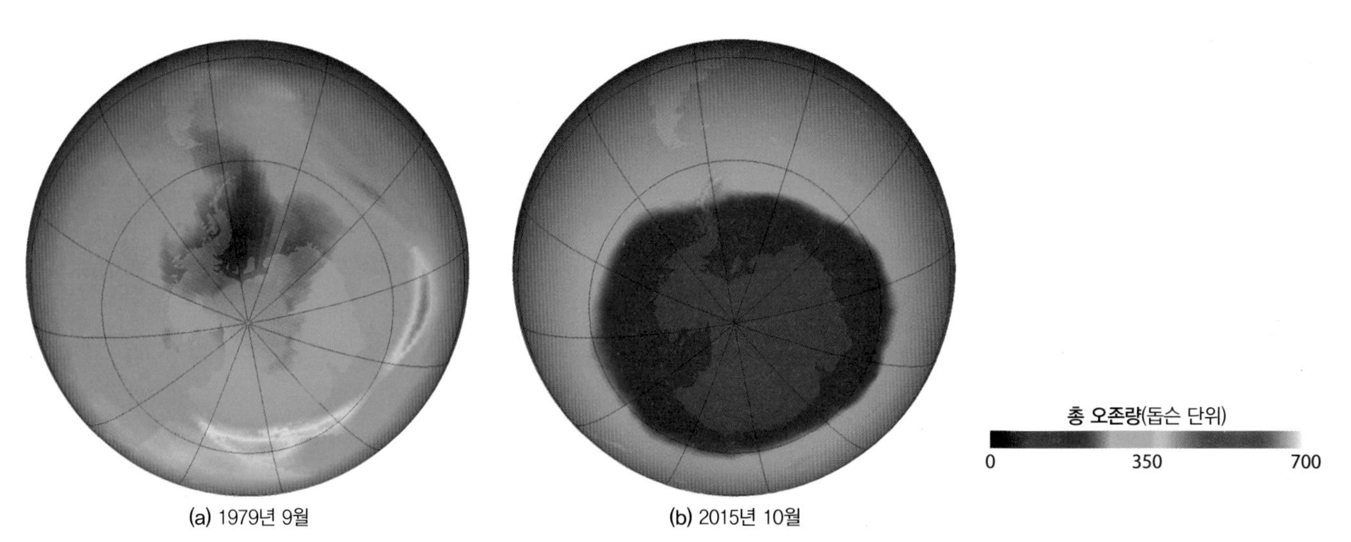

▲ 그림 3-13 1979년(a)과 2015년(b) 남극의 오존홀. 진한 파란색과 보라색 부분으로 나타나는 지역이 남극에서 오존 농도가 가장 낮다. 오존 농도는 '돕슨 단위'를 사용한다(1 돕슨 단위는 0℃에 해수면에서 0.01mm의 순수 오존층을 생성하는 데 필요한 오존분자의 수이다). 1970년대 이후로 오존홀이 커짐에 따라, 오존을 파괴하는 화학물질의 생산을 제한하려는 국제적인 노력으로 인해 남극 오존홀은 안정화되고 있다.

복사 강도를 알려 주는 자외선 지수(UV index)가 개발되었다("인간과 환경 : 자외선 지수" 참조).

몬트리올 의정서 : 이러한 결과들은 1978년에 미국을 포함하여 많은 국가들이 에어로졸 스프레이에 CFCs 사용을 금지했을 정도로 경각심을 충분히 일깨웠다. 1987년에 중요한 국제협약인 **오존층 파괴물질에 관한 몬트리올 의정서**가 오존을 파괴시키는 원인물질의 생산을 점차적으로 줄이는 계획안을 만들기 위해서 채택되었다. 196개국과 유럽연합이 의정서를 비준했다. 협약에 따른 조항과 최근의 개정안에 따라 1996년까지 선진국의 CFCs 생산을 중단시켰다. 또한 의정서에 조인한 국가들은 개발도상국들이 CFCs의 대체물질을 사용할 수 있도록 2005년까지 약 20억 달러의 기금을 조성하기로 약속했다.

몬트리올 의정서의 내용이 완벽하게 이행된다 하더라도 CFCs가 대기에서 50~100년 정도는 제거되지 않고 머물기 때문에 오존층이 즉시 회복되지는 않는다. 남극에서 최대의 오존층 구멍이 2006년에 관측되었고, 그 이후로 오존의 손실은 안정화되었다. 그러나 몇몇 연구에 따르면, 2050년이 되어야 오존층 구멍이 정상적으로 회복될 수 있다.

여러 과학자들은 오존층의 감소에 잘 대응하였고, 이는 성공적으로 환경문제를 해결한 사례로 평가된다. 오존층 감소는 확실하게 인류가 만들어 낸 문제이고, 그에 대응하기 위해 전 세계적인 공동 전략이 이행되었다.

학습 체크 3-5 1970년대 이후 관측된 오존층이 감소하는 이유는 어떻게 설명할 수 있는가?

대기오염

인류는 성층권의 오존을 감소시켰으며 또한 여러가지 방법으로 대기의 조성을 바꿨다. 지금까지 대기에 오염물질은 항상 존재했지만, 1700년대에 시작된 산업혁명과 함께 대기오염은 확산되었다. 20세기까지 대기오염은 심각한 사회문제로 대두되었다.

인구와 다양한 활동이 집중되는 도시, 특히 내연 엔진과 산업시설이 가장 큰 문제이다. 대기 중 오염물질의 존재는 미세한 분진과 광화학 스모그로 인한 시정 감소로 분명하게 보인다. 그러나 대기 중 화학적 불순물의 농도가 높아져 발생하는 건강의 위험이 더욱 중요한 문제이다.

일산화탄소 : 일산화탄소(CO)는 대기로 직접 배출되는 오염물질인 **1차 오염물질** 중 가장 많은 기체이다. 일산화탄소는 탄소 기반 연료가 불완전연소할 때 특히, 자동차로 인해서 생성된다. 일산화탄소는 무색, 무취여서 좁고 밀폐된 공간에서 노출되면 일산화탄소가 혈액으로 들어가고, 뇌와 다른 장기들이 사용할 산소의 양을 감소시키기 때문에 일산화탄소에 중독된다. 총합으로 보면 일산화탄소는 미국에서 배출하는 1차 오염물질의 약 2/3(2013년에 9,400만 톤)를 차지한다.

질소화합물 : 일산화질소(NO)는 물이나 토양에서 생물 과정의 자연 부산물로 생성되는데, 보통은 매우 빠르게 분해된다. 일산화질소는 자동차의 엔진처럼 고온, 고압 상태에서 연소되면 생성된다. 일산화질소는 대기에서 화학적으로 반응하여 노란색과 적갈색을 띠고, 공기를 오염시키는 이산화질소(NO_2)를 생성한다. 비록 이산화질소 자체는 빠르게 분해되지만, 태양빛과 반응하여 스모그의 다양한 구성요소를 생성한다.

황화합물 : 대기에 존재하는 황화합물은 대부분 자연 상태에서 발생하며 화산 폭발이나 옐로스톤국립공원에서처럼 열수 분출공(hydrothermal vent)이 있을 때 배출된다. '썩은 달걀' 냄새가 나는 물질인 황화수소(H_2S)가 황화합물의 예이다. 그러나 인류 활동은 특히 지난 세기 동안 많은 석탄과 석유와 같은 화석연료를 연소하여 황화합물의 대기 배출량이 증가하였다. 황은 석탄, 석유에 소량 존재하는 불순물이다. 황은 석탄과 석유 성분 중에 작은 부분을 차지하지만, 이것이 연소되었을 때에는 이산화황(SO_2)과 같은 황화합물이 배출된다. 이산화황은 자체가 폐 손상 물질이고, 다른 물질을 부식시키며, 대기에서 화학반응을 하여 산성비의 원인물질인 삼산화황(SO_3), 황산(H_2SO_4)과 같은 합성물을 생성한다(제6장에서 다루어짐).

부유미립자 : 부유미립자(또는 에어로졸)는 대기에 부유하는 미세한 고체 입자나 작은 물방울이다. 인류 활동으로 인한 부유미립자의 1차 배출원은 연소로 인한 연기와 산업 활동으로 인해 발생하는 먼지 등이 포함된다. 작은 입자들이 병합하여 더 큰 입자가 되거나, 응결핵 주변에 물방울이 성장하는 2차 과정을 통해 부유미립자의 농도는 증가할 수 있다. $PM_{2.5}$로 알려진 부유미립자의 직경이 2.5마이크로미터보다 작을 때 부유미립자로 인한 건강의 위험성이 가장 큰 것으로 나타났다. 1997년 미국환경보호청(EPA)은 부유미립자의 위해성을 고려하여 관련 법규를 개정하였다. 그러나 부유미립자가 꽤 장거리를 이동하기 때문에 이를 규제하는 것은 어렵다("글로벌 환경 변화 : 지구를 둘러싼 에어로졸 플룸" 참조).

광화학 스모그 : 많은 기체들이 강한 자외선과 반응하여 **2차 오염물질**(대기에서 화학반응이나 다른 과정의 영향으로 발생한 오염물질)을 생성한다. 이들 오염물질이 **광화학 스모그**(photochemical smog)로 알려져 있다(그림 3-14). ['스모그(smog)'라는 단어는 '연기(smoke)'와 '안개(fog)'의 합성으로 만들어졌지만, 광화학 스모그에 연기나 안개는 포함되지 않는다]. 가솔린과 같은 연료의 불완전연소로 인해 생성될 수 있는 이산화질소와 탄화수소[휘발성 유기화합물(volatile organic compound) 혹은 VOC로 알려진]는 광화학 스모그의 주요 원인물질이다. 이산화질소는 자외선에 의해 분해되어 일산화질소가 되고, 또 그것이 휘발성 유기화합물과 반응하여 몇몇 지역에서 작물과 삼림에 막대한 피해를 주는 질산과산화아세틸(peroxyacetyl nitrate, PAN)을

자외선 지수

피부암은 미국에서 가장 빈번하게 진단되는 암이다. 태양이나 인공태닝으로부터의 무방비한 자외선 노출은 가장 예방이 쉬운 피부암의 위험 요인이다. 자외선에 노출되어 생긴 피부 손상은 축적된다. 모든 피부 타입의 어린이는 자외선 차단 지수 30 이상의 선크림을 바르고, 모자를 쓰거나 방호복을 착용하는 것과 같은 조치를 취하는 것이 특히 중요하다.

자외선 지수 또는 UVI는 지표면에 도달하는 유해한 자외선 복사의 강도를 일반인들에게 알려 주기 위해서 1990년대에 미국환경보호청(EPA)과 기상청이 공동으로 개발하였다. 자외선 지수는 세계보건기구(WHO)에 의해 제정된 국제보고기준(international reporting standard)에 따라 2004년에 개정되었다.

자외선 지수의 예보 : 자외선 지수 예보는 하루 전에 산출된 자외선 지수의 예측치를 말한다. 자외선 지수는 자외선 복사의 강도를 1~11+ 등급으로 나눈 것이다. 1은 비교적 자외선 노출 위험이 낮은 것을 나타내고, 8 이상은 자외선 노출 위험이 매우 높은 것이다. 자외선 지수의 등급별 위험도와 함께 권고 예방책이 제시된다(표 3-A).

특정 도시나 지역의 자외선 지수 예보는 운량, 그 지역의 고도뿐만 아니라 대기의 오존 농도를 기준으로 한다(그림 3-A). 일반적으로 성층권의 오존 농도가 낮고 하늘이 맑을수록 지표면으로 유해한 자외선 복사가 많이 도달한다(그림 3-B).

지역별 자외선 지수의 예측은 http://www.epa.gov/sunwise/uvindex2.html에서 제공된다.

질문

1. 자외선 지수가 높은 예보는 어떤 조건과 관련이 있는가?
2. 거주하는 지역에 자외선 지수가 높다는 예보가 나오면 어떤 예방책을 취해야 하는가?

표 3-A 자외선 지수

범위	노출 위험	권고사항
0~2	낮음	만일 피부가 쉽게 타는 체질이거나 눈이나 물로 인해 반사된 빛에 노출되었다면 선글라스를 착용하고 자외선 차단지수 30 이상의 선크림을 바른다.
3~5	보통	한낮의 태양은 피한다. 보호복, 모자, 선글라스 등을 착용한다. 2시간마다 자외선 차단지수 30 이상의 선크림을 넉넉하게 바른다.
6~7	높음	한낮에는 그늘에 머문다. 자외선 차단 선글라스와 챙이 큰 모자를 착용한다. 구름이 있는 날도 자외선 차단지수 30 이상의 선크림을 넉넉하게 바른다.
8~10	아주 높음	오전 10시부터 오후 4시 사이의 자외선 노출을 최소화한다. 자외선 차단지수 30 이상의 선크림을 넉넉하게 바른다.
11 이상	심각함	모든 예방책을 취하고, 오전 10시부터 오후 4시 사이의 자외선 노출을 피한다. 구름이 있는 날은 2시간마다, 수영 직후에는 자외선 차단지수 30 이상의 선크림을 충분히 바른다.

출처 : 미국환경보호청의 태양보호 프로그램(SunWise Program)

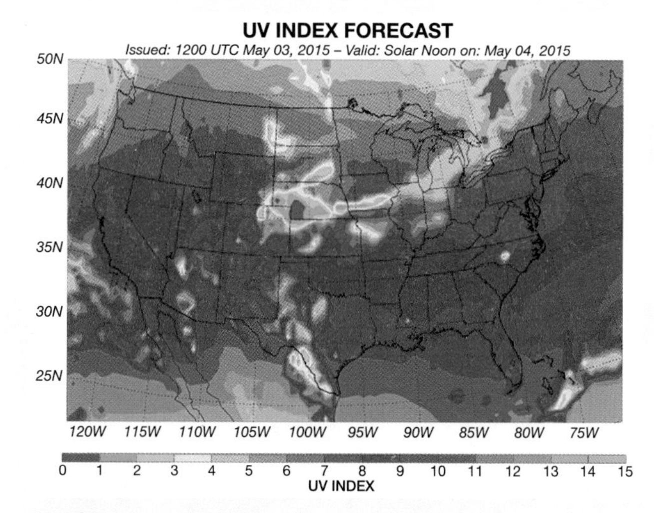

▲그림 3-A 자외선 지수 예보 지도

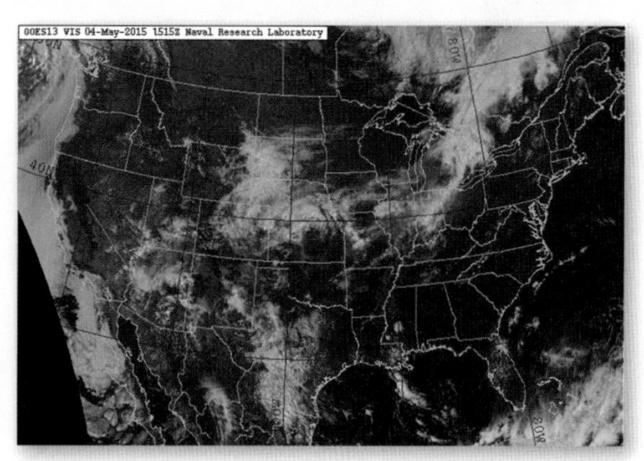

▲그림 3-B 그림 3-A에 제시된 자외선 지수 예보 시간에 미국의 구름 분포를 보여 주는 가시광선 위성영상. 일반적으로 구름이 많이 낀 지역은 구름이 없는 맑은 지역보다 지표면에 도달하는 자외선 복사의 양이 적다고 예측한다.

생성한다.

또한 이산화질소가 일산화질소로 분해될 때 떨어져 나온 산소 원자 하나가 산소분자와 반응하여 광화학 스모그의 가장 주된 구성요소인 오존을 생성한다. 오존은 매캐하고 자극적인 냄새가 나는데, 이것은 광화학 스모그의 특징으로 식생에 피해를 끼치고, 건축 재료(페인트, 고무, 플라스틱과 같은)를 부식시키며, 사람의 민감한 신체조직(눈, 코, 폐)에도 손상을 준다.

대기상태와 대기오염 : 대기상태는 공기오염, 특히 광화학 스모그와 부유미립자의 정도를 결정짓는 중요한 요인이 된다. 만약 공기의 움직임이 활발하다면 오염물질은 빠르게 넓은 범위로 흩어질 것이다. 반면에 공기가 정체되어 있을 때는 오염물질이 빠르게 축적된다. 만약 공기가 매우 안정적이면 상승기류와 일반적인 공기의 흐름을 억제하는 '안정막(stability lid)'으로 작용하는 기온 역전(temperature inversion, 찬 공기가 따뜻한 공기 아래에 있음)이 발달한다(기온역전은 제4장에서 다룰 것이다). 멕시코시티와 로스앤젤레스와 같이 지속적인 대기오염이 발생하는 거의 모든 도시에서는 기온역전이 빈번하게 나타난다.

인류의 영향으로 인한 대기오염의 결과 : 일산화탄소, 이산화황, 부유미립자는 심혈관계 질병을 일으킬 수 있으며, 특정 부유미립자에 장기간 노출되면 폐암의 발생 가능성이 높아진다. 일산화질소와 이산화황은 산성비의 주요한 원인물질이다. 대류권 오존은 작물과 나무 등을 손상시키며, 현재 가장 널리 퍼져 있는 공기 오염물질이다. 미국환경보호청은 호흡기 질환을 포함하여 여름에 병원을 방문한 사례의 1/5은 지표 오존에 노출되어 발생한 것이라고 보고했다.

미국환경보호청의 배출 기준이 더욱 강화되어 최근 수십 년 동안 오존을 제외한 모든 오염물질의 배출량은 뚜렷하게 감소하는 추세이다. 그러나 많은 신흥 산업국에서 오염 부하량이 더욱 커지고 있어서, 이러한 지구 규모의 문제를 해결하기 위한 개개 국가의 노력이 요구된다.

학습 체크 3-6 광화학 스모그는 어떻게 형성되며, 인간의 건강에 어떤 영향을 미치는가?

에너지 생산과 환경

최근 많은 오염물질의 배출량이 감소하기는 했지만, 아직도 화석연료의 연소로 인한 이산화탄소의 배출량은 계속 증가하고 있다. 이산화탄소 배출량의 증가로 인한 영향은 다음 장에서 다룰 것이지만, 여기서는 이 문제와 함께 자동차, 산업에 동력을 공급하기 위한 에너지 수요의 증가와 같은 전 세계가 직면한 환경과 경제적인 도전에 대해서 알아보고자 한다.

다음 장에서 석탄과 석유 같은 화석연료를 오랫동안 사용한 방법에서부터 바람과 조차와 같은 재생 가능한 방법까지 전력을 생

글로벌 환경 변화

지구를 둘러싼 에어로졸 플룸

▶ Redina L. Herman, 웨스턴일리노이대학교

대기오염은 좁은 지역에 한정된 문제는 아니다. 중국, 인도, 아프리카를 지나 부는 바람은 오염물질과 흙먼지 플룸을 발원지로부터 수천 킬로미터 떨어진 지역에 영향을 미치면서 세계 전체로 운송한다(그림 3-C). 공기를 채집해 보면 어떤 날에는 캘리포니아 대기에 존재하는 에어로졸의 25%가 아시아에서 발원한 것이다. 컴퓨터모델의 추정에 따르면 이들 에어로졸 플룸은 약 3주간 지구를 둘러싼다.

플룸 내부 조사 : 에어로졸 플룸의 영향을 조사하기 위해서 미국국립대기연구센터의 과학자들은 HIAPER(High-performance Instrumental Research)로 알려진 개조된 Gulfstream V 항공기를 이용한다. HIAPER는 매우 높은 고도(약 15.5km까지)에서 매우 먼 거리(11,000km)를 날 수 있다.

HIAPER는 플룸 내부 에어로졸의 화학조성과 크기 분포 자료를 수집한다. 이들 자료는 좁은 지역 환경에 대한 플룸 에어로졸의 영향을 파악하기 위해 분석한다.

에어로졸 플룸의 영향 : 아시아에서 발원하는 에어로졸은 아마존 우림의 강수 유출에 의해 손실된 자양분을 보충할 수 있는 자양분을 포함하고 있다. 이들 플룸은 태양광선을 강력하게 반사하는 황산염 에어로졸을 함유하고 있다. 반사도가 강한 이들 에어로졸은 지구 기후 변화로 인한 온난화의 영향을 상쇄한다.

더욱이 플룸 에어로졸은 구름 형성을 강화한다. 구름 형성은 충분한 '응결핵'의 공급을 필요로 하고, 에어로졸은 효과적인 응결핵이다. 에어로졸 플룸의 장기적인 영향은 강수패턴과 스톰 이동경로를 변화시킬 확률이 높다. 흙먼지 에어로졸은 강수와 강설 현상을 약하게 하고, 최종적으로는 그 지역의 강수량을 억제한다는 증거가 제시되고 있다.

질문

1. 흙먼지 플룸을 연구하는데 HIAPER가 적합한 이유는 무엇인가?
2. 흙먼지 플룸의 가장 잘 알려져 있는 영향 세 가지는 무엇인가?

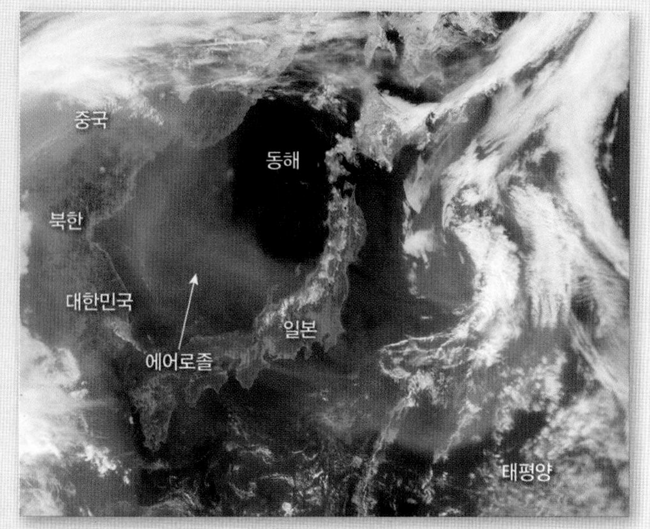

▲그림 3-C 동해를 지나 태평양으로 이동하는 에어로졸을 보여 주는 위성영상. 이들 오염물질과 먼지는 중국, 북한, 대한민국, 일본에서 발원했다.

◀ 그림 3-14 2015년 1월 '스모그 경보'가 발생했을 때 중국 베이징의 천안문 광장의 광화학 스모그와 대기오염물질

산하는 다양한 방법에 대해서 각각의 장단점뿐만 아니라 기술을 설명하여 살펴볼 것이다. 증가하는 에너지 수요를 해결하는 것은 간단하지 않다. 그러나 에너지 생산이 자연지리와 지구의 상호 연결된 시스템에서 어떤 관련이 있는지 이해하는 것은 의사결정의 장기적 영향을 평가하는 데 도움이 될 것이다.

"21세기의 에너지 : 탈화석연료"라는 글상자로 시작할 것이다.

기상과 기후

지금까지는 대기의 조성 물질과 구조에 대해 설명하였는데, 이제부터는 더욱 구체적으로 이 공기의 바다에서 일어나는 광범위한 과정에 대해 알아보자.

기상

지구의 대기는 태양복사로부터 열에너지를 공급받고, 지구의 운동으로 인해 움직이며, 지표면과는 직접 맞닿아 영향을 받는다. 대기는 이에 반응하여 다양한 조건과 현상들을 만들어 내며 이를 총괄하여 기상이라 한다. 기상을 연구하는 학문을 **기상학**(meteorology)이라 한다. 잘 알려진 바와 같이 **기상**(weather)이라는 용어는 특정 시간과 장소에서 발생하는 단기간의 대기 상태를 뜻한다. 기상은 짧은 시간 동안의 기온, 습도, 운량, 강수, 기압, 바람, 폭풍을 포함하는 다양한 대기 변수들의 집합체이다. 기상을 아주 짧은 순간, 주, 계절, 연 또는 경우에 따라서는 10년 단위로도 말한다.

기후

기상은 지속적으로 변동하고, 이 변동성을 합성 패턴으로 일반화할 수 있는데 이를 기후라고 한다. **기후**(climate)는 장기간 동안 매일매일의 기상 상태를 종합한 것이다. 기후는 평균적인 특성뿐만 아니라 기상 극한 현상과 변동성까지도 포함한다. 한 지역의 기후를 설명하기 위해서는 장기간, 일반적으로 적어도 30년 이상의 기상정보가 필요하다.

기상과 기후는 서로 관련되었지만 동의어는 아니다. 두 용어는 순간적인 구체성과 장기간의 보편성의 차이로 구별한다. 어느 기발한 철학자는 "기후는 우리가 예상하는 것이고, 기상은 우리가 겪는 것이다."라고 말했다.

기상과 기후는 일반적으로 농업, 운송, 사람들의 일상에 직접적이고 분명하게 영향을 미친다. 더욱이 기후는 토양, 식생, 동물의 생태, 수문, 지형 등 자연경관 발달에 있어 아주 중요한 요인으로 작용한다.

대기를 연구하는 데 있어 궁극적 목표는 대기의 장기간 패턴인 세계의 기후 분포와 특성을 이해하는 것이다. 이를 위해서 다음 4개 장에서는 대기의 순간적인 상태의 역학인 기상에 대한 이해를 돕도록 할 것이다.

학습 체크 3-7 기상과 기후의 차이는 무엇인가?

탈화석연료

▶ Michael E. Mann, 펜실베이니아주립대학교

화석연료(석탄, 석유, 천연가스)는 태양빛이 식물에 흡수되거나, 지하에 탄화수소 화합물로 저장되어 수백만 년 동안 축적된 에너지이다. 산업혁명이 시작된 이후 화석연료는 인류 문명에 동력을 제공하는 가장 중요한 에너지원이었지만, 현재는 보다 새로운 청정에너지 형태로 전환이 진행 중이다.

화석연료의 역사적 의미 : 화석연료를 사용하기 이전까지 사람들은 대부분 자신의 근력이나 동물을 이용하여 기계적 작업을 했고, 두 수단 모두 광합성을 하는 식물과 그 식물을 먹는 동물에게 저장된 태양에너지에서 온 것이다(제10장 참조). 화석연료는 근력을 사용하는 대신에 증기엔진과 마침내는 전기 생산, 자동차와 같은 기계시대를 도래하게 했다. 이런 변화는 노동생산성과 교통망 발전에 극적인 변화를 가져왔다. 더욱이 화석연료에 대한 의존도가 높아지면서 일하는 동물의 먹이를 재배하던 농장과 난방, 요리, 제련에 사용하는 나무와 숯을 공급하던 숲과 같은 드넓은 땅을 해방시켰다.

이러한 발전으로 역사적으로 전 세계가 필요로 한 에너지의 80% 정도를 화석연료에서 취하였다. 하지만 최근에 재생에너지의 사용이 증가하면서 그 비율이 낮아지고 있다(그림 3-D).

화석연료에 대한 높은 의존의 결과 : 화석연료 에너지가 주는 역사적인 혜택에도 불구하고 상당한 대가를 치러야 한다. 먼저 석탄, 석유, 가스의 연소는 방대한 양의 오염물질을 배출시켰다. 예를 들어 석탄을 연료로 하는 화력발전소에서 배출하는 이산화황(SO_2)은 산성비의 원인물질이다(제6장 참조). 1970년대에 청정대기법이 통과된 후에 공장 굴뚝에서 이산화황 배출을 막기 위한 노력이 있었고, 이 문제는 크게 개선되었다. 그러나 보다 근본적인 환경 문제는 모든 화석연료의 사용이 지구의 기후 변화를 일으키는 가장 중요한 인위적 온실가스인 이산화탄소(CO_2)를 배출한다는 점이다(제4장 참조). 더하여 화석연료의 불균등한 분포로 에너지 자원의 접근과 통제에 대한 정치적 갈등이 고조되고 있다. 석유(중동의 예와 같이)로 인한 갈등이 가장 두드러지게 보이지만, 우크라이나와 북미의 천연가스 파이프라인, 미국의 '수압파쇄'(제13장 참조)와 산정 석탄 채굴도 문제이다.

대체에너지 : 최근 수십 년간 '대체에너지'로 전환을 지지하는 과학자, 정책입안자, 대중들이 점점 많아지고 있다. 대부분의 대체에너지는 전기를 생산한다. 전기는 석탄과 천연가스를 연소하여 증기를 만들고, 터빈을 회전시켜 생산된다. 운송 부분은 대부분 원유를 정유한 액체연료를 이용한다. 유일한 액체 대체에너지는 바이오연료이다(제10장 참조). 바이오연료는 농장에서 재배하는 곡물을 이용하기 때문에 식량생산과 경쟁해야 한다. 에너지그리드에서 충전하는 전기와 플러그인하이브리드 자동차의 사용이 급속하게 증가하여 운송 부분에서 화석연료에 대한 의존도를 절감하는 방법이 되고 있다.

개개 대체에너지는 한계점이 있지만, 대부분 대체에너지원은 전망이 밝다. 핵발전은 현재 가장 중요한 대체에너지원이지만, 2011년 쓰나미로 발생한 후쿠시마 재앙과 같은 대규모 사고의 위험이 있고, 방사능 폐기물을 남긴다(제20장 참조). 수력은 전기를 생산하기 위해 댐과 낙하하는 물의 힘을 이용한다(제16장 참조). 그러나 댐은 하천 생태계를 파괴하고, 수몰 지역이 생겨 사람들이 이주해야 한다. 지열(제17장 참조)이나 조력(제20장 참조)과 같은 대체에너지는 주요 거주지로부터 원거리에 위치한다.

풍력은 가장 빠르게 성장하는 대체에너지이지만(제5장 참조), 궁극적으로 전기를 생산하는 능력은 바람이 언제 부는지에 따라 결정된다. 태양발전은 직접 태양광을 이용하여 광전지나 물을 끓여서 증기를 만들어 전기를 생산한다(제4장 참조). 바람과 마찬가지로 태양도 일시적으로 멈출 수 있다. 밤이 오거나 흐리면 사용이 불가능하다. '스마트그리드'는 다양한 에너지원에서 에너지를 합쳐서 일시적 중단이 가지는 한계를 줄여 준다.

화석연료에서 탈출하여 '에너지 전환'을 이루는 데 가장 큰 장애물은 정치와 경제이다(제8장 참조). 오랫동안 화석연료는 저렴하였고, 단기 비용만을 고려하면 대체에너지가 화석연료와 경쟁하기 어렵다. 현재 화석연료사업의 고수익성은 초기에는 수익성이 적은 대체에너지원으로 전환하는 것을 방해한다. 이런 방해에도 불구하고 기술의 진보로 재생에너지는 점점 화석연료에 대한 경쟁력이 커지고 있으며, 이 경향은 계속되어야 한다(그림 3-E). 기후 변화 피해의 원인이 되는 탄소배출에 가격을 책정하는 정책과 이에 대한 광범위한 지지는 이들 과정을 가속화시킬 것이다.

▲그림 3-E 미국재생가능한에너지실험실(NREL)에서 태양전지의 효율성 강화 실험 중인 과학자들

질문

1. "석기시대에는 돌에 대한 결핍이 없을 수 없다." 라는 속담이 있다. 재생 가능한 에너지로의 전환이 이 말과 어떤 관계가 있을까?
2. 탄소 배출에 가격을 책정하면 화석연료에서 재생 가능한 에너지원으로 전환을 가속화할 수 있을까?
3. 일부 화석연료 옹호자들은 화석연료가 가난한 국가의 경제발달을 지원할 수 있는 최선의 방법이라고 주장한다. 이것이 사실이 아닌 이유는 무엇인가?

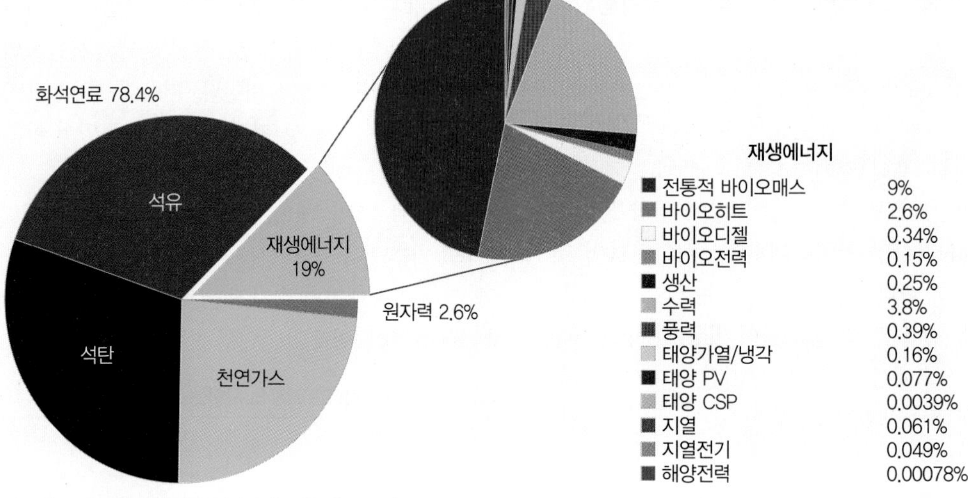

▲그림 3-D 유형별 세계 에너지 총 사용량(2013년)

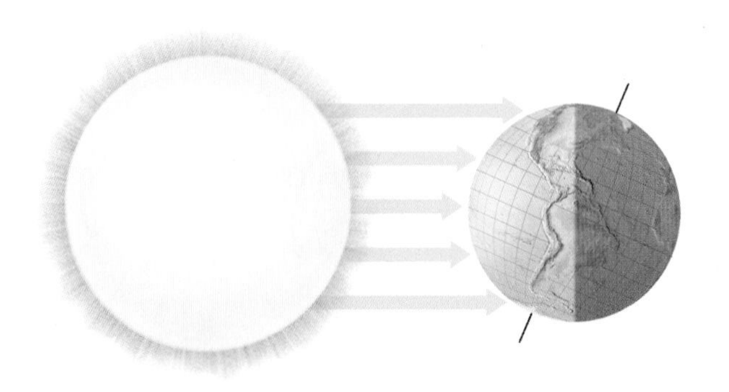

▲ 그림 3-15 지구로 입사하는 태양에너지. 제4장에서 다루겠지만, 지표면에 입사하는 태양에너지의 양은 위도에 따라 달라진다.

기상과 기후요소

대기는 복합적인 매개체이고 그 메커니즘과 과정은 때때로 매우 복잡하다. 그러나 그 특성은 보편적으로 보통 몇 개의 측정 가능한 변수로 표현된다.

이들 변수를 **기상과 기후요소**(element of weather and climate)라 한다. 가장 중요한 요소는 (1) 기온, (2) 수분 함량, (3) 기압, (4) 바람이다. 이들 요소는 매일 밤 일기예보에서 들어 보았을 기상과 기후의 기본 '구성요소'이다. 시간과 장소에 따라 이들 요소가 어떻게 변하는지를 측정해서 복잡한 기상 역학과 기후 패턴을 부분적으로 이해할 수 있다.

기상과 기후요인

기상과 기후의 계속적인 변동은 지구의 반영구적 특성에 의해 발생하거나, 적어도 강하게 영향을 받는데, 이 특성을 **기상과 기후요인**(인자)(control of weather and climate)이라고 한다. 다음 절에서 주요 요인들을 간략하게 설명하고, 이 장의 후반부에서 상세하게 설명할 것이다. 각각의 요인을 분리하여 설명하지만, 요인들 간에 겹쳐지는 부분과 상호작용이 존재하여 그 영향이 매우 다양하다는 점을 강조할 것이다.

위도: 제1장에서 설명했듯이 계절별로 지구와 태양의 위치가 계속 변하기 때문에 지표면상의 위치에 따라 지구가 받는 태양광선과 복사에너지의 양도 계속해서 변한다. 따라서 기본적인 지구의 태양에너지 분포는 다른 무엇보다도 위도의 영향을 많이 받는다(그림 3-15). 요소와 요인의 관계를 볼 때 위도요인이 기온 요소에 강력하게 영향을 미친다고 할 수 있다. 종합해 보면 위도는 가장 중요한 기후요인이다.

수륙 분포: 아마도 기후지리학과 관련된 가장 근본적인 차이는 대륙성기후와 해양(바다)성기후 간의 차이일 것이다. 해양은 대륙보다 훨씬 느리게 가열되고 냉각되며, 변화의 폭도 작다. 이는 해양이 대륙보다 여름과 겨울 모두에서 더 온화한 기온을 나타냄을 의미한다. 거의 동일한 위도(47°N)에 있는 워싱턴주의 시애틀과 노스다코타주의 파고(Fargo)를 예로 들면, 시애틀은 미국 서부 해안에 위치하고, 파고는 내륙 안쪽에 위치한다(그림 3-16). 시애틀은 1월 평균 기온이 6℃인 반면 파고는 −14℃이다. 정반대 계절인 7월에 시애틀은 평균 기온이 19℃인 데 반해 파고는 22℃이다.

또한 해양은 육지보다 풍부한 대기 수분의 공급원이다. 그렇기 때문에 일반적으로 해양성기후는 대륙성기후에 비해 습하다. 지표면에서 대륙과 해양의 불규칙한 분포는 수분 함량과 기온에 영향을 미치는 가장 중요한 요인으로 작용한다.

대기대순환: 일시적인 국지풍에서부터 아주 넓은 범위에 부는 지역 바람장에 이르기까지 대기는 끊임없이 움직인다. 지구 규모에서 반영구적인 패턴의 주요 바람과 기압계가 대류권을 지배하고, 기상과 기후의 대부분 요소에 영향을 미친다. 간단한 예로 열대에서 대부분의 지상풍은 동쪽에서 불어오고, 반대로 중위도에서는 서쪽에서 불어온다(그림 3-17).

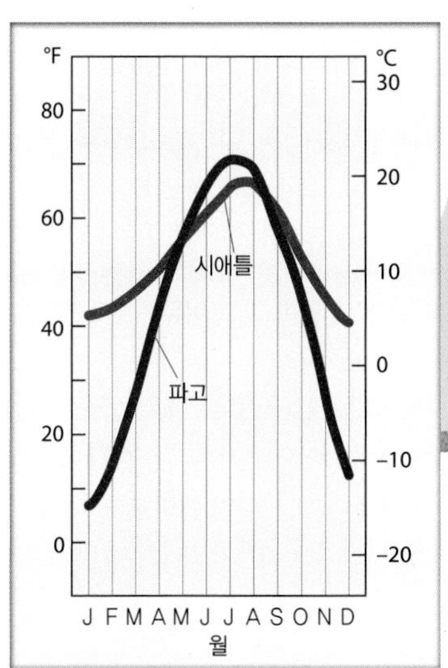

(a) 클라이모그래프 : 육지와 해양

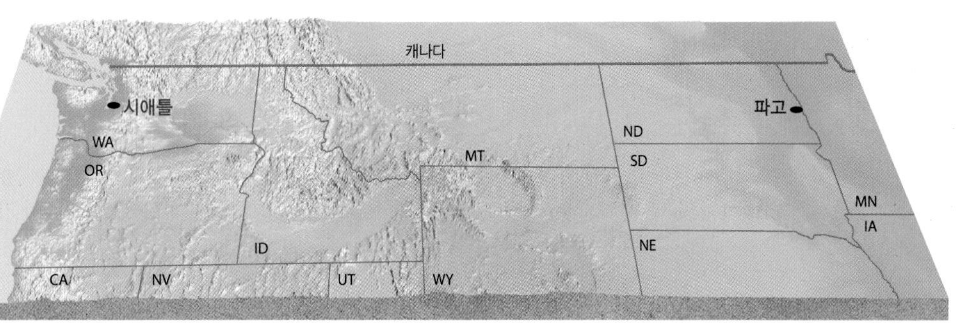

(b) 두 지점의 위치를 보여 주는 지도

▲ 그림 3-16 해양과 육지의 비교. (a) 노스다코다주 파고와 워싱턴주 시애틀의 월평균 기온을 보여 주는 클라이모그래프. (b) 내륙도시인 파고는 해안도시인 시애틀보다 여름에 덥고, 겨울에 춥다.

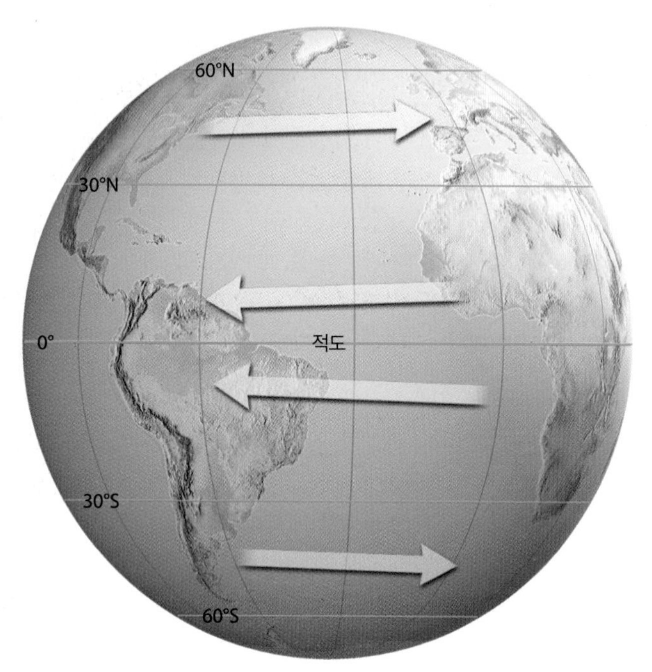

▲그림 3-17 대기대순환은 중요한 기후요인이다. 매우 단순화시킨 이 다이어그램은 지상풍이 열대에서는 동쪽으로부터 불어오고, 중위도에서는 서쪽으로부터 불어오는 것을 보여 준다. 대기 바람과 기압의 완전한 패턴은 제5장에서 논의될 것이다.

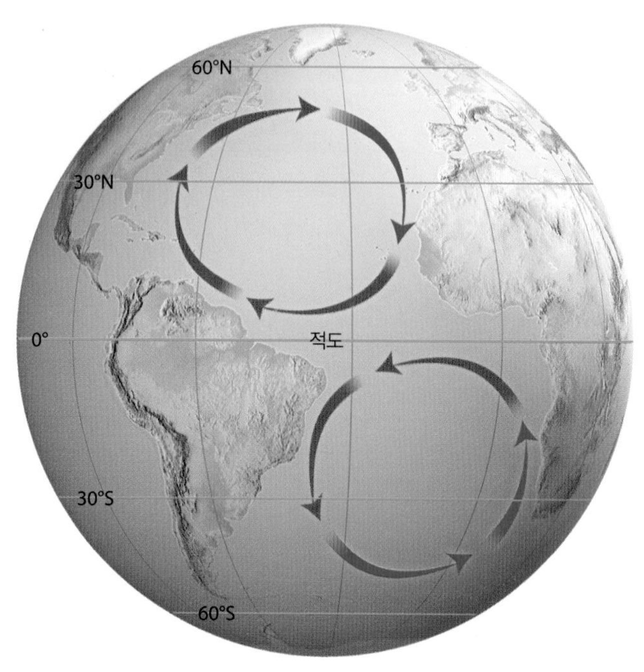

▲그림 3-18 해양대순환은 방대한 양의 따뜻한 물(빨간색 화살표)과 차가운 물의 이동(파란색 화살표)을 포함한다. 이들 표층해류는 인근 대륙의 기후에 상당한 영향을 미친다.

해양대순환 : 해양대순환은 대기대순환과 꽤 유사하다(그림 3-18). 대기와 마찬가지로 해양에는 많은 소규모 순환이 있지만, 또한 광범위한 해류대순환이 존재한다. 이들 해류는 따뜻한 물을 극으로 수송하고, 차가운 물은 적도로 운송한다. 비록 기후에 미치는 해류의 영향은 대기대순환보다는 훨씬 작지만 해류도 중요하다. 예를 들어 난류는 대륙의 동안을 따라 흐르고, 한류는 대륙의 서안을 따라 흐른다. 이 차이가 해안 기후에 커다란 영향을 미친다.

▲그림 3-19 콜로라도주 중남부에 위치한 블랭카산의 사면에 형성된 다양한 자연 식생 패턴이 보여 주는 것처럼 고도가 높아지는 것은 많은 환경 구성요소에 영향을 미친다. 수목한계선은 주로 여름철 기온이 낮아서 생긴다.

고도 : 네 가지 기상요소 중 기온, 기압, 수분 함량 등 세 가지는 일반적으로 대류권에서 고도가 높아질수록 그 값이 감소하며 따라서 고도요인의 영향을 받는다. 세 가지 기상요소와 고도 사이의 이런 단순한 관계는 여러 가지 기후 특성, 특히 산지에서 아주 큰 영향을 미친다(그림 3-19).

지형 장애물 : 산과 규모가 큰 언덕은 때때로 바람의 흐름을 바꿔서 여러 기후요소에 영향을 미친다(그림 3-20). 예를 들어, 바람을 맞는 산지인 바람받이 사면의 기후는 반대편인 바람의지 사면의 그것과는 매우 다르다.

폭풍 : 어떤 폭풍은 지구의 매우 넓은 지역에 출현하는 반면, 다른 폭풍들은 특정 지역에만 출현한다(그림 3-21). 폭풍이 다른 기후요인들의 상호작용에 의해 나타나지만, 모든 폭풍은 독특한 기상 상태를 형성하여 요인으로 고려된다. 실제로 몇몇 폭풍은 기상뿐만 아니라 기후에 영향을 미칠 수 있을 정도로 탁월하고, 출현 빈도가 높다.

학습 체크 3-8 기상과 기후 '요인'과 기상과 기후 '요소' 간에는 어떤 관계가 있는가? 가장 강력한 기상과 기후요인은 무엇이고, 그 이유는 무엇인가?

첫 번째 요소인 기온에 관해 논의하는 제4장으로 넘어가기 전에 기상과 기후인자를 하나 더 살펴보아야 한다. 더 정확히 말하면 기상과 기후요인에 영향을 미치는 요인은 지구의 자전이다.

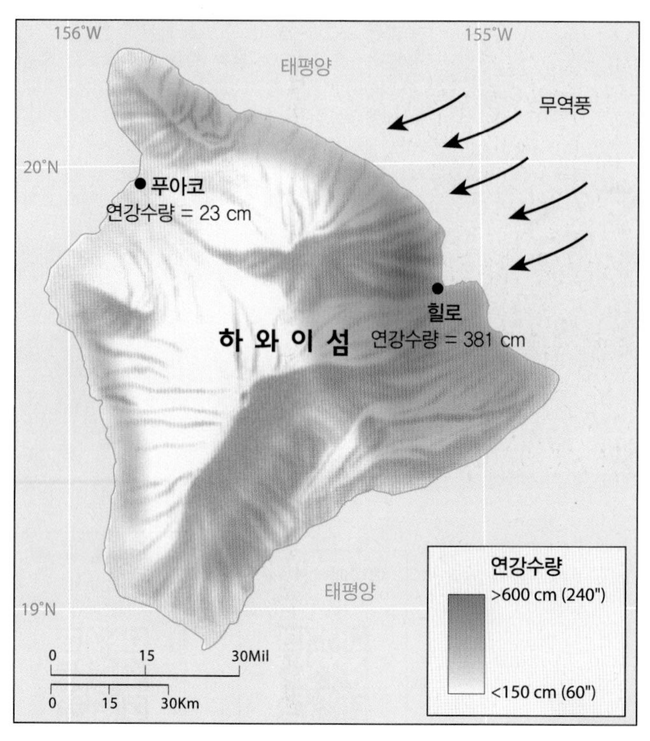

▲그림 3-20 기후요인으로 작용하는 지형 장벽. 하와이섬의 두 관측 지점에서 나타나는 연평균 강수량의 차이는 두 지점을 가로막은 산맥이 원인이다. 북동쪽으로부터 불어와 수분을 포함한 무역풍이 산맥의 동쪽 사면에 부딪쳐 수직적으로 상승했을 때 그곳에 강수가 발생한다. 그 결과 섬의 동쪽은 매우 습하고 서쪽은 매우 건조하다.

▲그림 3-21 영국 상공에 발달한 탁월한 중위도 저기압 폭풍우 시스템은 북아프리카, 시칠리아, 이탈리아의 국지적인 뇌우와 비교하여 넓게 발달해 있다.

코리올리 효과

지구의 자전 현상 때문에 지표면에서 움직이는 모든 물체는 비스듬하게 움직이는 것처럼 보인다. 자유 이동하는 물체의 이동경로가 전향하는 것을 **코리올리 효과**(Coriolis effect)라고 하는데, 이는 1800년대 초반 코리올리 효과를 정량적으로 분석한 프랑스의 토목공학자이며 수학자였던 코리올리(1792~1843년)를 기리기 위해서 이름 붙여졌다.[1]

아주 쉽게 말하면, 지구가 자전하기 때문에 자유 운동하는 물체의 이동경로는 북반구에서는 원래 움직이는 방향의 오른쪽으로, 남반구에서는 왼쪽으로 전향한다(그림 3-22a)

코리올리 효과의 특성은 북극에서 보스턴을 향하여 발사된 로켓을 생각해 보면 설명할 수 있다. 로켓이 대기 중에 있는 몇 분 동안 지구가 서쪽에서 동쪽으로 자전하기 때문에 보스턴은 수 킬로미터 동쪽으로 이동할 것이다. 코리올리 효과를 포함하지 않으면 로켓은 도시의 서쪽으로 지날 것이다. 로켓 발사 지점에서 남쪽을 바라보는 사람에게는 수정되지 않은 비행 궤도가 오른쪽으로 휘어지는 것으로 보일 수 있다. 코리올리 효과의 전향력은 물체가 북에서 남으로 이동할 때는 개념화하기 쉽지만, 전향력은 물체가 어느 방향으로 이동하든지 일어난다(그림 3-22b).

코리올리 효과는 야구공, 자동차, 보행하는 사람 등 모든 자유 운동하는 물체에 영향을 미치지만, 매우 단거리를 움직일 때 전향력은 의미가 없을 정도로 사소하다. 반면에 장거리를 이동할 때는 코리올리 효과의 영향이 상당히 크다.

코리올리 효과에 대해서 기억해야 할 중요한 특성

1. 운동의 시작 방향과는 관계없이 모든 자유 운동을 하는 물체는 북반구에서는 오른쪽으로, 남반구에서는 왼쪽으로 전향한다.
2. 이 '전향력'은 극에서 가장 크고, 적도로 갈수록 점차 감소하여 적도에서는 0이 된다.
3. 코리올리 효과는 이동 방향에만 영향을 주지만, 물체의 이동 속도가 빠른 물체가 천천히 움직이는 물체보다 더 많이 전향된다. 코리올리 효과는 속도에는 영향을 미치지 않는다.

학습 체크 3-9 코리올리 효과와 그 원인에 대해서 설명하라.

코리올리 효과의 중요한 영향 : 엄밀하게 말하면 코리올리 효과는 겉보기 힘이지만 그 효과는 매우 실질적이다. 제4장에서 다루겠지만, 기후 연구에서는 바람과 해류에 대한 영향이 가장 크다. 북반구에서 해류는 오른쪽으로, 남반구에서 해류는 왼쪽으로 전향한다. 코리올리 효과는 한류가 아열대의 해안으로부터 방향을 바뀌면서 그 아래 심층의 더 차가운 물이 상승해서 일어나는 차가운 해수의 용승에도 영향을 준다. 제5장에서는 코리올리 효과의 영향을 받는 국지풍과 지구 규모의 바람계의 방향을 알아볼

---

1 코리올리 효과는 특히 그 영향을 계산할 때 '코리올리힘'이라고도 빈번하게 불린다. 이 책에서는 일반적으로 사용되는 코리올리 효과를 사용할 것이다.

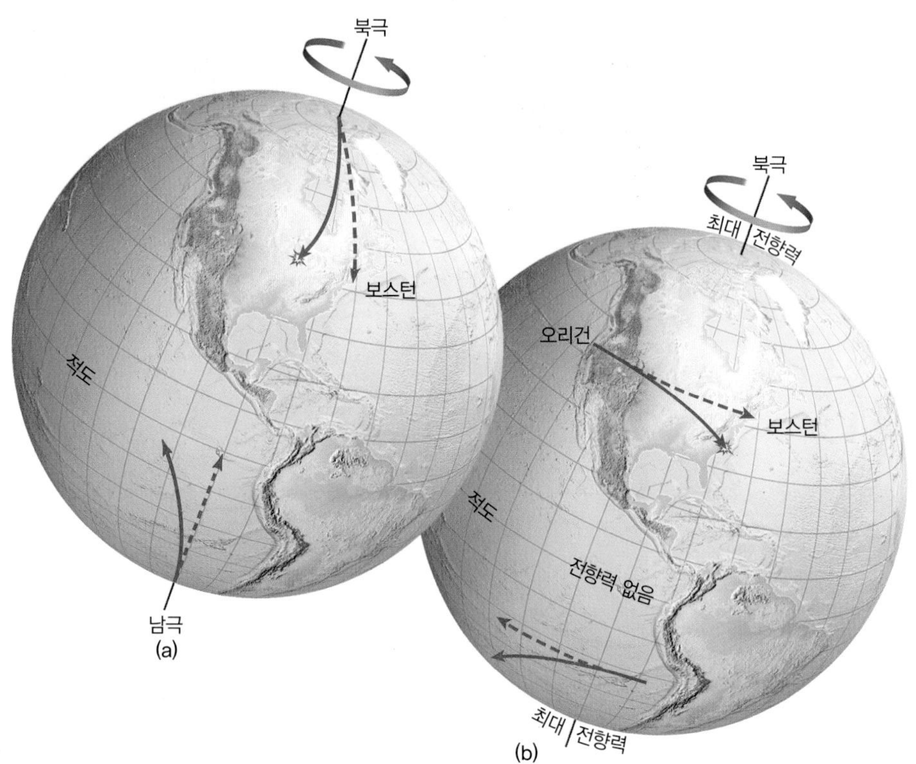

◀ **그림 3-22** 코리올리 효과 때문에 전향력이 북반구에서는 오른쪽으로, 남반구에서는 왼쪽으로 작용한다. 점선은 계획된 경로이고, 실선은 실제 이동경로이다. (a) 비행경로를 산출할 때 코리올리 효과를 고려하지 않으면, 북극에서 보스턴을 향해 발사된 로켓은 목표 지점의 서쪽에 착륙하게 된다. (b) 같은 위도인 오리건의 한 지점에서 보스턴으로 발사된 로켓도 코리올리 효과의 전향 때문에 오른쪽으로 곡선을 그리며 날아간다.

애니메이션 MG
코리올리 효과

http://goo.gl/bs5jnb

비디오 MG
코리올리 효과
회전목마

http://goo.gl/WujYp

것이다. 마지막으로 제7장에서는 열대저기압과 같은 폭풍 내의 바람 순환이 코리올리 효과에 의해서 영향을 받는 것을 살펴볼 것이다.

욕조나 싱크대에서 물이 빠지는 것과 같은 순환 형태는 코리올리 효과의 영향을 받지 않는다. 북반구에서는 싱크대에서 물이 시계 방향으로 돌면서 빠지고, 남반구에서는 반시계 방향으로 빠진다는 속설이 있다. 그러나 물이 빠지는 시간이 매우 짧고 느리기 때문에 코리올리 효과로는 이 현상을 설명할 수 없다. 이 현상은 배수체계, 세면대의 형태와 우연으로 설명할 수 있다.

제 3 장 학습내용 평가

이 장을 학습했다면 다음 질문에 대한 답을 찾아보자. 이 장의 학습내용에 대한 주요 용어는 진한 글씨로 표시되어 있다. 이 용어의 정의는 이 책 뒷부분에 제공된 별도의 용어해설에 나와 있다.

주요 용어와 개념

대기의 크기와 조성물질

1. 대기의 **영구기체**와 **변량기체**가 의미하는 바는 무엇인가?
2. 대기에서 가장 중요한 영구기체들에 대해 설명하라.
3. **수증기**, **이산화탄소**, **오존**, **부유미립자**(**에어로졸**)가 대기 과정에서 하는 역할을 간단하게 설명하라.
4. 지난 200년간 **화석연료**의 연소가 대기의 조성을 어떻게 바꾸었는가?
5. 대기에서 수증기의 수직 분포와 지표면 부근에서 수평(지리적) 분포를 설명하라.

대기의 수직 구조

6. **대류권**과 **성층권**의 크기와 일반적인 기온 특성을 설명하라.
7. 고도가 높아지면서 대기압이 어떻게 변하는지를 설명하라.
8. **오존층**이 무엇이고, 어디에 위치하는가?

인위적 대기변화

9. 오존은 어떻게 생성되고, 대기에서 중요한 이유는 무엇인가?
10. 오존층의 '구멍'이 뜻하는 바가 무엇이고, 여기에 **염화불화탄소**(CFCs)가 어떤 역할을 하는가?
11. 대기의 **1차 오염물질**과 **2차 오염물질**을 비교 설명하라.
12. **광화학 스모그**의 원인을 설명하라.

기상과 기후

13. **기상**과 **기후**의 차이점이 무엇인가?
14. 네 가지 **기상과 기후요소**는 무엇인가?
15. 일곱 가지 주요 **기상과 기후요인**을 간단하게 설명하라.
16. **코리올리 효과**와 그 원인에 대해 설명하라.

학습내용 질문

1. 대기가 우주로 '탈출'하는 것을 막아 주는 것은 무엇인가?
2. '대기의 두께가 얼마나 되느냐'는 질문에 답하기 어려운 이유는 무엇인가?
3. 지구의 생명체가 오늘날 대기의 조성에 어떻게 영향을 미쳤는가?
4. 산에서 하이킹할 때 해수면보다 더 쉽게 숨이 차는 이유는 무엇인가?
5. 대류권계면의 고도가 여름에서 겨울로, 적도에서 극으로 가면서 변하는 이유는 무엇인가?
6. 인류는 왜 오존층의 감소에 대해서 걱정을 해야 하는가?
7. 지난해에서 올해까지의 기후 변화를 논의하는 것이 왜 부적절한가?
8. 자연지리 연구에서 다른 대기의 권역보다 대류권에 주로 집중하는 이유는 무엇인가?
9. 코리올리 효과가 해류의 방향에는 영향을 미치지만, 부엌 싱크대의 배수 방향에는 영향을 미치지 않는 이유는 무엇인가?

연습 문제

1. 그림 3-3을 이용하여 질문에 답하라. 대기 중에 질소는 산소보다 얼마나 더 많이 존재하는가?
2. 그림 3-3을 이용해서 질문에 답하라. 대기 중에 산소는 이산화탄소보다 얼마나 더 많이 존재하는가?
3. 그림 3-8을 이용해서 질문에 답하라. 콜로라도에 있는 고도 4.3km의 파이크스피크(Pikes Peak) 정상에 있다면, 그곳의 기압은 지표대기압의 몇 %가 될까?
4. 그림 3-8을 이용하여 질문에 답하라. 고도 10km에서 비여압 기구에 타고 있다면 그곳의 기압은 지표대기압의 몇 %가 될까?

환경 분석 내가 사는 지역의 이산화탄소 감시

데이터 MG
CO_2 농도

https://goo.gl/3YNOiA

많은 과학자들은 대기 중 이산화탄소 농도의 증가가 1900년대 이후 지구 평균기온 상승의 원인이며, 잠재적인 부정적 영향이 있기 때문에 이산화탄소 농도의 광범위한 감시가 필수적이라고 확신한다. NOAA는 세계적으로 다양한 고도에 100개 이상의 관측망을 설치하여 지속적으로 채집한 공기샘플의 온실가스 농도를 측정한다.

활동

www.esrl.noaa.gov/gmd/ccgg/ggrn.php에 접속하라.

1. 지도나 표를 이용하여 본인 거주지에서 중단 없이 측정을 지속하며, 최단거리에 위치한 관측 지점을 찾아보자.

표에서 그 관측 지점의 지점 코드를 클릭하라.

2. 해수면에서 관측 지점의 고도를 미터(m)로 표시하자.
3. 그 지점에서 샘플 채집에 사용한 방법은 무엇인가?

"Data Visualization"은 각 측정 지점의 자료를 도식화할 수 있도록 한다. 기존 자료를 이용하여 디폴트 세팅 상태에서 '탄소 순환가스' 이산화탄소의 값을 도표화하라("submit" 버튼을 반드시 눌러야 한다). 그래프가 생성되지 않으면 다른 자료 유형 또는 측정 지점을 선택하라.

4. 도표화된 기간은 언제인가?
5. 이산화탄소의 변동 범위는 얼마인가?
6. 시간별로 이산화탄소가 어떻게 변화하는지 설명하라.
7. 다년간 작성된 그래프에 계절변화가 나타나는가? 그 이유를 설명하라.

원거리에 위치한 두 번째 측정 지점을 선택하라.

8. 2~7번까지를 반복하고, 두 지점 간에 의미 있는 차이가 있는지 설명하라.

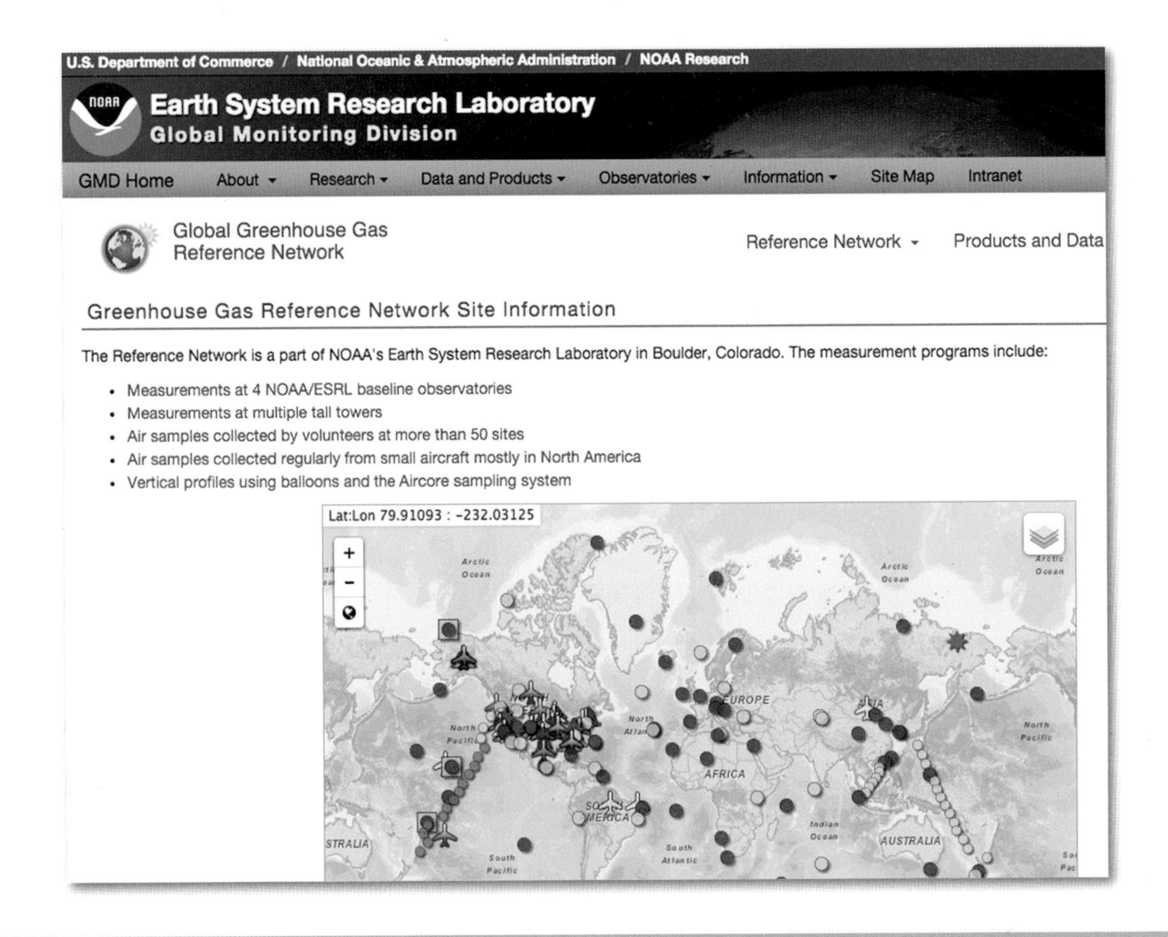

지리적으로 바라보기

이 장의 시작 부분에 제시한 위성영상을 참조하라. 열대성 저기압 졸레인(Joalane)과 같은 폭풍의 존재가 기후의 예인지, 기상의 예인지를 답하고 그 이유를 설명하라. 이 위성영상에 보이는 구름은 대기의 어느 층에 위치하는지를 추정하라. 이런 경우에 이들 구름의 최대 고도는 얼마인가?

지리적으로 바라보기

바베이도스 카리브제도 멀린스만의 일몰. 오후의 태양은 이곳에 강한 바람을 일으키기에 충분한 면적을 가열하는가? 어떻게 알 수 있는가? 이 사진에서 태양광선은 주로 어떤 색인가?

일사와 기온

"왜 적도는 따뜻하고 극은 추울까?" 또는 "왜 해안은 내륙보다 여름에 대체로 시원할까?"라는 의문을 가져 본 적이 있는가? 이러한 두 가지 질문은 기상과 기후의 첫 번째 요소인 온도에 대한 이해에서 답을 구할 수 있다.

모든 지구 시스템의 기본은 태양 에너지에 의한 지표와 대기의 가열에서부터 시작한다. 이후 장들에서 논의할 많은 지리적 패턴(기압과 바람, 강수의 분포, 폭풍의 특성, 동식물의 분포, 토양 발달 등)은 이 장에서 논의할 태양 에너지의 도달, 지표와 대기에서 발생하는 가열과 냉각, 에너지의 교환 등과 관련된다.

이 장에서는 자연지리학의 가장 중요한 개념인 세계의 위도별 온도 변화, 육지와 바다의 대기에 대한 상호 작용, 지구 기후를 변화시키는 인간의 활동 등을 소개한다.

이 장의 내용을 배우면서 생각해야 할 주요 질문은 다음과 같다.

- 태양 에너지는 어떻게 대기를 가열하는가?
- 적도와 극의 온도는 왜 차이가 나는가?
- 대륙은 해양보다 왜 극심한 온도 변화가 나타나는가?
- 대기와 해양의 순환에 의해 지구의 에너지는 어떻게 이동하는가?
- 세계 온도 패턴을 설명하기 위한 요소는 무엇인가?
- 최근 인간의 활동에 의해 지구 온도가 어떻게 변화하고 있는가?

경관에 대한 온도의 영향

지구 온도 패턴은 지구 경관에 분명한 흔적을 남긴다. 여러 가지 경관의 물리적 특징은 국지적 온도 조건에 의해 영향을 받는다. 예를 들어, 온도 변화는 노출된 기반암을 파괴시키고 토양 발달과 관계된 화학적 작용의 속도에 영향을 미치는 요인 중의 하나이다. 더욱이 장기간의 온도 패턴은 하천이나 빙하와 같은 실질적인 다양한 침식 및 퇴적 기구에 영향을 미친다.

동물과 식물은 덥거나 추운 기후에 적응하여 진화한다. 따라서 어느 지역에서 동물군과 식물군의 유형은 장기간의 온도 조건을 견디는 능력을 가진 다양한 종에 의해 나타난다(그림 4-1). 인간의 활동도 건축물부터 경제 활동의 유형까지 모든 것에 영향을 미치는 국지적 온도 패턴에 의해 통제받을 수밖에 없다.

에너지, 열, 온도

가장 근본적인 측면에서 우주는 단 두 종류의 '유형', 즉 **물질**(matter)과 **에너지**(energy)로 이루어져 있다. 물질의 개념은 이해하기 쉽다. 물질은 우주의 '재료(stuff)'이며, 물질은 원자로 이루어진 모든 사물을 구성하는 고체, 액체, 기체 상태를 말한다. 물질은 질량과 부피를 가지며, 우리는 다양한 종류의 물질들을 쉽게 보고 느낀다. 한편 에너지의 개념은 물질의 개념보다 좀 더 이해하기 어렵다.

에너지

에너지(energy)는 '재료'의 운동을 일으키는 것이다. 예를 들어 물체의 이동 속도를 빠르게 하거나, 방향을 변화시키거나, 분리되도록 하는 것이 에너지이다. 어떤 곳에서 다른 것으로의 에너지의 이동은 대기를 구성하는 원자이든 해양을 가득 채운 물이든 상관없이 물질의 조건을 변화시킨다.

에너지는 **운동 에너지**(kinetic energy), **화학적 에너지**(chemical energy), **위치 에너지**(gravitational potential energy), **복사 에너지**(radiant energy)와 그들 사이의 많은 에너지 등 다양한 형태가 있다. 비록 에너지가 창조되는 것도 파괴되는 것도 아니라 할지라도 어떤 형태를 다른 형태로 변화시킬 수 있다. 이 장에서는 대기의 가열에 대한 논의에 있어, 단지 몇 가지 형태의 에너지와 이러한 형태들 사이의 변형에만 주목할 것이다.

일 : 에너지는 일반적으로 '일할 수 있는 능력'으로 정의된다. 일은 '움직일 수 있는 힘'으로 정의된다. 움직이는 물질에 힘이 가해질 때, 에너지가 다른 곳으로 이동한다. 에너지의 국제 단위계(S.I.) 표현은 **줄**(joule, J)이다. 에너지는 줄로 어떻게 표현될까?

- 1kg의 물질을 1m 들어 올리는 데에는 약 10줄(J)의 위치 에너지가 더해진다.
- 1cal(**칼로리**)의 에너지는 1g의 물을 1℃ 온도 상승시키는 데 필요한 에너지이다. 1g의 물을 1℃ 온도 상승시키는 데 필요한 에너지는 4.184J이다. 따라서 1cal = 약 4.184J, 1J = 약 0.239cal이다.

힘 : '단위 시간당 이동하는' 에너지의 양을 표현하기 위한 에너지의 또 다른 척도이다. 예를 들어, 이 장에서는 태양에서 지구로 전달되는 에너지의 양을 설명할 것이다. 단위 시간당 에너지는 힘으로 정의한다. 힘의 국제 단위계(S.I.)는 **와트**(watt, W)로서, 1와트는 초당 1J(1W = 0.239cal/s)과 동일하다. 일반적으로 전구와

◀ **그림 4-1** 나미비아 에토샤국립공원의 건조 경관과 기린. 태양 에너지는 국지 기후, 유효 수분, 식물, 동물에 직접적으로 영향을 미치는 경관 내에서 물리적, 화학적, 생물학적 과정을 시작한다.

전기 기구에서 힘의 소모는 와트로 설명한다.

내부 에너지 : 대기나 기타 여러 가지의 가열을 이해하기 위해서는 먼저 일상생활에서 쉽게 이해할 수 없는 규모의 원자나 분자 수준에서 일어나는 일들에 대한 이해가 필요하다. 단순하게 생각해 보면, 모든 물질들은 엄청나게 작고 끊임없이 '움직이는' 원자(atom)로 구성되어 있다. 일반적으로 이 원자들이 결합하여 분자(molecule)를 이루고 있다. 이러한 물질의 상태(고체, 액체, 기체, 이온화된 기체인 플라스마 모두)는 분자 운동의 활성 정도에 의해 좌우된다. 이러한 지속적인 움직임 때문에 모든 물질의 분자들은 에너지를 가진다. 이러한 종류의 내부 에너지를 **운동 에너지**라 한다.

물질 내부의 분자가 가지는 평균 운동 에너지 양은 고유의 물리적 성질과 밀접한 관련이 있으며, 사물이 얼마나 뜨겁고 차가운지와 같이 우리의 일상생활 속에서 쉽게 인지할 수 있다. 물질이 가열되면, 물질 내부 분자의 평균 운동 에너지 양은 증가한다. 다시 말해서 분자의 운동이 더욱더 활발해지기 때문에 에너지는 증가한다. 여기에서 몇 가지 중요한 개념이 등장한다.

온도와 열

온도(temperature)는 물질의 분자가 가지는 평균 운동 에너지 양 또는 엄격하게 말해서 분자의 평균 '왕복' 또는 전이 운동 에너지(translational kinetic energy)를 표현한다. 분자의 활동이 더욱 활발해지면, 즉 내부 운동 에너지가 더 커지면 물질의 온도는 더 높아진다.

열(heat)은 온도차 때문에 어떤 물질에서 다른 물질로 이동하는 에너지를 나타낸다. 때로는 '열'이라는 용어 대신에 열 에너지(thermal energy)라는 용어를 사용하기도 한다. 물질은 열을 '함유'하고 있지 않다. 즉, 열은 고온의 물체에서 저온의 물체로 이동함으로써 고온의 물체는 내부 에너지가 감소하고, 저온의 물체는 에너지가 증가하는 단순한 에너지이다.

열의 이동에 따라 물체의 총 내부 에너지는 다른 형식으로 변화될 수 있다. 예를 들면, 일은 물체의 내부 에너지로 변할 수 있다. 망치로 철을 두드리면, 철의 내부 에너지가 증가하여 철이 가열된다. 물체는 열과 함께 일을 얻을 수 없지만, 일이 발생하는 과정에서 내부 에너지가 변화할 수 있다.

학습 체크 4-1 온도와 열의 차이는 무엇인가?

온도 측정

온도를 측정하는 데 사용되는 도구는 **온도계**(thermometer)이다. 사물의 온도는 동일하게 사용되는 세 가지 온도 단위 중 하나와 관계된다(그림 4-2). 모두 정확한 측정이 이루어지지만, 세 가지 온도 단위의 존재는 혼란을 발생시킨다.

화씨 단위 : 미국에서 공식적으로 사용되는 온도 단위는 18세기 독일의 물리학자 Gabriel Daniel Fahrenheit의 이름에서 유래된 화씨 단위이다. 미국 기상청에서 예보하는 날씨는 화씨 단위로 예보한다. 화씨 단위의 기준점은 순수한 물이 어는점과 끓는점이며, 그 온도는 32°와 212°이다.

섭씨 단위 : 대부분의 나라에서는 18세기 스웨덴 천문학자 Anders Celsius의 이름에서 유래된 섭씨 단위를 사용하고 있다. 섭씨 단위는 물이 어는점과 끓는점 사이에 100° 차이가 나는 십진법 단위이기 때문에 국제 단위계(S.I.)의 측정 단위로 채택되었다. 섭씨 단위는 미국에서 과학 실험에 오랫동안 사용되어 왔으나 아직까지 화씨 단위를 대체할 정도로 사용되지는 않고 있다.

섭씨 단위를 화씨 단위로 변환하는 공식은 다음과 같다.

화씨 단위(℉) = (섭씨 단위(℃) × 1.8) + 32°

화씨 단위를 섭씨 단위로 변환하는 공식은 다음과 같다.

섭씨 단위(℃) = (화씨 단위(℉) − 32°) ÷ 1.8

켈빈 단위 : 과학적인 여러 가지 목적으로 오랫동안 사용된 것은 Kelvin 경으로 알려진 19세기 영국 물리학자 William Thomson의 이름에서 유래된 켈빈 단위이다. 그 이유는 물체의 가장 낮은 온도인 **절대영점**(absolute zero, 0K 또는 'zero kelvin')에서 시작하는 방법으로 **절대온도**(absolute temperature)를 측정하기 때문이다.[1] 절대 단위는 물이 끓는점과 어는점 사이가 100도를 유지하

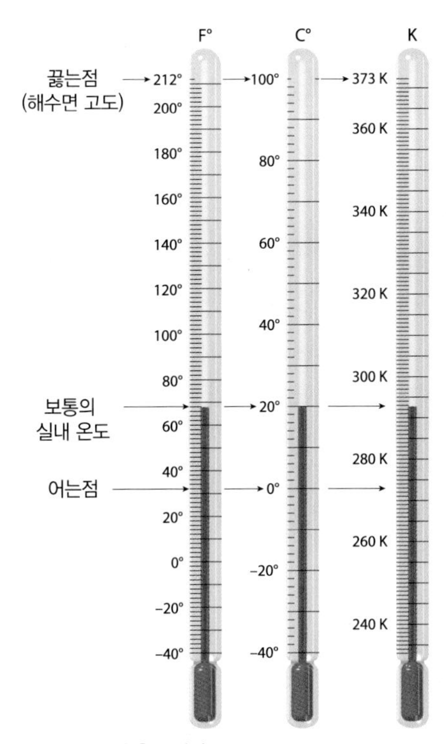

▲그림 4-2 화씨, 섭씨, 켈빈 온도 단위

1 전통적인 물리학의 관점에서 절대영점은 분자가 0의 에너지(zero-point energy), 즉 운동에너지가 없을 때의 온도이다.

며 음의 값이 없다. 절대 단위는 일반적으로 기후학과 기상학에서 사용되지 않기 때문에 이 책에서는 화씨 및 섭씨 단위와 절대 단위를 비교하지 않겠다. 섭씨 단위에서는 절대영점이 −273℃이므로 변환하는 공식은 간단하다.

섭씨 단위(℃) = 켈빈 단위(K) − 273
켈빈 단위(K) = 섭씨 단위(℃) + 273

태양 에너지

태양은 지구 대기권에 있어서 유일하고 중요한 에너지원이다. 다른 수백만 개의 별들이 에너지를 방출하지만 지구에 영향을 주기에는 너무 멀리 떨어져 있다. 에너지는 우라늄(^{238}U), 토륨(^{232}Th), 칼륨(^{40}K)과 같은 원소의 방사성 붕괴에 의해 지구 내부로부터도 방출된다. 이러한 에너지는 지구 내부를 통해 이동하여 결국 지표로 방출된다. 예를 들어 열수 광맥을 통해 해저에서 방출된 에너지가 대기에 심각한 영향을 미치기는 쉽지 않다. 태양은 대부분의 대기 현상이 일어나도록 모든 에너지를 공급하는 가장 중요한 에너지원이다. 더욱이 우리는 지구의 움직임에 의해 궁극적으로 대기권에 도달하는 태양 에너지의 불균형과 그로 인한 지구의 '불균등한' 가열 그리고 그것으로 인해 나타나는 가장 기본적인 기상 및 기후 패턴을 보게 될 것이다.

태양은 거대한 에너지 발생 장치이다. 태양은 문명이 발생한 이래 인류가 사용한 에너지보다 더 많은 양의 에너지를 생산하고 있다. 거대한 열원자로서의 태양의 기능은 **핵융합**(초고온 · 고압하에서 수소핵은 헬륨으로 융합된다)을 통해 에너지를 생산하는 것이다. 이는 태양 질량의 아주 작은 부분을 이용하는 과정이지만, 모든 방향으로 방사되는 거대하고 연속적인 에너지의 흐름을 발생시킨다.

전자기 복사

태양은 **전자기 복사**(electromagnetic radiation) 또는 **복사 에너지**(radiant energy)의 형태로 에너지를 방출한다. 또한 태양은 **태양풍**(solar wind)으로 불리는 이온 입자의 흐름으로 에너지를 방출하지만, 이것은 날씨에 대한 영향이 거의 없기 때문에 여기서는 이러한 에너지를 설명하지 않을 것이다. 우리는 매일 가시광선, 마이크로파, X−선, 라디오파와 같은 수많은 종류의 전자기 복사를 경험하고 있다.

전자기 복사는 다양한 파장의 에너지 흐름을 수반한다. 이러한 에너지 파장들은 빠르게 진동하는 전자기장 방식으로 우주 공간을 통해 이동한다. 이러한 전자기장들은 각각의 전기 전하의 진동을 통해 동일한 리듬으로 진동하고 있다. 예를 들어, 한 원자 내부의 전자 진동은 가시광선을 발생시킬 수 있다. 전자기 복사는 에너지 이동에 있어 매질을 필요로 하지 않는다. 전자기파는 형태의 변화 없이 거대한 우주 공간을 가로지른다. 이 파는 빛의

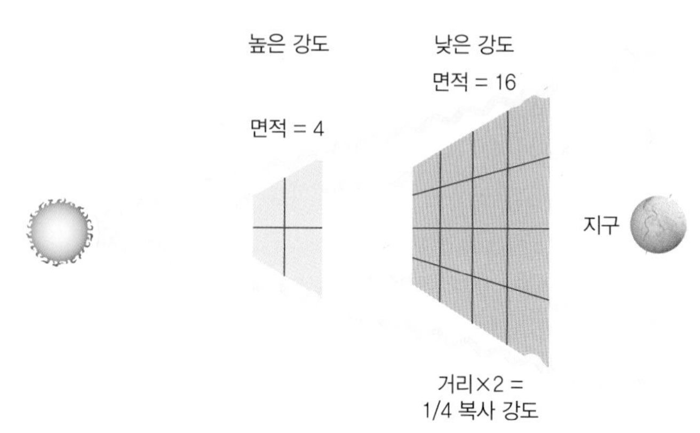

▲ **그림 4-3** 전자기파는 태양으로부터 외부로 발산된다. '역제곱의 법칙'에 따라 태양 에너지의 거리가 2배 증가하면 강도는 1/4이 된다.

속도(300,000km/s)로 태양으로부터 일직선으로 방출된다.

외부로 방출되는 태양 복사의 아주 작은 부분만이 지구에 도달한다. 그 파들은 에너지의 손실 없이 우주 공간을 이동하지만, 구체에서 발산되기 때문에 그 강도는 태양으로부터의 거리가 증가함에 따라 지속적으로 감소한다(그림 4-3). 에너지의 강도는 근원으로부터 거리의 '제곱'에 따라 감소한다는 **역제곱의 법칙**(inverse square law)에 따른다. 예를 들어, 거리가 2배가 되면 강도는 1/4배가 된다는 것이다. 이러한 강도의 감소와 태양과 지구 사이의 거리로 인해, 태양에서 방출되는 총 에너지의 10억 분의 1 내지 2 이하가 지구 대기의 외부에 도달하며, 150,000,000km를 단 8분 만에 이동한다. 비록 총 태양 방출에너지의 아주 작은 부분이지만, 지구가 받아들이는 태양 에너지의 절대적인 양 측면에서는 엄청난 양이며, 1초당 지구가 받아들이는 태양 에너지의 양은 일주일 동안 지구가 발생시키는 전기 에너지 양과 거의 유사하다.

지구는 태양으로부터 엄청나게 많은 에너지를 받기 때문에, 태양 에너지는 "21세기의 에너지 : 태양발전"에서 설명하는 것처럼 전기를 생산할 수 있는 신재생에너지의 주요 원천으로 부각되고 있다.

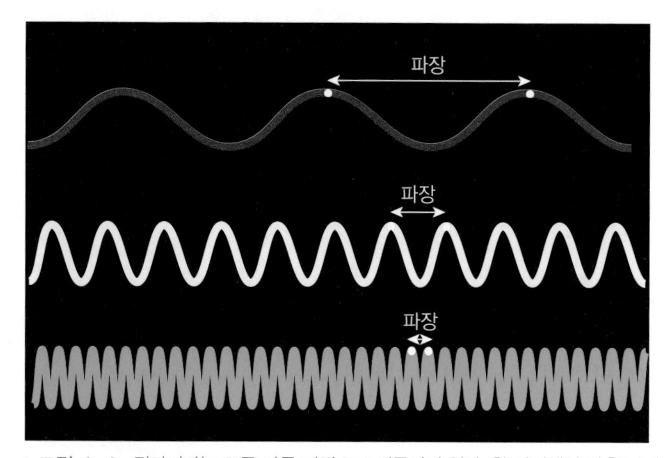

▲ **그림 4-4** 전자기파는 모두 다른 파장으로 이루어져 있다. 한 파정에서 다음 파정 사이의 거리를 '파장'이라 부른다.

태양발전

▶ Ryan Longman, 하와이대학교 마노아캠퍼스

지구 전체의 발전기에서 생산하는 에너지보다 많은 1m²당 평균 164W의 태양 광선이 하루 동안 지표에 도달한다. 그렇지만 인간은 아직 이러한 안전하고 값싼 에너지를 거의 사용하지 않고 있다. 아직 지구 전체 에너지의 약 0.1%만이 태양광 발전을 통해 제공되고 있지만, 세계의 광전지 용량(photovoltaic capacity)은 2008년 15GW(기가와트)에서 2014년 177GW로 증가하였다.

광전지 셀은 어떻게 만드는가 : 광전지(PV)는 태양 에너지를 전기로 전환하는 장치이다. '광전지 셀'은 실리콘과 같은 무기물질로 만들어져 왔다. 실리콘은 전기적 부도체이므로, 실리콘의 전도율을 높이고 전기적 극성을 띠게 하기 위해서 다른 물질들이 소량 첨가된다. 음극과 양극('p-type'과 'n-type' 반도체) 층을 교대로 쌓고 그 사이에 실리콘 셀을 첨가하면 완벽한 전기 회로인 '실리콘 샌드위치'가 된다. 광자(빛 입자)가 실리콘 셀 표면에 부딪히면, 전자의 일부가 음극 층으로 치환되고 실리콘 셀의 양극 층으로 이동하게 된다(그림 4-A). 이러한 전자의 흐름은 전류를 발생시키고 전력으로 사용될 수 있다. 비록 개별 광전지 셀에서 산출되는 전류는 다소 적을지라도 수많은 셀이 하나의 모듈로 연계되고, 수많은 모듈이 집광판의 형태로 서로 연결될 수 있다.

태양 에너지의 장점과 약점 : 발전기로서의 광전지 사용에는 몇 가지 장점이 있다. 화력이나 원자력과 같은 다른 발전소와 비교해서 광전지 발전소는 건설 비용이 적고 건설 후의 태양광 패널 유지 비용도 적게 든다. 게다가 발전을 하는 데 있어 태양 외에는 다른 연료나 에너지원이 필요하지 않다. 그리고 가장 큰 장점 중 하나는 발전 장비의 일부를 개별적으로 분산시키거나 전체 발전기를 연결시키지 않고 각자의 위치에서 발전할 수 있다는 것이다(그림 4-B). 그럼에도 불구하고 광전지 셀과 집광판의 효율성을 개선해야 하는 등의 일부 과제를 우선적으로 해결해야 한다.

태양 용량의 지리학 : 태양 용량은 주요 제한 요인인 구름이나 위도에 따라 지역적으로 다양하다. 일반적으로 높은(90% 이상) 알베도를 갖는 구름은 지표의 집광판에 도달할 많은 양의 태양 에너지를 우주로 반사시킨다. 또한 적도로부터 거리가 멀어질수록 지구가 곡면이어서 입사하는 태양 복사가 더 넓은 면적을 비추게 되기 때문에 광선의 강도가 약화되어, 태양 용량은 위도에 따라 감소한다. 예를 들어, 분점에서 적도는 수직(90°)으로 광선을 받지만, 북위 45°와 남위 45° 지역에서 태양 광선은 45° 각도에서 입사된다. 이러한 태양 각도의 감소는 하루 동안 약 71%의 에너지 감소가 초래된다. 따라서 고위도 지역은 태양 에너지를 개발하기 불리하다.

태양 복사가 낮게 유입되는 일부 국가는 상대적으로 유리한 에너지 개발 정책을 채택함으로써 태양 용량을 증가시키고 있다. 예를 들어, 거의 북위 50°에 위치한 독일은 최근 독일 전기의 약 7%인 38.2GW를 최대 생산하여 세계의 광전지 태양 용량을 선도하고 있다. 미국은 18.3GW의 최대 광전지 용량에 2014년에 6.2GW를 더하여 세계 5위를 기록했다. 현재 19개 국가가 연 전기 수요의 1% 이상을 광전지로 공급하고 있다.

태양 기술의 미래 : 태양 전기 발생은 대규모로 성장할 수 있는 잠재력 있는 저탄소 기술이다. 기후 변화 효과를 완화시키기 위한 실현 가능 전략으로 지구적 태양 전기 발생 용량의 확대는 매우 중요한 요소가 될 수 있다. 최근에는 광전지 용량 설비가 기술, 가격, 성능에 있어서 빠르게 성장하고 크게 개선되고 있다. 한 예로, 응집태양발전(CSP) 시설은 전기를 생산하기 위한 전통적인 증기 터빈이나 엔진을 돌리기 위해 태양 에너지를 응집하기 위한 거울을 사용한다. 또한 적외 에너지를 포함한 전자기 스펙트럼의 더 다양한 영역을 포착할 수 있는 다스펙트럼 광전지 셀에 대한 개발 연구가 진행 중이고, 얇고 유연하며 투과성 물질로서 광전지 능력을 가지는 유기물을 찾으려는 연구도 진행 중이다. 이러한 특성을 가지고 있는 빛에 민감한 물질은 페인트, 창문, 커튼과 심지어 의류까지 모든 사물에 발전 능력을 부여할 것이다.

▲그림 4-B 주택의 지붕에 설치된 광전지 패널

질문

1. 위도가 광전지 용량을 개발하기 위한 국가의 능력을 제한하는 요소인 이유를 설명하라.
2. 최근 광전지 용량이 급격하게 증가하는 이유는 무엇이고, 다음 세기에는 어떠한 변화가 예상되는가?

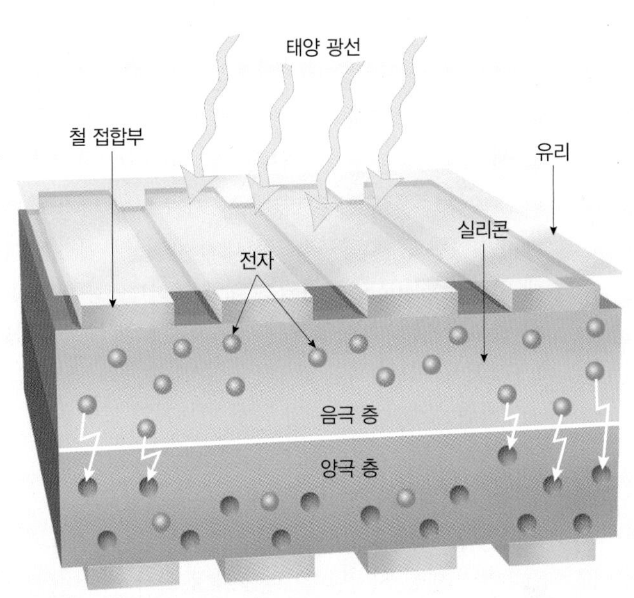

▲그림 4-A 태양 광선이 광전지 셀에 부딪히면 일부 전자는 음극 층에서 양극 층으로 이동되면서 전류가 발생한다.

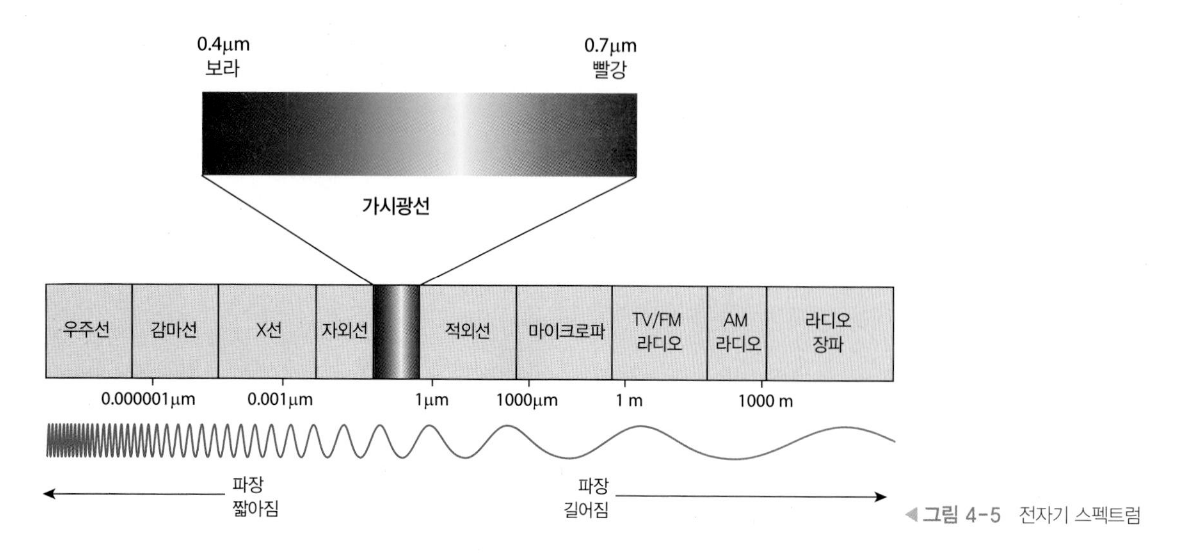

◀ 그림 4-5 전자기 스펙트럼

전자기 스펙트럼 : 전자기 복사는 한 파정과 다음 파정 사이의 거리인 파장(wavelength)을 기초로 구분할 수 있다(그림 4-4). 전체적인 모든 파장의 전자기 복사는 **전자기 스펙트럼**(electromagnetic spectrum)을 이룬다(그림 4-5). 전자기 복사는 파장에 따라 약 1/10억 m 이하의 파장을 가진 매우 짧은 파장의 감마선, X-선으로부터 킬로미터 단위의 파장을 가진 매우 긴 파장의 텔레비전파와 라디오파의 범위로 다양하게 변화한다. 하지만 자연지리학자들에게는 세 영역의 스펙트럼만 중요하다.

1. **가시광선.** 인간의 눈이 감지할 수 있는 복사의 파장은 **가시광선**(visible light)으로 알려진 전자기 스펙트럼의 아주 좁은 영역이며, 파장은 0.4~0.7마이크로미터(μm, 1μm는 1/100만 m임) 사이이다. 가시광선은 인간의 눈으로 감지할 수 있는 가장 짧은 파장의 복사인 보라색에서부터 점진적으로 파장이 길어지는 파란색, 초록색, 노란색, 주황색 그리고 인간의 눈으로 볼 수 있는 가장 긴 파장의 복사인 빨간색까지의 범위이다. 이러한 색 계열은 무지개의 안쪽에서 바깥쪽으로 볼 수 있는 색 계열과 동일하다(그림 4-6). 가시광선은 전자기 스펙트럼의 좁은 영역에 해당되지만, 태양으로부터 도달하는 전자기 복사의 최고 강도가 가시광선 영역에서 나타나며, 태양으로부터 지구에 도달하는 총 복사량의 약 47%가 가시광선이다.
2. **자외선 복사.** 인간의 눈으로 감지할 수 있는 것보다 좀 더 짧은 파장의 복사는 파장이 0.01~0.4μm 사이인 전자기 스펙트럼의 **자외선**(ultraviolet, UV) 영역이다. 태양은 자연 자외선의 중요한 근원이며, 대기권 최상부에 도달하는 태양 복사에서 상당한 양을 차지한다. 그 양은 태양으로부터 도달하는 총 복사 에너지양의 약 8%이다. 제3장에서 다루었듯이, 대부분의 살아 있는 유기체에 상당한 피해를 야기하는 자외선 복사의 대부분은 오존층에 흡수되며 지표에 도달하지 않는다.
3. **적외선 복사.** 인간의 눈으로 감지할 수 있는 것보다 좀 더 긴 파장의 복사는 0.7~약 1,000μm(1mm) 사이의 파장을 가진 전자기 스펙트럼의 **적외선**(infrared, IR) 영역이다. 적외선 복사는 태양으로부터 방출되는 짧은 파장의 **근적외선**(near infrared)에서부터 **열적외선**(thermal infrared)이라 부르는 좀 더 긴 파장까지의 범위이다. '적외선 등(heat lamp)'은 열적외선 에너지를 방출하도록 고안되었다. 지구로 들어오는 태양 복사의 약 45%는 근적외선 복사인 반면에 지구가 방출하는 복사의 거의 대부분은 열적외선이다.

단파와 장파 : 태양 복사는 **단파 복사**(shortwave radiation)로 언급되는 가시광선, 자외선, 근적외선 복사가 거의 대부분이다(그림 4-7). 지구에 의해 방출되는 복사, 즉 **지구 복사**(terrestrial radiation)는 **장파 복사**(longwave radiation)로 언급되는 전자기 스펙트럼의 열적외선 부분이 대부분을 차지한다. 약 4μm의 파장은 전자기 스펙트럼상에서 장파와 단파를 구분하는 경계로 생각된다. 따라서 모든 지구 복사는 장파 복사인 반면에, 대부분의 태양 복사는 사실상 단파 복사이다.

학습 체크 4-2 단파 복사와 장파 복사를 비교하라.

일사

비록 태양의 온도 변동으로 오랜 시간 동안 약간의 변화가 일어나지만, 1년 동안 평균적으로 대기권 최상부에서 받아들이는 전체 **일사**(insolation, 유입되는 태양 복사)는 일정할 것이다. 이처럼 일정한 양으로 유입되는 에너지는 태양 상수로 나타나며, 약 1,372W/m^2이다(1W는 1J/s과 동일하다).

대기권 상층으로의 태양 복사 에너지의 도달은 대기권과 지표면상에서 일어나는 복합적이고 연속적인 현상들의 시작에 불과하다. 일사의 일부는 대기권에서 우주 공간으로 반사되어 나가며 소실된다. 나머지 일사는 대기권을 통과하며 지표면에 도달하기 전후에 변형될 것이다. 이러한 태양 복사 에너지의 복합적인 수용 과정과 궁극적으로 지표면과 대기를 가열하는 에너지 과정의 결과는 우리가 다루게 될 용어를 정의하고 나서 논의할 것이다.

▲그림 4-6 무지개의 색은 가장 짧은 파장의 보라색에서 파란색, 초록색, 노란색, 주황색, 그리고 가장 긴 빨간색까지로, 파장에 의해 결정된다. 무지개는 태양의 반대쪽 하늘에서 나타나며, 태양 광선이 우적을 통과할 때 내부에서 반사되면서 빛이 확산되어 색 스펙트럼이 형성되는 것이다.

대기에서의 가열과 냉각의 기본 과정

태양으로부터 지구로 에너지가 이동한 후 발생하는 일련의 과정들을 살펴보기 전에, 먼저 열 에너지의 이동과 관련되는 물리적 과정에 대한 설명이 필요하다. 우리의 목표는 대기의 가열과 냉각과 관련된 매우 중요한 과정들의 실제적인 설명을 제공하는 것이다. 따라서 우리의 논의는 일부 사례의 경우에는 기상학에서 매우 중요한 측면의 과정으로 제한할 것이다.

복사

복사(radiation)는 전자기 에너지가 물체로부터 방출되는 과정이다. 따라서 복사의 개념은 **방사**(emission)와 전자기 에너지의 흐름을 모두 의미한다. 모든 물체들은 전자기 에너지를 복사하지만 뜨거운 물체는 차가운 물체보다 더 강력한 복사체이다. 일반적으로 뜨거운 물체는 복사가 강하며, 태양은 지구보다 더 뜨겁기 때문에 지구에 비해 20억 배의 에너지를 방출한다.

게다가 뜨거운 물체는 더 짧은 파장의 에너지를 복사한다. 뜨거운 물체는 대부분 단파 복사를 방출하는 반면에 차가운 물체는 장파 복사를 방출한다. 태양은 태양계 내에서 가장 '뜨거운' 물체이며, 태양 복사의 거의 대부분은 전자기 스펙트럼의 단파 영역에 해당한다. 한편 지구는 태양보다 차가우며, 따라서 지구는 더 긴 파장의 복사 에너지(열적외선)를 방출한다.

그렇지만 온도는 전적으로 복사 에너지에 의해 결정되지 않는다. 물체는 동일한 온도에서도 복사 능력이 매우 다양하다. 모든 파장의 복사량이 최대인 물체는 **흑체복사체**(blackbody radiator)라 부른다. 태양과 지구는 흑체와 같이 거의 완벽한 복사체의 기능을 한다. 태양과 지구는 각각의 온도에서 거의 100%의 효율로 복사한다. 한편 대기는 태양이나 지표면처럼 효율적인 복사체가 아니다.

흡수

물체와 충돌하는 전자기파는 물체에 의해 받아들여지는데, 이러한 과정을 **흡수**(absorption)라 부른다. 상이한 물질은 다른 흡수 능력을 가지고 있으며, 그 차이의 일부는 복사 에너지의 파장에 의해 영향을 받는다. 비록 흡수는 지극히 단순한 과정이지만, 전자기파가 물질과 충돌할 때 그 물질의 원자나 분자는 전자기파의 주파수에 의한 진동에 힘을 받는다(모든 전자기 복사의 파장은 동일한 속도, 즉 빛의 속도로 이동하기 때문에 짧은 파장의 복사는 긴 파장보다 더 큰 주파수로 충돌한다). 원자와 분자의 진동 증가는 흡수하는 물질의 내부 운동에너지를 증가시키며 물질은

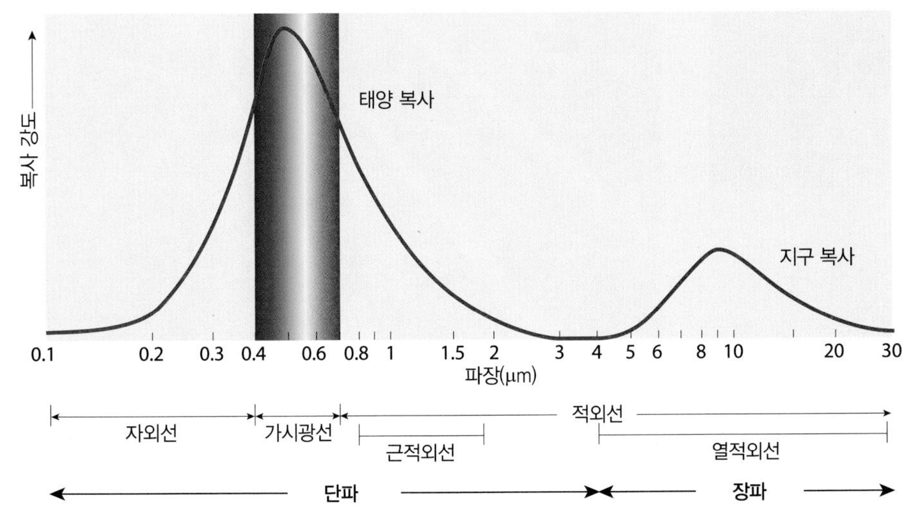

◀그림 4-7 태양 복사와 지구 복사. 태양의 단파 복사는 자외선(총 태양 복사 에너지의 약 8%), 가시광선(총 태양 복사 에너지의 약 47%), 근적외선 파장(총 태양 복사 에너지의 약 45%)으로 구성된다. 지구 복사인 장파 복사는 거의 대부분 열적외선 복사로 구성된다(주의 : 하나의 그래프에 μm 단위로 표현된 태양 복사와 지구 복사의 상호관계를 주의해서 볼 것). 파장의 세기는 로그로 표현되었으며, 그래프의 오른쪽은 매우 압축되어 있고, 다양한 파장의 태양 복사 에너지의 비율은 왜곡되어 있다. 만약 로그가 아닌 정수 단위로 파장 규모를 표현했다면, 지구에서 방출하는 장파 복사의 최고점은 페이지를 벗어나 가시광선 오른쪽의 약 50cm에 위치할 것이다.

따뜻해진다. 따라서 온도의 증가는 전자기 복사 흡수에 의한 대표적인 반응이다.

이를 일반화하면, 양호한 복사체는 양호한 흡수체이며 불량한 복사체는 불량한 흡수체이다. 광물(암석, 토양)은 일반적으로 좋은 흡수체이고 눈과 빙하는 불량한 흡수체이며 물의 표면은 흡수율이 다양하다. 한 가지 중요한 특징은 색깔과 관계가 있다는 것이다. 어두운 색의 표면은 밝은 색의 표면보다 전자기 스펙트럼의 가시광선 영역을 매우 효율적으로 흡수한다(그림 4-8의 어두운색과 밝은색의 스키복 비교).

나중에 언급되겠지만 수증기와 이산화탄소는 일정한 파장의 복사 에너지에 대한 효율적인 흡수체이나 대기권에서 가장 많은 기체인 질소는 그렇지 않다.

반사

반사(reflection)는 물체나 전자기파의 변화 없이 전자기파를 튕겨 나가게 하는 사물의 능력이다. 입사되는 태양 복사 에너지가 대기나 지표면에서 반사되면, 일사는 입사되는 방향에서 비껴 나가게 된다. 예를 들어 거울은 가시광선을 매우 효율적(90% 이상)으로 반사시키도록 고안되었다.

우리의 관점에서 반사는 흡수의 반대 개념이다. 전자기파의 반사가 일어나면 흡수되지 않는다. 반면 흡수가 잘되는 물체는 불량한 반사체이고 그 반대도 동일하다(그림 4-8 참조). 맑은 날 눈이 녹지 않고 남아 있는 것은 이러한 원리의 간단한 사례라 할 수 있다. 비록 기온이 어는점 이상으로 높다고 하더라도 눈은 급격히 녹지 않는다. 이유는 눈의 흰 표면이 입사되는 태양 복사 에너지를 흡수하기보다는 반사시키기 때문이다.

알베도(albedo)는 물체 또는 표면에서의 총 반사도를 %로 표현한 것이다. 즉, 알베도가 높다는 것은 많은 양의 복사를 반사한다는 것이다. 예를 들어, 눈은 약 95% 이상의 높은 알베도를 가지는 반면, 우거진 숲과 같이 어두운 표면은 14% 이하의 낮은 알베도를 가진다. 또한 표면 조직은 복사의 입사각에 따라 알베도에 영향을 미친다. 예를 들어, 해양은 대체로 낮은 알베도를 갖지만, 입사각이 낮아지면 물은 입사하는 복사의 상당 부분을 반사할 수 있다.

학습 체크 4-3 복사, 흡수, 반사의 과정을 비교하라. 검은색 아스팔트 주차장의 알베도는 어떨지 예상해 보라.

산란

공기 중의 기체분자와 미립물질들은 **산란**(scattering)으로 알려진 반사의 한 형태로 파의 방향을 바뀌게 한다(그림 4-9). 이러한 편향은 파의 방향 변화를 수반하지만 파장에는 변화가 없다. 일부 파는 우주 공간으로 후방 산란되어 지구에서 벗어나지만, 대부분은 편향된 채로 대기권을 계속 통과하며 일정한 방향 없이 **확산 복사**(diffuse radiation)의 형태로 지표에 도달한다.

발생하는 산란의 양은 분자나 미립자의 조성, 크기, 모양뿐만 아니라 빛의 파장에 의해 결정된다. 일반적으로 짧은 파장은 긴 파장보다 대기권의 기체들에 의해 더 쉽게 산란된다. 주황색과 붉은색 같은 장파장의 가시광선보다는 보라색과 파란색 같은 단파장의 가시광선이 대기권의 기체분자에 의해 사방으로 쉽게 산란되며, 이때 산란의 중요한 한 유형인 **레일리 산란**(Rayleigh scattering)이 발생한다. 레일리 산란은 맑은 날에 하늘이 파란 이유이다(태양 복사 중 파란색 파장이 더 넓게 퍼지고 우리의 눈이 보라색에 덜 민감하기 때문에 하늘은 보라색이 아니라 파란색이

▲그림 4-8 지표면에 도달하는 대부분의 태양 복사는 흡수되거나 반사된다. 밝은색 스키복은 태양 에너지의 대부분을 반사해서 체온을 서늘하게 유지하지만, 어두운색 스키복은 에너지를 흡수해서 체온을 증가시킨다.

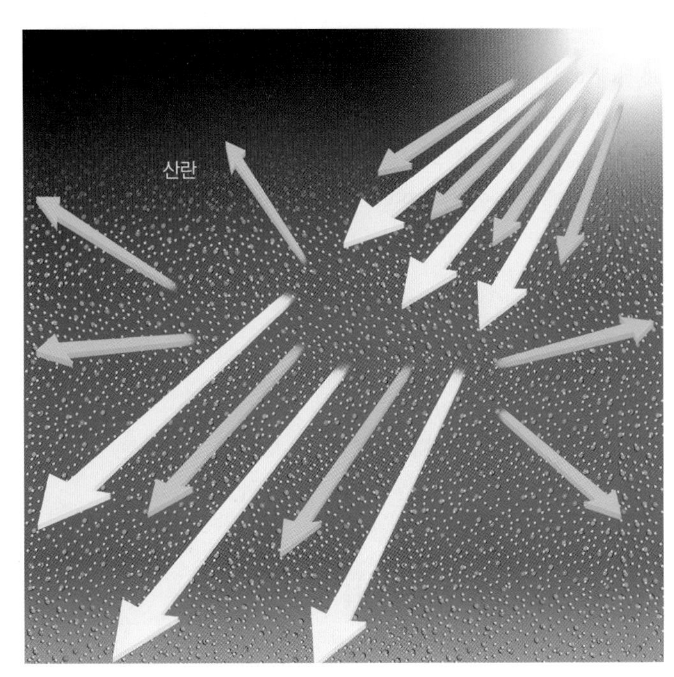

▲그림 4-9 대기 중의 기체분자와 불순물들은 빛을 산란시켜 파의 방향을 바꾼다. 일부 파는 우주 공간으로 산란되어 지구를 벗어나고, 대부분의 다른 파는 산란되어도 방향만 바꾸어 대기를 통과한다. 산란은 긴 파장의 가시광선보다 짧은 파장인 파란색에서 더 크며, 그 결과 파란색의 하늘이 나타난다.

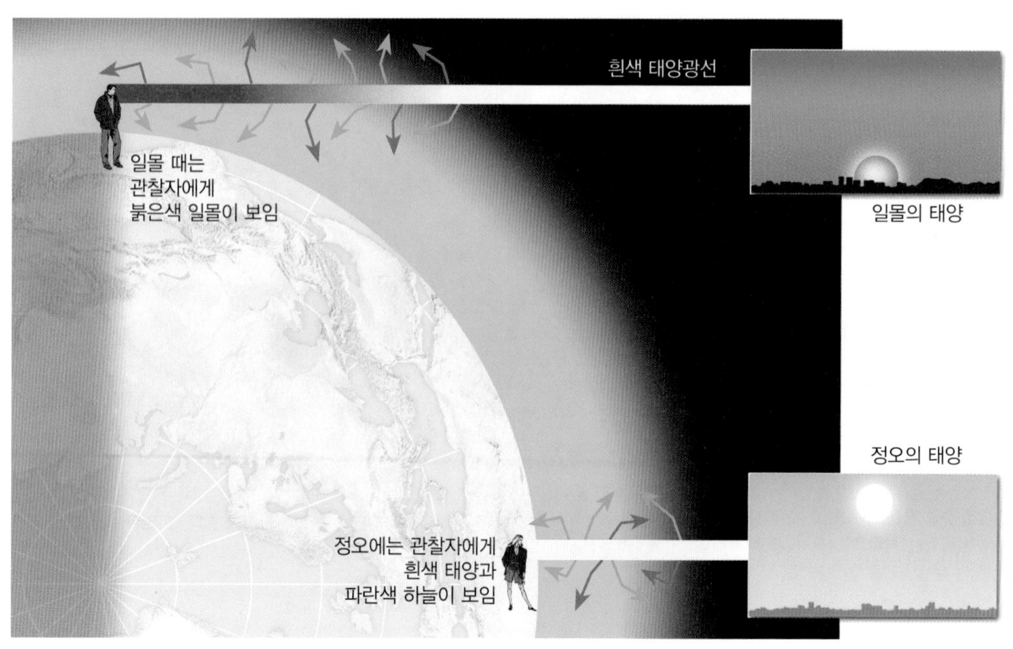

◀ **그림 4-10** 짧은 파장의 가시광선(파란색과 보라색)은 긴 파장의 가시광선보다 더 쉽게 산란된다. 따라서 맑은 날 정오에는 파란색 파가 선택적으로 산란되기 때문에 모든 방향에서 파란 하늘을 볼 수 있다. 하지만 일출이나 일몰 때에는 대기를 통과하는 빛의 경로가 더 길어지기 때문에 대부분의 파란색 파가 지표에 도달하기 전에 산란된다. 따라서 태양은 붉은색으로 보인다.

다). 대기에 의해 파란색이 산란되지 않는다면 하늘은 검게 보일 것이다. 하늘에서 태양의 고도가 낮을 때에는 빛이 대기를 더 오래 통과하게 되고, 거의 모든 파란색 파장들이 산란되어 버리기 때문에 긴 파장의 가시광선만 남게 되어 일출과 일몰 때 우리는 주로 주황색과 붉은색을 보게 된다(그림 4-10).

대기에 부유하는 에어로졸과 같은 큰 입자들이 많이 포함되어 있으면, 미 산란(Mie scattering)의 과정에 의해 모든 파장의 가시광선들이 거의 균등하게 산란된다. 이에 따라 하늘은 파란색보다는 회색으로 보이게 된다.

대기의 가열과 관련하여 산란이 일사의 일부를 우주 공간 밖으로 되돌려 보내기 때문에 산란, 특히 레일리 산란의 결과로 인해 대기권 상층에 도달하는 태양 복사보다 지표에 도달하는 태양 복사의 강도를 작게 한다(그림 4-11).

투과

만약 입사된 태양 복사 에너지가 흡수도 반사도 되지 않는다면, 표면이나 물체를 통과할 것이다. **투과**(transmission)는 빛이 무색의 깨끗한 유리창을 투과할 때처럼 전자기파가 매질을 완전히 통과하는 과정이다. 전자기파를 투과시키는 능력에 따라 매질들 사이에 상당한 변이 차이가 존재한다. 예를 들어 지구의 물질들은 일사를 투과시키는 능력이 매우 떨어진다. 태양 빛은 암석이나 토양의 표면에서 전부 투과되지 않고 흡수된다. 한편 물은 태양 빛을 잘 투과시킨다. 탁한 물에서조차 빛은 수면 아래의 일정 거리까지 투과되며, 맑은 물의 경우에는 상당한 깊이까지 빛이 비친다.

일반적으로 매질의 투과력은 복사의 파장에 달려 있다. 예를 들어 유리는 단파 복사를 매우 잘 투과시키지만 장파 복사는 잘 투과시키지 않는다. 태양 빛 아래에 주차되어 있는 밀폐된 차량 내부에서는 열이 축적된다. 이유는 단파 복사가 유리를 투과한 후 차량 실내 장식물에 의해 흡수되기 때문이다. 그 후 차량 내부에서 방출되는 장파 복사는 쉽게 유리를 투과하지 못하며 차량 내부를 데우게 된다(그림 4-12). 이러한 현상을 일반적으로 **온실효과**라 부른다.

온실효과 : **온실효과**(greenhouse effect)는 대기권 내에서 일어나는 현상이다.[2] 대기권 내에서 **온실가스**(greenhouse gas)로 알려진

▲ **그림 4-11** 샌프란시스코 금문교 뒤쪽의 사진에서처럼 일몰 때에는 파란색이 산란되기 때문에 우세한 색깔은 주황색과 붉은색이다.

2 실제로 온실은 내부의 따뜻한 공기와 외부의 찬 공기가 혼합되지 않기 때문에 온실효과에 의해 가열되는 것이 아니다. 그럼에도 불구하고 **온실효과**는 단파 복사와 장파 복사의 차별적인 투과에 의해 대기권 하층이 가열되는 현상을 설명하는 개념으로 사용되고 있다.

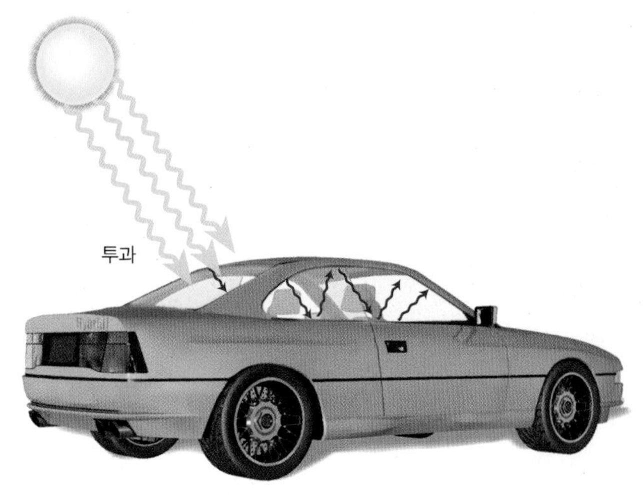

▲그림 4-12 태양의 단파 복사가 차량의 유리창을 통해 투과되어 차량 내부에서 흡수되었다. 유리는 가열된 내부 장식물에 의해 방출되는 장파 복사를 쉽게 투과시킬 수 없기 때문에, 차량 내부의 온도는 증가한다. 이는 온실효과로 알려져 있다.

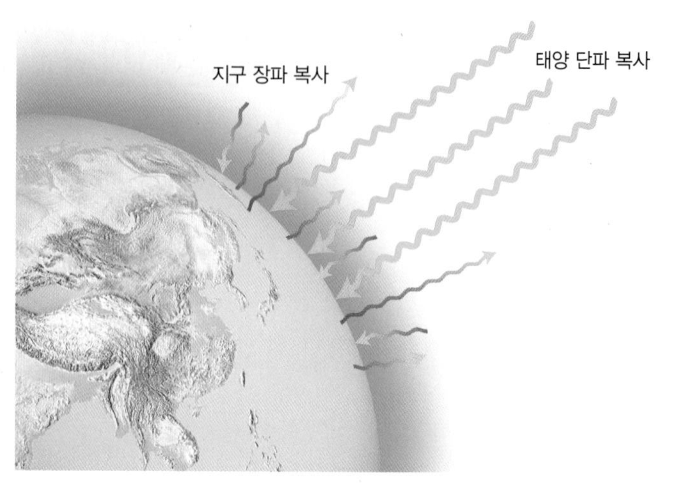

▲그림 4-13 대기는 태양으로부터 입사되는 단파장의 복사는 쉽게 투과시키지만, 지표로부터 방출되는 장파장의 복사는 잘 투과시키지 못한다. 이러한 차별적 투과는 대기권 내에서 온실효과를 야기시킨다.

수많은 기체들은 태양으로부터 입사되는 단파 복사를 쉽게 투과시키지만, 지표에서 방출되는 장파의 지표 복사는 쉽게 투과시키지 못한다(그림 4-13). 가장 중요한 온실가스는 수증기이며 다음은 이산화탄소이다. 메테인과 같은 다른 많은 소량의 기체들과 일부 구름 또한 그런 역할을 한다.

간단하게 정리하면, 입사되는 단파의 태양 복사는 대기권을 통과해 지표로 투과되며 이러한 에너지는 흡수되고 지표의 기온을 상승시킨다. 하지만 지표에서 방출되는 장파의 복사는 온실가스에 의해 대기권 밖으로 투과되는 것이 억제된다. 이렇게 방출되는 대부분의 지표 복사는 온실가스와 구름에 의해 흡수되고 다시 지표를 향해 복사되며, 이러한 에너지가 우주 공간으로 소실되는 것이 지연된다.

온실효과는 대류권에서 가장 중요한 가열 작용 중 하나이다. 온실효과는 대기권이 존재하지 않는 경우와 비교해서 지표와 대류권 하부를 따뜻하게 하며, 만약 온실효과가 없다면 지구의 평균 기온은 현재의 15℃보다 낮은 약 −15℃가 될 것이다.

대기권에서의 자연적인 온실효과는 생명을 유지시켜 주었다. 하지만 지난 세기부터 온실가스, 특히 이산화탄소 농도의 엄청난 증가가 측정되어 왔다. 대기권 내에서 이산화탄소의 이러한 증가는 인간 활동과 연관되는데, 특히 석유와 석탄 같은 화석연료의 연소와 밀접하게 연관된다. 이산화탄소는 석유와 석탄의 연소에 의한 부산물 중 하나이다. 온실가스 농도의 증가는 경미하게 지구 평균 기온의 증가를 동반하였으며, 인간이 대기권의 에너지 균형을 변화시킬 가능성도 증가시켰다. 일반적으로 **지구온난화**(global warming)라 부르는 이 중요한 이슈는 대기권의 가열 작용과 패턴에 대한 논의를 끝마친 후에 이 장의 마지막에서 좀 더 구체적으로 다룰 것이다.

학습 체크 4-4 대기권의 자연적인 온실효과를 설명하라. 가장 중요한 두 가지 자연적인 온실가스는 무엇인가?

전도

분자의 위치 이동 없이 하나의 분자에서 다른 분자로 열에너지가 이동하는 것을 **전도**(conduction)라 한다. 전도는 정지된 물체의 한 부분에서 다른 부분 또는 접촉하고 있는 두 사물 간에 열이 이동되도록 한다.

전도는 그림 4-14에 제시된 것처럼 분자의 충돌을 통해 일어난다. 열이 분자에 가해지면 '뜨거워진' 분자는 점점 흔들리게 되고, '차갑고' 고요한 분자에 부딪히면서 운동에너지를 이동시킨다. 이와 같이 열은 한곳에서 다른 곳으로 이동한다. 온도가 다른 2개의 분자가 서로 접촉하고 있을 때, 두 분자의 온도가 같아질 때까지 열에너지는 따뜻한 분자에서 차가운 분자로 이동한다.

열을 전도하는 물질의 능력은 매우 다양하다. 예를 들어 금속으로 된 컵에 뜨거운 커피를 따르고 나서 컵의 가장자리를 입에 댈 때 느낄 수 있는 것처럼, 대부분의 금속은 좋은 전도체이다.

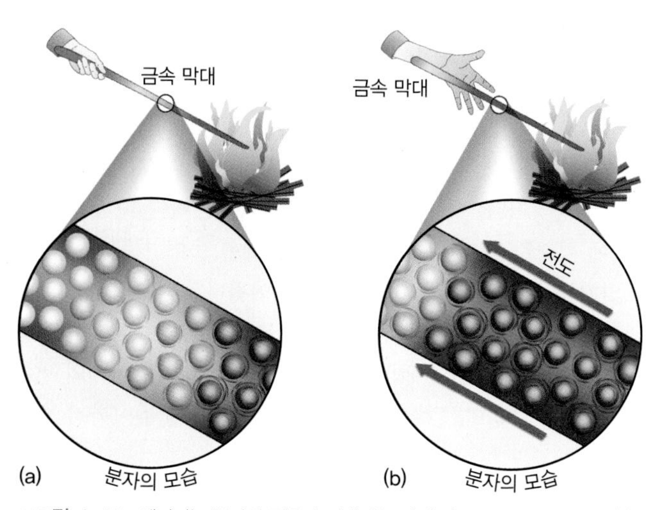

▲그림 4-14 에너지는 분자의 진동에 의해 한곳에서 다른 곳으로 전도된다. (a) 금속 막대의 한쪽 끝이 불에 닿아 있고 뜨거워진다. (b) 그 후 이 열은 막대의 가장자리로 전도되어 막대를 잡은 사람의 손은 화상을 입을 것이다.

▲그림 4-15 대기의 대류. 지표에서 가열된 공기가 상승하고 '대류 세포'를 형성하면서 냉각된 공기가 그 자리를 대체하여 흘러들어 온다. 대류 세포에서 공기의 수평적 이동은 '이류'로 언급된다.

커피의 열은 금속을 통해 매우 빨리 전도되며 마시는 사람의 입은 데이게 된다. 반대로 뜨거운 커피를 도자기 컵에 따르면 컵은 천천히 데워지는데, 그 이유는 흙과 같은 물질은 불량한 전도체이기 때문이다.

육지는 입사되는 단파장의 복사를 잘 흡수하기 때문에 지구의 육지 표면은 낮 동안 빨리 가열되며, 그중 일부는 전도에 의해 표면에서 이동된다. 적은 양의 열이 지하 깊숙이 전도되기도 하지만, 지구를 구성하고 있는 물질들은 전도율이 낮기 때문에 전도되는 양은 많지 않다. 흡수된 열 중 다른 일부는 전도에 의해 지표에서 대기의 하층부로 이동된다. 그러나 공기는 불량한 전도체이고, 따라서 단지 지표와 접촉해 있는 대기층만 가열시키며 가열되는 공기층의 두께는 수 밀리미터에 지나지 않는다. 공기의 물리적 이동은 열이 주위로 확산되는 것이 필요하다. 한편 지표가 매우 차가워지면 전도를 통해 열이 공기에서 지표로 이동하며 지표 위의 공기는 냉각된다.

습윤한 공기는 건조한 공기보다 약간 더 효율적인 전도체이다. 만약 당신이 겨울철 낮에 외부에 있다면 공기 중의 습도가 낮아 몸에서 열이 적게 전도되기 때문에 당신은 좀 더 따뜻하게 유지될 것이다.

대류

공기나 물과 같은 유체의 수직적 순환에 의해 한 지점에서 다른 지점으로 열이 이동하는 과정을 **대류**(convection)라 한다. 대류는 한곳에서 다른 곳으로 가열된 분자의 이동을 수반한다(전후좌우로의 분자 진동에 따른 대류에 의해 분자가 한곳에서 다른 곳으로 이동하는 것과 분자의 충돌에 의한 전도를 혼동하지 말아야 한다. 대류는 분자들이 열원에서 물리적으로 이동하지만 전도는 그렇지 않다).

대류의 패턴은 대기에서도 잘 발달한다(그림 4-15). 예를 들어, 더운 지표 조건은 주위 공기보다 더 따뜻한 공기 덩어리를 유발하며, 따뜻해진 공기 덩어리는 상승한다. 가열된 공기는 팽창하고 기압이 낮은 방향으로 상승한다. 그러면 주위의 차가운 공기가 열원 쪽으로 이동하며, 상승된 공기는 측면으로 이동하여 하강한다. 따라서 **대류 세포**(convection cell)라 부르는 대류에 의한 순환체계가 성립된다. 이러한 체계의 중요한 요소는 따뜻한 공기의 상승과 차가워진 공기의 하강이다. 대류는 남·북반구의 여름에 공통적으로 발생하며, 열대 지역에서는 1년 내내 발생한다.

이류

유체의 이동에 있어 열 이동의 우세한 방향이 수평적일 때 **이류**(advection)라는 용어가 사용된다. 대기권 내에서 바람은 한곳에서 다른 곳으로 이류라는 과정을 통해 따뜻하고 차가운 공기를 수평적으로 이동시킨다. 제5장에서 다루겠지만, 어떤 바람은 거대한 대기권의 대류 세포의 일부로서 발생한다. 즉, 대류 세포 내에서 공기 이동의 수평적 요소를 보통 이류라고 부른다(그림 4-15 참조).

학습 체크 4-5 전도와 대류를 통한 에너지의 이동 과정을 비교하라.

단열 냉각과 단열 승온

공기가 상승할 때나 하강할 때에는 기온이 변한다. 이와 같은 수직적 이동에 의한 불변의 결과는 기압의 변화에 기인한다. 공기가 상승할 때에는 공기 밀도가 낮아지기 때문에 팽창하며 공기의 기압은 낮아지게 된다(그림 4-16). 공기가 하강할 때에는 공기 밀도가 높아지기 때문에 압축되며 공기의 기압은 높아진다.

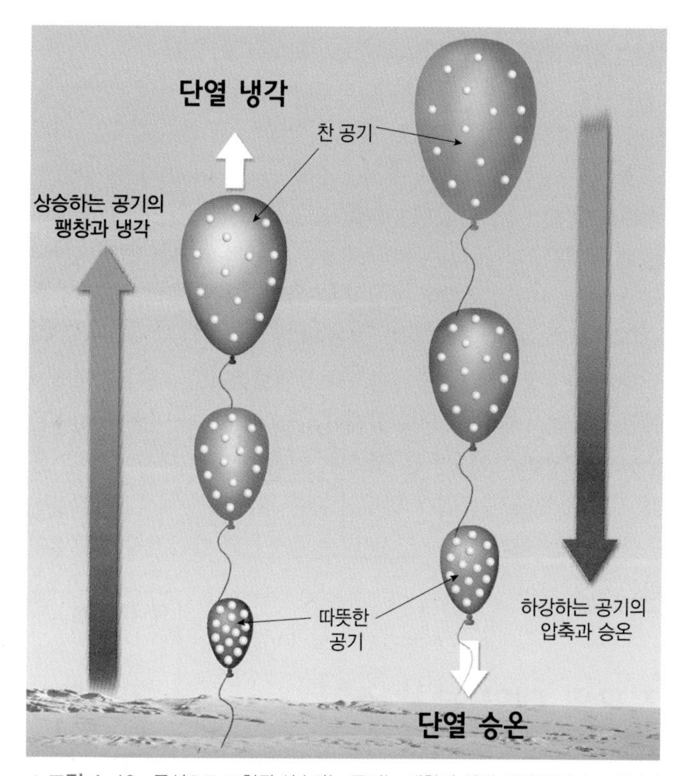

▲그림 4-16 풍선으로 표현된 상승하는 공기는 팽창에 의해 단열 냉각되고 하강하는 공기는 압축에 의해 단열 승온된다. 두 과정 모두 열 교환을 수반하지 않는다.

팽창 — 단열 냉각 : 공기가 상승할 때 발생하는 팽창은 열 손실이 없는데도 불구하고 냉각되는 과정이다. 공기가 상승하고 팽창하면 분자는 확대된 공간의 부피만큼 확산되며, 이때에는 에너지가 필요하다. 분자들의 확산으로 분자들 간의 충돌 빈도가 감소하면 기온이 떨어지게 된다. 이러한 과정을 팽창에 의한 냉각, 즉 **단열 냉각**(adiabatic cooling)이라 부른다(단열은 에너지의 획득과 손실이 없다는 의미이다). 대기권 내에서 상승하는 공기는 언제든지 단열 냉각된다.

압축 — 단열 승온 : 반대로 공기가 하강할 때에는 가열된다. 기압이 증가하는 상황에서 공기가 이동하기 때문에 하강은 압축을 야기한다. 분자들은 서로 더 가까워지며 분자들 간의 충돌도 더 잘 일어난다. 그 결과 외부 열원으로부터 열이 가해지지 않았는데도 불구하고 기온은 상승한다. 이러한 과정을 압축에 의한 가열, 즉 **단열 승온**(adiabatic warming)이라 부른다. 대기권 내에서 하강하는 공기는 언제든지 단열 승온된다.

제6장에서 다루게 될 것이지만, 상승하는 공기의 단열 냉각은 구름의 발달과 강수를 발생시키는 가장 중요한 과정 중 하나이며, 하강하는 공기의 단열 승온은 그 반대 효과를 나타낸다.

학습 체크 4-6 공기의 상승과 하강에 따라 온도 변화는 어떻게 나타나며 왜 그런가?

잠열

대기권 내에서 물의 물리적 상태는 얼음이 액체인 물로, 액체인 물이 수증기로 변화하는 등 끊임없이 바뀐다. 이러한 과정에서 물의 상태 변화는 **잠열**(latent heat, *latent*는 '숨겨 놓은'이라는 뜻을 가진 라틴어에서 유래되었다)로 알려진 에너지의 저장과 방출을 수반한다. 상태 변화의 가장 일반적인 두 가지 형태는 액체인 물이 기체인 수증기로 바뀌는 **증발**(evaporation)과 기체인 수증기가 액체인 물로 바뀌는 **응결**(condensation)이다. 증발이 일어날 때 잠열은 '저장'되며, 따라서 증발은 냉각 효과를 발생시키는 과정이다. 반대로 응결이 일어날 때 잠열은 방출되며, 따라서 응결은 가열 효과를 발생시키는 과정이다.

제6장과 7장에서 더 구체적으로 살펴보겠지만, 대기권 내에서 어떤 한곳에서 다른 곳으로 막대한 양의 에너지가 이동하는 것은 수증기의 형태로 이동하는 것이다. 어떤 한 장소에서 증발을 통해 저장된 에너지는 멀리 떨어진 다른 장소에서 열로 방출된다. 또한 우리는 허리케인과 같은 많은 폭풍들의 에너지원이 잠열이라는 것을 알고 있다.

지구의 태양 복사 수지

지금부터는 대기의 가열 특성을 볼 것이다. 태양 복사 에너지가 지구의 대기권으로 들어올

애니메이션 MG
대기의 에너지수지

http://goo.gl/7UYgTM

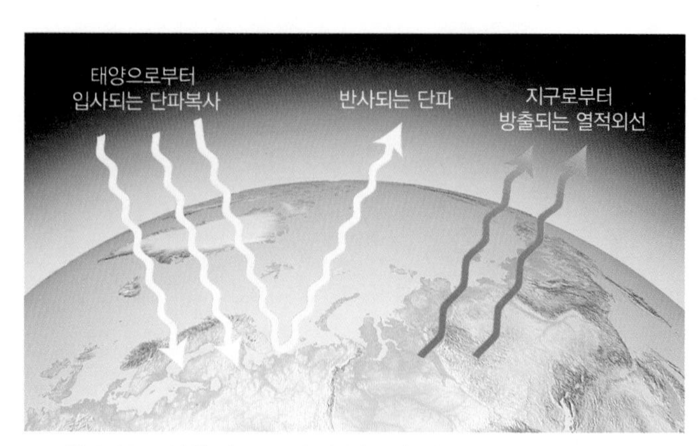

▲그림 4-17 단순한 지구 규모의 에너지 수지. 지구의 에너지 수지를 간단한 형태로 표현하였다. 입사되는 단파 복사와 방출되는 장파 복사는 장기간에 걸쳐 균형을 이룬다.

때 무슨 일이 일어날까? 태양 복사 에너지는 얼마나 들어오고 어떻게 분포되어 있을까? 대기의 가열에 있어 전자기 복사에는 어떤 변화가 일어나는가? 우리는 지구의 태양 복사에 대한 유입과 방출의 균형을 나타낸 수지에 대한 논의를 시작할 것이다.

장기간의 에너지 균형

장기적으로 보면 지구와 대기에 입사되는 태양 복사 에너지의 총량과 지구와 대기가 우주 공간으로 돌려보내는 복사 에너지의 총량은 균형을 이룬다(그림 4-17)(앞에서 미리 살펴본 것처럼 인간은 지구온난화를 통해 대기의 에너지 균형을 조금씩 바꾸고 있으며, 이 장의 마지막에서 그것에 대해 논의하게 될 것이다. 그리고 대기의 가열 과정에 대한 이해를 돕기 위해 그와 같은 경우를 제외시키고 논의할 것이다). 장기간을 보면 유입과 방출되는 복사는 전체적으로 균형을 이루지만, 지표와 대기 사이에서 에너지 교환의 구체적인 상황은 기본적인 기상 현상의 과정을 이해하기 위해 중요하다.

지구 에너지 수지

연간 입사되는 복사와 방출되는 복사 사이의 균형은 **전 지구적 에너지 수지**(global energy budget)이며, 이것은 대기의 바깥쪽 경계에서 받아들이는 총 일사량을 100 '단위'로 나타내고 그 산포를 그린 것으로 표현된다(그림 4-18). 여기에서 보여 주는 값들은 지구 전체의 연평균 값이며, 특정 지역에 적용되지 않는다는 것을 유의해야 한다.

반사에 의한 복사 손실 : 대기로 들어오는 일사의 대부분은 직접적으로 대기를 가열시키지 않는다. 총 일사 중 약 31단위는 대기와 지표에 의해 반사 또는 산란되어 우주 공간으로 되돌아간다. 즉, 지구의 알베도는 약 31%이다. 따라서 유입되는 태양 복사의 거의 1/3은 대기의 과정에 영향을 미치지 못한다.

대기의 흡수 : 유입된 태양 복사의 1/4 미만이 대기에 직접 흡수

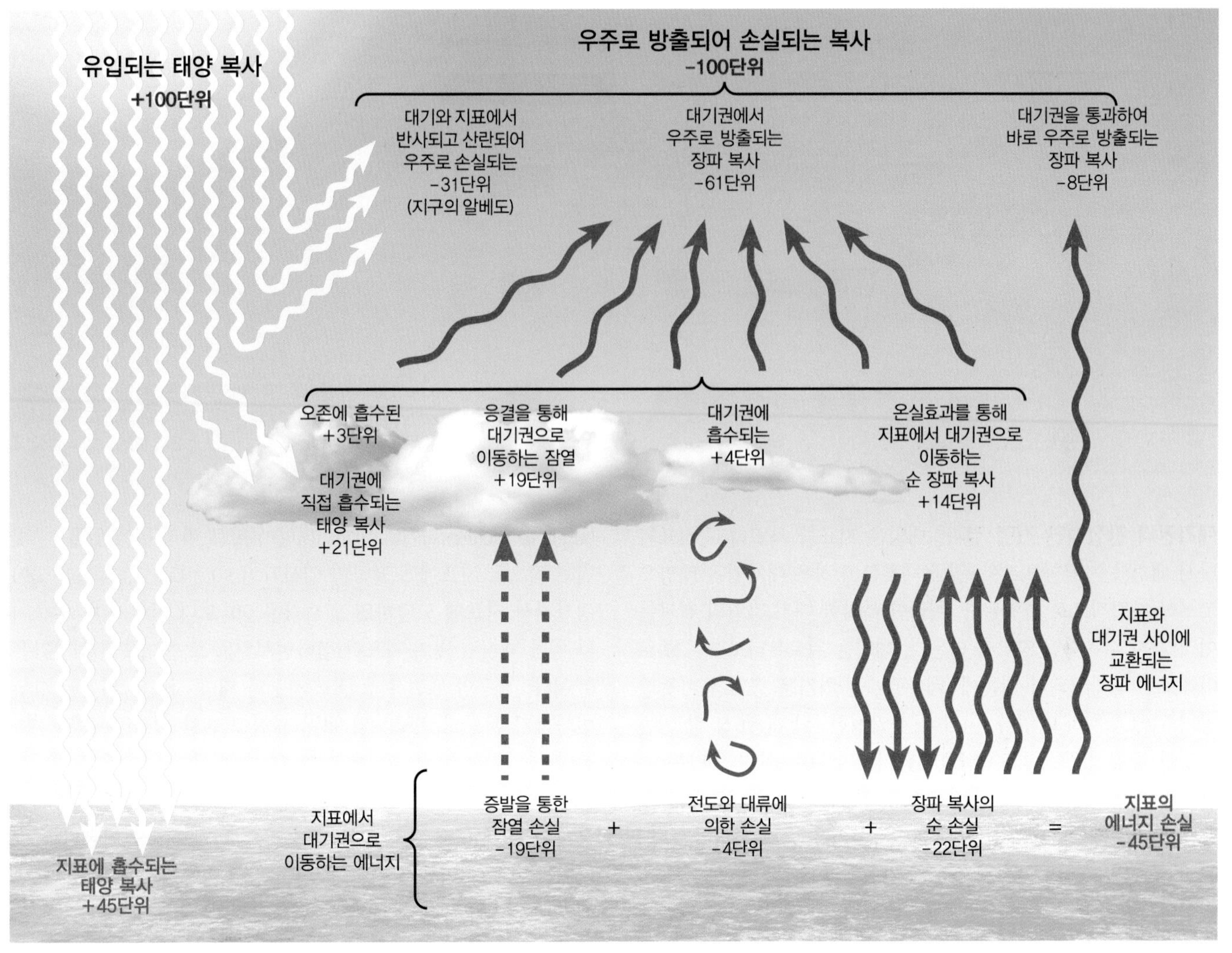

▲그림 4-18 지구와 대기권의 일반적인 에너지 수지는 태양으로부터 유입되는 100'단위' 에너지와 우주로 방출되어 손실되는 100단위 에너지의 균형으로 나타난다. 유입되는 단파 복사의 약 1/3은 반사되고 산란되며, 유입되는 복사의 약 절반은 대기를 투과하여 지표에 흡수되고 지표는 대기를 가열시킨다.

된다. 약 3단위의 복사(자외선 영역)는 오존에 흡수되어 오존층을 가열시킨다. 복사의 21단위는 기체와 구름에 의해 대기권의 나머지 부분에 흡수된다.

지표의 흡수 : 유입된 복사 중 거의 절반에 해당하는 약 45단위는 대기를 통과하여 지표로 이동하며 흡수되어 지표를 가열시킨다. 그런 다음 가열된 지표는 여러 가지 방법을 통해 지표 위의 대기로 에너지를 이동시킨다.

지표와 대기 사이의 에너지 이동 : 지표에서 대기로 전도되는 에너지는 약 4단위이며, 그 후 대류에 의해 대기로 확산된다. 또한 에너지는 수증기의 잠열 이동을 통해 지표에서 대기로 이동된다. 지구로 들어오는 전체 일사 중 약 3/4은 수면으로 입사된다. 이러한 에너지의 대부분은 해양이나 호수 등의 수분을 증발시키기에 효율적이다. 수증기에 저장된 잠열이 응결에 의해 방출됨으로써 에너지는 대기로 이동한다. 이 과정은 열 수지의 균형 상태에 있어 약 19단위에 해당한다.

온실가스는 지표에서 방출되는 많은 양의 장파 복사를 흡수한다. 반면, 온실가스는 흡수된 많은 양의 에너지를 지표를 향해서도 복사하며, 이때 장파 복사가 역복사된다. 온실가스에 의한 지구 복사의 흡수를 통해 대기권은 14단위의 순 이득 에너지를 얻는다.

우주로의 장파 복사 손실 : 지표로부터 방출되는 장파 복사의 일부는 온실가스에 의해 흡수되지 않고 대기를 통해 직접적으로 방출된다. 파장이 약 8~12μm인 장파 복사의 형태로 약 8단위의 에너지가 대기의 창(atmospheric window)이라 부르는 것을 통해 방출된다. 이 적외선 복사 영역의 파장은 다른 대기 성분에 잘 흡수되지 않기 때문이다.

장기적으로 보면 그림 4-18과 같이, 대기에 의해 이동하고 흡수된 에너지는 결국 우주로 사라지면서 태양으로부터 얻어진 에너지의 총량과 균형을 이룬다.

학습 체크 4-7 지표가 상부의 대류권을 가열하는 방식은 무엇인가?

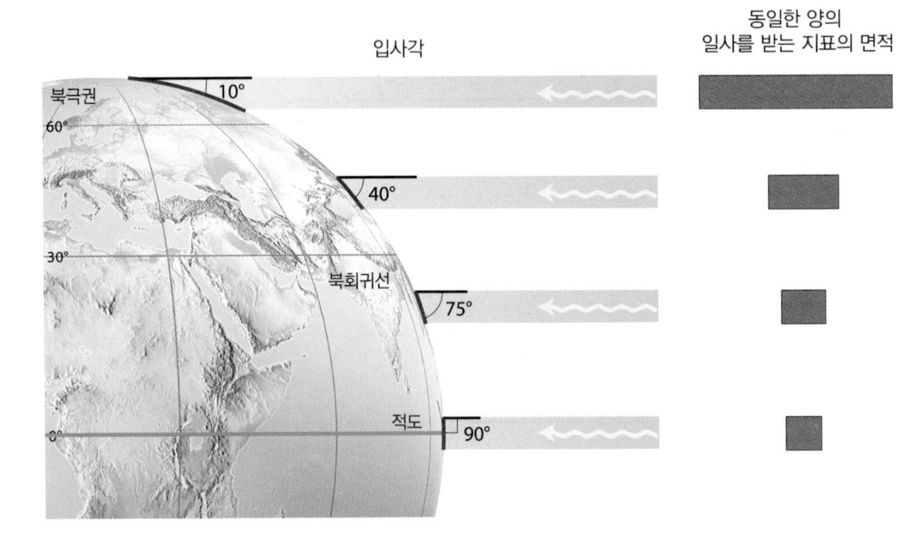

◀ **그림 4-19** 태양광선이 지표에 도달하는 각도는 위도에 따라 다양하다. 각도가 크면 에너지가 더 집중되고 따라서 더 효율적으로 가열된다. 이 그림은 춘분과 추분 때의 모습을 표현하고 있다.

대기권의 간접적인 가열 결과 : 태양은 지표를 가열하고 지표는 다시 대기를 가열함으로써, 결국 대부분의 경우 대기권은 태양으로부터 간접적으로 가열된다. 이러한 복잡한 대기 가열의 결과는 여러 가지 부차적인 영향을 만든다. 대기는 위로부터보다는 주로 아래로부터 가열되기 때문에, 대류권에는 차가운 공기가 따뜻한 공기 위에 위치하고 있다. 이러한 '불안정한' 상태(제6장 참조)는 일정한 대류성 운동과 수직적 혼합이 일어나는 환경을 만든다. 만약 대기가 태양에 의해 직접적으로 가열된다면, 대기권 상층에는 따뜻한 공기가 되고 지표 근처에는 차가운 공기가 되며, 수직적인 공기의 이동이 본질적으로 일어나지 않는 안정한 상태가 될 것이다. 그 결과 대류권은 거의 움직임이 없을 것이다.

위도와 계절에 따른 일사의 변화

우리가 논의 중인 복사 수지는 일반화된 것이다. 그러나 이러한 복사 수지에 있어서 위도나 해발고도에 따라 수많은 불균형이 존재하며, 이러한 불균형은 기상과 기후 변화의 가장 근본적인 원인을 제공한다.

본질적으로 복사의 차이가 기온, 공기 밀도, 기압, 바람, 습도의 차이를 발생시킨다는 점에서 원인을 추적할 수 있다. 세계의 기상 및 기후의 차이는 근본적으로 지구와 대기의 불균등한 가열에 원인이 있다는 것을 이미 알고 있다. 이러한 불균등 가열은 위도와 계절에 따른 일사 변화의 결과이다.

위도와 계절적 차이

위도대에 따른 불균등 가열에는 몇 가지 기본 원인이 있다. 이러한 원인으로는 지구에 유입되는 태양 복사 각도의 변화, 지표에 도달하는 복사 강도에 대한 대기권의 영향, 계절별 낮의 길이 변화가 있다.

입사각 : 빛이 태양으로부터 지표로 들어올 때의 각도를 **입사각**(angle of incidence)이라 한다. 태양이 바로 머리 위에 있을 때 빛이 수직으로 지표에 도달하면 입사각이 90°이고(그림 4-19), 빛이 경사져서 지표에 도달하면 입사각은 90°보다 작아지며, 일출이나 일몰 때처럼 빛이 지표와 접하면서 지구로 들어오면 입사각은 0°이다. 지구의 표면은 둥글고 지구와 태양 사이의 위치는 항상 변화하기 때문에 지구상의 어떤 지점에 대한 입사각 또한 변화한다.

입사각은 기본적으로 지구상의 어떤 지점으로 들어오는 태양 복사의 세기를 결정한다. 빛이 수직으로 지표에 들어온다면 에너지는 좁은 지역에 집중되며, 빛이 경사져서 지표에 들어온다면 에너지는 지표의 넓은 부분으로 확산된다. 거의 수직으로 빛이 들어오면, 즉 입사각이 90°에 가까우면 일정한 일사량으로 더 작은 표면을 훨씬 더 효율적으로 가열시킬 것이다. 전체적으로 연간 평균을 내 보면, 고위도 지역으로 들어오는 일사량은 열대 지역으로 들어오는 일사량보다 매우 적다(그림 4-20).

▼ **그림 4-20** 위도 지역에서는 여름 동안에도 태양 고도가 낮다. 이 저속 촬영 사진은 하지에 알래스카 프루드호만(70°N)의 '백야'를 보여 주고 있다.

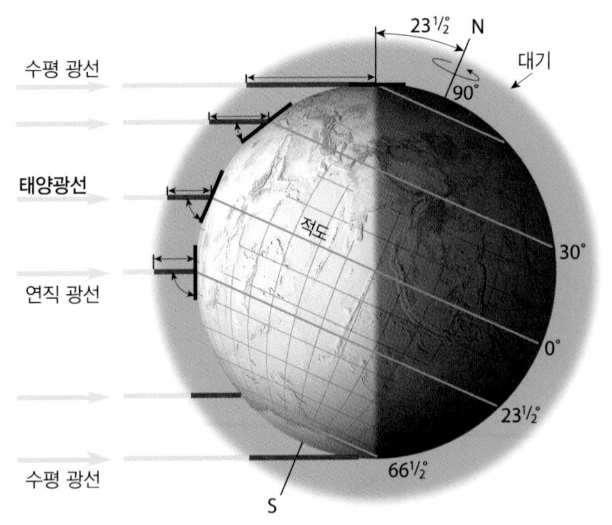

▲그림 4-21 태양 광선의 대기 차단. 고위도와 같은 낮은 각도의 광선은 높은 각도의 광선보다 대기를 더 길게 통과한다. 더 길어진 대기권의 경로 길이(빨간 선)는 반사, 산란, 흡수를 통해 복사의 강도를 더욱 감소시킨다. 이 그림은 동지 때의 모습을 보여 주고 있다.

대기권의 영향 : 일사는 대기권을 통과하는 과정에서 대기의 수많은 장애물과 만나면서 영향을 받지 않을 수 없다. 대기 내에 존재하는 구름과 미립물질, 기체분자들은 태양 복사 에너지를 흡수, 반사, 산란한다. 그 결과 지표로 들어오는 에너지의 강도는 감소된다. 평균적으로 지표에 도달하는 태양 빛은 대기권 상부에 도달하는 에너지의 약 절반 정도의 강도이다.

시간과 장소에 따라 변화하는 이러한 감쇠 효과는 태양 복사가 통과하는 대기의 두께와 투명도라는 두 가지 요인에 의존하고 있다. 경로 길이(path length)라 불리는 태양광선이 대기를 통과하는 거리는 입사각에 의해 결정된다(그림 4-21). 입사각이 클수록 태양광선이 대기를 통과하는 거리가 짧아진다. 태양광선의 입사각이 0°일 때에는 입사각이 90°일 때보다 대기를 통과하는 거리가 거의 20배 정도 길어진다.

지표의 태양 복사 에너지 분포에 대한 대기의 차단 효과는 입사각에 의해 결정된 패턴을 더 강화시키는 것이다. 태양 복사 에너지는 저위도보다 고위도 지역에서 더욱더 감소된다. 따라서 극지역의 대기에서보다 열대 지역의 대기에서 에너지의 손실이 적다. 하지만 이러한 일반적인 패턴은 구름이 덮인 상황에서 더 복잡해진다.

낮의 길이 : 태양이 비치는 시간은 가열에 있어 위도에 따른 불균형을 설명하는 데 또 다른 중요한 요인이다. 낮의 길이가 길면 받아들여지는 일사량이 더 많아지고 따라서 흡수되어 더 많이 가열하게 된다. 열대 지역에서는 일출과 일몰 사이의 시간이 월별로 크게 차이가 나지 않기 때문에 낮의 길이가 상대적으로 중요하지 않다. 물론 적도에서는 연중 낮과 밤의 길이가 12시간씩 동일하다. 하지만 중위도와 고위도에서는 낮의 길이에 있어 계절적으로 분명한 차이가 있다. 이러한 지역에서는 낮의 길이가 긴 여름에 현저하게 열이 축적되고, 낮이 짧아서 받아들이는 일사량이 적은 겨울은 춥다.

학습 체크 4-8 태양이 하늘에 낮게 떠 있을 때보다 높이 떠 있을 때 더 많은 태양 에너지가 지표에 도달하는 이유는 무엇인가?

위도에 따른 복사 균형

태양의 수직 광선은 1년 동안 적도를 경계로 남쪽과 북쪽으로 이동하기 때문에 태양 복사 에너지가 최대인 지역도 열대지방을 가로질러 아래위로 이동한다. 따라서 북위 약 38°에서 남위 38° 사이의 저위도 지역에서는 방출되는 복사 에너지보다 유입되는 복사 에너지가 더 많아 에너지 과잉이 된다. 그보다 위도가 더 높은 지역에서는 유입량보다 방출량이 많아 에너지 부족이 된다. 저위도 지역의 에너지 과잉은 입사각이 계속 큰 것과 밀접한 관련이 있으며, 고위도 지역의 에너지 부족은 작은 입사각과 연관되어 있다.

그림 4-22는 12월과 6월에 세계의 일평균 일사량의 분포를 보여 준다. 지도는 제곱미터당 와트 단위(W/m², 1W=1J/s)로 평균 하루 일사량을 보여 준다. 예상했던 것처럼 위도대별로 차이가 존재한다. 위도별 패턴을 방해하는 중요한 요인은 태양 복사 에너지를 흡수, 반사, 산란하는 구름 피복의 존재 유무이다. 예를 들어, 6월에 구름이 거의 없는 미국 남서부 지역은 일사량이 가장 많고, 구름이 많이 발생하는 미국의 북서부와 북동부는 가장 적다.

다양한 패턴이 지도에서 보이지만 지구 전체적인 측면에서 오랜 기간 동안 복사 에너지의 유입량과 방출량 사이에는 균형이 존재한다. 다시 말해 지구의 순복사 수지는 0이다. 에너지 과잉 지역과 부족 지역 사이의 열 교환에 대한 메커니즘은 뒤에 논의하게 될 대기와 해양의 일반적 순환 패턴을 포함하고 있다.

수륙의 온도 차이

우리가 봤던 것처럼 대기는 태양으로부터 직접적으로 받아들인 열에 의해서가 아니라 주로 지표에서 재복사되고 이동된 열에 의해 가열된다. 따라서 지표의 가열은 그 위의 공기 가열의 주요 원인이 된다. 기온의 변화를 이해하기 위해서는 표면의 종류에 따라 태양 복사 에너지에 반응하는 차이가 얼마인지를 이해하는 것이 유용하다. 토양, 물, 초지, 숲, 시멘트, 지붕 등과 같은 지구상의 다양한 표면들은 흡수와 반사 능력에 있어 상당한 다양성이 존재한다. 일사에 대한 이러한 다양한 수용력은 그 위의 공기 온도에 차이를 발생시킨다.

지구의 표면은 다양한 형태를 이루지만, 가장 중요한 차이는 땅과 물의 차이이다. 일반적으로 육지는 물보다 빨리 가열되고 빨리 냉각되며 그 범위도 더 크다.

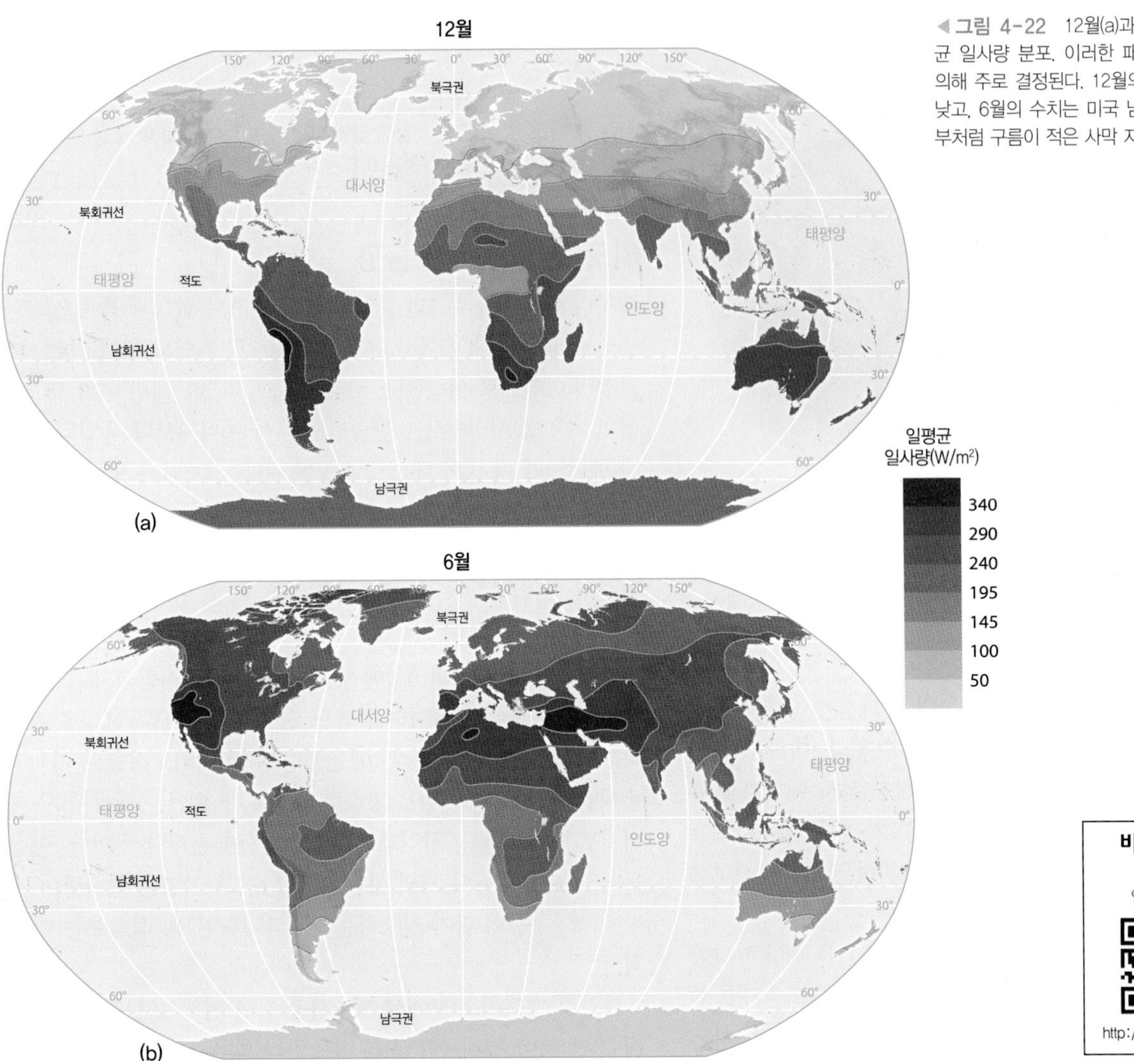

◀ 그림 4-22 12월(a)과 6월(b)의 세계 일평균 일사량 분포. 이러한 패턴은 위도와 운량에 의해 주로 결정된다. 12월의 수치는 북반구에서 낮고, 6월의 수치는 미국 남서부와 유라시아 남부처럼 구름이 적은 사막 지역에서 높다.

땅과 물의 가열

똑같은 일사량이 가해질 때 지표면은 수표면보다 더 빨리 가열되고 더 높은 온도에 도달한다. 본질적으로 땅의 얇은 층은 상대적으로 더 높은 온도로 가열되는 반면에 물의 두꺼운 층은 보통의 온도로 천천히 가열된다. 이러한 차이에는 몇 가지 중요한 이유가 있다(그림 4-23).

1. **비열**(specific heat) : 물은 땅보다 비열이 크다. **비열**은 물질 1g을 1℃ 상승시키는 데 필요한 에너지양이다. 물의 비열은 육지의 비열보다 약 5배 크며, 이것은 물이 온도의 상승 없이 더 많은 태양 에너지를 흡수할 수 있다는 것이다.
2. **투과**(transmission) : 태양 광선은 육지를 투과하는 것보다 물에서 더 깊이 투과된다. 따라서 물에서 태양 에너지는 더 많은 부피를 통해 흡수되고 최고 온도가 훨씬 낮게 나타나게 된다. 그에 비해 땅은 열이 표면에 집중되고 더 높은 최고 온도가 나타난다.
3. **이동성**(mobility) : 물은 매우 유동적이며 잘 혼합되고, 해류는 넓고 깊게 열을 분산시킨다. 물론 땅은 본질적으로 이동하지 않으며, 따라서 열은 단지 전도에 의해서만 분산된다. 게다가 땅은 상대적으로 열 전도 또한 불량하다.
4. **증발에 의한 냉각**(evaporative cooling) : 해양은 수분이 무한하기 때문에 지표면에서보다 훨씬 더 증발이 잘 일어난다. 증발에 필요한 잠열이 물과 그 주변에서 방출되므로 온도를 떨어뜨리는 원인이 된다. 따라서 증발에 의한 냉각 효과는 수표면에서의 가열을 느리게 한다(제6장에서 추가로 설명).

학습 체크 4-9 물의 높은 비열은 물의 가열에 어떠한 영향을 미치는가?

냉각

땅과 물 모두 동일한 기온의 공기 아래에 놓여 있을 때 지표면이 수표면보다 더 낮은 온도로 더 빨리 냉각된다. 예를 들어, 겨울 동안 땅의 가열된 얇은 층은 열을 빨리 복사한다. 물은 열이 깊이 저장되어 있고 복사를 통해 표면으로 천천히 전달되기 때문에 좀 더 천천히 열을 잃게 된다. 표면의 물이 냉각되면 그 물은 가라앉고 아래쪽에 있는 더 따뜻한 물이 그 자리를 채운다. 수표면의 온도가 매우 낮아지기 전에 물 전체가 냉각되어야 한다.

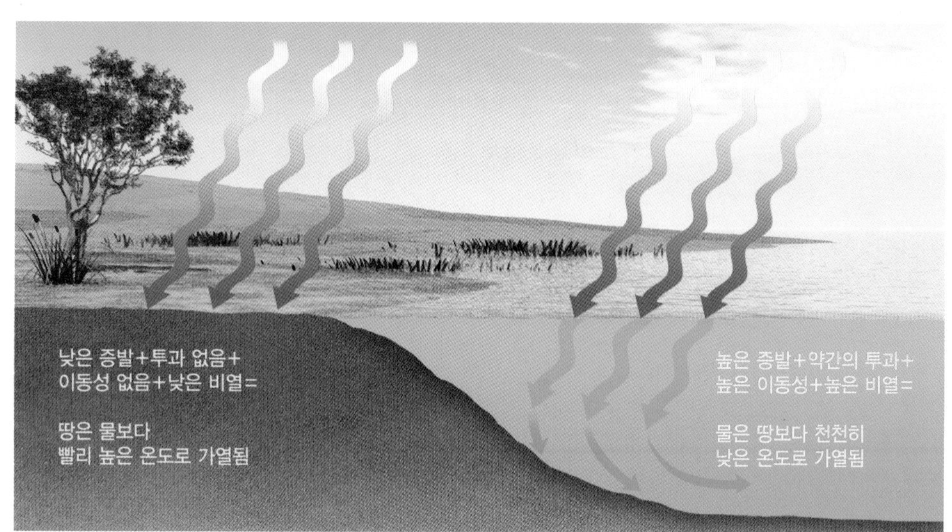

◀그림 4-23 땅과 물의 가열 특성 차이. 일반적으로 땅은 물보다 빨리 가열되고 범위도 더 크다.

영향

지구상에서 가장 덥고 가장 추운 지역은 바다의 영향이 적은 대륙 내부에서 발견된다는 것이 땅과 물의 가열률과 냉각률 차이에서 가장 중요한 것이다. 대기에 대한 연구에 있어, 대륙성 기후와 해양성 기후의 구별보다 더 중요한 것은 아마도 여러 가지 지리적 연관성일 것이다. 대륙성 기후는 해양성 기후보다 여름이 훨씬 더 덥고 겨울은 훨씬 더 추운 큰 계절적 기온 차이를 경험한다.

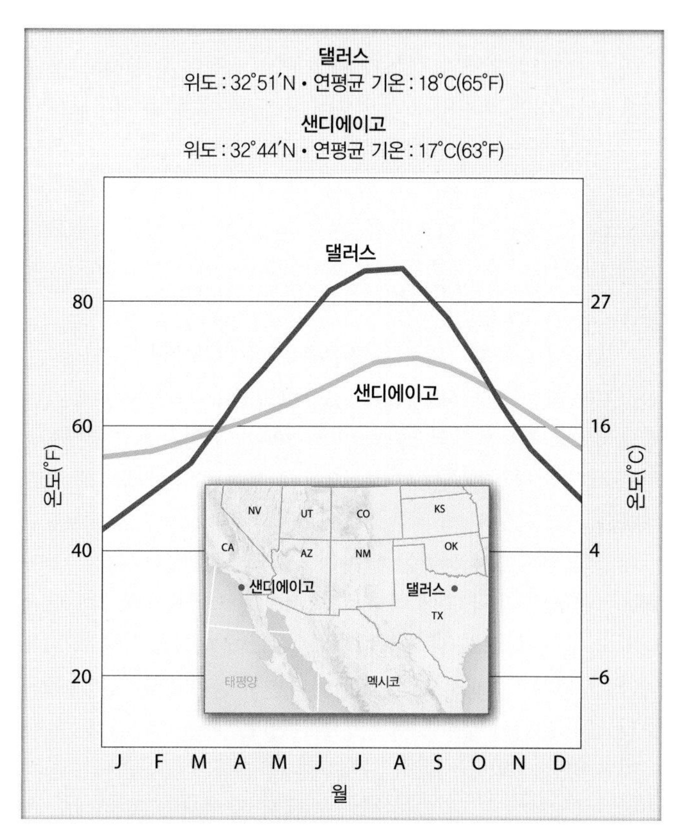

▲그림 4-24 캘리포니아주 샌디에이고와 텍사스주 댈러스의 기온 그래프. 두 지역의 연평균 기온이 비슷할지라도 연간 기온 분포에 있어 매우 큰 차이가 존재한다. 해안에 위치한 샌디에이고에서는 여름과 겨울 모두 댈러스보다 온화한 기온을 경험한다.

이러한 차이는 샌디에이고와 댈러스의 월평균 기온을 표현해 놓은 그림 4-24에서 볼 수 있다. 두 도시는 거의 동일한 위도에 위치하고 있고 거의 똑같은 낮의 길이와 입사각이 나타난다. 비록 두 도시의 연평균 기온이 거의 동일하지만, 월평균 기온은 아주 다르다. 대륙 내부에 위치한 댈러스는 인접한 바다의 적당한 영향을 받는 샌디에이고보다 확실히 더운 여름과 추운 겨울이 나타난다.

어떤 측면에서 바다는 더 큰 열 저장고로서 작용한다. 여름에 바다는 열을 흡수하고 저장한다. 겨울에는 열을 방출하고 공기를 따뜻하게 한다. 따라서 바다는 기온의 차이를 조정하는 전 지구적 자동 온도 조절 장치로서 기능을 한다.

학습 체크 4-10 중위도에서 일반적으로 여름에 온도가 더 높은 지역은 해안 지역인가, 아니면 대륙 내부에 위치한 지역인가? 그 이유는 무엇인가?

지구의 에너지 이동 메커니즘

열대 지방은 극 지방보다 연간 더 많은 태양 에너지가 유입되며, 이는 저위도와 고위도 간 온도의 차이를 유발한다. 따라서 에너지 이동의 메커니즘이 없다면, 열대 지방은 계속 더워질 것이고 극 지방은 계속 추워질 것이다.

에너지 이동과 관련한 두 가지 중요한 메커니즘인 대기와 해양의 순환은 저위도에서 고위도로 열을 이동한다. 이에 따라 저위도의 온기와 고위도의 한기는 모두 중화된다. 대기와 해양은 위도별 에너지 불균형으로 인해 초래된 공기와 물의 흐름에 의해 에너지를 이동시키고 불균형을 조정하는 엄청난 열 엔진으로 작용한다.

대기대순환

지구 에너지 이동의 두 가지 메커니즘 중 더 중요한 것은 대기대순환이다. 공기는 대부분 무수한 방향으로 이동하지만 따뜻한 공

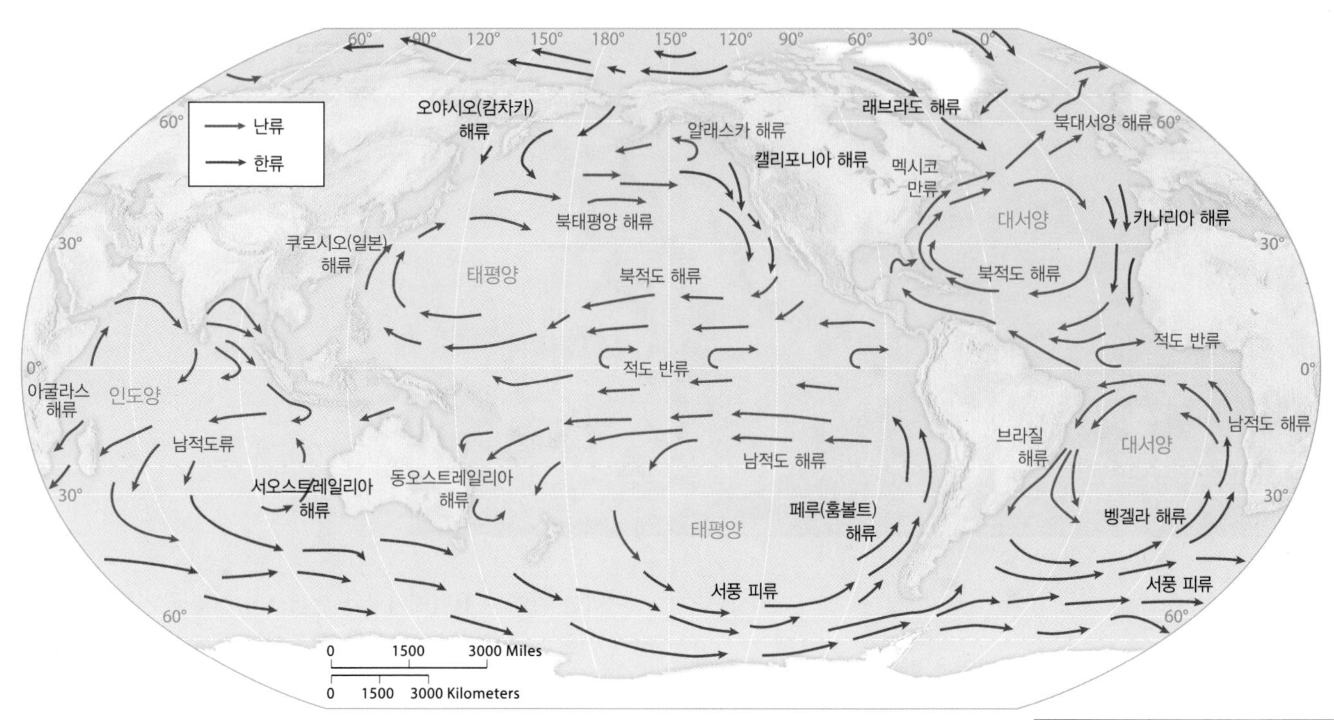

▲그림 4-25 주요 표면 해류. 난류는 붉은색 화살표로, 한류는 파란색 화살표로 표현되었다. 대륙의 동쪽 해안을 따라서는 난류가, 대륙의 서쪽 해안을 따라서는 한류가 흐른다.

비디오 MG
해양 순환 패턴-
아열대 환류
http://goo.gl/jDkcwU

기는 극 쪽으로, 차가운 공기는 적도 쪽으로 이동하는 구조를 가진 광대한 지구적 순환 패턴이 존재한다. 전체 수평적 열 교환 중 약 75~80%가 대기 순환에 의해 이루어진다.

대기대순환은 기압과 바람의 기본적 원리를 설명한 제5장에서 다시 논의될 것이다.

해양 순환

대기와 해양의 순환 패턴은 밀접하게 연관되어 있다. 수표면 위에서 부는 바람은 표면 해류의 주요한 원동력이다. 또한 해양에 저장된 열에너지는 대기 순환을 일으키는 중요한 효과이다.

해양에 의한 열 교환을 이해하는 데 있어, 우리는 우선 해양대순환을 만드는 넓은 규모의 표면 흐름에 관심이 있다(그림 4-25). 표면 해류는 9km/h 이상의 속도로 흐르고 하루에 220km 이상을 이동한다. 이러한 주요 해류들은 풍향에 따라 변화하지만, 오랜 기간으로 보면 매우 광대하고 일정한 흐름을 이룬다. 본질적으로 해류는 수년 동안의 평균적인 바람 상황을 반영하며, 해양 순환을 이루는 주요 해류들은 대기 순환의 주요 바람들과 밀접하게 연관되어 있다. 해류 이동을 초래하는 바람의 패턴은 제5장에서 논의한다.

기본 패턴 : 세계의 모든 바다는 서로 연결되어 있다. 그러나 대륙의 위치와 대기 순환의 패턴 때문에 북태평양, 남태평양, 북대서양, 남대서양, 남인도양의 5대양으로 구분하여 보는 것이 편리하다. 각각의 대양 내에서는 일반적으로 유사한 유형의 탁월풍에 의한 유사한 유형의 해류가 존재한다.

대양 분지의 모양과 규모가 다양하고 계절이 다름에도 불구하고 모든 대양 분지의 특징은 단순한 단일 해류 패턴이 나타나는데, 적도 가까이에 중심을 둔 인도양을 제외하고는 거의 위도 30°에 중심을 두고 동서쪽으로 늘어진 거대한 타원형 고리로 이루어져 있다. **아열대 환류**(subtropical gyre)라 부르는 순환 고리는 북반구에서는 시계 방향으로, 남반구에서는 반시계 방향으로 흐른다(그림 4-25 참조).

각각의 아열대 환류의 적도 부분을 따라 동쪽에서 서쪽으로 천천히 이동하는 것을 적도류(Equatorial Current)라 한다. 적도류는 평균적으로 적도로부터 남·북위 5~10°에 위치하며, 열대 지방의 우세한 바람체계(동쪽에서 서쪽으로 부는 무역풍)에 의해 유발된다.

해양의 서안에서 해류는 일반적으로 극 쪽으로 휘어진다. 이 해류들이 해양의 극 쪽에 다다르면 (서쪽에서 동쪽으로 부는 편서풍에 의해) 동쪽으로 휘어 돌아간다. 이들이 대륙의 동안 경계에 다다르면 다시 적도를 향해 되돌아가면서 불완전하지만 폐쇄된 순환 고리 패턴이 각 해양에서 만들어진다.

비록 바람에 의해 이동하더라도 해류의 이러한 이동은 지구 자전에 의한 전향력, 즉 코리올리 효과(제3장에서 논의됨)에도 영향을 받는다. 지구 자전의 결과, 코리올리 효과는 북반구에서는 해류가 오른쪽으로 편향되고, 남반구에서는 해류가 왼쪽으로 편

▲그림 4-26 북아메리카 대륙 동안을 흐르는 멕시코만류를 보여 주는 위성사진. 상대적으로 수온이 높은 물은 붉은색으로, 수온이 낮은 물은 파란색으로 표현하였다 (일부 수직 · 수평 영역에서는 위성자료가 불완전하여 실제 기온 상태가 나타나지 않았다).

향되는 데 영향을 끼쳤다. 코리올리 효과에 의한 해류의 환류성 이동을 기본 패턴에서 살펴보았다.

북반구와 남반구의 차이 : 북반구에 위치하는 북태평양과 북대서양에는 광대한 대륙이 대양의 북쪽을 폐쇄하듯 놓여 있어 해류 흐름의 대부분이 북극해로 들어가는 것을 막고 있다. 이것은 대서양보다 태평양에서 더욱 그렇다. 북태평양은 아시아와 북아메리카 사이에서 북쪽 흐름이 매우 제한되는 반면에 북대서양에서는 해류의 대부분이 그린란드와 유럽 사이에서 극 쪽으로 이동한다.

남반구에는 대륙이 상대적으로 적다. 따라서 남태평양, 남대서양, 남인도양의 남쪽 환류 부분은 남위 60° 부근에서 세계를 순환하고 있는 연속적인 해양 벨트의 한 흐름으로 연결된다. 이와 같이 남극 주위를 순환하는 흐름을 서풍피류(West Wind Drift)라 부른다.

해류의 수온 : 위도별 열 교환을 이해하는 데 있어 가장 중요한 것은 해류의 다양한 수온이다. 각각의 주요 해류는 그 위도에서 주위의 물보다 상대적으로 따뜻한 난류와 차가운 한류로 특징지어진다. 일반적인 수온 특성은 다음과 같다.

- 저위도의 해류(적도류)는 난류이다.
- 대양의 서안(대륙 동안)에서 극 쪽으로 이동하는 해류는 북아메리카 동안의 멕시코 만류와 같이 고위도로 따뜻한 물을 운반한다(그림 4-26).
- 북반구의 환류 중 고위도의 해류는 동쪽으로 따뜻한 물을 운반하는 반면에 남반구 환류에서 서풍 피류와 합류하는 고위도의 해류는 동쪽으로 차가운 물을 운반한다.

- 대양의 동안(대륙 서안)에서 적도 쪽으로 이동하는 해류는 적도를 향해 차가운 물을 운반한다.

대륙 주변을 중심으로 요약해 보면, 열대의 따뜻한 물은 대륙 동안을 따라 극 쪽으로 흐르고, 고위도의 차가운 물은 대륙 서안을 따라 적도 쪽으로 이동하는 해양대순환이 형성된다.

학습 체크 4-11 중위도 대륙의 서쪽 해안과 동쪽 해안을 따라 흐르는 해류의 상대적인 온도는 어떠한가?

서안 강화 현상 : 수온의 차이와 함께 대륙 동안을 따라 극 쪽으로 흐르는 난류는 대륙 서안을 따라 적도 쪽으로 흐르는 한류보다 더 폭이 좁고 더 깊으며 더 빠른 경향이 있다. 이러한 현상은 아열대 환류의 서쪽 편, 즉 중위도 대륙 동안을 따라 극 쪽으로 흐르는 해류에서 발생하기 때문에 서안 강화 현상(western intensification)이라 부른다.

극 쪽으로 이동하는 난류의 이와 같은 강화 현상은 여러 가지 이유로 발생하는데, 그중에는 코리올리 효과도 포함된다. 코리올리 효과는 고위도로 갈수록 커지기 때문에 서쪽으로 이동하는 적도 해류가 극 쪽으로 휘어지는 것보다 동쪽으로 이동하는 고위도의 해류가 적도 쪽으로 휘어질 때 더 많이 전향된다. 이것은 한류가 대양의 동쪽으로 이동하는 고위도의 해류 대부분을 가로질러 적도 쪽으로 천천히 이동하는 반면에, 극 쪽으로 흐르는 난류는 대륙 동안의 매우 좁은 지대에 제한되어 흐른다는 것을 의미한다.

용승 : 아열대의 대륙 서안에서 적도 쪽으로 한류가 이동하기 시작하는 경우에는 언제나 차가운 물의 강하고 지속적인 **용승**(upwelling)이 일어난다. 예를 들어 북반구 대륙 서안을 따라 북풍이나 북서풍이 불면, 코리올리 효과에 의해 표층수의 일부가 해안에서 떨어져 편향될 것이다. 표층수가 해안에서 떨어져 이동하기 시작하면, 더 깊은 곳에 있는 물이 그곳을 채우게 될 것이다. 용승은 영양분이 풍부한 물을 표면으로 이동시키고 더 생산적인 대륙 서안의 해양 생태계를 만든다. 용승은 또한 표층으로 더 차가운 물을 이동시키며, 이미 한류가 흐르던 대륙 서안의 표층 수온을 더 낮춘다(그림 4-27). 용승은 남아메리카 대륙의 서안에서 가장 강하지만 북아메리카, 북서부 아프리카, 남서부 아프리카에서도 두드러지게 나타난다. 약하지만 오스트레일리아 서안에서도 나타난다.

서안 강화 현상과 용승은 중위도의 대륙 동안과 서안에서 해수의 온도 차이를 더욱 강화시키는 경향이 있다.

세 가지의 나머지 해류 패턴은 다음과 같다.

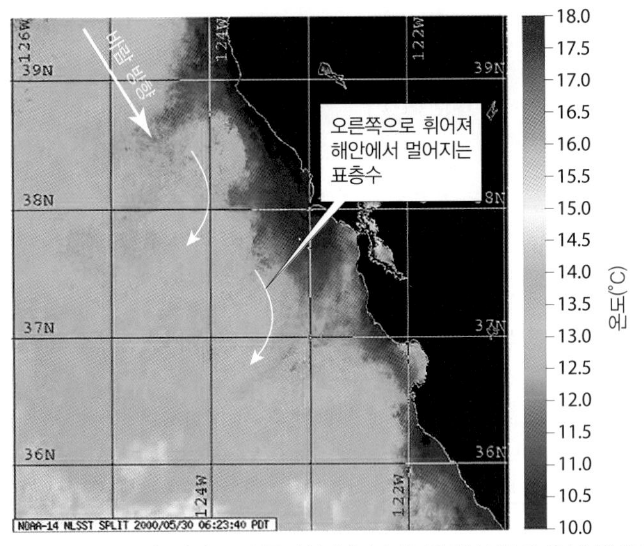

▲그림 4-27 샌프란시스코 부근의 북아메리카 서해안에서 냉수의 용승(보라색과 파란색). 해양의 표면에서 부는 바람을 따라 표층수는 코리올리 효과에 의해 오른쪽으로 휘어지면서 해안에서 멀어진다. 이러한 물은 하층의 냉수에 의해 대체된다.

1. 그림 4-25의 북적도 해류와 남적도 해류는 각 대양의 적도를 따라 대체로 서에서 동으로 난류를 이동시키는 **적도 반류**(Equatorial Countercurrent)에 의해 구분된다. 적도류는 각 해양의 서안에서 적도 반류로 되돌아온 다음 적도 반류의 물은 해양의 동안에서 적도류가 되어 극 쪽으로 이동한다.
2. 북반구 해양의 북서부 지역은 북극해에서 나오는 한류의 영향을 받는다. 예를 들어, 래브라도 해류는 캐나다 해안을 따라 남쪽으로 흐르는 탁월한 한류이다(그림 4-25 참조). 베링해에서 나오는 소규모 한류는 시베리아에서 일본 해안을 따라 남쪽으로 흐른다.
3. 이러한 해류와 더불어 때때로 **전 지구적 컨베이어 벨트 순환**(global conveyor-belt circulation)이라 부르는 대양저의 순환 패턴이 존재하는데, 이것은 지구의 기후에 미세하게 영향을 줌에도 불구하고 중요한 요인이다. 대양저의 컨베이어 벨트 순환은 제9장에서 더 자세하게 논의할 것이다.

수직적 온도 패턴

우리가 기후와 기상에 대한 지리학을 공부할 때 가장 중요한 관점은 수평적인 측면이다. 다시 말해서 우리는 지표 위에 나타나는 현상의 지리적 분포를 중요하게 여긴다. 하지만 이러한 분포 패턴을 제대로 이해하기 위해서는 대기의 중요한 여러 가지 수직적 패턴에 대해서도 관심을 가져야 한다. 수직적 패턴은 대류권의 고도 증가에 따른 온도 변화를 포함한다.

환경 기온 감률

대류권 내에서 고도가 상승함에 따라 기온이 변화하는 것은 잘 알려진 사실이다. 제3장에서 학습하였듯이, 전형적인 상태의 대류권 전체에서는 일반적으로 해발고도가 높아짐에 따라 기온이 낮아진다(그림 4-28a). 그러나 일반적인 상태를 벗어나는 예외가 많이 존재하며, 게다가 수직적인 기온 감률은 계절별, 시간대별 그리고 운량이나 다른 요인들에 따라 다양하게 나타날 수 있다. 어떤 경우에는 제한된 범위 안에서 고도가 높아짐에 따라 기온이 상승하는 반대의 경향이 나타나기도 한다.

대기권 내에서 관측된 수직적 기온 변화의 경향을 **환경 기온 감률**(environmental lapse rate)이라 한다. 공기의 '수직적' 체감률을 결정하는 것은 다양한 고도에서의 기온 측정을 수반하며, 수직적 기온 단면도를 만들어 고도를 함수로 한 기온 그래프를 그릴 수 있다. 기온의 체감 변화와 같은 측정을 할 때에는 온도계만 이동하며 공기는 정체해 있다. (만약 공기가 수직적으로 '이동'한다면, 제6장에서 자세하게 살펴볼 팽창이나 압축에 의한 단열 기온 변화가 발생할 것이다.)

평균 기온 감률

비록 환경 기온 감률이 장소와 시간에 따라 다양하지만, 특히 대류권의 최하부 몇백 미터 내에서는 1,000m에 약 6.5℃의 평균 기온 변화율이 나타난다. 이것을 **평균 기온 감률**(average lapse rate) 또는 대류권 내에서의 **평균 수직 기온 경도**라 부른다. 평균 기온 감

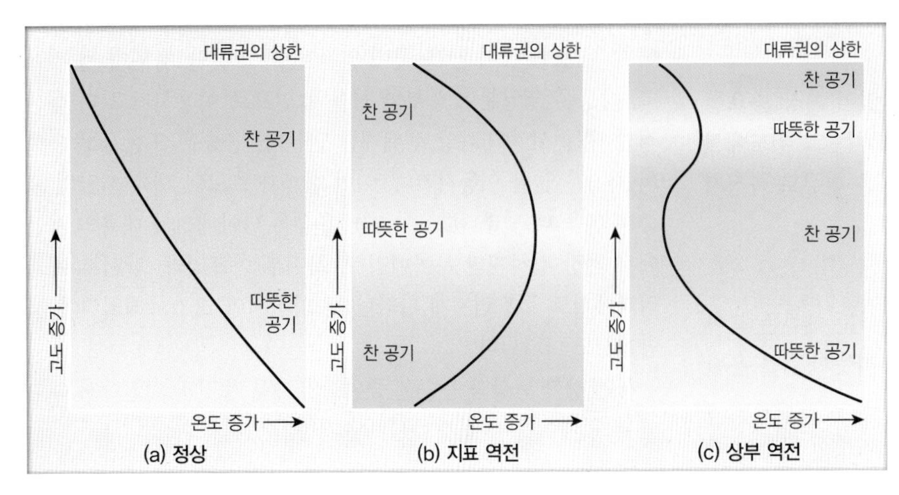

◀그림 4-28 정상 기온 감률과 역전 기온 감률의 비교. (a) 대류권의 기온은 고도가 증가함에 따라 일반적으로 낮아진다. (b) 지표 기온역전에서는 지면 위의 일정 고도까지는 해발고도가 증가함에 따라 기온이 증가한다. (c) 상부 기온 역전에서, 처음에는 정상 기온 감률에 따라 해발고도가 증가하면서 기온이 낮아지지만, 그 후의 일정 고도에서부터 대류권계면 아래까지는 고도가 증가함에 따라 기온이 증가한다.

▲그림 4-29 칠레 산티아고의 광화학 스모그. 스모그가 덮인 기온 역전의 상한은 산지의 정상보다 약간 아래에서 나타난다.

률은 만약 온도계가 이전 측정보다 1,000m 상부의 기온을 측정한다면 평균적으로 6.5℃ 낮은 값이 측정될 것이라는 것을 말해준다. 반대로, 두 번째 측정이 첫 번째 측정보다 1,000m 낮은 곳에서 이루어졌다면, 그 기온은 약 6.5℃ 상승했을 것이다.

기온 역전

평균 기온 감률의 예외 중 가장 중요한 현상은 대류권에서 해발고도가 상승하는데도 기온이 떨어지지 않고 오히려 기온이 '올라가는' 상황인 **기온 역전**(temperature inversion)이다. 대류권 내에서 역전이 상대적으로 잘 일어나지만, 보통 짧은 시간 동안 그리고 제한된 폭으로 나타난다. 역전은 그림 4-28b에서처럼 지표 근처와 그림 4-28c처럼 높은 고도에서 발생할 수 있다.

기온 역전은 기후와 기상에 영향을 준다. 제6장에서 살펴보겠지만, 기온 역전은 공기의 수직적인 이동을 방해하며 강수 가능성을 매우 감소시킨다. 또한 도시 공장 오염물질의 자연적 상층 확산을 매우 제한하는 공기 정체 상황을 만들기 때문에 대기오염을 증가시키는 데에도 기여한다(그림 4-29).

지표 기온 역전 : 가장 쉽게 인식할 수 있는 기온 역전은 지면 부근에서 일어난다. 이것은 종종 복사 역전(radiation inversion)이며, 춥고 긴 겨울밤 하늘이 맑고 평온하여 지표가 급격히 장파 복사를 방출할 때 발달한다. 차가운 지표는 전도를 통해 그 위의 공기를 냉각시킨다. 상대적으로 짧은 시간 동안 대류권 최하부의 수백 미터는 그 위의 공기보다 차가워지고, 그로 인해 기온 역전이 발생한다. 복사에 의한 역전은 근본적으로 겨울 현상인데, 이유는 짧은 낮 시간 동안 일사에 의해 가열되고 긴 밤 시간 동안 지표 복사에 의해 냉각되기 때문이다.

이류 역전(advectional inversion)은 찬 공기가 수평적으로 유입되는 지역에서 발달한다. 이러한 조건은 일반적으로 해안 지역에서 차가운 바다 위로 바람이 불어옴으로써 만들어진다. 이류 역전은 보통 얇으며, 짧은 시간(전형적으로는 밤)에 나타난다. 지표 역전의 유사한 유형으로, 차가운 공기가 사면을 따라 하강하여 계곡의 따뜻한 공기를 바꾸어 놓을 때 나타나는 냉기 분지 역전(cold-air-drainage inversion)이 있다.

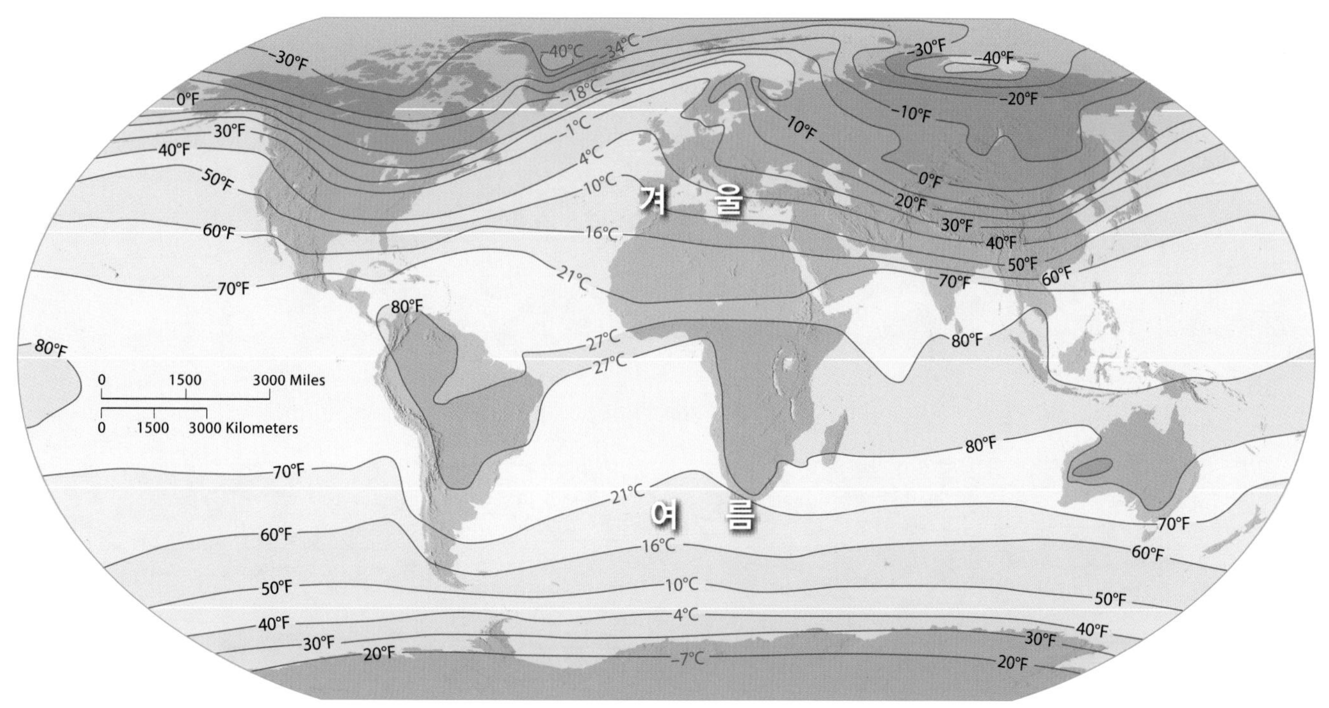

▲그림 4-30 1월 평균 기온(해수면 고도)

상부 기온 역전 : 지표를 향해 공기가 하강할 때 발달하는 침강 역전(subsidence inversion)은 연중 고기압 세포가 발달하는 아열대 지역에서 일반적으로 잘 나타난다. 이렇게 침강하는 공기는 감률에 의해 가열되고 지표에 더 가까운 찬 공기의 상부에 따뜻한 공기층을 형성한다.

학습 체크 4-12 기온 역전은 무엇이고, 기온 역전이 발생할 때 왜 대기오염이 큰 문제가 되는가?

지구의 온도 패턴

이 장과 다음 4개 장의 목표는 세계 기후 분포 패턴을 설명하는 데 있다. 이전의 내용들을 배경지식으로 하여, 지금부터 우리는 네 가지 기후 요소 중 첫 번째로 세계의 기온 분포에 주의를 기울일 차례이다.

지구의 기온 패턴 지도는 보통 연평균 기온보다 계절적 기온 차이를 보여 준다. 1월과 7월은 지구상의 대부분 지역에서 최한월 기온과 최난월 기온이 나타난다. 따라서 겨울과 여름의 열적 상황을 단순하지만 의미 있게 표현하는 이 두 달의 평균 기온을 지도는 나타내고 있다(그림 4-30, 4-31). 기온 분포는 기온이 같은 지점을 연결한 선인 **등온선**(isotherm)으로 나타낸다. 기온 분포도는 일평균 기온에 기초한 월평균 기온으로 작성되었다. 따라서 지도는 낮 시간의 최대 가열과 밤 시간의 최대 냉각을 보여 주지 않는다. 비록 지도가 매우 소축척이지만, 넓은 측면에서 세계의 기온 분포를 이해하는 데 도움을 준다.

기온의 주요 요인

기온 패턴은 위도, 고도, 수륙 차이, 해류의 네 가지 요인에 의해 통제된다.

위도 : 세계 기온 분포 지도에서 가장 뚜렷한 특징은 대략 위선과 평행한 등온선의 동서 경향이다. 지구가 동일한 표면으로 이루어져 있고 자전하지 않는다면 아마도 등온선은 위도와 정확하게 일치했을 것이며, 적도에서 극으로 가면서 점점 기온이 낮아졌을 것이다. 그러나 지구는 자전하며 순환하는 해수와 고도가 다양한 육지가 있다. 그 결과 기온과 위도의 상관관계가 정확하지 않다. 그럼에도 불구하고 지구에서 기온 차이의 근본적인 원인은 위도에 의해 통제되는 일사량이며, 일반적인 기온 패턴은 위도를 반영한다.

고도 : 기온은 고도의 변화에 따라 급격하게 반응하므로, 해발고도가 높은 곳에 있는 관측소는 거의 대부분 해발고도가 낮은 관측소에 비해 기온이 낮기 때문에 해발고도는 기온 분포도에서 실제 기온 작성에 오류를 발생시킨다. 따라서 기온 분포를 나타낸 모든 지도에 표현한 데이터는 해면 기온으로 변환한 것이다(그림 4-30, 4-31). 이것은 인위적인 기온값을 만든 것이지만 복잡한 지형적 차이를 제거하는 방법인 평균 기온 감률을 사용하여 변환하였다. 이러한 방식으로 그려진 지도는 세계적인 패턴을 보여 주는 데는 유용하지만, 해면에서 멀리 떨어진 지역의 실제 기온을 나타내는 데에는 만족스럽지 않다.

수륙 차이 : 땅과 물의 가열과 냉각 특성의 차이 또한 기온 분포 지도에 뚜렷하게 반영된다. 각 반구별(북반구는 7월, 남반구는 1월)

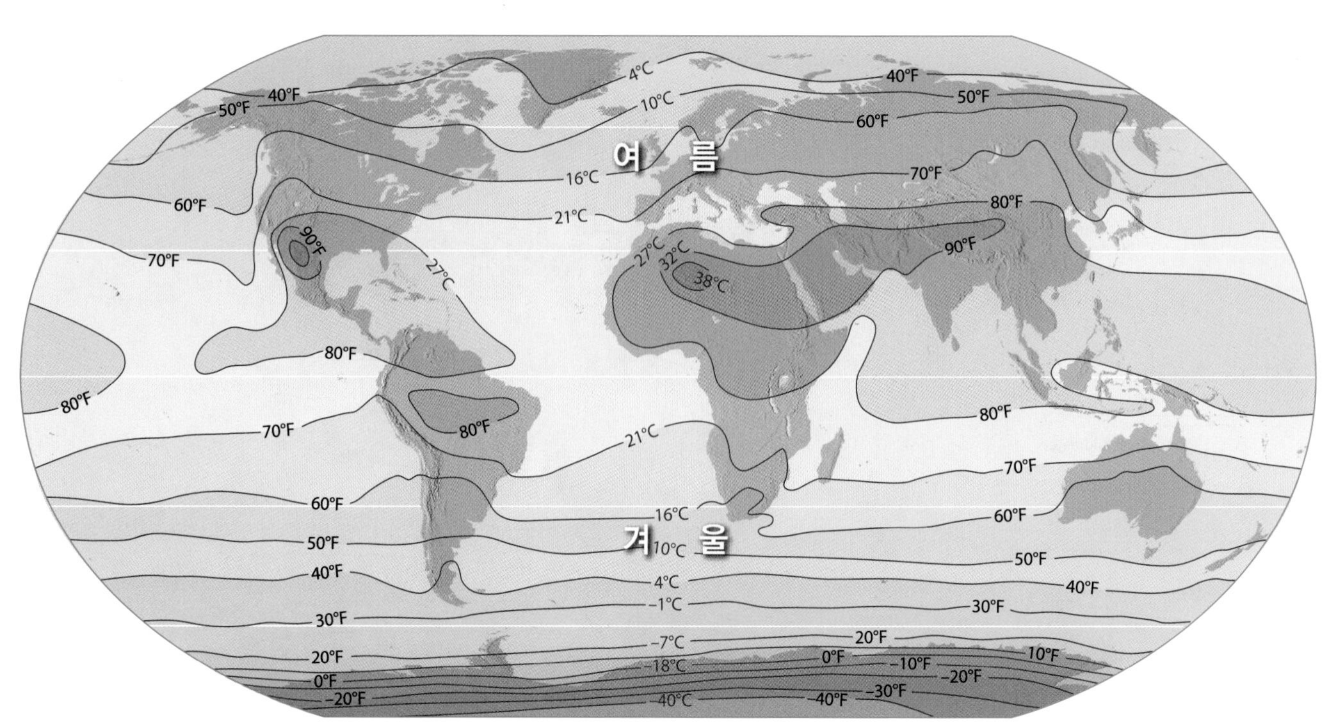

▲ 그림 4-31 7월 평균 기온(해수면 고도)

로 대륙 위의 등온선이 극 쪽으로 만곡된 것처럼 여름 기온은 해양에서보다 대륙이 높다. 겨울 기온은 해양에서보다 대륙이 더 낮다. 즉, 겨울(북반구는 1월, 남반구는 7월)에 등온선이 적도 쪽으로 휘어진다. 따라서 두 계절 모두 등온선은 바다 위에서보다 육지 위에서 남북 간 이동이 더 크다.

해류 : 등온선이 가장 뚜렷하게 휘어지는 곳은 주요 한류 또는 난류가 수륙 분포에 의해 발생된 열적 만곡을 강화시키는 대양의 해안 지역에서 나타난다. 한류는 등온선을 적도 쪽으로 굽어지게 하고, 난류는 등온선을 극 쪽으로 굽어지게 한다. 남아메리카 대륙 서안과 아프리카 대륙 남서부 해안의 1월 상황 또는 북아메리카 대륙 서안의 7월 상황이 이와 같다. 난류는 겨울에 그 효과가 큰데, 북대서양의 1월 등온선 패턴이 증명하고 있다.

학습 체크 4-13 적도에서 극으로 가면서 기온은 어떻게 변화하는가? 이를 설명하기 위해 필요한 요인은 무엇인가?

계절별 패턴

등온선의 일반적인 동서 경향은 별도의 문제로 하고 그림 4-30과 그림 4-31의 가장 큰 특징은 아마도 한 지도에서 다른 지도로의 등온선의 위도별 이동일 것이다. 등온선은 1년에 걸쳐 1월에서 7월까지는 북쪽으로 이동하고, 7월에서 1월까지는 남쪽으로 이동하는 일사량 수지의 변화를 따르게 된다. 예를 들어 남아메리카 대륙 남단의 10℃ 등온선을 보라. 한여름인 1월에는 등온선이 대륙의 남쪽 끝부분에 위치하고 있지만, 한겨울인 7월에는 등온선이 꽤 북쪽으로 이동하였다.

이러한 등온선의 이동은 저위도 지역에서보다 고위도 지역에서 그리고 바다 위에서보다 대륙 위에서 더욱 뚜렷하다. 따라서 열대 지역, 특히 열대 해양은 1월에서 7월까지의 등온선 이동이 적게 나타나지만, 중위도 또는 고위도 대륙 내부는 등온선이 4,000km(위도 약 14° 정도) 이상 남북으로 이동한다(그림 4-32).

등온선은 또한 겨울에 더 조밀하게 나타난다. 이와 같은 공간적으로 조밀한 등온선의 분포는 겨울에 기온 경도(수평 거리에 따른 기온 변화율)가 여름보다 더 급하다는 것을 나타내며, 겨울에 복사 균형의 차이가 훨씬 더 큰 것을 반영한다. 또한 기온 경도는 해양에서보다 대륙에서 더 급하다.

극한 지역 : 지구상에서 가장 추운 지역은 고위도의 대륙 내부이다. 7월에 남극 지역은 가장 추운 지역이다. 1월에 가장 낮은 기온은 북극점에서 수백 킬로미터 남쪽에 위치한 시베리아, 캐나다, 그린란드의 아북극 지역에서 나타난다. 바다보다 육지의 냉각이 훨씬 크다는 원리가 명백하게 증명되었다.

극서 지역 : 가장 높은 기온도 대륙 내부에서 발견된다. 그러나 여름에 가장 따뜻한 지역의 위치는 적도가 아니다. 오히려 아열대 위도에서 나타나는데, 이곳은 하강하는 공기에 의해 거의 매 시간 동안 청명한 하늘을 유지하며, 따라서 대부분의 일사가 교란되지 않고 유입되는 곳이다. 적도 지역과 같이 많은 운량은 그런 조건을 막는다. 따라서 가장 높은 7월 기온은 북부 아프리카와 아시아 및 북아메리카의 남서부 지역에서 나타나고, 가장 높은 1월 기온은 오스트레일리아, 아프리카 남부, 남아메리카의 아열대 지역에서 나타난다. 이들 지역에서 여름철 기온은 극단적으로 높게 나타날 수 있다. 사례는 "글로벌 환경 변화 : 2015년 살인적인 열파"를 참조하라.

연평균 기온은 적도 지역이 가장 높은데, 그 이유는 적도 지역이 겨울이 짧아 냉각이 가장 적게 일어나기 때문이다. 아열대 지역은 겨울밤 동안 많이 냉각되며 따라서 연평균 기온은 적도 지역보다 낮다. 남극 대륙과 그린란드 대륙같이 빙하가 덮인 지역은 연중 기온이 낮다.

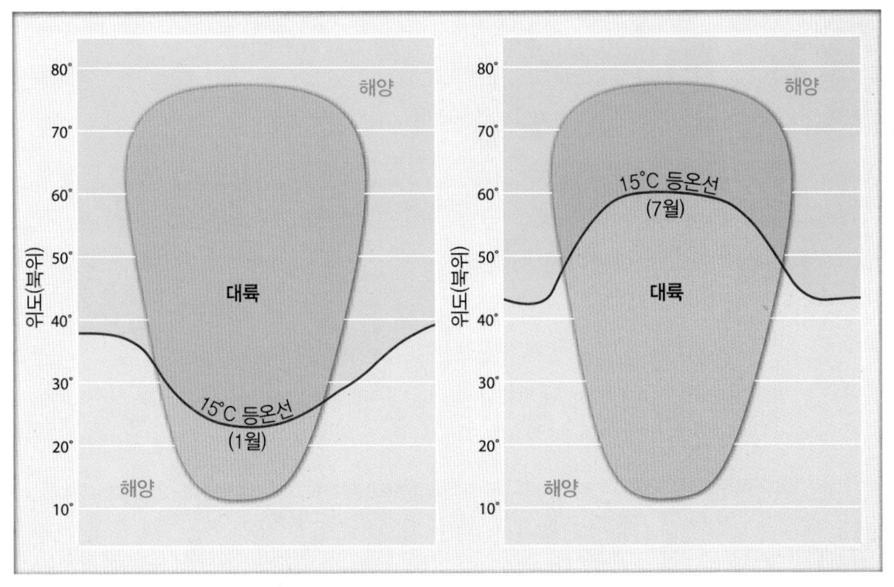

◀ **그림 4-32** 가상의 북반구 대륙 위에 이상적으로 표현된 15℃ 등온선의 계절별 이동. 위도 간 이동은 대륙 내부에서 가장 크고 바다와 인접한 곳에서 가장 적다. 예를 들어 서쪽 바다 위의 등온선은 1월에 북위 38°에서 7월에 북위 42°로만 이동하였다. 하지만 대륙 위의 등온선은 1월에 북위 22°에서 7월에 북위 60°까지 변화하였다.

비디오 MG
기온의 계절적 변화

http://goo.gl/Lv1cl

2015년 살인적인 열파

▶ Redina L. Herman, 웨스턴일리노이대학교

열파(heat wave)는 지구의 살인적인 자연재해이다. 열파는 비정상적으로 높은 기온이 지속되면서 매년 수천 명의 목숨을 빼앗아 간다. 열파는 빈곤층, 노년층, 야외 작업자에게 특히 영향을 미친다. 열파는 지구의 여러 지역에서 발생하지만, 사망자 수는 개발도상국에서 더 많이 나타난다.

인도 : 인도는 매년 우기('몬순') 전에 열파를 경험한다. 인도의 지리는 높은 산지에 의해 고위도에서 이동하는 북동쪽의 찬 공기가 차단되기 때문에 특히 열파에 민감하다. 2015년 여름에 인도의 몬순은 엘니뇨의 영향으로 일주일 반이 연기되었다(대기와 해양에 대한 엘니뇨의 영향은 제5장 참조). 우기가 늦어져 기온은 48℃, 체감온도는 68℃ 이상까지 상승하면서, 5월 중순에서 6월 중순까지 2,500명의 사망자가 발생하여 전 세계에서 열파 사망자 수 5위를 기록했다(그림 4-C).

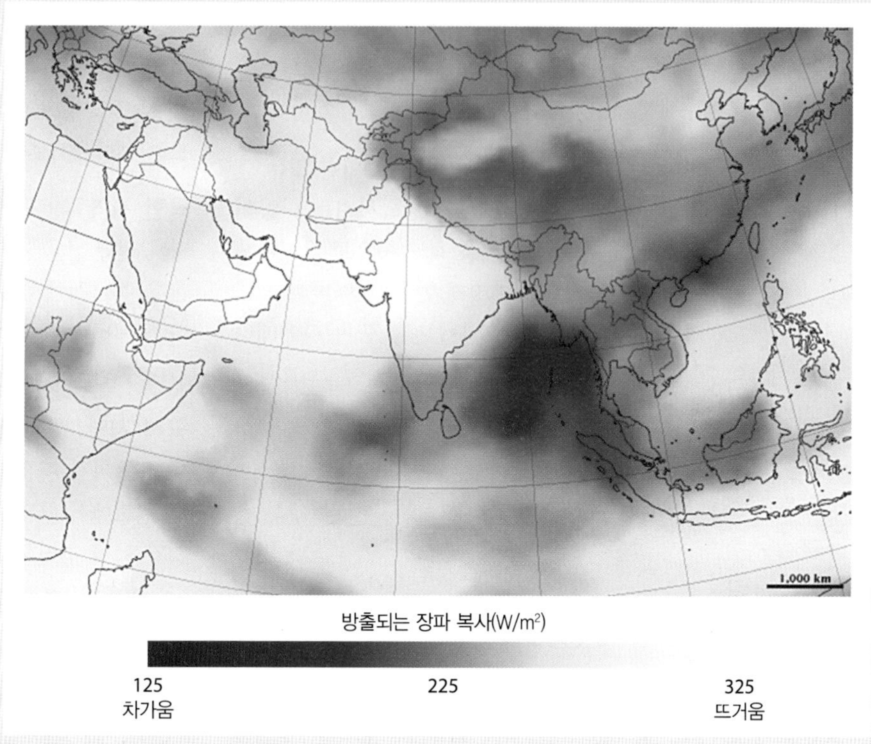

▲그림 4-C 2015년 5월 방출된 장파 복사의 위성 관측. NASA의 테라 위성은 광범위하게 퍼진 인도 열파의 모습을 제공하였다. 표면이 뜨거울수록 더 많은 장파 복사가 방출된다.

파키스탄 : 2015년 6월 하순에 파키스탄에서는 기온이 49℃ 이상을 기록했다. 탈수와 열사병으로 2,000명 이상이 사망하였다. 이 열파는 무슬림이 주간에 음식과 음료를 자제하는 라마단 기간 중에 발생하였다. 전기 송전선이 파괴되면서 에어컨, 선풍기, 물 펌프에 전기 공급이 어려워지면서 상황이 더욱 악화되었다.

다른 지역 : 2015년 7월 하순에 페르시아만에서는 아열대 고기압 시스템에서 하강하는 가열된 공기가 계속 발생하였다. 이 열파는 아랍에미리트, 카타르, 사우디아라비아, 쿠웨이트, 이라크(그림 4-D), 이란에 영향을 미쳤다. 이란의 기온은 52℃, 체감온도는 73℃ 이상이었다. 독일, 프랑스, 네덜란드, 영국, 스위스, 일본 등지에도 짧은 기간 동안이었지만 열파가 나타났고, 기온 기록이 갱신되었다.

특정 지역에서는 인간의 영향으로 열파의 발생 가능성이 2배 이상 높아졌다. 기후 변화에 관한 정부간 협의체(IPCC)의 *제5차 평가보고서*에 따르면, 열파는 미래에 더 길어지고 더 빈번하며 더 넓은 범위에서 발생한다고 하였다. 2050년대에는 열과 관련한 사망이 3배 증가할 것이다.

▲그림 4-D 2015년 7월 30일 이라크의 바그다드 시내에서 온도계가 50℃ 이상을 나타내고 있다.

질문

1. 열파란 무엇인가?
2. 열파는 왜 치명적인가?

위성에 의한 지구 표면 온도의 측정

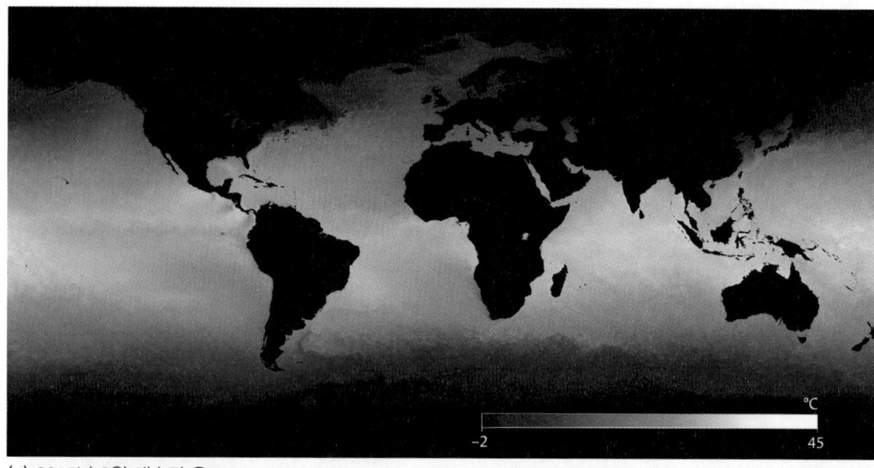

(a) 2015년 3월 해수면 온도

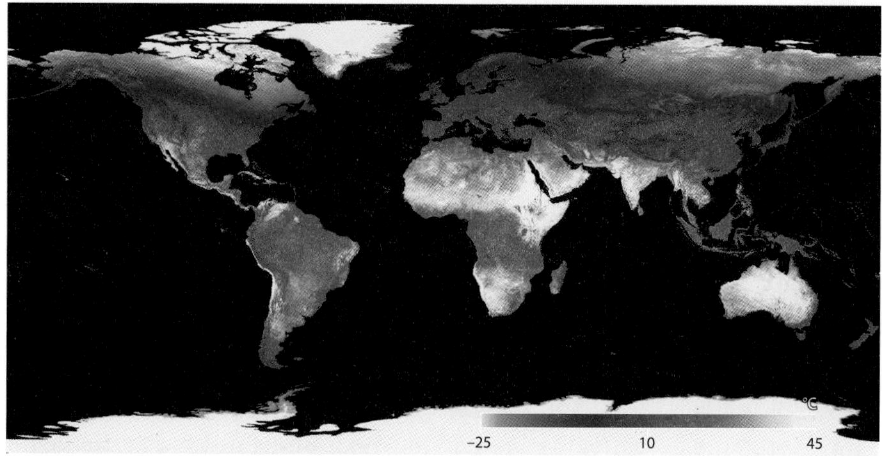

(b) 2015년 3월 주간의 지표면 온도

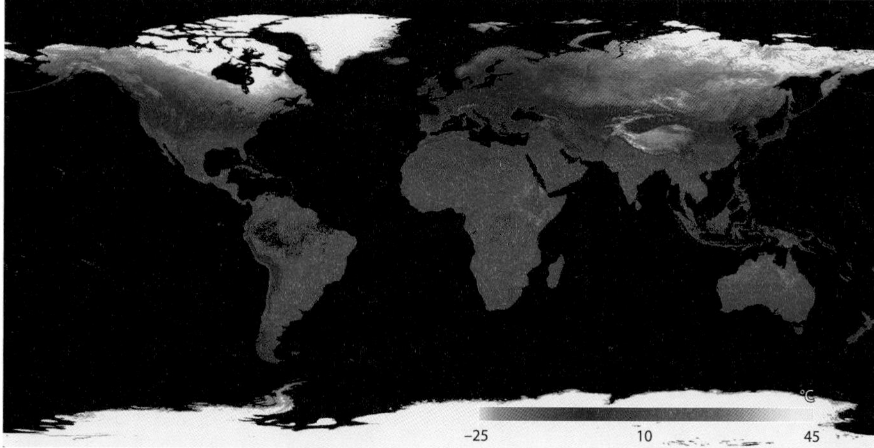

(c) 2015년 3월 야간의 지표면 온도

▲**그림 4-E** (a) NASA의 아쿠아 위성에 탑재된 MODIS에서 관측된 2015년 3월의 지구 해수면 온도. 어두운 파란색은 가장 차가운 수면(-2℃), 흰색은 가장 뜨거운 수면(45℃)을 나타낸다. (b) NASA의 테라 위성에 탑재된 MODIS에서 관측된 2015년 3월 주간의 지표면 온도. 밝은 파란색은 가장 차가운 지표면(-25℃), 밝은 노란색은 가장 뜨거운 지표면(45℃)이다. (c) 테라 위성에서 관측된 2015년 3월 야간의 지표면 온도

원격탐사가 발달하기 전에 과학자들은 이러한 자료를 수집하기 위해 선박이나 부표 그리고 특히 해양 지역에 있어 적용 범위에 큰 차이가 존재하는 지표상에 위치한 측정 기구에 의존하였다. 그러나 현재의 과학자들은 NASA의 아쿠아 위성과 테라 위성에 탑재된 중간 해상도 영상 분광계 센서(MODIS)를 사용하여 지구의 표면 기온 데이터를 수집한다. 대기에서의 흡수·산란과 같은 요인들을 보정하기 위해서 컴퓨터 알고리즘을 사용하면, 과학자들은 방출되는 열적외 복사의 측정을 통해 해양과 육지의 '표면' 온도를 추정할 수 있다.

해수면 온도 : 해수면 온도(SST, **그림 4-E-a**)는 해양에서 발생하는 기단의 기온, 이 기단이 통과하는 대륙 지역의 기상뿐만 아니라 허리케인(제7장에서 논의)과 같은 폭풍의 강도에도 영향을 준다. SST의 규칙적인 관측은 과학자들이 엘니뇨와 라니냐(제5장에서 논의)의 발생을 예견하는 데에도 도움을 주고, 장기간 동안의 지구 환경 변화에 대한 중요한 정보를 제공해 준다.

육지 온도 : 위성에서 얻어진 육지의 낮과 밤 온도(**그림 4-E-b, 4-E-c**)는 지표 위의 기온이 아니라 지표면 온도로 측정된다. 높은 태양 고도와 적은 운량으로 인해 북반구의 아열대 및 중위도 사막에서는 낮 시간에 높은 지표면 온도가 나타난다. 이들 지역의 경우 히말라야와 같은 높은 고도의 산지 지역처럼 밤에는 많이 냉각되는데, 이 지역의 대기 두께가 얇아 밤에 급격한 열 손실이 일어나기 때문이다.

질문

1. 세계에서 적도의 물은 모두 따뜻한가? 패턴은 어떠한가?
2. 남아메리카에서 하루 동안 가장 차가운 지역이 어디이고 왜 그런가?
3. 아프리카의 북부, 적도, 남부 지역 중 하루 동안 좀 더 차가운 곳은 어디이고 왜 그런가?

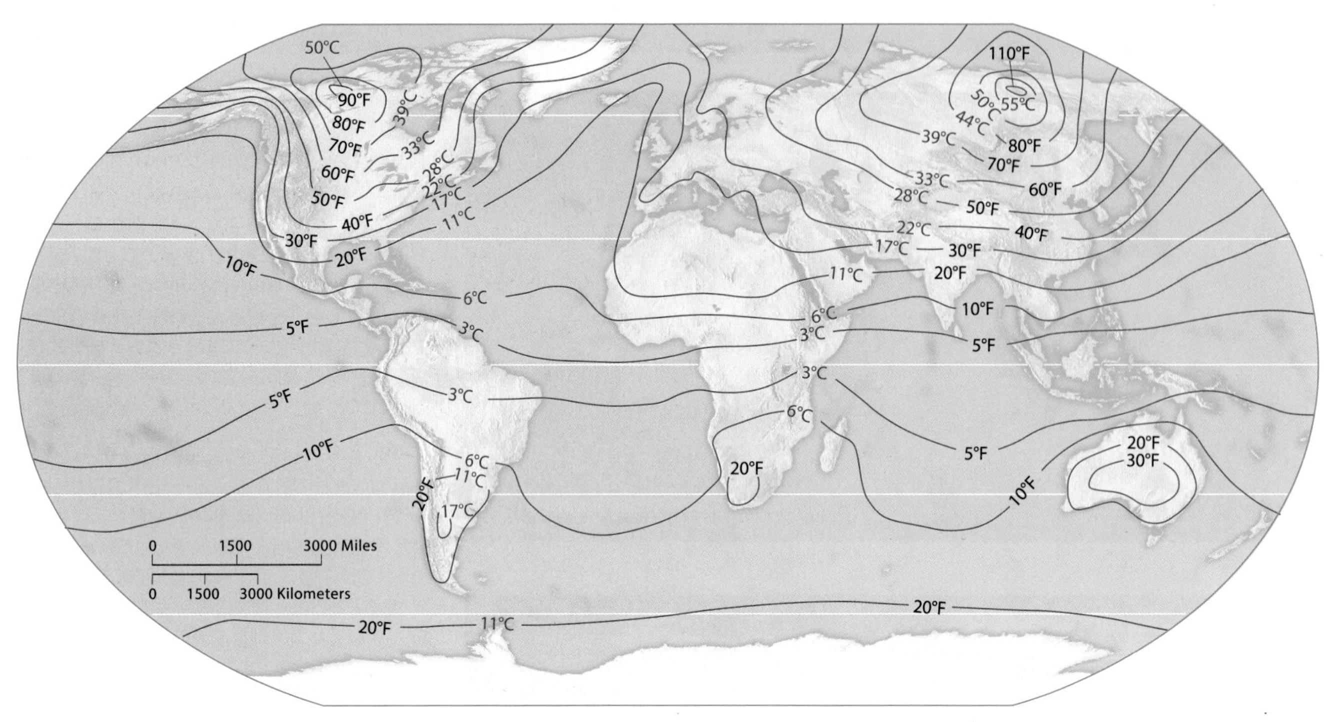

▲그림 4-33 세계의 연교차 패턴. 고위도 대륙 내부에서 연교차가 가장 크다.

연교차

지구의 기온 패턴을 이해하는 데 유용한 또 다른 지도는 연교차를 표현한 지도이다(그림 4-33). **연교차**(average annual temperature range)는 최난월 평균 기온과 최한월 평균 기온, 즉 대체로 1월과 7월 평균 기온의 차이이다. 기온의 계절적 변화는 고위도의 대륙 내부 지역에서 매우 크게 나타나며, 동위도의 해양보다 대륙 지역이 대체로 큰 범위의 계절적 변화를 경험한다. 반대로, 열대 지역, 특히 열대 해양 지역은 계절에 따른 평균 기온 변동이 아주 작다.

반구별 차이 : 그림 4-33과 같이 해양은 연교차를 감소시키는 데 명확한 영향을 미친다. 북반구는 육지의 면적이 39%로서 '육반구'로도 불리며, 남반구는 육지의 면적이 19%로서 '수반구'로 불린다. 육반구는 수반구보다 전체적으로 연간 기온의 변화가 크게 나타난다.

학습 체크 4-14 세계에서 연교차가 매우 작은 지역은 어떤 곳이며, 매우 큰 지역은 어떤 곳인가?

지구 온도의 측정

20세기 후반까지 온도는 주로 지표에서 도구를 이용해 측정되었다. 따라서 해양의 대부분 지역과 대륙의 접근이 어려운 지역은 측정되지 않았다. 그래서 최근에 과학자들은 표면의 온도 자료를 획득하기 위해서 인공위성을 사용하여 대기와 해양의 온도 패턴을 분석하고 있다. "포커스 : 위성에 의한 지구 표면 온도의 측정"을 참조하라.

도시 열섬

장기간의 기온 기록을 토대로 할 때, 도시 지역은 농촌 지역보다 더 따뜻하다. 이러한 도시 지역의 기온 상승은 **도시 열섬효과**(Urban Heat Island effect, UHI)로 알려져 있다. 도시 열섬효과는 건물이 우주로의 장파 복사 손실을 방해하고 지표의 따뜻한 공기와 상부의 찬 공기의 혼합을 억제하기 때문에 야간의 냉각이 감소하는 결과로 나타나는 것이다. 도시 지역의 낮은 알베도(즉, 높은 일사 흡수량)도 중요한 역할을 한다.

미국환경보호청(EPA)은 100만 명 규모의 도시 내부 기온이 주변 농촌 지역보다 대체로 1~3℃ 더 높고, 야간에는 더 큰 차이를 보인다고 평가했다. 한편 최근의 어떤 연구 결과에서는 도시와 주변 농촌 지역의 기온 차이가 약 0.9℃ 이하로서 도시 열섬효과가 이전보다 감소하였다고 발표되었다.

또한 도시 지역의 기온과 강수(그리고 도시 내부로 부는 바람)는 산업과 기타 인간 활동에 의해 방출된 에어로졸의 농도 증가에 의한 영향으로 나타나는 것이다.

기후 변화와 지구온난화

이 장의 앞에서 언급했듯이, '자연적' 온실효과는 초기 대기가 형성된 이후부터 지구에서 살아가는 생명체들의 삶의 근본이었다. 온실효과가 없다면 지구는 현재보다 약 33℃ 낮은 얼음 덩어리일 것이다. 온실효과는 지난 40년 동안 미디어와 일반 대중들의 상당한 관심을 받았다. 지표의 기상 관측소와 선박, 부이, 기구, 위성, 빙하 시추 그리고 다른 고기후학적 자료로부터 획득한 데이

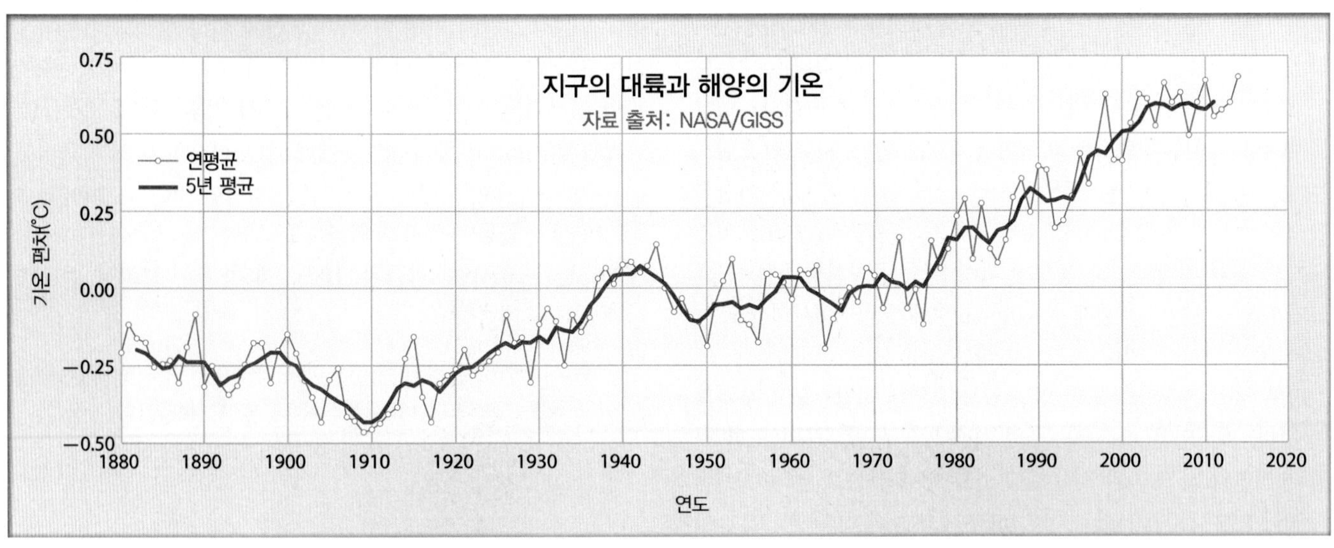

▲그림 4-34 1880~2014년까지의 대륙과 해양을 포함한 지구 평균 기온. 그래프의 세로축에는 1951~1980년까지의 평균 기온에 대한 상대적인 기온 차이를 나타냈다. 빨간색 선은 기온의 추세선이다.

터는 지구의 기후가 점점 따뜻해지고 있음을 나타낸다. 이러한 온난화 경향이 **지구온난화**(global warming)로 대중들에게 알려지게 되었다.

지난 세기의 기온 변화

20세기 동안, 지구의 평균 기온은 0.78℃ 이상 상승하였으며, 20세기의 마지막 25년 동안에는 기온이 0.2~0.3℃ 상승하였다(그림 4-34). 지난 100년 동안의 이러한 기온 상승은 적어도 지난 1,000년의 기간 중 다른 어느 세기보다 확실히 더 많이 증가하였으며, 지난 30년간의 기온 상승률은 지난 80만 년 동안의 어느 시기보다 높다. 그리고 기온 측정이 시작된 1880년 전 이후부터 가장 기온이 높았던 시기가 지난 20년간이며, 가장 기온이 높았던 10번의 시기 중 9번이 2002년 이후에 나타났고 2015년은 관측 기록상 가장 기온이 높았다.

지구 기온에 대한 직접적인 측정 기구가 발달한 것이 얼마 되지 않기 때문에, 과거의 기온은 극 지방의 빙하 시추 코어, 해양 퇴적물, 화분 분석 자료와 같은 '대리(proxy)' 측정으로 계산된 것이다(대리 측정은 제8장에서 논의된다). 비록 이런 계산에는 한계가 있지만 분명한 지구온난화의 증거들이라 할 수 있다.

온실가스 농도의 증가

지구온난화의 원인은 인간 활동에 의해 강화된 온실효과(human-enhanced greenhouse effect)임이 분명해졌다. 1700년대 중반부터 산업화가 시작된 이후로 인간 활동은 대기권 내에 이산화탄소, 메테인, 대류권 오존, 염화불화탄소(CFCs)와 같은 온실가스의 농도를 증가시켰다. 대기권 내에서 온실가스가 증가함에 따라 대기권 하부에 지표 복사가 더 많이 흡수되었고, 따라서 지구의 기온이 상승하고 있다.

애니메이션 MG
지구온난화

http://goo.gl/cTHCHK

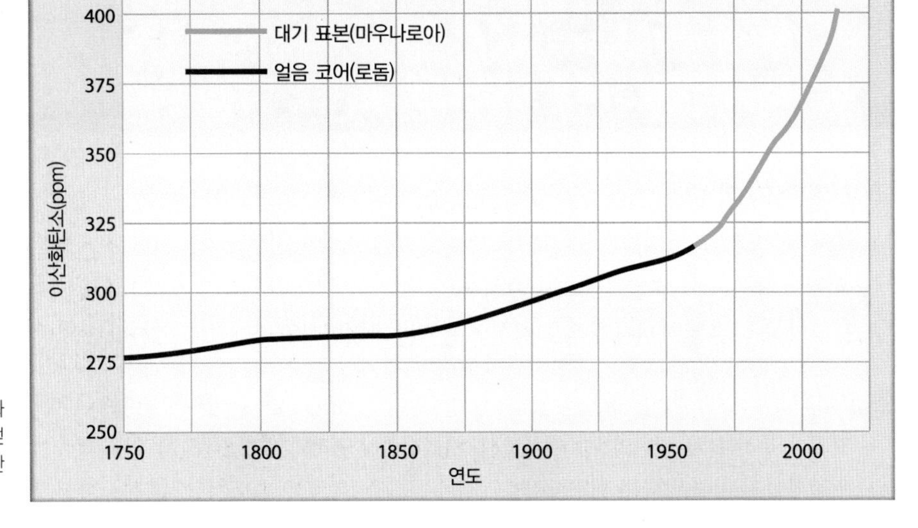

▶그림 4-35 1750~2015년까지의 대기권 내 이산화탄소의 농도 변화. 남색은 남극 로돔의 얼음 코어에서 얻어진 값이며, 하늘색은 하와이의 마우나로아에서 측정한 값이다.

이산화탄소(CO_2)는 인간 활동에 의해 강화된 온실효과에 있어 약 65%의 비중을 차지하는 것으로 추정된다. 이산화탄소의 농도는 1700년대 중반에 시작된 산업혁명 이후에 급격히 증가하였다(그림 4-35). 이산화탄소는 석탄이나 석유와 같이 탄소를 포함하는 물질의 연소 시에 발생하는 주요 부산물이다. 대기 중 이산화탄소의 농도가 약 280ppm이었던 것으로 추정되는 1750년 이후 대기권 내의 이산화탄소 농도는 40% 이상 증가하였다. 최근의 고기후학적 데이터는 현재 약 401ppm인 대기권의 이산화탄소 농도가 80만 년 동안 가장 높은 수치라는 것을 보여 준다.

다른 많은 온실가스 또한 인간 활동에 의해 대기권으로 부가되어 왔다. 메테인은 가축 사육, 벼 재배에 의해 발생하며 또한 산림과 천연가스, 석탄과 석유가 연소할 때 부산물로 발생하는데, 1750년 이후 150%가 증가하여 100년 동안 CO_2보다 약 25배 이상으로 온실가스 중 가장 높았다. 화학비료와 자동차 배기가스로 발생하는 아산화질소(N_2O)는 1750년 이후 20% 증가하였다. N_2O의 1개 분자는 CO_2의 200개 분자보다 온실효과에 더 큰 영향을 미친다. 화학 합성물인 염화불화탄소(CFCs)는 냉각제와 스프레이의 압축 가스로 1990년대까지 광범위하게 사용되었다(대기권 내 오존 감소에 있어 CFCs의 중요성을 논의했던 제3장 참조). 이러한 수많은 기체들은 대기권에서의 기온 증가율을 가속시키고 있다.

온실가스 농도 증가, 특히 이산화탄소 농도의 증가는 측정된 지구 평균 기온의 증가와 상관성이 크다. 즉, CO_2가 증가하면 지구 평균 기온이 올라간다.

기후 변화에 관한 정부간 협의체(IPCC)

기후는 인간 활동에 상관없이 빙기와 간빙기의 빈번한 자연적 변동을 경험한다는 것은 잘 알려진 사실이다. 그러나 전부는 아니라도 인위적(인간에 의해 야기된) 요인에 의해 현재의 기온이 증가하고 있다는 것을 나타내는 증거들이 존재한다. 기후 변화에 관한 정부간 협의체(IPCC)는 전 지구적 기후 변화를 평가하는 대기과학자들과 정책 분석자들에게 매우 중요한 국제 기구이다. (기후 변화에 대한 수년간의 노력을 인정받아 IPCC는 2007년 노벨 평화상의 공동 수상자가 되었다.)

2013년과 2014년에 발표된 「IPCC 제5차 평가 보고서」는 분명하게 결론을 내렸다.

> 기후 시스템의 온난화는 분명하며, 1950년 이후 관측된 수많은 변화들은 수십 년에서 수천 년 동안 전례 없던 것이다. 대기와 해양은 뜨거워졌고 많은 양의 눈과 얼음이 감소하였으며 해수면은 상승하였다.

IPCC는 기후 변화의 원인에 대해 다음과 같이 결론을 내렸다.

> 1951년부터 2010년까지 관측된 지구 평균 기온 상승의 절반 이상은 '거의 확실하게'(95% 이상의 확률) 온실가스 농도 증가와 기타 인간 활동에 의해 야기된 것이다.

기후 시스템 내의 수많은 순환 시스템 때문에 개괄적인 설명으로는 지구온난화의 원인과 의미를 이해하기 쉽지 않다. 기상과 기후 과정에 대한 이해를 높인 후에 다음 장에서 지구온난화를 포함한 지구 환경 변화의 자연적 그리고 인위적 측면 모두를 세부적이고 심도 있게 설명할 것이다.

학습 체크 4-15 지난 세기 동안 지구 온도 증가의 원인이 되는 인간의 활동은 무엇인가?

제 4 장 학습내용 평가

이 장을 학습했다면 다음 질문에 대한 답을 찾아보자. 이 장의 학습내용에 대한 주요 용어는 진한 글씨로 표시되어 있다. 이 용어의 정의는 이 책 뒷부분에 제공된 별도의 용어해설에 나와 있다.

주요 용어와 개념

에너지, 열, 온도

1. **열**(열적 에너지)과 **온도**의 차이는 무엇인가?
2. 물질의 내부 **운동 에너지**와 온도 사이의 관계는 무엇인가?

태양에너지

3. **전자기 복사**(복사 에너지) 중 **가시광선**, **자외선**(UV), **적외선**, **열적외선**에 대해 간략히 설명하라.
4. **전자기 스펙트럼** 중 **단파 복사**와 **장파 복사**(**지구 복사**)를 대조하여 설명하라.
5. **일사**란 무엇인가?

대기에서의 가열과 냉각의 기본 과정

6. 전자기 에너지와 관련된 **복사**(**방사**), **흡수**, **반사**, **투과**의 과정을 대조하여 설명하라.

7. 전자기 복사의 흡수로 인해 물체의 온도에 어떤 현상이 발생하는가?
8. **알베도**(지구 반사율)는 무엇인가?
9. 반사와 **산란**은 어떻게 다른가?
10. 가장 중요한 자연적 **온실가스** 두 가지를 가지고 대기에서의 **온실효과**를 설명하라.
11. **전도**와 **대류**의 차이점은 무엇인가?
12. 전도는 따뜻한 표면과 차가운 표면 위의 공기 온도에 어떻게 영향을 주는가?
13. **대류 세포** 내에서의 공기 이동 패턴을 설명하라.
14. 대기에서의 **이류**를 간략히 설명하라.
15. **단열 냉각**을 일으키는 팽창과 **단열 승온**을 일으키는 압축은 어떻게 일어나는가?
16. 상승하는 공기와 하강하는 공기의 기온은 얼마나 그리고 왜 변화하는가?
17. **잠열**은 무엇인가?

지구의 태양 복사 수지

18. 유입되는 태양 복사 중에서 지구에서 반사와 산란되어 사라지는 것은 약 몇 %인가?
19. 유입되는 태양 복사 중에서 대기를 통과하여 지표에 흡수되는 것은 약 몇 %인가?
20. 태양에 의해 대류권이 어떻게 가열되는지 간략히 설명하라.

위도와 계절에 따른 일사의 변화

21. 태양광선 **입사각**의 의미는 무엇인가?
22. 태양에 의해 지구의 위도에 따라 불균등한 가열이 나타나는 이유를 설명하라.

수륙의 온도 차이

23. 물질의 가열에 **비열**은 어떻게 영향을 주는가?
24. 땅은 왜 물보다 빨리 뜨거워지고 그 범위가 큰지 설명하라.
25. 땅은 왜 물보다 빨리 차가워지고 그 범위가 큰지 설명하라.

지구의 에너지 이동 메커니즘

26. 세계에서 에너지 이동의 두 가지 중요한 메커니즘은 무엇인가?
27. 중위도 대륙 서안을 따라 흐르는 해류와 대륙 동안을 따라 흐르는 해류의 수온은 어떠한가?
28. 세계의 주요 대양 경계를 흐르는 해류(**아열대 환류**)의 기본 패턴을 '난류'와 '한류'의 구분을 포함해서 설명하라. 여러분은 백지도에 주요 해류의 이동 방향과 수온을 구분해서 표현할 수 있을 것이다.
29. **용승**과 그 원인을 설명하라.

수직적 온도 패턴

30. **환경 기온 감률**의 의미는 무엇인가?
31. 대류권에서 **평균 기온 감률**은 얼마인가?
32. **기온 역전**이란 무엇인가?
33. 복사 역전과 이류 역전의 차이는 무엇인가?

지구의 온도 패턴

34. **등온선**이란 무엇인가?
35. 세계에서 **연교차**가 가장 큰 곳과 연교차가 가장 작은 곳은 어디이며, 그 이유는 무엇인가?
36. **도시 열섬효과**는 무엇인가?

기후 변화와 지구온난화

37. **지구온난화**의 의미는 무엇인가?
38. 인간은 자연적 온실효과를 얼마나 강화시켰는가?

학습내용 질문

1. 하늘은 왜 파란가? 그리고 일몰 때 하늘은 왜 주황색이나 붉은색을 띠는가?
2. 왜 **증발**은 냉각 과정이고, **응결**은 승온 과정인가?
3. 대류권에서 해발고도가 상승함에 따라 기온이 하강하는 일반적인 이유는 무엇인가?
4. "대기는 대부분 태양에 의해 직접적으로 가열되는 것이 아니라 지표에 의해 가열된다."라는 진술의 타당성을 논하라.
5. 온실가스의 농도가 크게 '감소'한다면, 지구 기온에는 어떤 변화가 나타날 것이며, 왜 그런가?
6. 열대 지역보다 고위도 지역에서 계절적 기온 차이가 더 큰 이유는 무엇인가?
7. 가장 더운 곳과 가장 추운 곳은 왜 바다가 아닌 육지에서 나타나는가?
8. 대기와 해양의 순환에 의한 에너지 이동이 없다면 지구의 기온 패턴은 어떻게 변화하는가?
9. 1월 해수면 평균 기온과 7월 해수면 평균 기온을 나타낸 등온선도(그림 4-30, 4-31)를 이용해서 지구의 기온 패턴에 대한 위도, 계절, 수륙 분포, 해류의 영향을 설명하라. 예를 들어 다음의 등온선이 위도에 따라 변화하는 이유를 설명하라.
   - 북반구의 1월 −1℃ 등온선
   - 북반구의 7월 21℃ 등온선

연습 문제

1. 아래의 섭씨와 화씨 온도 단위를 변환하라.
   a. 15℃ = __________ °F
   b. −30℃ = __________ °F
   c. 102°F = __________ ℃
   d. 5°F = __________ ℃
2. 해수면에서 공기가 25℃라면, 평균기온감률을 적용할 때 고도 5,000m인 산 정상에서의 온도는 얼마인가?
   __________ ℃
3. 36,000피트를 비행하는 제트기의 바깥 온도가 −40°F라면, 평균기온감률을 적용할 때 해수면에서의 온도는 얼마인가?
   __________ °F
4. 온도가 20℃인 물 1g과 토양 1g이 있다. 만약 여기에 5cal의 열을 공급한다면, 물과 토양의 온도는 약 몇 도가 될까?

환경 분석 우주에서 본 지구 표면 온도

데이터 MG
표면 온도

https://goo.gl/m2F6tt

극궤도 위성은 온도 자료를 획득하는 기후 연구에 이용된다. NASA의 Worldview 툴을 통해 우리는 표면 온도를 통제하는 메커니즘을 분석하기 위한 자료를 사용할 수 있다.

활동

https://earthdata.nasa.gov/labs/worldview에 접속하여 "Take Tour"를 클릭한 뒤 자료를 확인하는 방법을 습득하라. 그다음 왼쪽에 있는 "OVERLAYS"에서 "Place Labels"의 눈 모양 아이콘을 눌러 활성화시킨 뒤, "Add Layers" 버튼을 눌러 그중에서 "Latitude-Longitude Line"을 선택하여 레이어를 추가한다. 그런 다음 하단에 있는 타임라인을 일(DAYS)에서 월(MONTHS)로 바꾸고 매년 달마다의 차이를 확인하라.

1. 초기 화면은 구름 피복과 육지의 색을 나타낸다. 완전히 흰색으로 나타나는 지역은 어디인가? 그곳의 온도는 어떻게 될까?
2. 항상 구름이 거의 없는 지역은 어디인가? 그곳의 온도는 어떻게 될까?

다시 "Add Layers" 버튼을 눌러 그중에서 "Land Surface Temperature (Day) Terra/Modis"를 선택하여 레이어로 추가한 뒤, 기존의 "Corrected Reflectance (True Color)" 기본 레이어들을 숨기라. 온도 단위 조정을 위해 "Active Layers" 아이콘을 선택하라. 온도는 켈빈 단위이다(그림 4-2 참조).

3. 전 세계를 보기 위해 줌아웃하고, 가장 최근의 2월과 8월 지표 온도를 선택하라. 2월과 8월 사이의 차이가 가장 적은 곳은 어디이고 왜 그런가?
4. 2월과 8월 사이의 지표 온도 차이가 가장 큰 곳은 어디이고 왜 그런가?

"Sea Surface Temperature" 레이어를 추가하고, "Land Surface Temperature (Day) Terra/Modis" 레이어를 감추라.

5. 가장 최근의 2월과 8월의 해수면 온도를 선택하라. 북반구 해양은 2월과 8월 중 언제 더 따뜻하고 왜 그런가?
6. 남반구 해양은 2월과 8월 중 언제 더 따뜻하고 왜 그런가?

"Land Surface Temperature (Day) Terra/Modis" 레이어를 다시 켜고 가장 최근의 시기를 선택하라. "Land Surface Temperature (Night)" 레이어를 추가하고 미국 서해안을 줌인하라.

7. 주간과 야간의 지표 온도를 선택하라. 해양이 육지보다 더 덥거나 차가운 때는 주간인가, 야간인가? 왜 그런가?

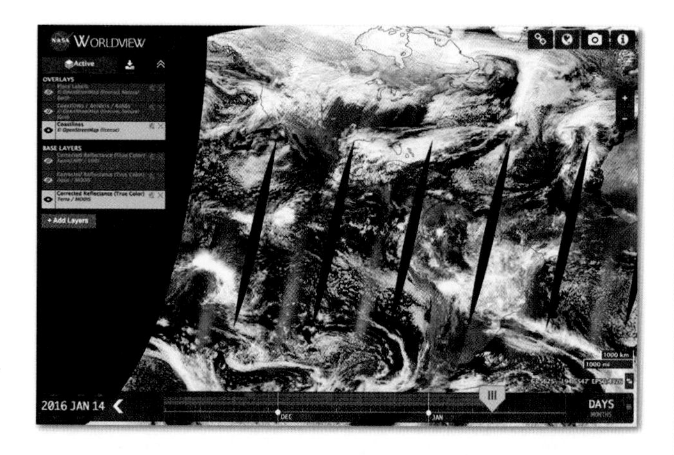

지리적으로 바라보기

이 장의 앞에 소개된 바베이도스의 일몰 사진을 보라. 낮 동안에 온도가 더 상승하는 곳은 육지인가, 바다인가? 왜 그런가? 일몰 이후에 온도가 더 하강하는 곳은 육지인가, 바다인가? 사진에서 하늘의 색은 무엇인가? 정오의 색과는 어떻게 다르고 왜 그런가?

5

지리적으로 바라보기

강한 바람과 높은 파도가 2014년 2월 밸런타인데이 동안 영국 코니시 해안을 따라 포스레번 마을을 난타하고 있다. 이날 이곳의 파고뿐만 아니라 바람이 예외적으로 강하다고 할 수 있는 무엇을 볼 수 있는가? 파도가 해안에 다다를 때 바람은 어떻게 파도의 모습에 영향을 미치고 있는가?

기압과 바람

바람이 왜 부는지 궁금했던 적이 있는가? 어떤 면에서 대답은 간단하다. 바람은 고기압 지역에서 저기압 지역으로 움직이는 공기이다. 그러나 우리가 이 장에서 보듯이, 왜 기압 차이가 만들어지며, 정확히 공기가 이러한 서로 다른 지역들 간에 어떻게 움직이는지에 대해 이해하는 것은 긴 설명을 요구한다.

기압은 우리가 이해하기에 어려운 기상과 기후 요소이다. 우리는 다른 세 가지 기후 요소, 즉 온도, 바람, 수증기를 좀 더 쉽게 이해하고 있다. 왜냐하면 우리는 따뜻함, 공기의 움직임, 수증기를 느끼기 때문이다. 그렇지만 우리의 몸은 대기의 중요한 변화를 좌우하는 기압의 상대적인 작은 변화들을 잘 느끼지 못한다. 우리는 귀의 안과 밖의 기압차로 귀를 터뜨리게 하는 엘리베이터나 비행기 안에서와 같이 빠른 수직적인 움직임을 경험할 때만 흔히 기압의 변화를 알게 된다.

잘 인지하지는 못하지만 기압은 다른 기상 요소들에 작용하고 반응하면서 매우 밀접하게 연계되어 있다. 기압의 변화는 바람을 좌우하기 때문에 이 장에서도 기압과 바람은 흔히 함께 이야기된다. 대기의 움직임과 바람과 기압의 전 지구적 순환 패턴은 몇 가지 주요한 지구 시스템의 구성요소이다. 대기대순환은 태양에너지 유입의 결과일 뿐만 아니라 에너지 전달 그 자체의 핵심적인 메커니즘 중 하나이다. 더 나아가 바람과 기압 패턴은 '수문학적 순환', 즉 (제6장과 9장에서 다루어지는) 지구상 물의 체계적인 움직임의 핵심적인 양상이기도 하다.

이 장의 내용을 배우면서 생각해야 할 주요 질문은 다음과 같다.

- 고기압과 저기압 지역은 어떻게 만들어지는가?
- 무엇이 바람이 부는 방향을 결정하는가?
- 바람과 기압의 전 지구적 패턴은 무엇이며, 어떻게 형성되는가?
- 몬순은 무엇이며 어떻게 형성되는가?
- 엘니뇨는 무엇인가?

기압과 바람이 경관에 미치는 영향

기압이 경관에 미치는 영향은 간접적이지만 상당하다. 기압 변화에 반응하는 바람은 고체 분진(particle)을 이동시키는 에너지를 가지고 있다. 바람은 식생을 휘어지게 하고, 느슨한 먼지나 모래를 한 장소에서 다른 장소로 이동시킨다. 이러한 결과들은 대개 일시적이지만, 기압과 바람은 날씨와 기후의 주요한 요소이다. 우리는 기압과 바람의 다른 대기 요소들과 프로세스들과의 상호작용을 간과할 수 없다.

기압의 속성

기체분자는 고체분자나 액체분자와는 달리 서로 강하게 결속되어 있는 것은 아니다. 대신 분자들 간에 또는 그것들이 노출되어 있는 지표에 자주 부딪히면서 계속 움직이고 있다. 그림 5-1에서와 같이 기체가 어떤 용기에 채워져 있다고 하자. 기체분자들은 용기 안에서 돌아다니고 반복해서 벽과 부딪힌다. 그 기체의 압력은 그 기체가 용기의 벽에 주는 힘이다.

대기는 질량을 가지고 있는 기체들로 구성되어 있다. 대기는 이 질량이 중력에 의해 지구 방향으로 잡아당겨지기 때문에 무게를 가지게 된다. **기압**(atmospheric pressure)은 이러한 기체분자들의 무게가 여러분들을 포함한 지구 표면이나 다른 물체의 단위 면적에 작용하는 힘이다. 해수면 대기에 의해 발휘되는 압력('무게')은 14.7파운드/인치^2 정도이다. 국제 표준 단위체계로는 1cm^{2}당 약 10뉴턴(N, 뉴턴은 1kg 물질을 1초/1초당 1m 움직이는 데 필요한 힘이다)[1]이다. 이 값은 여러분들이 지구와 지구의 중력이 잡아당기는 힘으로부터 멀어질수록 기체분자들이 대기 중에 덜 나타나기 때문에 고도가 증가함에 따라 감소한다.

대기는 접촉하는 모든 표면에 압력을 발휘한다. 압력은 모든 방향(위, 아래, 옆, 대각선)으로 동일하게 작용한다. 해수면에서 모든 노출된 cm^{2}의 표면(동물, 식물, 광물)은 기압에 종속되어 있다(그림 5-2). 우리의 몸은 압축되어 있지 않은 고체와 액체들과 주변 대기와 같은 압력하에 있는 공간 속에 있기 때문에 늘상 있는 압력에 민감하지 않다. 다시 말해서 우리 체내에서 밖으로 작용하는 압력과 안으로 작용하는 압력 사이에는 정확한 균형을 이루고 있다.

학습 체크 5-1 기압이 고도에 따라 감소하는 이유를 설명하라.

1 '1초/1초'란 문구는 이상하게 보일지 모르지만 뉴턴은 물질이 움직이게 하는 데 요구되는 힘을 나타낸다. 다시 말해 속도나 방향을 변화시키는 데 요구되는 힘이다. 그러므로, 뉴턴은 속도가 아니라 변화율을 나타낸다.

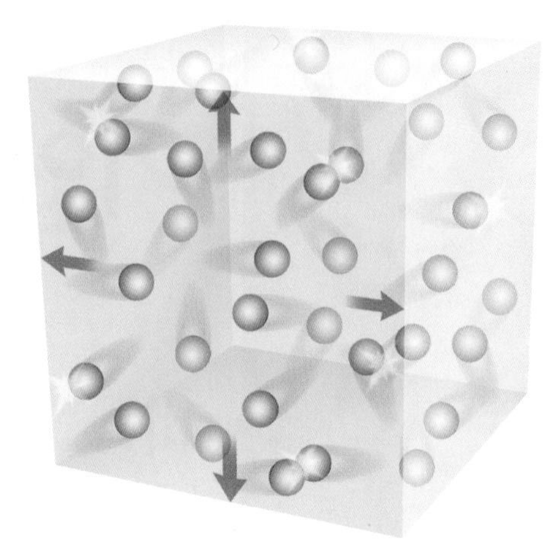

▲그림 5-1 기체분자들은 항상 운동한다. 이 폐쇄된 용기 안에서 기체분자들은 서로 또는 용기의 벽과 충돌하면서 주위를 돌아다닌다. 이와 같이 충돌하는 힘은 그 기체에 의해 발휘되는 압력을 만들어 낸다.

기압에 영향을 주는 요인

기체의 압력, 온도, 밀도는 모두 관련되어 있다. 이러한 변수들 중 하나가 변하면 다른 두 변수의 변화를 야기시킬 수 있다.

이상기체 법칙 : 압력, 온도, 밀도 간 관련성은 이상기체 법칙(ideal gas law)이라고 불리는 방정식으로 요약될 수 있다.

$$P = \rho RT$$

여기에서 P는 압력, 로(ρ)는 밀도, R은 비례상수, T는 온도이다. 즉, 이 방정식은 밀도가 일정하게 유지되지만 온도(T)가 증가하면 압력(P)이 증가할 것이고, 온도(T)가 일정하게 유지되지만 밀도(ρ)가 증가하면 압력은 증가할 것이라는 것을 말해 준다.

닫힌 용기(예 : 꽉 봉인된 병)에서 압력, 온도, 밀도 간의 관련성은 매우 뚜렷하다. 그러나 대기는 닫힌 용기가 아니다. 이러한 변수들은 일정할 수가 없다. 그래서 원인과 결과의 관련성은 상당히 복잡하다. 그러나 압력이 밀도, 온도 그리고 공기의 연직 이동에 따라 어떻게 변하는지 살펴보는 것은 도움을 줄 것이다.

▼그림 5-2 왼쪽에 있는 빈 플라스틱 통을 가지고 3,030m 고도에서 뚜껑을 연 후 완전히 봉인하였다. 이 병을 해수면 고도로 가져왔을 때 주위의 더 높은 기압이 부분적으로 통을 찌그러뜨렸다. 오른쪽에 있는 통은 해수면 고도의 공기를 담고 있다.

밀도와 압력의 관련성 : 밀도는 단위 부피당 물질의 질량이다. 예를 들어 여러분들이 1m로 된 10kg의 육면체를 가지고 있다면, 그 물질의 밀도는 10kg/m^{3}이다. 고체물질의 밀도는 지구나 달 또는 우주에서 동일하다. 액체의 밀도는 장소마다 약간 달라지지만 기체의 밀도는 위치에 따라서 상당히 달라진다. 기체 밀도는 환경의 압력이 허락하는 한 자유롭게 팽창할 수 있기 때문에 쉽게 변한다.

가령, 10kg의 용기 안 기체가 1m^{3}의 부피를 가지고 있다면 기체의 밀도는 10kg/m^{3}이다. 모든 기체를 부피가 2배인 용기로 옮긴다면, 그 기체는 더 큰 부피를 채우도록 팽창할 것이다. 같은 수의 기체분자가 지금은 2배 더 큰 부피에 퍼져 있게 되므로 기체의 밀도는 그 전의 절반, 즉 5kg/m^3(10kg ÷ 2m^3)가 된다.

기체가 발휘하는 압력은 밀도에 비례한다. 기체는 더 조밀할수록 발휘되는 압력이 더 커진다. 대기는 기체분자들이 우주로 달아나는 것을 방해하는 중력의 힘에 의해 지구에 남아 있다. 낮은 고도에서는 대기의 기체분자들이 더 조밀하게 몰려 있다(그림 5-3). 밀도는 낮은 고도에서 더 크기 때문에 더 많은 분자가 충돌하여 압력은 더 커지게 된다. 고도가 높아지면서 공기는 덜 조밀해지고, 그에 상응하여 기압이 감소한다.

기온과 압력의 관련성 : 공기가 데워지면 분자의 (운동) 속도는 증가한다(제4장 참조). (운동) 속도의 증가는 충돌할 때 더 큰 힘을 주어 압력이 더 커지게 한다. 그러므로 다른 조건들이 동일하다면(특히 부피가 일정하게 유지된다면), 기체의 온도 상승은 압력을 증가시키고 온도가 낮아지면 압력은 감소한다.

기압은 따뜻한 날에 높아질 것이고 추운 날에는 낮아질 것이라는 결론을 내릴 수 있을 것이다. 그러나 보통 그렇지 않다. 따뜻한 공기는 일반적으로 저기압과, 냉량한 공기는 고기압과 관련되어 있다. 이것이 모순적으로 보일지 모르겠지만, 우리가 '다른 조건들이 동일하다면'이라고 특정한 문장을 기억해 보자. 실제로는 공기가 대기 중에서 데워질 때 팽창하여 밀도는 감소한다. 그러므로 온도의 상승은 밀도의 감소에서 야기되는 압력의 감소를 동반한다.

기압에 미치는 동적 영향 : 지표 기압은 또한 '역학적' 요인들의 영향을 받는다. 다시 말해 공기의 연직 움직임의 영향을 받는다. 이를 일반화시키면, 하강하는 공기는 지표에서 상대적으로 높은 압력과 관련되어 있는 반면 상승하는 공기는 지표에서 상대적으로 낮은 압력과 관련되어 있다.

요약하자면 기압은 공기의 밀도, 기온, 공기 움직임 차이의 영향을 받는다. 이러한 관련성에 주목하는 것은 중요하지만 어떤 특정한 경우에 한 변수에서의 변화가 다른 변수들에 어떤 영향을 미칠 것인지 예측하는 것은 어렵다. 그럼에도 불구하고 지표 근처의 높은 압력과 낮은 압력을 보이는 지역과 관련된 요인들에 대해서 도움이 될 수 있는 일반화를 할 수 있다.

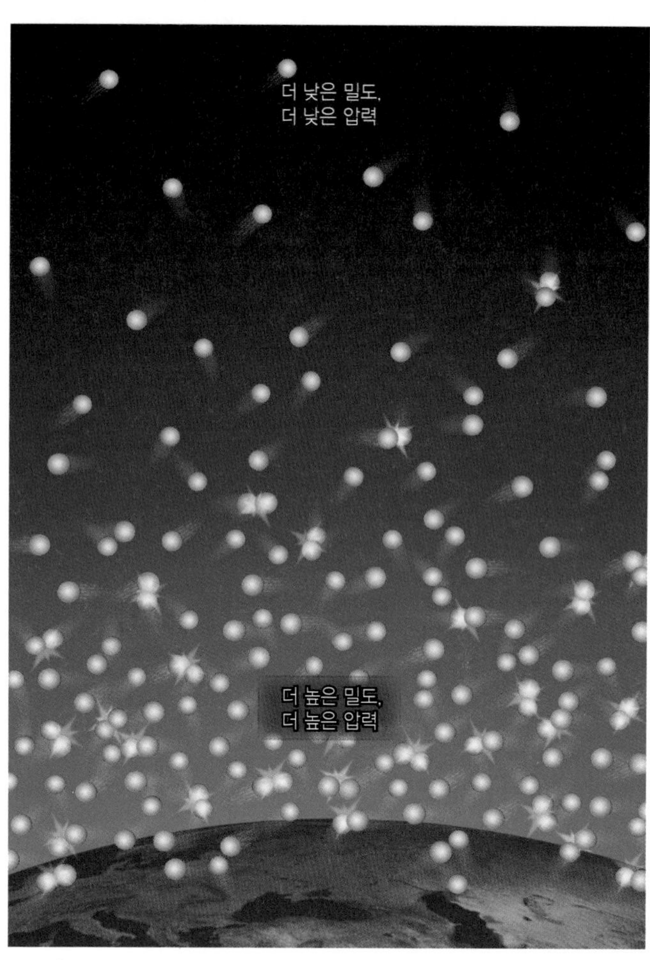

▲그림 5-3 상층 대기에서 기체분자들은 멀리 떨어져 있어서 서로 드물게 부딪혀 상대적으로 압력이 낮다. 하층대기에서 분자들은 서로 더 가까워 더 많이 충돌하므로 압력이 높다.

- 강하게 하강하는 공기는 대부분 지표의 높은 압력과 관련되어 있다 — **역학적 고기압**(dynamic high)
- 매우 차가운 지표 상태는 흔히 지표의 높은 압력과 연관되어 있다 — **열적 고기압**(thermal high)
- 강하게 상승하는 공기는 대부분 지표의 낮은 압력과 연관되어 있다 — **역학적 저기압**(dynamic low)
- 매우 따뜻한 지표 상태는 흔히 지표에서 상대적으로 낮은 압력과 연관되어 있다 — **열적 저기압**(thermal low)

지상 압력 상태는 흔히 이러한 요인 중 우세한 요인 한 가지에 연계시킬 수 있다.

학습 체크 5-2 고기압과 저기압 중 어떤 것이 하강하는 공기와 좀 더 관련성이 있을까? 상승하는 공기와는 어떠한가?

등압선으로 기압을 지도화하기

기압은 **기압계**(barometer)라 불리는 계기로 측정된다. 액체로 채워진 최초의 기압계는 1600년대로 거슬러 올라간다. 수은 기둥의 높이에 근거한 측정 스케일은 지금도 여전히 사용된다(수은 기압계를 이용한 평균 해수면 기압은 760mm 또는 29.92인치이다). 그러나 미국의 기상학자들에게 가장 흔한 기압 측정 단위는 **밀리바**(millibar, mb)이다. 밀리바는 단위 면적당 작용하는 힘을 나타낸 것이다. 해수면 평균 기압은 1,013.25mb이다. 많은 국가들에서 사용되는 기압의 국제 표준 단위는 **파스칼**(Pa, 1Pa = newton/m^2)이다. 1mb는 100파스칼 또는 **1헥토파스칼**(hPa)과 동일하다. 어떤 국가들에서는 **킬로파스칼**(kPa)이 사용된다(1kPa = 10mb).

고기압과 저기압 : 기압의 차이는 **등압선**(isobar)이라 불리는 동일 기압의 등치선으로 표현된 일기도 위에서 보여진다(그림 5-4). 등압선의 패턴은 관심 지역 압력의 수평적 분포를 드러낸다. 그러한 지도 위에 '높은 기압' 또는 '낮은 기압'의 특징을 가지며 대체로 원형 또는 타원형 지역이 두드러진다. 이러한 **고기압**(high)과 **저기압**(low)은 상대적인 상태를 나타낸다. 즉, 주변 지역의 기압보다 더 높은 또는 더 낮은 기압을 나타낸다. 유사한 방법으로, **기압능**(ridge)은 상대적으로 고기압이 길게 뻗은 지역이며, **기압골**(trough)은 상대적으로 저기압이 길게 늘어진 지역이다. 기압 중심부의 상대적인 성질을 염두에 두는 것은 중요하다. 가령, 그림 5-4에서 1,008mb의 기압값은 주변 지역의 기압에 따라 '고기압' 또는 '저기압'이 될 수 있는 점을 주목하자.

지상기압도 : 지상기압을 보여 주는 대부분의 지도에서 실질적인 기압값은 흔히 동일한 고도인 해수면에서의 기압값으로 조정된 것이다. 이것은 제3장에서 처음 보았듯이, 매우 극소수의 예외가 있지만 기압이 고도 상승과 함께 급하게 감소하기 때문에 그렇게 한다(표 5-1). 단순히 해발고도의 차이 때문에 상당한 기압값의 변화가 서로 다른 기상관측소에서 생길 수 있다. 이러한 기압의 변화는 고도가 낮은 지역에서 가장 빨리 나타난다. 감소율은 3km 이상에서는 거의 없어지게 된다.

기압경도 : 등치선과 마찬가지로 등압선의 상대적인 가까움은 수평적인 기압 변화율, 즉 **기압경도**(pressure gradient)를 나타낸다.

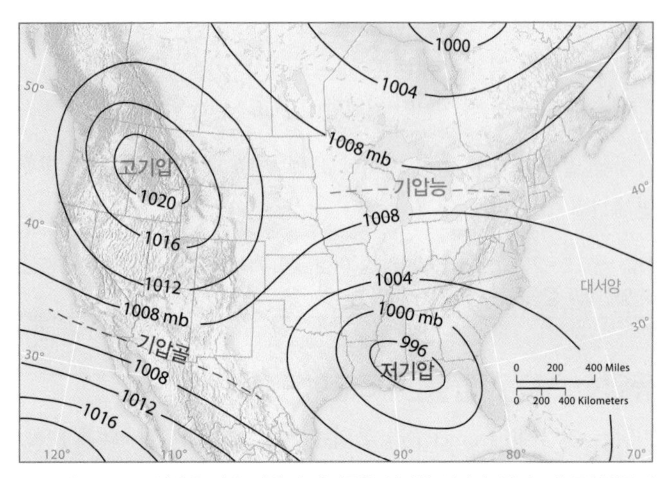

▲그림 5-4 등압선은 같은 기압의 지점들을 연결한 선이다. 일기도에 등압선들이 그려질 때 고기압과 저기압의 중심 위치를 결정할 수 있다. 이러한 단순화된 일기도는 기압을 밀리바(mb)로 표현한다.

표 5-1 고도에 따른 기압의 변화

고도		
킬로미터	마일	기압(밀리바)
18	11	76
16	10	104
14	8.7	142
12	7.4	194
10	6.2	265
8	5.0	356
6	3.7	472
4	2.5	617
2	1.2	795
0	0	1,013

기압경도는 바로 다음에 다룰 주제인 바람에 직접적인 영향을 주는 특징인 기압'경사'의 '가파름'(또는 좀 더 정확하게 말하자면 어떤 거리에서 기압변화의 급작스러움)을 나타내는 것으로 간주될 수 있다.

바람의 속성

대기는 실질적으로 항상 운동을 한다. 공기는 어느 방향으로든 이동하는 것이 자유롭고, 구체적인 움직임은 다양한 요인들에 의해서 만들어진다. 어떤 공기의 흐름은 약하거나 짧게 나타난다. 어떤 것들은 강하고 오랫동안 지속된다. 대기의 운동은 흔히 수평적 그리고 연직적 움직임과 관련되어 있다.

바람(wind)은 공기의 수평적 움직임을 말한다. 소규모의 연직 방향 움직임을 일반적으로 **상승기류**(updraft)와 **하강기류**(downdraft)라고 한다. 대규모의 연직 방향 움직임은 **상승**(ascent)과 **침강**(subsidence)이라고 부른다. 대기에서 연직 방향 움직임과 수평 방향 움직임은 모두 중요하지만 훨씬 더 많은 공기가 연직 방향보다는 수평 방향 운동과 관련되어 있다. 제4장에서 살펴보았듯이, 바람에서 공기의 수평적 움직임은 이류(advection)의 방식으로 에너지를 교환하는 데 있어 핵심적인 과정이다.

움직임의 방향

일사는 모든 바람이 동일한 일련의 기본적인 사건들에서 발생하기 때문에 바람의 궁극적인 원인이 된다. 지구 표면의 서로 다른 부분들의 불균형적 가열은 기압경도를 형성시키는 기온의 경도를 만들고, 이러한 기압경도는 공기를 움직이게 한다. 바람은 지구 표면을 따라 기압의 불균형한 분포를 평준화시키려는 자연의 속성을 나타낸다.

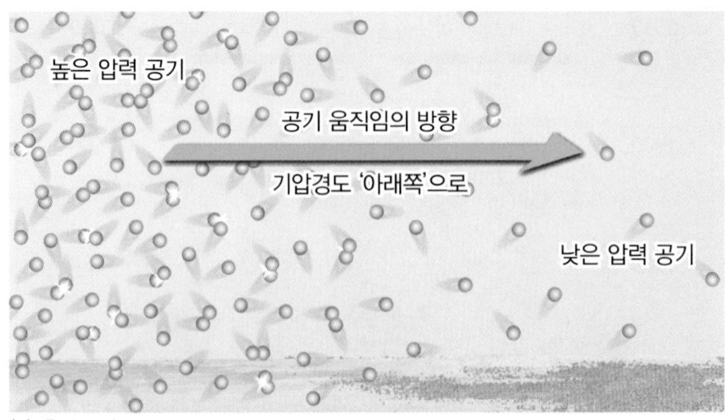

(a) 측면에서 본 모습

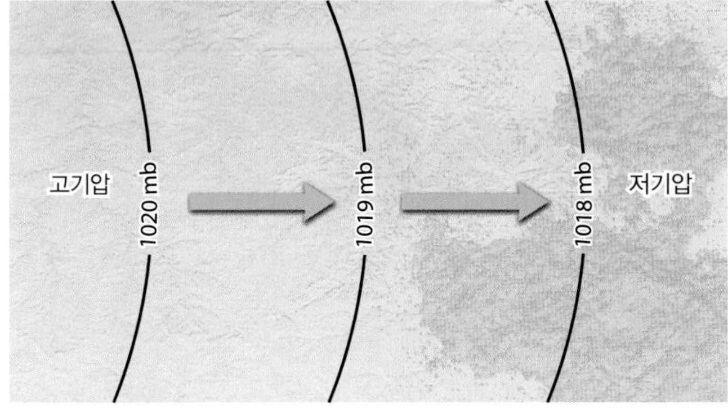

(b) 위에서 본 모습

▲그림 5-5 (a) 공기는 압력이 높은 지역에서 낮은 지역으로 움직이는 경향이 있다. 우리는 이러한 움직임을 '기압경도 아래쪽으로'라고 한다. (b) 기압경도력이 유일하게 관련된 힘이라면 공기는 등압선에 수직으로(90°로 등압선을 가로지르는) 흘렀을 것이다.

공기는 일반적으로 기압이 더 높은 영역에서 더 낮은 영역으로 흐르기 시작하지만, 실제로 고기압에서 저기압으로 바로 바람이 불어 가는 경우는 드물다. 지구가 자전하지 않는다면 그리고 마찰이 존재하지 않는다면, 높은 압력을 가진 지역에서 낮은 압력을 갖는 지역으로 직접적으로 움직일 것이다. 그러나 실제 바람의 방향은 기압경도, 코리올리 효과, 마찰 이 세 가지 요소들의 상호작용에 의해서 결정된다.

기압경도력 : 한 지역이 다른 지역보다 더 높은 압력하에 있다면, 공기는 기압경도력(pressure gradient force)에 대응하여 압력이 더 높은 지역에서 더 낮은 지역으로 이동하기 시작할 것이다(그림 5-5). 여러분들이 고기압 지역을 기압 '언덕'으로, 저기압 지역을 기압 '계곡'으로 시각화한다면(이러한 용어들이 비유적이란 것을 기억해 두자. 실제로 공기는 반드시 언덕 아래로 흐르는 것은 아니다), 물이 언덕 아래로 흘러가는 것과 같은 방식으로 공기가 기압경도 '아래쪽'으로 흘러가는 것을 상상해 보라.

기압경도력은 저기압 방향으로 등압선에 직각으로 작용한다. 다른 요소들을 고려할 필요가 없다면 공기는 90°로 등압선들을 가로질러 움직이게 될 것이다(그림 5-6a). 그러나 대기권에서 그러한 흐름은 거의 발생하지 않는다.

코리올리 효과 : 지구가 자전하기 때문에 지구 표면 근처에서 자유 운동하는 어떤 물체든지 **코리올리 효과**의 영향에 의해 편향된다 (그림 5-7). 제3장의 코리올리 효과의 중요한 양상을 기억해 보라.

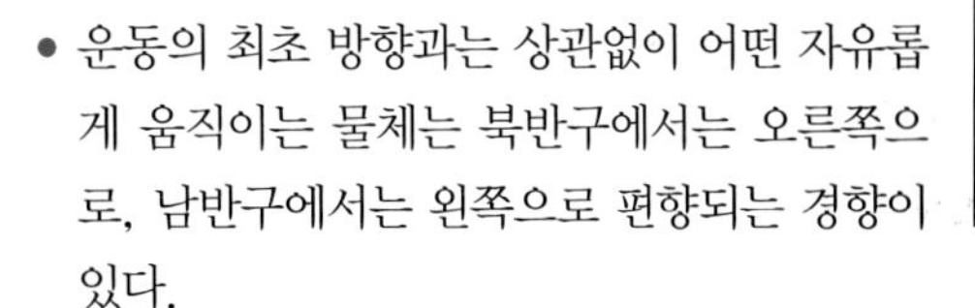

- 운동의 최초 방향과는 상관없이 어떤 자유롭게 움직이는 물체는 북반구에서는 오른쪽으로, 남반구에서는 왼쪽으로 편향되는 경향이 있다.
- 이러한 겉보기 편향은 극지점에서 가장 강하고, 편향이 0인 적도로 갈수록 점차 감소한다.
- 빠르게 움직이는 물체는 더 느리게 움직이는 물체보다 더 편향된다. 코리올리 효과는 움직임의 방향에만 영향을 미치고 물체의 속도에는 영향을 미치지 않는다.

코리올리 효과는 바람 흐름의 방향에 중요한 영향을 미친다.

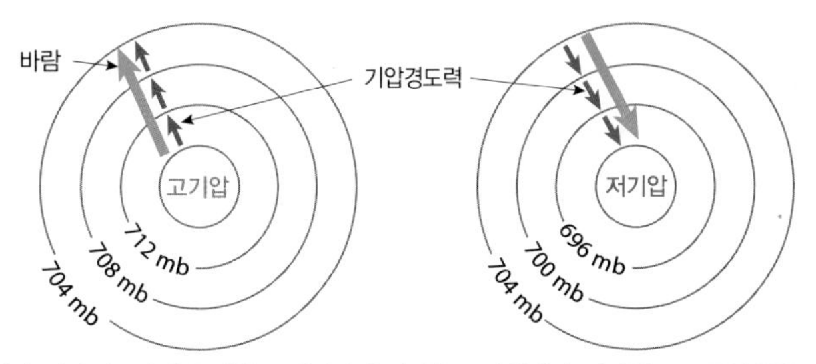

(a) 기압경도력이 유일한 요인이라면 바람은 고기압에서 저기압으로 등압선을 90° 각도로 가로질러 기압경도의 '아래'로 불게 될 것이다.

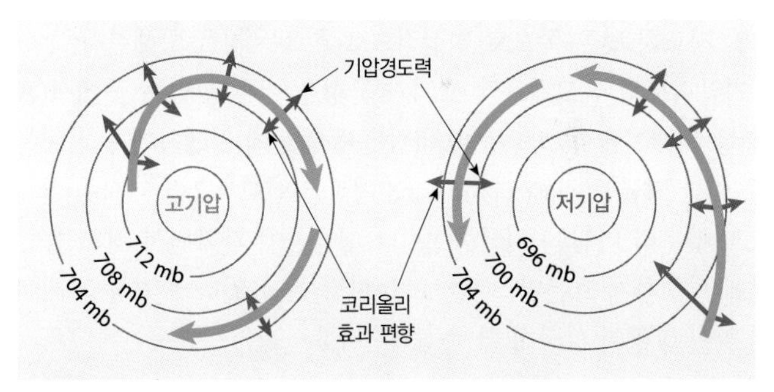

(b) 상층 대기에서 기압경도력과 코리올리 효과의 균형은 등압선에 평행하게 부는 지균풍을 가져온다.

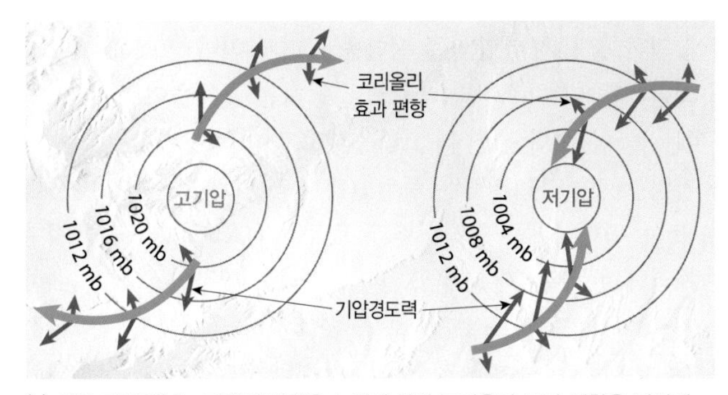

(c) 하층 대기에서는 마찰이 바람을 느리게 하여 코리올리 효과 편향을 덜하게 한다. 그래서 바람은 북반구에서는 고기압 밖 시계 방향으로 발산하고 저기압 안 반시계 방향으로 수렴한다.

▲그림 5-6 풍향은 세 가지 요소, 즉 기압경도력, 코리올리 효과, 마찰의 결합에 의해서 영향을 받는다. (a) 상층 기압경도력이 유일한 요소라고 가정된 경우, (b) (약 1,000m 상공) 상층의 지균풍, (c) 하층의 마찰층에서의 마찰은 바람을 느리게 하여(결과적으로 코리올리 효과 편향을 덜하게 하여) 바람은 고기압으로부터 발산하고, 저기압 안으로 수렴한다.

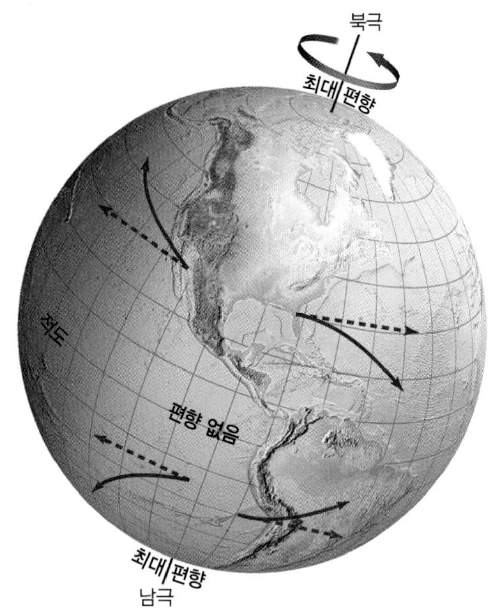

▲ 그림 5-7 지구 자전의 결과로 코리올리 효과에 의해 자유롭게 움직이는 물체의 경로는 북반구에서는 오른쪽으로, 남반구에서는 왼쪽으로 편향된다.

코리올리 효과 편향은 움직이는 방향으로부터 90°에서 작용한다(북반구에서는 오른쪽으로, 남반구에서는 왼쪽으로). 일단 공기가 움직이면 고기압에서 저기압으로 공기를 움직이게 하는 기압경도력과 그 기압경도력 진행 방향에서 90°로 작용하는 코리올리 효과의 편향 간에 '경쟁'이 생긴다. 코리올리 효과는 바람이 기압 경도가 낮은 쪽으로 직접적으로 흐르는 것을 방해한다.

기압경도력과 코리올리 효과가 균형을 이루고 있는 곳에서(흔히 상층 대기에서 그렇듯이) 바람은 등압선에 평행하게 움직이는데, 이를 **지균풍**(geostrophic wind)이라고 한다[2](그림 5-6b). 실제로 대부분의 바람은 지균풍이거나 지균풍에 가까워서 거의 등압선에 평행하게 흐른다. 다른 요소(바람)는 유일하게 지상 가까이에 있어 상황이 상당히 더 복잡해진다.

마찰력 : 대류권의 가장 하층 부분에서는 제3의 힘이 바람의 방향에 영향을 미친다. 바로 **마찰력**(friction)이다. 지구 표면의 마찰력에 의한 끌림은 바람의 움직임을 느리게 하여 코리올리 효과에 의한 영향이 감소된다(빠르게 운동하는 물체들이 느리게 움직이는 물체들보다 훨씬 더 코리올리 효과에 의해 편향된다는 것을 기억할 것이다). 바람은 등압선에 수직(기압경도력에 반응하여) 또는 평행하게(기압경도력과 코리올리 효과가 균형을 이루는 지역에서) 부는 대신에, 그 둘 사이의 중간적인 과정을 취하여 0~90° 사이의 각도로 등압선을 가로지른다(그림 5-6c). 본질적으로 마찰력은 풍속을 감소시켜 그 결과 코리올리 효과에 의한 편향을 감소시킨다. 그러므로 비록 코리올리 효과가 오른쪽으로

2 엄격히 말하자면, 지균풍은 등압선들이 평행하고 직선인 지역에서만 발견된다. 경도풍이 등압선들에 평행하게 흘러가는 바람을 기술하는 데 사용되는 좀 더 일반화된 용어이다. 이 책에서는 등압선들에 평행하게 부는 모든 바람을 의미하는 데 지균(geostrophic)이라는 용어를 사용하기로 한다.

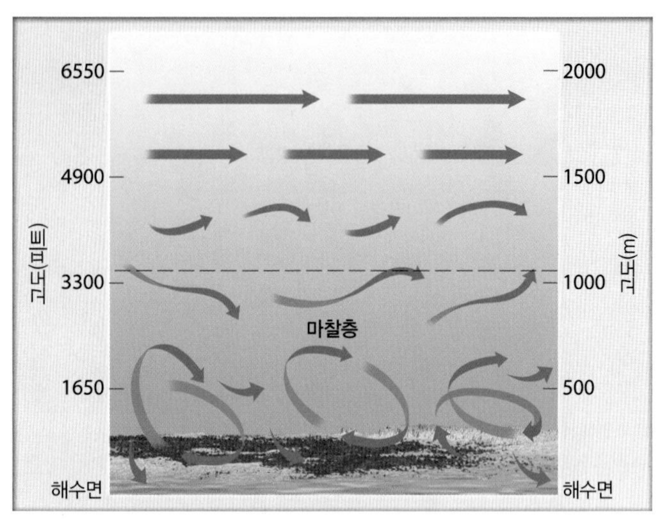

▲ 그림 5-8 지표 부근의 마찰은 바람의 흐름을 난류 형태이면서 불규칙하게 한다. 마찰층 위(약 1,000m 상공)에서는 바람은 일반적으로 더 부드럽고 빠르다.

편향하게 할지라도(북반구의 경우), 기압경도는 그 '힘겨루기에서 이기며' 공기는 저기압 지역으로 흘러 들어가고 고기압의 지역에서 멀어지게 된다.

일반화된 규칙으로 마찰의 영향은 지구 표면 가까이에서 가장 크며 위로 갈수록 점차 감소한다(그림 5-8). 그러므로 등압선을 가로지르는 바람 흐름의 각도는 낮은 고도에서 가장 크며(90°에 가까움), 고도가 높아질수록 더 작아지게 된다. 대기의 **마찰층**(friction layer)은 지상 위 약 1,000m까지만 확장된다. 그보다 더 높은 경우에 대부분의 바람은 지균풍 또는 거의 지균풍에 가까운 경로를 따르게 된다.

학습 체크 5-3 마찰이 어떻게 바람의 흐름 방향에 영향을 주는지 설명하라.

풍속

지금까지 우리는 바람 움직임의 방향을 고려하였으나 속도에는 거의 관심을 두지 않았다(풍속이 코리올리 효과 편향의 정도에 영향을 미친다는 것을 언급한 것을 제외하면). 비록 약간 복잡함이 관성과 같은 요소들에 의해 개입되긴 하지만(물체가 운동 중에 변화를 견디는 경향), 바람 흐름의 속도는 1차적으로 기압 경도에 의해 결정된다. 기압경도가 급하면, 그 공기는 신속하게 움직인다. 경사가 덜하면, 그 속도는 느리다. 이러한 관련성은 간단한 다이어그램(그림 5-9)으로 그릴 수 있다. 등압선들의 가까움은 기압경도의 급함을 가리킨다.

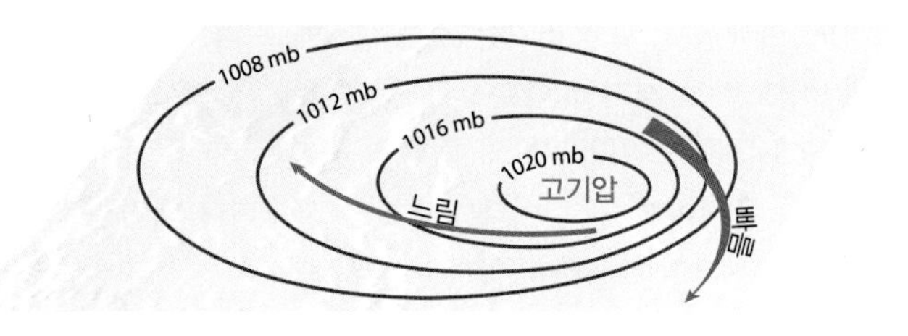

▲ 그림 5-9 풍속은 등압선 간격으로 표현되는 기압경도에 의해 결정된다. 등압선이 서로 가까울 때 기압경도는 '급하고', 풍속은 빠르다. 등압선이 서로 멀리 떨어져 있으면, 기압경도는 '약하고', 풍속은 느리다.

◀ **그림 5-10** 육지와 연안의 평균 풍속. 지상 80m의 높이 추정 풍속이다. 대평원에서는 모든 계절에 걸쳐 풍속이 높은 경향을 보인다. 캘리포니아의 강한 해안가의 바람은 내륙 센트럴 밸리의 가열에 의한 것이다.

풍속을 보여 주기 : 기상학에서 풍속은 자주 노트(knot, 시간당 해리)란 용어로 기술된다. 제1장에서 1해리는 1법정마일보다 약간 더 길다고 했던 것을 기억해 보라. 1노트는 시간당 1.15법정마일 또는 1.85km/h에 해당한다. 배, 항공의 속도를 측정할 때 노트는 가장 흔한 측정 단위이다.

전 지구 풍속의 변화 : 전 세계 대부분의 시간에 걸쳐 지상 바람은 상대적으로 부드럽다. 가령 미국의 연평균 풍속은 일반적으로 6~12노트이다(그림 5-10). 남극의 케이프데니슨은 연평균 38노트의 풍속으로 의심되는 지구상에서 가장 바람이 세게 부는 장소로서의 특징을 가지고 있다. 지금까지 기록된 가장 높은 지상 풍속은 1996년 태풍 올리비아가 왔을 때 오스트레일리아의 배로섬에서 기록되었다. 이때 풍속은 220노트(253mph, 408km/h)였다.

오래 지속적인 바람은 전형적으로 해안 지역이나 높은 산지에서 분다. 미국에서는 상대적으로 개활지인 대평원이 높은 평균 풍속을 보인다. 지속적으로 부는 바람을 보이는 곳들은 자주 풍력을 사용하여 전기를 생산하는 시설물들에 적합하다. "21세기의 에너지 : 풍력" 글상자를 참조하라.

풍속은 시간마다, 고도마다 상당히 변하는데 일반적으로 고도에 따라 증가한다. 바람은 마찰층 위에서 더 빠른 경향이 있다. 우리가 다음 부분에서 보게 되겠지만, 가장 강한 대류권은 흔히 제트기류가 있는 곳에서 또는 지상 가까운 데 돌발성 폭풍우 안에서 발견된다.

저기압과 고기압

뚜렷하고 예측 가능한 바람 흐름 패턴은 모든 고기압과 저기압의 중심부 주변에서 발달한다(기압경도, 코리올리 효과 그리고 마찰력에 의

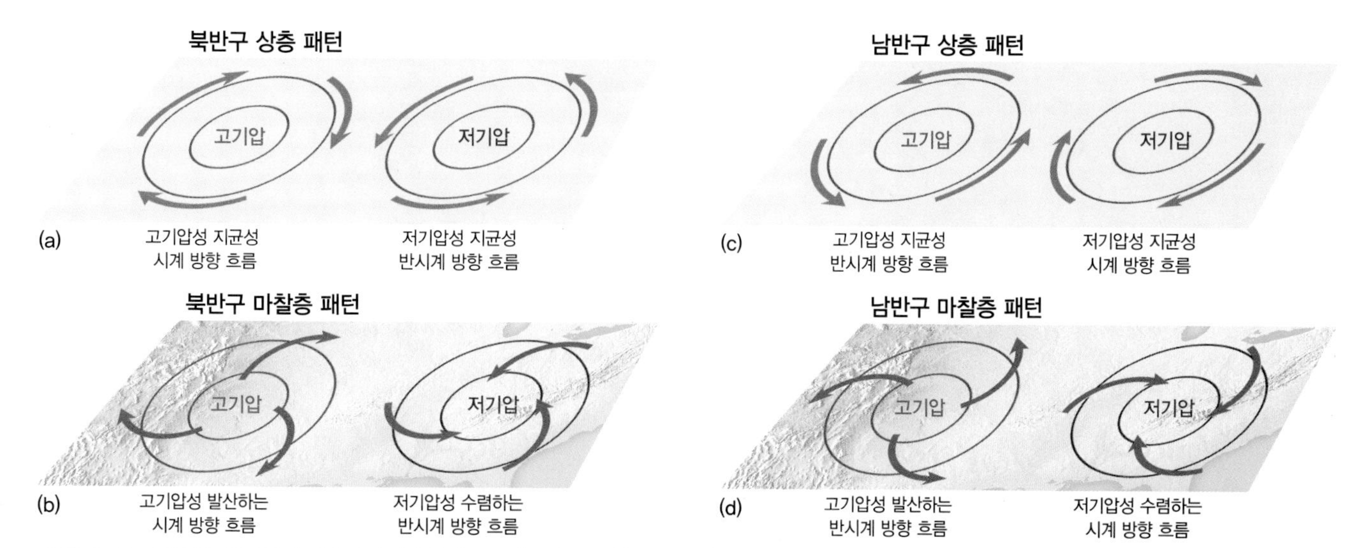

▲ **그림 5-11** 기압 세포들 주변의 여덟 가지 기본 공기 흐름 패턴. 북반구 (a) 상층 대기(마찰층 위)에서는 바람이 지균성으로 등압선과 평행하게 불고, (b) 지표에서는 바람이 고기압으로부터 발산하여 저기압으로 수렴한다. 남반구에서는 (c) 상층 대기와 (d) 지표에서 바람이 이와 정반대 방향으로 순환한다.

풍력

▶ Stephen Stadler, 오클라호마주립대학교

풍력에서 생산되는 전기가 보급되고 있다. 이는 화석연료 저장분의 불가피한 고갈을 바라보는 세상에서 중요하게 되었다. 80여 개 국가들이 풍력을 상업적으로 생산하게 되었다. 전 세계적으로 풍력은 그 능력이 매년 두 자리 숫자로 늘어나면서 40만 메가와트(1메가와트 = 100만 와트)가 될 정도로 가장 빨리 성장하는 힘의 원천이 되고 있다. 동작 성능이 1.5와트인 터빈은 미국 내 750여 개의 가정에 공기를 공급할 수 있다(그림 5-A). 풍력은 전 세계 전력의 3% 이상을 차지하고 있고, 그 양은 상당히 증가할 것으로 예상된다. 가령 덴마크의 40%의 전력은 풍력에서 생산된다.

바람 지리 : 풍력발전은 지리학의 모든 것이라고 말할 수 있다. 바람이 더 부는 기후에서는 터빈이 최대 능력으로 더 많은 시간 동안 가동할 수 있기 때문에 자연지리학은 풍력과 직접적으로 관련되어 있다. 지리학자들은 잠재적인 풍력발전소 위치를 정하기 위하여 바람 자원의 공간적 시각화와 경관들(지형 및 식생)과 연결해 보기 위해 GIS를 사용하고 있다. 가장 좋은 육상 위치는 지구 표면의 마찰을 최소화할 수 있는 나무들이나 다른 방해물들로부터 멀리 떨어져 지대가 높은 곳이다. 바람이 센 높은 산맥의 외딴 지역에서 풍력발전 구성부품을 조립하는 것은 쉽지 않아 제외된다. 연근해 위치들은 거의 항상 근접한 해안 지역보다 더 나은 바람 자원들을 가지고 있다. 그러나 해상에서 발전 비용은 훨씬 더 크다.

인문지리학은 터빈의 설치 위치를 결정하는 데 큰 역할을 하고 있다. 가령 미국이나 캐나다 대평원과 같이 인구가 덜 밀집된 지역에서는 몇몇 바람이 센 장소들이 있긴 하지만 장거리 송전선들이 드물기 때문에 덜 이용된다.

풍력 터빈 : 오늘날의 시설규모 터빈은 단위당 수백만 달러의 비용이 드는 거대한 기계들이다. 풍력 터빈들은 고도 상승과 함께 바람의 이용 가능성이 상당히 증가하기 때문에 높은 타워 위에 위치한다. 큰 터빈은 보통 지표에서 80m 또는 그 이상의 고도에 장착되어 2개의 날개를 가지고 있다. 날개들은 35m 길이에 12~15rpm의 속도로 순환하며, 중앙 허브에 달라붙은 느린 속도의 회전축에 전력을 공급한다. 기어박스에서 낮은 분당 회전수는 전력 발전기를 돌리는 회전축의 높은 분당 회전력으로 전환된다. 전형적으로 큰 터빈들로부터 생산된 전기들은 바로 송전선을 따라 전달한다. 배터리 저장고는 매우 비싸다.

최근의 발달 : 풍력에너지 생산 비용을 줄이는 전 세계적인 공학적 기여들로 풍력 터빈 기술이 향상되고 있다. 몇몇의 새로운 터빈들은 유지하는 데 필요한 기어박스 없이 직접적으로 운행할 수 있다. 날개 재료들은 더 가벼워지고 있으며, 더 길어질 수 있고, 타워의 높이도 더 높아져 효율성을 늘릴 수 있다. 부식을 일으키는 해양 대기에 대한 저항력을 높여 연근해 풍력에 의존하여 사용할 수 있게 하였다. 교통과 조립의 한계를 상당히 줄여서 더 큰 규모로 터빈을 설치할 수 있게 되었다.

풍력의 장점 : 풍력에서 생산되는 전력은 주목할 만한 장점을 가지고 있다. '주연료'는 자유로운 바람이다. 풍력은 어떤 연료도 연소하지 않기 때문에 '탄소 발자국'이 없다. 터빈은 좁은 면적의 땅을 필요로 한다. 또한 풍력은 더 작은 터빈들이 전력 전송망에 잘 연결되지 않는 농촌 인구들에게 전달될 수 있어, 전 세계 개발도상국에 상당한 희망을 내포하고 있다.

풍력의 단점 : 가장 큰 불이익은 바람이 심지어 가장 센 곳에서도 일정하지 않다는 것이다. 방해받지 않는 전력 공급이 필요하다면 풍력 발전은 다른 전력원들과 혼합되어야만 한다. 비록 현대적 터빈의 솟은 높이와 큰 날개의 가시성이 이러한 문제를 최소화할지라도, 회전하는 날개는 새들이나 박쥐에게 위험하다. 마지막으로, 미적인 측면도 있다. 비록 그 기계들이 어떤 사람들에게는 우아하게 보이지만, 다른 사람들에게는 흉칙하게 보이기도 한다.

질문

1. 미국과 캐나다는 거대한 바람 자원의 작은 부분을 사용한다. 왜 그런지 설명하라.
2. 전력 생산의 석탄, 천연가스, 원자력 원천과 비교하여 바람 터빈의 상대적인 환경적으로 해로운 점을 추정해 보라.
3. 여러분 집에 가까운 농촌 경관을 고려해 보자. 이러한 지역은 상업적 풍력 발전에 적합한지 그렇지 않은지 설명하라.

◀ 그림 5-A 오클라호마 중서부 지역의 풍력발전 지역의 일부분. 이러한 개별 터빈들은 1,500만 와트의 용량을 가지고 있다. 농업적 토지 이용은 상대적으로 방해받지 않는다.

해 결정되는 패턴). 북반구에서 네 가지, 남반구에서 네 가지 순환 패턴, 총 여덟 가지 순환이나 패턴들이 가능하다. 각 반구 내에서는 두 가지 패턴은 고기압의 중심들과 연관되어 있고, 두 가지 패턴은 저기압의 중심들과 연관되어 있다(그림 5-11).

고기압 바람 패턴 : 높은 기압의 중심은 **고기압**(anticyclone)이라고 알려져 있다. 그리고 그와 관련된 공기의 흐름은 **고기압성**(anticyclonic)이라고 기술된다. 고기압성 순환의 네 가지 패턴은 그림 5-11에 나타나 있다.

1. 북반구 상층 대기에서 바람은 등압선에 평행한 지균풍 방식으로 시계 방향으로 움직인다.
2. 북반구 마찰층(하층 고도)에서는 공기가 고기압의 중심으로부터 나선형으로 불어 나가 시계 방향으로 발산하는 흐름이 있다.
3. 남반구의 상층 대기에서는 등압선들에 평행한 반시계 방향의 지균풍 흐름이 있다.
4. 남반구 마찰층에서는 그 패턴이 북반구의 거울 이미지이다. 공기는 반시계 방향으로 발산한다.

저기압 순환 패턴 : 낮은 기압의 중심을 **저기압**(cyclone)이라고 하며, 이와 관련된 바람의 움직임을 **저기압성**(cyclonic)이라고 한다. 고기압과 마찬가지로 북반구의 저기압성 흐름은 남반구와 짝을 이루는 저기압성 흐름의 거울 이미지이다.

5. 북반구 상층 대기에서 공기는 등압선에 평행한 지균풍 패턴에서 반시계 방향으로 움직인다.
6. 북반구 마찰층에서는 수렴하는 반시계 방향의 흐름이 존재한다.
7. 남반구 상층 대기에서는 시계 방향의 지균풍 흐름이 등압선에 평행하게 발생한다.
8. 남반구 마찰층에서는 바람이 시계 방향의 나선형 형태로 수렴한다.

하층 대기에서 저기압성 패턴은 바람이 코리올리 효과를 거스르는 것처럼 보여 언뜻 보기에는 복잡한 것처럼 보인다. 즉, 북반구에서 바람이 오른쪽 대신 왼쪽으로 '휘어져 있는' 것처럼 보인다. 그러나 풍향은 서로 다른 방향으로 작용하는 몇몇 힘의 균형이라는 점을 기억하라(그림 5-6c 참조). 바람은 기압경도가 낮은 저기압 쪽으로 흐르고, 코리올리 효과는 바람을 오른쪽으로 편향시킨다. 공기를 저기압으로 '당기는' 기압경도와 오른쪽으로 작용하는 코리올리 효과의 결합은 북반구 저기압 안쪽으로 반시계 방향의 흐름이 나타나게 한다.

학습 체크 5-4 북반구에서 지상 저기압과 관련된 바람 순환 패턴은 무엇인가? 지상 고기압과는 어떠한가?

저기압과 고기압 안에서의 연직 움직임 : 공기 움직임의 탁월한 연직 성분 또한 저기압 및 고기압과 관련되어 있다. 공기는 고기압에서 하강하고, 저기압에서 상승한다(그림 5-12). 그러한 움직임은 특히 하층 대기에서 두드러진다. 고기압성 패턴은 고기압의 중심 안쪽으로 상층 공기가 하강하여 지표 근처에서 발산하는 것으로 시각화할 수 있다. 정반대 상태는 낮은 기압 중심에서 우세하여 공기가 수평적으로 저기압 내부로 수렴한 후 상승한다. 이러한 패턴은 우리가 압력에 관해서 먼저 일반화시킨 것과 일치한다. 하강하는 공기는 지상의 고기압과 관련되어 있고, 상승하는 공기는 지상의 저기압과 관련되어 있다.

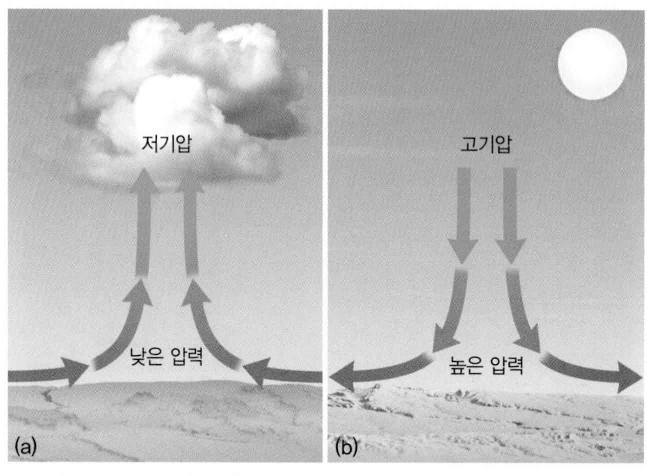

▲그림 5-12 저기압(낮은 압력 세포)에서 공기는 수렴하고 상승한다. 고기압(높은 압력 세포)에서 공기는 하강하고 발산한다.

그림 5-12에서 저기압과 상승하는 공기는 구름과 관련이 있는 반면 고기압과 하강하는 공기는 맑은 상태와 관련이 있음에 주목하라. 제6장에서 이 원인에 대해 설명하고 있다.

잘 발달된 저기압과 고기압은 흔히 고도 상승에 따라 '기울어져' 있다. 그것들은 완벽하게 수직은 아니다.

학습 체크 5-5 저기압과 고기압 안의 연직 공기 움직임의 방향을 서술하라.

대기대순환

지구 대기는 매우 특별한 동적 매개체이다. 지구 대기는 다양한 국지적 상태뿐만 아니라 이전에 설명한 다양한 힘들에 반응하여 항상 운동한다. 바람과 기압의 준영구적인 상태와 관련된 대기대순환은 지리학을 이해하는 데 매우 중요하다. 이 순환은 이류를 통하여 경도나 위도에 따라 에너지를 전달하는 주요한 메커니즘이다. 전 세계 기후 패턴의 통제요소로서 전 지구적 일사량 패턴만이 대기대순환을 능가할 수 있다.

이상적인 순환 패턴

자전하지 않는 대기의 설정된 패턴 : 지구가 일정한 표면을 지닌 자전하지 않는 구체라면 우리는 매우 단순한 순환 패턴을 기대할 수 있을 것이다(그림 5-13). 적도 지역에서 더 많은 태양에 의한

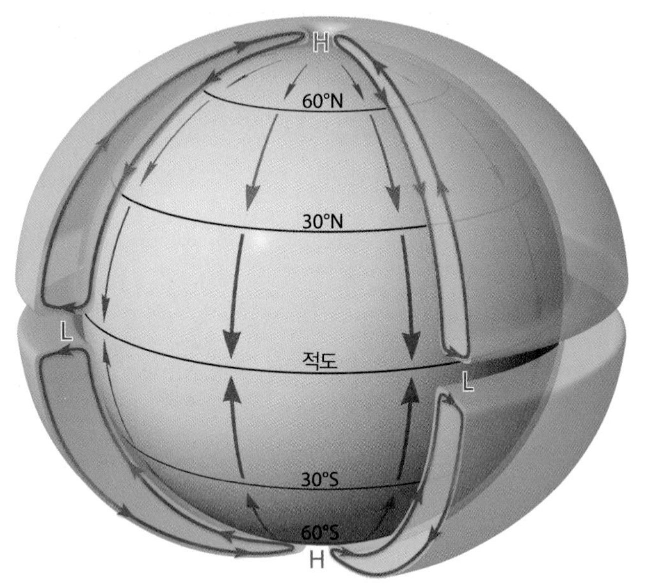

▲그림 5-13 바람 순환 패턴은 지구 표면이 동일하고(대륙과 해양 간에 차이가 없었다면) 지구가 자전하지 않는다면 단순했을 것이다. 극지방의 고기압과 적도 지역의 저기압은 북반구에서는 북풍 계열의 지상풍을, 남반구에서는 남풍 계열의 지상풍을 만들어 냈을 것이다.

가열은 저기압대를 형성시키고, 극지방의 복사 냉각은 그 지역에 고기압 덮개를 발달시킬 것이다. 북반구에서 지상 바람은 북쪽에서 남쪽으로 직접적으로 '기압경도를 따라' 흐르는 반면, 남반구의 바람은 남쪽에서 북쪽으로 경도를 따라갈 것이다. 공기는 대규모 대류 세포 안에 있는 적도에서 상승하여 극점(북반구에서는 남에서 북으로, 남반구에서는 북에서 남으로)으로 흐른 후 극고기압 안에서는 하강할 것이다.

해들리 세포 : 그러나 지구는 자전하고, 덧붙여서 상당히 다양한 표면을 가지고 있다. 결과적으로 대규모의 대기 순환 패턴은 그림 5-13에서 보는 것보다 훨씬 더 복잡하게 된다. 분명히 열대 지역만이 완벽한 연직 대류 순환 세포를 가지고 있다. 유사한 세포들이 중위도와 고위도에 있다는 주장이 제기되었지만 관측은 중위와 고위도 세포는 존재하지 않거나 약하고 일시적으로만 발달됨을 보여 주고 있다.

저위도의 세포(하나는 적도의 북쪽, 다른 하나는 적도의 남쪽)는 거대한 대류 시스템이다(그림 5-14). 이러한 2개의 탁월한 열대 대류 세포는 1735년 거대한 대류 순환 세포들에 대한 아이디어를 처음으로 고안한 영국의 기상학자인 George Hadley(1685~1768년)의 이름을 따서 **해들리 세포**(Hadley cell)라 부른다.

전 세계 적도 주변 위도대에서는 따뜻한 공기가 상승하여 지상에서는 상대적인 저기압 지역이 형성된다. 이 공기는 대체로 뇌우 상승기류에서 상당한 고도까지 상승한다. 이 공기가 약 15km의 상층 대류권에 도달하게 되면 식게 된다. 그리고 그 공기는 남북으로 퍼져서 극 쪽으로 이동하다가 결국 남·북위 약 30° 위도대에서 하강하여 지상에서 고기압대를 형성시킨다(그림 5-15). 이러한 지상 고기압 지역에서 발산하는 공기의 일부분은 극지방으

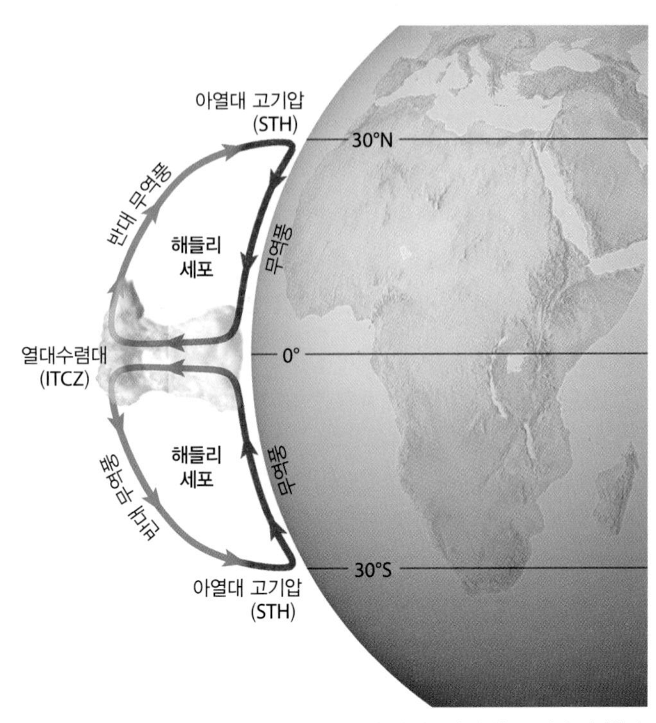

▲그림 5-14 뚜렷한 연직 순환 세포인 해들리 세포는 열대 위도들에서 발생한다. 적도의 공기는 극지방으로 퍼지기 전에 열대수렴대(ITCZ)에서 약 12~15km까지 상승한다. 이 공기는 남·북위 30°에서 아열대 고기압(STH) 안쪽으로 하강한다. 이 이상적인 다이어그램에서 해들리 세포의 연직 차원은 상당히 과장되어 있다.

로 흐르고, 다른 부분들은 남·북반구 성분들이 수렴하고 따뜻해진 공기가 다시 상승하는 적도를 향하여 되돌아간다.

학습 체크 5-6 해들리 세포 안에서의 공기 움직임 패턴을 기술하고 설명하라.

대기순환과 7개 구성요소

비록 해들리 세포 모델이 실제를 단순화한 것일지라도 대기대순환의 주요한 구성요소를 이해하는 데에는 유용한 출발점이다. 기본적인 패턴은 밀접하게 서로 연계된 기압과 바람의 일곱 가지 지상 성분들로 이루어져 있다. 북반구와 남반구가 서로의 거울 이미지이다. 적도에서 극지방까지 일곱 가지 지상 성분들에는 다음과 같은 것들이 있다.

1. 열대수렴대(ITCZ)
2. 무역풍
3. 아열대 고기압
4. 편서풍
5. 아극전선(아극 저기압)
6. 아극 편동풍
7. 극고기압

대류권 내 대기대순환의 패턴은 시작과 끝이 없는 본질적으로 폐쇄된 시스템이어서 우리는 거의 어느 지역에서부터라도 먼저 기술할 수 있다. 그러나 적도나 극지방에서 시작하는 것보다는 5개 해양 분지의 아열대 위도대(해들리 순환의 하강하는 공기가 2개의 주요한 지표 바람 시스템의 원천이 되는 지역)의 대기대순환부터 시작하는 것이 도움이 된다.

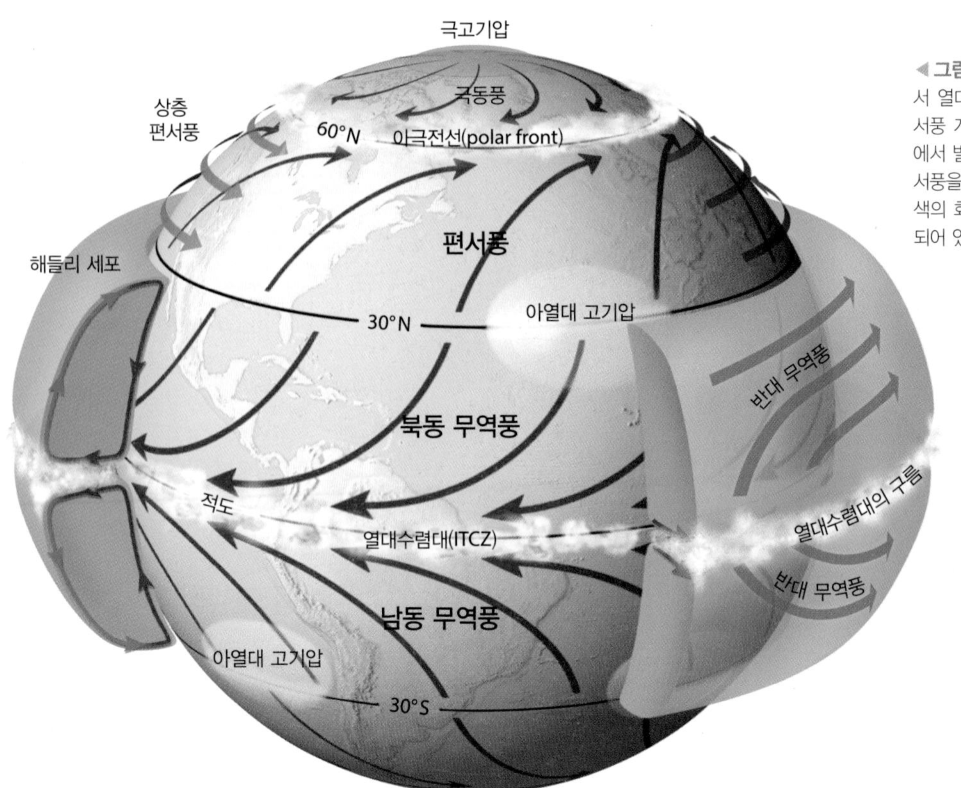

◀그림 5-15 이상적인 전 지구 순환. 해들리 세포에서 열대수렴대의 상승하는 공기는 높이 떠서 편향되어 서풍 계열의 반대 무역풍을 형성하지만, 아열대 고기압에서 발산하는 지상의 바람은 동풍 계열의 무역풍과 편서풍을 형성시킨다. 서풍 계열의 상층 흐름은 옅은 파란색의 화살표로 표시되어 있다(연직 차원은 상당히 과장되어 있다).

아열대 고기압

각각의 해양 분지는 **아열대 고기압**(Subtropical High, STH)이라고 하는 위도 약 30°에 중심을 가진 하나의 커다란 준영구적인 고기압 세포를 가지고 있다(그림 5-16). 이러한 3,200km의 평균 지름을 가지고 있는 거대한 고기압들은 해들리 순환에서 하강하는 공기로부터 발달한다. 아열대 고기압들은 이러한 위도에서 전 세계로 확장되어 있는 2개(각 반구에 하나씩 있는)의 일반적인 고기압 능선에 있는 강화된 고기압 세포를 나타낸다. 그 기압능들은 특히 내륙 기온이 저기압을 형성시키는 여름철 대륙에서 상당히 파괴된다. 아열대 고기압들은 해양에서 기온과 기압이 거의 일정하게 유지되기 때문에 연중 내내 해양 분지상에 지속적으로 나타난다.

아열대 고기압은 흔히 동-서로 길게 뻗어 있고 해양 분지의 동쪽 부분(즉, 대륙의 서쪽 해안에서 벗어난 인근 지역)에 중심을 두는 경향이 있다. 위도에 따른 위치는 여름철에는 몇 도 극 쪽으로 이동하고 겨울철에는 몇 도 적도 방향으로 이동한다. 아열대 고기압은 매우 지속적으로 나타나 어떤 것들은 북대서양의 아조레스 고기압(Azores High), 북태평양의 하와이 고기압(Hawaiian High)과 같이 적절한 이름들도 부여되어 있다(그림 5-17).

공기가 넓은 규모의 완만한 하강기류의 형태로 높은 고도에서 일반적으로 침강하는 것은 이러한 고기압 세포와 관련되어 있다. 아열대의 넓은 지역을 덮고 있는 침강 기온 역전 현상은 영구적인 아열대 고기압의 특징 중 하나이다.[3]

3 역주 : 각 반구의 여름철을 중심으로

아열대 고기압의 날씨 : 아열대 고기압 안쪽에서 날씨는 거의 항상 청명하며 따뜻하고, 건조하며 평안하다. 다음 장에서 하강하는 공기는 구름을 발달시키거나 비를 만들지 않으므로 이 지역들의 특징은 따뜻한 상태와 아열대성 일사임을 살펴보게 될 것이다. 그러므로 아열대 고기압 지역들이 전 세계 주요한 많은 사막 지역들과 일치하는 것도 그리 놀랄 만한 일은 아니다.

아열대 고기압들의 특징 중 하나가 무풍이다. 아열대 고기압의 중심부에서는 주로 공기가 하강하고, 수평적인 공기의 움직임이 있으며, 그 가장자리 방향으로 발산하기 시작한다. 이 지역들은 아마도 16~17세기에 항해 선박들이 종종 식수를 보존하기 위하여 조용한 이 지역에서 화물로 싣고 가던 말들을 바다로 던졌기 때문에 **아열대 무풍대**(horse latitude)라 불리기도 한다.

아열대 고기압 주변의 대기 순환 패턴은 고기압성이다. 이는 북반구에서는 시계 방향으로 발산하고 남반구에서는 반시계 방향으로 발산한다. 본질적으로 아열대 고기압은 마치 상층에서 하강하는 공기에 의해 공기가 공급되는 하층 대기의 거대한 '풍차' 회오리와 같다(그림 5-18). 그러나 바람은 아열대 고기압 주변에서 동일하게 분산되는 것은 아니며 그대신 바람은 북쪽과 남쪽에 집중된다.

비록 전 지구적 공기 흐름이 본질적으로 지상에서 보는 관점으로는 폐쇄된 순환일지라도 아열대 고기압은 전 세계 세 가지 주요한 지상풍 체계들 중 2개 지상풍들의 원천으로 간주될 수 있다. 바로 무역풍(trade wind)과 편서풍(westerlies)이다.

학습 체크 5-7 아열대와 관련된 일기의 일반적인 위치와 종류를 서술하라.

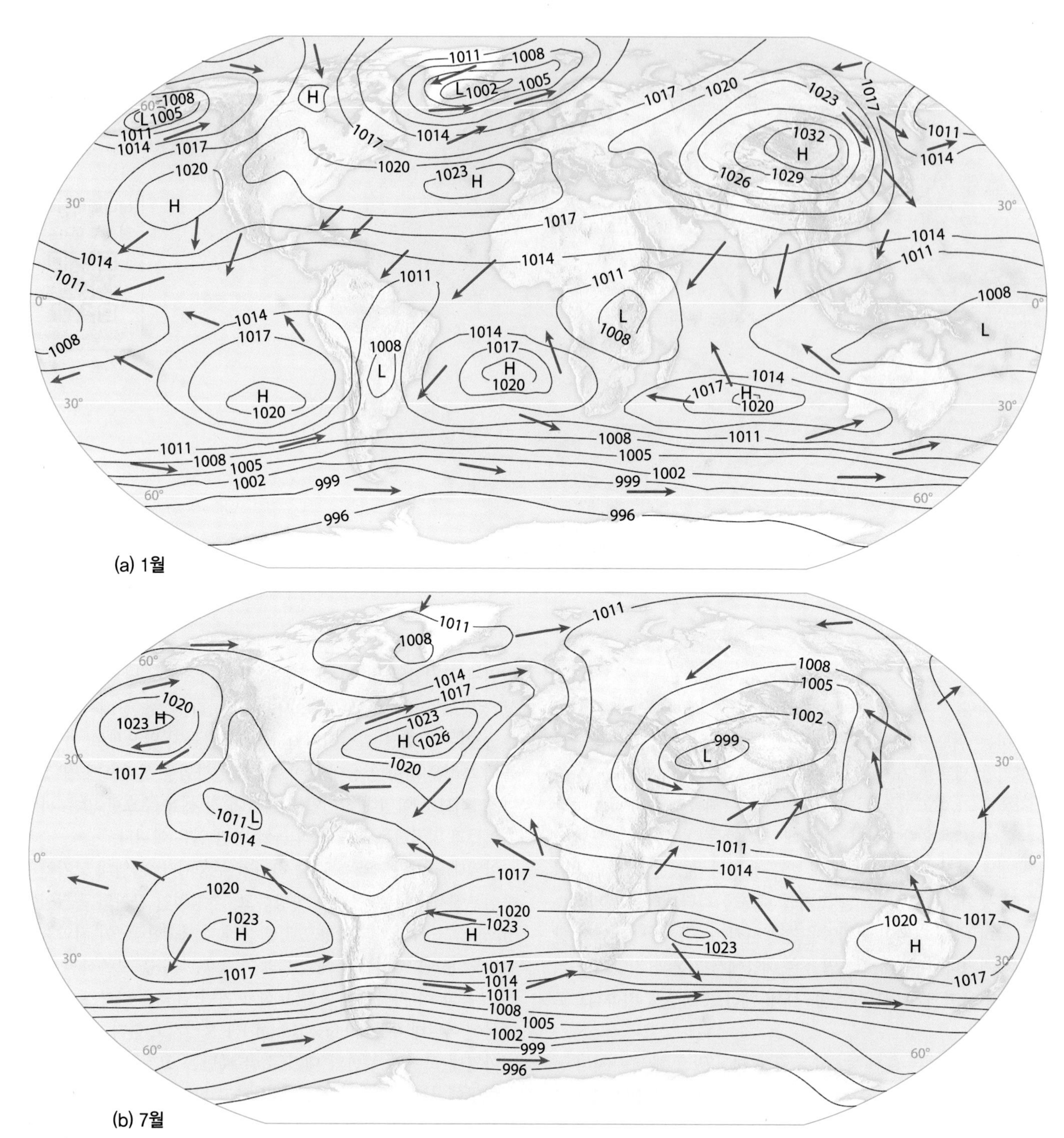

▲ 그림 5-16 (a) 1월과 (b) 7월의 평균 기압 및 풍향. 기압은 해수면 값으로 줄여져 있고 mb(hPa)로 표시되어 있다. 화살표들은 일반화된 지상풍의 움직임을 나타낸다.

◀ 그림 5-17 아열대 고기압들은 일반적으로 아열대 무풍대(horse latitude)라고 불리는 남·북위 약 30°의 해양 분지상에 위치해 있다.

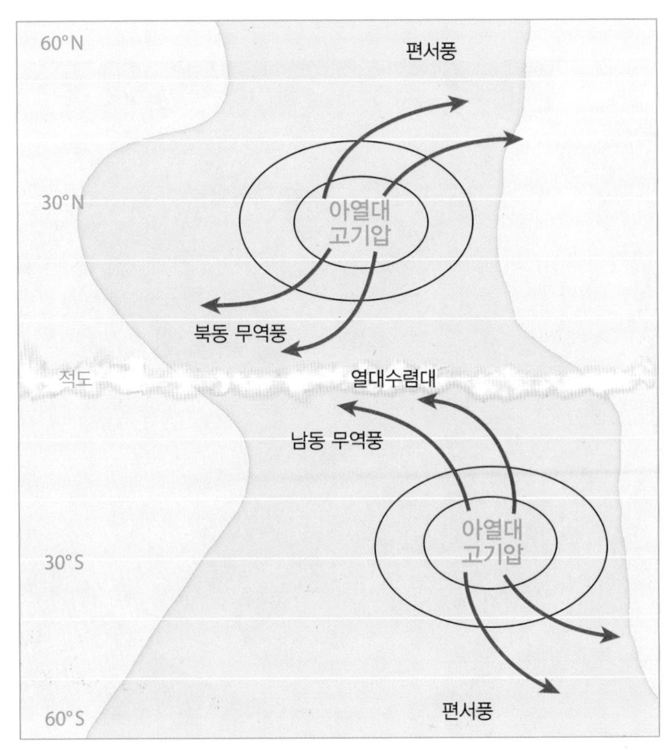

▲그림 5-18 아열대 고기압에서 하강하여 발산하는 공기는 지표의 무역풍과 편서풍의 근원이다. 이 지도는 이상적인 북반구와 남반구 해양분지의 열대수렴대, 무역풍, 아열대 고기압, 편서풍의 일반적인 위치를 보여 준다. 이러한 바람 패턴과 그림 4-25의 해류 패턴을 비교해 보라.

무역풍

아열대 고기압의 적도 방향으로의 발산 패턴은 **무역풍**(trade wind)이라 하는 열대의 주요한 바람 시스템이다. 무역풍은 남·북위 25° 사이의 대부분의 지구를 덮고 있다(그림 5-18 참조). 무역풍은 특히 해양에서 탁월하나 육상에서는 상당히 방해를 받아 변형되는 경향이 있다. 열대 위도대가 거대하고 대부분 해양이기 때문에, 무역풍은 어떤 다른 바람 시스템보다도 지구상의 더 많은 지역을 좌우한다.

무역풍은 탁월한 '동풍'이다. 즉, 무역풍은 일반적으로 서쪽을 향해 분다. 기상학에서 바람은 그것이 '불어오는 방향'의 이름을 따서 부른다. 따라서 동풍은 동쪽에서 서쪽으로 불어오는 바람, 서풍은 서쪽으로부터 불어오는 바람을 의미한다.

북반구에서는 무역풍은 흔히 북동쪽에서 불어온다[때때로 **북동 무역풍**(northeast trade)이라 불린다]. 적도의 남쪽에서 무역풍은 남동쪽에서 불어온다[**남동 무역풍**(southeast trade)]. 특히 인도양에서와 같이 이러한 일반적인 패턴에 예외적으로 서풍이 우세한 경우도 있지만 대부분 열대 해상에서는 동풍 계열의 흐름이 나타난다.

무역풍의 일정함 : 무역풍은 정말로 모든 바람들 중에서 아주 가장 '믿을 만하다.' 무역풍은 방향과 속도 모두 매우 일정하다. 무역풍은 밤과 낮 그리고 여름철과 겨울철의 거의 대부분의 시간 동안 거의 같은 속도, 같은 방향으로 분다. 이러한 지속성은 그 이름에 반영되어 있다. 무역풍은 실제로 '교역 바람'을 의미한다. 16세기 항해자들은 유럽에서 미국까지 빠르고 가장 믿을 만한 배의 이동통로를 북대서양 남쪽 지역의 북동 무역풍대에 두었다. 유사하게, 태평양 지역에서 무역풍은 스페인 범선들이 이용하였다. 그리하여 그 이름은 일반적으로 이러한 열대 동풍에도 적용되었다.

무역풍은 거대한 양의 수증기를 머금을 수 있도록 따뜻하고 건조한 바람으로 불기 시작한다. 이 바람들이 열대 해상을 가로질러 불 때에는 거대한 양의 수증기를 증발시키고, 폭풍우와 많은 강수를 일으킬 큰 잠재성을 가지게 된다(그림 5-19). 그러나 무역풍은 지형이나 일종의 기압교란에 의해서 상승되기 전에는 수증기를 방출하지 않는다(제6장에 이 이유가 설명되어 있다). 무역풍 지대의 고도가 낮은 섬들에서는 흔히 수증기를 이동시키는 바람들이 강수 없이 그 위를 그냥 지나가기 때문에 사막섬들이 된다. 그러

◀그림 5-19 열대 폭풍우들은 무역풍대에서 이동한다. 극한기상연구센터의 한 기상학자가 한 허리케인이 루이지애나 해안에 다가올 때 풍속을 측정하고 있다.

▲그림 5-20 무역풍은 보통 상당한 수증기를 담고 있지만 강제 상승하지 않으면 구름이나 비를 드물게 생성한다. 그러므로 무역풍은 어떤 시각적인 효과를 거의 또는 전혀 보이지 않고 고도가 낮은 섬 지역은 그대로 통과해서 불기도 한다. 그러나 더 높은 해발고도를 가진 섬들에서는 공기가 산사면을 타고 상승하여 흔히 호우가 발생한다.

나 약간의 지형적 불규칙성이 있다면 상승된 공기는 많은 강수량을 방출할 것이다(그림 5-20). 전 세계의 몇몇 최대 다우지들은 하와이에서처럼 무역풍의 바람받이 사면들이다(그림 3-20 참조).

열대수렴대(ITCZ)

비록 위도상 위치가 계절적으로 태양을 따라 남북으로 이동하기는 하지만 북동 및 남동 무역풍들은 보통 적도 주변 지역에 위치해 있다. 육상이 더 잘 데워지기 때문에 이러한 이동은 해양보다 육지에서 더 크게 나타난다. 북반구와 남반구의 공기들이 만나는 지역을 흔히 **열대수렴대**(Intertropical Convergence Zone) 또는 간단히 ITCZ라고 하며, **적도무풍대**(doldrum)라고도 한다(이 'doldrum'이라는 이름은 항해하는 선박들이 이 위도대에서는 흔히 조용해진다는 사실에 기인한 것이다).

열대수렴대의 날씨 : 수렴과 약한 수평적 공기 흐름이 있는 열대수렴대는 바람이 아주 약하고 불규칙한 특징이 있다. 이곳은 따뜻한 지표 상태, 많은 강수량과 관련된 저기압, 불안정성, 해들리 순환에서 상승하는 공기가 전 지구의 허리 부분을 둘러싼 지역이다(그림 5-15 참조). 그러나 이곳은 연속적으로 상승하는 대기를 가진 지역은 아니다. 열대의 상승하는 거의 모든 공기들은 ITCZ 안의 뇌우에서 발생하는 상승기류를 따라 상승한다. 그리고 이러한 상승기류는 거대한 양의 현열과 응결 잠열을 대류권 상층으로 뽑아 올려 상당량을 극지방으로 퍼지게 한다.

ITCZ는 흔히 적도 부근의 해상에서 명확하고 상대적으로 좁은 구름 밴드로 나타난다(그림 5-21). 그러나 육상에서는 비록 뇌우들의 활동이 흔하지만 좀 더 분산되고 불분명한 경향이 있다.

학습 체크 5-8 ITCZ와 관련된 날씨의 일반적인 위치와 종류를 기술해 보라.

편서풍

대기대순환의 네 번째 구성요소는 **편서풍**(westerlies)이라 불리는 중위도의 대규모 바람 시스템이다. 편서풍은 그림 5-18에서 아열대 고기압의 극 방향 쪽에서 시작된 화살표로 나타나 있다. 이 바

▲그림 5-21 잘 발달된 구름 띠는 이 적외선 위성영상에서 적도 아프리카상의 열대수렴대를 잘 표시해 준다(더 짙은 회색의 그림자들은 더 따뜻한 지상 기온을 가리킨다). 이 영상은 북반구 여름철에 찍은 것이어서 열대수렴대가 약간 적도의 북쪽으로 이동하였다. 아열대 고기압에 해당하는 북부 및 남부 아프리카의 서부 해안에서 벗어난 일반적으로 맑은 하늘과 중위도에서 편서풍 구역에 구름이 끼어 있는 상태와 폭풍우에 주목하라.

람들은 기본적으로 북위 30~60°와 남위 30~60°의 위도대에서 전 지구 주위를 서쪽에서 동쪽으로 분다. 이러한 지역에서 지구의 구면은 열대보다 더 작기 때문에, 편서풍은 무역풍보다 범위가 덜 광범위하다. 그럼에도 불구하고 편서풍은 지구의 상당수를 덮고 있다.

지상 편서풍은 무역풍에 비해 훨씬 덜 일정하고 덜 지속적이다. 즉, 중위도 지역에서 지상풍이 항상 서쪽으로부터 부는 것도 아니다. 지상 근처에는 하천에서의 와류와 역류에 비교되는 편서풍의 흐름을 방해하고 변형시키는 요소들이 있다. 지상 마찰, 지형 장애물 그리고 특히 서풍이 아닌 공기 흐름을 만들어 내는 이동성 기압 패턴들이 이러한 방해와 변형을 야기시킨다.

학습 체크 5-9 아열대 고기압이 무역풍 및 편서풍과 어떤 관련성이 있는가?

제트기류 : 지상 편서풍이 다소 변화를 보일지라도 그 상부의 지균풍은 매우 눈에 띄게 서쪽으로부터 불어온다. 게다가 각 반구의 고위도 지역에는 **제트기류**(jet stream)라고 불리는 2개의 주목할 만한 빠른 속도의 바람의 '핵'들[하나는 아극전선 제트기류(polar front jet stream) 또는 간단히 말해서 아극 제트기류(polar jet stream), 다른 하나는 아열대 제트기류(subtropical jet stream)]이 있다(그림 5-22). 우리는 편서풍대를 빨리 움직이는 핵으로서 제트기류를 가진 중위도 지역에서 일반적으로 전 지구적으로 공기가 서쪽에서 동쪽으로 운동하는 사행 하천으로 생각할 수 있다.

▲ 그림 5-22 어떤 제트기류도 편서풍대의 중심에는 위치해 있지 않다. 아극전선 제트기류는 편서풍대의 극지방과의 경계에 더 가까이에 있고, 아열대 제트기류는 적도 쪽 경계에 더 가까이에 있다. 이 두 제트기류들은 같은 고도에 있지 않다. 아열대 제트기류가 아극전선 제트기류보다 더 높은 고도에 있다.

그림 5-22에서 볼 수 있듯이, 일반적으로 9~12km 높이를 차지하는 아극전선 제트기류[그 이름은 아극전선(polar front) 가까이에 있는 위치에서 유래된 것이다]는 편서풍대의 중심에 위치하는 것은 아니다. 이 제트기류는 가장 큰 수평적인 온도 경도(즉, 극지방으로는 차고 적도 쪽은 따뜻한)가 있는 지역의 상층 대류권의 특징이다.

제트기류는 일기도에서 자주 그려지듯이 섬세하게 정의된 좁은 리본 모양의 바람이 아니다. 오히려 상층 대류권 편서풍 지역의 강한 바람대라고 할 수 있다. 제트기류의 속도는 가변적이다. 60노트는 일반적으로 제트기류로 인식되는 최소 속도이지만, 그보다 5배나 빠른 속도를 기록한 적도 있다.

상업적 항공 여행은 상층 대류권 바람의 매우 빠른 흐름에 의해서 상당한 영향을 받을 수 있다. 상업적 제트기의 비행 고도는 보통 9~12km이며, 이는 일반적인 아극전선 제트기류의 해발고도이다. 일반적으로 북아메리카를 가로질러 서쪽에서 동쪽으로 비행하는 것보다는 동쪽에서 서쪽으로 비행하는 경우 더 오랜 시간이 걸린다. 동쪽에서 출발해서 여행할 때에는 '앞바람'이 앞으로 진행하는 것을 방해하기 쉬운 반면, 서쪽에서 출발하여 여행할 때에는 '꼬리바람'이 여행시간을 줄여 준다.

로스비파 : 아극전선 제트기류는 특정한 발생 빈도로 위도상 위치를 바꾼다. 이러한 변화는 편서풍의 경로에 상당한 영향을 주게 된다. 비록 기본적인 움직임의 방향은 서쪽에서 동쪽이지만, 자주 맹렬한 파동들이 편서풍대에서 발달하여 남북으로 넓게 왔다 갔다 사행하는 제트기류를 만들어 낸다(그림 5-23). 이 곡선들은 매우 커서, 일반적으로 장파(long wave) 또는 **로스비파**(Rossby wave)라 불린다(처음으로 그 성격을 설명한 시카고 출신 기상학자 C.G. Rossby의 이름을 딴 것이다).

어떤 순간에라도 각 반구의 편서풍대에는 일반적으로 3~6개의 로스비파가 있다. 이러한 파동은 효과 면에서 차가운 극지방 공기와 더 따뜻한 열대 공기를 분리시키고 있다. 아극전선 제트기류 경로가 좀 더 직접적으로 서-동 방향인 경우, 따뜻한 공기와 극 쪽의 차가운 공기는 **대상 흐름**(zonal flow) 패턴을 보인다. 그러나 제트기류가 진동하기 시작하고, 로스비파가 상당한 진폭을 발달시킬 때에는(즉, 뚜렷한 북-남 운동 성분을 의미하는) **자오선 방향 흐름**(meridional flow)이 나타난다. 차가운 공기는 적도 방향으로 그리고 따뜻한 공기는 극지방으로 이동하여 중위도 지역에 자주 극심한 날씨 변화가 나타난다.

아열대 제트기류는 아열대 고기압에서 하강하는 공기의 극방향 가장자리상의 상층 고도[흔히 대류권계면 바로 아래(그림 5-24)]에 위치한다. 그것은 관련된 공기 흐름에서 온도 차이가 덜하기 때문에 지상 날씨 패턴에 미치는 영향이 덜하다. 그러나 때로는 아극전선 제트기류와 아열대 제트기류가 서로 합쳐져서 상층 대류권에 빠른 속도를 나타내는 넓은 바람대를 형성시키기도 한다. 이는 로스비파의 대상 흐름 또는 자오선 방향의 흐름과 관련된 날씨 상태를 강화시킬 수 있는 조건이 된다.

애니메이션 MG
제트기류와 로스비파
http://goo.gl/Q2k47H

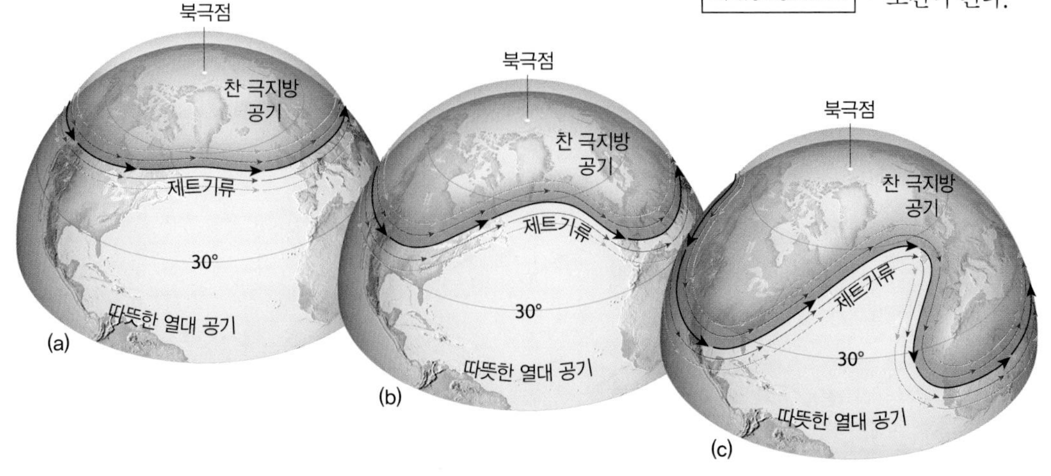

◀ 그림 5-23 편서풍대(특히 상층 공기에서)의 일반적인 흐름의 일부로서 로스비파. (a) 파동이 거의 없고 진폭이 작을 때(남북 운동 성분이 없고), 찬 공기는 흔히 따뜻한 공기의 극 방향에 머물고 있다. (b) 이 분포 패턴은 로스비파가 성장하면서 변하기 시작한다. (c) 그 파장들의 진폭이 클 때, 찬 공기는 적도 방향으로 밀고, 따뜻한 공기가 극 방향으로 이동한다.

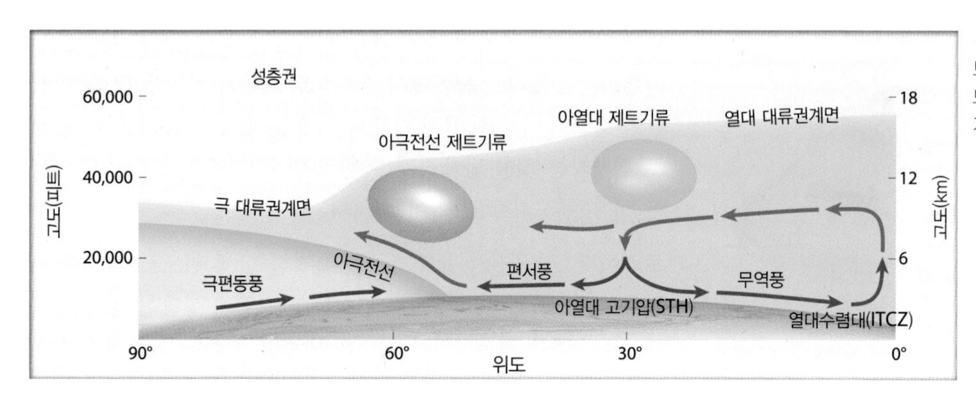

◀그림 5-24 두 제트기류의 일반적인 위치를 보여 주는 적도에서 극점까지의 대기의 연직 단면도. 두 제트기류는 때로 합쳐져 극심한 날씨 상태를 가져오기도 한다.

모든 것들이 고려되더라도 지구상의 다른 지역들은 중위도만큼 단기간의 날씨 변동을 경험하지는 않는다.

학습 체크 5-10 제트기류는 무엇인가? 그리고 그것들은 흔히 어디에서 발견되는가?

극고기압

극고기압(polar high)이라고 불리는 고기압 세포가 양 극지방에 자리 잡고 있다(그림 5-15 참조). 광활하고 해발고도가 높은 매우 찬 대륙 지역에 걸쳐 형성되는 남극 고기압은 남극 대륙상에서 강하고 지속적으로 나타나며 거의 영구적인 특징을 보인다. 북극 고기압은 덜 빈번하게 관찰되며 특히 겨울철에는 좀 더 일시적이다. 북극 고기압은 북극해보다는 북부 대륙 위에 형성되는 경향이 있다. 이러한 세포들과 관련된 공기의 흐름은 일반적으로 고기압성이다. 공기는 위쪽에서 아래 고기압 안쪽으로 하강하고, 지상 근처에서는 수평적으로 발산하여(북반구에서는 시계 방향으로, 남반구에서는 반시계 방향으로) 전 세계 세 번째의 바람 시스템인 극편동풍을 형성시킨다.

극편동풍

전 세계 세 번째로 대규모를 차지하는 바람 시스템은 극고기압과 약 위도 60°사이의 대부분 지역을 차지한다(그림 5-25). 바람은 일반적으로 동쪽에서 서쪽으로 이동하여 **극편동풍**(polar easterlies)이라 불린다. 이 바람은 전형적으로 차고 건조하지만 꽤 가변적이다.

아극전선

대기대순환의 마지막 지상 구성요소는 남·북위 약 50~60°에 위치한 저기압대이다. 때로는 **아극 저기압**(subpolar low)이라 불리는 반영구적인 저기압들의 출현에 의해 가장 뚜렷하게 보이기도 하지만, 흔히 이 지역은 **아극전선**(polar front)이라고 불린다.

아극전선은 차가운 극편동풍의 바람과 상대적으로 따뜻한 편서풍이 만나 서로 충돌하는 지역이다(그림 5-25). 남반구의 아극 저기압은 남극을 둘러싼 차갑고 변화가 없이 일정한 해양상에서 거의 연속적으로 나타난다. 그러나 북반구에서는 저기압 지역이 대륙의 방해를 받아 불연속적으로 나타난다. 아극전선은 여름철보다 겨울철에 훨씬 더 두드러지게 나타나며, 태평양과 대서양의 가장 극 방향에 가장 잘 발달하여 각각 **알류샨 저기압**(Aleutian Low)과 **아이슬란드 저기압**(Icelandic Low)을 형성시킨다.

아극전선 지역은 상승하는 공기, 넓게 퍼진 구름, 강수 그리고 일반적으로 안정적이지 않은 폭풍우가 있는 날씨 상태의 특징을 보인다. 편서풍과 함께 움직이는 많은 이동성 폭풍우들은 아극전선의 충돌 지역에서 발원한다.

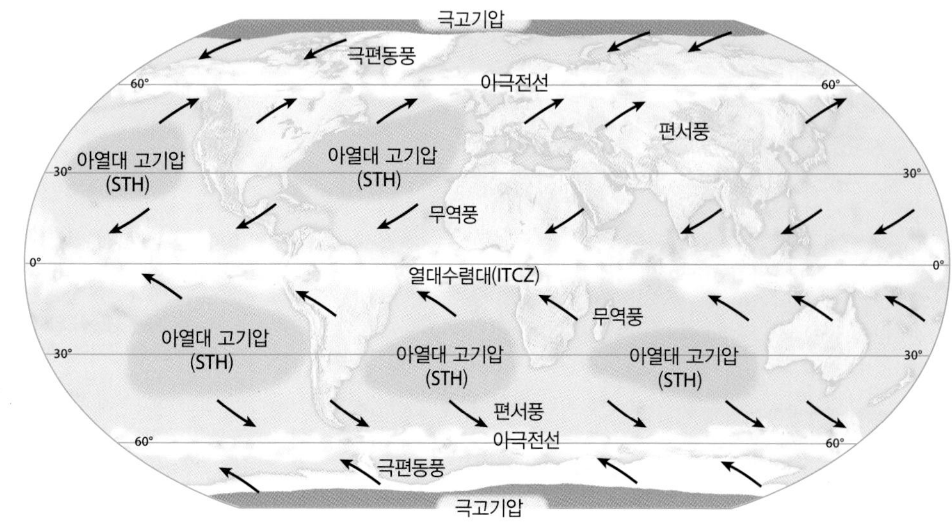

◀그림 5-25 대기대순환의 일곱 가지 요소들, 즉 열대수렴대(ITCZ), 무역풍, 아열대 고기압(STH), 편서풍, 아극전선, 극편동풍, 극고기압의 일반화된 위치를 보여 주는 지도(이 지도의 투영법에서 고위도 면적은 상당히 과장되어 있다.)

대기대순환의 연직 패턴

지금까지 살펴보았듯이, 적도와 위도 20~25° 사이의 열대 지역에서는 지상 바람이 일반적으로 동쪽에서 불어온다. 중위도에서는 일반적으로 지상풍이 서풍인 반면 고위도에서는 지상풍이 다시 동풍이 된다. 그러나 대류권 상층에서 바람 패턴은 지상풍과 다소 다르다(그림 5-26).

반대 무역풍 : 가장 극적인 차이는 열대 지역상에서 관찰된다. 적도상 공기가 열대수렴대에서 상승한 후 해들리 세포의 고도가 높은 극지방으로 향하는 공기는 코리올리 효과에 의해서 편향된다(그림 5-15 참조). 그 결과, **반대 무역풍**(antitrade wind)이라고 불리는 상층 바람은 북반구에서는 남서쪽에서, 남반구에서는 북서쪽에서 불게 된다. 이러한 흐름은 결국 좀 더 서풍이 되어 아열대 제트기류를 감싸게 된다. 그러므로 열대 지역의 지상에서는 바람이 일반적으로 동쪽에서 불어오지만, 그 위 높은 곳인 반대 무역풍대에서는 서쪽에서 불어온다.

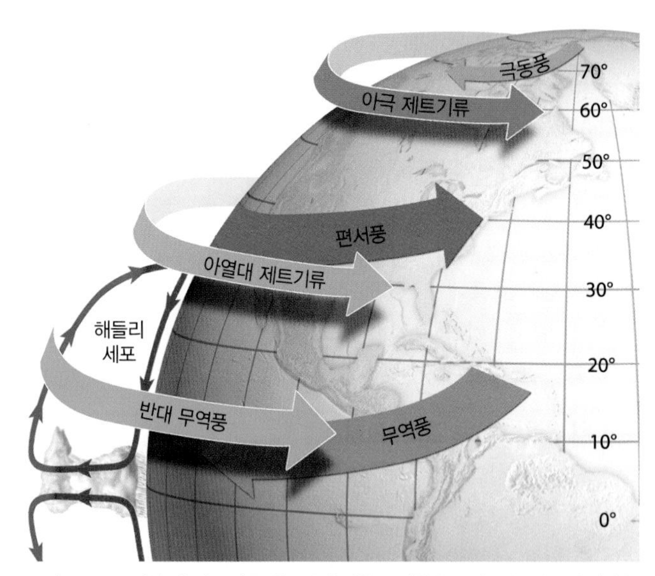

▲그림 5-26 지상 및 서로 다른 위도대의 탁월풍 방향을 보여 주는 대류권 단면도. 열대의 지상풍은 보통 동풍이지만 상층 대류권 제트기류가 편서풍이듯이 그 위의 반대 무역풍은 서쪽에서 불어온다(연직 차원은 과장되어 있음).

날씨는 대기대순환의 이동에 의해 극지방에서만 최소로 영향을 받지만, 그 이동의 효과는 열대와 중위도 지역에서는 상당하다. 예를 들면 우리가 제8장에서 살펴보겠지만, 남·북위 약 35°의 대륙 서해안을 따라 관찰되는 **지중해성 기후**(mediterranean climate) 지역은 아열대 고기압의 영향하에 있는 동안에는 따뜻하고 강우가 없는 여름을 맞이한다. 그러나 겨울철에는 편서풍대가 적도 쪽으로 이동하면서 이 지역에 변화무쌍하고 빈번한 폭풍을 동반한 날씨가 나타난다(그림 5-16 참조). 또한 우리가 앞으로 살펴보게 되겠지만, 열대수렴대의 이동은 열대의 넓은 지역에 걸쳐 계절적 강수 패턴과 매우 밀접하게 관련되어 있다.

학습 체크 5-11 왜 북반구 여름철에 열대 수렴대의 위치는 북쪽으로 이동하는가?

대기대순환의 변형

앞에서 언급한 전 지구적 대기대순환 패턴에는 많은 변화들이 있으며, 모든 대기대순환의 양상들은 이상적으로 기술된 것과 상당히 다른 변형된 형태로 나타난다. 대기대순환의 구성요소들은 때로는 그것들이 존재하리라고 예상되는 대기의 상당 부분에서 사라지기도 한다. 심지어 대류권계면이 '사라지기도' 한다. 가령, 매우 낮은 기온을 나타내는 고위도 겨울철 지상에서는 대기 온도가 성층권 안쪽까지 고도가 상승함에 따라 기온이 지속적으로 증가하기도 한다. 그러한 경우는 대류권계면을 찾아볼 수 없게 된다.

그럼에도 불구하고 일반화된 전 지구 바람과 기압 시스템의 패턴은 앞에서 기술된 일곱 가지 요소로 구성되어 있다. 실세계의 날씨와 기후가 이와 같이 일반화된 패턴들과 어떻게 다른지 이해하기 위해서 일반화된 체계의 두 가지 중요한 변형에 대해서 논의하는 것이 필요하다.

위치에서의 계절적 변화

대기대순환에서 일곱 가지 지상 요소들은 계절이 바뀜에 따라 북쪽으로 또는 남쪽으로 이동한다. 태양빛이 있어 지표 가열이 북반구(북반구 여름철)로 집중될 때 모든 구성요소들은 좀 더 북쪽으로 배치된다. 정반대 계절(남반구 여름철)에는 모든 요소들이 남쪽으로 이동한다. 이러한 재배치는 저위도에서 가장 크게, 극지방에서 가장 작게 일어난다. 예를 들면 열대수렴대는 7월에는 최대 북위 25°에서, 1월에는 최대 남위 20°에서 관찰된다(그림 5-27). 반면 극고기압은 계절이 바뀔 때에도 거의 또는 전혀 위도적 재배치가 발생하지 않는다.

몬순

세계의 특정 지역, 특히 남부와 동부 유라시아 지역의 **몬순**(monsoon) 발달은 대기대순환 패턴에서 상당히 벗어나는 패턴이

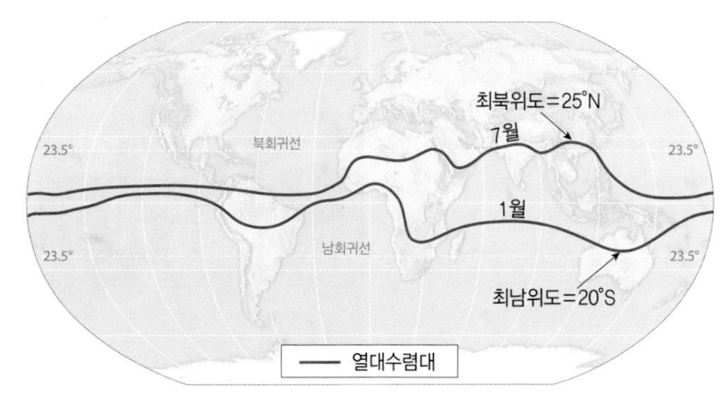

▲그림 5-27 전형적인 열대수렴대의 계절 정점에 이르렀을 때 최북단 위치. 가장 큰 위치 변화는 유라시아와 오스트레일리아의 몬순 활동과 관련되어 있다.

다(그림 5-28). 몬순이라는 단어는 '계절'을 의미하는 아라비아어 *mawsim*에서 유래되어, 계절적 바람 시스템의 뒤바뀜, 여름철에 **육지로 부는 흐름**(onshore flow)이라 불리는 해양에서 대륙으로의 움직임과 겨울철에 **바다로 부는 흐름**(offshore flow)이라 불리는 육지에서 해양으로의 움직임을 의미하게 되었다. 뚜렷한 계절적 강수 패턴은 몬순 바람 시스템과 연관되어 있다(습한 해양성 공기와 육지로의 흐름에서 유래하는 여름철 호우 그리고 바다를 향하여 움직이는 공기가 탁월한 대륙성 대기 순환을 만들어 내는 확연한 겨울철 건조 시기).

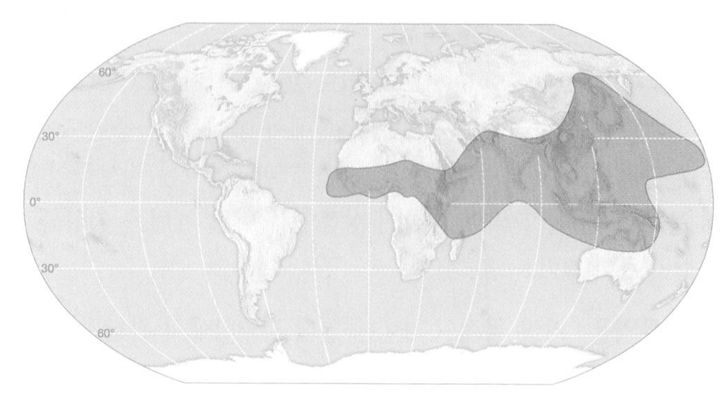

▲ **그림 5-28** 전 세계 주요 몬순 지역

몬순의 원인 : 몬순 순환은 대륙과 해양의 불균형한 가열을 기초로 하여 설명하는 것이 편리하다. 여름철 대륙 위에서 만들어진 강한 열적(즉, 열에 의해 만들어진) 저기압 세포는 해양의 공기가 육지로 향해 불도록 끌어당긴다. 유사하게 겨울철에는 대륙 위의 탁월한 열적 고기압이 해양을 향하여 바람이 부는 순환을 만들어 낸다. 이러한 열적으로 만들어진 기압 차이가 몬순 발달에 기여하는 것은 분명하지만(그림 5-16 참조), 그것이 이야기의 전부는 아니다.

몬순 바람은 본질적으로 남동부 유라시아상에서 열대수렴대(ITCZ)의 대규모 계절 이동과 관련된 무역풍의 보편적이지 않은 대규모 위도적 이동을 나타낸다. 히말라야산맥 또한 분명히 한 역할을 한다. 이 중요한 지형장애물은 남아시아와 북쪽의 대륙 내륙 간의 겨울철 기온차를 더 크게 하여, 이 지역의 아열대 제트 기류의 위치와 유지에 영향을 미치는 것 같다.

몬순의 중요성 : 우리는 몬순 순환의 중요성을 과소평가하는 경향이 있다. 전 세계 인구의 절반 이상이 몬순에 의해 좌우되는 기후에 살고 있다. 또한 이곳들은 일반적으로 대부분의 사람들이 생계로 농업에 의존하고 있는 지역들이다. 지역 주민의 삶은 식량 생산과 환금성 작물을 위해 필수적인 실제의 몬순 강우와 복잡하게 얽혀 있다(그림 5-29). 몬순에 의한 수분이 발생하지 않거나 심지어 늦게 시작되면 넓은 지역에 기아나 경제적 재해가 야기된다.

그 원인들은 복잡할지라도 몬순의 특징은 잘 알려져 있으며 어느 정도 정확성을 가지고 몬순 패턴을 기술할 수 있다. 2개의 주요 몬순 시스템(남아시아와 동아시아)과 2개의 부차적 몬순 시스템(오스트레일리아와 서아프리카) 그리고 몬순 경향이 발달하는 몇몇 다른 지역들(특히 중앙아메리카와 미국의 남동부)이 있다.

남아시아 몬순 : 여름 몬순의 발생은 남아시아에서 매년 가장 주목할 만한 환경 관련 사건이다(그림 5-30a). 두 주요 몬순 시스템들 가운데 이것은 인도양에서 탁월한 연근해 풍이 나선형으로 불어 들어 바싹 마른 대륙에 생명을 불어넣는 비를 가져온다. 겨울철에 남아시아는 북동 지역에서 발산하여 불어 나가는 건조한 공기에 의해 좌우된다. 최근의 연구들은 몬순 패턴이 변하고 있다

▶ **그림 5-29** 방글라데시 다카의 중심업무지구에서 여름 몬순 강우에 의해 발생한 홍수

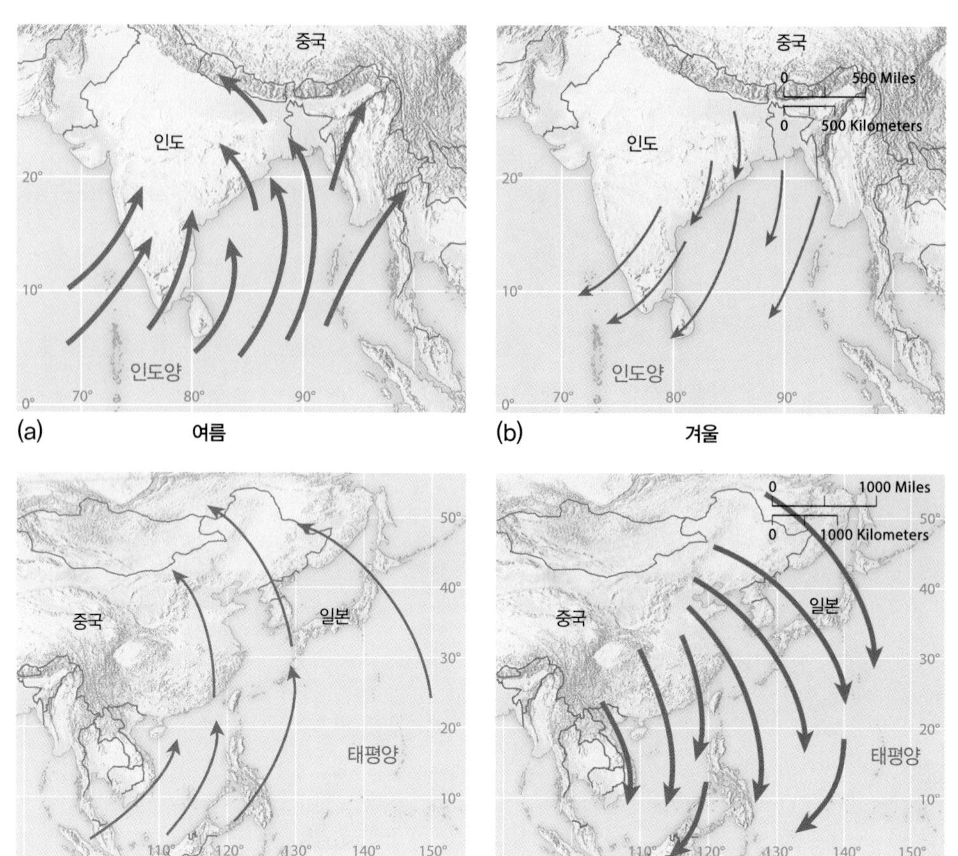

◀**그림 5-30** 2개의 주요한 몬순 시스템. (a) 남아시아 몬순은 여름철(우기)에 상륙하는 강한 흐름과 (b) 겨울철 (건기)에 해양으로 불어 가는 다소 덜 뚜렷한 바람의 흐름의 특징을 보인다. 동아시아에서는 (c) 안으로 불어오는 여름 몬순이 밖으로 불어 나가는 겨울철 몬순보다 약하다.

고 제시하고 있다. "글로벌 환경 변화 : 남아시아 몬순 변화"를 참조하라.

동아시아 몬순 : 겨울철은 동아시아 몬순 시스템이 좀 더 두드러지는 계절로, 이것은 1차적으로 중국, 한국, 일본에 영향을 미친다(그림 5-30b). 대체로 북서쪽으로부터 건조한 대륙성 공기가 강하게 바깥으로 향하는 흐름은 서부 유라시아상의 거대한 열적 고기압 세포 주변의 고기압성 순환인 시베리아 고기압과 연관되어 있다. 여름철 해양 공기의 육지 방향으로의 흐름은 남아시아보다는 그리 주목할 만하지 않지만 남풍 또는 남동풍의 바람뿐만 아니라 이들 지역에 상당한 수증기를 가져온다.

다른 몬순 지역들 : 2개의 부가적인 시스템 중에서 하나는 오스트레일리아 대륙 북부 1/4 정도의 지역이 뚜렷한 몬순 순환을 경험하게 한다. 오스트레일리아의 여름철(12~3월)에는 북쪽에서 육지로 바람이 불어오고, 육상에서 바다로 불어 나가는 건조한 남풍은 겨울철에 우세하다(그림 5-31a).

서아프리카의 남쪽을 바라보고 있는 해안에서 내륙 약 650km 이내의 지역은 두 번째 부가적 몬순 순환에 의해서 좌우된다(그림 5-31b). 여름에는 남쪽과 남서쪽에서 육지를 향하여 습한 해양성 공기가 흐르고, 겨울에는 건조한 북풍계열의 대륙성 흐름이 우세하게 나타난다.

미국 남서부의 '애리조나 몬순'은 북아메리카 몬순이라 불리는 더 넓은 부가적인 몬순 시스템의 일부분이다. 여름철 이러한 육지로 불어오는 바람은 캘리포니아만, 멕시코만의 수증기를 뉴멕시코, 애리조나, 북서부 멕시코 지역에 가져와 격렬한 뇌우 활동을 야기시킨다.

학습 체크 5-12 남아시아의 바람 방향은 여름철과 겨울철에 어떻게 달라지는가?

국지풍 시스템

이전 절들은 전 지구 순환을 구성하고 전 세계 기후 패턴에 영향을 미치는 거대한 규모의 바람 시스템에 대해서만 다루었다. 그러나 많은 종류의 더 작은 규모의 바람들은 국지적 규모의 날씨와 기후에 중요한 영향을 준다. 그러한 바람은 지세 조건에 대응하거나 일시적인 그 지역의 대조적인 열적 상태에 대응하여 발생하는 국지적 기압경도에 의해 나타나는 결과이다.

해풍과 육풍

여름철에 열대 해안선과 범위는 더 작지만 중위도 해안 지역에서 주기적으로 나타나는 흔한 국지풍 시스템은 주간의 **해풍**(sea breeze)과 야간의 **육풍**(land breeze)이다(그림 5-32). (바람이 그렇듯이, 그 이름은 바람이 불어오는 방향을 가리킨다. 해풍은 바

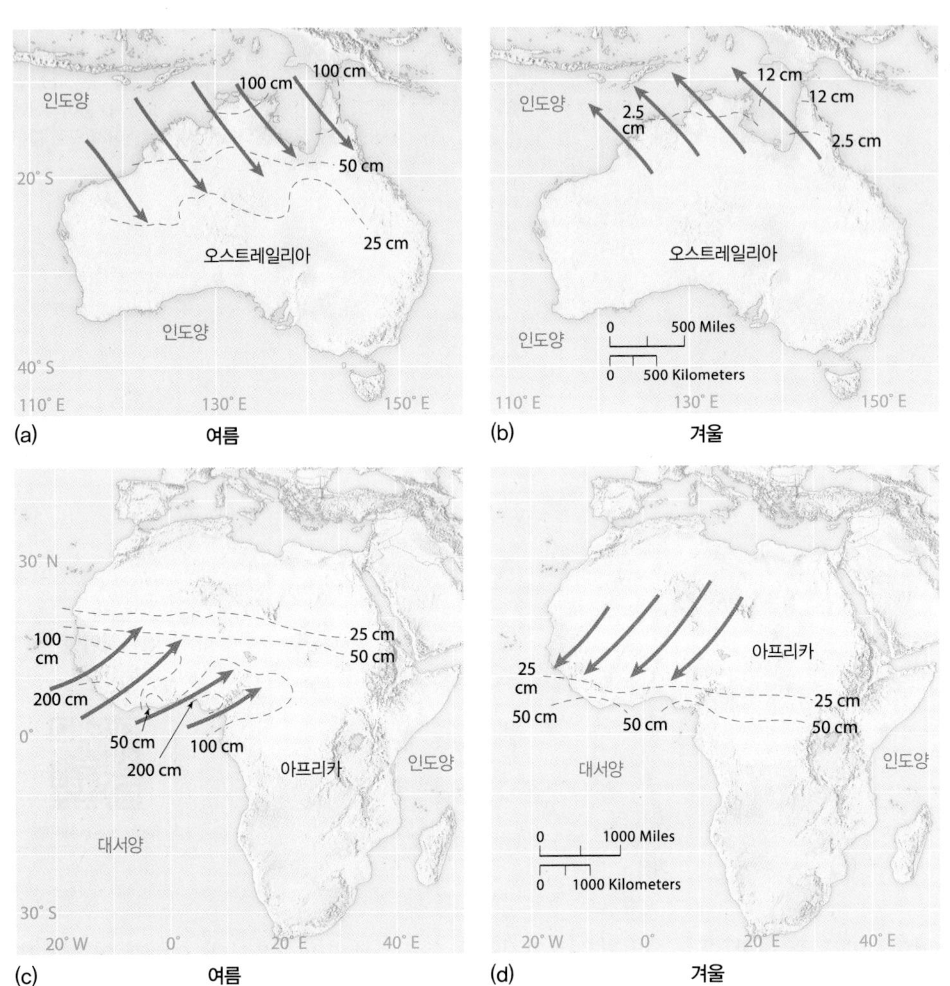

◀ **그림 5-31** 3개월 계절 강수 등치선을 보여 주는 두 가지 부가적인 몬순 시스템. (a) 오스트레일리아에서는 여름철에 북서풍이 북부 오스트레일리아에 우기를 가져다주고, (b) 건조한 남동풍 흐름은 겨울철에 탁월하다. 서아프리카에서는 (c) 여름철 바람 남서쪽에서 발원하고 (d) 겨울철 바람은 북동쪽에서 발원한다.

다에서 육지로 불고, 육풍은 육지에서 바다로 분다.) 이것은 본질적으로 땅과 물 표면의 차별화된 가열에 의해 발생되는 일상적 순환이다. 땅은 주간에 빨리 데워져 공기가 팽창하여 상승하게 한다. 그것은 낮은 기압을 만들어 인접한 해수 위로부터 지상풍을 끌어당긴다. 육지로 부는 바람은 상대적으로 서늘하고 습하기 때문에 해안 지역의 주간 기온을 낮추게 되고 오후에 내리는 소나기에는 수분을 제공한다. 해풍은 종종 강하지만 육상에서는 15~30km의 내륙에 드물게 영향을 미친다.

야간의 반대 흐름은 흔히 주간에 부는 바람보다 상당히 더 약하다. 육지와 그 위의 공기는 인접한 수체보다 더 빨리 식어서 상대적으로 육지 위에 더 높은 기압을 형성한다. 그래서 공기는 육지를 벗어나 육풍으로 분다.

(a) 주간 가열

(b) 야간 냉각

▲ **그림 5-32** 전형적인 해륙풍 주기에서 (a) 주간의 육상 가열은 그 지역에 상대적으로 낮은 기압을 형성시킨다. 이 낮은 기압의 중심은 해양으로부터 상륙하는 공기 흐름을 끌어당긴다. (b) 육상의 야간 냉각은 그 지역에 높은 기압을 형성시켜 바다 방향으로의 공기 흐름을 유발시킨다.

남아시아 몬순 변화

▶ Stephen Stadler, 오클라호마주립대학교

인도에서는 여름 몬순이 농업에 중요하다. 남아시아 몬순은 흔히 6월 인도 서부 해안에서 촉발되어 소대륙을 가로질러 동쪽과 북쪽으로 이동하고 10월 말쯤 끝난다. 비가 늦게 내리면 작물은 씨가 싹을 틔울 수 없어서 실패하게 된다. 비가 지나치게 많이 오면 작물은 물에 잠긴다. 지구상의 어떤 다른 곳에서도 (이곳만큼) 그렇게 많은 사람들이 우기계절의 속성에 의존하는 곳도 없다.

기후 변화에 관한 정부간 협의체(IPCC)의 「제5차 평가 보고서」에서는 기후 변화가 인구에 미치는 위험과 영향은 전 세계적으로 불규칙하게 분포될 것이라고 결론지었다. 축적된 증거들은 전 지구적인 변화가 잠재적으로 남아시아 여름 몬순을 변화시킬 것이라는 것을 강하게 제기하고 있다. 비록 남아시아 몬순이 악명 높게 매년 변화무쌍하지만, 강수는 인도 전체로 보면 대개 역사적 평균의 10% 이내에서 변한다. 그러나 지역적으로 보면 단일 몬순 계절에서 인도의 일부 지역들이 지나치게 강수가 많거나 지나치게 건조한 경우가 흔하다.

남아시아 몬순 연구 : 지리학자와 기후학자들을 포함한 과학자들은 지난 1세기 이상 몬순 변동성에 관하여 연구해 왔다. 그들은 엘니뇨의 강도와 변동성과의 원격상관성을 발견하였다(이 해양-대기 결합 패턴은 이 장의 후반에서 이야기된다). 이러한 발견은 남아시아 몬순에서 앞으로 수년 동안의 변화를 예측 연구하도록 하였다.

지상과 위성 일기 관측(특히 해양)의 증대된 가용성은 예보 탁월성의 핵심이 되어 왔다. 이는 또한 미리 수십 년 그리고 심지어 수백 년의 변화를 예측하는 슈퍼컴퓨터 모델과 협력한다. 우리는 컴퓨터 모델이 역사적인 자료를 사용할 수 있고 오늘날의 몬순을 정확하게 예측하도록 하기 때문에 주요한 발견들이 정확하다는 확신을 가지고 있다.

미래 엿보기 : 인도는 3,290,000km^{2}의 큰 면적을 가진 국가이다. 우리가 기후 변화의 지역성을 이해한다면, 여름 몬순에 대한 변화는 인도의 지역별로 규모가 달라질 것이다. 모델은 대부분의 인도에서 몬순 비는 감소할 것이고(그림 5-B), 몬순의 시작도 이전 개시일과 비교하여 늦춰질 것이라고 보고 있다(그림 5-C). 강수 단속은 더 빈번해질 것이다. 교란들은 좀 더 느리게 움직여 역설적으로 계절 총 강수량은 감소하지만 홍수의 잠재성은 늘어날 것이다. 놀랍게도 변화된 기후 시나리오에서 여름철 비는 5년마다 감소(오늘날 평균치의 40~70%)하는 것으로 예상되고 있다.

인적 요인 : 1,250,000,000의 인도 인구 중 2/3는 육지에서 일한다. 인도의 식량 공급 안보는 몬순에서 전망되는 변화에 의해 위협받고 있다.

인도 정부는 몬순의 미래에 대해 상당히 걱정하고 있고, 인도 기상부는 몬순을 면밀하게 모니터링하고 있다. 저감 정책들이 제안되었지만, '올해의' 식량 공급이 항상 정부의 최우선 과제가 되어야 하는 인도 정부로서는 훨씬 이전에 계획하는 것이 어렵다. 2015년에 인도 지구과학부와 미국해양대기청은 몬순의 특징을 예측하는 데 협력하기로 동의하여, 몬순에 대한 이해가 증대될 것으로 기대하고 있다.

질문

1. 인도 인구의 상당수가 기후 변화에 취약할 것으로 전망된다면 인도 정부가 발생할 것으로 예견되는 몬순 변화의 부정적인 영향을 저감하기 위해 어떤 종류의 일을 해야 할 것인가?
2. 여름 몬순에서 증가한 강우량은 인도 농업에 어떻게 해로운지 설명하라.
3. 왜 농촌에 사는 인도 사람들은 도시 사람들에 비하여 몬순 기후 변화에 더 취약하다고 여겨지는가?

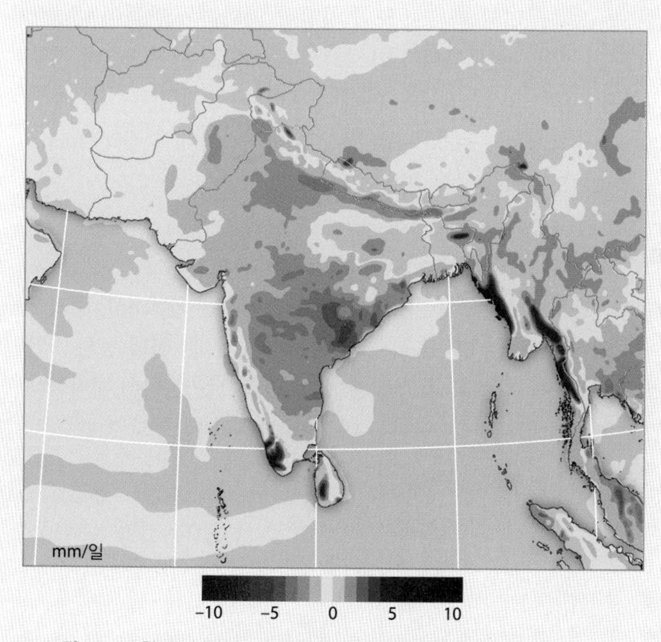

▲그림 5-B 현재 대비 모델 생산 미래 여름 몬순 일 강수량 변화

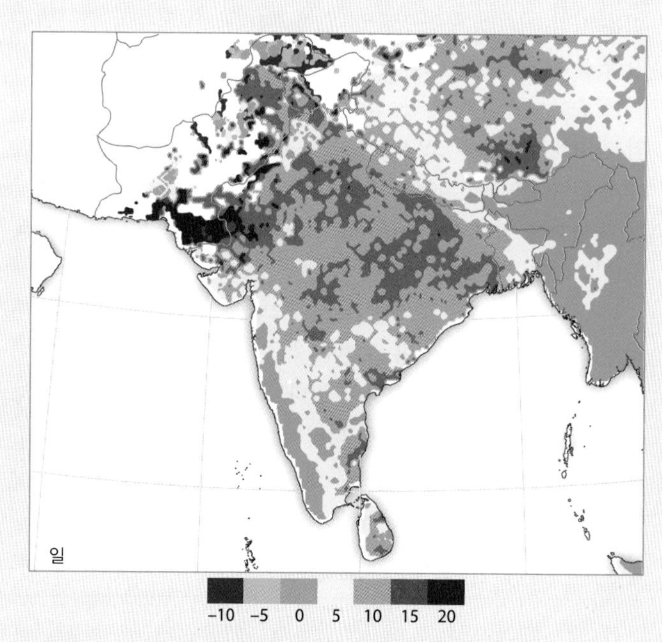

▲그림 5-C 현재 대비 모델 생산 미래 몬순 강수 개시일의 변화

(a) 주간 가열

(b) 야간 냉각

▲그림 5-33 (a) 주간 산사면에서는 가열에 의해 사면위의 공기가 데워져 상승하여 계곡보다 더 낮은 기압이 형성된다. 그래서 더 냉각된 계곡 공기는 곡풍으로 (산사면을 따라 위쪽으로 형성된) 기압경도를 따라 흘러간다. (b) 야간에 사면은 온기를 멀리 복사한다. 그 결과, 바로 위 공기는 냉각된다. 이러한 더 냉랑하고 밀도가 높은 공기는 산풍으로 계곡 아래로 흘러간다.

산곡풍

또 다른 주목할 만한 하루 주기의 공기 흐름은 많은 언덕과 산악 지역에서 나타나는 특징이다. 주간에는 육지 표면상의 전도와 재복사가 계곡 바닥의 공기보다 산사면의 공기를 더 가열시킨다(그림 5-33). 가열된 공기는 낮은 기압 구역을 형성시키면서 상승하고, 그때 계곡 바닥의 높은 기압 구역의 더 서늘한 공기는 산사면을 따라 저기압 구역으로 불어 올라간다. 이와 같이 산사면을 따라 불어 올라가는 흐름을 **곡풍**(valley breeze)이라고 한다. 흔히 이 상승하는 공기에 의해 정상 주위에 구름이 형성되어 높은 산악 지역에서는 오후 소나기가 흔하다. 밤이 되면 그 패턴이 정반대가 된다. 복사에 의해 산사면은 온기를 빠르게 잃어 주변 공기를 싸늘하게 식혀 **산풍**(mountain breeze)으로 공기가 사면 아래로 미끄러져 내려간다.

곡풍은 특히 여름철 태양 복사에 의한 가열이 가장 강할 때 탁월하게 나타난다. 산풍은 흔히 여름철에는 약하고 겨울철에 더 뚜렷하게 발달하는 경향이 있다. 심지어 경사가 급하지 않은 지역에서도 겨울철에 흔히 나타나는 현상이 냉기 분지(cold air drainage)이다. 차가운 공기가 사면 아래로 야간에 미끄러져 가장 낮은 지점에 모인다. 이것은 산풍의 변형된 형태이다.

학습 체크 5-13 해풍은 어떻게 형성되는가?

활강풍

보다 일반적이고 강력하게 공기가 사면 아래로 미끄러지는 **활강풍**(katabatic wind)의 형태는 단순한 공기의 유출 흐름과 관련되어 있다('아래로 내려가는'을 의미하는 그리스어 *katabatik*에서 유래됨). 이 바람은 차가운 고지대에서 기원하여 중력의 영향을 받아 고도가 더 낮은 지역으로 차례로 내려간다. 이를 흔히 **중력흐름풍**(gravity-flow wind)이라고도 한다. 이 안의 공기는 밀도가 높고 차갑다. 비록 이 바람이 하강할 때 단열적으로 따뜻해지기는 하지만 일반적으로 흔히 사면 아래로 부는 바람으로, 그것이 대체하는 원래 공기보다는 더 차갑다.

활강풍은 특히 그린란드나 남극의 높고 차가운 빙상의 끝에 미끄러지는 곳에서 흔하게 나타난다. 어떤 때에는 활강풍이 좁은 계곡을 통과하면서 빠른 속도와 상당한 파괴력을 만들어 내기도 한다. 그 악명 높은 사례가 **미스트랄**(mistral)로, 알프스부터 지중해까지 프랑스의 론 계곡을 따라 침투한다. 유사한 바람을 아드리아해 지역에서는 **보라**(bora), 남동부 알래스카에서는 **타쿠**(taku)라 부르기도 한다.

푄/치누크 바람

사면 아래로 부는 또 다른 바람을 알프스에서는 **푄**(föhn), 로키산맥 지역에서는 **치누크**(chinook)라 부른다. 그것은 원래 높은 기압경도가 산의 바람받이 지역에 고기압, 바람그늘 지역에 저기압이 있을 때에만 발생한다. 공기는 바람받이에서 바람의지 방향으로, 기압경도가 낮은 곳으로 움직인다(그림 5-34).

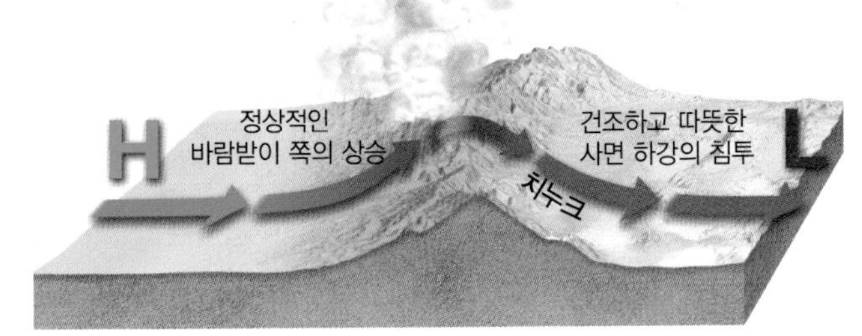

▲그림 5-34 치누크는 상대적으로 따뜻한 공기가 아래 사면으로 빠르게 움직임을 나타낸다. 그것은 양 산사면의 기압경도에 의해 발생한다.

바람의지 지역에서 사면 아래로 흐르는 공기는 건조하고 상대적으로 따뜻하다. 그것은 바람받이 쪽에서 강수 현상을 통해 수증기를 잃기 때문이다. 정상에 내리는 눈이나 비의 응결 시 내놓은 응결 잠열 때문에 공기는 바람받이 쪽 공기에 비해 상대적으로 따뜻하다. 바람이 바람의지 사면 아래로 불어 감에 따라 단열적으로 더 가열되어 고온 건조한 바람이 되어 산맥의 기저에 도달한다. 이것은 단 수 분 이내에 산의 바람의지에 상당한 기온 상승을 유발할 수 있다. 이 바람은 눈을 빠르게 녹이고 그 결과인 진흙물을 빠르게 건조시킬 수 있기 때문에 로키산맥 지역에서는 '눈녹이 바람(snow-eater)'이라고도 알려져 있다.

산타아나 바람

고기압 세포가 미국 서부 내륙에 수일 동안 자리 잡을 때 **산타아나 바람**(Santa Ana wind)으로 알려진 유사한 바람이 캘리포니아에 발달한다. (편서풍으로부터 해양을 벗어난 보다 전형적인 냉량하고 습한 공기 대신에) 이 바람은 고기압의 바깥으로 시계 방향으로 발산하여 해안으로 건조하고 온난한 북풍이나 동풍을 가져온다. 산타아나는 높은 속도, 높은 기온 그리고 극심한 건조함 때문에 주목을 받는다. 산타아나의 출현은 산불에 이상적인 조건을 제공한다. 실제로 매년 산타아나는 늦여름과 가을, 때로는 봄에 수십 채의 가옥을 파괴하는 큰 산불을 확산시켜 신문의 머리기사에 자주 등장하곤 한다.

엘니뇨 남방 진동

자연지리학의 기본 내용 중 하나는 다양한 환경 요소들의 상호관련성이다. 지금까지 우리가 날씨와 기후를 볼 때, 그러한 상호작용의 한 부분으로 중요한 피드백 메커니즘을 완전히 참고하여 기온, 해양 순환, 바람, 기압의 패턴을 소개해 왔다. 그러나 수년 또는 수십 년에 걸쳐 발생하는 해양과 대기 순환에 있어 순환적인 변화에 의해 개입되는 복잡함은 탐구하지 않았다.

이러한 상호 관련성의 복잡한 예가 적도 태평양, 특히 남아메리카 서해안을 따라 탁월하게 나타나는 주기적인 대기와 해양 현상인 **엘니뇨**(El Niño)이다.

엘니뇨의 영향

엘니뇨 발생 기간 동안에는 비정상적으로 따뜻한 해수가 남아메리카 서쪽 해안의 인접 해양 표면에 나타나 대개 매우 차갑고 영양염류가 풍부한 해수를 대체한다. 과거에 국지적 현상으로 생각되었던 엘니뇨가 오늘날에는 지구상 넓은 지역의 기압, 바람, 강수 및 해양 상태의 변화와 관련되어 있음을 알게 되었다. 강한 엘니뇨 발생 동안에는 남아메리카 연안에서 활발한 생산이 이루어지는 태평양 어업이 방해를 받으며, 지구상 어떤 지역에는 호우가 발생하고 다른 지역에는 가뭄이 도래한다.

남아메리카 어부들은 여러 세대 동안 주기적인 동태평양 연안 해수의 약한 승온 현상을 인식해 왔다. 이 현상은 2~7년 주기로, 흔히 크리스마스 시기에 발생한다. 그래서 그 이름이 엘니뇨이다(스페인어로 아기예수 혹은 '소년'을 지칭함). 그러나 덜 빈번하지만 해수의 승온은 훨씬 더 커지고 어획량은 훨씬 더 떨어진다. 역사적 기록들은 수백 년 동안의 엘니뇨의 영향에 대해 기술하고 있고, 고고학 및 고기후학적 증거들은 과거 수천 년의 기록을 거슬러 올라간다.

그러나 엘니뇨가 전 세계적인 주목을 받기 시작한 것은 1982~1983년에 와서였다. 수개월에 걸쳐 오스트레일리아, 인도, 인도네시아, 필리핀, 멕시코, 중앙아메리카, 남아프리카 지역에 심각한 가뭄이 발생하였고, 미국의 서부와 남동부, 쿠바, 남아메리카 북서부는 홍수로 인하여 초토화되었으며, 원래 발생빈도가 적은 태평양 지역(타히티나 하와이와 같은)에는 파괴적인 열대 저기압들이 나타났고, 적도 태평양상에 13,000km로 뻗은 정상보다 8℃ 이상 더 따뜻한 거대한 해수의 흐름이 나타나 거대한

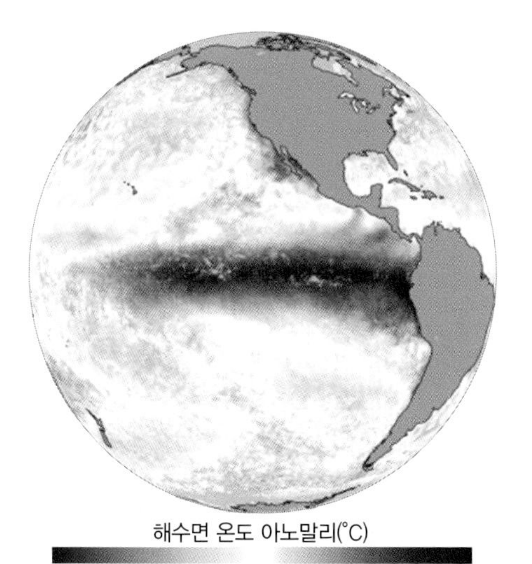

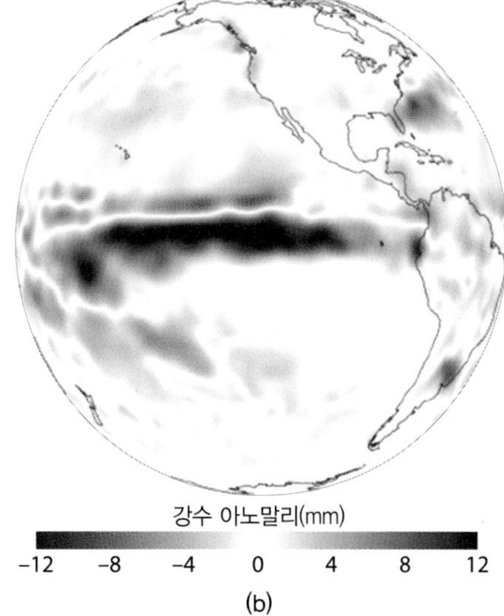

◀ **그림 5-35** 1997~1998년에 발생한 엘니뇨. 1997년 12월의 (a) 해수면온도 아노말리와 (b) 강수 아노말리. 남·북아메리카의 서해안을 따라서 해수는 비정상적으로 따뜻했다. 평균 이상의 강수는 동태평양 지역에(그리고 1998년 봄에는 미국 남서부에) 내렸다. 열대 서태평양 지역에는 가뭄이 나타났다.

어류, 바다조류, 산호를 죽게 하는 결과를 가져왔다. 이 사건들로 1,500명 이상의 직접적 인명손실도 발생하였고, 재산피해는 거의 90억 달러에 달하는 것으로 추산되었으며, 거대한 생태계 변화도 유발시켰다.

1997~1998년에 또 다른 강력한 엘니뇨가 발생하였다(그림 5-35). 이번에는 적어도 2,100명의 사람들이 사망하였으며, 전 세계적으로 재산피해가 300억 달러를 초과하였고, 수만 명이 대피하였다. 미국 중서부에는 심한 눈폭풍이, 남동부 지역을 초토화시키는 토네이도가 그리고 캘리포니아에는 평균보다 훨씬 더 많은 강우가 발생하였다.

그렇다면 그러한 광범위한 날씨 변화를 야기시키는 엘니뇨 시기에는 무슨 일이 발생하는 것일까?

정상 패턴

엘니뇨를 이해하기 위해서 태평양 해양 분지의 정상 상태에 대한 기술을 시작하기로 한다(그림 5-36a). 우리가 제4장에서 살펴보았듯이, 흔히 남아메리카 서쪽 연근해를 따라 길게 뻗은 해수는 냉량하다. 이 지역의 바람과 기압 패턴들은 해들리 세포 순환의 침강하는 공기와 관련되어 지속적으로 자리 잡고 있는 아열대 고기압(STH)에 의해 좌우된다(그림 5-15 참조).

서쪽 연근해의 차가운 해수 : 무역풍이 아열대 고기압으로부터 발산하여 태평양을 가로질러 동쪽에서 서쪽으로 분다. 이러한 열대 공기 흐름은 적도 해류(제4장에서 소개된 그림 4-25 참조)에서 태평양 분지를 가로질러 서쪽으로 따뜻한 표층수를 끌어간다. 표층수가 남아메리카 해안으로부터 멀어짐에 따라 차갑고 영양분이 풍부한 용승류는 이미 차가운 페루 해류 쪽으로 솟아오른다. 이러한 냉수와 고기압 결합은 남아메리카 서쪽 해안의 대부분 지역을 따라 상대적으로 건조한 상태를 가져온다.

남아메리카 부근의 냉수 및 고기압과는 대조적으로, 정상 패턴을 보이는 해의 태평양 반대쪽 인도네시아에 근접한 해수는 매우 다르다. 무역풍과 적도 해류는 따뜻한 물을 집적시켜 인도네시아 지역의 해수면이 남아메리카 지역 근처보다 60cm 더 높도록 하며, 열대 서태평양을 거대한 에너지와 수증기의 저장고로 변모시킨다.

워커 순환 : 따뜻한 물과 지속적인 저기압은 북부 오스트레일리아와 인도네시아 주변 지역에 우세하게 나타난다. 국지적인 대류성 뇌우가 열대수렴대(ITCZ)에 발달하여 이 지역에 많은 연 강수량을 가져온다. 이 공기가 열대수렴대에서 상승한 후에 극 방향으로 흐르기 시작하지만, 코리올리 효과에 의해서 상층에서 서풍 계열의 **반대 무역풍**(antitrade wind)으로 인해 편향된다. 떠 있는 이 공기 중 일부는 결국 태평양의 다른 쪽의 아열대 고기압 안쪽으로 침강한다(그림 5-15 참조). 이러한 상태를 처음으로 기술한 영국 기상학자인 Gilbert Walker(1868~1958년)의 이름을 따서 이러한 일반적인 대기 흐름의 회로를 **워커 순환**(Walker Circulation)이라고 한다(비록 그림 5-36a가 폐쇄된 대류 세포로 워커 순환을 보여 주고 있지만, 최근 연구들은 상층 대기가 일반적으로 서쪽에서 동쪽으로 움직이고 있지만 폐쇄된 공기 흐름의 '순환'은 아마도 존재하지 않는 것으로 보고 있다).

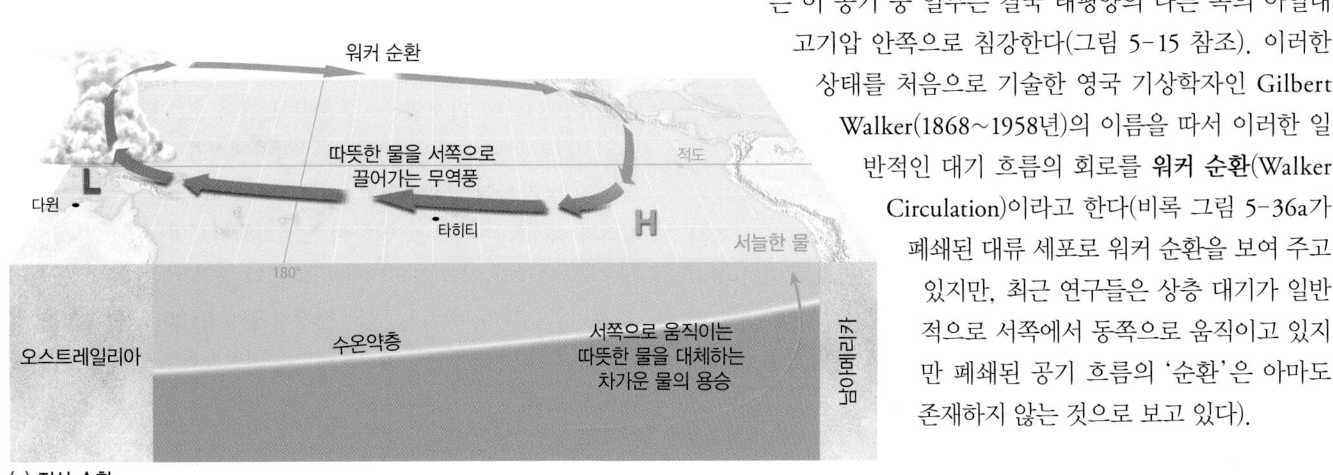

(a) 정상 순환

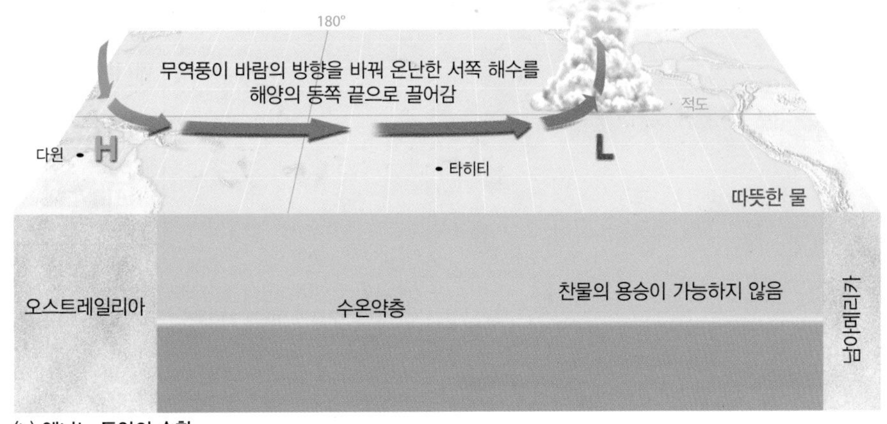

(b) 엘니뇨 동안의 순환

◀ **그림 5-36** (a) 남태평양의 정상 상태. 무역풍은 태평양의 동쪽에서 서쪽으로 가로질러 따뜻한 적도의 해수를 이동시킨다. (b) 이러한 조건들은 엘니뇨 발생 시에는 약해지거나 정반대가 된다. 남아메리카의 인접 해안에서 냉수의 용승은 약화되고, 표층수와 심층수 간의 열적 경계인 수온약층은 낮아지며, 평소보다 훨씬 더 따뜻한 해수가 표면에 나타난다.

엘니뇨 패턴

몇 년마다 태평양의 정상 기압 패턴은 변한다(그림 5-36b). 고기압은 북부 오스트레일리아에 발달하고 저기압은 타히티에 가까운 동쪽에 발달한다. 이러한 기압 '시소'는 **남방 진동**(Southern Oscillation)으로 알려져 있다. 이것은 1920년대에 Gilbert Walker에 의해 처음으로 인식되었다.

수년 전에 Walker가 식민지화된 인도의 기상국(Meteorological Service) 감독이 되었을 때, 몬순을 예측하기 위한 방안을 찾고 있었다. 생명을 주는 남아시아 몬순이 발달하지 않았을 때 가뭄과 기근은 인도를 초토화시켰다. 전 지구 기상 기록으로 Walker는 하나의 패턴을 보았다고 생각하였다. 습윤한 해에 북부 오스트레일리아(특히 다윈)에서는 기압이 더 낮고 타히티에서는 더 높으며 이러한 해에 몬순은 흔히 예상한 대로 온다. 그러나 어떤 해에는 다윈에서 기압이 높고 타히티에서는 낮다.

설명한 바와 같이, Walker가 발견한 인도 몬순과 남방진동 간의 상관관계는 몬순을 예측할 수 있을 정도로 충분히 믿을 만한 것은 아니었다. 그러나 1960년대에 기상학자들은 Walker의 남방 진동과 남아메리카 부근의 강한 엘니뇨 승온 현상 간에 연계성이 있음을 인식하였다. 이러한 전반적으로 결합된 해양-대기 패턴은 오늘날 **엘니뇨 남방 진동**(El Niño-Southern Oscillation, ENSO)로 잘 알려져 있다.

엘니뇨의 시작 : 비록 어떤 2개의 ENSO 사건도 정확하게 똑같지 않지만, 우리는 엘니뇨의 전형적인 주기에 대해서는 기술할 수 있다. 엘니뇨 시작 전 수개월 동안 무역풍은 따뜻한 해수를 인도네시아 부근의 서태평양에 쌓아 놓는다. 켈빈파(Kelvin wave)로 알려진 아마 25cm 더 부풀어오른 따뜻한 적도상 해수는 남아메리카 쪽으로 태평양을 가로질러 동쪽으로 이동하기 시작한다. 하나의 켈빈파가 남아메리카 해안에 도달하기 위해서는 2~3개월의 시간이 걸릴 것이다 코리올리 효과가 양 반구에서 동쪽으로 이동하는 해수를 적도 방향으로 효과적으로 집중시키기 때문에 켈빈파에서 부풀어오른 해수는 태평양을 가로질러 이동할 때에 거의 넓게 퍼지지 않는다.

엘니뇨 상태의 도착 : 1개의 켈빈파가 남아메리카에 도달할 때, 따뜻한 해수가 모이게 됨에 따라 해수면은 상승한다. 아열대 지역에 일반적으로 있는 고기압은 약화된다. 용승은 더 이상 차가운 물을 표층으로 가져오지 않아서 해양의 온도가 훨씬 더 상승한다. 즉, 하나의 엘니뇨가 진행 중인 셈이다. 이쯤에서 무역풍은 약화되거나 반대 방향으로 뒤집어져 서쪽으로부터 불기 시작하고 습한 공기를 페루 해안 사막 안쪽으로 이동시킨다.

표층 근처와 차가운 심층수 간의 경계인 **수온약층**(thermocline)은 낮아진다. 인도네시아상에서 기압은 증가하고 태평양에서 가장 활동적인 열대수렴대 지역은 지금 가장 따뜻한 중태평양 또는 동태평양 쪽으로 이동한다. 가뭄은 북부 오스트레일리아와 인도네시아 지역을 강타하고, 남아시아 몬순은 실패하거나 약하게 발달한다. 동태평양상의 아열대 제트기류는 경로를 이동시켜 미국 남서부 쪽으로 겨울철 폭풍들을 유도한다. 캘리포니아와 애리조나는 보통 때보다 더 강력한 겨울 폭풍우들을 경험하게 되어 이 지역에 많은 강수와 홍수가 발생한다.

학습 체크 5-14 무역풍은 정상 상태일 때와 비교하여 엘니뇨 발생 시 어떻게 다른가?

라니냐

엘니뇨의 정반대라고 볼 수 있는 **라니냐**(La Niña)는 엘니뇨 남방 진동(ENSO) 패턴의 또 다른 양상이다. 라니냐 발생 시 남아메리카 인근 해역의 해수는 비정상적으로 서늘해지고(그림 5-37), 무역풍은 평소보다 더 강해지며, 인도네시아의 해수는 비정상적으로 따뜻해진다. 라니냐 동안 미국 남서부는 평소보다 더 건조한 반면 동남아시아와 북부 오스트레일리아는 더 습윤해진다.

엘니뇨와 라니냐 상태는 일반적으로 해수면 온도 변화에 의해서 인식된다. 어떤 경우에는 엘니뇨는 엘니뇨 남방 진동(ENSO)의 '따뜻한' 양상이고, 라니냐는 '추운' 양상이라고 불린다. 그러나 엘니뇨와 라니냐가 단순한 진동과 관련되었다고 생각하는 것은 잘못된 것이다. 라니냐의 발생 없이 엘니뇨와 정상 상태 간의 몇몇 전환 사례들이 있을 수 있다.

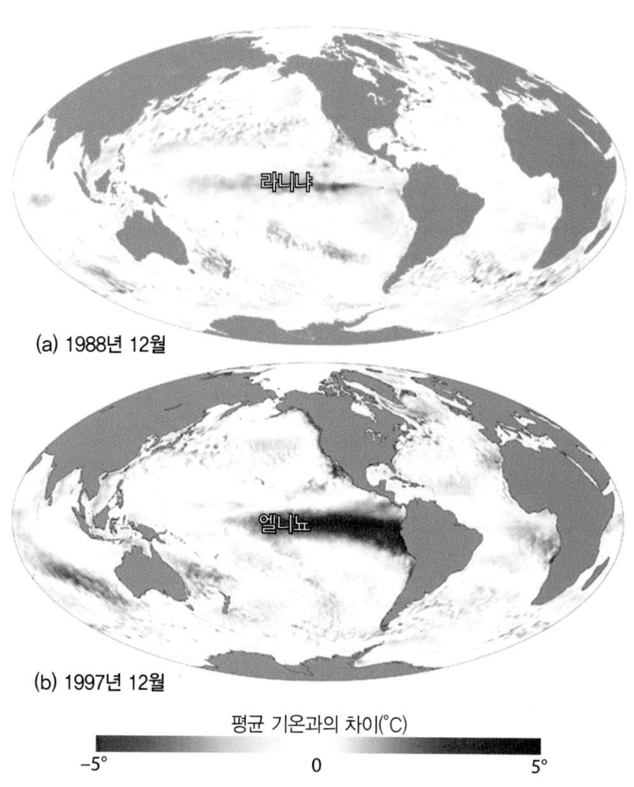

▲그림 5-37 엘니뇨 동안의 적도 동태평양의 따뜻한 해양 상태와 대조적으로 라니냐 동안에는 해양 상태가 훨씬 더 서늘하다. 이 영상들은 (a) 1988년 라니냐와 (b) 1997년 엘니뇨 동안의 기온 아노말리를 보여 준다.

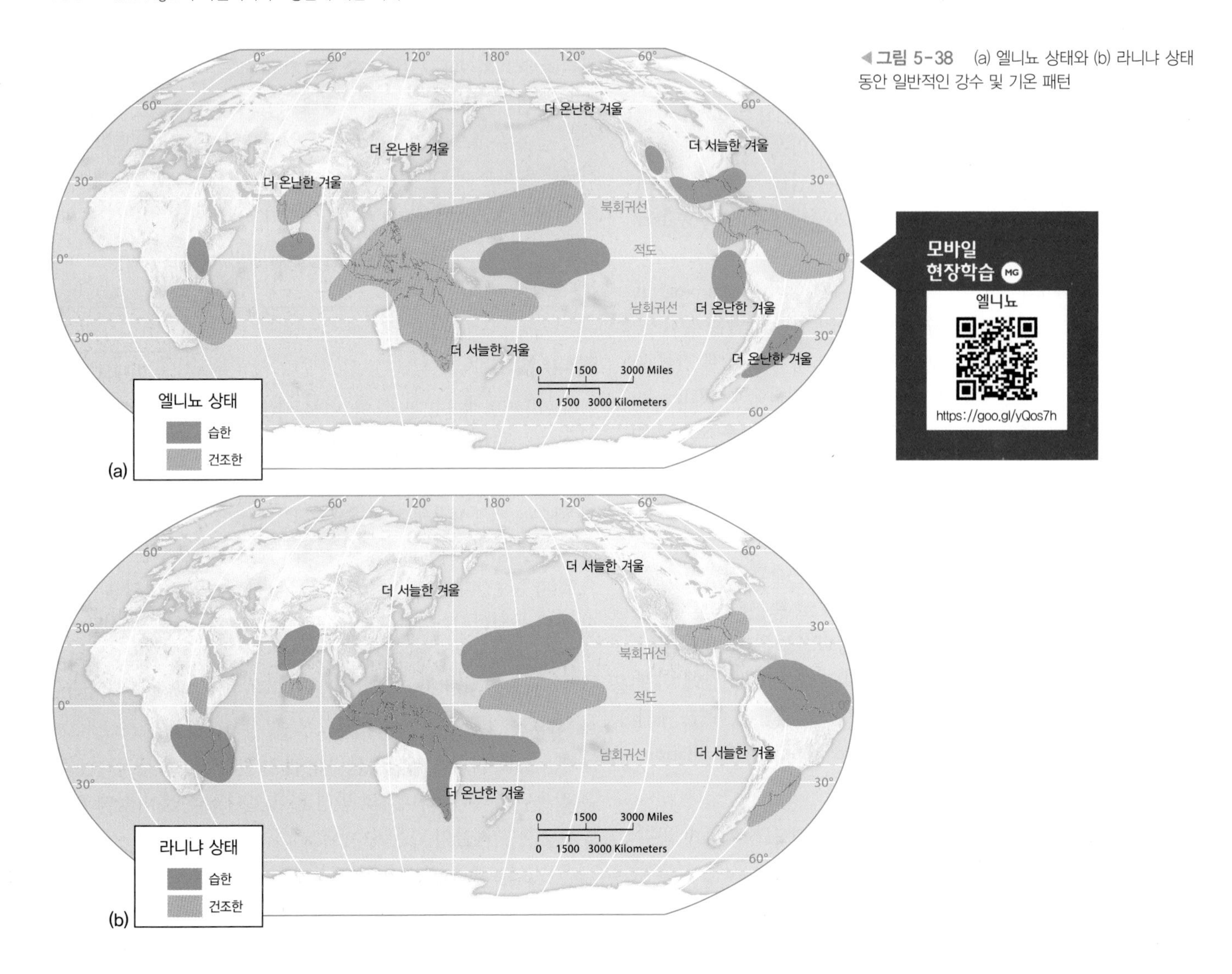

◀ **그림 5-38** (a) 엘니뇨 상태와 (b) 라니냐 상태 동안 일반적인 강수 및 기온 패턴

엘니뇨 남방 진동(ENSO)의 원인

그렇다면 엘니뇨의 시작 시 무엇이 먼저 발생하는 것인가? 해수 온도의 변화인가? 아니면 기압과 바람의 변화인가? 엘니뇨 남방 진동(ENSO)의 첫 '발생 요인'은 뚜렷하지 않다. 기압과 바람 패턴은 서로 뚜렷한 시발점이 없이 해양과 복잡한 피드백 순환 고리로 서로 연결되어 있다. 기압이 변하면 바람도 변하고, 바람이 변할 때 해류와 해수온도도 변하며, 해수온도가 변할 때 기압이 변한다. 그 반대로 바람의 패턴을 훨씬 더 변화시킬 수 있다. 요약하면 우리는 엘니뇨 남방 진동의 원인을 아직 완전히 이해하지 못하고 있다.

엘니뇨 남방 진동의 원인은 불분명할 뿐만 아니라 심지어 그 영향도 아직 완전히 예측 가능한 것은 아니다. 가령, 강한 엘니뇨가 일반적으로 미국 남서부 지역에 많은 강수량을 가져다주기는 하지만, 중간 또는 보통의 엘니뇨는 가뭄 또는 홍수를 모두 가져다줄 수 있다. 더 나아가 비록 우리가 라니냐 시기보다 강한 엘니뇨 동안에 캘리포니아 지역에 더 많은 강우량이 발생할 가능성이 있다고 일반화시킬 수 있을지는 몰라도, 매우 습윤한 겨울은 엘니뇨 남방 진동에 상관없이 어떤 해에라도 발생할 수 있다. 즉, 엘니뇨는 몇 년마다 '폭풍우의 문'을 열지만 그 폭풍우가 실제 반드시 오게 되리라 보장할 수 없다.

원격상관

엘니뇨 남방 진동에 관한 이해의 폭이 점차 커지면서, 태평양 해양분지 안과 밖의 해양과 대기의 상관성에 대해서도 보다 더 알려지게 되었다(그림 5-38). 브라질의 가뭄, 미국 남동부의 추운 겨울, 사헬 지역의 높은 기온, 인도의 약한 몬순, 플로리다의 토네이도, 북대서양의 적은 수의 허리케인 등은 강한 엘니뇨와 상당히 연관되어 있는 것처럼 보인다. 전 세계의 한 지역에서 그러한 날씨와 해양의 사건들이 다른 지역의 것들과 결합되어 있는 것을 **원격상관**(teleconnection)이라고 한다. 이러한 원격상관의 복잡성이 커짐에 따라 장기간의 엘니뇨 남방 진동(ENSO) 패턴들이 다른 해양 주기, 가령 **태평양 10년 진동**(Pacific Decadal Oscillation, PDO)("포커스 : 다중연도 대기 및 해양 주기" 참조)에 의해 영향을 받는다는 증거들도 증가하고 있다.

지난 세기 동안 엘니뇨 사건들은 평균적으로 2~7년에 한 번씩 발생하였다. 최근 엘니뇨는 몇십 년에 걸쳐 더 빈번하고 더 따뜻

다중연도 대기 및 해양 주기

엘니뇨에 덧붙여 몇 가지 다른 장기간 대기 및 해양 주기가 확인되었다. 이들 원격상관들의 기원과 전체 범위는 완전히 이해된 것은 아니다.

태평양 10년 진동 : '태평양 10년 진동(Pacific Decadal Oscillation, PDO)'은 태평양의 해수면 온도 변화의 장기간 반복 주기이다. PDO 주기는 30년 정도까지 지속되나 갑자기 바뀔 수 있다. PDO '양(+)' 또는 '온난' 양상일 때에는 동부 열대 태평양은 상대적으로 따뜻하고 북부/서부 열대 태평양은 상대적으로 서늘하다. PDO '음(-)' 또는 '서늘한' 양상일 때에는 패턴이 갑자기 바뀌어서 동부 열대 태평양에는 더 서늘한 해수면 온도를, 북부/서부 열대 태평양에는 더 따뜻한 상태를 보인다(그림 5-D).

비록 PDO의 원인이 잘 이해되지는 않지만 해수 온도의 변화가 제트기류의 위치 그리고 그 결과 북아메리카의 폭풍우 경로에 영향을 미치는 것으로 보인다. 온난한 양상일때에는 흔히 알래스카의 온도가 평균보다 더 따뜻한 반면, 한랭한 양상일 때는 더 서늘하였다. PDO는 또한 엘니뇨 강도에 영향을 줄 수 있다. PDO가 동부 열대 태평양에 더 온난한 해수를 가지고 있는 양(+)의 양상일 때 지역 일기 패턴에 엘니뇨가 미치는 영향이 더 크게 나타나는 것으로 보인다.

북대서양 진동 : '북대서양 진동(North Atlantic Oscillation, NAO)'은 아이슬란드 저기압과 아조레스 고기압(북대서양의 아열대 고기압, 그림 5-16과 5-17 참조)의 기압차의 불규칙한 '시소' 패턴이다. NAO가 '양(+)'의 양상일 때 아이슬란드 저기압은 평소 기압보다 더 낮게 나타나고, 아조레스 고기압은 평소보다 기압이 더 높다. 겨울철 폭풍우들은 대서양을 좀 더 북쪽 경로로 지나가 유럽과 미국 동부에는 온화하고 강수량이 많은 겨울철을 가져오지만, 그린란드에는 더 춥고 더 건조한 상태를 가져온다.

NAO의 '음(-)'의 양상에서는 아이슬란드 저기압과 아조레스 고기압 모두 더 약하다. 겨울철 폭풍우는 지중해와 미국 동부 지역에는 평균보다 더 많은 강수량을 가져오지만, 그린란드에는 더 온화한 상태를 경험하게 한다.

북극 진동 : '북극 진동(Arctic Oscillation, AO)'은 북대서양 진동과 밀접하게 관련되어 따뜻하고 차가운 상태를 번갈아 가며 발생시킨다. AO가 '따뜻한' 상태에서는(북대서양 진동이 양의 양상) 극고기압이 더 약하다. 찬 기단은 남쪽으로 그리 멀리 이동하지 않고, 비록 그린란드는 평소보다 차가운 경향이 있지만 극지방 주변 중위도에서는 해수면 온도가 더 따뜻해지는 경향이 있다. AO가 '추운' 상태에서는(NAO의 음의 상태와 관련되어 있는) 극고기압이 강화되고, 찬 기단들이 훨씬 더 남쪽으로 이동하게 되며, 그린란드는 평소보다 더 따뜻한 경향이 있지만 극지방 주변의 중위도에서는 해수면 온도가 더 낮아진다(그림 5-E).

질문

1. 왜 PDO의 '양(+)'의 상태는 엘니뇨 현상을 강화시킬 수 있는가?
2. 어떻게 NAO가 아이슬란드 저기압과 아조레스 고기압에 영향을 주는가?

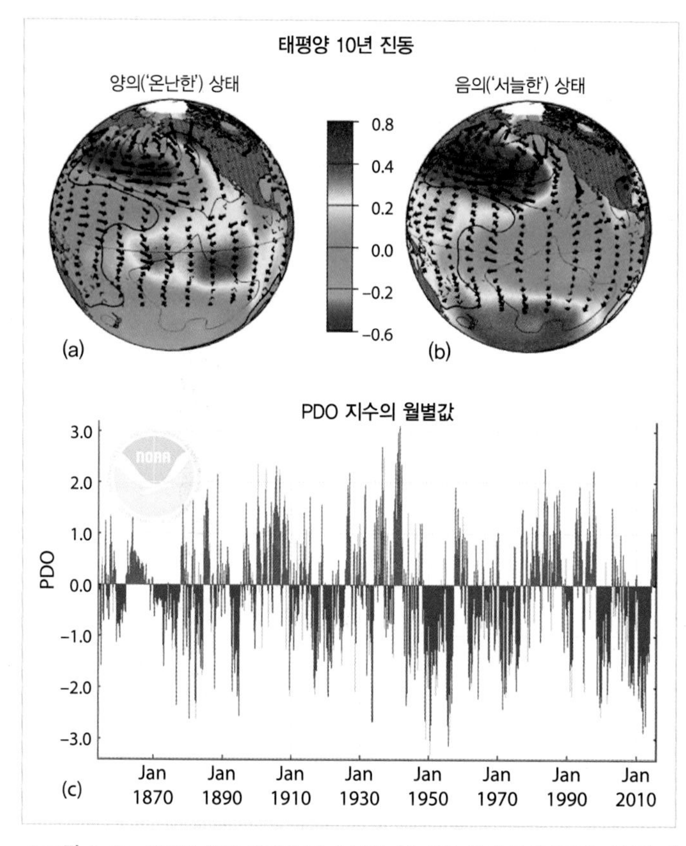

▲**그림 5-D** 태평양 10년 진동(PDO). (a) 양(+)의 값은 열대 동태평양의 따뜻한 해수를 가리킨다. (b) 반면, 음(−)의 값은 동일 지역의 상대적인 서늘한 해수를 가리킨다. (c) 1990~2015년 동안의 PDO 지수

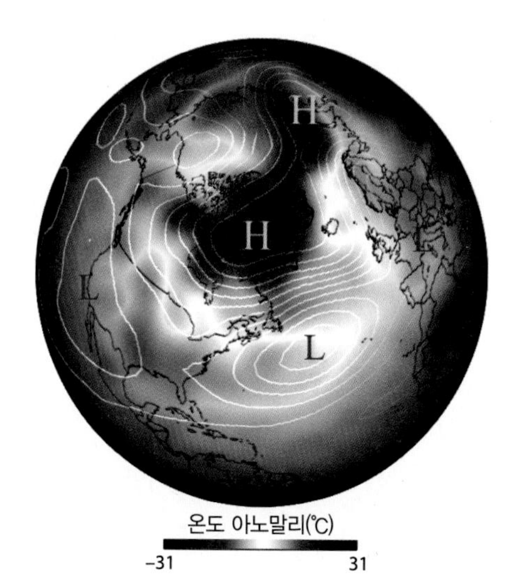

▲**그림 5-E** 1971~2000년의 평균 기온 대비 2010년 2월의 북극 진동의 '추운' 양상. 극고기압은 평소보다 더 강하였고, 중위도는 전반적으로 더 추웠다. 그린란드는 더 따뜻하였다.

해지고 있는 것처럼 보인다. 1997~1998년의 사례는 아마도 지난 200년 동안 발생한 것들 중 가장 강력했고[4], 지난 50년 동안에 발생한 어떤 것보다도 더 빠르게 발달하였다. 비록 그 이유는 아직 분명하지 않을지라도 말이다. 2009~2010년에 훨씬 더 약한 엘니뇨가, 2015~2016년 겨울에는 강한 엘니뇨가 발생하였다. 어떤 과학자들은 지구온난화가 엘니뇨 주기의 강도에 영향을 줄지 모른다고 추측하지만, 분명한 연결고리는 아직 발견되지 않았다.

지난 30년 동안 엘니뇨가 발생하는 시기를 미리 예측하기 위해 많은 노력들이 있어 왔다. 대체로 더 좋은 위성의 해양 상태 모니터링과 열대 태평양상의 해상 부이인 TAO/TRITON 배열의 구축에 힘입었다. 더 연구할 내용이 많이 있긴 하지만 엘니뇨 남방진동(ENSO)의 원인과 결과, 역원인과 역결과에 대한 더 명쾌한 이해를 해 나가고 있다.

학습 체크 5-15 원격상관이란 무엇인가? 원격상관의 한 가지 사례를 기술하라.

4 역주 : 이것은 2015/2016년에 의해 대체됨

제 5 장 학습내용 평가

이 장을 학습했다면 다음 질문에 대한 답을 찾아보자. 이 장의 학습내용에 대한 주요 용어들은 진한 글씨로 표시되어 있다. 이 용어의 정의는 이 책 뒷부분에 제공된 별도의 용어해설에 나와 있다.

주요 용어와 개념

기압의 속성

1. 일반적으로 해발고도가 증가하면 **기압**에는 무슨 일이 발생하는가?
2. 기압이 공기 밀도와 온도에 어떻게 관련되어 있는지 설명하라.
3. 무엇이 지표 근처의 **열적 고기압**을 야기시키는가? **열적 저기압**은 어떠한가?
4. 무엇이 지표 근처의 **역학적 고기압**을 야기시키는가? **역학적 저기압**은 어떠한가?
5. 다음 용어들을 정의하라 — **기압계**, **밀리바**(mb), **등압선**
6. 기압을 참고할 때 **고기압**, **저기압**, **기압능**, **기압골**은 무엇을 말하는가?
7. **기압경도**는 무엇인가?

바람의 속성

8. **바람**의 흐름 방향에 영향을 미치는 세 가지 요소는 무엇인가?
9. **마찰층**(지상) 바람은 상층 **지균풍**과 어떻게, 왜 다른가?
10. 기압경도의 '급함'과 그 경도에 따른 풍속과의 관련성을 기술해 보라. 작은(점진적인) 기압경도와 급한(갑작스러운) 기압 경도와 관련된 일반적인 풍속을 기술해 보라.

저기압과 고기압

11. 북반구 주변의 바람 패턴을 기술하고 설명하라.
    - 지상 고기압
    - 지상 저기압
    - 상층 고기압
    - 상층 저기압

    (여러분은 북반구와 남반구 모두에 지상 및 상층의 고기압과 저기압의 등압선도 위의 바람을 표시할 수 있어야 할 것이다.)
12. 북반구와 남반구 간의 바람 흐름 패턴 차이는 무엇인지 설명하라.
13. **저기압**은 무엇인가? **고기압**은 무엇인가?
14. 저기압과 고기압 내부의 공기의 연직 방향 움직임의 패턴을 기술하라.

대기대순환

15. **해들리 세포**란 무엇인가? 그리고 일반적으로 무엇이 그것을 야기시키는가?
16. 다음 대기순환의 구성요소들의 일반적인 위치와 특징을 기술하라.
    - **열대수렴대**(ITCZ)
    - **무역풍**
    - **아열대 고기압**(STH)
    - **편서풍**

    (여러분들은 해양 분지들만 있는 백지도에 이러한 네 가지 구성요소들의 위치를 표시할 수 있어야 할 것이다)
17. 열대수렴대와 관련된 특징적인 날씨와 아열대 고기압과 관련된 특징적인 날씨에 대해서 기술하라.
18. **아열대 무풍대**와 **적도무풍대**란 무엇인가?
19. 편서풍 **제트기류**의 일반적인 위치와 특징을 기술하라.
20. **로스비파**란 무엇인가?
21. 대기대순환 패턴의 고위도 구성요소의 위치와 일반적인 특징

을 간단히 기술하라.
- **아극전선(아극 저기압)**
- **극편동풍**
- **극고기압**

22. 무역풍과 **반대 무역풍**을 구별하라.

대기대순환의 변형

23. 대기대순환 패턴의 계절 이동을 기술하고 설명하라. 특히 열대 수렴대와 아열대 고기압의 계절적 이동의 중요성을 기술하라.
24. 남아시아 **몬순**에 대해서 기술하고 설명하라.

국지풍 시스템

25. **해풍**과 **육풍**의 근원에 대해서 설명하라.
26. 해풍과 육풍은 어떠한 면에서 **곡풍** 및 **산풍**과 유사한가?
27. **활강풍**이란 무엇이며 흔히 어디에서 관찰되는가?
28. 어떤 면에서 **산타아나 바람**이 **푄**이나 **치누크** 바람과 유사한가?

엘니뇨 남방 진동

29. **워커 순환**이란 무엇인가?
30. **엘니뇨**는 왜 흔히 **엘니뇨 남방 진동**(ENSO)이라고 일컬어지는가?
31. 엘니뇨 동안 열대 태평양 해양 분지의 해양 및 대기 상태를 정상 패턴 때의 해양 및 대기순환과 비교하라.
32. 엘니뇨 시기의 해양과 대기 상태를 **라니냐** 시기와 비교하라.
33. **원격상관**이란 무엇을 의미하는가?

학습내용 질문

1. 기압은 왜 고도가 상승하면 감소하는가?
2. 왜 기압은 지상 위로 누르면서 작용하는 단지 공기의 무게로 잘못 여겨지는가?
3. 바람이 상당한 거리로 움직일 때, 왜 기압경도 '아래' 직선으로 흘러가지 않는가?
4. 왜 상층 바람은 흔히 지상 바람보다 빠른가?
5. 왜 무역풍은 지구의 상당 부분을 덮고 있는가?
6. 왜 아열대 고기압과 열대수렴대는 바람이 거의 없는 특징을 보이는가?
7. 무역풍과 반대 무역풍은 왜 반대 방향으로 불고 있는지 설명하라.
8. 열대수렴대는 왜 일반적으로 여름에는 북반구의 적도 북쪽으로, 겨울에는 적도 남쪽으로 이동하는가?

연습 문제

1. 표 5.1을 이용하여 기압이 지상값의 절반으로 줄어드는 고도를 추정하면 얼마인가? ________km
2. 표 5.1을 이용하여 제트비행기의 비행고도에서 기압을 추정하면 얼마인가? ________mb
3. 열대저기압(허리케인)에서 바람이 150노트로 불 때 풍속은 ______mph, ______km/h이다.
4. 기압이 1,010mb이면 이는 ________hPa과 동일한 기압이다.
5. 기압이 99,000Pa이면 이는 ________mb와 동일한 기압이다.

환경 분석 평균해수면 기압

데이터 MG
해수면 기압

https://goo.gl/XzX0gJ

지구상의 기압 측정치들은 해수면 기압으로 변환되어 날씨 시스템을 추적하는 데 사용될 수 있다. 낮은 해수면 기압은 일반적으로 구름과 강수, 높은 해수면 기압은 맑은 날씨와 관련성이 있다.

활동

www.nnvl.noaa.gov/view에서 NOAA View Data Exporation Tool에 접속하라. "Add Data" 버튼을 누르고, "Weather Models"를 선택하라. 그 후 "Mean Sea Level Pressure"를 눌러 보라. 그리고 "Data Values"를 체크하라.

1. 압력은 연직 방향으로 상당히 변하지만 수평적으로 그렇지는 않다. 북아메리카에서 가장 낮은 평균 해수면 기압은 얼마인가? 가장 높은 것은 얼마인가?
2. 지구상에서 가장 낮은 평균 해수면 기압은 얼마인가? 가장 높은 것은 얼마인가?
3. 여러분이 있는 지점의 평균 해수면 기압은 얼마인가?
4. 평균 해수면 기압이 단거리상에서 상당히 변한다면 지역은 강한 바람을 경험하게 될 것이다. 북아메리카의 경우 어디에서 바람이 가장 강한가?
5. 평균 해수면 기압이 먼 거리상에서 매우 작은 값으로 변한다면, 지역은 약하고 잠잠한 바람을 경험하게 될 것이다. 북아메리카의 경우 바람이 어디에서 가장 약한가?

초기의 지도는 오늘의 평균 해수면 기압을 보여 준다. 향후 9일의 평균 해수면 기압을 예보하기 위해 슬라이더 막대를 오른쪽으로 끌어 보라.

6. 평균 해수면 기압의 변화에 근거하여 향후 9일 동안 현재 여러분들이 있는 지점에서 어떤 날씨 변화가 있게 될 것인가? 풍속, 운량, 강수에서의 변화를 가리켜 보라. 여러분들은 이러한 변화를 어떻게 결정하였는가?

지리적으로 바라보기

이 장의 시작 부분에 보여 준 폭풍우 사진을 다시 살펴보라. 폭풍우가 없고 따뜻한 여름날에 바람이 해안에 상륙하거나 해안을 벗어나 불게 될 것으로 예상하는가? 이 도시는 위도 50°N에 위치해 있다. 남부 영국에 어떤 전 지구 바람 시스템이 가장 자주 불고 있는가?

6

지리적으로 바라보기

애리조나주 모뉴먼트밸리에서 여름철에 발달한 뇌우. 경관을 고려하여 이 지역의 일반적인 기후 특성을 추정하라. 구름의 하층부와 상층부에서 구름의 모양은 어떻게 다른가? 이 경우에 강수가 국지적으로 발생하는지, 아니면 광범위한 지역에 넓게 발생하는지 답하라.

대기의 수분

지구에서 어떤 지역은 사막인데, 또 다른 어떤 지역에서는 거의 매일 비가 내리는 이유가 무엇인지 고민해 본 적이 있는가? 세계적으로 강수량의 차이가 크게 나는 것은 기상과 기후의 네 번째 요소인 '수분'과 함께 이전 장에서 숙지한 것과 같이 기온, 기압, 바람 변동의 결과이다.

사람들은 물과 친숙하지만, 물은 완전히 이해하기 어려운 대기의 조성 물질 중의 하나이다. 이런 복잡함은 물이 눈, 우박, 진눈깨비, 얼음과 같은 '고체', 비, 운적(구름방울)과 같은 '액체', 수증기인 '기체' 등 세 가지 물리적 상태로 대기 중에 존재하기 때문이다. 따라서 지구의 강수 패턴을 설명하기 전에 수증기의 특성을 이해해야 한다.

대기 중에 수증기는 여러 중요한 지구 시스템의 구성 요소이다. 가장 뚜렷하게는 수증기의 이동은 기후와 기상, 생물권, 지표면을 형성하는 다양한 과정을 이해하는 데 필수적인 '수문 순환'의 일부라는 점이다. 또한 수증기의 증발, 한 장소에서 다른 장소로 수증기의 이동, 구름과 강수를 형성하는 수증기의 응결은 '지구 에너지 순환'의 중요한 구성 요소이다.

이 장에서는 지구 대기의 기상 과정에서 물의 역할에 초점을 맞추고, 다음 장에서 해양, 호수, 하천, 지하수의 역할을 포함한 다른 물로 영역을 확대할 것이다.

이 장의 내용을 배우면서 생각해야 할 주요 질문은 다음과 같다.

- 물의 어떠한 특성이 대기에 영향을 미치는가?
- 잠열은 무엇인가?
- 상대습도를 변화시키는 원인은 무엇인가?
- 구름의 형성과 강수 현상에 상승기류가 중요한 이유는 무엇인가?
- 일반적으로 지구에서 습한 지역과 건조한 지역이 발달하는 원인은 무엇인가?
- 산성비의 발생 원인과 영향은 무엇인가?

경관에 미치는 대기 수분의 영향

대기 중에 충분한 수분이 존재할 때, 수증기는 응결하여 눈에 보이기도 하고 실제 하늘에서 일어나는 현상인 연무, 안개, 구름, 비, 진눈깨비, 우박, 눈 등을 만든다. 강수 현상을 통하여 물은 빗물 웅덩이를 만들고, 하천과 강을 범람시키고, 눈과 얼음으로 땅위를 덮으면서 단시간에 지표 경관을 극적으로 변화시킨다. 대기의 수분이 미치는 장기적인 영향은 더욱 중요하다. 수증기는 대기를 활성화시킬 수 있는 에너지를 저장한다. 토양과 암석 위에 내리는 비와 눈 녹음은 풍화와 침식에 필수적인 부분이다. 더욱이 강수 현상은 대부분의 식생이 생명을 유지하는 데 필수적이다.

일상적이지만 독특한 물의 특성

지구 표면의 70% 이상을 덮고 있는 물은 지구상에서 가장 보편적으로 존재하는 물질이다. 또한 물은 지구상에 존재하는 가장 독특한 물질이다. 물은 생명체 진화를 시작하게 했고, 오늘날 모든 생명체의 필수 구성 성분이다. 물의 특성을 이해하기 위해서는 **수문 순환**과 **물분자**로 물을 두 가지 규모로 구분해서 시작할 것이다.

수문 순환

수증기가 대기 중에 광범위하게 분포하는 것을 보면, 하층 대류권에 존재하는 기압과 온도의 범위에서 수분의 상이 쉽게 변화한다는 것을 알 수 있다.

수분은 기체 형태로 지표를 떠나고, 액체나 고체 형태로 지표로 되돌아온다. 실제로 지표와 대기 사이에서 끊임없이 수분이 교환된다(그림 6-1). **수문 순환**(hydrologic cycle)은 지구에서 일어나는 물 공급의 무한 순환을 말하며, 가장 중요한 특성은 액체 상태의 물(대부분 해양에서 공급)이 대기로 증발하여 액체(또는 고체) 상태로 응결하고, 그 후에 다양한 강수의 형태로 지표로 되돌아온다는 것이다.

순환 과정에서 수분의 이동은 많은 대기 과정과 복잡하게 연결되고, 기후를 결정하는 중요한 요인이 된다. 수문 순환에 대한 보다 상세한 내용은 제9장에서 다루어질 것이기 때문에, 이 장에서는 대기에서 물 이동의 기본적인 역학으로 시작할 것이다.

기상과 기후에 대한 물의 역할을 자세하게 살펴보기 전에 물분자의 특성을 알아야 한다. 물분자의 특성을 알면 물의 다양하고 독특한 특성을 설명할 수 있다. 다음 2~3쪽에서 다루게 될 물의 특성을 숙지하면 이 장의 나머지 부분에서 토론하게 될 많은 과정을 이해할 수 있다.

물분자

제4장에 제시한 것처럼 물질의 가장 기본적인 구성단위는 **원자**이다. 원자는 크기가 매우 작아서 1g의 물로 채워진 작은 용기 안에는 약 100,000,000,000,000,000,000,000개의 원자가 존재한다. 원자는 '더 작은 소립자'인 양전하를 띠는 **양성자**, 중성의 **중성자**, 음전하를 띠는 **전자**로 구성되어 있다.[1]

회전하는 전자는 전기력 때문에 원자의 핵을 둘러싼 '껍질' 안의 중성자에 붙어 있다. 많은 원자들이 보통 같은 수의 전자, 양성자, 중성자를 가진다. 예를 들어 산소원자는 8개의 전기적으로 중립적인 중성자와 8개의 양성자, 8개의 전자로 구성되어 있다. 원소를 구성하는 개개 원자에서 중성자의 수는 원자의 화학적 특성을 변화시키지 않고 변할 수 있다. 중성자의 수와 양성자의 수가 다른 원소를 **동위원소**라고 한다. 원소의 전자 수가 양성자와 다르면 전하를 띤 **이온**이 된다.

1 과거에는 물질의 가장 작은 단위가 전자, 양성자, 중성자로 알려져 있었지만, 현재는 더 작은 **쿼크**(quark)의 존재가 확인되었다.

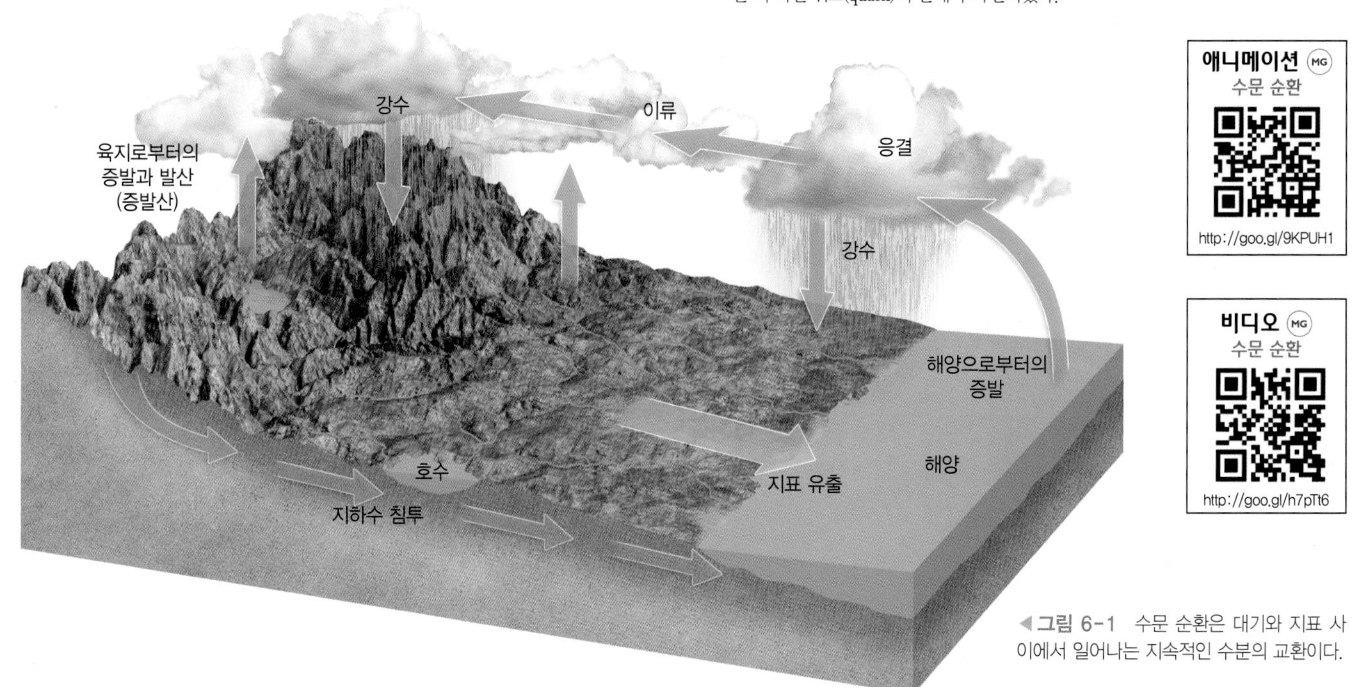

◀ **그림 6-1** 수문 순환은 대기와 지표 사이에서 일어나는 지속적인 수분의 교환이다.

수소결합 : 2개 이상의 원자가 독특한 기하학적 배열로 결합(bonding)하였을 때 분자(molecule)가 형성된다. 물분자에는 2개의 수소원자와 1개의 산소원자가 전자를 공유하는 **공유결합**(covalent bond)으로 결합되어 있다(일부 전자는 두 원자의 에너지 궤도 사이를 오간다)(그림 6-2a). 두 수소원자는 105°의 각도로 분리되어 있다. 이런 기하학적 특성 때문에 물분자는 약한 전자 극성을 띠어 분자의 산소 쪽은 약한 음전하를 띠고 수소 쪽은 약한 양전하를 띤다(그림 6-2b).

분자의 약한 전기 극성 때문에 물은 흥미로운 특성을 가진다. 예를 들어 물분자는 서로를 향하는 경향 때문에 한 분자의 음전하를 띠는 산소 쪽이 또 다른 분자의 수소 옆에 있다. 이와 같은 인력은 인접한 물분자 간에 **수소결합**(hydrogen bond)을 형성한다(그림 6-2b 참조). 수소결합은 상대적으로 약하지만 (개개 물분자의 원자가 결합하는 공유결합과 비교하면) 물분자끼리는 잘 '결합'되어 있다.

학습 체크 6-1 수소결합은 무엇인가?

물의 중요한 특성

물은 자연지리의 이해에 중요한 여러 특성을 가진다.

유동성 : 물의 가장 중요한 특성은 지구의 대부분 지역에서 나타나는 온도 범위에서 유동성을 가지는 것이다. 물의 유동성은 대기권, 암석권, 생물권에서 활동적인 매개체로서 물의 활동성을 강화한다.

결빙 팽창 : 대부분의 물질은 온도 변화와 상관없이 온도가 낮아지면 수축한다. 그러나 담수는 냉각되어 4℃에 도달할 때까지만 수축하고, 물이 4℃에서 어는점인 0℃로 냉각될 때는 팽창한다. 물이 4℃에서 어는점까지 냉각될 때 물분자는 육방 구조를 형성하고 수소결합으로 연결된다. 물은 얼었을 때 완벽한 육방 구조를 가지며, 육각형의 눈도 이들 빙정의 내부 구조를 반영한다. 제15장에서 제시될 것이지만 이런 얼음의 팽창은 암석을 쪼개기 때문에 **풍화**(weathering, 대기에 노출된 암석의 붕괴 과정)의 중요한 과정이 된다.

물은 어는점에 접근할수록 팽창하기 때문에 얼음의 밀도는 액체보다 낮다. 4℃에서 액체 물의 밀도는 $1g/cm^3$이지만, 얼음의 밀도는 겨우 $0.92g/cm^3$이다. 그 결과 얼음은 물 표면에 뜬다. 만약에 얼음이 물보다 밀도가 높다면 얼음은 호수나 해양의 바닥으로 가라앉을 것이다. 바다와 호수의 바닥에서 얼음이 녹는 것은 불가능하고, 결국에 많은 수체는 얼음으로 채워질 것이다. 실제로 담수가 어는점에 가까워질수록 밀도가 낮아지기 때문에 언 물은 호수 위로 떠오른다. 결과적으로 모든 호수는 위에서 아래로 언다(해수에서는 염도가 높기 때문에 물이 완전하게 얼었을 때 육각 구조가 형성되는 것을 방해한다).

표면장력 : 전기 극성 때문에 액체 물분자는 단단히 연결되어 있고(응집력), 이것은 물의 **표면장력**(surface tension)을 매우 높게 한다. 분자의 얇은 '막'이 액체 물의 표면에 형성되어 '물방울'이 된다. 일부 곤충은 물의 접착성을 이용하여 수체의 표면 위를 걷는다. 물의 표면 위에 분산된 곤충의 무게가 물을 연결하고 있는 수소결합력보다 작다(그림 6-3). 이 장의 후반부에서는 구름 내부에서 성장하는 물방울에 표면장력이 미치는 영향을 다룰 것이다.

학습 체크 6-2 물이 얼면 부피는 어떻게 되는가?

모세관현상 : 물분자는 다른 물질에 쉽게 '부착'되는데 이런 특성을 **접착력**(adhesion)이라 한다. 접착력과 표면장력이 합쳐지면 물은 좁은 구멍을 따라서 수 센티미터에서 수 미터까지 위로 상승하게 된다. 갇힌 상태로 위로 상승하는 현상을 **모세관현상**(capillarity)이라고 한다. 모세관현상 때문에 암석 틈이나 토양, 식물의 뿌리와 줄기를 통한 물의 순환이 가능해진다.

용해력 : 물은 거의 대부분의 물질을 녹일 수 있어서 '만능 용매'라 불린다. 물의 극성 때문에 물분자 간에도 인력이 생기고, 물분자는 다른 '극성'의 화학물질도 끌어당긴다. 물분자는 고형물질의 외곽을 구성하는 이온에 신속하게 붙어서, 일부 경우에 물질의 결합 강도를 압도하여 고체물질 밖으로 이온을 분리해서 물질을 용해한다. 결과적으로 자연의 물에는 항상 불순물이 섞여 있

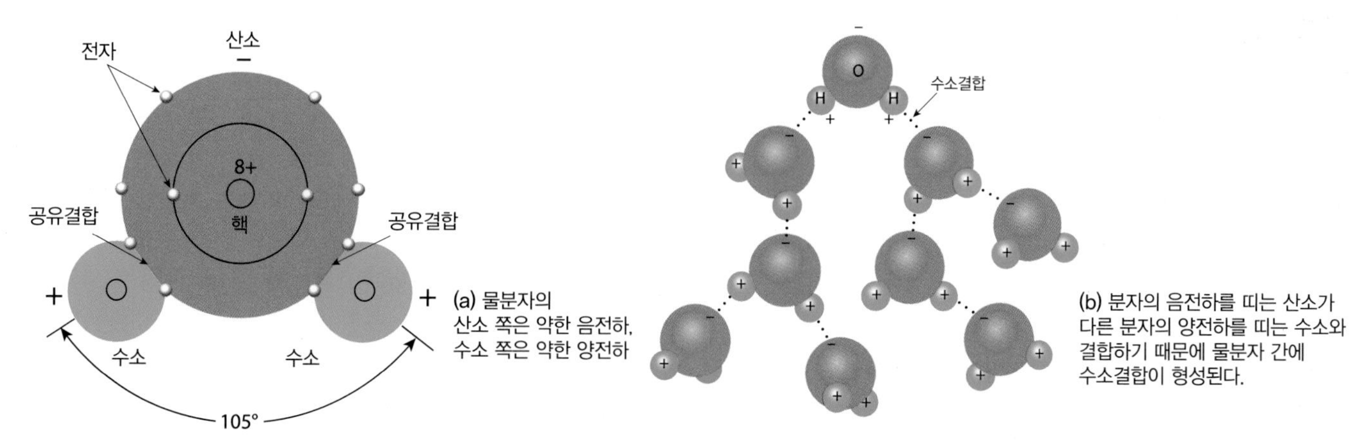

▲ 그림 6-2 (a) 1개의 물분자는 2개의 수소원자와 1개의 산소원자로 되어있다. (b) 물분자 간의 수소결합

▲그림 6-3 뗏목거미(*Dolomedes fimbriatus*)의 무게는 물의 표면장력으로 인해서 지탱된다.

는데, 이것은 물이 수소와 산소원자와 함께 다양한 화학물질을 함유한다는 것을 의미한다. 물은 대기, 지표, 토양, 암석, 식물, 동물 등에서 이동할 때 부유하는 미세한 고체 입자뿐만 아니라 다양한 용해 무기질과 영양분을 운반한다.

비열 : 또 다른 환경적으로 중요한 물의 특성 중 하나는 열 수용력이 크다는 점이다. 제4장에서 제시된 바와 같이 비열(specific heat 또는 specific heat capacity)은 물질 1g의 온도를 1℃ 올리는 데 필요한 에너지의 양으로 정의한다. 물을 가열할 때 많은 양의 에너지를 흡수하여도 물의 온도는 매우 소폭으로 상승한다. 암모니아를 제외하고 물의 비열(1cal/g 또는 약 4,190J/kg)은 물질 중 가장 크고, 토양이나 암석 같은 물질보다는 약 5배 크다. 다시 말해서 같은 양의 토양이나 암석을 1℃ 상승시키기 위해서 필요한 에너지보다 물 1℃를 올리기 위해 5배 더 많은 에너지가 필요하다.

물분자 간의 수소결합을 분해하려면 상대적으로 많은 양의 운동에너지가 필요하기 때문에 물의 비열은 커진다. 제4장에서 다루어진 것과 같이 주간이나 여름에 수체는 서서히 가열되고 야간이나 겨울에는 서서히 냉각되는 것이 실제 결과이다. 그리하여 수체는 여름에는 냉각효과를 가지고 겨울에는 열의 저장고로 작용하여 기온의 극한상태를 완화시킨다.

학습 체크 6-3 여름철에 물이 가열되는 속도에 물의 비열은 어떻게 영향을 미치는가?

물의 상변화

물은 지구에서 액체, 고체, 기체 등 세 가지 상으로 존재한다. 지구상에서 대부분의 수분은 액체로 존재하지만 **증발**(evaporation)해서 수증기로, 결빙해서 얼음으로 전환될 수 있다. 수증기는 **응결**(condensation)하여 액체의 물이 되거나 **침착**(deposition)하여 직접 얼음으로 바뀐다. **승화**(sublimation)는 물질이 액체 상태를 거치지 않고 직접 고체에서 기체로 전환하는 과정을 말한다. 침착은 기체에서 고체로 직접 변하는 과정이다(종종 이 두 상의 변화를 기술하는 데 승화라는 용어를 동일하게 사용하기도 한다). 얼음은 융해해서 물로 바뀌고, 승화해서 수증기가 된다.

각각의 변화에서 **잠열** 에너지가 교환되며 그 개념은 제4장에서 다루었다(그림 6-4). 상변화와 잠열의 개념은 이 장 뒷부분에서 다루게 될 대기 과정들을 이해하는 데 필수적이다.

잠열

찬물이 담긴 냄비에 온도계를 꽂아 스토브 위에서 가열하면 흥미로운 온도변화의 패턴을 보게될 것이다. 처음에는 예상했던 것처럼 물의 온도가 상승할 것이다. 그러나 일단 물이 끓기 시작하면 스토브 불을 세게 해도 물의 온도는 해수면에서 100℃를 넘지 않는다. 이것은 물의 상이 변할 때 관측할 수 있는 여러 현상 중 하나이다.

그림 6-5의 온도 그래프는 1g의 얼음을 녹여서 수증기로 전환하는 데 필요한 에너지의 양(칼로리)을 보여 준다. 1칼로리는 액체 물 1g의 온도를 1℃ 올리는 데 필요한 열량으로 약 4.184J이다.

실험은 −40℃의 얼음으로 시작했다. 에너지가 더해지면서 얼음의 온도는 재빠르게 상승한다. 얼음의 온도를 0℃의 녹는점까지 높이는 데 20칼로리(84J)의 에너지이면 된다. 얼음이 일단 녹기 시작하면 1g당 80칼로리(335J)의 에너지를 흡수하지만, **모든 얼음이 녹을 때까지 온도는 0℃를 넘지 않는다.**

해수면에서 액체인 물의 온도를 0℃에서 끓는점인 100℃로 상승시키려면 100칼로리(418J)의 에너지를 더해야 한다. 일단 물이 끓으면 1g당 540칼로리(2,260J)를 흡수하고, **모든 액체 물이 수증기로 변환될 때까지 물은 100℃를 넘지 않는다.**

에너지가 더해져도 **상변화**가 일어날 때는 물의 온도가 상승하지 않는다. 그 이유는 얼음이 녹을 때 빙정의 물분자들이 연결되어 있는 수소결합을 끊기 위해 분자들을 '활성화'하려면 에너지를 추가해야 하기 때문이다. 추가된 에너지는 얼음의 온도를 상승시키지 않고, 대신에 물분자의 **내부 구조 에너지**를 증가시킨다. 분자는 자유롭게 결합이 끊어지고, 액체가 된다.[2]

제4장에서 제시된 것처럼 상이 변할 때 교환되는 에너지가 **잠열**(latent heat)이다. 잠열은 비열과는 다르다. 잠열은 결합을 형성하거나 파괴할 때 사용되는 에너지(2개 상 사이의 분자 구조를 재배열하는 데)라고 생각하고, 비열은 온도를 올리는 데 사용되는 에너지(특정 상에서 분자의 '속도')라고 보면 도움이 될 것이다.

융해와 결빙 : 얼음을 녹이려면 에너지가 필요한데 이 에너지를 **융해 잠열**(latent heat of melting)이라고 부른다. 반대의 경우도 있다. 물이 얼 때 얼음이 만들어지는 활성화가 낮은 상태로 되돌아가기 위해서 액체 물분자는 내부 구조 에너지의 일부를 방출해야만 한다. 물이 얼면 방출되는 에너지를 **응고 잠열**(latent heat of fusion)이라고 한다. 얼음 1g이 녹을 때에는 80칼로리(335J)를 흡수하고, 물 1g이 얼 때에는 80칼로리를 방출한다.

2 물의 **내부 구조 에너지**는 분자의 회전 및 진동과 관련이 있는 에너지와 결합과 같이 분자 간의 힘과 관련 있는 **위치에너지**뿐만 아니라 온도와 관련이 있는 **병진운동에너지**(분자의 '흔들림')를 포함한다.

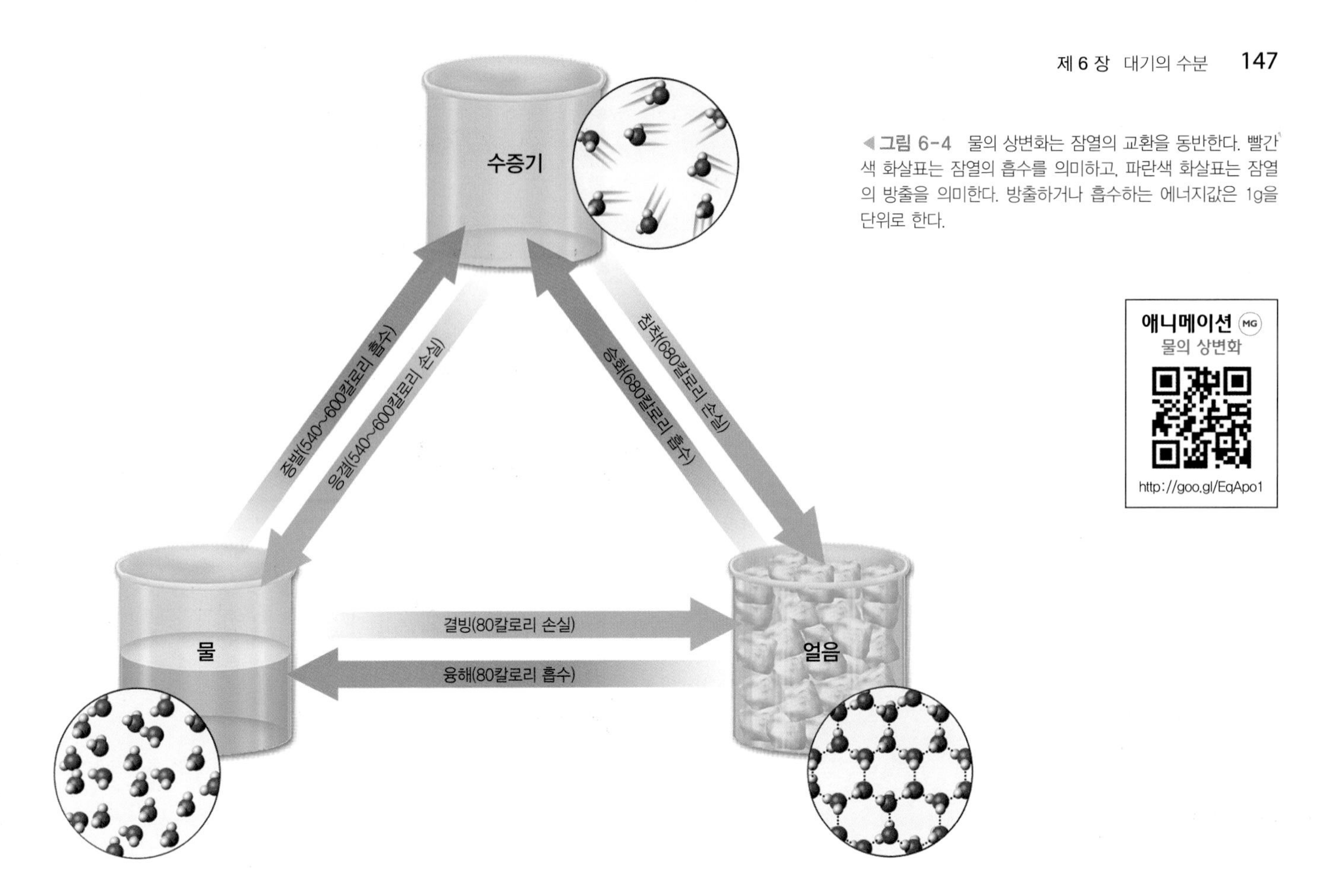

◀ **그림 6-4** 물의 상변화는 잠열의 교환을 동반한다. 빨간색 화살표는 잠열의 흡수를 의미하고, 파란색 화살표는 잠열의 방출을 의미한다. 방출하거나 흡수하는 에너지값은 1g을 단위로 한다.

애니메이션 MG
물의 상변화
http://goo.gl/EqApo1

증발과 응결 : 유사한 방법으로 액체 물분자가 주변 공기로 탈출할 수 있을 정도로 활성화되어 수증기가 되려면 에너지가 더해져야 한다. 추가된 에너지는 액체 물의 온도를 상승시키는 대신에 물분자의 내부 구조 에너지를 증가시킨다. 물분자는 자유롭게 결합이 파괴되고, 수증기가 된다. 액체 물이 기화할 때 필요한 에너지를 **기화 잠열**(latent heat of vaporization)이라고 한다.

이 경우에도 또한 반대의 과정이 존재한다. 수증기가 다시 액체 물로 응결될 때, 매우 활동적인 수증기 분자는 덜 활성화된 액체 물 상태로 되돌아가기 위해서 내부 구조 에너지를 방출한다. 응결이 일어날 때 방출되는 에너지를 **응결 잠열**(latent heat of condensation)이라고 한다. 100℃의 액체 물 1g이 수증기로 변하기 위해서는 540칼로리(2,260J)의 열을 흡수해야 하고, 수증기가 응결할 때는 540칼로리의 열이 방출된다.

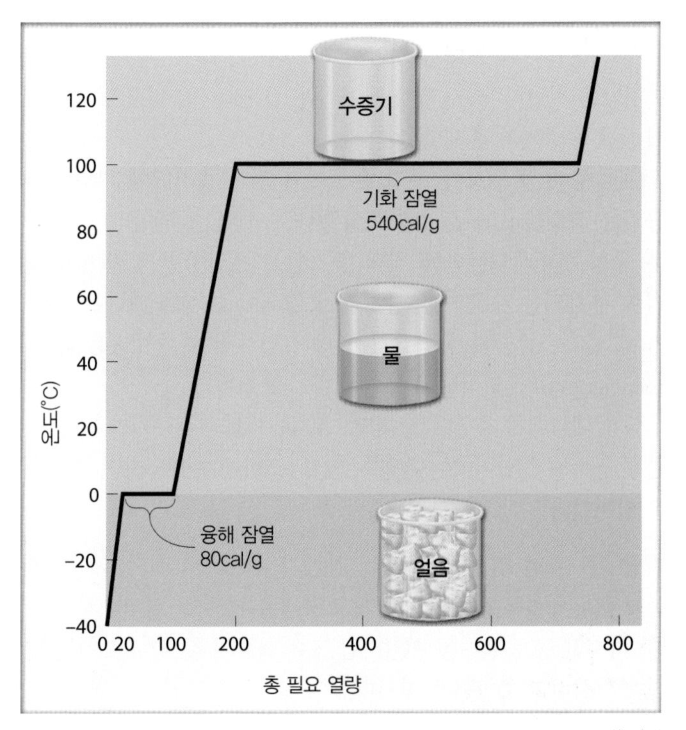

▲ **그림 6-5** −40℃에서 얼음 1g이 녹아서 수증기로 변할 때 필요한 에너지(cal)와 온도 변화. 기화 잠열은 융해 잠열보다 훨씬 더 크다.

증발과 기화 : 위에 제시된 기화 잠열의 값은 물이 끓는 상태에 해당한다. 비등 또는 **끓음**(boiling)은 물 표면뿐만 아니라 물 표면 아래에서 기화가 일어날 때도 일어난다. 하지만 자연에서 대부분의 수증기는 100℃ 이하의 온도에서 수체 표면으로부터 증발해서 대기로 들어간다. 이런 경우에 기화에 필요한 에너지는 물이 끓을 때보다 더 크다. **증발 잠열**(latent heat of evaporation)의 범위는 물의 온도에 따라 540~600칼로리 정도이다[액체 물의 온도가 20℃일 때 증발 잠열은 약 585칼로리(2,450J)이다].

그림 6-4와 그림 6-5를 보면 1g의 물이 증발하는 데에는 1g의 얼음을 녹이는 것보다 7배 많은 열이 필요하다. 또한 승화가 일어날 때 잠열 교환량은 간단하게 고체-액체, 액체-기체 교환의 총합이다.

학습 체크 6-4 얼음이 녹을 때는 왜 얼음의 온도가 상승하지 않는가?

대기에서 잠열의 중요성

상변화, 특히 액체인 물에서 수증기로의 변화에서 잠열 교환의 의미는 간단하다. 증발이 일어날 때, 물의 일부가 기화되기 위해서는 액체 물로부터 에너지가 제거되고, 그 결과로 남아 있는 물의 온도는 낮아진다. 잠열에너지는 증발하는 동안 수증기 안에 '저장'되기 때문에 사실상 증발은 냉각 과정이다. 이와 같은 증발로 인한 냉각 효과는 건조하고 더운 날 수영장 밖으로 나왔을 때 경험할 수 있다. 젖은 피부에서 물이 증발하면, 피부의 온도가 떨어진다.

반대로 응결이 일어나는 동안에는 잠열에너지를 방출하기 때문에 응결은 사실상 승온 과정이다. 수증기는 바람으로 인한 기단의 이동을 따라 한 장소에서 다른 장소로 전달될 수 있는 열의 '저장고' 역할을 한다. 수증기가 응결하는 때와 장소에서는 늘 잠열에너지가 대기로 방출된다. 이 장에서 나중에 다루겠지만 응결 과정에서 잠열의 방출은 대기의 안정도와 폭풍의 세기에 중요한 역할을 한다.

▲ **그림 6-6** 증발은 액체 상태의 물분자가 수증기 형태로 대기 중으로 이탈하는 현상이다. 어떤 온도에서도 발생할 수 있지만, 액체 상태에서 온도가 높으면 분자의 에너지가 증가하면서 증발률이 증가한다.

수증기와 증발

지구상에 존재하는 대부분의 물은 액체 상태이고, 이 장의 최종 목적이 구름과 강수의 발달 과정을 이해하는 것이지만, 잠시 동안 우리의 관심을 구름과 강수의 수분 공급원인 수증기로 돌려 보자.

수증기는 대기의 다른 기체와 잘 혼합하는 기체로 무색, 무취, 무미이며 눈으로 볼 수 없다. 습도가 매우 높을 때만 사람들은 수증기의 존재를 인식할 수 있다. 제3장에서 다룬 바와 같이 수증기의 양은 시간과 장소에 따라 차이가 크다. 수증기는 일부 장소에는 사실상 존재하지 않고 어떤 장소에서는 총 대기 부피의 4%를 차지하기도 한다. 본질적으로 수증기는 주로 대류권의 하층에 존재한다. 50% 이상의 수분이 지표로부터 1.5km 이내의 고도에 존재하고, 극히 소량이 6km 이상의 고도에 존재한다.

지금부터는 대기 중으로 수증기를 공급하는 과정인 증발에 대해서 자세히 알아보자.

증발과 증발률

지금까지 제시된 물의 상변화에 대한 설명은 많은 과정을 단순화한 것이다. 증명된 바와 같이 증발과 응결은 동시에 일어날 수 있다. 엄밀하게 말하면 증발률이 응결률보다 클 때, 다시 말해서 순증발(net evaporation)이 있을 때 수증기가 대기로 추가된다(그림 6-6).

물 표면의 증발률과 순증발은 온도(대기와 물), 대기의 기존 수증기량, 공기의 이동 등 여러 요소에 의해서 결정된다.

온도 : 물분자는 냉수보다 온수에서 더 '활성화'되어 냉수보다는 온수에서 증발이 활발하다. 온난한 공기도 증발을 촉진시킨다. 온난한 공기의 '활성화'된 기체분자는 액체 물 표면과 충돌하여 일부 액체 물분자의 수소결합을 파괴시켜서 수증기가 대기로 방출할 정도의 충분한 운동에너지를 전달해 준다.

대기의 수증기 함량 : 그러나 물분자가 무한정 대기로 들어갈 수는 없다. 제5장에서 설명한 것처럼 대기 중의 개개 기체는 압력으로 작용한다. 총 기압은 대기 중에 존재하는 개개 기체로 인해 작용하는 압력의 합이다. 수증기로 인해서 가해지는 압력을 **증기압**(vapor pressure)이라고 한다.

각각 온도마다 최대 증기압이 다르다. 온도가 높을수록 최대 증기압은 커진다. 다시 말해서 차가운 공기보다는 따뜻한 공기에 더 많은 수증기가 존재할 수 있다.

대기 중의 물분자가 특정 온도에서 최대 증기압에 다다르면 공기는 **포화**(saturation)에 도달했다고 하며, 증발률과 응결률은 균형을 이룬다. 만약 최대 증기압을 초과하면 증발해서 대기로 추가되는 수증기 분자보다 응결되어 대기를 떠나는 분자가 더 많다. 증발률과 응결률이 다시 같아질 때까지 순응결(net condensation)이 일어나고 공기는 다시 포화된다.

실제 대기에서 증발은 상대적으로 대기 중의 수증기가 적을 때 더욱 급속하게 일어나는 경향이 있고, 포화에 가까워지면 증발률은 떨어진다.

바람 : 물 표면 위를 덮고 있는 공기가 수증기로 거의 포화되면 증발률과 응결률은 거의 같아지고 증발은 더 이상 일어나지 않는다. 하지만 공기가 이동하면(바람 또는 난류와 같이) 수증기는 더 넓게 확산하고 증발률은 커진다.

학습 체크 6-5 대기가 포화에 도달하면 증발률은 어떻게 변화하는가?

증발산

대기로 증발하는 대부분의 물은 수체에서 발원하지만 상대적으로 적은 일부가 육지에서 기원한다. 육지로부터의 증발은 (1) 토양과 다양한 무생물 표면 그리고 (2) 식물에서 일어난다. 토양에서 증발하는 수분의 양은 식물에서 나온 육지에서 유래된 수분에 비하면 미량이다. 식물은 잎을 통해서 수분을 대기로 배출하는데 이를 발산(transpiration)이라 하며, 수증기가 육지에서 대기로 들어가는 모든 과정을 합쳐서 **증발산**(evapotranspiration)이라고 한다(그림 6-1 참조). 다시 말해서 수증기는 수체로부터의 증발과 육지로부터의 증발산으로 인해서 대기로 추가된다.

가능증발산 : 특정 지점이 습한지 건조한지는 증발산량과 강수량의 비율에 의해서 결정된다. 이 비율을 분석하기 위해서 가능증발산(potential evapotranspiration)이란 개념을 이용한다. 가능증발산량은 주어진 지점의 지면이 1년 내내 완전히 젖어 있다고 가정했을 때 일어날 수 있는 증발산의 양이다. 한 지점의 가능증발산량은 그 지점의 온도, 식생, 토양, 실제 증발산량의 특성을 고려한 산출식으로 추정한다.

연 강수량이 가능증발산량을 초과하는 지역에서는 잉여의 물이 지면에 축적된다. 반대로 연 가능증발산량이 실제 강수량보다 많은 지역에서는 토양이나 식물에 저장될 수 있는 물이 없어서, 토양이 건조하고, 식생이 잘 발달하지 못한다.

습도의 측정 단위

대기 중의 수증기량은 습도(humidity)로 표시한다. 습도의 측정단위는 실제 수증기량이나 상대적인 양으로 표현할 수 있다.

실제 수증기량

실제 수증기량은 다양한 방법으로 표현될 수 있다.

절대습도 : **절대습도**(absolute humidity)는 대기 중 수증기 함량의 직접적인 측정 단위로 단위 '부피'의 공기 중에 함량된 수증기의 무게로 산출한다. 절대습도는 보통 공기 $1m^3$당 수증기량(g)으로 표현한다(g/m^3). 예를 들어 $1m^3$당 12g의 수증기가 있으면 절대습도는 $12g/m^3$이다.

공기의 부피가 변하면(공기가 수직으로 움직일 때 팽창하거나 압축되어 부피가 변함) 절대습도의 값은 총 수증기량이 변하지 않아도 달라질 수 있다. 이런 이유로 절대습도는 상승하거나 하강하는 공기의 수분을 고려할 때에는 적절하지 않다.

비습 : 단위 '무게'의 공기 중에 함량된 수증기의 무게를 **비습**(specific humidity)이라 하고, 1kg의 공기 중 수증기량(g)으로 표현한다(g/kg). 예를 들어 공기 1kg이 15g의 수증기를 함유하면 비습은 15g/kg이다.

비습은 수증기의 양이 변할 때만 변한다. 절대습도와는 달리

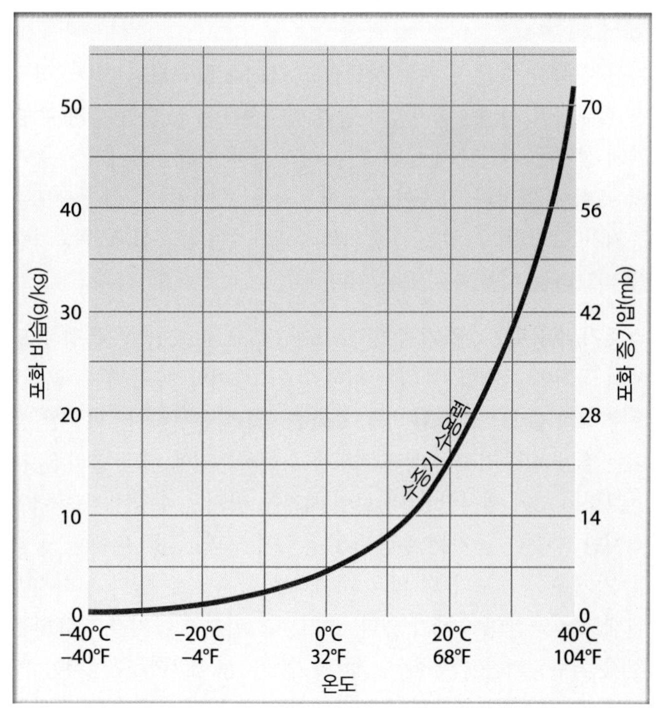

▲**그림 6-7** 공기가 포함할 수 있는 최대 수증기량(최대 수증기 수용력)은 온도가 상승하면 커진다. 위 그래프는 '포화 비습'(g/kg)과 '포화증기압'(mb)을 보여 준다.

부피의 변화에 영향을 받지 않는다.[3] 비습은 기단의 특성과 이동(제7장에서 제시될 내용)을 연구할 때 매우 유용하다.

대기의 최대 비습은 온도에 의해서 결정된다. 찬 대기는 최대 비습이 작고, 따뜻한 공기는 최대 비습이 크다. 특정 온도에서의 최대 비습을 **포화 비습**(saturation specific humidity)이라 한다. 20℃의 온도에서 대기는 1kg당 15g의 수증기를 함유할 수 있으나 10℃의 온도에서는 1kg당 약 8g의 수증기를 포함할 수 있다(그림 6-7).

증기압 : 앞에 제시한 바와 같이 대기의 총 기압 중에 수증기가 차지하는 부분을 증기압(vapor pressure)이라고 한다. 증기압은 총 기압과 같은 단위인 밀리바(mb)로 표현할 수 있다. 특정 온도에서의 최대 증기압을 **포화 증기압**(saturation vapor pressure)이라 한다. 그림 6-7을 보면 10℃의 온도에서 포화 증기압은 10mb를 약간 넘고, 30℃의 온도에서는 약 40mb이다.

절대습도, 비습, 증기압은 공기 중의 실제 수증기량을 표현할 수 있는 방법이고, 응결과 강수에 의해서 추출될 수 있는 물의 양을 보여 줄 수 있는 척도이다. 그러나 응결과 강수에 대해서 토론하기 전에 중요한 **상대습도**(relative humidity)의 개념에 대해서 알아봐야 한다.

학습 체크 6-6 대기의 비습이 10g/kg일 때 이것이 의미하는 것은 무엇인가?

3 절대습도와 비교하면 해수면 고도와 상온에서 $1m^3$의 공기 질량은 약 1.4kg이다.

상대습도

가장 친숙한 습도 단위는 **상대습도**(relative humidity)이다. 하지만 절대습도, 비습, 증기압과 달리 상대습도는 공기 중 실제 수증기의 함량을 나타내지 못한다. 오히려 상대습도는 공기가 수증기의 포화에 얼마나 가까이 도달했는지를 보여 준다. 상대습도는 공기가 포함할 수 있는 수증기의 수증기 수용력과 실제 수증기량을 비교하는 비율(%로 표현)이다.

수증기 수용력 : **수증기 수용력**(water vapor capacity)은 특정 온도에서 공기에 존재할 수 있는 최대 수증기량이다. 수용력은 개념적으로 포화 절대습도, 포화 비습, 포화 증기압과 유사하다. 적절한 용어는 실제 수증기량의 어떤 척도를 사용하는지에 따라 달라진다.

그림 6-7에 제시한 바와 같이 차가운 공기는 수증기 수용력이 작지만 따뜻한 공기는 수증기 수용력이 크다. 흔히 따뜻한 공기는 차가운 공기보다 더 많은 수증기를 함유할 수 있다고 하지만 실제로는 약간의 오해가 있다. 공기는 스펀지가 물기를 함유하는 것처럼 수증기를 함유할 수 없다. 수증기는 대기를 구성하는 기체 중 하나이다. 공기의 수증기 수용력은 물의 기화율을 결정하는 온도에 의해서 결정된다.

상대습도는 다음과 같은 간단한 공식으로 계산할 수 있다.

$$\text{상대습도} = \frac{\text{실제 수증기량}}{\text{수증기 수용력}} \times 100$$

예를 들어 1kg의 공기에 10g의 수증기가 존재한다고 가정하자(비습은 10g/kg이다). 온도가 24℃이면 공기의 수증기 수용력은 20g/kg이고(그림 6-7 참조), 상대습도는 다음과 같다.

$$\frac{10\text{g}}{20\text{g}} \times 100 = 50\%$$

상대습도 50%는 해당 온도에서 최대로 수용할 수 있는 수증기량의 반을 포함한다는 것을 의미한다. 다른 말로 하면 공기가 포화까지 50% 남았다는 것이다.

학습 체크 6-7 대기의 수증기 함량이 5g/kg이고, 수증기 수용력이 20g/kg이라면 상대습도는 얼마인가?

상대습도를 변화시키는 요인 : 상대습도는 공기의 수증기 함유량이나 공기의 수증기 수용력이 달라지면 변한다. 위의 예와 같이 온도가 일정한 상태에서(수증기 수용력은 변하지 않음), 증발로 인해서 대기로 5g의 수증기가 더해지면 상대습도는 다음과 같이 증가할 것이다.

$$\frac{15\text{g}}{20\text{g}} \times 100 = 75\%$$

반대로 응결이나 확산에 의해서 수증기가 대기로부터 제거되면 상대습도는 감소할 것이다.

상대습도는 공기 중의 실제 수증기량이 그대로 유지되어도 온도가 변하면 변한다. 온도가 초기의 24℃에서 32℃로 '상승'하면, 수증기 수용력이 20g에서 30g으로 증가해서 상대습도는 다음과 같이 감소한다.

$$24℃\text{에서는 } \frac{10\text{g}}{20\text{g}} \times 100 = 50\%$$

$$32℃\text{에서는 } \frac{10\text{g}}{30\text{g}} \times 100 = 33\%$$

반대로 온도가 24℃에서 15℃로 '하강'하면, 수증기 수용력은 20g에서 10g으로 감소하여 상대습도는 다음과 같이 증가한다.

$$24℃\text{에서는 } \frac{10\text{g}}{20\text{g}} \times 100 = 50\%$$

$$20℃\text{에서는 } \frac{10\text{g}}{15\text{g}} \times 100 = 67\%$$

$$15℃\text{에서는 } \frac{10\text{g}}{10\text{g}} \times 100 = 100\%$$

공기는 수증기가 추가되지 않아도 온도가 낮아지면 포화상태(상대습도 100%)에 도달할 수 있다는 사실에 주목하자. 공기가 포화점이나 응결점에 도달하는 가장 쉬운 방법은 냉각이라는 것을 알 수 있다. 대기가 증발을 통한 수증기 함량의 증가로 포화에 도달하는 것은 흔하지 않다. 기존에 대기가 많은 수증기를 함유하고 있을 때 증발률은 매우 낮다는 것을 기억하자.

온도와 상대습도의 관계 : 온도와 상대습도의 관계는 기상학에서 매우 중요한 개념 중 하나이다. 온도가 높아지면 상대습도는 감소하고, 반대로 온도가 낮아지면 상대습도는 증가한다(적어도 응결이 시작되기 전까지는).

이러한 역관계가 그림 6-8에 제시되어 있는데, 이 그래프는 보통날(공기 중 수증기량의 변화가 없다고 가정)의 기온과 상대습도의 변동을 보여 준다. 이른 아침에는 온도가 낮아 수증기 수용

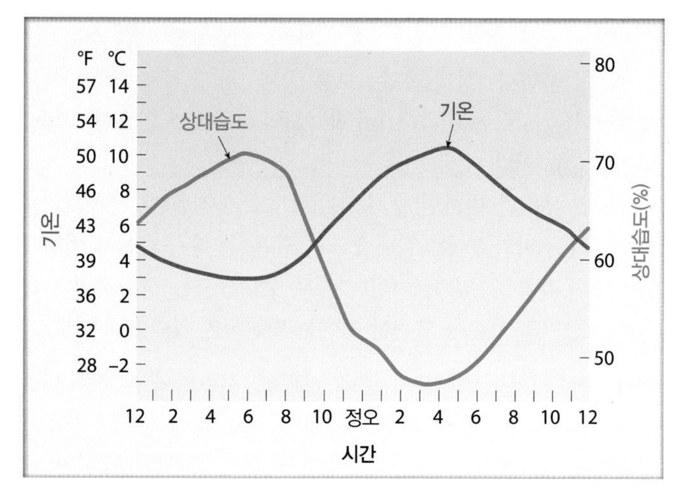

▲그림 6-8 하루 중 기온과 상대습도의 변화는 반비례관계이다. 온도가 높아지면 상대습도는 감소한다. 그런 이유로 상대습도는 한낮에 가장 낮고 새벽에 가장 높다.

력이 작기 때문에 상대습도는 높다. 주간에는 대기가 가열되면서 상대습도가 감소하는데, 그 이유는 따뜻한 공기의 수증기 수용력이 차가운 공기보다 더 크기 때문이다. 저녁이 되면서 기온은 하강하고 수증기 수용력은 다시 낮아져서 상대습도는 증가한다.

건습계와 같은 간단한 장비를 이용해서 상대습도를 산출하는 방법이 "부록 III"에 제시되어 있다.

학습 체크 6-8 온도가 낮아지면 불포화된 공기의 상대습도는 어떻게 되는가? 그 이유는 무엇인가?

상대습도와 관련된 개념

상대습도와 관련된 2개의 다른 개념인 **이슬점온도**와 **체감온도**는 자연지리의 연구에 유용한 개념이다.

이슬점온도 : 위에서 파악한 것과 같이 공기가 냉각될 때 수증기 수용력이 감소하여 상대습도는 증가한다. 냉각은 포화되지 않은 공기를 포화점에 도달하게 할 수 있다. 공기가 포화되기 위해서 냉각되어야 하는 온도를 **이슬점온도**(dew point temperature) 또는 **이슬점**(dew point)이라고 한다. 이슬점온도는 대기 중의 수분 함유량에 따라 달라진다. 위의 예와 같이 1kg당 10g의 수증기를 포함하고 있는 공기는 기온이 15℃까지 하강하면 이슬점에 도달한다. 1kg당 20g의 수증기를 함유하는 공기는 24℃에서 이슬점에 도달한다.

이슬점은 온도로 표현하지만 실상에서는 대기의 실제 수증기 함유량을 나타낼 수 있다. 위의 예를 이용하여 공기의 수증기량이 10g/kg이라면 그 공기의 이슬점온도는 15℃이다. 그러므로 공기가 15℃에서 이슬점에 도달한다면 그 공기의 수증기량은 10g/kg이다.

체감온도 : 사람의 몸이 느끼는 온도가 **체감온도**(sensible temperature)이다. 실제 기온과 더불어 상대습도, 이슬점, 바람 등은 사람들이 추위와 더위를 느끼는 데에 영향을 미친다.

덥고 습한 날의 공기는 온도계의 값보다 더 덥게 느껴지고 이 때는 체감온도가 높다고 말할 수 있다. 이것은 공기가 거의 포화상태에 도달하였기 때문이다. 피부의 땀이 쉽게 증발하지 못하여 증발냉각이 없고 공기는 실제보다 더 덥게 느껴진다("글로벌 환경 변화 : 극한 이슬점온도"를 참조). 덥고 건조한 날에는 증발냉각이 활발해서 공기가 실제 온도보다 서늘하다고 느껴진다. 이런 경우에는 체감온도가 낮다고 할 수 있다.

한랭하고 습한 날에는 몸의 열이 습한 공기에 쉽게 전도되기 때문에 더 혹독하게 추운 것 같다. 이 상태는 체감온도가 낮다고 할 수 있다. 한랭하고 건조한 날에는 몸의 열이 빨리 전도되지 않는다. 온도는 실제보다 높게 느껴지고 체감온도는 상대적으로 높다고 할 수 있다.

바람은 몸으로부터 열이 빠져나가는 증발과 대류에 영향을 미쳐서 체감온도에 영향을 미친다. 이것은 온도가 물의 어는점 아래로 떨어졌을 때에는 더욱 뚜렷하다. 바람이 세게 부는 추운 날에 바람은 체감온도를 낮춘다. 열지수(heat index)와 바람냉각(wind chill)에 대한 설명이 "부록 III"에 제시되어 있다.

응결

응결은 증발의 반대 현상이다. 응결은 수증기가 액체 물로 전환되는 과정을 말한다. 다른 말로 하면 기체에서 액체로 상이 바뀌는 것이 응결이다. 응결이 일어나기 위해서는 공기가 포화되어야 한다. 이론적으로 포화 상태는 대기 중으로 수증기가 공급되었을 때 발생하지만, 실제로는 대기의 온도가 이슬점 이하로 냉각되어서 나타나는 결과이다.

응결 과정

포화만으로는 응결이 일어날 수 없다. 표면장력 때문에 수증기로부터 순수한 물방울의 크기가 커지는 것은 사실상 불가능하다. 표면장력은 표면적의 증가를 억제하기 때문에 추가 물분자가 물방울로 들어가거나 성장하는 것이 어렵다(하지만 물분자는 증발에 의해서 더 쉽게 작은 방울을 떠나 표면적을 감소시킨다). 결과적으로 응결이 일어날 수 있는 표면이 필요하다. 만약에 표면이 존재하지 않는다면 응결은 발생하지 않을 수도 있다. 냉각이 계속되면, 공기는 **과포화상태**(supersaturated)(상대습도가 100%가 넘음)가 된다.

응결핵 : 응결에 필요한 표면은 대기 중에 충분히 존재한다. 지표면 부근에는 응결을 위한 표면이 얼마든지 있다. 지표면 위 대기에서도 '표면'은 먼지, 연기, 소금, 화분, 박테리아, 다양한 화합물과 같은 미세한 입자들로 충분히 제공된다. 대부분 이 입자

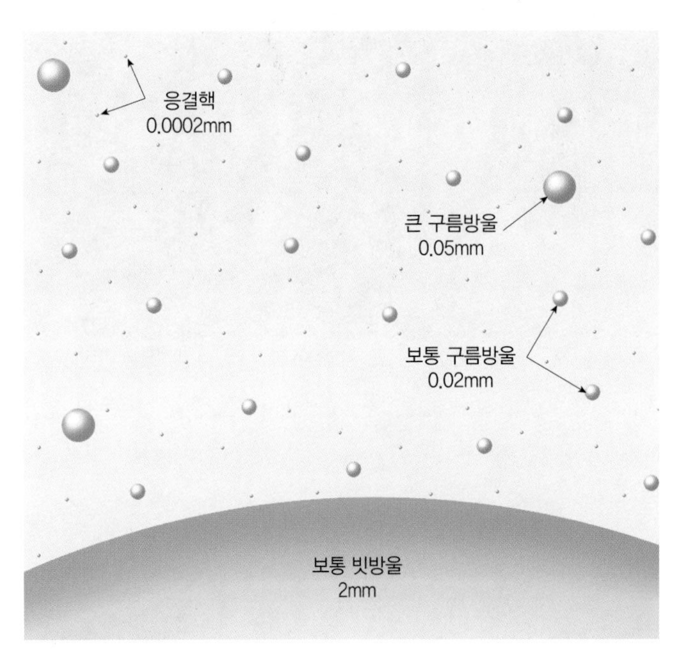

▲그림 6-9 응결핵과 물방울의 상대적 크기. 대기 중에 존재하는 먼지, 연기, 소금, 화분, 박테리아, 또는 다양한 미립자가 응결핵이 될 수 있다.

극한 이슬점온도

▶ Andrew Grundstein, 조지아대학교

어디까지 습해질 수 있을까? 2015년 7월 30일과 31일, 이란의 해안도시인 반다르마샤르에서 이슬점온도는 32℃에 도달하며 지금까지 어디에서도 기록하지 못했던 최고치를 경신했다. 사람들 대부분이 이슬점온도가 21℃를 넘어서면 불쾌감을 느끼게 된다는 점을 고려하면 이 기록이 어떤 의미인지 알 수 있다.

지리적으로 페르시아만, 홍해, 아덴만을 따라 위치한 해안 지역은 온난한 수체에 인접해 있어서 인근 대기로 수분을 증발하고, 극한 이슬점에 도달한다. 그러나 2015년 7월 30일과 31일에 평소보다 훨씬 높은 이슬점에 도달한 이유는 페르시아만의 매우 높은 해수면 온도와 수분을 머금은 공기를 해안으로 불게 한 남풍이 합쳐졌기 때문이다(그림 6-A).

놀랍게도 미국에서도 극한 이슬점이 종종 나타난다. 극한 이슬점이 북중서부에서 수차례 기록되었다. 2010년 7월 14일, 아이오와주 뉴턴에서 이슬점은 31℃를 기록했고, 시카고와 그 주변 지역에서 750명이 사망하여 악명 높았던 '7월 열파'가 발생했을 때인 1995년 7월 13일, 위스콘신주 애플턴에서는 이슬점이 32℃까지 올랐다. 작물의 발산과 습윤한 토양에서 일어나는 증발 때문에 북중서부에서 이슬점은 매우 높다.

극한 이슬점과 인간의 쾌적도 : 습도는 인간의 쾌적도를 고려할 때 중요하다. 기존에 기온이 높은 상태에서 습도가 높으면 발한 작용으로 증발 냉각하여 체온을 낮출 수 있는 범주를 벗어나기 때문에 매우 힘들다. 기상학자는 사람이 느끼는 온도를 정의하기 위해서 기온과 습도를 하나의 척도인 '열지수(heat index)'로 산출한다. 온도가 높고, 이슬점이 낮을 때보다 온도가 높고, 이슬점(또는 습도)이 높을 때 더 덥게 '느낀다'(부록 Ⅲ 참조). 열지수가 높으면 열스트레스가 커지고, 열과 관련된 질병이 더 많이 발생한다. 열지수가 52℃보다 높으면 매우 위험하다.

반다르마샤르의 경우 기온이 46℃까지 치솟았고 이에 32℃의 이슬점이 함께하여 최악의 상태를 만들었으며, 열지수는 74℃였다(그림 6-B). 미국 NOAA 산하 기상청이 사용하는 열지수의 최대값은 58℃여서 이 열지수는 기록 밖에 있었다. 미국에서 전형적으로 무더운 날씨에 열지수는 36℃로 이때 기온은 32℃, 이슬점은 21℃이다. 열지수를 58℃ 이상으로 확대할 필요가 있는지는 논쟁 중이지만, 부인할 수 없이 7월 말의 날씨는 찌는 듯하고, 치명적이다.

극한 이슬점 발생과 기후 변화 : 지구의 온도가 상승하면 극한 이슬점은 더 빈번하게 발생할 것인가? 기후학자들은 1970년대 이후 해양과 육지에서 동시에 지표면 부근의 대기수분이 증가하는 점에 주목하고 있다. 지구가 더워지면 더 많은 물이 대기로 증발하여 지표수분과 이슬점은 증가한다고 예측한다. 기후모델 또한 미래에 모든 지역에서 극한 열파가 더 빈번하게 발생할 것이라고 전망한다. 지금의 극단적이고, 드문 기상현상이 미래에는 새로운 정상상태가 될 수도 있다. 보건과 삶의 질에 대한 이런 가능성과 영향은 기후 변화의 중요성을 강조한다. 우리 사회는 기후 변화의 극심한 영향을 줄이기 위해서 완화정책을 이행하고, 더불어 예측되는 변화를 준비하며, 적응해야 한다.

질문

1. 페르시아만 부근 지역에서 극한 이슬점온도가 나타나는 이유는 무엇인가?
2. 미국 북중서부에서 극한 이슬점을 유도하는 요인은 무엇인가?
3. 극한 열파가 빈번해지면 우리 삶에 어떤 영향을 미치는가?

▲그림 6-A 2015년 여름 기록적인 이슬점이 발생했을 때 더위를 쫓기 위해 노력하는 이란 샤흐레레이의 거주자들

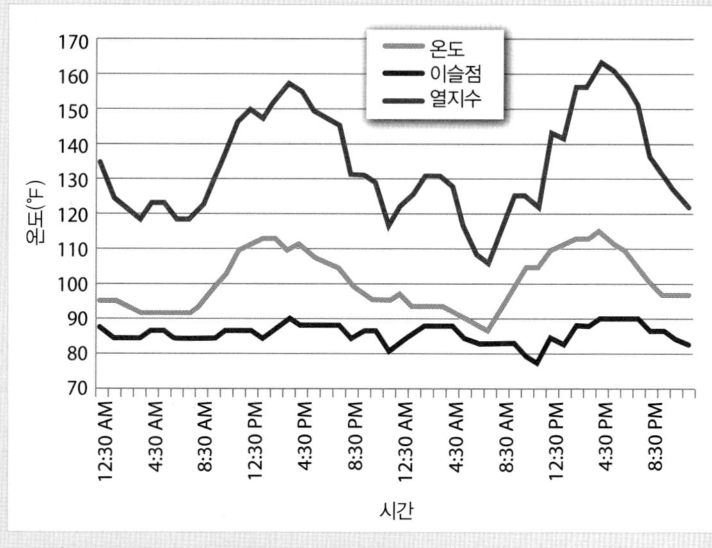

▲그림 6-B 2015년 7월 30일과 31일 이란 반다르마샤르의 날씨

들은 크기가 매우 작아서 육안으로 볼 수 없다(그림 6-9). 이들은 미세한 입자물질을 제공하는 도시, 해안, 화산 부근에 집중되어 분포하지만 대류권 전체로 보면 적은 양이다. 이런 물질들을 **흡습성 입자**(hygroscopic particle) 또는 **응결핵**(condensation nuclei)이라 부르며, 응결이 일어나는 동안 물분자의 포집점으로 작용한다.

기온이 이슬점온도까지 냉각되면 수증기 분자는 바로 응결핵 주변에서 응결하기 시작한다. 물방울은 응결핵에 많은 수증기 분자가 부착되면서 급속하게 커진다. 물방울이 더 커지면 다른 물방울과 부딪쳐서 충돌한 물방울들이 붙으며 병합된다. 계속 커지면 눈에 보일 정도가 되어 연무나 구름을 형성한다. 1개의 빗방울이 100만 개 이상의 응결핵과 수분을 함유한다.

학습 체크 6-9 응결이 일어나기 위해서 필요한 두 가지 조건을 말하라.

과냉각수 : 구름은 온도가 어는점 이하로 떨어졌을 때에도 액체 상태의 물방울로 구성될 수 있다. 비록 보통 물은 0℃에서 얼지만, 작은 방울로 분산되면 −40℃에서도 액체 상태로 유지될 수 있다. 어는점보다 낮은 온도에서 액체 상태로 존재하는 물을 '과냉각'되었다고 한다. **과냉각수**(supercooled water)는 차가운 구름에서 응결핵 주변을 결빙시키거나 물분자가 빙정에 쉽게 부착되는 증기로 증발해서 얼음입자 크기의 성장을 촉진하기 때문에 응결에 중요하다.

단열 과정

자연지리에서 매우 중요한 원리 중 하나는 거대한 공기 덩어리를 이슬점온도까지 냉각시킬 수 있는 유일한 방법이 공기 덩어리가 상승할 때 나타나는 팽창이다. 그리하여 구름의 발달과 강수 생성에 유일한 중요 메커니즘은 **단열냉각**(adiabatic cooling)이다. 제 4장에서 설명한 것과 같이 공기가 상승할 때 기압은 감소하기 때문에 공기는 단열적으로 팽창하여 냉각된다.

건조단열률과 포화단열률

건조단열률 : 불포화된 공기 덩어리는 상승할 때 1,000m당 10℃씩 상당히 일정한 비율로 냉각한다. 이것은 **건조단열률**[dry adiabatic rate 또는 **건조단열감률**(dry adiabatic lapse rate)]로 알려져 있다. 이 용어는 오개념 중의 하나이다. 단순히 포화되지 않았다는 의미(상대습도가 100% 이하이다)로, 공기가 '건조'하다는 것은 부적절한 표현이다.

기단이 충분한 고도까지 상승하면 공기는 이슬점온도까지 냉각되고, 응결이 시작되어 구름이 형성된다. 이런 현상이 일어나는 고도를 **상승응결고도**(Lifting Condensation Level, LCL)라고 한다. 많은 경우에 응결고도는 발달하는 운저[구름의 바닥(기저)]로 확실하게 눈에 보인다(그림 6-10).

▲ 그림 6-10 적운의 편평한 구름밑면은 상승응결고도를 보여 준다.

포화단열률 : 응결이 시작되면 바로 잠열이 방출한다(이 열은 원래 증발 잠열의 형태로 저장되어 있었다). 공기가 계속 상승하면 팽창으로 인해 냉각이 계속되지만, 응결이 일어날 때 발생하는 잠열의 방출은 일부 단열냉각을 상쇄하여 냉각률을 낮춘다. 이 감소된 냉각률을 **포화단열률**[saturated adiabatic rate 또는 **포화단열감률**(saturated adiabatic lapse rate), **습윤단열감률**(moist adiabatic rate)]이라 한다(그림 6-11). 포화단열률은 온도, 수분, 기압 상태에 따라 달라지지만, 평균적으로 1,000m당 6℃이다.

하강 공기의 단열승온 : 단열승온은 공기가 하강할 때 발생한다.

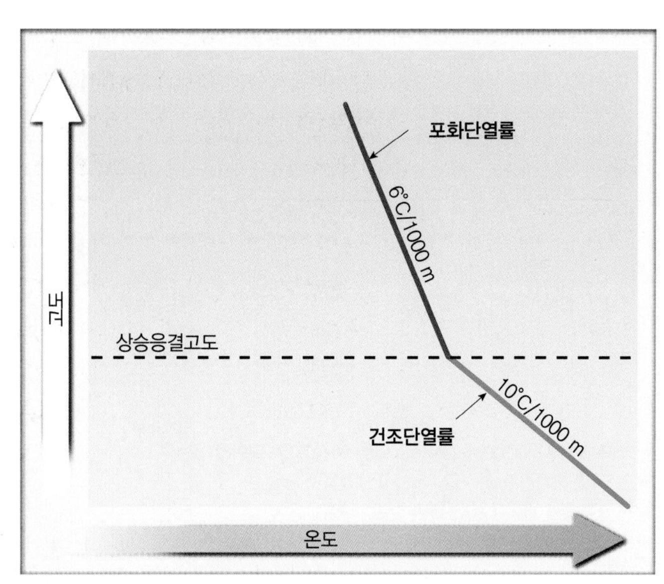

▲ 그림 6-11 포화되지 않은 공기는 '건조단열률(DAR)'로 냉각한다. 응결고도보다 높은 고도로 상승하는 공기는 포화되어 '포화단열률(SAR)'로 냉각한다.

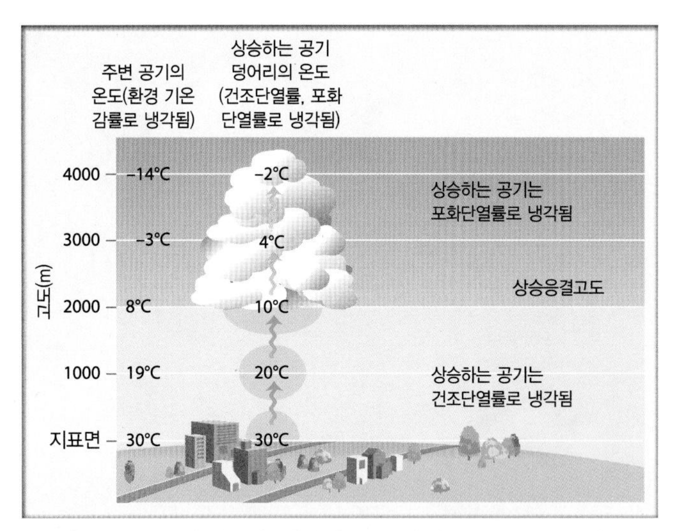

▲ 그림 6-12 감률의 비교. 왼쪽 축의 온도는 공기 덩어리가 단열 상승하여 냉각할 때 경험하는 주변 대기의 '환경 기온 감률'(가상적인 예로 11℃/1,000m)을 보여 준다. 상승하는 공기 덩어리는 처음에는 '건조단열률'(DAR = 10℃/1,000m)로 냉각한다. 공기 덩어리가 상승응결고도에 도달하면 잠열 방출은 냉각률을 줄여서 공기 덩어리는 '포화단열률'(SAR = 6℃/1,000m)로 냉각한다.

하강하는 공기는 보통 1,000m당 10℃의 건조단열률로 온도가 상승한다.[4] 하강하는 공기는 온도가 상승하기 때문에 공기가 포함할 수 있는 수증기 수용력이 커져서 포화되었던 공기는 불포화 상태가 된다. 간단히 말해서 이것이 하강하는 공기가 구름을 만들지 못하는 이유이다. 제5장에서 토의한 아열대고기압에서 건조한 날씨가 나타나는 이유이기도 하다.

단열률과 환경 기온 감률 : 단열온도 변화는 상승하거나 하강하는 공기에서만 일어난다는 것을 기억하자. 제4장에서 논의한 대기의 다양한 고도별로 정지한 공기의 온도를 표현하는 **환경 기온 감률**(environmental lapse rate, 평균 6.5℃/1,000m)과 단열률을 혼동하지 말아야 한다(그림 6-12).

4 하강하는 공기는 보통 건조단열률로 기온이 올라가지만, 항상 그런 것은 아니다. 공기가 구름을 지나면서 하강할 때 물방울은 증발할 수 있고, 증발냉각이 단열승온을 상쇄한다. 그 결과 그와 같이 하강하는 공기는 습윤단열률과 가까운 속도로 기온이 상승한다. 물방울의 증발이 중단되면 바로 하강하는 공기는 건조단열률로 감소한다.

학습 체크 6-10 상승응결고도 위를 상승하는 공기는 상승응결고도 아래에서 상승하는 공기보다 냉각률이 작은가?

단열온도변화의 중요성

그림 6-13은 단열기온변화의 적용 예로 산맥을 타고 상승하는 가상적인 공기 덩어리의 온도 변화를 보여 준다.

공기 덩어리가 산을 타고 오르기 시작할 때는 불포화 상태로 건조단열률로 냉각한다. 일단 상승응결고도에 도달하면 공기는 응결되어 구름을 형성하기 때문에 포화단열률로 상승하며 냉각한다. 산 정상에 도달한 후에 공기는 산의 바람의지 사면을 따라 다시 하강하기 시작한다. 하강 공기는 건조단열률로 가열되어서 공기가 해수면에 도달하면 절대적으로나 상대적으로 상승을 시작할 때보다 훨씬 더 건조하고 따뜻해진다. 이 가상적인 예에서 상승 공기로부터 응결된 수분은 강수나 구름으로 산의 바람받이 사면에 내리고, 공기가 하강할 때 증발이 일어나지 않는다고 가정했다. 대부분의 경우에 이와 같은 과정이 실제로 일어난다. 이런 환경이 사막이 형성되는 한 방법이다.

구름

구름(cloud)은 미세한 물방울이나 아주 작은 빙정의 집합체이다. 구름은 대기에서 일어나는 응결과 다양한 과정을 눈으로 볼 수 있는 표시이다. 구름은 한눈에 현재의 기상 상태를 반영하고, 앞으로 일어날 일의 징조가 된다. 지구의 50%는 항상 구름으로 덮여 있고 구름은 강수의 원천이 된다는 것이 중요하다. 모든 구름에서 비가 오지는 않지만, 모든 비는 구름에서 시작한다.

구름의 분류

구름은 모양과 크기가 매우 다양하지만 일반화할 수 있는 형태가 반복되어 나타난다. 더욱이 특정 구름의 형태는 일정한 고도에서

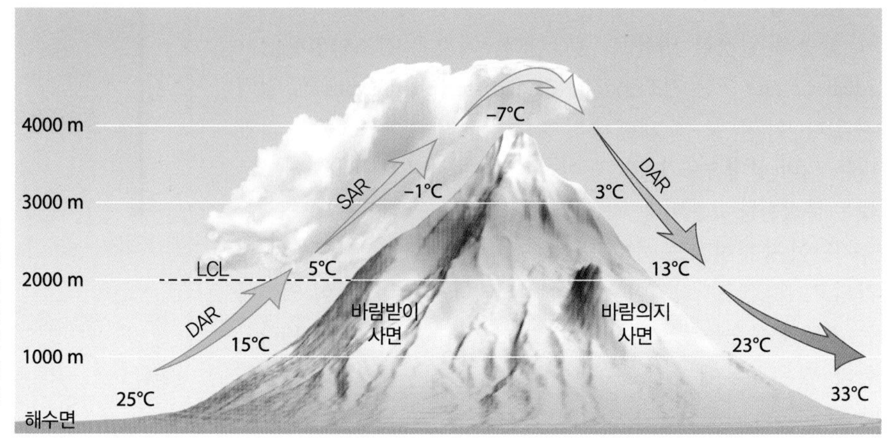

▶ 그림 6-13 4,000m 고산을 지나는 가상 공기 덩어리의 온도 변화(공기가 하강할 때 산의 바람의지측에서는 증발이 일어나지 않음). 공기 덩어리의 상승응결고도(LCL)는 2,000m이고, 건조단열률(DAR)은 10℃/1,000m이며, 포화단열률(SAR)은 6℃/1,000m이다. 바람받이 측에서 응결이 일어나는 동안 잠열이 방출하기 때문에 공기가 바람의지 측을 타고 하강하여 해수면에 도달하면 공기 덩어리는 처음 바람받이 측에서 상승하기 전보다 따뜻해진다.

만 발생한다. 구름은 두 요인인 고도와 형태를 기준으로 분류한다(표 6-1).

구름모양(운형) : 세계 구름 분류 기준은 다음의 세 가지 유형을 사용한다.

1. 권운형(cirriform, '털'을 뜻하는 라틴어의 *cirrus*) 구름은 얇고 성기며 물방울보다는 빙정으로 구성된다.
2. 층운형(stratiform, '퍼짐'을 뜻하는 라틴어의 *stratus*) 구름은 개개 단위의 구름 단위으로 분리되지 않고 하늘 전체를 덮는 회색 층상으로 나타난다.
3. 적운형(cumuliform, '덩어리'를 뜻하는 라틴어의 *cumulus*) 구름은 구름밑면(운저)이 평편하고, 수평 범위는 좁지만, 높은 고도까지 부풀어 오르며 규모가 크고 원형이다.

표 6-1 세계 구름 분류 기준

구름가족	구름유형	기호	구름모양	특징
상층운	권운	Ci	권운형	얇음, 흰색, 얼음
	권적운	Cc	권운형	
	권층운	Cs	권운형	
중층운	고적운	Ac	적운형	층운 또는 적운형, 액체 물
	고층운	As	층형	
하층운	층운	St	층형	보통 흐림
	층적운	Sc	층형	
	난층운	Ns	층형	
수직발달운	적운	Cu	적운형	키가 크고, 좁고, 적운형
	적란운	Cb	적운형	

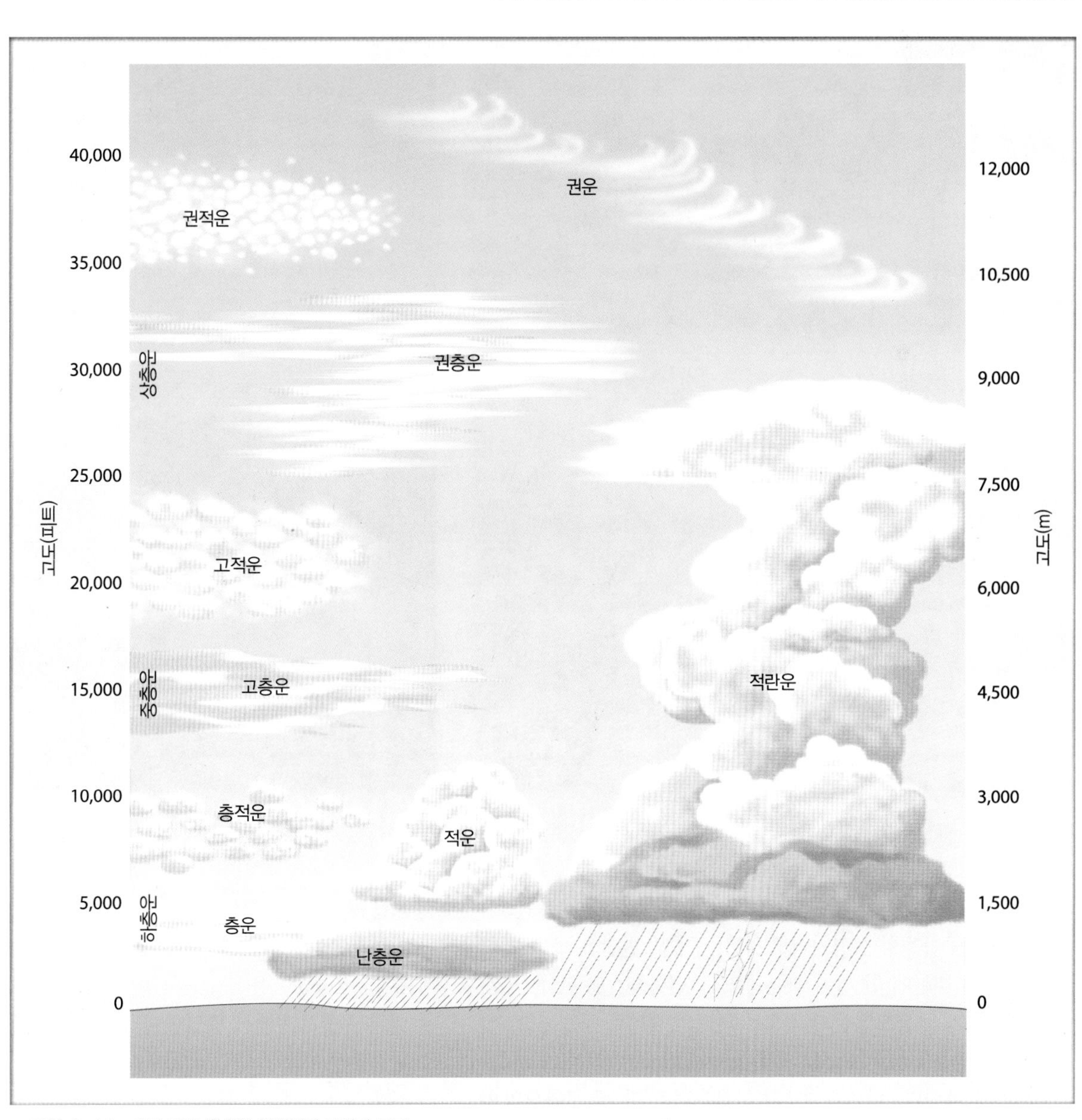

▲그림 6-14 10개 주요 운형의 전형적인 모양과 고도

(a) 권운 (b) 층운 (c) 적운 (d) 권층운 (e) 고적운 (f) 난층운

▲ 그림 6-15 전형적인 구름

다시 모양에 따라 이들 세 구름모양은 열 가지로 세분된다(그림 6-14). 이들 구름유형은 겹치기도 하고, 구름의 발달은 보통 변화 상태에 있기 때문에 한 형이 다른 형으로 변형하기도 한다. 10개 운형 중에 3개 구름모양은 전적으로 하나의 형태로 구성되고, 이들 구름은 **권운**(cirrus cloud), **층운**(stratus cloud), **적운**(cumulus cloud)이라 불린다. 나머지 7개의 구름유형은 이 세 구름모양의 조합이다(그림 6-15). 예를 들어 권적운은 성긴 권운과 덩어리형의 적운을 동시에 가진다.

강수는 난층운(nimbostratus)이나 적란운(cumulonimbus)과 같이 이름에 '난(nimb)'을 가진 구름에서 내린다. 보통 이들 구름유형은 다른 구름유형에서 발달한다. 즉, 적란운은 적운에서 발달하고 난층운은 층운에서 발달한다.

구름가족(구름군) : 세계 구름 분류 기준에 따른 10개 구름모양

▲ 그림 6-16 알래스카 케치칸의 항구를 감싼 이류안개

(운형)은 고도를 기준으로 4개의 가족으로 나눈다.

1. 상층운(high cloud)은 일반적으로 6km 이상의 고도에서 발견된다. 6km 이상의 높은 고도에서는 수증기의 양이 적고 온도가 낮기 때문에 이들 구름은 얇고 흰 빙정으로 구성된다. 권운(cirrus), 권적운(cirrocumulus), 권층운(cirrostratus) 등이 이 구름가족에 속한다. 이들 상층운은 보통 기상 시스템이나 폭풍우의 징조이다.
2. 중층운(middle cloud)은 고도 2~6km 사이에 위치한다. 층운형이나 적운형으로 발달하고 액체 물로 구성된다. 보통 안정된 기상조건을 나타내는 부푼 형태의 고적운(altocumulus)과 변화무쌍한 날씨와 관련이 있는 길게 발달하는 고층운(altostratus)이 이 구름가족에 속한다.
3. 하층운(low cloud)은 2km 이하의 고도에 발달한다. 하층운은 개개 단위의 구름으로 발달하기도 하지만 하늘을 완전히 덮어 흐린 경우가 더 많다. 하층운의 유형은 층운(stratus), 층적운(stratocumulus), 난층운(nimbostratus)을 포함한다. 하층운은 넓게 발달하며 어두컴컴한 하늘과 이슬비와 연관이 있다.
4. 수직발달운(cloud of vertical development)은 상승하여 구름밑면(운저)은 낮게 시작해서 높이가 15km까지 발달한다. 수평범위는 매우 제한적이다. 수직발달운은 대기에서 상승기류가 매우 활발하다는 지표이다. 보통 맑은 날씨와 관련이 있는 적운(cumulus)과 폭풍구름과 관련 있는 **적란운**(cumulonimbus cloud)이 이 구름가족에 속한다.

학습 체크 6-11 **구름을 분류하는 3개의 주요 형태는 무엇인가?**

안개

지구적 관점에서 보면 안개는 매우 작은 규모의 응결이다. 그러나 안개는 시정을 방해하기 때문에 육상 교통이 위험하거나 불가능해질 정도로 인류에 미치는 영향이 절대적이다(그림 6-16). 단순하게 보면 **안개**(fog)는 지면에 발달한 구름이다. 구름과 안개는 물리적으로 유사하지만, 형성 원인은 매우 다르다. 대부분의 구름은 상승하는 공기가 단열냉각하여 발달하지만 안개의 형성에는 상승

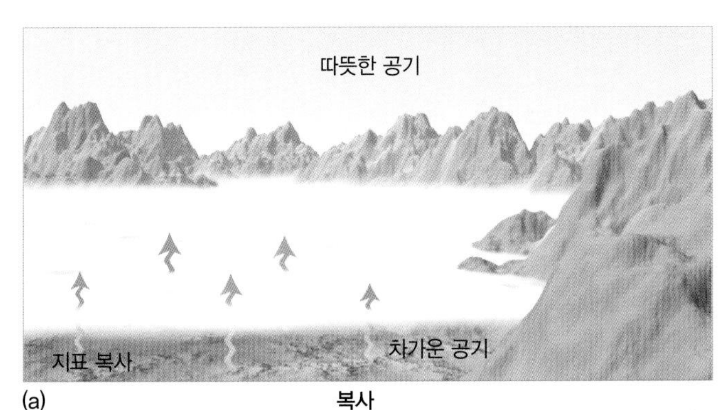

(a) 복사

(b) 이류

(c) 활승(지형)

(d) 증발

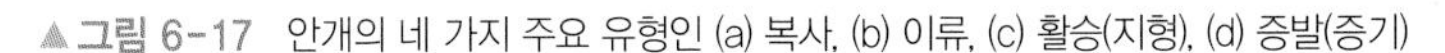

▲ 그림 6-17 안개의 네 가지 주요 유형인 (a) 복사, (b) 이류, (c) 활승(지형), (d) 증발(증기)

이 포함되지 않는다. 대신에 대부분의 안개는 지표면의 공기가 이슬점온도 이하로 냉각되거나 공기가 포화될 정도로 충분한 수증기가 공급되면 발달한다.

일반적으로 안개는 다음과 같이 네 가지 유형으로 분류한다(그림 6-17).

1. **복사안개**(radiation fog)는 일반적으로 야간에 지표면이 복사로 열을 잃었을 때 발달한다. 지표에서 복사된 열은 대기의 하층을 지나서 보다 높은 고도로 이동한다. 지표에 접해 있는 대기는 상대적으로 차가운 지표로 대기의 열이 전도되어 이동하면서 냉각되고, 안개는 이슬점까지 냉각된 공기에서 응결하며 낮은 지대에 모여 있다.
2. **이류안개**(advection fog)는 따뜻하고 습한 공기가 눈으로 덮인 표면이나 한류와 같은 차가운 표면을 수평으로 이동할 때 발달한다. 바다에서 육지로 이동하는 공기는 이류안개의 가장 보편적인 발생원이다.
3. **활승안개**(upslope fog) 또는 **지형안개**(orographic fog, *oro*는 그리스어로 '산'을 의미)는 습한 공기가 사면을 타고 상승할 때 단열냉각하여 생성된다.
4. **증발안개**(evaporation fog 또는 **증기안개**)는 거의 포화점에 도달한 차가운 공기에 수증기가 공급되었을 때 발달한다.

북아메리카에서 짙은 안개가 끼는 곳은 대부분 해안이다(그림 6-18). 서부 해안산맥과 애팔래치아산맥에서 발달하는 안개는 대부분 복사안개이다. 미국 남서부, 멕시코, 미국과 캐나다의 대평원(그레이트플레인스)은 대기 중 수분이 적고 바람이 강해서 안개가 잘 발달하지 않는다.

이슬

이슬(dew)은 보통 지구복사 때문에 발생한다. 야간에 복사는 지표면의 물체(풀, 포장도로, 자동차 등)를 냉각시키고, 그다음에는 주변 공기가 전도로 인해서 냉각된다. 만약 공기가 충분히 냉

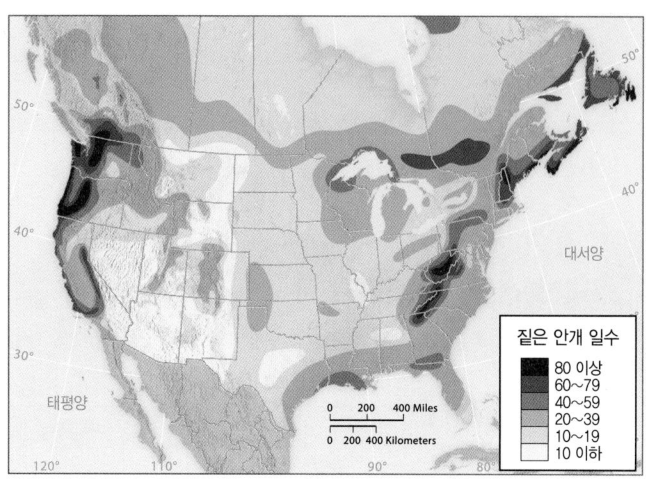

▲ 그림 6-18 미국과 캐나다 남부의 안개 발생 빈도

▲ 그림 6-19 야생 데이지에 맺힌 이슬방울

각하여 포화에 이르면, 차가운 물체의 표면에 매우 작은 물방울이 형성된다(그림 6-19). 온도가 어는점 이하로 떨어지면 물방울이 아닌 **빙정**(white frost, 서리)이 형성된다.

구름과 기후 변화

구름은 강수 발달에 결정적 역할을 할 뿐만 아니라 복사에너지에 영향을 미치기 때문에 중요하다. 구름은 위쪽으로부터는 태양입사, 지면으로부터는 지구복사를 동시에 받아서, 이들 에너지를 흡수하고, 반사하고, 산란시키고, 재복사한다. 따라서 지구에너지 수지에 미치는 구름의 역할을 이해할 필요가 있고, 기후 변화의 원인과 결과를 예측하기 위해서는 구름을 고려해야만 한다.

대기 안정도

응결과 강수는 대부분 공기가 상승한 결과이기 때문에 대류권에서 상승을 촉진하거나 방해하는 조건은 날씨와 기후에 매우 중요하다. 얼마나 '부력'이 있는지에 따라 특정 조건에서 공기는 다른 조건보다 더 자유롭고 강력하게 상승한다.

공기의 부력

중력의 영향을 받는 유체에서 어떤 물체가 상승하려는 경향을 그 물체의 **부력**(buoyancy)이라고 한다. 일반적으로 부력은 다음과 같은 특징을 가진다.

- 물체의 밀도가 주변 유체보다 낮으면 물체는 떠 있거나 상승한다.
- 물체의 밀도가 주변 유체보다 높으면 물체는 가라앉는다.
- 물체의 밀도가 유체와 같다면 상승하지도 않고, 가라앉지도 않는다.

▲그림 6-20 (a) 안정공기가 사면 위로 불 때 공기는 강제력이 작용해야만 상승한다. 바람의지에서 공기는 사면을 타고 불어 내린다. (b) 불안정공기가 사면을 타고 강제 상승하면 불안정공기의 온도와 밀도가 주변 대기와 비슷해질 때까지 계속 상승한다. 상승응결고도까지 상승하면 구름이 형성된다.

공기의 안정도

대기의 경우에는 주변 공기를 '유체'로, 풍선과 같이 경계를 가지는 공기 덩어리를 '물체'(가상의 경계를 가지는)로 가정하자. 다른 기체(액체도 포함)들처럼 공기 덩어리는 **평형고도**(equilibrium level)를 찾으려고 한다. 이것은 공기 덩어리가 주변 대기와 동일한 밀도의 고도까지 상승하거나 하강한다는 의미이다. 실상에서 주변 대기보다 공기 덩어리의 온도가 높고, 밀도가 낮으면 공기 덩어리는 상승하는 경향이 있다. 공기 덩어리의 온도가 주변 대기보다 낮아서 밀도가 높아지면 하강하거나 최소한 상승에 저항할 것이다. 이런 이유로 따뜻한 공기는 차가운 공기보다 부력이 크다고 할 수 있다.[5]

안정공기 : 공기 덩어리가 상승에 저항하면 그 대기는 **안정**(stable)하다고 한다(그림 6-20). 안정공기가 바람이 불어 사면을 따라서 강제적으로 상승했다면 그것은 오로지 힘이 작용했을 경우에만 그렇다. 다른 말로 하면 안정공기는 부력이 없다. 그러나 불안정공기가 동일한 사면을 따라서 상승하면 정상에 도달할 때까지 계속 상승한다.

5 수증기량도 공기의 부력에 영향을 조금 미친다. 수증기 분자가 질소(N_2)나 산소(O_2) 분자보다 가볍기 때문에, 대기에 수증기가 많을 때 가벼운 수증기가 무거운 질소분자와 산소분자를 대신한다. 그리하여 습한 대기는 건조한 대기보다 '가볍다'. 그러나 전반적으로 기온이 부력에 가장 중요한 역할을 한다.

기온역전이 발달할 때 자주 관측되는 조건으로, 따뜻한 공기 밑에 차가운 공기가 위치하면 대기는 안정도가 커진다(제4장에서 논의됨). 따뜻하고 가벼운 공기 밑에 차갑고 밀도 높은 공기가 위치하면 상승은 일어나지 않는다. 높은 안정도는 주간에 발생하기도 하지만 전형적으로 추운 겨울의 야간에 매우 안정한 대기가 발달한다. 공기가 상승하지 않고 매우 안정된 공기는 강제적 상승이 작용하지 않으면 단열냉각하지 않는다. 매우 안정된 공기는 보통 구름 형성과 강수로 연결되지 않는다.

불안정공기 : 부력 외에 다른 외부 힘의 영향 없이 상승하거나 외부의 힘이 더 이상 작용하지 않는데 공기가 계속 상승한다면 공기가 **불안정**(unstable)하다고 한다. 다른 말로 표현하면 불안정공기는 부력을 가진다. 공기 덩어리가 주변 공기보다 온도가 높아지면 불안정해진다. 이와 같은 상황은 온도가 높은 여름 오후에 빈번하게 나타난다(그림 6-21). 불안정공기는 주변 공기와 비슷한 온도와 밀도를 가지는 고도, 즉 평형고도에 도달할 때까지 상승한다. 상승하는 동안 공기는 단열 냉각한다. 이런 조건에서는 구름이 발달할 가능성이 크다.

잠열과 불안정 : 조건부 불안정(conditional instability)은 절대 안정과 절대 불안정의 중간 상태이다. 지표 부근에서 공기 덩어리의 온도가 주변 대기와 같거나 더 낮으면 대기는 안정하다. 그러나 상승응결고도보다 높은 고도로 강제 상승하면 응결이 일어나는

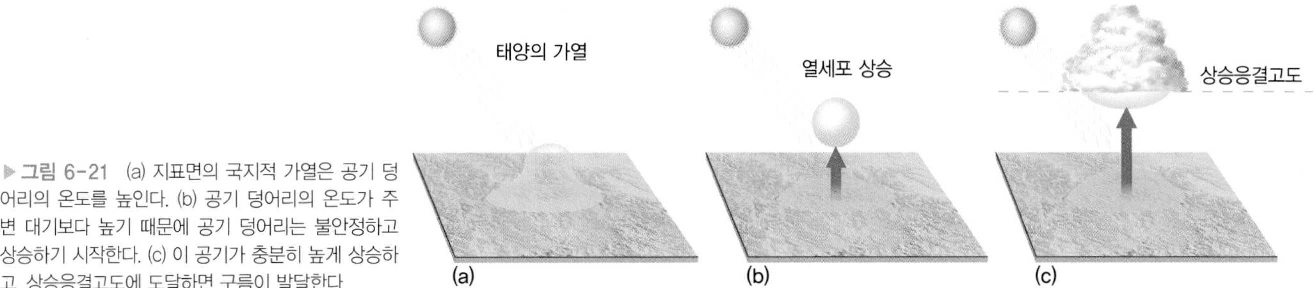

▶그림 6-21 (a) 지표면의 국지적 가열은 공기 덩어리의 온도를 높인다. (b) 공기 덩어리의 온도가 주변 대기보다 높기 때문에 공기 덩어리는 불안정하고 상승하기 시작한다. (c) 이 공기가 충분히 높게 상승하고, 상승응결고도에 도달하면 구름이 발달한다.

▶ **그림 6-22** 다이어그램과 그래프에 제시한 안정공기가 상승하는 조건. 모든 고도에서 상승하는 공기 덩어리는 주변 대기보다 온도가 낮기 때문에 공기는 안정되고, 강제력이 작용할 때만 상승한다[건조단열률 = 10℃/1,000m, 포화단열률 = 6℃/1,000m, 상승응결고도 = 2,000m, 주변 대기의 감률(환경 기온 감률) = 5℃/1,000m].

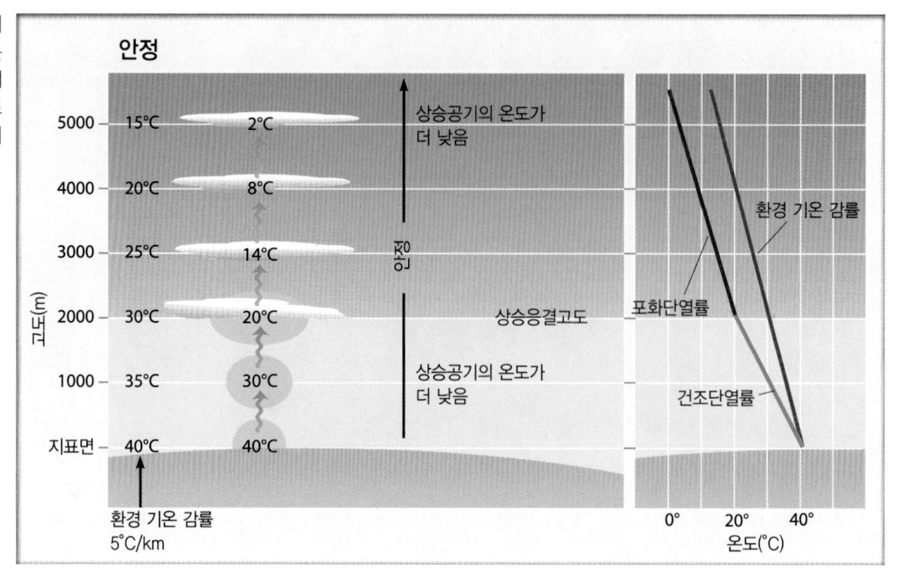

동안 방출되는 잠열이 대기를 가열하여 불안정하게 한다. 그러면 공기 덩어리는 주변 대기와 밀도와 온도가 비슷한 고도에 도달할 때까지 상승한다.

학습 체크 6-12 무엇이 공기 덩어리를 불안정 또는 안정하게 하는가?

대기 안정도의 결정

공기 덩어리의 정확한 안정도는 온도에 따라 결정한다.

기온, 감률, 안정도 : 다양한 고도에서 온도를 측정해 상승하는 공기 덩어리의 온도를 결정하여 주변 대기(정지한)의 온도와 비교한다. 상승공기(적어도 초기에는)는 1,000m당 10℃의 건조단열률로 냉각한다. 주변 대기의 **환경 기온 감률**(상승하지 않는)은 다양한 요소에 의해서 결정되며 건조단열률과는 다르다.

예를 들어 주어진 조건과 같이 주변 대기의 환경 기온 감률이 상승하는 공기 덩어리의 건조단열률보다 작으면(그림6-22) 상승하는 공기 덩어리는 주변 대기보다 모든 고도에서 온도가 '낮고' 안정하다. 이와 같은 조건에서는 강제적인 상승이 있을 때만 공기 덩어리가 상승한다.

반면에 주변 대기의 환경기온감률이 상승하는 공기 덩어리의 건조단열률보다 크면 모든 고도에서 상승하는 공기 덩어리는 주변 대기보다 '따뜻'하기 때문에 불안정하다. 불안정공기는 기온과 밀도가 주변 대기와 비슷한 고도까지 상승한다(그림 6-23).

세 번째 상황인 조건부 불안정은 상승하는 안정 공기가 상승응결고도에서 이슬점에 도달할 때까지 냉각된다. 응결이 시작되면 잠열을 방출하여 상승공기는 불안정해진다(그림 6-24).

안정도의 시각적 결정 : 하늘의 구름 패턴은 대기 안정도의 좋은 지표이다. 상승이 매우 활발한 불안정공기는 수직발달구름을 생성한다(그림 6-25). 그리하여 적운은 대기 불안정의 지표이고 높은 고도까지 치솟아 발달한 적란운은 매우 불안정한 대기의 지표가 된다. 층운과 같이 강제적 상승으로 인해 수평으로 발달하는 구름은 안정대기의 특성이고, 맑은 하늘 또한 이동이 없는 안정대기의 지표가 된다.

안정도 조건과 상관없이 공기가 이슬점까지 냉각하지 않으면 구름은 발달하지 않는다. 상승공기가 이슬점에 도달하지 못하면

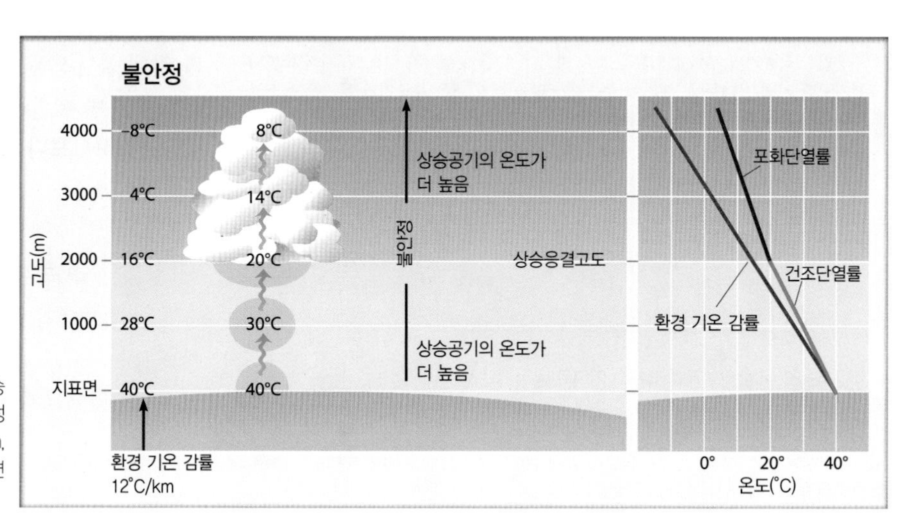

▶ **그림 6-23** 상승하는 불안정공기. 모든 고도에서 상승공기는 주변 대기보다 온도가 높아서 공기 덩어리는 불안정하고, 부력 때문에 상승할 것이다(건조단열률 = 10℃/1,000m, 포화단열률 = 6℃/1,000m, 상승응결고도 = 2,000m, 주변 공기의 감률 = 12℃/1,000m).

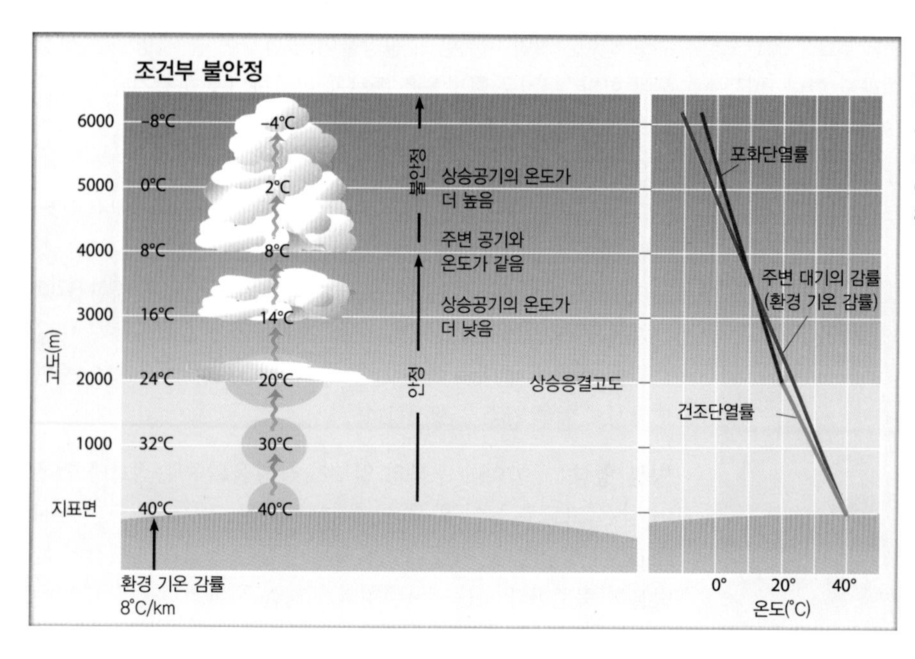

◀ 그림 6-24 조건부 불안정공기. 이 경우에 상승공기는 주변 대기보다 온도가 낮아서 4,000m 고도까지는 안정하다. 하지만 그 이후 고도에서는 응결로 인한 잠열 방출로 상승공기가 가열되어 불안정해지며, 상승공기는 조건부 불안정 상태가 된다(건조단열률 = 10℃/1,000m, 포화단열률 = 6℃/1,000m, 상승응결고도 = 2,000m, 주변 대기의 감률 = 8℃/1,000m).

불안정대기에서도 구름이 발달하지 않고, 구름의 부재는 안정도의 확실한 증거는 아니다. 안정대기와 불안정대기의 일반적인 특성은 표 6-2에 제시되어 있다.

강수

액체이든 고체이든 모든 **강수**(precipitation)는 구름에서 시작하지만 대부분 구름은 강수를 내리지 못한다. 정밀한 실험 결과에 따르면 응결만으로는 빗방울이 생성될 수 없다. 구름을 형성하는 수많은 작은 물방울은 크기가 작아서 부유하고, 대기의 요란 현상으로 하늘에 머물기 때문에 비로 지표에 떨어지지 않는다. 정지한 대기에서조차 작은 물방울의 낙하 속도는 매우 느려서 고도가 매우 낮은 하층운의 경우에도 지표에 도달하는 데 수일이 소요된다. 거기에 더하여 대부분의 물방울은 하강을 시작하기도 전에 구름 밑에 존재하는 건조한 공기 때문에 증발한다.

이런 어려운 상황에도 불구하고 비를 포함하여 다양한 형태의 강수가 대류권에서 빈번하게 발생한다. 그렇다면 다양한 형태의 강수가 형성되는 원리는 무엇인가?

표 6-2 안정공기와 불안정공기의 특성

안정공기	불안정공기
부력 없음. 강제적 상승이 없으면 이동성 없음	부력 있음. 외부 힘이 없이도 상승함
구름이 발달할 경우에 층운형이나 권운형으로 발달함	구름이 발달할 경우에 적운형으로 발달함
강수가 발생할 경우에 이슬비로 내림	강수가 발생할 경우에 소나기로 내림

형성 과정

보통 크기의 빗방울은 보통 크기의 구름방울이 함유하는 물보다 수백만 배 많은 물을 포함한다. 결과적으로 증발과 대기 요란을 이겨 낼 수 있을 정도로 큰 하나의 빗방울을 만들기 위해서는 여러 개의 구름방울이 합쳐져야 한다. 그러면 중력의 영향으로 강수는 지표로 떨어진다.

강수 입자의 형성 원인에는 두 가지 메커니즘이 있는데, 하나는 구름방울의 충돌과 병합 과정이고 다른 하나는 빙정 형성이다.

▲ 그림 6-25 항공기에서 본 대형 적란운. 이런 구름은 매우 불안정한 공기에서 발달한다. 적란운의 구름꼭대기는 모루 모양이고, 상층바람에 의해서 대류권계면까지 상승한 빙정으로 되어 있다.

충돌/병합 과정 : 많은 경우, 특히 열대에서 구름의 온도는 0℃보다 높고, 이런 구름을 **따뜻한 구름**(warm cloud)이라고 한다. 따뜻한 구름에서 강수는 물방울의 충돌과 병합에 의해서 형성된다. 응결은 커다란 물방울이 아닌 작은 여러 개의 물방울을 생성하기 때문에 응결만으로는 강수를 생성할 수 없다. 그렇기 때문에 강수로 떨어지려면 미세한 구름방울이 병합하여 큰 물방울로 성장해야 한다. 무거운 물방울은 빠르게 낙하하면서 하강기류를 따라 낙하하던 작은 물방울을 추월하여 병합한다(그림 6-26). 이런 조건은 물방울을 더 크게 성장시킨다.

그러나 모든 충돌 과정에서 병합이 발생하는 것은 아니다. 커다란 물방울이 낙하하면 그 주변 대기는 작은 물방울을 낙하 경로 밖으로 밀어낸다. 더욱이 병합이 물방울의 전극에 영향을 받는다는 증거가 제시되고 있다.

충돌/병합은 열대의 강수 발달에 가장 중요한 과정이고, 중위도에서도 일부 강수를 생성한다.

빙정 형성 : 구름이나 구름의 일부가 물방울의 어는점보다 기온이 낮은 고도로 높이 확장하는 경우 **차가운 구름**(cold 또는 cool cloud)이 발달한다. 이런 조건에서는 구름에 빙정과 과냉각된 물방울이 공존한다. 이들 두 유형의 입자들은 아직 응결되지 않은

▲ **그림 6-26** 충돌과 병합 과정에 의해서 형성된 빗방울. (a) 큰 물방울은 작은 물방울보다 빠르게 낙하한다. (b) 하강하는 중에 다른 물방울과 병합하면서 낙하한다. (c) 하강하는 동안 물방울이 커진다. (d) 다시 분리되기도 한다(구름방울과 빗방울의 축척이 다르다).

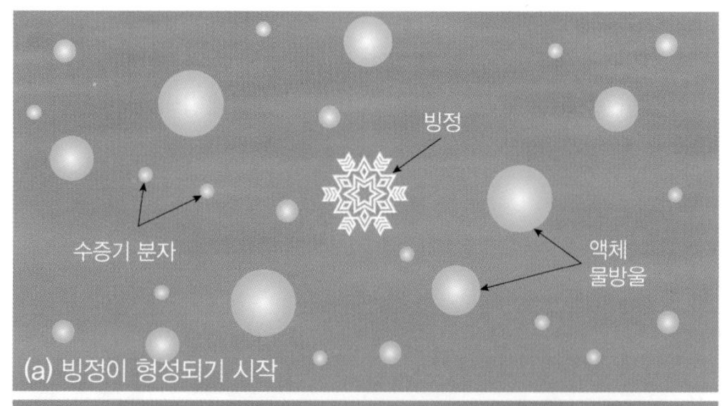

▲ **그림 6-27** 구름에서 빙정 형성에 의한 강수(베르게론 과정). (a) 빙정은 수증기와 부착하여 성장한다. (b) 구름을 형성하는 액체 물방울은 증발하여 수증기를 보충한다. (c) 빙정이 하강할 정도로 커지고 무거워질 때까지 빙정의 성장과 구름방울의 축소 과정은 계속된다(입자의 크기를 매우 과장하였다).

수증기를 놓고 직접 '경쟁'한다.

포화증기압은 빙정 주변에서 액체의 물방울보다 낮다. 물방울의 주변 대기가 포화되면(상대습도 100%), 같은 대기는 빙정 주변에서는 **과포화**(supersaturated) 상태이다. 그리하여 빙정이 대부분의 수증기를 끌어당기고, 액체의 물방울은 결국 감소한 수증기를 보충하기 위해서 증발한다(그림 6-27). 그러므로 빙정은 물방울을 소모하며 커지고 충분히 하강할 수 있을 때까지 성장한다. 빙정이 낮은 고도의 따뜻한 구름을 통과하여 낙하할 때 더 많은 수분을 취하여 빙정은 더 커진다. 그리하여 빙정은 구름에서 눈이나 또는 녹아서 빗방울로 떨어진다.

스웨덴의 기상학자인 Tor Bergeron은 반세기 전에 빙정 형성으로 인한 강수를 처음 제안하였다. 빙정 형성은 현재 **베르게론 과정**(Bergeron process)으로 알려져 있으며, 열대보다 고위도 지역의 강수 형성을 잘 설명한다.

강수의 유형

기온과 대기 요란의 영향을 받으면 지금까지 설명한 과정에 따라 다양한 강수 형태가 발생할 수 있다.

비 : 가장 흔하고, 보편적인 강수의 유형이 액체의 물방울로 구성된 **비**(rain)이다(그림 6-28). 비는 대부분 어는점보다 높은 온도에서 상승하는 공기가 응결한 강수의 결과이지만, 일부는 빙정이 따뜻한 대기를 통과하여 낙하할 때 녹아서 생성된다.

기상학자들은 상대적으로 긴 시간 지속되는 '비', 상대적으로 짧은 시간이지만 빗방울이 큰 소나기(shower), 빗방울은 작지만 오랫동안 지속되는 **이슬비**(drizzle)를 구별하곤 한다.

▲ **그림 6-28** 높은 고도까지 발달하는 적란운은 작지만, 강력한 뇌우를 제3메사 부근 애리조나 남부 사막에 내린다.

눈 : **눈**(snow)은 빙정이나 작은 알갱이, 눈송이 형태의 고체형 강수이다. 눈은 중간의 액체 단계 없이 수증기가 직접 승화하여 얼음으로 변했을 때 형성된다(차가운 구름 내부에 과냉각된 구름방울로부터 수증기가 증발한다).

진눈깨비 : 미국에서 **진눈깨비**(sleet)는 작은 빗방울이 낙하하는 동안 얼어서 지표로 떨어지는 작은 얼음 알갱이이다. 다른 나라에서는 눈과 비가 섞여서 올 때 진눈깨비라는 용어를 사용한다.

어는비 : **어는비**(glaze 또는 freezing rain)는 비가 단단한 물체에 부딪쳐서 즉시 얼음으로 변한 것이다. 빗방울은 지표 부근의 온도가 낮은 대기층을 지나 떨어진다. 빗방울이 대기에서는 얼지 않지만(다른 말로 하면 빗방울이 진눈깨비로 바뀌지 않음), 차가운 공기층을 통과할 때 과냉각되어 지표에 도달하면 즉각 얼음으로 바뀐다. 그 결과 발달한 두꺼운 얼음코팅은 나뭇가지나 송전선을 파괴하고, 이동을 위험하게 한다.

우박 : **우박**(hail)은 가장 복잡한 발생 원인을 가진 강수 유형으로 작은 얼음 알갱이나 큰 얼음 덩어리로 구성된다(그림 6-29). 우박은 거의 동심원상의 투명한 얼음층과 불투명한 얼음층으로 구성된다. 불투명한 부분은 작은 빙정 중에 수많은 미세한 공기방울을 포함하지만 투명한 부분은 커다란 빙정으로만 되어 있다.

우박은 공기가 매우 불안정하고 강력한 상승기류와 하강기류가 발달할 때 적란운 내에서 형성된다(그림 6-30). 우박이 형성되기 위해서는 공기가 매우 불안정해야 하기 때문에 우박은 겨울보다는 여름에 빈번하게 발달한다. 구름에서 우박이 형성되려면 구름의 하층부는 어는점(0℃)보다 기온이 높아야 하고, 상층부는 어는점보다 낮아야 한다. 상승기류는 구름의 온난한 영역에서 물방울을 위로 운반한다(또는 어는점보다 기온이 낮은 영역의 최하

▼ **그림 6-29** 2010년 7월 23일, 사우스다코타주 비비안에 떨어진 기록된 가장 큰 우박. 우박의 무게가 879g이었다.

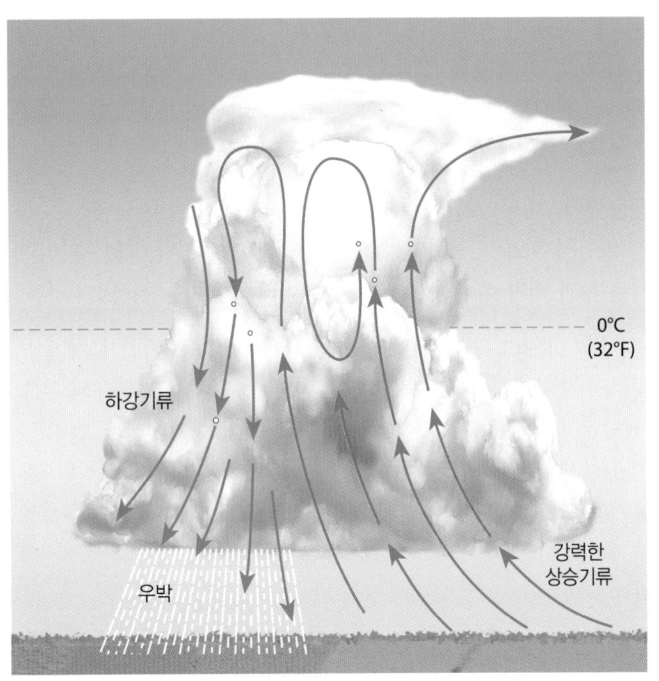

▲그림 6-30 우박은 부분적으로는 물의 어는점보다 낮은 온도를 가지고, 또 부분적으로는 물의 어는점보다 높은 온도를 가지는 매우 강력하고 상승기류가 발달하는 적란운에서 발달한다. 화살표의 방향은 우박이 형성될 때의 이동 경로이다.

층에서 작은 얼음 알갱이). 이 과정에서 얼음은 주변의 과냉각된 구름방울에서 수분을 취해서 성장한다. 얼음입자가 너무 커져서 대기에서 부유할 수 없으면 떨어지는데, 낙하하면서 더 많은 수분을 수집한다. 낙하하던 입자가 강력한 상승기류를 만나면 다시 상승했다가 낙하한다. 그림 6-30의 경로에서처럼 이런 조건이 여러 번 반복되기도 한다.

우박이 과냉각된 물방울을 포함한 구름을 통과하면 어는점 이하의 대기층에서 상승하고 하강하면서 계속 성장한다. 얼음인 우박은 과냉각된 수분이 충분히 공급되면 상대적으로 서서히 어는 수분층으로 둘러싸이고 거대한 빙정을 생성하면서 물에서 공기는 제거된다. 결과적으로 투명한 원형의 얼음이 생성된다. 과냉각된 물의 공급량이 적으면 우박 주변에서 물은 급속하게 언다. 급속한 결빙은 작은 공기방울을 가둔 상태로 빙정을 형성하고 불투명한 우박이 발달한다.

궁극적으로 우박의 크기는 구름 내부의 과냉각된 물의 양, 상승기류의 강도, 구름 내에서 우박이 움직인 경로의 길이(아래, 위, 측면)에 따라 달라진다. 현재까지 기록된 최대 크기의 우박은 2010년 7월 23일에 사우스다코타주에 떨어졌다(그림 6-29 참조). 이 우박의 직경은 20cm, 무게는 879g에 달했다.

학습 체크 6-13 왜 우박은 매우 불안정한 대기와 관련되는가?

꼬리구름 : 비가 내리는 구름 아래의 공기가 건조하여 상대습도가 낮으면 낙하하던 강수는 지표에 도달하기 전에 증발한다. 꼬리구름(virga)은 지표에 내리기 전에 사라지는 비이다.

기상위성은 기상학자가 강수를 연구하는 데 가장 유용한 도구이다(그림 6-31). 기상위성은 기단의 수분함량, 대기의 연직온도, 구름의 위치와 특성에 관한 정보를 공급하여 예보관이 비와 운량을 포함한 다양한 기상현상을 예측할 수 있게 한다. 한 예로 "포커스 : GOES 기상위성"을 참조하라.

대기상승과 강수

지금까지는 상승기류와 단열냉각의 역할을 강조했다. 이 조건을 충족해야만 강수가 발생한다. 무엇이 대기를 상승하게 하는가? 대기상승은 네 가지 유형으로 분류한다. 하나는 자발적이고 나머지 3개는 외부 힘이 필요하다. 그러나 이들 유형이 동시에 작용하는 경우가 많다.

◀그림 6-31 미국 네브래스카주 헤이스팅스의 기상청 예보관이 예보를 준비하기 위해 위성영상과 일기도를 분석하는 모습이다.

포커스

GOES 기상위성

북아메리카의 일기예보에서 일반적으로 제시하는 위상영상은 GOES, 즉 '정지운영환경위성(Geostationary Operational Environmental Satellites)'이라고 알려진 한 쌍의 위성이다. GOES 위성은 미국 NOAA가 운영하며 일기예보에 꼭 필요한 장비이다.

GOES 위성은 지구 표면의 특정 고정 지점에서 35,800km 떨어진 고도의 궤도를 도는 정지위성이다. 예를 들어 GOES-East(GOES-13)는 미국 본토와 북대서양과 남대서양을 감시할 수 있는 남아메리카(75°W)의 적도 상공을 궤도로 한다. GOES-West(GOES-15)는 알래스카에서 뉴질랜드까지 태평양 전역을 감시할 수 있는 태평양 부근(135°W)의 적도 상공을 궤도로 한다. 여러 국가가 유사한 기상위성을 운영하고 있어서 완벽하게 지구 전체를 감시한다.

GOES 위성은 고도별 온도와 대기 중 수분의 변화, 오존의 분포, 다양한 파장대의 반사와 복사 전자파 에너지를 측정하는 장비를 탑재하고 있다. GOES 위성은 매시간 여러 영상을 송신하여 저속 위성 '동영상'이 제작된다.

GOES 영상 보기 : 최신 GOES 위성영상은 http://www.goes.noaa.gov와 http://nrlmry.navy.mil/sat_products.html 같은 인터넷 사이트에서 쉽게 볼 수 있다.

가시광 영상 : 가시광('VIS') 위성영상은 대기의 구름과 지표면에서 반사되는 태양광선을 보여 준다(그림 6-C). 지표의 밝기는 '알베도(albedo, 반사도)'와 태양의 입사각으로 결정된다. 가시광에서 가장 밝은 영역(반사도가 매우 높은 영역)은 보통 구름꼭대기와 눈이나 빙하로 덮인 지표면이다. 어두운(알베도가 낮은) 영역은 육지(식생이 없는 육지)나 해양으로, 가시광 위성영상에서 일반적으로 탐지할 수 있는 가장 진한색 표면이다.

적외영상 : 지구와 대기의 적외('IR') 영상은 주간과 야간에 GOES 위성이 생산하며, 기상학에서 가장 많이 사용한다. 적외영상은 지표와 대기가 방출하는 장파('열적외선')복사를 보여 준다(그림 6-D). 온도가 높은 물체는 온도가 낮은 물체보다 더 많은 장파복사를 방출하기 때문에 적외영상은 사실상 온도의 차이를 보여 준다. 흑백 위성영상에서 온도가 낮은 표면(상대적으로 장파복사를 적게 방출)은 흰색으로, 온도가 높은 표면은 검은색으로 나타난다. 거대한 적란운과 같은 고층운의 구름꼭대기는 하층운이나 안개보다 온도가 훨씬 낮아서, 적외선 영상에서 밝게(흰색) 나타난다. 하층운이나 안개는 지표면과 온도가 비슷하기 때문에 밑에 존재하는 지표와 같은 회색 계열로 나타난다.

▲ **그림 6-C** NOAA의 GOES-West가 촬영한 가시광선 위성영상. 허리케인 블랑카가 멕시코 서해안에 위치해 있다. 뇌우가 미국 서부의 넓은 지역과 적도 부근 열대수렴대(ITCZ)에 발달했다.

수증기 영상 : 예보관은 수증기를 잘 흡수하고 복사하는 장파 적외복사의 파장대(6.7~7.3μm)를 측정해서 대기 중의 수증기 양을 산출할 수 있다. 수증기 위성영상은 구름이 없는 상태에서도 대기의 습윤한 지역(6.7~7.3μm에 복사량이 많음)과 건조한 지역(6.7~7.3μm에서 복사량이 적음)을 보여 준다. 이들 지역은 가시광이나 적외 기상 위성영상에서는 뚜렷하게 나타나지 않는다(그림 6-E).

질문

1. 예보관에게 가시광과 적외영상이 유용한 이유는 무엇인가?
2. 그림 6-D에서 허리케인 블랑카의 구름이 상층운인지 또는 하층운인지 어떻게 알 수 있는가?

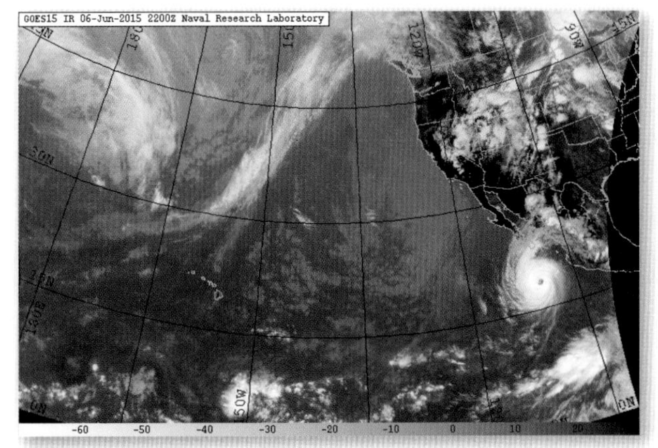

▲ **그림 6-D** GOES-West가 촬영한 적외영상

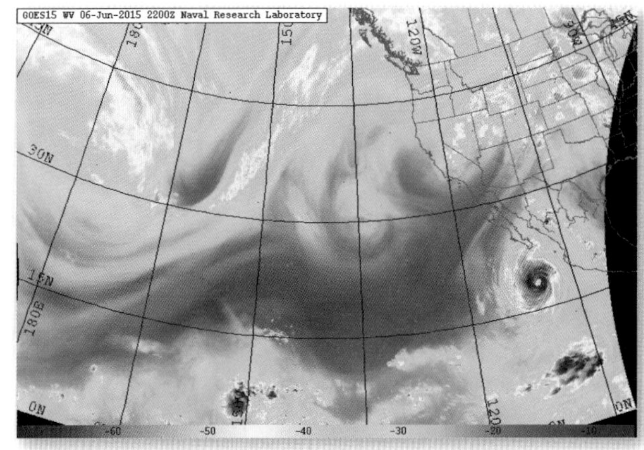

▲ **그림 6-E** 그림 6-C, 그림 6-D와 동일한 시간에 촬영한 수증기 위성영상. 아열대 북태평양의 넓은 지역은 상대적으로 건조한 지역(어두운 파란색)이고, 뇌우와 허리케인 블랑카는 습한 지역(노란색과 주황색)이다.

대류상승

다양한 유형의 지표면이 일정하게 가열되지 않기 때문에 지면 부근의 공기 덩어리는 전도로 가열된다. 온도가 상승한 공기의 밀도는 공기가 팽창하면 감소하여 공기 덩어리는 **대류상승**(convective lifting)으로 상승한다(그림 6-32a). 온난한 공기는 상승할 때 팽창하고, 이슬점까지 단열냉각한다. 응결이 시작되면 적운이 형성된다. 습도, 온도, 안정도 조건이 적절하게 충족되면 구름은 하늘 높이 치솟은 모루구름으로 발달하여 종종 천둥과 번개를 동반한 소나기성 폭우와 우박이 쏟아진다(그림 6-28 참조).

여러 개가 인접하여 대형 세포를 형성할 정도로 가깝게 발달하기도 하지만, 개별 대류세포는 수평 규모가 매우 작다. **대류성 강수**(convective precipitation)는 짧은 시간에 커다란 빗방울이 빨리, 맹렬하게 떨어지는 소나기로 온다. 대류성 강수는 따뜻한 지역과 계절에 주로 발달한다.

이와 같은 자발적 상승과 함께 산 위로 움직이는 공기와 같은 다양한 강제상승(forced uplift)은 대기가 불안정해지면 대류세포의 형성을 촉진한다. 대류상승은 종종 다른 유형의 강제상승을 동반한다.

지형상승

바람이 지형장애물에 부딪칠 때 공기는 강제적으로 산 사면을 타고 오른다(그림 6-23b). **지형상승**(orographic lifting)으로 인한 이런 강제상승은 상승한 공기가 이슬점까지 냉각되면 **지형성 강수**(orographic precipitation)를 내린다.

비그늘 : 지형상승이 대기를 불안정하게 만들면 공기는 산 정상에 도달할 때까지 상승하고 강수가 계속된다(그림 6-20b 참조). 그러나 산 사면을 타고 강제상승한 공기는 대부분 장애물의 바람의지 사면을 따라 하강한다. 공기 덩어리가 내리막 사면을 따라 하강하면, 단열냉각이 단열승온으로 바뀌고 응결과 강수는 끝난다. 그리하여 지형장애물의 바람받이 사면은 습윤해지고, 바람의지 사면은 건조해진다. **비그늘**(rain shadow)은 바람의지 사면과 건조효과가 영향을 미치는 지역에 적용되는 용어이다(그림 6-33). 지구상의 많은 사막은 산맥의 비그늘에 발달한다(그림 6-34).

지형상승은 모든 위도, 계절, 시간에 발생한다. 지형성 강수는 공기 덩어리가 사면을 오를 때 속도가 상대적으로 느리기 때문에 오래 지속될 가능성이 크다.

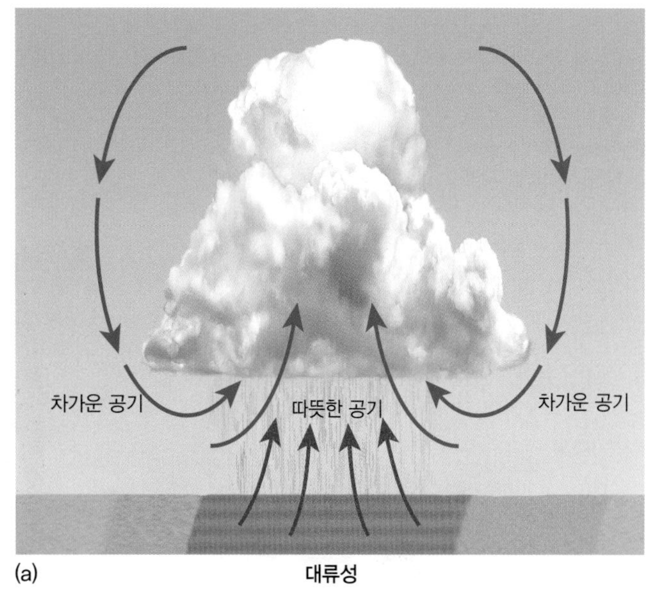

(a) 대류성

(b) 지형성

(c) 전선성

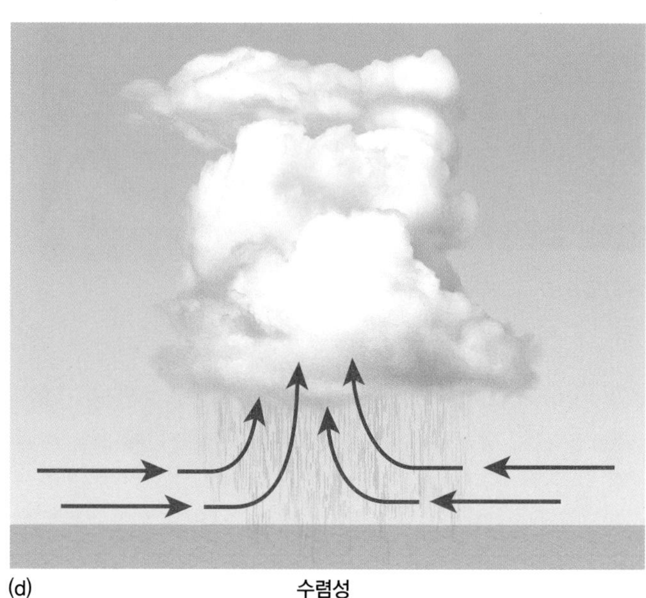
(d) 수렴성

▲그림 6-32 대기상승과 강수의 네 가지 기본 유형. (a) 대류성, (b) 지형성, (c) 전선성, (d) 수렴성이다.

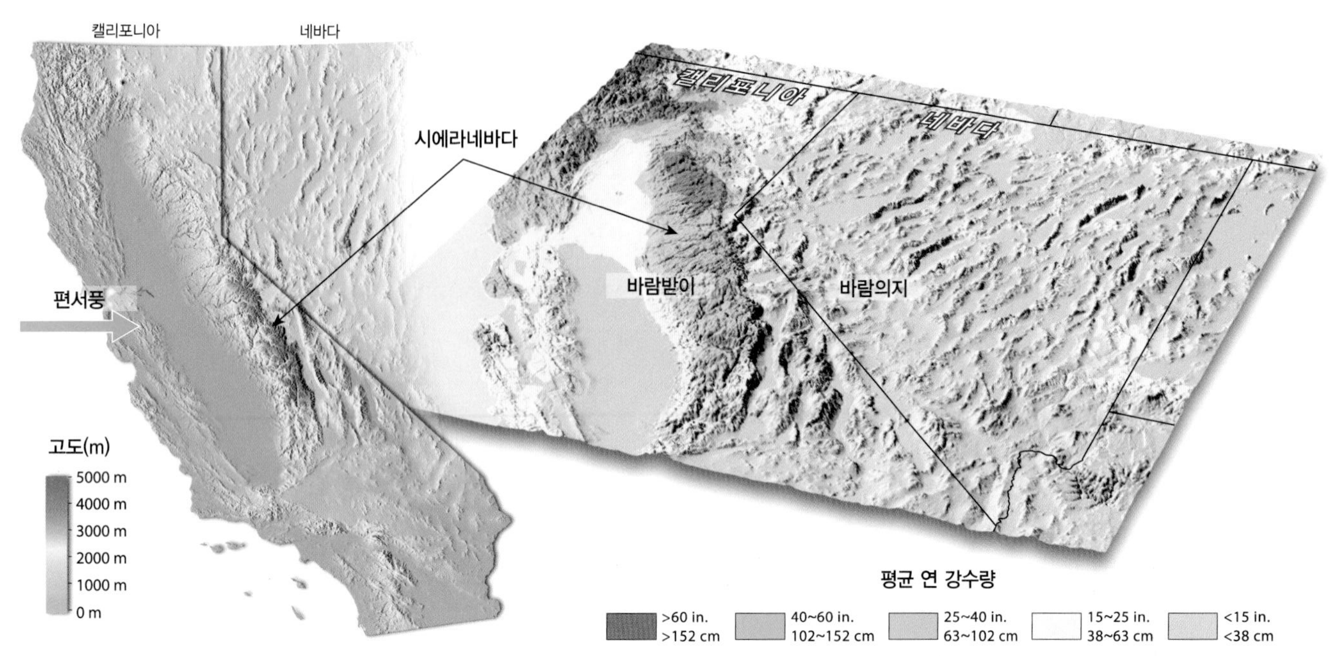

▲그림 6-33 네바다는 캘리포니아, 시에라네바다산맥의 비그늘에 위치한다. 태평양에서 불어오는 습한 편서풍이 지형의 영향을 받아서 시에라의 서쪽 사면에는 강수량이 많다. 시에라의 동쪽 사면에는 사막이 발달한다.

전선상승

성질이 서로 다른 기단이 만났을 때 잘 혼합되지 않는다. 대신 두 기단 사이에 불연속면이 형성되는데 이를 **전선**(front)이라 하며, 따뜻한 공기가 차가운 공기 위로 활승(타고 올라감)한다(그림 6-32c). 따뜻한 공기가 강제상승할 때 그 공기는 이슬점까지 냉각되고 구름과 강수를 형성한다. **전선상승**(frontal lifting)으로 발생한 강수를 **전선성 강수**(frontal precipitation)라고 한다. 전선성 강수는 다음 장에서 보다 상세하게 설명할 것이다. 전선성 강수는 넓은 지역을 아우르며 오래 지속되는 경향이 있지만 대류성 소나기를 내릴 수도 있다.

전선 발달은 극의 차가운 공기와 열대의 따뜻한 공기가 만나는 중위도에서 가장 탁월하다. 고위도에서는 전선이 덜 중요하나 열대에서는 발생하지 않는다. 이들 지역에서는 성질이 비슷한 기단들이 만난다.

▼그림 6-34 캘리포니아 데스밸리의 아마고사산맥 위에 발달한 구름. 산을 타고 강제상승한 공기는 구름과 강수를 발달시키지만, 바람의지 쪽에는 건조한 비그늘이 위치한다.

모바일 현장학습 MG
구름 : 지구의 역동적인 대기
https://goo.gl/aZ53QY

수렴상승

수렴상승(convergent lifting)은 다른 세 유형보다는 덜 보편적이지만 조건에 따라서는 영향이 크며, **수렴성 강수**(convergent precipitation)를 동반한다(그림 6-32d). 공기가 수렴하면 상승한다. 이러한 강제상승은 불안정도를 강화해서 소나기성 강수가 발달한다. 이런 형태는 빈번하게 저기압 시스템으로 발달하고 저위도에서 발생한다. 예를 들어 수렴상승은 열대수렴대(제5장에서 다루어진 ITCZ)에서 잘 발생하고 허리케인이나 편동풍파와 같은 열대요란 현상에서 매우 탁월하다.

학습 체크 6-14 비그늘을 형성하는 원인은 무엇인가?

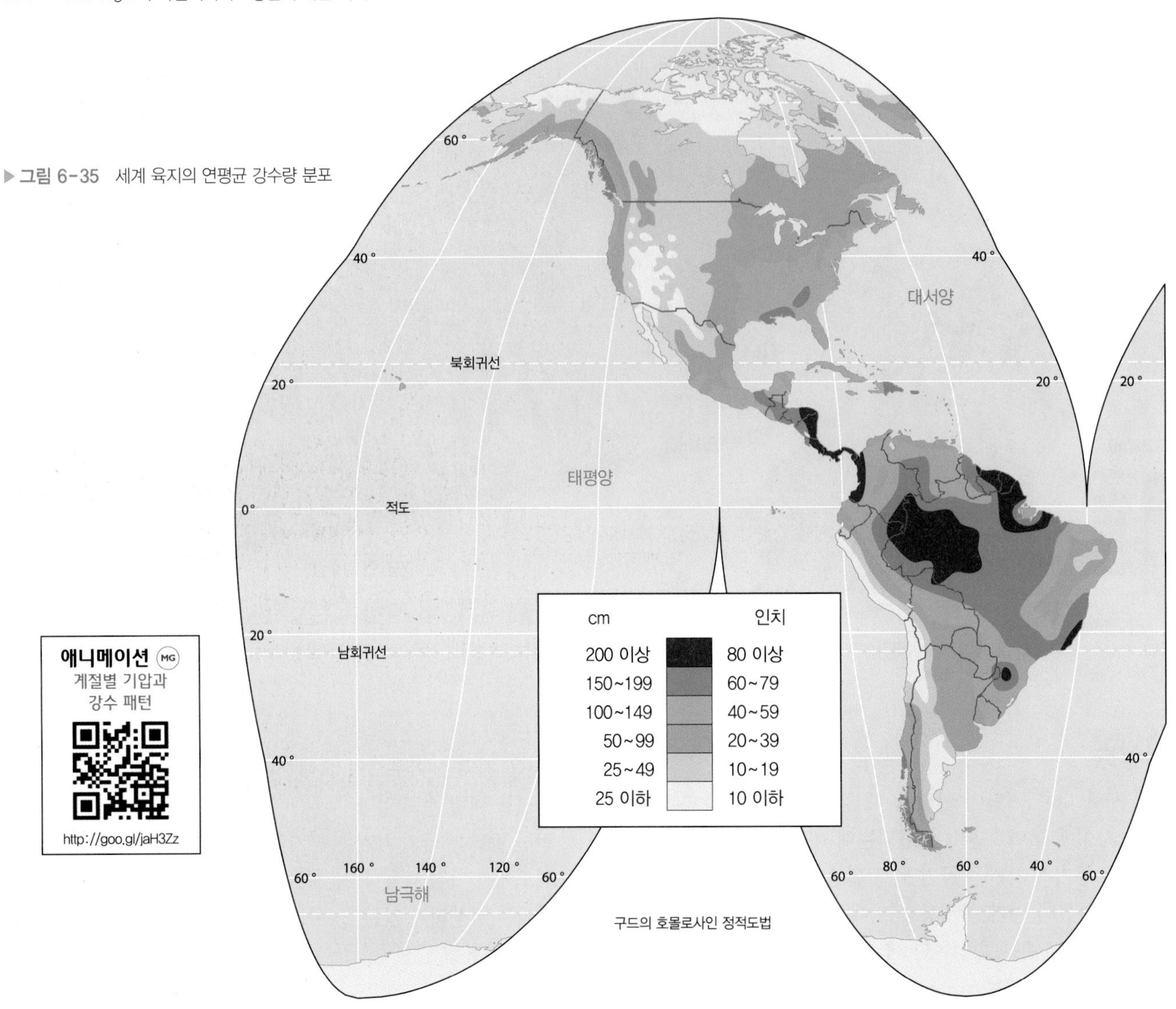

▶ 그림 6-35 세계 육지의 연평균 강수량 분포

세계 강수량 분포

대기 수분의 가장 중요한 지리적 특성이 강수량의 공간 분포이다. 대규모 강수 패턴은 위도로 결정되지만, 여러 요인들이 영향을 미치며 전반적인 패턴도 복잡하다. 지금부터는 세계와 미국의 강수량 분포를 보여 주는 지도에 초점을 맞추려 한다. 강수량의 변동성을 보여 주기 위해서 이들 지도는 강수량이 같은 지점을 연결한 선인 **등강수선**(isohyet)을 사용하였다.

지구의 강수량 분포는 기단의 특성과 공기의 수직 상승 강도에 따라 결정된다. 기단의 수분함량, 기온, 안정도는 주로 공기가 발원한 위치(육지나 바다, 고위도나 저위도)와 이동한 경로의 영향을 받는다. 기단의 상승 강도는 지구 기압 패턴, 지형장애물, 폭풍과 그 외 다양한 대기 요란으로 결정된다. 이들 요인이 합쳐져서 연 강수량의 분포를 결정한다(그림 6-35).

연 강수량이 많은 지역

일반적으로 연 강수량이 많은 지역은 세 유형의 지점에서 나타난다.

ITCZ와 무역풍 상승 지역 : 세계 연 강수량 패턴을 보면 뚜렷하게 비가 많이 내리는 지역은 대부분 열대에 위치한다. 따뜻한 무역풍(편동풍)은 막대한 양의 수분을 운반할 수 있고, 이것이 지형장애물을 타고 강제상승하면 매우 많은 양의 비가 내린다. 따뜻한 해수가 쉽게 증발하고, 따뜻하고 습하고 불안정한 공기가 ITCZ를 따라 상승하는 적도 지역은 특히 이런 조건을 잘 반영한다. 무역풍이 편동풍이기 때문에 이러한 지형효과가 가장 뚜렷한 지역은 열대 대륙의 해안이며, 중앙아메리카의 동해안, 남아메리카의 북동해안, 마다가스카르가 좋은 예이다.

열대 계절풍 지역 : 정상 상태인 무역풍의 패턴이 몬순으로 인해 변형되는 지역에서 해안으로 부는 무역풍은 열대 대륙의 서쪽에서 나타난다. 따라서 남동아시아, 인도, 서아프리카의 기니 해안에 비가 많이 내리는 이유는 '정상' 상태의 무역풍이 남아시아와 서아프리카의 몬순에 의해 방향이 바뀌어 육지를 향해 남서풍이 불기 때문이다.

편서풍이 탁월한 해안 지역 : 그림 6-35에 제시한 바와 같이 연 강수량이 많은 다른 지역은 위도 40~60° 사이에 위치한 북아메

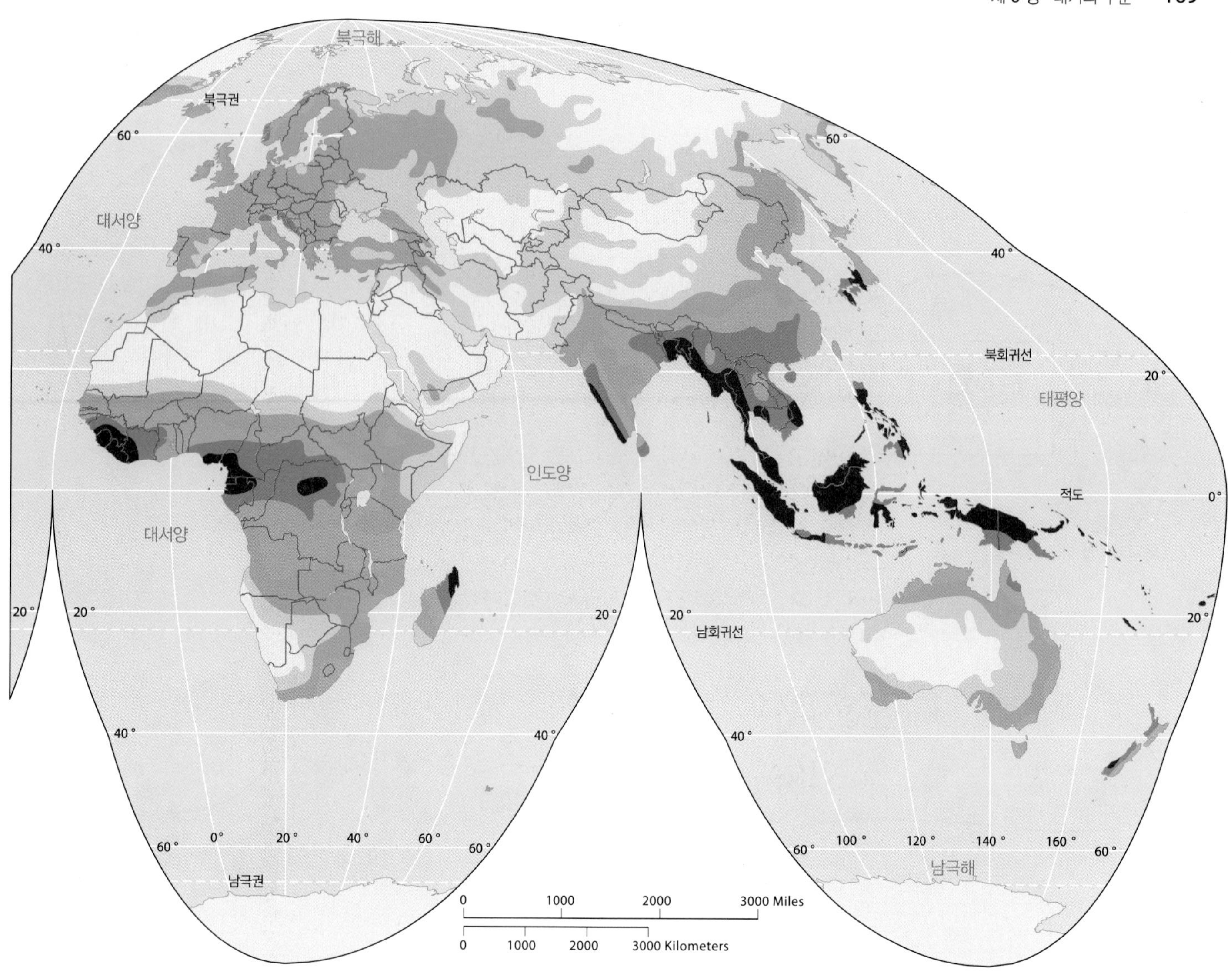

리카와 남아메리카 서쪽 해안의 좁은 지역이다. 이 지역에는 꾸준하게 육지로 불어오는 편서풍 기류, 강한 폭풍우, 탁월풍인 편서풍이 부는 방향과 직각을 이루는 지형장애물 효과가 복합적으로 반영되었다. 해안 근처에 남북으로 뻗은 산악 지역이 있기 때문에 비교적 좁은 지역에 강수가 내리고, 산맥의 동쪽에는 확실한 비그늘의 효과가 나타난다.

학습 체크 6-15 적도에 연 강수량이 많은 이유는 무엇인가?

연 강수량이 적은 지역

강수량이 적은 주요 지역은 세 유형의 지역에서 나타난다(그림 6-35 참조).

아열대고기압 지역 : 건조 지역은 아열대(25~30°를 중심으로) 대륙의 서안에서 뚜렷하게 나타난다. 아열대고기압은 이 위도대에서 탁월하고, 대륙의 서안에서 강력하다. 고기압은 하강하는 공기로서 응결과 강수가 잘 발달되지 않는다.

한류는 이들 지역의 대기 안정도와 건조도의 원인이 된다. 이들 건조 지역은 북아프리카와 오스트레일리아에서 가장 넓게 나타나는데, 이는 동쪽 대륙이나 산악 지역의 블로킹 효과 때문이다(거대한 대륙이 존재하면 동쪽에서 유입하는 수분을 차단한다).

대륙의 내륙 지역 : 중위도의 건조 지역은 중앙유라시아에 가장 넓게 나타나며, 북아메리카 서부와 남아메리카의 남동부에도 존재한다. 이들 지역의 경우 습한 기단의 접근이 결여되어 건조하다. 유라시아의 경우 대부분의 육지는 해양에서 멀다. 남아메리카와 북아메리카의 경우 대개 편서풍이 불어오는 지역에 비그늘이 형성되어 있다.

고위도 지역 : 극에 가까운 고위도는 강수량이 극히 적다. 물로 덮인 표면이 없고 추워서 수분이 공기 중으로 증발할 기회가 거의 없다. 결과적으로 극기단은 수증기량이 매우 작고, 강수량은 미미하다. 정확하게는 이들 지역은 한랭사막이라고 한다.

학습 체크 6-16 남·북위 25~30°에 위치하는 서해안에 강수량이 적은 원인은 무엇인가?

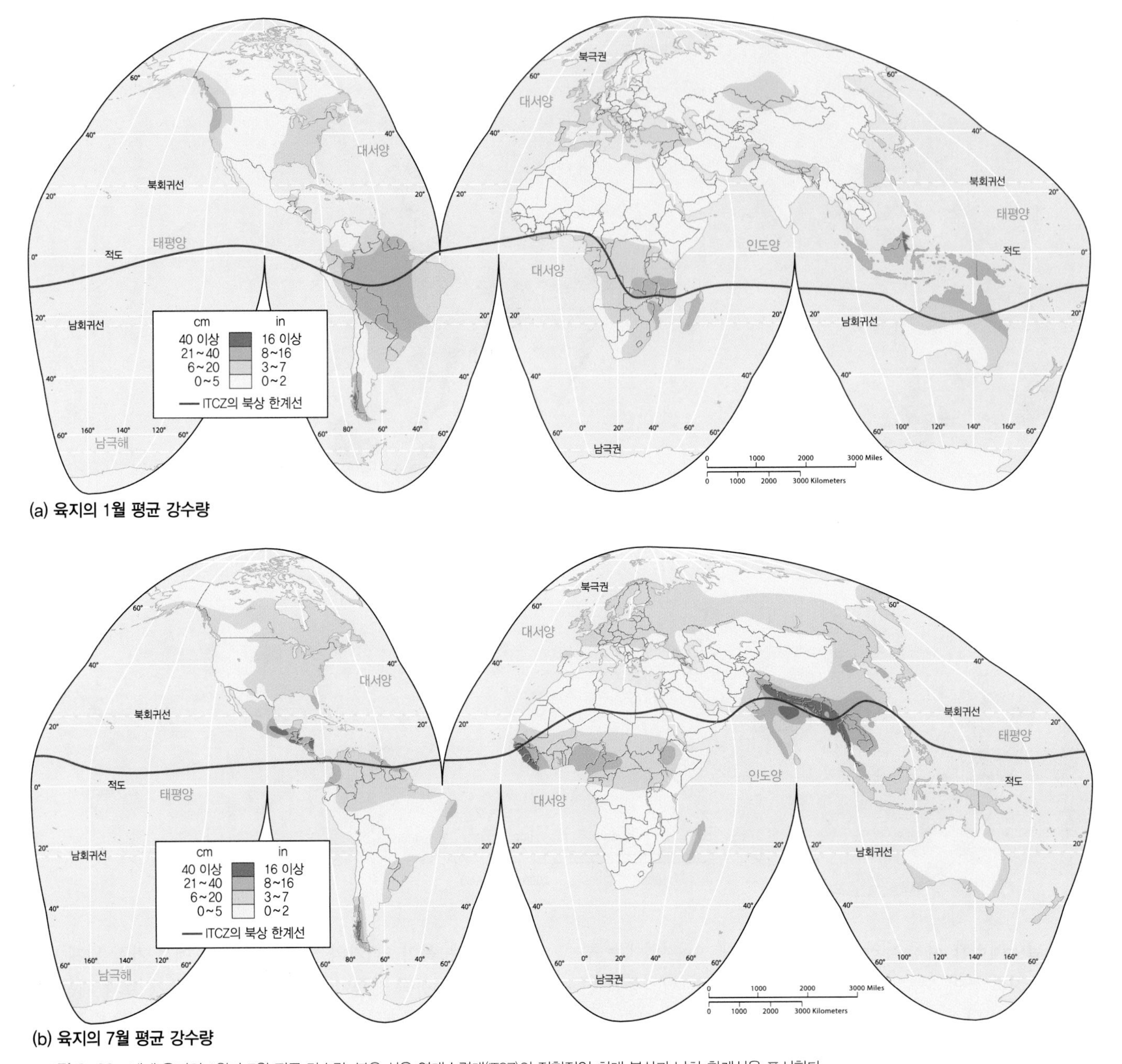

▲그림 6-36 세계 육지의 1월과 7월 평균 강수량. 붉은 선은 열대수렴대(ITCZ)의 전형적인 최대 북상과 남하 한계선을 표시한다.

계절 강수량 패턴

기후의 지리적 특성을 이해하기 위해서는 연 강수량 분포뿐만 아니라 계절 강수량에 대한 정보가 필요하다. 세계 대부분의 지역에서 여름과 겨울의 강수량은 차이가 크다. 이러한 차이는 여름에 강력한 지표 가열이 대기 불안정도를 높이고, 강력한 대류 활동의 잠재력을 가지는 대륙의 내부에서 가장 뚜렷하다. 따라서 내륙에서 연 강수량은 대부분 여름에 집중되고, 겨울에는 보통 공기가 발산하는 고기압 상태가 유지된다. 해안 지역에서는 계절별로 강수량이 대체로 고르게 나타나는데, 이는 이들 지역이 수분 공급원과 가깝다는 점을 다시 한 번 보여 준다.

1월과 7월의 강수량 지도는 겨울과 여름의 강수 분포의 대비를 보여 준다(그림 6-36). 다음의 몇몇 계절 패턴은 중요하다.

ITCZ의 이동 : 태양을 따라 움직이는 주요 기압과 바람 시스템의 계절변화(7월까지는 북으로, 1월까지는 남으로)는 습윤 지역과 건조 지역의 계절이동을 잘 보여 준다. 이는 ITCZ에 의한 강력한 강수대가 계절에 따라 북상하고 남하하는 열대 지역에서 가장 뚜렷하다.

아열대고기압의 이동 : 세계 대부분 지역에서 여름은 연중 강수량이 최대인 시기이다. 북반구는 7월에 강수량이 가장 많고, 남반구에서는 1월에 강수량이 가장 많다. 미국을 포함하여 예외가 되는 중요 지역은 위도 30~45° 사이에 위치한 서쪽 해안을 따라 상대적으로 좁은 지역이다(그림 6-37). 이와 같은 경향은 남아메리카, 뉴질랜드, 오스트레일리아 최남단에서도 나타난다. 이 지역들은 아열대고기압의 계절변화로 인해 여름이 건조하다.

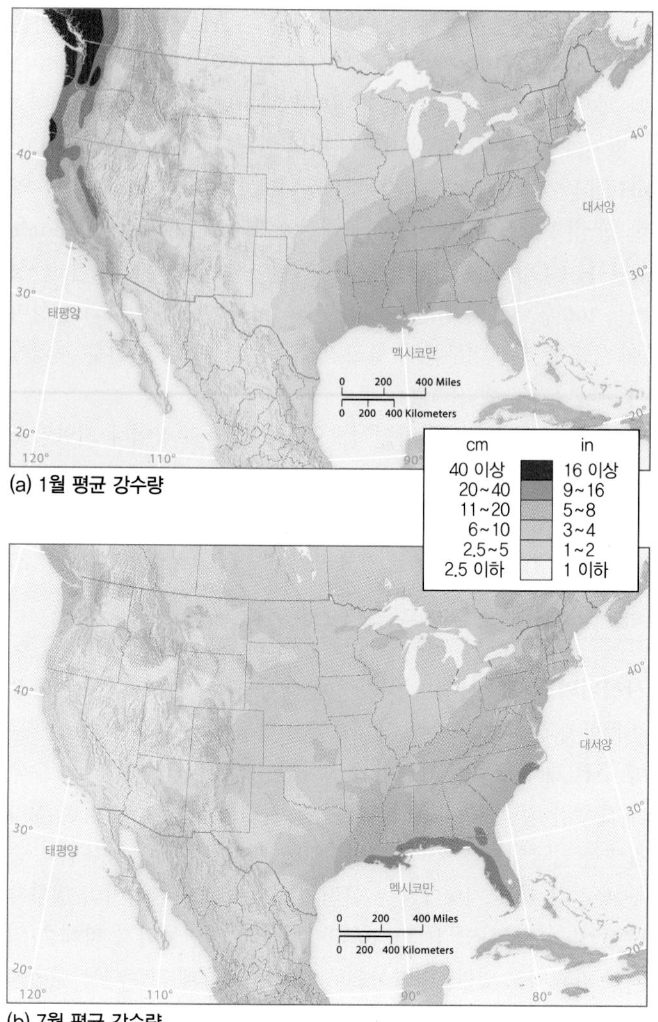

(a) 1월 평균 강수량

(b) 7월 평균 강수량

▲그림 6-37 캐나다 남부, 미국 본토, 멕시코 북부의 (a) 1월과 (b) 7월 평균 강수량. 겨울 강수량은 태평양에 인접한 북서부에서 가장 많고, 여름 강수량은 남동부에서 가장 많다.

몬순 지역 : 계절 강수량의 변동은 열대몬순 지역(주로 남부와 동부 유라시아, 오스트레일리아 북부와 서아프리카)에서 가장 뚜렷하게 나타난다. 이들 지역에서 여름에는 비가 많이 내리고, 겨울에는 건조하다.

강수 변동성

지금까지 제시한 지도는 장기간의 평균 상태를 고려하였다. 지도 작성에 사용한 자료는 수십 년간 수집한 것이다. 더욱이 지도는 실제보다는 단순한 형태이다. 특정 연도나 특정 계절의 강수량은 장기간의 평균과는 매우 다를 수 있다.

강수 변동성(precipitation variability)은 평균 강수량에 대한 특정 해의 편차로 평균보다 높거나 낮은 비율로 표현한다. 예를 들어 20%의 강수 변동성은 특정 지점에서 특정 연도에 강수량이 평균보다 20%가 많거나 20% 적게 왔다는 것을 의미한다. 특정 지점에서 장기간의 연평균 강수량이 50cm이고 그 변동성이 20%라면, 특정 해의 예년 강수량은 40cm나 60cm가 가능하다.

보통 비가 많이 내리는 지역은 강수 변동성이 가장 작고, 건조한 지역은 강수 변동성이 가장 크다(그림 6-38). 다시 말하면 건조한 지역에서는 강수의 경년 변동성이 매우 크다.

학습 체크 6-17 사막에서 강수의 변동성은 큰가, 아니면 작은가?

산성비

산성비(acid rain)는 20세기 후반 이후 발생한 가장 불편하고 당황스러운 환경문제 중의 하나이다. 일반적으로는 **산성강수**(acid precipitation) 또는 **산성침적**(acid deposition)이라고 한다. 이 용어

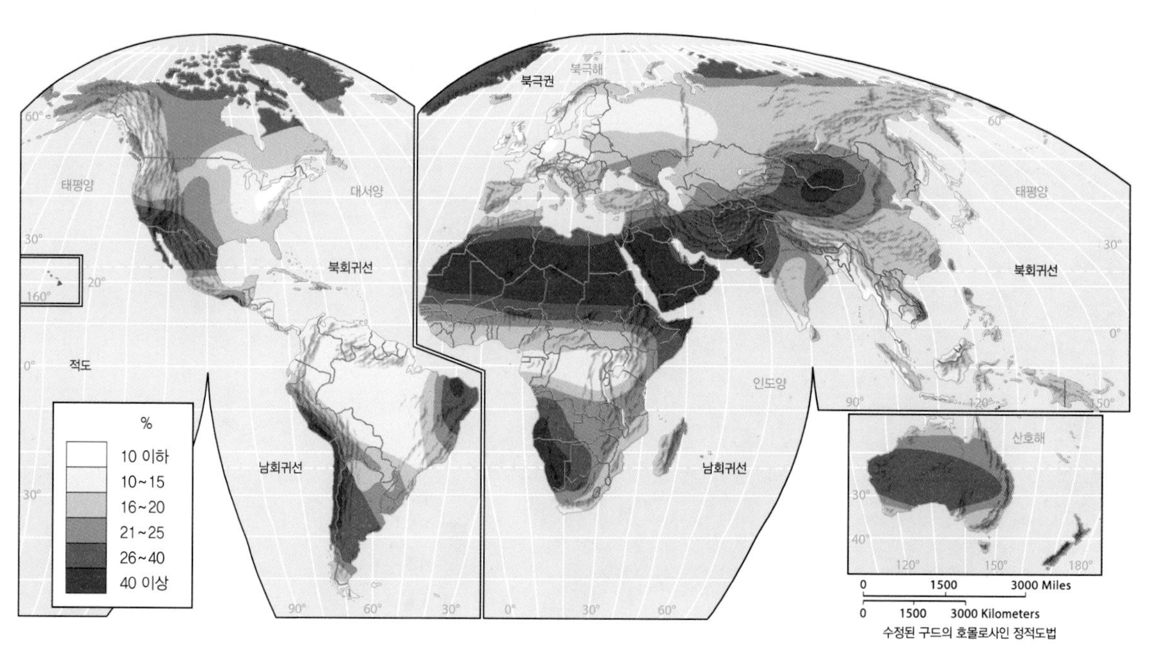

▲그림 6-38 강수 변동성은 평균 강수량을 기준으로 한 특정 연도 강수량의 편차로 평균보다 높거나 낮은 비율로 표현한다. 건조 지역(아프리카 북부, 아라비아 반도, 아프리카 남서부, 중앙아시아, 오스트레일리아의 많은 지역)은 다우 지역(미국 동부, 남아메리카 북부, 중앙아프리카, 유럽 서부)에 비해서 강수 변동성이 매우 크다.

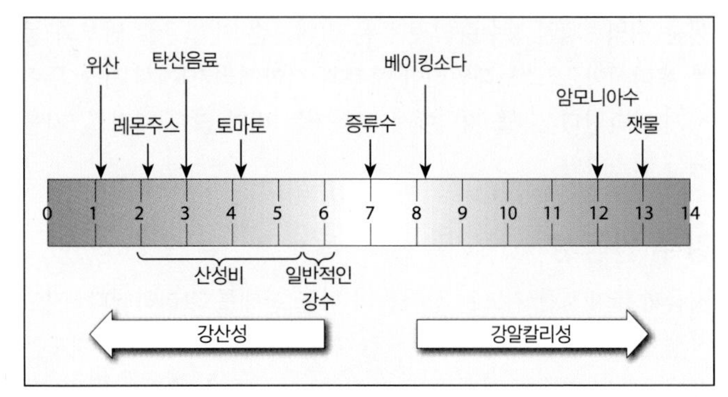

▲ 그림 6-39 pH 척도. 깨끗한 대기의 비는 산성도가 약 pH 5.6(약한 산성)이다. 산성비의 산성도는 pH 2.0까지 강해지기도 한다.

는 대기에서 지표로 내린 습하거나 건조한 산성물질이 침적한다는 의미이다. 산성비는 비와 주로 관련이 있지만, 눈, 진눈깨비, 우박, 안개와 함께 오염물질은 건조한 기체나 분진의 형태로 지표로 떨어진다.

산성비의 원천

지금까지 황산과 질산은 산성비의 주요 원인으로 인식되었다. 증거에 따르면 인류가 발생시킨 산성비의 주요 공급원은 공장의 굴뚝(특히 미국의 전력회사와 캐나다의 금속광물 제련소)에서 배출되는 이산화황(SO_2)과 자동차의 배기가스가 배출하는 질소산화물(NO_X)이다. 황과 질소화합물이 대기로 배출될 때 이 물질은 바람과 함께 수백 또는 수천 킬로미터를 이동한다. 부유하는 동안 화합물은 대기의 수분과 혼합하여 황산과 질산을 형성하고, 일정 시간 후에 지표로 내린다.

산성의 측정 : 산성도는 수소이온(H^+)의 상대적 농도를 기준으로 한 pH **척도**(pH scale)로 측정한다(그림 6-39). 산성의 범위는 0에서 14까지이며, 가장 작은 수는 강한 **산성**(건전지의 산성도는 pH 1), 가장 큰 수는 강한 **염기성**(잿물은 pH 13)이다. 염기성은 산성의 반대 의미이다. pH 척도는 로그 단위를 사용하여 정수 1의 차이는 절대값에서 10배의 변화를 나타낸다.

먼지가 없는 깨끗한 대기에서 비의 산성도는 pH 5.6 정도이고, pH값이 5.6보다 낮은 강수는 산성비로 간주한다. 보통 비는 약한 산성[빗방울에 미량의 이산화탄소가 용해되어 탄산(carbonic acid, H_2CO_3)을 형성하기 때문에 약한 산성을 띤다]이지만, 산성비는 100배 이상의 강한 산성을 띤다. pH값이 4.5 이하의 산성비(이 농도에서는 대부분의 물고기가 죽는다)가 미국 일부 지역에서 나타나기도 했다(그림 6-40).

지표의 많은 부분이 자연적으로 염기성의 토양이나 기반암으로 이루어져 산성비를 중화시킨다. 예를 들어 석회암이 기반암인 토양은 탄산칼슘을 함유하여 산성을 중화할 수 있다. 반면에 화강암질 토양은 중화성분을 함유하지 않는다(그림 6-41).

학습 체크 6-18 산성비의 주요한 원천은 무엇인가?

산성비의 피해 : 산성비는 환경에 해가 되는 위험요인이며 가장 주목할 만한 피해는 수생 생태계에서 발생했다. 현재 산성비 때문에 수천 개의 호수와 하천이 산성화되었고, 미국과 캐나다의 수백 개 호수가 지난 30년 동안 생물학적 사막이 되었다. 산림의 잎마름병은 남극대륙을 제외한 모든 대륙에서 발생한다. 동유럽과 중부 유럽의 일부 지역에서는 산림의 30~50%가 산성비의 영향을 받았거나 고사하였다(그림 6-42). 건물과 기념물까지 피해를 입거나 파괴되고 있다. 대리석으로 축조된 아테네 파르테논 신전의 경우 산성침적으로 인해 이전 24세기 동안보다 최근 24년에 더 많이 부식되었다.

산성비가 발생원에서 먼 거리에 침적하기 때문에 상황은 매우 복잡하다. 풍상에서 발원한 원하지 않은 산성물이 풍하 측에 침적한다. 이런 이유로 스칸디나비아와 독일 사람들은 영국의 오염

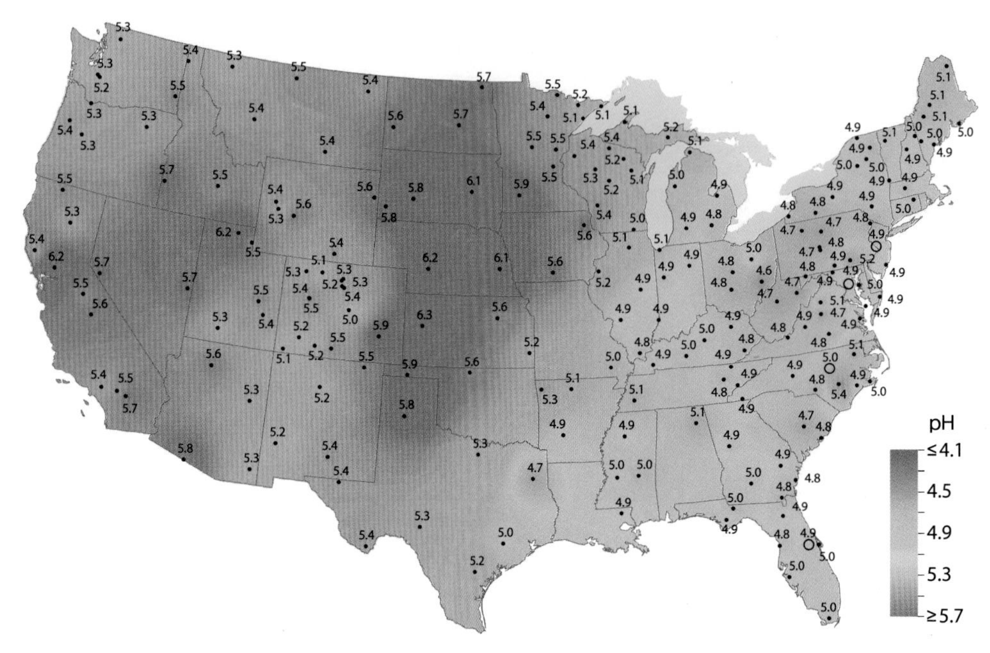

◀ 그림 6-40 2010년 미국 본토의 산성비 지도

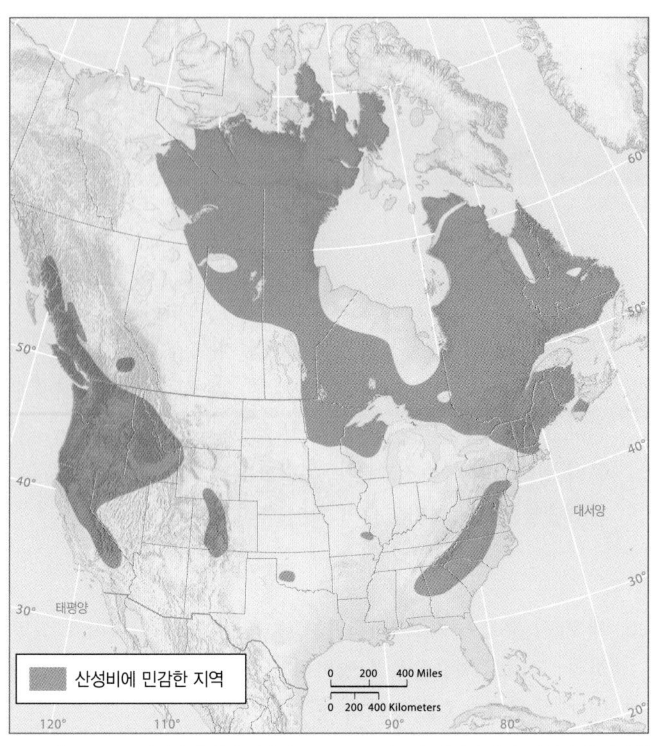

▲그림 6-41 자연적인 완충지대의 부족으로 미국과 캐나다에서 산성비에 민감한 지역

에 대해 항의했고, 캐나다 사람들은 미국의 산성물 발생원을 비난하였으며, 뉴잉글랜드 사람들은 미국 중서부 사람들을 고발했다.

1980년대에 북아메리카의 국제관계에서 미국 정부의 산성비 완화 노력이 캐나다 정부를 만족시키지 못하였고, 가장 골치 아픈 문제 중 하나였다. 캐나다 사람들은 산성비를 심각한 환경문제로 여겼으며, 그 당시 캐나다에 내린 산성비의 절반은 미국의 발생원, 특히 오하이오주와 테네시강 유역의 석탄을 연료로 사용하는 노후된 화력발전소에서 이동해 왔다.

산성비를 완화하기 위한 노력: 1990년 미국에서 청정대기법(Clean Air Act)이 이행된 이후, 산성비를 야기하는 배출가스의 감축에 진전이 있었고 미국환경보호청(EPA)이 감시하는 산성비 프로그램이 시작되었다. 이 프로그램은 매년 미국 SO_2 배출량의 70%와 NO_X 배출량의 20%를 차지하는 화력발전소로부터 발생하는 이산화황(SO_2)과 질소산화물(NO_X)의 대규모 감축을 요구했다.

1991년에 미국과 캐나다는 양자 간 대기협정(Air Quality Agreement)을 맺고, 산성비와 국경을 넘는 오염물질에 관한 문제를 논의하였다. 2000년에 미국과 캐나다는 휘발성유기화합물(VOC)과 NO_X의 배출량 감축을 목표로 대기협정 부속서 3(Annex 3)에 서명하였다. 곧이어 분진을 저감하기 위한 새로운 계획이 논의되었다.

이들 프로그램은 매우 성공적이었다. 미국환경보호청의 보고에 따르면 배출권거래로 2012년까지 SO_2 배출량은 1990년 수준의 21%까지 감축하였고, NO_X 배출량은 1990년의 2%까지 감축하였다. 이러한 배출량의 감축은 산성비의 영향을 줄이기 위한 지속적인 노력의 핵심이다.

◀그림 6-42 산성비로 훼손된 영국 리치필드 교회 조각상

제 6 장 학습내용 평가

이 장을 학습했다면 다음 질문에 대한 답을 찾아보자. 이 장의 학습내용에 대한 주요 용어는 진한 글씨로 표시되어 있다. 이 용어의 정의는 이 책 뒷부분에 별도로 제공된 용어해설에 나와 있다.

주요 용어와 개념

일상적이지만 독특한 물의 특성

1. **수문 순환**에서 물이 어떻게 이동하는지를 간단히 설명하라.
2. 물분자를 연결하는 **수소결합**은 무엇인가?
3. 물이 얼 때 일어나는 밀도의 변화를 설명하라.
4. 물의 **표면장력**이 의미하는 바는 무엇인가?
5. **모세관현상**은 무엇인가?

물의 상변화

6. 다음 용어를 간단하게 정의하라 — **증발**, **응결**, **승화**
7. 물이 상변화할 때 에너지는 어떻게 교환되는가?(다시 말해서 **잠열**을 설명하라.)
8. **응결 잠열**과 **증발 잠열**은 무엇인가?

수증기와 증발

9. 증발률이 높아지는 조건과 증발률이 낮아지는 조건을 설명하라.
10. 대기 중에서 물의 **증기압**은 무엇인가?
11. 수증기의 **포화**는 무엇을 의미하는가?
12. **증발산**은 무엇인가?

습도의 측정 단위

13. **절대습도**와 **비습**은 무엇인가?
14. 포화 증기압은 무엇인가?
15. 공기의 **수증기 수용력**은 무엇에 의해 결정되는가?
16. **상대습도**를 정의하고, 상대습도 50%가 의미하는 바를 설명하라.
17. **이슬점**과 **이슬점온도**는 무엇인가?
18. **체감온도**를 설명하라.

응결

19. 어떤 상황에서 공기가 **과포화**하는가?
20. 응결 과정에서 **응결핵**의 역할을 설명하라.
21. **과냉각**된 물방울은 무엇인가?

단열 과정

22. 대기에서 대부분의 구름(그리고 강수를 형성하는 거의 모든 구름)을 형성하는 냉각 과정은 무엇인가?
23. 포화되지 않은 공기 덩어리가 상승할 때 상대습도는 어떻게 변하고 그 이유는 무엇인가?
24. 공기 덩어리의 이슬점과 **상승응결고도**는 어떤 관계인가?
25. **건조단열률**과 **포화단열률**의 차이를 비교하라.

구름

26. 세 가지 주요 구름모양인 **권운**, **층운**, **적운**을 간략하게 설명하라. 그리고 **적란운**을 설명하라.
27. 네 가지 구름가족을 정의하라.
28. **안개**의 네 가지 주요 유형을 설명하라.
29. **이슬**은 어디에서 어떻게 형성되는가?

대기의 안정도

30. **안정**공기와 **불안정**공기의 차이점은 무엇인가?
31. 어떠한 조건일 때 공기가 불안정한가?
32. 층운과 적운은 각각 안정한 공기와 불안정한 공기 중 어느 것과 관련 있는가?

강수

33. 다음 **강수** 유형인 **비**, **눈**, **우박**을 간략하게 설명하라.
34. 대기 불안정도와 우박은 어떤 관계가 있는가?

대기상승과 강수

35. 공기의 네 가지 주요 상승 메커니즘인 **대류상승**, **지형상승**, **전선상승**, **수렴상승**을 설명하라.
36. 비그늘이 무엇인가?

세계 강수량 분포

37. **등강수선**은 무엇인가?
38. **강수 변동성**은 무엇인가?
39. 연평균 강수량과 강수 변동성은 어떤 관계를 가지는가?

산성비

40. **산성비**를 유발하는 조건은 무엇인가?

학습내용 질문

1. 왜 얼음은 물에 뜨는가?
2. 왜 증발은 '냉각' 과정이고, 응결은 '승온' 과정인가?
3. 기온이 낮아지면 불포화된 공기의 상대습도는 어떻게 변화하는가? 그 이유는 무엇인가?
4. 기온이 높아지면 불포화된 공기의 상대습도는 어떻게 변화하는가? 그 이유는 무엇인가?
5. 불포화된 상승공기가 응결, 포화된 상승공기보다 더 크게 냉각되는 이유는 무엇인가?
6. 하강 공기가 구름으로 발달할 수 없는 이유는 무엇인가?
7. 이슬점온도가 공기 덩어리의 실제 수증기 함량을 나타내는 이유는 무엇인가?
8. 상승하는 안정공기가 상승응결고도 위에서 불안정해지는 방법은 무엇인가?
9. 비그늘의 형성에서 상대습도와 실제 수증기 함량의 변화와 단열온도 변화의 역할을 설명하라.
10. 세계 평균 연 강수량의 분포(그림 6-35)를 이용하여 다음 원인을 설명하라.
    a. 열대의 다우 지역
    b. 중위도(남·북위 40~60°) 대륙의 서쪽 해안에 발달하는 다우 지역
    c. 아열대 대륙의 서쪽 해안을 따라 나타나는 소우 지역(남·북위 20~30°)
    d. 중위도의 건조 지역
11. 1월과 7월 평균 강수량 지도(그림 6-36)를 이용하여 중앙아프리카의 계절강수량 패턴을 비교하고, 설명하라.

연습 문제

1. 비습이 5g/kg, 수증기 수용력이 25g/kg인 공기 덩어리의 상대습도를 계산하라. __________ %
2. 비습이 30g/kg, 수증기 수용력이 40g/kg인 공기 덩어리의 상대습도를 계산하라. __________ %
3. 그림 6-7을 이용하여 다음 온도에서 공기의 수증기 수용력(포화비습 g/kg)을 산출하라.
    a. 0℃ : __________ g/kg
    b. 30℃ : __________ g/kg
4. 문제 3의 답을 이용하여 다음 공기 덩어리의 상대습도를 계산하라.
    a. 0℃ 온도에서 비습이 4g/kg 이라면 __________%
    b. 30℃ 온도에서 비습이 4g/kg 이라면 __________%
5. 해수면에서 24℃의 불포화된 공기 덩어리가 산 정상을 타고 오르고 있고, 이 공기 덩어리의 상승응결고도는 3,000m라고 가정하자.
    a. 2,000m까지 상승하면 이 공기 덩어리의 온도는 얼마인가? ________℃
    b. 5,000m 고도에서 온도는 얼마인가? ________℃
6. 20℃의 액체 물 1g이 있다고 가정하자. 물의 온도를 40℃까지 올리기 위해서는 몇 칼로리 또는 J이 필요한가?

환경 분석 구름기후학

기후에 대한 구름의 역할을 이해하기 위해 세계위성 구름기후학 프로젝트(International Satellite Cloud Climatology Project, ISCCP)에서는 여러 나라의 기상위성에서 구름자료를 수집한다.

활동

ISCCP의 웹사이트인 https://isccp.giss.nasa.gov/products/browsed2.html에 접속해서 "Select Variable"은 "Total Cloud Amount(%)"로, "Select Time Period"는 "Mean Annual"로 설정한 뒤 "View" 버튼을 클릭하라.

1. 지도는 연평균 운량을 %로 보여 준다. 북쪽 끝에서 운량의 범위는 얼마인가? 남쪽 끝은 얼마인가?
2. 일반적으로 해양과 육지 중에 운량이 많은 곳은 어디인가? 그 이유는 무엇인가?

이전 화면으로 되돌아가서, "Select Variable"을 "Mean Precipitable Water for 1000-680mb"로 설정한 뒤 "View" 버튼을 클릭하라.

3. 지도는 대류권의 하층 절반에 존재하는 가강수량을 보여 준다. 북쪽 끝에서 가강수량은 얼마인가?
4. 온도와 마찬가지로 가강수량은 적도 지역에서 높고, 극으로 갈수록 줄어든다. 가강수량과 온도가 이런 관계를 보여 주는 이유는 무엇인가?

이전 화면으로 되돌아가서, "Select Variable"을 "Mean Precipitable Water for 680-310mb"로 설정한 뒤 "View" 버튼을 클릭하라.

5. 지도는 대류권의 상층 절반에 존재하는 가강수량을 보여 준다. 다시 말해 적도에서 가강수량이 가장 풍부하다. 여기에서는 어떤 유형의 구름이 발달할까?
6. 북쪽 끝의 운량(활동 1번)과 가강수량(활동 2번)을 다시 보자. 북쪽 끝에는 어떤 유형의 구름이 발달할까? 그림 6-14를 참조하라.

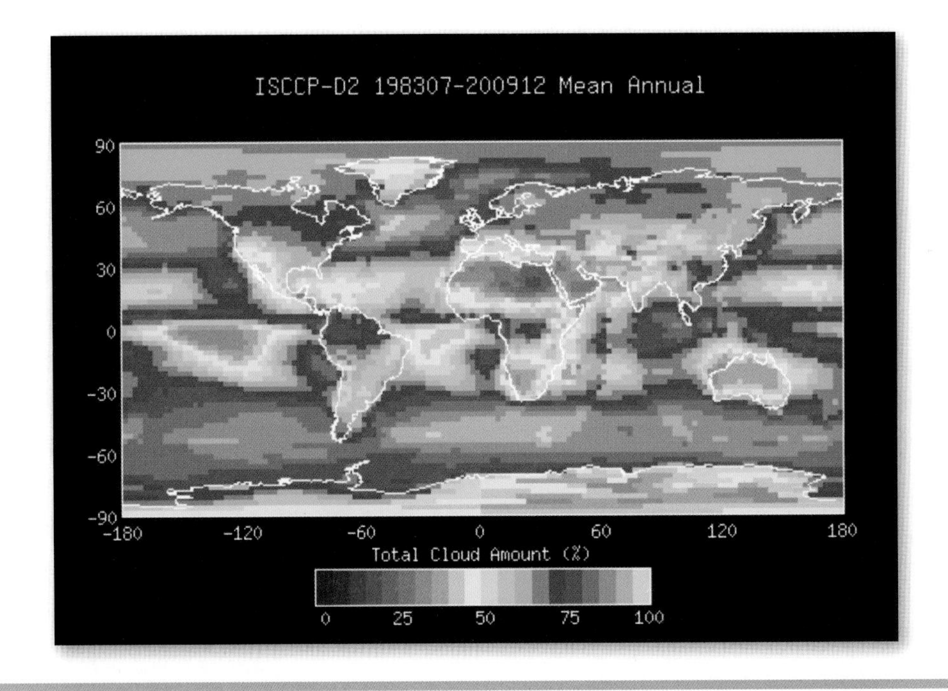

지리적으로 바라보기

이 장의 시작 부분에 제시한 뇌우 사진을 참조하라. 식별할 수 있는 구름의 유형은 무엇인가? 구름의 유형을 고려했을 때 대기안정도는 어떠한가? 강수를 발생시킨 상승 메커니즘은 무엇인가? 강수가 오래 지속될 것으로 예측한다면 그 이유는 무엇인가?

7

지리적으로 바라보기

대기 요란

여러분들은 왜 봄철 토네이도가 샌프란시스코보다는 오클라호마시티에서 더 걱정거리가 되는지 또는 왜 허리케인은 규칙적으로 미국의 서부 해안이 아닌 동부 해안을 강타하는지 궁금했던 적이 있는가? 폭풍우 활동의 지역적 차이는 우리가 이전 3개 장에서 탐구해 보았던 전 지구의 기온, 기압, 바람, 강수의 패턴과 직접적으로 관련되어 있다. 여기에서 살펴보겠지만, 오클라호마 대평원은 상대적으로 강한 봄철 기단의 차이와 불안정성을 가진 토네이도가 이상적으로 발생하는 지역이다. 샌프란시스코 주변의 대기는 그 주변의 서늘한 해수에 의해 안정되어 있어서 토네이도 발생이 드물다. 우리가 또 여기에서 살펴보겠지만, 열대저기압(허리케인) 따뜻한 해수가 있는 지역에서 발달하고 생존할 수 있다. 서부 연근해의 서늘한 해수는 열대저기압을 빨리 약화시킬 것이다.

이 장에서는 앞에서 이미 논의하였던 날씨의 넓은 패턴과 조건으로부터 규모가 작고 지속기간이 짧은 대기권의 사건들로 전환해 보기로 한다. 이러한 보다 제한된 사건들에는 '폭풍우'라고 불리는 다양한 대기 교란뿐만 아니라 기단과 전선의 통과 등이 포함된다. 특히 중위도에서는 그러한 교란들이 분산되기 전에 흔히 단지 수일 동안만 그리고 때로는 수 분 동안만 지속하면서 대기대순환과 함께 이동한다. 비록 기단, 전선, 폭풍우가 이동하며, 일시적으로 교란이 나타나지만 어떤 지역에서는 매우 빈번하고 지배적으로 나타나 그 상호작용들이 날씨와 심지어 기후의 주요한 결정인자가 되기도 한다.

이 장의 내용을 배우면서 생각해야 할 주요 질문은 다음과 같다.

- **기단은 어떻게 형성되는가?**
- **전선이란 무엇인가?**
- **중위도 저기압은 어떻게 날씨에 영향을 주는가?**
- **열대저기압(허리케인)은 어떻게 형성되고, 이동하며, 피해를 유발하는가?**
- **뇌우와 토네이도는 어떻게 형성되는가?**

경관에 미치는 폭풍우의 영향

폭풍우는 폭발성 구름, 소용돌이치는 바람, 호우 그리고 아마 천둥과 번개와 같은 매우 극적인 사건들이 될 수 있다. 경관은 폭풍우에 의해서 상당히 빠르게 변형된다. 뿌리 뽑힌 나무들, 심화된 침식, 홍수 난 계곡, 피해를 입은 건물, 피해를 입은 곡식들이 폭풍우의 결과로 나타날 수 있다. 그러나 대부분의 폭풍우들은 장기간 긍정적인 효과를 경관에 미치기도 한다. 그것들은 식생 피복의 다양성을 증진시키고, 호수와 연못의 규모를 늘리며, 지면에 수분을 더해서 식물 성장을 촉진시키기도 한다.

기단

대류권은 일정한 공기의 덮개가 아니다. 대신 대류권은 **기단**(air mass)이라 불리는 많은 큰 뚜렷한 덩어리들로 구성되어 있다.

특징

기단으로 인식되려면 공기 덩어리는 다음과 같은 특징을 지녀야 한다.

1. **대규모이어야 한다.** 전형적인 기단은 수평적으로 1,600km, 연직상 두께는 (지표에서 상층까지) 수 킬로미터 이상이다.
2. **수평 차원에서 동일한 특성들을 가지고 있어야 한다.** 기단의 어떤 고도에서든지 물리적인 특징들, 특히 기온, 습도, 안정도가 상대적으로 유사해야 한다.
3. **단위체로 이동해야 한다.** 주변 공기로부터 구별되어야 하고, 기단이 이동할 때에는 원래의 특징을 유지해야 하며, 기류의 차이에 의해 서로 분리되어서는 안 된다.

발원

기단은 그 아래 지표의 기온, 습도, 안정도의 특징을 얻을 수 있을 정도로 오랫동안 균질한 육지나 바다에 수일 동안 지체하거나 머물 때 그 특징들을 발달시킨다. 안정된 공기는 불안정한 공기보다 수일 동안 정체하여 있다. 그래서 고기압성(높은 기압) 상태를 가진 지역이 흔히 기단을 형성시킨다.

발원지 : 기단의 형성은 일반적으로 **발원지**(source region)라 불리는 지역과 연관되어 있다. 발원지는 지구상에서 기단의 발생에 가장 적합한 지역이다. 그러한 지역들은 범위가 넓고 물리적으로 동일하며, 정체성 혹은 고기압성 대기와 관련되어 있다. 이상적인 기단의 발원지들은 바다 표면과 눈, 산림 또는 사막 등으로 일정하게 덮인 넓고 평평한 육지 지역이다. 기단은 불규칙한 산맥 지역에서는 거의 잘 형성되지 않는다. 그림 7-1은 북아메리카에 영향을 주는 1차적으로 인식되고 있는 기단들의 발원지들을 보여 준다.

그러나 발원지라는 개념은 실제 값의 개념이라기보다는 이론적인 값의 개념이다. 많은 대기과학자들이 기술하는 좀 더 넓은 시각에 따르면, 기단들은 저위도 또는 고위도 어떤 곳에서든 발원할 수 있지만, 탁월풍인 편서풍이 기단의 형성을 방해하는 중위도에서는 드물다.

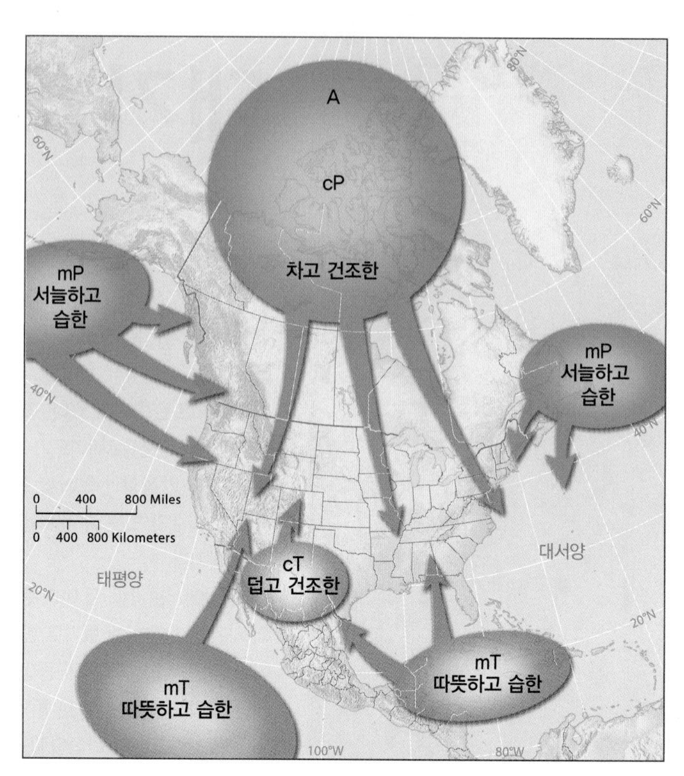

▲ **그림 7-1** 북아메리카에 영향을 미치는 주요 기단들과 그 기단들의 일반적인 이동 경로. 열대와 아열대는 고위도 지역만큼이나 중요한 발원지들이다. 기단은 드문 경우를 제외하면 중위도 지역에서 발원하지 않는다(A, cP, mP, cT, mT 등의 기단 코드에 관한 설명은 표 7-1을 살펴보라).

분류

기단은 발원지에 기초하여 분류된다. 발원지의 위도는 기단의 온도와 직접적으로 관련되어 있고, 지표의 속성은 기단 내부의 수증기량에 매우 큰 영향을 미친다. 그러므로 저위도 지역의 기단은 따뜻하거나 덥고, 고위도 지역의 기단은 서늘하거나 차갑다. 기단이 대륙 표면에서 발달된다면 건조해지고, 해양상에서 발원하면 흔히 습윤할 가능성이 높다.

일반적으로 기단을 구분하는 데에는 한두 개의 문자 코드가 사용된다. 기단은 6개의 기초적인 형태로 구분된다(표 7-1).

학습 체크 7-1 기단은 어떻게 형성되는가? 기단은 왜 중위도에서는 거의 발원하지 않는가?

이동과 변질

어떤 기단들은 발원지에 오랜 기간 동안 머문다. 그러나 우리의 관심사는 발원지를 떠나 다른 지역, 특히 중위도 지역으로 이동하는 기단이다.

기단이 발원지에서 떠날 때 기단 자체가 변질되고, 기단이 이동하는 지역의 날씨를 변질시킨다. 이러한 기단 변질의 고전적인

표 7-1 기단의 개략적 구분

유형	코드	발원지	발원지 속성
북극/남극 기단	A	남극, 북극해와 주변 지역, 그린란드	매우 차고, 매우 건조하고, 매우 안정된
대륙성 아극기단	cP	유라시아와 북아메리카의 고위도 평원	차고, 건조하고, 매우 안정된
해양성 아극기단	mP	남·북위 50~60° 인근의 해상	차고, 습하고, 상대적으로 불안정한
대륙성 아열대기단	cT	저위도 사막 지역	덥고, 매우 건조하고, 불안정한
해양성 아열대기단	mT	열대 및 아열대 해상	따뜻하고, 습하고, 변하는 안정도
적도 기단	E	적도 부근의 해상	따뜻하고, 매우 습하고, 불안정한

사례로(그림 7-2), 북부 캐나다에서 한겨울에 갑작스러운 대륙성 극지방(cP) 공기가 발생하여 아래쪽의 북아메리카 중부를 가로질러 지나가는 것을 들 수 있다. 그레이트슬레이브호(Great Slave Lake) 주변의 발원지 기온은 −46℃로 시작하는데, 기단이 매니토바 위니펙에 도달할 무렵에는 −34℃까지 데워지고, 기단이 남쪽으로 이동함에 따라 계속 데워진다. 남쪽으로 진행하는 과정에서 기단은 또한 각 장소가 모든 겨울에 받게 될 가장 추운 날씨를 가져온다. 그러므로 기단은 변질되지만 또한 그것이 지나가는 지역들의 날씨를 변질시킨다.

기온은 움직이는 기단에 의해 변질된 특징 중의 하나이다. 습도와 안정도에서도 변질이 발생하게 된다.

북아메리카의 기단들

북아메리카 대륙은 기단의 상호작용이 탁월한 지역이다. 동서로

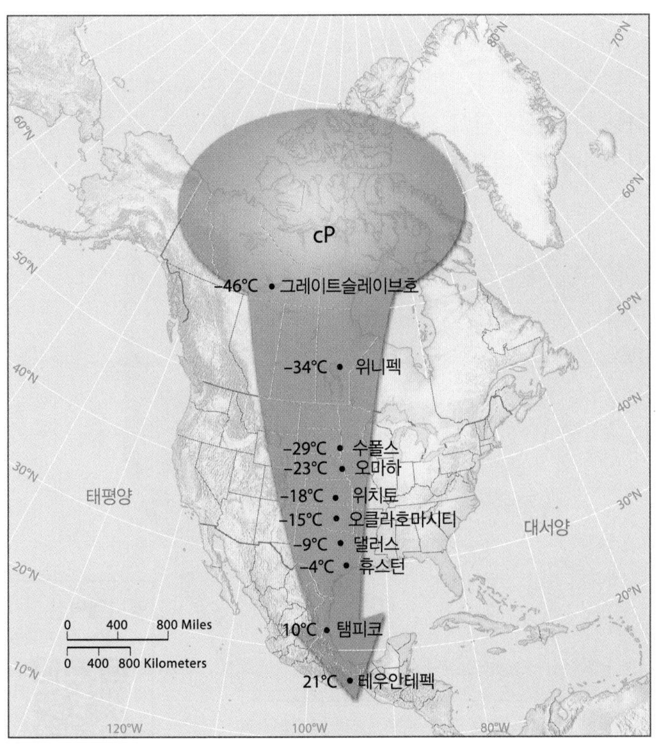

▲그림 7-2 캐나다로부터 온 강한 한겨울 cP 기단의 폭발적인 발생이 야기한 기온 사례

뻗은 산들이 없어서 극지방 공기가 남쪽으로 쉽게 휩쓸고 내려올 수 있고, 열대 지역의 기단은 특히 대륙의 동부 2/3가량에서 지형에 의한 방해를 받지 않고 북쪽으로 흘러갈 수 있다(그림 7-1 참조). 그렇더라도 대륙의 서부에서 태평양으로 이동하는 기단들은 눈에 띄게 남북으로 뻗은 산맥들에 의해 방해를 받는다.

대륙성 아극기단(continental polar, cP)은 중부와 북부 캐나다에서 발달하고, **북극 기단**(arctic, A)은 훨씬 더 북쪽에서 발원하여 cP 기단보다 훨씬 더 한랭 건조하다. 두 기단 모두 겨울철에 차갑고 건조하고 안정적인 특징을 나타낸다.

겨울철 태평양으로부터 발원하는 **해양성 아극기단**(maritime polar, mP)은 서부 해안의 산악 지역에 구름과 호우를 가져다준다. 여름에는 서늘한 태평양 mP 기단이 해안가를 따라 안개와 낮은 층운을 형성시킨다. 북대서양 mP 기단도 서늘하고 습윤하고 불안정하지만, 중부 대서양 연안 지역으로 간혹 침입하는 것을 제외하면 대서양 mP 기단은 대기의 우세한 순환이 서풍 계열이므로 북아메리카에는 거의 영향을 미치지 않는다.

대서양/카리브해/멕시코만의 **해양성 아열대기단**(maritime tropical, mT)은 따뜻하고 습윤하고 불안정하다. 이 기단은 미국 로키산맥의 동부와 남부 캐나다, 멕시코 대다수 지역의 날씨와 기후에 강력한 영향을 미치며, 이 넓은 지역의 주요 강수 원천이다. 이 기단은 겨울철보다는 여름철에 더 우세하게 나타나며, 불쾌하고 습한 열기를 동반한다.

태평양 mT 기단은 해상의 고기압성 하강 지역에서 발원하여 대서양의 mT 기단에 비해 더 서늘하고 건조하고 안정적인 경향이 있다. 이 기단은 해안 지역의 안개 그리고 산사면을 따라 강제 상승되어 온화한 지형성 강우가 생성되는 남서부 미국과 북서부 멕시코에서만 느낄수 있다. 이 기단은 또한 남서부 내륙 지역에서는 일부 여름철 강수의 원천이기도 하다.

대륙성 아열대기단(continental tropical, cT)은 제한된 발원지를 가진다. 여름에는 덥고 매우 건조하고 불안정한 cT 기단이 종종 남부 대평원(Great Plains)으로 확장하여 열파와 건조한 상태를 가져온다.

적도 기단(equatorial, E)은 오직 허리케인과만 관련성을 가지고 북아메리카에 영향을 미친다. E 기단은 발원지의 높은 습도와 불

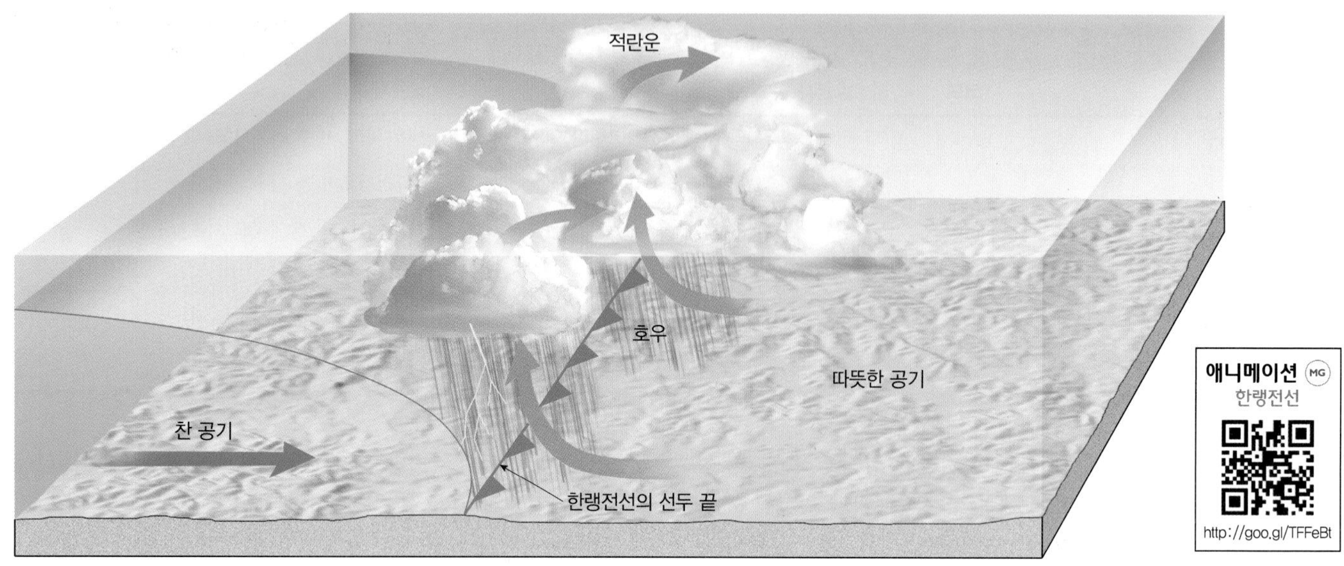

▲ 그림 7-3 한랭전선은 차가운 기단이 따뜻한 기단 밑을 활발하게 파고들 때 형성된다. 한랭전선이 전진할 때 전면의 따뜻한 공기는 위쪽으로 들어 올려진다. 이러한 들어 올림은 흔히 그 전선의 지상 위치나 바로 위쪽을 따라 구름이 낀 상태와 상대적으로 집중호우를 형성시킨다(이 다이어그램에서 연직 규모는 과장되어 있다).

안정성 때문에 mT 기단보다 훨씬 더 풍부한 강수량을 제공한다는 것을 제외하고는 mT 기단과 유사하다.

학습 체크 7-2 해양성 아극기단(mP)의 기온과 수분 특징은 무엇인가? 대륙성 아열대기단(cT)은 어떠한가? 설명하라.

전선

서로 다른 기단들이 만나면 쉽게 잘 섞이지 않지만, 대신 그들 사이에 **전선**(front)이라고 불리는 경계 지역이 발달한다. 전선은 매우 분명한 경계는 아니다. 전형적인 전선은 수 킬로미터 또는 수십 킬로미터의 폭이 좁은 전이 지역이다. 이 지역에서는 공기의 속성이 한 기단에서 다른 기단으로 빠르게 달라진다.

전선의 개념은 제1차 세계대전 동안 서로 다른 기단들의 충돌이 전투 전선을 따라 적대하는 군대들이 대치하고 있는 것과 유사하다고 여겨 '전선'이라는 용어를 차용한 노르웨이 기상학자들에 의해서 발달되었다. 좀 더 '위협적인' 기단이 다른 기단을 희생시키면서 접근함에 따라, 전선 지역 내에서 둘 사이에 작은 정도의 섞임이 있기는 하지만, 대부분 하나가 다른 것을 재배치시키면서 그들의 구별된 정체성을 유지한다.

전선의 유형

기단들 간의 가장 두드러지는 차이점은 보통 기온이다. **한랭전선**(cold front)은 전진하는 차가운 기단이 따뜻한 공기를 재배치시키는 곳에 형성되는 반면(그림 7-3), **온난전선**(warm front)은 전진하는 따뜻한 기단이 차가운 공기를 재배치시키는 곳(그림 7-4)에 형성된다. 두 경우 모두 전선의 한쪽에는 따뜻한 공기가 있고, 다

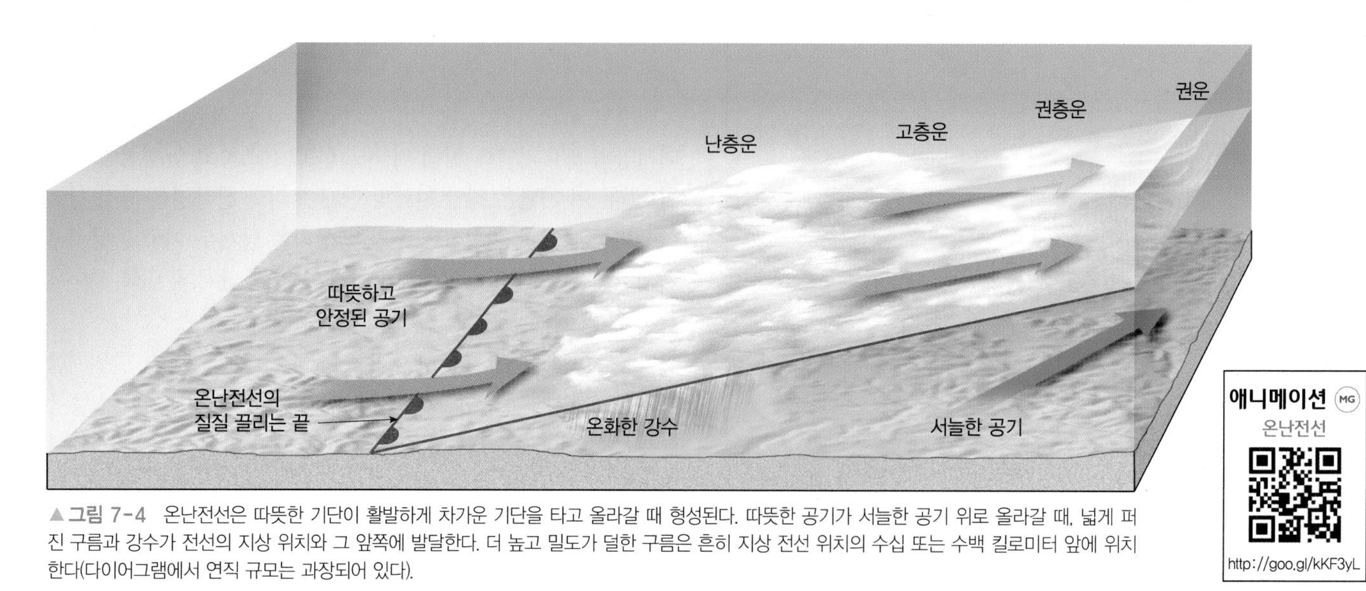

▲ 그림 7-4 온난전선은 따뜻한 기단이 활발하게 차가운 기단을 타고 올라갈 때 형성된다. 따뜻한 공기가 서늘한 공기 위로 올라갈 때, 넓게 퍼진 구름과 강수가 전선의 지상 위치와 그 앞쪽에 발달한다. 더 높고 밀도가 덜한 구름은 흔히 지상 전선 위치의 수십 또는 수백 킬로미터 앞에 위치한다(다이어그램에서 연직 규모는 과장되어 있다).

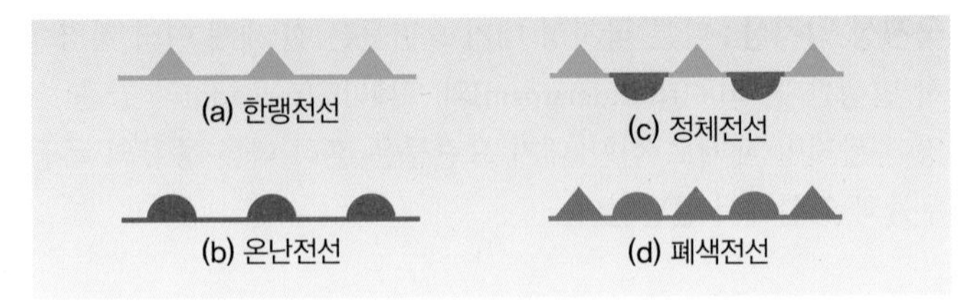

▲그림 7-5 일기도의 전선 기호. (a) 한랭전선 : 실선 위의 삼각형은 전선이 움직이는 방향으로 뻗어 있다. (b) 온난전선 : 실선 위의 반원은 전선이 움직이는 방향으로 뻗어 있다. (c) 정체전선 : 찬 공기는 삼각형 반대쪽에 있고, 따뜻한 공기는 반원 반대쪽에 있다. (d) 폐색전선 : 온난 및 한랭전선 기호들이 선 위 같은 쪽 위에 서로 교대로 위치해 있다.

른 한쪽에는 차가운 공기가 있어 둘 사이에 매우 급격한 온도 경도를 가진다. 기단들은 모두 다른 밀도, 수증기, 바람 패턴, 안정성도 가지고 있기 때문에 이 요소들에 있어서도 전선을 따라 급격한 경도를 형성한다.

어떤 기단이 접근하는 것과 상관없이 보다 서늘하고 밀도가 높은 공기는 더 따뜻하고 가벼운 공기가 위로 뜨도록 하는 힘을 주는 쐐기로서 작용을 한다. 그림 7-3과 7-4가 보여 주듯이, 전선은 지상으로부터 '기울어져' 있거나 위로 갈수록 경사를 이룬다. 더 따뜻한 공기가 상승하고 단열 냉각되어 구름을 형성하고 강수를 내리는 것은 바로 이 사면을 따라서이다. 정말로 전선들은 많이 기울어져 있어 수직적인 것보다는 수평적 특징에 훨씬 더 가깝다. 전형적인 기단의 평균 기울기는 약 1:150으로, 이것은 전선의 지상 위치에서는 150km 멀어지지만 전선의 높이는 지상 위로 단지 1km라는 것을 의미한다. 이러한 매우 낮은 사면각 때문에, 다이어그램에서 보여 주는 전선의 기울기는 상당히 과장된 것임을 알 수 있다.

한랭전선의 '선두 끝'이 더 높은 고도의 '꼬리 끝'을 앞서고 있는 반면, 온난전선은 '앞으로' 기울어져 있어서 전선의 상층 부분이 하층 부분에 있는 꼬리 끝보다 더 앞에 있음을 주목하라.

일기도에서 사용되는 기호들은 전선의 지상층의 위치를 가리킨다(그림 7-5).

한랭전선

지면과의 마찰 때문에 한랭기단 아래 부분의 전진은 위쪽 부분에 비하여 다소 느려진다. 그 결과 한랭전선은 앞으로 나아갈수록 더 경사가 급해지는 경향이 있고 흔히 지상 위의 수백 미터에 돌출한 '코'를 발달시킨다(그림 7-3 참조). 평균적으로 한랭기단은 온난전선에 비하여 약 2배 정도 경사가 급하다. 또한 밀도가 크고 차가운 한랭기단은 더 가볍고 따뜻한 기단을 쉽게 재배치시키기 때문에 온난전선보다 더 빨리 이동한다.

더 급한 경사와 더 빠른 전진의 결합은 한랭기단 전면에 있는 따뜻한 공기를 빠르게 들어 올려 단열 냉각시키는 결과를 초래한다. 빠른 들어 올림은 흔히 따뜻한 공기를 매우 불안정하게 만들고, 그 결과 한랭전선을 따라 바람이 거세고 돌풍이 부는 날씨가 나타난다. 적란운과 같은 연직적으로 잘 발달된 구름은 상당한 난류와 호우성 강수와 함께 흔히 나타난다. 구름과 강수 모두 전선의 지상 위치와 그 바로 뒤를 따라 집중되는 경향이 있다. 강수는 흔히 온난전선의 경우보다 좀 더 강하나 생존기간은 더 짧다.

온난전선

전형적인 온난전선의 경사는 평균 약 1:200으로 한랭전선보다 덜하다(그림 7-4 참조). 따뜻한 공기가 후퇴하는 찬 공기에 대항하여 부딪히고 밀고 타고 상승함에 따라 단열 냉각하여 흔히 구름과 강수를 가져온다. 전선 상승은 매우 점진적으로 이루어져 구름이 천천히 형성되고 난류는 억제된다. 높게 자리 잡은 권운형 구름은 전선이 도달하기 수시간 전에 전선이 다가오고 있다는 것을 알려 주는 것일 수 있다. 전선이 근접함에 따라 구름은 보다 낮아지고 두꺼워지고 범위가 더 넓어져 전형적으로 고적운이나 고층운을 발달시킨다. 강수는 흔히 넓은 지역에 걸쳐 발생한다. 그러나 상승하는 공기가 원래 불안정하다면 강수는 호우성일 수 있고, 심지어 돌발성일 수도 있다. 대부분의 강수는 이동하는 전선의 지상 위치 전면에 내린다.

학습 체크 7-3 한랭전선과 온난전선의 특징을 비교하라.

정체전선

어떤 기단도 서로를 재배치시키지 않을 때 또는 한랭전선이나 온난전선이 '지체'할 때 그 기단들의 경계를 흔히 **정체전선**(stationary front)이라고 부른다. 그러한 전선을 따라 나타나는 날씨에 대해서 일반화시키는 것은 어렵지만, 흔히 완만하게 상승하는 따뜻한 공기는 온난전선을 따라 발생하는 것과 유사하게 제한된 양의 강수를 만들어 낸다.

폐색전선

폐색전선(occluded front)이라고 불리는 전선의 네 번째 형태는 한랭전선이 온난전선을 따라잡았을 때 형성된다. 폐색전선의 발달에 관해서는 이 장의 뒷부분에서 논의할 것이다.

기단, 전선, 주요한 대기 요란

지금부터는 대기대순환 내에서 발생하는 주요한 대기 요란들의 종류에 관심을 두고자 한다. 이러한 대부분의 요란들은 가만있지 않는, 심지어 돌발성의 대기 상태와 관련되어 **폭풍우**(storm)라고 일컬어진다. 그러나 어떤 것들은 폭풍우와 정반대인 평안하고 청명하고 조용한 날씨를 만들어 내기도 한다. 이러한 교란들 중 어떤 것들은 기단의 차이 또는 전선들과 관련하고, 많은 것들은 이동하는 기압 세포들과 관련되어 있다.

일반적으로 대기 요란은 다음과 같은 특징이 있다.

- 비록 크기는 매우 다양하지만 일반적으로 대기대순환의 구성

요소보다는 작다.

- 이동성이다.
- 겨우 수일, 수 시간, 수 분을 버티어 지속기간이 짧다.
- 상대적으로 예측 가능한 날씨 상태를 만들어 낸다.

중위도 요란 : 중위도는 대류권 현상의 주요한 '싸움터'로, 아극기단과 아열대기단들이 흔히 만나는 곳, 대부분의 전선들이 발생하는 곳, 날씨가 가장 역동적이고 계절마다 그리고 날마다 변하기 쉬운 곳이다. 많은 종류의 대기 요란들은 중위도와 관련되어 있지만 **중위도 저기압**과 **중위도 고기압**은 규모와 세력에 있어서 다른 것들보다 훨씬 더 중요하다.

열대 요란 : 저위도는 단조로운(하루 지나고 일주일이 지나고 수개월이 지나도 같은 날씨) 특징이 있다. 거의 유일한 변화 요소는 일시적인 대기 요란에 의해서 제공된다. 그중 가장 중요한 것은 **열대저기압**[tropical cyclone, 강화될 때 지역별으로 **허리케인**(hurricane) 또는 **태풍**(typhoon)이라 불림]이고, 덜 극적인 교란은 **편동풍 파동**(easterly wave)이다.

국지성 악기상 : 다른 국지성 대기 요란들은 전 세계 여러 지역에서 발생한다. **뇌우**(thunderstorm)와 **토네이도**(tornado)와 같은 수명이 짧지만 때때로 심한 대기 요란들은 흔히 다른 종류의 폭풍우들과 연합해서 발달한다.

중위도 저기압

중위도 저기압(midlatitude cyclone)은 아마 모든 대기 요란들 중에서 가장 중요하다. 그것은 중위도 전체 일기도에서 지배적이며, 기본적으로 매일매일 대부분의 일기 변화를 책임지며, 지구상에서 인구가 많은 상당수 지역에 강수를 가져다준다. 흔히 대규모의 이동성 저기압 세포는 유럽에서는 **저압부**(depression)라 불리고, 때때로 미국에서는 **저기압**(low), **파동 저기압**(wave cyclone), 또는 **온대저기압**(extratropical cyclone)또는 **폭풍우**(storm)라 불린다.

중위도 저기압들은 위도 약 30~ 70° 사이의 지역에서 1차적으로 기단의 수렴과 관련되어 있다. 그러므로 중위도 저기압은 편서풍대의 거의 전 지역에서 발견된다. 중위도 저기압의 일반적인 이동 경로는 동쪽을 향하는데, 중위도 일기예보가 왜 서쪽 편을 선호하는 경향이 있는지를 설명한다.

개개의 중위도 저기압은 서로 다르다. 따라오는 논의는 폭풍우의 '전형적인' 또는 이상적인 조건을 기술하는 것이다. 게다가 이러한 상태들은 북반구의 현상으로 기술되고 있다. 남반구의 등압선, 전선, 바람 흐름 등의 패턴들은 북반구 패턴의 거울 이미지들이다(그림 7-13 참조).

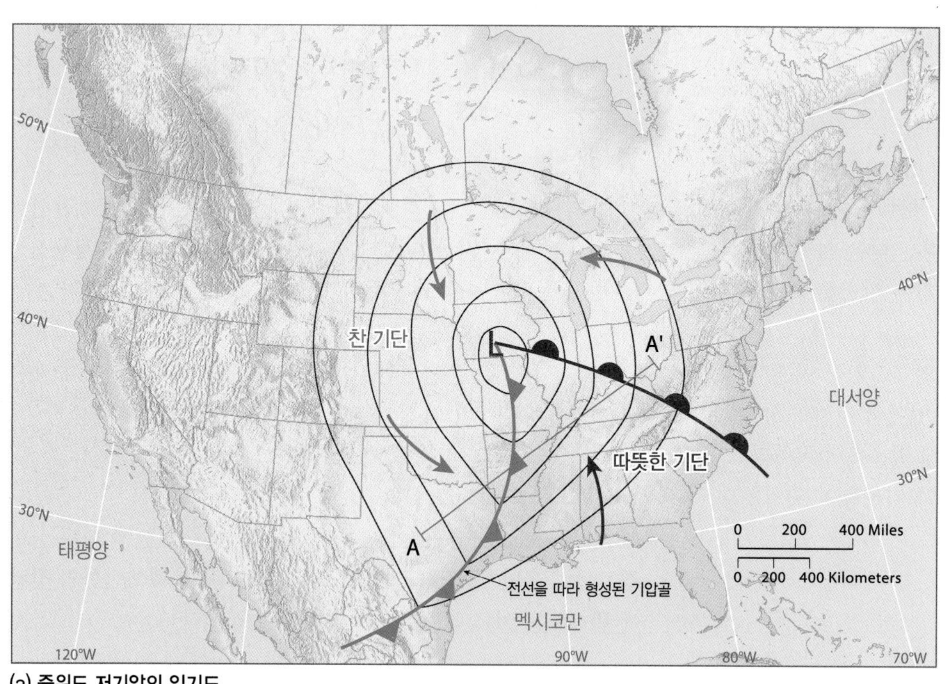

(a) 중위도 저기압의 일기도

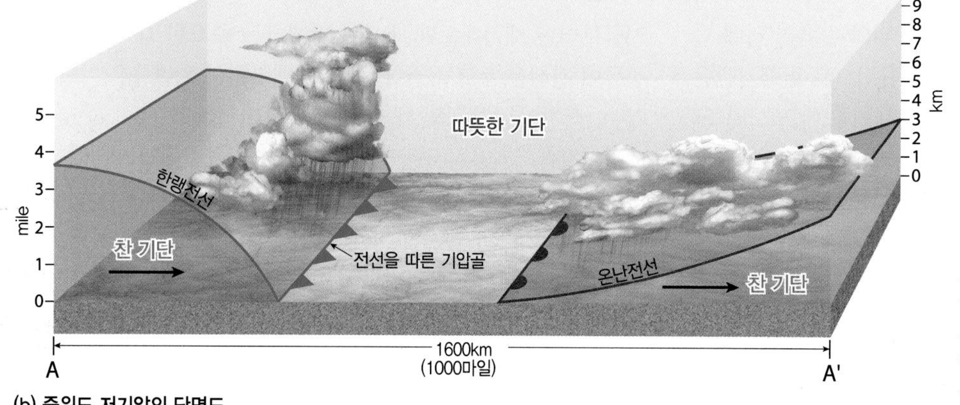

(b) 중위도 저기압의 단면도

애니메이션 MG
중위도 저기압
http://goo.gl/ZWjpVS

◀ **그림 7-6** 전형적으로 성장한 중위도 저기압 평면도 (a)와 수직단면도 (b). 북반구에서는 흔히 한랭전선이 남서쪽으로 뻗어 있고, 동쪽으로 온난전선이 뻗어 있다. 잘 발달된 저기압골은 흔히 한랭전선의 지상 위치를 동반한다. (b)의 화살표는 전선이 움직이는 방향을 가리킨다.

특징

전형적으로 성장한 중위도 저기압은 1,600km 정도의 지름을 가지고 있다. 그것은 본질적으로 지상 중심기압이 990~1,000mb 정도인 거대한 저기압 공기 세포이다. 시스템(그림 7-6a와 같이 일기도에서 닫힌 등압선에 의해 보이는)은 흔히 축이 북동-남서 방향으로 뻗는 타원형 모양을 취하는 경향이 있다. 뚜렷한 기압골이 중심으로부터 남서쪽까지 한랭전선을 따라 뻗어 있다.

전선의 형성 : 중위도 저기압들은 북반구에서 반시계 방향으로 수렴하는 순환 패턴을 가지고 있다. 이러한 바람 흐름 패턴은 북쪽에서 냉량한 공기를, 남쪽에서 따뜻한 공기를 끌어들인다. 이들 서로 다른 기단들의 수렴은 특징적으로 두 가지 전선을 형성시킨다. 바로 (1) 저기압 중심에서 남서쪽으로 뻗고 그 폭풍의 중심으로부터 뻗은 기압골을 따라 달리는 한랭전선 그리고 (2) 중심에서 동쪽으로 뻗고 흔히 더 약한 기압골을 따라 달리는 온난전선이다.

구역들 : 두 전선들은 찬 공기가 지상과 접촉하고 있는 저기압을 중심의 서쪽 및 북쪽에 **냉량한 구역**(cool sector)과 따뜻한 공기가 지상과 접촉하고 있는 남쪽과 동쪽의 **온난한 구역**(warm sector)으로 나눈다. 지상에서는 2개 중 냉량한 구역이 더 크지만, 상층에서는 온난 구역의 범위가 더 넓다. 이러한 규모 관계는 두 전선이 서늘한 공기 위로 '기울어져' 있기 때문에 나타난다. 한랭전선은 북서쪽 위쪽 방향으로 기울어지고, 온난전선은 북동쪽 위쪽 방향으로 사면을 이룬다(그림 7-6b).

학습 체크 7-4 무엇이 중위도 저기압 안에서 전선이 발달하도록 하는가?

구름과 강수 : 구름과 강수는 두 전선을 따라 상승하는 중위도 저기압 안 온난한 공기가 상승하는 구역에서 발달한다. 따뜻한 공기는 두 전선을 따라 상승하기 때문에 그 결과 폭풍의 중심(공기가 저기압 세포의 중심에서 상승하는 곳) 부근에서 겹쳐지고 전선들의 보통 방향에서 바깥쪽으로 뻗어 있는 폭풍우의 중심 주변을 겹치는 두 구름과 강수 지역이 있다.

지상 층에 위치한(두 전선 중 더 경사가 급한) 한랭전선을 따라서 층운 형태의 구름들이 흔히 소나기성 강수를 만들어 낸다(그림 7-7). 온난전선의 더 완만한 경사를 따라 상승하는 공기는 더 넓은 구역에서 수평적으로 구름을 생성하여 아마도 더 넓은 범위에서 지속적이고 강도가 낮은 강수를 유발하게 될 것이다. 두 경우 모두 강수를 위한 대부분의 수증기는 전선 위로 상승하는 온난한 공기에서 온 것이다.

이러한 강수 패턴이 냉량한 구역 전체에서 변덕스러운 날씨를 보여 주고, 온난한 구역에서는 완전히 청명한 상태를 보인다는 것을 의미하는 것은 아니다. 대부분의 전선성 강수는 냉량한 구역 안에서 발생하지만, 저기압 중심의 북쪽, 북서쪽, 서쪽까지의 일반적인 구역은 빈번하게 한랭전선이 움직이자마자 구름이 없

▲그림 7-7 미시간호 부근에 자리 잡은 대규모 중위도 저기압. 한랭전선이 남쪽에 위치한 주들에서 남서부 쪽으로 뻗어 있다.

어진다. 그러므로 대부분의 냉량한 구역은 전형적으로 청명하고 차갑고 안정된 공기의 특징을 보인다. 대조적으로 온난한 구역의 공기는 흔히 습하고 불안정한 경향이 있어서 열적 대류가 간헐적인 뇌우를 만들어 내기도 한다. 때로는 1개 이상의 강한 뇌우 스콜선(squall line)이 한랭전선이 접근하기 이전에 온난한 구역에서 발달하기도 한다.

이동

중위도 저기압은 본질적으로 그것이 존재하는 한 움직임이 변모해 가는 특징을 보인다. 네 가지 종류의 움직임이 관여되어 있다(그림 7-8).

1. 전체 폭풍우가 편서풍과 함께 이동하여 중위도를 가로지른다. 움직임의 비율은 30~45km/h이어서 폭풍우는 3~4일 안에 북아메리카를 가로지를 수 있다(여름철보다는 겨울철에 더 빠르다). 비록 저기압이 일반적으로 서쪽에서 동쪽으로 이동하며 제트기류의 이동 경로와 관련성이 있지만, 저기압의 이동 통로는 파동 형태로 변화무쌍하다.
2. 시스템은 저기압성 바람 순환을 하여 일반적으로 모든 방향에서 폭풍우의 중심으로 (북반구의 경우) 반시계 방향으로 수렴한다.
3. 한랭전선은 흔히 폭풍우의 중심보다 더 빠르게 전진한다(전진하는 밀도가 높고 차가운 공기는 쉽게 그 앞에 있는 더 가볍고 따뜻한 공기를 재배치시킨다).
4. 온난전선은 일반적으로 폭풍우의 중심보다 더 느리게 전진해서 폭풍우가 뒤로 뒤처지는 것처럼 보인다(그러나 이것은 단지 겉보기 운동이다. 온난전선은 실제로 모든 다른 시스템 부분처럼 서쪽에서 동쪽으로 움직인다).

학습 체크 7-5 강수는 중위도 저기압의 어디에서 발달하고 왜 발달하는지 설명하라.

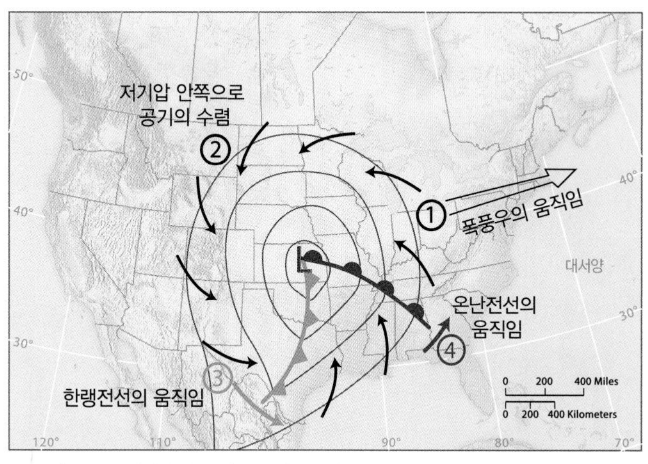

▲그림 7-8 전형적인 중위도 저기압에서 네 가지 구성요소의 움직임이 발생한다. (1) 모든 폭풍은 일반적인 편서풍의 흐름에서 서쪽에서 동쪽으로 이동한다. (2) 공기 흐름은 저기압성으로 반시계 방향으로 (북반구에서) 수렴된다. (3) 한랭전선이 전진한다. (4) 온난전선이 전진한다.

생존 주기

저기압 발생 : 전형적인 중위도 저기압은 발생부터 성숙하고 소산하기까지 3~10일 정도의 시간이 걸린다. **저기압 발생**(cyclogenesis) 또는 저기압 '탄생'의 가장 흔한 원인은 아극전선 제트기류(polar front jet stream) 근처에 있는 상층 대류권의 상태라고 여겨진다. 대부분의 저기압은 아극전선(polar front)의 '파동'으로 시작한다. 우리가 제5장에서 살펴보았듯이 이러한 파동들은 제트기류와 같은 상층 바람에 의해 취해지는 경로에서 발달하는 사행 또는 곡선이며, 아극전선은 상대적으로 차가운 편동풍과 상대적으로 따뜻한 편서풍대의 접촉 지대라는 점을 기억해 보자. 그 정반대의 공기 흐름은 흔히 아극전선의 양쪽에서 상대적으로 부드러운 선형의 움직임을 갖는다(그림 7-9a). 그러나 때로는 부드러운 전선면이 파동 형태로 왜곡되기도 한다(그림 7-9b).

상층 기류와 지상 요란 간에는 밀접한 관련성이 있는 것처럼 보인다. 상층 공기 흐름이 '대상의(zonal)' 형태를 나타낼 때(상대적으로 동서 방향으로 평행한 흐름을 의미한다) 지상의 저기압성 활동이 드문 경향이 있다. 상층 바람이 '자오선 방향(meridional)' 흐름으로 남북으로 사행하기 시작할 때에는(그림 7-10) 기압골과 기압능의 대규모 파동이 번갈아 형성되고 지상의 저기압 활동은 강화된다. 대부분의 중위도 저기압은 아극전선 제트기류 축과 상층 기압골의 후방 흐름 아래에 자리 잡는다.

상층에서 발산이 없다면 저기압은 지상에서는 발달하지 않는 경향이 있다. 즉, 지상 가까이의 공기 수렴은 그 위의 발산에 의해서 지탱되는 것이 틀림없다. 그러한 발산은 바람 흐름의 속도 또는 방향의 변화와 관련되어 있을 수 있지만, 저기압들은 거의 항상 로스비파나 제트기류에서 큰 남북 방향의 사행들과 관련되어 있다.

다양한 지상의 요소들(가령 지형적 불규칙성, 바다와 육지 간의 온도 차이 또는 해류 흐름의 영향)은 분명하게 전선을 따라 파동을 유발시킬 수 있다. 가령 저기압들은 산맥의 바람의지 지역에서 발생한다. 편서풍과 함께 표류하는 저기압은 산맥을 가로지를 때 더 약해진다. 그것이 산맥을 타고 올라갈 때 공기기둥은 압축되어 퍼지면서 반시계 방향의 회전 속도를 늦춘다. 바람의지 사면을 따라 내려갈 때에는 공기기둥이 연직 방향으로 펴지며 수평적으로는 수축한다. 이러한 형태상의 변화는 저기압이 더 빠르게 회전하게 하며, 이전에 충분히 발달한 저기압이 없더라도 저기압으로 발달할 수도 있다.

이러한 일련의 사건들은 겨울철 로키산맥의 동쪽 사면, 특히 콜로라도에서 일정한 빈도로 발생하며, 애팔래치아산맥 동쪽 사면의 노스캐롤라이나와 버지니아에서는 발생 빈도가 훨씬 덜하다. 이런 식으로 형성되는 저기압들은 보통 동쪽과 북동쪽으로 이동하고, 흔히 미국 북동부와 캐나다 남서부 지역에 집중호우나 눈폭풍을 가져다준다.

폐색 : 궁극적으로 한랭전선이 온난전선을 추월하기 때문에

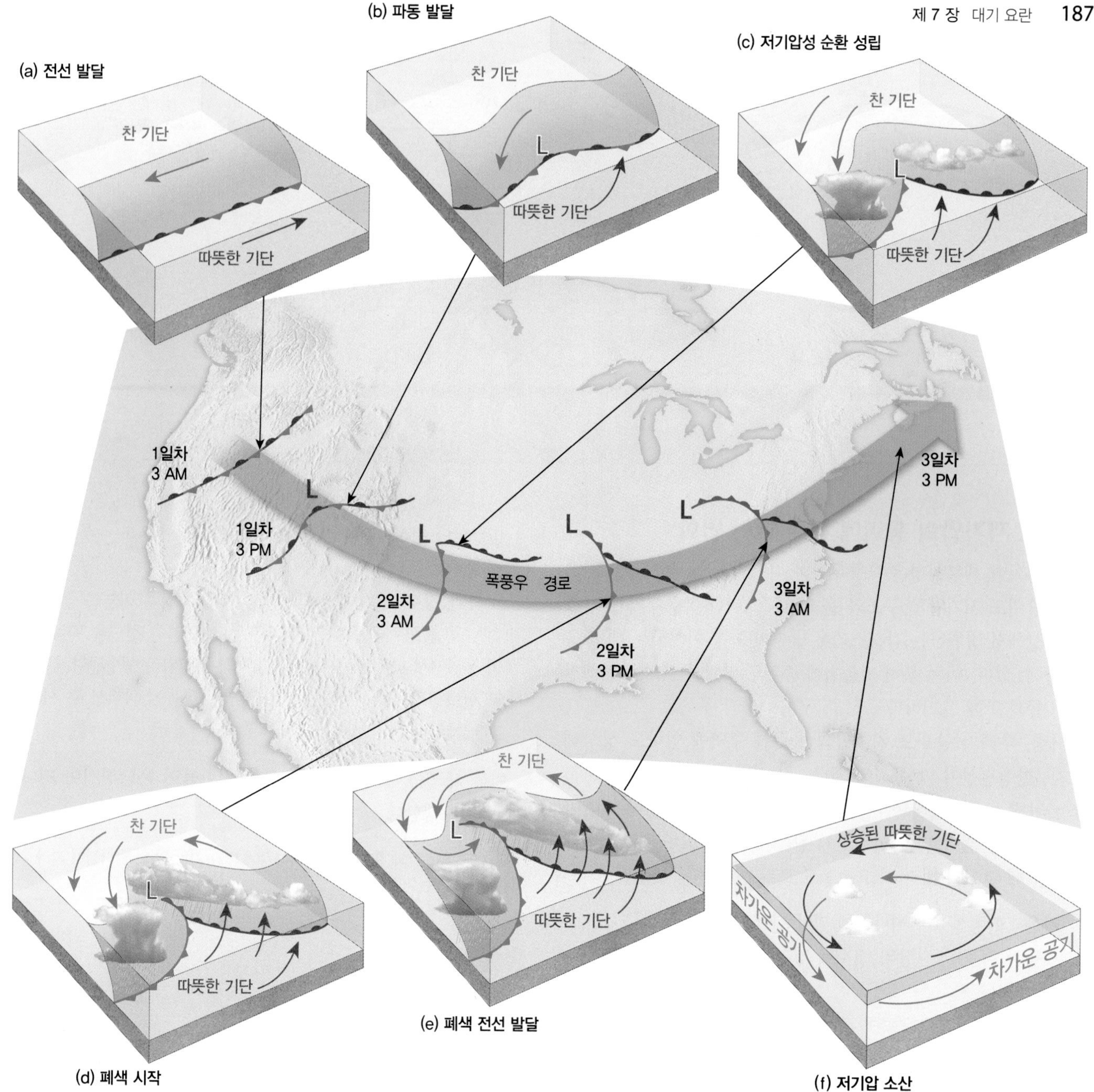

▲ **그림 7-9** 북아메리카 상공을 통과하는 중위도 저기압의 생애를 나타내는 모식도. (a) 전선이 서로 다른 기단들 간에 발달한다. (b) 파동이 전선을 따라서 나타난다. (c) 저기압 주변에서 3일 동안 저기압성 순환이 잘 발달한다. (d) 이상적인 폐색이 시작된다. (e) 폐색전선이 완전히 발달한다. (f) 모든 따뜻한 지상의 공기가 들어 올려지고 식게 된 후 저기압이 소산한다.

폭풍우는 소산한다. 두 전선들이 점점 더 가까워질수록(그림 7-9c~e), 지상의 온난한 구역으로 점점 재배치되며, 더 많은 따뜻한 공기가 상층으로 올라간다. 한랭전선이 온난전선을 따라잡을 때, 따뜻한 공기는 더 이상 지표와 접촉을 하지 않게 되어 **폐색전선**(occluded front)이 형성된다(그림 7-11).

이 **폐색**(occlusion) 과정은 흔히 모든 온난한 구역이 강제로 상승되고 지상 저기압 중심이 모든 방향에서 차가운 공기로 둘러싸여 안정된 상태가 될 때까지 단기간 강화된 강수와 바람을 가져온다. 이러한 일련의 일들은 기압경도를 약화시키고 폭풍우의 에너지와 공기의 상승 메커니즘을 단절시켜서 저기압이 사멸되도록 한다(그림 7-9f).

중위도 저기압의 수송대 모델 : 중위도 저기압에 대한 기술 내용은 1920년대 노르웨이 기상학자들에 의해 처음 발표되었기 때문에 때로는 '노르웨이' 모델이라고 불리기도 한다. 비록 중위도 저기압의 이러한 해석이 오늘날까지 유용하게 남아 있지만 새로운 자료들은 이러한 폭풍우, 특히 상층의 공기 흐름에 관한 좀 더 완벽한 설명을 제공해 오고 있다. 수송대 모델은 현재 폭풍우의 3차원적 양상에 관한 더 나아진 설명을 하고 있다. "포커스 : 중위도 저기압의 수송대 모델"을 참조하라.

학습 체크 7-6 폐색전선이 형성되는 과정을 기술하라.

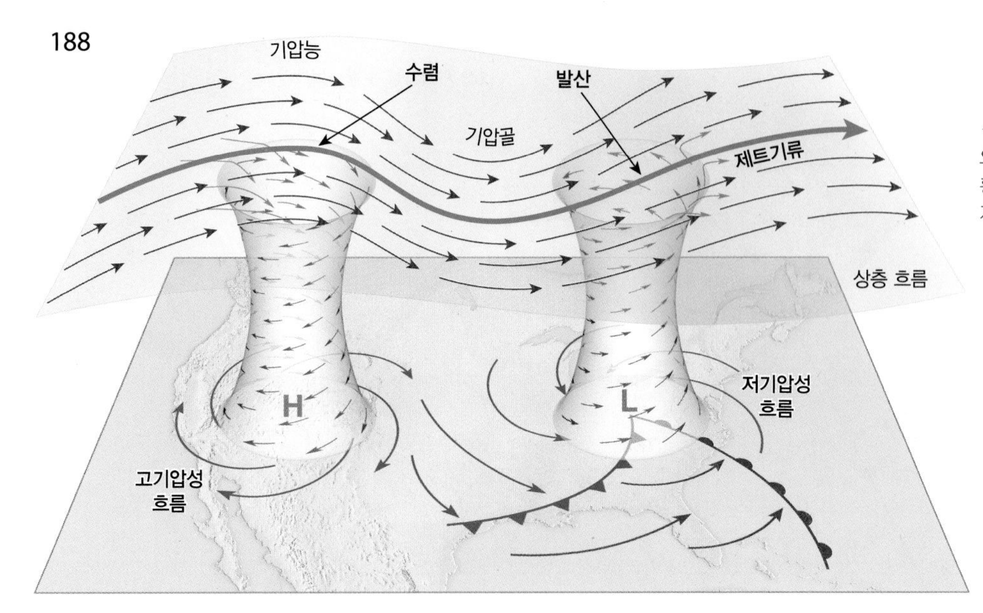

◀그림 7-10 제트기류 경로 같은 상층 흐름이 자오선 방향인 (남북으로 사행하는) 전형적인 겨울철 상황. 상층의 수렴과 발산은 지상의 고기압성 순환과 저기압성 순환을 지원한다.

중위도 저기압의 통과에 따른 날씨 변화

비록 정확한 세부사항은 폭풍우마다 다르지만 앞서 기술한 기본적인 중위도 저기압의 구조와 움직임은 그러한 폭풍우가 발생할 때 지상에서 경험하는 갑작스러운 날씨 변화를 이해하는 데 도움을 줄 수 있다. 이는 특히 겨울철에 중위도 저기압 구역에 한랭전선이 통과할 때 그러하다.

가령, 우리가 중위도 저기압의 따뜻한 구역에 있다고 상상해 보자. 한랭전선이 막 움직여 지나가기 전 상황이다(그림 7-6 참조). 전체 폭풍우는 서에서 동으로 이동해서 한랭전선이 시간마다 우리에게 점점 더 가까워지게 됨을 기억해 보라. 한랭전선이 지나갈 때 날씨의 네 가지 요소들도 모두 변하게 될 것이다.

기온 : 한랭전선이 지나감에 따라 한랭 전선이 폭풍우의 찬 기단과 따뜻한 기단의 경계에 있기 때문에 기온이 갑자기 떨어진다.

기압 : 한랭전선과 관련된 기압골은 폭풍우 중심부로부터 남쪽으로 확장한다. 전선을 따라 기압골이 다가옴에 따라 기압은 감소하여 전선에서 가장 낮은 값에 도달한다. 그다음에 한랭전선이 지나가고 기압골이 멀어지면 기압은 지속적으로 증가하기 시작한다.

바람 : 전반적으로 수렴하는 반시계 방향의 바람 패턴 때문에 (북반구에서) 온난한 구역의 바람은 남쪽에서 온다(한랭전선 앞). 일단 전선이 지나가면 바람은 변하고 서쪽 또는 북서쪽에서 온다.

구름과 강수 : 일반적으로 한랭전선 앞의 맑은 하늘은 전선에서는 구름 낌과 강수에 의해 교체된다. 이들은 전선을 따라 들어 올려져서 따뜻한 공기가 단열 냉각됨에 따라 생성된다. 그리고 한랭전선 뒤의 찬 기단 안의 청명한 하늘에 의해서 수 시간 후 대체된다.

비록 규모는 덜할지라도 유사한 변화들이 온난전선이 지나감에 따라 발생한다.

학습 체크 7-7 왜 한랭전선이 지나감에 따라 기압 감소, 멀어짐에 따라 기압 상승이 발생하는가?

발생과 분포

어느 시기나 북반구 중위도에는 5~10개, 남반구에서도 동일한 수의 중위도 저기압들이 존재한다. 중위도 저기압들은 편서풍대 전체에 걸쳐 산발적이고 불규칙한 간격으로 발생한다.

부분적으로는 겨울철에 온도차가 더 크기 때문에 이러한 이동성 요란들은 여름철보다는 겨울철에 그 수가 더 많고 더 잘 발달하며 더 빠르게 이동한다. 그것들은 또한 겨울철에 훨씬 더 적도 방향으로 이동된 경로를 따라간다. 남반구에서 남극대륙은 연중 내내 지배적인 차가운 공기의 원천이어서 활발한 저기압들이 겨울철만큼 여름철에도 수가 많다. 그러나 여름철 폭풍우들은 겨울철 폭풍우들보다 훨씬 더 극방향으로 이동하고, 대부분 남

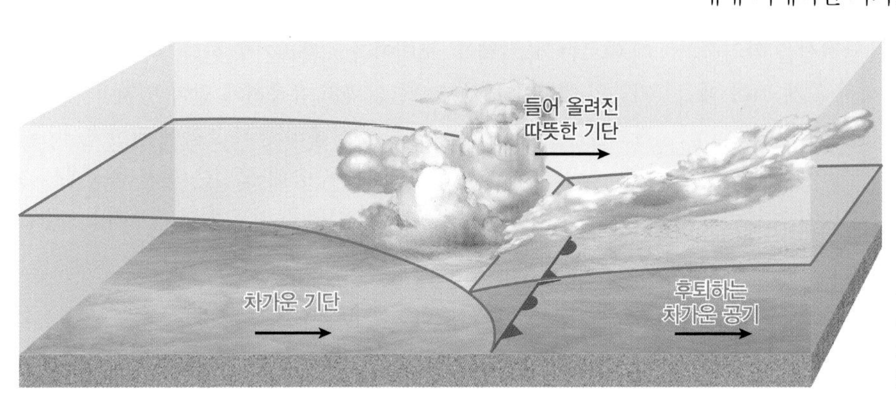

◀그림 7-11 폐색전선은 한랭전선의 선두 끝이 온난전선의 질질 끌려가는 끝을 따라잡아 지상의 모든 따뜻한 공기가 상층으로 들어 올려질 때 발달한다. 일단 상승되면 따뜻한 공기는 이전보다 훨씬 더 서늘해진다.

포커스

중위도 저기압의 수송대 모델

▶ Ted Eckmann, 포틀랜드대학교

위성과 일기 풍선 측정은 중위도 저기압이 단지 지상 전선들과 저기압 중심 이상의 것들을 관련시킨다는 것을 보여 주고 있다. 그것들은 또한 '수송대(conveyor belt)'라고 불리는 공기의 몇몇 잘 정의된 공기의 통로를 포함하는 경향이 있다(그림 7-A). 우리의 논의에서는 북반구의 사례를 사용하지만 수송대 모델은 남반구 많은 중위도 저기압에도 잘 적용된다. 수송대 모델은 지상과 상층 바람 간의 상호작용을 잘 설명함으로써 우리가 중위도 저기압을 이해하고 그 효과를 예측하는 것을 향상시켰다.

온난수송대 : 중위도 지표 저기압은 그 남동부 지역으로부터 북쪽으로 공기를 끌어당긴다. 남동부 쪽 공기는 발원하는 지역의 기단 특성 때문에 따뜻하고 습한 편이다. '온난수송대(warm conveyor belt)'는 이러한 공기에서 발달한다. 이것은 지표에서 시작되지만 결국은 온난수송대의 공기가 밀도가 덜하기 때문에 온난전선 북쪽의 더 서늘한 공기 위쪽으로 상승한다. 온난수송대가 더 높은 고도에 도달함에 따라 상층 대류권의 탁월한 편서풍과 합쳐짐으로써 동쪽으로 방향을 바꿀 수 있게 된다(그림 7-A 참조).

온난전선의 북쪽 온난수송대에서는 공기가 천천히 상승하여 구름이 좀 더 수직적으로 발달할 수 없기 때문에 대부분 층운형 구름을 형성시킨다. 이러한 구름은 넓은 지역에 걸쳐 약하고 지속적인 강수를 내리게 하는 경향이 있다. 그러나 온난수송대 또한 한랭전선 바로 전면에서는 풍부한 수분을 전달한다. 그러면 한랭전선은 이러한 공기를 빠르게 상승시켜 적란운과 같은 대류성 구름을 형성시킨다. 이러한 구름은 온난전선 북쪽 층운형 구름보다 더 강하지만 간헐적인 소나기를 만들어 낸다.

한랭수송대 : 온난전선 바로 위쪽의 더 서늘하고 건조한 지상의 공기는 저기압의 중심을 향하여 서쪽으로 움직여 '한랭수송대(cold conveyor belt)'를 형성시킨다. 온난수송대와 같이 이러한 찬 공기의 일부분은 상승하여 상층의 일반적인 편서풍 흐름과 합쳐진다(그림 7-A 참조). 그러나 한랭수송대 또한 갈라져서 그 나머지 공기는 그것이 저기압 중심으로 향하여 움직임에 따라 저기압성으로 회전하면서 상승한다. 한랭수송대가 상대적으로 건조하게 되는 동안 그것은 그 위에 있는 온난수송대로부터 안으로 강수가 내림에 따라 수분을 얻을 수 있게 되고, 그리하여 수분이 충분해져서 그것이 저기압의 북서쪽에 도달할 경우 겨울철 무렵에는 상당한 눈을 내릴 수 있도록 한다.

건조수송대 : 전형적인 중위도 저기압의 서쪽에서는 상층 대류권의 수렴현상이 하강하는 공기를 만들어 내고 이들 중 일부는 저기압 중심을 향해 반시계 방향으로 회전하여 '건조수송대(dry conveyor belt)'를 형성시킨다. 상층 대류권의 이 공기는 지표에서 멀어 수분의 원천으로부터 멀리 떨어져 있기 때문에 다른 수송대의 공기보다 훨씬 더 건조하다. 있더라도 적은 구름만이 이 건조 공기에서 생성될 수 있고, 자주 한랭전선 후면에 제한된 운량을 가진 공기의 '건조 틈'을 형성시킨다(그림 7-B).

질문

1. 폭설의 핵심적인 요소들은 지표의 찬 공기와 상승하는 습한 공기이다. 왜 겨울철에 극심한 폭설이 중위도 저기압 중심의 바로 북서쪽에서 발생하는지 수송대 모델을 이용하여 설명하라.
2. 수송대 모델은 남반구의 중위도 저기압에서는 어떻게 다른 것인가? 왜 그런가?

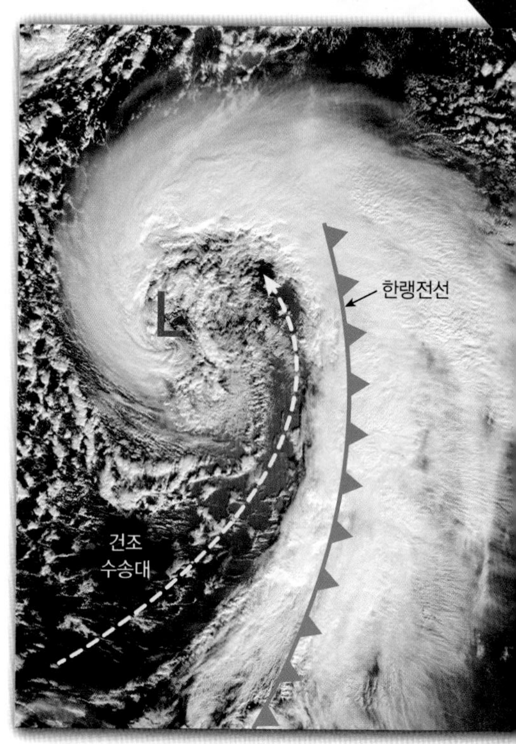

▲**그림 7-B** 주변 지역(온난 및 한랭수송대가 두꺼운 구름과 강수를 만들어 내는 지역)보다 상당히 운량이 덜한 한랭전선 후면에 건조한 틈을 생성하고 있는 저기압 중심으로 향하는 나선형의 건조수송대

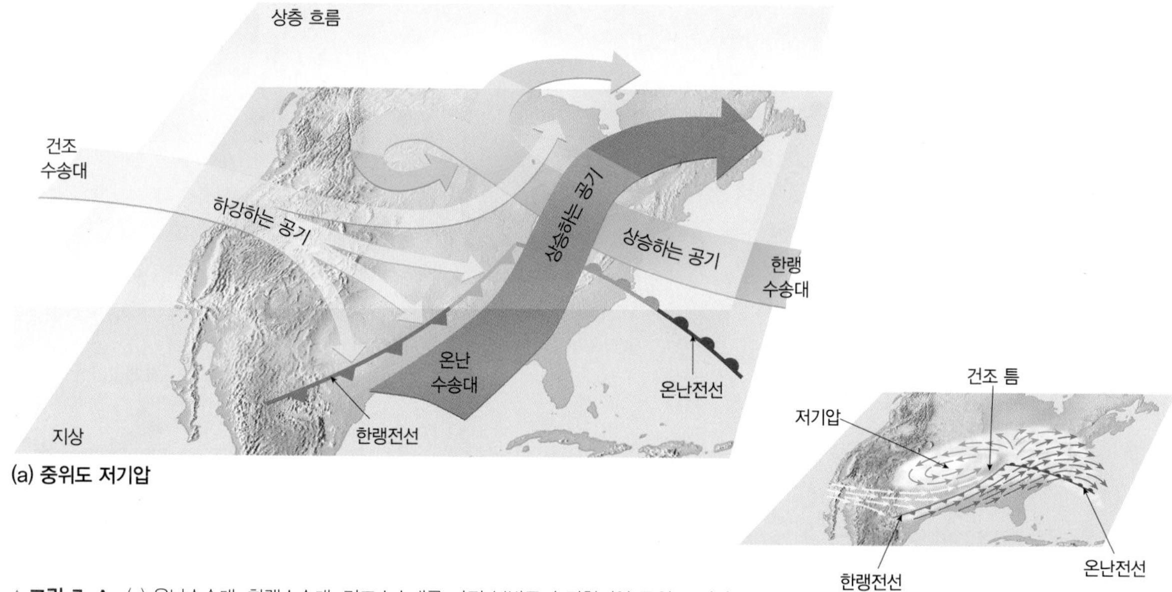

▲**그림 7-A** (a) 온난수송대, 한랭수송대, 건조수송대를 가진 북반구의 전형적인 중위도 저기압. (b) 이와 같은 중위도 저기압에 의해 형성된 전형적인 구름 범위

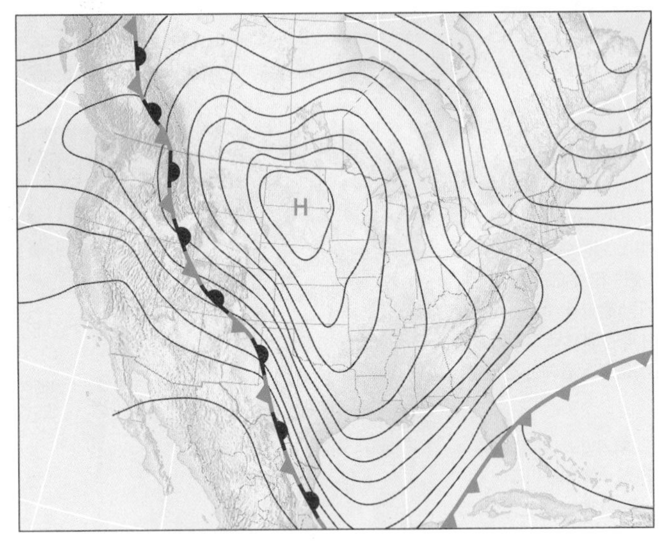

▲그림 7-12 다코타(Dakota)에 중심을 두고 전형적으로 잘 발달된 중위도 고기압. 여기에서 두 전선들은 고기압 시스템의 밖에 있다.

극해(Southern Ocean)에 위치한다. 그래서 이 폭풍우들은 거의 육지 지역에 영향을 주지 않는다.

중위도 고기압

편서풍의 일반적인 흐름에서 또 다른 주요한 요란은 흔히 단순하게 '고기압(H)'이라 언급되는 **중위도 고기압**(midlatitude anticyclone)이다. 이것은 중위도의 거대한 이동성 고기압 세포이다(그림 7-12). 일반적으로 중위도 고기압은 중위도 저기압보다 크고(반영구적인 아열대 고기압과는 구별되면서), 편서풍과 함께 서쪽에서 동쪽으로 이동한다.

특징

다른 고기압들의 중심처럼 중위도 고기압에서도 공기는 상층에서 수렴하고 하강하여 지상에서는 북반구의 경우 시계 방향으로, 남반구의 경우 반시계 방향으로 발산한다. 고기압에는 어떤 기단도 함께 있지 않아 전선을 포함하지 않는다(그림 7-12에서 보여주듯이 전선들은 고기압 시스템의 외부에 있다). 바람의 움직임은 고기압 중심에서는 매우 제한적이지만 외부로 갈수록 점차 증가한다. 특히 시스템의 동쪽 가장자리를 따라(전진하는 끝) 강한 바람이 존재한다. 겨울철에는 고기압들이 기온이 매우 낮은 특징이 있다(겨울철 중위도 고기압 세포들은 차가운 지상 상태와 관련되어 있음을 기억하라).

고기압들은 중위도 저기압들과 같은 속도로 또는 약간 더 느린 속도로 동쪽으로 이동한다. 그러나 저기압과는 달리 고기압은 때때로 정체하기 쉽고 같은 지역에 수일 동안 정체하는 경향도 있다. 이러한 정체는 영향을 받는 지역에 청명하고 맑고 건조한 날씨를 가져다주어 오염물질들이 침강 기온 역전층하에서 집중될 수 있는 가능성을 높인다. 그러한 정체는 저기압성 폭풍우의 동진을 막아서 다른 지역에서 강수가 오래 지속되도록 하고, 고기압 지역에서는 건조한 상태로 남아 있도록 한다.[1]

저기압과 고기압의 관련성

중위도 저기압과 고기압은 전 지구 중위도 지역 주변에 불규칙하게 연속해서 서로 번갈아 나타난다(그림 7-13). 저기압과 고기압

1 역주 : 이를 저지 고기압(블로킹 고기압, blocking high)이라고 한다.

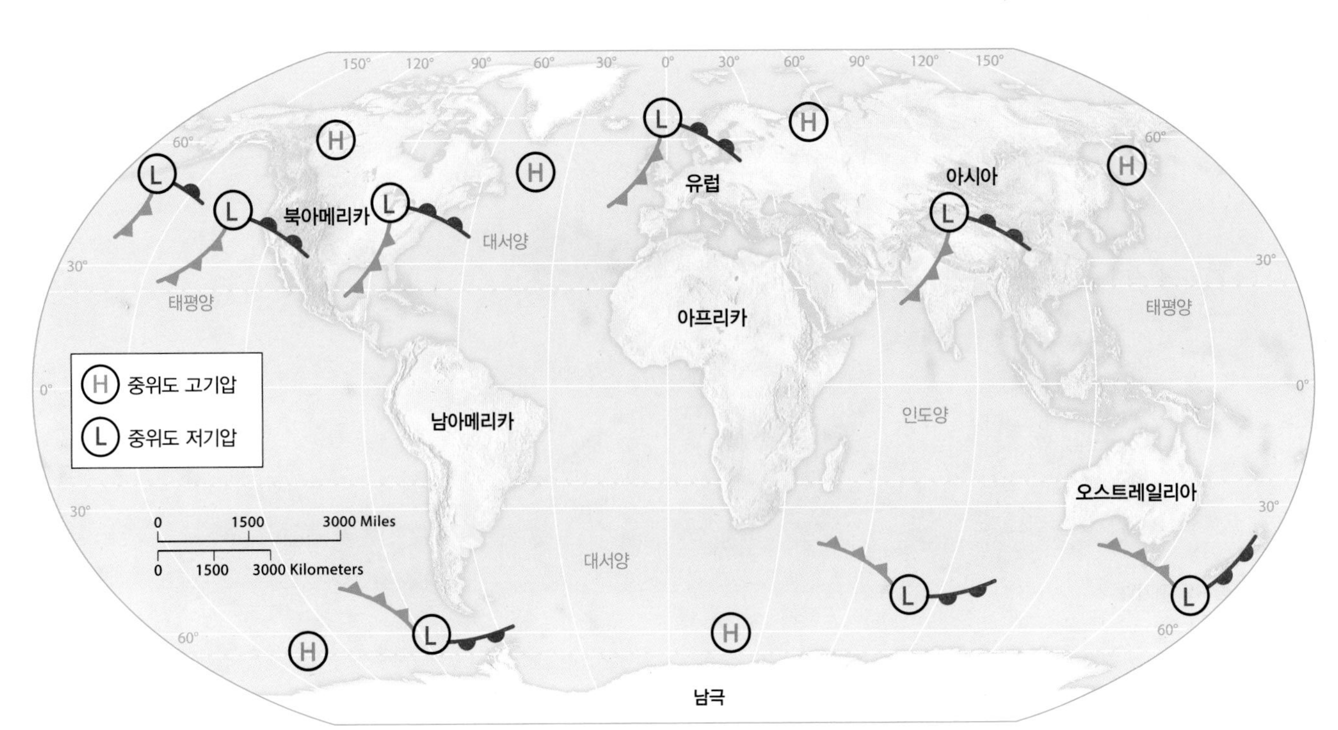

▲그림 7-13 어느 시기든 중위도 지역에서는 중위도 저기압들과 고기압들이 분포한다. 이 지도는 성장한 중위도 저기압만을 보여 주는 1월의 가상 상황을 나타낸 것이다. 남반구 폭풍우 안의 전선 방향에 주목하라.

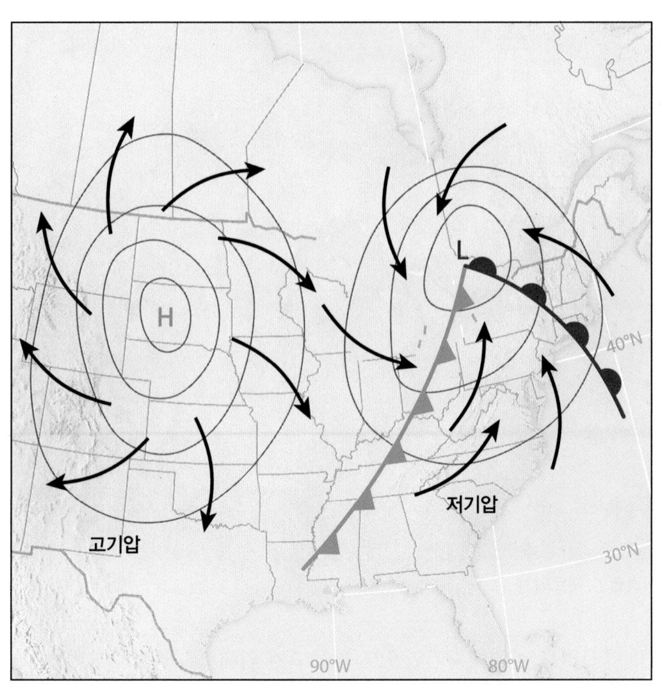

▲그림 7-14 중위도의 저기압과 고기압은 서로 연계되어 고기압이 찬 공기를 저기압 안쪽으로 뿜어 낸다.

은 서로 독립적으로 발생할 수 있지만, 흔히 둘 사이에는 기능적인 관계가 있다. 이러한 관계는 고기압이 저기압을 매우 가까이 따라갈 때 관찰된다(그림 7-14). 고기압의 동쪽 가장자리에서 발산하는 바람은 저기압의 서쪽으로 수렴하는 공기의 흐름으로 물려 들어가게 된다. 고기압을 그 선두 끝에 저기압의 한랭전선을 동반하고 있는 한대기단으로 보는 것이 쉬울 것이다.

학습 체크 7-8 중위도 고기압은 왜 건조한 상태와 관련성이 있는가?

편동풍 파동

열대 지역에서 이동하는 모든 대기 요란들이 잘 발달된 저기압이나 고기압과 관련된 것은 아니다. 가령 **편동풍 파동**(easterly wave)은 길지만 위도 5~30°의 어떤 지역에서도 발생할 수 있는 약한 이동성 저기압 시스템이다(그림 7-15).

편동풍 파동은 열대 요란의 흔한 종류 중 하나로 거의 또는 전혀 저기압성 회전을 가지지 않는 작은 뇌우대로 구성되어 있다. 편동풍 파동은 거의 항상 수백 킬로미터 길이로 북-남 방향을 향하고 있다. 이들은 천천히 무역풍의 흐름에서 서쪽으로 표류하여 특징적인 날씨 패턴을 가져온다. 파동의 전면에는 발산하는 공기 흐름과 함께 청명한 날씨가 나타난다. 파동의 후면에는 수렴상태가 우세하고, 습한 공기의 상승에 의한 대류성 뇌우들이 형성되며, 때로는 넓게 퍼진 구름들이 나타난다. 편동풍 파동의 이동 시에는 온도 변화가 거의 또는 전혀 없다.

북대서양을 가로질러 이동하는 대부분의 편동풍 파동들은 북아프리카에서 발원하고 있고 무역풍대에서 대서양 바깥쪽으로

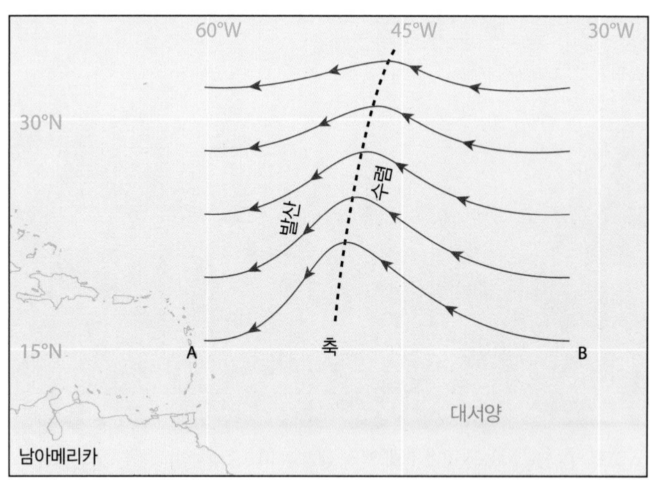

(a) 편동풍 파동의 평면도

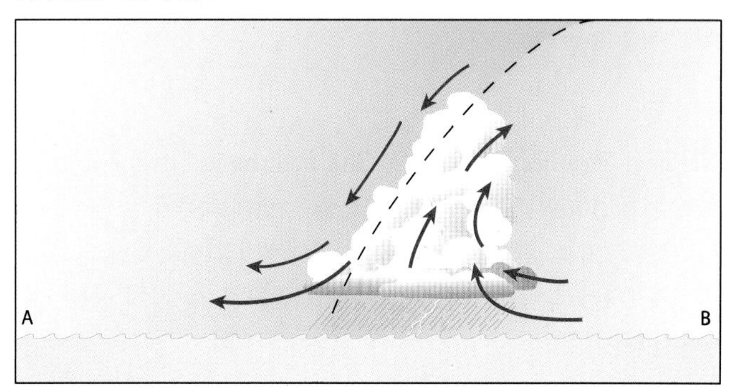

(b) 편동풍 파동의 단면도

▲그림 7-15 편동풍 파동의 평면도(a)와 단면도(b). 화살표들은 기류의 보편적 방향을 가리킨다.

이동해 나간다. 거의 대부분의 편동풍 파동들은 약화되어 해상에서 사멸하지만 극소수는 (다음 주제인) 좀 더 강력한 **열대저기압**으로 강화되기도 한다.

학습 체크 7-9 편동풍 파동의 특징을 기술하라.

열대저기압

열대저기압(tropical cyclone)은 열대 지역에서 발달하고 때로는 극 방향의 중위도 지역으로 이동하는 강한 저기압 요란이다. 열대저기압들은 대개 지름이 160~1,000km으로 중위도 저기압보다는 상당히 작다(그림 7-16).

열대 요란의 범주

강한 열대저기압들은 세계의 각 지역마다 서로 다른 명칭으로 알려져 있다. 북아메리카와 중앙아메리카에서는 허리케인(hurricane), 서태평양에서는 **태풍**(typhoon), 필리핀에서는 바기오(baguio), 인도양과 오스트레일리아에서는 단순하게 **사이클론**(cyclone)이라고 부른다.

열대저기압들은 무역풍 흐름에서의 저기압 요란(흔히 편동풍 파동)으로부터 발달한다. 일반적으로 미국국립기상국(U.S.

(a) 슈퍼 태풍 마이삭

(b) 허리케인 패트리샤

▲ 그림 7-16 (a) 2015년 3월 31일 태평양 미크로네시아 연방공화국 상공의 슈퍼 태풍 마이삭(Maysak)은 지름이 800km 이상, '눈'이 30km에 달하였다. (b) 허리케인 패트리샤(Patricia)는 2015년 10월 23일 멕시코에 상륙하기 바로 전 눈의 지름이 19km에 달하였다.

National Weather Service)에서 열대 요란(tropical disturbance)라 불리는 약 100여 개의 이러한 요란들은 열대 북대서양에서 매년 확인된다. 이들 중 단지 몇 개만이 열대저기압(허리케인)으로 강화된다. 따라서 열대 요란은 풍속을 기준으로 세 가지 등급으로 구분된다.

1. **열대저압부**(tropical depression)는 62km/h(38mph, 33노트)까지의 풍속을 가지고 있지만 폐쇄된 바람 순환 패턴을 발달시킨다.
2. **열대폭풍**(tropical storm)은 63~118km/h(39~73mph, 34~63노트)의 풍속을 가지고 있다.
3. **열대저기압**(tropical cyclone)은 119km/h(74mph, 64노트)를 초과하는 풍속을 가진다.

폭풍우의 명명 : 열대저압부의 바람이 열대폭풍으로 강화되면, 세계기상기구(World Meteorological Organization, WMO)에서 미리 준비한 알파벳순의 명칭 리스트로부터 이름이 부여된다. 세계기상기구의 특별기상센터와 열대저기압경보센터들의 네트워크는 전 세계의 열대폭풍들을 모니터링하고 있다. 가령 마이애미 국립허리케인센터는 북대서양과 북동태평양 폭풍우, 하와이에 있는 중태평양허리케인센터는 북부-중부 태평양 폭풍우, 일본 기상청에서는 북서 태평양 폭풍우들을 각각 담당하고 있다.

각 지역들은 서로 다른 명칭 리스트를 사용한다. 수년 후에 허리케인, 태풍, 사이클론의 이름은 그 폭풍우가 특별히 주목받지 않는다면 다시 사용된다. 카트리나(Katrina)와 앤드루(Andrew)처럼 주목받는 경우에는 그 이름이 리스트에서 빠지게 된다.

특징

열대저기압은 본질적으로 중심에서 바깥쪽으로 급격한 기압경도를 지닌 원형의 탁월한 저기압 중심으로 구성되어 있다(그림 7-17). 결과적으로 강한 바람이 나선형 모양으로 안쪽으로 분다. 폭풍우가 공식적으로 열대저기압으로 분류되기 위해서는 바람이 119km/h(74mph, 64노트) 속도에 도달해야 하며, 잘 발달된 열대저기압은 흔히 이 풍속의 2배, 때로는 3배에 달하기도 한다.

열대저기압의 수렴하는 저기압성 바람 패턴은 폭풍에 힘을 주는 '연료'인 덥고 습한 공기를 안으로 잡아당긴다. 따뜻하고 수증기가 실린 공기가 나선형 형태로 그 폭풍의 안쪽으로 불어 들어감에 따라 그 공기는 탑 모양으로 발달하는 적란운 안에서 강한 상승기류로 떠오르게 된다. 공기가 상승할 때 단열 냉각되어

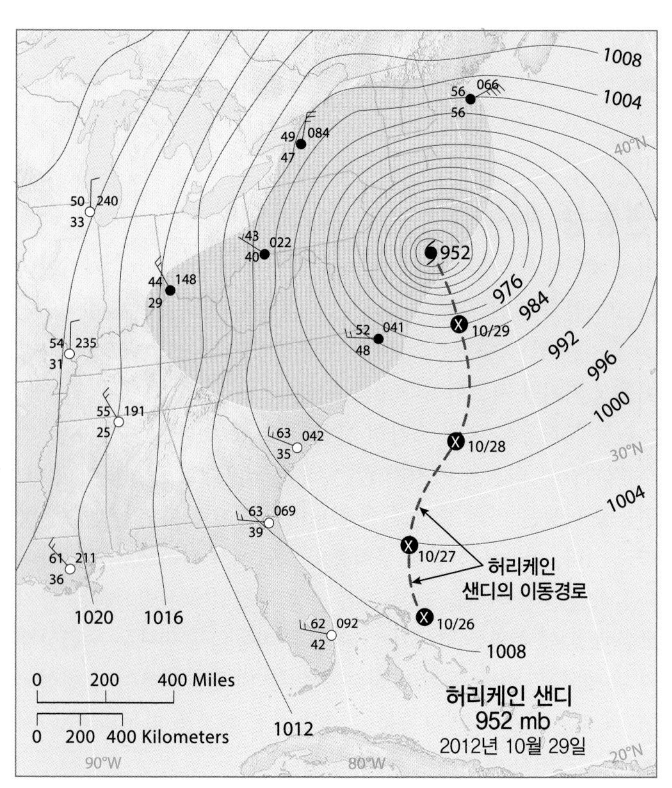

▲ 그림 7-17 2012년 10월 29일 허리케인 샌디(Sandy)의 일기도. 등압선은 저기압 중심 주변의 매우 급한 기압경도를 보여 주고 있다. 일련의 X 표시들은 10월 26일에 시작된 샌디의 위치를 보여 준다.

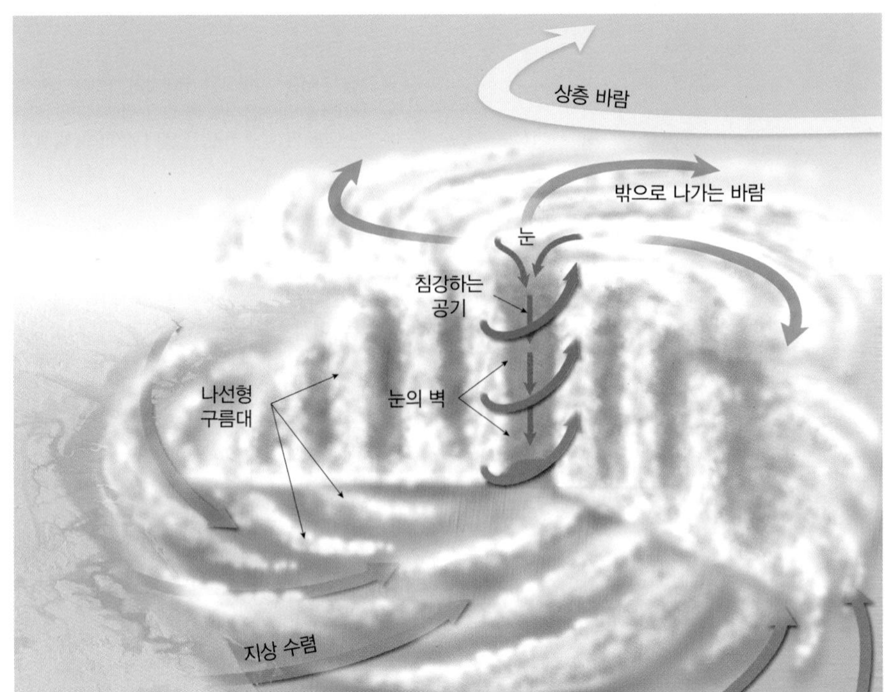

◀그림 7-18 잘 발달된 열대저기압의 이상적인 단면도. 공기가 수평적으로 폭풍의 안쪽으로 휘감아 돌며 빠르게 상승하여 호우성 강우를 유발하는 타워처럼 솟은 적운과 적란운 구름을 만들어 낸다. 폭풍의 중심에는 폭풍이 없는 눈이 있다. 공기가 안에서 상승하는 전형적인 저기압 세포와는 달리 열대저기압의 눈은 약간 하강기류를 가지고 있어 상대적으로 청명한 하늘과 고요한 상태를 만들어 낸다.

애니메이션 MG
열대저기압

http://goo.gl/FldO2E

공기는 포화된다. 응결은 거대한 구름을 형성시키고 호우를 성장시키는 막대한 양의 액체 수분을 방출한다. 응결은 또한 잠열을 내놓는다. 구름은 잠열을 방출하여 구름의 불안정성을 증가시켜 폭풍에 힘을 주고 강화시킨다. 단시간 동안 그리고 상대적으로 좁은 지역에서 열대저기압은 상당히 많은 에너지를 대기 중으로 내놓게 된다. 평균적으로 성숙한 열대저기압은 대략 1년 동안 미국의 모든 발전소에서 생산하는 양만큼의 에너지를 하루 만에 방출한다.

열대저기압은 전선의 특징이 없다. 열대저기압 안의 모든 공기는 따뜻하고 습하여 중위도 저기압의 기단들과는 달리 수렴 현상이 없다.

학습 체크 7-10 왜 따뜻하고 습한 공기는 열대저기압의 '연료'인가?

열대저기압의 눈: 잘 발달된 열대저기압의 주목할 만한 특징은 그 폭풍 중심에 자리 잡고 있는 무폭풍의 **눈**(eye)이다(그림 7-18). 바람은 중심점으로 수렴하지 않고 그 눈의 가장자리에 있는 **눈의 벽**(eye wall)에서 최대 풍속에 도달한다. 그 눈은 16~40km의 지름을 가지고 있으며 주위가 돌고 있는 큰 소용돌이 안의 하나의 조용한 지역이다(그림 7-16 참조).

열대저기압 안쪽의 날씨 패턴은 눈을 중심으로 상대적으로 대칭적이다. 짙은 층운과 적란운 구름대[**나선형 구름대**(spiral rain band)]는 폭풍의 가장자리에서 눈의 벽까지 휘어져 있는 가운데 일반적으로 안쪽으로 갈수록 강도가 세지는 집중호우를 유발한다. 상승기류는 흔히 열대저기압 전반에 걸쳐 나타나고 특히 눈의 주위에서 가장 두드러진다. 폭풍의 꼭대기 가까이에서는 대류권 상부 바깥쪽으로 시계 방향으로 공기를 발산한다. 그러나 일부 작은 부분의 공기는 부드러운 하강기류 형태로 다시 눈의 안쪽으로 내려간다.

눈의 벽에 있는 구름들은 16km를 넘는 고도까지 솟아오른다. 눈에서는 강수도 없고 하층운도 거의 없으며, 하강하는 공기의 단열 기온 상승은 그곳의 구름 형성 작용을 방해한다. 눈에서는 산개한 고층운이 부분적으로 중간 정도의 태양빛을 유입시킨다. 눈을 감싸고 있는 뇌우들의 벽은 때로는 새로운 뇌우들의 벽들에 의해 둘러싸인다. 안쪽 벽은 붕괴되어 바깥쪽 벽에 의해 대체되기도 한다. **눈의 벽의 교체**(eye-wall replacement)라 불리는 이 과정은 흔히 24시간 이내로 지속되고 폭풍을 약화시키는 경향이 있다.

발원

열대저기압은 적도에서 남쪽 또는 북쪽으로 몇 도 떨어진 지역을 포함하는 열대의 따뜻한 해양에서만 형성된다(그림 7-19). 해수 온도는 일반적으로 적어도 50m 또는 그 이상의 깊이까지 최소 26.5℃ 이상이어야 한다. 코리올리 효과가 적도에서는 너무 작기 때문에 어떤 열대저기압도 적도 기준 위도 3° 이내 지역에서 형성된 것이 관찰된 적이 없고, 어떤 열대저기압도 적도를 가로질러 이동한 적이 없다고 알려져 있으며, 위도 8~10°에서 적도에 가까울수록 열대저기압의 출현은 드물다. 열대저기압의 80% 이상은 열대수렴대의 극 방향의 인접 지역에서 발원한다.

정확한 형성 메커니즘은 완전히 이해되지 못하고 있지만 열대저기압은 항상 열대 대류권에서 이미 존재했던 요란으로부터 발달한다. 편동풍 파동은 하층 수렴과 많은 열대저기압의 발달을 활발하게 하는 상승작용을 제공한다. 그렇다고 하더라도 편동풍 파동의 10% 미만 정도가 열대저기압으로 발달한다. 열대저기압은 고도 상승에 따라 상당한 **윈드시어**(wind shear)가 없을 때에만 진화할 수 있다(윈드시어란 증가하는 해발고도에 따른 바람의 방향 또는 속도의 상당한 변화를 말한다). 윈드시어가 부족하다는 것은 낮은 고도에서 온도가 상당히 넓은 지역에 걸쳐 일정하다는

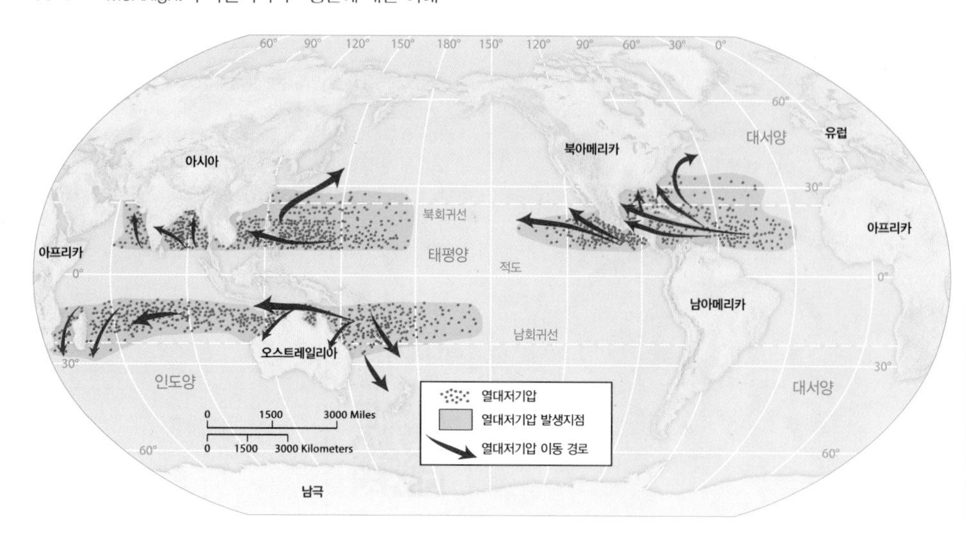

◀ 그림 7-19 일반화된 열대저기압(허리케인, 태풍, 사이클론)의 이동경로. 주요한 열대저기압 지역에 있는 점들은 지난 19년간 열대저기압의 발생 지점을 보여 준다.

것을 의미한다.

이동

열대저기압은 저위도 1/2 지역에서 발생한다(그림 7-19 참조). 열대저기압은 북태평양 분지에서 가장 흔한데, 대체로 필리핀 동부 그리고 멕시코 남부와 중앙아메리카 서부 두 지역에서 발원한다. 세 번째로 열대저기압 발달이 뚜렷한 지역은 카리브해와 멕시코만까지 이르는 북대서양의 서부-중부 지역이다.

이러한 사나운 폭풍우들은 인도반도 서쪽과 동쪽의 북인도양뿐만 아니라 남태평양 서부와 남인도양 전체에서도 발견된다. 열대저기압은 남대서양과 태평양의 남동부 지역에서는 물이 너무 차고 고기압이 우세하기 때문에 드물다. 가장 강하고 규모가 큰 열대저기압은 흔히 서태평양에서 발생하는 것들이다. 전 세계 다른 지역에서는 일부 폭풍우들만이 동아시아의 '슈퍼' 태풍의 크기와 강도를 나타낸다(그림 7-16 참조).

열대저기압의 경로 : 열대저기압은 일단 형성되면 무역풍의 일반적인 흐름 내에서 불규칙한 행로를 따라간다. 구체적인 행로를 수일 전에 예측하기란 매우 어렵지만 일반적인 움직임은 예측 가능하다. 대체로 모든 열대저기압의 1/3은 동쪽에서 서쪽으로 그리 많은 위도의 변화 없이 이동한다. 그러나 그 나머지들은 동서 경로로 시작해서 눈에 띄게 극 방향으로 휘어져 인접 대륙에서 소산하거나 중위도 편서풍의 일반적인 흐름에 빠져들게 된다(그림 7-20).

열대저기압은 때때로 따뜻한 해류 때문에 중위도 대륙 동안 연근해까지 생존하게 된다(강도가 약해지면서). 열대저기압은 중위도 대륙의 서안 연근해에서는 서늘한 해류 흐름이 나타나기 때문에 생존하지 못한다.

남서부 태평양과 뉴질랜드의 북부 및 북동지역에서는 이러한 일반적인 흐름 패턴에서 벗어나는 눈에 띄는 변화가 있다. 흔히 태평양 이 지역에서는 열대저기압들이 북서에서 남동쪽으로 불규칙하게 이동한다. 그러므로 열대저기압들이 전 세계 다른 저위도 지역에서는 그런 상황이 반복되지 않지만 피지나 통가와 같은 섬들을 강타할 때에는 열대저기압이 서쪽에서부터 접근한다. 이러한 변덕이 심한 이동 경로는 남서 태평양에서는 분명히 대류권 편서풍대가 좀 더 적도 방향으로 훨씬 더 멀리 확장하는 경향이 있다는 단순한 사실로부터 기인된 것이다. 그곳에서 열대저기압은 근본적으로는 대기대순환 패턴에 의해서 추진력을 받는다.

학습 체크 7-11 왜 열대저기압들은 북아메리카 서부 해안과 달리 동부 해안을 따라 중위도 지역으로 이동할 수 있는가?

생존 기간 : 경로가 어떻든 간에 열대저기압은 오래 지속하진 못한다. 보통의 열대저기압은 약 일주일 정도, 최대 4주 정도까지 존재한다. 열대저기압이 바다를 떠나서 육상으로 이동하자마자 에너지의 원천(따뜻하고 습한 공기)이 단절되기 때문에 소멸하기 시작한다. 열대저기압이 해양에서 머물면서 중위도로 이동한다면 더 서늘한 환경으로 침투함에 따라 소멸하기 시작한다. 열대저기압이 중위도로 이동하여 강도는 약해지지만 중위도 편서풍대와 함께 이동하는 중위도 저기압으로 바뀔 때까지 크기가 커진다.

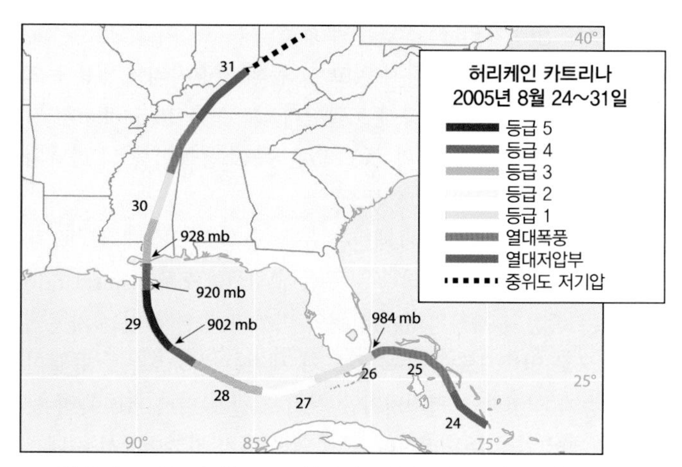

▲ 그림 7-20 2005년 8월 24~31일 동안 허리케인 카트리나(Katrina)의 이동 경로. 카트리나가 멕시코만의 매우 따뜻한 해수 위를 통과하여 지나갈 때에는 그 강도가 증가하였지만, 폭풍이 육지 위로 이동한 후에는 빠르게 약화되었다. 카트리나의 잔재는 이후 중위도 저기압으로 발달하여 편서풍대에서 동진하였다.

대부분의 열대저기압 지역들에는 현저하게 계절성이 있다. 주로 늦여름에서 가을 사이로 제한되는데, 북반구에서는 9월 초순에 최고치에 이른다. 아마 해수온도가 가장 높고 열대수렴대가 가장 극지방으로 이동하는 때가 바로 이 시기이기 때문일 것으로 사료된다.

피해와 파괴

열대저기압은 그 파괴력으로 유명하다. 어떤 경우에는 강풍과 폭우 그리고 토네이도를 발생시키기도 한다. 그러나 재산 피해와 인명 손실의 압도적인 원인은 높은 해수에 의한 범람이다.

열대저기압의 힘 : 열대저기압에 의한 피해 정도는 부분적으로는 경관의 물리적 환경과 지역의 인구 규모 및 밀도의 영향을 받지만 가장 중요한 요소는 폭풍우의 힘이다. 미국에서는 5를 가장 강한 것으로 하여 1~5의 등급으로 구성된 **사피어-심슨 허리케인 등급**(Saffir-Simpson Hurricane Scale)을 열대저기압의 상대적인 강도 순위를 정하는 데 사용한다(표 7-2).

폭풍 해일 : 폭풍 중심의 낮은 기압은 바다 표면이 1m까지도 부풀어 오르게 한다. 열대저기압이 해안선을 파고들 때에는 바람에 의해 파동 수위가 훨씬 더 증가하여 정상적인 조수위보다 7.5m까지 **폭풍 해일**(storm surge)로 높아지게 된다(그림 7-21). 그래서 해안 저지대는 심각하게 범람할 수 있고(그림 7-22), 열대저기압과 관련된 사망의 90%는 익사에 의해 발생한다.

미국 역사상 가장 큰 허리케인 재해는 1900년에 6m의 해일이 텍사스 갤버스턴(Galveston)을 덮쳐 이 지역 인구의 1/6에 해당하는 8,000명가량의 사람들이 사망하였을 때 발생하였다. 다른 지역의 열대저기압에 의한 파괴는 훨씬 더 컸다. 방글라데시 갠지스강과 브라마푸트라강의 평탄한 삼각주 지역은 인도양의 사이클론에 의한 인명 손실에 매우 취약하여 1970년에 50만명, 1991년에 175,000명이 사망하였다. 2008년에는 미얀마에서 사이클론 나르기스(Nargis)에 의해 적어도 13만 명의 사람들이 사망하였다. 2013년에 슈퍼 태풍 하이옌(Haiyan)은 필리핀을 휩쓸고 가면서

표 7-2 사피어-심슨 허리케인 등급

	풍속			
등급	km/h	mph	노트	피해
1	119~153	74~95	64~82	매우 위험한 바람이 약간의 피해를 만들게 될 것임
2	154~177	96~110	83~95	극심하게 위험한 바람이 광범위한 피해를 야기시킬 것임
3	178~208	111~129	96~112	초토화시키는 피해가 발생할 것임
4	209~251	130~156	113~136	재난적인 재해가 발생할 것임
5	>252	>157	>137	재난적인 재해가 발생할 것임

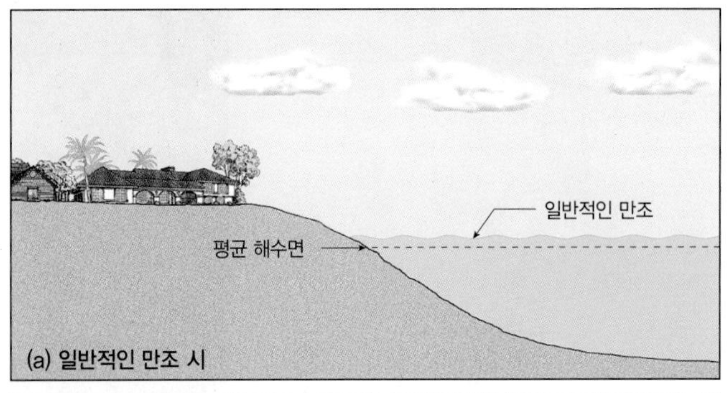

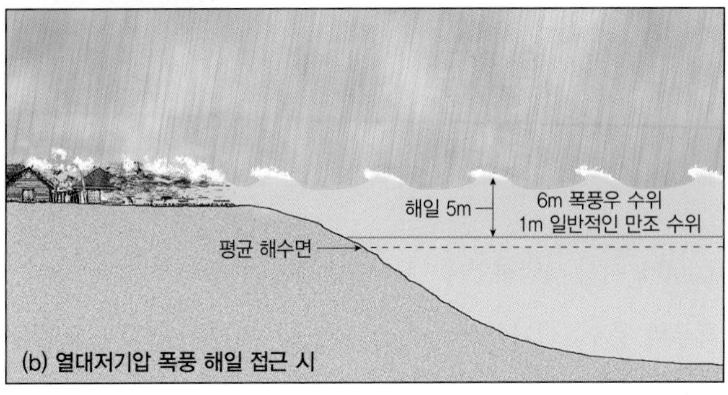

▲그림 7-21 (a) 일반적 만조 시, (b) 열대저기압 폭풍 해일이 동반되면 범람이 해안 지역을 초토화시킬 수 있다.

▲그림 7-22 (a) 허리케인 아이크(Ike)의 상륙 직전의 텍사스 갤버스턴. (b) 아이크의 파동과 해일이 선창가를 파괴시키고 해변을 침식한 이틀 후 같은 지점. 화살표는 같은 건물을 표시한다.

▶ 그림 7-23 2005년 8월 29일 상륙한 허리케인 카트리나(Katrina)의 위성 영상

6,000명 이상 사망하였다.

호우와 홍수 : 심지어 강한 열대저기압은 약해진 채 내륙으로 이동한 후에도 홍수로 많은 재해를 유발할 수 있다. 가령 2011년 허리케인 아이린(Irene)은 미국 북동부와 캐나다 남동부의 여러 지역에 광범위한 홍수를 가져왔다. 아이린은 노스캐롤라이나에 상륙해서 400mm에 달하는 비를 쏟아부었다. 뉴욕 시내를 가로지른 후에 폭풍우의 잔재는 북쪽 코네티컷, 매사추세츠 그리고 버몬트주로 이동하였다. 아이린은 지상이 이미 강수로 포화되었던 (그 폭풍우로부터 가장 심하게 강타당한 주인) 버몬트 지역에 175mm에 달하는 비를 남겼다.

허리케인 카트리나 : 2005년 8월에 발생한 허리케인 카트리나(Katrina)는 미국 역사상 가장 큰 자연재해 중 하나였다. 카트리나는 바하마 남동부에서 발달한 이후 플로리다 남부를 지나면서 약간 약해졌다가 멕시코만의 따뜻한 해수 위로 이동할 때 다시 강화되었다. 8월 28일에는 275km/h(170mph, 150노트) 이상의 풍속을 보이며 중심기압 902mb인 등급 5의 폭풍우가 되었다. 카트리나는 8월 29일 등급 3의 강한 폭풍우로서 다시 한 번 뉴올리언스 남동부에 상륙하였다(그림 7-23).

카트리나는 62개의 토네이도를 생성시켰지만 가장 큰 피해는 폭풍 해일에 의해서 초래되었다. 뉴올리언스에는 처음 3.0~3.6m의 폭풍 해일이 만으로부터 인터코스탈 워터웨이(Intercoastal Waterway)에서 도시의 인더스트리얼 커낼(Industrial Canal)로 몰려들었는데, 둑이 무너져 침수된 동부가 약 오전 7시 무렵에 범람했다. 3시간 후 두 번째 홍수가 런던 애비뉴(London Avenue)와 17번가 운하를 무너뜨려 폰차트레인호수(Lake Pontchartrain)의 중심지로 물이 쏟아졌다. 8월 31일까지 뉴올리언스의 80%가 물에 잠겼다. 어떤 지점에서는 물의 깊이가 6m에 이르렀다(그림 7-24). 허리케인 카트리나에 의한 사망자 수는 정확히 알 수는 없지만 1,200명 이상에 달하는 것 같다.

많은 요인들이 카트리나 재해에 기여했다. 뉴올리언스는 미시시피강을 따라 얕은 '그릇' 안에 놓여 있다. 지난 수백 년 동안 늪지대였던 곳의 물을 빼고 일련의 둑들과 펌프로 보호되던 해수면 아래 도시 지역 일부에서 토양의 다져짐 그리고 침강이 발생하게 하였다. 과거에 미시시피강 삼각주의 습지는 허리케인 폭풍해일의 타격을 느리게 하고 흡수하였다. 그러나 상류의 홍수 조절 노력이 강의 토사 이동량을 변화시켰다. 지난 수십 년 동안 이러한 저지대 삼각주의 습지들은 점점 가라앉고 침식되면서, 지금은 폭풍우로부터 보호받지 못하고 있다.

▶ 그림 7-24 허리케인 카트리나가 지나간 후인 2005년 8월 30일의 뉴올리언스

둑, 홍수벽, 펌프가 수리되고 개선되었지만 몇몇 과학자들과 정부 관리들은 여전히 다음 대형 폭풍우가 도달할 때 무슨 일이 발생할지 궁금해하고 있다.

'슈퍼 폭풍우' 샌디 : 허리케인 샌디가 2012년 10월 29일 해안에 도달했을 때 뉴저지 해안과 뉴욕 시내는 전례 없는 홍수에 처하게 되었다. 서쪽의 찬 기단과 북쪽의 고기압 세포에 막혀 샌디는 기록에 남을 폭풍 해일, 호우, 겨울 이전 폭풍설(blizzard)을 만든 드문 초강력 열대저기압 '슈퍼 폭풍'으로 변모하였다. 그 폭풍은 북아메리카 동부 해안 전체, 즉 플로리다에서 노바스코샤 그리고 서쪽으로는 위스콘신과 일리노이에 이르기까지 영향을 미쳤다. 폐쇄된 뉴욕 지하철의 범람으로 인해 수백만의 사람들이 전기 공급이 끊기는 피해를 입었으며, 해안 지역 주거지들이 황폐화되었고(그림 7-25), 600억 달러 이상의 피해가 발생하였다. 샌디는 카리브해, 미국, 캐나다에서 적어도 230명을 사망하게 했다.

비디오 MG
허리케인 샌디

http://goo.gl/mIDleX

허리케인 패트리샤 : 2015년 10월 23일에 전날부터 빠르게 강화된 허리케인 패트리샤(Patricia)는 등급 5의 폭풍우로 멕시코 남서부 지역에 상륙하였다. 서반구에서 기록된 가장 강력한 이 열대저기압은 중심기압 879mb, 풍속 320km/h(200mph)에 달하였다. 패트리샤는 상륙 후에 빠르게 약화되었고 멕시코 중부에 홍수를 가져왔다.

그러나 파괴와 비극만이 열대저기압의 습성인 것은 아니다. 멕시코 북서부, 오스트레일리아 북부, 동남아시아와 같은 지역에서는 물 공급의 많은 부분을 열대폭풍에 의존한다. 열대저기압이 가져다준 강우는 자주 농업의 주요한 수분 원천이 된다.

학습 체크 7-12 무엇이 열대저기압의 폭풍 해일을 야기하는가?

열대저기압과 기후 변화

북대서양에서 2005년 허리케인(열대저기압) 계절은 28개의 명명된 폭풍우와 함께 기록상 가장 활동적이었다. 지금까지 측정된 열대저기압의 눈의 최소 기압 측면에서 가장 강력한 열대저기압의 3개가 이 해에 발생하였다. 바로 카트리나(Katrina), 리타(Rita), 윌마(Wilma)이다(표 7-3). 2012년은 19개의 명명된 폭풍우와 함께 또 다른 허리케인들이 매우 활동적이었던 해로, 1887년, 1995년, 2010년, 2011년과 함께 3위를 차지하였다(연평균 11개).

2013~2014년 발간된 「IPCC 제5차 평가보고서(AR5)」에서는 "해양 온난화는 기후 시스템에 저장된 에너지의 증가를 좌우하였다." 그리고 해양 상층 700m가 1971~2010년 동안에 온난화되었다는 것은 (99~100% 확률로) "실제로 확실하다."라고 결론짓고 있다. 높은 해수 온도와 열대저기압 간의 연관성을 바탕으로 우리는 최근 열대저기압의 증가(폭풍우의 숫자 또는 강도)가 전 지구의 기후 변화와 관련성이 있는지 질문할 수 있을 것이다.

(a) 2009년 5월 21일 허리케인 샌디 상륙 이전

(b) 2012년 11월 5일, 허리케인 샌디 상륙 이후

▲그림 7-25 허리케인 샌디(Sandy) 도달 이전(a)과 샌디의 폭풍 해일과 파동이 선착장을 파괴하고 해변을 침식한 이후(b)의 뉴저지 시사이드하이츠 선착장(Seaside Heights Pier). 화살표는 사진 속 모두 같은 건물을 표시하고 있다.

열대저기압의 수 : 지난 25년 동안, 북대서양의 허리케인의 연 발생수는 일반적으로 증가하였다. 그러나 많은 기상학자들은 이러한 발생 빈도의 증가는 1900년대 초 이래로 잘 기록되어 왔던 허리케인의 활동 주기인 대서양 수십 년 진동(Atlantic Multi-Decadal Signal)의 일부라고 생각한다. 이러한 패턴은 더 높아진 해수면

표 7-3 1851~2014년간 북대서양*에서 가장 강했던 허리케인(가장 낮은 중심기압 기준)

	허리케인	연도	최소 기압
1	허리케인 윌마	2005	882 mb
2	허리케인 길버트	1988	888 mb
3	1935년 노동절 허리케인	1935	892 mb
4	허리케인 리타	2005	895 mb
5	허리케인 앨런	1980	899 mb
6	허리케인 카트리나	2005	902 mb
7	허리케인 카밀	1969	905 mb
	허리케인 미치	1998	905 mb
	허리케인 딘	2007	905 mb
10	1924년 쿠바 허리케인	1924	910 mb(추정)
	허리케인 아이반	2004	910 mb

* 태풍 팁(Tip, 북서 태평양, 1979년)은 870mb의 기압을 가진 전 세계에서 가장 강력하게 기록된 폭풍우였다. 허리케인 패트리샤(동태평양, 2015년)는 879mb의 기압을 가진 서반구에서 가장 강한 것으로 기록된 폭풍우였다.
(자료 출처 : 미국상무부/해양대기청)

온도(SST), 더 낮아진 연직 윈드시어 그리고 북아프리카를 벗어난 대기의 확장된 상층 서쪽으로의 흐름을 포함한다. 비록 대서양 수십 년 진동의 모든 구성요소들의 원인이 모두 완벽하게 이해된 것은 아니지만 허리케인 발생 빈도의 최근 증가는 지구온난화와 연계하지 않고 설명할 수 있을 수 있다. 미국해양대기청(NOAA)의 기후예보센터의 기상학자들은 일반적으로 2000년대 초반 이후로 북대서양 열대 폭풍우가 평균 숫자보다 더 많이 발생할 것이라고 예측해 왔다.[2]

열대저기압의 강도 : IPCC 「제5차 평가보고서」는 강한 북대서양 허리케인의 활동이 1970년대 이후로 증가하여 왔다는 것은 "실제로 확실하며(99~100%의 확률)", 21세기 말까지 북서태평양과 북대서양에서의 연속적인 변화는 "아마 그럴 것 같다(50~100%의 확률)"고 결론지었다. 「제5차 평가보고서」는 이러한 변화에 인간의 기여도가 있다는 점에는 낮은 신뢰도를 보고하고 있다. 다시 말하면, 열대저기압의 활동과 강도는 증가하여 왔지만 그것을 인위적 기후 변화와 연관 지을 수 있는 명확한 증거는 없다는 것이다.[3]

향후 연구에서 기후 변화와 열대저기압 활동 간의 관련성을 밝히게 될지 모른다. 그러나 더 온난화되고 있는 해양의 분명한 추세와 금세기 동안 해수면의 상승률이 1971~2010년의 상승률을 초과하게 되리라는 IPCC의 전망에 따르면, 미래에 열대저기압의 폭풍 해일에 의한 열대저기압의 피해 증가 가능성은 정말 문제인 듯하다.

2 역주 : 21세기 초까지 서태평양의 태풍과 인도양의 사이클론 수에는 뚜렷한 변화가 감지되지 않고 있다.

3 역주 : 이러한 의견조차 일부 과학자들의 의견이며, 해수 온도가 상승하고 있으므로 더 강력한 열대저기압이 발생할 가능성이 점차 높아질 것으로 보는 학자들도 많다.

국지성 악기상

뇌우, 토네이도 등과 같은 몇몇 더 작은 대기 요란들은 전 세계 어떤 지역에서도 흔히 발생한다. 비록 이러한 현상들은 보통 열대저기압이나 중위도 저기압보다 더 제한된 지역에 영향을 주지만, 그러한 국지적인 악기상 현상들은 빈번하게 이 두 가지 큰 폭풍우와 관련성이 있다.

뇌우

뇌우(thunderstorm)는 흔히 국지적이고 단기간 발달하며, 종종 천둥과 번개를 동반하는 폭발 대류성 폭풍우이다. 뇌우는 항상 연직 공기 움직임, 상당한 습도, 불안정도(타워처럼 솟아오르는 적란운 구름과 거의 항상 강한 강수를 만들어내는)와 관련되어 있다.

뇌우는 때로 개개의 구름들에서 발생하며 오로지 열적 대류에 의해 형성된다. 그러한 발달은 열대 지역과 중위도 지역의 여름철에 흔하게 나타난다. 그러나 뇌우는 또한 흔히 더 큰 종류의 폭풍들과 함께 발견되거나 상승기류에 의해 촉발된 불안정도에 의해 형성된다. 그러므로 뇌우는 열대저기압, 토네이도, 중위도 저기압의 전선(특히 한랭전선) 그리고 불안정성을 만들어 내는 지형성 기류 상승 현상을 자주 동반한다.

발달 : 덥고 습한 공기의 상승기류는 공기의 연속적인 상승을 유지시킬 수 있는 충분한 응결 잠열을 방출해야 한다. 적운 단계(cumulus stage)라 불리는 뇌우의 형성 초기 단계에서는 상승기류가 우세하고 구름이 성장한다(그림 7-26). 동결 고도 이상에서는 과냉각된 물방울과 빙정들이 병합한다. 그것들이 너무 커져서 상승기류에 의해 지탱될 수 없게 되었을 때 낙하한다. 이러한 낙하하는 입자들은 공기를 끌어당겨 하강기류를 만들기 시작한다. 강수와 함께 하강기류가 구름의 바닥을 떠나게 되면 성숙 단계

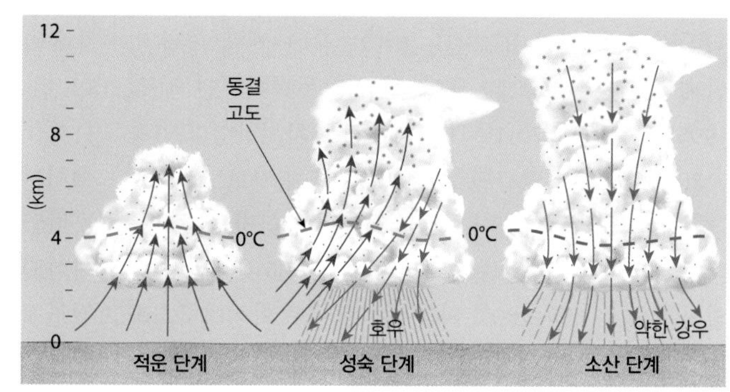

▲그림 7-26 뇌우 세포의 순차적 발달. 붉은색 화살표는 상승기류를, 파란색 화살표는 하강 기류를 보여 준다.

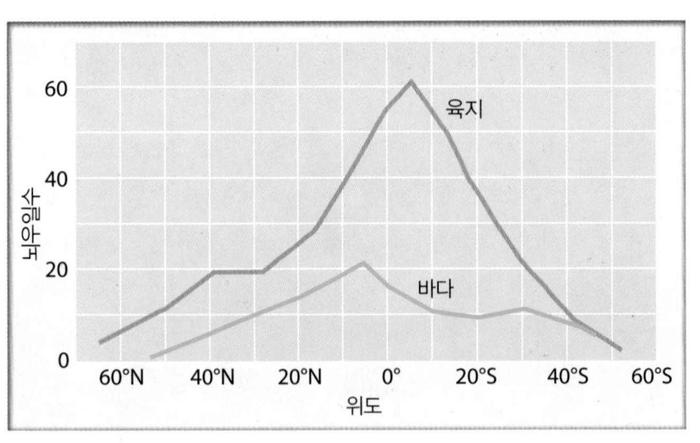

▲그림 7-27 위도별 연평균 뇌우일수. 대부분의 뇌우들은 열대 지역에서 발생한다. 육지 지역은 여름철에 훨씬 더 잘 데워지기 때문에 해양보다 더 많은 뇌우를 경험하게 된다.

(mature stage)에 접어들게 되는데, 이때 구름이 계속 크게 성장함에 따라 뇌우에는 상승기류와 하강기류가 공존하게 된다. 이 단계는 빈번한 우박, 강한 회오리성 바람, 천둥, 번개 그리고 거대한 적란운 위에 빙정으로 구성된 '모루(anvil)' 구름의 성장을 동반하는 호우와 함께 가장 활동적인 시기에 해당한다(그림 6-25 참조). 결국 하강기류가 우세하게 되고, 약한 강수가 종료되고 난류가 멈추면 소산 단계(dissipating stage)에 도달한다.

뇌우는 높은 기온, 높은 습도 그리고 불안정도가 높은 곳, 특히 열대수렴대에서 가장 흔하다. 뇌우의 발생 빈도는 일반적으로 적도에서 멀어질수록 감소하며, 위도 60°이상 극방향 지역에서 발생빈도는 실질적으로 0이다(그림 7-27). 뇌우는 수체 위보다는 육지상에서 발생 빈도가 훨씬 더 큰데, 이는 여름철 기온이 육지상에서 더 높고 대부분의 뇌우들이 여름철에 발생하기 때문이다. 미국에서 가장 왕성한 큰 뇌우 활동은 봄철과 여름철에 습하고 불안정한 공기가 우세한 플로리다와 멕시코만 해안 지역에서 나타난다(그림 7-28). 반면 뇌우는 한류와 아열대 고기압으로부터 침강에 의해 안정 상태가 형성되는 태평양 해안 지역을 따라서 가장 적게 발생한다.

돌풍 : 뇌우 안의 높은 윈드시어와 요란은 돌풍(downburst)이라 알려진 강한 바람의 하강기류를 가져올 수 있다. 돌풍은 한 장소에서 국지적인 작은 돌풍(microburst)을 포함하는데, 특히 비행기 이륙과 착륙에 위험하다. 드레초(derecho)라 알려진 훨씬 더 크고 오래 지속되는 폭풍우는 빠르게 이동하는 뇌우의 돌풍으로부터 발달할 것이다. 드레초는 일직선으로 움직일 수 있으며 때로는 92km/h(57mph)를 초과하는 바람과 함께 미국 몇 개의 주를 가로지르기도 한다.

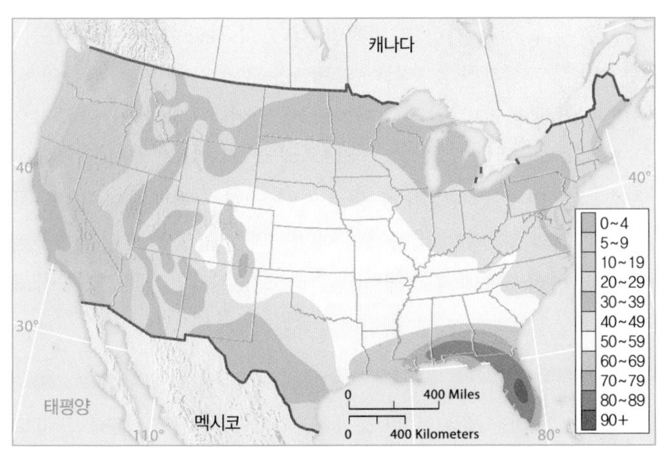

▲그림 7-28 미국 본대륙의 연평균 뇌우일수

학습 체크 7-13 전형적인 뇌우의 발달과 소산의 과정을 기술하라.

번개 : 연중 어느 순간에도 지구상에는 약 2,000여 개의 뇌우들이 존재한다. 이러한 폭풍우들은 매분마다 6,000번의 **번개**(lightning) 섬광 또는 매일 850만 볼트 이상의 번개를 만들어 낸다. 번개 섬광은 이동 경로를 따라서 공기를 10,000℃까지 가열시키며 가정용 전류의 100,000배를 만들어 낼 수 있다(그림 7-29). 그러한 발생 빈도와 힘을 가지고 번개는 인간에게 상당한 잠재적 위험을 드러낸다. 미국에서는 해마다 평균 약 65명이 번개에 의해 사망한다.

번개의 방전을 가져오는 일련의 과정에서 첫 번째 단계는 큰 적란운의 발달이다. 구름 안에서 전기적으로 전하의 분리가 발생한다. 상승기류는 양(+)전하의 물방울과 빙정을 구름의 상층 얼음층으로 이동시키지만, 하강하는 빙정 조각들은 음(−)전하를 모아서 아래쪽으로 이동시킨다(그림 7-30). 구름의 아래 부분에서 성장하는 음(−)전하는 바로 아래 지표면에서 성장하는 양(+)전하를 잡아당긴다. 그 전하를 분리시키는 절연체인 공기가 극복되기 전까지 구름 밑면과 지표면 사이의 전압차[**전기적 포텐셜**, (electric potential)]는 수천만 볼트까지 쌓이게 된다.

마침내 손가락 모양의 음(−)전하 흐름이 구름 아래로 뻗어 지상으로부터 위쪽으로 솟아오른 양(+)전하와 만나게 된다. 이렇게 구름에서 지상까지 이온화된 공기의 전기적 연결이 되고, 첫 섬광으로 전하가 아래쪽으로 이동하게 된다. 모든 또는 거의 대부분의 음전하가 구름 밑면에서 빠져나가게 될 때까지 다른 섬광들

▲그림 7-29 애리조나 투손(Tucson)의 번개

▲ 그림 7-30 뇌우 구름 내 전하의 전형적인 배열. 양(+)전하 입자들은 구름의 매우 높은 곳에 있는 반면, 음(−)전하 입자들은 구름 밑면 가까이에 집중하는 경향이 있다.

이 따라간다.

이러한 지상과 구름 간의 방전에 덧붙여서 덜 장관이기는 하지만 좀 더 빈번한 번개들이 인접한 구름들 간에 또는 동일 구름의 상층과 하층 간에 교환된다.

▲ 그림 7-32 2011년 5월에 EF-5등급 토네이도가 도시를 초토화시킨 지 이틀 후의 미주리 조플린(Joplin)의 피해 상황

천둥 : 번개의 전압은 갑자기 공기를 데우는 동시에 팽창하게 한다. 충격파가 만들어져 우리에게 **천둥**(thunder)으로 들리는 음파가 된다.

천둥과 번개는 동시에 발생하지만, 우리는 다른 시점에 그것을 인식한다. 번개는 본질적으로 그 이미지가 빛의 속도로 이동하기 때문에 발생하자마자 보인다. 그러나 천둥은 이보다 훨씬 더 느린 소리의 속도로 이동한다. 그래서 여러분들은 빛과 소리 간의 시간을 측정함으로써 번개의 거리를 추정할 수 있다. 3초의 지연은 번개가 약 1km 떨어져 있다는 것을 의미하고, 5초 간격은 번개 섬광이 약 1마일 멀리 떨어져 있다는 것을 가리킨다. 으르렁거리는 천둥은 여러분들에게 어느 한 부분은 가깝고 다른 부분은 어느 정도 멀리 떨어져 있는 긴 번개의 흔적을 알려 준다. 어떤 천둥도 들을 수 없다면 그 번개는 아주 멀리 있는 것이다(아마도 20km 이상).

토네이도

비록 매우 작고 국지적이긴 하지만 **토네이도**(tornado)는 모든 대기 요란들 중에서 가장 파괴적인 것 중의 하나이다. 토네이도는 자연에서 가장 강한 소용돌이(폭발적으로 휘감아 도는 바람의 실린더에 의해 둘러싸인 깊은 저기압 세포)이다(그림 7-31). 1차적으로 더 나아진 예보와 경보방송 덕분에 미국에서 폭발적인 토네이도에 의한 연평균 사망자 숫자는 지난 50년간 감소하여 왔다. 물론 2011년의 551명은 비극적인 예외이다(그림 7-32). 이는 "글로벌 환경 변화 : 토네이도 패턴은 변하고 있는가?" 글상자를 참조하라.

◀ 그림 7-31 2004년 6월 12일 캔자스 멀베인(Mulvane)에 닥친 EF-3등급 토네이도. 이 토네이도가 한 농가 뒤 헛간을 심하게 손상시키고 있다.

토네이도 패턴은 변하고 있는가?

▶ Ted Eckmann, 포틀랜드대학교

토네이도 패턴은 변하고 있는 것 같다. 최근 토네이도 숫자는 장기간의 기록들을 깨뜨렸다. 그러나 어떤 해에는 토네이도가 많고, 어떤 해에는 매우 적다(그림 7-C). 현대적 기록 수집이 시작된 이래 가장 끔찍한 토네이도 기록은 단지 며칠 동안에, 어떤 경우에는 1년 동안 기록되는 총수보다 더 많은 343개의 토네이도가 확인된 2011년에 발생하였다(그림 7-D). 그러나 2012년은 역사상 토네이도가 가장 약한 계절 중의 하나였다.

우리는 어떻게 토네이도 추세를 연구하는가: 비록 훈련된 폭풍우 감시자들과 일반 사람들로부터의 보고도 중요한 정보를 제공하긴 하지만, 폭풍우 사후 재해 조사는 토네이도와 그 강도에 관한 주요한 증거들을 제공한다. 도플러 레이더만 가지고 토네이도를 확인하는 것은 아니지만 1990년대에 미국의 도플러 네트워크 설치 및 배치 이후로 놀랄 만큼의 발전은 토네이도 경보와 탐측을 향상시켰다. 이러한 레이더가 발전되기 이전에는 인구가 없는 지역의 작은 토네이도들은 잘 인지되지 못하고 지나쳤을 것이다. 그러나 지금은 레이더 네트워크가 미국의 대부분을 포괄하고 있어서 토네이도 기록은 향상된 듯하다. 인구 증가와 폭풍우 감시자의 증가 또한 토네이도 탐지를 좀 더 할 수 있게 만들었으므로, '기록된' 토네이도 수가 최근 몇십 년 사이에 상당히 증가한 것은 그리 놀랄 만한 일은 아니다. '실제' 토네이도 수가 그간 증가해 왔는지를 살펴보기 위해 연구자들은 도플러 레이더가 설치되기 전 인지되어 기록되었을 법한 대형 토네이도들만의 추세를 분석하는 경향이 있다.

더 많은 갑작스러운 발생: 10년마다 대형 토네이도의 전반적인 숫자가 유의미하게 변하지는 않았지만, 2011년과 같이 갑작스럽게 발생하는 경우는 더욱 빈번해지고 있다. 이러한 거대한 사건들은 비상 대응 능력을 넘어섰다. 이러한 폭발적인 발생은 매년 있는 일은 아니지만 일단 그렇게 발생하면 거의 사망을 초래한다. 2011년 말경에 미국에서 토네이도는 66년 중에서 가장 많은 551명을 사망에 이르게 하였다. 그 사망의 절반 이상은 4월 토네이도의 폭발적 발생 시 일어났다. 토네이도 패턴은 폭발적 발생이 점점 빈번하고 점점 더 치명적이 되는 방향으로 변화하고 있다.

무엇이 그러한 변화를 야기하고 있는가: 지표가 더 덥고 습할 때 뇌우들은 더 빈번하게 발생하고 더 강력해지는 경향이 있다. 전 지구 기후 변화로 지표면 온도 상승에 의해 증발이 늘어나 토네이도 발생 지역의 공기는 더 덥고 더 습하게 되었다. 전 지구 기후 변화는 토네이도 형성에 필요한 충분한 윈드시어를 보이는 날수가 감소하는 것처럼 보인다(뇌우는 토네이도를 만들어 내는 데 윈드시어를 필요로 한다). 이것은 관찰된 토네이도 패턴의 변화와 맞아떨어진다. 토네이도 발생 일수는 줄어들고 있지만 윈드시어가 충분한 날에는 발생 빈도가 폭발적으로 증가하는 경향을 보이고 있다.

전체 토네이도의 약 3/4이 미국에서 발생하지만 오스트레일리아, 유럽, 일본 등 그 밖의 다른 지역에서도 토네이도 활동 특징이 변하고 있다. 그러나 다른 지역들의 토네이도 기록들은 미국만큼 포괄적이지 않다. 연구자들은 여전히 이러한 변화의 요인과 토네이도 패턴 변화를 이해하기 위해 일을 해 나가고 있다.

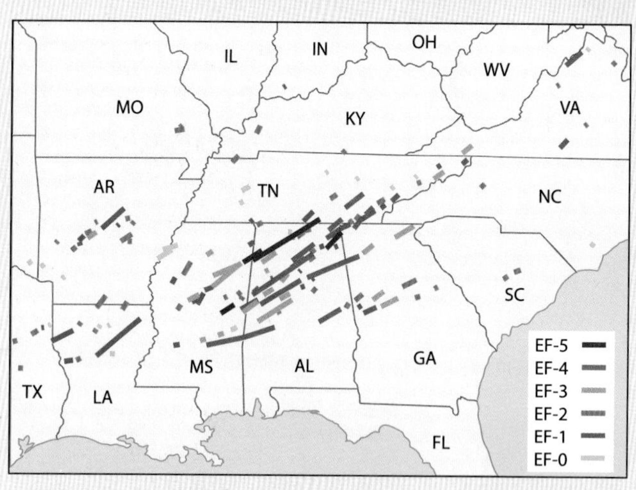

▲그림 7-D 2011년 4월 25~28일간 토네이도의 개략적인 이동 경로들. 경로를 따라 이른 최대 강도가 색으로 코드화됨

질문

1. 왜 도플러 레이더가 존재하기 전에조차도 가장 약한 것보다 더 강한 토네이도들이 더 잘 관측될 수 있었는지 그림 7-D를 이용하여 설명하라.
2. 토네이도 패턴의 변화는 미국의 토네이도에 의한 최근 사망률 상승을 어떻게 설명하고 있는가?

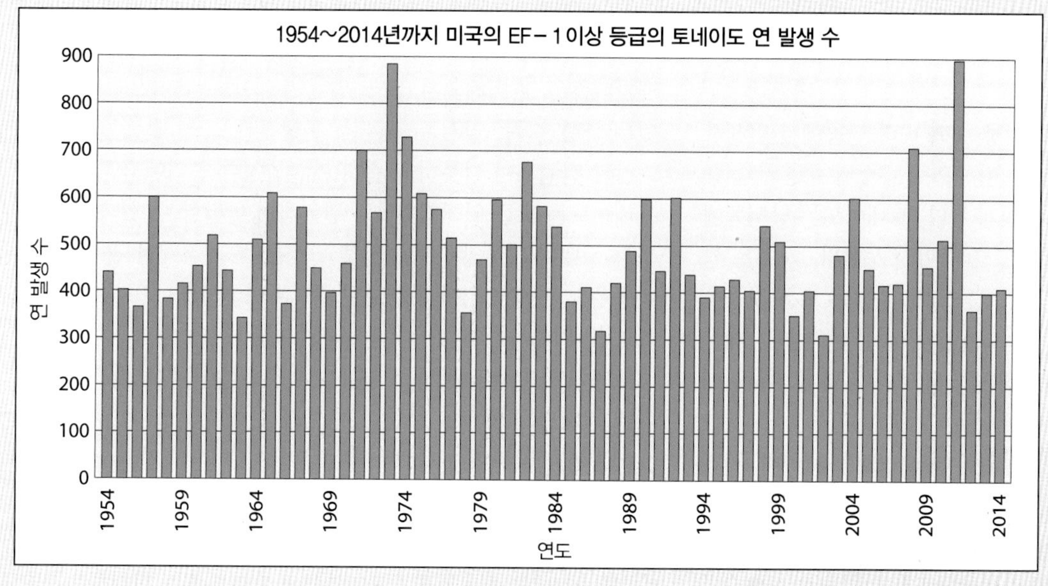

◀그림 7-C 미국의 온화하거나 더 강한(EF-1+) 토네이도의 연도별 발생 수, 1954~2014년 동안의 기록이다(토네이도의 EF 이상 등급의 기술에 대해서는 표 7-4를 보라.)

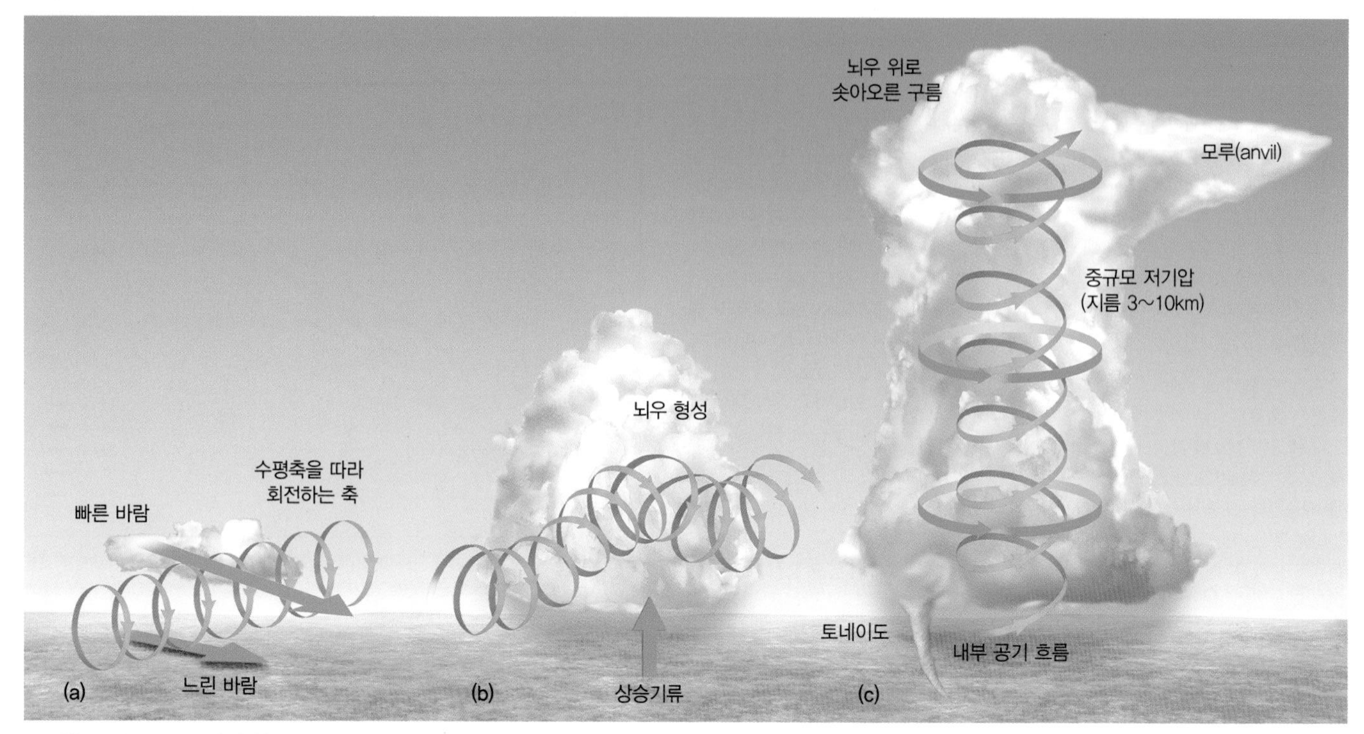

▲그림 7-33 중규모 저기압은 토네이도 형성에 앞서 형성된다. (a) 바람은 상층이 지상보다 더 강하다. 윈드시어는 수평축 주변에 구르는 움직임을 만들어 낸다. (b) 강한 뇌우의 상승기류는 수평적으로 회전하는 공기를 거의 수직 배치되도록 기울인다. (c) 연직 원기둥 모양의 회전하는 공기 회전체인 중규모 저기압을 형성시킨다. 토네이도가 발달하면 그것은 중규모 저기압의 아래쪽 부분에서 천천히 회전하는 벽 구름에서 하강하게 될 것이다.

토네이도는 작은 폭풍으로 일반적으로 지름이 400m 미만이지만, 지금까지 알려진 폭풍 중에서는 가장 강한 기압경도력을 지니고 있다(토네이도의 중심에서 그 깔때기의 바로 바깥 공기까지 100mb만큼의 차이). 이러한 극심한 기압 차이는 예외적으로 최대 풍속 480km/h까지의 바람을 만들어 낸다. 그 소용돌이 안으로 흡수된 공기 또한 비정상적인 빠른 속도로 상승한다. 이러한 폭풍우들은 믿기 힘든 강한 힘을 가지고 있어서 작가 프랭크 바움(Frank Baum)과 이후 할리우드에서 폭풍으로 작은 소녀와 그녀의 강아지를 오즈의 땅으로 보내는 스토리를 이야기한 것은 별로 경이로운 일이 아니다.

깔때기 구름 : 토네이도는 흔히 지상 수백 미터 상공에서 발생하며, **깔때기 구름**(funnel cloud) 안 위쪽으로 흡수된 수증기가 응결할 때 회전하는 소용돌이가 보이게 된다. 토네이도는 남서쪽에서 북동쪽으로 뻗는 불규칙한 경로를 따라 이동한다. 때로는 깔때기가 지면을 휩쓸고 지나가면서 이동 경로에 있는 모든 것들을 파괴시키지만, 이동 경로는 흔히 꼬여 있거나 급선회한다. 매우 자주 그 깔때기가 지면에서 완전히 떨어져 있다가 다시 지표면에 접촉한다.

대부분의 토네이도는 50m 폭 범위의 피해 경로를 보이며, 시간당 약 48km로 이동하며, 단지 수 분 정도만 지속된다. 파괴적인 강력한 토네이도는 폭이 1.5km 이상이며, 시속 95km로 이동하여 1시간 이상 지상에서 남아 있으며, 최대 생존 기록은 약 8시간에 달한다.

토네이도의 어둡고 꼬인 깔때기는 구름뿐만 아니라 빨아들인 먼지와 파편들을 포함하고 있다. 피해는 대체로 강한 바람, 날아다니는 파편 그리고 휘감아 도는 상승기류에 의해 야기된다. 다가오는 토네이도를 맞닥뜨릴 때 창문을 열라는 옛 조언(폭풍의 중심이 닫힌 건물을 지날 때 갑작스러운 기압의 하강을 줄일 것으로 예상)은 더 이상 유효하지 않다. 그리고 실상은 창문을 여는 것이 날아다니는 파편으로부터 상해를 입을 수 있는 기회를 '늘릴' 수 있다.

토네이도 형성 : 많은 다른 폭풍들처럼 토네이도의 정확한 형성 메커니즘은 잘 이해되지 않고 있다. 토네이도는 빠르게 전진하고 있는 한랭전선을 앞서는 스콜선, 한랭전선 그 자체 등 중위도 저기압과 관련되어 따뜻하고 습하고 불안정한 공기에서 발달한다. 토네이도는 또한 열대저기압과 관련하여 발달할 수 있다. 실제로 모든 토네이도는 악뇌우에 의해 발생한다. 기본적인 필요조건은 폭풍우의 밑에서 위까지 상당한 풍속이나 방향의 변화를 나타내는 연직 윈드시어가 있어야 하는 것이다.

토네이도 발생일에 하층 바람은 남풍의 형태를 보이고 제트기류는 남서풍의 패턴을 보인다. 풍향에 있어 이러한 차이는 두 시스템들의 경계선에서 난류를 유발시킨다. 뇌우가 되는 상승기류는 대류권 안 수 킬로미터 위에 도달하고, 윈드시어로 수평축을 따라서 공기가 구르게 할 수 있다(그림 7-33). 그렇게 빠르게 성숙하는 슈퍼셀(super cell) 뇌우의 강한 상승기류는 회전하는 공기를 연직 방향으로 기울어지게 하여 지름 3~10km의 중규모 저기압

(a) 토네이도 발생빈도

(b) 계절별 토네이도 자료

◀그림 7-34 (a) 27년간 26,000km^2(10,000 제곱마일)당 평균 토네이도 수를 보여 주는 지도. (b) 그래프는 미국의 토네이도 계절성과 토네이도 발생일수를 보여 준다.

(mesocyclone)으로 발달시킨다. 모든 중규모 저기압의 약 절반 정도는 토네이도를 발생시킨다.

봄철과 초여름은 중위도 기단들의 상당히 대조적인 특성 때문에 토네이도 발달에 최적 시기이기는 하나, 토네이도는 어떤 시기에도 형성될 수 있다. 대부분은 오후에 최대 가열이 이루어지는 시기에 발생한다.

토네이도는 중위도와 아열대 지역에서 발생하지만, 75% 이상이 미국에서 보고되고 있다(그림 7-34). 이렇게 한 지역으로 집중되는 것은 캐나다의 cP 기단과 멕시코만의 mT 기단의 주된 발원지역들 간에 상호작용을 방해하지 않는 미국 중부 및 남동부 지역의 상대적으로 평평한 지형이 최적의 환경조건임을 반영하는 것이다(그림 7-35). 비록 매년 800~1,200개의 토네이도가 미국에서 기록되지만, 실제 총 발생횟수는 사람들이 거주하지 않는 지역에서 짧게 발생하는 수많은 작은 토네이도들까지 기록한 것이 아니기 때문에 이보다 훨씬 더 많을 것이다.

학습 체크 7-14 중규모 저기압과 관련된 전형적인 토네이도 형성 과정을 설명하라.

강도 : 토네이도의 강도는 흔히 시카고대학교의 기상학자였던 Theodore Fujita의 이름을 딴 **개량 후지타 등급**[Enhanced Fujita Scale(EF scale)]으로 표현된다(표 7-4). EF 등급은 토네이도 이후에 관찰된 피해에 의해 결정되는 것으로, 3초 동안의 돌풍 속도의 추정치에 근거한다. 미국에서 모든 토네이도의 약 69%는 '경미함' 또는 '보통의' 등급으로(EF-0 또는 EF-1), 약 29%는 '강한' 또는 '심각한' 등급으로(EF-2 또는 EF-3), 약 2%는 '초토화시키는', '믿을 수 없는' 등급으로(EF-4 또는 EF-5) 분류된다.

용오름 : 진짜 토네이도는 분명히 육지 지역에 국한되어 발생한다. **용오름**(waterspout)이라 불리는 해상에 유사하게 나타나는 깔때기 모양 소용돌이는 기압경도가 더 작고, 바람은 덜 불며, 파괴력은 줄어든다.

◀그림 7-35 Project Vortex 2의 토네이도 연구자들이 와이오밍 고센 카운티(Goshen County)의 슈퍼셀을 관찰하고 있다.

기상 레이더

▶ Steve Stadler, 오클라호마주립대학교

레이더는 제2차 세계대전 직전에 배와 항공기를 탐지하기 위해 개발되었다. 레이더 운영자는 액체인 물과 빙정이 마이크로파 빔을 반사하고 굴절시킨다는 것을 알게 되었다. 이러한 단시간에 되돌아오는 에너지 강도와 변화는 강수의 형태와 비율, 날씨 요란의 움직임 등과 같은 주요 날씨 특징을 원격으로 탐지할 수 있게 한다.

레이더의 사용과 이해는 날씨 사건의 시간에 맞춘 경보를 가능하도록 하였다. 미국은 NEXRAD(NEXt-generation RADar, 차세대 레이더)로 알려진 150여 개 이상의 레이더 빔들에 의해 덮여 있다.

NEXRAD(차세대 레이더) : NEXRAD는 타워 위에 장착되어 측정 돔 안에서부터 대기를 통하여 마이크로파를 전달한다(그림 7-E). 이 네트워크는 '도플러 효과(Doppler effect)'를 사용하여 레이더 위치로부터 가까워질 때와 멀어질 때의 움직임을 탐지하여 결국 폭풍우의 내부 구조를 파악한다. 레이더 쪽으로 움직이는 폭풍우 일부분에서 되돌아오는 파는 보낸 파보다 더 짧은 파장을 보이지만, 레이더에서 멀어지는 부분에서 되돌아오는 파는 더 긴 파장을 보인다. 여러분이 빠르게 움직이는 기차가 지나갈 때 철로에 서 본 적이 있다면 도플러 효과의 음성 버전을 경험해 본 것이다. 기차가 접근함에 따라 경적의 피치는 점점 더 높아지는 것처럼 보이고, 기차가 지나간 후에 경적의 피치는 낮아지는 것처럼 보인다. 그러나 실제로 피치에는 변화가 없다.

차세대 레이더는 1990년대에 설치된 이후 점차 향상되어 왔다. 가령 현재의 레이더는 수평과 수직 파동을 동시에 전달하는 '이중 극화(dual polarization)'를 할 수 있다. 이는 우리가 좀 더 나은 단기 예보를 위한 비, 진눈깨비, 우박, 빙정들 간의 구분을 가능하게 한다.

극심한 폭풍우 – 뇌우와 토네이도 : 세대 레이더는 다양한 각도에서 폭풍우를 관통하여 단면화해서 폭풍우를 3차원으로 살펴볼 수 있게 한다. 차세대 레이더의 중요한 사용처는 토네이도 탐지이다. 2013년에 EF-5등급의 한 토네이도를 포함하는 뇌우가 오클라호마 무어(Moore) 지역을 통과하였다. 이로 인해 24명의 사람들이 사망하였고, 수십 명의 사람들이 다쳤다. 차세대 레이더의 반사도 측정치는 이 토네이도가 얼마나 극심했는지를 잘 보여 준다(그림 7-F). 강한 색들은 매우 큰 빗방울과 우박에 의한 더 높은 반사도를 나타낸다.

토네이도 소용돌이는 대개 지름이 수백 미터에 불과하다. 레이더가 그것을 반사도 자체만을 이용하여 탐지할 수 있는 경우는 드물다. 토네이도 소용돌이는 레이더 빔이 직선 경로로 전파되고 지구의 표면이 굴곡을 가지고 있기 때문에 타워 멀리서는 탐지될 수 없다. 그러므로 레이더는 그 깔때기를 지나쳐 간다. 그러나 차세대 레이더는 수평적인 움직임을 탐지할 정도로 모든 키가 큰 뇌우를 자세히 들여다볼 수 있다(그림 7-G). 그림 7-F에서와 같이 그림 7-G는 무어 지역의 폭풍우를 보여 준다. 이 또한 차세대 레이더의 움직임 탐지력을 사용한 것이다. 녹색 부분은 레이더 방향의 움직임을 가리키고, 적색은 레이더에서 멀어지는 움직임을 가리킨다. 강한 적색 및 녹색이 만난 것은 강한 반시계 방향의 움직임을 의미한다. 이러한 큰 회전 영역이 토네이도가 가장 흔히 즉각적으로 발원하는 모체인 '중규모 저기압(mesocyclone)'이다. 중규모 저기압은 토네이도가 지상에 닿기 전에 형성된다. 우리가 토네이도의 정확한 이동 경로를 예측할 수는 없지만, 그림 7-F가 보여 주는 것을 바탕으로 미국국립기상국은 토네이도가 지상에 닿기 16분 전에 토네이도 경보를 발령하여 의심의 여지없이 많은 생명을 구하였다.

▲**그림 7-F** 레이더 타워의 25km 서쪽에 있는 오클라호마 무어 지역에 토네이도가 가까워질 때 차세대 레이더(NEXRAD)에 표출된 반사도. 반사도의 강도는 물분자 그리고 이 경우에는 파편들의 크기에 부합한다. 토네이도 자체는 볼 수 없다. 미국국립기상국의 자료로, 오클라호마 중규모 기상관측 네트워크(Mesonet) 소프트웨어의 표출되었다.

질문

1. 왜 레이더는 미리 하루 전에 토네이도를 예측할 수 없는가?
2. 어떻게 그림 7-G는 그림 7-F보다 좀 더 정확하게 토네이도의 발생 가능한 위치를 잘 탐지할 수 있는가?
3. 오클라호마에서 수련된 폭풍우 감시자들이 토네이도 발생 기회를 가진 날에 배치된다. 레이더에 의해 잘 커버되어도 왜 인간의 눈이 여전히 필요한가?

▲**그림 7-E** 차세대 레이더(NEXRAD) 타워 및 레이더 돔

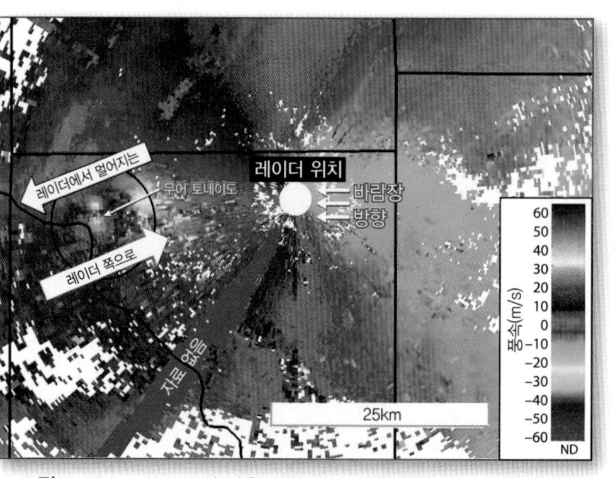

▲**그림 7-G** 그림 7-F와 같은 시각 영상. 색은 움직이는 속도를 나타낸다(1m/s = 2.2mph). 가장 강한 풍속은 원형 안에 있으며 막 무어 지역을 거칠게 밀고 들어가려고 한다. 적색과 녹색이 가까이 있는 것은 아래쪽에 토네이도를 갖고 있는 강한 반시계 방향의 중규모 저기압이 있음을 가리킨다. 미국국립기상국의 자료로, 오클라호마 중규모 기상관측 네트워크(Mesonet) 소프트웨어로 표출되었다

표 7-4 개량 후지타 토네이도 등급

개량 후지타 등급			
EF 등급	3초간 돌풍(km/h)	3초간 돌풍(mph)	예상되는 피해 수준
0	105~137	65~85	경미한 : 나뭇가지가 부러지고, 작은 나무뿌리가 뽑히고, 표지판과 지붕에 손상이 발생함
1	138~177	86~110	보통의 : 지붕 표면이 벗겨지고, 이동식 주택이 뒤집어지거나 주춧돌에서 밀려남
2	178~217	111~135	강한 : 이동식 주택이 파괴되고, 지붕이 나무 골조로 된 집에서 떨어져 날라가고, 큰 나무의 뿌리가 뽑히며 작은 물체들이 '미사일'이 됨
3	218~266	136~165	심각한 : 기차가 탈선하거나 뒤집어지고, 벽과 지붕이 잘 건축된 집에서 찢어지며, 무거운 차량들이 지상으로부터 휘날림
4	267~322	166~200	초토화시키는 : 약한 기초로 된 구조물들은 어느 정도 거리까지 바람에 날리며, 잘 건축된 집들이 파괴되고, 큰 물체들이 미사일이 됨
5	322 이상	200 이상	믿을 수 없는 : 잘 건축된 집들이 주춧돌에서 들려져 완전히 파괴되기 전에 상당한 거리를 이동하고, 나뭇가지들이 제거되고, 자동차 크기의 물체들은 미사일이 되어 100m 이상 이동됨

극심한 폭풍우 주의보와 경보

지난 수십 년간 극심한 뇌우와 토네이도를 사전 예보하는 것은 대체로 이러한 사건에 대한 이해 증진과 좀 더 정교해진 기술 덕분에 눈에 띄게 향상되었다("포커스 : 기상 레이더" 참조).

미국국립기상국(U.S. National Weather Service)에서는 강한 뇌우 또는 토네이도와 같은 극심한 날씨가 발생할 것 같을 때 두 가지 종류의 특보를 제공한다. 바로 주의보(watch)와 경보(warning)이다.

극심한 **폭풍우 주의보**(storm watch)는 향후 4~6시간에 걸쳐 극심한 날씨의 발달에 좋은 조건을 보이는 지역(아마 1개 또는 그 이상의 카운티 지역)에 발효되는 특보이다(그림 7-36). 주의보는 단지 상태가 극심한 날씨 발생 직전이라는 것을 의미하며, 그러한 날씨가 발달되었거나 막 발생하려 한다는 것을 의미하는 것은 아니다.

대조적으로 극심한 **폭풍우 경보**(storm warning)는 극심한 뇌우나 토네이도가 실제로 관찰되었을 때 지방 일기예보실에서 발효된다. 그러한 경보 시 자주 시민 방어 사이렌을 울리고 라디오, 텔레비전에 위험 상황을 방송하게 된다. 경보 시 주민들은 폭풍우 대피소에서 안전하게 피해 있는 등 즉각적인 조치를 취하도록 감독받는다.

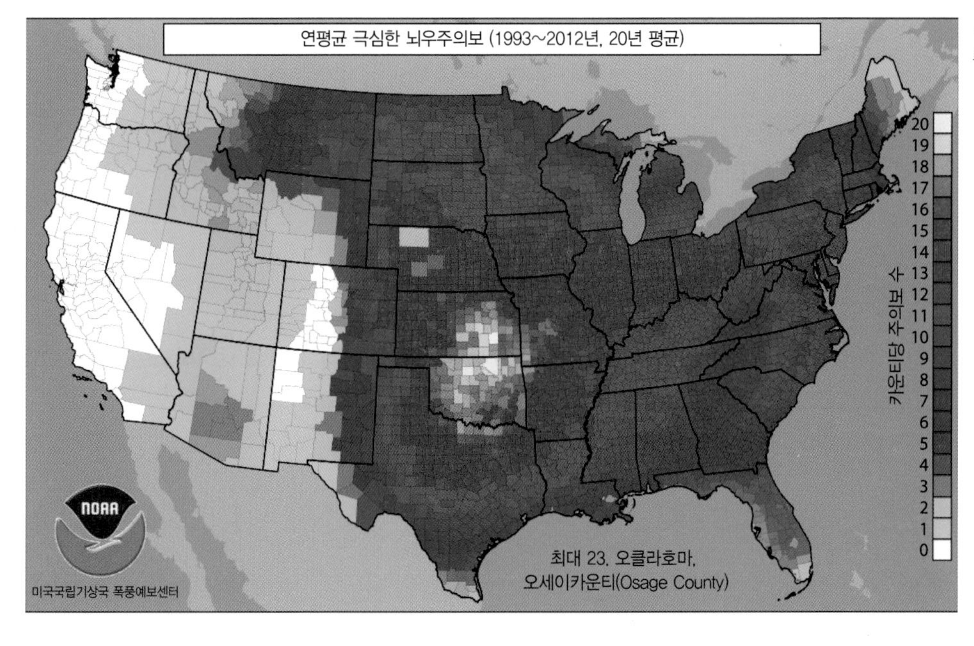

◀그림 7-36 1993~2012년 동안 극심한 뇌우 주의보의 연평균 발효 수를 보여 주는 지도

제 7 장 학습내용 평가

이 장을 학습했다면 다음 질문에 대한 답을 찾아보자. 이 장의 학습내용에 대한 주요 용어는 진한 글씨로 표시되어 있다. 이 용어의 정의는 이 책 뒷부분에 제공된 별도의 용어해설에 나와 있다.

주요 용어와 개념

기단

1. **기단**이란 무엇이고 하나의 기단이 형성되는 데에는 어떤 조건들이 요구되는가?
2. 지구상 어떤 지역에서 기단이 형성될 것 같지 않은가? 그 이유는 무엇인가?
3. 해양성 아열대기단(mT)의 수분과 기온 특징을 대륙성 아극기단(cP)과 비교하고 설명하라.

전선

4. 기단과 **전선**은 무슨 관계인가?
5. **한랭전선**이란 무엇인가? **온난전선**이란 무엇인가?
6. **정체전선**이란 무엇인가?

중위도 저기압

7. **중위도 저기압**의 기압 및 바람 패턴에 관하여 기술하라.
8. 성장한 중위도 저기압의 전선 위치 및 지상 '구역'들을 기술하라.
9. 중위도 저기압 내부의 구름 발달 및 강수 지역들을 기술하고 설명하라.
10. 중위도 저기압의 이동에 관한 네 가지 구성요소에 대하여 논하라.
11. **폐색**의 과정을 설명하라.
12. 왜 **폐색전선**은 종종 중위도 저기압의 '죽음'이라 지칭하는가?
13. **중위도 저기압** 발생에 대하여 논하라. 중위도에서 상층대기 흐름과 지상 요란들의 형성은 어떤 관련성이 있는가?
14. 중위도 저기압의 한랭전선이 지나감에 따라 풍향, 기압, 일기상태(가령 구름과 강수 같은), 기온 등의 변화를 기술하고 설명하라.

중위도 고기압

15. **중위도 고기압**과 관련된 기압 패턴, 풍향, 일반적인 날씨 상태에 대해서 기술하라.
16. 중위도 고기압은 어떻게 중위도 저기압들과 관련되는가?

편동풍 파동

17. **편동풍 파동**이란 무엇인가?

열대저기압

18. **열대저압부**와 **열대폭풍** 그리고 **열대저기압**을 구별하라.
19. **열대저기압**의 기압과 바람 패턴에 대하여 기술하고 설명하라.
20. 열대저기압의 **눈**의 특징을 토론하라.
21. **윈드시어**란 무엇인가?
22. 열대저기압이 형성되기 위해 필요한 조건들을 토론하라.
23. 북대서양 분지에서 허리케인(열대저기압)이 지나가는 전형적인 경로를 기술하고 설명하라.
24. 열대저기압이 육상 위를 이동할 때에는 왜 약해지는가?
25. **사피어-심슨 허리케인 등급**을 간단하게 설명하라.
26. **폭풍 해일**은 무엇이고, 무엇이 그것을 야기하는가?
27. 열대저기압은 어떤 이로움을 주는가? 설명하라.

국지성 악기상

28. **뇌우**의 발달과 소산의 일반적인 과정을 토론하라.
29. **천둥**과 **번개**는 무슨 관련성이 있는가?
30. **토네이도**의 바람 및 기압의 특징들을 기술하라.
31. **깔때기 구름**이란 무엇인가?
32. 슈퍼셀 뇌우와 **중규모 저기압**으로부터 토네이도가 형성되는 일반적인 과정에 대해 논하라.
33. 토네이도의 **개량 후지타 등급**을 간단하게 설명하라.
34. 토네이도와 **용오름**의 차이점은 무엇인가?
35. **폭풍의 주의보**와 **폭풍우 경보**의 차이는 무엇인가?

학습내용 질문

1. 왜 기단은 북아메리카의 로키산맥상에 형성하지 않는가?
2. 왜 미국에서는 태평양에서 발생한 해양성 아극기단(mP)보다 대서양에서 발원한 해양성 아극기단(mP)이 덜 중요한가?
3. 왜 구름은 한랭전선과 온난전선을 따라 발달하는지 설명하라.
4. 왜 중위도 저기압은 열대가 아닌 중위도에서 발달하는가?

5. 왜 중위도 고기압에는 전선이 없는가?
6. 왜 허리케인(열대저기압)에는 전선이 없는가?
7. 왜 열대저기압은 흔히 중위도 서부 해안이 아닌 동부 해안을 따라서만 있는 것인가?
8. 왜 허리케인(열대저기압)이 적도를 가로지르지는 않을 것 같은가?
9. 왜 뇌우는 물위보다 육지 위에서 더 흔한가?
10. 왜 뇌우는 '대류성 폭풍우'라 불리는가?

연습 문제

1. 여러분들이 번개의 섬광을 보고 20초 후에 천둥소리를 들었다면, 여러분들은 뇌우 안에 있는 번개로부터 얼마나 멀리 떨어져 있는 것인가? ________km
2. 여러분들은 번개의 섬광을 보고 20초 후에 천둥소리를 들었다. 번개의 첫 섬광이 있은 후 4분 후에 여러분이 같은 폭풍의 또 다른 섬광을 보았지만 천둥소리가 15초 뒤에 도착했다. 뇌우가 얼마나 빨리 여러분 쪽으로 이동하고 있는 것인가? ________km/h
3. 미국 뇌우 활동 지도를 보라(그림 7-28). 뇌우 활동이 왜 플로리다에서는 많은데 캘리포니아 서쪽 해안은 그렇게 적은지 설명하라.

환경 분석 토네이도 기후학

미국국립해양대기청의 국립환경정보센터는 토네이도 자료를 수집하여 토네이도 기후 통계치를 만든다. 이러한 통계치는 가장 무시무시한 토네이도에 관한 정보뿐만 아니라 위치 및 강도에 관한 정보를 포함하고 있다.

활동

www.windows2universe.org 웹사이트를 방문하라. 검색창에 "world map of tornadoes"를 입력하고 "World Map of Tornadoes Occurrence and Agriculture Production"을 선택하라.

1. 토네이도는 농업 지역에서 생성되는 경향이 있다. 어떤 조건들이 토네이도가 농업 지역을 선호하게 만드는가?

NOAA의 웹사이트 www.ncdc.noaa.gov를 방문해서 "Climate Information"을 선택하고, "Extreme Events"에서 "U.S. Tornadoes Climatology"를 클릭하라.

2. 전 지구적으로 어떤 위도대에 토네이도가 있을 것 같은가? 왜 토네이도는 이러한 위도대에서 발생하는가?
3. 전 세계 어느 지역이 가장 토네이도에 노출되어 있는가?
4. 어느 국가가 매년가장 많은 수의 토네이도를 가지는가?
5. 미국의 어느 주가 매년 가장 많은 수의 토네이도를 가지는가?

현재 페이지에서 "Recent Tornado Reports and Information"을 클릭하라.

6. 가장 최근에 얼마나 많은 토네이도가 미국에서 발생하였는가? 이러한 숫자는 그 시기의 평균적인 토네이도 수와 비교하면 어떠한가?

"U.S. Tornado Climatology"로 돌아가서 "Historical Records and Trends"를 클릭하라.

7. 여러분이 사는 지역에서 하루 중 몇 시에 대부분의 토네이도가 발생하는가?

"U.S. Tornado Climatology"로 돌아가서 "Deadliest Tornadoes"를 클릭하라.

8. 2011년을 제외하고 과거 50년 동안 극단적인 토네이도는 발생하지 않았다. 왜 좀 더 최근의 토네이도는 과거의 것들보다 덜 공포스러운가?

표에서 2011년 5월 22일을 찾으라(미주리주 조플린). 토네이도를 찾아서 "NWS Summary"를 클릭하고, 이 보고서의 "Executive Summary"를 읽어 보라.

9. 미주리 조플린(Joplin)의 대부분의 거주자들은 토네이도 경보에 어떻게 대응하였는가? 어떻게 그들은 대응해야 했는가?
10. 보고서는 강하고 폭발적인 미래의 토네이도가 발생하는 동안 사망자를 줄이기 위해 무엇을 제안하고 있는가?

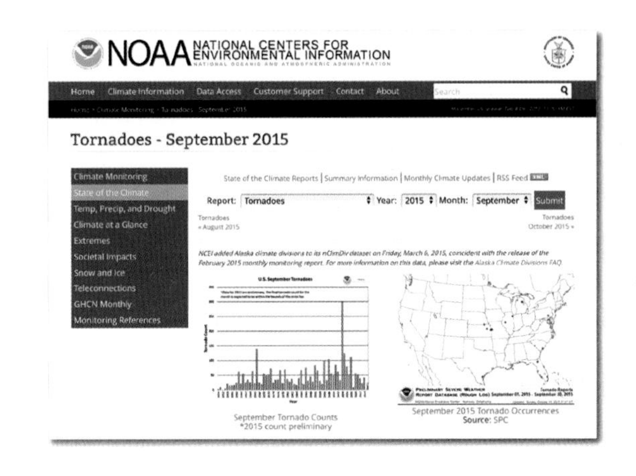

지리적으로 바라보기

이 장의 시작 부분에 있는 토네이도 사진을 다시 보라. 이 지역의 지형은 토네이도의 발생 가능성에 어떻게 영향을 주었는가? 왜 봄-초여름에 토네이도가 가장 많이 발생하는가? 왜 그것이 지상과 접촉할 때보다 구름 가까이 있을 때 깔때기 구름 모양이 더 달라 보이는가?

8

지리적으로 바라보기

미국 캘리포니아 동부에 있는 화이트산(White Mountains, 오른쪽 아래 지도의 붉은 점, 대략 37°N, 118°W 부근)의 고도 3,350m에 있는 강털소나무(bristlecone pine, 학명 pinus longaeva)는 4,000년 이상을 살 수 있다. 이처럼 오래된 나무는 그 지역의 기후에 대해 어떻게 정보를 제공할 수 있을까? 이 지역은 식물 성장에 쾌적한가? 여기에서 어떤 것이 당신의 답을 지지하는가? 어떠한 환경적 요인들이 이를 설명할 것인가?

기후와 기후 변화

과거에 어떤 기후가 있었을지 혹은 미래에 어떤 기후가 있을지를 우리가 어떻게 아는지에 대해 놀란 적이 있는가? 혹은 기후자료에서 몇몇 고온의 해들이 오늘날 기후가 변화하고 있다는 것을 실제로 나타내는 것인가? 이들 질문에 대한 답은 오늘날 가장 중요한 환경 이슈 중 하나의 핵심이며 대기 공부의 마지막 장인 기후와 기후 변화 이해의 주제이다.

여기에서 우리의 초점이 앞의 몇몇 장에서 다룬 대기의 단기간 패턴인 '기상'에서 기상의 장기 패턴인 '기후'로 이동한다. 어느 지점의 기후는 수십 년에 걸친 '평균적인' 기상 상태뿐만 아니라 때때로 일어날 것으로 기대되는 극한 기상도 고려한다는 것을 기억하자. 해에 따른 기상의 이러한 기대 변동이 어느 지역의 기후를 정의하고 기후 변화를 인식하려는 우리의 과제를 복잡하게 만든다.

이 장에서 우리는 수천 년 동안 유지되고 있는 기후를 대규모로 논의하는 데 있어 지구 기후 유형의 분류와 분포를 기술하는 것으로 시작한다. 변동하는 상태에 있는 기후계(climate system)의 영향력을 인식하고 설명하며 이를 미연에 방지하려는 기후 변화의 논의로 이 장을 마칠 것이다.

이 장의 내용을 배우면서 생각해야 할 주요 질문은 다음과 같다.

- **어느 지점의 기후를 구분하기 위해 어떠한 정보가 필요한가?**
- **왜 열대는 그렇게 덥고 비가 내리는가?**
- **사막은 왜 그곳에서 생기는가?**
- **왜 중위도 일부 지점들에서는 온화한 겨울이 나타나지만 다른 지점들에서는 매우 추운 겨울이 나타나는가?**
- **왜 극 지역들은 그렇게 춥고 건조한가?**
- **과거에 어떤 기후가 있었을지를 어떻게 아는가?**
- **기후 변화는 무엇이 일으킬 수 있는가?**
- **오늘날 기후 변화의 있음 직한 결과들은 무엇인가?**

기후 구분

인구밀도, 투표 패턴, 다른 많은 구체적 사물 혹은 관련성처럼 많은 사물의 지리적 분포를 기술하는 것은 비교적 쉽다. 그러나 기후는 많은 요소의 산물이며, 요소들은 대부분 연속적이고 독립적으로 변한다. 이것이 기후 분포를 기술하는 과제를 매우 복잡하게 만든다.

예를 들어 기온은 기술하기에 가장 단순한 기후 요소 중 하나이지만 이 책에서는 일평균 기온, 월평균 기온, 연평균 기온뿐만 아니라 일교차와 연교차, 그리고 극값과 같은 세계의 다양한 기온 패턴을 보여 주기 위해 40개 이상의 지도와 그림이 제시되어 있다. 기후는 기온뿐만 아니라 다른 많은 요인들의 거의 연속적인 공간 변동을 포함한다.

기후 분포 이해의 복잡성에 더해지는 것은 기후는 시간과 함께 변한다는 것이다. 지질학적 기록에 의하면 약 1만 년 전에 끝난 플라이스토세(제19장에서 다룸)의 큰 빙하기들과 같이 지구의 기후가 현재와 뚜렷하게 달랐던 시기가 가까운 과거와 먼 과거에 있었다. 그러나 현재 우리에게 더 중요한 것은 인간 활동의 결과로서 기후 변화가 진행 중이라는 지표들이다.

우리의 첫 과제는 대규모의 자료를 단순화하고 조직화하여 일반화시키는 데 도움이 되는 기후 분류 체계를 탐색하는 것이다. 분류체계가 우리의 지구 기후 패턴 이해에 얼마나 도움이 되는지를 보여 주기 위해, 중국 남동부의 기후를 기술하도록 요청받은 미국 조지아주 애틀랜타의 지리학과 학생을 생각해 보자. 기후형의 분포를 나타낸 세계지도(그림 8-3 참조)를 보면 중국 동남부와 미국 동남부가 같은 기후임을 알 수 있다. 따라서 조지아의 기후에 대해 잘 알고 있는 이 학생은 중국 동남부 기후의 일반 특성을 이해하는 것이 쉬울 것이다.

쾨펜의 기후 구분 체계

쾨펜 기후 구분 체계(Köppen climate classification system)는 가장 널리 이용되는 현대 기후 구분 체계이다. 블라디미르 쾨펜(Wladimir Köppen, 1846~1940)은 러시아 출신의 독일 기후학자로서 아마추어 식물학자이기도 했다. 그의 기후 구분 체계의 첫 버전은 1918년에 공개되었다. 그 후 남은 생애 동안 계속적으로 구분 체계의 수정과 개선이 있었고 최종 버전은 1936년에 출판되었다.

이 체계는 기온과 강수량의 연평균 값과 월평균 값만을 이용하는데, 다양한 방식으로 이들을 결합하고 비교한다. 따라서 필요한 통계값은 쉽게 얻을 수 있다. 지구상의 어떤 지점(관측지점)에 대한 자료를 이용하여 그 장소의 정확한 기후형을 결정할 수 있고, 또 인식된 기후형의 공간적 범위를 정하고 이를 지도로 표시할 수 있다. 이는 분류체계가 지역 규모와 지구 규모 양쪽에서 작동되는 것을 의미한다.

쾨펜은 주요 5개 기후 그룹에서 4개를 기온 특성으로, 5번째(B그룹)는 수분에 기초하여 정의하였다. 그러고 나서 각 그룹을 기온과 강수량의 다양한 관련성에 따라 기후형들로 세분하였다.

쾨펜은 마지막 버전에 만족하지 않았으며 이를 완성된 결과물로 간주하지 않았다. 많은 지리학자와 기후학자들은 쾨펜의 체계를 발판으로 삼아 자신만의 분류체계를 고안하거나 쾨펜의 구분을 수정하였다. 이 책에서 사용하는 기후 구분 체계는 정확하게는 **수정 쾨펜 체계**(modified Köppen system)이다. 이것은 쾨펜 체계의 기본 디자인을 포함하나 많은 부분에서 작은 수정이 가해졌다. 이 수정의 많은 부분은 미국 위스콘신대학교의 지리학자인 Glen Trewartha가 이룩한 것이다.

수정 쾨펜 체계에는 5개의 주요 기후 그룹(A, B, C, D, E그룹)이 있고, 이들은 총 14개의 개별 기후형으로 세분되며 여기에 고산 기후(H)라는 특별한 범주가 포함된다(그림 8-1). 기후형 사이에 뚜렷한 경계가 거의 나타나지 않으며 대신 한 기후형은 다른 유형으로 점이되어 간다는 것을 명심하는 것이 중요하다. 우리는 세계 기후의 일반 패턴을 이해하는 데 도움이 되는 도구로서 쾨

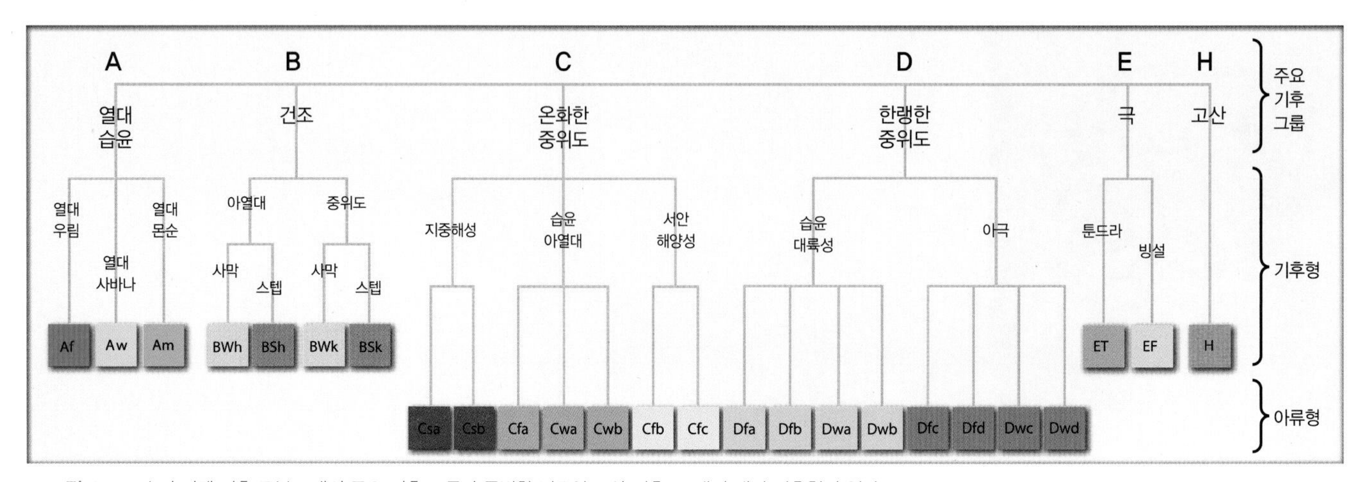

▲그림 8-1 수정 쾨펜 기후 구분. 5개의 주요 기후 그룹과 특별한 범주인 고산 기후, 15개의 개별 기후형이 있다.

펜체계를 이용한다.

학습 체크 8-1 쾨펜체계에서 기후를 구분하기 위해 어떤 종류의 자료가 사용되는가?

쾨펜 문자 코드 체계 : 수정 쾨펜 체계에서 각 기후형에는 서술적인 이름과 특정 기온 혹은 강수량 값에 의해 정의된 일련의 문자가 주어진다. 첫 번째 문자는 주요 기후 그룹을 나타내며 두 번째 문자는 보통 강수 패턴을 기술하고 세 번째 문자는 기온 패턴을 표시한다(표 8-1)(구분에 사용되는 정확한 정의는 "부록 V" 참조).

문자 코드 체계는 복잡한 것으로 보이나 각 기후의 핵심 특징을 요약하는 속기법을 제공한다. 예를 들면 **지중해성 기후**의 문자 코드 조합의 하나인 'Csa'에서 문자의 정의를 살펴보면 다음과 같다.

C = 온화한 중위도 기후
s = 여름 건기
a = 더운 여름

나중에 살펴보겠지만 이는 이 기후형의 뚜렷한 특징에 대한 매우 좋은 요약이다.

기후 그래프

아마도 세계 기후 구분의 일반적인 연구에서 가장 유용한 도구는 특정 기상 관측지점의 월평균 기온과 강수량의 간단한 그래프 표현일 것이다. 이러한 그래프는 **기후 그래프**(climograph, 혹은 기후도)라 불린다(그림 8-2). 기후 그래프는 각 월별로 하나씩 12개의 열을 가지며, 기온 눈금은 왼쪽 옆에, 강수량 눈금은 오른쪽 옆에 있다. 월평균 기온은 그래프의 윗부분에서 곡선으로 연결되고 월평균 강수량은 바닥에서 위로 솟는 막대로 나타낸다.

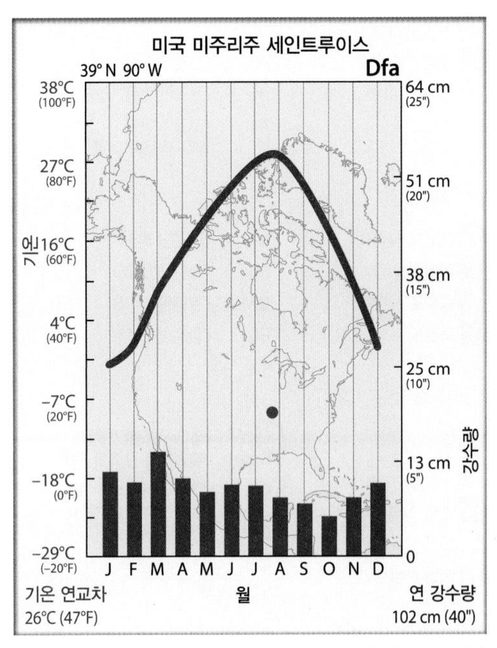

▲그림 8-2 전형적인 기후 그래프. 월평균 기온은 빨간색 실선으로 나타내고 월평균 강수량은 바닥에서 뻗은 파란 막대로 표시한다.

기후 그래프의 가치는 두 가지가 있다. (1) 기후 그래프는 특정 장소에서 기후의 중요한 특성을 자세하고 정확하게 보여 준다. (2) 그 장소의 기후를 인식하고 분류하기 위해 기후 그래프를 사용할 수 있다.

학습 체크 8-2 우리는 기후 그래프에서 어떤 정보를 얻을 수 있는가?

표 8-1 쾨펜 문자코드의 일반화된 의미

첫 번째 문자 : 주요 기후 그룹		두 번째 문자		세 번째 문자	
A 열대 습윤	저위도, 온난 습윤	A, C, D 기후 강수량		C, D 기후 기온	
B 건조	사막과 스텝	f	연중 습윤	a	더운 여름
C 온화한 중위도	온화한 겨울	m	몬순 패턴	b	따뜻한 여름
D 한랭한 중위도	한랭, 추운 겨울	w	겨울 건기	c	서늘한 여름
E 극	고위도 한랭 기후	s	여름 건기	d	매우 추운 겨울
H 고산	고도가 주된 제어 요인	B 기후 강수량		B 기후 기온	
		W	사막	h	더운 사막 혹은 스텝
		S	스텝	k	한랭한 사막 혹은 스텝
		E 기후 기온			
		T	툰드라		
		F	빙설		

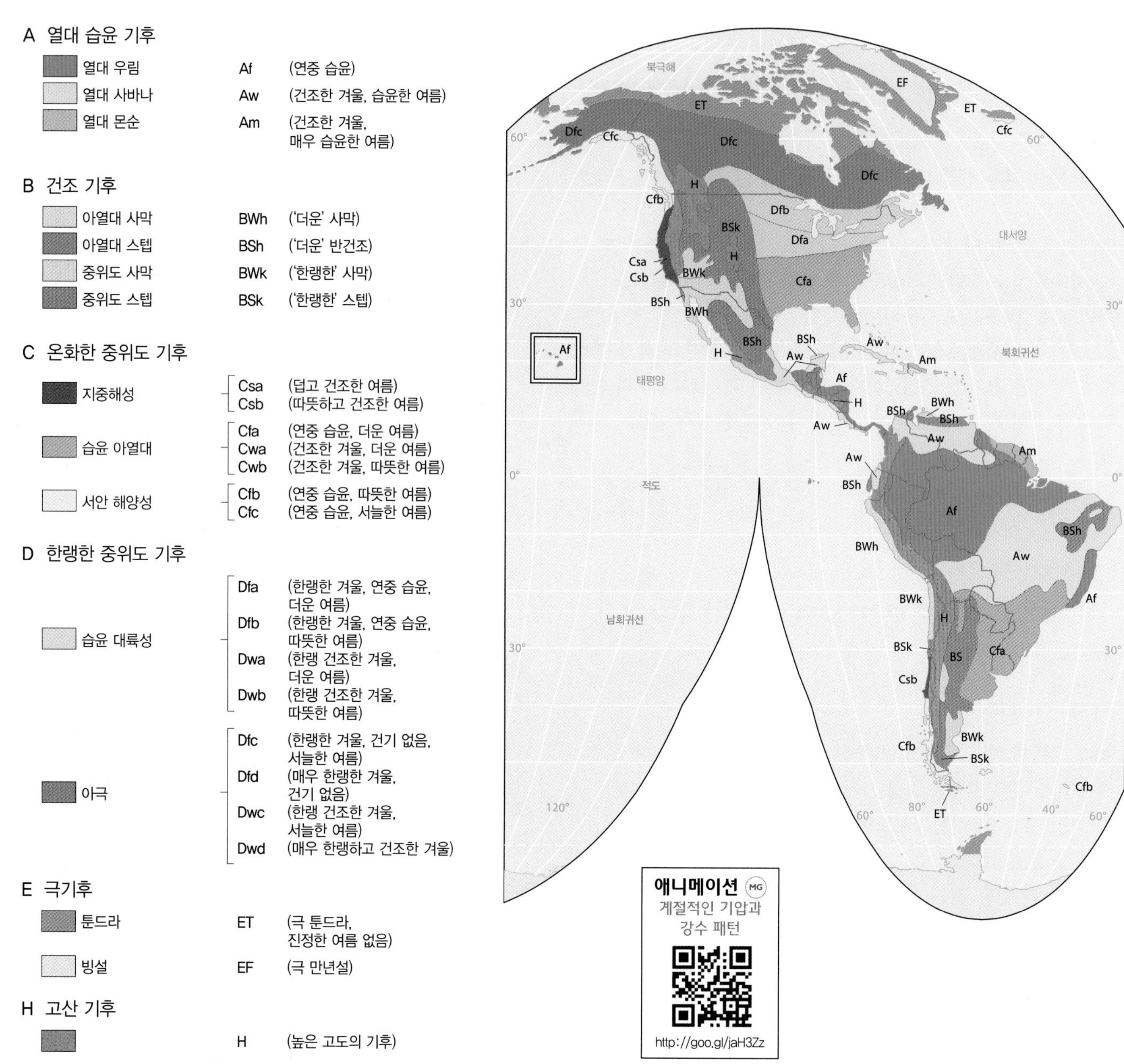

▲그림 8-3 육지의 기후 지역(수정 쾨펜 체계)

주요 기후형의 세계 분포

그림 8-3은 세계의 기후 분포를 보여 주는 지도이다. 또한 각 기후형의 일반적인 기술도 제공한다.

다음의 기후형 논의에서 우리는 주로 다음 3개 질문에 관심을 집중할 것이다.

1. 다양한 기후형은 어디에 위치하는가? 우리는 각 기후의 전형적인 위도와 동안, 서안 혹은 내륙과 같은 대륙의 위치에 특별한 주의를 기울인다.
2. 각 기후의 특징은 무엇인가? 우리는 각 기후의 기온과 강수량의 연 변화 및 계절 패턴에 특히 흥미를 갖는다.
3. 이들 기후를 주로 제어하는 것은 무엇인가? 제3장에서 배운 기후의 주된 제어 요인들은 위도, 고도, 수륙 분포, 대기의 대순환 패턴, 해류, 지형, 폭풍을 포함한다는 것을 기억하자. 이들 요인들은 상호작용하면서 많은 기후들의 기온, 기압, 바람과 습도의 특징적인 패턴을 생성한다.

세계의 기후를 살펴보는 것은 첫눈에 기죽이는 작업으로 보이지만 이후의 절들에서 새로운 개념이 거의 도입되지 않는다는 것을 기억하기 바란다. 오히려 기후 분포에 대한 이러한 논의로 앞 장들에서 날씨와 기후에 대해 우리가 '이미' 배웠던 것들을 체계적으로 조직할 수 있다.

주요 기후 그룹에 대한 기후 '정리' 표(표 8-2와 같은)를 활용하기 바란다. 이 일련의 표들은 쾨펜체계에서 각 기후의 대체적

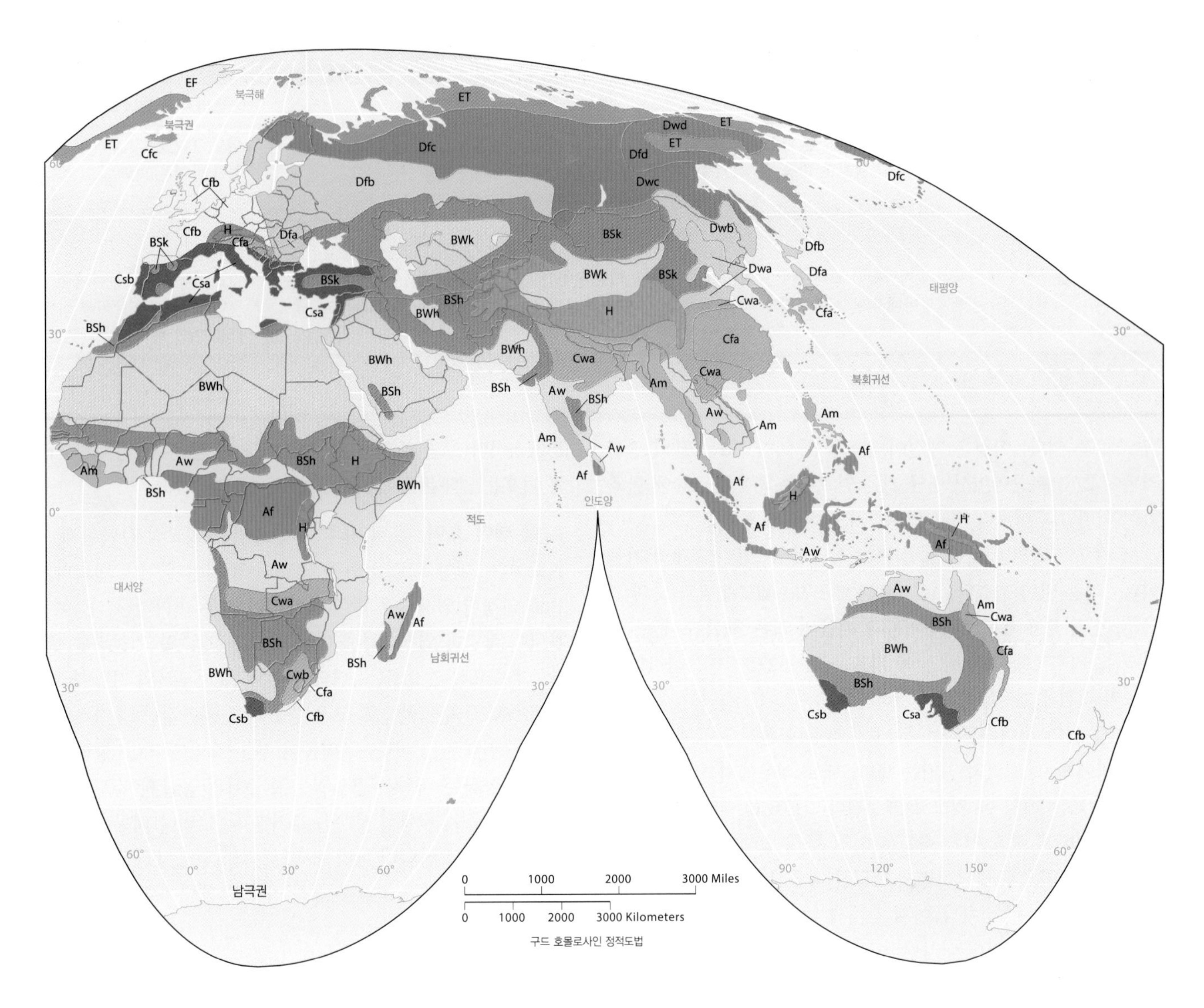

인 위치, 기온과 강수의 특징, 기후에 대한 주된 제어 요인 등에 대해 간략하게 기술하고 있다. 기후형이 몇몇 문자 코드 변종(가령 서안 해양성 기후에서 Cfb와 Cfc)을 포함하고 있을 때 우리는 보통 이들 변종 중 가장 넓게 분포하는 것을 강조할 것이다(이 경우 Cfb).

열대 습윤 기후(A그룹)

열대 습윤 기후(tropical humid climate, A그룹)는 북회귀선과 남회귀선 사이에 있는 육지 지역의 거의 대부분을 차지하며(그림 8-4), 여기저기서 산지나 소규모의 건조 지역으로 단절되어 있다. A 기후는 추위가 없다고 해서 더위가 엄청난 것은 아니라는 점을 언급해 둔다. 흥미롭게도 이 기후에서 세계에서 가장 높은 기온을 경험하는 것은 아니다.

이 기후는 겨울이 없는 기후이다. 그러나 '겨울 몬순'과 '여름 몬순'처럼 우리는 때때로 겨울을 태양이 가장 낮은 시기('낮은 태양 계절'), 여름은 태양이 가장 높은 시기('높은 태양 계절')를 지칭하는 것으로 사용한다.

열대 습윤 기후의 특징은 풍부한 수분이다. 어디에서나 비가 많은 것은 아니지만 열대 습윤 지역의 대부분은 세계에서 가장 습윤한 지역에 속한다.

열대 습윤 기후는 연 강수량에 기초하여 3개의 기후형으로 구분된다(표 8-2). **열대 우림**(tropical wet) 기후에서는 연중 모든 달에서 강수량이 많다. **열대 사바나**(tropical savanna)에서는 낮은 태양 건기와 뚜렷하지만 적절한 강우의 높은 태양 우기가 특징적이다. **열대 몬순**(tropical monsoon)에서는 건기와 뚜렷하고 강수량이 매우 많은 높은 태양 우기가 나타난다.

열대 우림 기후(Af)

열대 우림 기후(tropical wet climate)는 주로 적도 부근에 나타나며, 동서 방향으로 불규칙하게 뻗은 지역에서 관찰된다. 전형적으로 Af 기후는 약 남·북위 10°에 걸쳐 나타나나(그림 8-4 참조), 일부 동안 지역에서는 25°까지 극 쪽으로 확장된다.

Af의 특징 : 열대 우림 기후의 특징을 가장 단순하게 표현하면

표 8-2 열대 습윤 기후(A 기후)의 요약

기후형	위치	기온	강수량	기후의 주요 제어 요인
열대 우림(Af)	적도에서 5~10° 이내의 지역, 동안에서 더 극 쪽으로 확장	연중 더움, ATR이 매우 작음, DTR이 작음, 체감온도는 높음	건기 없음, 연 150~250cm, 뇌우가 많음	위도, ITCZ, 무역풍 수렴, 내륙으로 부는 바람
열대 사바나(Aw)	남 · 북위 25° 사이에서 Af를 둘러쌈	연중 따뜻함에서 더움까지, 중간 정도의 ATR과 DTR	뚜렷한 여름 우기와 겨울 건기, 연 90~180cm	열대의 기압과 바람대, 특히 ITCZ의 계절 이동
열대 몬순(Am)	아시아의 바람맞이 열대 해안, 중앙 · 남아메리카, 서아프리카	Af와 유사하나 ATR이 약간 더 큼, 여름 몬순 직전에 가장 더운 날씨	여름에 매우 많은 강수, 짧은 겨울 건기, 연 250~500cm	ITCZ의 이동과 관련된 계절적 풍향의 반전, 제트기류 변동, 대륙 기압 변화

ATR=기온 연교차, DTR=기온 일교차

'단조로움'이다. 이것은 계절이 없는 기후이다. 모든 달의 평균 기온이 27℃ 부근이어서 평균 기온 연교차는 겨우 1~2℃에 불과하여 어떤 기후형보다 기온 연교차가 작다(그림 8-5).

Af 기후 지역의 이러한 계절 없는 상태에서 "밤이 열대의 겨울이다."라는 말이 생겼다. Af 기후는 **평균 기온 일교차**(밤과 낮의 기온 차이)가 **평균 기온 연교차**(여름과 겨울의 기온 차이)보다 큰 몇 안 되는 기후형에 속한다. 낮에 기온은 31~32℃까지 올라갔다가 해뜨기 직전에 21~23℃까지 내려간다.

절대습도와 상대습도가 모두 높기 때문에 온도 눈금과 상관없이 우리에게 이 지역의 공기는 덥다. 대류 뇌우에서 오는 단시간의 강한 비는 매일 올 것으로 예상된다(그림 8-6). 아침은 전형적으로 쾌청하게 시작한다. 적운은 아침 늦게 발생하여 오후에 적란운 모루구름으로 발달하면서 맹렬한 대류성 폭풍우가 된다. 늦은 오후에 구름은 점차 흩어져서 저녁 하늘에 구름이 부분적으로 있고 현란한 일몰이 나타난다. 구름은 밤에 다시 나타나 야간 뇌우를 생성한다. 다음 날도 쾌청하게 동이 터서 이 패턴이 반복된다.

매월의 강수량은 6cm 이상이며 연 강수량은 전형적으로 150~250cm이다(그림 8-5b). Af 기후보다 더 많은 연 강수가 나타나는 기후는 **열대 몬순 기후**뿐이다.

Af의 제어 요인 : 주된 기후 제어 요인은 비교적 간단한데, 이는 위도이다. 태양 고도가 연중 높고 낮의 길이에 거의 변화가 없으므로 일정한 일사량을 받아 계절적인 기온 변화가 적다. 이 강한 가열이 상당한 열적대류를 만들고, 이는 강수량의 일부를 설명한다. 더 중요한 것으로는 1년의 전부 혹은 대부분의 기간에 열대수렴대(ITCZ)의 영향으로 고온 다습하고 불안정한 공기가 대규모로 상승한다는 것이다. 무역풍이 부는 해안(동쪽을 향하는)에서 내륙을 향하는 바람은 끊임없는 수증기의 공급원이고 강수의 다른 메커니즘인 지형성 상승을 추가한다. 그러나 내륙에서는 전형적으로 대량의 바람이 나타나지 않는데[1], 이는 ITCZ의 지속적인 영향의 결과와 이에 따른 대류성 상승의 진행 때문이다.

1 역주 : 풍향별로 빈도를 구하고 이를 연결하여 얻는 바람장미에서, 서풍계의 바람처럼 일정 풍향 범위에 대해 구한 면적은 그 바람의 양으로 간주할 수 있다. 그러므로 내륙의 Af 기후에서 대량의 바람이 나타나지 않는다는 것은 빈도가 큰 풍향이 없다는 것을 의미한다.

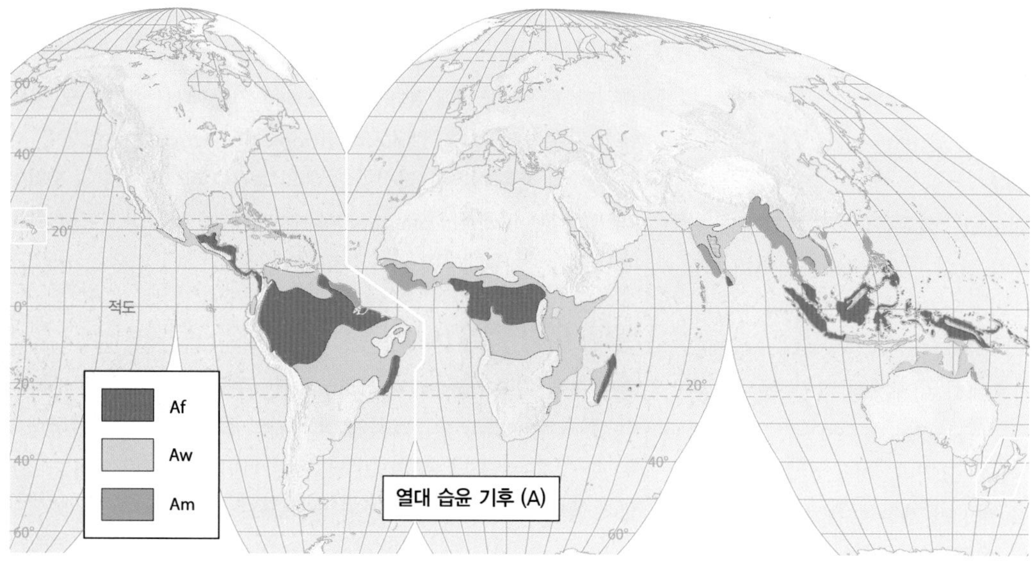

◀ 그림 8-4 세계의 열대 습윤 기후(A 기후) 분포

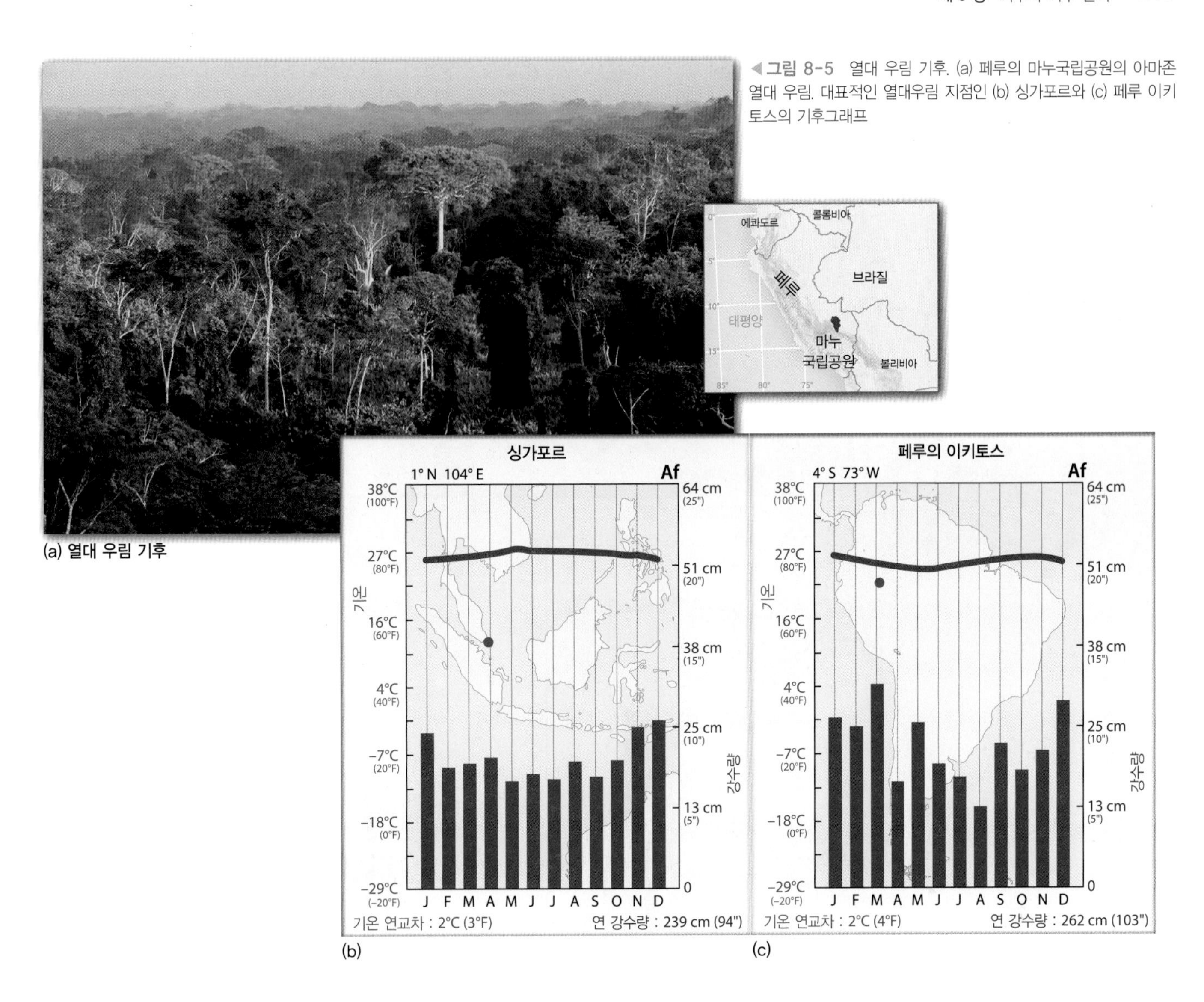

◀ **그림 8-5** 열대 우림 기후. (a) 페루의 마누국립공원의 아마존 열대 우림. 대표적인 열대우림 지점인 (b) 싱가포르와 (c) 페루 이키토스의 기후그래프

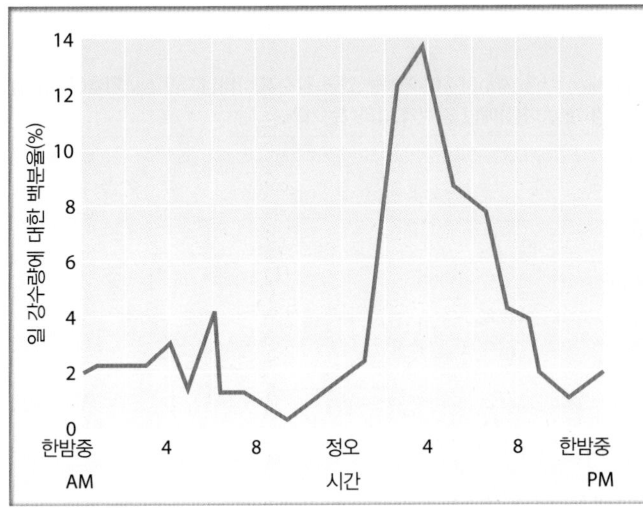

▲ **그림 8-6** Af 기후에서 강수의 평균적인 일변화. 말레이시아의 이 사례는 오후 중반에 강한 집중을, 일출 즈음에 작은 극대치를 보인다.

열대 사바나 기후(Aw)

A 기후 중에서 가장 넓은 **열대 사바나 기후**(tropical savanna climate)는 대체로 Af 기후의 북쪽과 남쪽에 분포한다(그림 8-4 참조). 일부 지역에서 이 기후는 남·북위 25°까지 분포한다.

Aw의 특징 : Aw 기후에서는 여름 우기와 겨울 건기가 명료하게 바뀐다(그림 8-7). 전형적인 Aw 기후의 연 강수량은 90~180cm이고 거의 대부분이 높은 태양 계절에 내린다.

Aw의 평균 기온 연교차는 전형적으로 3~8℃로서 Af 지역보다 약간 더 크다. 적도에서 멀어질수록 기온 연교차가 더 크다. 1년 중 가장 더운 시기는 여름 우기 시작 직전의 늦봄에 나타나는 것 같다.

Aw의 제어 요인 : Aw 기후는 적도 쪽으로는 ITCZ(Af 기후를 연중 지배하는)의 불안정하고 수렴하는 공기 그리고 극 쪽으로는 아열대 고기압의 안정적이고 하강하는 공기 사이에 위치한다는 것으로 이 기후의 강수 특징을 설명할 수 있다.

낮은 태양 계절(겨울) 동안 기압대가 적도 쪽으로 이동할 때 사

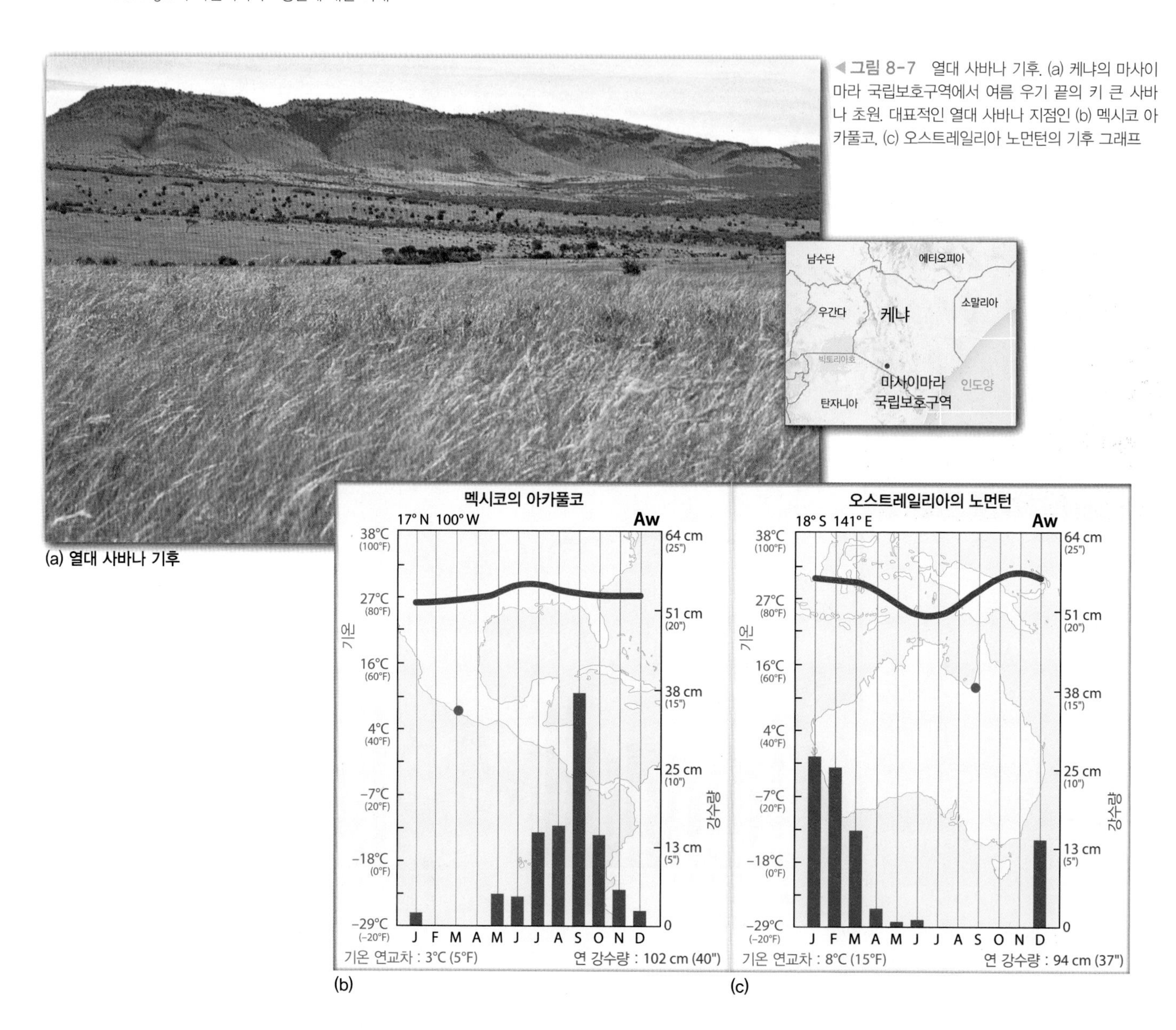

◀ 그림 8-7 열대 사바나 기후. (a) 케냐의 마사이마라 국립보호구역에서 여름 우기 끝의 키 큰 사바나 초원. 대표적인 열대 사바나 지점인 (b) 멕시코 아카풀코, (c) 오스트레일리아 노먼턴의 기후 그래프

바나 지역은 아열대 고기압과 관련된 건조 상태와 청명한 하늘의 지배를 받는다. 여름에 기압계가 '태양을 따라' 극 쪽으로 이동하면서 Aw 지역에 ITCZ의 뇌우와 대류성 강우가 나타난다(이 계절적인 강수 패턴은 제6장의 그림 6-36에서 잘 나타난다). Aw 기후의 극 쪽 한계는 ITCZ의 극 쪽으로의 최대 이동과 대체로 일치한다(그림 8-8).[2]

학습 체크 8-3 왜 Af 기후에서는 연중 강수가 나타나지만 Aw 기후에서는 높은 태양 계절(여름)에만 강수가 나타나는가?

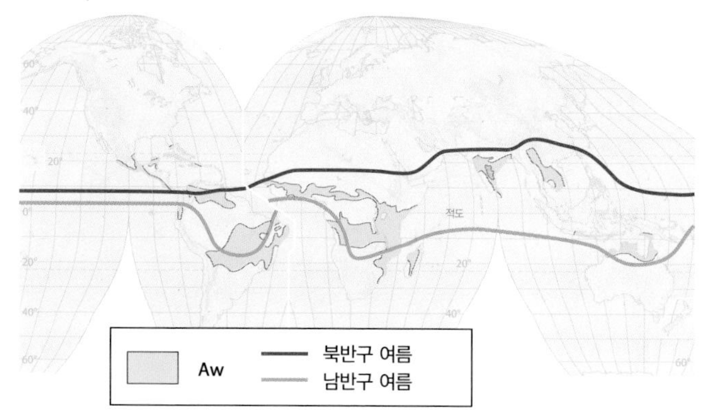

▲ 그림 8-8 열대수렴대(ITCZ)는 연중 폭넓게 이동한다. 빨간색 선은 북반구 여름의 전형적인 북쪽 경계를 보이며 주황색 선은 남반구 여름의 전형적인 남쪽 경계를 나타낸다. 이 선들은 Aw 기후의 극 쪽 경계와 대체로 일치한다.

2 역주 : 그림 8-8에서 보면 아프리카 북부와 오스트레일리아 북부의 경우 ITCZ[이 지역에서는 몬순 기압골(Monsoon Trough, MT)이라 불림]의 위치보다 남쪽에 열대 사바나의 경계가 있다. MT의 고위도 쪽에 고온 건조한 공기가 있고 저위도 쪽에 저온이고 습윤한 공기가 있어(이 때문에 MT라고 불림) 습윤한 공기의 층이 지상의 MT 부근에서는 얇고 (건조 기후 지역의 폭넓은 하강기류로) 점차 저위도로 가면서 두꺼워지는데, 이 경우 강우는 지상의 MT에서 상당히 거리가 떨어진 저위도 쪽에 서 나타난다(Barry and Chorley, 2010, Atmosphere, Weather and Climate, 9th. ed., Routledge, p. 367). 따라서 지상의 MT보다 상당히 떨어진 저위도 쪽에서 열대 사바나 기후가 나타날 수 있다. 한편 남아메리카나 남아프리카의 경우에는 저위도의 따뜻한 공기가 고위도의 찬 공기 위로 불어 가는 형상이므로(온난전선과 유사), 지상의 MT보다 더 고위도 쪽에 강수가 나타날 수 있다.

열대 몬순 기후(Am)

열대 몬순 기후(tropical monsoon climate)는 계절풍 패턴이 뚜렷한 열대 지역에서 나타난다. 이 기후는 남·동남아시아의 바람받이(서향) 해안에서 가장 넓게 나타나지만(주로 인도, 방글라데시, 미얀마와 타이), 서아프리카, 남아메리카 북동부, 필리핀, 오스트레일리아 북동부의 보다 한정된 해안 지역에서도 나타난다(그림 8-4 참조).

Am의 특징 : Am 기후의 독특함은 주로 강수 패턴에서 온다(그림 8-9). 높은 태양 계절 동안 엄청난 양의 비가 '여름' 몬순과 연관되어 내린다. 두세 달 동안 월 강수량이 75cm 이상 내리는 것이 유별난 것은 아니다. 전형적인 Am 지점에서 연 강수량은 250~500cm이다. 극단적인 사례가 체라푼지(인도 동부 메갈라야주의 카시 구릉에 있음)로서 이곳의 연 강수량은 1,065cm이다. 체라푼지의 강수기록으로는 3일간 210cm, 1개월에 930cm, 1년에 2,647cm 등이 있다(그림 8-10).

Am 기후의 기온 연교차는 Af 기후보다 약간 더 크지만 최고 기온은 보통 여름 몬순 시작 직전의 늦봄에 나타난다. 습윤한 몬순 기간 동안 하늘을 덮은 구름이 일부 일사량을 차단하여 여름철 기온이 봄철보다 약간 더 낮다.

Am의 제어 요인 : Am 기후의 극단적으로 습윤한 높은 태양 계절은 바다에서 부는 습윤한 바람과 뇌우를 가져오는 여름 몬순의 시작(onset)으로 설명할 수 있다. 낮은 태양 계절 동안 Am 기후는 바다로 향하는 바람에 의해 지배된다. 이 계절 동안 '겨울' 몬순은 강수를 거의 가져오지 않으며 한두 달은 강수가 없을 수도 있다.

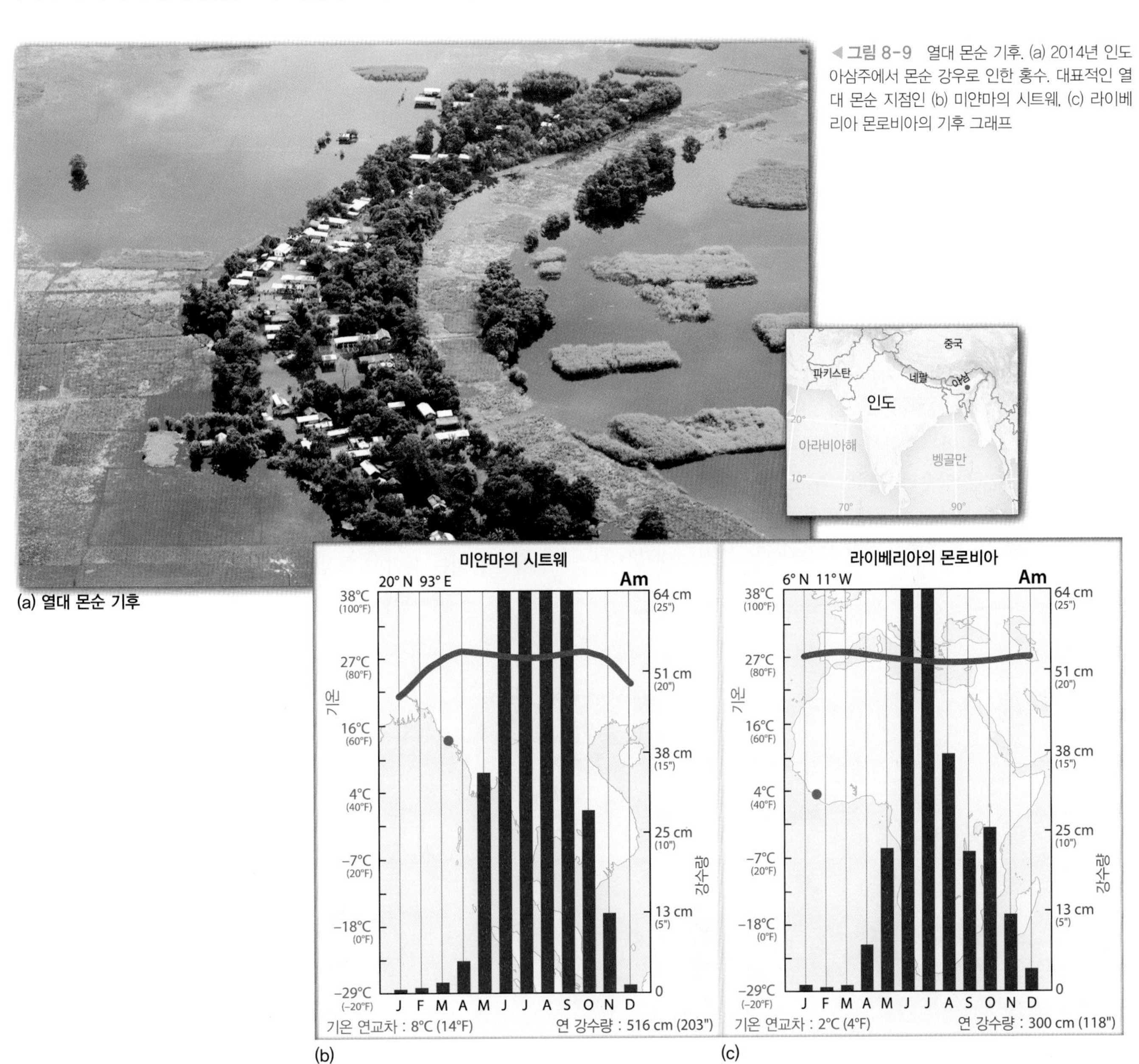

(a) 열대 몬순 기후

(b)

(c)

◀ 그림 8-9 열대 몬순 기후. (a) 2014년 인도 아삼주에서 몬순 강우로 인한 홍수. 대표적인 열대 몬순 지점인 (b) 미얀마의 시트웨, (c) 라이베리아 몬로비아의 기후 그래프

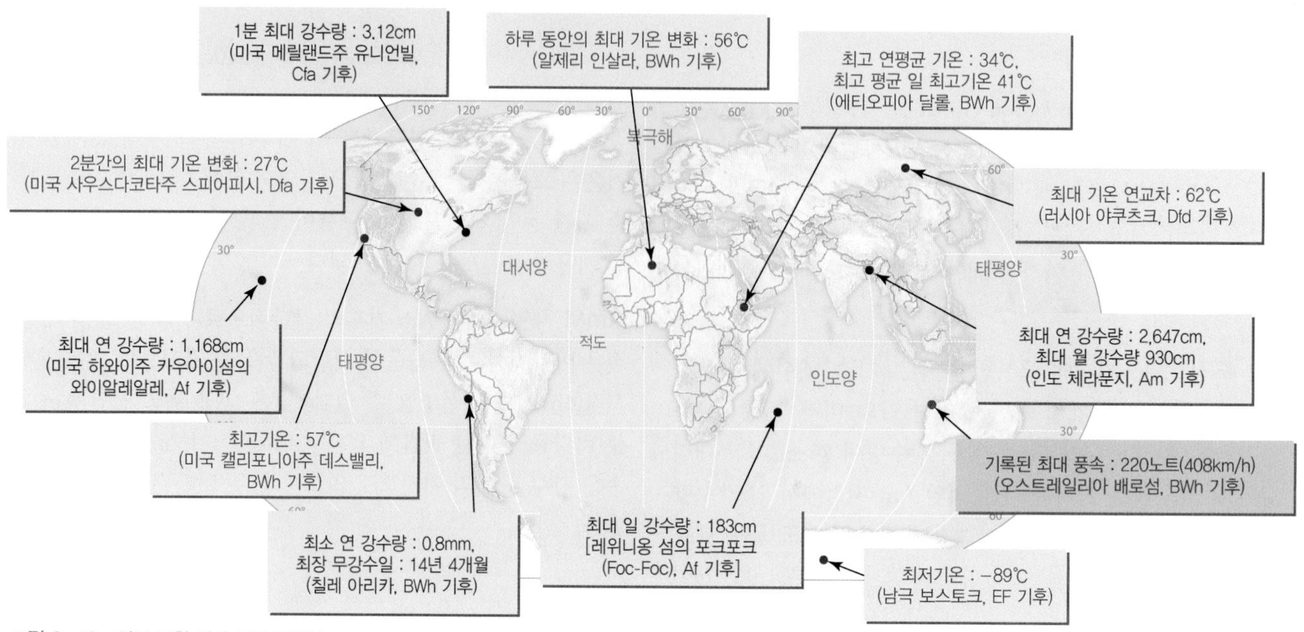

▲그림 8-10 일부 극한 기상 기록 지점들

건조 기후(B그룹)

건조 기후(dry climate)는 세계 육지의 약 30%를 차지하는데(그림 8-11), 다른 어떤 기후 그룹보다 넓다. 첫눈에 이 분포 패턴은 불규칙하고 복잡한 것으로 보이나 실제로는 상당한 수준으로 예측 가능하다. 세계의 건조 지역은 (1) 구름 형성에 필요한 공기 상승이 없거나 (2) 공기 중의 수분 부족으로, 일부 지역에서는 이 둘 모두의 결과로 발달한다.

강수와 증발산의 균형을 포함하기 때문에 건조 기후의 개념은 복잡하며 따라서 강수량뿐만 아니라 기온에도 의존한다. 일반적으로 기온이 높으면 가능증발산도 커져서 더운 지역에서는 서늘한 지역보다 더 많은 강수가 내려도 건조 기후로 구분될 수 있다.

가장 넓은 건조 지역은 아열대, 특히 대륙의 중앙부와 서부에 있는데, 이곳에서는 아열대 고기압 세포와 연관된 하강기류와 한류가 대기의 안정성을 증가시키는 데 기여한다. 사막 상태는 광대한 해양 지역에서도 나타나는데, 이는 진정 해양 사막이라고 불릴 만하다.

중위도, 특히 중앙 유라시아 지역에서 건조 기후는 수증기원에서 먼 거리에 있는 혹은 산맥의 비그늘에 위치한 지역에서 나타난다.

B기후의 주된 2개 범주는 **사막**(desert)과 **스텝**(steppe)이다(표 8-3). 사막은 극단적으로 건조하고 스텝은 반건조하다. 대부분의 사막은 건조지역의 큰 핵심 지역이며 그 주위를 약간 덜 건조한 스텝이라는 점이 지역이 둘러싸고 있다. 이 2개의 B 기후는 기온에 따라 '더운' **아열대 사막**(subtropical desert)과 **아열대 스텝**(subtropical steppe) 그리고 '한랭한' **중위도 사막**(midlatitude desert)과 **중위도 스텝**(midlatitude steppe)으로 세분된다. 여기서 우리의 논의는 사막에 초점이 맞춰지는데, 이는 사막이 건조 상태의 전형, 즉 극단적인 건조를 나타내기 때문이다. 사막에 대해 기술한 것의 대부분이 스텝에 대해서도 적용되나 강도의 수정이 필요하다.

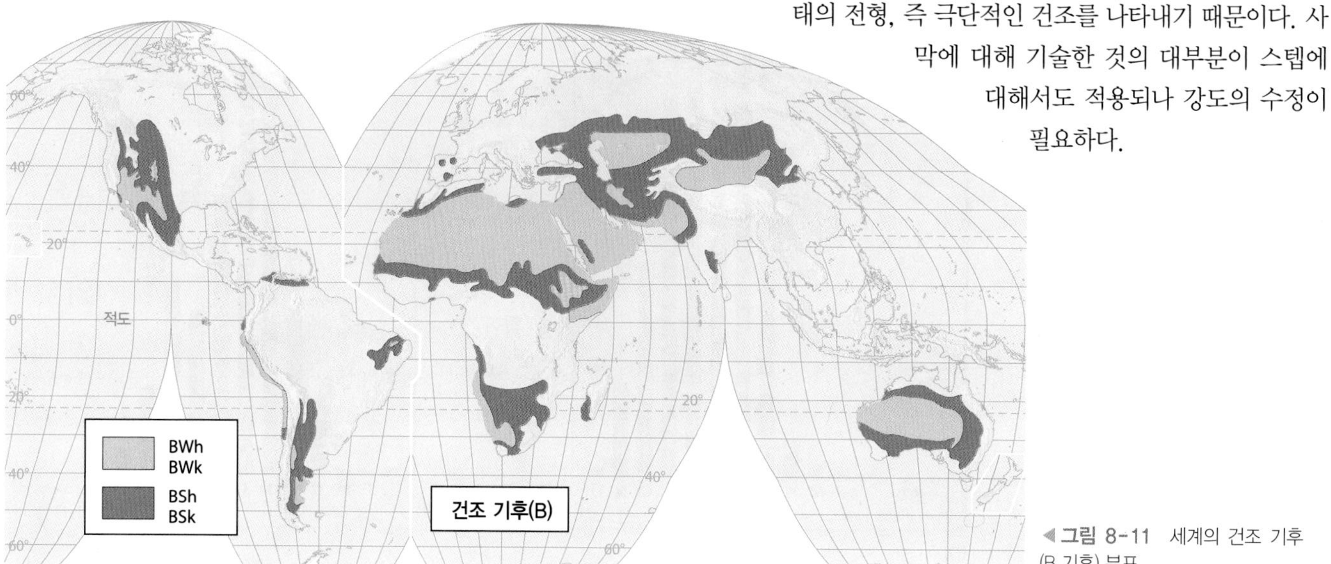

◀그림 8-11 세계의 건조 기후(B 기후) 분포

표 8-3 건조 기후(B 기후)의 요약

기후형	위치	기온	강수량	기후의 주요 제어 요인
아열대 사막(BWh)	대륙의 서부에서 위도 25~30° 를 중심으로 내륙으로 확장됨, 북아프리카와 서남아시아에서 가장 넓음	매우 더운 여름과 비교적 온화한 겨울, 거대한 DTR, 보통의 ATR	강수가 적어서 전형적으로 30cm 이하, 불규칙한 강수, 강렬한 강수, 구름이 거의 없음	아열대 고기압에서의 하강기류, 한류, 산맥의 비그늘에 의해 확장될 수도 있음
아열대 스텝(BSh)	서쪽을 제외하면 BWh를 둘러쌈	BWh와 유사하나 보다 온건함	반건조	BWh와 유사
중위도 사막(BWk)	중앙아시아, 미국의 서부 내륙, 파타고니아	더운 여름과 추운 겨울, 매우 큰 ATR, 큰 DTR	부족, 전형적으로 25cm 이하, 불규칙하고 대부분 소나기로 내림, 일부 겨울 강설	수증기원에서의 거리, 산맥의 비그늘
중위도 스텝(BSk)	BWk 주위, 더 습윤한 기후와의 점이 지역	BWk와 유사하나 약간 더 온건함	반건조, 일부 겨울 강설	BWk와 유사

ATR=기온 연교차, DTR=기온 일교차

학습 체크 8-4 건조 기후의 두 가지 주된 원인을 설명하라.

아열대 사막 기후(BWh)

남반구와 북반구 양쪽에서 **아열대 사막 기후**(subtropical desert climate)는 아열대 고기압대에 혹은 이에 매우 가까이 분포한다(그림 8-12). 이 기후의 중심은 남·북위 25~30° 사이에, 특히 대륙의 서안을 따라서 나타난다.

북아프리카(사하라사막)와 서남아시아(아라비아사막)에서 BWh 기후의 광대한 면적은 세계의 다른 사막을 모두 합한 것보다 더 넓다. 여기에서 사막은 동해안까지 아프리카 대륙을 횡단하는데, 주로 거대한 유라시아 대륙이 북동쪽에서의 해양 수증기원을 제거하기 때문이다. 아열대 사막 기후는 또한 오스트레일리아에서도 넓게 나타나는데(대륙 면적의 50%), 이는 대륙의 동해안과 평행하게 달리는 산맥들이 충분히 높아서 태평양에서 불어오는 바람을 차단하기 때문이다.

BWh의 특징 : 아열대 사막의 강수 상태에 적용할 수 있는 세 가지 특징이 있다. 그것은 바로 희귀성, 불규칙성, 강렬함이다(그림 8-13).

1. 희귀성 — 아열대 사막은 지구에서 강우가 가장 적은 지역에 속한다. 일부 지역에서는 비 한 방울 내리지 않는 해가 연달아 수년씩 나타나지만 대부분의 BWh 지역에서 연 강수량은 5~20cm 정도이며 일부 지역에서는 38cm까지 나타난다.
2. 불규칙성 — 연평균 강수량이 적을수록 경년 변동성이 커진다는 것을 제6장에서 배웠다. BWh 지점에서 '평균' 연 강수량의 개념은 오해를 불러일으킨다. 예를 들면 미국 애리조나주의 유마에서 장기간 평균 강수량은 8.4cm이었으나, 지난 20년 동안의 평균 강수량은 0.5cm에 불과하였으며 특정 해에는 18.4cm의 비가 왔다.
3. 강렬함 — 이들 지역에서 대부분의 강수는 국지적이고 지속시간이 짧은 활동적인 대류성 소나기로서 나타난다. 따라서 드물게 내리는 비는 몇 달 동안 지표면에 수분이 없었던 지역에 단기간의 홍수를 가져올 수도 있다.

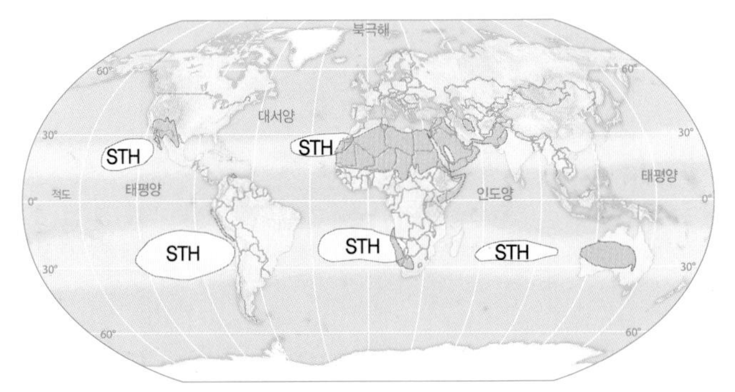

▲ 그림 8-12 아열대 고기압대(STH)와 BWh 기후의 일치는 인상적이다.

BWh 지역에서 기온 역시 특징적이다. 저위도에 위치하고(따라서 여름철의 태양 고도는 90° 혹은 이에 가깝다) 운량이 거의 없어서 지표면에 대량의 일사량이 나타난다. 여름은 길고 타는 듯이 더워서 월평균 기온은 33~37℃에 이르며, 이 기후 지역은 대부분의 적도 지역보다 뚜렷하게 덥다. 한겨울의 월평균 기온은 16~19℃ 정도로 온건한 기온 연교차를 가져온다.

한편 기온 일교차는 때때로 사람을 놀라게 한다. 여름철 낮은 너무 더워서 밤 시간 동안 충분히 냉각될 수 없으나, 봄과 가을의 환절기 동안에는 오후의 가열과 다음 날 새벽의 냉각 사이에 28℃의 변동이 그리 유별난 것이 아니다. 일반적으로 맑은 하늘과 적은 수증기 함량으로 지표면 장파 복사가 방해받지 않고 대기를 통과하여 외계로 전달되기 때문에 빠른 야간 냉각이 가능하게 된다(작은 국지 '온실 효과').

BWh의 제어 요인 : 아열대 사막은 아열대의 대륙 서안에서 내륙으로 확장되는데, 이곳에서 아열대 고기압대(STH)의 하강기류가 더 강하고, 또한 이곳에서 한류가 공기의 안정화에 기여한다.

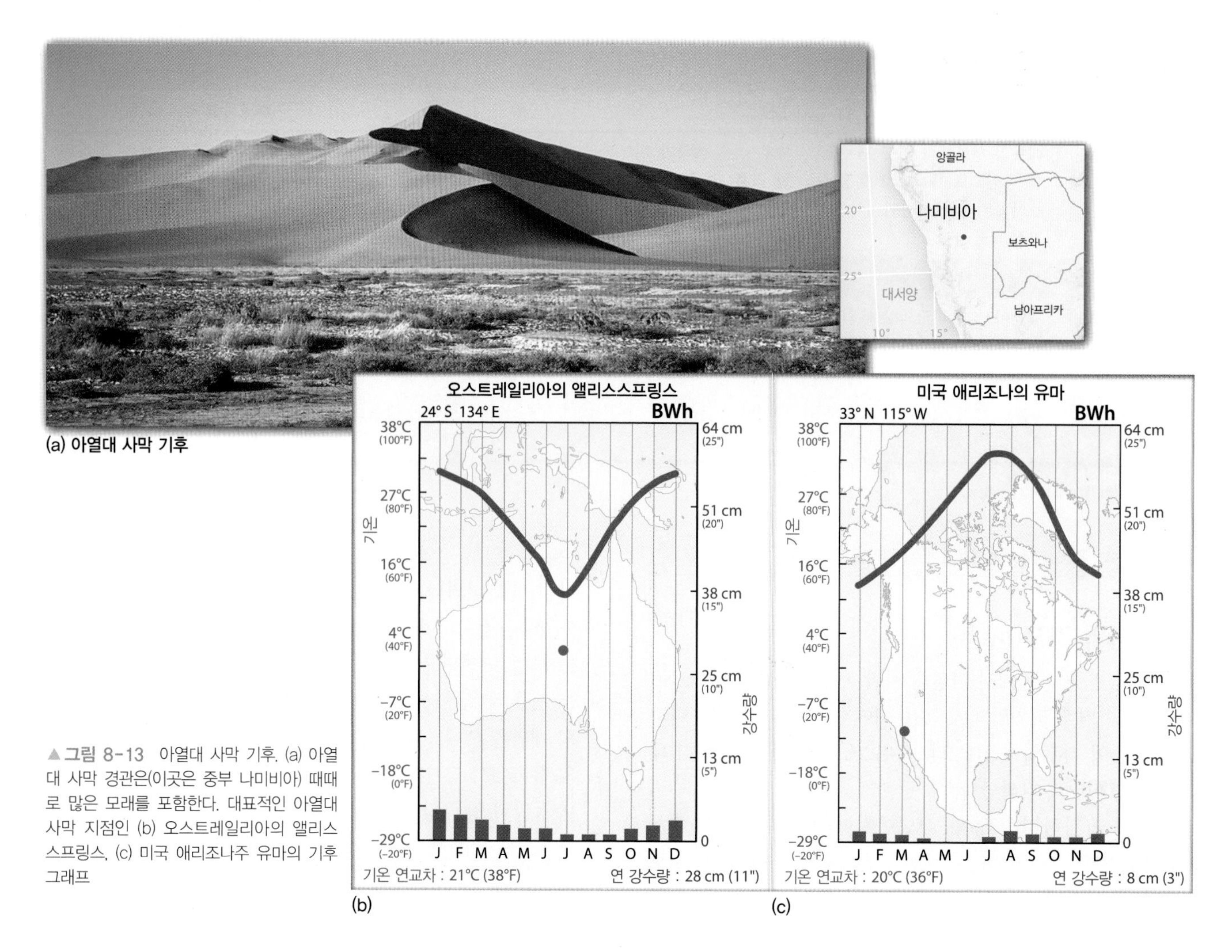

(a) 아열대 사막 기후

▲ 그림 8-13 아열대 사막 기후. (a) 아열대 사막 경관은(이곳은 중부 나미비아) 때때로 많은 모래를 포함한다. 대표적인 아열대 사막 지점인 (b) 오스트레일리아의 앨리스스프링스, (c) 미국 애리조나주 유마의 기후 그래프

아프리카 남서부, 남아메리카와 북아메리카에서 아열대 사막은 해안 지역에 한정되어 있다. 남북으로 가장 긴 사막은 남아메리카의 서해안을 따라 분포하는데, 이곳의 아타카마사막은 가장 건조한 사막이다. 아타카마사막은 '이중' 비그늘 위치에 끼어 있다(그림 8-14). 즉, 안데스산맥이 동쪽에서의 습윤한 바람을 막아주고, 태평양의 공기는 세계에서 가장 뚜렷한 한류(페루 해류, 또한 '훔볼트' 해류로도 알려짐) 위를 통과하면서 철저하게 냉각되어 안정화된다.

'안개 자욱한' 서안 사막 : 아열대 사막의 서안을 따라 특별한 상태가 탁월하게 나타난다(그림 8-15). 앞바다의 찬물(한류와 찬 해양 심층수 용승의 결과)은 그 위를 통과하는 어떤 공기도 냉각시킨다. 이 냉각으로 안개와 낮은 층운이 자주 나타난다. 이런 이류 냉각으로 강수는 거의 나타나지 않으나 보통 그 영향은 내륙으로 수 킬로미터까지 미치는 데 불과하다. 그러나 해안 인접 지역에서는 비교적 낮은 여름철 기온(전형적인 여름 평균 기온은 21~24℃), 지속적으로 높은 상대습도, 크게 감소한 기온 연교차 및 일교차와 같은 비정상적인 사막 상태가 특징적으로 잘 나타난다(그림 8-13b와 그림 8-15b를 비교하라).

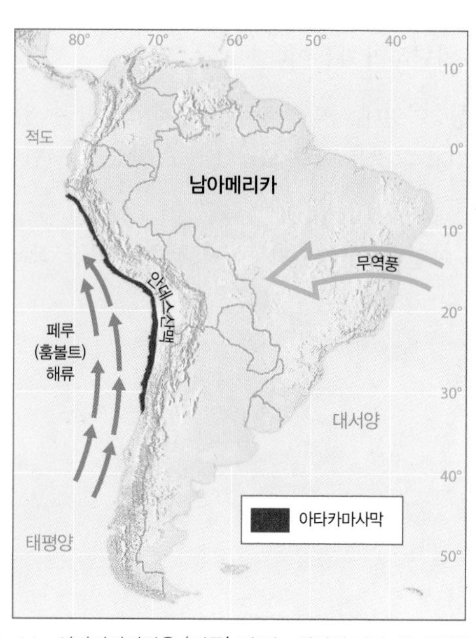

▲ 그림 8-14 아타카마사막은 '이중' 비그늘 위치에 있다. 즉, 동쪽으로 안데스산맥은 대서양에서의 습윤 공기 이동을 막고 서쪽으로 찬 페루(훔볼트) 해류는 습윤한 태평양 공기를 안정하게 하여 공기의 상승을 억제한다

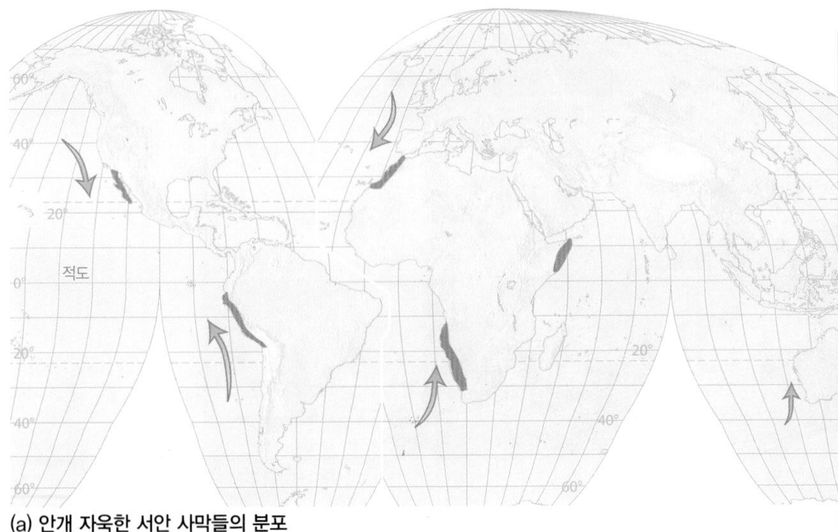

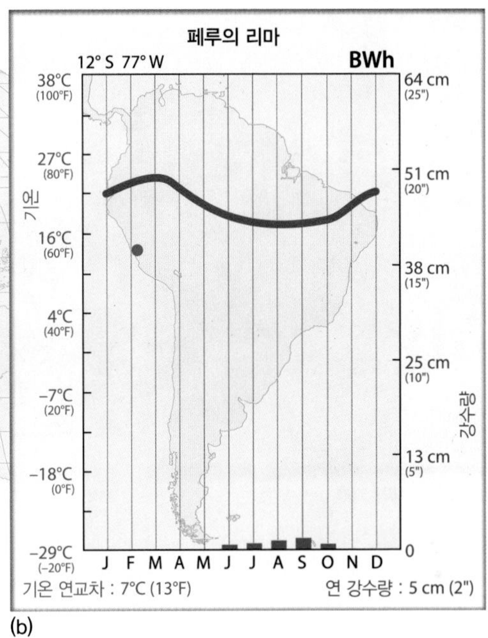

▲그림 8-15 (a) 냉랑하고 안개 자욱한 서안 사막은 한류(파란색 화살표로 표시함)와 한랭한 용승에 해안을 따라서 평행하게 나타난다. 그러한 사막은 대부분 아열대 서안에 위치하고 있으나 예외적인 두 지역이 있다. 즉, 이 사막은 오스트레일리아의 서안에는 없고 '아프리카의 뿔'(소말리아)의 동안에서는 나타난다. (b) 한랭한 서안 사막 지점인 페루 리마의 기후 그래프

아열대 스텝 기후(BSh) : 아열대 스텝 기후(subtropical steppe climate)는 특징적으로 BWh 기후를 둘러싸고 있으며(사막이 바다까지 확장된 서쪽은 제외), 사막과 보다 습윤한 기후를 분리하고 있다. 기온과 강수 상태는 BWh 지역과 유사하나 극값들은 스텝에서 더 줄어든다(그림 8-16).

학습 체크 8-5 왜 아열대 사막(BWh) 기후는 대륙의 서안을 따라서 나타나는가?

중위도 사막 기후(BWk)

중위도 사막 기후(midlatitude desert climate)는 주로 대륙의 안쪽 깊숙한 곳에 분포한다(그림 8-3 참조). 유라시아 중부의 가장 넓은 중위도 건조 기후 지역은 어떤 해양에서도 멀리 있으며 남쪽의 거대한 산맥(특히 히말라야산맥)에 의해 남아시아 여름 몬순과의 어떤 접촉도 막혀 있다. 북아메리카에서는 높은 산맥이 서안에 근접하여 평행하게 달리고 있어 건조 기후는 이들 산맥의 동쪽에서 나타나기 시작한다. 다른 뚜렷한 BWk 지역은 남아메리카에 있는데, 이곳에서 사막은 파타고니아(아르헨티나 남부)의 동안까지 도달한다.

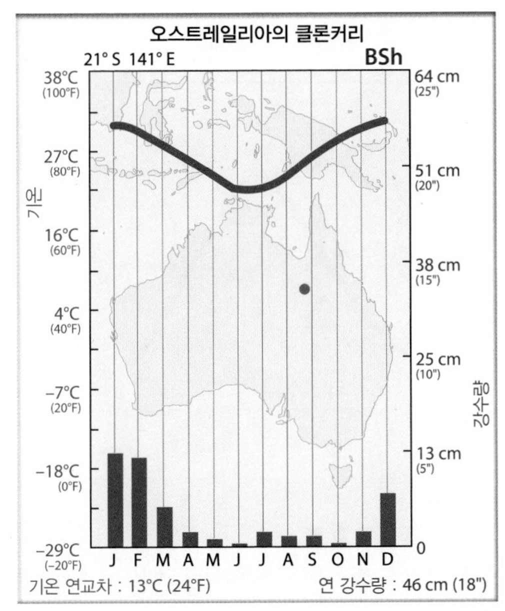

▲그림 8-16 대표적인 아열대 스텝 지점인 오스트레일리아 클론커리의 기후 그래프

BWk의 특징 : 중위도 사막(BWk)의 강수는 부족하고 불규칙한 것이 아열대 사막(BWh)과 매우 흡사하다. 이들 두 기후에서는 계절성과 강도라는 측면에서 차이가 나타난다. 대부분의 BWk 지역에서 대부분의 강수는 여름에 내리는데(그림 8-17), 이 시기에는 대륙의 가열과 대기 불안정이 흔히 나타난다. 겨울에는 보통 저온과 고기압 상태가 지배적이어서 강수가 있다면 눈으로 내릴 것이다.

중위도 사막과 아열대 사막의 주된 기후 차이는 기온, 특히 겨울 기온에 있다. BWk 지역에서는 매우 추운 겨울이 나타난다. 추운 달의 평균 기온은 보통 영하로 내려가며(일부 BWk 지점에서는 6개월간 영하의 평균 기온이 나타남), 이 추위로 연평균 기온은 BWh 지역보다 매우 낮아지며 기온 연교차는 크게 증가한다. 일부 BWk 지점에서는 겨울철과 여름철에 30℃의 기온차가 나타난다.

BWk의 제어 요인 : 중위도 사막은 지리적으로 해양으로부터 멀리 떨어진 위치 또는 산맥의 비그늘에 속하는 편서풍대에서 발달한다. 낮은 겨울철 기온과 큰 기온 연교차는 중위도 대륙의 위치를 반영한 것이다.

학습 체크 8-6 BWh 기후와 BWk 기후에서 기온 패턴의 차이를 설명하라.

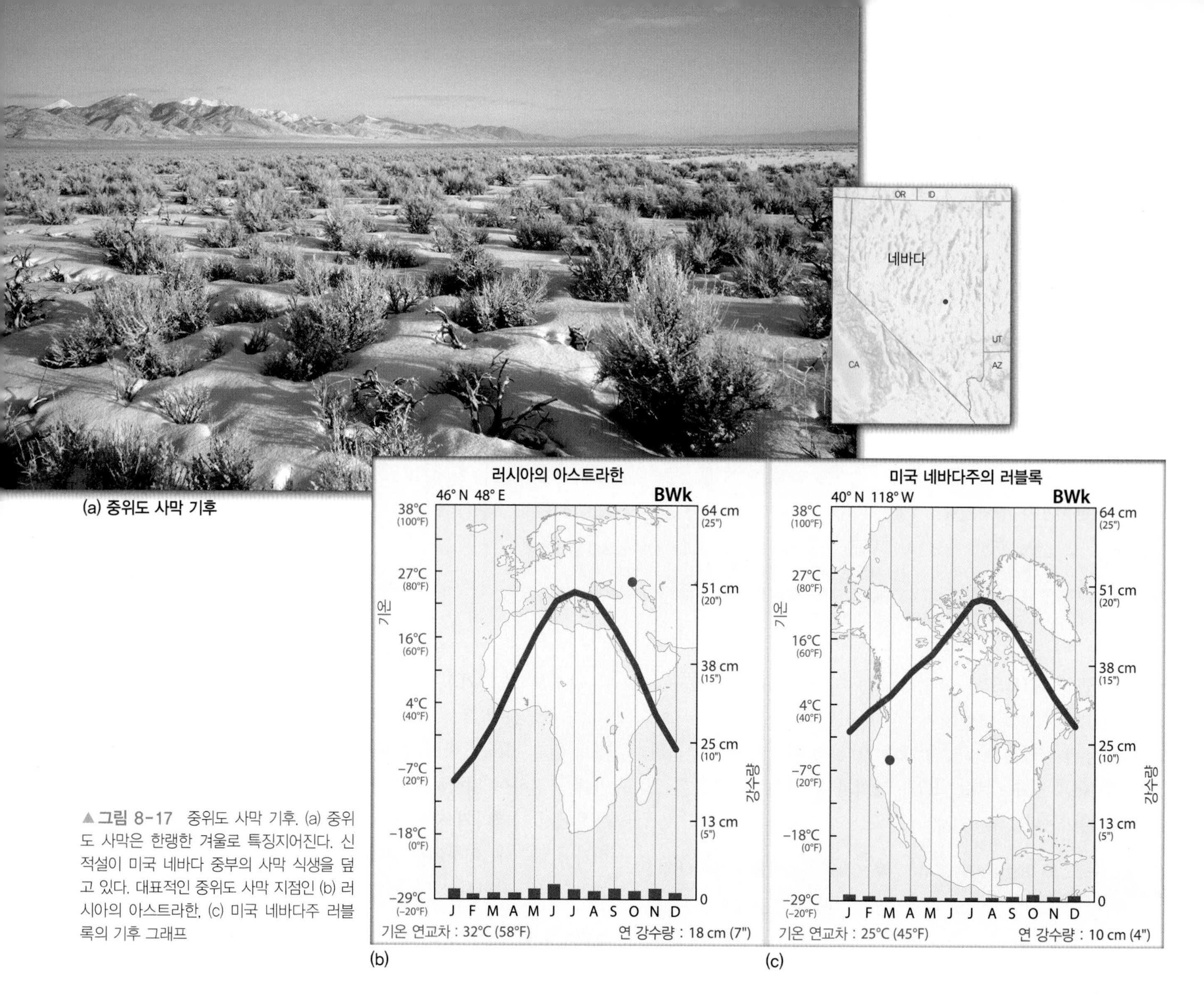

(a) 중위도 사막 기후

▲그림 8-17 중위도 사막 기후. (a) 중위도 사막은 한랭한 겨울로 특징지어진다. 신적설이 미국 네바다 중부의 사막 식생을 덮고 있다. 대표적인 중위도 사막 지점인 (b) 러시아의 아스트라한, (c) 미국 네바다주 러블록의 기후 그래프

(b) (c)

중위도 스텝 기후(BSk) : 아열대에서처럼 중위도 스텝 기후(midlatitude steppe climate)는 대체로 사막과 습윤 기후의 점이지대를 차지한다. 전형적으로 중위도 스텝에서는 중위도 사막보다 강수량이 더 많고 기온 극값은 더 약화된다(그림 8-18). 북아메리카 서부에서 스텝 기후는 넓게 나타난다. 미국 남서부 내륙에서만 기후가 충분히 건조하여 사막으로 구분된다.

온화한 중위도 기후(C그룹)

온화한 중위도 기후(mild midlatitude climate, C그룹)는 중위도의 적도 쪽 가장자리를 차지하며 대륙의 동안보다 서안을 따라 더 극 쪽으로 확장된다(그림 8-19). 이 기후는 더 따뜻한 열대 기후와 더 추운 중위도 기후의 점이 기후이다.

중위도는 기단이 대조적이고, 대기 요란과 날씨가 변화무쌍한 지역이다. 기온의 계절적 리듬은 보통 강수의 리듬보다 더 뚜렷하다. 열대에서 계절은 '우기'와 '건기'로 더 뚜렷하게 구분되는 반면 중위도에서 계절은 명백하게 '겨울'과 '여름'으로 구분된다.

C 기후에서 여름은 길고 때때로 더우며, 겨울은 짧고 비교적 온화하다. 이 지대에서는 겨울철에 때때로 서리가 내리며 따라서

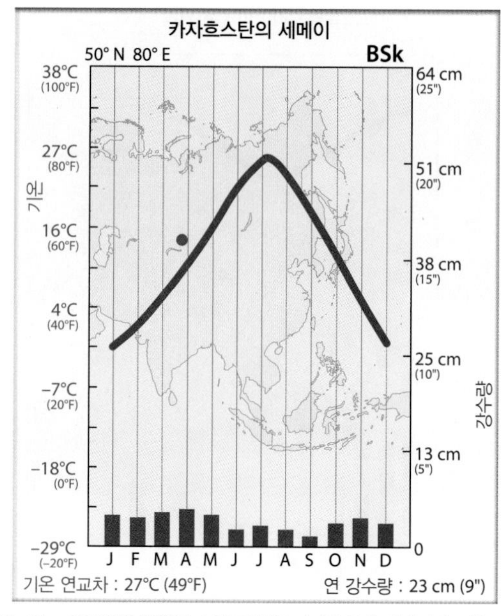

▲그림 8-18 대표적인 중위도 스텝 지점인 카자흐스탄 세메이의 기후 그래프

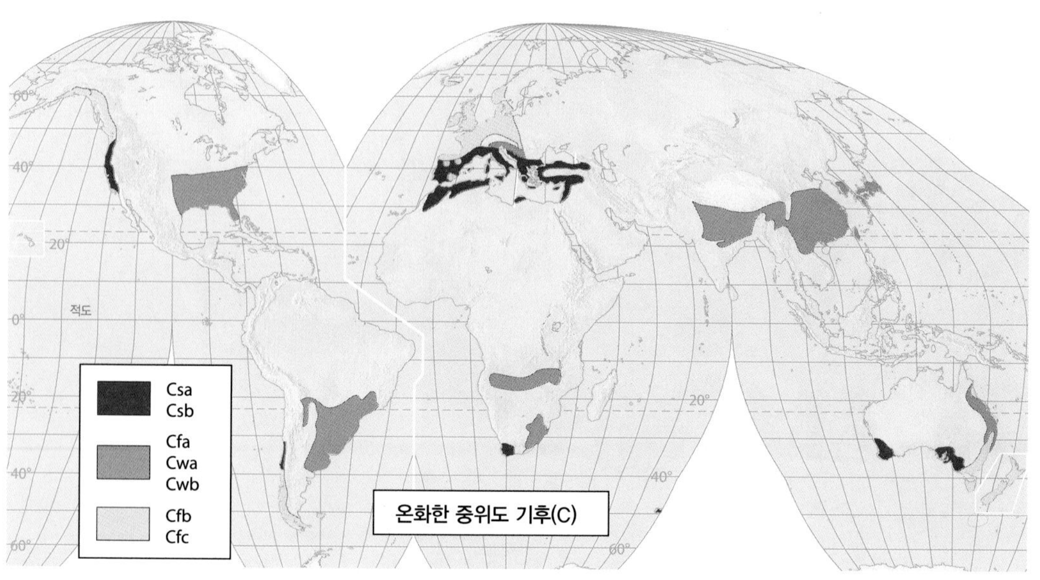

◀ **그림 8-19** 세계의 온화한 중위도 기후(C 기후)의 분포

연중 성장 계절은 아니다. 강수는 총 강수량과 계절 분포 양쪽에서 매우 변동성이 크다.

C 기후는 우선 강수의 계절성에 근거하며, 다음으로 여름 기온에 따라서 3개 유형으로 구분된다. 즉, 지중해성(mediterranean), 습윤 아열대(humid subtropical), 서안 해양성(marine west coast) 기후이다(표 8-4).

지중해성 기후(Csa, Csb)

이 2개의 Cs 기후는 때로는 하계 건조 아열대 기후(dry summer subtropical climate)로 불리지만 더 널리 불리는 이름은 **지중해성 기후**(mediterranean climate)이다.[3] Cs 기후는 대륙의 서안에서 남·북위 35°를 중심으로 나타난다. Cs 지역은 미국 캘리포니아, 칠레 중부, 아프리카의 남단, 오스트레일리아의 남서쪽과 남쪽의 '모서리' 해안 지역에 한정되어 있으나 지중해 연안과 내륙 지역에서는 이 기후가 넓게 나타난다.

Cs의 특징 : Cs 기후(그림 8-20)는 3개의 뚜렷한 특징을 보인다.

1. 연 강수량의 대부분은 겨울철에 내리며 여름에는 사실상 강우가 없다.
2. 겨울 기온이 중위도로서는 매우 온화하며, 여름 기온은 따뜻함에서 더움까지 변한다.
3. 맑은 하늘과 풍부한 일사는 특히 여름철에 전형적이다.

연평균 강수량은 적절하여 38~64cm에 이르며, 한여름의 두세 달은 모두 건조하다. 다른 기후형 중에서는 서안 해양성 기후만 겨울에 강수의 집중이 나타난다.

대부분의 지중해성 기후는 '더운 여름'의 Csa로 구분되는데, 한여름에 월평균 기온이 24~29℃이고 38℃ 이상의 고온이 자주 나타난다. 해안의 '온화한 여름'인 Csb 지역은 내륙의 지중해성

3 적합한 용어는 대문자가 없는 것(mediterranean)인데, 이것이 기후형의 일반 명칭이기 때문이다. 대문자 'M'이 있는 'Mediterranean'은 지중해 주위의 특정 지역을 지칭한다.

표 8-4 온화한 중위도 기후(C 기후)의 요약

기후형	위치	기온	강수량	기후의 주요 제어 요인
지중해성 (Csa, Csb)	대륙의 서부에서 35°를 중심으로 분포, 지중해 지역을 제외하면 동서 방향의 확장은 제한됨	따뜻하거나 더운 여름, 온화한 겨울, 해안 지역에서 연중 온화함	여름 건기, 보통의 강수량, 연 강수량 38~64cm, 겨울에 거의 전부 내림, 일사량 많고 일부 연안 안개	여름에 아열대 고기압의 하강 기류와 대기 안정성, 겨울에 서풍 바람과 저기압성 폭풍
습윤 아열대 (Cfa, Cwa, Cwb)	대륙의 동부에서 위도 30°를 중심으로 분포, 동서로 상당히 확장됨	여름에는 따뜻하거나 무더움, 겨울에는 온화함에서 한랭까지	많음, 연 강수량 100~165cm, 대부분 강우, 여름에 극대이나 진정한 건기가 없음	겨울에 서풍 바람과 폭풍, 여름에 습윤한 내륙으로의 기류, 아시아에서 몬순
서안 해양성 (Cfb, Cfc)	대륙의 서부에서 위도 40~60°, 유럽을 제외하면 내륙으로의 확장은 제한됨	위도에 비해 매우 온화한 겨울, 대체로 온화한 여름, 보통의 ATR	건기 없음, 강수량 보통~많음, 연 강수량 75~125cm, 대부분 겨울에 내림, 강우일이 많음, 운량이 많음	연중 편서풍과 해양의 영향

ATR=기온 연교차

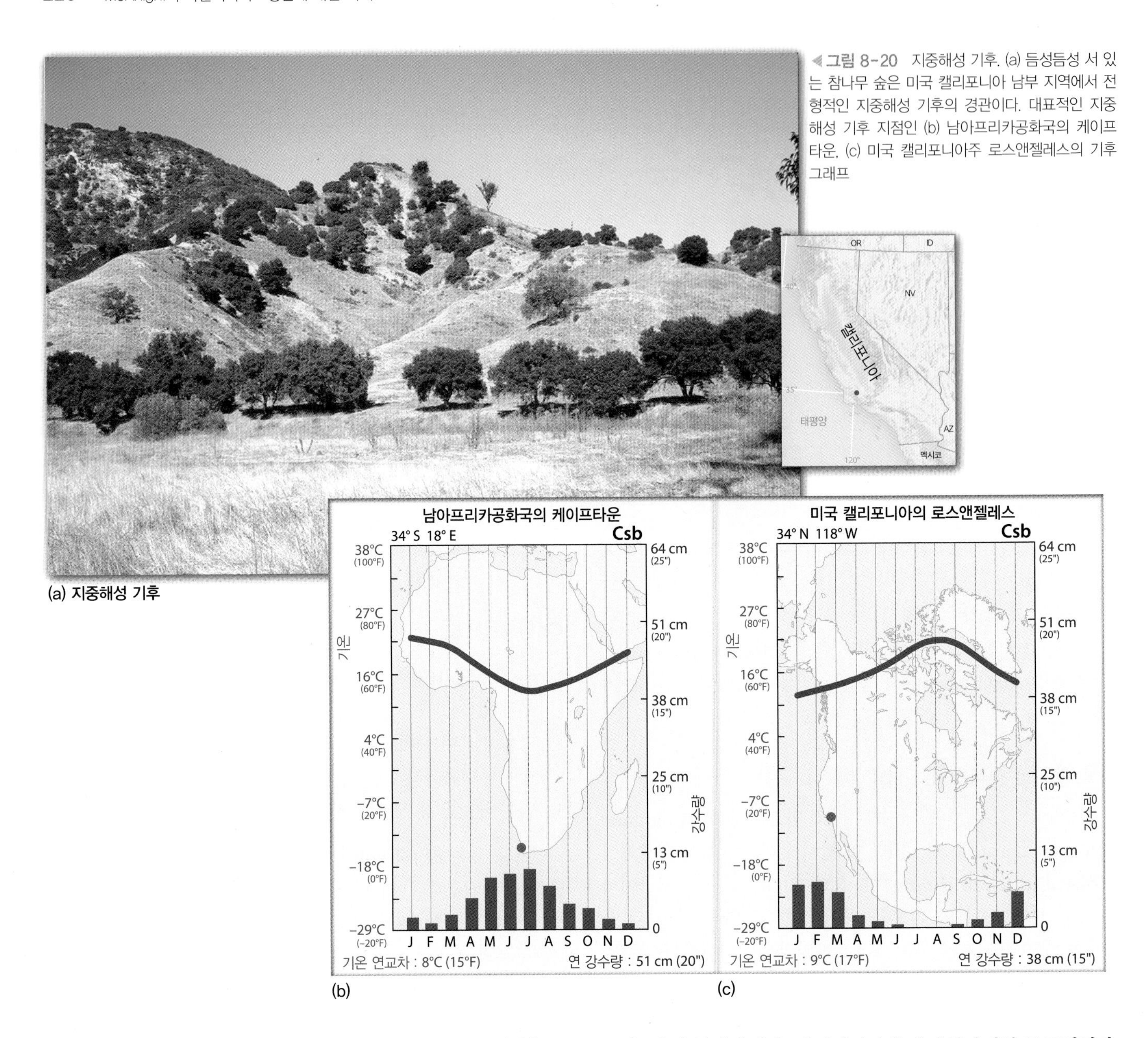

◀ **그림 8-20** 지중해성 기후. (a) 듬성듬성 서 있는 참나무 숲은 미국 캘리포니아 남부 지역에서 전형적인 지중해성 기후의 경관이다. 대표적인 지중해성 기후 지점인 (b) 남아프리카공화국의 케이프타운, (c) 미국 캘리포니아주 로스앤젤레스의 기후 그래프

(a) 지중해성 기후

(b) (c)

기후 지역보다 여름이 더 저온이고 겨울이 약간 더 고온이다(그림 8-21). 기온은 드물게 영하로 떨어진다.

Cs의 제어 요인 : 지중해성 기후의 기원은 명쾌하다. 여름에 이 지역은 아열대 고기압의 동쪽 부분에 있는 건조하고 안정적이며 하강하는 공기의 지배를 받는다. 겨울에 이 바람과 기압대는 적도 쪽으로 이동하고, 지중해성 기후 지역은 이동성 중위도 저기압과 그에 따른 전선을 동반하는 편서풍의 영향을 받는다. 거의 모든 강수는 이들 저기압성 폭풍에서 온다.

습윤 아열대 기후(Cfa, Cwa, Cwb)

지중해성 기후가 대륙의 서안에 분포하는 데 비해 **습윤 아열대 기후**(humid subtropical climate)는 거의 같은 위도를 중심으로 대륙의 동안에 분포한다. 그러나 습윤 아열대 기후는 지중해성 기후 지역보다 더 내륙으로 확장되었고 더 넓은 위도 범위에서 나타나는데, 특히 북아메리카, 남아메리카와 유라시아에서 두드러진다. Cfa가 가장 흔한 아류형이다.

Cfa의 특징 : 습윤 아열대 기후는 다음과 같은 여러 중요한 측면에서 지중해성 기후와 다르다(그림 8-22).

- 습윤 아열대 지역에서 여름철 기온은 대체로 따뜻함에서 더움까지 나타나고, Cs 지역보다 습도가 더 높다. Cfa의 여름철 낮에는 무더우며 밤에도 때때로 휴식을 취하기 어렵다(열대야로 인해).
- 습윤 아열대 지역에서 강수는 여름에 최대가 되며 겨울에 감소하나 실제로 건기는 아니다(중국의 Cwa 지역은 예외로, 여기에서는 건조한 겨울 몬순 상태가 지배적이다). 북아메리카와 아시아의 해안지역에서 늦여름-가을의 강수량 증가는 열대 저기압에 의한 강수에 기인한다. 연 강수량은 대체로 풍부하여, 평균적으로 100~165cm이고 내륙으로 가면서 대체로 감소한다.

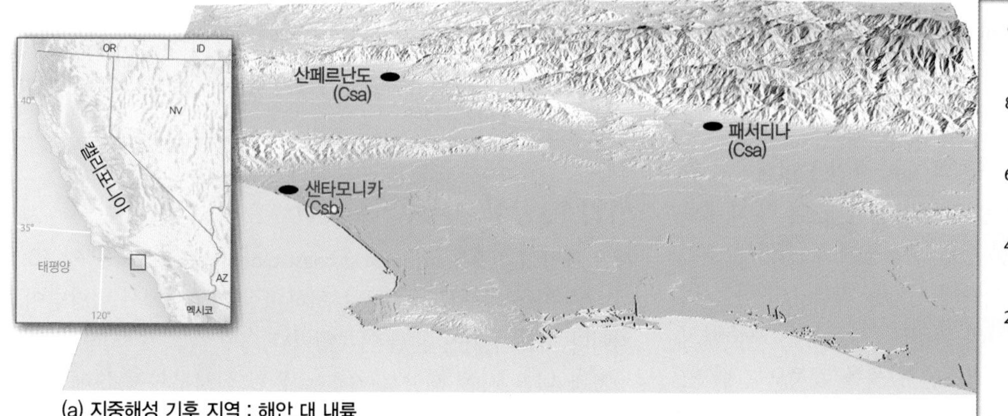

(a) 지중해성 기후 지역 : 해안 대 내륙

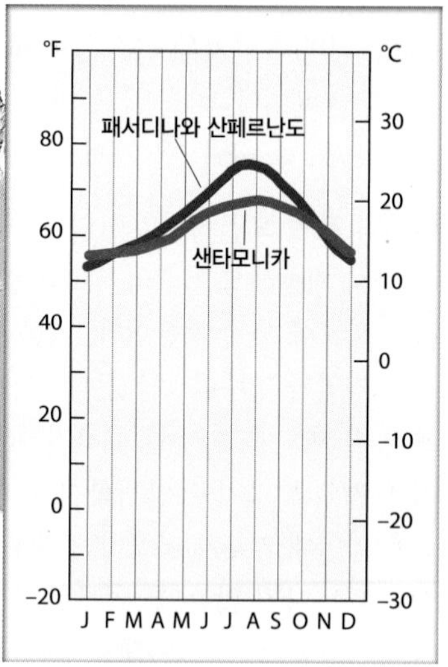

(b) 해안과 내륙 지점들의 기온

▲ 그림 8-21 해안과 내륙의 지중해성 기후 지역에서 자주 뚜렷한 기온 차이가 나타난다. (a) 입체 지형도는 이들 세 지점의 지형과 해안의 관련성을 보여 준다. (b) 이 기후 그래프는 미국 캘리포니아주 남부 세 지점, 즉 샌타모니카(해안 지점, Csb 기후), 패서디나와 산페르난도(각 달에서 정확하게 같은 기온이 관측된 내륙 지점, Csa 기후)의 기온 연변화 곡선을 보여 준다.

(a) 습윤 아열대 기후

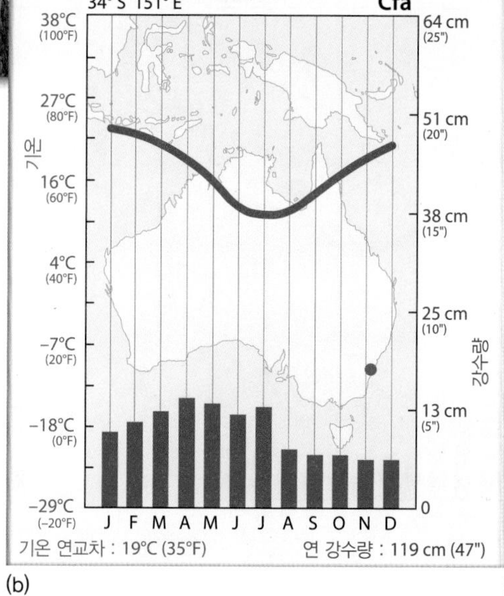

(b)

(c)

▲ 그림 8-22 습윤 아열대 기후. (a) 미국 미시시피주 디소토국립삼림에서 낭상엽식물(pitcther plant, 주머니 모양의 잎을 가진 식충식물) 습지에 있는 소나무들. 대표적인 습윤 아열대 지점인 (b) 오스트레일리아의 시드니, (c) 중국 광저우의 기후 그래프

- Cfa 지역에서 겨울 기온은 온화하나 지중해성 기후 지역보다 약간 저온이다. 겨울은 한 번에 여러 날 동안 서리 피해와 악기상(severe weather)[4]을 가져오는 한파에 의해 특징지어진다.

Cfa의 제어 요인 : 습윤 아열대 기후의 제어 요인을 이해하기 위해 다시 지중해성 기후와 비교하는 것은 유용한데, 둘 다 대체로 같은 위도에 있기 때문이다. 겨울 동안 편서풍이 두 지역에 중위도 저기압과 강수를 가져온다. 여름에 서안을 따라 분포하는 비교적 찬 바닷물과 아열대 고기압의 고위도 쪽 이동은 지중해성 기후 지역의 대기를 안정화시켜 건조한 날씨를 가져오는 반면, 습윤 아열대 기후가 분포하는 대륙의 동부에서는 이러한 대기 안정이 나타나지 않는다. 여름철 강수는 열대 저기압의 영향뿐만 아니라 내륙으로 가는 해양 공기의 흐름과 잦은 대류성 상승(소나기)으로 나타난다.

4 역주 : 보통 '악기상'이라 하면 강풍과 강수를 동반하는 강한 저기압을 연상하나, 한파와 관련해서는 지역에 따라 다른 날씨가 나타난다. 서울 등지에서는 강풍과 저온이 연상되고, 울릉도 등의 다설 지역에서는 강풍을 동반하는 강설이 연상된다.

학습 체크 8-7 왜 Cs 기후에서는 건조한 여름이 나타나지만 Cfa 기후에서는 연중 강수가 나타나는가?

서안 해양성 기후(Cfb, Cfc)

서안 해양성 기후(marine west coast climate)는 남·북위 약 40°에서 60° 사이의 대륙 서부에 분포하며 편서풍대에서 바람받이 위치이다. Cfb가 가장 흔한 아류형이다.

가장 넓은 서안 해양성 기후는 유럽의 서부와 중부에 분포한다. 북아메리카의 이 기후 지역은 내륙으로 향하는 기류에 직각인 산맥들에 의해 더 제한된다. 이들 위도대(뉴질랜드, 오스트레일리아 남동지역, 남아메리카의 남단)에서 육지가 적은 남반구에서만 이 해양성 기후가 동안까지 확장된다(그림 8-19 참조).

Cfb의 특징 : 해양의 영향은 연중 기온을 완화시켜 준다(그림

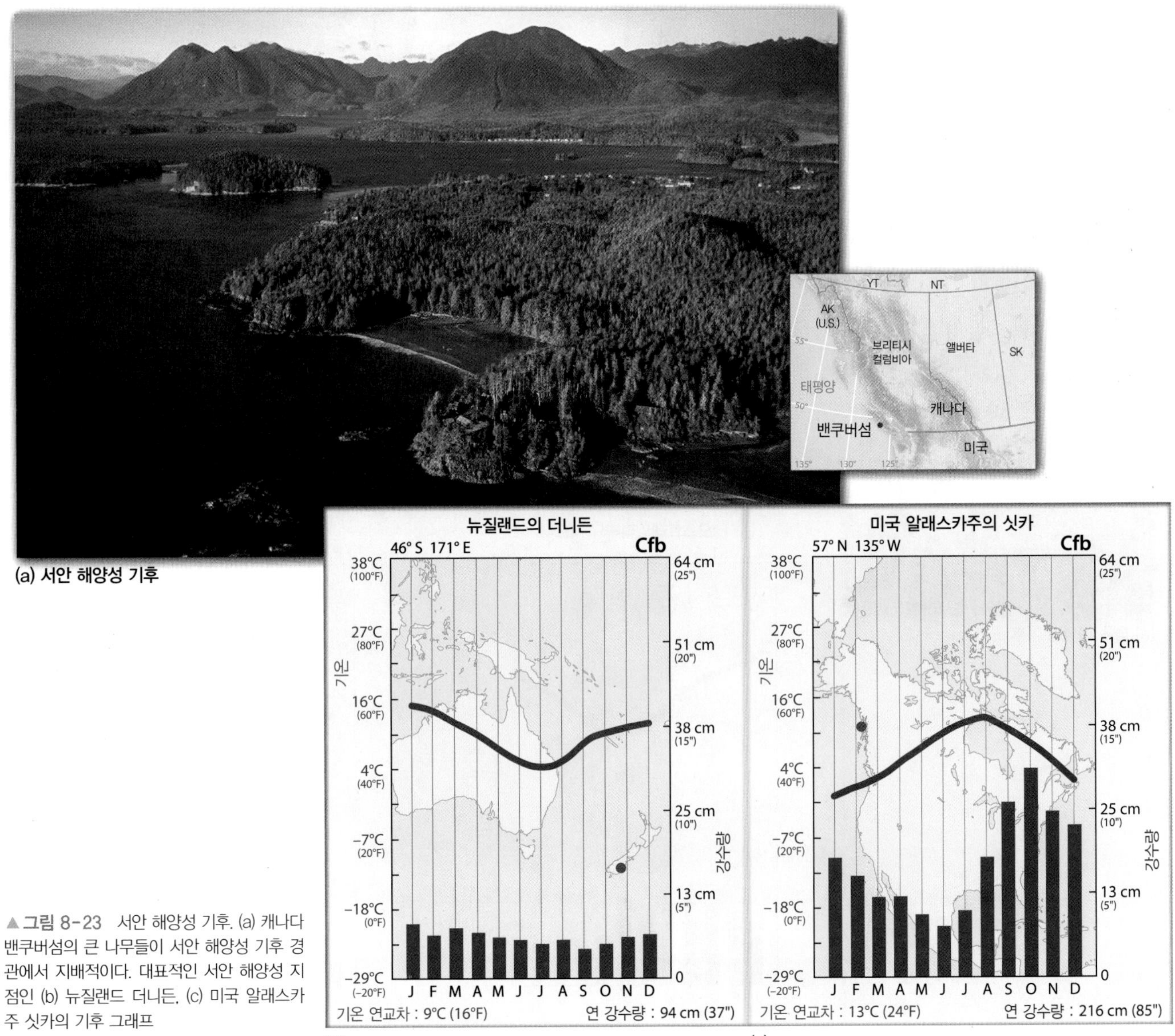

(a) 서안 해양성 기후

(b)

(c)

▲ 그림 8-23 서안 해양성 기후. (a) 캐나다 밴쿠버섬의 큰 나무들이 서안 해양성 기후 경관에서 지배적이다. 대표적인 서안 해양성 지점인 (b) 뉴질랜드 더니든, (c) 미국 알래스카주 싯카의 기후 그래프

8-23). 월평균 기온은 여름에 대체로 16~21℃ 정도이고 겨울은 2~7℃ 정도이다. 지속적인 열파는 드물고 겨울의 서리도 비교적 드물다. 위도에 비해 이례적으로 긴 성장계절이 나타난다. 가령 캐나다 브리티시컬럼비아주 밴쿠버의 성장계절 길이는 위도상으로 16° 적도에 더 가까이 있는 미국 앨라배마주 버밍햄과 같다.

서안 해양성 기후는 중위도에서 가장 습윤한 지역에 속한다. 전형적으로 연 강수량은 75~125cm이며, 바람받이 산지 사면에서 더 많은 강수량이 분포한다. 눈은 저지대에서 일상적이지 않으나 고도가 높은 서향 사면은 세계적인 다설 지역이다.[5]

아마도 서안 해양성 기후에서 총 강수량보다 더 중요한 특징은 강수 빈도일 것이다. 예를 들어 캐나다 브리티시컬럼비아주의 밴쿠버에서 연간 총 일조 시간의 41%만 해가 비치는데 반해 미국 캘리포니아주 로스앤젤레스에서는 73%에 이른다. 런던에서는 연속 강우일이 72일까지 나타났다.[6] 런던 시민의 상징이 우산인 것이 무엇이 이상하겠는가? 뉴질랜드 남섬 서안의 일부 지역에는 어느 한 해에 325일의 강우일이 나타났다!

Cfb의 제어 요인 : 이들 지역의 주된 기후 제어 요인은 내륙으로 향하는 편서풍에 의해 연중 나타나는 서늘한 해양의 영향이다. 이러한 영향은 위도를 고려했을 때 이례적으로 온화한 기후뿐만 아니라 강수가 있는 날의 높은 비율과 잦은 흐린 날씨를 가져온다.

5 역주 : 캐나다 해안 산맥과 남아메리카 안데스산맥의 서사면 그리고 스칸디나비아반도 등지는 세계적인 다설 지역이다. 여기에 일본의 북서부 지역 등도 포함된다. 유럽인에게 '노르딕(Nordic)'은 스칸디나비아반도의 3개국, 덴마크와 아이슬란드를 지칭하는데, 다설 지역인 스칸디나비아반도에서의 일상적 스키 타기에서 '노르딕 스키'가 유래되었다고 한다.

6 역주 : 우리나라에서 장마철(6~7월) 연속 강우일(1mm 이상)은 전주와 부산에서 가장 길고(14일), 일본은 규슈의 가고시마와 미야자키에서 가장 긴 것(18일)으로 나타난다(박병익, 1990, 초하우계의 지속적 강우일에 관한 연구 — 한국과 일본의 구주를 중심으로, 지리교육논집, 23, 12-28). 이로 미루어 연속 강우일 72일이 얼마나 긴 것인지 알 수 있을 것이다.

한랭한 중위도 기후(D그룹)

한랭한 중위도 기후(severe midlatitude climate, D그룹)는 북반구에서만 나타나는데(그림 8-24), 남반구에서는 적합한 위도 40~70°에 육지가 소규모로 분포하기 때문이다. 이 기후는 북아메리카와 유라시아에 넓게 확장되어 있다.

해양에서 떨어진 정도를 의미하는 대륙도(continentality)는 D 기후의 핵심 용어이다. 이 위도대에서 육지는 세계의 다른 어떤 곳보다 넓다. 이 기후는 두 대륙에서 동안까지 확장되어 있으나 해양의 영향은 거의 받지 않는데, 일반풍인 편서풍이 대륙의 내부에서 동안으로 공기를 운반하기 때문이다.

이 기후에서는 분명하게 인식되는 사계절이 있다. 즉, 길고 추운 겨울, 따뜻함에서 더움까지 변하는 비교적 짧은 여름 그리고 봄과 가을의 점이 시기가 있다. 기온 연교차는 매우 크며, 특히 겨울이 혹독한 북부의 기후 지역에서 크다. 여름은 강수량이 최대인 시기이나 겨울이 완전히 건조한 것은 아니며, 적설은 몇 주에서 몇 달까지 지속된다.

한랭한 중위도 기후는 기온에 근거하여 두 유형으로 구분된다. 습윤 대륙성(humid continental) 유형은 길고 따뜻한 여름으로 특징지어지는 반면 아극(subarctic) 유형에서는 짧은 여름과 매우 추운 겨울이 특징적이다(표 8-5).

습윤 대륙성 기후(Dfa, Dfb, Dwa, Dwb)

습윤 대륙성 기후(humid continental climate, 그림 8-25)는 북위 35~55°에서 북아메리카의 중부와 동부, 유라시아의 북부와 북동부의 넓은 지역에서 나타난다. Dfa가 가장 흔한 아류형이다.

Dfa의 특징 : 일일 변동성과 극적인 변화가 습윤 대륙성 기후 날씨 패턴의 현저한 특징들이다. 이들은 한파, 열파, 블리자드, 뇌우, 토네이도 그리고 다른 역동적인 대기 현상들이 나타나는 지역들이다.

여름 기온은 따뜻하여 대체로 평균 기온이 21~24℃ 정도이며 따라서 남쪽의 습윤 아열대 기후보다 약간 낮은 정도이다. 겨울철 월평균 기온은 보통 −12~−4℃ 정도이며, 월평균 기온이 영하가 되는 기간은 1~5개월 정도이다. 겨울 기온은 습윤 대륙성 기후에서 북쪽으로 급격하게 감소하며(제4장의 그림 4-30, 4-31을 비교하라),

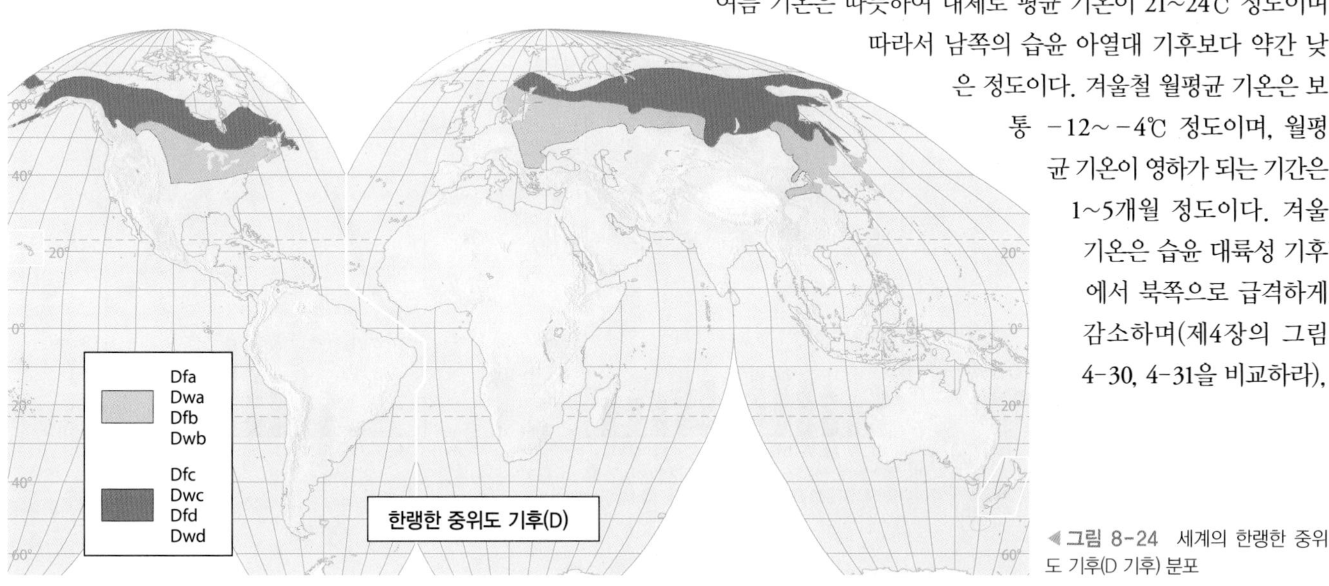

◀그림 8-24 세계의 한랭한 중위도 기후(D 기후) 분포

표 8-5 한랭한 중위도 기후(D 기후)의 요약

기후형	위치	기온	강수량	기후의 주요 제어 요인
습윤 대륙성 (Dfa, Dfb, Dwa, Dwb)	북반구에만 분포, 대륙의 동부에서 위도 35~55°	따뜻하거나 더운 여름, 큰 일일 변동, 큰 ATR	보통에서 많음까지, 연 강수량 50~100cm, 여름에 최대, 내륙과 극 쪽으로 가면서 감소	서풍 바람과 폭풍, 특히 겨울철의 대륙성 기단, 아시아에서 몬순
아극 (Dfc, Dfd, Dwc, Dwd)	북반구에서만 분포, 북아메리카와 유라시아를 횡단하는 위도 50~70°	길고 어둡고 매우 추운 겨울, 짧고 온화한 여름, 매우 큰 ATR	부족함, 연 강수량 13~50cm, 여름에 최대, 겨울에 소량의 눈이 오나 거의 녹지 않음	현저한 대륙도, 뚜렷한 고기압 상태와 교대되는 편서풍과 저기압성 폭풍

ATR=기온 연교차

(a) 습윤 대륙성 기후

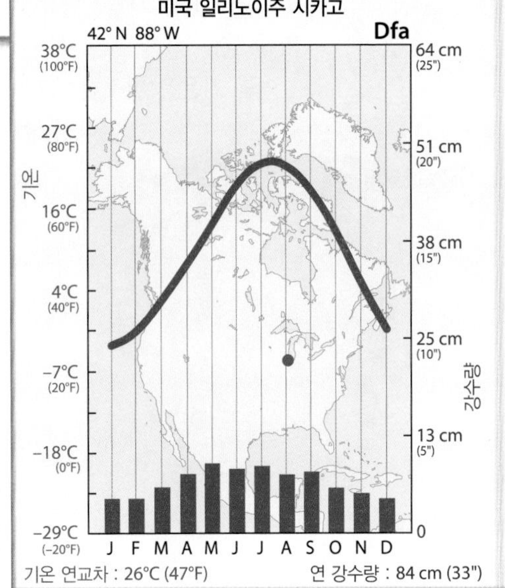

▲그림 8-25 습윤 대륙성 기후. (a) 습윤 대륙성 기후에서 겨울철의 메마른 모습. 이 낙엽수는 미국 미시간주 중부에 있다. 대표적인 습윤 대륙성 지점인 (b) 미국 일리노이주 시카고, (c) 중국 선양의 기후 그래프

성장계절은 남쪽 경계 지역의 약 200일에서 북쪽 끝에서 약 100일로 감소한다.

이름과 달리 습윤 대륙성 기후의 강수량은 많지 않다. 연 강수량은 50~100cm 정도이며, 연안에서 최대이고 대체로 내륙으로 가면서 그리고 남에서 북으로 가면서 감소한다(제6장의 그림 6-35 참조). 이 두 경향은 온난하고 습윤한 기단에서의 거리 증가를 반영한다.

Dfa의 제어 요인 : 이 기후는 연중 편서풍의 지배를 받아 중위도 저기압과 고기압의 통과에 따른 빈번한 날씨 변화가 나타나는데 특히 겨울에 잘 나타난다. 습윤 대륙성 기후의 넓은 지역이 북아메리카와 유라시아의 동안을 따라 분포하나(서안 해양성 기후의 위도대와 유사함) 기온 패턴은 대륙성이다. 편서풍이 서안 해양성 기후 지역에 연중 해양의 영향을 가져온 반면 서풍 바람이 Dfa 기후의 동안에 대륙의 공기를, 특히 겨울에는 한랭한 대륙성 기단을 가져온다.

여름철 비는 기원상 대부분 대류성 강수이거나 몬순 강수 또는 전선성이다. 겨울철 강수는 중위도 저기압과 관련되며 이의 대부분은 눈으로 내린다. 전형적인 겨울 동안 눈은 Dfa 지역의 남부에서 겨우 2~3주 동안 지면을 덮고 있으나 북부에서는 장장 8개월까지 덮고 있다.

학습 체크 8-8 왜 뉴욕시와 보스턴과 같은 해안의 Dfa 기후에서 그렇게 한랭한 겨울이 나타나는가?

아극 기후(Dfc, Dfd, Dwc, Dwd)

아극 기후(subarctic climate)는 대체로 위도 50~70° 사이의 중위도 북부를 차지한다. 이 기후는 넓은 대륙 북부에서 2개의 광대하고 연속된 지역을 차지하는데, 이는 미국 알래스카 서부에

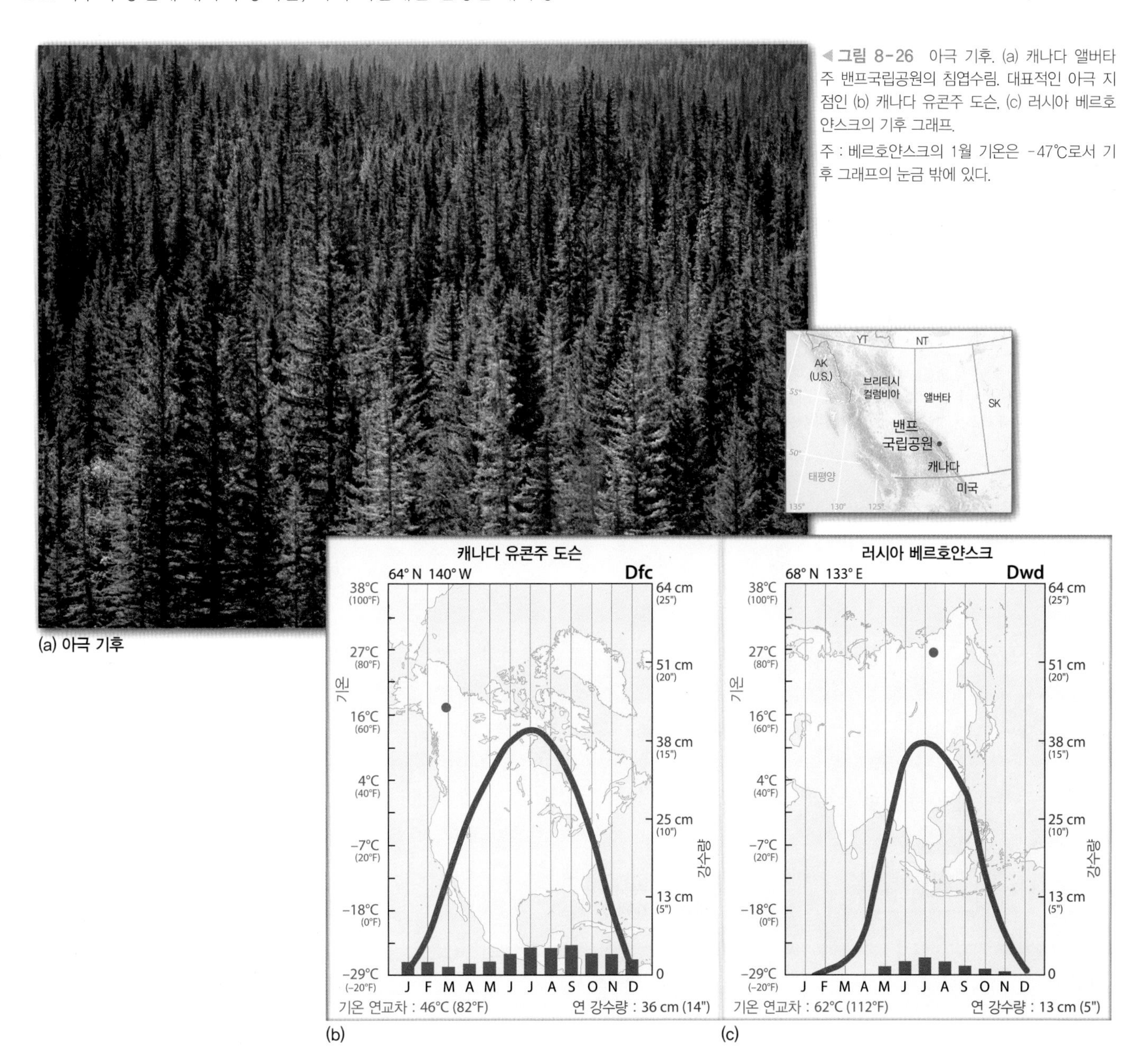

◀ **그림 8-26** 아극 기후. (a) 캐나다 앨버타주 밴프국립공원의 침엽수림. 대표적인 아극 지점인 (b) 캐나다 유콘주 도슨, (c) 러시아 베르호얀스크의 기후 그래프.

주 : 베르호얀스크의 1월 기온은 −47℃로서 기후 그래프의 눈금 밖에 있다.

서 캐나다 동부까지의 지역 그리고 스칸디나비아반도에서 시베리아 동단까지의 유라시아 지역이다(그림 8-24 참조). '보레알(boreal)'['북부의(northern)'란 뜻을 가지며 그리스 신화의 북풍의 신 보레아스(Boreas)에서 유래]이 때때로 캐나다에서 이 기후형에 적용되며(그림 8-26), 유라시아에서는 흔히 '타이가(taiga)'로 불리는데, 이는 이 기후가 나타나는 지역의 삼림에 대한 러시아 이름에서 유래한다. Dfc는 가장 흔한 아류형이다.

Dfc의 특징 : 아극 기후의 키워드는 '겨울'인데, 겨울은 길고 어두우며 모질게 춥다. 여름은 짧고 봄과 가을은 빠르게 지나간다. 대부분의 지역에서 호수의 얼음이 9월 혹은 10월에 형성되기 시작하여 5월 혹은 그 이후에 녹는다. 6개월 혹은 7개월 동안 평균 기온이 영하로 내려가며 가장 추운 달의 평균 기온이 −38℃ 이하이다. 남극과 그린란드의 빙상을 제외하고 세계에서 가장 낮은 기온은 아극 기후에서 나타난다(시베리아에서 −68℃, 알래스카에서 −62℃를 기록한 적이 있다).

여름은 짧은 기간에도 불구하고 뚜렷하게 따뜻해진다. 햇빛의 강도는 약하나(태양 고도가 낮기 때문에) 여름철 낮은 매우 길지만 밤은 많은 복사냉각이 일어나기에는 너무 짧다. 여름철의 평균 기온은 전형적으로 13~16℃ 정도이나, 서리는 어떤 달에도 나타날 수 있다.[7]

Dfc 기후에서 겨울과 여름 사이의 기온 연교차는 세계에서 가장 커서 자주 45℃를 넘는다. 기온의 절대 연변동(absolute annual temperature variation, 기록된 최고기온과 최저기온의 차이)은 때때로 믿기 어려운 크기에 달하는데, 특히 내륙 깊숙한 곳에서 뚜렷하다. 이것의 세계 기록은 러시아 베르호얀스크에서 기록한 최저 −68℃와 최고 +37℃의 차이인 105℃이다!

아극 기후에서 강수량은 보통 적어서 연 강수량이 13~50cm 정도이고 더 많은 강수량은 해안 지역에서 나타난다. 여름은 습윤한 계절이고 대부분의 강수는 산재된 대류성 소나기 형태로 온다. 겨울에는 많지 않은 눈만이 내리며(해안 부근은 예외), 아마도 60~90cm 정도일 것이다. 강설량이 적을지라도 연속적인 얇은 적설피복은 봄까지 유지된다.

Dfc의 제어 요인 : 아극 기후는 대체로 중·고위도 대륙 위치의 영향이며, 이는 해양의 온도 완화 효과와 수증기 양쪽을 제어한다. 편서풍은 저기압성 폭풍을 가져와 빈약한 강수량을 제공한다. 겨울의 낮은 기온으로 대기 중의 수분이 거의 없고 고기압 상태가 지배적이다. 강수량은 적음에도 불구하고 증발 비율이 낮고 토양은 연중 대부분의 시기 동안 얼어 있어 숲을 유지할 정도의 충분한 수분이 존재한다.

7 역주 : 아극 기후에서는 월평균 기온이 10℃ 이상인 달이 3개월 이하이므로 정상적인 농업이 어렵다. 여기에 서리 피해가 한여름에도 나타날 수 있으므로 농업이 더 어렵다. 따라서 아극 기후는 평균적인 농업 한계선 북쪽에 위치한다.

극기후와 고산 기후(E그룹과 H그룹)

적도에서 가장 먼 극기후(polar climate, E그룹)는 일사량이 너무 적어 유의미하게 따뜻해지지 않는다(그림 8-27). 정의에 의하면 극기후에서는 평균 기온이 10℃ 이상인 달이 나타나지 않는다. 습윤 열대가 단조로운 더위의 상태를 나타낸다면 극기후는 지속되는 추위로 알려져 있다. 이 기후에서는 세계에서 가장 추운 여름, 가장 낮은 연평균 기온과 최저 기온이 나타난다. 이 기후는 또한 의외로 건조하지만 증발량이 너무 보잘것없어서 E그룹은 쾨펜 체계에서 건조 기후로 구분되지 않는다.

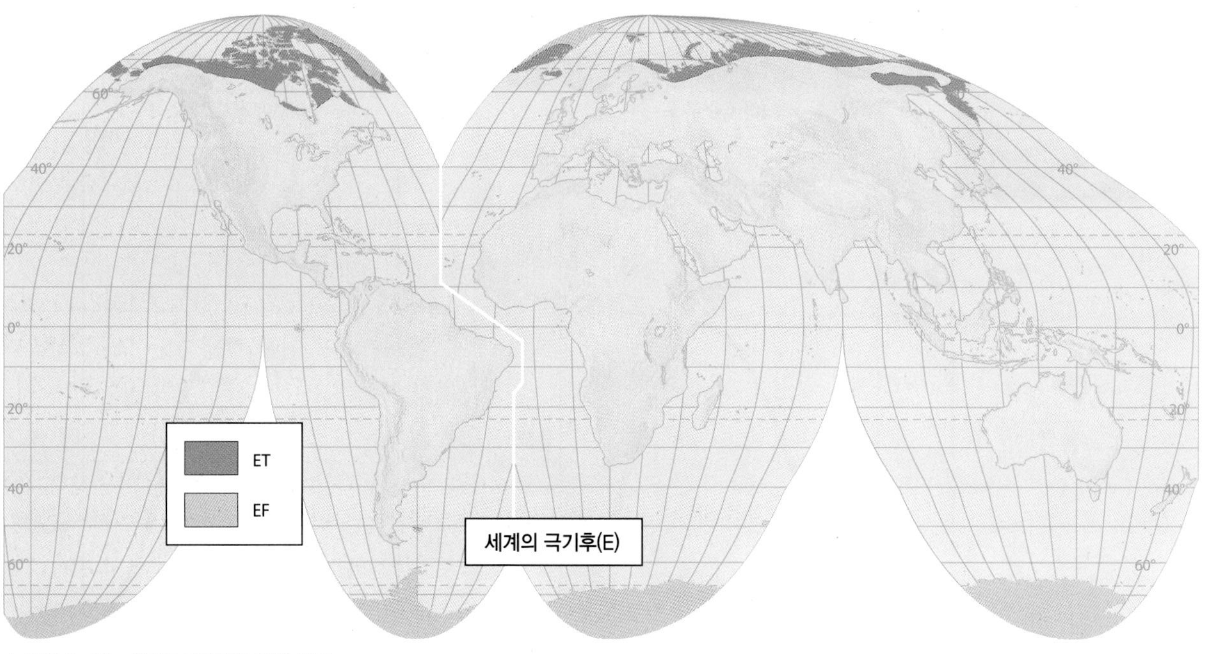

▲그림 8-27 세계의 극기후(E 기후) 분포

북극에서 기후 변화의 신호

지구온난화의 신호는 세계의 여러 지역에서 관측되지만 그중 가장 극적인 지표는 극 지역에서 나온다. 지난 수십 년 동안 북극 지역에서 평균 기온은 저위도에 비해 약 2배의 비율로 상승하고 있다. 캐나다 서부와 알래스카에서 현재 겨울철 기온은 50년 전에 비해 약 3℃ 높다.

쇠퇴하는 해빙 : 1979년 이후로 북극에서 해빙(sea ice)의 겨울철 최대 면적은 약 100만 km^2 감소했다. 2015년 2월의 해빙 면적은 지난 40년 동안의 위성 관측에서 최소가 되었다.

여름철 해빙('영구 해빙'으로 알려짐)의 축소는 더 급격하다. 2012년 9월의 여름 해빙 후퇴는 위성에 의한 유빙(ice pack)의 정규 관측이 시작된 1979년 이래 가장 커서 1981~2010년 평균 최소 면적의 약 절반이 되었다(그림 8-A).

북극 해빙의 축소는 기후계에서 되먹임 고리(feedback loop)를 일으킨다. 즉, 해빙 면적이 감소하면서 비교적 검은 해양 표면에 의한 알베도의 감소와 일사량 흡수의 증가가 나타나고, 이에 따라 해수면 온도가 상승하여 유빙이 더 많이 녹는다. 한 IPCC 온실가스 배출 시나리오에 따르면 21세기 중반에 북극해의 대부분에서 해빙이 사라질 가능성이 높다(확률 66% 이상).

그린란드 빙상 : 그린란드 빙상은 그린란드의 거의 전부를 덮고 있다. 기온이 상승하면서 빙상의 계절적 융해의 범위가 뚜렷하게 확장되었다. 2012년 7월 중순의 며칠 동안 빙상의 97%에서 표면 융해의 신호가 나타났다. 이는 30년 동안의 위성 관측 사상 최대였다. 2012년에 빙상 표면의 극단적인 융해는 드문 현상이었으나(빙상 코어 기록에 의하면 이와 같은 사건은 1889년에 발생하였다), 자료에 의하면 얼음 질량의 손실이 분명하게 진행되고 있다. 손실 비율이 가속되고 있는 것으로 나타난다(그림 8-B).

14년 동안의 그린란드 위성 관측에서 2012년에 알베도가 최저였고 2014년은 그다음으로 작았다. 더욱이 빙하가 녹은 물이 '빙하구혈(moulin)'로 불리는 틈을 통하여 빙상으로 새 나가면서 얼음의 융해를 증가시킬 수 있고 아래 놓인 기반암 위의 빙하 이동을 가속시킬 수 있다. 또한 해양으로 유입하는 담수의 증가는 염분농도를 낮추어서 심해 지구 컨베이어벨트 순환(제9장에서 살펴볼 것이다)을 변경시킬 수 있으며, 이는 열대와 고위도 사이의 열 교환을 변화시킬 수 있을 것이다.

서식지 변화 : 위성 이미지에 의하면 더 따뜻해진 상태에서 식생 피복이 증가함에 따라 육지 지역은 '더 녹색'이 되어 가고 있다. 가령 미국 알래스카주 노스슬로프[8]의 일부는 지금 툰드라에서 관목으로 바뀌고 있다.

해빙 면적이 감소함에 따라 해양과 육상의 포유동물 집단에 변화가 나타나고 있다. 예를 들면, 지난 수년 동안 수천 마리의 태평양 바다코끼리가 여름 동안 알래스카 북서 해안의 육지에서 줄어들고 있는데, 과거에는 거의 관측되지 않았던 이런 행동은 여름철 해빙의 손실과 연관된 것으로 나타난다.

북극곰은 여름 동안에 해빙 위에서 먹잇감을 규칙적으로 사냥한다. 해빙이 봄에 과거보다 더 일찍 부서지고 가을에 더 늦게 형성되기 때문에 북극곰은 먹잇감에 접근하기가 점점 더 어려워지는데, 유빙에 도달하기 위해 평균 상태보다 더 멀리 수영하여야 한다. 여러 증거들에 의하면 곰 집단에 대한 영향이 나타나고 있다. 북극곰의 생식 비율이 보퍼트해 남부에서 감소하고 있으며, 연구자들에 의하면 캐나다 허드슨만 서부 근처에서 1984~2011년 사이에 암컷 북극곰의 생존율이 감소하고 있다.

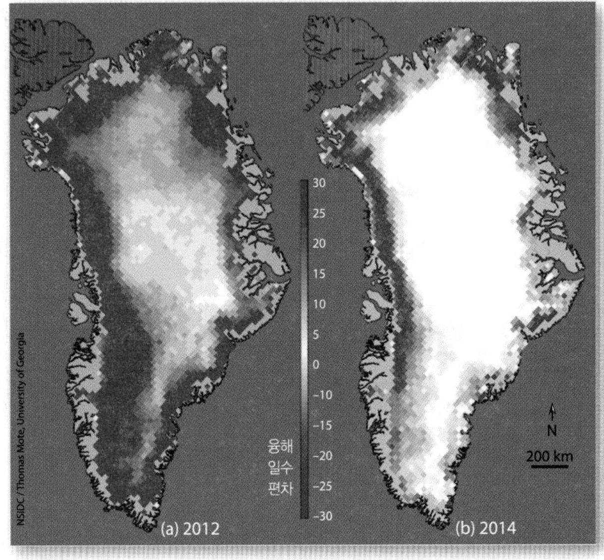

▲ **그림 8-B** 1981~2010년 평균과 비교한 그린란드 빙상의 확인된 표면 융해 일수의 비교. (a) 2012년의 융해 일수는 빙상 대부분에서 비정상적으로 컸고, (b) 2014년의 융해 일수는 빙상 가장자리에서 평균보다 컸다.

질문

1. 해빙의 손실이 기온 상승의 되먹임 고리로서 어떻게 작동하는가?
2. 어떤 종류의 서식지 변화가 북극에서의 온난화와 연관되는가?

8 역주 : 알래스카주 북부에 있는 브룩스산맥의 북사면 일대를 지칭한다.

▲ **그림 8-A** 2012년 9월의 여름 해빙 최소 면적은 관측 사상 최소였다.

▶ 그림 8-28 북극의 기후가 변화하면서, 알래스카의 북극곰과 같은 일부 동물의 서식지도 변화할 것이다.

고위도 기후가 중위도와 열대 지역보다 더 빠르게 변화하고 있다는 징조가 있다. "포커스 : 북극에서 기후 변화의 신호"를 참조하라. 북극이 따뜻해지면서 자연 환경과 인문 환경 모두 변화하고 있다(그림 8-28).

극기후는 여름 기온에 따라서 두 유형으로 구분된다. **툰드라 기후**에서는 영상의 기온을 보이는 달이 최소 한 달 이상이고 빙설기후는 그렇지 않다(표 8-6).

툰드라 기후(ET)

'툰드라(tundra)'라는 명칭은 원래 고위도와 높은 고도의 지역에서 키 작고 지면에 가깝게 있는 식생을 지칭하나, 추가로 고위도 지역의 이 기후를 지칭하는 것으로 사용되어 왔다. 일반적으로 받아들여지는 **툰드라 기후**(tundra climate)의 적도 쪽 경계는 최난월 평균 기온 10℃의 등온선이다. 이 등온선은 수목의 극쪽 한계와 대체로 일치하며 따라서 D 기후와 E 기후의 경계(즉, 툰드라 기후의 적도 쪽 경계)는 **수목한계선**(treeline)이 된다. ET 기후의 넓은 면적에서 영구적으로 언 땅인 **영구동토**(permafrost)가 분포한다(제9장에서 논의함).

ET 기후의 극 쪽 경계는 최난월 평균 기온 0℃의 등온선이며, 이것은 어떤 식물 피복에게도 성장의 극한계와 대체로 일치한다. 다른 어떤 기후형보다도 툰드라 기후의 경계 설정은, 기후가 식물군락에 의해 가장 잘 구분된다는 쾨펜의 주장을 증명한다(그림 8-29).

ET의 특징 : 길고 춥고 어두운 겨울과 짧고 서늘한 여름은 툰드라 기후의 특징이다. 오직 1~4개월간만 평균 기온이 0℃ 이상이고, 여름 평균 기온은 4~10℃ 사이에 있다. 영하의 기온은 연중 어느 때라도 나타날 수 있으며, 서리는 한여름을 제외하면 매일 밤 내리는 것 같다. 비록 ET 기후의 겨울은 매섭게 추워서 겨울의 월평균 기온이 해안 지역에서 −18℃ 부근, 내륙 지역에서 −35℃ 부근이나, 이 기후의 적도 쪽에 인접해 있는 더 대륙성인 아극 기후의 겨울만큼 매서운 것은 아니다. 기온 연교차는 상당히 커서 보통 30℃ 이상이다.

연 강수량은 대체로 25cm 이하이다. 대체로 겨울보다는 따뜻한 계절에 강수가 더 많으나, 어느 달에서도 월 강수량은 적어서 달과 달 사이의 변동이 작다. 겨울 눈은 실제보다 더 많아 보이는데, 이는 눈 녹음이 없고 또한 눈이 내리지 않는 경우에도 바람에 의해 눈이 수평적으로 휘날리기 때문이다. 복사 안개는 전체 ET 기후 지역에서 매우 흔하며 바다 안개는 때때로 해안을 따라 수일간 널리 나타난다.

ET의 제어 요인 : 기온 일교차는 작은데, 이는 태양이 여름에는 대부분의 시간 동안 수평선 위에 있고 겨울에는 대부분의 시간 동안 수평선 아래에 있기 때문이다. 따라서 야간 냉각은 여름에 한정되고 겨울에는 주간의 가열이 거의 존재할 수 없다. ET 지역은 해양에 근접하여 위치함에도 불구하고 수분 가용성이 매우 제한되어 있다. 공기는 너무 저온이므로 많은 수증기를 포함할 수

표 8-6 극 기후(E 기후)의 요약

기후형	위치	기온	강수량	기후의 주요 제어 요인
툰드라(ET)	북극해 주변, 남극의 작은 해안 지역	길고 춥고 어두운 겨울, 짧고 서늘한 여름, 큰 ATR, 작은 DTR	연 강수량 25cm 이하로 매우 적음, 대부분이 눈	위도, 열과 수분 공급원에서의 거리, 햇빛과 어둠의 극단적 계절적 대비
빙설(EF)	남극과 그린란드	길고 어둡고 바람 많은 매섭게 추운 겨울, 춥고 바람 많은 여름, 평균 기온이 영상인 달이 없음, 큰 ATR, 작은 DTR	연 강수량 13cm 이하로 극히 적음, 모두 눈	위도, 열과 수분 공급원에서의 거리, 햇빛과 어둠의 극단적 계절적 대비, 극고기압

ATR=기온 연교차, DTR=기온 일교차

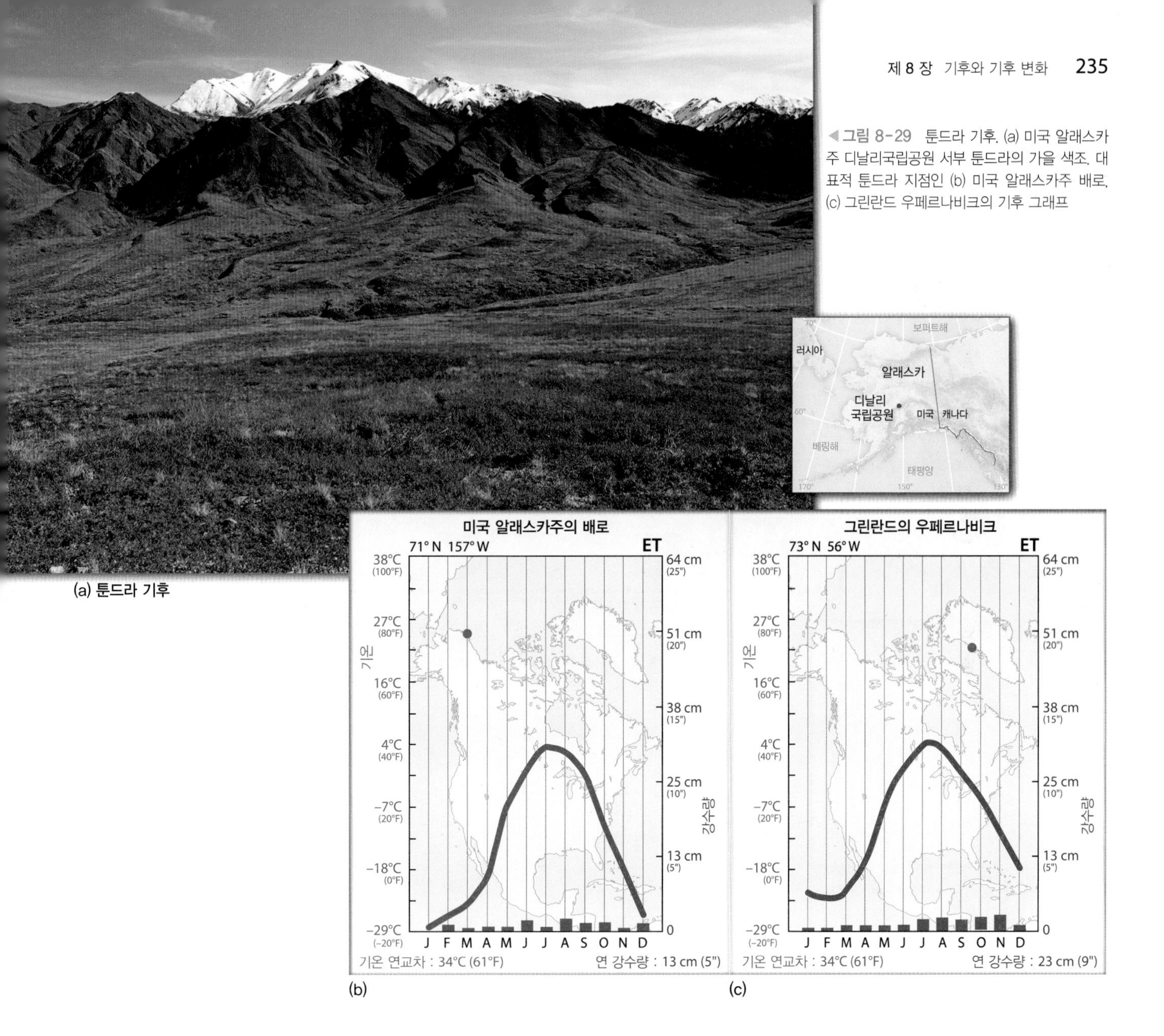

◀그림 8-29 툰드라 기후. (a) 미국 알래스카주 디날리국립공원 서부 툰드라의 가을 색조. 대표적 툰드라 지점인 (b) 미국 알래스카주 배로, (c) 그린란드 우페르나비크의 기후 그래프

없어서 절대습도도 거의 항상 매우 낮다. 더욱이 고기압 상태가 보통이어서 응결을 일으킬 만한 상승기류가 나타나기 어렵다.

빙설 기후(EF)

지구 기후 중 가장 매서운 **빙설 기후**(ice cap climate)는 그린란드(해안의 가장자리를 제외한 전부)와 남극의 대부분 지역에 한정되어 분포한다. 이 두 지역을 합한 면적은 세계 육지 면적의 9% 이상을 차지한다(그림 8-27 참조).

EF의 특징 : EF 기후 지역에는 식생이 자랄 수 없는 영구동토가 분포하며 경관은 얼음과 눈의 영구적인 피복으로 구성된다(그림 8-30). EF 기후의 기온이 예외적으로 낮은 것은 남극과 그린란드가 얼음 고원이어서 기온 요인으로서 비교적 높은 고도가 고위도에 더해졌기 때문이다. 모든 달의 평균 기온이 영하이며 가장 극단적인 지점에서는 최난월의 평균 기온조차 −18℃ 이하이다. 겨울 기온은 평균적으로 −34~−51℃ 사이이며, −73℃ 이하의 극단값들이 남극 내륙의 기상관측소에서 기록되어 왔다.

공기는 밑의 얼음으로부터 강하게 냉각되어 지표층의 강한 기온역전이 대부분의 시간에 탁월하다. 무겁고 찬 공기는 자주 강력한 **활강풍**(katabatic wind, 제5장에서 살펴보았음)으로서 사면을 흘러내린다. 빙설 기후의 특징적인 양상은 특히 남극에서 강한 바람과 흩날리는 눈이다.

강수는 매우 제한된다. 이 지역들은 본질적으로 극 사막으로서 대부분의 지역에서 연 강수량이 13cm 이하이다.

EF의 제어 요인 : EF 기후는 고위도에 있기 때문에 잔혹할 정도로 춥다. 태양이 수평선 위에 있는 때에도 태양 고도가 너무 낮아서 가열이 거의 이루어지지 않는다. 이들 지역의 극단적인 건조는 주로 낮은 기온 때문이다. 공기는 너무 저온이어서 수증기를 거의 포함할 수 없다. 이 한랭한 상태는 대기 안정성을 가져와 많은 강수를 가져올 수 있는 상승기류가 거의 나타날 수 없다.

학습 체크 8-9 왜 극기후는 그렇게 건조한가?

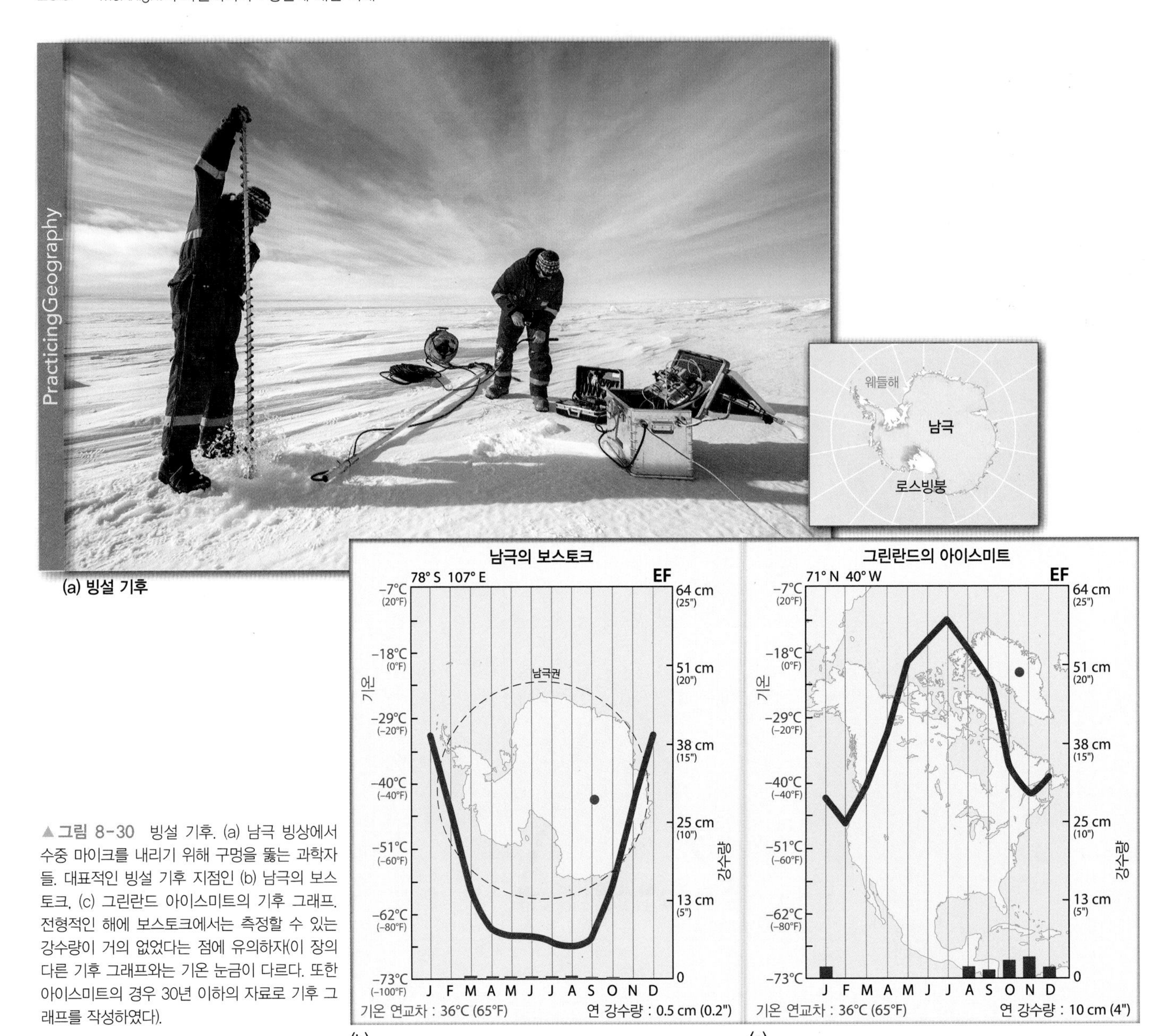

(a) 빙설 기후

(b)

(c)

▲그림 8-30 빙설 기후. (a) 남극 빙상에서 수중 마이크를 내리기 위해 구멍을 뚫는 과학자들. 대표적인 빙설 기후 지점인 (b) 남극의 보스토크, (c) 그린란드 아이스미트의 기후 그래프. 전형적인 해에 보스토크에서는 측정할 수 있는 강수량이 거의 없었다는 점에 유의하자(이 장의 다른 기후 그래프와는 기온 눈금이 다르다. 또한 아이스미트의 경우 30년 이하의 자료로 기후 그래프를 작성하였다).

고산 기후(H그룹)

고산 기후(highland climate)는 다른 기후 그룹과 같은 의미로 정의되지 않는다. 산지에서 기후 상태는 장소에 따라 거의 무한한 변동을 나타내며, 매우 제한된 지리적 거리에서도 많은 차이점이 나타난다. 쾨펜은 고산 기후를 하나의 분리된 그룹으로 인식하지 않았으나 그의 체계를 수정했던 대부분의 연구자들이 이를 하나의 범주로 추가하였다. 고산 기후는 좁은 지역에서 복합적인 국지 기후 변동을 나타내는 비교적 고도가 높은 지역(산지와 고원)에서 나타난다(그림 8-31). 어떤 고산 지점의 기후라도 보통 인접한 저지의 기후와, 특히 강수의 계절 패턴과 밀접하게 연관된다.

H 기후의 특징과 제어 요인 : 고도 변화는 날씨와 기후의 네 요소 모두에 영향을 미친다. 제4, 5, 6장에서 배웠듯이 고도 증가에 따라 기온과 기압은 대체로 하강하며, 많은 국지 풍계로 바람의 예측 가능성이 낮아지지만 풍속은 증가하며 바람은 급변하는 경향을 보인다. 지형성 상승 때문에 강수량은 고산 지대가 주변의 저지대보다 특징적으로 더 많다. 따라서 산지는 보통 강우량 분포도에서 습윤한 섬으로 두드러지게 나타난다(그림 8-32).

고산 지역에서 기후를 결정하는 데 고도는 위도보다 더 의미가 있다. 고도에 따른 기후의 급격한 변화는 사면을 따라서 만든 수평 띠로 표현된다. 기온과 이와 관련된 환경 특징에서 보면 고도 수백 미터의 상승은 극으로의 수백 킬로미터 여행과 동등할 것이다. 이러한 **수직 분포**(vertical zonation)는 열대 고산 지대에서 특히 뚜렷하다(그림 8-33). (우리는 제11장에서 **생물지리** 패턴을 논의할 때 이 주제를 다시 살펴볼 것이다).

사면, 산 정상, 계곡이 바람받이인지 바람그늘인지에 따라 기후에 미치는 영향이 크다. 바람받이 사면에서 상승하는 공기는

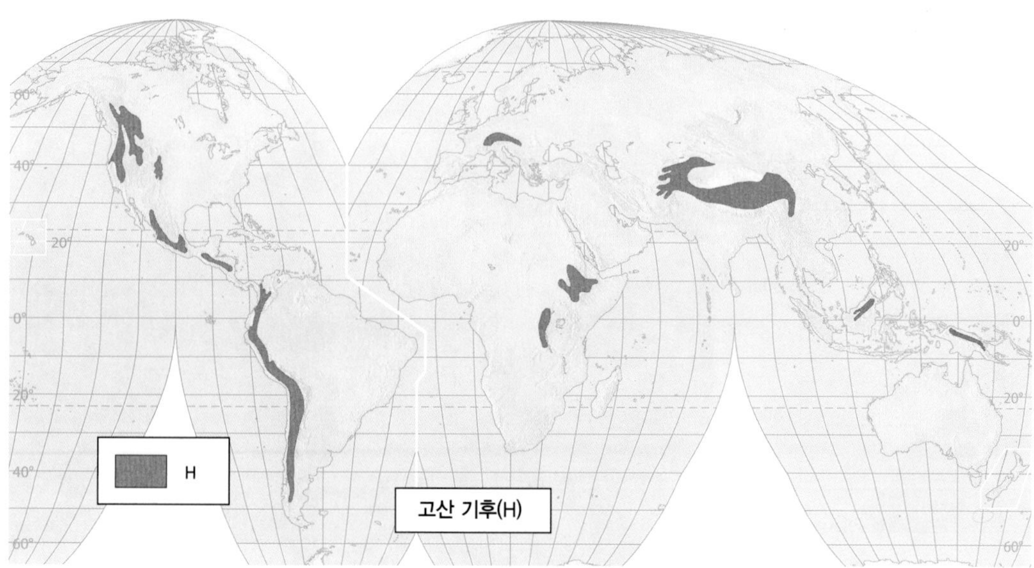

◀ 그림 8-31 세계의 고산 기후(H 기후) 분포

많은 강수를 가져올 가능성이 매우 높은 반면, 바람그늘 위치에서는 수분이 지나가지 않거나 강수의 가능성을 제약하는 뚜렷한 사면 하강풍이 발달한다. 또한 햇빛에 대한 노출 각도는 특히 열대 밖에서 기후를 결정하는 데 중요한 요인이다. 적도 쪽으로 향한 사면은 직접 햇빛을 받아 사면이 따뜻하고 건조하며(더 빠른 증발산을 통하여), 극 쪽으로 향한 인접 사면은 더 춥고 더 습윤할 것인데, 단순히 일사에 대한 작은 각도와 더 많은 그늘 때문이다.

가변성은 아마도 고산 기후의 가장 가시적인 특징일 것이다. 얇고 건조한 대기는 낮에 햇빛의 빠른 통과를, 밤에 빠른 복사 에너지의 손실을 허용하여 기온 일교차가 매우 크고 동결과 융해 사이의 빠른 진동이 자주 나타난다. 낮의 사면 상승풍과 대류는 급격한 구름 발달과 갑작스러운 폭풍우를 일으킨다. 고산 지역의 여행자는 더위에서 추위로, 습윤함에서 건조함으로, 맑음에서 흐림으로, 고요에서 강한 바람으로 그리고 이들의 반대 현상과 같은 갑작스러운 변화에 대비하라는 조언을 자주 듣는다.

학습 체크 8-10 기후와 관련하여 고도 증가는 어떻게 위도 증가와 유사한가?

세계의 이상화된 기후 분포

주로 위도, 대륙에서의 위치, 대기대순환과 해양에 기초하여 기후형의 세계 패턴을 상당히 예측할 수 있다는 것이 이제 명백해졌을 것이다. 그림 8-34는 대륙의 서안을 따라서 온화한 기후(A, B, C 기후)의 이상적인 분포를 요약한 것이다. 대륙 서안에서 분포 패턴은 동안보다 약간 더 규칙적이다. 열대수렴대와 아열대

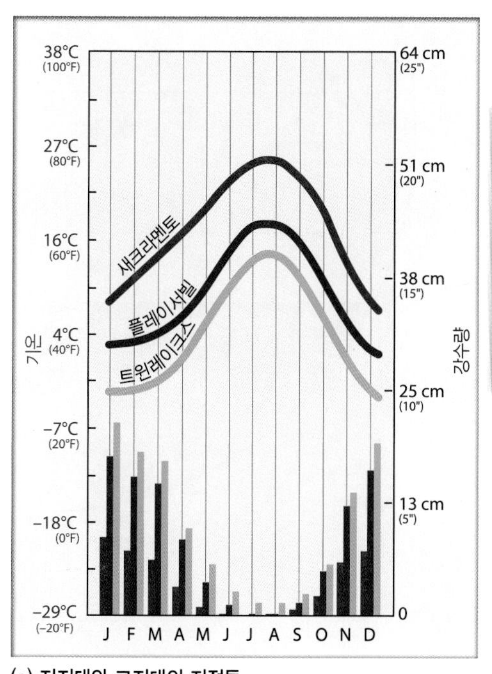

(a) 저지대와 고지대의 지점들

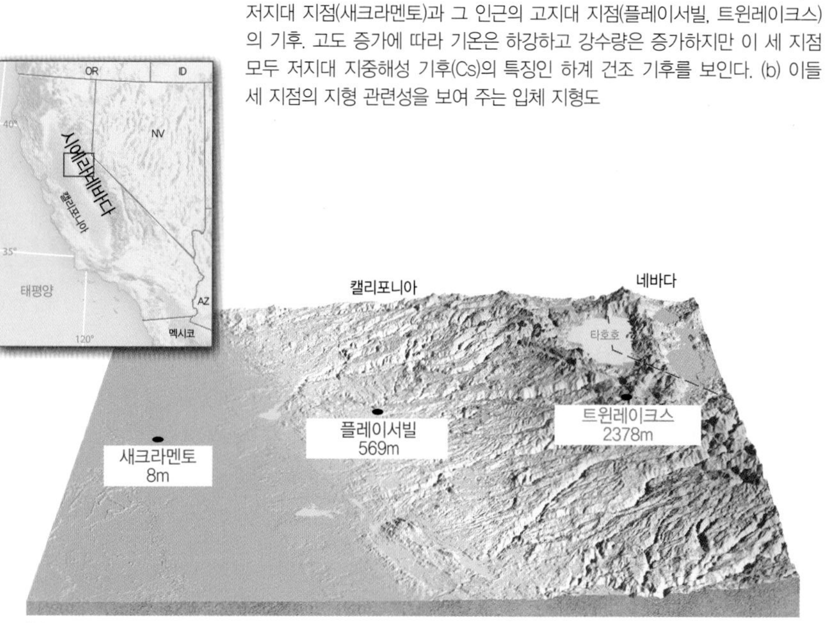

(b) 고도 차이

◀ 그림 8-32 (a) 미국 캘리포니아주에서 거의 같은 위도(대략 38° 40′N)의 저지대 지점(새크라멘토)과 그 인근의 고지대 지점(플레이서빌, 트윈레이크스)의 기후. 고도 증가에 따라 기온은 하강하고 강수량은 증가하지만 이 세 지점 모두 저지대 지중해성 기후(Cs)의 특징인 하계 건조 기후를 보인다. (b) 이들 세 지점의 지형 관련성을 보여 주는 입체 지형도

▲ 그림 8-33 열대의 연직 기후대. (a) 모식도. '더운 땅(tierra caliente)'은 고온, 울창한 식생과 열대 농업의 지대이다. '온화한 땅(tierra templada)'은 사면과 고원의 중간 지대로서 온화한 온도 지대이다. '추운 땅(tierra fria)'은 따뜻한 낮과 추운 밤으로 특징지어지며 농업은 내한성 작물로 한정된다. '언 땅(tierra helada)'은 연중 추운 날씨의 지대이다. (b) 에콰도르의 '추운 땅' 지대. 침보라소(Chimborazo) 화산이 '언 땅' 지대에서 솟아났다.

고기압의 계절적 이동과 기후의 관계를 특히 유의하자.

지구 기후 변화

이 장에서 지금까지 우리는 오늘날 우리가 관찰하는 바와 같은 지구 기후 패턴을 살펴봤다. 이제 우리는 이들 패턴이 시간에 따라 어떻게 변화할 수 있는지를 탐구할 것이다.

이 장의 나머지 부분에서는 특히 지구의 기후 변화를 살펴볼 것이다. 우리는 제4장에서 처음으로 제기된 다음과 같은 질문들을 살펴보려고 한다. 인간의 활동이 지구 기후 변화를 일으켰는가? 만약 그렇다면 있음 직한 장기적인 결과는 무엇인가? 이들 질문에 대한 신중한 답을 제시하면서, 과거 기후는 어떻게 동정되는지, 기후 변화는 어떻게 인식되는지, 어떤 종류의 요인이 기후 변화를 이끄는지, 기후가 현재 변화하고 있다는 것을 어떤 증거들이 나타내고 있는지 등을 살펴볼 것이다.

우리가 제3장에서 처음에 보았던 바와 같이 어떤 기후계 내에서도 날씨에 예상 경년 변동이 있다. 날씨에서 불규칙 경년 변동은 장기간의 기후 자료에서 배경(background) '잡음(noise)'으로 간주될 수 있다. 그러나 기후 기록에는 다른 종류의 변동이 존재할 수도 있다. 즉, 우연적인 사건들과 수년에서 수십 년에 걸친 주기를 갖는 자연적인 변화들(제5장에서 살펴본 엘니뇨와 태평양 10년 진동은 이의 사례임)뿐만 아니라 장기간의 지구 기후 변화가 그것이다.

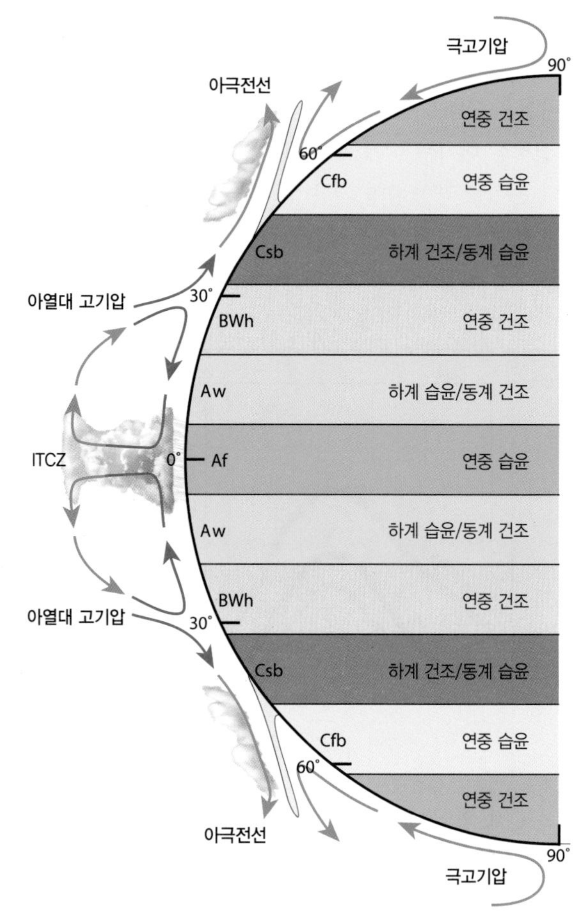

▲ 그림 8-34 대륙 서안을 따라서 이상화된 계절 강수 패턴과 기후. 적도 북쪽과 남쪽의 진행은 대칭 이미지이다. 이 패턴의 대부분은 ITCZ와 아열대 고기압의 계절 이동에 기인한다.

기후 변화의 시간 규모

관측의 시간 규모는 기후 기록에서 어떤 종류의 패턴이 돋보이는지를 결정한다. 예를 들면 지구 기온의 사례에서 다음과 같은 경향이 나타난다.

- 지난 7,000만 년 동안 지구 기온의 명백한 하강 경향이 눈에 보인다(그림 8-35a).
- 지난 15만 년 동안에 기온은 약 1만 년 전까지 현저하게 변동하였으며 플라이스토세 최후 빙기 끝에서 기온이 급격하게 상승한 후 따뜻하고 상당히 안정적으로 유지되고 있다(그림 8-35b).
- 지난 150년 동안 온난화 경향이 지속되고 있는 것으로 나타나는데, 이는 최소한 최근 1,000년 동안의 경향과는 명백하게 벗어난 것이다(그림 8-35c).

장기 기온 경향은 처음에 보는 것보다는 더 복잡한데, 기온 변화가 전 세계에서 동일하지 않기 때문이다.

과거 기후 결정하기

우리는 오늘날 기후 변화의 가능성을 평가하기 전에 **고기후학**(paleoclimatology)으로 알려진 연구 분야인 과거 기후와 기후 변화의 원인에 대한 일정한 이해가 있어야 한다.

날씨의 자세한 기기관측 기록은 수백 년 전 이후에만 이용 가능하므로 과거의 상태를 재구성하기 위해 기후의 대리(proxy, '대체') 측정을 이용할 필요가 있다. 과거 기후에 대한 정보는 많은 다른 출처에서 나올 수 있다. 이 중 중요한 것들은 나무의 나이테, 얼음 코어, 해양 퇴적물, 산호초, 고토양, 화분 등이다. 하나의 방법으로 과거의 기후 상태를 결정하는 것은 이상적이지 않은데, 각각은 나름의 장점과 약점을 갖고 있기 때문이다. 그러나 한 방법으로 얻어진 결과들을 다른 방법으로 구해진 것들과 대비시킴으로써 고기후학자들은 지구 기후에 대한 상세한 역사를 구축할 수 있다.

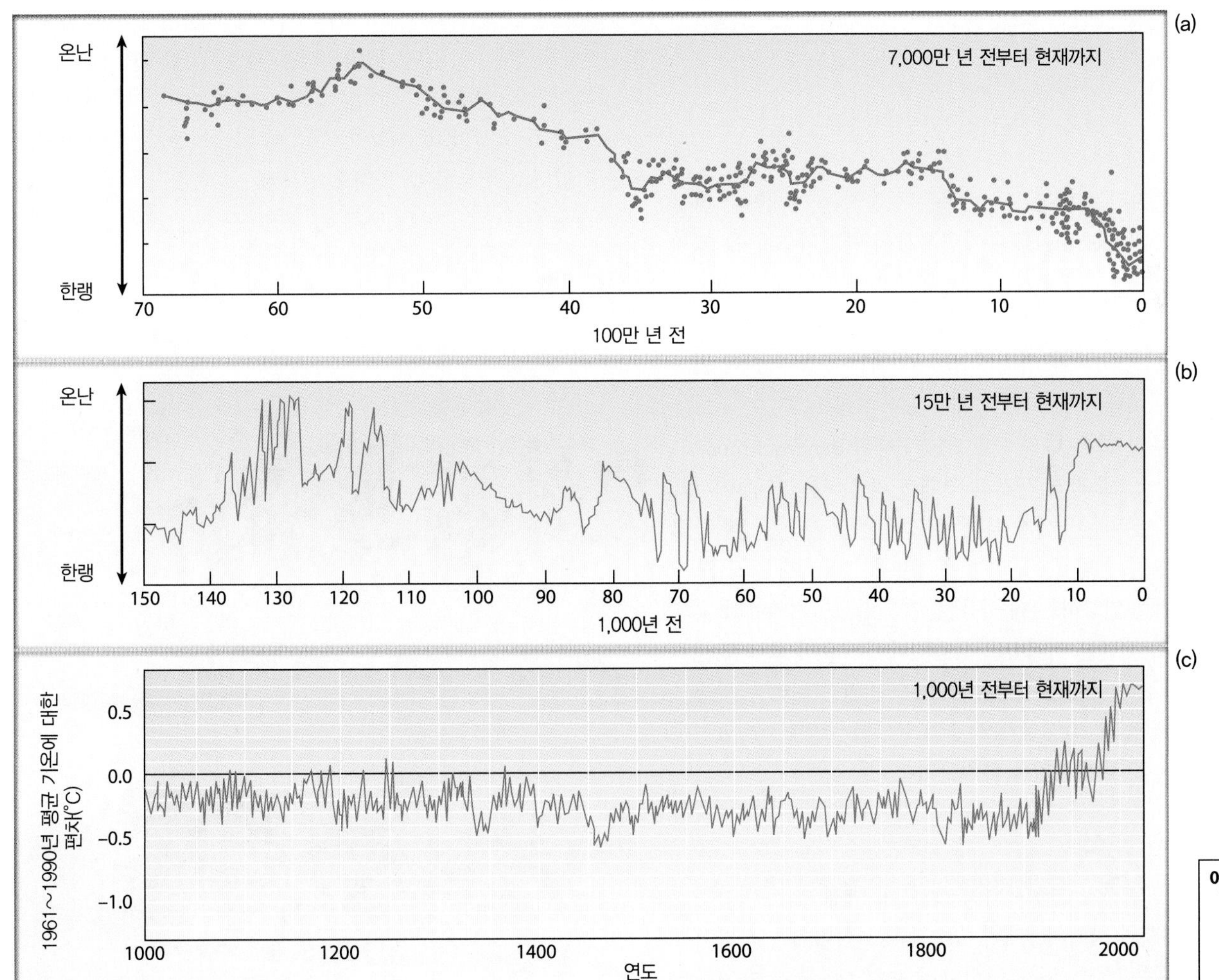

▲그림 8-35 세 가지 시간 규모에서 일반화된 지구 기온 경향. (a) 7,000만 년 전부터 현재까지[곡선은 얼음 부피와 해양 온도 대리(proxy) 측정에서 일반화되었다]. (b) 15만 년 전부터 현재까지(곡선은 북대서양 대리 측정에서 유도되었다). (c) 1,000년 전부터 현재까지(곡선은 대리 측정과 1900년 이후의 역사 기록에서 유도되었다)

▲그림 8-36 연륜연대학은 과거 기후를 동정하기 위해 나이테를 이용한다. 각 나이테는 하나의 성장 계절을 나타낸다. 더 넓은 나이테는 적절한 성장 상태를 표시하는 반면 좁은 나이테는 열악한 상태를 나타낸다.

연륜연대학

온화한 지역에서 자라는 대부분의 나무는 성장하는 매해마다 하나의 동심원 **나이테**(tree ring)를 추가함으로써 줄기의 지름을 키운다. 나이테의 수를 세어 봄으로써 나무의 나이를 알 수 있다. 나이테는 또한 기후에 관한 정보를 제공하는데, 성장 조건이 적합한 해(적절한 기온과/혹은 충분한 강수량)에는 성장 조건이 열악한 해에 비해 나이테가 더 넓은 경향이 있다(그림 8-36).

살아 있는 나무와 죽은 나무 모두 **연륜연대학**(dendrochronology, 나이테 분석으로 과거 사건의 연대를 측정하는 연구)에서 사용할 수 있다. 산 나무에 해가 되지 않도록 작은 코어를 채취하며, 쓰러진 나무, 묻힌 나무, 고고학 유적지에서의 목재 등도 모두 나이테 연대기를 연장하는 데 사용할 수 있다. 한 지역에서 많은 나무의 나이테 패턴을 비교하고 상관관계를 구함으로써 연륜연대학자들은 나무의 나이를 결정할 수 있을 뿐만 아니라 나무를 죽인 홍수와 화재 등과 같은 재해 사건의 연대를 확인할 수 있고 또한 가뭄과 기온 고저의 시기를 복원할 수 있다.

산소 동위원소 분석

많은 원자의 핵은 양자와 중성자의 수가 같다. 예를 들면 대부분의 산소원자는 8개의 양자와 8개의 중성자를 포함하여 원자량이 16이 된다(^{16}O 혹은 '산소 16'). 그러나 소수의 산소원자는 여분의 중성자 2개를 가지고 있어 원자량 18(^{18}O)의 원자가 된다. ^{16}O과 ^{18}O은 산소의 **동위원소**(isotope)로 알려져 있다. 산소의 이 두 동위원소는 물(H_2O)과 탄산칼슘($CaCO_3$)과 같은 보통의 분자에서 발견된다.

산소 동위원소 분석(oxygen isotope analysis)을 통하여, 물과 탄산칼슘과 같은 물질의 분자에서 얻어지는 $^{18}O/^{16}O$의 비율은 이들 분자가 형성될 당시의 환경에 대해 무엇인가를 우리에게 말해 줄 수 있다. ^{16}O을 포함하는 물 분자는 더 가벼운 산소 동위원소를 가지고 있기 때문에 ^{18}O을 포함하는 물 분자보다 더 쉽게 증발된다. 따라서 비와 눈과 같은 강수는 ^{16}O을 비교적 많이 포함하는 경향이 있다. 빙기 동안 많은 양의 ^{16}O이 대륙의 빙하에 갇혀 있어서 해양에서 ^{18}O의 농도가 커진다(그림 8-37a). 따뜻한 간빙기에는 빙하가 녹아서 ^{16}O이 해양으로 되돌아간다(그림 8-37b).

해양 퇴적물 : 해양 바닥 퇴적물은 수천 년 동안 바닷물의 $^{18}O/^{16}O$ 비율이 변화한 기록을 제공한다. 유공충(foraminifera)과 같은 많은 수의 흔한 해양 미생물은 탄산칼슘의 바깥 껍질을 방출하며 이는 미생물이 살았을 때의 바닷물의 $^{18}O/^{16}O$ 비율을 간직한다. 이들 생명체의 유체는 대양저에서 겹겹이 퇴적층을 형성한다(제9장의 그림 9-7 참조). 퇴적물의 이들 층에서 탄산칼슘의 $^{18}O/^{16}O$ 비율을 비교함으로써 과학자들은 빙기가 언제 출현하였는지를 결정할 수 있다. 만약 탄산칼슘에서 $^{18}O/^{16}O$ 비율이 높으면(다시 말해 비교적 많은 양의 ^{18}O이 껍질에 존재하면) 이 생물이 빙기 동안 살았고, $^{18}O/^{16}O$ 비율이 낮으면 이 생물이 간빙기 동안 살았다고 추론할 수 있다.

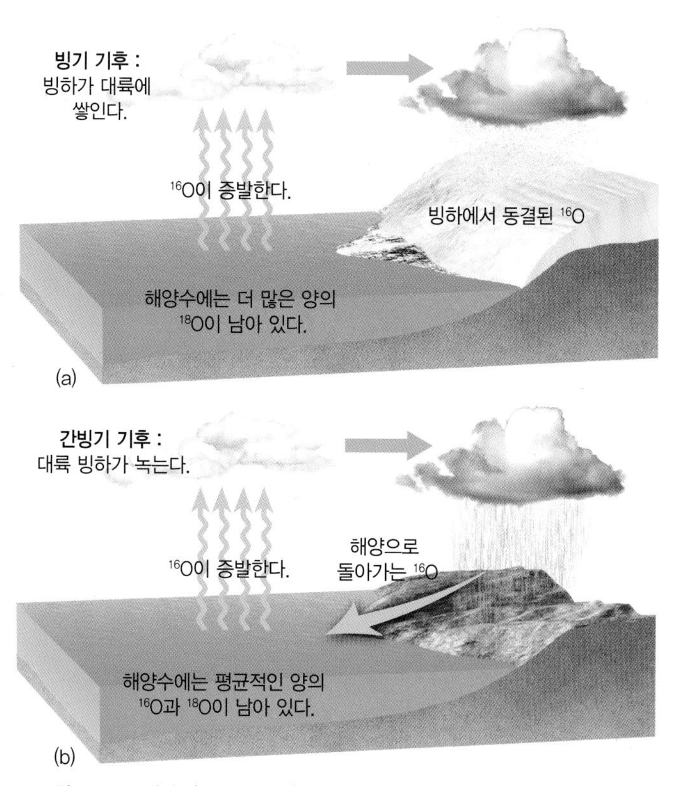

▲그림 8-37 해양수(ocean water)에서 산소 동위원소의 농도는 기후에 따라 변한다. (a) 빙기 동안 ^{16}O을 포함하는 수분은 해양에서 증발하고 대륙 빙하에 고정되므로 해양수의 ^{18}O의 상대 농도는 증가한다. (b) 빙하가 녹을 때 ^{16}O은 해양으로 되돌아온다.

산호초 : 산호초는 열대 해양 지역에서 탄산칼슘 외골격으로 이루어진 작은 산호 폴립의 거대한 군체로 이루어진다(산호는 제20장에서 더 자세히 살펴본다). 이 $CaCO_3$가 바닷물에서 추출되기 때문에 산호의 $^{18}O/^{16}O$ 비는 산호초가 형성될 시기의 기후에 관한 정보를 제공한다. 더욱이 산호초가 얕은 바다에서 발달하기 때문에 옛날 산호초의 상대 고도는 과거의 해면 변동을 복원하는 데에 도움이 될 수 있다.

학습 체크 8-11 산소 동위원소 분석은 과거의 기온을 우리에게 어떻게 알려주는가?

얼음 코어

얼음 코어의 분석은 우리에게 과거 기후에 대한 정보를 제공한다. 빙하에 작은 구멍을 뚫음으로써 일부 지점에서는 수십만 년까지 소급되는 강설 기록을 얻을 수도 있다(그림 8-38). 이러한 얼음 코어는 과거 상태에 대한 여러 종류의 정보를 제공한다. 기온이 낮을 때보다 높을 때 ^{18}O을 포함하는 물분자가 더 많이 증발하므로 얼음 층에서 발견되는 $^{18}O/^{16}O$ 비는 눈이 내릴 때의 기후에 관한 '온도계' 역할을 한다. 얼음 코어의 산소 동위원소 분석은 과학자들이 과거의 지구 기온 기록을 구축할 수 있게 해 주는 가장 중요한 방법이 되어 왔다.

▲그림 8-38 남극대륙에서 EPICA 프로젝트(남극대륙에서 얼음 코어 분석을 위한 유럽 프로젝트)의 일부로서 얼음 코어를 채취하고 있는 과학자들

얼음 코어는 또한 과거의 대기 조성에 관한 직접적인 정보를 제공한다. 눈이 쌓이고 빙하 얼음으로 압축되면서 대기의 공기방울이 얼음 속에 냉동된다. 빙하 속 깊숙이 있는 이 작은 공기방울이 과거 대기의 표본으로서 보존되며 CO_2와 다른 기체 농도의 직접 측정을 가능하게 한다. 또한 얼음 속의 입자들은 주요 화산 분출과 같은 과거의 지각 변동 사건에 대한 정보를 제공할 수 있다.

남극의 돔 C : 빙하에서 추출된 얼음 코어의 장소 중에서 가장 의미 있는 것은 아마도 남극의 돔 C(Dome C)일 것이다. 돔 C는 위도 75°S, 경도 123°E로서 남극에서 약 1,750km 떨어진 곳에 위치하며, 이곳은 남극 빙하의 두께가 가장 두꺼운 곳이다(그림 8-39a). 코어 채취는 '남극대륙에서 얼음 코어 분석을 위한 유럽 프로젝트(European Project for Ice Coring in Antarctica, EPICA)'에 의해 이루어졌다. 다국적 과학자 팀은 길이 3km 이상 지름 10cm의 연속적인 얼음 코어를 채취하였다. 이 분석으로 다른 어떤 얼음 코어보다 긴 80만 년까지 소급되는 기후와 대기 조성 자료가 얻어졌으며, 이들은 8개의 완전한 빙기/간빙기 주기에 대한 기후 정보를 제공한다(그림 8-39b).

돔 C에서의 발견은 해양 퇴적물에서 발견된 유공충 껍질의 탄산칼슘에 대한 산소 동위원소 분석뿐만 아니라 인근의 보스토크 얼음 코어에서 얻은 대리 기후 자료와도 밀접하게 부합되어 돔 C 자료의 완전성에 대한 과학자들의 신뢰가 깊어지고 있다. 현재 과학자들은 얼음 코어 기록을 더 긴 기간 동안 확장할 수 있는 코어 채취 위치를 찾고 있다.

돔 C의 기후 자료에 의하면, 현재의 대기 중 CO_2 농도는 지난 80만 년의 어느 시기보다도 높으며, 지구 기온의 상승과 하강은 온실가스 농도(특히 이산화탄소와 메테인) 변화와 밀접한 상관관계를 갖는다. 낮은 온실가스 농도는 빙기 동안 존재한 반면 온실가스의 높은 농도는 간빙기(고온기)에 존재한다. 그러나 대기의 CO_2 농도가 간빙기 기온 상승이 시작한 지 수백 년 후에 보통 증가한다는 연구가 있다. 이는 온실가스 농도의 증가가 간빙기 기온 상승의 계기(방아쇠)가 아닐 수도 있다는 것을 시사하며, 증가하는 CO_2 농도는 온난화하는 기후를 단지 강화할 수도 있다. 그러나 오늘날 기온 상승은 온실가스 증가를 밀접하게 따라가 온실가스 증가가 기온 상승을 일으켰다는 것을 나타내고 있다.

학습 체크 8-12 얼음 코어는 어떻게 대기 중 온실가스의 과거 농도에 관한 정보를 제공하는가?

비디오 MG
18,000년 동안의 소나무 화분

http://goo.gl/iCAe1

화분 분석

과거 기후를 결정하기 위해 사용되는 다른 중요한 방법은 화분학(palynology) 혹은 화분 분석(pollen analysis) 분야에서 나온다. 나무와 다

(a) 주요 얼음 코어 관측점

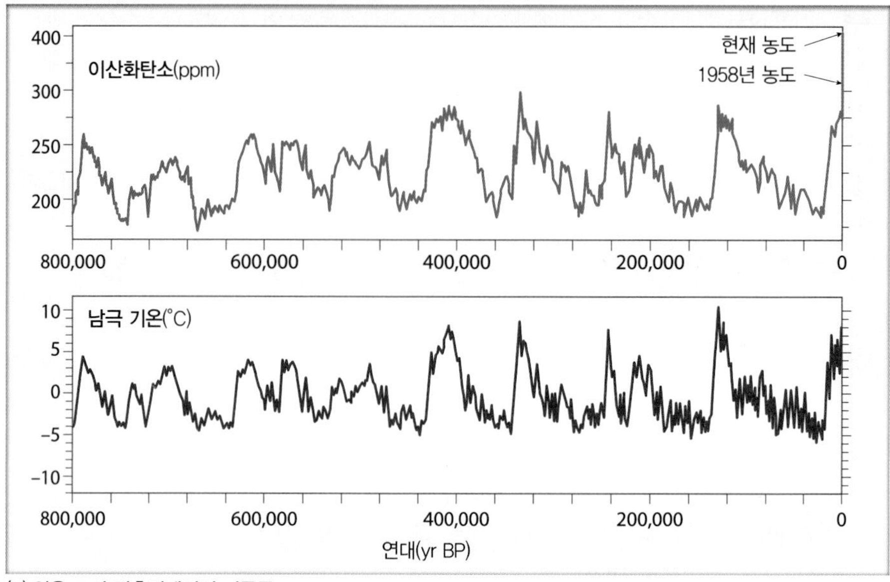

(b) 얼음 코어 관측점에서의 기록들

▲그림 8-39 (a) EPICA 돔 C와 보스토크 관측점의 위치를 보여 주는 남극지도. (b) EPICA 돔 C 얼음 코어와 다른 지점들에서 얻은 지난 80만 년 동안의 CO_2 기록과 EPICA 돔 C에서 얻은 대응하는 기온 기록. 기온은 지난 1,000년의 평균 기온에 대한 편차로 표시한다.

른 식물에서 나온 바람에 날리는 화분은 호수 밑바닥이나 습지의 퇴적층에 보존될 수 있다. 이들 퇴적층의 코어를 채취하고 분석한다.

각 퇴적층에서 물질의 **방사성탄소 연대측정**은 약 5만 년 이내의 유기물질의 나이 추정치를 제공한다. 방사성탄소 연대측정은 유기물질에서 발견되는 2개의 탄소 동위원소의 비를 비교함으로써 수행된다. 즉, 방사성 ^{14}C는 알려진 비율로 시간에 따라 안정적인 질소 동위원소 ^{14}N로 붕괴하고 더 안정적인 탄소 동위원소 ^{12}C는 표본의 나이에 상관없이 일정하게 유지된다. 그러므로 $^{14}C/^{12}C$ 비율은 얼마나 오래전에 식물성 혹은 동물성 물질이 살았는지에 대한 지표로서 활용된다. 퇴적층의 연대를 안 화분학자들은 퇴적층이 형성될 당시에 어떤 나무와 풀들이 살았는지를 결정하기 위해 제시된 화분의 종류를 살핀다. 환경이 변하면 식물종도 변화하는데, 예를 들면 어떤 종들은 더 추운 상태에서 더 잘 적응한다. 따라서 다른 식물에 대한 한 식물 군락의 우점은 그 당시의 기후에 대한 대리정보를 제공한다.

유물 빙하 지형

제19장에서 보겠지만, 빙하는 경관에 뚜렷한 표식을 남긴다. 빙하가 천천히 이동하면서 접촉하는 기반암을 긁고 지나간다. 계곡벽의 기반암에 할퀸 자국이나 마식된 흔적이 있을 때 과거 빙하의 높이를 알 수 있다. **모레인**(moraine, 퇴석)으로 불리는 분급이 불량한 빙력토의 제방이 빙하의 끝에 퇴적되며, 빙하의 처음 확장과 지난 세기까지의 빙하 후퇴의 양을 결정하는 데 쓰인다.

스펠레오뎀

석회암 동굴에서 탄산칼슘의 퇴적은 과거 기후에 대한 또 하나의 단서를 제공한다. **스펠레오뎀**(speleothem)은 광물질이 풍부한 물이 동굴의 틈으로 침투하면서 천천히 형성되는 퇴적물이다. 가장 친근한 유형이 아래로 성장하는 **종유석**(stalactite)과 위로 자라는 **석순**(stalagmite)이다(제17장 그림 17-4 참조). 탄산칼슘이 스펠레오뎀에 내려오면서 굳어질 때 나이테와 유사한 성장 띠를 남긴다. 이 띠의 크기와 함께 탄소와 산소의 동위원소가 스펠레오뎀이 형성될 당시 환경의 강수와 기온 상태에 대한 정보를 제공한다.

기후 변화의 원인

제4장과 지구의 태양 복사 수지를 나타내는 그림(그림 4-18)을 빠르게 한번 살펴보면 기온 패턴에 영향을 주는 많은 변수들이 있다는 것을 기억할 것이다. 이들 변수들은 입사 태양 복사량, 대기와 지표면의 알베도, 온실가스의 농도, 해양과 대기 순환을 통한 에너지 수송과 이 밖에도 다른 많은 변수들이 있다. 이들 변수들 중 어느 하나의 변화라도 기온, 바람, 기압과 수증기의 패턴들을 변화시킬 가능성을 갖고 있다.

따라서 다수의 메커니즘이 과거 기후 변화에 어떤 역할을 담당하고 있었을 것이고 또 마찬가지로 현재에도 작동하고 있을 것이라는 것은 그리 놀랄 일은 아니다. 다음에서는 기후 변화의 몇몇 메커니즘을 살펴본다.

대기 에어로졸

화산 폭발에 의해 대기로 분출된 많은 양의 입자들은 지구 기온을 변화시킬 수 있다(그림 8-40). 미세한 화산재와 다른 에어로졸은 성층권에 도달할 수 있으며, 여기에서 이들은 몇 년 동안 지구를 돌며 입사 태양 복사를 막아 기온을 하강시킬 수도 있다. 예를 들면 1991년 필리핀에 있는 피나투보 화산의 폭발은 대기의 에어

▲그림 8-40 칠레 산티아고 남쪽에 있는 칼부코(Calbuco) 화산의 2015년 4월의 분출. 화산재의 기둥이 15km 이상의 고도에 도달하였다.

로졸 농도(특히 이산화황)를 증가시켜 그다음 해 지구 기온을 약 0.5℃ 낮추었다.

커다란 소행성 충돌은 뚜렷하게 지구 기후를 바꿀 수 있을 만큼 충분한 먼지를 대기로 분출할 수 있다. 6,500만 년 전에 지름 10km의 소행성 충돌이 공룡 멸종에 기여하였다는 것이 과학자들에게 널리 받아들여지고 있다[같은 시기에 인도에서 발생한 거대한 **홍수현무암**(flood basalt) 분출과 연관된 환경 변화는 더 중요한 요인이었을 것이다. 제14장 참조].

인류 기원 에어로졸, 특히 황산염과 검은 탄소(black carbon)는 기후에 영향을 줄 수도 있다. 화석연료의 연소로 방출되는 황산염은 입사 태양 복사를 산란시키는 경향이 있어서 순 냉각 효과를 갖는다. 한편 디젤과 생물연료의 연소에서 나오는 검은 탄소는 태양 복사를 흡수하는 경향이 있어 온난화를 유도한다.

지난 40여 년 동안 더 엄격한 환경 법규들로 인해 공업화된 국가에서 황산염 방출이 반으로 감소하였으나 북반구의 공업화되고 있는 국가, 특히 아시아에서의 검은 탄소 방출은 증가하였다. 2009년 NASA의 연구에 의하면, 1976년 이후 북극에서의 온난화의 대부분은 에어로졸의 변화, 즉 황산염에 의한 적은 냉각과 검은 탄소에 의한 더 많은 온난화의 결합과 연계되었을 수도 있다.

태양 에너지 방출의 변동

태양 에너지 방출의 변동과 과거 기후와의 관련성은 수십 년 동안 연구되어 왔다. 예를 들면, 연구자들은 기후와 태양 흑점 활동 사이의 관련성을 조사해 왔다. **태양 흑점**(sunspot)은 태양 표면에 검은 반점으로 나타난다. 이들은 태양 **광구**에서 약간 차가운 지역이며, 태양 표면의 강력한 자기 폭풍뿐만 아니라 하전입자(charged particle)의 분출과 연관된다(하전입자의 일부가 태양풍의 일부로서 지구에 도달하며, 지구의 상층 대기에서 오로라 영상을 만든다. 제3장의 그림 3-10 참조).

일부 과학자들은 소빙기(Little Ice Age, 1400~1850년까지 보통 이상으로 추운 날씨의 기간)와 같은 몇 개의 과거 기후 사건이 1645~1715년 사이의 매우 감소된 태양 흑점 활동의 시기('Maunder Minimum'으로 알려져 있음)와 대체로 일치한다는 점에 주목해 왔다. 근래의 위성 관측은 지구 대기 꼭대기로 들어오는 에너지 혹은 **총 일사량**(Total Solar Irradiance, TSI)[9]이 태양 흑점 활동의 잘 알려진 11년 주기에서 약 0.1% 변동(태양 흑점이 적은 시기에 적은 에너지가 들어온다)한다는 것을 보여 준다. 자외선 복사는 이것보다 더 크게 변동하는 것으로 보이며 따라서 TSI의 변동은 오존층에 그리고 아마도 대기를 통하여 에너지 흐름의 다른 측면에 영향을 줄 수도 있다.

태양 흑점 주기와 기후의 일부 관련성은 처음에는 통계적으로 강력한 것으로 나타나지만 많은 과학자들은 믿지 않는 상태로 남아 있는데, 부분적으로는 비정상적인 태양 흑점 활동의 모든 사건들이 기후 변화와 상관관계를 갖지 않기 때문이다. 더욱이 TSI의 변동이 기후 변화에서 어떤 역할을 할 것으로 보이지만 측정된 변동은 지난 세기에 관측된 지구온난화 경향을 설명하기에 충분한 것으로 보이지 않는다.

학습 체크 8-13 대기 에어로졸의 차이가 어떻게 기후에 영향을 주는가?

9 역주 : 태양 복사의 모든 파장에 대한 에너지를 합한 것으로, 이의 특수한 경우가 태양 상수이다. 태양 상수는 지구와 태양의 평균 거리의 대기 꼭대기에서 태양 광선에 수직인 면에서 단위시간에 받는 에너지를 말한다.

지구-태양 관계의 변동

우리가 제1장에서 보았듯이 계절 변화는 주로 1년 동안 태양에 대한 지구 자전축 방향의 변화 결과이다(그림 1-24 참조). 지구의 자전축은 언제든지 기울기 23.5°를 유지한다는 점, 지구의 자전축은 항상 북극성을 향하고 있다는 점, 지구는 1월 3일에 태양에 가장 가깝다는 점을 우리가 언급하였다. 결국 지구-태양 관계의 이러한 측면들은 수만 년 단위에서 문서로 충분히 입증되고 예측 가능한 일련의 주기로 변하고 있다(그림 8-41).

궤도 이심률 : 지구 타원 궤도의 '모양' 혹은 이심률(eccentricity)은 약 10만 년 주기로 변한다. 어떤 때에 지구의 궤도는 거의 원형이고 다른 때에 궤도는 더 타원형이어서 태양과 지구의 거리를 변화시킨다. 현재 원일점과 근일점에서 지구와 태양 거리의 차이는 약 3%(약 500만 km 차이)이나 지난 60만 년 동안 그 차이는 1~11%까지 변하였다. 이 거리 차이가 클수록 지구 궤도의 여러 지점에서 일사량의 차이는 더 커진다.

자전축의 기울기 : 지구 자전축의 기울기 혹은 황도경사(obliquity)는 약 41,000년의 주기로 22.1~24.5°까지 변한다. 기울기가 더 커졌을 때 저위도와 고위도 사이에서 계절 변동은 더 커지는 경향이 있고, 기울기가 적을 때 계절적 대비는 덜 뚜렷해진다.[10]

세차운동 : 지구의 자전축은 팽이 꼭대기처럼 '흔들리며' 따라서 자전축은 25,800년 주기로 천체에 대해 다른 방향을 나타내는데, 이를 세차운동(precession)이라고 한다. 세차운동은 지구 궤도에서 지구의 위치와 관련된 계절의 시기를 변화시킨다.[11]

밀란코비치 주기 : 이들 장주기들이 '중복'되면서 그 결과로 지구 표면에 현저하게 적은 복사가 도달하는 시기(특히 고위도에서) 그리고 계절 대비가 크거나 작은 시기가 나타난다. 예를 들면 '계절성'이 적은(다시 말해 겨울과 여름의 차이가 적은) 시기 동안 고위도에서 더 많은 눈이 쌓일 수 있고(온화한 겨울에서 더 많은 강설 때문에), 더 적은 눈의 융해가 나타날 것이다(보다 낮은 여름 기온 때문에).

이러한 주기는 20세기 초 유고슬라비아의 천문학자 Milutin Milankovitch 이후로 **밀란코비치 주기**(Milankovitch cycles)로 알려져 있다. 밀란코비치는 이들 주기의 결합 효과를 살펴보았으며 이들이 지난 수백만 년 동안 지구에 빙기가 시작되고 끝나게 하는 일사량 변동의 대략 10만 년 주기의 원인이 된다는 결론을 내렸다. 그의 아이디어는 그가 살아 있는 동안 다른 과학자들에 의해 대부분 거부되었으나 최근의 고기후학 연구에서는 지구-태양 관계의 주기적인 변동이 빙기와 간빙기 사건의 시기 조절에 대한 하나의 열쇠가 됨을 보여 주고 있다.

그러나 천문학적 주기는 또한 몇 개의 문제를 가지는데, 예를 들면 한 반구에 더 찬 상태를 가져오는 세차운동의 효과는 다른 반구에 더 따뜻한 상태를 가져와야 하지만 이것이 나타나지 않는다는 사실이다. 다른 요인들도 빙기의 시작과 끝남에 확실하게 어떤 역할을 한다.

학습 체크 8-14 밀란코비치 주기는 무엇인가?

10 역주 : 자전축의 기울기가 24.5°라면 북반구 중위도 지역에서 겨울에 태양 고도는 지금보다 약 1° 정도 낮아지고, 여름에는 약 1° 높아진다. 따라서 여름과 겨울의 계절 대비는 지금보다 더 커질 것이다. 저위도의 경우에는 별반 다르지 않을 것이므로 저위도와 고위도의 대비도 더 커질 것이다.

11 역주 : 근일점에서 현재는 북반구가 겨울이나 약 13,000년 전에는 북반구가 여름이었다. 즉, 지구 공전 궤도에서 지구의 위치와 계절의 관계가 변한다.

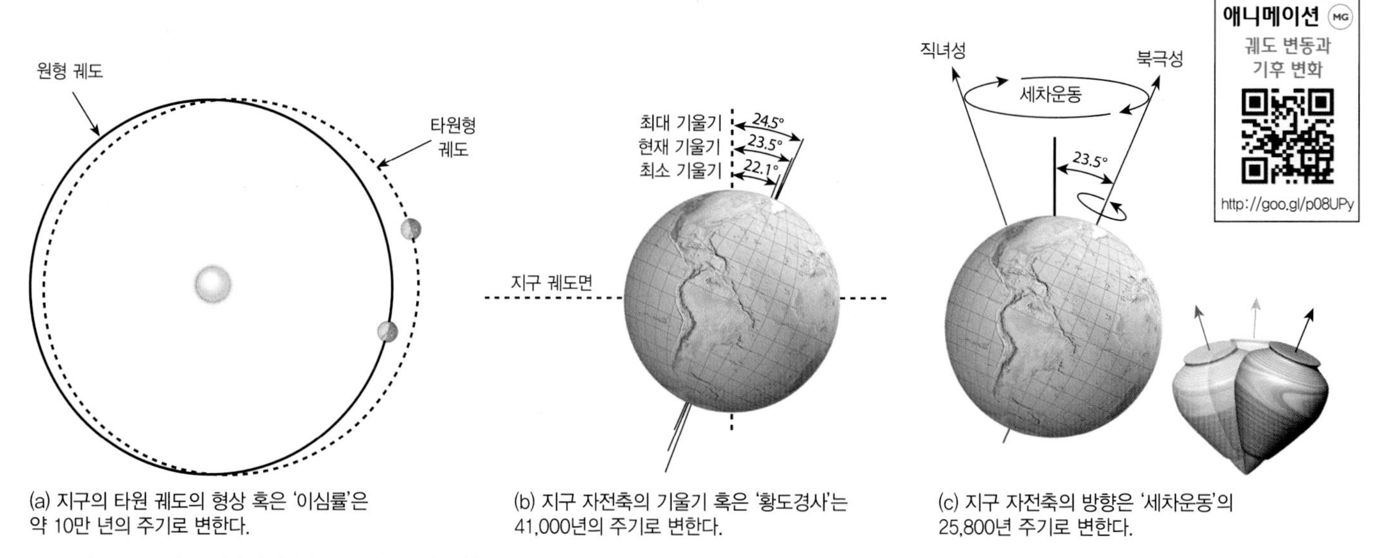

▲**그림 8-41** 지구-태양 관계에서 궤도 변동 주기들. (a) 지구의 타원형 궤도의 형상 혹은 이심률, (b) 지구 자전축의 기울기 혹은 황도경사, (c) 지구 자전축의 방향 혹은 세차운동. 현재 지구 자전축은 북극성을 향하고 있고, 미래에는 직녀성을 향할 것이다.

온실가스 농도

우리가 제4장에서 처음 살펴보았듯이 수증기, 이산화탄소(CO_2)와 메테인과 같은 온실가스는 대류권의 기온을 조절하는 데 중요한 역할을 한다. 지구 기온의 과거 변동은 온실가스 농도의 변동과 연계되어 왔다는 것이 특히 얼음 코어 분석을 통하여 잘 알려져 있다. 과거의 따뜻한 시기에 CO_2와 같은 기체의 높은 농도와 대체로 연관되어 있고 반면 추운 시기는 CO_2의 낮은 농도와 연관되어 있다(그림 8-39b 참조).

지난 세기 동안 대기 중 CO_2의 급격한 증가가 인간 활동의 결과인지 혹은 자연 과정의 결과인지를 우리는 어떻게 아는가? 인간의 활동이 CO_2 증가의 원인이라는 결론을 몇 가지 측면의 증거들이 뒷받침하는데, 이들은 다음과 같다.

- 대기 중 CO_2의 증가는 1700년대 중반 산업혁명 이후 화석연료 사용량과 높은 상관관계를 보이는데, 인간이 방출한 CO_2의 약 40%만 대기 중에 남아 있고 나머지는 해양에 흡수되거나 광합성으로 식물에 고정되었다.
- 방사성 동위원소 ^{14}C는 상층 대기에서 자연적으로 생성되며 안정적인 동위원소 ^{12}C와 공존한다. 나이테 코어에서의 $^{14}C/^{12}C$ 비율 측정에 의하면, 대기에서 방사성 동위원소 ^{14}C의 상대적인 비중은 산업혁명 이후 감소해 왔다. 이것은 대기에서 추가적인 CO_2가 석탄이나 석유와 같은 탄소의 오랜 '죽은' 원천에서 방출되었다는 것을 의미한다. 화석연료는 그렇게 오래전에 형성되었으므로 대부분의 방사성 ^{14}C는 붕괴되었고, 안정적인 동위원소 ^{12}C가 더 많이 남았다.

온실가스의 잠재력과 체류 시간 : 기후 변화에 대한 온실가스의 역할을 이해하는 것을 복잡하게 만드는 것은 이들 기체의 상대적인 잠재력과 체류 시간이 기체에 따라 크게 변화한다는 것이다. 예를 들면 메테인의 대기 중 체류 시간은 이산화탄소보다 훨씬 짧아서, 대기에서 12년 후 메테인은 CO_2로 산화된다. 그러나 메테인은 처음 20년 동안은 CO_2보다 온실가스로서 72배나 더 '효율적'이고, 100년의 기간 동안에는 약 25배 더 효율적이다. 다시 말해 단기간 동안의 메테인의 효과는 장기간에서의 효과와 같지 않을 수도 있다.

되먹임 메커니즘

더욱이 온실가스 농도와 지구 기온의 관련성에 복잡성을 더하는 것으로 다수의 **되먹임 메커니즘**(feedback mechanism)을 들 수 있다(우리는 지구 시스템을 소개하는 제1장에서 되먹임 메커니즘을 처음으로 기술하였다).

해빙과 대륙 빙상은 높은 **알베도**를 갖는다. 다시 말해 이들의 표면은 입사 단파 복사의 대부분을 반사한다. 만약 지구 기후가 추워진다면 얼음은 확장될 것이고 이는 다시 더 많은 입사 복사를 반사시킬 것이며, 이것은 기온 저하를 부추길 것이고 다시 얼음이 더욱 확장될 것이다. 이것이 **양의 되먹임 메커니즘**(positive feedback mechanism)이다. 반대로 기후가 따뜻해지면 이것은 얼음 피복을 줄일 것이고, 이는 알베도를 낮추어 지표면에 의한 흡수를 늘릴 것이다. 이는 더 높은 기온으로 이끌 것이고 따라서 얼음 피복은 더 감소할 것이다. 이것 역시 양의 되먹임 메커니즘이다.

기후 변화와 관련하여 가장 복잡한 일련의 되먹임 메커니즘이 수증기와 연관된 것이다. 기후가 따뜻해지면 증발이 늘고 이로 인해 대기의 수증기 농도가 높아진다. 앞에서 살펴보았듯이 수증기는 중요한 온실가스이다. 온난화에 따라 증발이 늘고 대기의 더 높은 수증기 농도가 온난화를 부추긴다. 이는 또 다른 양의 되먹임 메커니즘이다. 그러나 이로 인해 상황이 더 복잡해진다.

수증기의 증가는 또한 운량의 증가로 이어지기 쉽다. 구름은 태양 복사의 효율적인 반사물체(따라서 냉각으로 유도)뿐만 아니라 지구 복사의 효율적인 흡수물체(따라서 온난화에 기여함)로서 작용할 수 있다. 다시 말해 운량의 증가는 냉각과 온난화 양쪽을 유도할 수 있다!

냉각 혹은 온난화의 순 효과는 형성되는 구름의 유형에 의존한다. 예를 들면 발달한 적운은 지표면에서의 장파 흡수만큼 알베도가 증가하지 않으며 따라서 온난화를 일으킨다. 한편 층운의 확장은 장파 흡수보다 알베도 증가가 더 크므로 냉각을 유도한다. 구름의 효과는 미래 기후 변화를 모델링할 때 매우 복잡한 문제로 남아 있다.

학습 체크 8-15 지구 온도가 더 상승하는 되먹임 메커니즘을 온도 상승은 어떻게 유도할 수 있는가?

해양의 역할

기후 변화에서 중요한 많은 변수들은 해양을 연관시킨다. 해양은 대기에서 방대한 양의 CO_2를 흡수하는데, 어떤 추정에 의하면 산업혁명 이후 인간 활동에 의해 대기로 방출된 탄소의 약 30%를 해양이 흡수해 왔다. 해양 식물과 동물이 껍질과 외골격을 형성하기 위한 탄산칼슘의 추출과 광합성을 통해 바닷물로부터 탄소를 제거한다. 이 탄소의 대부분은 실질적으로 해양 바닥의 퇴적층에 묻힌다.

또한 **메탄하이드레이트**(methane hydrate, 메테인과 물로 이루어진 일종의 얼음)의 형태로 방대한 양의 탄소가 일부 해양 퇴적층에서 발견된다. 수온이 올라가면 이들 메탄하이드레이트는 불안정하게 될 것이어서 갇힌 메테인이 대기로 방출되어 기온의 급상승이 나타날 수도 있다(일부 증거에 의하면 이는 약 5,500만 년 전에 실제로 일어났으며 그 결과로 뚜렷한 온난기가 나타났다).

끝으로 해양은 저위도에서 고위도로의 에너지 수송에서 중요한 역할을 담당한다. 해양순환의 패턴이 변한다면 기후는 뚜렷하게 바뀔 수 있다(우리는 이 가능성을 제9장에서 다룬다).

인위적 기후 변화

고기후학 자료는 지난 세기 동안 기후 변화의 크기와 비율을 우리가 비교할 수 있는 배경을 제공한다. 우리는 인간 활동이 기후 변화의 원인인지[때때로 인위적 강제력(anthropogenic forcing)으로 불림]를 아는 것에 특히 흥미를 갖는다.

현재의 관측된 기후 변화

우리가 제4장에서 살펴보았듯이 기후 변화에 관한 정부간 협의체(IPCC)는 세계 지도자들에게 기후 변화에 관한 정보를 제공하는 가장 권위 있는 국제단체이다. 지난 세기의 기후 변화 증거를 평가한 2014년에 발간된 「기후 변화 2014: IPCC 제5차 평가보고서(AR5)의 종합보고서」에서는 지구 기후의 온난화 '명확하다'고 결론 내렸다.

AR5에 제시된 주요 결과들은 다음과 같다.[12]

기온 변화

- 사용 가능한 가장 긴 데이터 세트를 바탕으로 할 때, 1850~1900년 평균에 비해 2003~2012년 평균 지구 기온은 0.78℃의 상승이 있었다. 그림 8-42는 1850~2012년까지의 지구 기온 편차를 보여 준다.
- 선형 경향으로 계산하면, 평균 육지-해양 표면 기온은 1880년에서 2012년까지 0.85℃ 상승하였다(150년 동안의 기온 변화 추정은 계산 방식에 따라 약간 변한다는 것에 주목하자).
- 1880년 이후 기온의 계기 관측을 바탕으로 할 때, 10개의 가장 온난한 해 중 9개의 해가 2002년 이후에 나타났다(1998년 '톱텐'에 있는 유일한 20세기의 해이다). 현재 가장 따뜻한 해는 2015년이다.[13]
- 1983~2012년까지의 기간은 지난 1,400년 동안 북반구에서 가장 따뜻한 30년이었을 가능성이 높다.

해양 변화

- 1971~2010년 사이에 해양의 상층 700m가 따뜻해진 것이 사실상 확실하다.
- 1971~2010년 사이에 기후계에 집적된 에너지의 90% 이상이 해양에 저장되었다(높은 신뢰도). 약 1%만이 대기에 저장되었다.
- CO_2의 흡수 때문에, 공업화 시대의 시작 이후로 해양은 26% 더 산성화되었다(pH가 0.1 증가함, 높은 신뢰도).
- 부분적으로 해수의 열팽창 때문에, 1901~2010년 사이에 지구 해수면은 0.19m 상승하였다.
- 지구 평균 해수면 상승률은 1901~2010년 사이에 1.7mm/년이었으나 1992~2010년 사이에 3.2mm/년로 증가하였을 가능성이 매우 높다.

극 지역의 변화

- 북극에서 지표 기온 온난화가 지구 평균을 초과한다(높은 신뢰도).
- 1992~2011년 사이에 남극과 그린란드의 빙상에 질량 손실이 있었고 세계의 빙하는 계속 축소되었다[높은 신뢰도, NASA의 GRACE(Gravity Recovery and Climate Experiment) 위성에서 얻은 자료에 의하면, 2002년 이후로 남극의 빙상은 매년 1,340억 톤을, 그린란드 빙상은 매년 2,870억 톤을 잃는다].
- 1979~2012년 사이에 연평균 북극 해빙 면적은 10년에 3.5~4.1% 감소하였을 가능성이 매우 높다. 같은 기간에 평균 남

12 IPCC는 추정과 전망의 확률을 표현하기 위해 가능성이 높은(확률 66% 이상), 가능성이 매우 높은(확률 90% 이상), 사실상 확실한(확률 99~100%)과 같은 용어들을 사용한다. 또한 신뢰도의 수준은 중간, 높은, 매우 높은 신뢰도 등으로 나타낸다(증거의 질과 연구자들 사이의 동의 수준에 근거한 확실함의 정도들).

13 역주 : 2018년 7월 현재 2016년 평균 기온이 관측 사상 가장 높다(출처 : http://data.giss.nasa.gov/gistemp/graphs_v3/).

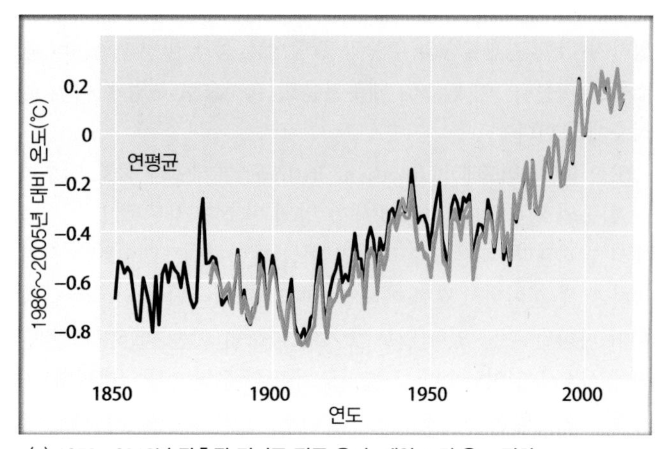

(a) 1850~2012년 관측된 전지구 평균 육지-해양 표면 온도 편차

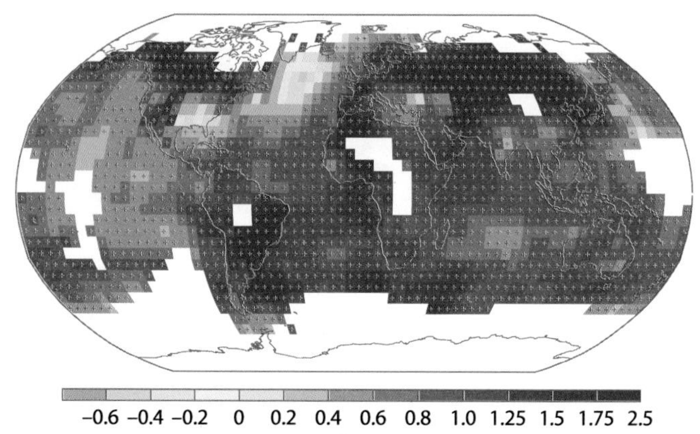

(b) 1901~2012년 관측된 표면 온도 변화

▲그림 8-42 (a) 여러 데이터 세트에서 구한 1850~2012년까지의 지구 기온 편차. (b) 1901~2012년까지 관측된 기온 변화. 가장 큰 기온 상승은 대체로 북반구 고위도에서 있었다는 것에 주목하자(공백 지역은 자료가 불충분한 지역임).

극 해빙 면적은 10년에 1.2~1.8% 증가하였을 가능성이 매우 높다. 그러나 강한 지역차가 있어서 남극의 어떤 지역에서는 증가하고 다른 지역에서는 감소한다(높은 신뢰도).

- 1979~2012년 사이에, 북극의 여름 해빙 최소면적은 10년에 9.4~13.6% 감소하였을 가능성이 매우 높다. 2012년 여름의 끝에 북극 해빙 면적은 1979년 시작된 유빙의 규칙적인 위성관측 이래로 최소였다.
- 1980년 이래로 영구동토층 최상부의 온도가 대부분 지역에서 상승하였다(높은 신뢰도). 3℃에 이르는 온난화가 북부 알래스카 지역에서 관측되었다.
- 20세기 중반 이후 북반구의 적설 면적은 감소하였다(매우 높은 신뢰도).

날씨 패턴의 변화

- 극한 기상 현상은 더 흔한 것이 되어 간다. 전 지구적으로 추운 낮(cold day)과 추운 밤(cold night)의 일수는 감소하고 따뜻한 낮(warm day)과 따뜻한 밤(warm night)의 일수는 증가할 가능성이 매우 높다.[14]
- 호우 일수가 늘어나는 육지 지역이 호우 일수가 줄어드는 지역보다 더 많아질 가능성이 높다.

생물권의 변화

- 육상, 해양, 담수 종의 다수에서 지리적 범위, 이주 패턴, 개체수의 변화가 일어나고 있다(높은 신뢰도).
- 많은 지역에서 기후 변화가 작물 수확량에 긍정적인 영향보다 부정적인 영향을 더 많이 준다(높은 신뢰도).

학습 체크 8-16 기온 편차는 무엇인가? 지난 세기 동안 육지-해양 기온 편차의 경향을 기술하라.

자연적 기후 변화인가, 인위적 기후 변화인가

그래서 지난 세기에 관찰된 기후 변화가 자연적 원인에 의한 것이고 온실가스의 인위적 증가의 결과가 아닐 가능성이 있는가? 우리는 항상 이 가능성을 열어 놓고 있어야 하지만 증거의 우세에 의해 대기과학자들은 지난 세기에 관측된 지구의 기후 변화는 자연적 원인만을 가지고는 설명할 수 없다고 결론을 내린다.

관측된 지구 기온의 상승과 이 온난화의 2차 효과들은 인간 활동과 연결된 온실가스 농도의 증가와 매우 밀접한 상관관계를 가진다. AR5에서 IPCC는 다음과 같이 결론 내린다.

> 과거 이산화탄소, 메테인, 아산화질소의 배출에 의해 이들의 대기 중 농도가 지난 80만 년 이래로 전례 없는 수준으로 증가하였고 이로 인해 기후계는 에너지를 흡수하고 있다.

대기에서 가장 중요한 인위적 온실가스인 이산화탄소는 산업혁명 이전의 약 280ppm(100만 분의 1)에서 2015년 5월에는 401ppm까지 증가하였다. 또 다른 중요한 인위적 온실가스인 메테인의 농도는 산업혁명 이전의 715ppb(10억 분의 1)에서 2015년에는 약 1,850ppb까지 증가하였다. 온실가스의 이러한 증가는 인위적 에어로졸과 화산 기원 에어로졸에 의한 약간의 냉각으로 상쇄가 나타나지 않았다면 관측된 것보다 더 강한 온난화를 일으켰을 것으로 보인다. 에어로졸에 의한 냉각은 온실가스에 의한 온난화의 '상당한 부분'을 상쇄한다고 IPCC는 보고한다(높은 신뢰도).

지구 기후 변화에 관하여 과학자 공동체에 넓은 컨센서스(공감대)가 존재한다. 이러한 공감대의 사례들은 다음과 같다.

2013년에 연구과학자들의 국제적 조직인 미국지구물리학회(American Geophysical Union, AGU)는 다음과 같이 결론지었다.

> 인간 활동이 지구 기후를 변화시키고 있다. 지구 수준에서 이산화탄소와 다른 열을 가두는 온실가스들의 대기 중 농도가 산업혁명 이후 가파르게 증가하고 있다. 화석연료 연소가 이러한 증가에 압도적인 부분을 차지한다. 지난 140년 동안 약 0.8℃의 지구 평균 온난화의 대부분은 인간에 의한 온실가스의 증가로 인해 나타났다. 자연적 과정이 대기에서 이들 기체(특히 이산화탄소)의 일부를 빠르게 제거할 수 없기 때문에, 우리의 과거, 현재, 미래의 배출은 1,000년 동안 기후계에 영향을 미칠 것이다. … 어떤 영향이 어디에서 나타날 것인지에 대한 중요한 과학적 불확실성이 남아 있으나, 기후 변화의 영향을 하찮은 것으로 만들 수 있는 어떤 불확실성도 알려지지 않았다.
>
> (출처 : *American Geophysical Union*, AGU Position Statement : Human-Induced Climate Change Requires Urgent Action, 2003년 12월 AGU에서 채택, 2013년 8월에 수정되고 재확인됨)

2014년에 미국지구변화조사프로그램(U.S. Global Change Research Program, USGCRP)이 발간한 보고서 **지구 기후 변화가 미국에 충격을 주다**(*Global Climate Change Impacts in the United States*)에서는 다음과 같이 간결하게 기술하고 있다.

> 기후 변화는 현재 발생하고 있다. 미국과 세계는 온난화되고 있으며 지구 해수면은 상승하고 있고 일부 유형의 극한 기상 현상은 더 자주 나타나고, 더 심해지고 있다. 이러한 변화들은 이미 우리나라의 모든 지역에서 그리고 경제의 많은 부문에서 넓은 범위의 충격을 주고 있다.
>
> (출처 : www.globalchange.gov/climate-change)

마지막으로 「기후 변화 2014: AR5의 종합보고서」는 IPCC의 과거 보고서들에서 누락된 곳을 언급하고 있다. 이는 다음과 같이 요약된다.

14 역주 : 추운 낮과 따뜻한 낮은 일정 기간의 연간 일 최고기온을 모두(대략 365 × 기간 수) 크기 순으로 나열하였을 때 각각 하위 10% 이내와 상위 90% 이상에 속하는 사례들을 지칭한다. 추운 밤과 따뜻한 밤은 일 최저기온에 대해 위와 같은 방법으로 구한 것이다(각각 하위 10%와 상위 90%). 보통 위에서 구한 기준치로 이들의 매년 빈도를 조사한 후 빈도의 경년 변화를 살핀다.

기후 변화에 미치는 인간 영향에 대한 증거들이 AR4(2007년의 「IPCC 제4차 평가보고서」) 이후 증가하고 있다. 인간의 영향이 대기와 해양의 온난화에서, 지구 수분 순환의 변화에서, 눈과 얼음의 축소에서, 지구 평균 해수면 상승에서 검출되고 있다. 그리고 이것이 20세기 중반 이후 관측된 온난화의 지배적인 원인이 될 가능성이 대단히 높다(확률 95~100%).

이들 진술의 신뢰성과 이 뒤의 과학의 질을 평가함에 있어 IPCC 보고서들은 수백 명의 전문가들의 연구 결과라는 점을 명심하기 바란다. 보고서들의 결론은 여러 분야 검토자들의 검토를 거치고 있고, 최종 편집된 결과는 100여 개 이상 국가의 대표자들에게 승인을 받는다. IPCC 보고서가 컨센서스의 관점이기 때문에 일치된 결론은 때때로 일부 과학자들의 타협을 필요로 한다. 기후 변화 연구자이고 생물학자인 Tim Flannery는 IPCC 보고서의 결론들을 "최소공통분모 과학"이라고 기술하고 또한 이 결론들은 "정확하게 이들이 컨센서스 관점을 기술하기 때문에 … 더 중요하다."라고 하였다.[15]

미래의 기후 변화

인간 활동이 지구 기후를 실제로 변화시키고 있다는 것이 대기과학자들의 결론임에도 불구하고 미래 기후 변화의 정도와 그 영향을 예측하는 것은 다소 불확실하다. 앞으로 수십 년 동안 어떤 기후가 나타날 것 같은지를 대기과학자들은 어떻게 예측하는가?

미래 기후를 예측하기 위한 모델 사용하기

미래 기온과 강수 패턴의 전망(projection)[16]은 주로 **대순환 모델**(General Circulation Model, GCM)이라 불리는 정교한 컴퓨터 시뮬레이션(모의)의 결과물이다. 요컨대 GCM은 지구 기후계의 수학 모델이다. 이렇게 컴퓨터로 모의된 세계에서 지표면으로 들어오는 복사 에너지의 양, 구름으로 덮인 면적, 해양 온도의 변동, 바람과 기압 패턴의 변화, 온실가스 농도의 변화, 지표면 알베도의 변화와 다른 많은 모수에 대한 가정이 이루어진다.

더 최근에 **지구 시스템 모델**(Earth System Model, ESM)이 기후 변화를 연구하기 위해 사용되고 있다. 이 모델은 사실상 GCM과 해양순환 모델의 결합이다. 이 모델은 또한 육상 빙하와 해빙, 탄소순환에서의 생물권의 영향을 고려하고 있다.

GCM과 ESM은 모두 대기, 지면과 해면을 블록으로 구분하는 '상자들(boxes)'의 3차원 격자를 만든다. 각 상자 안에서 변수들은 변할 수 있고 결과들은 관찰될 수 있다(그림 8-43). 공기, 땅 혹은 물로 구성된 각 상자는 알려진 물리 법칙들에 따라 행동한다. 어느 대기 상자에서 CO_2의 양과 같은 상태가 변하면, 그 상자에 있는 CO_2에 의해 흡수되는 지표면 장파복사의 양에 근거하여 방정식들이 상자의 기온을 조정한다. 기온 변화는 그 상자의 수증기량을 바꿀 수 있고, 이는 운량을 변경할 수 있으며, 이는 알베도를 바꿀 것이고, 이는 또한 에너지 수지를 변경할 수 있는 등 여러 가지 변화가 나타날 것이다. 일단 컴퓨터 시뮬레이션이 돌아가기 시작하면 한 상자에서의 변화가 인접 상자의 상태를 변경할 수 있고, 이러한 모든 변화는 시간상으로 추적된다.

온실가스의 농도나 태양 복사의 양과 같은 초기 조건들을 조정함으로써, 과학자들은 대기, 육지와 해양이 다른 '시나리오들'에 어떻게 반응하는지를 볼 수 있다.

과거 기후로 기후 모델 검증하기 : 미래 기후를 예측하기 전에 GCM 혹은 ESM은 꼭 몇 개의 '검증'을 거쳐야 한다. 먼저 그 모델은 현재의 대기 과정과 기후를 모의할 수 있어야 한다. 즉, 그 모델은 오늘날 대기에서의 과정과 패턴을 신뢰성 있게 재현해야만 한다. 다음으로 GCM 혹은 ESM은 과거 기후 변화를 모의할 수 있어야 하며, 따라서 과거 기후 상태에 대한 자료를 프로그램에 입력하고 현재를 향하여 '전진하면서' 모의가 수행된다. 만약 그 모델이 기후에 실제로 일어났던 것을 '예측'할 수 없다면 수정이 가해져야 한다. 그다음에야 이 모델은 미래 기후에 관한 예측을 만들기 위해 미래를 향하여 실행될 수 있다.

GCM과 ESM은 지난 세기의 관측된 기후 변화를 얼마나 '예측'하는가? 아주 잘한다(그림 8-44).

대기에 수많은 복잡성이 있기 때문에 다양한 GCM과 ESM은

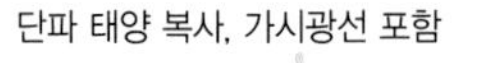

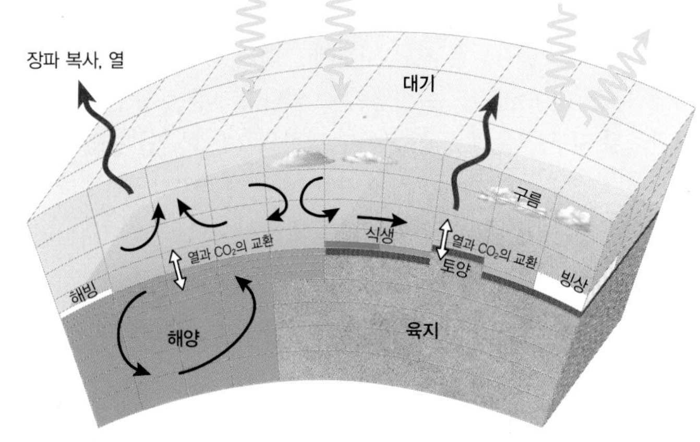

▲ **그림 8-43** 지구 시스템 모델(ESM)은 대기, 육상 표면, 해양을 '상자들'의 격자로 나눈다. 다음에 컴퓨터 시뮬레이션이 시간에 따라 진행되면서 이 모델은 각 상자 안에서 기온과 습도와 같은 상태의 변화를 계산한다.

15 Flannery, Tim, *The Weather Makers: How Man Is Changing the Climate and What It Means for Life on Earth*, New York: Atlantic Monthly Press, 2005, p. 246(이한중 역, 2006, 기후창조자, 황금나침반).

16 역주 : 현재의 자료를 바탕으로 결정론적으로 미래를 살펴보는 것을 예측이라고 한다. 미래의 날씨를 예측하는 것을 날씨예보 혹은 기상예보라고 한다. 그런데 미래의 온실가스 배출과 같은 경우 가변성이 매우 크고 또 관련 변수가 매우 많아 이를 현재 예측할 수가 없다. 그러므로 어떤 가정하에서 배출 시나리오를 작성하면 이 시나리오를 바탕으로 GCM 등과 같은 모델을 이용하여 미래의 기후를 계산하여 살펴볼 수가 있다. 이렇게 미래의 기후를 살펴보는 것을 전망(projection)이라고 한다.

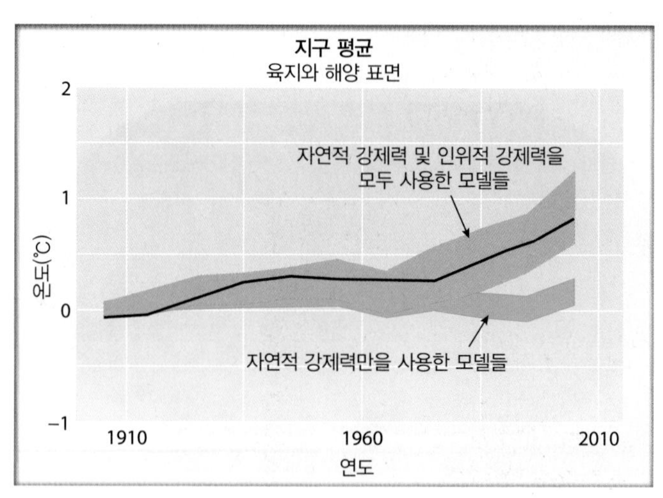

▲그림 8-44 컴퓨터 모델과 실제 기온 변화의 비교. 검은 실선은 20세기 동안 관측된 기온 편차를 나타낸다. 녹색 음영 부분은 자연적 기후 강제력(화산 분출과 태양 활동의 변화와 같은)만 가정하고 수행한 기온 변화의 모델 예측들의 범위를 나타낸다. 분홍색 음영 부분은 인위적 강제력과 자연적 강제력을 가정하고 수행한 기온 변화의 모델 예측들의 범위를 나타낸다. 자연적 요인 하나만으로 지난 세기의 기온 변화를 설명하지 못한다.

저마다 대기가 어떻게 작동하는지에 대해 다른 가정을 이용한다. 따라서 각 모델들은 미래의 기후에 관해 약간씩 다른 전망들을 제시한다. 오늘날 GCM과 ESM의 가장 중요한 용도는 대기 중 온실가스 증가에 대한 다양한 시나리오가 주어졌을 때 기후가 어떻게 변화할 것인지를 예상하는 것이다.

미래 기후의 전망

금세기의 중반 혹은 말기에 예상되는 기후에서 기온 증가와 다른 변화들의 전망을 계산하는 것은 어렵다. 지구 기후계 자체의 엄청난 복잡성에 더해 앞으로 수십 년간 온실가스의 수준이 어떻게 변할 것인지에 대한 불확실성이 있다.

IPCC AR5는 4개의 **대표농도경로**(Representative Concentration Pathways, RCP)[17]를 정의한다. 이들은 금세기 말까지 지구 온실가스(Global GreenHouse Gas, GHG)의 상이한 배출 시나리오를 기술하며, '최상의 경우'(최저 배출) 시나리오와 '최악의 경우'(최대 배출) 시나리오를 포함한다. IPCC는 어떤 시나리오가 가장 그럴듯하다고 생각할까? 그들은 이 질문에 답을 하려고 하지 않는다. 앞으로 수십 년 동안 정부 정책, 인구 성장, 1인당 경제 성장, 그리고 기술이 어떻게 변할 것인지 아는 것은 불가능하다. 대신에 이 시나리오들은 기후 모델에 다양한 검증 가능성을 제공한다.

IPCC는 「제5차 평가보고서」에 제시된 미래 기후 변화들, 위험들과 영향들을 다음과 같이 요약한다.

> 온실가스의 계속되는 배출은 온난화를 심화시키고, 기후계의 각 구성요소에 장기적인 변화를 일으킬 것이며, 인간과 생태계에 심각하고 광범위하며 돌이킬 수 없는 영향을 미칠 것이다.

IPCC AR5에 제시된 명확한 전망들은 다음과 같다.

기온 변화 전망

- 지금부터 20년 동안 전망된 기온은 모든 RCP 시나리오에서 유사하게 상승한다. 2035년까지 평균 지구 표면 기온 상승이 0.3~0.7℃ 범위에 있을 가능성이 높다(중간 신뢰도).
- 1850~1900년 대비 2081~2100년의 전망된 지구 표면 기온 변화는 중간 및 최대 RCP 배출 시나리오의 경우 1.5℃보다 클 가능성이 높다(높은 신뢰도). 최저 배출 시나리오의 경우에는 이것이 2℃를 초과할 가능성이 낮다(중간 신뢰도, 그림 8-45).
- 더위와 관련된 극한 기온들은 더 자주 나타날 것이고 추위와 관련된 극한 기온은 덜 나타날 것이다(사실상 확실함).

해양 변화 전망

- 금세기 전체를 통하여 해양은 계속 온난화될 것이다.
- 열팽창, 남극과 그린란드에서의 얼음 유입 비율의 증가로 인해 해수면은 금세기 동안 계속 상승할 것이다. 해수면 상승 비율

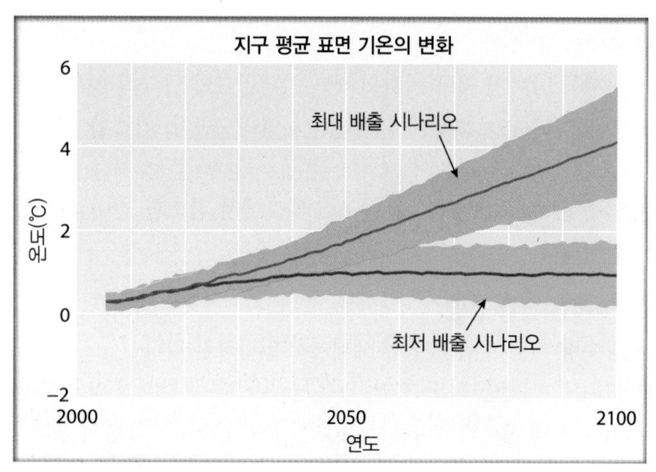

▲그림 8-45 IPCC AR5의 2개 시나리오하에서 2100년까지 전망된 기온 변화(1986~2005년 평균 대비). 음영 부분은 전망된 변화의 범위를 나타낸다.

17 역주 : IPCC 「제4차 평가보고서」에서 사용한 온실가스 배출 시나리오는 시나리오별로 먼저 미래의 사회, 경제, 기술 발전 등을 추정하고 이후 온실가스의 배출을 구한 후 이에 따라 미래의 기후를 전망하였다. 이 방법은 온실가스 배출 시나리오가 완성된 후 기후 모델로 미래 기후를 전망하고 이후 기후 변화의 영향, 적응 및 완화 등을 살필 수 있었다(순차적 접근). AR5에서는 21세기 말의 목적 복사 강제력(RCP에 있는 수치)을 설정하고, 여기에 이르는 온실가스의 대표적인 경로를 제시한 후(대표농도경로), 이를 이용하여 미래 기후를 전망함과 동시에 사회-경제 시스템과 이에 근거한 다양한 농도경로를 작성할 수 있다. 그리고 이 결과들을 이용하여 기후 변화의 영향, 적응, 완화 등을 살펴볼 수 있다(병렬적 접근). 이러한 접근은 정책 결정자에게 더 많은 선택의 폭을 제시할 수 있다.

강제력(forcing)은 기후 변화를 일으키는 힘이다. 복사 강제력은 대기 꼭대기에서 아래로 향하는 순 복사 에너지의 양을 의미한다. 온실가스가 많아지면 대류권에서 더 많은 복사 에너지를 흡수하여 기온이 상승하므로, 이를 대기 꼭대기에서 아래로 향하는 복사 에너지가 있다고 상정하는 것이다. 이런 식으로 온실가스의 효과를 평가하면 다른 강제력과의 비교가 편리해진다. 가령 1750~2011년까지 모든 인위적 온실가스 농도 증가에 의한 복사 강제력은 2.83 Wm^{-2}이고, 에어로졸 등에 의한 냉각 효과를 감안한 총 인위적 강제력은 2.3Wm^{-2}이다(AR5). 이는 관측된 온난화를 충분히 설명할 수 있다.

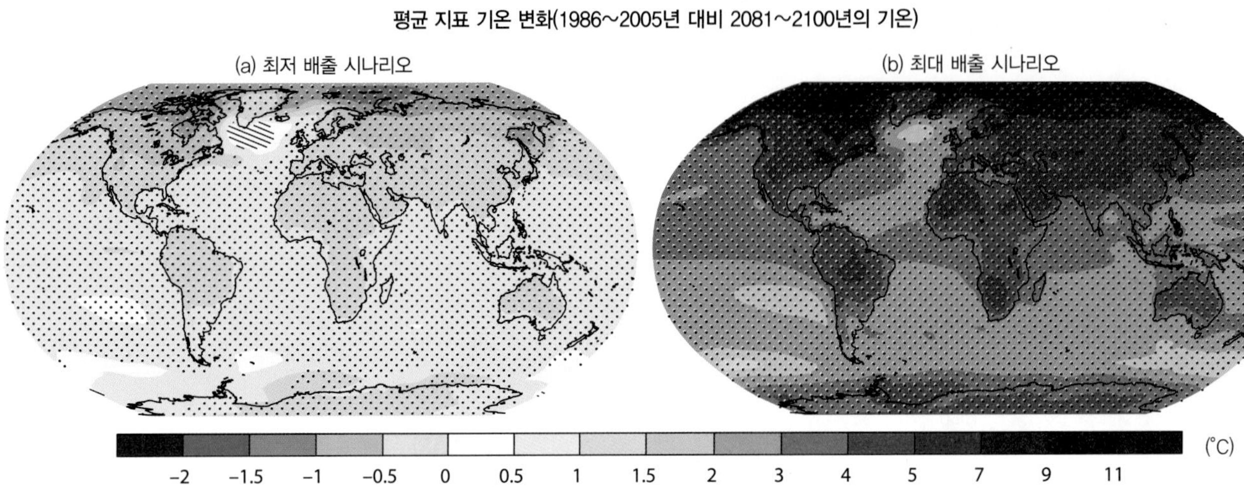

평균 지표 기온 변화(1986~2005년 대비 2081~2100년의 기온)

(a) 최저 배출 시나리오

(b) 최대 배출 시나리오

▲ 그림 8-46 IPCC AR5의 (a) 최상의 시나리오, (b) 최악의 시나리오하에서 2100년까지 지표 기온의 전망된 변화를 나타내는 지도들. 전망된 변화가 그 지역의 자연 변동성에 비해 더 큰 지역은 점으로 표시하였고, 전망된 변화가 자연 변동성에 근접한 지역은 빗금으로 표시하였다.

은 1971~2010년에 관측된 수준(연 2mm)을 초과할 가능성이 매우 높다. 지구 해수면은 2100년 이후 수 세기 동안 계속 상승할 가능성이 사실상 확실하다.

- 해수면의 상승이 전 세계에서 균일하지 않을 것이나, 해양의 95% 이상에서 상승할 가능성이 매우 높다. 해수면의 적당한 상승에도 불구하고 광범위한 해안선의 후퇴, 많은 인구 밀집 해안 지역의 침수, 태풍과 같은 폭풍에 대한 취약성의 증가 등이 나타날 것이다.
- 금세기 중반까지 평균 해수면 상승은 RCP 최상의 시나리오하에서 0.17~0.32m, 최악의 시나리오하에서 0.22~0.38m일 가능성이 높다. 이들 전망은 바다에 떠 있는 남극 빙상이 붕괴하지 않는다고 가정한다.

극 지역 변화 전망

- 북극 지역은 세계 전체보다 더 빨리 온난화가 진행될 것이다(매우 높은 신뢰도, 그림 8-46).
- 모든 RCP 시나리오에서, 연중 북극 해빙은 2100년까지 감소할 것으로 전망된다. 2100년까지 북반구 봄의 적설 면적은 7~25% 감소할 가능성이 높다.
- 금세기 말까지 지구 빙하의 부피(그린란드와 남극의 빙상은 제외)는 15~85%(최상에서 최악의 시나리오까지) 감소할 것이다(중간 신뢰도).
- 영구동토층의 면적은 북반구 고위도에서 감소할 것이 사실상 확실하다.

날씨 패턴 변화 전망

- 강수량 패턴의 변화가 전 세계에서 일정하지 않다.
- 고위도, 태평양 적도 지역, 많은 중위도 습윤 지역의 연 강수량이 최악의 시나리오하에서 2100년까지 증가할 가능성이 높다.
- 많은 중위도와 아열대 건조 지역의 강수량이 최악의 시나리오하에서 감소할 가능성이 높다.
- 대부분의 중위도 육지와 습윤 열대 지역에서 극한 강수 현상은 더 강해지고 그 빈도가 늘 가능성이 매우 높다.

생물권 변화 전망

- 육상, 해양과 담수 종들 대부분이 기후 변화로 인해 금세기 중과 이후에 멸종 위기에 처할 것이다(높은 신뢰도).
- 중간 및 최대 배출 시나리오하에서 금세기 중에 많은 동물과 식물 종들이 기후 변화에 맞추어 그들의 분포 구역을 빠르게 조정하는 것은 불가능할 것이다(중간 신뢰도).
- 금세기에 전체 인구에서 질병이, 특히 저소득 국가에서 증가할 것이다(높은 신뢰도).
- 식량 안보가 금세기에 기후 변화의 영향을 받을 것이다(높은 신뢰도).

이러한 변화가 영향을 미치면서 완전히 새로운 기후형이 나타날 수도 있고 다른 기후형은 사라질 수도 있다("글로벌 환경 변화 : 사라지는 기후와 새로운 기후" 참조).

학습 체크 8-17 금세기 동안 일어날 것으로 IPCC가 전망한 세계 기후 중에서 하나 이상의 가능한 변화를 기술하고 설명하라.

기후 변화 대책

이제까지 본 바와 같이 지구 기후 변화가 지금 발생하고 있다는 증거는 강력하고, 닥쳐올 변화의 전망은 적나라하지만 분명하다. 주로 정치, 경제와 공공정책의 분야에서 지구온난화에 대해 의견 불일치가 남아 있다. 이 의견 불일치는 지구온난화의 대책으로 우리가 무엇을 해야 하는지에서 특히 현저하다("21세기의 에너지 : 온실가스 배출 감축을 위한 전략" 참조).

사라지는 기후와 새로운 기후

▶ Michael E. Mann, 펜실베이니아주립대학교

세계의 다양한 기후가 기온과 강수량의 계절 패턴을 바탕으로 쾨펜 기후 구분 체계와 같은 도식(스키마)으로 구분될 수 있음을 우리는 이 장에서 살펴보았다. 특히 화석연료의 연소와 같은 인간 활동이 기후 변화를 유도한다는 것을 또한 배워 왔다. 이들 개념을 모아서, 기후 변화가 기후대의 분포 자체를 어떻게 변화시키고 있는지를 조사할 수 있는가?

인간이 유도한 기후 변화가 세계 각지의 기온과 강수량의 계절 패턴을 변화시킴에 따라 쾨펜 체계에서는 현재 나타나지 않는 새로운 기후, 즉 '신기후(novel climate)'가 나타날 것으로 예측된다. 한편 오늘날 존재하는 일부 기후는 사라질 수도 있다. 기온이 현재 지구에서 볼 수 있는 범위를 초과할 가능성이 높은 저위도 지역에서 신기후가 나타날 가능성이 특히 높다(그림 8-C-a). 사라지는 기후는 고산 혹은 고위도 환경에서 나타날 가능성이 가장 높은데, 이 지역들에서 오늘날 탁월하게 나타나는 한랭한 기온이 지구 대륙의 어디에서도 더 이상 나타나지 않을 것이다(그림 8-C-b).

생물다양성에 대한 위협: 기후대의 소실은 생물다양성에 위협이 된다. 예를 들면, 북극 해빙 환경의 소실은 북극곰과 바다코끼리와 같은 동물들에게 위협으로 다가온다. 북아메리카의 고산 툰드라 환경에서 진행 중인 후퇴는 로키산맥을 등산하는 사람들에게 친숙한 토끼인 아메리카 새앙토끼(America pika)에게 위협이 된다.

열대 종들에게 특히 위협이 되는데, 기온은 좁은 범위에서도 변하며 동물 종들의 자연적 서식 구역은 적도에 가까울수록 더 작아지는 경향이 있기 때문이다. 기온의 작은 변화조차도 이들 종들이 적응하기에는 큰 시련으로 다가올 것이다. 아마존 분지의 예상되는 건조화로 인한 삼림의 손실과 증가하는 산불의 추가 위협 때문에 이 지역은 특히 더 위험에 직면한다.

현존하는 기후가 사라질 것으로 예상되는 많은 지역(안데스, 멕시코와 중앙아메리카, 남 · 동 아프리카, 히말라야, 필리핀 등)이 또한 생물다양성이 풍부한 지역에 해당한다는 사실은 매우 중요하다. 그러므로 종들의 멸종 가능성은 이들 지역에서 특히 크다.

질문

1. '구름숲(cloud forest)'은 열대 고산 지역에서 발견되는데, 이곳에서 공기는 충분히 서늘하여 수증기가 응결할 수 있다. 지구온난화는 이 서식지에 고유한 종들에게 어떻게 위협이 될 수 있겠는가?
2. 미국의 어디에서 새로운 기후가 나타나는 것을 볼 가능성이 특히 높은가?

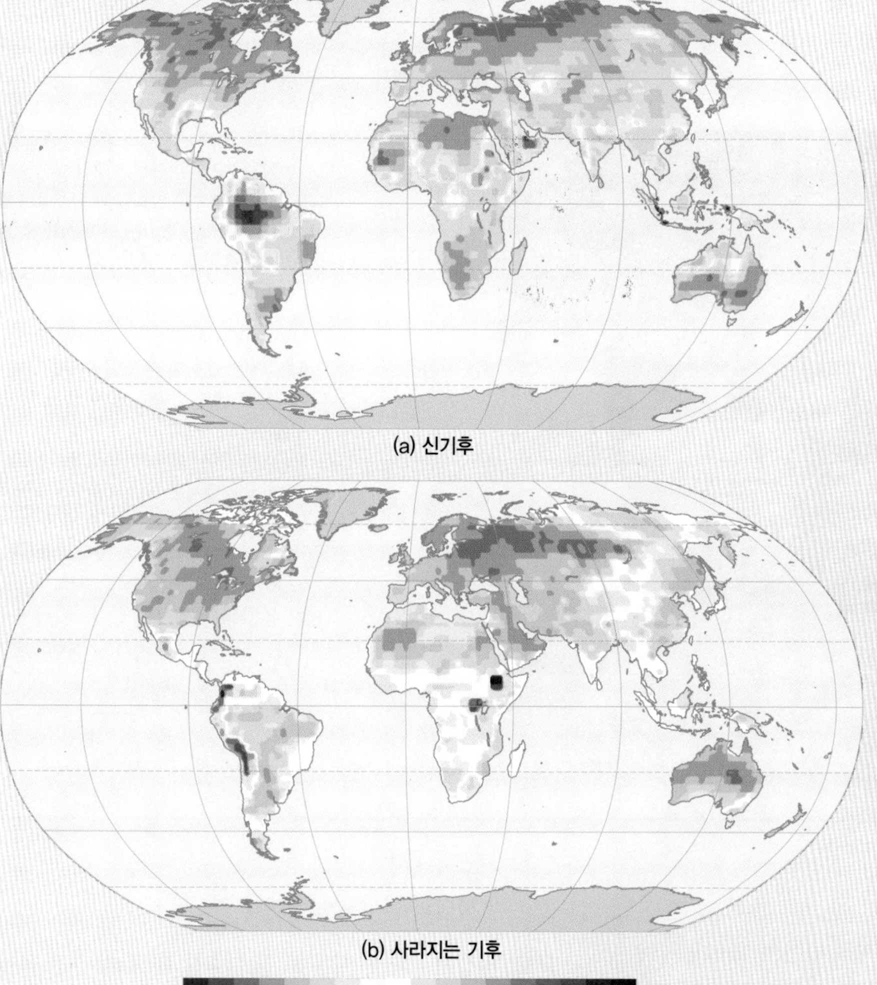

◀ 그림 8-C 탄소 배출을 줄이지 않는다면 2100년에 (a) 나타날 것으로 예산되는 신기후(쾨펜 범주에 맞지 않음)와 (b) 사라질 것으로 예상되는 현재 기후의 분포를 보여 주는 지도. 각 지도의 '변화의 양' 척도는 상대적이며, 변화가 3.22 이상일 가능성은 높다.

온실가스 배출 감축을 위한 전략

▶ Michael E. Mann, 펜실베이니아주립대학교

인간이 유발한 기후 변화에 대처하기 위한 세계의 에너지 수요에 대응하기 위해 새롭고도 다른 전략이 필요할 것이다. 온실가스 배출을 감축하기 위한 몇 가지 가능성 있는 수단들을 아래에서 기술한다.

절약 : 온실가스를 감축하기 위한 가장 단순하고 가장 즉각적인 전략은 아마도 에너지를 적게 사용하는 것이다. 발전과 교통은 전체 온실가스 배출의 거의 40%를 차지한다. 이들 분야에서 작은 단계가 추가될 수 있다. 즉, 덜 운전하기, 대중교통 이용하기, 고효율 조명기구 쓰기, 가정 단열의 향상 그리고 사용하지 않을 때 미량의 전류가 흐르는 전자제품과 전등을 끄는 것 등이다.

우리 자신의 자원 사용을 인식하는 것은 절약을 향한 유용한 첫 단계가 될 수 있다. 당신은 http://www3.epa.gov/carbon-footprint-calculator/와 같은 여러 웹 사이트에서 당신의 '탄소 발자국'을 계산할 수 있다.

탄소 가격 매기기 : 온실가스 배출의 즉각적이고 유의한 감축에 대해 미국의 일부와 다른 일부 공업국들의 반론은 주로 단기 비용에 집중되고 있다. 많은 경제학자들은 탄소 배출을 감축하기 위한 어떠한 실용적인 접근도 시장 인센티브를 포함해야 한다고 주장한다. 이를 위해 두 가지 접근법이 있다. 그중 하나인 '배출총량 규제와 거래제(cap-and-trade system)'는 산업계에 점차 감소하는 탄소 배출의 한계['배출총량(cap)']를 부과하지만, 탄소 할당량보다 적게 배출한 기업들은 너무 많이 배출한 기업들에 여분의 탄소 할당량을 팔거나 거래할 수 있도록 허용하는 것이다. 이 체계는 혁신과 절약에 대해 재정적 인센티브를 제공하며 동시에 산업계가 더 깨끗한 에너지 기술로 천천히 이전하도록 보다 많은 시간을 제공한다.

두 번째 방법인 '탄소세(carbon tax)'는 설정된 배출 한계 이상으로 배출한 기업들에 벌금을 물리는 것이다. 탄소세는 어느 정도 배출을 감축하게 하는 재정적 '채찍'으로 작용하지만 배출총량 규제와 거래제는 다소의 '당근'을 제공한다. 양쪽 어느 경우에도 온실가스 감축의 핵심은 의미 있는 배출 한계와 예정표의 설정 그리고 대기 중으로 배출되는 탄소에 의한 손해들에 대해 시장의 가격 신호가 있다는 것을 확실하게 하는 것이다. 일부 정치가들은 탄소세의 '세입 중립(revenue-neutral)' 형태를 선호하는데, 이는 어떠한 새로운 과세도 기존 세금(예를 들면 소득세)의 감소와 상쇄되는 것이다.

'후회 없는' 기회 : 기후 변화에 관한 정부간 협의체(IPCC)는 다수의 '후회 없는(no regrets)' 기회를 강조하는데, 온실가스 배출은 개인 혹은 사회의 직 · 간접적인 편익을 통하여 절약되는 비용과 상쇄되는 비용을 지불한다. 몇 가지 사례들로는 에너지 비용을 낮추는 고효율의 조명, 건물 단열과 난방의 채택, 건강관리 비용을 절감시키는 대기 오염의 축소, 교통 혼잡을 줄이고 통근자의 비용을 절약시키는 카풀, 대중교통과 자전거 이용하기(그림 8-D) 등이 있다. 이러한 실행에 자발적으로 참여하는 것은 비용을 절약하고 건강에도 좋은 등 개인 차원에서도 때때로 유리하다.

청정 에너지 이전 : 세계가 에너지 수요에서 화석연료에 대한 의존성이 적은 방향으로 계속 이동함에 따라 중요한 다음 질문이 답이 없는 상태로 남아 있다. 어느 기업과 어느 국가가 소위 그린 에너지를 제공하는 비용 효율이 높은 기술과 기반시설을 개발함으로써 그 길을 이끌 것인가? 많은 경제학자들은 현재 청정 에너지 기술에 투자하는 선견지명을 가진 기업/국가가 미래에 엄청난 재정적 이익을 거둘 수도 있다고 주장한다. 중국과 같은 개발도상국가들은 태양열과 같은 재생 에너지 기술에 대한 대규모 투자를 통하여 그리고 국가 차원에서 탄소에 가격을 도입함으로써 그 길을 이끌고 있다. 재생 에너지에 시장 인센티브를 도입하고 있는 독일과 같은 국가들은 현재 전력 생산의 거의 1/3을 재생 에너지로부터 공급하고 있다. 미국에서 국민의 거의 30%가 거주하는 주들이 현재 지역 기후 평가 컨소시엄(regional climate pricing consortium)에 속해 있으며, 또한 자동차 연료 효율 표준의 강화를 요구하고 발전에서 탄소 배출을 감축하도록 여러 주들에 요구하는 행정명령들이 실행되어 왔다. 이러한 노력들이 이미 세계 차원에서 차이를 만들고 있다. 최근 역사상 처음으로 2014년에 탄소 배출의 증가 없이 세계 경제가 성장하였으며 추가된 세계의 발전 설비에서 재생 에너지가 화석연료를 앞질렀다. 탄소 배출을 감축하는 것에 대한 국제적인 합의는 이미 진행 중인 청정 에너지 이전을 가속화할 것이다.

질문

1. 우리는 오늘날 세계 탄소 배출을 줄이는 데 도움이 되는 어떤 것을 할 수 있을까? 개인적인 활동과 정책 결정자에게 영향을 줄 수 있는 당신의 능력 모두를 생각해 보라.
2. 지금부터 30년 후의 미래를 두 가지로 가정해 보자. 한 미래에서는 탄소 배출이 극적으로 감소하고 있고, 다른 미래에서는 계속 증가하는 탄소 배출 궤도를 사회가 고수하고 있다. 이들 두 가지 미래는 환경적으로, 경제적으로, 사회적으로 어떻게 보이고 있을지 기술하라.

◀ 그림 8-D 미국 오리건주 포틀랜드의 자전거 통근자들

국제 기후 변화 협정

지구 기후 변화의 위협에 대한 첫 국제적 반응이 1992년 리우 지구 정상회의에서 나타났다. 여기에서 기후 변화에 관한 UN 기본 협약(United Nations Framework Convention on Climate Change, UNFCC, 기후 변화 협약)이 채택되었고, 온실가스 농도 안정화를 위한 작업의 틀이 만들어졌다.

교토 의정서 : 탄소 배출을 감축하기 위해 지구 차원에서 취해진 중요한 단계는 교토 의정서였다. 교토 의정서(Kyoto Protocol)의 당사국들은 1997년에, 이산화탄소를 배출하는 모든 국가들

(최다 배출 6개국은 중국, 미국, 러시아, 일본, 독일, 인도이다)이 2012년까지 온실가스 배출을 1990년 대비 평균 5% 감축할 것에 동의하였다. 2012년에는 교토 의정서에 대한 도하 수정안(Doha Amendment to the Kyoto Protocol)이 공약기간 2013~2020년 동안 온실가스 배출을 1990년 수준의 18%로 감축하는 목표와 함께 채택되었다.

190개국 이상(지역 경제 공동체로서 유럽연합 포함)이 원 협정에 비준하였으나 미국은 비준하지 않았다. 2차 공약기간에는 보다 적은 국가들이 요구된 감축에 동의하였다. 지금까지도 미국과 중국은 온실가스 배출 감축에 법적 구속력이 있는 조약에 비준하려고 하지 않는다.

가장 낙관적인 평가에서조차도 교토 의정서의 적절한 온실가스 감축은 기껏해야 지구온난화를 약간 완화시킬 뿐이다. 그럼에도 불구하고 이 협약은 역사적인 첫 단계이다.

UN 당사국 총회 : 2015년 파리에서 열린 UN 기후 변화 총회는 21번째 '당사국 총회(Conference on Parties, COP21)'[18]이다(1997년 교토 의정서는 COP3에서 채택되었다). 총회의 목적은 금세기 동안 지구온난화를 2℃ 이내로 제한하는 목표와 함께 온실가스 배출과 기후 변화 대책에 대한 법적 구속력이 있는 협정의 채택이었다. 이에 서명한 195개 국가들 중 186개 국가가 온실가스의 배출을 감축하거나 제한한다고 선언하였다. COP21의 성공은 미국과 중국을 포함하는 최대 온실가스 배출국이 충분히 의무를 다할 것인지에 달려 있다.

새로 공업화된 국가들

많은 개발도상국들은 자국의 공업 기반시설을 확충하면서 온실가스 배출을 늘려 가고 있다. 모든 국가들에 같은 배출 감축을 요구하는 것은 일부 신흥공업국 지도자들에게는 불공정한 것처럼 보인다. 이들 국가들은 부유한 공업국들이 화석연료의 자유로운 사용과 '더러운' 기술을 통하여 지구온난화 문제를 만들었다고 주장한다. 개발도상국들이 부유한 국가만큼이나 배출량을 감축하도록 요구받아야 하는가?

미국은 세계 인구의 5% 이하를 보유하고 있지만 세계 총 이산화탄소 배출량의 약 16%를 차지한다(그러나 CO_2 배출은 최근 수년 동안 안정화되기 시작하였는데, 이는 주로 발전에 석유 대신 천연가스를 더 많이 사용하기 때문이다. 천연가스 연소는 다른 화석연료 연소보다 CO_2를 덜 배출한다). 최근 중국이 미국을 넘어서 CO_2 배출의 세계 1위가 되었으나(세계 총량의 약 25%), 1인당 기준으로는 미국이 중국을 월등히 능가한다. 명백하게, 모든 국가들이 온실가스 감축에 참여할 필요가 있을 것이나, 모든 국가들의 경제적 요구에 대해 균형을 어떻게 잡을 것인지는 아직 분명하지 않다.

완화와 적응

일부 온실가스들의 대기 중 잔류시간이 길기 때문에 교토 의정서에서 명기된 이산화탄소 감축 목표가 혹은 새로운 협상을 위해 제안된 더 모호하기조차 한 목표가 이루어진다고 하더라도 미래의 어느 기간까지는 지구 기온이 계속 상승할 것이라고 예측할 수 있다. IPCC의 「제5차 평가보고서」에서는 기온상승, 해수면 상승, 강수량 변화는 CO_2 배출이 안정화된 이후에도 아마 수 세기 동안 "사실상 되돌릴 수 없다."라고 결론지었다.

많은 질문이 제기된다. 배출 감축으로 더 큰 지구온난화를 방지하기 위한 노력 외에 기후 변화의 결과에 적응하기 위해 우리는 무엇을 해야 하는가? 예를 들면 해수면 상승과 폭풍해일 가능성에 대비하기 위해 해안 제방과 방파제를 높여야 하는가? 겨울철에 쌓여 있는 눈 총량의 감소에 대비하여 식수를 위한 저수지를 확장해야 하는가? 이들과 다른 많은 정책들의 비용과 환경에 미치는 영향에 대해 신중하게 경중을 가려야 할 필요가 있다.

일부 질문에 답하는 것은 매우 어렵다. 우리는 '지구공학(geoengineering)'에 도전하여야 하는가? 지구공학은 입사 복사를 차단하기 위한 에어로졸의 투입으로 혹은 대기에서 CO_2를 제거하려는 노력으로 대기의 에너지 수지를 변화시키기 위한 대규모 공학 프로젝트이다. 우리는 특별히 이러한 행동의 의도치 않은 결과의 가능성 그리고 비용을 고려해야만 한다.

가장 가난하고 가장 취약한 국가들 : IPCC의 발견들로 인해 지구 기후 변화의 결과가 전 세계에 균등하게 분담될 수 없을지도 모른다. 해충과 질병 범위의 확장, 농업과 식수에 사용되는 강수량의 변화, 해수면 상승에 가장 취약한 대부분의 사람들은 세계의 가장 가난한 지역에서 발견된다. 이들은 적응하기 위한 재정적 수단을 충분히 갖고 있지 않다. 따라서 다음과 같은 적절한 질문이 제기된다. 세계에서 가장 부유한 나라들은 가장 가난한 나라들이 기후 변화에 적응하도록 돕기 위해 무엇을 할 수 있고 또 해야만 하는가?

개인 혹은 국가로서 세계의 사람들이 빠르고 쉬운 해결책이 없는 문제인 지구 기후 변화에 어떤 대책을 선택할 것인지를 지켜보는 것이 남아 있다.

18 역주 : 기후 변화 협약에 가입한 국가를 '당사국(party)'이라 하며, 당사국 총회(COP)는 기후 변화 협약의 최고 의결기구이다. COP21에서 교토 의정서를 대체하여 채택한 것이 '파리협정(Paris Agreement)'이다. 이 협정은 195개 국가가 서명하였고 2016년 11월에 효력이 발생되었다. 파리협정의 장기 목표는 지구온난화를 2℃ 이하로 유지하는 것이고, 국가별 감축안은 자율적으로 정하여 5년마다 상향된 목표를 제출하는 것(후퇴 금지의 원칙)으로 하였다. 또한 온실가스 이행 점검을 5년 단위로 실시하기로 하였다(2023년에 처음 실시 예정).

제 8 장 학습내용 평가

이 장을 학습했다면 다음 질문에 대한 답을 찾아보자. 이 장의 학습내용에 대한 주요 용어는 진한 글씨로 표시되어 있다. 이 용어의 정의는 이 책 뒷부분에 제공된 별도의 용어해설에 나와 있다.

주요 용어와 개념

기후 구분

1. **쾨펜 기후 구분 체계**의 기본 개념을 설명하라.
2. 쾨펜 기후 구분 문자 코드 체계에서 첫 번째 문자, 두 번째 문자, 세 번째 문자는 어떤 정보를 제공하는가?
3. 수정 쾨펜 기후 구분 체계의 주요 기후 그룹(A, B, C, D, E, H)을 간략하게 기술하라.
4. 어떤 정보를 **기후 그래프**에서 얻을 수 있는가?

열대 습윤 기후(A그룹)

5. 다음 기후의 일반적 위치, 기온 특성, 강수 특성과 주요 제어 요인을 기술하라. 이들 기후를 기후 그래프에서 인식할 수 있어야 한다.
   - Af **열대 우림**
   - Aw **열대 사바나**
   - Am **열대 몬순**
6. 왜 Af(열대 우림) 기후에서는 연중 비가 내리는 반면 Aw(열대 사바나) 기후에서는 여름(높은 태양 계절)에만 비가 내리는가?

건조 기후(B그룹)

7. 다음 기후의 일반적 위치, 기온 특성, 강수 특성과 주요 제어 요인을 기술하라. 이들 기후를 기후 그래프에서 인식할 수 있어야 한다.
   - BWh **아열대 사막**
   - BWk **중위도 사막**
8. 사막 기후와 스텝 기후의 일반적인 차이는 무엇인가?
9. BWh(아열대 사막) 기후와 BWk(중위도 사막) 기후의 제어 요인에서 주된 차이는 무엇인가?

온화한 중위도 기후(C그룹)

10. 다음 기후의 일반적 위치, 기온 특성, 강수 특성과 주요 제어 요인을 기술하라. 이들 기후를 기후 그래프에서 인식할 수 있어야 한다.
    - Cs **지중해성**
    - Cfa **습윤 아열대**
    - Cfb **서안 해양성**
11. 왜 Cs(지중해성) 기후는 여름에 건조하고 겨울에 습윤한가?
12. 무엇이 **서안 해양성 기후**의 비교적 온화한 기온을 가져오는가?

한랭한 중위도 기후(D그룹)

13. 다음 기후의 일반적 위치, 기온 특성, 강수 특성과 주요 제어 요인을 기술하라. 이들 기후를 기후 그래프에서 인식할 수 있어야 한다.
    - Dfa **습윤 대륙성**
    - Dfc **아극**
14. "대륙도가 D 기후의 핵심 용어이다."라는 문장은 무엇을 의미하는가?
15. 왜 아극(Dfc) 기후는 그렇게 큰 기온 연교차를 보이는가?

극기후와 고산 기후(E그룹과 H그룹)

16. 어떤 일반적 기온 특성이 **빙설 기후**에서 **툰드라 기후**를 구별하는가?
17. 왜 극기후는 그렇게 건조한가?
18. **고산 기후**를 결정함에 있어 어떤 이유로 고도가 위도보다 더 중요한가?

지구 기후 변화

19. **고기후학**은 무엇을 의미하는가?
20. **연륜연대학**은 과거 기후 연구에 어떻게 이용되는가?
21. 대양저 퇴적물과 빙하 얼음의 **산소 동위원소 분석**은 어떻게 우리에게 과거 기온에 대해 말하는가?
22. 어떻게 얼음 코어 분석은 과거 대기의 기체 조성에 관한 정보를 제공하는가?

기후 변화의 원인

23. **밀란코비치 주기**는 무엇이며, 이것이 과거 기후를 설명하는 데 어떤 방식으로 도움이 되는가?
24. 일단 온난화 경향이 시작되었을 때 지구 기온을 더 상승시키는 되먹임 메커니즘을 하나 이상 기술하고 설명하라.
25. 어떤 종류의 구름이 지구 표면을 냉각시키는 경향이 있고, 어떤 종류의 구름이 지표면을 따뜻하게 하는 경향이 있는가?
26. 해양은 대기의 이산화탄소 농도에 어떻게 영향을 주는가?

인위적 기후 변화

27. 1880년 이후 지구 기온의 전체적인 경향은 무엇인가?
28. 지난 세기의 관측된 기후 변화의 원인은 무엇인가?

미래의 기후 변화

29. 기후 모델은 무엇인가?
30. 기후 모델은 미래에 기후가 어떻게 변화하는지를 어떻게 전망하는가?

기후 변화 대책

31. 교토 의정서는 무엇인가?

학습내용 질문

1. 왜 아열대 사막(BWh) 기후는 여름에 습윤 열대(A) 기후보다 일반적으로 더 더운가?
2. 왜 아열대 사막(BWh) 기후는 보통 대륙의 서안 쪽으로 이동하는가?
3. 건조 기후는 왜 다른 아열대 위치에서보다 북아프리카에서 훨씬 더 넓은가?
4. 뉴욕시와 워싱턴주 시애틀은 두 도시 다 해안에 위치하나 뉴욕시는 대륙성 기후인 반면 시애틀은 해양성 기후이다. 왜 그런가?
5. 왜 한랭한 중위도 기후(D)는 남반구에 나타나지 않는가?
6. 적도의 높은 고도에서 어떤 기온 연변화가 나타날 것 같은가?
7. 그림 8-34에서 무엇이 습윤대와 건조대의 교대를 설명하는가?
8. 북극에서 해빙의 손실은 양의 되먹임 메커니즘과 온도 상승에 어떻게 기여하는가?

연습 문제

1. 그림 8-5c의 기후 그래프를 이용하여 페루 이키토스의 평균 월 강수량을 추정하라. ____________cm
2. 그림 8-13c의 기후 그래프를 이용하여 페루 유마의 평균 월 강수량을 추정하라. ____________cm
3. C-14(^{14}C)는 반감기 5,730년인 탄소의 방사성 동위원소이다. 이는 이 시간 동안에 표본의 ^{14}C의 절반이 ^{14}N로 붕괴된다는 것을 의미한다. 어느 과학자가 습지에서 얻은 옛날 식물 물질의 표본을 분석하여 형성 당시보다 ^{14}C가 1/8로 감소된 것을 발견하였다고 가정하자. 대략 이 표본은 얼마나 오래된 것인가? ____________년

환경 분석 해빙 경향

데이터 MG
해빙 경향

https://goo.gl/3TylOu

미국적설해빙자료센터(National Snow & Ice Data Center)는 해빙 면적과 두께를 조사한다. 해빙 지수(Sea Ice Index)는 30년 평균과 비교하여 해빙의 변화를 평가하기 위해 해빙 면적으로 계산된다.

활동

http://nsidc.org/data/seaice_index에 가자. "북극(Arctic)에서 기본 지도 변수들을 "Monthly"와 "Extent"로 선택하자.

1. 해빙 지수 자료 수집은 언제 시작하였는가?
2. 지도에서 '중앙 얼음 경계(median ice edge)'는 30년 해빙 면적의 중앙값을 나타낸다. 현재의 해빙 면적은 30년 평균보다 큰가, 작은가?

가장 최근 달에 대한 "북반구 면적 편차(Northern Hemisphere Extent Anomalies)" 그래프를 보고 "About this graph"를 클릭하라.

3. 월 해빙 면적 편차는 어떻게 계산되는가?
4. 그래프 하단에 표시된 1981~2010년 평균 해빙 면적이 주어졌을 때 현재의 해빙 면적을 계산하라.
5. 면적 편차 그래프는 그림 4-34의 기온 편차 그래프와 어떻게 비교되는가?

"북극 해빙 면적(Arctic Sea Ice Extent)" 그래프를 검토하고 "About this graph"를 클릭하라.

6. 어떤 자료가 그래프에 그려졌는가?
7. 그래프에 따르면, 현재의 해빙 면적은 1981~2010년 평균과 어떻게 비교되는가?
8. 어느 달에 해빙 면적이 최소가 되는가?
9. 그 달에 1981~2010년 평균 면적(km^2)은 얼마인가? 2012년은 얼마인가? 금년에는 얼마인가?

지리적으로 바라보기

제8장의 처음에 있던 강털소나무의 사진을 다시 보자. 강털소나무와 같이 수명이 긴 나무가 왜 기후 기록의 복원에 유용한가? 시에라네바다산맥의 동쪽 이 위치에서 있음 직한 기온과 강수량의 특징을 기술하라.

지리적으로 바라보기

브라질과 아르헨티나의 국경을 이루는 이과수강의 이과수 폭포. 국지적인 환경이 건조한 것으로 보이는가 습윤한 것으로 보이는가? 당신은 어떻게 말할 수 있는가? 최근에 내린 국지적인 강우가 이 하천의 흐름에 영향을 미친 것으로 보이는가? 그렇게 얘기한 이유는 무엇인가? 이 사진에서 얼마나 많은 형태의 물이 보이는가?

수권

지표에 도달한 빗물에 어떤 일이 벌어질지 궁금했던 적이 있는가? 이 질문에 대한 대답은 분명할 것으로 보인다. 빗물은 하천으로 유입해 결국 호수나 해양으로 흘러 들어간다. 그러나 이 장에서 살펴보겠지만, 완벽한 대답은 보다 복잡하다. 사실 빗물 중 일부는 하천으로 흐르지만, 일부는 물이 증발하면서 수증기의 형태로 대기로 다시 돌아가고, 다시 일부는 지표면에 스며들어 '지하수(groundwater)'가 되거나 '영구동토(permafrost)'로 지하에 얼어 있기도 한다.

'수권(hydrosphere)'은 가장 광범위하게 분포하고 있지만, 제1장에서 소개한 지구 물리 환경의 네 가지 '권역(sphere)' 중 가장 명확하지 않다. 수권은 해양, 호수, 하천과 늪의 지표수, 모든 지하수, 얼음, 눈과 상층 구름 결정 등의 동결수, 대기의 수증기 그리고 동식물에 일시적으로 저장되어 있는 수분 등을 포함한다.

수권은 다른 세 권역과 상당 부분 겹쳐 있다. 물, 얼음, 심지어 수증기도 '암석권(lithosphere)'의 토양과 암석에 존재한다. 수증기 및 물과 얼음 형태의 구름 입자는 '대기권(atmosphere)'의 주요 구성 성분이고, 물은 '생물권(biosphere)'의 모든 살아 있는 유기체에게 대단히 중요한 구성 요소이다. 우리 모두가 알고 있는 것처럼, 생물은 물 없이는 살 수 없다. 유기체 내 물 형태의 용액은 영양분을 용해하거나 확산시킨다. 쓸모없는 산물의 대부분은 용액으로 운반된다. 실제로, 모든 살아 있는 생명체는 60% 정도의 어떤 동물에서 95% 이상의 어떤 식물까지 전체 질량 중 반 이상이 물이다.

4개 권역 간의 물에 의한 상호작용은 가장 뚜렷하다. 제6장에서 물의 물리적 특성과 기상 및 기후에 있어서 물의 역할에 대해 소개하였다. 이 장에서는 물의 지리에 대해 더 광범위하게 설명하고자 하며, 모든 지구 시스템에서 가장 중요한 것 중 하나인 물을 알아볼 것이다.

이 장의 내용을 배우면서 생각해야 할 주요 질문은 다음과 같다.

- **물이 수문 순환을 통해 어떻게 이동하는가?**
- **해양의 특성은 전 세계적으로 어떻게 다른가?**
- **조석의 원인은 무엇인가?**
- **영구동토는 무엇인가?**
- **호수와 저수지는 시간에 따라 어떻게 변하는가?**
- **어떠한 요인이 지하수의 이용 가능성에 영향을 미치는가?**

수문 순환

수권에서 모든 형태의 물이 어떻게 이동하는지를 보다 자세히 살펴보면서 이 장을 시작하고자 한다. 물은 지구상에서 매우 불균등하게 분포하고 있다. 지구의 물 중 99% 이상이 해양, 호수, 하천, 빙하 얼음, 지구 지표 아래에 있는 암석 등과 같은 '저장소(storage)'에 존재한다(그림 9-1). 빙하와 대륙 빙상에 얼음으로 존재하는 물은 지구 담수의 약 3/4을 차지한다.

'저수지(reservoir)'와 유사한 다양한 형태의 저장소 내 수분의 비율은 수천 년에 걸쳐 비교적 일정하다. 빙하시대 동안에만 구성 비율에 큰 변화가 있을 뿐이다. 제19장에서 살펴보겠지만, 빙하기 동안 빙상이 성장하고 대기의 수증기량이 감소함에 따라 해양의 부피는 작아지게 된다. 이후 빙하가 후퇴하면서 얼음은 녹고 융빙수가 해양으로 흘러 들어가고 대기 중 수증기가 증가하면서 해양의 부피도 증가한다.

지구 전체 물에서 저장소에 있지 않은 1% 이하의 적은 양을 차지하는 나머지 부분이 일련의 연속적인 이동과 변화에 포함된다. 지구 물 공급의 이러한 아주 작은 부분은 해양에서 대기로, 대기에서 지표로 이동하면서, **수문 순환**(hydrologic cycle)에 의해 한 저장소에서 다른 저장소로 이동하게 된다. 제6장에서 수문 순환을 처음으로 소개하였지만, 이 장에서는 좀 더 상세하게 이러한 순환의 복잡성에 대해 설명하고자 한다.

수문 순환은 물의 지리적 위치와 물리적 상태의 측면에서 끊임없는 교환이 이루어지는 다양한 운반 과정에 의해 서로 연결된 일련의 저장소로 볼 수 있다(그림 9-2). 지구 표면의 물은 증발되어 대기에서 수증기가 된다. 이후 수증기는 응결되어 물이나 얼음으로 지표에 다시 내려온다. 이렇게 내려온 물은 저장소로 흘러가게 되고 이후 다시 대기로 증발된다. 이는 폐쇄된 순환 시스템이므로, 어느 지점에서나 이에 대한 논의를 시작할 수 있다. 아마도 지구 표면에서 대기로의 물 이동부터 시작하는 것이 가장 명확할 것이다.

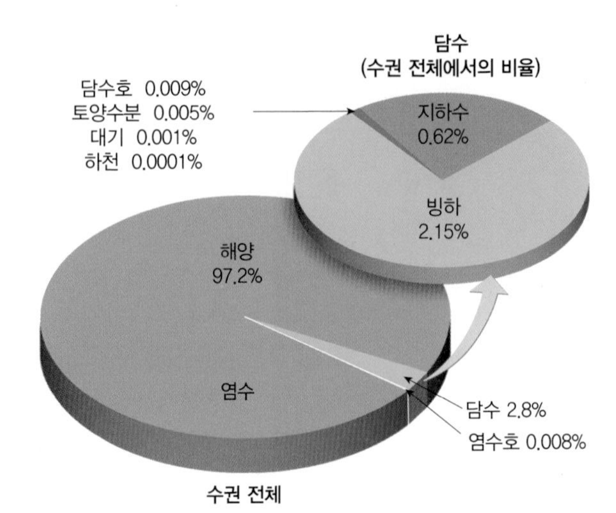

▲ **그림 9-1** 지구의 수분 목록. 전체 물의 97% 이상은 해양에 담겨 있다. 담수는 전체 물 중 3% 이하이다.

지표에서 대기로의 물 이동

지구 표면에서 대기로 들어가는 수분의 대부분은 증발(evaporation)을 통하게 된다. (식물의 증산은 나머지 부분이다.) 물론 해양은 물이 증발하는 주요 근원지이다. 해양은 지구 표면의 71%를 차지하고, 높은 온도와 바람에 의한 증발이 용이한 저위도 지역에서 광범위하게 분포하고 있다. 결과적으로 모든 증발된 수분의 대략 86%는 해양 표면에서 만들어진 것이다(표 9-1). 육지 표

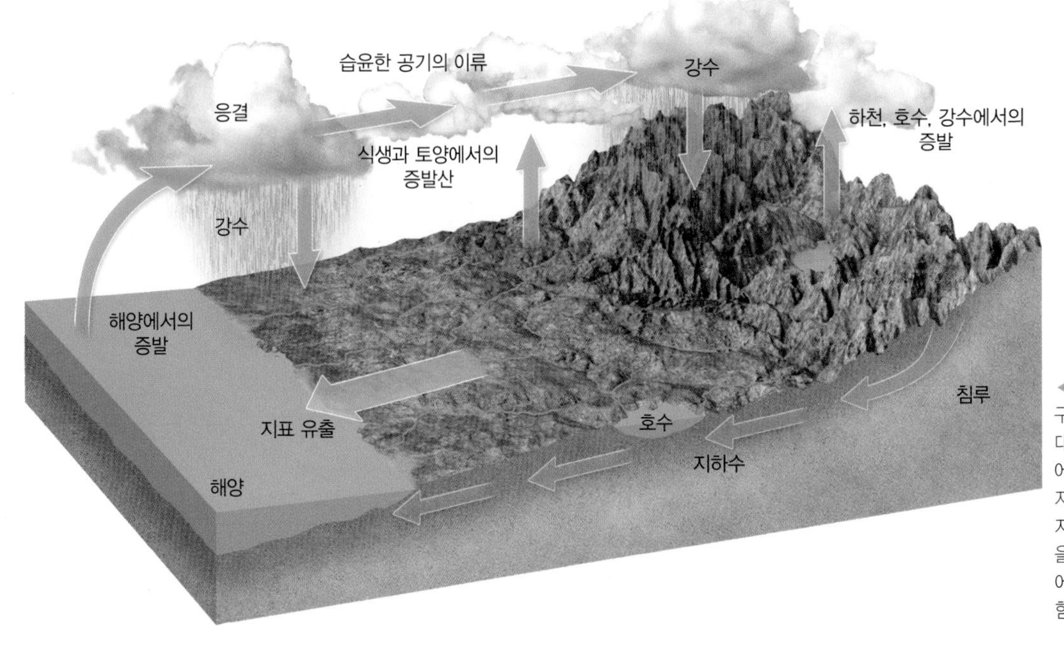

◀ **그림 9-2** 수문 순환. 2개의 주요 구성 성분은 지표에서 대기로의 증발과 대기에서 지표로의 강수이다. 다른 요소에는 식생에서 대기로의 수분 증산, 육지에서 바다로의 지표 유출과 지하수의 지중 흐름, 강수로 떨어질 수 있는 구름을 이루는 수증기의 응결 그리고 한 곳에서 다른 곳으로의 수분 이류 등이 포함되어 있다.

표 9-1	대륙과 해양에서의 물수지		
	세계 전체 표면적의 비율	세계 전체 강수로 받는 비율	표면에서 발생되는 세계 전체 수증기 비율
해양	71%	78%	86%
대륙	29%	22%	14%

면에서 이루어지는 14%는 증발과 증산의 두 과정을 포함하며, 이를 **증발산**(evapotranspiration)이라 한다.

증발에 의한 수증기는 보통 몇 시간 혹은 며칠 정도의 상대적으로 짧은 시간 동안 대기에 남아 있다. 그러나 이 시간 동안 수증기는 대류(convection)를 통해 수직적으로 혹은 바람에 의한 이류(advection)를 통해 수평적으로 상당한 거리를 이동할 수도 있다.

대기에서 지표로의 물 이동

이후, 대기의 수증기는 액체 형태의 물로 응결되거나 얼음으로 직접 떨어지고 구름을 이루기도 한다. 제6장에서 살펴본 것처럼, 적절한 환경하에서 구름은 비, 눈, 진눈깨비 혹은 우박 형태로 강수를 떨어트릴 수 있다. 표 9-1을 보면, 이러한 강수의 78%는 해양으로 떨어지고 22%는 육지로 떨어진다.

수년이라는 시간 동안 전 세계 강수의 총량은 전 세계 증발/증산의 총량과 거의 일치한다. 비록 강수와 증발/증산의 양이 시간에 따라 균형을 이룰지라도, 공간적으로는 불균형을 이룬다. 해양에서는 증발량이 강수량을 초과하는 반면, 대륙에서는 그 반대이다. 이러한 불균형은 수분을 머금은 공기가 해양에서 육지로 이동하는 이류로 설명된다. 해안의 물보라와 폭풍파 등을 제외하면, 수분이 바다에서 육지로 이동할 수 있는 유일한 경로는 대기를 통하는 것이다.

지구 표면 위, 아래로의 이동

대륙에서의 '과잉(surplus)'된 강수는 하천을 통해 물이 육지를 빠져나와 바다로 돌아가는 과정인 지표 **유출**(runoff)을 통해 해양으로 돌아간다.

해양으로 떨어지는 전 지구적 강수 총량의 78%는 이미 그곳에 있던 물과 바로 통합되며, 육지에 떨어진 22%는 더 복잡한 일련의 사건을 겪게 된다. 육지 표면에 떨어진 빗물은 호수로 모이게 되고, 사면을 흐르거나 지하로 침투한다. 지표에 모여 있던 물도 결국 증발되거나 지하로 가라앉고, 유출된 물은 결국 해양으로 들어가며, 침투한 물은 일시적으로 토양 수분으로 저장되거나 더 아래로 침루(percolation)해 지하수 공급원의 일부가 된다.

토양 수분 중 대부분은 결국 증발 또는 증산을 통해 대기로 돌아가고, 지하수 대부분은 용천을 통해 결국 지표에 다시 나타나게 된다. 지표에 도달한 물의 대부분은 다시 증발하고 나머지는 하천 및 강과 합류하여 유출을 통해 해양으로 흘러간다. 이렇게 육지에서 해양으로 유출된 물은 전 지구적 수문 순환에 포함된 물의 8%를 차지한다. 대륙에서 증발량보다 강수량이 많은 것을 조절해 주고 해양이 말라 버리고 육지가 범람되지 않도록 해 주는 것이 결국 이러한 유출이다.

학습 체크 9-1 대륙의 강수량과 증발산량이 동일한가? 설명하라.

체류시간

비록 수문 순환이 닫힌 시스템이더라도, 개별 물 분자가 수문 순환의 다른 부분을 이동함에 따라 물 분자의 **체류시간**(residence time)에는 상당한 차이가 있다. 예를 들어, 하나의 물 분자는 수문 순환에서 이동하지 않고 수천 년 동안 해양과 깊은 호수에 저장될 수 있으며 빙하 얼음에 갇혀 있을 수 있고, 지구 표면 아래 깊숙한 곳의 암석에 갇혀 수천 년 혹은 수백만 년 동안 수문 순환에서 제외될 수도 있다.

그러나 수문 순환을 이동하고 있는 물은 거의 지속적인 움직임 속에 있다(그림 9-3). 유출된 물은 며칠 안에 바다까지 수백 킬로미터를 이동할 수 있고, 대기로 증발된 물은 강수로 지구 표면으로 돌아오기 전에 그곳에서 단지 몇 분 혹은 몇 시간 동안만 머물 수도 있다. 언제든지 대기는 단 며칠의 잠재적 강수만을 포함하고 있다.

▼**그림 9-3** 오리건의 후드산과 트릴리움 호수의 아침 안개. 수분은 증발, 응결, 강수와 유출을 통해 수문 순환에서 지속적으로 이동한다.

수문 순환에서 에너지 전달

앞에서 살펴보았듯이, 수문 순환은 태양에 의해 작동된다. 수증기는 강수를 위한 수분 저장소뿐만 아니라 에너지 저장소를 의미하기도 한다는 제4장과 6장의 지구 에너지 순환에 대한 내용을 상기하라. 수증기에 '저장된(stored)' 잠열(latent heat)은 응결(허리케인과 같은 폭풍의 연료가 되는)이 일어나는 동안 방출되며 열대 지역에서 극 지역으로의 에너지 전달 수단의 역할을 한다.

해양

지구 표면의 대부분은 바다이며, 상당한 양의 물이 바다에 있음에도 불구하고(그림 9-1 참조) 바다에 대한 우리의 지식은 최근까지도 매우 제한적이었다. 불과 지난 60여 년 정도를 정교한 장비로 해양 환경의 세부적인 것들을 분류하고 측정할 수 있었다.

해양의 수

넓게 보면, 서로 연결된 하나의 해양만이 존재한다. 이러한 '세계 해양(world ocean)'은 3억 6,000만 km^2의 표면적과 13억 2,000만 km^3의 염수를 담고 있다. 지구 표면의 거의 3/4에 퍼져 있고, 여기저기에서 대륙과 섬에 의해 가로막혀 있다. 비록 수만 개의 육지가 물위에 드러나 있지만, 6개 대륙 규모의 해양에는 섬이 전혀 없을 정도로 세계 해양은 매우 거대하다. 해양 또는 대양(ocean)이라는 말은 이렇게 거대한 물의 영역을 의미한다.

세계 해양은 5개의 주요 부분으로 나뉜다(그림 9-4).

1. **태평양**(Pacific Ocean)은 지구 전체 면적의 약 1/3을 차지하고, 전 세계 모든 육지 표면을 합한 것보다 크다(그림 9-5a). 태평양은 가장 깊은 평균 수심을 보이며 알려진 해구 중 가장 깊은 해구도 위치해 있다. 거의 북극권 및 남극권까지 연속되기는 하지만 대부분 열대 해양이다.
2. **대서양**(Atlantic Ocean)은 태평양의 반보다 약간 더 작다(그림 9-5b). 평균 깊이도 태평양보다 약간 더 작다.
3. **인도양**(Indian Ocean)은 대서양보다 약간 더 작고, 평균 깊이도 대서양보다 약간 더 작다(그림 9-5c). 인도양의 9/10는 적도의 남쪽에 위치한다.
4. **북극해**(Arctic Ocean)는 태평양, 대서양 또는 인도양보다 매우 작고 매우 얕으며 대부분 해빙으로 덮여 있다(그림 9-5d).
5. 보다 최근에 제안된 **남극해**(Southern Ocean)는 남극을 둘러싸고 있으며, 남위 60°까지 확대된다(그림 9-5a~c).

제4장에서 살펴보았듯이, 해양 해류의 흐름을 이야기할 때에는 이러한 해양 중 일부를 북태평양, 남태평양, 북대서양, 남대서양 및 남인도양과 같은 주요 해양 분지로 나누기도 한다.

해양의 가장자리 부근에는 해(sea), 만(gulf, bay) 등으로 불리는 육지로 막힌 보다 작은 수체가 위치해 있다. 해라는 용어는 때때로 해양과 동의어로 사용되고 또한 해양의 가장자리 주변에 있는 보다 작은 특정 수체나 내륙에 있는 수체를 의미하고 있어 이러한 명명법은 애매한 부분이 있다.

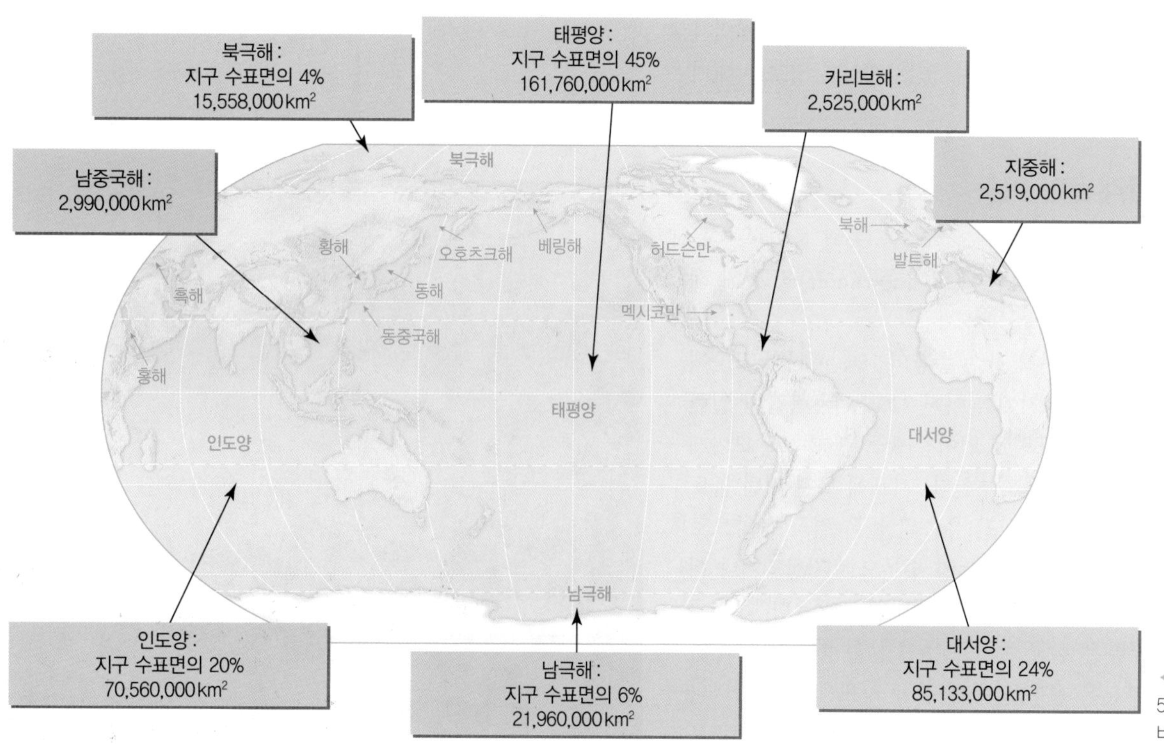

▲ 그림 9-4 세계의 5대 해양과 주요 3대 바다

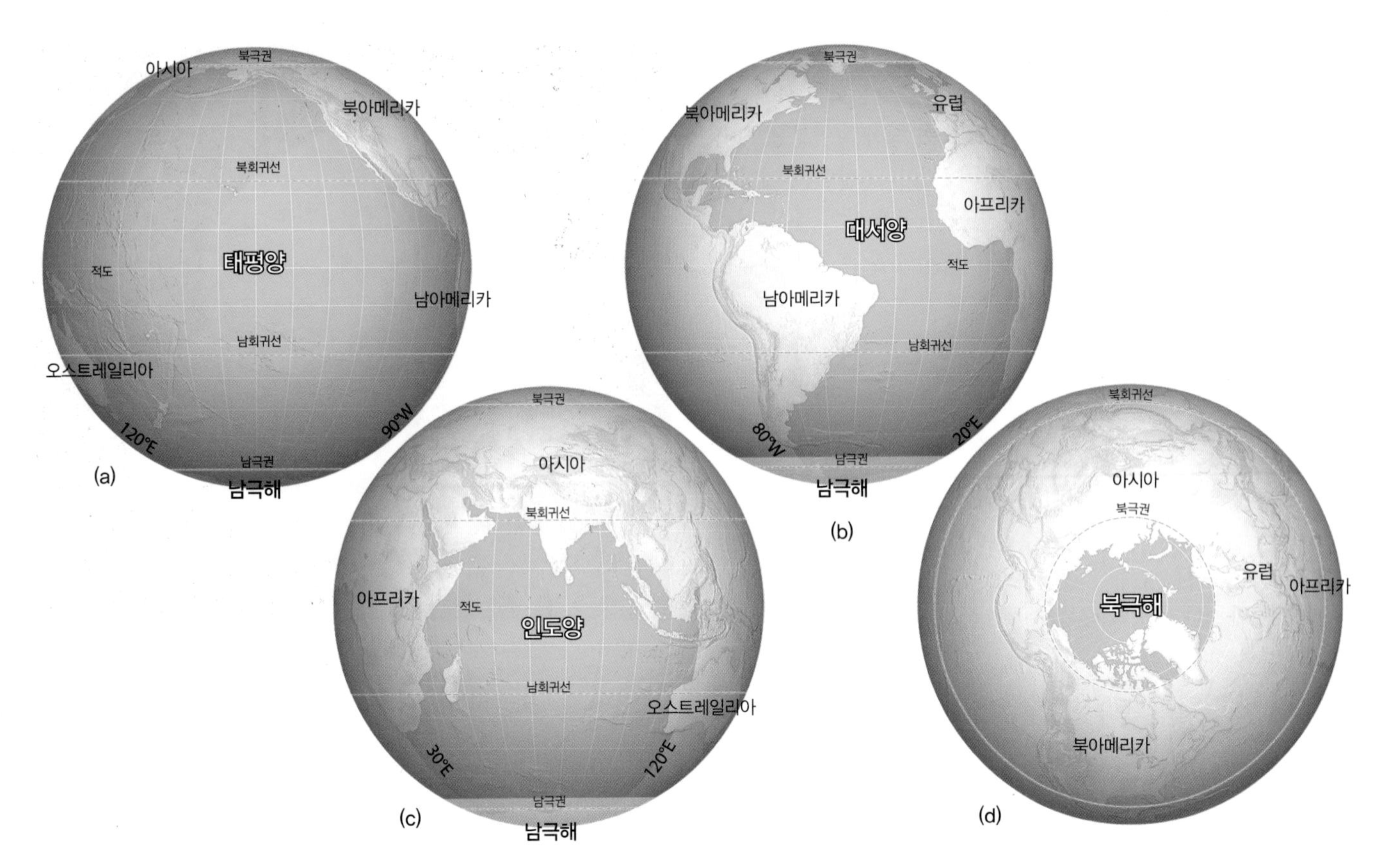

▲그림 9-5 세계 해양의 주요 5대 부분 : (a) 태평양, (b) 대서양, (c) 인도양, (d) 북극해, (a)~(c) 남극해. 남극해는 남위 60°까지의 남대서양, 남태평양 및 남인도양의 남쪽 부분으로 이루어져 있다.

해양수의 특성

해양이 있는 세계 어디에서나, 해양의 물은 서로 유사한 특성을 갖지만, 지역에 따라 상당한 차이를 보이기도 한다. 그 차이는 특히 수면 아래 약 100m까지의 표층에서 현저하게 나타난다.

화학 조성 : 알려진 거의 모든 원소가 해수에서 어느 정도 발견되지만, 단연코 가장 중요한 것은 '식염(table salt)'으로 알고 있는 일반적인 염분인 염화나트륨(NaCl)을 이루는 나트륨(Na)과 염소(Cl)이다. 화학적으로, '염분(salt)'은 **염기**(base)가 **산**(acid)을 중화시킬 때 만들어지는 물질이다. 예를 들어, 염화나트륨은 염기인 수산화나트륨(NaOH)이 염산(HCl)을 중화시키면서 만들어진다.

해수의 **염도**(salinity)는 용해된 염분 농도에 대한 측정치로, 염분은 대부분 염화나트륨이지만 마그네슘, 황, 칼슘, 칼륨 등으로 이루어진 염분도 포함된다. 해수의 평균 염도는 전체 질량의 약 35‰ 또는 3.5%이다.

표층 염도의 지리적 분포는 다양하다(그림 9-6). 해양 표층 한 지점에서의 염도는 증발이 얼마나 많이 일어나는지, (주로 강우와 하천 유량에 의한) 담수가 얼마나 많이 더해지는지에 좌우된다. 증발률이 높은 지역은 염도가 높고, 담수의 유입이 많은 곳은 염도가 낮다.

일반적으로 염도가 가장 낮은 지역은 강우량이 많은 곳과 주요 하천의 하구 부근에서 발견된다. 염도는 건조하고 무더운 지역에서 육지에 의해 부분적으로 막혀 있는 바다에서 가장 높은데, 이는 증발률이 높고 하천 유량이 적기 때문이다. 염도는 증발을 억제하는 높은 강우량, 운량, 습도 그리고 상당한 양의 하천 유량으로 인해 적도 지역에서 가장 낮게 나타난다. 강수량이 적고 증발량이 아주 많은 아열대 지역에서 염도는 최대이고, 증발량이 가장 적고 하천과 빙모에서의 담수 유입이 큰 극지방의 염도는 가

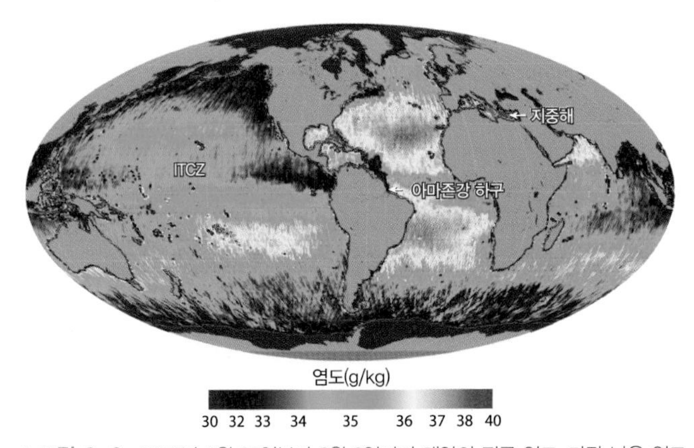

▲그림 9-6 2012년 5월 27일부터 6월 2일까지 해양의 평균 염도. 가장 낮은 염도(보라색과 파란색)는 하구와 같이 담수 유출 지역 및 강우가 많은 지역(ITCZ와 같이)에서 발견되며, 가장 높은 염도(빨간색과 노란색)는 증발률이 높은 지역에서 발견된다. NASA의 Aquarius instrument onboard Argentina's Satélite de Aplicaiones Cientificas가 수집한 자료를 이용하였다.

장 낮다.

탈염(desalination)을 통해 해수를 마실 수 있는 물로 바꿀 수 있다. 증류(가열한 후 증발된 물을 응결시킴)와 역삼투(염분을 제거하기 위해 막을 통과시킴)가 일반적인 방법이다. 탈염은 에너지를 많이 소비하고 비용도 비싸지만, 중동 지역과 같이 특히 건조한 지역에서 담수에 대한 수요가 증가하면서 향후 빠르게 성장할 것으로 기대된다.

학습 체크 9-2 해수의 염도는 세계적으로 어떻게 그리고 왜 다양한가?

산성도의 증가 : 해양은 대기로부터 이산화탄소를 흡수한다. 아마도 인간에 의해 매년 대기로 방출되는 초과 CO_2 중 1/3은 해양에 의해 흡수된다. 해양에 흡수된 CO_2는 이후 약산성인 탄산(carbonic acid, H_2CO_3)을 형성한다. 최근의 연구를 통해, 산업혁명 이후 다량의 CO_2가 해양에 흡수되면서 해양이 보다 산성화되고 있음을 확인하였다.

현재 해양수는 pH 8.1(pH 등급에 대해 설명은 제6장의 "산성비" 절 참조)로, 약알칼리성이다. 아직까지는 알칼리성이더라도 이 수치는 산업혁명 이전보다 약 0.1 더 낮은 값이며, 이는 좀 더 산성화되었음을 의미한다. 화석 연료의 사용과 해양으로의 CO_2 흡수가 현재 속도로 지속된다면, 해양수의 pH는 금세기 말에는 7.7까지 떨어질 수 있다.

약간 더 산성화된 해양으로 인한 영향에 대해서는 완벽하게 알려져 있지 않지만, 해수에서 추출한 탄산칼슘($CaCO_3$)으로 껍데기 혹은 외골격을 만들어 내는 산호충이나 유공충(foraminifera)(그림 9-7)과 같은 작은 유기체의 성장에 영향을 줄 가능성이 있다. 해양이 좀 더 산성화됨에 따라, 해수 내 칼슘 이온의 양은 더 적어지므로 탄산칼슘 껍데기의 성장이 억제된다. 이때 이러한 생명체들이 해양의 화학적 변화에 적응할 수 있을지는 확실하지 않다.

유공충은 해양 먹이 그물의 맨 아래에 있다. 유공충 감소로 인한 중요한 영향 중 하나는 고등어나 연어와 같은 물고기의 먹이가 감소될 수 있다는 것이다. 만약 해양의 산성도가 높아져 산호충의 성장이 느려지면, 이미 높아진 기온으로 인한 전 지구적 압력을 받고 있는 산호초는 훨씬 더 감소할 것이다(산호초에 대한 완벽한 논의는 제20장에 있다).

온도 : 예상하듯이, 표층 해수 온도는 일반적으로 위도가 증가하면서 낮아진다. 적도 지역에서는 종종 26℃를 넘고, 북극해와 남극해에서는 해수의 평균 어는점인 -2℃까지 떨어진다(용해된 염분은 순수한 물의 어는점인 0℃보다 어는점을 더 낮춘다). 주요 해류의 이동으로 인해 해양의 서쪽은 동쪽보다 거의 항상 더 따뜻하다(제4장의 그림 4-25 참조). 이는 해양의 서쪽에서 극 방향으로 이동하는 난류와 해양의 동쪽에서 적도 방향으로 이동하는 한류 간의 대조적인 효과에 기인한다.

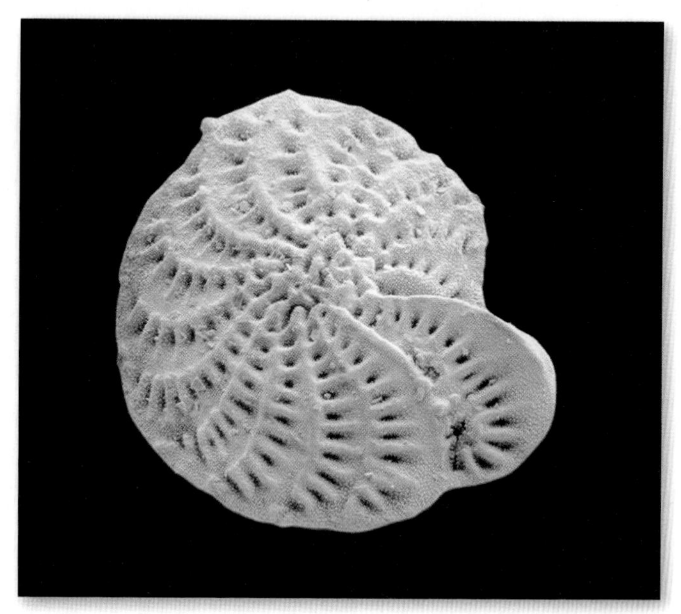

▲그림 9-7 외골격이 탄산칼슘으로 이루어진 단세포 유공충의 한 종류인 엘피디움 크리스품(*Elphidium crispum*)의 주사형 전자 현미경 사진(약 100배 확대)

애니메이션 MG
탄산염 완충 시스템

https://goo.gl/nHTUpq

밀도 : 해수 밀도는 온도, 염도 및 깊이에 따라 달라진다. 높은 온도는 낮은 밀도를 만들고, 높은 염도는 높은 밀도를 만들게 된다. 심층수는 높은 밀도를 보이는데, 낮은 온도와 위에 놓인 물의 압력이 높기 때문이다.

해수의 표층은 추운 지역에서는 수축하고 가라앉기 쉬운 반면, 따뜻한 지역에서 심층수는 표층으로 올라오려는 경향이 있다. 표층의 해류 또한 이러한 상황에 영향을 미치며, 특히 어떤 지역에서는 보다 차갑고 밀도 높은 물이 용승함으로써 영향을 미친다. 이 장에서 살펴보겠지만, 밀도의 차이가 심층수의 거대하고 느린 순환의 부분적인 원인이 된다.

해양수의 이동

해양의 물은 거의 지속적으로 운동을 한다. 이러한 운동은 다음의 세 가지 주제, 즉 조석, 해류, 파랑으로 나눌 수 있다. 바람, 배, 수영하는 사람 등 수면 위에 있는 모든 물체의 움직임은 해수면을 움직이게 할 수 있기 때문에, 해양 표면은 거의 항상 너울이나 파랑으로 요동치게 된다. 해저의 요동 또한 상당한 움직임을 유발한다(쓰나미의 논의에 대한 제20장 참조). 달과 태양의 인력은 그 가운데 가장 큰 움직임인 조석의 원인이 된다.

애니메이션 MG
조석

http://goo.gl/tdDbEx

조석

세계 해양의 거의 모든 해안 지역에서 해수면은 규칙적으로 변동한다. 매일 약 6시간 동안 물은 상승하고, 이후 약 6시간 동안 하강한다. **조석**(tide)은 기본적으로 어떤 곳에서의 해수면 '상승(bulge)'이며, 이러한 상승은 다른 지역에서 해수면이 낮아지거나 '하강(sink)'을 수반한다. 따라서 조석은 기본적으로 물의 수직적인 운동이다. 그러나 조석으로 인해 완만하게 경사진 해안 평야에서 해양수가 전진과 후퇴를 할 때, 해양 주변의 수심이 얕은 곳에서 조석의 수직적 진동은 상당한 수평적인 물의 이동도 유발한다.

조석의 원인 : 모든 물체는 다른 모든 물체에 대해 끌어당기는 중력의 힘을 가한다. 따라서 지구는 달에 인력을 가하고, 달 또한 지구에 인력을 가한다. 지구와 태양 사이도 마찬가지이다. 달과 지구 그리고 태양과 지구 사이의 인력이 조석의 원인이다.

두 물체 사이 중력의 세기는 두 물체 사이 거리의 제곱에 반비례한다. 태양은 지구로부터 150,000,000km 떨어져 있고, 달은 지구로부터 385,000km 떨어져 있으므로, **태음 조석**(lunar tide)은 **태양 조석**(solar tide)보다 2배 더 강하다. 단순하게 설명하기 위해서 우선 태음 조석만 논의하고, 태양 조석은 잠시 미루자.

인력은 해수를 달 쪽으로 끌어당긴다. 달을 마주 보는 지구의 한쪽 면(달과 가장 가까운)에는 반대쪽 면보다 인력이 더 크게 작용한다. 힘의 차이는 지구 해양의 모양을 약간 더 늘리기 때문에, 2개의 볼록한 해수면이 발달한다. 하나는 달과 마주 보는 지구의 한쪽 면 쪽에, 다른 하나는 지구의 반대편 쪽에 만들어진다. 지구가 자전하면 해안선은 이러한 볼록한 두 지역을 따라 이동하게 되는데, 지구의 반대편 쪽에 만조가 동시에 나타나며 볼록한 지역들 사이에서는 저조를 만든다. 지구가 동쪽으로 자전하면서 볼록한 지역은 서쪽으로 이동하게 된다.

지구가 자전하는 방향으로 달이 지구 주위를 공전하기 때문에, 태음 '일(day)'은 24시간의 태양 '일'보다 약 50분 더 지속된다. 이는 지구가 조석 상승 지역을 매 24시간 하고도 50분 동안 한 번 지나간다는 것을 의미한다. 결과적으로, 거의 모든 해안선이 약 25시간마다 두 번의 만조와 두 번의 저조를 경험한다.

조석 변동의 크기는 시간과 장소에 따라 매우 다양하지만, 일련의 주기는 일반적으로 어디에서나 비슷하다. 물은 주기의 가장 낮은 지점부터 약 6시간 13분 동안 점차 상승한다. 이러한 상승을 **밀물**(flood tide)이라 하며, 최고 수위에 도달하면 **만조** 또는 **고조**(high tide)라 한다. 곧 수위는 떨어지기 시작하고, 이후 6시간 13분 동안 물은 점점 이동하여 해안에서 멀어지게 되는데, 이러한 해수의 이동을 **썰물**(ebb tide)이라고 한다. 최저 수위[**간조** 또는 **저조**(low tide)]에 도달하게 되면 주기는 다시 시작된다.

월간 조석 주기 : 만조와 간조 사이의 고도 차이를 **조차**(tidal range)라고 한다. 지구, 달, 태양의 상대적 위치 변화는 조차의 주기적 변동을 유발한다. 보통 지구, 달, 태양의 특별한 배열은 없다(그림 9-8a). 가장 큰 조차(대조)는 지구, 달, 태양이 일직선상에 위치할 때 발생한다. 이는 보통 보름과 그믐 시기로서 한 달에 두 번 발생한다. 태양과 달의 인력의 합은 동일선상에 있어, 최대 인력을 나타낸다. 이는 달이 지구와 태양 사이에 있을 때와 지구가 달과 태양 사이에 있을 때 모두 해당된다. 어느 경우에나 이는 평소 조차보다 조차가 더 큰 시기로서, **대조** 또는 **사리**(spring tide)라고 부른다(그림 9-8b). [이 명칭은 계절과는 관계가 없으며, 물이 높은 곳으로 '튀어오르는 것(springing)'을 생각해 보면 된다.]

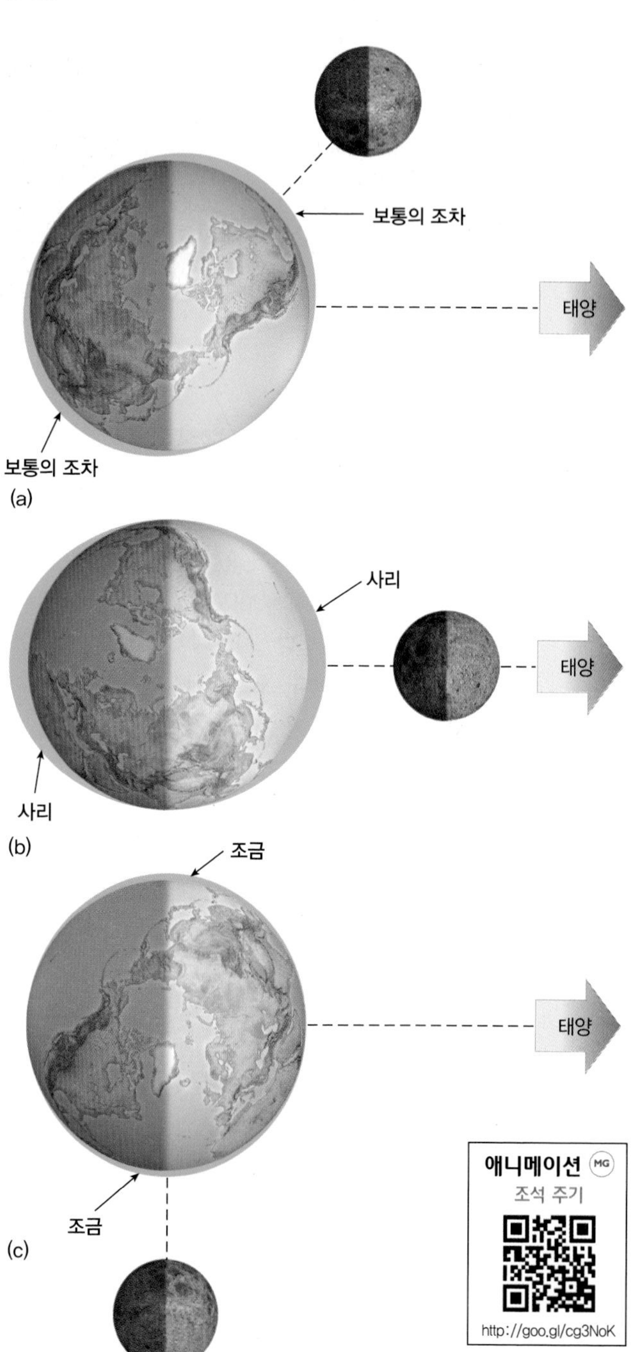

▲그림 9-8 월간 조석 주기. 태양, 달, 지구의 병렬 배치가 지구의 조차 변화에 있어 중요하다. (a) 달과 태양이 서로 나란하거나 직각으로 있지 않을 때, 지구의 양쪽에서 보통 정도의 조차가 나타난다. (b) 태양, 지구와 달이 같은 일직선상에 놓일 때, '사리'(대조)를 만들게 된다. (c) 지구와 달이 만나는 선이 지구와 태양이 만나는 선과 직각을 이룰 때, '조금'(소조)을 이룬다.

태양과 달이 지구에 대해 서로 직각으로 위치할 때, 각자의 인력이 감소해 보통의 조차보다 작은 조차를 만들어 내며, 이를 **소조** 또는 **조금**(neap tide)이라 한다(그림 9-8c). 조금의 원인이 되는 태양-달의 배열은 일반적으로 한 달에 두 번 발생하며, 달이 상현과 하현일 때이다.

조차는 또한 달이 지구에 얼마나 가까운지에 따라서도 영향을 받는다. 달은 지구 주위의 공전에 있어서 타원형의 궤도를 따른다. 가장 가까운 지점(**근지점**, perigee)은 약 50,000km로, 가장 먼 지점(**원지점**, apogee)보다 12% 정도 더 가깝다. 달의 근지점이 달과 태양의 배열로 인한 사리 때와 맞아떨어지는 때는 1년 중 3~4번 나타나며, 보통의 조차보다 큰 조차가 나타난다. 이러한 **근지점 사리**[perigean spring tide 또는 '최대 만조(king tide)']는 지구와 태양이 가장 가까운 1월 초의 근일점일 때보다 훨씬 크다.

학습 체크 9-3 가장 높은 고조와 가장 낮은 저조 때의 태양, 달 및 지구의 위치를 설명하라.

조차의 전 지구적 변화 : 조차는 매월 같은 시간에 세계 모든 지역에서 동시에 변동한다. 그러나 지역에 따라 조차는 큰 차이를 보인다(그림 9-9). 해양 중앙부의 섬들은 1m 이내의 조차를 갖는 반면, 조차가 해안선의 형태와 해수 아래 해저 지형의 영향을 크게 받기 때문에, 대륙 해안의 조차는 이보다 더 크다. 대부분의 해안은 1.5~3m의 조차를 나타낸다. 지중해처럼 일부 대륙으로 막힌 바다는 거의 무시할 정도이다. 오스트레일리아의 북서부 해안과 같은 일부 지역은 10m 이상의 큰 조차를 보이기도 한다.

세계에서 가장 조차가 큰 곳은 캐나다 동부 펀디만(Bay of Fundy)의 최상부 끝 지점이다(그림 9-10). 하루에 두 번씩 15m의 수위 변동은 이 지역에서는 일반적이며, 수 센티미터에서 1m 이상의 **해소**(tidal bore)로 불리는 해수의 벽이 뉴브런즈윅(New Brunswick)의 페티코디악강(Petitcodiac River)을 따라 수 킬로미터 거슬러 올라간다.

내륙의 수체에서는 조석 변동이 극히 작다. 가장 큰 호수도 보통 5cm가 넘지 않는 조차를 갖는다. 실제로 조석은 세계 해양에서만 중요하고, 해안선 주변에서만 조석을 인지하고 있을 뿐이다.

▲그림 9-9 조차가 4m 이상인 지역. 조차의 분포는 예측 불가능한데, 이는 서로 관련 없는 여러 요인, 특히 해안선과 해저 지형에 따라 달라지기 때문이다.

해류

제4장에서 배운 것처럼, 세계 해양에는 엄청난 양의 물을 수평, 수직적으로 이동시키는 다양한 해류가 있다. 표층 해류는 주로 바람에 기인하지만, 다른 해류들은 온도와 염도의 차이로 이동한다. 모든 해류는 특정 해양의 크기와 모양, 해저의 형태와 깊이, 코리올리 효과 등의 영향을 받는다. 몇몇 해류는 표층수가 아래로 하강하며, 다른 수직적 흐름은 표층으로 심층수를 상승시킨다.

지리적인 관점에서, 가장 중요한 해류는 여러 해양의 대순환을 이루는 거대한 수평적 흐름이다. 제4장에서 소개한 주요 표층 해류는 일반적으로 **아열대 환류**(subtropical gyre)를 말한다(그림 4-25 참조). 이들은 무역풍과 편서풍 같은 적도와 중위도의 표층 탁월풍계의 작용에 의해 만들어진다.

해류는 자연적 그리고 인간이 만들어 낸 쓰레기를 넓은 해양을 통해 이동시킬 수 있다. 이러한 쓰레기는 태평양의 일부 지역에 쌓일 수도 있다. "인간과 환경 : 태평양 거대 쓰레기 지대"를 참조하라.

심층 순환 : 주요 표층 해류뿐 아니라 심층 순환 또한 매우 중요한 시스템이다. 심층 순환은 염도와 온도의 차이에 기인한 물의 밀도 차이로 발생한다. 따라서 이러한 물의 이동을 **열염분 순환**(thermohaline circulation)이라고 한다. 만약 해수의 염도가 증가하거나 온도가 내려간다면, 해수의 밀도가 커져 가라앉는다. 이는 대개 해빙이 발달할 때 물이 차가워지고 염도가 증가하는 고위도 해양 지역에서 발생한다(물이 얼면 용해된 염분을 배출하게 되어 나머지 물의 염도는 증가한다).

표층 해류에 의한 영향과 열염분 순환을 통한 심층수 이동이 결합하여 **전 지구적 컨베이어 벨트 순환**(global conveyer-belt circulation)을 만들게 된다(그림 9-11). 북대서양의 차갑고 밀도 높은 물이 가라앉아 표층 아래 심층부에서 남쪽으로 서서히 이동하게 된다. 이후 남극 주변을 순환하면서 동쪽으로 이동하는 심층부의 차갑고 염도 높은 물과 만나게 된다. 이러한 심층수의 일부는 북쪽으로 흘러 인도양과 태평양까지 흘러 들어가 이 지역에서 상승하여 얕고 따뜻한 해류를 이룬 후 다시 북대서양으로 흘러간다. 북대서양에서 다시 가라앉아 다시 한 번 긴 여정을 시작한다. 이러한 심층 해류는 1년에 약 15km를 이동한다. 이렇게 완전하게 한 번의 순환을 이루는 데에는 수백 년의 시간이 필요하다.

제4장에서 논의한 아열대 환류 및 다른 표층 해류와 달리 전 지구적 컨베이어 벨트 순

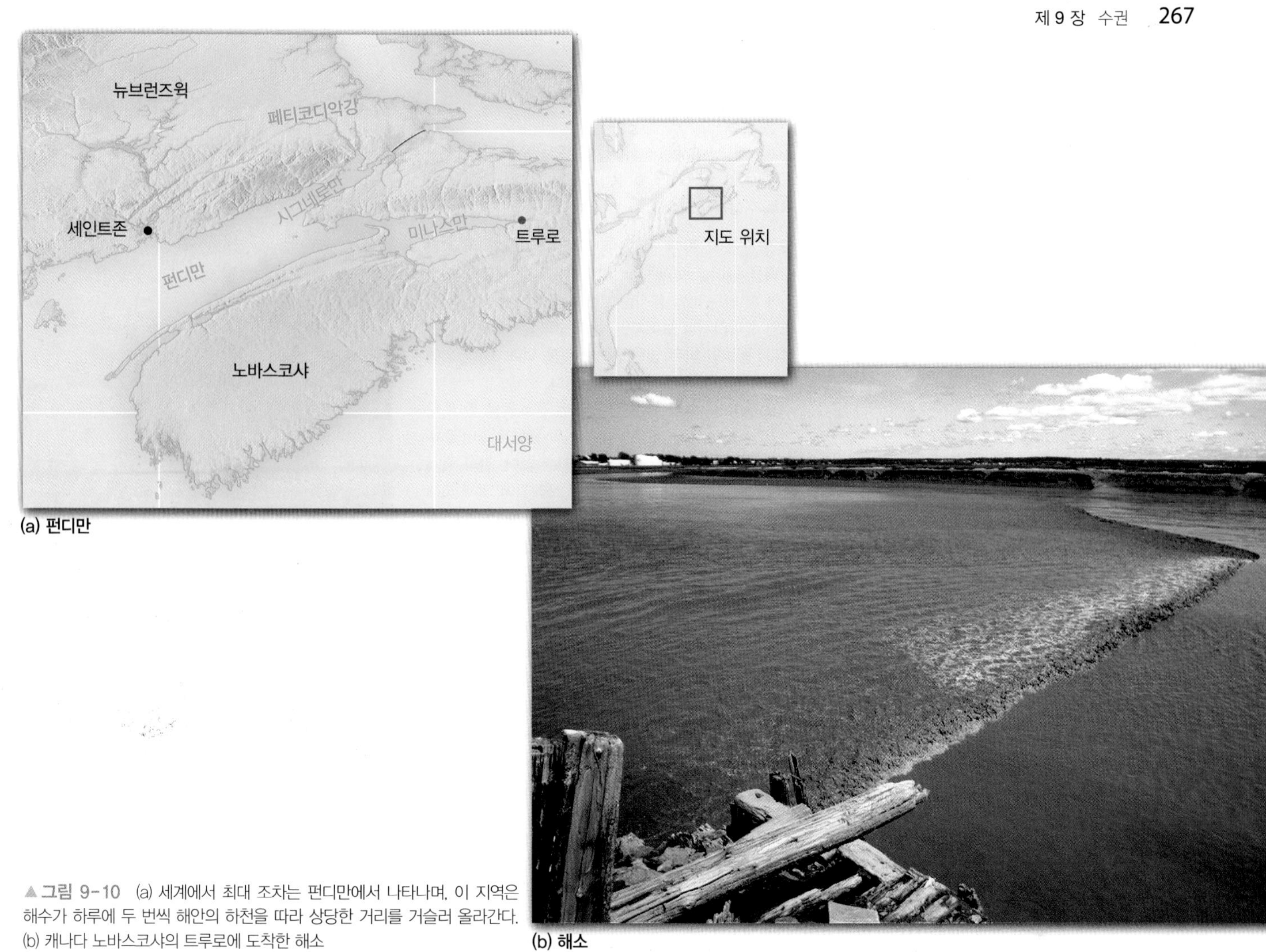

(a) 펀디만

(b) 해소

▲ 그림 9-10 (a) 세계에서 최대 조차는 펀디만에서 나타나며, 이 지역은 해수가 하루에 두 번씩 해안의 하천을 따라 상당한 거리를 거슬러 올라간다. (b) 캐나다 노바스코샤의 트루로에 도착한 해소

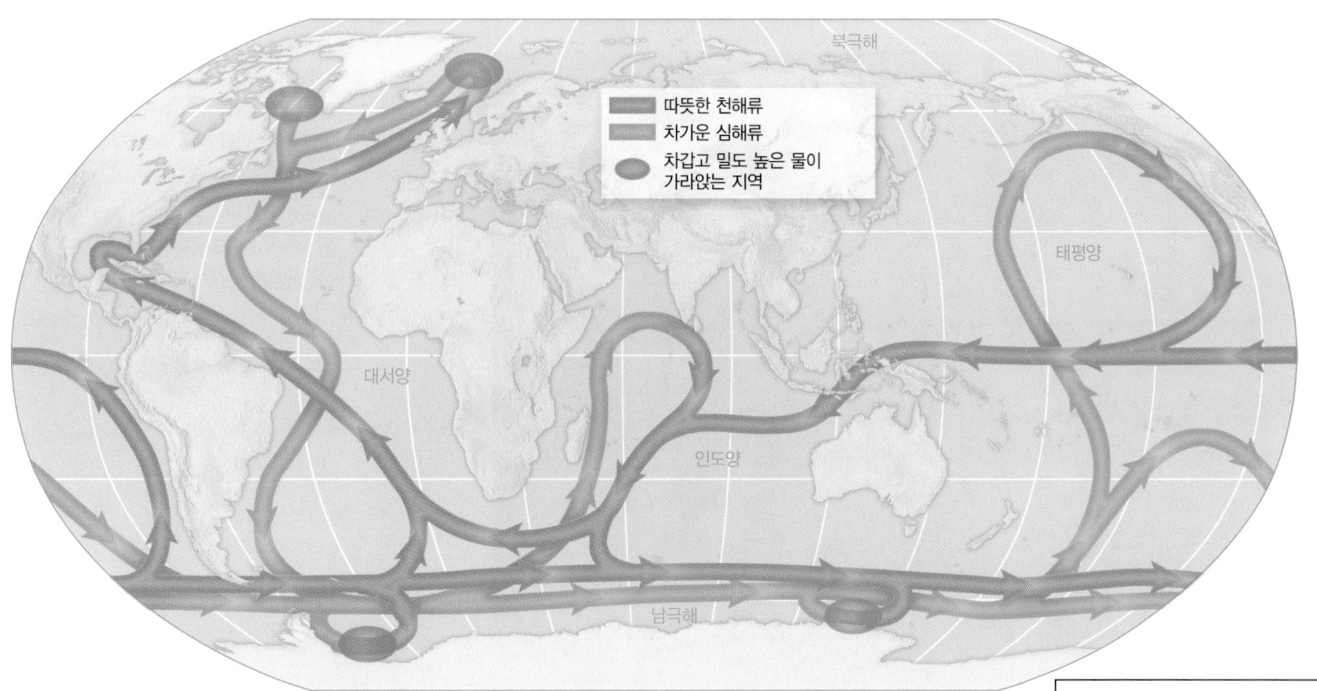

▲ 그림 9-11 이상적인 전 지구적 컨베이어 벨트 순환. 북대서양에서 차갑고 밀도 높은 물이 가라앉아 심층 흐름으로 남쪽으로 이동한다. 이후 남극 부근에서 차가운 심해수와 만나 인도양과 북태평양으로 이동하여 서서히 상승하고, 다시 북대서양으로 되돌아가 다시 가라앉게 된다. 보라색 타원은 차갑고 밀도 높은 표층수가 심층수로 들어가는 주요 지역을 보여 준다. 완벽한 한 번의 순환은 수백 년의 시간이 걸린다.

애니메이션 MG
북대서양
심층수 순환
https://goo.gl/WuMZtU

태평양 거대 쓰레기 지대

▶ Jennifer Rahn, 샘포드대학교

플라스틱 제품은 가벼움, 강도, 내구성 등의 특성으로 자주 이용되지만, 해양 환경에 문제를 일으키기도 한다. 전 세계적으로 매년 900억 kg 이상의 플라스틱이 생산되고 이 중 약 10%는 결국 해양으로 들어가게 된다.

해양은 다양한 종류의 플라스틱을 운반한다. 일부 세안제와 치약에 사용되는 아주 작은 플라스틱 조각과 같은 특정 플라스틱은 매우 작은 크기로 만들어진다. 큰 플라스틱의 조각과 같은 작은 플라스틱도 있다. 대부분의 플라스틱은 생분해(biodegrading)되기보다는 태양광에 의해 '광분해(photodegrading)'되거나 파랑이나 큰 폭풍과 같은 다른 환경적 요인에 의해 보다 작은 조각(마이크로 플라스틱)으로 매우 느리게 부서진다. 플라스틱은 절대 사라지지 않는다.

위치 : 쓰레기는 바람과 해류가 약한 '아열대 환류'의 중심부, 특히 아열대 고기압대(subtropical high, STH)에 쌓이기 쉽다. 태평양(그리고 다른 모든 해양)의 이러한 쓰레기 지대와 표류물이 새로운 것은 아니며, 항상 있어 왔다. 이전의 쓰레기는 식생, 나무, 유리병이나 유리 소재의 낚시찌 등이었지만, 현재 대부분의 쓰레기는 생분해되지 않는 플라스틱이라는 것이 새로울 뿐이다. 가장 잘 연구된 쓰레기 지대는 하와이와 캘리포니아 사이에 있는 '태평양 거대 쓰레기 지대(Great Pacific Garbage Patch)'이다(그림 9-A).

쓰레기 중 일부는 가라앉지만 대부분은 해양 상부층 10m 내에서 떠다닌다(그림 9-B). 현재 태평양에 있는 쓰레기 지대의 추정 크기는 텍사스 크기에서부터 그 2배 크기까지 다양하다. 대략 32억 kg의 쓰레기를 포함하고 있으며, 80%는 동아시아와 미국에서 나온 플라스틱이다. 2012년 스크립스해양연구소(Scripps Institution of Oceanography)의 연구에 의하면, 지난 40년 동안 쓰레기가 쌓이는 속도는 100배 증가한 것으로 추정된다.

해양 생물의 피해 : 해양 동물은 종종 떠다니는 플라스틱을 먹이로 오해한다. 바다거북이나 새들에게 물 위에 떠 있는 비닐 봉지는 그들이 좋아하는 먹이 중 하나인 해파리처럼 보이지만, 플라스틱을 소화시킬 수는 없다. 동물이 너무 많은 플라스틱을 먹게 되면, 위에 가득 차게 되고 결국 굶어 죽게 된다.

또한 비닐 봉지 혹은 캔으로 된 음료들을 한데 묶는 비닐 포장 등은 해양 동물을 꼼짝 못하게 얽어맬 수 있다. 이로 인해 자유롭게 이동할 수 없어, 결국 죽게 된다. 267종이 넘는 해양 생물이 쓰레기에 의해 피해를 입었고, 플라스틱에 의한 질식, 교살, 오염, 걸림 등에 의해 매년 100,000여 마리의 고래, 물개, 바다거북, 새, 돌고래와 다른 해양 동물들이 죽는다.

물고기는 작은 플라스틱 입자를 먹이인 플랑크톤으로 여기고 먹기도 한다. 태평양 거대 쓰레기 지대에는 현재 플라스틱이 플랑크톤보다 6배 많다. 이 지역 물고기의 유독성 화학물질 수준은 주변 수역보다 100만배에 달한다. 이후 물고기는 고래, 돌고래와 인간이 소비하며, 따라서 먹이사슬 위로 올라갈수록 독성은 증가하게 된다. 오염의 영향은 먹이사슬의 위로 갈수록 증가하기 때문에 우리가 큰 물고기를 먹으면, 우리는 농축된 독성을 받아들이게 된다.

2015년 기준으로, 미국 8개의 주가 아주 작은 플라스틱 조각의 사용을 단계적으로 줄이기로 하였다. 다른 많은 주에서는 이러한 법안이 현재 계류 중이다. 몇몇 대형 화장품 제조사는 제품에서 작은 플라스틱을 사용하지 않기로 했다.

▲ **그림 9-B** 태평양 거대 쓰레기 지대 떠다니는 쓰레기들

2011년 일본 쓰나미의 쓰레기 : 2011년 3월 일본에서 발생한 쓰나미(제20장 참조)로 인해 외해로 유입된 쓰레기가 2012년 봄 태평양의 반대쪽 해안에 도착하기 시작하였다. 예를 들어, 20m의 부두가 2012년 6월 오리건 해빈에 도착했고 9개 보트에서 나온 조각들과 다른 쓰나미 쓰레기들이 2015년 2~4월 사이에 하와이에 도착했다. 한 모델링 결과에 의하면, 쓰나미가 1,000여 척의 보트를 해양으로 쓸어버렸고 대부분은 아직도 태평양 거대 쓰레기 지대 주변을 떠돌고 있다.

질문

1. 미국 서해안에서 나온 쓰레기가 어떻게 중부 태평양으로 흘러 들어가는지 설명하라.
2. 플라스틱이 어떻게 당신과 해양 생물에게 해가 될 수 있는가?

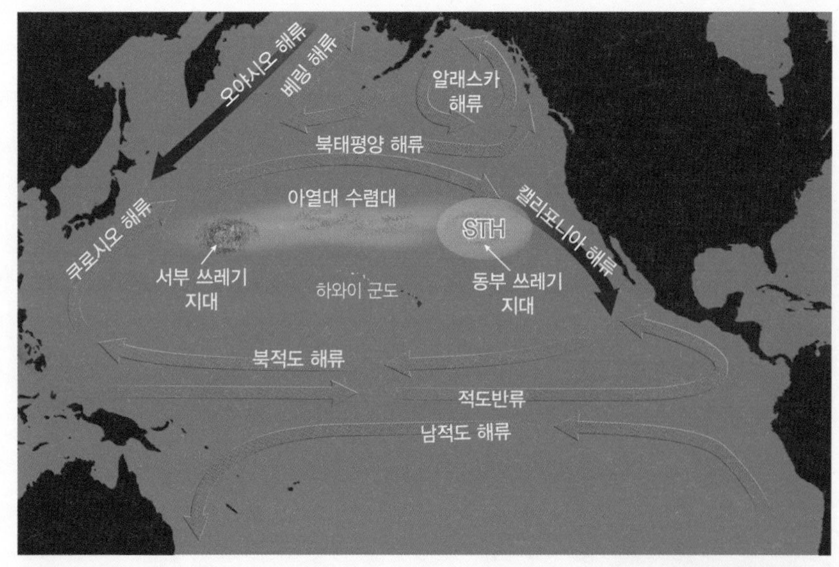

▲ **그림 9-A** 아열대 고기압대(STH) 지역의 태평양 거대 쓰레기 지대의 위치. 쓰레기는 북태평양 아열대 수렴대의 서쪽 지역에도 쌓인다.

환은 날씨와 기후에 즉각적인 영향을 미치지 않는다. 그렇지만 이 순환은 전 세계적 에너지 이동과 장기적인 기후에 중요한 역할을 한다. 전 지구적 컨베이어 벨트 순환과 지구 기후 사이에 관련성이 존재한다는 것이 연구 결과 확인되었다. 예를 들어, 전 지구적으로 기후가 따뜻해진다면 그린란드 빙하의 융해에 의한 담수의 유출은 북대서양에 밀도가 낮은 수체를 형성할 것이고, 이는 북대서양에서 물의 하강을 방해하게 될 것이다. 이러한 방해는 전 세계에 걸쳐 열과 기후 분포를 변화시킬 수 있다.

학습 체크 9-4 전 지구적 컨베이어 벨트 순환에서 물을 이동시키는 원인을 설명하라.

파랑

평상시 가장 뚜렷하게 관찰되는 해양의 움직임은 파랑이다. 대부분의 바다 표면은 위아래로 움직이는 파정과 파저로 항상 동요 상태에 있다. 게다가 해양의 주변부에서 파랑은 끊임없이 부서진다.

물의 입장에서 생각해 보면, 이러한 운동의 대부분은 앞으로 나아가지 않고 '제자리에서 움직이는 것'과 같다. 열린 해양 표면에서 파랑의 이동은 물질의 이동보다는 형태의 이동, 즉 물질의 전달보다는 에너지의 전달이다. 개별 물 입자는 파랑의 형태가 지나가면서 작은 진동만 할 뿐이다. 파랑이 '부서질' 때만 상당한 물의 이동이 일어난다. 파랑은 제20장에서 상세히 다룰 것이다.

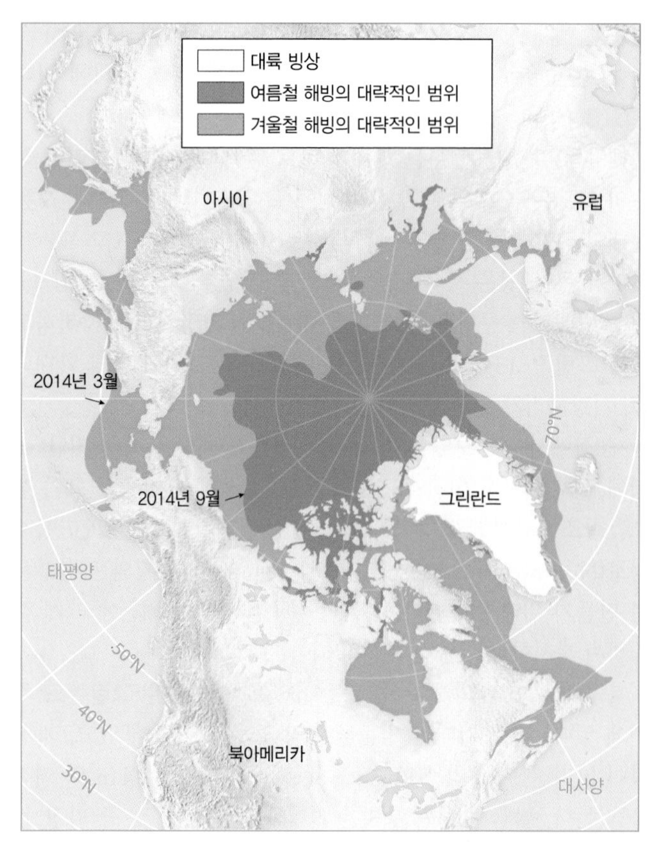

▲그림 9-12 겨울철 해빙은 북극해 전체를 뒤덮는다. 지난 몇십 년 동안 해빙이 감소했지만, 여름철 해빙은 여전히 북극해의 많은 지역을 차지하고 있다.

영구빙 — 빙권

수분 저장소로서 해양 다음은 수권의 고체 부분인 세계의 빙하 혹은 **빙권**(cryosphere)이다. 해양의 물에 비하면 극히 적은 양이지만, 빙하의 수분 함량은 모든 다른 유형의 저장소(지하수, 지표수, 토양 수분, 대기 수분, 생물학적인 물) 전체를 합한 것보다 언제든지 2배 이상 많다.

빙권은 육지의 얼음과 해양에 떠다니는 얼음으로 구분되며, 육지 부분이 더 크다. 육지의 얼음은 산악 빙하, 빙상 및 빙모 등의 형태로 발견되며, 이것들은 제19장에서 설명된다. 지구 육지 표면의 약 10%는 얼음으로 덮여 있다(그림 9-12와 9-13). 현재의 속도로 거의 900년간 세계 모든 하천에 물을 공급해 줄 수 있는 양의 물이 이러한 얼음에 갇혀 있는 것으로 추정된다.

해양의 얼음은 크기에 따라 다양한 이름을 갖는다.

- **군빙**(ice pack) : 대규모로 응집되어 떠다니는 얼음
- **빙붕**(ice shelf) : 바다 위로 돌출된 대륙 빙상의 거대한 부분
- **부빙**(ice floe) : 더 큰 빙체에서 떨어져 독자적으로 떠다니는 크고 평평한 얼음
- **빙산**(iceberg) : 빙붕 혹은 빙하에서 떨어져 떠다니는 얼음 덩어리

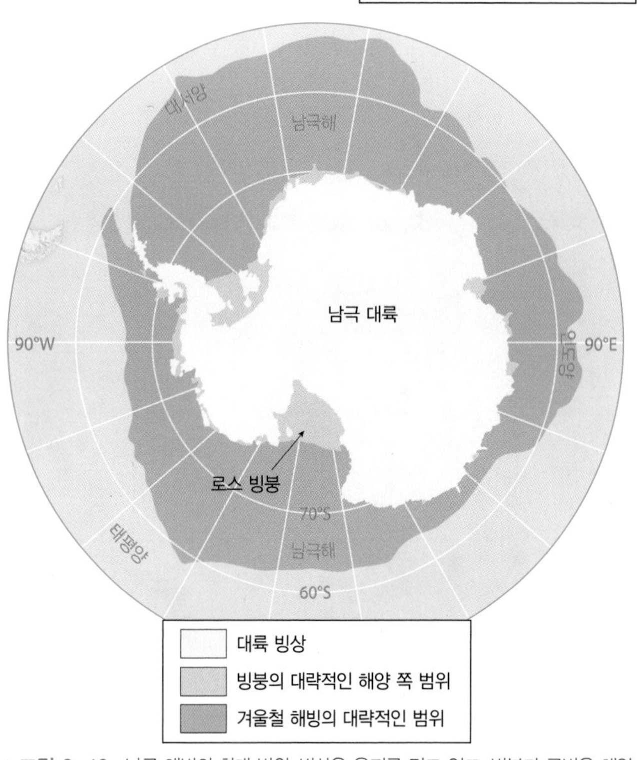

▲그림 9-13 남극 해빙의 최대 범위. 빙상은 육지를 덮고 있고, 빙붕과 군빙은 해양 빙하이다.

얼음은 액체 상태의 물보다 밀도가 낮기 때문에, 빙산의 약 14%만이 수면 위로 노출되며 나머지 약 86%는 수면 아래에 있다(그림 9-14).

해양의 얼음 중 일부는 해수가 바로 얼어 형성된다. 그러나 해수의 염분은 물이 얼 때 얼음 결정에 포함되지 않기 때문에, 모든 형태의 해양 얼음은 거의 전부 담수로 이루어져 있다.

가장 큰 군빙은 북극해 대부분을 덮고 있다(그림 9-12 참조). 지구 반대편의 군빙은 남극 대륙 대부분의 가장자리를 차지하고 있다(그림 9-13 참조). 이러한 군빙은 모두 겨울에 크게 확대되고, 가장자리가 얼면 면적이 2배 증가한다.

제8장에서 살펴보았듯이, 북극의 여름철 해빙은 특히 지난 40년에 걸쳐 감소하였다(제8장 "포커스 : 북극에서 기후 변화의 신호" 참조). 강력한 쇄빙선이 초기 유럽 탐험가의 전설적인 '북서항로(Northwest Passage)'인 대서양에서 태평양까지의 북방항로를 만들기 위해 필요했다. 북극의 여름철 해빙이 최근에 크게 감소하여 북서항로는 점점 현실이 되어 가고 있다.

북극에는 몇 개의 작은 빙붕들이 있고, 대부분은 그린란드 주변에 있다. 몇몇 거대한 빙붕들이 남극 빙상에 붙어 있고, 가장 많이 알려진 로스 빙붕(Ross Ice Shelf)은 약 100,000km^{2}의 면적을 갖는다. 남극의 어떤 부빙은 거대하다. 관찰된 것 중 가장 큰 부빙은 로드섬(Rhode Island) 면적의 10배에 달한다.

▼그림 9-14 그린란드 디스코만의 이 사진처럼 빙산의 대부분은 물속에 있다.

기온 상승으로 인해, 이전에는 안정했던 남극의 빙붕들이 떨어져 나가고 있다. 1990년대 초반 이후 남극 빙붕의 8,000km^{2}가 넘는 면적이 붕괴되었다. 2002년에 남극 반도에 있는 라르센-B 빙붕(Larsen-B Ice Shelf)은 한 달도 안 되어 붕괴되었고, 바로 남쪽의 훨씬 더 큰 라르센-C 빙붕(Larsen-C Ice Shelf)은 수온의 증가로 크기가 축소되는 징후를 보이고 있다. 2008년에는 남극의 윌킨스 빙붕(Wilkins Ice Shelf) 또한 붕괴되기 시작하였다(세계의 빙하와 빙상의 변화에 관한 논의는 제19장 참조).

학습 체크 9-5 빙권 중 대부분의 얼음은 어디서 발견되는가?

영구동토

세계의 얼음 가운데 상대적으로 작은 부분은 토빙(ground ice)으로 지표 아래에 나타난다. 이러한 형태의 얼음은 기온이 지속적으로 어는점 이하인 지역에서만 나타나므로 고위도와 고도가 높은 지역으로 제한된다(그림 9-15). 가장 영구적인 토빙은 영구적으로 얼어 있는 지중토양인 **영구동토**(permafrost)이다. 캐나다 북부, 알래스카와 시베리아에 널리 퍼져 있고 여러 높은 산지 지역에 소규모로 발견된다. 몇몇 토빙은 얼은 물이 암맥처럼 붙어 있지만, 대부분은 토양 입자 사이의 공간에서 얼음 결정으로 발달해 있다.

영구동토의 융해 : 알래스카의 페어뱅크스(Fairbanks) 주변과 같은 지역에서 영구동토는 지표면 바로 아래에 상당히 광범위하게 분포해 있다. 여름철에 토양 상부 30~100cm만 녹는데 이를 **활동층**(active layer)이라 하며, 그 아래에는 아마도 50m 정도의 두께로 영구적으로 얼어 있는 층이 존재한다. 세계 고위도 지역에서 발견되는 영구동토의 대부분은 최소한 지난 수천 년 동안 얼어 있었지만, 평균 기온이 점차 상승함에 따라 녹기 시작하였다. 지난 35년 만에 온난화 경향이 관측되어(그림 9-16), 몇몇 지역의 지중 온도는 영구동토의 녹는점을 넘어서게 되었다. 땅이 여전히 얼어 있는 영구동토의 심층부 온도 또한 상승하고 있다.

온난한 환경에 적응된 사람들에게 땅이 녹는 것은 아무런 문제가 되지 않을 것으로 보이지만, 사실은 그렇지 않다. 땅이 녹으면 건물, 도로, 관로 및 공항 활주로 등이 점점 불안정해지고, 운송 관련 산업이 방해를 받게 될 것이다(그림 9-17). 지표의 배수가 불량한 지역에서 영구동토의 파괴는 지표가 가라앉고 땅이 물로 과포화되는 소위 습윤 **열카르스트**(wet thermokarst) 상태를 만들 수 있다. 몇몇 경우에, 비포장 도로는 아무런 피해를 입지 않을 수 있다. 지난 30년 동안 알래스카 천연자원부에서 툰드라 지역의 석유 탐사 활동을 허가했던 날이 절반 이하로 감소했는데, 이는 연약한 지반의 증가 때문이다.

보퍼트해 주변에서 온도의 상승은 해안 절벽에 위치한 영구동토를 융해시켜 해안선의 침식 속도를 더 가속화시키고 있다.

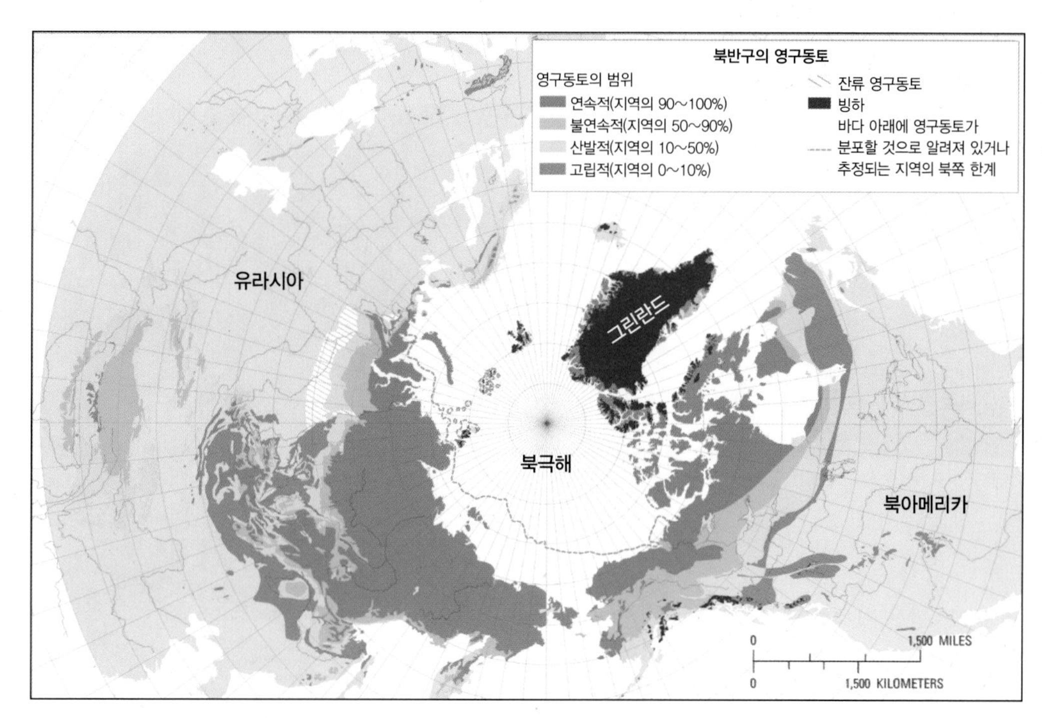

◀ **그림 9-15** 북반구 영구동토의 범위. 고위도의 모든 육지 지역과 인접한 중위도 육지 지역 일부에 영구동토가 분포한다. 기후 변화는 서서히 영구동토의 범위를 감소시킨다(자료 출처 : USGS).

1950년대 중반에서 1970년대까지는 연간 6m의 평균 침식률을 보였지만, 2002~2007년 사이에는 연간 약 14m로 침식률이 크게 증가하였다.

얼어 있던 토양이 녹으면 토양 속 미생물 활동이 증가할 것이다. 이는 얼어 있던 토양 내에 오랫동안 격리되어 있던 유기물질의 분해 속도를 증가시키게 된다. 이러한 유기물질이 미생물에 의해 분해됨으로써 이산화탄소 혹은 메테인이 방출될 수 있으며, 아마도 이는 대기의 온실가스 농도를 증가시키게 될 것이다(그림 9-18).

학습 체크 9-6 북극 주변 영구동토의 융해로 인한 결과는 무엇인가?

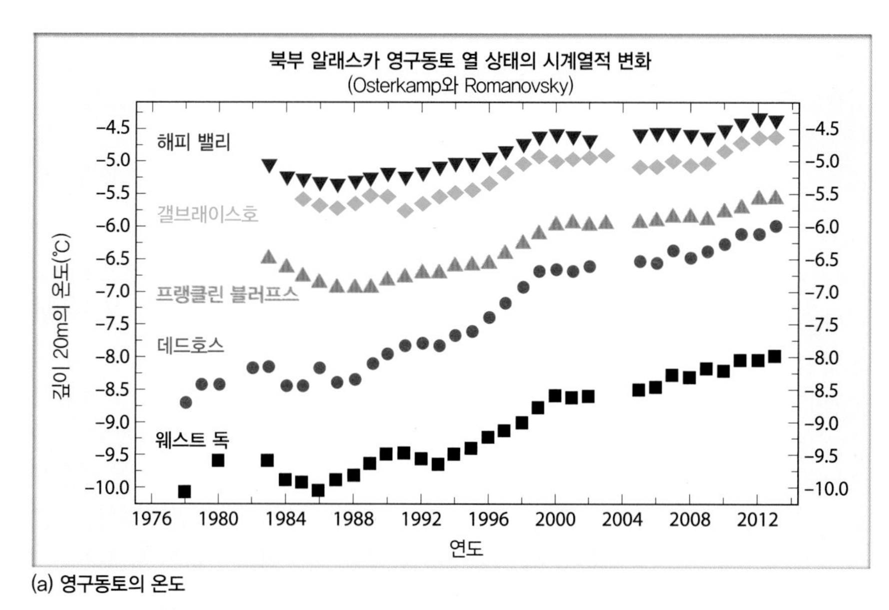

(a) 영구동토의 온도

(b) 위치

▲ **그림 9-16** (a) 알래스카에서 1976~2013년까지 깊이 20m에서 측정한 영구동토의 온도 변화. (b) 브룩스산맥에서 노스슬로프까지의 지역

▲ **그림 9-17** 알래스카에서 영구동토의 융해로 붕괴된 집

지표수

지표수는 세계 전체 수분 공급의 약 0.02%만을 차지하지만(그림 9-1 참조), 인간의 입장에서 그 가치는 헤아릴 수 없이 크다. 호수, 습지, 늪 및 소택지 등은 전 세계적으로 매우 풍부하며, 대륙의 극히 건조한 지역을 제외한 모든 지역은 강과 하천으로 이어져 있다.

호수

쉽게 얘기하면, **호수**(lake)는 육지로 둘러싸인 수체이다. 비록 못(pond)이라는 단어가 종종 매우 작은 호수를 의미하기 위해 사용되기도 하지만, 호수의 최소 또는 최대 크기는 정의되어 있지 않다. 대륙에서 얼지 않은 표면수의 90% 이상이 호수에 포함되어 있다.

시베리아의 바이칼호(Lake Baykal, 'Baikal'이라 쓰기도 함)는 부피적인 측면에서 봤을 때 세계에서 가장 큰 담수호로, 미국 중부 5대호에 있는 물을 전부 합한 것보다도 훨씬 더 많다. 또한 바이칼호는 세계에서 가장 깊은 호수로서 1,742m의 깊이를 갖는다.

염호 : 지구 호수에 담겨 있는 물의 40% 이상이 염수이다. 우리가 카스피해(Caspian Sea)라고 부르는 호수는 세계 비해양 염수 총량의 3/4 이상을 포함하고 있다. [유타의 유명한 그레이트솔트호(Great Salt Lake)는 카스피해의 1/2,500 이하의 물을 담고 있다.] 지표 하천 또는 지속적인 지중 유출과 같은 자연적인 배출구가 없는 호수는 염호가 된다. 사실 모든 담수는 육지 암석에서 용해된 매우 적은 양의 염분과 광물을 포함하고 있다. 이러한 물이 폐쇄 분지로 흘러 들어가 증발되어, 시간이 지날수록 용해 가능한 광물이 쌓이게 된다.

대부분의 작은 염호와 일부 큰 염호들은 일시적(ephemeral)인 것으로, 이는 염호들이 간헐적으로만 물을 담고 있으며 상당한 기간 동안은 말라 있음을 의미한다. 염호를 영구적으로 유지시킬 정도로 충분한 양의 물이 유입되지 않는 건조 지역에 위치하고 있기 때문인데, 사막 지역의 일시적 호수에 대해서는 제18장에서 더 자세히 다룰 것이다.

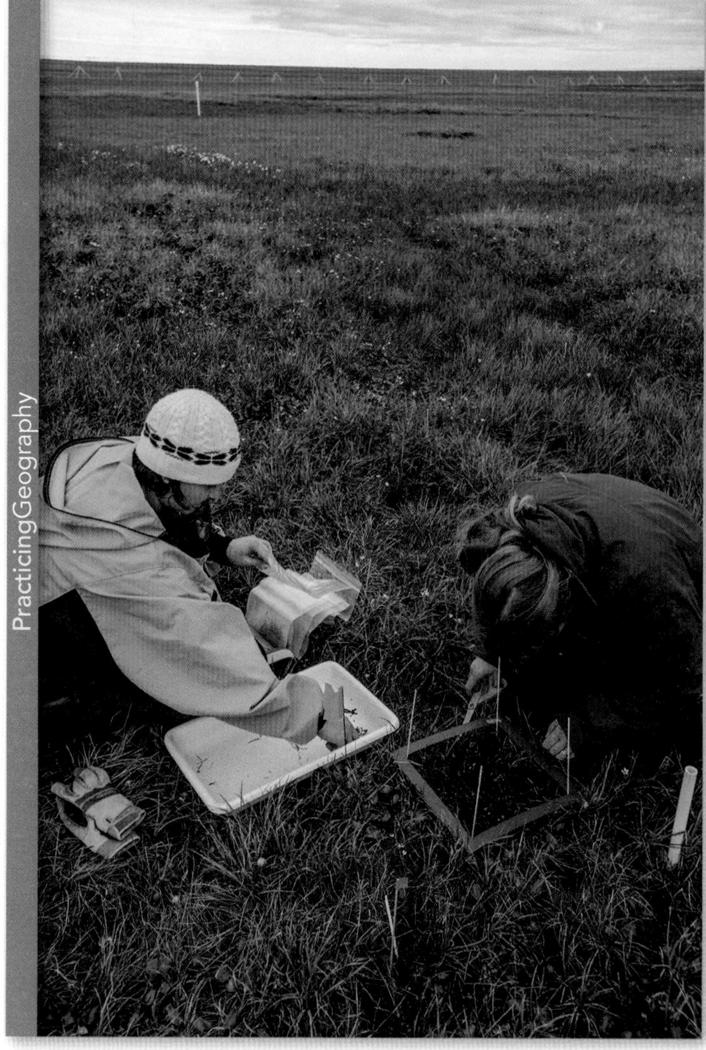

▲ **그림 9-18** 오크리지국립연구소(Oak Ridge National Laboratory)의 연구원들이 영구동토의 융해와 관련된 온실가스 교환의 변화를 측정하기 위해 알래스카 배로 인근의 북극 툰드라를 조사하고 있다.

호수의 형성 : 대부분의 호수는 하천을 통해 물을 공급받고 배출하지만, 호수는 어떻게 시작되었을까? 호수의 형성과 지속적인 유지에는 두 가지 조건이 필요하다. 즉, (1) 제한된 배출구를 지닌 자연적인 분지, (2) 분지의 일부를 물로 채울 수 있는 충분한 물의 유입이다. 대부분의 호수에서 물수지는 지표 유입에 의해 유지되고, 때로는 용천수와 호수 아래로 스며드는 물에 의해 유지되기도 한다. 몇몇 호수는 전적으로 용천수에 의해 공급받기도 한다. 대부분의 담수호는 유역의 출구 역할을 하는 하나의 하천을 가진다.

호수는 육상에서 매우 불균등하게 분포한다(그림 9-19). 빙하의 침식과 퇴적이 정상적인 하계망을 교란시켜 놓고 셀 수 없이 많은 분지를 만들어 놓았기 때문에, 호수는 지질학적으로 가까운 과거에 빙하의 영향을 받은 지역에서 매우 흔하다(그림 9-20). 그

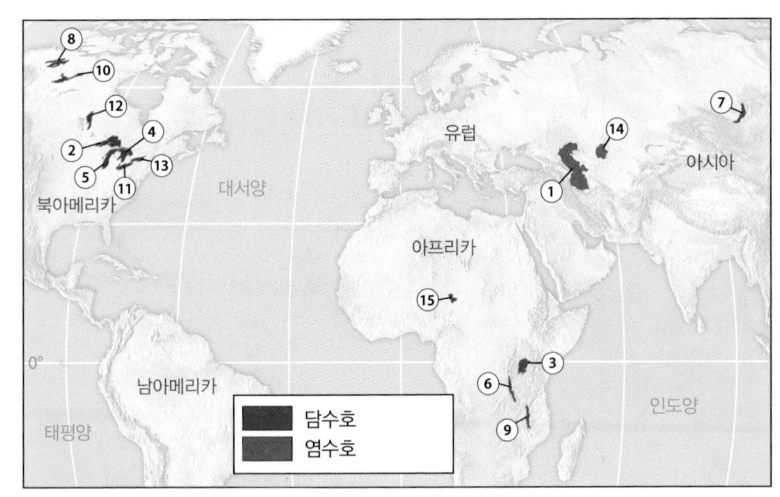

(a) 세계의 거대 호수

표면적을 기준으로 한 세계의 거대 호수		km²	mi²
(1)	카스피해	372,450	143,250
(2)	슈피리어호	82,420	31,700
(3)	빅토리아호	69,400	26,700
(4)	휴런호	59,800	23,000
(5)	미시간호	58,000	22,300
(6)	탕가니카호	33,000	12,650
(7)	바이칼호	31,700	12,200
(8)	그레이트베어호	31,500	12,100
(9)	니아사호(말라위호)	30,000	11,550
(10)	그레이트슬레이브호	29,400	11,300
(11)	이리호	25,700	9900
(12)	위니펙호	23,500	9100
(13)	온타리오호	19,500	7500
(14)	아랄해	*	*
(15)	차드호	*	*

* 크기가 지도보다 크게 감소하였음

(b) 표면적 순위

▲그림 9-19 (a) 세계의 거대 호수, (b) 표면적 순위

러나 주목할 만한 호수가 있는 세계의 일부 지역은 빙하의 영향을 받지 않았다. 예를 들어, 아프리카 동부와 중부에 위치한 일련의 거대한 호수는 지구의 지각이 지구조적으로 멀어지면서 일어난 단층 작용에 의해 형성되었다(제14장 그림 14-14 참조). 플로리다의 수많은 작은 호수는 빗물이 기반암인 석회암의 탄산칼슘을 용해시켜 싱크홀이 붕괴되면서 형성되었다(예를 들어 제17장 그림 17-9 참조).

호수의 자연적 소멸: 거대한 규모의 지질학적 시간에서 대부분의 호수는 비교적 일시적인 지형이다. 수천 년 이상의 시간 동안 존재하는 것들도 있지만 극소수에 불과하다. 유입 하천은 퇴적물을 가져와 호수를 메운다. 호수를 빠져나가는 하천은 하도를 침식시켜 점진적으로 깊어지고 호수의 물을 배수시킨다. 호수가 점점 더 얕아지면서, 식물 성장이 증가하여 호수의 매적이 가속화된다(이 작용은 제10장에서 논의). 결국 대부분의 호수는 자연적으로 사라지게 된다.

자연 호수의 인위적 변형: 인간의 활동 또한 호수의 소멸에 부분적으로 역할을 한다. 예를 들어, 캘리포니아의 모노호(Mono Lake, 요세미티국립공원의 동쪽)로 흐르는 하천의 유역 변경으로 1940년대 이후 그 수량이 반으로 줄어들었다. 그러나 1994년 환경운동가들이 유역 변경을 줄이는 소송에서 승리하면서 호수의 수위는 안정화되었고 몇 년 후에는 약간 상승할 것이다.

좀 더 극적인 것은 아랄해로, 이전에는 표면적 기준으로 세계에서 네 번째로 큰 호수였지만, 1960년대가 되면서 소비에트 중

◀그림 9-20 빙하 작용으로 캘리포니아 컨빅트호가 형성되었다. 빙하가 퇴적시킨 암석으로 이루어진 자연적인 댐 배후에 호수가 형성되어 있다.

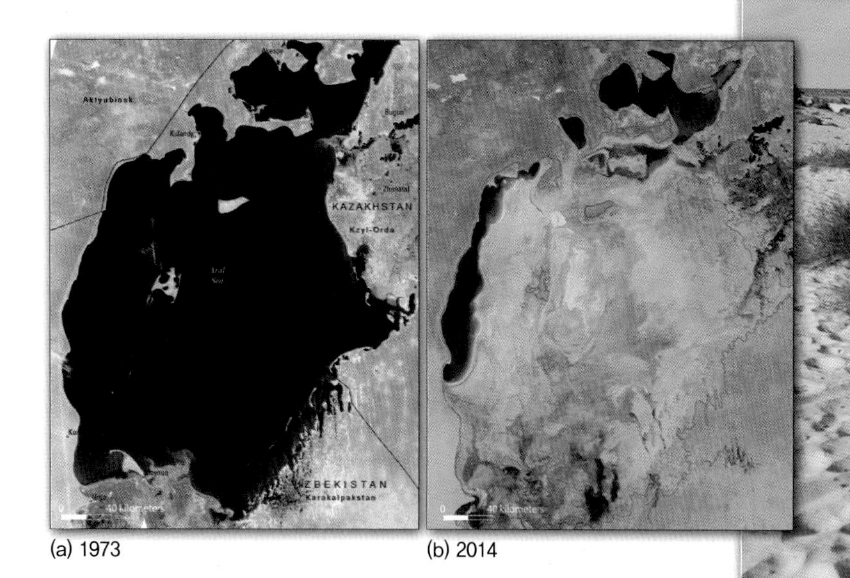

(a) 1973 (b) 2014

▲그림 9-21 1960년 아랄해는 세계에서 네 번째로 큰 호수였다. 그러나 관개 목적으로 농부들이 아랄해로 들어오는 하천의 물을 배수시키면서, 그 크기는 지난 40년 동안 90% 감소했다. (a) 1973년의 아랄해, (b) 2014년의 아랄해, (c) 물고기가 헤엄쳤던 곳은 현재 건조한 땅 위에 보트가 좌초된 채 남아 있다. 이러한 추세가 지속된다면 아랄해는 사라질 것이다.

(c) 아랄해 바닥

앙아시아의 농업 생산량을 늘리기 위한 관개 사업으로 호수로 유입하는 상당량의 물이 차단되었다. 아랄해의 현재 크기는 원래 크기의 10% 이하에 불과하다(그림 9-21). 이제는 상업적인 어업 활동은 중단되었고, 바람은 현재 노출된 호수 바닥으로부터 마른 점토와 염분으로 이루어진 먼지 구름을 이동시키고 있다. 아랄해는 여러 조각으로 분리되었다. 시르다리야강(Syr Darya River)에 세워진 댐으로 아랄해의 나머지 북쪽 지역을 약간이나마 회복시키고 있지만, 나머지 남쪽 지역은 건조한 상태로 남아 있을 가능성이 높다.

어떤 경우에는 인위적 및 자연적 변화 모두가 호수 소멸의 원인이 될 수 있다. 50년 전 차드호(Lake Chad)는 아프리카에서 가장 큰 호수 중 하나였으나, 계속 진행 중인 가뭄으로 원래 크기의 약 5%까지 감소하였다(그림 9-22). 거의 모든 호수의 물은 남쪽에서 호수로 유입하는 샤리강(Chari River)에서 온다. 호수는 한때 아프리카에서 두 번째로 컸던 광범위한 습지로 둘러싸여 있다. 호수의 수심이 얕아 유입량의 변화에 상당히 빠르게 반응한다. 샤리강의 유역 변경 사업이 차드호를 축소시켰지만, 이 지역의 기후

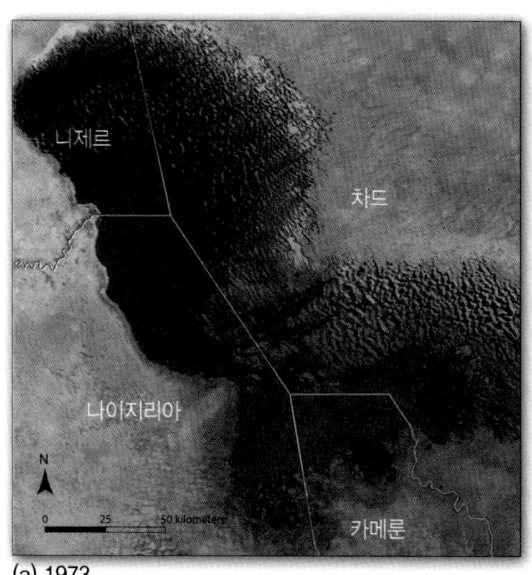

(a) 1973 (b) 2013

◀그림 9-22 (a) 1973년의 차드호, (b) 2013년의 차드호

변화도 현재 진행 중인 호수의 축소에 큰 영향을 주고 있다.

저수지 : 인간이 자연 경관을 변화시키기 위해 한 일 중 주목할 만한 하나는 인공 호수 혹은 **저수지**(reservoir)를 만든 것이다. 우곡을 가로막은 작은 흙더미에서 거대한 하천을 막은 엄청난 콘크리트 구조물까지 다양한 크기의 댐 건설로 대부분의 저수지가 형성된다(그림 9-23). 몇몇 저수지는 중간 크기의 자연 호수만큼 크다.

모바일 현장학습 MG
캘리포니아의 물 이동
https://goo.gl/7yNmJ4

저수지는 범람 조절, 안정적인 농업 또는 생활 용수 공급, 수력 발전 등 여러 가지 이유로 건설된다. 인공 호수의 생성은 생태적 그리고 경제적으로 엄청난 결과를 가져왔고, 이 중 일부의 경우 건설 당시에는 그러한 결과를 예측하지 못했다(그림 9-24). 저수된 물에 의한 침수로 육지 면적의 명백한 손실이 발생했고, 더불어 하류부 생태계는 제한된 하천 흐름으로 변화가 생겼다. 몇몇 지역에서는 빠른 퇴적 작용이 저수지의 유효 수명을 제한할 것이다. 제16장에서 댐과 하천 제방을 이용한 범람 조절의 의미에 대해 논의할 것이다.

소위 '선벨트(Sunbelt)'라 불리는 미국 남서부의 건조 지역에서 인구 성장은 특히 지난 30년 동안 빠르게 진행되었다(라스베이거스 인구는 1980년과 2015년 사이에 4배가 되었다). 지역 주민들은 식수 및 농업 용수를 여러 댐과 저수지(그리고 이 장의 뒤에서 논의하겠지만 지하수 채굴도)에 의존했다. 연평균 강수량이 적은 지역의 강수량은 해마다 상당한 차이가 있다는 제6장의 내용(그림 6-38 참조)을 상기해 보라. 이는 이 지역 저수지로의 지표 유출이 해마다 상당히 달라질 수 있음을 의미한다. 이러한 유출량 차이로 인한 한 가지 가시적인 결과는 많은 저수지 주변에서 관찰되는 '욕조 띠(bathtub ring)'로(그림 9-23 참조), 이는 여러 해 동안 평균 이하의 강수량이 지속되면 수위가 크게 감소한다는 것을 의미한다.

▲그림 9-23 콜로라도강에 있는 후버 댐과 미드호. 저수지 가장자리의 '욕조 띠'가 미드호의 만수위를 의미한다.

학습 체크 9-7 지난 몇십 년 동안 아랄해는 어떻게 그리고 왜 변화되었는가?

습지

습지(wetland)는 호수와 밀접하게 관련되어 있지만 호수보다 수

▲그림 9-24 중국 양쯔강에 있는 삼협 댐과 저수지. (a) 건설이 시작되기 전인 1993년에 촬영된 랜드샛 영상. (b) 폭이 2,300m인 댐 배후의 저수지가 채워진 이후 2013년에 촬영된 영상. 100만 명이 넘는 사람들이 길이 600km의 저수지 때문에 거주지를 옮겼다.

적으로도 적고, 훨씬 더 적은 양의 물을 포함하고 있으며, 물로 포화되어 있다는 사실이 토양 발달 및 동물과 식물 군집에 영향을 미치는 중요한 요인이 되는 육지 지역으로 정의된다. 제11장에서 살펴보겠지만, 습지는 먹이와 영양분의 공급처로서 지역 생태계에 중요한 역할을 할 뿐만 아니라 지표 유출의 '필터' 역할을 해 많은 호수, 하천 및 바다의 수질을 조절해 주는 역할도 수행한다. 더구나 제7장에서 살펴보았듯이, 해안의 염수 습지는 완충구역의 역할을 해 허리케인으로 인한 폭풍 해일(storm surge)의 영향을 감소시켜 준다.

늪과 소택지 : 늪과 소택지는 적어도 일정 시간 동안 물에 침수되지만 물에 내성이 있는 식물이 성장할 정도로 충분히 얕은 약간 평평한 장소이다(그림 9-25). **늪**(swamp)은 식물 가운데 목본 성장이 우세한 반면, **소택지**(marsh)는 초지와 관목이 우세한 식생이 나타난다. 둘 다 보통 해안 평야, 넓은 하천 계곡 혹은 최근에 빙하의 영향을 받았던 지역과 관련이 있다. 때때로 호수가 메워지는 중간 단계를 나타내기도 한다.

▲그림 9-25 소택지는 특히 배수가 불량한 미국의 남대서양과 멕시코만을 따라 많이 분포한다. 이 사진은 플로리다 남쪽의 록사해치 소택지이다.

강과 하천

언제든지 강과 하천은 전 세계 물의 작은 부분만을 차지하지만, 수문 순환에서 매우 역동적인 요소이다. [일반적으로 **하천**(stream)은 강(river)보다 더 작을 때 사용하지만, 지리학자들은 크기에 관계없이 흐르는 물을 '하천'이라 부른다.] 하천은 육지 표면이 배수되고 물, 퇴적물, 용해된 화학물질 등을 항상 바다로 운반시키는 수단이 된다. 강과 하천의 발생은 절대적인 것은 아니지만 대체로 강수 유형과 밀접하게 관련되어 있다. 습윤한 지역은 많은 강과 하천을 가지고, 대부분 연중 지속적으로 흐른다. 건조한 지역은 훨씬 더 적게 나타나고, 거의 모두 일시적으로만 흐른다(연중 상당한 기간은 건조해 있음을 의미한다.).

표 9-2는 유량과 길이를 기준으로 한 세계에서 가장 큰 하천의 목록을 나타내고, 그림 9-26은 세계에서 가장 큰 하천 유역분지를 보여 주고 있다[**유역분지**(drainage basin)는 강과 그 지류에 의해 배수되는 전체 육지 지역을 말한다]. 겨우 24개 정도의 큰 하천들이 전 세계 하천 유량의 반을 만들어 낸다. 거대한 아마존의 유량은 전체의 거의 20%에 달하고, 두 번째로 큰 콩고강(Congo River)의 유량보다 5배 이상 많다. 사실 아마존의 유량은 미국 내 모든 강의 유량을 합친 것보다 3배나 더 많다. 미시시피는 북아메리카에서 가장 큰 하천으로, 유역분지는 48개 주 전체 면적의 약 40%를 차지하며, 미국 내 다른 모든 하천 유량의 약 1/3에 해당한다.

제16장에서 하천이 대륙의 경관을 어떻게 형성하는지 살펴볼 것이다.

표 9-2 유량과 길이를 기준으로 한 세계의 강

명칭	유량 순위	하천길이 순위	유량(m^3/s)	하천길이(km)	유역면적(km^2)	대륙
아마존	1	2	210,000	6,400	5,800,000	남아메리카
콩고	2	9	40,000	4,700	4,000,000	아프리카
갠지스-브라마푸트라	3	23	39,000	2,900	1,730,000	유라시아
양쯔	4	3	21,000	6,300	1,900,000	유라시아
파라나-라 플라타	5	8	19,000	4,900	2,200,000	남아메리카
예니세이	6	5	17,000	5,550	2,600,000	유라시아
미시시피-미주리	7	4	17,000	6,000	3,200,000	북아메리카
오리노코	8	27	17,000	2,700	880,000	남아메리카
나일	25	1	5,000	6,650	2,870,000	아프리카

주 : 하천 길이와 유량은 근사치이며, 일부 하천의 순위는 자료에 따라 다를 수 있다.

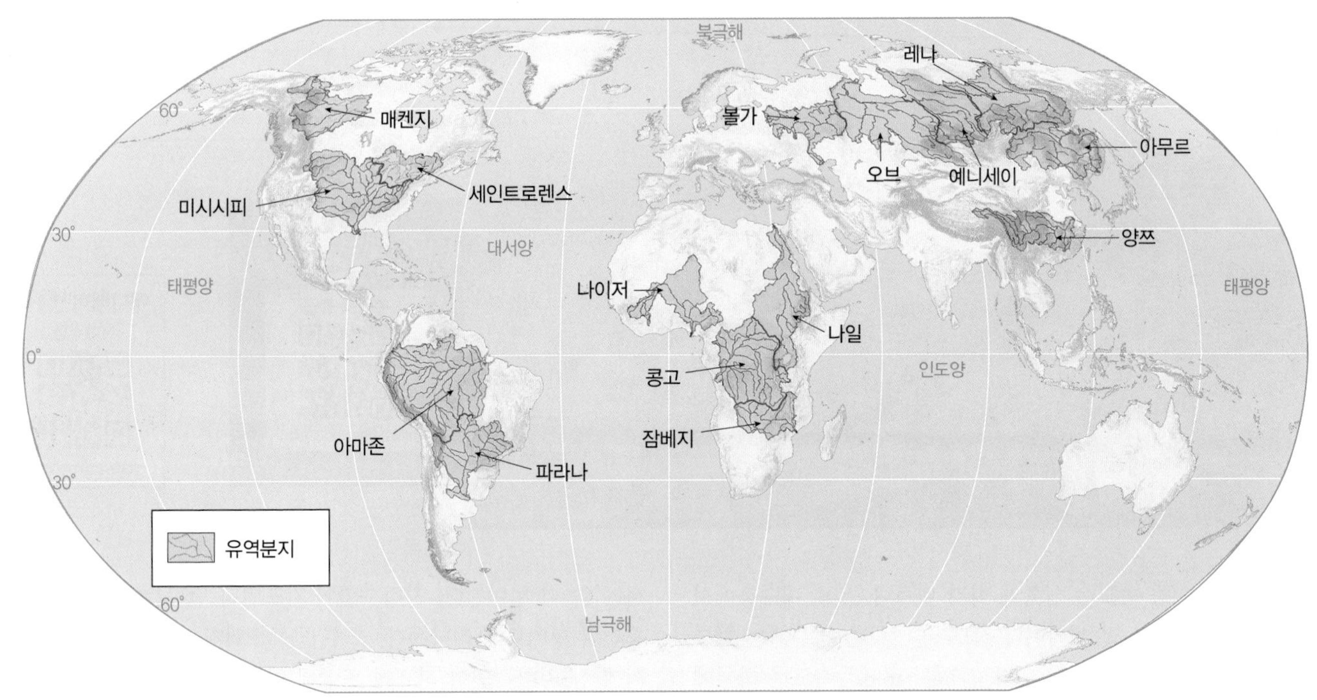

▲ 그림 9-26 세계의 가장 큰 유역분지는 모든 위도의 4개 대륙에 분산되어 있다(어두운 녹색 선은 인접한 유역분지 사이의 분수계를 의미한다).

지하수

지표 아래에는 수권의 또 다른 중요 요소인 지하수가 있다. 그림 9-1과 같이, 지하수의 총량은 호수와 하천에 포함된 양의 수 배에 달한다. 더욱이 지하수는 지표수보다 훨씬 더 광범위하게 분포한다. 호수와 하천은 제한된 장소에서만 발견되지만, 지하수는 세계 전역의 지표면 아래에 존재하며 거의 어느 곳에나 있다. 그 양은 종종 제한적이고, 수질도 떨어지며, 때로는 상당히 깊은 곳에서 발견되지만, 거의 지구 어느 곳에서나 깊게 파기만 하면 물을 찾을 수 있다. 엄격하게 얘기하면, **지하수**(groundwater)는 공극이 물로 완벽하게 채워진[**포화대**(zone of saturation)] 지표 아래 지하에 있는 물이지만, 지하수라는 용어는 이 장에서 사용하는 것처럼 지하에 있는 모든 물을 의미하기도 한다.

전세계 지하수의 반 이상은 지하 800m 이내에서 발견된다. 이보다 깊은 곳에서는 보통 물의 양이 점차 그리고 독특하게 감소한다. 비록 물이 10km보다 깊은 곳에서 발견되더라도, 위에 놓인 암석에 의한 압력이 너무 크고 출구도 극히 드물고 작기 때문에 거의 이동하지 못한다.

지하수의 이동과 저장

거의 모든 지하수의 원천은 지표 위에 있다. 토양층으로 직접 침루하거나 호수와 하천에서 아래로 스며든 강수가 지하수의 원천이다.

공극률 : 물이 일단 지하로 들어가게 되면, 그다음에 일어날 일은 물이 침투한 토양과 암석의 특성에 따라 크게 달라진다. 지중의 물질(암석 혹은 토양)에 포함될 수 있는 물의 양은 물로 채워질 수 있는 공간(공극 또는 틈)으로 이루어진 물질의 총 부피 비율을 의미하는 물질의 **공극률**(porosity)에 따라 달라진다. 공극률이 높은 물질일수록 더 많은 열린 공간을 포함하고 있으며 따라서 더 많은 양의 물을 포함할 수 있다.

투수성 : 공극률이 지하수 흐름에 영향을 미치는 유일한 요인은 아니다. 만약 물이 암석이나 토양을 통해 이동한다면, 공극은 서로 연결되어 있어야 하고 물이 이동할 수 있을 만큼 충분히 커야 한다. 지하수를 이동시키는 능력(물을 붙잡고 있는 힘과는 반대)을 **투수성**(permeability)이라 하고, 지중 물질의 이러한 특성은 공극의 크기와 상호 연결성의 정도에 의해 결정된다. 물은 이렇게 작고 서로 연결된 구멍을 통해 비틀고 회전하면서 이동하게 된다. 공극이 더 작고 연결성이 좋지 않을수록, 해당 물질은 투수성이 좋지 않으며 물의 이동은 더 느려지게 된다.

암석을 통해 이동하는 물의 속도는 공극률과 투수성 모두에 의해 결정된다. 예를 들어, 점토는 퇴적물을 이루는 매우 작은 조각 사이에 매우 많은 작은 **틈**(interstice, 공간)을 갖고 있지만, 작은 틈들은 너무 작아서 분자의 인력으로 물이 조각과 결합해 한 장소에 붙잡아 둔다. 따라서 점토는 보통 공극률이 매우 높지만 상대적으로 불투수성이다. 결론적으로, 점토는 많은 양의 물을 붙잡아 배수되는 것을 막는다.

대수층 : 지하수는 **대수층**[aquifer, 라틴어에서 유래한 말로, *aqua*는 '물(water)', *ferre*는 '품다(to bear)'를 의미함]이라 불리는 적당한 또는 높은 투수성의 암석에 저장되고 이를 통해 느리게 이

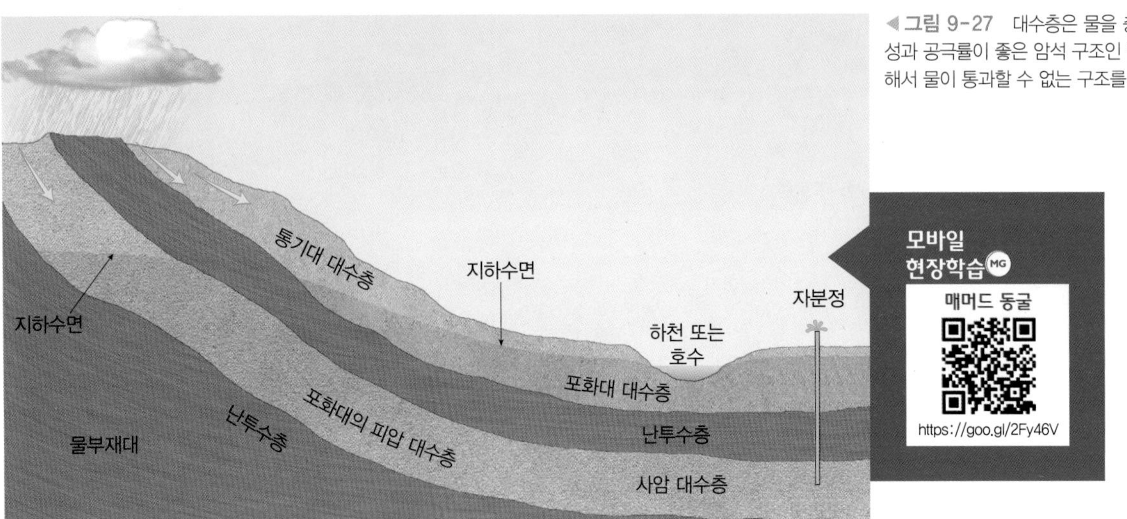

◀ 그림 9-27 대수층은 물을 충분히 유지할 수 있는 투수성과 공극률이 좋은 암석 구조인 반면, 난투수층은 너무 치밀해서 물이 통과할 수 없는 구조를 갖고 있다.

동한다. 물의 이동 속도는 상황에 따라 다르다. 몇몇 대수층에서 유속은 하루에 단지 몇 센티미터 정도이며, 다른 경우에는 하루에 수백 미터를 이동할 수도 있다. '빠른(rapid)' 속도는 하루에 12~15m 정도일 것이다.

물의 이동을 방해하거나 막는 점토 혹은 매우 치밀하고 균열이 없는 암석과 같은 성분으로 이루어져 있는 불투수성 물질을 **난투수층**(aquiclude)이라고 한다(그림 9-27).

세 가지 주요 수문 지대를 포함하고 있는 지하 수직 단면을 통해 지하수의 일반적인 분포를 이해할 수 있다. 위에서 아래로, 이러한 층준들을 **통기대**, **포화대**, **물부재대**라고 한다.

통기대

가장 상부의 **통기대**(zone of aeration)는 고체물질, 물과 공기의 혼합체이다. 깊이는 몇 센티미터에서 수백 미터까지 매우 다양할 수 있다. 이 지대에서 작은 틈은 부분적으로 물과 공기로 채워져 있다. 물의 양은 시간에 따라 상당히 변동적이다. 비가 온 후 공극은 물로 포화될 수 있지만, 물은 빠르게 배수되어 빠져나간다. 일정량의 물은 증발되지만 대부분 식물이 흡수하고, 이후 증산에 의해 대기로 되돌아간다. 분자의 인력으로 붙잡을 수 없는 물은 다음 지대까지 아래로 스며든다.

학습 체크 9-8 대수층은 무엇인가?

포화대

통기대 바로 아래에 있는 **포화대**(zone of saturation)는 토양 내 공극과 암석 내 틈 모두 물로 완벽하게 포화되어 있다. 중력으로 인해 지하수는 느리게 스며들고 암석 구조의 영향을 받는다.

포화대 상부를 **지하수면**(water table)이라 일컫는다. 지하수면의 방향과 경사는 보통 그 위에 있는 지표의 경사를 대략 따르고, 일반적으로 곡저에서 지표면과 더 가까워지며 능선이나 언덕에서는 좀 더 멀어진다. 지하수면이 지표면과 만나는 곳에서, 물은 용천의 형태로 흘러나온다. 호수, 늪, 소택지, 영구 하천 등은 거의 항상 지하수면이 지표에 도달해 있음을 의미한다. 습윤 지역에서 지하수면은 건조 지역보다 더 높게 나타나고, 이는 습윤 지역에서 포화대가 지표와 더 가깝다는 것을 의미한다. 일부 사막 지역은 포화대가 전혀 나타나지 않는다.

포화대가 난투수층 위에 국지적으로 발달할 수 있는데, 이러한 상황에서 **주수면**(perched water table)이 형성된다.

수위강하원추 : 포화대까지 판 우물은 지하수면 위로도 물로 채워져 있다. 우물에서의 채수가 물이 포화된 암석으로부터 흐르는 것보다 더 빠를 때, 지하수면은 대략 뒤집힌 원뿔 형태로 우물 부근에서 낮아지게 된다. 이러한 특정 형태를 **수위강하원추**(cone of depression)라 한다(그림 9-28). 만약 여러 우물이 자연적으로 다시 채워지는 것보다 더 빠르게 물을 뽑아낸다면, 지하수면은 넓은 지역에 걸쳐 상당히 떨어질 수도 있으며 얕은 우물은 마르게 된다.

물은 포화대를 따라 느리게 침루한다. 중

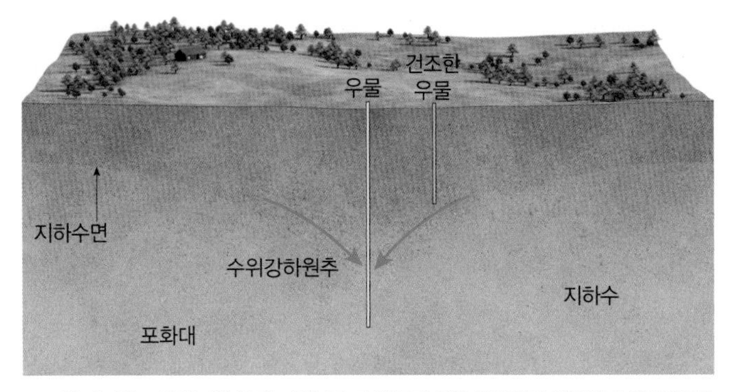

▲ 그림 9-28 물이 재충전되는 것보다 더 빠르게 물을 우물에서 빼내면 수위강하원추가 발달할 것이며, 이로 인해 상당히 넓은 지역의 지하수면이 효과적으로 낮아지게 된다. 인근의 얕은 우물들은 낮아진 지하수면보다 위쪽에 위치하기 때문에 말라 버릴 것이다.

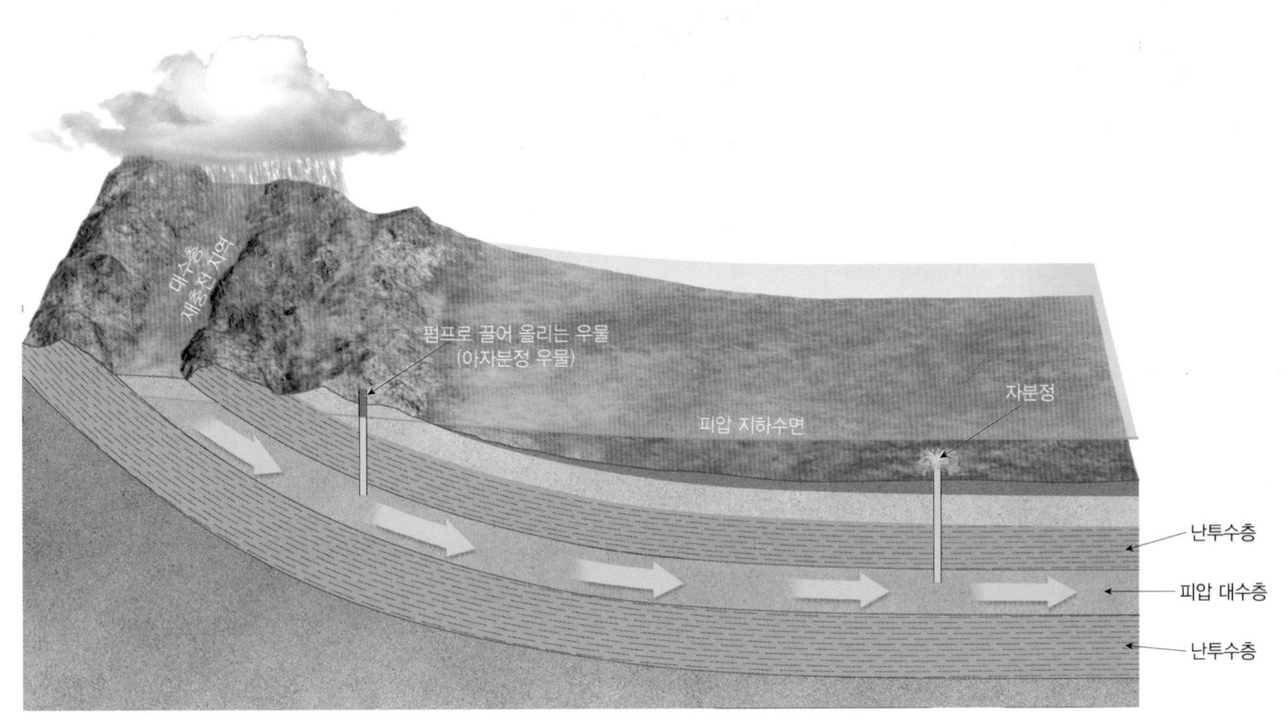

▲그림 9-29 자분정 시스템. 지표수는 재충전 지역에서 대수층으로 침투해 들어가고 아래로 스며들게 된다. 위아래에 있는 불투수성의 난투수층에 의해 대수층에 갇히게 된다. 우물을 상부의 난투수층을 통해 대수층까지 파낸다면, 피압으로 물이 우물에서 피압 지하수면까지 솟아오른다. 자분정 우물에서 물은 지표까지 피압에 의해 상승하고, 아자분정 우물에서는 물이 어느 정도까지만 상승하기 때문에 나머지 부분은 펌프로 끌어 올려야 한다.

력은 지하수 침루의 주요 에너지로서, 지하수면이 높은 지역에서 낮은 지역으로, 즉 지표 하천이나 호수로 물을 이동시킨다. 그러나 침루 경로가 항상 아래로 향하지는 않는다. 종종 굴곡진 경로를 따르고 이후 위로 방향을 돌려(중력에 반대되는) 아래쪽에서 하천 혹은 호수로 들어가게 된다. 이러한 경로는 어떤 고도에 있는 포화대의 물이 하곡 아래보다 언덕 아래에서 더 높은 압력을 받기 때문에 가능하다. 그리하여 물은 압력이 낮은 지점으로 이동하게 된다.

학습 체크 9-9 수위강하원추는 어떻게 형성되며, 대수층에 어떻게 영향을 미치는가?

피압 대수층 : 세계 많은 지역에서 일부 포화대의 대수층은 위아래로 난투수층에 의해 제한되어 있는데, 이를 **피압 대수층**(confined aquifer)이라 한다(그림 9-27 참조). 때때로 이러한 대수층은 난투수층과 교호하여 나타난다. 물은 불투수성의 장애물로 인해 위로부터의 침투를 통해 대수층까지 뚫고 들어올 수는 없다. 따라서 이곳에 있는 어떤 물도 난투수층이 없는 더 먼 지역에서 대수층을 따라 흘러 들어와야 한다. 또한 특징적으로 피압 대수층은 침투하는 물을 흡수할 수 있는 일부 지역에서 지표면까지 또는 거의 지표면까지 도달한 기울어져 있는 층을 이룬다. 물은 집수역에서 경사진 대수층을 따라 아래로 움직이며, 피압 상태에서 압력이 더욱 커진다.

자분정 : 만약 우물을 지표 아래 피압 대수층까지 뚫는다면, 압력으로 물이 우물에서 상승한다. 물이 올라오는 고도는 **피압 지하수면**(piezometric surface)으로 알려져 있다. 몇몇 경우에는 압력이 충분히 높아 물을 지면 위로 올라오게끔 한다. 이러한 물의 자유 흐름을 **자분정**(artesian well)이라고 한다(그림 9-29). 만약 피압이 물을 단지 지표 도중까지만 밀어 올리는 정도이고 나머지 부분은 펌프로 끌어 올린다면, 그 우물은 아자분정(subartesian)이 된다.

강수와 가장 관련이 깊은 지하수 분포와는 달리, 피압 대수층의 전 세계적 분포는 상당히 불규칙하다. 피압수는 지표수 혹은 지하수가 부족한 여러 건조 혹은 반건조 지역에 위치하므로 건조 지역에서 중요한 자원을 공급한다(그림 9-30).

지하수 오염 : 오염된 지표수가 대수층으로 스며들면, 이러한 오염은 무한정 지하수에 남아 있을 수 있다. 이러한 오염의 원인은 산업 폐기물 저장소에서의 유출, 주유소 지하에 매설된 가솔린 탱크에서의 유출, 농약 사용 그리고 수리학적 파쇄 또는 '프래킹(fracking)'(제13장 참조)할 때 유정이나 가스정으로 물이 들어가는 경우 등 매우 다양하다.

물부재대

포화대의 하한은 공극도 물도 부족하다. 이러한 경계는 불투수성의 암석으로 이루어진 단일의 층일 수도 있고, 암석 위에서 발생하는 압력이 너무 커서 공극이 없어지기 때문일 수도 있다. 이 지역의 암석은 지하수를 붙잡을 수도, 지하수가 흐를 수도 없다. 이러한 물부재대(waterless zone)는 일반적으로 지표 아래 수 킬로미터에서 시작된다.

◀그림 9-30 뉴사우스웨일스에 위치한 오스트레일리아 대찬정 분지에 있는 자분정으로, 세계에서 가장 크고 산출량이 많은 피압수 수원이다.

지하수 채굴

지하수가 있는 세계 대부분 지역에서 지하수는 오랫동안 축적되어 왔다. 강우와 융설수가 스며들어 수십에서 수천 년간 저장될 수 있는 대수층으로 들어왔을 것이다. 최근에 와서야 이러한 대수층의 대부분이 인간에 의해 발견되고 이용되었다. 대수층은 지표수를 보충할 수 있는 물의 값진 원천이다. 특히 농부들은 지표수가 충분하지 않은 지역에서 관개용으로 지하수를 이용한다.

지하수는 매우 느리게 축적되지만, 인간에 의한 이용 속도는 매우 빠르다. 예를 들어, 미국 남서부의 많은 지역에서 재충전(재주입) 속도는 평균적으로 1년에 0.5cm 정도이지만, 보통 우물에서는 1년에 75cm를 펌프로 끌어 올린다. 그러므로 연간 양수율은 150년간 재충전된 양과 동일하다. 한정된 자원이 재충전의 희망 없이 제거되고 있기 때문에 이러한 지하수 이용 속도를 채굴에 비유한다. 이러한 이유로, 몇몇 대수층의 물을 화석수(fossil water)라고도 한다. 지하수가 대규모로 채굴되고 있는 세계 거의 모든 지역에서, 지하수면은 지속적으로 그리고 가끔은 급격하게 떨어지고 있다.

물 공급의 감소뿐만 아니라 지하수 채굴은 다양한 문제를 일으킨다. 일부 지역에서 지하수가 재충전되는 것보다 훨씬 더 빠르게 추출할 때 일어나는 퇴적물 압축이 지표면의 침하를 일으키고 있다. 예를 들어, 캘리포니아 센트럴밸리(Central Valley)의 남부 지역에서 펌프를 이용한 지하수 채굴로 인해 20세기 중반에 8.5m의 침하가 발생하였다. 1990년대 동안 펌프를 이용한 지하수 채굴은 네바다의 라스베이거스를 20cm 정도 침하시켰다. 세계 많은 지역이 점점 지하수에 더 의존하게 되면서, 이러한 중요한 자원의 상태에 대한 관찰이 더욱 중요해졌다. "글로벌 환경 변화 : 우주에서 지하수 자원 관찰"을 참조하라.

오갈라라 대수층 : 지하수 채굴의 전형적인 예는 미국에서 가장 큰 오갈라라 또는 하이플레인스 대수층(Ogallala or High Plains Aquifer)이 8개 주의 585,000km^{2}에 걸쳐 분포해 있는 대평원의 남부와 중부에서 볼 수 있다. 오갈라라 지층은 텍사스 부근에서는 수 센티미터에서 네브래스카 샌드힐스(Sandhills) 아래에서는 300m가 넘는 규모로 거대한 지하 저수지 역할을 하는 일련의 석회암과 사암 층으로 이루어져 있다(그림 9-31). 물은 이 지역의 대수층에 약 30,000년 동안 축적되었다. 20세기 중반에 1,700조 리

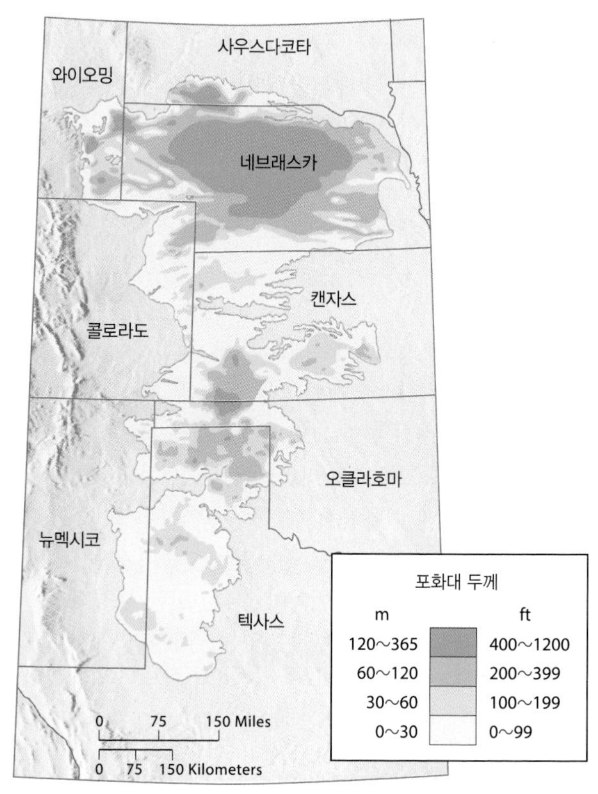

▲그림 9-31 오갈라라 혹은 하이플레인스 대수층. 어두운 부분일수록 물을 포함하고 있는 지층이 더 두껍다는 것을 의미한다.

우주에서 지하수 자원 관찰

유네스코(UNESCO)는 상대적으로 빈곤한 지역의 많은 인구를 포함하여 전 세계적으로 약 25억 명의 사람들이 지하수에서 식수 전부를 얻는 것으로 추정하였다. 또한 관개수의 약 40%가 지하수에서 온다고 보고 있다. 많은 지역에서 지하수에 대한 수요가 커지면서 채굴 속도가 자연 충전 속도를 훨씬 초과하게 되었고, 중요한 자원의 고갈을 가져왔다. 지하수 변화에 대한 관찰은 세계 많은 지역에서 어려운 일이다. 그러나 혁신적인 기술로 과학자들은 우주에서 지하수 상태의 변화를 관찰할 수 있게 되었다.

GRACE 위성: 2002년에 NASA와 협력 관계에 있는 독일우주센터(German Aerospace Center)는 지구에서 약 220km 떨어져서 지구 주변을 도는 한 쌍의 극궤도 위성을 발사하였다. 이를 'GRACE(Gravity Recovery and Climate Experiment)'라 하며, 이 위성은 지구 중력장의 작은 변화로 인한 위성 사이의 거리 차이를 측정한다. 이러한 중력의 국지적인 차이는 지구 질량의 변화 때문에 일어난다.

GRACE 시스템은 상당히 민감해서 지구 위와 내부에 있는 물과 얼음의 질량 차이를 찾아낼 수 있으며, 이를 통해 빙상과 해양 그리고 지하수와 지표면 사이 물 교환의 변화를 추적할 수 있다. 지하수 고갈과 대수층의 지하수면 저하는 가뭄뿐만 아니라 과잉 양수로 발생할 수 있다.

GRACE 자료는 가뭄과 같은 기상 변화로 인한 토양 수분과 지하수위의 단기간 변화를 실험적으로 측정하는 데 사용되어 왔다. 예를 들어, 그림 9-C는 1948년에서 2009년까지의 평균 습윤도에 대한 2015년 6월의 지하수 저장 습윤도 비율을 보여 주고 있다. 캘리포니아와 미국 남서부 지역의 2011~2015년 가뭄과 관련된 지하수의 감소를 확실히 확인할 수 있다.

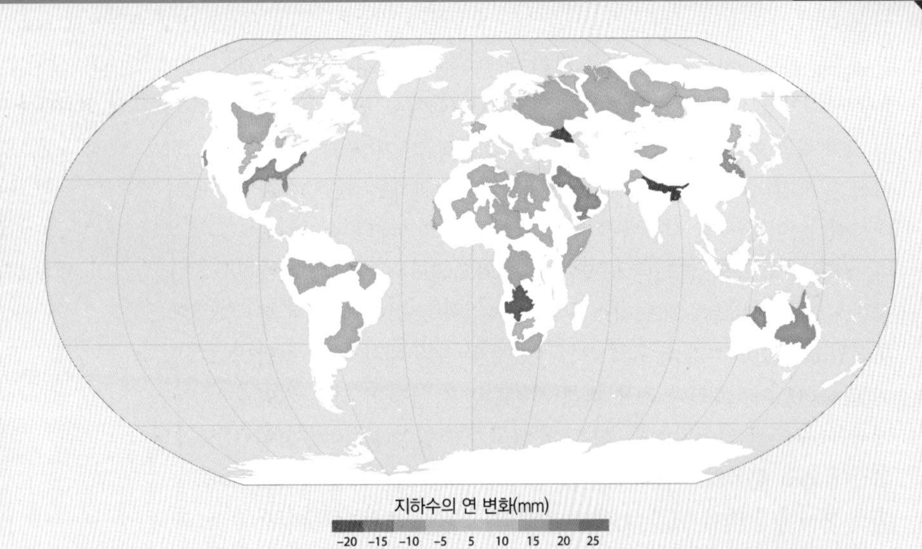

▲그림 9-D 2003년 1월부터 2013년 12월까지 거대한 37개 대수층의 지하수면 연 변화. 가장 문제가 심각한 대수층(갈색) 중 많은 수가 세계에서 가장 건조한 지역에서 발견된다.

지하수 저장의 전 지구적 감소: 2015년에 지상 기반 관찰과 모델뿐만 아니라 GRACE 자료를 이용한 학제간 연구 사업은 지구에 존재하는 거대한 37개 대수층 중 13개가 자연적인 충전이 거의 없거나 아예 없어 고갈되고 있음을 확인하였다(그림 9-D). 문제가 가장 심각한 대수층은 아라비아 대수층 시스템(Arabian Aquifer System)으로 보고되고 있으며, 그다음은 인도 북서부와 파키스탄의 인더스 분지 대수층(Indus Basin Aquifer)이다.

지하수 고갈 문제가 현재 잘 보고되고 있더라도, 세계 대수층 중 많은 지역에 저장된 실제 물의 양은 대략적으로만 알려져 있어 '고갈 시간(time to depletion)'의 추정은 불확실하다. 기후 변화 역시 이러한 추정을 보다 어렵게 만들고 있다.

질문

1. GRACE 위성 시스템은 어떻게 시간에 따른 지하수의 양 변화를 측정하는가?
2. 세계 어느 지역이 지하수 감소로 인한 가장 큰 문제에 직면해 있는가? 그 이유는 무엇인가?

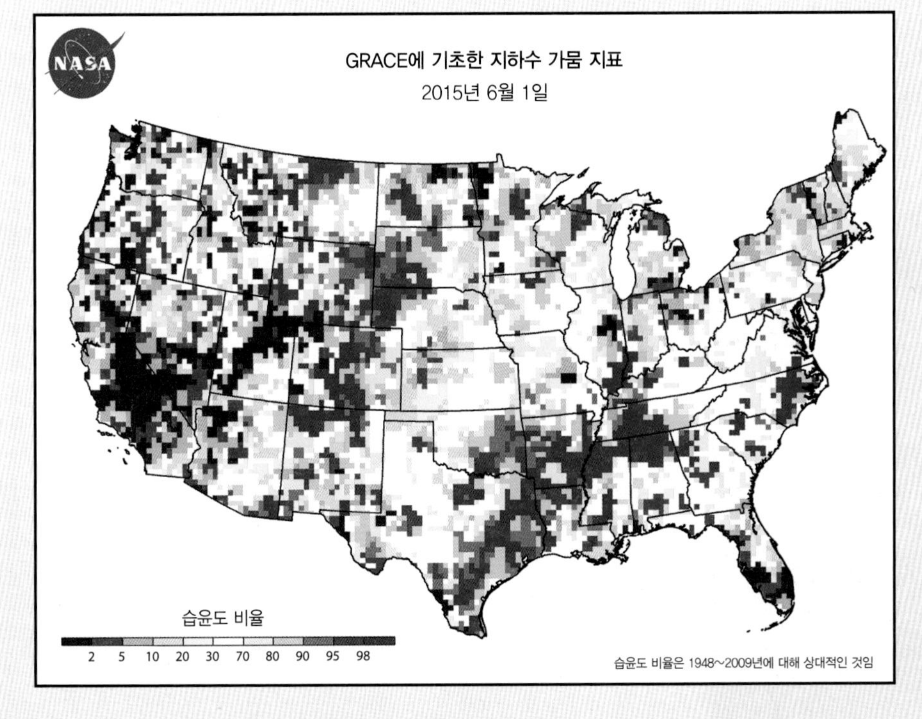

◀그림 9-C 1948~2009년까지의 지면의 평균 수분 함량에 대한 2015년 6월 1일의 지하수 저장의 추정 습윤도 비율. 어두운 적갈색 지역이 2011~2015년에 발생한 가뭄 동안 지면이 매우 건조했던 지역을 의미한다.

터의 물을 포함하는 것으로 추정되었고, 이 양은 오대호 중 가장 큰 호수와 대략 비슷하다.

농부들은 1930년대 초부터 오갈라라를 이용하기 시작하였다. 1930년대가 끝나기 전에 지하수면은 이미 떨어지고 있었다. 제2차 세계대전 이후 고성능 펌프, 정교한 살수 장치, 기타 기술적인 혁신은 오갈라라에서 나온 물에 기반한 작물 관개를 빠르게 확대시켰다. 이곳의 물 사용량은 1950년 이후 거의 5배나 증가하였다. 사용량 급증의 결과는 극적이었다. 지표에서는 이전에는 경작할 수 없었던(특히 네브래스카에서) 다수확 농업이 빠르게 확대되었고 오갈라라가 분포하고 있는 8개 주 모두에서 관개 농업이 급증하였다. 그러나 지표 아래 지하수면은 상당히 넓은 지역에서 45m 이상 떨어지는 등 더 깊게 내려가고 있었다(그림 9-32). 이전에 15m 깊이의 우물에서 물을 퍼 올렸던 농부는 이제는 45m 혹은 75m까지 파야 했다. 1970년대에 약 170,000개의 우물이 오갈라라에서 물을 퍼 올렸지만, 양수 비용 증가로 현재 수천 개의 우물이 방치되어 있다.

일부 농부들은 적은 양의 물을 요구하는 작물로 전환하였다. 어떤 이들은 관개 횟수를 줄이는 것부터 가장 효율적으로 물을 사용하는 정교한 기계 장치를 설치하는 것까지 물과 에너지를 적게 사용하는 다양한 방법을 채택하고 있다(그림 9-33). 많은 농부들이 관개에 의존하는 방식을 버려야 한다는 사실에 직면해 있거나 곧 직면할 것이다. 앞으로 40년 동안, 현재 관개가 이루어지고 있는 200만 헥타르를 건조 농법으로 되돌릴 것으로 추정된다. 다른 농부들은 더 늦기 전에 고부가가치 작물에 집중하여 더 큰 수익을 얻은 후 농업에서 벗어나기를 바란다.

물 보존은 지하수가 소유의 경계를 가리지 않는다는 사실로 인해 좀 더 복잡하다. 자신의 물을 잘 보존하는 농부일지라도 동일한 대수층에서 물을 뽑아 쓰는 주의가 부족한 이웃들이 모두가 이용 가능한 물을 심각하게 감소시키고 있다는 현실과 마주할 수 밖에 없다.

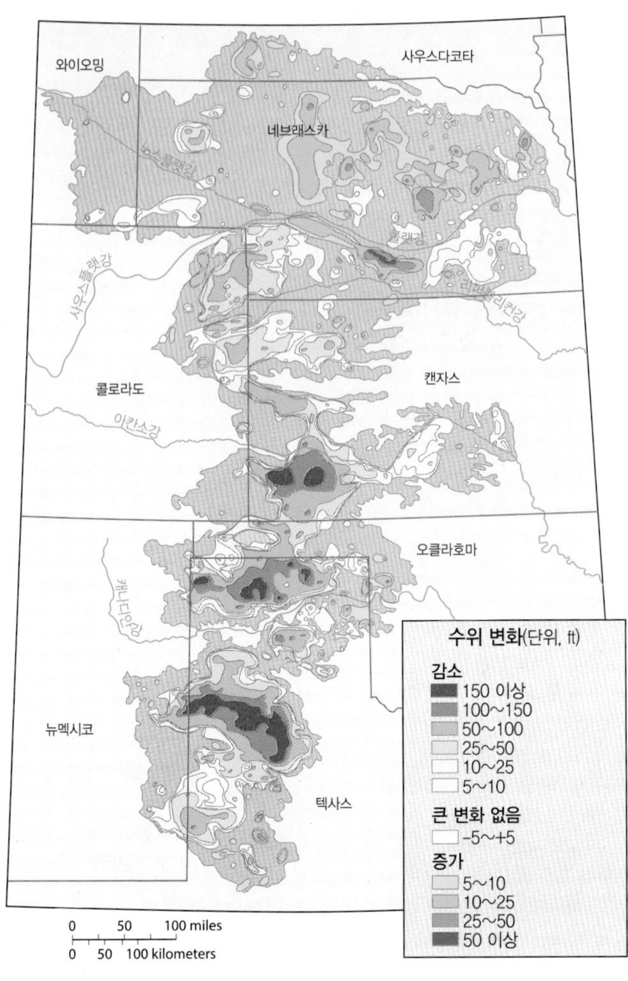

▲ 그림 9-32 20세기 초부터 2013년까지 오갈라라 대수층의 지하수면 변화. 지하수면 깊이의 증가는 지표수를 이용한 관개가 대대적으로 이루어진 지역에서 발생하였다.

지역에 따라 상황은 상당히 다르다. 네브래스카 샌드힐스는 가장 유리한 조건에 있다. 이곳의 대수층은 가장 깊고 과거 물 사용이 최소였으며 재충전 속도가 상대적으로 빠르다. 실제로 네브래스카 일부 지역에서 자연적인 재충전 속도가 빠르며 채굴 속도가 변한 지역에서는 지하수면이 상승(rising)하고 있다. 반대로, 캔자스 남서부의 13개 자치주는 지하수 채굴 속도가 재충전 속도의 20배가 넘어 명확하게 지속 불가능한 상황이다.

학습 체크 9-10 1930년대 이후 지하수 채굴이 오갈라라 대수층에 어떻게 영향을 미쳤는가?

◀ 그림 9-33 텍사스 북부 디미트 인근의 원형 관수 관개를 이용하는 농장

제 9 장 학습내용 평가

이 장을 학습했다면 다음 질문에 대한 답을 찾아보자. 이 장의 학습내용에 대한 주요 용어는 진한 글씨로 표시되어 있다. 이 용어의 정의는 이 책 뒷부분에 제공된 별도의 용어해설에 나와 있다.

주요 용어와 개념

수문 순환

1. 세계 담수의 대부분은 어디에 위치하는가?
2. **수문 순환**에서 증발의 역할에 대해 설명하라.
3. 증산과 증발은 어떠한 관계를 지니고 있는가?
4. 수문 순환에서 이류와 **유출**의 역할을 설명하라.

해양

5. 태평양은 다른 해양과 많은 차이가 있는가? 설명하라.
6. 왜 **염도**는 세계 해양의 다른 부분에서 다양하게 나타나는가?
7. 왜 해양은 약간씩 산성화되고 있는가?

해양수의 이동

8. 왜 대부분의 해양 지역은 매일 두 번씩 만조와 간조를 겪는가?
9. **조차**는 무엇을 의미하는가?
10. **밀물**과 **썰물**을 구별하라.
11. **사리**와 **조금**을 서술하고 설명하라.
12. **해소**는 무엇인가?
13. **열염분 순환**은 무엇인가?
14. **전 지구적 컨베이어 벨트 순환**을 설명하라.

영구빙—빙권

15. 빙권의 얼음이 가장 많이 위치한 지역은 어디인가?
16. **군빙**, **빙붕**, **부빙**, **빙산** 등을 구별하라.
17. 왜 모든 해빙은 담수로 이루어져 있는가?
18. **영구동토**의 특징과 전 지구적 분포에 대해 서술하라.

지표수

19. **호수**, **습지**, **늪**, **소택지** 사이를 구별하라.

지하수

20. **공극률**과 **투수성**의 차이는 무엇인가?
21. **대수층**과 **난투수층**을 비교하라.
22. **지하수**, **통기대**, **포화대** 등을 간단하게 정의하라.
23. **지하수면**의 개념을 설명하라.
24. **수위강하원추**의 원인에 대해 서술하고 설명하라.
25. 어떠한 환경하에서 **피압 대수층**이 발달할 수 있는가?
26. **피압 지하수면**은 무엇인가?
27. **자분정**과 아자분정을 구분하라.

학습내용 질문

1. 수문 순환 중 어떤 부분에서 물이 매우 짧은 시간 동안 머무는가? 매우 긴 시간 동안은 어디에 머무는가? 그 이유는 무엇인가?
2. "얼마나 많은 해양이 존재하는가?" 이 질문이 왜 대답하기 어려운가?
3. 해수의 산성도 증가가 탄산염 골격을 가진 산호 및 해양 생물에 어떻게 영향을 미치는가?
4. 영구동토의 융해에 따른 문제 중 일부는 무엇인가?
5. 아랄해가 최근에 어떻게 그리고 왜 변화되었는지 설명하라.
6. 대부분의 호수가 왜 경관에서 '일시적'인 지형으로 생각되는가?
7. 일부 대수층에서 나온 물이 왜 화석수로 여겨지는가?
8. 1930년대 이후 지하수 채굴이 오갈라라 대수층에 어떻게 영향을 미쳤는가?

연습 문제

1. 물위에 떠 있는 빙산의 표면적이 $150m^2$이고 높이는 10m일 때, 수면 위로 노출된 부분과 물속에 있는 부분 모두를 포함한 얼음의 총 부피는 얼마인가? ________ m^3
2. 대수층의 자연적인 충전 속도가 1년에 1cm이지만 지하수 채굴 속도는 1년에 10cm일 때, 10년 뒤 지하수면은 얼마나 떨어지는가? ________ cm
3. 자연적인 충전 속도가 1년에 0.5cm라 가정했을 때, 지하수 채굴로 지하수면이 40cm 낮아진다면 몇 년 동안 화석수를 채취할 수 있는가? ________ 년

환경 분석 해양 염도

데이터
해양 염도

http://goo.gl/3zSdir

염도는 해양에서 공간적으로 그리고 수심에 따라서도 달라진다. 담수와의 혼합, 해류 및 온도와 같이 특정 장소에서 염도를 결정하는 요소는 다양하다.

활동

NOAA Data Exploration Tool인 www.nnvl.noaa.gov/view에 접속해(Video Tour를 볼 수 있다), "Add Data"를 클릭하고 "Ocean"을 선택한 다음 "Chemistry"와 "Salinity"를 선택하라. 이후 "0 Meters"와 "Monthly" 자료를 선택하라.

1. 염도가 일반적으로 높은 위도와 낮은 위도는 어디인가?
2. 남극에서 북극까지 위도에 따른 평균 염도를 보여 주는 그래프를 그린다면, 이 그래프는 알파벳 중 어떤 글자를 닮았는가?
3. 절대적으로 가장 높은 염도를 보이는 지역은 어디인가?
4. 첫 장 또는 그림 9-26 내부의 지도를 참조하라. 하천이 해양으로 유입하는 지역의 염도는 높은가, 낮은가? 미시시피강과 아마존강이 좋은 사례이다.

깊이에 따른 염도를 알아보는 페이지로 되돌아가기 위해 "Back"을 누른 후, "Yearly" 자료를 보라.

5. 깊이에 따라 염도가 어떻게 변하는가?
6. 깊이 5,000m의 자료는 왜 적은가?

0m에서의 월별 염도로 되돌아가라. 다른 창에서 "Ocean"을 선택한 후 "Temperature"를 선택하고 다시 "At the Surface"를 선택한 다음 "Monthly" 자료를 선택하라.

7. 미국의 동부 해안을 올라가는 해류는 난류인가 한류인가?
8. 미국의 서부 해안을 내려오는 해류는 난류인가 한류인가?
9. 온도와 염도 지도를 비교해 보라. 적도에서 멀어질수록 온도와 염분은 어떤 관련성을 보이는가?

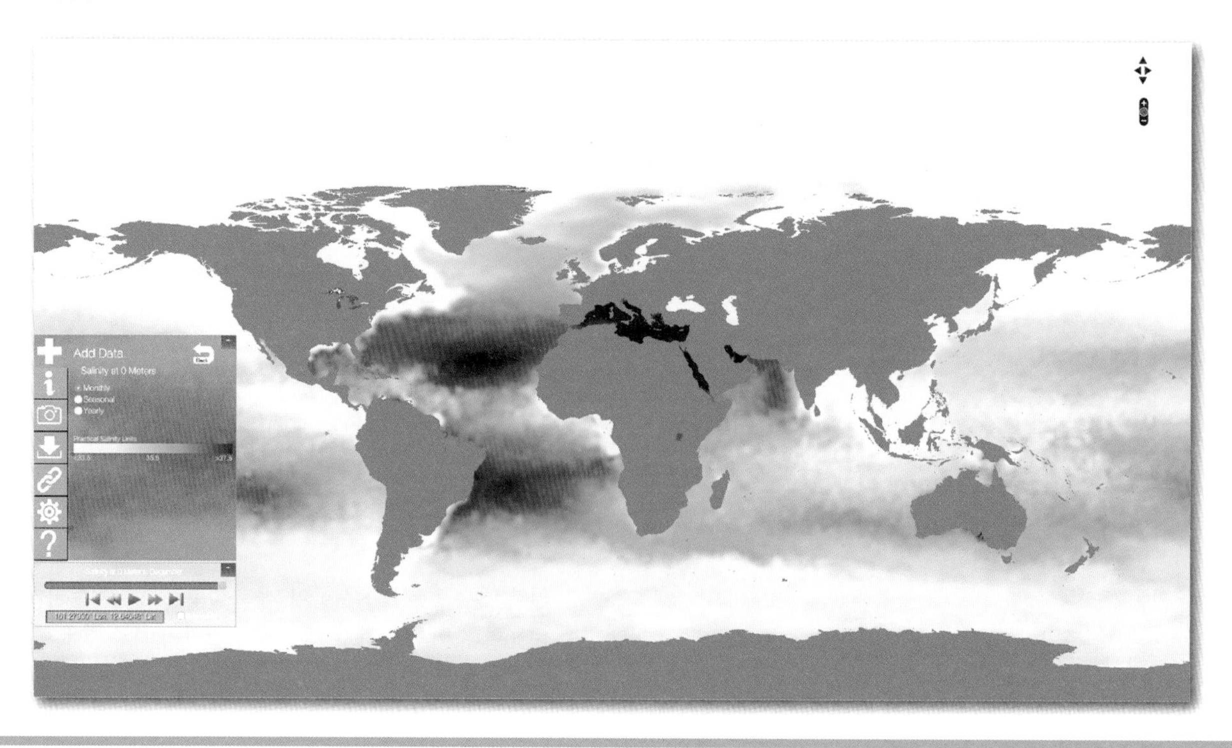

지리적으로 바라보기

이 장의 맨 처음에 실린 이과수 폭포 사진을 다시 보자. 수문 순환 중 어떠한 측면을 이 사진에서 볼 수 있는가? 어떤 해양이 이 강에 물을 공급해 주는 강수에 수분을 제공해 주는가? 이 지역의 위치(북위 26°, 서경 54°)에 기반했을 때, 이 강에 있는 수분의 대부분을 공급하는 해양은 어디인가?

10

지리적으로 바라보기

나이 많은 나무로 이루어진 온대림은 워싱턴주의 올림픽 국립 산림이다. 이 사진에서 볼 수 있는 식물의 종류와 전체적인 번성함을 묘사해 보자. 이 임상(林床)을 가능하게 하는 햇빛과 습기의 상대적 양을 암시하는 것은 무엇이라고 볼 수 있는가?

생물권의 순환과 패턴

다른 식물과 동물이 왜 다른 지역에 살고 있는지 궁금했던 적이 있는가? 대답은 간단하다. 각 종은 서로 다른 환경에 적응했다. 모든 식물과 동물은 살 수 있는 곳을 제한하는 온도, 습도, 지형, 계절 및 기타 요소의 범위를 가지고 있다. 그러나 실제로 그렇게 단순하지는 않다. 이러한 관계는 두 가지 방식으로 작용한다. 한 지역의 물리적 환경은 그곳에서의 삶에 영향을 미치지만 그 지역의 동식물은 물리적 환경 자체에 영향을 미친다. 이 장에서 우리는 생물권의 이러한 상호 관계에 대해 살펴볼 것이다.

지구 환경을 구성하는 네 가지 주요 요소 중에 생물권은 설명하기가 가장 어렵다. 대기권은 지구를 감싸는 공기, 암석권은 지각과 맨틀의 최상층, 수권은 다양한 형태의 물로 구성되어 있다. 이 3개의 권역은 각각 별개의 영역이며 구별하기 쉽다. 생물권은 이 3개의 권역 전체에 영향을 끼친다. 생물권은 지구상에 살고 있는 다양하고 엄청난 수의 생물들로 이루어져 있다. 가시적인 큰 예로 보면 동식물이 있으며, 아주 작은 예로는 세균과 진균류 등이 있다.[1] 대부분의 생물들은 대기권과 암석권에 존재하지만, 수권 혹은 암석권에만 살고 있는 생물과 이 3개의 권들 모두를 자유롭게 이동하며 살아가는 생물도 있다.

생물권에 대해 공부할 때 이전 장에서 논의한 지구 시스템과 프로세스에 대한 연결을 찾아보자. 예를 들어 지구의 태양 복사 수지(제4장)와 수문학적 순환(제6장과 9장)과 이 장에서 제시하는 '생물화학 순환'과의 밀접한 관계를 고려해 보자. 특히 우리는 제8장에서 논의한 유기체의 분포 패턴과 기후의 분포 사이의 관계를 주목해야 한다.

이 장의 내용을 배우면서 생각해야 할 주요 질문은 다음과 같다.

- **생물지리학이란 무엇인가?**
- **생물권 및 다른 환경 영역을 통해 물, 탄소, 산소 및 질소가 어떻게 이동하는가?**
- **먹이사슬 또는 먹이 피라미드는 무엇인가?**
- **식물과 동물의 분포 패턴에 영향을 미치는 요인은 무엇인가?**

---

1 오늘날 대부분의 생물학자들이 식물계(Plantae), 동물계(Animalia), 고세균계(Archaea), 진정세균(Eubacteria), 원생생물계(Protista), 균계(Fungi)의 살아있는 유기체의 6계(kingdom)를 인정한다. "부록 VI"을 참조하라.

(a) 온전한 고유 식생

(b) 작물에 의한 이동

▲그림 10-1 (a) 서부 버지니아의 블랙워터캐니언(Blackwater Canyon) 근처에 있는 이 숲과 같이, 지구의 많은 부분은 여전히 원시 식물로 덮여 있으며, 이는 인간의 영향이 거의 또는 전혀 미치지 않았다는 증거이다. (b) 스웨덴의 토스테루프(Tosterup) 근처의 지역에는 자연 그대로의 작은 습지가 남아 있지만, 자연 식물의 대부분은 작물에 의하여 이동되었다.

동식물이 경관에 미치는 영향

수천 년 전, 지구상에 인간이 드물었을 때 식물은 너무 건조하거나 춥지 않은 지역이라면 어느 곳에서나 잘 자랐다. 오늘날 고유 식물(native plant)들은 인구가 희박한 지역에서 여전히 널리 퍼져 서식하고 있다(그림 10-1a). 그러나 인구가 많은 지역에서의 자연 식생들은 작물, 잡초 및 관상용 식물의 도입으로 사라지거나 변화되고 있다(그림 10-1b). 이와 비슷한 방법으로 동물의 분포도 인간 활동에 의하여 변화되어 왔다. 동식물들은 그들이 단지 풍경 속에 존재하는 것 이상으로 매우 중요하다. 그들은 토양, 지형, 물과 같은 다른 경관 요소들의 발전과 진화에 중요한 영향을 미칠 수 있다.

생물 연구의 지리학적 접근

하나의 생물체는 생물학적으로 아무리 단순하여도 대단히 복잡한 존재이다. 생물체는 각 환경마다 살아가는 방식이 모두 다르지만, 가장 중요한 점은 생물체는 살아 있으며 생존은 극히 복잡한 삶의 과정에 달려 있다는 점이다. 지구상의 모든 다른 특징들과 마찬가지로 모든 생명체를 완벽하게 이해한다면 유용한 일이겠지만, 지리학자는 전체를 완벽하게 이해하기보다는 어떤 특정한 면에 초점을 맞춰야 한다.

생물지리학

앞에서 보았듯이, 지리적 관점이라는 것은 우리가 동식물 또는 그 밖의 어떤 것을 다루든지 간에 넓은 이해를 바탕으로 한다. 각각의 생물을 무시하는 것이 아닌, 오히려 원리와 경향성을 추구하고 종합적인 의미를 찾는 것이다. 지리학자는 어디에서나 분포와 관련성에 관심을 갖는다. 지리학의 중요한 특징은 광범위한 시각으로 현상을 연구하는 통합적인 학문분야라는 점이다. 즉, **생물지리학**(biogeography)이란 생명체의 분포 패턴과 시간에 따른 분포 패턴의 변화를 연구하는 것이다. 생물지리학은 '생물학적'(살아 있는) 지구체계에 초점을 맞추지만, '비생물학적'(살아 있지 않은) 체계가 생물권과 잘 어울리는 방식에 대한 이해를 수반한다.

생물다양성 : 지리학은 생물다양성의 패턴 중에서 가장 중요한 요소 중 하나인 생물권의 패턴을 찾아 설명한다. **생물다양성**(biodiversity)이란 한 장소에 존재하는 여러 종류의 생물체 수를 의미하며, '생물다양성이 높은' 지역에는 많은 종류의 생물이 존재한다. 한 곳에서의 '생물다양성 감소'는 종종 자연 환경의 전반적인 상황이 악화되고 있음을 나타낸다.

식물상과 동물상 : 지구상에는 약 150만 종의 식물과 동물이 있으며, 대부분의 과학자들은 실제로 이보다 훨씬 많다고 생각한다. **생물군**(biota)이란 동식물 전체의 집합을 의미한다. 기본적으로 생물군은 **식물군**(flora)과 **동물군**(fauna)으로 나눈다. 이 책에

서는 생물군을 해양생물군과 육상생물군으로 나눈다.

해양에 서식하는 생물들은 대개 플랑크톤(plankton, 부유 동식물), 유영동물(nekton, 수중을 자유롭게 헤엄치는 물고기나 해양동물)과 저서생물(benthos, 바다 밑바닥에 서식하는 동식물) 세 가지로 나눠진다. 이들 해양생물의 형태는 매혹적이며 지표면의 70%가 바다임에도 불구하고, 이 책에서는 시간과 공간의 제한 때문에 해양생물군에 대해선 많이 다루지 않는다. 생물군 학습에는 육상생물군에 1차적인 초점이 맞춰져 있다.

학습 체크 10-1 생물다양성이란 무엇인가?

이와 같이 압도적으로 다양한 유기체들의 분포와 관계를 어떠한 의미 있는 방식으로 공부해야 하는가?

의미 있는 분류 방법 찾기

지리학자는 어떤 현상을 연구할 때 개별적인 것들을 의미 있는 형태로 그룹화한다. 경우에 따라 지리학자들은 다른 분야에서 사용되고 있는 분류 방법을 차용하기도 한다. 그러나 때로는 이러한 방법이 지리학적 연구에 이상적이지는 않다.

이명식 분류법 : 생물학적 분류에서 가장 널리 사용되는 체계는 이명법(binomial 또는 two-name 또는 'scientific-name')으로, 이 분류법은 18세기 스웨덴 식물학자 Carolus Linnaeus가 창시한 방법이다. 첫 번째 용어는 속(genus)명을 뜻하며 밀접하게 관련된 유기체 그룹을 구분한다. 두 번째 용어는 종(species)명으로 다른 그룹과 유전적으로 구별되는 생물군을 의미한다. 예를 들어, 'Ursus americanus'는 미국흑곰의 학명이고, 'Ursus arctos'는 미국흑곰과 관련은 있지만 다른 종(species)의 생물인 회색곰이다.

이명법은 주로 생물의 형태(구조와 형상)에 초점을 맞췄으며, 구조의 유사성을 기초로 하여 그룹 지어졌다(부록 VI 참조). Linnaean의 분류 체계는 지리학자들에 의해 널리 사용되고 있다. 하지만 우리는 생물의 분포 패턴과 그들의 선호 서식 환경에도 관심이 있기 때문에 다른 생물 분류 방법도 사용해야 한다.

서식지와 생태지위 : 지리학자들은 특히 한 장소에서 여러 유기체들의 관계와 유기체와 주변 환경들의 관계에 관심이 있다(그림 10-2). 각각의 종들은 그들이 살기에 적합한 환경을 갖는 특징적인 서식지(habitat)가 있다. 예를 들어, 대부분의 딱따구리들은 숲이나 삼림지대라는 서식지에 살고 있다. 또한 각각의 종마다 그 서식지에서의 특정 역할 또는 기능인 고유한 생태지위(niches)가 있다. 예를 들어, 딱따구리는 천공충(wood-boring insect)을 잡아먹음으로써 곤충 개체 수 조절에 도움을 준다. 어떤 서식지든지 자신만의 고유한 지위를 지닌 다양한 종들을 포함할 수 있다. 만약 상이한 두 종이 하나의 서식지 안에서 정확히 동일한 생태지위를 가지고 있다면(예컨대, 먹이가 같거나 동일한 공간에서 살아가려는 두 개체군), 시간 흐름에 따라 이 중 하나의 종이 생존

▲그림 10-2 북부 아르헨티나 안데스산맥의 동쪽에 위치한 융가스 열대 우림 서식지에서 곤충을 수집 중인 연구원들

경쟁에서 앞서게 될 것이다.

생태계와 생물체 : 생태계(ecosystem)라는 용어는 한 지역 내의 모든 생물체와 환경과의 즉각적인 상호작용을 기술하는 데 사용된다. 지구적 규모에서 생물지리학자들은 환경과 기능적 관계에 있는 식물과 동물의 커다란 인식 가능한 집단인 바이옴으로 알려진 식물과 동물의 광범위한 그룹을 인정한다.

생태계와 생물군은 제11장에서 훨씬 더 자세하게 연구된다. 여기서는 생물권에서의 기본적인 순환과 관계를 기술하는 것으로 토론의 단계를 설정했다. 이제 생물권에서 가장 넓은 패턴과 주기 생지화학적 순환에 대해 보자.

생지화학적 순환

생체 그물망(web of life)은 다양한 생태계에 공존하는 매우 다양한 유기체들로 구성되어 있으며, 유기체는 에너지, 물 및 영양분의 흐름에 의해 유지된다. 이 흐름은 지구의 각 지역과 계절마다 다르며, 여러 가지 주변 환경에 따라서도 다르다.

일반적으로 지구의 대기권과 수권은 지난 10억 년 전부터 현재와 거의 비슷한 화학성분으로 구성되어 왔다. 이러한 불변성은 전 지구적으로 다양한 화학원소들이 식물과 동물의 조직을 통한 순환 과정에 의하여 유지되어 왔음을 의미한다. 이러한 화학원소들은 생명체에 의해 흡수되었다가 분해되어 대기, 물, 토양으로 돌아간다. 이를 통틀어 **생지화학적 순환**(biogeochemical cycle)이

라고 한다.

생물권이 제대로 작동하려면 화학물질이 이러한 생지화학적 순환을 통해 지속적으로 재생되어야 한다. 다시 말해, 한 유기체가 물질을 사용하고 나면 그 물질은 약간의 에너지를 소비하면서 재사용 가능한 형태로 변환되어야 한다. 일부 구성 요소의 경우, 변환이 10년 이내에 수행될 수도 있으며, 다른 요소들의 경우에는 수억 년이 걸릴 수도 있다. 그러나 최근 몇 년 동안 인간의 활동과 지구 자원의 소비 속도 가속화는 많은 사이클을 혼란시키거나 해롭게 한다.

생지화학적 순환은 다음 절에서 다루겠지만, 대다수의 순환이 서로 밀접하게 관련되어 있음을 알게 될 것이다. 먼저 가장 기본적인 생물권의 에너지 순환 흐름부터 시작한다.

에너지의 흐름

태양은 근본적인 에너지의 원천이며 궁극적으로 거의 모든 생물체가 의존한다(잘 알려져 있듯이 해저에서 열수 작용에 의해 발생하는 지화학적 에너지를 사용하는 생물체는 예외이다). 태양 에너지는 엽록소를 함유하고 있는 식물과 박테리아에 의해 만들어진 유기물 생산 작용, 즉 **광합성**을 통하여 생물권의 생명 활동을 촉진시킨다.

지구에 도달하는 태양 에너지 중 오직 0.1%만이 광합성에 의해 고정된다. 이 중 절반이 넘는 에너지는 식물의 **호흡 작용**(respiration)에 바로 이용되고 나머지는 일시 저장된다. 그리고 남은 에너지는 **먹이사슬**로 들어간다.

광합성과 호흡 작용 : 생물권은 지구에 도달하는 소량의 태양 에너지를 일시적으로 받는 수용체이다. 이 에너지는 녹색식물들의 **광합성**(photosynthesis) 작용에 의해 '고정'된다(안정적이고 유용하게 만듦)(그림 10-3). 광합성의 핵심 요소는 잎의 세포 내에 있는 **엽록체**에서 발견되는 **엽록소**로 알려진 빛에 민감한 색소세포이

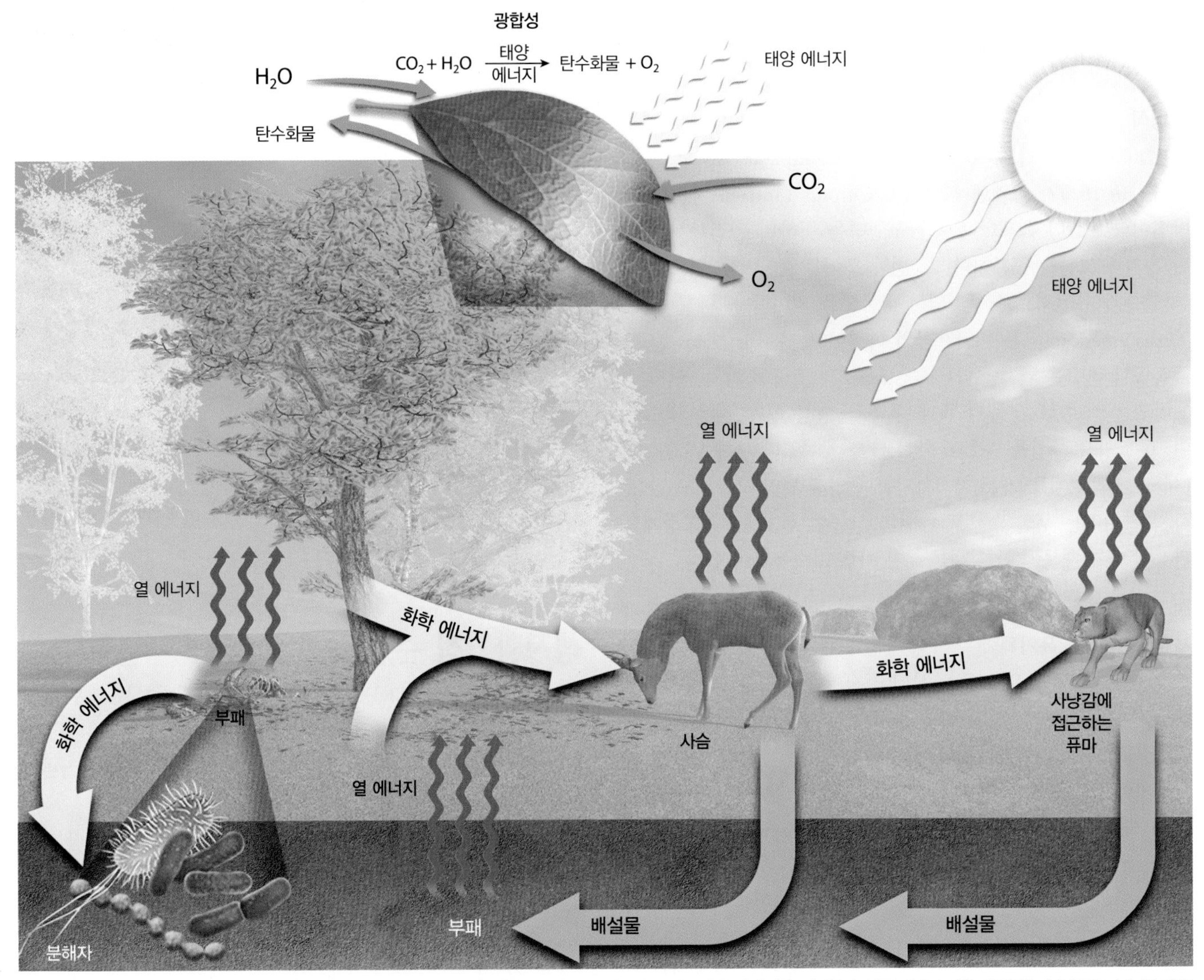

▲그림 10-3 육상생물군의 에너지 흐름. 식물은 광합성에서 태양 에너지를 사용하여 제조하는 당분자에 에너지를 저장한다. 방목되거나 풀을 뜯어먹는 동물들은 식물을 먹을 때 그 에너지를 얻는다. 다른 동물은 이 풀을 먹은 동물들을 먹고 식물의 일부 에너지를 얻는다. 동물의 배설물, 동물의 사체 그리고 죽은 식물은 에너지를 토양으로 되돌린다. 배설물과 죽은 물질들은 부패하면서 열의 형태로 에너지를 방출한다. 화살표는 에너지의 흐름을 나타내지만, 흐름을 따라 이동하는 에너지의 상대적인 양을 반영하지는 않는다.

다. 엽록소는 가시광선의 특정 파장을 흡수하고 초록빛을 반사시킨다(그래서 잎은 초록색으로 보인다).

비디오 MG
식물에 의한 지구 탄소 흡수

http://goo.gl/hDHbF

빛과 엽록소가 있는 곳에서 광화학 반응은 대기 중의 이산화탄소(CO_2)를 취해서 물(H_2O)과 결합하여 포도당으로 알려진 에너지가 풍부한 **탄수화물** 합성물을 형성하면서 한편으로 산소분자를 배출한다. 이 과정에서 빛으로부터 얻은 에너지는 당 속에서 화학에너지로 저장된다. 광합성의 간단한 화학식은 다음과 같다.

$$CO_2 + H_2O \xrightarrow{\text{빛}} \text{탄수화물} + O_2$$

한편 식물은 단당을 이용하여 녹말과 같은 좀 더 복잡한 탄수화물을 만든다. 탄수화물로 저장된 화학 에너지는 생물권에서 먼저 두 가지 방법으로 이용된다. 첫째, 저장된 일부 에너지는 동물이 광합성을 하는 식물이나 이것을 먹는 초식동물을 잡아먹음으로써 생물권에 순환된다. 둘째, 탄수화물로 저장된 나머지는 **식물 호흡 작용**(plant respiration)에 의해 바로 이용된다. 탄수화물에 저장된 에너지는 '산화되어(oxidized)' 물과 이산화탄소와 열에너지를 발산한다. 식물 호흡 작용에 관한 간단한 화학식은 다음과 같다.

$$\text{탄수화물} + O_2 \rightarrow CO_2 + H_2O + \text{에너지(열)}$$

학습 체크 10-2 광합성이 생물권의 존재에 아주 중요한 이유는 무엇인가?

순 1차 생산량 : 식물의 성장은 탄수화물의 잉여 생산에 달려 있다. 순 광합성은 광합성으로 인해 생성된 탄수화물의 양과 식물 호흡 작용에 이용된 탄수화물 양의 차이이다. 생태계 전반에 관하여 논의할 때 **순 1차 생산량**(Net primary productivity)은 결과적으로 식물 군락에 저장된 화학에너지(또는 광합성을 통하여 '고정된' 탄소)를 측정하는 것이며, 수분을 완전히 제거한 군락의 유기물 혹은 **생체량**(biomass)의 무게를 반영한다.

연간 순 1차 생산량(annual net primary productivity)은 1년간의 식물 군락에서의 순 광합성을 나타낸다. 보통 단위 면적당 고정된 탄소의 양을 측정한다(연간 $1m^2$당 g). 매달 혹은 계절 간 생산성의 변화도 순 광합성을 측정하여 알 수 있다.

순 1차 생산량은 지구의 환경마다 각각 매우 다르다. 강수량과 일조량이 높아 식물이 자라기 좋은 열대 지방이 대체로 가장 높고, 극지방과 같이 매우 건조하고 추운 환경(그림 10-4)으로 갈수록 감소한다. 바다에서의 생산성은 바닷속 영양소에 크게 영향을 받는다(그림 10-5). 예를 들어 중위도에 위치한 대륙의 서쪽 해안가에서는 차가운 물이 용승하여 영양소가 풍부하므로 순 1차 생산량이 높다(용승은 제4장에서 다룬다).

식물의 세포 조직에 있는 탄수화물은 차례대로 동물들에게 먹히거나 미생물에 의해 분해된다. 초식동물은 호흡 작용으로 탄수화물을 다시 이산화탄소로 변환시켜 공기 중으로 내뿜는다(**동물 호흡**). 나머지는 동물이 죽은 후 미생물들에 의해 분해된다. 미생물의 호흡작용에 의해 분해되는 탄수화물은 결국 산화되어 이산화탄소로 대기 중으로 되돌려진다(**토양 호흡**).

광합성은 태양 에너지를 포착하고 저장하기 때문에, 우리는 이 에너지 저장소를 여러 가지 방법으로 활용할 수 있다. 예를 들어, 요리나 난방을 위해 나무를 태우는 것이 다른 종류의 **바이오연료**를 사용하는 것처럼 이 저장된 태양 에너지를 이용하는 것이다. 이는 "21세기의 에너지 : 바이오연료"를 참조하라.

수문의 순환

생물군에서 가장 풍부한 물질은 바로 물이다. 제9장에서 배웠듯

애니메이션 MG
중위도 해양의 생물학적 생산성
http://goo.gl/ZSXufh

애니메이션 MG
순 1차 생산량
http://goo.gl/iZSqq

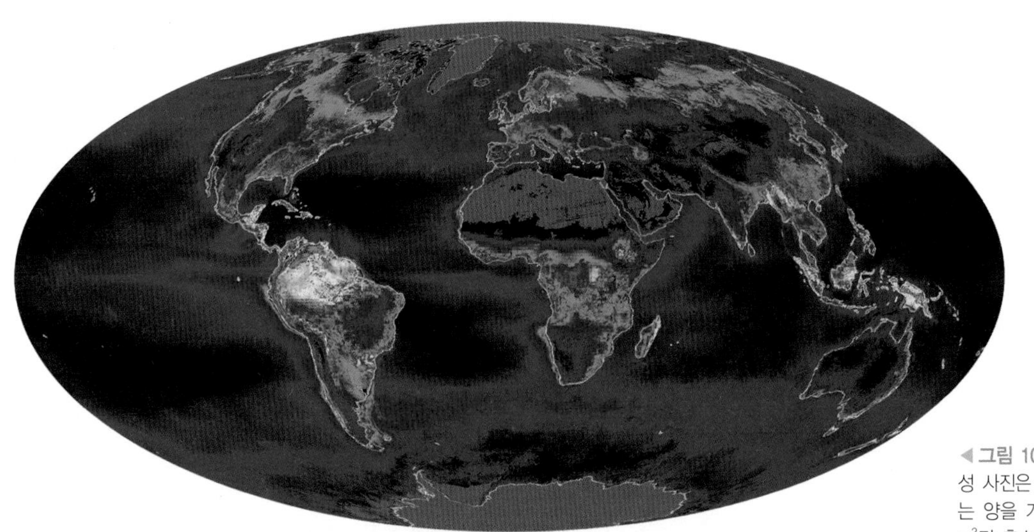

순 1차 생산량(kgC/m^2/year)
0 1 2 3

◀ **그림 10-4** 연간 순 1차 생산량. 이 합성된 위성 사진은 식물이 공기 중의 이산화탄소를 흡수하는 양을 기초로 순 1차 생산량을 보여 준다(연간 m^2당 흡수된 탄소의 질량). 특히, 세계의 열대 우림 지역은 가장 높은 연평균 생산량을 가진 곳(노란 곳과 빨간 곳)이다.

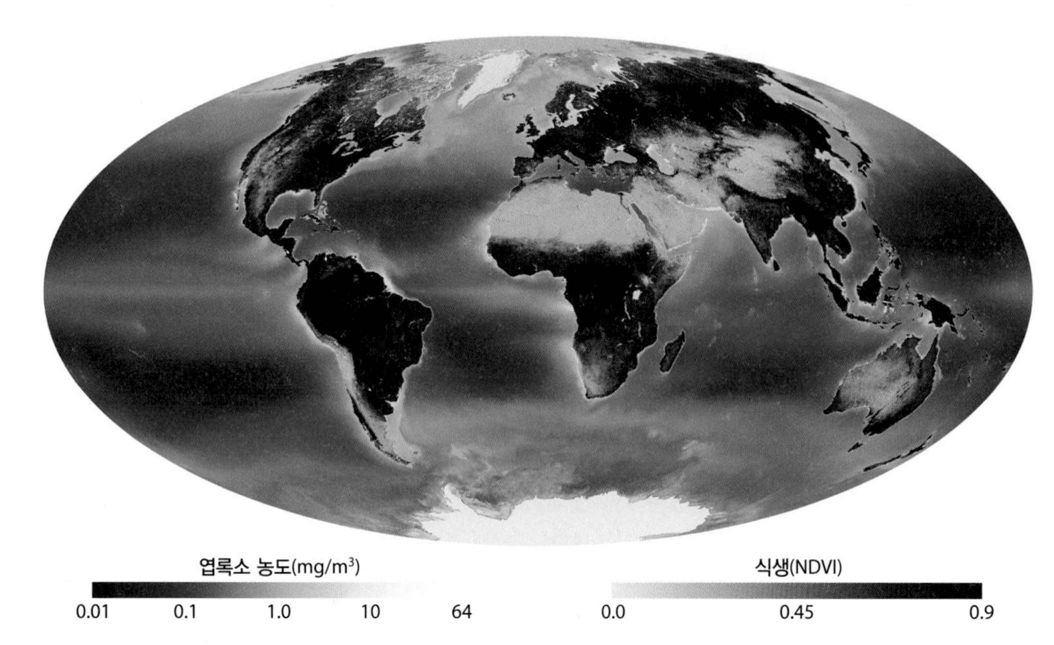

◀ **그림 10-5** 1998~2010년 동안 해양 표면의 평균 엽록소 농도와 정규화된 차분 식물 지수(NDVI, 육지의 평균 초목 밀도). 해양의 엽록소 농도는 순 1차 생산량을 반영한다. 엽록소는 일반적으로 식물 플랑크톤이 가장 풍부한 남극이나 북극처럼 차갑고 생산적인 바다 그리고 영양소를 바다 표면에 가져다주는 용승하는 바닷물이 많은 해안선을 따라 다수 존재한다. 대륙붕에서 점점 멀어져 가는 바다 한가운데는 일반적으로 생산성이 낮다. 이 자료는 NOAA 위성과 SeaWiFS 위성에서 수집되었다.

이, 물이 한 영역에서 다른 영역으로 이동하는 것을 일컬어 **수문 순환**(hydrologic cycle)이라 한다(그림 9-2 참조). 물은 수문학적 순환의 일부로서 생물권에서는 다음 두 가지 방법으로 발생한다. (1) 수소가 화학적으로 결합되어 있는 동식물의 세포 조직 내에서, (2) 증산-호흡의 과정(환경과 유기체 사이에서 물이 왔다 갔다 하는 호흡 경로)에서이다.

모든 생명체는 생명 현상을 유지하기 위해 물이 필요하다. 물은 영양소를 용해시켜 생물체의 모든 부분으로 보낸다. 물속에서 일어나는 화학 반응을 통해서 생물체는 영양소를 에너지, 성장 혹은 자신을 치료하기 위한 물질로 변환한다. 또 생물체는 물을 이용하여 노폐물을 배출한다.

대부분의 유기체는 다른 어떤 것보다도 많은 양의 물을 포함하고 있다(표 10-1). 모든 생물체는 좁은 범위 내에서 수분 공급을 유지하는 것에 의존한다. 예를 들어 인간은 2개월 이상은 음식 없이도 생존할 수 있지만 물이 없이는 약 일주일 동안도 살 수 없다.

탄소 순환

탄소는 모든 생명체의 기본이 되는 원소 중 하나이며 모든 생물의 일부분이다. 생물군은 50만 가지가 넘는 복잡하게 섞인 탄소 혼합물을 포함하고 있다. 이 혼합물들은 끊임없이 만들어지고 변형되고 분해된다.

표 10-1 일부 동식물의 수분 함유량

생명체	체질량 중 수분의 비율(%)
인간	65
코끼리	70
지렁이	80
옥수수	70
토마토	95

탄소 순환(carbon cycle)의 중요한 역할은 이산화탄소를 탄소로 만들어 생명체로 보내고, 또다시 이산화탄소로 변환시키는 것이다(그림 10-6). 이 변환은 우리가 앞에서 배운 광합성 방정식과 같이, 광합성으로 대기 중의 이산화탄소가 탄수화물 합성물이 되면서(동화됨) 시작된다. 한편 식물과 토양의 호흡 작용은 탄소를 이산화탄소의 형태로 대기 중에 돌려보낸다. 이것이 전형적인 순환이지만, 보다 정교하게 얽힌 복잡한 순환이다. 탄소는 무기물의 공급원에서 생명체 내로 지속적으로 이동했다가 다시 돌아감을 반복한다. 바닷속에서도 비슷한 순환이 일어난다.

탄소 순환은 비교적 빠르게 일어나지만(몇 년~수 세기), 전체 탄소 중 지표면 주위에 있는 1% 미만의 탄소만이 탄소 순환에 포함될 수 있다고 여겨졌다. 지표 가까이에 분포하는 거대한 양의 탄소는 수백 년이 넘는 시간 동안 지질학적 퇴적물로 집적되었다. 석탄, 석유 및 탄산염 암석 등과 같은 퇴적물은 죽은 유기물이 바다 밑바닥에 축적되고 계속 묻혀 생성되었다. 이 축적된 탄소는 바위의 '풍화 현상'에 의해 차차 순환의 일원이 된다(제13장에서 논의됨).

최근 150년 동안 인간은 화석연료(석탄, 원유, 천연가스)를 캐내고 연소함으로써 수백 년 전 광합성으로 고정된 탄소의 상당한 양을 이산화탄소로 대기 중에 방출시켰다. 제8장에서도 논의했지만, 탄소가 이산화탄소로 변환되어 배출되는 속도는 빠르게 가속되어 광범위하게 생물군과 대기에 영향을 미치기 쉽다. 예를 들어 대기 중 이산화탄소 농도가 높아져 온실 효과가 동식물 전체의 일반적인 분포 패턴을 변화시킬 수도 있다.

학습 체크 10-3 이산화탄소 분자가 어떻게 장기간에 걸쳐 대기권에서 생물권으로 이동하고 암석권으로 되돌아가 대기로 되돌아갈 수 있는가?

바이오연료

▶ Rob Bailis, 스톡홀름 환경 단체

화석연료에 대한 지나친 의존은 대기 오염을 일으키고 기후 변화에 원인이 되며, 에너지 안보를 감소시켜 대체 에너지 자원을 뒷받침하는 정책을 강화하는 동기가 된다. 이러한 정책은 수송(transportation)을 위한 액체 바이오연료(liquid biofuel)의 개발을 장려한다. 바이오연료는 오염물질이 적고 에너지 안보를 향상시키는 것으로 여겨지는 생물학적 물질로 만들어진 연료이다. 2000~2012년 사이 전 세계 바이오연료 생산은 미국, 브라질, 유럽 및 기타 국가에서의 연료 혼합 권한들에 힘입어 500% 정도 성장하였다. 이러한 권한들은 자국의 농업을 지원하고, 이러한 정책에 대한 정치적 지지를 강화하였다.

그러나 생산이 증가함에 따라 부정적인 영향이 명백하게 나타났다. 예를 들어 바이오연료는 완전히 깨끗하지 않고 오염이 될 수 있으며, 옥수수와 콩과 같은 농작물에 대한 수요 증가는 국제 시장에 영향을 끼쳐 가격 인상 및 식품 불안정(food insecurity)의 원인이 될 수 있다. 또한 농부들은 미개발 지역으로 농작물 생산을 확장하여 산림 벌채와 같은 바람직하지 않은 토지 이용 변화를 야기할 수도 있다. 이와 같은 다양한 영향들은 심각한 우려를 불러일으키고 있다. 많은 나라에서 이러한 이슈들을 해결하기 위한 정책을 고안했지만, 그것이 얼마나 성공적이었는지에 대해서는 의견 차이가 있다.

바이오연료의 유형 : 에탄올과 바이오디젤은 바이오연료의 주된 두 가지 종류이다. 에탄올은 옥수수 또는 사탕수수와 같은 전분 또는 설탕을 기본으로 하는 작물에서 증류되며, 바이오디젤은 식물성 오일, 폐유 또는 동물성 지방으로 만든 일반적인 디젤의 대체품이다. 동일한 원료는 다른 공정을 통하여 '재생 가능 가스(RG)' 또는 '재생 가능한 디젤(RD)'을 만드는 데 사용된다.

온실가스 방출과 다른오염 : 화석연료는 수백만 년 동안 매장된 이산화탄소 (CO_2)를 방출한다. 이에 비해, 바이오연료는 최근 CO_2를 방출하고, 이와 함께 식물이 성장함에 따라 미래에 발생될 이산화탄소를 다시 흡수하여 전체 CO_2의 양을 고정시킨다. 따라서 바이오연료 작물이 지속적으로 수확되면 순 CO_2 배출량은 없다. 그러나 바이오연료는 수확, 연소, 재생 과정에 있어 순환에서는 순 CO_2를 방출하지 않지만, 바이오연료 생산의 다른 단계들에서 비료와 다른 투입물들을 필요로 하며, 이들은 온실가스(GHGs)나 다른 오염물질들을 방출한다. 대부분의 바이오연료는 그들이 대체하는 화석연료보다 더 적은 온실가스를 배출하지만, 다른 오염물질의 배출량을 높일 수 있다. 예를 들어, 작물에 적용된 비료는 호수와 강을 손상시킬 수 있는 질소를 방출한다.

바이오연료 생산이 토지 이용 변화로 이어진다면 바이오연료는 그들이 대체하는 화석연료보다 더 많은 온실가스를 배출할 수 있다(그림 10-A). 일부 정책은 인도네시아의 기름야자나무나 브라질의 콩과 같은 작물의 사용을 억제함으로써 토지 이용 변화의 위험을 최소화하도록 고안되었다. 그러나 세계 상품 시장은 서로 연결되어 있어 토지 이용 변화와 '직접' 관련이 없는 바이오연료 작물조차 토지 이용에 '간접적'으로 영향을 미칠 수 있다.

바이오연료와 식품 안보 : 주요 관심사는 UN이 안전하고 영양가 있는 충분한 식품에 대한 정기적인 접근으로 정의한 식량 안보이다. 2000년대 중반에 바이오 연료 소비가 증가하기 시작했을 때 관련 주식의 가격이 많이 상승했다. 연구자들은 바이오연료 정책이 이것에 기여했다고 생각하였고, 많은 사람들이 농작물을 연료로 사용하는 것에 의문을 제기하게 되었다. 이에 대응하여 일부 국가들은 바이오연료를 위한 식량 작물의 사용을 금지하고 대안을 개발하는 것을 장려한다. 그러나 대부분의 바이오연료는 여전히 옥수수, 사탕수수, 콩, 카놀라 또는 기름야자에서 추출된다.

▲그림 10-A 브라질 서부에 있는 혼도니아주 열대 우림의 대두 플랜테이션

그럼에도 불구하고 식량과 연료 사이에는 단순한 절충안이 없다. 많은 바이오 연료 작물은 여러 용도로 사용된다. 예를 들어, 미국에서는 옥수수로 에탄올을 정제할 때나 콩기름을 바이오디젤로 정제할 때 정제소에서 가축 사료로 사용되는 부산물도 생산한다(그림 10-B). 브라질에서는 정제소가 사탕수수를 설탕과 에탄올로 가공하는 동안 사탕수수 폐기물을 동시에 연소시켜 전기를 생산하여 현지 공익사업들에 판매한다.

향후 방향 : 지금까지 바이오연료는 많은 사람들이 희망하는 모든 범위의 이익을 제공하지 못하였으나, 대체 경로가 개발 중이다. 예를 들어, 에탄올은 잔디, 농작물 쓰레기, 나무(더 적은 에너지를 요구하고 더 적은 오염물질을 방출하며 옥수수 기반 에탄올보다 더 높은 산출량을 제공)와 같은 셀룰로오스계 물질로 만들어질 수 있다(하지만 현재 셀룰로오스 에탄올은 더 비싸다). 조류에서 나온 바이오연료는 식량/연료 충돌과 토지 이용 변화 위험이 적고 콩, 카놀라 또는 기름야자보다 효율적이다. 재생 가능한 가솔린과 디젤이 다른 경로로 주목받고 있으며, 많은 옵션이 있다. 오늘날 가장 인기 있는 경로는 이익과 위험을 수반한다.

질문

1. 많은 국가에서 연료 혼합 정책이 도입된 주된 이유는 무엇인가?
2. 바이오연료 생산 증가와 관련된 몇 가지 부정적인 영향은 무엇인가?

▲그림 10-B 위스콘신주의 에탄올 정제소

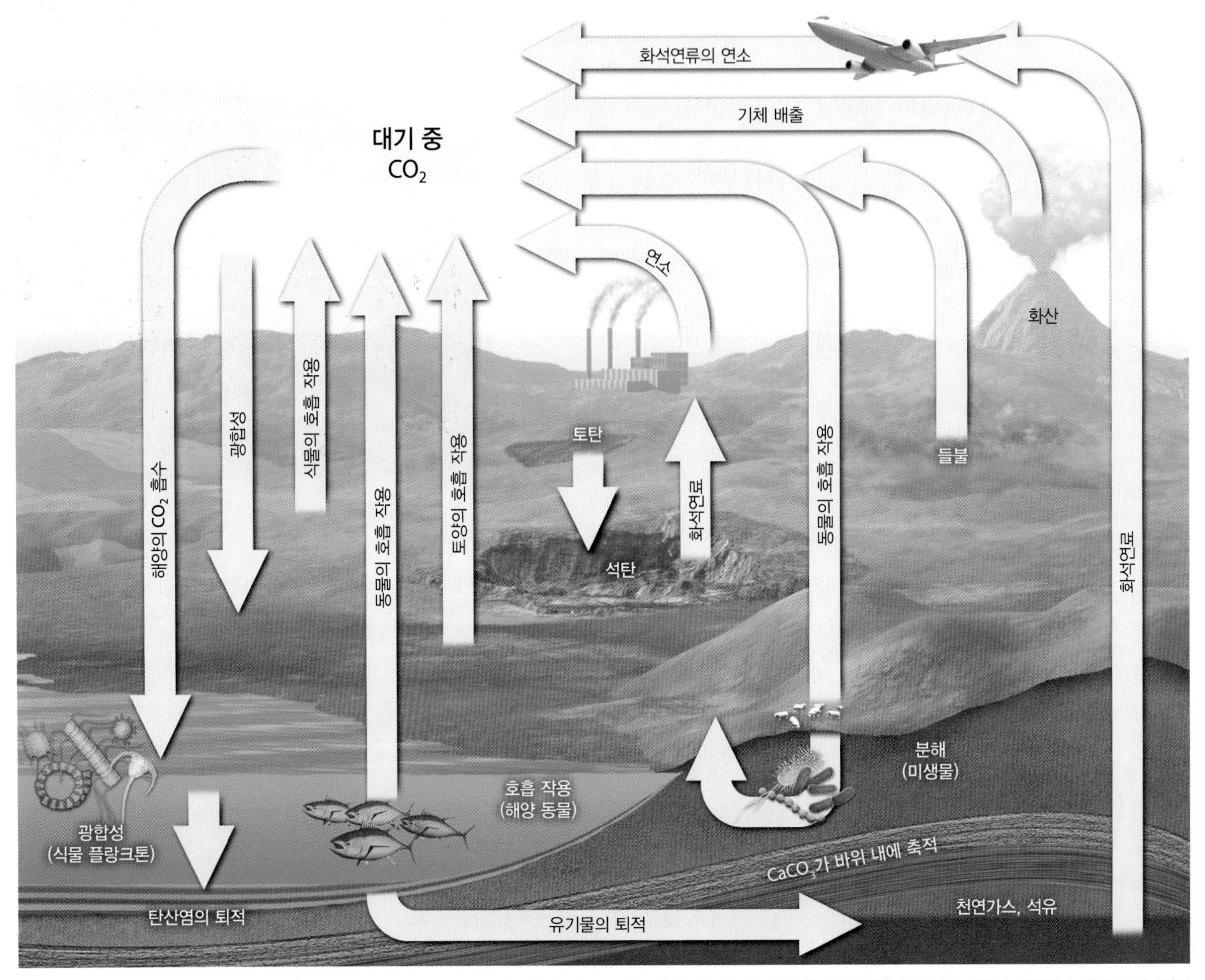

▲그림 10-6 탄소 순환. 식물은 대기 중 이산화탄소를 사용하여 탄소가 포함된 당분을 광합성을 통해 만든다. 일부 유기 화합물은 암석이나 석유에 저장된다. 시간이 지나면서 이러한 화합물들은 결국 이산화탄소로 전환되어 대기 중으로 돌아간다. 화살표는 흐름을 나타내지만 한 흐름을 따라 이동하는 탄소의 상대적 양을 반영하지는 않는다.

질소 순환

질소가스(N_2)는 분명 대기 속에서 매우 많지만(공기 중 78%는 질소가스이다), 오직 땅속에 살고 있는 질소 고정 박테리아와 같은 제한된 생명체만이 이 중요한 영양소를 이용할 수 있다. 생물권 내부와 외부에서의 질소 이동(질소의 형태가 유기체에 사용될 수 있는 상태에서 사용 불가능한 형태로)을 **질소 순환**(nitrogen cycle)이라고 한다.

대다수의 생명체에게 대기 중 질소는 **질산염**과 같은 질소 화합물로 변환된 후에 이용될 수 있다(그림 10-7). 이 변환 과정을 **질소 고정**(nitrogen fixation)이라고 한다. 일부 질소는 번개와 우주선(cosmic radiation)에 의해 대기에 고정되고 일부는 해양 생물에 의해 바다에 고정되어 있지만 이 과정에 해당하는 양은 미미한 정도이다. 땅속 미생물과 식물 뿌리에서의 탄소 고정이 지구 생물군이 사용하는 양 가운데 가장 많은 질소를 공급한다.

대기 중의 질소가 사용 가능한 질산염의 형태로 고정된 후에는 녹색식물에 저장되고 이 녹색식물 중 일부를 동물이 섭취한다. 그다음 그 동물은 소변으로 질소를 포함한 배설물을 배출한다. 죽은 동식물과 같이 이 배설물은 박테리아가 부식시키고, **아질산염** 혼합물은 또 다른 배설물로 배출된다. 다른 박테리아는 아질산염을 질산염으로 변환시켜 녹색식물이 다시 이용할 수 있게 만든다. 하지만 다른 박테리아는 약간의 질산염을 **탈질소 작용**(denitrification)을 통해 질소가스로 변환시키고 이 가스는 대기의 일부분이 된다. 이후 대기 중 질소는 비를 통해 대지에 운반되고 다시 한 번 대지, 식물 순환의 일부가 된다.

인간의 활동은 자연적인 질소 순환을 크게 바꾸었다. 질소 비료의 합성 제조와 광범위한 자주개자리, 토끼풀, 대두와 같은 질소 고정 농작물의 도입은 질소 고정과 탈질소 작용의 조화에 중대한 변화를 가져왔다. 단기간에 호수와 시냇물에 지나친 질소 혼합물

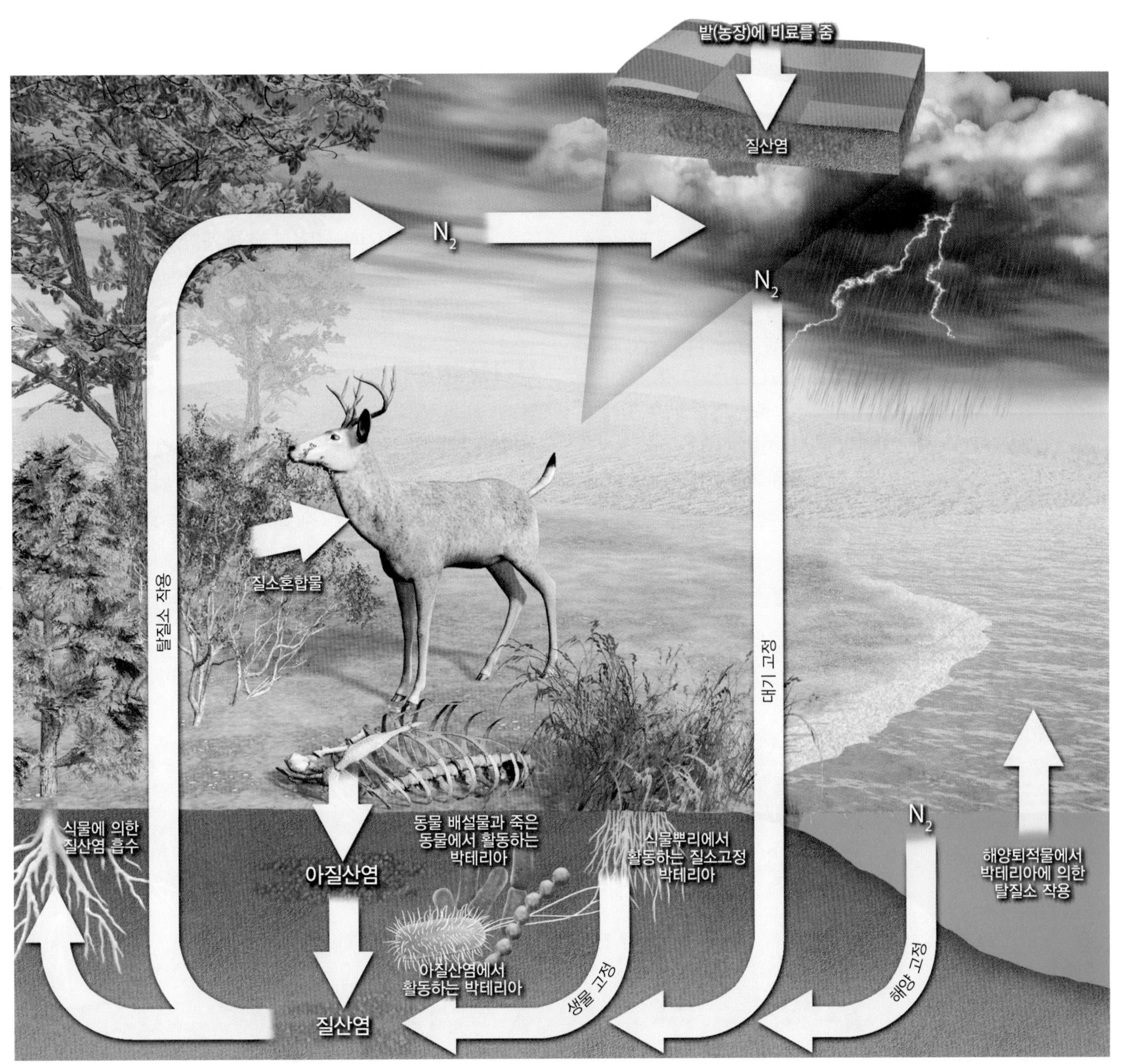

▲그림 10-7 질소 순환. 대기 중의 질소는 다양한 방법으로 질산염으로 고정되고, 이 질산염은 녹색식물에 의해 흡수되며, 이 식물 중 일부는 동물에게 먹힌다. 죽은 동식물의 물질과 배설물은 여러 가지 질소 혼합물을 포함하고 있고, 이 혼합물은 박테리아의 작용에 의해 아질산염이 생성된다. 그 후에 아질산염은 다른 박테리아에 의해 질산염으로 변환되고 따라서 순환은 지속된다. 하지만 다른 박테리아는 질산염의 일부를 탈진시켜 유기질소를 대기 중으로 다시 배출한다. 화살표는 흐름을 나타내지만 한 경로를 따라 이동하는 질소의 상대적 양을 반영하지는 않는다.

이 축적된 것이다. 이러한 영양 공급 과잉은 식물 또는 조류의 '번식'을 일으키며, 이 과정을 **부영양화**(eutrophication)라고 한다.

학습 체크 10-4 질소가 질소 순환을 통해 어떻게 살아 있는 유기체에 이용 가능하게 되었는가?

산소 순환

산소는 대부분 유기분자들의 기본이 되므로 살아 있는 물질의 원자 내에서 큰 비율을 차지한다. **산소 순환**(oxygen cycle)의 일부분으로서 광합성을 통해 대기 중으로 방출되는 산소는 생물이 호흡하여 흡수되거나 암석과 화학적으로 반응할 수 있다. 산소 순환(그림 10-8)은 극단적으로 복잡하므로, 여기서 간단히 요약만 할 것이다.

산소는 여러 가지 화학적 형태로 발생하며 다양한 방법으로 대기 중으로 방출된다. 대기 중 대부분의 산소는 산소분자(O_2)이며, 광합성 중에 식물이 물분자를 분해할 때 생성된다. 대기 중의 산소는 증발 또는 식물의 증산 작용으로 발생한 물분자와 결합하거나 동물이 호흡할 때 방출되는 이산화탄소(CO_2)와 결합한다. 광합성은 결국 생물권을 통해 이러한 많은 이산화탄소와 물을 재활용한다.

산소 순환에 들어가는 산소의 다른 공급원은 대기 중의 오존(O_3), 바위의 산화 작용에 쓰인 산소 탄산염암에 저장되어 있거나 배출된 산소 그리고 인간이 야기한[화석연료의 연소(산소가 CO_2에서 탄소와 결합)] 것을 포함한 다양한 과정들이 있다.

현재의 대기 중엔 산소가 풍부하지만 항상 그렇지는 않았다. 지구 초기의 대기는 산소가 부족하였다. 사실 약 34억 년 전 지구 초기 생명체의 세포에게 산소는 독소였다. 진화하는 생명체는 독성을 중화시키는 메커니즘을 개발해야 했으며, 더 나아가 그 존재를 이용해야 했다. 이러한 이용은 굉장히 성공적이었고, 현재 거의 모든 생명체는 산소 없이는 제기능을 할 수 없게 되었다. 현재 대기 중의 산소는 주로 식물의 부산물이다. 일단 생명체가 많은 양의 산소에 노출되는 상태에서 스스로를 유지할 수 있게 되었을 때, 원시 식물들은 그들의 신진대사에 필요한 산소분자를 제공함으로써 더 진보된 동식물의 진화를 가능하게 하였다.

해양 데드 존 : 해양 생태계는 육상 생물과 마찬가지로 산소에 의존한다. 예를 들어, 물고기는 아가미의 모세 혈관 밀도가 높은 조직에 물을 주입함으로써 용해된 산소를 추출한다. 물에 녹아 있는 산소의 양이 너무 적으면 물고기는 생존할 수 없다. 이것은 농업 비료 및 하수를 포함하고 있는 질소가 풍부한 유거수가 부영양화 및 조류 성장의 급등을 초래하는 호수 및 해양 연안 지역에서 발생한다. 조류가 죽으면 박테리아가 분해 과정을 통하여 물속의 산소를 고갈시킨다. 최근 수십 년 동안, 수중 생활이 불가능한 바다와 호수라는 의미의 큰 규모의 데드존(dead zone)이 산소가 희박한 지역에서 발달하고 있다.

무기물의 순환

탄소, 산소, 질소와 수소는 생물군의 중요한 화학적 구성요소이지만, 많은 다른 무기물들도 동식물에게 필수인 영양소이다. 이 미량의 무기물 중 가장 주목할 만한 것은 인, 황, 칼슘이지만, 10여 종류가 넘는 다른 무기물들도 때에 따라 중요하다.

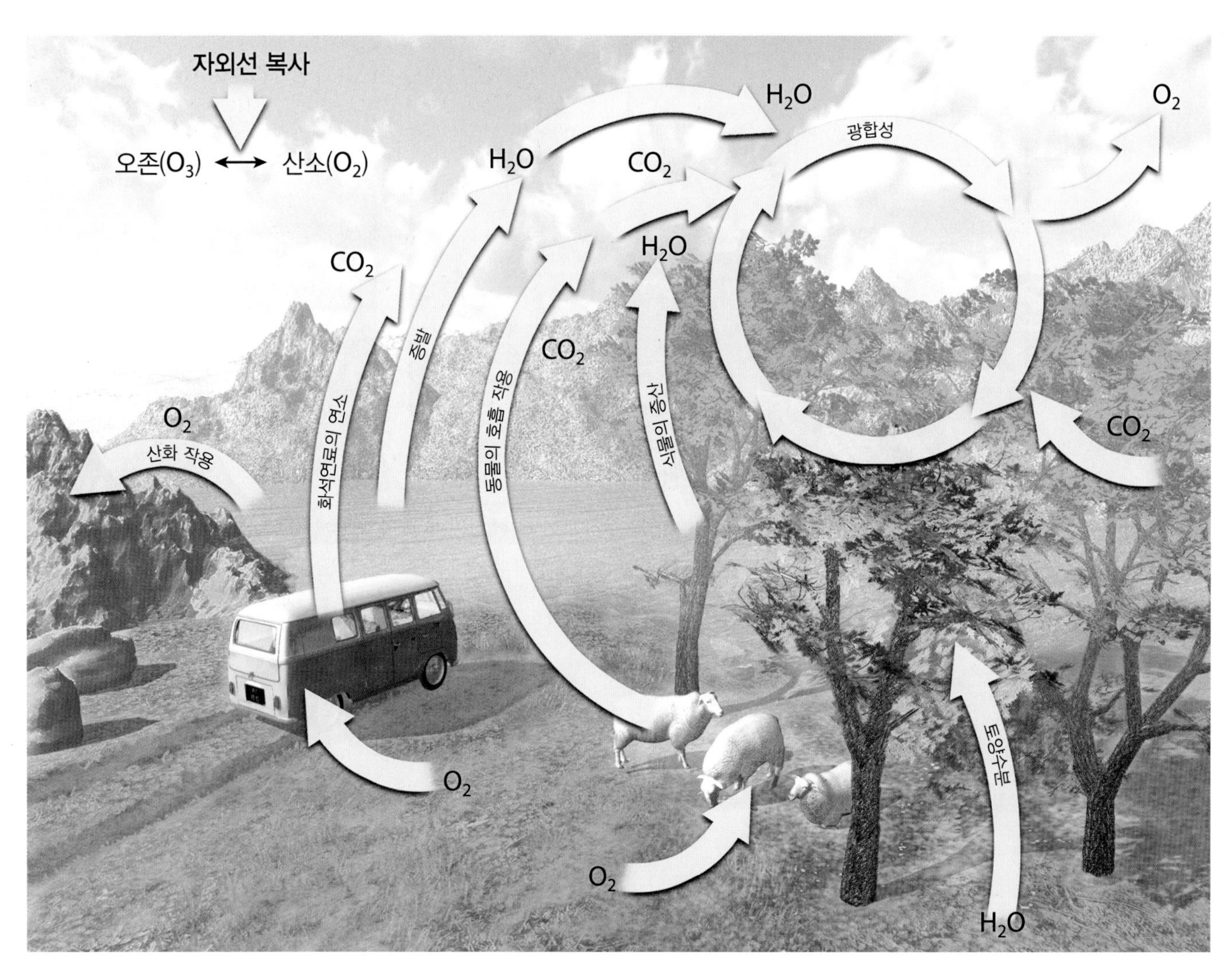

▲ 그림 10-8 산소 순환. 산소분자는 거의 모든 형태의 생명체에 필수 요소이다. 산소는 광합성과 같은 다양한 과정을 통해 공기로 유입되고 다양한 방법으로 재활용된다. 화살표는 흐름을 나타내지만 한 경로를 따라 이동하는 산소의 상대적 양을 반영하지는 않는다.

우리가 탄소, 산소, 질소 순환에서 살펴보았듯이, 어떤 영양소는 가스 경로를 따라 부분적으로 순환한다. 칼슘, 인, 황, 구리 그리고 아연과 같은 다른 영양소들은 주로 퇴적의 방법으로 순환한다. 예를 들면, 원소는 기반암에서 흙으로 풍화된다. 그중 일부 원소는 지표 유출과 함께 씻겨 나가거나 지하수에 스며든다. 많은 양의 원소는 바다에 도달하여 퇴적암에 퇴적되거나 수생 생물에 의해 섭취되고, 나중에 배설물과 죽은 유기체를 통해 다시 순환 속으로 방출된다.

먹이사슬

끝이 없는 에너지의 흐름, 생물군으로 통하는 물과 영양소는 한 생명체에서 다른 생명체로 먹이사슬과 같은 경로에 의해 곧장 중요한 부분으로 보내진다. 그림 10-9에서 알 수 있듯이 **먹이사슬**(food chain)이란 단순한 개념이다. 즉, 생물 A가 생물 B에게 먹히고 이로 인해 생물 A의 에너지와 영양분이 생물 B에게 흡수된다. 그런데 이 과정이 생물 B가 생물 C에 그리고 생물 C가 생물 D에 반복된다.

그러나 자연에서는 누가 누굴 먹는지는 매우 꼬여 있는 밧줄같이 엄청나게 복잡하다. 그러므로 '사슬'이라는 표현은 이 문맥에서 아마도 오해하기 쉬운 단어일 것이다. 왜냐하면 사슬은 순서대로 연결된 같은 단일체를 의미하기 때문이다. 이 에너지의 전달 작용은 '거미줄'과 같이 서로 연결된 부분으로 생각하면 더욱 정확할 것이다. 각각의 사슬은 에너지를 변형시키며 앞 사슬의 에너지를 섭취한다. 이 섭취된 에너지 중 일부는 자기 자신을 유지하는 데 사용되고 남은 에너지는 다음 사슬로 보내진다.

식물을 먹는 동물들을 **초식동물**(herbivore, *herba*는 라틴어로 '식물'이라는 의미이며, *vorare*는 '먹다'의 의미)이라고 부르며, **1차 소비자**(primary consumer)에 속한다. 이 초식동물들은 다른 동물들의 먹이가 되는데, **육식동물**(carnivore, *carne*는 라틴어로 '고기'라는 의미)은 **2차 소비자**(secondary consumer) 혹은 **포식자**라고 한다. 먹이사슬은 2차, 3차, 4차 등 많은 단계를 가질 수 있다(그림 10-9 참조). 인간과 같은 **잡식동물**은 식물과 다른 동물 모두를 먹는 동물이기 때문에 먹이사슬에서 여러 가지 역할을 할 수 있다.

학습 체크 10-5 1차 소비자 그리고 2차 소비자에 대해 설명하라.

먹이 피라미드

먹이사슬은 또한 **먹이 피라미드**(food pyramid)로 개념화할 수 있다. 왜냐하면 에너지를 저장하는 미생물 유기체의 수가 1차 소비자보다 훨씬 많기 때문이다. 1차 소비자의 양은 2차 소비자의 양보다 많고 피라미드를 올라가듯 반복된다(그림 10-10). 먹이 피라미드에는 몇몇의 2차 소비자가 있고, 다음 층으로 올라갈수록 보통 동물의 수는 적어지고 몸집은 커진다. 피라미드의 꼭대기에

▲ 그림 10-9 단순한 먹이사슬 생산자(녹색식물), 1차 소비자(유충) 그리고 2차, 3차, 4차 소비자(개구리, 뱀 그리고 독수리)

있는 최후의 소비자는 보통 그 지역에서 가장 크고 힘이 강한 최상위 포식자이다(그림 10-11). 생물체가 먹이 피라미드에서 일반적으로 같은 유형의 먹이를 먹을 경우 같은 **영양 단계**(trophic level)를 공유한다고 말한다.

피라미드의 정상에 있는 소비자가 먹이사슬의 마지막은 아니다. 그들이 죽으면 청소 동물과 **분해자**(decomposer)인 아주 작은 생물체(거의 대부분 미생물)에 의해 먹히고, 다른 먹이 피라미드로 재생되는 토양의 영양소로 되돌아간다.

이와 같이 피라미드 꼭대기에 있는 소수 육식동물을 부양하기 위해 왜 이렇게 많은 생산자가 필요할까? 그것은 하나의 영양 단계에 저장되어 있는 에너지가 다음 단계로 이동될 때의 비효율성과 관련된다. 1차 소비자가 식물을 먹을 때 식물에 저장된 총 에너지 중 단 10%만이 1차 소비자에게 효과적으로 저장된다. 차례로 2차 소비자가 1차 소비자를 먹으면 에너지 이동의 효율성은 더욱 떨어진다. 한마디로 말하면 저장된 에너지 중 약간만이 한 영양 단계에서 다음 영양 단계로 이동된다. 이를 인간의 음식물과 식량 공급 측면에서 보면, 왜 사람들이 곡류를 바로 섭취하는 것이 곡물을 섭취한 동물의 고기를 먹는 것보다 에너지 효율이 더 높은지를 설명해 준다.

학습 체크 10-6 왜 먹이 피라미드의 각 영양 단계에서 생체량이 변화하는가?

먹이사슬의 오염원

저장된 에너지가 먹이사슬의 한 생물에서 다음 생물로 비효율적으로 전달될 때 화학적 오염원이 될 수 있다. 어떤 화학 오염원은 먹이사슬 안에서 농축될 수 있어 우려가 증가하고 있다. 이를 **생물학적 분해**라고 한다. 예를 들어, 특정 화학 살충제는 공기, 물, 대지로 배출되면 비교적 빠르게 무해한 물질로 분해되지만, DDT와 같은 다른 화학 살충제는 아주 안정적이고 먹이사슬의 높은 영역에 있는 생물의 지방 조직에 농축된다. 수은, 납 등의 중금속 농축과 마찬가지로 화학 살충제의 농축은 먹이사슬의 위에 있는 인간을 포함한 동물 소비자에게 해로운 영향을 끼쳤으며, 죽음에 이르도록 하기도 한다(그림10-12).

1982년 케스터슨 국립 야생 보호구역(Kesterson National Wildlife Refuge)이 있는 캘리포니아 남부의 센트럴밸리 경작지에서 약간 비슷하지만 예상치 못한 문제가 발견되었다. 그 지역의 농

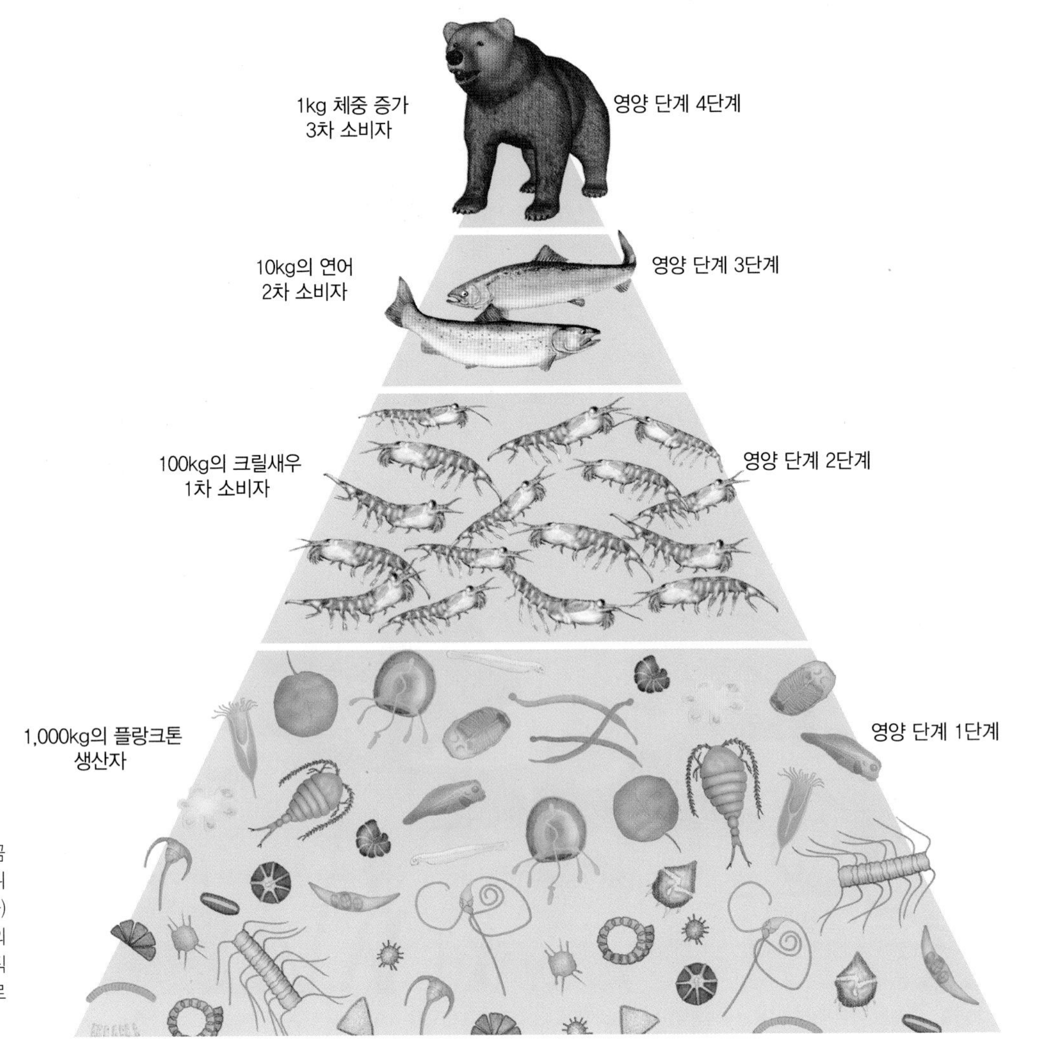

▶ **그림 10-10** 먹이 피라미드. 곰에게 1kg의 체중 증가를 제공하기 위해 식물 플랑크톤(미세한 해양 식물) 1,000kg(약 1톤)이 필요하다. 하나의 영양 단계에서 저장된 에너지의 오직 약 10%만이 결국 다음 영양 단계로 넘어가게 됨을 주목하라.

▲그림 10-11 알래스카의 브룩스강을 따라 연어를 낚시하는 회색곰. 곰은 최상위 포식자이다.

업 관개로 흐르던 물이 인공 습지대를 조성한 것이다. 관개용수에 녹아 있던 적은 양의 자연 상태의 셀레늄은 야생 보호구역으로 들어와 물이 결국 증발되면서 농축되었고 그 결과 습지대에 사는 물새들에게 기형을 초래하여 높은 사망률을 보였다. 케스터슨에서 일어난 이 사건은 미국 내무부를 자극하여 국가 관개 수질 프로그램을 만들어 다른 곳에서 있을 수 있는 유사한 문제를 줄일 수 있도록 하였다.

2010년에는 '딥호라이즌' 시추 플랫폼 폭발로 11명의 석유 노동자가 사망하였고 멕시코만에 약 409만 배럴(7억 7,500만 리터, 2억 500만 갤런)의 석유가 방출되었다. 수면에 떠다니는 유출된 기름과 표면 밑에 숨어 있는 커다란 기름 덩어리들은 멕시코만 연안의 동물과 해양 생물에게 즉각적이고 큰 충격을 주었다. 가장 눈에 띄는 것은 기름으로 물든 새와 돌고래였지만, 유출의 가장 광범위하고 오래 지속되는 효과는 해양 먹이사슬을 통한 석유 및 화학 오염의 순환일 가능성이 높다.

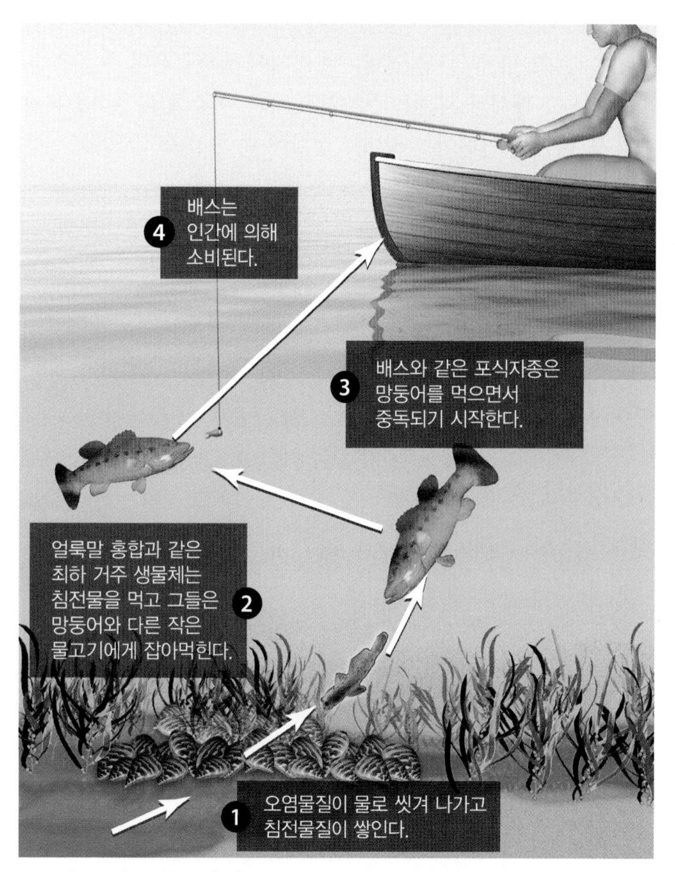

▲그림 10-12 생물 광화학. 수은이나 일부 살충제와 같은 독소는 물로 씻겨져 퇴적물에 축적된다. 1차 소비자인 최하 거주 생물체는 독소를 몸에 집중시키고 독소를 더 농축시킨 작은 물고기와 같은 2차 소비자에 의해 섭취된다. 작은 물고기는 차례차례로 큰 물고기와 결국 인간에 의해 먹힌다.

생물학적 요인 및 자연 분포

생지화학적 순환과 먹이사슬에 대한 공부를 통하여 생물권이 지구 시스템 안에서 어떻게 물질 흐름의 일부분이 되는지 알 수 있었다. 그러나 지리학자들이 하는 가장 기초적인 생물 연구는 보통 분포와 관련이 있다. 생물지리학은 다음과 같은 질문을 다룬다. "어떤 동식물의 종이나 군의 범위가 무엇인가?", "이 분포 패턴의 숨겨진 이유가 무엇인가?", "이 분포는 어떤 의미를 가지고 있는가?"

모든 종과 집단의 자연적 분포는 다음과 같은 몇 가지 주요 생물학적 요인에 의해 결정된다. 즉, 진화적 발전, 이동과 분산, 번식의 성공, 종의 급격한 자연 소멸과 멸종 그리고 식물 천이이다.

진화론적 발달

다윈의 학설인 **자연선택**(자연도태)은 때때로 '가장 적합한 자의 생존'으로 단순하게 여겨지며, 부모로부터 변형, 유전되는 종의 원인을 설명한다. 어떻게 이런 일이 일어나는지에 대한 우리의 이해는 유전자에 대한 지식에서 비롯되었다. **유전자**는 기다란 DNA(데옥시리보핵산) 가닥의 한 부분이며, **염색체**라고 불리는 이 가닥은 쌍으로 이루어져 있고 세포의 핵에서 발견된다. 유전자는 유기체에서 자손에게로 전달되며 전달되는 유전 형질의 유전자 정보를 포함한다.

시간이 지남에 따라 개별 유기체의 유전자는 DNA 가닥이 세포 분열 과정에서 완벽하게 복제(복사)되지 않으면 약간의 돌연변이(오류)를 가지게 된다. 이러한 돌연변이는 예상하지 못한 사건이며, 다른 종류의 돌연변이들은 세포에 영향을 미치는 외부 요인에 의해서도 일어난다. 돌연변이에 의해 새로운 형태의 유전자가 발달하게 된다. 많은 유전적 돌연변이는 유기체에 긍정적이거나 부정적인 영향을 미친다. 그들은 간단히 한 세대에서 다음 세대로 넘어간다. 다른 돌연변이는 유기체에 해로우며 죽음을 초래하거나 그 개체가 자손을 만들지 못하게 할 수 있다. 반면 유전자의 또 다른 돌연변이는 적어도 상황에 따라 유익하며 개개인에게 복제 생존을 유리하게 만든다. 이 '유익한' 돌연변이는 자손에게 전가될 것이다. 시간이 지남에 따라 개체군에 돌연변이가 축적되면 해당 개체군의 개체가 다른 개체와 유전적으로 구별되며 새 종이 생길 수 있다. 그것은 모든 종의 발달을 설명하는 길고, 느리고, 본질적으로 끝없는 과정이다.

아카시아와 유칼립투스 : 지역 환경은 각 개체의 유리한 생존 특성에 영향을 미치기 때문에 특정한 종과 속의 분포를 이해하기 위해서는 그 종이 어디에서 진화했는지를 고려해야만 한다. 아카시아와 유칼립투스라는 두 가지 중요한 식물을 예시로 분명히 다른 식물 기원에 대하여 생각해 보자. 아카시아 나무는 저위도 열대에서 아열대 지방까지 광범하게 뻗어 있는 관목으로, 그 지역의 수많은 종들을 대표하는 키 작은 나무이다(그림 10-13). 반면 유칼립투스는 오스트레일리아가 원산지인 나무 속이며, 그 주위 인접한 섬에만 살고 있다(그림 10-14). 아카시아는 대륙이 나눠지기 이전에 진화한 것이 확실하며, 유칼립투스 속은 오스트레일리아 대륙이 고립된 이후에 진화하였다(제14장에서 판구조론 법칙을 소개할 때 대륙의 위치 이동을 지질학적 시간의 변화에 따라 이야기할 것이다).

고유종 : 다양한 식물이나 동물이 한 위치나 지역에서 발견되었지만 다른 곳에서는 발견되지 않는 경우 해당 종을 **고유종**(endemic)으로 묘사한다. 고유종은 유전물질의 유입 없이 진화가 진행되는 섬이나 외딴 산악 지대와 같이 상대적으로 고립된 환경

▼그림 10-13 수백 종의 아카시아 종은 열대 지방의 반건조 및 아습윤 지역에서 자란다. 케냐 남부의 사진 속 모습은 나무 형태로 된 아카시아를 보여 주지만 더 낮은 관목 형태가 더 일반적이다.

◀그림 10-14 호주의 원래 숲은 거의 전적으로 유칼립투스 종으로 구성되어 있다. 사진 속 모습은 서부 호주의 캘굴리 근처에 있다.

에서 흔히 볼 수 있다.

이동과 분산

수천 년간의 지구 역사를 볼 때 생명체는 언제나 한 지역에서 다른 지역으로 이동했다. 동물은 다리, 날개, 지느러미 등 능동적인 이동 구조를 가지고 있어 이동할 가능성은 명백하다. 식물 또한 이동하지만 대부분의 식물은 뿌리를 고정시켜 거의 모든 삶을 한 위치에서 살게 되며, 특히 씨앗 형태일 때 많은 수동적인 이동의 기회가 있다. 인간의 활동이 식물 씨앗의 분포 패턴에 영향을 미칠 수 있음에도 불구하고 바람, 물 그리고 동물들은 씨앗을 퍼트리는 주요한 자연적 메커니즘이다("글로벌 환경 변화 : 위험에 처한 꿀벌"을 참조하라).

많은 생명체의 현 분포 패턴은 보통 최초 발생의 중심지에서 시작된 자연 이동이나 자연 분산의 결과이다. 수천 가지 가능성 중 이 과정을 설명할 수 있는 예는 다음과 같다.

코코야자 : 코코야자는 동남아시아와 말레이시아 부근의 섬에서부터 비롯되었다고 여겨진다. 이것은 현재 열대 지역과 전 세계의 각 섬들에까지 광범위하게 퍼져 있다. 이러한 분포는 대부분 명백히 번식력을 잃지 않고 몇 달간 혹은 몇 년간 바다 위에 뜰 수 있는 크고 단단한 껍질을 가진 야자수의 열매인 코코넛 때문에 가능하였다. 따라서 전 세계의 해변가로 밀려와 환경적 요인이 적합할 경우 성공적으로 번식되었다(그림 10-15). 이 자연 분산은 특히 계획적으로 인도와 태평양 지역의 코코넛을 서인도 제도까지 이동시킨 인간으로 인해 상당히 증가하였다.

붉은 백로 : 붉은 백로는 명백하게 남아시아에서 기원했지만 최근 몇 세기 동안 특히 아프리카와 같은 세계의 다른 따뜻한 지방으로 전파되었다(그림 10-16). 최근 수십 년간 남아메리카의 대지 이용 변화는 붉은 백로의 서식 범위를 극적으로 확장시켰다. 최소한 19세기 초에 붉은 백로 일부는 서아프리카에서 브라질을 통해 대서양을 건넜지만, 적합한 생태적 조건을 찾지 못하여 정착하지는 못했다. 20세기에 열대 남아메리카에서 광범위하게 가축이 도입되면서 붉은 백로는 빠르게 알맞은 새 서식지에 적응하였다. 자손들은 아열대 지방을 거쳐 북쪽으로 퍼져 지금은 미국 남동부의 멕시코만 해안 평원에 일반적으로 서식하고 있다. 오늘날에는 미국의 48개 주의 거의 모든 경계를 이동하는 철새이다. 또한 20세기 초, '정상적인' 공간적 분포 범위 위에 분포하던 붉은 백로는 오스트레일리아의 북부로 진입하여 오스트레일리아 대륙에 퍼졌다.

학습 체크 10-7 아카시아와 붉은 백로의 분포를 설명하는 요인은 무엇인가?

▲그림 10-15 코코넛은 열대의 해안가에 세계적으로 분포되어 있다. 이는 부분적으로 코코넛이 먼 거리를 떠다닐 수 있고 알맞은 환경을 찾으면 뿌리를 내리기 때문이다. 이 발아하는 코코넛은 피지의 바누아레부섬에서 온 것이다.

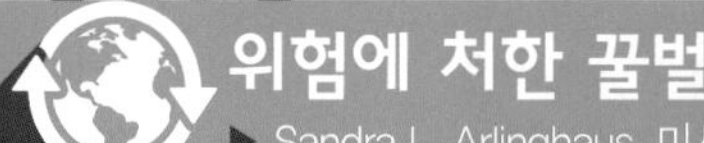

위험에 처한 꿀벌

▶ Sandra L. Arlinghaus, 미시간대학교, Diana Sammataro, 미국 농무부(은퇴함), 다이애나브랜드 꿀벌조사연구기관

꿀벌(Apis mellifera)은 전 세계 약 3분의 1의 작물(수많은 과일과 야채 포함)에 중요한 수분 매개자(pollinator)이다. 벌집에서 생산된 밀랍(beeswax)은 더욱 귀중하다. 그것은 식품, 화장품 및 의약품에 사용된다. 결국 꿀벌을 위협하는 해충은 우리의 국제 경제에도 위협이 된다.

양봉을 하는 사람들은 꿀벌 개체군을 위협하는 다양한 병원균을 다루는데, 이 병원균은 '벌집군집붕괴현상(colony collapse disorder)' 또는 집단 폐사의 원인이 된다. 꿀벌 집단의 기생충인 바로아 응애(Varroa destructor)는 1980년대 이후 집단에 공통적으로 심각한 위협이 되었다. 일반적으로 이 진드기는 순환기관(circulatory system)의 체액을 먹음으로써 벌의 수명을 직접적으로 단축시킨다. 이 진드기는 20개의 바이러스를 퍼트릴 수 있는 '매개물(vector)' 수명에 간접적으로 영향을 미친다. 핀의 머리만 한 크기의 성충 암컷 바로아 응애는 어린 벌 및 성충 벌에 기생한다. 황갈색의 성충 수컷 바로아 응애는 직접 꿀벌을 먹지 않으며, 꿀벌보다 작다(그림 10-C). 작은 해충은 탐지하기가 어렵기 때문에 현대 과학자들은 이 문제를 관리하기 위해 적극적으로 노력하고 있다.

이 진드기가 전염시키는 바이러스는 치명적이다. 벌집 내에서 바로아 응애의 개체수를 조절하는 것은 종종 바이러스를 제어하는 것과 관련이 있다. 바이러스는 꿀벌의 질병을 연구하는 과학 분야에서 떠오르는 영역이다. 많은 이유로, 이 진드기들은 꿀벌의 개체수 감소의 주된 원인 중 하나이며, 이를 치료하지 않고 방치하면 꿀벌군집은 1~3년 안에 폐사할 것이다.

바로아 응애의 분산: 바로아 응애의 세계적인 확산은 미국 고속도로 시스템에 따른 식물 침입종(invasive species)의 확산 또는 상업용 항공 여행의 확산을 통한 전염병 전파 패턴과 유사하다. 모든 분산은 섬세한 환경 구조에 중대한 영향을 줄 수 있다. 특히 작은 진드기는 연구하기 좋은 모델이다.

20세기 초반 아시아에서는 자바섬에서만 바로아 응애가 발견되었으나, 20세기 중반에는 수마트라와 소련까지 퍼지게 되었다(그림 10-D).

20세기 후반에는 전 세계적으로 바로아 응애가 발견되었다. 향상된 관찰 기술력과 숙련된 연구자들의 관심으로 인하여 진드기 분포 패턴의 변화를 설명할 수 있게 되었으며, 중요한 증가에 대하여 상세하게 기록되어 있다. 그중 하나의 이론은 제2차 세계대전 이후, 교통수단의 발달로 인한 꿀벌의 자연적인 운송과 상업적인 운송이 진드기의 확산과 관련이 있다는 것이다.

진드기 연구는 21세기까지 계속되고 있다. 진드기는 세인트키츠네비스, 파나마, 뉴질랜드 및 케냐에서 발견되었다. 2014년 현재 오스트레일리아에는 기생충이 남아 있지 않은 것으로 보인다. 더 많은 발견을 위해 계속 지켜봐야 할 것이다.

미래의 꿀벌들에 대한 영향: 2009년 다양하고 특이한 동물들이 분포하는 케냐의 동아프리카 열곡(Eastern Rift Valley)에서 진드기의 발견은 또 다른 놀라운 일이다. 꿀벌은 벌꿀을 중요한 수입원으로 하는 농업의 생존에 있어 없어서는 안 될 존재이다. 세계 경제에 대한 중요성 외에도, 종 전체의 붕괴는 지역사회에서 세계에 이르기까지 모든 분야에 있어서 미래에 예기치 못한 결과를 초래할 수 있다.

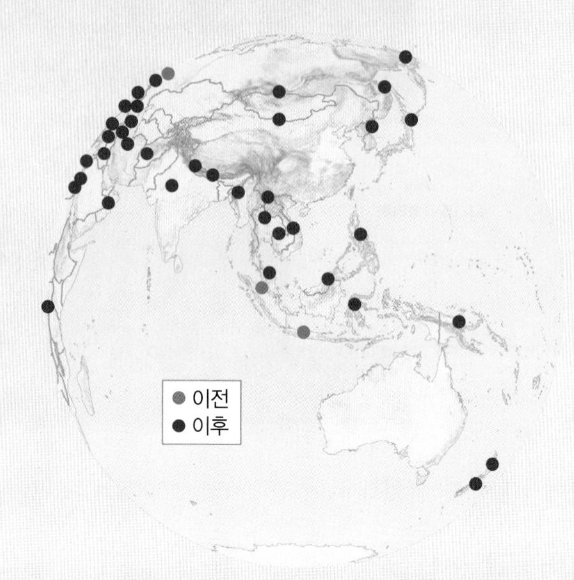

▲그림 10-D 20세기 전후반에 걸친 바로아 응애 관측 분포. 시간이 지날수록 관찰 결과가 증가한다는 점에 주목하라.

과학자들은 꿀벌 개체수 감소에 대한 창의적인 해결책을 모색하고 있다. 예를 들어, 일부 연구자들은 기생 진드기를 제거하거나 진드기의 다리를 물어뜯는 정리 행동(grooming behavior)을 통해 스스로를 방어하는 특정 꿀벌을 연구하고 있다. 이러한 방어 행동을 담당하는 유전자를 분리할 수만 있다면, 방어 행동을 하고 진드기와 싸울 기회를 얻는 꿀벌을 선택하여 번식시킬 수 있다.

질문

1. 다음 문장을 설명하라. "꿀벌을 위협하는 해충은 우리 경제에 위협이 된다."
2. 20세기와 21세기에 바로아 응애가 확산되는 패턴을 볼 때, 다음에는 어디서 진드기를 잡을 수 있는가? 그 이유는 무엇인가?

▲그림 10-C 꿀벌과 바로아 응애

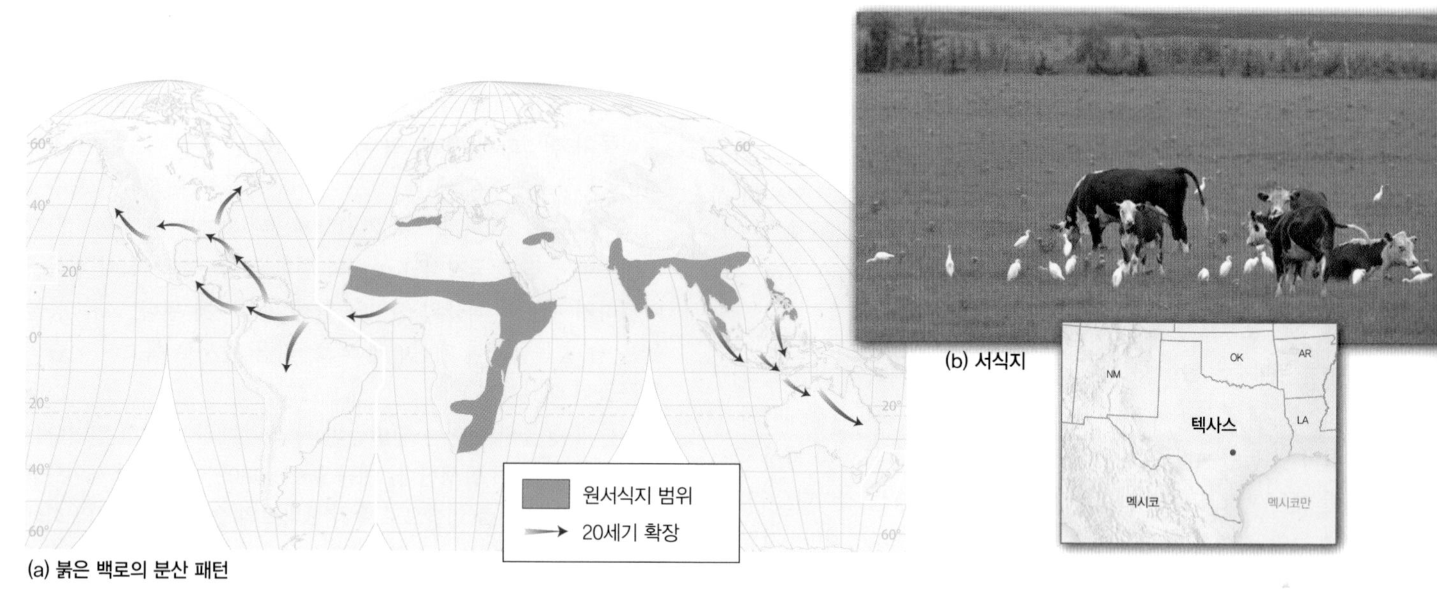

▲그림 10-16 한 생물체의 자연 분산. (a) 20세기에 붉은 백로는 아시아와 아프리카의 서식 지역에서 미국과 오스트레일리아로 서식지를 넓혀 갔다. (b) 붉은 백로들이 텍사스산 소 떼 사이에서 행복한 가정을 발견했다.

번식의 성공

여러 생물 개체군의 지속적인 생존 요소는 번식의 성공이다. 낮은 번식 성공률은 대량의 포식(여우가 둥지에 있는 메추라기의 알을 포식), 기후 변화(많은 털을 가지고 있는 동물이 추운 기후에 따뜻해져 죽거나 그 반대), 먹이 조달의 실패(평소와 다르게 추운 겨울은 식물이 씨앗을 맺지 못하게 한다) 등 많은 이유로 발생한다.

번식의 성공은 일반적으로 한 경쟁 개체군이 번성하고 또 다른 경쟁 개체군을 쇠퇴시키는 제한적 요인이다. 예를 들어, 최근 수십 년간 북극해의 수온이 상승했을 때, 대구는 다른 종류의 물고기들을 희생시키면서 그들의 영역을 확장시켰다. 아메리카들소는 1800년대 후반에 과도한 사냥에 의해 거의 전멸되었지만 서식에 적합한 대초원에서 살 수 있게 되면서, 높은 번식력을 나타내며 주요 방목 종(grazing species)으로 재인식될 수 있었다(그림 10-17).

◀그림 10-17 거의 멸종할 뻔했던 아메리카들소(American bison)는 현재 그들에게 적합한 서식지로 알려진 캐나다 앨버타주 엘크아일랜드 국립공원에 다수 분포하고 있다. 자연 상태에서 아메리카들소의 번식 성공률은 높은 수준이다.

개체수의 소멸과 멸종

한 종의 서식 범위는 개체군의 일부 혹은 전부의 죽음으로 줄어들 수 있다. 생물군의 역사는 조그만 지역의 작은 변화에서 지구 전체의 멸종에 이르는 서식 지역의 감소와 같은 예로 나타낼 수 있다. 진화는 지속적인 과정이다. 어떤 종도 지구에서 영원히 서식하지 못하며, 한 종이 우세하는 기간 동안 종의 내부에서는 분포 변화가 발생하기 쉬운데, 그중 일부는 종의 급격한 자연 소멸에 의해 발생한다.

멸종 : 멸종된 종은 지구의 경관에서 영원히 사라져 버렸고, 지구의 역사에서 멸종이 여러 번 일어났다. 사실 우리 행성에서의 수십억 년 동안 50억 종이 멸종한 것으로 추정된다. 아마 가장 극적인 예는 약 6,500만 년 전에 공룡이 사라졌다는 것이다. 수백만 년 동안 거대한 파충류가 지배적인 지구 생명체였지만, 지질 시대의 비교적 짧은 기간에 모두 사라졌다. 이것은 세계 역사상 종 전체에 대한 자연적인 멸종이 무수히 많았다는 사실을 나타낸다.

제11장에서 논의하겠지만, 인간의 활동은 현재 동식물 종의 멸종을 걱정할 속도로 자연 서식지의 파괴를 이끌고 있다.

식물 천이

가장 단순하고 국지적인 사례 중 하나는 **식물 천이**(plant succession)로서 특정 지역에서 서식 중인 한 종류의 식물이 자연스럽게 다른 종류로 대체되는 것이다. 식물의 천이는 보통 다양한 상황에서 발생하며, 아주 일반적인 예는 호수가 메워지는 경우이다(그림 10-18). 호수가 침전물과 유기물로 점점 퇴적되면, 수면 아래의 식물이 천천히 질식하고 얕은 물 가장자리에 사는 사초, 갈대, 이끼는 수를 더 늘이며 광범위하게 퍼진다. 계속되는 퇴적은 물속 서식지를 더욱 감소시키고, 잔디와 관목과 같이 키 작은 육지식물이 침입하게 된다. 이 과정이 지속될 경우 나무들이 침입하여 그 장소에 자라게 되고, 잔디와 관목들을 대신하여 호수에서 습지, 목초지에서 숲으로 완전하게 천이하게 된다.

▲ 그림 10-18 식물 천이의 간단한 예로서 퇴적물과 유기물로 인한 작은 호수의 퇴적화. 시간이 지날수록 다른 식물 군집들에게 천이되는 지역은 호수, 습지, 목초지, 숲 순으로 변하게 된다.

비슷한 일련의 국지적인 동물의 변화는 상당한 서식지 변화를 야기하기 때문에 식물의 천이와 함께 일어나게 된다. 호수 동물들은 습지 동물들이 대신하게 되고, 다음 순서로 목초지와 숲의 동물들이 대신하게 된다.

식물과 동물의 천이는 대변동의 자연 재해와 서서히 일어나는 자연 재해로 인해 발생한다. 예를 들어 1980년에 일어난 세인트헬렌스산의 화산 분출 영향으로 수천 헥타르의 숲이 화산이류와 화쇄류로 덮였고, 측분화로 인해 나무들은 쓰러졌다(제14장 참조). 원래 있던 생태계의 나머지 부분을 완전하게 덮은 지역과 땅이 완벽하게 흔적을 지운 자리는 최초 동식물이 **1차 천이**(primary succession) 작용을 통해 **개척 군집**(pioneer community)을 다시 구성한다. 시간이 지남에 따라 한 식물 군락이 다른 군락으로 나아가고 또 다른 군락은 다른 식물 군락으로 나아간다. 이어지는 각각의 연관성은 지역 환경을 변화시켜 다음 단계의 식물 군락의 구성을 가능하게 한다. 일반적으로 순차적인 추세는 키가 더 크고 종 구성에 있어 더 큰 안정성을 가진 식물 군락을 향하여 천이한다. 식물 천이가 진행될수록 더 진화된 식물 군락은 상대적으로 오랜 시간 생존하는 종을 포함하기 때문에 천천히 변화가 일어난다.

다른 지역에서는 일반적으로 **2차 천이**(secondary succession)가 일어나고 최초의 식물 군집과 그 일대는 다음 천이의 시작점이 된다(그림 10-19).

학습 체크 10-8 충적 호수에서 식물 천이의 과정을 설명하라.

극상 식생 : 궁극적으로 식물 공동체는 확충될 수 있으며, 공동체의 후손 세대는 전임자와 매우 유사하다. 이 안정된 연관성은 일반적으로 **극상 식생**(climax vegetation)이라고 불리우며, 그때까지 이어지는 다양한 연관은 **천이 계열의 단계**라고 한다. 극상 식생이라는 용어가 함축하는 것은 극상 식생의 지배적인 식물이 그 특정한 상황에 대한 모든 가능성 중에서 가장 성공적으로 경쟁할 수 있다는 것을 보여 주었다는 것이다. 따라서 이들은 환경적 맥락에서 '최적'의 식물상을 나타낸다.

그러나 중요한 점은 극상 식생이 한 장소에서 오랜 기간 동안 이상적으로 분포하는 것은 아니라는 점이다. 대부분의 생태계는 교란과 환경 변화의 패턴에 미묘하게 대응하더라도 지속적으로 변화하고 있으며, 이러한 조건이 바뀌면 극상의 단계가 흩어지고 다른 연속적인 사건들이 반복된다.

식물 천이와 진정한 멸종을 혼동하지 말라. 멸종은 영구적이지만 식물 천이는 그렇지 않다. 특정 식물 종은 주어진 위치에서 주

(a) 1974년 분출 이전

(b) 1980년 분출 피해

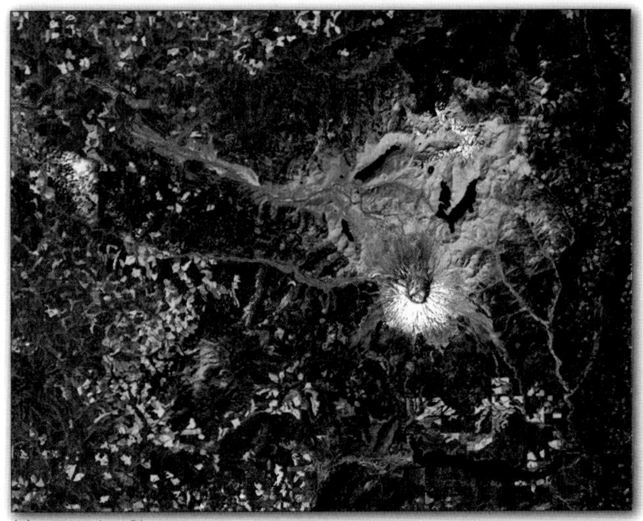
(c) 2011년 복원

▲ **그림 10-19** 세인트헬렌스산 분화 후 생태계 복구를 보여 주는 토지 이미지. (a) 1974년 10월 – 분화 이전, (b) 1980년 8월 – 1980년 5월 폭발로 인한 북쪽의 화산 폭발, (c) 2011년 7월 – 화산 폭발이 일어난 지역에서 초목이 다시 자라났다.

어진 시간에 성장하지 않을 수 있지만, 환경 조건이 바뀌고 종자원이 이용 가능하면 신속하게 다시 나타날 수 있다.

학습 체크 10-9 극상 식생의 개념에 대해 설명하라.

환경적 요인

동식물의 생존은 빛, 습기, 온도, 바람, 토양, 지형 및 들불을 포함하는 환경적 요인과의 관련성에 달려 있다. 물론 이러한 요인의 구체적인 영향은 종에 따라 다르다.

우리는 다양한 규모의 환경적 요인에 대해 논의할 수 있다. 예를 들어, 만약 우리가 생물 분포의 세계적 혹은 대륙의 패턴을 고려한다면, 첫째로 평균 조건, 계절별 특징, 위도의 범위, 국지풍, 기타 큰 스케일의 요인 등을 다루는 일반화에 기본적으로 관심을 가진다. 대신 만약 우리의 관심이 하나의 계곡이나 하나의 사면과 같은 작은 지역이라면 사면의 경사, 방향 및 표토의 투과성과 같은 국지적인 환경 요인들에 더 관심을 갖는다.

규모가 어떻든 간에 항상 일반화에는 예외가 있고 지역이 클수록 예외의 경우가 더 많아진다. 일반적으로 습윤 지역에서도 많은 수의 국지적인 절벽이나 모래 언덕 같은 극단적으로 건조한 지역이 있을 것이다. 아주 건조한 사막에서도 몇몇 오아시스나 샘과 같이 습윤 지역이 있을 것이다.

제한 인자 : 환경과의 관련성에 관한 다음 논의를 통해서 **동종 간 경쟁**(intraspecific competition, 같은 종의 구성 개체들 사이의 경쟁)과 **이종 간 경쟁**(interspecific competition, 다른 종 구성 개체들 사이의 경쟁) 둘 다 일어난다는 것을 염두에 두어야 한다. 식물과 동물 모두 활동적인 환경에서 햇빛, 물, 영양소와 서식지를 위해 다른 개체들과 경쟁한다. **제한 인자**(limiting factor)라는 용어는 보통 생명체의 생존을 결정하는 가장 중요한 변수를 표현할 때 사용된다.

인간 활동은 일부 종의 성공에 영향을 미치는 환경적 요인에 영향을 미칠 수 있다. "포커스 : 숲을 파괴하는 것은 무엇인가?"를 참조하라.

기후의 영향

거의 어떤 규모에서든 생물군에 미치는 가장 두드러진 환경적 제한은 다양한 기후 요인의 영향을 받는다.

빛 : 녹색식물은 빛 없이는 생존하지 못한다. 우리는 앞서 광합성의 기초적인 진행 과정을 논의하였다. 식물은 광합성을 통해 화학에너지를 저장하고, 이 과정은 빛에 의해 활성화된다. 이것은 왜 광합성을 하는 식물이 빛을 통과하지 못하는 깊은 바다에서는 존재할 수 없는지를 설명하는 중요한 이유이다.

빛은 식물의 형태에 중대한 영향을 미칠 수 있다. 나무는 밀집된 숲과 같은 햇빛의 양이 제한된 곳에서는 키가 크기 쉽지만 측

▶ **그림 10-20** 왼쪽의 넓은 공간에서는 풍부한 햇빛으로 인해 나무가 수직보다는 넓고 옆으로 퍼져 자란다. 오른쪽의 밀집된 상황에서 나무는 적은 양의 햇빛으로 옆으로 퍼지기보다는 위로 자라게 된다.

면의 성장은 제한된다(그림10-20). 그에 반해 약간 덜 밀집된 지역의 나무는 비교적 더 많은 양의 빛을 받고, 그 결과 키는 작지만 옆으로 넓게 퍼지기 쉽다.

또 다른 햇빛과의 중요한 상호 관계는 24시간 동안 얼마만큼의 빛을 생물체가 받는지이다. 이 상호 관계를 **광주기성**(photoperiodism)이라고 한다. 적도에 인접한 지역을 제외하면 위도가 높을수록 계절적 광주기의 변화가 커진다. 광주기의 변동은 식물의 개화, 잎의 떨어짐, 동물의 교배와 이동 등의 계절적 습성을 자극시킨다.

수분 : 생물권의 넓은 분포 패턴은 빛을 제외한 다른 어느 환경적 요인보다도 수분에 의해 많이 좌우된다. 전체 생물군 진화의 특징은 수분 가용성의 과다 혹은 부족 상태에 동식물이 적응한 것이다(그림 10-21).

온도 : 대기와 토양의 온도는 또한 생물군의 분포 패턴에 중요하다. 추운 지방에는 좀 더 일반적인 온도 지역보다 적은 수의 동식물 종이 생존한다. 특히 식물은 낮은 온도에 제한적인 내성을 가지고 있다. 왜냐하면 식물들은 끊임없이 날씨에 노출되어 있어

▶ **그림 10-21** 가장 스트레스가 많은 환경에서도 종종 독특하고 눈에 띄는 식물이 있다. 이 사진은 소노라 사막이다.

숲을 파괴하는 것은 무엇인가?

북아메리카 전역에 수백만 헥타르의 소나무 숲이 소나무 딱정벌레, 일종의 나무 딱정벌레에 감염되어 있다. 해마다 녹색 소나무 숲은 갈색의 죽은 나무와 죽어 가는 나무로 덮여 있다(그림 10-E). 산소나무좀(학명 Dendroctonus ponderosae)은 미서부 지역에서 1,700만 헥타르 이상의 지역과 브리티시컬럼비아의 약 1,800만 헥타르에 영향을 주었으며, 여전히 확장되고 있다(그림 10-F). 이것은 아마 북아메리카 역사상 가장 광범위한 벌레의 출몰일 것이다.

이 검은 산소나무좀은 손가락 끝마디 크기이다. 이 벌레는 나무에 구멍을 뚫어 알을 낳고, 균류를 주입시켜 나무가 수액을 배설하지 못하게 한다. 수액이 좀벌레의 애벌레를 죽이기 때문이다. 균류는 나무를 착색시켜 파랗게 만든다. 나무는 좀벌레가 뚫은 구멍에 납 색깔의 송진을 방출시켜 반응한다. 이 송진은 구멍을 막고 좀벌레를 죽일 수 있지만 보통 더 많은 수의 좀벌레가 나타나 구멍을 뚫어 나무는 결국 압도당하고 만다.

감염의 원인 : 산소나무좀의 광범위한 출몰에는 아마 몇몇 이유가 있을 것이다. 첫째로, 최근 100년간의 맞불 놓기로 서쪽 숲의 많은 부분에 좀벌레를 퇴치했고, 특히 로지폴 소나무에 퍼지는 좀벌레를 예방했다. 이것은 다수의 나무들이 대부분 같은 나이라는 것을 의미했고 좀벌레에 공격을 당하기 쉬운 충분히 성숙한 상태였다(어린 나무들은 보통 좀벌레의 목표가 되지 않았다). 둘째로, 최근 10년 정도의 광대한 가뭄이 많은 나무들을 약하게 만들었고 좀벌레의 공격에 취약한 상태로 만들었다. 마지막으로, 북아메리카 서부의 기후 변화로 덜 추운 겨울이 나타났고, 좀벌레의 서식 지역이 넓어지게 되었다. 요즘 겨울의 절대온도는 50년 전에 비해 3.5~5℃ 정도 높아졌다. 겨울 동안 극단적으로 추운 날의 수가 감소하여 더 많은 좀벌레의 애벌레가 살아남을 수 있게 되었다.

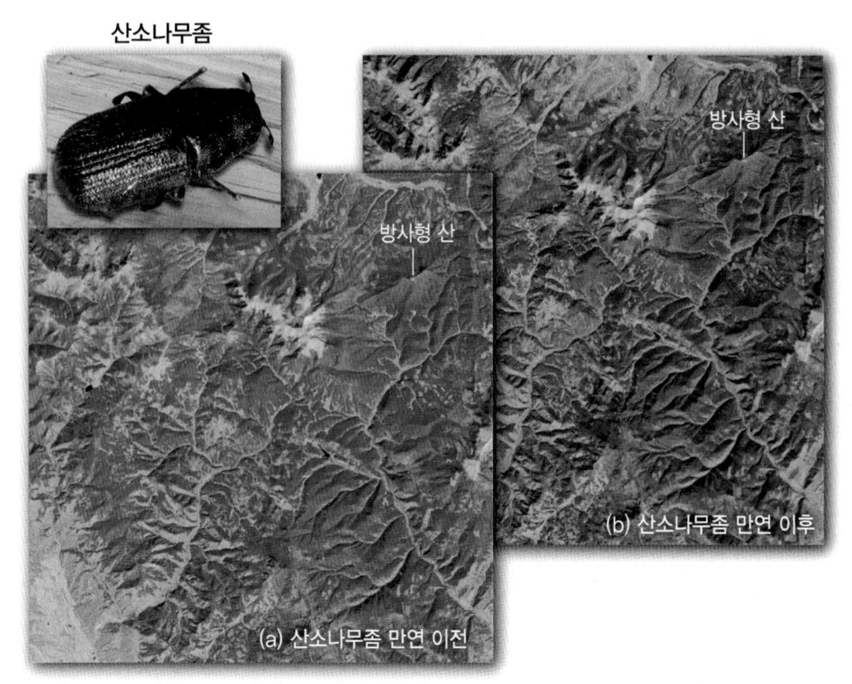

▲**그림 10-F** 콜로라도주, 그랜드레이크 근처 랜드샛 인공위성의 사진. 산소나무좀의 침입(갈색 지역)이 확장됨을 보여 준다. (a) 2005년 9월, (b) 2011년 9월

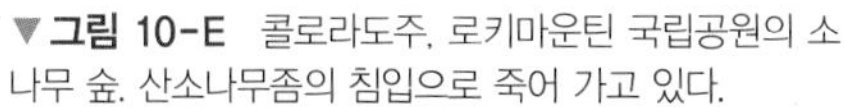

▼**그림 10-E** 콜로라도주, 로키마운틴 국립공원의 소나무 숲. 산소나무좀의 침입으로 죽어 가고 있다.

감염의 결과 : 감염의 결과가 문제이다. 로키산맥의 휴양지에서는 숲이 죽어 가고 있는 지역의 관광 손실을 걱정한다. 또한 죽은 숲을 따라서 탈 수 있는 '수관화'의 위협이 증가했다(그러나 죽은 나뭇잎이 땅에 떨어지면 수관화의 가능성은 줄어든다). 이와 함께 나무가 죽거나 타고 나면 근처의 유역은 홍수와 범람의 피해를 입기 쉬워진다. 마지막으로, 쓰러진 죽은 나무들은 고속도로에서 문제가 되고 있다. 그래서 큰 가로수들은 폭풍에 의해 쓰러져 도로를 막는 것을 예방하기 위해 깨끗이 잘라진다.

미래 전망 : 산소나무좀은 토착종인 벌레이며 수천 년 동안 일대에 존재하였고 서쪽 소나무 숲의 생태계에서 일정 부분 역할을 하였다. 로지폴 소나무는 대부분 오랜 '교대 작용'에 잘 적응하였지만, 크고 넓은 오래된 숲은 화재나 벌레의 출몰로 인하여 파괴되었다. 이 숲은 땅에서 빠르게 영양소를 순환시켜 재생된다. 잔디와 같은 낮게 자라는 식물이 가장 먼저 자라고, 시간이 지나 새로운 숲으로 다시 교대된다. 이 벌레의 출몰에서 예측할 수 없는 요인은 기후 변화이다. 더욱 온난한 겨울이 이 좀벌레의 억제 요인을 줄여 마치 '외래종'처럼 퍼지고 있다.

아무도 이 침입이 곧 종료될 것이라고 예상하지 않는다. 서부의 숲은 혼자가 아니다. 미국 남부 및 동부 전역에서는 소나무를 파괴하는 남부 소나무 벌레(Dendroctonus frontalis)의 유사한 침입이 진행 중이다. 유충을 죽이기 위해 고목을 간벌하거나 썩은 나무껍질을 벗기는 것과 같이 확산을 늦추는 조치가 취해질 수 있지만, 죽어 가는 나무들이 더 많이 확대될 것이라는 전망은 사실이다.

질문

1. 산소나무좀은 어떻게 나무를 약하게 만드는가?
2. 기후 변화가 어떻게 산소나무좀의 침입에 기여하고 있는가?

조직의 손상을 겪게 되고 세포의 수분이 얼게 되면 다른 물리적 손상을 입게 되기 때문이다. 한 사례로 동물은 심각한 추위에도 은신처를 찾아 돌아다니면서 피할 수 있다. 그럼에도 불구하고 위도가 높거나 고도가 높아 날씨가 추운 지역에서는 동식물의 종류가 한정되어 있다.

바람 : 생물군의 분포에 미치는 바람의 영향은 다른 기후 요인에 비해 제한적이다. 하지만 바람이 지속적으로 부는 곳에서는 제약 요인이 된다. 바람의 부정적인 주 영향은 노출면의 증발로 인해 지나치게 건조해지면서 수분 부족을 일으키는 것이다. 추운 지역에서는 동물들의 체온 하락 속도가 빨라진다.

강한 바람도 영향을 미칠 수 있다. 강한 바람은 나무를 송두리째 뽑고 나무의 형태를 바꾸고 들불의 열 강도를 높일 수 있다(그림 10-22). 긍정적인 영향으로는 종종 꽃가루, 씨앗, 가벼운 생물체 및 날아다니는 생물이 퍼질 수 있도록 바람이 도와준다.

학습 체크 10-10 어떻게 빛과 바람의 기후 관련 제한 인자가 식물 분포에 영향을 줄 수 있는지 설명하라.

▲**그림 10-22** 몇몇 식물들은 놀랄 만큼 환경적 스트레스에 적응력이 뛰어나다. 북중앙 콜로라도의 수목 한계선의 이 아고산대의 전나무는 오른쪽에서 불어오는 탁월풍이 너무 건조해서 왼쪽 방향으로 자라는 가지만 생존하게 되었다. 이러한 나무의 우선 성장 방향으로 인하여 나무의 몸통은 나뭇가지들과 탁월풍 사이에 놓이게 되었다.

토양의 영향

토양 인자(edaphic factor, *edaphos*에서 유래함. 그리스어로 '땅'과 '토양'을 의미한다)라고 하는 땅의 특징 역시 생물군의 분포에 영향을 준다. 이 요인은 식물군에게는 빠르고 직접적이지만 동물군에게는 보통 간접적인 영향을 준다. 땅은 모든 식물 서식지의 중요한 구성요소이며, 당연히 땅의 특징은 뿌리를 내리는 능력과 영양소의 공급에 중요한 영향을 주기 때문이다. 특히 땅의 조직과 구조, 부식토의 함유량, 화학적 구성, 토양 유기물의 상대적인 양 등이 중요하다. 토양은 제12장에서 더욱 세부적으로 논의할 것이다.

지형의 영향

동식물의 세계적인 분포 패턴에서 지형학적 특징은 일반적으로 분포를 결정하는 가장 중요한 인자이다. 예를 들어 평평한 지역에 있는 동식물 무리는 산악 지역의 동식물들과 상당히 다르다. 조금 더 국지적인 규모에서는 경사와 배수의 요인이 아주 중요하며, 기본적으로 사면의 가파른 정도, 햇빛에 따른 사면의 방향 그리고 사면 토양의 공극이 중요하다.

들불

동식물의 분포에 미치는 대부분의 환경적 요인은 간접적이며 그 영향은 느리고 점진적이다. 그러나 때때로 홍수, 지진, 화산 분출, 산사태, 곤충의 출몰, 가뭄과 같은 갑작스럽고 큰 재앙적인 사건이 중요한 역할을 한다. 이들 중에서 가장 중요한 역할을 하는 것은 들불이다(그림 10-23). 항상 습윤해서 불이 붙기 어려운 지역과 너무 건조하여 탈 수 있는 식물이 부족한 지역을 제외하고 거의 모든 지역의 대륙에서는 제어할 수 없는 자연적 화재가 놀랄 만한 빈도로 발생한다. 불은 보통 식물의 전체나 일부분을 황폐화시키고, 거의 모든 동물들을 죽이거나 몰아낸다. 당연히 이 상황은 일시적이며 조만간 식물의 싹이 트고 동물들이 돌아온다. 그러나 단기적인 상황이라도 생물군의 구성은 변화하며, 불이 아주 빈번하게 일어난다면 그 변화는 더욱 빨라진다.

들불은 특정 식물의 파종과 발아 그리고 어떤 식물의 상호작용의 유지에 많은 도움이 될 수 있다. 예를 들어, 1988년 옐로스톤 국립공원 절반의 숲을 태운 불은 광범위한 지역에서 낮게 자라는 식물과 어린 나무들(그림 10-24)의 재생력을 유발시켰다. 특히 로지폴 소나무는 화재와 같은 '교대 작용' 발생 후에도 잘 적응하며 빠르게 재생되었다. 일부 초원들은 비교적 잦은 자연 화재에 의해 유지되고, 이는 나무의 묘목들이 초원에 침입하는 것을 억제한다. 게다가 많은 식물 종들, 특히 거대한 세쿼이아 같은 나무들은 불의 열기로 인하여 솔방울 또는 다른 종류의 꼬투리들이 열릴 때에만 씨앗이 흩뿌려진다.

학습 체크 10-11 어떻게 들불이 숲에 유익할 수 있는가?

◀그림 10-23 들불은 지구의 많은 지역에서 보편적이다. 2015년 8월 캘리포니아주에서 발생한 포크 복합단지(The Forks Complex)의 화재는 헤이포크(Hayfork)의 남동쪽에 있는 숲을 불태웠다.

▲그림 10-24 옐로스톤 들불 이후 재생. (a) 1988년, 소방관이 화재 뒤 남아 있는 잔여물들을 수습하고 있다. (b) (a)와 같은 지역에서 찍힌 사진으로 화재가 있은 5년 뒤 숲의 지면에서 다시 자라는 식물을 보여 준다. (c) 화재 발생 23년 이후 다시 자라고 있는 블랙테일디어고원(Blacktail Deer Plateau)

환경적 상호 관계

자연지리학의 가장 중요한 주제는 다양한 환경 구성요소의 복잡한 관계이다. 시간이 지나면서 환경의 어떤 측면은 다른 것에 영향을 미치며, 종종 현저하게 또는 민감하게 영향을 준다. 넓은 분포 패턴, 기후, 식물과 흙은 특히 밀접한 상호 관계를 가지고 있다. 다음 장에서 세부적으로 식물지리학 패턴에 들어가기에 앞서 열대 우림의 분포를 검토하여 이 상호 관계의 예를 살펴볼 것이다.

열대 우림의 예

세계 식물 군집 분포도(식물 종들은 전형적으로 특정한 환경에서 함께 발견된다)에서 가장 눈에 띄는 단위는 **열대 우림**(tropical rainforest)또는 **셀바**(selva, 포르투갈어-스페인어로 '숲'이다)이다. 열대 우림 식물 군락은 다양한 수종의 나무와 나무에서 자라는 덩굴 식물, 난초와 같은 다른 식물들로 이루어져 있다.

방대한 범위의 열대 우림(셀바)은 남아메리카 북부(주로 아마존강 유역), 중앙아프리카(대부분 콩고강 유역), 중앙아메리카의 보다 한정되고 작은 구역들, 콜롬비아, 서아프리카, 마다가스카르, 동남아시아, 북동 오스트레일리아에 분포한다(그림 10-25).

기후 : 일반적인 기후 분포 패턴은 간단하다. 극소수의 예외는 있지만, 열대 우림은 특히 열대 습윤 기후 지역(Af, 제8장에서 설명)과 1년 내내 강수량이 풍부하고 균일하게 온난한 기후 지역이면 어디든지 발생한다. 열대 습윤 기후가 열대 우림에 '필요한' 조건인 것 같지만 이 인과 관계는 그렇게 간단하지가 않다. 예를 들어 국지적인 식물의 발산 작용은 열대 우림 지역의 수문 순환의 한 부분일 뿐이다.

식물군 : 높은 기온과 높은 습도 때문에 열대 습윤 기후 지역은 엄청나게 번성하고 다양한 자연 식물로 보통 덮여 있다. 열대 우림은 많은 다양한 종을 가진 상록활엽수림이다. 대다수 나무들은 키가 아주 크고, 서로 얽혀진 상층부 수관은 본질적으로 숲 바닥까지 햇빛이 도달하지 못하게 차양 역할을 한다. 종종 더 작은 나무들은 두 번째 차양, 더 나아가 부분적으로 세 번째 차양을 형성한다.

대부분의 나무들은 매끄러운 껍질로 덮여 있고 하부에 큰 나뭇가지들을 가지고 있지 않지만 많은 덩굴 식물과 천장식물들이 나무 몸통을 에워싸며 상부의 큰 나뭇가지에 매달려 있다(그림 10-26). 어두운 숲 속의 지면에는 부족한 햇빛이 수풀과 관목의 생존을 방해하여 하부 식생이 빈약하다. 개간지 주변이나 시냇물 둑과 같이 햇빛이 많이 비추는 지면에서는 미로 같은 관목이 번성할 수 있다. 가끔은 지나갈 수 없는 덤불, 관목, 덩굴과 작은 나무가 엉켜 있는 숲을 **밀림**(jungle)이라고 한다.

동물군 : 열대 우림 지대는 동물류, 포복동물류, 바닥을 기는 동물류, 기어오르는 동물류의 영역이다. 특히 발굽을 가진 큰 동물은 드물다. 새와 원숭이는 숲 속의 우거진 상층부에 수가 많고 다양하게 서식한다. 뱀과 도마뱀은 숲 속의 지면과 나무에 흔히 있다. 설치류는 가끔 지면에 많지만, 포유동물 개체군은 보다 드물고 보통 숨어 살며 야행성이다. 특히 물고기와 양서류 같은 수생동물은 일반적으로 풍부하다. 특히 곤충과 절지동물과 같은 무척추동물이 매우 많은 것이 특징이다.

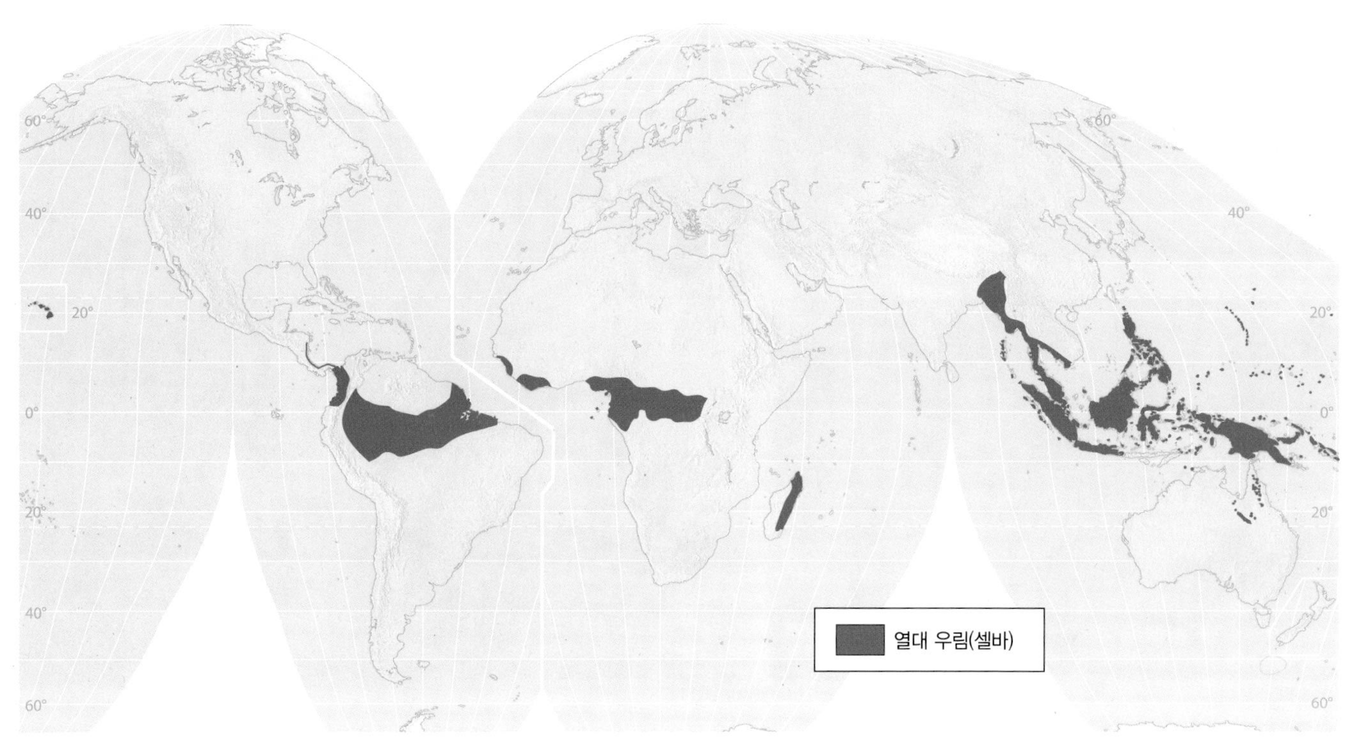

▲ **그림 10-25** 일반적인 열대 우림 또는 '셀바'의 분포

▲그림 10-26 에콰도르에 있는 열대 우림

토양 : 1년 내내 내리는 따뜻한 매우 많은 양의 비가 계속 침투수를 제공한 결과, 토양은 보통 깊지만 많이 용탈되어 비옥하지 않다. 나뭇잎, 작은 가지, 꽃과 큰 가지는 때때로 나무에서 땅으로 떨어지고 땅에 있는 풍부한 지렁이, 개미, 박테리아, 극미한 동물 등에 의해 빠르게 분해된다. 축적된 유기물 찌꺼기는 계속 토양과 결합되어 일부 영양소는 식물에 의해 흡수되고 나머지는 침투수에 의해 운반된다.

라테라이트화(빠른 무기물의 풍화와 신속한 유기물의 분해)는 토양 생성에 가장 중요한 기본 작용이다. 이는 식물들에 의해 곧바로 이용되는 비옥한 표토층을 형성하고 철분, 알루미늄, 마그네슘 화합물과 같은 비옥하지 않은 불용성 광물들로 주로 이루어진 심층토를 형성한다. 이 무기물은 일반적으로 토양에 적색을 띠게 한다. 하천 범람원은 홍수 시 실트질의 퇴적으로 아주 비옥한 토양을 형성하는 경향이 있다.

학습 체크 10-12 성장에 비교적 불리한 열대성 토양이 열대 우림의 거대한 생체량을 어떻게 구성할 수 있는가?

수문지 : 지표면을 흐르는 풍부한 유출수는 잘 연결된 유역분지 체계에 공급된다. 유역분지에는 보통 하천망들이 밀집되어 있고, 이러한 하천들은 상당한 양의 물과 무거운 퇴적물을 운반한다. 놀랍게도 호수는 흔하지 않다. 시간이 흐름에 따라 호수분지는 하천의 침식에 의해 배수되거나 또는 퇴적물로 채워지는 경향이 있지만, 바닥이 매우 평평하다면 느린 배수와 빠른 식물의 성장으로 인하여 습지가 존재할 수 있다.

다음 장에서는 생물권, 암석권, 대기권, 수권 간의 형태에 대한 여러 상관 관계를 탐구해 볼 것이다.

제 10 장 학습내용 평가

이 장을 학습했다면 다음 질문에 대한 답을 찾아보자. 이 장의 학습내용에 대한 주요 용어는 진한 글씨로 표시되어 있다. 이 용어의 정의는 이 책 뒷부분에 제공된 별도의 용어해설에 나와 있다.

주요 용어와 개념

생물 연구의 지리학적 접근

1. 간단하게 다음 용어를 정의하라. **생물지리학**, **생물군**, **식물군**, **동물군**
2. **생물다양성**이란 무엇인가?

생지화학적 순환

3. **생지화학적 순환**이란 무엇인가?
4. 생물권의 1차적인 에너지 공급원은 무엇인가?
5. **광합성**의 과정을 기술하고 설명하라.
6. **식물 호흡 작용**의 과정을 기술하고 설명하라.
7. **순 1차 생산량**은 무슨 뜻인가?
8. **생체량**과 순 1차 생산량의 상관 관계는 무엇인가?
9. **탄소 순환**의 기초적인 과정을 기술하라.
10. 대기 중의 질소가스는 생물군의 **질소 순환**에 왜 통합되기 힘든가?
11. **질소 고정** 작용과 **탈질소 작용**의 차이점을 설명하라.
12. **산소 순환**의 구성요소를 간단히 기술하라.

먹이사슬

13. **먹이사슬**과 **먹이 피라미드**의 상관 관계는 무엇인가?
14. 먹이사슬에서 **생산자**, **소비자**, **분해자**의 역할을 설명하라.
15. **1차 소비자**와 **2차 소비자**의 다른 점은 무엇인가?
16. 먹이 피라미드에서 **영양 단계**의 개념을 설명하라.

생물학적 요인 및 자연 분포

17. 식물의 씨앗이 먼 거리로 퍼질 수 있는 방법 하나를 기술하라.
18. **고유종**이란 무엇인가?
19. **식물 천이**에 대해 설명하라.
20. **극상 식생**에 대해 설명하라.

환경적 요인

21. **제한 인자**의 뜻은 무엇인가?
22. 광합성과 **광주기성**이 어떻게 햇빛에 의존하는지 설명하라.
23. **토양 인자**는 무엇을 의미하는가?
24. 들불로 인한 유익한 효과는 무엇인가?

환경적 상호 관계

25. 열대 우림의 위치와 관련된 일반적인 환경 조건을 기술하라.

학습내용 질문

1. 생물권에서 태양 에너지는 어떻게 '저장' 되는가?
2. 지구 표면 또는 그 근처의 대부분의 탄소는 단기 순환에 관여하지 않는다. 왜 그러한지 설명하라.
3. 인간이 대기에 추가한 주요 탄소 배출원을 무엇인가?
4. 생물권을 통한 에너지, 물, 산소 및 탄소의 흐름에 있어 광합성이 중요한 이유는 무엇인가?
5. 그림10-10을 보고, 10kg의 물고기를 생산하기 위해 1,000kg의 플랑크톤이 왜 필요한지를 설명하라.
6. **생물 농축**에 대해 설명하라.
7. 왜 울창한 숲 속에 있는 나무들은 키가 큰 숲이 될 가능성이 높은가?

연습 문제

1. 그림 10-10을 이용하여 25kg의 무척추동물을 생산하기 위해 몇 kg의 플랑크톤이 필요한지 추정하라.
2. 그림10-10을 이용하여 10kg의 무척추동물을 생산하기 위해 몇 kg의 플랑크톤이 필요한지 추정하라.
3. 열대 우림 분포도(그림 10-25)와 제8장의 기후 지도를 이용하여 자연적인 요인이 열대 우림의 존재를 억제할 가능성이 있는지 설명하라.
   a. 동아프리카 적도 부근 b. 남아메리카 적도 부근 서안

환경 분석 순 1차 생산량

데이터 MG
순 1차 생산량

https://goo.gl/q2AhxE

식물은 지구의 이산화탄소 총량에 중요한 역할을 한다. 식물은 광합성을 통해 탄소를 흡수하고 밤에는 호흡을 통해 이산화탄소를 방출한다. 탄소 흡수량과 식물에 의해 방출되는 차이가 순 1차 생산량이다. NASA의 Terra 인공위성에 있는 MODIS(Moderate Resolution Imaging Spectro radiometer)는 이산화탄소 사용을 모니터링한다.

활동

http://earthobservatory.nasa.gov에 접속하여, "Global Maps"에서 "Net Primary Productivity" 지도를 선택한다(지도 옵션에서 선택하라).

1. 부정적인 순 1차 생산량 값은 무엇을 의미하는가?
2. 북아프리카 지도의 데이터가 누락되었다. 당신이 예상하기엔 북아프리카의 순 1차 생산량의 값이 높을 것이라고 예상하는가, 낮을 것이라고 예상하는가? 이유는 무엇인가?

애니메이션을 재생할 수 있는 화살표를 클릭하라.

3. 남아메리카의 북부 절반에는 높은 수치의 긍정적인 순 1차 생산량이 나타난다. 이유는 무엇인가?
4. 미국에서 순 1차 생산량은 남서부가 북동부보다 매년 낮다. 이유는 무엇인가?

"Vegetation"을 눌러 보라. 그리고 애니메이션을 실행하라.

5. 식생 지도는 무엇을 나타내고 있는가? 어떤 요소가 통제하고 있는가?
6. 어떤 달은 식생 가치가 높지만 순 1차 생산량은 미국에서 0에 가깝지 않은가? 북반구에서는 어떤 계절이 이러한가?
7. 순 1차 생산량과 하루의 길이 사이의 관계는 무엇을 나타내는가? 순 1차 생산량과 온도는 무엇을 나타내는가?
8. 북반구의 겨울 계절을 보라. 하루의 길이가 남반구와 차이가 난다. 어떤 요인이 남반구의 적당한 온도를 돕는가?

NASA의 지구 시스템 조사연구실인 www.esrl.noaa.gov/gmd/ccgg/trends에 접속하여 대기의 이산화탄소 경향을 보라.

9. 달의 연평균 이산화탄소 농도가 하와이 마우나로아 전망대에서 1년 동안 어떻게 변화하는가? 패턴을 설명하라.

지리적으로 바라보기

이 장의 첫 페이지에 있는 올림픽 국유림의 사진을 다시 보라. 이 숲은 종 다양성이 상대적으로 높은 것처럼 보이는가, 낮은 것처럼 보이는가? 왜 그렇게 생각하는가? 이 생태계를 지원하는 데 가장 중요한 환경적 요인은 무엇인가? 이 요인들은 어떤 기후 유형과 관련이 있는가?(47°30′N, 123° 30′W)

11

지리적으로 **바라보기**

오스트레일리아 뉴사우스웨일스 스터트국립공원의 붉은 캥거루(Macropus rufus). 사진 속의 경관은 습윤한 환경인가, 아니면 건조한 환경인가? 왜 그렇다고 생각하는가? 이와 같은 환경하에서 이동의 방법으로써 뜀뛰기가 갖는 장점과 단점을 생각해 보자.

육상 동식물상

오스트레일리아와 북아메리카의 야생생물이 서로 크게 다른 이유에 대해서 궁금했던 적이 있는가? 이전 장에서는 생물권의 기본 유형과 작용을 다루었다. 이 장에서는 동식물의 지리적 분포에 대해 자세하게 알아볼 것이다. 동식물의 지리적 분포를 파악하게 되면 생물권, 대기권, 수권, 암석권 간의 관계가 보다 명확해진다.

오스트레일리아와 북아메리카에 서식하는 동식물 간의 관계는 결코 간단하지 않다. 전 세계의 여타 지역들에서 나타나는 생물지리학적 분포도 마찬가지이다. 이러한 분포들은 대륙의 이동, 고립된 지역에서의 진화, 기후의 유사성, 인간으로 인한 동식물의 장거리 이동 등과 연관되어 있다.

우선 생물 집단을 연구할 때 알아둘 필요가 있는 개념들부터 살펴본 후, 전 지구의 생물지리학적 분포 패턴에 대해 알아보도록 하자.

이 장 내용을 배우면서 생각해야 할 주요 질문은 다음과 같다.

- 생태계와 바이옴은 어떻게 다른가?
- 식물들이 매우 건조하거나 습한 환경에 적응해 가는 방법은 무엇인가?
- 동물들이 매우 춥거나 더운 환경에 적응해 가는 방법은 무엇인가?
- 지구상의 주요 바이옴의 특성과 분포 범위는 어떠한가?
- 인간은 동식물의 분포에 어떠한 영향을 미치는가?

생태계와 바이옴

제10장에서 알아봤듯이 **생물지리학**은 생물의 분포 경향을 기술하고 이러한 경향이 시계열적으로 변화하는 과정을 연구하는 학문이다. 생물권을 이해하는 데 도움을 주는 기본 원리들 중 **생태계**와 **바이옴**이란 두 가지 개념은 특별한 가치를 지닌다.

생태계 : 다양한 규모의 개념

생태계(ecosystem)라는 단어는 **생태체계**의 준말이다. 생태계는 특정 지역의 모든 생물체를 포함하며, 공존하는 동식물 군집 그 이상의 의미를 갖는다. 생태계의 개념은 생물체 간 상호작용 및 생물체와 무생물체 간 상호작용의 총합을 포괄한다. 무생물체는 토양, 암석, 물, 햇빛, 대기 등을 뜻하지만, 본질적으로 영양분과 에너지를 의미한다고 할 수 있다. 생태계는 기본적으로 무생물 환경과 그 속의 동식물 집합 그리고 생물체들 간의 모든 상호작용의 합이라고 정의 내릴 수 있다. 이 개념에서는 다양한 생태계 구성요소 사이에서 일어나는 에너지의 흐름이 중요시된다. 에너지의 흐름은 생물 군집의 기능을 결정하는 절대적인 요소이다(그림 11-1).

이러한 기능적 생태계 개념은 생물권에 대한 지리학적 연구의 근본 원리로 매우 유용하다. 그러나 생태계의 규모는 다양하므로 이 개념을 적용할 때 주의해야 한다. 우리가 살펴볼 수 있는 생태계들의 크기는 무한정으로 다양하다. 예를 들면 전체 지구상의 생물권을 모두 아우르는 지구 생태계와 같은 거대한 규모를 생각해 볼 수 있다. 혹은 통나무 생태계, 바위 밑 생태계, 심지어 한 방울의 물 생태계 등 극단적으로 작은 규모도 생각해 볼 수 있다.

▲그림 11-1 단순한 생태계 내에서의 에너지 흐름. 초본식물은 광합성을 통해 태양 에너지를 고정한다. 초본은 토끼에게 먹히고, 토끼는 매에게 먹히며, 매는 죽는다. 초본의 광합성 산물에 포함되어 있는 에너지는 여러 단계를 거치면서 토끼와 매의 몸을 구성하는 분자에 결합되며, 결국에는 살아 있는 동물 그리고 부패하는 생물 사체로부터 열에너지 형태로 방출된다.

우리가 실세계에서 생물권의 분포 유형을 확인하고 이해하려 한다면 적절한 규모의 인식 가능한 생태계에 초점을 맞춰야 할 것이다.

바이옴 : 생물지리학자들을 위한 규모

바이옴은 다양한 규모의 육상생태계들 중 전 세계적인 생물 분포 유형을 이해하기에 가장 적절한 규모의 집단이다. **바이옴**(biome)은 쉽게 인식할 수 있는 동식물들로 구성된 대단위 집단으로 주위 환경과 기능적 상호작용을 수행한다. 보통 바이옴은 우점식생에 따라 규정되고 명명된다. 우점식생은 바이옴 내에서 **생체량**(동식물의 총 무게)의 대부분을 차지하고 그 경관에서 가장 시각적으로 분명하고 뚜렷하게 나타나는 식생을 의미한다.

전 세계의 육상 바이옴을 구분할 때 통일된 분류체계는 존재하지 않지만 일반적으로 학자들은 10개의 유형으로 나눈다.

1. 열대 우림
2. 열대 낙엽림
3. 열대 관목림
4. 열대 사바나
5. 사막
6. 지중해 소림(woodland) 및 관목림
7. 중위도 초지
8. 중위도 낙엽림
9. 냉대림
10. 툰드라

각 바이옴은 그 이름과 직접적인 관련이 있는 식생뿐 아니라 이외의 다양한 동식물들도 포함한다. 우점식생의 사이, 아래, 위에는 다른 종류의 식생들이 서식한다. 다양한 동물종들 또한 그 지역을 차지하고 있다. 제10장에서 살펴봤듯이 바이옴의 생물상(주로 식물상)은 기후 및 토양 유형과 밀접하고 예측 가능한 관계를 맺고 있다.

추이대 : 세계의 주요 바이옴 유형을 보여 주는 모든 지도(예 : 그림 11-25)에서 바이옴들 간의 경계는 일정하지 않다. 지도상에 나타나는 바이옴들의 경계는 임의로 설정된 것으로 절대 세밀하게 정의될 수 있는 영역이 아니다. 일반적으로 바이옴들은 어느 한 바이옴의 일반 종이 다른 바이옴의 일반 종과 서로 섞이는 전이 지역인 **추이대**(ecotone)에서 부드럽게 연결된다(그림 11-2).

학습 체크 11-1 바이옴의 개념에 대해 설명하라.

전 세계 바이옴의 동식물상을 기술하기 이전에 우선 동식물 그 자체에 대해 살펴볼 필요가 있다.

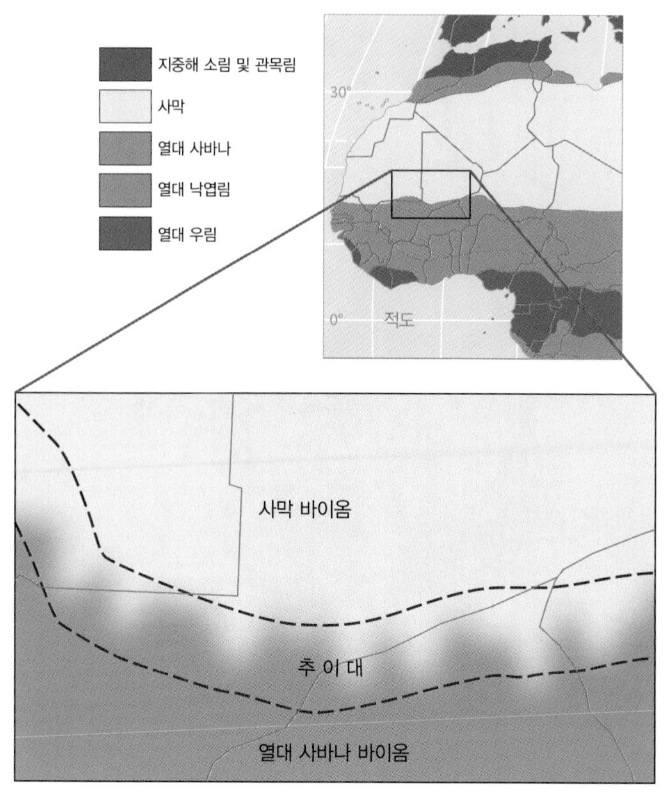

▲그림 11-2 두 바이옴 간의 이론적 경계. 두 바이옴 간의 불규칙적인 경계는 '상호 교차' 되면서 서로 맞물리는 모습을 보이고 있다. 이러한 전이 구역을 추이대라고 부른다.

육상 식물상

지표면의 자연 식생은 다음의 세 가지 이유로 지리학자들에게 관심의 대상이다. 첫째, 경관을 구성하는 것들 중 육상 식물은 대부분의 지표면에서 가장 중요한 시각적 요소이다. 둘째, 식생은 환경 속성들의 민감한 지시자로 햇빛, 온도, 강수량, 증발량, 배수, 경사, 토양 조건 등의 미세한 변화를 반영한다. 셋째, 식생은 인간의 거주와 활동에 현저하고 뚜렷한 영향을 미친다.

식물의 특징

식물은 현미경으로나 볼 수 있는 조류에서부터 거대한 수목까지 형태적 측면에서 놀랍도록 다양하다. 그러나 대부분의 식물은 영양분 및 수분을 흡수하고 식물을 고정시키는 뿌리, 식물체를 지탱하고 뿌리에서 잎까지 영양분의 이동통로가 되는 줄기, 태양 에너지를 흡수하고 전환하며 가스를 교환하고 증산을 하는 잎, 재생산을 위한 기관들과 같이 서로 공통점을 갖고 있다. 식물들은 대체로 연약하게 보이지만 놀라울 정도로 강한 것들이 대부분이다. 지구상에서 가장 습하고 건조하고 덥고 춥고 바람이 많이 부는 곳에서도 살아남을 뿐 아니라 종종 번성하기도 한다.

재생산 기제: 식물은 그들이 갖는 재생산 전략에 따라 구분된다. 매년 나타나는 계절 변화를 견뎌 내는 식생을 **다년생 식물**(perennial)이라 부른다. 반면 **일년생 식물**(annual)은 기후 스트레스 시기(겨울)에 소멸하지만 다음 해에 유리한 환경 조건에서 발아할 수 있는 씨앗들을 대량 생산한다.

또한 재생산 기제에 따라 식물을 **포자**로 번식하는 것과 씨앗으로 번식하는 것으로 구분할 수 있다. 포자로 번식하는 식물은 선태식물과 양치식물의 두 집단으로 이루어져 있다. **선태식물**(bryophyte)은 이끼, 물이끼, 우산이끼 등으로 구성된다. **양치식물**(pteridophyte)은 고사리, 쇠뜨기, 석송 등으로 구성된다. 수목형 고사리 숲, 거대 쇠뜨기, 거대 석송 등이 육상의 과거 식물 군집에서 우점했던 적이 있었다. 그러나 지금은 그렇지 않다.

한편 씨앗으로 번식하는 식물들은 **겉씨식물**과 **속씨식물**로 이루어진다. 두 집단 중 보다 원시적인 형태인 **겉씨식물**(gymnosperm)은 원뿔형 열매에 씨앗을 맺고 그 열매가 벌어질 때 씨앗이 분산된다. 이러한 이유로 겉씨식물은 종종 **구과식물**(conifer)로 불린다(그림 11-3). 겉씨식물은 과거에 광범위하게 분포했었다. 지금은 소나무와 레드우드와 같이 솔방울을 생산하는 겉씨식물만이 넓은 지역에 걸쳐 생존해 있다.

현재 지구상의 식생을 우점하고 있는 **속씨식물**(angiosperm)은 '꽃을 피우는 식물'이다. 씨앗은 과일, 견과, 꼬투리 등에 의해 보호된다. 수목, 관목, 풀, 작물, 잡초, 정원의 화초 등은 속씨식물이다. 속씨식물은 몇몇 침엽수와 함께 지난 5,000~6,000만 년 동안 지구상의 식생을 지배해 왔다.

학습 체크 11-2 일년생 식물과 다년생 식물의 차이를 설명하라.

구조적 특징: 식물은 또한 줄기나 잎의 형태에 따라 구분된다. **목본식물**(woody plant)은 단단한 섬유질로 구성되어 있는 줄기를 갖는 반면 **초본식물**(herbaceous plant)은 부드러운 줄기를 갖는다. 목본식물은 일반적으로 수목이나 관목을 의미하며 초본식물은

▲그림 11-3 식물을 기술할 때 이용되는 용어들. 이 용어들이 약간 혼란을 주기도 하나 경재(속씨식물)와 연재(겉씨식물) 간에는 뚜렷한 차이가 존재한다. 겉모습에서 가장 확실한 차이를 발견할 수 있다.

대부분 잔디나 광엽초본 그리고 지의류 등을 의미한다.

상록수(evergreen tree)는 간헐적으로 혹은 연속적으로 잎을 떨어뜨리긴 하지만 항상 완전하게 잎을 갖추고 있다. 반면 **낙엽수**(deciduous tree)는 춥거나 건조할 때 모든 잎이 죽어 떨어지는 기간을 겪는다.

활엽수(broadleaf tree)는 납작하고 넓은 모양의 잎을 갖는 반면 **침엽수**(needleleaf tree)는 강하고 질기며 윤이 나는 바늘 모양의 잎을 갖는다. 모든 침엽수는 상록수인 반면 열대 우림 지역을 제외하면 대부분의 활엽수는 낙엽수라고 할 수 있다.

경재(hardwood)는 보통 활엽과 낙엽을 갖는 속씨식물을 의미한다. 목질은 상대적으로 복잡한 구조로 되어 있으나 항상 단단한 것은 아니다. 연재(softwood)는 겉씨식물이며 거의 대부분 침엽상록수이다. 목질은 간단한 구조로 되어 있으나 마찬가지로 항상 연한 것은 아니다.

학습 체크 11-3 상록수와 낙엽수를 비교해 보라.

환경 적응

대부분의 식물이 강인하다 해도 생존, 분포, 분산 등을 결정하는 내성의 한계들이 존재한다. 식물은 수억 년 동안 진화를 거듭해 오면서 불리한 환경 조건을 이겨 내고 서식 한계를 극복하기 위한 수많은 방어기제를 만들어 냈다. 환경 스트레스에 가장 뚜렷하게 적응한 예들은 물이 풍부한 곳과 물이 부족한 곳에서 각각 찾아볼 수 있다.

건생식물의 적응 : 긴 건조기를 이겨 내도록 진화된 식물을 건생식물(xerophytic)이라 칭한다(*xero*는 그리스어로 '건조함'을 뜻하고, 'phyt-'는 그리스어로 '식물'이라는 뜻을 가진 *phuto*라는 단어에서 파생된 것임). **건생식물의 적응**(xerophytic adaptation)은 다음 네 가지 유형으로 나타난다.

- 수분을 광범위하게 흡수할 수 있도록 뿌리체계의 형태 혹은 크기가 변한다. 지하의 수분층까지 도달하기 위해 매우 깊은 곳까지 **주근**(taproot)을 확장하며 토양의 미세한 공극으로 침투하기 위해 얇은 잔뿌리들을 많이 만들어 낸다(그림 11-4).
- 줄기는 수분을 저장할 수 있도록 다육질의 스펀지 구조로 변한다. 이러한 다육질 줄기를 갖는 식물을 **다육식물**(succulent)이라 부르며 대부분의 선인장들이 대표적인 예이다.
- 잎은 여러 형태를 띤다. 모두 증산을 억제하기 위해 변화된 모습이다. 수분의 손실을 막기 위해 잎의 표면은 단단하고 반질반질해진다. 하얀색의 윤이 나는 잎은 태양 복사를 반사시켜 증발을 억제하기 위함이다. 무엇보다도 작은 잎을 생산하거나 잎을 전혀 갖지 않는 것이 가장 효과적이다. 건조 지역에 서식하는 관목들의 잎은 실질적으로 증산이 일어나지 않는 가시로 변했다(그림 11-5).

▲ **그림 11-4** 사막 식물은 건조한 기후에서 생존하기 위해 다양한 방법들을 진화시켜 왔다. (a) 일부 식물은 지하수면을 찾기 위해 깊게 파고드는 긴 주근을 발달시킨다. (b) 그러나 표층 근처의 가용한 수분을 확보하기 위해 무수히 많은 작은 뿌리들과 지근을 넓은 면적에 걸쳐 만들어 내는 식물들이 보다 일반적이다.

- 번식 주기가 변화한다. 건생식물은 수년 동안 소멸되지 않고 잠복해 있을 수 있다. 마침내 비가 내리게 되면 이 식물들은 단 수일 내에 발아, 개화, 열매 맺기, 씨앗 분산 등 일련의 생애 과정을 거치며 이후 건조해지면 다시 잠복기로 돌아간다.

습생식물의 적응 : **습생식물의 적응**(hygrophytic adaptation)은 습한 육상 환경에서 잘 나타난다. **수생식물**(hydrophyte, 물 속에서 지속적으로 서식하는 종. 그림 11-6a의 수련)과 **습생식물**(hygrophyte, 수분을 좋아하는 식물로 종종 물에 젖어야 함. 고사리류, 이끼류, 골풀류 등) 간에 차이를 두기도 하나 대체적으로

▲ **그림 11-5** 선인장에는 잎이 거의 없거나 완전히 없다. 대신에 증산으로 인한 수분 손실이 일어나지 않는 가시들을 갖고 있다.

▲그림 11-6 수생환경에서 번성하는 식물 유형. (a) 수련의 넓은 잎들이 캐나다 서부 앨버타-서스캐처원 경계에 위치한 콜드 호수의 수표면을 덮고 있다. (b) 플로리다 브래드포드 호수의 사이프러스와 같이 여러 습생 수목들은 침수 환경에서 강한 지지를 얻기 위해 땅에 가까워질수록 나무 기둥이 점차 넓어지는 모습을 보인다.

습생식물로 통일하여 부르는 경우가 많다.

습생식물은 연한 지반에 몸체를 고정하기 위해 광범위한 뿌리 체계를 갖고 있으며 습생 수목들은 지지를 확실히 받기 위해 지반 근처에서 폭이 넓어지는 경향이 있다(그림 11-6b). 물에서 자라는 많은 습생식물들은 곧게 서서 밀물 및 썰물의 압력을 견뎌내기보다는 물의 흐름을 극복하기 위해 약하고 유연한 줄기를 갖는다. 또한 식물을 지탱하는 힘은 줄기보다는 물의 부력에서 나온다.

학습 체크 11-4 건생식물과 습생식물 간 적응 방식의 차이는 무엇인가?

식물 군집의 전 지구 분포

지리학자들은 식물의 공간 집단을 파악하려 할 때마다 중대한 어려움에 직면한다. 환경 조건 및 형태가 유사한 식물 군집이라도 서로 고립되어 나타날 뿐 아니라 상이한 종들을 포함할 때가 많기 때문이다. 반대로 상이한 식물 군집들이 매우 협소한 지역에서 함께 나타나는 경우도 종종 눈에 띈다. 따라서 군집들이 지도상에 표현될 때 그 경계들은 거의 모든 경우 대략적으로 표현될 수밖에 없다.

또 다른 문제점은 전 세계에서 인간의 교란으로 인해 자연 식생이 완전히 제거되거나 대체된 지역이 무수히 많다는 것이다. 삼림은 벌채되었고 작물이 심어졌으며 목장이 조성되었고 도시 지역은 포장되었다. 따라서 지구상의 대부분 지역에서 **극상 식생**(제10장에서 논의)의 존재는 일반적 현상이 아니라 예외적 현상이다. 대부분의 세계 자연 식생 지도는 인간의 교란을 무시한 상황을 가정하고 작성되어 실제 식생을 정확하게 보여 주지 못한다. 지도 제작자들은 인간의 활동에 의해 교란되지 않았다면 나타날 수 있는 잠재 식생의 지도를 만들 뿐이다.

주요 식물 군집 : 지리학적 분류 방법은 대체로 우점식물의 구조와 형태에 기반한다. 일반적으로 인식되는 주요 군집들은 다음과 같다(그림 11-7).

- **삼림**(forest)은 수관들이 겹칠 정도로 가깝게 서식하는 수목들로 구성된다. 땅에 그늘을 드리우며 일반적으로 하부 식생의 발달을 저해한다. 수목은 수분의 이용 가능성에 크게 좌우된다. 다른 식물들과 다르게 수목은 뿌리에서부터 잎까지 영양분을 비교적 멀리 이동시켜야 하기 때문이다. 이러한 이동은 용해된 상태에서만 일어날 수 있으므로 성장 기간 동안 다량의 물이 필요하다. 다른 종류의 식물도 높은 강수량 조건에서 번성할 수 있으나 수목에 의해 덮여 햇빛을 받지 못하기 때문에 우점하는 경우는 드물다. 따라서 극상 식생은 보통 삼림으로 구성된다.
- **소림**(woodland)은 수목들이 삼림에서보다 띄엄띄엄 분포하며 서로 겹치는 수관들을 찾아볼 수 없는 수목 우점의 식물 군집이다. 지표 식생은 밀생하거나 소생하며 햇빛의 부족으로 인한 제약은 없다. 소림 환경은 삼림 환경보다 대체로 건조하다.
- **관목림**(shrubland)은 **관목**(shrub)이나 **덤불**(bush)로 불리는 키 작은 목본에 의해 우점되는 식물 군집이다. 관목은 여러 형태를 띠고 있으나 대부분 지표 근처에서 펴져 나오는 가지와 지표에 근접하여 달리는 잎을 갖는다. 관목이 수목 및 풀과 함께 서식하기도 하지만 이러한 경우는 드물다. 관목림은 넓은 위도의 서식 범위를 갖지만 일반적으로 반건조 혹은 건조 지대에 국한되어 나타난다.
- **초지**(grassland)는 산재하는 수목과 관목을 포함하기도 하지만 이 경관은 잔디와 광엽초본에 의해 우점된다. 초지의 대표적

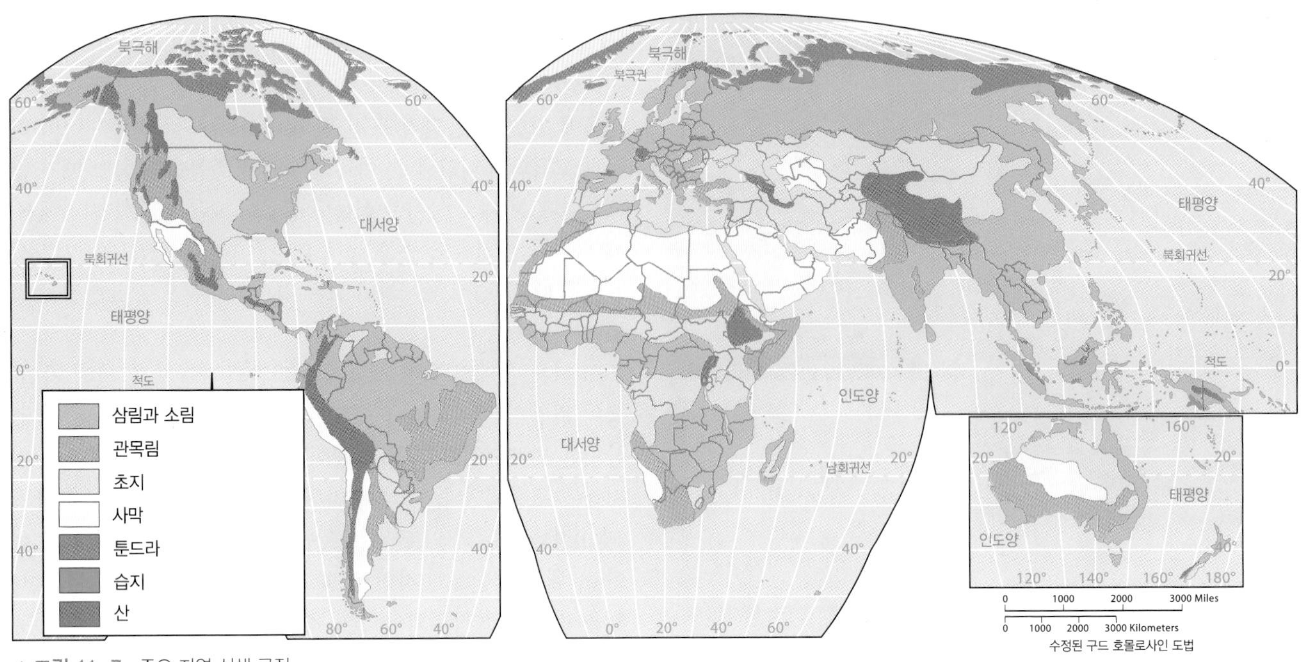

▲ 그림 11-7 주요 자연 식생 군집

인 유형들로는 장초가 특징적으로 분포하고 있는 저위도 초지인 **사바나**(savanna)와 역시 장초로 구성된 중위도 초지인 **프레리**(prairie) 그리고 단초와 다발풀로 구성된 중위도 초지인 **스텝**(steppe) 등이 있다. 초지는 반건조 및 아습 기후와 관련 있다.

- **사막**(desert)에는 보통 황무지 위에 식물들이 넓게 산재되어 있다. 제8장에서 살펴봤듯이, 사막은 실질적으로 기후 용어이다. 사막 지역은 풀, 다육초본, 관목, 부정형의 수목 등 다양한 식생을 갖기도 한다(그림 11-8). 몇몇 광활한 사막 지역은 식생이 전혀 없이 모래, 암석, 자갈 등으로 이루어진 경관을 보인다.
- **툰드라**(tundra)는 제8장에서 살펴봤듯이 수목을 포함하지 않으며 잔디, 광엽초본, 작은 관목, 이끼, 지의류 등으로 구성된 매우 작은 식물들의 집합이다. 툰드라는 고위도 혹은 고산 지역의 추운 기후에서 나타난다.
- **습지**(wetland)는 위에서 기술한 군집들과 비교할 때 매우 제한된 지역에서만 나타난다. 습지는 거의 1년 내내 얕은 물에 잠겨 있으며 수면 위로 올라온 식생이 특징적이다. 가장 많이 분포하고 있는 습지는 **스웜프**(swamp, 수목이 우점)와 **마시**(marsh, 초본식물이 우점)이다(그림 11-6 참조).

▶ 그림 11-8 일부 사막에서는 식물들이 많이 서식하기도 하나 대부분 가는 가지를 갖는 건생식물들이다. 애리조나 피닉스 근방 소노란사막의 모습

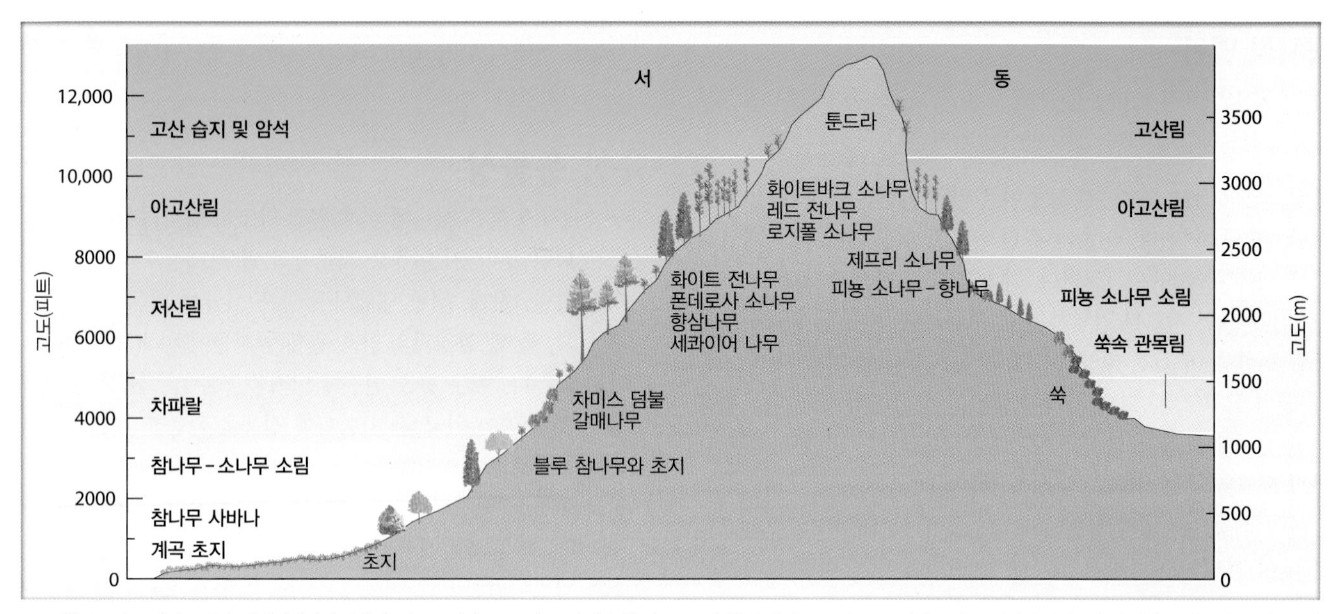

▲그림 11-9 캘리포니아 시에라네바다산맥의 서-동 단면으로, 서쪽 사면(습윤)과 동쪽 사면(건조)의 고도별 주요 식생들이 표시되어 있다. 각 식생대를 대표하는 식물들이 경사면을 따라 기술되어 있다.

수직 분포

우리는 제8장에서 산악지대의 식물들이 독특한 **수직 분포**(vertical zonation)를 가지는 것을 보았다(그림 11-9). 짧은 수평거리 내에서 고도의 빠른 변화는 비교적 좁은 지역 내에서 다양한 식물 군집이 조성되는 이유가 된다. 이러한 분포는 대체로 온도와 강수에 대한 고도의 영향에 기인한다(그림 11-10).

고도의 변화는 위도의 변화와 상응한다는 점에서 중요한 의미를 지닌다. 다시 말하면, 해수면에서 열대 지역의 높은 산 정상까지 여행하는 것은 적도에서 극 지역까지 수평적으로 여행하는 것과 환경적인 측면에서 비슷하다고 할 수 있다. 이러한 고도-위도 관계는 상부 **수목한계선**(treeline, 여름철의 낮은 온도와 낮은 가용 수분 때문에 이 선의 상부에서는 수목이 생존할 수 없음)의 고도가 위도에 따라 어떻게 변화하는지를 살펴보면 쉽게 이해할 수 있다. 적도 근처에서는 수목한계선이 해발고도 5,000m 정도에서 나타나지만 북위 70°에서는 수목한계선이 해수면에 가깝게 나타난다.

위도와 수목한계선 간의 관계가 남반구와 북반구에서 차이가 난다는 점은 흥미로운 사실이다. 남반구의 중위도 지역에서 나타나는 수목한계선은 북반구의 중위도 지역에서 나타나는 수목한계선과 비교할 때 낮은 곳에 위치한다. 이러한 차이를 야기하는 원인에 대해서는 아직까지 완전히 밝혀지지 않았다.

학습 체크 11-5 수직적 분포가 의미하는 바는 무엇인가? 수목한계선의 위치를 결정하는 요인은 무엇인가?

◀그림 11-10 캘리포니아 시에라네바다산맥의 동쪽 사면에서 나타나는 식생의 수직 분포. 이 사진상에서는 쑥이 가장 낮은 고도(1,525m)에서 서식하며 고도가 상승할수록 피뇽 소나무 소림과 아고산대림가 차례대로 나타난다. 수목한계선 위로는 고산 툰드라가 보인다. 중앙부의 산 정상은 휘트니산(4,420m)이다.

국지적 변이

환경 조건의 국지적 다양성(햇빛 노출 정도, 하천에 대한 접근성 등)은 식물 군집에 의미 있는 변이를 가져온다.

햇빛 노출 : 그림 11-11에서 보듯이 사면의 방향은 식생 조성에 중요한 영향을 미친다. 노출과 관련하여 가장 중요한 것은 태양광이 사면에 부딪히는 각도이다. 태양의 고도(햇빛과 지표가 이루는 각)가 크면 지표를 가열하는 데 보다 효과적이며 가용 수분의 증발 또한 늘어난다. 태양의 고도가 높은 사면을 **일향 사면**(adret slope)이라 부르며, 고도가 낮아 햇빛양이 상대적으로 적은 인접 사면에 비해 뜨겁고 건조하므로 소형 식물들이 소생한다. 두 사면의 식생은 서로 다른 종 구성을 갖는다.

반대의 경우를 **일배 사면**(ubac slope)이라고 하며 태양의 고도가 낮아 가열하고 증발시키는 데 덜 효과적이다. 이렇게 서늘한 조건은 다양성이 높고 풍부한 식생을 조성한다.

하곡-곡저의 위치 : 하천이 계곡 사이로 흐르는 산악 지대에서 하천변에 서식하는 식생 군집은 계곡을 구성하고 있는 사면의 상부에서 발견되는 식물 군집과 매우 다르다. 식물상은 하천변에만 국한되어 있기도 하고 계곡 전체에 퍼지기도 한다.

이러한 차이는 하천 근처의 지표 밑에 존재하는 영구적인 가용 수분에 의해 발생하며, 하천변에는 보다 다양하고 풍부한 식물상이 나타난다. 두 영역의 식생은 건조 기후하에서 특히 분명한 차이를 보인다. 건조 지역에서는 하천변에 서식하고 있는 수목을 제외하면 전체 경관에 수목이 존재하지 않는다. 이러한 하천변 식물들을 **하변식생**(riparian vegetaion)이라 부른다(그림 11-12).

육상 동물상

지구상에서 동물은 식물에 비해 훨씬 다양하게 나타난다. 그러나 동물은 다음 두 가지 이유로 지리학적 연구 대상으로 크게 부각되지 않았다. 첫째, 경관 내에서 동물은 식물에 비해 눈에 잘 띄지 않는다. 둘째, 환경과의 상호 관계가 식물에 비해 뚜렷하게 나타나지 않는다. 이는 동물 연구에 어려움을 주는 그들의 숨는 속성에 일부 원인이 있고 환경 변화에 적응을 가능케 하는 그들의 기동성에 일부 원인이 있다.

결코 동물상이 지리학자들에게 덜 중요하다고 이야기하는 것은 아니다. 특정 조건에서는 야생동물이 자연지리의 매우 중요한 요소가 될 수 있다. 일부 지역에서 동물은 인간을 위한 중요한 자원이 되기도 하며 인간 활동에 심각한 제약을 주기도 한다. 그리고 동물들이 식물들보다 특정 생태계의 건강성을 민감하게 암시한다는 사실도 점점 분명해지고 있다.

동물의 특성

많은 사람들은 동물의 생활형이 매우 다양하다는 사실을 인지하지 못한다. 동물은 보통 인간과의 접촉을 피해 나무 사이로 도망치거나 땅 위를 횡단하는 비교적 크고 눈에 잘 띄는 존재로 여겨진다. 그렇지만 **동물**이라는 용어는 크고 복잡한 것들뿐 아니라 작고 간단하여 눈에 잘 띄지 않거나 심지어 보이지도 않는 수많은

(a) 일향 사면과 일배 사면

(b) 일향 사면과 일배 사면의 식생 차이

▲그림 11-11 일향-일배 조건. (a) 정오에 태양광선이 약 90° 각도로 떨어지는 일향 사면은 최대로 태양열을 받게 된다. 같은 태양광선이 약 40° 각도 떨어지는 일배 사면에는 태양열이 넓은 지역으로 분산되어 단위면적당 유입되는 에너지양이 적다. (b) 중부 캘리포니아 파크필드의 남사면(능선의 왼편)과 서늘한 북사면(능선의 오른편)에서 보이는 식생의 차이

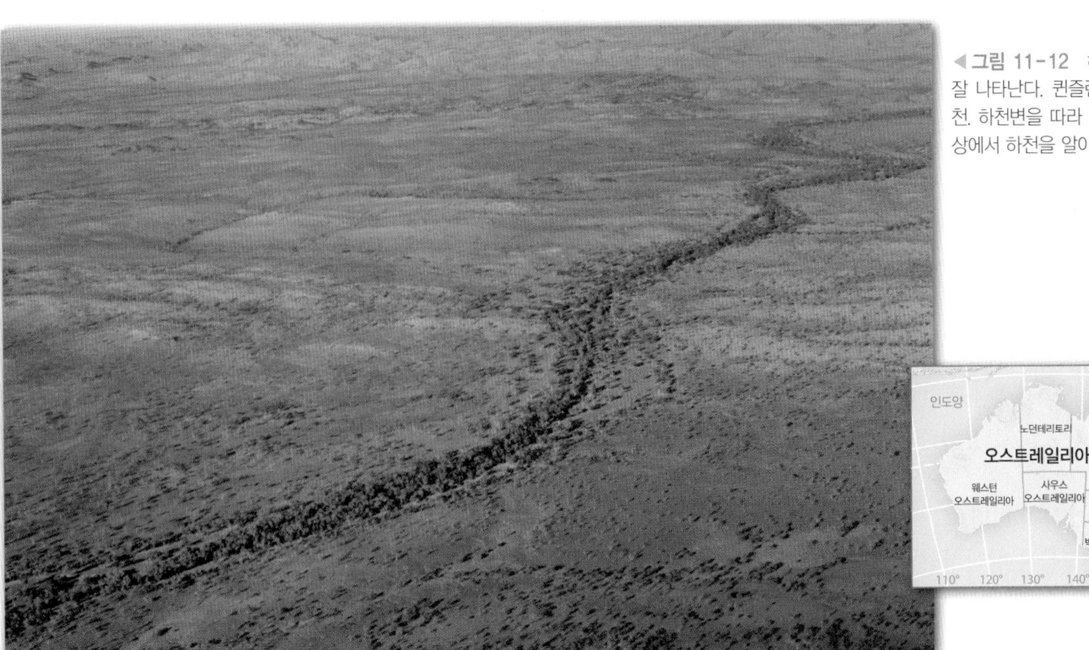

◀ **그림 11-12** 하변식생은 특히 건조 지대에서 잘 나타난다. 퀸즐랜드 북부(오스트레일리아)의 하천. 하천변을 따라 자라는 나무들이 없었다면 사진상에서 하천을 알아보기 힘들었을 것이다.

생물체들 또한 포함한다.

대부분의 동물들은 매우 작거나 비밀스럽게 행동하여 아예 보이지 않거나 거의 눈에 띄지 않는다. 하지만 그들의 크기나 서식처가 지리학 연구에서 그들의 중요도를 결정하는 것은 아니다. 매우 작고 사소하게 보이는 생물체들도 때때로 생물권에서 매우 중요한 역할(질병의 매개, 기생생물의 숙주, 전염병의 근원, 부족한 영양분의 공급 등)을 수행하기도 한다. 예를 들어 작은 체체파리(글로시나 속)의 존재와 분포를 무시하고 아프리카에 대한 지리학적 연구를 진행하기란 쉽지 않다. 이 생물체는 아프리카에서 인간과 가축에 치명적이며 널리 퍼지는 질병인 트리파노소마증(수면병)의 전파에 절대적인 역할을 한다.

동물의 생활 형태는 매우 다양하여 공통적인 특성을 찾기 어렵다. 예를 들어 거대한 코끼리와 미세한 벌레 간의 차이는 너무 커서 그들 간의 관계를 찾는다는 시도 자체가 터무니없게 느껴진다. 동물들은 실제 단 두 가지의 특성만을 공통적으로 가지며 이 두 가지 특성조차 몇몇 경우에는 너무나도 많이 변형되어 거의 인식하기 어려울 정도이다. 두 가지 특성은 다음과 같다. 첫째, 동물들은 운동 능력을 갖고 있어 스스로 이동할 수 있다. 둘째, 동물들은 생존을 위해 식물 그리고/혹은 다른 동물들을 먹어야 한다.

동물의 종류

기본적인 동물 유형을 이해하는 것은 자연지리학적 연구에 도움이 된다.

무척추동물 : 척추가 없는 동물을 **무척추동물**(invertebrate)이라 부른다. 모든 동물 종들의 90% 이상이 이 범주에 속한다. 벌레, 해면동물, 연체동물, 다양한 해양동물, 현미경으로 관찰 가능한 생물 등이 포함된다. 무척추동물 중 가장 잘 알려진 것은 곤충(그림 11-13), 거미, 지네류, 다족류, 갑각류(조개류) 등의 **절지동물**이다. 무척추동물로 확인된 30만 종 중 가장 많은 것이 딱정벌레류로, 이는 모든 곤충 종의 40% 그리고 알려져 있는 모든 동물의 4분의 1 이상에 달한다.

척추동물 : **척추동물**(vertebrate)은 신경(혹은 척수)을 보호하는 척추를 갖고 있다.

척추동물은 다음의 다섯 종류로 나눠진다.

1. 어류는 물속에서 숨쉴 수 있는 유일한 척추동물이다(몇몇 종들은 물 밖에서도 숨을 쉴 수 있음). 대부분의 어류는 민물 혹은 바닷물 중 한 환경에서만 서식 가능하나 몇 종은 양쪽 환경 모두에서 서식하기도 한다[예를 들면, 황소상어

▲ **그림 11-13** 곤충(나방 등)은 절지동물이며 무척추동물에서 가장 다수를 차지한다.

(Carcharhinus leucas)]. 연어와 같은 종은 강에서 알을 낳지만 대부분의 일생을 바다에서 보낸다.

2. 개구리와 도롱뇽과 같은 **양서류**는 반수생 동물이다. 처음 태어날 때는 완전한 수생 동물이며 아가미로 숨을 쉰다. 성체가 되면 폐와 피부를 통해 숨을 쉰다.
3. 대부분의 **파충류**는 땅에서 서식한다. 파충류의 95%가 뱀 혹은 도마뱀이다. 나머지는 대부분 거북이나 악어류이다. 파충류는 변온동물이다.
4. **조류**는 파충류로부터 진화되었다고 알려져 있다. 실제 그들은 '깃털 달린 파충류'로 불릴 만큼 파충류의 특성을 많이 갖고 있다. 조류는 9,000종에 달하며 모두 알을 통해 번식한다. 조류는 매우 적응력이 강하여 어떤 종은 지구상의 대부분 지역에서 서식 가능하다. 그들은 서식처의 공기나 물의 온도와 상관없이 일정한 체온을 유지할 수 있는 항온동물이다.
5. **포유류**는 두 가지 독특한 특징(젖을 생산하여 새끼를 먹이고 머리털을 갖고 있는 점)으로 인해 다른 동물들과 뚜렷이 구분된다. 포유류의 대부분은 **태반동물**이다. 태반동물의 새끼는 어미의 몸 안에서 자라고 발달하며 어미의 혈관과 연결되어 있는 **태반**이라 불리는 기관에서 영양분을 공급받는다(그림 11-14). 포유류의 일부(약 135종)는 **유대류**이다. 유대류의 암컷은 주머니를 갖고 있다. 새끼는 미성숙한 상태로 출생되고 수 주일 혹은 수 달 동안 주머니 안에서 살게 된다(그림 11-15a). 포유류 중 가장 원시적인 형태가 **일혈류**(monotreme)이며 단두 가지 종류만이 존재한다. 이들은 알을 낳는 포유류들이다(그림 11-15b, 11-15c).

환경 적응

식물과 마찬가지로 동물도 오랜 시간 천천히 다양하게 진화되어 왔다. 진화는 동물들이 상이한 환경에 맞춰 분화되는 것을 가능케 했다. 동물들이 생존하고 번성하도록 도와주는 진화적 적응에 의해 모든 환경 제약은 극복되어 왔다. 그러나 "포커스 : 기후 변화에 영향을 받는 조류 개체군"에서 보듯이 최근의 기후 변화는 여러 종의 적응력을 무력화시키고 있다.

생리적 적응 : 다양한 환경에 대한 동물의 적응은 생리적인 적응이 대부분으로, 생리적인 적응이란 해부학적 혹은 신진대사의 변화와 관련 있는 적응을 의미한다. 여러 적응기제 중 온도와 관련된 것이 가장 중요하다.

포유류와 조류는 모두 **항온동물**(endotherm)로, 체온이 어떠한 조건하에서도 일정하게 유지된다. 이러한 적응 기제는 포유류와 조류가 전 지구상에서 서식할 수 있는 이유가 된다. 반면, 체온을 내부적으로 조절할 수 없는 파충류나 양서류 같은 동물들은 **변온동물**(ectotherm)이라 부른다. 몸이 햇볕으로 덥혀질 때까지 아침 내내 뱀이나 도마뱀의 행동이 굼뜬 것은 스스로 체온을 조절할 수 없기 때문이다. 어류의 경우도 몇몇 종들을 제외하고는 모두 변온동물이다.

포유류 중 수백 종의 피부는 섬세하고 부드럽고 두꺼운 털인 **모피**로 덮여 있다. 이러한 포유류들은 작은 쥐나 두더지부터 가장 큰 곰까지 그 크기가 다양하다. 많은 모피 동물들은 고위도 지역 혹은 고산 지역에서 서식한다. 그곳의 겨울은 매우 길고 춥다. 또한 모피 동물들은 수생 환경에서도 서식한다. 나머지는 대륙에 넓게 흩어져 다양한 서식처들을 점유한다. 우리는 두껍고 무거운

▶ **그림 11-14** 포유류는 육상 동물들 중에서 가장 다수를 차지한다. 캐나다 온타리오주 알곤킨 공원의 북미 큰사슴(무스) 암컷과 새끼

(a) 유대류 : 붉은캥거루

(b) 일혈류 : 바늘두더지

(c) 일혈류 : 오리너구리

▲ 그림 11-15 유대류와 일혈류. (a) 붉은캥거루의 새끼가 어미의 주머니 밖을 유심히 내다보고 있다. 다른 유대류와 마찬가지로 새끼 캥거루들은 출생 후 어미의 주머니에서 오랜 기간 생활한다. (b) 일혈류, 즉 알을 낳는 포유류로 단 두 종만이 존재한다. 오스트레일리아와 뉴기니에서만 발견되는 바늘두더지. (c) 오리너구리는 대부분의 시간을 물속에서 보내는 수생 동물이다.

털을 지니는 모피 동물들이 일반적으로 저온 지역에서 서식한다고 잠정적으로 결론 내리지만, 기후적 상관관계는 부분적이며 불분명하다.

귀는 털 있는 동물들에게 있어 체열의 주요 방출 경로가 된다. 귀에는 상대적으로 맨살이 노출된 부분이 많기 때문이다. 극지역의 여우는 매우 작은 귀를 갖고 있어, 열의 방출이 최대한 억제된다(그림 11-16a). 사막여우의 매우 큰 귀는 사막의 뜨거운 여름철에 체온을 조절하는 데 유리하다(그림 11-16b).

비슷한 적응의 사례는 무궁무진하다. 효율적인 수영을 위해 생겨난 물갈퀴, 부드러운 눈에 파묻히지 않는 거대한 발, 체온 조절을 위한 땀선 등 다양하게 존재한다.

학습 체크 11-6 각 척추동물의 유형 중 항온동물들로 이루어진 것은 무엇인가? 항온동물이 변온동물에 비해 유리한 점은 무엇인가?

행태적 적응 : 환경 스트레스에 대한 적응 측면에서 동물이 식물보다 우위에 있을 수 있는 장점은 기동성이다. 동물은 움직일 수 있기 때문에 스트레스를 최소화하기 위해 행태를 변화시키는 것이 가능하다. 동물은 열, 추위, 홍수, 화재를 피하기 위해 숨을 곳을 찾는다. 동물은 가뭄이나 기근으로부터 벗어나기 위해 멀리 이동할 수 있다. 또한 동물은 더운 시기에 수분 손실을 최소화하기 위해 낮보다는 밤에 움직인다. **이주**(지역 간 주기적 이동), **동면**(잠든 상태로 겨울을 남), **여름잠**(움직임 없이 덥고 건조한 시기를 보냄) 등과 같은 방법은 많은 동물들이 정기적으로 활용하는 행태적 적응방식들이다.

번식적 적응 : 새로 태어난 새끼들은 특히 열악한 환경 조건에 취약하다. 이러한 문제를 해결하기 위해 많은 종들은 독특한 번식 주기를 갖거나 새끼를 보호하는 기술을 갖고 있다. 불리한 날씨가 오래 지속되는 경우 몇몇 종은 교배 혹은 둥지의 구성을 미룬다. 수정이 이미 일어난 경우에는 생산 주기를 거의 무한정 연기하는데, 날씨가 호전될 때까지 알의 부화가 늦춰지거나 번데기 시기가 연장되기도 하고 심지어 배아 발달이 완전히 멈추기도 한다.

새끼가 이미 태어난 경우라면, 새끼는 둥지나 굴 등에 평상시보다 오래 머물게 되며 어미는 보다 오랜 기간 먹이를 제공해 준

기후 변화에 영향을 받는 조류 개체군

조류 종들은 기후 변화에 민감한 환경 지시자이다. 먹이를 얻고 둥지를 틀고 이동을 할 때 각 종별로 특정 환경 조건을 필요로 하기 때문이다. 그리고 조류는 일반적으로 이동성이 매우 강하기 때문에 그 개체군은 국지적인 환경 변화에 매우 빠르게 반응할 수 있다.

조류 개체수 조사 : 조류 개체군을 연구할 때 장기간의 조사 자료는 매우 중요한 의미를 갖는다. 내셔널오두본소사이어티(National Audubon Society)는 100년 넘게 크리스마스 조류 조사(CBC)를 통해 조류 개체군에 대한 정보를 수집해 오고 있다. 미국지질조사국(USGS)과 캐나다 야생생물보호국의 북미번식조류조사(BBS) 합동프로그램은 1966년부터 특정 도로변을 따라 조류 개체군 자료를 수집하는 작업을 진행 중이다. 이러한 조사를 토대로 밝혀진 연구 결과는 기후 변화, 특히 기온 상승으로 일부 조류 개체군이 이미 영향을 받고 있다는 점을 강하게 시사하고 있다.

조류 개체군의 이동 : 2009년 내셔널오두본소사이어티는 지난 40년간의 크리스마스 조류 조사를 통해 얻은 자료들을 공개하였다. 총 305종의 북미 조류들 중 177종이 40년 전에 비해 56km 북쪽에서 겨울을 난다는 사실을 확인하였고 동계 기온 상승을 그 원인으로 꼽았다. 또한 '중심 서식지들'(60여 종 이상이 서식)이 북쪽으로 160km 혹은 그 이상 이동했다고 보고하였다.

일부 지역의 새들은 과거보다 둥지를 일찍 트는데 이는 식물들이 보다 빨리 꽃을 피우고 따라서 새들의 먹이가 되는 곤충들이 보다 빨리 확산되기 때문이다. 영연방조류학기금(British Trust for Ornithology)은 65종의 연구 종들 중 20여 종이 40년 전보다 9일이나 빠르게 알을 낳는다는 점을 보고하였다.

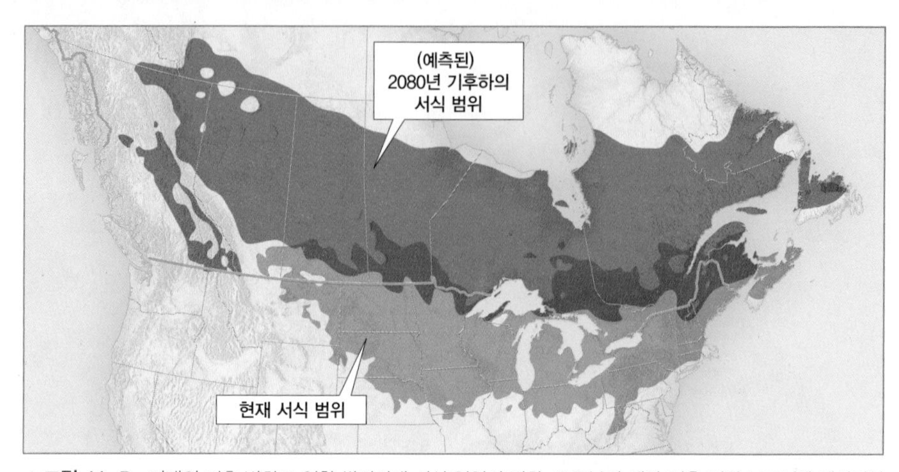

▲ **그림 11-B** 미래의 기후 변화로 인한 쌀먹이새 서식 영역의 변화. *오두본의 새와 기후 변화 보고서*에 제시되어 있는 이 지도에서는 쌀먹이새가 2080년 정도가 되면 현재와 유사한 기후환경이 나타나는 지역을 찾아 북쪽으로 이동하여 지도에서와 같이 서식 영역이 변할 것으로 예측하고 있다.

미래 분포 예측 : 북미의 모든 삼림 군집들이 더워지는 기후에 반응하여 북쪽으로 이동하는 것은 아니다. 삼림 군집 내 개별 식물 종이나 동물 종이 기후 변화에 다르게 반응하여 새들을 포함한 생물들의 서식처가 바뀌거나 사라질 가능성이 있다.

지구온난화가 북미 조류 개체군에 미치는 잠재적 영향에 대한 오래전 연구로 우는 소리가 고운 쌀먹이새(Dolichonyx oryzivorous, 그림 11-A)에 대한 연구가 있다. 쌀먹이새는 왕복 20,000km의 매우 긴 거리를 이동한다. 이 새들은 여름에 남부 캐나다, 뉴잉글랜드, 오대호 남쪽(아이다호주까지)에서 몬태나주까지 둥지를 튼다. 그리고 북반구의 겨울철에 남쪽으로 북부 아르헨티나, 파라과이, 남서 브라질 지역까지 이동한다. 1990년대 중반의 연구에서 쌀먹이새의 분포와 기후 간 상관관계를 모델링하였다. 이 연구에서는 대기 중 이산화탄소가 2배로 증가하게 되면 기후 및 식생이 변화하여 오대호 남쪽 지역에서 쌀먹이새가 더 이상 둥지를 틀 수 없게 될 것이며 이 지역에서 가장 사랑받는 명금은 결국 사라질 것이라고 결론 내리고 있다.

2014년 9월 내셔널오두본소사이어티는 *오두본의 새와 기후 변화 보고서*를 출간하였다. 이 보고서는 북미의 조류종들 중 반 이상의 서식처와 이주 경로가 기후 변화에 의해 현재 위협받고 있거나 적어도 이번 세기 말에는 위협받을 것이라고 주장한다.

크리스마스 조류 조사 및 북미 번식조류 조사 자료와 IPCC의 기후 변화 시뮬레이션 결과를 토대로 내셔널오두본소사이어티는 북미의 588여 개의 각 조류 종들이 앞으로 서식하게 될 지역을 보여 주는 지도를 제작하였다. 이 지도는 이번 세기에 예측된 기후 변화 하에서 나타날 수 있는 서식 영역의 변화를 보여 준다. 쌀먹이새의 적정 서식 지역으로 예측된 곳은 이전 연구에서 추정된 바와 유사하다(그림 11-B).

비록 예측의 불확실성이 존재하긴 하나 내셔널오두본소사이어티는 이 지도들이 조류 서식처 보호에 힘쓰고 있는 각 지역에 도움이 되길 희망하고 있다.

▲ **그림 11-A** 다 자란 수컷 쌀먹이새

질문

1. 조류 개체군이 기후 변화를 민감하게 나타내는 이유는 무엇인가?
2. 북미에 서식하는 일부 조류 개체군의 영역이 극 쪽으로 이동하는 원인은 무엇인가?

(a) 북극여우

(b) 사막여우

▲그림 11-16 (a) 캐나다 매니토바주 케이프처칠 근방의 북극여우. 이들의 작은 귀는 추운 환경에서 체온을 보존하기 위한 적응 방법이다. (b) 사막여우는 큰 귀를 갖고 있으며 체열을 방출하는 데 유리하다. 사진은 북부 케냐 지방의 큰귀여우이다.

다. 기후가 양호해지면 몇몇 종은 발정기(estrus, 암컷의 성적 수용성이 높아지는 시기)를 앞당기고, 둥지를 구성하고, 굴을 준비하는 등의 작업을 수행한다. 그리고 평상시보다 많은 수의 자손을 생산한다.

학습 체크 11-7 동물이 겨울잠을 자면서 얻는 이득은 무엇인가?

사막 환경에 적응한 동물의 예 : 생물들에게 매우 불리한 환경인 사막에서는 생물들의 다양한 적응 방법들이 쉽게 관찰된다.

동물들은 비를 좇아 이동한다. 많은 종들은 놀랍게도 비가 내리는 지역을 본능적으로 파악하고 국지적으로 개선된 환경을 찾아 수십 심지어 수백 킬로미터를 이동한다. 사막의 조류들은 다른 환경 조건의 조류들보다 철새의 비율이 높다. 일부 대형 포유류들도 비를 찾아 이동하는 습성을 갖고 있다. 아프리카 영양이나 오스트레일리아 캥거루는 충분한 비가 내린 후 단 하루 사이에 그 수가 2배로 늘어나는 것을 관찰할 수 있는데, 이는 지역 간에 대규모 이동이 빠르게 일어나지 않으면 불가능한 현상이다.

사막의 작은 생물체들은 건조함을 피해 지하에서 오랜 기간 생활한다. 대부분의 사막 설치류들과 파충류들 그리고 그보다 더 작은 생물체들 또한 땅속의 구멍에서 생활한다. 대부분의 사막 개미와 흰개미들은 지하의 집에서 생활한다. 사막 개구리, 가재, 민물 게 등도 땅속에서 장기간의 건조기를 견뎌 낸다. 조류를 제외한 대부분의 사막 동물들, 유제류, 곤충들은 완전히 야행성인 경우가 많다. 잘 알려져 있는 캥거루쥐(그림 11-17a)와 같은 일부 설치류들은 단지 먹이에 포함된 수분만으로도 생존이 가능하여 일생 동안 전혀 물을 마시지 않고 살아간다.

모든 동물 중에서 사막 환경에 가장 놀라운 적응력을 보이는 동물은 **단봉낙타**일 것이다(그림 11-17b). 단봉낙타의 윗입술은 깊게 파여 있고 인중이 양 콧구멍까지 연결되어 있어 콧구멍에서 흘러나오는 수분을 입으로 삼킬 수 있다. 콧구멍은 횡으로 길게

(a) 사막의 동물 : 오드캥거루쥐

(b) 사막의 동물 : 낙타와 사람

▲그림 11-17 사막 동물들은 놀라운 적응 방법을 다수 갖고 있다. (a) 애리조나의 오드캥거루쥐는 일생 동안 물 한 모금 마시지 않고도 생존이 가능하다. 그들은 먹이로부터 필요한 수분을 얻는다. (b) 낙타는 수단과 같은 건조 환경에서 이상적인 운송용 동물이다.

생겼으며 단단하게 닫을 수 있어 먼지나 모래바람을 막을 수 있다. 덥수룩하게 자란 눈썹은 태양광선으로부터 눈을 보호하며 복잡하게 생긴 쌍꺼풀은 모래바람으로부터 눈을 보호한다. 단봉낙타는 체온이 많이 오르더라도 견뎌 낼 수 있으므로, 고온 조건에서 극단적인 탈수 현상을 겪지 않는다. 인간과 많은 대형 동물들의 체온은 뜨거운 날에 1~2℃ 정도의 변화를 보이는 반면 단봉낙타의 체온은 무려 7℃나 변할 수 있다. 따라서 극심하게 뜨거운 시간 외에는 단봉낙타는 거의 땀을 흘리지 않으며 이로 인해 체내 수분을 보전할 수 있는 장점을 갖는다. 마실 물이 확보되면 단봉낙타들은 짧은 시간 내로 체내 수분의 완전한 복원이 이루어진다.

학습 체크 11-8 사막 동물의 적응기제들 중 하나를 골라 설명하라.

동물 간 경쟁

동물 간 경쟁은 식물 간 경쟁보다 훨씬 강도가 높다. 왜냐하면 동물 간 경쟁은 공간과 자원을 차지하기 위한 간접적인 경쟁뿐 아니라 포식이라는 직접적인 적대 관계도 포함하기 때문이다. 비슷한 식성을 갖는 동물들은 식량이나 영역을 차지하기 위해 서로 경쟁한다. 동일한 지역의 동물들은 또한 물을 얻기 위해 경쟁한다. 그리고 동종의 동물들은 종종 영역이나 짝을 차지하기 위한 경쟁을 벌인다. 포식자와 먹이의 관계는 생태학적 경쟁 관계의 망 내에서 뚜렷하게 나타난다.

동물 간 경쟁은 생물권 내의 자연스러운 관계로서 생존을 위한 노력의 일환이다. 각 동물들은 원시적인 본능에 따라 그들의 생존에 대한(그리고 가끔 그들 짝의 생존에 대한 우려까지 포함한) 걱정에 몰입되어 있다. 그들의 새끼에 대한 걱정도 함께할 때가 있지만 동물 세계에서 모성은(그리고 매우 드문 부성의 경우는 말할 것도 없이) 결코 일반적인 것은 아니다. 대부분 동물의 생존은 각 동물 개체 자신의 문제이다.

동물 간 협동

동물들 간의 경쟁이 극심함에도 서로 협동하는 행태 또한 많은 동물들에게서 나타난다. 여러 동물들은 다양한 규모의 사회 집단 내에서 함께 생활한다(그림 11-18). 개미 군집이나 사자 무리에서 보이듯이 집단에 반해서 개별적인 욕심을 드러내는 경우는 별로 없다. 가끔 몇몇 상이한 종들이 공동생활을 영위하는 경우도 있는데, 동아프리카 사바나 지역에서 함께 생활하는 얼룩말, 영양, 임팔라 등으로 구성된 집단이 그 예이다. 이러한 집단 내에서는 서로 관계가 없는 동물들끼리 어느 정도 협동을 하게 된다. 그러나 공간이나 자원을 둘러싼 경쟁 또한 현저하게 나타난다.

공생 : 공생(symbiosis)은 서로 다른 두 종류의 생물체가 함께 생활하는 경우를 말한다. 여기에는 세 가지 주요 형태가 존재한다.

1. **상생공생**(mutualism)은 양편 모두에게 이익이 되는 관계를 의미한다. 여러 아프리카 유제류들과 지속적인 동반자 관계에 있는 찌르레기(tickbird)가 대표적인 예이다. 이 새들은 포유류로부터 피부를 감염시키는 벌레나 곤충들을 제거해 도움을 주는 한편, 식량을 즉시 확보하면서 이득을 얻게 된다(그림 11-19).
2. **편리공생**(commensalism)은 상이한 두 종이 상대방에게 해를 주지 않으며 같이 살아가는 경우이다. 대표적인 예로 지하의 집을 공유하는 올빼미와 프레리 도그를 들 수 있다.
3. **기생**(parasitism)은 함께 생활하는 두 종 중 한 종이 다른 종으로부터 영양분을 얻는 관계이다. 영양분을 뺏기는 종은 기생생물의 행동에 약해지거나 죽기도 한다. 겨우살이는 삼림 수목의 대표적인 기생 식물로 북미와 유럽에 널리 퍼져 있다.

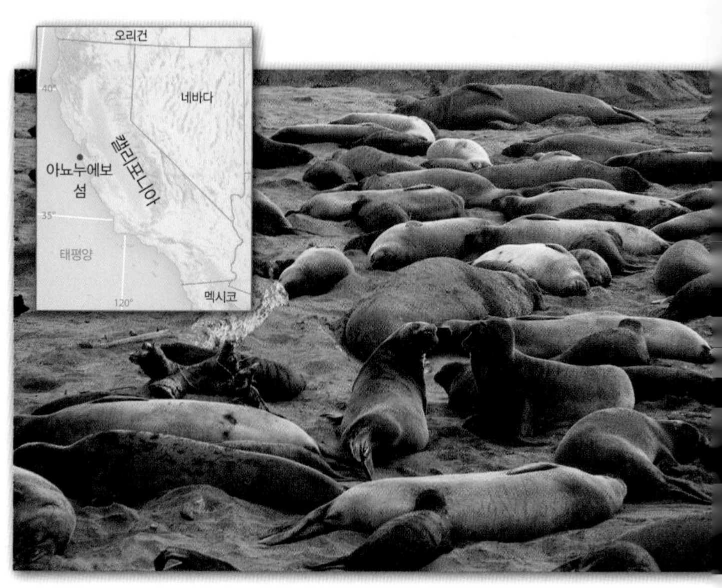

▲ **그림 11-18** 물개 바다사자는 포유류 중 가장 사교적인 동물들이다. 캘리포니아 중부 해안에 위치한 아뇨누에보주립공원 근처 해변에는 '홀링아웃(hauling out)', 즉 먹이를 찾지 않고 잠시 물 밖으로 나와 시간을 보내는 행위를 즐기는 코끼리물범들로 가득 차 있다.

학습 체크 11-9 상생공생과 기생의 차이점은 무엇인가?

▲ **그림 11-19** 유제류들과 식충 조류들은 공생 관계를 유지할 때가 많다. 남아프리카공화국의 크루거국립공원에서 두 마리의 붉은부리 옥스페커가 얼룩말 등에 올라타 작은 벌레들을 찾고 있다.

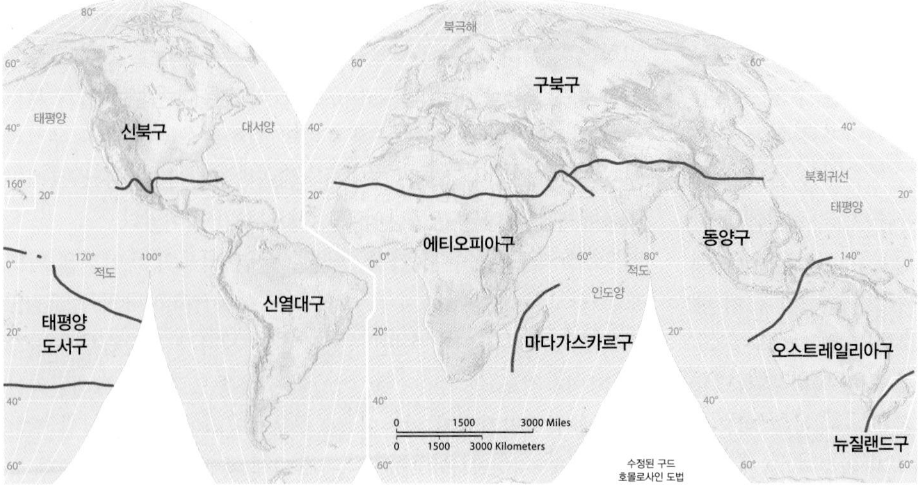

◀ 그림 11-20 세계 동물지리구

동물지리구

동물의 분포는 식물 분포에 비해 훨씬 복잡하고 불규칙적이다. 무엇보다 동물들은 기동성을 갖고 있으므로 보다 빠른 분산이 가능하기 때문이다. 하지만 식물과 마찬가지로 동물의 대략적인 분포 또한 에너지 및 식량원의 다양한 분포를 반영한다. 따라서 가장 풍부한 동물상은 서식 조건이 양호한 습한 열대 지역 환경에서 발견되는 반면, 건조 지역과 한랭 지역에서 서식하는 종 및 개체의 수는 매우 적게 나타난다.

동물의 분포에 기반한 동물지리구 구분은 P. L. Sclater의 작업을 참고한 19세기 영국의 자연학자 A. R. Wallace에 의해 처음 이루어졌다. 원래 Wallace는 전 세계를 6개의 **동물지리구**(zoogeographic region)로 나누었으나 현재 대부분의 생물지리학자들은 그보다 많은 수의 지리구들로 구분한다(그림 11-20). 각 지리구별로 상이한 동물들이 관찰되며, 이는 동물들이 바다, 산맥, 기후적 차이에 의해 고립되어 차별적인 진화 과정을 거친 결과이다.

- **에티오피아구**(Ethiopian Region)는 열대 혹은 아열대 기후대이며 풍부하고 다양한 동물상을 갖는다. 이 지역은 세 면이 해양으로 둘러싸여 있으며 한 면은 넓은 사막으로 막혀 있다. 이렇게 고립되어 있음에도 불구하고 에티오피아구의 동물상은 동양구 및 구북구의 동물상과 가깝다. 모든 동물지리구 중에서 척추동물상이 가장 다양하게 나타나는 지역으로 포유류 과(family)의 수도 가장 많다.
- **동양구**(Oriental Region)의 동물상은 대체로 에티오피아구의 동물상과 유사하며, 다양성은 다소 적지만 화려한 색채를 갖는 조류와 파충류가 다수 발견된다. 특히 독사들이 많다. 동양구는 큰 산맥들에 의해 유라시아 대륙과 구분되어 있어 일부 고유종들이 서식하고 있으나, 동시에 이곳에는 구북구 및 오스트레일리아구에서 발견되는 종들도 존재한다.
- **구북구**(Palearctic Region)는 동양구를 제외한 유라시아 지역, 유럽 전역, 북아프리카 지역을 포함한다. 이곳의 동물상은 전체적으로 이전 2개 지역에 비해 매우 빈약하다. 구북구에는 단 두 종류의 포유류 과(모두 설치류이며 고유과)가 서식하며 이곳 새들의 대부분은 매우 넓은 분포 영역을 갖는 조류 과에 속한다.
- **신북구**(Nearctic Region)는 북아메리카 대륙에서 열대지역을 제외한 부분이다. 이곳의 동물상은 (파충류와 민물어류를 제외하면) 비교적 빈약한 편이며 구북구와 신열대구 동물상이 혼재되어 있다. 동물학자들은 종종 구북구와 신북구 동물상 간의 유사성을 감안하여 단일한 대지역(**전북구**)으로 함께 묶기도 한다. 지질학적으로 최근에 빙하의 성장으로 해수면이 낮아졌을 때 분리되어 있던 전북구의 육지가 서로 연결되었다. 베링 육교를 통해 대규모의 동물상의 전파가 이루어졌다(그림 11-21).
- **신열대구**(Neotropical Region)는 남아메리카 전역과 북아메리카의 열대 지역을 포함한다. 이곳은 서식처가 다양하고 다른

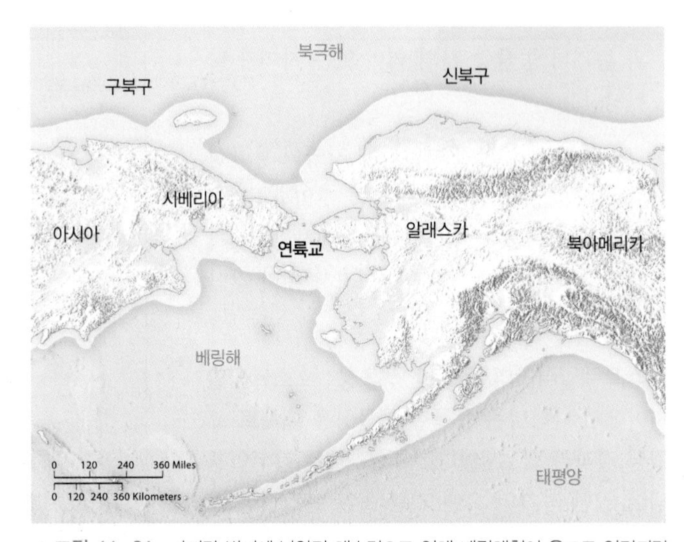

▲ 그림 11-21 마지막 빙기에 낮았던 해수면으로 인해 베링해협이 육교로 연결되면서 구북구 지역과 신북구 지역 간에 동물들의 교환이 이루어졌다. 동물들은 대부분 아시아(구북구)에서 북미(신북구) 방향으로 분산되었다.

지역으로부터 상대적으로 고립되어 있어 동물상이 풍부하며 독특하다. 신열대구 동물들의 진화 방향은 다른 지역과 사뭇 다르다. 다른 지역과 비교할 때 상대적으로 많은 수의 포유류 고유과가 서식하며 조류상 또한 매우 다양하고 독특하게 나타난다.

- **마다가스카르구**(Madagascar Region)는 마다가스카르섬에 국한되며 이곳의 동물상은 인접한 아프리카 동물상과 비교할 때 매우 다르다. 이곳에는 원시적인 영장류(여우원숭이)와 같이 매우 특이한 유형의 고유 동물 집단들이 서식한다.
- **뉴질랜드구**(New Zealand Region)에는 조류에 의해 우점되는 독특한 동물상이 나타난다. 특히 날지 못하는 새들의 비율이 매우 높다. 육상 척추동물은 거의 발견되지 않는다(포유류는 없고 단지 몇몇 파충류와 양서류만 존재).
- **태평양 도서구**(Pacific Islands Region)는 멀리 떨어져 있는 다수의 소규모 섬들로 구성된다. 출현하는 동물 종이 매우 제한적이다.
- **오스트레일리아구**(Australian Region)는 오스트레일리아 대륙과 인접한 몇몇 섬들(대표적으로 뉴기니)에 국한된다. 이곳은 주요 대륙과 오랜 기간 떨어져 있었기 때문에 동물상이 매우 독특하게 나타난다. 척추동물상의 다양성은 비록 부족하지만 동물들의 독특함은 놀라움을 준다. 이곳에는 9개 과의 육상 포유류가 서식하며 그중 8개 과가 이 지역에서만 서식한다. 조류상은 다양하며 이곳의 비둘기류와 앵무새류의 다양성은 세계에서 가장 높다. 반면 민물 어류와 양서류는 매우 드물게 관찰된다. 오스트레일리아 지역에는 적당한 수의 파충류들이 서식하는데 대부분 뱀과 도마뱀이다. 세계에서 가장 거대한 파충류인 코모도드래곤도 이곳에서 서식한다. 이 지역 내에서는 또한 오스트레일리아 동물상과 뉴기니 동물상 간의 의미 있는 차이가 나타난다.

그렇다면 왜 오스트레일리아 지역의 동물상은 다른 지역의 동물상들과 다른 것일까? 제14장의 판구조론을 공부하면 이에 대해 보다 확실하게 이해할 수 있겠지만, 여기서 미리 간단하게 살펴보도록 한다.

오스트레일리아의 독특한 생물상 : 오스트레일리아에서 나타나는 독특한 생물상은 대체로 고립의 결과라 할 수 있다. 대륙의 대부분이 연결되어 있던 과거의 오랜 기간 동안 안정적인 기후 덕에 식물 종들은 진화를 거듭할 수 있었다. 그러나 200만 년 전부터 대륙들이 서로 분리되면서 나타난 기후 변화를 극복하기 위해 생물들은 특색 있는 진화를 통해 새로운 적응 방법을 찾아야 했다. 오스트레일리아는 다른 대륙들과 분리되어 고립되었으므로 이곳 생물들의 진화는 외부로부터 유전적 영향을 거의 받지 않는 상태에서 지속되었다. 이로써 오스트레일리아에서는 고립된 생물상의 특수한 진화가 일어났다.

오스트레일리아에서 가장 주목할 만한 식생의 특이점은 거의 모든 현지 수목들이(총 수목 수의 90% 이상) 단 하나의 속[**유칼립투스**(Eucalyptus)속]에 속한다는 점이다. 게다가 유칼립투스속(그림 10-14 참조)의 400여 종 이상이 고유종으로 오스트레일리아 외부에서는 발견되지 않는다. 오스트레일리아의 관목식생 또한 단 하나의 속[아카시아(Acasia)속]에 의해 우점되며 초본식물과 목본식물의 중간 크기 식물 종 중 절반이 이 속에 포함된다.

오스트레일리아의 식물상이 특이한 것은 사실이지만 동물상의 독특함에 비하면 그 정도가 약하다. 세계 어떠한 지역에서도 이곳의 육상 동물 집단과 비슷한 집단을 찾아볼 수 없다. 이 또한 기본적으로 고립의 결과이다. 일련의 다양한 지질학적 사건과 생물학적 변화를 거쳤던 수백만 년 동안 오스트레일리아 대륙은 동물의 '보호 지역' 역할을 하였다. 이곳에서는 희귀하고 취약한 종

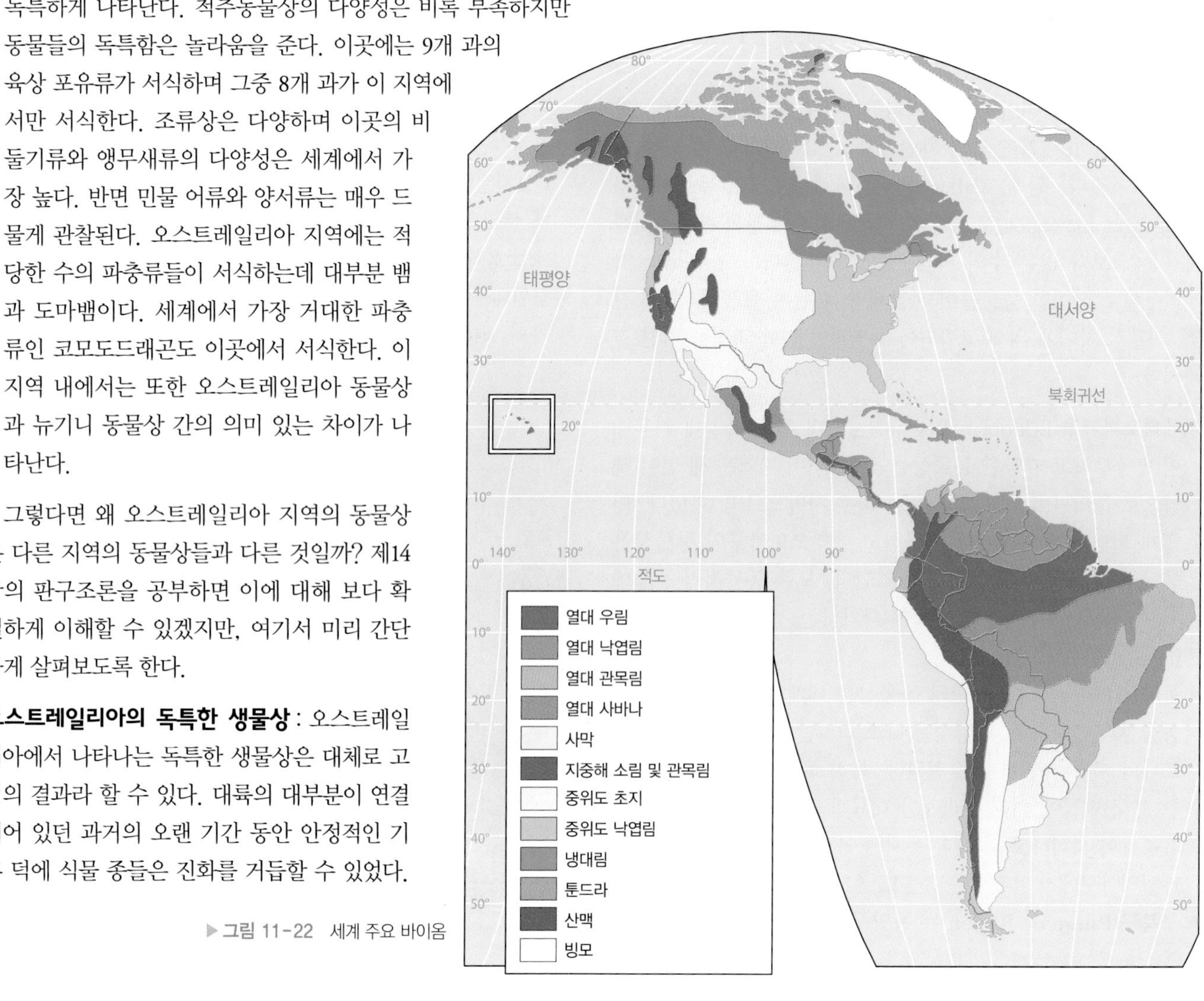

▶ 그림 11-22 세계 주요 바이옴

들이 번성할 수 있었는데, 다른 지역의 동물 진화에 영향을 주었던 경쟁과 포식 압력으로부터 상대적으로 자유로웠기 때문이다.

다른 지역과 다르게 오스트레일리아 동물상은 원시적인 포유류 목인 유대류(그림 11-15a 참조)에 의해 우점된다. 유대류는 다른 지역에서는 이미 사라진 지 오래다. 또한 오스트레일리아는 보다 원시적인 집단인 일혈류의 유일한 서식 지역이기도 하다(그림 11-15b, 11-15c 참조). 무엇보다 오스트레일리아에서 가장 놀라운 것은 다른 지역에서는 흔히 볼 수 있는 태반류가 거의 서식하지 않는다는 점이다.

학습 체크 11-10 여러 독특한 동물 종들이 오스트레일리아의 동물지리구에서 서식하고 있는 이유는 무엇인가?

주요 바이옴

이제부터는 세계 주요 바이옴(그림 11-22)에 대해 알아보자. 이미 언급했듯이 대부분의 바이옴들은 우점하는 식생 군집에 의거하여 명명된다. 그러나 바이옴 개념은 토양, 기후, 지형 등과의 상호관계와 동물상 또한 포함한다.

열대 우림

제10장에서 처음 봤듯이 **열대 우림**(tropical rainforest) 바이옴 혹은 **셀바**(selva) 바이옴의 분포는 기후(지속적인 강수와 비교적 높은 기온)와 밀접한 관련을 맺고 있다. 따라서 열대 우림은 열대 습윤(Af) 기후 지역 및 열대 몬순(Am) 기후 지역의 위치와 거의 일치한다(그림 11-23).

열대 우림은 모든 육상 생태계 중 가장 복잡하며 최고의 **생물다양성**(biodiversity, 특정 지역 안에서 다수의 상이한 종들이 발견되나 종별로는 상대적으로 적은 수의 개체들이 존재)을 보인다. 매우 다양한 수목들이 밀집하여 자란다. 대부분은 계절에 따른 낙엽 특성을 갖지 않는 활엽상록수들로 키가 크고 높은 곳에 수관을 형성한다. 이곳은 연중 따뜻하고 습윤하여 계절이 존재하지 않는다(그림 11-23a). 열대 우림은 여러 층으로 구성된다. 보통 위에서 두 번째 층이 가지가 빽빽이 얽혀 있는 수관을 형성하며 삼림 바닥에 지속적으로 그늘을 드리운다. 삼림의 거대 수목들(일반적인 수목 높이 이상으로 크게 자라는 대형 수목들)은 수관을 뚫고 나와 수관 위쪽에 첫 번째 층을 형성한다. 수관 아래에는 키 작은 수목들인 야자수나 수목형 고사리 등으로 구성된 세 번째 층이 그늘 속에서 생존한다.

열대 우림 지역에서 하부 식생은 상대적으로 빈약하다. 유입되는 태양 빛이 부족하여 식생의 생존이 쉽

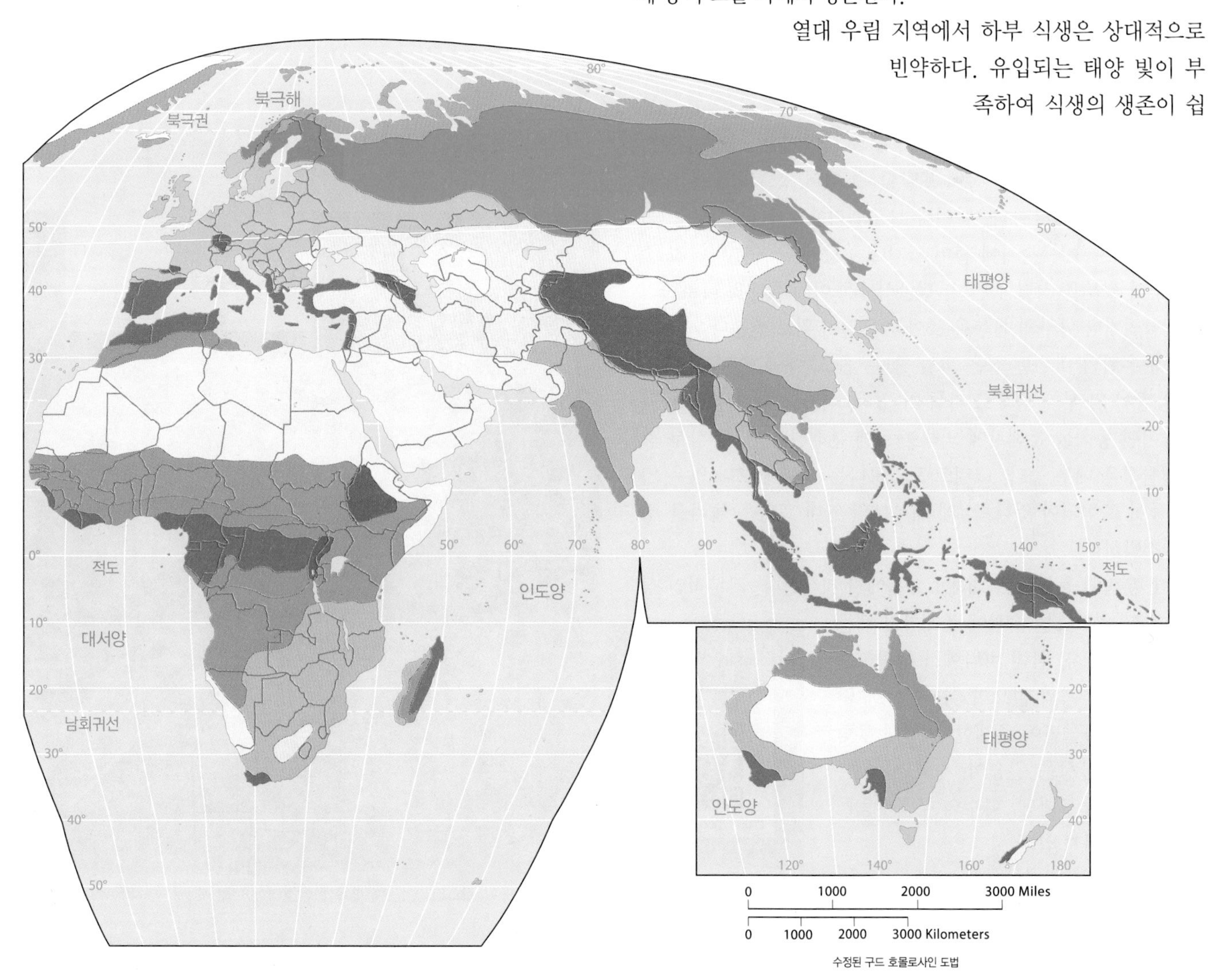

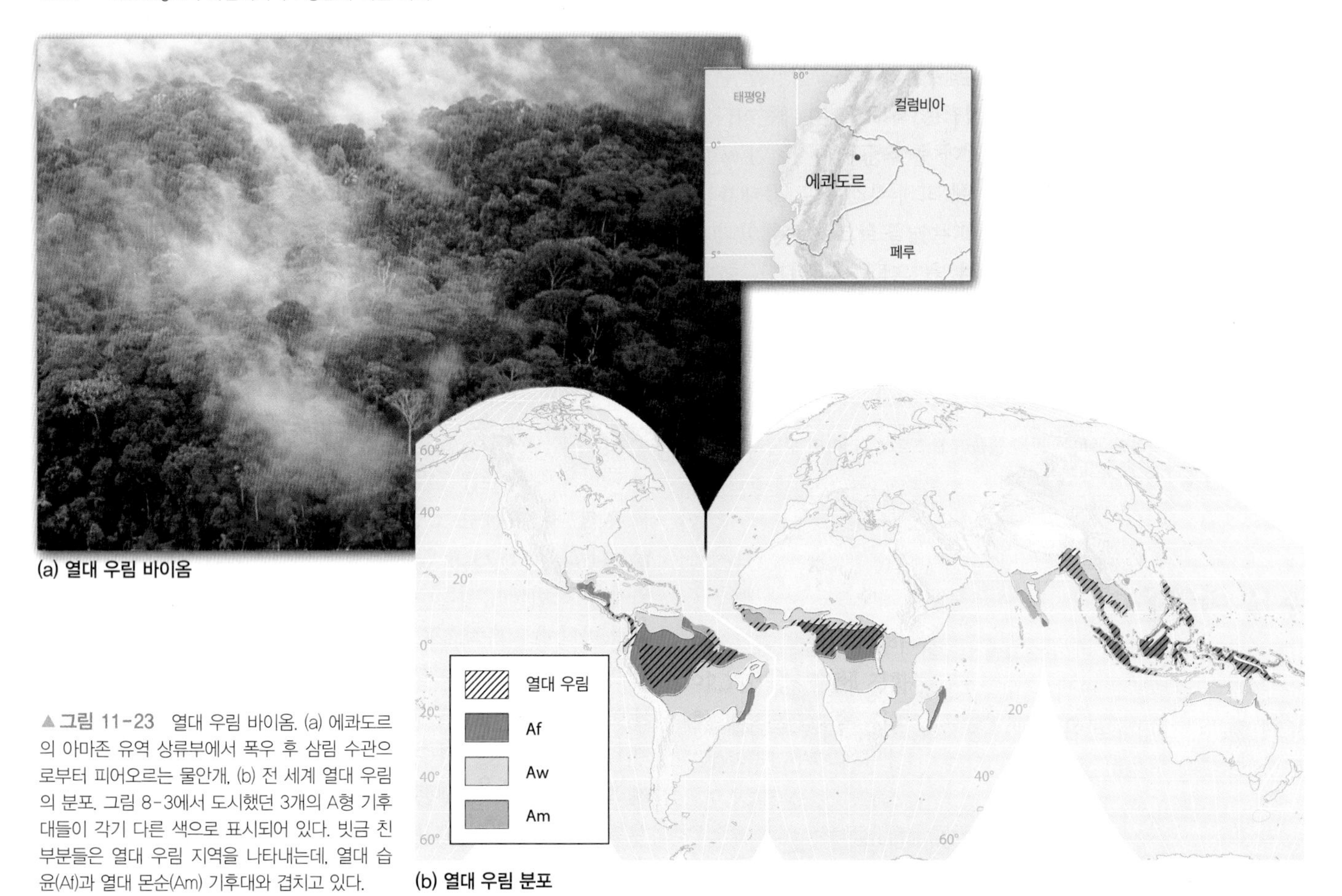

(a) 열대 우림 바이옴

(b) 열대 우림 분포

▲그림 11-23 열대 우림 바이옴. (a) 에콰도르의 아마존 유역 상류부에서 폭우 후 삼림 수관으로부터 피어오르는 물안개. (b) 전 세계 열대 우림의 분포. 그림 8-3에서 도시했던 3개의 A형 기후대들이 각기 다른 색으로 표시되어 있다. 빗금 친 부분들은 열대 우림 지역을 나타내는데, 열대 습윤(Af)과 열대 몬순(Am) 기후대와 겹치고 있다.

지 않기 때문이다. 단, 강가와 같이 수관 사이에 빈 공간이 형성된 지역에서는 태양빛이 땅에 도달할 수 있어 정글과 같은 빽빽한 하부식생이 발달한다. 난이나 브로멜리아드와 같은 착생식물(epiphytes)은 수목 줄기에 붙어 있거나 공중에 늘어지며 공기 중으로부터 수분을 직접 취한다. 덩굴식물은 아치 형태의 나무줄기에 매달리거나 나무의 몸통을 돌아 감으면서 위로 뻗는다.

열대 우림의 내부는 짙은 그늘, 높은 습도, 무풍, 지속적인 열기, 곰팡이 및 부패 냄새로 가득 차 있다. 식물 잔재가 삼림 바닥에 쌓이면 동식물 분해자에 의해 빠르게 분해된다. 삼림 상부 층의 생산성은 매우 높다. 그리고 토양보다는 식생에 보다 많은 영양분들이 축적되어 있다. 실제 대부분의 열대 토양은 놀라울 정도로 척박하다.

열대 우림의 동물들은 대체로 수목에서 서식한다. 기본적인 식량원이 땅 위보다는 수관에 존재하기 때문이다(그림 11-24). 삼림 바닥에서 생활하는 대형동물들은 거의 없으며 이곳에는 수많은 무척추동물들만이 존재한다. 열대 우림 바이옴의 동물상은 원숭이, 수목 설치류, 새, 수목 뱀과 도마뱀, 다수의 무척추동물 등으로 이루어져 있다.

모바일 현장학습 MG
열대 운무림
https://goo.gl/bRb2R5

▲그림 11-24 코스타리카 몬테베르데 삼림의 진보라색검날개벌새(Campylopterus hemileucurus)

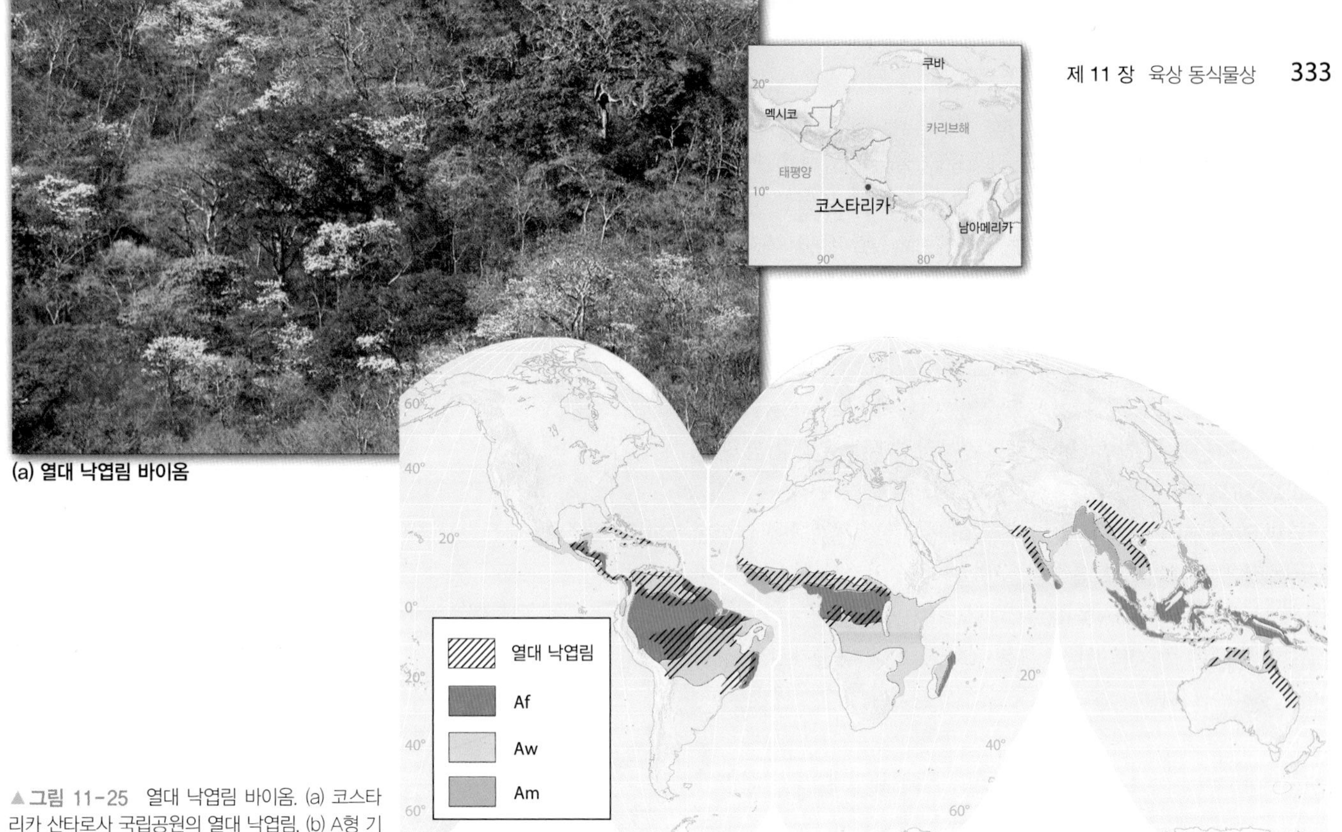

(a) 열대 낙엽림 바이옴

(b) 열대 낙엽림 분포

▲그림 11-25 열대 낙엽림 바이옴. (a) 코스타리카 산타로사 국립공원의 열대 낙엽림. (b) A형 기후대의 분포와 전 세계 열대 낙엽림의 분포(빗금)

열대 낙엽림

열대 낙엽림(tropical deciduous forest) 바이옴의 분포는 그림 11-25에서 볼 수 있다. 보통 불규칙적이고 파편화된 형태로 발견되지만 일반적으로 열대 낙엽림은 열대 습윤(Af) 기후와 열대 사바나(Aw) 기후 사이의 전이 지대에서 나타난다. 이 지역은 연중 높은 기온을 보이지만, 열대 우림 바이옴 지역보다는 대체적으로 기온이 낮고 계절성 강우가 뚜렷하게 나타난다.

열대 우림과 열대 낙엽림 간에는 구조적 유사성이 존재하지만 주요 차이점 또한 명확하게 관찰된다(그림 11-25a). 열대 낙엽림에서는 수관이 덜 밀생하고, 수목들은 다소 작으며, 상대적으로 소수의 층들로 구성된다. 이러한 차이는 열대 낙엽림의 강수량이 상대적으로 적기 때문에 나타난다. 현저하게 건조한 기간이 수 주 혹은 수개월 동안 지속되므로 많은 수목들은 잎을 동시에 떨어뜨린다. 이때 태양빛이 삼림 바닥까지 관통하며, 이로 인해 하부 식생이 고밀도로 자라게 되어 정글 상태가 조성된다. 수목의 다양성은 열대 우림에 비하면 높지 않으나 관목과 이외 소형 식물들의 다양성은 이곳에서 보다 높게 나타난다.

열대 낙엽림의 동물 군집은 대체적으로 열대 우림의 동물 군집과 유사하다. 열대 우림에 비해 땅 위에서 서식하는 척추동물이 많지만, 두 바이옴에서 모두 원숭이, 새, 박쥐, 도마뱀과 같은 수목에서 서식하는 종들이 특히 많이 관찰된다.

학습 체크 11-11 열대 우림 바이옴이 높은 생물다양성을 갖고 있다는 사실이 의미하는 바는 무엇인가?

열대 관목림

열대 관목림(tropical scrub)은 열대 사바나(Aw) 기후 내 건조한 지역과 아열대 스텝(BSh) 기후 일부 지역에 널리 퍼져 있다(그림 11-26). 이 바이옴에는 낮게 자라며 앙상한 수목들, 키 큰 관목들, 초본 하부 식생 등이 우점한다(그림 11-26a). 수목들은 3~9m 높이에 이른다. 수목의 밀도는 일정하지 않은데, 수목들끼리 밀집하여 서식하기도 하지만 산재하여 서식하기도 한다. 종 다양성은 열대 우림과 열대 낙엽림보다 훨씬 낮다. 단 몇 종만으로 넓은 지역의 식물 집단이 구성될 때가 많다. 열대 관목림 바이옴 내의 비교적 뜨겁고 습윤한 곳에 속하는 지역에 서식하는 대부분의 수목들과 관목들은 상록수이며 이외 다른 곳에서 서식하는 대부분 종들은 낙엽수이다. 일부 지역에서는 가시를 갖는 관목 비율이 높게 나타나기도 한다.

열대 관목림의 동물상은 이전에 언급한 두 바이옴의 동물상과는 사뭇 다르다. 땅 위에서 생활하는 포유류, 파충류, 조류, 곤충 군집이 비교적 풍부하게 나타난다.

열대 사바나

그림 11-27에서 볼 수 있듯이 **열대 사바나**(tropical savanna) 바이옴의 분포와 열대 사바나(Aw) 기후 지역이 서로 완전히 일치하지는 않는다. 계절성 강우가 뚜렷한 곳에서 두 지역이 서로 일치하는 경우가 많으며, 이는 열대수렴대(ITCZ)의 연중 이동과 관련이 있다.

사바나 지역은 키 큰 초본 식생에 의해 우점된다(그림 11-27a). 초본 식생이 땅 위를 완전히 덮은 경우도 있고, 산재한 초본 다발

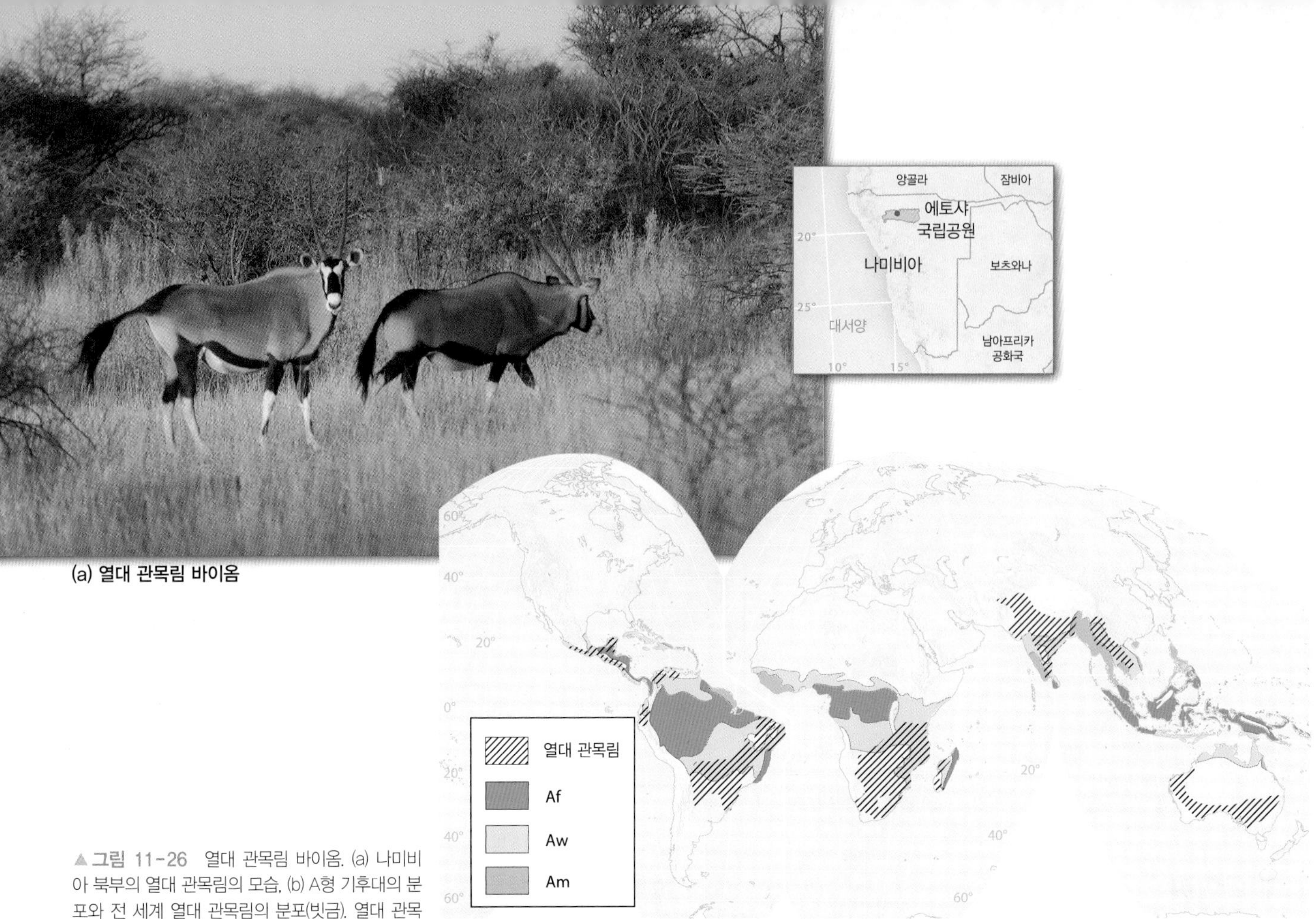

(a) 열대 관목림 바이옴

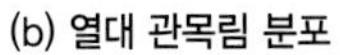

(b) 열대 관목림 분포

▲그림 11-26 열대 관목림 바이옴. (a) 나미비아 북부의 열대 관목림의 모습. (b) A형 기후대의 분포와 전 세계 열대 관목림의 분포(빗금). 열대 관목림은 대부분 Aw 기후대에서 발견된다.

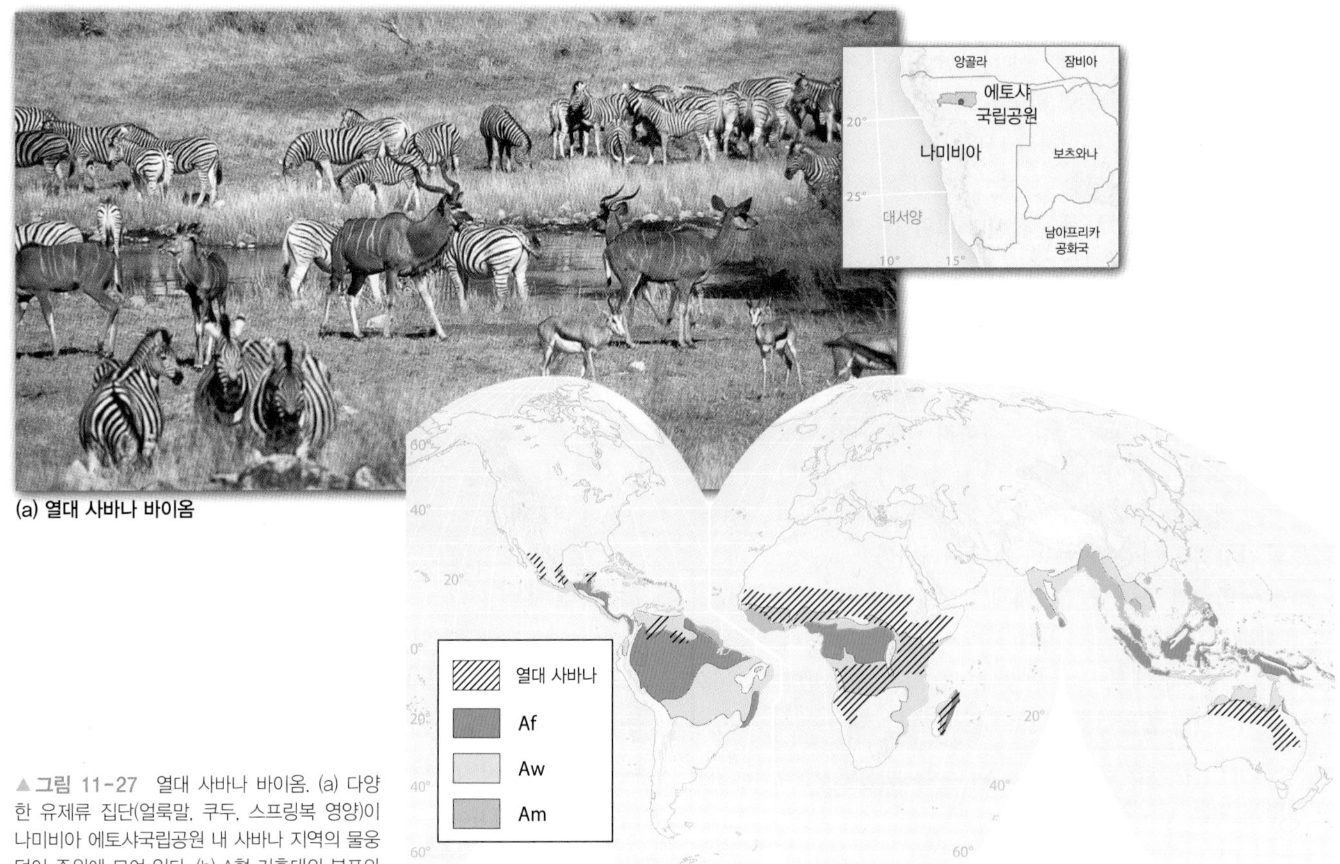

(a) 열대 사바나 바이옴

(b) 열대 사바나 분포

▲그림 11-27 열대 사바나 바이옴. (a) 다양한 유제류 집단(얼룩말, 쿠두, 스프링복 영양)이 나미비아 에토샤국립공원 내 사바나 지역의 물웅덩이 주위에 모여 있다. (b) A형 기후대의 분포와 전 세계 열대 사바나의 분포(빗금)

과 함께 맨땅이 드러나 있는 경우도 있다. 원래 '사바나'라는 명칭은 관목 혹은 수목이 완전히 없는 지역을 의미하였으나 이런 경우는 흔하지 않다. 대부분의 경우 초지에 수목이나 관목이 산재하는데, 이러한 식생 형태를 **파크랜드**(parkland) 혹은 **파크사바나**(park savanna)라고 부른다.

대부분의 사바나 지역은 인간의 교란으로 생성되었기 때문에 식생은 퇴화된 상태이다. 열대 낙엽림, 열대 관목림, 일부 열대 우림의 상당 부분이 수천 년에 걸쳐 인간의 인위적 화재와 목축으로 인해 사바나로 변했다.

사바나 바이옴은 매우 뚜렷한 계절적 리듬을 갖는다. 습한 시기에는 초본이 크게 자라고 초록색을 띠며 풍부해진다. 건조한 시기가 시작되면 초본은 시들기 시작하고 곧이어 지표 상부 부분이 죽어 갈색으로 변한다. 이 시기에는 또한 많은 수목들과 관목들이 잎을 떨어뜨린다. 이후 자연 화재가 발생한다. 건조한 초본 잔재물이 축적되면서 풍부한 연료가 제공되기 때문에 사바나의 대부분 지역에서는 매년 자연스러운 화재를 겪게 된다. 반복되는 초지 화재는 사바나 생태계의 좋은 자극제이다. 화재가 수목이나 관목에 심각한 피해를 입히지 않으면서 초본의 맛없는 부분을 제거해 준다. 다음 해에 습윤한 계절이 돌아오면 초본은 빠르게 재성장한다.

사바나 동물상은 대륙별로 다양하게 나타난다. 아프리카 사바나는 '대형동물'의 땅이다. 특히 유제류(ungulate) 및 육식동물 등과 같은 대형동물이 전 세계에서 가장 풍부하게 서식한다. 대형동물 이외에 다른 종류의 동물들도 높은 다양성을 보인다. 반대로 라틴아메리카 사바나의 경우 대형 야생동물의 개체수가 아주 적은 편이다. 아시아와 오스트레일리아 지역은 아프리카와 라틴아메리카의 중간 정도이다.

학습 체크 11-12 열대 사바나 바이옴의 전형적인 기후를 기술하라.

사막

이전 장에서 저위도 지역에서 적도로부터 멀어질수록 강수량이 감소한다는 점을 언급했다. 이는 적도의 셀바 바이옴에서 아열대의 사막 바이옴으로 점진적으로 변화하는 모습과 관계가 깊다. **사막**(desert) 바이옴은 또한 아시아, 북미, 남미의 중위도 지역에서 광범위하게 나타나며 아열대 사막(BWh) 기후 및 중위도 사막(BWk) 기후와 밀접한 관계를 갖는다(그림 11-28).

사막 식생은 놀랍도록 다양하다(그림 11-28a). 주로 다육식물이나 구조적인 변형에 의해 건조함에 저항력을 갖게 된 건생식물들로 구성되며 이러한 식물들은 수분을 오래 보존할 수 있는 능력을 갖는다. 그리고 짧은 우기 동안 빠르게 번식하여 가뭄을 피하는 식물들도 존재한다. 식피율은 보통 낮고 식물 개체들이 띄

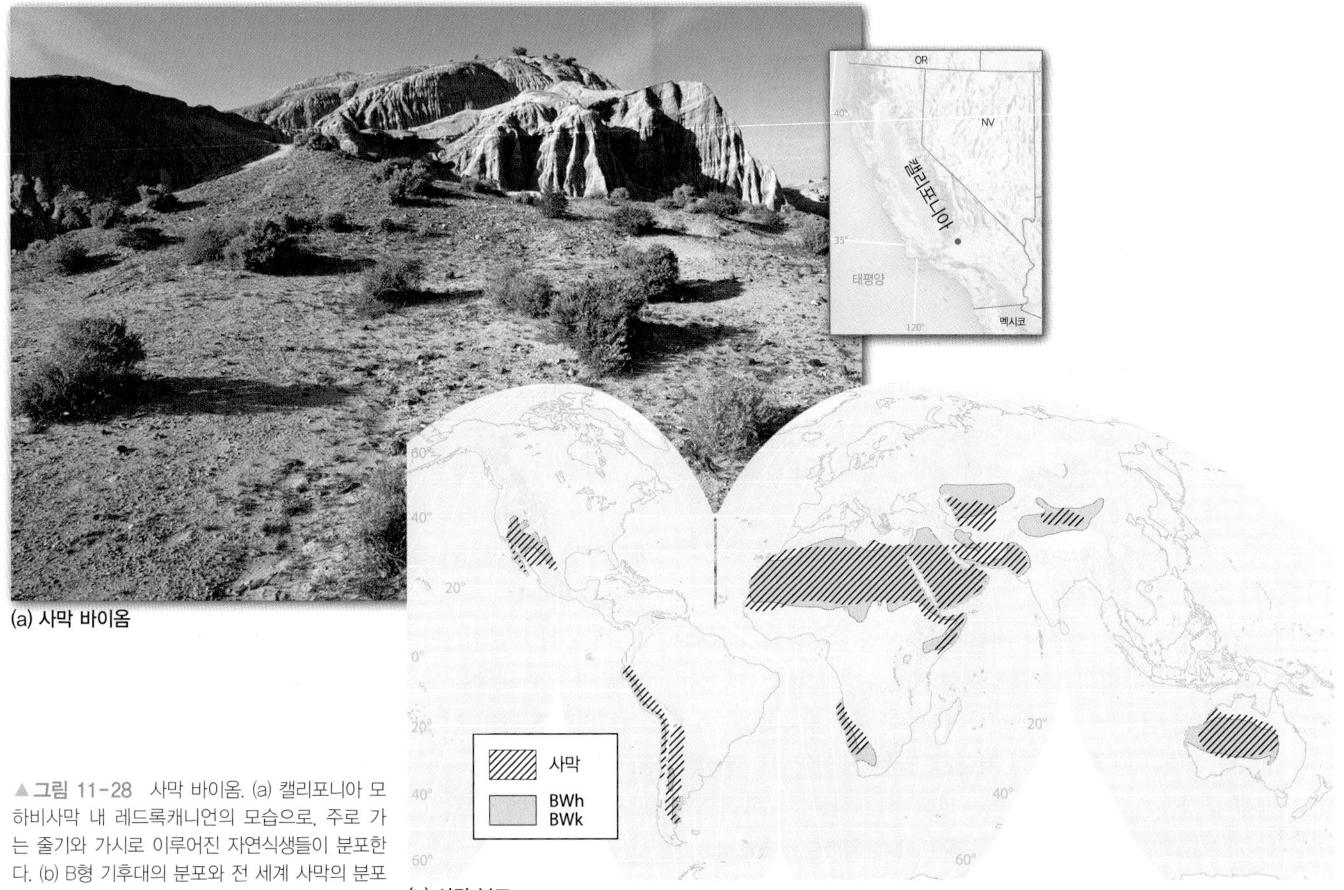

(a) 사막 바이옴

(b) 사막 분포

▲ **그림 11-28** 사막 바이옴. (a) 캘리포니아 모하비사막 내 레드록캐니언의 모습으로, 주로 가는 줄기와 가시로 이루어진 자연식생들이 분포한다. (b) B형 기후대의 분포와 전 세계 사막의 분포(빗금)

▲ 그림 11-29 오스트레일리아 서부에서 서식하는 가시악마도마뱀(thorny devil lizard)의 매서운 모습으로 몸 길이가 10cm에 불과하다.

엄띄엄 분포하는 황무지가 대부분이다. 식물은 대체로 관목들인데 매우 다양성이 높다. 각 종은 제한된 수분량으로 인한 스트레스와 싸워 이길 수 있는 나름대로의 기제를 갖고 있다. 다육식물은 사막 내에서도 상대적으로 더 건조한 지역에서 흔하게 관찰된다. 많은 사막 식물들은 작은 잎을 달거나 혹은 전혀 잎을 갖지 않는 식의 수분을 보존하는 전략을 갖고 있다. 초본식물들은 사막지역에 널리 퍼져 있긴 하나 개체수가 빈약하다. 이러한 건조함에도 불구하고 가끔 사막(특히 오스트레일리아 사막)에서 수목들이 발견되기도 한다.

사막의 동물상은 매우 빈약하여 동물들이 전혀 존재하지 않을 것이라는 잘못된 생각으로 이어지기도 한다. 그러나 비록 대형 포유류는 서식하지 않지만 많은 사막에서 꽤 다양한 동물 군집들이 발견된다. 대부분의 사막 동물들은 낮 동안에는 굴이나 큰 틈 안에서 쉬고 밤에 돌아다니면서 태양이 작열하는 시기(일반적으로 낮 그리고 특히 뜨거운 계절)를 피한다(그림 11-29).

사막 바이옴의 생물체들은 일반적으로 정적인 특성을 갖고 있다. 그러나 유리한 시기나 장소(수원 주위)에서는 생물 활동이 크게 증가하고 총 생체량 또한 늘어난다. 유리한 시기란 주로 야간 그리고 특히 비 온 후를 의미한다. 예를 들어 많은 양의 비는 수십 년 동안 잠복기에 있었던 야생화의 씨앗을 자극하여 발아시킬 수 있다.

지중해 소림 및 관목림

그림 11-30에서와 같이 **지중해 소림 및 관목림**(mediterranean woodland and shrub) 바이옴은 중위도의 여섯 군데 소지역에서 발견되며, 이 지역들은 널리 산재해 있다. 여섯 곳 모두 지중해성(Cs) 기후의 영향(건조한 여름-습윤한 겨울)을 받는다. 지역별로 우점하는 식생 군집들은 외형적으로 매우 유사하나 식물분류학적으로는 큰 차이를 보인다. 이 바이옴은 북미에서 **차파랄**(chaparral)로 불리는 두꺼운 관목숲에 의해 우점된다(그림 11-30a). 북미를 제외한 지역에서는 차파랄이 다른 이름으로 불린다. 차파랄은 다수의 **경엽**(sclerophyllous) 식물들을 포함한다. 이 식물들은 수분 손실을 억제하는 작고 단단한 잎을 통해 여름의 건조기를 견뎌 낸다. 지중해 바이옴에서 두 번째로 중요한 식물 군집은 초지 소림이다. 이곳의 지표는 완전히 초본으로 덮여 있으며 상당수의 수목들이 산재하여 분포한다(그림 11-30b, 11-30c).

식물 종들은 지역별로 상이하다. 다양한 참나무들은 북반구 지중해 바이옴에서 가장 중요한 속이다. 가끔 중간 크기의 수목으로 나타나기도 하고 작달막한 관목 형태로 나타나기도 한다. 지중해 바이옴 내 모든 지역에서 수목과 관목은 기본적으로 활엽상록림이다. 잎은 대부분 작을 뿐 아니라 가죽 같은 구조와 윤이 나는 외피를 갖는데, 긴 건조기 동안 수분 손실을 최대한 줄여 준다. 그리고 대부분의 식물들은 깊은 뿌리체계를 갖고 있다. 지중해성 기후 지역에서 여름은 비가 오지 않는 계절이다. 따라서 여름 화재는 비교적 흔하게 발생한다. 화재가 휩쓸고 지나간 후 이곳의 많은 식물들은 빠르게 재생하도록 진화되었다. 제10장에서 봤듯이 일부 종들은 화재의 열을 받아야 꼬투리가 열리고 씨앗이 퍼져 발아가 가능하다. 여름 화재로 초본이나 낮은 관목들이 불타 없어지면, 식생이 재생되기 전 무방비 상태로 노출된 경사면이 곧이은 겨울 홍수로 인해 급속한 침식을 겪을 수 있다.

이 바이옴의 동물상에서 특별히 독특한 점을 찾기는 어렵다. 씨앗을 먹고 굴을 파는 설치류들이 흔하며 조류와 파충류 등도 흔하다. 일반적으로 이곳 동물들의 서식처는 인접한 바이옴들에도 걸쳐 있다.

학습 체크 11-13 지중해 소림 및 관목림 바이옴과 관련이 있는 기후는 무엇인가?

중위도 초지

중위도 초지(midlatitude grassland)는 북미와 유라시아에 광범위하게 나타난다(그림 11-31). 북반구에서 이 바이옴의 위치와 스텝기후(BSh와 BSk) 지역의 위치는 상당히 유사하다. 소규모의 남반구 중위도 초지 지역(아르헨티나의 **팜파스** 및 남아프리카의 **벨트**)은 기후 지역과의 연관관계가 상대적으로 덜 뚜렷하다.

초지 바이옴 내의 보다 습한 지역에서는 초본이 상대적으로 크게 자라는데, 북미에서는 **프레리**라고 부른다. 보다 건조한 지역에서의 초본은 크기가 작으며 **스텝**이라고 불린다(그림 11-31a). 종종 초본이 다발풀 형태로 군데군데 자라면서 땅이 드러나기도 한다.

대부분의 초본식물은 다년생이며 겨울 동안 휴면기를 겪고 이듬해 여름에 새싹을 낸다. 수목들은 대부분 하천가에 제한적으로 위치하며 관목들은 암석지대에 간헐적으로 나타난다. 초지의 화재는 여름에 매우 흔하며 관목이 상대적으로 부족한 이유가 된다. 목질 식생은 화재를 견뎌 내지 못하기 때문에 연료가 되는 초본 식생이 적어 화재가 발생하기 힘든 건조한 사면에서 보통 생존한다.

(a) 지중해 소림 및 관목림 : 차파랄

(b) 겨울의 지중해 소림 및 관목림

(c) 여름의 지중해 소림 및 관목림

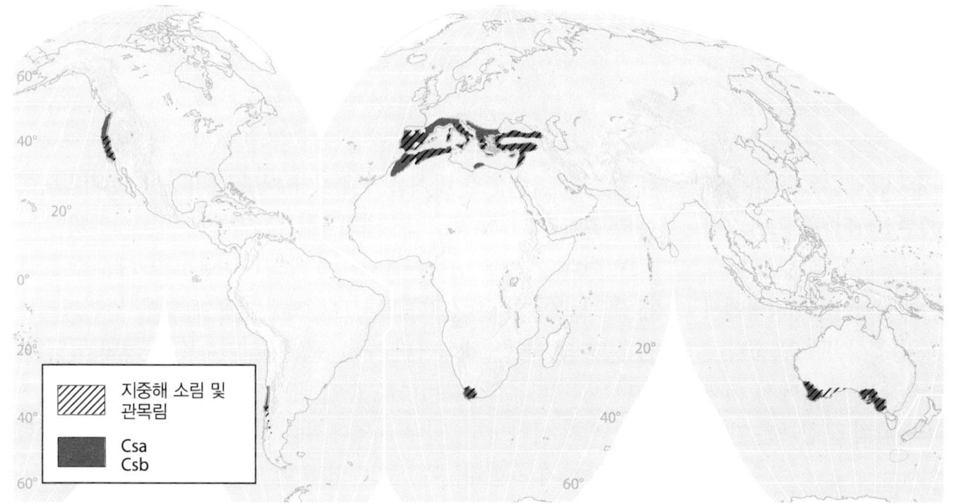

(d) 지중해 소림 및 관목림 분포

▲그림 11-30 지중해 소림 및 관목림 바이옴. (a) 캘리포니아 샌게이브리얼산맥에서 밀생하는 지중해 관목림의 차파랄 식생. (b) 오스트레일리아 남부 마운트로프티산맥의 지중해 소림 식생. 겨울은 습하고 온화한 초록이다. (c) 반면 여름은 뜨겁고 건조하며 갈색, 즉 자연 화재의 시기가 이어진다. (d) Cs 기후대의 분포와 전 세계 지중해 소림 및 관목림의 분포(빗금)

초지는 초식동물들의 광범위한 식량 공급원이다. 이곳에는 인간의 교란으로 동물 개체군의 규모가 심하게 줄기 전까지는 상대적으로 적은 종으로 구성된 다수의 초식동물들이 함께 살고 있었다(예 : 아메리카들소, 그림 10-17 참조). 인간의 정착 이전에 대형 초식동물들 중 일부는 주기적으로 이동을 하였다. 반면 소형 동물들의 다수는 더위, 추위, 불로부터 보호받을 수 있는 지하에서 많은 시간을 보냈다.

중위도 낙엽림

북반구 모든 대륙의 광범위한 지역과 남반구의 일부 지역은 원래 활엽낙엽수림으로 덮여 있었다(그림 11-32). 산지를 제외하면 **중위도 낙엽림**(midlatitude deciduous forest)의 상당 부분은 농경이나 인간의 개발 등으로 이미 사라진 상태이며 원래의 자연 식생은 거의 남아 있지 않다.

이 삼림은 여름에 빽빽한 수관을 이루며 가지들이 무성한 키 큰 활엽 수목들로 구성되어 있다. 몇몇 작은 수목들과 관목들이 하부에 존재하긴 하나 대부분의 지역에서는 삼림 바닥에 서식하는 하부 식생이 빈약한 편이다. 겨울에는 계절적 낙엽 특성으로 삼림의 모습이 현격하게 변한다(그림 11-32a).

수종들은 대부분 활엽낙엽수이나 지역별로 매우 상이하게 나

(a) 중위도 초지 바이옴

(b) 중위도 초지 분포

▲그림 11-31 중위도 초지 바이옴. (a) 중국 스텝 초지의 목동과 야크떼, (b) BS 기후대의 분포와 전 세계 중위도 초지의 분포(빗금)

타난다. 동부 오스트레일리아의 경우 타 지역과 근본적인 차이를 보이는데, 이곳의 삼림은 대부분 활엽상록수인 유칼립투스의 변종들로 구성되어 있다. 북반구 지역에서는 북부로 갈수록 침엽상록수들과의 점진적인 혼합이 일어난다. 미국 남동부 지역에서는 특이하게도 낙엽수들이 우점하지 않고 침엽상록수인 소나무가 우점하는데, 이들은 계곡 위의 배수가 양호한 지역에서 서식한다. 또한 태평양 연안의 미국 북서부 지역 삼림 군집들은 대부분 활엽낙엽수림이 아니라 상록침엽수림이다.

열대 바이옴에 비하면 다양성은 부족하나 중위도 낙엽림은 중위도에서 가장 풍부한 동물 군집들을 보유한 바이옴이다. 조류와 포유류가 매우 다양하며 일부 지역에서는 파충류와 양서류들이 특징적이다. 여름에는 곤충과 갑각류 등의 다양한 개체군들이 나타난다. 이주 및 동면 등으로 인해 겨울에는 동물상이 빈약해지며 동물의 개체수가 적어진다.

냉대림

냉대림(boreal forest)은 전 세계 여러 바이옴들 중 매우 넓은 편에 속하는 바이옴이다. 러시아에서 북부 수림대의 북쪽 경계부를 이르는 말인 타이가로 명명되기도 한다. 냉대림은 북아메리카 북부와 유라시아의 광대한 지역을 점유한다(그림 11-33). 툰드라 기후대의 위치와 툰드라 바이옴의 위치가 서로 겹치듯이 냉대림 바이옴의 위치와 아극(Dfc) 기후대의 위치도 서로 매우 유사하다.

이 거대한 북부 삼림은 다른 어떠한 바이옴보다 단순한 식생 군집으로 이루어져 있다(그림 11-33a). 겨울에 잎을 떨어뜨리는 일부 낙엽송류를 제외하면 대부분 상록침엽수로 구성되어 있다. 소나무, 전나무, 가문비나무 등에 국한된 비슷한 모습의 삼림이 넓게 퍼져 나타난다. 일부 지역에서는 침엽수림 사이에 낙엽수림이 분포하기도 한다. 이 낙엽수림 또한 제한된 수종(주로 자작나무, 포플러나무, 사시나무 등)으로 구성되며 화재 이후의 천이 단계일 경우도 많다.

이 바이옴 내에서도 남쪽 경계에 가까울수록 수목들은 더욱 크게 자라며 서식 밀도 또한 높아지는데, 이는 생장 기간인 여름이 길고 따뜻하기 때문이다. 반면 북쪽 경계에 가까이 서식하는 나무들은 작고 가늘며 분포 밀도가 낮다. 수관 아래 하부 식생은 일반적으로 빈약하지만 낙엽 관목층이 가끔 번성하기도 한다. 지표는 보통 이끼나 지의류에 의해 완전히 덮여 있으며 바이옴 남부에는 초본도 서식한다. 또한 지표에는 침엽이 매우 두껍게 쌓여 있다.

영구적으로 결빙되어 있는 지표하 토양(**영구동토층**)은 수분이 아래쪽으로 침투하는 것을 방해하고, 플라이스토세의 빙기 동안

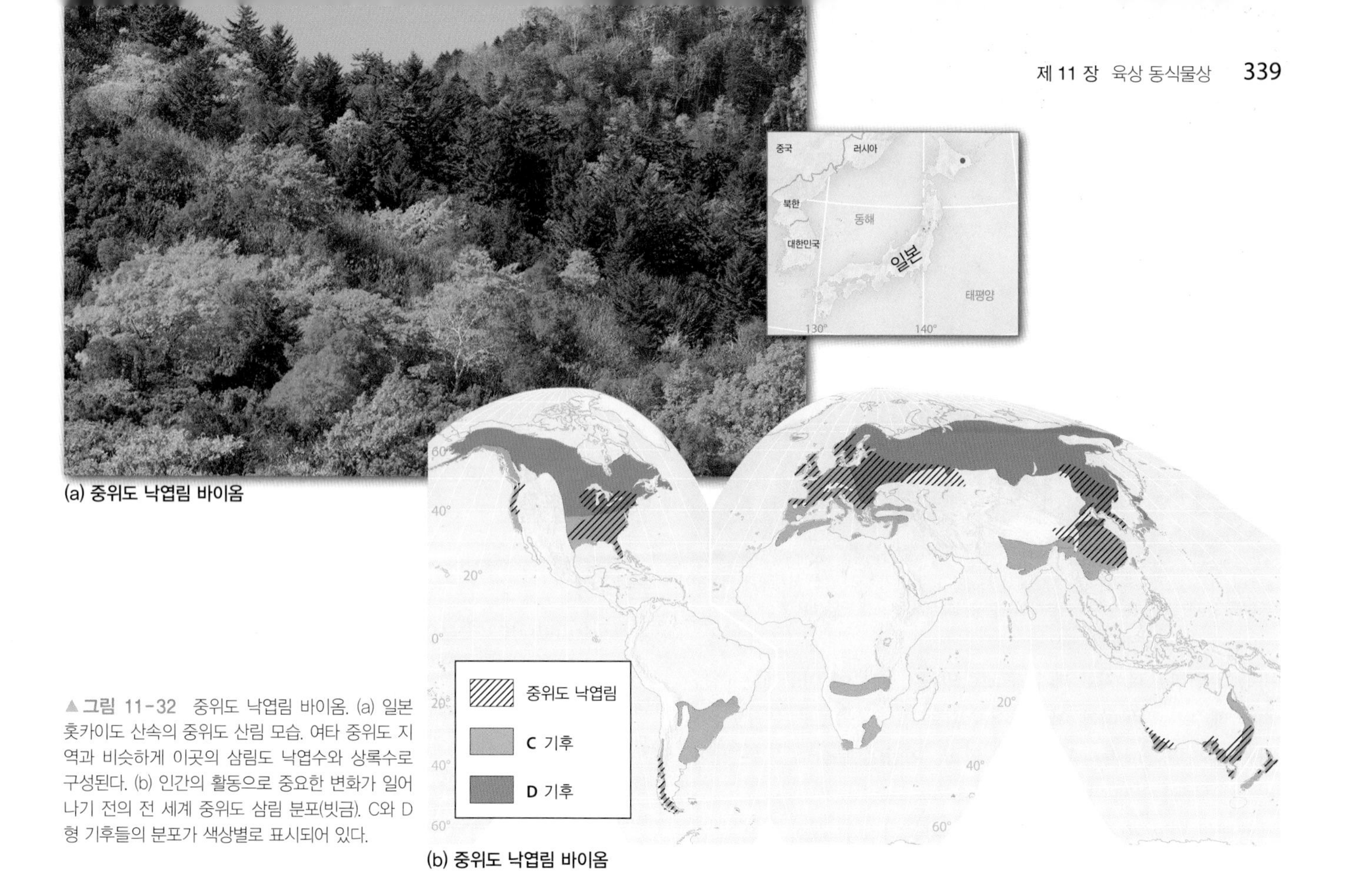

(a) 중위도 낙엽림 바이옴

(b) 중위도 낙엽림 바이옴

▲그림 11-32 중위도 낙엽림 바이옴. (a) 일본 홋카이도 산속의 중위도 산림 모습. 여타 중위도 지역과 비슷하게 이곳의 삼림도 낙엽수와 상록수로 구성된다. (b) 인간의 활동으로 중요한 변화가 일어나기 전의 전 세계 중위도 삼림 분포(빗금). C와 D형 기후들의 분포가 색상별로 표시되어 있다.

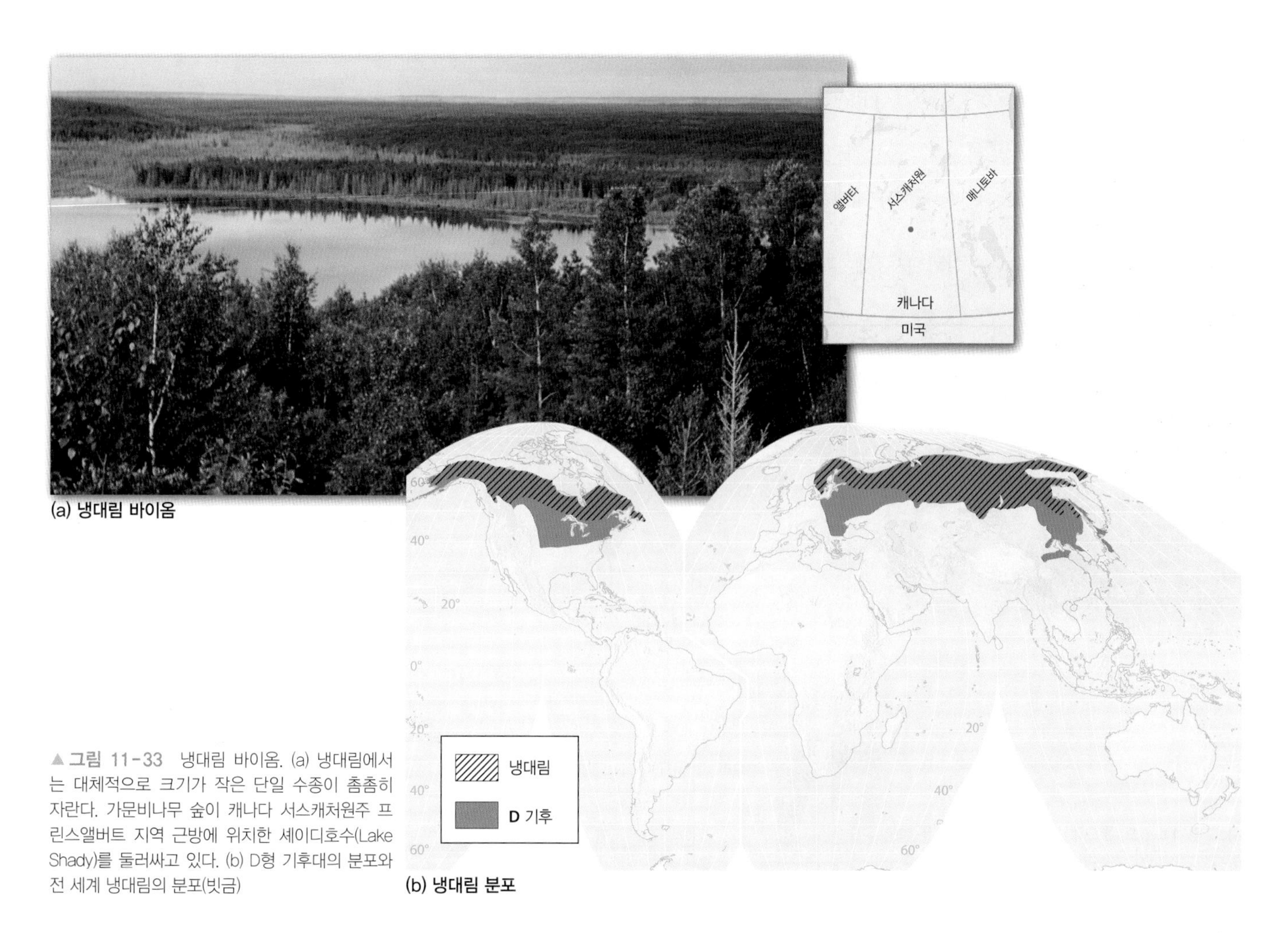

(a) 냉대림 바이옴

(b) 냉대림 분포

▲그림 11-33 냉대림 바이옴. (a) 냉대림에서는 대체적으로 크기가 작은 단일 수종이 촘촘히 자란다. 가문비나무 숲이 캐나다 서스캐처원주 프린스앨버트 지역 근방에 위치한 셰이디호수(Lake Shady)를 둘러싸고 있다. (b) D형 기후대의 분포와 전 세계 냉대림의 분포(빗금)

▲그림 11-34 곰은 다양한 지역에서 서식하나 대부분 추운 기후 환경에서 생활하는 편이다. 사진은 알래스카의 카트마이국립공원에서 서식하고 있는 회색곰이다.

빙하의 영향으로 지표 배수가 교란되었기 때문에 이곳에는 여름철에 배수가 원활하게 이루어지지 않는다(영구동토층은 제9장에서 설명하였음). 따라서 늪지가 많고, 여름에 부풀어 오른 땅이 긴 겨울 동안 얼게 된다.

불리한 기후 조건, 단순한 식물상, 식물의 느린 성장 등으로 인해 동물들에게 제한된 식량만이 공급된다. 일부 종의 개체수는 놀라울 정도지만 동물상의 다양성은 그리 높지 않다. 이렇듯 거대한 바이옴 내에 비교적 적은 동물 종들만이 서식하고 있으며, 개체군들의 규모는 1년 정도의 짧은 기간 내에서도 크게 변동한다. 이곳에는 포유류 중 모피 동물들이 특징적이며(그림 11-34) 몇몇 유제류들도 서식한다. 조류들의 개체수는 많고 여름철에 특히 다양하다. 그러나 거의 모든 개체들이 겨울에 따뜻한 지역으로 이동한다. 곤충들은 겨울에 완전히 사라지나 짧은 여름 기간 동안 크게 번성한다.

학습 체크 11-14 냉대림 바이옴과 열대 우림 바이옴 간에 생물다양성의 차이는 어느 정도인가?

툰드라

툰드라(tundra)는 수분이 부족하고 여름이 너무 짧고 서늘하여 수목들이 생존할 수 없는 지역의 추운 사막 내지 초지를 의미한다. 이 바이옴은 북반구 대륙의 북쪽 가장자리를 따라 분포하며 툰드라(ET) 기후대와 거의 비슷한 위치를 점유한다(그림 11-35). 풀, 이끼, 지의류, 꽃을 피우는 초본, 흩어져 있는 낮은 관목 등 꽤 다양한 종들이 서식한다. 이러한 식생들은 땅에 붙어 자라며 밀생하고, 그들 중 일부는 왜성형을 띠기도 한다(그림 11-35a).

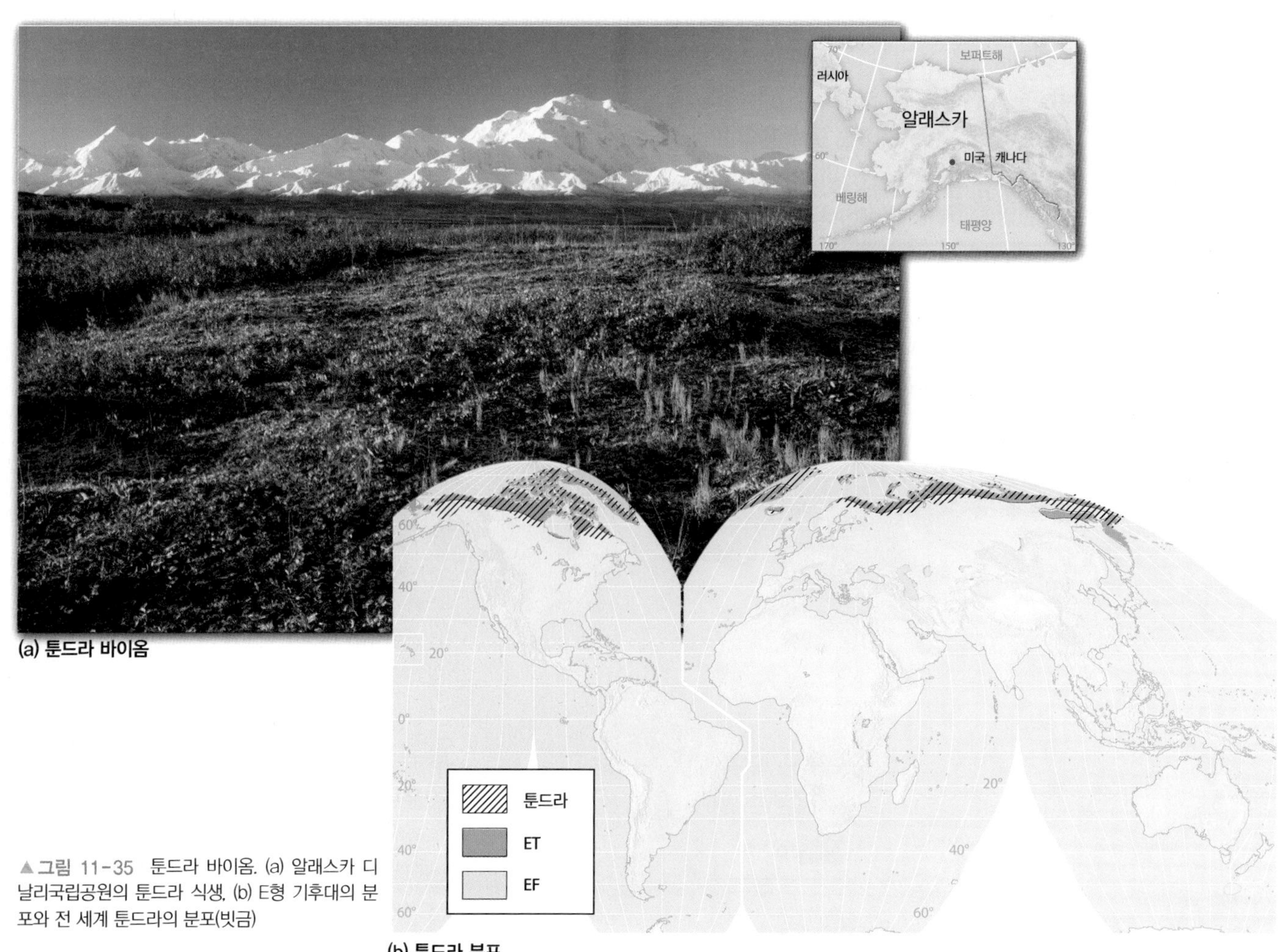

(a) 툰드라 바이옴

(b) 툰드라 분포

▲그림 11-35 툰드라 바이옴. (a) 알래스카 디날리국립공원의 툰드라 식생. (b) E형 기후대의 분포와 전 세계 툰드라의 분포(빗금)

▲그림 11-36 로키산맥의 고지대에서 서식하는 고산 툰드라 식생

식생이 간헐적으로 분포함에 따라 상당한 부분이 맨땅으로 드러나 있는 지역도 존재한다. 짧은 여름 동안 지표 배수, 특히 지표하 배수가 원활하지 않아 지표가 습해지거나 침수되며, 식생들은 이 기간 동안 빠른 성장 과정을 겪는다.

동물상의 경우 여름에 조류와 곤충들이 우점한다. 엄청난 수의 새들이 여름에 둥지를 틀러 툰드라 지역으로 몰려들고 겨울에는 반대로 남쪽으로 이동한다. 짧은 여름 동안 모기, 파리, 곤충들이 크게 번성하고 겨울의 극심한 추위를 견뎌 낼 수 있는 알을 낳는다. 이외에 다른 종류의 동물들은 거의 보이지 않는다. 몇몇 포유류와 민물 어류들이 서식하긴 하나 파충류나 양서류는 거의 살지 않는다.

산지 툰드라 : 산지 툰드라는 여러 고산 지대에서 관찰된다. 수목한계선 위의 산지 지역에는 초본과 낮은 관목들로 구성된 식생이 산발적으로 분포한다(그림 11-36).

생물권의 인위적 변형

지금까지 생물권에 대해서 논할 때 인간의 도움 혹은 교란 없이 '자연' 상태에서 발생하는 사건이나 과정에 초점을 맞췄다. 이러한 자연적 과정은 수천 년 동안 계속되어 왔으며 생물상의 분포에 미친 영향은 일반적으로 매우 느리고 점진적이었다. 인류의 영향을 받지 않았던 원시 환경이 간혹 극적인 충격(화재, 홍수 등)을 겪기도 했지만, 대체로 환경 변화는 점진적으로 이루어졌다. 그러나 인간이 등장하면서 그 속도는 엄청나게 빨라졌다.

인간은 동식물의 분포에 엄청난 영향을 줄 수 있다. 인간에 의한 변화는 그 강도가 클 뿐 아니라 동식물에게 급격한 영향을 준다. 인간은 생물체의 물리적 제거, 서식처의 변형, 인간에 의한 생물체의 이동 등을 통해 생물의 분포를 변화시키며 생물다양성을 감소시킨다.

생물체의 물리적 제거

인간은 무수히 많은 생물체들을 제거해 왔다. 인구가 증가하고 지구상에 퍼져 나가면서 야생 동식물이 전체적으로 제거되었고, 문명의 성립으로 경관은 변형되었다. 인간은 야생 식물을 벌목하고, 뽑고, 태우고, 중독시키고, 야생 동물을 총과 덫으로 사냥하면서 동식물의 전체적인 분포 유형을 크게 변화시켰다.

서식처의 변형

인간은 또한 동식물의 서식처를 교란시킨다. 농경은 토양과 식생의 변형을 가져온다. 도로와 빌딩의 건설은 자연식생을 사라지게 하고 야생 동식물의 이주 경로를 교란하며 지표수의 흐름을 바꾼다. 목축은 식물의 수과 식생 조성에 영향을 미친다(그림 11-37). 대기 환경은 다양한 종류의 불순물이 유입되면서 악화되고, 수자원은 가둬지고 돌려지며 오염된다. 이러한 모든 행위들은 야생 동식물에게 영향을 준다.

인간에 의해 지구상의 서식처에 일어난 변화 중 가장 극적인 것은 광활한 열대 우림의 제거이다.

열대 우림의 제거 : 오랜 기간 전 세계 대부분의 열대 우림에는 적은 수의 인간들만이 거주했었고, 그 결과 열대 우림은 인간의 영향을 많이 받지 않았다. 그러나 20세기 이후 열대 우림은 빠른 속도로 개발되어 황폐화되었고, 지난 40년 사이에 열대 우림의 제거는 지구상에서 가장 심각한 환경 문제로 대두되었다.

전 세계에서 지금까지 제거된 삼림의 전체 양과 그 제거율에 대해서는 명확하게 알려진 바 없다. 유엔식량농업기구(FAO)의 추정치에 따르면 1990~2010년 사이에 4,500만 헥타르의 열

▼그림 11-37 콜로라도의 과목 지역을 보여 주는 사진. 펜스의 오른쪽 지역에 인간의 과목으로 서식처가 변형된 모습이 잘 나타나 있다.

대 우림이 브라질에서 제거되었다. 브라질은 이 기간 동안 가장 넓은 면적의 열대 우림이 제거된 국가이다. 브라질에서는 캘리포니아 전체 면적을 초과하는 면적의 열대우림이 사라졌다(그림 11-38). 동 기간 동안 두 번째로 넓은 면적의 열대 우림이 사라진 국가인 인도네시아에서는 1,500만 헥타르 이상의 열대 우림이 제거되었다. 미국 메릴랜드대학교, 인도네시아 산림부, 세계자원연구소의 2014년 공동 연구에 따르면, 2000~2012년 사이의 연 산림 제거율에 있어 인도네시아(84만 헥타르)는 브라질(46만 헥타르)을 이미 넘어섰다. 이와 관련해서는 "글로벌 환경 변화 : 브라질과 동남아시아의 열대 우림 감소" 글상자를 참조하라.

제거된 열대 우림의 비율을 각 국가별로 살펴보면 내용은 또 다르다. FAO의 추정치에 의하면 매우 작은 아프리카의 섬 국가인 코모로스의 경우 전체 열대 우림의 60%가 1990~2005년 사이에 사라졌으며, 중앙아프리카의 부룬디에서는 47%가 제거되어 열대 우림의 제거 비율에서 두 번째 순위에 올랐다. 아프리카의 총 잠재 열대 우림의 절반 정도가 사라진 것으로 보인다. 나이지리아나 가나와 같은 일부 국가에서는 잠재 열대 우림의 80% 이상이 사라졌다.

삼림 제거율은 아시아의 남부 및 남동부에서도 매우 높다. 특히 티크와 마호가니와 같은 나무들에 대한 상업적 벌목과 관련이 깊다. 아시아 열대 우림의 약 45%는 더 이상 존재하지 않는다. 라틴아메리카 열대 우림의 약 40%가 제거되었다. 중앙아메리카의 급속한 삼림 제거는 주로 목축의 확대에 기인한다. 열대 우림의 면적이 넓은 아마존 지역의 삼림 제거율은 그리 높은 편은 아니지만(전체의 20%가량이 지금까지 제거됨), 삼림 제거가 빠른 속도로 계속되고 있다.

열대 우림의 종 감소 : 삼림이 사라지면 원주민들과 야생 동물들의 거주지도 함께 사라진다. 1980년대 중반에는 열대 우림의 제거로 인해 하루에 한 종씩 멸종한다고 추정되었다. 1990년대 중반에는 1시간에 두 종이 멸종하는 것으로 추정되었다. 삼림의 제거는 이외에도 토양 침식의 심화, 가뭄, 홍수, 수질의 악화, 농업 생산성의 저하, 농민들의 빈곤 등을 야기시킨다. 게다가 대기 중의 이산화탄소량도 증가한다. 삼림을 제거하기 위해 수목을 불태우면 탄소가 대기 중으로 방출되기 때문이다.

열대 우림의 제거가 갖는 모순은 기대되는 경제적 이익이 단지 순간적이라는 것에 있다. 대부분의 삼림 제거는 땅이 없는 사람들이 많은 사회에서 빈곤과 인구 증가로 인한 사회적 압박의 결과이다. 정부는 사람들의 정착을 위해 열대 우림의 '새로운 땅'을 공급한다. 정착인들은 경작이나 목축을 위해 땅을 정리한다. 그 결과 처음에는 영양분이 많아 높은 토양 생산성을 보이지만, 이후 영양분들이 빠르게 용탈되고 농작물에 의해 영양분들이 토양으로부터 빠져나가고 잡초가 침입하고 침식이 심화되면서 2~3년 만에 토질이 심각하게 저하된다(그림 11-39). 따라서 연간 비용을 많이 소모하면서 비료를 지속적으로 공급해야 농경의 수지가 맞는다. 반면 지속 가능한 형태의 전통적 농경 방식은 차츰 사라지고 있다.

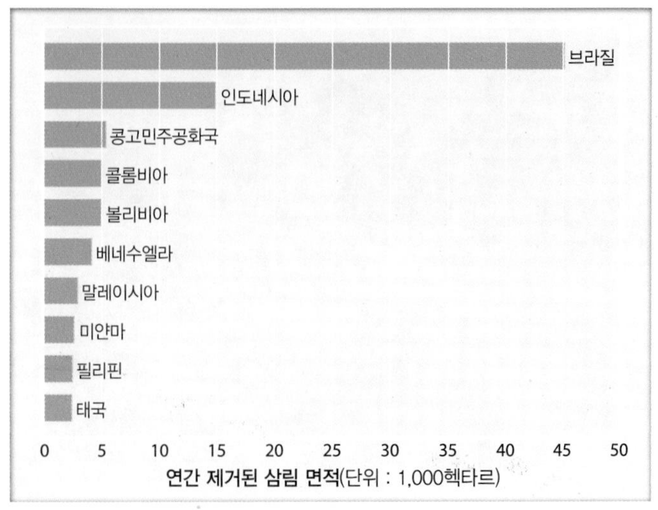

▲ 그림 11-38 위성영상 분석 결과로 확인된 1990~2010년 사이의 국가별 연간 삼림 손실량

삼림은 물론 재생 가능하다. 인근에 종자를 맺는 수목들이 존재하고 토양의 영양분들이 남아 있는 상태라면 그대로 내버려 뒀을 경우 삼림은 재생될 수 있다. 그러나 일부 지역에서는 열대우림이 점점 파편화되면서 원래의 종 구성으로 되돌아가지 못할 가능성이 높아지고 있다. 이와 같은 열대우림 내 생물다양성의 저하는 멸종의 비가역적 속성 탓에 많은 사람들의 우려를 낳고 있다. 가치 있는 자원들(약, 새로운 농작물, 자연 살충제, 공업 재료 등)이 발견도 되기 전에 사라질지 모른다. 가축이나 농작물이 질병, 해충, 기생 생물, 여타 환경 스트레스 등에 저항력을 갖도록 도와줄 수 있는 야생 동식물 또한 사라질 수 있다.

학습 체크 11-15 최근 열대 우림의 감소가 전 지구적인 환경 문제로 대두되는 까닭은 무엇인가?

▼ 그림 11-39 열대 우림을 제거한 지역에서 이루어지는 농경은 토양 침식률을 높인다. 농경의 생산성 또한 높지 않다. 사진은 태국 중부의 모습이다.

브라질과 동남아시아의 열대 우림 감소

전세계 종들의 반 이상이 열대 우림에서 서식하고 있다. 생물다양성이 가장 높은 곳은 브라질, 특히 아마존 유역이다. 그다음으로 인도네시아 섬들의 생물 다양성이 높다. 이러한 지역들의 삼림 훼손은 서식처와 종의 감소를 가져온다.

브라질 : 브라질의 혼도니아 열대 우림은 1960년에 이 지역을 관통하는 고속도로 건설 이후 15년간 보존될 수 있었다(그림 11-C-a). 그러나 그 이후부터 삼림 훼손이 시작되어 1990년에는 이미 거주, 농경, 목축, 벌채 등의 이유로 많은 수목들이 제거되었고 삼림은 '물고기뼈' 형태를 띠게 된다. 2012년까지 제거된 삼림 면적은 엄청났다(그림 11-C-b). 혼도니아 지역에서는 농경지의 90% 이상이 카카오 혹은 커피와 같은 지속 가능한 다년생 작물보다는 목축 혹은 토양 영양분을 급속하게 고갈시키는 일년생 작물을 경작하는 데 이용되었다. 최근에는 이러한 삼림 훼손 경향이 동북쪽으로 옮겨 가 마투그로수와 파라 지역에서 나타나고 있다. 지금까지 전체 아마존 열대 우림의 20%가량이 제거된 것으로 파악된다.

동남아시아 : 2012년 이후로 인도네시아의 삼림 감소율은 브라질의 감소율을 앞질렀다. 인도네시아 열대 우림은 전 세계 생물다양성의 10%를 차지하고 있는 생물의 보고이다. 2000~2012년까지 인도네시아에서는 팜오일나무과 제지용 수목의 플랜테이션 농업을 위해 1,500만 에이커의 삼림이 제거되었다. 특히 (인도네시아, 말레이시아, 브루나이 등 세 국가가 함께 점유하고 있는) 보르네오섬에서는 불법 벌채로 인한 삼림 훼손이 매우 심각하다(그림 11-D). 저지대 삼림이 이미 상당 부분 개발됨에 따라 최근 업자들은 농경지 확보를 위해 탄소가 풍부한 습지를 개발하고 있다. 이들은 습지의 물을 빼고 불을 질러 대기오염을 악화시키고 보르네오오랑우탄과 수마트라호랑이와 같은 멸종 위기종들의 서식처를 빼앗고 있다.

국지적인 행위가 전 지구의 변화를 가져오는가? : 열대 우림 훼손은 지구 전체에 영향을 미친다. 브라질과 인도네시아에서 산림을 불태우는 행위(그림 11-E)는 상당한 양의 온실가스와 오염물질을 배출한다. 삼림은 지구 기후를 조절하고 토양 침식을 방지하며 담수를 공급한다. 열대 우림의 감소는 현열과 잠열의 재배치를 통해 중 · 고위도 지역의 강수 패턴을 변화시킨다. 이는 위성 영상으로 확인이 가능하다. 생물다양성의 감소가 미치는 영향은 상상 이상일 수 있다. 멸종 위기종들이 약과 식량으로서 갖는 잠재적 가치는 측정 불가능하다.

질문

1. 열대 우림 훼손의 원인과 그 여파에 대해 간략히 기술하라.
2. 삼림 훼손은 광범위한 지역의 황폐화를 가져온다. 그럼에도 브라질과 인도네시아와 같은 지역에서 이러한 행위들을 근절하지 못하는 이유는 무엇인가? 이 글상자 내의 사례들을 이용하여 설명해 보라.

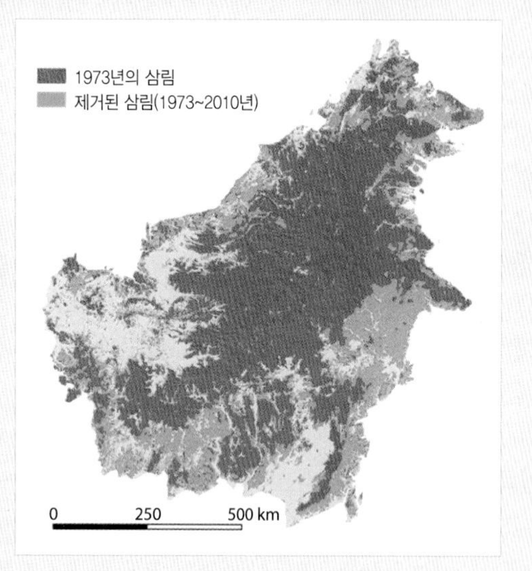

▲그림 11-D 1973~2010년 사이 보루네오 삼림 피복의 변화

▲그림 11-E 인도네시아 수마트라섬에서 팜나무 플랜테이션 농업을 위해 열대 우림을 태워 제거한 모습

▶그림 11-C 브라질 혼도니아 지역의 삼림 제거 양상. (a) 1975년 사진, (b) 2012년 사진. 영상은 NASA와 미국 지질조사국(USGS)이 함께 관리하고 있는 랜드샛 위성으로부터 확보

열대 우림의 감소와 관련하여 : 열대 우림의 손실에 대해 우려가 높아지면서 실질적인 조치가 취해지고 있다. 혼농임업(agroforestry, 나무를 벌채하고 농작물로 대체하는 대신에 나무와 작물을 함께 심음)은 여러 지역에서 시도되고 있다. 유네스코(UNESCO)는 '인류와 생물권 프로그램'을 관장하면서 생물 보전 지역 확대를 위해 노력하고 있다. 이 프로젝트의 목적은 생물다양성을 보존하기 위해 열대 우림을 포함한 원시 지역의 일부를 (개발되어 사라지기 전에) 차별 관리하는 것에 있다. 현재 120개 국가에서 651개의 생물권 보전 지역이 조성되어 있다.

여전히 많은 지역에서 산림 훼손은 우려할 만한 수준이지만 최근 일부 지역의 산림 손실률이 감소 추세로 돌아서고 있다. 또한 전 세계적으로 황무지에 나무를 심는 자구노력이 점차 확대되고 있다. FAO의 추정에 따르면, 순 산림 손실(제거된 산림 면적과 인위적으로 확대된 삼림 면적 간 차이)은 1990~2000년까지 830만 헥타르에서 2000~2010년에 520만 헥타르로 감소했다. 일부 국가에서는 삼림피복 면적이 증가하고 있다(그림 11-40). 그러나 원격탐사 자료를 기초로 최근에 발표된 연구에서는 FAO가 1990~2010년간의 삼림 손실률을 과소평가했을 가능성이 제시된 바 있다. FAO는 2015년 후반에 새로이 갱신된 삼림평가 보고서를 발표할 것으로 보인다.

그러나 인위적인 삼림(전 세계 삼림의 7%)과 자연 재생 삼림(전 세계 삼림의 57%) 모두 원시 삼림에 비해 생물종 다양성이 낮다는 점을 간과하면 안 된다. 녹화된 삼림은 도입종들을 포함하고 있기 때문이다. 삼림 피복률이 증가하고 있는 지역도 생물종 다양성은 감소하고 있다. 전 세계 삼림의 3분의 1만이 원시림이다. 원시림이란 원래의 종 구성이 그대로 유지되고 있으며 인간의 영향으로부터 벗어나 있는 삼림을 의미한다.

외래종의 유입

인간은 전 세계 동식물의 자연적인 분포를 의도적으로 조정할 수

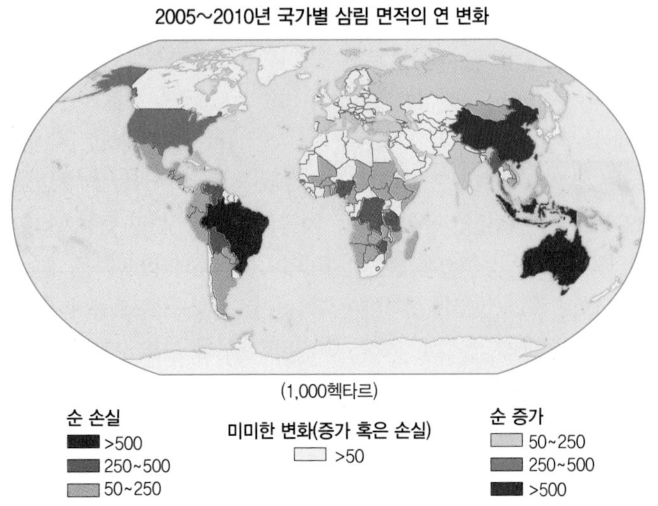

▲ 그림 11-40 2005~2010년 사이의 국가별 삼림 면적의 연 변화. 녹화사업으로 몇몇 국가들의 삼림 면적이 증가했다.

있는 능력을 갖고 있다. 이러한 예는 작물화 혹은 가축화된 종에서 볼 수 있다. 아이오와에는 야생의 초본보다 옥수수가, 수단에는 야생의 가젤보다 사육되는 소들이, 디트로이트에는 야생의 개똥지빠귀보다는 카나리아가 더 많이 살고 있다. 인간은 또한 야생 동식물들을 낯선 지역으로 도입하곤 하는데, 이는 많은 논란을 가져온다. 이러한 생물체들을 그 지역의 **외래종**(exotic species)이라 부른다.

일부 경우 외래종의 도입은 의도적이다. 애리조나에서 오스트레일리아로 도입된 백년초(그림 11-41), 오스트레일리아에서 캘리포니아로 도입된 유칼립투스 나무, 러시아에서 캔자스로 도입된 마초풀(crested wheat grass), 독일에서 테네시로 도입된 유럽멧돼지, 오리건에서 하와이로 도입된 가지뿔영양, 영국에서 뉴질랜드로 도입된 붉은여우 등이 외래종의 대표적인 예이다. 그러나 외래종의 유입이 인간의 부주의로 인한 우연적 결과일 때도 있다. 유럽 벼룩은 인간이 전 세계 곳곳으로 이동할 때 함께 이동하면서 지구상에서 가장 널리 퍼진 생물체 중 하나가 되었다. 유럽산 참새와 갈색쥐 또한 배 안에서 몰래 인간과 함께 여행하면서 인간이 살고 있는 모든 대륙에 부지불식간에 유입되었다.

의도적으로 풀린 혹은 우연히 도망친 가축이 야생 상태에서 정착하여 '야생' 개체군을 이루는 경우도 인간의 의한 이동의 또 다른 유형이다. 이를 야생화된(feral)이라고 적당히 명명할 수 있다. 이러한 현상은 전 세계 여러 지역에서 발생하고 있지만 북아메리카(야생화된 당나귀와 말)와 오스트레일리아(야생화된 돼지)에서 특히 현저하게 나타난다(그림 11-42).

침입종 : 외래종이 낯선 지역으로 퍼질 때 그 결과는 보통 두 가지 극단적인 상황 중 하나로 나타난다. 외래종은 환경적 재난이나 경쟁-포식 압력 등으로 단시간 내에 멸절되기도 하지만 적당한 기후와 비어 있는 생태적 적소를 찾아 매우 번성하기도 한다. 외래종들 중 일부는 지역의 비어 있는 적소를 빠르게 차지하거나 고유종들을 경쟁에서 앞서면서 세력을 넓혀 나가게 되는데, 우리는 이들을 **침입종**(invasive species)이라 부른다.

침입종들은 생태계에 재앙을 가져올 수 있다. 세계는 이러한 예들로 가득 차 있다. 오스트레일리아와 뉴질랜드 그리고 하와이와 모리셔스에는 참새와 찌르레기, 토끼와 돼지, 몽구스와 구관조, 란타나와 프리클리페어, 메스키트와 양골담초 칡과 자주색벌 엉겅퀴 등의 예들이 존재한다. 장소별로 외래종에 대해 나열하자면 끝도 없다.

전 세계에서 외래종 문제가 가장 심각한 곳을 들자면 플로리다가 첫손에 꼽힐 것이다. 이곳은 외래종의 영향이 축적되면서 지금보다도 가까운 미래에 관련 문제가 더욱 부각될 것으로 예상되어 우려가 커지고 있다("인간과 환경 : 플로리다의 침입종" 글상자를 참조하라).

학습 체크 11-16 외래종이란 무엇인가? 침입종이란 무엇인가?

생물다양성의 감소

▲그림 11-41 침입종인 백년초를 관찰하고 있는 오스트레일리아의 연구자

인간의 교란이 생태계에 미치는 영향 가운데 가장 치명적인 것 중 하나가 멸종과 생물다양성의 감소이다.

지구는 역사적으로 수차례의 갑작스러운 대량 멸종 상황을 겪었다. 2억 5,100만 년 전 페름기가 끝나 갈 즈음 전체 종의 90% 이상이 사라졌다. 6,550만 년 전 백악기 말에는 공룡과 여타 종의 75% 이상이 멸종되었다. 많은 과학자들은 지구가 현재 또 다른 대량 멸종 시대를 지나고 있다고 생각한다.

지구의 과거 대량 멸종 사태는 운석의 충돌, 화산 폭발 등 온전히 자연적인 현상에 의해 비롯되었다. 현재의 멸종은 열대우림의 제거, 침입종의 도입, 무분별한 사냥과 낚시, 수질오염, 대기오염, 토양오염 등 인간의 행위가 그 원인이다. IPCC의 「제5차 평가보고서」는 최근 몇몇 종들이 인간이 초래한 기후 변화에 의해 멸종되었으며 앞으로 더욱 많은 지구상의 종들이 기후 변화로 멸종의 위기에 처할 것이라고 경고하고 있다.

지금까지 우리가 살펴봤듯이 자연 시스템의 변화는 피할 수 없는 현실이다. 인간으로 인한 생물다양성 감소는 우리가 예상할 수 없는 악영향을 가져올 가능성이 농후하다.

▲그림 11-42 미국 남서부 사막 지역의 당나귀는 야생화된 대표적인 동물이다. 사진 속 장소는 캘리포니아의 파나민트산맥이다.

플로리다의 침입종

다양한 요인으로 인해 플로리다에서는 침입종들이 번성할 수 있었다. 플로리다의 온화한 아열대성 기후는 여러 동식물에게 적합한 서식 환경을 제공한다. 지난 40년간 이곳은 전 세계 어느 곳보다도 높은 전입률을 기록하였다. 그로 인해 토지 이용의 변화 또한 활발하였다. 그러나 저지대의 배수체계 변화는 생태계의 교란을 가져와 침입종들이 유리해지는 결과를 낳았다. 주인 잃은 애완동물(플로리다는 전 세계 동물 수입 사업의 중심지이다), 스포츠를 위해 의도적으로 풀린 동물, 여행자의 화물이나 짐에 우연히 딸려 온 동식물 등 최근 몇십 년 동안 외래 동식물은 끊임없이 플로리다로 유입되었다.

침입 식물종 : 수십 종의 외래 식물들이 이미 광범위하게 퍼졌으며 지금도 지속적으로 서식 영역을 넓혀가고 있다. 오스트레일리아산 멜라류카 나무는 그중 가장 눈에 띈다(그림 11-F). 이들 '페이퍼바크' 나무의 종자들은 1930년대에 플로리다 남서부의 늪지에서 목재 산업을 발전시키려는 목적으로 비행기에서 뿌려졌지만, 이들 종의 확산은 인공 배수의 증가와 화재의 결과로 최근에 와서야 본격화되고 있다. 이들은 토착종들에 비해 교란된 지역에서 잘 번성한다. 멜라류카의 확산으로 인해 늪지가 삼림으로 변했고 전체 지역 생태계가 급격하게 변화하였다. 그러나 목재 수익은 무시할 만한 수준이다.

▲그림 11-F 플로리다 어베글레이즈 습지에서 자라는 '멜라류카(페이퍼바크)' 나무

외래 수생 잡초의 확산은 보다 광범위하고 유해한 영향을 미쳤다. 주요 종으로는 히아신스와 히드릴라가 있다. 히드릴라는 열대 아프리카 및 동남아시아의 고유종으로 플로리다에 수족관 식생으로 들어와 지금은 야생에 널리 퍼져 있다. 긴 초록색 촉수가 하루에 2.5cm씩 자라며 서로 엉켜 두꺼운 매트가 만들어지므로 모터의 프로펠러가 망가지곤 한다. 이것은 고유 식물들을 제압하며 빛이 거의 들어오지 않을 정도의 매우 깊은 곳에서도 생존한다. 잘게 찢어졌을 때 그 일부분이 새로운 식생으로 재생될 수 있기 때문에 호수에서 호수로 새, 보트 프로펠러 등에 의해 쉽게 확산된다. 이 식물은 1990년대까지 플로리다주의 남동부 전역에 정착하여 6만 헥타르 이상의 플로리다 수로를 막고 있었다. 그러나 최근의 저감 노력으로 인해 면적이 많이 감소하였다.

침입 동물종 : 외래 동물종은 식물종에 비하면 빈도가 덜하나 많은 종들이 이미 정착한 상태이며 그중 일부는 매우 빠르게 퍼져 나가고 있다. 수중 동물을 제외한 예들로 멕시코의 아르마딜로, 인도의 붉은털원숭이, 오스트레일리아의 잉꼬, 쿠바의 도마뱀, 중미의 자가룬디들고양이, 남미의 큰두꺼비, 대평원 지역의 산토끼, 아마존의 앵무새 등을 들 수 있다. 특히 최근에는 버마왕뱀이 일부 남플로리다의 고유 동물종들을 절멸시키고 있어 문제가 되고 있다(그림 11-G).

플로리다의 배수체계는 대부분 수많은 관개 수로 및 배수로로 복잡하게 얽혀 있다. 따라서 외래 민물고기들은 플로리다주 대부분의 하천에 쉽게 접근할 수 있다. 남미의 아카라는 남플로리다 전역의 운하에서 이미 우점종 위치를 차지하고 있으며, 아프리카의 틸라피아는 중부 플로리다의 여러 호수에서 서식하며 개체수가 가장 많다.

그러나 현재 잠재적으로 가장 위협이 되고 있는 종은 동남아시아산이며 소위 '걸어 다니는 메기'로 불리는 'Clarias batrachus'이다. 개체수가 플로리다 전역에서 수백만에 이른다. 이 메기들은 곤충이 거의 사라질 때까지 곤충의 애벌레를 포식하고 이후에는 다른 어종까지 먹어치운다. 이것들은 지역의 모든 고유종들을 전멸시켜 결국에는 전체 민물 군집이 단 하나의 종, 즉 걸어 다니는 메기로만 구성되는 결과로 이어지고 있다. 서식처의 물이 말랐을 때에도 새로운 호수나 하천을 만날 때까지 육지를 횡단할 수 있기 때문에 이것들은 다른 어종에 비해 매우 강인할 수밖에 없다.

▲그림 11-G 플로리다의 버마왕뱀

질문

1. 플로리다의 환경이 침입종에게 유리한 이유는 무엇인가?
2. 플로리다 침입종들 중 하나를 골라 설명하라.

제 11 장 학습내용 평가

이 장을 학습했다면 다음 질문에 대한 답을 찾아보자. 이 장의 학습내용에 대한 주요 용어는 진한 글씨로 표시되어 있다. 이 용어의 정의는 이 책 뒷부분에 제공된 별도의 용어해설에 나와 있다.

주요 용어와 개념

생태계와 바이옴

1. **생태계** 및 **바이옴**의 개념을 비교하고 설명하라.
2. **추이대**는 무엇인가?

육상 식물상

3. **다년생 식물**과 **일년생 식물**의 차이는 무엇인가?
4. **속씨식물**과 **겉씨식물**의 차이를 설명하라. 각 범주에 포함되는 나무들의 이름을 말해 보라.
5. **낙엽수**와 **상록수**의 차이를 설명하라. 각 범주에 포함되는 나무들의 이름을 말해 보라.
6. **활엽수**와 **침엽수**의 차이를 설명하라. 각 범주에 포함되는 나무들의 이름을 말해 보라.
7. **건생식물의 적응**의 일반적 방법들을 기술하라.
8. **습생식물의 적응**의 일반적 방법들을 기술하라.
9. **삼림, 소림, 관목림**의 차이는 무엇인가?
10. 다양한 **초지**들(사바나, 프레리, 스텝)간의 차이와 유사점은 무엇인가?
11. **사막, 툰드라, 습지**의 식물 군집들에 대해 간단히 기술하라.
12. 식생의 **수직 분포**가 의미하는 것을 설명하라.
13. **수목한계선**의 정의와 그것이 조성되는 이유를 설명하라.
14. **일향 사면**과 **일배 사면** 간의 차이는 무엇인가? 일향 사면과 일배 사면의 식생은 서로 어떻게 다르며 또 그 이유는 무엇인가?
15. **하변식생**은 무엇인가?

육상 동물상

16. 동물이 갖는 가장 기본적인 특성으로 식물과 뚜렷이 구별되는 점은 무엇인가?
17. **무척추동물**과 **척추동물**을 서로 비교하라. 각각의 예를 들어 보라.
18. 포유류가 갖는 독특한 특징들을 기술하라.
19. **항온동물**이 갖는 장점은 무엇인가?
20. 동물이 환경에 적응하는 세 가지 방식(생리적, 행태적, 번식적)을 구분하여 기술하라.
21. **공생**의 의미는 무엇인가?
22. 상생공생과 기생을 구분하라.

동물지리구

23. **동물지리구** 개념을 설명하라.

주요 바이옴

24. 열대 우림 바이옴과 가장 밀접한 관계를 갖는 기후 특성은 무엇인가?
25. **열대 우림, 열대 낙엽림, 열대 관목림** 바이옴들의 일반 특성을 서로 비교하라.
26. **열대 사바나** 바이옴의 계절적 유형을 기술하라.
27. **사막** 바이옴의 전 세계 분포를 기술하고 설명하라.
28. **지중해 소림 및 관목림** 바이옴과 관련된 기후 특성 및 식생 유형에 대해 논하라.
29. 열대 사바나 바이옴 및 **중위도 초지** 바이옴과 관련된 기후들 간의 일반적 차이는 무엇인가?
30. **중위도 낙엽림** 바이옴 및 **냉대림** 바이옴과 관련된 기후들 간의 일반적 차이는 무엇인가?
31. 열대 우림 바이옴과 냉대림 바이옴의 종 다양성을 상호 비교하라.
32. **툰드라** 바이옴에서 일반적으로 발견되는 식생 피복에 대해 기술하라.

생물권의 인위적 변형

33. **외래종**이란 무엇인가? **침입종**이란 무엇인가?
34. 야생화된 동물 개체군이란 무엇인가? 예를 들어 보라.

학습내용 질문

1. 수목이 초본보다 더욱 많은 수분을 필요로 하는 이유는 무엇인가?
2. 고도의 상승과 위도의 증가가 갖는 공통점은 무엇인가?
3. 적도에서 극 쪽으로 이동할 때 수목선의 고도는 어떻게 변하는가? 그 이유는 무엇인가?
4. 사막 생활에 적응하기 위한 동물의 생존 방식들 중 한 가지 이상을 선택하여 설명하라.
5. 오스트레일리아 지역의 동물상과 식물상이 독특한 이유는 무엇인가?
6. 훼손된 열대 우림 지역에서 농경의 생산성을 유지하기 힘든 이유는 무엇인가?
7. 자연 생태계를 교란하는 외래종의 사례를 들고 이에 대해 기술하라.

연습 문제

1. 그림 11-9와 대류권의 평균 감률(제4장에서 논의)을 토대로, 시에라네바다산맥의 서측 초지(해수면에 가까이 위치)와 정상부 툰드라(해발고도 3,500m에 위치) 간의 기온 차이를 추정하라. __________℃
2. 기후도(그림 8-3)와 이 장의 바이옴지도(그림 11-22)를 비교해 보라. 냉대림 바이옴은 어떠한 기후대와 대응하는가?
3. 전 세계적으로 매년 평균적으로 1,300만 헥타르의 삼림이 사라지고 있다. 그렇다면 2000~2010년까지 삼림의 감소면적은 어느 정도였을까? __________ 만 헥타르

환경 분석 전 세계 삼림 면적의 변화

직접 가지 않더라도 위성영상을 통해 삼림을 관찰할 수 있다. 이 영상들은 삼림의 경계를 보여 준다. 시간에 따른 면적 변화를 관찰하면서 우리는 삼림의 손실과 증가 경향을 확인할 수 있다.

활동

http://earthenginepartners.appspot.com 웹사이트에서 전 세계 삼림 변화 지도를 찾아보자.

1. 거기에서 나무들은 어떻게 정의되는가?
2. '삼림 면적 손실(Forest Cover Loss)'과 '삼림 면적 증가(Forest Cover Gain)'가 의미하는 바는 무엇인가?

"Data Products"를 클릭하고 메뉴에서 "Loss/Extent/Gain (Red/Green/Blue)"를 선택하라. 슬라이더 바를 이용하여 데이터 레이어의 투명도를 조절하라.

3. 가장 넓은 삼림이 발견되는 위도대는 어디인가? 왜 그러한가? (지표면의 대기일반순환에 대해 생각해 보자. 그림 5-24와 5-25를 참조하라.)
4. 삼림 손실이 가장 많이 발생한 지역은 어디인가? 그 지역에는 주로 어떠한 바이옴이 존재하는가?

"Example Locations" 메뉴에서 "Forest Fires in Yakutsk"를 선택하고 "Zoom to area"를 클릭하라. 다음의 "Data Products"들을 이용하여 학습 활동을 마무리하라. "Loss/Extent/Gain (Red/Green/Blue)", "Forest Cover Loss 2000-2014", "2000 Percent Tree Cover"

5. 삼림의 증가와 삼림의 감소 간의 관계는 어떠한가? 삼림 증가 대비 삼림 감소의 비율을 구하라.
6. 삼림의 면적과 삼림의 감소 간의 관계는 어떠한가? 삼림 면적 대비 삼림 감소의 비율을 구하라.

http://earthobservatory.nasa.gov로 가서 검색창에 '86414'를 입력하라. 그리고 "Fires in Siberia: Natural Hazards"를 클릭한 후 그 논문을 읽으라.

7. 농지를 태우는 것은 시베리아에서 흔한 행위이다. 그러나 종종 불이 제어가 안 될 때가 있다. 2015년 8월 12일에는 몇 제곱미터의 땅이 불탔는가?
8. 연기가 북아메리카 쪽으로 향한 이유는 무엇인가?
9. 화재구름(pyrocumulonimbus cloud)은 무엇인가?
10. 미래에 야쿠츠크 지역에서 화재 횟수가 증가할 것 같은지 아니면 감소할 것 같은지 말해 보라. 그렇게 생각하는 이유는 무엇인가?
11. 이러한 화재는 기후 변화에 어떠한 영향을 미칠까?

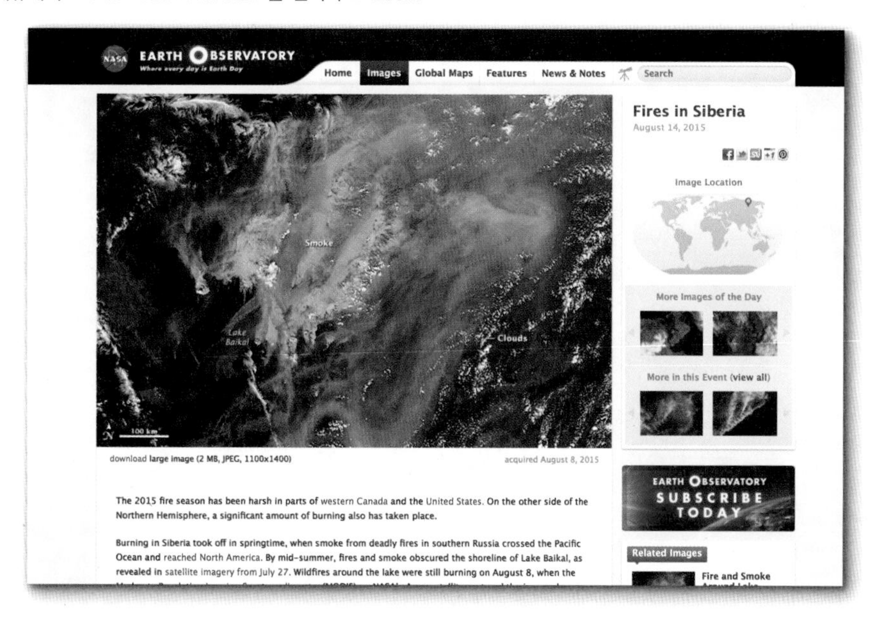

지리적으로 바라보기

이 장의 도입 부분에 삽입된 뉴사우스웨일스의 붉은캥거루 사진을 다시 한 번 보라. 이곳(29°00′S, 141°30′E)에는 어떠한 유형의 기후와 바이옴들이 존재할 것 같은가? 어떠한 동물지리구에서 이 캥거루가 발견되는가? 이곳에서 유대류가 득세하는 원인을 설명하고자 할 때 무엇이 도움이 되겠는가?

12

지리적으로 바라보기

뉴질랜드 남섬의 캔터베리 지역에 있는 와이마카리리 협곡과 토레스산맥. 이 지역 경작지의 일반적인 지형에 대해 이야기해 보라. 어떤 요소가 이 지역을 농

토양

어떤 토양이 다른 토양보다 농사짓기에 더 좋은지 의문을 가져 본 적이 있는가? 비옥도와 같은 토양의 성질은 거의 무한할 정도로 다양한 특성을 만들어 낼 수 있는 복잡한 작용의 산물이다. 토양은 모든 천연자원 중 가장 저평가되어 있으며, 불행하게도 많은 지역에서 상당히 파괴되었거나 낭비되고 있는 자원이다.

이 장에서는 지구의 네 번째 환경 권역인 '암석권'(lithosphere, 지구의 고체 부분)을 살펴볼 것이다. 암석권은 규모와 외견상의 안정성에 있어 대기권이나 생물권, 수권과 차이가 있다. 지진이나 화산 분화와 같은 극단적인 경우를 제외하면, 암석권의 활동은 매우 천천히 일어난다. 많은 사람들은 '변치 않는 언덕(everlasting hills)'이라는 말이 문자 그대로 지형의 영속성을 설명하고 있다고 생각한다. 실제로 이 말은 과장된 것으로 대체로 무심한 관찰자가 몰라보는 것이며, 시간이 지남에 따라 발생하는 놀랄 만한 변화를 알아보지 못하는 것이다.

이 책의 남은 장에서 우리의 목적은 현재 지구 표면의 특성을 이해하고 지구 표면을 형성하는 작용을 설명하는 것이다. 이 장에서는 암석권, 대기권, 수권, 생물권 등과 가장 밀접하게 연결되어 있는 지구의 얇은 표면인 토양을 다룰 것이다.

이 장의 내용을 배우면서 생각해야 할 주요 질문은 다음과 같다.

- 토양은 기반암과 어떻게 다른가?
- 토양 형성에 영향을 미치는 요인은 무엇인가?
- 토양의 구성 요소는 무엇인가?
- 무엇이 토양의 비옥도에 영향을 미치는가?
- 토양단면이란 무엇인가?
- 기후는 토양 발달에 어떻게 영향을 미치는가?
- 토양은 어떻게 분류되고 지도화되는가?

토양과 풍화토

'먼지만큼 많다'라는 말과 달리, 토양은 매우 다양하다. **토양**(soil)은 풍화된 광물 입자와 부식된 유기물, 살아 있는 유기체, 가스 그리고 액체 형태의 용액으로 구성된 상대적으로 얇은 표면층이다. 토양은 대부분 무기물이기 때문에 암석권의 일부로 분류되지만,[1] 대기권과 수권, 생물권, 암석권이 서로 만나는 지점의 역할을 한다.

경관 요소로서의 토양

암석권의 표면은 대부분 토양으로 덮여 있다. 토양은 매우 흔하지만 식생이나 도로, 건물, 주차장 등에 가려져 있기 때문에 인식하기 어려운 경관 요소이다.

우리는 경관에서 토양을 보통 색깔로 인지한다. 토양층의 깊이는 우곡 침식이나 도로 절개지와 같이 노출된 경우에만 명확하게 확인할 수 있다.

거의 모든 육상 식물은 이러한 중요한 매개체에서 싹을 틔우고, 대륙 표면에 걸쳐 매우 얇게 퍼져 있으며 토양의 전 세계적 평균 깊이는 약 15cm밖에 되지 않는다. 토양은 지구의 바깥쪽 '피부'에 해당하는 부분으로, 지표면에서부터 살아 있는 유기체(대부분 식물 뿌리)가 침투할 수 있는 최대 깊이까지를 그 범위로 한다. 토양은 물, 공기, 햇빛, 암석, 식물, 동물과 같은 다양한 요인의 상호작용으로 만들어지는 능력인 식물 영양분을 생산 및 저장할 수 있는 능력으로 특징지을 수 있다.

풍화토에서 토양으로

토양 발달은 공기와 지표면에서 침투한 물의 작용에 노출된 암석이 물리적, 화학적으로 붕괴되면서 시작된다. 이러한 붕괴를 **풍화**(weathering)라고 한다. 제15장에서 다룰 예정이지만, 풍화의 기본적인 결과는 고체 암석의 약화와 붕괴 그리고 암석 덩어리가 잘게 부서지는 것 등이다.

풍화작용의 주요 산물은 **풍화토**(regolith)라고 불리는 느슨한 무기질 물질로 이루어진 층이다. 풍화토는 아래쪽의 조각 나지 않은 고체의 기반암(bedrock) 위를 담요처럼 덮고 있기 때문에 '담요 암석(blanket rock)'이라고도 불린다(그림 12-1). 풍화토는 일반적으로 하부의 암석으로부터 풍화된 물질로 구성되며, 풍화토의 하부는 크고 쪼개지지 않은 암석 조각으로 이루어져 있고, 그 바로 밑에는 풍화되지 않은 기반암이 위치해 있다. 그러나 종종 풍화토는 다른 곳에서 운반되어 온 물질을 포함하기도 한다. 따라서 풍화토의 성질은 하부에 있는 기반암과 전혀 다를 수 있다.

풍화토에서 상부의 0.5m 정도(토양)는 보통 여러 측면에서 하부 물질과 다르다. 토양층은 대부분 작게 조각 난 광물 입자로 이루어져 있으며 풍화작용의 최종 산물에 해당된다. 또한 살아 있는 식물 뿌리, 죽거나 부패한 식물 조각, 죽거나 살아 있는 미세 식물과 동물 그리고 다양한 양의 공기와 수분 등을 포함한다. 그러나 토양은 작용의 최종 산물보다는 물리적, 화학적, 생물학적 작용의 연속 단계에 있는 것으로 보아야 한다(그림 12-2).

▲ 그림 12-1 지표에서 기반암까지의 수직 단면. 토양과 풍화토 사이의 관계를 보여 준다.

학습 체크 12-1 토양 형성의 첫 번째 단계에 대하여 설명하라.

토양 형성 요인

토양은 계속 진화 중인 물질이다. 은유적으로, 토양은 스펀지와 같이 행동한다. 다시 말해, 토양은 투입되는 물질을 받아들이고 국지적 환경에 따라 행동하며, 따라서 시간에 따라 그리고 투입되는 물질이나 국지적 환경이 변화할 때 토양도 변화한다. 5개의 주요 토양 형성 요인(지질, 기후, 지형, 생물, 시간)들이 토양 발달에 영향을 미친다.

지질 요인

토양을 이루는 암석 파편의 기원은 **모재**(parent material)이다. 이는 기반암일 수도 있고 물, 바람, 빙하에 의해 다른 곳에서 이동되어 온 단단하지 않은 퇴적물일 수도 있다. 모재의 성격은 그것으로부터 발달하는 토양의 특성에 영향을 미치며, 특히 토양 형성의 초기 단계에 가장 중요한 요인이 된다. 모재의 화학적 조성과 물리적 특성 모두 토양 발달에 영향을 미치며, 특히 토성과 구조에 영향을 미친다. 큰 입자로 풍화되는 기반암(예 : 사암)은 보통 조립질의 토양을 만들어 내고, 이러한 토양은 어느 정도 깊이

[1] 이 장에서는 암석권(lithosphere)을 지구의 고체 부분을 지칭하는 용어로 사용한다. 제13장에서는 판구조론의 맥락에서 훨씬 제한된 의미로 사용된다.

◀그림 12-2 토양은 물리적, 화학적, 생물학적 작용의 복잡한 상호작용을 통해 발달한다. 모재인 기반암은 풍화토로 풍화되고 이후 식물의 부엽과 섞여 토양을 이룬다. 그러한 토양의 일부는 지질학적 시간 단위에서 퇴적암으로 변화되는 장소인 해저로 씻겨 내려간다. 언젠가는 해저가 해수면 위로 융기될 것이고, 노출된 퇴적암은 풍화를 받아 다시 토양이 될 것이다.

까지 공기와 물을 쉽게 침투시킨다. 세립 입자로 풍화되는 기반암(예 : 셰일)은 공극의 수는 많지만 그 크기가 매우 작은 세립질 토양을 만들어, 지표면으로부터 공기와 물이 침투하는 것을 억제한다.

젊은 토양은 기원이 되는 암석이나 퇴적물의 특성을 많이 반영한다. 그러나 시간이 지남에 따라 다른 토양 형성 요인들이 점점 중요해지고, 모재의 중요성은 줄어든다. 결국 모재의 영향력은 완전히 사라지고, 토양이 기원한 암석의 특성을 확인하기는 불가능하다.

기후 요인

온도와 수분이 토양 형성에 있어서 가장 중요한 기후 변수이다. 일반적으로 토양의 화학적, 생물학적 작용은 온도가 높고 수분이 충분할수록 빨라지고, 온도가 낮고 수분이 부족한 경우 느려진다. 따라서 토양은 온난 습윤한 지역에서 가장 두껍고, 한랭 건조한 지역에서 가장 얇다.

토양을 따라 이동하는 수분의 역할을 지나치게 강조하기는 어렵다. 그 흐름은 중력으로 인해 대부분 아래로 향하지만, 배수로 인해 옆으로 흐르거나 특정 상황에서는 심지어 위로도 이동한다. 물은 용해된 화학물질을 용액 상태로 이동시키며, 또한 부유 상태로 세립물질들을 운반한다. 따라서 이동하는 물은 늘 토양의 화학적, 물리적 성분을 재배열하고, 식물 영양분의 다양성과 이용 가능성에 기여한다.

일반적인 토양 특성에서 기후는 장기간에 걸쳐 가장 영향력 있는 요인이다.

지형 요인

경사와 배수가 토양 특성에 영향을 미치는 중요한 두 가지 지형 특성이다. 토양이 어디서 발달하든 그 수직적 범위는 토양층 상부와 하부가 모두 낮아지는 것을 통해 연속적이고 보통 매우 느린 변화를 겪는다(그림 12-3). 풍화층과 모재까지 풍화가 진전되고, 식물의 뿌리가 더 깊은 곳까지 침투하면서 하부층은 점점 더 깊어지게 된다. 동시에 토양 표면은 유수나 바람, 중력 등에 의해 개별 토양 입자가 제거되는 침식으로 최상부층이 간헐적으로 제거되어 낮아지게 된다.

평지에서는 토양의 상부가 침식되어 제거되는 속도보다 토양 하부의 발달 속도가 더 빠른 경향이 있으며, 지표 침식이 매우 느리게 일어난다. 따라서 가장 두꺼운 토양은 보통 평지에서 나타난다. 경사가 상대적으로 가파른 지역은 지표 침식이 토양층이 깊어지는 것보다 더 빠르다. 이와 같은 토양층은 거의 항상 얇고 미성숙 토양을 이룬다(그림 12-4).

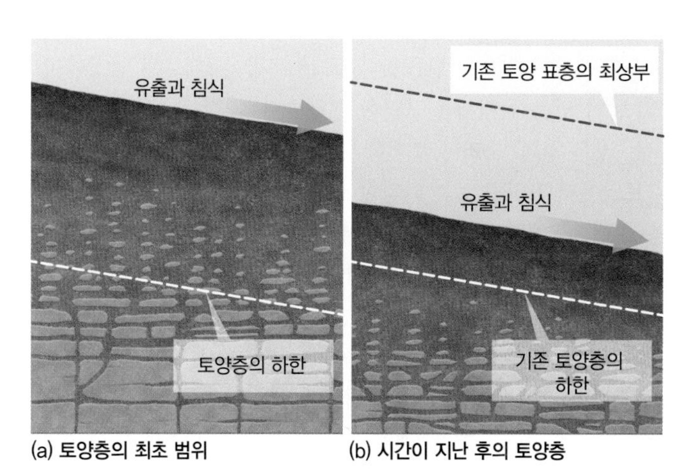

(a) 토양층의 최초 범위 (b) 시간이 지난 후의 토양층

▲그림 12-3 (a) 토양의 범위. (b) 시간이 지남에 따라, 토양은 느리지만 지속적인 변화를 겪게 된다. 풍화작용이 풍화토와 기반암까지 더욱 깊게 확대되면 모재가 붕괴되면서 토양층의 하한은 낮아진다. 토양층의 상부는 침식을 통해 낮아질 수 있다.

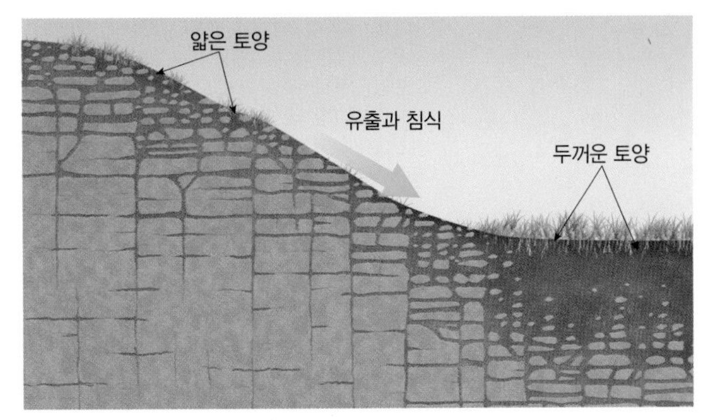

▲ 그림 12-4 경사는 토양 깊이의 주요 결정 요인이다. 평지의 토양에서는 표토를 제거하는 침식작용이 거의 일어나지 않기 때문에 시간이 흐름에 따라 더 깊은 곳까지 발달하게 된다. 사면에서의 침식 속도는 토양 하부에서 토양이 형성되는 속도와 같거나 더 크기 때문에 토양층이 얇게 나타난다.

배수가 잘되는 토양이라면, 토양 발달에 있어 수분관계는 상대적으로 중요하지 않은 요인일 수 있다. 그러나 표면에 물이 고여 있는 곳과 같이 자연적인 배수가 불량한 토양이라면 상당히 다른 특징이 나타날 수 있다. 예를 들어, 물에 잠겨 있는 토양은 많은 양의 유기물을 포함하기 쉽고, 자유 산소를 필요로 하는 생물학적, 화학적 작용이 지연된다(공기는 필요한 산소를 공급해 주며, 물에 잠긴 토양은 기본적으로 공기를 포함하고 있지 않다). 배수가 불량한 대부분의 토양은 곡저 또는 토양 배수가 경사와 관련되어 있기 때문에 평탄한 지역에서 나타난다.

어떤 경우에는 투수성이나 불투수층의 존재 여부와 같은 지표 아래 요인들이 경사보다 더 큰 영향을 미치기도 한다.

학습 체크 12-2 토양 발달에 가장 중요한 요인은 무엇인가?

생물 요인

토양을 양적으로 보면 약간의 유기물을 포함하고 있지만, 토양의 반은 무기물이고 나머지 반은 공기와 물이다. 그러나 살아 있거나 죽은 식물과 동물로 구성되어 있는 유기물 부분이 가장 중요하다. 생물 요인은 토양에 생명을 주었고, 토양을 단지 '먼지(dirt)' 이상의 것으로 만들었다. 모든 토양은 (때로는 엄청난 양의) 살아 있는 유기체를 포함하고 있으며, 또한 모든 토양은 (때로는 많은 양의) 죽거나 부패한 유기물도 포함하고 있다.

토양에서 자라고 있는 다양한 종류의 식생은 어떤 중요한 기능을 수행하고 있다. 예를 들어, 식물 뿌리는 토양 영양분과 자라는 식물 사이에 중요한 연결 고리가 될 뿐만 아니라 여기저기로 뻗어 나가면서 물과 공기가 이동하는 통로 역할을 한다.

여러 종류의 동물도 토양 발달에 기여한다. 심지어 코끼리, 들소와 같이 지상에 서식하는 거대한 동물들도 발굽에 의한 압축, 흙에서 구르기, 풀 뜯기, 배설 등을 통해 토양 형성에 영향을 미친다. 개미나 지렁이와 다른 모든 육상 동물은 그들의 배설물을 통해 토양을 기름지게 하고, 그들의 사체는 결국 분해되어 토양

▲ 그림 12-5 굴을 파는 다른 동물과 마찬가지로, 사우스다코타의 프레리도그(prairie dog)는 하부 토양을 지표까지 가져오고 공기와 수분을 지하까지 전달하는 통로를 제공함으로써 토양 발달에 기여한다.

과 합쳐지게 된다.

많은 작은 동물들이 일생의 대부분 또는 전부를 토양층에서 보낸다. 여기저기에 굴을 파 놓고 토양 입자들을 위아래로 이동시키며 물과 공기의 통로를 제공하기도 한다(그림 12-5). 토양 동물상에 의한 토양의 혼합과 뒤엎기는 매우 광범위하게 나타날 수 있다. 흙더미를 만드는 개미와 흰개미 또한 한 층에서 다른 층으로 토양 물질을 이동시킨다. 보통 **생물교란(bioturbation)**이라고 하는 동물의 토양 혼합 활동은 토양층 사이의 수직적 차이를 만드는 다른 토양 형성 작용을 방해하는 경향이 있다.

토양 내 유기체는 미세한 크기의 원생생물부터 뜻하지 않게 특정 토양 특성을 변화시킬 수 있는 큰 동물까지 다양하다. 그러나 모든 생명체 중에서 지렁이가 토양 형성과 발달에 있어서 가장 중요할 것이다.

지렁이 : 지렁이의 토양 일구기와 혼합 활동은 구조를 개선시키고, 생산력을 증가시키며, 가속화된 침식의 위험을 줄이고, 토양 단면을 깊게 만드는 데 높은 가치가 있다. 그러나 높은 지하수위와 같은 다른 방해 요인이 있을 수 있기 때문에 단순히 지렁이의 존재만으로는 높은 토양 생산성을 보장할 수는 없다. 그럼에도 불구하고, 지렁이가 많은 토양은 지렁이가 적은 토양보다 훨씬 높은 잠재적 생산성을 갖는다. 다양한 실험에 따르면, 지렁이가 없는 토양에 지렁이를 넣는 것만으로도 식물 생산성이 수백 % 나 증가하였다.

지렁이로 인해 적어도 일곱 가지 이로운 기능이 나타난다.

1. 지렁이가 파 놓은 무수히 많은 구멍은 배수와 통기를 용이하게 하고 토양 단면을 두꺼워지게 한다.
2. 지하에서 지렁이가 지속적으로 움직이면 느슨한 토양 구조가

침입성 지렁이는 우리가 알고 있는 것처럼 토양을 변화시킨다!

▶ Randall Schaetzl, 미시간주립대학교, 유경수, 미네소타대학교

침입종은 어디에나 있다. 그들은 우리의 생태계가 얼마나 취약한지 상기시켜 준다. 많은 지역으로 침입하고 있는 지렁이조차 우리의 발밑에서 상당한 변화를 야기한다.

예를 들어, 20,000~12,000년 전, 빙하가 중서부 상부에서 물러난 이후 남은 암설에는 육안으로 관찰 가능한 생물 형태가 거의 없었다. 딱정벌레도, 오소리도, 지렁이도 없었다. 침입성 지렁이는 유럽 정착민들에 의해 북아메리카로 옮겨졌으며 벌목꾼이나 농부, 지렁이를 낚시용 미끼로 사용하는 사람들에 의해 더욱 퍼져 나갔다. 지렁이는 1년에 10m 미만의 속도로 천천히 이동한다. 이와 같은 침입의 증거는 '침입의 최전선(invasion front)'에서 가장 극적으로 나타난다. 그들은 최전선의 뒤쪽에서도 나타나지만 그보다 앞서지는 않는다. 지렁이가 오대호 북부 지역, 뉴잉글랜드, 북유럽, 캐나다 대부분 지역으로 퍼져 나가는데 천 년이 걸렸으며 아직까지도 진행 중이다!

지렁이가 토양을 바꾸는 방법 : 침입성 지렁이는 토양을 극적이고 빠르게 변화시킬 수 있다. 지렁이들이 토양에 살고 토양을 소비하면서 토양을 혼합한다. 이와 같은 활동을 '생물교란'이라 한다. 지렁이가 토양을 생물교란하면서 토양 속의 미생물을 소비하고 배설물을 '프라스(fras)' 또는 '캐스트(cast)'의 형태로 토양과 혼합한다(그림 12-A). 이 물질은 유기물과 영양분이 풍부하기 때문에 비료로 팔린다.

침입의 최전선에 있는 토양에 대한 연구들은 외래종 지렁이들에 의한 생물교란은 주로 그들이 서식하고 굴을 파는 토양의 상부층에 영향을 미친다는 것을 보여 주었다. 숲의 나뭇잎과 부엽은 빠르게 소비된다. 미네소타에서 토양 표면의 부엽층은 침입성 지렁이로 인해 얇아지거나 심한 경우 사라지고 있다. 이는 연속적인 효과를 야기시킨다. 예를 들어, 도롱뇽과 땅에 둥지를 트는 산새는 부엽의 감소로 부정적 영향을 받는 반면, 사슴은 부엽으로 보호되던 묘목에서 번식을 한다. 바로 아래의 표토는 두꺼워지고 표면의 부엽층으로부터 유기물을 공급받는다. 이와 같은 탄소의 이동은 전 지구적인 탄소 순환을 연구하는 과학자들에게는 매우 흥미로운 일이다. 침입성 지렁이는 토양 내 탄소를 고갈시킬까, 더욱 풍부하게 할까? 이것에 대한 결과는 아직 나오지 않았다.

▲그림 12-A 침입성 지렁이인 야행성 큰 지렁이(nightcrawler). 어두운 색이 배설된 캐스트로 유기물이 풍부하다.

질문

1. 언급된 것 이외에 어떤 방법으로 지렁이가 새로운 생태계로 이동할 수 있는가?
2. 일부 지렁이들은 수직적으로 매우 깊게 굴을 파고 나머지는 주로 토양 표층 아래에서 수평적으로 굴을 판다. 이와 같은 두 가지 굴 파기 행동이 토양에 어떤 다른 영향을 미치겠는가?

형성되고 이러한 토양은 일반적으로 식물 생장에 유리하다.

3. 지렁이가 만든 구멍을 통해 물질이 지표면에서 아래로 이동되고 씻겨 내려오기 때문에 토양은 더 혼합된다. 이러한 물질은 특히 지렁이에 의해 끌려온 부엽으로서 하부 토양을 비옥하게 한다.
4. 지렁이의 소화 작용과 굴 파기는 토양 입자를 뭉치게 하고, 이는 공극률을 증가시키며 우적 효과를 감소시켜 침식을 막는 데 도움을 준다.
5. 지렁이는 캐스트(cast)라는 물질의 배설을 통해 토양에 영양분을 증가시키며, 캐스트는 분해된 유기물질과 함께 뭉쳐진 광물로 이루어져 있다. 이러한 토양은 주변의 토양보다 유효 질소는 5배가 높고, 유효 인산염은 7배가 높으며 유효 탄산칼륨은 11배 더 높다.
6. 지렁이는 토양물질을 재배열한다. 특히 깊은 곳의 물질을 풍화가 더 빠르게 진행될 수 있는 지표로 가져온다. 지렁이가 많은 곳에서는 지표에 연간 9,000kg/ha가 넘는 캐스트가 퇴적될 수 있다.
7. 질소화합 또한 지렁이의 존재에 의해 촉진될 수 있다. 이는 통기성, 그들의 소화관에 있는 알칼리성 액체, 지렁이 사체의 분해 등이 증가하기 때문이다.

세계에는 지렁이가 없는 곳도 많다. 예를 들어, 건조, 반건조 지역에는 거의 존재하지 않는다. 건조 지역에서 지렁이의 토질 향상 작용은 개미와 토양에 사는 흰개미에 의해 어느 정도 행해질 수 있으나 효율성은 훨씬 떨어진다. 지렁이가 새로운 지역으로 이동하는 것은 세계적으로 많은 지역에서 일어나고 있으며 새로 이동한 지역에 많은 변화를 야기한다. "글로벌 환경 변화 : 침입성 지렁이는 우리가 알고 있는 것처럼 토양을 변화시킨다!"를 보라.

토양의 미생물 : 생물 요인의 또 다른 중요한 측면은 미생물로서, 식물과 동물 모두로 나타나며 셀 수 없을 만큼 엄청난 양이 존재한다. 토양 물질대사 활동의 3/4 정도는 미생물에 의해 이루어진다. 이러한 미생물은 유기물질의 분해와 식물이 이용 가능한 형태로 영양분을 전환함으로써 죽은 유기체에서 영양분이 나오게 돕는다. 조류, 균류, 원생동물군, 방선균과 다른 극소의 유기체들은 모두 토양 발달에 역할을 하지만, 전반적으로 박테리아가 아마 가장 크게 기여할 것이다. 이는 박테리아가 죽은 식물과 동물의 분해와 부식에 큰 역할을 하며, 그 결과 영양분을 토양으로 보내 주기 때문이다.

학습 체크 12-3 지렁이가 토양의 생산성을 높이는 데에는 어떤 방법들이 있는가?

시간 요인

새로 노출된 지표에서 토양이 발달하기 위해서는 시간을 필요로 한다. 얼마만큼의 시간이 필요할까? 이는 노출된 모재의 특성과 환경의 특성에 따라 달라진다. 토양 형성 작용은 일반적으로 매우 느리고, 새로 노출된 지표면에 얇은 토양층이 만들어지기까지 수백 년의 시간이 요구될 수도 있다. 온난 습윤한 환경에서는 토양 발달이 잘 이뤄진다. 그러나 보통 훨씬 더 중요한 것은 모재의 특성이다. 예를 들어, 토양 발달은 퇴적층에서 상대적으로 빠르지만 기반암에서는 느리게 일어난다.

토양 침식 : 대부분의 토양은 지질학적 시간 동안 느리게 발달하며 너무 느리기 때문에 사람의 일생 동안에는 변화를 거의 감지할 수 없다. 그러나 가속화된 침식작용과 관련되어 물리적으로 제거되거나, 영양분이 고갈되는 등의 토양 파괴는 불과 몇 년 만에도 발생할 수 있다(그림 12-6).

세립질 토양 중에서도 특히 빗물의 침투율이 낮은 토양은 빗물의 유출과 바람에 의한 침식에 매우 취약한 경향이 있으며 사면이 가파르거나 식생 피복이 불량할 경우에도 침식이 가속화된다. 단일 작물의 재배['단일재배(monoculture)']가 이루어지는 지역의 농경지는 매년 수개월 동안 식물이 없는 나지 상태로 방치되기 때문에 침식 가능성이 높아진다.

미국에서, 일부 연구자들은 지난 150년 동안 워싱턴주와 아이다호주의 팰루즈(Palouse) 지역 밀 재배지 토양의 약 40%와 아이오와주 표토의 50%가량이 침식으로 인해 유실되었다고 추정한다. 전 세계적으로 매년 약 1,000만 헥타르의 농경지가 토양 침식으로 유실되고 있으며, 이것은 비옥한 토양이 발달하는 것보다 10~40배 빠른 속도이다. 지질학적 시간 규모에서 토양은 형성되거나 재형성될 수도 있지만, 인간의 시간 단위에서는 재생 불가능한 자원임을 인식하는 것은 중요하다.

▼ **그림 12-6** 캘리포니아 중부 코스트산맥(Coast Ranges)에서 가속화된 침식으로 절개된 깊은 우곡

토양 구성 성분

토양의 자연적 구성 성분은 무기물, 유기물, 공기 및 물과 같은 몇 개의 주요 집단으로 구분할 수 있다.

무기물

대부분의 토양에서 가장 많은 부분을 차지하는 것은 광물로, 대부분 작지만 육안으로 확인할 수 있는 입자들로 구성되어 있다. 무기물은 또한 매우 작은 점토 입자와 용액에 용해된 물질로 존재하기도 한다.

평균적인 토양의 절반 정도는 **모래**(sand)와 **실트**(silt)라고 하는 작은 알갱이의 광물이다. 이러한 입자들은 매우 다양한 광물로 구성되며, 토양이 기원한 모재의 특성에 따라 다르고, 단순히 부서진 암석 파편일 때도 있다. 가장 흔한 것은 이산화규소(SiO_2)로 이루어진 석영이고, 토양에서 풍화에 매우 강한 모래 입자로 나타난다. 모래와 실트를 구성하는 다른 주요 광물에는 장석과 운모가 있다.

토양에서 가장 작은 입자는 **점토**(clay)이고, 보통 모재에는 없고 오로지 토양에서만 발견되며, 이산화규소 및 산화알루미늄, 산화철의 결합으로 이루어진다. 점토는 큰 입자(모래나 실트)와는 상당히 다른 특성을 갖는다. 대부분의 점토 입자는 **콜로이드**(colloid) 크기로, 이것은 분자보다는 크지만 너무 작아서 육안으로는 확인할 수 없다는 것을 의미한다. 이들은 보통 편평한 판상 형태이기 때문에(그림 12-7) 상대적으로 큰 표면적을 지닌다.

토양 입자의 표면에서는 많은 화학 반응이 일어난다. 이 판들

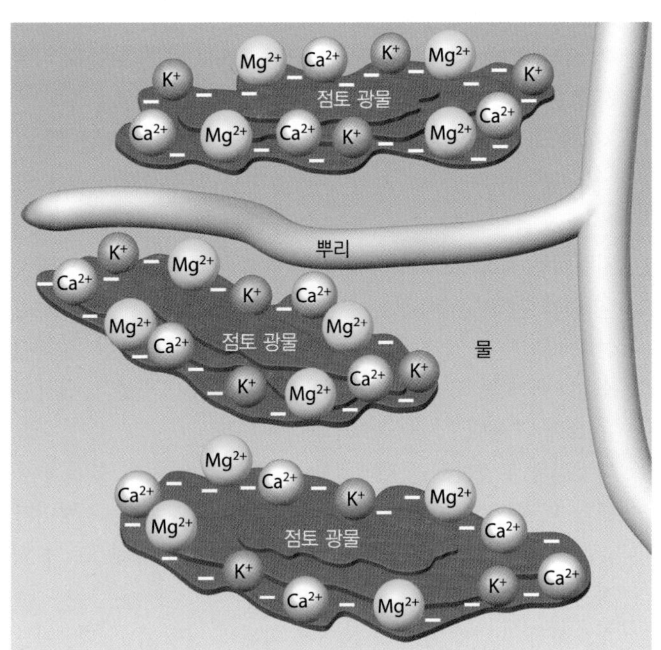

▲ **그림 12-7** 점토 입자는 토양수에 용해되어 있는 물질이 붙어 있을 수 있는 큰 표면적을 지닌다. 입자는 음전하를 띠므로 물로부터 양이온(양전하를 띠는 이온)을 끌어당긴다. 점토에 붙어 있는 이러한 양이온은 이후 식물 뿌리에 흡수되고 식물의 영양분이 된다.

은 느슨한 판상 집합체로 무리를 이루며, 물은 이러한 판 사이를 쉽게 이동한다. 물에 녹아 있는 물질들이 판에 끌려 고정된다. 판들이 음전하를 띠기 때문에, **양이온**(cation)[2]이라고 하는 양의 전하를 띠는 이온(ion)을 끌어당기게 된다. 식물의 여러 필수 영양분은 양이온으로 토양 용액에 존재한다. 결과적으로, 점토는 식물 영양분의 중요한 저장소가 되고 이는 마치 토양수와 같다. 토양에서 양이온의 역할에 대해서는 이 장의 후반부에서 자세히 다룰 것이다.

유기물

유기물은 보통 전체 토양 부피 중 5% 미만을 차지하고 있지만, 토양 특성에 엄청난 영향을 미치며 토양을 식물 생장의 효율적인 매개체로 만드는 생화학적 작용에 핵심적인 역할을 한다. 유기물 중 일부는 살아 있는 유기체이며, 또 다른 일부는 죽었지만 분해되지 않은 식물 및 동물 사체이다. 또한 일부는 부식으로 분해되어 있기도 하며, 또 다른 일부는 분해 중간 단계에 있기도 한다.

식물 뿌리를 제외하고, 토양에 살고 있는 유기물의 다양성과 풍부함에 대한 증거는 뚜렷하지 않지만 대부분의 토양은 생명체로 들끓고 있다. 0.5ha(약 1에이커)에 100만 마리의 지렁이가 있고, 30g(약 1온스)의 토양에 있는 유기체의 총수는 100조가 넘는다. 미생물은 대형 유기체보다 전체 수와 누적 질량 모두 훨씬 더 많다. 그들은 토양을 재배열하고, 통기성을 높이며, 영양분 순환 고리와 관련되어 노폐물을 산출하는 등 활발한 활동을 한다. 일부는 죽은 유기물의 부식과 분해에 크게 기여하고, 어떤 것들은 식물이 이용 가능한 질소를 만들어 낸다.

부엽: 나뭇잎, 잔가지, 나무 줄기와 다른 죽은 식물 조각은 토양 표면에 쌓인다. 이를 통틀어서 **부엽**(litter)이라고 한다. 부엽 대부분의 최종 운명은 분해로, 이를 통해 단단한 부분은 화학적인 성분으로 분해되고, 이후 토양에 흡수되거나 씻겨 제거된다. 한랭 건조한 지역에서 부엽은 매우 오랜 기간 분해되지 않고 남아 있을 수 있다. 그러나 기후가 온난하고 습윤한 지역에서 분해는 부엽의 축적만큼 빠르게 일어날 수 있다.

부식: 부엽의 대부분이 분해된 후, 갈색 혹은 흑색 젤리와 같이 화학적으로 안정된 유기물이 남는데 이를 **부식**(humus)이라고 한다. 이러한 '검은 금(black gold)'은 토양의 구조를 느슨하게 하고 밀도를 낮춰 뿌리가 쉽게 발달할 수 있도록 해 주기 때문에, 농업적인 측면에서 매우 중요하다. 게다가 부식은 점토와 마찬가지로 화학 반응의 촉매제가 되고 식물과 토양수의 저장소가 된다.

2 이온(ion)은 전기적으로 전하를 띠는 원자 또는 분자이다. 양성자보다 전자의 수가 적은 원자나 분자는 양전하를 띠며 양이온(cation)이라고 부른다. 양성자보다 전자의 수가 많은 경우에는 음전하를 띠며 음이온(anion)이라고 부른다.

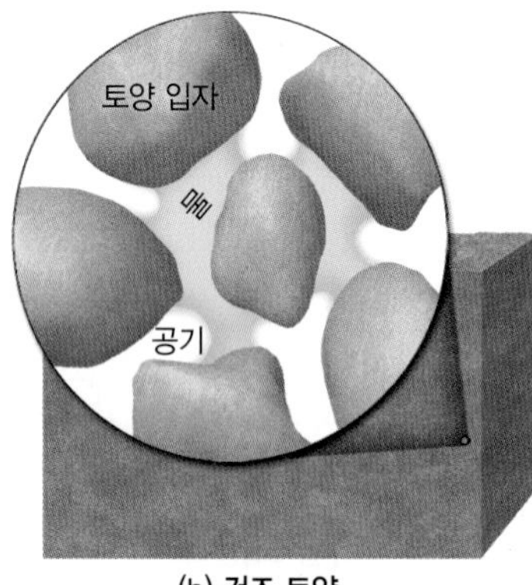

▲ **그림 12-8** 토양 공극에 존재하는 물과 공기의 상대적인 양은 시간과 장소에 따라 다양하다. (a) 습윤 토양의 미소공극에는 많은 물과 적은 공기가 포함되어 있다. (b) 건조 토양에는 공기가 훨씬 많고 물은 적다.

토양 공기

평균적인 토양의 대략 절반 정도는 공극으로 이루어져 있다. 이와 같은 공간은 물과 공기가 토양 입자 사이를 이동할 수 있는 미로와 같은 통로를 제공해 주며 **미소공극**(interstice)이라고도 부른다. 평균적으로 공극의 반은 공기로 채워져 있고 반은 물로 채워져 있지만 시간과 장소에 따라 물과 공기의 양은 매우 다양하게 나타난다(그림 12-8).

토양 내 공기의 특성은 대기 중 공기와는 상당히 다르다. 토양 공기는 보통 얇은 수막으로 연결되어 있는 공동에서 발견되며, 이동하는 공기 흐름에 노출되지 않는다. 따라서 토양 공기는 수증기로 포화되어 있다. 또한 토양 공기 중 이산화탄소는 매우 많지만 산소는 부족한데, 이는 식물 뿌리와 토양 유기체가 호흡을 통해 산소를 흡수하고, 이산화탄소를 공극으로 내뿜기 때문이다. 이후 이산화탄소는 서서히 대기로 빠져나가게 된다.

학습 체크 12-4 토양 성분 중 점토와 부식이 중요한 이유는 무엇인가?

토양수

토양수는 대부분 강우와 융빙수의 침루에 기인하지만, 일부는 지하수가 **모세관 작용**(capillary action)에 의해 지하수면 위로 상승할 때와 같이 아래로부터 공급되기도 한다(그림 12-9, 모세관력의 논의에 대한 제6장 참조). 일단 물이 토양으로 침투하면, 물과 맞닿는 개별 고체 입자는 수막으로 덮이고, 전체 혹은 부분적으로 공극을 채우게 된다. 물은 아래의 지하수로 침루되어 토양에서 제거될 수도 있고, 모세관 이동으로 지표면까지 위로 올라가 증발되거나 식물이 이용(증산)할 수도 있다.

다음과 같은 네 가지 유형의 토양 수분이 토양 작용에 역할을 한다(그림 12-10).

1. **중력수**: **중력수**(gravitational water)는 상부로부터 침투가 계속되어 나타나며, 미소공극을 통해 지하수대로 내려간다. 이 물은 짧은 시간 동안만 토양에 머무르고, 빠르게 배수되기 때

▶ 그림 12-9 물은 상부에서 빗물과 융빙수의 침루로 토양층에 공급된다. 또한 지하수가 모세관 작용에 의해 지하수면 위로 끌어 올려질 때, 하부로부터 공급되기도 한다.

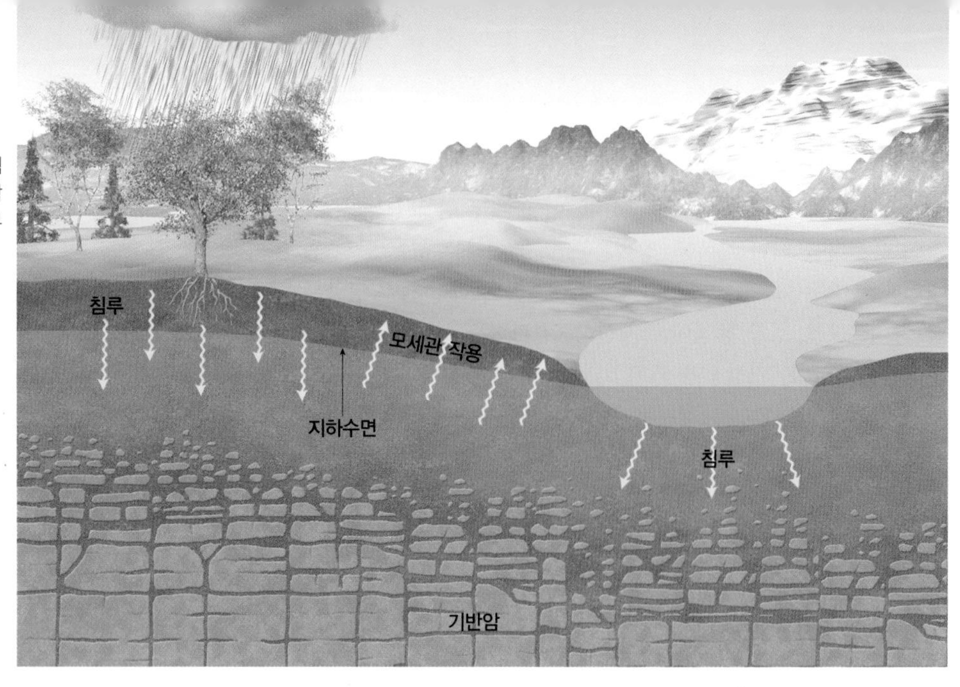

문에 식물이 이용하기에 매우 비효율적이다. 그러나 중력수는 세탈과 집적을 일으키는 중요한 기구(아래에서 논의)이며, 따라서 상부 토양은 좀 더 조립이고 열린 구조로 그리고 하부 토양은 밀도 높고 압축된 형태로 만든다.

2. **모세관수(응집된 물)** : 중력수가 배수된 후에도 남아 있는 **모세관수**(capillary water)는 **표면장력**[surface tension, 응집력(cohesion) 또는 물 분자의 인력으로 인해 표면을 따라 작용하는 힘, 제6장 참조)]에 의해 토양 입자 표면에 머무는 수분이다. 모세관수는 식물이 이용하는 물의 주요 원천이다. 이러한 형태의 토양수는 모세관 작용에 따라 모든 방향으로 자유롭게 이동하게 된다. 이와 같은 수분은 습윤한 곳에서 건조한 곳으로 이동하려는 경향이 있으며, 중력수가 더 이상 아래로 스며 들지 않을 때 모세관수가 위로 이동한다.

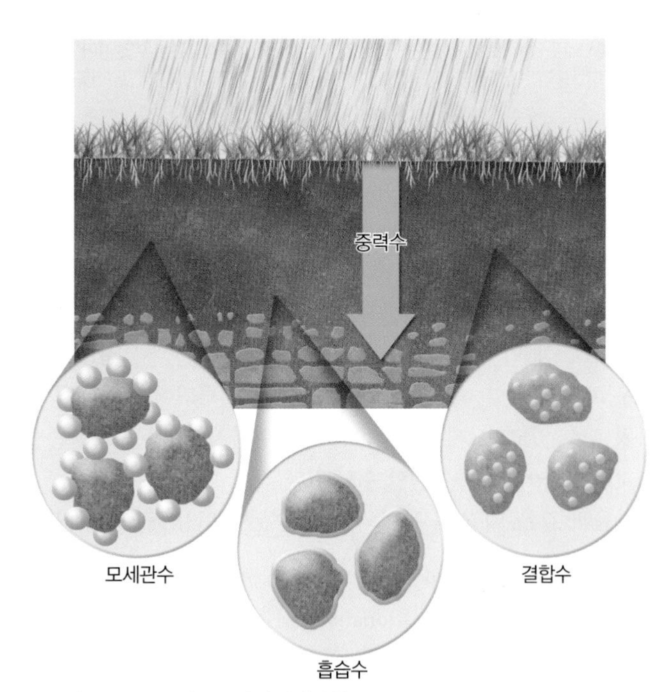

▲ 그림 12-10 토양 수분의 네 가지 유형

3. **흡습수(흡착된 물)** : **흡습수**(hygroscopic water)는 흡착(adhesion, 고체 입자 표면에 대한 물 분자의 인력)에 의해 모든 토양 입자에 단단하게 붙잡힌 미세한 얇은 수막으로 이루어져 있다. 흡습수는 입자에 아주 단단하게 흡착되어 있어 일반적으로 식물이 이용할 수 없다.
4. **결합수** : **결합수**(combined water)는 토양수 중에서 가장 이용하기 어렵다. 결합수는 다양한 토양 광물과 화학적으로 결합된 것으로 단지 화학적인 변화가 발생할 때 자유로워진다.

중력수가 배수되고 난 후, 공극을 채우고 있는 물의 양을 토양의 **포장용수량**(field capacity)이라고 한다. 건조한 상태가 오래 지속되고 모세관수가 식물에 의해 또는 증발로 모두 사라지면, 식물은 더 이상 토양으로부터 물을 뽑아낼 수 없어 **위조점**(wilting point)에 도달하게 된다.

용탈 : 물은 토양에서 수많은 중요한 기능을 수행한다. 필수적인 토양 영양분을 용해시켜 식물 뿌리가 이용할 수 있도록 하는 효율적인 용매이다. 용해된 영양분은 용액 상태로 아래로 이동하게 되고, 일부는 더 낮은 곳에 다시 쌓이게 된다. **용탈**(leaching)이라고 하는 이러한 작용은 표층에 있는 가용성의 영양분을 감소시킨다. 물은 또한 점토의 여러 화학 반응과 부식을 만들어 내는 미생물 활동에 필요하다.

세탈 및 집적 : 물은 토양 내의 입자들을 이동시키고 다른 곳에 퇴적시키면서 토양의 물리적 성질에 매우 중요한 영향을 미칠 수 있다. 예를 들어, 물이 토양으로 스며들면 상부 층으로부터 세립의 광물 입자를 붙잡아 아래로 이동시키는데, 이를 **세탈**(eluviation)이라 한다(그림 12-11). 이러한 입자는 결국 더 낮은 곳에 퇴적되는데 이러한 퇴적 작용을 **집적**(illuviation)이라고 한다.

학습 체크 12-5 어떤 형태의 토양 수분이 식물에 가장 중요한가? 그 이유는 무엇인가?

▲그림 12-11 세탈 과정에서 토양층 상부의 세립 입자는 침루하는 물을 따라 토양의 더 깊은 곳으로 내려가게 된다. 집적 과정에서 이러한 입자들은 토양층 하부에 퇴적된다.

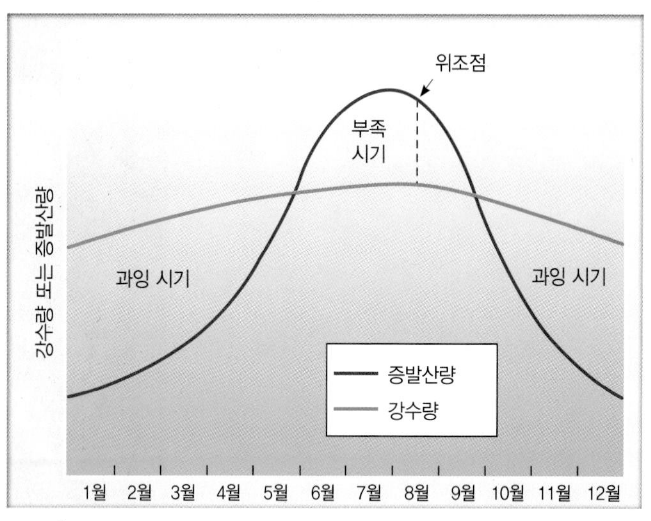

▲그림 12-12 북반구 중위도 지역의 가상 토양수 수지. 1월부터 5월 초까지 강수량이 증발산량보다 더 많아 토양은 식물이 필요한 양보다 훨씬 많은 수분을 포함한다. 5월 중순부터 9월 중순까지 증발산량 곡선은 강수량 곡선 위로 상승하며, 토양으로 들어오는 물보다 나가는 물이 더 많음을 의미한다. 8월 1일경 많은 양의 물이 토양에서 빠져나가 식물은 시들기 시작한다. 9월 중순 이후, 증발산량 곡선은 다시 강수량 곡선 아래로 내려가고, 다시 토양 내에 잉여수가 발생한다.

토양수 수지 : 강우 혹은 융빙수의 침루로 토양에 공급된 수분은 증발산을 통해 상당량 감소하게 된다. 이러한 두 작용 사이의 역동적인 관계를 **토양수 균형**(soil-water balance)이라 한다. 이것은 토양과 식생 특성을 포함하는 다양한 요인에 영향을 받지만, 주로 기온과 습도에 의해 결정된다.

식물이 이용 가능한 물의 양은 생태계에서 강수량보다 훨씬 더 중요하다. 강우 혹은 융빙수에 의해 공급된 물 중 대부분은 증발하거나 유출되고 깊은 곳으로 침투하기 때문에 식물이 이용할 수 없다. 주어진 시간과 장소에서 토양 수분은 과잉될 수도 있고 결핍될 수도 있다. 일반적으로 온난한 날씨는 증발산 증가의 원인이 되어 토양수 공급량이 감소되고, 한랭한 날씨는 증발산이 느려져서 더 많은 양의 물이 토양에 남아 있게 한다.

가상의 북반구 중위도 지역에서, 1월은 낮은 기온이 증발을 억제시키고 식물에서의 증산이 거의 발생하지 않기 때문에 잉여수가 있는 시기이다. 토양은 포장용수량 또는 그 근처에 있을 것이다. 봄이 되면 기온이 상승하고, 식물 성장이 가속화되어 증발과 증산 모두 증가한다. 토양수 균형은 물의 과잉에서 물 부족으로 기울어진다. 이러한 부족 상태는 기온이 가장 높고 식물이 물을 가장 많이 필요로 하는 한여름 혹은 늦여름에 최고가 된다. 엄청난 사용량과 강수의 감소는 식물이 이용 가능한 모든 물을 감소시켜 위조점에 도달하게 된다. 따라서 식물이 이용할 수 있는 토양수의 양은 기본적으로 포장용수량과 위조점 사이의 차이이다.

늦여름과 가을에는 기온이 떨어지고 식물 생장이 느려지면서 증발산이 급격하게 줄어든다. 이때 토양수 균형은 다시 한 번 겨울까지 지속되는 물의 과잉으로 변하게 된다. 이후 순환은 다시 시작된다. 시간에 따른 토양수 균형의 이러한 변화를 **토양수 수지**(soil-water budget)라고 한다(그림 12-12).

토양 특성

토양을 설명하고 분류하기 위해 토색이나 토성, 토양 구조와 같은 물리적, 화학적 특성을 이용한다.

토색

토양의 가장 뚜렷한 특성은 보통 색이지만, 색이 가장 확실한 특성인 것은 아니다. 토색은 토양의 특성과 능력에 대한 실마리를 제공해 주지만, 때때로 오류를 일으키기도 한다. 토양학자들은 색을 175등급으로 구분하였다. 표준색은 보통 흑색, 갈색, 붉은색, 노란색, 회색과 백색으로 표현된다(그림 12-13). 대부분의 경우 토색은 토양 입자 표면에 금속 산화물이나 유기물에 의한 얼룩 때문이다.

흑색 혹은 어두운 갈색은 보통 부식 함량이 많음을 의미하고, 토양이 흑색일수록 더 많은 부식을 포함하고 있다. 토색은 비옥도에 대한 확실한 정보를 주는데, 이것은 부식이 식물에게 영양분을 주는 데 있어 주요 촉매제이기 때문이다. 그러나 어두운색이 언제나 예외 없는 비옥도의 지표는 아니다. 불량한 배수 혹은 높은 탄산염 함량 등과 같은 다른 요인에 의해서도 나타나기 때문이다.

일반적으로 붉은색과 노란색은 토양 입자 표면이 철산화물로 착색되어 있다는 것을 의미한다. 이와 같은 토색은 많은 광물이 용탈되고 비가용성의 철화합물이 남게 되는 열대 및 아열대 지역에서 흔하게 나타난다. 이러한 상황에서, 붉은색은 배수가 좋은 것을 그리고 노란색은 배수가 불완전한 것을 의미한다. 적색토는 또한 사막 환경에서도 흔하게 나타나는데, 이러한 색은 표면 착색을 나타내기보다는 붉은색의 모재에서 나온 것이다.

▶ 그림 12-13 미주리대학교 사우스팜의 토양을 연구하기 위해 먼셀 토색 차트를 이용하는 연구자

회색과 청색은 보통 배수가 불량한 지역을 나타내고, 반면에 반점 무늬는 1년 중 일부 기간 포화 상태에 있었다는 것을 의미한다. 습윤 지역에서 밝은색은 훨씬 더 많은 용탈을 의미하는 것으로 심지어 철까지 제거되었음을 의미하지만, 건조 지역에서는 염분의 집적을 나타낸다. 단순히 유기물이 부족하다는 것을 의미할 수도 있다.

토성

모든 토양은 보통 세립질이 많지만, 다양한 크기의 무수히 많은 입자로 구성되어 있다(그림 12-14). 손가락 사이에서 토양 시료를 굴려 보면 주요 입자 크기를 느낄 수 있다. 표 12-1은 입자 크기에 대한 표준 분류 체계를 보여 준다. 이러한 체계에 따른 크기 집단을 **입도단위**(separate)라고 한다. 자갈, 모래, 실트 입도단위는 풍화된 모재의 파편들이고, 대부분 암석에서 흔히 발견되는 석영, 장석, 운모와 같은 광물 입자이다. 이러한 조립 입자는 토양체의 불활성 물질이며, 점토 입자만이 토양에서 발생하는 복잡한 화학반응에 참여한다.

토양은 단일 입자로 구성되지 않기 때문에, 어떤 토양의 토성은 다양한 입도단위의 상대적 양에 의해 결정된다. **토성삼각도**(texture triangle)(그림 12-15)는 무게에 따른 개별 입도단위 비율에 기초한 토성의 표준 분류 체계를 보여 준다. 삼각도의 중심부 아래는 **양토**(loam)인데, 3개의 주요 입도단위 중 어떤 것도 다른 2개보다 우세하지 않은 토성의 토양에 주어지는 이름이다. 이렇게 상당히 균질한 토성을 갖는 물질이 일반적으로 식물 생산성이 가장 높다.

토양 구조

대부분 토양의 개별 입자는 **토괴** 또는 **페드**(ped)라고 하는 덩어

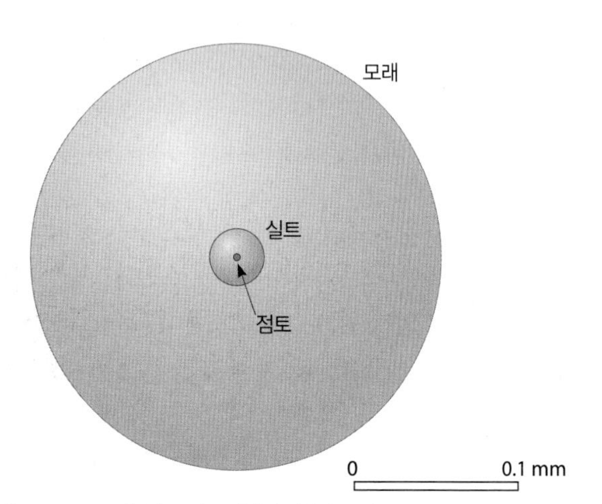

▲ 그림 12-14 모래, 실트, 점토 입자의 상대적 크기

표 12-1 토양 입자 크기의 미국 표준 분류 체계

입도단위	직경
자갈(역)	2mm 이상
극조사	1~2mm
조사	0.5~1mm
중사	0.25~0.5mm
세사	0.1~0.25mm
극세사	0.05~0.1mm
조립 실트	0.02~0.05mm
중립 실트	0.006~0.02mm
세립 실트	0.002~0.006mm
점토	0.002mm 이하

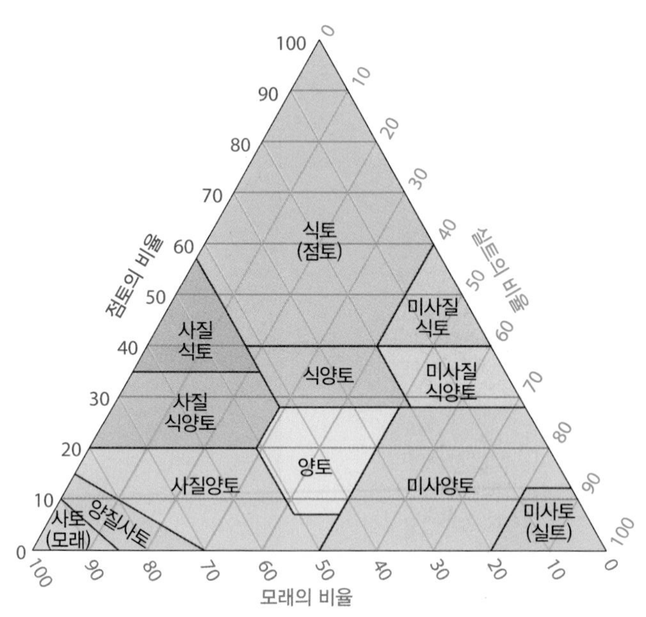

▲ 그림 12-15 표준 토성 삼각도. 토성은 모래, 실트, 점토 입자의 상대적 비율로 결정된다. 주어진 토성의 비율을 확인하기 위해서는 삼각형의 세 변에 표시된 각각의 비율을 따라야 한다.

리로 뭉쳐져 있으려는 경향이 있으며, 페드가 토양 구조를 결정한다. 페드의 크기, 형태와 안정성은 물, 공기와 유기물(식물 뿌리 포함)이 토양을 통해 얼마나 쉽게 이동하는지에 그리고 결과적으로 토양 비옥도에 큰 영향을 미치게 된다. 페드는 구상(spheroidal), 판상(plate-like), 괴상(block-like), 각주상(prism-like)과 같은 형태에 기초해 분류되고, 이러한 네 가지 형태가 일반적으로 확인되는 7개 토양 구조 유형이다(그림 12-16). 보통 통기성이나 배수는 중간 크기의 페드에서 잘 이루어지며 덩어리지고 세립의 구조는 이러한 과정을 방해한다.

대부분 모래로 이루어진 토양과 같이 일부 토양에서는 개별 입자가 페드로 응집되어 있지 않아 실제 토양 구조가 발달해 있지 않다. 실트와 점토 입자는 대부분 쉽게 응집된다. 다른 조건이 동일하다면, 응집은 보통 수분이 많은 토양에서 가장 크고, 건조한 토양에서 최소가 된다.

토양 구조는 토양의 **공극률**(porosity)과 **투수성**(permeability)을 결정하는 중요한 요인이다. 제9장에서 확인한 바와 같이, 공극률은 토양 입자 사이 혹은 페드 사이의 공극의 양을 의미하며, 다음과 같이 표현된다.

$$\text{공극률} = \frac{\text{공극의 용량}}{\text{전체 용량}}$$

공극률은 퍼센트 혹은 소수로 표현되며, 물과 공기를 포함할 수 있는 토양 능력의 측정치이다.

투수성은 토양을 통해 물을 전달할 수 있는 토양의 능력을 의미한다. 이는 공극의 연결성 정도에 의해 결정된다.

공극률과 투수성 사이의 관계는 단순하지 않다. 즉, 가장 많은 공극을 지닌 물질이 반드시 투수성이 가장 높은 것은 아니다. 예를 들어, 점토는 가장 많은 공극을 가진 입도단위이지만, 공극이 너무 작아서 물이 쉽게 통과하지 못하기 때문에 가장 낮은 투수성을 갖는다.

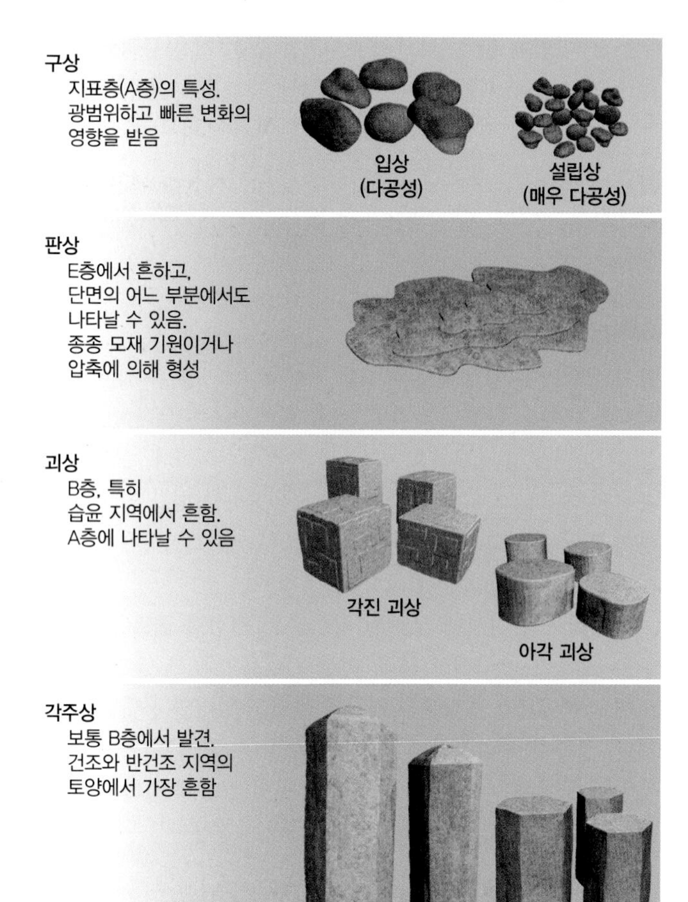

▲ 그림 12-16 토양에서 나타나는 토괴 또는 페드의 다양한 구조[토양 '층위(horizon)'는 독특한 특징을 갖고 있는 층이다]

학습 체크 12-6 토양의 공극률과 투수성을 구분하라.

토양의 화학성

식물의 성장 수단으로서 토양의 유효성은 거의 영양분의 이용 가능성에 달려 있으며, 이는 복잡한 일련의 화학 반응에 의해 결정된다. 토양의 화학성은 미세한 토양 입자와 이온을 포함한다.

콜로이드

직경이 약 0.1μm보다 작은 입자들을 **콜로이드**(colloid)라고 한다. 무기질 콜로이드는 조립 입자의 화학 변화로 만들어진 얇은 결정질 판상의 점토로 이루어진다. 유기질 콜로이드는 부식의 형태로 분해된 유기물질을 말한다. 두 유형 모두 화학적으로 활발한 토양 입자이다. 물과 섞이면 콜로이드는 등질적인 혼탁액으로 거의 무한정 떠 있게 된다. 어떤 콜로이드는 높은 저장 능력을 가지므로 토양이 물을 포함할 수 있는 능력에 영향을 미친다. 콜로이드는 물에 흠뻑 젖지만, 콜로이드로 분류하기에 너무 큰 토양 입자들은 표면의 수막으로만 수분을 함유할 수 있다.

무기질, 유기질 콜로이드 모두 많은 양의 이온을 끌어당겨 붙잡고 있다.

양이온 교환

앞서 살펴봤듯이, 양이온은 양의 전하를 띠고 있는 이온이다. 양이온을 만드는 원소로는 칼슘, 칼륨과 마그네슘 등이 있으며, 이들은 모두 토양 비옥도와 식물 생장에 필수적이다. 콜로이드의 표면은 대부분 양이온을 끌어당기는 음전하를 띠고 있으며 상당량의 영양분이 되는 양이온을 끌어당기고 있고 토양에서 양이온이 용탈되는 것을 막는다(그림 12-7 참조).

콜로이드와 여기에 부착된 양이온의 결합을 **콜로이드 복합체**(colloidal complex)라고 하며, 약한 균형을 이루고 있다. 만약 콜로이드 복합체가 영양분을 강하게 붙잡고 있다면 용탈되지 않겠지만, 결합이 너무 강하면 식물이 흡수할 수 없게 된다.

일부 양이온은 다른 것들에 비해 훨씬 강하게 결합되기도 한다. 콜로이드 복합체에 강하게 결합하려는 경향이 있는 양이온들은 다소 약하게 결합된 것들을 치환할 수 있다. 예를 들어, 칼슘(Ca^{2+})이나 마그네슘(Mg^{2+})과 같은 양이온은 금속 이온이나 수소 이온에 의해 쉽게 치환될 수 있고, 이러한 과정을 **양이온 교환**(cation exchange)이라고 한다. 양이온을 끌어당기고 교환하는 토양의 능력을 **양이온 교환 능력**(cation exchange capacity, CEC)이라 한다. 일반적으로 CEC가 높을수록 토양의 비옥도가 더 높다. 높은 점토 함량을 갖는 토양은 더 많은 콜로이드를 갖고 있기 때문에 조립의 토양보다 더 높은 CEC를 갖는다. 부식 콜로이드는 무기질 점토 광물보다 훨씬 더 높은 CEC를 갖기 때문에 부식은 특히 높은 CEC의 원천이다. 따라서 가장 비옥한 토양은 점토와 부식 함량이 높은 경향이 있다.

학습 체크 12-7 양이온 교환 능력이란 무엇인가? 이것이 토양 비옥도와 어떤 관계를 가지고 있는가?

산성/염기성

화학적 용액은 토양 속에 있는 것을 포함하여 산성과 염기성으로 구분할 수 있다. 산(acid)은 물에 용해될 때 수소 이온(H^+) 혹은 옥소늄 이온(H_3O^+)을 생산하는 화합물인 반면, **염기**(base)는 용해 시 수산화 이온(OH^-)을 만들어 내는 화합물이다. 산은 염기와 반응하여 **염**(salt)을 만들어 낸다. 용해된 산을 포함한 용액을 **산성**(acidic)이라고 한다. 용해된 염기를 포함하는 것은 **염기성**(basic) 혹은 **알칼리성**(alkaline) 용액이라고 한다. 어떤 화학적 용액이라도 산성 혹은 염기성에 근거하여 특징지을 수 있다.

거의 모든 영양분은 용액으로 식물에 공급된다. 강한 알칼리성 토양 용액은 광물 용해 및 영양분 방출에 비효율적이다. 그러나 용액이 강한 산성을 띤다면, 영양분이 식물의 뿌리가 흡수하기에는 너무 빠르게 용해되고 용탈되어 버린다. 따라서 토양 용액의 최적 상태는 지나치게 염기성도 산성도 아닌 중성일 때이다. 토양의 산성/염기성은 거의 CEC에 의해 결정된다.

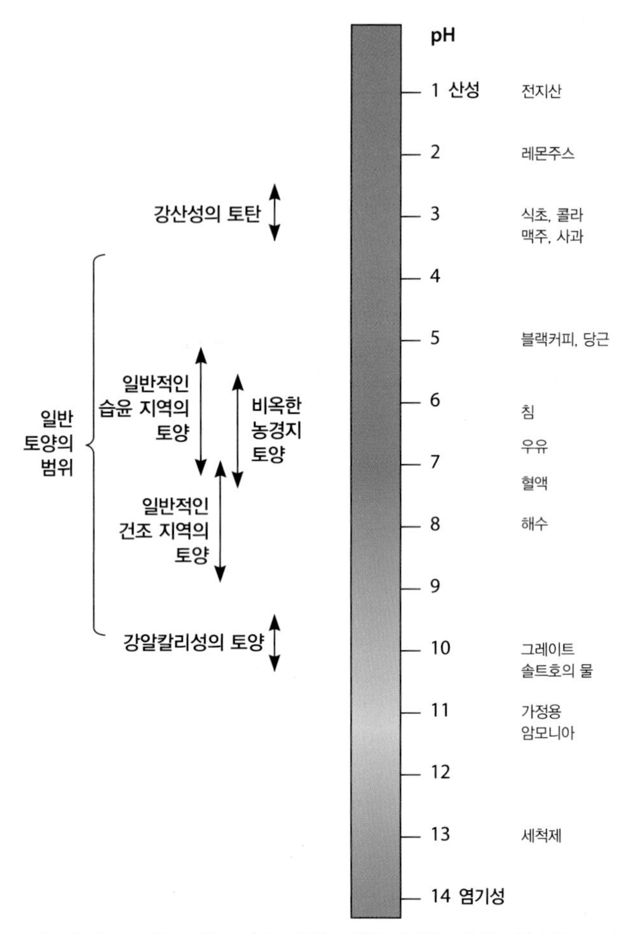

▲그림 12-17 표준 pH 척도. 가장 비옥한 토양은 지나친 산성이나 염기성도 아니다.

제6장에서 살펴본 바와 같이, 용액의 산성/염기성은 용액 내 수소 이온(H^+)의 상대적 농도에 따라 결정되는 pH로 표현된다. pH는 0~14까지의 범위로 나타낸다. 더 낮은 값일수록 산성 상태를 나타내고, 더 높은 값은 염기 상태를 말한다(그림 12-17). 중성 상태는 7의 값으로 표현되고 약 7의 pH를 지닌 토양은 다수의 식물과 미생물에게 있어 가장 최적의 환경이다.

토양 단면

토양의 발달은 깊이와 시간이라는 2차원으로 표현된다. 그러나 깊이와 시간 사이에 선형의 관계는 나타나지 않는다. 일부 토양은 다른 토양보다 훨씬 더 빠르게 깊어지고 발달한다.

첨가(addition, 토양에 더해지는 요소), **제거**(loss, 토양에서 없어지는 요소), **이동**(translocation, 토양 내에서 이동되는 요소), **변형**(transformation, 토양 내에서 변화된 요소)과 같은 네 가지 작용이 토양을 깊게 그리고 나이 들게 한다(그림 12-18). 앞에서 논의했던 다섯 가지 토양 형성 요인인 지질, 기후, 지형, 생물, 시간

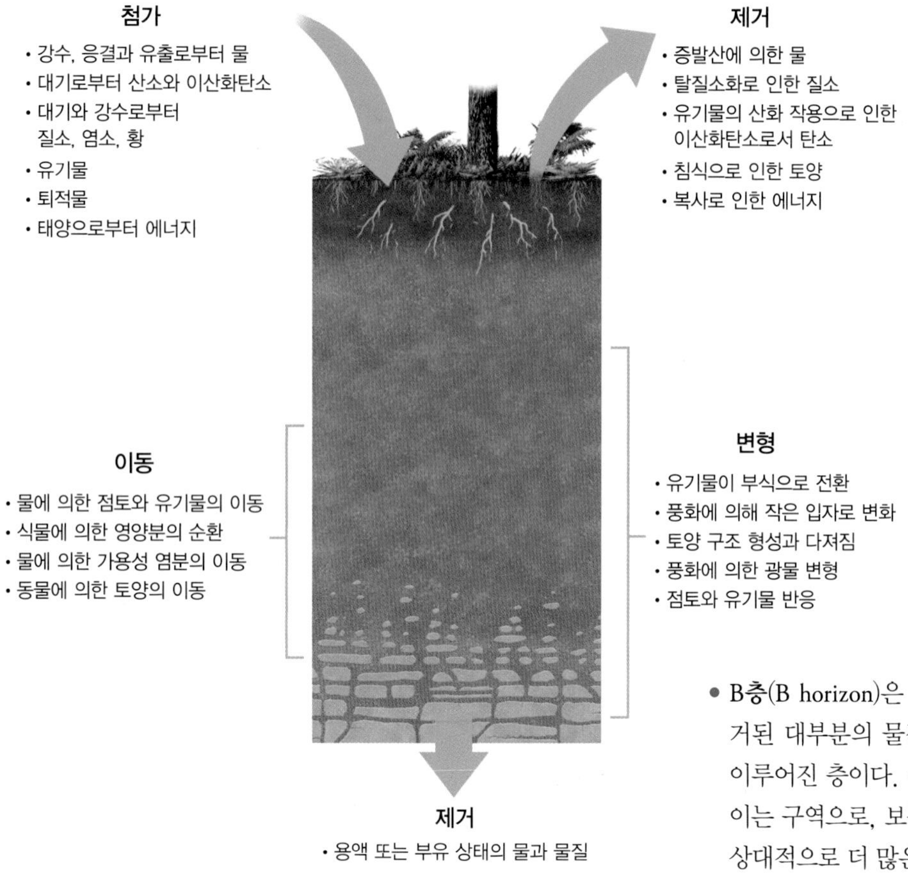

첨가
• 강수, 응결과 유출로부터 물
• 대기로부터 산소와 이산화탄소
• 대기와 강수로부터 질소, 염소, 황
• 유기물
• 퇴적물
• 태양으로부터 에너지
제거
• 증발산에 의한 물
• 탈질소화로 인한 질소
• 유기물의 산화 작용으로 인한 이산화탄소로서 탄소
• 침식으로 인한 토양
• 복사로 인한 에너지
이동
• 물에 의한 점토와 유기물의 이동
• 식물에 의한 영양분의 순환
• 물에 의한 가용성 염분의 이동
• 동물에 의한 토양의 이동
변형
• 유기물이 부식으로 전환
• 풍화에 의해 작은 입자로 변화
• 토양 구조 형성과 다져짐
• 풍화에 의한 광물 변형
• 점토와 유기물 반응
제거
• 용액 또는 부유 상태의 물과 물질

◀ 그림 12-18 첨가, 제거, 이동, 변형 등의 네 가지 토양 형성 작용. 지질, 기후, 시간, 생물 및 시간과 같은 토양 형성 요인은 네 가지 작용의 속도에 영향을 미치며, 따라서 토양이 형성되는 속도에도 영향을 미친다.

등은 이러한 네 가지 작용의 속도에 영향을 미치고, 그 결과 다양한 토양 **층위**와 **토양 단면**의 발달을 가져온다.

토양 층위

토양은 **층위**(horizon)라고 하는 다소 뚜렷하게 확인할 수 있는 층을 가지려 하며, 각각의 층위는 다른 특성을 지닌다. 층위는 지표와 거의 평행하게 위치하고, 다른 것 위에 다른 하나가 놓여 있으며, 보통 명확한 선이라기보다는 점이 지대로 구분된다. 지표부터 토양층을 따라 모재까지 수직의 횡단면(도로 절개지 혹은 트렌치의 한쪽 면에서 볼 수 있는 것처럼)을 **토양 단면**(soil profile)이라고 한다. 세계의 다양한 토양은 보통 단면에서 보여 주는 차이를 기초로 그룹화하고 분류하게 된다.

잘 발달된 토양 단면에서는 다음과 같은 6개의 층위가 나타난다(그림 12-19).

- **O층**(O horizon)은 신선하거나 부패된 유기물로 이루어진 표면층이다. 이러한 층위는 기본적으로 죽은 식물과 동물 사체에서 기인한 부엽에 의해 형성된다. 삼림에서 흔하고 보통 초지에서는 거의 나타나지 않는다. 토양은 보통 O층을 갖고 있지 않으며 대부분의 토양 표층은 A층이다.
- **A층**(A horizon)은 일반적으로 **표토**(topsoil)라 불리며 상당한 양의 유기물을 포함하고 있는 무기물로 이루어진 층이다. 지표 혹은 O층의 바로 아래에 형성되어 있다. A층은 충분한 유기물을 포함하고 있기 때문에 아래에 놓인 층위보다 더 어둡게 보인다. 또한 A층은 침식과 세탈로 일부 세립물질들이 제거되어 상대적으로 조립의 토성이 나타난다. 씨앗은 주로 A층에서 싹이 튼다.
- **E층**(E horizon)은 보통 상부의 A층 혹은 하부의 B층보다 더 밝은색을 띤다. 이 층위는 근본적으로 세탈층으로서 점토, 철, 알루미늄 등이 제거되고, 침식 저항성을 지닌 모래나 실트 입자들이 집중적으로 남아 있다.
- **B층**(B horizon)은 보통 **심토**(subsoil)라고 불리며, 상부에서 제거된 대부분의 물질들이 퇴적되는 집적이 일어나는 무기물로 이루어진 층이다. 이러한 층위는 점토, 철과 알루미늄 등이 모이는 구역으로, 보통 A층보다 더 큰 토성, 더 높은 밀도 그리고 상대적으로 더 많은 점토 함량이 나타난다.
- **C층**(C horizon)은 식물 뿌리가 도달하지 못하며 풍화를 제외한 토양 형성 작용이 일어나지 않은 미고결 모재층(풍화토)으로, 유기물이 거의 없다.

O층
느슨하고 부분적으로 분해된 유기물
A층
약간의 부식과 혼합된 광물
E층
용탈과 세탈이 일어나는 지대
B층
위로부터 이동된 점토, 철과 알루미늄의 집적
C층
일부 변화된 모재층
R층
풍화되지 않은 모재층
토양
풍화토
기반암

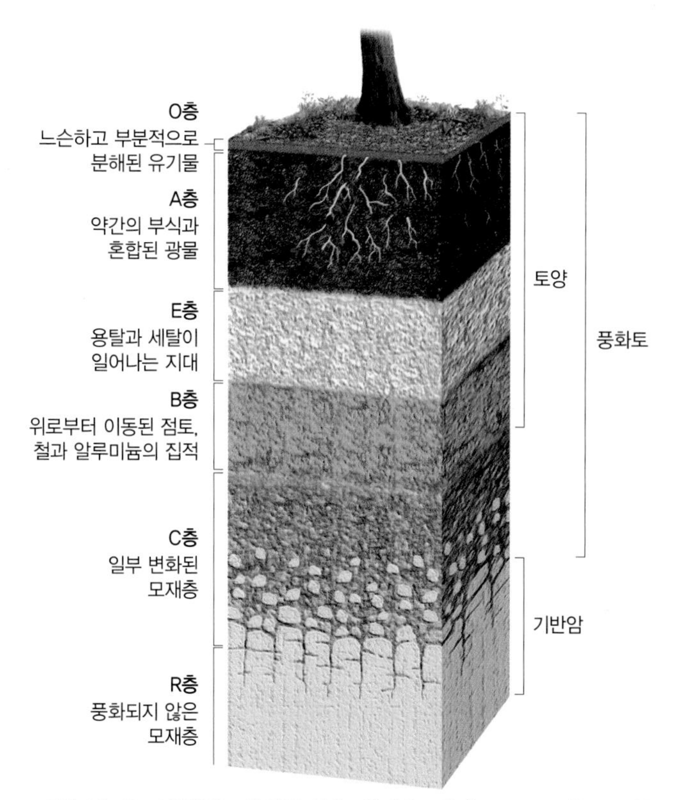

▲ 그림 12-19 이상적인 토양 단면. 실제 토양 혹은 토양체는 O, A, E, B층으로 이루어져 있다.

- **R층**(R horizon)은 기반암으로, 풍화가 거의 진행되지 않았다.

엄밀하게 말하면, **토양체**(solum)라고 하는 실제 토양은 단지 B층까지만을 의미한다.

시간은 단면 발달에 있어서 중요한 수동적 요인이지만, 지표수는 필수적인 능동적 요인이다. 만약 강수나 융빙수 및 기타 기원으로부터 토양으로 스며드는 지표수가 없다면, 토양 단면의 발달은 일어날 수 없다. 스며드는 물은 용탈과 세탈을 통해 표토의 물질들을 심토로 운반한다. 이렇게 운반된 물질 대부분은 보통 지표에서 수십 센티미터 아래에 퇴적된다. 일반적으로 표토(A층)는 용탈과 세탈을 통해 다소 고갈된 층위이고, 심토(B층)는 집적으로 인해 축적된 층으로 발달한다.

모든 층위를 포함하는 단면은 오랜 기간 어떤 것에도 방해를 받지 않는 환경에 있는 배수가 좋고 경사가 완만한 습윤 지역에서 전형적으로 발달한다. 그러나 세계의 많은 지역은 그러한 이상적인 조건을 갖지 못하므로, 토양 단면은 잘 발달된 하나의 층위만을 나타낼 수도 있다. 과거 다른 기후하에서 형성된 **화석층**(fossil horizon), 경반(hardpan, 매우 밀도 높은 불투수성의 층)의 집적, 가속화된 침식에 의한 지표층의 제거 또는 다른 요인에 의해 1개의 층이 없을 수도 있다.

부분적으로 변화된 모재(C층) 위에 A층만을 포함하는 토양을 **미성숙토**(immature)라고 한다. 집적층인 B층이 형성되면 일반적으로 **성숙토**(mature)이다.

학습 체크 12-8 토양체에서 확인되는 토양 층위에 대해 설명하라.

토양체계

토양 형성 요인과 작용은 끊임없는 변화와 상호작용으로 매우 다양한 토양을 만들어 낸다. 그러나 **라테라이트화**, **포드졸화**, **글레이화**, **석회화**, **염류화**와 같은 5개의 주요 **토양체계**(pedogenic regime)('토양을 만드는' 체계)로 구분할 수 있다. 이러한 체계들은 특정 물리적, 화학적, 생물학적 작용들이 우세한 환경이다.

라테라이트화

라테라이트화(laterization)라는 명칭은 토양이 붉은 벽돌색을 띠는 데에서 유래되었다(*later*는 라틴어로 '벽돌'을 뜻함). 이러한 토양체계와 관련된 작용은 보통 세계의 온난, 습윤한 지역에서 전형적으로 나타난다. 라테라이트화에 의해 형성된 토양은 산림, 관목, 사바나 식생이 우세한 열대와 아열대 지역에서 가장 뚜렷하다.

라테라이트화는 모재의 빠른 풍화, 거의 모든 광물의 용해, 유기물의 빠른 분해 등이 특징적이다. 라테라이트화의 가장 확실한 특징은 거의 모든 암석과 토양에서 가장 흔한 구성 성분이자 용해에 높은 저항성을 갖는 실리카의 용탈일 것이다. 다른 광물 대부분도 빠르게 용탈되고, 주로 철과 알루미늄 산화물과 일부 석영 모래 입자 등이 남게 된다. 이러한 잔여물들이 이 작용에 이름을 붙이게 한 붉은색의 토양을 만들어 냈다(그림 12-20). A층은 강한 용탈과 세탈이 일어나는 반면, B층은 상당량의 집적물을 갖고 있다.

라테라이트화가 우세한 지역 어디서나 식물의 부엽이 빠르게 분해되므로 토양 내에 부식이 거의 없다. 그렇지만 자연 식생, 특히 삼림은 용액에서 많은 영양분을 빠르게 흡수하기 때문에 식물 영양분이 용탈에 의해 모두 제거되는 것은 아니다. 만약 식생에 대한 인간의 간섭이 상대적으로 적다면, 이 체계에서 가장 빠른 영양분 순환이 일어나며, 토양은 광물의 분해와 용탈 속도 때문에 척박해지지는 않을 것이다. 그러나 농업 및 기타 활동과 같은 인위적인 이유로 인해 삼림이 제거된 지역은 염기성 영양분을 흡수하는 나무 뿌리가 없기 때문에, 대부분의 염기성 영양분은 이러한 영양분 순환에서 제외된다. 그 결과 토양은 빠르게 척박해지고, 철과 알루미늄 화합물로 이루어진 단단한 각(crust)을 형성하게 된다.

라토졸 : 라테라이트화에 의해 만들어진 토양을 **라테라이트토** 또는 **라토졸**(latosol)이라고 한다. 강한 풍화작용과 라테라이트화가 연중 지속되면서 이러한 토양은 수 미터 깊이로 발달하기도 한다. 대부분의 라토졸은 농경지로 적합하지 않지만, 라테라이트화는 철과 알루미늄 산화물의 함량이 높은 물질을 만들어 내고, 채굴을 통해 수익을 얻기도 한다.

포드졸화

포드졸화(podzolization)는 이 체계가 만드는 토양의 색으로부터 명명된 또 다른 체계로, 이 경우에는 회색을 띤다(**포드졸**은 러시아어로 '잿빛의'라는 의미). 또한 포드졸화는 양의 수분 균형을 갖는 지역에서도 나타나며, 상당한 용탈을 수반한다. 그러나 포드졸화는 침엽수림으로 덮여 있는 중위도와 고위도 지역과 같

▼**그림 12-20** 열대 습윤 지역에서 라테라이트화는 지배적인 토양 형성 체계이며, 대부분의 토양은 철과 알루미늄이 집적되어 붉은색을 띤다. 사진은 앙골라의 도로 절개로 노출된 라테라이트 토양을 보여 주고 있다.

이 한정된 영양 조건하에서, 부엽이 산성인 지역에서 주로 발생한다. 포드졸화의 대표 지역은 북반구에만 발견되는 아극 기후의 냉대 삼림(boreal forest) 지역이다.

이와 같은 한랭 지역에서 화학적 풍화는 느리지만, 풍부한 산과 충분한 강수로 인해 용탈이 매우 효율적으로 일어난다. 동결 작용에 의한 기계적 풍화는 1년 중 얼지 않은 시기에 비교적 빠르게 진행된다. 이곳의 기반암은 석영과 알루미늄 규산염은 풍부하지만, 식물 영양분에 중요한 염기성 광물의 양이온이 빈약한 오래된 결정질 암석(일부는 플라이스토세 빙하 작용에 의해 운반되어 왔음)이다. 침엽수가 우세한 냉대 삼림은 영양분을 거의 필요로 하지 않고, 부엽은 분해되어 영양분이 거의 없는 광물로 돌아간다. 부엽은 대부분 솔잎과 잔가지들로서 토양 표면에 쌓여서 천천히 분해된다. 미생물들은 이러한 환경에서 잘 자라지 못하고, 따라서 부식의 생성이 늦어진다. 수분은 상대적으로 여름에 풍부하며, 표토에 포함된 영양분의 양이온은 철 산화물이나 알루미늄 산화물, 콜로이드 점토와 함께 거의 완전하게 용탈된다.

포드졸 : 포드졸화에 의해 형성된 토양을 **포드졸**(podzol)이라고 한다. 포드졸은 깊이가 얕고 산성이며 상당히 명확한 단면을 보여 준다. 보통 O층이 나타난다. A층의 상부는 세탈되어 실트질 혹은 모래질이며, 표백된 것처럼 용탈되어 있다. 보통 잿빛으로 회백색을 띠는데, 이는 높은 이산화규소 함량에 따른 것이다. 집적층인 B층에는 위에서 용탈된 철-알루미늄 산화물과 점토 광물이 집적되고, 어두운 색으로 상부 층과 뚜렷하게 대비된다(때때로 주황색이나 노란색이 더해짐). 토양 비옥도는 일반적으로 낮고 느슨한 토양 구조를 가지므로, 식생 피복이 교란을 받으면 침식이 가속화될 수 있다.

학습 체크 12-9 라테라이트화와 포드졸화를 비교하라. 각각의 작용에 의해 형성된 토양의 특성은 무엇인가?

글레이화

글레이화(gleization)는 보통 한랭 기후에서 물로 포화된 지역에 한정된 토양체계이다(명칭은 '진흙 땅'이라는 의미의 폴란드어 *glej*에서 유래). 물로 포화된 환경을 만드는 불량한 배수는 평지이거나 지형적 와지, 높은 지하수면 등의 다양한 조건과 관련이 있다. 북아메리카에서 글레이화는 최근의 빙하 퇴적 작용이 이전의 하계망을 방해한 오대호 주변에서 쉽게 찾아볼 수 있다.

글레이 토양 : 글레이화에 의해 만들어진 토양은 **글레이 토양**(gley soil)이라 알려져 있다. 이 토양은 유기물 함량이 높은 A층이 특징적이다. 물로 포화된 지역은 산소가 부족하여 박테리아의 활동이 제한되기 때문에 분해 과정이 느리게 진행되어 A층의 유기물이 풍부하다. 이와 같은 **혐기성**(anaerobic) 조건에서는 화학적 환원이 발생한다. 특히 3가의 철(Fe^{3+}) 성분이 2가의 철(Fe^{2+}) 성분으로 환원된다. **환원**(reduction)은 물질이 전자를 얻을 때 일어나며, 산화(oxidation)의 반대이다. 환원된 철은 산화된 철보다 더 쉽게 이동되고, 시간이 지남에 따라 토양은 철이 부족해지고 회색을 띠게 된다.

글레이 토양은 보통 높은 산성을 띠고 산소가 부족하기 때문에 수생식물을 제외하고는 식물 생산성이 낮다. 그러나 인위적으로 배수를 시키고 산성화에 대비하여 석회 비료를 사용하면 비옥도는 크게 향상될 수 있다.

석회화

강수량이 잠재 증발산량보다 적은 반건조 및 건조 기후에서, 용탈은 일어나지 않거나 일시적으로 발생한다. 이와 같은 지역의 식생은 초본이나 관목으로 구성된다. **석회화**(calcification, 칼슘을 포함하고 있는 염분이 이러한 체계에서 만들어지므로 명명된 용어)는 북아메리카의 건조한 프레리 지역, 유라시아의 스텝 지대, 아열대의 사바나와 스텝 지역에서 우세한 토양 형성 작용이다.

석회 경반 : 침루하는 물이 적어 용탈과 세탈이 모두 제한되어 다른 체계하에서는 아래로 이동될 물질들이 석회화가 일어나는 토양에서는 토양 내에 집중된다. 더욱이 건조한 시기에는 모세관 작용에 의해 상당한 양의 물이 위로 이동하게 된다. 석회화에서 가장 중요한 화합물인 탄산칼슘($CaCO_3$)은 비가 내린 이후 제한적인 용탈에 의해 아래로 이동한다. 탄산칼슘은 B층에 집적되어 밀도가 높은 층인 **경반**(hardpan)을 형성하고, 이후 모세관수와 식물의 뿌리에 의해 상부로 이동하게 된다. 결국 풀이 죽으면 토양으로 되돌아간다. 화학적 풍화는 제한되므로 점토는 거의 형성되지 않는다. 그러나 유기질 콜로이드 물질은 가끔 상당량 형성된다.

교란되지 않은 초원 지대에서 석회화가 일어나면 토양은 높은 농업 생산성을 가질 수 있다. 분해된 초본류에 의한 부식은 많은 양의 유기질 콜로이드 물질을 만들어 낸다. 이는 토양의 색을 어둡게 하고, 영양분과 토양 수분을 유지할 수 있는 구조를 만드는 데 기여한다. 초본류의 뿌리는 칼슘을 B층으로부터 위로 끌어 올리려 하기 때문에 석회 경반의 형성을 저해하거나 지연시킬 수 있다. 관목이 우세한 지역은 뿌리는 적지만 깊은 곳까지 침투하기 때문에 더 깊은 곳의 영양분을 상부로 이동시킨다. 물질은 지표에 거의 쌓여 있지 않고 토양과 결합하는 부식이 적다.

석회화가 실제로 일어나는 사막에서 토양의 깊이는 얕고 모래가 많으며, 석회 경반이 지표 근처에 형성되어 있고, 토양 표면이나 하부에 유기물질이 거의 쌓여 있지 않으며, 토양은 모재와 거의 비슷하다.

염류화

건조와 반건조 지역에서 배수가 불량한 지역은 특히 폐쇄된 골짜기와 분지에서 쉽게 찾을 수 있다. 물은 강한 증발에 의해 토양

상부로 이동해 결국 대기로 돌아간다. 증발되는 물은 토양의 표면과 토양 속에 다양한 염류를 남겨 두며, 때때로 많은 양의 염류는 지표를 밝은 백색으로 만든다. 이러한 토양체계를 **염류화**(salinization, *salin*은 라틴어로 '염'이라는 의미)라고 한다. 대부분 칼슘과 나트륨의 염화물과 황산염으로 이루어진 염류들은 독성을 띠기에 식물과 토양 유기물에 유해하고, 그 결과 토양은 염류에 내성을 갖는 풀과 관목을 제외하면 생명체를 거의 유지할 수 없다.

이러한 체계에서 발달한 토양은 세심한 물 관리를 통해 생산적일 수 있지만, 인위적인 배수 또한 필요하다. 그렇지 않으면 염류 축적이 더욱 심해질 것이다. 실제로 인간에 의한 염류화로 과거 여러 차례 세계 곳곳의 생산성 높은 농경지가 파괴되었다(그림 12-21).

학습 체크 12-10 염류화는 어떠한 조건하에서 농경에 적합하지 않은 토양을 만들어 내는가?

기후와 토양체계

토양체계는 1차적으로 기온과 수분 이용 가능성으로 표현되는 기후에 기초하여 구분되고(그림 12-22), 2차적으로 식생 피복에 기초하여 구분된다. 연 강수량이 연 증발산량을 초과하는 잉여수 지역은 보통 토양 내에서 물의 아래 방향 이동이 활발하여 용탈이 우세하게 작용한다. 1년 내내 기온이 상대적으로 높은 지역은 라테라이트화가 주로 발생하며 겨울이 길고 추운 지역은 포드졸화가 우세하게 나타난다. 그리고 배수가 불량하여 토양이 거의 항상 포화되어 있는 지역은 글레이화가 주로 나타난다.

일반적으로 글레이화는 거시적인 기후보다는 국지적 지형에 좌우되기 때문에 다양한 환경에서 일어날 수 있다. 수분이 부족한 지역에서의 주요 토양 수분 이동은 모세관 작용을 통해 상부를 향하고 용탈은 제한된다. 이러한 조건에서 주요 토양체계는 석회화와 염류화이다.

▼그림 12-21 아르헨티나 산후안 인근의 포도밭에서 발생한 토양 염류화

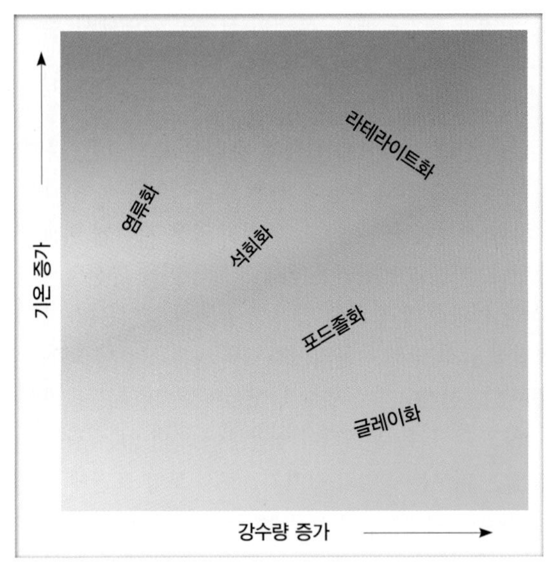

▲그림 12-22 5개 주요 토양체계에 있어서 온도와 물의 상대적인 관계. 온도가 높지만 강수량이 적은 지역에서는 염류화가 토양 형성의 주요 방식이다. 온도는 낮지만 강수량이 많은 곳은 글레이화가 우세하다. 라테라이트화는 온도와 강수량이 모두 높은 지역에서 나타난다. 석회화와 포드졸화는 극단적이지 않은 환경에서 발생한다.

기후가 토양체계에 영향을 미치는 근본적인 요인이지만, 토양과 토양 형성 작용에 국지적인 차이가 종종 관찰된다. 예를 들어, "포커스 : 토양의 차이 — 모든 것은 규모와 관련되어 있다"를 읽어 보라.

토양 분류

분류라는 문제에 있어, 자연지리학의 어떤 세부 분야도 토양학보다 더 복잡한 것은 없다.

토양 분류 체계

지난 세기 동안 다양한 토양 분류법이 고안되었다. 토양 특성과 형성 작용에 대한 지식이 쌓이면서 토양 분류를 위한 노력의 수준도 더욱 높아졌다. 다양한 체계가 주로 캐나다, 영국, 러시아, 프랑스, 오스트레일리아와 같은 나라에서 개발되었다. 더욱이 UN은 자체 분류 체계를 갖고 있다. 현재 미국에서 사용하는 체계는 미국자연자원보호청(Natural Resources Conservation Service, NRCS)에서 개발된 것으로 **토양 분류 체계**(Soil Taxonomy)라 불리고 있다.

토양 분류 체계를 기존의 체계와 구분 지을 수 있는 기본적인 특징은 속(generic)으로 분류하는 것으로, 관찰 가능한 토양 특성을 기초로 이루어져 있음을 의미한다. 중요한 것은 환경이나 발달 과정, 초기 조건하에서 토양이 갖고 있는 특성이 아닌 현재 토양의 특성이다. 이와 같은 속 체계는 이론상으로 흠잡을 데가 없다. 토양은 관찰, 측정 및 최소한 부분적으로 정량화될 수 있는

포커스

토양의 차이 – 모든 것은 규모와 관련되어 있다

▶ Randall Schaetzl, 미시간주립대학교

장소에 따라 왜 토양이 차이를 보일까? 정답은 관찰하는 '규모(scale)'와 관련이 있다. 거시적인 규모에서, 토양은 주로 기후와 식생의 변화 때문에 다르게 나타난다. 초기 과학자들은 미국 동부의 산림에서 중앙부의 초지로 이동하는 동안 토양도 변화한다는 것을 알고 있었다. 이를 통해 기후대 및 식생대와 동시에 잘 부합하는 것은 아니지만 주요 토양 '지대(zone)'가 있음을 확인시켜 주었다. 지리학자들은 더 작은 규모의 지역 안에서 일어나는 토양 변화에 대한 관심이 더 높아졌지만, 이와 같은 초기의 성과들은 지금까지도 유의미한 결과로 남아 있다. 예를 들어, 지역에 따라 토양이 어떻게 변화하는지를 아는 것은 각 지역에 가장 적합한 토지 이용을 할 수 있도록 결정하는 데 도움을 줄 수 있다.

국지적인 규모에서, 대부분의 토양 변화는 지형과 관련되어 있다. 저지대는 습하고, 고지대는 보다 건조한 토양을 갖는다. 대부분의 농경과 건축 활동은 건조한 지역(고지대 토양)이 낫다. 건조하고 통풍이 잘되는 환경에서는 붉은색 또는 갈색의 토양이 나타난다. 습하고 침수된 지역의 토양은 보통 어둡고 회색을 띤다.

아주 짧은 거리 내에서도, 토양은 매우 다양하게 나타날 수 있다. 토양에 영향을 미치고 주된 변화를 야기하는 요인은 개미굴, 우곡, 쓰러진 나무 등과 같은 '교란(disturbance)'과 관련이 있다.

▲ **그림 12-C** 나무와 뿌리가 완전히 분해되고 나면, 위와 같은 웅덩이와 둔덕이 하나의 쌍으로 나타난다.

뿌리째 뽑힌 나무 – 산림의 주요 교란 요인 : 뿌리째 뽑힌 나무는 삼림 경관에서 특히 중요하다(그림 12-B). 나무가 뿌리째 뽑히게 되면 상당량의 토양이 함께 뜯겨져 나간다. 이 토양은 결과적으로 나무 뿌리로부터 떨어져 나가 뚜렷한 둔덕을 이룬다. 나무가 원래 서 있던 곳에는 웅덩이가 남게 된다. 따라서 웅덩이와 둔덕은 보통 하나의 쌍으로 나타난다(그림 12-C). 시간이 지나면서 삼림 지역의 토양 대부분은 이와 같은 방식으로 교란을 받게 된다(그림 12-D). 몇몇 연구자들은 이와 같은 방식으로 수천 년마다 숲의 모든 토양이 '쟁기질(plow)'될 수 있을 것으로 추정했다.

웅덩이와 둔덕 지형은 아래에 있는 토양에 큰 영향을 미쳐 짧은 거리 내에서 복잡한 공간적 양상과 변동성을 만든다. 부엽은 웅덩이에 쌓이게 되고, 잉여 수분이 웅덩이를 빠져나가면서 웅덩이의 토양은 유기물이 풍부하고 더 용탈을 받았으며, 토양 발달이 잘 이루어지게 된다. 반대로 둔덕에서는 수분과 부엽이 제거되어 이 지역의 토양 발달은 약하게 일어난다. 추운 기후에서는 웅덩이에 눈이 쌓이지만, 둔덕은 바람에 의해 눈이 쌓이지 않아 얼어붙는다. 결국 뿌리째 뽑힌 나무에 의해 형성된 웅덩이와 둔덕 미지형은 짧은 거리 내에서 상당히 인상적인 토양 변화를 일으킨다. 이와 같이 복잡한 공간적 변동성은 다양한 생물들에게 서식처를 제공해 주기 때문에 생태계에 꼭 필요한 부분이다. 만약 어떤 생물이 있는 곳의 토양이 그들에게 적합하지 않을 때, 바로 옆에 있는 토양은 그렇지 않을 수 있다.

질문

1. 어떠한 형태의 소규모 교란이 짧은 거리 내에서 산림 토양의 공간적 변화를 일으킬 수 있겠는가?
2. 초지 생태계에서 토양에 영향을 미치고 공간적 변동성을 만드는 주요 교란 유형은 무엇인가?

◀ **그림 12-B** 최근에 쓰러진 나무의 뿌리판과 원래 뿌리가 있던 자리에 남은 웅덩이

▶ **그림 12-D** 수백 년 동안 뿌리째 뽑힌 나무로 교란을 받으면, 울퉁불퉁한 경관(나무가 제거된 지역)이 남는다.

표 12-2 토양목 명칭의 어원

토양목	어원
알피졸	알루미늄의 'al', 철(원소 기호는 Fe)의 'f'. 이 두 원소가 풍부한 토양
안디졸	안데스산맥 화산의 마그마로부터 만들어진 암석인 안산암. 화산재가 많은 토양
아리디졸	라틴어 *aridus*는 '건조'. 건조한 토양
엔티졸	'recent'에서 마지막 세 글자. 최근에 형성된 토양
젤리졸	라틴어 *gelatio*는 '얼어 있는'. 영구동토 지역의 토양
히스토졸	그리스어 *histos*는 '살아 있는 조직'. 유기물을 포함하고 있는 토양
인셉티졸	라틴어 *inceptum*은 '시작'. '삶'의 시작점에 있는 어린 토양
몰리졸	라틴어 *mollis*는 '부드러운'. 부드러운 토양
옥시졸	산소. 산소를 포함하고 있는 화합물이 풍부한 토양
스포도졸	그리스어 *spodos*는 '재거름'. 재토양
울티졸	라틴어 *ultimus*는 '마지막'. 영양분인 염기가 모두 용탈된 토양
버티졸	라틴어 *verto*는 '되돌아감'. 일반적인 층의 순서가 역전된 토양

확실한 특성을 지니고 있다.

다른 논리적인 속 체계와 마찬가지로 토양 분류 체계는 계층적이며, 이는 일반화의 여러 단계를 갖고, 각각의 상위 항목은 여러 개의 하위 항목을 포함하고 있음을 의미한다. 하나의 범주 안에 포함되어 있는 것들 사이의 유사성의 수는 계층 구조에서 아래로 내려갈수록 증가하며, 가장 낮은 단계의 범주에 속하는 모든 것들은 대부분 같은 속성을 지니게 된다(세부적인 내용은 부록 VII 참조).

토양목 : 토양 분류 체계의 가장 높은 단계는 **토양목**(soil order)으로, 전 세계적으로 단지 12개만이 알려져 있다(표 12-2). 토양목과 하위의 많은 항목들은 서로 조합되어 **진단 층위**(diagnostic horizon)를 이루는 특정한 진단적인 특성을 바탕으로 다른 것과 구별된다. 진단 층위의 두 가지 기본 유형은 기본적으로 A층 혹은 O/A층인 **상부 층위**(epipedon, 그리스어로 *epi*는 '~이상' 혹은 '~위에'라는 의미)와 거의 B층에 해당하는 **지중 층위**(subsurface horizon)이다. (모든 A층과 B층이 진단을 필요로 하는 것이 아니기에 그 용어와 개념은 같은 뜻이 아니라는 것을 명심해야 한다.)

토양목은 **아목**(suborder)으로 세분되며, 미국에서는 50개의 아목이 확인되었다. 세 번째 단계는 **대군**(great group)으로 이루어져 있고, 미국에서 250여 가지가 있다. 그 아래 단계에는 아군(subgroup), 속(family), 통(series) 등이 있다. 지금까지 미국에서 확인된 토양통은 19,000여 개나 되고, 그 목록은 의심할 여지없이 미래에 더 확대될 것이다. 그러나 일반적인 세계 분포 경향을

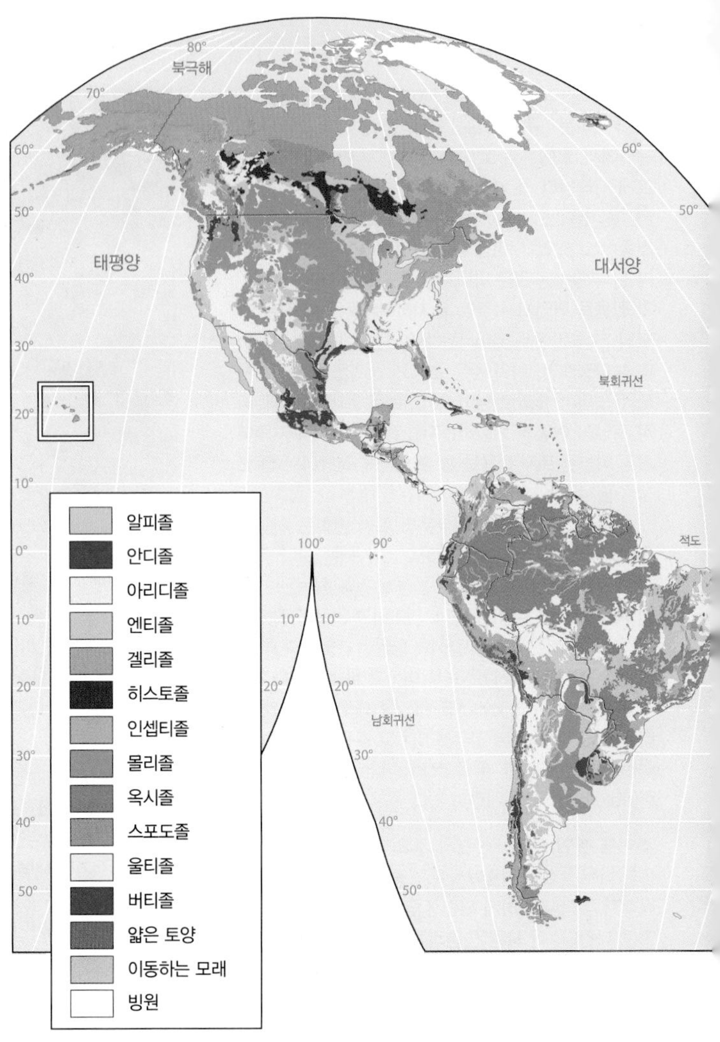

▲그림 12-23 세계의 토양

이해하기 위해서는 오로지 토양목에 좀 더 관심을 가져야 한다(그림 12-23).

학습 체크 12-11 토양 분류 체계의 분류에 있어 속 체계라는 것은 무엇을 의미하는가?

지도화 문제

토양 분류 체계의 더 높은 단계는 넓은 범위에 걸쳐 평균 혹은 전형적인 조건의 일반화된 추상적 개념을 나타내는 것이며, 따라서 적절한 지도화 기법의 선택에 따라 토양 분포에 대한 이해가 달라질 수 있다. 대부분의 토양도에서 특정 지역 내에 여러 유형의 토양이 나타날 경우, 해당 지역은 그 지역에서 가장 우세한 토양 유형으로 분류된다. 이와 같은 지도는 주요 토양의 일반적인 분포를 파악하는 데 유용하며, 소축척 지도일수록 일반화의 정도가 심해진다. 지역적인 수준에서 발견되는 많은 변동성과 예외는 훨씬 자세한 대축척 지도에서만 볼 수 있다.

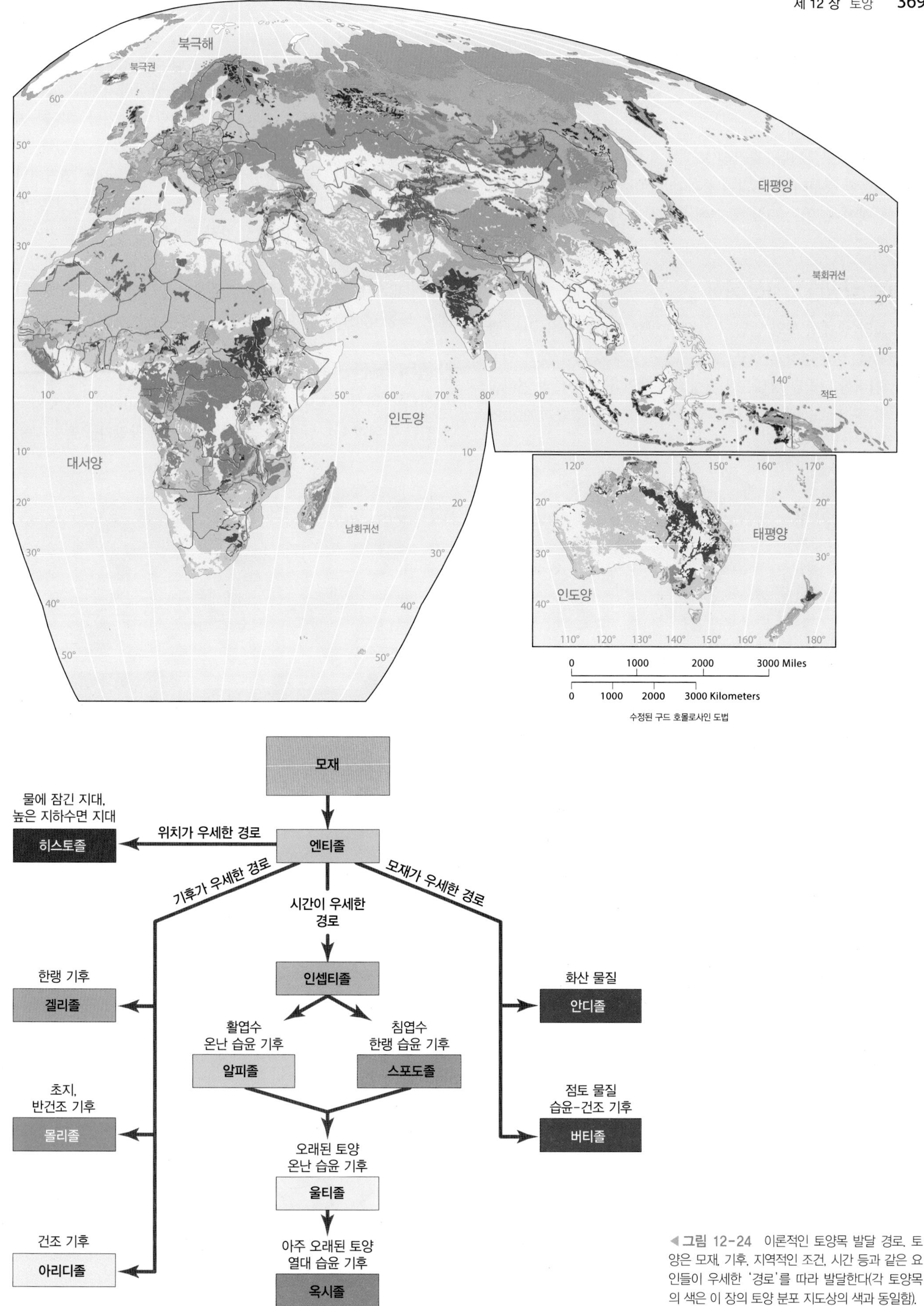

◀그림 12-24 이론적인 토양목 발달 경로. 토양은 모재, 기후, 지역적인 조건, 시간 등과 같은 요인들이 우세한 '경로'를 따라 발달한다(각 토양목의 색은 이 장의 토양 분포 지도상의 색과 동일함).

주요 토양의 세계적 분포

토양은 크게 12개의 목으로 구분할 수 있다. 이 토양목들은 뚜렷한 진단 층위의 존재 여부와 주요 토양 발달 과정을 반영하는 특성을 기초로 구분된다. 각각의 토양목에 대하여 토양 단면의 발달이 미약한 것부터 가장 많이 풍화가 진행된 것까지 순차적으로 살펴볼 것이며, 이는 그림 12-24에 위에서 아래 방향으로 표현되어 있다.

엔티졸(단면의 발달이 거의 없음)

모든 토양 중에서 토양 발달이 가장 미약한 **엔티졸**(Entisol)은 광물 변화를 거의 겪지 않았고, 실질적으로 토양 층위를 갖고 있지 않다. 이러한 미발달 상태는 시간상의 문제이다. 대부분의 엔티졸은 토양 형성 작용에 의해 많은 영향을 받을 만큼 충분히 한곳에 오랫동안 머물지 못한 지표 퇴적물이다. 그러나 일부는 매우 오랜 시간 동안 한곳에 존재했음에도 토양층이 발달하지 않은 경우도 있는데, 이는 쉽게 변하지 않는 광물의 함량이 높거나 기후가 매우 한랭한 경우 또는 기타 다른 요인에 의해서 나타날 수 있다.

엔티졸의 분포는 매우 광범위하며 특정 수분, 기온 조건이나 식생, 모재의 특성과 무관할 수 있다(그림 12-25). 미국의 경우, 엔티졸은 서부의 건조한 지역에서 가장 잘 나타나지만 다른 지역에서도 쉽게 찾아볼 수 있다. 엔티졸은 일반적으로 얇고, 모래질인 경우가 많으며, 최근의 충적 퇴적물에서 발달한 것은 꽤 비옥하지만, 보통 생산성은 낮다.

인셉티졸(진단 특성이 거의 없음)

또 하나의 미성숙 토양목은 **인셉티졸**(Inceptisol)이다. 이 토양목은 진단 층위가 나타날 만큼 충분히 발달되지 않았다(그림 12-26).

▲ 그림 12-25 엔티졸. (a) 엔티졸의 세계 분포. (b) 미시간 북부의 엔티졸 단면. 적당한 양의 강수가 내리는 지역에서 사질 모재로부터 토양이 약하게 발달하였다.

▲ 그림 12-26 인셉티졸. (a) 인셉티졸의 세계 분포. (b) 흰색 페블(pebble)급 자갈이 뚜렷한 B층을 갖는 뉴질랜드의 인셉티졸 단면. 단위는 미터이다.

엔티졸을 '유년기'의 토양이라 한다면, 인셉티졸은 '청소년기'로 분류할 수 있다. 인셉티졸은 주로 세탈된 토양이고 집적층이 없다.

엔티졸과 마찬가지로 인셉티졸도 전 세계 다양한 환경에 광범위하게 분포한다. 또한 엔티졸과 함께 미성숙이라는 공통점을 공유하지만, 꽤 비슷하지 않은 다양한 토양을 포함한다. 인셉티졸은 툰드라와 산지 지역에서 가장 흔하지만 오래된 계곡의 범람원에서도 잘 나타난다. 인셉티졸의 전 세계 분포 경향은 매우 불규칙하다. 미국에서도 역시 불규칙한 분포를 보이는데, 애팔래치아 산맥, 북서태평양 부근, 미시시피 계곡의 하류 지역 등에서 가장 전형적으로 나타난다.

학습 체크 12-12 엔티졸의 토양 층위 발달에 대해 설명하라.

▲그림 12-27 안디졸. (a) 안디졸의 세계 분포. (b) 워싱턴주에 있는 안디졸 단면. 다양한 층위가 아주 분명하게 나타난다.

안디졸(화산재 토양)

화산재로부터 발달한 **안디졸**(Andisol)은 상대적으로 최근의 지질시대에 퇴적된 토양이다. 따라서 풍화를 많이 받지 못했고, 하부로 콜로이드 이동이 거의 발생하지 않았다. 토양 단면은 최소한으로 발달하였고, 상부층은 어두운 색을 띤다(그림 12-27). 토양 비옥도는 비교적 높은 편이다.

안디졸은 일본, 인도네시아, 남아메리카의 화산 지대와 워싱턴, 오리건, 아이다호의 매우 생산성이 높은 밀 지대에서 주로 발견된다.

겔리졸(영구동토의 한랭 토양)

겔리졸(Gelisol)은 최소한의 단면 발달을 나타내는 젊은 토양이다(그림 12-28). 이 토양목은 낮은 기온과 얼어 있는 환경으로 인해 느리게만 발달한다. 이 토양은 보통 영구동토층을 포함하고 있

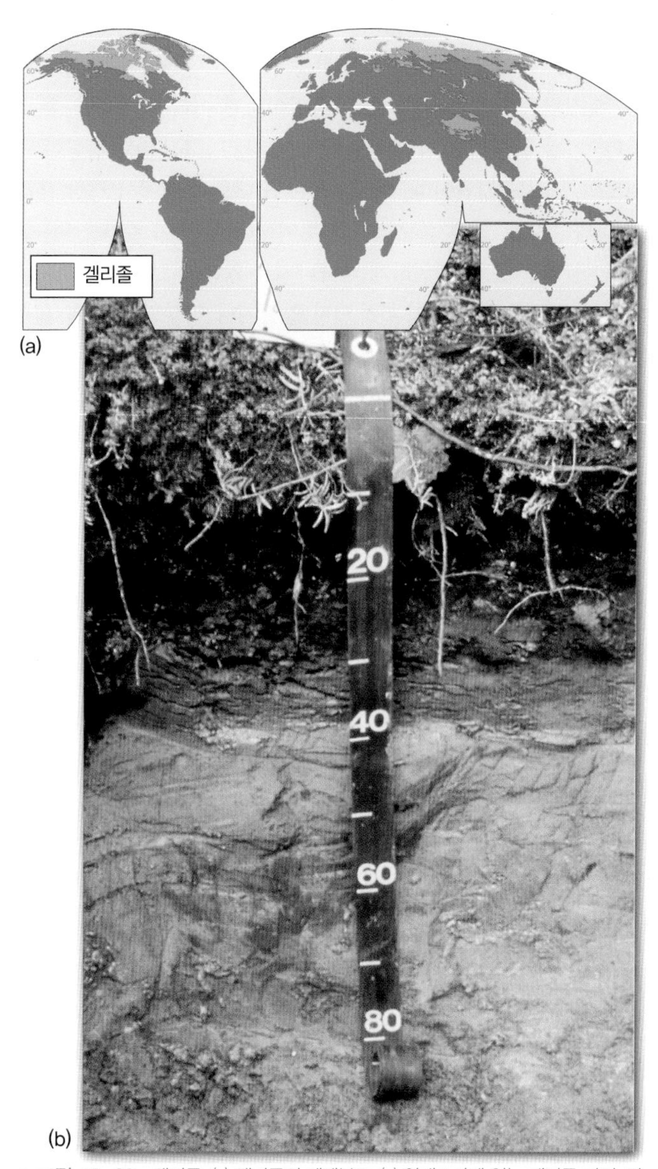

▲그림 12-28 겔리졸. (a) 겔리졸의 세계분포. (b) 알래스카에 있는 겔리졸 단면. 단위는 센티미터이다.

다. 또한 겔리졸에서는 일반적으로 동결-융해 작용에 의한 토양 입자들의 물리적 교란과 이동을 의미하는 **요동현상**(cryoturbation)이나 서릿발 교란(frost churning)을 관찰할 수 있다. 겔리졸에서 대부분의 토양 형성 작용은 영구동토층 상부의 매년 융해를 경험하는 활동층에서 발생한다.

겔리졸은 북극 혹은 아북극 지역에서 우세하다. 이들은 냉대 산림과 툰드라 식생과 밀접한 관계를 보이며, 따라서 러시아, 캐나다, 알래스카에서 주로 발견되고, 중앙아시아의 히말라야산맥 부근에서도 흔하게 나타난다. 지구 육지 면적의 약 9%는 겔리졸 토양으로 덮여 있다.

학습 체크 12-13 보통 어떤 기후 조건에서 겔리졸을 발견할 수 있는가?

히스토졸(매우 습한 지역의 유기질 토양)

히스토졸(Histosol)은 다른 토양목들에 비해 지구 육지 표면에서 작은 면적만을 차지하고 있다. 히스토졸은 광물로 이루어진 토양이라기보다는 유기질이며 거의 항상 물로 포화되어 있는 토양이다. 히스토졸은 물에 잠겨 있는 환경이라면 어디든 나타날 수 있지만, 가장 특징적인 지역은 플라이스토세 빙하작용을 경험한 중위도와 고위도 지역이다. 미국에서는 오대호 주변에서 가장 흔하게 나타나지만, 남부 플로리다와 루이지애나에서도 나타난다. 그러나 어디에서도 광범위하게 나타나지는 않는다(그림 12-29).

일부 히스토졸은 거의 분해되지 않았거나 일부만 분해된 식물 파편으로 구성되기도 하고, 완전히 분해된 물질로 구성되기도 한다. 토양이 물에 잠겨 산소가 부족하기 때문에 박테리아의 활동이 느리다. 토양은 대부분 위쪽으로 발달하면서 깊어지는데, 이것은 유기물들이 위에서 추가되기 때문이다.

히스토졸은 검은색을 띠고 산성이며, 물에 내성을 갖는 식물에게만 비옥한 토양이다. 만약 배수가 이루어지면, 일시적으로 매우 높은 농업 생산량을 나타낼 수 있다. 그러나 얼마 후 물이 마르게 되면, 수축하고 산화되기 쉬워진다. 이러한 일련의 단계는 다져지기 쉽고 풍식이나 화재에 취약하게 한다.

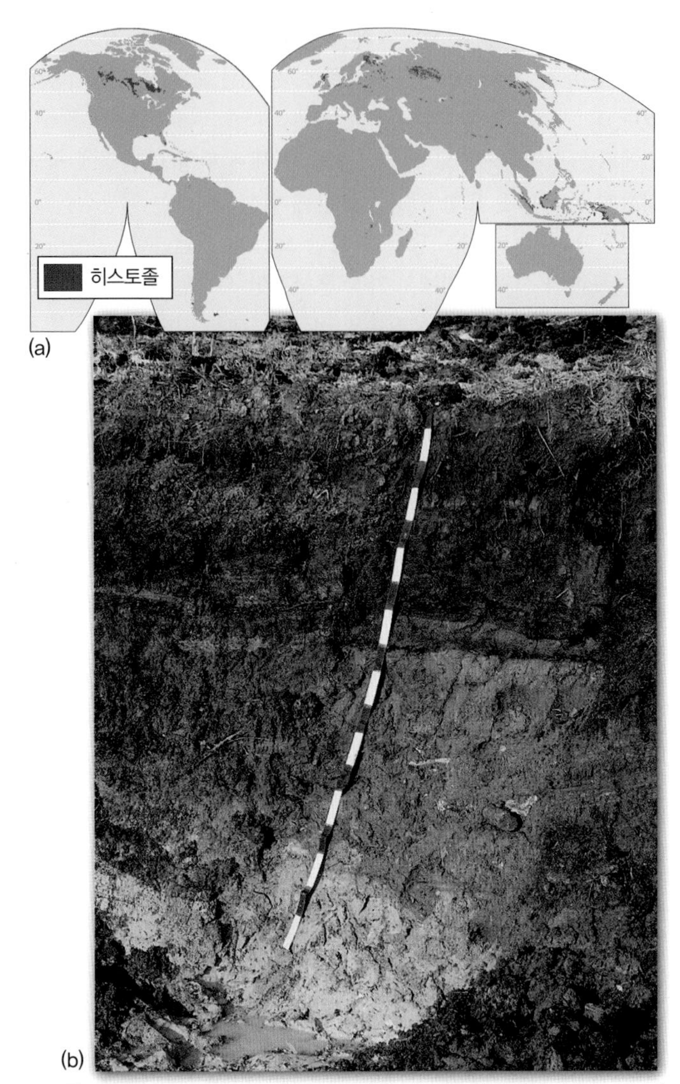

▲그림 12-29 히스토졸. (a) 히스토졸의 세계 분포. (b) 히스토졸은 어두운 색깔이 특징적이며 주로 유기물로 이루어져 있다.

아리디졸(건조 기후의 토양)

지구 육지 표면의 대략 1/8은 **아리디졸**(Aridisol)로 덮여 있는데, 아리디졸은 가장 광범위하게 나타나는 토양목 중 하나이다(그림 12-30). 이 토양목은 토양 내의 가용성 광물들을 제거할 수 있는 수분을 충분하게 갖고 있지 못한 건조 지역에서 탁월하게 발달한다. 따라서 아리디졸의 분포는 사막과 반사막 기후 지역의 분포 경향과 잘 부합된다.

아리디졸은 사질의 유기질이 거의 없는 얇은 토양 단면으로 대표되고, 이와 같은 특징은 건조한 기후와 침투수의 부족과 관련된 것이다. 상부 층위는 거의 밝은색을 띠고 하부에 다양한 종류의 진단 층위가 나타나며, 대부분 염기성이다. 대부분의 아리디졸은 수분 결핍 때문에 생산력이 없다. 그러나 관개가 이루어진다면 일부는 상당한 비옥도를 보이기도 한다. 그러나 언제나 염분 집적의 위협이 존재하고 있다.

학습 체크 12-14 어떤 환경 조건하에서 아리디졸이 주로 발견되는가?

버티졸(팽창과 균열이 발생하는 점토)

버티졸(Vertisol)은 토양 발달의 주요 요인이 되는 점토를 다량 함유하고 있다. 버티졸의 점토는 '팽창(swelling)'하고 '균열(cracking)'이 발생하는 점토로 묘사된다. 이러한 유형의 점토 토양은 뛰어난 수분 흡수력을 지니고 있다. 토양에 수분이 공급되면 팽창하고, 다시 마르면 깊고 넓은 균열이 발생하는데 폭이 2.5cm, 깊이가 1m인 균열이 발생하기도 한다. 때때로 지표면의 물질이 균열의 틈으로 들어가기도 하는데, 비가 오면 더 많은 물질이 씻겨 내려간다. 토양에 다시 수분이 공급되면 팽창이 더욱 진행되고, 균열이 사라지게 된다. 습윤과 건조 그리고 팽창과 수

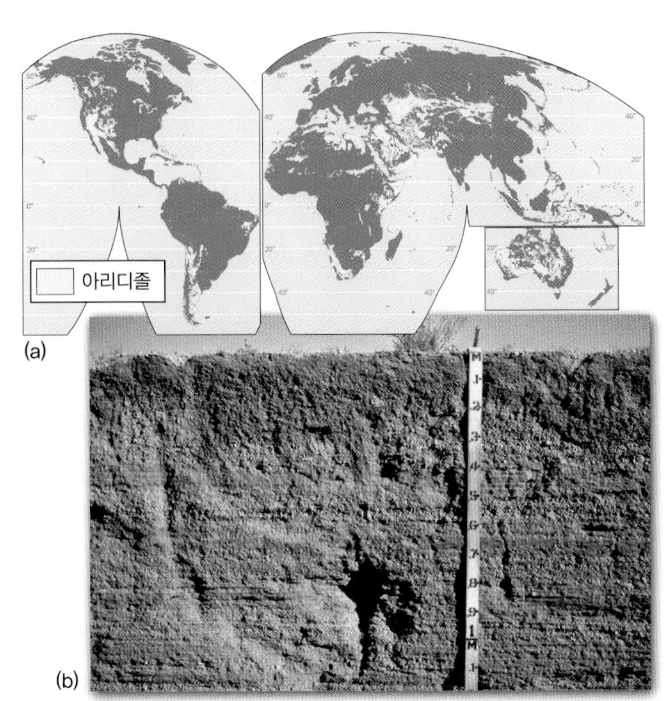

▲그림 12-30 아리디졸. (a) 아리디졸의 세계 분포. (b) 아리디졸의 전형적인 사질 단면, 뉴멕시코의 사례

축에 의한 변화는 토양 성분을 뒤섞는 교란작용을 일으킨다('버티졸'이란 명칭은 반대 상태라는 의미를 내포하고 있음). 이러한 교란작용은 층위의 발달을 방해하고, 지표면이 고르지 못한 것의 원인이 될 수도 있다(그림 12-31).

버티졸의 형성을 위한 팽창과 수축은 반복적인 습윤, 건조 기후를 필요로 한다. 따라서 점토광물을 생산할 수 있는 적당한 모

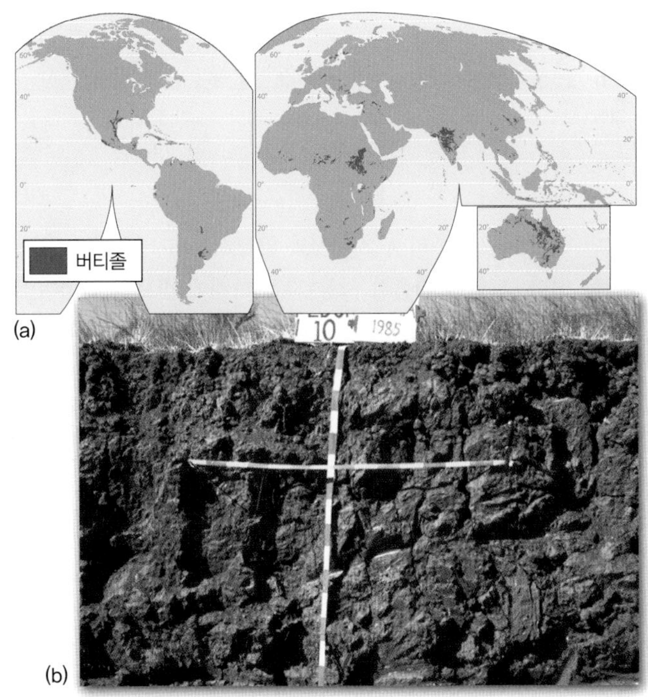

▲그림 12-31 버티졸. (a) 버티졸의 세계 분포. (b) 잠비아에 위치한 어두운 색깔의 버티졸 단면. 버티졸에는 보통 많은 균열이 발달한다.

재가 있는 열대와 아열대 사바나의 습윤-건조 기후가 이상적이다. 결과적으로 버티졸의 분포 범위는 광범위하지만 그 규모는 매우 제한적이다. 주요 출현지로는 오스트레일리아 동부 지역, 인도 그리고 동부 아프리카의 일부 지역 등이 있다. 비록 텍사스와 캘리포니아의 몇몇 지역에서는 눈에 띄게 나타날지라도, 미국 전체로 보면 흔하지 않다.

영양분이 되는 염기가 풍부하여 버티졸의 비옥도는 비교적 높은 편이다. 그러나 달라붙는 가소성으로 인해 경작이 어렵기 때문에 종종 경작이 이루어지지 않기도 한다.

몰리졸(초지의 어둡고 부드러운 토양)

몰리졸(Mollisol)의 특성은 **몰릭 표층**(mollic epipedon)의 존재이다. 몰릭 표층은 어두운 색의 두꺼운 광물 표층인데, 풍부한 부식과 염기성 양이온을 함유하고, 토양이 건조해지더라도 굳거나 딱

▲그림 12-32 몰리졸. (a) 몰리졸의 세계 분포. (b) 네브래스카에 위치한 몰리졸 단면. 전형적인 몰릭 표층을 가지며, 표층은 부식이 풍부해 어두운색을 띤다.

딱해지지 않고 부드러운 특징을 유지한다(그림 12-32). 몰리졸은 습윤 기후나 건조 기후의 지배를 받지 않는 지역에서 발달하는 점이적인 토양으로 생각할 수 있다. 몰리졸은 중위도의 초지에 전형적으로 나타나며, 중앙 유라시아, 북아메리카의 대평원 지대, 아르헨티나의 팜파스에서 가장 흔한 토양이다.

초지 환경은 일반적으로 몰리졸 토양의 높은 점토, 부식 함량을 유지해 준다. 조밀하고 섬유질인 초본의 뿌리는 균질하게 표층을 통과하여 확대되지만, 하부 층준까지 넓게 퍼지지는 못한다. 식물의 분해가 거의 지속적으로 일어나 초본류가 살아가는 데 필요한 영양분이 풍부한 부식을 만들어 낸다.

몰리졸은 토양목 중에 가장 생산력이 좋은 토양일 것이다. 또한 일반적으로 기반암보다는 단단하지 않은 모재에서 발달하고, 경작에 좋은 토양 구조와 토성을 가지려는 경향이 있다. 용탈이 심하게 발생하지 않기 때문에, 영양분은 보통 식물 뿌리가 분포하는 깊이까지 보전된다. 더욱이 몰리졸은 토양을 부드럽게 만들고 뒤섞는 데 일조하는 지렁이에게도 좋은 서식처를 제공해 준다.

알피졸(점토가 풍부한 B층, 높은 염기 상태)

성숙한 토양 중 가장 넓은 범위를 지니는 **알피졸**(Alfisol)은 저위도와 중위도 지역에서 광범위하게 나타난다(그림 12-33). 알피졸은 다양한 기온과 수분 조건 그리고 여러 식생 환경에서 발견된다. 대체로 점이적 환경과 관련되어 나타나는 경향이 있으며, 한 지역의 온도나 습도와 같은 특성과는 연관성이 적다. 세계적인 분포는 상당히 다양하게 나타난다. 미국에서도 광범위하게 분포하며, 특히 중서부에 집중적으로 나타난다.

알피졸은 지표 아래 점토층과 염기성 양이온, 식물 영양분과 물 등을 공급하는 층준으로 확인할 수 있다. 표층은 밝은색(ochric)이지만, 이를 제외하고는 특별한 진단 층위로서의 특성이 없고 일반적인 세탈층으로 여겨질 수 있다. 알피졸이 발달하기에 상대적으로 적당한 조건에서는 상당히 비옥한 균형 잡힌 토양이 발달되는 경향이 있다. 알피졸은 몰리졸에 이어 두 번째로 농업 생산성이 높은 토양이다.

학습 체크 12-15 버티졸과 몰리졸, 알피졸의 상대적인 경작 적합성을 비교하라.

▲그림 12-33 알피졸. (a) 알피졸의 세계 분포. (b) 일리노이 중동부에 위치한 알피졸 단면. 토양에 적색의 점토질이 풍부한 B층이 나타난다. 삼림 식생의 환경에서 형성되었고 옥수수와 콩 경작이 많이 이루어진다.

울티졸(점토가 풍부한 B층, 낮은 염기 상태)

울티졸(Ultisol)은 좀 더 많이 풍화되었고 영양분 염기가 훨씬 더 용탈되어 있다는 점을 제외하면 알피졸과 대체로 비슷하다. 또한 울티졸이 저위도 지역에서도 나타나기는 하지만, 중위도의 다른 어떤 토양보다도 더 많은 광물 변화를 겪었다. 대다수의 토양학자들은 알피졸의 최종 운명은 울티졸로 변화하는 것이라고 믿고 있다.

일반적으로, 울티졸의 A층은 철과 알루미늄의 비율이 높아 붉은색을 띤다. 또한 울티졸은 보통 지표 아래에 점토의 집적이 뚜렷하게 나타난다. 울티졸의 주요 특성은 엄청난 양의 풍화와 용탈에 의한 것이다(그림 12-34). 사실 이름(라틴어 *ultimos*에서 유래) 역시 풍화의 궁극적인 단계라는 것을 의미한다. 그 결과 산성을 띠며 부식이 없는 상당히 깊은 토양이며, 염기가 부족하기 때문에 상대적으로 낮은 비옥도를 지니고 있다.

울티졸은 굉장히 단순한 세계적 분포를 보인다. 습윤한 아열대 기후에 제한적으로 나타나고, 때로는 상대적으로 젊은 열대 지역의 지표에 나타난다. 미국에서는 남동부 지역과 북부 태평양 연안을 따라 좁고 길게 나타난다.

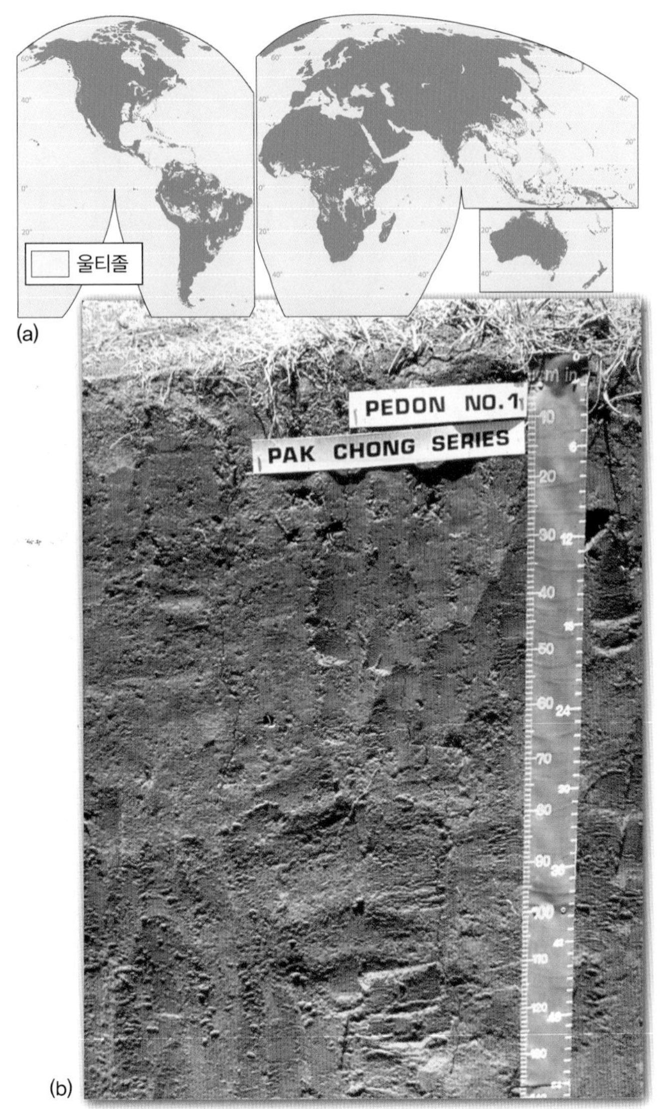

▲ 그림 12-34 울티졸. (a) 울티졸의 세계 분포. (b) 태국의 열대 지역 울티졸. 단면이 전체적으로 적색인데, 이는 용탈과 풍화가 많이 진행되었음을 암시한다.

스포도졸(한랭한 삼림 지대의 토양)

스포도졸(Spodosol)의 주요 진단 특성은 유기물, 철, 알루미늄 등이 집적되어 어둡거나 붉은색의 집적층인 **스포딕**(spodic)이 지중에 나타난다는 것이다. 상부층은 밝은색이며 심하게 용탈되어 있다(그림 12-35). 단면의 최상부는 보통 유기질 부엽이 존재하는 O층이다. 이와 같은 토양은 포드졸화의 전형적인 결과이다.

스포도졸은 불모의 땅으로 유명하다. 스포도졸은 유용한 영양분이 용탈되었고 전체적으로 산성을 띤다. 수분을 잘 유지하지 못하고 부식도 부족하며 점토질인 경우가 많다. 스포도졸은 아극기후의 침엽수림에서 가장 광범위하게 나타난다. 알피졸, 히스토졸과 인셉티졸 또한 이와 같은 지역에 나타나지만, 스포도졸은 때때로 플로리다의 배수가 불량한 지역에서와 같이 다른 환경에서 발견되기도 한다.

▲ 그림 12-35 스포도졸. (a) 스포도졸의 세계 분포. (b) 미시간 북부의 스포도졸 단면. 약하게 발달한 토양은 침엽수림의 식생 환경하에서 모래질 물질로부터 형성되었으며 영양분을 적게 포함하고 있다. 단위는 센티미터이다.

옥시졸(심한 풍화와 용탈)

가장 완전히 풍화되고 용탈된 토양은 **옥시졸**(Oxisol)이며, 언제나 높은 광물 변화와 단면 발달을 보여 준다. 옥시졸은 열대 습윤지역의 오래된 경관에서 잘 나타나며 특히 브라질이나 적도 부근의 아프리카 그리고 광범위하진 않지만 동남아시아에서도 나타난다(그림 12-36). 점 형태의 분포를 보이며, 덜 발달된 엔티졸, 버티졸 그리고 울티졸과 함께 뒤섞여 나타나기도 한다. 옥시졸은 하와이를 제외하면 미국에서는 발견되지 않으며, 하와이에서는 흔한 토양이다.

옥시졸은 근본적으로 라테라이트화의 산물이다(사실 예전 토양 분류 체계에서는 라테라이트토라 불렸음). 옥시졸은 따뜻하고 습윤한 기후에서 발달하지만, 일부는 현재 건조한 지역에서 발견되기도 하는데, 이는 토양 형성 이후 기후가 변화했다는 것을 의미한다. 옥시졸의 진단 층위는 철과 알루미늄 산화물이 우세하고 영양분 염기의 공급이 최소인 지표 아래의 층준[**산화물층**(oxic horizon)이라 불림]이다. 옥시졸은 토양이 깊게 발달하나 비옥도는 좋지 않다. 자연 식생이 한정된 영양분 공급을 효율적으로 순환시키지만, 농경 활동 등에 의해 식물들이 제거될 경우 영양분은 빠른 속도로 용탈되어 토양의 질이 떨어지게 된다.

학습 체크 12-16 스포도졸과 옥시졸이 공통적으로 갖는 특징은 무엇이고, 어떻게 각각의 비옥도에 영향을 미치는가?

미국의 토양 분포

미국의 토양목 분포는 세계 전체의 분포와 확연히 다른 양상을 보인다(그림 12-37). 이러한 차이는 많은 요인 때문이지만, 가장 중요한 점은 미국이 기본적으로 중위도 지역에 위치하고 있어 저위도와 고위도 지역에 해당되는 지역이 적다는 것이다.

몰리졸은 전체적으로 보았을 때 전 세계보다 미국에서 훨씬 더 흔하게 나타난다. 몰리졸은 대평원 지대, 중서부의 프레리 지역 그리고 서부 지역 대부분에 걸쳐 가장 흔한 토양목이다. 또한 다른 지역에 비해 미국에서 두드러지게 관찰되는 토양목으로는 인셉티졸과 울티졸이 있다. 아리디졸과 엔티졸은 상대적으로 적게 분포하며 옥시졸은 거의 나타나지 않는다.

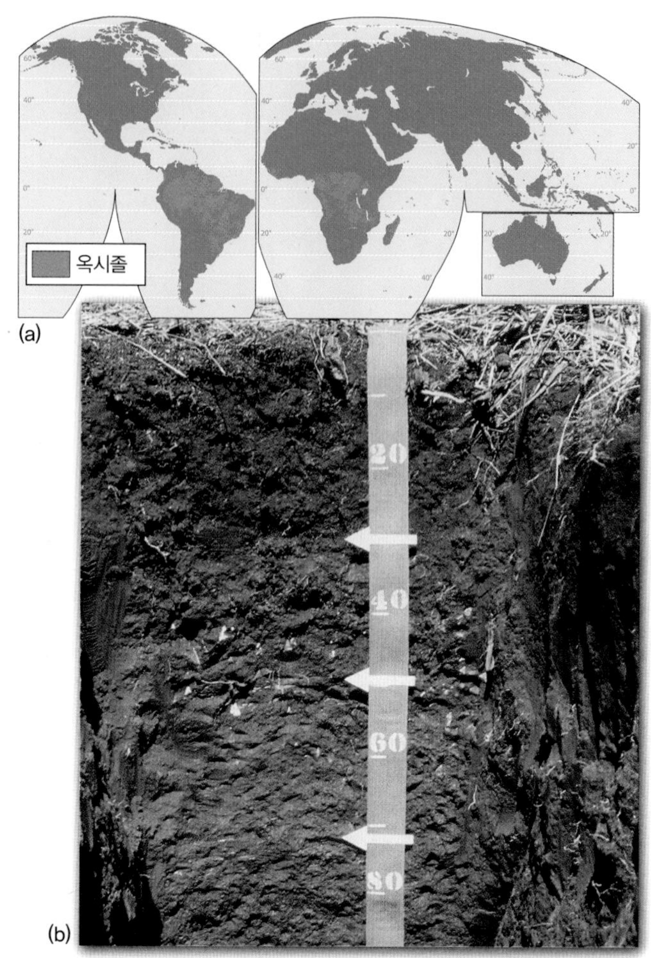

▲그림 12-36 옥시졸. (a) 옥시졸의 세계 분포. (b) 옥시졸은 보통 심하게 용탈된 척박한 열대 토양이다. 층위는 명확하지 않다. 이것은 하와이에 위치한 단면이며, 단위는 센티미터이다.

▼그림 12-37 미국에서 우세한 토양목의 분포

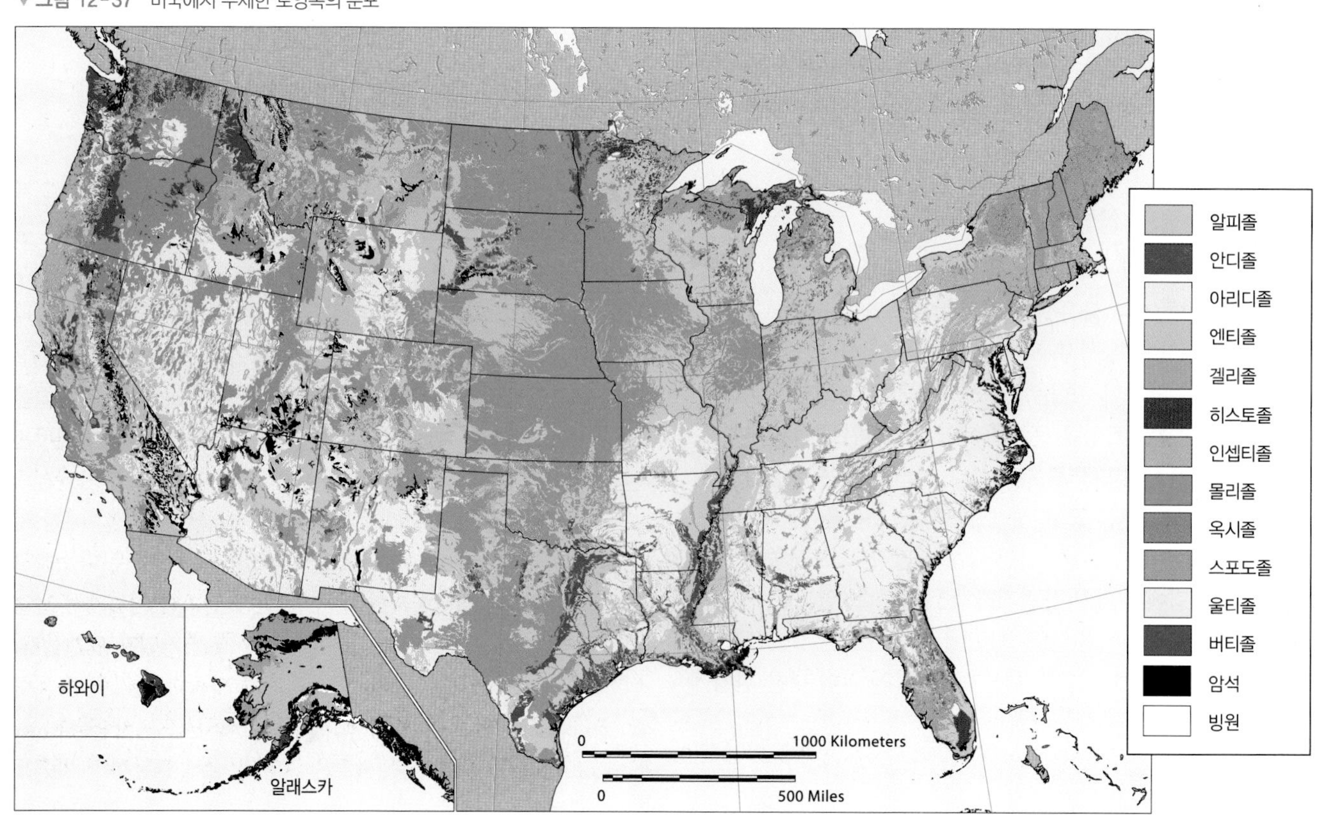

제 12 장 학습내용 평가

이 장을 학습했다면 다음 질문에 대한 답을 찾아보자. 이 장의 학습내용에 대한 주요 용어는 진한 글씨로 표시되어 있다. 이 용어의 정의는 이 책 뒷부분에 제공된 별도의 용어해설에 나와 있다.

주요 용어와 개념

토양과 풍화토

1. 풍화와 풍화토 사이에는 어떠한 관계가 있는가?
2. **토양**과 **풍화토**의 차이점은 무엇인가?

토양 형성 요인

3. 다섯 가지 주요 토양 형성 요인을 간단히 설명하라.
4. 상부에 있는 토양 특성에 대한 **모재**의 중요성에 대하여 설명하라.
5. 토양 형성에 있어 동물의 역할은 무엇인가?
6. 토양에서 미생물의 역할은 무엇 인가?

토양 구성 성분

7. 토양의 식물 영양분에 대한 **점토**와 **양이온**의 중요성은 무엇인가?
8. **부엽**과 **부식**의 차이점은 무엇인가?
9. 토양 수분의 네 가지 형태에 대해 기술하고 설명하라.
10. **포장용수량**과 **위조점**을 구별하라.
11. **용탈**은 무엇인가?
12. **세탈**과 **집적**의 과정에 대해 설명하라.
13. **토양수 균형**은 무엇인가?
14. **토양수 수지**에서 온도의 역할은 무엇인가?

토양 특성

15. 토성과 토양 구조를 구별하라.
16. 토양의 **입도단위**는 무엇인가?
17. **양토**는 무엇인가?
18. 공극률과 투수성의 차이점에 대하여 설명하라.
19. **토괴** 또는 **페드**는 토양 공극률에 어떻게 영향을 미치는가?

토양의 화학성

20. **콜로이드**는 무엇인가?
21. 토양의 **양이온 교환 능력**(CEC)은 무엇을 의미하는지 설명하라.
22. 산성 토양과 중성 토양 중 어떤 토양이 더 비옥한가? 그 이유는 무엇인가?

토양 단면

23. 토양 **층위**란 무엇인가?
24. **토양 단면**이란 무엇인가?
25. 아래 여섯 가지 토양 층위에 대하여 간략하게 설명하라.
    - O층
    - A층
    - E층
    - B층
    - C층
    - R층
26. **토양체**는 무엇인가?

토양체계

27. 다섯 가지 주요 **토양체계** 및 각 체계가 형성하는 토양에 대하여 간단히 설명하라.
    - **라테라이트화**
    - **포드졸화**
    - **글레이화**
    - **석회화**
    - **염류화**

토양 분류

28. **토양 분류 체계**는 이전의 토양 분류 체계와 어떤 차이점이 있는가?
29. **토양목**이란 무엇인가?

주요 토양의 세계적 분포

30. 12가지 토양목의 가장 분명한 특징에 대해 간단히 서술하라.
    - **엔티졸**
    - **인셉티졸**
    - **안디졸**
    - **겔리졸**
    - **히스토졸**
    - **아리디졸**
    - **버티졸**
    - **몰리졸**
    - **알피졸**
    - **울티졸**
    - **스포도졸**
    - **옥시졸**

학습내용 질문

1. 왜 토양은 평지에서 깊어지는 경향이 있는가?
2. 왜 지렁이는 인간에게 이로운 동물로 여겨지는가?
3. 토양 구성 성분으로서 점토의 중요성에 대하여 설명하라.
4. 콜로이드 복합체는 무엇이며 토양의 비옥도와 어떻게 연관되는가?
5. 토색을 통해 얻을 수 있는 토양의 정보는 무엇인가?
6. 열대 우림 지역에서 일반적으로 토양이 척박한 이유는 무엇인가?
7. 소축척지도에서 토양의 분포를 정확하게 표현할 수 없는 이유는 무엇인가?
8. 다음의 지역에서 쉽게 발견할 수 있는 토양목은 무엇이며, 그 이유는 무엇인가?
   (a) 영구동토 지역, (b) 침엽수림 지역, (c) 사막
9. 보통 정도의 강수량과 온난한 기후를 가정했을 때, 셰일로 이루어진 평지에서의 토양 발달과 사암으로 이루어진 경사지에서의 토양 발달은 어떻게 다르겠는가?

연습 문제

1. 토양 분포도(그림 12-23)를 활용하여 집 주변에서 발견되는 토양목을 선택하고, 해당 토양목의 일반적인 분포와 특징을 설명하라.
2. 그림 12-15를 활용하여 점토 70%, 실트 10%, 모래 20%로 이루어진 토양의 토성을 결정하라.
3. 그림 12-15를 활용하여 점토 20%, 실트 40%, 모래 40%로 이루어진 토양의 토성을 결정하라.
4. 그림 12-15를 활용하여 점토 50%, 실트 50%, 모래 0%로 이루어진 토양의 토성을 결정하라.

환경 분석 당신이 살고 있는 지역의 토양 유형

데이터 MG
토양의 유형

https://goo.gl/JBg446

미국의 토양 조사는 95%가량 완성되어 있다. 농부와 도시, 농촌 계획가들은 토지 이용을 결정할 때 토양 정보에 의존한다.

활동

밖으로 나가서 주변의 흙을 1/4컵 정도 떠 보자.

1. 토양의 색깔은 어떠한가?
2. 토성은 자갈처럼 조립인가? 모래처럼 중립인가? 아니면 실트나 점토처럼 세립인가? (일반적인 입자의 크기는 표 12-1 참조)
3. 토양이 페드(토괴)를 형성하고 있는가? 만약 그렇다면 페드에서 가장 많이 나타나는 형태는 무엇인가? (일반적 형태들은 그림 12-16 참조)

USDA의 Web Soil Survey를 보기 위해 http://websoilsurvey.sc.egov.usda.gov에 접속한 후, "Start WSS" 버튼을 클릭하라. "Quick Navigation" 아래에 있는 "State and County"를 선택해 주와 지역을 입력한 후, "View"를 클릭하라. 원하는 위치의 자료 지점을 클릭하면 그곳으로 이동할 것이다. "i" 메뉴를 클릭하면 당신이 선택한 지점의 정보를 볼 수 있다.

4. 당신이 선택한 지점의 위도와 경도는 어떻게 되는가?
5. 항공사진은 언제 촬영되었는가?

Web Soil Survey에서 당신이 선택한 위치 주변으로 관심지역(Area Of Interest)을 지정하라. AOI 메뉴를 클릭한 후 마우스를 드래그하여 최소한 몇 개의 도로를 포함하도록 해당 지점 주변에 공간을 만들라. 선택된 영역이 나타나면 "Soil Map"을 클릭하여 그 지역의 토양 유형을 확인할 수 있다. "Map Unit Legend"를 클릭하면 토양 유형을 볼 수 있으며 "Map Unit Name" 아래의 토양 유형을 클릭하면 좀 더 자세한 정보를 볼 수 있다.

6. 당신이 선택한 지점에는 어떤 유형의 토양이 있는가?
7. 당신의 토양에 포함된 모래, 실트, 점토의 비율은 어떻게 되는가? (그림 12-15 참조)
8. 위의 비율이 활동 4에서 구한 정보와 일치하는가? 그렇다면(그렇지 않다면) 그 이유는 무엇인가? 비율이 당신이 관찰한 것과 일치하지 않는다면 이를 무엇으로 설명할 수 있는가?

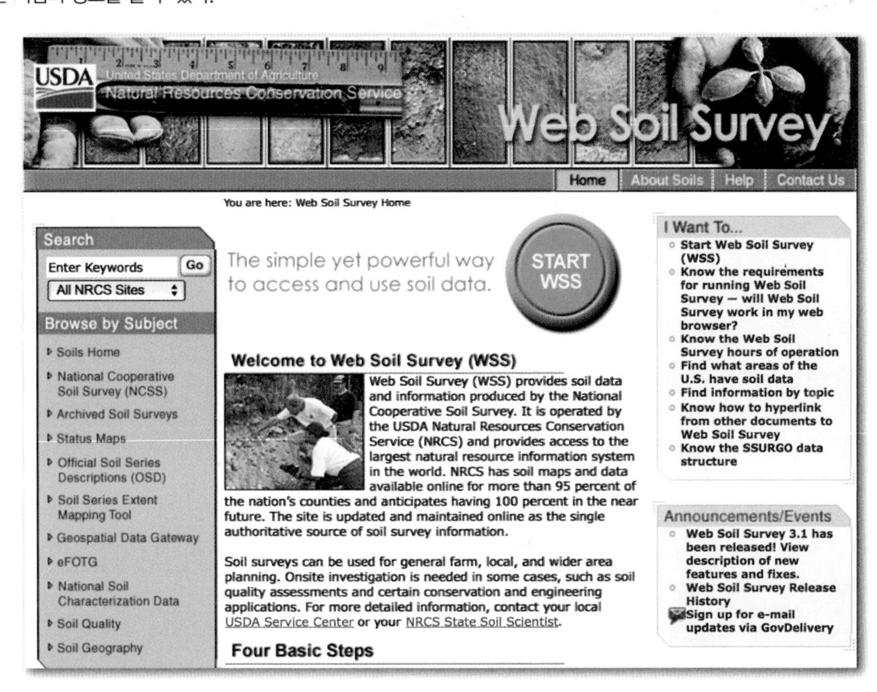

지리적으로 바라보기

이 장의 맨 처음에 실린 와이마카리리 협곡의 사진을 다시 보자. 그림 12-23을 참조할 때, 어떤 토양목이 뉴질랜드의 이 지역(43°30′S, 172°30′E)에 지배적인가? 사진에서 본 것을 토대로 이 토양목이 왜 지배적인지 설명하라.

13

지리적으로 바라보기

유타주 브라이스 캐니언국립공원의 선셋포인트(Sunset Point). 이 경관의 일반적인 지형을 기술하라. 고립되어 노출된 백색의 암석은 어떻게 다른 것들과 관련되어 있을까? 여기에 광범위한 토양층은 나타나는가? 그렇게 말하는 이유는 무엇인가? 어떤 기후 유형이 있을 것 같은가? 이것은 무엇을 시사하는가?

지형 연구의 입문

과거의 지구가 어떻게 생겼는지 궁금했던 적이 있는가? 또한 대륙이 수백만 년 전에 서로 다른 곳에 있었다는 것과 산맥이 시간이 지나면서 침식된 만큼 융기했음을 우리가 어떻게 알 수 있는가? 지구과학자들은 탐정과 같다. 고기후를 연구하든 또는 지표의 역사를 판독하든 간에 그들은 단서를 찾고, 조치를 취하며 증거에 기반하여 결론을 내린다.

이 장에서는 지구의 고체 부분을 직접적으로 주목함으로써 일반적인 생각의 범위를 훨씬 넘는 거대한 연구의 목적을 마주한다. 지리학자들처럼 우리는 주로 지표에 관심을 갖는다. 하지만 지표를 형성하는 과정의 일부를 이해하기 위해서는 지구 내부에서 일어나는 것을 이해해야만 하므로 그곳이 우리의 출발선이 된다.

지구 내부에 대한 우리의 지식은 다소 제한적이고 간접적인 증거에 주로 기반하고 있다. 가장 깊은 채굴봉은 단지 지하 3.9km이다. 표본 코어를 가져오는 가장 깊은 채굴 공들도 지구 내부를 단지 12.3km 뚫고 있다. 작가 John Mcphee의 화려한 상상 속에서는 "지구과학자들은 피부과 의사와 같다. 그들은 대부분 지구의 최외곽 2%만을 연구한다. 그들은 벌레처럼 세계의 단단한 표면 주변을 기어가면서 모든 주름 자국을 탐험하여 마침내 동물의 행동 원리를 밝히려고 노력한다." [1]

우리는 전체적으로 지구의 구조를 기술한 다음에 지구를 이루는 단단한 물질인 암석을 논하고자 한다. 우리는 암석권의 표면과 내부에 작동하는 기본적인 지구 시스템, 특히 지구 내부의 에너지 순환과 암석물질 그리고 암석권과 상호작용하는 대기권과 수권에 대한 우리 연구의 토대가 되는 그리고 함께 지표의 지형을 형성하는 근본적인 개념들로 결론을 맺을 것이다.

이 장의 내용을 배우면서 생각해야 할 주요 질문은 다음과 같다.

- **지구의 내부 구조는 어떠한가?**
- **암석의 세 가지 분류는 무엇이고 암석은 어떻게 형성되는가?**
- **지형학이란 무엇인가?**
- **판구조 운동이란 무엇인가?**
- **'동일과정설(uniformitarianism)'과 '지질시대(geological time)'의 개념은 지표면을 형성하는 과정을 이해하는데 어떻게 도움을 주는가?**
- **연구의 스케일이 왜 지형 연구 방법에 영향을 미치는가?**

1 John McPhee, *Assembling California* (New York: Farrar, Straus and Giroux, 1993), p. 36.

지구의 구조

지구 내부에 대해 우리가 알고 있는 대부분은 지구물리학적 방법, 특히 지진파의 형태 혹은 인위적 폭발의 진동으로 수집되었다. 지진파의 속도와 방향은 어떤 물질에서 다른 물질의 경계를 통과할 때마다 변화한다. 그러한 변화의 분석은 지구의 자기와 중력에 대한 관련 자료를 함께 분석함으로써 지구과학자들이 지구 내부 구조의 모델을 개발하는 데 가능하게 되었다.

지구의 뜨거운 내부

일반적으로 지구 내부로의 깊이에 따라 온도와 압력이 증가하여 중심에서 최고의 온도와 최고의 압력을 보인다. 그 열의 근원은 주로 방사선 원소의 붕괴(방사선 물질의 붕괴가 원자력 발전소의 열을 공급하는 방식처럼)에 따른 에너지의 방출 때문이다. 지구 내부로부터 열의 이동은 판구조 운동과 화산 활동과 같은 많은 지구의 형성 작용을 주도한다(제14장에서 논의).

그림 13-1은 지구 내부 구조를 보여 준다. 지구물리학자들은 지구가 조성과 밀도가 서로 다른 3개의 동심원 층으로 둘러싸인 고밀도의 내핵을 갖고 있다고 추측한다. 지표에서부터 내부로 이동하면서 이들 4개의 '층(shell)'은 지각, 맨틀, 외핵 그리고 내핵으로 불린다.

지각

지각은 지구의 최외곽 껍질로서 광범위한 암석 유형의 혼합물로 조성되어 있다. 대양 밑의 지각은 평균 두께가 단지 약 7km인 반면에 대륙 밑의 지각은 평균 두께가 그보다 5배 이상이며 70km가 넘는다. 대양 지각은 얇지만 대륙 지각보다 밀도가 더 큰('더 무거운') 암석들로 이루어져 있다. 일반적으로 지각 내부에서 깊이에 따라 밀도의 점진적인 증가가 있다. '모두 합하여' 지각은 지구 체적의 1% 이하이고 지구 질량의 0.4%를 이루고 있다.

지각의 맨 아랫부분에서 광물 조성의 중요한 변화가 있다. 이러한 변화의 비교적 좁은 지대를 발견자인 유고슬라비아 지진학자 Andrija Mohorovičić(1857~1936년)의 이름을 따서 **모호로비치치 불연속면**(Mohorovičić discontinuity)으로 부르거나 간단히 **모호**(Moho)라고 한다.

맨틀

모호의 밑은 **맨틀**(mantle)인데 깊이가 거의 2,900km에 다다른다. 체적 면에서 맨틀은 4개의 층에서 단연 제일 크다. 맨틀은 지구 전체 체적의 84%를 이루며 전체 질량의 약 2/3를 차지한다.

맨틀 내부에는 3개의 하위층들이 있다(그림 13-1b). 최상부층

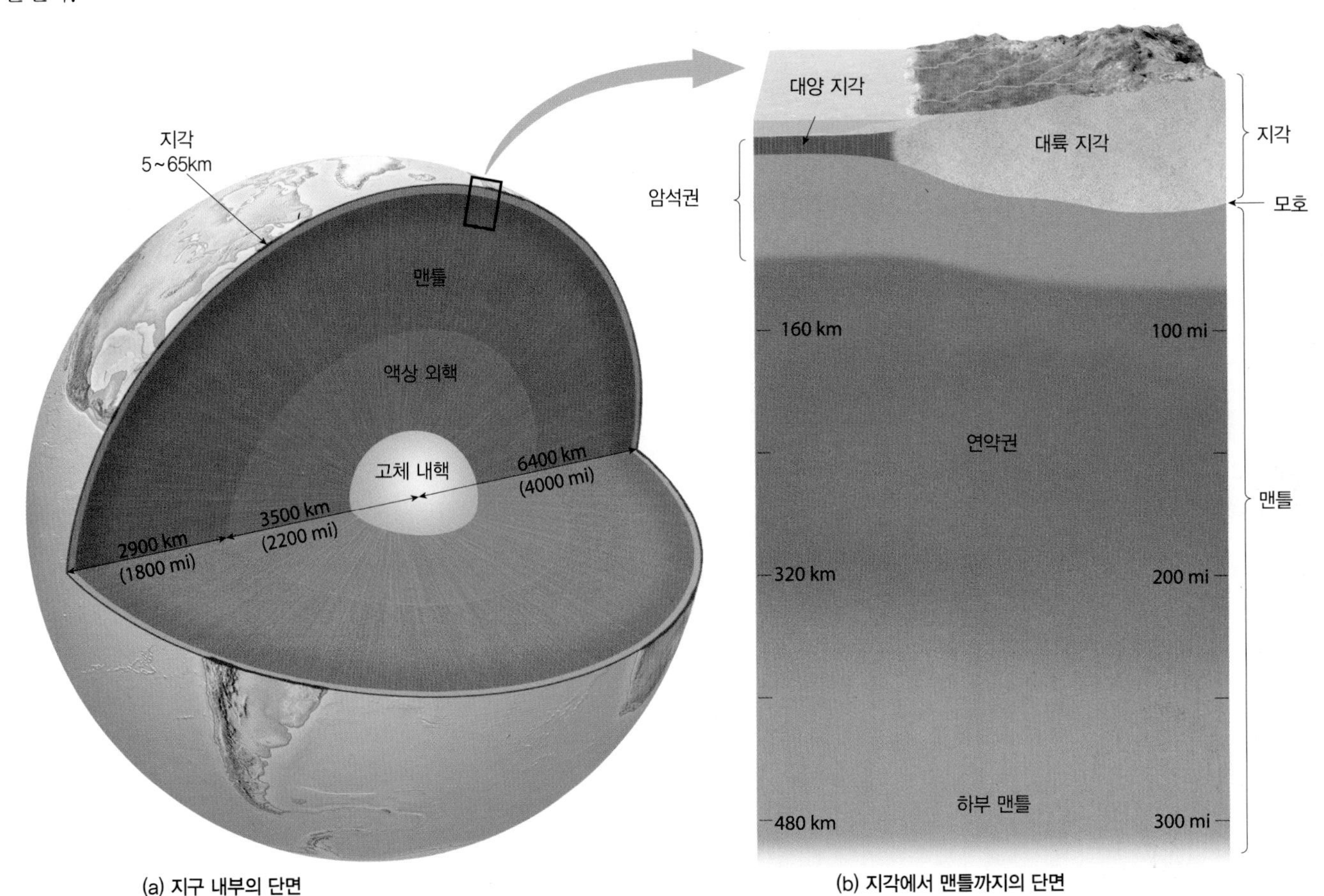

▲그림 13-1 지구 내부의 수직 구조. (a) 지구의 얇은 지각층 아래는 광범위한 맨틀지대이다. 맨틀의 아래에는 액상 유체인 외핵과 고체인 내핵이 있다. (b) 지각과 맨틀 부분의 상상적 단면. 지각과 맨틀의 최상부 둘 다 단단한 부분으로 '암석권'이라고 하며 판구조 운동의 '판'에 해당한다. 맨틀은 뜨겁고 고로 약해서 쉽게 변형된다. 맨틀 하부에 있는 암석은 일반적으로 딱딱하다.

은 비교적 얇지만 단단하고 딱딱하며 깊이의 범위는 65~100km에 이른다. 이는 대양저 밑보다 대륙 밑에서 더 깊다. 최상부 맨틀과 그 위의 대양이나 대륙 지각을 모두 **암석권**(lithosphere)이라 한다. 우리가 지형을 공부할 때 이 책의 나머지 부분에서는 암석권의 용어가 앞서 지구의 '권(sphere)'을 도입할 때 보다 더욱 제한적인 의미를 갖는다. 지금의 목적에 맞게 '암석권'은 특히 지각과 딱딱한 상부 맨틀 전체[우리가 잠깐 살펴봤듯이 이것은 판구조 운동의 '판(plate)'에 해당하는 암석권의 큰 부분이다]와 관련된다.

딱딱한 암석층의 하부이고 깊이가 350km만큼 깊은 곳에 이르면 이곳에서 암석들의 강도가 대부분 손실되어, 가소성(타르처럼 다소 쉽게 변형되는)을 가질 만큼 충분히 뜨거운 맨틀 지대가 나타난다. 이것을 **연약권**(asthenosphere, '약한 권'이라는 뜻)이라 한다. 연약권 밑은 **하부 맨틀**(lower mantle)로, 이곳에서는 암석들은 매우 뜨겁지만 주로 높은 압력 때문에 딱딱하다.

내핵과 외핵

맨틀 하부는 **외핵**(outer core)으로(그림 13-1a), 약 5,000km의 깊이에 이르며 유체로 생각된다.

지구의 가장 깊은 곳은 **내핵**(inner core)으로 단단하고(극도로 높은 압력 때문에) 1,450km의 반경을 가진 매우 밀도가 높은 물질이다. 내핵과 외핵은 철/니켈 혹은 철/규산염으로 이루어진 것으로 생각된다. 둘 다 모두 지구 체적의 약 15%와 질량의 32%를 이루고 있다.

일반적인 오개념은 지구의 액상 외핵이 화산에서 분출되어 녹은 암석('마그마'와 '용암')의 근원이라는 것인데 실은 지표에 가까운 맨틀이 마그마의 근원이 된다. 대신에 지구의 핵은 지표를 향한 맨틀(대류의 과정을 거쳐서)을 통해서 뜨거운 암석의 느린 이동을 일으키는 에너지 원천이다. 이렇게 상승한 맨틀 속의 뜨거운 암석은 높은 압력에 놓여서 반드시 단단한 채로 있다. 상승한 이 맨틀물질이 지표에서 아주 가까워질 때만 용융될 정도로 압력이 낮아진다.

지구의 자기장 : 지구의 자기장(magnetic field)은 외핵에서 일어난다. 지구의 자전축 선상을 회전하는 유도체적인 액체 상태의 철과 니켈로 된 외핵 내부의 대류 순환은 지오다이나모(geodynamo)[2]로 불리는 것을 통해서 지구의 자기장을 유도한다. 흥미롭게도 자기장의 강도와 방향은 시간에 따라 변화하는데, 자북의 위치는 정확하게 지리적 진북인 북극과 일치하지 않는다. 자북의 위치는 느리지만 계속적으로 매년 수십 킬로미터씩 이동한다. 현재는 북위 86°, 서경 160° 부근에 위치하고 있다. 하지만 자북의 위치는 하루 동안에도 크게 변화한다! 아울러 수천 년에서 수백만 년의 불규칙한 간격에서는 그 이유가 완전히 이해되지는 않지만 북쪽의 자북이 남쪽이 되는 지구 자기장의 극성이 역전된다. 제14장에서 논의하겠지만 이들 자기장의 극성에 대한 기록은 대양저의 철분이 풍부한 암석 속에 남아 있다.

학습 체크 13-1 지구의 지각, 맨틀, 내핵과 외핵의 특성을 비교하라.

판구조 운동과 지구의 구조

그림 13-1에서 보여 준 일반화된 지구 내부의 모델은 자연지리학의 이해에 유용한 출발점이지만 우리는 여전히 지구 내부에서 일어나는 많은 세세한 과정을 알지 못한다. 지구물리학자들은 컴퓨터 시뮬레이션, 고압 실험실, 지진 연구 자료, 중력의 변화, 열-순환도 그리고 다른 물리적 특성들을 이용하여 지구 내부의 모델을 계속 개선하고 있다.

지구 내부 연구의 어려움에도 불구하고, 어떻게 지구가 작동하는지에 대한 우리의 이해는 1960년대에 들어와 극적으로 변화했다. '대륙이동설(continental drift)'의 개념은 1900년대 초에 처음 제기되었지만 대부분의 과학자들에 의해서 반세기 동안 멸시당한 후에 부활하였고 **판구조 운동** 이론(궁극적으로 모든 지구 과학자들에 의해서 현재 수용되는 하나의 이론)으로 확장되었다.

지질학적, 고생물학적 그리고 자기적 증거는 지구의 암석권이 대형 또는 대륙 규모의 덩어리로 깨져 있음을 밝히고 있다. 이 덩어리가 주로 아래의 뜨겁고 부드러운 연약권 위를 천천히 이동하고 떠다니는 소위 '판(plate)'이라고 하는 것이다. 이 거대한 판들은 갈라지고, 충돌하고 그리고 서로 빠르게 미끄러지는데 지구 내부의 대류 열 순환 때문에 일어난다. 단층, 습곡 그리고 화산 활동과 같은 많은 내적 형성 과정들은 직접적으로 이들 판들의 경계를 따라서 일어나는 상호작용과 관계되어 있다.

우리는 제14장에서 보다 더 자세하게 판구조 운동의 역동성을 고찰할 것이다. 이 장의 나머지 부분은 암석, 지질시대 그리고 동일과정설과 같은 지표의 특성에 대한 연구에서 몇 가지 주요 개념을 도입하여 논의의 장으로 만들고자 한다.

학습 체크 13-2 지구의 암석권과 연약권의 특성을 기술하라.

지구의 구성요소

약 100가지의 자연계 화학 원소들이 지각, 맨틀 그리고 핵에서 때로는 별개의 원소로 발견되지만, 보통은 하나 혹은 그 이상의 원소들이 결합되어 화합물을 이루고 있다. 이들 수많은 화합물들과 원소들을 **광물**(mineral)이라고 하는데, 이 광물이 암석을 이루며 이어서 경관 자체를 이루고 있다.

2 역주 : 지구 자기장 형성 과정
지구물리학자들 대부분은 그러한 지오다이나모의 작용에 대해 대부분 태양에서 오는 것으로 보이는 초기의 미약한 자기장의 영향력을 고려한다.

광물

광물로 생각되는 물질은 반드시 다음과 같은 특징이 있어야 한다.

- 고체여야 한다.
- 자연계에서 자연적으로 존재해야 한다.
- 무기물(무생물)이어야 한다.
- 특정 한계 내에서만 변하는 일정한 화학적 조성을 갖고 있어야 한다.
- 단단한 결정을 이루면서 규칙적으로 배열된 원자를 함유하고 있어야 한다.

모든 원소의 약 1/4만이 광물의 형성에 중요하게 관련된다. 지각물질의 98% 이상을 단지 8개의 원소가 차지하는데, 산소와 규소가 홀로 지각물질의 3/4 이상을 이루고 있다. 현재까지 거의 4,400여 개의 광물이 확인되었고, 거의 매년 새로운 유형의 광물이 확인되고 있다. 알려진 주요 광물은 지각에서 발견된다. 좀 더 제한된 수의 광물들은 맨틀에서 발견되거나 운석이나 달에서 가져온 암석과 같은 외계의 암석들에서 발견된다.

확인된 거의 4,400개 광물 중 단지 수십 종류만이 지각의 암석을 구성하는 데 중요하다. 표 13-1의 목록은 가장 일반적인 조암광물의 일부이다. 광물의 명명은 아주 비체계적이다. 일부이름은 광물의 화학 성분이나 물리적 속성을 반영하며, 어떤 이름은 사람 혹은 장소에 기초하고 어떤 것은 임의로 선정한 것처럼 보인다.

조암광물은 화학적 특성과 내부 구조에 기초하여 7개의 주요 '군'(family, 화학적 특성과 내부 결정 구조에 기반한 범주)로 분류된다.

규산염 : 가장 크고 중요한 광물군은 **규산염**(silicate)으로 조성되어 있으며, 그것은 암석권에서 가장 풍부한 2개 원소인 산소(O)와 규소(Si)가 결합된 것이다. 많은 지각의 암석들은 규산염으로 조성되어 있다. 대부분의 규산염은 강고하며 내구성이 있다. 이 그룹의 하위 부류는 **철고토질 규산염**(ferromagnesian silicate, '암색' 규산염으로도 불림)과 **비철고토질 규산염**(nonferromagnesian silicate, '담색'규산염으로도 불림)으로 분류되는데, 이는 화학조

표 13-1 일반 조암광물들

분류	광물	화학조성	공통 특성
철고토질 '암색' 규산염	감람석	$(Mg, Fe)_2SiO_4$	녹색에서 갈색, 유리질광택, 보석 페리도트(투명감람석)
	휘석류(휘석)	$(Mg, Fe)SiO_3$	녹색에서 검은색, 주로 90°의 두 벽개면을 가짐
	각섬석류(각섬석)	$Ca_2(Fe, Mg)_5Si_8O_{22}(OH)_2$	흑색에서 암녹색, 흔히 긴 막대형 결정이 보임
	흑운모	$K(Mg, Fe)_3AlSi_3O_{10}(OH)_2$	흑색 혹은 갈색, 보통 얇은 판상의 육각형 결정이 보임
비철고토질 '담색' 규산염	백운모	$KAl_2(AlSi_3O_{10})(OH)_2$	무색 혹은 갈색, 얇게 쪼개짐, 반투명의 판
	칼륨장석(정장석)	$KAlSi_3O_8$	백색에서 회색 혹은 핑크색, 90°의 2개의 면을 가진 벽개
	사장석	$(Ca, Na)AlSi_3O_8$	백색에서 회색, 벽개면을 따라 조흔이 보임
	석영	SiO_2	주로 무색, 긴 육면체 결정 형성
산화물	적철석	Fe_2O_3	적색에서 은빛, 철광석 유형
	자철석	Fe_3O_4	흑색의 금속 광택, 자성
	강옥	Al_2O_3	갈색 혹은 청색, 사파이어와 루비
황화물	방연석	PbS	흑색에서 은빛의 금속 광택, 납광석
	황철석	FeS_2	황동색 혹은 금황색, 때론 황철광이라 불리는 정육면체가 흔히 보임
	황동석	$CuFeS_2$	황동색 혹은 황색의 금속 광택, 구리 광석
황산염	석고	$CaSO_4 \cdot 2H_2O$	백색 혹은 투명, 벽체나 회반죽으로 사용
탄산염	방해석	$CaCO_3$	백색 혹은 무색, 세 면의 벽개가 마름모형을 형성, 묽은 산에서 거품 반응
	백운석	$CaMg(CO_3)_2$	백색 혹은 투명, 마름모형의 벽개, 가루의 경우 묽은 산에서 거품 반응
할로겐화물	암염	$NaCl$	투명 혹은 백색, 식염
	형석	CaF_2	투명한 보라색, 녹색 또는 황색, 불소 광물
원소 광물	금	Au	밝은 황색, 고도의 전성(展性)
	은	Ag	밝은 백색, 광택을 내면 금속성 광채

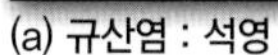

(a) 규산염 : 석영

(b) 할로겐화물 : 형석

◀ 그림 13-2 (a) 일반적인 규산염 광물인 석영. (b) 일반적인 할로겐화물 광물인 형석

성에서 철과 마그네슘의 함유 여부로 구별된다. 장석과 석영(그림 13-2a)은 규산염 광물들 중에서 가장 풍부하다. 석영 그 자체는 순수한 실리카(SiO_2)로 이루어져 있다.

산화물 : 산화물(oxide)은 산소와 결합된 원소이다. 가장 일반적인 산화물은 특히 적철석(hematite), 자철석(magnetite), 갈철석(limonite)과 같이 철과 결합된 것들이다. 이 세 가지 광물 모두 일반적인 조암광물일 뿐만 아니라 철광석의 주요 원천이다(비록 석영이 산소 하나로 된 화학조성을 갖고 있을지라도 그 내부 구조 때문에 규산염으로 분류된다).

황화물 : 황화물(sulfide)은 1개나 그 이상의 다른 원소들과의 결합에서 환원된 황으로 조성되어 있다. 예를 들어 황철석(pyrite)은 철과 황의 결합이다(FeS_2). 방연석(납), 섬아연석(아연), 황동석(구리) 같은 가장 중요한 광석광물 중 많은 것들이 황화물이다. 이 황화물 그룹은 다양한 종류의 암석에서 흔하며 암맥에서 대량 존재하거나 풍부한 편이다.

황산염 : 황산염(sulfate) 그룹에는 일부 다른 원소와의 결합에서 황과 산소를 함유한 석고(gypsum)와 같은 광물들이 포함된다. 칼슘은 주요 결합 원소이다. 황산염 광물은 일반적으로 담색을 띠며 대부분 퇴적암에서 발견된다.

탄산염 : 탄산염(carbonate)들은 석회암[탄산칼슘($CaCO_3$)의 광물 형태인 방해석으로 주로 이루어져 있음]과 같은 퇴적암에서 일반적인 담색(혹은 무채색)의 광물이다. 탄산염은 탄소와 산소의 결합으로서 하나 혹은 그 이상의 원소로 조성되어 있다.

할로겐화물 : 할로겐화물(halide) 그룹은 범위가 가장 좁다. 그 이름은 '소금'을 의미하는 말에서 유래되었다. 할로겐화물 광물은 암염(halite) 혹은 일반 식염(NaCl) 그리고 형석(fluorite, CaF_2)을 포함한다(그림 13-2b).

원소 광물 : 소수의 광물들은 자연에서 개별 원소(다른 원소와 화학적 결합이 없는)로 나타난다. 이들을 원소 광물이라 한다. 금, 은 그리고 백금과 같은 귀금속들이 포함되어 있다.

학습 체크 13-3 어떤 광물군이 지각에 가장 풍부한가? 그리고 이들 광물에 포함되어 있는 가장 풍부한 원소는 무엇인가?

암석

암석(rock)은 광물질이 굳어진 결합체이다. 어떤 경우엔 한 종류의 광물이지만 보통은 몇 개의 상이한 광물들이다. 암석은 암석권에서 갈피를 잡기 어려울 정도의 다양성과 복잡성으로 발생한다. 모든 대륙과 대양 지각의 암석 조성의 95% 이상이 20개 이하의 광물로 설명된다.

지표에서 바로 발견되는 딱딱한 암석을 **노두**(outcrop)라고 한다(그림 13-3). 지구 육지 대부분에서 고체 암석은 파묻힌 기반암

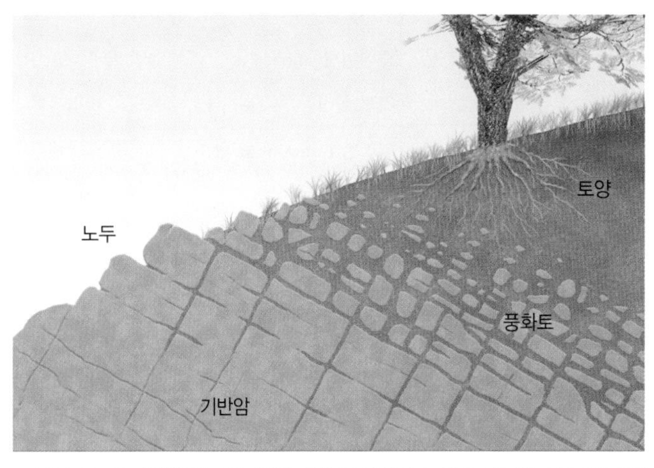

▲ 그림 13-3 기반암은 보통 풍화토(풍화된 암석과 토양)로 파묻혀져 있지만 때로는 노두로 나타난다.

층으로 존재하며, **풍화토**(regolith)라 불리는 깨진 암석층으로 피복되어 있다. 토양이라 할 때는 풍화토의 윗부분을 포함한다(제12장 참조).

굉장히 다양한 암석들을 체계적으로 분류할 수 있다. 암석학(petrology, 암석의 분류와 기원에 대한 연구)의 세밀한 지식은 우리 목적에는 맞지 않지만 우리는 제한적으로 세 가지 주요 암석군 혹은 분류(화성암, 퇴적암, 변성암)와 그 암석들의 기본적인 속성에 대해 고찰할 것이다(표 13-2와 그림 13-4).

화성암

화성(igneous)이란 말은 라틴어 '*igneus*(불)'에서 유래한다. **화성암**(igneous rock)은 용해된 암석의 냉각과 고결로 형성된다(그림 13-4a). **마그마**(magma)는 지표 아래의 용해된 암석을 나타내는 일반적인 용어인 반면, **용암**(lava)은 지표 위로 압착되어 나오거나 분출되어 용해된 암석이다. 대부분의 화성암은 마그마 혹은 용암의 냉각에 의해 직접 형성된다. 하지만 일부 화성암은 화산 분화에 의해 지표상에 폭발적으로 분출한 **화산쇄설물**(pyroclastics)이라고 하는 작은 화산암의 파편들의 '용결 작용(welding)'으로 발달된다.

화성암의 분류는 기본적으로 광물의 조성과 조직에 의한다. 화성암의 광물 조성은 마그마의 '화학적 성질'로, 바꿔 말해 마그마에 용해된 광물질의 특정한 조성으로 결정된다. 제14장에

표 13-2 암석 분류

분류	하위 분류	암석	일반적 특성
화성암	심성암(관입암)	화강암(Granite)	조립질, '소금과 후추'의 모양, 규산의 함량이 높은 규장질 마그마에서 유문암에 해당하는 심성암
		섬록암(Diorite)	조립질, 중간 정도의 규산 함량을 가진 마그마에서 안산암에 해당하는 심성암
		반려암(Gabbro)	조립질, 암색 혹은 암회색, 규산의 함량이 적은 고철질 마그마에서 현무암에 해당하는 심성암
		감람암(Peridotite)	주로 감람석이나 휘석 또는 둘 다로 조성된 보통의 맨틀 암석
	화산암(분출암)	유문암(Rhyolite)	밝은색, 규산 함량이 높은 규장질 마그마에서 화강암에 해당하는 화산암
		안산암(Andesite)	전형적으로 회색, 중간 정도의 규산 함량을 가진 마그마에서 섬록암에 해당하는 화산암
		현무암(Basalt)	보통 검은색, 낮은 규산 함량을 가진 고철질 마그마에서 반려암에 해당하는 화산암
		흑요암(Obsidian)	화산성 유리, 전형적으로 검은색이고 화학조성상 유문암
		부석(Pumice)	화산성 유리로 다공성 조직을 가짐, 가끔 화학조성상 유문암
		응회암(Tuff)	화산재나 화쇄류 퇴적으로 형성된 암석
퇴적암	파쇄암(쇄설암)	셰일(Shale)	세립의 퇴적물로 구성, 전형적으로 얇은 층리
		사암(Sandstone)	모래 크기의 퇴적물로 구성
		역암(Conglomerate)	세립질 기질 속에서 둥근 자갈 크기의 퇴적물로 구성
		각력암(Breccia)	조립질의 각진 퇴적물로 구성, 전형적인 얇은 층리, 암설의 분급 빈약
	화학적, 유기적	석회암(Limestone)	방해석으로 구성, 조개나 조개 파편을 함유할 수도 있음
		트래버틴(Travertine)	동굴 속 혹은 온천 주변의 석회암, 흔히 띠 모양의 층으로 퇴적
		처트(규질암)	세립의 석영으로 구성된 일반적인 화학적 암석
		역청탄(Bituminous coal)	압착된 식물체로 구성
변성암	엽리	점판암(Slate)	세립질, 매끄러운 표면, 전형적으로 셰일의 낮은 수준의 변성 작용으로 형성
		천매암(Phyllite)	세립질, 반들반들한 파상의 표면
		편암(Schist)	판상 광물로서 얇은 박리층
		편마암(Gneiss)	조립질, 입자상 조직, 구분되는 광물 층, 높은 수준의 변성 작용
	비엽리	규암(Quartzite)	주로 석영으로 구성, 흔히 사암으로부터 형성
		대리석(Marble)	주로 방해석으로 구성, 흔히 석회암으로부터 형성
		사문암(Serpentinite)	녹색조의 검은색, 미끄러움, 감람암의 열수 작용으로부터 형성
		무연탄(Anthracite)	역청탄에서 흔히 추출되는 양질의 석탄

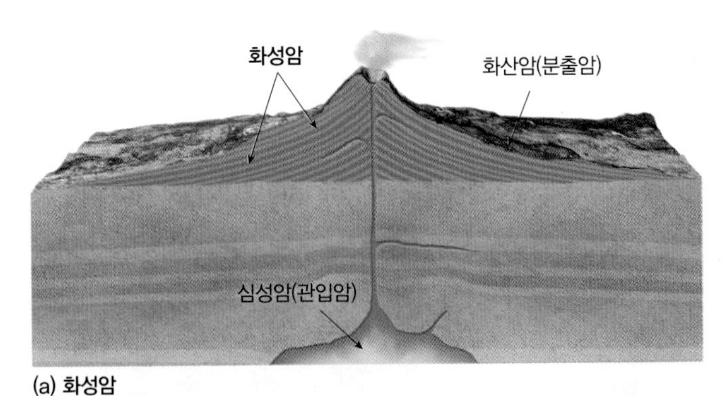

(a) 화성암

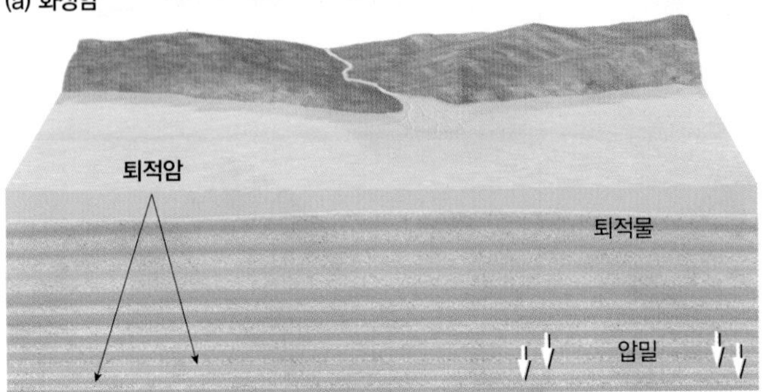

(b) 퇴적암

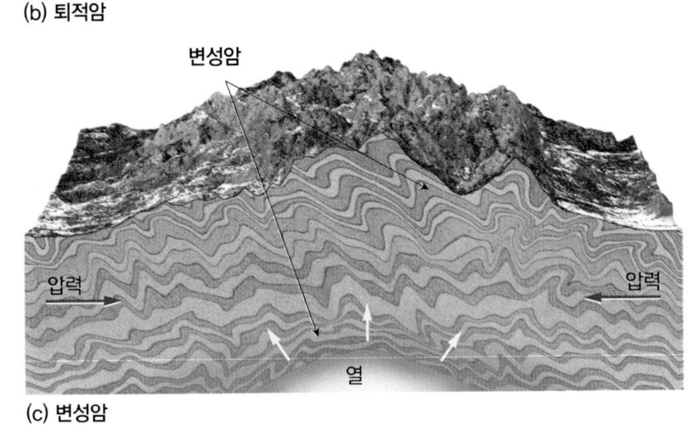

(c) 변성암

▲ 그림 13-4 세 가지 암석 분류. (a) 화성암은 마그마나 용암이 냉각될 때 형성된다. (b) 퇴적암은 퇴적물이 고결된 결과이다. (c) 변성암은 열이나 압력 혹은 열과 압력이 기존의 화성암이나 퇴적암에 작용할 때 형성된다.

서 논의하겠지만, 마그마의 가장 중요한 변수들 중의 하나는 규산(SiO_2)의 상대적 함유량이다. 상대적으로 많은 양의 규산을 가진 마그마는 일반적으로 **규장질**(felsic) 화성암으로 냉각되며 그것은 석영과 장석과 같은 담색의 규산염 광물이 많이 포함되어 있다. '규장질(felsic)'이란 말은 장석(feldspar)과 규소(silica, 석영)에서 유래한다. 규장질 광물은 **고철질**(mafic) 마그마보다 낮은 밀도와 낮은 용융 온도를 갖는 경향이 있다. 상대적으로 규산의 양이 적은 마그마는 일반적으로 고철질 화성암으로 냉각되며 이것은 감람석(olivine)과 휘석(pyroxene)과 같이 암색의 마그네슘과 철이 풍부한 규산염 광물이 많이 함유되어 있다. '고철질(mafic)'이라는 말은 '마그네슘(magnesium)'과 '철(라틴어로 *ferrum*)'에서 나왔다.

화성암의 조직은 기본적으로 용융물질이 어디서 어떻게 냉각되느냐에 따라 결정된다. 지하의 마그마는 천천히 냉각되어 조립질 조직을 주도하는 반면, 지상의 용암은 이보다 급하게 냉각되어 세립질 조직이 된다. 따라서 하나의 마그마가 지하에서 냉각되거나 용암류처럼 혹은 화산쇄설물의 퇴적같이 지상에서 냉각되는지에 따라 수많은 매우 다양한 화성암으로 만들어질 수 있다.

화성암은 암석 형성 장소에 기반해서 크게 2개의 범주로 구분된다. **심성암**(plutonic rock), 혹은 **관입 화성암**(intrusive igneous rock)은 지표 아래에서 마그마의 냉각으로 형성된다. 반면 **화산암**(volcanic rock) 혹은 **분출 화성암**(extrusive igneous rock)은 지표 위에서 화산쇄설성 물질의 결합이나 용암의 냉각으로 형성된다(그림 13-5).

학습 체크 13-4 마그마와 용암 간의 차이는 무엇인가? 화성암이 어떻게 그 조성과 조직에 따라 분류되는가?

심성(관입)암 : 심성암은 지하에서 냉각되고 고화되는데, 주위 암석들은 마그마가 관입되는 지역에서 단열체처럼 작용하여 냉각 속도를 늦춘다. 마그마가 완전히 냉각되는 데에는 수천 년이 필요하기 때문에, 심성암의 개별 광물 결정은 매우 크고(맨눈으로 볼 수 있을 만큼 크게) 매우 조립질인 조직을 갖는 암석으로 성장할 수 있다. 원래는 지하에 묻혀 있지만 심성암은 침식으로 노출되거나 융기되어 밀려 올라옴으로써 결과적으로 지표의 지형에서 중요시된다.

가장 보편적이고 잘 알려진 심성암은 **화강암**(granite)으로 일반적으로 담색이며 조립질의 화성암이다(그림 13-6). 화강암은 석영, 사장석(plagioclase feldspar), 칼륨장석(potassium feldspar, 정장석), 감섬석(hornblende) 및 흑운모(biotite)와 같은 밝고 어두운색의 광물들로 이루어진다(화강암은 규장질 화성암이다. 그림 13-5 참조[3]). 화강암과 **화강섬록암**(granodiorite)과 같은 유사한 심성암은 많은 고대륙의 내부뿐만 아니라 캘리포니아의 시에라네바다산맥과 콜로라도의 프런트레인지를 포함한 많은 산맥들의 핵심을 이룬다.

화산(분출)암 : 화산암은 용암의 냉각 혹은 화산재와 분석(噴石, cinder)과 같은 화산쇄설성 물질의 퇴적에 의해 지표상에서 형성된다. 용암이 지표상에서 급히 냉각될 때, 용암은 몇 시간 내에 고화되면서 화산암의 많은 광물 결정들이 아주 작아져 현미경 없이는 보이지 않는다. 반면, 화산쇄설물의 퇴적에 의해서 형성되는 화산암들은 화산 폭발로 분출된 쇄설암의 작은 파편들을 확실히 보여 준다.

많은 종류의 화산암들 중에서 가장 일반적인 것은 암색 혹은 암회색의 세립질 암석인 **현무암**(basalt)이다(그림13-7). 현무암은 용암의 냉각으로 형성되며 사장석, 휘석 및 감람석과 같은 암색

3 화강암(granitic rock)이란 용어는 때론 화강암과 관련해서뿐만 아니라 화강섬록암(granodiorite)과 토날라이트(tonalite)와 같은 심성암과 밀접하게 관련해서 널리 사용되며, 화강섬록암과 토날라이트는 순수한 화강암과는 약간 다른 석영 및 칼륨장석(정장석)의 조합과 다양한 석영의 양을 갖고 있다.

▲ 그림 13-5 일반 화성암. 마그마의 화학성분과 냉각률은 최종적인 화성암의 형성을 결정하는 데 조력한다. 규장질 마그마는 비교적 규산(silica)의 양이 많고 냉각되면서 화강암 같은 심성암이나 화산성 유문암을 형성한다. 고철질 마그마는 비교적 규산의 양이 적고 냉각되면서 반려암 같은 심성암이나 화산성 현무암을 형성한다. 중간적 조성을 가진 마그마는 냉각되어 섬록암과 같은 심성암이나 화산성 안산암을 형성한다.

의 광물로만 이루어져 있다(현무암은 고철질 화성암이다. 그림 13-5 참조). 현무암은 하와이에서 가장 보편적인 화산암이고, 몇몇 대륙의 여러 곳(미국 북서부 컬럼비아고원처럼)에서 널리 나타난다. 또한 현무암은 대양저 지각 부분을 구성한다.

이 외에도 잘 알려진 많은 화산암들이 있다. 흑요석(obsidian, 전형적으로 검은색)은 화산성 '유리질'(glass, 이는 결정 구조가 없다는 의미) 형태로 용암이 극도로 빠르게 냉각되는 경우에 형성된다. 부석(浮石, pumice)은 다공성이고 가스가 풍부한 용해물질(물에 뜰 만큼 가벼운 경우도 있는)의 빠른 냉각으로 형성된다. 응회암(tuff)은 용결된 화산쇄설성 암편들로 구성된 화산암이다(그림 13-13b 참조).

제14장에서 화산 작용과 화성 및 화산 활동과 관련된 지표의 몇몇 특징들을 논의할 것이다.

학습 체크 13-5 어떤 방식에서 화강암과 현무암은 서로 다른가?

퇴적암

암석에 작용되는 기계적 및 화학적 외적 작용들은 암석들을 붕괴시키는 원인이다(암석의 '풍화'는 제15장에서 논의된다). 이런 붕괴 작용은 소위 **퇴적물**(sediment)이라고 하는 광물질 파편들을 생성하고, 그 일부는 물, 바람, 빙하, 중력 혹은 이들 기구들의 조합 등에 의해서 제거된다. 이 물질들의 많은 양이 용해 상태의 혼합물 이온 상태로, 강이나 하천의 유수에 의해 운반되어 나중에 물이 정체된 어떤 곳, 특히 대양저상에 퇴적된다(그림 13-4b).

오랜 시간이 지나면 퇴적에 의한 퇴적물은 수천 미터의 엄청난 두께로 쌓일 수 있다. 이 거대한 하중의 순수한 무게는 엄청난 압력을 가하기 때문에 퇴적물의 개별 입자들은 서로 압밀되어 맞물리게 되고, 입자 간의 고착을 일으킨다. 아울러 화학적 교결작용도 보통 일어난다. 다양한 교결을 시키는 기제, 특히 규산(SiO_2), 탄산칼슘($CaCO_3$) 및 철산화물(Fe_2O_3)은 퇴적 입자들 사이 공극

(b) 화강암을 확대한 모습

(a) 화강암 노두

▲그림 13-6 (a) 캘리포니아 요세미티 국립공원에 있는 화강암의 거대한 노두. 화강암은 지하에서 굳어져 이후 침식으로 노출된 심성(관입) 화성암이다. (b) 화강암의 표본으로, 유리질의 석영 입자와 검은색의 흑운모를 보여 준다.

▼그림 13-7 (a) 아이다호주 보이시(Boise)의 남쪽 스네이크강 곡벽에 노출된 몇 개의 현무암 수평층. (b) 검은색의 현무암 덩어리

(b) 현무암을 확대한 모습

(a) 현무암층

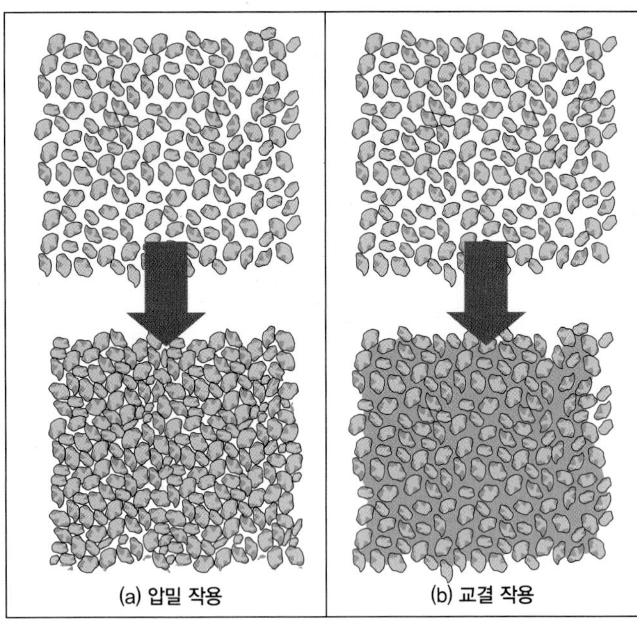

▲ 그림 13-8 퇴적암은 전형적으로 물이나 바람에 의해 층으로 쌓인 작은 퇴적 입자로 구성된다. 그 이후 압밀 작용과 교결 작용으로 굳어진다. (a) 압밀 작용은 포개진 물질들의 무게로 인한 입자들의 압착으로 이루어진다. (b) 교결 작용은 규산, 탄산칼슘 또는 철산화물과 같은 교결시키는 기제들로 인한 입자 간의 공극 충전을 수반한다.

속으로 물에서 침전된다(그림 13-8). 이러한 압밀작용과 교결작용의 결합은 퇴적물을 **퇴적암**(sedimentary rock)으로 고결시키고 변형시킨다.

일부의 경우, 식물이나 조류(藻類, algae)의 잔재처럼 매적된 유기질은 비유기질 퇴적물과 함께 퇴적된다. 이 유기질 역시 조만간 퇴적암이 될 수 있다.

제16장에서 논의하겠지만, 운반과 퇴적 시간 동안 퇴적물은 크기별로 나뉠 수 있다. 그로 인해 많은 퇴적암들은 거의 균일한 크기의 입자들로 구성된다. 퇴적물 조성의 기타 변수들은 퇴적률의 차이, 기후 조건의 변화, 대양에서의 퇴적물 이동과 같은 요인들에 의한 것이다. 대부분의 퇴적물은 **층**(strata)이라고 하는 다소 뚜렷한 수평 층을 이루며(그림 13-9), 그 층의 두께와 조성은 다양하다(풍성퇴적물은 대부분의 퇴적암에서 발견되는 수평층에 있어서 아주 예외적이다). 결과적으로 수평 구조 혹은 **성층**(stratification)은 대부분의 퇴적암에서 하나의 특징적 형태이다. 일부 퇴적암은 뚜렷한 **층리면**(bedding plane), 즉 한 층이 다른 층과 분리되어 있는 수평면을 보인다. 본래 수평 방향으로 형성되거나 퇴적되었다하더라도 그 층은 후에 지구 내부의 압력에 의해서 융기, 경동, 변형될 수 있다(그림 13-10).

퇴적암은 일반적으로 어떻게 형성되는가에 기초하여 세 가지 범주, 즉 쇄설성(detrital), 화학적(chemical) 또는 유기적(organic) 퇴적암으로 분류된다.

쇄설성 퇴적암 : 자갈, 모래, 실트, 점토의 형태인 기존 암석의 파편으로 조성된 암석을 쇄설성(clastic 혹은 detrital) 퇴적암이라 한다. 이들 암석 중 가장 일반적인 것은 매우 미립질인 실트와 점토 입자로 조성된 셰일(혹은 이암) 그리고 모래 크기 입자들로 이루어진 암석인 사암이다(그림 13-11). 둥근 자갈 크기의 암편으로 이루어져 있으면 역암(conglomerate)이라고 한다.

화학적 퇴적암 : 화학적으로 쌓인 퇴적암은 주로 가용성 이온으로부터 고체물질이 침전되어 형성되지만 때로는 더 복잡한 화학

▶ 그림 13-9 영국 서머싯의 킬브(Kilve) 해안가에 완만하게 기울어진 석회암과 셰일층

▲ **그림 13-10** (a) 워싱턴주 올림픽산의 엔젤레스산에서 거의 수직 방향으로 경동되고 습곡된 퇴적층(거의 석회암과 셰일), (b) 작은 연체동물 화석을 포함하고 있는 석회암 표본

반응에 의해 형성된다. 탄산칼슘($CaCO_3$)은 그런 암석들 중 가장 일반적인 조성물이며, 석회암(limestone)이 가장 널리 알려진 결과이다(그림 13-10 참조). 또한 석회암은 산호나 석회 분비 해양 동물 유체의 퇴적으로 형성될 수 있다. 처트(chert)는 석회암과 비슷한 방식으로 형성되지만 탄산칼슘 대신 규산(SiO_2)으로 이루어져 있다. 암염은 증발잔류암(evaporite)의 예로 수분 증발과 일반 식염(NaCl, 그림 18-32 참조)과 같은 용해 광물의 잔류물로 형성된 암석이다.

유기적 퇴적암 : 유기적으로 쌓인 퇴적암은 갈탄(연갈색의 석탄)과 역청탄(연흑색의 석탄)을 포함하여 식물 유체의 잔재물의 압밀로 형성된다.

이러한 형성 방법들 중에는 중복이 많다. 그 결과, 매우 다양한 종류의 퇴적암들이 존재하며 또한 그 사이에도 많은 단계가 있다. 대다수의 퇴적암들은 셰일(전체의 45%), 사암(32%), 석회암(22%)이다.

학습 체크 13-6 쇄설성, 화학적 그리고 유기적 퇴적암의 형성 작용을 설명하고 기술하라. 각자의 예를 한 가지씩 들어보라.

석유와 천연가스 : 석유와 천연가스는 암석은 아니지만 퇴적물 내 유기질의 퇴적으로 형성된다. 복합체 형성 과정은 자주 열과 관련해서, 해양생물 유래의 탄화수소 발생을 포함한다(그림 13-12).

▼ **그림 13-11** (a) 유타 남동부에서는 깎아 지른 사암 단애(거의 수평의 층리면)의 구조가 쉽게 보인다. (b) 전형적인 담색의 사암편

▶ 그림 13-12 오일샌드(oil sand)는 비통상적 탄화수소의 형태로, 이 사진에서는 캐나다 앨버타의 머레이 오일샌드에서 추출 이후의 과정을 보여 주고 있다.

"21세기의 에너지 : 비통상적 탄화수소와 수압파쇄 혁명" 글상자를 참조하라.

변성암

원래 화성암이나 퇴적암이었던 **변성암**(metamorphic rock)은 열, 압력, 화학적 활성 수분이 각각 혹은 모두에 의해서 물리적이나 화학적으로 변성을 받는 암석이다. 변성암은 암석권의 조건과 연관되는데, 압력과 온도는 퇴적암 형성 시보다 더 크지만 암석이 녹아 마그마로 되는 경우보다는 작다.

암석에 가해지는 열과 압력의 영향은 복잡하다. 암석 내 수분의 조성과 양뿐만 아니라 암석이 열과 높은 압력을 받는 시간의 길이 같은 것들에 의해 강하게 영향을 받기 때문이다. 변성 작용은 암석에 열을 가해 광물의 조성이 재결정화되고 재배열되게 하는 원인으로 거의 건식 '굽기(baking)' 과정(그림 13-13)이거나 혹은 대양저의 '열수분출공(black smoker)'에서 일어나는 열수 변성 작용(hydrothermal metamorphism)처럼 더 활성적인 습식 과정일 수 있다. 어쨌든 변성 작용의 결과는 변성 작용이 원래의 암석의 조성, 조직 및 구조를 바꾸기 때문에 원래의 암석과는 아주 다르게 된다.

(a) 응회암 위에 놓인 현무암 노두

(b) 응회암을 확대한 모습

▲ 그림 13-13 (a) 이 기반암은 캘리포니아 북동부 앨투러스(Alturas) 근처에 노출된 암석으로 색깔이 있는 응회암층(화산재의 고화로 형성된 화산암) 위에 놓인 밝은 갈색의 현무암을 보여 준다. 현무암은 용해된 상태로 응회암 위로 분출되었기 때문에 그 엄청난 열로 응회암의 상층부가 '구워졌거나' 변성되었다. 응회암층의 변성받은 부분과 변성받지 않은 부분 간의 색상 차이는 변성 작용의 가시적인 증거이다. (b) 응회암의 대표적인 표본

비통상적 탄화수소와 수압파쇄 혁명

▶ Matthew Fry, 노스텍사스대학교

1982년 한 에너지 혁명이 수압파쇄를 통한 상업적 규모의 셰일가스 생산이 텍사스의 바넷(Barnett) 셰일층에서 착수되었을 때 시작되었다. 2002년 이후 수평 천공(drilling), 천연가스의 상한가 기록과 느슨해진 환경규제가 '비통상적' 탄화수소 생산의 붐 형성과 결합되었다. 그 이후 비통상적 생산의 확장은 수압파쇄의 경비와 이익에 대한 논란의 불씨를 일으켰다.

비통상적 탄화수소 : 탄화수소는 열과 압력을 받은 퇴적암 속의 유기물질이 분해되면서 형성되는 천연가스, 석유, 역청(bitumen)과 같은 탄소와 수소 기반의 유기질 화합물들이다. 전통적인 탄화수소의 추출 방법은 원유와 천연가스 매장지에 유정을 뚫는 것이다. 비통상적 기술은 침투가 힘든 밀도가 큰 지층에 포획된 탄화수소를 방출시키는 것이다(그림 13-A).

파쇄 과정 : 셰일에 포획된 탄화수소('셰일가스'와 '타이트 오일'로 불림)에 도달하기 위해서 먼저 수직 유정공이 지층을 천공한다. 이후 일정 깊이에서 수평적으로 회전시켜, 셰일층 내의 보다 가스가 많은 지역에 도달하게 한다. 다음은 물, 화학물질과 '프로판트'(proppant, 흔히 모래)의 혼합물을 고압으로 분사시킨다. 그 압력은 셰일을 흩트리고, 화학물질이 탄화수소를 방출시키면서 모래봉(sand prop)이 균열들을 깬다. 균열들은 셰일가스와 타이트 오일(tight oil)의 지표 이동 통로의 역할을 한다. 그리고 가스, 오일, 환류(flowback, 수압파쇄 유액이 포함된)가 수합되고 분리되어 운반된다.

셰일 생산 : 2015년에는 미국, 캐나다, 중국 및 아르헨티나만 상업적 용량의 셰일가스 또는 타이트 오일을 생산했다. 바넷 매장지가 지금까지 가장 많은 셰일가스를 생산했지만, 마셀러스(Marcellus) 매장지는 최대 생산 잠재력을 갖고 있다(그림 13-B). 타이트 오일 생산은 거의 이글포드(Eagle Ford)와 바켄(Bakken) 셰일지대에서 나온다.

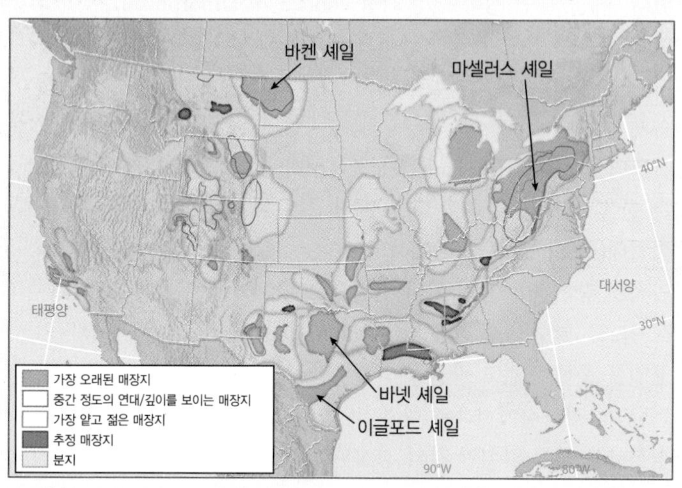

▲그림 13-B 미국의 셰일 매장지

미국에너지정보국에 따르면, 셰일가스는 2007년에 미국 천연가스 생산량의 8%, 2014년에는 56%까지 증가하였다. 타이트 오일 생산도 2008년 이후 역시 증가하였다.

논란 : 셰일가스와 타이트 오일 생산의 증가에도 불구하고(또 그 덕분에) 연구자들은 수압파쇄의 부정적인 영향을 발표하였다. 수압파쇄 액체로 대량의 민물을 사용하는 것은 지역, 특히 건조 혹은 반건조 지역의 물 공급을 심각하게 감소시킬 수 있으며 지역의 공기 질이 천공 작업과 관련된 방출로 악화될 수 있다. 수압파쇄의 유액에 사용된 화학물질 역시 위험이 제기된다. 바넷과 마셀러스 지역 우물의 수질 연구를 통해 용해된 메테인, 중금속 그리고 휘발성 유기질 탄소화합물의 수치가 상승한 것을 확인하였다. 재해 부담과 종종 방사성 환류의 안전한 폐기도 문제이다. 지하 깊은 곳의 투수성 퇴적물에 고압으로 분사되는 환류액이 오클라호마, 텍사스, 콜로라도의 지진 활동 유발과 관련되어 있다. 미국에서는 2000년 이후 평균 5만 개의 새로운 유정과 함께 수압파쇄 혁명이 광범위한 토지 이용 변화, 원식생과 서식지의 변위 그리고 천공 지역 지표의 변형 등의 원인이 되고 있다.

질문

1. 통상적 천공보다 비통상적 천공이 더 많은 위험과 영향을 주는가?
2. 정책입안자들은 어떻게 수압파쇄 비용과 경제적 이익 사이에서 균형을 잡는가?

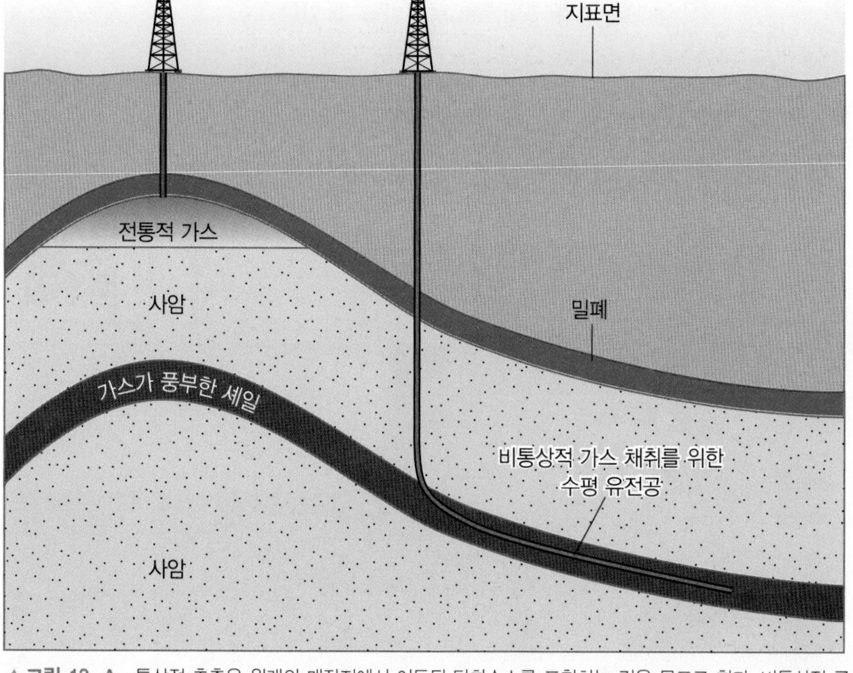

▲그림 13-A 통상적 추출은 원래의 매장지에서 이동된 탄화수소를 포착하는 것을 목표로 한다. 비통상적 굴착은 원래의 매장지를 바로 굴착해 들어간다.

변성 작용의 원인 : 변성 작용은 수없이 많은 환경에서 일어날 수 있다. 예를 들면 **접촉 변성 작용**(contact metamorphism)은 마그마에 접촉한 암석이 열과 압력으로 변화되는 지표 밑에서 일어난다. 그 결과 노출된 변성암은 화강암과 같은 심성암 인접지에서 쉽게 발견된다.

광역 변성 작용(regional metamorphism)은 산지 형성 지역 또는 한 암석판의 끝 쪽이 다른 판 밑으로 미끄러져 들어가는 곳인 섭입대(subduction zone)에서 일어나는 것처럼 지각 내의 대량의 암석이 장기간에 걸쳐 열과 압력으로 대체되는 것이다(그림 13-4c 참조). **열수 변성 작용**(hydrothermal metamorphism)은 암석의 균열을 통해 뜨겁고 광물질이 풍부한 수분이 순환하는 곳에서 일어난다. 제14장에서 논의하겠지만, 이들과 기타 다른 종류의 변성작용은 보통 암석판 간의 경계부를 따라서 많이 발생한다.

어떤 변성암의 경우에는 변화되지 않은 원암이 무엇인지 아는 것이 가능하지만 대부분의 경우에는 원암의 특성을 확실하게 아는 것이 어려운 변성 작용이 더 많다.

엽리변성암 : 변성암의 광물들이 두드러진 배열이나 방향성을 보이면 그 암석은 **엽리**(foliated)되었다고 한다. 충돌하는 판의 주변과 같은 역동적인 지질 환경은 엽리변성암을 생성하는 데 필수적인 직접적 압력을 만들어 낸다. 그러한 암석은 판상(platy), 파상(wavy) 혹은 대상(帶狀, banded) 조직을 갖는다. 최소('낮은 단계') 변성 작용에서 최대('높은 단계') 변성 작용의 범위에서 일반적인 엽리변성암은 세립질의 **슬레이트**(셰일은 저수준의 변성작용을 받는다), 좁은 엽리/중립질의 **편암**(그림 13-14), 굵은 대상(띠모양) **편마암**(그림 13-15) 등이 있다.

비엽리변성암 : 원암이 단일 광물(일부 사암이나 석회암처럼)로 이루어지면 엽리 형성은 보통 덜 이루어진다. 석회암이 변성 작용을 받으면 보통 **대리석**(marble)이 되는 반면 사암은 변성을 받으면 보통 **규암**(quartzite)이 된다. 유기질 퇴적암 역청탄이 변성을 받으면 양질의 **무연탄**(anthracite coal)이 된다.

학습 체크 13-7 엽리 형성(foliation)을 정의하고, 변성암이 엽리를 이룰 것 같은 조건은 무엇인지 설명하라.

암석의 순환

앞에서 기술하였듯이 한 암석의 광물은 오랜 시간에 걸쳐서 결국 다른 암석의 일부가 될 수 있다. 화성암은 파쇄되어 퇴적되고 이후 퇴적암을 형성할 수도 있다. 다시 그것은 변성 작용을 받을 수 있고, 단지 침식을 받아서 다시 퇴적될 수 있다. 이렇게 진행되는 암석 광물의 '재순환(recycling)'은 **암석의 순환**(rock cycle)이라 부른다(그림 13-16). 예를 들어 우리가 방금 살펴본 것처럼 화강암 암편의 석영은 오랜 시간을 걸쳐 파쇄되어 퇴적된다. 화강암의 석영질 모래 입자들은 이후 사암으로 압밀되고 교결될 수 있고, 이후 규암으로 변성받을 수 있다.

(a) 러시모어산 : 편암 위에 놓인 화강암의 노두

(b) 운모편암을 확대한 모습

▲그림 13-14 (a) 사우스다코타의 러시모어산에 있는 대통령 얼굴들은 화강암을 조각한 것이다. 그 화강암 바로 아래에 훨씬 더 오래된 변성암인 운모편암이 있는데 그 속을 화강암 형성 마그마가 관입하였다. (b) 운모편암의 표본

▲그림 13-15 (a) 그린란드 서부에 있는 대상 편마암의 노두. 이 지층의 연대는 38억년으로 지구에서 가장 오래된 것 중 하나이다. (b) 엽리를 보여 주는 전형적인 편마암 암편

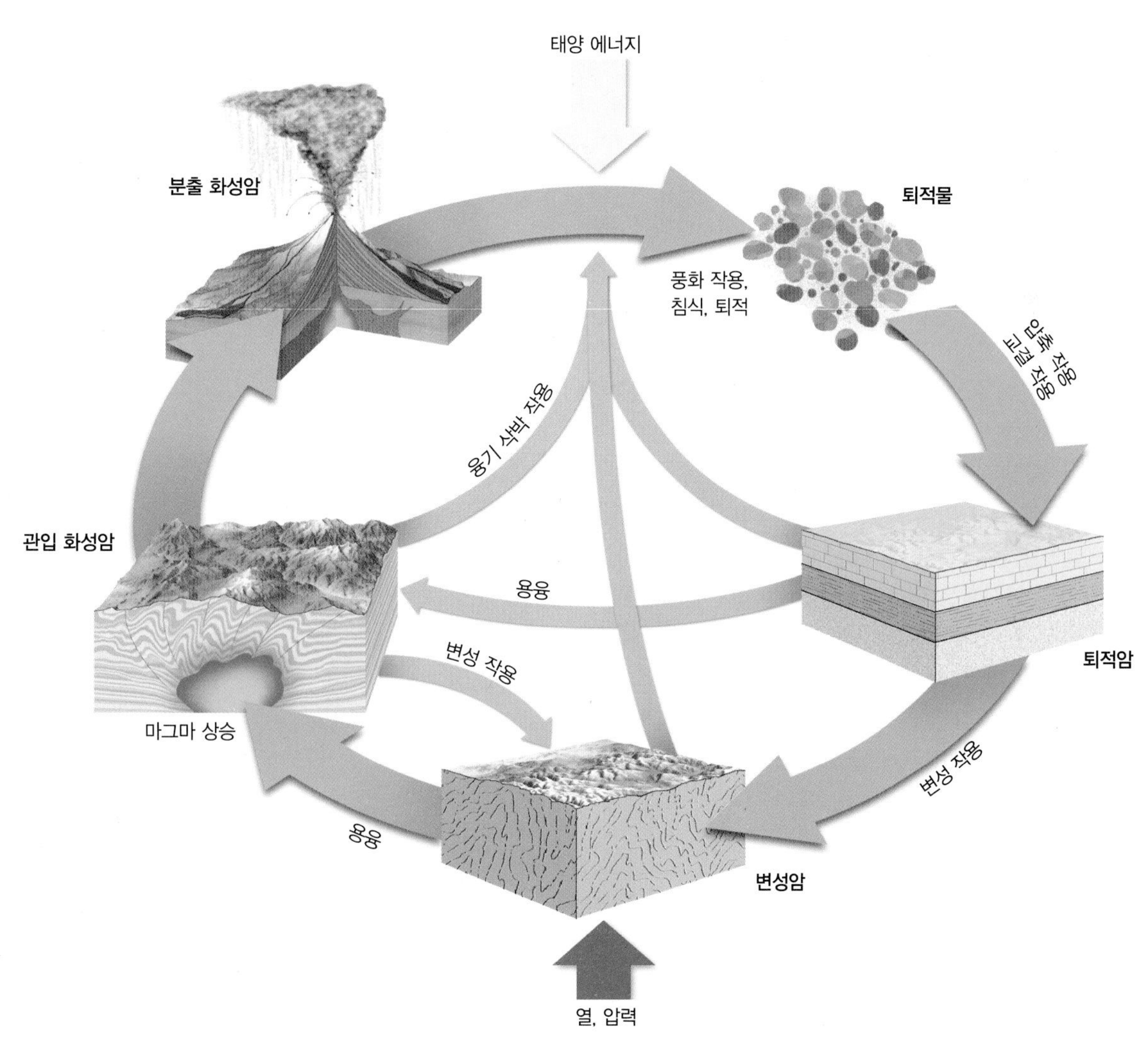

▲그림 13-16 세 가지 종류의 암석 관계 중 일부를 보여 주는 암석 순환

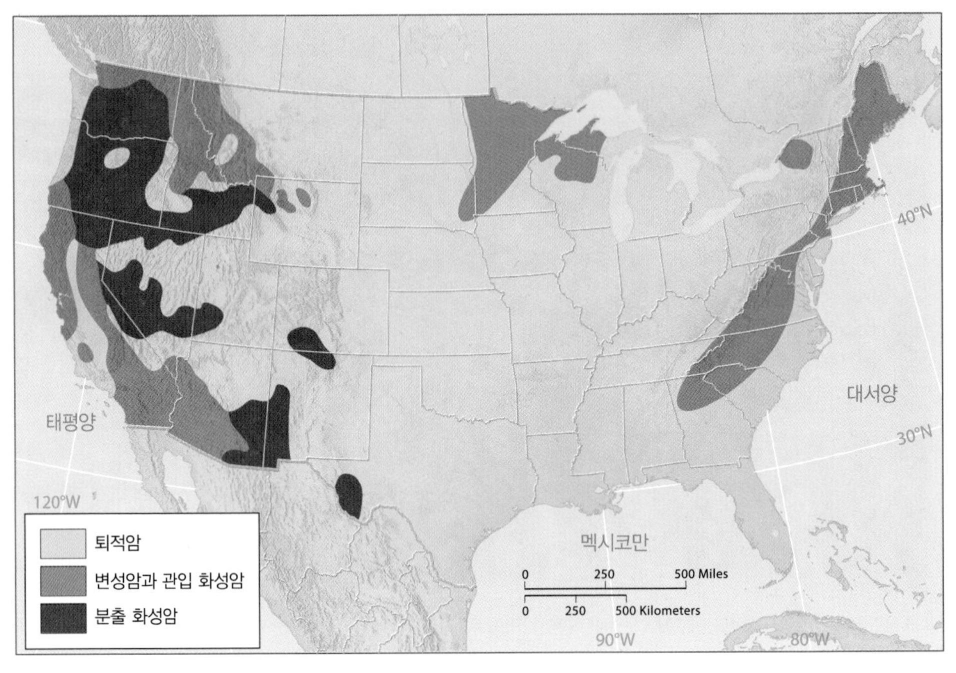

▶ **그림 13-17** 미국 대륙의 지표 노출 암석의 분포. 세계 대부분의 지역에서 그렇듯이 퇴적암이 확실히 지배적이다. 전반적으로 대륙에 노출된 암석의 약 75%는 퇴적암이지만, 퇴적암은 단지 지각을 구성하는 암석 체적의 약 4%만 차지한다.

대륙과 대양저 암석

지표상의 세 가지 주요 암석의 분포는 불균등하고 얼핏 무질서하게 보인다. 하지만 이 분포는 무질서한 것이 아니다. 지각의 암석 분포는 지구 내부와 지표에서 작용하는 형성 과정의 결과이다.

대륙에서 퇴적암은 가장 보편적으로 노출된 기반암을 구성하는데 최대 약 75%(그림 13-17)에 이른다. 하지만 퇴적층의 두께는 두껍지 않아 평균 2.5km 이하이며, 따라서 퇴적암은 지각 전체 체적의 약 4% 정도의 아주 미미한 비율만 차지하고 있다. 대륙의 대부분은 화강암이며 이와 함께 편마암, 편암과 같은 변성암은 알려지지 않은 비율을 이루고 있다. 반면 대양 지각은 거의 완전히 현무암과 **반려암**(현무암에 해당하는 심성암)으로 구성되어 있고, 비교적 얇은 해양 퇴적물로 피복되어 있다.

대륙과 대양저의 주요 암석 간의 차이는 중요하다. 현무암은 화강암보다 밀도가 높다(각각 약 3.0g/cm^3 대 약 2.7g/cm^3). 이런 이유로 대양의 암석권은 대륙의 암석권에 비해 밀도가 더 높다. 대륙의 암석권은 아래의 밀도가 더 높은 연약권 위에 매우 쉽게 '부유(float)'되는 반면, 대양의 암석권은 연약권 속으로 '섭입(subducted)'되거나, 내리 누를 수 있을 만큼 충분히 밀도가 높다. 이 결과는 다음 장에서 상세히 논의될 것이다.

아이소스타시(지각평형)

대양 지각, 대륙 지각 및 맨틀 간의 차이와 관련된 것은 아이소스타시의 원리이다. 아주 간단히 말하면, 지각은 아래의 밀도가 높고 변형 가능한 맨틀 위에 '떠 있다'. 암석권 부분에 가중된 무게는 암석권을 가라앉히는 원인인 반면 암석권 위의 대량의 하중을 제거할 시에는 떠오르게 된다. 이러한 정상부의 하중에 기인하는 지각의 조정이 **아이소스타시**(isostasy)이다.

아이소스타틱 조정에는 다양한 원인이 있을 수 있다. 예를 들어, 지표는 대륙붕 위에 엄청난 양의 퇴적물이 퇴적되거나 육지에 대량의 빙하가 집적됨에 따라(그림 13-18), 또는 대규모 댐에 갇힌 물의 무게로도 침강될 수 있다.

침강된 지각은 산정부의 물질 제거, 빙하의 융해 혹은 거대한 수체의 배수에 따라 더 높은 고도까지 반등할 수 있다. 예를 들어, 플로리다주에서는 지하에 광범위하게 분포하고 있는 석회암

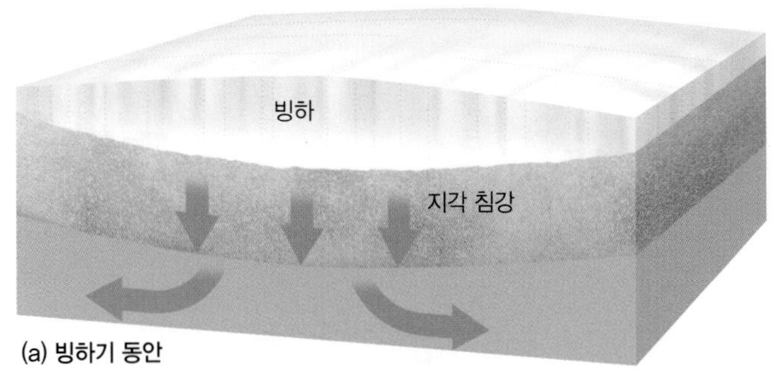

(a) 빙하기 동안

(b) 빙하 후퇴기 동안

▲ **그림 13-18** 아이소스타틱 조정. (a) 빙하기 동안 집적된 빙하의 육중한 무게는 지각을 침강시킨다. (b) 빙하 후퇴기 동안에는 융빙으로 하중이 제거되어 지각을 융기시키거나 반등시킨다.

으로 이루어진 기반암이 지하수에 의해 용해되면서 제거되기 때문에 최근 아이소스타틱 융기를 경험하였다. 허드슨만 주변의 캐나다 중부 지역은 8,000년 전 플라이스토세 마지막 빙상이 융해된 이후로 약 300m 이상 융기되고 있다. 아주 최근에 알래스카의 남부는 연 36mm 정도의 놀라운 속도로 융기되고 있다. 이는 적어도 지난 세기 혹은 그 이후의 시기에 걸친 빙하의 후퇴에 따른 반응인 것으로 보인다.

학습 체크 13-8 밀도가 높은 것은 대양 암석권인가, 대륙 암석권인가? 왜 그러한가?

지구 광물 자원의 이용

세계의 산업 경제는 화석연료와 광석을 추출해서 금속 제품을 만드는 데 이용한다. 갈수록 산업선진국은 특정 광물 자원을 채광하는 데 의존하고 있다. 예로, 글상자 "글로벌 환경 변화 : 기술적 장치와 희토류 채굴"을 참조하라.

지형의 연구

이 책의 후반부에 대한 우리의 관심은 기본적으로 **지세**(topography), 즉 지구의 지표 형상에 맞춰져 있다. 한 **지형**(landform)이란 일정 크기의 개별적 지세적 특징이다. 따라서 이 용어는 단애 또는 사구와 같이 작은 것뿐만 아니라 반도나 산맥과 같은 큰 것과도 관련될 수 있다. 지형들(landforms)이라는 복수표현은 덜 제한적이며 일반적으로 지형학(topography)과 동의어로 생각된다. 지표의 특징에 대한 우리의 초점은 지형의 발달과 특성에 대한 연구인 **지형학**(geomorphology)으로 알려진 연구분야이다.

지형학자로서 초점이 주로 지표이지만 그 지표는 거대하고 흔히 우리의 직접적인 시각에서 숨겨져 있다. 바다로 덮인 지구의 70%를 고려치 않더라도, 지구는 1억 5,000만m^2 이상의 육지가 포함되어 있다(세계의 대륙과 섬). 더구나 육지의 많은 부분이 식생, 토양 또는 인간이 만든 구조물의 존재로 시야를 방해한다. 우리는 이러한 방해물을 뚫고, 암석 지표의 특성을 관찰해야만 하며, 전 세계 경관의 방대함과 다양성을 망라해야만 한다. 이는 간단한 과제가 아니다.

우리의 사고를 조직하기 위해서는 구조, 형성 과정, 사면 및 배수와 같은 경관의 기본적인 요소를 분리해서 분석적 접근을 하는 게 도움이 될 수 있다.

구조 : 구조(structure)는 지형을 형성하는 물질들의 특성, 배치, 방향과 관련된다. 구조는 지형에 대한 지질학적 뒷받침이 필수적이다. 그것이 기반암으로 이루어져 있는가, 아닌가? 만일 그렇다면 기반암의 종류는 무엇이고, 형상은 무엇인가? 만약 기반암이 아니라면, 퇴적물의 특성과 방향은 무엇인가? 다른 퇴적물은 어

글로벌 환경 변화

기술적 장치와 희토류 채굴

▶ Robert Dull, 텍사스대학교 오스틴캠퍼스

희토류 원소(REEs)는 17개 화학원소의 그룹으로 지각에서, 주로 심성암에서 전형적으로 함량이 적은 원소들이다. REEs는 상대적으로 추출하고 순정화 하기가 어렵다. 네오디움(neodymium)은 희토류 중 하나인데 이것은 하드 디스크, 마이크, 하이브리드 자동차 그리고 재생 에너지 생산에 사용되는 현대 풍력 터빈의 필수적인 구성물인 크고 강력한 자석의 생산에서 점차 중요해지고 있다. 다른 희토류는 가전 및 전자제품, 태양광 패널, 컴퓨터, 핸드폰, 유리 그리고 배터리의 생산에 쓰인다.

희토류가 사용된 재생 가능한 에너지 기술과 배터리 충전용 개인 전자제품의 급속한 사용 증가는 화석연료에 대한 전 지구적 의존성을 감소시키는 데 도움이 된다. 하지만 이 상대적으로 '청정한(clean)' 기술조차도 환경적 영향과 관련 있다.

환경적 영향 : 희토류 채굴은 20세기 전반적으로 몇몇 나라에서 비교적 한정적인 기반에서 이루어졌다. 하지만 21세기에 들어 수요가 급증하면서 전 세계 희토류의 95%가 중국에서 공급되고 있다(그림 13-C). 이들 물질의 채광과 관련되는 환경의 영향은 생산의 증가로 인해 더욱 문제시되고 있다. 방사성 토륨과 우라늄은 자주 희토류 광석에서 비교적 풍부한 높은 품위로 발견되며 광석 처리 과정을 거쳐 더욱 집적되고 있다. 그리고 그것은 방사성 광산폐기물(가치 있는 부분은 제거한 후에 광산 그 자리에 남겨 놓은 폐기된 부산물)을 주도하고 있다. 지하수의 산성화와 하천 폐수 역시 희토류 광산과 연관이 있다.

재순환 노력 : 희토류의 재순환은 폐기물에서 희토류를 추출하는 효과적인 기술의 부족과 고비용으로 인하여 과거에는 뒷전으로 밀려나 있었다. 하지만 신기술은 소비자가 사용한 후의 희토류 재순환에 대한 경제적 가능성의 확대를 약속한다. 일본과 프랑스의 일부 대기업들은 희토류에 대한 더 많은 비용 절감적인 희토류 재순환을 가져올 변화를 주도하고 있으며 매년 증가하는 희토류에 대한 지구적 수요를 만족시킬 수 있을 정도로 널리 이용 가능케 하고 있다.

▲ 그림 13-C 최근 희토류 생산의 95%를 차지하는 중국 중부 지역에서 이루어지는 희토류 원소 채광작업

질문

1. 왜 일부 '재생 가능한 에너지' 기술들이 비재생적인 희토류의 채굴에 의존하는지 설명하라.
2. 희토류 채굴의 주요 환경적 영향은 무엇인가?

▶ 그림 13-19 몬태나의 글레이셔국립공원의 멋진 지형은 다양한 상호작용 과정을 통해서 형성되었지만 가장 최근의 빙하 작용이 우세하다. 이 모습은 세인트메리 호수의 건너편이다. 사면은 경관에서 눈에 가장 잘 띄는 가시적 요소이다. 여기서 왼쪽의 가파른 단애는 시타델산이다.

떠한가? 그림 13-10과 13-11처럼 명확히 보여 주는 구조를 가지고 있으면 이 질문들은 쉽게 답할 수 있지만, 그런 경우는 항상 드물다.

형성 과정 : 형성 과정(process)은 지형을 형성하는 데 결합된 활동들로 본다. 다양한 형성 과정들(지질, 수리, 대기와 생물)은 암석 지표의 형태를 다듬는 데 작용하며 이들의 상호작용은 지형의 형성에 결정적이다. 일부 경우에는 빙하 작용(glaciation)과 같이 하나의 경관이 주로 하나의 형성 과정의 결과이다(그림 13-19).

사면 : 사면(slope)은 어떤 지형이든 형태의 기본적인 양상이다. 지표와 주변 경관 간의 각(角)의 관계성은 근본적으로 구조와 형성 과정의 다양한 구성요소들 사이의 현재의 균형을 반영하는 것이다(그림 13-19 참조). 사면의 경사와 길이는 형태를 분석하고 기술하는데 중요한 단서를 제공한다.

배수 : 배수(drainage)는 지표 위에서 혹은 토양과 기반암 밑에서의 물(비나 융설의 결과)의 이동과 관련된다. 이동되는 물은 '형성 과정'에서 주도적인 힘이지만, 하천 형태, 유속 및 배수 등의 다른 측면에 매우 중요해서 지형 분석의 기본적인 요소로 간주된다(제16장에서 자세히 살필 논의 주제이다).

일단 이런 기본적인 요소들이 인식되고 확인되면, 지리학자는 지리적 조사의 중심이 되는 기본적인 질문에 답함에 따라서 지형을 분석할 준비가 되어 있다(그림 13-20).

- 무엇? 지형의 형태와 특징
- 어디? 지형들의 분포와 유형
- 왜? 기원과 발달에 대한 설명
- 그래서? 인간의 삶과 활동 그리고 환경의 다른 요소들과의 관계성에서 지형의 중요성

학습 체크 13-9 지형의 '구조(structure)'가 의미하는 것을 설명하라.

중요한 개념들

앞으로 자주 쓰이게 될 한 용어는 **기복**(relief)으로 이는 한 지역의 최고점과 최저점 간의 고도차이다. 이 용어는 어떤 규모에서도 쓸 수 있다. 따라서 그림 1-7에서 본 것처럼 세계의 최대 기복은 거의 20km에 달하는 것으로 이는 에베레스트산의 정상과 마리아나 해구의 바닥 간의 고도차다. 다른 극단적인 예로, 플로리다와 같은 지역에서의 국지적인 기복은 단지 몇 미터의 문제일 수 있다.

내적 · 외적 지형 형성 과정

경관에서 보는 기복은 일시적이다. 이는 지표의 형성과 재형성이라는 2개의 큰 상반된 형성 과정의 순간적인 균형을 나타낸다. 2개의 형성 과정이란 **내적 형성 과정**과 **외적 형성 과정**을 의미한다(그림 13-21). 이 형성 과정들은 비교적 수는 적지만 특성과 작용면에서 극도로 다양하다. 아주 다양한 지구의 지형들은 이 형성 과정들과 기저를 이루는 지표의 구조 사이의 복잡한 상호작용을 나타낸다.

내적 형성 과정 : **내적 형성 과정**(internal process)은 지구 내부에서 기원하는 것으로 지표 밖에서 작용하는 힘이나 대기의 영향력을 발생시키는 내부의 에너지로 일어난다. 이 형성 과정들은 습곡, 단층 그리고 다양한 종류의 화산 활동에 의한 지각 이동의 결과이다. 일반적으로 이 형성 과정들은 지표의 기복을 증가시키는 경향을 보이는 과정인 융기와 같이 '건설적'이다. 이러한 형성 과정들은 다음 장에서 자세히 고찰할 것이다.

외적 형성 과정 : 반대로 **외적 형성 과정**(external process)은 주로 '지면'(대기의 기저부에서 작동)에서 일어나고 그 에너지의 원천은 대부분 암석권 위에서 얻으며, 대기권이나 해양 내부에서도 얻는다. 외적 형성 과정은 일반적으로 '마모적' 또는 '파괴적' 과정으로 생각할지도 모른다. 결국에 지세의 불규칙성의 제거와 지표

◀그림 13-20 브리티시 콜롬비아, 허드슨 베이 산의 암석과 구조를 연구하는 과학자

의 기복을 쇠퇴시키는 것을 흔히 **삭박작용**(削剝作用, denudation)이라고 한다.

따라서 내적·외적 형성과정들은 다소 서로 직접 상반된 작용을 한다. 일부 경관에서는 둘 다 동시에 작용하는데 우리는 이들 간의 순간적인 균형을 보는 것이다. 그 싸움터는 모든 지구시스템 권역(암석권, 수권, 대기권, 생물권) 간의 경계면인 지구의 표면이다.

이어지는 장들에서 이들의 다양한 형성 과정들(특성, 역동성 및 영향)을 자세히 고찰하겠지만 이를 한 번에 다루기에 앞서 전체적으로 개관하기 위한 요약이 도움이 된다(표 13-3). 하지만 이 분류 방식이 아주 단순화된 것임을 주의해야 한다. 일부 항목은 명확하게 분리되고 구별되지만 다른 것은 서로 중첩되어 있다. 표 13-3은 형성 과정의 연구를 시작하기 위한 간단한 논리적인 방식을 나타내지만 유일하거나 궁극적인 틀은 결코 아니다.

학습 체크 13-10 지표를 형성하는 내적 형성 과정과 외적 형성 과정을 비교하라.

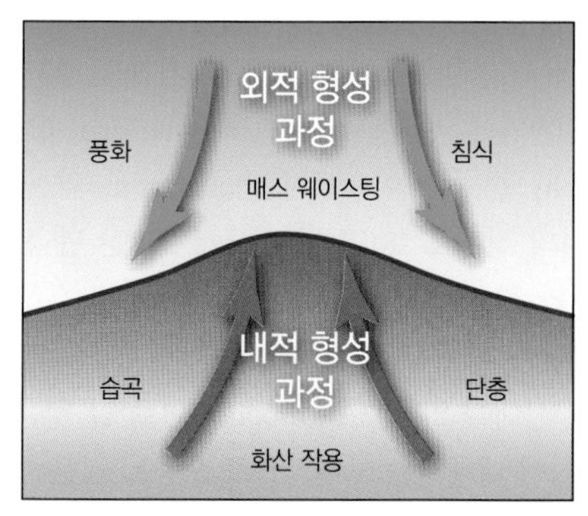

▲그림 13-21 내적·외적 지형학적 형성 과정의 도식적 관계성. 지표는 내적 형성 과정으로 융기되고 외적 형성 과정으로 침식된다.

동일과정설

내적·외적 형성 과정 그리고 지형 발달에 대한 이해의 기본은 **동일과정설**(uniformitarianism)에 정통하는 것이며 그 설은 '현재는 과거의 열쇠이다'를 견지한다. 처음으로 지질학자 James Hutton이 1795년에 제기한 이 개념은 경관을 형성하는 현재 과정이 과거의 지형을 형성한 과정과 동일하며 향후 지형을 형성하는 과정

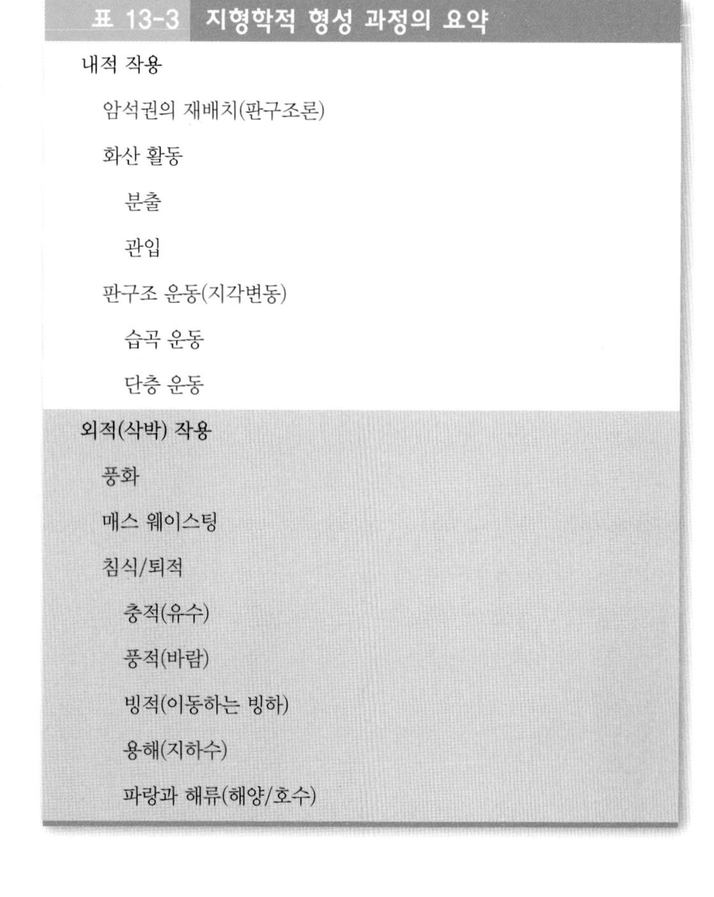

표 13-3 지형학적 형성 과정의 요약
내적 작용
암석권의 재배치(판구조론)
화산 활동
분출
관입
판구조 운동(지각변동)
습곡 운동
단층 운동
외적(삭박) 작용
풍화
매스 웨이스팅
침식/퇴적
충적(유수)
풍적(바람)
빙적(이동하는 빙하)
용해(지하수)
파랑과 해류(해양/호수)

도 동일하는 것이다.

Hutton 이전에 수 세기 동안 대부분의 과학자들은 **격변설**(catastrophism)을 받아들였다. 이는 대규모 계곡과 산맥과 같은 지구의 주요 지형들이 과거의 격변적인 사건과 급작스러운 융기에 의해서 생겼다고 하는 생각이다. 대신, 동일과정설은 오늘날 작동하는 지형학적 과정을 이해함으로써 그리고 장기적인 시간을 고려함으로써 경관을 연구할 수 있고, 발달사를 이해하게 되었다고 말할 수 있다. 지형의 발달은 하나의 진행형 형성 과정으로 연속적인 변화선상에서 한 순간을 보여 주는 특정 시점에서의 지세를 보여 준다.

동일과정설이 모든 지형학적 과정들이 지구 역사를 통틀어 동일한 비율이나 범위에서 작동했다고 말하는 것은 아니라는 것을 이해하는 것이 중요하다. 예를 들어, 과거 일정 기간 동안의 빙하 작용은 오늘날보다 더 중요하다. 더구나 경관의 변화가 항상 암석의 입자 하나씩을 느리게 마모시켜서 일어나는 것을 의미하는 것은 아니다. 변화는 흔히 상당한 지진, 화산 폭발, 홍수 또는 산사태와 같은 '국지적 격변들'을 통해서 어쩌다 혹은 갑자기 일어난다.

하지만 전반적으로 많은 내적·외적 형성 과정들은 인간의 기준에서는 매우 느리게 진행되기 때문에 우리가 파악하기 어렵다. 예를 들어, 거대한 암석판(제14장의 판구조 운동에서 논의되는)들은 평균적으로 1년에 수 센티미터(손톱이 자라는 속도만큼) 이동한다. 어떻게 가끔 감지할 수 없는 느린 과정들이 지형을 바꾸는지 이해하기 위해서는 시간의 개념을 늘려야만 한다.

지질시대

아마도 자연지리학에서 가장 난해한 개념은 지질시대의 범위이다(그림 13-22). 우리 일상의 삶에서는 시, 달, 년 그리고 가끔 세기들과 같은 간단한 시간의 간격을 다루는데, 이는 지구 역사의 규모를 예상하지 못하게 한다. 지질시대의 범위는 수백만과 수억 년의 시기를 포함한다.

지질시대의 개념은 지질학적 형성 과정이 작용하는 장구한 시간을 말한다. 지구 역사를 해석하기 위한 기본적인 전제로서 동일과정설이 작용하기 위해서 그 역사는, 인간의 시간 단위로 측정하면 극단적으로 더디게 작동하는 내·외적 형성과정으로 상당한 정도의 업적을 이루기 위해 충분히 긴 시간의 기간을 갖고 일어나야 한다.

지구의 연대 : 과학자들은 지구의 연대를 약 46억 년으로 추정한다. 이는 거의 헤아릴 수 없는 긴 시간이다. 공룡들의 시대가 약 1억 8,000만 년 동안 지속된 것과 거의 6,500만 년 전에 최초로 융기된 로키산맥에서 거대한 지질시대의 흐름을 한눈에 파악하는 것은 어렵다.

거의 이해할 수 없는 지질시대의 길이를 이해하는 데 도움이 될 수 있는 비유가 하나 있다. 46억 년 지구의 전 역사를 한 장의 달력으로 압축하여 상상해 보면, 하루는 1억 2,600만년, 1시간은 52만 5,000년, 1초는 146년에 해당한다. 그러한 시간 규모에서, 처음 두 달 이상 동안은 지구에 생명체가 없었고, 3월 초까지도 원시 형태의 단세포 생명체가 나타나지 않았다. 첫 다세포 유기체가 진화하기 시작한 6월까지도 원시 조류와 박테리아의 세상이었다. 11월 21일경 최초의 척추동물인 물고기가 등장했고, 11월 말에 앞서 최초의 육상 척추동물로 양서류가 정착하기 시작했다. 11월 27일경에 관다발식물과 나무고사리, 이끼류, 속새 등이 등장하였고 12월 7일경에는 파충류가 지배하는 시대가 시작되었다. 포유동물은 12월 14일경 나타났고, 다음 날에 새가 등장하였다. 화훼식물은 12월 21일 처음 꽃을 피웠고, 12월 24일에 최초의 볏과 식물과 최초의 영장류가 등장하였다. 최초의 인류는 12월 말일 오후 중반에 직립보행을 하였고, **호모사피엔스**(Homo sapiens)는 자정 1시간 전에 모습이 나타났다. 기록된 역사시대는 그 달력 1년의 마지막 1분에 해당한다.

이런 이례적인 시간 규모는 동일과정설에 신빙성을 부여한다. 그리하여 그랜드캐니언이 그 계곡 깊숙한 곳에서 보이는 상대적으로 작은 하천에 의해 깎여진 '유년(youthful)' 지형으로 보이게끔 하고, 어떻게 아프리카와 남아메리카가 한때 서로 합쳐져 있었지만 3,200km 떨어져 표류되었는지에 대해서도 상상하게 한다. 일반적으로 지형학적 형성 과정들은 느리게 진행되지만, 거대한 지질학적 역사는 그 완수를 위해서 알맞은 시간 틀을 제공하고 있다.

지질연대 : 그림 13-22에서 보여 주는 지질연대는 지질사의 주요 사건, 특히 지구 생명의 변화를 반영하는 시간 단위들로 구분되어 있다. 가장 큰 단위는 이언(eon)이라 한다. **현생이언**(Phanerozoic, '보이는 생명'의 시기)은 약 5억 4,100만 년 전에 시작되었으며, **선캠브리아기**(Precambrian)는 지구 역사의 약 88%에 해당한다. 현생이언은 3개의 주요 대(era)로 구분된며, **신생대**(Cenozoic, 현 생명의 시기), **중생대**(Mesozoic, 중기 생명의 시기) 및 **고생대**(Paleozoic, 고 생명의 시기)이다. 각 대는 기(period)로 구분되고, 다음에는 세(epoch, 여기서는 신생대만 제시)로 하위 구분된다. 19세기의 지질학자들은 화석 기록의 주요 변이(특히 대량 멸종) 순서에 기반을 두어 상대적 연대 측정법으로 최초의 지질연대의 구분을 확인하였다. 시기의 절대 연대는 20세기에 확립되었고 이용 가능한 새로운 자료로 시기를 개정하게 되었다. 예를 들어, 2009년에 **국제층서위원회**(International Commission on Stratigraphy)는 플라이스토세(Pleistocene)와 플라이오세(Pliocene) 사이의 경계를 181만 년 전에서 258만 년 전으로 바꿀 것을 권고하였다.

근세기의 식생에 대한 인간의 엄청난 영향 때문에 몇몇 학자들은 현재의 지질시대를 **인류세**(Anthropocene)로 할 것을 제안했지만 아직 이 명칭에 대해서는 보편적으로 수용된 것은 아니다.

학습 체크 13-11 동일과정설에 대한 지질시대의 중요성을 설명하라.

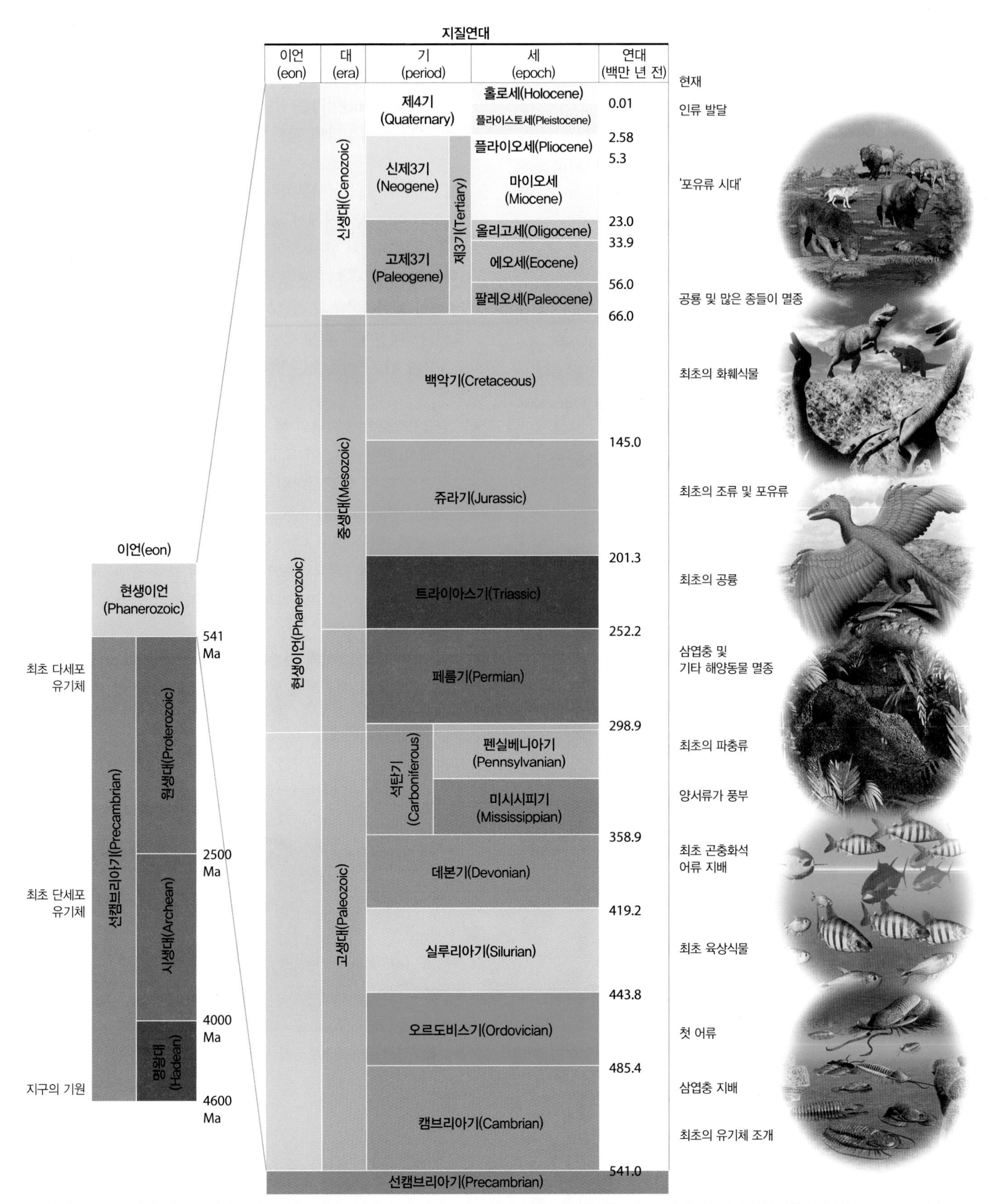

▲ 그림 13-22 지질연대. 지구사의 구분은 원래 상대적 연대에 기반하였다. 주요 변화의 순서와 구분은 화석 기록에 나타난다. 절대 연대는 백만 년 전(Ma)으로 제시되며, 좀 더 최근에 확립되고 개정되었다. 현 연대는 국제층서위원회의 2015년 국제연대표(버전 2015/01)에 기초한 것이다.

스케일과 패턴

지형학적 형성 과정의 체계적인 연구에 앞서 두 가지 중요한 개념을 명심해야 한다. 바로 스케일과 패턴이다.

스케일의 예시

스케일에 대한 문제는 지리학에서 기본적인 것이다. 지리적 탐구 주제와 상관없이, 인식 가능한 특징과 연관성이 관찰의 규모에 따라 상당히 다양한 것 같다. 이는 간단히 말해 근거리에서 관찰하는 경관의 특성과 보다 먼 원거리에서 관찰하는 경관 특성은 다르다는 것을 의미한다.

복잡하지만 중요한 스케일에 대한 한 예시로서, 지표의 특정 장소에다 초점을 두고 다양한 관점에서 조망해보자. 장소는 에스티스 파크에서 정서쪽으로 13km 떨어진 로키산맥 국립공원 내의 콜로라도 북중부 지역이다. 여기에는 호스슈파크(Horseshoe Park)라는 작은 계곡이 있는데, 북쪽의 빅혼(Bighorn) 산과 서쪽의 채핀(Chapin) 산의 급사면으로 둘러싸여 있고 깨끗한 산지 하천인 폴강(Fall River)이 관통하고 있다(그림 13-23).

- 그림 13-23a : 인간의 일상적인 경험의 최대 또는 최소 스케일을 묘사하기 위해, 우리는 호스슈파크의 중앙에서 북쪽 빅혼산 쪽으로 걸어 올라간다. 이러한 스케일에서 우리는 하천의 흐름(stream flow)과 국지적 침식 등의 영향을 관찰할 수 있다. 첫 번째 사진에서 중요한 지세는 우리가 반드시 건너야 하는 잔잔한 흐름의 폴강이다. 우리는 강 남단에 있는 작은 사주대를 걷다가 몇 걸음 더 가서, 좌측의 일시적으로 마른 작은 연못 바닥에 주목하고, 산기슭의 낮은 제방을 걷는다. 20분간 가파른 언덕을 기어오르고 나서, 거의 수직적인 단애면이 나타나는 헤이즐콘(Hazel Cone)이라는 험한 화강암 노두에 도달한다.
- 그림 13-23b : 상당히 다른 관찰 스케일로는 차로 미국 34번 고속도로를 따라 호스슈파크를 통과하는 것이다. 약 20분 후에 호스슈파크의 남서부쪽 산지에 있는 근사한 전망지점에 다다른다. 이 전망지점에서 우리가 등반했던 지역의 경관은 크게 확대된다. 여기서 암석 유형, 식생 및 사면 간의 관계성이 관찰된다. 더 이상 사주나 제방, 마른 연못은 인식되지 않고 심지어는 험한 헤이즐콘조차 빅혼산의 거대한 사면 위의 돌보다 작게 보인다. 대신에 우리는 폴강이 평탄한 계곡에서 넓게 곡류하고, 곡저 위로 높이 솟은 빅혼산의 인상적인 봉우리가 보이게 된다.
- 그림 13-23c : 이 지역의 세 번째 관찰은 높이 12km 상공의 비행기에서 일어난다. 이 고도에서는 폴강이 거의 보이지 않고, 오로지 주의 깊게 관찰하면 호스슈파크를 볼 수 있다. 빅혼 산은 머미산맥(Mummy Range)의 일부로 구분할 수 없을 정도로 묻혀 있고, 더욱 크고 더욱 인상적인 산계인 프런트산맥(Front Range)의 작은 가지처럼 보인다. 여기서 보다 광범위한 하천의 형태를 식별할 수 있고, 빅혼산과 그 지역의 나머지 산맥과의 관계를 살필 수 있다.
- 그림 13-23d : 네 번째 수준의 관찰은 지상 390km 위를 선회하는 국제 우주 정거장에 탑승했을 경우에 가능한 것이다. 한

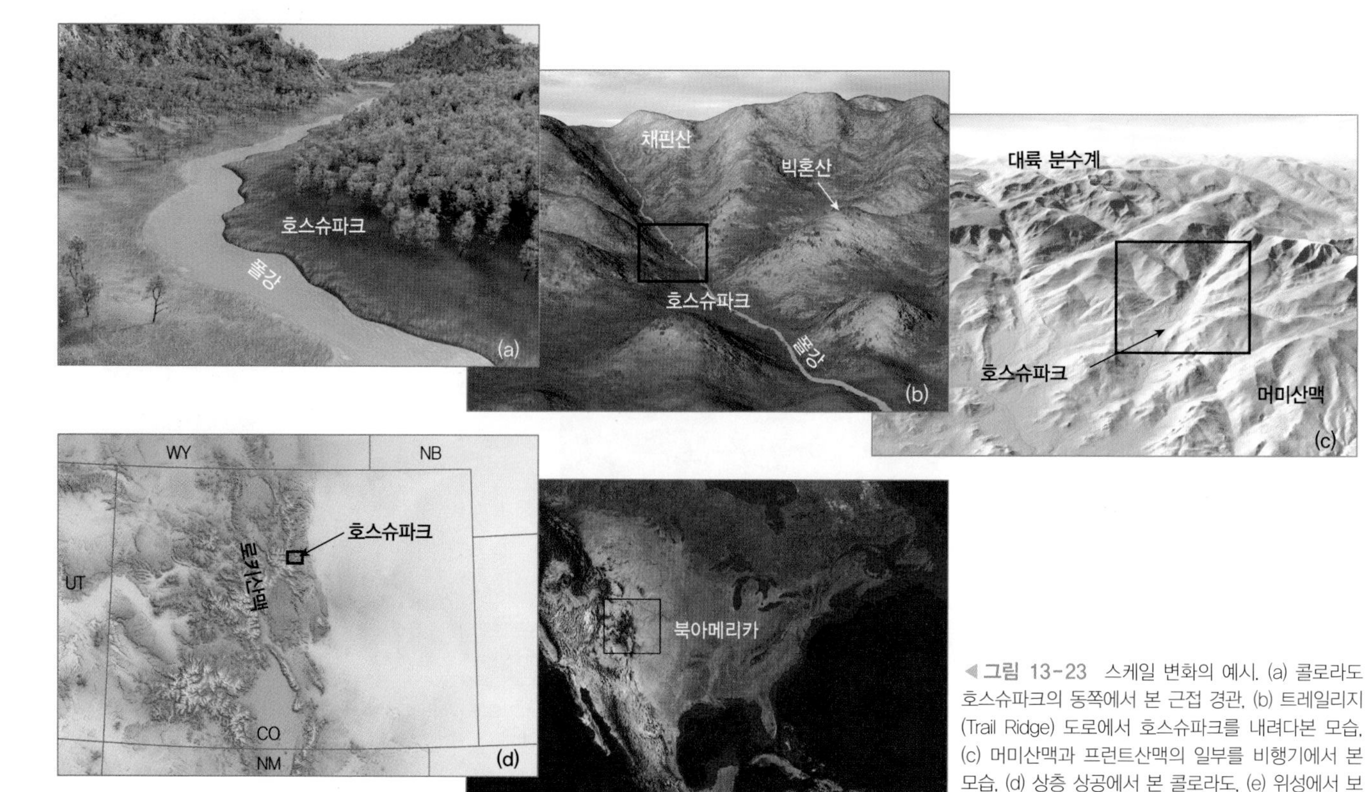

◀ 그림 13-23 스케일 변화의 예시. (a) 콜로라도 호스슈파크의 동쪽에서 본 근접 경관. (b) 트레일리지(Trail Ridge) 도로에서 호스슈파크를 내려다본 모습. (c) 머미산맥과 프런트산맥의 일부를 비행기에서 본 모습. (d) 상층 상공에서 본 콜로라도. (e) 위성에서 보이는 북미대륙

눈에 북부 콜로라도의 머미산맥을 구분하기에는 거의 충분하지 않고, 길이 400km의 프런트산맥조차도 뉴멕시코에서 북부 캐나다까지 뻗은 거대한 로키산맥의 한 부분으로만 보여진다. 이러한 조망에서는 프런트산맥과 로키산맥 전체의 지역적 지구조 상황과의 관계성을 인식할 수 있다.

- 그림 13-23e : 가장 작은 스케일에서 인간에게 가능한 마지막 시점은 지구에서 달로 쏘아 올리는 우주선에서 나온다. 우주에서 호스슈파크 방향으로 돌아보면, 로키산맥을 인식할 수 있을 것이다. 그러나 이러한 가장 작은 스케일의 조망에서 유일하게 눈에 띄는 형태는 북미대륙이다. 여기서 우리는 오늘날의 로키산맥을 수십억 년 동안 북미대륙의 형성에 따른 일련의 지반 운동의 맥락 속에 위치시킬 수 있다.

학습 체크 13-12 그림 13-23에서 개별적 지형을 연구하는 데 최적의 스케일은 어떤 수준인가? 대륙의 구조는 어떤 스케일 수준이 적합한가?

지형학에서의 패턴과 형성과정

어떤 지리학 연구이든 첫 번째 목적은 패턴을 만드는 과정을 이해하는 것과 어떤 현상의 분포 패턴을 인식하는 것이다. 이 책의 앞부분에서 우리는 한 대륙의 위치 혹은 위도에 기반한 날씨, 기후, 생태계, 생물계 및 토양에 대한 많은 패턴에 대해서 광범위한 지리적 예측 가능성이 있음을 살펴보았다. 현재 자연지리학 분야에 입문하는 데 있어 그림 13-24에서 보여 주는 지형 분포도처럼 질서 정연한 분포 패턴을 식별하는 것은 매우 어려운 일이다.

예측 가능한 몇 가지 측면들이 있다. 예를 들어, 사막 지역에서는 특정 지형 형성 과정들이 다른 지역보다 더 눈에 잘 띄며 특정 지형의 특성이 잘 보일 것으로 예측할 수 있다. 하지만 전반적으로 지형의 세계적인 분포는 일정하지 않다. 주로 이런 이유 때문에 이 책의 지형학 부분은 분포보다는 형성 과정에 더욱 집중하고 있다. 지형 발달과 관련된 형성 과정의 이해는 지형 분포에 대한 상세한 연구량보다 체계적인 자연지리학의 이해에 더 중요하다. 다음 장에서 지형 형성 과정의 공부를 시작할 것이다.

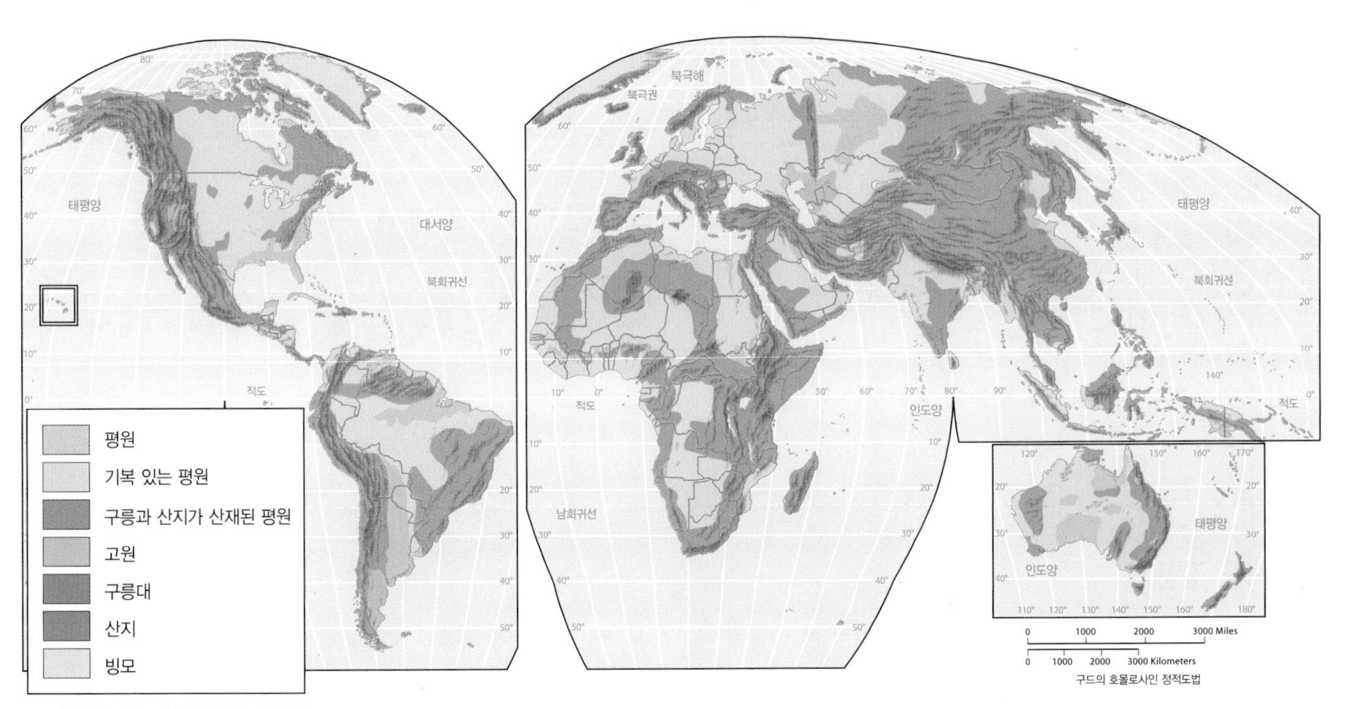

▲그림 13-24 세계의 주요 지형군

제 13 장 학습내용 평가

이 장을 학습했다면 다음 질문에 대한 답을 찾아보자. 이 장의 학습내용에 대한 주요 용어는 진한 글씨로 표시되어 있다. 이 용어의 정의는 이 책 뒷부분에 제공된 별도의 용어해설에 나와 있다.

주요 용어와 개념

지구의 구조

1. 지구의 전체적인 구조를 **지각**, **맨틀**, **외핵**, **내핵**의 네 가지 주요 층위에 주목하여 간략히 기술하라.
2. **암석권**('판')과 **연약권** 간의 차이는 무엇인가?
3. **모호**(**모호로비치치 불연속면**)는 무엇인가?

지구의 구성요소

4. **암석**과 **광물**은 어떻게 다른가?
5. **규산염** 광물군의 일반적 설명을 제시하고, 일반 규산염 광물 최소 한 가지 이름을 들라.
6. **노두**란 무엇인가?
7. **화성암**, **퇴적암**, **변성암**의 일반적인 차이를 기술하라.
8. 다음 용어를 간략히 정의하라 — **마그마**, **용암**, **화산쇄설물**
9. **심성(관입)암**과 **화산(분출)암** 간의 차이는 무엇인가?
10. **화강암**과 **현무암** 간의 중요한 차이는 무엇인가?
11. **퇴적암**은 어떻게 형성되는가?
12. 왜 대부분의 퇴적암들은 **지층**이라 하는 평탄하고 수평적인 층을 형성하는가?
13. **층리면**이란 무엇인가?
14. **접촉 변성 작용**과 **광역 변성 작용** 및 **열수 변성 작용**을 간략히 비교하라.
15. 어떻게 장기간에 걸쳐서 한 암석의 광물들이 다른 암석(혹은 다른 종류의 암석)의 일부가 되어 가는가? 즉, **암석의 순환**을 설명하라.
16. **아이소스타시**의 개념을 설명하라.

지형의 연구

17. **지세**, **지형**, **지형학**의 용어를 간략히 정의하라.
18. 지형의 **구조**가 의미하는 것은 무엇인가?

중요한 개념들

19. 지형학적 맥락에서 **기복**이라는 용어는 무엇을 의미하는가?
20. 지형학에서 **내적 형성 과정**과 **외적 형성 과정**의 개념을 비교하라.
21. **동일과정설**이 지구의 역사를 이해하는 데 어떤 도움이 되는가?
22. 일반적으로 **지질시대**라는 용어는 무엇을 의미하는가?

스케일과 패턴

23. 지형학 연구는 왜 위도에 의한 분포 패턴보다 오히려 형성 과정에 치중하는가?

학습내용 질문

1. 마그마의 한 종류(한 가지 화학 조성의 마그마)가 어떻게 둘 혹은 그 이상의 다른 종류의 화성암을 만들어 내는가?
2. 왜 변성암은 화강암과 같은 심성암과의 접촉대에서 자주 발견되는가?
3. 대륙 암석권과 대양 암석권의 구성과 특징을 비교하라.
4. 왜 퇴적암이 대륙의 지표상에서 가장 보편적인가?
5. 그림 13-19에서 경관의 발달에 포함된 형성 과정과 일반 구조, 경사, 배수를 기술하라.
6. 동일과정설에서 지질시대의 중요성은 무엇인가?

연습 문제

1. 만일 수체에서 퇴적물이 매 1000년마다 2cm의 속도로 퇴적된다면, 8m의 두께를 갖는 층이 퇴적되려면 얼마나 걸리는가? ___________년
2. 그림 13-22를 이용해서 46억 년의 지구 역사에서 어류가 출현한 시기(오르도비스기 초기 이후)를 백분율로 계산하라. ___________%

3. 그림 13-22를 이용해서 46억 년의 지구 역사에서 공룡이 출현한 시기(중생대 전체)를 백분율로 계산하라. ________%

4. 그림 13-22를 이용해서 46억 년의 지구 역사에서 인류가 출현한 시기(플라이스토세 초 이후)를 백분율로 계산하라.

________%

환경 분석 우리 지역의 암석과 광물자원

광물은 경관을 형성하는 암석의 건축 벽돌들이다. 광물은 미국을 비롯해서 전 세계에서 채굴된다. 경관의 발달은 어떤 광물에 우리가 접근할 수 있을 정도로 지표 가까이에 위치시키는 데 결정적이다.

활동

http://mrdata.usgs.gov에 접속해서 "Mineral resources" 탭에서 "Mineral Resources Data System (MRDS)"를 클릭하라.

1. 이 지도에 나타난 정보는 무엇인가?
2. 광산 최대 집중지가 있는 미국의 인접 지역은 어디인가?
3. 광산 최소 집중지는 어느 주인가?
4. 텍사스는 광산이 오클라호마는 많다는 점에 유의하라. 주 경계들은 왜 광산들이 위치한 곳을 한정하려 할까?

자기의 지역을 확대(혹은 광물 자원 산지가 없는 경우 근처 지역)하여 단일 광물 자원 산지를 클릭하라. "Find features by clicking the map above" 밑에 있는 산지의 이름을 클릭하여 산지 정보 페이지를 연다.

5. 이 산지에서 살 수 있는 상품들은 어느 것인가?
6. 지질단위명을 클릭하라. 이곳의 형성 지질 연대는 얼마인가? 수천 년 혹은 수만 년으로 연대를 추정하라.
7. 그림 23-22에 기초해서 이 기간 동안에 어떤 큰 변화와 멸종이 발생했는가?
8. 이 지역의 첫 번째와 두 번째 암석 유형은 무엇인가? 이들 암석은 화성암인가, 퇴적암인가, 아니면 변성암인가?

미국지질조사국(USGS)의 주별 광물통계와 정보지도를 살펴보기 위해 http://minerals.usgs.gov/minerals/pubs/state/에 접속하여 자기 주를 클릭한 후 PDF 파일 혹은 엑셀 파일로 된 가장 최근의 광물연보를 클릭하여 통계지도를 스크롤해라.

9. 자기의 지역에는 무슨 광물 자원이 있는가?(혹은 광물 자원의 목록이 없다면 근처의 지역)
10. 같은 자원을 가진 인근 지역이 있는가? 자기 선택한 지역에는 없지만 주변 지역에서는 어떠한 자원이 발견되는가?

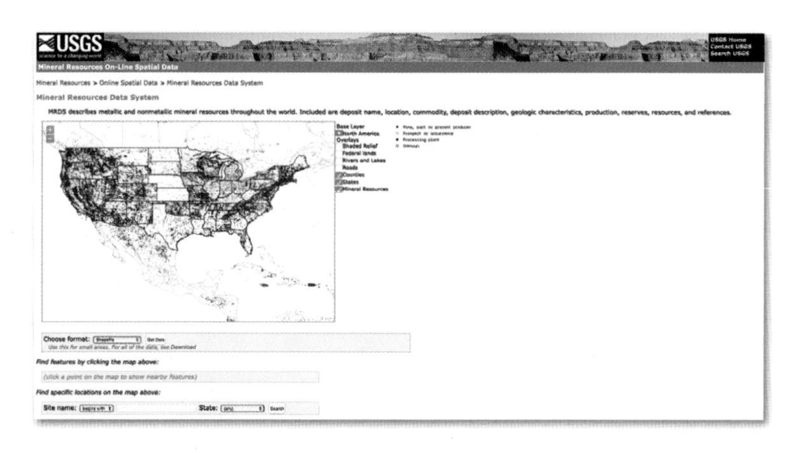

지리적으로 바라보기

이 장의 서두에 있는 브라이스캐니언의 사진을 다시 보자. 세 가지 종류의 암석 중에서 대부분을 형성하는 것 같은 암석은 어느 것인가? 그렇게 말하는 이유는 무엇인가? 노출된 암석의 구조는 무엇인가? 현재의 경관을 이끌어 낼 수 있는 내적 · 외적 형성 과정의 일반적인 순서를 기술하라.

14

지리적으로 바라보기

일본 규슈의 사쿠라지마화산의 폭발. 화산이 분출할 때 나오는 다양한 종류의 물질에 대해 기술해 보자. 화적난운이라 불리는 구름 속의 번개가 보인다. 이 구름은 다른 적란운과 어떤 특성이 유사하며 무엇이 달라 보이는가?

내적 작용

화산이 일본에 왜 그리 흔히 분포하는지 궁금했던 적이 있는가? 또는 왜 코네티컷주에는 화산이 없을까? 흥미롭게도 코네티컷주에는 화산암은 많지만 활화산은 없다. 이런 현상뿐 아니라 지표의 다양하고 흥미로운 분포에 대한 설명은 내적 작용에 대한 이해가 수반되어야만 가능하다.

앞선 장에서 우리는 지구내부와 서로 다른 암석의 형성 과정에 대하여 배웠다. 또한 무한한 지질시대를 거치며 경관이 변화를 겪는 것에 대해서도 살펴보았다. 이 장에서는 이러한 내적 작용을 통해 얼마나 큰 변화가 있을 수 있는지 설명하고자 한다. 판구조론의 동력이 되고 거의 모든 화산, 습곡 및 단층 작용의 원인이 되며, 산맥을 형성시키고 지표의 기복을 증가시키는 작용들의 근본적인 힘은 맨틀 사이로 움직이는 뜨겁고 대부분이 고체인 암석의 이동 때문이다. 이 기복이 줄어드는 과정에 대해서는 다음 장으로 미루겠다.

이 장의 내용을 배우면서 생각해야 할 주요 질문은 다음과 같다.

- **판구조 운동은 어떻게 대륙과 해양저의 위치 변화를 설명하는가?**
- **어떤 증거들이 판구조론을 증명해 주는가?**
- **발산, 수렴, 변환단층 경계부에서 무슨 일이 일어나고 있는가?**
- **하와이의 '열점'은 어떻게 판구조론과 들어맞는가?**
- **화산의 종류에는 무엇이 있는가?**
- **'배사'와 '향사'는 무엇이며 그 형성 과정은 어떠한가?**
- **정단층과 주향이동단층에서는 어떤 지형이 만들어지는가?**
- **기반암의 특성은 지진이 발생했을 때 땅의 흔들림의 정도에 어떻게 영향을 주는가?**

내적 작용이 경관에 미치는 영향

내적 작용은 지각의 표면을 새로운 모양으로 바꾸어 놓곤 한다. 그로인해 지각은 뒤틀리고 구부러지며, 지반은 융기하고 침강하기도 하고, 암석은 깨지거나 습곡이 만들어지고, 고체는 용해되거나 용해물질이 고체화되기도 한다. 이러한 활동들은 수십억 년 동안 지속되고 있으며, 어떤 때에는 기본적으로 암석권의 경관을 형성한다. 내적 작용들이 항상 독립적으로 혹은 분리되어 일어나는 것은 아니지만, 이 장에서는 분석의 편의를 위하여 하나씩 분리하여 보도록 한다.

딱딱한 지구에서 판구조론까지

인간이 경험하는 시간 단위에서 본다면 대륙의 형태와 위치는 고정되어 있는 것처럼 보이지만, 수백만 또는 수천만 년 단위로 측정되는 지질학적 시간 단위에서 본다면 대륙은 조금씩 이동한다. 대륙은 이동하고, 충돌하여 병합되기도 하고, 다시 분리되어 멀리 떨어지기도 한다. 대양저 또한 형성되고 계속 확장되다가 결국 폐쇄된다. 지구 표면의 이러한 변화들은 오늘도 계속되고 있기 때문에 대양분지와 대륙지각의 오늘날 모습이 최종적인 것은 결코 아니다. 그러나 지구과학자들이 어떻게 이러한 모든 것들이 실제로 일어날 수 있는지 이해하게 된 시점은 겨우 최근 반세기 전에 불과하다.

20세기 중반까지 대부분의 지구과학자들은 대륙과 대양분지를 포함한 지각이 위치가 고정되어 있는 딱딱한 고체라고 믿어 왔으며, 해수면이 변화하고 산맥이 형성되는 기간에만 변화한다고 생각하였다. 지각의 불규칙적인 형태와 대륙의 제멋대로 된 분포는 그들을 당황스럽게 만들기도 했으나, 현재 지각의 배열은 지구의 지각이 최초의 액체 상태에서 고화된 시기에 이미 형성되었다고 대략 판단했었다.

대륙들의 위치가 시간이 지남에 따라 변한다는 생각이나, 큰 덩어리로 분리되기 전에 하나의 '초대륙(supercontinent)'으로 존재하였다는 생각은 오래전부터 있어 왔다. 1590년대 지리학자 아브라함 오르텔리우스와 1620년대 천문학자 프랜시스 베이컨이 활동했던 이후로 많은 나라의 다양한 박물학자, 물리학자, 천문학자, 지질학자, 식물학자 그리고 지리학자들은 이러한 생각들을 계속 지지해 왔다. 그러나 아주 최근까지도 학계에 일반적으로 널리 받아들여지지는 않았다.

베게너의 대륙이동설

20세기 초 **대륙이동설**(continental drift)이란 개념은 특히 독일 기상학자이며 지질학자인 알프레트 베게너에 의해 부활하였다. 베게너는 대륙이동설에 대해 기술하고 부분적인 설명을 포함한 첫 번째 포괄적인 이론을 담은 그의 기념비적인 저서 대륙과 해양의 기원(*Die Entstehung der Kontinente und Ozeane*)을 1915년에 발간하였다. 여기서 베게너는 거대한 초대륙, 소위 **판게아**(Pangaea, 그리스어로 'whole land'라는 뜻)의 존재가 있었고, 이들이 아주 오래전 커다란 몇 개의 현재 대륙들로 분리되기 시작하여 오늘날까지 서로 멀어져 가는 이동이 계속되었다(그림 14-1)고 추정하였다.

베게너의 대륙이동설의 증거들 : 베게너는 그의 가설을 지지하기 위한 많은 증거들을 축적하였는데, 그 가운데 특히 주목할 만한 것은 대서양 양안의 지질 특징이 놀랍게도 유사한 관계를 갖는다는 것이었다. 그는 아프리카와 남아메리카 대륙의 가장자리가 마치 그림 조각 맞추기처럼 정확하게 맞춰진다는 것을 발견하였다(그림 14-2). 또한 그는 대서양 양안의 암석학적 기록을 통해서 대서양이 중간에 끼지 않았더라면 고대 석탄 퇴적층과 같은 많은 지층이 연속적인 분포를 보여 준다는 것을 확인하였다. 더욱이 대륙들이 판게아 형태로 재배치되었을 때 스칸디나비아산맥과

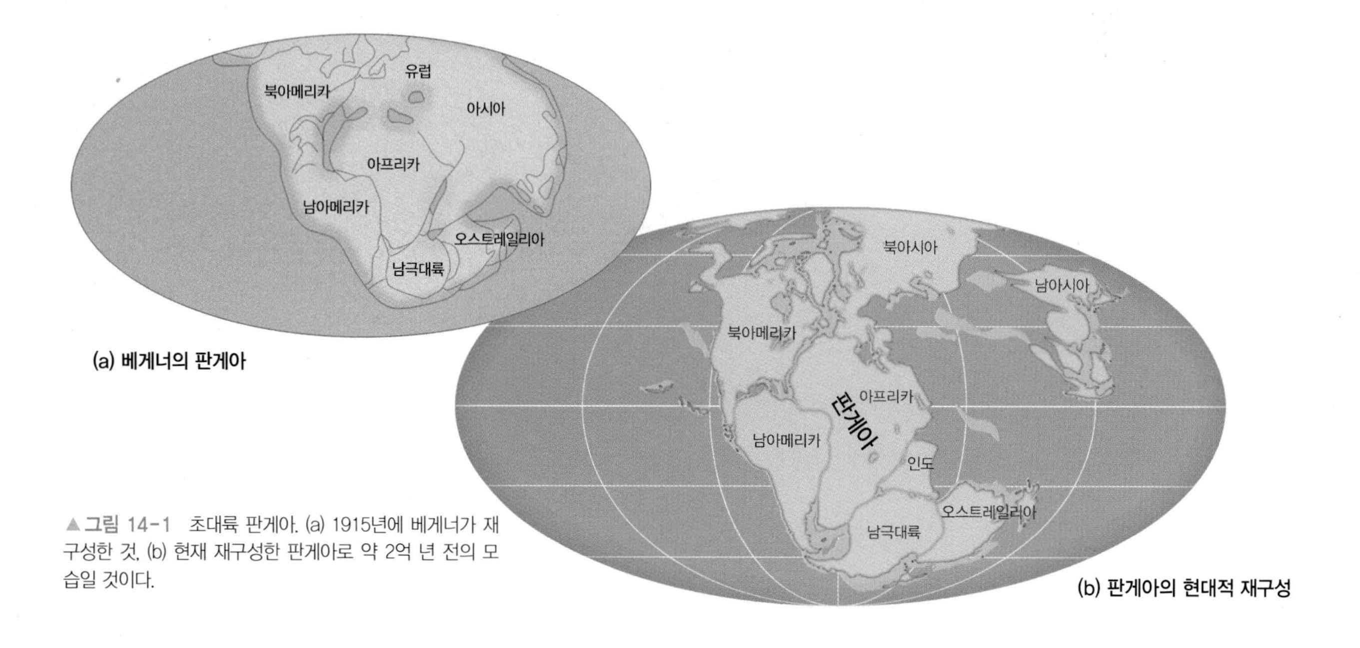

▲그림 14-1 초대륙 판게아. (a) 1915년에 베게너가 재구성한 것. (b) 현재 재구성한 판게아로 약 2억 년 전의 모습일 것이다.

▲그림 14-2 아프리카와 남아메리카의 해안선이 일치되는 모습. 대륙의 모양을 대륙의 경사를 따라 약 900m 깊이까지 비교하였을 때, 큰 틈이나 겹쳐진 부분은 소수이다.

영국제도의 산맥이 북아메리카 동쪽의 애팔래치아산맥과 조화를 이루었다(그림 14-3).

고생물학으로부터도 더 많은 증거 자료를 얻어 냈다. 담수에서 유영했던 파충류 메소사우루스(Mesosaurus)와 같은 몇몇의 공룡과 파충류의 화석들이 대서양 양안의 남부에서 함께 발견되었지만 다른 곳에서는 없었다(그림 14-4). 글로소프테리스(Glossopteris)와 같은 양치류의 화석화된 식물들은 남아메리카, 남아프리카, 오스트레일리아, 인도 그리고 남극대륙의 같은 연대의 암석에서 발견되었다. 사실 이들의 씨앗은 너무 크고 무거워서 바람을 통해 오늘날과 같은 광대한 대양을 건너 운반될 수 없었다.

베게너는 과거의 지구 기후를 연구하기 위해 기후학자 블라디미르 쾨펜(베게너의 장인)과 함께 일하였다. 그들은 빙하 퇴적물 연구를 통해서 약 3억 년 전에 남반구의 대륙들과 인도의 상당 부분이 함께 빙하로 덮여 있었음을 밝혀냈다. 이와 같은 퇴적물의 분포는 빙하기 당시 대륙들이 판게아로 합쳐져 있었다면 가능한 것이었다(그림 14-5).

▲그림 14-4 '메소사우루스(Mesosaurus)' 화석은 남아메리카의 남동부와 아프리카의 남서부에서 발견된다. 메소사우루스는 현재의 남아메리카와 아프리카가 지질학적 과거에 하나의 거대한 덩어리의 일부분으로 존재했을 때 서식했었다.

학습 체크 14-1 대륙 주변의 해안선 형태나 과거의 빙하의 흔적들은 어떻게 베게너의 대륙이동설을 뒷받침하는가?

대륙이동설의 부정: 베게너가 축적한 증거들은 대륙이동설로서 논리적으로도 가장 잘 설명될 수 있었다. 그의 생각은 1920년대에 크게 주목을 끌었으며, 많은 논쟁도 야기하였다. 남반구의 지질학자들은 열광적으로 지지했으나, 베게너의 가설에 대한 일반적인 반응은 불신이었으며, 특히 과학자들은 다음과 같은 두 가지 어려움 때문에 이 이론이 불가능한 것은 아니지만 확신을 주기 어렵다고 느꼈다. 첫째, 지각이 너무 딱딱하여 큰 규모의 이동이 가능하지 않다는 것으로, 결국 고체 암석이 어떻게 고체 암석을 뚫고 나아갈 수 있는가 하는 문제였다. 둘째, 베게너는 대륙과 같은 큰 덩어리들이 오랜 기간 움직일 수 있었던 적합한 작동 기제(mechanism)에 대한 설명을 제공하지 않았다. 이와 같은 이유

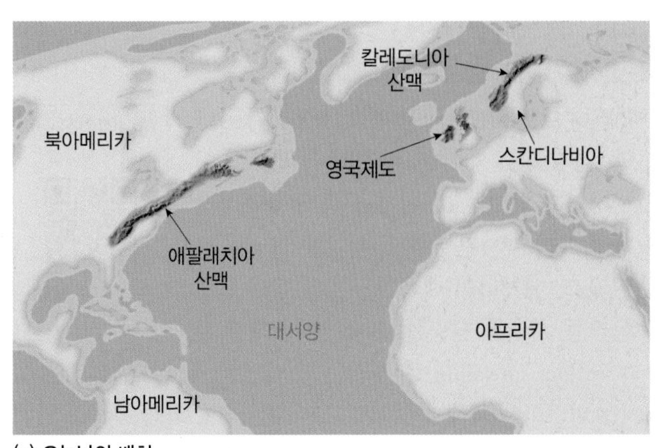

(a) 오늘날의 배치

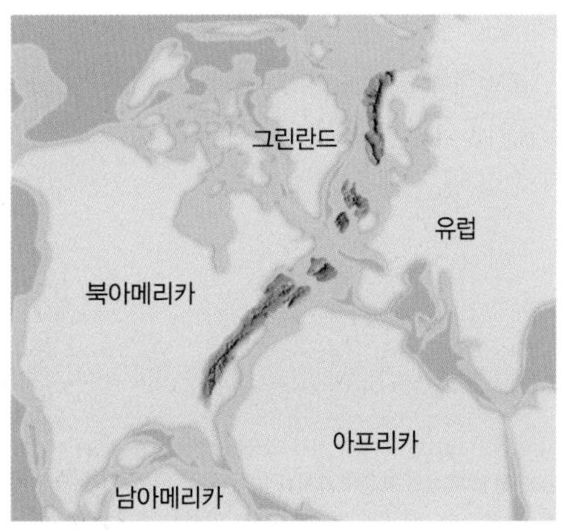

(b) 판게아

◀그림 14-3 북대서양 양안으로 산맥이 일치하는 모습. (a) 애팔래치아산맥은 연대와 구조가 영국제도 그리고 스칸디나비아산맥과 거의 유사한 것으로 확인되었다. (b) 판게아가 분리되기 전 이들 산맥체계는 거의 연속적인 일련의 띠를 이루었다.

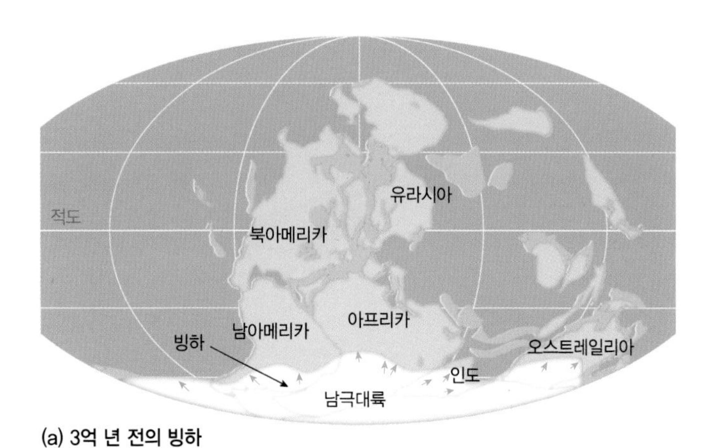

(a) 3억 년 전의 빙하

(b) 오늘날 대륙 배치로 본 당시의 빙하

▲그림 14-5 약 3억 년 전 판게아의 광범위한 지역은 빙하로 덮여있었다. 대륙이 분리되기 전에 있었던 위치로 되돌리면 오늘날 빙하 퇴적물의 분포가 이치에 맞게 된다.

로, 베게너의 이론이 제시된 후 반세기 동안 대부분의 지구과학자들은 대륙이동설을 아예 무시하거나 부정하였다.

비록 대륙이동설에 관한 베게너의 생각이 대부분의 과학자들에게 외면당한 사실은 분명 그를 낙담시켰지만, 베게너는 또 다른 과학적 연구 분야로서 그의 기여도가 널리 알려진 기상학과 극지방 연구를 계속하였다.[1] 1930년에 베게너는 그린란드로 가는 기상 분야 탐험대를 이끌었다. 그는 멀리 떨어진 아이스미테연구기지의 과학자들에게 조달할 물품을 전달한 후, 빙모를 횡단하여 돌아가기로 결정하고(그림 8-30b에서 이 지점의 기후 그래프를 참조하라), 11월 1일에 탐험 동료였던 라스무스 빌룸센과 함께 스키와 개썰매를 타고 연안에 있는 베이스캠프로 출발했으나 둘 다 도착하지 못하였다. 베게너는 6개월 뒤에 눈 속에 파묻힌 채로 발견되었다. 실제로 그는 대륙이동설이 대부분 지구과학자들에 의해 심각하게 받아들여지기 수십 년 전에 사망하였다.

1 베게너가 대륙이동설을 발표하기 이전인 1911년에 그의 저서 대기의 열역학(*The Thermodynamics of the Atmosphere*)은 독일 대학의 표준교과서가 되었다. 스웨덴의 기상학자 Tor Bergeron은 오늘날 'Bergeron process'(제6장 참조)라고 알려진 빗방울 형성 과정을 이해하는 데 기여한 베게너의 공로를 공개적으로 인정하였다.

판구조론

대륙이동설의 타당성에 관해 의문이 제기되었음에도 불구하고, 지각 이동의 기제에 관한 연구는 20세기 중반에 걸쳐 계속되었으며 역동적인 지구에 대한 더 많은 사실이 밝혀지게 되었다. 결국 대륙이동을 지지해 주는 증거들이 여러 학문 분야에서 도출되었다.

증거

베게너가 대륙이동설을 주장할 당시에 알려진 과학적 지식 가운데 의문이 해결되지 않은 많은 것들 중 하나는 해저 확장의 역동성에 대한 것이었다. 1950년대까지 지질학자, 지구과학자, 지진학자, 해양학자 그리고 물리학자들은 해양저와 그 아래 지각에 관한 많은 정보를 축적하였다.

가장 흥미로운 발견 가운데 하나는 1957년 미국의 지질학자이자 지도학자인 Marie Tharp와 지질학자인 Bruce Henzen이 최초의 상세 해저 지형도를 작성하기 위하여 수천 개의 음파 수심 자료를 이용했을 때 이루어졌다. 결과는 놀라웠다(그림 14-6). 엄청난 심해저 평원에 해산(seamount)으로 불리는 해저화산의 연속체가 점과 같은 형태로 분포하고 있었다. 좁고 깊은 해구(oceanic trench)가 해양저 주변을 따라 여러 곳에서 나타나고 있었다.

좁고 깊은 해구는 많은 곳에서 발견되며, 종종 해저평원의 가장자리에 나타난다. 아마도 가장 호기심을 자아내는 것은 약 64,000km의 해저를 가로지르며 이어지는 마치 야구공을 둘러싼 실밥과 같은 산맥체계일 것이다. 중앙해령체계(midocean ridge system) 가운데 대서양 중앙 부분은 특히 놀라우며, 대서양 양쪽 연안 사이의 정중앙에 양쪽의 연안 모양과도 부합하는 모습으로 연속되는데, 이는 마치 거대한 이음새가 대륙 사이의 해저를 여는 것같이 보인다.

1960년대에 이르러서 세계 지진계의 네트워크를 통해 모든 주요 지진의 위치를 정확히 찾아낼 수 있게 되었다. 지진의 위치가 지도화되었을 때, 지진이 세계에서 무작위로 발생하지 않는다는 것을 명백하게 알아낼 수 있었고, 대부분의 지진은 띠 모양으로 발생하며, 특히 중앙해령체계와 해구의 분포와 일치하는 경향을 보인다는 것이 명백해졌다(그림14-7).

해저 확장설

1960년대 초반 미국 해양학자 Harry Hess와 지질학자 Robert S. Dietz에 의해서 새로운 이론이 제기되었으며, 그 이론을 통해 해저산맥과 해구 그리고 지진 분포의 의미를 설명해 줄 수 있었고, 베게너의 대륙이동설에 대해 그럴듯한 작동 기제를 제공할 수 있었다. **해저 확장설**(seafloor spreading)로 불리는 이 이론은 해령이 맨틀에서 솟구치는 마그마에 의해 형성되었다고 해석하며, 화산 폭발로 인해 새로운 현무암질의 대양지각이 형성되고 해령에서부터 대양지각

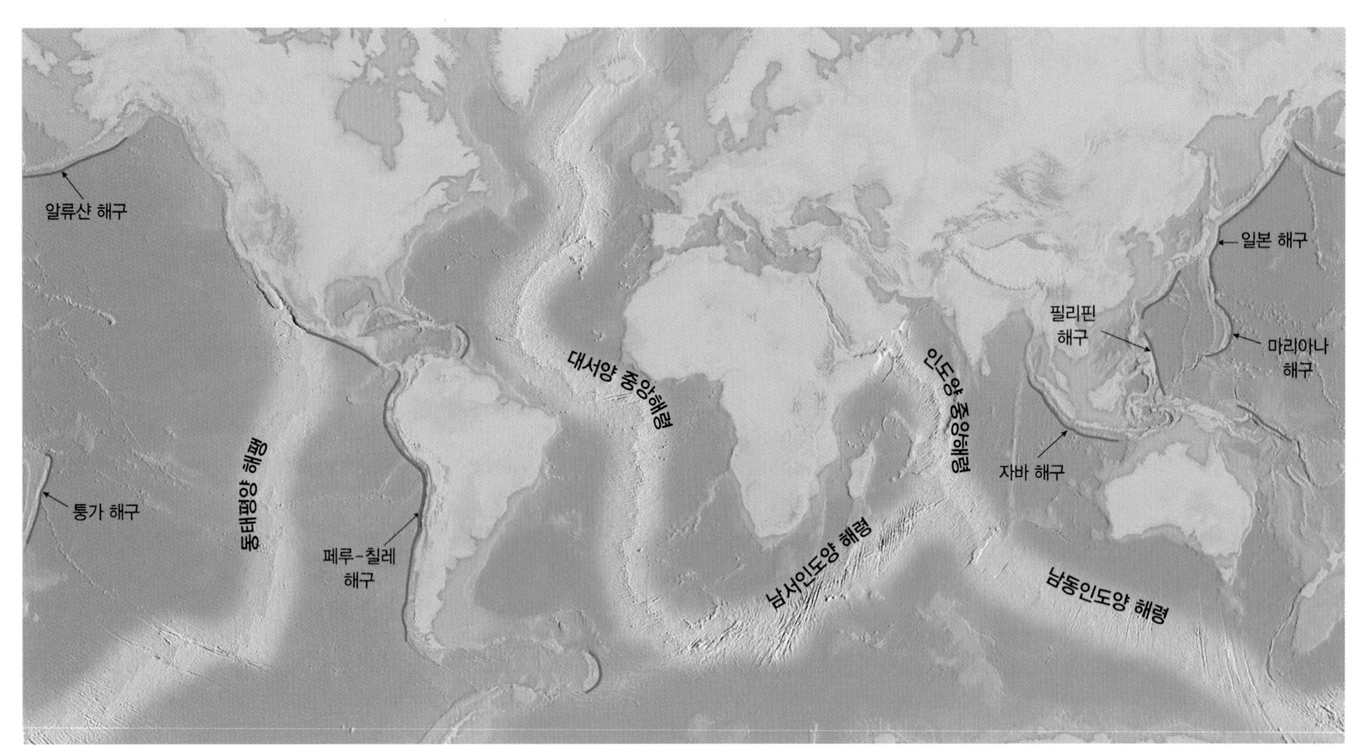

▲그림 14-6 해령의 연속적인 체계(중앙해령, 동태평양 해팽, 인도양 남동쪽의 해령을 포함하는)는 세계 대양의 해저를 가로질러 걸쳐 있다. 해령뿐만 아니라 이 지도는 주요 대양의 해구도 보여 준다.

이 멀어지면서 확장된다고 하였다(그림 14-8). 따라서 해령은 지구에서 가장 새롭게 형성된 지각을 포함한다. 해양분지의 또 다른 곳, 즉 해구에서는 오래된 암석이 암석권 밑으로 침강하는 **섭입**(subduction)이 일어나며, 해양분지에서는 이러한 과정이 끊임없이 반복되는 '재순환(recycled)' 과정이 발생한다. 새로운 해저 지각이 새로 생겨나는 분량은 섭입대(subduction zone)로 사라지는 지각의 양 만큼에 대한 보상이라고 볼 수 있다.

학습 체크 14-2 중앙해령이나 해구는 해저 확장설과 들어맞는가?

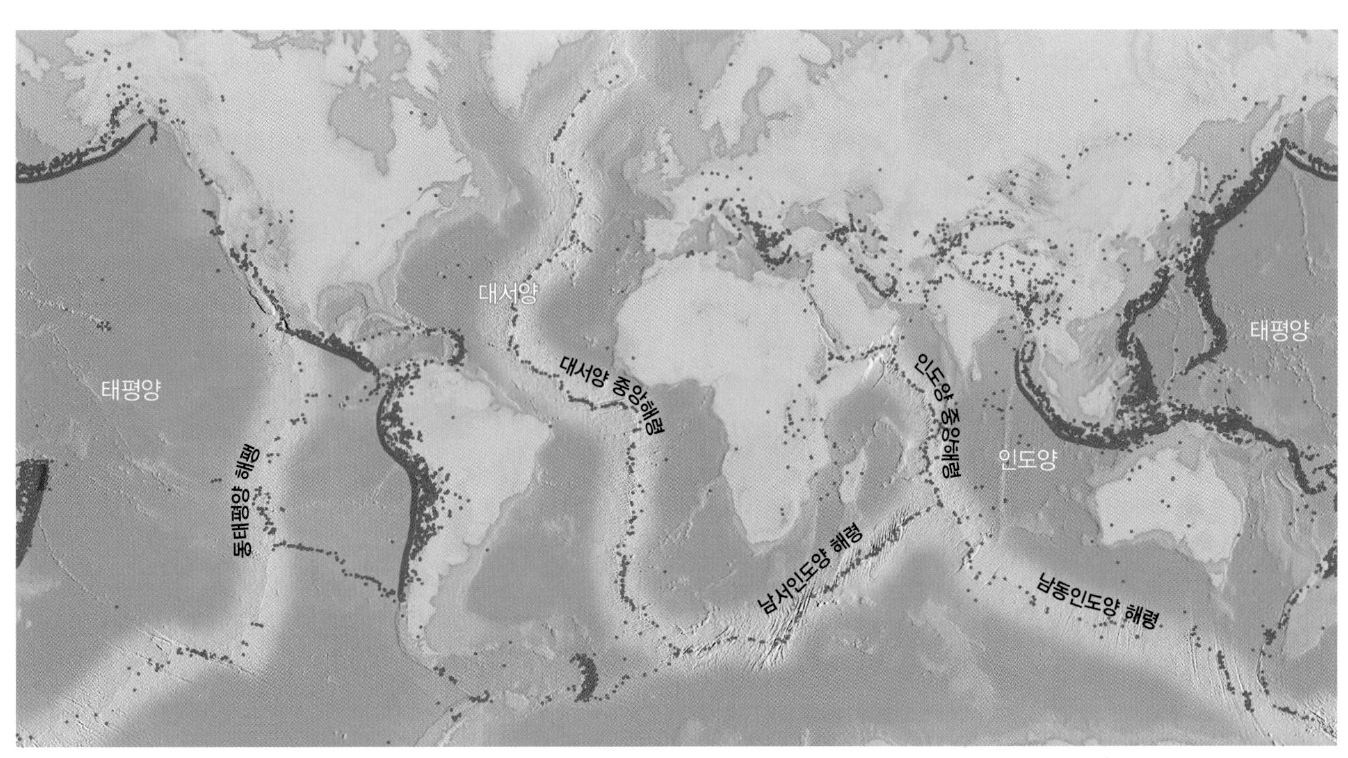

▲그림 14-7 지난 10년간 최소 규모 5.0 이상의 모든 지진에 대한 진앙의 분포. 진앙과 해령과 해구 사이의 관계가 뚜렷하다.

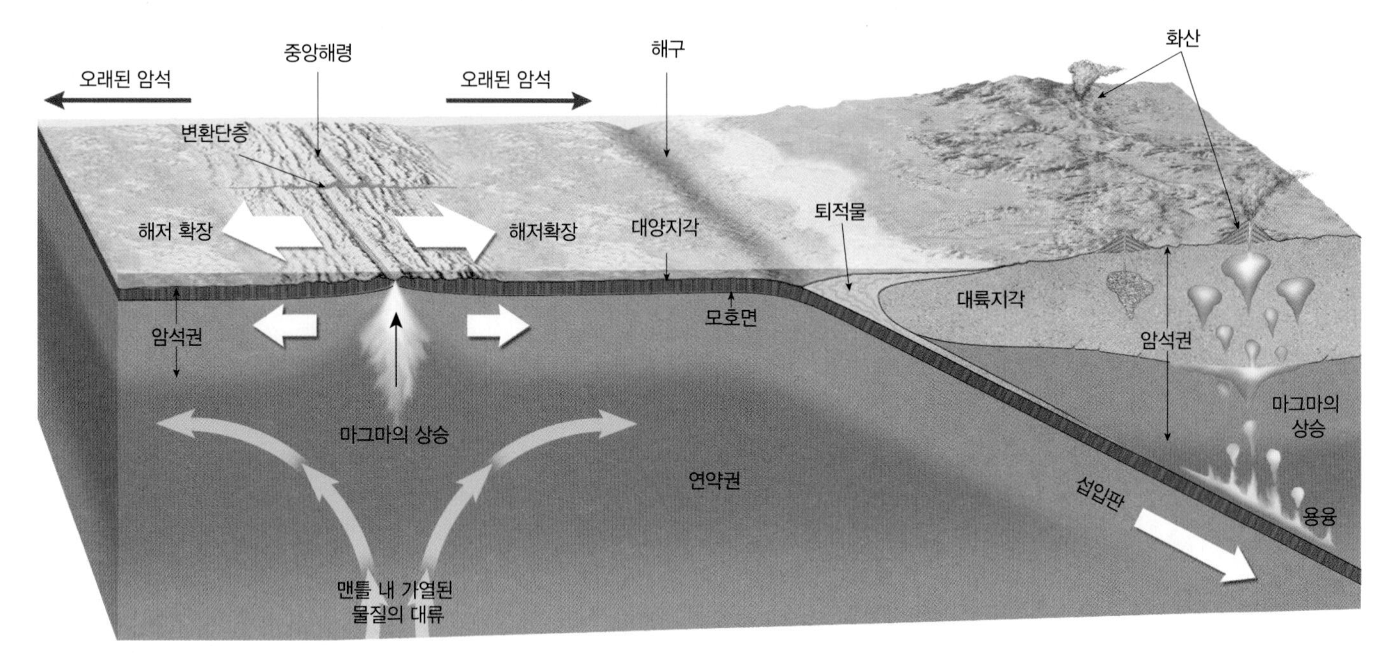

▲그림 14-8 해저 확장. 대류 흐름은 연약권으로부터 마그마를 끌어 올려 대양저 해령의 균열을 통해 내보낸다. 식어 굳어진 마그마는 해령을 중심으로 양옆으로 해저를 따라 퍼지면서 새롭게 자리를 잡게 되며, 이는 양옆으로 대칭을 이룬다는 것을 의미한다. 밀도가 높은 대양판이 밀도가 낮은 대륙판 밑으로 미끌어지는 곳에서, 대양판이 대륙판 밑으로 미끄러져 내려가는 섭입이라고 불리는 과정이 일어난다. 이 섭입과정에서 생성된 마그마는 지각을 뚫고 올라와 화산과 관입암을 형성한다.

해저확장설의 검증 : 해저 확장설의 타당성은 크게 고지자기와 심해저 시추라는 두 가지 증거에 의해 확인되었다.

철 성분을 포함한, 특히 해저 현무암과 같이 철을 많이 함유하고 있는 어떤 암석이 형성될 때 철분이 자화되면서 지구 자기장 방향대로 배열된다. 암석이 굳어지면서 자기장의 방향이 고정되며[**고지자기**(paleomagnetism)], 그 방향은 굳어질 당시의 자극 방향을 영원히 가리키게 된다. 지난 1억 년 동안 원인은 충분히 이해되고 있지는 않지만, 지자기가 170번 이상 반전되어 북극이 남극으로 바뀌는 일이 발생하였었다.

1963년에 Fred Vine과 D. H. Matthews는 대서양 중앙해령 체계의 일부분의 고지자기 자료를 이용하여 해저 확장설에 대한 검증을 시도하였다. 만일 해저가 끊임없이 새로운 대양저산맥을 추가하며 횡적으로 확장해 갔다면, 지자기의 방향은 해령을 중심으로 양안이 대칭적으로 정자기, 역자기, 다시 정자기 등이어야 한다(그림 14-9). 그림 14-10이 명백하게 보여 주는 것처럼 이것은 사실인 것으로 확인되었다.

해저 확장설에 대한 마지막 검증은 1960년대 후반 글로마챌린저호(Glomar Challenger)가 해저중심부에 대한 시추 연구를 통해 얻어냈다. **해저 시추공**(ocean floor core)에서 채집한 수천 개의 바다 퇴적물을 분석한 결과, 다음과 같은 증거가 도출되었다. 퇴적물의 두께와 나이는 거의 변함없이 해령으로부터의 거리가 멀어짐에 따라 증가하였으며, 이는 퇴적물의 연대가 해령으로부터 멀어질수록 오래됨을 의미하였다. 해령의 해저물질은 대부분 화성암이었으며, 퇴적물은 거의 없거나 해령 근처의 퇴적물이 있다 하더라도 층이 얇고 최근의 것이었다.

사실 해저는 거대한 컨베이어 벨트와 비견되며 해령으로부터 해구 쪽으로 움직인다. 해양판은 상대적으로 대륙판보다는 짧은 생애 주기를 갖는다. 해령에서 새로운 지각이 형성되고 나면 2억 년 안에 섭입되어 맨틀로 되돌아간다.

대륙판의 밀도가 더 낮기 때문에 섭입되지 못하고, 한 번 생성되고 나면 사실상 영원히 지속되기 때문이다. 실제로 대륙의 내부는 아주 오래된 결정질 암석으로 구성된 '핵' 또는 **대륙괴**(craton)를 가지며 **대륙순상지**(continental shield)의 여러 곳에 노출되어 있다. 대양판의 계속되는 순환의 모습은 그것의 평균 나이가 약 1억 년밖에 되지 않는다는 점에서 확인되지만, 대륙판의 평균 연령은 그보다 20배가 넘는다. 실제로 대륙판의 어떤 부분은 40억 년 이상의 것으로 거의 지구 나이와 비슷한 것도 발견되었다.

그래서 위와 같은 사실이 증명된 후, 베게너의 대륙이동설에서 한 가지 중요한 사항이 잘못되었음을 알아냈는데, 대륙 자체가 따로 이동하는 것이 아니라 대륙은 더 두꺼운 암석 판의 형태로 해저확장의 움직임에 따라 운반된다는 것이다.

학습 체크 14-3 대양저의 연대가 나타나는 경향에 대해 기술하라. 이 경향은 해저 확장설 증명에 도움이 되는가?

판구조론

1968년이 지나면서 세세한 자료들과 다양한 증거들에 기반을 둔 **판구조론**(plate tectonics)이란 이론이 과학계로부터 수용되기 시작하였다. 판구조론은 넓은 범위의 내적 작용과 세계의 지형 분포를 이해하고 연결 지을 수 있는 틀을 제공한다.

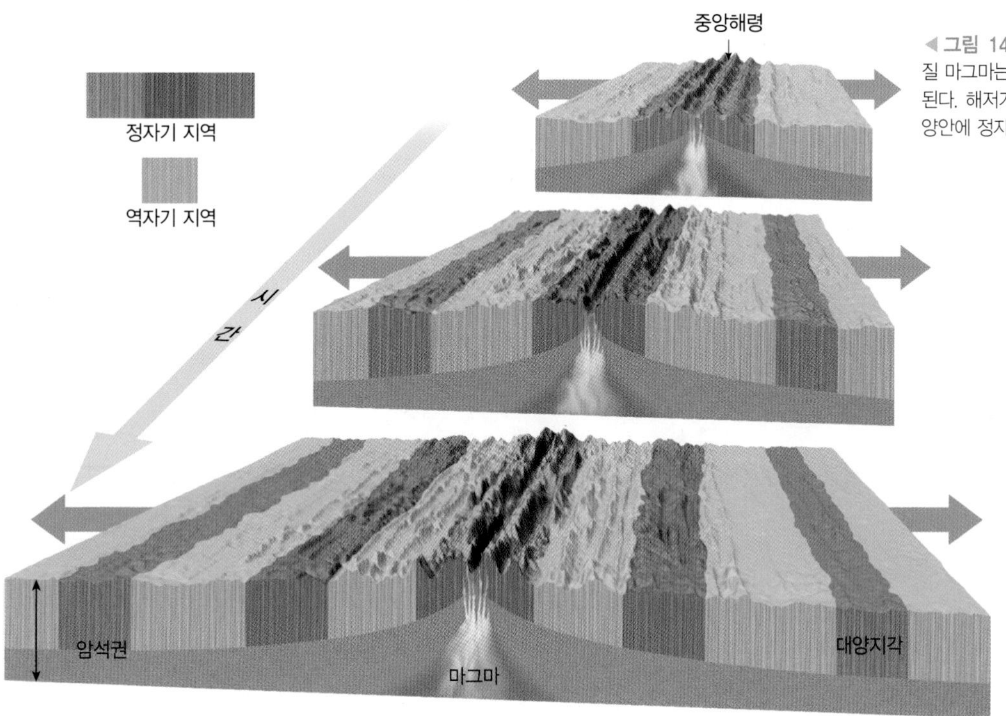

◀그림 14-9 해저지각을 구성하는 새로운 현무암질 마그마는 분출 당시 지구의 자기장대로 자성을 띠게 된다. 해저가 해령으로부터 멀어지면서, 확장 중심대의 양안에 정자기와 역자기가 대칭적으로 나타난다.

암석권은 연약권 위를 떠다니는 고체 암석들의 모자이크이다. 이들 판들은 지각과 상부 맨틀로 구성되어 있으며, 면적도 상당한 차이가 있어 거의 반구 정도의 크기인 것이 있는 반면, 그 보다 훨씬 더 작은 것도 있다(그림 14-11). 판의 수와 그들의 경계는 완전히 명확하지는 않다. 일반적으로 주요 판 7개, 중간 크기 판 7개 그리고 더 작은 12개 정도의 판이 인정되고 있다. 작은 판들 대부분은 지금도 섭입되고 있는 큰 판들의 자투리 부분이다. 이 판들의 두께는 65~100km 정도이며, 거의 대부분은 대륙판과 해양판으로 함께 구성되어 있다.

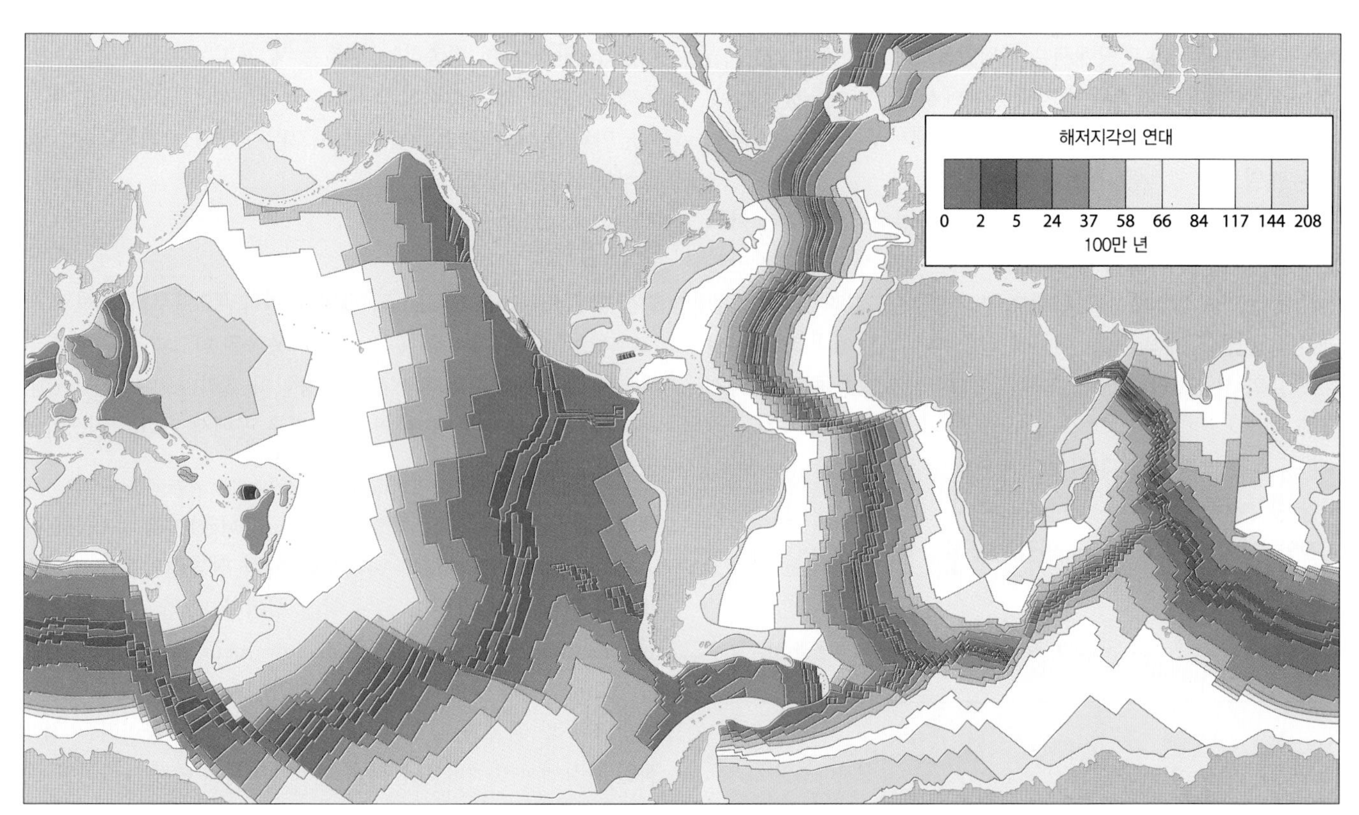

▲그림 14-10 해저지각의 연대. 역전된 자극의 방향은 해저에 기록되며 그것이 해령으로부터 확장됨에 따라 해저지각의 나이를 파악하는 데 도움을 준다. 가장 어린 해저지각은 해령에서 발견되며, 반대로 해령으로부터 멀어질수록 지각의 나이가 많아진다(주 : 여기서 각각의 시간 길이가 같지 않음에 유의).

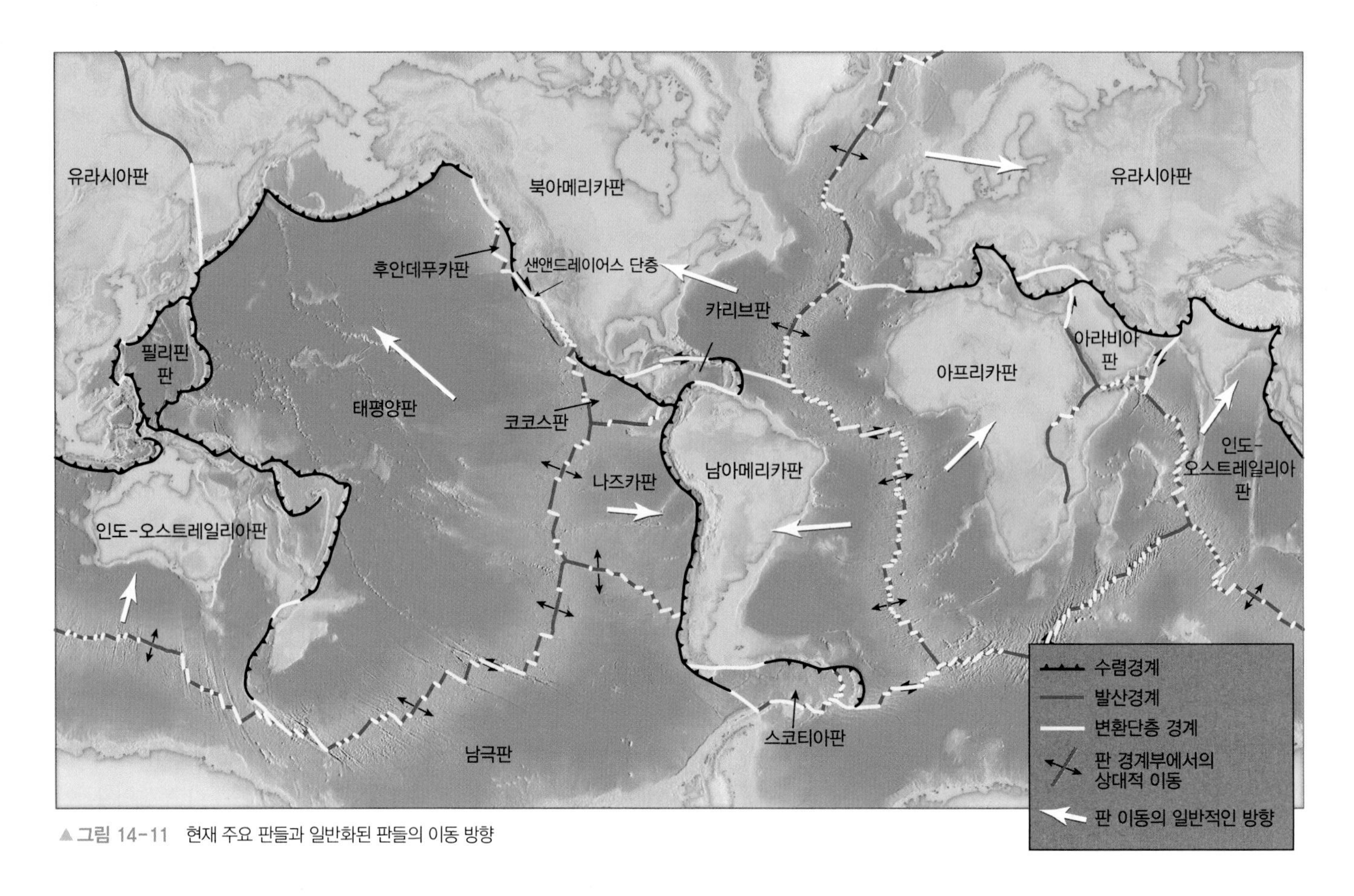

▲그림 14-11 현재 주요 판들과 일반화된 판들의 이동 방향

이동 기제 : 판구조론에서 이동 기제는 지구 내부 맨틀의 대류 때문이다(대류에 대해서는 제4장에서 대기 과정의 맥락에서 논의되었음). 매우 느린 열적 대류 시스템이 지구 내부에서 작동 중으로 보이며, 지구 내부 깊숙한 곳에서 고온 저밀도의 암석을 천천히 지표면으로 가져온다(그림 14-8 참조). 판들은 아마도 중앙해령으로부터 어느 정도 '밀리게' 되나, 대부분 판의 움직임은 밀도가 높은 대양판이 연약권 밑으로 섭입하는 섭입대를 따라 판들이 '끌려 들어간' 결과이다. 맨틀 내부의 열적 대류에 관한 세부적인 내용과 섭입된 후 판들의 최종적인 운명에 대해서는 해결되지 않은 채로 남겨져 있다.

판들은 연약권 위를 천천히 움직인다. 해저 확장의 비율은 대서양 중앙해령 일부에서 1년에 1cm 이하 정도로 확장되는 것부터 태평양-남극 해령에서 10cm만큼이나 확장되는 것에 이르기까지 다양하다.

학습 체크 14-4 판이란 무엇이며 판구조론은 어떻게 판의 이동을 설명할 수 있나?

판의 경계

판들은 비교적 차갑고 딱딱하기 때문에 한 판이 다른 판과 만나는 모서리 부분에서만 그 모양이 유의미할 정도로 변환된다. 판구조론에서 대부분의 '운동(action)'은 판의 경계를 따라서만 일어난다. 판과 판이 접촉하는 부분은 세 가지 종류로 나눌 수 있는데, 두 판이 서로 갈라지거나(발산경계), 서로 모이거나(수렴경계), 아니면 서로 지나쳐 옆으로 미끄러져 나가는(변환단층경계) 방식이다(그림 14-12).

발산경계

발산경계(divergent boundary)에서는 연약권으로부터 생성된 마그마가 2개의 판 사이로 흘러나온다. 용융된 마그마가 위로 흘러나오는 작용은 해저로부터 현무암 용암이 흘러나오는 화도(火道, volcanic vent)를 만들며, 이와 함께 깊은 곳에서 고화된 심성암인 반려암도 형성된다.

해령 : 발산경계는 흔히 **해령**(midocean ridge)이라고 표현된다(그림 14-13). 세계 해령의 대부분은 아직 활동적이거나 아니면 계곡의 확장 작용이 이미 끝나 버린 것이다. 이와 같은 **확장 중심**(spreading center)은 천발지진(shallow-focus earthquake, 지표하 70km 이내의 곳에서 발생하는 지진), 화산 활동 그리고 열수 변성 작용과 관계가 깊으며, 또한 해양저의 열수공이라는 적대적인 환경에서 번성하는 놀라운 해양생명체의 존재로 주목을 끈다. 발산경계는 지각에 새로운 물질을 보탠다는 점에서 '생성적(constructive)'이다.

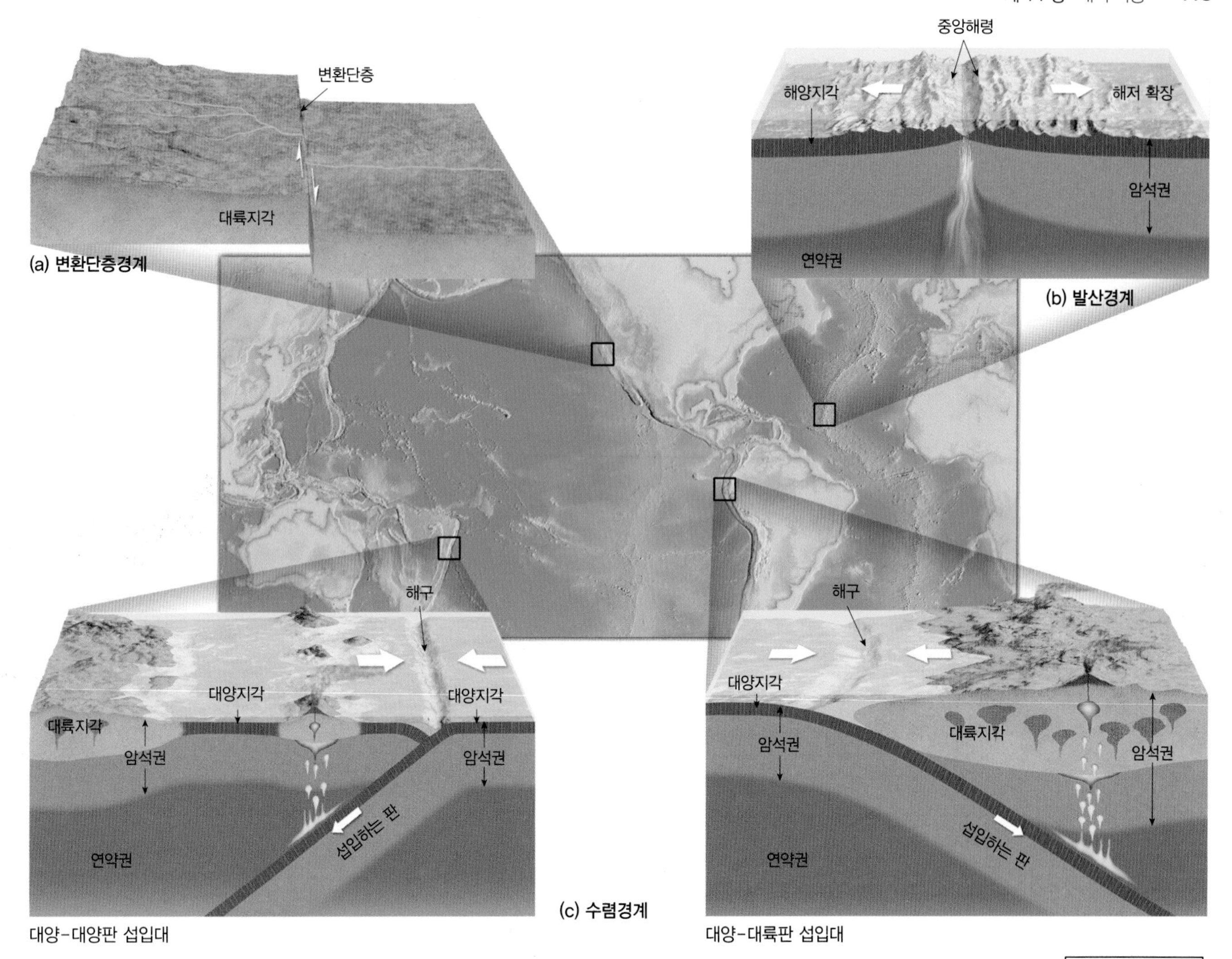

▲그림 14-12 판 경계부의 세 가지 유형. 암석판의 경계부들은 (a) 변환단층경계를 따라 다른 방향으로 미끄러지거나, (b) 해령이나 대륙 열곡처럼 서로 멀어지며 이동하는 발산경계, (c) 대양-대양판의 섭입대, 대양-대륙판의 섭입대 또는 대륙판끼리 충돌하는 수렴경계에서 서로 모인다.

애니메이션 MG
판의 경계
http://goo.gl/r9mxVK

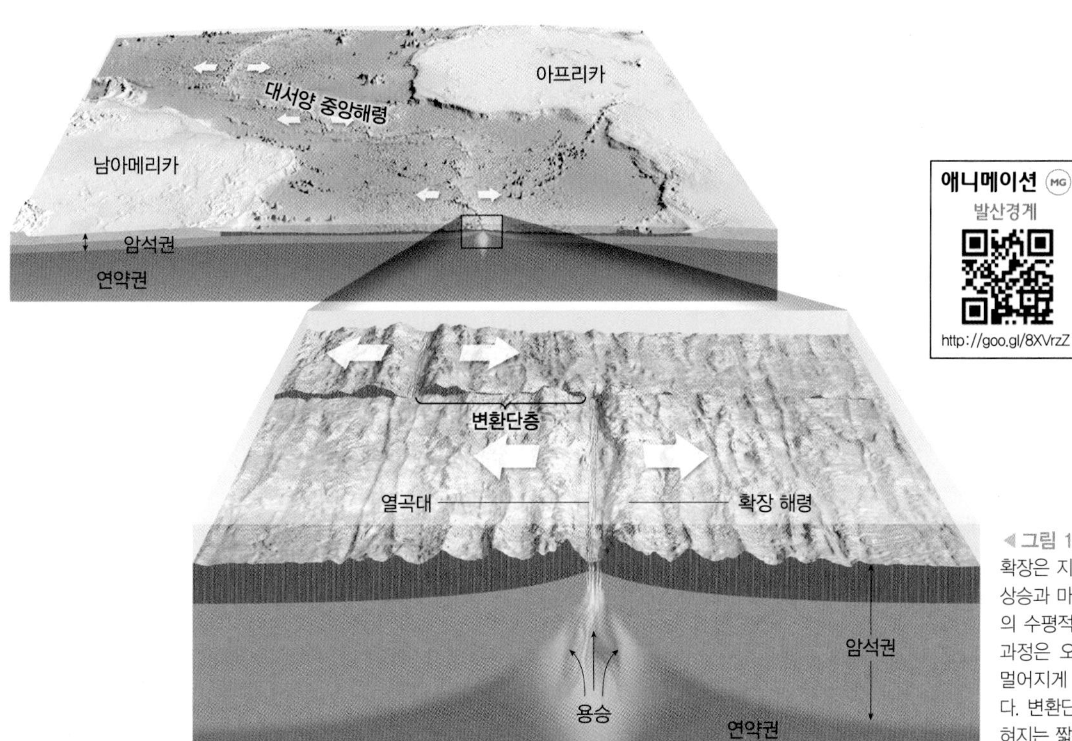

애니메이션 MG
발산경계
http://goo.gl/8XVrzZ

◀그림 14-13 확장 중심부의 해령. 해저 확장은 지구 내부로부터 올라오는 마그마의 상승과 마그마의 용승부로부터 새로운 지각의 수평적 이동까지 포함한다. 이 점진적인 과정은 오래된 지각을 확장 중심부로부터 멀어지게 하면서 새로운 물질로 대체시킨다. 변환단층은 직선의 해령체계가 약간 굽혀지는 짧은 굴절 구간에서 발견된다.

▲그림 14-14 (a) 대륙 열곡은 발산이 일어나는 대륙내부에서 발달한다. (b) 확장함에 따라 균열된 지각의 지괴가 아래로 떨어지면서 열곡을 형성한다. (c) 탄자니아의 올도이뇨렘가이화산과 동아프리카 열곡

대륙 열곡 : 또한 발산경계는 대륙 내부에서 발생하기도 하는데(그림 14-14), 에티오피아에서 남쪽으로 모잠비크를 관통하여 이어지는 동아프리카 열곡과 같은 **대륙 열곡**(continental rift valley)도 이러한 결과이다. 홍해 또한 대륙에서 발생한 확장의 결과이며, 이와 같은 확장의 경우는 '초기 대양(proto-ocean)'을 형성할 정도로 거대하였다.

학습 체크 14-5 중앙해령과 대륙 열곡의 관계는 무엇인가?

수렴경계

판들은 **수렴경계**(convergent boundary)를 따라 충돌하며 때때로 '소멸(destructive)' 경계라고 불린다(그림 14-15). 수렴경계는 거대하고 장엄한 지형과 관계가 있으며, 관련된 지형은 주요 산맥, 화산 그리고 해구 등이다. 사실 대부분의 조산운동(orogenesis)은 판의 수렴에 따른 횡압력과 화산 작용에 의한 것이다.

수렴경계는 다음과 같은 세 가지 유형이 있다. 대양-대륙판 수렴, 대양-대양판 수렴 그리고 대륙-대륙판 충돌 등이다.

대양-대륙판 수렴 : 대양판은 밀도가 높은 현무암을 포함하여 대륙판보다 밀도가 높기 때문에, 밀도가 다른 두 판이 충돌하게 되면 대양판은 항상 대륙판 밑으로 침강하게 된다(그림 14-15a). 밀도가 높은 대양판은 섭입 과정에서 천천히 연약권으로 침강한다. 섭입하는 판은 나머지 판의 끝부분을 잡아당기게 된다. '판의 당김 작용(slab pull)'은 아마도 대부분의 판의 이동의 주요 원인이며, 판의 나머지 부분을 자신이 본래 있던 자리로 끌어오는 식으로 작용한다. 현존하는 대양-대륙판 수렴경계 어디에서나 대륙 위에 산맥이 형성된다(남아메리카의 안데스산맥이나 북아메리카 북서부 지방의 캐스케이드산맥 또한 마찬가지이다). 이와 나란히 해저에 발달하는 **해구**(oceanic trench)는 섭입하는 판들에 의해 해양저가 당겨지며 형성된다.

지진은 섭입되는 판의 경계를 따라 발생한다. 보통 해구에서는 천발지진이 발생하지만, 섭입판에서 연약권으로 침강하는 방향으로 갈수록 지진은 점점 더 깊은 곳에서 발생하며, 일부 섭입대의 경우 지표 아래 600km 정도의 깊은 곳에서도 발생한다.

화산은 섭입대에서 생성되는 마그마로부터 발생한다. 최근 연구에 따르면 뜨거운 연약권으로 밀려 들어갈 때 섭입되는 판은 완전히 녹지는 않을 것이라고 여겨지고 있다. 대양지각이 섭입대로 접근할 때에는 상대적으로 차갑기 때문에 녹을 정도로 충분히 뜨거워지기 위해서는 시간이 많이 걸린다. 더욱 신빙성 있는 설명은 약 100km 깊이에 가면 수분이 방출되고 그 물이 상부 맨틀암석의 용융점을 낮춰 더 잘 녹게 한다는 것이다. 이렇게 생성된 마그마는 판 위를 뚫고 나와 분출암과 관입암을 생성한다. 대양-대륙판 섭입대와 관계되어 발생하는 화산들의 연결고리는 때때로

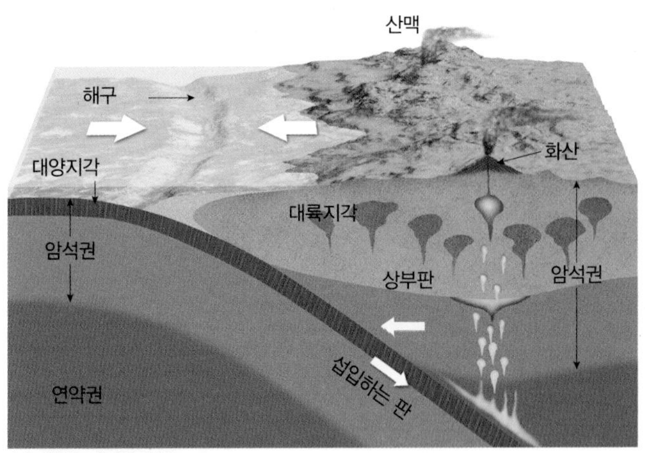

(a) 대양-대륙판 섭입

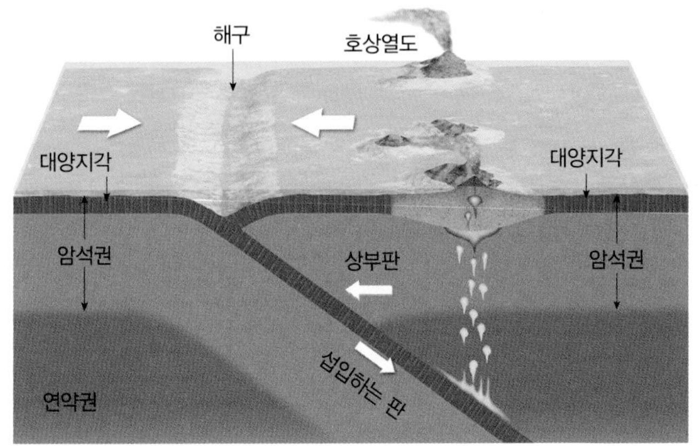

(b) 대양-대양판 섭입

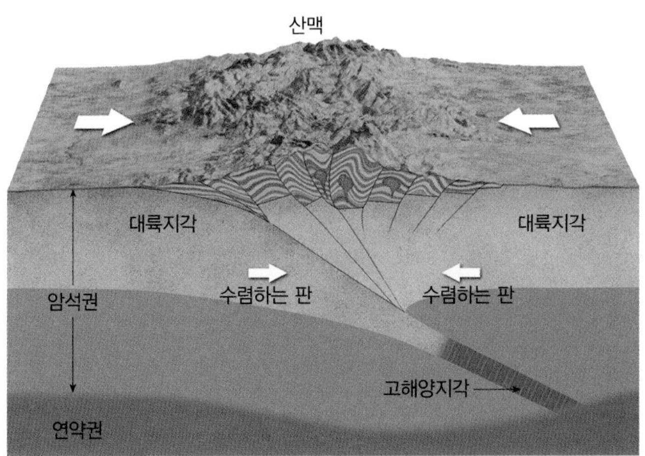

(c) 대륙-대륙판 충돌

▲ 그림 14-15 수렴경계의 세 가지 이상적인 모형. (a) 대양판이 대륙판과 수렴하는 곳에서는 대양판이 섭입되며, 보통 해구와 연안을 따라 화산을 포함한 산맥이 생성된다. (b) 대양판이 또 다른 대양판과 수렴하는 곳에서는 해구와 호상열도가 발달한다. (c) 대륙판이 대륙판과 충돌하는 곳에서는 섭입이 일어나지 않으나, 일반적으로 습곡산맥이 밀려 올라간다.

대륙화산호(continental volcanic arc)라고 불린다. 다음 장에서 이러한 섭입대 화산들이 자주 폭발적으로 분출하는 것에 대해 언급할 것이다.

변성암은 종종 섭입대와 관련되어 발생한다. 대양판이 섭입하는 가장자리는 하강함에 따라 압력이 증가하기 때문에 상대적으로 적당한 온도로 가열되더라도 청색편암(blueschist)과 같은 낮은 온도의 변성암이 형성되는 것을 야기할 수 있다. 덧붙여, 섭입대에서 생성되는 마그마가 위에 놓인 대륙암석을 통과해서 상승할 때 접촉 변성을 일으킬 수 있다.

대양-대양판 수렴 : 만약 수렴경계가 대양판과 대양판 사이라도 그림 14-15b와 같은 섭입이 발생한다. 이와 같은 섭입 유형에서는 하나의 대양판이 다른 대양판 아래로 섭입하므로 해구가 형성되며, 천발지진 또는 심발지진이 발생하고(그림 14-16), 해저에 화산을 형성한다. 시간이 지남에 따라 **호상열도**(volcanic island arc, 알류샨열도와 마리아나제도와 같은)가 만들어지는데, 이러한 열도는 결과적으로 오늘날의 일본, 수마트라섬 및 인도네시아와 같은 더 성숙한 열도체계가 될 것이다.

대륙-대륙판 충돌 : 2개의 대륙판 수렴경계에서는 대륙지각의 부력이 너무 크기 때문에 섭입이 발생하지 않는다. 대신에 알프스와 같은 거대한 산맥이 형성된다(그림 14-15c).

가장 극적인 대륙판 충돌의 예는 히말라야산맥을 형성한 충돌이다(그림 14-17). 히말라야는 4,500만 년보다도 더 이전에 형성되기 시작했으며, 인도판이 유라시아판의 끝부분과 충돌하기 시작했을 때 형성되었다. 대륙판이 충돌하는 조건에서는 화산활동이 거의 발생되지 않으나, 천발지진과 국지적인 변성작용은 흔히 발생한다.

학습 체크 14-6 대양-대륙판 수렴, 해양-대양판 수렴과 관련된 주요한 지형에 대해 기술하고 설명하라.

변환단층경계

변환경계(transform boundary) 또는 **변환단층경계**(transform fault boundary)에서는 2개의 판이 서로 평행하게 엇갈려 미끄러진다. 이와 같은 미끄러짐은 소위 **변환단층**(transform fault)이라고 불리는 수직적인 거대한 균열을 따라서 발생한다[**주향이동단층**(strike-slip fault) 유형에 대한 자세한 논의는 이 장 후반부에서 다룰 것이다]. 판의 이동이 기본적으로 경계와 평행하게 일어나기 때문에 새로운 지각이 생성되거나 오래된 지각이 소멸되지도 않는다. 변환단층은 지진 활동과도 깊이 관련되는데, 보통 천발지진을 일으킨다.

대부분의 변환단층은 확장 중심과 수직으로 발달한 해령에 짧게 엇나가는 체계를 따라 중앙해령에서 발견된다(그림 14-13 참조). 그러나 경우에 따라 변환단층은 대륙판까지 연장되기도 한다. 예를 들어, 미국의 가장 유명한 단층체계인 캘리포니아주의 샌안드레아스 단층은 태평양판과 북아메리카판 사이에서 발생하는 변환단층이다(그림 14-18).

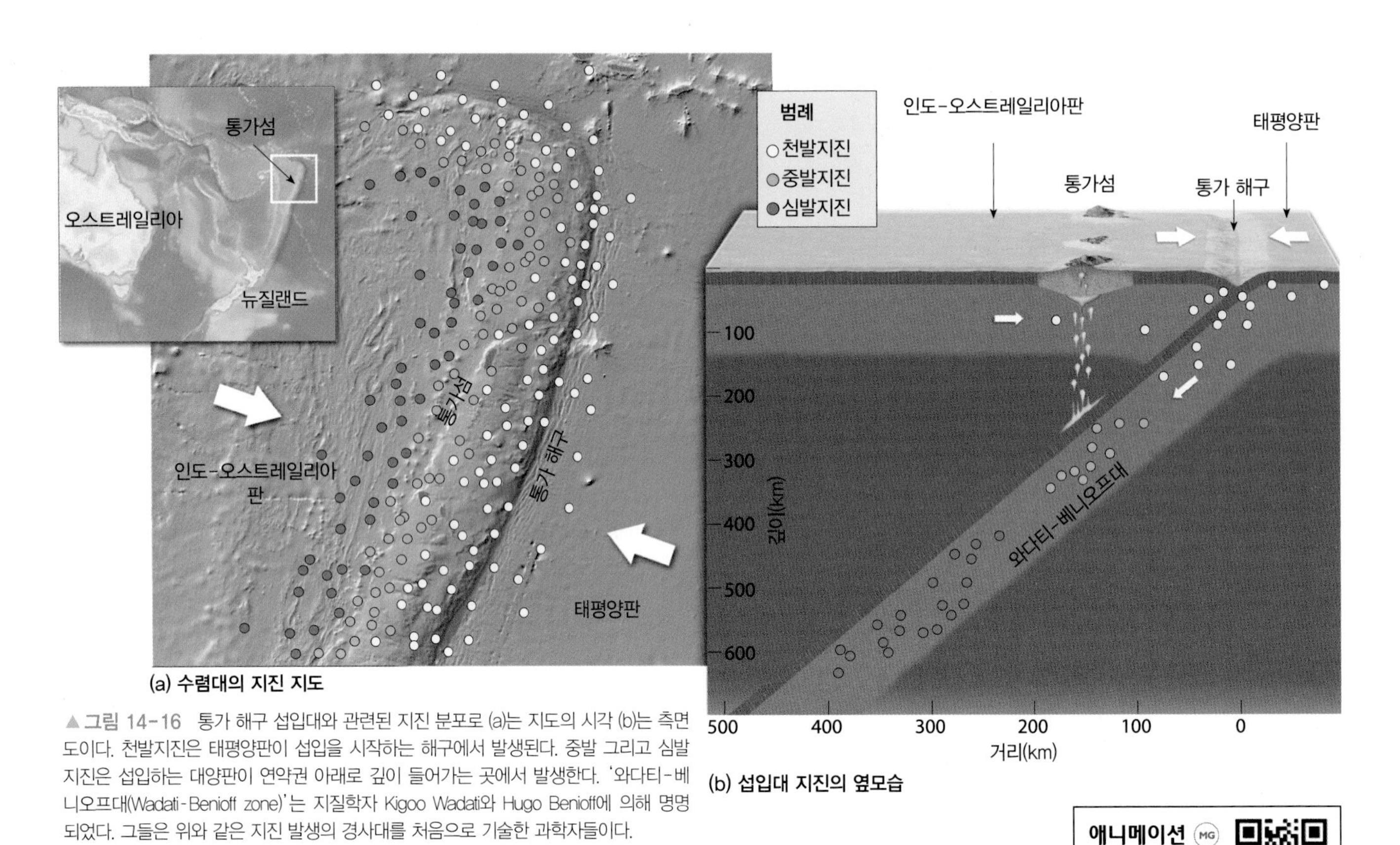

▲그림 14-16 통가 해구 섭입대와 관련된 지진 분포로 (a)는 지도의 시각 (b)는 측면도이다. 천발지진은 태평양판이 섭입을 시작하는 해구에서 발생된다. 중발 그리고 심발지진은 섭입하는 대양판이 연약권 아래로 깊이 들어가는 곳에서 발생한다. '와다티-베니오프대(Wadati-Benioff zone)'는 지질학자 Kigoo Wadati와 Hugo Benioff에 의해 명명되었다. 그들은 위와 같은 지진 발생의 경사대를 처음으로 기술한 과학자들이다.

애니메이션 MG
섭입대
http://goo.gl/oXhhXS

애니메이션 MG
인도와 유라시아의 충돌
http://goo.gl/9nbfNR

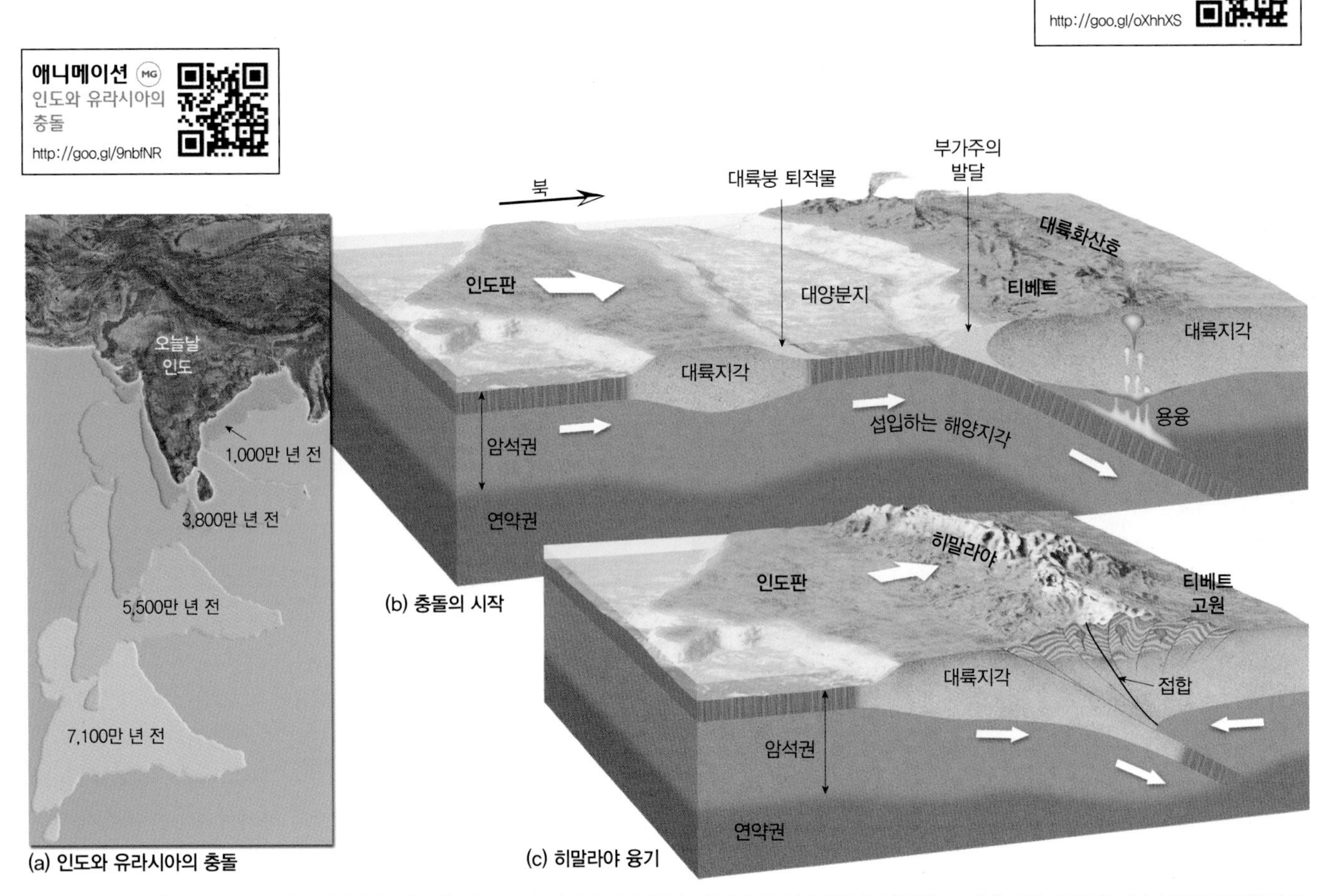

▲그림 14-17 (a) 인도아대륙판과 유라시아판의 충돌은 약 4,500만 년 전에 시작되었다. 이 (b) 충돌과 (c) 대륙판의 '접합(suture)'은 대륙지각을 융기시켜 히말라야산맥과 티베트고원을 만들었다.

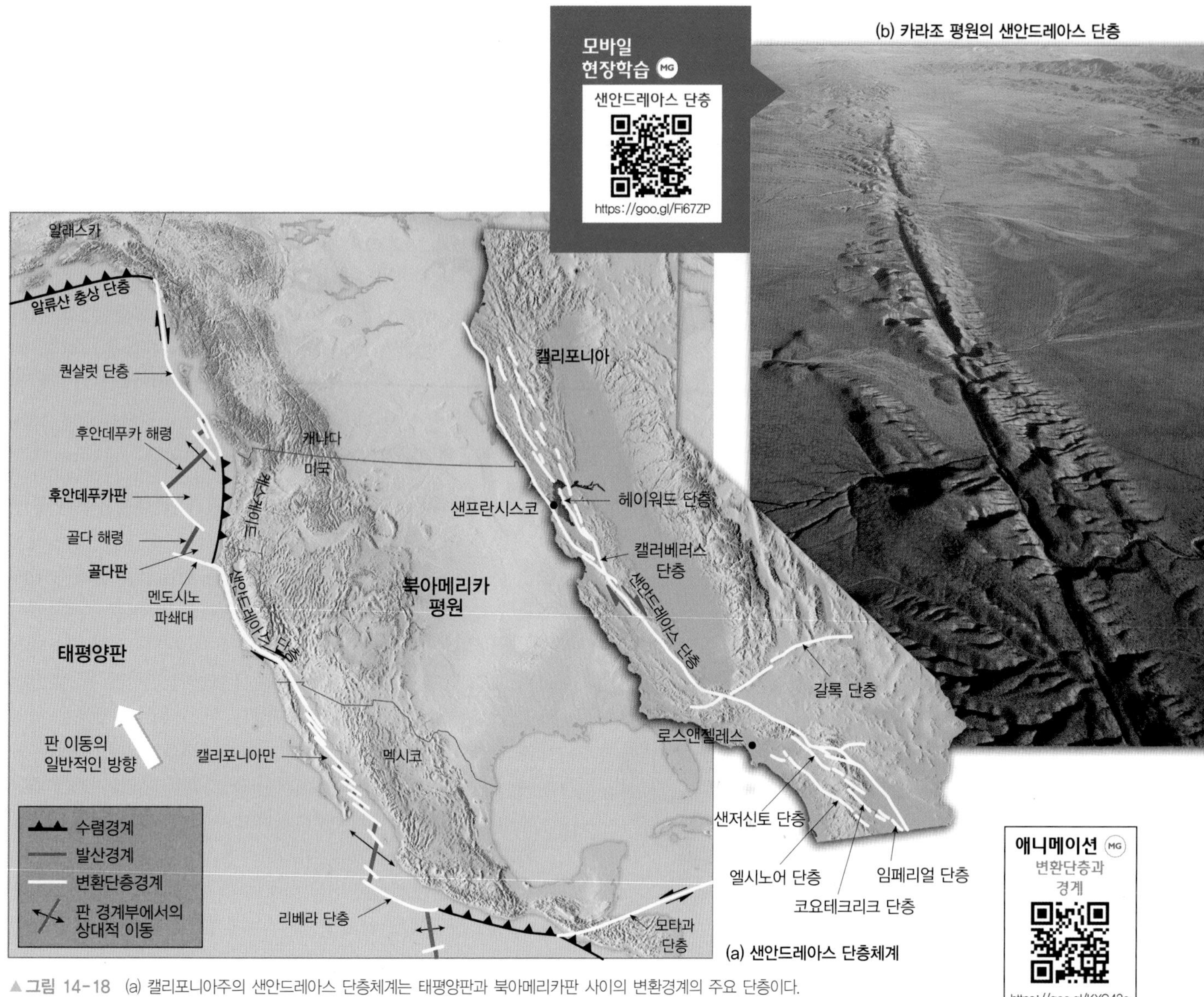

▲ 그림 14-18 (a) 캘리포니아주의 샌안드레아스 단층체계는 태평양판과 북아메리카판 사이의 변환경계의 주요 단층이다. 샌안드레아스 단층체계의 북쪽에서는 몇 개의 소규모 대양판이 캐스케이드 섭입대에서 발생하며, 이 섭입은 캐스케이드 화산과 관련된다. (b) 캘리포니아주 중부의 카리조 평원의 단층대에 대한 항공사진

지질시대에 따른 판의 경계

판구조론은 우리에게 지구의 역사 동안 발생해 온 거대한 암석권의 재배열을 이해할 수 있는 훌륭한 틀을 제공하였다. 주요 내용을 간단하게 요약하면 다음과 같다.

- 약 11억 년에서 8억 년 전, 즉 판게아가 존재하기 이전에 지질학자들이 로디니아(Rodinia)로 부르는 초대륙이 있었다.
- 약 7억 년 전, 로디니아는 대륙 조각으로 분리되며 이동했다가 결국 다시 '봉합되어' 첫 번째는 곤드와나(Gondwana)라고 불리는 거대한 남반구 대륙(오늘날의 남아메리카, 아프리카, 인도, 오스트레일리아 그리고 남극을 포함하는)을 형성하고, 두 번째는 로라시아(Laurasia)라고 불리는 북쪽 대륙(오늘날 북아메리카와 유라시아로 구성되는)을 형성하였다. 약 2억 5,000만 년 전 곤드와나와 로라시아는 판게아로 뭉친다.
- 약 2억 년 전 판게아가 분리되기 시작하였던 때에는 오직 거대한 하나의 대양만이 존재했었다(그림 14-19).
- 9,000만 년 전, 대륙들의 분열은 상당히 진척되었다. 북대서양이 열리기 시작했고, 남대서양은 아프리카로부터 남아메리카를 분리시키기 시작하였다. 남극대륙만이 본래의 위치에 가장 근접하게 남아 있는 유일한 대륙이었다.
- 5,000만 년 전, 북대서양과 남대서양 둘 다 열렸고 남아메리카가 새롭게 형성되었으며 빠르게 서쪽으로 이동하였다. 남아메리카가 태평양 분지 위로 넘어가면서 안데스산맥이 성장했고, 로키산맥과 시에라네바다산맥의 원형이 북아메리카에서 솟아올랐다.
- 300만 년 전, 남아메리카는 북아메리카와 연결되었다. 북아메

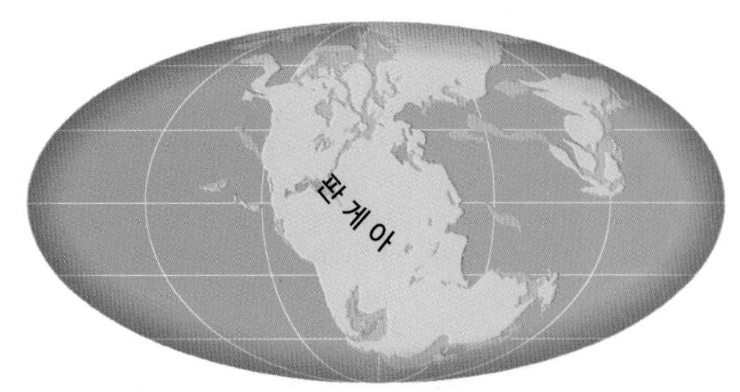

(a) 2억 년 전(트라이아스기)

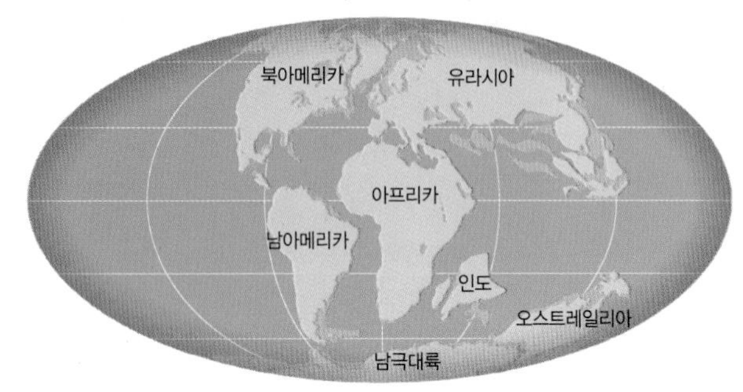

(b) 9,000만 년 전(백악기)

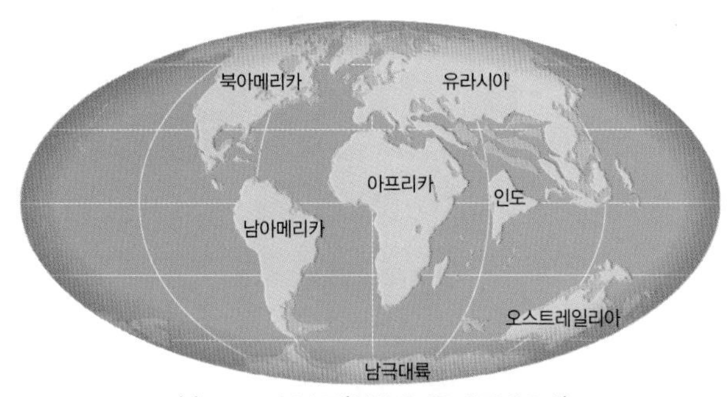

(c) 5,000만 년 전(신생대 제3기 팔레오세)

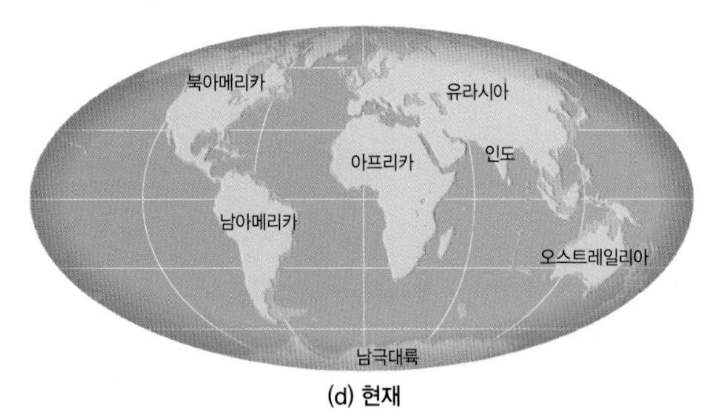

(d) 현재

▲ 그림 14-19 약 2억 년 전부터 시작된 판게아의 분리

리카는 유라시아판 서부로부터 분리되었다. 오스트레일리아는 남극으로부터 떨어져 나왔으며 인도판과 유라시아판이 충돌하여 히말라야 습곡산맥이 형성됐다. 아프리카는 대열곡을 따라 분리되고 있으며 천천히 반시계 방향으로 회전하고 있다.

학습 체크 14-7 판구조론은 어떤 식으로 대서양, 히말라야산맥 및 안데스산맥의 발달사를 설명하는가?

지각판 이동의 미래 : 만약 현재와 같은 판의 이동이 지속된다면, 5,000만년 뒤의 오스트레일리아는 적도에 걸치면서 거대한 열대의 섬으로 존재할 것이다. 동아프리카는 마다가스카르와 같은 새로운 거대 섬이 되는 반면 아프리카는 아마도 지중해 자리에 끼워 맞춰질 것이다. 태평양은 줄어드는 반면 대서양은 더 넓어질 것이다. 캘리포니아 남부 혹은 캘리포니아주 대부분이 북아메리카 끝에서 빗겨 나감과 동시에 알래스카만의 알류샨 해구를 종착지로 하여 이동하게 될 것이다.

판구조론의 위대한 성과 중 하나는 전반적인 지형 분포를 설명할 수 있게 되었다는 점이다. 다수의 산맥계(cordilleras), 해령, 해구, 열도의 형성 그리고 이와 연관된 지진과 화산활동지대에 대해서 설명할 수 있게 되었다. 이러한 현상이 나타나는 곳은 대개 판들이 충돌하거나 분리되는 곳이기 때문이다.

태평양 불의 고리 : 아마도 오늘날 세계에서 판 경계 부분의 판구조 운동과 화산 활동을 환태평양 주변보다 더 잘 보여 주는 곳은 없을 것이다. 수십 년 동안 지질학자들은 환태평양 분지 주변에 집중하여 수많은 지진과 화산 활동이 있음을 알아냈다. 세계에서 일어나는 모든 화산 활동 가운데 3/4은 환태평양 지역에서 발생하며, 1960년대 후반에야 판구조론이 이를 설명하게 된 것이다. 태평양 분지를 쭉 둘러서 판 경계들이 연속되며, 대부분은 섭입대지만, 변환단층과 발산경계 부분을 포함하고 있다. 수많은 화산 활동과 지진이 일어나는 이러한 판 경계를 우리는 소위 태평양 불의 고리(Pacific Ring of Fire)라고 부른다(그림 14-20).

환태평양 지역은 수많은 인구의 거주지이다. 활동적이거나 잠재적으로 활동 가능성이 있는 화산과 주요 단층 체계들은 멕시코시티, 로스앤젤레스, 도쿄와 같은 세계에서 가장 큰 대도시 주변에 존재한다. 최근 몇십 년 동안 환태평양 화산대의 활동이 끝나지 않았음을 상기시켜 주는 주요한 사건들이 있었다, 우선 1980년 세인트헬렌스 화산의 폭발, 1985년 콜롬비아에서 발생한 네바도델루이스(Nevado del Ruiz) 화산의 비극, 1991년 필리핀의 피나투보 화산 폭발, 1994년 캘리포니아주 노스리지(Northridge) 지진, 2004년 12월에 227,000명 이상의 목숨을 앗아 간 인도네시아 수마트라의 지진과 쓰나미, 15,000명 이상의 희생자가 발생한 2011년 3월 일본의 지진과 쓰나미 등이 있다.

판구조론에 추가된 것들

지난 수년간 해마다 판구조론에 대한 새로운 지식이 추가되어 왔다. 판구조론의 증거로 추가된 중요한 두 가지 예는 열점과 부가대의 존재이다.

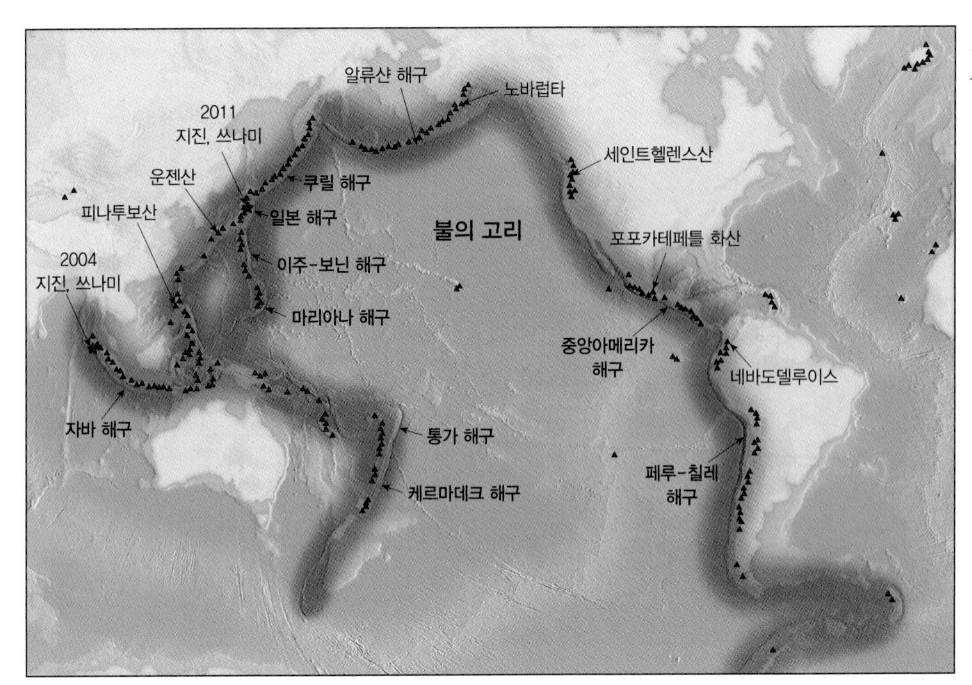

◀ 그림 14-20 태평양 불의 고리. 삼각형은 활화산의 위치를 보여 준다.

열점과 맨틀 플룸

판구조론에 추가된 이론 중 하나는 본래 모델이 소개됨과 동시에 나왔다. 기본적인 판구조론으로 판의 경계를 따라 지구조 운동과 화산 활동이 일어남을 설명할 수 있지만 맨틀로부터 마그마가 솟아오르는 지구의 많은 곳 중에서는 판 경계로부터 멀리 떨어진 곳도 여럿 있다. 판의 내부에서 화산 활동이 일어나는 곳을 우리는 **열점**(hot spot)이라고 하며, 지금까지 알려진 곳만으로도 50곳 이상이다.

열점 이해하기: 열점의 존재를 설명하기 위해서 1960년대 후반에 **맨틀 플룸**(mantle plume) 모델이 제안되었다. 이 모델은 판 중간의 화산 활동은 맨틀을 통해 뜨겁게 달궈진 물질이(아마도 핵과 맨틀의 경계부와 같이 깊은 곳에서 기원하는) 좁은 기둥을 통해 위로 솟아오르기 때문에 발생된다고 하였다(그림 14-21). 이러한 맨틀 플룸은 어떤 경우에는 수천만 년 정도의 오랜 기간 동안 상대적으로 고정적이었던 것으로 여겨진다. 주로 초기 대규모의 홍수현무암(flood basalt, 이 장 후반부에서 다시 논의)이라고 알려진 용암분출 직후 마그마가 판 위로 뚫고 솟아오르게 되면, 지표면에 열점 화산을 생성하거나 열수에 의한 지형(hydrothermal feature)을 만들기도 한다.

열점 위의 판은 움직이기 때문에, 화산 혹은 열점의 결과물들은 결국 융기 지점을 떠나 이동하게 되어 활동을 멈추게 된다. 반면에 맨틀 플룸 지점 위에서는 계속 새로운 화산이 생성되기 때문에 직선상의 **열점 궤적**(hot spot trail)이라는 것이 형성된다. 열점에서 이동된 화산섬은 결국 물 밑으로 가라앉게 되어 해산(seamount)을 형성함과 동시에 대양판은 온도가 내려가고 밀도가 높아진다. 많은 열점들이 사실상 오랜 기간 동안 고정되어 있는 것처럼 보이기 때문에, 열점 궤적은 판의 이동 방향과 속도를 측정할 수 있는 단서를 제공한다. 해산은 판의 이동 방향에 따라 점점 생성연대가 오래된다.

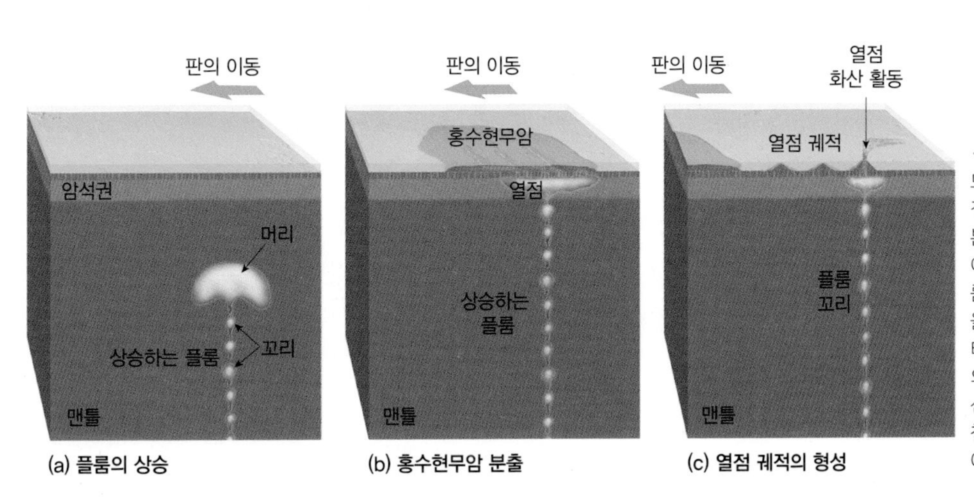

◀ 그림 14-21 열점의 기원이 되는 맨틀 플룸 모델. (a) 맨틀 내부의 깊은 곳으로부터 가열된 물질의 플룸이 상승한다. (b) 플룸의 큰 머리(head) 부분이 지표에 도달했을 때, 지표 밖으로 홍수현무암이 쏟아진다. (c) 판 운동은 홍수현무암을 고정된 플룸으로부터 이동시키고, 새로운 화산 또는 화산섬을 형성한다. 움직이는 판이 화산들을 열점으로부터 이동시켜 사화산을 만들고, 결과적으로는 선상의 '열점 궤적'을 만든다. 열점으로부터 멀어진 화산섬은 판의 온도가 내려가며 밀도가 높아지면서 침강한다. 어떤 섬들은 결국 해수면 밑으로 침강하여 '해산'이 된다.

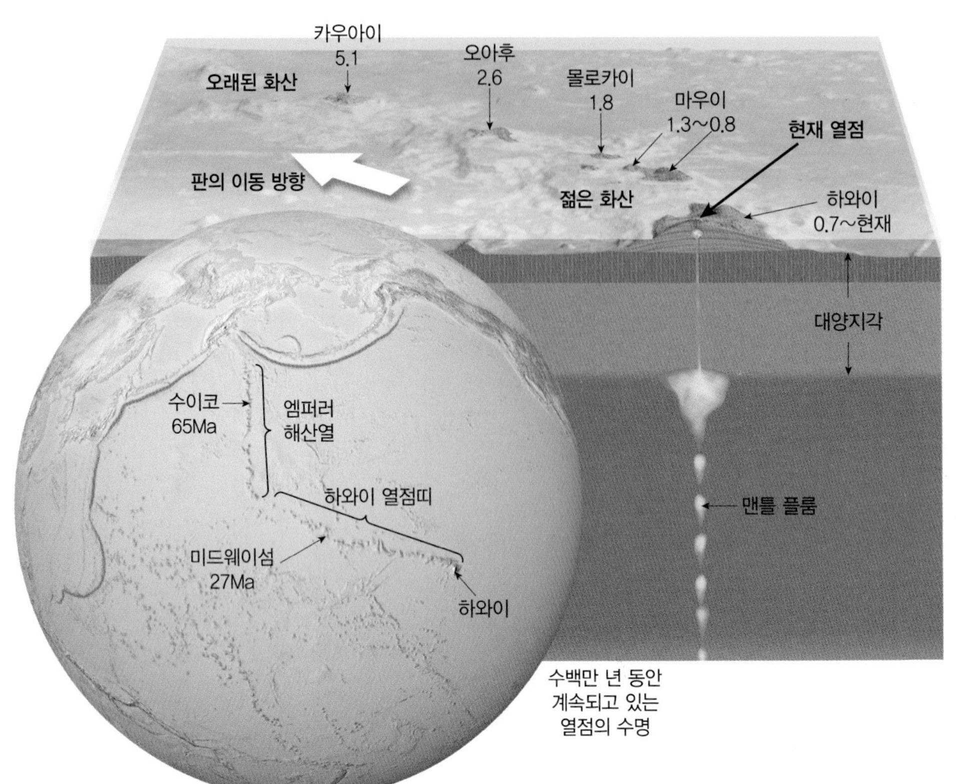

◀ 그림 14-22 하와이 열점. 열점은 수백만 년 동안 이곳에서 지속되고 있다. 태평양판이 북서쪽으로 이동함에 따라 화산도 같이 이동하며, 그로 인해 마그마가 공급되지 않으면서 생명을 잃는다. 그중에서 가장 오래된 섬은 미드웨이섬이다. 이 섬이 형성되고 난 뒤 화산들은 그 뒤로 발달하여 열점띠를 형성했다. 주요 섬들에 표시된 숫자는 현재로부터 백만 년 단위로 화산의 현무암질 용암의 연대를 나타낸다.

애니메이션 MG
열점 화산 궤적

http://goo.gl/DMjEF

하와이 열점 : 오늘날 가장 멋진 열점의 예는 하와이제도일 것이다. 미드웨이섬과 빅아일랜드(Big Island)는 둘 다 같은 열점이 만들어 낸 것이지만, 일찍 형성된 미드웨이 섬의 남은 부분은 2,700만 년 세월의 간격을 두고 현재 화산 활동이 일어나는 빅아일랜드로부터 북서쪽으로 2,500km 정도 떨어져 있다. 하와이 열도의 화산들은 서쪽에서 동쪽으로 갈수록 형성 연대가 어리며 태평양판이 북서쪽으로 이동하기 때문에 고정된 열점 위에서 새로운 화산들이 공장의 '조립 라인'처럼 형성되고 있다(그림 14-22). 빅아일랜드가 판 이동에 의해 열점으로부터 멀어지게 되고 나면, 열점에서 새로운 하와이 섬이 생성될 것이다. 사실, 과학자들은 이미 빅아일랜드 남동쪽 해저에서 형성되고 있는 해저화산 로이히(Lōʻihi)에 대해 연구하고 있다(그림 14-23). 이외에 잘 알려진 열점으로는 옐로스톤국립공원, 아이슬란드 그리고 갈라파고스섬이 있다.

최근 연구들은 열점에 대한 완전한 설명이 맨틀 플룸 모델이 제시했던 것보다 더 복잡할 것이라고 지적하였다. **지진파 단층촬영**(seismic tomography, 지진파를 이용하여 지구를 초음파로 촬영하는 기술)은 일부 열점에서 나오는 마그마는 매우 얕은 곳에서 기원한 것인 반면 다른 것들은 맨틀 깊은 곳에서 기원하는 맨틀 플룸임을 시사해 준다. 더욱이 어떤 연구자들은 몇몇의 맨틀 플룸이 지질학적인 과거에 위치가 변화하였음을 증거를 들어 제안하였다. 예를 들면, 엠퍼러 해산들(미드웨이섬 북서쪽에 있는 해산 연결고리)은 하와이 열점 궤적의 일부분이지만 엠퍼러 해산 연속체는 하와이 연속체의 직선 방향과는 꽤 다른 방향으로 전환하고 있음을 알 수 있다(그림 14-22 참조). 이 열점 궤적(hot spot trail)의 '굴절(bend)'은 약 4,300만 년 전 태평양판의 이동 방향이 변화하였거나 또는 열점 그 자체가 이동한 것으로 보인다. 아마도 둘 다일 것이다.

추가적인 정보들이 모이게 되면 열점, 맨틀 플룸 그리고 판 중앙부의 화산 활동에 대한 더 완전한 설명이 도출될 것이다.

학습 체크 14-8 맨틀 플룸 모델은 하와이제도의 형성을 어떻게 설명하는가?

▲ 그림 14-23 하와이제도에서 현재까지 활동하는 화산은 빅아일랜드섬에 있는 것이 유일하다. 마우나로아와 킬라우에아는 역사시대에 반복적으로 활동해 왔다. 빅아일랜드섬 남동부에 있는 해저 화산 로이히는 이들 화산 다음으로 만들어지고 있는 화산섬이다.

부가대

최신의 발견은 암석권에서 종종 우리를 당혹시키는 다양한 암석들이 대륙판들의 경계를 따라 나란히 나타나는 현상을 이해할 수 있도록 도와 준다. **부가대**(terrane)는 암석권에 존재하는 작거나 중간 규모의 덩어리로, 모든 경계면이 단층으로 이루어졌으며, 판의 이동을 따라 먼 거리를 이동하였을 것이며, 최종적으로는 다른 판의 가장자리 부분에 붙게 된다. 부가대는 부력이 커서 판의 충돌 시 섭입되는 대신에 다른 판으로 융합되면서 부스러진다. 어떤 경우에는 대양판의 판상체가 대륙판에 부가대로 융합되며[소위 섭입대의 **부가주**, accretionary wedge)라고 불리는 퇴적물도 포함된다], 또 다른 경우에는 전체적으로 오래된 호상열도들이 대륙판의 가장자리에 붙게 된다(그림 14-24).

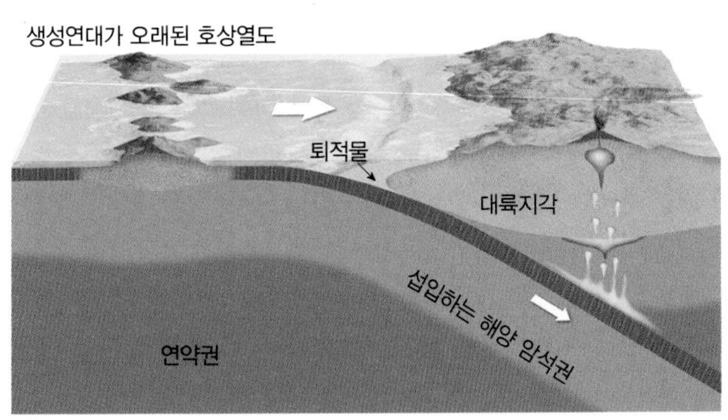

(a) 수렴 경계

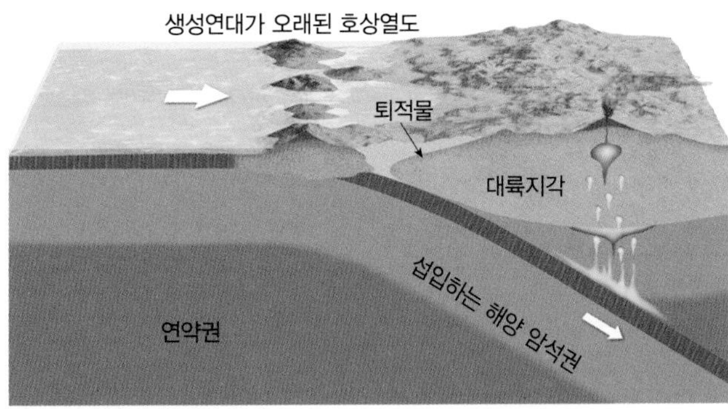

(b) 호상열도는 섭입 불가

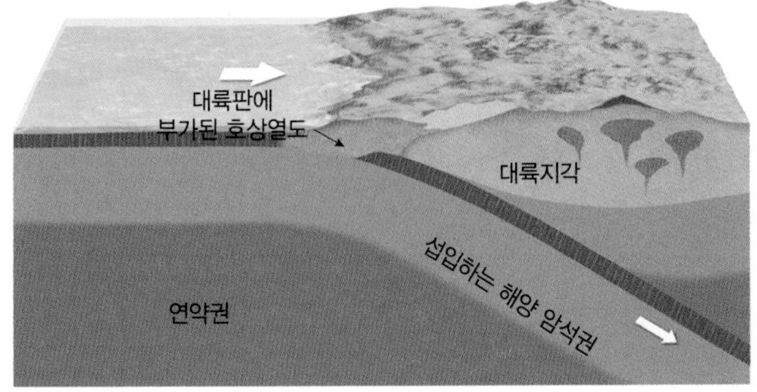

(c) 부가대 형성

▲그림 14-24 수렴경계에 있는 부가대의 기원. (a) 이동하는 대양판은 오래된 호상열도를 운반시킨다. (b) 대양판은 대륙판으로 수렴한다. (c) 대양판은 대륙판 아래로 섭입하기 시작하나, 호상열도는 부력이 너무 커서 섭입되지 못하고 대륙판에 부가된다.

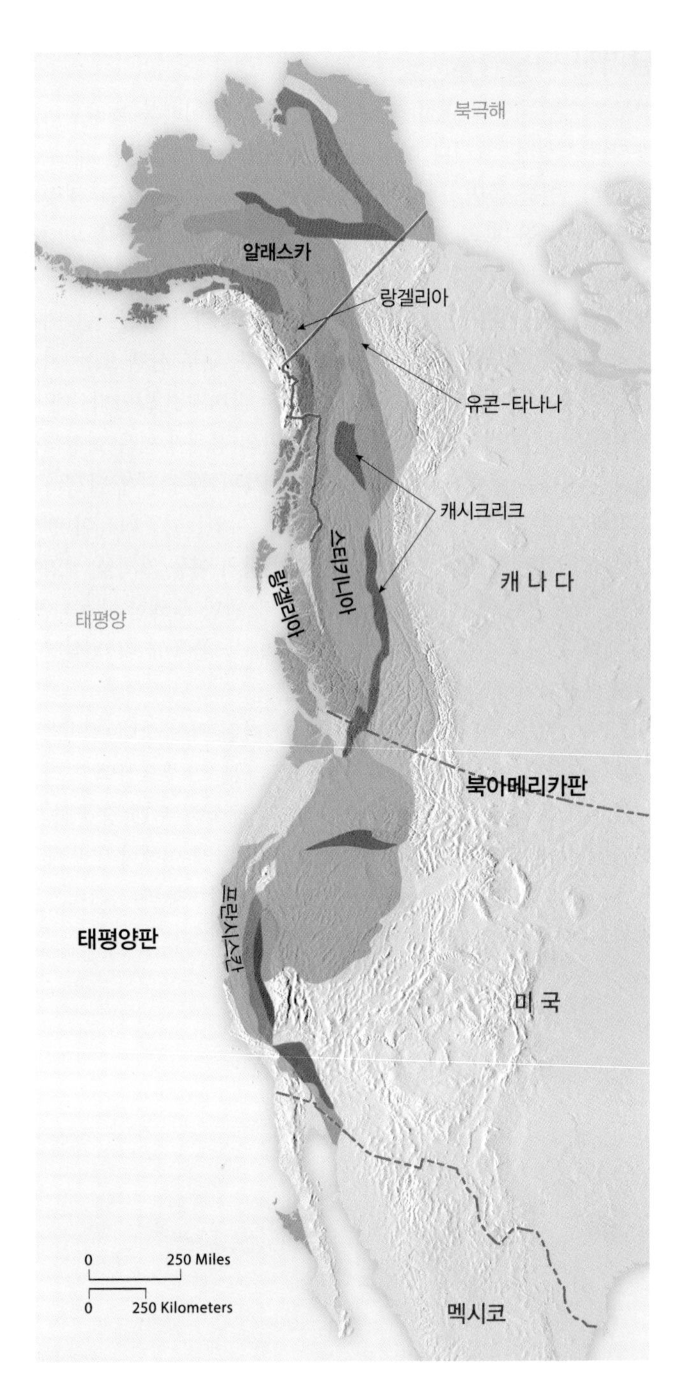

▲그림 14-25 북아메리카의 서쪽 부분은 북아메리카판에 부가된 복잡한 혼합 지층으로 구성되어 있다.

부가대는 지질학적으로 독특한데, 그 이유는 암석학적 조성이 그들이 달라붙어 버린 원래 판의 암석학적 조성과 매우 다르기 때문이다. 아마도 모든 대륙은 한쪽 또는 다른 쪽들에 달라붙는 부가대로 말미암아 외연적으로 확대되고 있을 것이다. 북아메리카대륙(그림 14-25)이 가장 명백한 사례이며 알래스카 대부분과 캐나다 서부 대부분 그리고 미국의 서부는 수십 개의 부가대로 구성된 것이며 그중 몇 개는 심지어 남반구에서 유래한 것이다.

학습 체크 14-9 부가대라는 개념은 서부 북아메리카대륙 발달을 어떻게 설명할 수 있는가?

남겨진 의문점들

판구조론은 지구의 내적 작용에 관한 우리의 이해를 놀라우리만큼 진전시켰다. 그러나 아직 많은 의문점들이 미해결인 채로 남아 있다. 예를 들면, 북아메리카와 유라시아대륙에 있는 몇몇의 주요 산맥들은 판의 경계지대에 있기보다는 판의 중간에 위치해 있다. 비록 북아메리카의 애팔래치아산맥과 유라시아의 우랄산맥과 같은 판 내부 산맥의 기원은 지질학적 과거에 일어난 대륙들의 충돌로 설명할 수 있지만, 그 외의 판 내부 산맥 또는 지진 활동 지역은 생성 과정이 아직도 완전히 밝혀지진 않았다. 왜 어떤 판은 다른 판에 비해 훨씬 더 크며, 판의 경계가 처음 형성되는 취약한 지대는 어떻게 만들어졌는가? 대륙판 한 중간에 발생하는 지진과 같은 지각변동은 어떻게 설명할 수 있는가? 더욱이 맨틀 내부에 가열된 물질의 대류가 일반적인 판의 이동 기제를 설명하지만, 지구 내부에서 발생되는 열 흐름에 관한 상세한 내용과 모든 패턴과 일정 부분 관계를 맺고 있는 맨틀 플룸에 대한 설명은 아직 해결되어야 할 과제로 남아 있다.

그러나 판구조론에 대해 현재 우리가 가진 지식 상태는 세계의 주요한 지형적 특징(대륙들의 크기, 모양, 분포, 주요산맥 그리고 대양분지)들의 분포를 이해하는 기초를 해석하는 데 충분하다. 하지만 상세한 지형학적 특징들을 더 자세하게 이해하기 위해서는 덜 극적인 것이지만 근본적인 것, 즉 지각변동과 직접적으로 연관되는 내적 작용에 관하여 살펴봐야 할 것이다.

화산 활동

화산 활동(volcanism 혹은 **화성 작용**)은 용융된 암석의 기원과 움직임에 연관된 모든 현상을 지칭하는 일반적인 용어이다. 화산 활동은 모든 자연현상 중에 가장 극적이고 끔찍한 사건으로 알려진 폭발적인 화산 분화뿐만 아니라, 지표 아래에서 용융된 암석이 천천히 굳어지는 것과 같이 조용한 것도 포함한다.

우리는 제13장에서 화성암인 **화산암**(분출암)과 **심성암**(관입암)의 차이에 대해 보았으며 유사하게 분출 활동과 관입 활동으로 구분할 수 있을 것이다. 마그마가 지표 위에 용융된 상태로 밀려나올 때 이 활동을 분출이라고 하며, 이를 **화산 활동**이라고 부른다. 마그마가 지하에서 고화될 때에는 이를 **관입 활동**(intrusive activity) 또는 **심성 활동**(plutonic activity)이라고 하며 그 결과 관입 화성암이 형성되는 것이다.

화산 분포

화산이 활동하는 지역은 세계 곳곳에 산재한다(그림 14-26). 그러나 화산 활동은 주로 판 경계와 열점과 관련되어 일어나고 있다. 발산경계에서는 활화산의 분화와 암석권의 열극(fissure)을 통한 분출을 통해 마그마가 내부로부터 위로 상승한다. 대양판의 섭입이 일어나는 수렴경계에서는 마그마의 발생과 연관되어 화산이 형성된다. 옐로스톤, 하와이, 갈라파고스와 같이 많은 곳에서 발생하는 열점은 화산 활동, 열수 작용(hydrothermal activity)과 관련이 있다.

세계적으로 화산 작용이 발생하는 지역의 대부분이 환태평양

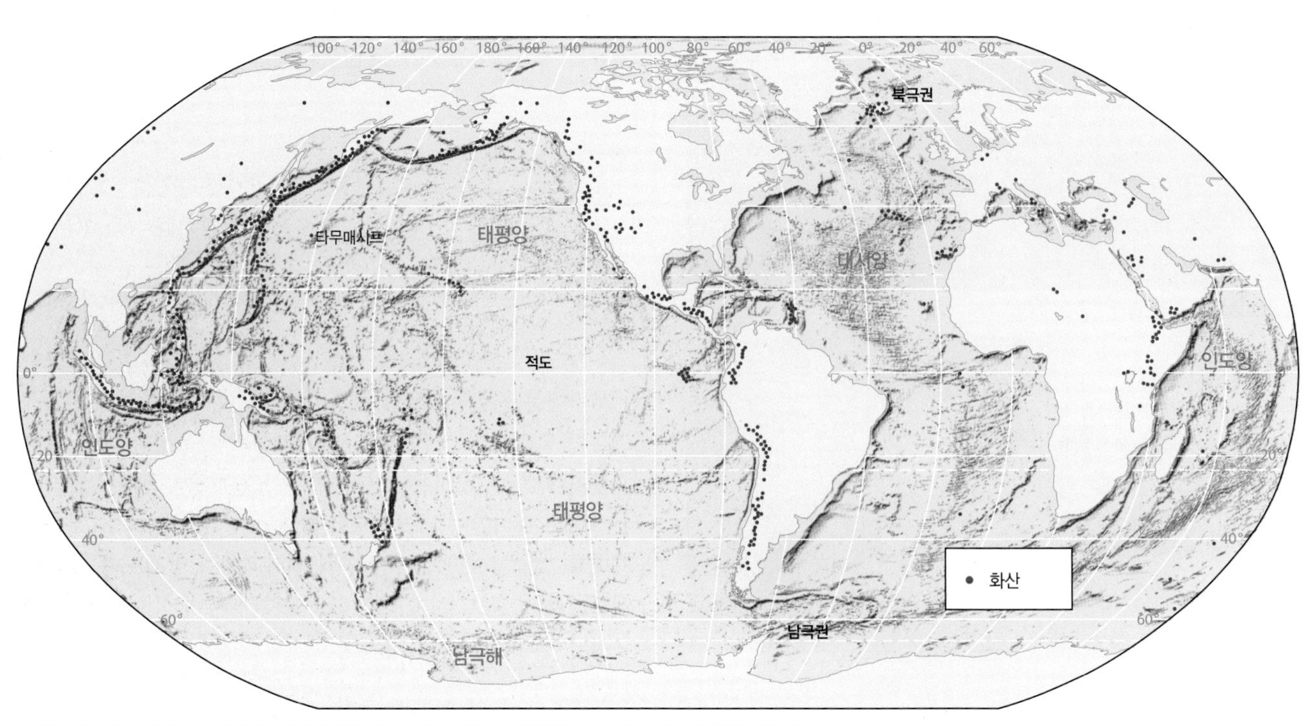

▲ 그림 14-26 가까운 지질시대에 분화한 적이 있는 화산의 분포도. 태평양 불의 고리가 두드러지게 나타난다.

이라고 불리는 태평양 주변부(그림 14-20, 14-26 참조)에 위치하고 있음이 명백히 드러난다. 이는 과거에 안산암 라인(Andesite Line)이라고도 불렸는데 그 이유는 화산들이 주로 안산암을 많이 포함하고 있기 때문이다. 활동 중인 화산과 활동을 하지 않는 화산을 모두 포함하여 세계 화산의 약 75%는 환태평양 화산대와 연관되어 있다.

화산의 활동 : 화산은 역사시대에 분화한 기록이 있거나 그럴 가능성이 있을 경우 활화산으로 간주된다. 세계적으로 500여 개의 활화산이 있으며, 약 1,000개의 잠재적인 활화산이 있다.

대륙이나 섬 등 지표상에서 분화하는 것 외에 수면 아래에서 발생하는 화산 활동도 많다. 사실 전체 화산의 3/4 이상은 중앙해령 같은 해저화산으로 추정된다. 지구상에서 가장 큰 화산은 타무매시프(Tamu Massif)라 불리는 북태평양에서 일본 동쪽으로 1,600km 떨어진 샤츠키 고대에 발달한 것이다.

알래스카와 하와이는 많은 활화산을 가지고 있다. 미국 공통경계 내의 1980년 세인트헬렌스화산과 캘리포니아주의 래슨피크산(Lassen Peak, 1917년에 마지막 활동)만이 지난 세기에 분화하였다. 다른 많은 화산들, 특히 캘리포니아의 섀스타산과 롱밸리 칼데라, 워싱턴주의 베이커산과 레이니어산 그리고 옐로스톤칼데라는 잠재적인 활화산으로 분류된다. 또한 주로 서부 연안의 주들에는 수백 개의 사화산이 있다.

활화산은 상대적으로 보면 일시적인 경관에 불과하다. 어떤 화산은 겨우 수년에 불과한 수명을 갖거나 어떤 것은 수천 년 동안 불시에 활동적이 된다. 새로운 화산이 놀랍게도 나타나기도 하는데, 1953년에 멕시코의 옥수수 밭에서 분화가 일어나 파리쿠틴이라는 화산체를 만들었다. 1964년에는 아이슬란드 해안의 열점을 따라 바다 위로 쉬르트세이라는 화산섬이 나타났다. 2011년에는 홍해에서 새로운 섬이 분화로 만들어졌다. 2015년에는 지속적인 화산 분화가 통가에 위치한 훙가통가섬과 훙가하파이섬을 연결시켜 버렸다(그림 14-27).

화산이 일으키는 파괴에도 불구하고 화산은 매우 중요한 서비스를 제공한다. 오늘날 지구상 물의 대부분은 지구 역사의 초기에 화산 분화로 방출된 수증기에서 기원하였다. 마그마는 또한 인, 칼륨, 칼슘, 마그네슘과 황과 같은 다양한 원소를 포함하고 있으며 이는 식물생장에 필수요소가 된다. 마그마가 분출하여 단단한 암석이 되는 용암(그림 14-28)으로 방출되면, 풍화 과정을 통해 수십 년에서 수백 년 동안 이 원소들을 토양 속으로 방출하게 된다. 마그마가 화산재 형태로 방출되면 영양분은 수개월 이내에 용탈되어 토양 속으로 유입될 수 있다. 지구상에서 가장 화산 활동이 활발한 자바가 지구상에서 가장 기름진 토양이 된 것은 우연이 아니다.

마그마의 화학 성분과 분화 유형

지표 위로 분출된 **마그마**(magma, 지표 아래에서 용융된 광물질)

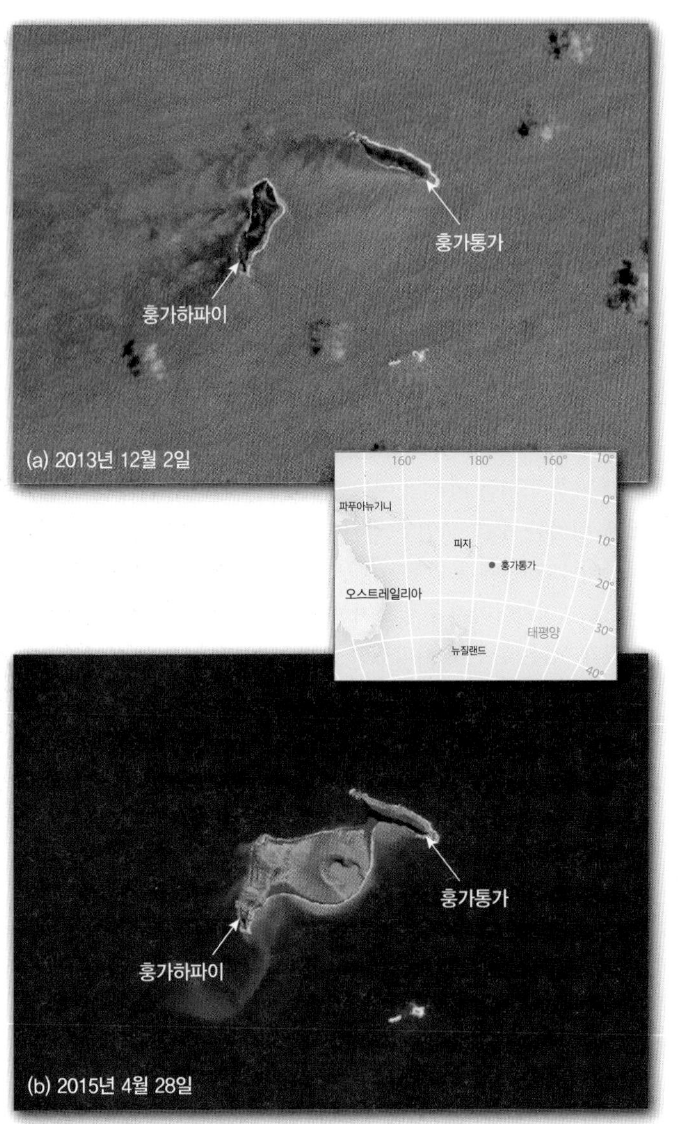

▲그림 14-27 2014년 12월에 (a) 훙가하파이와 훙가통가섬 사이에서 수중화산이 폭발하였다 그리하여 (b) 두 섬은 현재 서로 연결되었다.

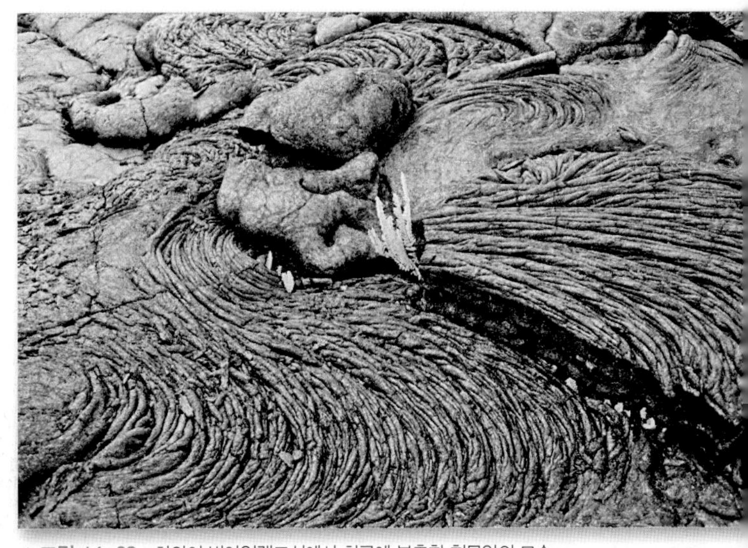

▲그림 14-28 하와이 빅아일랜드섬에서 최근에 분출한 현무암의 모습

는 **용암**(lava)이라고 불린다(그림 14-29). 대기 중으로 용암이 분출할 때 휘발성과 폭발성이 있으면, 수천 킬로미터에 달하는 지역에 피해를 입히기도 하고, 또 다른 경우에는 용암이 조용하고 천천히 흐르면서 경관에 서서히 영향을 미친다. 어느 경우라도 새로운 물질을 지표에 공급하게 된다.

화산의 폭발적인 분화는 엄청난 장관을 연출한다. 바깥으로 흐르는 용암과 함께 가스와 수증기뿐만 아니라 암석 파편, 화산탄, 화산재 그리고 화산진[이 모든 것을 통틀어 흔히 **화산쇄설물**(pyroclastics) 또는 **테프라**(tephra)라고 한다]과 같은 물질이 분출된다. 어떤 경우에는 화산이 그야말로 폭발하여 화산체 자체를 분해시키는 거대한 자폭(self-destruction)을 일으키기도 한다. 역사상 가장 극명한 자폭의 예는 인도네시아 수마트라와 자바섬 사이에 위치한 작은 섬인 크라카타우화산의 마지막 분화이다. 이 화산이 1883년에 폭발했을 때, 폭발음은 2,400km 정도 떨어진 오스트레일리아까지 들렸으며, 9km^{3}의 물질이 대기 중으로 유입되었다. 섬은 완전히 사라졌고, 남은 것이라곤 오직 섬이 있었던 자리에 남은 열린 바다뿐이었다. 이때 발생한 **쓰나미**(지진해일, 제20장에서 논의함)는 3만 명 이상의 사람들을 익사시켰고, 폭발이 발생한 후 몇 달 동안 세계 여러 곳에서 관찰된 일몰은 화산진으로 인해 장관을 연출하였다.

화산분화의 성격은 화산에 공급되는 마그마의 성분이 크게 좌우한다. 일반적인 마그마 유형을 상기해 보자. 규산 함량이 높은 **규장질**(felsic) 마그마(화산암인 유문암과 심성암인 화강암을 만드는)와 규산이 중간 정도로 포함된 **안산암질**(andesitic) 마그마(화산암인 안산암과 심성암인 섬록암) 그리고 상대적으로 규산이 적게 포함된 **고철질**(mafic) 마그마(화산암인 현무암과 심성암인 반려암)가 포함된다. 제13장의 그림 13-5를 다시 보고, 마그마의 화학성분에 따른 화성암의 생성을 검토해 보라.

▼ 그림 14-29 하와이의 킬라우에아화산 분화. 매우 유동성이 큰 현무암질 용암의 흐름이 화도 왼쪽으로 이어지는 모습에 주의하라.

규장질 마그마 : 규산이 많이 포함된 규장질 마그마는 규산염 복합체로 구성된 긴 고리가 광물의 결정화가 시작되기 이전에 만들어지기 때문에 마그마의 **점성**(viscosity)이 매우 높아진다. 또한 높은 규산 함유량은 더 낮은 온도의 마그마를 의미하므로 이미 무거운 광물은 결정화되고, 많은 양의 가스가 방출된 상태이다. 가스의 일부는 마그마의 강한 압력하에 빠져나오지 못하게 된다. 유동성이 큰 용암과는 달리, 화산 가스의 기포는 점성이 높은 규장질 마그마로부터 천천히 분리된다. 마그마가 지표에 도달하면, 압력이 제거되면서 억눌려 있던 가스가 폭발적으로 분리되고, 화산으로부터 많은 양의 화산쇄설물이 동반된 폭발이 이루어진다. 규장질 용암의 흐름은 어떤 것이든지 점성이 매우 높아 느리게 이동한다.

고철질 마그마 : 규산의 함량이 적은 고철질 마그마는 온도가 더 높고 유동적이다. 유동성이 큰 고철질 마그마에 용해되어 있던 가스들은 규장질 암석보다 쉽게 기포로 분리된다. 결과적으로 일출식 분화(effusive eruption)는 많은 양의 용암 또는 화산쇄설물을 폭발 없이 조용히 유출시킨다. 매우 활동적인 하와이의 화산들이 이런 식으로 분출한다.

중성 마그마 : 규산 함량이 중간 정도인 화산은 규장질 마그마와 고철질 마그마 사이의 중간 정도 되는 규모와 방식으로 폭발한다. 주기적으로 상당히 유동성인 안산암질 마그마를 분출시키며, 때론 화산쇄설물을 동반한 파괴적인 폭발이 이루어진다. 섭입대와 관련된 많은 주요 화산들은 위와 같은 유형이다.

학습 체크 14-10 용암의 점성과 유동성, 분화가 폭발적일지 일출식으로 발생할지를 결정하는 요인은 무엇인가?

용암류

용암류는 흐르는 곳의 지표면과 거의 평행하게 퍼진다. 비록 일부 점성이 높은 용암류가 상대적으로 급경사를 만든다 하더라도, 대다수의 용암류는 결국 고화되면서 수평층을 만들며 이는 퇴적암의 층리 구조와 많이 닮아 있다. 특히 만약 다른 용암류가 고체화된 용암류 위에 덧씌워진다면 더욱 그렇다. 용암류의 지형학적 표출은 주로 평탄한 고원이나 대지 형태로 나타난다. 비교적 최근에 형성된 용암류의 표면은 매우 불규

모바일 현장학습 MG
킬라우에아화산

https://goo.gl/Z0UzsU

▲그림 14-30 아일랜드 북부의 자이언츠코즈웨이. 육각형 모양의 주상절리는 유동성 용암류가 균일하게 식을 때 흔히 만들어진다.

칙하고 절리가 많다.

용암 주상절리 : 화산 지형 가운데 가장 장관인 것 중 하나는 현무암같이 유동성이 강한 용암에서 발달한다. 이러한 용암의 흐름이 균질적으로 식으면 축소되면서 독특한 수직 절리(암석의 틈새)를 형성하게 되며 주상절리로 알려진 독특한 육각형 기둥 모양을 만들게 된다(그림 14-30). 북아일랜드의 자이언츠코즈웨이(Giant's Causeway 또는 Clochán an Aifir)나 캘리포니아의 요세미티국립공원의 데빌스 포스트파일 같은 곳이 주상절리의 유명한 사례이다.

홍수현무암 : 용암류가 가장 광범위하게 펼쳐진 세계의 많은 지역은 화산체로부터 분출된 것이 아니라 열점과 관련된 균열로부터 방출된 것들이다. 이와 같이 방출된 용암은 대부분 현무암질이며, 엄청난 양이 분출한다. 그림 14-21에서도 보았듯이, 많은 과학자들은 규모가 큰 맨틀 플룸이 지표에 도달한 초기의 결과가 거대한 용암의 분출을 만들어 낼 수 있다고 생각하였다.

홍수현무암(flood basalt)이라는 용어는 용암이 층층이 쌓여 대규모로 축적된 것을 말하는데, 때로는 수만 제곱킬로미터의 넓이와 수백 미터의 두께를 갖는다. 미국에 있는 용암대지의 대표적인 예는 컬럼비아고원이며, 이는 워싱턴주와 오리건주 그리고 아이다호주를 포함한 약 130,000km^{2}를 덮고 있다(그림 14-31). 다른 대륙에서 발생한 더 대규모 분출의 예로는, 잘 알려진 인도의 데칸트랩이 있다(520,000km^2). [트랩(trap)이라는 용어는 산스크리트어로 데칸고원에서 발견된 용암의 층을 언급하는 '계단'을 의미한다.] 범세계적으로 모든 화산에서 방출된 용암의 양을 더한 것보다 지각의 틈 또는 균열에서 방출된 용암의 양이 더 많다.

학자들은 지질학적인 과거에 몇몇 주요 용암대지가 형성되었을 때가 대규모의 동식물의 멸종과 관계가 있다고 말하는데, 이는 아마도 대규모 분화로부터 발생된 용암의 분출과 화산가스의 방출이 자연의 균형을 파괴하기 때문이다. 예를 들면, 현재 많은 과학자들은 약 6,500만 년 전에 발생한 공룡 멸종사건의 원인을 동시대에 발생한 소행성 충돌로 인한 것이라기보다는 데칸고원의 분화에 의한 결과라고 생각한다.

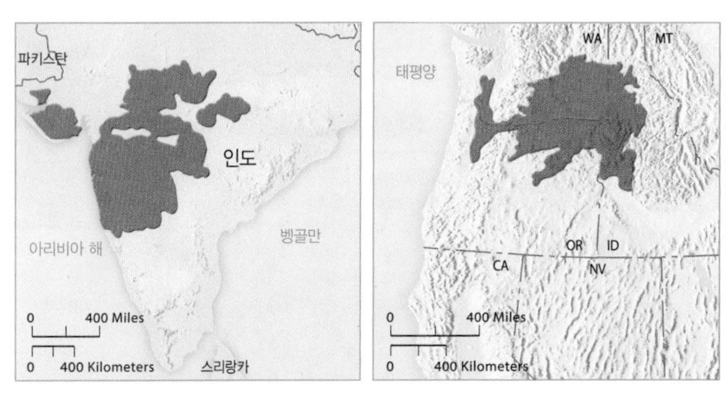

▲그림 14-31 두 곳의 광대한 홍수현무암 분포지. 인도의 데칸트랩(또는 데칸고원)과 미국 북서부의 컬럼비아고원

표 14-1 화산의 주요 유형

화산 유형	모양과 크기	구조	마그마와 분출 유형	사례
순상화산	화산체의 크기가 크고 완만한 경사를 가진다. 높이보다 넓이가 더 크다. 크기는 매우 다양하다.	굳은 용암류의 층으로 이루어져 있다.	보통 현무암질 마그마이다. 유동성 용암에 의해 조용히 분출한다.	하와이 섬들, 타히티
복성(성층)화산	경사가 가파른 대칭성을 갖는 화산체, 높이는 3,700m 이상이다.	용암류, 화산쇄설물 그리고 굳어진 화산 이류 퇴적물의 층으로 이루어져 있다.	마그마는 주로 중성의 안산암질이다. 긴 수명을 갖는다. 화산쇄설물의 폭발적인 분출과 용암의 조용한 분출이 함께 일어난다.	일본의 후지산, 워싱턴주의 레이니어산, 캘리포니아주의 섀스타산, 이탈리아의 베수비오산, 워싱턴주의 세인트헬렌스산
용암원정구	보통 크기가 작아 전형적으로 높이가 600m 미만이다. 모양은 불규칙적이다.	점성이 높은 마그마가 굳어져 형성, 용암원정구는 보통 화산쇄설물로 덮인다. 대개 성층화산의 분화구 내부에 형성된다.	마그마는 보통 높은 산성을 함유한 유문암질이다. 돔은 내부로부터 올라오는 점성이 높은 용암이 팽창하면서 성장한다. 보통 폭발적인 분화를 일으킨다.	캘리포니아주의 래슨산, 캘리포니아주의 모노크레이터
분석구	크기가 작고 경사가 급한 화산체, 최대 높이는 500m 정도이다.	성긴 화산쇄설물로 이루어지며 화산재 또는 분석 크기의 파편들로 구성된다.	마그마의 성분은 다양하나 주로 현무암질이다. 짧은 형성기를 갖는다. 화산쇄설물은 중심 분화구를 통해 분출한다. 때때로 용암류가 흘러나온다.	멕시코의 파리쿠틴산, 애리조나주의 선셋크레이터

화산체

화산의 규모와 형태는 매우 다양하다. 화산은 지표 아래의 화성 활동이 지표로 표출된 결과이다. 소규모의 화성 활동으로 시작되지만, 활동이 계속되면서 화산은 확연하게 드러나는 언덕 혹은 거대한 산으로 성장한다. 대부분의 화산체는 양쪽이 대칭인 원추 모양의 산을 형성한다. 평균적으로 거의 모든 화산체는 화산체 꼭대기에 분화구라는 공통분모를 갖는다. 흔히 소규모의 부수적인 화산체가 규모가 큰 화산체의 가장자리, 측면 또는 심지어 분화구 안에 형성되기도 한다. 일반적으로 마그마의 차이가 분화 유형을 다르게 하고 따라서 화산체 유형의 차이를 결정하게 된다(표 14-1).

순상화산 : 유동성이 큰 현무암질 용암은 흔히 지표를 쉽게 흐르기 때문에 바닥의 크기가 넓고 높이가 낮은 **순상화산**(shield volcano)을 형성한다. 순상화산은 고화된 암석 위로 새로운 용암이 상대적으로 화산쇄설물이 거의 없이 겹겹이 쌓이면서 형성된

▲ 그림 14-32 (a) 순상화산은 완만한 경사를 지니며 아주 약간의 화산쇄설물이 포함된 용암류가 층층이 쌓여 형성되었다. 넓지만 깊지 않은 정상부의 와지는 '정상부 칼데라'로 알려져 있다. (b) 하와이의 빅아일랜드섬 마우나로아화산의 완만한 사면. 마우나케아순상화산은 그 너머로 보인다.

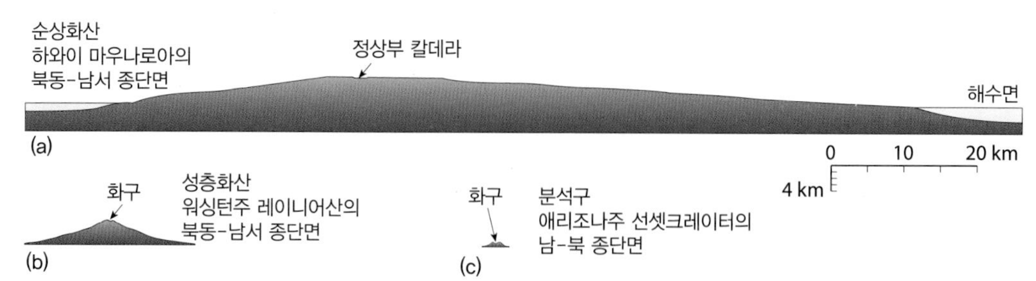

◀그림 14-33 동일한 축척으로 그려진 화산 단면. (a) 순상화산인 하와이의 마우나로아화산, (b) 복성화산인 워싱턴주의 레이니어산, (c) 분석구인 애리조나주의 선셋크레이터

다. 일부 순상화산들 중에는 규모가 웅장하고 높은 것도 있으나, 결코 경사가 급하지는 않다(그림 14-32a).

하와이 열도는 수많은 순상화산들로 구성되어 있다. 하와이의 '열점'으로부터 생성된 빅아일랜드섬의 마우나로아화산(Mauna Loa)은 세계에서 가장 큰 화산이며(그림 14-32b) 해저 바닥으로부터 정상높이까지 약 9km 이상이다(그림 14-33). 하와이의 순상화산 중 현재까지 가장 활동적인 킬라우에아화산(Kīlauea)은 마우나로아화산의 남동쪽 측면에 자리하고 있다(그림 14-29 참조).

복성화산 : 안산암과 같은 중성질 용암을 분출하는 화산은 폭발적으로, **복성화산**(composite volcano) 또는 **성층화산**(stratovolcano)이라고 불리는 좌우 대칭적이고 경사가 급한 화산을 형성한다(그림 14-34a). 성층화산은 폭발이 동반되지 않는 용암류와 폭발적인 분화에 의한 화산쇄설물(화산재와 분석)의 반복되는 층으로 이루어져 산록부의 경사가 급하다. 화산쇄설물은 급경사 사면을 형성하는 경향이 있는데 그 이유는 용암류가 화산쇄설물을 굳어지게 하기 때문이다. 유명한 성층화산의 예로는 일본의 후지산과 미국 워싱턴주의 레이니어산 그리고 멕시코시티 근처에 있는 포포카테페틀산이 있다(그림14-34b).

학습 체크 14-11 복성화산과 순상화산의 형태와 구조 및 형성 과정을 비교하라.

용암원정구 : **용암원정구**(lava dome) 또는 **종상화산**(plug dome)은 규산이 많이 함유된 유문암 등의 점성이 매우 강한 용암이 높은 점성때문에 멀리 흘러 나가지 못해 형성된 것이다. 대신에 용암은 화도로부터 우뚝 부풀어 올라, 하부와 내부의 팽창으로 인해 하나의 거대한 돔으로 성장하게 된다(그림 14-35a). 모노크레이터는 시에라네바다산맥과 캘리포니아주 요세미티국립공원 동부에 걸쳐 있는 생성연대가 오래되지 않은 유문암질의 용암원정구 연속체이며(그림 14-35b), 가장 최근의 활동은 불과 수백 년 전에 일어났었다.

용암원정구는 또한 복성화산의 분화구 내에서 점성이 강한 용암이 분출구를 통해 밀려 올라올 때 만들어질 수도 있다. 1980년 세인트헬렌스화산의 대규모 폭발이 있은 얼마 뒤에 용암원정구가 형성된 것도 그러한 예이다.

분석구 : **분석구**(cinder cone)는 화산체 중에서 가장 작은 형태이다. 분석구를 형성하는 마그마의 화학성분은 다양하지만 현무암질 용암이 대부분이다. 분석구는 화도로부터 분출한 화산쇄설물로 이루어진 원추 모양의 화산체이다(그림 14-36a). 분출된 입자의 크기가 사면의 경사를 결정한다. '화산재'와 같은 작은 크기

▶그림 14-34 (a) 복성화산은 화산쇄설물과 용암류의 층으로 구성되어 있다. (b) 포포카테페틀 화산은 멕시코시티 인근의 복성화산으로 2012년 1월에 분화하였다.

(a) 복성화산

(b) 포포카테페틀화산

▲ 그림 14-35 (a) 용암원정구는 점성이 높은 용암(보통 유문암질)이 분출구로부터 '짜내어져' 올라올 때 발달한다. 용암원정구는 폭발적으로 분화된 화산쇄설물로 덮이거나 둘러싸인다. (b) 크레이터산은 모노크레이터 연속체 중에 가장 높은 봉우리로, 요세미티국립공원과 캘리포니아 모노호 남부의 유문암질 용암원정구 연속체에 속한다. 이 화산의 불규칙한 모양의 정상부는 점성이 높은 용암이 부풀어 오른 것이다.

의 입자는 약 35° 정도의 경사를 만드는 반면, '분석(噴石)'과 같은 큰 크기의 입자는 약 25° 정도의 경사를 연출할 수 있다. 분석구는 일반적으로 450m 이하의 높이이며, 종종 다른 화산과 관련되어 측화산의 형태로 발견된다(그림 14-36b). 때로는 분석구를 형성한 같은 화도에서 용암류가 나오는 경우도 있다.

칼데라 : 흔하게 발생하지는 않지만 화산이 폭발, 함몰 또는 2개가 동시에 일어나면서 그 결과로 **칼데라**(caldera)가 형성된다. 그 결과 거대한 분지 모양의 함몰구가 생겨나는데, 일반적으로 원형의 형태를 띠며 지름이 본래 화구보다 몇 배 정도로 크다. 일부 칼데라들은 그 지름이 수십 킬로미터에 달한다.

북아메리카에서 가장 유명한 칼데라는 사실 이름이 잘못 붙여진 오리건주의 크레이터호수(그림 14-37)가 있다. 마자마산(Mount Mazama)은 본래 해발고도가 약 3,660m에 달하는 것으로 추정되는 복성화산이었다. 거대한 폭발이 있었던 7,700년 전에 마자마산의 외륜 벽이 약해졌고, 화산에서 많은 양의 화산쇄설물이 폭발하면서 벽은 함몰되었다(그림 14-38). 마자마산 아래의 마그마 방의 일부가 비워진 것 또한 이와 같은 함몰에 기여하였다. 정상부 1,220m 정도의 화산체는 폭발과 함몰로 사라지고 남아 있는 분화구의 외륜산 아래로 1,220m 깊이의 칼데라가 만

▲ 그림 14-36 (a) 분석구는 화산쇄설물로 이루어진 작은 화산이다. (b) 선셋크레이터는 애리조나주 북부 플래그스태프 인근에 위치한 전형적인 분석구 화산의 사례이다.

▲그림 14-37 오리건주의 크레이터호는 거대한 칼데라 분화구다. 위저드섬은 더 최근에 2차적으로 형성된 화산 분석구이다.

애니메이션 (MG)
화구호의 형성
http://goo.gl/vq6lBq

들어졌다. 그 후 칼데라 깊이의 반 정도가 물로 채워지면서, 북아메리카에서 가장 깊은 호수 가운데 하나가 만들어졌다. 이후에 측화산과 용암원정구와 같은 부수적인 화산들이 칼데라의 바닥에서 형성되면서, 현재 위저드섬과 같이 호수의 표면위로 솟아오르고 있다(그림 14-37 참조). 북아메리카 지역의 다른 칼데라로는 캘리포니아주의 롱밸리 칼데라와 와이오밍주의 옐로스톤 칼데라가 있다.

순상화산에도 다른 방식으로 **정상부 칼데라**(summit caldera)가 발달할 수 있다. 다량의 유동성 용암이 화산 측면을 따라 나란한 열곡을 통해서 분출될 때, 정상부 아래의 마그마 방에 공동이 생기면서 함몰되게 되고 상대적으로 얕은 칼데라를 형성한다. 빅아일랜드섬에 있는 마우나로아화산과 킬라우에아화산 둘 다 이러한 방식으로 형성된 칼데라를 갖고 있다.

학습 체크 14-12 오리건주의 크레이터호수와 같은 칼데라의 형성 과정은 어떠한가?

화산재해

세계의 수많은 인구가 활화산 또는 잠재적으로 활동 가능성이 있는 화산 주변에 거주한다. 미국만 보더라도 최근 200년 이내에 폭발했던 기록이 있는 화산들이 50개가 넘으며, 그 외의 것들은 가까운 미래에 활동할 가능성이 있다. 그중에 일부 화산들은 많은 인구가 거주하는 워싱턴, 오리건, 캘리포니아, 알래스카, 하와이 그리고 옐로스톤국립공원 지역에 위치하고 있다. 이와 같은 화산들에서 폭발이 일어난다면 광범위한 지역에 걸쳐 수많은 인명 피해를 야기하는 화산재해가 발생할 수 있다(그림 14-39). 적은 규모의 분화라도 누적된 효과가 기후에 미치는 영향이 어떠한지에 대해서는 "글로벌 환경 변화 : 화산 연무가 온실가스에 의한 온난화를 상쇄하였을까?" 글상자를 참조하라.

화산가스

화산은 분화하는 동안에 다량의 가스를 방출한다. 수증기가 화산

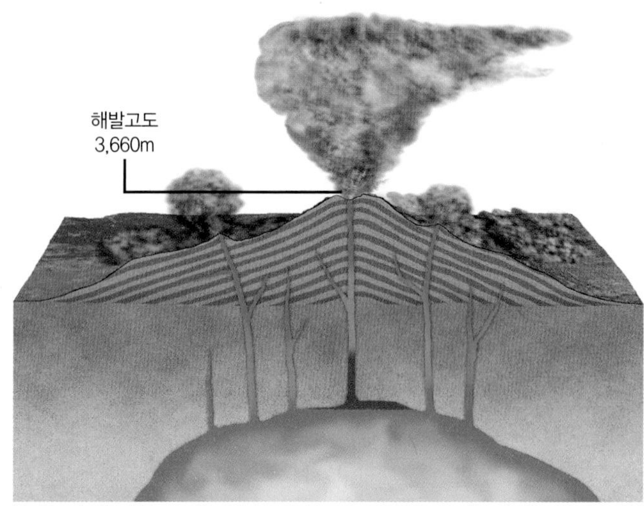

(a) 분화의 시작

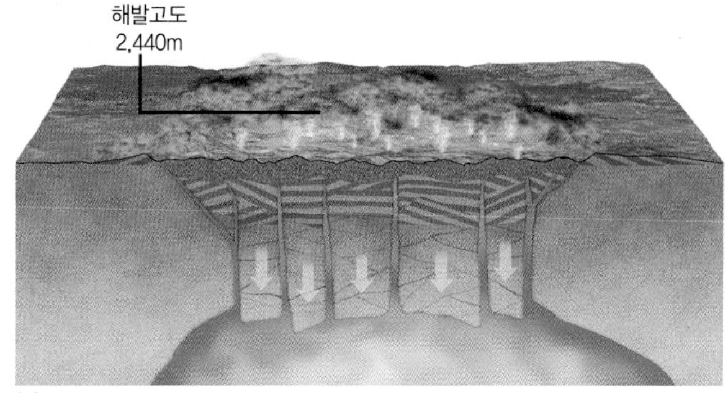

(b) 화산 함몰

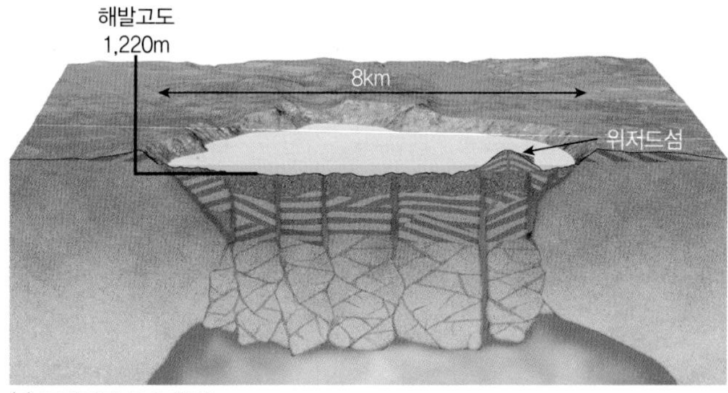

(c) 크레이터 호수 형성

▲그림 14-38 크레이터 호수의 형성 과정. (a) 약 7,700년 전의 마자마산. (b) 대변동을 일으킨 폭발이 발생하는 동안, 엄청난 양의 화산쇄설물이 마그마 방으로부터 방출되어 그곳이 빔으로써 화산이 함몰되었고, 그 결과 1,220m 깊이의 칼데라가 형성되었다. (c) 칼데라의 일부는 물로 채워져 호수를 형성하고, 새로운 균열은 위저드섬 같은 화산을 형성하였다.

가스의 대부분을 차지하며, 그 외에도 이산화탄소, 아황산가스, 황화수소 및 불소 등을 포함한다. 가스로 인한 재해는 다양하다. 예를 들어 1986년 카메룬의 니오스호 바닥의 마그마 방에서 급작스럽게 방출된 이산화탄소는 거의 1,800명의 생명을 앗아 갔다.

화산 분화 시 방출된 아황산가스는 대기 중의 물과 결합할 수 있다. 황산 안개가 만들어지고 이것이 산성비로 지표에 내리게 되어 농작물 피해와 금속을 부식시키기도 한다. 대기권의 높은 고도에서는 이런 응결핵이 햇빛을 반사시키는 역할을 하여 지구의 기온을 낮출 수도 있다. 제8장에서 이미 언급했던 것처럼, 1991년

▶ 그림 14-39 전형적인 복성화산과 관련된 재해. 여기서 일부 재해들은 다른 유형의 화산이 만들어질 때에도 발생한다.

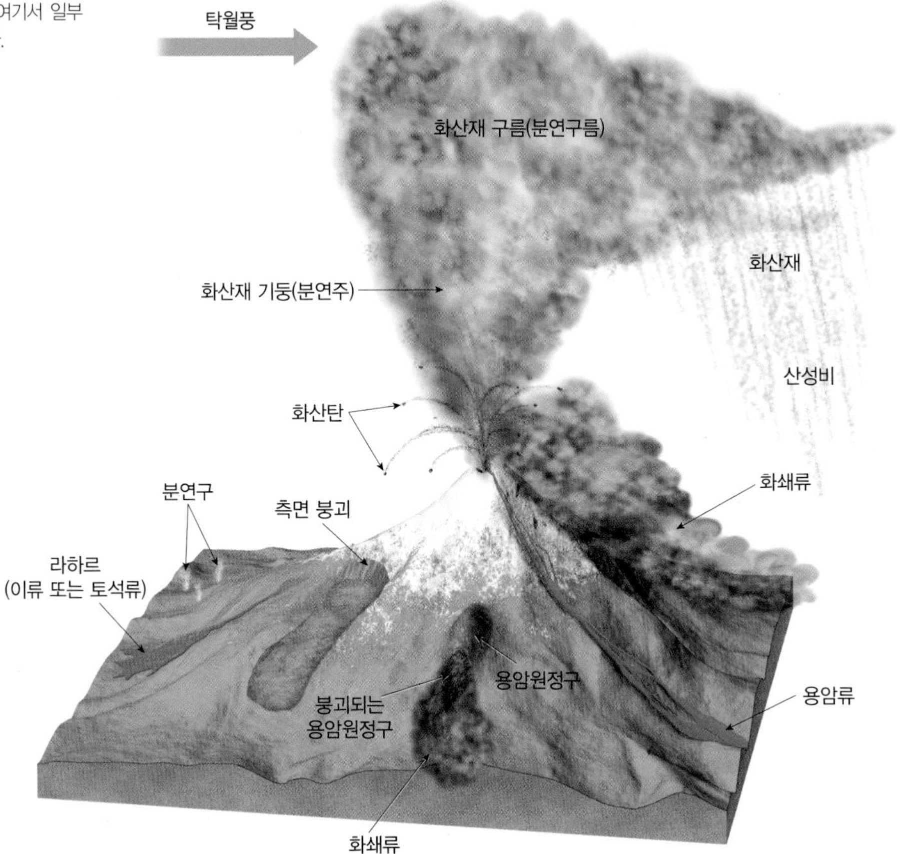

필리핀 피나투보화산 폭발에 의한 다량의 아황산가스 방출은 태양 복사를 감소시켰고 그 영향으로 1년 이상 지구의 온도가 낮아졌다.

용암류

용암류는 놀랍게도 인명 피해를 거의 발생시키지 않는다. 용암류가 흐르는 속도와 거리는 용암의 점성에 따라 좌우되며, 점성은 규산 함량에 의해 결정된다. 하와이의 순상화산과 관련된 규산 함량이 낮은 현무암질 용암은 꽤 유동성이 높아 속도가 빠르다. 비록 대부분의 현무암질 용암이 사람들의 걸음걸이보다 느리게 움직이지만 일부 용암류에서는 굳어지기 전 시간당 25km 이상의 속도로 움직이며, 120km 이상 되는 거리의 지역을 뒤덮는 경우가 있다. 그러나 용암류가 흐르는 경로는 예측 가능하기 때문에 비록 지난 수십 년간 하와이 킬라우에아에서 분출한 용암류에 의해 많은 집들이 파괴되었지만 인명 피해는 거의 발생하지 않았다.

환태평양 주위의 복성화산과 관련된 규산 함량이 높은 안산암질 용암은 현무암질 용암보다 점성이 더 높기 때문에, 보통 짧은 거리만 움직인다. 아주 점성이 높은 유문암질 용암은 화도로부터 매우 적은 양의 용암만이 삐져나오듯이 나와, 불룩하게 팽창한 용암원정구를 형성한다. 중성과 산성암 계열의 용암류는 직접적인 피해는 끼치지 않지만, 이러한 용암질 화산의 파괴적으로 폭발하는 성질 때문에 수많은 심각한 재해를 유발한다.

분연주와 화산재

복성화산과 용암원정구는 종종 폭발식 분화를 한다. 격렬한 화산쇄설물과 가스의 분출은 고도가 16km 이상에 달하는 **분연주**(噴煙柱, eruption column)를 형성할 수 있다. '화산탄'이라고 불리는 암석 파편은 화산 주위에 바로 떨어지는 반면, 그보다 작은 화산재와 화산진은 거대한 **분연구름**(eruption cloud)을 형성하여 막대한 양의 화산재가 내리게 된다. 화산재가 두껍게 쌓이게 되면 농작물에 피해를 입히며 심지어는 건물의 붕괴도 야기한다.

화쇄류

화산의 폭발식 분화가 발생하는 동안 용암원정구의 붕괴 혹은 분연주의 갑작스러운 침하는 화산가스, 화산재 그리고 화산탄이 포함된 엄청나게 빠른 속도의 애벌랜치를 발생시킬 수 있으며, 이를 **화쇄류**(火碎流, pyroclastic flow 또는 nuée ardente)라 부른다. 화쇄류는 시간당 160km 이상의 속도로 화산의 사면을 빠르게 하강하면서 지나가는 모든 곳을 불태우고 매몰시킨다(그림 14-40). 아마도 화쇄류의 가장 유명한 사례는 1902년에 발생한 카리브제도의 마르티니크섬의 화쇄류일 것이다. 몽펠레(Mont Pelée)의 폭발적인 분화는 순식간에 거대한 화쇄류로 항구도시 생피에르(St. Pierre)를 매몰시켜 도시를 파괴시켰고, 28,000명에 달하는 주민들의 목숨을 앗아 갔다.

더 최근에는 1990년대에 일본 규슈섬의 운젠화산이 연속적으로 분출하면서 화쇄류가 발생한 것이다. 지진 활동이 증가하고 난 후 거대한 마유산 원정구 부근에 후겐다케(普賢岳)라는 용암원정구가 형성되었다. 1993년까지 화쇄류와 화산이류(라하르)는 2,000개에 달하는 건물을 파괴시키고, 12,000명 정도의 주민을 대피하게 만들었으며, 43명의 목숨을 앗아 갔는데, 이들 중에는 유명한 프랑스 영화 제작자이자 화산학자인 Maurice와 Katia Krafft 부부도 있었다.

화산 연무가 온실가스에 의한 온난화를 상쇄하였을까?

▶ Robert Dull, 텍사스대학교 오스틴캠퍼스

지구 대기의 평균 온도는 1800년대 이후로 온실가스 배출과 함께 지속적으로 상승하고 있지만 그 속도는 2000년 이후 감소하고 있다. '온난화 휴지기'라 불리는 기온 상승 속도의 감소(그림 14-A)는 지속적으로 빨라지는 화석연료의 소비와 인류에 의한 온실가스 배출에도 불구하고 일어나고 있는 현상이다.

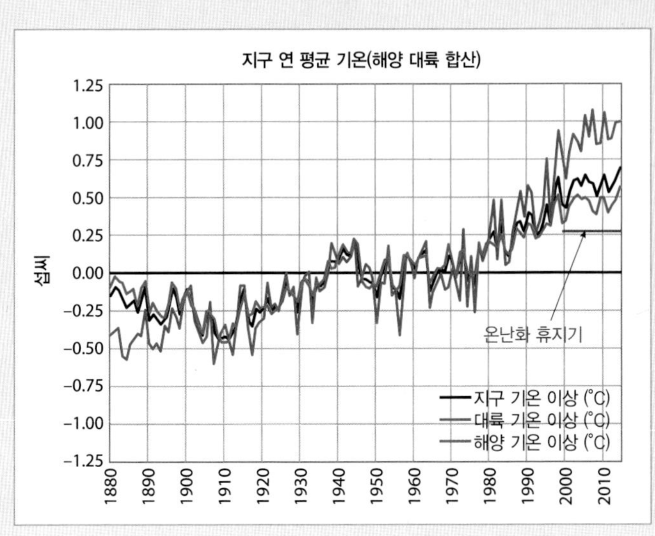

▲그림 14-A 1880~2018년까지 육지, 해상 및 전체적인 지구 기온 이상

온난화 휴지기: 2000년 이후 태양 복사량의 변화는 거의 무시할 수준이며 따라서 이것은 온난화 휴지기를 가져온 원인은 아니다. 하나의 가능한 설명은 성층권에 화산 연무가 증가했다는 것이다. 대규모 화산 폭발의 기온 하강 유발 능력은 역사적인 1815년 인도네시아의 탐보라화산 폭발이나 1991년 필리핀의 피나투보 화산에서 입증되었다. 폭발적인 화산의 분출이 화산재와 이산화황(SO_2) 가스를 대기권에 내뿜으면 이러한 연무들은 지표면에 강수로 내릴 때까지 몇 달 또는 몇 년까지 머무르게 된다. 성층권에서 화산 연무는 유입되는 태양 복사의 일부를 반사시키고 이는 지표면의 기온 저하를 일으킨다. 과학계는 오랜 동안 대규모 폭발이 기후 변화에 미치는 영향에 주목하였으나, 소규모 폭발의 누적이 기후에 미치는 영향에 대해서는 아주 최근에서야 눈을 돌리고 있다.

최근에는 어떤 화산도 1991년 피나투보 화산 규모로 분출한 것은 없지만, 2000년 이후 여러 개의 작은 규모의 화산 폭발에서 나온 화산재와 연무들이 대류권을 지나 성층권에 도달하였다. 2000~2013년까지 성층권에 분포하는 화산 연무의 누적 기온 냉각 효과가 평균 기온을 0.05~0.12℃ 정도 떨어뜨린 것으로 추산된다. 이러한 것은 인간에 의한 지구온난화를 일부 상쇄하고 있으며, 21세기 초반의 온난화 휴지기를 설명하는 데 약간 도움이 된다.

질문

1. 폭발식 분화는 어떻게 기후를 변화시키는가?
2. 2000년 이후 지구온난화 속도가 느려진 것을 설명할 수 있는 원인들은 무엇인가?

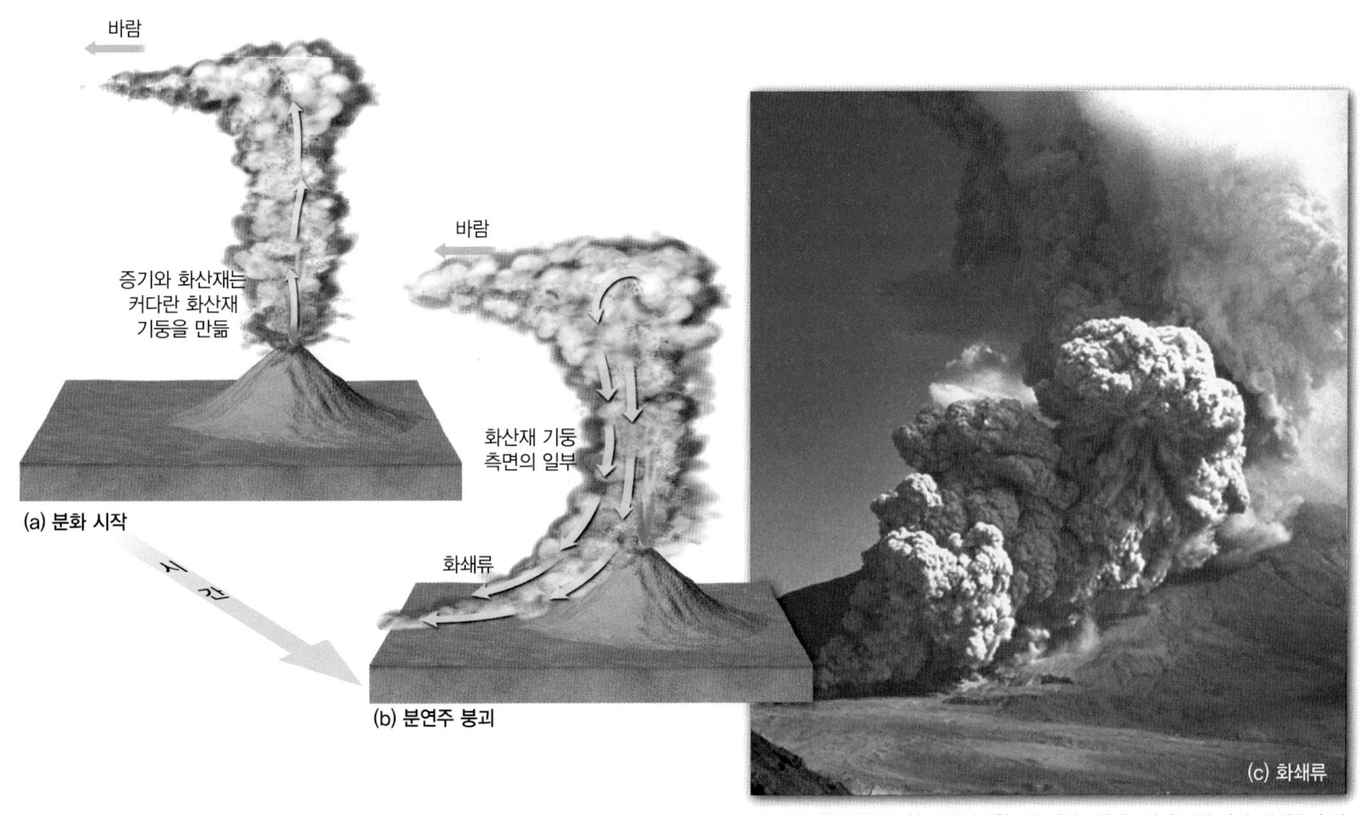

▲그림 14-40 화쇄류는 (a) 분출 기둥이 (b) 무너지면서 가스와 화산쇄설물이 사면을 따라 쏟아져 내릴 때 발생한다. (c)1980년 8월 7일 세인트헬렌스화산 분화 당시, 화쇄류가 화산의 측면을 따라 산 아래로 내려가는 모습

화산이류(라하르)

복성화산과 관련 있는 가장 보편적인 재해는 **화산이류**(火山泥流, volcanic mudflow) 또는 인도네시아 어로 **라하르**(lahar)이다. 분화 중에 성긴 화산재와 사면에 퇴적된 화쇄류는 폭우 또는 융설수나 융빙수에 의해서 쉽게 유동성을 지니게 된다. 물과 아직 고화되지 않은 화쇄류가 혼합되면서 굉장히 빠르고 때로는 뜨거운 진흙과 돌의 혼합체가 흐르게 되며, 이는 마치 물과 혼합된 콘크리트의 흐름과 유사하다. 라하르는 전형적으로 사면의 하천 계곡을 따라 흐르기 때문에, 계곡 하상을 진흙과 퇴적물로 매몰시킨다(그림 14-41). 라하르는 시간당 50km 이상의 속도를 내며 80km 이상의 거리를 움직이기도 한다.

라하르의 가장 비극적인 사례는 1985년에 콜롬비아 네바도델루이스화산에서 발생한 이류가 거의 50km 정도 떨어진 아르메로시를 덮쳐, 2만 명 이상의 목숨을 앗아 간 사건이다.

학습 체크 14-13 화쇄류와 화산이류(라하르)의 차이를 설명하라.

화산 모니터링

화산은 주요 분화 사이에 몇백 년 동안의 휴식기를 갖기도 하므로 화산을 둘러싸고 있는 지역에서 화산재해는 명확하지 않다. 북아메리카의 캐스케이드산맥만 해도 12개 이상의 잠재적 활화산이 있는데, 그중 7개는 1700년대 후반 이후로 화산 활동이 있었다(그림 14-42). 이곳은 환태평양 주위의 다른 곳과 마찬가지로 인구가 빠르게 증가하고 있기 때문에, 과거에 수천 명의 인명 피해를 일으켰었던 화산재해와 똑같은 재해에 노출되어 있다.

미국에서는 미국지질조사국(USGS)과 연구 중심 대학들이 화산폭발로 발생할 수 있는 화쇄류와 라하르의 예상 경로를 지도화하기 위하여 과거 화산의 폭발기록과 지질학적 증거들을 들여다보고 있다. 활화산의 모니터링에는 화산 경사의 미미한 변화를 감지하여 마그마로 인한 화산의 부풀어짐 현상을 측정하는 '경사계'의 사용, 마그마의 변화를 알려 줄 수 있도록 화산에서 방출되는 가스의 구성과 양의 변화를 측정, 분화구 모양의 변화를 관찰하기 위한 원격 조정 카메라의 이용, 소규모 지진의 집중적 발생이 화산 정상부 하부의 마그마 방이 채워져 감을 의미하기 때문에 내부의 지진 활동을 감시하는 등의 활동을 포함한다. 대규모 폭발의 시작과 동반되는 독특한 지진 발생 경향을 찾는 것은 가능성이 높다.

세인트헬렌스화산의 폭발 : 미국 본토에서 마지막 대규모 화산 분화는 1980년 워싱턴주에서 있었다. 5월 18일 아침, 몇 달 동안 산발적인 증기와 화산재의 방출이 있은 후에, 화산은 모든 것을 황폐화시킬 정도로 폭발을 일으켰고(그림 14-43), 그렇게 역사상 가장 많은 연구가 이루어진 화산이 되었다.

폭발이 시작되었을 때, 산의 북사면 전체가 지진이 발생하는 동안 거대한 산사태에 의해서 잘려 나갔다. 산사태는 마그마가 있는 화산 내부의 압력을 해방시켜 줌으로써 엄청난 측면 폭발을 일으켰는데, 화산의 북쪽으로 24km 이상에 달하는 지역의 나무를 쓰러뜨렸으며(그림 10-19 참조), 이로 인해 500km² 이상에 해당되는 지역이 완전히 파괴되었다. 그리고 화산 산록부에 북아메리카에서 가장 경치가 빼어난 호수 중 하나였던 스피릿호는 일시에 죽은 나무와 퇴적물로 가득 메워졌다.

측면폭발 후에 화산재와 수증기로 이루어진 강한 수직 폭발이 시작되었고, 분연주는 10분 이내에 고도 19km까지 치솟았다. 4,700억 kg(5억 2,000만 톤) 이상의 화산재가 탁월풍에 의해 동

▶ **그림 14-41** 2015년 비야리카화산에서 발생한 라하르 퇴적물이 칠레 푸콘 지역의 하곡을 메웠다.

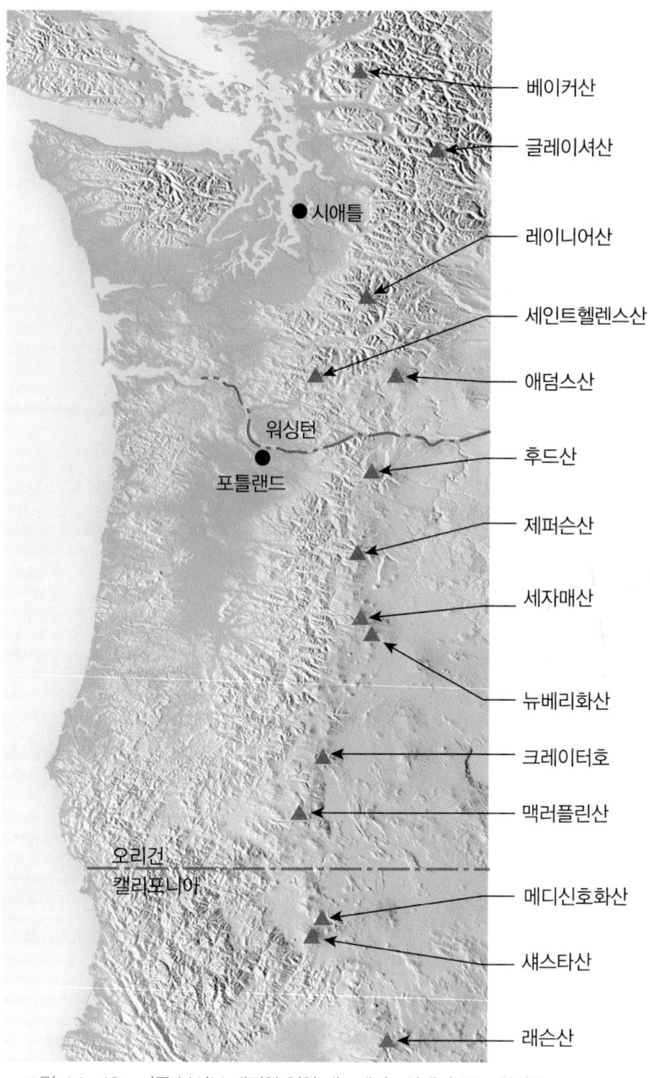

▲그림 14-42 미국 북서부 태평양 연안 캐스케이드산맥의 주요 화산들

쪽으로 운반되었으며, 화산재로 인해 화산으로부터 400km 정도 떨어진 워싱턴주의 스포캔시는 대낮에도 어둠으로 휩싸였다. 화산 폭발이 발생하는 동안 연속적인 화쇄류는 산사면을 타고 내려갔다. 화산이류, 즉 라하르는 화산 정상부를 덮고 있던 눈과 얼음을 화산 폭발이 녹이면서 발생하여 근처 강의 계곡으로 쏟아졌다. 이 화산에서 가장 크게 발생했던 라하르는 48km에 달하는 하류부의 모든 교량을 무너뜨렸으며, 컬럼비아강 가항수로는 평소 수심의 절반 이하로 메워졌다.

화산 폭발은 세인트헬렌스화산의 고도를 400m 정도 낮추었고, 약 2.8km^{3}의 암석을 사라지게 하였으며, 화산재는 56,000km^2 이상 되는 지역에 퍼졌고, 10억 달러 이상의 재산 및 경제적 손실과 57명의 사망자가 발생하게 되었다.

대규모 폭발이 있고 나서 35년이 지났지만, 세인트헬렌스화산은 여전히 활동을 보이고 있다. 1980년과 비교될 만한 대규모 폭발이 가까운 시일 내에 발생할 것인지는 명확하지 않지만, 장기적으로는 세인트헬렌스화산은 다시 격렬하게 폭발할 것으로 보인다.

1980년 세인트헬렌스화산의 폭발이 예외적으로 큰 폭발이 아니었음을 알게 되면 정신이 번쩍 들게 된다. 1991년 필리핀의 피나투보화산 폭발은 그보다 10배 정도 컸으며, 1912년 알래스카에서 발생한 노바럽타화산 폭발은 30배 정도 컸기 때문이다. 바라건대, 세인트헬렌스를 포함한 활화산들에 대한 모니터링을 통해 관계당국이 다음 화산 폭발이 발생할 경우 언제 어디로 주민들을 대피시킬 것인지에 대해 현명한 판단을 내릴 수 있게 되길 바란다. 최근의 화산 분화가 주민들에 미친 효과에 대해서는 "인간과 환경 : 최근의 화산 분화가 인간에게 미친 영향" 글상자를 참조하라.

(a) 1980년 폭발 이전

(b) 1980년 폭발 이후

▲그림 14-43 (a) 1980년 폭발이 있기 전 세인트헬렌스화산의 모습. 세인트헬렌스화산 뒤에 있는 화산은 애덤스산이다. (b) 1980년 폭발 이후 세인트헬렌스화산의 모습. 폭발 후에 폭발 이전의 고도보다 400m가 낮아졌다.

애니메이션 MG
세인트헬렌스화산의 분화

http://goo.gl/yilZQJ

최근의 화산 분화가 인간에게 미친 영향

▶ Robert Dull, 텍사스대학교 오스틴캠퍼스

매년 지구상 어딘가에 화산이 분화한다. 일부는 하와이의 순상화산처럼 '일출식'('조용하고' 폭발하지 않는)으로 분화하여 마그마가 지표에 쉽게 도달하고 용암류로 흐르는 것도 있다. 대부분의 사람들은 용암류 속도보다 빠르게 걸을 수 있으므로 조용한 분출은 인간의 생명을 위협하지 않는다. 인간의 생명과 재산에 큰 위협이 되는 것은 '폭발식' 분화에서 기인하며, 이들은 주기적으로 많은 양의 화산쇄설물을 경관이나 대기 중으로 빠른 속도로 분출한다. 폭발식 분화는 치명적인 화쇄류를 발생시키는데 이것은 온도가 1,000℃에 달하며 놀라운 속도로 이동한다.

2010년에 발생한 2개의 화산 폭발(아이슬란드와 인도네시아)은 수백 명의 목숨을 앗아 가고 수 주 동안 전 세계 항공교통을 교란시켰다. 2014년 일본에서의 작은 폭발은 등산객들이 방심하여 사망자가 발생하였다.

▲ **그림 14-C** 인도네시아 으안차르 마을이 2010년 11월 므라피화산 분출에서 나온 화산재로 뒤덮여 있다.

아이슬란드와 분연주 : 아이슬란드는 북아메리카판과 유라시아판이 분리되는 경계 위에 걸터앉은 나라이다. 약 2세기 동안 비교적 조용하던 에이야파들라이외퀴들화산은 2010년 3월부터 새롭게 분화가 시작되었다. 분화가 지속되면서 빙하가 녹아내렸다. 상승하는 마그마가 빙하 융빙수와 급격히 반응하면서 미세하고 거친 테프라(화산쇄설물)를 만들었고, 이것들은 유사한 규모의 폭발에서 발생한 화산 구름보다 오랫동안 대기 중에 머무르게 되었다(그림 14-B).

4월 14일에 분화는 더욱 맹렬해지면서 약 0.25km^{3}의 화산재와 가스를 커다란 분연주를 만들면서 10km 상공까지 분출하여 성층권에 도달하였고 이들의 일부는 제트기류를 타게 된다. 화산재가 비행기 엔진에 치명적인 정지를 일으킬 수 있어 유럽 상공은 4월 말에 8일간 폐쇄되었으며, 약 107,000건의 운항이 취소되었다. 에이야파들라이외퀴들의 분화로 인한 경제적 피해는 미화로 50억 달러에 달하였다.

인도네시아의 치명적인 화쇄류 : 지역에서 '불의 산'으로 알려진 므라피화산은 전 세계적으로 가장 위험한 활화산 가운데 하나이며, 오스트레일리아-인도판이 유라시아판 밑으로 섭입하는 경계부에 위치하고 있다. 잘 알려진 위험성에도 불구하고 주변 지역은 사람들이 거주하며 농사를 짓고 있다. 화산을 둘러싼 농경지는 비옥하고 쌀, 커피, 가축 및 화훼 농업에 좋다. 많은 수의 므라피 주변 주민들은 2010년 10월 25일에 므라피화산이 되살아났을 때 준비되지 않은 상태였다.

10월 말에 분화가 강화되고 있을 때, 일부 주민들은 대피령에도 불구하고 집에 남아 있었다. 11월 초에는 사망자가 늘어 가면서 350,000명의 주민들이 대피하였다. 수만 마리의 가축이 죽거나 굶게 되었고 수천 헥타르의 농경지가 방치 상태가 되었다(그림 14-C). 사망자 최종 집계는 353명에 이르렀고, 대부분은 화쇄류에 의해 타 죽었다. 이것은 21세기 최대의 사망자를 발생시킨 사건이다.

일본의 압도된 등산객들 : 도쿄에서 200km 정도 떨어진 온다케화산은 일본 내 110개 활화산 가운데 하나이다. 2014년 9월 27일 가을 단풍을 즐기기 위해 수많은 등산객들이 모였을 때 재난이 닥쳤다. 지하의 마그마가 윗부분의 지하수를 가열하여 비등점에 이르자, 갑자기 수증기와 화산쇄설물이 '수증기성'(열수성) 폭발을 일으켰다. 분화가 끝났을 때, 57명이 목숨을 잃었고 이는 지난 90년 동안 일본에서 인명 손실이 가장 컸던 사건이 되었다.

므라피화산, 에이야파들라이외퀴들 및 온다케화산의 분화 규모는 역사적으로 보면 작은 편이지만, 그 피해를 받은 사람들에게는 커다란 도전이 되었다. 부디 주민과 정부당국이 장차 좀 더 잘 준비된 상태이길 바랄 뿐이다.

질문

1. 왜 폭발식 분화가 일출식 분화보다 위험한가?
2. 위험성에도 불구하고 왜 사람들은 활화산 주변에 거주할까?

▲ **그림 14-B** 2010년 아이슬란드 에이야파들라이외퀴들화산에서 분출한 화산재 기둥

관입화성암의 형상

마그마가 지표 아래에서 굳어지면 심성 화성암이 형성된다. 일반적으로 이러한 형태의 화성암은 **화성 관입**(igneous intrusion)이라 불리는 구조를 형성한다. 시간이 경과하면 관입암은 외인적인 작용에 의해 결국 지표에 노출되는데, 보통 침식에 강하기 때문에 시간의 경과에 따라 관입암은 상대적으로 본래 지표 지층보다 높은 곳에 있게 되는 독특한 경관을 형성한다.

심성암체

심성암(pluton)은 관입화성암체의 규모가 어떻든 간에 상관없이 사용되는 일반적인 용어이다. 모든 관입암의 모양, 크기, 위치는 다양하다. 더욱이 위에 놓인 암석이나 화성암을 둘러싸고 있는 암석과의 관계 또한 다양하다. 관입하는 마그마는 주변의 모암을 마그마로 흡수하거나, 모암을 녹여서 길을 비키게 할 수 있을 만큼 충분히 뜨겁다. 마그마가 관입되는 곳에 인접한 곳에서는 기존의 모암이 마찰과 압력에 의해 접촉 변성 작용이 일어난다.

화성암의 관입으로 인해 형성되는 구조는 무한히 다양하지만, 크게는 다음과 같은 유형으로 분류할 수 있다(그림 14-44).

저반 : 가장 커다란 관입암을 **저반**(底盤, batholith)이라고 하며, 지표 아래 화성암체의 크기는 표면적이 100km^{2}에 달할 정도로 아주 거대하며 우리가 알 수 없는 땅속 깊은 곳까지 자리하고 있다. 거대한 저반은 여러 개의 심성암체로 구성되었을 것이며, 이는 수백만 년 이상의 기간 동안 마그마의 반복적인 관입으로 형성되었을 것이다.

저반은 다수 산맥의 중심부를 이루고 있다. 캘리포니아주의 시에라네바다산맥과 콜로라도주의 프런트산맥도 대규모 저반의 융기에 의해 만들어졌다(그림 14-45). 이 산맥에 노출된 대부분의 심성암체는 화강암이나 화강섬록암(화강암과 섬록암 사이의 광물 구성을 보이는 암석, 그림 13-5 참조)이다.

암경 : 암경(volcanic neck)은 마지막 분화 이후 굳어진 용암으로 채워진 파이프 또는 '목구멍'에 해당하는 잔유물이다. 암경은 쉽게 침식되는 물질로 이루어진 원추형 부분이 침식되고 난 후 전형적으로 주변부에 비해 날카롭게 솟아 있는 첨탑형 지형이다(그림 14-46).

병반 : 관입암의 특수한 형태 중 하나인 **병반**(餠盤, laccolith)은 점성이 높은 규장질 마그마가 기존에 있던 수평한 지층 사이로 밀려 들어가 버섯 모양의 암체를 형성하여 위에 놓인 지층까지 반구형으로 부풀어 오르게 한다. 유타주 남동부의 잘 알려진 산군(山群)인 헨리, 아바요 그리고 라샐산맥과 같은 병반의 경우 언덕이나 산맥의 중심부를 형성할 만큼 커서 저반과 견줄 만한 크기를 갖는다.

관입암상 : 관입암상(貫入巖床, sill) 또한 길고 얇은 관입암체를 지녔으나, 암체의 형태는 이전부터 있었던 암석의 구조에 의해 결정된다. 전형적으로 현무암질인 마그마가 지층 사이를 뚫고 올라올 때 형성되며, 그 결과 수평 퇴적층 사이에 수평적인 관입암상이 형성된다.

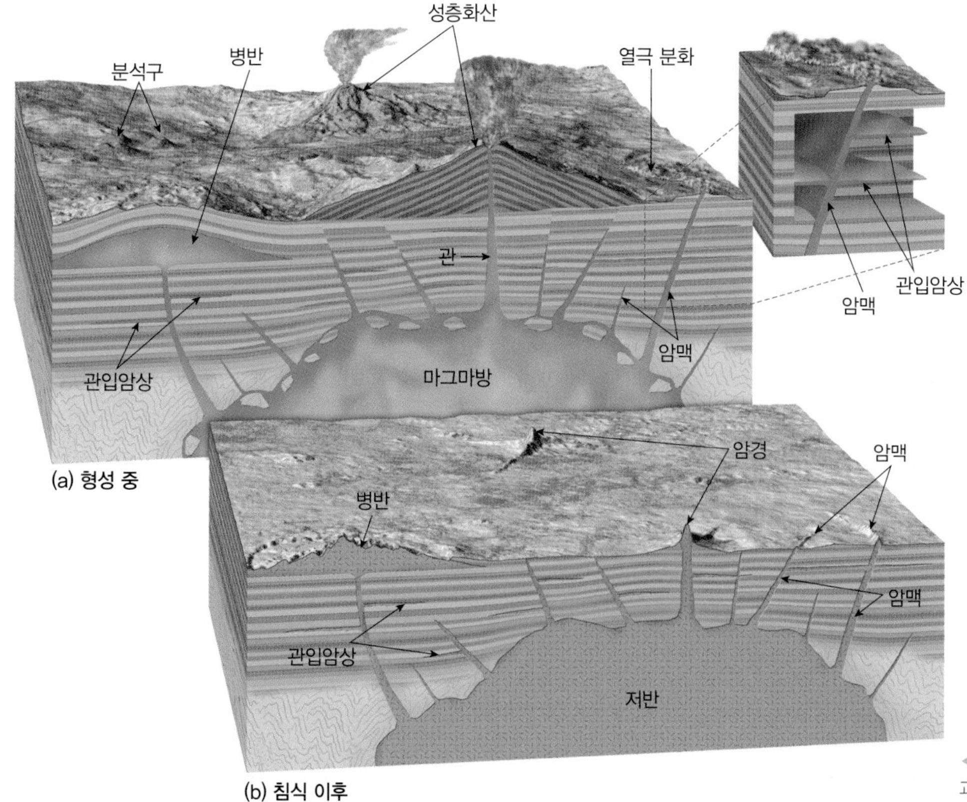

◀ **그림 14-44** 일반적 유형의 화성관입암 형성 과정. (a) 화산 분출과 마그마의 관입, (b) 침식 후

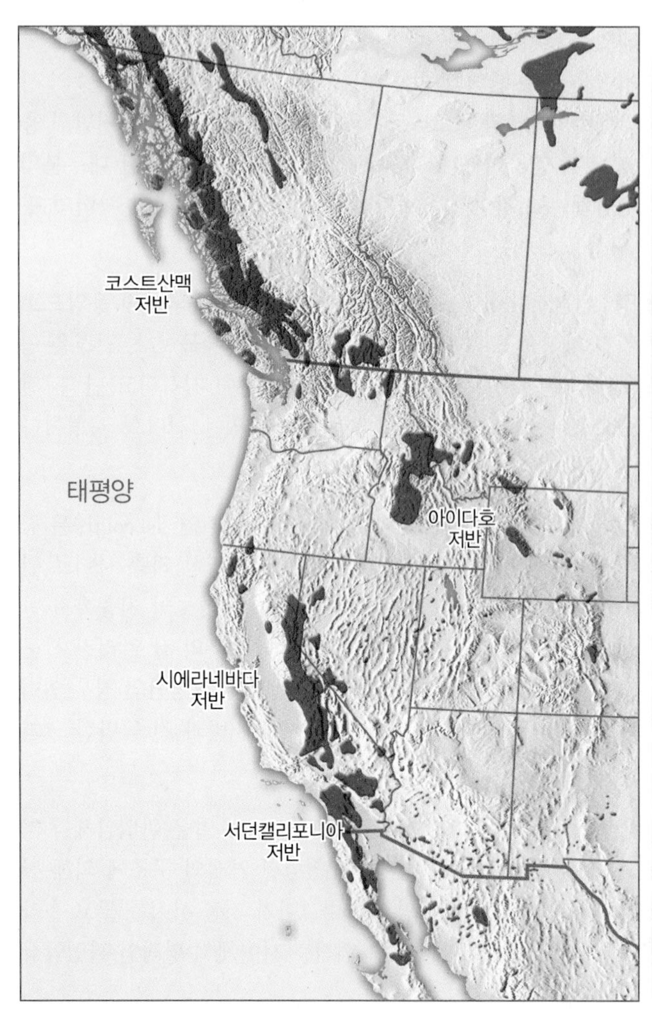

▲ 그림 14-45 북아메리카 서부의 주요 저반(batholith). 이들 광대한 관입암은 북아메리카판의 서쪽 경계를 따라 발달한 이전의 섭입경계와 대부분 관련이 있다.

▲ 그림 14-46 뉴멕시코 북서부에 있는 십록은 화산경 또는 암경의 대표적인 예이다. 이 화산경은 주변 지형보다 490m 위로 솟아 있다. 암맥이 십록의 뒤로 뻗어 있다.

암맥 : 모든 관입암 중에서 가장 흔한 형태 중 하나가 바로 **암맥**(巖脈, dike)으로, 수직적으로 또는 수직에 가까운 판상의 화성암체가 기존의 암석을 뚫고 관입함으로써 형성된다. 암맥은 수직적이면서 그 폭이 몇 센티미터에서 몇 미터까지로 좁고 보통 침식에 강하다. 어떤 경우에 암맥은 하나가 몇 킬로미터 또는 심지어는 수십 킬로미터에 달할 정도로 길다. 침식에 의해 암맥이 지표로 노출되게 되면, 보통 깎아지른 듯한 모습으로 주변보다 높이 솟아 올라온다. 뉴멕시코 북서부의 십록(Shiprock, 그림 14-46 참조)과 콜로라도 남쪽 중심부에 있는 스패니시 봉우리 등은 바깥쪽으로 자전거 바큇살처럼 방사상으로 뻗은 '벽체'로서 존재한다.

특별한 종류의 암맥가운데 해저의 현무암질 용암 지층 아래에서 발견할 수 있는 것이 있다. 판상의 암맥 연쇄는 하나의 수직적 암맥 옆으로 연속적으로 발달하는 것으로 확장의 중심부인 해령에서 영원히 벌어지고 있는 판 사이의 틈에 현무암질 마그마가 삽입될 때 형성된다.

학습 체크 14-14 저반, 병반 및 암맥의 차이점과 유사점은 무엇인가?

맥 : 관입화성암 사이에서 거의 두드러지지는 않지만 전체적으로는 널리 분포하는 것은 개별적이거나 또는 다발로 발견되는 화성암의 얇은 맥(脈, vein)이다. 맥은 보통 마그마 또는 열수 액체가 기존에 있었던 암석의 작은 틈으로 밀려 들어갈 때 형성된다.

지각변동 : 습곡

암석은 다양한 방식으로 구부러지거나 쪼개지게 된다. 때로는 지표 아래에서 용융된 물질이 상승함에 따라 응력이 발생되기도 한다. 지각변동(tectonism 또는 diastrophism)은 지각의 변형을 언급할 때 사용되는 일반적인 용어이다.

때로는 지각변동을 일으키는 응력(사물에 가해지는 압력)이 아래로부터 용융된 물질이 상승할 때 발생하기도 한다. 때로는 응력이 판구조 운동의 결과임이 명백하지만, 일부의 경우에는 판경계와 직접적으로 연관되지 않은 경우도 있다. 지각변동은 특히 퇴적암에서 명백하게 드러나는데, 그 이유는 거의 모든 퇴적암의 지층이 수평하게 또는 거의 수평에 가깝게 퇴적되기 때문이며,

◀그림 14-47 메릴랜드주 애팔래치아산맥의 도로 절개면에 나타나는 습곡과 단층을 받은 퇴적층

만약 그 지층이 구부러지거나 잘리거나 또는 기울어졌다면 우리는 지각변동에 의한 변형을 겪었음을 알게 된다(그림 14-47).

이 절에서는 지각변동의 두 유형인 **습곡**과 **단층**을 다룬다.

습곡 작용

지각은 응력을 받을 때, 특히 횡압력이 가해질 때 구부러지는 과정을 거치며 변형되는데, 이를 **습곡**(folding)이라 한다. 우리의 보통 경험상 암석은 단단하고 깨지기 쉽다고 생각하며, 만약 암석이 압력을 받으면 구부러지기 보다는 깨진다고 생각한다. 그러나 특히 지표 아래의 폐쇄된 환경에서 장기간 지속적으로 거대한 압력(또는 열)을 받게 되면, 천천히 유연하게 변형되어 믿을 수 없는 복잡성을 가진 습곡 구조가 형성된다. 습곡은 어떤 종류의 암석이든지 발생할 수 있으나, 특히 평평한 퇴적암 지층이 변형되었을 때 쉽게 인식된다.

습곡은 다양한 규모로 발생할 수 있다. 어떤 습곡은 센티미터 이상도 아닐 정도로 작은 반면, 어떤 것은 능선부와 곡부 간의 거리가 수십 킬로미터 정도 떨어진 거대한 규모로 발달할 수도 있다.

습곡의 유형

습곡은 일반적으로 굴곡부의 방향에 따라 구분된다(그림 14-48). **단사**(monocline)는 습곡이 한 방향으로 나타나는 것, 즉 두 수평면이나 또는 지층의 경사가 약간 기울어진 것이 합쳐진 것을 말한다. 단순하게 지층에서 위로 올라온 부분을 **배사**(anticline)라고 하고, 아래로 내려간 부분을 **향사**(syncline)라고 부른다. 또한 일반적으로 한쪽 방향으로 지나치게 치우쳐 오르면 **과습곡**

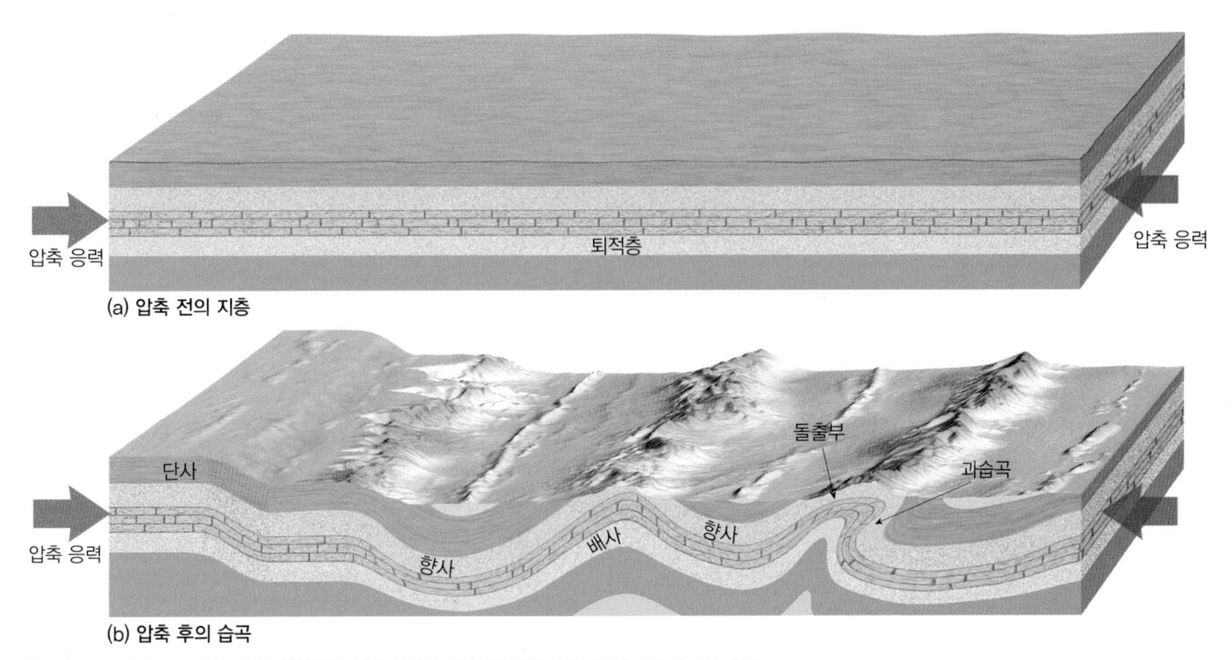

▲그림 14-48 습곡 구조의 발달. (a) 횡압력은 본래 수평인 퇴적층을 접히게 한다. (b) 습곡의 기본 유형

(overturned fold)이라고 한다. 만약 압력이 경사진 날개 부분을 절단할 만큼 강하여 절단 운동이 발생한다면, 그 결과 **오버스러스트 습곡**(overthrust fold)이 형성되는데, 이로 인해 더 오래된 지층이 연대가 더 어린 지층 위에 놓이게 된다.

습곡과 관련된 지형의 모습

구조와 지형 사이의 가장 단순한 관련성으로서 자연적으로 흔히 발생하는 것은 들어 올려진 배사 부분은 능선이 되고 아래로 내려간 향사 부분이 계곡이 되는 것이다. 하지만 정반대의 관계 또한 가능하다. 즉, 배사부분이 계곡으로, 향사 부분이 산 능선으로 발전되는 것이다(그림 14-49). 이와 같이 '역전된' 지형은 보통 습곡 지층에서 **장력**(끌어 당김)과 **횡압력**(서로 밀침)의 영향에 의한 것으로 설명될 수 있다. 지층이 굽혀져 들어 올려진 배사 부분에서는 인장력으로 인한 균열이 발생됨으로 인해 침식의 발판을 제공하게 되어 쉽게 물질이 제거되고, 아래에 놓인 지층까지 침식이 계속되게 된다. 반대로, 배사 부분에서 행해지는 횡압력은 밀도를 증가시켜 침식에 대한 저항력을 강하게 만들어 준다. 사실, 오랜 시간이 지나면서 배사 부분은 향사 부분보다 빠르게 침식될 수 있으며, 이로 인해 **배사 계곡**(anticlinal valley)과 **향사 능**(synclinal ridge)이 형성되게 된다.

다양한 변형들을 포함하여 모든 습곡의 경우가 애팔래치아산맥의 소위 산맥과 계곡 구간(Ridge-and-Valley section)이라고 불리는 곳에서 발견되며, 이 지역은 세계적으로 산맥과 계곡이 평행하게 연속되는 것이 확연하게 드러나는 것으로 잘 알려진 지역이다(그림 14-50). 이 구간은 북동-남서 방향으로 총 9개 주를 가로질러 약 1,600km 정도에 걸쳐 있으며, 이 구간의 너비는 40~120km 정도로 다양하다.

학습 체크 14-15 향사와 배사는 무엇이며, 이들과 연관된 지형은 무엇인가?

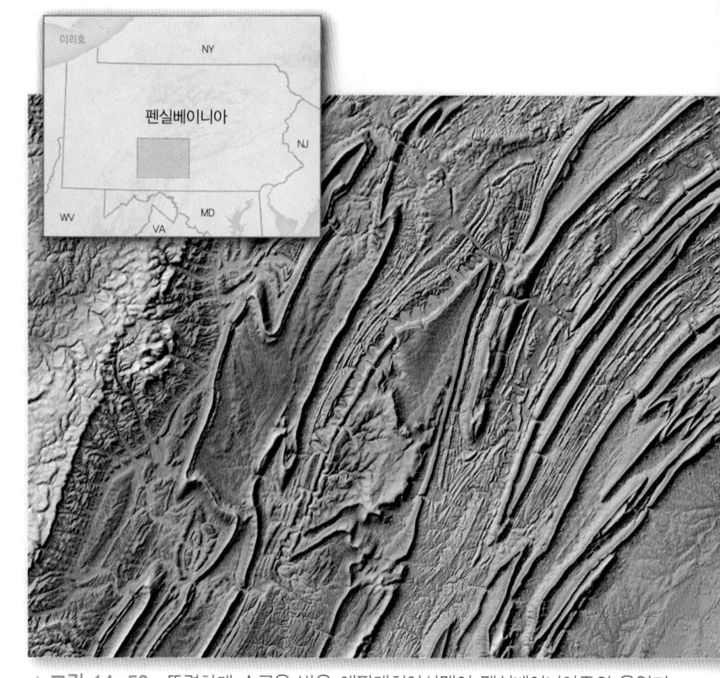

▲그림 14-50 뚜렷하게 습곡을 받은 애팔래치아산맥이 펜실베이니아주의 음영기복도에 명확하게 나타나 있다.

지각변동 : 단층

지각변동의 또 다른 주요한 결과는 암석 구조가 쪼개지는 것이다. 암석이 쪼개짐과 함께 하나의 지각이 다른 쪽에 비해 상대적으로 강제적으로 움직이게 되는 운동을 **단층**(faulting)이라고 한다(그림 14-51). 변위는 수직적으로 발생될 수도 있고 수평적으로 발생될 수도 있으며 둘 다일 수도 있다. 단층은 보통 지각의 약한 부분을 따라 발생하는데 이를 **단층면**(fault plane) 또는 **단층대**(fault zone)라고 부르며, 지표와 이 단층대가 만나는 곳은 **단층선**(fault line)이 된다.

주요 단층은 지각 내부의 수 킬로미터까지 관통한다. 깊은 단층지대는 지구 내부에서부터 지표까지 물과 열을 통과시키는 도

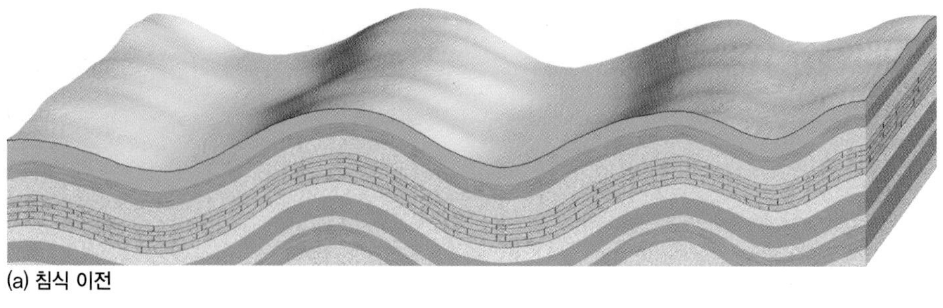

(a) 침식 이전

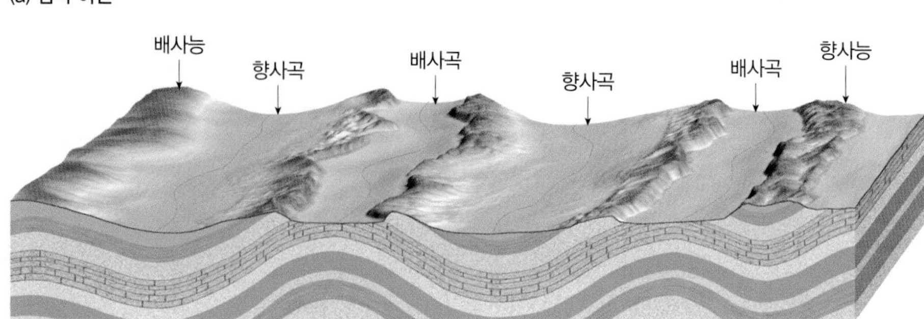

(b) 침식 이후

▶그림 14-49 (a) 침식되기 전, 배사는 능선부를 향사는 계곡을 만든다. (b) 침식 후, 배사 계곡과 향사 능이 남을 수도 있다.

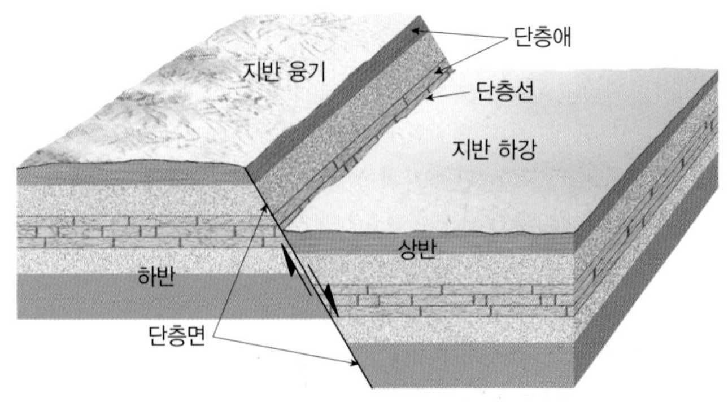

▲그림 14-51 단순한 단층 구조

관 역할을 한다. 흔히 용천은 단층선을 따라 발견되며, 때로는 뜨거운 물이 솟아 나온다. 화산 활동 또한 일부 단층지대와 관련이 있는데, 왜냐하면 마그마가 압력이 약한 부분을 따라 솟구치기 때문이다.

단층대를 따라 발생하는 지각의 운동은 때로는 매우 느릴 수도 있지만, 보통은 갑작스럽게 발생한다. 한 번의 단층 운동은 단지 몇 센티미터 변위를 일으키게 되나, 어떤 경우에는 10m까지 이른다. 연속적인 파열이 일어나기 위해서는 몇 년 혹은 심지어 몇 세기의 간격이 있을 수 있지만 수백만 년 이상 동안 이동이 축적되면 수평적으로는 수백 킬로미터 그리고 수직적으로는 수십 킬로미터에 달하는 변위가 일어나게 된다. 단층을 따라 갑작스러운 파쇄나 변위가 일어나면 2010년 아이티와 2015년 네팔을 완전히 파괴시킨 초대형 지진을 일으킬 수 있다(그림 14-52).

단층의 유형

단층은 응력의 방향과 이동각도에 따라 네 가지 기본적인 유형으로 일반화될 수 있다.

▼그림 14-52 2015년 4월 네팔 지진으로 인한 카트만두시의 피해 상황

1. **정단층 : 정단층**(normal fault, 그림 14-53a)은 지각에서 발생한 장력(tension stresses, 잡아당기는 힘 또는 인장력)의 결과이다. 정단층은 매우 급격하게 경사진 단층대를 형성하며, 하나의 지괴가(중력에 '수직'인 방향으로) 단층면을 따라 미끄러져 내려간다. 보통 두드러진 **단층애**(fault scarp)가 형성된다.
2. **역단층 : 역단층**(reverse faults, 그림 14-53b)은 압축 응력(compression stress, 서로 밀 때)에 의해 형성되며, 상반이 단층면을 따라 하반 위로 가파르게 올라간다(중력에 '반대'되게). 그래서 단층애는 침식에 의해 사면 경사가 완만해지지 않는 한 극도로 경사가 가파르게 형성될 것이다.

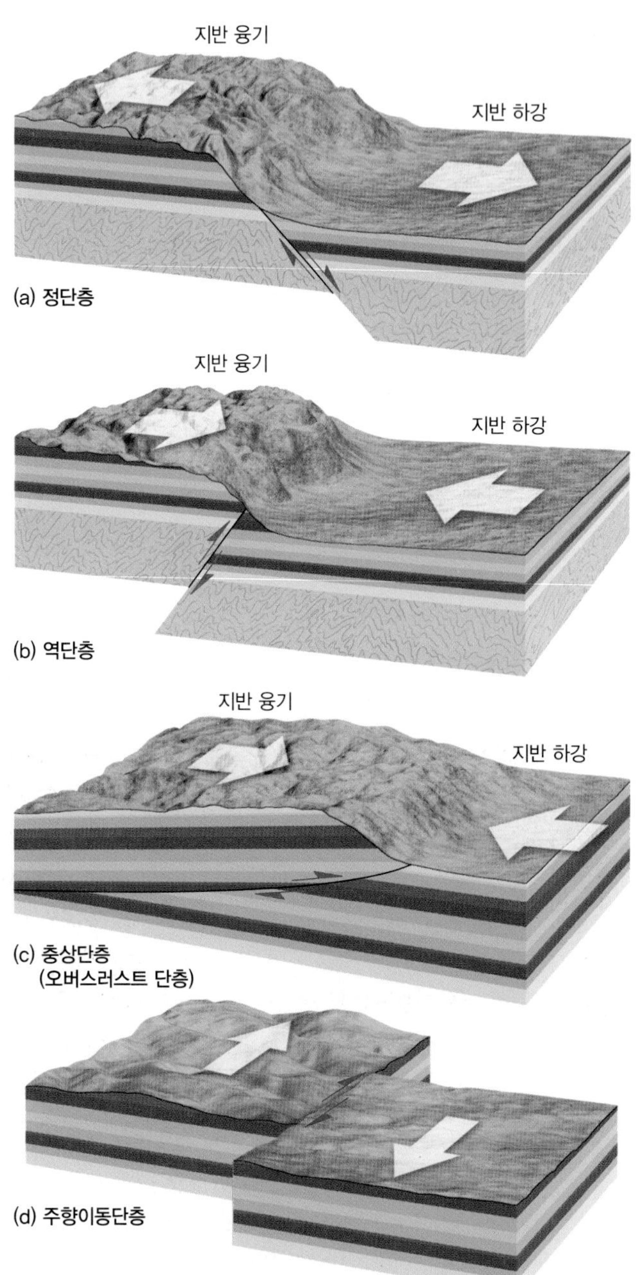

▲그림 14-53 단층의 전형적인 유형. 큰 화살표는 응력의 방향을 나타낸다. (a) 장력에 의한 정단층, (b) 역단층, (c) 압축 응력에 의한 충상단층, (d) 전단 응력에 의한 주향이동단층

3. **충상단층** : 역단층과 연관된 것으로 **충상단층**(thrust fault, 그림 14-53c) 또는 **오버스러스트 단층**(overthrust fault)이 있다. 횡압력에 의해 상반이 하반 위를 낮은 각도로 타고 올라가는데 때로는 수 킬로미터까지 올라간다. 충상단층 운동은 조산 운동 과정에서 흔하며, 그 결과 오래된 지층이 어린 지층 위를 덮는 흔치 않은 지질학적 관계가 만들어진다. 충상단층과 역단층은 섭입대와 대륙충돌대에서 흔히 발견된다.
4. **주향이동단층** : **주향이동단층**(strike-slip fault, 그림 14-53d)에서 운동은 수평적으로 발생하며, 인접한 두 지괴가 서로 수평적으로 밀려나면서 변위된다. 주향이동단층은 **전단 응력**(shear stress, 나란한 두 지표면이 서로를 지나쳐 가게 하는 응력)이 발생한 결과이다. 이 장의 앞에서 언급된 변환단층은 주향이동단층의 한 종류이다.

학습 체크 14-16 정단층, 역단층 및 주향이동단층과 관련된 응력과 변위의 방향을 비교하라.

단층애 : 단층선은 현저한 지형학적 특징을 자주 나타낸다. 가장 현저한 것은 아마도 **단층애**(fault scarp)라 불리는 수직적으로 이동된 지괴의 끝부분에서 나타나는 경사가 급한 절벽일 것이다(그림 14-54). 보통 정단층과 관련된 단층애가 대부분이지만, 주향이동단층을 따라 생기는 경미한 수직적인 이동 또한 절벽을 형성할 것이다. 어떤 단층애는 높이가 3km 정도로 높고, 거의 직선으로 150km 이상 뻗어 있는 것도 있다. 급격히 솟은 지형, 가파른 경사, 선형 방향성 같은 것들은 아주 독특한 특징을 가진 단층애 경관을 연출하고 있다.

정단층과 관련된 지형

인장력하에서, 한쪽만 융기될 경우 지괴가 비대칭적으로 기울게 될 수 있다. 이러한 **경동 단층지괴 산맥**(tilted fault-block mountain range) 또는 **단층지괴 산맥**(fault-block mountain)의 전형적인 예는 캘리포니아주의 시에라네바다산맥(그림 14-55)으로 남북으로는 거의 640km에 달하고, 동서로는 약 96km 정도 되는 거대한 지괴이다. 거기에서도 빼어난 경관의 동쪽 사면은 단층면으로서 수직적인 기복이 약 3km 높이에 달하는 데 반해 수평적인 거리는 단지 20km 정도이다. 반면, 산맥의 서쪽 사면의 일반적인 경사는 정상부로부터 '경첩라인'(완만한 사면이 시작되는 선)으로 향하는 곳까지 수평적인 거리상으로는 약 80km 이상 되는 완만한 사면이다. 산맥의 전체적인 모양은 물론 단층작용 외에도 다른 작용에 의해 변화되었지만, 산맥의 일반적인 형태는 지괴의 단층작용에 의해 결정되었다.

나란한 두 단층 사이에서 상대적으로 올라온 지괴가 있으면, 이러한 구조를 **지루**(horst)라고 한다(그림 14-56). 흔히 지루는 지괴 자체가 융기되어 형성되었다기보다는 지루 양 측면의 지괴가 침강함으로써 형성된다. 지루는 보통 평평한 고원 또는 양쪽에 경사가 급하면서도 직선인 사면을 형성한다.

이와 반대의 경우를 **지구**(graben)라고 하며, 지구는 양쪽에 나란한 단층을 경계로 하고 있는 상대적으로 낮게 침강된 지괴로서, 이로 인해 양쪽에 직선의 경사가 급한 단층애가 발달한 구조적인 계곡이다(그림 14-56 참조).

경동 단층지괴 산맥, 지구대, 지루는 보통 나란히 나타난다. 미

▲ 그림 14-54 지구과학자들이 텍사스 캐니언레이크에서 단층애를 연구 중이다. 단층면을 따른 수직변위가 거의 3m에 달한다.

애니메이션 MG
단층
http://goo.gl/NMH7sr

항공 비디오 MG
단층과 절리
https://goo.gl/JTM0Pi

▼그림 14-55 시에라네바다산맥의 서쪽 사면은 길이가 길고 경사가 완만한 반면, 동쪽 사면은 길이가 짧고 경사가 급하다. (a) 이 완만한 사면과 급경사면의 조화는 동쪽 면에서 거대한 암괴가 단층 운동을 한 결과이다. (b) 캘리포니아주 시에라네바다산맥의 가파른 동쪽 사면은 현저한 단층애이다.

국 서부의 베이신 앤드 레인지 지역(네바다주의 대부분과 그 주를 둘러싸고 있는 일부 지역, 그림 18-29 참조)에는 광대한 경동 단층지괴 산맥과 **반지구**(half-graben, 경동성 지괴가 한쪽만 단층을 따라 낮아진 분지), 소수의 지구대와 지루가 나란히 존재한다. 베이신 앤드 레인지 지역은 계속되는 인장 압력으로 인한 단층 활동을 겪음으로써 경관이 정단층과 **정합단층**(detachment fault)을 따라 연장, 발달을 계속하고 있다. 정합단층은 경사가 급한 정단층이 낮은 각도의 단층과 연결되는 지표 아래에서 형성되는데, 특히 부서지기 쉬운 지각의 암석 위와 더 유연한 암석 아래 사이의 경계를 따라 발달한다.

열곡 : 대륙 내부에서 발산경계가 발달하는 곳에서는 침강단층의 결과로 형성된 지구대가 때때로 가파른 단층면 사이에 둘러싸인 계곡 형태로 굉장한 거리까지 연장된다. 이 결과로 형성되는 긴 계곡을 **열곡**(rift valley)이라고 일컫는다(그림 14-14 참조). 열곡은 지구에서 가장 뚜렷하게 구조적인 윤곽을 나타내는 것을 포함하는데, 특히 동아프리카 대열곡이 대표적인 예이다.

주향이동단층과 관련된 지형

주향이동단층에 의해 매우 다양한 지형들이 형성된다(그림 14-57a). 주향이동단층이 가장 크게 지표에 남긴 흔적은 **단층선곡**(linear fault trough)인데, 이것은 단층대 내부에서 암석의 이동과 파쇄가 반복되면서 형성된 것이다. **새그**(sag)라고 알려진 작은 저지는 단층대 내부에서 암석이 침강하면서 만들어지고, 그 부분이 물로 채워져 **새그 호수**(sag pond)를 형성한다. 단층의 경로를 따라 나란하게 가는 경향의 선상의 능선과 단층애도 주향이동단층을 따라 발생한 경미한 수직적 이동에 의해 발달할 수 있다.

아마도 주향이동단층이 형성한 가장 독특한 지형은 **변위 하천**(offset stream)일 것이다(그림 14-57b 참조). 단층을 가로지르며 흐르던 하천은 주기적인 단층 운동에 의해 본래 흐름이 위치가 바뀌었거나 또는 하천 전방의 셔터리지(shutter ridge)에 의해 흐름 방향이 바뀌게 되었다.

학습 체크 14-17 지구(地溝)와 변위 하천에 대해 설명하라.

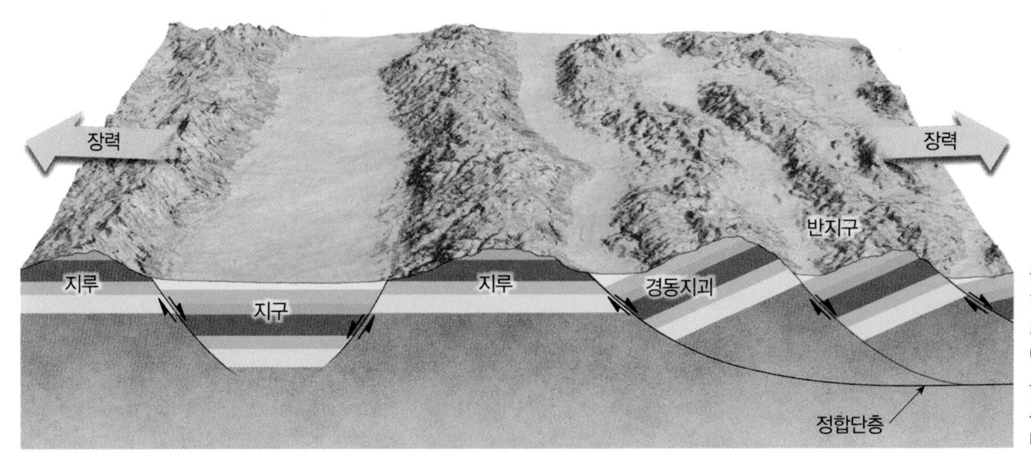

◀그림 14-56 인장력 그리고 정단층과 관련된 지형. 지루와 지구는 양쪽으로 발달한 단층과 경계를 이룬다. 경동지괴는 단층의 한쪽 면만 단층을 받은 곳에 발달하며, 단층괴산맥과 '반지구'를 형성한다. 인장력은 때로 정합단층을 만들며, 이 경우 급경사의 정단층이 거의 수평인 하부의 단층과 나란히 발달한다.

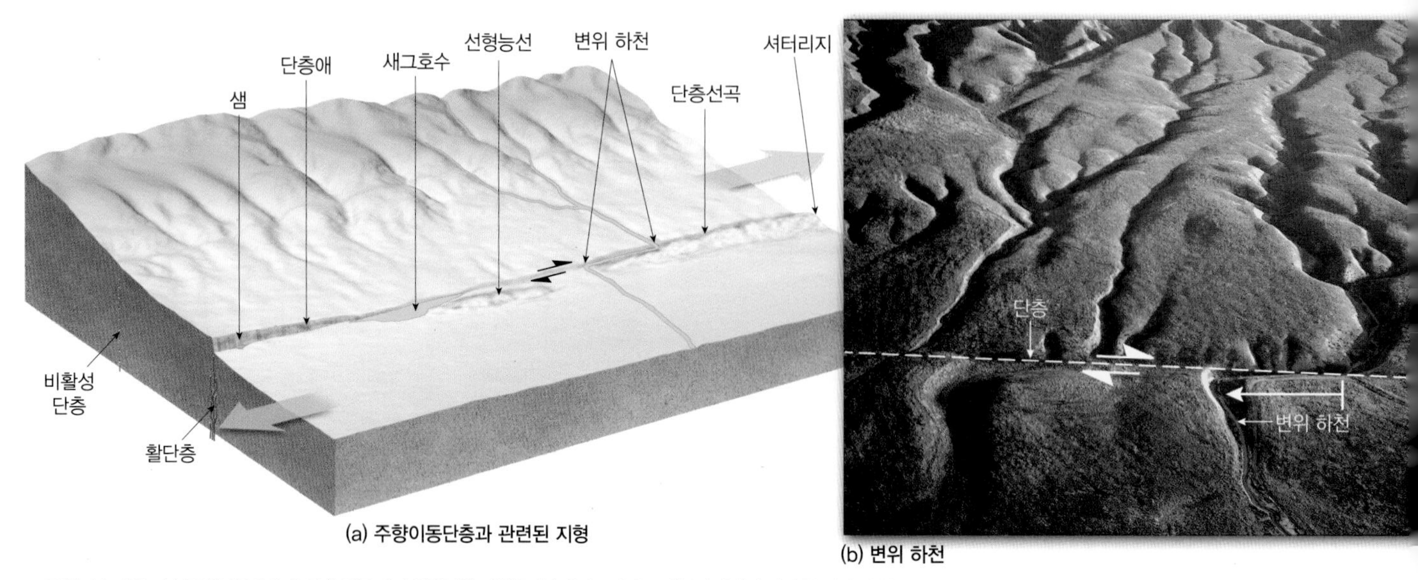

▲ 그림 14-57 (a) 주향이동단층에 의해 만들어진 일반적인 지형들, (b) 캘리포니아주 템블러산맥에 발달한 변위 하천

지진

꼭 그런 것만은 아니지만 통상적으로 단층과 함께 발생되는 것은 지진이라고 알려진 지각의 갑작스러운 흔들림 현상이다. 이미 배웠듯이 대부분의 지진은 판의 경계부와 관련되어 있다(그림 14-7 참조). 지진은 부드럽고 느끼기 어려운 떨림에서부터 수 분 동안 흔들림이 지속되는 강한 것까지 다양하다.

지진(earthquake)은 기본적으로 단층을 따라 갑작스럽게 발생하는 변위의 결과로 야기되는 충격 파동이다(또한 지진은 마그마의 이동이나 갑작스러운 지반 침강 또는 파쇄용 액체 주입 같은 인간 활동에 의해서도 발생할 수 있다). 단층 운동은 보통 장기간에 걸쳐 느리게 응축된 변형 이후에, 갑작스러운 에너지의 방출을 허용한다. 단층으로 인한 파열은 지표에서 발생하는 반면에 단층으로 인한 변위는 상당히 깊은 곳, 즉 섭입대의 경우 지표 아래로 600km 정도 되는 깊은 곳에서도 발생할 수 있다.

지진파

지진으로 방출된 에너지는 진원(focus)에서 발생된 몇 가지 다른 종류의 지진파 형태로 지구를 통과하여 전달된다(그림 14-58). 이러한 파동은 마치 돌을 연못 위로 던졌을 때 생기는 것처럼 동심원 형태로 넓게 뻗어나는데, 진원으로부터 멀어지는 거리만큼 점진적으로 진폭은 감소한다. 가장 강한 충격과 최대의 지각의 떨림은 진원의 바로 위에서 직접적으로 느껴지는데, 이 장소를 **진앙**(epicenter)이라고 한다.

가장 빠르게 이동하는 지진파이며 지진이 발생하는 동안 처음 느껴지는 진동은 P파(primary wave 또는 종파)라고 알려져 있다. P파는 소리의 진동과 같은 방식으로 지구를 관통해 나아가며, P파가 나아가는 동안 전방의 매개체에 대해 압축과 팽창을 번갈아 가며 이동한다. 처음 충격을 준 P파 뒤에 강하게 양옆 그리고 위아래로 흔드는 느린 움직임의 S파(secondary wave 또는 횡파)가 따라온다. P파와 S파 둘 다 지구 내부를 통과하여 전파된다[그래서 실체파(body wave)라고 부르기도 한다]. 반면 세 번째 유형의 지진파는 지표에 국한되며, 이를 **표면파**(surface wave)라고 한다. 표면파는 전형적으로 S파 뒤에 연달아 도착하며 강한 지진이 발생되는 동안 경험할 수 있는 것처럼 강하게 좌우로 움직이는 것뿐만 아니라 위아래의 파도타기 같은 운동이 발생된다.

지표면에서 P파는 초당 6km로 기반암을 관통하는 반면, S파는 초당 약 3.5km 정도로 이동한다. P파와 S파가 서로 다른 속도로 움직이기 때문에 진원으로부터 거리를 측정하는 것이 가능하다. 진원으로부터 멀리 떨어질수록, P파의 도착과 S파의 도착시간 사이가 벌어지게 된다. **지진계**(seismograph, 지진 기록에 사용되는 도구) 네트워크를 이용하여 지진파의 도착시간을 비교함으로써 지진학자들은

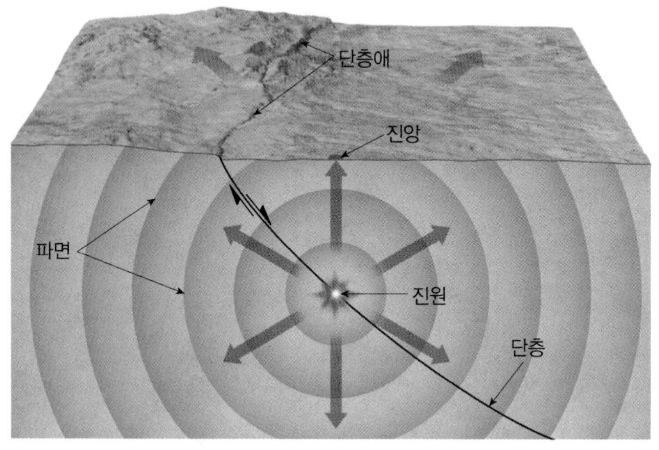

▲ 그림 14-58 진원과 진앙 그리고 지진파의 관계. 지진파는 동심원으로 표시되었다.

진원으로부터의 거리를 정확히 측정할 수 있다.

지진 규모

아마도 지진과 관련하여 가장 널리 알려져 있으면서도 가장 잘못 알려져 있는 것이 바로 지진의 **규모**(magnitude)일 것이다. 규모는 지진이 발생하는 동안 방출된 에너지의 상대적인 양을 의미한다. 지진 규모가 한 단계 상승하면 지진파의 진폭은 10배씩 커지며 에너지는 거의 32배씩 증가한다. 소규모 지진(규모 3 이하)과 대규모 지진(규모 7 이상)과의 차이는 굉장하다. 규모 4의 지진은 규모 3의 지진보다 약 32배 이상의 에너지를 방출하며, 규모 5의 지진은 규모 3의 지진에 비해 1,000배의 에너지를 방출하며 규모 7의 지진은 규모 3의 지진보다 무려 1,000,000배가 넘는 에너지를 방출한다.

가장 흔히 사용되는 규모는 리히터 단위(또는 좁은 지역의 지진 규모 단위로 알려진)이며, 이는 1935년에 패서디나에 위치한 캘리포니아공과대학교의 Charles Richter에 의해 고안되었다. 리히터 지진 규모 단위가 상대적으로 지질학자들에게는 계산하기 쉽지만, 매우 큰 지진 규모(규모 7 이상)를 비교하는 것에는 적합하지 않다. 비록 리히터 단위와 그 외의 다른 단위들이 여전히 사용된다고 할지라도 더 최근에 고안된 모멘트 규모(moment magnitude)는 큰 지진의 규모를 기술할 때 현재 가장 흔히 사용되는 규모이다. 여러 지진 규모 단위들 사이에 사용되는 계산 방법이 서로 다르기 때문에, 동일한 지진에 대해 약간 다른 지진 규모 숫자가 자주 보도되곤 한다.

매년 수만 개의 지진이 전 세계에서 발생하고 있다(표 14-2). 발생한 지진 중 다수는 사람들이 느낄 수 없을 만큼 경미한 수준이었으나, 60~70개 정도의 지진은 경제적 손실이나 인명 피해를 야기할 만큼 충분히 강하다(보통 지진 규모 6 또는 그 이상). 규모 8 또는 그 이상의 초대형 지진은 아마도 수년에 한 번 정도 밖에 발생하지 않을 것이다. 지금까지 기록된 가장 큰 지진 2개는 1960년에 칠레에서 발생한 모멘트 규모 9.5에 해당하는 지진과 1964년에 알래스카에서 발생한 모멘트 규모 9.2의 지진이다. 또한 엄청났던 수마트라의 2004년 12월의 지진은 모멘트 규모 약 9.1, 2011년 3월 동일본 대지진은 9.0, 2015년 4월 네팔 지진의 경우 7.8이었다. 이와 비교해서 유명한 1906년 샌프란시스코 지진은 모멘트 규모 7.8 정도이며, 1989년 로마프리에타의 지진은 모멘트 규모 6.9 그리고 1994년 노스리지의 지진은 모멘트 규모 6.7 이었다.

진동 강도(진도)

개별적인 지진들마다 상대적인 크기를 말하기 위해 하나의 지진 규모 숫자가 할당되지만 모든 지진들은 넓은 범위의 지역에 걸쳐 다양한 강도로 지표의 흔들림 현상을 발생시킨다. 흔들리는 정도에 따라 직접적으로 많은 양의 피해를 입히게 된다. 지진 진동 강도의 지역적인 변이는 일반적으로 중력에 대한 백분율로 표시되는 최대 평행방향 가속도와 같은 것으로 계량화하여 측정할 수 있으며, 이 중에 가장 널리 사용되는 척도가 1902년에 이탈리아 지질학자 Giuseppe Mercalli에 의해 고안되었다. 최근 미국연안측지조사사국에 의해 업데이트된 **수정 메르칼리 진도 계급**(modified Mercalli intensity scale)은 지역적인 진동 강도에 따라 지진 효과와 손실을 기반으로 하여 총 12개의 카테고리로 분류하고 있다(표 14-3). 또한 수정 메르칼리 진도 계급은 추후 지진 발생 예상 지역의 지진 충격 강도 발생 예측치를 표현하기 위해 지진학자들도 사용한다.

표 14-2 세계적인 지진의 빈도

지진 규모	해마다의 발생건수
8과 그 이상	1
7~7.9	15
6~6.9	134
5~5.9	1319
4~4.9	13,000(추정)
3~3.9	130,000(추정)
2~2.9	1,300,000(추정)

미국지질조사국 자료. 규모 7~8 이상은 1900~2012년까지 관측 자료이며 규모 5~6 지진은 1990~2012년까지 관측 자료가 근거이다.

학습 체크 14-18 지진 규모와 진동 강도의 차이는 무엇인가?

지진재해

지진으로부터 발생하는 대부분의 피해는 지표의 진동 때문이다.

지표 요동

일반적으로 진동의 강도는 진앙으로부터의 거리가 멀어질수록 감소하나, 이는 지역적인 지질 상태에 따라 변할 수 있다. 성기고 고결되지 않은 풍화층, 퇴적물이나 토양에서는 진동이 강화되는 경향이 있는데, 즉 연약지반 위의 건물들은 진앙으로부터 같은 거리에 떨어져 있는 기반암층보다 더 강하게 흔들리게 된다.

액상화 : 지진 중에 연안 매립물질처럼 성기고 수분으로 포화된 퇴적물은 **액상화**(liquefaction), 즉 액체로 변할 수 있다. 그 결과는 지반의 침강, 균열 발생 및 수평적 미끄러짐 등이다. 1989년의 로마프리에타 지진과 1995년 고베 지진은 매립지의 액상화로 인해 그 피해 규모가 더 확대되었다(그림 14-59).

산사태 : 산사태는 종종 지진으로 인해 유발된다. 예를 들면, 1964년 알래스카 지진이 일어나는 동안 앵커리지 교외에 위치한

표 14-3	수정 메르칼리 진도 계급
I	특별한 호조건에서 극소수의 사람들만 느낌
II	특히 건물 고층에 있는 일부 쉬고 있는 사람들만 느낌
III	실내 특히 고층에서는 잘 느껴짐. 대부분 사람은 지진으로 인식하지 못함
IV	실내에서는 다수가 느낌. 야외에서는 거의 느끼지 못함. 큰 트럭이 건물을 들이받는 것과 같은 느낌
V	대부분의 사람들이 느끼고 깨는 수준. 나무, 기둥 그리고 여타 키가 큰 물건들의 동요
VI	모든 사람들이 느낌. 많은 사람들이 놀라 밖으로 뛰쳐나옴. 몇몇 무거운 가구들도 움직임. 석고 벽이 떨어지거나 굴뚝의 손상 등 경미한 피해
VII	모두 밖으로 뛰쳐나옴. 잘 설계된 구조의 건물은 무시할 수준의 피해. 잘 지어진 보통의 건물은 낮거나 보통 수준의 피해. 아주 조악한 설계 또는 부실한 건축물은 상당한 피해 발생
VIII	특별히 잘 설계된 건물에서 약간의 피해. 보통 건물에서는 상당한 피해와 일부 붕괴. 조악하게 지어진 건물은 심각한 피해. 굴뚝, 공장에 쌓아 둔 제품들, 기둥, 기념비 등 수직 구조물들의 붕괴
IX	특별히 설계된 구조물도 상당한 피해. 건물이 토대 밖으로 분리됨. 지표의 균열 심각
X	일부 잘 지어진 목조 건물이 완전히 붕괴. 대부분의 석재 건물과 구조 틀이 기초와 더불어 파괴. 지표는 심각한 균열
XI	석재 구조물은 대부분 파괴. 교량의 파손, 지표 위로 넓은 균열이 발생
XII	완전한 파괴. 진파가 지표면 위에서도 보임. 물체들은 공중으로 튀어 오름

턴어게인하이츠(Turnagain Heights)의 2.6km 폭의 개발지가 엄청난 산사태의 연속으로 인해 해안 쪽으로 이동하면서 수십 가구가 파괴되었다. 2015년 4월 네팔에서 발생한 파괴적인 지진은 수십 건의 산사태를 일으켰다.

쓰나미

지진과 관련된 다른 종류의 재해는 호수와 바다에서 발생되는 물의 파동도 포함된다.

갑작스러운 지각 이동은 가장자리 부분에서는 세이시(seiche)라고 불리는 엄청난 파동 운동이 호수와 저수지에서 발생할 수 있으며, 해안 또는 댐에서 얕은 프라이팬에서 물이 밖으로 찰랑거리며 흘러나오는 듯한 유형의 범람도 발생할 수 있다.

◀ 그림 14-59 (a) 1989년 로마프리에타의 규모 6.9 지진으로 붕괴된 캘리포니아주 사이프러스 고속도로의 일부 구간. (b) 이 구간도 연약질의 진흙층에 건설(붉은색 점선으로 표시된)되었다. 단단한 토질 위에 건설된(붉은색 실선) 구간의 구조물은 정상이었다. (c) 지진파 기록은 연약지반 지역이 인근의 단단한 기반암 지역에 비해 진동이 훨씬 심각함을 보여 준다.

그보다 훨씬 더 중요한 것은 쓰나미(일본어로 '큰 파도'를 의미)라고 불리는 엄청난 지진으로 인한 파도로, 해저의 단층 붕괴 또는 산사태에 의해서 발생된다. 연속되는 이 파동은 대양을 가로지르며 매우 빨리 이동한다. 이 파도는 깊은 바다에서는 거의 느끼지 못할 정도이지만, 얕은 연안까지 도달하면 때로는 15m 이상 높이의 파도를 형성하고, 해안선에 부딪혀 그 주변을 모두 황폐화시켜 버리는 막대한 영향을 초래한다(연안에서는 그것을 부정확하게 '조석파'라고 부르기도 한다). 1964년 알래스카 지진으로부터 야기된 엄청난 규모의 인명 피해는 쓰나미의 결과이다. 당시 쓰나미는 심지어 캘리포니아의 크레센트시티까지 진출하면서 연안에 6m 높이의 파도를 발생시켜 12명의 목숨을 앗아 갔다. 2004년 12월, 인도네시아 수마트라섬 인근의 섭입대에서 발생한 지진으로 야기된 쓰나미는 약 227,000명의 사상자를 냈다. 2011년 동일본 대지진은 30m 높이의 쓰나미를 일으켜 약 16,000명의 목숨을 앗아 갔다. 쓰나미 형성 과정과 2011년 일본의 지진과 쓰나미 재앙에 대한 자세한 설명은 제20장의 파랑의 역동성을 논하는 부분에서 확인할 수 있다.

학습 체크 14-19 지진 시 액상화를 일으키는 원인은 무엇인가?

지진재해 경보

태평양상에는 부표와 감지기들로 구성된 지진해일 경보 시스템이 대양에서 지진해일을 감지하고 연안 지역 주민들에게 사전에 경보를 제공하고 있다. 하지만 현재까지 지진자체를 정확히 예측하는 기술은 없다. 이에 대해서는 "포커스 : 지진 예측"을 참조하라.

지진 조기 경보 시스템 : 비록 지진 예측은 어렵지만, 인근 지역의 대형 지진으로부터 유발된 지표 진동의 접근을 감지하는 기술은 있다. 미국지질조사국(USGS)은 대학들과 연계하여 'ShakeAlert'라 불리는 지진 조기 경보(EEW) 시스템을 개발하고 있다. 이 시스템은 미국 서해안의 대규모 지진 발생 시 파괴적인 지진파가 도착하기 10~60초 전 사전에 경보를 제공할 수 있다(그림 14-60).

EEW 시스템은 기존의 지진 모니터링 네트워크에 기반을 두고 있다. 파괴적인 큰 진폭의 S파는 P파보다 늦게 도착하므로, 진원이 멀수록 S파는 더 늦게 지체되어 도달한다. 지진 네트워크가 큰 지진을 감지하면 10초 이내에 지진의 발생 위치와 규모가 결정된다. 그러면 EEW 시스템은 자동으로 경보를 발령하며, 사람들로 하여금 안전한 곳으로 대피시키고 열차의 운행속도를 늦추고 소방서는 출동 준비를 갖추고 비상발전기도 작동시키고 의료진들도 수술을 멈출 수 있게 한다.

경보시간은 진앙과의 거리에 따라 다르다. 지진파는 매우 빨리 전달되므로 진앙지에서 30km 이내는 효과적인 경보가 불가능하지만 65km 떨어진 곳은 약 10초의 시간, 225km 밖의 지역은 약 60초의 시간여유를 가질 수 있다.

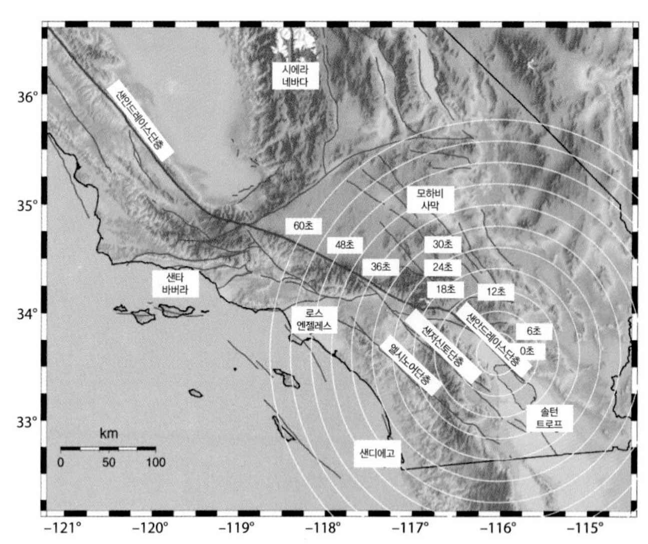

▲그림 14-60 남부 샌안드레아스 단층에서 발생하는 대지진에 대해 캘리포니아 남부 지역의 지진 조기 경보 시스템으로 부터 추정 경보시간

내적 작용의 복잡성 – 북부 로키산맥의 사례

지금까지 진행한 것처럼 각 내적 작용에 대한 순차적 논의는 지식을 체계화시키는 데 도움을 줄 것이다. 하지만 원래 내적 작용들은 서로 밀접한 관계가 있다. 예를 들어, 글레이셔국립공원의 빼어난 경관을 자랑하는 몬태나주 북서부의 산악지형에 대해 검토해 보자.

이 지역 암석의 대부분은 5억 4,200만 년보다 오래된 선캄브리아기에 형성된 것이며, 그 당시 현재 로키산맥 지역의 대부분은 얕게 바닷물로 채워진 요지였다. 실트와 모래가 선캄브리아기 바다로 수백만 년 동안 밀려 들어와 두꺼운 퇴적층을 형성하였다. 석회암, 셰일 그리고 사암이 축적되어 6개의 구별되는 층군을 형성했고, 각 층군마다 특징적인 색의 다양성을 띠게 되었는데 이를 총칭해 벨트 시리즈(Belt Series)라고 한다.

퇴적물이 축적되는 오랜 기간 동안 광대한 양의 홍수현무암이 해저에서 열하 분출을 통해 방출하였고, 이후 퇴적물들은 용암류 위에 퇴적되었다. 때로는 화성암의 활동이 끊임없는 접촉 변성 작용을 일으켰고 주로 석회암은 대리석으로, 사암은 규암으로 변화하였다.

지질학 기록에서 로키산맥 지역의 대부분이 해수면 위로 올라와 있는 동안의 긴 결층이 있은 뒤, 백악기 동안(1억 4,500만 년~6,500만 년 전) 육지는 다시 해수면 아래로 내려갔고, 두껍게 연속된 또 다른 퇴적층이 형성되었다. 라라미드 조산 운동이라 불리는 산맥 형성기가 뒤따랐다. 글레이셔국립공원 지역에서 암석은 압력을 받아 융기했으며, 과거 바다였던 곳이 산지로 바뀌게 되었다.

융기와 함께 서쪽 측면에서 발생한 엄청난 횡압력이 밀려오면서(그림 14-61a), 완만한 경사의 층이 두드러진 배사 구조로 바뀌

포커스

지진 예측

어느 날 또는 어느 달에 지진이 발생할 것인지 예측하는 것은 '전조현상', 즉 닥쳐올 지진의 경고 사인의 존재 여부에 따른다. 과학자들에 의해 현재 연구되고 있는 가능한 경고신호들은 다음과 같은 현상을 포함한다. 큰 지진이 발생하기 전에 일어나는 소규모 지진['전진(foreshock)'], 우물 수위의 변화, 지하수에 녹아있는 라돈 가스 함량의 변화, 암석의 전도율 변화, 지표면의 팽창 그리고 동물행동의 변화 등이 있다.

파크필드 프로젝트 : 세계에서 가장 정교한 지진 연구 프로젝트 중 하나는 1985년부터 캘리포니아주의 작은 도시인 파크필드라는 곳에서 진행해 오고 있는데, 그곳은 캘리포니아 중부에 위치하며 샌안드레아스 단층 중심부에 자리한 곳이다. 1800년대 중반 이후로 샌안드레아스 단층의 이 부분은 거의 규칙적인 간격으로 활동해 왔다. 1857, 1881, 1901, 1922, 1934, 1966, 2004년에 각 시기마다 지진의 규모는 약 6 정도 되었다. 여러 가지 지진 계측 장비들 외에 파크필드는 샌안드레아스단층심부관측소(SAFOD)가 위치한 곳이다. 이 프로젝트는 샌안드레아스 활단층대에 2~3km 깊이의 구멍을 뚫고 관측 장비를 설치하는 것으로 지질학자들에게 파괴를 반복적으로 일으키는 단층대의 암석과 유동성 물질에 대한 유용한 자료를 제공한다(그림 14-D).

지진 예보 : 현재까지 지진을 예측하는 신뢰할 만한 방법은 없으며, 일부 과학자들은 지진의 단기예측이 존재하지 않을 것 같다고 생각한다. 그러나 지진학자들은 지진의 장기예측 분야에서는 굉장히 많은 진보를 이루어 왔다고 생각하며, 수십 년의 기간 내에 단층의 일부 구간을 따라 지진이 발생할 가능성을 판단하는 분야에서는 특히 그렇다. 장기적 지진 가능성은 두 작용들의 균형에 기반을 두고 있는데 하나는 단층대에 축적되는 응력의 양이고 다른 것은 단층을 따라 미끄러지는 정도(시간이 지남에 따라 응력이 방출되는 양)이다. 이러한 장기예보는 지방정부, 사업자 그리고 일반 시민들에게 건물 구조 개량과 재난 대비의 우선순위를 정하는 데 도움을 줄 것이다.

캘리포니아 지역에 대해 미국지질조사국(USGS)이 내린 가장 최근의 지진 예보는 '3차 등가속 캘리포니아 지진 붕괴예측(UCERF3)'이라 부르는 프로그램에 기반하고 있다. 2014년 개발된 이후 UCERF3는 350개 단층조각에 대한 자료를 포함시켰으며, 복수의 조각에서 단층이 일어날 경우도 고려하고 단층 '용이도'(오래전에 파열된 단층은 최근 파열되어 응력이 충분히 누적되지 않은 단층보다 더 용이하게 파쇄될 것이다)도 고려하였다.

최신의 단층 예보는 좋은 소식과 나쁜 소식 모두를 가지고 있다. 중간 규모의 지진 확률은 기존 추산보다 조금 낮아졌으나 대규모 지진의 확률은 살짝 높아졌다. 앞으로 30년 동안 캘리포니아에서 규모 6.7 또는 그 이상의 지진 발생 확률은 99%를 넘는다. 샌프란시스코 지역의 확률은 72%이며, 로스앤젤레스 지역은 60%이다. 하지만 로스앤젤레스 지역은 앞으로 30년 이내에 규모 7.5 또는 그 이상의 지진을 겪을 확률이 더 높다.

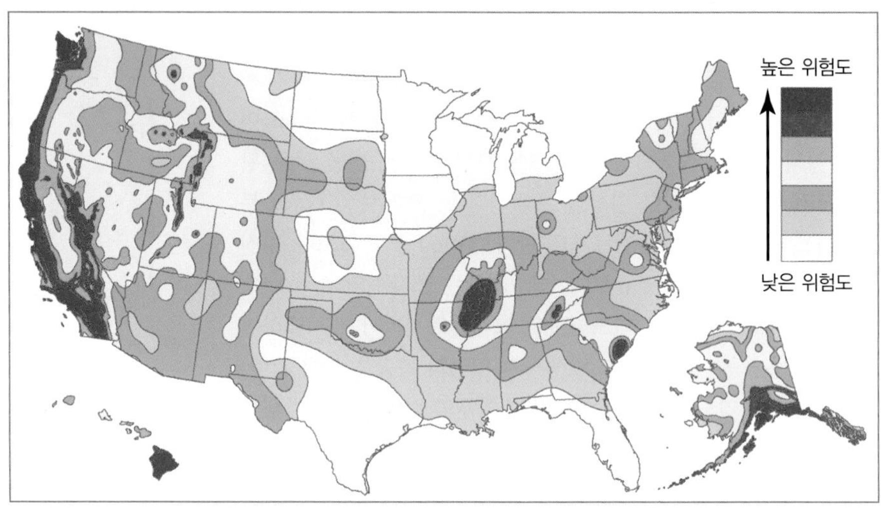

▲ **그림 14-E** 미국의 지진 재해 위험 지도. 재해 위험도는 어떤 지점이 향후 50년간 강한 진동을 경험할 가능성으로 정의된다.

미국의 지진재해 : 미국 전역에 대한 지진 확률이 2014년에 업데이트되었다(그림 14-E). 서부 주들의 높은 확률은 샌안드레아스 단층, 캐스케이드 섭입대와 로키산맥 활단층과 관련되어 있다. 알래스카의 높은 재해는 알류샨 섭입대와, 하와이는 지속적인 화산 활동과 관련이 깊다. 중서부의 높은 지진 확률은 1811년과 1812년에 미국 역사상 대형 지진들 몇 개를 일으킨 뉴 마드리드 단층대와 관련된다. 이러한 대륙 내부의 지진에 대해서는 충분히 이해되지 않고 있지만, 아마도 매우 안정된 대륙 내부에서 과거에 벌어지다 '실패한' 열곡대와 연계된 매몰된 단층대와 관련되었을 것이다.

질문

1. 지진 예측에 있어 '전조현상'의 중요성은 무엇인가?
2. 장기 지진 예측에 필요한 정보들에는 어떤 것들이 있을까?

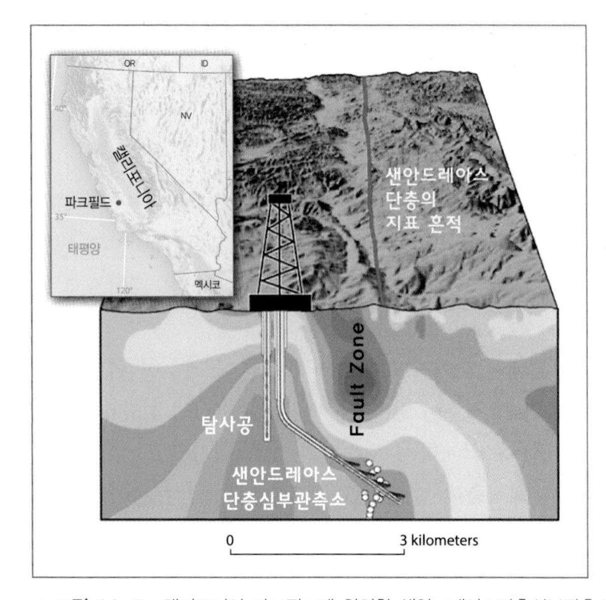

▲ **그림 14-D** 캘리포니아 파크필드에 위치한 샌안드레아스단층심부관측소(SAFOD)의 위치. 흰 점은 소규모 지진 활동을 나타낸다. 붉은색으로 표시된 기반암은 낮은 전기 저항도를 나타내며 액체 함량이 높은 곳일 수 있다.

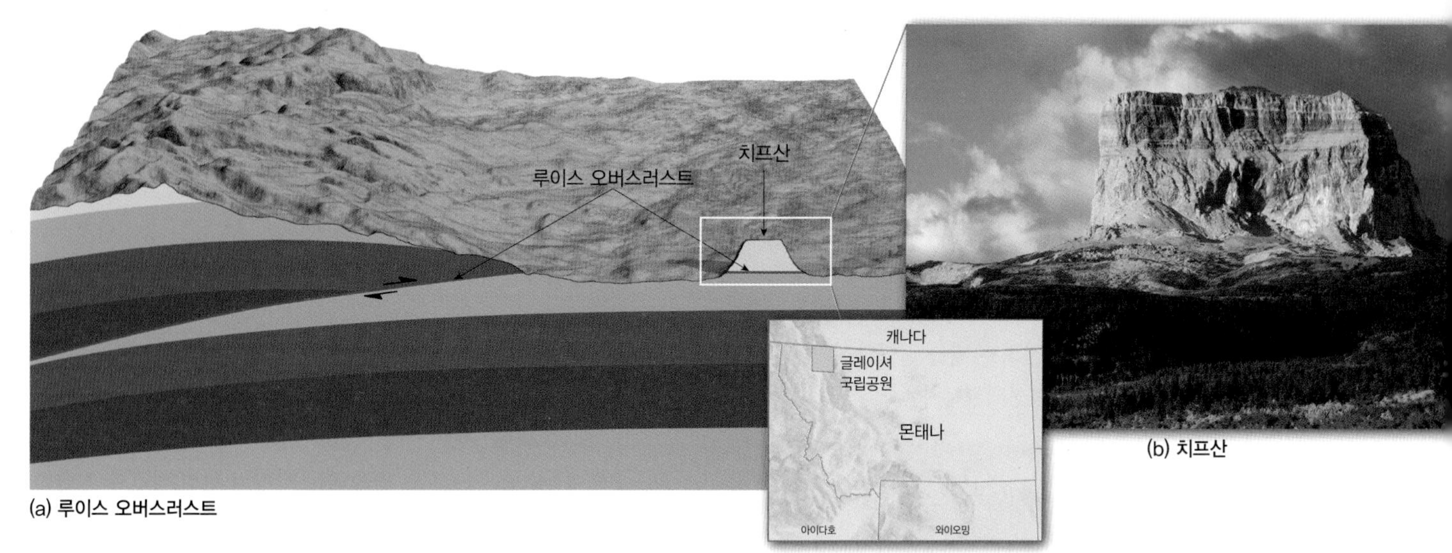

▲그림 14-61 루이스 오버스러스트와 치프산의 발달 과정. (a) 서쪽으로부터 횡압력이 가해지면서 충상단층이 발생하여 더 어린 암석이 오래된 암석층 위로 밀려 갔다. (b) 치프산은 루이스 오버스러스트로 인한 거대한 암괴 이동과 이후 침식으로 인해 웅장하게 고립되어 있다.

어 버렸다. 지속적인 압력으로 인해 배사가 동쪽으로 뒤집어졌다. 더 가해진 압력으로 인해 결국 파쇄가 일어났다. 전체 암반이 **루이스 오버스러스트**라고 알려진 거대한 충상단층을 따라 동쪽으로 밀렸다. 이 단층은 선캄브리아기 퇴적암을 백악기층 위로 밀어 올려, 백악기 기반암으로 이루어진 평원 동쪽으로 약 30km 정도 되는 곳에 선캄브리아기 층이 놓이게 되면서 오래된 암석층이 더 어린 층 위에 놓이게 되는 독특한 결과를 가져왔다. 이 평원은 따라서 '뿌리 없는 산맥(mountains without roots)'이라고 불리게 되었다. 이러한 지형 가운데 치프(Chief)산은 뿌리 없는 산으로 세계적으로 유명한데, 본래의 산맥 동쪽에서 침식 분리자[**클리페(klippe)**로 부르는]라는 독특한 위치를 점하고 있기 때문이다(그림 14-66).

학습 체크 14-20 몬태나주 치프산의 형성을 단층 작용과 관련지어 설명해 보라.

제 14 장 학습내용 평가

이 장을 학습했다면 다음 질문에 대한 답을 찾아보자. 이 장의 학습내용에 대한 주요 용어는 진한 글씨로 표시되어 있다. 이 용어의 정의는 이 책 뒷부분에 제공된 별도의 용어해설에 나와 있다.

주요 용어와 개념

딱딱한 지구에서 판구조론까지

1. 베게너가 그의 이론인 **대륙이동설**과 초대륙인 **판게아**의 존재를 주장하기 위해 사용했던 증거 중에서 적어도 두 가지 분야를 기술하고 설명하라.
2. 왜 베게너의 대륙이동설이 오랫동안 거부되었는가?

판구조론

3. 해저 확장이 일어나고 있음을 확인할 수 있는 증거는 무엇인가? 여러분은 **고지자기**와 **해저 시추공**의 증거를 사용하여 설명할 수 있을 것이다.
4. **판구조론**에서 이동 기제를 기술하고 설명하라. 즉, 암석권의 판이 왜 그리고 어떻게 움직일 수 있는지 설명하라.

판의 경계

5. **발산**, **수렴**, **변환단층경계**의 궁극적인 차이를 기술하라.
6. 발산경계의 두 가지 유형인 **중앙해령**과 **대륙 열곡**과 관련된 지구조 활동, 화산 활동 그리고 일반적인 지형 특징을 기술하고 설명하라. 그리고 이 두 가지 유형의 현존하는 각각의 예를 적어도 하나 이상 언급하라.
7. **섭입**을 기술, 설명하고 수렴경계의 세 가지 유형, 즉 **대양-대륙판 섭입, 대양-대양판 섭입, 대륙판 간의 충돌**과 관련된 지각변동, 화산 활동 그리고 일반적인 지형 특징을 기술하고 설명하라. 그리고 이 세 가지 유형 각각의 현존하는 예를 적어도 한 가지 이상 언급하라.
8. **해구**와 해령의 차이를 기술하라.

9. 샌안드레아스 단층계는 어떻게 판구조론과 맞아떨어지는가?
10. 왜 태평양 주변부, 즉 **태평양 불의 고리**라고 불리는 지역을 따라 화산과 지진이 집중적으로 발생하는가?

판구조론에 추가된 것들

11. **열점**이란 무엇인가? 현존하는 열점의 예를 적어도 한 가지 이상 거명하라.
12. **열점 궤적**은 **호상열도**와 어떻게 다른가?
13. 어떻게 **맨틀 플륨** 모델이 열점의 존재를 설명할 수 있는가?
14. **부가대**는 무엇이고 어떻게 형성되었는가?

화산 활동

15. **화산 활동**이라는 용어가 의미하는 바는 무엇인가?
16. **마그마**, **용암**, **화산쇄설물**의 용어를 정의하고 비교하라.
17. 현무암질 마그마, 안산암질 마그마, 유문암질 마그마와 관계 있는 규산 성분의 일반적인 차이에 따른 마그마의 특성과 분화 유형(예 : 조용히 용암류가 분출하는 것이 있는 반면 화산쇄설물의 폭발적인 분화도 있는 것)을 설명하라.
18. **홍수현무암**은 무엇인가?
19. 화산체 유형별로 일반적인 형성 과정, 모양 그리고 구조를 기술하고 설명하라 — **순상화산**, **성층화산**, **용암원정구**, **분석구**
20. 오리건주의 크레이터호와 같은 **칼데라**의 형성과정을 설명하라.

화산재해

21. **화쇄류**와 **화산이류** 또는 **라하르**의 기원과 특징을 기술하고 설명하라.

관입화성암의 형상

22. **관입암**, **심성암**, **저반** 그리고 **암맥** 등의 용어들을 정의하라.

지각변동 : 습곡

23. **습곡**과 **단층**은 어떻게 다른가?
24. 무엇이 **향사**이며, 무엇이 **배사**인가?

지각변동 : 단층

25. 다음 네 가지의 단층 유형 즉 **정단층**, **역단층**, **충상단층**, **주향이동단층**에서 응력의 방향과 변위가 어떻게 차이가 나는지 설명하라.
26. **단층애**는 무엇인가?
27. 정단층의 결과로 형성되는 지형의 형성 과정을 기술하고 설명하라(**지구대**, **지루**, **경동지괴산맥**).
28. 주향이동단층의 결과로 형성되는 지형의 형성 과정을 기술하고 설명하라(**단층선곡**, **새그폰드**, **변위하천**).

지진

29. **지진**이란 무엇인가?
30. 진원과 **진앙**의 차이점은 무엇인가?
31. 지진 **규모**와 지진 진동 강도의 차이는 무엇인가?
32. **수정 메르칼리 진도 계급**이 전달하는 의미는 무엇인가?
33. 지진의 P파, S파, **표면파**의 차이를 간단하게 기술하라.

지진재해

34. 어떤 상황하에서 **액상화**가 일어나는가?

내적 작용의 복잡성 — 북부 로키산맥의 사례

35. 단층이 어떻게 오래된 암석을 시대가 늦은 암석 위에 위치시켰는지를 설명하라.

학습내용 문제

1. 세계 각지의 지진 활동과 판 경계와의 일반적인 관계는 무엇인가?
2. 왜 대륙 간 충돌대에서는 섭입이 발생하지 않는가?
3. 왜 심발지진(지표로부터 수백 킬로미터 아래에서 기원하는 지진)은 섭입대에서는 발생하지만, 발산대나 변환단층경계에서는 발생하지 않는 것인가?
4. 어떤 방식으로 열점은 기본적인 판구조론과 판의 경계와 부합하지 않는가?
5. 어떤 방식으로 열점은 판의 이동을 검증하는 데 사용되었는가?
6. 향사에서 지형적인 산맥이 형성될 수 있고, 배사에서 지형적인 계곡이 형성될 수 있는 것이 어떻게 가능한가?
7. 왜 때때로 지진이 발생하는 동안 진앙으로부터 멀리 떨어진 지역이 진앙으로부터 가까운 지역보다 더 큰 피해를 입는가? (건축물의 차이보다는 다른 요인을 고려하라.)

연습 문제

1. 만일 대서양 중앙해령이 현재와 같은 속도로 미래에도 확장된다면 (연간 2.5cm) 대서양이 1km 확장되기 위해서 몇 년의 세월이 걸리겠는가? __________년
2. 샌안드레아스 단층의 장기적인 변위량이 현재와 같은 속도(연간 3.5cm)로 이루어지고 단층의 위치가 현재와 같은 곳에 머무른다면, 로스앤젤레스(단층의 서쪽)가 북쪽으로 620km 떨어진 샌프란시스코까지 이동하는 데 걸리는 시간은 얼마인가?
3. 만일 라하르가 하곡을 따라 시속 30km로 흘러간다면 10km 떨어진 도시까지 도달하는 데 걸리는 시간은 얼마인가?
4. 규모 6의 지진은 규모 5의 지진보다 얼마나 더 많은 에너지를 방출하는가?
5. 규모 8의 지진은 규모 5의 지진보다 얼마나 더 많은 에너지를 방출하는가?

환경 분석 근래의 지진

데이터 (MG)
최근의 지진

https://goo.gl/21x0cb

지각판이 이동함에 따라 응력이 축적된다. 이 응력은 지진이라는 방식으로 방출되며, 매일 지구 어느 곳에서든 발생한다. 우리는 지진의 위치와 규모를 이용하여 판의 경계부에 대해 더 배울 수 있다.

활동

미국지질조사국(USGS)의 지진재해 프로그램 홈페이지 http://earthquake.usgs.gov/eathquakes/map.에 접속한 후 "Earthquakes" 메뉴에서 "Latest Earthquakes"를 클릭한 뒤 지도에서 미국 본토 부분을 확대해 보라.

1. 규모 2.5 이상의 가장 최근의 지진이 발생한 시간과 위치는 어디인가? 그 규모는 얼마인가?

오른쪽 상단에 있는 "Settings" 아이콘을 눌러 "1 Days, All Magnitudes Worldwide"로 선택한 후, 다시 "Settings" 아이콘을 눌러 설정 창을 닫는다.

2. 하루 동안 미국 본토에서 총 몇 건의 지진이 발생했는가?
3. 전 세계를 볼 수 있도록 축소하자. 하루 동안 지구 전체에서 몇 건의 지진이 발생했는가?

지난 7일간의 자료를 보도록 옵션을 설정한 후 모든 규모의 지진 발생 횟수와 규모 4.5 이상의 지진 발생 횟수를 비교해 보자.

4. 모든 규모의 지진의 7일간 총 발생 횟수는 몇 건인가? 규모 4.5 이상의 지진은 몇 건인가?
5. 지진의 규모와 빈도 사이의 관계에 대해 당신은 무엇을 말할 수 있는가?

옵션을 설정하여 지난 30일간 규모 4.5 이상의 지진 발생 지점과 2.5 이상의 발생 지점을 비교해 보라. 판 경계부의 유형에 대해서는 그림 14-11을 참조하라.

6. 어떤 유형의 경계부에서 가장 강한 지진이 발생하였는가?
7. 왜 그 유형의 경계부는 캘리포니아 해안선을 따르는 경계부보다 강한 지진을 더 빈번하게 일으키는가?
8. 발산경계는 지진 빈도가 낮은 것에 주목하라. 한 가지 해석은 이러한 경계부는 지진을 덜 발생시킨다는 것이다. 다른 식의 해석은 무엇인가?
9. 미국의 경우, 판의 경계부와 가까운 곳이 아닌 곳에서도 빈번한 지진이 발생하는데 과연 무엇이 지진을 일으키는가? 왜 하와이의 빅아일랜드섬에서는 지진이 많은가?

지리적으로 바라보기

이 장의 처음에 있는 사쿠라지마화산의 사진을 다시 보자. 어떤 유형의 화산으로 보이는가? 왜 그렇게 보는가? 사진 왼쪽에 검은 구름과 함께 산 아래로 어떤 재해가 다가가고 있는가? 이 구름의 구성 성분은 무엇인가?

지리적으로 바라보기

애리조나주 그랜드캐니언의 컨퀴스타도어 아일 위의 폭풍우. 암석에서 가장 명확히 나타나는 구조적인 형상은 무엇인가? 어떤 집단의 암석이 가장 명확하게 노출되어 있는가? 이 경관에서 기반암이 제거되어 왔을까? 어떻게 그것을 알 수 있을까? 왜 내적 작용과 외적 작용이 모두 그랜드캐니언의 형성에 관여한 것으로 보일까?

풍화와 매스 웨이스팅

어떻게 그랜드캐니언이 형성되었는지 고민해 본 적이 있는가? 이 지형이 콜로라도강에 의한 침식에 의하여 형성된 것은 명확해 보인다. 그러나 그것이 정답은 아니다. 하천은 확실히 역할을 하지만 계곡은 외적 작용이라 불리는 광범위한 활동들의 결과물이다.

만일 경관을 만드는 내적 작용이 경외감을 일으킨다면, 외적 작용은 냉혹한 것이다. 암석판이 움직이는 동안 지각은 습곡되고 단층이 만들어지며, 화산은 폭발하고 관입암체가 원래의 암석에 침입해 들어가는 동안 다른 자연 과정의 장이 작동하게 된다. 이들은 외적 작용들이다. 이들은 앞의 장에서 설명한 것들에 비해서는 일반적인 것으로 보인다. '풍화'는 암석을 부숴 놓으며, '매스 웨이스팅'은 풍화된 물질을 사면 아래로 이동시키고, '침식'은 암석을 멀리 운반한다. 그러나 이 외적 작용들의 누적 효과는 경악스럽다. 외적 작용은 내적 작용이 세워 놓은 어느 것이든지 깎아 나갈 능력이 있다. 어떤 암석도 이 꾸준한 힘을 견딜 수 있을 만큼 강력하지 않고, 어떤 산지도 이를 견뎌 낼 수 있을 만큼 크지 않다. 결과적으로 산꼭대기, 사면, 계곡, 평야의 구체적인 모습은 중력, 물, 바람 그리고 얼음의 작용으로 인하여 창조된다.

풍화와 매스 웨이스팅은 지형을 변화시키는 과정에서 중요성이 경시되지만 그 역할은 매우 결정적이다. 콜로라도강에 있는 그랜드캐니언의 예를 들어 보자. 세계에서 가장 인상적인 풍경 중 하나로 꼽히는 이곳은 일반적으로 하천의 침식 작용으로만 형성된 것으로 알려져 있다. 그러나 우리가 이곳에서 주로 보는 것은 풍화와 매스 웨이스팅으로 인하여 형성된 지형들이다. 하천의 주된 역할은 하도를 더 깊게 파고들어 가는 것만이 아니다. 하천은 풍화 과정을 통해 느슨해진 물질들 그리고 중력과 매스 웨이스팅에 의해 하천으로 공급된 물질들을 이동시키는 것이다.

이 장의 내용을 배우면서 생각해야 할 주요 질문은 다음과 같다.

- 어떻게 풍화, 매스 웨이스팅, 침식이 함께 경관을 변화시키는가?
- 절리들은 왜 풍화 과정에서 중요한가?
- 기계적 풍화란 무엇인가?
- 화학적 풍화란 무엇인가?
- 매스 웨이스팅의 네 가지 주요 유형은 무엇인가?

삭박

암석물질이 파쇄되고 깎여서 제거되는 전반적인 과정을 **삭박**(denudation)이라고 지칭한다. 이 과정은 경관의 고도를 낮게 만든다. 삭박은 세 가지 유형의 작용들의 상호작용으로 진행된다(그림 15-1).

1. **풍화**(weathering)는 대기와 생물학적인 요소들의 작용을 통해 암석을 보다 작은 조각으로 파괴하는 과정이다.
2. **매스 웨이스팅**(mass wasting)은 부서진 암석물질을 중력의 직접적인 영향에 의해 사면 아래 방향으로 상대적으로 짧은 거리에 걸쳐 이동시키는 과정을 포함한다.
3. **침식**(erosion)은 부서진 암석물질을 침식, 운반하여 궁극적으로 퇴적시키는 과정으로 보다 광범위한 지역에서 발생하며, 때때로 물질의 이동 거리는 매스 웨이스팅에 의한 것보다 길다.

▲그림 15-1 대륙 표면의 고도를 저하시키는 삭박은 풍화, 매스 웨이스팅 그리고 침식에 의해서 수행된다.

풍화와 매스 웨이스팅이 경관에 미치는 영향

풍화가 경관에 미치는 영향을 가장 쉽게 관찰할 수 있는 예는 기반암이 작은 암석으로 부서지는 과정, 즉 거대한 암석 단위가 크기가 작고, 응집력이 약한 많은 수의 조각들로 줄어드는 현상이다. 매스 웨이스팅에는 이 풍화된 암석물질이 사면 하부로 이동시키는 과정이 포함된다. 이 과정이 지표 경관에 미치는 영향은 일반적으로 이중적으로 나타난다. 즉, 운동이 시작되는 부분의 지표에는 노출된 암석면을 남기고, 다음으로 노출된 암석면 하부 어딘가에 암설을 집적시키는 것이다.

학습 체크 15-1 풍화가 경관에 미치는 가장 중요한 효과는 무엇인가? 매스 웨이스팅의 효과는 무엇인가?

풍화 작용과 암석의 균열

외적 작용에 의한 지구 표면의 형성 과정은 풍화로부터 시작된다. 기계적인 붕괴와 화학적인 분해는 기반암이 갖는 내부의 강한 응집을 파괴하여, 암체를 보다 작은 덩어리들로 바꾸기 시작한다. 정도의 차이가 있겠지만 물리적·화학적 풍화는 암석권과 대기권이 만나는 곳에서 모두 일어나게 된다. 그러나 암석을 구성하는 조암광물 간의 화학적 결합을 해체시키고, 입자들을 분리시키며, 모서리를 마모시키고, 암체에 균열이 생기게 하는 등의 과정들은 감지하기 어렵다. 이것은 암석이 노화되는 과정이며, 다른 형태의 보다 활성적인 삭박 과정이 뒤따른다.

암석 균열의 중요성 : 기반암은 노출되는 동시에 풍화되기 시작한다. 풍화된 암석의 색과 조직은 인근의 노출되지 않은 암석들과 다르다. 지표 경관의 측면에서 본다면 노출된 기반암은 하부 암석에 비하여 조직이 훨씬 더 느슨하다. 작게 쪼개진 암석 조각이나 암괴는 원래의 위치로부터 쉽게 떨어져 나온다. 때때로 이것들은 심각하게 '부식되어' 지압으로도 쉽게 부서진다. 기반암의 내부로 약간만 들어가도 암석은 훨씬 단단해지지만 풍화는 암석에 생긴 균열이나 깨진 틈을 따라서 상당한 깊이까지 진행될 수 있으며, 어떤 경우에는 지표 아래 수백 미터까지 풍화되기도 한다. 이러한 침투는 암체의 개방 공간이나 조암 광물 입자 사이를 따라 일어나게 된다. 지중풍화는 물, 공기, 식물 뿌리와 같은 풍화 기구(weathering agent)들이 침투할 수 있는 이러한 틈새를 따라 시작된다. 시간이 경과함에 따라 풍화의 효과는 틈의 바로 주변 부분에서 암석의 치밀한 부분까지 영향을 미친다(그림 15-2).

암석 표면의 균열은 미세한 크기이든 큰 것이든 간에 기반암을 공격하고 파괴할 수 있는 풍화 기구들의 통로를 제공하게 된다.

학습 체크 15-2 암석 균열은 풍화 과정에서 왜 중요한가?

암석 균열의 유형

포괄적으로 다섯 가지 종류의 균열을 들 수 있다.

1. **미세 균열**(microscopic opening) : 미세 균열은 암석 표면에서 다수 존재한다. 비록 개별적인 균열의 크기는 작지만 그 수가 많기 때문에 광범위하게 풍화를 유발한다. 화성암이나 변성암의 결정 사이에서 공극의 결합으로 존재할 수도 있고, 퇴적암의 입자 사이에서 공극으로 존재할 수도 있으며, 암석의 종류와 무관하게 모든 암석의 광물 입자 사이에서 미세한 파쇄 균열로 존재할 수도 있다.
2. **절리**(joint) : **절리**는 암석권을 구성하는 암석에서 가장 널리 발견되며 압력에 의해서 형성되는 균열이다. 그러나 절단된

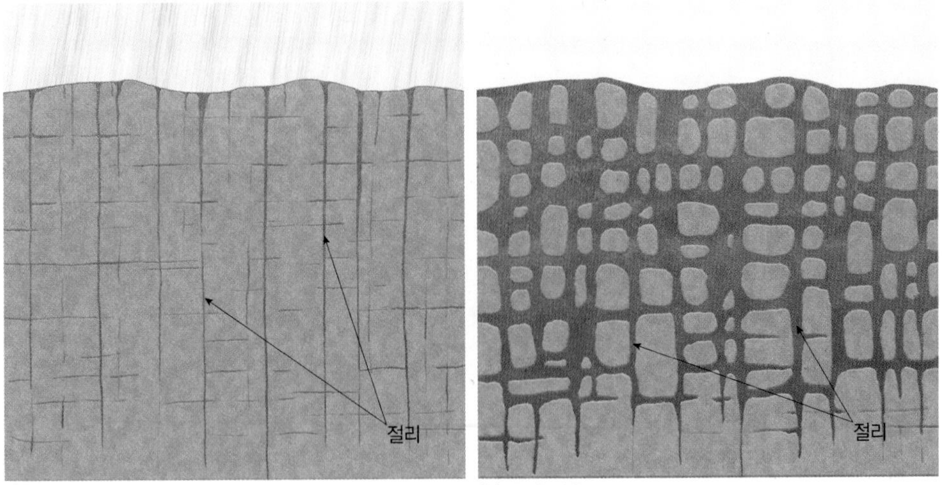

(a) 풍화 이전 (b) 풍화 이후

◀ **그림 15-2** 지표면 아래에서의 풍화는 균열이 많은 암석에서 발생한다.

부분을 따라서 절단 부분 양측의 상대적인 위치가 변하는 변위(displacement) 현상은 거의 없다. 절리는 대부분의 암체에서 많이 관찰되며 암체를 다양한 크기로 분리한다. 절리는 시간과 장소와는 무관하게 광범위하게 나타나기 때문에 풍화를 유발하는 모든 균열 가운데 가장 중요하다.

3. **단층**(fault) : 이미 제14장에서 살펴본 바와 같이, **단층**은 단층면을 따라서 상·하반 간에 상대적인 변위가 관찰되는 기반암의 단절 현상이다(그림 15-3). 일반적으로 절리는 보통 수 미터에 달하는 크기의 작은 규모로, 덜 중요한 구조이며 숫자는 많다. 이에 반하여 단층들은 수십 킬로미터에서 수백 킬로미터에 달하는 대규모의 것으로 개별적으로 또는 소수로 나타나며 주요 구조이다. 절리와 마찬가지로 단층은 풍화 기구가 지하의 암석으로 침투하는 것을 쉽게 한다.
4. **용암 기공**(lava vesicle) : 용암 기공의 크기는 다양하지만, 일반적으로 크기가 작다. 기공은 용암이 굳어지는 동안 탈출하지 못한 공기들에 의해서 만들어진다.
5. **용해 동공**(solution cavity) : **용해 동공**은 탄산염 암석(특히 석회암)에 침투하는 물에 의해 가용성 물질들이 용해되어 배출되면서 만들어진 구멍이다. 대부분의 용해 동공의 규모는 작지만 때때로 큰 동굴도 만들어지는데, 다량의 가용성 물질이 제거될 경우에는 큰 동굴이 만들어지기도 한다(이 용식의 과정과 기복에 대해서는 제17장에서 자세히 설명할 것이다).

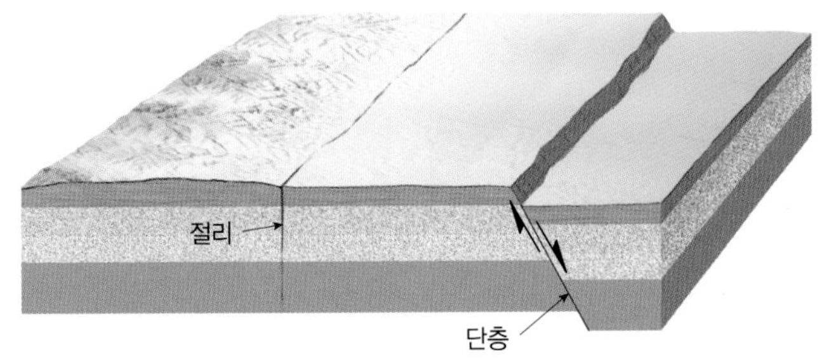

▲ **그림 15-3** 절리와 단층의 핵심적인 차이는 절리의 경우 균열의 양측에 변위(위치의 변화)가 보이지 않는다는 것이다.

절리 형성의 중요성

암석권의 거의 모든 기반암에 형성되는 절리는 용융된 물질의 수축 및 냉각, 퇴적층의 건조 및 수축 그리고 지각의 압력에 의해 만들어진다. 지표면에서는 풍화 작용이 균열의 크기를 키우기 때문에 상당히 명확하게 파악된다. 그러나 지하에서는 가시적인 분리 현상이 거의 나타나지 않는다.

절리는 대부분의 암석에서 일반적으로 나타나지만 어떤 곳에서는 다른 곳에 비해 훨씬 더 조밀하게 발달한다. 절리가 많이 나타나는 경우에는 보통 세트를 이루는데, 각각의 세트는 거의 평행한 균열들로 이루어진다(그림 15-4). 서로 다른 지배적인 두 절리 세트가 거의 수직으로 교차하는 현상이 아주 빈번하게 관찰된다. 이러한 결합이 **절리 시스템**(joint system)을 이룬다. 자연적인 층리면이 특징적으로 발달된 퇴적암에서는 잘 발달된 절리 시스템이 층을 이루는 암석을 마치 잘 맞춰진 조각들로 일정하게 정렬된 것처럼 절단하고 있을 수 있다. 일반적으로 절리는 규칙적으로 배열되어 나타나고 조립질 구성 암석보다 세립질 구성 암석을 보다 명료하게 구분되는 덩어리로 분리시킨다.

대규모의 절리들 또는 절리 세트는 먼 거리에 걸쳐 상당한 두께의 암체를 가로질러 길게 존재하며 이를 **주절리**(master joint)라고 한다(그림 15-4b). 주절리는 주변의 암체보다 풍화와 침식에 취약한 면이기 때문에 지형 발달에 중요한 역할을 한다. 따라서 계곡과 절벽 등과 같은 대규모의 경관은 주절리의 분포에 의해 영향을 받을 수 있다.

학습 체크 15-3 절리와 단층의 차이를 설명하라.

풍화 기구

풍화(weathering)라는 용어의 정의에서 추측할 수 있듯이 대부분

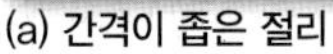

(a) 간격이 좁은 절리 (b) 간격이 넓은 절리

▲ 그림 15-4 절리 형성. (a) 인스퍼레이션 포인트에서 바라본 남부 유타주의 브라이스캐니언의 악지 지형. 조밀하게 분포하는 절리와 층리들은 풍화와 침식에 의한 복잡한 지표의 조각 과정에 기여한다. (b) 유타주의 자이언국립공원의 주절리들은 간격이 넓기 때문에 거대한 암체와 가파른 절벽이 형성된다.

의 풍화 기구는 대기에서 기원한다. 대기 구성물질은 기반암의 틈새와 균열들을 따라서 쉽게 침투해 들어갈 수 있다. 산소, 이산화탄소, 수증기는 암석 풍화에 가장 중요한 3대 요소이다.

두 번째로 중요한 풍화 기구는 기온 변화이다. 그러나 가장 주목해야 하는 것은 기반암의 균열을 따라 효율적으로 아래 방향으로 침입해 들어가는 액체상의 물이다. 또한 동물들의 굴 파기나 식물의 뿌리내리기 등의 생물학적인 기구들도 부분적으로 풍화에 기여한다. 그러나 암석을 공격하고 분해시키는 화학물질의 생산 또한 상당히 중요하다.

풍화 기구들의 총체적인 효과는 복잡하고 다양한 요인의 영향을 받는다. 분석적 목적을 위해 풍화를 3개의 주요 범주로 인식하는 것이 편리하다. 즉, **기계적**(mechanical), **화학적**(chemical), **생물학적**(biological) 풍화이다. 이제 이것들을 차례로 살펴볼 것이지만, 이들은 빈번하게 함께 작용한다는 것을 명심해야 한다.

기계적 풍화

기계적 풍화(mechanical weathering) 또는 **물리적 풍화**(physical weathering)는 암석을 구성하는 물질이 화학 조성의 변화 없이 물리적으로 부서지는 과정을 말한다. 요약하자면 큰 암석은 기계적 풍화 작용에 의해서 작은 암설들로 변화하는데, 이는 암석을 보다 작은 조각들로 쪼개는 다양한 압력에 의한 것이며, 이때 만들어지는 암석 조각은 각진 것들이다. 대부분의 기계적 풍화 작용은 지표면이나 그 근처에서 일어나지만 특정 조건에서는 상당히 깊은 곳에서 일어나기도 한다.

얼음쐐기 : 기계적 풍화 기구 가운데 가장 중요한 것은 물의 동결과 융해 작용일 것이다. 제6장에서 처음 살펴본 바와 같이 물은 동결될 때 거의 10% 가까이 팽창한다. 그리고 물은 위쪽 표면에서부터 얼기 시작하며, 따라서 물의 동결로 인한 팽창 압력이 위쪽보다는 암석의 측면에 주로 작용한다. 이 얼음쐐기의 팽창에 의해 암석은 쪼개진다(그림 15-5).

가장 강한 암석조차도 반복된 동결과 융해 작용에는 견딜 수 없다. 반복은 **얼음쐐기**(frost wedging) 또는 **동결 파쇄 작용**(frost shattering)이라는 냉혹한 힘을 이해하는 데 중요한 부분이다. 암석의 균열 내에 물이 존재하면, 온도가 0℃ 아래로 내려갔을 때 균열의 크기와는 무관하게 얼음이 얼면서 아래 방향으로 쐐기가 성장한다. 온도가 동결점 이상으로 오르게 되면, 얼음은 융해되고 물은 더 넓어진 균열을 따라 더 아래로 내려가게 된다. 이후 또다시 동결이 되면 쐐기 작용은 반복된다. 이 작용은 사면의 경사가 너무 급하여 아래로 물질이 이동되는 급경사 사면을 제외한 모든 곳에서 깨진 암석 조각이 널리 나타나는 수목한계선보다 위쪽의 산지에서 명확히 나타난다(그림 15-6).

큰 균열에서의 얼음쐐기 작용은 큰 자갈을 만들어 내고, 작은 균열에서의 쐐기 작용은 입자들 사이를 따라 암석을 모래나 먼지 크기의 입자로 분리시킬 것이다. 파쇄 과정에서 입자 크기에 따른 분리가 동시에 나타난다. 조립입자로 구성된 결정질 암석의 통상적인 해체 형태는 입자 사이에 발생하는 얼음쐐기 작용에 의한 파쇄 작용이다. 형성 과정에서 자갈이나 조립질의 모래를 만들어 내는 이러한 유형의 파쇄 과정을 **입상붕괴**(granular disintegration)라고 한다.

염류쐐기 : 얼음쐐기와 관련이 있지만 그보다는 중요성이 떨어지는 것이 바로 수분이 증발함에 따라 염류 결정이 형성되는 **염류쐐기**(salt wedging)이다. 건조 기후 지역에서 암석 균열 내의 물은

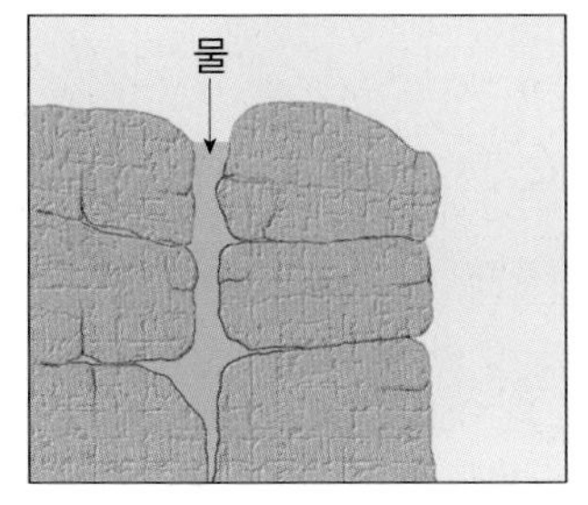

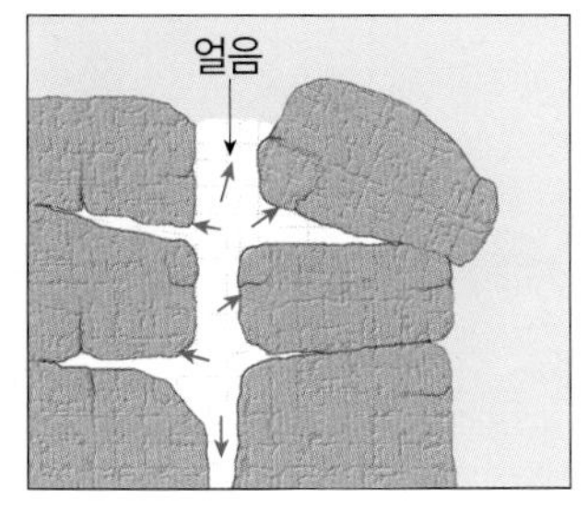

▲ 그림 15-5 얼음쐐기 작용의 모식적인 그림. 바위의 균열에서 물이 얼게 되면 얼음의 팽창은 힘을 가하게 되고, 이러한 작용이 여러 차례 지속되는 경우 균열은 넓어지고 깊어진다.

◀그림 15-6 얼음쐐기 작용은 북서 웨일스의 글라이더파크산 정상부에 있는 암석과 같이 수목한계선 위쪽의 산지와 같은 곳에서 광범위하게 나타난다.

모세관 작용[모세관 현상(capillarity)에 대해서는 제6장에서 논의되었다]에 의해서 중력 방향이 아닌 지표면 쪽으로 이동된다. 이 물에는 거의 항상 용해된 염분이 포함되어 있다. 물이 증발되면서 염분은 미세한 크기의 결정으로 잔류한다. 그리고 시간이 경과함에 따라 이 염분의 결정은 성장한다. 그 강도는 훨씬 미약하지만, 염분 결정은 물의 동결과 동일한 방식으로 암석 입자와 입자 사이의 틈을 벌리게 된다(그림 15-7).

대양의 해안에서 염류쐐기는 하나의 풍화 요소이다. 조위선보다 높은 부분에서 해양으로부터 흩날려 온 염류를 포함한 물은 광물의 입자 사이에 침투하게 되며, 물이 증발하면서 발생하는 염류 결정의 성장은 광물 입자 사이의 틈을 벌린다.

학습 체크 15-4 동결 쐐기 작용을 설명하라

온도 변화 : 동결-융해 순환을 수반하지 않는 온도 변화 역시 암석을 기계적으로 풍화시킬 수 있지만, 이는 앞서 설명한 과정보다 훨씬 더 느리게 일어난다. 주간과 야간의 온도 변화, 하계와 동계의 온도 변화는 대부분의 광물 입자의 부피에 미세한 변화를 유발할 수 있다. 광물 입자의 부피는 열이 가해지면 팽창하고 냉각되면 수축하기 때문이다. 이러한 부피 변화는 광물 입자의 결합을 약화시키고 결국 서로 분리되는 결과로 이어진다. 암석에 심각한 약화와 파괴가 발생하려면 통상적으로 수십만 번의 반복이 요구된다. 이 풍화 요소는 건조 지역과 산지의 정상 부분에서 가장 중요한 역할을 하는데, 이들 지역에서는 주간에는 직접적인 태양 복사가 강하기 때문에 온도가 상승하고, 야간에는 복사 냉각이 지배적이기 때문에 온도가 많이 하강한다.

▼그림 15-7 염류쐐기. 캘리포니아주 데스밸리 계곡에 있는 이 결정질 암석은 염류쐐기 작용으로 파쇄되었다.

산불과 초원의 화재로 인한 가열은 단순한 태양 복사에 의한 가열보다 훨씬 좁은 지리적 범위에서 발생하지만, 풍화로 인한 암석의 파괴 측면에서는 보다 중요한 역할을 수행한다. 화재에 의한 강력한 가열은 암석을 팽창시키고 파괴한다.

박리 : 모든 풍화 과정 가운데 가장 놀라운 것은 기반암의 굴곡진 암석층이 한 꺼풀씩 벗겨지는 박리(exfoliation)이다. 일반적으로 기반암에 발달하는 동심원상으로 휘어진 절리 집단은 중요하지 않아 보이고 눈에 잘 띄지 않는다. 암석 표면과 평행하게 발달하는 암석의 얇은 껍질과 같은 암석층은 양파 껍질이 벗겨지는 것과 유사한 형태로 차례로 제거된다. 벗겨지는 암석층은 두께가 때로는 수 밀리미터 내외에 불과한 경우도 있지만, 수 미터에 달하는 경우도 있다.

박리의 결과는 독특하다. 캘리포니아주 요세미티 계곡의 하프돔과 같이 규모가 큰 화강암 단일 암체의 경우에는 이 봉우리들의 표면에 있는 암석 판이 부분적으로 파쇄, 절단되어 봉우리의 형상이 불완전한 곡선 형태로 나타난다. 그리고 이를 **박리돔**(exfoliation dome)이라 부른다(그림 15-8). 통상적으로 박리는 보다 둥근 형태를 지니는 자갈과 같은 작은 암석에서 발견되기도 하며, 각각의 암석의 층은 점점 작아지는 동심원의 모습을 보여준다. 이 모든 과정은 특히 심성암의 암체가 노출되는 지역에서 경관을 보다 부드러운 형태로 만들어 준다.

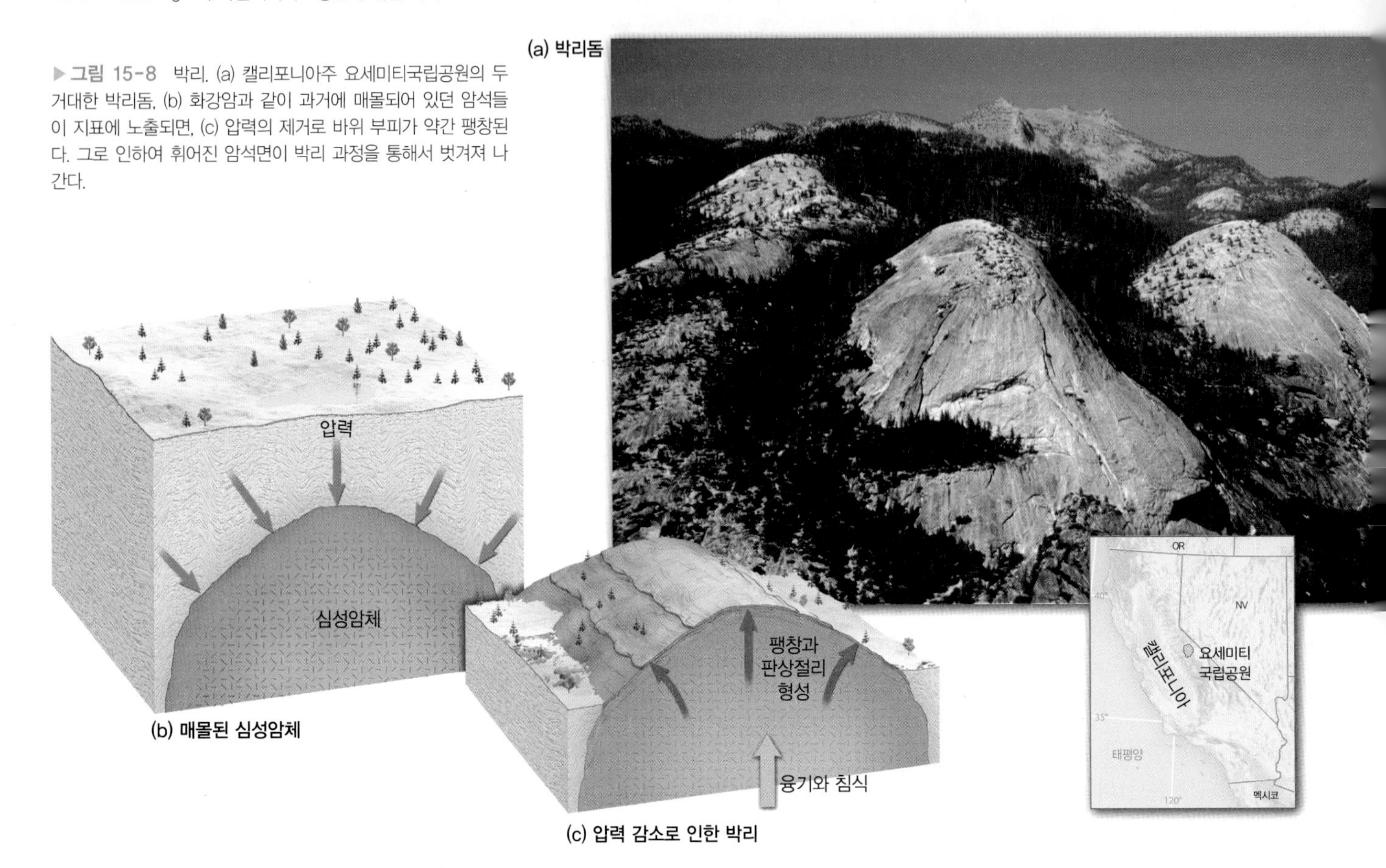

▶ **그림 15-8** 박리. (a) 캘리포니아주 요세미티국립공원의 두 거대한 박리돔, (b) 화강암과 같이 과거에 매몰되어 있던 암석들이 지표에 노출되면, (c) 압력의 제거로 바위 부피가 약간 팽창된다. 그로 인하여 휘어진 암석면이 박리 과정을 통해서 벗겨져 나간다.

박리가 일어나는 과정은 명확히 알려져 있지 않다. 대규모의 박리 현상에 대한 널리 받아들여지고 있는 설명은 소위 **하중 제거**(unloading) 또는 **압력의 제거**(pressure release)로서 상부를 누르던 무거운 물질이 제거되면서 암석의 균열이 형성되는 것이다(그림 15-8b). 지하 깊은 곳에서 형성되는 관입암은 매우 무거운 암석에 의해 눌린 상태로 지하에 매몰되어 있으며, 그 깊이는 수 킬로미터에 달할 수도 있다. 위를 누르고 있던 암석이 침식에 의해서 제거되었을 때 압력이 사라지고 아래 암석 부분이 팽창하게 된다. 이때 팽창하는 암석 외측의 층은 팽창하는 부피를 견딜 수 없고, 팽창력은 **판상절리**(sheeting joint)의 세트를 따라서 깨지는 것을 통해서만 흡수될 수 있다. 박리는 주로 화강암과 그와 관련된 관입암에서 나타나지만 특정한 환경에서는 사암이나 다른 퇴적 암층에서도 발견된다.

최근의 연구에 의하면 일부 지역에서는 박리의 형성에 대한 다른 설명이 가능하다. 화강암과 같은 경암이 볼록 사면의 형태로 노출되었을 때 암체는 양쪽 측면 방향에서 강한 횡압력을 받게 된다. 암석이 압력을 받음에 따라서 암체 내부의 수직 방향 장력이 암체의 표면과 평행한 방향으로 '튀어 올라가 열리는' 볼록 암체 하부의 절리를 만들기에 충분하게 된다. 추가 연구를 통해서 이 주장들이 단순한 압력의 제거보다 중요한지를 명확히 밝히게 될 것이다.

학습 체크 15-5 박리돔의 형성 과정을 설명하라.

다른 기계적 풍화 과정 : 화학적인 변화는 물리적인 풍화의 진행에 기여한다. 다양한 화학 반응은 광물 입자에 영향을 주고, 이 영향을 받은 광물 입자의 부피는 팽창하게 된다. 이 부피 팽창으로 인한 팽창 압력은 암석의 결합 정도를 약화시키며 균열을 만든다.

몇몇 생물학적인 활동도 물리적인 변화를 유발한다. 그중 가장 특징적인 것이 식물 뿌리의 침투인데, 식물 뿌리는 확장하는 방향으로 암석의 열린 부분에 압력을 가하고, 이로 인해 암석의 균열이 생성된다. 이러한 과정은 절리나 단층의 틈새에서 자라는 나무의 큰 뿌리가 쐐기 도구로 작용하는 힘이 지속적일 때 탁월하게 나타난다(그림 15-9). 한편 땅을 파는 동물도 때때로 암석 해체의 여러 요소 가운데 하나라고 할 수 있다.

물리적인 풍화만 일어날 경우 물리적 풍화 작용은 거대한 기반암 암체를 작은 바위 덩어리로(때때로 각진 모양으로) 분리시켜 자갈, 작은 자갈, 모래, 실트, 점토 크기의 입자 등을 만들어 낸다. 시간이 경과함에 따라 암석의 표면적이 증가하게 되면서 풍화 과정의 진행 속도는 보다 빨라지게 된다(그림 15-10).

화학적 풍화

물리적 풍화는 일반적으로 암석을 이루고 있는 조암광물의 화학적 변화를 통하여 암석을 분해시키는 **화학적 풍화**(chemical weathering)와 함께 일어난다. 거의 모든 광물은 대기와 생물학적 기구들에 노출되었을 때 화학적인 변화의 대상이 된다. 석영

▲그림 15-9 식물 뿌리는 기반암의 균열을 성장시키는 도구 역할을 한다. (a) 캘리포니아주 데솔레이션밸리의 암석 균열 사이로 작은 식물들이 성장한다. (b) 데솔레이션밸리의 화강암질 기반암의 절리 사이로 완전히 성장한 로지폴 소나무가 서식하고 있다.

과 같은 광물은 화학적인 변화에 대한 저항이 매우 강하기도 하지만, 대부분의 다른 광물은 화학적 변화에 매우 취약하다. 암석을 구성하고 있는 다양한 광물 가운데 단 한 가지 광물의 변화가 궁극적으로 전체 암석의 해체를 유발하기 때문에 화학적 풍화의 영향을 받지 않는 암석은 거의 없다.

물리적 풍화의 중요한 효과는 암석을 화학적 풍화의 힘에 노출시키는 것이다. 물리적 풍화의 진행으로 암석 표면의 노출 면적이 증가함에 따라 화학적 풍화의 효율성도 보다 증가된다. 세립입자로 구성된 물질이 조립입자로 구성된 경우보다 노출 표면적이 크다. 따라서 세립입자로 구성된 물질의 화학적 분해는 조립입자로 구성된 물질에 비해 빠르게 일어나게 된다(그림 15-10 참조).

사실상 모든 화학적 풍화는 수분을 필요로 한다. 따라서 수분이 풍부한 경우 화학적 풍화는 보다 효율적으로 일어나게 된다. 또한 화학적인 과정은 건조 지역보다 습윤 지역에서 보다 빠르게 일어나게 된다. 화학 반응은 냉량 지역보다는 온도가 높은 조건의 지역에서 보다 빠르게 일어난다. 결과적으로 화학적 풍화는 온난 다습한 기후에서 보다 효과적이며 탁월하게 일어난다. 냉량하거나 건조한 지역에서는 기계적 풍화가 지배적인 경향이 있다.

암석에 영향을 미치는 일부 화학적 반응은 매우 복잡한 양상을 지니고 있는 데 비하여 일부 과정은 단순하고 예측 가능하다. 주요 반응 기구는 산소, 물, 이산화탄소이며, 가장 중요한 과정은 **산화 작용, 수화 작용, 가수분해, 탄산염화 작용**이다. 이 과정들은 모두 수분과 관련된 것들로 동시에 발생하는 경우가 많다. 가스와 국지적인 식생의 부패로 생성된 산물의 존재로 인하여 지표로 침투해 들어가는 물은 약한 산성을 지니고 있다. 다양한 불순물의 존재는 물이 화학 반응을 일으키는 능력을 증가시킨다.

학습 체크 15-6 화학적 풍화와 물리적 풍화의 주요한 차이를 설명하라.

산화 작용 : 물에 용해된 산소가 특정한 조암광물과 접촉하는 경우, 산소원자가 다양한 금속물질과 결합하여 새로운 물질을 형성하게 되며 이를 **산화 작용**(oxidation)이라 부른다. 이때 만들어진 물질은 원래의 물질에 비하여 부피가 증가하게 되며, 부드러워지고 원래의 물질에 비해 쉽게 제거된다.

철이 포함된 광물이 산소와 반응할 때(다른 말로 산화되면), 철산화물(iron oxide)이 형성된다.

$$4Fe(\text{철}) + 3O_2(\text{산소}) \rightarrow 2Fe_2O_3[\text{철산화물, 적철석(Hematite)}]$$

암석권에서 가장 일반적인 산화 과정인 이 반응은 **녹슬기**(rusting)라고 하며, 많은 암석의 표면에서 나타나는 붉은 흔적들은 녹슬기 현상이 광범위하게 나타나고 있다는 증거이다(그림 15-11). 유

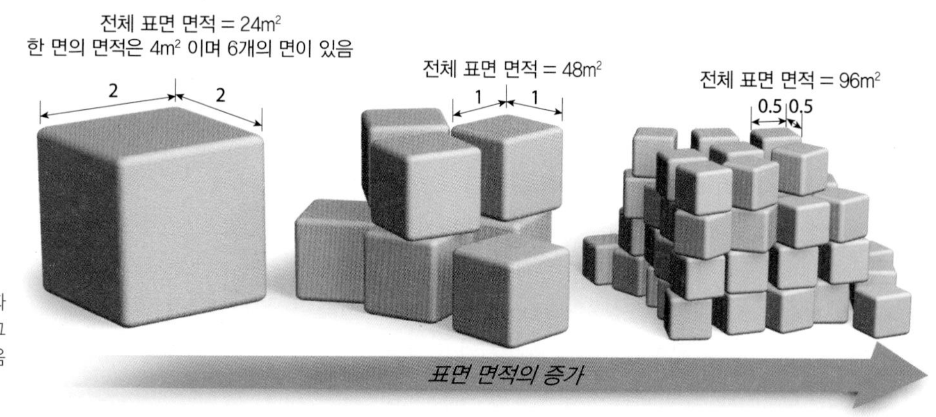

▶그림 15-10 기계적 풍화가 암석을 조각냄에 따라서 이후의 풍화에 노출되는 면적이 증가한다. 이 그림에서 나타나는 대로 각각의 단계가 진행되면서 다음 단계에 노출되는 면적은 2배씩 증가한다.

▶ 그림 15-11 유타주의 캐피톨리프국립공원의 사암 절벽에 형성된 산화철 흔적

사한 효과가 알루미늄의 산화를 통해서도 나타난다. 철과 알루미늄은 지각의 구성물질 가운데 매우 흔한 물질이므로 여러 곳에서 적갈색의 암석과 토양이 나타난다. 특히 열대 지역에서는 산화 작용이 가장 특징적인 화학적 풍화 작용이라 적갈색이 자주 관찰된다. 산화물은 원래의 철과 알루미늄에 비해서 일반적으로 부드럽고 쉽게 제거되기 때문에 녹슬기는 풍화에 매우 도움이 된다.

수화 작용 : **수화 작용**(hydration)의 과정에서 물은 다른 물질에 추가되며 물질의 파쇄 없이 물질의 일부가 된다. 내부 구조에 물을 포함하여 물과 결합된 광물을 **수화물**(hydrate)이라고 부른다. 예를 들어 황화칼슘($CaSO_4$)이 수화 작용을 받으면 석고($CaSO_4 \cdot 2H_2O$)가 형성된다. 수화 작용은 광물의 부피를 증가시키며 이 팽창은 암석의 기계적 파쇄 작용에 기여할 수 있다.

가수분해 : **가수분해**(hydrolysis)를 통해서 조암광물에 물이 추가되고 조암광물을 파괴한다. 이 과정을 통해 거의 항상 원래의 물질보다 부드럽고 약한 새로운 물질이 형성된다. 화성암 내의 장석과 같은 규산염 광물은 일반적으로 가수분해 작용을 받는다. 규산염 광물은 일반적으로 약산성의 빗물과 반응하여 고령토와 같은 점토광물을 생성시키고 석영질의 저항력이 강한 물질(석영)을 잔류시킨다. 수분이 지하 깊은 곳까지 자주 침투하는 열대 지방에서는 가수분해가 지하 깊은 곳에서도 일어나게 된다.

탄산염화 : 이산화탄소가 물에 녹으면 **탄산**(H_2CO_3)이 형성된다. **탄산염화**(carbonation)의 과정에서 탄산은 석회암과 같은 탄산염 암석과 결합하여 매우 가용성이 강한 중탄산칼슘을 만든다. 중탄산칼슘은 유출수에 의하여 제거되거나 지하로 침투하여 수분이 증발하는 경우에는 결정의 형태로 침전된다. 이에 대한 구체적인 과정은 제17장에서 구체적으로 설명할 것이다.

구상풍화 : 주로 화학적 풍화에 의하여 노출된 자갈의 표면에는 오랜 시간에 걸쳐서 부드럽고 둥글게 감싸고 있다가 벗겨져 제거되는 두께가 수 밀리미터에 불과한 매우 얇은 암석의 층이 나타난다(그림 15-12). 이 과정을 **구상풍화**(spheroidal weathering)라 부른다. 구상풍화는 주로 광물의 부피를 팽창시키고 암석의 표면을 약하게 만드는 가수분해와 같은 화학적 풍화 작용의 결과물이다.

화학적 풍화 작용은 지구의 표면과 지하에서 지속적으로 진행된다. 화학적으로 풍화된 암석의 대부분은 물리적으로 성질이 변화한다. 그들은 약해지며, 원래의 암석, 즉 모암과는 달리 표면에 느슨해지는 입자들이 만들어진다. 지하에서는 암석들이 서로 묶여져 있는 것으로 보이나 화학적으로는 변화된 상태이다. 화학적인 풍화의 주된 궁극적 산물은 점토이다.

학습 체크 15-7 산화 작용과 탄산염화는 어떤 점에서 유사하고 어떤 점에서 차이가 있는가?

생물학적 풍화

식물과 동물은 빈번하게 풍화에 기여한다. 이와 같이 살아 있는 생명체와 관련된 풍화를 **생물학적 풍화**(biological weathering)라고 한다. 가장 특징적인 것이 암석에 형성된 균열을 파고 들어가 성장하는 식물 뿌리이다(그림 15-9 참조).

지의류는 단일 단위로 생존하는 균과 곰팡이로 구성되어 있다. 이들은 특징적으로 기반암의 노출면, 토양의 표면, 나무의 껍질에 부착되어 살아간다(그림 15-13). 이들은 이온 교환을 통하여

▼ 그림 15-12 캘리포니아주 조슈아트리국립공원의 박리 작용을 받고 있는 화강암 바위

▲그림 15-13 잉글랜드 레이크디스트릭트의 다양한 색의 이끼에 덮인 암석

암석에서 광물을 획득하며, 이러한 용탈 과정이 진행됨에 따라 암석은 약해지게 된다. 나아가 지의류의 습윤과 건조의 반복, 팽창과 수축은 암석의 작은 입자를 물리적으로 부수어 떼어 낸다.

동물의 땅 파기는 토양을 효과적으로 혼합시키며 때로는 암석의 해체에 기여하기도 한다(예를 들어 제12장의 그림 12-5 참조).

차별풍화

우리가 이제까지 살펴본 바와 같이 모든 암석이 같은 범위에서 같은 속도로 풍화되는 것은 아니다. 특정 종류의 암석은 상대적으로 약하고 쉽게 풍화되는 데 비하여 다른 암석은 단단하고 풍화에 대한 저항이 강하다. 이것이 단순하지만 매우 중요한 지형학에서의 개념인 **차별풍화**(differential weathering)이다. 이 장에서 볼 수 있는 것과 같이 차별풍화는 경관에 특징적인 흔적을 남긴다. 약한 암석이 노출되는 경우 강한 암석이 노출된 것에 비하여 명확하게 매스 웨이스팅과 침식에 보다 취약하게 된다.

비록 원래의 암석 강도가 차별풍화에 크게 영향을 미치지만 국지적인 환경도 영향을 미친다. 예를 들어 건조 환경에서는 풍화에 저항력이 강한 암석이 습윤 환경에서는 상당히 풍화에 '약할 수' 있다. 기후는 풍화에 영향을 미치는 중요한 요소 가운데 하나이다.

학습 체크 15-8 차별풍화의 개념을 설명하라.

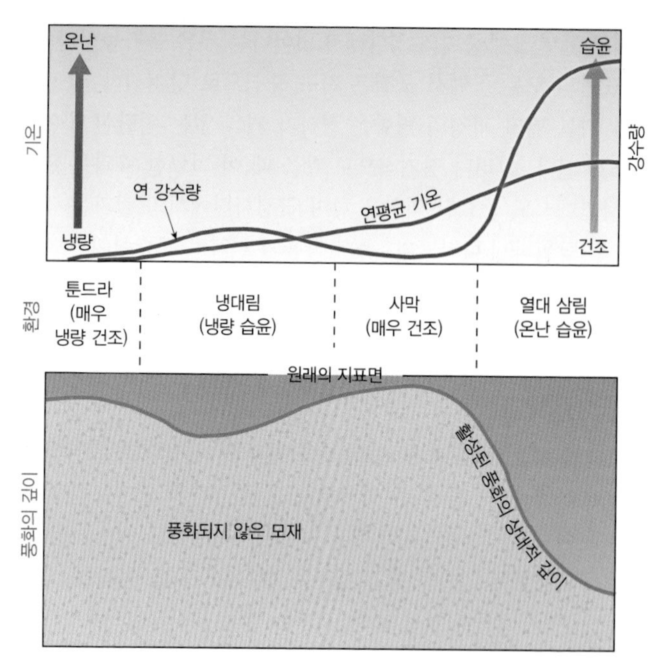

▲그림 15-14 중요한 기후 요소와 풍화 깊이와의 관계. 열대 습윤 지역에서는 화학적 풍화의 높은 효율성이 잘 나타난다. 중위도 습윤 지역에서는 이들 간의 관계가 훨씬 복잡하기 때문에 이 모식도에서는 생략되었다.

기후와 풍화

일반적으로 풍화, 특히 화학적 풍화는 높은 온도와 충분한 강우의 결합에 의해 강화된다. 이 두 가지 요인 중에서 온도보다는 수분이 더 중요하다고 볼 수 있다. 예를 들어 제18장(건조 지역 지형)에서 설명된 바와 같이 대부분의 사막 지역에서는 수분이 부족하기 때문에 화학적 풍화보다는 물리적 풍화가 더 탁월하게 나타나게 된다. 또한 제12장(토양)에서 살펴본 바와 같이 지배적인 기후는 토양 발달 과정의 특징과 분포에 중요한 영향을 미친다.

풍화와 기후 사이의 연관은 다양하게 나타난다(그림 15-14). 다른 조건이 모두 동일하다고 했을 때 툰드라와 건조 지역에서는 풍화가 발생하는 깊이가 얕고 열대 우림 지역에서는 깊게 나타난다.

매스 웨이스팅

애니메이션 MG
매스 웨이스팅

http://goo.gl/CWFyUr

모든 풍화 산물의 궁극적인 운명은 침식에 의해서 운반되어 가는 것이며, 이는 이 책의 나머지 부분에서 다루게 될 것이다. 또한 이 장의 남은 부분에서는 매스 웨이스팅(또한 매스 무브먼트라고 불린다)에 대한 내용을 다루게 될 것인데, 매스 웨이스팅이란 풍화 산물이 중력의 영향으로 비교적 짧은 거리에 걸쳐 사면의 아래쪽으로 운반되는 것을 말한다. 침식 기구가 풍화 산물에 직접 영향을 미치는 경우 이 과정을 거치지 않기도 하지만, 매스 웨이스팅은 풍화, 매스 웨이스팅, 침식이라는 삭박의 세 단계 중에서 두 번째 단계에 해당한다.

지구 표면에서 중력의 영향에서 벗어나는 것은 불가능하다. 지구 표면의 모든 곳에서 물질은 지구 중심으로 당겨진다. 중력에 의한 기복 발달 과정의 영향은 경사가 거의 없는 평탄한 곳에서 최소가 된다. 그러나 장기적으로 봤을 때 이 미묘한 효과는 완만한 사면에서도 중요한 역할을 하며 급경사면에서의 결과는 즉각적이고 탁월하게 나타난다. 풍화 작용의 결과로 결합력이 약화되어 느슨하게 된 모든 물질은 중력의 영향으로 사면의 아래쪽으로 이동한다. 어떤 경우에는 갑자기 낙하하거나 빠르게 굴러가고, 어떤 경우에는 유동성 운동을 하거나 인식할 수 없을 정도로 아주 느리게 포행한다.

중력의 힘을 매우 크게 받는 암석 역시 먼지 입자과 동일한 방식으로 반응한다. 물론 큰 입자의 경우에는 작은 입자보다 즉각적이고 빠르게 반응한다. 그러나 중요한 것은 매스 웨이스팅에서 '매스'가 특별한 의미를 갖고 있다는 점이다. 토양, 풍화물, 암석과 같이 이동되어 집적된 물질의 양은 엄청나게 크다. 매스 웨이스팅은 매우 큰 재산상의 피해를 주거나 때로 치명적인 자연 재해를 일으킬 수 있다.

매스 웨이스팅에 영향을 미치는 요소

사면의 경사와 이동하게 되는 물질의 특성과 같은 다양한 요소들이 매스 웨이스팅의 특징을 결정한다.

안식각 : 사면이 급격하게 가파르지 않은 경우, 개별 입자에서 점성을 지니는 토양층에 이르기까지 모두 추가적인 교란을 받지 않는다면 사면 위에 그대로 놓여 있을 수 있다. 사면의 느슨한 암석 조각이 아래로 이동하지 않고 머무를 수 있는 가장 급한 경사를 **안식각**(angle of repose)이라 부른다(그림 15-15). 이 각은 내부 물질의 응집력과 속성에 따라 달라진다. 그리고 안식각은 중력, 암석물질 간의 마찰, 물질 응집력 간의 균형을 나타낸다. 예를 들어 건조한 모래의 안식각은 약 34°이며 풍화된 암석으로 된 큰 암괴의 경우 40° 정도로 나타난다. 안식각에 가까운 사면 위에 놓여 있는 물질에 추가적인 물질이 더 가해지는 경우, 추가적으로 가해지는 물질로 인해 균형이 깨지면서(추가적인 무게로 인해 물질이 흘러내리지 못하게 하는 마찰력을 극복하는 방식으로) 모든 사면물질이 아래로 이동된다.

물 : 강우, 강설, 지하의 유수 등으로 인해 암석물질에 수분이 가해질 경우 물질의 이동성은 증가하게 되며, 이런 현상은 세립물질들에서 특징적으로 나타난다. 물은 '윤활' 물질로, 입자들 사이의 마찰을 감소시키기 때문에 입자가 보다 쉽게 이동하도록 해준다. 일단 물질의 이동이 시작되면 물은 입자의 부양력과 무게를 증가시켜 안식각을 감소시키고 이동력을 증가시킨다. 이 때문에 매스 웨이스팅은 호우가 발생하는 도중과 그 직후에 발생할 가능성이 크다.

점토 : 매스 웨이스팅을 유발하는 다른 요인은 점토(clay)이다. 제

▲ 그림 15-15 나미비아에 있는 이 사구 모래의 안식각은 약 34°이다.

12장에서 지적한 바와 같이 점토는 수분을 흡수한다. 미세한 입자 구조를 지닌 물질과 흡수된 수분이 결합되면, 점토는 매우 미끄럽게 변하며 보다 큰 이동성을 지닌다. 매우 완만한 사면이라 하더라도 점토 위에 놓여 있는 물질은 강우나 지진의 충격이 가해지면 쉽게 움직인다. 실제로 일부 점토층은 **빠른 점토층**(quick clay)이라 불리는데, 이는 급격한 교란이나 충격으로 인해 단단한 고체가 거의 유체에 가까운 상태로 쉽게 변화하기 때문이다.

영구동토 : 극지역 주변이나 고산 지역에서는 매스 웨이스팅이 동결된 땅의 들어올림(heaving) 작용에 의해 발생하기도 한다. 여름철에는 영구적으로 동결되어 있는 지하 토층[**영구동토층**(permafrost)] 위에 물에 완전히 포화된 융해층이 존재하며, 이로 인해 매스 웨이스팅이 유발된다. 일부 지형학자들의 연구에 의하면 극지방 주변에서 매스 웨이스팅은 가장 중요한 풍화물질 운반 수단이다.

학습 체크 15-9 암석 퇴적체에서 안식각의 의미는 무엇인가?

매스 웨이스팅의 유형

일부 유형의 매스 웨이스팅은 매우 빠른 속도로 진행되지만 다른 것은 느리고 점진적으로 진행된다(그림 15-16). 여러 유형들의 특성이 서로 겹쳐지기는 하지만 운동의 핵심적인 특성에 따라 모든 매스 웨이스팅을 4개의 주요 집단, 즉 낙하, 사태, 유동성 운동, 포행으로 구분하였다.

낙하

매스 웨이스팅 중에서 가장 단순하고 명확한 형태는 **암석 낙하**(rockfall) 또는 **낙하**(fall)이다. 이것은 암석의 조각이 사면 아래 방향으로 떨어지는 현상이다. 매우 가파른 사면에서 풍화에 의해 물질이 느슨해졌을 때, 암석 조각은 사면의 암석 벽에서 분리되어 사면의 가장 아래 부분으로 낙하하거나, 굴러가거나, 튕겨 가게 된다. 이것은 산악 지역에서 특징적으로 나타나며 특히 얼음쐐기 작

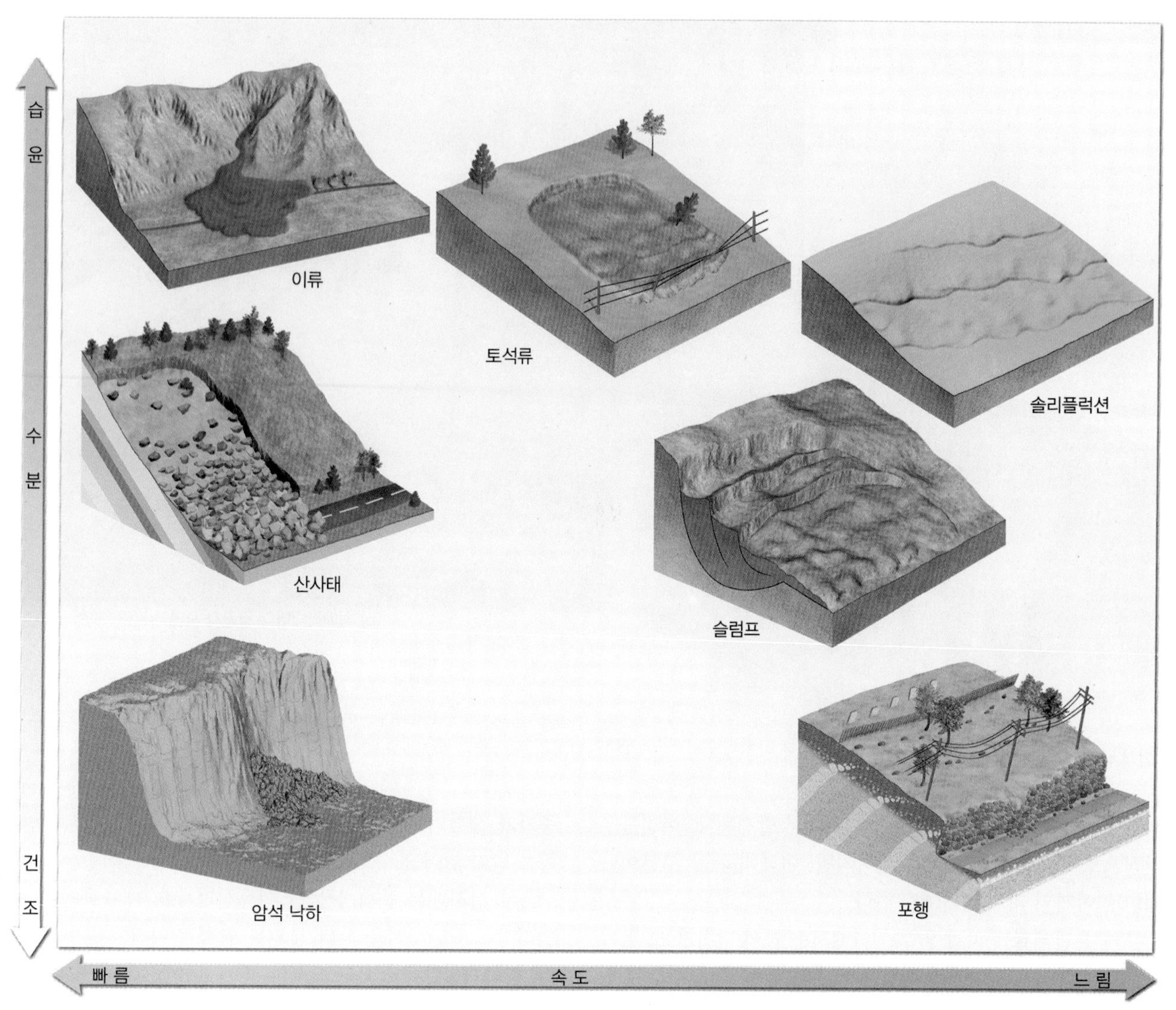

▲그림 15-16 다양한 종류의 매스 웨이스팅의 이동 속도와 수분과의 관계. 예를 들어 '이류'는 매우 습한 물질의 빠른 이동이고, '암석 낙하'는 건조한 물질의 매우 빠른 이동이다.

용의 결과이다.

분급이 불량한 각력 조각이 이러한 방식으로 낙하했을 때, 이를 집합적으로 **애추**(talus) 또는 **스크리**(scree)라고 부르고 있다(일부 지형학자들은 조립물질로 이루어진 경우에는 '애추'로, 세립물질로 이뤄진 경우에는 '스크리'로 표현하기도 하지만 두 개념은 서로 바꿔서 쓸 수도 있다). 때로는 암석 조각이 사면의 기저부에 일정하게 집적되어 나타나기도 하는데, 이러한 과정을 통해 형성되는 지형을 애추사면(talus slope 또는 talus apron)이라고 한다. 그러나 보다 특징적으로 암석은 이동하여 경사지고 추 형태를 지니는 **애추구**(talus cone)에 집적된다(그림 15-17). 이 애추구 지형은 절벽과 암석의 하단에서 서로 어깨를 나란히 하며 집단적으로 나타난다. 대부분은 가파른 기반암 사면과 낙하된 암석 조각들을 곡지 아래로 운반하는 계곡 혹은 우곡은 분리되어 나타난다. 때문에 이러한 애추구 형태의 지형은 널리 나타나게 된다. 잠재적인 운반 능력이 큰 거대 입자가 중심이 되는 일부 낙하 암설은 애추의 가장 아래 부분까지 튕기거나 굴러간다. 그러나 대부분의 새로운 애추는 기존 애추의 꼭대기 부분에 새로이 만들어진다. 이에 따라 애추는 산지의 사면 방향으로 성장해 올라간다(그림 15-17b).

애추의 안식각은 매우 크며 일반적으로 35°에 달하고 어떤 경우에는 40°에 이르기도 한다. 애추구에 새로이 낙하되는 물질은 기존에 집적된 물질을 불안정하게 만들며 이동된 물질이 새로운 안식각으로 안정화될 때까지 흘러내리게 하기도 한다.

암석 빙하: 험한 산지 지역에서 애추는 많은 물질을 집적시키고 있으며, 이 다량의 물질은 자체의 무게로 인해 사면 아래로 이동한다. 제19장에서 살펴볼 것이지만, 빙하도 유사한 방식으로 이동하게 되고, 이러한 이유 때문에 애추의 아주 느린 이동을 **암석 빙하**(rock glacier)라 부르기도 한다. 암석 빙하 내의 이동은 기본적으로 중력에 의해 발생한다. 또한 동결과 융해가 반복되는 기온의 도움을 받기도 하나 물에 의한 윤활 작용의 영향은 거의 없다. 암석 빙하는 주로 빙하 환경에서 나타나는데, 대다수는 빙하

▲그림 15-17 (a) 암석 낙하의 결과로 만들어진 절벽 하단의 애추구, (b) 캘리포니아주 시에라네바다의 타이오가패스 주변 블러디캐니언에 있는 급사면 기저부에 집적된 애추물질

기의 유물 지형으로서 중위도 산악 지역에서 발견된다. 이것들은 일반적으로 급경사 산지에서 나타나지만, 아래의 계곡 부분이나 인접한 평야까지 퍼져 나가기도 한다.

기후가 온난해짐에 따라 일부 지역에서는 암석 낙하가 보다 자주 형성되기도 한다. 이러한 현상은 애추와 암석 빙하 내부에 있는 얼음이 녹아서 일어나게 되는 것이다. 때문에 애추사면은 보다 불안정해지고 추가적인 매스 웨이스팅 발생은 용이해진다. 이와 관련하여 "글로벌 환경 변화 : 전 지구적으로 암석 낙하는 더 빈번하게 발생하게 되었는가?"를 보라.

학습 체크 15-10 애추구는 어떻게 형성되는가?

사태

산사태는 산지 지형에서 많은 양의 암석과 토양을 사면 아래 방향으로 급히 이동시켜 때때로 재난을 일으키기도 한다. **산사태**(landslide)는 일반적으로 평탄한 전단면을 따라 나타나는 물과 점토의 윤활 효과가 없는 급격한 사면 붕괴(slope failure)를 말한다(그림 15-18). 다른 말로 하면 사태는 어떤 유체의 이동도 수반하지 않고 단단한 물질이 이동하는 것이다. 그러나 물은 이러한 활동이 더 잘 일어나도록 기여할 수는 있다. 실제로 많은 산사태들은 비로 인해 발생하기도 하는데, 이는 사면이 이미 상당히 무거운 상태에서 비로 인해 추가적인 무게의 증가가 생겼기 때문이다. 산사태는 지진과 같은 다른 원인에 영향을 받아 일어날 수도 있다(그림 15-19).

일부 산사태는 풍화 산물만 이동시키지만, 대규모의 산사태는 절리면이나 단층선을 따라 분리된 암석 덩어리를 운반하기도 한다. 암석 애벌런치(rock avalanche 또는 debris avalanche)라는 개념은 토양이나 세립입자를 많이 포함하지 않은, 주로 암석을 운반하는 산사태를 지칭한다.

산사태는 급작스럽게 일어날 뿐 아니라 이동 속도도 상당히 빠르다. 이동 속도를 정확히 측정하는 것은 불가능하지만, 목격자

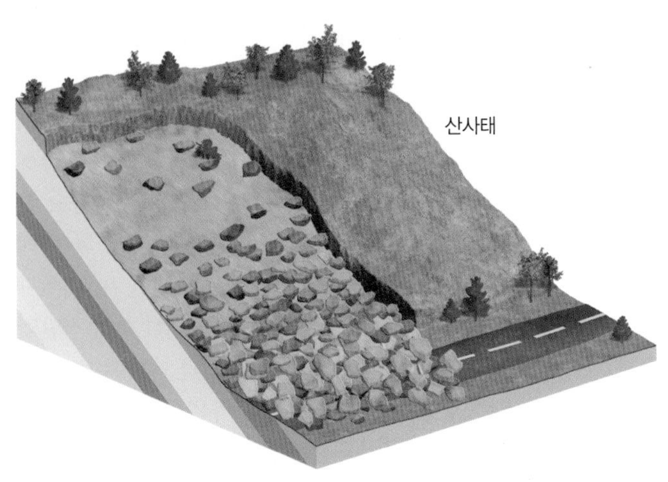

▲그림 15-18 산사태는 평탄한 전단면을 따라서 풍화 산물이 빠르게 사면 아래로 움직이는 사면의 붕괴 현상이다.

전 지구적으로 암석 낙하는 더 빈번하게 발생하게 되었는가?

▶ Kerry Lyste, 에버렛커뮤니티칼리지

우리는 열대 지역에서 대규모의 열대성 폭풍 사건이 증가하고 있으며 극지역에서는 심각한 빙하의 감소 현상을 경험하고 있다고 주장할 수 있다. 지구적인 기후 변화의 다른 효과는 온대 지역에서도 관찰되고 있다. 예를 들어 겨울 강설의 감소는 봄과 여름의 유출량 감소를 초래하고 있으며, 가을과 겨울의 온도 상승으로 보다 빈번한 극한 강우를 유발하고 있다. 비록 그 관계는 명료하지 않지만 엘니뇨는 보다 빈번하게 일어나고 있다. 예측되지 않은 것이지만 지구적인 기후 변화의 다른 결과로 세계적으로 암석 낙하의 사례가 증가하고 있다.

태평양 북서부 : 현재의 수문학적인 상황은 미국 북서부 태평양 연안 지역의 급경사 산지의 불안정한 상황을 초래하고 있다. 이 지역의 암석은 보다 오랜 기간 동안 수분에 포화되어 있으며 그에 따라 화학적 풍화가 증가하고 있다. 기온 상승에 따라서 이 지역의 암석은 얼음쐐기에 의한 기계적 풍화는 덜 경험하고 있지만 암석 낙하에 의한 애추의 형성은 빈발하고 있다. 한 사례가 워싱턴주의 노스캐스케이드에서 발생한 뉴할렘(Newhalem) 암석 낙하이다. 2003년과 2006년에 750,000m^{3}의 암석 낙하가 뉴할렘 인근의 20번 고속도로의 일부를 쓸어내 버렸다(그림15-A). 이 암석 낙하는 풍화된 암석을 약화시킨 호우와 관련된 지하수의 증가에 의해 초래되었다.

알프스 : 1987년 이후 스위스 알프스 지역에서는 100만 m^3 이상의 부피를 지닌 주요 암석 낙하 사건은 다섯 번 있었으며, 2007년과 2008년에만 프랑스 알프스에 5,000m^3 이상의 크기를 갖는 사건이 여섯 차례 있었다(그림 15-B). 해당 지역에서 산지의 영구동토층 온도는 산지의 상부에서 0.5~0.8℃ 상승되었으며 그 원인은 두 가지이다. 먼저 남측 사면은 고온으로 인한 여름의 '충격'을 받게 된다(입사되는 단파 복사에 의하여). 두 번째로 북측 사면은 기온의 점진적인 상승으로 인하여 보다 점진적인 융해 과정을 경험한다(장파 복사의 방출과 관련되어). 그 결과로 암석 사면의 개방된 크레바스와 절리의 보다 활성적인 수문활동과 통상적으로 노출된 면을 함께 묶어 두는 스트레스 지점을 취약하게 하여 애추 사면의 상당 부분을 불안정하게 한다.

파키스탄 : 2010년 1월 4일 북부 파키스탄에서 대규모의 암석 낙하와 산사태로 훈자강(Hunza river)이 차단되고 마을의 일부가 매몰되었다. 한 달 안쪽의 기간 동안 차단된 강으로 인해 카라코룸 고속도로(Karakorum highway)의 18km 구간이 침수되었다(그림 15-C). 비록 이 지역의 경사가 급한 감입곡류 계곡이 오랜 기간 동안 애벌런치가 발생하기에 취약한 지역이었으나, 최근 우기 동안 봄철 융빙의 증가로 인하여 계곡 사면에 퇴적된 암석 퇴적물의 입자들을 불안정하게 되었다. 급격한 남벽의 붕괴는 수백만 세제곱미터에 달하는 기반암이 포함된 건조 잡석의 유입을 초래할 수 있다. 과거에는 빙하성 홍수로 잘못 인식된 이 암석 붕괴는 현재는 하류 계곡에 위치한 공동체에 대한 위협을 평가하기 위하여 연구되고 있다.

지구적인 온도 상승이 다음 세기에도 계속될 것이라는 추정과 함께 이와 같은 암석 낙하 또한 보다 빈번하게 일어날 것으로 보인다.

▲그림 15-B 이 50,000kg(약 55톤) 무게의 바위는 2015년 2월 프랑스 알프스의 타랑테즈계곡으로 가는 도로에 낙하한 것이다.

질문

1. 북서 태평양 지역에서 감소한 강설이 매스 웨이스팅에 어떻게 영향을 미치는가?
2. 기후 변화에 의하여 스위스의 사면이 불안정하게 되는 두 가지 방식을 제안해 보라.
3. 카라코룸 산지의 암석 낙하 사건이 어떻게 빙하에 의한 융빙 호수로 잘못 인식되게 되었을까?

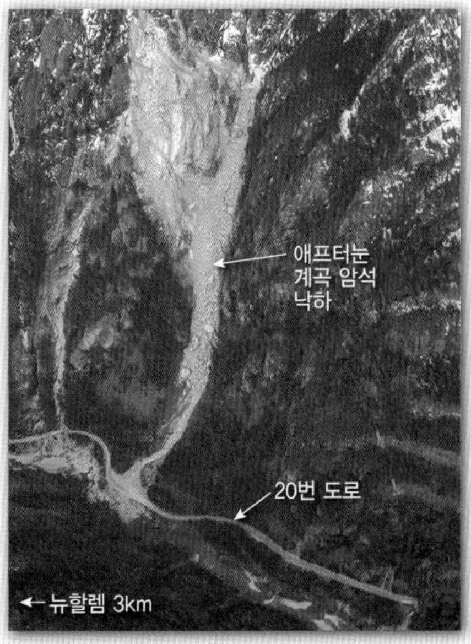

▲그림 15-A 워싱턴주 뉴할렘 인근 20번 도로 위쪽의 애프터눈계곡(Afternoon Creek)의 암석 낙하

▲그림 15-C 파키스탄 고잘 지역의 카라코룸 고속도로로 암석 낙하가 훈자 계곡을 따라서 일어나고 있다.

▲ **그림 15-19** 1925년 와이오밍주 잭슨홀 동쪽의 그로스벤터(Gros Ventre) 산사태는 그로스벤터강을 막고 로워슬라이드호수(Lower Slide Lake)를 만들었다.

들의 목격담에 의하면 시속 160km에 달하기도 한다. 사태가 일어날 때 천둥 치는 것과 같은 큰 소음이 발생하며, 산사태로 인해 유발된 공기 폭풍이 인근 수목의 잎과 가지 등을 휩쓸어 버리기도 한다.

산사태로 인한 지형의 즉각적인 영향은 세 가지이다. 먼저 산사태가 발생한 사면에서는 광범위하고 깊게 벗겨진 '자국'이 남게 되며, 그 자리에는 기반암과 다른 암석의 혼합물질이 노출된다.

두 번째로 대부분의 산사태는 깊은 산지에서 일어나기 때문에 엄청난 양의 물질이 사면 하부로 이동된다. 따라서 중간에서 운반돼 온 암설이 계곡을 막고 넓은 능선이나 완만한 애추 형태의 지형을 만들기도 한다. 이 지형의 표면은 분급이 불량한 물질들로 구성되어 있다. 따라서 거대한 암석에서부터 미세한 먼지까지 다양한 크기의 입자가 혼재한다. 한편 산사태를 유발한 힘은 산사태로 이동되는 물질을 계곡의 반대쪽으로 수백 미터 밀고 올라가기도 한다.

마지막으로 산사태에 의해 운반된 물질이 쌓이는 계곡 바닥에서는 계곡을 횡단하여 막는 자연적인 댐이 만들어지는 경우도 있다. 그리고 계곡 바닥부분의 하천을 막아 새로운 호수를 만들기도 하는데, 이 호수는 점점 물의 양이 늘어 둑이 붕괴되거나 범람할 때까지 규모가 성장하기도 한다.

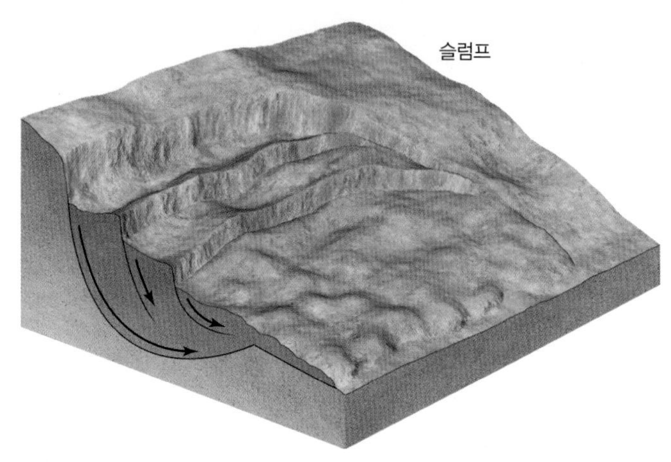

▲ **그림 15-20** 슬럼프는 곡선 형태의 전단면을 따라 물질이 이동하는 운동이다.

모바일 현장학습

산사태!

https://goo.gl/KUtdi6

슬럼프 : **슬럼프**(slump)는 극단적으로 나타나는 매스 웨이스팅 유형 중 하나이다. 슬럼프는 암석과 풍화 산물이 사면 아래로 이동하면서, 동시에 곡선인 오목 사면 형태의 전단면을 따라 바깥쪽으로 회전하는 사면 붕괴 현상을 말한다. 이동물질의 윗부분은 아래쪽과 뒤편으로 기울어지며, 말단부의 물질은 들어 올려지고 바깥쪽으로 이동된다(그림 15-20)(이 때문에 슬럼프는 때때로 **회전형 사태**라고도 한다). 슬럼프가 가라앉으면서 위쪽으로 초승달 모양의 절벽면이 드러나며 작은 계단 지형이 나타나기도 한다. 슬럼프의 말단 부분은 수분에 의해서 포화되어 로브 형태를 보이며 사면 아래 방향이나 계곡바닥으로 연결된다.

학습 체크 15-11 어떻게 호우가 산사태나 슬럼프를 촉발할 수 있는지 설명하라.

유동성 운동

매스 웨이스팅의 다른 유형인 **유동성 운동**(flow)은 물을 추가로 흡수하여 사면이 불안정해져 사면 하부의 아래부분으로 물질이 흘러 내려가는 현상이다. 어떤 경우에 유동성 운동은 상당히 빠르게 물질을 이동시키지만 어떤 경우에는 매우 느리다. 통상적으로 이동물질의 중앙 부분은 기저 부분과 측면 부분에 비해 속도를 느리게 하는 마찰 효과가 적어 빠르게 이동한다.

많은 유동성 운동은 넓어 봐야 수 제곱미터의 면적에 영향을 줄 정도로 소규모로 나타난다. 그러나 어떤 유동성 운동은 수천 헥타르의 면적에 영향을 미치기도 한다. 일반적으로 이러한 유동성 운동은 땅속 얕은 부분에서 일어나는 현상으로 주로 토양과 그 하부의 풍화층이 이동된다. 하지만 어떤 경우에는 상당한 양

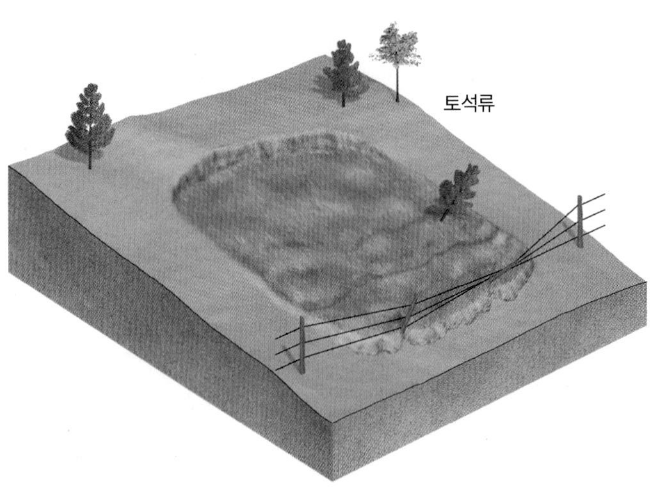

▲ 그림 15-21 토석류는 젖은 표면물질들이 사면 아래로 흘러내릴 때 사면의 측면에서 발생한다.

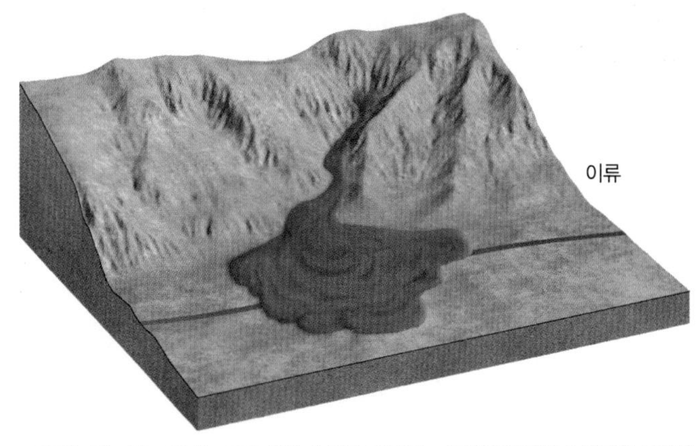

▲ 그림 15-22 이류는 매우 많은 수분을 포함하는 물질이 협곡이나 계곡을 통과하는 현상이다. 진흙과 암설은 곡구에 쌓여 부채꼴 형태의 퇴적층을 만든다.

의 기반암이 포함되어 이동하는 경우도 있다.

다른 매스 웨이스팅과 마찬가지로 중력은 이 매스 웨이스팅을 유발하는 중요한 요소이다. 또한 물은 이 운동에 있어서 중요한 촉매제이다. 표면의 물질은 추가된 물의 무게로 인해 불안정해지고, 물이 증가함에 따라 물질 간의 응집력은 약화된다. 따라서 중력이 당기는 힘에 더 잘 반응하게 된다. 일부 점토 광물은 수분에 의해 윤활되었을 때 매우 미끄럽기 때문에 점토의 존재는 유동성 운동을 보다 잘 일어나게 한다.

토석류 : 가장 일반적인 유동성 운동은 **토석류**(earthflow)로, 호우 발생 중이나 직후에 물에 의해 완전히 포화된 사면의 일부가 제한적인 거리에 걸쳐 사면의 아래로 이동하는 것이다. 유동성 운동이 발생하는 지점에서는 사면의 표면에 물질이 제거된 흔적이 남는다. 그리고 깨진 틈이나 경사가 과도하게 급해진 절벽면이 노출된다(그림 15-21). 토석류는 물질을 곡저부로 밀어 가며 팽창하는 로브(lobe) 부분이 드러나는 이동물질의 하단부에서 가장 두드러지게 나타난다.

이런 유형의 사면 붕괴는 식생이 조밀하게 정착되지 않은 구릉지에서 빈번하게 발생한다. 때로는 곡저부에 위치한 철도, 도로와 같은 교통망에 손상을 입히기도 한다. 이로 인한 재산 피해는 상당히 크지만, 운동 자체는 빠르지 않기 때문에 인명의 위협은 없다.

사태나 토석류와 같은 사면 붕괴는 수년에서 수십 년의 기간에 걸쳐서 반복적으로 나타나기도 한다. 사면의 안정성이 훼손되면 특히 호우 직후와 같이 적절한 요소의 결합이 일어날 때 다시 이동된다. 이러한 반복적으로 일어나는 매스 웨이스팅에 대해서는 "인간과 환경 : 오소 산사태" 글상자에 설명되어 있다.

학습 체크 15-12 사태와 토석류의 차이점과 유사점은 무엇인가?

이류 : **이류**(mudflow)는 주로 건조한 상황이 계속적으로 이어지다가 한 번에 많은 강우가 내려, 물이 토양으로 흡수되기 어려울 정도의 지표 유출이 발생하는 건조, 반건조 지역의 유역분지에서 발생한다. 느슨해진 암설은 유수에 의해 사면에서 침식된 후 계곡 바닥부분에 집적되고 젖은 콘크리트와 같은 지속성을 가지면서 하류로 이동한다. 이류의 전면부는 하류로 이동하면서 더 많은 물질을 받아들이게 되고, 보다 경직된 상태를 보이게 된다. 그리

◀ 그림 15-23 미국지질조사국의 수문학자들이 아이다호주 트윈폴스(Twin Falls) 주변의 배저 협곡(Badger Gulch)에서 발생한 암설류의 결과를 조사하고 있다. 암설류는 산불로 불탄 지역에 발생한 호우에 의해서 발생했다.

오소 산사태

▶ Kerry Lyste, 에버렛커뮤니티칼리지, Pat Stevenson, 자연 자원과 스틸라과미쉬 족

2014년 3월 22일 오전 10시 37분에 워싱턴주의 노스포크 스틸라과미시강의 북쪽 제방 부근에서 대규모의 산사태가 발생했다(그림 15-D). 이 사태는 스틸헤드가의 공동체를 쓸어 버렸으며 이 지역을 12m 두께의 진흙으로 덮어 버렸고 43명이 사망했다.

불과 얼음에서 태어나다 : 이 사태의 원인은 대륙 빙하와 국지적인 화산 활동과 같은 지역의 지질사와 관련이 있다. 약 14,000년 전인 플라이스토세에 코딜레란 빙상이 워싱턴주의 북부에서 쇠퇴하는 과정에서 이 지역에 현재보다 많은 물과 퇴적물의 퇴적이 일어났다. 오소 계곡과 같은 이 지역의 많은 하천 계곡들이 얼음에 의해서 유로가 차단되었다. 내륙에는 하천 호수가 형성되었으며 하천 제방의 불안정한 기반을 이루는 깊은 회색 토양을 형성하게 되는 점토와 이토가 이때 퇴적되었다. 이 사건은 이 지역의 침식기준면을 21~61m 융기시킨 지각 평형적 반응 융기로 보상되었다. 과거의 노스포크 스틸라과미시 하천은 13,000년 전 글레이셔피크에서 발생한 라하르(lahar)에 의해서 동쪽 유역 분지가 봉쇄될 때까지 사막, 쉬아틀, 스카깃, 노스·스틸라과미시를 유역 분지에 포함시키고 있었다.

그 이후 하천의 규모는 위축되었으며 과거의 하천 제방을 굴삭하였다. 이 새로운 시기에 회색 토양 위쪽에 갈색의 토양이 만들어졌다.

4개의 주요 요소 : 무엇이 2014년의 대재앙을 초래했을까? 사면들은 4개의 제한 요소들을 지니고 있다. 이는 사면의 경사와 관련된 중력, 토양 내 물의 양, 사면 정상부에서의 무게 증가 또는 불안정을 유발하는 것들의 영향, 사면 하부에서의 지지력 부족 또는 불안정화이다.

최초의 산사태도, 마지막도 아니다 : 노스포크 스틸라과미시강은 활발하게 유로를 이동하는 활성적인 하천체계로 여러 곳에서 하천의 하상을 제한하는 사면을 깊게 침식하고 있다. 이러한 장소 가운데 여러 곳의 부드러운 토양은 극단적인 매스 웨이스팅 사건을 초래하고 있다. 노스포크 스틸라과미시에서의 대규모 산사태는 흔히 일어나며, 오소 사태는 지금까지 일어난 것 중에 가장 큰 규모도 아니었다(그림 15-E).

2014년 오소 지역에서는 하천 계곡의 사면 중 이 부분을 매우 심각하게 불안정화 시킨 폭우가 일어났다. 게다가 산사태가 일어난 지역의 위쪽에서는 물의 유출과 침식을 증가시킨 심각한 벌목이 있었다. 하천의 하부 사면을 안정화시키기 위한 여러 노력은 성공적이지 않았다(비록 이들의 대부분은 하천으로 물질이 유입되는 것을 막기 위한 것이었지만). 2006년의 사태로 인하여 하천은 남쪽으로 213m 이동되었다. 지역 주민들은 사태 발생 이전의 전조 현상격인 사태로 사태 발생지 주변 몇 개의 계곡들이 갈색으로 바뀐 것을 신고했다.

2014년 3월 22일 : 이어지는 사태들은 2단계로 일어났다. 1단계에서는 하부의 이동으로 2006년 사태의 물질들을 다시 이동시키고 1분도 되지 않는 시간에 스틸헤드 헤이븐 공동체를 휩쓸어 버렸다. 남아 있던 상부가 붕괴된 2단계가 곧이어 일어났다. 이 사태가 독특하고 큰 피해를 주게 된 것은 먼 거리를 이동하면서 강을 건너고 그 경로에 있는 모든 것을 쓸어 버리는 '런아웃 사태(runout slide)'였기 때문이다.

▲ **그림 15-D** 2014년 3월 22일 워싱턴주 오소 인근에서 발생한 산사태

질문

1. 오소 지역의 미래의 사태는 어떻게 발생할 것으로 보이는가?
2. 그림 15-E를 활용하여 2014년의 산사태보다 규모가 컸던 산사태를 묘사하라.
3. 미래의 산사태 발생 가능성을 줄이기 위하여 어떤 활동이 가능한가?

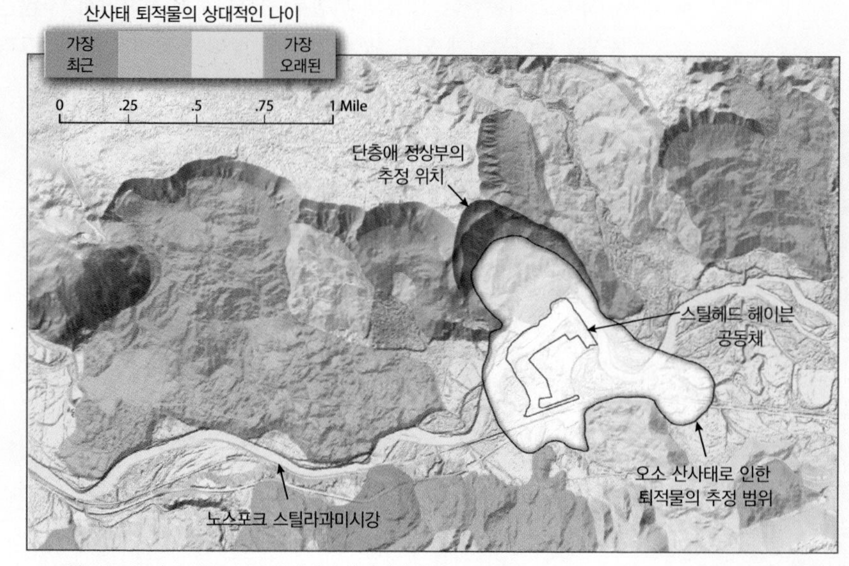

▲ **그림 15-E** 오소 인근 지역 산사태의 상대적인 연령

고 보다 많은 수분을 포함하고 있는 상류 부분은 이류 전체의 이동 속도를 느리게 만든다. 전체적인 이류는 계곡을 따라 느리게 이동하게 되고 이류가 계곡의 끝부분에 도달하게 되면 양측 계곡 벽을 벗어나 완경사 지대로 들어서게 된다. 이동 속도가 느린 이류가 완경사 지대의 개활지에 들어서면 이동 속도가 느린 이류의 전면부를 뒤따르던 이동 속도가 빠른 유체의 뒷부분은 앞부분을 추월하여 넓은 면적에 얇은 면의 형태로 퍼지게 된다(그림 15-22). 제14장에서 설명한 **화산이류**(라하르)는 화산의 사면에서 발생하는 특별한 종류의 이류를 말한다.

이류는 때때로 이동 과정에서 거대한 암석을 같이 이동시킨다. 어떤 경우에는 거대한 암석의 숫자가 많아서 이들을 이류보다는 **암설류**(debris flow)라 부르는 것이 선호되기도 한다(그림 15-23).

토석류와 이류의 가장 큰 차이는 이류(그리고 암석류)가 사면의 표면과 하계망이 이미 존재하는 계곡을 따라서 흐르는 데 반해, 토석류는 하계망과는 관계없이 사면을 붕괴시킨다는 것이다. 이류의 이동 속도는 하천의 빠른 이동 속도와 토석류의 느린 이동 속도의 중간 정도라고 할 수 있다. 이류와 암설류는 속도가 빠르고 물질의 양이 많다. 또한 인간 활동의 주요 무대이기도 한 산록의 완사면 지역을 매우 빠르게 통과한다는 점에서 잠재적으로 토석류보다 인간 생명에 대한 위협이 크다.

제18장에서 보게 되겠지만 이류와 암설류는 건조 지역에서 특히 중요한 매스 웨이스팅 과정이라 할 수 있다. 사막의 산지에서 강도가 큰 국지적인 폭우는 느슨하게 된 풍화 산물을 빠르게 이동시킬 수 있다. 이 유동성 운동은 사막의 협곡을 따라 빠르게 작용하며 점토와 암설을 산지의 말단부에 퇴적시킨다.

언론 매체들은 모든 종류의 매스 웨이스팅을 **진흙 사태**(mudslide)라는 모호한 개념으로 얼버무려서 지칭하기도 한다. 그러나 앞서 살펴본 바와 같이 다양한 종류의 산사태 및 유동성 운동 간에는 중요한 차이점이 존재한다.

학습 체크 15-13 토석류와 이류의 차이점을 기술하고 설명하라.

포행

포행(creep) 또는 **토양 포행**(soil creep)은 가장 느리고 인식하기 어려운 매스 웨이스팅 형태이다. 포행은 토양과 풍화 산물이 사면 아래로 아주 느리게 이동되기 때문에 오직 간접적인 증거에 의해서만 인식할 수 있다. 일반적으로 포행은 사면의 모든 부분에서 일어나고 있다. 또한 전 세계의 경사진 땅에서는 모두 일어나고 있다고 볼 수 있다. 비록 경사가 급하고 식생의 발달이 취약한 사면에서 가장 쉽게 인식할 수 있기는 하지만, 식생이 조밀하게 정착한 완경사 사면에서도 발생하고 있다. 이동될 수 있는 풍화 산물이 존재하고 완전히 평탄하지 않다면, 포행은 지속적으로 일어나고 있다고 할 수 있다.

포행의 원인 : 포행은 다양한 요소 간의 상호작용에 의해 유발되는데, 여기서 가장 중요한 것은 동결-융해의 반복 또는 건조-습윤 조건의 반복이다. 토양 내의 물이 동결될 때 토양 입자는 얼음의 팽창으로 인해서 들어 올려지며 방향은 지표면과 수직이다(그림 15-24). 이후 융해되면 입자는 아래쪽으로 내려앉게 되는데 이때 물질은 원래 있던 자리로 돌아가는 것이 아니라 중력의 영향으로 약간 아래쪽으로 내려앉게 된다. 이와 같은 작용이 지속적으로 반복되면 전체적인 사면은 하부로 이동하게 된다.

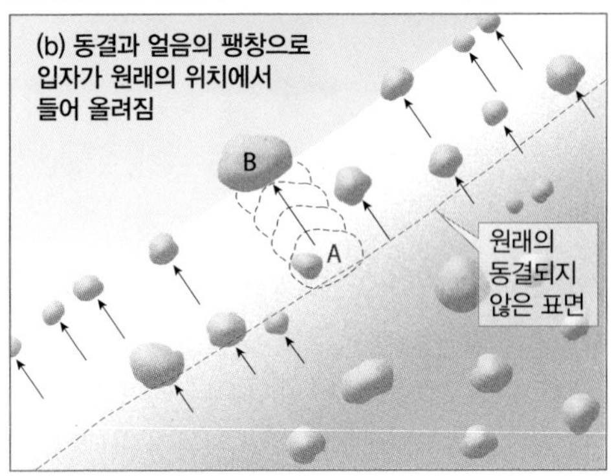

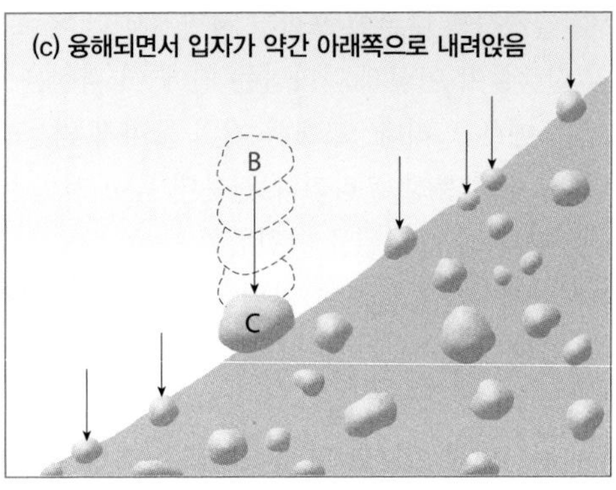

▲ 그림 15-24 동결-융해 상황에서 전형적인 암석 입자의 운동. 동결과 얼음의 팽창으로 인해 입자는 사면에서 수직 방향으로(A에서 B로) 들어 올려지고, 융해로 인해 입자는 사면 아래 방향으로 내려앉는다(B에서 C로)

중력은 사면에 존재하는 모든 물질의 위치 조정에 관여하기 때문에, 경사진 사면에서 토양과 풍화층의 교란을 유발하는 모든 행위는 포행에 기여한다고 할 수 있다. 예를 들어 땅을 파는 동물은 자신들이 굴을 파면서 긁어낸 물질을 아래쪽에 쌓아 두게 되며, 이어지는 땅굴의 매몰은 사면의 위로부터 내려오는 물질로 인해 발생하게 된다. 또한 식물 뿌리도 성장하면서 사면의 물질을 아래쪽으로 이동시킨다. 표면을 걸어 다니는 동물들 역시 사

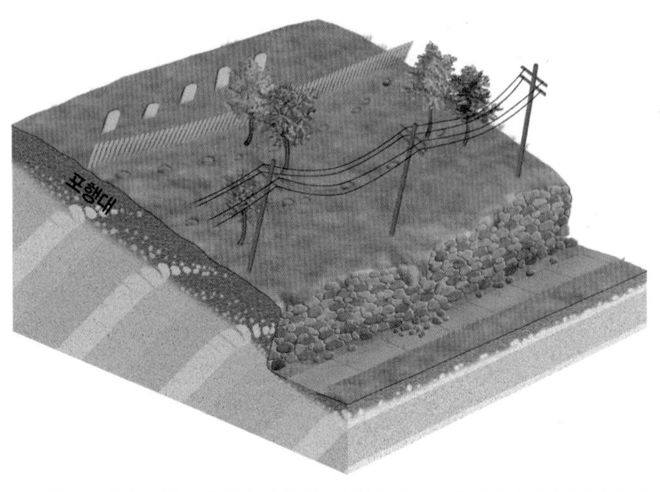

▲ 그림 15-25 토양 포행의 시각적인 증거. 울타리, 전봇대, 옹벽이 이동하거나 굽어진다.

▲ 그림 15-26 뉴질랜드 북섬의 파머스턴노스 인근의 테라셋이 나타나는 언덕

면 아래로의 이동을 유발한다. 그 외에도 지진, 폭풍우 등의 요동이 일으키는 교란 역시 포행을 유발한다.

언제 발생하든지 포행은 연간 센티미터 단위 이하로 일어나는 매우 느리게 진행되는 과정이다. 포행은 완경사, 건조, 식생이 있는 사면보다 급경사의 수분이 포화된 사면에서 더 빠르게 일어난다. 포행의 진행률이 어떻게 나타나든 간에 이 과정은 육안으로 인식하기에는 매우 느리다. 그래서 거의 보이지 않는 과정이라 할 수 있다. 포행은 통상 울타리나 전봇대 등이 사면 아래로 비스듬히 눕는 것과 같은 시설물의 변위를 통해서만 인식된다. 절개면의 축대는 깨지거나 밀려날 수 있으며 도로면이 교란될 수도 있다(그림 15-25). 다른 매스 웨이스팅과는 달리 포행은 특징적인 지형적 증거를 거의 남기지 않는다. 그보다는 포행은 인식하기 어려운 사면 경사의 감소나 사면 정상부의 점진적인 고도 저하를 유발한다. 즉, 포행은 광범위하게 나타나지만 지구 표면에 약간의 변형만을 가한다는 의미이다.

특정한 조건, 특히 식생이 많은 급경사면에서 동물이 방목될 때 사면 측면에는 동물의 이동 통로가 단상으로 만들어지게 되는데, 이 테라셋(terracette)을 통해서 토양 포행이 두드러지기도 한다. 시간이 경과함에 따라서 전체 사면의 측면은 테라셋의 미로로 뒤덮이게 될 것이다(그림 15-26).

학습 체크 15-14 토양 포행을 유발하는 과정은 무엇인가?

솔리플럭션 : 특징적인 지표면의 모습을 만들어 내는 특별한 형태의 포행으로 고위도 지역과 수목한계선 위쪽의 고원 지역 툰드라 경관에서 나타나는 토양의 유동 작용인 **솔리플럭션**(solifluction)이 있다(그림 15-27). 여름철에는 **활동층**(active layer)이라 불리는 토양의 상부가 융해되지만, 융빙수는 하부 영구동토의 존재로 인해 아래로 스며들지 못한다. 토양 입자 사이의 간격은 수분으로 포화되며, 무거운 표면의 물질은 사면 아래로 흘러내리게 된다. 이동은 불규칙하고 일정한 모양을 갖추지 못한다. 로브는 서로 간에 아무렇게나 얽히며 비늘 모양을 지니게 된다. 로브들은 1년에 수 센치미터밖에 이동하지 못하지만 식생이 별로 없기 때문에 경관에서 확연히 눈에 띈다. 솔리플럭션이 발생하게 되면 짧은 여름 동안의 유수가 지표면 위로 퍼지기보다는 주로 지표아래 토양을 통해 수평적으로 흐르기 때문에 지표면의 하계망 발달은 매우 취약하게 나타난다.

▶ 그림 15-27 콜로라도주 로키산맥국립공원 고산 지역의 솔리플럭션. 지표가 사면을 따라 약 60m가량 흘러내렸다. 규모를 파악하기 위하여 오른쪽 끝에 있는 트레일리지로드의 자동차들을 비교해 보라.

제 15 장 학습내용 평가

이 장을 학습했다면 다음 질문에 대한 답을 찾아보자. 이 장의 학습내용에 대한 주요 용어는 진한 글씨로 표시되어 있다. 이 용어의 정의는 이 책 뒷부분에 제공된 별도의 용어해설에 나와 있다.

주요 용어와 개념

삭박

1. **삭박**의 의미가 무엇인가?
2. **풍화**, **매스 웨이스팅**, **침식**을 구분하라.

풍화 작용과 암석의 균열

3. 풍화 과정에 영향을 미치는 암석 절개면의 역할은 무엇인가?
4. **절리**와 단층의 차이는 무엇인가?
5. **주절리**란 무엇이며 그것들이 어떻게 경관의 기복에 영향을 미치는가?

풍화 기구

6. **기계적 풍화**와 **화학적 풍화**의 일반적인 차이는 무엇인가?
7. **얼음쐐기**의 발생 과정을 설명하라.
8. **염류쐐기**의 과정을 설명하라.
9. **박리돔**의 형성 과정과 관련이 깊은 **박리**의 풍화 과정을 설명하라.
10. **산화 작용**과 녹은 어떤 관계인가?
11. **수화 작용**, **가수분해**, **탄산염화**의 화학적 풍화 과정을 간략히 설명하라.
12. **생물학적 풍화**를 설명하고 한 가지 예를 들라.
13. **차별풍화**는 무슨 의미인가?

매스 웨이스팅

14. **안식각**은 매스 웨이스팅에 어떻게 영향을 미치는가?

매스 웨이스팅의 유형

15. **암석 낙하(낙하)**의 과정을 설명하라.
16. **애추(스크리)**의 일반적인 특징과 기원을 설명하라.
17. **애추구**란 무엇이며 어느 곳에 특징적으로 발달하는가?
18. **암석 빙하**란 무엇인가?
19. 호우가 **산사태**를 유발하는 데 있어 수행하는 역할은 무엇인가?
20. **슬럼프**는 다른 종류의 산사태와 어떻게 다른가?
21. 산사태와 **이류**의 차이점은 무엇인가?
22. **토석류**와 이류, **암설류**의 차이점은 무엇인가?
23. **토양 포행**의 과정을 설명하라.
24. 어떤 환경에서 **솔리플럭션**이 보편적으로 나타나는가?

학습내용 질문

1. 암석의 표면 아래에서 풍화가 일어나는 것이 왜 가능한지 설명하라.
2. 왜 화학적 풍화는 습윤 지역이 건조 지역에 비해 보다 효율적인가?
3. 중력과 매스 웨이스팅의 관계는 무엇인가?
4. 매스 웨이스팅에서 점토의 역할은 무엇인가?
5. 강우가 어떤 방식으로 매스 웨이스팅을 촉발하는가?

연습 문제

1. 박리돔에서 떨어져 나온 두께가 1m이고 각 변의 길이가 100m인 화강암의 정사각형 암석판이 있다. 화강암의 밀도는 $2.7 g/cm^3$이다. 낙하한 암석의 전체 무게를 계산하라. __________ kg
2. 그림 15-27에서 솔리플럭션 로브의 연간 이동 속도가 5cm라고 가정하자. 사면 아래로 60m 이동하는 데 걸리는 시간은 얼마나 되는가? __________ 년
3. 현무암과 같은 암석의 화학적 풍화로 인해 변화된 물질로 이루어진 '각'이 만들어진다. 풍화율은 위치에 따라서 다양하게 나타나지만(특히 기후의 차이로 인해), 각의 두께는 암석이 풍화에 얼마나 노출되었는지에 대한 대강의 추정을 가능하게 한다. 오래 노출될수록 각은 두꺼워진다. 한 연구에서 1,000년 동안 노출되었을 때 0.007mm만큼 각의 두께가 두꺼워진다는 것을 알아냈다. 풍화율이 일정하다고 가정했을 때, 다음 조건에 맞는 풍화에의 노출 기간을 추정하라.

a. 풍화각이 0.5mm 두께 : __________ 년의 노출
b. 풍화각이 1.5mm 두께 : __________ 년의 노출

환경 분석 오리건의 산사태

오리건의 많은 지역들이 중력의 영향을 받기 쉬운 급경사 사면과 경사지를 불안정하게 만드는 충분한 강우량의 불운한 결합 때문에 산사태가 발생하기 쉽다.

활동

1. 왜 오리건의 강우량이 많은가?(그림 6-37을 참조하라)

www.oregongeology.org/sub/slido에 접속하여 오리건주 전체 산사태 정보 데이터베이스(Statewide Landslide Information Database for Oregon, SLIDO)를 방문해 보라. "Help"를 클릭하여 지도를 어떻게 탐색할 것인지에 대한 초반부의 몇 부분을 읽으라.

2. "Mapped Landslide Data Inventory" 항목에서 붕적 애추(talus-colluvium)란 무엇인가? 선상지(fan)란 무엇인가?

초기 페이지로 돌아가서 "GO to Map"을 클릭하여 지도가 나오면 "Basemap" 메뉴에서 "Imagery with Labels"를 선택하라.

3. 오리건에서 가장 산사태 빈도(점으로 표현됨)가 높은 곳은 어디인가?
4. 오리건 동부 지역의 몇 개의 사건을 클릭하라. 해당 지역에서는 어떤 유형의 산사태가 일반적인가? 발생횟수와 유형이 오리건 동부의 땅에 대해 이야기해 주는 바는 무엇인가?

왼쪽 상단의 검색창에 "Arch Cape"를 입력해서 검색해 보라.

5. 각 사건이 특정한 경로를 따라 발생하는 것을 파악하라. 몇 개의 사건을 클릭하라. 어떤 종류의 산사태가 이 경로를 따라서 발생하는가?
6. 이 사건 중 몇 개를 확대해 보라. 이 사태가 발생할 때 어떤 형상이 나타나는가? 이 사태의 원인으로 가장 적합한 것은 무엇인가?

오리건주립대학교의 웹사이트인 http://oregonstate.edu/ua/ncs에 접속하라. 검색창에서 "New landslide maps"를 입력하고 "Map outlines western Oregon landslide risks from a subduction zone…"을 클릭하라.

7. 어떤 미래의 사건이 유의미한 다수의 사태를 초래할 것으로 보이는가?
8. 구조에 대한 피해 이외에 산사태와 교통 간의 문제를 고려하는 것이 왜 중요한가?
9. 유사한 재해가 발생하는 서부 미국 지역은 또 어디가 있는가? 그 이유는 무엇인가?

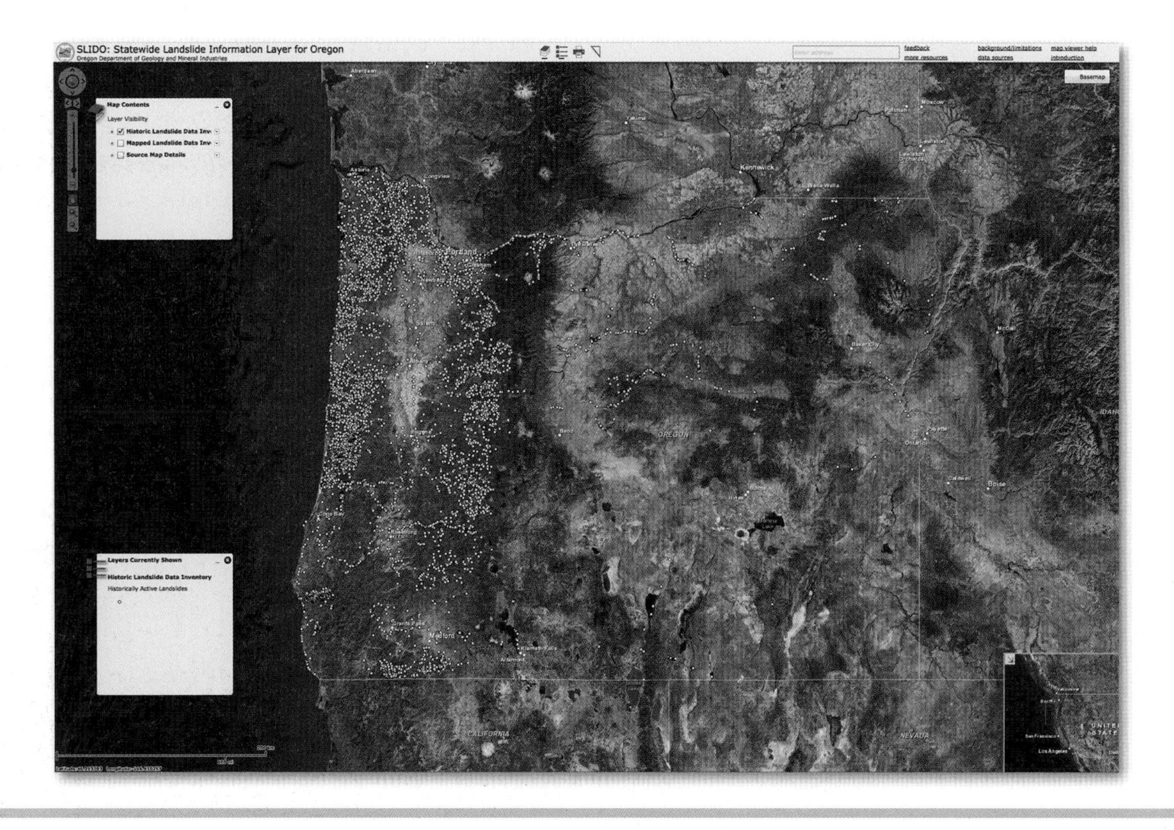

지리적으로 바라보기

이 장의 앞부분에 있는 그랜드캐니언의 사진을 다시 보라. 차별풍화의 어떤 증거들이 눈에 띄는가? 어떤 종류의 매스 웨이스팅이 이러한 경관을 형성하는 데 도움을 주었을 것으로 보이는가? 왜 그렇게 생각하는가? 강력한 폭풍우가 촉발될 것으로 보이는 매스 웨이스팅 사건으로는 어떤 종류의 것이 있는가?

16

지리적으로 바라보기

유타주 캐니언랜드국립공원의 그린 강. 이 하천 계곡의 기복을 묘사해 보라. 이곳의 기후는 어떤 것으로 추정되는가? 왜 그렇게 생각하는가? 이 지역의 암석 구조는 무엇인가? 하천의 곡류부에서는 곡류의 외측 제방을 보다 강력하게 침식하는가, 내측 부분을 강하게 침식하는 것으로 보이는가? 어떻게 알 수 있는가?

하성 과정

하천이 시간의 경과에 따라 어떻게 변하는지 상상해 본 적이 있는가? 당신은 시간의 경과에 따라서 하천 내의 유량이 때때로 변한다는 것을 말할 수 있다. 덜 명확하기는 하지만 거의 모든 하천의 유로는 시간의 경과에 따라 때로는 애매하게 유로를 측면으로 짧은 거리를 이동시키면서, 다른 때는 상당히 극적으로 기존의 유로를 유기하고 새로운 유로를 만들면서 변화한다. 이것이 우리가 이 장에서 다룰 유수, 즉 '하성 작용'의 일이다.

침식과 퇴적에 관여하는 모든 외적 기구(지표에서 흐르는 물, 땅속의 물, 바람, 빙하, 해양의 파랑과 해류) 가운데 가장 중요한 것은 흐르는 물이다. 하천의 유수는 다른 모든 과정을 합한 것보다 지형의 형성에 많은 기여를 한다. 유수가 다른 기구들에 비해 더 강력하기 때문이 아니라(빙하와 강력한 파랑은 단위 면적당 더 강한 힘을 가하게 된다) 유수가 지표면 모든 곳에 존재하기 때문에 이것은 진실이다. 흐르는 물은 가장 습윤한 곳, 건조한 곳, 냉량한 곳, 가장 더운 곳과 같은 지표면의 거의 모든 곳의 지형 발달에 기여한다(바람 역시 모든 곳에 존재하지만 지형을 깎아 모양을 만드는 기구로서의 바람의 힘은 미미하다). 따라서 이 책의 남은 장들에서 침식과 퇴적 과정을 학습하는 것을 시작하는 데 있어 흐르는 물의 일을 먼저 살피는 것은 적절할 것이다.

이 장의 내용을 배우면서 생각해야 할 주요 질문은 다음과 같다.

- '하천유수'와 '지표면류'의 차이점은 무엇인가?
- 하천의 침식과 퇴적에서 홍수가 왜 중요한가?
- 왜 하천은 만곡류, 곡류, 망류로 발전하는가?
- 어떻게 하계망의 유형이 경관의 구조를 반영하는가?
- 어떻게 하천이 곡지를 깊게 하고 넓게 하며 길어지게 하는가?
- 범람원의 전형적인 지형으로는 무엇이 있는가?
- '하천 회춘'이란 무엇인가?

하성 과정이 경관에 미치는 영향

유수는 지구 표면의 광범위한 곳에 존재하고, 침식과 퇴적의 기구로서 상당히 효율적이기 때문에 일반적으로 지형에 강력한 영향을 미친다. 또한 많은 경우 지형에 지배적인 영향을 미치기도 한다. 대부분의 계곡 형태는 계곡을 따라 흐르는 물이 운반하는 퇴적 물질과 퇴적 작용에 의해 강력한 영향을 받는다. 계곡보다 고도가 높은 부분은 상대적으로 유수의 영향을 덜 받지만, 유수는 그런 곳에서도 지표 형상에 영향을 준다. 유수는 암설들의 운반과 침식을 통해 사면을 낮은 고도로 깎아 내리고 퇴적 물질을 이용해 계곡을 채워 나감으로서 지표면의 굴곡을 부드럽게 만든다.

하천과 하천체계

제9장에서 배운 바와 같이 지형학 연구에서는 그 규모와는 상관없이 작은 실개천이든 대하천이든 하도를 지니고 흐르는 물을 **하천**(stream)이라고 지칭한다. 구체적으로 하천 과정과 그것이 기복에 주는 영향을 살펴보기 전에 몇 가지 기본 개념을 습득할 필요가 있다.

하천유수와 지표면류

유수와 관련된 것으로 정의되는 **하성 과정**(fluvial process)에는 **지표면류**(overland flow)와 **하천유수**(streamflow) 등이 포함된다. 지표면류는 지표면에서 하도를 형성하지 못하고 사면 아래로 흘러내리는 물을 말하며, 하천유수는 계곡의 밑부분, 즉 계곡 바닥을 따라 하도를 형성하며 이동하는 물을 말한다.

계곡과 하간지

모든 대륙의 표면은 크게 계곡과 하간지라는 2개의 기복 단위로 구성된다. 우선 **계곡**(valley)은 하계망이 확실히 자리 잡고 있는 지형 기복의 일부를 지칭한다(그림 16-1). 계곡에는 하천의 하도가 부분적으로 혹은 완전하게 자리를 차지하고 있는 밑부분(계곡 바닥)이 있고, 계곡 바닥에서 양측 사면으로 연결되는 계곡벽이 있다. 언제나 계곡 사면의 위쪽 상한이 명확하게 구분되는 것은 아니다. 그러나 개념적으로는 계곡벽의 꼭대기(頂部)에 나타나는 턱 부분을 말하며, 하계망에 속하는 하천의 발달이 미약하거나 없는 경우를 말한다.

하간지(interfluve, 라틴어에서 '사이'를 뜻하는 *inter*와 '하천'을 뜻하는 *fluvia*의 합성어)는 계곡벽보다 고도가 높은 대지를 의미한다. 하간지는 계곡들 사이를 분리하는데, 이러한 하간지들 중 일부는 가파른 사면을 지닌 산의 정상 부분과 능선의 정상 부분으로 구성된다. 하지만 다른 경우에는 하계망 사이의 평탄하고 넓은 지역을 나타내기도 한다. 개념적으로만 본다면 계곡이 아닌 모든 지형이 하간지의 일부가 된다. 우리는 하간지의 물이 하간지와 계곡의 경계를 이루는 부분까지 하도를 형성하지 못하고, 지표면류의 형태로 사면을 따라 이동하는 것을 마음속에 그려 볼 수 있다. 하간지의 경계선에서 작은 우곡(雨谷)으로 최초로 물이 떨어지는 순간 하천은 흐르기 시작된다.

그러나 이렇게 간단한 개념들조차 자연에 그대로 적용할 수 없을 때가 많다. 예를 들어 늪과 습지의 경우 하간지에서 찾아볼 수도 있지만 하계망이 명확히 나타나지 않는 계곡 내에서도 발견될 수 있다.

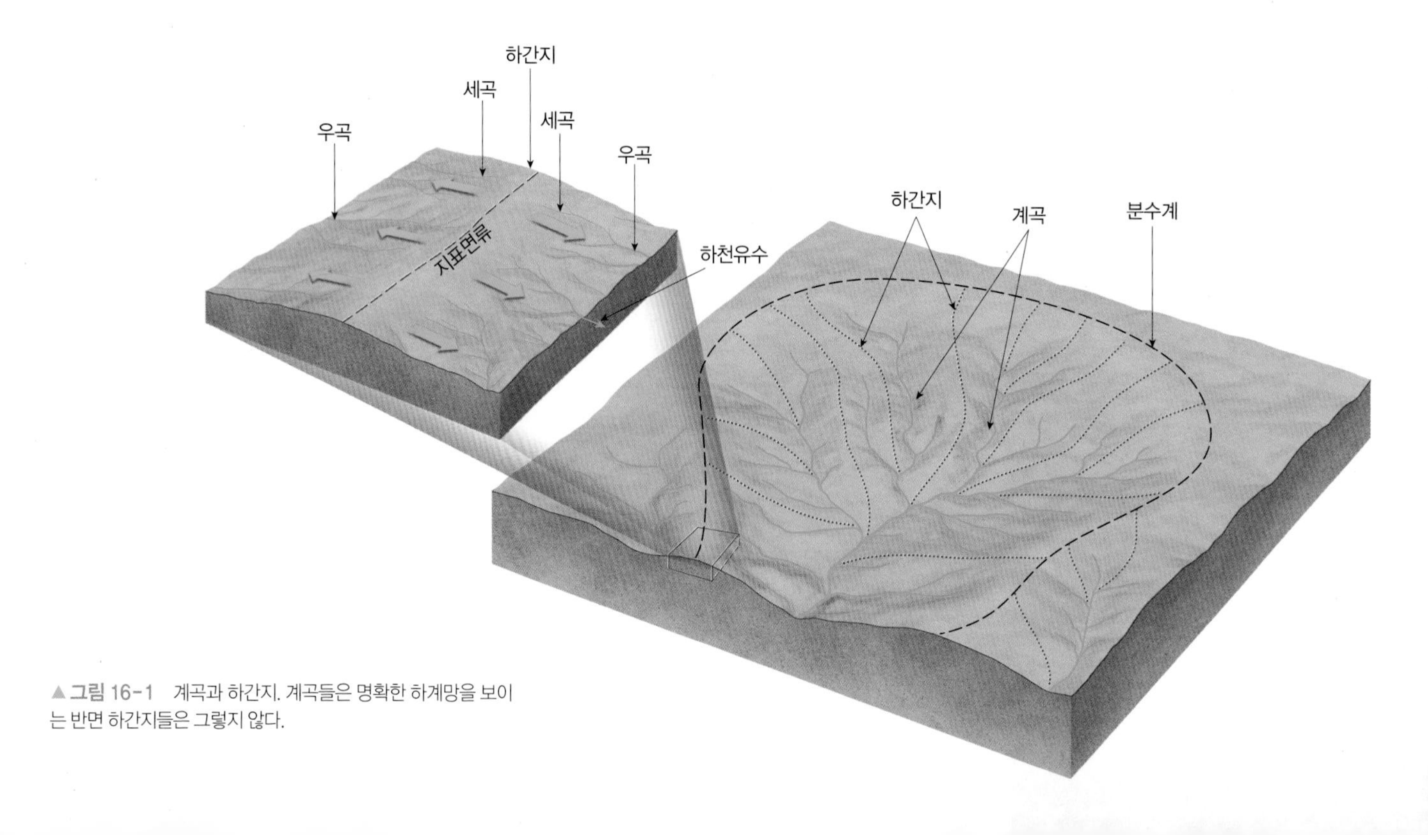

▲ 그림 16-1 계곡과 하간지. 계곡들은 명확한 하계망을 보이는 반면 하간지들은 그렇지 않다.

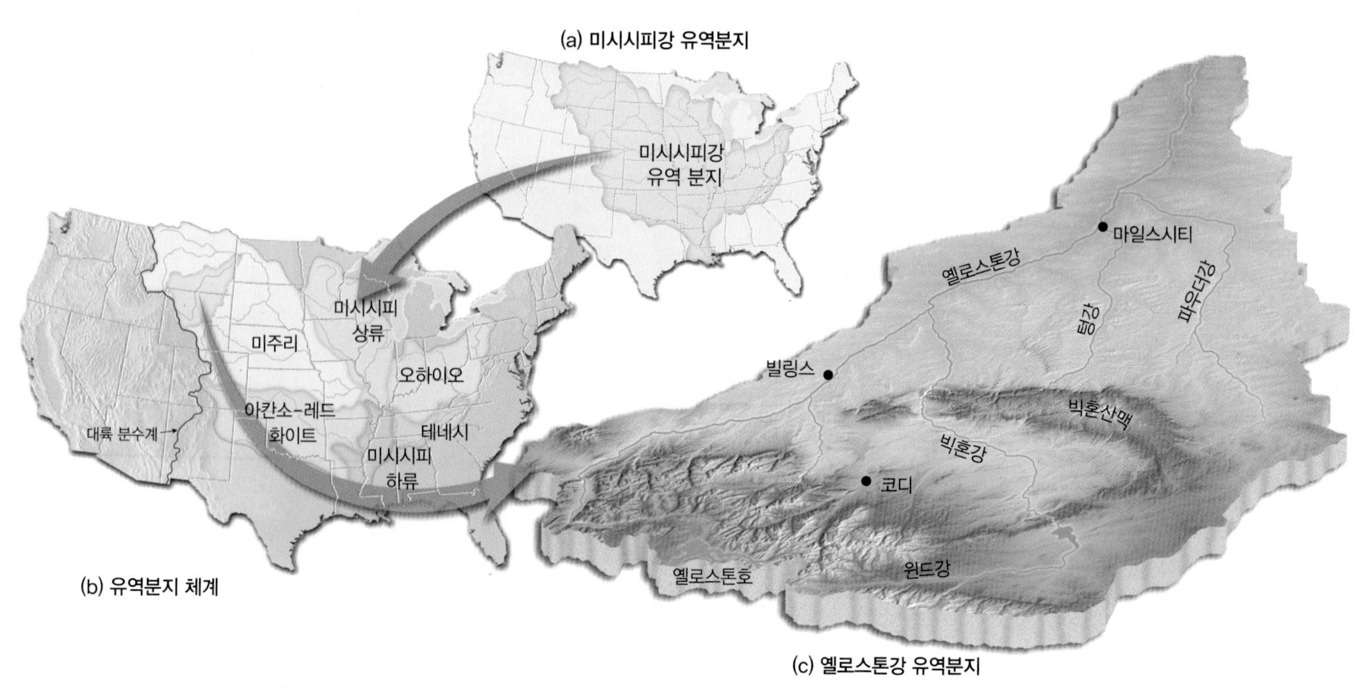

▲그림 16-2 유역분지의 위계체계. 미시시피강의 유역분지에는 많은 하위 유역분지들이 존재한다. 예를 들어 옐로스톤 유역분지를 보면, 빅혼강은 옐로스톤강으로 유입하며, 옐로스톤강은 미시시피강의 지류인 미주리강으로 유입한다. 최종적으로 미시시피강은 멕시코만으로 흘러간다.

유역분지

특정 하천의 **유역분지**(drainage basin) 또는 **집수구역**(watershed)이란 하천에 물을 공급하는 지표면류와 하천유수 그리고 지하수에 물을 공급하는 구역을 의미한다. 또한 유역분지는 계곡저와 계곡의 측면 그리고 계곡으로 물을 공급해 주는 주변의 하간지로 구성되어 있다. 개념적으로 보면 유역분지는 **분수계**(drainage divide)에서 끝나게 된다(그림 16-1 참조). 지표면류가 어느 한 유역분지로 향할 때 다른 쪽의 지표면류는 인근의 다른 유역분지를 향하게 되는데, 여기서 이 두 곳을 나누는 경계선을 분수계라 한다. 분수계는 유역분지 간의 예리한 능선일 수도 있고, 하간지의 형태로 훨씬 덜 뚜렷하게 유역분지를 나눌 수도 있다.

어떤 크기든지 간에 모든 하천은 유역분지를 지니고 있다. 하지만 실용적인 측면에서 이 개념은 주로 큰 하천에 적용된다. 본류 하천의 유역분지는 해당 하천의 지류를 가지고 있는 유역분지를 모두 포함한다. 결과적으로 큰 규모의 유역분지는 작은 지류분지의 위계체계를 포함한다(그림 16-2).

북아메리카의 **대륙 분수계**(continental divide)는 동쪽이나 남쪽으로 흘러 대서양이나 멕시코만으로 흐르는 하천과 태평양까지 서쪽으로 흐르는 하천(그림 16-2 참조) 그리고 북쪽으로 흘러 북극해로 향하는 하천의 유역분지를 구분하는 일련의 능선으로 되어 있다.

댐은 자주 유역분지로부터의 유출수를 잡아 두기 위해서 건설된다. 저류된 물은 수력발전을 포함한 다양한 목적에 기여한다. 이에 대해서는 "21세기의 에너지 : 수력발전" 글상자를 보라.

학습 체크 16-1 하천수와 하간지와 계곡 간의 관계를 설명하라.

하천 차수

모든 유역분지에서 작은 하천들은 서로 만나서 큰 하천으로 이어지고, 작은 계곡들은 보다 큰 계곡으로 병합된다. 이러한 배열과 조직 상태를 설명하기 위해서 **하천 차수**(stream order)라는 개념을 이용한다(그림 16-3).

1차 하천은 체계 내 가장 작은 단위로, 지류를 갖지 않는 하천을 말한다. 2개의 1차 하천이 결합되면 2차 하천이 되는데, 2차 하천들이 합류하는 곳에서는 3차 하천이 시작된다. 그리고 이러한 방식으로 고차 하천으로 변하게 된다.

하지만 그림 16-3과 같이 저차 하천이 고차 하천과 만난다고 해서 그 합류부에서 하천의 차수가 증가하는 것은 아니다. 예를

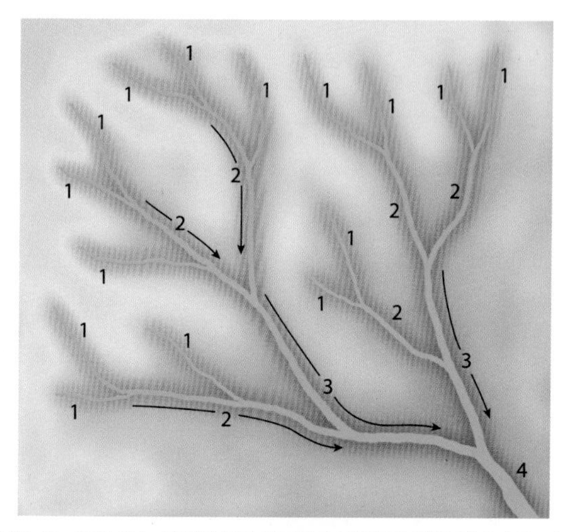

▲그림 16-3 하천 차수. 하천의 주된 가지들과 지류들은 작은 것부터 큰 것까지 각 하천 구간의 위계에 따라서 구분된다(이 경우에는 1차에서 4차까지).

수력발전

▶ Nancy Lee Wilkinson, 샌프란시스코주립대학교

에너지를 생산하는 가장 경제적인 방법은 무엇인가? 움직이는 물은 일을 할 수 있는 힘을 지니고 있기 때문에 수차는 초기 방앗간에 힘을 제공하였고 산업혁명의 여명을 열었다. 미국에서 상업적인 수력발전은 1880년대 초에 시작되었으며 세계 전력 생산의 약 20%를 차지한다. 대규모 시설들은 중국(그림 16-A), 캐나다, 브라질, 미국, 러시아 등에 위치한다.

수력발전의 원리 : 수력발전 시설은 댐 뒤에 보관된 물이 지니고 있는 위치 에너지를 운동 에너지로 변환시킨다. 댐은 저수지에 물을 보관한다. 물은 거대한 파이프를 통과한 후 몇 미터 크기에 달하는 터빈을 돌리게 된다. 그리고 터빈들은 발전기에 연결된 축을 돌린다. 터빈이 돌아감에 따라 발전기는 전류를 생산한다(그림 16-B).

수력발전소는 얼마나 많은 전기를 생산하는가? 이들이 생산하는 전기의 양은 가용한 물의 양 그리고 물 공급 부분과 터빈 사이의 낙차에 따라서 결정된다. 수력발전에 있어서 가장 좋은 입지는 급격한 고도 변화가 있고 적은 양의 자재로 높은 댐을 건설하는 것이 가능한 단단한 기반암으로 이루어진 깊고 좁은 협곡이다.

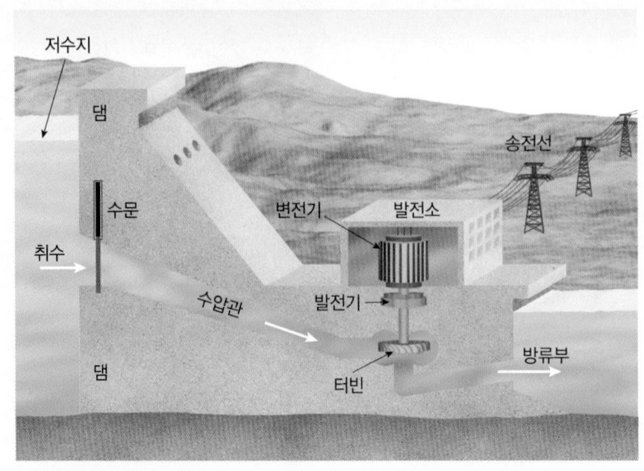

▲그림 16-B 수력발전 설비

수력발전의 이점 : 일단 건설이 완료되면 댐은 물 오염과 대기 오염을 거의 일으키지 않으므로 석탄, 가스, 원자력발전의 매력적인 대안이 된다. 운영을 위한 최소의 노동력만 필요하며 추가적인 연료가 필요하지 않다. 전력 수요에 따라 즉각적으로 껐다 켰다 할 수 있다.

또한 수력발전을 위해 만들어지는 댐은 관개와 다른 용도로 사용할 수 있다. 수력발전 댐은 주운을 가능하게 하고 오락의 기능도 하며, 홍수를 방지하기 위해 물을 저장하기도 한다. 이렇게 다양한 목적으로 발생하는 수익은 건설 및 운영비용을 감소시킨다. 또한 댐은 진보와 성취를 상징하며 100년 이상 지속적으로 전기를 생산할 수 있다. 이러한 이유로 댐은 경제발전의 매력적인 도구로 인식되어 왔다.

댐의 사회적 · 환경적 영향 : 댐은 큰 사회적 · 환경적 영향을 미친다. 댐이 건설되면 삼림이나 비옥한 농토, 도시가 침수되고 세계적으로 수백만의 사람들이 이주해야 한다. 댐은 담수에서 배란하는 어류가 상류로 이동하는 것을 차단하고 상류의 서식지를 침수시킨다. 게다가 습지를 건조하게 만들고 물, 모래, 자갈이 하류로 이동하는 것을 막아 하천의 제방과 해안을 침식시킨다. 또한 취약하게 건설된 댐이나 오래된 댐의 붕괴는 하류 지역에 재해를 유발한다.

20세기에 미국 남동부와 서부 지역에 수력발전이 붐을 이루면서 댐 건설의 결과는 명료해졌다. 또한 국제 협력의 중요한 수단이 되기도 하였다. 세계의 주요 하천 가운데 60% 정도에 댐이 설치되었으며 많은 수력 발전 설비들이 건설 중이다. 그러나 세계 여러 곳에서 수력발전 계획은 강력한 반대에 직면했다. 한편 미국은 유용성을 상실한 댐의 해체와 하천과 유역 복원을 통해 과학과 예술을 추구하는 길을 선도하고 있다.

수력 발전의 미래 : 댐 건설은 1970년대를 정점으로 감소하고 있으나 지금도 여러 대규모 계획들이 진행되고 있거나 계획 중이다. 최근에 중국은 싼샤 협곡에 세계 최대의 댐을 2012년에 만들었다. 아마존, 동남아시아, 아프리카 국가들의 댐 건설을 지원하는 국제적 관심은 지속되고 있다.

수력발전의 사회적 · 환경적인 영향에 대한 이러한 논란들은 미국에서 더 이상 대규모 댐을 건설할 수 없도록 하고 있다. 하천의 흐름을 막지 않고 물을 저장하는 천변저류지는 댐의 영향을 줄이는 한 가지 방법이다. 댐을 만들지 않고 소규모의 전력을 생산하는 소수력발전도 하천 유수를 이용한 수력발전의 대안으로 이용되고 있다.

지구적 기후 변화와 관련된 강수 유형의 변화로 지역적인 에너지 생산에 대한 재평가가 요구될 수도 있다. 예를 들어 최근 다년간에 걸친 캘리포니아의 가뭄은 수력전기 생산을 절반으로 감소시켰다. 만일 중위도 산악 지역의 강설량이 다음 수십 년간에도 지속된다면 저수지로 유입되는 여름의 강설 기원 유입량이 감소할 것이며 그로 인하여 계절적인 전력 수요를 맞추는 수력의 유용성을 저감시킬 것이다.

질문

1. 기후 변화가 수력발전의 잠재력을 어떻게 감소시킬 것인가? 어떤 다른 에너지원이 이것을 대체할 수 있으며, 어떤 환경적인 영향을 줄 것인가?
2. 열대 지역에서의 댐의 환경적인 영향은 온대 지역의 영향과 어떻게 다를 것인가?

▼그림 16-A 중국의 싼샤댐

들어 1차 하천과 2차 하천이 만난다고 해서 3차 하천이 만들어지는 것은 아니라는 뜻이다. 3차 하천은 2개의 2차 하천이 결합할 때만 형성된다.

하천 차수에는 몇 가지 중요한 개념이 포함되므로 단순한 숫자 놀이라고 생각하면 안 된다. 예를 들어 잘 발달된 하계망이 있다고 가정해 보자. 이 하계망에서 1차 하천과 이에 따른 계곡의 수는 다른 모든 고차 하천의 수를 합친 것보다 많을 것이다. 또한 차수가 증가함에 따라 하천의 수가 줄어들 것이다. 그리고 하천의 길이는 차수가 증가함에 따라 함께 증가할 것이라고 예측할 수 있다. 유역 면적 역시 하천 차수의 증가와 더불어 증가할 것이다. 또한 하천의 평균 하도 **경사**(gradient)는 하천 차수의 증가에 따라 감소할 것이라고 예측할 수 있다.

하성 침식과 퇴적

모든 외적 과정은 기반암의 조각, 풍화 산물, 토양 등을 원래의 위치에서 제거하고(침식), 이들을 다른 장소로 이동시키는(퇴적) 역할을 한다. 하성 과정은 침식을 통해 한 집단의 지형을 형성하고 퇴적을 통해 다른 집단의 지형을 형성한다.

지표면류에 의한 침식

하간지에서 빗방울이 떨어지기 시작하면 하성침식은 시작된다. 빗방울의 충격이 식생이나 다른 보호 피복에 의해 흡수되지 않는다고 가정한다면, 빗방울과 표면의 충돌은 미세한 토양 입자를 위쪽과 바깥쪽으로 튀게 할 만큼 강력할 것이다. 그리고 입자를 수평적으로 수 밀리미터 이동시킬 수도 있을 것이다. 경사진 땅에서 대부분의 입자는 이러한 **우적침식**(splash erosion)을 통해 언덕의 아래로 이동된다.

강우 초기 몇 분 동안에는 강우의 상당 부분이 토양 속으로 침투할 것이며, 결과적으로 지표면류는 거의 없을 것이다. 그러나 사면에 경사가 있고 토양의 식생 피복이 취약한 상태에서는 호우 또는 지속적인 강우 상황에서의 침투가 크게 줄어들 것이다. 그리고 대부분의 물은 지표면류의 형태로 사면을 따라 아래로 흘러갈 것이다. 물은 얇은 판 형태의 수막으로 흘러가면서 이미 우적침식에 의해 느슨해진 입자를 운반할 것이다. 여기서 이 과정을 **포상침식**(sheet erosion)이라 정의한다.

지표면류의 형태로 물이 사면 아래로 흘러가면, 유량이 증가하게 되고 그로 인해 난류가 발생하게 되어 포상류는 다수의 미세한 하도로 바뀌게 된다. 그리고 이 미세한 하도를 **세곡**(rill)이라고 한다. 여기서 추가적으로 물질이 운반되면 흐름이 보다 집중되고 이 흐름은 사면을 분할하는 다수의 선을 파고 들어간다. 이러한 일련의 과정을 **세곡침식**(rill erosion)이라고 한다. 이러한 과정이 지속됨에 따라 세곡들의 규모는 커지게 되고 적은 수로 병합하게 되는데 이를 **우곡**(gully)이라고 한다. 그리고 **우곡침식**(gully erosion)이 나타나게 된다. 우곡이 점점 성장함에 따라 그들은 인접한 계곡의 하계망에 포함되며 물의 흐름은 지표면류에서 하천류로 바뀌게 된다(그림 16-1 참조).

하천유수에 의한 침식

지표 물의 흐름이 하도를 지니게 되면 유수의 침식과 운반 능력은 유량의 증가로 인해 크게 증가하게 된다. 침식은 부분적으로 이동하는 물이 지니고 있는 직접적인 수문학적 힘에 의해서 이루어진다. 또한 침식은 하천의 바닥 부분과 측면의 물질을 파내고 운반한다. 제방들의 아랫부분은 유수에 의해서 깎여 나가게 되며,

모바일 현장학습 MG

그레이트스모키 산맥의 하천

https://goo.gl/lNIEzj

◀ 그림 16-4 하천에 의해서 운반되는 암석들은 잦은 충돌로 인해 둥글게 된다. 사진에 나타난 하천에 의해서 깎인 암석들은 테네시주 개틀린버그에 위치하는 리틀피전강의 램지 지류 하상에 있는 것들이다.

특히 고수위 시에 느슨해진 물질들이 하류로 대량 이동한다.

하천유수의 침식 능력은 하천에 흐르는 물에 의해 얻어진다. 그리고 유수와 함께 이동하는 마식을 유발하는 '도구'로 인하여 침식 능력이 증가하게 된다. 진흙에서 자갈에 이르는 모든 크기의 물질은 물과 함께 이동하면서 하천의 바닥을 갈아 내고 깎아 나간다(그림 16-4). 이러한 암석 조각은 하도의 바닥과 측면으로부터 더 많은 암석 조각을 떼어 내며, 새로이 추가된 물질은 서로 충돌하는 과정을 통해 크기가 더 작아지고 형태는 더 둥글게 된다.

일정한 화학적인 작용도 하천수에 의해 일어나게 되는데, 일부 화학적 풍화 작용(특히 용해 작용과 가수분해) 역시 **용식**(corrosion)을 통해서 하도가 침식되도록 돕는다.

하천수에 의한 침식의 효율성은 상황에 따라 크게 달라진다. 하지만 기본적으로 한쪽에서는 흐르는 물의 속도와 난류의 발생 정도에 의해서 그리고 다른 한쪽은 침식에 대한 기반암의 저항 정도에 따라 결정된다. 또한 물의 양과 흐름의 속도는 하도의 경사(경사각)에 의해 지배된다. 이는 물의 양이 일반적으로 빠른 속도를 의미하고, 경사가 급해짐에 따라 유수의 속도도 빨라지기 때문이다. 그리고 난류의 발생 정도는 흐름의 속도와 하도의 거칠기에 따라서 결정된다. 흐름의 속도가 증가하면 난류는 강하게 발생하고 하상이 불규칙하면 더 많은 난류가 발생한다.

학습 체크 16-2 하천유수와 지표면류의 차이를 설명하라.

운반

그것이 지표면류이든 하천유수이든 사면을 따라 이동하는 어떤 물도 모두 암석물질을 운반할 수 있다. 그러나 특정한 시간과 장소에서는 지표면류가 운반하는 물질의 양이 하천이 운반하는 양보다 적을 때도 있다. 궁극적으로 대부분 이 물질은 계곡바닥에 도달하며, 하천이 침식한 물질과 매스 웨이스팅이 운반 및 공급한 물질이 합쳐져 **하천하중**(stream load)을 구성한다.

애니메이션 (MG)
하천 퇴적물의 이동

http://goo.gl/y9Lvyf

하천의 퇴적물질은 핵심적인 세 부분으로 나눌 수 있다(그림 16-5).

1. 먼저 **녹은짐**(dissolved load, 용해하중)이 있는데, 이는 대부분 염(salt)으로 되어 있는 일부 광물이 물에 용해되어 수용액의 형태로 운반되는 것을 말한다.
2. 매우 작은 점토와 진흙 입자는 하천의 바닥을 건드리지 않고 물을 따라 부유하면서 이동한다. **뜬짐**(suspended load, 부유하중)이라 불리는 이 작은 입자는 아주 잔잔한 물에서도 매우 느린 침전 속도를 지니고 있다(세립의 점토 입자는 완전히 잔잔한 물에서도 30m를 하강하는 데 1년의 시간이 필요하다).
3. 모래, 자갈 그리고 보다 큰 암석 조각은 **밑짐**(bed load, 하상하중)을 구성한다. 작은 입자는 하천유수를 따라서 지속적인 뛰뛰기와 튕김 작용을 하게 되는데, 이들은 이러한 **도약 운동**(saltation)을 통해 이동한다. 보다 조립질인 입자는 하천의 바닥에서 구르거나 미끌어져 이동해 가는데, 이러한 작용을 **견인**(traction)이라 한다. 밑짐은 보통 홍수 기간과 같은 일부 기간에만 이동된다. 암설은 어느 정도 이동한 뒤 떨어지게 되고 나중에 다시 운반이 시작되면 더 멀리까지 이동된다.

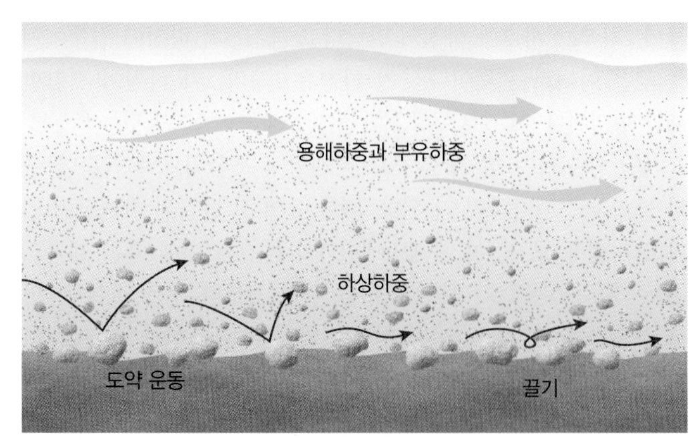

▲ **그림 16-5** 하천은 퇴적물질(하중, 짐)을 세 가지 방식으로 운반한다. 녹은짐(용해하중)과 뜬짐(부유하중)은 일반적인 물의 흐름에 의해 운반된다. 밑짐(하상하중)은 견인(끌기)과 도약 운동(튕김)에 의해 운반된다.

운반 능력 : 지형학자들은 하천이 운반할 수 있는 하중을 설명하기 위하여 운반 능력과 하천의 최대 운반량이라는 두 개념을 이용한다. **운반 능력**(stream competence)은 하천이 운반할 수 있는 입자의 크기를 말하며, 움직일 수 있는 입자의 최대 직경으로 표현된다. 운반 능력은 주로 하천 흐름의 속도에 따라 결정되며 물의 힘은 유속의 제곱으로 증가한다. 다시 말해 만일 흐름의 속도가 2배로 증가한다면 운반 가능한 최대 입자의 입경은 4배(2^2) 증가하게 되고, 유속이 3배 증가한다면 힘은 9배(3^2) 증가하게 되므로 유속이 약간만 증가하더라도 이동 가능한 입자의 크기는 많이 커지게 된다. 따라서 평소에 모래 정도의 입자를 운반하던 하천이라도 홍수 시에는 매우 큰 자갈을 쉽게 운반할 수 있는 것이다.

하천의 최대 운반량 : **하천의 최대 운반량**(stream capacity)이란 하천이 운반할 수 있는 고체물질의 양을 표현한 것이다. 이는 주어진 시간 동안 특정한 지점을 통과하는 물질의 부피로 측정된다. 하천의 최대 운반량은 유량과 유속의 변동 그리고 퇴적물질의 특성(조립물질과 세립물질의 혼합)에 따라 매우 다양하게 나타나게 된다. 유량과 유속은 짧은 시간에도 계속적으로 변동하는 특징이 있다. 홍수 기간에 나타나는 하천의 최대 운반량 증가는 매우 중요하다.

학습 체크 16-3 어떤 요소가 하천이 운반할 수 있는 최대 자갈의 크기를 결정하는가?

퇴적

하천에 의해 이동되기 시작한 물질은 반드시 궁극적으로 어딘가에 자리를 잡아야 하므로 침식은 유속이나 유량의 감소에 따라 퇴적이 수반된다. 흐름의 감소는 경사 변화의 결과일 수도 있고 하폭의 증가와 유향의 변경에 의해서도 발생할 수 있다. 따라서 하천 퇴적물은 협곡의 유출부, 범람원, 하천 만곡부의 내측 제방을 따라서 나타난다. 그러나 궁극적으로 대부분의 하천 운반 퇴적물질은 해양이나 호수와 같은 수체에서 퇴적된다.

충적층 : 하천이 운반하는 퇴적물질의 일반적인 정의는 **충적층**(alluvium)이다. 충적층의 퇴적에는 모든 크기의 입자가 포함되지만 가장 많은 부분을 차지하는 것은 작은 입자이다. 충적층은 자주(항상은 아니며) 다음의 특징 가운데 한두 가지를 지니고 있다.

- 충적물질은 하류 방향의 흐름을 따라 이동하면서 서로 부딪히기 때문에 외양이 부드러우며 둥근 특징을 지니고 있다. 또한 여러 하천체계를 통해 멀리 운반되면서 화학적 풍화 작용과 함께 퇴적물 입자가 서로 충돌하는 과정 등을 거치게 된다. 이는 입자 크기를 큰 자갈, 자갈, 작은 자갈에서 모래, 실트, 점토 등으로 감소시킨다.
- 충적 퇴적층은 주기적인 홍수에 의해 퇴적이 일어나기 때문에 특징적인 '층'을 형성하여 보여 주는 경우가 많다.
- 충적층에는 '분급(sorting)'이 나타난다. 분급이란 충적 퇴적층이 거의 같은 크기를 지니는 암설로 구성되는 것을 말한다. 물의 속도가 감소할 때(하천으로 말한다면 '운반 능력'이 감소함에 따라) 가장 무거운, 즉 입자의 크기가 가장 큰 암설이 먼저 퇴적된다. 그리고 작은 암설은 더 멀리 이동되어 다른 곳에 퇴적된다.

학습 체크 16-4 왜 충적물은 자주 둥근 형태이며, 층을 이루고 있고, 크기에 따라 분급되는가?

▲그림 16-6 대부분의 사막 하천들은 거의 물이 흐르지 않는 일시 하천이거나 간헐 하천이다. 이 돌발 홍수는 유타주 섀환강의 건조 부분 협곡에서 발생한 것이다.

영구 하천과 간헐 하천

우리는 하천이 항상 영구적으로 존재한다고 생각하는 경향이 있지만, 실제로 세계의 많은 하천들은 1년 내내 흐르는 것이 아니다. 습윤 지역에서는 큰 하천과 대부분의 지류는 항상 흐르는 하천이라는 의미에서 **영구 하천**(perennial stream)이라 불린다. 그러나 물이 부족한 지역의 주요 하천과 지류에서는 우기나 강우시 혹은 강우 직후 등 일부 기간에 걸쳐서만 물이 흐르고 1년 내내 흐르지는 않는다. 이러한 일시적인 흐름이 1년 중 일부 기간에만 있는 경우에는 **간헐 하천**(intermittent stream) 또는 계절 하천(seasonal stream)이라 부르고, 강우가 발생한 직후에만 잠시 흐르고 마는 경우를 일시 하천(ephemeral stream)이라 부른다. 그러나 두 가지 모두 '일시적'이라는 개념을 가지고 있다(그림 16-6).

또한 습윤 지역에서도 많은 1, 2차 하천은 일시 하천의 성격을 지닌다. 이 하천은 일반적으로 경사가 급하고 유역 면적이 좁으며 길이가 짧은 하천이다. 만일 강우가 자주 발생하지 않는다면 혹은 융설(融雪)에 의한 물의 공급이 지속적으로 이어지지 않는다면, 이 낮은 차수의 하천은 물이 부족해질 것이다. 그리고 동일한 지역의 차수가 높은 하천은 영구 하천의 성격을 지닌다. 이들은 유역분지가 넓고 과거에 강우나 융빙으로 형성된 물이 지하로 스며들었다가 강우가 멈춘 후 계곡에서 지하수 유출의 형태로 나타나기 때문이다.

침식과 퇴적의 기제로서 홍수

하천의 효율적인 침식 및 퇴적과 관련된 변수들에 대해 논의할 때에는 하천지형학의 중요한 개념이 논의된다. 바로 침식과 퇴적의 기제로서 홍수의 역할이다.

깊은 계곡의 바닥에 작은 하천이 있는 것은 흔히 볼 수 있다. 중요한 세 가지 지형적 요소를 고려함으로써 그렇게 작아 보이는 하천이 어떻게 광범위한 계곡을 형성하는지를 이해할 수 있다. (1) 상당히 긴 지질학적 시간, (2) 풍화된 암석이 운반되어 계곡으로 빠져나갈 수 있도록 하는 매스 웨이스팅의 역할, (3) 홍수의 높은 효율성이 그것이다.

지형의 진화와 관련이 있는 믿기 어렵도록 긴 시간에 대해서는 이미 논의한 바 있다. 이 엄청나게 긴 시간 동안 특정 활동은 수없이 반복되었다. 이 동안에 작은 물의 흐름이 반복되어 강력한 암석도 깎아 낼 수 있었다. 아마 이와 동일한 중요성을 지니는 것이 하천 유량의 변화일 것이다.

유량 : 시간과 공간에 따라 대부분의 하천은 **유량**(discharge)의 변동에 따라 다양한 하천 섭양(flow regime)을 지닌다. 유량은 단위 시간당 물의 부피이다. 하천의 유량은 다음과 같이 표현된다.

$$Q = wdv$$

(여기에서 Q는 하천의 유량을, w는 하도의 폭을, d는 하도의 깊이를, v는 하천의 속도를 의미한다.) 만일 이 변수 중에 특정변수의 변화가 있다면 하천의 유량은 변한다. 예를 들어 하천의 폭과 깊이가 일정하더라도 속도가 증가한다면 유량은 증가한다. 유량은 일반적으로 매초 당의 m^3로 표현된다(cms 또는 m^3/s).

세계 하천의 대부분은 연중 적절한 양의 물만을 운반한다. 그리고 하천의 일반적인 제방을 넘어서는 물로 정의되는 홍수에는 상당히 많은 양의 물을 운반한다. 일부 하천에서는 매년 홍수가 몇 주에서 한 달 정도에 걸쳐 일어나기도 하지만, 대부분의 하천들은 훨씬 더 제한적인 기간에만 강물의 수위가 아주 높게 나타난다. 대부분의 경우 이런 '습한 계절'은 1년에 하루에서 이틀에 불과하다. 그러나 고수위 시에 수행되는 삭박의 양은 유량이 정상적으로 존재하는 기간에 비해 월등히 크다.

홍수 중에는 유량이 증가함에 따라 하천유수의 속도도 증가하게 된다. 그리고 하천의 최대 운반량과 운반 능력도 지수함수적으로 증가하게 된다. 따라서 대부분의 하천에서 큰 변화(거대한 계곡을 깎아 내는 일, 광대한 범람원의 형성)는 홍수 기간에 이루어진다.

▲그림 16-7 몬태나주의 글레이셔국립공원에 있는 그리넬 계곡의 유량 정보를 전송하는 데 쓰일 태양광 하천 관측소와 과학자들

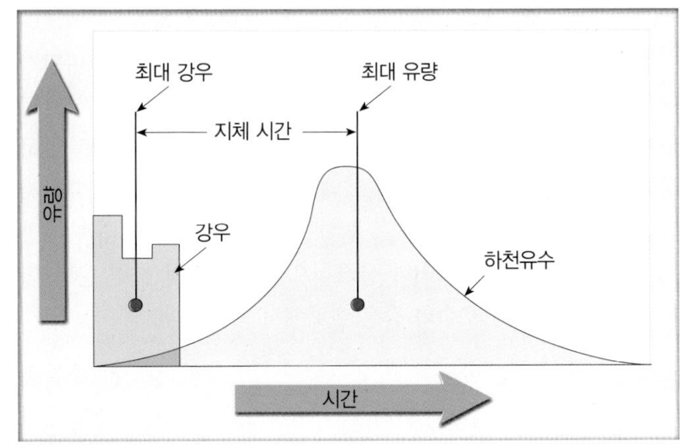

(a) 도시화 이전

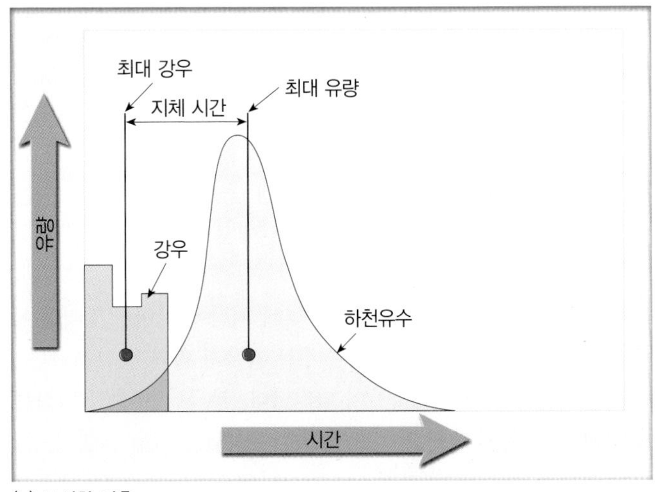

(b) 도시화 이후

▲그림 16-8 홍수 기간 동안 최대 강우와 최대 유량 사이의 지체 시간은 지표 유출이 땅속으로 스며들지 않는 곳인 도시화된 지역에서는 짧다.

학습확인 16-5 왜 홍수는 하천지형학에서 그렇게 중요한가?

하천 유수의 측정 : 각각의 하천체계는 기후나 유역 면적과 같이 국지적인 변수의 영향을 받기 때문에 자신들만의 독특한 섭양을 갖고 있다. 특정한 하천의 유수 특성을 이해하기 위해서는 하천 유량 측정(stream gage) 망으로부터 자료를 수집해야 한다(그림 16-7). 미국과 캐나다에는 약 14,000개의 유량 측정소가 가동 중이며, 세계적으로는 수천 개가 가동 중이다. 기본적으로 이 측정소들은 하천의 수위(측정 기준 지점으로부터의 '측정 높이') 정보를 기록하고 있다. 유속 역시 기록되며 이를 통하여 유량을 계산하고 시간에 따른 유량의 변화를 기록하는데 이를 **수문곡선**(hydrograph)이라 부른다.

하천 유량과 측정 높이는 지역의 기상 상황과 연계하여 하천을 따라 분포하는 여러 지점에 언제 홍수가 도달할지 등을 파악할 수 있게 해 준다. 그리고 지역 내 도시화의 진전은 이러한 관계를

◀ 그림 16-9 2015년 5월에 발생한 텍사스주 남서 휴스턴의 홍수

크게 변화시킨다. 예를 들어 지표의 많은 부분이 도로와 건물과 같은 불투수층으로 덮이게 되면 토양으로의 수분 침투가 제한된다. 따라서 도시화가 많이 진행된 지역에 호우가 발생할 경우 투수성이 좋은 지역에 비하여 규모가 크고 속도가 빠른 하천 유출이 나타나게 된다(그림 16-8).

홍수 재현 주기 : 수십 년에 걸친 하천 유수 자료는 상대적인 홍수 규모와 빈도에 대한 정보를 제공한다. 특정한 규모의 홍수가 발생할 확률을 흔히 **재현주기**(recurrence interval 또는 return period)라고 한다. 예를 들어 '100년 홍수'라는 말은 1년 안에 그러한 홍수가 일어날 확률이 100분의 1, 즉 1%에 해당한다는 말이다. 그러한 개념 규정은 때때로 오해를 불러일으킬 수 있는데, 특정 규모의 홍수가 100년에 한 번씩만 일어난다는 인상을 주기 때문이다. 실제로는 그러한 규모의 홍수가 100년 안에 여러 번 일어날 수도 있고 아닐 수도 있다(그림 16-9).

홍수 재현 주기는 획득 가능한 하천유수에 대한 자료를 기반으로 얻어진다. 그리고 기록의 기간이 길어질수록 보다 정확한 확률값을 얻을 수 있다. 그러나 도시화의 진행이나 기후 변화와 같은 환경의 변화는 이러한 확률을 변동시킨다.

하천 하도

지표면류는 상대적으로 단순한 과정이다. 지표면류는 강우 강도, 강우 기간, 식생 피복, 표면의 성격, 사면의 형상 등과 같은 요소들의 영향을 받는다. 하지만 전반적으로 이 특성은 비교적 단순하고 이해하기 쉽다. 반면에 하천유수는 삭박의 한 과정일 뿐 아니라 경관을 구성하는 부분도 되기 때문에 보다 복잡하다.

하도류

지표면류와 구분되는 하천유수의 기본적인 속성은 하천유수가 하도에 의해서 흐름이 제한되며 3차원 현상이라는 것이다. 어떤 하도에서든지 약간의 경사라도 존재하면 중력이 작용하여 물이 마찰을 극복하고 아래로 이동하게 된다. 그러나 극히 예외적인 경우를 제외하면, 하천의 물은 정확히 직선상의 낮은 부분으로 흐르지 않는다.

하천 단면 : 하도의 측면과 하부에서 발생하는 마찰은 속도를 저하시키며 이로 인해 흐름의 불규칙성을 유발한다. 마찰로 인해 유속은 하도의 측면과 아랫부분에서는 느리고 중앙 부분에서는 빠르다(그림 16-10). 마찰 정도는 하도의 폭과 깊이 그리고 하천 아랫부분(하상) 표면의 거칠기 정도에 따라서 결정된다. 좁고 얕으며 거친 표면의 하도에서는 넓고 깊으며 부드러운 표면의 하천에 비해 하천의 흐름 속도가 느리다. 하도가 깊고 하상이 부드러운 경우에는 물이 평행한 경로를 따라 부드럽게 하류로 이동하는 **층류**(laminar flow)가 나타난다.

난류 : 난류 상황에서 일반적인 하천의 흐름은 물의 방향과 속도 차이에 의해 간섭을 받게 된다. 그러한 불규칙성은 어느 방향으로든 일시적으로 흐르는 흐름을 유발하는데, 여기에는 위쪽으로 솟아오르는 것도 포함된다. 하천유수에서 난류는 마찰에 의해서 발생하기도 하고 유수 내 작은 흐름들 사이의 내부 전단력에 의

▼ 그림 16-10 하천은 제방과 유수의 표면 간 마찰 때문에 중앙 부분과 수면 부근에서 가장 빨리 흐른다. 그림의 화살표 길이들은 유수의 속도가 하상에서 가장 먼 수면 부분에서 가장 빠르다는 것을 보여 준다. 그리고 물의 속도는 하천 바닥 부분에서(마찰이 발생하는 하상과 그 인근에서) 가장 느리다는 것을 보여 준다.

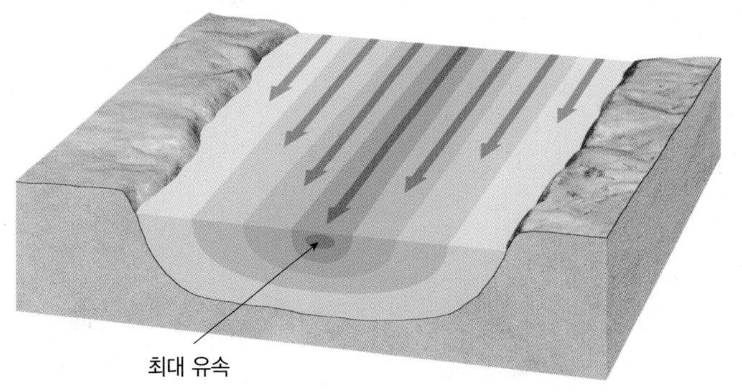

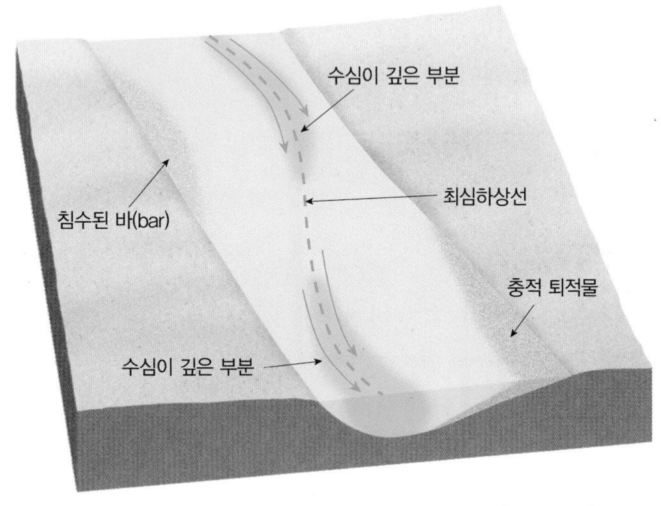

▲그림 16-11 직류하도에서도 가장 깊고 유속이 빠른 구간 '최심하상선'은 약간 곡류하는 경향이 있다.

해서 발생하기도 하며, 하도 아래 표면의 불규칙한 부분에 의해서 발생하기도 한다. 또한 하천의 유속 역시 난류의 발달에 기여한다. 유속이 빠른 하천의 경우에는 천천히 흐르는 하천보다 난류가 강하게 나타난다.

급류에서 나타나는 탁류와 마찬가지로 와류(eddy)와 소용돌이들은 난류가 만들어 낸 특징적인 결과물이라 할 수 있다. 표면이 매우 평온하고 부드러운 모습인 하천의 경우에도 바닥 부분에서는 난류가 빈번하게 나타난다.

난류는 다수의 소규모 흐름이 서로 간섭하기 때문에 상당한 양의 마찰 스트레스가 발생한다. 이 스트레스는 하천이 지니는 에너지를 상당 부분 소산시킨다. 때문에 하도를 침식하고 퇴적물을 운반할 에너지는 감소하게 된다. 또한 난류는 하천 바닥에 존재하는 암석물질을 들어 올리고 비집어 넓게 만들어 하천의 침식에 기여하기도 한다.

하천 하도 유형

하천유수의 불규칙성은 여러 가지 방식으로 나타나는데, 그중에서도 하도 유형의 다양성을 보면 이를 가장 명확하게 확인할 수 있다. 만일 하천류가 부드럽고 규칙적으로 흐른다면 하천의 하도는 직선이고 곧게 뻗어 있을 것이다. 하지만 일정 거리 이상으로 하도가 직선을 이루면서 균일하게 흐르는 경우는 거의 없다. 그 대신 하도는 어느 정도 굽이치며 흐른다. 상당한 만곡을 보이는 경우도 있다.

하천 하도의 유형은 직류, 만곡, 곡류, 망류의 네 가지로 나눌 수 있다.

1. **직류하도**(straight channel)는 짧고 흔하지 않으며 일반적으로 하부에 놓인 지질구조의 강력한 영향을 받는 곳에서 나타난다. 그러나 하도가 직선이라고 해도 흐름이 직선으로 흐르는 것은 아니다. 하도의 가장 깊은 곳에서 하천이 흐르는 방향을 따라 그은 선을 **최심하상선**(thalweg, 독일어로 '계곡'을 뜻하는 *thal*과 '길'을 뜻하는 *weg*에서 기원)이라고 부른다. 이 최심하상선이 하천 양측 제방 사이의 중앙 부분을 직선으로 통과하는 경우는 거의 없으나, 하상의 양측을 오가면서 곡류한다(그림 16-11). 최심하상선이 한쪽 제방에 접근할 때 그 반대편에는 하천 충적물이 발견될 가능성이 크다. 이렇게 직류하도들 역시 만곡하도가 지니는 특성을 많이 갖고 있다.
2. **만곡하도**(sinuous channel)는 직류하도보다 더 흔하게 발견된다. 만곡하도는 모든 종류의 기복 조건에서 굽이쳐 흐르는 하도들이다(그림 16-12). 만곡하도의 굽어진 정도를 만곡도라고 하는데, 일반적으로 만곡도는 크지 않으며 불규칙적이다. 하천의 경사가 급하여 하천이 급경사부를 따라 흘러내릴 때에도 하천 하도는 만곡된 형상을 지니게 된다. 또한 완만한 경사를 흐를 때에는 만곡도가 커지고 곡류하기 시작한다.
3. **곡류하도**(meandering channel)의 하천은 구불구불한 경로를 따라 흐르면서 상당히 비정상적으로 얽히고설킨 형상을 보여준다. 이 과정에서 하천은 꼬이고 비틀리고 되돌아가기도 하며, 휘어진 고리 모양을 만들기도 한다. 그리고 나중에 그 하도를 유기하고 새로운 하도를 만들어 경로를 다시 비틀기도 한다. 일반적으로 곡류하도는 지면이 대체로 평탄하고 하천 경사가 완만한 곳에서 나타나며 하

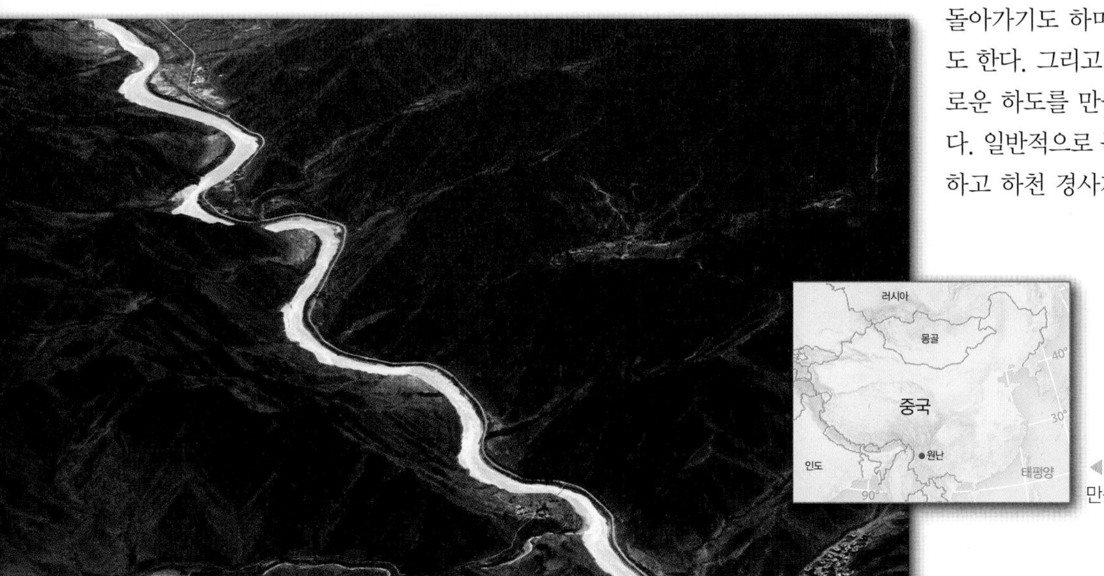

◀그림 16-12 중국 윈난성의 란찬강의 만곡하도

▲그림 16-13 와이오밍주 서부 그린강의 곡류하도와 범람원

▼그림 16-14 뉴질랜드의 남섬에 있는 마투키투키강 하류부의 계곡의 전형적인 망류하천

천에 의해 운반되는 물질은 세립질의 뜬짐이다(그림 16-13). 곡류하도의 위치와 모양은 끊임없이 변한다. 하도가 곡류하는 부분 바깥쪽에서는 침식이 발생하고 안쪽에서는 퇴적이 발생한다. 그리고 이로 인해 하도의 위치가 바뀐다. 곡류는 이러한 방식으로 범람원을 가로질러 가고, 계곡의 하류 방향으로 이동하며 급류를 형성하고, 때로는 하도를 급격히 변화시킨다(곡류하는 하천에 의해서 만들어지는 여러 지형에 대해서는 이 장 뒷부분에서 논의할 것이다).

4. **망류하도**(braided channel)는 서로 꼬이고 연계되면서 모래나 자갈 혹은 다른 느슨한 암설로 된 낮은 바(bar)와 하중도에 의해서 분리되는 다수의 하도로 구성된다(그림 16-14). 주로 망류하도는 매우 평탄한 하천에 많은 양의 퇴적물이 공급되는(융빙 하천으로 조립 퇴적물이 공급되는) 환경이나 건조 지역처럼 대부분 건조하다가 가끔 적은 유량이 나타나는 곳에 형성된다. 특정한 기간에는 망류하천에서 실제 물이 흐르는 하도가 전체 하도체계가 지닌 폭의 10분의 1 이내의 좁은 지역에만 분포한다. 그러다가 1년 안에 퇴적물이 덮여 있는 거의 모든 부분은 측방으로 이동하는 하도들에 의해서 다시 움직이게 된다.

학습 체크 16-6 어떤 환경에서 곡류하도가 일반적으로 나타나는가? 망류하도는 어떠한가?

지질 구조와의 관계

하천 발달에 영향을 주는 요소들은 많지만 그중에서도 가장 중요한 것은 바로 지질-지형의 관계라 할 수 있다. 이는 곧 하천이 자신의 유로를 만들고 계곡을 형성해 가는 요인이 되기 때문이다. 각각의 하천은 바다까지 이어지는 경로를 만들면서 가장 저항이 적은 곳들을 찾아가게 된다. 그리고 이 과정에서 특정한 구조적 장애물에 직면하게 된다. 대부분의 하천은 지질 구조적인 통제 요소에 직접적으로 그리고 눈에 띄게 반응한다. 때문에 하천의 경로는 그 아래에 놓인 암석의 속성과 배치 상태에 의해서 이끌어지고 형성된다고 할 수 있다.

하천의 형태와 유수의 특징은 변화한다. 하지만 산지와 주변의 지형적인 요소들이 일시적인 대륙 표면의 형상인 데 반해, 이들은 장기간에 걸쳐 오래 지속된다고 할 수 있다. 따라서 어떤 경우에는 하계망을 구성하는 하도의 위치를 이해하기 위해 지역의 지형 발달사를 탐구할 필요가 있다. 그러나 현재 하천이 흐르는 곳의 지질 구조와 하천의 위치 사이의 관계를 통해서도 이를 파악할 수 있다.

적종 하천과 필종 하천

지질 구조와 하도 발달 사이의 관계에서 가장 간단하면서도 일반

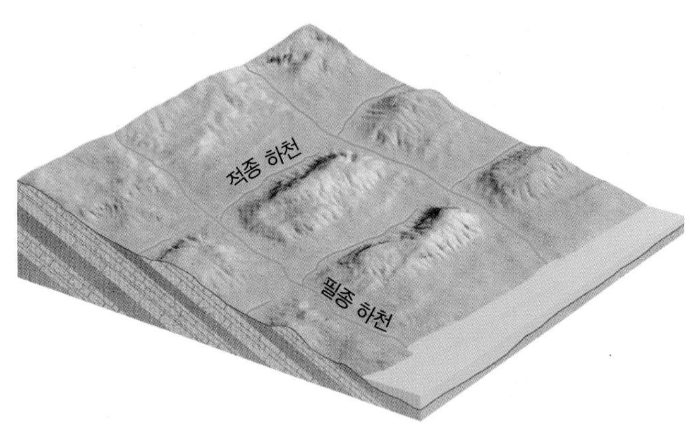

▲ 그림 16-15 필종 하천은 지표의 원래 사면을 따라 흐르고 적종 하천은 구조적 취약부를 따라 흐른다.

적인 것은 하천이 지표의 원래 경사면을 따라서 흐르는 것이다. 그러한 것을 **필종 하천**(consequent stream)이라고 하는데, 이는 새로이 융기된 지역에 나타나게 된다. 그리고 하천의 발달 과정 전체에 걸쳐서 지질 구조를 그대로 반영하는 형태를 띤다(그림 16-15). 반면에 지질 구조가 다른 곳보다 약한 곳을 따라서 나타나는 하천을 **적종 하천**(subsequent stream)이라고 정의한다. 적종 하천은 다른 암석에 비해 침식에 약한 암석을 따라 하도를 만들거나 절리선이나 단층선과 같이 약한 부분을 따라서 하도를 만들게 된다. 어떤 경우에 적종 하천은 다른 하천의 하계와 수직으로 만나기도 한다.

선행 하천과 적재 하천

어떤 하천은 지질 구조와는 큰 관련이 없어 보이기도 한다. 하천의 유로가 산지의 능선을 절단하거나 다른 유의미한 지질 구조를 절단하면서 흐르기 때문이다. 예를 들어 이미 자신의 유로를 형성해 흐르는 하천이 있는 상태에서 매우 느린 융기가 발생하게 되면, 하천은 자신의 유로를 유지하면서 지속적으로 하방침식을 하게 되고 산과 산맥 지역에 깊은 계곡을 만들게 된다. 이러한 하천들은 지각 운동 이전에 이미 존재했던 것이기 때문에 먼저 존재했다는 의미에서 **선행 하천**(antecedent stream)이라 불린다(그림 16-16).

적재 하천(superimposed stream)의 경우 국지적인 지질 구조를 무시하고 존재하는 것으로 보일 수도 있다. 적재 하천의 형성 과정은 다음과 같다. 원래 하천은 대부분 침식되어 사라진 지층 위에 존재하고 있었다. 그러다 원래의 지질 구조와는 상당히 다른 성격을 띠는 하부 암석까지 하계망이 깎아 들어가게 되었고, 여기서 적재 하천이 형성되는 것이다. 그 결과 하계망이 현재의 지질 구조와는 무관한 것처럼 보이게 된다.

하계망의 유형

개별 하도가 하부의 지질 구조를 반영하는 것 외에도 하천의 전체적인 하계망 역시 경관에서 아주 특징적인 형태로 발달한다. 이러한 하계망의 형태들은 아래에 놓인 지질 구조와 육지의 경사를 반영한다. 지질-기복 구조는 하계망의 유형으로부터 유추될 수 있으며, 지질 구조를 반영한 하계망의 형태를 추정해 볼 수도 있다.

수지상 하계망 : 세계에서 가장 흔한 하계망의 형상은 나무 모양으로 가지가 뻗어 있는 **수지상 하계망**(dendritic drainage pattern)이다(그림 16-17). 수지상 하계망은 하천 사이의 임의적인 결합으로 이루어진다. 하천의 지류는 자신보다 큰 하천에 불규칙적으로 결합하게 된다. 그리고 결합이 일어날 때 두 하천 사이의 결합각은 90° 보다 작은 예각이 된다. 이 유형은 나뭇가지나 나뭇잎의 수맥 모양과 유사하다. 이 경우에 하부의 지질 구조는 하계망 발달에 직접적으로 통제를 가하지 않기 때문에 이 하계망 유형과 지질 구조와의 관계는 크지 않다고 볼 수 있다. 이때 하부에 놓인 암석의 침식에 대한 저항 정도는 서로 비슷하다. 수지상 하계망의 수는 다른 종류의 하계망을 모두 합친 것보다 더 많을 것으로 생각되며 거의 모든 곳에서 발견된다.

격자상 하계망 : **격자상 하계망**(trellis drainage pattern)은 하부에서 연암과 경암이 교차하여 나타나 하천이 길게 수평적으로 달릴 때 형성된다. 이 길게 뻗은 하천은 짧은 하도와 수직으로 만난다

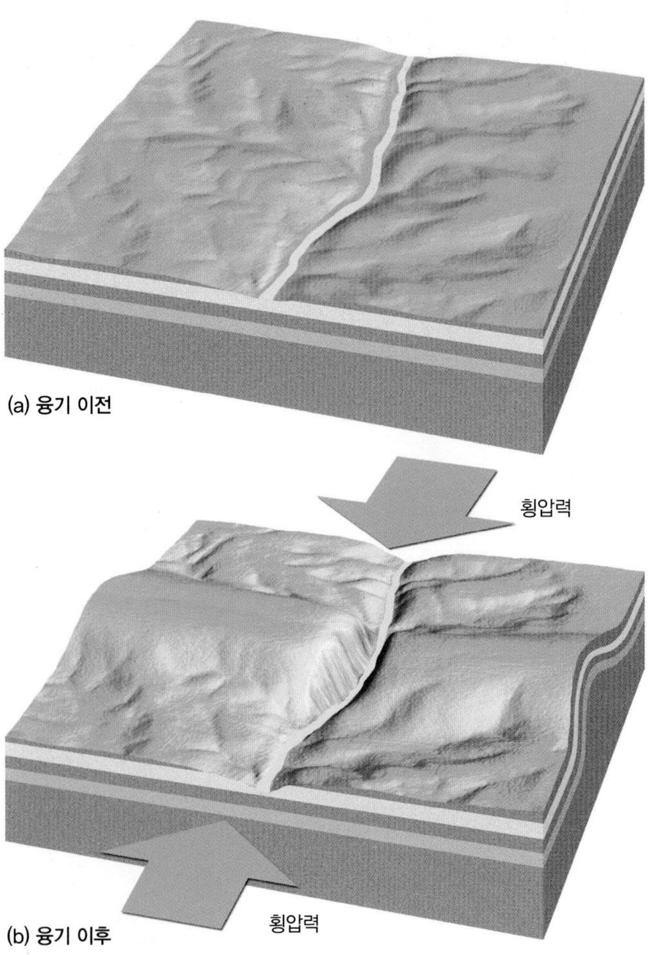

▲ 그림 16-16 선행 하천의 발달. (a) 하천의 유로는 융기가 시작되기 이전에 존재했다. (b) 하천은 자신의 유로를 유지하고 서서히 융기하는 배사능을 침식하여 관통한다.

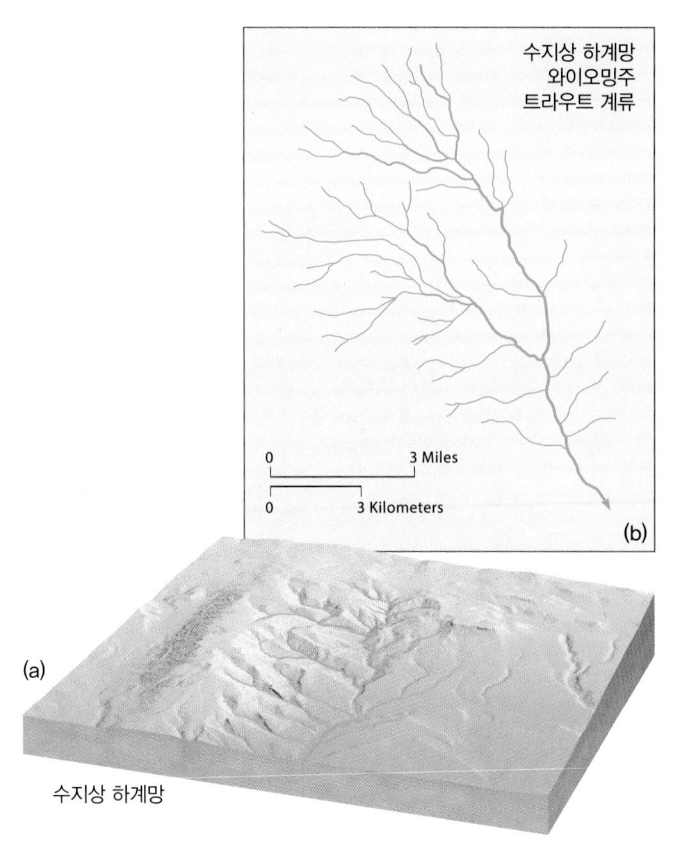

▲ 그림 16-17 (a) 수지상 하계망, (b) 트롯 계류, 와이오밍 주의 팻오헤어산, 미국수치지형도에서 가져옴

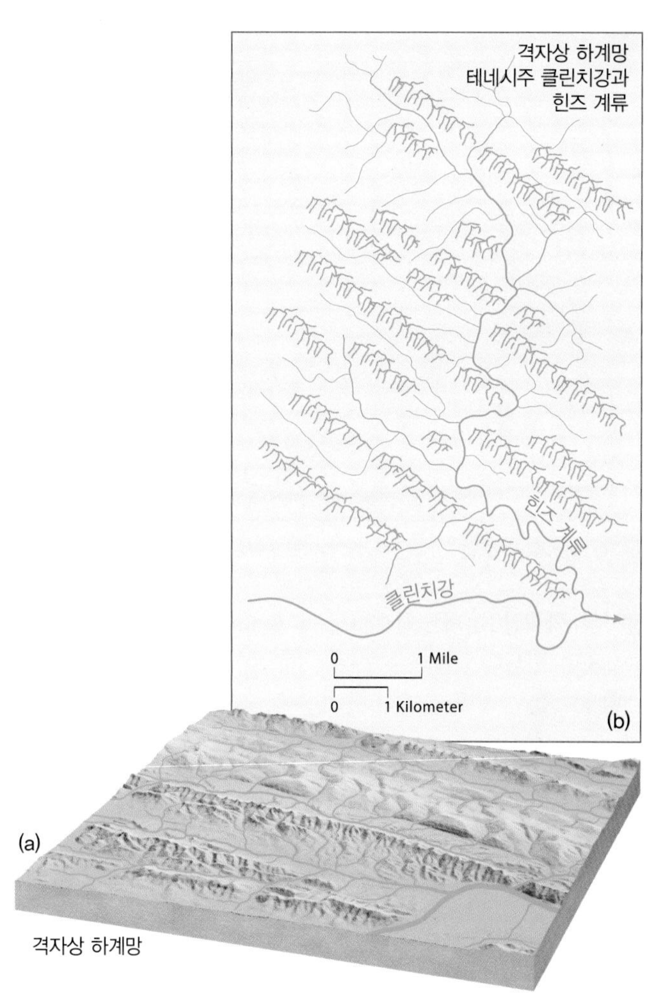

▲ 그림 16-18 (a) 격자상 하계망, (b) 테네시주 노리스의 클린치강과 힌즈 계류, 미국수치지형도에서 가져옴

(그림 16-18).

격자상 하계망은 미국의 두 지역에서 대표적으로 나타나는데, 애팔래치아 산지의 리지앤밸리 부분과 서부 아칸소와 남동부 오클라호마가 만나는 워시타 산지에서 나타난다. 뉴욕에서 앨라배마까지 북동-남서 방향으로 1,280km 이상의 거리에 걸쳐 뻗어 있는 리지앤밸리 부분에서는 강하게 습곡된 고생대 퇴적층에 대응하는 하계망이 발달되어 있다. 그래서 산릉-곡지가 교차하여 나타나는 지형이 세계적으로 유명하다(그림 14-50 참조). 서로 평행하여 달리는 하천은 산릉 사이의 계곡을 흐르고 있으며, 이들과 수직으로 만나는 하천은 산지를 가로질러 흐른다.

웨스트버지니아주의 주요 하천을 비교해 보면 격자상 하계망과 수지상 하계망은 확연히 대비된다(그림 16-19). 주 동부의 습곡작용을 받은 부분에서는 격자상 하계망이 나타나고 습곡작용을 받지 않은 다른 곳 수평층에서는 수지상 하계망이 나타난다.

학습 체크 16-7 수지상 하계망이 나타나는 지역과 격자상 하계망이 나타나는 지역에 나타나는 지질 구조의 영향을 비교하라.

▼ 그림 16-19 웨스트버지니아주의 서로 대조적인 하계망 유형. 격자상 하계망이 서로 수평인 습곡에 대응하여 동부 지역에 나타나고, 지질 구조의 통제가 없는 서부 지역에는 수지상 하계망이 나타난다.

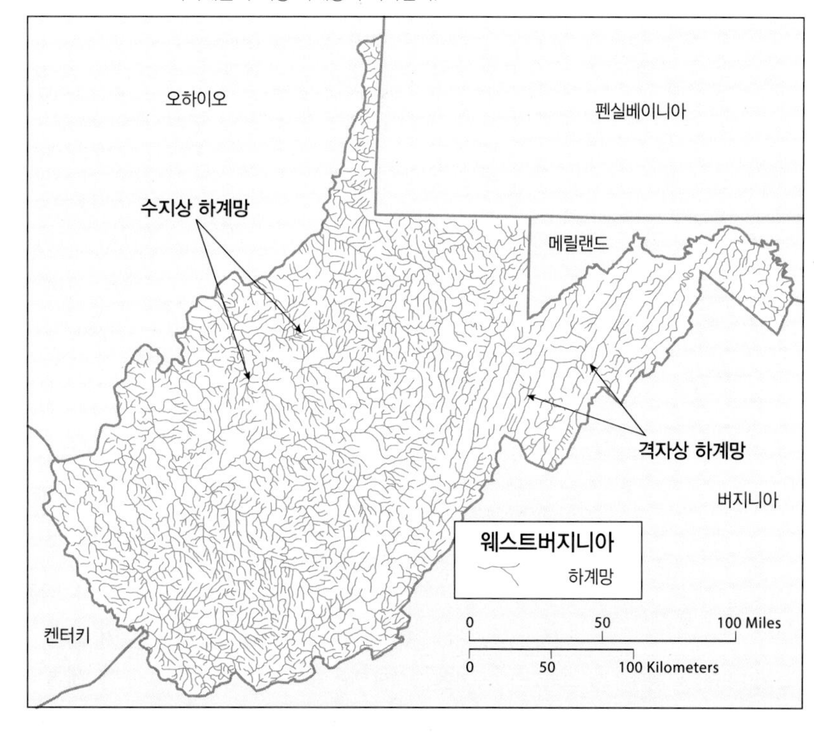

▲그림 16-20 뉴질랜드 에그몬트산의 특이한 방사상 하계망

방사상 하계망 : 방사상 하계망(radial drainage pattern)은 고립된 화산처럼 중심부가 융기한 곳에서 하천이 흘러내릴 때 발견된다(그림 16-20).

구심상 하계망 : 구심상 하계망(centripetal drainage pattern)은 방사상 하계망과 반대이다. 구심상 하계망은 하천들이 수렴하여 분지로 모여드는 것과 관련이 있다. 때로는 오스트레일리아 북동부 지역의 경우처럼 구심상 하계가 큰 규모로 형성되기도 한다. 여기서 하천은 수백 킬로미터 떨어진 곳으로부터 카펀테리아만으로 모여든다. 그리고 이 분지의 일부는 바다에 의해 침수되어 있다(그림 16-21).

환상 하계망 : 환상 하계망(annular drainage pattern)은 보다 복잡한 형태라 할 수 있다. 환상 하계망은 동심원상으로 경암과 연암이 교차하면서 약간 경사가 있는 돔이나 분지 지역에서 형성된다. 하천의 분류는 약한 암석을 깎아 가면서 유로를 만든다. 반면 본류와 수직으로 만나는 짧고 작은 하천은 경암 부분을 절단한다. 와이오밍주의 매버릭스프링돔이 환상 하계망의 좋은 사례로 꼽힌다. 이곳 위에 덮여 있던 퇴적층은 오래된 결정질 암석 돔에 의해 위로 밀어 올려졌다. 이후에 퇴적층은 침식되었고 결정질 암석이 구릉의 정상부에 노출되었다. 그리고 돔 주변에는 위쪽으로 들어 올려진 퇴적암의 **호그백**(hogback)이 존재한다(그림 16-22). 하천들은 주로 연암 부분을 침식해 들어간다.

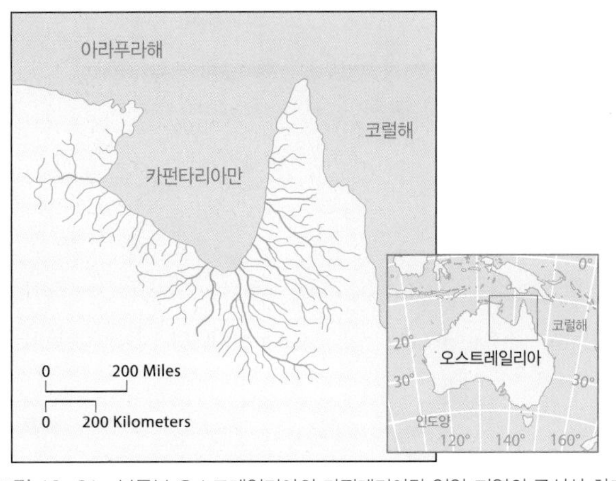

▲그림 16-21 북동부 오스트레일리아의 카펀테리아만 연안 지역의 구심상 하계망

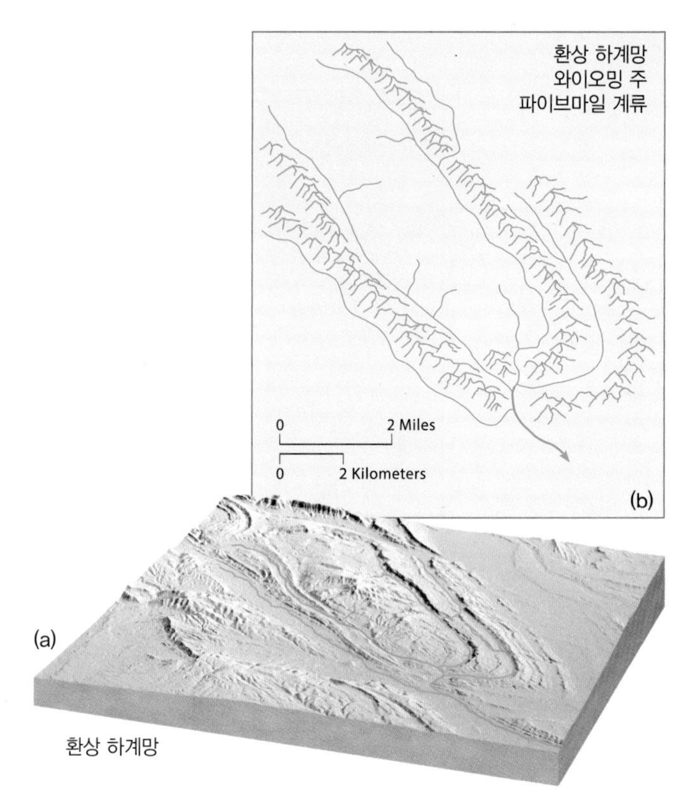

▲그림 16-22 (a) 환상 하계망, (b) 와이오밍주 매버릭스프링 돔의 파이브마일 계류 미국수치지형도에서 가져옴

계곡의 형성과 재형성

계곡 부분에서 지표를 흐르는 물은 하천유수를 통해 지표면의 형상을 변형시킨다. 그리고 하간지 부분에서 흐르는 물은 지표면류를 통해서 지표면의 형상을 변형시킨다. 하천이 자신의 계곡을 형성하고 또 재형성하는 여러 지형 형성 과정에 주목함으로써 하천 지형의 전반을 이해할 수 있다.

계곡의 하각

상대적으로 유속이 빠르거나 유량이 큰 곳에서 하천은 에너지의 대부분을 **하방침식**(downcutting)에 이용한다. 하천 바닥의 고도 저하에는 움직이는 물의 수문학적인 힘, 난류의 잡아 벌리고 들어 올리는 힘, 퇴적물이 구르고 미끄러지고 하상을 따라 튀어 이동되면서 나타나는 마식 효과 등과 같은 여러 가지 힘이 작용한다. 하방침식은 하폭이 좁고 경사가 급한 상류 구간에서 빈번하게 나타난다. 이러한 하방침식의 결과, 급경사의 계곡 사면을 지니는 깊은 계곡과 'V'자형 단면을 지니는 계곡이 만들어진다(그림 16-23).

침식 기준면 : 하천은 바닥을 침식함으로써 자신의 계곡을 만들어 간다. 만일 하방침식만 발생할 경우 계곡의 폭은 매우 좁고 양측 계곡 사면이 가파른 협곡의 형태로 만들어질 것이다. 때때로

▲그림 16-23 옐로스톤강이 하방침식으로 만들어진 특징적인 V자형 계곡을 통과하고 있다.

그러한 계곡이 발견되기도 하지만, 다른 요소들도 개입하기 때문에 계곡들은 그보다 좀 더 넓게 만들어진다. 어느 경우에서든 하천이 하방으로 침식해 들어갈 때에는 침식할 수 있는 가장 낮은 한계가 존재하며 이것을 하천의 **침식 기준면**(base level)이라 부른다. 침식 기준면은 가상의 면을 해수면으로부터 대륙 아래로 이은 것이다(그림 16-24). 그러나 이 선은 해수면 선을 수평적으로 이은 직선이 아니다. 때문에 육지 쪽으로 가면서 약간 경사를 이루며 올라가게 된다. 그렇지 않을 경우 상류에서 침식 기준면에 도달한 하천은 하류로 흐르지 않게 된다. 따라서 해수면은 절대적인 기준이라 할 수 있으며, 모든 하천의 하방침식의 하부 한계

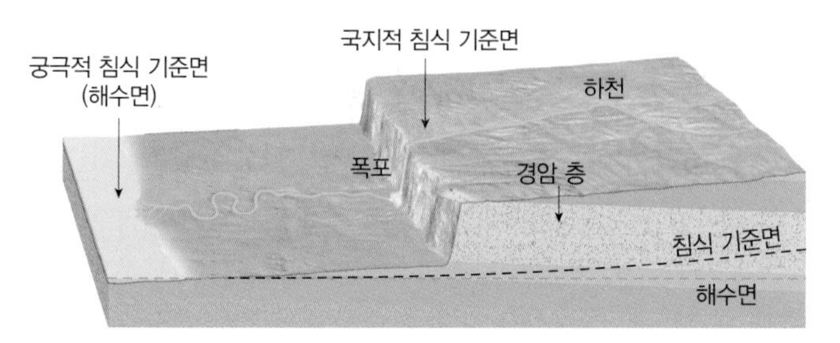

▲그림 16-24 해수면, 침식 기준면, 국지적 침식 기준면의 구분

를 결정하는 **궁극적 침식 기준면**(ultimate base level)이 된다.

침식 기준면은 국지적으로 혹은 일시적으로 존재하기도 한다. 이는 특정 하천이나 하천의 특정 부분이 구조적인 이유나 유역분지의 상황에 따라 더 이상 하방침식을 진행할 수 없을 때 발생한다. 예를 들어 높은 차수의 하천에 합류하는 지류는 두 하천의 합류점보다 낮은 곳까지 침식할 수 없다. 그리고 이때 두 하천의 합류지점은 지류의 국지적 침식 기준면이 된다. 이와 유사하게 호수는 이곳으로 흘러드는 모든 하천들의 일시적인 침식 기준면 역할을 한다.

일부 계곡들은 단층 작용으로 인하여 해수면 아래까지 낮아졌다(예로 캘리포니아주의 데스밸리가 있다). 따라서 이 경우에는 일시적 침식 기준면이 궁극적 침식 기준면보다 낮다고 할 수 있다. 이러한 일이 발생하는 이유는 하천이 해양에 도달하기 전에 해수면보다 낮은 내륙의 분지나 수체에 의해서 차단되기 때문이다.

학습 체크 16-8 어떤 환경에서 하천은 하각을 빠르게 진행하는가?

평형 하천 : 하천의 종단곡선(하천 발원지에서 유출부까지, 곧 하류 방향으로의 고도 변화)은 침식 기준면까지만 이어진다. 하지만 특정 기간 동안 만들어지는 종단곡선은 여러 가지 변수의 영향을 받는다. 이때의 곡선은 부드럽기도 하고 계단상의 부분이 나타나기도 하며 두 가지가 결합되어 나타나기도 한다. 종단곡선은 하천의 특정 구간으로 유입되는 퇴적물질의 양과 그 구간으로부터 유출되는 퇴적물질의 양이 균형을 이루는 장기적인 경향성을 지니고 있다. 하천의 경사가 유입되는 퇴적물질을 그대로 보낼 수 있는 수준에 이르게 될 때 이를 **평형 하천**(graded stream)이라고 한다.

하천의 평형은 쉽게 뒤집힐 수 있다. 예를 들어 유량의 변화나 매스 웨이스팅으로 인한 갑작스러운 물질의 퇴적은 일시적으로 운반과 퇴적 사이의 균형을 변화시킨다. 이러한 이유로 대부분의 하천은 늘 전 구간에 걸쳐서 평형 조건을 달성하지 못한다.

경사변환점의 이동 : 하방침식이 탁월한 계곡에는 폭포와 급류가 발견된다. 이들은 하도의 경사가 급한 부분에서 발견된다. 이 부분에서는 침식이 활발히 일어나는데, 이는 난류의 형성이 빠르고 강하게 나타나기 때문이다. 이러한 하도의 불규칙성을 묶어서 **경사변환점**(knickpoint 또는 nickpoint)이라 부른다. 경사변환점은 다양한 원인에 의해서 생겨난다. 하지만 일반적으로는 기반암의 침식에 대한 저항 정도가 급격히 변하는 곳에서 자주 나타난다. 보다 침식에 강한 암석은 침식을 저지하게 되고, 물이 폭포 아래로 곤두박질치거나 급류에서 가속되어 흐르는 경우, 윗부분의 하상과 경사변환점을 따라 침식이 활발하게 진행된다. 그리고 이 과정에서 상류에서 운반되어 온 퇴적물질이 경사변환점 하류의 하도에 채워지게 된다. 궁극적으로 이러한 활동은 보다 강한 물질도 제거해 버리게 되며, 경사변환점은 보다 낮아진 형태에서 상류 방향으로 이동된다. 그러다 결국에는 경사변환점이 사라지

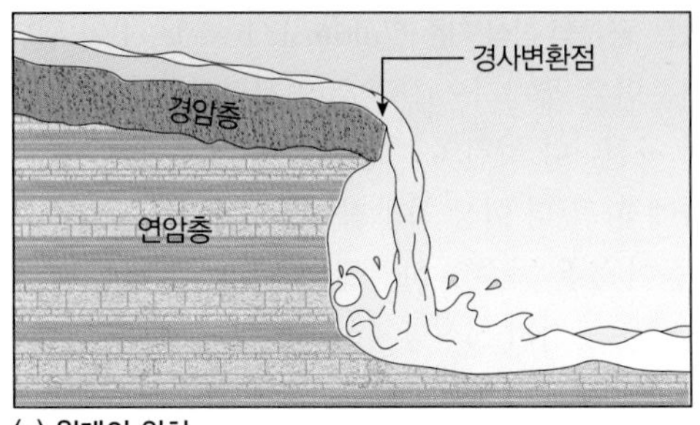

(a) 원래의 위치

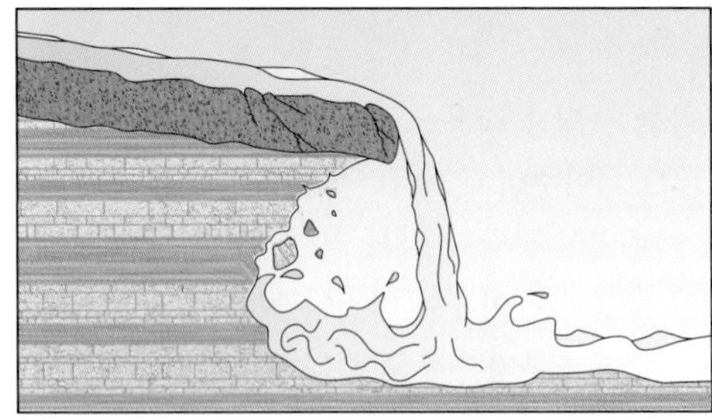

(b) 경사변환점 하부 굴식

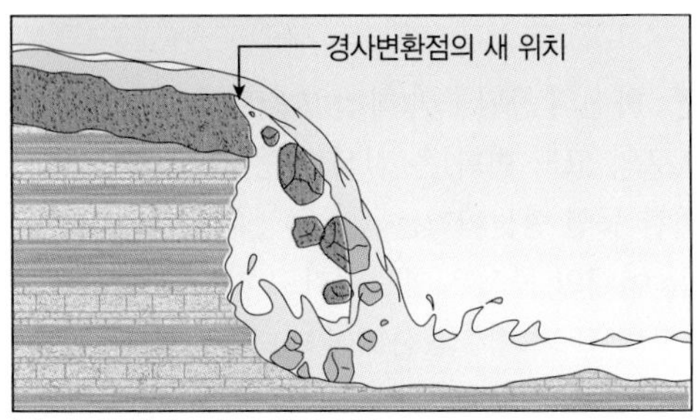

(c) 경사변환점의 상류 방향 이동

▲그림 16-25 (a) 경사변환점은 하천이 경암 위를 흐를 때 형성된다. (b) 물의 흐름은 경암으로 된 돌출부의 아래 부분을 깎아 들어간다. (c) 물의 흐름에 의해 돌출 부분이 붕괴한다. 그리하여 경사변환점의 위치가 상류로 이동한다.

▼그림 16-26 미국 측에서 바라본 나이아가라 폭포. 나이아가라강은 나이아가라 에스카프먼트에 만들어진 55m 높이의 경사변환점 상부에서 떨어진다.

게 되고, 하천의 종단곡선은 부드러운 형태를 지니게 된다(그림 16-25). 암석이 상대적으로 약한 퇴적암으로 이루어진 경우에는 경사변환점의 이동이 상대적으로 빠르게 일어난다. 반면 저항력이 강한 화성암이나 변성암의 경우에는 느리게 일어나게 된다.

나이아가라 폭포는 경사변환점의 이동이 크게 일어나는 좋은 예라고 할 수 있다(그림 16-26). 나이아가라강은 이리호와 온타리오호를 연결한다. 약 10,000년 전 플라이스토세의 마지막 빙하의 후퇴 이후 이 지역의 하계망이 형성되었다. 그리고 이때 형성되었던 온타리오호는 현재보다 50m 정도 높았으며, 당시 나이아가라 폭포는 존재하지 않았다. 그러나 동쪽으로 향한 출구인 모호크 계곡이 만들어지면서 호수의 수준은 현재의 수준으로 낮아지게 되었고, 하천의 중간을 가로지르는 거대한 절벽이 드러나게 되었다. 나이아가라 절벽은 두껍고 침식에 강한 석회암층으로 만들어져 있으며, 층은 이리호 쪽으로 약간 기울어져 있다. 그리고 석회암층 아래에는 이와 비슷하면서도 침식에 약한 셰일, 사암, 석회암층이 놓여 있다(그림 16-27).

하천이 절벽 아래로 떨어짐에 따라 소용돌이류는 아래의 약한 지층을 침식한다. 이로써 단단한 석회암층의 하부는 약해지게 된다. 그리고 위에 남겨진 침식에 강한 암석은 아래를 지지해 주는 지층 없이 돌출되기도 한다. 시간이 흐르면 돌출 부분이 붕괴되고, 기반암 덩어리가 하나씩 협곡 아래로 떨어지게 된다. 이러한 붕괴 이후에도 절벽 아래에서 빠른 침식이 지속되고, 이는 다시 붕괴를 유발하게 된다. 이러한 방식으로 폭포는 서서히 상류 방향으로 후퇴하게 되며, 형성 당시의 원래 위치에 비하여 11km 남쪽으로 이동한 후에는 깊은 협곡만이 남게 되었다.

이러한 **경사변환점 이동**(knickpoint migration)은 하천 침식을 이해하는 데 매우 중요하다. 왜냐하면 원칙적으로 물은 상류에서 하류 방향으로 흐르지만, 하천 계곡의 형상은 하류 부분에서 만들어진 후에 상류 방향으로 이동한다는 것을 아주 극적으로 보여주기 때문이다.

학습 체크 16-9 왜 폭포의 위치는 시간의 경과에 따라서 상류 방향으로 이동하는가?

계곡 폭의 확장

하천의 경사가 급하고 하천이 침식 기준면보다 위쪽에 있는 경우 하방침식은 하천의 주된 활동이 된다. 그 결과 계곡의 확장은 느리게 진행될 것으로 생각된다. 하지만 초기 단계에서도 풍화와 매스 웨이스팅이 결합된 작용으로 인해 약간의 계곡 폭 확장이 일어나게 된다. 그리고 계곡 측면의 물질들은 지표면류에 의해서 제거된다. 시간이 경과하면 하방침식은 감소하게 되는데, 이는 하천의 경사가 감소하거나 하천이 보다 완만한 경사의 지역으로 흘러가기 때문이다. 따라서 하천의 에너지는 곡류하는 부분으로 점점 더 집중된다. 이때 하천이 양측으로 이동되면, 그 움직임에 따라서 **측방침식**(lateral erosion)이 일어나게 된다. 하천 내의 주된

▶ 그림 16-27 나이아가라 폭포는 원래 나이아가라강이 나이아가라 에스카프먼트를 통과하는 부분에 위치하고 있었으나 상류 방향으로 후퇴하여 현재의 위치에 자리하고 있다.

흐름이 한쪽 제방으로 이동함에 따라 물의 속도가 빠른 곳에서는 침식이 일어나고 느린 곳에서는 퇴적이 일어나게 된다. 물은 하천이 곡류하는 부분의 바깥쪽(**공격 사면**)에서 가장 빠르게 흐르며, 제방의 아래쪽을 침식한다. 반면 곡류하는 부분의 안쪽에서는 물의 속도가 가장 느리고 하천 충적물이 집적될 가능성이 크므로 제방 안쪽으로 **포인트바**(point bar)가 형성된다(그림 16-28). 하지만 하도가 그 위치를 자주 바꾸기 때문에 제방 아래쪽에 대한 침식이 일부분에만 집중되어 나타나는 것은 아니다. 장기적으로 생각해 본다면 계곡 내 모든 측면의 아랫 부분에서 침식이 발생한다(곡류하천의 측방 이동과 관련된 지형들은 이 장의 뒷부분에서 설명할 것이다).

계곡의 바닥이 측방침식에 의해서 확장되는 동안 매스 웨이스팅은 계곡의 벽이 후퇴하는 것을 돕게 된다. 그리고 매스 웨이스팅은 몇몇 계곡에서 폭을 확장시키는 데 중요한 역할을 한다. 또한 하천의 지류에서 발생하는 유사한 과정은 본류 계곡의 일반적인 확장에 기여한다.

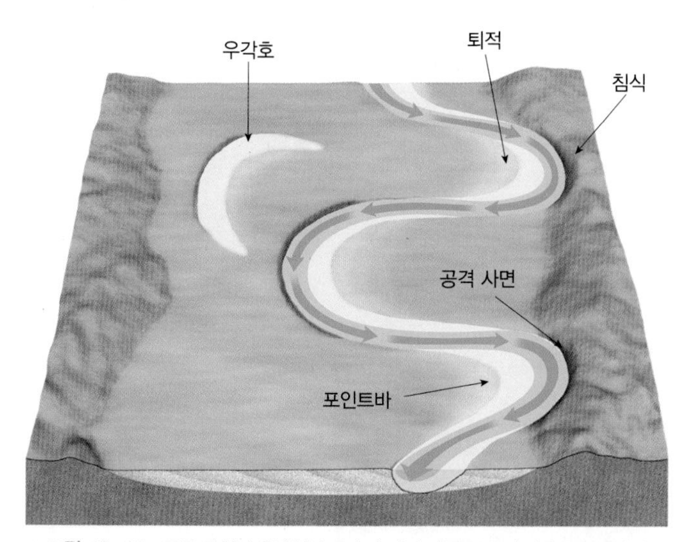

▲ 그림 16-28 곡류 하천의 측방침식. 유속이 가장 빠른 곡류의 바깥쪽 부분에서 침식이 일어나 공격 사면을 형성하고, 곡류의 안쪽에는 충적층의 퇴적이 일어나 포인트바를 만든다. 곡류의 목 부분에서 하천에 의한 절단이 일어나면서 우각호가 만들어진다.

계곡 길이의 신장

하천은 상당히 다른 두 방식으로 계곡의 길이를 신장(伸長)시킨다. 여기서 말하는 두 방식은 하천의 상류 부분에서 발생하는 **두부침식**과 가장 하류 쪽에서 발생하는 **삼각주의 형성**(delta formation)을 말한다. 여기서는 실제로 일어나게 되는 미미한 길이의 증가보다는 곡의 신장을 유발하는 하성 과정이 더 중요한 역할을 한다.

두부침식 : 하성 과정을 이해하는 데 **두부침식**(headward erosion)보다 더 기본적인 개념은 없다. 두부침식은 세곡, 우곡 그리고 계곡의 형성과 성장에 기초가 된다. 계곡 상부는 하간지의 완만한 경사가 계곡 측면의 급경사로 바뀌는 경계를 이룬다. 그리고 사면의 경사가 급작스럽게 변화하는 이 부분에서 하간지의 지표면류가 낙하하게 된다. 또한 빠르게 흐르는 물은 이 경계부의 하단 부분을 침식하여 약하게 만들어 위쪽의 물질이 붕괴되도록 한다(그림 16-29).

이러한 작용의 결과 하간지의 면적은 감소하고 그에 비례하여 계곡의 면적은 증가한다. 하간지의 지표면류는 계곡 내에서 하천 유수의 일부가 된다. 그리고 이에 따라 미세하지만 명확하게 세곡과 우곡이 하간지의 유역분지 경계 쪽으로 성장해 올라가며 계곡이 더 커진다. 개별적인 사건의 영향은 미약해 보일 수도 있지만, 수백만 년의 시간 동안 수천 개의 우곡을 곱해 본다면 이 활동으로 인해 곡은 수십 킬로미터 신장하는 셈이다. 그리고 유역분지는 수백 제곱킬로미터나 증가한다. 따라서 계곡은 하간지를 희생시키면서 그 길이를 늘인다고 할 수 있다(그림 16-30).

하천 쟁탈 : 두부침식은 한 하천의 유역분지에서 자연적인 과정을 통해 그 유역분지의 일부를 다른 하천에 빼앗기게 되었을 때 잘 나타난다. **하천 쟁탈**(stream capture 또는 stream piracy)이라 불리는 이 현상은 상대적으로 드물게 나타나기는 하지만, 때때로 일어난다는 증거가 곳곳에서 발견된다.

가상의 사례로 해안 평야를 흐르는 두 하천이 있다고 가정해

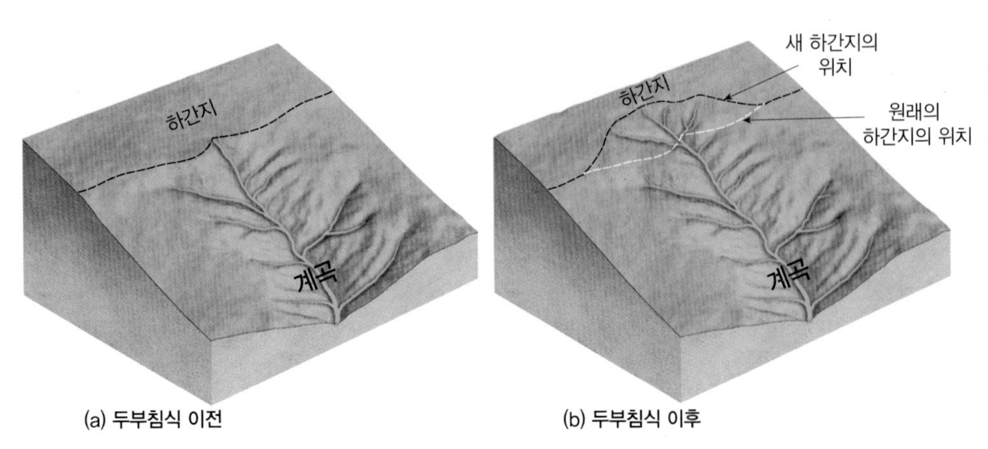

◀ 그림 16-29 (a) 지표면류가 하간지의 말단부에서 계곡으로 쏟아져 내리는 하천의 최상류 부분에서 두부침식을 한다. (b) 하도를 형성하여 흐르는 하천이 하간지의 말단부를 깎아 들어가게 된다. 시간이 경과함에 따라 계곡이 두부침식을 통해서 하간지를 잠식하며 확장한다.

보자(그림 16-31). 두 하천의 계곡은 하간지로 분리되어 있는데, 이 하간지는 기복이 크지 않은 평탄한 구릉지 형태를 띤다. 하천 A는 하천 B의 계곡 방향으로 두부침식을 통해 성장해 나가고 있다. 두부침식을 통해 하천 A의 계곡 길이가 길어짐에 따라 두 계곡 사이의 유역분지 경계는 점점 감소하게 된다. 이러한 과정이 계속 진행되면 하천 A의 가장 상류부는 하천 B의 계곡의 바닥 부분에 완전히 도달하게 된다. 이때 하천 B의 상류에서 하류로 가던 물은 하천 A로 돌려지게 된다. 이를 지리학적인 어법으로 표현하면 하천 A가 하천 B의 일부를 '쟁탈'한 것이 된다. 이때 하천 A를 **쟁탈자 하천**(captor stream)이라고 부른다. 그리고 하천 B의 쟁탈되지 않은 부분을 **절두 하천**(beheaded stream), 쟁탈된 부분을 **쟁탈된 하천**(captured stream)이라고 지칭한다. 이렇게 하도 쟁탈로 인하여 갑자기 하도가 휘어지게 되는 부분을 **쟁탈의 팔꿈치**(elbow of capture)라고 한다.

하천 쟁탈이 큰 규모로 발생한 사례는 서아프리카 지역에서 찾아볼 수 있다. 니제르강의 가장 상류부는 대서양 부근에 있다. 그러나 이 하천은 바다 쪽으로 흐르는 것이 아니라 내륙 쪽으로 흐른다. 이 하천은 1,600km를 남동쪽으로 급격히 꺾여 1,600km를 흘러 대서양으로 유입한다. 현재 니제르강 상류를 이루는 구간은 과거 한동안은 다른 하천이었다. 그 강은 북동쪽으로 흐르고 있었고, 지금의 사하라사막 중앙 부분에 있는 내륙으로 흘러갔다(그림 16-32). 하지만 과거의 니제르강에 의해서 쟁탈당했으며, 거대한 쟁탈의 팔꿈치를 만들게 되었다. 이후 기후가 보다 건조해짐에 따라서 쟁탈된 하천은 완전히 말라 버리게 되었다.

아프리카의 지도를 보면, 아직은 일어나지 않은 하도 쟁탈과 관련된 또 다른 중요한 지점을 발견할 수 있다. 바로 중앙아프리카의 샤리강인데, 이 강은 북서쪽으로 흘러 차드호로 유입된다(그림 9-22 참조). 한편 샤리강의 서쪽에는 나이지리아의 하천

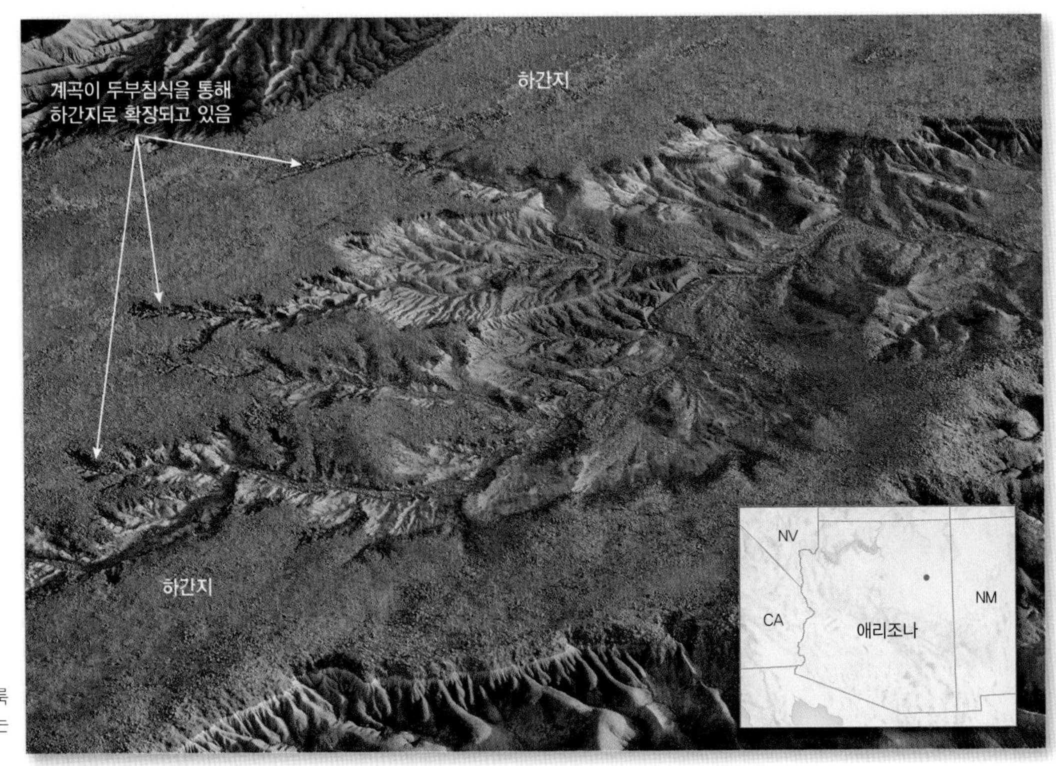

▶ 그림 16-30 애리조나주 홀브룩 인근의 수평 퇴적암을 두부침식하는 일시 하천들

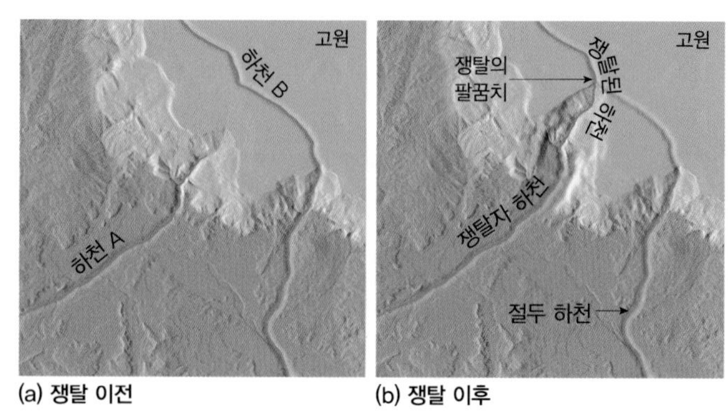

(a) 쟁탈 이전 (b) 쟁탈 이후

▲그림 16-31 가상적인 하천 쟁탈 과정. 하천 A의 계곡이 두부침식을 통해 하천 B의 상류 부분을 빼앗는다.

(a) 원래의 하천들

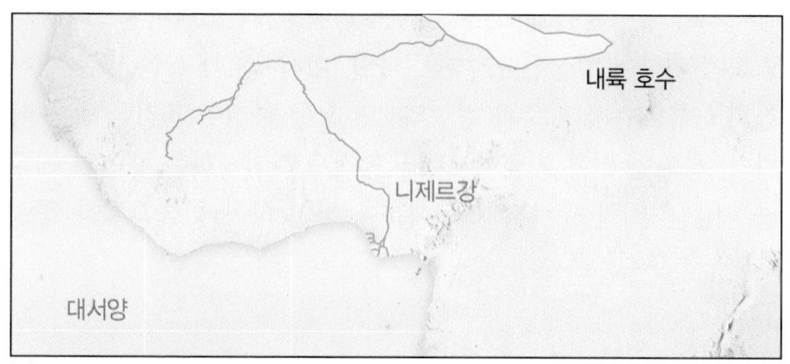

(b) 하천 쟁탈 직후

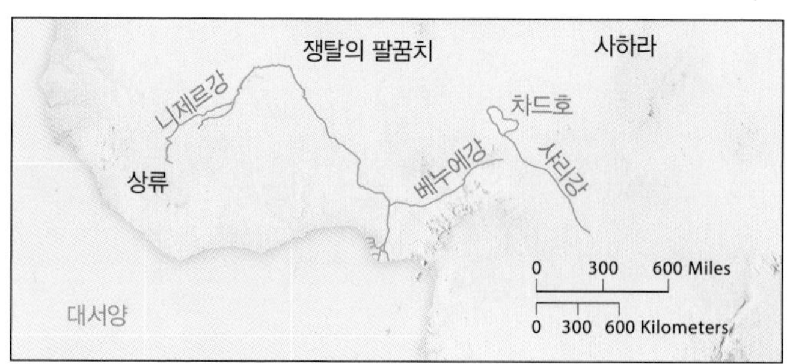

(c) 현재

▲그림 16-32 서아프리카에서 진행 중인 하도 쟁탈. (a) 현재의 니제르강의 상류 부분은 사하라사막의 고호수로 유입하던 강의 일부였다. (b) 이 옛 하천은 고 니제르강의 두부침식에 의해서 쟁탈되었다. (c) 수백 년에서 수천 년 안에 베누에강이 두부침식을 통해 샤리강을 쟁탈할 것으로 보인다.

인 베누에강이 흐르는데, 이 강은 강력하고 활발하게 하방침식을 하고 있다. 베누에강 지류의 최상부는 평탄한 습지인 하간지에서 기원하는데, 이 지역은 샤리강의 범람원과 매우 가깝다. 베누에

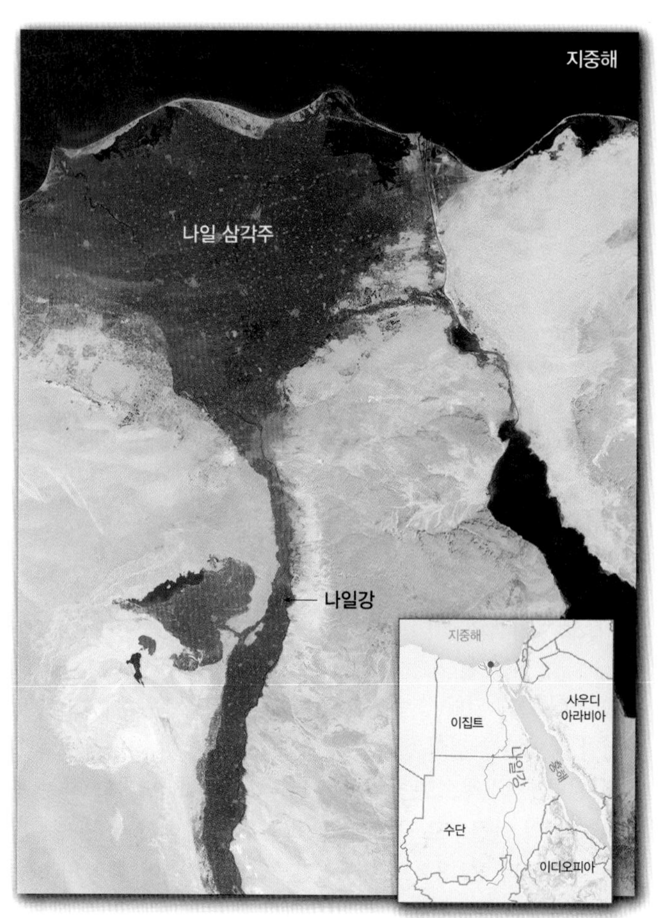

▲그림 16-33 NASA의 인공위성에 탑재된 MISR's(Multi-angle Imaging Spectroradiometer's) 천저(nadir) 카메라로 촬영된 나일강 삼각주

강이 샤리강에 비해서 매우 활동적이기 때문에 이러한 상황에서 샤리강의 유역분지는 베누에강의 두부침식으로 인해 끊어질 것으로 보인다. 아마 수천 년 이내에 베누에강이 샤리강의 두부를 절단하게 될 것이다.

학습 체크 16-10 하천 쟁탈에 있어서 두부침식의 역할을 설명하라.

삼각주 형성 : 하천 계곡의 길이는 상류 부분뿐만 아니라 바다 쪽 끝부분에서도 퇴적에 의해 길어진다. 유수가 호수나 바다에 도달하게 되면 유속이 감소하며 이때 운반되던 하중은 퇴적된다. 하천이 운반하던 대부분의 암설들은 하천 하구 부분에 있는 **삼각주**(delta)라고 하는 지형에 쌓인다. 델타(삼각주)라는 명칭은 이 지형이 그리스의 대문자 델타(Δ)의 모양과 유사하여 붙여진 이름이다(그림 16-33). 이 전형적인 삼각형 모양은 삼각주에서 대체로 잘 유지되지만, 다양한 모습으로 변형되기도 한다. 삼각주가 다양한 모습으로 변형되는 이유는 하천에 의해서 퇴적된 퇴적물질의 양과 해류와 조류에 의해서 제거되는 물질의 양이 불균형을 이루기 때문이다.

하천의 유속이 느려지고 운반 능력과 하천의 최대 운반량이 모두 감소하여 하중의 상당 부분을 내려놓게 되면, 하도의 일부는 그 퇴적물질로 인하여 차단되고, 하천의 힘은 다른 새로운 유로

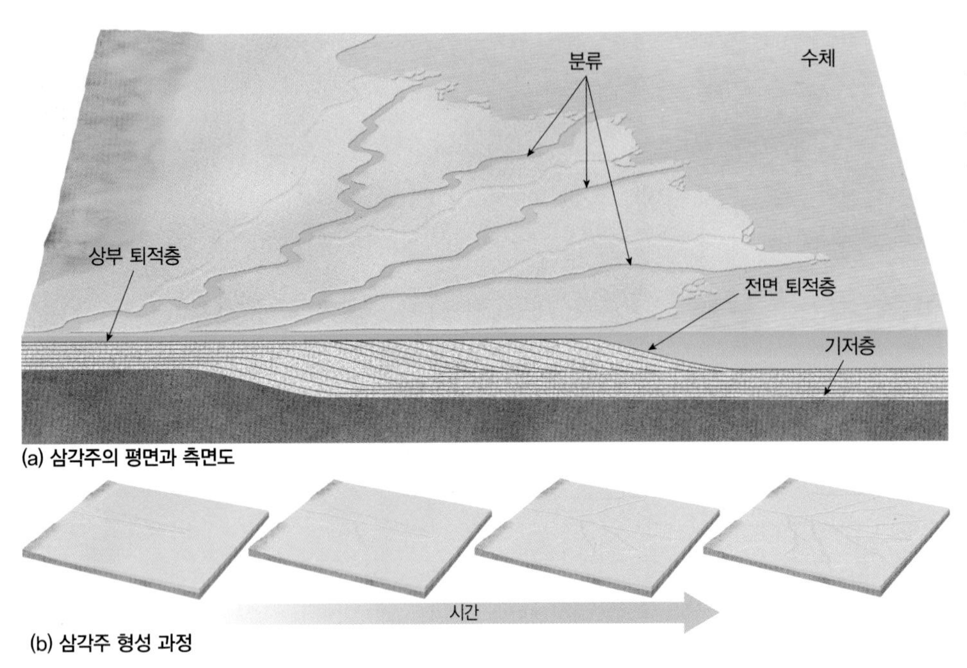

◀ 그림 16-34 잔잔한 물에서 단순한 삼각주가 형성되는 모식적인 과정. (a) '전면 퇴적층'은 하천이 잔잔한 물에 도달하자마자 떨어뜨린 조립 퇴적물로 구성되어 있다. '상부 퇴적층'은 전면 퇴적층 위에 홍수 시에 퇴적된 층이다. '기저층'은 하천의 하구에서 어느 정도 거리가 떨어진 곳에 퇴적된 세립 퇴적물로 구성되어 있다. (b) 삼각주 확장의 순차적 과정

를 만들어 가게 된다(그림 16-34). 이후에 이 새로운 유로 또한 막히지만 동일한 과정이 반복하여 일어나며 하천이 지속적으로 흐르게 된다. 결과적으로 삼각주는 **분류**(distributary)라고 하는 평행한 일련의 하천으로 구성되고, 이 분류를 통해서 하천수는 바다로 유입된다. 상대적으로 조립인 물질은 하천이 물을 만나는 곳인 경사진 **전면 퇴적층**에서 즉시 퇴적된다. 전면 퇴적층은 홍수 기간동안 얇은 수평층인 **상부 퇴적층**에 의해서 피복된다. 가장 크기가 작은 입자들은 물위로 드러나는 삼각주 지역을 넘어서 대양의 **기저층**에 퇴적된다. 많은 충적 퇴적물과 충분한 물의 공급은 식생의 정착을 도우며 삼각주는 이를 기반으로 하여 더욱 성장하게 된다. 이러한 방식으로 하천의 계곡은 하류 방향으로 신장된다.

세계에서 가장 큰 삼각주는 약 105,000km^{2}의 면적을 지니며, 남아시아의 벵골만으로 유입하는 갠지스강과 브라마푸트라강의 퇴적에 의하여 형성된다. 메콩, 나일, 미시시피와 같은 많은 대하천의 하류에는 삼각주가 형성되지만 모든 하천이 그러한 것은 아니다. 하지만 일부 지역에서는 국지적으로 발생하는 해안의 해류가 매우 강력하게 나타나기 때문에 하천 하구에 삼각주가 형성

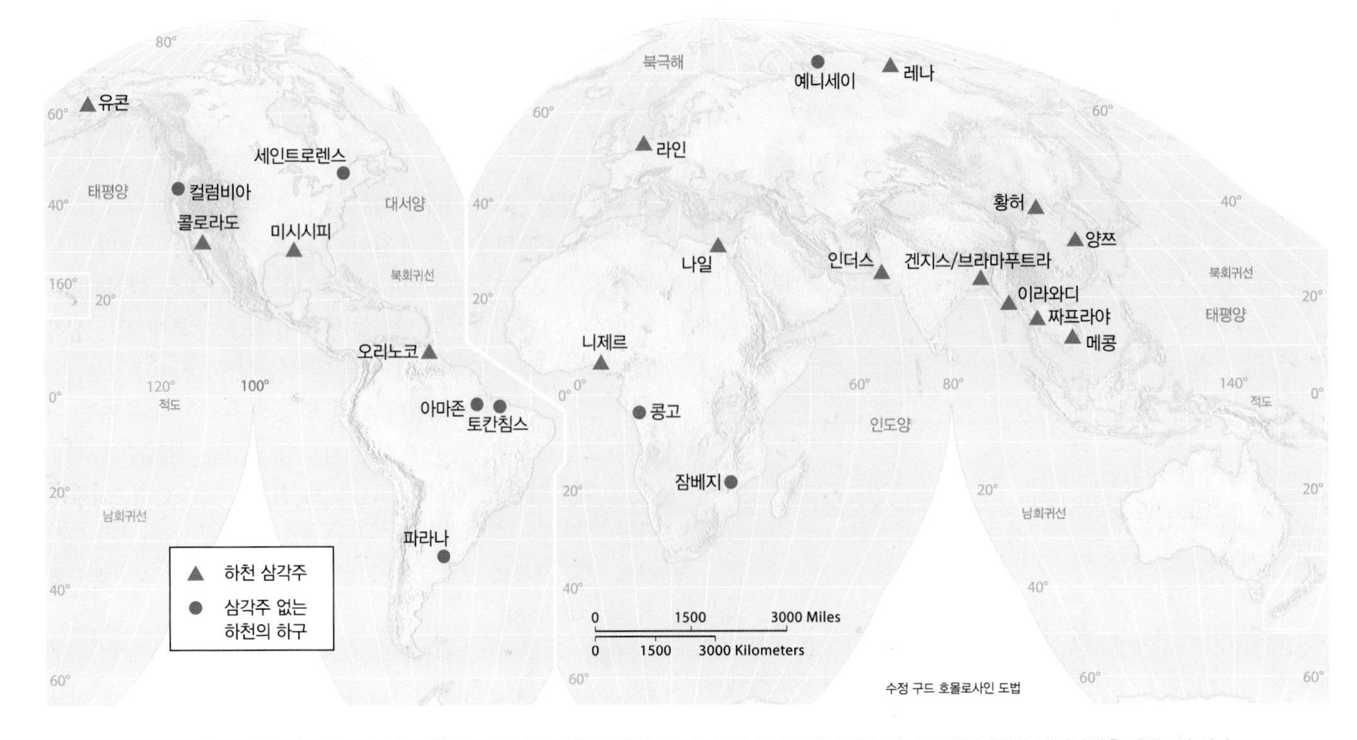

▲ 그림 16-35 규모가 큰 삼각주와 삼각주가 없는 하천들. 모든 대하천이 삼각주를 만드는 것은 아니다. 아마존강, 콩고강, 예니세이강, 파라나강은 삼각주가 없다.

충적 퇴적물

깊은 세굴

(a) 정상적 유수 – 미약한 퇴적 (b) 홍수 유수 – 깊은 세굴 (c) 적평형 – 홍수가 물러간 뒤의 퇴적

▲ 그림 16-36 홍수 기간 동안의 하도 깊이와 형상의 변화. (a) 약간의 퇴적이 발생하는 일반적인 상황. (b) 홍수 시 유수의 세굴 작용으로 하도가 깊게 파임. (c) 홍수가 끝난 후 높은 퇴적률에 의해 하상이 다시 높아짐

되지 않는다. 이런 상황에서는 하천 퇴적물질이 휩쓸려 가게 되고 해안을 따라서 퇴적되거나 바깥쪽 외해에 퇴적되게 된다(그림 16-35).

홍수 통제 전략을 논의하는 이 장의 뒷부분에서 보게 되겠지만, 나일과 미시시피와 같은 세계의 주요 삼각주는 점점 깎여 나가고 있다. 이는 삼각주를 성장시키는 하천에 인간이 조작을 가하고 있을 뿐 아니라 서서히 상승하는 해수면에 의해서 삼각주가 점점 깎여 나가기 때문이다.

계곡에서의 퇴적

지금까지 계곡을 형성하고 변형하는 데 있어서 물질의 제거와 운반 과정의 중요성에 대해 다루었다. 지금부터 다루게 될 퇴적 역시 이 과정에서 중요한 역할을 수행한다고 할 수 있다.

거의 모든 하천에서 유속과 유량의 변화에 따라 지속적으로 퇴적물질이 재배치된다. 충적물질은 하천의 바닥이나 측면, 중앙 혹은 경사변환점의 하부, 범람하는 지역이나 다른 다양한 장소 등 계곡 바닥 어느 곳에서나 퇴적될 수 있다[**적평형작용**(aggradation)은 퇴적의 이러한 과정을 지칭하는 일반적 정의이다].

유수가 빠르고 유량이 많으며 수위가 높은 기간에는 하상물질이 제거되면서 하상침식이 일어나고 그 물질은 하류로 이동한다. 특히 홍수가 지나간 뒤, 수위가 낮은 기간 동안 하천의 유속은 느려지게 되고 퇴적물질은 하천의 바닥에 자리 잡게 된다. 그리고 그로 인해서 하도의 채워짐(퇴적)이 발생한다. 어떤 경우에는 충적물질이 하천 바닥에 집적되며, 하상의 고도가 상승한다(그림 16-36).

학습 체크 16-11 어떤 환경에서 하천이 하중 가운데 일부를 충적물질로 퇴적시키게 되는가?

범람원

하천 지형의 중요한 조합에 특별한 주의를 기울여야 한다. 여기서 가장 중요한 퇴적 지형은 **범람원**(floodplain)인데, 범람원은 고도가 낮고 거의 평탄한 충적 계곡 바닥을 말한다. 범람원은 주기적으로 홍수에 의해 침수되는 특징을 지닌다. 또한 때때로 범람원은 곡류 하천이 넓고 평탄한 계곡 바닥 부분을 통과할 때 형성되기도 한다.

◀ 그림 16-37 미네소타주 아이태스카공원 인근 미시시피강 상류의 범람원. 다른 모든 범람원들과 마찬가지로 곡류하는 하도가 가장 특징적이다.

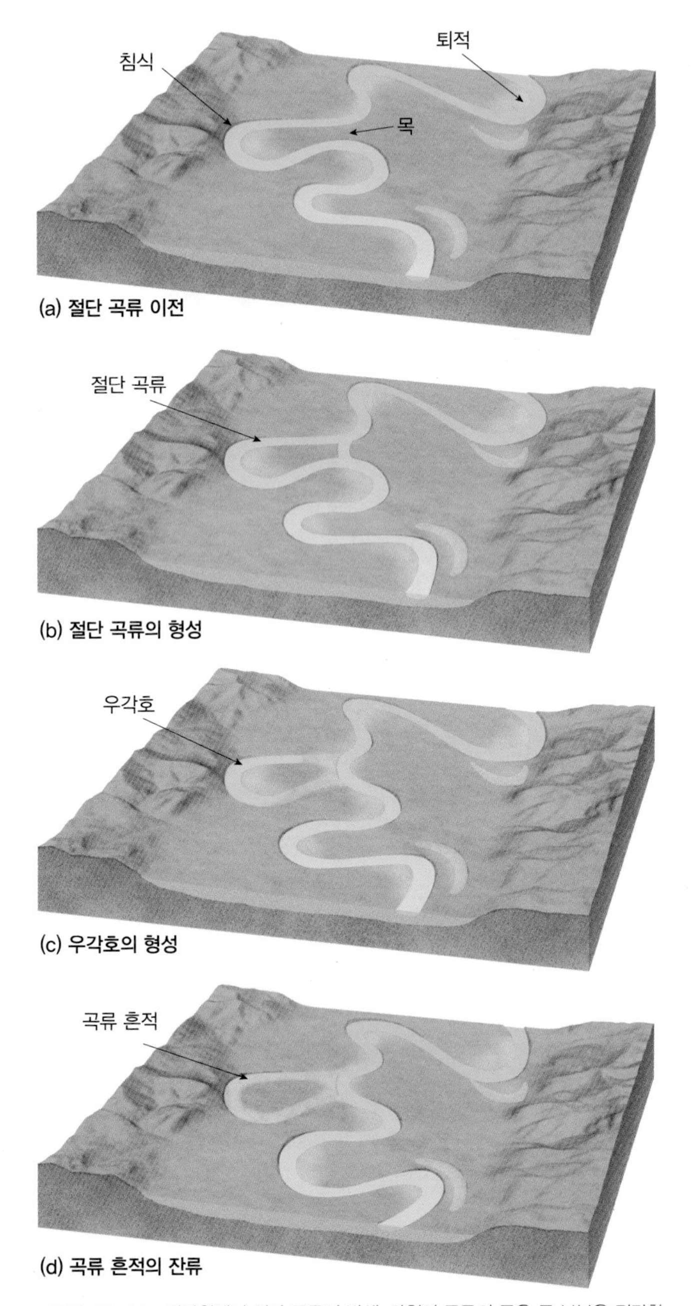

▲ 그림 16-38 범람원에서 절단 곡류의 발생. 하천이 곡류의 좁은 목 부분을 절단함에 따라 하천의 굽이 부분은 우각호가 된다. 이 지형은 이후에는 우각습지가 되었다가 곡류 흔적이 된다.

범람원 지형

하천 곡류의 잦은 유로 이동은 넓고 평탄한 계곡 바닥을 만든다. 이들 지역 대부분은 주기적인 홍수에 의해 남겨진 퇴적물질로 덮여 있다. 특정 기간 동안에는 하천이 이 평탄한 땅 중에서 극히 일부분만을 차지하고 있으나, 홍수 시기에는 모든 계곡바닥 부분이 물에 잠길 수도 있다. 이러한 이유로 계곡 바닥은 **범람원**으로 적절히 정의된다.

범람원의 외곽은 주로 경사가 급한 사면에 의해서 경계를 이루지만 때로는 범람원의 평탄한 지형이 선 형태의 작은 단애(bluff)들로 둘러싸이기도 한다. 계곡의 확장과 범람원의 발달은 상당히 먼 거리까지 일어날 수도 있다. 세계의 여러 대하천의 범람원은 너무도 넓어서, 한쪽 끝의 단애에 서 있는 사람이 반대쪽 단애를 볼 수 없는 경우도 있다.

절단 곡류 : 범람원에서 나타나는 가장 특징적인 지형은 곡류 하도라 할 수 있다(그림 16-37). 곡류 하천은 앞뒤로 유로를 이동시키며, 때로는 휘어져 흐르는 곡류 부분을 확대시키기도 한다. 결과적으로 곡류부의 반경이 하폭의 2.5배 정도에 달하게 되면 곡류부는 더 이상 성장하지 않게 된다. 때때로 하도가 측방침식에 의해 이동하게 되면 곡류 하천의 곡류 부분은 옆으로 밀려나게 된다. 그리고 곡류 부분의 목 부분을 통과하는 새로운 하도가 만들어지면서 새로운 곡류가 시작되기도 한다. 이때 과거 곡류 하도의 곡류부는 **절단 곡류**(cutoff meander)라 불린다. 또한 하도의 절단된 부분은 일정 기간 동안 **우각호**(oxbow lake)로 유지된다. 여기서 우각호라는 이름은 구부러진 모습이 마치 황소를 묶는 데 쓰는 멍에의 휘어진 부분을 닮았다고 해서 붙여진 이름이다. 우각호는 이후 퇴적물질과 식생에 의해서 채워지고 우각습지로 변화한다. 그리고 최종적으로 **곡류 흔적**(meander scar)의 형태로만 자신의 정체성을 유지하게 된다(그림 16-38).

자연제방 : 하도 주변의 제방을 따라 범람원의 일부분은 다른 부분에 비해 고도가 약간 높다. 홍수 기간 동안 하천이 범람하면서 유수가 하도를 벗어나게 되고 범람원 표면과의 마찰이 일어난다. 그리고 이에 따라 유속은 급격히 감소하게 된다. 이렇게 유속이

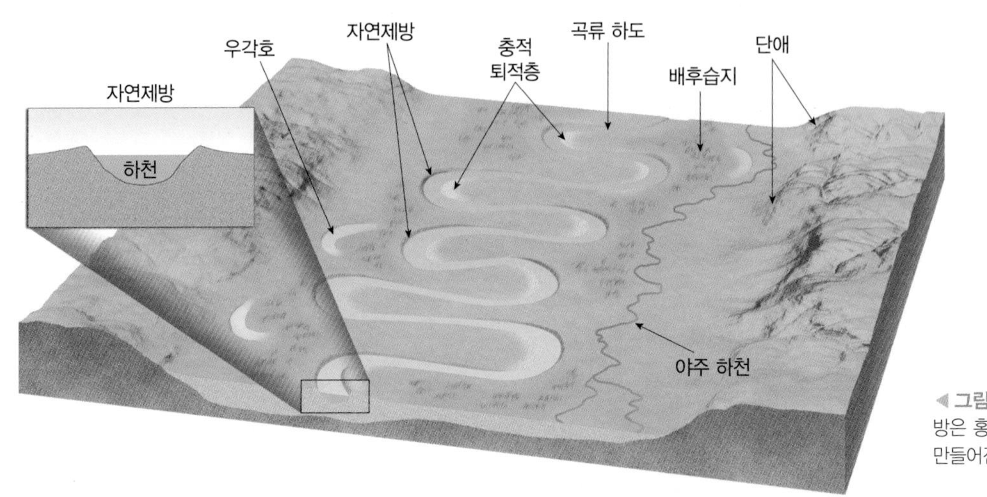

◀ 그림 16-39 범람원의 전형적인 지형들. 자연제방은 홍수 동안에 하천의 측면에 쌓이는 충적퇴적물로 만들어진다.

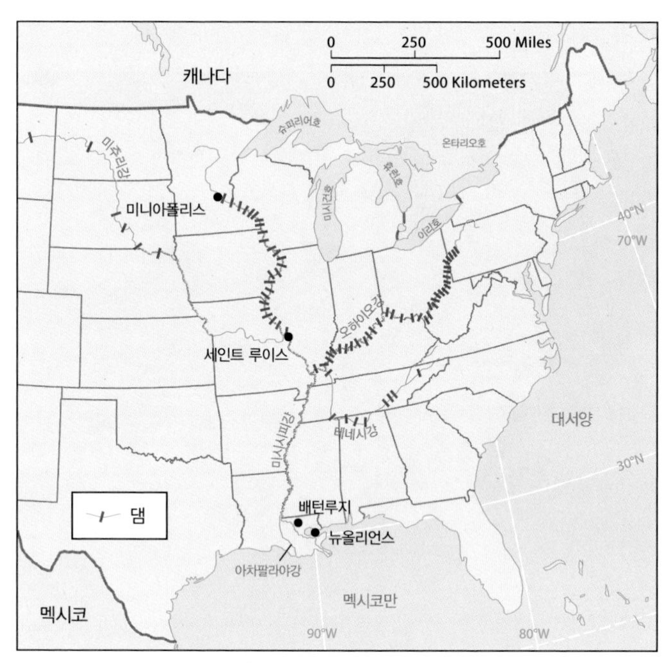

▲그림 16-40 미시시피강, 미주리강, 오하이오강, 테네시강의 댐들

급격하게 감소하게 되면 하도 주변에는 퇴적물질이 쌓인다. 그리하여 하천의 양안에는 **자연제방**(natural levee)이 만들어지게 된다(그림 16-39). 자연제방은 바깥쪽으로 범람원 내의 고도가 낮고 배수가 잘 안 되는 **배후습지**(backswamp)와 연결되는 데 이 경계 부분은 명확하게 드러나지 않는다.

때때로 범람원에서 본류로 합류하는 지류는 잘 발달된 자연제방으로 인해 하천의 본류에 직접 합류하지 못한다. 이들은 배후습지 지역을 따라서 본류 하도와 평행하게 곡의 하류로 흘러가다가 적절한 지점에서 본류에 합류한다. 그러한 양식으로 흐르는 지류를 **야주 하천**(yazoo stream)이라 부르는데, 야주 하천이라는 이름은 미시시피강과 합류하기 위해서 280km 정도를 미시시피강과 평행하게 흐르는 미시시피 야주강(Yazoo River)에서부터 유래했다.

이제까지 기술한 지형들은 대하천의 범람원에서 특징적으로 나타난다. 하지만 이와 유사한 지형 형성 과정과 지형이 평탄한 지역이나 완만한 경사에 흐르는 모든 하천에서도 발견된다. 따라서 절단 곡류나 우각호 같은 예들은 평탄한 산간의 초지 위를 관류하는 작은 개울의 곡저에서도 관찰될 수 있다.

학습 체크 16-12 우각호는 어떻게 형성되는가?

홍수 통제를 위한 하천의 변형

평탄한 땅, 풍부한 물, 생산적이고 비옥한 토양은 확실히 인간들을 계곡바닥으로 유인하는 요소들이다. 따라서 그런 곳들은 자주 집약적인 경작이나 교통로, 도시 개발의 대상이 된다. 하지만 계곡바닥에서는 하성 과정이 지속적으로 발생하고 있다. 홍수의 무서움은 자연과 인간의 공존을 불편하게 한다. 모든 강은 가끔 일어나는 홍수의 문제를 안고 있다. 인간 정주에 매우 매력적인 장소인 범람원에서는 때때로 일어나는 홍수로 인한 피해를 피할 수 없다.

따라서 인간이 어느 정도 밀집하여 정착한 강의 계곡에서는 잠재적인 홍수 피해를 경감시키기 위한 엄청난 노력이 진행되어 왔다. 재해를 막기 위해 댐, 인공제방, 홍수 여수로 건설 등 대규모 토목공사를 하거나 물을 가두어 홍수를 분산시키는 콘크리트 구조물을 설치하였다. 인간의 그러한 노력은 미시시피강을 포함한 북아메리카의 주요 하천체계에서 발견된다.

미시시피강의 홍수 통제

미시시피강은 미네소타주에서 발원하여 대체로 남쪽 방향으로 흐르다가 뉴올리언스 남쪽의 멕시코만으로 유입한다(그림 16-40). 하천이 남쪽으로 흐르는 도중에 우측 방향에서 다수의 지류가 유입되는데, 그중에서 미주리강이 가장 중요하다. 그리고 좌측 방향에서 유입되는 지류 중에서는 오하이오강과 테네시강이 상당히 중요하다(여기에서 말하는 '좌측'과 '우측'의 지류란 상류에서 하류 방향을 바라볼 때의 좌우를 의미한다).

댐 : 이 4개의 강은 모두 댐에 의해서 막혀 있다. 댐 건설의 목적은 주로 홍수 예방이었지만, 부수적으로는 수력발전, 주운의 안정, 여가 활동 등도 포함하고 있었다. 미시시피강의 경우 주운의 종점인 미니아폴리스와 세인트루이스 사이에 있는 27개의 낮은 댐을 미국 육군공병대가 관리하고 있다. 여기에는 대부분 수력발전 시설을 갖추고 있으며, 바지선과 바닥이 깊지 않은 선박이 통행할 수 있는 갑문을 갖추고 있다. 이러한 댐을 건설한 이유는 하천의 주운이 가능하도록 최소 수심을 2.7m 이상으로 유지하기 위해서이다. 미주리강에는 그 수는 더 적으나 규모가 더 큰 댐이 존재한다. 이들의 수는 6개이며, 몬태나주에서부터 네브래스카주까지 흩어져 있다. 이들은 기본적으로 홍수 조절용 댐이다. 오하이오강의 경우, 30여 개의 낮은 댐에 의해서 강이 차단되고 있다. 이 댐의 1차적인 목적은 주운이 가능하도록 강물의 수심을 유지하는 것이고, 2차적인 목적은 홍수를 통제하는 것이다. 각 구간에 걸쳐 댐에 의해 막힌 하천은 테네시강이다. 본류에 위치하는 9개의 댐은 최상류부를 제외한 하천의 전 구간을 연속적인 저수지로 변화시켰다. 이 댐들은 홍수 통제와 다른 부수적인 이익들을 위해 1930년대에 테네시곡관리청(Tennessee Valley Authority, TVA)이 건설하였다.

인공제방 : 이 네 강의 계곡에는 지역의 범람원을 보호하고 홍수 유출을 하류로 보내기 위한 상당히 긴 인공제방을 축조되어 있다. 하지만 제방 축조에는 분명 부정적인 순환이 존재한다. 만약 상류 지역에 제방이 만들어질 경우, 하천의 범람 없이 물을 하류로 보내야 한다. 그러기 위해서는 하류에 보다 높은 제방을 쌓아져야 한다. 이러한 제방은 주변 경관 중에서 가장 높은 구조물

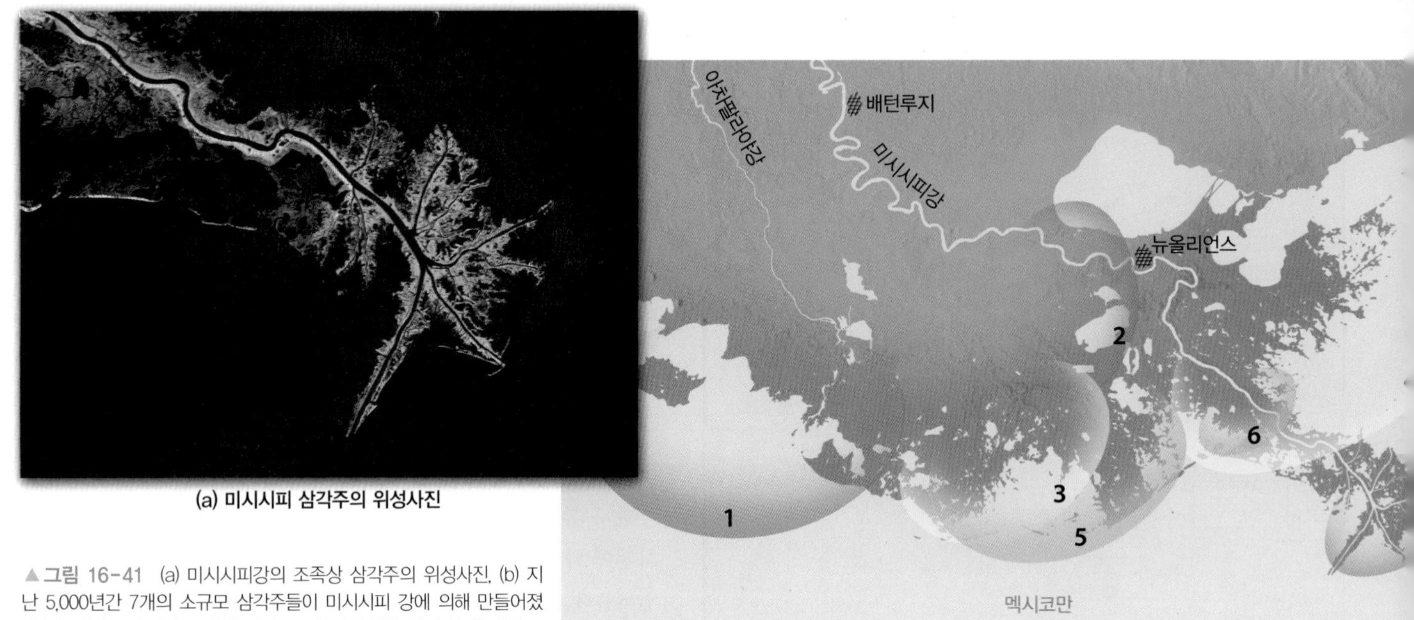

(a) 미시시피 삼각주의 위성사진

(b) 삼각주의 진화

▲그림 16-41 (a) 미시시피강의 조족상 삼각주의 위성사진. (b) 지난 5,000년간 7개의 소규모 삼각주들이 미시시피 강에 의해 만들어졌다(지도에서 1이 가장 오래된 것이고 7이 가장 젊은 것이다). 현재의 조족상 삼각주(7)는 약 600년 전에 만들어진 것이다.

이 되는데, 넓고 평평한 하류 범람원 지역에서는 더욱 그러하다. 또한 대부분의 시간 동안에는 인공제방 체계가 홍수를 제방 안쪽에 가두어 두지만, 만약 제방이 붕괴될 경우 인근 범람원에 살고 있는 사람들에게는 재앙이 발생할 수 있다. 많은 경험이 있는 수리학자들과 지질학자들은 "세상에는 이미 무너진 홍수 방어용 제방과 앞으로 무너질 홍수 방지용 제방 두 가지만이 존재한다." 라고 냉소적으로 말하곤 한다.

미시시피강 하류의 관리 : 루이지애나주 남부에 위치하는 미시시피 하계의 가장 낮은 쪽에서 하천의 통제는 극히 복잡한 데 비해, 인간이 노력한 결과는 명확한 효과를 보이지 않는다. 이곳은 북아메리카의 가장 강력한 하천체계가 운반하는 모든 유량을 받아들인다. 또한 이곳은 매우 평탄하며 불량한 자연배수 체계를 지니고 있다. 지난 5,000년간 강의 하류 부분은 여러 차례 이동하였다. 그러면서 최소 7개의 소규모 삼각주와 퇴적물질이 쌓여 있는 일련의 좁은 분류를 만들어, 현재 미시시피 조족상 삼각주(bird's-foot delta)의 주된 요소가 되도록 하였다(그림 16-41). 지난 600년간 하천은 뉴올리언스 남동부에 위치하는 현재의 유로를 따라서 흘렀다. 이 기간에 삼각주는 100년간 10km의 속도로 멕시코만으로 성장해 나갔다.

▲그림 16-42 루이지애나주 배턴루지 인근 미시시피강의 Old River Control Project. 댐들이 사진 왼쪽 위에 위치한 미시시피강의 물이 아차팔라야강으로 배수되는 것을 막는다.

삼각주가 정상적으로 변화하는 상태였다면, 주 하천은 길이가 더 짧고 경사가 더 가파른 아차팔라야 하도로 흘렀을 것이다. 이 강은 현재의 미시시피강 본류에서 서쪽으로 수 킬로미터 떨어진 과거 삼각주상의 중요한 분류이다. 그러나 Old River Control Project의 일환으로, 배턴루지 위쪽에 거대한 홍수 통제 구조물이 건설되었다. 이는 현재의 유로와 삼각주가 유기되는 것을 차단하기 위해서이다(그림 16-42).

부분적으로 인간이 만든 홍수 통제 시설과 주운 수단으로 인해 미시시피강의 범람원과 삼각주에서 작동하는 자연 과정들은 변화하고 있다. 그리고 자연적인 습지들은 후퇴하며 삼각주는 침강하고 있다(그림 16-43). 그 원인 가운데 일부는 인간이 만든 홍수 통제체제와 항해를 위한 조치들이다. 이와 관련하여 "인간과 환경 : 미시시피강 삼각주의 미래" 글상자를 보라.

학습 체크 16-13 인간의 활동이 미시시피강 삼각주의 변화에 어떻게 기여해 왔는가?

미시시피강 삼각주의 미래

▶ Natalie Peyronnin, 미시시피강삼각주보호국

미시시피강은 미국 본토의 41%와 남부 캐나다를 유역분지로 하여 최상류에서 멕시코만까지 3,782km를 흐르는 10차 하천이다. 유량과 퇴적물질의 측면에서 세계에서 7번째로 큰 하천인 미시시피강과 지류들은 7,000년간의 범람류와 제방을 뚫고 흘러 나가는 물의 유입을 통하여 25,000km²에 달하는 삼각주 평원을 만들었다. 제방과 수로 그리고 다른 인공 변형 시설과 침강과 같은 자연 과정으로 인하여 지난 80년간 삼각주 습지의 5,000km²가 유실되었다. 다른 방식으로 보면 지난 단 80년 동안에 만들어지는 데 1,400년 가까이 걸리는 땅을 삼각주는 상실한 것이다.

이 토지 상실의 한 가지 중요한 원인은 1927년 홍수 이후 미국 육군 공병대에 의해 건설된 미시시피강과 지류의 제방과 홍수 갑문 체계이다. 초래된 토지의 상실은 1897년 E. L. Corthell 이 *내셔널 지오그래픽*에서 묘사한 바와 같이 예측 가능한 것이었다.

> 삼각주 저지의 넓은 면적에서 홍수의 물을 완전히 배제하기 위한 보호 제방의 완전한 체계를 통하여 현재와 다음의 2~3세대에 걸쳐 큰 이익을 보게 되는 것에는 의심의 여지가 없으며 이는 해수면 아래로 멕시코 만의 삼각주가 침강하고 그로 인하여 이 땅을 포기하게 됨으로서 발생하게 되는 이후 세대의 불이익에 비하여 훨씬 큰 것이다.

행동이 없는 삼각주의 미래 : 2005년 카트리나와 같은 허리케인은 루이지애나 해안의 공동체들이 지역의 보호 습지를 잃게 됨으로써 해안의 폭풍 해일에 보다 취약하게 되었다는 것을 보여 주었다. 만일 새로운 행동이 없다면 루이지애나는 앞으로 50년 이내에 4,500km²의 땅을 추가적으로 잃을 수 있으며 폭풍 해일로 인한 연간 손해는 24억 달러에서 2060년에는 234억달러로 증가하게 될 것이다(그림 16-C).

해안 종합 계획 : 이 암담한 미래에 직면해서 루이지애나 주정부는 2012년 해안 종합 계획을 만들 때 까지 광범위한 종합 계획을 수립하려는 노력을 하였다. 이 500억 달러가 소요되는 50년 계획에는 경제, 사회, 환경의 이익을 유발할 수 있는 109개의 복원과 보호 계획을 포괄하고 있다. 종합 계획은 정책 결정자, 과학자, 이해 당사자, 대중을 통일하였으며, 루이지애나 입법부를 압도적으로 통과했다. 종합 계획 프로젝트의 이행은 20년 이후에 토지의 순손실을 막게 될 것이며, 30년 후에는 홍수로 인한 손실을 75% 줄이면서 토지의 연간 순이익이 발생할 것이다.

퇴적물 우회 : 미시시피강과 범람원을 다시 연결시키는 것은 2012년 해안 종합 계획의 핵심 활동이다. '퇴적물 우회'라고 불리는 구조물을 통하여 하천의 물과 퇴적물은 습지로 다시 흘러갈 수 있게 되며, 이를 통하여 얕은 개방 물이나 질이 저하된 습지에 퇴적시켜 해안 생태계를 만들고 유지하도록 한다. 퇴적물 우회는 홍수 기간 동안 제방의 틈과 범람류를 통하여 공급하는 자연 과정을 흉내 내어 설계되었다. 종합 계획에 의하면 "우리의 분석에 의하면, 퇴적물 우회는 … 루이지애나 해안을 유지하는 데 핵심적이다. … 이 계획은 강과 간석지를 연결시키며 토지를 건설하는 시간의 평가를 대표한다. 이들은 상당히 효율적이기 때문에 우리가 더 큰 규모로 우회를 할 것인지 문제가 아니라 어떻게 할 것인지에 대한 것이다." 이 계획을 설계하고 공학적으로 실행하기 위한 작업들이 진행 중이다.

질문

1. 어떤 활동들이 루이지애나 습지의 상실을 초래했는가?
2. 어떤 활동이 삼각주에 새로운 땅을 만드는 것을 도울 수 있으며, 어떻게 이들은 자연 과정을 흉내 내어 설계되었는가?

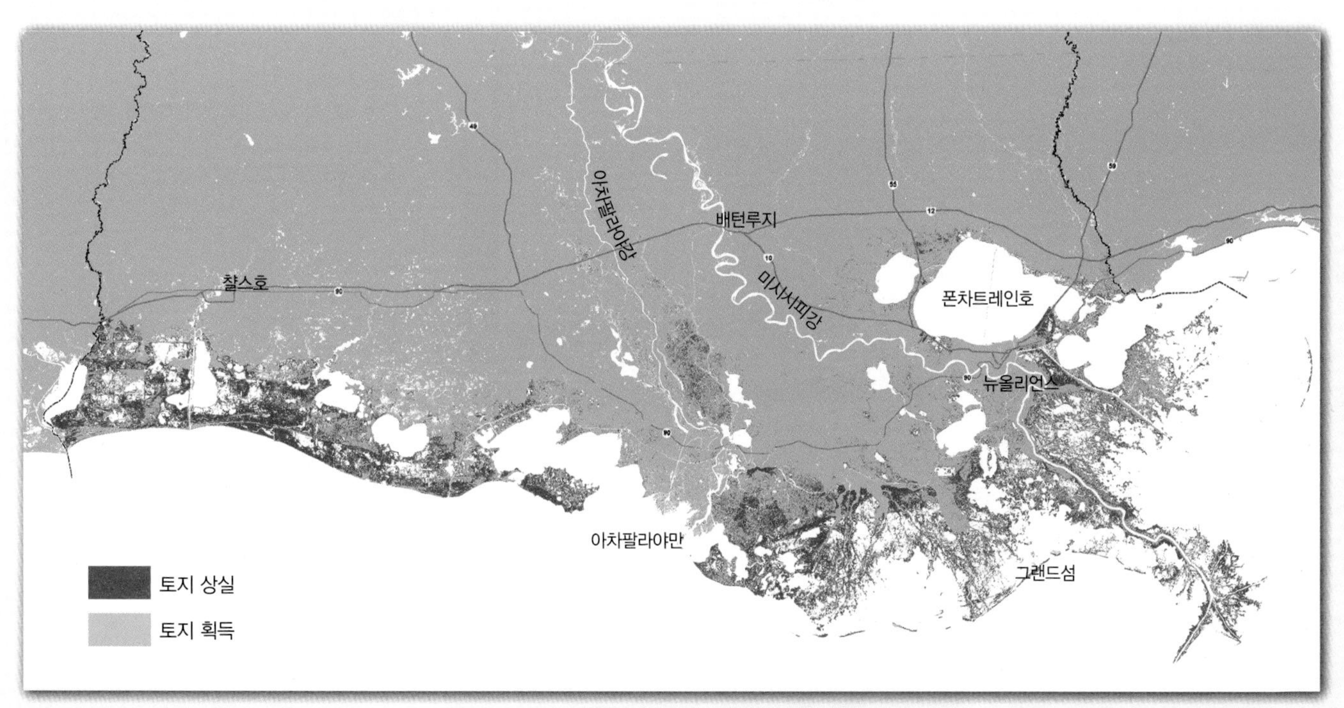

▲그림 16-C 앞으로 행동이 없을 때 향후 50년간 예측되는 토지의 변화(루이지애나 2012년 해안 종합 계획)

도시 하천의 복원

▶ Nancy Lee Wilkinson, 샌프란시스코주립대학교

세계적으로 홍수 통제와 다른 목적으로 변형된 하천들이 복원되고 있다.

로스앤젤레스강 : 로스앤젤레스강(그림 16-D)은 로스앤젤레스시의 원래의 수원지이면서 최초의 하수구였다. 1914년, 1934년, 1938년에 큰 피해를 입은 홍수 이후에 미국 육군 공병대는 홍수 유량을 바다로 보내기 위하여 하천의 82km를 콘크리트로 복개했다. 1980년대 이후 소수의 로스앤젤레스 주민들이 거대한 콘크리트 하도 안에 강이 있다는 것을 인식했다. 수영이 가능하고 낚시가 가능하며 보트를 탈 수 있는 강을 만들기 위한 목적으로, 강과 수생 생물들을 보호하고 복원하기 위해 로스앤젤레스 강의 친구들(Friends of Los Angeles River, FoLAR)이 1986년에 조직되었다. FoLAR의 노력은 연방과 지역의 자금 지원으로 지원받았다. 미국 육군 공병단은 지금은 종합적인 생태계 복원의 이행을 감독하고 있다(www.lariver.org/About/History/index.htm).

(a) 복원전 (b) 복원후

▲그림 16-E (a) 대한민국의 청계천 암흑의 도로 복개부를 철거하는 모습. (b) 복원 시행 이후의 청계천 도로

국제적 노력 : 하천과 소하천의 복원은 세계적인 현상이다. 예를 들어 오스트레일리아의 경우 유럽인의 정착 이후 150년간 훼손된 하천과 수변 생태계의 생태적 상황을 개선하기 위한 관심들이 모아지게 되었다. 수변관리, 제방 안정화, 하천 내 생물 개선, 하도 재변형, 폭풍 유출 관리, 어도 개선, 수질관리 그리고 미학적, 오락적, 교육적 과제들을 위해 오스트레일리아 전체에 걸쳐 약 2,000~3,000개의 하천 복원 계획들이 현재 진행 중이다.

하천 복원의 이익 : 대한민국 서울에 있는 청계천은 6차선 도로에 의해서 덮어씌워진 하수구에 불과했다. 2002년 시장은 도로를 제거하고, 강을 복원하고, 제방을 따라서 8km 길이의 공원을 만드는 것을 공약했다(그림 16-E). 2005년에 계획이 완성되면서 환경 개선 효과가 즉시 나타났다. 예를 들어 복원된 강을 따라서 여름 온도가 훨씬 낮고 상쾌했다. 시민들은 유흥과 휴식 또는 운동을 위해서 수변으로 몰려들고 있으며 버스 서비스는 개선되었다. 청계천 공원은 선도적인 관광객들의 목적지가 되었으며 도시 재개발과 하천 복원을 연계하고자 하는 다른 도시들의 모델이 되고 있다(www.globalrestorationnetwork.org/restoration/).

복원 과학 : 하천 복원의 중요성에 대한 점증하는 합의들이 존재하지만 복원사업의 결과들에 대한 과학적인 분석들이 이후의 복원 노력을 위해 필요하다. 정보에 대한 제한적인 접근은 과거의 결과들에 대한 평가와 지속적인 사후 감시를 어렵게 하고 있다. 미국, 오스트레일리아, 유럽에서는 과학자들이 하천 복원사업의 범위, 성격, 과학적 기반, 성공 정도를 분석할 수 있도록 복원 데이터베이스를 개발할 조직을 만들어 왔다(예를 들어 오스트레일리아의 국가물위원회). 세계에서 진행 중인 많은 하천 체계의 건강성은 그러한 노력에 의지하게 될 것이다.

질문

1. 도시 상황에서 하천 복원이 직면하는 가장 어려운 점은 무엇이겠는가?
1. 하천 복원이 도시 기후, 생물지리학, 영양 순환, 다른 자연지리적 분포와 과정에 미치는 물리적 효과로는 어떤 것이 있을까?

▼그림 16-D 로스앤젤레스강은 강이라기보다는 도로 같아 보인다.

▲ 그림 16-43 루이지애나주 파이럿 타운 인근의 미시시피 삼각주의 습지

범람원에서 살아가기 : 그렇다면 인간이 범람원을 이용할 때 필히 발생하는 경제적·생태적 비용의 부담 없이 살 수는 없을 것인가? 이에 대한 답은 적절한 토지 이용의 실행에 있다. 하천에 인접해 있는 도시화된 지역을 관할하는 지방정부는 100년 주기 홍수와 같은 예상 홍수량(design flood)에서 침수되는 범위를 보여 주는 지도를 그려 왔다. 토지 구역에 대한 규제를 통해 토지 이용을 제한하여 피해 정도를 감소시킬 수 있다. 또한 유수를 분산시키거나 우회 하도 등을 만들어 홍수 흐름을 '인공적인' 범람원(저류지)으로 돌릴 수 있다. 연중 대부분의 기간에는 그러한 저류지 지역이 농경과 같은 다른 활동 등을 통해 유익하게 활용될 수 있다.

범람원 복원 : 일부 지역에서는 하천이 원래 범람원이었던 곳으로 돌아갈 수 있도록 실제로 제방을 제거하기도 했다. 이러한 접근 방식은 소중한 습지 생태계를 복원할 뿐만 아니라, 상류 범람원에서 '저장 능력'을 강화함으로써 하류의 급격한 홍수 유량 증가를 저지할 수 있다. 대도시의 하천 복원도 이루어지고 있다. "글로벌 환경 변화 : 도시 하천의 복원" 글상자를 보라.

하천의 회춘

때때로 대륙의 모든 지표면은 빈번하게 혹은 산발적으로 해수면 대비 상대적인 높이의 변동을 경험한다. 이러한 변화는 때때로 빙하기가 도래하면서 발생한다. 이때는 얼음이 집적되어 물의 양이 감소하기 때문에 수량 변동에 의한 해수면 하강이 일어난다. 하지만 육지의 융기에 의해서 변화가 일어나는 경우가 더 많다. 그리고 이러한 융기가 일어날 때 그 지역의 하천은 '회춘'한다. 하도 경사가 급해짐에 따라 하천의 흐름이 빨라지게 되고, 하천의 하방침식력은 강화된다. 하천의 회춘은 유량이 급격하게 증가해도 일어난다. 또한 오랫동안 잠복하고 있던 수직적인 개석은 이러한 **하천의 회춘**(stream rejuvenation)에 의해 재시작되고 강화된다.

하안단구 : 하천이 회춘하기 전에 넓은 범람원을 갖고 있었다면, 이 하천은 새로 시작된 하방침식으로 인해서 새로운 곡저를 깎아 나가게 된다(그림 16-44). 그렇게 되면 과거에 범람원이었던 곳은 더 이상 물이 범람하는 땅으로 기능하지 않게 된다. 대신에 새로운 계곡을 내려다보는 유기된 평탄지로서의 역할을 하게 된다. 이러한 과거의 계곡 바닥 부분을 **하안단구**(stream terrace)라고 한다. 때때로 단구들은 새로 개석된 하도의 양안에 쌍으로 나타나기도 한다.

감입곡류 : 특정한 환경에서 회춘을 유발하는 융기가 일어나게

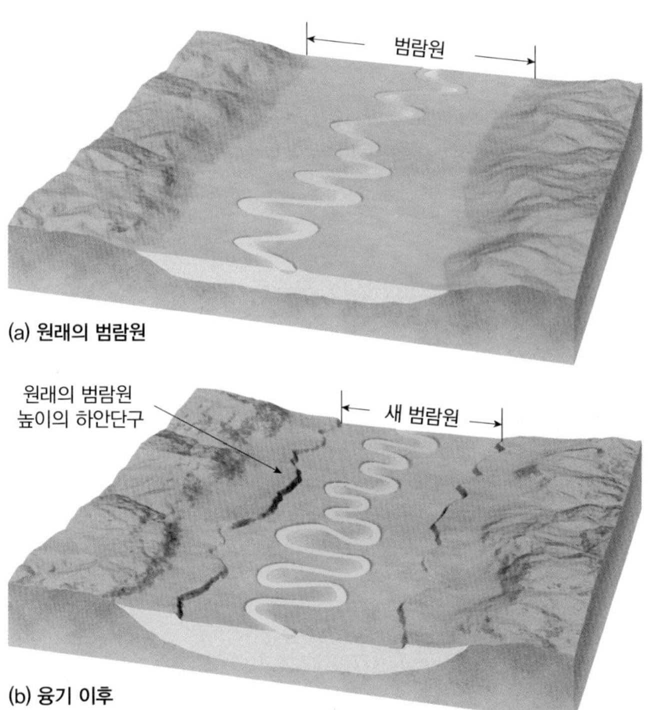

▲ 그림 16-44 하안단구들은 통상적으로 일련의 융기와 회춘 과정을 보여 준다. (a) 융기 이전에 하천이 충적 범람원 위를 곡류한다. (b) 융기 이후에 하천은 하방침식을 진행하고 새로운 범람원을 넓히며, 과거 범람원의 잔류물들이 양안에 만들어진 단구로 남는다. 두 번째 융기 이후 하천은 양측에 쌍을 이루는 단구를 다시 한 번 형성한다.

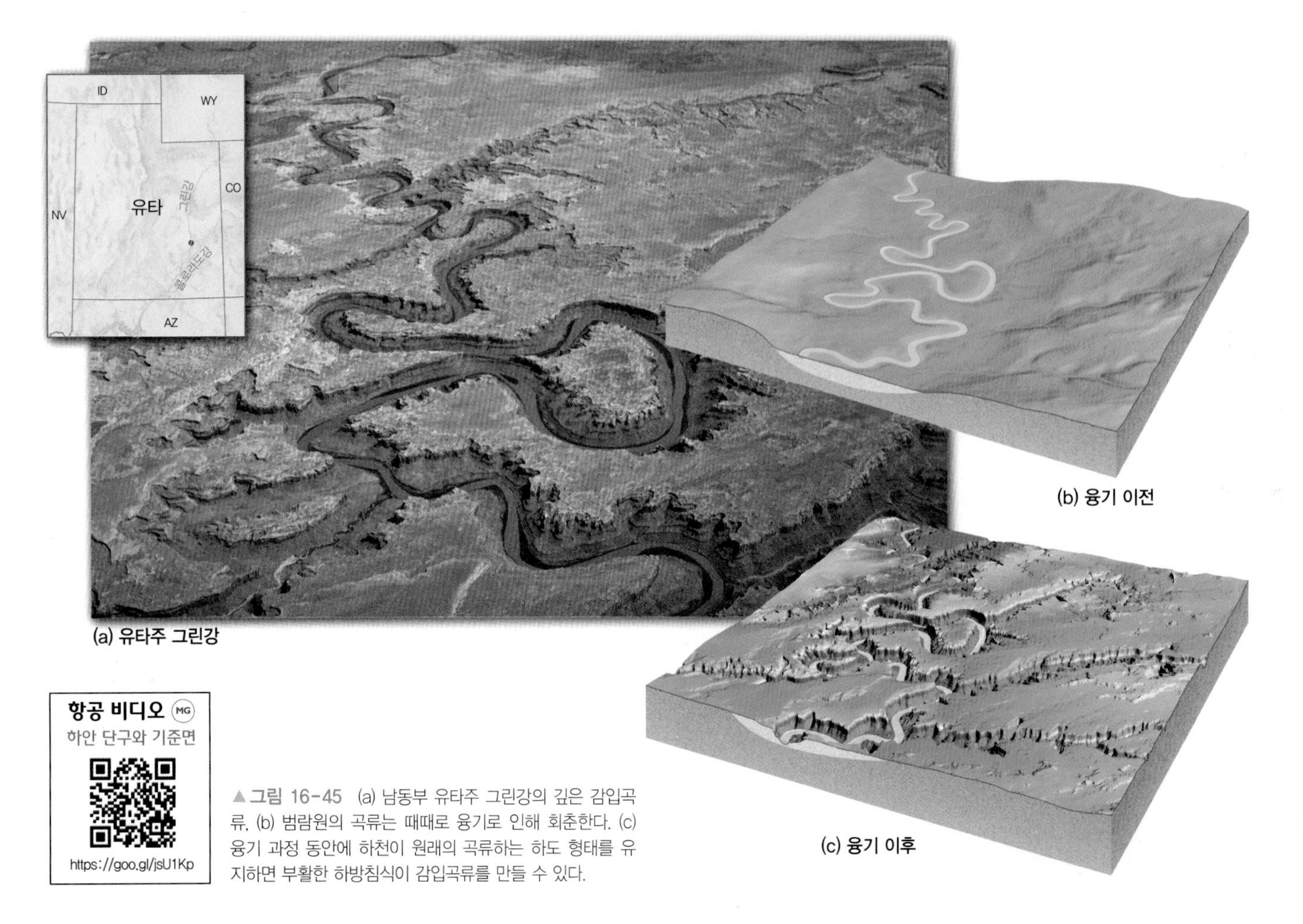

▲그림 16-45 (a) 남동부 유타주 그린강의 깊은 감입곡류. (b) 범람원의 곡류는 때때로 융기로 인해 회춘한다. (c) 융기 과정 동안에 하천이 원래의 곡류하는 하도 형태를 유지하면 부활한 하방침식이 감입곡류를 만들 수 있다.

되면 기복상의 효과가 명확하게 나타난다. **감입곡류**(entrenched meander)가 그것이다(그림 16-45). 이러한 지형은 곡류하던 하천이 서서히 융기할 때 하천이 원래의 하도를 유지하고 하방침식을 진행하면서 만들어진다. 또한 감입이 발생하면서 곡류 부분이 상류 부분으로 성장해 올라가 만들어지기도 한다. 어떤 경우에는 그러한 곡류들이 수백 미터 깊이의 좁은 협곡을 감입해 들어가기도 한다.

학습 체크 16-14 하안단구는 어떻게 발달하는가?

지형 발달 이론

지구 표면에서는 다양한 내적 작용들과 외적 작용들이 작용하면서 여러 경관이 만들어진다. 많은 지형학 연구자들의 목표는 다양한 사실들과 연관성들을 상호 연계된 지식으로 체계화하는 것이다. 유수의 역할이 포괄적인 지형 발달에 대한 이론들의 핵심이다.

Davis의 지형윤회

최초의 그리고 가장 영향을 크게 미친 지형 발달의 모형은 1890년대와 1900년대에 활동한 미국의 지리학자겸 지형학자인 William Morris Davis에 의해서 제안되었다. **침식윤회설**(cycle of erosion)이라고 불리기도 했던 Davis의 이론은 요즘은 일반적으로 **지형윤회**(geomorphic cycle)라고 지칭된다.

Davis는 구조, 과정, 단계의 분석을 통해 어떤 지형이든 해석될 수 있다고 믿었다. 구조(structure)는 하부에 놓인 기반암이나 표면물질의 유형이나 배치 상태를 말하고, 과정(process)은 지형을 만드는 내부와 외부의 힘을 말하며, 단계(stage)는 과정이 진행되어 온 시간의 길이이다.

Davis는 지형 발달 과정을 유기체의 생명 순환에 견주어 은유적으로 발전의 단계를 '유년기', '장년기', '노년기'라고 지칭했다(그림 16-46). 그는 평탄한 지면이 융기 과정에서 침식이 거의 일어나지 않는 급격한 융기 이후의 연속적인 지형 발달을 구상했다.

- **유년기** : 유년기에서는 하천이 만들어지고 하계망이 형성된다. 이 하천은 깊고 좁으며 양쪽의 경사가 급하고 V자 모양의 곡을 만든다. 또한 이 하천의 유속은 빠르며 폭포와 급류가 나타나는 불규칙한 하도경사를 지니고 있다.
- **장년기** : 주된 하천은 평형 상태에 가까워지게 되고, 폭포와 급류가 제거되어 부드러운 종단곡선을 지니게 된다. 주요 하천의 하방침식은 멈추게 되고 하천은 곡류하기 시작한다. 또한 범람원이 만들어지고 유년기에 비해 더 광범위한 하계망이 만들어

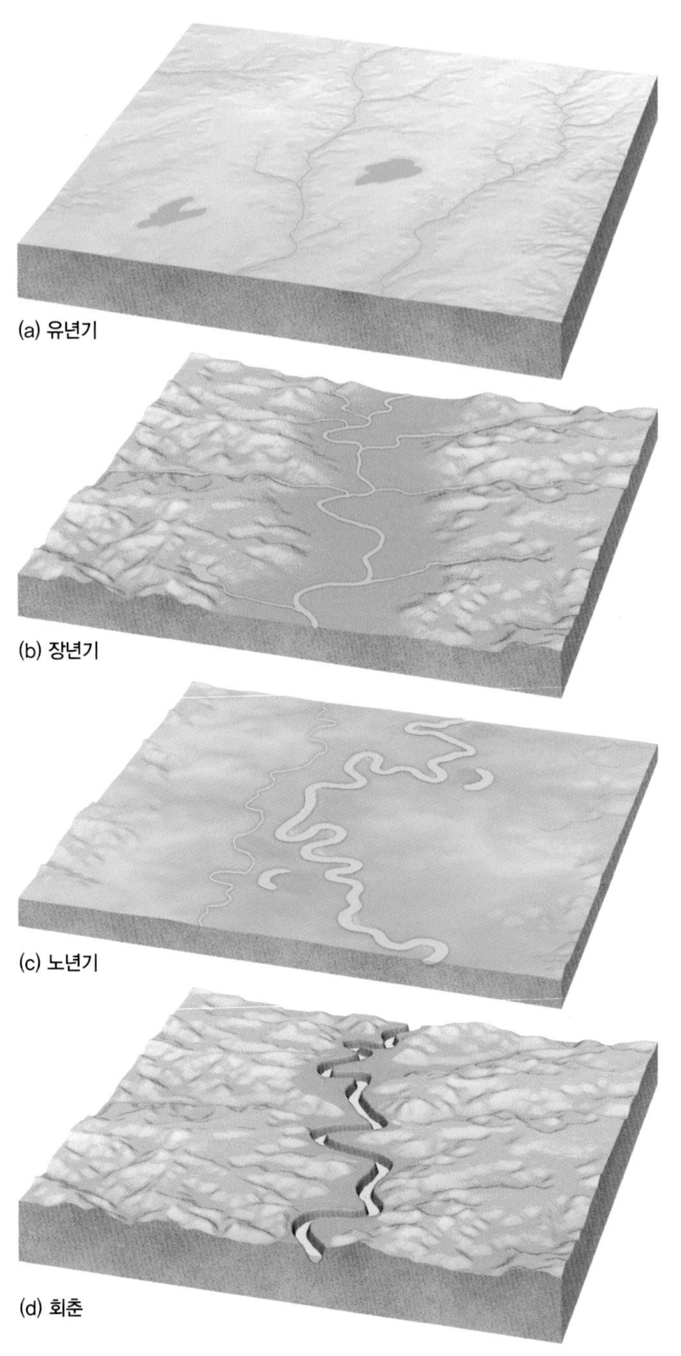

▲ 그림 16-46 Davis의 이상적인 지형윤회

진다. 이 단계에서 하간지는 전반적으로 개석된다.

- **노년기** : 많은 시간이 경과하게 되면 침식 과정에 의해 모든 경관의 고도가 침식 기준면에 가까운 수준으로 낮아진다. 이 단계에서는 경사진 땅이 거의 사라지고, 대부분의 지역이 광범위한 범람원으로 바뀌며 몇 개의 넓은 주요 하천이 천천히 곡류하게 된다. 지형윤회의 마지막 산물은 거의 기복이 없고 평탄하며 밋밋한 경관이 된다. Davis는 이를 **준평원**(peneplain, *paene*는 라틴어로 '거의'라는 뜻이므로, 이는 '거의 평원'이라고 이해하면 된다)이라고 지칭했다. 그는 침식에 강한 암석이 준평원면 위에 예외적으로 존재할 것이라고 했다. 이렇게 약간 돌출하는 잔류성 지형이 있을 것이라고 제안하면서, 이를 뉴햄프셔주에 있는 산지 이름을 따 **잔구**(monadnock)라고 불렀다.
- **회춘** : Davis의 모형에는 회춘이 포함되어 있다. 회춘 시에는 지역적인 융기로 인해 지표면이 추가적으로 들어 올려지고 새로운 하방침식을 유발하여 윤회가 다시 시작되도록 한다.

다른 지형학자들은 Davis 이론이 가지고 있는 전제들의 결함을 인식했고, 그의 결론들에 대해 회의적이었다. 예를 들어 이론에서 온전하게 존재하는 준평원은 실제로 존재하지 않았다. 일부 지역에서 침식되고 남은 것으로 추정되는 준평원의 잔존물은 발견되었지만, 어디에도 실제의 준평원은 없었다. 대부분의 지형학자는 융기 과정에서 침식이 거의 발생하지 않는다는 것을 수용하지 않았다. 마지막으로 이러한 지형 발달이 순차적으로 일어나는 것에 대해서 심각한 의심이 존재했다. 어떤 이들은 생물학적인 비유가 이해를 돕기보다는 오히려 오해를 유발한다고 하였다. 자연의 많은 곳들이 유년기, 장년기, 노년기의 모습을 지니고 있기도 하지만 일반적인 지형윤회에서 규칙적으로 한 단계가 다음 단계로 이어진다는 증거가 발견된 적은 없다. 도리어 하나의 계곡 내에서도 다양한 단계의 특성이 서로 뒤섞여 나타난다. 따라서 지형 분석에서 유년기, 장년기, 노년기와 같은 개념은 순차적인 발전 단계를 설명해서는 안 되며, 지역의 기복을 보여 주는 기술적 요약 수준에서 사용하는 것이 나을 것이다.

Penck의 지각변동과 사면 발달 이론

1920년대 독일의 젊은 지형학자 Walther Penck는 Davis를 주도적으로 비판하였다. 그는 사면은 침식이 진행됨에 따라 다양한 모습을 지닌다고 지적했다. Penck는 융기가 즉각적으로 침식을 유발한다고 하였으며, 사면의 형상은 융기율과 지각 운동의 영향을 강력하게 받는다고 강조했다. 그는 침식이 진행되더라도 사면의 형상과 경사는 유지된다고 하였다. 즉, '평행후퇴'를 하고 후퇴의 끝에서는 사면의 크기가 작아진다고 하였다. 하지만 사면의 크기 자체가 작아진다고 하더라도 Davis가 주장한 것처럼 경사가 완만해지면서 뒤로 눕는 것은 아니라고 주장했다. **지각변동과 사면 발달 이론**에 나타난 Penck의 아이디어 대부분은 후속 연구자들에 의해 연구가 이루어졌다.

학습 체크 16-15 Davis의 지형윤회설의 몇 가지 문제점을 설명하라.

평형 이론

세 번째 지형 발달 이론은 **평형 이론**(equilibrium theory)이다. 지난 60여 년간 많은 지형학자들이 지형 발달의 물리학적인 측면을 연구해 왔다. 이 접근 방식은 지형과 형성 과정 사이의 미묘한 평형에 대해 강조한다. 지각 운동의 영향과 침식에 대한 하부 암석의 저항력은 장소에 따라 매우 다양하다. 그리고 그러한 다양성은 형성 과정의 차이만큼 중요하다고 믿어 왔다. 평형 이론에서

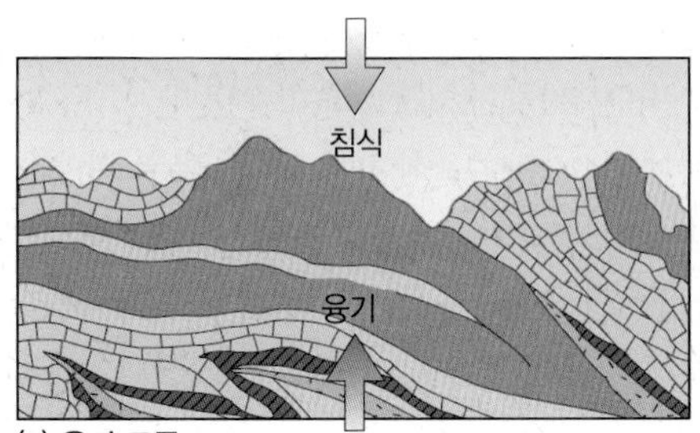

(a) 융기 도중

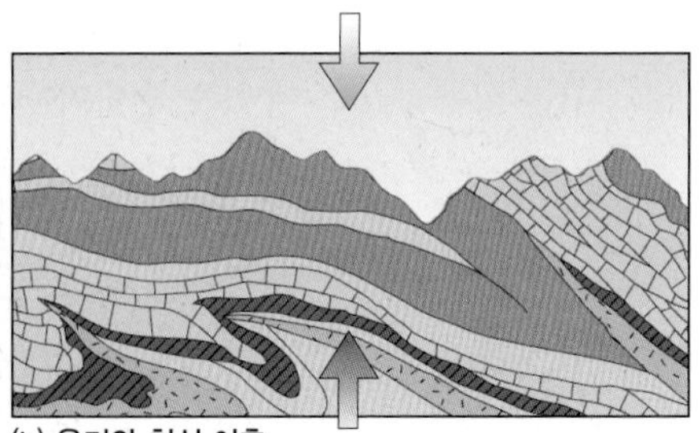

(b) 융기와 침식 이후

◀ **그림 16-47** 동적 평형의 개념. 스위스 알프스 지역의 수직 단면에 의하면 (a) 융기에 의해서 지표면이 들어 올려지는 것과 같은 속도로 침식이 기복을 제거하여 (b) 산지의 고도는 상당한 기간에 걸쳐 일정하게 유지된다. 지표의 암석은 융기와 침식에 의해서 지속적으로 변하지만(다른 암석이 드러나지만), 지표면의 형상은 제거와 대체가 균형을 이루고 있기 때문에 항상 일정하다.

사면의 형상들은 형성 과정들에 맞게 조정되며, 에너지의 균형이 존재한다고 본다. 여기서 에너지의 균형이란 지형 형성에 필요한 적정 수준의 에너지를 의미한다. 예를 들어 단단한 암석은 급경사와 큰 기복을 만들며, 부드러운 암석은 완경사와 낮은 기복을 만들게 된다. 따라서 Penck의 이론과 Davis의 이론이 공통적으로 가지고 있는 규칙성은 논란의 대상이 된다.

현재 알프스와 히말라야처럼 산지가 지각 운동에 의해 융기되면서 동시에 하천에 의해 침식되는 곳들은 평형 이론의 좋은 응용 사례라고 할 수 있다(그림 16-47). 사면이 평형을 이룬 상태에서는 융기로 사면이 새롭게 만들어졌을 때 융기로 높아진 것과 동일한 비율로 침식이 일어나게 된다. 윗부분은 매스 웨이스팅과 침식의 영향을 받고 아래쪽으로부터 다른 것이 융기하므로 암석은 변하게 된다. 하지만 전반적인 지표의 형태는 변하지 않고 유지된다. 동적 평형상태에서 침식률이나 융기율의 변화가 발생하게 되면 경관은 다시 침식률과 융기율이 같아질 수 있도록 일정 기간 조정 단계를 갖는다.

평형 이론은 지반이 안정된 곳이나 사막과 같이 하천유수가 제한적인 곳에서는 적용하기 어렵다. 그러나 이 이론은 앞선 두 이론에 비해서 지형과 형성 과정 간의 관계에 대해 보다 정교하게 설명하고 있다. 그 때문에 1960년대 이후의 하천지형학 연구에서 각광을 받았다.

제 16 장 학습내용 평가

이 장을 학습했다면 다음 질문에 대한 답을 찾아보자. 이 장의 학습내용에 대한 주요 용어는 진한 글씨로 표시되어 있다. 이 용어의 정의는 이 책 뒷부분에 제공된 별도의 용어해설에 나와 있다.

주요 용어와 개념

하천과 하천체계

1. 지형학에서 **하천**이란 무슨 의미인가?
2. **하성 과정**이란 무엇인가?
3. **하천유수**와 **지표면류**의 차이를 설명하라.
4. **계곡**과 **하간지**의 차이는 무엇인가?
5. **유역분지**(**집수구역**)란 무엇인가? **분수계**란 무엇인가?
6. **하천 차수**의 개념을 이용하여 1차 하천과 2차 하천의 차이 그리고 하천 차수와 하천 **경사** 간의 일반적인 관계를 설명하라.

하성 침식과 퇴적

7. 하천 운반 물질의 서로 다른 구성 요소인 **녹은짐**, **뜬짐**, **밑짐**에 대해서 설명하라.
8. **운반 능력**과 **하천의 최대 운반량**의 차이점은 무엇인가?
9. 하천은 **충적층**을 어떻게 크기별로 분급하는가?
10. **영구 하천**을 **간헐 하천** 및 **일시 하천**과 비교하여 설명하라.
11. 하천 **유량**의 의미는 무엇인가?
12. 홍수의 **재현주기**가 50년, 즉 50년 주기 홍수라는 말의 의미는 무엇인가?

하천 하도

13. 직류하도의 하천 흐름과 **만곡하도**의 하천 흐름이 어떠한 식으로 유사한지 설명하라.
14. 하천은 어떤 환경에서 **곡류하도**를 형성하게 되는가?
15. **망류하도**는 어떤 환경에서 형성되는가?

지질 구조와의 관계

16. **선행 하천**이란 무엇이며 어떤 과정을 거쳐 만들어지는가?
17. **수지상 하계망**이 형성되는 환경과 **격자상 하계망**이 형성되는 환경을 설명하라.

계곡의 형성과 재형성

18. **하방침식**을 통해 곡이 깊어지는 과정을 설명하라.

19. **침식 기준면**이란 무엇인가? **평형 하천**이란 무엇인가?
20. **경사변환점**이란 무엇인가?
21. **경사변환점 이동** 과정을 묘사하고 설명하라.
22. 곡류하천이 **측방침식**으로 계곡의 폭을 확장하는 방식을 설명하라.
23. **두부침식**의 과정을 묘사하고 설명하라.
24. **하천 쟁탈**의 과정을 설명하라.
25. **삼각주**의 형성 과정을 설명하라.
26. 하도의 **적평형작용**이 일어나는 조건은 무엇인가?

범람원

27. **범람원**의 일반적인 특징을 묘사하라.
28. **절단 곡류**의 과정을 묘사하고 설명하라.
29. **절단 곡류, 우각호, 곡류 흔적**의 관계를 설명하라.
30. **자연제방**이란 무엇이며 어떻게 형성되는가?
31. 범람원의 **야주 하천**의 존재가 의미하는 바는 무엇인가?

하천의 회춘

32. **하천의 회춘**을 유발하는 환경을 설명하라.
33. **하안단구**의 형성과정을 설명하라.
34. **감입곡류**가 형성되는 과정을 설명하라.

지형 발달 이론

35. 하천 지형 발달에 대한 Davis의 지형윤회 이론의 문제점을 최소 한 가지 이상 설명하라.
36. 평형 이론이 이전의 지형 발달 이론과 다른 점은 무엇인가?

학습내용 질문

1. 하천의 침식 효율성에 영향을 주는 요인으로는 어떤 것이 있는가?
2. 하천이 침식에 활용하는 '마식' 도구로는 무엇이 있는가?
3. 하천이 운반 가능한 최대 입경을 결정하는 요인은 무엇인가?
4. 왜 충적물질은 둥글거나 층을 이루고 있는가?
5. 암석 낙하(제15장)로 형성된 애추와 충적물질의 외형의 차이가 있는지를 설명하라.
6. 하성 지형 발달에서 홍수가 중요한 이유는 무엇인가?
7. 방사상 하계망을 묘사하고 이러한 하계가 나타나기에 적절한 유형의 장소를 묘사하라.
8. 하천이 전 구간에 걸쳐서 해수면 아래로 하각하는 것을 저지하는 것은 어떤 요인인가?
9. 왜 대부분의 V자형 계곡에서는 소수의 퇴적 형상만 발견되는가?
10. 왜 모든 대하천이 바다로 유입할 때 삼각주가 형성되지는 않는가?
11. 왜 곡류 하천은 정치적인 경계로 삼기에 적절하지 않은가?
12. 주요 하천의 홍수 통제를 위해 인공제방을 건설하는 것이 미칠 수 있는 부정적인 영향으로는 무엇이 있는가?

연습 문제

1. 나이아가라 폭포의 경사변환점 이동률이 일정하다고 가정하자. 12,000년간에 걸쳐서 폭포의 위치가 상류 방향으로 11km 이동해 간다면 연간 평균 이동률은 얼마인가? ___________m
2. 나이아가라 폭포의 경사변환점 이동률이 일정했다고 가정하자. 이러한 이동률이 앞으로도 일정하다고 하면 이리호까지 27km의 거리를 폭포가 이동해 가는 데에는 얼마나 시간이 걸리겠는가? ___________년
3. 하천의 운반 능력이 유속의 제곱에 비례하여 증가한다고 가정하자. 만일 하천이 2kg의 암석을 운반할 수 있다면 홍수 기간 동안 유속이 3배 증가했을 때 운반할 수 있는 물질의 무게는 얼마인가? ___________kg
4. 그림 16-17의 와이오밍주 트라우트 계곡의 지도를 이용하였을 때 하천이 지도 밖으로 나가는 부분에서의 하천 차수는 얼마인가? ___________차 하천

환경 분석 하천 수위

홍수위를 결정하고 수자원을 평가하기 위해 미국 전역에서 하천 수위가 모니터링되고 있다. 홍수위란 재난이 발생할 수준으로 물의 높이가 올라간 정도를 말한다. 미국국립기상국 역시 홍수를 예측하기 위해 수심을 예보하고 있다.

활동

http://water.weather.gov/ahps에 있는 미국국립기상국의 하천 관찰지도로 가라.

1. 미국 전역에는 몇 개의 하천 관측소가 존재하는가?
2. 다수의 관측소에 나타나는 현재의 홍수 수준은 무엇인가?
3. 중대한 홍수가 발생하고 있는 관측소의 수는 몇 개인가? 중간 수준 홍수가 나타나는 곳은 몇 개인가? 작은 수준의 홍수가 나타나는 곳은 몇 개인가?

지역의 하천 관측소를 확인하기 위해서 당신이 있는 곳 주변의 관측소를 클릭하라. 관측소 위치에 정지하면 하천 수위 자료를 보여 주는 그래프가 나타날 것이다. 몇몇 지역에 대해서는 수위 예측 자료가 그래프로 그려질 것이다(홍수 수준이 정의되지 않은 관측소들에서는 홍수 수준값이 나타나지 않을 것이다).

4. "What is VTC time" 버튼에서 멈추라. 왜 지방시(지점의 시간)와 세계 표준 시간이 함께 표시되는가?
5. 당신의 위치에 가장 가까운 관측소에 멈추라. 관측소의 위치는 어디인가? 현재의 하천 수준은 어떻게 되는가? 홍수 수준은 어떻게 되는가?
6. 지방시를 이용하였을 때, 그래프에 나타나는 가장 이른 시간과 날짜는 어떻게 되는가? 가장 늦은 시간은 어떻게 되는가?

"River Forecasts" 탭을 클릭하고 하천 수위 예측 정보가 나타나는 당신 주변 지역의 관측소에 멈추라.

7. 현재의 하천 수준은 어떠한가? 앞으로 이 하천 수위는 향후 며칠간 어떻게 예측되는가?
8. 현재의 하천 수위는 홍수위에서 얼마나 아래 혹은 위에 있는가?

국가 지도로 돌아가 동부 해안의 하천 관측소를 클릭하라.

9. 동부 해안의 하천 수준은 왜 이러한 양상으로 다양하게 나타나는가?

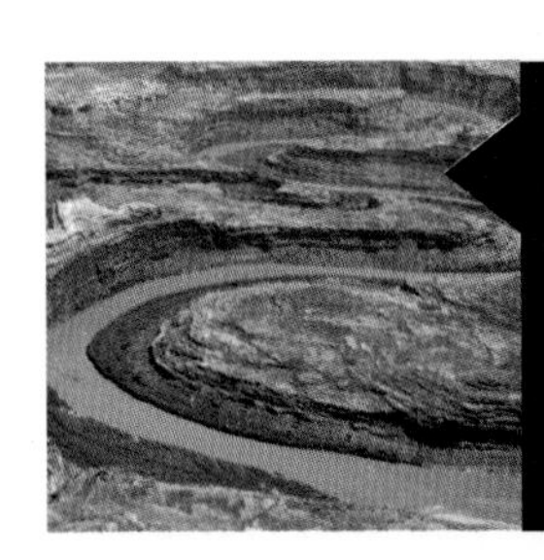

지리적으로 바라보기

이 장의 초반에 있는 그린강의 사진을 다시 보라. 이 곡류 하천은 범람원 위에 흐르고 있는가? 여기에 나타난 기복을 만들기 위해서 하천에는 어떤 일이 일어났는가? 시간의 경과에 따라서 이 하천의 유로는 어떻게 변할 것으로 보이는가? 충적물질에 의해서 식생의 분포 유형은 어떻게 영향을 받았는가?

지리적으로 바라보기

옐로스톤국립공원 올드페이스풀 간헐천. 간헐천 기저부 주변의 기반암은 멀리 있는 언덕의 암석과 어떻게 다른가? 어떤 요인이 간헐천 아래 식물과 배후 산

카르스트와 열수 작용

올드페이스풀 간헐천의 원리에 대해 호기심을 가져본 적이 있는가? 간헐천과 같은 열수 작용에 의한 지형은 특수한 조건을 갖춘 곳에서만 발달할 수 있다. 충분한 양의 지하수, 열원(보통 지표 근처에 있는 마그마), 통로망 그리고 가열된 물과 수증기가 축적될 수 있도록 기반암에 만들어진 통처럼 생긴 공간이 필요하다. 그리하여 최종적으로는 매혹적인 경관과 소리, 심지어 독특한 냄새까지도 갑자기 활성화시키는 경관이 형성된다.

지형 발달을 연구하는 데에는 물의 역할에 대해 세심한 주의를 기울여야 한다. 지표를 흐르는 물이 지표 지형을 형성하는 중요 요소임을 이미 언급했으며, 연안의 물이 해양과 호수 가장자리에 독특한 지형을 형성함을 곧 알게 될 것이다. 이 두 가지 경우에 물이 상대적으로 빠르게 이동할 때 침식, 운반, 퇴적이 이루어진다. 지표 아래의 물 또한 지형을 형성할 수 있지만 지표 위와는 완전히 다른 과정을 거친다.

지표 아래의 물은 대체로 수로가 없는 상태로 확산되므로 대부분의 구간에서 매우 천천히 이동한다. 따라서 지하수는 수리역학이나 다른 기계적 침식작용의 측면에서는 거의 영향력을 미치지 않는다. 그러나 지하수는 카르스트 지형 발달과 관련된 다양한 유형의 '용식 작용'과 '열수 작용'을 통하여 지표면에 독특한 흔적을 남길 수 있다. 이것이 이 장의 주제이다.

이 장의 내용을 배우면서 생각해야 할 주요 질문은 다음과 같다.

- 석회암은 어떤 방식으로 지하수의 영향을 받는가?
- 석회동굴은 어떻게 발달하는가?
- 석회암 지역에서는 지표면에 어떤 지형이 발달하는가?
- 온천이나 간헐천을 형성시키는 요인은 무엇인가?

경관에 미치는 용식 작용의 영향

지형 발달에 미치는 지하수의 물리적 영향은 상당히 제한적이다. 그러나 지하수는 화학적 풍화 작용을 통해 지형 경관을 형성하는 중요한 도구가 되기도 한다(지하수는 엄밀히 말하자면 오직 지하수면 아래에 있는 물만을 뜻하지만, 여기서는 지표면 아래에 있는 모든 물을 의미하는 용어로 사용한다). 물은 어떤 광물에 대해서는 용매이며, 물은 암석으로부터 이 광물을 용해하고 용해된 상태로 운반하여 다른 곳에 퇴적시킨다. 이와 같은 용식 작용은 지표면에서 광범위하게 이루어지며 독특한 경관을 만든다.

지하수는 또한 뜨거운 물이 지하에서 지표로 방출될 때 형성되는 온천과 간헐천의 열수 작용을 통해서도 지표 지형에 영향을 미친다.

용식과 침전

지하수와 관련된 화학 반응은 비교적 단순하다. 순수한 물은 용매로서의 역할이 미약하지만, 거의 모든 지하수에는 몇 가지 보편적인 광물로 구성된 혼합물을 용식하는 훌륭한 용매재인 화학 물질이 풍부하게 들어 있다(그림 17-1). 기본적으로 지하수는 탄산가스가 녹아 있기 때문에 묽은 **탄산**(carbonic acid, H_2CO_3) 용액이다. 우리는 제15장에서 **탄산염화** 작용의 결과로 기반암이 용식되는 것을 배웠다.

용식 작용

용식(dissolution)은 물의 화학 작용에 의해 기반암이 제거되는 것이다. 용식은 많은 종류의 암석에 영향을 미치지만, 특히 탄산염이 퇴적된 암석인 석회암에 더욱 효과적이다. 석회암은 대체로 탄산과 강하게 반응하는 탄산칼슘($CaCO_3$)으로 이루어져 있다.

▲그림 17-1 물속에서 조암광물의 상대적인 용식도. 각 비커에 든 '덩어리'는 일정량의 물에 담가 둔 원소가 용식되고 남은 양을 나타낸다. 예를 들어 나트륨과 칼슘은 거의 대부분 용식되지만, 철과 알루미늄은 실제로 물에 녹지 않는다.

이것은 물에 의해 쉽게 녹아서 제거되는 화합물인 중탄산칼슘을 생성한다.

$$\underset{\text{석회암 (탄산칼슘)}}{CaCO_3} + \underset{\text{물}}{H_2O} + \underset{\text{이산화탄소}}{CO_2} \longrightarrow \underset{\text{중탄산칼슘}}{Ca(HCO_3)_2}$$

석고, 심지어 변성암인 대리석과 같은 다른 탄산염암들도 유사한 반응을 나타낸다. 백운석(dolomite)은 석회암과 거의 비슷할 정도로 빠르게 용해되는 칼슘 마그네슘 탄산염암이며, 또한 중탄산칼슘을 생성한다.

$$\underset{\text{백운석}}{CaMg(CO_3)_2} + \underset{\text{물}}{2H_2O} + \underset{\text{이산화탄소}}{2CO_2} \longrightarrow \underset{\text{중탄산칼슘}}{Ca(HCO_3)_2} + \underset{\text{중탄산 마그네슘}}{Mg(HCO_3)_2}$$

석회암과 관련된 암석들은 주로 용해성 광물들로 구성되어 있기 때문에 때로는 암석의 많은 양이, 기반암인 탄산염암으로 스며들어 내려가는 물에 의해 용해되고 운반되어 기반암에 뚜렷한 공동(空洞)을 남긴다. 이러한 작용은 용식에 필요한 용해된 이산화탄소를 포함하는 수분을 충분하게 공급하는 강수량이 풍부한 습윤 기후에서 매우 빠르고 광범위하게 일어난다. 건조 지역에서는 과거 습윤했던 시기에 형성된 유물 지형을 제외하고는 이러한 용식 작용이 흔치 않다.

비록 탄산 반응은 탄산염암의 용식에 있어서 가장 일반적인 과정이지만, 최근 연구에서 제시된 바에 의하면 어떤 지역에서는 황산(H_2SO_4)이 또한 중요한 역할을 할 것으로 보고하고 있다. 예를 들어 뉴멕시코의 레추길라 동굴 일부는 황산에 의해서 석회암의 용식 작용이 확대되었는데, 이 황산은 지하 깊은 곳에 있는 석유 퇴적물에서 나온 황화수소(H_2S)가 지하수의 산소와 결합하여 형성되었다는 것이다.

기반암 구조의 역할 : 기반암의 구조는 용식 작용을 일으키는 데 있어서 또 하나의 요인이다. 기반암에 다수의 **절리**나 **층리면**이 발달하면 지하수는 쉽게 암석에 침투할 수 있다. 주어진 일정량의 물이 용해된 중탄산칼슘으로 포화되면, 이 포화된 물은 배수되면서 더 많은 암석을 용해시킬 수 있는 덜 포화된 신선한 물로 대체되기 때문에 물이 이동하는 것 역시 용식 작용을 돕는다. 이러한 배수현상은 깊은 지하를 흐르는 하천에서 볼 수 있는데, 보다 낮은 고도에 존재하는 유출구로 인해 배수가 더욱 촉진된다.

대부분의 석회암은 기계적 침식에 대한 저항력이 커서 종종 기복이 있는 지형을 만든다. 따라서 석회암이 용식에 대한 저항력이 약한 것은 기계적 풍화 작용에 대한 저항력이 큰 것과는 대조적이다. 저항력이 큰 석회암 표면 아래 내부는 침식에 취약하다.

학습 체크 17-1 석회암이 용해에 취약한 이유는 무엇일까?

침전 작용

탄산칼슘이 제거되는 것을 보충하는 기작은 용해 상태로부터 다시 고체 상태로 돌려 놓는 탄산칼슘의 화학적 침전 작용이다. 광물질이 풍부한 물은 동굴 천장이나 벽을 따라 똑똑 떨어진다. 개방된 동굴에서는 공기 압력이 낮아지므로 물이 운반하는 광물은 침전된다.

온천과 간헐천에서는 거의 항상 광물이 침전되고 있다. 이는 대체로 밝은 하얀색을 띠지만 때때로 주황색, 초록색 또는 조류(algae)와 관련된 색을 띠기도 한다. 지하수는 마그마와 접촉할 때 가열되어 뜨거워지기 때문에 자연스럽게 출구를 찾아 지표면을 향해 아주 빠른 속도로 이동하므로 여전히 뜨거운 상태로 대기 중으로 방출된다. 뜨거운 물은 일반적으로 차가운 물에 비해 용식력이 더 크기 때문에 온천이나 간헐천에는 상당한 양의 광물들이 녹아 있다. 뜨거운 물이 대기 중에 노출되면 물속에 포함된 광물의 상당 부분이 침전된다. 그 이유는 첫째, 뜨거운 물의 온도와 압력이 감소하고 둘째, 용액에 녹아 있는 광물이 용액에서 계속 녹은 상태를 유지하도록 돕는 용존가스가 공기 중으로 방출되며 셋째, 뜨거운 물속에 살고 있는 조류와 다른 유기체들이 광물을 분비하기 때문이다. 석회화 작용으로 집적된 이러한 퇴적물(트래버틴, 튜퍼, 신터)들은 다양한 칼슘질 광물을 포함하고 있으며, 작은 석회화 단구, 커튼 무늬의 벽과 같은 형태를 취한다(그림 17-20 참조).

그러나 수온이 높을수록 이산화탄소의 용해도는 '감소'한다. 그러므로 차가운 물이 대체로 뜨거운 물에 비해 탄산칼슘을 녹이는 데 보다 효과적이다.

학습 체크 17-2 트래버틴과 튜퍼와 같은 암석은 어떻게 형성될까?

동굴과 이와 관련된 지형

용식에 의해 형성된 가장 웅장한 지형들의 일부는 지표면에서 볼 수 없다. 지표면 아래 석회암 내부의 절리와 층리면을 따라서 진행되는 용식 작용으로 종종 크고 넓은 공동이 형성되는데, 이를 **동굴**(cavern)이라 부른다. 이러한 공동들 가운데 가장 큰 것은 수직적인 것보다는 수평적인 것이 대체로 더 많은데, 이는 층리면을 따라서 발달하고 있기 때문이다. 그러나 대부분의 동굴의 모양은 절리 체계로 인해 직교하는 형태를 보인다(그림 17-2).

동굴은 지표면 근처에 규모가 대단히 큰 석회암이 있는 곳이면 어디든지 발견된다. 예를 들면 미주리주에는 석회동굴이 6,000개 이상 분포한다. 동굴은 대체로 지표면과의 연결통로가 매우 작거나 뚜렷하지 않으며 종종 연결통로가 없기 때문에 발견하기 어렵다. 그러나 지표면 바로 아래 몇몇 동굴들은 규모가 매우 크다. 예를 들어 켄터키의 매머드 동굴의 경우에는 알려진 통로의 길이만 630km가 넘는다.

동굴은 회랑과 통로로 된 정교한 시스템을 이루기도 하는데, 이러한 동굴들의 형태는 대체로 불규칙하며 때때로 회랑을 따라서 여기저기에 흩어져 있는 거대한 공동('방')이 분포한다. 뉴멕시코주 칼즈배드 동굴의 '대공동(Big Room)'은 면적이 약 3.3헥타르에 이른다. 이는 6개의 축구장을 충분히 수용할 수 있을 만큼 넓은 면적이다. 규모가 큰 동굴에서 동굴 속을 흐르는 하천은 바닥을 따라서 흐르며, 침식 작용과 퇴적 작용을 한다.

스펠레오뎀

동굴 형성에는 이론적으로 주요한 두 가지 단계가 있다. 첫 번째는 초기 틈(excavation)이 있었으며, 이 틈으로 침투한 물이 탄산염암을 용식하여 공동을 만든다. 용식 작용에 이어서 다음 단계는 지하수면이 낮아진 이후에 나타나는 '장식 단계'이며 천정, 벽, 바닥은 놀랄 만큼 다양한 **스펠레오뎀**(speleothem)으로 장식된다(그리스어로 '동굴'을 의미하는 *spēlaion*, '퇴적'을 의미하는 -*thema*에서 유래). 이러한 것들은 용액 상태로 운반되었던 혼합물(주로 이산화탄소와 방해석)에서 물이 제거되면서 집적된 것이다. 일단 수분이 제거되어 용액 상태에서 벗어나면, 물속에 포함되어 있던 이산화탄소 가스는 동굴 안의 대기 중으로 흩어지고 방해석은 집적된다(그림 17-3).

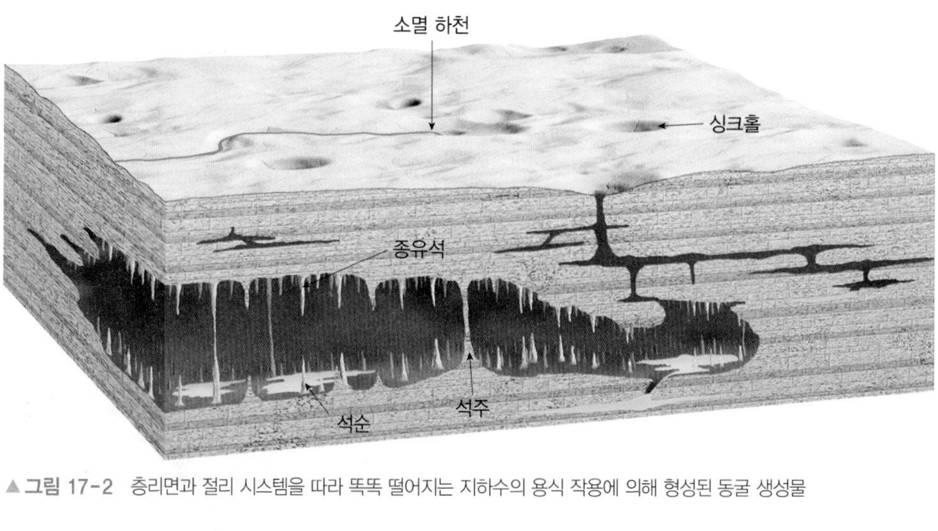

이러한 집적 현상은 대부분 동굴의 측면(벽면)에서 발생하지만, 인상적인 지형은 천정과 바닥에서 형성된다. 지붕에서 물이 떨어지는 곳에 발달한 천정에 매달린 구조들이 바로 **종유석**(stalactite, 그리스어로 '흠뻑 젖었다'는 것을 의미하는 *stalaktos*에서 유래)이다. 종유석은 마치 고드름처럼 천천히 아래로 성장한다. 바닥을 치며 물방울이 떨어지는 곳에서는 종유석과 짝을 이루는 **석순**(stalagmite, 그리스어로 '떨어진다'는 것을 의미하는 *satalagma*

▲ 그림 17-2 층리면과 절리 시스템을 따라 똑똑 떨어지는 지하수의 용식 작용에 의해 형성된 동굴 생성물

▶ 그림 17-3 켄터키의 매머드 동굴의 천정에 걸려 있는 다수의 종유석들. 부드럽고 완만한 표면은 흔히 '유석(flowstone)'이라고 한다.

에서 유래)이 위쪽으로 성장한다. 종유석과 석순이 계속 성장하여 서로 만나면 **석주**(column)가 형성된다(그림17-4). 몇몇 동굴에서는 길고 가느다란 **짚 종유석**(soda straw)이 천정에서부터 아래로 매달려 있는데, 물방울 1개 폭 정도의 속이 빈 관들로서 결국 종유석으로 성장하기도 한다.

스펠레오뎀은 기후 변화를 해독하는 데 활용될 수 있다. 이에 대해서는 "글로벌 환경 변화 : 동굴이 간직한 기후 변화의 증거"를 참조하라.

학습 체크 17-3 동굴 발달 과정의 두 단계를 설명하라.

카르스트 지형

기반암이 석회암이거나 혹은 이와 유사한 용해되는 암석이 분포하는 다수의 지역에서는 용식 현상이 광범위하게 그리고 효과적으로 작용하여 지표에 독특한 지형군을 발달시키고 지하에 동굴을 형성한다. 이러한 지형에 **카르스트**(karst, '척박한 땅'을 의미하는 고대 슬라브어의 독일식 표기)라는 용어를 사용한다. 카르스트라는 명칭은 용식 작용으로 형성된 바위투성이 언덕으로 이루어진 석회암 지역인 슬로베니아 크라스(Kras 또는 Krš) 고원지역에서 유래되었다(그림17-5).

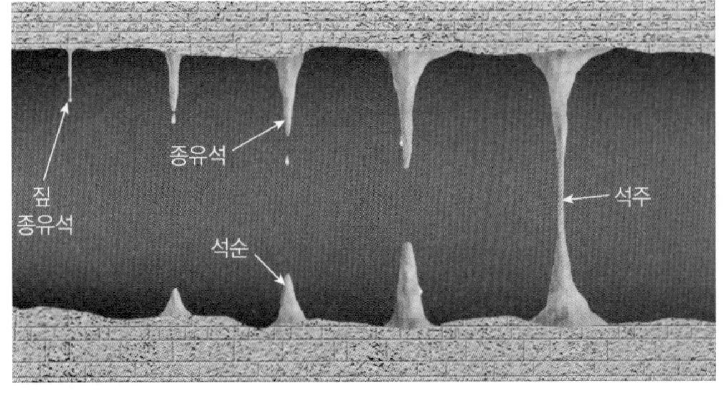

▲ 그림 17-4 짚 종유석, 석순, 종유석 그리고 석주의 발달

▼ 그림 17-5 불규칙한 지형과 붕괴된 동굴을 볼 수 있는 슬로베니아 프리모르스카의 카르스트 지대

동굴이 간직한 기후 변화의 증거

▶ Chris Groves, 웨스턴켄터키대학교

석회 동굴 안에서 물방울이 떨어질 때, 물방울에 포함된 광물 방해석이 침전되면서 석순과 기타 스펠레오뎀이 형성된다. 방해석은 동굴 위쪽에 있는 석회암의 내부에 형성된 절리를 따라 아래쪽으로 흘러들어 오는 CO_2가 풍부한 물에 의해 용해되며, 동굴 천장에 닿는 물방울로부터 CO_2가 분리되어 동굴의 대기로 유출될 때 방해석이 침전되어 남게 된다.

스펠레오뎀의 성장 밴드(그림 17-A)는 방해석 결정체 안에 존재하는 미량의 우라늄 동위원소를 이용하여 연대를 측정할 수 있다. 방사성 우라늄은 시간이 지나면서 이미 알려진 속도로 토륨으로 붕괴되므로, 스펠레오뎀 내 특정 밴드의 연대는 이 두 원소의 비율을 통해 알 수 있다. 스펠레오뎀의 단일 횡단면 내에서는 연 단위로 형성된 '라미나(laminae)'라고 불리는 밝거나 어두운 띠가 교대로 나타나며, 이는 물방울 흐름과 화학물질의 계절적 변화를 반영한다. 그러나 밴드들은 보다 더 복잡한 퇴적의 역사를 기록하므로 밴드 모양은 시간에 따라 달라질 수 있다. 퇴적물은 물방울을 만드는 역할을 하는 물의 수문학적 성질과 화학물질의 변화에 대응하여 퇴적 속도를 높이거나, 늦추거나, 혹은 멈출 수 있다. 일단 연구자들이 라미나의 연대를 밝혀내면, 동굴 안 방해석의 화학적 특성은 그 동굴이 발견된 지역의 기후에 대한 정보를 제공할 수 있다. 이러한 기록들은 종종 수만 년에 걸쳐 이루어지기도 한다.

암석에 남겨진 기록 : 스펠레오뎀은 고기후에 대한 다양한 지표를 제공한다. 예를 들어, 칼슘은 산소와 탄소의 동위원소를 함유하고 있는데, 이것들의 양이 상대적으로 얼마나 풍부한지는 동굴에서 스펠레오뎀이 형성된 시간의 동굴 내부 조건에 따라 좌우된다. 동굴 내부의 환경은 결국 동굴 밖의 환경 조건을 반영한다. 동굴 안의 기온과 수온은 해당 지역의 연평균 기온과 비슷하며, 스펠레오뎀의 성장 속도는 강우량에 따라 달라진다. 방해석의 산소 동위원소 ^{18}O와 ^{16}O의 비율(제8장에서 논의)은 동굴 내 수온의 영향을 받기 때문에 결과적으로는 외부 기온의 영향을 받는다. 따라서 특정한 석순에서의 $^{18}O/^{16}O$ 비율은 온도와 강우량의 변동을 나타내며, 이러한 기록은 종종 수천 년간 지속된다. 예를 들어, 이스라엘 중부에 있는 소레크 동굴 내 스펠레오뎀의 산소 동위원소는 약 17,000년 전에 최종빙기 최성기가 종료된 것을 암시한다(그림 17-B). 마찬가지로, 방해석 내부의 $^{13}C/^{12}C$ 비율은 동굴 위의 지표면에 분포했던 식물에 대한 정보를 제공할 수 있다. ^{13}C와 ^{12}C는 각기 다른 광합성 과정을 갖는 다양한 식물종에 따라 선호도가 달라지는 서로 다른 원자량을 갖고 있는 안정적인 탄소 동위원소이다. $^{13}C/^{12}C$의 특정 비율은 한랭다습 기후에서 흔히 존재하는 식물과 관련이 있으며, 온난한 기후 조건에서 번성하는 식물은 그와 다른 특징을 가진 $^{13}C/^{12}C$ 비율을 나타낸다. 식물의 종류는 방해석 안에 갇힌 화분 입자를 통해 식별할 수 있다.

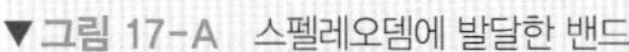

▼그림 17-A 스펠레오뎀에 발달한 밴드

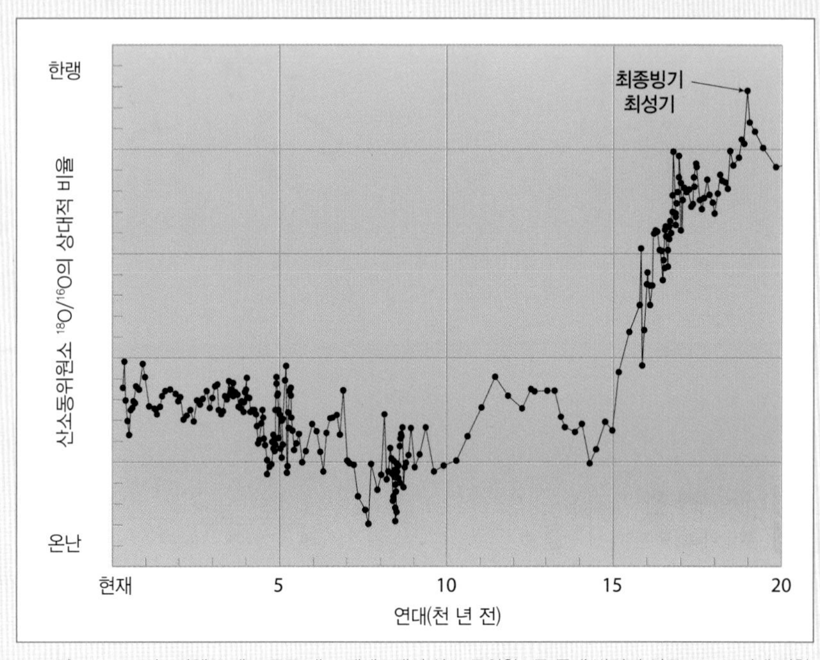

▲그림 17-B 이스라엘 소레크 동굴 내 스펠레오뎀의 산소 동위원소를 통해 밝혀진 최근 20,000년에 걸친 기온 변화

스펠레오뎀의 기록은 어떤 가치가 있을까? : 고기후에 대한 증거(빙하, 해저 퇴적물 또는 다른 어떤 것이든 자료의 출처와 관계없이)는 표본이 채취된 특정 위치에 대한 정보를 담고 있다. 석회 동굴과 그 안의 스펠레오뎀은 전 지구적으로 생성되기 때문에, 이 기록들은 전 지구적 기후 변화 기록의 공간 범위를 크게 넓히는 데 기여했다. 각 동굴의 기록은 기온과 강수량의 변화를 보여주며, 이러한 변화를 유발하는 대기의 작용(예 : 계절풍 행태의 변화)를 규명하는 데 도움이 되었다. 다양한 시공간에 걸쳐 있는 수많은 자료의 상관관계를 통해 기후 변화의 양상과 이와 같은 양상을 만들어내는 원리를 볼 수 있다.

질문

1. 스펠레오뎀에 포함된 방해석의 산소 동위원소 성분의 변화는 과거 기후를 어떤 메커니즘으로 우리들에게 설명하는가?
2. 스펠레오뎀에 포함된 밴드 또는 라미나가 지구의 과거 환경을 알아내는 데 얼마나 유용할까?

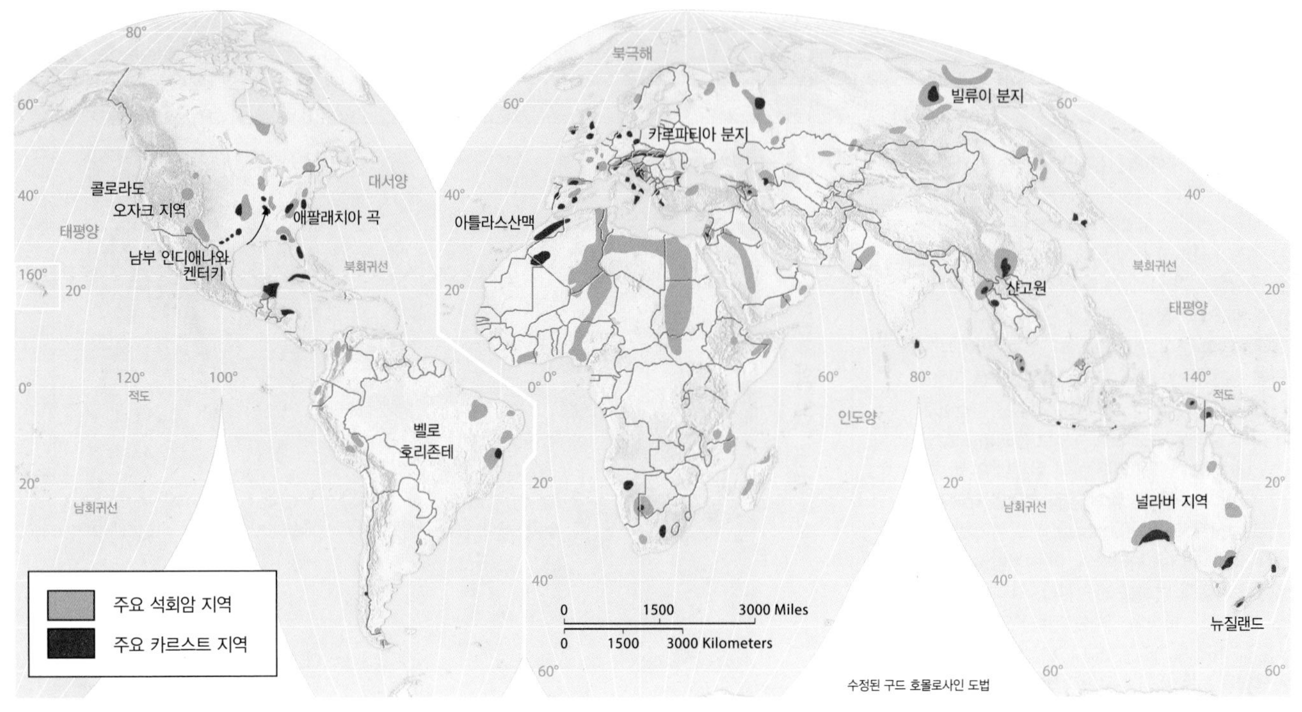

▲그림 17-6 세계의 주요 석회암과 카르스트 지역

카르스트라는 용어는 일련의 지형 형성 작용과 지형군 모두를 의미한다. 이것은 특정한 지역에 있는 특정한 지형을 지칭하기 위해 전 세계적으로 사용되기도 하지만, 예외적으로 용해되는 암석에서 발달하는 독특한 지형을 묘사하는 기초적인 개념의 포괄적인 명칭이 되었다.

카르스트 지형

카르스트 지역에서 볼 수 있는 전형적인 지형은 싱크홀, 폐쇄된 지표 하천수계 그리고 용식 작용으로 형성된 통로로 이루어진 지하 배수망을 포함한다. 통로의 크기는 열린 틈새부터 거대한 동굴까지 다양하다.

카르스트 지형은 일반적으로, 기반암으로 석회암이 거대하게 분포하고 있는 곳에서 발달한다. 그러나 용해성이 대단히 높은 암석[돌로마이트(백운암), 석고, 암염]에서도 발달할 수 있다. 카르스트 지형은 그 독특한 형태와 넓은 분포 범위로 인해 학술적 가치가 높다. 지구상에 있는 육지의 지표면 또는 지표면 바로 아래 약 10%는 용해성 있는 탄산염 암석으로 간주된다(그림 17-6). 미국 본토에서 탄산염 암석은 전체 면적의 약 15%에 이른다(그림 17-7).

싱크홀 : 카르스트 지형에서 가장 일반적인 지표면의 특징은 싱크홀(sinkhole)이며[돌리네(doline)라고도 한다], 이것은 수백 개 때로는 수천 개까지 발달한다. 싱크홀은 지표면의 탄산염 암석이 용식되어 형성된 둥근 와지이며 절리의 교차점에서 전형적으로 형성된다. 싱크홀은 폐쇄된 와지를 형성하면서, 이 지형을 둘러싼 주변보다 빠르게 침식된다(그림 17-8a). 싱크홀의 측면은 일반적으로 주변에서 운반된 물질로 안식각(일반적으로 20°~30°)을 이루며 안쪽으로 기울어져 있다. 지면 아래에 있는 동굴의 지붕이 붕괴되어 형성된 싱크홀은 **함몰 싱크홀**(collapse sinkhole, 혹은 함몰 돌리네)이라 부른다. 이것의 벽면은 수직이거나 또는 위쪽이 앞으로 돌출된 형태의 절벽을 이룬다(그림 17-8b).

싱크홀의 크기는 직경 수 미터, 깊이 수 센티미터 정도의 얕은 와지부터 직경 수 킬로미터, 깊이 수백 미터 정도까지의 범위를 보인다. 가장 큰 것은 싱크홀의 발달 속도가 빠르고 인접한 와지들을 합치는 열대지역에서 나타난다.

싱크홀의 바닥은 지하 통로로 연결되고 폭우기간 동안 쏟아지는 물이 이 통로를 통해 아래로 배수된다. 그러나 지하로 통하는 입구는 일반적으로 암석 쇄설물, 토양 혹은 식생으로 막혀 있어, 강우 시 물이 빠져나갈 때까지 일시적으로 호수를 이룬다. 실제로 싱크홀은 카르스트 하곡 지형이므로 침식과 풍화가 기본적으로 진행된다.

대부분의 카르스트 지형에서는 와지가 지배적인 경관을 이룬

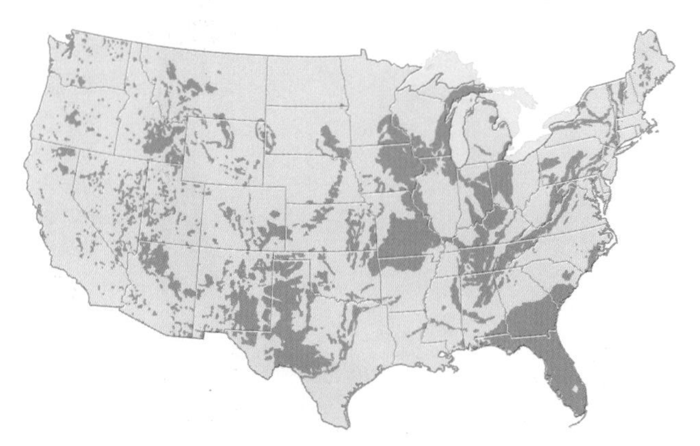

▲그림 17-7 미국 본토의 카르스트 지역(초록색으로 표시)

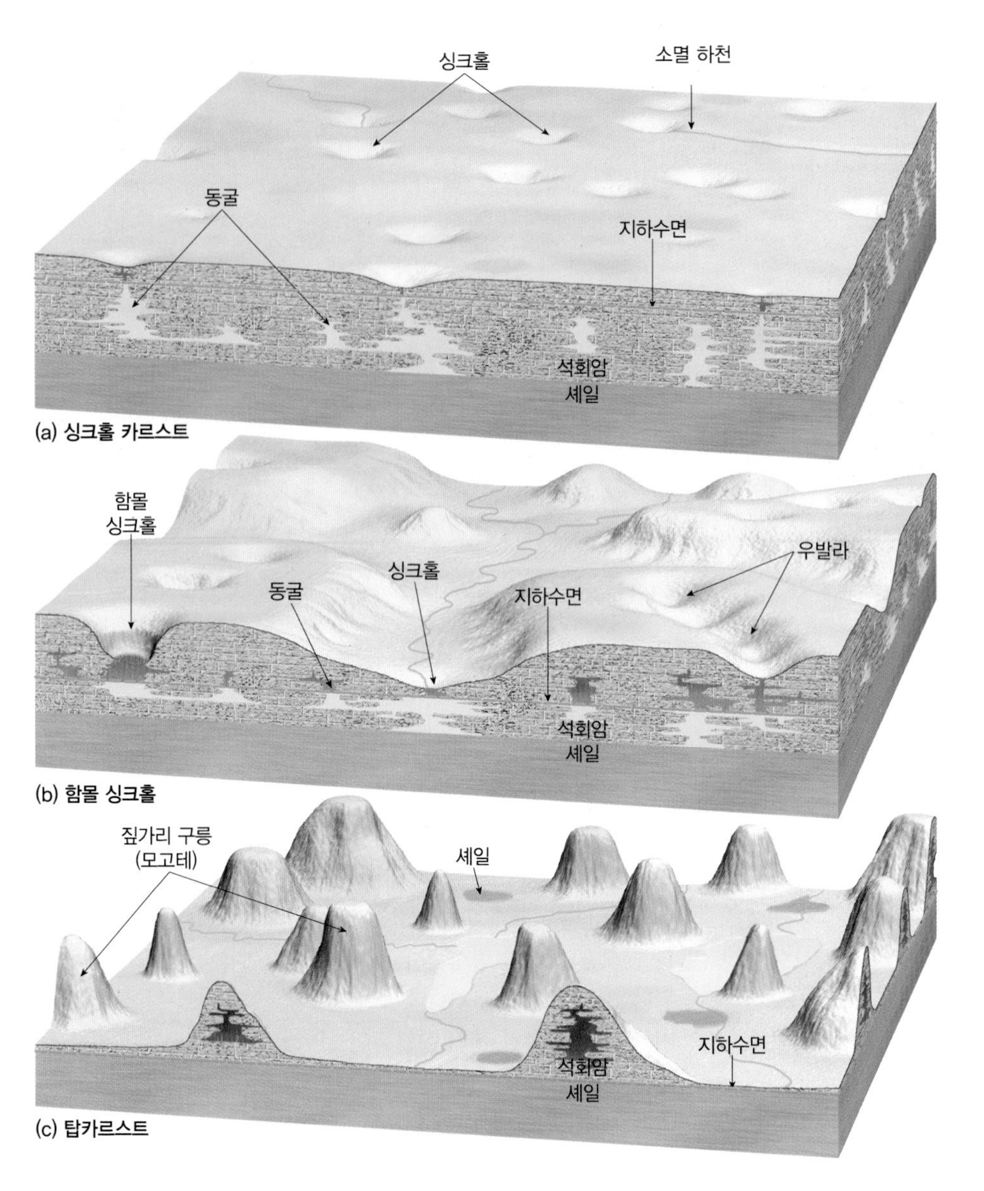

◀ 그림 17-8 카르스트 지형의 발달. (a) 싱크홀과 소멸 하천이 지배적인 경관. 지하수 아래의 기반암의 용식은 동굴로 발달하는 공동을 남기기도 한다. (b) 지하 동굴이 붕괴되는 지역에서 함몰 싱크홀이 형성된다. 하천은 스왈로 홀(swallow hole)을 통해 싱크홀 속으로 사라지기도 한다. 만약 빈 공간이 충분한 동굴을 형성할 만큼 지하수위가 충분히 떨어지면, 점차 스펠레오뎀이 형성될 것이다. (c) 탑카르스트 지형은 석회암이 용식되고 남은 탑으로 이루어진다.

다. 싱크홀은 중부 플로리다와 미국 중서부 지역의 일부, 특히 켄터키, 일리노이 그리고 미주리주에서 흔하게 나타난다(그림 17-9). 예를 들어 컬럼비아에 있는 미주리대학교에서는 미식축구 경기장과 실내 농구 경기장이 싱크홀 안에 만들어져 있으며, 그 주변의 주차장은 가끔 물에 잠기기도 한다.

카르스트 지역에서 싱크홀이 가장 일반적이지만 그 밖에도 상당히 다양한 지형이 있다. 플로리다 중부에서처럼 기복이 작은 곳에서는 싱크홀이 가장 우세하게 나타난다. 그러나 기복이 더 큰 지역에서는 절벽 및 가파른 사면과 평평하지만 유로가 없는 골짜기가 교대로 나타난다. 지표에 노출된 석회암의 기반암에는 구멍이나 그루브, 녹아서 패인 홈 등 용식 작용에 의해 미세하고 복잡한 지형이 형성된다.

◀ 그림 17-9 켄터키주 매머드 동굴 근처에 있는 펜로열고원 혹은 '싱크홀 평원'에서는 싱크홀이 지배적인 경관이다.

▶ **그림 17-10** 중국 광시 장족자치구 양숴현에 있는 장엄한 탑카르스트 언덕(모고테) 경관

카르스트 지역의 지표 하계망 : 싱크홀이 많이 분포하는 지역에서는 표면 유출수를 종종 지하로 흘려보내므로 지표에는 유물 지형인 건곡(dry valley)과 같은 하계망을 남긴다. 세르보크로아티아 용어인 **우발라**(uvala)는 싱크홀이 서로 합쳐져 연속되는 체인을 의미한다. 많은 경우에 싱크홀은 시간이 흐르면 우발라로 변화한다.

여러 가지 측면에서, 카르스트 지역의 가장 특징적인 지형은 지표면 하계망과 같이 사라져서 보이지 않는 것이다. 대부분의 강수와 눈이 녹은 물은 절리와 층리면을 따라서 지하로 스며들며, 용식으로 절리와 층리면을 확장시킨다. 유로를 이루는 지표 유출은 대체로 멀리 흐르지 않아 싱크홀이나 절리 균열을 따라서 사라진다. 이러한 하천은 종종 **소멸 하천**(disappearing stream)(그림 17-8a)이라 부른다. 싱크홀로 모이는 물은 일반적으로 지하로 투수된다. 일부 싱크홀은 바닥에 뚜렷한 공동이 생기는데, 이를 **스왈로 홀**(swallow hole)이라고 부른다. 스왈로 홀을 통해 지표 하천이 지하수로 바로 흘러 들어가며, 때로는 약간 거리가 떨어진 곳의 다른 구멍을 통해 지표상에 다시 나타나기도 한다. 용식 작용이 오랜 기간 이루어진 지역에서는 지표 하계망을 대신해 지하에서 복잡한 하계망을 갖는 경우도 있다. 카르스트 지역에서 지표 하계망에 대해 일반적으로 말할 수 있는 것은 하곡은 상대적으로 형성되기 어려워 드물게 분포하고 대부분 말라 있다는 것이다.

탑카르스트 : 측면의 사면 경사가 매우 가파른 언덕 형태의 잔류 카르스트(residual karst) 지형은 세계의 몇몇 지역, 특히 강수량이 대단히 많아 구릉지 기저부가 용식되는 열대 지방에서 탁월하게 나타난다(그림 17-8c). 대부분 측면의 사면 경사가 수직으로 원뿔 혹은 반구상의 형태를 보이는 이러한 것들은 종종 **탑카르스트**(tower karst)라고 한다. 그러한 탑들은 때때로 동굴투성이가 된다. 쿠바 서부와 푸에르토리코 북서부의 모고테(magote) 또는 짚가리 구릉(haystack hill)과 마찬가지로 중국 남동부, 베트남 북부, 태국 남부 지역에 분포하는 탑카르스트는 장엄한 경치로 인해 세계적으로 유명하다(그림 17-10).

학습 체크 17-4 싱크홀의 정의는 무엇이며, 어떤 형태를 하고 있는가?

지하수 채취와 싱크홀의 형성 : 카르스트 지형의 일부 지역에서 인간의 활동은 직접적이고 즉각적인 결과를 초래할 수 있다. 예를 들어 플로리다 중부 지역 대부분은 기반암이 싱크홀이나 함몰 싱크홀이 용이하게 만들어지는 거대한 석회암이다. 싱크홀과 함몰 싱크홀의 지형 형성 작용은 지하수 수위가 낮아질 때 가속화된다. 싱크홀은 플로리다에서 오랜 기간 형성되어 왔으며, 20세기 동안에만 수천 개의 싱크홀이 나타났다. 실제로 플로리다 중부에서 경치가 좋은 대부분의 호수는 싱크홀에서 시작되었다.

플로리다는 최근 수십 년 동안 인구 증가로 상당한 양의 지하수를 소모하여 지하수 수위가 하강하였다. 그 결과 플로리다 싱크홀은 수적으로나 규모 면에서나 혼란스러울 만큼 증가하고 확대되어 1980년대 초반에는 거의 하루에 1개 수준에 이르렀는데, 이후 그 속도가 느려져서 한 달에 몇 개 수준으로 진정되었다(그림 17-11).

▼ **그림 17-11** 플로리다주 클러몬트에 있는 이 싱크홀은 2012년 8월 하룻밤 사이에 갑작스럽게 형성되면서 세 채의 건물을 파괴했다.

열수 작용과 관련된 지형

세계 많은 곳에서는 뜨거운 물이 자연적으로 형성된 틈을 통해 지표면으로 나오는 소규모 지역들이 있다. **열수 작용**(hydrothermal activity)으로 알려진 증기를 동반하여 뜨거운 물이 솟아나는 현상은 대체로 온천이나 간헐천의 형태를 취한다.

전 세계 많은 곳에서 사람들은 청정 에너지의 일환으로서 열수 자원을 이용해 왔다. "21세기의 에너지 : 지열 에너지"를 참조하라.

온천

지표면에서 뜨거운 물이 나타나는 현상은 일반적으로 지하수가 가열된 암석이나 마그마와 접촉하고 이에 따라 물이 가열되면서 발생하는 압력에 의해 균열을 따라 지하수가 위로 밀려 올라오기 때문이다(그림 17-12). 이러한 과정의 결과로서 **온천**(hot spring)이 형성되며, 지표에서 지속적으로 혹은 간헐적으로 물이 끓어오른다. 뜨거운 물은 용해된 광물을 다량 함유하고 있으며, 상당량의 광물은 물이 지표에 도달하여 온도가 하강하고 압력이 감소하면 바로 침전된다.

온천 주변이나 온천수가 흘러내리는 사면의 아래쪽에서 퇴적물은 다양한 형태를 보일 수 있다. 만약 온천의 출구가 경사면에 위치한다면 일반적으로 단구가 형성된다. 온천이 평지에서 솟아 나온다면 원뿔, 돔형 혹은 불규칙적인 동심원 모양으로 퇴적된다. 탄산칼슘은 탄산을 포함하고 있는 물에서 빠르게 용해되기 때문에 온천 퇴적물 대부분은 대량의 탄산칼슘 집적물(**트래버틴**) 혹은 다공성의 탄산칼슘 집적물(**튜퍼 또는 신터**)로 구성되어 있다. 그 외 다양한 광물이 퇴적물 속에 포함될 수 있는데, 특히 규소가 많이 포함되어 있지만 칼슘 혼합물보다는 그 양이 훨씬 적다.

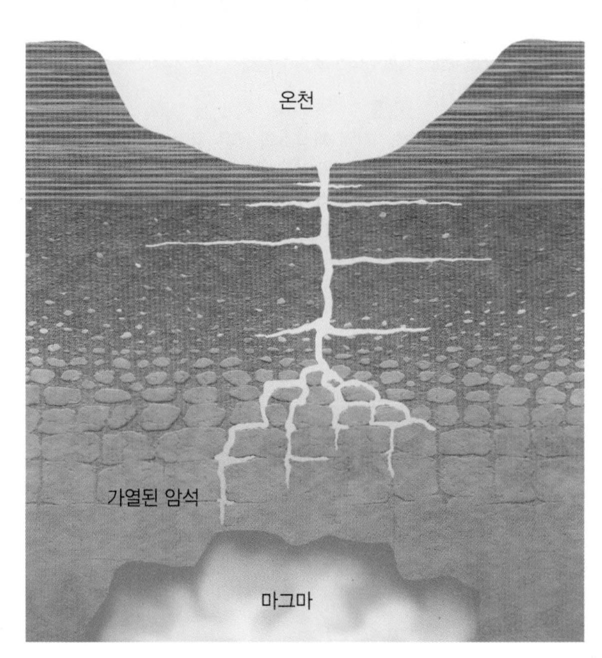

▲그림 17-12 온천의 단면도

▲그림 17-13 온천의 바닥과 측면은 종종 조류가 성장함에 따라 화려한 색조를 띤다. 이것은 옐로스톤 국립공원에 있는 뷰티풀이다. 웅덩이 바닥의 검은 부분은 뜨거운 물이 표면으로 나오면서 만들어진 균열에 의해 생긴 구멍인데, 온도는 약 77℃이다.

많은 온천에는 화려한 색상의 조류나 '극한 서식 환경을 선호하는' 미생물이 서식한다. 그것들은 이 환경의 극한 온도에 적응한 생명체이다. 그러한 유기체들은 온천이 놀라운 경관을 이루는데 기여할 뿐만 아니라 분비물인 광물을 퇴적물에 보탠다(그림 17-13). 어떤 극한 환경을 선호하는 미생물들은 몇몇 온천의 강산성수에 더 잘 적응한다(그림 17-14).

▲그림 17-14 연구자들이 뉴질랜드 북섬에 위치한 와이오타푸 지열 지역에서 시료를 채취하고 샴페인풀의 산도를 재고 있다.

지열 에너지

▶ Nancy Lee Wilkinson, 샌프란시스코주립대학교

지열 기술은 지구 내부에서 우라늄과 칼륨과 같은 원소들의 방사성 붕괴를 통해 발생하는 열과 지구의 핵에서 방출되는 열을 이용한다. '열점(hot spot)'과 액체 형태의 마그마가 지표 가까이로 상승하는 지각 판의 경계를 따라 이 열에 쉽게 접근할 수 있다.

지열 에너지의 활용 : 인류는 지난 수십 만년 동안 온천욕을 즐겼다. 고대 로마의 기술자들은 더 나아가 공중목욕탕을 만들고 건물을 난방하기 위해 온천수의 순환 체계를 구축했다. 이는 아이슬란드 등의 지역에서 지금도 여전히 활용되는 방식이기도 하다. 오늘날 지열 펌프 또한 지하에서 열을 끌어 뽑아내는 매립 배관 시스템을 통해 공기나 부동액을 순환시켜 지열 에너지를 직접 활용한다.

보다 큰 규모의 기술은 지열 에너지로부터 전기를 발전하기 위해 개발되었다. 전체 과정 중에는 증기를 얻기 위해 땅에 구멍을 뚫는 작업이 포함된다.

- 건조 증기 발전소는 터빈을 가동시키기 위해 지구 내부로부터 증기를 추출한다. 증발 증기 발전소는 매우 낮은 압력 상태에 있는 탱크 속으로 증기를 뿌리고, 이 탱크에서 수증기가 증발되면서 터빈이 작동한다. 이 두 가지 경우 모두, 사용된 증기는 응축하여 물방울로 만들어 지하로 보내 자연스럽게 다시 가열되게 한다.
- 복합 순환 발전소는 분리된 파이프와 열 교환기를 통해 지열수와 물보다 끓는점이 낮은(아이소뷰틸렌과 같은) 제2의 액체를 순환시킨다. 지열 유체에서 지열수와 얻은 열이 2차 액체를 증발하게 하여 터빈을 가동시킨다. 이 기술은 비교적 낮은 온도의 지열 자원을 활용한다.
- 심부 지열 발전 시스템(EGS)은 지열 활동이 활발한 건조 지역에서 증기를 생산하기 위해 지하로 차가운 물을 주입한다(그림 17-C). 이러한 시스템들은 미국 서부와 호주의 건조 지역에서 지열 발전소를 크게 확대하도록 할 것이다.

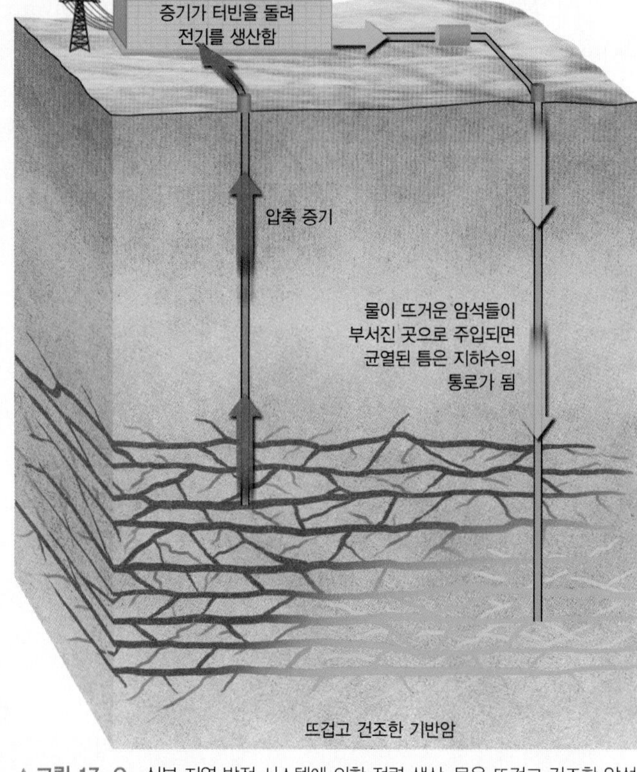

▲그림 17-C 심부 지열 발전 시스템에 의한 전력 생산. 물은 뜨겁고 건조한 암석에 주입된다. 그리고 발생되는 증기는 터빈에 동력을 공급하기 위하여 추출된다.

장점과 단점 : 지열 발전 시스템은 지하자원 채굴이나 원료 수송, 탄소 배출이 전혀 필요하지 않으며 오염물질도 극히 적은 양만 배출하면서 밤낮 구분 없이 에너지를 생산한다. 비록 증기 배출 과정에서 CO_2가 방출되지만, 그 양은 석탄을 연소하는 시설에서 발생하는 것에 비하면 극히 적다. 증기 발전은 또한 온천에서 나오는 특징적인 '썩은 달걀' 냄새가 나는 황화수소 가스를 방출하지만, 지열 발전소는 화석 연료를 사용하는 발전소보다 유황을 97% 적게 배출한다. 지열 에너지 발전은 시추 작업과 물의 추출, 주입으로 인해 지진을 유발할 수 있다. 이는 ESG 발전에서 특히 우려하는 사항이기도 하다. 지열 발전소는 지진이 활발한 지역에 건설되기 때문에 인공적으로 유도된 지진과 자연 지진을 구별하기 어려울 수 있다. 마지막으로, 발전소에서 증기를 추출하는 속도가 자연적인 재충전 속도를 초과할 경우 증기 압력이 감소할 수 있다. 전 세계적으로 250개 이상의 간헐천들이 이러한 방식으로 고갈되고 있는 것으로 추정된다.

▲그림 17-D 캘리포니아 북쪽의 간헐천에 위치한 지열 에너지 발전소 시설

지열 에너지 기술의 지리학 : 최근 지열 에너지 기술이 붐을 일으키고 있다. 지열 발전소는 27개국에 건설되어 약 12,000메가와트의 전력을 생산하고 있다. 전력 생산량이 3,400메가와트를 넘는 미국이 이 산업을 선도하고 있는데, 특히 샌프란시스코 북부 간헐천 지대의 발전소(그림 17-D)에서 미국 전력 수요의 0.3%를 공급하고 있다. 필리핀, 인도네시아 그리고 엘살바도르는 그보다 적은 발전 능력을 보유하고 있지만, 이들 국가에서는 지열 발전이 전국 전력 생산량의 25~30%를 차지한다. 지열 발전은 그 외에 멕시코, 뉴질랜드, 이탈리아와 같이 화산 활동이 활발한 지역에서도 중요한 전력 공급원이다. 지열에너지협회에 따르면, 현재 76개국에서 약 700개의 새로운 지열 에너지 프로젝트 제안이 나오고 있는데 그중에는 현재 칠레, 터키, 케냐, 에티오피아에서의 대규모 발전소 건설도 포함되어 있다. 네비스나 세인트루시아와 같은 작은 섬나라들도 지열 에너지로 지역에서 오염을 발생시키지 않는 에너지 자원을 이용하기 위해 막대한 투자를 하고 있다.

질문

1. 지열 저장소의 물은 무엇으로 가열하는가? 만약 그 열을 사용하지 않을 경우 열은 어디로 가는가?
2. 지열 자원으로부터 전기를 생산하는 데 필요한 세 가지를 설명하라.
3. 면적이 작은 섬나라들은 왜 전력을 생산하는 좋은 방법으로 지열 발전을 택하는가?

간헐천

온천수가 간헐적으로 솟아나는 특별한 형태가 **간헐천**(geyser)이다. 뜨거운 물은 간헐천에서 산발적으로 맹렬하게 분출하는데, 이와 같은 과정의 대부분 혹은 전부는 뜨거운 물과 증기를 위로 내뿜는 일시적인 방출 혹은 **분출**(eruption)에 의해 나타난다. 분출한 후 간헐천은 그다음 분출 때까지 외관상 휴지기에 들어간다.

분출 과정 : 간헐천의 분출이 일어나는 과정은 지하수가 일련의 좁은 동굴과 수직통로로 연결된 지하의 틈새로 침투하면서 시작된다. 가열된 암석 및 마그마가 이 물 저장고에 충분히 가까이 있어서 지속적으로 열을 제공한다. 물이 저장고 내에 집적되면 끓지 않고도 온도가 200℃ 혹은 그 이상까지 올라간다. 이러한 과열 현상은 위쪽에 있는 물의 무게로 인한 높은 압력 때문에 가능하다. 압력이 낮은 물 저장고 상층부의 물이 가열되면 물의 양이 팽창하고 마침내 물은 지표면 위로 솟아오르게 된다(그림 17-15a).

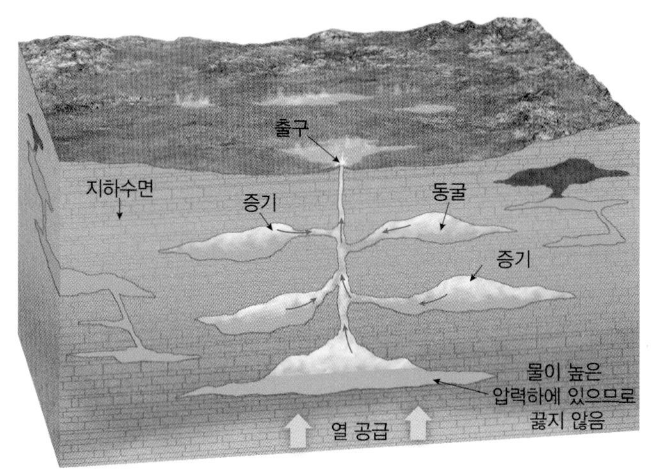

(a) 물 저장고들의 하부에 위치한 물의 가열

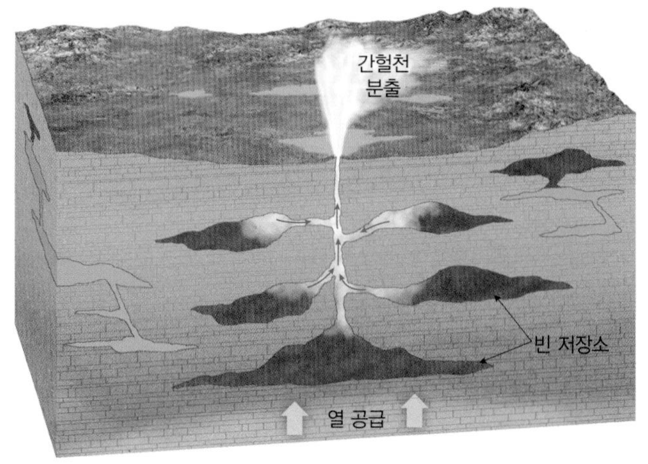

(b) 분출하는 간헐천

▲그림 17-15 전형적인 간헐천의 분출 과정. (a) 하부의 물은 가열되지만 압력이 높으므로 끓지는 않는다. 물 저장고들 상부의 물이 가열되어 기화, 팽창하여 표면으로 올라온다. (b) 표면에서의 이런 현상은 하부에 대한 압력을 감소시켜 물 저장고들의 하부에 있는 과열된 물이 끓게 된다. 물 저장고들의 하부에서 급격하게 형성된 증기는 분출의 원인으로 작용한다. 분출 이후 그 공간은 물로 다시 채워지고, 이런 과정이 다시 시작된다.

이렇게 물이 급속하게 솟아오르면서 아래쪽의 과열된 물의 수압을 낮추고 다시 물을 끓이게 된다. 증기의 갑작스러운 방출은 폭발을 유발하여 간헐천 통로(geyser vent) 밖으로 뜨거운 물과 증기를 내뿜어 위로 솟구치게 한다(그림 17-56b). 이러한 분출은 압력을 감소시키며 분출이 진정될 때 이와 같은 과정을 반복하기 위한 준비 과정으로 지하수는 저장소에 다시 모이기 시작한다.

엄청난 열의 공급은 간헐천 활동에 필수적이다. 옐로스톤 공원의 어퍼가이저베이슨에서 실시된 최근의 연구에 의하면, 이 간헐천 분지에는 동일 규모의 비간헐천 온천수보다 최소 800배나 더 많은 열이 공급되는 것으로 밝혀졌다.

학습 체크 17-5 간헐천 분출이 일어날 수 있는 일반적인 조건을 설명하라.

분출 형태 : 일부 간헐천은 지속적으로 분출되어 증기가 빠져나가면서 물이 바로 공급되므로 실제 온천과 유사한 형태를 보인다. 그러나 대부분의 간헐천은 분출을 일으키기에 충분한 물이 집적되어야 활성화되므로 산발적으로 분출한다. 몇몇 분출은 매우 짧게 이루어지는 반면 다른 경우에는 분출이 오랫동안 지속된다. 대부분은 몇 시간 혹은 며칠의 간격으로 분출하는 반면, 일부는 분출 사이의 간격이 몇 년 혹은 몇십 년씩 지연되는 경우도 있다. 분출하는 물의 온도는 일반적으로 순수한 물의 경우 거의 끓는점에 가깝다(해수면에서 100℃). 일부 간헐천의 경우 분출하는 물기둥은 공기 중으로 겨우 몇 센티미터 정도까지만 올라가는 반면에 어떤 물기둥은 45m보다 더 높이 솟구치기도 한다.

'간헐천'이라는 용어는 아이슬란드 단어 *geysir*('솟구치다' 혹은 '맹렬히 계속되다')에서 유래되었으며, 간헐천이라는 용어는 남부 아이슬란드에 있는 그레이트가이저에서 기원했다. 모든 간헐천 중에서 가장 유명한 것은 옐로스톤 국립공원에 있는 올드페이스풀이다(이 장의 첫 페이지에 있는 사진 참조). 이 간헐천은 분출하는 힘(물기둥은 30m 이상 올라간다) 때문에 유명하기도 하지만, 실제로 더욱 유명하게 만든 것은 분출의 규칙성 때문이다. 올드페이스풀은 분출 사이의 간격이 약 30~120분까지로 한 세기보다 더 이전의 과학자들에 의해 처음 측정된 이래 계속 유지되고 있으며 낮과 밤, 겨울과 여름, 해마다 지속적으로 분출하고 있다. 그러나 1980년대 초반에 옐로스톤고원에서 연속적으로 발생한 지진에 의해 간헐천 내부의 수로가 파괴된 사건이 발생하면서 올드페이스풀의 분출 간격이 다소 불규칙해졌다. 이로 인해 현재는 폭발 사이의 간격이 평균적으로 92분 정도이다.

광물의 퇴적 : 간헐천 활동으로 생긴 집적물들은 일반적으로 온천과 관련되어 생긴 집적물보다는 덜 특이하다. 몇몇 간헐천들은 뜨거운 물이 고여 있는 넓게 열린 물웅덩이에서 분출하며 공기 중으로 엄청난 양의 물과 증기를 배출하지만 대부분의 경우는 집적 구조가 뚜렷하지 않다. 다른 간헐천들은 끝부분이 가는 대롱 모양의 '노즐' 형태이다. 이들은 퇴적물이 지표면 위로 집적되어 원뿔형의 집적 구조를 이루고 있어서 간헐천 내의 작은 구멍을

▶ **그림 17-16** 대부분의 간헐천들은 분출구 혹은 뜨거운 물웅덩이에서 분출되지만, 어떤 경우에는 퇴적물이 두껍게 쌓여 물이 배출되는 '노즐'이 지표면 위에 돌출되어 있다. 이 사진은 옐로스톤 국립공원에 있는 캐슬 가이저이다.

통해서 분출된다(그림 17-16). 간헐천 활동 결과로 나온 대부분의 퇴적물들은 지면 위로 불규칙하게 퍼지면서 그냥 광물들이 판상으로 침전된다.

분기공

세 번째 열수 작용으로 만들어지는 지형은 **분기공**(fumarole)이며, 지하 깊은 곳에 위치한 열의 근원지와 직접 연결되는 지표면의 균열이다(그림17-17). 이곳에서는 분기공의 튜브 속으로 극히 소량의 물이 흘러 들어간다. 내부로 흘러 들어간 물은 즉시 열에 의해서 증기로 바뀌며, 증기 덩어리는 종종 웅웅거리거나 슉슉 소리를 내며 출구를 통해 공기 중으로 방출된다. 이처럼 분기공의 뚜렷한 특징은 계속적으로 혹은 단속적으로 표면에 있는 분출구로 증기를 방출한다는 것이다. 본질적으로 분기공은 단순히 액체 형태의 물이 부족한 온천이다. 만약 이 지표면 균열의 아래쪽에서 발생한 증기가 지표면이 함몰된 곳에서 불투수층을 이루고 있는 물과 진흙을 가열하면, 그것은 축적된 광물의 다양한 조성에 의해 색깔이 달라지는 끓는 **머드포트**(mudpot)가 형성된다.

옐로스톤의 열수 작용에 의한 지형

열수 작용에 의해 형성된 지형은 화산 지역에서 많이 발견되는데, 특히 아이슬란드, 뉴질랜드, 칠레 그리고 시베리아의 캄차카 반도에 있는 것이 특징적인 경관을 보인다. 그러나 이러한 지형은 와이오밍 북서쪽에 위치한 옐로스톤 국립공원에 가장 많이 집중되어 있다. 옐로스톤에는 세계 425개의 간헐천 가운데 약 225

◀ **그림 17-17** 분기공은 액체 상태의 물 없이 단지 증기만 분출한다는 점을 제외하고는 간헐천과 같다. 이 사진은 아이슬란드 미바튼호 인근의 광경이다.

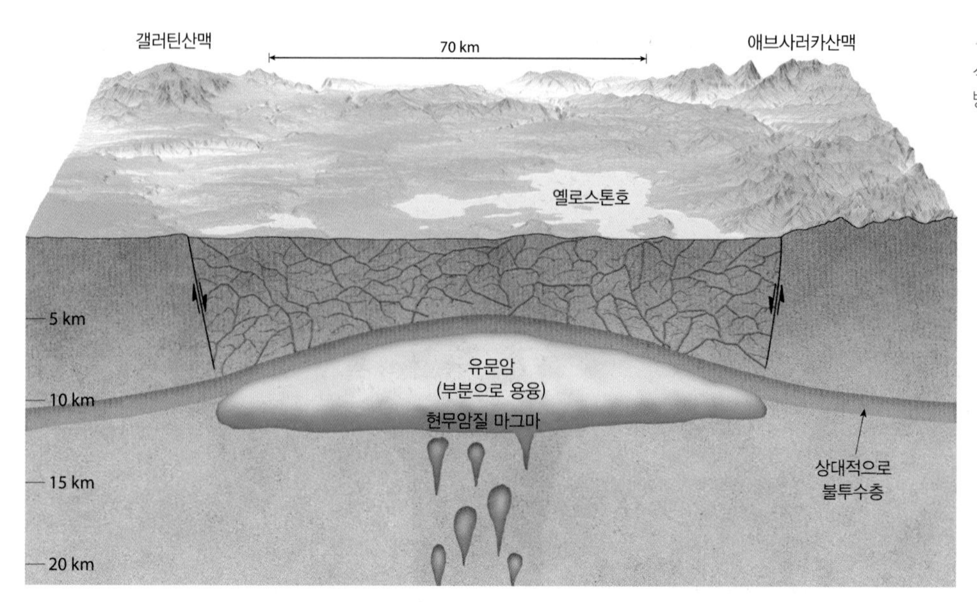

◀ 그림 17-18 옐로스톤고원의 동서 횡단면 모식도. 이 모식도는 칼데라와 그 아래에 있는 마그마방의 범위를 보여 준다.

개가 분포하며, 간헐천을 제외한 다른 열수 작용에 의해 형성된 지형도 전 세계의 절반 이상을 차지한다.

지질 환경 : 광활하고 평탄한 고원 지대인 옐로스톤 지역은 동쪽으로는 광대한 산맥(애브사러카산맥)과, 서쪽 경계부는 보다 좁게 전개되는 고지대(특히 갤러틴산맥)와 인접해 있다. 고원의 기반암 표면에 화구의 흔적은 없지만 대부분 화산물질로 구성되어 있다. 약 640,000년 전 대규모의 화산 폭발로 인해 화산쇄설물이 약 1,000km^3 정도 분출되었다. 이는 1980년 세인트헬렌스 화산 분출보다 약 1,000배 이상 많은 것이다. 이때 옐로스톤 국립공원 주변 지역이 두꺼운 화산재로 덮였고 직경이 70km인 칼데라(caldera)가 형성되었다(그림 17-18). 심지어 약 210만 년 전에는 더 큰 분출이 있었으며, 지질학자들은 옐로스톤 화산이 미래에 '초대형 분화'가 일어날 가능성이 확실하다고 생각한다.

열수의 조건 : 맨틀 플룸에 의해 조성된 **열점**(hot spot)에서 공급되는 마그마로 고원상의 대지 바로 아래에 대규모 마그마방이 있으며, 이것은 옐로스톤의 독특한 지질 환경을 형성한다. 시추공 분석과 지구물리학적 연구 결과에 의하면, 마그마방의 상부는 아마도 지표면으로부터 단지 8km 아래에 위치하고 있다. 2004년에서 2010년까지 칼데라의 지표면은 25cm 상승한 것으로 나타났는데 이러한 상승의 대부분은 지표면 아래의 마그마방이 더 부풀어 올랐기 때문이다. 그리고 2010년 이후 지표가 함몰되었다. 화산학자들은 과거에 있었던 지표면 움직임의 이와 같은 주기를 관찰해 왔다. 얕은 곳에 위치하는 마그마 저장소는 열수 지형을 발달시키는 데 필요한 세 가지 조건 중에서 가장 중요한 열을 공급한다.

두 번째 필요조건은 지하로 스며들어 가열될 수 있는 풍부한 물이다. 옐로스톤은 여름 강수량이 많으며 겨울에는 두꺼운 눈으로 덮여 있는 곳이다(적설량이 평균 250cm 이상).

열수 지형 발달에 필요한 세 번째 조건은 물이 지하와 지상으로 쉽게 이동할 수 있도록 약하거나 균열이 발달한 지표면이다. 이것 역시 옐로스톤의 특성이다. 종종 일어나는 지진, 단층 작용과 화산 활동은 지면에 많은 균열과 약한 부분을 만들어 내어 물의 수직 이동이 용이한 통로를 제공한다.

학습 체크 17-6 옐로스톤에서 열수 지형이 이상적으로 발달되는 데 기여하는 세 가지 조건을 제시하라.

간헐천 분지 : 옐로스톤 국립공원에는 약 225개의 간헐천이 분포하고 있으며 온천은 3,000개 이상, 그리고 열수작용에 의해 형성된 다른 지형(분기공, 증기 배출구, 온천수가 흐르면서 형성된 단

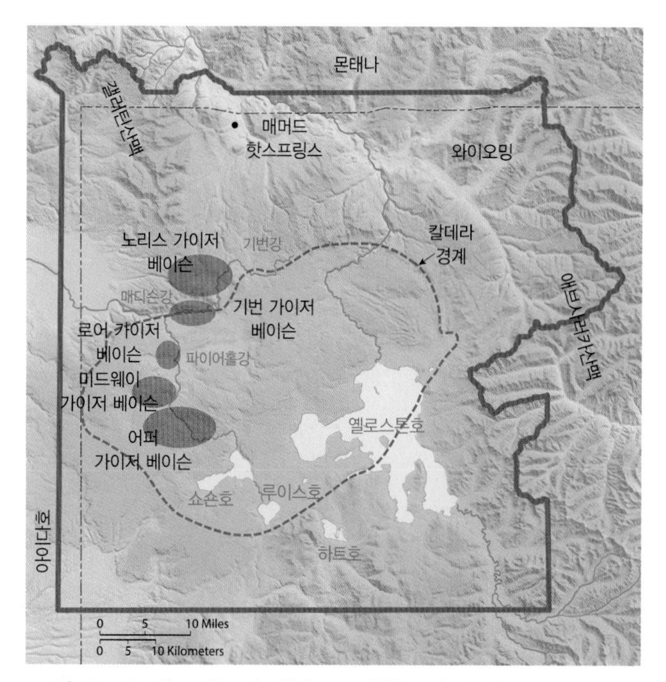

▲ 그림 17-19 옐로스톤 국립공원과 주요 간헐천 분지. 점선은 옐로스톤 칼데라의 대략적인 범위를 나타낸다.

(a) 매머드 핫스프링스

(b) 지표 아래 구조

◀ **그림 17-20** 옐로스톤의 매머드 핫스프링스. (a) 흰색 물질은 눈이나 얼음처럼 보이지만, 사실은 탄산칼슘으로 된 침전물이다. (b) 강우나 눈 녹은 물이 지표면보다 하부에 있는 석회암으로 침투한다. 이곳에서 지하수가 가열되며 경사 방향을 따라 사면 하부로 흘러간다. 뜨거운 물은 지표로 흘러나오게 되며, 이것이 공기 중에 노출될 때 탄산칼슘이 침전된다.

구, 뜨거운 머드포트 등)은 7,000개 정도 있다. 이 공원에는 5개의 주요 간헐천 분지와 작은 간헐천 분지 또는 열수 작용으로 형성된 소규모 지형들이 많이 분포하고 있다.

모든 주요 간헐천 분지는 공원의 서부 지역에 있는 동일한 분수계에 분포되어 있다(그림 17-19). 북쪽에서 발원하여 노리스와 기번 간헐천 분지로 흐르는 기번강과 남쪽에서 발원하여 상부, 중부, 하부 간헐천 분지로 흐르는 파이어홀강이 이에 해당한다. 파이어홀강의 이름은 옐로스톤 전체 열수 지형의 약 2/3에서 유출된 많은 양의 뜨거운 물에서 연유한다. 기번강과 파이어홀강이 합류하여 매디슨강이 되며, 이 강은 서쪽의 아이다호 주로 흘러간다.

주요한 간헐천 분지들은 모두 빙하성 퇴적물질과 **간헐석**(geyserite)이라 불리는 규산물질로 피복되어 완만하게 경사진 평야나 골짜기를 이룬다. 각각의 분지에는 몇 개부터 수십 개까지의 간헐천과 수많은 온천 및 분기공이 분포한다. 이러한 지형들은 다양한 유형의 분출 활동을 보여 준다.

매머드 핫스프링스 : 옐로스톤 공원의 북서쪽에는 세계에서 가장 주목할 만한 석회화 단구인 매머드 핫스프링스 단구(그림 17-20)가 있다. 이곳에서는 석회화 단구를 둘러싸고 있는 주변으로부터 공급된 지하수가 두꺼운 석회암 지층으로 스며든다. 이때 마그마에 의해 가열되어 생성된 뜨거운 물, 이산화탄소 그리고 기타 가스들이 지하수에 섞여서 석회암을 대량으로 빠르게 용식시키는 약한 탄산 용액이 생성된다. 일시적으로 용해된 광물로 포화된 탄산수가 되어 사면의 아래쪽으로 스며들어서 언덕 기저부에서 매머드 핫스프링스와 같은 온천의 형태로 밖으로 흘러나온다. 이산화탄소는 공기 중으로 빠져나가고 탄산칼슘은 침전되어 윗부분이 평평하며, 측면에 가파른 단구의 형태를 가지는 거대한 퇴적물질인 석회화 단구(트래버틴)가 형성된다.

제 17 장 학습내용 평가

이 장을 학습했다면 다음 질문에 대한 답을 찾아보자. 이 장의 학습내용에 대한 주요 용어는 진한 글씨로 표시되어 있다. 이 용어의 정의는 이 책 뒷부분에 제공된 별도의 용어해설에 나와 있다.

주요 용어와 개념

용식과 침전

1. **탄산**은 어떻게 형성되는가?
2. **용식**은 무엇을 의미하는가?
3. 용식 작용에 가장 민감한 암석의 종류는 무엇인가? 그리고 그 이유는 무엇인가?

동굴과 이와 관련된 지형

4. **동굴**의 지하 구조에 있어서 절리면과 층리면의 중요성은 무엇인가?
5. **종유석**, **석순**, 석주와 같은 **스펠레오뎀**의 형성에 대하여 기술하고 설명하라.

카르스트 지형

6. 어떤 종류의 암석에서 **카르스트** 지형이 발달하는가?
7. **싱크홀**이 어떻게 형성되는지 설명하라.
8. **함몰 싱크홀**과 **우발라**의 형성에 대해 기술하라.
9. **탑카르스트**의 특징에 대해 기술하라.
10. **스왈로 홀**은 무엇인가? **소멸 하천**이란 무엇인가?
11. 카르스트 지역에서는 지표수가 왜 부족한가?

열수 작용과 관련된 지형

12. **열수 작용**이란 무엇인가?
13. **온천**, **간헐천**, **분기공**의 차이점은 무엇인가? 무엇이 이러한 차이를 만드는가?
14. 전형적인 간헐천의 분출 순서를 간단히 설명하라.

학습내용 질문

1. 기계적 혹은 화학적 풍화 작용 중 지하수의 풍화 작용에 더욱 중요한 역할을 하는 것은 무엇인가? 그리고 그 이유는 무엇인가?
2. 기반암의 땅속 구조는 용식 작용에 어떤 영향을 주는가?
3. 지하수 침투로 인해 광물이 제거되기도 하고 퇴적되기도 하는 것이 어떻게 가능한가?
4. 인간이 지하수를 채취하는 것이 싱크홀 형성에 어떤 영향을 주는가?
5. 열수 지형이 발달하는 데 필요한 조건 세 가지는 무엇인가?
6. 온천과 간헐천이 발달하는 데 절리와 층리면의 중요성은 무엇인가?
7. 대부분의 간헐천 분출 주기가 일정하지 않은 이유가 무엇인가?
8. 1912년에 알래스카 카트마이산의 분출로 인해 인근의 하곡이 두꺼운 화산재로 매몰되었다. 오늘날 이 지역을 '1만 개의 연기 기둥'이라 부른다. 이 이름이 무엇을 나타내는지 설명하라.

연습 문제

1. 만약 어느 동굴에서 '짚 종유석'이 연간 평균 1.7mm의 속도로 성장한다면, 짚 종유석이 6cm 길이로 성장하는 데 걸리는 시간은 얼마인가?
2. 2011년 8월 14일 아침, 옐로스톤 국립공원의 올드페이스풀 간헐천은 다음과 같은 시기에 분출했다(분 단위에서 반올림했음). 오전 12:07, 오전 1:42, 오전 3:05, 오전 4:41, 오전 6:07, 오전 7:37, 오전 9:08, 오전 10:34. 이날 오전의 평균 분출 간격은 얼마인가? ________분

환경 분석 테네시의 싱크홀

카르스트 지형은 석회암과 같은 탄산염 기반암이 지표 아래에 있는 지역에 분포한다. 균열은 빗물이 스며들어 기반암이 용해되도록 하여 지하에 공동이 형성된다. 싱크홀은 이러한 공동이 붕괴될 때 발달한다.

활동

http://tnlandforms.us/heatmap/3x3heat.html에 접속하여 테네시주의 싱크홀 분포 지도를 보자. 밝은 톤의 빨간색은 싱크홀이 많음을 의미한다. 연한 톤의 녹색은 싱크홀이 적음을 의미한다.

1. 테네시주에서 싱크홀이 형성되기 쉬운 지역은 어디인가?
2. 싱크홀로 인해 문제를 겪고 있는 도시 세 곳을 말하라.
3. 싱크홀 분포의 전반적인 경향 또는 방향성이 어떠한지 설명하라.

"지도(Map)"를 클릭하고 "지형(Terrain)"을 선택해 보자.

4. 싱크홀이 산맥을 따라서 형성되어 있는가, 아니면 계곡에 형성되어 있는가? 그 이유는 무엇인가?

http://mrdata.usgs.gov/sgmc/tn.html에 접속하여 USGS(미국지질조사국)의 테네시주 지질도를 보자. 싱크홀이 있는 지역과 없는 지역이 싱크홀의 개수에 따라 다양한 음영으로 표현된 지도에서 각 음영 구역을 클릭하여 다양한 지질 단위를 구분한다.

5. 테네시주에서 싱크홀이 잘 형성될 수 있는 암석은 무엇인가?
6. 테네시주에서 싱크홀이 형성되는 데 불리한 암석은 무엇인가?

http://pubs.usgs.gov에 접속하여 최신 미국 카르스트 지도를 검색해보자. (예를 들어, "Open-File Report 2014-1156"의 " Figure 1")

7. 테네시주에서 나타나는 경향으로 볼 때 미국 동부의 어느 지역에서 싱크홀을 찾을 수 있을 것으로 예상되는가?
8. 싱크홀을 예상함에 있어서 어느 정보를 기초로 하는가?

지리적으로 바라보기

이 장 앞부분의 올드페이스풀 사진을 다시 보자. 올드페이스풀에서 배출된 물의 특성에 대해 설명해보라. 간헐천 주변에 존재할 가능성이 있는 암석은 어떤 종류인가? 간헐천들은 어떻게 형성되는가? 간헐천의 분출을 촉진시키는 증기의 역할은 무엇인가?

지리적으로 바라보기

캘리포니아 쇼숀의 북쪽에 있는 이글산(Eagle Mountain)의 모습이다. 건조한 환경이라는 것을 암시하는 것은 무엇인가? 전체 지형을 서술하라. 이글산(사진의 중앙 윗부분)은 저항력이 큰 물질로 만들어져 있는가 또는 약한 바위로 만들어져 있는가? 어떻게 알았는가? 시간이 지나면서 이 환경에서 물이 흐르고 있다고 암시하는 것은 무엇인가?

건조 지역 지형

사막에서 갑작스러운 홍수가 일어나는 동안 무슨 일이 일어났는지 상상해 본 적이 있는가? 심지어 가장 건조한 사막에서도 '돌발홍수'(마른 강바닥을 흐르는 갑작스럽고 짧게 지속되는 홍수)는 특이한 것이 아니다. 아마도 수 킬로미터 떨어진 뇌우(thunderstorm)에서부터 쏟아진 폭우로 불과 몇 분 만에 건조한 하천이 흙탕물로 가득 채워질 수 있다. 놀랍게도 이러한 사건들은 사막 지형을 만드는 가장 중요한 요인 중 하나이다. 많은 사막 지역에서 대부분의 침식과 퇴적은 이러한 기간 동안 일어난다. 급작스러운 홍수와 '암설류'(빠르게 움직이는 진흙과 바위의 흐름)의 증거는 사막에서 흔하게 관찰할 수 있다.

건조 지역은 습윤 지역과 많은 면에서 차이가 있지만, 두 지역은 명확한 경계를 갖고 있지는 않다. 이 장에서는 명확한 정의나 경계를 밝히기보다는 세계의 건조 지형에 초점을 맞춘다. 우리들은 오히려 그러한 경계선의 위치보다는 사막 경관의 형성 과정에 관심을 가진다. 그렇지만 사막 경관의 형성 과정과 지형은 '사막(desert)'이라는 용어가 가지고 있는 의미보다 더 광범위하게 존재할지도 모른다. 그리고 우리가 설명할 지형의 일부는 습윤한 지역에서도 관찰될 수 있다.

오늘날 사막의 일부분이 과거에는 지질학적으로 매우 다른 기후하에 있었다는 것을 이해하는 것 또한 중요하다. 예를 들어 사하라사막은 불과 수천 년 전에는 지금보다 훨씬 습했다. 따라서 현 사막의 형성 과정 이외에 우리들이 보는 몇 개의 사막 경관은 과거에 작용했던 지형 형성 작용에 의해 형성되었다.

이 장의 내용을 배우면서 생각해야 할 주요 질문은 다음과 같다.

- **어떤 특별한 조건이 사막의 지형 발달에 영향을 미치는가?**
- **대부분의 사막에서 하천이 침식과 퇴적의 가장 중요한 기작인 이유는 무엇인가?**
- **사막의 지형을 형성하는 데 있어 바람의 역할은 무엇인가?**
- **북아메리카의 분지와 사막 지역에서 플라야(playa)나 충적선상지와 같은 지형이 왜 그렇게 분포하고 있는가?**

특수 환경

사막의 지형은 굳건하고 갑작스러우며, 풍화토, 토양 또는 식물에 의해 융화되지 않았다(제11장 참조). 건조한 땅과 습한 땅 사이의 모양이 크게 다르더라도 습윤한 지역에서 발생하는 대부분의 지형 형성 과정은 사막 지역에서도 작용한다. 그러나 사막은 지형 형성에 중요한 영향을 미치는 특별한 조건이 존재한다.

사막의 특수한 조건

사막의 지형 변화에 다양한 요인들이 영향을 미친다.

풍화 : 물은 거의 모든 종류의 화학적 풍화 작용에 필수적이다. 따라서 물이 부족한 대부분의 사막 지역에서는 화학적 풍화 작용에 비해 기계적 풍화가 우세하다. 특히 가장 건조한 사막에서는 화학적 풍화 작용이 일어나지 않을 수도 있다. 염류쐐기와 같은 기계적 풍화 작용은 습윤한 지역보다 건조한 지역에서 더 일반적이다(그림 15-7 참조). 우세한 기계적 풍화 작용에 의해 사막의 풍화 속도가 느려지고 또한 기반암이 풍화되었을 때 각력을 형성하게 된다.

토양과 풍화토 : 기반암이 풍화와 침식에 노출되어 있는 대부분의 사막 지역에서는 토양과 풍화토의 피복이 얇거나 결여되어 있으며 황량하고 기복이 심한 바위투성이의 지형이 형성된다(그림 18-1). 토양 포행은 대부분 사막 사면에 미치는 영향이 비교적 작다. 이것은 일부 토양의 부족이 원인이기도 하지만 주로 물의 윤활효과가 부족하기 때문이다. 포행은 더 습윤한 기후에서 자연스러운 현상이고, 사막에서 포행의 결핍은 사막 사면의 경사를 급하게 한다.

불투수층 : 대부분의 사막 지표면은 물이 침투할 수 없는 불투수층으로 구성되어 있으며, 따라서 수분은 지표하로 거의 스며들지 못한다. 다양한 유형의 캡록(caprock, 저항력이 있는 기반암 표면)과 경반(hardpan, 일반적으로 단단해진 불투수 토양층)이 광범위하게 분포하고 토양이 단단해지면 물의 흡수가 어렵게 된다. 비가 내릴 때 이 불투수층은 땅위를 흐르는 빗물의 유출을 증가시킨다.

모래 : 일부 사막은 세계의 다른 지역과 비교할 때 모래가 풍부하다. 그러나 이것은 사막의 대부분이 모래로 덮여 있다는 것을 의미하는 것은 아니다. 즉, 사막은 풍부한 모래 바다로 이루어졌다는 생각은 잘못된 것이다. 그럼에도 불구하고 사막에서 상대적으로 높은 비율을 차지하는 모래는 지형 발달에 있어서 세 가지 중요한 영향을 미친다. (1) 모래로 덮인 지표면은 물이 지하로 스며들게 하여, 하천과 지표상의 지표 유출을 감소시킨다. (2) 모래는 폭우에 의해 쉽게 이동되며, (3) 모래는 바람에 의해 이동되고 재퇴적될 수 있다(사막 사구의 발달은 이 장의 후반부에서 설명하기로 한다).

학습 체크 18-1 사막에 비가 내릴 때, 불투수층에 의해 영향을 받는 유출수는 얼마인가?

강수량 : 사막 지역에서 강우는 제한적임에도 불구하고, 많은 양의 비(강한 대류성 뇌우)는 빠르고 강한 지표 유출을 야기한다. 비록 홍수는 짧고 제한된 지역에서 발생하지만 사막에서는 우세하게 나타나는 현상이다. 따라서 사막 지역에서 하식과 퇴적은 드물게 발생하지만, 그 작용들은 효과적이며 뚜렷하게 두드러진다.

하성퇴적물 : 사막 지역의 거의 모든 하천은 비가 온 직후 흐르기 때문에 일시적(ephemeral)이다. 그러한 하천은 짧은 시간 안에 많은 양의 물질을 운반하므로 침식의 효과적인 기구가 된다. 그러나 이것은 대부분 단거리 이동이다. 굳지 않은 암설의 상당 양은 가까운 지역으로 이동되고, 하천이 마르면서 암설은 다음 번 비에 의해 쉽게 이동되는 사면 위 또는 계곡 내에 퇴적된다. 따라서 사막 지역에서 충적물의 퇴적은 드문 현상이다.

바람 : 사막과 관련된 또 다른 오류는 사막 지형이 주로 바람의 작용에 의해 형성된다는 것이다. 비록 대부분의 사막이 강풍의 영향을 받고 사막 내에서 모래와 미립물질이 쉽게 이동하기도 하지만 전술한 내용은 사실이 아니다.

내부 유역분지 : 사막 지역은 바다로 배수되지 않는 많은 분수계를 포함하고 있다. 보통 대륙에서 강수는 바다로 흘러간다. 그러나 건조 지역에서는 하계망이 잘 발달되어 있지 않다. 이 경우 배수체계의 종점은 그림 18-2에서 알 수 있는 것처럼 외부로 연결되는 출구가 없는 분지나 계곡이다. 예를 들면 네바다주에 내리는 어떤 비도 남동과 북동 방향을 제외하고는 하천이 바다로 흐르지 않는다.

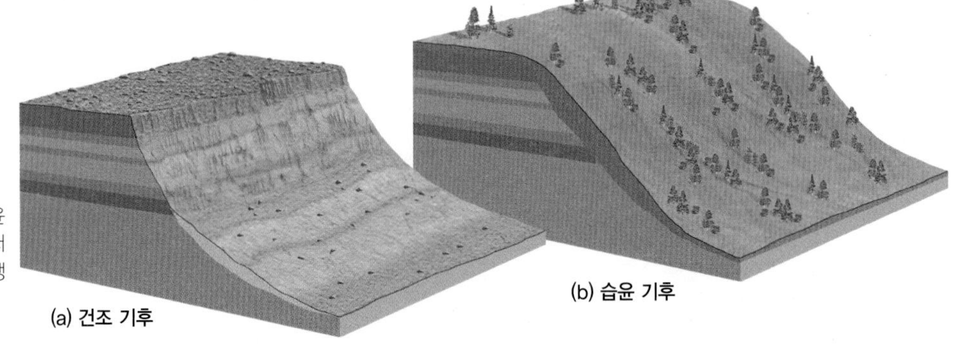

▶ 그림 18-1 (a) 건조 기후의 사면과 (b) 습윤 기후의 사면 비교. 가파른 기복은 건조한 기후에서 더 쉽게 볼 수 있으며, 습윤 기후에서와 달리 식생이 거의 피복되지 않는다.

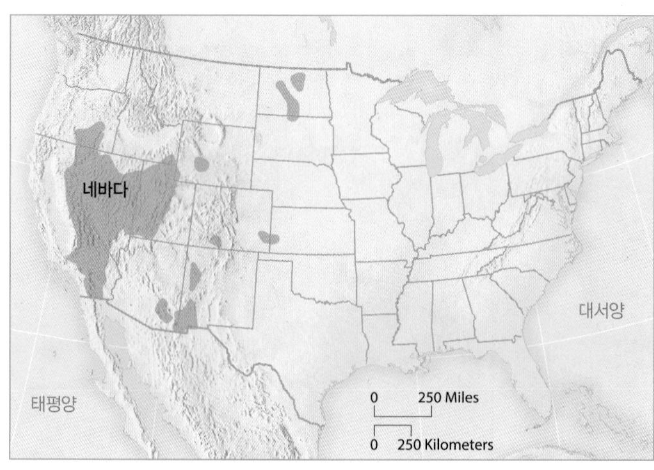

▲ 그림 18-2 미국에 있는 내부 유역분지(초록색 부분)는 모두 서쪽에 위치한다. 내부 유역의 가장 광대한 지역은 네바다의 중심인 '그레이트베이슨'과 그 인접한 주에 있다.

식생 : 모든 과거의 환경적 요인들은 지형 발달에 중요한 영향을 끼친다. 그러나 아마도 건조 지형의 가장 명확한 특징은 식생의 결핍일 것이다. 건조 지역의 식생은 대부분 넓은 관목지대와 일부 초원으로 구성되어 있으며, 이들 식생은 충분하지는 않지만 뿌리를 이용하여 지표면의 물질이 빗물로 인해 침식되는 것을 고정시킴으로써 지표면의 일부를 보호하며, 사막의 부족한 강우량을 줄이고 퇴적물을 운반하는 것을 용이하게 만든다(그림 18-3). 사막의 식생이 적을수록 풍화 속도는 빠르다.

학습 체크 18-2 토양과 식생이 희박하게 덮여 있는 것은 어떻게 사막의 풍화와 침식에 영향을 미치는가?

건조 지역의 유수

사막 지형 발달에 있어 가장 기본적인 사실은 유수가 가장 중요한 외적 기구라는 것이다. 유수의 침식과 퇴적 작용은 모래가 광범위하게 퇴적된 지역의 외부를 포함하여 거의 모든 건조 지역의 지표 형태에 영향을 미친다. 식생 피복이 희박한 지역은 강우에 취약하여 비가 내릴 때마다 강수와 하천유출을 통한 침식이 강하게 발생한다. 적은 강수에도 불구하고 그 격렬함과 불투수층의 존재는 갑작스러운 유출을 유발하여 매우 짧은 시간에 거대한 양의 퇴적물을 운반시킨다. 산지 하천은 급한 경사로 인하여 큰 하중을 운반할 수 있는 능력이 증가한다. 그러나 건조 지역에서 산지 하천의 돌발적 흐름은 침식과 퇴적 사이의 예기치 않은 불균형을 초래한다. 따라서 산지 하천이 흐르고 난 후 다시 흐르기까지 그 사이 기간에 이동 가능한 암설과 충적층이 사막 산지의 건조 하천 하상에 많이 퇴적되어 있다. 느슨한 지표물질은 사면에 얇게 덮여 있거나 존재하지 않는다. 그리고 기반암은 좀 더 견고한 지층으로 이루어져 종종 캡록과 단애면처럼 명확하게 노출되기도 한다.

건조 지역에서 짧은 홍수가 끝나고 난 후, 사면이 완만한 곳을 흐르는 하천들은 빠른 시간 내에 퇴적물로 막히게 된다. 이때 하도들은 쉽게 세분화되고 주요 하도는 유역에서 종종 지류로 세분된다. 그리고 많은 실트와 모래는 바람에 의해 먼저 이동되지 않는다면 다음 홍수에 의해 이동될 때까지 지표에 그대로 잔존한다.

▼ 그림 18-3 대부분의 건조 지역에서 식생은 희박하다. 사진에서 크레오소트 관목은 캘리포니아에 위치한 데스밸리의 초록색 관목이다.

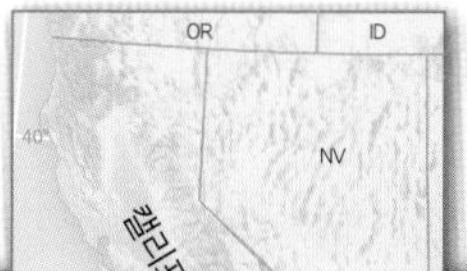

사막의 지표수

사막에서는 지표수가 부족하며 사막의 하천과 호수에서 지표수는 항상 일시적이고 짧은 형태를 띤다.

외래 하천 : 건조 지역에서 영구 하천은 사막 밖의 지역에서 발원한 하천이 지속적으로 흐르는 특수한 경우를 제외하고는 아주 드물다. **외래 하천**(exotic stream)에 공급되는 물은 인접 습윤 지역이나 사막 내 고산 지역에서 발원하며 건조 지역을 가로지르는 수로를 부활시킬 만큼 유량이 풍부하다. 북아프리카의 나일강은 전통적인 외래 하천이라 할 수 있다(그림 18-4). 나일강은 중앙아프리카와 에티오피아의 산과 호수로부터 흘러와 지류의 유입 없이 충분한 양을 유지하며 사막을 가로질러 3,200km를 흘러간다. 북아메리카 콜로라도강도 외래 하천의 중요한 사례이다.

습윤 지역의 강은 지류의 공급과 지하수의 유입으로 하류에서 더 큰 강이 된다. 그러나 건조 지역에서는 물이 강바닥으로 스며들거나 증발 혹은 관개를 위한 유로 변경 때문에 외래 하천의 흐름이 하류로 가면서 감소한다.

일시 하천 : 거의 모든 사막에는 몇 개의 두드러진 외래 하천이 있지만, 모든 사막 하천의 99% 이상은 **일시 하천**(ephemeral stream, 그림 18-5)이다. 그러나 이 하천이 흐르는 짧은 기간 동안에도 많은 침식과 이동 그리고 퇴적이 이루어진다. 일시 하천이 때때로 바다, 호수 또는 외래 하천에 도달하더라도 대부분의 간헐적인 사막 하천류는 결국에 침투와 증발로 사라진다.

일시 하천의 건조한 하상은 보통 모래로 된 평탄한 하상

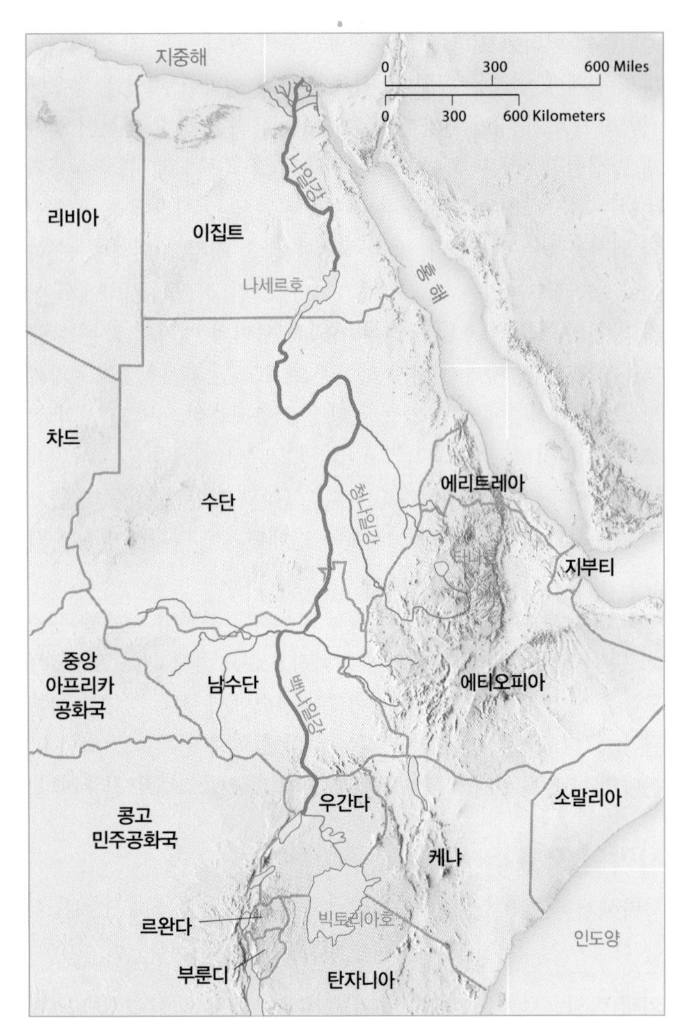

▲그림 18-4 지류의 유입 없이 수백 킬로미터를 흘러가는 외래 하천의 중요한 사례인 나일강

과 급한 사면을 가지고 있다. 미국에서 그것들은 **소협곡**(아로요, arroyo), **우곡**(gully), **워시**(wash) 또는 **말라 버린 강바닥**(coulee)의 여러 가지 형태로 나타낸다. 북아프리카와 아라비아에서는 **와디**(wadi)로 불리는 것이 일반적이다. 남아프리카에서는 **동가**(donga), 인도에서는 **눌라**(nullah)라고 불린다.

학습 체크 18-3 사막의 외래 하천과 일시 하천을 구별해 보라.

플라야 : 호수는 사막 지역에서 드물지만 건륙화된 호수 바닥은 흔히 발견된다. 우리는 이미 건조 지역의 내부 유역분지에 대해 주의 깊게 살펴보았다. 그 지역에서 대부분 가장 해발고도가 낮은 지역은 호수의 바닥이며, 이것들은 분지 내에서 침식 기준면의 기능을 한다. 호수 바닥의 퇴적물 속에 매우 많은 양의 염분이 농축되어 있으면 **살리나**(salina)라는 용어가 사용될 수 있겠지만 이 건륙화된 호수 바닥은 **플라야**(playa)라고 한다(그림 18-6). 만약 플라야의 표면이 점토로 무겁게 가득 차 있다면 그 형성물은 **점토반**(claypan)이라 불린다. 드물게 흐르는 일시 하천은 플라야에 물을 가져와 충분한 양으로 흘러서 일시적으로 **플라야호**(playa lake)를

▲그림 18-5 캘리포니아 베이커 근처의 모하비 사막의 일시 하천의 하도

형성한다.

플라야는 가장 평탄한 지형 중 하나이다. 어떤 경우에는 플라야가 수 킬로미터에 달하지만 플라야는 단지 수 센티미터의 기복을 가지고 있다. 플라야가 플라야호처럼 정기적으로 물이 고여 있을 때 평탄면으로 발달된다. 얕은 호수의 부유 실트는 침전된 후 물이 증발되면 건조한 진흙의 수평층이 남게 된다. 이러한 과정이 수 세기에 걸쳐 반복되면서 플라야는 평평한 지표에 이른다.

염호 : 일부 사막호는 영구적이다. 더 작은 사막호는 보통 영구적인 오아시스 또는 외래 하천 또는 인접한 산지로부터 흘러내려 온 하천으로부터 물을 제공하는 지표 하부의 구조적 조건의 결과물이다. 사막 지역에서 많은 영구호수는 유입에 비해 증발률이 높은 **염호**(saline lake)이다. 그리고 내부 유역분지는 그러한 호수의 물에 용해된 염분의 축적을 유도한다.

큰 자연 사막호의 대부분은 과거 습윤 기후에서 형성된 것보다 큰 수체의 잔류물이다. 유타주의 그레이트솔트호는 미국에서 가장 큰 사막호의 사례이다. 그레이트솔트호는 표면 면적 측면에서 보면 미국에서 두 번째(미시간호 다음으로)로 큰 호수이지만, 그것은 플라이스토세 중에서 습윤한 기간 동안 형성된 과거 본네빌호의 일부분에 불과하다(그림 19-6 참조).

학습 체크 18-4 플라야가 무엇인가? 그들은 왜 형성되는가?

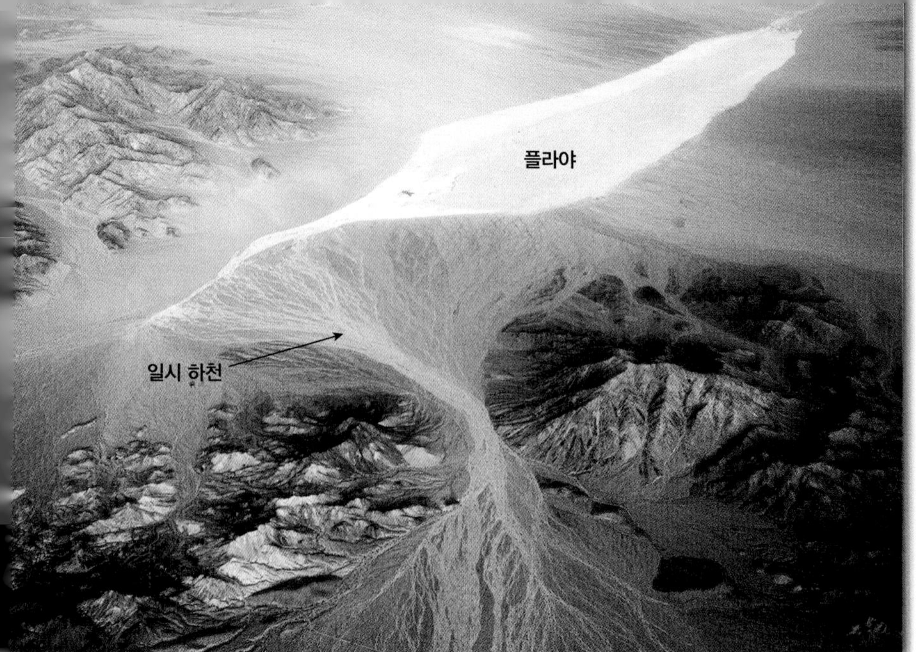

◀그림 18-6 캘리포니아의 브로드웰 호수의 사막 플라야. 플라야는 가장 평탄한 지형 중 하나이다.

건조 지역의 하식

비록 하식은 사막 지역에서 매년 짧은 기간 동안 발생하지만 이것은 빠르고 효율적으로 작용하므로 그 결과물이 확연히 드러난다. 큰 기복을 가진 사막 지역에서 넓은 지역을 차지하고 있는 노출된 기반암을 흔히 볼 수 있는 이유는 빈약한 토양과 식생 때문이다. 가끔 비가 내리는 동안 노출된 기반암은 모두 기계적 풍화작용을 겪고 유수에 의해 침식됨으로써 지표면은 경사가 급하고 울퉁불퉁하며 바위로 덮여 있는 형상을 띤다.

사막에서 하식을 주도하는 전형적인 환경은 유역분지에서 짧고 강한 뇌우를 수반한 환경일 것이다. 국지적인 뇌우는 지표에 많은 물을 남기지만 사막의 지표에 기반암이 노출되어 있거나 지표가 불투수성일 때 빗물의 대부분은 빠른 속도로 가까이에 있는 건조한 일시 하천의 하도로 흘러 들어가게 된다. 이 하도는 빠른 시간 안에 물로 채워지고, 돌발홍수(flash flood)와 제15장에서 설명했던 것처럼 암설류로 발달하게 된다. 이와 같은 돌발홍수와 암설류는 사막 산지에서 분지저를 향하여 상당한 거리를 이동하게 되고 또한 불과 수 분 만에 많은 물질을 이동시킬 수 있다(그림 18-7). 사막 지역에서 대부분의 변화는 바로 국지적이면서 간헐적인 이벤트(event)에 의해서 발생한다.

돌발홍수의 위험 : 건조 지역에서 돌발홍수와 암설류는 인간에게 큰 위험을 야기하므로 여행자들은 건조 지역에서 캠핑이나 주차를 할 때 주의해야 한다. 많은 사막 도시에서는 드물지만 종종 발생하는 이러한 재앙적인 사건들로부터 도시를 보호하기 위하여 홍수조절 시설을 건설하였다. 단지 소량의 물만 운반하는 깊은 콘크리트 하천과 비어 있는 거대한 저수분지들은 일반적인 목격자가 돌발홍수에 의해 하천이 물이 갑작스럽게 차오르는 광경을 목격하기 전까지는 불필요하게 보일지도 모른다.

학습 체크 18-5 사막에서 돌발홍수와 암설류의 중요성을 설명하라.

▲그림 18-7 애리조나주 피닉스 인근 소노라사막의 건천에서 발생한 홍수

▲그림 18-8 차별적인 풍화 작용과 침식의 효과는 콜로라도주 게이트웨이 근처의 레드클리프에서 두드러진다. 저항력 있는 상부 지층은 가파른 단애를 형성하는 반면, 상대적으로 부드러운 지층은 풍화와 침식에 의해 완사면으로 변화한다.

▲그림 18-9 울루루(에어즈록)는 오스트레일리아 중부 사막에 위치하는 보른하르트이다. 멀리 보이는 카타추타(올가스)도 보른하르트이다.

사막에서의 차별풍화와 차별침식 : 제15장에서 보았듯이, 암석 유형과 구조의 변화는 결국 풍화 속도와 침식의 정도에 영향을 미친다. 지표가 이러한 **차별풍화와 차별침식**(differential weathering and erosion)을 받으면, 지형의 경사와 형태에 차이가 발생한다. 일반적으로 사막은 토양과 식생이 희박하기 때문에 차별풍화와 차별침식의 흔적이 종종 두드러진다.

풍화와 침식에 저항력이 있는 암석은 날카로운 단애, 봉우리, 첨탑 및 주향산릉(크레스트)을 형성한다. 더 부드러운 암석은 보다 완만한 사면을 형성하기 위해 급속히 침식된다. 퇴적지형에서는 지층들 사이에 저항력의 차이가 있으므로 차별침식이 매우 일반적으로 발생한다. 그러한 지역에서는 흔히 수직적인 단애(escarpment)와 급한 경사각의 변화를 찾아볼 수 있다(그림 18-8). 그러나 화성암과 변성암이 우세한 지역은 기반암 부분과 다른 부분과의 저항력에 큰 차이가 없으므로 차별풍화와 차별침식이 명확하게 나타나지 않는다.

풍화잔류면과 지형들 : 세계의 건조 지역과 반건조 지역의 도처에는 주위의 평야로부터 갑자기 상승하여 고립되어 있는 지형이 산발적으로 분포한다. 그와 같이 급사면을 가진 산지, 구릉, 능선은 넓은 바다 위에 분포하는 바위섬과 유사하기 때문에 **인셀베르그**(inselberg 또는 'island mountain')라고 한다. 주목할 가치가 있는 인셀베르그의 한 가지 유형은 대단히 저항력이 있는 암석으로 구성된 둥근 형태의 **보른하르트**(bornhardt)이다(그림 18-9). 차별풍화와 차별침식은 주위의 지형을 상대적으로 더 낮아지게 만들고 이것에 저항하여 남게 된 보른하르트는 주위보다 높게 우뚝 솟게 된다(그림 18-10). 보른하르트는 매우 안정되어 있어 수천 년, 수만 년 동안 유지될 수도 있다.

사막의 산과 언덕의 낮은 경사면을 따라 **페디먼트**(pediment)라는 완만한 경사가 있는 기반암면이 형성될 수 있다. 이 산 정면에서 바깥으로 확대되는 '잔류하는' 지형면은 퇴적에 의해 형성된 것이 아니라 풍화와 퇴적에 의한 암석 제거에 의해 남겨진 표면이다. 페디먼트는 사막의 산들이 과거 습윤기후 동안 풍화 작용과 침식 작용에 의해 마모되고 후퇴하여 발달하는 것으로 오랫동안 생각되어 왔다. 그러나 최근 분석 연구는 일부 페디먼트가 심층풍화의 결과일 수도 있다고 제안하고 있다. 즉, 피복하고 있는

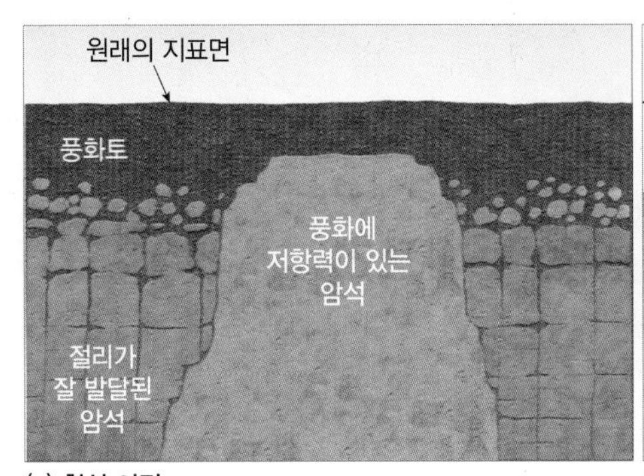

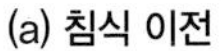
(a) 침식 이전

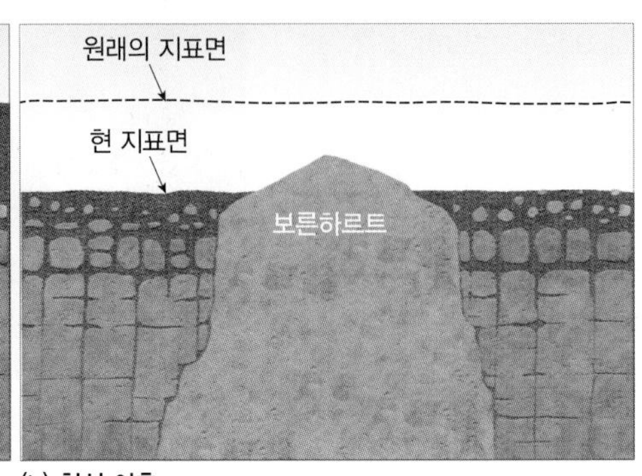

(b) 침식 이후

◀그림 18-10 보른하르트의 발달. (a) 절리가 잘 발달된 암석은 중앙에 위치한 저항력이 있는 암석보다 잘 풍화, 침식되기 쉽다. (b) 보른하르트는 차별풍화와 차별침식의 결과이다.

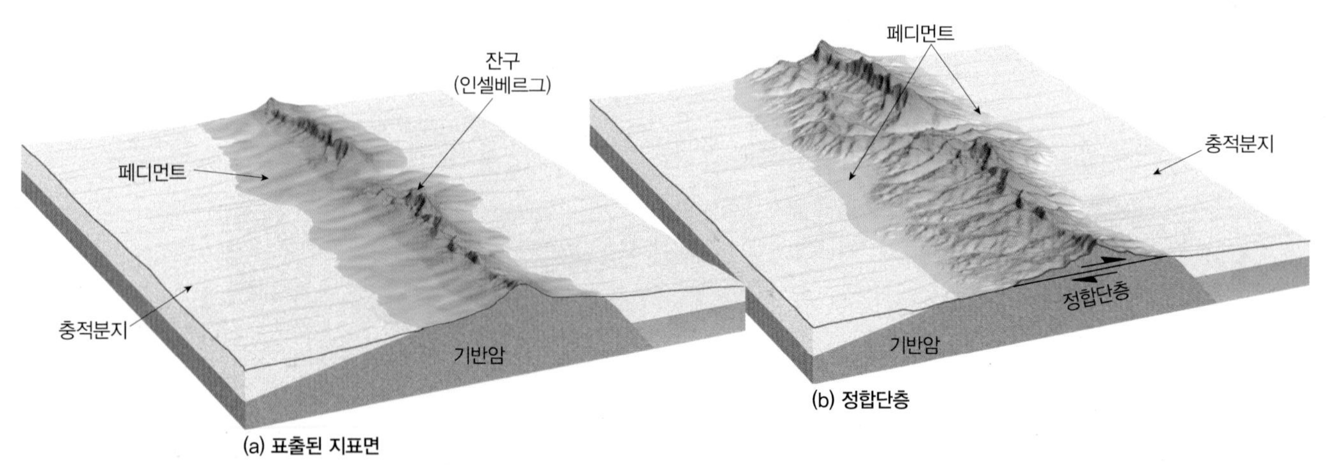

▲ 그림 18-11 사막의 페디먼트. (a) 일부 페디먼트는 풍화된 기반암면의 첨단을 나타낼지도 모른다. (b) 몇몇 페디먼트는 정합단층의 결과로 만들어졌을지도 모른다. 사막의 잔구는 때때로 인셀베르그라 불린다.

풍화물질이 침식에 의해 제거된 후 평탄하거나 완경사의 표면이 남게 된 것이다. 다른 페디먼트의 경우, 지괴가 수평 단층면을 따라 이동하는 구조적 확장을 겪는 영역에서 **정합단층**(detachment fault, 그림 14-56 참조)의 결과로 형성될 수 있다. 정합단층을 반영하는 페디먼트의 기반암면은 그림 18-11b에 나타나 있다.

페디먼트는 많은 사막 지역에서 찾을 수 있고 어떤 경우에는 지배적인 지형 경관으로 나타나기도 한다. 그러나 그것들은 쉽게 구별되거나 인식되지 못한다. 왜냐하면 페디먼트는 물과 바람에 의해 퇴적된 암설층으로 덮여 있기 때문이다.

건조 지역의 하성퇴적

구릉과 산지를 제외하고 사막 경관에 있어 퇴적 지형은 침식 지형보다 더 주목할 만한 가치가 있다. 퇴적 지형은 대부분 가파른 사면의 아래쪽에는 애추 퇴적물 그리고 일시 하천 하도의 충적 퇴적물로 이루어져 있다.

'페디먼트(산록)'는 산릉 아래 부분의 특정 지대를 의미하는 포괄적인 용어이다(페디먼트라는 용어의 기원은 라틴어이고 특히 지형과 관련된다). 사막 산릉에서 **산록지대**(piedmont zone)는 하성 퇴적 지역에서 많이 나타난다. 일반적으로 건조 지역의 산지 사면은 급사면에서 완사면으로 갑자기 확연하게 바뀐다(그림 18-12). 사면의 경사 변환은 포상홍수, 하천류 또는 산록지대를 경유하는 암설류의 속도를 크게 감소시키기 때문에 완사면은 암설의 중요한 집적 지역이다. 게다가 하천은 각각 정도의 차이가 존재하지만 좁은 협곡에서부터 더 개방된 산록으로 갑자기 흐르도록 측면 제약으로부터 자유롭다. 종종 산록의 하성퇴적물은 수백 미터 두께에 달한다.

학습 체크 18-6 왜 대부분의 사막에서 산록지대가 하천 퇴적 지역인가?

충적선상지 : 산록지대는 일반적으로 사막 지역, **충적선상지**(alluvial fan)에서 가장 눈에 잘 띄는 지형 특징 중 하나를 포함한다(많은 사막에서 지배적인 특징임에도 불구하고 충적선상지는 습한 지역에서도 발생할 수 있다). 하천이 산골짜기의 좁은 경계를 떠나 개방된 산록지대로 나오면 흐름은 느려진다. 그 흐름은 사면 경사로를 내려가는 분배 통로에서 끊어지며 때로는 느슨한 충적선상지에서 얕은 새 통로를 절단하지만 종종 오래된 지점 위에 잔해를 더 많이 쌓는다(그림18-13). 이런 방식으로, 약간 경사진 부채 모양의 지형이 협곡의 입구에 쌓인다. 부채꼴의 한 부분이 만들어지면 유로의 흐름이 다른 지역으로 이동하여 이를 다시 만든다. 전체 선상지는 결국 충적층으로 다소 대칭적으로 덮인다. 일반적으로 커다란 둥근 자갈은 충적선상지의 '꼭대기' 근처에 떨어지고 미세한 물질은 가장자리 주위에 축적되며, 전체적으로 입자 크기가 작아진다. 퇴적이 계속되면, 선상지는 산록지대를 가로질러 유역 바닥으로 뻗어 나간다.

사막 분지의 퇴적 : 또한 사막 지역의 더 평평한 부분에서는 종종 두드러진 충적 퇴적층이 나타난다. 이것은 부분적으로 산지에서 아주 멀리까지 퇴적물을 운반할 수 있을 정도로 유수가 충분치 못할 뿐만 아니라 내부 유역분지에서는 유수가 달리 갈 곳이 없기 때문이다. 그러한 낮은 평지까지 도달하는 모든 포상홍수나 하천류는 항상 경사가 낮은 사면을 지나 상당히 먼 거리를 이

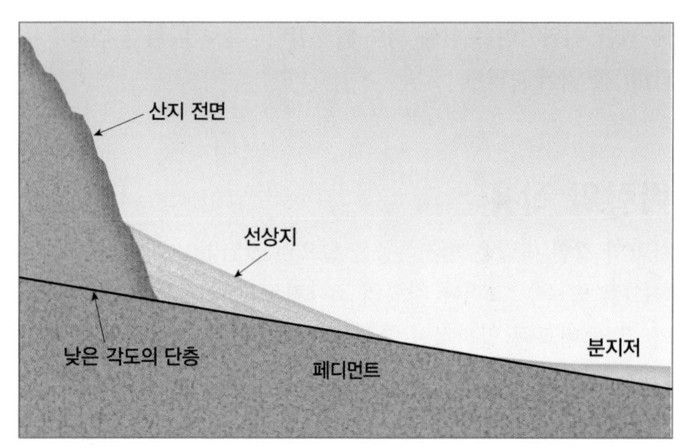

▲ 그림 18-12 사막 산록지대의 이상적인 교차 단면도. 페디먼트의 표면(이 경우 낮은 각도의 단층과 관련됨)은 분지저를 따라서 산지 전면에 충적 퇴적층으로 덮여 있다.

▲그림 18-13 (a) 충적선상지는 협곡의 입구에서 발달한다. (b) 캘리포니아 데스밸리의 충적선상지

동해야만 한다. 그러나 사면은 유수의 양과 속도 둘 다를 제한한다. 따라서 더 큰 암설들은 거의 분지 중앙부로 운반되지 않고 이를 대신하여 분지 중앙부에는 상당한 두께의 모래, 실트 및 점토와 같은 세립질이 종종 덮여 있다.

학습 체크 18-7 충적선상지는 무엇이며, 형태는 어떻게 되는가?

기후 변화와 사막

제6장에서는 건조한 지역의 강수량이 해마다 높은 변동성을 보이는 경향이 있으며, 기후 예측은 사막과 다른 반건조 환경에서의 강수량이 점점 더 불규칙적으로 변할 것이라는 점을 시사하고 있다. 정책 입안자들에게 중대한 관심사는 세계에서 최근 수십 년간 사막화로 사막 지역이 확장되고 있는 지역, 그중에서도 특히 빈곤한 개발도상국의 지역이다. 사막화는 자연적 요인과 인간에 의한 인위적인 요인에 의해 발생한다("글로벌 환경 변화 : 사막화"를 읽어 보라).

바람의 작용

사막의 강한 바람은 먼지폭풍을 일으켜 끊임없이 미지형을 만든다(그림 18-14). 그러나 지형의 조각가로서의 바람 효과는 사구와 같은 비교적 일시적인 특징을 제외하고는 대단히 한정되어 있다.

일반적으로 지면을 지나는 공기의 움직임은 하상 위를 흐르는 물과 비슷하다. 지면에서 수직의 얇은 층은 풍속이 0이지만 지면 위쪽의 거리와 함께 증가한다. 다른 속도로 움직이는 공기의 다른 층들 사이에서 발달한 전단면(shear)은 물의 흐름에 있어 그것과 유사한 난기류를 야기한다. 또한 바람의 난기류는 아래로부터 기원한 열에 의해 발생된다. 그리고 그 열은 공기를 팽창시켜 위로 움직이게 한다. **풍성 작용**(aeolian processes)은 바람의 작용과 관련되어 있다('Aeolus'는 그리스의 바람의 신이다). 풍성 작용은 식물, 수분 또는 다른 형태의 토양을 보고하는 기구가 없는 지역, 즉 사막과 해변에서 세립질, 미고결 퇴적물이 대기 중에 노출되어 있을 때 가장 탁월하고 광범위하게 효과적으로 작용한다. 이 장에서 우리의 주된 관심사는 사막에서의 바람의 작용이다.

▼그림 18-14 바람은 느슨한 입자들을 재배열하는 데 있어 중요한 힘으로 작용한다. 아프리카 사헬 지역 니제르의 진데르 근처의 먼지폭풍

사막화

▶ Mike Pease, 센트럴워싱턴대학교

사막화는 인접한 땅에서 사막이 침범하는 과정이다. 사막은 수천 년 동안 성장하고 축소된다. 사막에 의한 농지점령은 건조 지역과 반건조 지역의 주요 환경 문제이다. 거의 모든 대륙에서 지난 세기에 사막화가 발생했다. 1930년대 미국의 대평원에서 발생한 더스트볼(Dust Bowl)에서 부터 최근 중국 고비 사막으로의 확장에 이르기까지 사막화는 세계 10대 환경 문제 중 하나이다. 사막화와 토지 이용 문제는 세계 식량 안보와 세계 정치 안전에 영향을 미칠 수 있다. 사막화방지협약(UNCCD)은 1994년에 '가뭄의 영향을 받는 지역에서 그 영향을 완화하기 위해' 설립되었다. 이 특별위원회는 물 부족과 토지 황폐화의 영향을 줄이기 위한 방법을 연구하기 위해 회의 및 과학 태스크포스에 자금을 지원한다.

사막화의 메커니즘 : 일반적으로 사막을 둘러싼 지역은 반건조 상태와 희박한 초목이 있는 점이 지역이다. 이 지역의 토양은 특히 바람의 침식을 통해 침식되기 쉽다(그림 18-A). 빈약한 토지 이용 관리나 가뭄으로 인해 토양은 남아 있는 초목을 빠르게 잃을 수 있다. 그런 다음 물과 바람에 의해 덜 안정되고 점차적으로 침식될 수 있다. 이러한 조건이 수년간 지속된다면 토지는 사막이 될 수 있다.

사하라 사막 이남 아프리카에 있는 사헬은 그러한 지역 중 하나이다. 사헬 지역은 반건조 관목지대가 동서 방향으로 4,000km의 넓은 띠 형태로 분포하고 있는 지역과 사하라 남부 지역, 즉 말리, 니제르, 차드, 수단, 남부 수단, 에티오피아를 포함하는 점이지대이다(그림 18-B). 연간 강수량은 사하라 국경 북쪽 100mm 미만에서 남쪽의 500mm까지 다양하다. 이 강수량은 매우 계절적이며 높은 경년 변동성이 있다.

IPCC는 "사헬은 세계 모든 곳에서 기록된 강수량 중에서 가장 실질적이고 지속적인 감소를 경험했다."라고 보고했다. 일부 기후 모델은 기후 이변이 ITCZ의 계절적 패턴을 변화시켜 가뭄 주기를 강화함에 따라 가뭄 상황이 악화될 수 있음을 나타낸다. 사헬 지역 국가들의 경우, 대부분의 주민들이 자급자족의 농업이나 목축업에 종사하는 유목민이기 때문에 사막화는 국가의 중요한 문제이다. 이 지역에서의 고질적인 빈곤이 농업 생산성의 단기적인 손실조차도 처리 할 수 없는 상태로 만든다. 사헬로의 사막 확장은 야생 생물 서식지와 가축 및 농지의 방목장에 영향을 미친다. 중앙아시아, 중국 북부, 오스트레일리아 북부 및 동부 지역에도 유사한 우려가 있다. 미국에서도 2012~2015년까지 캘리포니아에서 경험한 것과 같은 장기간의 가뭄으로 토양 손실이 심해질 수 있다.

기후-사막화의 결합 : IPCC의 「제5차 평가보고서」에 제시된 2014년 모델에 따르면 50년 후 지구상 대부분의 지역은 물이 부족한 지역에서 가뭄이 심화되는 것과 같은 극심한 기상 이상 현상의 증가를 겪을 것으로 제시되었다. 이 문제는 강력한 폭풍이 몰아치는 기간 동안 증가하는 강우량과 결합되어 나타날 수도 있으며, 반건조 기후 및 미국 남서부 및 중국 중부와 같이 이미 가뭄에 취약한 지역은 더 잦은 가뭄을 겪을 것으로 예상하였다.

농업 안보 : 사막화의 주요 원인은 침식에 취약한 토양을 과도하게 개발하는 것이다. 이러한 추세는 더욱 심화될 것이다. UNCCD는 2030년까지 전 세계 식량 수요가 2012년 수준보다 50% 증가할 것이라고 추정했다. 또한 UNCCD는 사막화로 매년 1,200만 헥타르의 농경지를 잃을 것으로 추정한다. 그 결과는 토지 이용의 역설로 나타난다. 즉, 식량 수요를 충족시키기 위해서는 농업을 위한 토지 개량이 필요할 것이다. 결국 미래의 사막화 속도는 지속 가능한 양식을 통한 토착식물 및 토양 보호에 대한 우리의 실천에 의해 결정될 것이다.

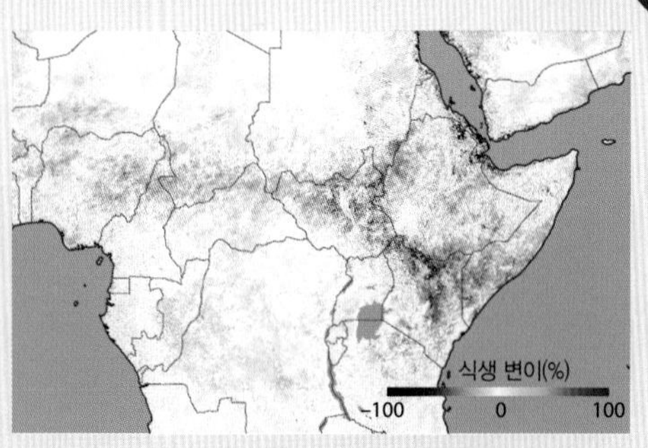

▲그림 18-B 2011년 남부 사헬 지역의 가뭄. 갈색 지역은 초목의 낮은 성장, 녹색 지역은 평균 이상의 성장을 나타낸다.

자료 출처 : NOAA-18호 위성 고해상도 감지기(AVHRR)

질문

1. 사헬 지역 이외에 인구가 많은 어떤 지역이 사막화에 취약한가?
2. 토지 이용 손실 이외에 사막화의 영향은 무엇인가?

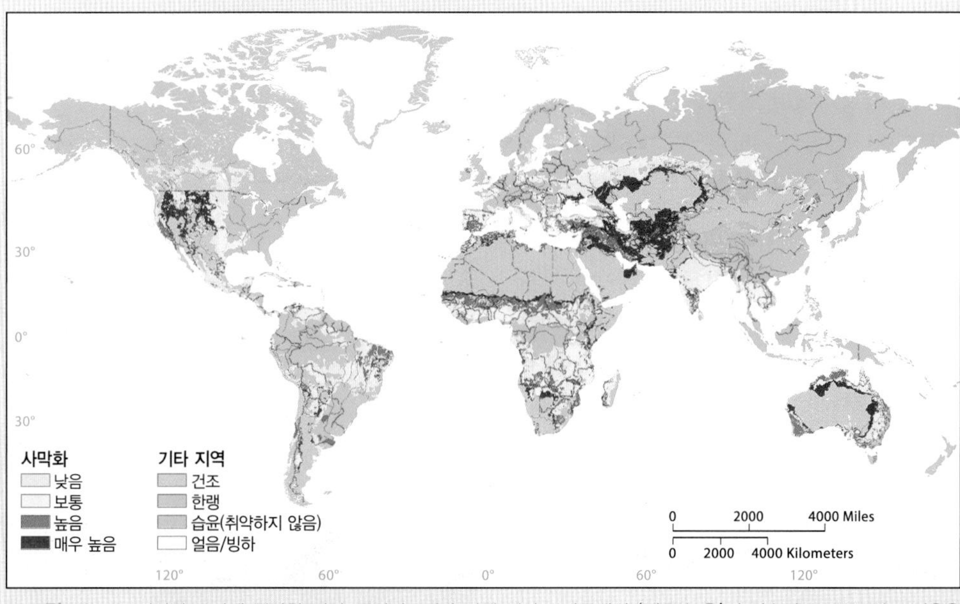

▲그림 18-A 사막화 증가에 취약한 지역. 중앙아프리카 사헬 지역 국가들에서 '매우 높음'이 연속적으로 분포하고 있음을 주목하라.

▲그림 18-15 바람의 풍식이 느슨한 물질을 표면에서 제거하여 네브라스카의 모래언덕에서처럼 표면에 파열을 남긴다.

풍식

바람의 침식 작용은 취식과 마식이라는 2개의 범주로 분류할 수 있다.

취식 : 느슨한 입자가 공기를 통해 또는 땅을 따라 날아갈 때, 그들은 취식에 의해 이동한다고 말한다. **취식**(deflation)은 대기 또는 지면을 따라 바람이 불 때 느슨한 입자가 이동하는 현상이다. 바람이 먼지와 작은 모래 입자를 움직일 만큼 강하지 않거나 부력이 없는 특별한 경우를 제외하고는 취식으로 중요한 지형이 형성되지 않는다. 때때로 **풍식와지**[blowout 또는 **취식와지**(deflation hollow)]가 형성된다. 이것은 풍부했던 세립물질의 양이 감소함에 따라 형성된 얕은 분지이다(그림 18-15). 대부분의 와지는 작지만 어떤 것은 지름이 1.5km를 넘는다.

마식 : **풍성 마식**(aeolian abrasion)은 바람의 변수가 훨씬 덜 효과적이라는 것을 제외하면 하천의 마식과 유사하다. 취식은 기류에 의해 전적으로 형성되는 반면 마식은 공중에 떠다니는 모래와 먼지 입자 형태의 '도구'가 필요하다. 바람은 자연적인 모래폭풍의 형태로 암석과 토양의 표면에 이들 입자를 움직이게 한다. 바람에 의한 마식은 지형을 형성하거나 구성하는 데에는 중요하지 않다. 그것은 단지 이미 현존하는 지형들을 조각한다. 풍성 마식의 결과는 피팅, 에칭, 패시팅, 노출된 암석 표면의 연마 및 암편의 세분화이다. '풍식'에 의해 작은 면이 생긴 암석을 **풍식력**(ventifact)이라 부른다(그림 18-16).

야르당(yardang)으로 알려진 더 큰 마식으로 형성된 지형은 많은 사막에서 발견된다. 대부분의 야르당은 불완전하게 통합된 퇴

▲그림 18-16 풍마력 또는 풍식력. 이 현무암 조각은 배드워터 인근의 데스밸리에 있다.

적암으로 구성되어 있으며, 이는 영구적인 바람에 의해 모래가 분사된 것이다(그림 18-17). 그들은 일반적으로 지배적인 풍향을 평행하고 정렬하며 전형적으로 몇 미터의 높이지만, 일부는 수십 미터 높이에 떠 있다.

풍성 운반 작용

암석물질은 물에 의해 움직이는 유형만큼 효율적이지는 못하지만 바람에 의해서도 운반된다. 가장 세립질의 입자는 먼지로서 부유 상태로 실려 운반된다. 강한 난기류 바람은 수 톤의 부유먼지를 들어 올려 운반할 수 있다. 어떤 먼지폭풍은 지표면 위로 수백 미터까지 확장될 수 있고(그림 3-4 참조), 물질을 1,600km 이상으로 이동시킬 수 있다.

▼그림 18-17 이집트 남서부 사하라 사막에 있는 바람의 풍식 작용에 의해 생성된 야르당

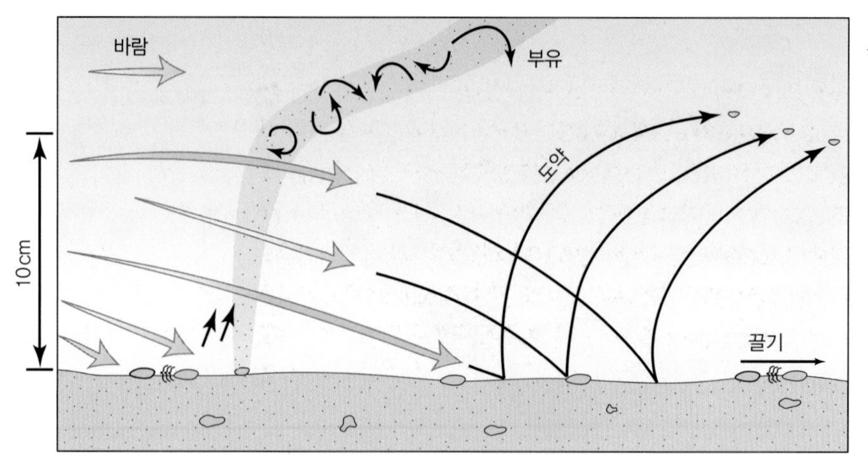

◀ 그림 18-18 바람은 부유 상태로 작은 먼지 알갱이를 운반한다. 보다 큰 입자는 도약과 끌기에 의해 움직인다.

먼지보다 큰 입자는 하천류와 같이 **도약 운동**(saltation)과 **끌기**(traction) 형태로 바람에 의해 움직인다(그림 18-18). 바람은 모래 알갱이 크기보다 큰 입자를 들어 올릴 수 없다. 그리고 모래도 지표 위로 1m 이상은 이동시키기 힘들다. 대부분의 모래는 강풍에 의해 날아갈 때 낮게 뛰어오르며 낮은 각도로 지면과 부딪쳐 전방으로 튀면서 전형적인 도약 운동 궤도로 회전한다. 보다 큰 입자는 바람에 의해 지면을 따라 구르거나 끌기에 의해 움직인다. 특히 과거 건조 지역에서 바람에 의한 도약 운동과 끌기로 들리는 입자는 총량의 4분의 3으로 추정된다. 동시에 모래로 이루어진 모든 지표층은 천천히 도약하는 알갱이들의 충격에 의해 바람이 불어 가는 쪽으로 움직인다. 이 과정을 **포행**(creep)이라고 부른다(**토양 포행**과 혼동해서는 안 된다).

바람은 입자를 단지 높이 들어 올리기만 하기 때문에 지표면상에서 수 센티미터를 수평적으로 이동하는 모래 구름이 진짜 **모래 폭풍**이다. 모래폭풍이 지나가는 경로에 서 있는 사람은 그들 다리에 모래 알갱이가 뿌려지지만, 머리는 아마 모래구름 위에 있을 것이다. 모래폭풍에 의한 마식이 지형 침식에 미치는 효과가 거의 없는 반면에, 지상에 가까운 인간의 활동에는 아주 중요한 의미가 있다. 보호받지 못하는 나무 기둥과 푯말들은 모래폭풍에 의해 쓰러지고, 폭풍을 통과하는 차량은 방풍유리가 긁히고 훼손될 것이다.

학습 체크 18-8 왜 기반암의 풍식 작용에 대한 증거는 제한적인가?

풍성 퇴적

바람에 의해 움직이는 모래와 먼지는 결국 바람이 잔잔할 때 퇴적된다. 장거리에서 이동되었을 것으로 여겨지는 입자가 아주 작은 물질은 보통 실트 형태로 퇴적되고, 이것의 지형적 중요성은 거의 또는 전혀 없다. 그러나 보통 조립질의 모래는 국지적으로 퇴적된다. 때때로 확실한 형태를 가지지 않는 평평한 지형을 가로질러 퍼지는데, 이를 **모래평원**(sandplain)이라고 한다. 그러나 모든 풍성 퇴적에서 가장 주목할 만한 가치가 있는 것은 느슨한 채 바람에 날린 모래가 수북이 쌓인 언덕이나 낮은 언덕인 **사구**(sand dune)이다.

사막사구 : 사구지대는 거의 균일한 석영(때때로 석고, 드물게 다른 광물) 입자로 되어 완전하게 고착되지 않은 모래로 구성되어 있어서 밝은 흰색을 띠는 경우도 있지만 대개 회갈색을 띤다. 이동사구는 기류에 따라 변화할 수 있는 대상이다. 사구들은 표류하기 때문에 움직이거나 분리될 수 있고 성장하거나 줄어들 수 있다. 그들은 바람의 속도가 줄고 바람을 가로막는 바람의지 사면 쪽에 비바람으로부터 보호받을 수 있는 에어포켓(air pocket)을 발달시키며 퇴적은 그곳에서 진행된다.

이동사구는 보통 국지풍에 의해 움직인다. 바람은 사구의 풍상 사면을 침식시키며, 모래 입자를 들어 올려 풍하 사면이나 **슬립페이스**(slip face)의 정상부를 건너서 퇴적시킨다(그림 18-19). 사구 슬립페이스에서 32~34° 의 각도가 건조한 모래의 안식각이다. 만약 바람이 수일 동안 한쪽 방향으로 분다면, 사구는 모양의 변형 없이 바람이 불어 가는 쪽으로 이동할 수도 있다. 그러한 이동은 보통 느리지만 일부의 경우 사구는 1년간 수십 미터도 움직일 수 있다.

그러나 모든 사구가 이동하는 것은 아니다. 또 다른 형태의 특징적인 사구지대의 배열에서 사구는 대부분 또는 완전히 식생에 의해 고정되어 있어 바람의 영향으로 이동하지 않는다. 사구는 식물이 성장하는 데 필요한 영양분이나 습기를 많이 공급해 주지는 못하지만, 사막 식생은 내한성이 높고 끈질겨서 사구 환경에서 잘 살아남을 수 있다. 식물의 뿌리는 사구의 확대와 고정에 중요한 역할을 한다.

사구 모양은 매우 다양할 뿐만 아니라 거의 무한하다. 몇 개의

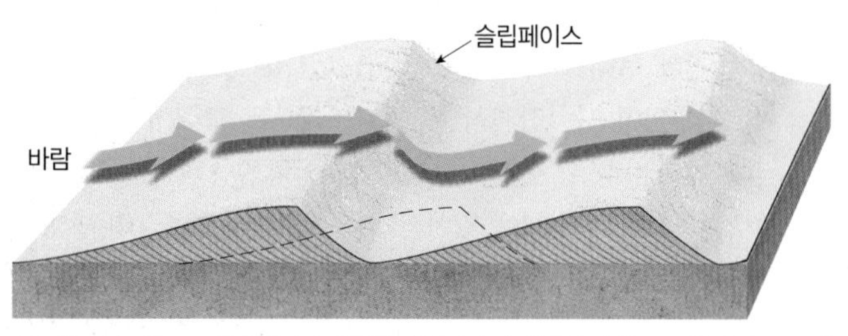

▲ 그림 18-19 모래 알갱이가 완만한 바람받이 사면(풍상 지역)으로 움직이고, 급경사의 슬립페이스(풍하 사면)에서 퇴적됨으로써 사구는 바람이 부는 쪽으로 이동한다.

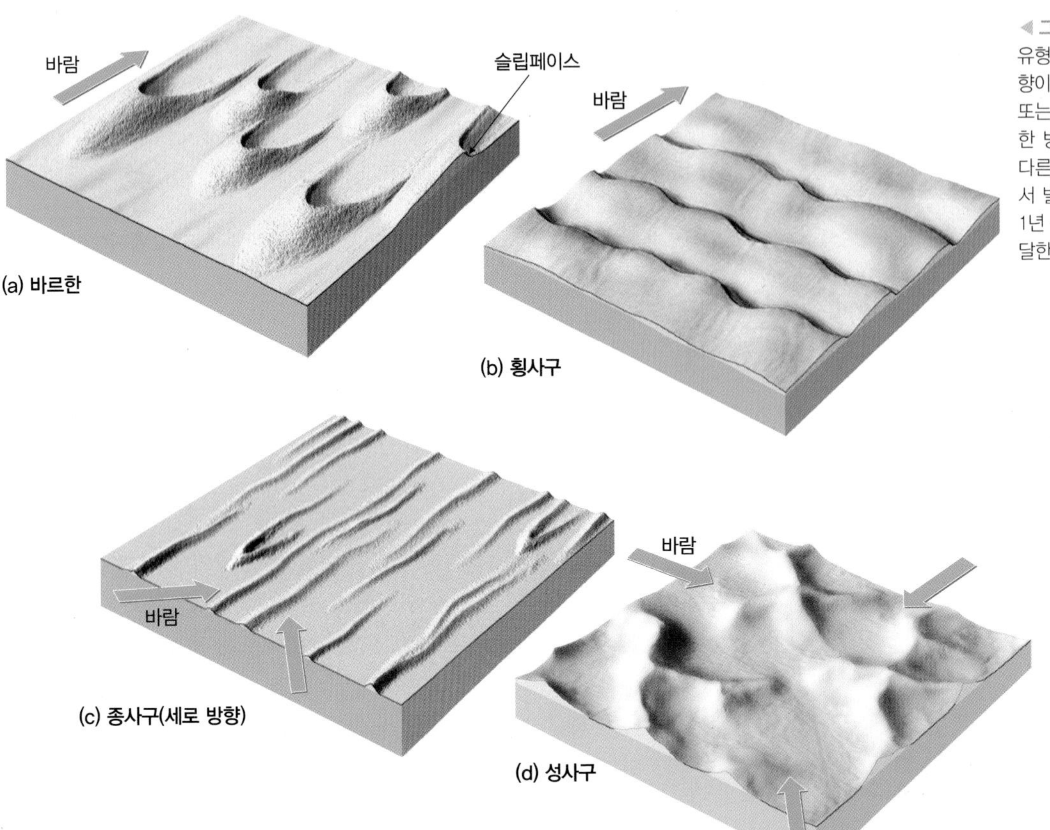

◀ 그림 18-20 일반적인 사막 사구의 유형. (a) 바르한, (b) 횡사구는 바람의 방향이 일관된 곳에서 발달한다. (c) 종사구 또는 세이프(seif)는 1년 중 일부 기간은 한 방향의 탁월풍이 불고 나머지 기간은 다른 방향에서 탁월풍이 불어오는 곳에서 발달한다. (d) 성사구는 바람의 방향이 1년 동안 여러 방향에서 부는 곳에서 발달한다.

애니메이션 MG
사막 사구
http://goo.gl/8P9ZaH

특징적인 사구 유형은 세계의 사막에 광범위하게 퍼져 있고, 그들의 상대적인 배열은 모래의 상대적 양과 바람 방향의 지속성에 의해 결정된다. 가장 일반적인 네 가지 유형을 살펴보자.

1. 사구 유형 중 가장 잘 알려진 것은 **바르한**(barchan)이다. 비록 집단적으로 존재하는 바르한도 발견되지만, 보통 바르한은 모래로 뒤덮이지 않은 표면 쪽으로 이동하는 개별 사구 형태를 띤다. 바르한은 바람이 불어 가는 쪽에 초승달 모양의 '뿔'이 있다(그림 18-20a와 18-21). 바르한에서 모래의 움직임은 풍상 쪽에서 슬립페이스로 꼭대기를 넘는 것뿐만 아니라 초승달 모양의 뿔을 연장한다. 바르한은 강풍이 한 방향에서 일관적으로 부는 곳에서 형성된다. 이는 모든 사구 중 가장 빠르게 이동하는 경향이 있어서, 오스트레일리아의 사구를 제외하고 모든 사막에서 찾아볼 수 있다. 대표적으로 중앙아시아(타르와 타클라마칸)의 사막과 사하라 지역에서 가장 광범위하게 퍼져 있다.
2. **횡사구**(transverse dune)는 초승달 모양을 하고 있다. 그러나 이 사구는 모래의 공급이 훨씬 많은 곳에서 발생한 바르한만큼 균일한 형태를 띠고 있지 않다(그림 18-20b). 보통 횡사구의 형성을 이끄는 전체적인 경관은 피복된 모래이다. 바르한과 마찬가지로 횡사구의 볼록한 면은 탁월풍의 방향과 마주한다. 횡사구의 형성에 있어서 모든 정상부는 바람의 방향과 직각이고, 사구는 지표 위를 가로질러 평행한 물결 모양을 만든다. 그들은 바르한과 같이 바람이 불어 가는 쪽으로 이동하며 만약 모래 공급량이 감소하면 바르한으로 분리될 것이다.

▼ 그림 18-21 나미비아의 나미브나우클루프트 국립공원에 있는 독특한 초승달 모양의 바르한. 바람의 방향은 왼쪽에서 오른쪽이다.

▲그림 18-22 종사구의 평행 선형성. 이 장면은 중앙 오스트레일리아의 심프슨 사막이다.

▲그림 18-23 나미브나우클루프 국립공원에 있는 성사구

3. **세이프**(seif)는 선적인 사구 또는 **종사구**의 한 유형이다. 그것들은 보통 다양하게 존재하며 일반적으로 평행한 배열(그림 18-20c와 18-22)을 가지는 길고 좁은 사구이다. 전형적인 종사구의 크기는 수백 미터의 높이, 수십 미터의 넓이, 수 킬로미터 또는 심지어 수십 킬로미터 길이에 달한다. 종사구의 길고 평행한 배치는 뚜렷하게 2개의 탁월풍 사이의 중간 방향을 나타낸다. 탁월풍은 1년 중 일부 기간은 한 방향 그리고 나머지 기간은 또 다른 방향으로 분다. 아마 종사구는 아메리카의 사막에서는 드물지만 북부 오스트레일리아나 세계의 다른 지역에서는 가장 일반적인 사구 형태일 것이다.
4. **성사구**(star dune)는 세 방향 또는 더 많은 방향으로 뻗어 나가는 거대한 피라미드 형태를 띠고 있는 사구이다(그림 18-20d). 성사구는 바람이 빈번하게 여러 방향에서 부는 지역에서 발달한다(그림 18-23).

학습 체크 18-9 왜 사구의 바람이 불어오는 쪽(바람받이 사면)이 바람이 불어 가는 쪽보다 더 가파른 경사가 있는가?

화석사구 : 어떤 곳에서는 때때로 '화석' 사구라고 불리는 곳을 찾을 수 있다. 예를 들면 미국 남서부의 일부 지역에서 거대한 양의 사암 퇴적층은 큰 바다에서 퇴적되어 축적된 전형적인 수평적인 지층보다 바람에 의해 퇴적된 모래 특유의 **사층리**를 보인다(그림 18-24). 바람에 날린 모래가 모래 언덕의 사면 아래로 미끄러져 가면서 얇은 층이 지표면에 상대적으로 기울어진 상태에서 모래 언덕에서 교차된 사구가 발생한다(그림 18-19 참조).

비사막 지역의 풍성 작용

비록 지금까지 우리는 사막 지역에서의 바람의 작용에 대해 다루었지만, 두 가지 종류의 풍성 작용이 비사막 지역에서도 종종 발견된다. 바로 **해안사구**와 **뢰스**이다.

▼그림 18-24 유타주 자이언 국립공원 근처의 '화석' 사구에 나타나는 사층리 사암

해안사구 : 바람은 건조한 기후와는 상관없이 해안과 호수 연안을 따라 길게 사구를 형성한다. 대부분의 다소 단조로운 해안선에서는 파랑에 의해 모래가 해안을 따라 퇴적된다. 내륙으로 부는 우세한 해풍은 사구를 자주 만든다. 모래 위에 식생이 정착한 지역에서는 **포물선 사구**(parabolic dune)가 발달한다. 그것은 바르한 사구처럼 보이지만, 사구 전면에 위치한 바다의 바람 방향으로 '뿔'을 가지고 있다. 대부분 해안사구 군집은 작지만 때때로 대규모의 지역을 덮고 있다. 가장 큰 사구는 프랑스 남부 대서양 해안선을 따라 분포하는 것인데, 이 사구는 해안을 따라 240km로 확대되어 있고 내륙으로는 3~10km에 이른다.

뢰스 : 건조 지역과 관련 없는 풍성 퇴적의 또 다른 형태는 세립질의 석회질 담황색 실트가 바람에 의해 퇴적된 **뢰스**(loess)이다. 뢰스는 퇴적물에서 기원했음에도 불구하고 수평층이 결여되어 있다. 아마도 가장 눈에 띄는 특성은 강한 수직적인 내구성일 것이다. 이 내구성은 미립질의 입경, 높은 다공성 및 절리와 같은 수직적인 벽개에 기인한다. 아주 작은 입자들은 서로 강한 분자 간 인력을 갖고 있어 응집력이 상당히 크다. 게다가 입자는 각이 져 있어서 다공성을 증가시킨다. 따라서 뢰스는 다량의 물을 흡수하고 수용한다. 비교적 부드럽고 굳지 않았음에도 불구하고, 뢰스가 침식에 노출되었을 때에는 구조적 특성 때문에 마치 강하게 굳은 암석처럼 거의 수직 사면을 유지한다(그림 18-25). 탁월한 절벽들이 종종 뢰스 퇴적물의 침식면으로서 형성된다.

많은 실트는 플라이스토세 빙기와 관련하여 생성되었지만 뢰스의 형성 역사는 복잡하다(제19장에서 논의하기로 한다). 빙하기와 간빙기 동안 강은 빙하로부터 많은 양의 하중을 가진 융빙수를 운반하여 넓은 범람원들을 만들었다. 저수위의 기간 동안 바람은 범람원으로부터 조금 더 작은 먼지 크기의 입자를 포획하여 매우 두꺼운 퇴적지의 일부 지역에 그것들을 내려놓았다. 또 어떤 뢰스는 특히 중앙아시아의 사막 지역으로부터 먼지의 취식에 의해 형성된 것으로 알려져 있다.

▲ 그림 18-25 뢰스는 중국 산시성의 황투고원(뢰스고원)에서 볼 수 있듯이 수직적인 절벽으로 서 있을 수 있는 놀라운 능력을 갖고 있다.

대부분 뢰스의 퇴적은 중위도에서 이루어지며, 특히 미국, 러시아, 중국, 아르헨티나에서는 대단히 규모가 크다(그림 18-26). 사실 지구 지표면의 약 10%는 뢰스로 덮여 있고, 미국의 인접한 지역에서는 총 30%에 이른다. 뢰스 퇴적물은 곡물을 재배하는 데 있어 세계적으로 가장 생산적인 토양을 제공한다.

뢰스 지역은 특히 농업 생산성 때문에 중국에서 중요하다. 황허강은 그것이 운반하는 광대한 양의 담황색 퇴적물에서 이름이 유래되었으며, 궁극적으로 황해에 도달한다. 또한 뢰스의 수직적인 벽을 형성하는 놀라운 능력 덕분에 다수의 동굴 주거지들이 중국의 뢰스 지역에서 발굴되었다. 그러나 유감스럽게도 이 지역은 지진에 취약한 지역으로, 이 동굴집은 진동이 있을 때 무너

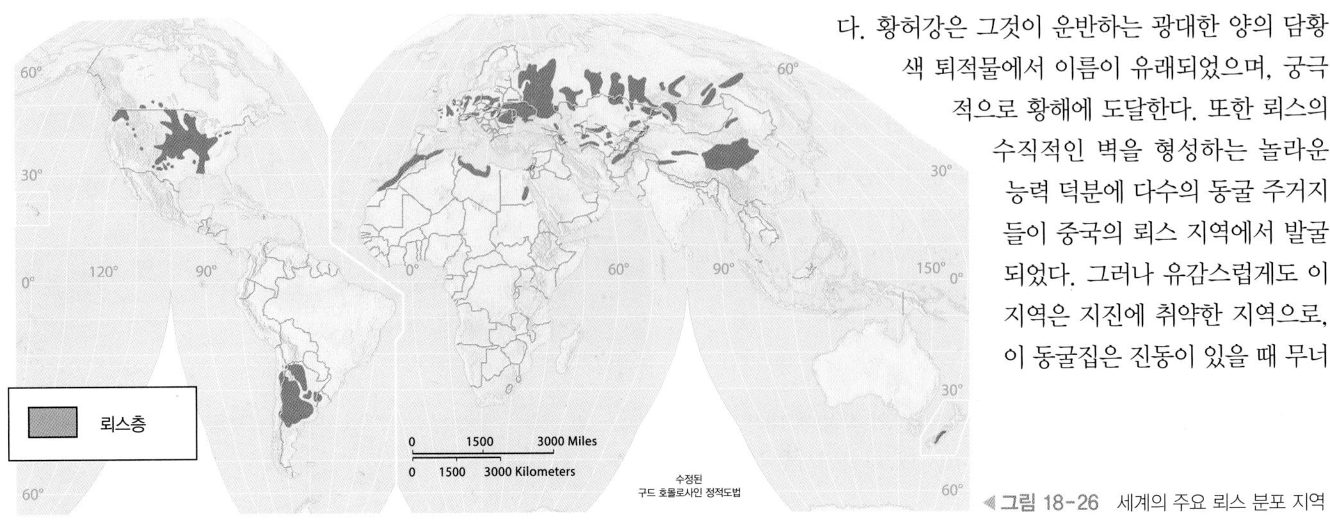

◀ 그림 18-26 세계의 주요 뢰스 분포 지역

진다. 따라서 목숨을 잃을 정도로 세계적으로 가장 대규모의 몇몇 지진 재해가 이곳에서 발생했다.

사막 경관 지표면의 특성

사막의 지표면 특성은 사막마다 매우 다양하며, 따라서 건조 지역에서 발견되는 모든 가능한 지형을 기술하는 것은 불가능하다. 그래서 이 장의 앞부분에서 세계의 많은 사막에서 뚜렷하게 발견되는 지표면의 경관을 먼저 설명하였고, 지금부터는 북미에서 발견 된 2개의 대표적인 사막 지형에 대하여 자세하게 알아보고자 한다.

시간의 흐름에 따라 사막에서의 풍화 작용, 침식 및 퇴적 과정은 분명히 다른 종류의 경관을 만들어 낸다. 다음 세 가지 유형의 지표면 경관은 사막 지역에서만 발견된다. 바로 **에르그**, **레그**, **하마다**이다.

에르그 — 모래바다

사막이라는 용어와 공식적으로 관련이 있는 '모래바다'인 **에르그**(erg)는 가장 주목할 가치가 있는 사막의 지표면이다(그림 18-27). 에르그('모래'의 아라비아어)는 일반적으로 바람에 의해 특정 종류의 사구를 형성하는 느슨한 모래로 덮인 지역이다. 사막 풍화 과정은 매우 느리기 때문에 아마도 에르그를 만들기 위해 필요한 엄청난 퇴적량은 단지 오늘날 사막에서 작용하는 영력으로만 설명할 수는 없다. 더 정확히 말하면 아마 이 모래의 많은 양은 더 습윤한 기후에 집적되었을 것이다. 에르그가 형성된 후 모래들은 하천에 의해 퇴적 지역으로 운반되었다. 그 후 기후는 더욱 건조해졌고 결과적으로 바람은 물보다 모래의 운반과 퇴적의 주요한 기구가 되었다.

몇 개의 큰 에르그는 사하라와 아라비아 사막에서 볼 수 있고, 그보다 작은 에르그는 대부분의 사막에서 확인된다. '화석' 에르그(보통 식물로 덮인 사구 유형)는 때때로 건조 지역이 아닌 지역에서도 볼 수 있다. 이는 이 지역이 과거에는 현재보다 건조한 기후였음을 암시한다. 서부 네브래스카의 '샌드힐(Sandhills)'은 이러한 화석 에르그에 해당되며, 현재에는 대초원의 초본들로 인해 안정되었다.

레그 — 암석사막

사막 경관 지표면의 두 번째 유형은 모래와 먼지가 바람과 물에 의해 모두 제거되어 자갈, 잔자갈 또는 거력이 조밀하게 덮여 있는 **레그**(reg)이다. 레그('돌'의 아라비아어)는 지표면 피복이 대단히 얇을지도 모르겠지만(일부의 경우 그 두께가 자갈 하나 정도이다), 돌이 많은 사막이다. 미립물질은 지표침식을 통해 제거된다. 아마도 빗물 침투 작용을 통해 지표 아래로 퇴적물이 이동함으로써 지표면의 자갈은 종종 서로 공극을 채워 아래로 침식이 더 진행되는 것을 막을 것이다. 이러한 이유로 레그는 **사막포도**(desert pavement) 또는 **사막갑주**(desert armor)로 불린다(그림 18-28). 오스트레일리아에서는 광범위한 레그를 **기버플레인**(gibber plain)이라고 한다. 이 표면은 보통 형태가 형성되기까지 수백 년에서 수천 년이 걸리기 때문에 잘 발달된 사막 포도의 존재는 지표면이 비교적 오랜 기간 동안 안정되어 왔음을 나타낸다.

▲그림 18-27 GPS 자료를 사용하여 모리타니에 있는 사막의 사구를 조사하는 연구원

사막칠 : 일부 사막의 두드러진 특징은 **사막칠**(desert varnish)이다. 이것은 특히 레그와 관련된 경우가 많지만 전적인 것은 아니다. 사막칠은 사막대기에 오랫동안 노출된 자갈, 돌 및 더 큰 노두의 표면에 형성되어 있는 검고 반짝이는 피막으로서 대부분 철과 산화망간으로 이루어져 있다(그림 18-28에 있는 큰 암석들에

▶그림 18-28 캘리포니아주 패너민트밸리의 사막포도. 큰 암석에 짙은 갈색의 사막칠을 주목하라.

주목하라). 사막칠은 바람에 의해 운반된 점토로 철과 산화망간의 함량이 높은 것이 특징이다. 사막칠의 비교적 높은 망간 농축은 생화학적 과정에서 수반되는 박테리아가 원인이다. 바위의 표면이 보다 오랫동안 풍화에 노출되면 노출된 만큼 산화 피막의 농축이 보다 크며 색은 더 어둡다. 따라서 사막칠은 지형학자들에게 상대연대 측정의 도구로 사용될 수 있다.

하마다 ― 척박한 기반암

사막 경관 지표면의 세 번째는 **하마다**(hamada, '암석'의 아라바이어)이다. 하마다의 지표면은 노암으로 이루어졌지만 때때로 지하수가 증발되어 함께 굳은 염분으로 구성된다. 어떤 경우에는 풍화로 형성된 조각들을 바람이 빠르게 쓸어 버림으로써 소량의 느슨한 물질이 남게 된다.

학습 체크 18-10 사막도포와 사막칠의 존재 여부가 사막 표면에서 비교적 최근의 침식 또는 퇴적의 가능성에 대해 밝힐 수 있는지 설명하라.

에르그, 레그, 하마다의 분포 범위는 몇몇 사막 지역에서 상당히 중요하지만, 세계 대부분의 건조 지대는 이러한 지표면의 수가 제한되어 있다. 예를 들어, 아라비아 사막의 3분의 1은 모래로 덮혀 있고, 그중 많은 부분은 모래로 덮혀 있지 않으며, 에르그, 레그, 하마다는 평야 지역에 제한되어 분포한다. 레그와 하마다는 극도로 평탄하지만 에르그는 바람에 의해 형성된 사구 정도의 높이를 가진다. 바람이 모래 지표면에서부터 모래가 없는 지표면으로 이동 시 마찰층의 속도가 급변하므로 종종 이들 경관의 경계부는 선명하게 나타난다.

대표적인 2개의 특정 사막 지형군

우리는 이제 건조 지대에서 더 자세한 지형 발달 사례를 살펴볼 것이다. 북아메리카 사막에는 두 가지의 특정 지형군이 있다. 바로 분지-산릉 지형(basin-and-range terrain)과 메사-급애 지형(mesa-and-scarp terrain)이다. 그 발달 양식은 미국 남서쪽의 수천 평방 킬로미터에 걸쳐 반복된다(그림 18-29). 전 세계의 사막 지형은 각기 다르지만 이 두 지형은 우리가 기술한 외적 지형 형성 작용의 결과에 대한 대표적인 좋은 사례이다.

분지-산릉 지형

그림 18-29와 같이 미국의 남서 내륙 지역의 대부분은 분지-산릉 지형이 특징이다. 이곳은 대체로 외부 유역 없이 단지 이 지역을 관류하거나 이 지역에서 발원하여 밖으로 흐르는 몇 개의 외래 하천(특히 콜로라도강과 리오그란데강)을 가진다. 북아메리카의 이 지역은 큰 정단층 운동을 겪어 왔다. 이 정단층은 낮은 각도의 정합단층(detachment fault)을 따른 운동을 포함하고 있고, 수많은 급경사 **지구**(地溝, graben)들과 아래로 기울어져 있는 **반지구**(half graben)들을 포함한 일련의 내부 유역분지를 둘러싸고 있는 광대한 단층지괴산맥으로 구성된 경관을 남겼다(그림 14-56 참조). 건조 지역의 분지-산릉 지형은 주로 비그늘(rain shadow) 현상 때문에 생겨나며 특히 동부 캘리포니아의 시에라 네바다산맥이 이에 해당된다.

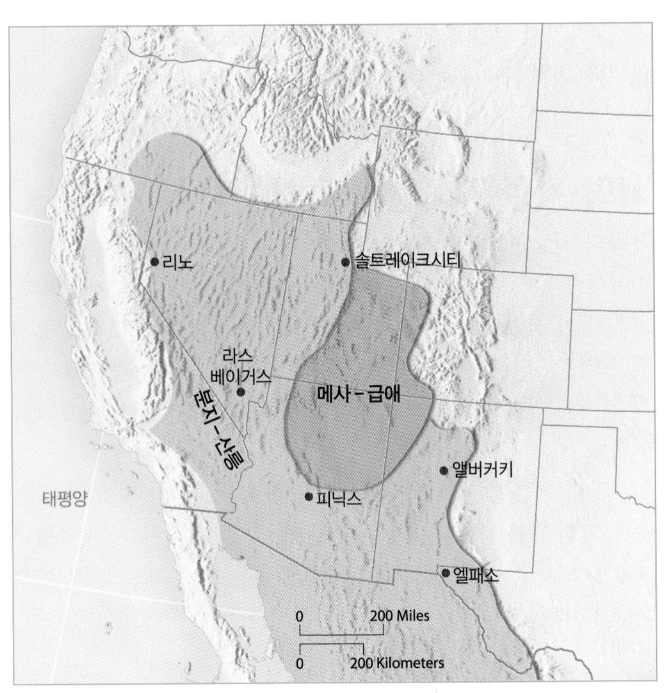

▲그림 18-29 미국의 남서부 내부에는 2개의 주요 지형인 분지-산릉 지형과 메사-급애 지형이 있다.

분지-산릉 지형은 산릉, 산록지대, 분지라는 세 가지 주요 특징이 있다(그림 18-30).

산릉

분지-산릉 경관의 가장 큰 특징은 우리가 분지에 서 있을 경우 산릉이 모든 방향의 범위에 영향을 준다는 점이다. 일부 산릉은 높고 일부는 매우 낮지만 가파르게 펴져 있으며, 그 사면은 기복이 심한 암석으로 이루어져 있다. 비록 이들 산지의 지구조적 기원이 다르지만(대부분 단층 운동에 의해 기울어졌지만 그 외 습곡, 화산 활동 또는 더 복합적인 방식으로 형성), 지표의 특징은 크게 풍화, 중력사면 이동(매스 웨이스팅) 및 하성 작용에 의해 형성되었다.

산릉 정상부와 봉우리는 날카롭고 가파른 절벽으로 되어 있는 것이 일반적이며, 암석 노두는 모든 고도에서 돌출되어 있다. 분지-산릉에 의해 형성된 산맥은 항상 길고 좁으며 서로 평행하다. 만약 우리가 어떠한 분지-산릉 경관에 서 있다면, 험준한 산맥이 모든 방향에서 지평선을 지배하는 것을 보게 될 것이다. 이 건조한 유역망은 항상 좁고 가파른 사면, V자형의 단면을 가지고 있다. 보통 하도 하부는 모래와 또 다른 느슨한 암설이 퇴적되어 있다.

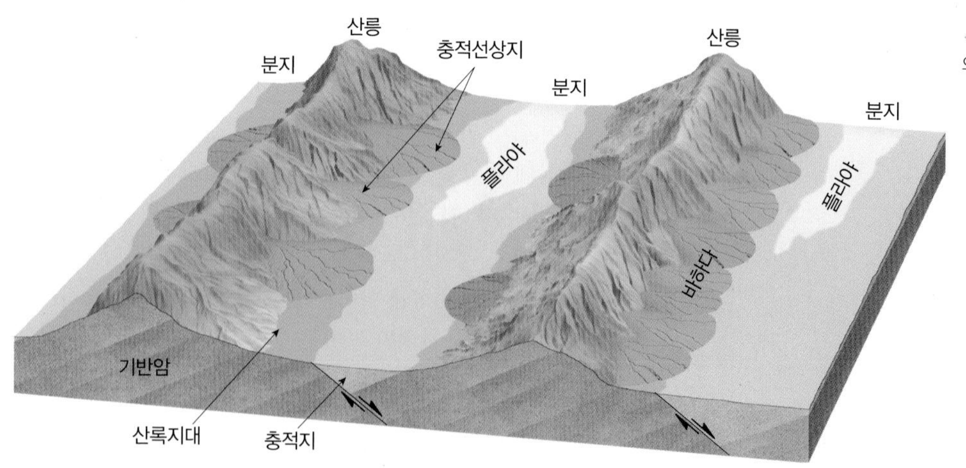

◀그림 18-30 일반적인 분지-산릉 사막 지형의 경관

와인 잔 협곡은 일부 산릉에서 발견되는데, 와인 잔의 '컵'은 산릉에서 고도가 높은 지류 하천의 분산된 상류부 개방 지역이며, '손잡이'는 산 앞을 가로지르는 좁은 협곡이고, '바닥'은 산록지대 나아가는 충적층이다.

만약 산릉이 충적평야와 분지로 광범위하게 둘러싸여 고립되어 있다면 이와 같은 산지 잔유물을 인셀베르그라 부른다(그림 18-11 참조).

산록지대

산릉의 기저에는 보통 산릉에서 분지저로 변화를 나타내는 사면의 급격한 전환이 있다(그림 18-12 참조). 산록지대의 대부분은 페디먼트를 덮고 있을 것이다. 페디먼트는 산록지대가 하성 퇴적 지역이기 때문에 보통 수 미터의 미고결 퇴적물로 덮여 있다. 가끔 강우 시 홍수와 암설류는 퇴적물질을 가득 싣고 산릉 주위의 우곡과 협곡을 빠져나온다. 그들은 산록지대 위의 제한된 협곡 입구에 그것들을 터뜨림으로써 속도와 하중 용량이 갑자기 저하되며 퇴적물이 생성된다.

충적선상지와 바하다 : 모든 사막 지역에서 찾을 수 있는 가장 두드러지고 광범위한 지형은 특히 분지-산릉 지역의 특징 중 하나인 충적선상지이다(그림18-31). 선상지는 규모가 커짐에 따라서 인접한 선상지와 종종 겹쳐진다. 계속되는 선상지의 성장과 중첩은 최종적으로 산록지대를 가로지르는 연속적인 충적 지표면을 형성한다. 이 경우 개별 선상지를 구별하기 힘들다. 이러한 특징을 가진 지형은 **바하다**(bajada)로 알려져 있다(그림 18-30 참조). 산지면 근처에 있는 바하다의 지표면은 협곡 사이의 겹치는 부분이 오목하고, 협곡의 곡구 근처가 볼록한 부분을 가지는 파도 모양의 기복을 띤다.

모바일 현장학습 MG
사막 지형학
https://goo.gl/XngZ6O

학습 체크 18-11 충적선상지와 바하다를 분지-산릉 지역에서 흔하게 볼 수 있는 이유는 무엇인가?

분지

산지면 아래에는 낮은 한 지점을 향하여 모든 방향에서 완만한 사면을 가진 분지의 평탄한 바닥이 있다. 플라야는 항상 이 낮은 지점에서 발견된다(그림 18-6 참조). 분지 바닥을 가로지르는 하천 유로는 때때로 뚜렷하게 흐르지만 종종 얕고 불분명하며 낮은 지점으로 도달하기 전에 자주 사라진다. 그러므로 이론상으로 이 낮은 지점은 분지를 둘러싸고 있는 산릉 가까운 지점으로부터 모든 하천류의 배수 종점으로 기능하는 것이 가능하다. 그러나 많은 물이 간혹 그곳에 도달할 뿐 대부분의 물은 분지의 바닥에 도달하기 오래전에 증발과 삼투에 의해 유실된다.

모든 수용성 광물은 유역으로부터 기원하여 아래로 흐르기 때

▼그림 18-31 캘리포니아주 데스밸리 국립공원의 배드워터 분지에 있는 협곡 입구의 선상지

▲ 그림 18-32 데스밸리의 염반은 대부분 평범한 식용 소금(NaCl)으로 이루어져 있다. 소금 결정이 지표면 바로 아래에 위치한 염분 '슬러시(slush)'에서의 물의 증발을 통해 성장하면서 다각형의 능선이 형성된다.

문에 염분은 사막분지의 가장 낮은 지점으로 둘러싸인 플라야에 집적된다. 물은 산지 밖 또는 분지 내로 증발되거나 침투되지만 염분은 증발되지 않기 때문에 매우 미미하게 삼투된다. 그러나 보통 분지 바닥의 가장자리와 플라야 지역으로 충분한 물이 유입되므로 염분은 플라야에 점점 집적되는데, 이와 같은 플라야는 **살리나**(salina)라고 부르는 것이 적절하다. 이 염분의 존재는 항상 플라야 또는 살리나 지표를 선명한 하얀색으로 보이게 한다. 이들에는 상이한 염분들이 많이 포함되어 있고 때때로 염분의 퇴적량은 채굴기업을 지원해 줄 정도로 충분하다. 캘리포니아의 데스밸리와 같은 일부 사막분지에서는 대량의 염분이 축적되어서 염반(salt pan) 또는 솔트 플랫(salt flat)을 형성하고 발달시킬 만큼 증발량이 충분하다(그림18-32).

플라야에 물이 충분히 흐를 경우, 플라야는 종종 플라야호가 된다. 플라야호는 매우 얕고 보통 며칠 또는 몇 주일밖에 지속되지 못한다. 흙탕물로 구성된 얕은 담수호와 달리 염호는 가장자리 주변의 소금거품과 깨끗한 물로 이루어져 있다. 왜 그러한가? 응집(flocculation) 과정에서 소금물이 실트와 점토의 음이온을 중화시키는 양이온을 생산하기 때문에 이에 따라 입자들은 덩어리로 침전되어 물이 맑게 유지된다.

분지 바닥에 영향을 미치는 하천류는 큰 입자를 운반할 수 없기 때문에 이 분지 바닥은 미세한 물질로 덮여 있다. 분지 바닥은 실트와 모래가 지배적이며 간혹 매우 두껍게 퇴적된다. 실제로 분지와 산릉 지역에서 정규 삭박 과정은 분지 바닥을 상승시키는 경향이 있다. 분지를 둘러싸고 있는 능선에서 기원한 암설은 모두 내부 유역분지에 퇴적된다. 따라서 산이 삭박되어 기복이 낮아짐에 따라 분지는 점차 매적된다. 분지 바닥에 축척된 미립물질은 바람에 매우 민감하므로 그 결과 소규모의 사구 그룹이 종종 분지의 몇몇 지점에서 발견된다. 바람이 한 방향 또는 여러 방향으로 불기 때문에 자유롭게 이동하는 모래는 분지 중앙에 쌓이기 쉽다.

분지-산릉 연속지대의 대표적인 예로는 캘리포니아의 데스밸리가 있다("포커스 : 데스밸리의 놀라운 분지-산릉 지형" 참조).

학습 체크 18-12 왜 플라야는 거의 모든 분지-산릉 지역의 분지 지역에서 발견되는가?

메사-급애 지형

미국 남서부의 또 다른 중요한 지형 조합은 메사-급애 지형이다(그림 18-29 참조). 그것은 미국에서 유일하게 4개의 주(콜로라도, 유타, 애리조나, 뉴멕시코) 경계선이 함께 만나는 곳에서 가장 눈에 띈다. **메사**(mesa)는 스페인어로 '테이블(table)'이며, 정상부의 지표면이 평평하다는 의미를 가지고 있다. **급애**(scarp)은 '에스카프먼트(escarpment)'의 줄임말이고, 경사가 급하거나 거의 수직적인 단애를 가리킨다(그림18-33).

◀ 그림 18-33 메사-급애 지형의 계단 모양은 애리조나주의 그랜드캐니언에서 인상적인 규모로 나타난다.

포커스

데스밸리의 놀라운 분지-산릉 지형

캘리포니아의 데스밸리는 분지-산릉 지형의 광활한 지형 박물관이다. 중동부 캘리포니아에 위치하고 있으며, '밸리'는 모두 복합단층지대를 가진 분지(down-dropped basin)로, 길이는 225km이며 너비는 6~26km이다(그림 18-C).

전형적인 지구(graben)가 아닌 데스밸리의 분지 바닥은 서쪽보다 동쪽을 따라 아래로 더 기울어져 있다. 이에 따라 부분적으로는 2개의 평행한 주향이동단층(strike-slip fault) 사이에서 땅이 상대적으로 하강한 곳에 형성되는 인전분지(pull-apart basin)가 형성된다. 단층으로 인하여 곡저의 약 1,425km²가 해수면 아래에 있으며, 그 범위는 해수면 아래로 86m까지 이른다.

양쪽으로 곡과 접하고 있는 길고 경사진 단층지괴 산맥은 고전적인 사막의 산으로 거칠고 바위가 많으며, 대체로 불모지이다. 서쪽의 패너민트산맥이 가장 두드러진다(그림 18-D). 해발고도 3,368m인 텔레스코프 피크의 높은 지점은 곡의 가장 낮은 지점으로부터 정서(正西)쪽으로 단지 29km 떨어져 있다. 동쪽의 아마고사산맥은 전체적으로 약간 더 낮다. 산지의 협곡은 깊고 좁으며 대부분은 V자형 계곡이고 일부는 와인 잔 형태의 협곡이다. 서쪽으로 뻗은 높은 산맥인 시에라네바다산맥이 만들어 내는 비그늘(rain shadow) 현상은 데스밸리를 매우 건조하게 만든다.

▲ **그림 18-D** 패너민트산맥 기슭에 형성된 광대한 바하다

충적선상지 : 패너민트와 아마고사산맥의 아래쪽에 위치한 산록지대(piedmont zone)는 상상할 수 있는 범위 내에서 가장 광대한 복합체로 덮여 있다(그림 18-31 참조). 모든 골짜기의 곡구들은 모두 선상지 또는 부채꼴 형태의 암설류 퇴적물 꼭대기에 위치한다. 패너민트산맥의 선상지 대부분은 평균 약 8km 너비의 바하다로 합쳐진다. 유역분지가 작아 퇴적물 공급이 적고, 단층이 동쪽으로 기울어져 있어 선상지가 산맥의 기저부에 가깝게 분포하기 때문에 아마고사 선상지의 규모는 작다.

분지 바닥 : 데스밸리에서는 900m 정도의 오래되지 않은 퇴적층이 약 1,800m의 제3기 퇴적층 상부를 덮고 있다. 계곡 바닥의 표면은 거의 기복이 없으며, 경사도는 배드워터(bad water, 영구적인 소금 호수) 근처의 낮은 지점을 향해 완만하게 펼쳐져 있다. 유역의 바닥에는 몇 개의 두껍고 하얀 염반(그림 18-32 참조)이 분포하는데, 그 면적은 36km²에 달한다. 최종 빙기 동안 데스밸리는 맨리호(Lake Manly)라는 호수로 채워져 있었으며, 호수는 폭이 160km 이상이고 깊이는 1,800m였다. 호수는 시에라네바다 빙하로부터 이동한 빙하수가 서쪽에서 곡으로 흘러드는 3개의 강으로부터 공급되고 채워졌다. 기후가 점점 더 건조하고 더 따뜻해짐에 따라 호수는 사라졌지만, 다양한 호안선의 흔적은 낮은 경사면에서 여전히 찾아볼 수 있다. 곡 안에 집적된 대부분의 소금은 맨리호와 최근까지 지속되었던 호수들의 증발된 물에서 기인하였다. 염반에 붕사와 같은 붕산염 광물들이 축적됨으로서 1880년대까지 광산 작업이 유치되었다. 붕사를 카트로 운반했던 '20개의 노새팀'은 데스밸리의 상징으로 남아 있다.

질문

1. 데스밸리의 광범위한 충적선상지를 설명하는 요인은 무엇인가?
2. 데스밸리 바닥에 다량의 소금이 퇴적되어 있는 이유는 무엇인가?

▲ **그림 18-C** 데스밸리의 산과 분지는 확장단층의 결과이다. 충적선상지와 바하다는 산의 앞쪽에서 찾을 수 있다.

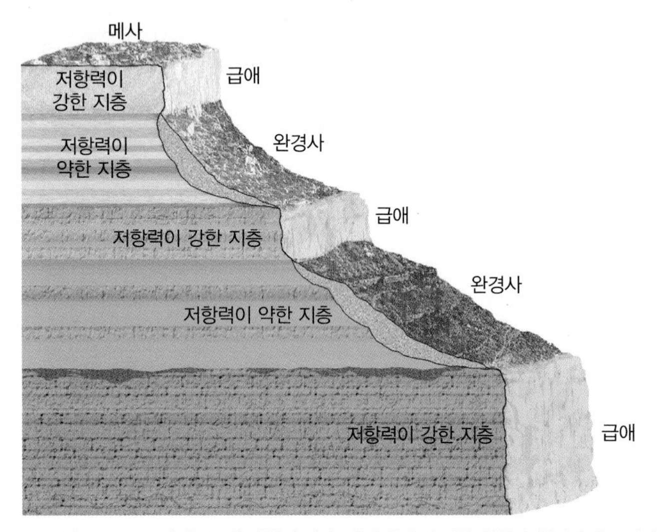

▲그림 18-34 메사-급애 지형의 단면. 차별 풍화와 차별 침식이 현저하게 드러난다. 저항성 지층은 풍화와 침식이 강해 메사와 급애로 침식되는 반면, 침식이 쉬운 지층은 보다 완만한 경사면을 형성한다.

▲그림 18-36 이 독특한 건조 지형의 경관은 애리조나의 모뉴먼트밸리에서 극적으로 나타난다.

메사-급애 지형의 구조

메사-급애 지형은 보통 수평 퇴적층과 관련되어 있다. 이 지형은 식생이 빈약한 건조 지역에서 두드러지게 나타난다. 수평 퇴적층은 항상 풍화와 침식에 대한 다른 저항의 정도를 제공한다. 그 결과 사면 경사에 있어 급격한 변화가 메사-급애 지형의 특징이 된다. 석회암 또는 사암과 같이 침식에 대한 저항력이 강한 지층은 종종 메사-급애 지형 발달에 있어 이중 역할을 한다. 석회암 또는 사암은 메사가 되는 대규모의 덮개암(caprock)을 형성한다. 그리고 덮개암의 침식면 가장자리에는 단단한 지층이 하부에 퇴적되어 지층을 보호하기 때문에 에스카프먼트가 형성된다. 그러므로 메사-급애 지형 형성에는 침식에 강한 지층이 매우 중요한 역할을 한다.

종종 메사-급애 지형은 넓고 불규칙적인 계단 모양으로 나타난다. 그림 18-34는 전형적인 형성 과정을 알 수 있는 횡단면도이다. 퇴적층 중에서 가장 꼭대기의 경암층에 있는 넓은 평탄면(메사)은 경암층의 아래쪽으로 확장되는 에스카프먼트(급애)에서 종료된다. 여기에서부터 에스카프먼트만큼 경사가 급하지는 않지만 또 다른 경사가 급한 사면이 보다 부드러운 지층을 통해 아래로 계속된다. 이 경사면은 에스카프먼트 또는 에스카프먼트로 끝나는 또 다른 메사를 형성하는 다음 경암층이 나타나는 아래쪽으로 확대된다.

만약 꼭대기의 평탄면들이 탁월한 에스카프먼트에 의해 하나 또는 그 이상의 면으로 경계를 짓고 있다면, 그 지형은 엄밀하게는 **고원**(plateau)에 해당된다. 급애의 가장자리가 없거나 상대적으로 눈에 잘 띄지 않는다면 꼭대기 평탄면은 **삭박평원**(stripped plain)으로 불리게 된다.

에스카프먼트 가장자리의 침식

에스카프먼트의 가장자리는 풍화와 매스 웨이스팅 및 하식에 의해 침식된다. 절벽은 덮개암 아래의 연암층(주로 셰일)이 급속히 제거되어 하부가 침식될 때 그들의 수직면을 유지하면서 후퇴하게 된다. 이와 같은 현상은 **굴식 작용**(sapping)에 의해 완성된다. 굴식 작용이란 지표수가 급경사면의 밖으로 침투하거나 세류하여 급경사면을 파괴시키거나 약화시키는 작용이다. 이렇게 굴식되었을 때 덮개암의 블록은 항상 수직 절리면을 따라 해체된다. 이 과정을 통하여 보다 단단한 경암층은 단애면으로 남고 이에 비해 상대적으로 침식에 약한 연암층은 완경사면으로 발달하게 된다. 애추는 경사면의 기저면에 종종 퇴적된다.

'메사'라는 용어는 일반적으로 건조 환경에 분포하는 많은 평탄면들에 적용된다. 그것은 특별한 지형, 즉 제한된 정상부를 가지고 있고 꼭대기가 평탄하며 경사가 급한 사면을 가진 구릉을 나타낸다. 그것은 대부분 과거 침식에 의해 사라진 보다 넓은 지표면의 잔재이다(그림 18-35). 메사는 과거 지표면의 대부분이 제거된 지역에서 최종적으로 남은 잔재로 고립되어 남아 있다. 비록 대부분의 암석이 중력사면 이동과 침식에 의해 축소되더라도

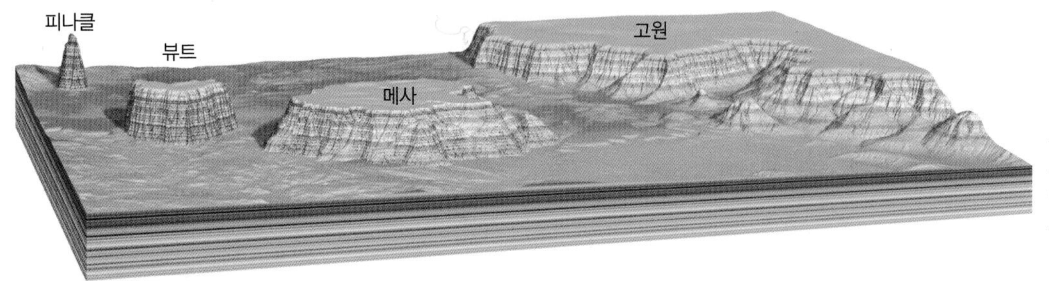

◀그림 18-35 단단한 덮개암과 수평 퇴적층에서의 전형적인 잔존 지형의 발달. 시간이 흐름에 따라 큰 특징이 있던 지역에서 더 작은 특징이 있는 지역으로 침식이 진행된다.

메사가 평탄한 정상부를 유지할 수 있었던 것은 항상 저항력 있는 물질로 피복되어 있기 때문이다.

메사와 관련되어 있지만 더 작은 지형경관으로는 **뷰트**(butte)가 있다. 뷰트는 매우 작은 지표면과 주위에 비해 현저하게 높이 솟아 있는 단애를 가진 침식 기원의 잔존 지형이다. 일부의 뷰트는 다른 형성 기원이 있을 수도 있지만, 대부분의 뷰트는 메사의 중력사면 이동에 의해 형성된다(그림 18-36). 삭박의 강화로 남은 더 작은 경관은 일반적으로 **피나클**(pinnacle, 뾰족한 봉우리)과 필러(pillar, 소석주)로 언급된다. 이것들은 아마도 밑에 있는 더 약해진 퇴적층을 기반암이 보호하여 최종적으로 남은 첨탑일 것이다. 뷰트, 메사, 피나클은 후퇴한 에스카프먼트 표면으로부터 그리 멀지 않은 곳에서 일반적으로 발견된다(그림 18-35 참조).

▲그림 18-37 유타주의 아치 국립공원에 있는 우아한 아치

학습 체크 18-13 메사-급애 지형 형성에 있어 저항력이 강한 캡록의 역할을 설명하라.

아치와 자연교

메사-급애 지형은 또한 풍화, 중력사면 이동 및 하식의 조합에 의해 생산된 무수한 침식 경관으로 유명하다. 이들 경관은 건조 지역에만 국한된 것이 아니라 메사-급애 지형은 많은 사례가 있다. 매우 밀집된 수직절리에 의해 형성된 퇴적암 중에서 하부 부분이 약화되어 붕괴될 때 아치(arch)(그림 18-37)가 형성될 수 있다. 자연교(natural bridge)는 물이 바위 위를 흐르는 과정에서 침식의 저항이 강한 부분에서 침식의 저항이 덜한 부분으로 흐름을 바꾸게 될 때 형성된다. 자연교가 자주 형성되는 장소는 굴삭곡류가 곡류대 사이에 있는 좁은 목에서 암석을 침식, 제거시키는 곳이다(그림 16-45 참조).

태석(台石, pedestal)과 필러는 바닥보다 꼭대기가 때때로 더 크고 주위의 다른 것보다 급격하게 위로 솟아 있다. 윗부분은 저항력이 강한 물질로 이루어져 있지만, 그들의 좁은 기반은 지표면을 흐르는 빗물에 의해 계속해서 풍화된다. 이 물은 모래를 포함하고 있는 굳어진 물질을 분해시킨다. 그리고 느슨하게 된 모래는 쉽게 바람에 의해 날리거나 물에 씻겨 사라진다.

메사-급애 지형의 또 다른 특징은 강렬한 색이다. 이들 지역에서 퇴적된 노두와 모래 암설에는 대부분 철 혼합물이 포함되어 있기 때문에 색깔이 빨강, 갈색, 노랑, 회색과 같이 매우 다양하고 화려하다.

악지

건조 및 반건조 지역의 가장 두드러진 지형 중 하나는 **악지**(badland)로 알려진 작은 곡이 복잡하게 얽혀 있는 불모의 지형이다. 약하게 굳어진 셰일의 수평 지층과 또 다른 점토층이 기저를 이루는 지역에서 비정기적으로 강우가 내린 후에는 지표유출이 매우 효과적인 침식 기구이다. 지표를 변화시키는 무수히 많은 작은 세곡(rill)들은 지형을 해체하는 협곡과 우곡(gully)으로 진화한다. 미로같이 작지만 매우 급한 사면은 많은 산릉들, 곡중계단(ledge)들 그리고 다른 침식 잔류지형들로 흩어진다. 악지는 토양이 형성되거나 식물이 자라기에는 침식이 너무 빠르게 진행되기 때문에 척박하고, 생명이 없는 불모의 황무지이다(그림 18-38). 그것은 모두 서부 지역의 주에서 흩어져 발견되는데 대부분은 작다. 가장 유명한 지역들은 브라이스캐니언(남부 유타주), 배드랜드(서부 사우스다코다 주), 시어도어루즈벨트 국립공원(서부 노스다코타주)이다.

▼그림 18-38 지표면을 해체하고 낮지만 가파른 사면의 미로를 형성하는 무수한 협곡과 우곡을 형성하는 것이 악지의 특징이다. 사진 속 장소는 사우스다코타의 배드랜드 국립공원이다.

제 18 장 학습내용 평가

이 장을 학습했다면 다음 질문에 대한 답을 찾아보자. 이 장의 학습내용에 대한 주요 용어는 진한 글씨로 표시되어 있다. 이 용어의 정의는 이 책 뒷부분에 제공된 별도의 용어해설에 나와 있다.

주요 용어와 개념

특수 환경

1. 건조 지역의 지형 발달이 습윤 지역과 다른 이유를 몇 가지 서술하라.
2. 불투수층 지표면은 무엇을 의미하는가 ? 그리고 사막에서 그러한 지표면은 강우에 어떻게 영향을 주는가?
3. 내부 유역분지는 무엇인가?

건조 지역의 유수

4. 사막에서의 **일시 하천**과 **외래 하천**의 차이점은 무엇인가?
5. **플라야**는 무엇이고, 왜 형성되는가?
6. 플라야와 **살리나**의 차이는 무엇인가?
7. 염분이 있는 내부 유역분지에 **염호**가 있는 까닭은 무엇인가?
8. **차별풍화**와 **차별침식**의 개념에 대해서 설명하라.
9. **인셀베르그**의 구조에 대해 기술하라.
10. **페디먼트**와 **산록지대**의 차이점은 무엇인가?
11. **충적선상지**란 무엇이고 어떻게 형성되는가?

바람의 작용

12. **취식**과 마모의 **풍성 작용**을 비교하라.
13. 어떤 방식으로 **풍식와지**가 형성되는가?
14. **풍식력**이란 무엇이고 어떻게 작용하는가?
15. 사막 **사구**가 머물렀다가 이동할 때 일반적으로 이동하는 모습을 묘사하고 설명하라. 물론 사구의 **슬립페이스**와 바람이 불어오는 쪽과 반대된다.
16. **바르한** 사구의 이동과 일반적인 형태에 대하여 설명하라.
17. **횡사구**와 **종사구**와 다른 점은 무엇인가?
18. **성사구** 밑을 둘러싼 것은 무엇인가?
19. 대부분의 건조 지역에서 **뢰스**는 찾을 수 없다. 그에 대해 이 책에서 언급한 내용을 써라.

사막 경관 지표면의 특성

20. **에르그**, **레그**, **하마다**를 구별하라.
21. **사막포도**와 **사막칠**의 형태에 대해 묘사하고 설명하라.

분지-산릉 지형

22. **바하다**가 충적선상지와 어떻게 다른가?

메사-급애 지형

23. **메사**와 **고원**이 어떻게 다른가?
24. 메사가 **뷰트** 또는 **피나클**로 변화하는 데 관여하는 과정에 대해 기술하고 설명하라.
25. **악지** 지대의 특징은 무엇이며 어떤 방법에 의해 형성되는가?

학습내용 질문

1. 비록 사막에서는 매우 적은 강수가 있지만, 유수는 건조한 환경에서의 침식과 퇴적 과정에 있어 가장 중요하다. 사막에서 비가 올 때마다 하식이 일어나는 가능성을 증가시키는 큰 두 가지 조건에 대해 묘사하고 설명하라.
2. 플라야는 왜 평탄하며 낮은가?
3. 많은 사막 지역에서 충적층의 퇴적이 매우 현저하게 나타나는 이유는 무엇인가?
4. 전반적으로 사막 경관의 침식에서 바람이 어떻게 중요한가?
5. 분지-산릉 사막에서 일부 플라야에는 왜 소금기가 있는가?
6. 충적선상지와 삼각주는 어떻게 다른가?
7. 분지-산릉 사막에서 몇 개의 수로가 깊은 하천이 왜 분지의 바닥을 가로지르며 절단하는가 ?

연습 문제

1. 바르한 사구의 모래 언덕이 1년에 20m의 장기적인 속도로 움직이고 있다고 가정해 보자. 500m 거리를 이동하는 데 얼마나 걸리는가?__________ 년
2. 문제 1에서 모래 언덕 중 하나가 너비가 10m라면, 100m 너비의 폐공항 활주로를 완전히 가로지르는 데 얼마나 걸리는가? ____________ 년

3. 오늘날 데스밸리의 가장 낮은 지점은 배드워터 근처로 해수면보다 86m 낮다. 그리고 버려진 해안선 중 하나가 해수면보다 80m 낮은 지점에서 발견되었다. 이 해안선은 과거 플라이스토세 동안 호수로서 물이 가득 채워져 있었으며, 그 당시 파도에 의하여 잘려졌다. 이들을 바탕으로 플라이스토세 동안의 호수의 깊이를 추정하라. __________ m

4. 어떤 요인들이 문제 3에서 남겨진 해안선의 호수의 진짜 깊이를 계산하는 것을 복잡하게 만들 수 있는가?

환경 분석 가뭄 모니터링

데이터 MG
가뭄 모니터링

https://goo.gl/yQlqZB

가뭄은 비정상적으로 낮은 강우량이 장기적으로 지속되는 기간이다. 정상적인 강수량과의 비교를 통한 건조함의 정도 그리고 건조한 시기의 길이는 가뭄을 분류하는 데 사용된다. 가뭄을 공식적으로 알리기 위해서는 건조한 지역(예 : 애리조나)이 습기가 많은 지역(예 : 조지아)보다 건조 기간이 훨씬 길어야 한다.

활동

http://droughtmonitor.unl.edu에 접속하여 미국 가뭄 모니터링 지도를 살펴보라.

1. 가장 가뭄이 심한 지역은 어디인가?
2. 가뭄으로 덮힌 지역은 어디이며 강도의 백분율은 얼마인가? (또는 가뭄 상태에 가장 가까운 주는 어디인가?)

"View last week's map"을 별도 창으로 열어 지난 가뭄 지도를 현재 가뭄지도와 비교하라.

3. 주의 가뭄 상황이 바뀌었는가?

현재 지도에서 당신이 살펴볼 지역에 대한 "Current National Drought Summary"를 선택하라.

4. 지난주부터 이번 주까지의 가뭄 변화에 영향을 미친 요소를 간략하게 설명하라.

미국 가뭄 모니터링지도에서 "Maps and Data" 탭 메뉴에서 "Comparison Slider"를 선택하라. "Right" 날짜는 현재 가뭄 맵을 나타내며, "Left" 날짜는 비교 맵이며, 슬라이더 막대를 움직여 맵을 비교하라.

5. 현재의 가뭄 범위와 강도는 1개월 전의 범위 및 강도와 어떤 점이 달라졌는가? 6개월 전과는 어떻게 달라졌는가? 1년 전과는 어떻게 달라졌는가?

기후예측센터의 실험적인 비공식 2등급인 월간 및 계절 기후 전망에 대한 정보는 www.cpc.ncep.noaa.gov에서 확인하라. "Search" 필드에 "two-class"를 입력하고 "Climate Prediction Center-Two Class Monthly and Seasonal ..."을 선택해, 월간 및 계절별 평균 이상 또는 평균 조건 확률을 살펴보라. 더 큰 버전을 보려면 지도를 클릭하라.

6. 강수는 가뭄을 가장 강력하게 통제한다. 다음 주에 당신이 살펴본 주에서 강수량이 어떻게 변할 것인가? 다음 세 달 동안은 어떠한가?
7. 앞으로 몇 달 동안 여러분이 살펴본 주에서 가뭄이 어떻게 변할 것인가? 왜 그렇게 생각하는가?
8. 향후 3개월 동안 예측된 강수량지도에 근거하여, 가장 강렬한 지역이 개선되거나, 악화되거나, 변하지 않을 것인가? 왜 그렇게 생각하는가?

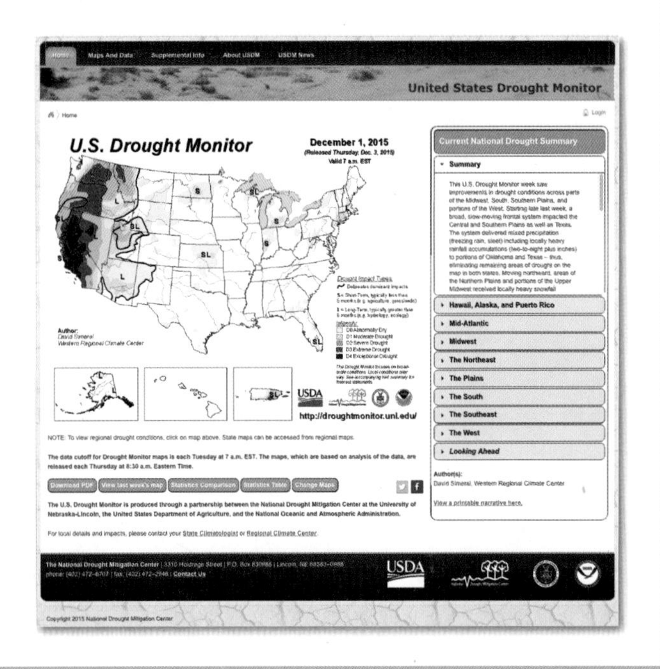

지리적으로 바라보기

이 장의 시작 부분에 있는 이글산 사진을 다시 보자. 어떤 종류의 사막 지형이 이글산의 왼쪽에 있는 흰색 영역인가? 어떻게 형성되었는가? 왜 여기에 위치해 있는가? 어떤 종류의 지형이 사진 바닥에 놓여 있는가? 어떻게 만들어졌으며 어떻게 형성되었는가? 왜 하천 하도로 가득 찼는가?

19

지리적으로 바라보기

아이슬란드 남부의 스비나펠스요쿨 빙하(Svínafellsjökull Glacier). 빙하의 중앙과 측면에서 빙하의 이동 속도가 같지 않다는 것은 무엇을 암시하는가? 빙하 바닥을 덮고 있는 검은 물질을 어떻게 설명할 수 있을까? 이 물질 전체가 인접한 곡벽에서 온 것이라고 생각하는가? 왜 그렇게 생각하는가?

빙하의 지형 변화

과거 한때 빙하가 대륙의 넓은 지역을 덮고 있었다는 것을 어떻게 알 수 있는지 궁금했던 적이 있는가? 아이오와나 일리노이의 뜨거운 여름날 밖에 서 있으면, 바로 몇천 년 전에 빙하로 덮여 있었다는 것을 상상하기가 어렵다! 하지만 과거의 빙하에 대한 많은 증거들은 인식이 용이하다. 현재 대부분의 빙하가 점점 작아지고 있음을 보여 주는 증거이다.

횟수를 알 수 없는 빙하기가 오랜 지구의 역사에서 발생했다. 하지만 확실한 예외 한 가지는 과거 빙하기에 대한 인식 가능한 대부분의 이러한 증거들이 최근의 지형학적 사건들에 의해 제거되었다는 점이다. 결과적으로 대문자의 '빙하기(Ice Age)'라는 용어를 쓸 때에는 보통 최근의 마지막 빙기를 의미한다. 그것은 약 260만 년 전에 시작해서 12,000년 전에 끝난 '플라이스토세(Pleistocene)'로 알려진 지질시대의 특징이다.

이 장에서는 플라이스토세의 모든 사건에 관심이 있다. 왜냐하면 플라이스토세 이전의 지형을 크게 변화시켰다는 것과 그 사후 효과가 현 대륙의 수많은 곳에 아주 깊게 새겨 놓았기 때문이다. 빙하는 오늘도 여전히 활동 중에 있다. 하지만 지형의 형성자로서의 그 중요성은 오늘날 남아 있는 빙하가 적기 때문에 바로 몇천 년 전보다는 크게 감소하였다. 그럼에도 빙하는 현대의 기후 변동에 가장 민감한 지시자 중의 하나이다.

빙하의 지형학적 영향을 이해하기 위해서, 이 장에서는 주로 형성 과정(이 경우에는 빙하와 융빙수의 침식과 퇴적 작용)에 비중을 둔다. 대륙 빙하 작용에 기인하는 지형은 플라이스토세의 대륙빙상의 명확한 범위와 아주 밀접하게 일치되며, 산지빙하 지형은 심지어 열대 지역까지 거의 모든 고산 지역에서 발견될 수 있다.

이 장의 내용을 배우면서 생각해야 할 주요 질문은 다음과 같다.

- **플라이스토세 이후 빙하의 범위는 어떻게 변화되었는가?**
- **빙하는 어떻게 형성되고 이동되는가?**
- **빙하가 어떻게 암석을 침식, 운반 및 퇴적시키는가?**
- **어떤 지형이 침식, 퇴적을 하며 대륙빙상과 산지빙하의 융빙수는 어떤 지형을 만들어 내는가?**

경관에 대한 빙하의 영향

빙하가 어디에서 발달하든 경관에 커다란 영향을 미치고 있다. 이동하는 빙하는 통과하는 자리의 대부분을 파쇄시킨다. 그것은 거의 모든 토양을 운반하고 기반암을 마모시키며, 조각하고, 홈을 파고, 굴식한다. 특히 뜯겨진 암석은 궁극적으로 새로운 장소에 퇴적되면서 크게 지형의 형상을 변화시킨다. 아마도 현재 대륙의 암설들을 운반하고 침식하는 전체의 7%가 빙하에 의해서 행해지고 있다. 간단히 말해서 빙하 이전의 지형을 극적으로 변형시키는 것이다.

빙하의 유형

빙하(glacier)는 산지의 곡 혹은 극지 평원에 높게 쌓여진 얼음 덩어리 그 이상이다. 간단히 알 수 있듯이, 빙하로 인정되려면 빙하가 이동하거나 유동해야 한다. 빙하의 얼음은 어디에 집적하든 비슷한 방식으로 행동하지만 그 지형에 대한 영향과 이동 양식은 빙하의 양이나 환경에 의해서 크게 달라진다. 이러한 변화는 먼저 서로 다른 종류(산지빙하와 대륙빙상)의 빙하를 고려함으로써 잘 이해된다.

산지빙하

오늘날 몇몇 고산 지역에서 빙하는 수백 혹은 수천 제곱킬로미터를 덮을 수 있는 국한된 빙상으로 집적한다. 빙하는 누나탁(nunatak)이라고 하는 약간 돌출된 일부 산봉우리를 제외하면 아래의 모든 지형을 덮는다. 그러한 **고지빙원**(highland icefield)들은 캐나다 서부와 알래스카 남부 그리고 여러 북극권의 섬들(특히 아이슬란드) 같은 일부 고산지역에서 탁월하다. 이들 빙원의 출구는 종종 산곡을 따라 밑으로 이동하는 빙하의 혀(tongue)이며 이것이 소위 **곡빙하**(valley glacier)로 불린다(그림 19-1). 곡빙하의 선행부가 그 곡벽의 제한된 틀을 벗어나 평탄지에 이르면 **산록빙하**(piedmont glacier)라고 한다(그림 19-2).

때로는 **산악빙하**(alpine glacier)라는 용어는 광대한 빙원의 일부라기보다는 오히려 산지에서 높게, 보통은 곡두에 개별적으로 발달하는 빙하를 기술하는 데 사용된다. 그 기원이 분지(basin)에 갇힌 매우 작은 산악빙하는 **권곡빙하**(cirque glacier)라 한다(이 장의 후반부에 살펴보겠지만 작은 분지는 권곡이라 한다). 그러나 보통 산악빙하는 그 기원지인 분지를 유출하여 좁고 긴 곡빙하로서 곡 아래로 연결된다.

대륙빙상

산지가 없는 대륙에서 형성되는 빙하를 **대륙빙상**(continental ice sheet)이라 한다. 플라이스토세 동안에 이것은 수백 혹은 수천 미터의 깊이 아래의 지형을 완전히 덮어버린 거대한 얼음 담요이다. 엄청난 규모 때문에 빙상은 일부 대륙의 엄청난 팽창을 넘어 빙하작용의 가장 중요한 기구(agent)가 되었다. 대륙빙상은 현재 남극과 그린란드 두 지역에서만 나타난다(그림 19-3).

빙상의 얼음은 빙상 내부에서는 엄청난 깊이로 집적되지만 주변부로 갈수록 훨씬 얇아진다. 빙상 주변의 약간 긴 빙하의 혀를 **분출빙하**(outlet glacier)라 하며 구릉 가장자리 사이에서 바다까지 연장된다. 다른 곳에선 빙하가 큰 전선대를 따라서 바다에 이르러 가끔 **빙붕**(ice shelf)처럼 바다 위로 돌출된다(그림 19-4). 제9장에서 본 것처럼, 대형 빙하 덩어리가 자주 붕괴되고(빙붕과 분출빙하의 끝자락에서), 바다 속으로 떨어진다. 이러한 과정은 빙하분리 혹은 **분빙**(calving)라고 한다. 그 빙하 덩어리는 떠다니는 빙산(iceberg)이 된다.

학습 체크 19-1 산지빙하와 대륙빙상을 비교하라.

▼ 그림 19-1 알래스카 남부의 블랙번(Blackburn) 산지에서 흘러내리는 케니코트 빙하(Kennicott Glacier)

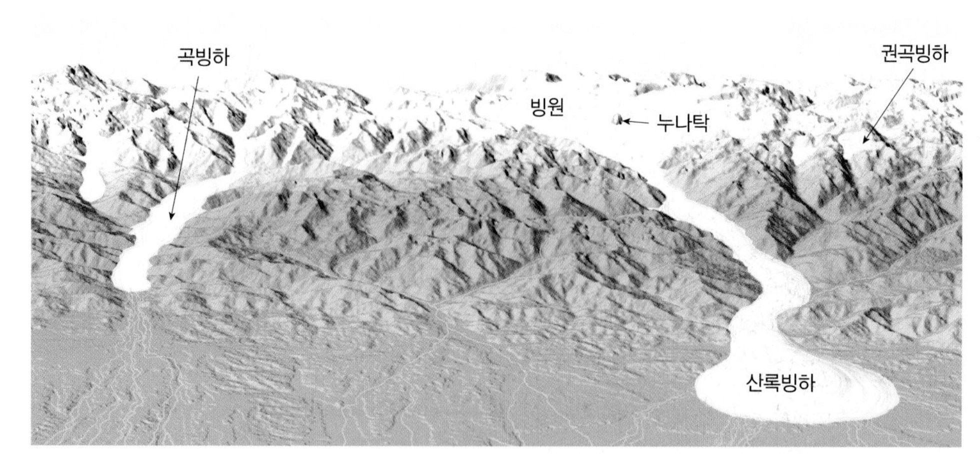

◀ 그림 19-2 산지빙하의 유형. 곡빙하와 산록빙하는 고지빙원이나 작은 분지인 권곡(cirque)을 넘어 흐르는 산악빙하에서 기원할 수 있으며, 곡 아래로 이동한다. 누나탁은 고지빙원의 빙하 위로 돌출된 봉우리들이다.

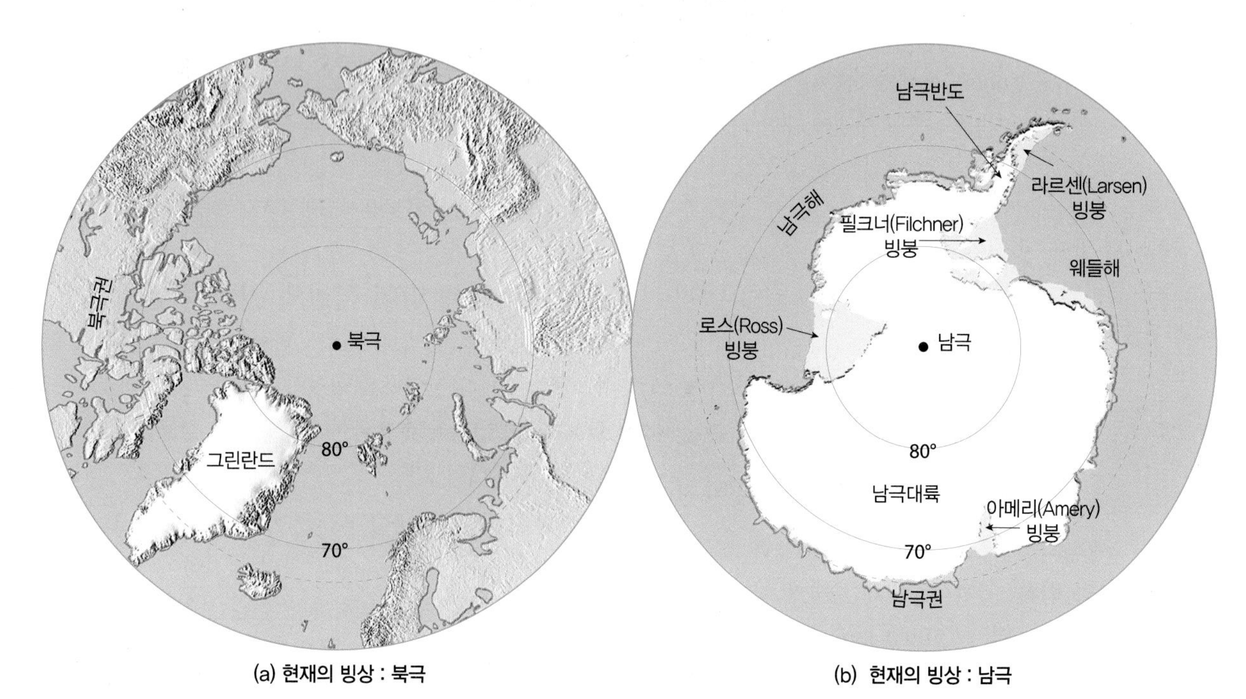

▲ 그림 19-3 현재의 (a) 북극과 (b) 남극의 대륙빙상

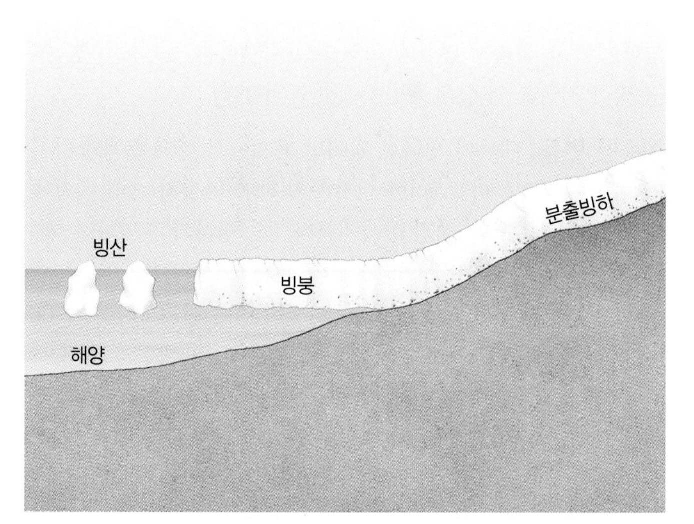

▲ 그림 19-4 빙상 혹은 분출빙하가 바다에 이르면 일부 빙하는 빙붕처럼 바다 위로 연장될 수 있다. 빙산은 매달린 빙하가 붕괴되어 떠다닐 때 형성되고 그 과정을 '분빙(calving)'이라 한다.

과거와 현재의 빙하 작용

지표상 빙하의 양은 과거 몇백만 년에 걸쳐서 현저하게 변화해 빙하의 집적과 확장, 빙하 후퇴기로 교대되는 시기가 있었다. 이동해서 융해되는 빙하에 의해서 수많은 증거들이 남겨진다. 그럼에도 불구하고 그 기록은 불완전하며 대개 근사치들이다. 기대할 수 있다면, 아주 최근의 사건들이 최상의 입증 자료이다. 더 오랜 과거 속으로 갈수록 증거는 점점 더 희미해진다.

플라이스토세 빙하 작용

플라이스토세의 지배적인 환경 특성은 고위도 및 고도가 높은 지역의 냉각이어서 많은 곳에서 거대한 얼음이 축적되고 있었다. 하지만 그 시기는 반드시 전체적으로 한랭한 것은 아니다. 몇 번의 긴 기간 동안의 빙하가 전부 또는 대부분 녹아서 빙하의 집적은 간헐적으로만 이어졌다. 넓은 의미로 플라이스토세는 빙기(빙하 확장기)와 간빙기(빙하 후퇴기)가 교대로 이루어졌다. 현재의 증거로는 아마도 플라이스토세 동안 20번의 빙하가 있었다는 것을 보여 주고 있다.

빙하기의 연대 : **플라이스토세**의 정확한 시기(그림 13-22 참조)는 아직 논쟁 중이다. 현재의 추정은 플라이스토세의 시작을 258만 년 전으로 한정하고 있지만 지질연대학자들은 현재 빙하 작용은 이보다 일찍 시작되었다고 인정하고 있다. 예를 들어 남극대륙이 1,000만 년 전에 현재의 범위와 비슷한 크기의 빙모로 덮여 있었다는 증거를 제시하고 있다. 가장 최근의 결과는 플라이스토세가 시작되면서 빙기에서 간빙기에 이르는 기후 변동의 '진폭'이 커졌고, 북반구의 일부가 빙하로 덮여 있었다는 것을 보여 준다.

또한 새로운 증거가 플라이스토세 종말 시점을 바꾸고 있다. 플라이스토세의 종말이 현재 11,700년 전으로 되어 있지만, 플라이스토세의 빙하의 일부가 9,000년 전에도 여전히 후퇴 중이었다는 증거가 제시되고 있다. 하지만 그 종말 시점에 대한 가장 최근의 추정조차도 빙하기(Ice Age)가 아직 완전히 끝난 것이 아닐 수 있기 때문에 확정 짓기는 어렵다. 이러한 가능성은 이 장의 후반부에서 고찰하기로 한다. 현재의 지식 수준에서 최선을 다해 말할 수 있는 것은 플라이스토세가 지구 역사상 가장 최근인 250만 년의 거의 전부를 차지하고 있다는 것이다.

플라이스토세의 종말은 거의 11,700년 전, 북아메리카에서 '위스콘신' 빙기(알프스에서는 '뷔름'으로 알려진)로 알려진 것과 일치한다. 그 이후의 기간은 **홀로세**(Holocene Epoch)로 간주된다. 개념적으로 홀로세는 후빙기이거나 일련의 최종 간빙기 상태로 보고 있다.

플라이스토세 빙하의 범위 : 플라이스토세 빙하가 최대 범위를 보였을 때 전 육지의 1/3인 거의 4,700만 km^2 정도가 빙하로 덮여 있었다(그림 19-5). 빙하의 두께는 다양하여 대략으로만 측정될 수 있지만 일부 지역에선 깊이가 수천 미터에 이르는 것으로 알려졌다. 플라이스토세 동안 다음과 같은 특징을 보였다.

- 빙하로 뒤덮인 최대 내륙 지역은 북아메리카에 있다. **로렌타이드**(Laurentide) 빙상, 즉 캐나다의 대부분과 미국 북동부의 상당 부분을 덮었던 빙하로 플라이스토세의 가장 광대한 빙하체였다. 그 면적은 현재 남극을 덮고 있는 빙하보다 조금 컸다. 이것은 미국의 남쪽으로 확장되었고, 거의 현재의 롱아일랜드, 오하이오강, 미주리강까지 뻗쳤다.
- 캐나다 서부 대부분과 알래스카의 많은 곳에서는 조금 더 작은 빙상들이 서로 연결된 망에 의해 덮여 있었다. 완전하게 이해되지 않은 이유로 알래스카 북부와 서부의 광범위한 지역 및 캐나다 북서부의 작은 한 지역은 플라이스토세 기간에 빙하가 전혀 덮이지 않았다. 더구나 위스콘신 남서부의 작은 면적($29,000km^2$)과 그 3개 주가 인접한 일부도 역시 빙하로 덮이지 않고 남아 있었다(그림 19-5b). 이 지역들은 **드리프트리스 지역**(Driftless Area)[1]과 관련되어 있으며 완전히 빙하로 둘러싸인 곳이 결코 아니다. 오히려 빙하가 빙하 확장기에 우선 한쪽을 침입한 후, 다른 빙하 확장기에 또 다른 쪽을 잠식하였다.
- 유럽은 절반 이상이 플라이스토세 동안 빙하에 깔려 있었다(그림 19-5c). 아시아는 그 정도로 넓게 덮이지 않았다. 아마도 빙하를 지속시킬 만큼 충분한 강수량이 없는 아한대의 부분이 많았기 때문으로 보인다. 그럼에도 시베리아의 많은 곳이 빙하로 덮였고, 대부분 유라시아산맥에서는 대규모의 빙하가 발생했다.
- 남극의 빙하는 현재보다 단지 약간 더 확대되었다. 대형 빙하 복합체(ice complex)[2]가 남아메리카 최남단을 덮었고 뉴질랜드의 남섬은 주로 빙하로 덮였다.
- 안데스, 알프스, 히말라야, 시에라네바다 및 로키산맥과 같은 세계 도처의 주요 산맥들은 광범위한 빙하 작용을 겪었다. 중앙아프리카, 뉴기니 및 하와이 같은 열대의 일부 산지들도 제한적이나마 빙하 작용을 겪었다.

학습 체크 19-2 **플라이스토세 빙하의 최대 범위를 기술하라.**

플라이스토세 빙하 작용의 간접적 영향

빙하의 집적과 그 결과에 따른 빙하의 이동과 융빙은 지형과 유역 배수에 커다란 영향을 미쳤다. 이것은 지금 바로 자세히 논의할 주제이며, 아울러 플라이스토세 빙하 작용에 대한 몇 가지 간접적인 영향들이 있다.

주빙하 작용 : 빙하 발달 중에서 가장 바깥층의 범위를 넘어서 **주빙하 지대**(periglacial zone)라 불리는 지역이 있다. 이곳은 빙하의 영향은 받지만 결코 빙하가 닿지 않는 곳이다. 가장 중요한 주빙하 작용은 빙하가 녹을 때 방류되는 엄청난 양의 융빙수로 이루어진 침식과 퇴적이다. 또한 중요한 것은 주빙하 지대의 한랭으로 발생하는 동결 풍화 작용(frost weathering)과 동토층 표토의 솔리플럭션(solifluction)에 관련된 것이다(제15장 참조). 주빙하 상태는 지표의 육지 면적의 20% 이상에 달하는 것으로 추정된다(주빙하 지형은 이 장의 후반부에서 논의한다).

해수면 변동 : 대륙이 빙하로 덮이면 육지에서 바다로 배출될 수 있는 물이 줄어든다. 그러한 상황은 빙하가 확장되는 매 시기 동안 전 세계 해수면의 하강을 가져온다. 즉, 빙하가 후퇴하면 해수면은 바다로 회수되는 융빙수로 인하여 다시 상승하게 된다. 플라이스토세 빙기 최성기에는 지구의 해수면이 현재보다 약 130m나 더 낮았다. 이러한 해수의 양적 변동은 유역 배수의 형태, 해안 및 해안평야의 지형 발달에 중요한 편차를 가져온다(해안 지형에 대한 플라이스토세 해수면 변동의 영향은 제20장에서 논의된다). 플라이스토세 빙기 동안에 오늘날의 알래스카와 러시아

1 역주 : 빙하기에 빙하로 덮이지 않았다고 추정되는 지역
2 역주 : 얼음과 바위의 복합체

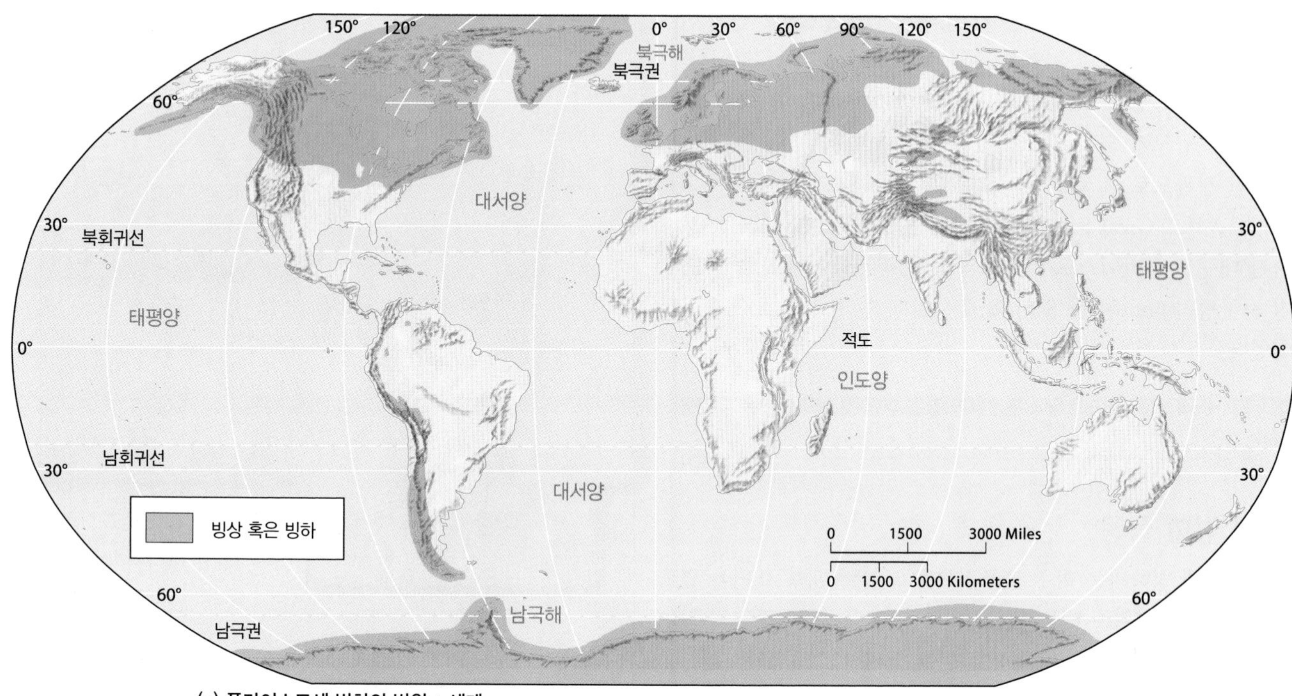

(a) 플라이스토세 빙하의 범위 : 세계

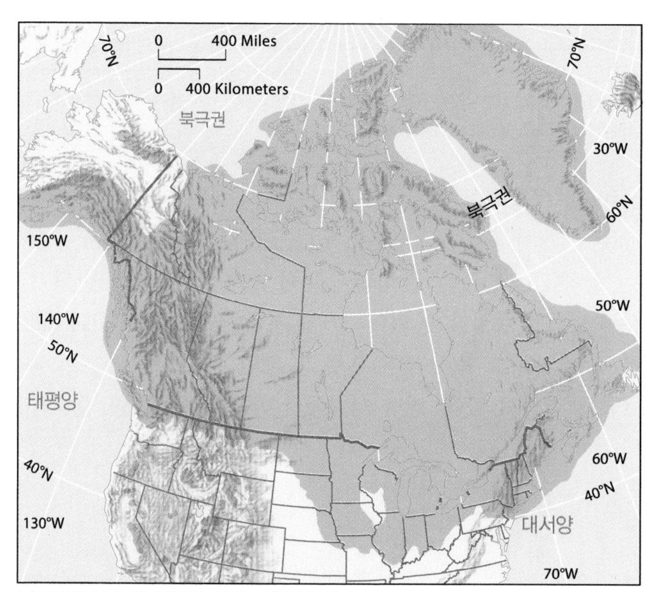

(b) 플라이스토세 빙하의 범위 : 북아메리카

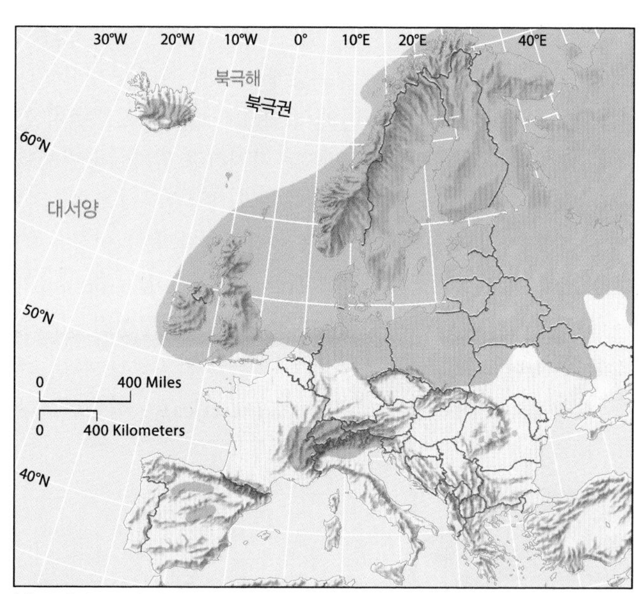

(c) 플라이스토세 빙하의 범위 : 유라시아 서부

▲그림 19-5 플라이스토세 빙하의 최대 범위 : (a) 세계, (b) 북아메리카 지역, (c) 유라시아 서부

애니메이션 MG
최종 빙기의 종말
http://goo.gl/XB2LMA

사이의 베링 해협은 인류와 동물의 이동이 가능한 건육 상태의 다리였다(그림 11-21 참조).

학습 체크 19-3 왜 플라이스토세 동안에 해수면이 변동하였는가?

지각의 침강 : 대륙에 집적된 빙하의 어마어마한 중량은 지각의 일부를 1,200m 정도까지 침강시키는 원인이 된다. 빙하가 녹은 후에 지각은 서서히 반등하기 시작하지만 이러한 아이소스타틱 조정(isostatic adjustment)은 아직 끝나지 않았다. 캐나다의 일부 및 유럽의 북부는 여전히 매 10년마다 20cm 정도 아직도 융기하고 있다(아이소스타시는 제13장에서 자세히 논의된다. 그림 13-18참조).

애니메이션 MG
아이소스타시
https://goo.gl/cYiVO

다우기(강수가 증가된)의 발달 : 플라이스토세 빙기 동안에 대륙의 거의 대부분 지역은 가용 수분량이 상당히 증가하였다. 이러한 증가의 원인은 융빙수의 유출, 강수의 증가 그리고 증발량의 감소의 조합에 따른 것이다. 이러한 **다우기 효과**(pluvial effect)로 인해 이전에는 존재하지 않았던 지역에 수많은 호소가 생겨 난 것이다. 이런 **플라이스토세 호소**(Pleistocene lake)의 대부분은 최종적으로 배수되거나 규모가 크게 감소하였지만 특히 미서부 지역에서는 영속적인 경관으로 흔적을 남겨 놓았다(그림 19-6). 현 유타주의 그레이트솔트호(Great Salt Lake)는 본네빌호(Lake Bonneville)로 알려진 대규모 플라이스토세 호소의 작은 잔적물이며 오늘날 본네빌 소금평원(Bonneville Salt Flats)은 한때 이 거대한 호소의 바닥이었다.

학습 체크 19-4 플라이스토세에 본네빌과 같은 대형 호소의 출현은 무엇을 의미하는가?

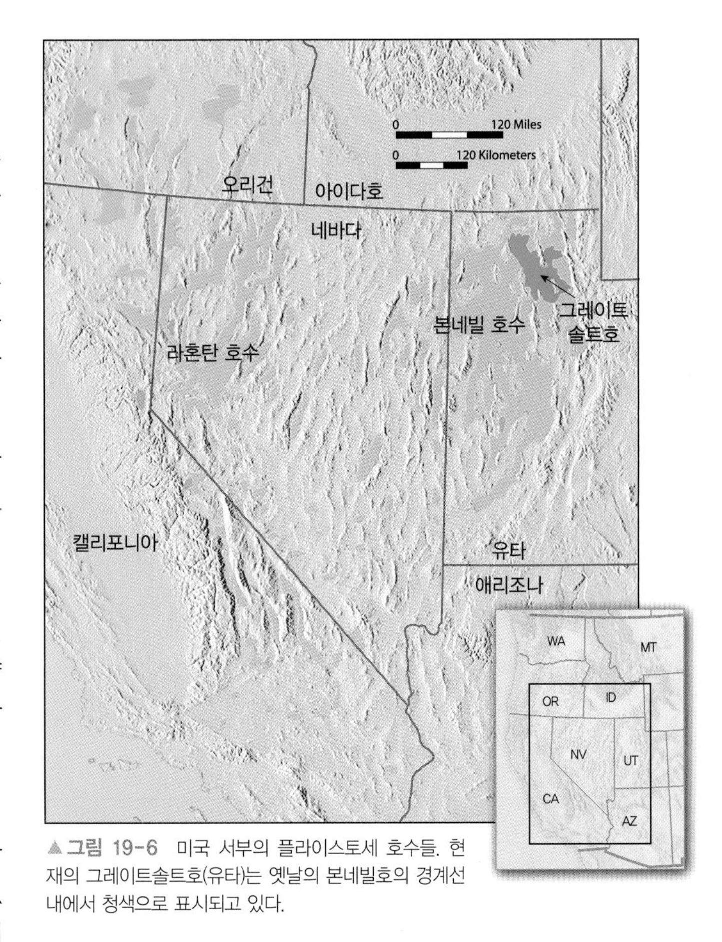

▲ **그림 19-6** 미국 서부의 플라이스토세 호수들. 현재의 그레이트솔트호(유타)는 옛날의 본네빌호의 경계선 내에서 청색으로 표시되고 있다.

현재의 빙하 작용

플라이스토세 빙하와는 아주 대조적으로 오늘날 대륙 표면을 덮고 있는 빙하의 범위는 매우 제한적이다(그림 19-7). 지표면의 약 10%인 1,500만 km^{2}가 현재 빙하로 덮여 있지만, 그중 96% 이상이 남극과 그린란드에 있다. 모든 담수의 2/3 이상이 현재 빙하빙으로 얼어 있다.

남극의 빙상 : 남극의 빙하는 지구상에서 가장 거대한 빙상이다(그림 19-3 참조). 현재 이 표면의 약 98%가 빙하빙으로 덮여 있고, 전 세계 육지 빙하의 거의 90%를 차지하고 있다. 이 빙하의 일부는 두께가 4,000m 이상이며 대륙의 대부분이 1,500m 이상의 두께를 가지고 있다. 물리적으로 남극대륙과 그 빙상은 약 4,000km에 이르는 남극횡단산맥(Transantarctic Mountains)의 넓은 고지대에서 분리되어 이질적인 두 부분으로 구성된 것으로 생각할 수 있다(그림 19-8).

두 지역 중 좀 작은 서남극(West Antarctica)은 해수면보다 2,400m 이상이며 일반적으로 산지이다. 이곳의 내부엔 빙하가 없는 몇 개의 곡들이 포함되어 있다. 크기가 약 3,900km^{2}에 달하는 '건곡(Dry Valley)'은 바람에 눈이 날려서 강수가 차단되기 때문에 빙하를 형성할 수 없다. 3개의 거대한 평행곡(parallel valley)은 몇 개의 대호수들, 많은 연못 및 매년 한두 달만 흐르는 하천들을 포함하고 있다. 만약 서남극의 빙하가 소멸되면 빙하의 무

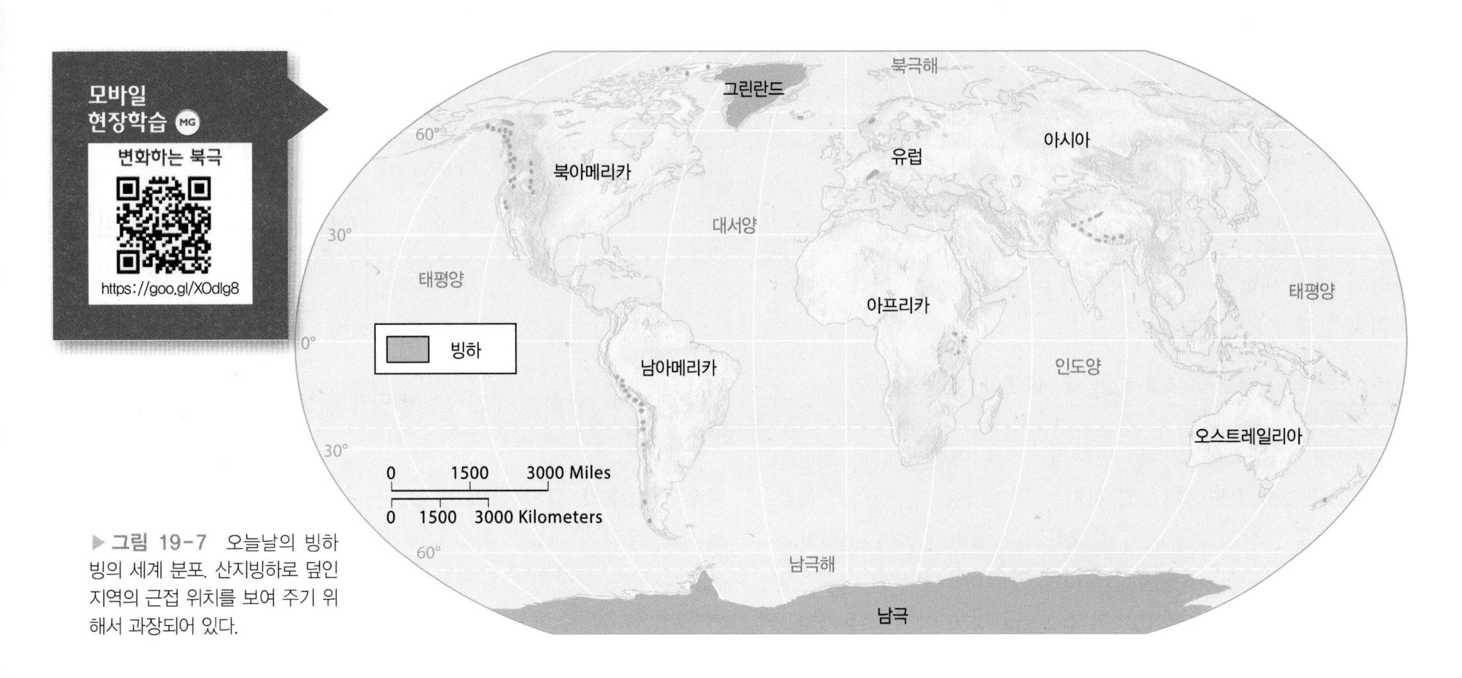

▶ **그림 19-7** 오늘날의 빙하빙의 세계 분포. 산지빙하로 덮인 지역의 근접 위치를 보여 주기 위해서 과장되어 있다.

▲그림 19-8 남극횡단산맥은 남극대륙을 동서의 빙상으로 분리한다.

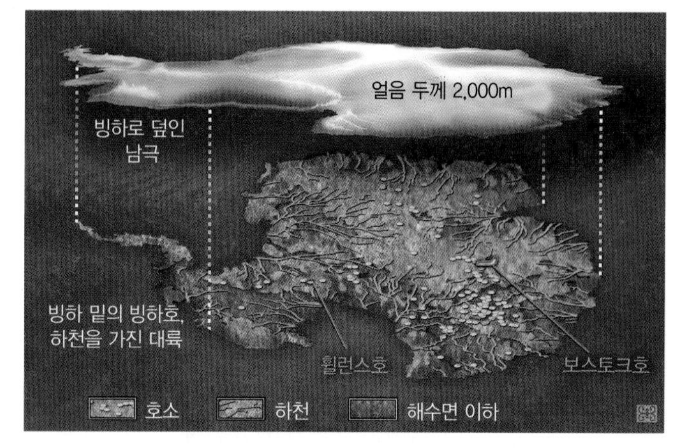

▲그림 19-9 남극의 빙하호의 위치. 최대 호수는 보스토크호이다.

게가 대륙의 상당한 부분을 해수면 이하로 침강시켜 놓았기 때문에 많은 섬들이 흩어져 나타날 것이다.

동남극(East Antarctica)은 서남극보다 약 9배 이상의 빙하량을 갖고 있다. 최근 레이더 지도화 연구에서 빙하 밑의 감버트세프 산맥(Gamburtsev Subglacial Mountains)의 실재를 확인했다. 이 산맥은 규모 면에서 알프스에 견줄 만한 산맥이지만 빙하 밑으로 최소 600m 정도 파묻혀 있다.

담수를 포함하고 있는 수백 개의 빙하 밑의 호수들은 남극 빙상 아래에 존재한다(그림 19-9). 최대인 보스토크호(Lake Vostok)는 동남극의 빙상 아래 3,700m에 자리하며 표면적은 12,500km^{2}이고, 깊이는 500m 이상이다. 2013년에 과학자들이 서남극 빙상 아래의 휠런스호(Lake Whillans)의 800m 깊이를 시추하였다. 그 호수에서 채취된 물 시료에는 수천 종의 미생물이 포함되어 있었다. 이 미생물종들은 최소 120,000년 동안 태양 에너지가 없는 호수에서 서식한 것으로 보인다.

그린란드의 빙상 : 그린란드 빙하는 여전히 인상적이지만 남극대륙의 것보다는 훨씬 규모가 작으며 면적이 170만 km^{2}이다(그림 19-3 참조). 이외에 캐나다 북극의 일부 섬들, 아이슬란드 그리고 유럽 북부의 일부 섬들에는 상대적으로 빙하의 체적이 작다.

산지빙하 : 거대한 2개의 빙모 이외에도 현재 세계에 남아 있는 빙하는 고산 지역에 집중되어 있다. 미국 내 대부분의 빙하들은 태평양 북서부에 있고, 이들 중 절반 이상이 워싱턴주의 노스캐스케이드산맥(North Cascade Mountains)에 있다(그림 19-10). 알래스카에선 빙하가 주 전체 면적의 5%에 달하는 75,000km^2 정도이다. 알래스카의 최대 빙하는 코르도바(Cordova)에 인접한 베링 빙하(Bering Glacier)이다. 그 면적은 5,175km^{2}이고 로드아일랜드(Rhode Island)의 2배 이상이다.

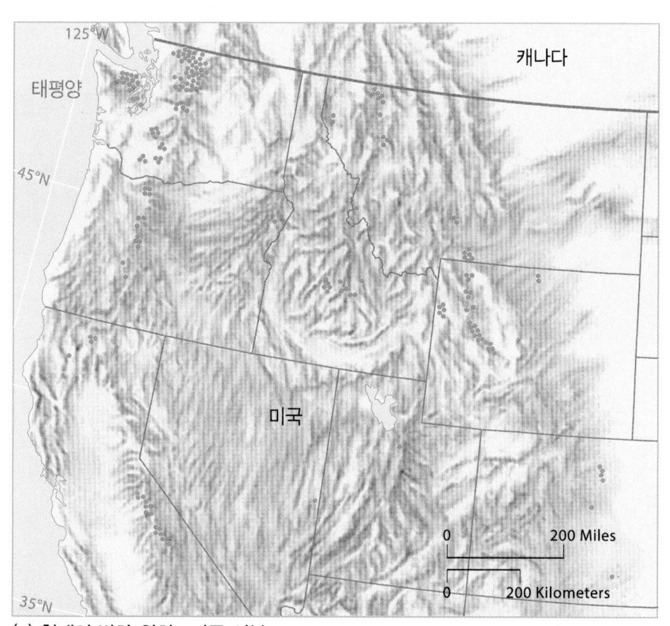

(a) 현재의 빙하 위치 : 미국 서부

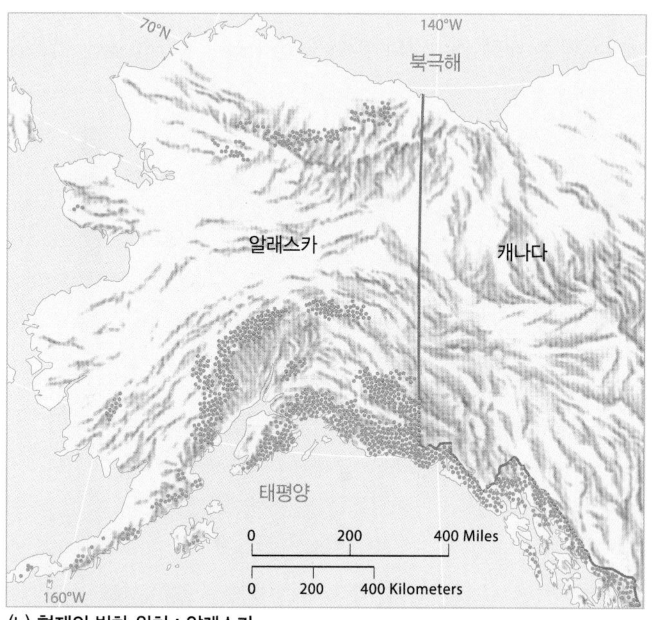

(b) 현재의 빙하 위치 : 알래스카

▲그림 19-10 (a) 미국 서부와 (b) 알래스카에서의 현재 빙하 위치와 만년설 지역. 점은 각 빙하의 규모에 비해 상당히 확대되어 있다.

기후 변화와 현 빙하 작용 : 앞 장들에서 살펴본 것처럼 전 지구적인 기후 변화는 현 빙하에 크게 영향을 미친다. 북극해 빙하의 후퇴와 그린란드 빙상의 감소는 지난 50년 이상 북반구의 고위도에서 겪은 고온현상에 대한 징표이다(예시로, 제8장의 "포커스 : 북극에서 기후 변화의 신호" 글상자 참조). 이 장의 후반부에서 보겠지만("글로벌 환경 변화 : 쇠퇴하는 빙하들"), 빙하는 기온과 강수의 변화를 모두 반영하는 척도로서 환경 변화에 민감한 징표이다.

현재 남극의 빙상만큼 과학자들의 주목을 받는 곳도 아마 없을 것이다. 남극 빙상은 지구의 고기후에 관해서 가치를 매길 수 없는 귀한 정보(제8장 참조)를 제공할 뿐만 아니라 현재의 기후 변화에 따른 빙상의 변화를 보여 주고 있다. 남극은 지난 50년 동안 매 10년마다 약 0.12℃씩 빠르게 온난화되고 있으며, 몇 년 전부터 과학자들이 예상한 것보다 훨씬 빠르게 진행되고 있다. 더욱이 서남극대륙은 전체 대륙보다 훨씬 빠르게 온난화되고 있다(그림 19-11). 즉, 1958~2010년간의 2012년 연구 결과에 따르면 서남극의 중앙부에서 2.4℃ 정도 온난화되었다. 이런 온난화는 남극 빙붕의 붕괴를 주도하고, 빙하의 유동률을 증가시킨다. "인간과 환경 : 남극 빙붕의 붕괴"를 참조하라.

학습 체크 19-5 오늘날 기후 변화가 빙하에 어떻게 영향을 끼치는가?

빙하 형성과 이동

빙하는 물질과 에너지 모두 입·출력을 가진 **개방 시스템**이다(그림 1-5 참조). 빙하는 현 기후 변화와 연계된 많은 기후의 순환고리들과 관련되어 있다. 예를 들어 빙하가 높은 기온으로 후퇴하면 지표의 알베도(albedo)는 감소한다. 반대로 그 감소된 영향 때문에 더 많은 태양 에너지의 흡수가 일어나서 여전히 높은 기온을 유도한다.

빙하는 연간 순 적설량(net year-to-year accumulation snow)이 있을 때 발달할 수 있다. 즉, 몇 년 이상 겨울에 내린 적설량이 다음 여름에 녹은 양보다 더 클 때 발달할 수 있다. 다음 겨울에 내린 눈이 이전의 눈을 짓누르면 얼음으로 변한다. 그런 수년간의 집적을 거친 후에 빙하몸체가 중력에 이끌려 움직이기 시작하면서 빙하가 형성된다. 빙하가 존속하려면 기온과 습도의 적절한 조합이 필요하다. 한 빙하의 지속은 **집적**(accumulation, 눈의 적설에 의한 빙하의 부가)과 **소모**(ablation, 융해와 승화를 통한 빙하의 소모) 사이에서 균형을 필요로 한다.

눈에서 얼음으로의 변화

눈은 단순히 액체 상태의 물이 언 것이 아니다. 오히려 대기 속의 수증기가 바로 결정체가 되어서 액체 상태의 물 밀도의 약 1/10뿐인 약한 육각 결정체로 지상에 휘날린다. 언젠가는 (만약 기온이 결빙에 가까우면 몇 시간 내에, 아니면 매우 추운 조건에서는 수년간) 결정체로 된 눈은 적재되는 눈에 의해서 입자 형태로 압축이 된다. 그 과정에서 밀도는 거의 2배가 된다. 더 많은 시간과 더 많은 압축으로 입자들은 더 밀접하게 다져지고, 다져지면서 합쳐지기 시작하여 그 밀도는 물의 밀도의 약 절반에 도달할 때까지 꾸준히 증가한다(그림 19-12). 이런 물질을 **입상빙설**(névé) 혹은 **만년설**(firn)이라고 한다. 시간이 지나면서 적재된 눈의 무게는 점차 흰 만년설 결정체들 사이의 공극 내 공기를 빼내 압착한다. 그 밀도가 물의 90%에 가까워지면 물질은 푸른빛이 도는 빙하빙으로 변하게 한다(밀도가 큰 빙하빙은 파장이 가장 긴 가시광선은 흡수하지만 파란빛은 반사하거나 산란한다). 이런 빙하는 매우 천천히 더 많은 공기가 압출되어 밀도가 약간 증가하고 결정의 크기도 증가하면서 변화를 계속한다.

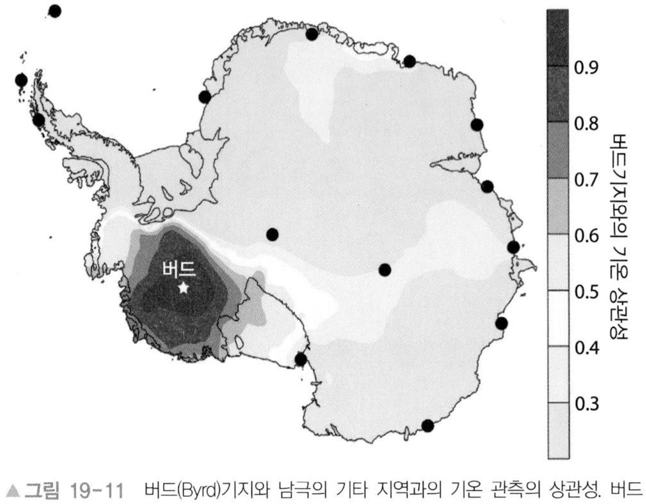

▲ 그림 19-11 버드(Byrd)기지와 남극의 기타 지역과의 기온 관측의 상관성. 버드 관측소의 1958~2010년간 연평균 기온은 2.4℃까지 상승했다. 암적색으로 보이는 부분은 기온 상승이 큰 지역을 나타낸다. 검은 점은 장기간의 기온 기록을 가진 기상관측소를 나타낸다.

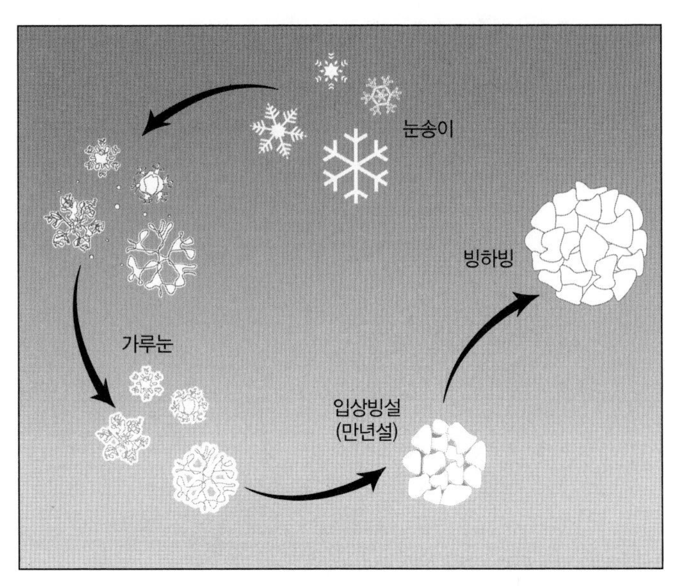

▲ 그림 19-12 압축과 합체는 눈을 얼음으로 변화시켜서 결과적으로 눈송이로부터 가루눈과 만년설 그리고 빙하빙까지 되게 한다.

남극 빙붕의 붕괴

원격지임에도 불구하고 남극은 전 세계의 환경에 지대한 영향을 미친다. 남극의 상황이 지구의 해수면 변동, 해양의 수온, 해양 영양염의 함유량 및 대기 순환의 형태 등에 영향을 미친다. 동시에 지구 환경은 남극대륙 그 자체에 영향력을 행사한다. 지난 반세기 이상 동안 남극반도의 평균 기온은 전 세계의 평균보다 더 많이 상승한 약 2.8℃ 상승하였다.

남극의 빙모가 완전히 녹을 것 같지는 않지만 빙하의 집적과 소모 간의 장기적인 균형은 더 높은 기온과 대응하여 변화할 것이다. 아주 극적인 변화들 중 몇 가지가 남극 빙붕에서 일어나고 있다.

남극 빙상 : 남극빙상은 대륙 내부에서 외부, 즉 바다 쪽으로 모든 방향으로 이동한다(그림 19-A). 따라서 빙산은 대륙의 경계부에서 다소 이어져서 바다로 붕괴된 것들이다. 이들 빙산의 일부는 분출빙하(outlet glacier)에서 기원하지만 빙붕에서 붕괴된 것들이 많다. 서남극 빙붕 중에서는 로스(Ross) 빙붕이 가장 크다(52만 km^2). 반도 동측의 라르센(Larsen) 빙붕과 같은 좀 더 작은 빙붕들이 남극반도에 많다.

지난 수년간 남극반도를 따라 빙붕의 거대한 부분들이 붕괴되었다. 8,000km^2 이상의 빙붕이 1993년 이후 사라졌다. 1995년에는 라르센-A 빙붕이 붕괴되어 사라졌다. 2002년에는 라르센-B 빙붕이 갑자기 붕괴되었다(그림 19-B). 2015년에 과학자들은 2020년까지 빙붕이 완전히 사라질 가능성을 예견하였다. 윌킨스(Wilkins) 빙붕은 2008년 2월에 붕괴되기 시작했고, 2012년 1월에는 로드아일랜드 규모의 빙하 덩어리가 론-필크너(Ronne-Filchner) 빙붕에서 떨어져 나갔다.

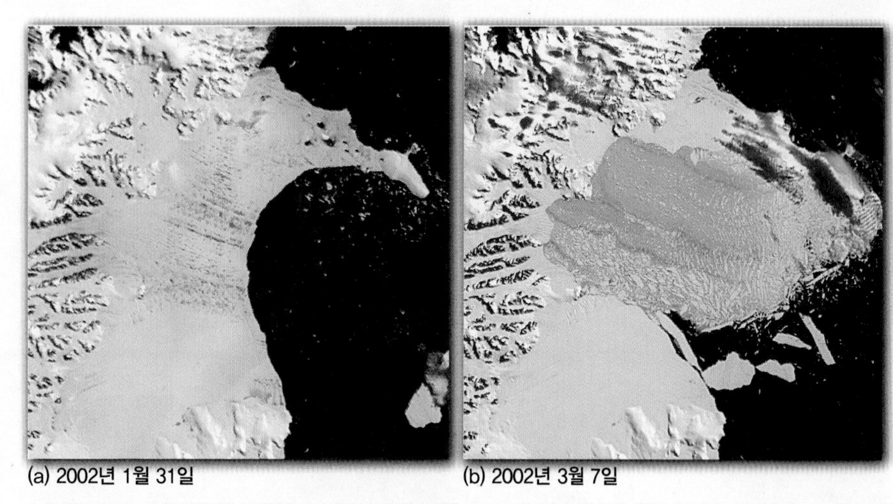

▲ **그림 19-B** 남극대륙의 라르센-B 빙붕의 이미지들은 NASA의 테라 위성에 찍은 것이다. (a) 2002년 1월 31일에 푸른색 물인 '융빙호소'가 빙붕 위로 보인다. (b) 2002년 3월 7일에 빙붕은 붕괴되었다. 푸른 부분은 빙붕에서 떨어진 유빙을 보여 준다.

따뜻한 해류에 녹는 빙붕 : 2012년 조사에 의하면 서남극 대륙의 많은 빙붕부분이 손실되었는데 이는 주로 바람과 해류의 변화로 빙붕 아래로 따뜻한 물이 유입되었기 때문이다. 빙하는 '기저융해(basal melt)'라는 과정에 의해 아래서부터 융해된다. 하지만 2015년 연구에서는 높은 대기의 기온 또한 라르센-C 빙붕의 두께 감소에 크게 기여했음을 보여 준다.

빙붕의 감소가 해수면의 상승을 일으키지는 않지만(유빙체가 녹을 때 컵 속의 물 수위를 높이지 못하는 것과 같은 이유로), 빙붕의 변화는 육지빙하가 대륙에서 떨어지는 변화를 촉발시킬 수 있다. 어느 정도까지는 온전한 빙붕이 바닷속으로 육지빙하가 흘러가는 것을 지연시키지만, 한 번 빙붕이 이동하면 대륙의 빙하는 더 빠르게 바닷속으로 흘러갈 수 있다. 예를 들어, 라르센-B 빙붕의 파괴 이후 빙하의 이동률은 이전보다 6배 정도 가속되었다.

질문

1. 남극 빙붕의 빙하몸체가 현재 감소하는 데 원인이 되는 과정은 무엇인가?
2. 빙붕의 존재는 남극에서 바닷속으로 흘러 들어가는 이동률에 어떤 영향을 미치는가?

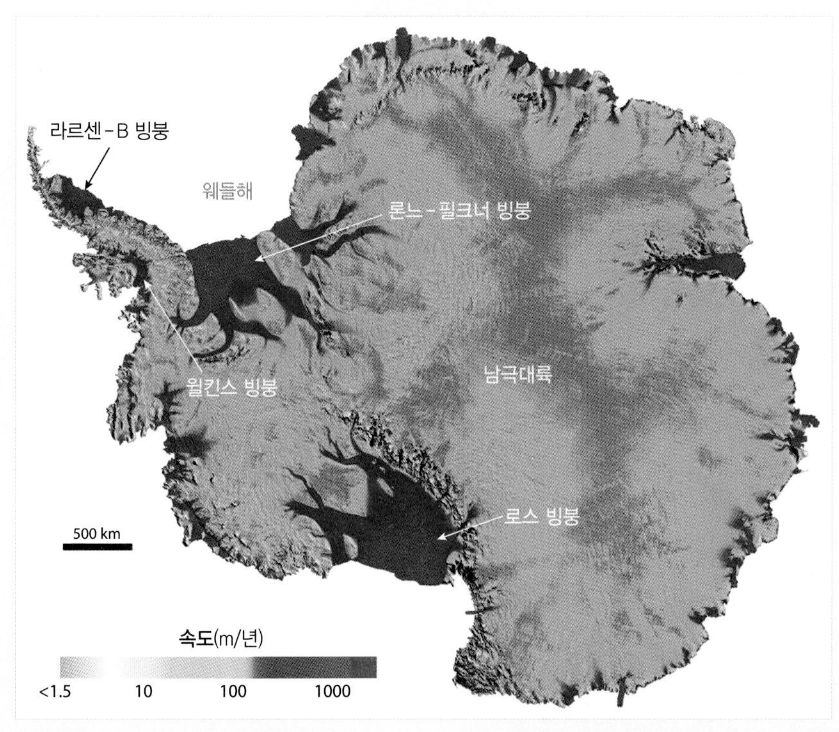

▲ **그림 19-A** 남극에서의 빙하 이동 속도. 1996~2009년간 모은 자료는 남극대륙의 빙상의 출구로서 빙붕의 역할을 보여 준다. 빙붕이 감소함으로써 대륙에서 떨어져 나가는 빙하의 이동률은 증가될 것으로 보인다.

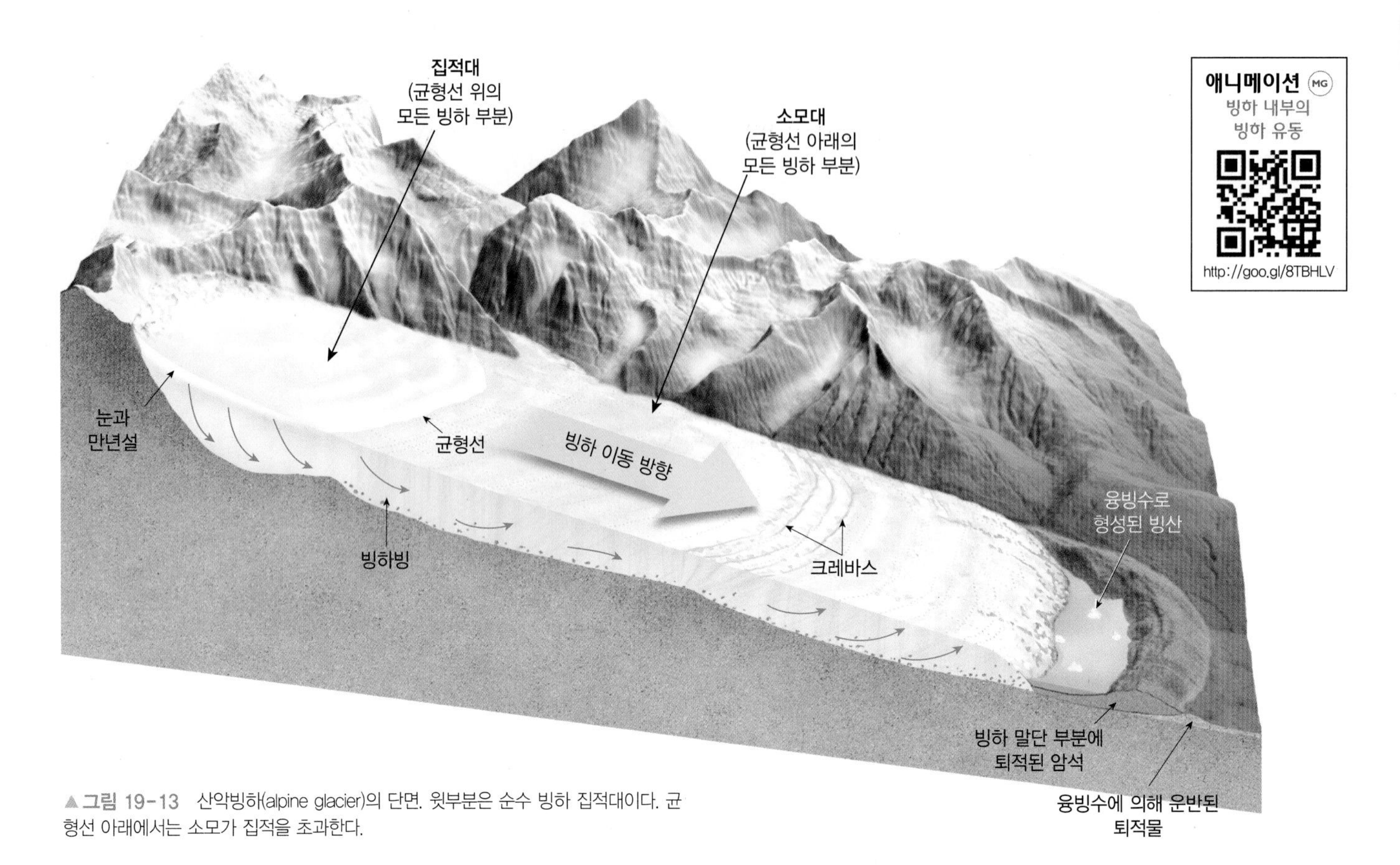

▲그림 19-13 산악빙하(alpine glacier)의 단면. 윗부분은 순수 빙하 집적대이다. 균형선 아래에서는 소모가 집적을 초과한다.

모든 빙하는 집적과 소모 간의 균형의 토대 위에서 두 부분으로 구분할 수 있다(그림 19-13). 윗부분은 융해와 승화로 손실된 양을 매년 적설로 부가되는 새로운 눈의 양이 초과하기 때문에 **집적대**(accumulation zone)라고 한다. 아랫부분은 **소모대**(ablation zone)라고 하는데, 매년 추가되는 새로운 빙하의 양이 손실되는 양보다 적기 때문이다. 2개로 분리되는 지대는 이론적인 **균형선**(equilibrium line)이며 여기서 집적과 소모는 정확히 균형을 이룬다.

학습 체크 19-6 빙하를 형성하기 위해서는 어떤 조건이 필요한지 설명하라. 집적대와 소모대 간의 차이를 기술하라.

빙하의 이동

빙하가 종종 얼음의 강으로 비유됨에도 불구하고 수체 흐름과 빙하의 이동 간에는 유사성이 거의 없다.

보통 얼음은 굽어지기보다는 깨지는 물질로 붕괴되기 쉽다. 일반적으로 이것은 빙하 표면에서 사실로 나타나며 빙하의 표면에 자주 보이는 **크레바스**(crevasse)나 균열들이 그 예이다. 하지만 빙하 표면 밑에서 상당한 압력하에 있는 빙하는 매우 상이하게 행동한다. 즉, 깨지기보다는 오히려 변형이 된다. 특히 빙하 기저에서의 압력과 내부의 응력에 기인한 부분적 융해는 이동을 돕는다. 원인은 빙하 밑바닥에 융빙수가 침투되어 미끄러운 층이 형성되면 그 위로 빙하가 미끄러질 수 있기 때문이다.

빙하의 소성적 유동 : 얼음 덩어리의 두께가 50m가 되면(가파른 사면은 그 이하) **빙하의 소성적 이동**(plastic flow of ice)이 위에 적재된 무게에 따라 일어난다. 빙하몸체 전체가 균일하게 이동하진 않는다. 오히려 빙하는 빙상의 끝에서 바깥쪽으로 혹은 산악빙하의 말단에서 곧 아래로 흘러나온다.

기저의 미끄러짐 : 빙하 이동의 두 번째 종류는 빙하의 바닥에서 **기저의 미끄러짐**(basal slip)이다. 빙하몸체 전체는 윤활유 같은 수막 위에서 그 기저가 미끄러진다. 빙하는 미끄러지는 동안 그 아래의 지형에 따라 자신을 다소 맞춘다.

이동률 : 빙하는 보통 아주 천천히 이동한다. 'glacial'이란 형용사는 '극도로 느린'이라는 말과 동의어이다. 비록 하루에 수 미터씩 전진하는 빙하도 드물게 있지만 많은 빙하의 이동은 하루에 몇 센티미터 이내로 관측된다. 24시간 동안 거의 30m를 기록한 극단적인 예도 있다. 또한 이동이 불규칙한 변동과 짧은 간격의 파동 때문에 가끔 일정치 않다.

우리가 예상했듯이 빙하의 모든 부분이 같은 속도로 이동하지 않는다. 가장 빠르게 이동하는 부분은 빙하 표면이거나 표면에 가까운 곳이고 보통 깊이가 있을수록 속도가 감소한다. 빙하가 곡빙하처럼 지나는 통로를 제한받으면, 빙하 표면의 중앙부가 양쪽보다 빠르다. 이는 하천의 흐름 형태와 유사하다.

빙하의 이동 대 빙하의 확장(전진)

빙하의 이동에 관한 논의에서 우리는 빙하 이동(flow)과 빙하 확장(advance 또는 전진)의 차이를 구분해야 한다. 빙하가 존재하는 한 그 속의 얼음은 비탈 아래이든 옆쪽이든 이동한다. 빙하의 외연부가 반드시 확장하는 것은 아니지만 빙하의 얼음은 항상 앞쪽으로 선행한다. 그러나 빙하의 외곽 말단부는 집적과 소모 간의 균형에 의해 확장하거나 확장하지 않을 수 있다(그림 19-14). 빙하가 후퇴하는 경우에도(막대한 소모에 기인한 빙하 기원 지점 쪽으로 빙하의 외연부가 후퇴되는 경우) 빙하는 이동한다.

대규모 빙하의 집적이 이루어지는 보다 습윤하거나 보다 한랭한 기간 동안에는 빙하가 마지막으로 다 소모되기 전까지 더 멀리 이동할 수 있다. 그래서 빙하의 외연부는 확장한다. 소모율이 증가하는 온난하거나 건조한 기간에는 빙하는 계속 이동하지만 곧 소모되어 버려 빙하의 말단부나 끝은 후퇴한다.

학습 체크 19-7 왜 후퇴하는 빙하가 암석을 침식하고 운반을 계속할 수 있는가?

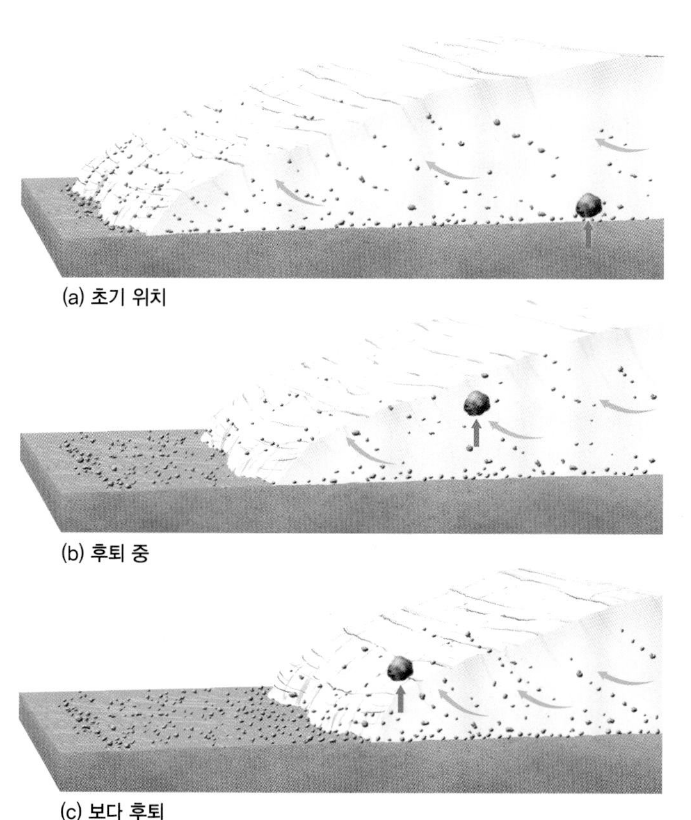

▲그림 19-14 이동 중인 빙하는 반드시 확장하는 빙하는 아니다. 이 순서에서 빙하의 전면은 후퇴하지만 붉은 화살표로 표시된 바위가 보여 주는 것처럼 계속 앞쪽으로 유동한다.

빙하의 영향

애니메이션 MG
빙하 작용
http://goo.gl/OzhTkq

빙하가 경관을 가로질러 이동할 때, 암석의 침식, 운반, 퇴적으로 지형을 재형성시킬 수 있다.

빙하에 의한 침식

빙하로 인한 침식량은 얼음의 두께와 이동의 속도와 대체로 비례한다. 침식의 깊이는 기반암의 구조와 조직 그리고 지형의 기복에 의해서 제한적으로 영향을 받는다.

빙하굴식 : 이동하는 빙하의 직접적인 침식력은 그리 현저하진 않지만 유수보다는 더 크다. 서서히 이동하는 빙하가 기반암을 긁고 지나가면서, 암석과 얼음 사이의 마찰은 최저층의 빙하를 융해시키는 원인이 되며 생성된 그 수막은 암석에 대한 압력을 감소시킨다. 하지만 이 물은 기반암 돌출부 부근을 재결빙시킬 수 있어 재결빙된 얼음은 그 뒤의 빙하에 의해 밀리면서 상당한 힘을 발휘한다. 아마도 빙하의 가장 중요한 침식 작용은 이러한 **빙하굴식**(glacial plucking)에 의해서 수반되는 것이다. 빙하 밑의 암편들은 기반암의 절리와 틈에서 융빙수를 재결빙시키는 서릿발 쐐기 작용으로 암석을 더욱 느슨하게 하면서 포획된다. 빙하의 이동을 따라 이 암편들이 굴식되어 끌려간다. 이런 작용은 특히 빙하 이동의 풍하 사면(빙하의 이동 방향에 반대되는 사면)에서 효과적이고 절리가 잘 발달한 기반암에서도 효과적이다.

빙하마식 : 빙하는 이동하는 빙하 내에서 끌려가는 암설들에 의해 기반암이 마모되는 마식 작용으로도 역시 침식한다. 일반적으로 마식은 저항이 강한 물질로 이루어진 기반암에서의 표면 광택과 저항이 약한 기반암에서의 찰흔(striation, 미세한 수평적 홈) 그리고 그루브(찰흔보다 더 크고 깊은 홈) 같은 작은 지형들을 주로 형성한다(그림 19-15). 굴식은 암석 표면을 거칠게 하는 반면, 마식은 광택을 내거나 찰흔과 그루브를 파는 경향이 있다.

▶그림 19-15 요세미티 국립공원의 화강암에 있는 빙하 광택. 빙하는 왼쪽 위에서 오른쪽 아래로 이동했다.

▲그림 19-16 빙하 밑 융빙수의 침식에 기인한 페루 쿠스코(Cusco) 근처의 그루브와 찰흔

빙하 하부 융빙수의 침식 : 세 번째 과정도 역시 빙식에 기여한다. 빙하 밑에서 흐르는 융빙수의 하천은 암석을 운반시킬 수 있을 뿐 아니라, 기반암에 매끄러운 그루브와 하도를 침식할 수도 있다(그림 19-16).

평야 지역에서는 빙식으로 형성된 지형이 눈에 띄지 않을 수 있다. 매끈함이 두드러지고 작은 와지들이 파질 수 있지만 일반적으로 지형의 외형에는 변화가 작다. 하지만 구릉지에서는 빙하 침식의 영향이 훨씬 두드러진다. 산지와 능선이 뾰족해지며 곡들은 가파르고 깊어지면서 보다 선(線)적으로 된다. 그러면서 전체 경관은 보다 각지고 거칠어진다.

학습 체크 19-8 빙하 굴식 작용의 과정을 설명하라.

빙하에 의한 운반 작용

빙하의 암설 운반 능력은 무차별적이면서도 아주 탁월하다. 빙하는 집채만 한 크기의 암괴를 수백 킬로미터까지 운반시킬 수 있다. 하지만 빙하 하중의 대부분은 **빙하암분**(glacial flour)이라는 곱게 갈린 암석물질을 포함하여 다양한 크기의 암편들로 된 이질적인 집적물이다.

대륙빙하에 의해 운반된 대부분의 물질들은 기저면에서 굴식되거나 마식되고 빙하를 따라 운반된다. 따라서 빙하빙에 비해 자유로워진 잔류 암편들로 대부분 이루어져 있으며 암설들이 결빙되어 갑옷처럼 단단한 좁은 띠가 빙하의 밑에 존재한다.

산지빙하와 함께 빙하 내에서 운반된 암석들이 부가되는데, 일부는 빙하 위에서 운반되기도 하고, 일부는 암석 낙하로 혹은 주변 사면에서 매스 웨이스팅되어 퇴적된다. 매스 웨이스팅은 빙하 침식으로 부가되는 것보다 일부 산지빙하에서 더 많은 암설을 공급한다.

빙하는 밖을 향해 자신의 하중을 다양한 속도로 곧 아래쪽으로 이동한다. 일반적으로 이동률은 여름에 증가하고 겨울에 감소하며, 빙하의 집적과 기저 사면의 경사의 변수에 좌우된다.

융빙수 하천 : 빙하에 의한 운반에서 또 다른 중요한 측면은 빙하의 위, 아래 및 속으로 흐르는 유수의 역할이다. 온난한 계절에는 융빙수 하천들이 보통 이동하는 빙하를 따라서 함께 흐른다. 그러한 하천들은 균열(crack)이나 크레바스[빙하구혈(氷下頁穴, moulin)이라고 하는 빙하 내의 경사 급한 배수구를 포함] 속으로 빠져나갈 때까지 빙하 표면을 흐른다(그림 19-17). 그 이후 하천들은 빙하 밑 유수(subglacial stream) 혹은 빙하와 기반암 사이를 따라 계속 흐른다. 그러한 하천들은 빙하 표면에서 빙하 바닥 혹은 중간까지 특히 작은 암편들과 암분을 운반한다. 더구나 빙하 밑 유수가 빙하 바닥을 따라 곱게 갈린 기반암을 만나는 곳은 윤활 효과로 빙하의 이동을 가속시킬 수 있다.

빙하에 의한 퇴적

아마도 경관 변화에 있어 빙하의 중요한 역할은 암석을 적출한 지역에서 멀리 떨어진 지역으로 운반하여 그곳에 파편화된 채로 남겨 놓으면서 지형을 크게 변화시키는 것이다. 이를 명확하게 보여 주는 곳이 북아메리카, 캐나다 중부의 광범위한 지역으로, 이곳은 빙하로 토양, 풍화토(regolith) 및 많은 지표 기반암이 침식을 받았다. 빙식은 상대적으로 황량하면서 암석이 많고 완만하게 기복을 이룬 지표로 곳곳에 호소들이 산재되어 있다. 제거되었던 많은 물질은 남쪽으로 운반되어 미국 중서부에 퇴적시키면서 그곳에 아주 비옥한 토질의 대평원을 형성하였다. 따라서 미국 중서부에 대한 플라이스토세 빙하의 유산은 동일 빙하에 의해 척박한 토양만 남겨진 캐나다 중부를 희생의 대가로 삼은 것이

▲그림 19-17 한 연구자가 그린란드 빙상의 표면에 있는 방하구형 속으로 흘러가는 융설수 하천을 조사하고 있다.

며, 이곳은 현재 알려진 것 중에서 토지 생산성이 높은 최대 지역 중의 하나로 발달했다(그래도 캐나다의 가치 있는 많은 광물 매장지들이 빙하가 토양과 풍화토를 제거할 때 노출되었다).

빙하에 의해 운반된 모든 물질에 대한 일반적인 용어는 **표력토**(漂礫土, drift)인데, 이는 북반구의 거대한 암설 퇴적물이 성경에서 말한 홍수의 잔재물이라고 믿었던 18세기에 만들어진 잘못된 호칭이다. 명칭에서 오는 오류에도 불구하고, 현재에도 여전히 빙하나 융빙수에 의해 퇴적된 물질들과 관련해서 이 용어를 쓰고 있다.

빙하빙에 의한 직접 퇴적 : 융빙수의 재퇴적에 포함되지 않으면서 이동 혹은 융해되는 빙하에 의해 직접 퇴적된 암설들에 대해 **빙력토**(till)라는 특정한 명칭을 붙인다(그림 19-18). 빙하에 의한 직접 퇴적은 보통 빙상의 가장자리나 산지빙하의 아래 끝 부근에서 융빙 시 그 결과로 일어나지만, 암설들이 특히 빙하 소모대에서 빙하 아래의 땅에 떨어질 때에도 일어난다. 이 두 경우 모두 쪼개진 암석의 집적은 분급이나 성층이 안 된다. 암편의 대부분은 각력질인데 그 이유는 빙하로 운반되는 동안 그 자리에 있거나(암석들이 하천 자갈처럼 자주 충돌하면서 원마가 되는 기회가 거의 없는), 매스 웨이스팅에 의해서 빙하 바로 위에 쌓여 있기 때문이다.

가끔 큰 규모의 거력들이 빙하 후퇴 시 퇴적되는 경우가 있다. 그 지역의 기반암과는 전혀 다른 그러한 거력들을 **빙하표석**(glacial erratic 또는 미아석)이라고 한다(그림 19-19).

학습 체크 19-9 빙력토의 퇴적이 충적물과 어떻게 다르게 보이며 그 이유는 무엇인가?

융빙수에 의한 2차 퇴적 : 빙하성 하천의 유출은 몇 가지 특징이 있다(한여름의 최고 유속, 유량에 있어서 밤낮의 현격한 차이, 많은 실트질 함량, 간헐적 홍수). 이것은 여러 종류와는 구별되는 융빙수 하천의 특성이다. 빙하에 의해 운반된 많은 암설들은 결국 융빙수에 의해서 퇴적되거나 재퇴적된다. 이는 빙하에서 직접 유출되면서 빙하에서 침식된 퇴적 물질을 운반하는 빙하 및 유수로 이루어질 수 있다. 하지만 많은 융빙수의 퇴적은 암설들이 포함된다. 이 암설들은 본래 빙하에 의해 퇴적되고 이어서 적출된 다음 빙하의 외연을 넘어서까지 융빙수에 의해 재퇴적이 된 것이다. 그러한 **빙하유수성 퇴적**(glaciofluvial deposition)은 모든 빙하 주변부뿐 아니라 멀리 떨어진 일부 주빙하 지대에서도 일어난다.

▼그림 19-18 캘리포니아 요세미티 국립공원의 타이오가로드(Tioga Road)를 따라 나타나는 도로 절단면의 미분급된 빙력토

▲그림 19-19 영국, 요크셔 데일(Yorkshire Dale) 부근의 플라이스토세 빙하로 퇴적되기 앞서 수 킬로미터를 이동해 온 빙하표석(혹은 미아석)

대륙빙상

해양 및 대륙은 제외하고, 대륙빙상은 지구상에서 나타난 지금까지 가장 거대한 형체이다. 플라이스토세 동안 대륙빙상의 활동은 전체 대륙 지표면의 1/5에 가까운 유역체계(drainage system)와 지형 모두를 크게 변형시켰다.

발달과 이동

남극의 빙상을 제외하면 플라이스토세 빙상은 극 지역에서 기원하지 않는다. 오히려 아극지방과 중위도 지역에서 발달한 이후 극 쪽을 포함한 모든 방향으로 확대되면서 퍼져 나갔다. 몇몇 빙하 발원 집적지(아마 30개 정도)가 확인되었다. 집적된 눈/만년설/빙하는 결국 각각의 집적 중심지에서 외부로 이동케 하는 엄청난 하중을 만들어 낸다.

초기의 이동은 곡과 저지를 따라, 즉 원래의 지형을 따라 이동하지만 곧바로 빙하는 거의 빙하 이전의 모든 지형을 덮어 버리는 높이까지 발달한다. 여러 곳에서 가장 높은 곳조차 수천 미터의 빙하 밑에 잠겨 버린다. 결국 여러 빙상들은 각 대륙에서 하나나 둘 혹은 셋의 거대한 빙상들로 합쳐진다. 이 거대한 빙상들은 기후변동에 따라 이동하거나 쇠퇴하면서 엄청난 침식력과 엄청

난 암설물질의 퇴적으로 경관을 언제나 바꿔 버린다. 그 결과는 지표의 전반적인 변형과 유역 형태의 완전한 재배치이다.

빙상에 의한 침식

본래 큰 기복을 가진 산지 지역은 예외로 하면, 빙상에 의한 침식 결과에 따른 주요 지형은 대체로 완만하다. 가장 눈에 띄는 특징은 이동하는 빙하로 깊고 둥글게 파여진 곡저이다. 그러한 곡들은 특히 연약한 기반암 지역에서 빙하 이전의 곡들이 빙하의 이동 방향과 나란하게 위치한 곳에서 가장 깊다. 그러한 발달의 대표적인 예는 뉴욕 중부의 핑거레이크스(Finger Lakes) 지대로 이곳은 일련의 평행한 하곡들이 빙하 작용으로 길면서 좁고 깊은 호수들이 주가 된 곳이다(그림 19-20). 또한 빙하 이전의 곡들이 빙하의 이동 방향과 나란하지 않은 곳에서도, 빙하의 침식은 빙하가 사라진 후에 보통 호소가 되는 많은 곡이나 얕은 와지를 만들어 낸다. 실제로 빙상에 의한 침식 지역의 후빙기 경관은 풍부한 호수들로 유명하다.

▲그림 19-20 뉴욕 북부의 핑거레이크스는 북-북서에서 남-남동으로 이동하는 빙상에 의해서 주도된 빙식곡 지역이다. 왼쪽 위에 있는 가장 큰 호수는 온타리오호이다. 이 실사 영상은 NASA의 테라 위성의 MODIS 장치로 찍은 것이다.

양배암 : 구릉지대는 보통 이동하는 빙하에 의해서 전단되고 원만해진다. 대륙빙상과 산지빙하로 만들어진 특징적인 지형 중 하나가 **양배암**(羊背岩, roche moutonnée)으로, 기반암의 구릉을 빙하가 타고 넘어갈 때 종종 형성된다(그림 19-21).[3] 양배암의 **풍상 사면**(stoss side, 빙하 진행 방향을 마주하는 사면)은 빙하가 사면을 타고 넘을 때 마식 작용에 의해 매끈해지고 유선형이 된다. 풍하 사면(lee side, 빙하 진행 방향과 반대 방향의 사면)은 주로 굴식으로 형성되어 더 급하고 불규칙한 사면을 형성한다.

빙상에 의해서 형성된 빙기 이후의 경관은 비교적 낮은 기복의 경관이지만 완전히 평탄하진 않다. 주요 지형 요소들은 빙식구릉(ice-scoured rocky knob)과 빙식와지(scooped-out depression)이다. 노출된 암석과 지표를 차지한 호수가 있어서 토양과 풍화물질은 거의 빈약하다. 하천의 형태는 빙하 이전의 유역체계가 빙하침식으로 '혼란'이 생겼기 때문에 불규칙하고 부적절하게 발달하였다. 하지만 빙상이 한 번 지나가면서 침식이 진전되면 이들 대부분의 경관은 빙하퇴적으로 더욱 변형되어 버린다. 따라서 침식 경관의 삭막함은 퇴적의 암설로 변형된다.

학습 체크 19-8 양배암의 형태와 형성 과정에 대해서 설명하라.

3 프랑스 용어 *roche moutonnée*의 기원은 불명확하다. 종종 '양의 등'으로 번역되지만, 일부 사람은 1700년대 프랑스에서 양의 지방으로 만든 포마드 머릿기름인 *moutonnées*와 이때 유행했던 물결모양 가발에 대한 상상적 유사성에서 유래된 것이라고 믿는다.

▲그림 19-21 (a) 요세미티 국립공원의 렘버트돔(Lembert Dome)은 양배암이다. 빙하는 이 화강암 돔을 가로질러 오른쪽에서 왼쪽(동에서 서로)으로 이동하였다. (b) 양배암이 형성될 때 빙하는 강한 기반암을 타고 넘으면서 풍상 사면은 마식 작용으로 완만해지고 풍하 사면은 굴식 작용으로 급해진다. 빙하가 일단 녹으면 비대칭 구릉이 남는다.

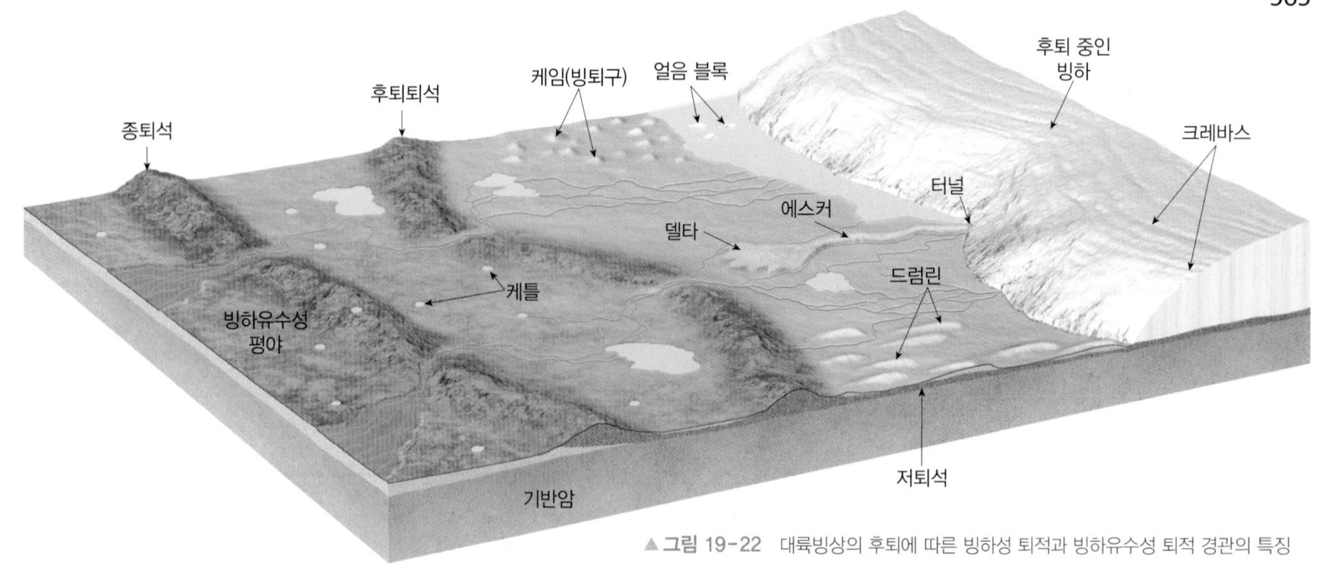

▲그림 19-22 대륙빙상의 후퇴에 따른 빙하성 퇴적과 빙하유수성 퇴적 경관의 특징

빙상에 의한 퇴적

어떤 경우엔 빙상에 의해 운반된 빙력토가 광범위하면서 이질적으로 퇴적된다. 즉, 분급되지 않은 얇은 암설층이 기존의 지형 위에 단순히 얹혀 있는 것이다. 일부 지역에선 빙력토가 빙하 전의 지형 경관을 완전히 흔적을 지우고 수백 미터의 깊이로 퇴적된다. 퇴적 작용은 널리 낮은 구릉지와 얕은 와지로 된 파상 모양의 지표면을 불규칙적으로 형성하므로 균등하지 않은 경향이 있다. 그러한 지표면을 **빙력토 평원**(till plain)이라고 한다.

모레인 : 많은 경우에, 빙하성 퇴적은 특징적이고 식별 가능한 지형을 만들면서 아주 한정된 형태로 쌓인다. **모레인**(moraine, 퇴석)은 대부분 또는 전부 빙력토로 이루어진 빙하성 퇴적 지형에 대한 용어이다. 모레인은 보통 너비에 비해 길이가 더 길다. 일부 모레인은 빙하의 활동면을 따라 형성되는 **말단퇴석**(end moraine)과 같이 뚜렷한 능선을 이룬다. 다른 모레인들은 훨씬 더 형태가 불규칙적이다. 그 기복은 크지 않지만 수 미터에서 수백 미터까지 다양하다. 모레인은 처음 형성될 때에는 비교적 매끈하고 완만한 경사를 갖는 경향이 있다. 빙력토 내에 포함되어 정체된 얼음 덩어리가 결국 녹아 모레인 표면의 붕괴를 가져오면서 시간의 경과와 함께 더욱 불균등하게 된다.

세 가지 유형의 모레인들은 산지빙하에서도 잘 나타나지만, 주로 대륙빙상의 퇴적과 연관되어 있다(그림 19-22). **종퇴석**(terminal moraine)은 빙하의 최대 발달을 나타내는 빙력토 산지이다. 그 규모는 수십 미터의 높이와 수 킬로미터의 폭을 가진 현저한 산릉에서부터 암설벽까지 다양하다(그림 19-23). 빙하가 집적되

◀그림 19-23 알래스카 키나이피요르드(Kenai Fjords) 국립공원의 엑시트 빙하(Exit Glacier)의 최대 발달은 뚜렷한 종퇴석에 의해서 표시된다.

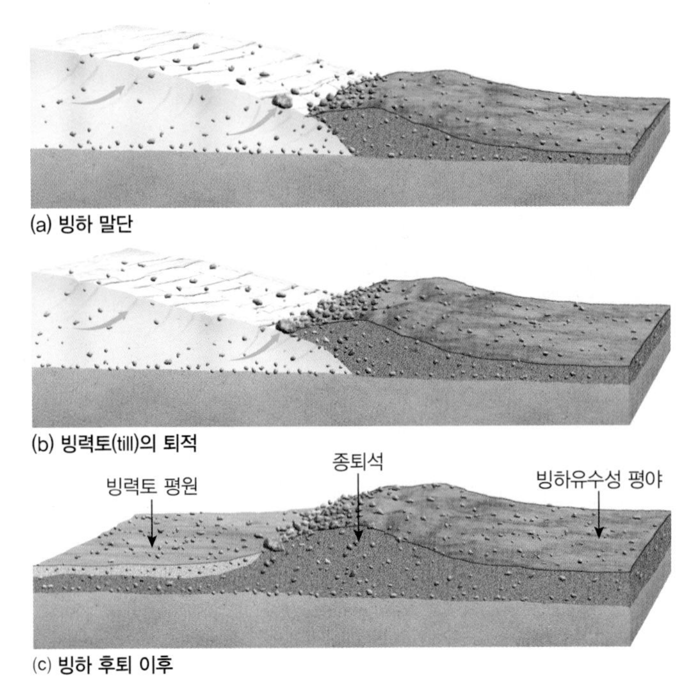

▲그림 19-24 빙하 말단부에서의 모레인 성장. (a) 암석은 빙하 위와 안에서 운반되어 빙하 말단에서 드러난다. (b) 모레인 속에 퇴적되어 있다. (c) 빙하가 녹은 후 종퇴석이 남고 그 뒤로 빙하유수성 평야가 남는다.

는 비율만큼 소모가 되는 균형점에 도달하면 말단퇴석의 형태로 종퇴석이 형성된다. 빙하의 끝이 더 확장하지 않지만 빙하 내부는 빙력토의 공급을 전달하면서 계속 앞쪽으로 이동한다. 말단부의 빙하가 녹으면서 빙력토가 퇴적되고 모레인이 성장한다(그림 19-24).

종퇴석 뒤에는 빙하가 물러나면서 **후퇴퇴석**(recessional moraine)이 형성될 수 있다. 이 후퇴퇴석들은 빙하의 마지막 후퇴기에 일시적으로 안정된 빙하의 최전선 위치를 나타내는 산열들이다. 종퇴석과 후퇴퇴석 모두 빙하의 이동 방향에서 밖으로 튀어나온 볼록한 아치 형태로 보통 일어난다. 이는 빙상이 똑같은 상태로 전진하지 않고 오히려 거대한 빙하의 혀(tongue)들이 연결되어 전진하여 전면이 고르지 않다는 것을 가리킨다(그림 19-25).

모레인의 세 번째 유형은 **저퇴석**(ground moraine)으로 대량의 빙력토가 빙하의 옆쪽보다 오히려 빙하 밑에 퇴적되었을 때 형성된다. 저퇴석은 보통 경관 전체가 완만하게 오르내리는 기복의 평원이다. 이것은 얕거나 깊을 수 있는데, 보통은 낮은 구릉(knoll)과 얕은 케틀(kettle)로 이루어진다.

케틀 : **케틀**(kettle)로 알려진 와지(depression)는 후퇴하는 빙하에 의해 남겨진 대형 빙하 블록이 빙하표력토로 둘러싸였거나 균등하게 덮였을 경우에 형성된다. 이 빙하 블록이 녹은 다음에는 모레인 표면이 붕괴되면서 불규칙한 와지를 남겨 놓는다(그림 19-26). 오늘날 많은 케틀들은 호수처럼 물로 채워진 상태로 남아 있다. 케틀 속의 물은 융빙에 의해 남겨진 물과 다르다. 즉, 빙하는 단순히 호소 분지를 형성하는 저지(와지)를 남긴다.

드럼린 : 빙상에 의해 퇴적된 또 다른 중요한 특징은 **드럼린**(drumlin, 어원은 *druim*으로 '산릉'에 대한 아일랜드 고어임)이라는 낮고 길게 늘어진 구릉이다. 드럼린은 분급되지 않은 것은 빙력토와 비슷하지만 모레인보다는 훨씬 작다. 드럼린의 장축은 빙하 이동 방향과 나란하다(그림 19-27). 빙하가 전진하는 방향과 맞서는 쪽에 위치한 드럼린 끝은 반대쪽 끝보다 뭉툭하고 약간 급하다. 따라서 모양이 양배암과는 반대이다.

드럼린의 기원은 복잡하지만 대부분 명백하게 이전 빙하의 퇴적작용을 받은 지역으로 빙하가 재확장된 결과이다. 바꿔 말하면, 그것은 그후의 침식에 의해서 형성된 퇴적 지형이다.

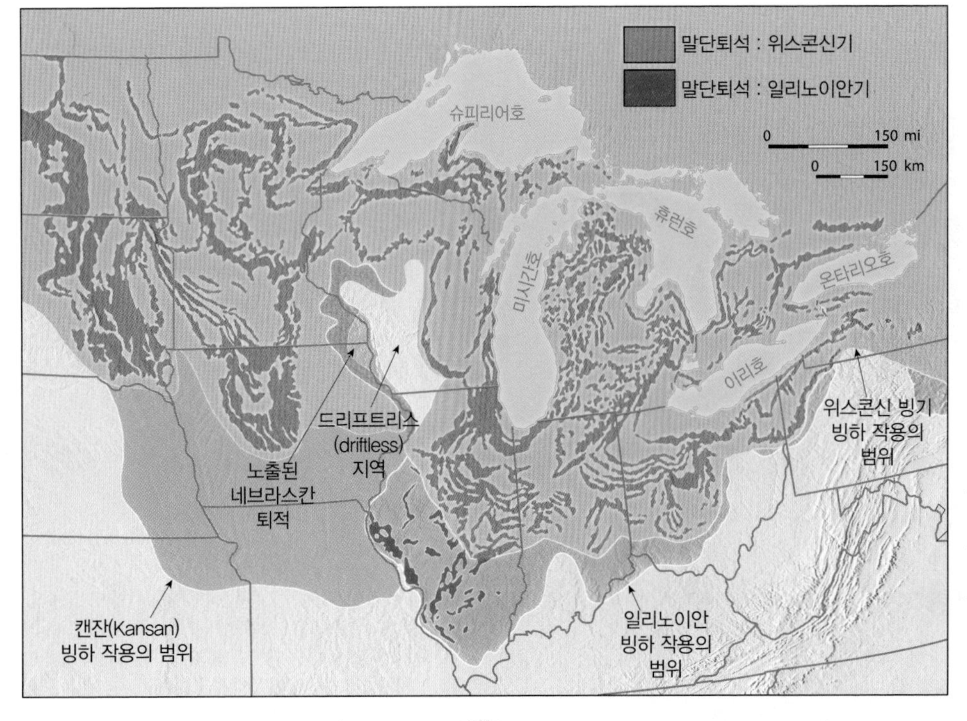

◀그림 19-25 미국 오대호 근처의 종퇴석과 후퇴퇴석(집합적으로 '말단퇴석'으로 부른다). 아주 최근에 위스콘신기의 빙하 작용에 의해서 남겨진 모레인은 일리노이안기 초의 빙하 작용의 것보다 더 탁월하다. 더 오래된 캔잔기의 빙하 작용의 증거는 남서부에서 발견되지만, 가장 오래된 네브라스칸기의 빙하 작용에 의해서 남겨진 모레인은 세 번의 최근 빙하 작용에 의해서 크게 피복되었다. 이들 빙상의 확장과 후퇴가 오대호를 형성하였다.

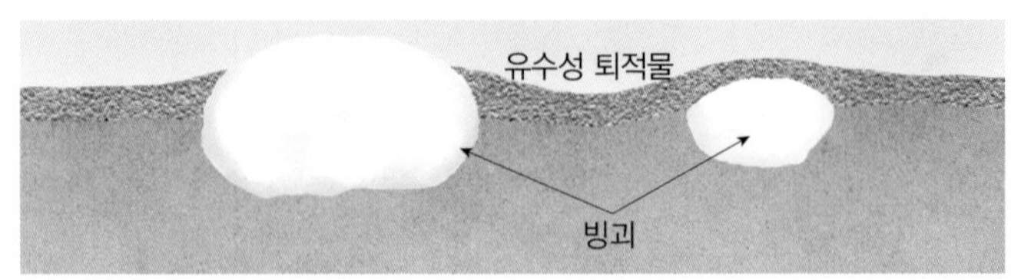

(a) 빙하 후퇴기 동안

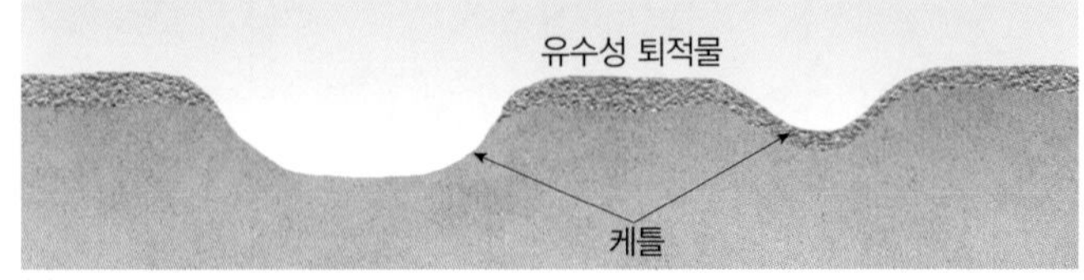

(b) 융빙 이후

▲그림 19-26 케틀의 형성. (a) 빙하 후퇴기 동안 고립된 빙괴는 종종 빙하성 암설과 유수성 퇴적물과 혼합되어 있고 주변의 암설들이 주는 단열 때문에 서서히 융해된다. (b) 빙하가 마침내 녹으면, 케틀로 알려진 규모의 저지(와지)가 유수성 퇴적물의 표면에 우묵한 구덩이를 팔 수 있다.

드럼린은 보통 무리로 발생하는데, 때에 따라 수백 개씩인 경우도 있으며, 한 무리 내의 모든 드럼린들은 방향이 각자 나란하다. 미국의 드럼린 최대 중심지는 뉴욕 중부와 위스콘신 동부에서 발견된다.

학습 체크 19-11 종퇴석과 후퇴퇴석의 형성을 비교하라.

빙하유수성의 특징

빙상의 융빙수에 의한 암설의 퇴적이나 재퇴적은 빙상이 덮였던 지역과 주빙하 지역 모두에서 특정 지형을 만든다. 이들 지형들은 **성층표력토**(stratified drift), 즉 암설이 융빙수를 따라 이동되면서 다소 분급되고 층을 이루는 것으로 나타날 수 있는 충적물과 유사한 퇴적물로 이루어졌다. 빙하유수성 지형은 융빙수가 거의 큰 물질을 운반할 능력이 없기 때문에 대부분 혹은 전부 자갈, 모래 및 실트로 이루어졌다.

융빙수 하천 퇴적평야: 가장 광범위한 빙하유수성 지형은 **융빙수 하천 퇴적평야**(outwash plain)로, 빙하에서 유출되는 하천에 의해서 후퇴한 혹은 종퇴석을 넘어서 퇴적된 매끄럽고 평탄한 충적지들이다(그림 19-22 참조). 재이동된 빙력토 혹은 융빙에서 직접 운반된 암설이 하천에 공급되면 하천은 빙하 전면을 가로지르는 망류하도를 형성한다(그림 16-14 참조). 빙하에서 멀어져 가면서 이 망류하천들은 암설로 막히고 급격히 속도가 저하되면서 하중들을 퇴적시킨다. 그러한 빙하유수성 퇴적은 가끔 수백 제곱킬로미터 정도 피복되는 경우도 있다. 이것은 경우에 따라선 작은 호소나 연못이 되기도 하는 케틀(와지)에 의해서 파헤쳐진다. 융빙수 하천 퇴적평야를 지나서 길게 쌓인 빙하유수성 퇴적물은 곡저의 제한을 받는다. 즉, 그러한 퇴적물을 **밸리트레인**(valley train)이라 한다.

에스커: 융빙수 하천 퇴적평야보다는 보편적이지 않지만 더 눈에 띄는 것이 **에스커**(esker 어원은 *eiscir*에서, '산릉'이라는 아일랜드어의 또 다른 말)로 불리는 구불구불한 긴 산릉의 성층표력토이다. 이 지형들은 주로 빙하유수성 자갈로 이루어지고, 빙하 내부의 터널을 통해 흐르는 하천들이 암설로 막히게 되는 데서 기원된다고 본다. 빙하가 정체하면서 녹으면 이 빙하 밑 유수들은 터널 속에 그 많은 하중을 퇴적시킨다. 에스커는 일단 빙하가 녹으면 노출되는 퇴적물이다. 일반적으로 에스커는 수십 미터의 높이와 폭에 길이는 160km 이상에 이른다(그림 19-28).

케임: 성층표력토로 된 경사가 급한 작은 언덕이나 원추형의 구릉들은 빙하 퇴적 지역에서 산발적으로 발견된다. 이들 케임들은 다양한 기원이 있지만, 분명히 빙하 정체기의 융빙수의 퇴적 작

▲그림 19-27 뉴욕 로체스터(Rochester) 서부의 드럼린. 빙하는 오른쪽에서 왼쪽으로 이동한다.

▲그림 19-28 캐나다 노스웨스트테리토리, 화이트피시호(Whitefish Lake) 부근의 구불구불한 능선인 에스커

▲ 그림 19-29 미네소타 리프힐스(Leaf Hills)의 일련의 케임들

융과 관련이 있다('kame'의 어원은 길게 늘어진 급경사의 산릉과 관련된 스코틀랜드 고어 *comb*에서 유래). 케임은 빙하와 지표 사이 혹은 빙하의 크레바스 내에서 형성된 분급이 불량한 모래와 자갈로 된 구릉이다(그림 19-29). 대부분이 빙하가 녹으면서 부분적으로 붕괴되는 빙하 가장자리에 급경사의 선상지나 삼각주로 형성된 것 같다. 수많은 구릉과 와지를 포함한 모레인의 지표는 케임-케틀 지형(kame-and-kettle topography)으로 불린다.

호소 : 호소는 플라이스토세의 빙하 작용을 받은 지역에선 아주 일반적이다. 과거 하천체계들은 빙하에 의해서 흔적이 지워지거나 교란된다. 그리고 많은 침식분지와 케틀, 모레인 댐 배후에 잔재된 물이 연못이 된다. 이 사실을 인식하는 한 가지 방법은 미국의 북부와 남부 일부를 비교하는 것이다(그림 19-30). 대부분의 유럽과 아시아 북부의 일부도 과거 빙하 작용과 현재의 호소들 간에 유사한 관련성을 보여 준다.

미국의 오대호는 플라이스토세 동안의 빙하침식과 퇴적 작용의 결과로 형성되었다. 그곳의 지형 형성사는 빙상의 확장과 후퇴의 반복 결과로 복잡하다. 거기서 호소와 유역의 초기 형태들은 이후의 확장과 후퇴로 대체된다. 침식은 기존의 하곡을 깊게 하고, 빙하 후퇴기의 퇴적은 표력토와 거대한 모레인들을 현 호소 주변에 남겨 놓았다(그림 19-25 참조).

학습 체크 19-12 융빙수 하천 퇴적평야의 형성과 특징들을 설명하라.

산지빙하

세계 대부분의 고산 지역들은 광범위한 플라이스토세의 빙하 작용을 경험했다. 비록 많은 산지빙하의 대부분은 기후 온난화의 결과로 점차 축소되고 있지만 지금도 존재한다. "글로벌 환경 변화 : 쇠퇴하는 빙하들" 글상자를 참조하라.

산지빙하들은 보통 대륙빙상만큼 완전하게 지형을 재형성시키지 못한다. 산지 지형에 대한 빙하 작용의 영향, 즉 부분적인 침식은 빙하 이전의 사면과 기복보다 더 큰 기복을 만들고 더 급한 사면을 만든다(그림 19-31). 반대로 대륙의 빙하 작용은 지형을 매끈하고 완만하게 만드는 편이다.

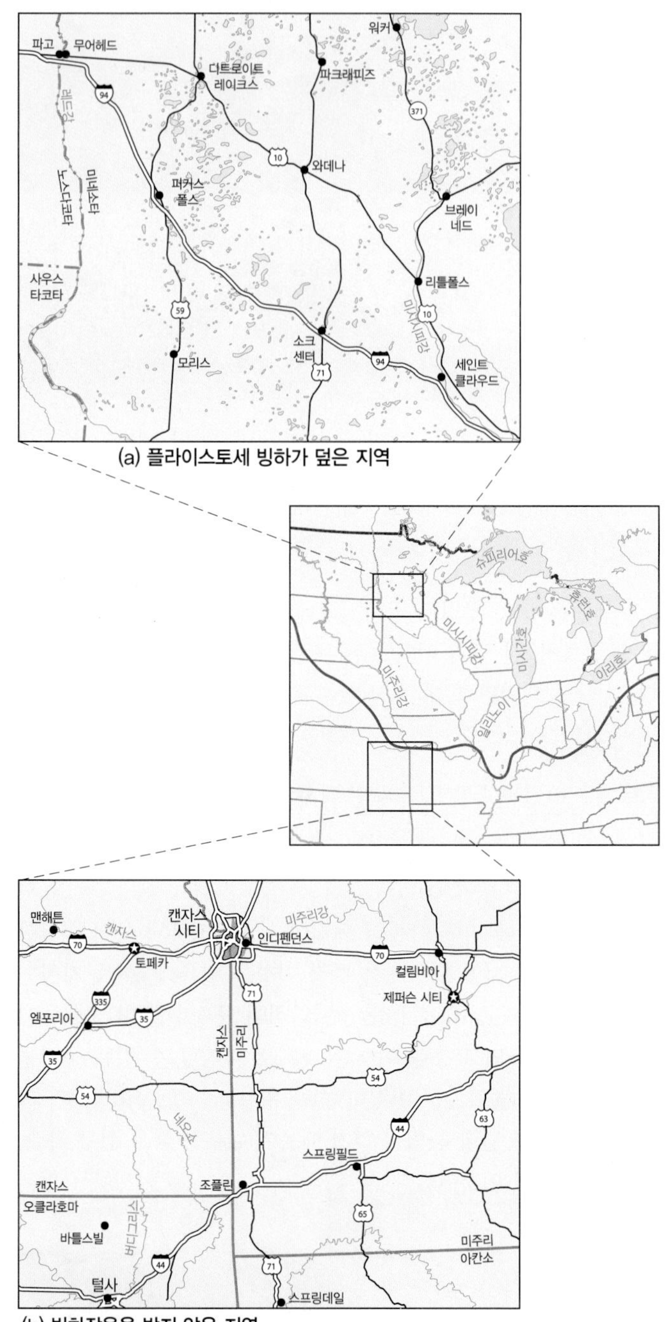

▲ 그림 19-30 (a) 오하이오와 미주리강의 북부에 있는 빙하 작용의 결과로서 자연호들이 풍부하다. (b) 하지만 이 강들의 남부에는 빙하 작용이 없었기 때문에 그 결과 몇 개의 자연호만 있다.

산지빙하의 발달과 이동

고지의 빙원은 고지 전체로 넓게 확장될 수 있는데, 산지의 최고봉을 빼고 모두 덮어 버리면서 인근 유역의 하도까지 뻗쳐 내려가는 분출빙하(outlet glacier)를 갖고 있다(그림 19-32). 개별 산지

쇠퇴하는 빙하들

빙하는 환경 변화의 민감한 지시자이다. 빙하의 규모는 빙하의 축적과 소모 간의 민감한 균형이다. 수십 년 동안 여름 기온은 상대적으로 조금 증가하고 겨울의 강수는 감소하면서 빙하의 후퇴를 주도했을지 모른다. 그러나 가끔 반직관적인 관계가 있다. 빙하 역시 약간의 고온이 겨울 강수의 증가를 가져오면 발달될 수도 있다.

연속된 사진은 빙하 후퇴를 보여 준다: 세계 대부분의 빙하는 후퇴 중이다. 이에 대한 가장 뚜렷한 증거의 일부는 옛날 사진에서 나온다. 미국지질학회의 Bruce Molina는 1890년대에서 1970년대에 걸친 사진을 같은 장소에서 찍은 최근 사진과 비교했다. Molina는 1700년대 가장 최성기의 빙하 피복 이후, 알래스카는 전체 빙하의 약 15%가 감소(빙하 표면적의 10,000km^2 정도 감소)되었다고 추정하였다.

최근 사진과 1920년대의 산지 탐험에서 찍은 사진과의 비슷한 비교를 통해서 영화제작자이면서 등반가인 David Breshears는 히말라야에서 극적인 빙하 후퇴에 관한 다큐를 찍었다(그림 19-C). 히말라야 빙하의 후퇴와 그에 따른 빙하체의 감소는 그 지역 수자원의(많은 수량이 빙하의 융빙수에 의존) 장기적인 안정성에 대한 관심을 증폭시킨다. 또한 사진은 과거에 식생이 거의 없는 일부 지역이 현재 식생이 넓게 피복되어 있음을 보여 준다.

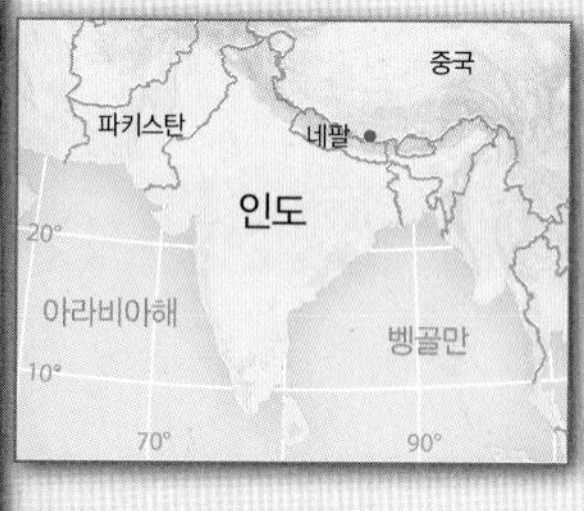

▲그림 19-C 티벳의 케트랙(Kyetrack) 빙하. (a) 1921년에 케트랙 빙하는 그 곡을 다채웠다. (b) 2009년에는 빙하가 거의 시야 밖으로 후퇴했고 한 호소가 곡저에 형성되었다.

빙하의 변화에 대한 위성영상의 모니터링: 위성영상은 빙하 규모의 변화를 관측하는 또 다른 방법을 제공한다. 세계 도처에서 빙하의 후퇴를 기록하고 있다(알프스, 히말라야, 캐스케이드, 안데스 및 시에라네바다에서). 예를 들어, 시계열적 지표조사와 위성영상은 야콥스하븐이스브레(Jacobshavn Isbrae) 빙하(그린란드의 최대 분출빙하)가 지난 150년에 걸쳐 40km^2 이상으로 후퇴했다는 것을 보여 준다. 알래스카의 남동부 컬럼비아 빙하는 1986~2014년 사이에 20km^2 이상 후퇴했다. 이 최근의 후퇴는 컬럼비아 빙하를 근본적으로 2개의 빙하로 쪼개버린 만큼 너무 두드러졌다. 그 각각의 빙하는 바닷속으로 분빙(calving, 빙하분리)을 추가로 겪는다(그림 19-D).

질문

1. 그림 19-C에서와 같이 시계열적 사진의 비교는 빙하의 후퇴와 같은 빙하의 감소량을 추정하는 데 어떻게 이용되고 있는가?
2. 융빙의 증가 원인이 되는 높은 여름철 기온 이외에, 어떤 기타 요인들이 빙하 후퇴율에 영향을 줄 수 있는가?

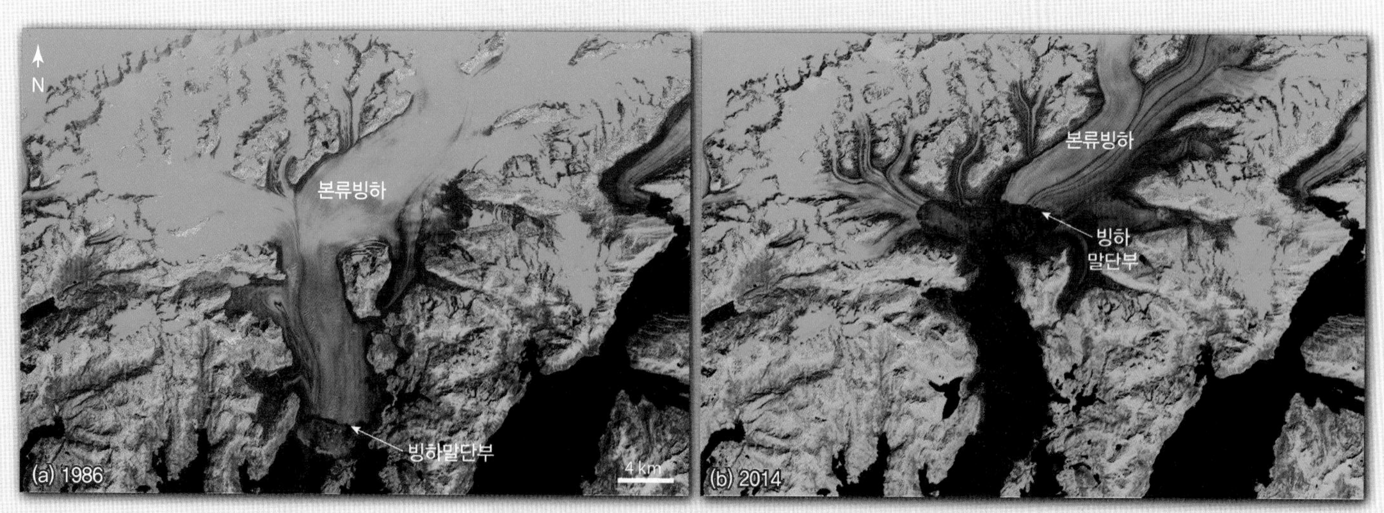

▲그림 19-D (a) 1986년과 (b) 2014년 사이에 알래스카 컬럼비아 빙하의 말단부가 20km 이상 후퇴했다. 영상은 랜드샛(Landsat) 위성으로 수집되었다.

▲그림 19-31 와이오밍의 티턴산맥(Teton Range). 산지빙하의 활동에 의해 부분적으로 침식되었다. 티턴빙하는 작은 권곡빙하(cirque glacier)이다.

▲그림 19-32 워싱턴주, 캐스케이드산맥(Cascade Range)의 최고 화산인 레이니어산(Mt. Rainier) 산정부에 있는 곡빙하는 고지빙원에서 하강 확대되어 온 것이다.

빙하들은 보통 하곡의 곡두부(종종 정상에서 훨씬 아래)에서 떨어진 와지에 형성된다. 기원지가 어디이든 빙하는 보통 기존의 하곡을 따라 하강 이동한다. 빙하의 합류 방식은 전형적으로 작은 하곡의 지류빙하가 주 하곡에 합류되는 **본류빙하**(trunk glacier)로 함께 발달한다.

산지빙하에 의한 침식

산악빙하와 고지빙원에 의한 암설의 이동과 침식은 극적인 형태로 산지지형을 재형성한다. 이 형성 과정은 산정부와 산릉을 재형성시키고 고지에서 이어져 내려오는 하곡을 변형시킨다(그림 19-33).

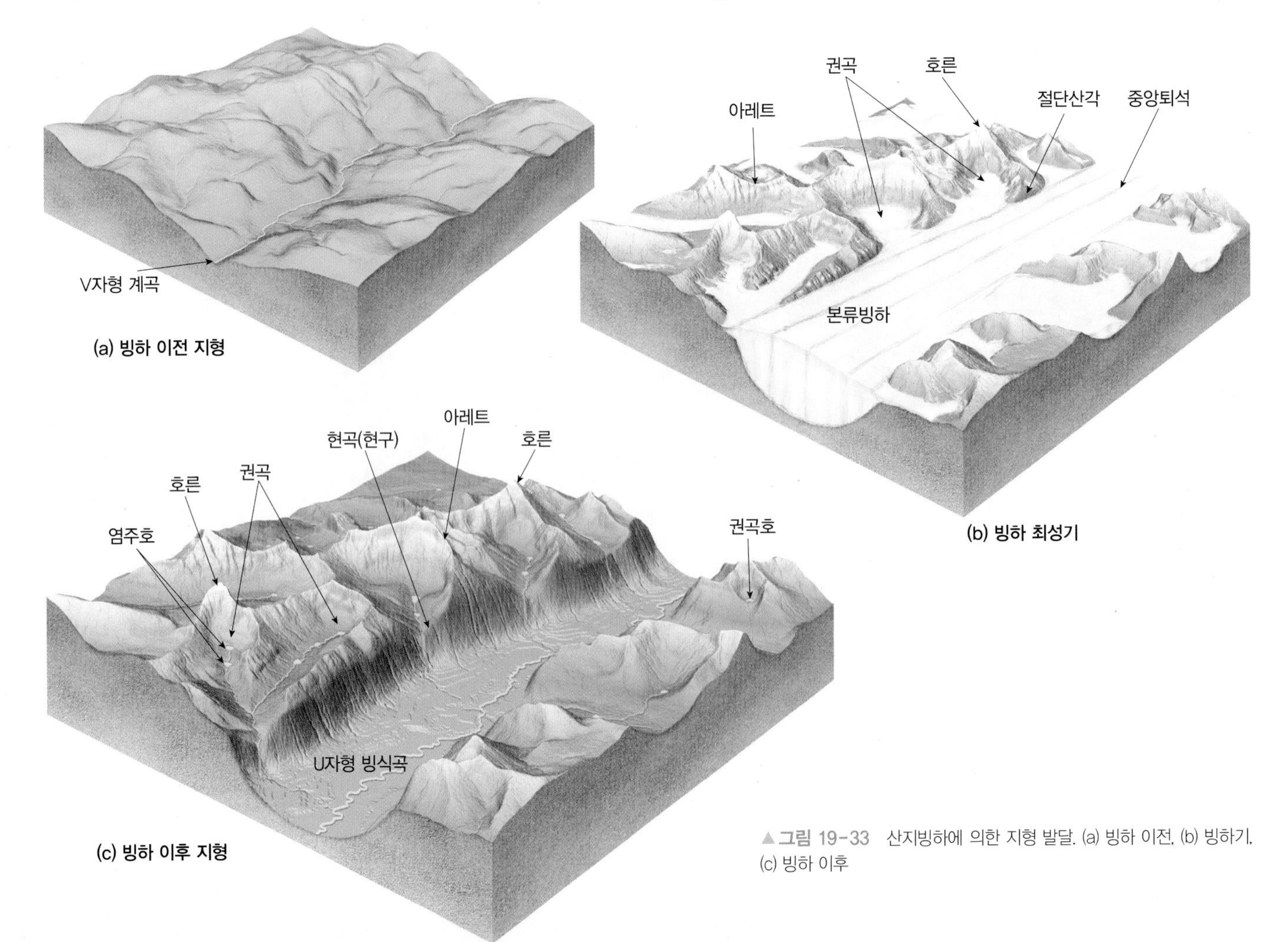

▲그림 19-33 산지빙하에 의한 지형 발달. (a) 빙하 이전, (b) 빙하기, (c) 빙하 이후

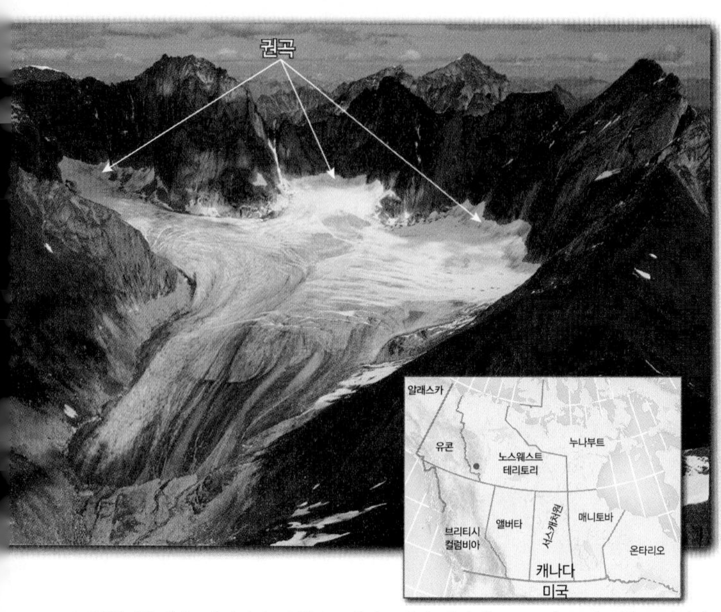

▲그림 19-34 캐나다 노스웨스트테리토리의 나하니(Nahanni) 국립공원 급경사의 정상부 아래 권곡에서 시작되는 각각의 3개 소빙하들

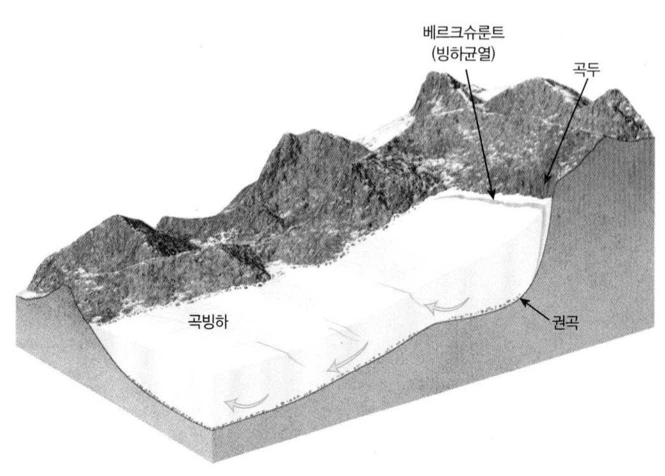

▲그림 19-35 곡빙하 곡두에서의 권곡의 발달

권곡 : 빙하 작용을 받은 산지의 기본적인 지형 특징은 곡빙하의 최상부(곡두)에서 대형 원형극장처럼 움푹 파여진 **권곡**(cirque)이다(그림 19-34). 권곡은 아주 급하고 때론 수직적인 곡두와 곡벽 그리고 평탄하면서 완만한 경사진 바닥을 가지고 있거나, 아니면 분지를 형성할 만큼 충분할 정도의 깊이로 파져 있다. 권곡은 산악빙하의 기원지를 나타낸다. 권곡은 본질적으로 굴식, 매스 웨이스팅 및 동결 쐐기 작용(frost wedging)으로 산지 사면을 본질적으로 침식시키는 산악빙하로 만들어진 첫 번째 지형이다.

여름 중반까지 **베르크슈룬트**(bergschrund, 빙하균열)라는 대형 크레바스가 빙하 상부에서 벌어지고, 동결 쐐기 작용에 의해 곡두의 벽체가 드러난다. 곡벽에서 파쇄된 암석들은 나중에 빙하에 합쳐진다. 빙하가 성장하여 그 권곡 밖의 하곡 아래로 확대되면서 권곡에서 침식된 파편들은 이동하는 빙하를 따라 멀리까지 운반된다(그림 19-35). 권곡의 규모는 넓이가 수 헥타르에서부터 수 제곱킬로미터까지의 범위를 갖고 있다. 많은 대형 권곡들은 확실히 반복적인 빙하 작용의 개입으로 발달한다.

권곡 내의 빙하빙이 융빙되면 후에 물이 고일 만한 와지가 남겨진다. 그러한 권곡의 호소를 **권곡호**(tarn)이라고 한다.

아레트와 콜 : 권곡빙하는 부분적으로 동결 쐐기 작용도 있지만 곡두와 곡벽에서 암석을 굴식할 때 더 가파르게 된다. 권곡들이 서로 인접한 권곡들 사이의 상류 쪽 하간지(interfluve)는 급경사의 암벽체 수준으로 좁혀진다. 여러 개의 권곡들이 분수계의 양 사면에서 곡간지 쪽으로 침식해 들어오는 곳은 좁고 뾰족한 암석 톱니들이 모두 능선부에 남을 수 있다. 이를 **아레트**(arête, 프랑스어로 '물고기 뼈', '등뼈'를 의미하는 라틴어 *arista*에서 유래)라 한다. 분수계를 사이에 두고 2개의 인접 권곡들이 그 사이의 '아레트' 부분을 제거할 정도로 침식해 들어오면 **콜**[col, *collum*은 라틴어로 '목(neck)'을 의미]을 형성하여 산맥을 통과하는 급한 통로나 안부(鞍部, saddle)가 된다(그림 19-36). [에베르트산의 정상을 향한 가장 유명한 등반로는 에베르스트와 그 인접 봉우리인 로체(Lhotse) 사이의 좁은 산릉인 사우스콜(South Col)을 따라가는 것이다.]

▶그림 19-36 콜로라도 북중부의 프런트산맥(Front Range)에 있는 빙하 작용을 받은 로키산맥 국립공원의 모습. 콜(안부)은 2개의 가파른 산지 사이에 나타난다.

호른 : 빙하 작용을 받은 고산지의 산정부들의 가장 두드러진 형태는 셋 이상의 권곡들이 교차하는 곳에서 곡벽의 개석 확대로 형성되는 피라미드 모양의 가파른 산봉우리인 **호른**(horn)이다(그림 19-37). 빙하 작용을 받은 첨탑으로 가장 유명한 스위스의 마터호른에서 이름이 유래되었다.

학습 체크 19-13 권곡은 무엇이고 어떻게 형성되는가?

빙식곡 : 일부 산악빙하는 권곡 이상으로 거의 침식되지 않는데, 그건 아마도 빙하가 곡 아래로 하강할 만큼 충분한 집적이 되지 않았기 때문이다. 그 결과 곡 아래에서는 빙식에 의한 변형이 나타나지 않는다. 하지만 대부분의 산악빙하는 기존의 곡을 따라 이동하면서 하곡을 재형성한다(그림 19-38).

빙하는 산지 하곡 아래로 이동할 때 종종 하천보다 훨씬 큰 침식 효과를 발휘하면서 이동한다. 빙하가 더 두꺼워지면 마식과 굴식 작용을 통한 침식 능력이 커진다. 빙하의 하층은 곡저의 강한 암석으로 차단되면 심지어 위쪽으로 일정 거리 이동하면서 암편들을 곡저의 아래까지 끌고 간다.

산악빙하는 곡을 깊게 하고, 급하게 하고, 넓어지게 한다. 마식과 굴식 작용은 곡저에서뿐만 아니라 양 곡벽을 따라서도 잘 발생한다. 단면은 종종 하식의 'V'자 곡에서 위쪽으로 나팔모양을 한 빙식의 'U'자 곡으로 바뀐다(그림 19-33 참조). 게다가 보통 곡의 통로는 빙하가 하천처럼 곡류하지 못하기 때문에 다소 직선화될 수 있다. 오히려 협곡 양쪽을 격리시키는 산각(山脚, spur)의 돌출부를 마식시켜 절단산각(truncated spur)을 만들고, 이로 인해서 하천의 곡류는 다소 직선화된 U자형 **빙식곡**(glacial trough)으로 대체될 수 있다(그림 19-39). 하지만 모든 빙식곡들이 U자형은 아니다. 왜냐하면 암석의 강도, 절리 형태 및 박리 현상과 암

▲그림 19-37 아마다블람(Ama Dablam)은 네팔 히말라야에 있는 유명한 호른이다.

▲그림 19-38 하프돔(Half Dome)과 그 너머의 테네야 협곡(Tenaya Canyon)이 있는 웅장한 빙하 경관. 플라이스토세 동안 빙하들이 과거 하프돔 협곡과 요세미티 곡으로 흘러 내려갔다. 최대 빙하가 곡을 채웠지만 주로 박리와 화강암의 절리에 기인된 형태의 하프돔을 덮지는 못했다.

▲그림 19-39 노르웨이 요툰헤이멘(Jotunheime) 국립공원의 현저한 U자형 빙식곡

▲그림 19-41 캘리포니아 요세미티 곡의 현곡에서 떨어지는 브라이델베일크리크(Bridalveil Creek)

석 낙하와 같은 과정들 또한 빙식곡의 최종 형태에 영향을 미칠 수 있기 때문이다.

빙식계단 : 기대만큼 빙식곡의 곡저를 따라서 빙하 침식이 아주 매끈한 표면을 항상 형성하진 못한다. 왜냐하면 차별침식 때문에 곡저의 강한 암석은 더 약하거나 더 균열이 간 암석보다 깊게 침식되지 못한다. 그 결과 빙식곡의 종단면은 곡을 따라 가면서 급한 단애(보통 짧지만)로 분리된 일련의 불규칙한 암석계단이나 단구(bench)로서 특징을 이룬다. 이러한 지형은 **빙식계단**(glacial step)으로 불린다(그림 19-40).

보통 권곡 너머로 흐르면서 빙식곡을 따라 내려가는 빙기 이후 하천들은 비교적 직선 경로를 취하지만, 전형적으론 특히 연속된 빙식계단이 나타난 단애 아래의 폭포와 급류를 포함하고 있다. 빙식계단의 단구상에 있는 얕은 와지는 작은 호소들로 하여금 **염주호**(paternoster lake)라고 하는 배열을 형성한다. 이 이름은 염주의 구슬과 닮았다는 생각에서 나온 것이다.

제20장에서 논의하지만, 가장 장관을 이루는 몇몇 빙식곡은 해안선을 따라 나타난다. 그곳의 곡들은 바다로 일부 침수되면서 피오르 또는 피오르드(fjord) 해안을 형성한다.

현곡 : 대형 하천이 지류를 가질 수 있는 것처럼 곡빙하도 더 작은 지류빙하(tributary glacier)들로 채워질 수 있다. 빙하가 침입하여 비교적 빙원 수준으로 덮이면 본류와 지류의 곡들은 같은 깊이로 보일 수 있다. 하지만 빙하가 녹으면, 침식 유효성(erosive effectiveness)이 빙하의 양에 의해서 주로 결정되기 때문에 곡들은 깊이에 차이가 나타난다. 지류빙하는 대형 곡빙하처럼 깊게 침식시킬 수 없다. 지류의 곡구는 본류 골짜기의 곡벽을 따라서 높게 걸쳐지는 **현곡**(hanging valley) 또는 보다 적절하게는 **현구**(懸溝, hanging trough)의 형성이 특징적이다(그림 19-33 참조). 전형적으로 지류의 곡에서 유출되는 하천들은 본류의 곡저에 폭포상으로 떨어진다. 세계적으로 유명한 요세미티 국립공원의 여러 폭포들은 이런 유형들이다(그림 19-41).

학습 체크 19-14 빙하가 흘러가는 이전의 하곡을 어떤 방식으로 바꿀 것 같은가?

▼그림 19-40 빙식계단의 배열은 구릉지 혹은 산지 지형의 빙식곡의 종단면도로 나타난다.

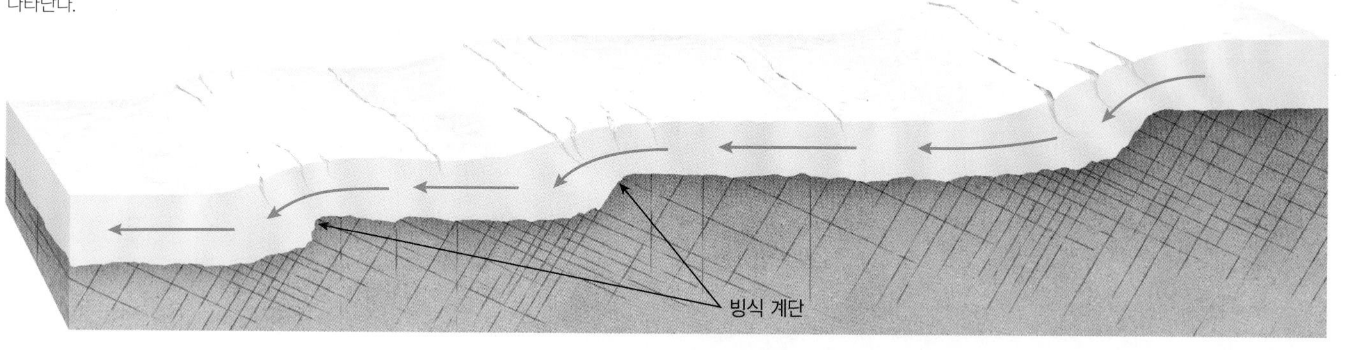

▶그림 19-42 산지 지역에서 모레인의 일반적인 유형

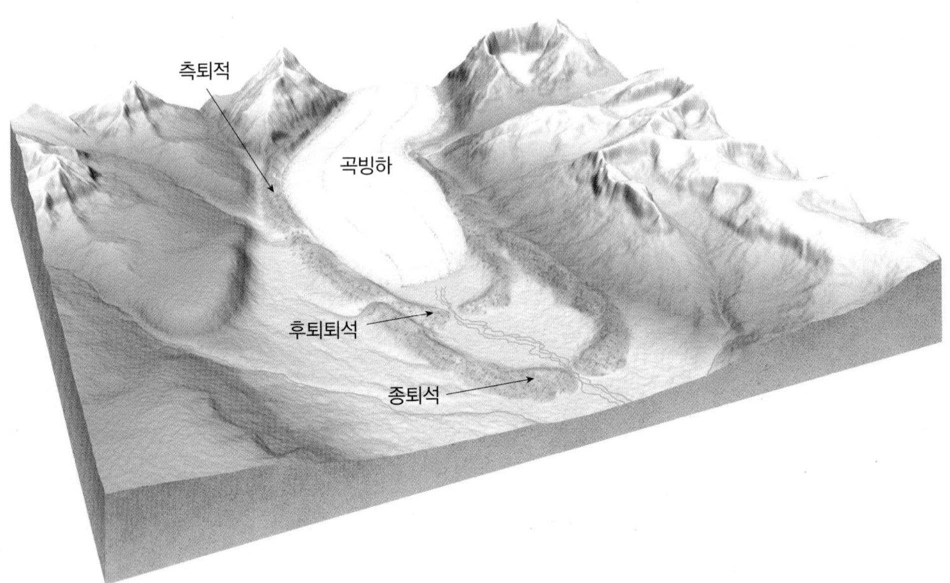

산지빙하에 의한 퇴적 작용

퇴적 형태는 대륙빙상이 활동했던 지역보다 산지 빙하 작용을 받은 지역에서 그 중요성이 떨어진다. 고산 지역에서는 종종 빙력토가 거의 없고 빙식곡의 중류와 하류부에서만 많은 퇴적이 일어난다.

산지빙하와 관련된 주요 퇴적 지형은 모레인(퇴석)과 관련이 있다. 종퇴석과 후퇴퇴석이 대륙 빙상에서 보여 준 것처럼 형성된다. 하지만 산지빙하 작용의 결과로서 모레인은 빙식곡의 제약 때문에 크기가 훨씬 작고 뚜렷하지 않다(그림 19-42).

측퇴석 : 산지빙하로 형성된 최대 퇴적 지형은 종종 **측퇴석**(lateral moraine)이다. 빙식곡의 곡벽을 따라 형성된 분급되지 않고 윤곽이 뚜렷한 빙력토의 산열들은 곡빙하의 측면을 따라서 형성된다(그림 19-43). 암설들의 일부는 빙하에 의해 퇴적된 물질인 것과 곡벽이 개석되거나 혹은 떨어진 것들이다(그림 19-44).

지류빙하가 본류빙하에 합류되는 곳의 측퇴석(빙하의 측면을 따라 산정부에서부터 이동된 암설과 함께)은 합류 지점에서 결합된다. 그리고 이들은 주로 합류된 빙하의 중앙에 **중앙퇴석**(medial moraine)이라고 하는 검은 암설 띠를 형성하면서 함께 아래로 이동된다(그림 19-45). 중앙퇴석은 가끔 서너 개가 무리를 이루면서 함께 이동되는 것이 발견되는데, 이는 여러 개의 빙하들이 합류되어 곡의 하류까지 뻗은 검고(모레인) 흰(빙하) 띠들의 선적 효과를 만들어 낸다.

산지빙하 밑의 융빙수에 의해 남겨진 암설은 유사한 융빙 유수를 만드는 대륙빙상 경계부의 암설과 비슷하다.

학습 체크 19-15 측퇴석이 무엇이고, 어떻게 형성되는가?

주빙하 환경

주빙하(periglacial)라는 용어는 '빙하 주변'을 의미한다. 전 세계 육지 면적의 20% 이상이 현재 주빙하이지만, 이 지역들 대부분은 플라이스토세 동안 한차례 또는 한 번 이상 빙하로 덮였다.

주빙하 지역은 고위도나 고도가 높은 곳에서도 나타난다. 거의 모두 북반구에 존재한다. 남반구 대륙은 당시에 빙하 작용의 영

◀그림 19-43 캐나다 로키의 고산빙원에서 유출된 아타바스카(Athabasca) 곡빙하. 가장 높은 빙하폭포에서의 빙하말단까지의 거리는 약 6km이다. 빙하는 양 측벽에 나란한 뚜렷한 측퇴석을 보인다.

▲그림 19-44 타호호(Tahoe Lake)의 캘리포니아 쪽 에메랄드만(灣)은 플라이스토세 빙하에 의해 남겨진 2개의 측퇴석의 팔에 의해서 호수의 남은 부분이 거의 폐쇄되어 있다.

향을 크게 받을 수 있는 고위도(아프리카, 남아메리카, 오스트레일리아)까지 충분히 크지 않았거나 혹은 거의 빙하로 덮여 있었다(남극).

빙하에 의하지 않는 지형의 형성 과정은 주빙하 지역에서 작용한다. 하지만 거기엔 만연된 추위가 일부 독특한 특성을 더한다. 가장 주목할 수 있는 것이 **영구동토층**(permafrost, 제9장에서 논의됨)이다. 연속적이든 불연속적이든 간에 영구동토층은 알래스카의 대부분 지역과 캐나다와 러시아의 절반 이상에서 발생한다. 또한 광범위한 고위도의 동토 지역인 아시아, 스칸디나비아 그리고 미국 서부 지역에도 발달해 있다. 경우에 따라서는 동결층이 엄청난 깊이까지 뻗어 있다. 즉, 캐나다 노스웨스트테리토리에서는 1,000m 그리고 시베리아 북중부에선 1,500m의 두께가 발견된다.

구조토

주빙하 지형에서 가장 눈에 띄는 것은 **구조토**(patterned ground)로서 이는 북극의 대부분 지역에서 반복되어 나타나는 다양한 기하학적 구조에 적용된 총칭이다(그림 19-46). 구조는 다양하다. 즉, 어떤 것은 토양과 풍화토(regolith)의 등질적 지표면을 서서히 붕괴시키는 동결-융해 주기와 관련되었으며, 조잡한 다각형을 형성한다. 이와 달리 수백 년 동안 툰드라토의 깊은 균열들 속에서 얼음의 팽창으로 형성된 얼음 쐐기(ice wedge)는 대형의 다각형 구조를 발달시킨다.

빙하 주변 호소

주빙하 지역에서 가끔 또 다른 특이한 발달은 **빙하 주변 호소**(proglacial lake, 여기서 'pro'는 '~의 주변' 혹은 '~보다 앞에'라는 의미)이다. 빙하가 지표면을 가로질러 이동하는 곳에서 자연 배수가 차단되거나 막히게 되면 빙하에서 나온 융빙수가 빙하의 전면에 갇혀서 빙하 주변 호소가 될 수 있다. 그러한 경우는 가끔 산지빙하에서도 일어나지만 아주 흔하게는 대륙빙상의 주변에서 특히 빙하가 정체되었을 때이다.

대부분의 빙하 주변 호소들은 작고 아주 일시적이다. 왜냐하면 뒤따르는 빙하 이동이 배수 유역의 변화를 일으키기 때문이다. 또한 호소로의 융빙수 유입 증가로 가속된 일반 유수의 작용이 집

◀그림 19-45 알래스카 세인트엘리아스(St. Elias) 국립공원 내 랭겔(Wrangell)에 있는 바너드(Barnard) 빙하에 있는 선명한 중앙퇴석

▲ 그림 19-46 툰드라 지표 아래의 균열 속에서 느리게 성장하는 얼음쐐기로 형성된 알래스카 프루도만(Prudhoe Bay) 근처의 다각형 얼음쐐기들

▲ 그림 19-47 팟홀스 저수지(Potholes Reservoir) 아래에 있는 워싱턴 중부의 채널드 스캡랜드(channeld scabland)는 플라이스토세 동안 연속된 거대한 홍수들에 의해서 침식되었다.

수된 물이 빠져나가는 하도 혹은 배수로를 단절시킨다. 하지만 일부 빙하 주변 호소가 크고 비교적 오래 지속되는 경우도 있다. 그러한 대형 호소는 빙하 전선의 확장과 후퇴의 위치가 변하기 때문에 그 크기가 상당히 변동하는 게 특징이다. 몇 개의 거대한 빙하 주변 호소는 시베리아, 유럽 및 북아메리카의 플라이스토세 빙하의 확장과 후퇴시 빙하의 주변부를 따라 집수된 것들이다.

워싱턴주의 채널드 스캡랜드 : 대륙빙하로 형성된 호소의 가장 극적인 결과 중 하나는 워싱턴주 동부 근처의 스포캔(Spokane)에서 찾을 수 있다. 오늘날 몬태나의 미줄라(Missoula) 부근의 빙하 언지호(凴堰湖, ice sheet-dammed lake)에서 엄청난 수량을 주기적으로 방출시키던 시기인 플라이스토세 동안 연속된 대홍수들이 워싱턴의 '채널드 스캡랜즈(Channeled Scablands)'[4]를 침식시켰다. 플라이스토세 동안 수십 번의 대륙빙하의 로브(lobe)가 클라크포크강(Clark Fork River)을 막아서 깊이 300m가 넘는 플라이스토세 호수인 미줄라(Missoula)를 형성하였다. 빙하댐이 무너지자, 산더미 같은 파도가 종국에 컬럼비아강(Columbia River)으로 유입되기 전에 하도를 깊이 침식하고 거대한 연흔(ripple mark)을 남겨 놓았다(그림 19-47).

학습 체크 19-16 빙하 주변 호소는 어떻게 형성되는가?

플라이스토세 빙하의 원인

빙하기는 경관의 변화만이 아니라 그것이 제기하는 문제 때문에도 매력적이다. 무엇이 대륙의 지표면에 거대한 얼음의 집적을 촉발하고, 그 빙하의 확장과 후퇴를 촉진시키며, 그리고 마침내 소멸시키는 것일까? 과학자들은 이러한 문제에 대해 수십 년 동안 숙고해 왔다. 플라이스토세 빙하의 원인에 대한 완벽한 어떤 이론도 네 가지 주요 빙하의 특성을 설명해야만 한다.

1. 빙하체의 집적은 남·북반구 모두 다양한 위도에서 동시에 되지만 다소 균일하진 않다(예 : 시베리아와 알래스카에서는 캐나다와 스칸디나비아의 비슷한 위도상에서보다 훨씬 덜한다).
2. 건조한 육지에서 다우성 조건들의 분명하게 동시에 발달
3. 여러 번의 빙하 확장과 후퇴 주기는 수십 년 또는 수백 년간의 미미한 변동과 수만 년 동안의 대규모 빙하와 해빙 모두를 포함
4. 최후의 완전한(혹은 거의 완전한) 해빙

빙하는 일정 기간 동안 눈의 순 집적이 있을 때 성장하며, 여름철의 융해가 겨울철의 적설량을 초과하면 쇠퇴한다. 하지만 그러한 간단한 기술을 넘어서, 어떤 경우에는 한랭한 기후가 더 습하고 온난한 기후보다 빙하에 더 기여하는 것인지에 대해서 언제나 확실하진 않다! 더 한랭한 조건이 여름철의 소모를 억제할 수 있고 따라서 지속적인 겨울철의 집적을 조장할지라도 찬 공기는 많은 수증기를 포함할 수 없다. 그래서 따뜻한 겨울이 적설의 증가에 유리한 반면 더 한랭한 여름은 융해의 감소에 필요하다. 크게 증가된 적설 혹은 크게 감소된 융해, 아니면 둘 모두의 조합에 맞춘 이론조차도 빙하의 확장과 후퇴 시기를 고려해 넣어야 할 것이다.

최근 산소 동위원소(oxygen isotope) 분석은 플라이스토세 동안의 빙기와 간빙기의 순서에 대한 이해를 극적으로 증진시켰다.

4 역주 : 미국 워싱턴주의 채널드 스캡랜드(channeld scabland)는 빙하 기원의 건조한 수로에 의해 파여져서 토양이 빈약하고 식생이 거의 없는 평평한 용회암 대지이다.

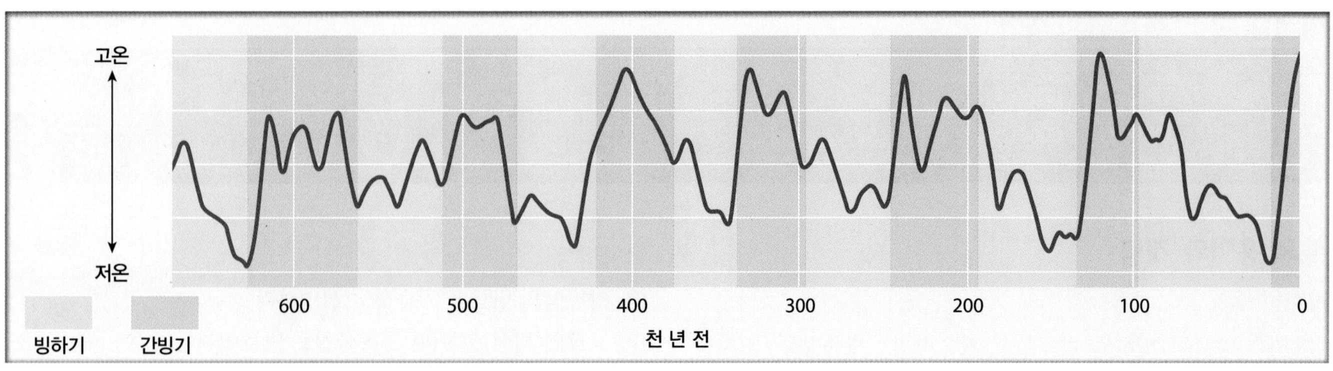

▲그림 19-48 65만 년 전부터 현재까지의 지구 온도의 변동

제8장에서 살펴본 것처럼, 대양저상의 탄산염퇴적물과 빙하의 얼음 코어에서 추출한 $^{18}O/^{16}O$의 비율은 온도의 지시자로 이용될 수 있다. 이런 연구에서 나온 기후 기록은 주요 빙기와 간빙기의 순서를 보여 준다. 동시에 아주 많은 미약한 변화(아주 갑자기 끝난 것들)도 함께 보여 준다(그림 19-48).

플라이스토세와 기후 요인들

플라이스토세 빙하와 관련된 요인들에 대해선 많이 알려져 있다. 하지만 그 요인 모두가 확실한 것은 아니다.

밀란코비치 주기 : 제8장에서 논의한 것처럼 밀란코비치 주기라고 일컫는 지구-태양 관계의 주기적인 변화가 역할을 한다. 지구축의 경사와 지구 궤도의 이심률에서의 약간의 변수들의 조합과 마찬가지로 변하는 지구축의 방향('분점의 세차 운동'로 알려진)은 플라이스토세 동안 주요 빙하 발달과 후퇴에 전부는 아니지만 상당한 상관관계가 있다.

기타 기후 요인들 : 빙하기의 구성요소 혹은 촉발자로서 추정해 볼 수 있는 기타 요인으로는 태양 에너지 분출의 변화, 대기 중의 이산화탄소와 기타 온실가스의 농도 변화, 대륙의 위치 변화, 해양분지의 배치와 해양의 순환 형태, 일정한 지구조적 융기 이후 대륙 고도의 증가에 따른 대기대순환의 변화 그리고 대규모 화산 폭발 시 분출된 화산재에 의해 지표에 도달하는 일사량의 감소 등이 포함된다.

우리는 여기서 이 많은 가설들의 상세한 부분을 제시하려 하지 않을 것이다. 우선적으로 이들 이론 중 하나나 다수의 조합이 아직은 플라이스토세 동안의 기후 변화를 완전하게 설명하지 못하기 때문이다. 완전한 설명을 위한 연구는 앞으로도 계속될 것이다.

학습 체크 19-17 밀란코비치 주기 이외에 어떤 요인들이 플라이스토세 빙하에 기여하고 있다고 보는가?

우린 여전히 빙하기에 있는가

플라이스토세에 관한 흥미로운 한 가지 문제가 남는다. 지구의 최근 빙하기가 실제로 끝났는가? 우리는 후빙기에 살고 있는가? 아니면 간빙기에 살고 있는가? 플라이스토세를 나타내는 빙기와 해빙기는 실제로 끝났는가? 아니면 빙하가 단지 일시적으로 감소했는가? 지난 250만 년의 기후 변화 경향에 기초하면 지구가 수만 년 내에 또 다른 빙기에 들어갈 가능성이 있다. 하지만 인간이 부추긴 온실효과와 지구온난화기 또 다른 빙하기의 시작을 지연시킬 가능성 또한 있다.

제 19 장 학습내용 평가

이 장을 학습했다면 다음 질문에 대한 답을 찾아보자. 이 장의 학습내용에 대한 주요 용어는 진한 글씨로 표시되어 있다. 이 용어의 정의는 이 책 뒷부분에 제공된 별도의 용어해설에 나와 있다.

주요 용어와 개념

빙하의 유형

1. 여러 종류의 **빙하**를 비교하고 기술하라 : **대륙빙상**, **고지빙원**, **산악빙하**, **곡빙하**, **권곡빙하**.

과거와 현재의 빙하 작용

2. 왜 **플라이스토세**가 자연지리학에서 그렇게 중요한 반면, 다른 빙하기는 중요하지 않는가?
3. 플라이스토세 빙하의 최성기 동안 전 세계 빙하의 범위를 간단히 기술하라.
4. **주빙하 지대**란 무엇인가?
5. 대규모 대륙빙상과 아이소스타틱 조정(아이소스타시)에 관련된 지각 침강과의 관계성은 무엇인가?
6. 플라이스토세의 **다우기 효과**라는 것은 무엇이 었는가?
7. 북아메리카 서부의 대규모 **플라이스토세 호소**의 형성을 기술하고 설명하라.

빙하 형성과 이동

8. 빙하의 **집적**과 **소모**의 과정을 기술하고 비교하라.
9. 눈에서·**만년설**로, 또 빙하빙으로의 변환 과정을 기술하라.
10. 빙하의 **집적대**와 **소모대**와 빙하의 **균형선**과의 연관성은 무엇인가?
11. 빙하 이동의 다양한 구성요소에 대해 토론하라 — **빙하의 소성적 이동**과 **기저의 미끄러짐**

빙하의 영향

12. **빙하굴식**과 마식의 침식 과정을 비교하라.
13. **빙하암분**이 무엇인가? 빙하 **표력토**는 무엇인가?
14. 빙하의 **빙력토**의 특성을 기술하라.
15. **빙하표석**(미아석)은 무엇인가?
16. **빙하유수성 퇴적**은 빙하빙에 의한 직접적인 퇴적과 어떻게 다른가?

대륙빙상

17. **양배암**의 형성을 기술하고 설명하라.
18. **모레인**(퇴석)은 어떤 빙하물질로 만들어지는가?
19. **종퇴석**과 **후퇴퇴석**의 형성을 설명하라.
20. **저퇴석**의 일반적인 형태를 기술하라.
21. **케틀**의 형성을 기술하고 설명하라.
22. **드럼린**의 형성과 방향을 기술하고 설명하라.
23. **성층표력토**가 무엇인가?
24. **융빙수 하천 퇴적평야**와 밸리트레인의 형성을 기술하라.
25. **에스커**는 어떻게 형성되는가?

산지빙하

26. **권곡**, **호른**, **아레트**, **콜**의 형성을 기술하고 설명하라.
27. 빙하 경관 어디에서 **권곡호**가 나타나는가?
28. 고산 지역의 전형적인 하곡의 일반적인 단면 형태와 전형적인 **빙식곡**의 단면 형태를 비교하라.
29. **빙식계단**의 형성과 빙식곡의 일반적인 종단면을 기술하라.
30. **염주호**는 무엇이고 어디에서 형성되는가?
31. **현곡**의 형성을 설명하라.
32. **측퇴석**이 무엇인가?
33. **중앙퇴석**은 어떻게 형성되는가?

주빙하 환경

34. 주빙하 지역의 **구조토**를 간략히 기술하라.
35. **빙하 주변 호소**는 무엇인가?

플라이스토세 빙하의 원인

36. 밀란코비치 주기는 플라이스토세 빙하의 형태와 어떻게 맞는가?

학습내용 질문

1. 플라이스토세 동안의 빙하 범위와 오늘날의 빙하 범위를 기술하고 비교하라.
2. 플라이스토세 동안 전 지구적 해수면이 왜 그리고 어떻게 변동했는지를 설명하라.

3. 어떻게 빙하의 집적과 소모 간의 균형이 빙하의 확장 혹은 후퇴에 영향을 주는지 설명하라.
4. 왜 빙하가 계속해서 후퇴하는 동안에도 암석을 운반하고 침식할 수 있는가?
5. 빙하 밑의 융빙수가 암석의 운반과 침식에 어떤 역할을 하는가?
6. 빙력토 퇴적물이 층적 퇴적물과 어떻게 다르게 보이는가?
7. 캐나다 중부와 미국-캐나다 국경 부근의 대평원(Great Plains)에서 발견되는 토양의 양과 질에서의 차이를 어떻게 설명할 수 있는가?
8. 플라이스토세 동안 대륙빙하의 빙식을 받은 지역에는 왜 그렇게 많은 호수가 있는가?
9. 왜 빙하 작용을 겪은 대부분의 산지 지역들은 상당히 거친가?
10. 아레트와 호른의 형성과 권곡과의 연관성은 무엇인가?
11. 플라이스토세 산지빙하에 의해 남겨진 측퇴석들이 종퇴석 혹은 후퇴퇴석보다 오늘날 왜 더 두드러지는가?
12. 플라이스토세 빙하가 끝났는지 아닌지 아는 것이 왜 어려운가?

연습 문제

1. 산지빙하의 중앙 표면에서 빙하 이동에 대한 장기간의 평균 속도는 1m/일이라고 가정하자. 빙하의 말단부까지 3km를 이동해야 한다면 빙하 위에 떨어진 암석은 얼마나 오래 걸릴까? __________일
2. 글레이셔(Glacier) 국립공원의 그리넬(Grinnell) 빙하는 표면적이 1966년에 1,020,009km^2이었다. 이 지역은 2005년에 615,454km^2가 되었다. 2005년의 표면적은 1966년에 비해 몇 %인가? __________%
3. 그린란드의 헬하임(Helheim) 빙하는 폭이 6.3km인 피오르(fjord) 속 바다로 들어간다. 빙하의 말단부는 2001년 5월과 2005년 6월 사이에 7.5km 정도 후퇴하였다. 그 피오르의 빙하 표면적 중 얼마나 많은 면적(km^2)이 2001~2005년 사이에 감소되었는가? __________km^2

환경 분석 빙하 이동 패턴

데이터 빙하 이동

https://goo.gl/2dOZDq

빙하 이동은 물(매우 천천히 흐르는)과 같다. 이동 형태는 눈의 집적과 그 지역의 지형에 의해 결정된다.

활동들

NASA의 지구 관측소(Earth Observatory) 사이트(http://earthobservatory.nasa.gov)에 접속하여 화면 오른쪽에 있는 "Special Collections" 메뉴에서 "World of Change"를 선택한 후, 다시 오른쪽 메뉴에서 "Columbia Glacier, Alaska"를 찾아 클릭하라. 재생 버튼을 눌러서 움직이는 지도를 보면서 때론 (푸른) 빙하가 연속해 이동하기도 하고 때론 그렇지 않다는 점에 주목하라. 이동하는 부분이 빙하이다. 이동하지 않는 부분은 함께 부유되어 집적되어 있는 분리된 빙산 덩어리들이다.

1. 1986년 중앙퇴석(빙하가 처음 만나는 지점)의 시작점과 침수된 종퇴석 간의 거리는 얼마인가? 중앙퇴석의 꼭대기와 종퇴석 간의 거리는 얼마인가?
2. 침수된 종퇴석은 그 말단부의 하류 빙하 집적에 어떤 역할을 하는가?
3. 왜 어떤 해엔 그 말단부의 하류 빙하 집적이 되지 않는가?
4. 1996년, 2006년, 2014년에 그 말단부는 얼마나 멀리 후퇴되었는가?

http://cdn.antarcticglaciers.org로 가서 "Antarctica"를 선택한 다음 "Antarctic datasets"를 선택하라. 그 다음에 남극 기반암 지형 자료의 모음을 보여 주는 맵인 "BEDMAP2 preview"를 클릭하라.

5. 가장 높은 고도가 위치한 곳은 어디인가? 가장 낮은 고도는 어디인가?

"Antarctic datasets" 페이지로 돌아와서 "Ice Streams of Antarctica" 지도를 클릭하라.

6. 빙하 하천이 흐르는 데 있어 무엇이 방향을 통제하는가?
7. 가장 빠른 빙하 속도가 위치한 곳이 어디인가? 그렇게 생각하는 이유는 무엇인가?

"Antarctic datasets" 페이지로 돌아와서 "Landsat Image Mosaic of Antarctica (LIMA)" 지도를 클릭하라.

8. 가장 빠른 빙하 속도를 가진 빙상의 이름을 써 보라.

지리적으로 바라보기

이 장 시작 부분 스비나펠스요쿨 빙하(Svínafellsjökull Glacier) 사진을 다시 보자. 어떤 종류의 빙하 지형이 빙하의 말단부에서 발달하는가? 그 지형엔 무엇이 포함되어 있는가? 전면부의 작은 호수들은 어떻게 해서 형성되는가? 이 빙하가 최근 몇십 년 동안 후퇴되었다는 점은 무엇을 의미하는가?

20

지리적으로 바라보기

오리건주 에콜라주립공원 해안. 이 해안의 조차는 클까, 작을까? 왜 그렇게 생각하는지 설명해 보라. 파랑이 해안에서 부서지는 방식이 해안 경관 특성과 무슨 관계가 있는가? 이 해안에서 가장 많은 퇴적물이 쌓인 곳은 어디인가?

해안 지형 형성 작용과 해안 지형

해안이 어떻게 형성되는지 궁금했던 적이 있는가? 해안의 모래 퇴적물은 국지적인 해안선을 따라 분포하는 암석이 침식되어 나오는 것이라 생각할 수 있지만 사실은 그렇게 간단하지가 않다. 다수 해안의 많은 모래들은 멀리 떨어진 곳에서 유입되었다. 그리고 우리가 지금까지 공부한 많은 경관들이 보통 천천히 혹은 드물게 지형 변화가 이루어지는 것과 달리, 해빈(beach)에서는 지형 변화가 빠르게 이루어질 수 있다. 겉으로 보기에 같은 모습을 유지하는 것처럼 보일지라도, 실제 해빈은 변하고 있다!

해안선은 모든 경관 중 가장 변화가 많은 편에 속한다. 이것은 해안 지역의 국지적인 지질, 기후, 지형 형성 작용이 대단히 다양한 데 기인한다. 지금까지 논의된 모든 내적 · 외적 지형 형성 작용뿐 아니라 파랑과 국지적 해류도 해안선 형성에 기여한다. 그 결과 해안 지형은 해안에서 약간 떨어진 내륙에 있는 지형과도 완전히 다른 경우가 종종 있다.

해안 환경은 종종 일 단위 혹은 시간 단위로 변화하는 모습을 보여 준다. 이러한 역동성은 해안이 암석권, 수권, 대기권의 경계 지역이므로 나타나는 현상이다. 그리고 종종 빙권과 생물권도 이 경계 지역에 포함된다. 날씨와 기후에 관한 장에서 보았듯이 수괴, 특히 대양은 지구 시스템을 이해하는 데 많은 단서를 가지고 있는 구성요소이다. 해양의 역할에는 지구의 온도를 조절하는 것 외에도, 이 장에서 알 수 있듯이 태양으로부터 비롯된 에너지의 일부는 바람이 되고 궁극적으로 이것은 해안 지형을 형성하는 조류와 파랑을 형성한다.

이 장의 내용을 배우면서 생각해야 할 주요 질문은 다음과 같다.

- **파랑은 어떻게 생성되며, 이것은 해안에 어떤 영향을 미치는가?**
- **해수면, 해안 퇴적물, 해안 퇴적물 운반의 변화는 해안에 어떤 영향을 미치는가?**
- **왜 해빈과 사주는 크기와 모양이 급격히 변화할까?**
- **침강 해안과 융기 해안에서 보이는 해안 지형의 특징은 무엇인가?**
- **거초, 보초, 환초와 같은 산호초들은 어떻게 발달하는가?**

해안 경관에서 파랑과 해류의 영향

해안 지형 형성 작용은 전체 지표면 가운데 단지 아주 작은 부분에 영향을 미치지만 다른 어떤 행성과도 완전히 다른 경관을 만들어 낸다. 파랑은 해안을 따라 침식 작용을 일으키고, 종종 암석으로 이루어진 급애(cliff)와 헤드랜드(headland)를 형성한다. 해안 부근을 흐르는 해류는 물질들을 운반하고 퇴적하는 기구로서 육상과 수역의 경계에 역동적이지만 비영구적인 특징을 갖는 해빈과 같은 경관을 남긴다.

해안 지형 형성 작용

세계의 해안선과 호안선은 수백 혹은 수천 킬로미터까지 이어진다. 이들 해안의 곳곳에서는 온갖 다양한 구조, 기복, 형태들이 확인된다. 해안은 역동적이고 에너지가 매우 높은 환경이 조성되는데, 이것은 끊임없는 물의 운동 때문이다(그림 20-1).

해안 지형 형성 작용에서 바람의 역할

육상에서 바람은 특히 모래를 퇴적시킴으로써 지형을 형성한다는 것을 제18장에서 살펴보았다. 수면 위를 부는 바람은 파랑과 해류를 만들어 내므로, 바람은 해안선 부근의 지형에 훨씬 더 큰 영향을 미친다.

물론 바람이 바닷물을 움직이는 유일한 힘은 아니다. 대양의 해안은 거대한 양의 바닷물을 움직이는 일주적 조석의 영향을 받는다. 화산 활동과 마찬가지로 지진과 같은 지구조 운동도 바닷물의 운동에 기여한다. 해수면과 호수 수면의 장기적인 변화에 영향을 미치는 보다 더욱 근본적인 것은 판구조 운동이나 **전 지구적 해수면 변동**(해수의 양이 증가 또는 감소하는 경우 대양분지의 체적 변화로 인해 해수면이 전 지구적으로 오르내리는 것)이다. 그럼에도 불구하고 바람은 지형학적으로 볼 때 파랑과 해류를 발생시키는 가장 중요한 원인이다.

▼ **그림 20-1** 암석권, 수권, 대기권이 만나는 해안선은 끊임없는 운동과 에너지의 이동이 일어나는 경계부이다. 파랑은 항상 고르게 침식하는 것은 아니다. 이 사진은 오스트레일리아 빅토리아의 포트캠벨 국립공원인데, 이곳의 시스택과 해식애는 장소에 따른 침식의 차이에 기인한다.

해안선과 호안선

해안 지형을 형성하는 지형 형성 작용은 호안에서의 지형 형성 작용과 비슷하지만, 세 가지 중요한 예외가 있다.

1. 호안에서는 조차가 매우 작기 때문에 조석이 지형 발달에 미치는 영향은 무의미하다.
2. 해수면 변동의 원인은 호수면 변동의 원인과는 아주 다르다.
3. 산호초는 열대와 아열대 해안에서 형성되지만 호수에는 없다.

이러한 예외가 있지만 해안과 호안은 주로 비슷한 지형들이 발달한다. 그렇지만 수괴의 규모가 클수록 지형 형성 작용의 영향이 더 커진다. 따라서 해안을 따라 발달하는 지형 특성은 호안에서 발견되는 것에 비해 규모가 크고 보다 뚜렷하므로, 이 장에서는 주로 대양의 해안에 초점을 맞출 것이다.

학습 체크 20-1 해안과 호안의 지형 형성 작용은 어떤 차이가 있는가?

해안 지형을 형성하는 데에는 많은 지형 형성 작용이 기여한다. 이 책의 앞 장에서 논의한 외적 작용과 내적 작용 외에 수많은 지형 형성 작용들이 관여하고 있다. 이 중 가장 중요한 것은 파랑의 작용이다.

파랑

파랑은 본질적으로 주기적인 상하 운동을 통해 에너지를 이동시킨다. 여기에서 우리들의 관심은 수괴의 표층에서 나타나는 파동에 있다.

파랑 운동

파랑은 물이 수평으로 움직이는 것처럼 보이게 하지만 이 현상은 우리를 다소 헷갈리게 한다. 열린 바다에서 수괴 자체는 단지 대단히 약간만 앞으로 전진하지만 파랑(혹은 파랑 에너지)은 파의 형태로 물의 표면을 따라 이동한다. 이러한 움직임은 파고가 최고조에 달하여 파정이 부서지는 천해에서 변화한다.

대부분의 파랑은 공기가 수면을 가로지를 때 발생하는 마찰력에 의해 생겨난다. 바람에서 물로 에너지가 이동함으로써 파랑의 운동이 시작된다. 일부 파랑(강제파라 부른다)은 수면에 가해지는 바람의 압력에 의해 직접적으로 발생한다. 만약 바람이 강하다면 파랑은 상당한 크기로 발달하지만, 보통의 파랑은 한시적으로 발생하고 멀리 이동하지 못한다. 파랑이 바람에 의해 형성된 구역을 벗어날 때, 파랑은 **너울**(swell)로 변하며, 이러한 상태로 상당한 거리를 이동한다. 파랑 중 일부는 바람보다 다른 요인들, 예를 들어 창조류, 화산 활동, 해저의 지구조 운동(이 장의 뒤쪽에서 논의한다)에 의해 발생한다.

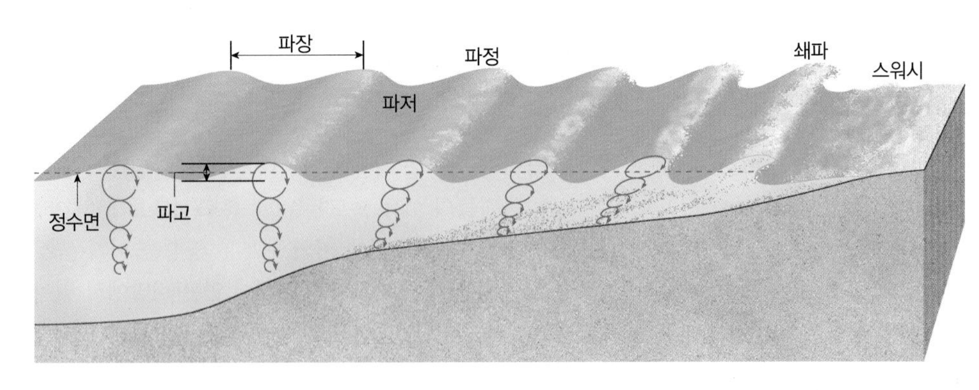

◀ 그림 20-2 수심이 깊은 곳에서는 파랑의 진행은 거의 원운동으로 이루어진다. 물분자 운동 궤도(파란색 원)의 직경은 수심이 깊어질수록 급속하게 감소한다. 천해로 파랑이 움직일 때 궤도는 점차 타원형이 되고 파장이 짧아지며 파랑의 기울기가 급해진다. 결국 파랑은 '쇄파'가 되어 해빈으로 밀려 올라가면서 남은 에너지가 소멸된다.

파랑의 진동 : 파랑이 수면의 어느 임의의 지점을 지나갈 때 그 지점에서 물 분자는 아주 조금씩 앞으로 나아가는 움직임을 동반한 작은 원운동이나 진동하는 움직임을 보인다('진동'은 계속해서 앞뒤로 움직이는 것을 의미한다). 이러한 파랑을 **파랑의 진동**(wave of oscillation)이라고 한다. 파랑이 지나갈 때 물은 위쪽으로 움직이면서 **파정**(wave crest)을, 그리고 수면이 낮아질 때 **파저**(wave trough)를 형성한다(그림 20-2). 파정에서 파정까지 혹은 파저에서 파저까지의 수평 거리를 **파장**(wavelength)이라고 한다. 파랑이 통과하는 수면의 원운동 궤도의 지름과 같은, 파저에서 파정까지의 수직 거리를 **파고**(wave height)라고 부른다. 파랑의 높이는 풍속, 지속기간, 수심, **취송거리**(fetch, 바람이 부는 수면의 범위)에 의해 결정된다. 이와 같은 이유로 인해 작은 연못보다 (오스트레일리아의 그레이트호와 같은) 큰 호수에서 큰 파랑이 발생하는 것이다.

진동하는 파랑의 움직임은 보통 파랑이 이동하는 방향으로 물을 아주 약간씩 이동시킨다. 그러므로 파랑이 지나가면 수면 위에 떠 있는 물체는 (바람이 불지 않으면) 앞으로 나아가지 않고 수면의 원운동 궤도를 따라 아래위로 오르내린다. 파랑 운동의 영향은 수심이 깊어짐에 따라 빠르게 감소한다. 매우 큰 파랑이라도 수심 몇십 미터 정도까지만 영향을 미칠 수 있다.

파랑의 변형 : 파랑은 수심이 깊은 곳에서는 대부분 속도와 형태가 거의 변형되지 않고 먼 거리를 이동한다. 그러나 수심이 얕은 곳에서는 큰 변화가 일어난다. 수심이 파장의 2분의 1이 될 때, 파랑의 운동은 해저와의 마찰에 의한 끌림으로 영향을 받기 시작한다. 그때 파랑의 진동에 **파랑의 변형**(wave of translation)이 급격하게 발생한다. 이것은 수면에서 수평 방향으로 대단히 의미 있는 운동을 발생시킨다. 마찰력은 파랑이 지나가는 것을 방해하므로 파랑의 이동속도가 느려지면서 파장이 감소하는 반면 파고는 증가한다. 파랑이 수심이 더 얕은 곳으로 이동할수록 마찰저항도 더욱 커진다. 파고가 점차 높아지고 파랑의 경사가 급해짐에 따라 파랑은 앞으로 기운다. 그리고 곧 파랑은 급격하게 부서진다. 만약 파고가 작다면 파정을 이루지 않고 단순히 해변으로 밀려 올라가지만, **쇄파**가 되면 급격하게 파도가 부서져 거품을 만들거나 앞으로 크게 밀고 올라간다(그림 20-3).

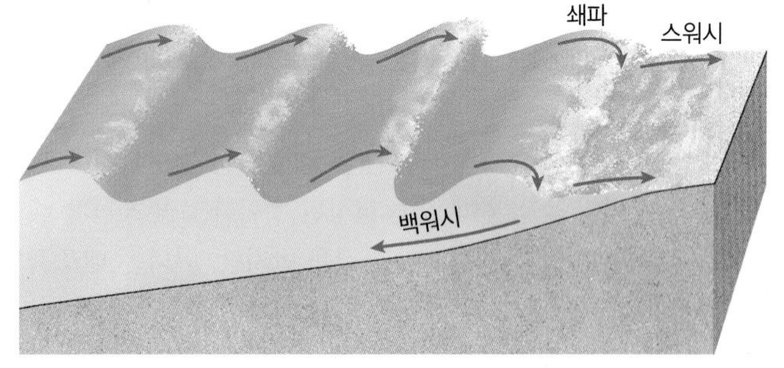

▲ 그림 20-3 쇄파. 수심이 얕은 곳에서는 해저 바닥이 파랑의 진동을 방해하여, 파랑은 경사가 급해져서 부서지고 쇄파의 형태로 앞쪽으로 밀려간다. 밀려오는 물은 스워시 형태로 해빈으로 밀고 올라가고 백워시 형태로 파랑 아래로 배수된다.

파쇄된 파랑은 육지 쪽으로 돌진하거나 **스워시**(swash) 형태로 해빈으로 밀려 올라간다. 이러한 현상은 모래 입자들을 해빈으로 운반하거나 상당한 힘으로 헤드랜드와 해식애를 침식할 수 있다(그림 20-4). 밀려 올라오는 스워시 작용은 곧 마찰력이나 중력에 의해 극복된다. 바다로 돌아가는 흐름인 **백워시**(backwash)는 많은 양의 물과 물질들을 바다 쪽으로 배수하고 다음 파랑이 만든 스워시와 만나게 된다.

학습 체크 20-2 파랑의 진동은 수심이 얕은 구역에 도달하면 어떻게 변하는가?

▶ 그림 20-4 파랑의 지속적인 침식 작용은 해안의 저항력이 대단히 강한 암석들도 파괴할 수 있다. 이 경관은 미국 오리건주 해안의 키완다 주립 자연구역이다.

파랑의 굴절

파랑은 해안에 접근할 때 종종 방향을 바꾸게 되는데 이를 **파랑의 굴절**(wave refraction)이라고 한다. 파정선이 해안선과 정확하게 평행하게 접근하지 않을 때 혹은 해안선이 반듯하지 않은 곳, 그리고 근해에서 수심이 불규칙한 곳에서 파랑의 굴절이 일어난다. 얕은 수심 구역에 먼저 도착한 파랑의 일부는 속도가 느려진다. 그 결과 파정선은 헤드랜드를 중심으로 굴절되고(그림 20-5a), 결국 파랑은 해안선에 평행하게 부서진다. 그러므로 파랑 에너지는 인접한 헤드랜드에 집중되며 다른 지역에서는 감소한다(그림 20-5b).

파랑의 굴절에 의해 발생하는 가장 눈에 띄는 지형학적 결과는 헤드랜드에 파랑의 작용이 집중 형성된 것이다(그림 20-6). 헤드랜드는 강력한 파랑의 직접적인 타격을 받지만, 이와는 대조적으로 인근의 내만은 보다 약한 낮은 파랑 에너지의 영향을 받는다. 파랑의 차별적인 굴절효과는 다른 환경 조건이 동일하다면(예 : 기반암의 저항력), 헤드랜드를 침식시키고 내만에 퇴적물을 퇴적시킴으로써 부드러운 해안선 윤곽을 만들게 된다.

파식

해안에서 침식을 일으키는 가장 중요한 기구는 파랑이다. 작은 파랑도 계속되면 해안선을 변화시키는 잠재력을 가지며, 폭풍파의 엄청난 힘은 거의 전체 해안에 영향을 미친다. 해안에서 발생하는 침식의 대부분은 종종 발생하는 거대한 폭풍파에 의해 이루어진다. 파랑은 부서지면서 시속 115km로 운동하는 비말과 함께 급격하고 극적인 충격을 해안에 가한다. 쇄파로부터 분출되어 날아가는 소형 물질들의 이동 속도는 비말 속도(115km/h)의 2배 이상으로 측정된다. 해안 침식에 거의 대부분 영향을 미치는 것은 수압적 충격을 수반하는 수괴와 연동되어 있는 비말에서 튀어나오는 물질들의 속도이다. 그리고 파랑에 의해 운반되는 자갈에 의한 마식은 이보다 훨씬 더 효과적으로 해안 침식을 진행한다.

암석으로 이루어진 해안에서는 파식에 의해 형성된 대단히 큰 규모의 지형이 있다. 이곳에서는 파랑이 해안에 부딪치면서 공기가 암석에 있는 균열에 압력을 가한다. 물이 후퇴할 때 압력이 급격히 낮아지고 그 순간 공기의 팽창이 일어난다. 이 압축된 공기에 의한 작용은 다양한 크기의 암석 입자들을 떼어내는 데 매우 효과적이다.

대부분의 암석은 바닷물에 어느 정도 용해되기 때문에 화학적 풍화 작용도 기반암과 해식애에 작용하는 삭박의 한 부분을 차지한다. 풍화의 다른 형태는 바닷물에 있는 소금이 해안의 암석이나 절벽의 구멍 혹은 틈 사이에서 결정체를 이루면서 발생하는데, 이러한 염의 집적은 암석을 약하게 하여 부순다(염류쐐기 작용은 제15장에서 논의하였다).

해안에서는 해수면 부근이나 해수면보다 약간 위쪽에서 효과적으로 침식이 일어나면서 해식애를 형성한다. 그에 따라 절벽의 기저부가 깎이면서 노치(notch)가 만들어진다. 그리고 해식애면 기저부는 침식된 사면이 붕괴됨에 따라 후퇴한다(그림 20-7). 이러

▲그림 20-5 파랑의 굴절. (a) 잉글랜드 남부 도싯 해안에 있는 세인트오스왈드만의 맨오워코브로 파랑이 해안선의 곡선을 따라 구부러지게 밀려 들어오고 있다. (b) 파랑이 헤드랜드에 먼저 도달하면 그 부근에서 '휘어진다'. 파랑이 굴절되면서 거의 해안선에 평행하게 부서진다. 그러므로 파랑 에너지는 헤드랜드에 집중되고 만에서 감소된다.

▲그림 20-6 오스트레일리아 빅토리아주의 남부 해안에 연암으로 이루어진 헤드랜드에서 파랑의 지속적인 충격은 더블 아치를 형성하고, 계속 침식하여 하나의 아치를 만들었다. (a)는 1985년, (b)는 1992년에 포트캠벨 국립공원에서 촬영한 사진이다.

한 파랑 운동은 암석을 파편으로 부수고 대부분을 바다 쪽으로 운반한다.

이 장의 뒷부분에서 보겠지만, 모래 혹은 미고결 물질로 구성된 해안에서는 해류와 조수 또한 해안 퇴적물을 빠르게 침식시킨다(그림 20-8). 폭풍파는 사빈의 침식을 가속화한다. 대단히 강한 폭풍파는 몇 시간이면 해빈을 모두 제거할 수 있으며 기반암 바로 아래까지 침식할 수 있다.

엄청난 폭풍파이든 부드러운 너울이든 파랑은 먼 바다에서는 보트나 수영하는 사람들과 같은 연약한 것에도 해를 끼치지 않고 지나가지만, 해안에서는 가장 단단한 암석까지도 파괴하는 힘을

▲그림 20-7 (a) 노출된 암석 해안을 침식하는 파랑은 해수면에서 가장 효과적으로 암석을 파괴시킬 수 있으며 그 결과로 노치가 헤드랜드의 전면에 만들어진다. (b) 노치의 존재는 헤드랜드의 더 높은 부분의 기저부를 파내며, 이는 헤드랜드의 붕괴와 해식애의 후퇴를 야기한다. (c) 미국 캘리포니아 북부 해안에서 지각 운동은 파랑의 침식으로 인해 해식애가 후퇴하는 데 기여한다.

가진 독특한 양면성을 가지고 있다. 다시 말해서, 진동파는 상대적으로 부드러운 현상이지만, 이동하는 파랑은 강력한 파괴력을 가진다.

학습 체크 20-3 해안 침식에 있어 폭풍파는 왜 중요할까?

쓰나미

때때로 해양의 파랑 시스템은 해양저의 갑작스러운 붕괴로 인해 촉발되기도 한다. 이러한 파랑을 **쓰나미**(tsunami, 일본어로 'tsu'는 '나루터'이며, 'nami'는 '파랑'이다) 혹은 지진해일(seismic sea wave, 적절하지 않지만 '조수파')이라 부른다.

쓰나미의 형성 : 대부분의 쓰나미는 해양저 단층을 따라 일어난 갑작스러운 운동의 결과이다. 이것은 특히 섭입대를 따라 분포하는 역단층이나 충상단층 운동으로 수직변위가 발생하는 경우에 나타난다. 쓰나미는 수중 화산 폭발이나 해안의 산사태에 의해 발생되기도 한다.

쓰나미에 의해 생겨나는 거대한 파괴적인 힘은 해양이 교란되는 것과 같은 방식으로 파랑이 형성되므로 생기는 것이다. 바람에 의해 생기는 파랑을 다시 생각해 보면, 해양의 수면에서만 집중적으로 움직임이 일어난다. 수면의 궤도 운동은 파장의 1/2이 되는 깊이까지만 일어난다(수십 미터보다 깊은 곳에서는 거의 드물다). 하지만 해저에서의 단층 운동에 의해 쓰나미가 발생될 때에는 해양 바닥에서 수면까지 전체의 물기둥이 전복되어 엄청난 양의 수괴가 변위된다(그림 20-9).

쓰나미는 열려 있는 외해에서 시간당 700km의 속도로 이동하는데, 파고가 낮고 파장이 매우 길기 때문에 대체로 눈에 잘 띄지 않는다. 외해에서 쓰나미는 단지 0.5m의 파고와 200km의 파장을 가진다. 그러나 쓰나미는 천해에 도달하면 현저하게 변화한다. 쓰나미가 해안에 근접하면 여느 파랑처럼 파장이 감소하며 파고가 높아지면서 속도가 느려진다.

▲ 그림 20-8 미국 뉴저지주 톰스강에서 지역 고등학생들이 해안의 식생을 복원하고 침식을 줄이기 위한 시범 프로젝트를 진행하기 위해 바네갓만 해안에서 흙으로 채워진 '만을 구하는 가방'을 설치하고 있다.

쓰나미의 영향 : 쓰나미가 해안을 강타할 때 쓰나미는 높이 치솟는 쇄파를 거의 형성하지 않는다. 그 대신 대부분의 쓰나미는 높이가 40m 이상 되기도 하는 매우 빠르게 전진하는 해일의 형태로 해안에 돌진한다. 그러나 바람에 의해 발생한 큰 규모의 파랑과 달리 쓰나미의 파정 바로 뒤에는 해일을 내륙으로 훨씬 안쪽까지 밀고 들어갈 만큼 거대한 수량이 뒤따른다. 많은 경우 쓰나미가 도착하기 전에 매우 갑자기 그리고 마치 저조 때처럼 물이 해안에서 빠져나가는데, 이것은 쓰나미의 파저가 해안에 도착할 때 발생한다. 불행하게도 사람들은 가끔 위험을 무릅쓰고 조개류나 좌초된 물고기를 잡기 위해 새롭게 완전히 노출된 조간대에 나가는데, 몇 분도 되지 않아 빠르게 밀려오는 쓰나미의 파정이 해안에 도달하면 급격한 파도에 의해 휩쓸려 간다. 종종 쓰나미는 밀려오고 후퇴하는 일련의 과정이 반복되며, 반드시 첫 번째 파가 가장 큰 것은 아니다.

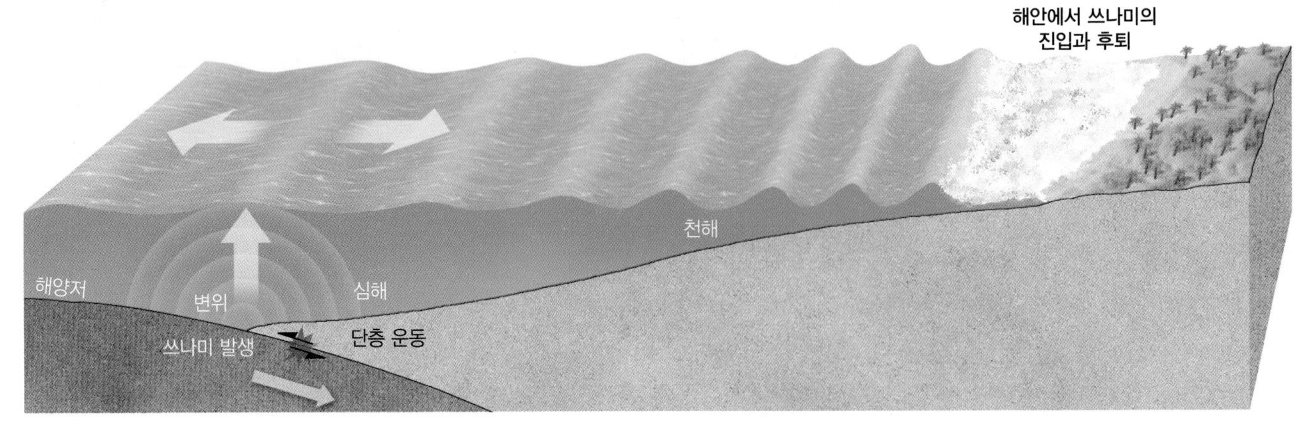

▲ 그림 20-9 쓰나미의 형성. 단층 운동에 의한 해양저의 수직 붕괴는 해저에서 수면까지 물기둥을 완전히 변위시킨다. 외해에서 쓰나미는 긴 파장 때문에 식별하기 어렵다. 일단 천해에 도달하면 파고가 높아지면서 쓰나미가 밀려오고 후퇴하는 일련의 과정을 반복하면서 육지로 들어온다.

2004년 수마트라-안다만 제도의 지진과 쓰나미 : 2004년 12월 26일 인도네시아 수마트라 북쪽 해안에서 규모 9.1의 지진이 발생하여 현대사에서 가장 큰 자연재해 중 하나가 발생했다. 인도-오스트레일리아판이 미얀마판 아래로 섭입되는 지역에 형성된 판 경계 충상단층(혹은 '메가 충상단층')의 길이 1,200km 정도 구간이 파괴되면서, 해저 바닥을 4.9m 정도 융기시켰다. 급격한 해저의 움직임은 쓰나미가 모든 방향으로 퍼져 나가도록 만들었다.

지진이 발생하고 약 28분 후, 파고 24m의 큰 파랑이 수마트라 북쪽 반다아체시의 해안을 향해 돌진했는데, 이곳은 진앙지와 고작 100km밖에 떨어지지 않은 곳이다(그림 20-10). 쓰나미는 인도양으로 확산되어 스리랑카, 몰디브와 아프리카 북동부 소말리아 해안을 강타했다. 추정치에 따르면 거의 227,000명에 이르는 사람이 사망했으며 수만이 넘는 사람들이 심각한 부상을 입었다. 일부 지역에서는 마을이 통째로 휩쓸려 갔다.

쓰나미 경보 : 대부분의 쓰나미는 섭입대의 갑작스러운 단층 변위로부터 발생하는데, 그로 인해 발생하는 지진은 지진계로 쉽게 감지할 수 있다. 하와이에 있는 태평양쓰나미경보센터는 지난 수십 년간 태평양 연안의 해안으로 향하는 쓰나미를 감지하려는 목적으로 지진계 및 다른 자료들을 활용했다. 쓰나미 경보는 이러한 정보를 활용하여 대개 쓰나미가 아직 원거리에 있을 때 대피할 수 있도록 하며, 이를 통해 피해 지역은 대피 시간을 보다 더 확보할 수 있다. 그러나 2004년 수마트라 쓰나미 참사와 같이 현지 경보 시스템이 시행되지 않는다면 대피 명령이 제시간에 해안 주민들에게 도달하지 못할 수도 있다.

게다가 2004년 수마트라와 2011년 3월 일본의 사례와 같이, 만약 대규모 쓰나미가 인구가 밀집된 해안 근처에서 발생한다면 파도가 너무 빨리 도착할 수 있으므로 해안 주민들이 대피할 수 있는 시간이 몇 분밖에 없을 것이다(그림 20-11).

▼ 그림 20-10 2004년 12월 26일 인도네시아 반다아체의 쓰나미 피해

▲ 그림 20-11 2011년 3월 11일 일본 미야기현 나토리시의 해안으로 밀려오는 쓰나미

2011년 일본의 지진과 쓰나미 : 2011년 3월 11일 태평양판이 오호츠크 '마이크로판(microplate)' 밑으로 섭입하는 충상단층이 이어져 있는 일본 동북부 해안에 규모 9.0의 지진이 강타했다(그림 20-12). 이때 격심한 지반 진동이 3분 이상 지속되었다. 그 당시 길이 300km, 너비 150km에 이르는 섭입대가 약 30m 내려앉았다. 그 후 일본 동북부 해안은 동쪽으로 2.4m가량 급격히 이동했고 미야기현 해안의 일부는 1m 이상 내려앉았다.

이 도호쿠 대지진으로 인해 전 세계 어떤 나라보다도 대지진에 잘 대비해 왔던 나라에서 거의 상상조차 하기 힘든 피해가 발생하여 황폐화되었다. 이로 인해 거의 16,000명의 사람들이 목숨을 잃었고 참사 초기에는 13만 명 이상의 사람들이 집을 잃었다. 그

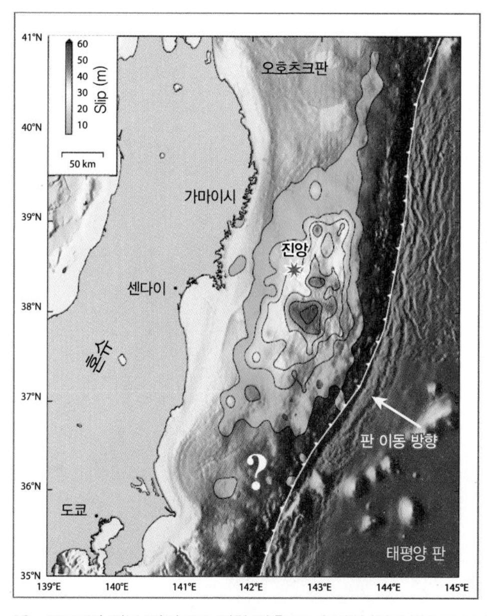

▲ 그림 20-12 2011년 일본 지진으로 인한 단층 붕괴 지역. 빨간색으로 표시된 영역은 단층면을 따라 최대 30m 이상 움직임이 있었던 곳이다.

리고 통신, 교통, 상수도가 광범위하게 파괴되었다. 일본 후쿠시마 인근 몇 개의 원자로가 손상되었을 때에는 공공설비들이 가장 심하게 피해를 입었다.

지진도 광범위한 피해를 입혔지만 그보다도 지진에 의해 발생한 쓰나미가 더욱 치명적이고 파괴적이었다. 단층 지대 위의 대양 바닥이 급격하게 융기하면서 엄청난 양의 물이 변위된 것이다. 쓰나미 경보는 지진 발생으로부터 10분 이내에 발령되었지만 진앙지와 가장 가까운 해안 주민들은 대피할 시간이 거의 없었다. 쓰나미의 높이는 대체로 10m 정도였지만, 몇몇 항구에서는 30m 이상이었다. 도쿄 북쪽에 위치한 센다이와 같은 해안 충적평야 지역에서는 물이 10km 정도 내륙으로까지 들이닥쳐 건물과 도로를 파괴하고 쓰레기 더미를 쌓아 놓았다.

학습 체크 20-4 쓰나미가 종종 매우 거대한 폭풍 해일보다도 훨씬 더 파괴적인 이유는 무엇일까?

해안 지형을 만드는 중요한 지형 형성 작용들

바람에 의해 발생되는 파랑과 쓰나미 이외에도, 점진적이고 드러나지 않게 작용하는 것에서부터 갑작스럽고 극적인 것까지 여러 형태로 지형 형성 작용은 해안선을 변화시킨다.

조석

제9장에서 학습한 바와 같이, 태양과 달의 인력에 의해 발생되고 규칙적이고 예측 가능한 형태로 해양이 오르내리는 것을 **조석**이라고 한다(그림 9-8 참조). 12시간에 걸쳐 조석이 주기적으로 오르내리며 전부는 아니지만 세계 대부분의 해안에서 하루에 두 번의 고조와 두 번의 저조가 발생한다.

조석에 의해 대단히 많은 양의 물이 움직이는데, 이러한 움직임이 빈번함에도 불구하고 지형에 미치는 영향은 놀라울 정도로 매우 적다. 조석은 좁은 만, 천해의 가장자리 그리고 섬들 사이의 해협에서 침식의 기구로서 중요하며, 이곳에서는 조류가 바닥을 세굴하고 해식애와 해안을 침식할 만큼 충분하게 강한 해류를 만들어 낸다(그림 20-13). 그런데 조류를 통한 물의 이동은 전력 생산에 있어서 전도유망한 동력원이다("21세기의 에너지 : 조력" 글상자 참조).

해수면과 호수면의 변화

해수면 변동은 지반의 국지적인 융기나 침강으로 발생(지구조 운동이 원인)하거나, 해양 수괴의 양적 변화로 인해 발생하는 **전 세계적 해수면 변동**(eustatic sea-level change)에 의해 일어날 수 있다. 지구는 제4기 동안 다양한 해수면 변동을 경험했으며, 이것은 전 세계적으로, 때로는 일부 대륙이나 섬 주변에서 나타났다. 가장 규모가 크고 광범위한 지역에 영향을 끼친 전 세계적 해수면 변동은 플라이스토세 동안 빙하가 형성되기 전과 후 그리고 빙기 동안 변화된 해수의 양과 관련된다. 제19장에서 살펴보았듯이, 플라이스토세 빙하가 최대로 성장했을 당시 전 세계의 해수면은 현재 수준보다 130m 정도 더 낮았다.

지구조 운동이나 유스타시 해수면 변동으로 인해 현재의 많은 해안은 과거 경관의 일부가 수면 아래에 잠겨 있는 침수 해안의 특성을 보이는 반면, 과거 연안 지형이 현재의 수면 위로 드러나는 다른 지역에서는 이수 해안의 특성을 보인다(그림 20-7c 참조). 이 장의 후반부에서 이런 환경에서의 지형 변화를 다룰 것이다.

호수에서 일어나는 수면 변화의 대부분은 해안선을 따라 발생하는 것보다 규모가 작고 두드러지게 나타나지 않는다. 이러한 변화는 대체로 호수 유역분지의 전체적이거나 부분적인 변화에 의해 발생한다. 호안에 나타나는 주요한 지형 특성은 현재 호수

애니메이션 MG
조석

http://goo.gl/iY0o0

◀그림 20-13 큰 조차는 해안 지형을 형성하는 데 영향을 준다. 캐나다 뉴브런즈윅의 펀디만 가장자리에 있는 이 거대한 외발로 된 의자 모양의 암석은 파랑에 의해 깎였다. 이곳의 조차는 세계적으로 커서 15m에 이른다. 암석의 상부에 있는 가문비나무의 키는 약 9m이다.

조력

▶ Jeniifer Ranhn, 샘포드대학교

대규모 전력을 생산하는 발전소가 상용화되기 전에, 많은 도시에서는 직물공장과 제제소의 기계를 돌리기 위해 움직이는 물의 힘을 이용하였다. 최근의 기술력은 풍차의 날개를 돌리는 바람과 같이 터빈을 돌려 전기를 일으키는 데 간조 시와 만조 시에(제9장 참조) 유입하고 유출되는 조수를 이용하기에 이르렀다.

조석은 마치 시계처럼 하루에 두 번씩 움직이기 때문에(일부 지역은 하루에 한 번) 태양 열에너지나 바람에너지보다 예측하기 더 쉽다. 그리고 조차가 큰 곳일수록 조석 에너지를 생산할 가능성이 보다 높아진다. 해수는 공기보다 압력이 832배 더 높기 때문에 시속 5노트(9.3km)의 조류는 191노트(353.7km/h)의 바람과 맞먹는 운동 에너지를 가지고 있다(그림 20-A). 조력발전을 위한 이상적인 곳은 조차가 크고 만조 시 유량이 많은 곳이다(그림 9-9 참조).

건설이 완료된 조력발전소 : 최초의 조력발전소는 1966년 프랑스에서 건설되었으며, 북아메리카는 캐나다 동부 펀디만의 하구에 1980년에 건설되었다. 2008년에는 큰 조력발전소 가운데 하나가 북부 아일랜드 스트랭퍼드만에 완공되었다(그림 20-B). 미국의 첫 번째 상용 조력발전소는 2012년 9월에 동부 메인 주에서 가동되기 시작했다. 또한 중국, 러시아, 오스트레일리아, 한국에서도 조력발전 시설이 건설되었다.

조력의 한계 : 현재 조력발전은 일반적이지 않은데, 그것은 세계적으로 조차가 매우 큰 지역이 많지 않기 때문이다. 또한 조력발전소는 염수 환경에 견디도록 거대한 구조물을 축조해야 하므로 비용이 매우 비싸다. 그러나 이 기술은 오랫동안 유지되는 장점이 있다. 조력은 고갈되지 않고 온실가스 배출도 하지 않는 재생 가능한 에너지이다.

조력은 다음 몇십 년 내에 영국에서 전력 수요의 20%, 그리고 미국은 10%를 충당할 수 있다고 예측되었다. 만약 이 기술이 완전히 상용화된다면, 약 10년 내에 조력 에너지가 전 세계 에너지의 10%를 충당할 것이다.

기술적인 문제 : 효율적이고 경제적인 방법으로 조류를 전기에너지로 바꾸는 기술은 여전히 개발 중에 있다. 조력발전을 위한 몇몇 새로운 모델이 최근 몇 년 동안 개발되었지만, 상용화가 이루어진 것은 아직 없다. 또 다른 문제는 작은 물고기가 터빈에 걸릴 가능성이 있어 수중 환경을 훼손할 수 있다는 점이다. 조력발전이 환경에 미치는 유해성이 제대로 알려져 있지 않기 때문에 많은 사람들은 대규모 조력발전소를 선택하는 것을 망설인다. 하천에 건설된 댐에서도 볼 수 있듯이, 인간이 에너지의 흐름을 바꾸거나 주변 환경을 변화시킬 때 의도하지 않는 결과가 나타나곤 한다. 조력발전의 성장은 정부가 이러한 대체 에너지에 필요한 대규모 투자를 할 정도로 사회적, 정치적 요구가 있느냐에 달려 있다.

▲ **그림 20-B** 북부 아일랜드 스트랭퍼드만의 조력 터빈

질문

1. 물은 공기보다 밀도가 높다. 이러한 점은 조력 터빈 날개의 크기와 모양에 어떤 영향을 미치는가?
2. 그림 9-9를 활용하여, 앞서 언급한 곳 외에 조력발전소를 건설하기에 적합한 위치를 나열하라.
3. 조력발전의 급속한 도입을 막는 요인은 무엇인가?

▲ **그림 20-A** 조력 터빈은 유사한 출력을 가진 풍력 터빈보다 크기가 훨씬 작을 수 있다.

수면 위로 드러나 있는 과거 호안선과 호수의 파랑이 침식하여 만든 수직 단애이다.

지구온난화와 해수면 변동 : 제4장과 8장에서 우리는 '지구온난화'라고 불리는 전 지구적 기후 변화의 중대성에 대해 논의하였다. 지구의 기후가 온난해짐에 따라, 해수의 열팽창 및 대륙 빙하와 빙모의 융해로 인해 수괴가 증가하는 것과 관련해서 나타나는 해수면 상승에 대해 주목할 필요가 있음을 지적하였다(바다의 얼음이 녹는 것은 해수면 상승에 기여하지 않는다). 전 세계의 기온이 계속해서 상승한다면, 남극과 그린란드의 빙상이 서서히 녹는 것을 포함하여 빙하가 후퇴할 것으로 예상된다. 이러한 현상은 수많은 섬과 해안 평야가 침수될 수 있는 전 세계적인 해수면 상승을 유발하는데, 해안 지대에 사는 사람들은 허리케인에 의해 발생하는 폭풍 파랑의 위험에 더 크게 노출될 것이다.

남극이나 그린란드의 빙모가 완전히 녹는다면(이는 대부분의 기후학자들이 예상하지 않은 결과이며, 심지어 다음 세기에도 진행), 전 세계의 해수면은 약 80m 상승할 것이다. 한편 전 지구적인 미약한 해수면 상승조차도 현재 해안 저지대에 거주하는 사람들에게 위협이 될 수 있다(그림 20-14). 온실가스 배출량이 증가하고 그와 관련하여 나타나는 지구온난화에 의해 기온이 상승한다는 것을 전제로 2013년 IPCC가 보고한 제5차 평가 보고서에서는, 이번 세기 말(21세기 후반)에 온실가스 배출량이 가장 낮은 시나리오에서는 해수면이 0.26~0.55m 더 높아지고, 가장 높은 시나리오에서는 0.52~0.98m 상승할 가능성이 있다고 제시하고 있다(제8장 참조). 이에 대해 일부 학자들은 IPCC가 너무 보수적으로 예측하고 있다고 생각한다. 가장 작은 해수면 상승 예측치의 경우에도 전 세계 해안선이 육지 쪽으로 전진하며, 북아메리카에서만 수천 제곱킬로미터의 해안 지역이 사라지게 된다. 이러한 세계적인 해수면 상승에 의해 일부 섬나라들은 사라질 것이다. "글로벌 환경 변화 : 해수면 상승이 섬에 미치는 영향" 글상자를 참조하라.

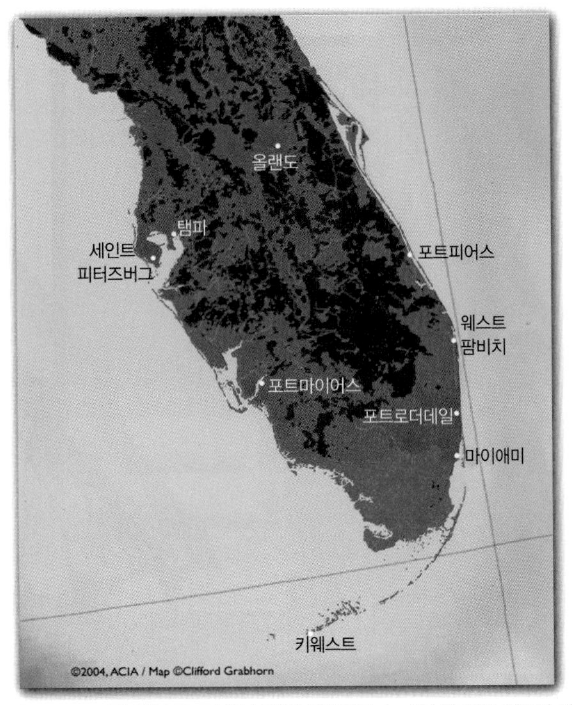

▲ 그림 20-14 빨간색으로 표시된 부분은 해수면이 1m 상승할 경우 침수될 것으로 예상되는 플로리다의 해안 지역이다.

학습 체크 20-5 현재 일어나고 있는 기후 변화가 해안선에 어떤 영향을 미칠지 설명하라.

얼음의 전진

겨울 동안 얼음이 어는 수역의 해안은 때때로 날씨의 변화에 의해 물의 가장자리에 언 얼음의 수축과 팽창의 결과로 나타나는 **얼음의 전진**의 영향을 크게 받는다. 여러 차례 물이 얼 때마다 그에 따라 부피가 증가하여(제15장의 **얼음쐐기 현상**을 상기해 보라), 해안선 부근에서 얼어 있는 얼음은 소규모의 빙하가 전진하는 형태로 육지 쪽으로 나아간다.

얼음의 전진은 북극과 남극 해안에서 매우 중요하다. 한편 오대호와 고위도 지방이나 해발고도가 높은 지역에 분포하는 소규모 호수의 호안을 따라서도 침식을 일으킬 수 있다.

생물학적 분비물

수많은 수중 동물과 식물들은 탄산칼슘을 분비함으로써 암석과 같이 단단한 고체 덩어리를 만들어 낸다. 이 생물체들 중 가장 중요한 것은 산호 **폴립**(polyp)이다. 이 작은 동물은 가장자리에 단단한 탄산칼슘 껍질을 만든다. 수많은 종류의 산호 폴립이 있으며, 이들은 셀 수 없이 많은 개체들로 이루어진 군집을 이룬다. 산호는 서식하기 유리한 환경(깨끗하고 얕고 염분이 있는 따뜻한 물)에서 거대한 군체를 이루며, 열대와 아열대 해안에서 흔히 나타나는 산호초, 산호파식대, 환초를 형성한다(산호초의 구조는 이 장의 마지막에서 다루고 있다).

하천의 유출

몇몇 지역에서는 퇴적물의 전부 또는 일부가 해식애의 침식으로 인해 직접적으로 발생하지만, 해안의 해빈과 다른 해안 퇴적 지형을 이루는 퇴적물의 대부분은 하천으로부터 비롯된다. 제16장에서 보았듯이, 하천에 의해 바다로 운반된 물질은 삼각주에 충적층으로 퇴적된다. 이러한 경우에도, 하천에 의해 바다로 유입되는 퇴적물 중 적어도 일부는 연안류에 의해 운반되어 다른 곳의 해안에 퇴적된다(그림 20-15).

학습 체크 20-6 해안 퇴적물 대부분의 기원은 무엇인가?

글로벌 환경 변화

해수면 상승이 섬에 미치는 영향

▶ Redina L. Herman, 웨스턴일리노이대학교

빙하, 빙상 그리고 빙모가 녹으면서 해수면이 상승하면 최대 고도가 해수면보다 그리 많이 높지 않은 산호섬들은 큰 위험에 직면한다. 이 섬들은 산호초에 의해 포획된 퇴적물로 형성되기 때문에(이 장 뒷부분에서 논의) 높아지는 해수면에 의해 침식 작용이 보다 용이해진다. 중서부 태평양에는 인간이 거주하는 10개의 섬이 있는데, 이 섬들은 해수면 변동이 다음 세기 동안 예측하는 수준만큼 커진다면 완전히 사라질 수도 있다. 그러나 산호섬들이 이전에 생각했던 것보다 해수면 상승에 대한 적응력이 더 강하다는 것을 암시하는 새로운 발견이 있었다.

섬의 역동성 : 산호섬들에 미치는 해수면 상승의 영향을 연구하는 지형학자들은 산호섬이 매우 역동적이라는 사실을 알고 있다. 산호섬들은 해양의 영향에 따라 성장 또는 축소되거나, 심지어 이동하기도 한다. 해수면이 상승함에 따라, 산호섬의 한쪽 면이 침식되고 다른 쪽은 그와 반대로 더 많은 물질이 퇴적되면서 섬의 위치가 변한다. 태풍과 더 높은 고조 또한 퇴적물을 제거하는 대신에 퇴적물을 쌓아 섬의 표면을 높인다. 따라서 많은 섬들은 해수면 아래로 잠기는 대신 해수면 상승에 적응하여 살아남을 수도 있다.

하지만 인구가 많은 섬에는 건물들이 있는데 이 건물들은 섬처럼 이동할 수가 없다(그림 20-C). 이처럼 인간이 자연적인 퇴적 지형 형성 작용을 방해하고 있는 섬들은 해수면 상승으로 인해 심각한 타격을 입을 것이다. 투발루(인구 12,000명), 마셜군도공화국(인구 52,634명), 키리바시공화국(인구 102,351명)과 같은 섬나라들은 전 지구적 기후 변화와 해수면 상승에 의해 해안 침식, 홍수, 해수 침입에 의한 토양과 식수 오염 등과 같은 다양한 잠재적인 충격에 직면하고 있다.

▲그림 20-C 마셜군도공화국의 일부로서 산호초로만 이루어진 좌잘린 환초

질문

1. 산호섬들은 어떻게 전 지구적인 해수면 변화에 적응하는가?
2. 왜 인구가 많은 섬들이 해수면 상승에 심한 타격을 입게 될까?
3. 해수면 상승이 인구가 밀집된 산호섬들에 미치는 충격은 무엇인가?

▼그림 20-15 미국 코네티컷주 올드라임 인근의 롱아일랜드 해협에 유입하는 코네티컷강 퇴적물의 평면 형태

연안 퇴적물의 이동

세계의 대양과 호수에서는 다양한 종류의 흐름이 발생하는데, 해안선을 따라 발생하는 거의 모든 퇴적물의 이동은 파랑의 작용과 국지적인 해류에 의해 이루어진다.

연안류 : 해안 지형은 물, 퇴적물이 해안선과 거의 평행하게 움직이면서 형성된 **연안류**(longshore current 혹은 littoral current)의 영향을 가장 많이 받는다(연안은 '해안을 따라'라는 개념으로 생각하면 된다). 연안류는 근해에서 발달하며 해안에 비스듬히 접근하는 파랑의 작용에 의해 형성된다(그림 20-16). 이것은 대부분의 파랑이 바람에 의해 발생하므로 연안류의 흐름은 전형적으로 국지풍의 방향을 반영하기 때문이다. 연안류는 연안을 따라 모래와 기타 퇴적물을 운반하는 중요한 운반자이다.

해빈표류 : 해안 퇴적물 운반에 있어 또 다른 중요한 메커니즘은 퇴적물이 쇄파에 의해 육지 방향으로 이동하거나 해안에서 바다 쪽으로 후퇴하는 물에 의해 짧은 거리를 이동하는 현상을 포함한다. 이러한 움직임은 **해빈표류**(beach drifting)의 형식을 취하며, 바람이 불어 가는 방향으로 지그재그 형태를 보이면서 해안선과 평행하게 이동한다(그림 20-16b 참조). 거의 모든 파랑은 해안에 직각으로 접근하기보다는 비스듬하게 접근하며, 그에 따라 쇄파에 의해 육지 쪽으로 운반된 모래는 해빈으로 비스듬한 각도를 이루며 밀려 올라간다. 쇄파를 이루는 물의 일부는 해빈을 적시는 데 이용되지만, 대부분은 해안선과 직각을 이루며 바다 쪽으로

(b) 해빈표류와 연안류

(a) 파랑이 만들어 내는 연안류

▲그림 20-16 (a) 미국 앨라배마주 포트모건반도를 따라 연안류와 해빈표류가 형성된다. 파랑이 일정한 각도로 해안에 접근하면서 퇴적물은 사진 위쪽에서부터 아래쪽으로 이동할 것이다. (b) 연안류는 바로 앞바다에서 발달하여, 해안선과 평행하게 퇴적물을 운반한다. 해빈표류는 해안을 따라 모래를 지그재그 형태로 운반한다. 모래는 파랑에 의해 해안으로 비스듬히 유입되었다가 백워시에 의해 바다로 되돌아간다. 대부분의 파랑은 바람에 의해 발달하므로, 연안류와 해빈표류는 전형적으로 해안을 따라 바람이 불어가는 방향으로 퇴적물을 운반한다.

되돌아간다. 이렇게 되돌아가는 물의 흐름으로 약간의 모래가 제거되는데, 바다로 빠져나가는 모래의 대부분은 다음에 오는 쇄파에 실려 다시 비스듬한 경로를 따라 연안으로 운반된다. 무한히 반복되는 형태를 보이는 이러한 움직임은 해안을 따라 암설을 멀리까지 이동시킨다. 바람은 파랑 움직임의 원동력이므로, 바람의 세기, 방향 그리고 지속시간은 해빈표류의 주요한 결정요소이다.

해안선을 따라 일부 퇴적물은 바람에 의해 직접 운반된다. 파랑이 해수면 고도보다 높은 곳으로 모래나 세립질 퇴적물을 운반하는 곳에서 이러한 퇴적물들은 바람에 의해 육지로 운반될 수 있다. 이러한 유형의 움직임은 빈번하게 사구를 형성하며 때때로 상당히 먼 내륙까지 모래를 이동시키곤 한다(제18장에서 사구에 대해 다룬 것을 참조하라).

학습 체크 20-7 연안류와 해빈표류가 해안 퇴적물을 어떻게 운반하는지 설명하시오.

해안 퇴적 지형

파랑과 국지적인 해류는 침식 작용과 퇴적 작용을 하지만, 대부분의 경우 해안의 가장 뚜렷한 지형은 퇴적물, 특히 모래 수준 크기 퇴적물의 퇴적 작용에 의해 만들어진다. 육지의 지표면을 흐르는 하천의 흐름과 마찬가지로 해안에서 일어나는 퇴적 또한 유수의 에너지가 감소하는 지점에서 일어난다.

해안 퇴적 지형의 퇴적물 수지

해안선을 따라 일어나는 퇴적 작용은 내륙 지역에서 일어나는 퇴적 작용에 비해 보다 일시적으로 나타나는 경향이 있다. 이는 해양 퇴적물이 상대적으로 작은 입자(모래와 자갈)로 구성되어 있고, 모래가 식생피복에 의해 고정되지 않는 경향이 있기 때문이다. 대부분의 해안 퇴적물은 퇴적물의 일부분을 순식간에 제거할 수 있는 파랑의 영향 아래 놓여 있다. 따라서 퇴적된 물질들이 계속 유지되고 있는 상태라면 **퇴적물 수지**(sediment budget)가 평형 상태에 있음이 분명하다. 이때 제거되는 모래의 양이 추가되는 모래의 양과 반드시 균형을 이루어야 한다. 대부분의 해양 퇴적물은 어떤 지역으로 이동해 오거나 다른 지역으로 운반되면서 퇴적물은 지속적인 유동 현상을 보인다. 폭풍 시에는 이러한 균형 상태가 자주 무너지게 된다. 그 결과, 해양 퇴적물은 많이 변형되거나 완전히 제거되는데, 기상과 해양이 대단히 안정된 상태가 우세한 환경이 될 때 퇴적물이 원래의 상태로 된다.

해빈

가장 널리 분포하는 해안 퇴적 지형은 **해빈**(beach)인데, 수역에 인접한 느슨한 퇴적물로 수면 위에 노출되어 있다. 해빈을 구성하는 퇴적물 입경의 범위는 세사에서 왕자갈(cobble)까지 다양하지만, 해빈의 어느 특정한 부분에서는 퇴적물 크기가 상대적으로 균일하다. 모래로 구성되어 있는 해빈은 대체로 폭이 넓고 바다 쪽으로 완만하게 경사져 있는 반면에, 입자가 큰 퇴적물(자갈, 왕자갈)로 구성된 해빈은 일반적으로 경사가 더 가파르다. (실트와 점토는 부유하중으로 멀리까지 운반되어 가 버리므로 해빈을 거의 형성하지 못한다.)

해빈의 단면 : 해빈은 육상 환경과 수상 환경 사이의 점이지대(transition zone)를 이루며, 때때로 가장 높은 폭풍파 정도만 겨우 도달할 수 있는 고도까지 이어지기도 한다. 해빈(그림 20-17)은 일반적으로 바다 쪽으로 최저조위의 고도까지 확장된다. 그리고 때때로 해빈은 보다 더 낮은 해발고도에서도 확인되는데, 이런 경우 바닥에 머드질 퇴적물이 섞여 있는 해저와의 경계부까지 연장된다.

후빈(backshore)은 고조위선(high-water line)에서 육지 방향으로 이어지는 해빈의 높은 부분을 말한다. 이곳은 대체로 건조하며 격심한 폭풍 시에 발생하는 높은 파랑만이 이곳에 도달한다. 해빈은 하나 혹은 여러 개의 범(berm)으로 구성되어 있는데, 퇴적물이 파랑에 의해 다소 평평하게 단 형태로 쌓인 부분이다. 전빈(foreshore)은 조석의 승강 운동에 의해 정기적으로 침수되고 노출되는 구간이다. 연안(nearshore)은 저조위선(low-tide mark)부터 저조위 쇄파(low-tide breaker)가 형성되기 시작하는 곳까지 바다 쪽으로 연장된다. 연안은 대기 중에 노출되지 않지만 파랑이 부서지는 곳이며, 쇄파 작용이 가장 큰 곳이다. 외해(offshore)는 영구적으로 수면 아래에 잠겨 있는 구역으로, 파랑의 작용이 바닥까지 거의 영향을 미치지 못할 정도로 수심이 충분히 깊은 곳이다.

몇몇 해빈은 곧게 뻗은 해안선을 따라 종종 수십 킬로미터까지 확장되는데, 특히 지형 기복이 완만하고 기반암의 침식 저항력이 약한 경우에 더욱 그러하다. 윤곽이 불규칙한 해안선에서 해빈은 대체로 혹은 전적으로 만에 국한되어 분포하며, 만은 암석의 헤드랜드와 교대로 나타난다.

해안의 퇴적물 수지는 언제나 다르므로 해빈의 형태는 매일 또는 매시간 변화한다. 일반적으로 해빈은 기상 상태가 양호한 날에 서서히 형성되며 폭풍 시에는 빠르게 제거된다. 대부분 중위도 지역의 해빈은 여름에 길고 폭이 넓어지며, 겨울의 폭풍에 의해 눈에 띄게 규모가 줄어든다.

학습 체크 20-8 해빈의 퇴적물 수지는 무엇이며 이것은 어떻게 변화하는가?

사취

만의 입구에서 연안류에 의해 운반된 퇴적물은 수심이 더 깊은 곳으로 이동한다. 수심이 깊은 곳에서는 유속이 느려지고 퇴적이 이루어진다. 육지에서 모래톱(bank)의 성장은 해류의 흐름을 수심이 깊은 쪽으로 이끄는데, 이곳은 여전히 퇴적물들이 계속해서 퇴적되는 곳이다. 한쪽 끝은 육지와 연결되며 연안류가 흘러가는 방향의 다른 끝이 반대쪽 육지와 연결되지 않고 바다로 연장되는 선형의 퇴적체를 **사취**(spit)라고 한다(그림 20-18).

대부분의 사취는 만 안쪽이나 다른 쪽 해안의 만입부 방향으로 튀어나온, 모래로 구성된 반도(sandy peninsula)로서 직선 형태를 보이지만, 국지적인 해류, 바람 그리고 파랑의 변화는 종종 사취의 모양을 변화시킨다. 어떤 경우에는 사취가 만의 입구를 가로질러 성장하여 다른 쪽의 육지와 연결되는데, 이렇게 형성된 **만구사주**(baymouth bar)는 만을 석호로 바꾼다. 이때 만내에서의 물의

비디오 (MG)
여름/겨울
해빈 조건
http://goo.gl/mlVcY

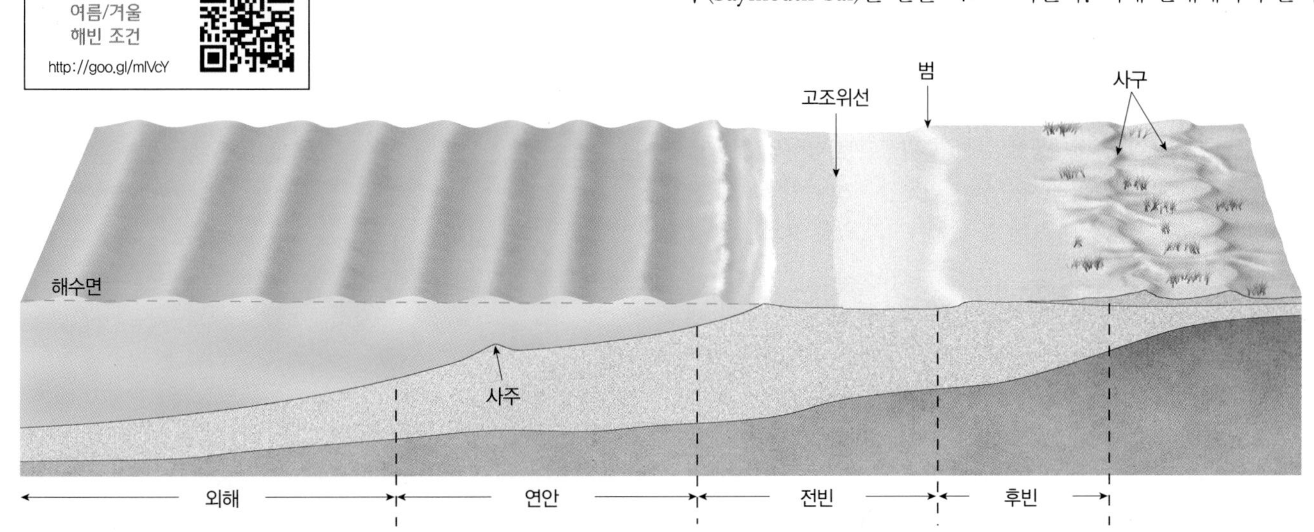

▲ 그림 20-17 이상적인 해빈의 단면

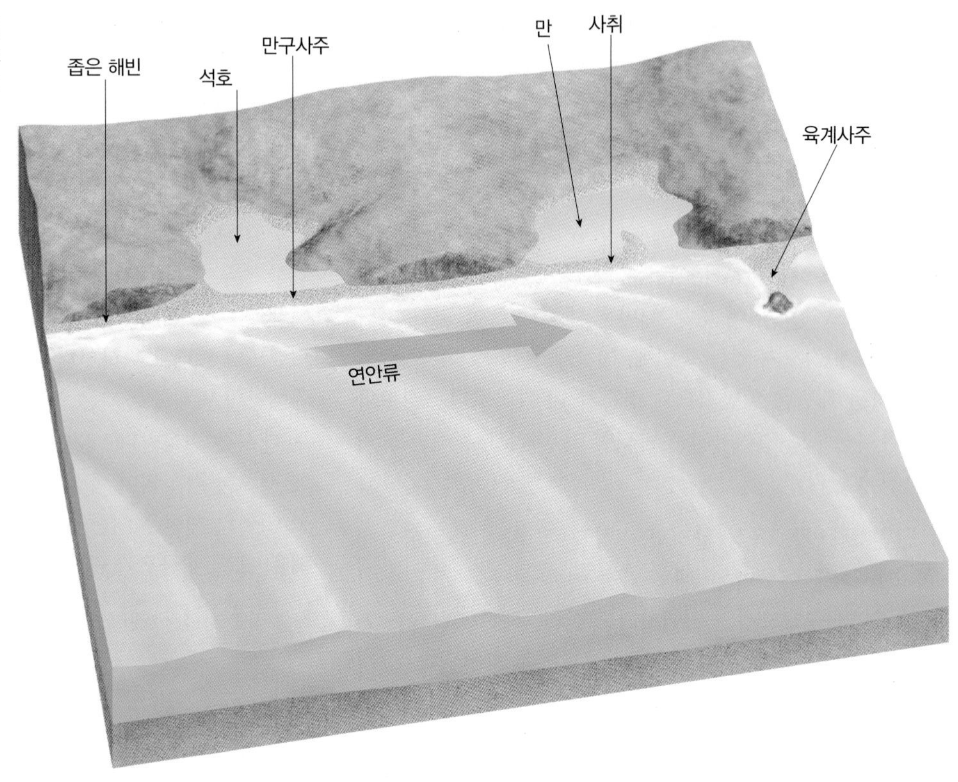

▶ **그림 20-18** 해안선을 따라 형성된 퇴적 지형에는 사취, 만구사주, 육계사주가 포함된다. 연안류가 흘러오는 방향이 사취의 기원지임을 유념하길 바란다.

흐름에 의해 육지 방향으로 구부러진 형태로 사취의 바깥쪽 끝부분이 갈고리 모양(hook)을 이루며 퇴적이 일어난다(그림 20-19).

흔하지는 않지만 독특하게 발달하는 지형은 **육계사주**(tombolo)이다. 이것은 연안의 섬과 육지를 연결하는 퇴적 지형이다(그림 20-20). 일부 육계사주는 섬의 육지 쪽 측면에 파랑이 사력을 퇴적시키는 곳에서 사취 형태로 형성된다. 반면 다른 육계사주는 해수면 바로 아래나 해수면 부근에 있는 기반암이 섬과 육지를 연결하고, 이것으로 모래를 붙잡아 둘 수 있는 곳에서 발달한다.

제빈도

또 다른 주요한 해안 퇴적 지형은 **제빈도**(barrier island)로, 길고 좁은 모래섬이 해안에서 수백 미터 혹은 수 킬로미터 떨어진 수심이 얕은 외해에서 만들어진다. 제빈도는 항상 해안과 거의 평행하다(그림 20-21). 제빈도는 큰 파랑(특히 폭풍파)이 부서지기 시작하는 수심이 얕은 대륙붕에 암설이 퇴적되어 형성된 것으로 알려져 있다. 그러나 수많은 대규모 제빈도들은 플라이스토세 저해면기와 관련되어 매우 복잡한 역사를 가지고 있을 것으로 생각된다.

제빈도들은 종종 해안 지형의 주요한 요소가 된다. 이들이 해수면 위로 드러난 높이는 고작 몇 미터 정도이고 전형적인 제빈도는 그 폭이 몇백 미터 정도밖에 되지 않지만, 길이는 수 킬로미터에 이른다. 예를 들면 미국에서 대서양과 멕시코만 해안에는 길이가 50km를 넘는 여러 개의 제빈도들이 해안선과 평행하게 분포하고 있다(그림 20-22).

제빈도 석호 : 대규모의 제빈도는 제빈도 자체와 육지 사이에 있는 **석호**(lagoon)에 의해 분리되는데, 석호는 농도가 낮은 염수 혹은 기수역(염수와 담수가 혼합된 것)을 형성한다. 시간이 지날수록 석호는 해안으로 유입하는 하천에서 유수에 의해 이동되어 오는 퇴적물, 제빈도에서 바람에 의해 날려 오는 모래, 그리고 만약 석호가 바다와 연결되어 있다면 조석이 운반하는 퇴적물에 의해 급속하게 메워지게 된다. 이 세 가지 유형의 퇴적물 모두는 석호의 가장자리에

▼ **그림 20-19** 뉴질랜드 남섬의 페어웰 사취는 해안 쪽으로 휘어지면서 약한 갈고리 모양으로 발달하고 있다.

▲ 그림 20-20 이 육계사주는 오스트레일리아 뉴사우스웨일스주 토마리 국립공원 내 포인트스테판 지역의 근해에 있는 섬을 본토와 연결한다.

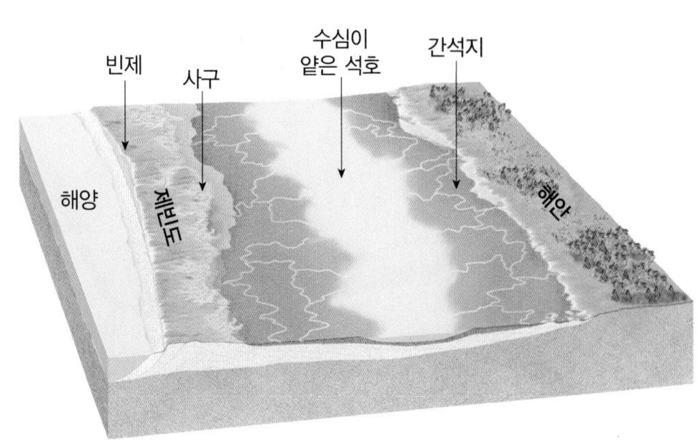

▲ 그림 12-21 해양과 제빈도, 석호 사이의 전형적인 관계

서 머드질 간석지(mudflat)을 형성하는 데 일조한다. 제빈도를 횡단하는 조수통로(tidal inlet)를 통해 강한 조류나 해류가 석호의 물질들을 바다 쪽으로 운반하도록 하지 않는다면 대부분 석호는 우선 간석지가 되었다가 결국 연안습지로 변하게 되는 운명에 놓인다(그림 20-23).

퇴적물에 의한 매적작용뿐만 아니라 다른 요소 역시 석호가 사라지도록 하는 데 일조한다. 제빈도가 일정한 크기로 성장하면, 제빈도의 바다 쪽은 파랑에 의해 깎여 나가고 육지 쪽은 퇴적물이 쌓이면서 서서히 육지로 이동한다. 이러한 이동이 해수면 변동과 같은 것에 방해받지 않는다면, 제빈도와 육지 쪽 해안은 결국 만나게 될 것이다.

(a) 멕시코만의 제빈도

(b) 파드리섬

▲ 그림 20-22 (a) 미국 멕시코만 해안의 가장 긴 제빈도는 (b) 텍사스주의 파드리섬이다.

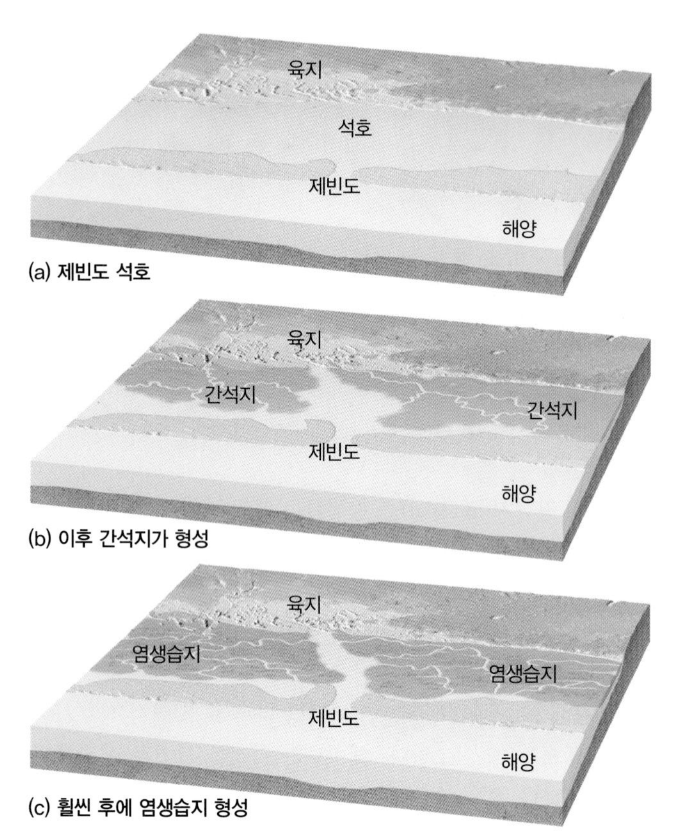

▲그림 20-23 (a) 제빈도는 석호에 의해 육지와 분리되었다. 시간이 경과하면 석호는 퇴적물로 점차 메워지게 되고, (b) 간석지, (c) 결국은 습지로 전환된다.

대부분의 제빈도는 해수면 위로 단 몇 미터 정도만 드러나 있으며 해안 퇴적물로 구성되어 있기 때문에 큰 폭풍파에 의해 매우 민감하게 피해를 입을 수 있다. 미국의 멕시코만 해안과 동부 해안을 따라 분포하는 수많은 제빈도들은 2002년의 릴리, 2005년의 카트리나, 2008년의 아이크(그림 20-24), 2012년의 샌디와 같은 허리케인이 발생하는 동안 극심한 침식을 경험한 바 있다. IPCC가 이번 세기에 나타날 것으로 예측하는 소규모의 전 세계적 해수면 상승만으로도 제빈도는 폭풍파에 더 취약해질 것이다.

인간에 의한 연안 퇴적물 수지의 변화

지난 세기 동안 인간 활동은 세계의 많은 해안에서 해안을 따라 형성되어 있는 해빈의 퇴적물 수지를 교란시켰다. 특히 북아메리카의 수많은 해안 지역에서 확실히 그러한 현상이 발생하였다. 예를 들어 홍수를 조절하거나 수력발전을 위해 하천을 따라 건설된 댐들은 퇴적물을 붙잡아 두는 역할을 효과적으로 수행하였다. 하구부에 도달하는 퇴적물이 적어 연안류와 해빈표류에 의해 운반될 수 있는 퇴적물의 양이 줄어들었으며, 그에 따라 연안류 흐름의 하류부에 위치한 해빈이 축소되기 시작하였다. 게다가 해빈을 키우거나 안정화하고자 건설한 인공구조물은 이보다 먼 곳에 있는 해안으로 운반되는 퇴적물의 공급량을 줄어들게 하며, 그에 따라 연안류 흐름의 하류부에 위치한 해빈은 규모가 작아지게 된다.

(a) 2008년 9월 9일

(b) 2008년 9월 15일

▲그림 20-24 미국 텍사스의 볼리바르반도에서는 2008년 허리케인 아이크가 강타하는 동안 폭풍으로 인해 광범위한 침식이 발생하였다. (a) 2008년 9월 9일, 아이크가 상륙하기 전의 모습이다. (b) 2008년 9월 15일 아이크가 지나간 후의 모습이다. 두 사진에서 화살표는 같은 건물을 나타내고 있다.

해빈의 양빈 : 지역공동체들은 축소되는 해빈 문제를 해결하기 위해 다양한 접근 방법을 채택해 왔다. 직접적이지만 상대적으로 비용이 많이 드는 접근 방법은 연안류의 약간 상류부에 위치한 해빈에 몇 톤의 모래를 공급하여 해빈을 '양빈(nourish)'하는 것이다. 불행히도 연안류와 해빈표류가 궁극적으로 모래를 멀리 운반해 버리기 때문에 해빈을 원하는 규모로 유지시키기 위해서는 반복적으로 이러한 양빈사업을 행해야만 한다. 미국 하와이의 상징인 호놀룰루의 와이키키 해변을 비롯하여 세계적으로 유명한 해빈들이 양빈을 통해 유지되고 있다.

안정을 위한 구조물 : 해빈을 유지하기 위한 또 다른 접근 방법은 '단단하게 고정된' 구조물을 이용하는 것이다. 예를 들어 **그로인**(groin)은 연안류의 흐름을 막아서 구조물의 상류부 쪽에 모래가 퇴적되도록 유도하기 위해 해빈에서 바다 쪽으로 돌출되게 축조한 짧은 방벽이나 댐과 같은 구조물이다(그림 20-25). 그로인의 상류부 쪽은 모래를 잡아 두는 역할을 하지만, 이 구조물의 하류부 측면에서는 침식이 발생하는 경향을 보인다. 이러한 침식을 감소시키기 위해서는 이전 그로인의 연안류가 흘러가는 바로 하

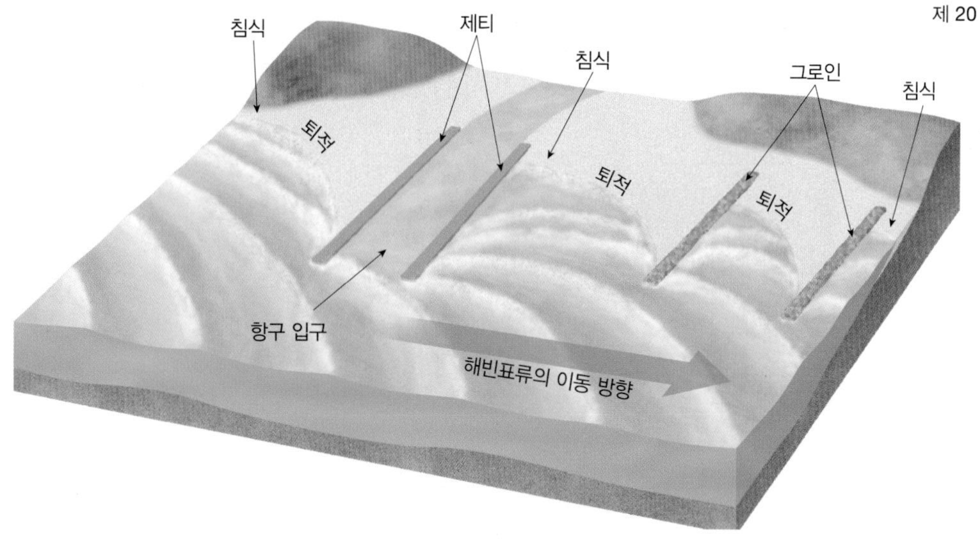

◀ **그림 20-25** 해안선을 따라 건설된 제티와 그로인은 연안류의 상류부 측면에 퇴적물을 가두어 두는 반면, 하류부 측면에는 퇴적물이 제거되어 침식을 유도한다.

류부 쪽에 또 다른 그로인을 건설해야 한다. 일부 지역에서는 일련의 그로인이 설치되어 있는데, 이를 **그로인 필드**(groin field)라고 한다(그림 20-26).

제티(jetty)는 하구나 항구 입구의 양쪽에 건설된다. 제티 건설의 기본 개념은 선박 운항을 위해 설정한 길고 좁은 구역에서 물의 흐름을 제한하여 모래의 이동을 차단해서 모래가 퇴적되는 것을 방지하는 것이다. 제티는 연안류 흐름의 상류부 쪽에 모래를 가두는 반면 하류부에는 침식을 야기하는, 그로인과 같은 방법으로 연안류의 흐름을 차단한다.

그로인 필드 건설과 정기적으로 실시되는 해빈 양빈사업과 같은 매우 비용이 많이 드는 사업을 시행한 이후에야 비로소 일부 지방자치정부는 해빈은 계속해서 축소되며 따라서 이러한 작업들이 실패했다는 것을 알아차린다. 그리고 이에 대한 명확하고 유용한 해결책을 제시하지 못하고 있다.

학습 체크 20-9 일반적으로 그로인과 제티는 이와 같은 인공구조물 주변의 해빈에 어떻게 영향을 미치는가?

침수 및 이수 해안

해안 지형, 특히 대양 해안 지대에 미치는 가장 뚜렷한 영향 중 하나는 육지의 고도와 관련된 해수면 고도의 변화이다. 이때 해수면이 상승함에 따라 해안 **침수**(shoreline of submergence)가 일어나거나, 육지가 융기함에 따라 해안 **이수**(shoreline of emergence)가 일어나게 된다. 앞서 살펴보았듯이, 해양의 양이 증가하거나 감소할 때 혹은 육지가 융기하거나 침강하여 바다에 영향을 줄 때 그러한 변화가 발생할 수 있다.

침수 해안

지질학적 시간 개념에서 최근에 해수면은 매우 가파르게 오르내렸다. 예를 들어 125,000년 전 간빙기의 온난한 기후 시기 동안 해수면은 오늘날보다 6m 정도 높았다. 지난 최종빙기 최성기(약 20,000년 전)에 해수면은 현재보다 거의 120m 정도 낮았던 것으로 측정된다.

거의 모든 해양의 해안선은 지난 15,000년 동안 침수되었던 증

◀ **그림 20-26** 독일 북부의 노르더니섬의 그로인 필드

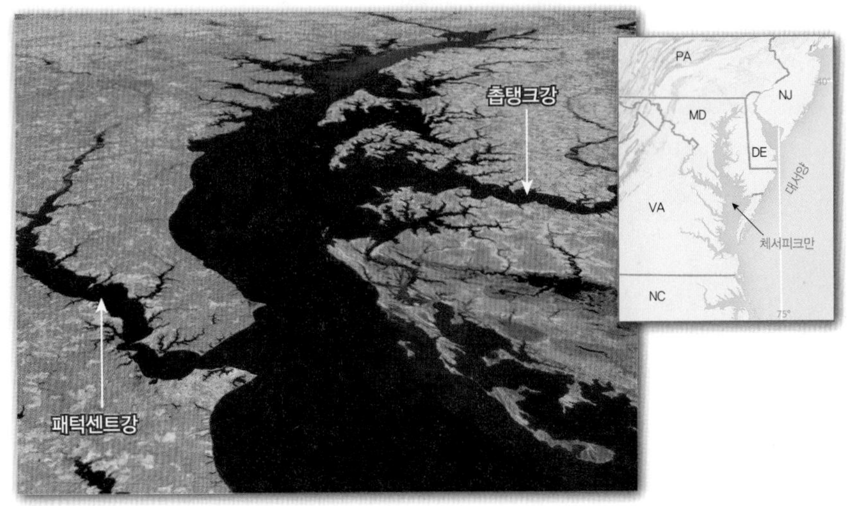

▶ 그림 20-27 체서피크만의 위성사진. 체서피크만은 익곡된 일련의 하구들을 포함하고 있다.

거를 보여 주는데, 이는 플라이스토세 빙상이 녹으면서 나타난 결과이다. 융빙수가 바다로 유입하여 해수면이 상승하면서 연안 지역은 광범위하게 침수되었다. 나아가 현재 진행되고 있는 지구온난화는 해수면을 미약하게 상승시키고 있다. 그리고 이번 세기 동안 해안은 느리지만 지속적으로 침수되는 구역이 확대될 것이다.

리아스식 해안 : 침수가 발생하는 경우 가장 두드러지게 나타나는 결과는 북아메리카 체서피크만과 같이 이전의 하곡이 침수되는 것인데, 이는 **하구역**(estuary)을 형성하거나 육지 방향으로 염수가 침입하여 긴 손가락 모양의 지형을 형성한다(그림 20-27). 수많은 하구역들이 존재하는 해안을 **리아스식 해안**(ria shoreline)이라 부른다. 리아(스페인어로 *ria*는 '하천'을 의미)는 하구에서 상류로 갈수록 깊이가 점차 감소하는 하천의 길고 좁은 하구부(inlet)를 말한다. 구릉이나 산지로 이루어진 해안 지역이 침수되었다면, 외해에 존재하는 많은 섬들은 이전에 구릉지의 정상부와 능선이었을 것이다.

미국 매사추세츠에 있는 코드곶은 대부분 플라이스토세 빙상에 의해 남겨진 빙퇴석으로 이루어져 있다. 지난 최종빙기가 끝날 무렵 해수면이 상승했을 때 이 퇴적물들 중 일부는 상승한 바다에 둘러싸여 있었는데, 이것이 마서스비네야드와 난터켓 해안의 섬으로 남았다(그림 20-28).

피오르 해안 : 빙하 작용을 광범위하게 받은 기복이 매우 큰 해안에는 종종 장엄한 경관이 형성된다. 곡빙하나 대륙빙상이 흘렀던 빙식곡(trough)은 바닥이 현재 해수면보다 한참 아래에 존재할 정도로 매우 깊다. 플라이스토세 말에 있었던 해수면 상승으로 인해

▶ 그림 20-28 마서스비네야드와 난터켓은 (보이는 것과 같이) 지난 플라이스토세 최종빙기 이후의 해수면 상승으로 인해 섬이 되었다.

모바일 현장학습 MG
코드곶 : 빙하와 폭풍에 의한 지형
https://goo.gl/k5NrS8

◀ 그림 20-29 캐나다 뉴펀들랜드의 남쪽 해안을 따라 형성된 그레이강의 피오르

곡이 해수로 메워지게 되었다. 골짜기가 깊고 가파른 측벽으로 이루어진 해안의 만입부[**피오르**(fjord)라 불린다]가 일부 지역에서 굉장히 많이 발달하고 있으며, 해수가 해안에서 내륙 깊은 곳까지 160km 이상 다다르는 좁고 긴 손가락 모양의 지형을 형성하여 해안선이 매우 불규칙하게 된다. 가장 거대하고 장엄한 피오르 해안은 노르웨이, 캐나다 서부, 알래스카, 칠레 남부, 뉴질랜드 남섬, 그린란드 그리고 남극에 존재한다(그림 20-29).

학습 체크 20-10 전 세계의 많은 해안선들이 침수의 징후를 보이는 이유가 무엇일까?

이수 해안

이전의 고해수면에 대한 증거 가운데 어떤 것은 과거 간빙기 동안 발생한 빙하의 융해와 관련이 있지만, 지구조 운동에 의한 융기운동과 관련된 것이 더 많다. 이수 해안에 대한 가장 명백한 증거는 현재 해수면 고도 위에 존재하는 해안선이다. 종종 어느 대륙붕의 해수면 위로 드러난 부분은 넓고 평평한 해안평야로 나타나는데, 해식애 끝에서는 바다 쪽으로 쓸려 내려가는 침식 작용이 일어났다.

해식애와 파식대 : 해식애, 시스택, 파식대는 가장 흔한 해안 지형 복합체 가운데 하나이다(그림 20-7 참조). 앞서 언급했듯이 파랑이 암석으로 구성된 헤드랜드를 침식시킴에 따라 가파른 해식애가 형성된다. 그리고 파랑의 힘이 집중되는 이 단애의 기저부에서도 가장 많은 수압적 충격을 받는다.

해식애의 기저부에 가해지는 수압에 의한 굴식, 마식, 기압의 작용(pneumatic push), 용식 작용이 결합되어 고조위 수준에서 노치를 만든다(그림 20-30a). 노치가 확장됨에 따라 그 위에 돌출되어 있던 암벽은 붕괴하게 되고 해식애가 후퇴하여 바다가 육지 쪽으로 전진한다. 파랑이 해식애로 이루어진 헤드랜드의 기저부를 뚫으면서 침식한 곳에서는 시아치(sea arch)가 형성되며(그림 20-6 참조), 그에 반해 파식 작용으로 해안의 해식애와 완전히 분리되어 해안에 암석 기둥을 남기고 침식한 곳에서는 시스택(sea stack)이 발달한다(그림 20-1 참조).

해식애면의 바다 쪽에서 일어나는 파랑의 마식과 굴식 작용은

(a) 융기 이전

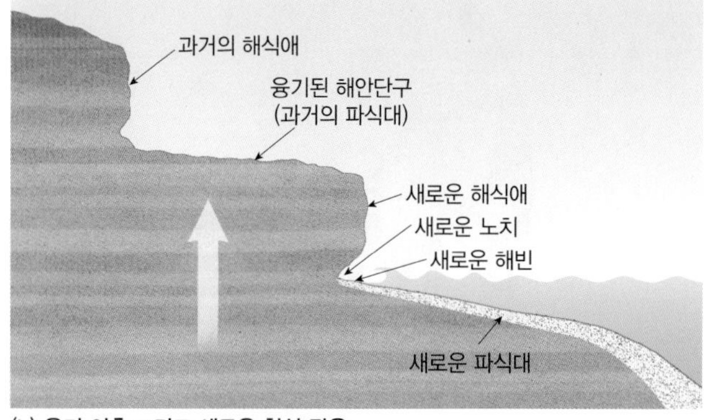

(b) 융기 이후 그리고 새로운 침식 작용

▲ 그림 20-30 (a) 파식대는 해식애가 파식에 의해 후퇴하는 곳에서 발달한다. (b) 해안단구는 지구조 운동에 의해 파식대가 해수면보다 위쪽으로 융기할 때 발달한다.

파식대(wave-cut platform, 혹은 파식 벤치)라 불리는 넓은 침식 지형면을 만들며, 이러한 지형면은 대체로 해수면보다 약간 낮은 곳에 형성된다. 해식애와 파식대의 복합체는 노치가 형성된 기저부까지 내려오는 가파른 수직절벽과 바다 쪽으로 이어지는 수평의 평평한 대지로 구성되어 대문자 'L'과 비슷한 단면을 형성한다.

대부분의 해식애와 파식대에서 침식되어 떨어져 나온 암설은 대체로 소용돌이치는 바닷물에 의해 제거된다. 큰 암설들은 운반이 가능할 정도로 작은 입자가 될 때까지 계속해서 작아진다. 이러한 과정에서 형성된 모래나 자갈의 일부는 인접한 만으로 이동되며, 적어도 일시적으로나마 해빈의 한 부분을 이룬다. 그러나 대부분의 퇴적물들은 퇴적이 일어나는 바다 쪽으로 곧바로 운반된다. 시간이 경과하면서 풍화와 침식에 의해 해식애가 후퇴하면, 이 퇴적물들은 파식대를 완전히 덮게 되고 결국 해식애의 기저부까지 해빈이 확장된다.

해안단구 : 파식대가 해안의 지구조 운동에 의해 융기될 때 **해안단구**(marine terrace)가 형성된다(그림 20-27b). 플라이스토세 동안 발생한 해수면 변동이 최소한 몇 개의 해안단구를 형성하는 데 일부 영향을 미친 것으로 밝혀졌다. 빙기에 해수면이 하강할 때 간빙기의 높은 해수면에 대응하여 형성된 파식대는 해수면 위로 드러난다. 저해면기 동안 구조 운동에 의해 서서히 융기하여 빙기 이후에 나타난 간빙기 동안 해수면이 상승된 이후에도 파식대는 파랑의 침식으로부터 보존될 만큼 높은 곳에서 단구가 된다.

세계의 해안선을 따라서 형성되어 있는 일련의 해안단구는 단구 형성에 관한 몇 가지 사건이 있었음을 반영하고 있다(그림 20-31).

학습 체크 20-11 당신은 일련의 해안단구 체계가 분포하는 해안에서 무엇을 추론할 수 있는가?

▲ **그림 20-31** 현재의 해안선보다 훨씬 위로 융기된 해안단구. 이 사진은 캘리포니아 북부 포트로스 근처에 있는 해안의 사진이다.

산호초 해안

열대 해양에는 거의 모든 육지와 섬이 **산호초**(coral reef)나 일부 다른 유형의 산호질 구성물로 둘러싸여 있다(그림 20-32). 동물, 조류 그리고 다양한 물리적·화학적 작용을 수반하는 복잡한 일련의 사건에 의해 산호질의 구조가 형성된다.

산호 폴립 : 산호초의 발달에 영향을 미치는 결정적인 요소는 **돌산호류**(stony coral)라 불리는 산호충류의 군집[해파리, 말미잘과 분류학적으로 가까운 관계인 **화충류**(Anthozoa)[1]의 일종] 특성이다. 이 작은 생물체(길이가 몇 밀리미터 정도)는 수많은 개체들이 살아 있는 조직끼리 혹은 껍질끼리 붙어서 군체를 이루며 서식한다(그림 20-33). 가지를 뻗는 산호들은 보다 빠르게 성장하지만 대다수의 산호는 매년 0.5~2cm 정도 성장한다. 이와 같이 산

1 역주 : 화충류(花蟲類)는 강장동물의 하나로 말미잘 등을 일컫는다.

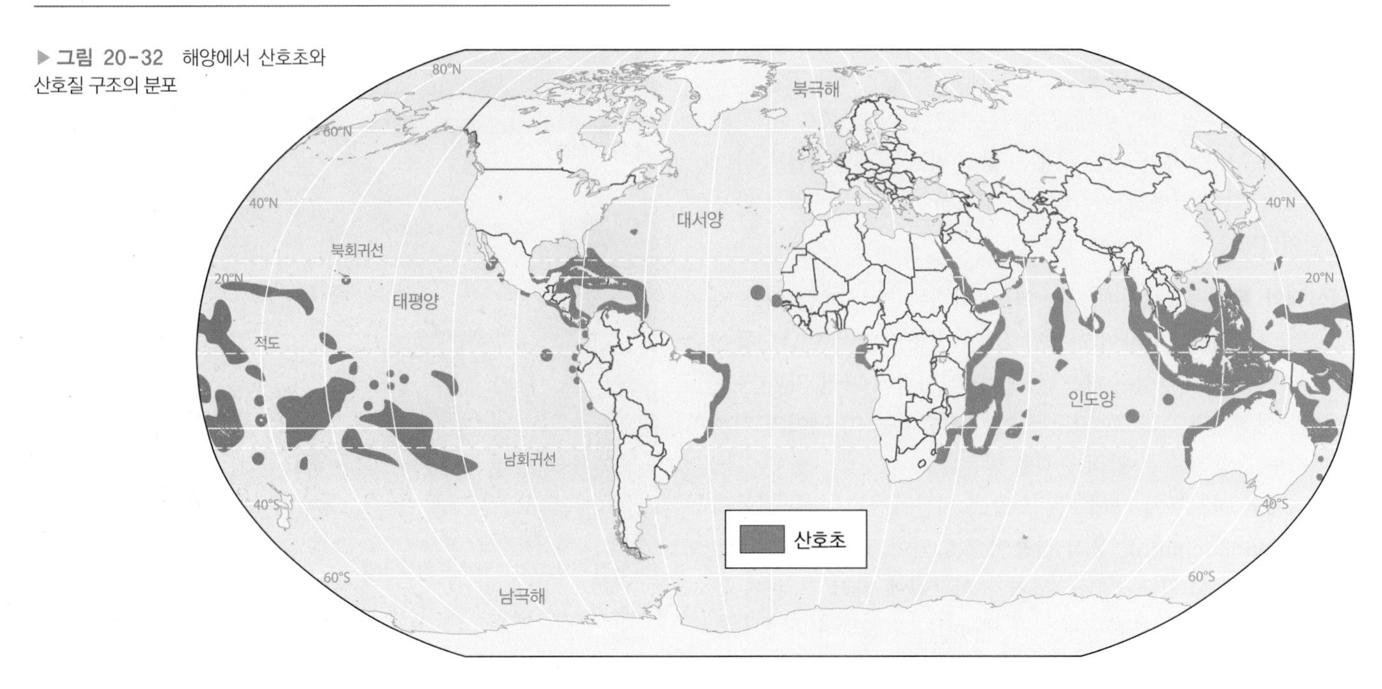

▶ **그림 20-32** 해양에서 산호초와 산호질 구조의 분포

▲그림 20-33 산호는 크기, 모양, 형태, 종에서 굉장히 다양하다. 이 사진은 바하마에서 촬영한 것인데, 산호 군집 중에서 '크리스마스 트리'라는 종이다.

호초가 매우 느리게 성장하므로 산호초가 안정될 정도가 되려면 1만 년 정도 걸릴 수 있다. 현존하는 몇몇 형태의 산호초들은 3,000만 년 전에 형성되기 시작하였다.

각각의 **산호 폴립**(coral polyp)은 해수에서 탄산칼슘을 흡수하며, 그들 몸체의 아래쪽 반을 구성하는 석회질 껍질에 들어가 있다. 대부분의 산호 폴립들은 낮 동안에 자신의 껍질 속에서 들어가 있으며, 밤에는 팔과 같이 생긴 섭식 구조(armlike feeding structure)를 내민다. 몸체의 가장 상위 부분에는 촉수로 둘러싸인 주둥이가 있는데, 모양이 꽃과 비슷하다. 그래서 수 세기 동안 생물학자들은 산호 폴립을 동물이라기보다 식물로 생각하였다. 산호 폴립은 아주 작은 동물과 식물성 플랑크톤을 먹는다. 산호 폴립은 동물이지만, 암초에서 자라는 단단한 산호는 광합성을 통해 산호 폴립에게 추가적인 먹이를 제공하는 공생조류(symbiotic algae)에게 숙주가 된다.[2]

2 역주 : 공생조류는 공생와편모조류(zooxanthellage)이며, 이들은 산호의 몸 안에서 서식한다. 단세포 식물인 공생와편모조류는 산호와 공생생활을 하는데, 산호 안에서 광합성을 수행하고 노폐물을 흡수하며 성장 및 세포 분열을 행한다. 산호는 공생조류로부터 산소와 탄수화물을 제공받는다.

실제로 산호 폴립이 그리 단단한 생물이 아님에도 불구하고, 수심이 얕은 열대 해역에서 산호초가 광범위하게 있다는 것은 산호 폴립의 생산성이 괄목할 만하다는 것을 입증하는 것이다. 이들은 너무 차거나 매우 깨끗하거나 혹은 더러운 물에서는 살 수가 없다. 더구나 산호 폴립은 많은 햇빛을 필요로 하므로 해수면에서 수십 미터보다 더 깊은 곳에서는 살 수 없다(최근 수심 1,000m보다 더 깊은 곳에서 발견된 **심해 산호** 또는 **냉수 산호**들은 놀라운 예외적인 사례이다).

전 세계에 분포하는 많은 산호초는 파괴에 대한 신호(자연적인 요인과 인위적인 요인에 의해 발생하는)를 보낸다. 예를 들면, "포커스 : 위태로워진 산호초" 글상자를 보자.

산호초

산호 폴립은 안정된 기반을 제공하는 열대 지역의 해안의 수심이 얕은 곳에서는 어디든 산호질 구조물을 만든다. 예를 들면 플로리다의 얕은 해안에는 이처럼 기저부가 안정된 곳에서 산호초가 성장하고 있다. 오스트레일리아 북동부 해안에서 약간 떨어져 있는 매우 유명한 그레이트배리어리프[3]는 대부분 기반암으로 된 수심이 얕은 거대한 파식대이지만, 전체가 산호로 덮여 있지는 않다. 산호초의 거대하고 복잡한 구조에는 수많은 개별 산호초, 불규칙한 산호의 군체 그리고 수많은 섬들이 포함된다(그림 20-34).

산호초가 자라기에 가장 적합한 지역 가운데 하나는 열대 해역의 화산섬 주변이다. 이곳에서는 화산이 형성된 후 침강함에 따라 **안초**, **보초**, **환초** 등 다양한 형태의 산호초가 성장한다.

안초 : 화산이 처음 형성되었을 때, 예를 들어 제14장에서 기술한 하와이 열점에서 형성된 섬들에서 산호들은 해수면 바로 아래의 화산 측면에 집적되는데, 이 구역이 산호 폴립이 서식하는 얕은

3 역주 : 오스트레일리아 북동 해안에 있는 대보초이며, 살아 있는 생물체가 쌓은 구조물 가운데 가장 규모가 크다.

◀그림 20-34 오스트레일리아의 그레이트배리어리프 해안 경관

위태로워진 산호초

▶ Kristine DeLong, 루이지애나주립대학교

산호초는 아열대와 열대 해양에서 생물학적으로 다양성이 가장 풍부한 몇몇 생태계 가운데 하나에 해당한다. 그러나 산호초는 복합적인 스트레스 요인으로 인하여 세계적으로 황폐해지고 있다. 대서양에서 기록된 최대의 변화는 1970년대 이후 산호초의 90% 이상이 대량으로 감소했을 때 발생했다. 이 가운데 'Acropora palmata'와 'Acropora cervicornis'라는 이름의 2개의 중요한 종은 2008년에 심각한 멸종 위기에 놓인 종으로 등록되었다. 2014년에 추가로 20개의 종이 위기종에 올랐다. 동부 열대 태평양의 산호초도 유사하게황폐화를 겪었다. 가장 규모가 크고 가장 심한 산호초의 쇠퇴는 보다 최근에 특히 1998년 엘니뇨 이후 황폐화를 겪은 인도양과 태평양 지역에서 일어났다.

▶ **그림 20-D** (a) 건강한 산호 (b) 미국령 사모아섬의 백화 현상을 겪은 산호

(a) 2014년 12월 (b) 2015년 12월

산호초 스트레스의 원천 : 정상 수온을 넘는 고온은 산호에 백화 현상(산호가 그들에게 영양을 공급하는 공생조류를 추출하는 사건)을 일으킬 수 있다(**그림 20-D**). 산호는 백화 현상이 며칠 정도는 지속되더라도 회복될 수 있지만, 수 주간에 이어지는 급격한 기온 변화는 산호의 죽음을 초래할 수 있다. 그러한 사건은 점점 증가하고 있다. 최근 백화 현상은 매년 여름에 발생하는데, 이 현상에서 더 나아가 산호의 폐사를 일으키는 유행병이 이어질 수 있다(**그림 20-E**).

증가하는 대기의 이산화탄소는 해양에 용해되면서 해양의 산도를 변화시킬 수 있다. 지나친 산성화는 탄산칼슘의 골격을 갖는 유기체, 즉 산호, 게, 달팽이, 갑각류 그리고 일부 플랑크톤의 성장률을 낮춘다. 미래에 발생할 지속적인 CO_2 방출과 해양 산성화는 산호의 스트레스를 증가시켜, 2100년에 이르면 산호의 백화 현상과 질병을 가져오고 결국 폐사율이 전반적으로 확대될 것이다.

해수면이 상승하면서 산호초의 수심이 깊어져 산호의 먹이가 되는 공생조류가 살아가는 데 필요한 일사량이 줄어든다. 산호는 지난 빙기-간빙기 주기처럼 천천히 상승하는 해수면에 반응하는 것은 가능하다. 예상되는 해수면 상승률이라면, 21세기 말경이 되면 산호의 성장은 이를 따라갈 수 없을 것이다.

가능한 해결책 : 산호 감시 프로젝트(http://coralreefwatch.noaa.gov/satellite/index.php)는 원격탐사를 통하여 산호에 미치는 잠열 스트레스를 감시하기 위해 해수면의 온도를 기록한다(**그림 20-F**). 연구자는 기후 변화가 산호에 미치는 영향과 산호의 적응능력을 실제로 조사하고 있다. 일부 연구물은 산호 성장률 감소를 보고하는 반면, 다른 연구는 일부 종의 경우 더 빨리 자라면서 탄산칼슘의 밀도가 떨어지고 있음을 확인했다. 높은 CO_2 수준은 산호의 종말을 가져오지만, 어떤 연구자는 산호가 어떤 장소에서는 적응해서 살 수 있을 것이라고 주장한다. 직접적으로 인간에 의한 스트레스(보트와 잠수 피해)를 제거하고, 육상으로부터의 유출과 토사량을 줄이고, 인간에 의해 산호에 공급되는 암설을 제거한다면 산호가 다시 생존하고 건강해질 수 있는 기회가 될 것이다.

질문

1. 엘니뇨는 산호에 어떻게 영향을 미칠 것인가?
2. 산호 보호는 왜 중요한가?
3. 해양 산성화는 산호를 완전히 녹여 버리는가?

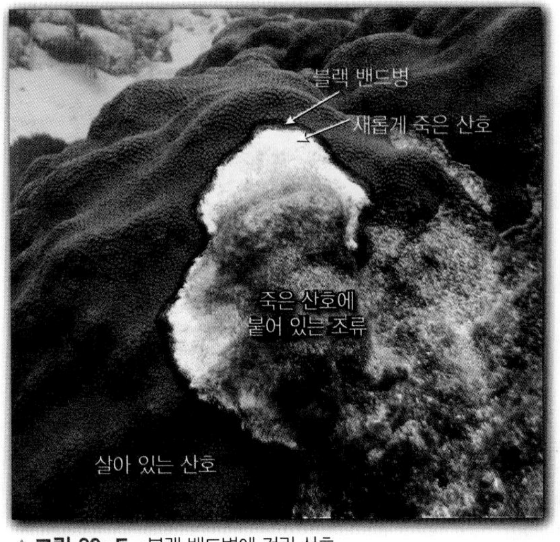

▲ **그림 20-E** 블랙 밴드병에 걸린 산호

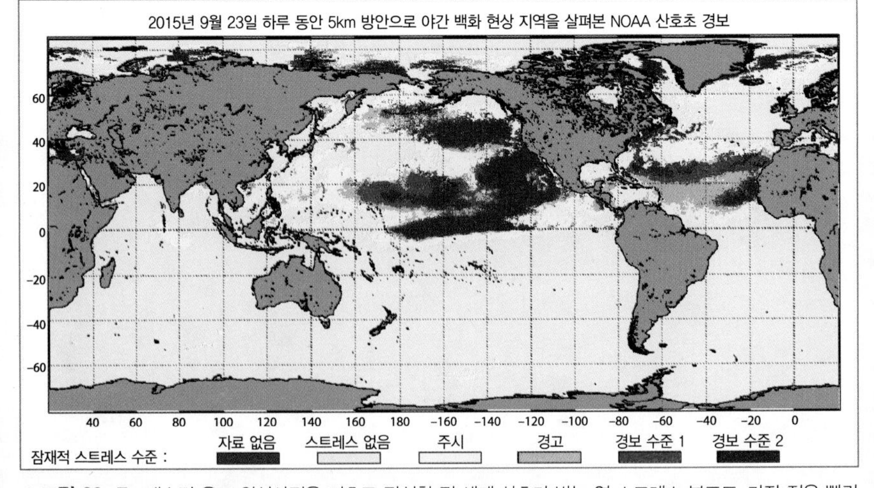

▲ **그림 20-F** 해수면 온도 위성사진을 기초로 작성한 전 세계 산호가 받는 열 스트레스 분포도. 가장 짙은 빨간색이 산호 백화 현상의 가능성이 가장 높은 곳이다.

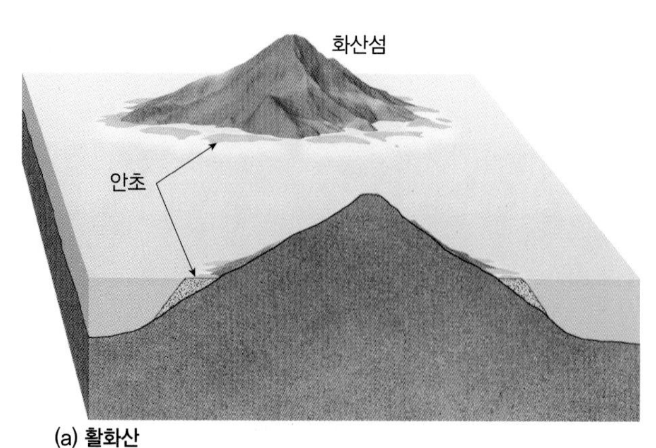

(a) 활화산

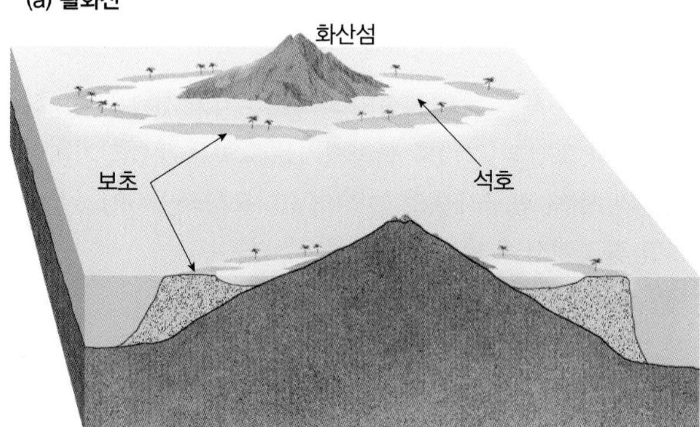

(b) 이후 : 침강하는 휴화산

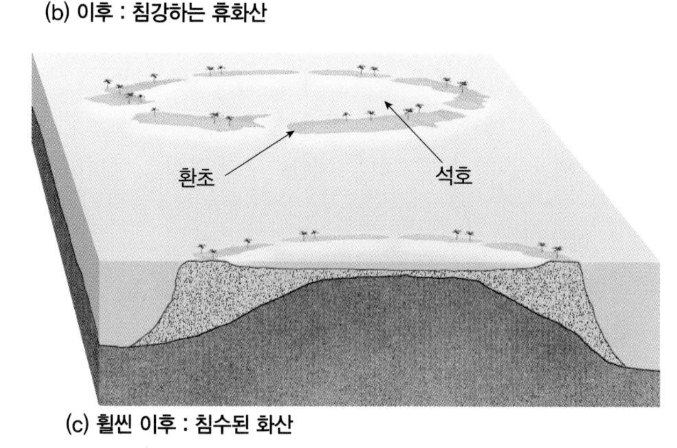

(c) 훨씬 이후 : 침수된 화산

▲그림 20-35 침강하는 화산섬 주변의 산호초 형성. (a) 열대 해안에 새로 형성된 화산섬의 수심이 얕은 화산섬 가장자리를 따라 살고 있는 산호 폴립들이 섬에 붙어 안초를 형성하고 있다. (b) 화산이 휴화산이 되고 가라앉기 시작해도, 산호는 계속해서 원래의 산호초 기반 위로 성장하여 원통형으로 화산섬을 둘러싼다. 석호로 인해 화산섬과 분리된 이러한 산호초를 보초라 한다. (c) 화산섬이 완전히 가라앉아 육지가 없는 석호를 둘러싸고 있는 산호초는 환초라 부른다.

수역이기 때문이다. 그 결과 산호초가 화산 바로 근처에 자라게 된다(그림 20-35a). 이렇게 붙어서 자라는 산호초를 **안초**(fringing reef)라 부른다(그림 20-36). 이 섬이 열점에서부터 이동하여 멀어지면 냉각되고 밀도가 높아지게 되며, 따라서 섬은 침강하기 시작한다.

보초 : 새로운 산호층이 이전의 산호층 위를 덮을 때 산호는 높이가 불규칙한 원통형으로 화산 주변에서 성장한다. 그와 동시에 화산이 침강하면서 원래의 산호초의 기저부를 아래쪽 방향으로 끌고 내려간다. 산호가 충분히 성장하고 화산섬이 충분히 가라앉았을 때 수면에서 나타나는 결과는 그림 20-35b처럼 여전히 수면 위에 남아 있는 화산섬으로부터 석호에 의해 분리된 고리 모양의 산호초가 드러난다. **보초**(barrier reef)라고 불리는 이러한 고

▲그림 20-36 피지 모누리키섬에 있는 안초의 일부

리 모양의 산호는 산호의 두께가 각각 다르기 때문에 부서진 원 모양을 하고 있으며, 중앙의 화산섬 주변에서 떠 있는 것처럼 보인다(사실 이 원 모양의 섬들은 해수면 훨씬 아래에 가라앉아 있는 화산섬 측면에 붙어 있는 형태이다). 보초의 표면은 대체로 해수면과 일치하는데, 일부는 공기 중으로 돌출되어 있는 모습을 보이기도 한다.

환초 : 산호 폴립은 보초의 수심이 얕은 상부에서 계속해서 서식하며, 그에 따라 산호초도 계속해서 위로 성장한다. 일단 화산섬의 꼭대기까지 모두 해수면 아래로 가라앉게 되면 산호로 둘러싸여 육지가 없는 석호가 형성되는데, 이것을 **환초**(atoll)라 부른다(그림 20-35c). 환초라는 용어는 고리 모양의 구조를 뜻한다. 그러나 이러한 고리 모양은 거의 연결되어 있는데, 실제로는 오히려 좁은 수로에 의해 분리된 거의 바짝 붙어 있는 일련의 산호섬으로 구성되어 있다. 각각의 작은 섬들은 **모투**(motu)라고 한다. 산호가 해수면보다 높은 곳에서는 살 수 없기 때문에 환초의 수면 윗부분을 구성하고 있는 많은 산호 파편들은 폭풍파에 의해 퇴적된 것이다(그림 20-37).

학습 체크 20-12 안초나 보초에서 어떤 과정을 거쳐 환초로 발달하는가?

▼그림 20-37 바사스다인디아는 마다가스카르 서쪽에 있는 환초이다.

제 20 장 학습내용 평가

이 장을 학습했다면 다음 질문에 대한 답을 찾아보자. 이 장의 학습내용에 대한 주요 용어는 진한 글씨로 표시되어 있다. 이 용어의 정의는 이 책 뒷부분에 제공된 별도의 용어해설에 나와 있다.

주요 용어와 개념

해안 지형 형성 작용

1. 해안선을 따라 일어나는 지형 발달이 호안을 따라 나타나는 지형 발달과 다르게 진행되는 몇 가지 내용은 무엇인가?

파랑

2. 해양 파랑의 대부분은 어떻게 생성되는가?
3. 해양에서 발생하는 **너울**은 무엇인가?
4. **파랑의 진동**과 **파랑의 변형**은 어떠한 차이가 있는가?
5. 해양의 얕은 곳과 깊은 곳에서 파랑의 특성을 비교하되, 특히 육지로 파랑이 접근할 때 **파장**과 **파고**의 변화를 서술하라.
6. 해빈의 **스워시**와 **백워시**의 차이점을 대조하여 설명하라.
7. **파랑의 굴절** 과정을 기술하고 설명하라.
8. **쓰나미**의 형성과 특징을 설명하라.

해안 지형을 만드는 중요한 지형 형성 작용들

9. 왜 **전 세계적 해수면 변동**은 플라이스토세에 일어났는가?
10. 대륙의 해안선을 따라 분포하는 퇴적물 대부분의 기원은 무엇인가?
11. **연안류**의 유형 그리고 특성을 기술하라.
12. **해빈표류**를 설명하라.

해안 퇴적 지형

13. 해빈과 같은 해안 퇴적 지형의 **퇴적물 수지**의 개념을 설명하라.
14. **해빈**들의 모양과 크기를 변화시키는 요인은 무엇인가?
15. 해안의 **사취**, **만구사주**를 설명하고 비교하라.
16. 어떤 환경에서 **육계사주**가 형성되는가?
17. **제빈도**의 특징을 설명하라.
18. 시간이 경과함에 따라 해안 **석호**는 어떻게 변화하는가?
19. **제티**와 **그로인**은 주변 해안에 어떤 영향을 미치는가?

침수 및 이수 해안

20. **리아스식 해안**과 **피오르** 해안의 형성을 설명하라.
21. 어떻게 해식애와 **파식대**가 발달하는지 설명하라.
22. 이수 해안을 따라 분포하는 **해안단구**의 형성을 설명하라.

산호초 해안

23. 어떻게 **안초**가 형성되며 그것이 처음에는 **보초**, 그다음에는 **환초**로 어떻게 변화하는지 설명하라.

학습내용 질문

1. 어떤 요인이 해안을 강타하는 파랑의 침식력에 영향을 미치는가?
2. 파랑 운동에 있어 침식 도구로서의 공기는 어떤 역할을 하는가?
3. 해안으로 흐르는 하천 본류에 댐이 건설되었을 때 하류의 해빈에는 무슨 일이 일어날 것 같은가? 왜 그런지 이유를 설명하라.
4. 양빈이란 무엇인가? 해안 공동체에 양빈은 좋은 투자가 될 수 있는가? 그렇다면 또는 그렇지 않다면 그 이유는 무엇인가?
5. 왜 침수 해안이 오늘날 일반적으로 분포하는가?
6. 인간 활동에 의해 발생한 지구온난화와 다른 환경 변화들이 산호초에 어떻게 영향을 미칠까?

연습 문제

1. 파랑의 경사도는 파장에 대한 파고의 비율로 나타낸다(다시 말하면, 파랑경사도 = 파고 ÷ 파장). 경사도가 1/7보다 더 커지면 파는 부서진다.
   a. 파장 8m인 파랑의 최대 파고는 _______m이다.
   b. 파장 21m인 파랑의 최대 파고는 _______m이다.
   c. 쇄파의 파고가 2m라면, 이 파의 파장은 _______m이다.
2. 대부분의 파랑은 수심이 파장이 약 1.3배 되는 곳에 도착하면 부서진다. 쇄파의 파고가 1.5m라면, 이 파가 부서지는 지점의 수심은 _______m이다.
3. 대부분의 파랑은 수심이 파장이 약 1.3배 되는 곳에 도착하면 부서진다. 쇄파의 파고가 7m라면, 이 파가 부서지는 지점의 수심은 _______m이다.

환경 분석 해수면 상승

데이터 MG
해수면 상승

https://goo.gl/KyWVEA

기후 연구팀들은 빙모와 빙하가 녹으면서 전 세계적으로 해수면이 상승할 것이라고 말한다. 이와 같은 변화는 해안 지역에 충격을 줄 것이며, 어떤 지역은 다른 지역들보다 더 많이 충격에 노출된다.

활동

해수면 상승과 해안 범람의 충격에 관한 사이트 http://coast.noaa.gov/slr에 접속하여 내용을 읽고 "Get Started"를 클릭하여 시작하라.

1. 이 데이터 뷰어의 목적은 무엇인가?

동쪽 해안을 따라 위치한 주에 화면을 확대하라. 해수면을 상승시키기 위해서는 "Sea Level Rise" 슬라이더를 활용하라.

2. 해수면 상승의 효과는 무엇인가? 몇 %의 해안이 영향을 받는가?

몇몇 "Visualization Locations"를 클릭하고, 각 지역에서 해수면 상승이 미치는 영향을 파악하기 위하여 슬라이더를 활용하라.

3. 당신은 어떤 지역을 작업하여 내용을 가시화하였는가? 당신이 그 지역에서 파악한 해수면 상승에 의한 영향은 무엇인가?

"Vulnerability" 버튼을 누르고, 높은 "Social Vulnerability"로 도시를 찾아서 확대하라. 지역의 위치를 결정하기 위해 "Flood Frequency"와 "Vulnerability" 사이를 왔다갔다하며 누르라.

4. 도시를 정하고, 이 도시가 가지는 해수면 상승에 대한 민감도에 대한 지리적 특성을 기술하라.

"Overview" 패널을 열라.

5. 이 도시에서는 해수면이 상승함에 따라 홍수 빈도가 어떻게 변화하는가?

화면을 확대하라. "Sea Level Rise"를 클릭하고 해수면이 상승하도록 슬라이드를 이용하라.

6. 제공된 스케일을 사용하여, 해수면이 6피트(약 1.8m) 상승한 경우 해안선이 육지 쪽으로 전진할 수 있는 최대 거리를 계산하라.

"Confidence"를 클릭하고 "Overview" 패널을 열라.

7. 이 도시에서 해수면 상승으로 발생하는 범람의 신뢰 수준은 어느 정도인가?
8. 해수면 상승에 매우 민감하다고 생각되는 2개 이상의 도시에 대해서 4~7번의 과정을 반복하여 연습하라.

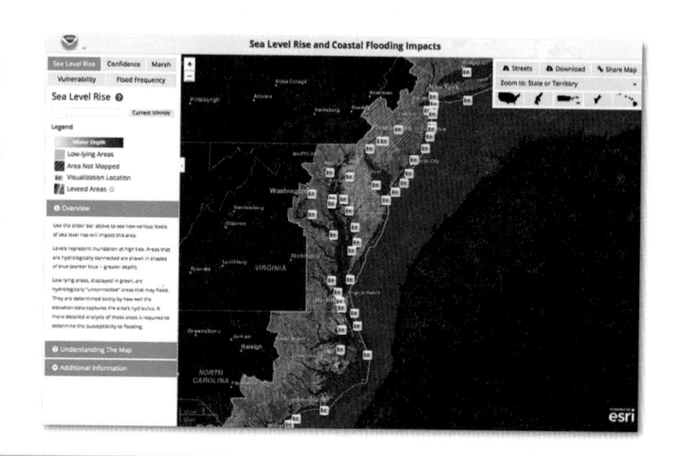

지리적으로 바라보기

이 장의 첫 페이지에 있는 오리건 해안 사진을 다시 보라. 파랑이 해안에 접근하면서 어떻게 해안의 경관을 만드는지 설명하라. 이 경관이 분포하는 장소는 대체로 해안 침식이 발생하는 곳인가? 대부분의 퇴적물은 무엇인가? 그리고 그 이유는 무엇인가?

국제 단위계(SI)

주로 미국을 제외하고 과학 연구와 일상 생활 모두에서 세계적으로 널리 사용되는 도량형은 국제 단위계이며, 이는 *Système Internationale*라는 프랑스어를 축약해서 SI로 표현한다. 이 단위 시스템에는 일곱 가지 기본 단위와 각도에 대한 추가 단위가 있다(표 I-1). 이 시스템의 장점은 천문학적으로 크거나 극도로 작은 측정 규모를 표현할 때 표 I-2에 나와 있는 접두사를 사용해서 10의 배수로 표현한다는 것이다. 표 I-3은 빈번하게 사용되는 변환 단위들이다.

표 I-1 SI 단위계

양	단위	기호
기본 단위		
길이	미터	m
질량	킬로그램	kg
시간	초	s
전류	암페어	A
온도	켈빈	K
물질량	몰	mol
광도	칸델라	Cd
보조 단위		
평면각	라디안	rad
입체각	스테라디안	Sr

표 I-2 배수와 SI 접두사

배수	값	접두사	기호
1,000,000,000,000	10^{12}	테라	T
1,000,000,000	10^{9}	기가	G
1,000,000	10^{6}	메가	M
1,000	10^{3}	킬로	k
100	10^{2}	헥토	h
10	10^{1}	데카	da
0.1	10^{-1}	데시	d
0.01	10^{-2}	센티	c
0.001	10^{-3}	밀리	m
0.000001	10^{-6}	마이크로	μ
0.000000001	10^{-9}	나노	n
0.000000000001	10^{-12}	피코	P

표 I-3 SI와 영어권 단위 환산

환산 대상	곱하기	환산값
길이		
인치	2.540	센티미터
피트	0.3048	미터
야드	0.9144	미터
마일	1.6093	킬로미터
밀리미터	0.039	인치
센티미터	0.3937	인치
미터	3.2808	피트
킬로미터	0.6214	마일

(계속)

표 I-3 SI와 영어권 단위 환산

환산 대상	곱하기	환산값
면적		
제곱 인치	6.452	제곱 센티미터
제곱 피트	0.0929	제곱 미터
제곱 야드	0.8361	제곱 미터
제곱 마일	2.590	제곱 킬로미터
에이커	0.4047	헥타르
제곱 센티미터	0.155	제곱 인치
제곱 미터	10.764	제곱 피트
제곱 미터	1.196	제곱 야드
제곱 킬로미터	0.3861	제곱 마일
헥타르	2.471	에이커
체적		
세제곱 인치	16.387	세제곱 센티미터
세제곱 피트	0.028	세제곱 미터
세제곱 야드	0.7646	세제곱 미터
액량 온스	29.57	밀리리터
파인트	0.47	리터
쿼트	0.946	리터
갤런	3.785	리터
세제곱 센티미터	0.061	세제곱 인치
세제곱 미터	35.3	세제곱 피트
세제곱 미터	1.3079	세제곱 야드
밀리리터	0.034	액량 온스
리터	1.0567	쿼트
리터	0.264	갤런
질량(무게)		
온스	28.3495	그램
파운드	0.4536	킬로그램
톤(2,000 파운드)	907.18	킬로그램
톤(2,000 파운드)	0.90718	톤
그램	0.03527	온스
킬로그램	2.2046	파운드
킬로그램	0.0011	톤(2,000 파운드)
톤	1.1023	톤(2,000 파운드)
온도		
(°F − 32°) ÷ 1.8 = °C		
(°C × 1.8) + 32° = °F		

미국지질조사국의 지형도

미국지질조사국(USGS)은 세계에서 가장 큰 지도 제작 기관 중 하나이며, 국가 지도 제작 프로그램을 주로 담당하는 기관이다. 미국지질조사국은 광대한 종합 지도를 만들지만, 그 '사각형' 지형도는 지리학자들에 의해 주로 사용된다. 지도는 1:24,000에서부터 1:1,000,000까지 다양한 축척으로 제작되지만, 정치적 경계보다는 경위도로 구분되어 제작된다. 오랫동안 지도는 지표 조사에 의해 제작되었다. 그러나 최근에는 항공사진과 위성 자료 그리고 수치 고도 자료를 통해 제작된다.

지형도는 도로 및 건물과 같은 인문적 사상과 하천, 빙하, 삼림 피복지 같은 자연적 사상을 모두 표현한다. 지형도는 또한 **등고선**(elevation contour line)을 통해 지형 기복을 표현한다(그림 II-1). 이와 같이 만들어진 지형도를 통해 2차원의 지도로부터 3차원 지형을 판독할 수 있으며, 특히 지형 연구에 유용하게 사용된다.

미국지질조사국은 55,000종 이상의 지형도와 직접 수정한 285,000장의 디지털 항공사진을 제작한다. 2001년에 미국 지질조사국은 The National Map으로 알려진 지리정보 시스템에 기반을 둔 온라인 공개 프로그램 개발을 위해 야심 찬 프로젝트를 시작하였다. The National Map은 지형도와 항공사진 그리고 위성사진 및 다양한 지리공간 지도를 통합시켰다. http://nationalmap.gov에서 온라인 서비스되고 있다.

등고선

미국지질조사국 지형도는 지표의 형태, 사면, 해발고도, 기복(최고 지점과 최저 지점 간의 해발고도 차이)을 표현하기 위해 등고선을 사용한다(그림 II-2). 등고선을 해석할 때 다음과 같은 방법을 이용하라.

1. 등고선은 동일 고도 지점을 연결한다.
2. 두 등고선 사이의 해발고도 차이를 등고선 간격(contour interval)이라 한다.
3. 보통 네 번째 또는 다섯 번째의 등고선은 **굵은 계곡선**(index contour)으로 표현한다.
4. 한쪽 등고선의 고도는 다른 등고선보다 높다.
5. 등고선은 절대 다른 등고선과 겹쳐지거나 다른 등고선을 가로지르지 않는다(단, 단애는 제외).
6. 등고선은 시작점도 끝점도 없다. 모든 등고선은 지도 내부 또는 외부에서 폐곡된다.
7. 등고선 간격이 동일하면 동일한 사면 경사를 나타낸다.
8. 만약 등고선 간격이 넓으면 완경사를, 좁으면 급경사를 나타낸다.
9. 등고선이 상류의 하곡이나 우곡 또는 골짜기를 가로지르면 높은 쪽으로 모아지는 'V'자형으로 구부러진다.
10. 등고선이 능선을 가로지르면 낮은 쪽으로 모아지는 'V'자형으로 구부러진다.
11. 등고선이 그 지도 내에서 폐곡되면 언덕이나 봉우리를 표현한 것이다. 등고선 내부의 땅은 폐곡선보다 해발 고도가 더 높은 곳이다.
12. 함몰지는 폐곡선 내부 측면을 따라 가는 선을 그려 넣어 표현하였다. **함몰지 등고선**의 고도는 다른 표현이 없는 한 인접해 있는 더 낮은 등고선의 해발고도와 동일하다.

지형도 기호

지형도는 또한 기호와 색깔을 이용해서 다양한 사상을 표현한다. 다양한 종류의 사상들을 구분하기 위해 표준색을 정해 사용한다.

- **갈색** : 등고선 및 다른 지형 사상
- **파란색** : 수리(물) 사상
- **흑색** : 빌딩, 도로, 행정 경계나 명칭과 같이 인간에 의해 건설되거나 고안된 사상
- **녹색** : 삼림, 숲, 과수원 그리고 포도밭
- **적색** : 주요 도로와 공유지 측량시스템을 위한 선
- **회색 또는 엷은 적색** : 도시 지역
- **자주색** : 항공사진을 통해 추가 수정된 사상

미국지질조사국 지형도에서 사용하는 주요 표준 기호가 그림 II-3에 나타나 있다. 동일한 종류의 사상을 여러 형태로 표현한 점을 주의하라.

안부(鞍部) 헤이그산 머미산

로링강 타일스톤산

(a) 콜로라도 지역 사진

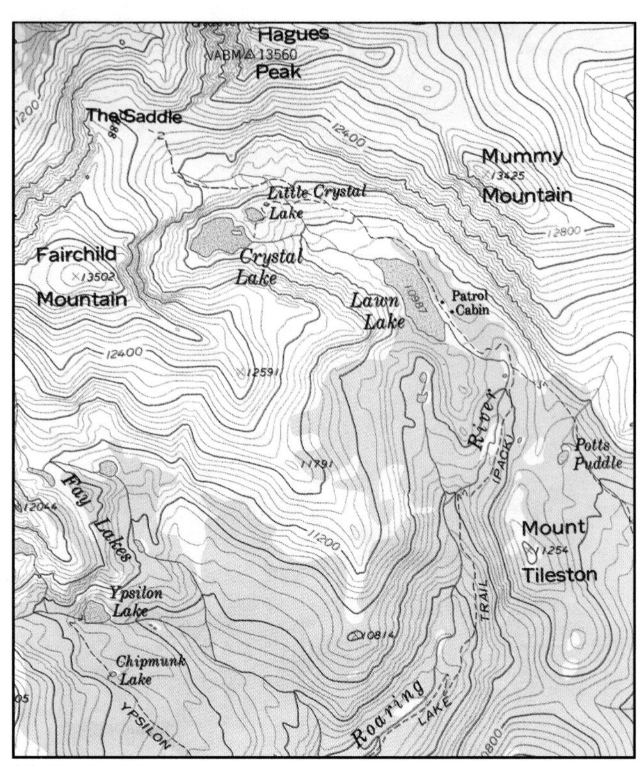

(b) 동일한 지역의 지형도

▲그림 II-1 등고선을 이용한 지형 표현. 콜로라도에 위치한 로키 국립공원의 헤이그산과 머미산의 (a) 사진과 (b) 지형도이다. 지도의 축척은 1:125,000이며 등고선 간격은 27m이다.

(a) 경관 그림

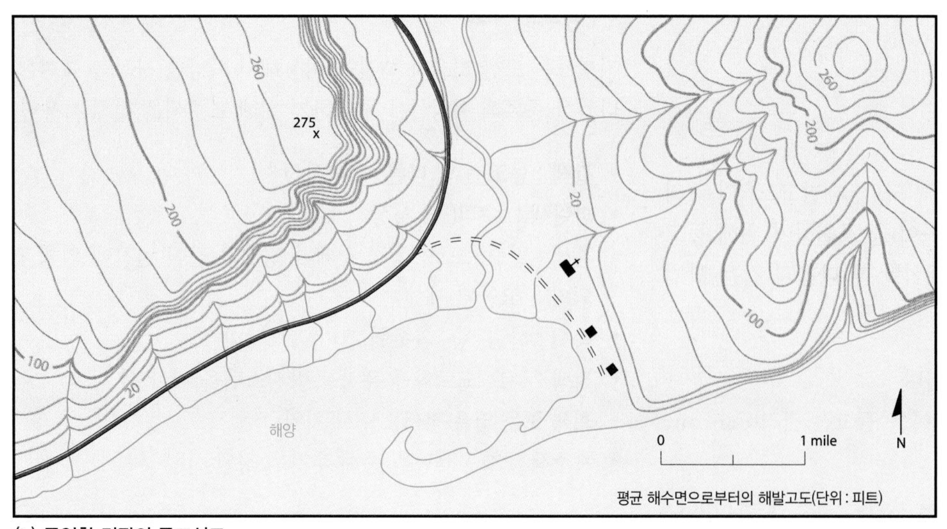

(b) 동일한 경관의 등고선도

▲그림 II-2 (a) 가상의 지형과 (b) 그 지역을 등고선으로 표현한 지도. 등고선 간격이 좁은 곳은 경사가 급하고, 등고선 간격이 넓은 곳은 경사가 완만하다.

해양 사상	
평균 간조 시 노출 시 지역, 수심 측량 기준선***	
해협***	
수중 암석***	+

경계선	
국경	
주 경계	
카운티 경계	
타운십 경계	
통합시 경계	
국립공원, 자연보호 구역, 기념물(외부)	
국립공원, 자연보호 구역, 기념물(내부)	
주립공원 및 산림, 자연보호 구역, 기념물과 카운티 공원	
산림청 관리 지역*	
산림청 순찰 구역*	
산림청 소유 국유 토지*	
비산림청 소유 국유 토지*	
소공원(카운티 또는 시립)	

건물 관련 사상	
빌딩	
학교, 교회	
운동장	
시가지	
산림청 본부*	
순찰 구역 사무실*	
순찰대 또는 사무소*	
자동차 경기장	
공항 활주로, 유도로 또는 에이프런	
비포장 활주로	
우물(물 이외 물질), 풍차 또는 풍력발전기	
탱크	
지붕 덮인 저장소	
주유소	
랜드마크	
보트 선착장*	
도로변 공원 또는 휴게소	
피크닉 지역	
야영장	
겨울 휴양지*	
공동묘지	Cem

해안 사상	
조간대	Mud
산호초	Reef
암초, 항해 위험 지역	
암초군	
노출된 난파선	
수심선	18 23
방파제, 부두, 제티	
방파제	
유정 또는 가스정	

등고선	
지형	
계곡선	6000
근사치	
주곡선	
근사치	
조곡선	
함몰지	
절개	
성토	
대륙 경계	
해양	
계곡선***	
주곡선***	
조곡선***	
간곡선***	
보조수심선***	

표시 자료	
주요 지점**	3-20
광산	USMM 438
하천 유로 길이 표시점	Mile 69

고도 표시	
해발고도(표시비 포함)	BM 9134 BM 277
해발고도(표시비 없음, 수정 가능)	5628
표시 번호와 해발고도	67 4567

수평 표시	
수평 지점(영구적)	Neace Neace
수평 지점	BM 52 Pike BM393
해발고도 조사 지점	1012
발견 구역 교점	Cactus Cactus
미지정 기념물**	

▲그림 II-3 미국지질조사국에서 사용하는 지형도 표준 기호

표시 자료(계속)

수직 표시

항목	기호
해발고도(표시비 포함)	BM × 5280
해발고도 (표시비 없음, 수정 가능)	× 528
발견 구역 교차 참조점	BM + 5280
해발고도점	×7523

빙하와 영구적 설원

등고선과 한계선
형태선
빙하 전진
빙하 후퇴

토지 조사

공공 토지 조사 시스템

항목	기호
범위 또는 타운십 경계선	
근사 지점	
불분명한 지점	
연장선	
연장선(AK 축척 1:63,360)	
구역 또는 타운십 표시	R1ET2N R3WT4S
구역선	
근사 지점	
불분명한 지점	
연장선	
연장선(AK 축척 1:63,360)	
구역 번호	1 - 36 1 - 36
발견 구역 모서리	
종단 경계 모서리	
참고 모서리	WC
측면 경계 모서리	MC
연약 모서리*	

기타 토지 조사

범위 또는 타운십 경계선
구역선
토지 불하, 채광, 토지 기증 또는 택지
토지 불하, 임대 주택, 광물 또는 다른 특별 조사 지점
펜스 또는 토지 경계선

해안선

해안선
식생 경계***
불명확 또는 미조사

광산과 동굴

항목	기호
채석장 또는 노천 광산	
역, 모래, 점토 또는 임대 광산	
광산 갱 또는 동굴 입구	
광산 축대	
채광 유망지	x
테일링	Tailings
광물 저장소	
과거 처리장 또는 광산	

도법과 그리드

항목	기호
니트라인	3915 ´ 9037 30 ˝
경위도 좌표	55´
경위도 교차점	
기준 이동 교차점	

평면 좌표 체계

항목	기호
주요 지역 교차점	640 000 FEET
2차 지역 교차점	247 500 METERS
3차 지역 교차점	260 000 FEET
4차 지역 교차점	98 500 METERS
5차 지역 교차점	320 000 FEET

횡축 메르카토르 체계

항목	기호
UTM 그리드	273
UTM 그리드 교차점*	269

철도 및 관련 사상

표준 규격 철도(단선)
표준 규격 철도(복선)
협궤 철도(단선)
협궤 철도(복선)
철도 대피선
고속도로 내부
도로 내부 철도
경량 철도*
고가 철도 교차로
철도 교량, 가동교 철도
철도 터널
철도 역
철도 회전대, 원형 기관차고

하천, 호수, 운하

영구 하천(stream)
영구 하천(river)
간헐 하천(stream)
간헐 하천(river)
소멸 하천(stream)
소규모 폭포
대규모 폭포
소규모 급류
대규모 급류
석조 댐
수문 댐
하중 방류 댐

▲ 그림 II-3 미국지질조사국에서 사용하는 지형도 표준 기호(계속)

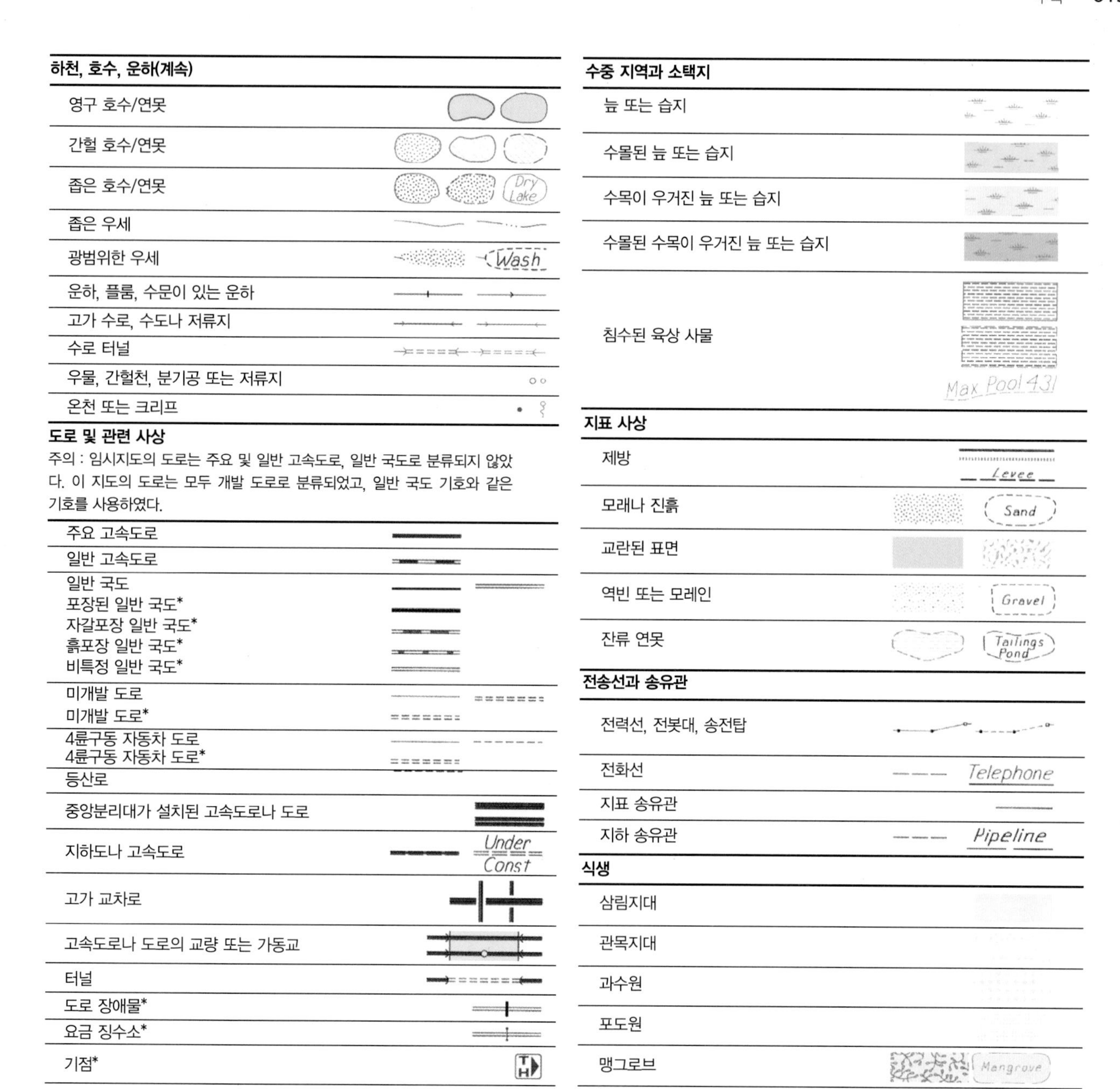

▲그림 II-3 미국지질조사국에서 사용하는 지형도 표준 기호(계속)

기상 자료

상대습도의 측정

건습구 습도계(psychrometer)는 상대습도를 측정하는 기구이다. 이것은 나란히 설치된 두 종류의 온도계로 이루어져 있다. 하나는 **건구**(dry bulb) 온도계라 불리는 정규 온도계로 단순히 기온을 측정한다. 다른 하나는 증류수로 포화된 면이나 거즈로 싸인 수은구를 가진 **습구**(wet bulb) 온도계이다. 두 종류의 온도계를 회전시키거나[회전시킬 수 있는 손잡이가 달린 **회전식 습도계**(sling psychrometer)] 바람이 불게 함으로써 통풍이 잘되게 한다. 이러한 통풍은 주변 공기 습도에 부합되는 값으로 습구 온도계의 덮개를 증발시킨다. 증발은 냉각 과정이고 건구 온도계의 온도는 떨어진다. 건조한 공기에서는 습윤한 공기보다 증발이 매우 잘 일어나고 따라서 더 많이 냉각된다. **습구 편차**(depression of the wet bulb)라 불리는 건구 온도계와 습구 온도계의 온도 차이는 주변 공기의 상대적인 포화 상태를 나타낸다. 습구 편차가 크면 상대습도가 낮고, 작으면 공기가 거의 포화 상태에 도달했다는 것을 의미한다. 공기가 완전히 포화되었다면 순 증발은 일어나지 않을 것이며, 두 종류의 온도계는 동일한 값을 나타내고 있을 것이다.

상대습도를 측정하는 데 있어 회전식 습도계를 이용하여 건구 온도계와 습구 온도계를 계측하면, 이들 두 온도계의 수치는 섭

표 III-1 상대습도 건습계표(°C)

기온 (°C)	습구 편차(°C)																					
	1	2	3	4	5	6	7	8	9	10	11	12	13	14	15	16	17	18	19	20	21	22
-4	77	54	32	11																		
-2	79	58	37	20	1																	
0	81	63	45	28	11																	
2	83	67	51	36	20	6																
4	85	70	56	42	27	14																
6	86	72	59	46	35	22	10	0														
8	87	74	62	51	39	28	17	6														
10	88	76	65	54	43	33	24	13	4													
12	88	78	67	57	48	38	28	19	10	2												
14	89	79	69	60	50	41	33	25	16	8	1											
16	90	80	71	62	54	45	37	29	21	14	7	1										
18	91	81	72	64	56	48	40	33	26	19	12	6	0									
20	91	82	74	66	58	51	44	36	30	23	17	11	5									
22	92	83	75	68	60	53	46	40	33	27	21	15	10	4	0							
24	92	84	76	69	62	55	49	42	36	30	25	20	14	9	4	0						
26	92	85	77	70	64	57	51	45	39	34	28	23	18	13	9	5						
28	93	86	78	71	65	59	53	45	42	36	31	26	21	17	12	8	4					
30	93	86	79	72	66	61	55	49	44	39	34	29	25	20	16	12	8	4				
32	93	86	80	73	68	62	56	51	46	41	36	32	27	22	19	14	11	8	4			
34	93	86	81	74	69	63	58	52	48	43	38	34	30	26	22	18	14	11	8	5		
36	94	87	81	75	69	64	59	54	50	44	40	36	32	28	24	21	17	13	10	7	4	
38	94	87	82	76	70	66	60	55	51	46	42	38	34	30	26	23	20	16	13	10	7	5

상대습도(%)

표 III-2 상대습도 건습계표(°F)

기온 (°F)	습구 편차(°F)																													
	1	2	3	4	5	6	7	8	9	10	11	12	13	14	15	16	17	18	19	20	21	22	23	24	25	26	27	28	29	30
0	67	33	1																											
5	73	46	20																											
10	78	56	34	13	15																									
15	82	64	46	29	11																									
20	85	70	55	40	26	12																								
25	87	74	62	49	37	25	13	1																						
30	89	78	67	56	46	36	26	16	6											상대습도(%)										
35	91	81	72	63	54	45	36	27	19	10	2																			
40	92	83	75	68	60	52	45	37	29	22	15	7																		
45	93	86	78	71	64	57	51	44	38	31	25	18	12	6																
50	93	87	74	67	61	55	49	43	38	32	27	21	16	10	5															
55	94	88	82	76	70	65	59	54	49	43	38	33	28	23	19	11	9	5												
60	94	89	83	78	73	68	63	58	53	48	43	39	34	30	26	21	17	13	9	5	1									
65	95	90	85	80	75	70	66	61	56	52	48	44	39	35	31	27	24	20	16	12	9	5	2							
70	95	90	86	81	77	72	68	64	59	55	51	48	44	40	36	33	29	25	22	19	15	12	9	6	3					
75	96	91	86	82	78	74	70	66	62	58	54	51	47	44	40	37	34	30	27	24	21	18	15	12	9	7	4	1		
80	96	91	87	83	79	75	72	68	64	61	57	54	50	47	44	41	38	35	32	29	26	23	20	18	15	12	10	7	5	3
85	96	92	88	84	81	77	73	70	66	63	59	57	53	50	47	44	41	38	36	33	30	27	25	22	20	17	15	13	10	8
90	96	92	89	85	81	78	74	71	68	65	61	58	55	52	49	47	44	41	39	36	34	31	29	26	24	22	19	17	15	13
95	96	93	89	86	82	79	76	73	69	66	63	61	58	55	52	50	47	44	42	39	37	34	32	30	28	25	23	21	19	17
100	96	93	89	86	83	80	77	73	70	68	65	62	59	56	54	51	49	46	44	41	39	37	35	33	30	28	26	24	22	21
105	97	93	90	87	84	81	78	75	72	69	66	64	61	58	56	53	51	49	46	44	42	40	38	36	34	32	30	28	26	24

씨로 나타낸 표 III-1과 화씨로 나타낸 표 III-2를 통해 상대습도를 측정할 수 있다.

예를 들어 건구 온도계가 20℃이고 습구 온도계가 14℃, 습구 편차는 6℃라고 가정하면, 표 III-1의 "기온" 행의 20℃와 "습구 편차" 열의 6℃의 교차점에서 51%의 상대습도를 읽을 수 있다.

보퍼트 풍력 계급

일찍이 19세기에 영국 해군 제독 보퍼트는 영어권 국가들에서 널리 사용된 풍력 계급을 발전시켰다. 시간이 지나면서 수정이 되었지만, 본질적인 면에는 변화가 없다. 보퍼트 풍력 계급이 표 III-3에 제시되어 있다.

풍속 냉각

풍속 냉각(wind chill)은 낮은 기온과 강한 바람의 복합작용으로 얼마나 춥다고 느끼는지를 표현하는 데 사용되는 통속적인 용어이다. 춥고 바람이 없는 날, 체온은 피부에 닿은 얇은 층의 대기로 느리게 전도된다. 이렇게 가열된 분자들은 다른 차가운 분자들과 천천히 교환되며 확산된다. 따라서 신체는 상대적으로 적은 수의 차가운 분자들과 접촉하게 되며, 체온은 천천히 발산된다.

그러나 풍속이 증가함에 따라 따뜻한 분자 보호층이 빠르게 제거되고, 피부로 차가운 공기층이 계속해서 공급되어 따뜻한 분자층을 대체하기 때문에 체온은 매우 빨리 떨어지게 된다. 일정 속도 이상의 바람이 불면, 풍속이 빨라질수록 신체를 더 빨리 냉각시킨다. 풍속 냉각은 열을 발생시키는 유기체들에게만 영향을 준다. 무생물들은 잃어버릴 열이 없으므로 무생물의 온도는 바람의 움직임에 영향을 받지 않는다.

'풍속 냉각'이라는 용어는 1939년에 지리학자이자 극지 탐험가였던 Paul Siple에 의해 처음 사용되었다. 미국 기상청과 캐나다 기상청의 기상학자들은 가장 최근인 2002년을 포함하여 몇 차례 계산을 수정하였다. 현재 사용되고 있는 수정된 풍속 냉각 지수는 피부에 대한 바람의 효과('과거' 계산법은 지표 위에서 관측되는 10m의 풍속에 의존하였다)를 설명하고 체온 손실을 더 잘 설명한다.

또한 수정된 지수는 피부가 어떤 기온과 풍속에 얼마나 오랫동안 노출되어도 안전한지를 나타내는 동상 도표를 새롭게 포함하고 있다(표 III-4, III-5).

표 III-3 보퍼트 풍력 계급

	풍속			
풍력 계급	km/h	mile/h	노트	상태
0	<1	<1	<1	고요
1	1~5	1~3	1~3	실바람
2	6~11	4~7	4~6	남실바람
3	12~19	8~12	7~10	산들바람
4	20~29	13~18	11~16	건들바람
5	30~38	19~24	17~21	흔들바람
6	39~49	25~31	22~27	된바람
7	50~61	32~38	28~33	센바람
8	62~74	39~46	34~40	큰 바람
9	75~87	47~54	41~47	큰 센바람
10	88~101	55~63	48~55	노대바람
11	102~116	64~72	56~63	왕바람
12	117~132	73~82	64~71	허리케인
13	133~148	83~92	72~80	허리케인
14	149~166	93~103	81~89	허리케인
15	167~183	104~114	90~99	허리케인
16	184~201	115~125	100~108	허리케인
17	202~219	126~136	109~118	허리케인

열 지수

비록 습도는 우리 생활에 있어 더운 날씨에 더 많이 작용한다 할지라도 실제보다 더 춥거나 덥다고 느끼는 체감 온도는 습도에 아주 큰 영향을 받는다. 간단하게 말해서 높은 습도는 더운 날씨를 더욱더 덥게 한다.

미국 기상청은 피부에서 느끼는 '체감 온도'를 계량적으로 표현하기 위해 기온과 상대습도를 조합해서 만든 **열 지수**(heat index)를 개발하였다. 표 III-6에 열 지수가 나타나 있다.

열 지수에 다양한 체감 온도에서의 열 관련 위험성을 추가한 것이 열 스트레스 지수이며, 표 III-7에 나와 있다.

표 III-4 풍속 냉각(°C)

실제 기온(°C)

풍속(km/h) \ 고요	5	0	−5	−10	−15	−20	−25	−30	−35	−40
5	4	−2	−7	−13	−19	−24	−30	−36	−41	−47
10	3	−3	−9	−15	−21	−27	−33	−39	−45	−51
15	2	−4	−11	−17	−23	−29	−35	−41	−48	−54
20	1	−5	−12	−18	−24	−31	−37	−43	−49	−56
25	1	−6	−12	−19	−25	−32	−38	−45	−51	−57
30	0	−7	−13	−20	−26	−33	−39	−46	−52	−59
35	0	−7	−14	−20	−27	−33	−40	−47	−53	−60
40	−1	−7	−14	−21	−27	−34	−41	−48	−54	−61
45	−1	−8	−15	−21	−28	−35	−42	−48	−55	−62
50	−1	−8	−15	−22	−29	−35	−42	−49	−56	−63
55	−2	−9	−15	−22	−29	−36	−43	−50	−57	−63
60	−2	−9	−16	−23	−30	−37	−43	−50	−57	−64
65	−2	−9	−16	−23	−30	−37	−44	−51	−58	−65
70	−2	−9	−16	−23	−30	−37	−44	−51	−59	−66
75	−3	−10	−17	−24	−31	−38	−45	−52	−59	−66
80	−3	−10	−17	−24	−31	−38	−45	−52	−60	−67

30분 이내에 동상
10분 이내에 동상
5분 이내에 동상

표 III-5 풍속 냉각(°F)

실제 기온(°F)

풍속(mile/h) \ 고요	40	35	30	25	20	15	10	5	0	−5	−10	−15	−20	−25	−30	−35	−40
5	36	31	25	19	13	7	1	−5	−11	−16	−22	−28	−34	−40	−46	−52	−57
10	34	27	21	15	9	3	−4	−10	−16	−22	−28	−35	−41	−47	−53	−59	−66
15	32	25	19	13	6	0	−7	−13	−19	−26	−32	−39	−45	−51	−58	−64	−71
20	30	24	17	11	4	−2	−9	−15	−22	−29	−35	−42	−48	−55	−61	−68	−74
25	29	23	16	9	3	−4	−11	−17	−24	−31	−37	−44	−51	−58	−64	−71	−78
30	28	22	15	8	1	−5	−12	−19	−26	−33	−39	−46	−53	−60	−67	−73	−80
35	28	21	14	7	0	−7	−14	−21	−27	−34	−41	−48	−55	−62	−69	−76	−82
40	27	20	13	6	−1	−8	−15	−22	−29	−36	−43	−50	−57	−64	−71	−78	−84
45	26	19	12	5	−2	−9	−16	−23	−30	−37	−44	−51	−58	−65	−72	−79	−86
50	26	19	12	4	−3	−10	−17	−24	−31	−38	−45	−52	−60	−67	−74	−81	−88
55	25	18	11	4	−3	−11	−18	−25	−32	−39	−45	−54	−61	−68	−75	−82	−89
60	25	17	10	3	−4	−11	−19	−26	−33	−40	−48	−55	−62	−69	−76	−84	−91

30분 이내에 동상
10분 이내에 동상
5분 이내에 동상

표 III-6 열지수(체감 온도)

기온	상대습도 10%	20%	30%	40%	50%	60%	70%	80%	90%
46°C *115° F*	43°C *110° F*	49°C *121° F*	57°C *134° F*	66°C *152° F*	78°C *173° F*	*	*	*	*
43°C *110° F*	40°C *105° F*	44°C *112° F*	50°C *122° F*	58°C *136° F*	67°C *152° F*	77°C *171° F*	*	*	*
41°C *105° F*	37°C *99° F*	40°C *104° F*	44°C *112° F*	49°C *121° F*	57°C *134° F*	65°C *149° F*	74°C *166° F*	*	*
38°C *100° F*	34°C *94° F*	36°C *97° F*	39°C *102° F*	43°C *109° F*	48°C *118° F*	54°C *129° F*	62°C *143° F*	70°C *158° F*	*
35°C *95° F*	32°C *89° F*	33°C *91° F*	34°C *94° F*	37°C *99° F*	41°C *105° F*	45°C *113° F*	51°C *123° F*	57°C *134° F*	*
32°C *90° F*	29°C *85° F*	30°C *86° F*	31°C *88° F*	33°C *91° F*	35°C *95° F*	38°C *100° F*	41°C *106° F*	45°C *113° F*	50°C *122° F*
29°C *85° F*	27°C *81° F*	28°C *82° F*	28°C *83° F*	29°C *84° F*	30°C *86° F*	32°C *89° F*	34°C *93° F*	36°C *97° F*	39°C *102° F*
27°C *80° F*	26°C *78° F*	26°C *79° F*	26°C *79° F*	27°C *80° F*	27°C *81° F*	28°C *82° F*	28°C *83° F*	29°C *84° F*	30°C *86° F*

* 기온-상대습도 조건이 대기권에서 거의 관측되지 않는다.

표 III-7 열 스트레스 지수

위험 분류	열 지수	열 증후군
IV. 매우 위험	52℃(125℉) 이상	지속적으로 노출될 경우 열사병 또는 일사병
III. 위험	39~51℃(103~124℉)	일사병, 열 경련 또는 소모성 열사병 확률 높음, 오랜 시간 야외 활동을 할 경우 열사병 가능성 있음
II. 매우 주의	32~39℃(90~102℉)	오랜 시간 야외 활동을 할 경우 일사병, 열 경련, 소모성 열사병 가능성 있음
I. 주의	27~32℃(80~89℉)	오랜 시간 야외 활동을 할 경우 피로해짐

기상 관측소 모형

기상 데이터는 기상 관측소라는 지구상의 수많은 위치에서 주기적으로 기록된다. 이러한 데이터는 표준 형식과 약호에 따라 일기도로 그려진다. 표준 관측소 모형의 형식이 약호에 대한 설명과 함께 그림 IV-1에 제시되어 있다. 그림 IV-2는 사례를 들어 나타낸 동일한 모형이며, 그림 IV-3과 IV-4는 기상학자들이 사용하는 약호와 기호 목록이다. 표 IV-1~IV-3은 부가적인 약호와 기호이며, 그림 IV-5는 일기도 견본이다.

바람 기호(표 IV-3)는 두 가지 정보를 제공한다. (1) 풍향은 그림 IV-2의 1시 방향으로 표현한 것과 같이 바람이 불어오는 쪽에서부터 관측소로 들어오는 화살대의 방향으로 나타낸다. (2) 풍속은 화살대에서 뻗어 나온 '깃털'의 수로 나타내고, 깃털 절반이 추가될 때마다 풍속이 5노트씩 증가한다(1노트는 시간당 1.15법정마일이나 시간당 1.85km와 동일한 시간당 1마일의 속력이다). 깃털 1개는 10노트의 풍속 증가를 나타낸다. 삼각형 모양은 50노트의 풍속 증가를 표현한다.

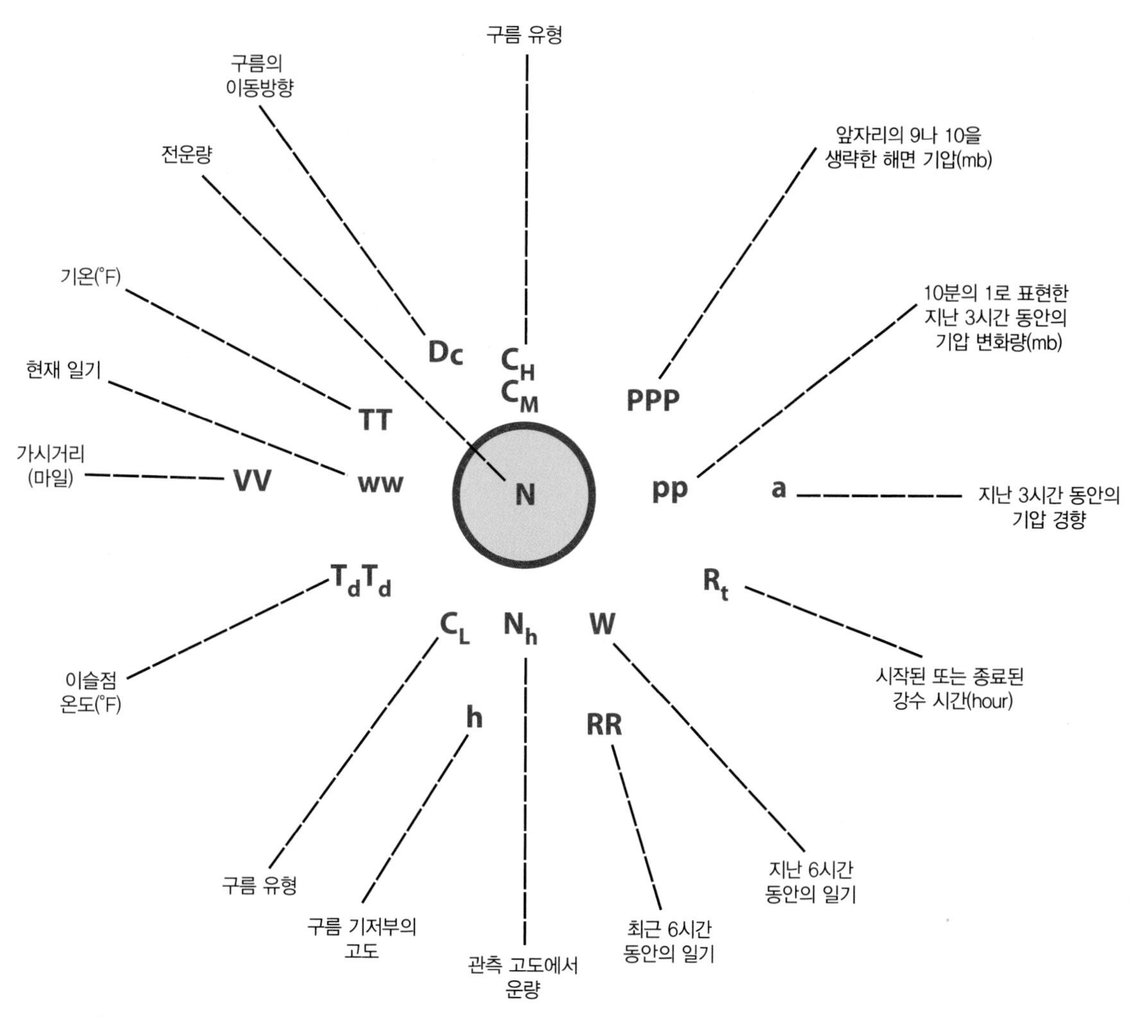

▲ 그림 IV-1 표준 기상 관측소 모형. 특정 장소가 선정되지 않았기 때문에 여기서는 풍속과 풍향 기호는 보이지 않는다. 대신 모형에서 각 기호의 위치는 풍향에 달려 있다.

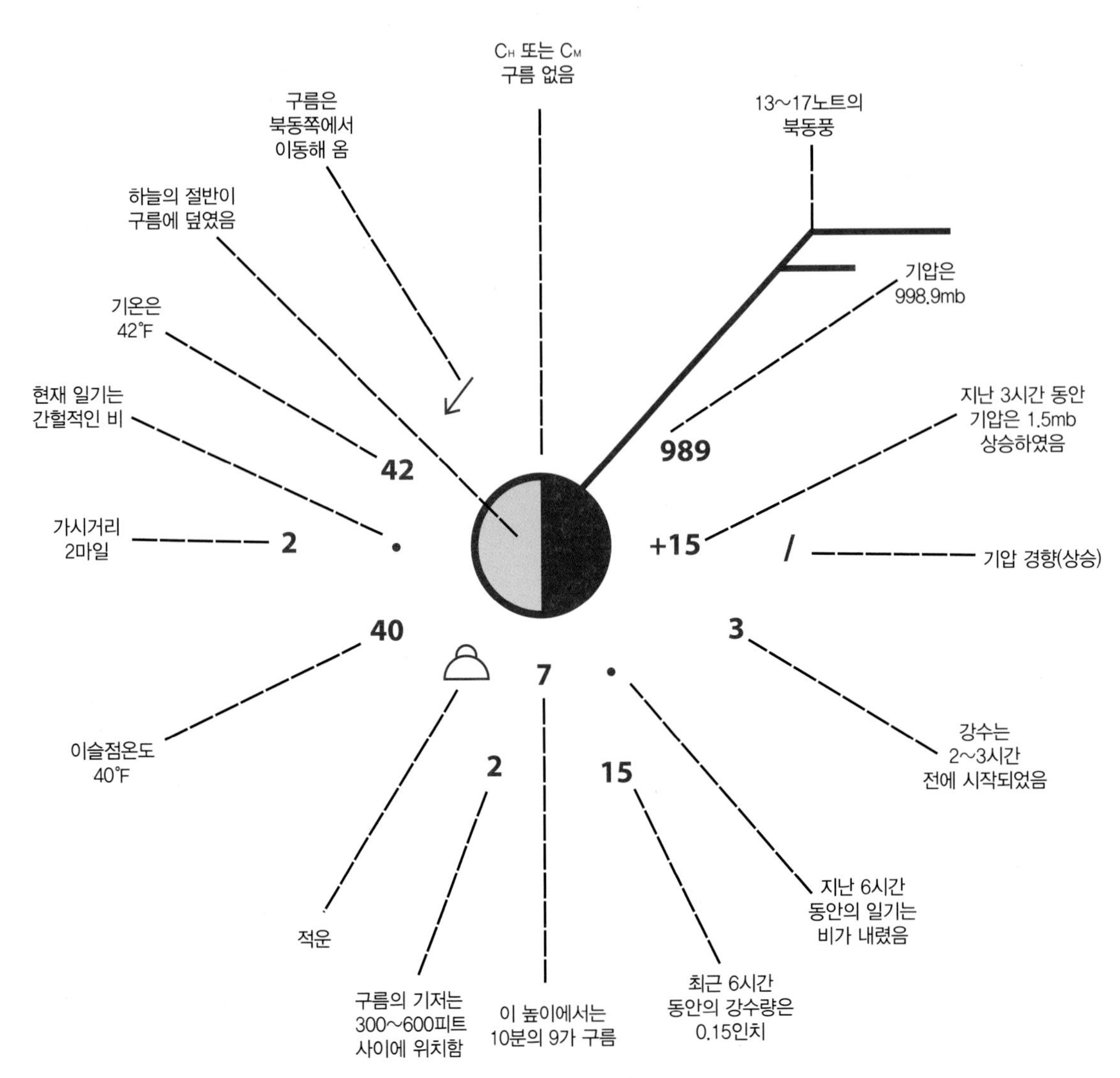

▲그림 Ⅳ-2 사례를 적용한 표준 기상 관측소 모형

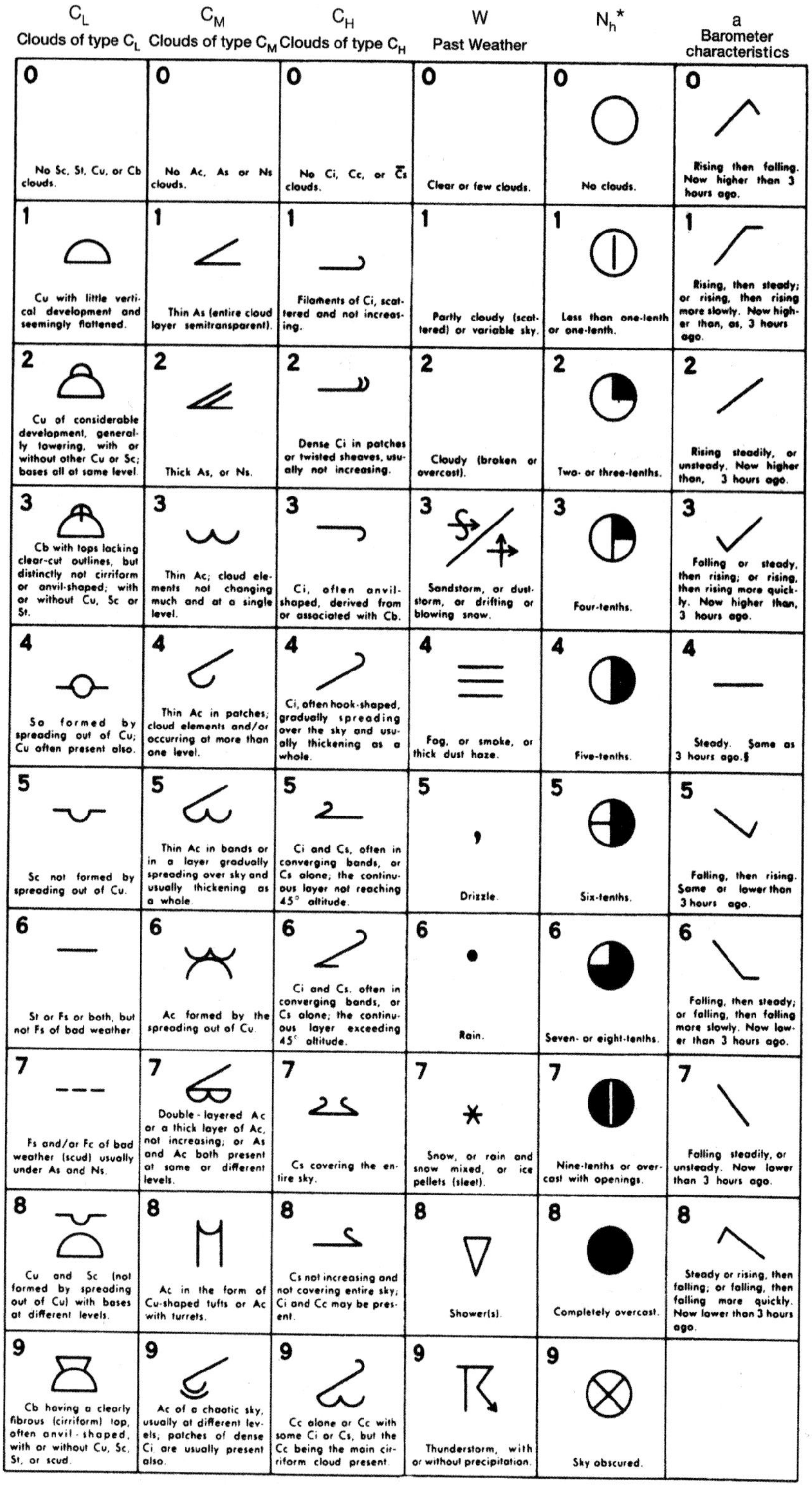

	C_L Clouds of type C_L	C_M Clouds of type C_M	C_H Clouds of type C_H	W Past Weather	N_h*	a Barometer characteristics
0	No Sc, St, Cu, or Cb clouds.	No Ac, As or Ns clouds.	No Ci, Cc, or Cs clouds.	Clear or few clouds.	No clouds.	Rising then falling. Now higher than 3 hours ago.
1	Cu with little vertical development and seemingly flattened.	Thin As (entire cloud layer semitransparent).	Filaments of Ci, scattered and not increasing.	Partly cloudy (scattered) or variable sky.	Less than one-tenth or one-tenth.	Rising, then steady; or rising, then rising more slowly. Now higher than, as, 3 hours ago.
2	Cu of considerable development, generally towering, with or without other Cu or Sc; bases all at same level.	Thick As, or Ns.	Dense Ci in patches or twisted sheaves, usually not increasing.	Cloudy (broken or overcast).	Two- or three-tenths.	Rising steadily, or unsteady. Now higher than, 3 hours ago.
3	Cb with tops lacking clear-cut outlines, but distinctly not cirriform or anvil-shaped; with or without Cu, Sc or St.	Thin Ac; cloud elements not changing much and at a single level.	Ci, often anvil-shaped, derived from or associated with Cb.	Sandstorm, or duststorm, or drifting or blowing snow.	Four-tenths.	Falling or steady, then rising; or rising, then rising more quickly. Now higher than, 3 hours ago.
4	So formed by spreading out of Cu; Cu often present also.	Thin Ac in patches; cloud elements and/or occurring at more than one level.	Ci, often hook-shaped, gradually spreading over the sky and usually thickening as a whole.	Fog, or smoke, or thick dust haze.	Five-tenths.	Steady. Same as 3 hours ago.§
5	Sc not formed by spreading out of Cu.	Thin Ac in bands or in a layer gradually spreading over sky and usually thickening as a whole.	Ci and Cs, often in converging bands, or Cs alone; the continuous layer not reaching 45° altitude.	Drizzle.	Six-tenths.	Falling, then rising. Same or lower than 3 hours ago.
6	St or Fs or both, but not Fs of bad weather	Ac formed by the spreading out of Cu.	Ci and Cs, often in converging bands, or Cs alone; the continuous layer exceeding 45° altitude.	Rain.	Seven- or eight-tenths.	Falling, then steady; or falling, then falling more slowly. Now lower than 3 hours ago.
7	Fs and/or Fc of bad weather (scud) usually under As and Ns.	Double-layered Ac or a thick layer of Ac, not increasing; or As and Ac both present at same or different levels.	Cs covering the entire sky.	Snow, or rain and snow mixed, or ice pellets (sleet).	Nine-tenths or overcast with openings.	Falling steadily, or unsteady. Now lower than 3 hours ago.
8	Cu and Sc (not formed by spreading out of Cu) with bases at different levels.	Ac in the form of Cu-shaped tufts or Ac with turrets.	Cs not increasing and not covering entire sky; Ci and Cc may be present.	Shower(s).	Completely overcast.	Steady or rising, then falling; or falling, then falling more quickly. Now lower than 3 hours ago.
9	Cb having a clearly fibrous (cirriform) top, often anvil-shaped, with or without Cu, Sc, St, or scud.	Ac of a chaotic sky, usually at different levels; patches of dense Ci are usually present also.	Cc alone or Cc with some Ci or Cs, but the Cc being the main cirriform cloud present.	Thunderstorm, with or without precipitation.	Sky obscured.	

* 운량은 관측 고도에서 구름이 덮은 양을 의미함

▲그림 IV-3 구름 상황, 과거 일기, 기압 특성을 나타내는 데 사용하는 표준 기호. 각 칸의 좌측 상단 모서리 숫자는 표준 모형에서 사용되는 것이며, 그림은 일기도에 사용된다.

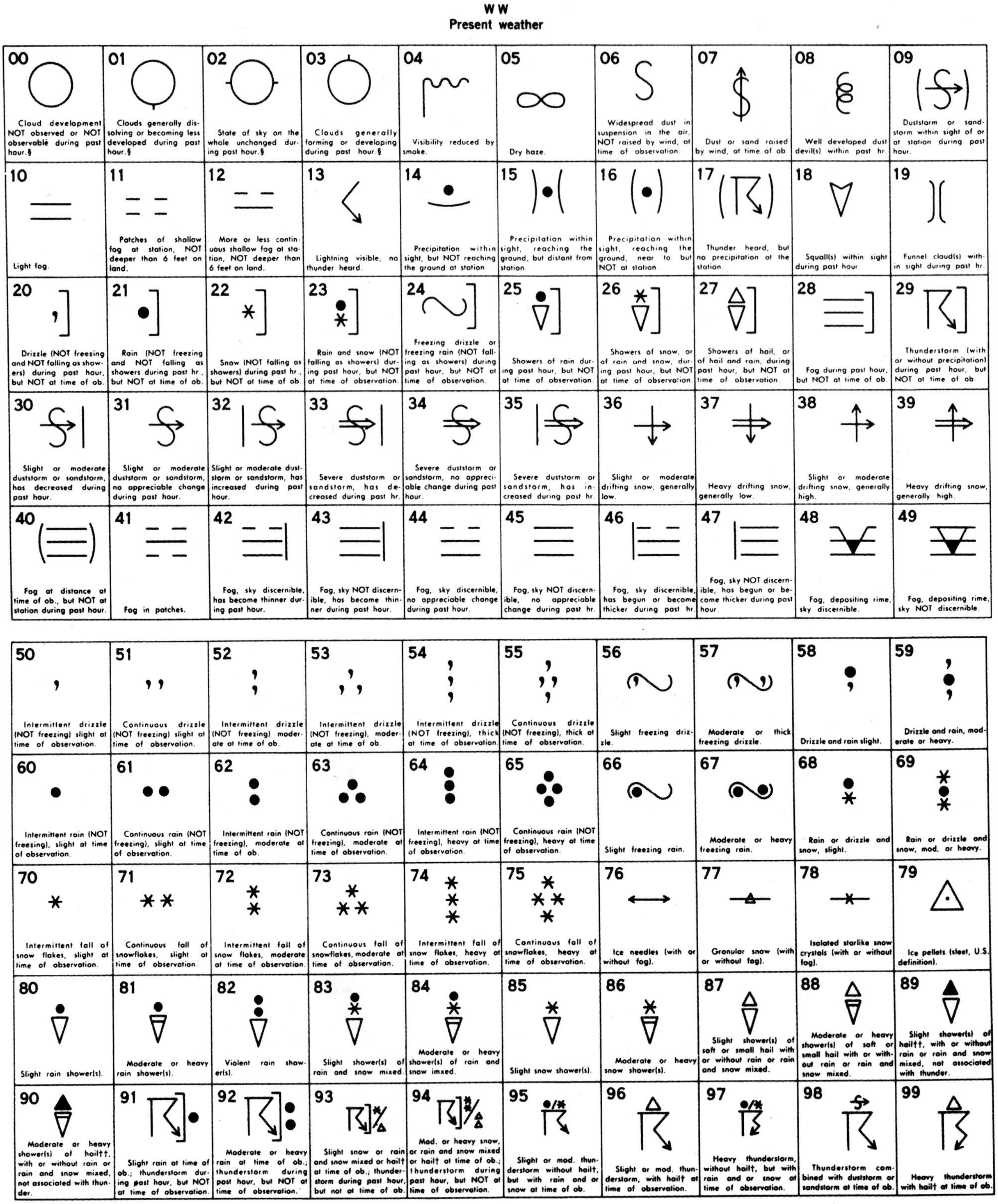

W W
Present weather

0	1	2	3	4	5	6	7	8	9
00 Cloud development NOT observed or NOT observable during past hour.§	01 Clouds generally dissolving or becoming less developed during past hour.§	02 State of sky on the whole unchanged during past hour.§	03 Clouds generally forming or developing during past hour.§	04 Visibility reduced by smoke.	05 Dry haze.	06 Widespread dust in suspension in the air, NOT raised by wind, at time of observation.	07 Dust or sand raised by wind, at time of ob.	08 Well developed dust devil(s) within past hr.	09 Duststorm or sandstorm within sight of or at station during past hour.
10 Light fog.	11 Patches of shallow fog at station, NOT deeper than 6 feet on land.	12 More or less continuous shallow fog at station, NOT deeper than 6 feet on land.	13 Lightning visible, no thunder heard.	14 Precipitation within sight, but NOT reaching the ground at station.	15 Precipitation within sight, reaching the ground, but distant from station.	16 Precipitation within sight, reaching the ground, near to but NOT at station.	17 Thunder heard, but no precipitation at the station.	18 Squall(s) within sight during past hour.	19 Funnel cloud(s) within sight during past hr.
20 Drizzle (NOT freezing and NOT falling as showers) during past hour, but NOT at time of ob.	21 Rain (NOT freezing and NOT falling as showers during past hr., but NOT at time of ob.	22 Snow (NOT falling as showers) during past hr., but NOT at time of ob.	23 Rain and snow (NOT falling as showers) during past hour, but NOT at time of observation.	24 Freezing drizzle or freezing rain (NOT falling as showers) during past hour, but NOT at time of observation.	25 Showers of rain during past hour, but NOT at time of observation.	26 Showers of snow, or of rain and snow, during past hour, but NOT at time of observation.	27 Showers of hail, or of hail and rain, during past hour, but NOT at time of observation.	28 Fog during past hour, but NOT at time of ob.	29 Thunderstorm (with or without precipitation) during past hour, but NOT at time of ob.
30 Slight or moderate duststorm or sandstorm, has decreased during past hour.	31 Slight or moderate duststorm or sandstorm, no appreciable change during past hour.	32 Slight or moderate duststorm or sandstorm, has increased during past hour.	33 Severe duststorm or sandstorm, has decreased during past hr.	34 Severe duststorm or sandstorm, no appreciable change during past hour.	35 Severe duststorm or sandstorm, has increased during past hr.	36 Slight or moderate drifting snow, generally low.	37 Heavy drifting snow, generally low.	38 Slight or moderate drifting snow, generally high.	39 Heavy drifting snow, generally high.
40 Fog at distance at time of ob., but NOT at station during past hour.	41 Fog in patches.	42 Fog, sky discernible, has become thinner during past hour.	43 Fog, sky NOT discernible, has become thinner during past hour.	44 Fog, sky discernible, no appreciable change during past hour.	45 Fog, sky NOT discernible, no appreciable change during past hr.	46 Fog, sky discernible, has begun or become thicker during past hr.	47 Fog, sky NOT discernible, has begun or become thicker during past hour.	48 Fog, depositing rime, sky discernible.	49 Fog, depositing rime, sky NOT discernible.
50 Intermittent drizzle (NOT freezing) slight at time of observation.	51 Continuous drizzle (NOT freezing) slight at time of observation.	52 Intermittent drizzle (NOT freezing) moderate at time of ob.	53 Continuous drizzle (NOT freezing), moderate at time of ob.	54 Intermittent drizzle (NOT freezing), thick at time of observation.	55 Continuous drizzle (NOT freezing), thick at time of observation.	56 Slight freezing drizzle.	57 Moderate or thick freezing drizzle.	58 Drizzle and rain slight.	59 Drizzle and rain, moderate or heavy.
60 Intermittent rain (NOT freezing), slight at time of observation.	61 Continuous rain (NOT freezing), slight at time of observation.	62 Intermittent rain (NOT freezing), moderate at time of ob.	63 Continuous rain (NOT freezing), moderate at time of observation.	64 Intermittent rain (NOT freezing), heavy at time of observation.	65 Continuous rain (NOT freezing), heavy at time of observation.	66 Slight freezing rain.	67 Moderate or heavy freezing rain.	68 Rain or drizzle and snow, slight.	69 Rain or drizzle and snow, mod. or heavy.
70 Intermittent fall of snow flakes, slight at time of observation.	71 Continuous fall of snowflakes, slight at time of observation.	72 Intermittent fall of snow flakes, moderate at time of observation.	73 Continuous fall of snowflakes, moderate at time of observation.	74 Intermittent fall of snow flakes, heavy at time of observation.	75 Continuous fall of snowflakes, heavy at time of observation.	76 Ice needles (with or without fog).	77 Granular snow (with or without fog).	78 Isolated starlike snow crystals (with or without fog).	79 Ice pellets (sleet, U.S. definition).
80 Slight rain shower(s).	81 Moderate or heavy rain shower(s).	82 Violent rain shower(s).	83 Slight shower(s) of rain and snow mixed.	84 Moderate or heavy shower(s) of rain and snow imxed.	85 Slight snow shower(s).	86 Moderate or heavy snow shower(s).	87 Slight shower(s) of soft or small hail with or without rain or rain and snow mixed.	88 Moderate or heavy shower(s) of soft or small hail with or without rain or rain and snow mixed.	89 Slight shower(s) of hail††, with or without rain or rain and snow mixed, not associated with thunder.
90 Moderate or heavy shower(s) of hail††, with or without rain or rain and snow mixed, not associated with thunder.	91 Slight rain at time of ob.; thunderstorm during past hour, but NOT at time of observation.	92 Moderate or heavy rain at time of ob.; thunderstorm during past hour, but NOT at time of observation.	93 Slight snow or rain and snow mixed or hail† at time of ob.; thunderstorm during past hour, but not at time of ob.	94 Mod. or heavy snow, or rain and snow mixed or hail† at time of ob.; thunderstorm during past hour, but NOT at time of observation.	95 Slight or mod. thunderstorm without hail†, but with rain and or snow at time of ob.	96 Slight or mod. thunderstorm, with hail† at time of observation.	97 Heavy thunderstorm, without hail†, but with rain and or snow at time of observation.	98 Thunderstorm combined with duststorm or sandstorm at time of ob.	99 Heavy thunderstorm with hail† at time of ob.

§ "00"이 보고되면 "ww"를 나타내는 기호는 표현하지 않는다. "ww"에 대해 "01", "02" 또는 "03"이 보고되면 관측소를 의미하는 원에 기호를 표현한다. "3" 또는 "8"이 보고되면 "a"를 의미하는 기호는 표현하지 않는다.

† "우박"만을 의미함

†† "부드러운 우박", "작은 우박", "우박"을 의미함

▲그림 IV-4 현재 일기를 나타내는 데 사용되는 표준 일기도 기호

표 IV-1 표준 구름 높이 코드

h	대략적인 구름 높이	
	미터	피트
0	0~49	0~149
1	50~99	150~299
2	100~199	300~599
3	200~299	600~999
4	300~599	1000~1999
5	600~999	2000~3499
6	1000~1499	3500~4999
7	1500~1999	5000~4699
8	2000~2499	6500~7999
9	>2500 또는 구름 없음	>8000 또는 구름 없음

표 IV-2 표준 강수 코드

R_t 코드	강수 시간
0	강수 없음
1	1시간 전
2	1~2시간 전
3	2~3시간 전
4	3~4시간 전
5	4~5시간 전
6	5~6시간 전
7	6~12시간 전
8	12시간 이상
9	자료 없음

표 IV-3 풍속/강수 기호

기호	풍속(노트)
◎	고요
	1~2
	3~7
	8~12
	13~17
	18~22
	23~27
	28~32
	33~37
	38~42
	43~47
	48~52
	53~57
	58~62
	63~67
	68~72
	73~77

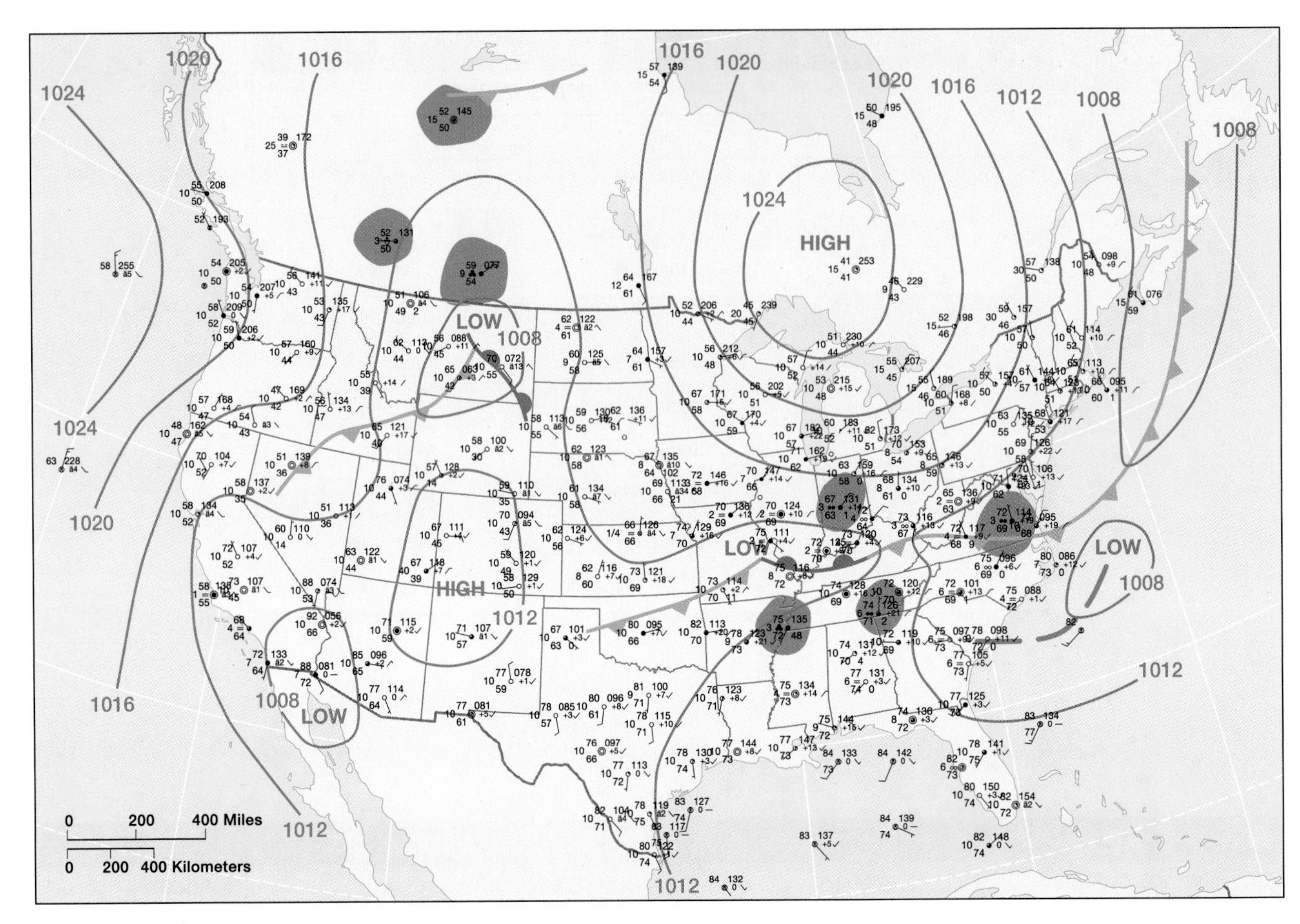
1020
1016
1024
1016
1020
1020
1016
1012
1008
1008
1024
HIGH
LOW
1008
1024
1020
HIGH
1012
LOW
LOW
1008
1012
1016
1008
LOW
1012
1012
0 200 400 Miles
0 200 400 Kilometers

▲그림 IV-5 일기도

쾨펜의 기후 구분

표 V-1은 수정된 쾨펜의 기후 구분 체계에서 사용된 구분 기호에 대한 정의를 정리해 놓은 것이다. 쾨펜 체계를 이용한 정확한 기후 구분에는 추가적인 기준이 필요하며, 추가적인 기준이 추가되면 정확한 기후 구분에 가까워진다. 쾨펜의 기후 구분에 대한 더 세부적인 내용은 Darrel Hess가 저술한 *Physical Geography Laboratory Manual for McKnight's Physical Geography: A Landcape Appreciation* 제12판을 참고하면 된다.

표 V-1 수정된 쾨펜의 기후 구분 체계 기호

구분				
1차	2차	3차	설명	정의
A			저위도 습윤 기후	모든 달의 연평균 기온이 18℃ 이상
	f		연중 습윤[독일어 : *feucht*('습한')]	모든 달의 평균 강수량이 60mm 이상
	m		몬순. 다른 달의 많은 강수로 상쇄되는 짧은 건기	평균 강수량 60mm 이하인 달이 1~3개월
	w		겨울 건조(태양 고도가 낮은 계절)	평균 강수량 60mm 이하인 달이 3~6개월
B			건조 기후	증발량이 강수량 초과
	W		사막[독일어 : *wüste*('사막')]	저위도의 경우 연평균 강수량 380mm 이하, 중위도의 경우 연평균 강수량 250mm 이하
	S		스텝(반건조)	저위도의 경우 연평균 강수량이 380mm 이상 760mm 이하, 중위도의 경우 연평균 강수량 250mm 이상 640mm 이하. 단 계절적 강수 집중 없음
		h	저위도(아열대) 건조 기후[독일어 : *heiss*('고온')]	연평균 기온 18℃ 이상
		k	중위도 건조 기후[독일어 : *kalt*('한랭')]	연평균 기온 18℃ 이하
C			중위도 온대 기후	최한월 평균 기온 18℃ 이하 -3℃ 이상 또는 최난월 평균 기온 10℃ 이상
	s		여름 건조	습윤한 겨울 강수량이 건조한 여름 강수량의 3배 이상
	w		겨울 건조	습윤한 여름 강수량이 건조한 겨울 강수량의 10배 이상
	f		연중 습윤[독일어 : *feucht*('습한')]	s, w 모두와 일치하지 않음
		a	여름 고온	최난월 평균 기온 22℃ 이상
		b	여름 온난	최난월 평균 기온 22℃ 이하 또는 월평균 기온이 10℃ 이상인 달이 4개월 이상
		c	여름 서늘	최난월 평균 기온 22℃ 이하 또는 월평균 기온이 10℃ 이상인 달이 4개월 이하 또는 최한월 평균 기온 -38℃ 이상
D			겨울이 매우 추운 냉대 습윤 기후(2, 3차 분류는 온대 기후와 동일)	최난월 평균 기온 10℃ 이상 또는 최한월 평균 기온 -3℃ 이하
		d	매우 한랭한 겨울	최한월 평균 기온 -38℃ 이하
E	T		극기후 : 진정한 여름 없음	연평균 기온 10℃ 이상인 달이 없음
			툰드라 기후	적어도 한 달은 연평균 기온 0℃ 이상 10℃ 이하
	F		영구 빙설 기후('동결')	연평균 기온 0℃ 이상인 달이 없음
H			고산 기후	해발고도 변화에 의한 좁은 범위에서의 기온 변화

생물 분류학

분류학(taxonomy)은 분류의 과학이다. 비록 그 의미가 다른 체계적 분류를 포함하도록 확대되었을지라도 이 용어는 동식물 분류에 처음으로 사용되었다. 우리의 관심은 오로지 식물 분류학에 있다. 사람들은 수천 년 동안 의미 있는 동식물 분류를 위해 노력해 왔다. 초기의 분류에서 가장 유용한 것 중 하나는 2,300년 전 아리스토텔레스에 의해 만들어졌고, 이 분류는 거의 2,000년 동안 널리 사용되었다. 아리스토텔레스의 분류는 1700년대 후반에 와서야 스웨덴 식물학자 Carolus Linnaeus에 의해 좀 더 종합적이고 체계적인 분류로 대체되었다. Linnaeus는 다른 생물학자들에게서 아이디어를 얻었지만, 분류 작업은 거의 혼자서 했다.

Linnaeus의 분류 : 이 체계는 속(屬)에 의한 그리고 계층적이고 종합적인 이명법에 의한 분류이다. **속**(generic)은 해부학적 특징과 구조, 생식 방법과 같은 관찰 가능한 특징으로 생물을 분류한 것이다. **계층성**(hierarchical)은 생물을 유사한 특징에 근거하여 그룹화한 것을 의미한다. 하위의 그룹일수록 유사한 특징이 더 많고 더 적은 개체수를 포함한다. **종합적**(comprehensive)이라는 것은 현존하고 멸종된 동식물까지 분류에 모두 포함되었다는 것이다. **이명법**(binomial)은 모든 종류의 동식물들이 두 유형의 명칭으로 분류되었다는 것이다.

이명식 명명 : 유기체의 이명식 명명은 고차원적 분류이다. 각 종류의 생물들은 두 유형의 명칭을 가진다. 대문자로 표현하는 첫 번째 유형은 **속**(genus) 또는 군집을 나타내며, 소문자로 표현하는 두 번째 유형은 **종**(species) 또는 생물의 특성을 가리킨다. 속과 종의 조합은 **학명**(scientific name)을 나타내며, 용어의 대부분이 그리스어에서 유래되었지만 라틴어로 표기한다.

즉, 각 유형의 생물을 다른 모든 생물들과 구분되는 학명을 가진다. 대중적인 명칭은 변동하거나 명확하지 않더라도, 학명은 변하지 않는다. 따라서 서반구의 각 지역마다 몸집이 큰 토착 고양이를 mountain lion, cougar, puma, panther, painter, leon 등으로 부르더라도 그 학명은 항상 *Felis concolor*이다.

Linnaeus 분류의 학문적 장점은 두 가지이다. (1) 계속해서 늘어나는 모든 생물들이 논리적이고 규칙적인 방식으로 분류될 수 있다. (2) 분류 체계의 다양한 계층 수준은 다른 생물 또는 군집간의 상호 관계를 이해하는 데 있어 개념적 토대를 제공한다. 이러한 것이 Linnaeus 분류가 완벽하다는 것은 아니다. Linnaeus는 종은 불변하는 것이라고 믿었으며, 그의 최초 분류에는 종이 진화하면서 나타나는 변이에 대한 규정이 없다. 아종에 대한 개념은 진화에 대한 개념이 수용된 후 수정된 분류 체계에 도입되었다.

분류는 또한 완전히 객관적이지도 않다. 개념과 일반적 구조가 전 세계 과학자들에게 수용되었지만, 세부 분류는 생물학자들의 판단과 견해에 달려 있다. 이러한 판단과 견해는 동식물 견본에 대한 세심한 측정과 관찰에 기초하지만, 가끔씩 관련 자료에 대한 상반된 해석을 하는 경우가 있다. 그 결과 일부 세부적인 식물 분류는 논쟁이 일어났거나 논쟁의 소지가 있다. 일부 세부 분류에 대한 혼란에도 불구하고, Linnaeus의 분류는 생물 분류에 훌륭한 토대를 제공하고 있다.

분류 계층 : 분류 체계의 일곱 가지 주요 계층은 높은 계층에서 낮은 계층 순으로, (1) 계(kingdom), (2) 문(phylum), (3) 강(class), (4) 목(order), (5) 과(family), (6) 속(genus), (7) 종(species)이다.

계는 가장 큰 분류 단계이고 가장 많은 수의 생물을 포함한다. 과거에는 하나는 모든 식물들을 포함하고, 다른 하나는 모든 동물들을 포함하는 단지 두 종류의 계가 Linnaeus의 분류에 존재했다. 그러나 분류학자들은 다양한 종류의 단세포 생물과 미세 생물을 두 가지 계로 분류하는 데 어려움을 겪고 있다. 보편적이지는 않지만 현재 분류학적으로 여섯 가지 계가 존재하는 것으로 인정되고 있다.[1]

1. *Archaea*(고세균)는 지하의 열수 분출공이나 뜨거운 유황천, 다염분수와 같은 척박한 환경에서 사는 단순한 생물이다. 또한 일부는 넓은 바다에서 살며, 자가 영양 생물이거나 종속(유기) 영양 생물이 될 수 있다.
2. *Eubacteria*(진정세균)는 전형적인 단세포 박테리아이다.

---

1 몇 년 전까지는 *Monera, Protista, Fungi, Plantae, Animalia*라는 다섯 가지 유형의 계로 구분하였다.

3. *Protista*(원생생물)는 다른 단세포 생물과 과거에는 식물로 분류되었던 일부 단순한 다세포 조류로 이루어져 있다.
4. *Fungi*(균류) 또한 과거에는 식물로 분류되었지만 식물과는 기원이나 진화 방향 및 주요 영양 작용이 다르다.
5. *Plantae*(식물)는 다세포 녹색 식물과 특수 조직을 갖고 있는 조류를 포함한다.
6. *Animalia*(동물)는 다세포 동물로 이루어져 있다.

문은 두 번째 분류 단계이다. 동물계 중에서 대략 36가지 문 중 하나인 **척삭 동물**(Chordata)은 길이가 수 센티미터 이상인 모든 척추동물들이 포함된다(그림 VI-1). 식물계에서는 문(phylum) 대신 **부문**(division)이라는 용어가 가끔씩 사용된다. 대부분의 큰 식물들은 **관다발 식물**(Tracheophyta) 부문 또는 잎, 줄기, 뿌리에 수분과 당분을 효율적으로 운반하는 내부 기관과 복잡하게 분화된 기관을 가지는 도관 식물에 속한다.

세 번째 분류 단계는 강이다. 수십 가지의 동물강 중에서, 가장 중요한 것은 **포유류**(Mammalia), **조류**(Aves), **파충류**(Reptilia), 양서류(Amphibia) 그리고 어류를 포함하는 두 종류의 강이다. 식물강 중에서는 현화 식물인 **속씨 식물**(Angiospermae)이 가장 중요하다(그림 VI-2).

네 번째 분류 단계는 목이며, 그 아래에 과, 속, 종이 있다. 모든 계층의 분류 단계에서, 하위 분류 단계로 갈수록 점점 비슷해진다. 종은 분류의 기본 단위이다. 이론적으로 동일한 종의 생물들은 같은 종의 생물을 번식할 수 있다. 그러나 실제로 비록 종간 번식의 자손들은 번식력이 거의 없을지라도(즉, 번식이 불가능할지라도), 동일한 속에 속하는 일부 종들 사이에 번식이 가능하다. 일부의 경우에 종들은 **품종**(variety 또는 race)이라 불리는 아종으로 더 세분되기도 한다.

현존하는 또는 멸종된 생물의 상대적 다양성은 엄청나다. 약 1,500,000종의 생물들이 구분되어 설명되었다. 크기가 미세한 300만에서 1,000만 가지의 추가적인 종들이 아직까지 분류되지 않았다. 평가된 500만 종들은 지구 역사에서 사라졌다. 따라서 모든 진화적 선상에 있는 모든 생물 중 95% 이상이 이미 완전히 멸종되었다.

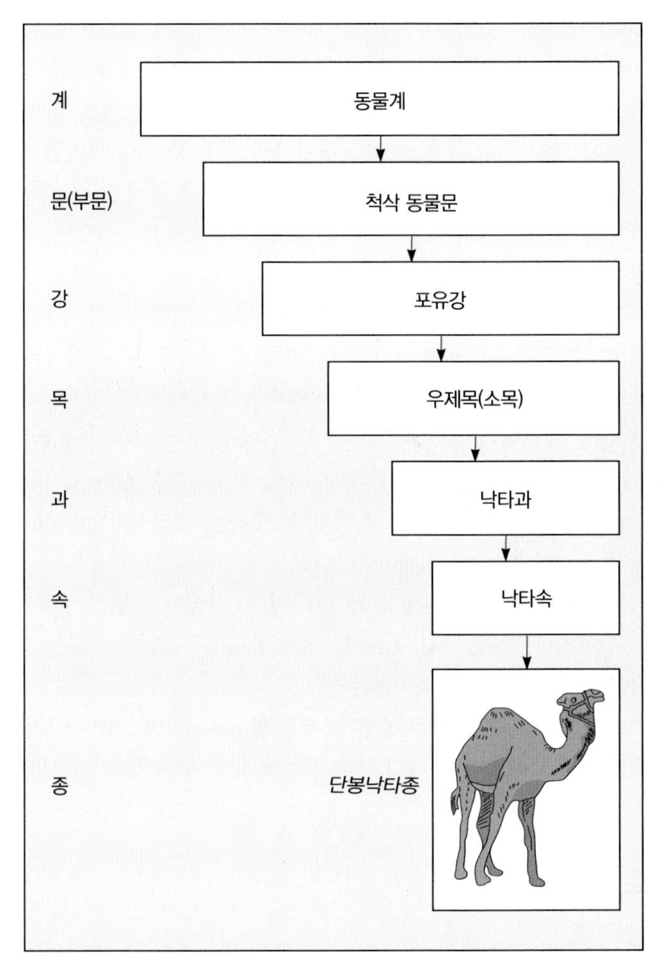

▲그림 VI-1 아라비아 낙타 또는 단봉낙타로 예시한 동물 분류

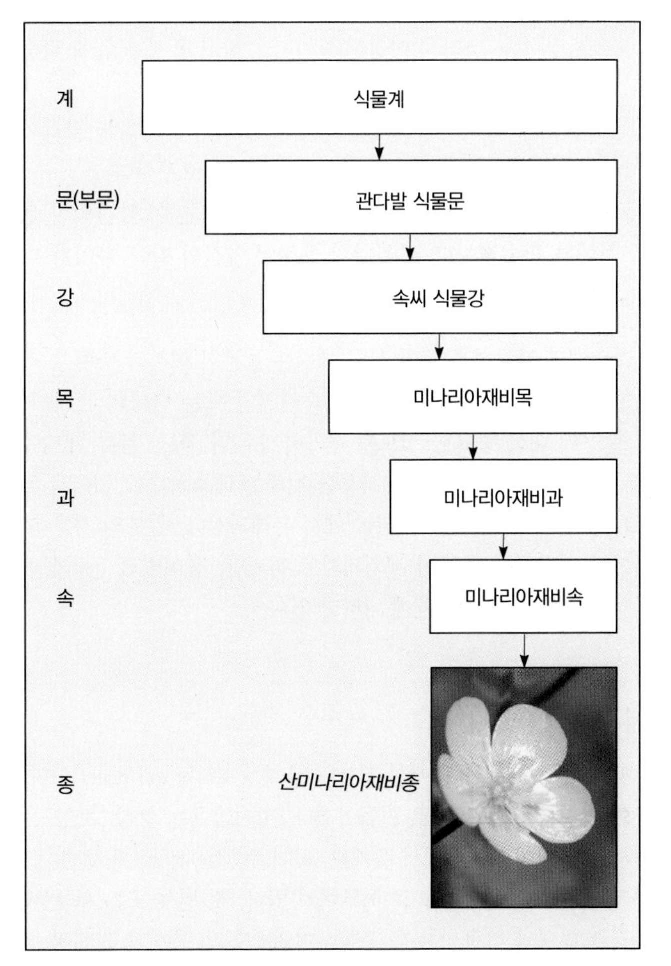

▲그림 VI-2 미나리아재비로 예시한 식물 분류

토양 분류 체계

제12장에 서술된 **토양 분류 체계**(Soil Taxonomy)는 목적에 맞게 '창조된' 학명을 이용한다. 이 학명은 다양한 토양 유형의 명칭을 새로운 단어로 만들기 위해 기존의 단어로부터 음절을 재배열하고 '합성한' 명칭으로 이루어져 있다. 토양 분류 체계의 장점은 새롭게 부여된 명칭이 그 토양의 특성을 매우 잘 표현한다는 것이다.

학명의 단점은 세 가지이다.

1. 대부분의 용어들이 이전의 인쇄물들에서는 나타나지 않는 새로운 것이다. 따라서 이상해 보이기도 하고 용어가 입에 익숙하지도 않다. 대부분 신조어이다.
2. 용어의 대부분이 쓰기 어렵고, 겉으로 보기에 기괴한 글자의 조합으로 철자를 맞추는 데 각별한 주의가 요구된다.
3. 비록 새 용어가 그 목적에 부합되기 위해서는 이 약간의 발음 차이가 필수적이다. 대부분의 음절이 약간의 발음 차이가 나지만 매우 비슷한 소리가 난다.

그럼에도 불구하고 토양 분류 체계는 충분한 이론적 바탕을 가지고 있고, 사용자들이 어휘에 익숙해지면 모든 단어의 각 음절이 토양에 대한 중요한 정보를 제공하게 된다. 이전 분류 체계에서는 영어나 러시아 용어를 사용한 것과는 대조적으로, 대부분의 모든 음절은 그리스어나 라틴어에서 유래되었다. 일부의 경우 파생어의 적절성에 의문이 제기되기도 하지만, 용어법적 논리성과 동일성이 분류 체계 전체에 나타나 있다.

계층성

토양 분류 체계의 계층에서 최상위 단계는 **토양목**(soil order)이다. 목의 명칭은 서너 음절로 만들어졌다. 마지막에는 항상 '토양'을 뜻하는 라틴어 *solum*에서 유래된 *sol*이 위치한다. *sol* 바로 앞 음절은 연결 모음인 *i* 나 *o* 로 이루어져 있다. 첫 번째 또는 두 번째 음절은 명칭의 형성 요소를 포함하며 토양목의 특성과 관련된 정보를 제공한다. 예를 들어, 엔티졸(Entisol)이라는 토양목의 *ent*는 '최근(recent)'을 의미하는 단어에서 나왔다. 따라서 12개의 개별 토양목의 명칭은 다음과 같은 차별적인 음절을 포함하고 있다. (1) 그 토양목의 형성 요소를 구별한다. (2) 그 토양목에 대한 하위의 세 단계 계층에서 그 명칭을 모두 나타낸다.

아목(suborder)은 두 번째 분류 단계이다. 모든 아목 명칭은 두 음절을 포함한다. 첫 번째 음절은 아목의 특징을 나타내고, 두 번째 음절은 그 아목이 속한 토양목을 나타낸다. 예를 들어 *aqu*는 '물'을 뜻하는 라틴어에서 유래되었고, 따라서 *Aquent*는 Entisol목 중 습윤한 토양의 아목을 뜻한다. 표 VII-1에서 보는 것처럼, 48개의 토양아목 명칭이 24개 기본 요소들에서 만들어졌다.

세 번째 분류 단계는 **대군**(great group)이며, 아목 명칭 앞에 하나 또는 그 이상의 음절을 붙여서 만든 명칭이다. 예를 들어, *Cryaquent*는 Entisol목 중 Aquent아목의 토양 중 한대 토양을 의미한다(*cry*는 '추위'를 뜻하는 그리스어에서 유래되었다). 대군 명칭의 접두사는 약 50가지의 근원 용어에서 유래되었으며, 그 일부가 표 VII-2에 나타나 있다.

네 번째 분류 단계는 **아군**(subgroup)이고, 미국에서는 1,000개 이상의 아군이 인정되고 있다. 아군의 명칭은 두 가지 단어로 이루어져 있다. 첫 번째 단어는 일부를 제외하고는 좀 더 중요한 형성 요소에서 유래되었으며, 두 번째 단어는 대군의 경우와 같다. 예를 들어 *Sphagnic Cryaquent*는 Entisol목, Aquent아목, *Cryaquent* 대군의 토양 중 '소택지'를 뜻하는 그리스어 *sphagnos*에서 유래된 물이끼(sphagnum moss)를 포함하는 토양이다.

과(family)는 다섯 번째 분류 단계이다. 적절한 명칭이 주어지지 않았지만, 'a skeletal, mixed, acidic family'처럼 하나 또는 그 이상의 소문자 형용사로 기술한다.

마지막으로, 가장 낮은 분류 단계는 **통**(series)이며, 지리적 위치로 명칭을 부여한다. 표 VII-3에 일련의 토양 명칭이 나타나 있다.

토양 아목 요약

알피졸

알피졸(Alfisol)에는 5개의 아목이 있다. *Aqualfs*는 수분과 연관된 특징을 가지고 있다. *Boralfs*는 아한대 삼림과 관계되어 있다. *Udalfs*는 습윤한 중위도 지역의 갈색 또는 적색 토양이다. *Ustalfs*

표 VII-1 토양 아목의 명칭 기원

어근	기원	의미	아목 명칭 예시
alb	'흰색'을 뜻하는 라틴어 *albus*	흰색의 용탈층 존재	Alboll
and	화산성 토양인 일본어 *ando*	화산 쇄설성 물질로부터 기원한	Andept
aqu	'물'을 뜻하는 라틴어 *aqua*	수분과 관련된	Aquent
ar	'경작하다'라는 라틴어 *arare*	뒤섞인 층리	Arent
arg	'흰색 점토'라는 라틴어 *argilla*	점토 집적층의 존재	Argid
bor	'북쪽의'라는 그리스어 *boreas*	냉량한 기후와 관련된	Boroll
ferr	'철'이라는 라틴어 *ferrum*	철의 존재	Ferrod
fibr	'섬유질'이라는 라틴어 *fibra*	분해되지 않은 유기물의 존재	Fibrist
fluv	'하천'이라는 라틴어 *fluvius*	범람원과 관련된	Fluvent
fol	'잎'이라는 라틴어 *folia*	다량의 잎	Folist
hem	'반'이라는 뜻의 그리스어 *hemi*	중간 정도의 분해 단계	Hemist
hum	'지구'라는 라틴어 *humus*	유기물의 존재	Humult
ochr	'연한'이라는 그리스어 *ochros*	밝은색 표층의 존재	Ochrept
orth	'진정한'이라는 그리스어 *orthos*	일반적인 또는 전형적인 토양	Orthent
plag	'땅'이라는 독일어 *plaggen*	인간 간섭에 의한 표층의 존재	Plaggept
psamm	'모래'라는 그리스어 *psammos*	사질 토성	Psamment
rend	토양형인 폴란드어 *rendzino*	상당한 칼슘 함량	Rendoll
sapr	'부패한'이라는 그리스어 *sapros*	대부분 분해된	Saprist
torr	'고온건조'를 뜻하는 라틴어 *torridus*	연중 건조	Torrox
trop	'하지의'라는 뜻의 그리스어 *tropikos*	지속적으로 온난한	Tropert
ud	'습윤한'이라는 라틴어 *udud*	습윤한 기후의	Udoll
umbr	'그늘'이라는 라틴어 *umbro*	어두운색의 표층 존재	Umbrept
ust	'불에 탄'이라는 라틴어 *ustus*	건조 기후의	Ustert
xer	'건조한'이라는 그리스어 *xeros*	건조한 계절	Xeralf

표 VII-2 토양 대군의 명칭 기원

어근	기원	의미	대군 명칭 예시
calc	'석회'라는 라틴어 *calcis*	칼슘 층리의 존재	Calciorthid
ferr	'철'이라는 라틴어 *ferrum*	철의 존재	Ferrudalf
natr	'나트륨'이라는 라틴어 *natrium*	나트륨 층리의 존재	Natraboll
pale	'오래된'이라는 그리스어 *paleos*	과거에 발달한	Paleargid
plinth	'벽돌'이라는 그리스어 *plinthos*	단단한 프린타이트의 존재	Plenthoxeralf
quartz	독일식 명칭	높은 석영 함량	Quartzipsamment
verm	'벌레'라는 라틴어 *vermes*	다량의 벌레 존재	Vermudoll

표 VII-3	대표적인 일련의 토양 분류 명명
토양목	Entsol
Suborder	Aquent
Great group	Cryaquent
Subgroup	Sphagnic Cryaquent
Family	Skeletal, mixed, acidic, Sphagnic Cryaquent
Series	Aberdeen(애버딘)

는 토색은 *Udalfs*와 유사하지만 아열대 지역에 위치하며, 보통 건기에 딱딱한 표층을 가지는 토양이다. *Xeralfs*는 지중해성 기후에서 나타나며, 건기에 얇고 단단한 표층을 가지는 특징이 있다.

안디졸

안디졸(Andisol)에는 7개의 아목이 인정되고 있으며, 그중 다섯 가지 아목은 수분 함량으로 구별된다. *Aquands*는 풍부한 수분을 가지고 있으며 때로는 배수가 불량하다. *Torrands*는 고온 건조한 조건과 관련되어 있다. *Udands*는 습윤 기후에서 나타나며, *Ustands*는 더운 여름과 건조한 기후에서 발견된다. *Xerands*는 연중 건조한 특징을 가지고 있다. 이와 더불어 *Cryands*는 한랭한 기후에서 나타나며, *Vitrands*는 흑요석의 존재로 구분된다.

아리디졸

아리디졸(Aridisol)은 풍화 정도에 기초해서 두 가지의 아목이 일반적으로 인정된다. *Argids*는 표면 아래에 점토 집적층을 가지고 있는 반면에 *Orthids*는 점토 집적층이 없다.

엔티졸

엔티졸(Entisol)은 5개의 아목이 존재한다. *Aquent*는 토양이 다소 지속적으로 수분에 포화되는 습한 환경에서 나타나며, 어떤 기온 조건에서도 발견된다. *Arents*는 인간의 간섭으로 층리가 없으며, 특히 수많은 농업적 또는 기술적인 기구들이 포함되어 있다. *Fluvents*는 최근에 유수에 의해 퇴적된 퇴적층으로 배수가 양호하다. *Orthents*는 최근의 침식면 위에 발달한 토양이다. *Psamments*는 식생에 의해 정착되거나 이동되어 온 모래가 퇴적된 토양이다.

겔리졸

겔리졸(Gelisol)의 아목인 *Histels, Orthels, Turbels*는 유기물의 양과 분포 상태를 근거로 거의 구분된다.

히스토졸

히스토졸(Histosol)의 아목인 *Fibrists, Folists, Hemists, Saprists*는 식물질의 분해 정도에 기초해서 구분된다.

인셉티졸

인셉티졸(Inceptisol)의 아목인 *Andepts, Aquepts, Ochrepts, Plaggepts, Tropepts, Umbrepts*는 상대적으로 복잡한 구분 특성을 가지고 있다.

몰리졸

몰리졸(Mollisol)의 아목인 *Albolls, Aquolls, Borolls, Rendolls, Udolls, Ustolls, Xerolls*는 크게 상대적인 습윤/건조 상태로 구분된다.

옥시졸

옥시졸(Oxisol)의 아목인 *Aquox, Humox, Orthox, Torrox, Ustox*는 토양 단면에 강수의 양과 계절적 특성이 어떤 영향을 주었는지에 따라 다르게 구분된다.

스포도졸

스포도졸(Spodosol)의 네 가지 아목 중 전형적인 토양은 *Orthods*로 매우 광범위하게 분포하고 있다. *Aquods, Ferrods, Humods*는 스포도졸 층리에 있는 철 성분의 양에 근거해서 구분한다.

울티졸

울티졸(Ultisol)은 *Aquults, Humults, Udults, Ustults, Xerults*의 다섯 가지 아목이 인정된다. 아목들 간의 구분은 기온과 습도 그리고 표층에 대한 두 요인이 얼마나 영향을 주었는지에 근거해서 이루어진다.

버티졸

버티졸(Vertisol)의 네 가지 주요 아목은 기후의 영향에 의한 '균열'의 정도로 구분된다. *Torrerts*는 건조 지역에서 발견되며, 이 토양의 균열은 오랜 시간 동안 유지되었다. *Uderts*는 습윤한 지역에서 발견되며, 이 토양의 균열은 불규칙적이다. *Usterts*는 몬순 기후와 관련되며, 상대적으로 복잡한 모습의 균열이 나타난다. *Xererts*는 지중해성 기후에서 나타나며, 매년마다 균열이 매워지고 커지고를 규칙적으로 반복하였다.

ㄱ

가수분해(hydrolysis) 물과 그 외의 물질의 화학결합으로 원래보다 부드럽고 약한 새로운 화합물을 형성하는 과정

가시광선(visible light) 파장이 0.4~0.7마이크로미터인 얇은 띠의 전자기 스펙트럼파. 인간의 눈에 민감한 전자기 복사의 파

가상 원통 도법(타원 도법)[pseudocylindrical projection(elliptical projection)] 전 세계가 타원형으로 보이는 지도 투영도법의 일종

간헐천(간헐온천)(geyser) 일시적인 방출로 물이 산발적으로만 나오는 간헐적인 온천의 특별한 형태로 뜨거운 물과 증기가 꽤 먼 거리까지 배출됨

간헐 하천(intermittent stream) 우기나 비가 온 직후에만 일시적으로 물이 흐르는 하천

감입곡류(entrenched meander) 경사가 급한 곡벽으로 이루어진 구불구불한 하천곡으로 곡류하천의 회춘의 결과

강수(precipitation) 구름에서 떨어지는 액체 또는 고체의 물방울

강수 변동성(precipitation variability) 평년과 특정 해의 강수량 차이

개량 후지타 등급(Enhanced Fujita Scale) 토네이도의 강도를 구분한 척도로 EF-0이 가장 약하며, EF-5가 가장 강함

건생식물의 적응(xerophytic adaptation) 특정 종류의 식물이 장기간의 건조 기간에 견딜 수 있도록 해 주는 특성

건조단열감률[dry adiabatic rate(dry adiabatic lapse rate)] 불포화된 공기 덩어리가 상승함에 따라 냉각되는 속도(1,000m당 10℃)

겉씨식물(gymnosperm) 구과에서 종자를 운반하는 종자번식식물, 나출종자

겔리졸(Gelisol) 영구동토층 지역에서 발달하는 토양목

격자상 하계망(trellis drainage pattern) 경암층과 연암층이 교대로 나타나는 지역에 보통 발달하는 하계망으로 짧은 하천들이 길고 평행한 본류에 직각으로 합류하는 하계망

경도(longitude) 본초 자오선을 기준으로 동쪽과 서쪽을 측정하는 각도(도, 분, 초)로 설명되는 위치

경동 단층지괴 산맥(tilted fault block mountain) "단층지괴 산맥" 참조

경사(gradient) 일정 거리를 이동했을 때 하천의 고도 변화

경사(지축의)[inclination (of Earth's axis)] 지구 궤도면(타원면)에 대한 지구 자전축의 기울기

경사변환점(knickpoint) 하도 단면에서의 분명한 불규칙성(폭포, 급류 또는 작은 폭포와 같이). 'nickpoint'라 불리기도 함

경사변환점 이동(knickpoint migration) 침식으로 인한 천이점의 상류 방향 이동

계곡(valley) 하계망이 분명하게 발달한 지역의 전체 지형 중 일부분

고기압(anticyclone) 중심 기압이 높은 곳

고기압(세포)[high(pressure cell)] 상대적으로 대기압이 높은 지역

고기후학(paleoclimatology) 과거의 기후를 연구하는 학문

고산 기후(highland climate) 고도에 따라 지배되는 높은 산지의 기후. 쾨펜의 기후구분에서는 'H'로 표기

고원(plateau) 적어도 한쪽은 급경사면으로 둘러싸인 침식평탄면

고유종(endemic) 특정 지역에서만 발견되는 생물

고지빙원(highland icefield) 고산지대에서 넓게 펼쳐진 빙상

고지자기(paleomagnetism) 과거의 지자기 방향

곡류 하계망[meandering channel pattern(meandering stream channel)] 심하게 구부러지고 원형으로 된 하계망

곡류 흔적(meander scar) 하천이 더 이상 흐르지 않는 이전 하천의 건조화된 곡류

곡빙하(valley glacier) 기원지로부터 흘러나와 하류 쪽으로 흐르는 마치 얼음이 강처럼 흐르는 길고 좁은 지형

곡풍(valley breeze) 낮 동안 사면의 공기가 가열되어 산으로 불어 올라가는 바람

공극률(porosity) 토양 입자 사이 또는 페드 사이 공극의 양으로, 물과 공기를 포함할 수 있는 토양 능력의 측정치

공생(symbiosis) 두 가지 유기체 사이의 상호 이익적인 관계

공전[revolution (around the Sun)] 태양 주위를 도는 지구의 궤도운동

과냉각수(supercooled water) 어는점 이하의 온도에서 액체 상태를 유지하는 물

과포화 공기[supersaturated (air)] 상대습도가 100%보다 높지만 응결이 일어나지 않는 공기

관목림(shrubland) 비교적 짧은 나무들이 우점하는 식물 군집

관입 화성암(intrusive igneous rock) 마그마가 냉각되고 굳어져 지표면 아래에서 형성되는 화성암. 심성암이라 불리기도 함

광물(mineral) 특정 화학적 조성과 결정 구조를 갖는 자연적으로 형성된 고체의 무기물

광역 변성 작용(regional metamorphism) 판이 충돌하거나 섭입하는 지역과 같이 오랜 기간 동안 열과 고압에 노출된 결과 일어나는 지중 암석의 변성 작용

광주기성(photoperiodism) 24시간 주기로 빛에 노출되는 시간에 따른 유기체의 반응

광합성(photosynthesis) 식물이 물과 이산화탄소로부터 화학적인 에너지를 생산하는 기본적인 과정으로, 햇빛에 의해 활성화됨

광화학 스모그(photochemical smog) 강한 햇빛의 자외선 복사로 인한 질소 화합물과 탄화수소의 반응에 의해 나타나는 2차적인 대기 오염의 형태

구과식물(conifer) "겉씨식물" 참조

구름(cloud) 대기 중에 떠 있는 아주 작은 물방울 또는 빙정의 눈에 보이는 집적

구조토(patterned ground) 계절적으로 결빙이 되는 토양이나 영구동토층 지역에서 발달하는 지면에 나타나는 토양의 다각형 무늬

국제 단위계(International System) 미터법

군빙(ice pack) 북극해와 남극해에서 발견되는 규모가 크고 점착력이 있으며 떠다니는 얼음 덩어리

굴식(plucking) "빙하굴식" 참조

권곡(cirque) 빙하의 침식과 얼음쐐기로 빙하계곡의 꼭대기에서 형성된 움푹 들어간 넓은 원형극장 모양의 분지

권곡 빙하(cirque glacier) 권곡에 한정되어 분포하고 계곡 아래로 움직이지 않는 작은 빙하

권곡호(tarn) 빙하 권곡의 얕고 노출된 와지에 있는 작은 호소

권운(cirrus cloud) 깃털 형태의 높은 권운형 구름

규산염(silicate) 다른 원소 또는 원소들과 결합한 규소와 산소로 이루어진 광물의 한 범주

균형선(equilibrium line) 빙하의 소모대와 집적대를 구분하는 이론적인 선. 이 선을 따라 빙하의 집적과 소모가 정확하게 균형을 이룸

그로인(groin) 연안류를 막고 모래를 가두기 위해 해변에서 해안에 직각으로 만들어진 짧은 제방

그리니치 표준시(Greenwich Mean Time) 그리니치 시간대에서의 시간으로 흔히 세계 표준시(Universal Time Coordinated, UTC)라 불림

극고기압(polar high) 극 지역에 위치한 고기압 세포

극상 식생(climax vegetation) 장기간의 천이 결과로 발달한 상대적으로 일정하고 안정된 식물 군집

극성(지구 자전축의)[polarity (of Earth's rotation axis)] 태양 주위를 도는 지구의 공전궤도 어디에서나 북극성(Polaris)을 향하고 있는 지구축의 특징으로 병행론(parallelism)이라고도 불림

극편동풍(polar easterlies) 극고기압과 위도 60° 사이에 위치한 대부분의 지역을 차지하는 전 지구적인 풍계로, 이 바람은 일반적으로 동쪽에서 서쪽으로 이동하며 춥고 건조함

근일점(perihelion) 지구가 태양과 가장 가까워지는 공전궤도상의 지점(약 147,100,000km)

글레이화(gleization) 배수가 불량하여 대부분의 시간 동안 토양이 물로 포화되는 지역에서 주요한 토양체계

글로벌 위성항법시스템(Global Navigation Satellite System, GNSS) 지구 지표면 위 또는 지구 지표면 부근에서 정확한 위치를 결정하기 위한 위성 기반의 시스템으로 미국의 GPS를 포함하는 개념

기계적 풍화(mechanical weathering) 화학 조성에는 변화가 없는 암석 물질의 물리적 분해로, '물리적 풍화(physical weathering)'라 불리기도 함

기단(air mass) 수평적 차원에서 비교적 동일한 성격을 가지며 하나의 독립체로 움직이는 거대한 공기 덩어리

기복(relief) 어떤 지역의 가장 높은 곳과 가장 낮은 곳 사이의 고도 차이, 산꼭대기와 계곡 밑바닥까지의 수직적 차이

기상(weather) 주어진 시간과 특정 지역에서의 단기간 대기 상태

기상과 기후요소 또는 날씨와 기후요소(element of weather and climate) 기상과 기후의 기본 요소, 즉 기온, 기압, 바람과 습도

기상과 기후요인(인자)(control of weather and climate) 기상과 기후요소에 작용하는 가장 중요한 영향

기압(atmospheric pressure) 지표면에 대기가 가하는 힘

기압경도(pressure gradient) 수평적인 거리에 대한 기압의 차이

기압계(barometer) 기압을 측정하기 위해 사용하는 도구

기압골[trough (of atmosphere pressure)] 상대적으로 기압이 낮은 선형 또는 길게 쭉 늘어선 띠

기압능[ridge (of atmospheric pressure)] 상대적으로 기압이 높은 선적 또는 길게 늘어선 지역

기온 역전(temperature inversion) 고도에 따라 온도가 증가하는 상황으로, 따라서 정상적인 조건이 역전된 것

기저의 미끄러짐(basal slip) 물의 윤활유 작용으로 기반암 위에서 빙하 기저부가 미끄러지는 현상

기후(climate) 보통 최소 30년 정도의 오랜 시간 동안 매일매일의 날씨 조건과 극심한 기상환경의 총합

기후 그래프(기후 다이어그램)[climograph(climatic diagram)] 기상관측소의 월평균 기온과 강수량을 보여 주는 차트

깔때기 구름(funnel cloud) 적란운으로부터 아래로 확장하는 깔때기 모양의 구름으로, 깔때기 구름이 지표면과 만날 때 토네이도가 형성됨

ㄴ

낙엽수(deciduous tree) 냉량 또는 건조한 계절로 인해 모든 잎이 죽고 떨어지는 기간을 연중 경험하는 나무

낙하(fall) 풍화된 암석 조각이 절벽이나 급경사의 사면 아래로 떨어지는 매스 웨이스팅 작용으로, 암석낙하(rockfall)라고도 불림

난투수층(aquiclude) 매우 치밀하여 물이 차단되는 불침투성의 암석층

날짜 변경선(International Date Line) 한 선을 기준으로 양측의 날짜에 차이를 생기게 한 선. 하나의 군도를 나누는 것을 피하기 위해 약간 벗어날 때를 제외하고 보통 180번째 자오선에 해당

남극(South Pole) 남위 90°

남극권(Antarctic Circle) 남위 66.5° 선

남방 진동(Southern Oscillation) 북부 오스트레일리아와 타히티섬 사이의 고기압과 저기압의 주기적인 변화. 20세기 초반 Gilbert Walker에 의해 처음으로 확인됨

남회귀선(Tropic of Capricorn) 남위 23.5° 선으로, 지구 공전의 연주기 동안 수직적으로 태양광이 내리는 최남단 지역

내적 (지형) 형성 과정[internal (geomorphic) process] 화산, 습곡, 단층활동을 포함하는 지표면 아래에서 기원하는 지형 형성 작용

내핵(inner core) 철, 니켈로 주로 이루어졌을 것으로 추정되는 고체 상태로 밀도는 높으며 지구 가장 안쪽에 있는 부분

냉대림 또는 북부수림대(타이가)[boreal forest(taiga)] 북미, 유라시아 지역의 아극 지대의 광범위한 침엽수림

너울(swell) 보통 폭풍 조건에 의해 생성되며 기원지에서 상당한 거리까지 이동할 수 있는 해양 파랑

노두(outcrop) 기반암이 표면에 노출된 것

녹은짐(dissolved load) 용해하중. 물에 용해되어 용액 상태로 운반되어 눈에 보이지 않는 광물. 보통 염분

뇌우(thunderstorm) 천둥과 번개를 동반하는 비교적 격렬한 대류성 폭풍

눈(snow) 얼음 결정, 작은 알갱이 또는 조각 형태의 고체 강우로, 수증기가 얼음으로 바뀌면서 형성

늪(swamp) 적어도 일부 시간 동안 물에 잠겨 있지만 물에 내성이 있는 식물의 성장을 허용하기에 충분히 얕은 약간 평평한 지표 지역으로, 나무가 우점함

ㄷ

다년생 식물[perennial plant(perennial)] 계절적인 기후 변화에도 불구하고 1년 이상을 사는 식물

다우(다우기 효과)[pluvial(pluvial effect)] 비와 관련되어 있음. 과거의 우기와 관련되어 쓰이기도 함

다중분광(원격탐사)[multispectral(remote sensing)] 서로 다른 파장대에서 동시에 일어나는 다중 디지털 이미지를 수집하는 원격 탐사 도구

단열 냉각(adiabatic cooling) 상승하는 공기처럼 팽창에 의한 냉각

단열 승온(adiabatic warming) 하강하는 공기처럼 압축에 의한 승온

단층(fault) 암석구조가 강하게 깨지고 한 면이 다른 면에 비해 상대적으로 위치가 변하는 균열 또는 균열지대. 이동은 수평적 또는 수직적일 수도, 둘 다일 수도 있음

단층(faulting) 단층의 생성

단층선곡(linear fault trough) 단층, 특히 주향 이동 단층의 지표면에서의 위치를 나타내는 직선상의 계곡. 단층의 흔적을 따라 부서진 암석의 침식 또는 퇴적에 의해 형성

단층애(fault scarp) 단층운동에 의해 형성된 절벽

단층지괴 산맥[fault-block mountain(tilted-fault-block mountain)] 땅덩어리가 단층운동을 받아 한쪽 지괴는 위로 올라갔지만 다른 쪽 지괴는 단층이나 융기가 없는 지역에 형성된 산지. 덩어리가 비대칭적으로 기울어 단층절벽을 따라 가파른 경사를 만들어 내며 다른 면에는 상대적으로 완만한 경사가 형성되어 있음

단파 복사(shortwave radiation) 태양으로부터 방출되는 복사의 파장, 특히 자외선, 가시광선, 단파 적외선

대권(great circle) 지구 중심을 지나는 평면과 지구 지표면이 교차되어 만들어진 원

대기권(atmosphere) 지구를 둘러싸고 있는 기권

대류(convection) 밀도 차이로 인한 공기와 같은 유체들의 수직적인 순환 및 운동을 통한 에너지 전달

대류권(troposphere) 대기권의 가장 하부에 위치한 열층으로, 고도에 따라 온도는 감소하며, 대기권이 지구 지표면과 접촉하고 있는 층

대류상승(convective lifting) 대류로 인해 소나기성 강수를 갖는 공기의 상승

대류 세포(convection cell) 대류 순환의 닫힌 패턴

대륙빙상(continental ice sheet) 대륙의 일부분을 덮고 있는 거대한 빙상

대륙 열곡(continental rift valley) 대륙의 확장과 균열의 결과로 단층이 형성된 계곡

대륙이동설(continental drift) 현재의 대륙은 원래 1개 또는 2개의 큰 대륙으로 연결되어 있었고, 지난 수억 년 동안 갈라지고 이동하였다는 이론

대수층(aquifer) 침투할 수 있는 지중 암석층으로 물을 저장, 이동, 공급할 수 있음

대축척 지도(large-scale map) 상대적으로 큰 분수축척을 사용하여 지구 표면의 작은 부분만을 상당히 자세하게 표현한 지도

도시 열섬효과[Urban Heat Island(UHI) effect] 주변 지역에 비해 도시 지역에서 높은 온도가 관측되는 상황

동물군(fauna) 동물

동굴 또는 지하 동굴(cavern) 특히 석회암에서 크게 열린 곳 또는 동굴. 종종 스펠레오뎀으로 장식되어 있음

동물지리구(zoogeographic region) 전 세계를 특징적인 동물상에 따라 구분한 지역

동일과정설(uniformitarianism) 지형 형성 작용에서 '현재는 과거를 푸

는 열쇠이다'라는 개념. 작용은 과거에도 일어났었음

동지(December solstice) 태양이 남회귀선을 수직으로 비추는 날, 12월 21일, 북반구에서 동지

두부침식(headward erosion) 계곡이나 우곡의 끝에서 상류의 하간지로 침식해 들어가는 작용

드럼린(drumlin) 빙상의 퇴적과 침식에 의해 형성된 낮고 긴 언덕. 장축은 빙하의 이동 방향과 평행하게 배열되어 있으며 뭉툭하고 경사가 급한 쪽은 빙하가 온 방향을 바라보고 있음

등강수선(isohyet) 강수량이 같은 지점을 연결한 (지도상의) 선

등고선[elevation contour line(contour line)] 고도가 동일한 지점을 연결한 지도상의 선

등온선(isotherm) 온도가 같은 지점을 연결한 (지도상의) 선

등치선(isoline) 주어진 현상의 양이나 강도가 같은 지점을 연결한 (지도상의) 선

뜬짐(suspended load) 하상에 닿지 않고서 물의 흐름을 따라 부유 상태로 이동하는 점토와 실트와 같은 매우 세립의 입자

ㄹ

라니냐(La Niña) 남아메리카 서쪽 해안으로부터 먼 지역의 해수가 평상시보다 차가운 것과 관련된 대기와 해양 현상. 종종 단순히 엘니뇨의 반대 의미로 표현되기도 함

라이다(lidar) 거리를 측정하고 및 지표 지형의 3차원 모형을 제작하기 위해 반사된 레이저 빛을 이용

라테라이트화(laterization) 모재의 풍화가 빠르게 진행되고, 거의 모든 광물이 용해되며, 유기물의 빠른 분해로 특징지어지는 연중 기온이 높은 지역에서 지배적인 토양 형성 작용

라하르(lahar) 화산이류. 화산재와 암석 파편이 빠르게 이동하는 이류

레그(reg) 모래나 먼지가 바람이나 물에 의한 침식으로 제거된 조립의 물질로 이루어진 사막 지표면. 사막포도(desert pavement) 또는 사막갑주(desert armor)라고도 불림

레이더(radar) 무선 탐지와 거리 측정

로스비파(Rossby wave) 상층 대기의 편서풍과 제트기류의 매우 큰 북-남의 파동 현상

뢰스(loess) 수평적 층서가 발달하지 못한 세립질의 바람에 의해 퇴적된 실트. 가장 명확한 특징은 수직 절벽으로 서 있는 능력

리아스식 해안(ria shoreline) 수많은 하구역을 가진 만 형태의 해안. 바다에 의한 하천곡의 침수에 의해 형성

ㅁ

마그마(magma) 지구 표면 하부의 녹은 물질

마찰층(friction layer) 지구의 표면과 고도 약 1,000m 사이의 대기권으로 공기 흐름에 대한 마찰저항의 대부분이 발견되는 지역

막대식 방법(막대식 축척 지도)[graphic scale(graphic map scale)] 지도 축척을 표현하기 위해 눈금이 그려진 거리로 표시된 선을 사용

만곡 하계망[(sinuous channel pattern(sinuous stream channel)] 완만한 곡선 혹은 구부러진 하계망

만구사주(baymouth bar) 만의 입구를 전체적으로 막을 정도의 크기로 만을 석호로 변화시킨 사취

망류 하계망(망류하천)[braided channel pattern(braided stream)] 모래, 자갈 및 기타 느슨한 암설들로 이루어진 작은 섬들로 분리되어 다수의 서로 합쳐지고 연결되는 얕은 하도로 구성된 하천

매스 웨이스팅(mass wasting) 중력의 영향하에 풍화된 암석이 사면 아래로 짧은 거리를 이동하는 현상. 매스 무브먼트(mass movement)라 불리기도 함

매적작용 또는 적평형작용(aggradation) 하천 하상이 퇴적물의 퇴적으로 상승하는 작용

맨틀(mantle) 지각 하부에 위치한 지구의 일부로 핵을 둘러싸고 있음

맨틀 플룸(mantle plume) 지구표면 가까이 상승한 맨틀 마그마의 기둥. 대부분의 암석판 경계와 직접적으로 연관되지는 않지만 다수의 열점과 관계가 있음

먹이사슬(food chain) 유기체가 다른 것의 먹이가 되고 한 수준의 유기체는 다음 수준 유기체의 먹이를 제공하는 연속적인 포식. 따라서 에너지는 생태계를 통해 전달됨

먹이 피라미드(food pyramid) 한 수준의 유기체가 다음 수준의 유기체에게 먹히기 때문에, 많은 수의 에너지를 저장하고 있는 유기체로부터 적은 수의 소비자까지 생태계를 통한 에너지 전달을 개념화한 것. "먹이사슬" 또한 참조

메르카토르 도법(Mercator projection) 완벽한 정각을 맞추기 위해 수학적으로 적용된 원통도법으로 위도가 증가하면 빠르게 축척이 증가함. 메르카토르 도법에서 직선에 대한 각도는 일정함

메사(mesa) 정상부가 좁지만 평탄하고, 가파른 사면이 있는 구릉

모레인(moraine) 빙하에 의한 빙력토의 퇴적에 의해 형성되는 가장 크고 일반적으로 가장 눈에 잘 띄는 지형. 주변보다 위로 다소 상승한 불규칙하게 완만한 지형을 이룸

모세관현상(capillarity) 제한된 지역에서 지표면의 높은 압력으로 인해 물이 위로 상승하는 현상. 따라서 물 분자가 서로 붙어 있으려는 능력

모재(parent material) 풍화된 암석 파편의 원천으로 이것을 통해 토양이 형성됨. 고체 기반암 또는 물, 바람, 빙하 작용으로 운반된 느슨한 퇴적물

모호로비치치 불연속면(Mohorovičić discontinuity) 지구의 지각과 맨틀 사이의 경계. 모호(Moho)라고도 불림

몬순 또는 계절풍(monsoon) 계절에 따라 바뀌는 바람. 뚜렷이 구분되는 계절적 강우 환경을 가지며, 여름에 보통 내륙으로 이동하고, 겨울에 연안으로 이동함

몰리졸(Mollisol) 두껍고 어두운 부식과 기본 양분이 많으며, 마르게 되었을 때 부드러워지는 특징을 가진 광물 표면층인 몰릭 표층(mollic epipedon)의 존재가 특징적인 토양목

무역풍(trade wind) 아열대 고기압의 적도 방향으로부터 뿜어져 나와 서쪽과 적도를 향해 갈라지는 열대의 주요 동풍 체계

무척추동물(invertebrate) 척추가 없는 동물

밀란코비치 주기(Milankovitch cycle) 지구의 경사각, 세차운동, 궤도 이심률을 포함하는 장기간의 천문학적 주기. 빙기와 간빙기의 주요 주기에 부분적이나마 원인으로 생각되고 있으며 이러한 주기를 연구한 천문학자 Milutin Milankovitch의 이름을 따서 명명

밀리바(millibar) 압력의 단위로, 1바(bar)의 1,000분의 1

밀물(flood tide) 조석 주기에서 해안으로의 해수 이동. 해양의 가장 낮은 표면으로부터 물이 점진적으로 약 6시간 13분 동안 상승

밑짐(bed load) 도약운동과 견인에 의해 하천을 따라 움직이는 모래, 자갈 그리고 보다 큰 암석 파편

ㅂ

바람(wind) 수평적인 공기의 이동

바르한 사구(barchan dune) 바람 방향으로 초승달의 뾰족한 끝을 갖는 초승달 모양의 모래 언덕

바이옴(biome) 주어진 환경에서 기능적 상호작용으로 식물과 동물의 인식할 만한 큰 군집

바하다(bajada) 산록 지대를 가로질러 나타나는 연속적인 충적 지형으로, 산지에서 분지로 비스듬하고 개별 선상지를 구별하기 어려움

박리(exfoliation) 곡선의 층이 면적으로 기반암의 껍질을 벗기는 풍화 과정. 이 과정은 보통 화강암에서 일어나며 상부의 암석이 제거된 이후 암석 덩어리가 약간 확장되는 관입암과 관련이 있음. 하중 제거(unloading)라 불리기도 함

박리돔(exfoliation dome) 표면층이 부분적으로 균열이 있는 여러 개의 껍질이 존재하는 불완전한 곡선으로 이루어진 표면 형태를 갖고 있는 큰 암석 덩어리

반대 무역풍(antitrade wind) 해들리 세포 정상부에서 서쪽으로 부는 열대 지방의 상부 대기층 바람으로 북반구에서 북동쪽으로 불고, 남반구에서는 남동쪽으로 부는 바람

반사(reflection) 사물 또는 파를 바꾸지 않고 되돌려 보내는 사물의 능력

발산(판)경계[divergent (plate) boundary] 두 암석판이 분리되는 지역

방사 또는 배출(emission) "복사" 참조

배사(anticline) 암석 구조에서 단순한 대칭적 습곡

백워시(backwash) 스워시 직후 중력과 마찰력으로 인한 물의 바다 쪽으로의 움직임

밸리트레인(valley train) 융빙수 하천 퇴적평야의 뒤쪽에 위치한 곡저에 제한되는 빙하성 유수 충적층의 긴 퇴적층

버티졸(Vertisol) 많은 양의 점토를 포함하고 있고 훌륭한 흡수 능력을 가지고 있는 토양의 특별한 형태를 포함하는 토양목

번개(lightning) 적란운과 관련하여 음전하와 양전하의 분리에 의해 대기권에서 빛을 방출하는 방전

범람원(floodplain) 하천에 의한 퇴적물(충적층)로 덮인 평탄한 곡저이며 주기적 또는 간헐적 하천 범람에 의한 침수에 종속됨

변성암(metamorphic rock) 열이나 압력 또는 지구 내부의 열수 유체 등의 거대한 힘에 의해 크게 변화된 암석

변위 하천(offset stream) 단층을 따라서 수평적인 이동에 의해 유로가 바뀐 하천

변환경계[transform (plate) boundary] 2개의 판이 수평적으로 서로 반대 방향으로 이동하는 지역

병행론(지구 자전축의)[parallelism (of Earth's axis)] "극성" 참조

보초(barrier reef) 암초와 해안 사이의 얕은 석호와 함께 해안선에 평행하고 연안에 발달한 산호초

복사(radiation) 몸체에서 전자기 에너지가 방출되는 과정. 전자기파 형태의 에너지 흐름

복사 에너지(radiant energy) "전자기 복사" 참조

복성화산(composite volcano) 용암 유출과 화산쇄설성 폭발의 혼합으로 형성된 대칭적이고 원뿔형 정상부를 갖는 화산. 성층화산(stratovolcano)이라고도 불림

본초 자오선(prime meridian) 영국의 그리니치 왕실 천문대를 지나는 자오선으로, 경도가 측정됨

부가대(terrane) 단층에 의해서 모든 방향으로 묶여 있는 거대한 암석권. 부가대의 지각판 경계부로부터 다른 특징을 갖는 지각판 경계부와 충돌. 종종 너무 가벼워서 섭입하기 어려운 지각과 함께 존재. 'accreted terrane'이라 불리기도 함

부빙(ice floe) 큰 얼음(빙상, 빙하, 유빙 또는 빙붕)에서 분리되어 바다에서 개별적으로 떠다니는 얼음 덩어리. 보통 크고 평평하며 평면 형태의 얼음을 의미

부식(humus) 토양 위나 내부에 있는 어두운 색의 끈적끈적하고 화학적으로 안정된 유기물질

부엽(litter) 토양 표면에 쌓인 죽은 식물의 더미

부유미립자(particulate) 대기 중에 부유하는 극히 작은 입자나 방울들. 에어로졸이라고도 함

북극(North pole) 북위 90°인 지역

북극권(Arctic Circle) 북위 66.5°선

북회귀선(Tropic of Cancer) 북위 23.5°선이며, 지구 공전의 연주기 동안 수직적으로 태양광이 내리는 최북단 지역

분기공(fumarole) 지하 깊은 곳의 열의 근원과 직접적으로 연결된 표면 균열로 구성된 열수적 형태. 이 튜브로 흐르는 매우 적은 수분은 열과 가스에 의해 바로 증기로 전환되며 증기 구름은 개구부로부터 배출됨

분석구(cinder cone) 작지만 강력한 폭발로 화도에서 분출된 화산쇄설물로 이루어진 작고 흔한 화산체. 화산의 구조는 대개 느슨한 물질이 퇴적된 원추형 언덕을 이룸

분수식 방법(분수식 지도 축척)[fractional scale(fractional map scale)] 지

도에서 측정된 거리와 지구 표면에서 표현된 실제 거리와의 비율로 비율 또는 분수로 표현. 동일한 단위가 지도와 지구 표면의 측정에 사용됨

분출 화성암(extrusive igneous rock) 지구 지표면에서 형성된 화성암. 화산암이라 불리기도 함

분해자(decomposer) 주로 죽은 식물과 동물 등을 분해하는 박테리아와 같은 미세 유기체

불안정(공기)[unstable (air)] 가해지는 힘 없이도 상승하는 공기

뷰트(butte) 주변보다 눈에 띄게 높이 솟아 있고 매우 작은 표면과 절벽 같은 측면을 갖고 있는 침식 잔류물

비(rain) 가장 일반적이고 광범위하게 일어나는 강수 형태로, 액체 상태의 물방울로 구성

비그늘(rain shadow) 산맥 또는 지형적 장벽의 바람의지 사면에 나타나는 강우가 적은 지역

비습(specific humidity) 주어진 공기 질량에서 수증기의 질량으로 표현된 수증기 함량의 직접적인 측정치(수증기의 g/공기의 kg)

비열(specific heat) 물질 1g의 온도를 1℃ 올리는 데 필요한 에너지의 양. 'specific heat capacity'라고도 불림

빙권(cryosphere) 눈 또는 빙하로 언 물을 둘러싼 수권의 하부권

빙력토(till) 빙하의 이동과 융해에 의해 직접적으로 쌓인 암설로 융빙수 흐름과 재퇴적이 없음

빙붕(ice shelf) 바다 위로 돌출된 빙상의 거대한 부분

빙산(iceberg) 빙붕 또는 분출빙하의 말단부로부터 분리되어 떨어져 나가 표류하는 거대한 빙괴

빙설 기후(ice cap climate) 연중 빙점 이하의 기온 특성을 보이는 극기후

빙식계단(glacial step) 빙하골의 단면에서 서로 교대로 가파른 고도 하락이 나타나는 완만한 기울기의 기반암 벤치(bench) 또는 평탄면 연속체

빙식곡(glacial trough) 산악빙하에 의해 모양이 다시 형성된 골짜기로 보통 U자 형태

빙하(glacier) 기원지로부터 이동하거나 흐르는 오랜 시간 동안 유지되는 얼음 덩어리

빙하굴식(glacial plucking) 빙하빙 아래의 암석 조각이 절리와 균열 내 융빙수의 동결로 느슨해지고 포획되어 빙하의 일반적인 흐름을 따라 캐내어지고 끌리는 작용. 빙하 채석(glacial quarrying)이라고도 불림

빙하암분(glacial flour) 빙하 작용에 의해 매우 세립의 활석 분말의 조직으로 갈린 암석물질

빙하유수성 퇴적(glaciofluvial deposition) 빙하에 의해 운반된 암석 쇄설물이 빙하 융빙수에 의해 퇴적 또는 재퇴적되는 작용

빙하의 소성적 이동[plastic flow of (glacial) ice] 압력을 받고 있는 빙하의 느리고, 탄력적인 이동

빙하 주변 호소(proglacial lake) 빙하가 육상의 평탄한 사면을 가로지르거나 사면을 따라서 흐르면서 자연적인 유역분지가 막혀 융빙수가 빙하 전면에 고여 형성되는 호수

빙하 표석(glacial erratic) 빙력토에 포함된 큰 자갈로 지역의 기반암과 매우 다름

사구(sand dune) 바람에 의해 운반된 느슨한 모래로 이루어진 구릉, 능선 또는 낮은 언덕

사리(spring tide) 태양, 달, 지구가 일직선을 이뤄 나타나는 최대 조석 시기

사막(desert) 극도로 건조한 조건과 관련된 기후, 경관 그리고 생물군계

사막칠(desert varnish) 장기간 동안 사막의 대기에 노출된 암석 표면에 형성된 철과 망간 산화물의 어둡고 반짝이는 피막

사막포도(desert pavement) 단단하게 고결된 작은 암석으로 이루어진 단단하고 상대적으로 불투수성의 사막 표면

사취(spit) 한쪽 혹은 양쪽이 육지에 붙어 있는 선적인 해양 퇴적물

사피어-심슨 허리케인 등급(Saffir-Simpson Hurricane Scale) 가장 약한 것을 1등급, 가장 강한 것을 5등급으로 분류하는 허리케인 강도 분류체계

삭박(denudation) 대륙의 표면을 낮추는 모든 작용(풍화, 매스 웨이스팅 그리고 침식)의 총 영향

산란(scattering) 대기 중 가스분자와 입자에 의한 광파의 무작위 방향으로의 굴절 현상. 가시광선의 짧은 파장은 장파에 비해 보다 쉽게 산란됨

산록지대(piedmont zone) '산기슭(foot of the mountains)' 지역

산사태(landslide) 수 초 혹은 수 분 안에 다량의 암석 또는 토양이 사면 아래로 집단적으로 미끄러지는 갑작스럽고 가끔 재앙적인 사건. 사면의 순간적인 붕괴

산성비(acid rain) pH 5.6 이하의 강수. 수분이 없는 건조 퇴적도 포함

산소 동위원소 분석(oxygen isotope analysis) 물과 탄산칼슘과 같은 화합물에서 ^{16}O와 ^{18}O의 비율을 이용해서 과거의 온도 및 기타 환경조건을 추측하는 분석

산소 순환(oxygen cycle) 환경을 통해 다양한 과정으로 산소가 이동하는 현상

산악빙하(alpine glacier) 산 정상부 근처에 발달하고, 일반적으로 곡 아래로 일정 거리를 이동하는 개별 빙하

산타아나 바람(Santa Ana wind) 남부 캘리포니아 지역에서 연안으로 부는 건조하고 보통 온난하고 종종 강력한 바람

산풍(mountain breeze) 밤에 사면에서 공기가 차가워지기 때문에 산에서 산 아래쪽으로 부는 바람

산화(oxidation) 산소원자와 다양한 금속성 원소에서 나온 원자들과의 화학적 결합으로 새로운 화합물을 형성하고, 보통 원래의 화합물보다 부피가 크고, 부드럽고, 더 침식되기 쉬움

살리나(salina) 호소 바닥 퇴적물에서 특히 고농도의 염류를 포함하고 있는 건조 호소 바닥

삼각주(delta) 하천 유속의 갑작스러운 감소와 이후 하천 하중의 퇴적에 의해 형성된 하천 하구부에서 충적층으로 이루어진 지형

삼림(forest) 서로 매우 가깝게 자라서 개별 잎의 덮개가 보통 겹치는 나무의 집합체

상대습도(relative humidity) 대기가 포화될 때의 최대 수증기량에 대한 대기 중의 수증기량의 비율. 퍼센트로 표현

상록수(evergreen tree) 간헐적으로 혹은 연속적으로 잎을 떨어뜨리긴 하지만 특정 시간 동안에는 항상 완전하게 잎을 갖추고 있는 수목 혹은 관목

상승응결고도(Lifting Condensation Level, LCL) 수증기 덩어리가 상승하면서 이슬점 온도에서 상대습도가 100%가 되어 응결이 시작되는 고도

새그 호수(sag pond) 단층 운동 지역에서 암석의 파쇄로 인해, 용천이나 지반이 침하한 지역으로의 유출 등에 의해 물이 모여 형성된 작은 연못

생물군(biota) 전체적인 식물과 동물의 복합체

생물권(biosphere) 지구상의 살아 있는 생물 권역

생물다양성(biodiversity) 한 지역에 존재하는 서로 다른 생물체 종류의 수

생물지리학(biogeography) 식물과 동물의 분포 경향과 시간에 따른 이러한 경향의 변화에 대해 연구하는 학문

생물학적 풍화(biological weathering) 식물 또는 동물의 활동과 관련된 암석의 풍화 과정

생산자(producer) 광합성을 통해 직접 자신의 먹이를 생산하는 유기체. 식물들

생지화학적 순환(biogeochemical cycle) 생물권에서 에너지, 화학 원소 및 화합물(물과 다양한 영양분 같은)의 흐름을 수반하는 서로 연결된 일련의 순환과 경로

생체량(biomass) 생태계 혹은 단위 지역당 살고 있는 모든 유기체의 전체 질량(또는 무게)

생태계(ecosystem) 대상 지역에서 환경과 유기체 사이의 상호작용의 총체

서안 해양성 기후(marine west coast climate) 온난한 기온, 연중 고른 강수로 특징되는 온대 중위도 기후

서술식 방법(verbal map scale) 언어에 의해 표현된 지도의 축척. 문장식 방법(word scale)이라고도 불림

석순(stalagmite) 동굴 바닥으로부터 위로 자라는 튀어나온 구조

석호(lagoon) 제빈도 또는 보초와 본토 사이의 염수성 또는 기수성의 조용한 수체

석회화(calcification) 수분 부족 때문에 위로 토양 수분이 이동하는 지역에서 우세한 토양 생성 작용 중 하나. B층에서 탄산칼슘($CaCO_3$)의 집적이 특징적이며, 이는 경반(hardpan)을 형성함

선행 하천(antecedent stream) 언덕 또는 산지가 있기 이전에 흐르는 하천

섭입(subduction) 인접한 판의 경계부 아래로 해양 암석판 경계부의 함몰

성사구(star dune) 세 가지 또는 그 이상의 방향으로 퍼진 능선을 가진 피라미드 모양의 사구

성층권(stratosphere) 대류권 바로 위의 대기층

성층표력토(stratified drift) 빙하 융빙수 흐름에 의해 운반되면서 분급이 되는 이동(drift)

세계 표준시(Universal Time Coordinated) 세계적으로 표준화된 시간. 그리니치 표준시로 알려져 있음

세이프(종사구)[seif(longitudinal dune)] 보통 다수로, 나란하게 나타나는 길고 좁은 사막 사구

세탈(eluviation) 중력수가 토양의 세립입자를 상부로부터 하부로 이동시키는 과정

소나(수중 음파 탐지)(sonar) 음파 항해술과 음파 탐지술. 물속을 확인 가능한 원격 탐사 체계

소림(woodland) 나무들이 삼림보다 더 멀리 떨어져 있으며, 임관들이 서로 얽혀 있지 않은 나무가 우세한 식물 군집

소멸 하천(disappearing stream) 지하 동공으로 들어가 지표면에서 갑자기 사라지는 하천. 카르스트 지역에서 일반적임

소모(ablation) 융해와 승화를 통한 빙하빙의 소모

소모대(ablation zone) 융해와 승화로 빙하의 순 연 손실이 나타나는 빙하의 하층부

소비자(consumer) 식물 또는 다른 동물들을 소비하는 동물. 종속영양생물

소조 또는 조금(neap tide) 태양과 달이 직각으로 배열되면서 한 달에 두 번 발생하는 일반적인 조수의 변동보다 작은 경우

소축척 지도(small-scale map) 축척이 상대적으로 작은 분수척도를 가진 지도로 지표면의 넓은 부분을 덜 상세하게 보여 줌

소택지(marsh) 최소 일부 시간 동안 물에 잠기지만 주로 벼과(grass)와 사초과(sedge)와 같이 수분 저항력이 있는 식물이 성장할 만큼 충분히 낮은 수심을 갖는 약간 평탄한 지역

속씨식물(현화식물)(angiosperm) 과일, 견과 또는 꼬투리같이 보호기관으로 둘러싸인 씨가 있는 식물

솔리플럭션(solifluction) 여름 동안 지표 부근의 영구동토가 녹아 물이 많아지면서 무거운 지표면 물질이 사면 아래로 축 처지는 툰드라 지역에서 토양 포행의 특정 형태

수권(hydrosphere) 해양, 육상의 지표수, 지하수, 대기권 내의 물 등을 포함하는 지구상의 모든 물

수렴(판)경계[convergent (plate) boundary] 2개의 판이 충돌하는 지역

수렴상승(convergent lifting) 바람이 수렴하면서 나타나는 공기의 상승

수목한계선(treeline) 나무가 더 이상 자라지 않는 고도

수문 순환(hydrologic cycle) 지리적 위치와 물리적 상태에 의해 끊임없이 수분이 교환되는 다양한 전달 과정으로 연결된 일련의 저장 지역

수소결합(hydrogen bond) 물 분자 사이의 인력. 하나의 물 분자에서 음전하의 산소는 다른 물 분자에서 양전하의 수소를 끌어당김

수용력(하천의 최대 운반량)[capacity(stream capacity)] 하천이 주어진 조건에서 운반할 수 있는 최대 하중

수용력(수증기 수용력)[capacity(water vapor capacity)] 주어진 온도에서 공기 중에 존재할 수 있는 수증기의 최대 양

수위강하원추(cone of depression) 많은 양의 지하수가 제거되어 우물 부근까지 지하수면이 역 원뿔형의 형태로 하강하는 현상

수정 메르칼리 진도 계급(modified Mercalli intensity scale) 지진이 일어나는 동안 지반이 흔들리는 상대적인 강도를 나타내기 위해 사용되는 I~XII의 정성적인 계급

수증기(water vapor) 기체 상태의 물

수증기 수용력(water vapor capacity) 주어진 온도에서 공기가 포함할 수 있는 최대 수증기량

수지상 하계망(dendritic drainage pattern) 지류가 불규칙적으로 본류에 합류하고 하천이 무작위로 합류하지만 항상 예각을 이루는 나무와 같이 생긴 하계망. 하부의 구조가 하계망에 큰 영향을 미치지 않는 지역에서 일반적으로 발달

수직 분포(vertical zonation) 산지나 구릉에서 서로 다른 식물 군집의 수평적 층서화

수치고도모델(Digital Elevation Model, DEM) 정확하게 측정된 고도 자료의 데이터베이스를 기초로 컴퓨터를 이용해 만든 경관의 음영기복 영상

수화 작용(hydration) 물이 화합물에 추가되어 화합물이 쪼개지지 않고 물이 화합물의 구성 요소가 되는 화학 작용. 부피의 증가로 광물이 약해질 수 있음

순상화산(shield volcano) 매우 유동성이 큰 현무암질 용암의 긴 유출로 형성된 화산. 순상화산은 완만한 경사를 갖는 큰 산체

순 1차 생산량 또는 순1차 생산성(net primary productivity) 1년 중 어떠한 기간 동안 식물 군집의 순 광합성으로, 일반적으로 단위면적당 고정되는 탄소의 양으로 측정(연간 제곱미터당 탄소 kg)

스왈로 홀(swallow hole) 지표배수가 지하유로에 직접적으로 흘러 들어가는 일부 싱크홀의 바닥에 있는 뚜렷한 구멍

스워시(swash) 해빈으로 밀고 올라가는 쇄파의 전진

스크리(scree) 사면 아래로 직접 떨어진 풍화된 암석의 조각으로 특히 작은 조각을 지칭. 애추라고도 불림

스펠레오뎀(speleothem) 동굴의 벽, 바닥, 천장으로 광물의 침전물에 의해 형성된 지형

스포도졸(Spodosol) 유기물과 알루미늄이 축적되고 어둡지만 종종 적색을 띠기도 하는 집적층인 스포딕 층이 나타나는 토양목

슬럼프(slump) 곡선의 붕괴면을 따라 일어나는 회전과 함께 발생하는 사면 붕괴

슬립페이스(사구의)[slip face (of sand dune)] 사구의 바람의지 쪽 급사면

습곡(folding) 압축과 상승에 의한 지각 암석의 휨

습윤 대륙성 기후(humid continental climate) 무더운 여름, 추운 겨울, 연중 고른 강수로 특징되는 혹독한 중위도 기후

습윤 아열대 기후(humid subtropical climate) 무더운 여름과 연중 고른 강수로 특징되는 온난한 중위도 기후

습지(wetland) 연중 또는 대부분의 기간 동안 수심이 얕고 정지되어 있으며 수면 위로 식생이 자라는 특성을 나타내는 경관

승화(sublimation) 수증기가 직접 얼음으로 변하는 과정. 반대의 경우도 마찬가지

식물군(flora) 식물

식물 천이(plant succession) 한 종류의 식생이 시간에 따라 자연적으로 다른 식생으로 대체되는 과정

식물 호흡 작용(plant respiration) 식물에서 이루어지는 탄수화물의 산화작용으로, 물, 이산화탄소 및 저장된 에너지(열)를 방출함

심성암(pluton) 대량으로 관입한 화성암체

심성암(plutonic rock) 마그마의 냉각과 응고로 지하에서 형성되는 화성암. 관입암(intrusive rock)이라고도 불림

싱크홀(돌리네)[sinkhole(doline)] 특히 절리가 교차하는 부분에서 표면 석회암의 용식에 의해 형성되는 작고 둥근 와지

썰물(ebb tide) 조석 주기 동안 해면의 주기적 하강

쓰나미(tsunami) 해저의 지진, 산사태, 화산 폭발에 의해서 발생한 아주 긴 파장의 해파. 지진해일(seismic sea wave)이라고도 불림

ㅇ

아극 기후 또는 아북극 기후(subarctic climate) 고위도 대륙 내부에서 확인되는 극심한 중위도 기후로, 매우 한랭한 겨울과 극심한 연교차가 특징적임

아극 저기압(subpolar low) 북반구나 남반구 모두에서 위도 약 50~60° 에 위치하는 저기압 지대. 아극전선이라 불리기도 함

아극전선(polar front) 남북위 60° 의 아극 저기압대에서 성질이 다른 기단 사이의 접촉면

아레트(즐형산릉)(arête) 좁고, 톱날 같고, 톱니모양의 암석. 여러 빙하 권곡이 분수계 반대쪽에서 하간지로 침식해 들어간 후 남게 된 능선 정상부

아리디졸(Aridisol) 토양의 용해 가능한 광물들을 제거할 만한 충분한 물이 없는 건조한 환경에 우점하는 토양목. 모래질이고 유기물 결핍으로 토양 단면이 얇은 것이 특징

아열대 고기압(Subtropical High, STH) 평균 직경이 3,200km이고, 보통 동-서로 길게 나타나는 위도 약 30° 의 해양에 중심을 두고 있는 크고 반영구적인 고기압 세포 지역

아열대 무풍대(horse latitude) 아열대 고기압에서 따뜻한 햇살과 무풍으로 특징되는 지역

아열대 사막 기후(subtropical desert climate) 더운 사막 기후. 일반적으로 아열대 위도대, 특히 대륙의 서안에서 확인됨

아열대 환류(subtropical gyre) 주요 해양 분지 경계부 주변에서 일어나는 표면해류의 폐쇄된 흐름. 흐름은 북반구에서는 시계방향, 남반구에서는 시계반대 방향

아이소스타시(isostasy) 지구 지각의 정수압 평형의 유지. 하중의 증가로

인한 침강과 하중의 감소로 인한 융기

악지(badland) 건조와 반건조 지역에서 릴이 복잡하게 발달해 있는 나지 상태의 지형. 여러 개의 짧고 가파른 경사를 갖는 것이 특징

안개(fog) 기저가 지표면 부근이거나 매우 가까운 구름

안디졸(Andisol) 화산재에서 유래된 토양목

안식각(angle of repose) 사면 위의 물질이 사면 아래로 이동하지 않고 사면에서 느슨한 구조로 있을 수 있는 최대 각도

안정(공기)[stable (air)] 힘이 주어질 때만 상승하는 대기

안초(fringing reef) 해안선에서 수평적으로 형성된 산호초로, 해면 바로 밑의 넓은 벤치(bench)를 형성하며 종종 저위 시 개별 산호초의 꼭대기 부분인 '머리'가 대기에 노출됨

알베도(albedo) 지표면의 반사율. 변화되지 않은 채 우주로 되돌아가는 태양 복사의 일부

알피졸(Alfisol) 지중 점토층 그리고 식물 영양분과 물의 적절한 또는 충분한 공급이 특징적인 광범위하게 분포하는 토양목

암맥(dike) 이전에 존재하는 암석으로 상승한 마그마의 수직 또는 거의 수직의 면(sheet)

암석(rock) 여러 광물로 이루어진 고체 물질

암석권(lithosphere) 지각과 단단한 상부 맨틀로 이루어진 지구조적 판으로, 고체지구 전체(지구의 '권' 중 하나)를 뜻하는 의미로 사용되기도 함

암석 낙하(낙하)[rockfall(fall)] 절벽이나 급경사의 사면 하부로 풍화된 암석이 떨어지는 매스 웨이스팅 작용

암석 빙하(rock glacier) 자신의 하중으로 느리지만 분명히 사면 아래로 이동하는 퇴적된 애추 군집(talus mass)

암석의 순환(rock cycle) 한 종류의 암석에서 다른 종류의 암석으로 변하는 광물의 장기간 순환

암설류(debris flow) 다양한 크기의 퇴적물과 함께 진흙물의 하천과 같은 흐름. 큰 바위를 포함하고 있는 이류

애추(talus) 사면 아래로 직접 떨어진 다양한 크기의 풍화된 암석의 조각. 스크리(scree)라 불리기도 함

애추구(talus cone) 해체된 애추의 경사진 뿔 모양의 더미

액상화(liquefaction) 지면이 강하게 떨리는 동안 물로 포화된 토양 또는 퇴적물이 부드러워져 결국 액체가 되는 현상으로 지진이 발생하는 동안 관찰됨

야주 하천(yazoo stream) 본류를 따라 형성된 자연 제방으로 인해 본류로 들어갈 수 없는 지류

양배암(roche moutonnée) 기반암 구릉이 이동하는 빙하에 의한 침식으로 형성된 특징적인 빙하 지형. 상류는 매끈하고 경사가 완만하지만, 하류에서는 보다 경사가 급하고 불규칙함

양이온(cation) 양전하를 갖는 원자 또는 원자 그룹

양이온 교환 능력(cation exchange capacity, CEC) 양이온을 끌어당기고 치환할 수 있는 토양의 능력

양토(loam) 기본적인 세 가지 토양 분류(모래, 실트, 점토) 중 하나가 다른 두 가지보다 많지 않은 토성

얼음쐐기(frost wedging) 암석 틈 사이의 물이 얼면서 팽창하여 암석을 조각내는 과정

에너지(energy) 일을 할 수 있는 능력. 물질의 상태와 조건을 변화시킬 수 있는 능력을 갖고 있는 것

에르그(erg) 느슨한 모래로 덮힌 넓은 지역으로 바람에 의한 사구가 형성된 지역. '모래바다'

에스커(esker) 대체로 빙하성 충적 자갈로 이루어졌으며 빙하의 정체(stagnation) 시기 동안 빙하 아래에 위치한 하천이 가로막아 형성된 층을 이룬 빙하 퇴적물(glacial drift)의 길고 구불구불한 능선

에어로졸(aerosol) 대기 중에 떠 있는 고체 또는 액체 입자들. 부유미립자(particulate)라고도 부름

엔티졸(Entisol) 거의 광물 변화가 이루어지지 않았으며 토양 층위도 없는 모든 토양목 중에서 가장 덜 발달된 토양

엘니뇨(El Niño) 무역풍의 약화와 역전 및 남미의 서해안의 해수면 온도의 상승을 보통 포함하는 열대 태평양의 주기적 대기와 해양 현상

엘니뇨 남방 진동(El Niño-Southern Oscillation, ENSO) 기압과 수온의 서로 연결된 대기, 해양 현상. 남방진동은 열대 남태평양에서 대기압의 주기적인 상승과 하강(seesaw)을 의미. "엘니뇨" 또한 참조

역단층(reverse fault) 횡압력으로 형성되며, 상반이 하반 위로 올라간 형태의 단층

역학적 고기압 또는 동적 고기압(dynamic high) 뚜렷하게 하강하는 공기와 관련된 고기압 세포

역학적 저기압 또는 동적 저기압(dynamic low) 뚜렷하게 상승하는 공기와 관련된 저기압 세포

연교차(average annual temperature range) 특정 지역에서 최난월 기온과 최한월 기온의 차이

연륜연대학(dendrochronology) 나이테의 분석을 통해 과거의 사건과 기후를 연구

연안류(longshore current) 대략 해안에 평행하게 바람방향을 따라 흐르는 바닷물의 흐름. 'littoral current'라 불리기도 함

연약권(asthenosphere) 암석권 아래에 있고, 상부 맨틀의 가소성이 있는 층. 이곳의 암석은 밀도가 높지만 매우 뜨거워 약하고 쉽게 변형됨

열(heat) 온도차로 인해 한 물체 또는 물질에서 다른 물체 또는 물질로 전달되는 에너지. 열에너지라 불리기도 함

열곡(rift valley) "대륙 열곡" 참조

열대 관목림(tropical scrub) 키가 작은 나무들과 수풀이 광범위하게 형성되어 있는 열대 군락

열대 낙엽림(tropical deciduous forest) 대다수의 나무가 잎을 떨어뜨리는 건기가 명확하게 드러나는 지역의 열대림

열대 몬순 기후(tropical monsoon climate) 겨울은 건기이고 여름에는 매우 습하며 비가 많이 오는 열대 습윤 기후. 계절풍과 관련 있음

열대 사바나(tropical savanna) 키가 큰 초본이 우점하는 열대 초원

열대 사바나 기후(tropical savanna climate) 겨울에는 건조하고 여름에는 적당하게 습한 열대 습윤 기후. 열대수렴대(ITCZ)의 계절적 이동과 관련

열대수렴대(Intertropical Convergence Zone, ITCZ) 북동 무역풍과 남동 무역풍이 수렴하는 적도 부근 또는 위의 지역. 해들리 세포의 상승기류와 빈번한 뇌우와 관련

열대 우림(tropical rainforest) 키가 크고 높게 뻗은 다양한 나무들이 우점하는 열대 식생의 군락. 셀바(selva)라고도 불림

열대 우림 기후(tropical wet climate) 연중 습윤한 열대 습윤 기후. 보통 연중 열대수렴대(ITCZ)의 영향 아래에 있음

열대저기압(tropical cyclone) 열대와 아열대 지역에 가장 큰 영향을 미치는 폭풍. 보통 원형의 강력한 저기압 중심을 갖고 있음. 풍속이 시속 119km를 넘을 때를 의미하며, 북아메리카와 카리브해 지역에서는 허리케인으로 불림

열대저기압의 눈[eye(eye of tropical cyclone)] 강풍이 불지 않는 열대 저기압의 중심부. 지름이 16~40km이고 단일의 조용한 지역이지만 이 지역을 도는 주변부는 바람이 강하게 붐

열대저압부(tropical depression) 국제협약에 의하면, 바람이 33노트(knot)가 넘지 않는 초기 단계의 열대 사이클론

열대폭풍(tropical storm) 국제협약에 의하면, 바람이 34~63노트 사이의 초기 단계의 열대저기압

열수 변성 작용(hydrothermal metamorphism) 기존 암석 주변을 도는 뜨겁고 광물이 풍부한 용액과 관련된 변성작용

열수 작용(hydrothermal activity) 때로 뜨거운 증기와 함께 발생하는 뜨거운 물의 분출로 온천수나 간헐천과 같은 형태를 가짐

열염분 순환(thermohaline circulation) 염도와 온도 차이로 인해 발생하는 물의 밀도 차이 때문에 일어나는 심해수의 느린 순환

열적 고기압(thermal high) 한랭한 지표 조건과 관련된 고기압 세포

열적외선 복사[thermal infrared radiation(thermal IR)] 전자기 스펙트럼의 중적외선 그리고 원적외선 부분

열적 저기압(thermal low) 온난한 지표 조건과 관련된 저기압 세포

열점(hot spot) 하부의 맨틀로부터 마그마가 상승하는 것과 관련된 암석판 내부에서의 화산활동 지역

염도(salinity) 용해된 염류 농도의 측정치

염류쐐기(salt wedging) 물의 증발로 염류가 결정을 이루면서 발생하는 암석의 붕괴

염류화(salinization) 수분 부족으로 토양 수분 이동이 주로 표층을 향하는 지역에서 우세한 토양 형성 작용 중 하나

염주호(paternoster lake) 식곡 내의 얕은 침식와지나 계단에서 발견되는 일련의 작은 호수

염호(saline lake) 염호(salt lake). 건조한 환경에서 보통 내륙 하천 하계에 의해 형성

염화불화탄소(chlorofluorocarbons, CFCs) 흔히 냉장고와 에어로졸 스프레이 캔에 사용되는 합성 화학물질로 대기권 상부의 오존을 파괴함

영구동토층(permafrost) 영구적인 토빙 또는 영구적으로 얼어 있는 토양층

영구 하천(perennial stream) 연중 물이 흐르는 영구적인 하천

영양 단계(trophic level) 먹이 사슬에서 유기체의 위치. 동일한 영양 단계에 있는 동물은 동일한 종류의 먹이를 소비함

오존(ozone) 3개의 산소 원자로 이루어진 분자로 구성된 가스(O_3)

오존층(ozone layer) 대기권 16~40km 높이에 오존의 농도가 가장 높은 층. 상당량의 자외선을 흡수

옥시졸(Oxisol) 모든 토양이 대부분 완전히 풍화되거나 용탈되어 토양 상태는 높은 광물 변화와 토양단면이 잘 발달되어 있음

온난전선(warm front) 전진하는 온난 기단의 가장 앞부분

온도(temperature) 물질에서 분자의 평균 운동에너지의 설명. 분자의 활동이 더 왕성해지면(내부의 운동에너지가 더 커지면), 물질의 온도가 더 높아짐. 통상적인 용어로, 물질의 따뜻하고 차가운 정도의 측정치

온실가스(greenhouse gas) 태양으로부터 입사되는 단파 복사는 투과되지만 장파 지구 복사는 흡수하는 성질을 가진 가스. 가장 중요한 자연적인 온실가스는 수증기와 이산화탄소

온실효과(greenhouse effect) 대기권에서 온실가스로 인한 차별적인 복사 투과로 대류권 하부가 온난해지는 현상. 대기권에서 태양으로부터의 단파 복사는 쉽게 투과되지만 지표면으로부터의 장파 복사는 투과하지 못함

온천(hot spring) 지하수가 지표면 하부에서 마그마 혹은 높은 열의 암석과 접촉했을 때 압력에 의해 갈라진 틈이나 균열을 통해 상승된 지표의 뜨거운 물

외래종[exotic species(exotics)] 자연적으로 나타날 수 없는 지역에 '새로운' 서식지로 소개된 유기체

외래 하천(exotic stream) 다른 지역으로부터 물을 가져와 건조 지역으로 흐르는 하천

외적 (지형) 형성 과정[external (geomorphic) process] 지형을 삭박하고 마모시키는 파괴적인 작용. 풍화, 매스 웨이스팅과 침식을 포함

외핵(outer core) 맨틀 아래에 있는 유동성의 외피로, 지구의 내핵을 둘러싸고 있음

용승(upwelling) 해안에서 바람이 표면수의 방향을 바꿔 차가운 심층수가 상승하는 현상. 특히 아열대와 중위도의 대륙 서안을 따라 일반적으로 발생

용암(lava) 차가워지고 굳어지게 되는 지구의 표면으로 분출한 용해된 마그마

용암원정구(종상화산)[lava dome(plug dome)] 화도에서 점성이 있는 마그마의 분출에 의해 형성된 돔(dome) 또는 불룩한 모양(bulge)

용오름(waterspout) 바다 위나 큰 규모의 호수와 닿아 있는 깔때기 구름. 물위에서 발생하는 약한 토네이도와 유사

용탈(leaching) 용해된 영양분이 용액 상태로 아래로 이동되어 토양 하

부에 집적되는 과정

용해 또는 용식(dissolution) 물의 화학적 작용에 의한 기반암의 제거. 지하수의 작용을 통한 지중암석의 제거도 포함

우각호(oxbow lake) 원래는 물이 흘렀던 절단 곡류부

우박(hail) 난류와 기류의 수직적 흐름으로 적란운에서 만들어진 둥글거나 혹은 불규칙한 모양의 얼음 알갱이. 작은 얼음입자는 과냉각된 구름방울로부터 수분을 모아서 성장

우발라(uvala) 싱크홀(돌리네)이 결합하였거나 서로 연결된 싱크홀 연속체

운동 에너지(kinetic energy) 이동에 의한 에너지

운반 능력(competence) 하천에 의해 운반될 수 있는 최대 입자 크기

운반 능력(stream competence) 하천이 운반할 수 있는 입자의 최대 크기

울티졸(Ultisol) 알피졸과 비슷한 토양목이지만, 더 심하게 풍화되었고, 거의 모든 염기가 용탈된 토양

워커 순환(Walker Circulation) 남부 열대 태평양에서의 일반적인 대기 순환. 분지 서쪽에서 따뜻한 공기가 상승해(ITCZ의 상승기류에서) 동쪽으로 흐르고 남아메리카의 서쪽 해안에서 다시 하강하여, 무역풍에 의해 다시 서쪽으로 돌아가는 기류. 이 현상을 처음으로 정의한 것이 영국의 기상학자 Gilbert Walker

원격상관(teleconnection) 세계의 한 지역에서 또 다른 지역과의 기상 또는 해양 사건의 연결 관계

원격탐사(remote sensing) 관심 대상과의 물리적인 접촉 없이 기록 기기를 이용한 측정 또는 정보 획득. 보통 카메라와 위성을 포함

원뿔 도법(conic projection) 1개 또는 그 이상의 원뿔을 접하거나 교차시켜, 지구와 지리적 격자 부분을 원뿔 안에 투영시키는 투영법

원일점(aphelion) 지구의 타원형 공전 궤도에서 태양으로부터 가장 먼 지점(약 152,100,000km)

원통 도법(cylindrical projection) 지구에 직각 또는 교차하는 종이 원통에 투영한다는 개념으로 만들어진 지도의 한 종류

위도(latitude) 적도의 남쪽과 북쪽을 측정하는 각도로 설명되는 위치

위선(parallel) 동일한 위도의 모든 지점을 연결하는 선. 이러한 선은 모든 위선에 대해 평행함

위조점(wilting point) 모세관수를 모두 이용하였거나 증발했기 때문에 식물이 토양으로부터 더 이상 수분을 추출해 낼 수 없는 시점

윈드시어(연직 윈드시어)[wind shear(vertical wind shear)] 바람의 수직적인 방향 또는 속도의 상당한 변화

유량(discharge) 단위시간당 흐름의 부피

유역분수계(drainage divide) 서로 다른 두 유역분지로 내려오는 유출을 분리하는 선

유역분지(drainage basin) 특정 하천에 지표유출과 지하수를 공급하는 지역. 집수구역(watershed) 또는 집수역(catchment)이라 불리기도 함

유출(runoff) 지표유출, 하천유출과 지하수 유출에 의해 육지에서 바다로 가는 물의 흐름

육계사주(tombolo) 섬을 본토와 연결시키는 모래 퇴적에 의해 형성된 사취

육풍(land breeze) 보통 밤에 육지에서 바다로 부는 국지풍

융빙수 하천 퇴적평야(outwash plain) 빙하로부터 흘러나오는 하천의 후퇴 퇴석 또는 종퇴석 너머에 퇴적되며 비교적 완만하고 평탄한 충적 사면을 갖는 광범위한 빙하하천 지형

응결(condensation) 수증기가 물로 변하는 과정. 잠열이 방출되면서 발열하는 과정

응결잠열(latent heat of condensation) 수증기가 액체 상태로 응결할 때 방출하는 열

응결핵(condensation nuclei) 물 분자들을 중심으로 모으는 역할을 하는 먼지, 박테리아, 연기, 염분 등의 아주 작은 대기 입자들

이류(advection, 移流) 물과 토양의 두꺼운 혼합물이 계곡 내 또는 계곡을 따라 사면 아래로 이동하는 것

이류(mudflow) 물과 토양의 두꺼운 혼합물이 사면 아래로 이동하는 것

이산화탄소(carbon dioxide) CO_2, 대기 중의 소량을 차지하는 가스, 온실효과 가스 중의 하나. 연소와 호흡의 부산물

이슬(dew) 상대적으로 차가운 표면 위의 응결된 물방울

이슬점온도(이슬점)[dew point temperature(dew point)] 수증기 포화가 도달된 임계 기온

인문지리학(human geography) 인간과 지리학의 문화적 요소를 연구

인셀베르그(inselberg) '섬과 같은 산(island mountain).' 저기복의 지표면에서 갑자기 솟아오른 고립구릉

인셉티졸(Inceptisol) 토양 특징이 비교적 미약한 미성숙 토양목. 진단층을 형성할 정도로 아직 발달하지 못함

일광시간절약제(day-light saving time) 서머타임. 시계를 1시간 앞당김

일년생 식물(한해살이)[annual plant(annuals)] 환경적 스트레스가 있으면 죽지만, 다음의 좋은 시기에 싹트기 위하여 많은 종자를 남기는 식물

일배 사면(ubac slope) 낮은 각도에서 햇빛이 들어오는 사면으로 일향사면보다 가열과 증발이 약하지만 보다 고밀도의 풍부한 식생을 만들어 냄

일사(insolation) 입사 태양 복사

일시 하천(ephemeral stream) '습윤한 계절' 또는 비가 내리는 동안 그리고 내린 직후에만 물을 운반하는 하천

일향 사면(adret slope) 상대적으로 높은 각도에서 태양 광선이 도달하도록 방향을 잡고 있는 사면. 이런 사면은 상대적으로 따뜻하고 건조한 경향이 있음

입도단위 또는 입도명칭(separate) 토양 입자 크기의 표준 분류 내에서의 크기 그룹

입사각(angle of incidence) 태양 광선들이 지구의 표면으로 들어오는 각도

입상빙설(névé) 압축으로 인해 다져지고 합쳐지기 시작한 눈 입자로서

밀도가 대략 물의 절반 정도로, 만년설(firn)이라고도 함

ㅈ

자분정(artesian well) 우물이 지표면으로부터 대수층까지 잘 뚫리고, 피압이 인공펌프 없이 지표로 물을 끌어 올릴 수 있을 정도로 강한 지역에 흐르는 자유 흐름

자연제방(natural levee) 범람원에서 하도의 가장자리에 있는 약간 높은 제방. 홍수 기간 중 퇴적에 의해 형성

자연지리학(physical geography) 지리학의 자연적인 요소를 연구하는 학문 분야

자오선(meridian) 모든 위도선과 직각으로 교차하고, 실제의 남, 북 방향으로 일직선상으로 배열된 극에서 극을 연결하는 경도를 나타내는 가상의 선

자외선 복사[ultraviolet(UV) radiation] 파장의 범위가 0.1~0.4마이크로미터인 전자기 복사

자전(지구의)[rotation (of Earth)] 가상의 북-남 축을 도는 지구의 회전

잠열(latent heat) 물질의 상태가 변화할 때 저장되거나 방출되는 에너지. 증발은 잠열이 저장되기 때문에 냉각 작용이며, 응결은 잠열이 방출되기 때문에 가열 작용

장파 복사(longwave radiation) 지구와 대기권에 의해 방출되는 열적외선 복사의 파장. 지구복사라고도 함

재현주기(홍수의)[recurrence interval (of a flood)] 특정 해에 특정 규모의 홍수가 나타날 확률. 회복 주기라고도 불림

저기압(cyclone) 중심 기압이 낮은 곳

저기압(세포)[low(pressure cell)] 상대적으로 낮은 대기압을 갖는 지역

저기압 발생(cyclogenesis) 저기압의 형성 또는 '탄생' 과정

저반(batholith) 가장 크고 일정한 형태가 없는 화성 관입암

저퇴석(ground moraine) 빙상 기저의 지표면에 넓게 퇴적된 빙력토로 이루어진 모레인

적도(equator) 위도 0°의 평행선

적도무풍대(doldrum) 북반구와 남반구의 무역풍대 사이 지역과 관련된 공기의 흐름이 조용한 지역으로 보통 적도 부근. 열대수렴대(ITCZ) 지역

적란운(cumulonimbus cloud) 강우, 뇌우 및 토네이도와 허리케인과 같은 극단적인 기상 현상과 관련된 키가 큰 적운

적외선(복사)[infrared(radiation)] 약 0.7~1,000마이크로미터의 파장을 갖는 전자기파 복사. 파장은 가시광선보다 김

적운(cumulus cloud) 공기 기둥의 상승으로 형성되는 뭉게뭉게 피어오른 하얀 구름

전도(conduction) 분자들의 상대적인 위치변화 없이 하나의 분자에서 다른 분자로의 에너지 이동. 정지된 물체에서 다른 부분으로의 열 이동을 가능하게 함

전선(front) 서로 다른 공기덩어리 사이의 불연속적인 예리한 지대

전선상승(frontal lifting) 전선을 따라 공기의 강제적 상승

전 세계적 해수면 변동(eustatic sea-level change) 세계 해양수의 증가 또는 감소로 인한 해수면의 변화. 유스타시(eustasy)라 불리기도 함

전자기 복사(electromagnetic radiation) 전자기파 형태로의 에너지 흐름. 복사 에너지

전자기 스펙트럼(electromagnetic spectrum) 파장에 따라 배열된 전자기 복사

전 지구적 컨베이어 벨트 순환(global conveyer-belt circulation) 북대서양에서 남극 주변의 남극해로, 다시 인도양과 태평양으로 흘러 북대서양으로 돌아오는 연속적인 고리를 형성하는 심해수의 느린 순환

절단 곡류(cutoff meander) 하천의 침식으로 좁은 곡류 목이 절단되어 현재의 하천으로부터 분리된 과거 곡류 하천의 일부분

절대습도(absolute humidity) 공기 중 실제 수증기 함량의 측정치. 공기의 주어진 부피에서 수증기의 질량으로 표현하고, 대개 공기 $1m^3$당 수분 g량으로 표현

절리(joint) 응력으로 기반암에 생성된 균열로, 절리면에 평행하게 주목할 만큼의 이동은 없음

절충식 도법(compromise map projection) 정형 도법 또는 정적 도법은 아니지만 두 특성이 또는 다른 지도 특성이 균형이 맞는 투영법

점토(clay) 규산염 광물의 화학적 변화로 형성된 매우 작은 무기물 입자들

접촉 변성 작용(contact metamorphism) 마그마와 접촉되어 있는 주변 암석들의 변성작용

정단층(normal fault) 장력의 결과로 땅의 한쪽 면이 밀려 올라가거나 융기하고, 다른 쪽 면은 지반침하가 일어난 가파르고 비스듬한 단층면을 형성

정방위선(항정선)[loxodrome(rhumb line)] 실제 나침반이 가리키는 방향. 나침반의 방향이 일정한 선

정적 도법(equal area projection) "정적도법(equivalent map projection)" 참조

정적 도법(equivalent map projection) 지도의 전체에 걸쳐 일정한 면적(크기) 관계를 유지하는 투영법. 'equal area projection'이라 불리기도 함

정체전선(stationary front) 기단이 다른 기단을 밀어내지 못하는 상황에서 두 가지 기단 사이의 일반적인 경계

정형 도법(conformal map projection) 전체 지도에서 적당한 각도를 유지하는 투영법. 지도상의 특정 지역에서 정확한 형태를 보여 줌

제빈도(barrier island) 퇴적물로 구성된 좁은 연안섬. 일반적으로 해안선에 평행

제트기류(jet stream) 대류권 상층에서 빠르게 부는 기류. 제트기류는 중위도 지역에서 북-남 방향으로 빈번히 사행(meander)하는 높은 고도 서풍 흐름의 고속의 '중심'으로 생각될 수 있음

제티 또는 돌제(jetty) 퇴적물의 퇴적, 폭풍파, 해류로부터 보호하기 위해 하천이나 항구의 입구에 바다를 향해 건설된 제방

제한 인자(limiting factor) 유기체(생물체)의 생존 여부를 결정하는 중요한 또는 가장 중요한 변수

조명원(circle of illumination) 밝은 절반(light half)과 어두운 절반(dark half)으로 나눠지는 지구 대권 가운데 햇빛이 비치는 반구의 가장자리

조석(tide) 지구 표면의 다양한 지역에서 달과 태양의 반복적으로 나타나는 인력의 증감에 의해 발생하는 해수면의 상승과 하강

조차(tidal range) 고조와 저조 사이의 수직적 고도 차이

종상화산(plug dome) 화도 내에서 점성이 있는 마그마의 상승으로 형성된 화산성 돔 또는 볼록한 부분. 용암원정구라고도 함

종유석(stalactite) 동굴 천장으로부터 아래로 매달려 있는 펜던트 구조

종퇴석(terminal moraine) 빙하 진행의 가장 바깥쪽 범위에 형성된 (빙퇴석으로 이루어진) 빙하 퇴적물

주빙하 지대(periglacial zone) 빙하작용의 영향을 간접적으로 받은 지대로 빙하가 발달한 지역 너머에 위치해 있으며 규모는 명확하지 않음

주절리(master joint) 기반암의 구조를 따라 상당한 거리를 달리는 주요 절리

주향이동단층(strike-slip fault) 인접한 지괴가 하나의 또 다른 지괴에 옆으로 밀려 전단에 의해 만들어지는 단층. 이동은 대부분 혹은 전체적으로 수평적

중규모 저기압(mesocyclone) 강한 뇌우 내부에 나타나는 대기의 사이클론 순환. 지름이 대략 10km

중앙퇴석(medial moraine) 인접한 두 빙하의 측퇴석이 합쳐져 형성된 빙하의 중간 부분에 발달한 암설의 어두운 띠

중위도 고기압(midlatitude anticyclone) 일반적으로 편서풍으로 이동하는 중위도의 광범위한 이동성 고기압 세포

중위도 낙엽림(midlatitude deciduous forest) 대개 낙엽수로 구성된 활엽수림 군집

중위도 사막 기후(midlatitude desert climate) 온난한 여름과 한랭한 겨울이 특징인 사막 기후

중위도 저기압(midlatitude cyclone) 중위도 지역에서 발생하고 보통 편서풍으로 이동하는 거대한 이동성 저기압 시스템. 온대저기압(extracyclone) 또는 파동 저기압(wave cyclone)이라고도 불림

중위도 초지(midlatitude grassland) 중위도 반건조 지역의 초지 식생 군집. 지역적으로 스텝(steppe), 프레리(prairie), 팜파스(pampas) 또는 벨트(veldt)로 불림

증기압(vapor pressure) 대기에서 수증기에 의해 발생하는 총 압력

증발(evaporation) 액체상의 물이 가스상의 수증기로 전환되는 과정. 잠열이 저장되기 때문에 냉각화 과정

증발산(evapotranspiration) 식물로부터의 증산과 토양과 식물로부터의 증발에 의해 수분이 대기로 이동하는 현상

증발 잠열(latent heat of evaporation) 액체 상태의 물이 수증기로 증발할 때 저장되는 에너지

지각(crust) 지구의 최외각 고체층

지구(地溝) 또는 지구대(graben) 평행한 단층에 둘러싸인 땅덩어리로 침강으로 인해 양쪽에 직선적이고 경사가 급한 단층절벽이 형성되어 있는 특징적인 구조곡이 형성

지구 복사(terrestrial radiation) 지구 표면 또는 대기에서 방출되는 장파 복사

지구온난화(global warming) 인간이 배출한 온실가스로 인해 최근 지구의 기후가 온난화되는 것을 일컫는 일반적인 이름

지균풍(geostrophic wind) 기압경도력과 코리올리 힘 사이의 균형의 결과로 등압선과 평행하게 움직이는 바람

지도(map) 축소된 규모에서 선택된 내용만을 보여 주는 지구의 평면적 표현

지도 축척(map scale) 지도상에서 측정된 거리와 지도 표면에서 측정된 실제 거리 사이의 관계

지도 투영법(map projection) 3차원적인 지구 표면의 전체 또는 일부를 2차원의 평탄한 표면 위에 나타내는 체계적인 표현법

지루 또는 단층산지(horst) 두 평행한 단층 사이에서 상대적으로 융기한 지괴

지리정보체계(geographic information system, GIS) 공간(지리) 자료의 생성, 저장, 검색, 시각화 등을 위한 컴퓨터화된 체계

지리학(geography) 현상들의 공간 분포와 상호 연결성에 관한 연구. 경관에서 분포 경향에 관한 연구

지세 또는 지형(topography) 지구의 표면 형상

지중해성 기후(mediterranean climate) 건조한 여름과 습윤한 겨울이 특징적인 온화한 중위도의 기후

지중해 소림 및 관목림(mediterranean woodland and shrub) 지중해성 기후 지역에서 발견되는 소림과 관목림 군집

지진(earthquake) 지구 지각의 갑작스러운 이동에 의한 진동

지진규모[magnitude (of an earthquake)] 지진이 일어나는 동안 방출된 에너지의 상대적인 양. 모멘트 규모와 리히터 척도와 같은 몇몇의 규모 척도가 현재 사용되고 있음

지표면류(overland flow) 유로 없이 지표면에서 사면 아래로 흐르는 표면류

지하수(groundwater) 지하의 포화대 하부에서 발견되는 물

지하수면(water table) 지하에서 포화대의 가장 윗부분

지형(landform) 크기에 관계없는 개별 기복 특성

지형상승(orographic lifting) 공기가 지형적 장애물을 상승할 때 발생하는 상승

지형학(geomorphology) 지형의 특징, 기원 그리고 발달을 연구

진앙(epicenter) 지진 동안 단층파열(fault rupture)의 중심 바로 위의 지표면

질소 고정(nitrogen fixation) 기체 질소가 식물 생육에 이용될 수 있는 형태로 변하는 것

질소 순환(nitrogen cycle) 질소가 환경을 이동하는 끝없는 과정의 연속

집수구역(watershed) "유역분지" 참조

집적(illuviation) 상부에 있는 토양의 세립 입자가 토양 하부에 집적되는 과정

집적(빙하빙 집적)[accumulation(glacial ice accumulation)] 강설로 인한 빙하빙의 추가

집적대(accumulation zone) 연간 빙하의 얼음 집적이 소모보다 큰 빙하의 상부

ㅊ

차별풍화와 차별침식(differential weathering and erosion) 다른 암석 또는 동일 암석의 일부분이 다른 속도로 풍화 또는 침식되는 작용

척추동물(vertebrate) 척수를 보호하는 척추를 가지고 있는 동물. 어류, 양서류, 파충류, 조류 그리고 포유류

천둥(thunder) 번개에 의해 갑작스럽게 가열된 공기가 순간적으로 팽창하면서 만들어진 충격파로 인한 소리

체감온도(sensible temperature) 사람의 몸에 의해 감지되는 상대적인 겉보기 온도

초지(grassland) 풀, 광엽 초본으로 우점된 식물군락

추분(September equinox) 태양광이 적도를 수직으로 비추는 연중 2일 중 하루. 지구의 모든 위치는 동일한 낮과 밤의 길이를 가짐. 매년 약 9월 22일경 나타남

추이대(ecotone) 한 군집의 특정 종이 다른 것과 섞이는 생물 군집 사이의 점이지대

춘분(March equinox) 태양광이 적도를 수직으로 비추는 1년의 2일 중 하루. 지구상의 모든 곳에서 낮과 밤의 길이가 같음. 매년 3월 20일쯤 나타남

충상단층(thrust fault) 비교적 작은 각도로 상반이 하반 위에 올라가게 하는 압축력에 의해 형성된 단층. '오버스러스트 단층(overthrust fault)'이라 불리기도 함

충적선상지(alluvial fan) 산지계곡을 빠져나온 하천이 퇴적시킨 충적층의 부채모양 퇴적 지형

충적층(alluvium) 하천이 퇴적시킨 퇴적물질

취식(deflation) 공기 중으로 날리게 하거나 지면을 따라 구르게 하는 바람에 의한 느슨한 입자의 이동

측방침식(lateral erosion) 하천의 주 흐름이 한 제방에서 다른 제방으로 수평적으로 이동할 때 일어나는 침식으로 유속이 최대가 되는 공격 사면(outside bank)에서는 침식이, 유속이 최소가 되는 퇴적 사면(inside bank)에서는 충적층의 퇴적이 일어남

측퇴석(lateral moraine) 곡빙하의 가장자리를 따라 곡벽에 평행하게 형성된 분급이 불량한 암설(빙력토)의 뚜렷한 끝부분

층(strata) 퇴적물이나 퇴적암에 나타나는 특징적인 층

층리면(bedding plane) 하나의 퇴적층과 다른 퇴적층을 분리시켜 주는 평평한 면

층운(stratus cloud) 층을 형성한 수평적인 구름. 종종 고도 2km 아래에 존재. 개별 구름으로 나타나지만 온흐름(general overcast)으로 더 자주 나타남

층위(토양층위)[horizon(soil horizon)] 다소 명확하게 인지할 수 있는 토양층위로, 서로 다른 특징 및 토양의 수직적인 층위를 형성하고 있어 다른 토양층과 구분됨

치누크(chinook) 상대적으로 온난 건조한 공기가 국지적으로 사면 아래로 이동하면서 발생하는 바람으로, 로키산맥의 바람의지 사면을 내려감에 따라 단열로 더 온난해짐

침식(erosion) 조각난 암석물질을 분리, 제거 및 운반

침식 기준면(base level) 해안에서 해수면으로부터 대륙 아래로 확장되고, 지표면이 침식될 수 있는 가장 낮은 수준을 지시하는 가상의 지표면

침엽수(needleleaf tree) 전형적인 잎보다 단단하고 질기고 광택이 있는 침엽의 나무

침입종(invasive species) 자생종을 희생시키면서 자신의 환경을 확신시키는 도입종(외래종)

ㅋ

카르스트(karst) 지중 용해의 결과로 발달된 지형

칼데라(caldera) 대형 화산의 폭발 및 붕괴로 형성된 크고 가파른 경사, 대략 원형의 와지

케틀(kettle) 정체된 빙하가 녹으면서 모레인 표면에 생긴 불규칙한 형태의 와지

코리올리 효과(코리올리 힘)[Coriolis effect(Coriolis force)] 자유롭게 움직이는 물체가 지구의 회전에 반응하여 북반구에서는 오른쪽, 남반구에서는 왼쪽으로 꺾이는 현상

콜(col) 반대편 사면의 두 인접한 빙하 권곡이 즐형산릉(아레트)의 일부를 제거할 정도로 충분히 침식되었을 때 형성된 산맥 사이의 고개 또는 안부

콜로이드(colloid) 토양 내 입자들의 화학적으로 활발한 부분을 나타내는 토양의 미세한 유기물과 무기물 입자

쾨펜 기후 구분 체계(Köppen climate classification system) 블라디미르 쾨펜(Wladimir Köppen)에 의해 고안된 가장 널리 이용되는 세계 기후 구분

ㅌ

탄산(carbonic acid) H_2CO_3. 이산화탄소가 물에 녹았을 때 형성된 약산

탄산염화(carbonation) 물속 이산화탄소가 탄산염암과 반응하여 매우 용해성이 있는 물질(중탄산칼슘, calcium bicarbonate)을 생산하는 과정. 중탄산칼슘은 유출 또는 침루에 의해 쉽게 제거될 수 있고, 물이 증발하면 결정질의 형태로 퇴적될 수 있음

탄소 순환(carbon cycle) 이산화탄소에서 생물체로, 다시 이산화탄소로

의 변화

탈질소 작용(denitrification) 공기 중에서 일어나는 질산염이 자유 질소로 바뀌는 과정

탑카르스트(tower karst) 카르스트 지대에 있는 높고 옆이 가파른 언덕

태양 고도(solar altitude) 수평면 위로의 태양 각도

태양편위(declination of the Sun) 수직으로 태양빛을 받는 위도

태평양 불의 고리(Pacific ring of fire) 태평양 해분(basin)의 가장자리를 따라 화산활동과 지진활동이 광범위하게 일어나기 때문에 붙여진 이름. 암석판 경계와 관련이 있음

토네이도(tornado) 강한 바람이 빙글빙글 회전하는 원통으로 둘러싸인 국지적인 사이클론 저기압 세포. 적란운 아래까지 확장하는 깔때기 구름이 특징적임

토석류(earthflow) 물로 포화된 사면의 일부가 사면 아래로 짧은 거리를 이동하는 매스 웨이스팅 과정

토양(soil) 풍화된 광물입자, 부패한 유기물, 살아 있는 생물, 가스, 액체의 매우 다양한 혼합물. 토양은 식물뿌리가 차지하고 있는 지구의 '외피'의 일부임

토양 단면(soil profile) 지표면으로부터 토양층을 거쳐 아래의 모재까지의 수직 단면

토양목(soil order) 토양 분류 체계에서 토양 분류의 가장 상위(가장 일반적인)의 단계

토양 분류 체계(Soil Taxonomy) 미국에서 현재 사용하고 있는 토양 분류 체계. 특성에 기원을 두고, 최초의 조건하에서 갖는 환경, 기원, 특성보다 오히려 토양의 현재 특성에 초점을 맞추고 있음

토양수 균형(soil-water balance) 토양수의 증가, 손실, 저장 사이의 관계

토양수 수지(soil-water budget) 일정 기간 동안 토양수분 균형의 변화를 보여 주는 계산

토양 인자(edaphic factor) 토양에 영향을 미치는 인자

토양체(solum) 유기질 표층인 O층, 상부 토양인 A층, 용탈층인 E층 그리고 하부 토양(심토)인 B층 등과 같은 4개의 층만을 포함하고 있는 순수 토양

토양체계(pedogenic regime) 물리적·화학적·생물학적 과정이 탁월한 환경으로 생각될 수 있는 곳의 토양 형성 체계

통기대[zone of aeration(vadose zone)] 토양(또는 토양과 암석)의 공극에서 양이 변화하는 수분(토양수)을 포함하는 지하 내 최상부 수문 지대

퇴적물(sediment) 물, 바람 또는 빙하에 의해 퇴적된 암설이나 유기물의 작은 입자

퇴적물 수지(해빈의)[sediment budget (of a beach)] 해빈으로 퇴적되는 퇴적물과 해빈으로부터 이동되는 퇴적물 사이의 균형

퇴적암(sedimentary rock) 압력과 고결 작용에 의해 단단해진 퇴적물로 이루어진 암석

투과(transmission) 전자파 통과가 가능한 매개체의 능력치

투수성(permeability) 연결된 공극 사이로 물의 이동이 가능한 토양 또는 암석의 특징

툰드라(tundra) 잔디, 광엽 초본, 아관목, 이끼 그리고 지의류를 포함하지만 나무는 없는 키가 작은 식물의 혼합림. 툰드라는 높은 고도나 고위도 지방의 지속적인 한랭 기후에서만 나타남

툰드라 기후(tundra climate) 월평균 기온이 10℃를 넘는 달이 없는 극기후

ㅍ

파고(wave height) 파정과 파저 사이의 수직적 거리

파랑의 굴절(wave refraction) 파도가 해안선에 도달할 때 방향을 바꾸는 현상. 일반적으로 파도가 해안선과 평행하게 부서지게 함

파랑의 변형(wave of translation) 파도가 얕은 물에 도달하여 결국 해안에서 부서질 때 발생하는 수평적 운동

파랑의 진동(wave of oscillation) 파형이 통과할 때 매개체(물과 같은)의 개별 입자가 원형의 궤도를 만드는 곳에서의 파도 운동

파식대(wave-cut platform) 해면 바로 아래 발달한 파식에 의한 완만한 기반암 평탄면으로 파랑에 의해 해식애가 후퇴하는 곳에서 일반적이며, 파식 벤치(wave-cut bench)라고도 함

파장(wavelength) 파정과 파정 혹은 파저와 파저 사이의 수평적 거리

판게아(Pangaea) 알프레드 베게너가 최초로 약 2억 년 전에 있었다고 주장한 거대한 초대륙. 몇 개의 큰 조각들로 나누어지고 그것들이 다른 곳으로 계속 이동해서 현재의 대륙을 이룸

판구조론(plate tectonics) 크기가 대륙만 한 판의 이동에 따른 거대한 암석권의 재배열에 대한 이론

페드(ped) 개별 토양 입자가 결집되어 토양의 구조를 결정하는 보다 큰 덩어리

페디먼트(pediment) 보통 건조한 지역에서 나타나는, 산지 전면에서 바깥쪽으로 펼쳐지는 완만한 경사의 기반암 평탄면

편동풍 파동(easterly wave) 열대 지역에서 길지만 약한 이동하는 저기압골

편서풍(westerlies) 남북 양반구의 30~60° 사이 중위도 지역에서 전 세계적으로 서쪽에서 동쪽으로 부는 중위도의 대규모 바람 시스템

평균 기온 감률(average lapse rate) 대류권에서 고도에 따른 온도 감소의 평균 비율. 1,000m당 약 6.5℃

평면 투영법[planar projection(plane projection)] 지구본상의 한 지점에서 지구본에 접하는 평면으로 지구본의 지리적 격자를 투영시킨 지도의 한 종류

평형 하천(graded stream) 하천 경사가 단순히 하중의 운반만을 하도록 조정된 하천

폐색(occlusion) 폐색 전선을 형성하기 위해 한랭전선이 온난전선을 추월하는 과정

폐색전선(occluded front) 한랭 전선이 온난 전선을 추월할 때 형성되는

복잡한 전선으로, 모든 온난 기단을 땅에서 들어올림

포드졸화(podzolization) 겨울이 길고 추운 지역에서 우세한 토양 형성 작용. 토양의 느린 화학적 풍화와 결빙에 따른 급격한 기계적 풍화 작용이 특징적이며, 토양층이 얇고 산성이며 매우 특징적인 토양단면을 형성

포장용수량(field capacity) 중력수가 빠져나간 이후 토양에 의해 보전될 수 있는 최대 물의 양

포행(토양 포행)[creep(soil creep)] 매스 웨이스팅 중에서 가장 느리고 인지하기 어려운 형태이며, 토양과 표토의 사면 아래로의 움직임은 매우 서서히 일어남

(수증기) 포화[saturation (with water vapor)] 주어진 온도에서 공기가 최대 수증기량을 포함하고 있는 상태

포화(습윤)단열률[saturated adiabatic rate(saturated adiabatic lapse rate)] 상승 응결 고도보다 위로 상승하는 공기가 1,000m당 평균 약 6℃로 냉각의 속도가 감소하는 현상. 상승하는 공기의 단열 냉각의 일부에 대한 반작용인 응결 잠열의 결과

포화대[zone of saturation(phreatic zone)] 최상부 경계가 지하수면인 지표 아래 두 번째 수문 지대. 기반암의 공극과 틈 그리고 이 지대의 풍화토는 모두 완전히 포화되어 있음

폭풍우 경보(storm warning) 심한 뇌우나 토네이도가 특정 지역에서 확인되었을 때 발표되는 날씨 경고. 사람들은 바로 안전 대책을 강구해야 함

폭풍우 주의보(storm watch) 강한 뇌우나 토네이도가 만들어질 수 있는 조건이 있을 때 발표되는 날씨 경고

폭풍 해일(storm surge) 허리케인이 해안에 도달할 때 발생하며, 정상적인 조위보다 8m 높은 바람에 의한 해일

푄(foehn 또는 föhn) "치누크" 참조. 'foehn'이라는 단어는 주로 유럽에서 사용

표력토(빙하 표류)[drift(glacial drift)] 빙하에 의해 운반되고 퇴적된 모든 물질

표면장력(surface tension) 전기극성 때문에 액체 상태의 물분자가 결합하는 경향. 분자의 얇은 피막이 물 표면에 형성되며, 구슬(bead) 모양을 띠게 하는 원인

표준 시간대(time zone) 보통 경도에 따라 북-남 방향으로 정의된 지구의 지역으로 협정 지역시간이 동일함

풍성 작용(aeolian process) 건조 지역에서 가장 확연하고, 광범위한 효과적인 바람의 작용과 관련된 작용

풍식력(ventifact) 바람에 날린 모래로 갈린 암석

풍식와지(취식와지)[blowout(deflation hollow)] 바람에 의해 세립물질의 상당한 양이 침식되어 형성된 얕은 요지

풍화(weathering) 대기에 노출된 암석의 물리적, 화학적 분해

풍화토(regolith) 기반암을 덮고 있는 부서지거나 부분적으로 붕괴된 암석 입자 층

플라야(playa) 내륙하천 유역분지 내의 건조한 호수 바닥

플라이스토세(Pleistocene Epoch) 플라이오세와 홀로세 사이의 신생대로서 260만~11,700년 전의 시기

플라이스토세 호소(Pleistocene lake) 플라이스토세 동안의 많은 강우와 적은 증발량 때문에 내륙 유역분지의 내부에서 형성되는 큰 담수호

피나클(pinnacle) 침식에 대한 저항력이 있는 모암(帽岩)을 갖는 경사가 급한 꼭대기 형태의 침식 잔구. 건조 혹은 반건조 환경에서 주로 발견되며 'speleothem column'이라고도 함

피압 대수층(confined aquifer) 2개의 불투수성 암석층(난투수층) 사이의 대수층

피압 지하수면(piezometric surface) 우물에서 자연적으로 형성된 압력에 의해 솟아오르는 지하수면의 고도

피오르 또는 피오르드(fjord) 부분적으로 바다에 잠긴 빙하 골짜기

하간지(interfluve) 인접한 곡을 분리시키는 높은 지대 혹은 능선. 지표면류에 의해 배수됨

하마다(hamada) 보통 노출된 기반암으로 이루어져 있지만 경우에 따라 지하수가 증발되면서 염분으로 고결된 퇴적물로 이루어진 척박한 사막 표면

하방침식 또는 하각(downcutting) 깊은 하도를 침식시키는 하천의 작용. 하천이 빠르게 흐르거나 경사가 급한 사면을 흐를 때 일어남

하변식생(riparian vegetation) 특히 상대적으로 건조한 지역에서 잘 나타나는 하안의 식생 성장으로 다른 곳에서 나무가 발견되지 않더라도 이 지역에서는 나무가 하천을 따라 선적으로 나타남

하성 과정(fluvial process) 지구의 표면에서 흐르는 물의 작용을 포함하는 작용

하안단구(stream terrace) 회춘한 하천의 이전 범람원의 잔존물

하지(June solstice) 태양광이 북회귀선에 수직으로 비추는 날. 약 6월 21일경, 북반구에서 여름 하지

하천(stream) 크기에 관계없이 하도를 흐르는 물의 흐름

하천유수(streamflow) 곡저를 따라 물이 하도를 이루면서 흐르는 것

하천의 최대 운반량(stream capacity) 하천이 주어진 조건하에서 운반할 수 있는 최대 하중

하천의 회춘(stream rejuvenation) 보통 지역의 지구조적 융기를 통해 하천의 하방 침식력이 증가되는 현상

하천 쟁탈(stream capture) 자연적으로 한 하천의 일부분이 다른 하천의 일부분으로 우회되는 현상

하천 쟁탈(stream piracy) "하천쟁탈(stream capture)" 참조

하천 차수(stream order) 하계망의 계층을 기술하는 개념

하천하중(stream load) 하천에 의해 운반되는 고체물질

한랭전선(cold front) 따뜻한 공기를 차가운 기단으로 바꾸는 가장 앞부분

함몰 싱크홀(collapse sinkhole) 지표면 아래 동굴 천장의 붕괴로 형성된

싱크홀. 함몰 돌리네.

항온동물(endotherm) 온혈동물

해구(oceanic trench) 섭입이 발생한 곳에서 대양저 바닥이 직선으로 깊이 함몰된 곳

해들리 세포(Hadley cell) ITCZ에서 따뜻한 공기가 상승하는 적도와 아열대 고압대로 하강하는 위도 20~30° 사이의 2개의 완벽한 수직적 대류 순환 셀

해령(midocean ridge) 일반적으로 대륙으로부터 멀리 떨어져 있는 심해에 있는 긴 산맥. 해저의 발산 경계에서 형성

해빈(beach) 느슨한 퇴적물이 노출된 층. 일반적으로 모래 및 자갈로 구성되며, 육지와 물 사이의 해안 점이대에서 나타남

해빈표류(beach drifting) 파도에 의해 해빈 쪽으로 낮은 각도로 행해지는 퇴적물의 지그재그 운동. 결국 해안에서 퇴적물의 움직임은 대체로 바람이 불어 가는 방향임

해소(tidal bore) 거대한 밀물로 인해 하천을 따라 밀려오는 높이가 수 센티미터에서 수 미터인 해수 벽

해안단구(marine terrace) 해수면보다 높게 융기된 해안 침식에 의해 형성된 평탄면

해저 시추공(ocean floor core) 대양저에서 가져온 암석과 퇴적물 시료

해저 확장설(seafloor spreading) 중앙해령에서 심층의 마그마가 지구 표면으로 상승하게 하는 지각이 갈라지는 현상

해풍(sea breeze) 보통 낮 동안 바다로부터 육지를 향해 부는 바람

향사(syncline) 암석구조에서 단순히 아래로 굽어진 것

허리케인(hurricane) 119km/h(74mph 또는 64노트) 이상의 풍속을 보이는 열대저기압 또는 북미와 중미에 더 큰 영향을 미치는 열대저기압

현곡(현구)[hanging valley(hanging trough)] 합류한 지류가 본류보다 높은 지류 빙식골

현무암(basalt) 세립질이고 어두운(대개 검은색) 화산암. 고철질 용암(상대적으로 규산염 함량이 낮은)에서 형성

호른(horn) 3개 혹은 그 이상의 권곡이 만나는 곳에서 권곡벽에서의 서리작용과 광대한 빙하 굴삭작용에 의해 형성된 가파른 사면을 가지는 피라미드 모양의 날카로운 바위

호상열도(volcanic island arc 또는 island arc) 해양판 사이의 섭입과 관련된 일련의 화산섬으로 호상화산열도라 불리기도 함

호수(lake) 땅으로 둘러싸인 수체

홍수현무암(flood basalt) 지구 표면의 넓은 지역을 덮은 현무암질 용암의 큰 유출

화강암(granite) 가장 일반적이고 잘 알려진 심성(관입)암. 어두운색과 밝은색의 광물 모두로 이루어진 조립질의 암석. 규장질(felsic, 상대적으로 높은 실리카 함량) 마그마로부터 형성

화산(volcano) 분출물이 발생하는 원뿔 모양의 산이나 언덕

화산쇄설물[pyroclastic(pyroclastic material)] 화산 폭발에 의해 대기 중으로 방출된 고체의 암석 파편

화산암(volcanic rock) 지구의 표면에서 형성되는 화성암, 분출암(extrusive rock)이라고 불림

화산이류(volcanic mudflow) 화산재와 암석 파편이 빠르게 이동하는 이류로, 라하르라고도 불림

화산 활동(volcanism) 지구 내부에서 지표면으로 또는 지표면 부근으로의 마그마 이동

화석연료(fossil fuel) 자연적으로 나타나는 연료(석탄, 석유, 천연 가스와 같은)로, 지질 시간 동안 유기물로부터 형성

화성 관입(igneous intrusion) 지표면 아래의 마그마 관입과 냉각으로 형성된 지형

화성암(igneous rock) 용해된 마그마가 굳어져서 형성된 암석

화쇄류(pyroclastic flow) 폭발적인 화산의 분화로 화산에서 나온 고온의 가스, 화산재 및 암편으로 이루어진 빠른 속도의 산사태. 'nuée ardente'라고도 불림

화학적 풍화(chemical weathering) 암석을 구성하는 광물이 변화하면서 일어나는 암석의 화학적 분해

환경 기온 감률(environmental lapse rate) 대류권에서 관찰되는 수직적 온도 경도

환초(atoll) 석호를 둘러싸고 있는 원형 또는 부분적 원형의 산호초

활강풍(katabatic wind) 한랭한 고지대에서 기원하였으며 중력의 영향으로 낮은 고도로 폭포처럼 하강하는 바람

활엽수(broadleaf tree) 평평하고 넓은 잎을 가진 나무

황도면(plane of the ecliptic) 태양 궤도의 모든 지점에서 태양과 지구를 통과하는 가상의 면. 지구의 공전궤도 판

횡사구(transverse dune) 탁월풍 방향의 사면은 볼록한 초승달 모양의 사구 능선으로, 모래 공급이 탁월한 지역에서 잘 나타나며, 정상부는 풍향과 직각을 이루고 있고 평행 파도처럼 나타남

후퇴퇴석(recessional moraine) 빙하 후퇴가 잠시 멈추면서 형성된 빙력토 퇴적물

흡수(absorption) 전자기파로부터 에너지를 흡수하는 물체의 능력

히스토졸(Histosol) 광물, 즉 토양보다는 유기물이 특징적인 토양목. 전체 또는 대부분의 시간 동안 변함없이 물로 포화되어 있음

기타

1차 소비자(primary consumer) 먹이 피라미드 또는 먹이사슬의 첫 단계로 초식동물들

2차 소비자(secondary consumer) 먹이 피라미드 혹은 먹이사슬에서 2차 또는 그 이상의 단계로서, 다른 동물을 먹는 동물

1차 오염물질(primary pollutant) 대기 중으로 직접 방출된 오염물질

2차 오염물질(secondary pollutant) 화학적 반응 혹은 다른 작용의 결과로서 대기 중에서 형성되는 오염물질. 예를 들어 "광화학 스모그" 참조

A층(A horizon) 부식과 다른 유기물질이 광물 입자들과 섞여 있는 상

부 토양층

B층(B horizon) A층 아래에 위치한 광물 토양층

C층(C horizon) 풍화된 모재로 구성된 최하부 토양층. 이동 또는 용탈에 의해 큰 영향을 받지 않음

E층(E horizon) 보통 A층과 B층 사이에 나타나는 밝은 색의 세탈층

GPS(Global Positioning System) 지구 지표면 또는 지구 지표면 부근에서 정확한 위치를 결정하기 위한 미국의 위성 기반 시스템

O층(O horizon) 토양 단면의 표면층이며, 대부분 유기물질로 이루어짐

R층(R horizon) 토양 단면 기저부의 단단한 기반암층

포토 크레딧

제 1 장

p.xxiv: NASA; p.1: Michael Collier; p.4: 1-3 Mattias Klum/Getty Images; p.6: 1-A USFWS Photo/Alamy; p.7: 1-4 John Warden/Getty Images; p.14: 1-15 Felix Stensson/Alamy; p.22: 1-26 Alex Hubenov/Shutterstock; p.25 1-C NASA; p.27: NASA.

제 2 장

p.28: Anton Balazh/Fotolia; p.29 Michael Collier; p.30: 2-1 Kzww/Shutterstock; p.31: 2-2 NASA Goddard Space Flight Center; p.43: 2-A NASA; p.43: 2-B NASA; p.45: 2-19 NASA EOS Earth Observing System; p.46: 2-21 Earth Observatory images by Jesse Allen and Robert Simmon, using Landsat 8 data from the USGS Earth Explorer/NASA; p.47: 2-23 NASA Earth Observatory; p.47: 2-22 Image courtesy Jeff Schmaltz, LANCE/EOSDIS MODIS Rapid Response Team at NASA GSFC/NASA; p.48: 2-24 NOAA; p.49: 2-27 NASA Goddard Institute for Space Studies and Surface Temperature Analysis; p.50: 2-29 NASA Earth Observatory; p.50: 2-28 Noah Seelam/AFP/Getty Images; p.54: Anton Balazh/Fotolia.

제 3 장

p.56: Ocean Biology Processing Group, Goddard Space Flight Center/NASA; p.58: 3-1 NASA; p.63: 3-10 Stocktrek Images/Getty Images; p.67: 3-B U.S. Naval Research Laboratory; p.68: 3-C NASA; p.69: 3-14 Kim Kyung-Hoon/Reuters; p.70: 3-E Dennis Schroeder/National Renewable Energy Laboratory; p.73: 3-21 ESA/Science Source; p.76: NASA.

제 4 장

p.78: HPM/AGE Fotostock; p.80: 4-1 Buena Vista Images/The Image Bank/Getty Images; p.83: 4-B August Snow/Alamy; p.85: 4-6 Paul Mayall/ImageBroker/AGE Fotostock; p.87: 4-11 Darrel Hess; p.92: 4-20 Brian Stablyk/Stone/Getty Images; p.97: 4-26 NASA; p.98: 4-27 NOAA; p.99: 4-29 Alexander Chaikin/Shutterstock; p.102: 4-C NASA; 4-D Ahmad Al-Rubaye/AFP/Getty Images; p.103: 4-Ea, b, c NASA; p.108: HPM/AGE Fotostock.

제 5 장

p.110: Bob Sharples/Alamy; p.112: 5-2 Darrel Hess; p.118: 5-A Stadler/Pearson Education, Inc.; p.123: 5-19 Sean Gardner/Reuters; p.124: 5-21 NOAA/NESDIS; p.128: 5-29 Mohammad Asad/Pacific Press/LightRocket/Getty Images; p.140: Bob Sharples/Alamy.

제 6 장

p.142: Thomas Weber/Alamy; p.146: 6-3 Fedorov Oleksiy/Shutterstock; p.152: 6-A Abedin Taherkenareh/Epa/Corbis; p.153: 6-10 Fedorov Oleksiy/Shutterstock; p.156: 6-15a Zebra0209/Shutterstock; 6-15b Steven J. Kazlowski/Alamy; 6-15c Pavelk/Shutterstock; 6-15d Wallace Garrison/Alamy; 6-15e Michelle Marsan/Shutterstock; 6-15f Julius Kielaitis/Shutterstock; p.157: 6-16 Tom L. McKnight; p.158: 6-19 Kzww/Shutterstock; p.161: 6-25 Homer Sykes/TravelStockCollection/Alamy; p.163: 6-28 Georg Gerster/Science Source; 6-29 Nicole Gordon/UCAR, University of Michigan; p.164: 6-31 Ryan McGinnis/Alamy; p.165: 6-C, 6-D, 6-E National Oceanic and Atmosphere Administration; p.167: 6-34 Michael Collier; p.173: 6-42 Stephen Coyne/Photofusion Picture Library/Alamy; p.176: Thomas Weber/Alamy.

제 7 장

p.178: Floris Gierman/Snapwire/Alamy; p.185: 7-7 NASA Goddard

Space Flight Center; p.189: 7-B Darrel Hess; p.192: 7-16a, b NASA; p.195: 7-22a, b USGS; p.196: 7-24 Vincent Laforet/POOL/EPA/Newscom; 7-23 National Oceanic and Atmospheric Administration (NOAA); p.197: 7-25a, b USGS; p.199: 7-29 Universal Images Group/SuperStock; p.200: 7-31 Eric Nguyen/Science Source; 7-32 J. B. Forbes/MCT/Newscom; p.203: 7-35 Ryan McGinnis/Alamy; p.204: 7-E Douglas Pulsipher/Alamy; p.204: 7-F, 7-G National Oceanic and Atmosphere Administration; p.208: Snapwire/Alamy.

제 8 장

p.210: Peter Haigh/Alamy; p.217: 8-5a Juan Carlos Muñoz/AGE Fotostock; p.218: 8-7a Renee Lynn/Corbis; p.219: 8-9a Xinhua Press/Corbis; p.222: 8-13a Tom L. McKnight; p.224: 8-17a N Mrtgh/Shutterstock; p.226: 8-20a Tom L. McKnight; p.227: 8-22a Clint Farlinger/Alamy; p.228: 8-23a Chris Cheadle/Glow Images; p.230: 8-25a Lee Rentz/Alamy; p.231: 8-26a Bill Brooks/Alamy; p.233: 8-A Goddard Scientific Visualization Studio/NASA; p.234: 8-28 Michael Collier; p.235: 8-29 Thomas Sbampato/imageBROKER/Alamy; p.236: 8-30a Stefan Christmann/Corbis; p.238: 8-33b Ecuadorpostales/Shutterstock; p.240: 8-36 Matthijs Wetterauw/Shutterstock; p.241: 8-38 Courtesy of British Antarctic Survey; p.243: 8-40 Carlos Gutierrez/Reuters; p.252: 8-D Ken Hawkins/Alamy; p.256: Peter Haigh/Alamy.

제 9 장

p.258: Bernardo Galmarini/Alamy; p.261: 9-3 David Gn/AGE Fotostock; p.264: 9-7 Andrew Syred/Science Source; p.267: 9-10b Georg Gerster/Science Source; p.268: 9-B Andrew Payne/Alamy; p.270: 9-14 Paul Souders/Getty Images; p.272: 9-17 Gary Braasch/Corbis; 9-18: Ashley Cooper/Alamy; p.273: 9-20 Sasha Buzko/Shutterstock; p.274: 9-21a, b NASA; 9-21c Deposit Photos/Glow Images; p.274: 9-22 NASA; p.275: 9-23 Bryan Mullennix/Spaces Images /Alamy; 9-24 NASA; p.276: 9-25 M.Timothy O' Keefe/Alamy; p.280: 9-30 Tom L. McKnight; p.282: 9-33 Jim Wark/Agstockusa/AGE Fotostock; p.285: Bernardo Galmarini/Alamy.

제 10 장

p.286: Greg Vaughn/AGE Fotostock; p.288: 10-1a Robert Finken/AGE Fotostock; 10-1b Roine Magnusson/AGE Fotostock; p.289: 10-2 Philippe Psaila/Science Source; p.293: 10-A Luiz Claudio Marigo/Nature Picture Library; 10-B Banks Photos/Getty Images; p.299: 10-11 Eric Baccega/AGE Fotostock; p.300: 10-13 Nigel Pavitt/John Warburton Lee/Getty Images; p.301: 10-14 Bill Bachman/Alamy; 10-15 Tom L. McKnight; p.302: 10-C Jim West/Alamy; 10-D Klaus Nowottnick/Corbis Wire/DPA/Corbis; p.303: 10-16b Alan D. Carey/Science Source; 10-17 Robert McGouey/Wildlife/Alamy; p.305: 10-19 USGS Geology and Environmental Change Science Center; p.306: 10-21 Anton Foltin/Shutterstock; p.307: 10-E Jim West/Alamy; 10-Fa, b NASA; p.308: 10-22 Tom L. McKnight;p.309: 10-24a, b Tom L. McKnight; 10-23 Michael Collier; 10-24c Don Johnston WU/Alamy; p.311 10-26 Darrel Hess; p.313 Greg Vaughn/AGE Fotostock.

제 11 장

p.314: J & C Sohns/Tier und Naturfotografie/AGE Fotostock; p.318: 11-5 Darrel Hess; p.319: 11-6a Darrel Hess; 11-6b Mark Conlin/Alamy; p.320: 11-8 Anton Foltin/Shutterstock; p.321: 11-10 Shirley Kilpatrick/Alamy; p.322: 11-11 Michael Collier; p.323: 11-12, 11-13 Darrel Hess; p.324: 11-14 Doug Hamilton/AGE Fotostock; p.325: 11-15a Juniors Bildarchiv/F246/GmbH/Alamy; 11-15b H Lansdown/Alamy; 11-15c Dave Watts/Alamy; p.326: 11-A Courtesy of National Audubon Society; p.327: 11-16a Barrett/MacKay/Glow Images; 11-16b Joe Austin/Alamy; 11-17a Rick/Nora Bowers/Alamy; 11-17b Darrel Hess; p.328: 11-18, 11-19 Darrel Hess; p.332: 11-23a Dr. Morley Read/SPL/Science Source; 11-24 Michael Collier; p.333: 11-25a Nick Turner/Nature Picture Library; p.334: 11-27a Darrel Hess; 11-26a Teocaramel/Getty Images; p.335: 11-28a Darrel Hess; p.336: 11-29 Darrel Hess; p.337: 11-30a Jack Goldfarb/Alamy; 11-30b Darrel Hess; 11-30c Tom L. McKnight; p.338: 11-31a Aldo Pavan/AGE Fotostock; p.339: 11-33a Tom L. McKnight; 11-32a Jochen Schlenker/Photolibrary/Getty Images; p.340: 11-34 Darrel Hess; 11-35a Cornforth Images/Alamy; p.341: 11-37 Tom L. McKnight; 11-36 CSP Deberarr/Fotosearch LBRF/AGE Fotostock; p.342: 11-39 Nigel Cattlin/Holt Studios International/Science Source; p.343: 11-Ca, b GoogleEarth; 11-E Environmental Images/Universal Images Group/AGE Fotostock; p.345: 11-41 ANT Photo Library/Science Source; 11-42 Tom L. McKnight; p.346: 11-F Arnet/Shutterstock; 11-G Mark Conlin/Alamy; p.349: J & C Sohns/AGE Fotostock.

제 12 장

p.350: Colin Monteath/AGE Fotostock; p.354: 12-5 Tom McHugh/Science Source; p.355: 12-A Darrel Hess; p.356: 12-6 Richard R. Hansen/Science Source; p.360: 12-13 University of Missouri Extension; p.364: 12-20 Jbdodane/Alamy; p.366: 12-21 Eduardo Pucheta/Alamy; p.367: 12-B, 12-C, 12-D Darrel Hess; p.370: 12-25b, 12-26b Randall J. Schaetzl; p.371: 12-27b US Department of Agriculture; 12-28b Loyal A. Quandt/US Department of Agriculture; p.372: 12-29b US Department of Agriculture; p.373: 12-30b Randall J. Schaetzl; 12-31b US Department of Agriculture; 12-32b US Department of Agriculture; p.374: 12-33b Loyal A. Quandt/

US Department of Agriculture; p.375: 12-34b Randall A. Schaetzl; 12-35b US Department of Agriculture; p.376: 12-36b Randall A. Schaetzl; p.379: Colin Monteath/AGE Fotostock.

제 13 장

p.380: Ingo Schulz/Glow Images; p.385: 13-2a Albert Russ/Shutterstock; 13-2b Marvin Dembinsky Photo Associates/Alamy; 13-5f Tyler Boyes/Shutterstock; p.389: 13-6a Tom L. McKnight; 13-6b Michael Szoenyi/Science Source; 13-7a David R. Frazier/Alamy; 13-7b Harry Taylor/Dorling Kindersley, Ltd.; p.370: 13-9 Alan Spencer/Powered by Light/Alamy; p.391: 13-10a Tom L. McKnight; 13-10b Andreas Einsiedel/Dorling Kindersley, Ltd.; 13-11a Tom L. McKnight; 13-11b Harry Taylor/Dorling Kindersley, Ltd.; p.392: 13-13a Tom L. McKnight; 13-13b Dennis Tasa; 13-12 Michael Collier; p.394 13-14a Lynn Bystrom/123RF; 13-14b Doug Martin/Science Source; p.395: 13-15a Kevin Schafer/Corbis; 13-15b Tyler Boyes/Shutterstock; p.398: 13-19 Dennis MacDonald/AGE Fotostock; p.399: 13-20 Keith Douglas/Alamy; p.405: Ingo Schulz/Glow Images.

제 14 장

p.406: Martin Rietze/Westend61/AGE Fotostock; p.416: 14-14c Doering/Alamy; p.419: 14-18b Michael Collier; p.425: 14-27a, b NASA; 14-28 Dana Stephenson/Getty Images; p.426: 14-29 Charles Douglas Peebles/Alamy; p.427: 14-30 Chris Hill/National Geographic Stock/Superstock; p.428: 14-32b USGS; p.429: 14-34b Violeta Schmidt/Reuters; p.430: 14-35b, 14-36b Michael Collier; p.431: 14-37 Greg Vaughn/Alamy; p.433: 14-40c Peter W. Lipman/USGS; p.434: 14-41 Cristobal Saavedra/Reuters; p.436: 14-B Ingólfur Bjargmundsson/Getty Images; 14-C Clara Prima/AFP/Getty Images; p.438: 14-46 Michael Collier; p.439: 14-47 Cheryl Moulton/Alamy; p.441: 14-52 Ishara S. Kodikara/Getty Images; p.442: 14-54 Corbin17/Alamy; p.444: 14-57 Michael Collier; p.446: 14-59 Peter Menzel/Science Source; p.449: 14-61b David Cobb/Alamy; p.451: Martin Rietze/AGE Fotostock.

제 15 장

p.452: David Edwards/Getty Images; p.456: 15-4a, b Tom L. McKnight; p.457: 15-6 Jason Friend/Loop Images/Alamy; 15-7 Darrel Hess; p.458: 15-8a Michael Runkel/SuperStock; p.459: 15-9a, b Darrel Hess; p.460: 15-11 Charlie Ott/Science Source; 15-12 Tetra Images/AGE Fotostock; p.461: 15-13 Martin Bond/Science Source; p.462: 15-15 Winfried Schafer/ImageBroker/Alamy; p.464: 15-17b Darrel Hess; p.465: 15-A John Scurlock/Jagged Ridge Imaging; 15-B Jean Pierre Clatot/AFP/Getty Images; 15-C Inayat Ali/Shimshal/Pamir Times; p.466: 15-19 Michael Collier; p.467: 15-23 USGS; p.470: 15-26, 15-27 Tom L. McKnight; p.472: David Edwards/Getty Images.

제 16 장

p.474: Michael Collier; p.478: 16-A ChinaFotoPress/Getty Images; p.479: 16-4 Michael Collier; p.481: 16-6 Leon Werdinger/Alamy; p.482: 16-7 USGS; p.483: 16-9 Daniel Kramer/Reuters; p.484: 16-12 View Stock/Getty Images; p.485: 16-13 Michael Collier; 16-14 William D. Bachman/Science Source; p.489: 16-23 Charles L. Bol/Zoonar/AGE Fotostock; p.490: 16-26 Nathan Blaney/Getty Images; p.492: 16-30 Michael Collier; p.493: 16-33 NASA EOS Earth Observing System; p.495: 16-37 Hemis.fr/SuperStock; p.498: 16-41a USGS; p.498: 16-42 Michael Maples/U.S. Army Corps of Engineers, Detroit District; p.500: 16-D Daniel Stein/E+/Getty Images; p.501: 16-43 Michael Collier; 16-Ea Erik Möller; 16-Eb Francisco Anzola; p.502: 16-45a Tom L. McKnight.

제 17 장

p.508: CSP ALong/Fotosearch LBRF/AGE Fotostock; p.512: 17-3 Michael Collier; 17-5 David Robertson/Alamy; p.513: 7-A Ted Kinsman/Science Source; 17-B Tom Brakefield/Getty Images; p.515: 17-9 Michael Collier; p.516: 17-10 Grant Rooney Premium/Alamy; p.516: 17-11 John Raoux/AP Images; p.517: 17-13 Darrel Hess; 17-14 Thierry Berrod/Mona Lisa Production/Science Source; p.518: 17-C Kim Steele/Getty Images; p.520: 17-17 Inaki Caperochipi/AGE Fotostock; 17-16 Tom McKnight; p.522: 17-20a Tom L McKnight; p.524: CSP ALong/Fotosearch LBRF/AGE Fotostock.

제 18 장

p.526: Michael Collier; p.529: 18-3 Darrel Hess; p.530: 18-5 Darrel Hess; p.531: 18-6 Michael Collier; 18-7 Morey Milbradt/Ocean/Corbis; p.532: 18-8 Tom L. McKnight; 18-9 Sergio Pitamitz/Robert Harding World Imagery; p.534: 18-13 Michael Collier; 18-14 Prisma Bildagentur AG/Alamy; p.536: 18-15 Robert/Jean Pollock/Science Source; 18-16 Darrel Hess; 18-17 Rickyd/Shutterstock; p.538: 18-21 Frantisek Staud/Alamy; p.539: 18-22 Tom L. McKnight; 18-23 Hauke Dressler/LOOK Die Bildagentur der Fotografen GmbH/Alamy; 18-24 Darrel Hess; p.540: 18-25 Keren Su/Corbis; p.541: 18-28 Darrel Hess; 18-27 Greenshoots Communications/Alamy; p.543: 18-31 Michael Collier; p.544: 18-32 Darrel Hess; 18-33 A Hartl/Blickwinkel/AGE Fotostock; p.545: 18-D Dennis Tasa/Tasa Graphic Arts; p.546: 18-36 Tom L. McKnight; p.547: 18-37 Darrel Hess; 18-38 Iofoto/AGE Fotostock; p.549: Michael Collier.

제 19 장

p.550: Christian Handl/Glow Images; p.552: 19-1 Michael Collier; p.557: 19-8 John Goodge, University of Minnesota; field research sponsored by the US National Science Foundation; p.557: 19-9 Zina Deretsky/NSF/National Science Foundation; p.559: 19-Ba, b Courtesy of Rapid Response Team, NASA; p.561: 19-15 Darrel Hess; p.562: 19-16 Tono Labra/AGE Fotostock; 19-17 Robbie Shone/ Alamy; p.563: 19-19 Chris Joint/Alamy; 19-18 Michael Collier; p.564: 19-21a Darrel Hess; 19-20 NASA; p.565: 19-23 Michael Collier; p.567: 19-27 Ward's Natural Science Establishment; 19-28 Grambo Photography/All Canada Photos/SuperStock; p.568: 19-29 Marvin Dembinsky Photo Associate/Alamy; p.569: 19-Ca Major E.O. Wheeler/Royal Geographical Society (with IBG); 19-Cb David Breashears/GlacierWorks; 19-Da, d NASA; p.570: 19-31 Darrel Hess; 19-32 Michael Collier; p.571: 19-34 Peter Mather/ Design Pics, Inc./Alamy; 19-36 Tom L. McKnight; p.572: 19-37 Jon Arnold Images Ltd/Alamy; 19-38 Tom L. McKnight; p.573: 19-39 LowePhoto/Alamy; 19-41 Darrel Hess; p.574: 19-43 Blickwinkel/ Alamy; p.575: 19-44 Darrel Hess; 19-45 John Schwieder/Alamy; p.576: 19-46 Steven J. Kazlowski/Alamy; 19-47 Michael Collier; p.579: Christian Handl/Glow Images.

제 20 장

p.580: Bogdan Bratosin/Getty Images; p.582: 20-1 Martin Zwick/ AGE Fotostock; p.583: 20-4 Sascha Burkard/Shutterstock; p.584: 20-5 Derek Croucher/Alamy; p.585: 20-6a, b Tom L. McKnight; 20-7c Darrel Hess; p.586: 20-8 Andrew Mills/The Star-Ledger/Corbis; p.587: 20-10 Choo Youn-Kong/Agence France Presse/Getty Images; 20-11 Kyodo/Reuters; p.588: 20-13 Tom L. McKnight; p.589: 20-A www.tidalstream.co.uk; 20-B David Lomax/Robert Harding World Imagery; p.591: 20-15 NASA; 20-C Travel Pix/Alamy; p.592: 20-16a Michael Collier; p.594: 20-19 David Wall/Danita Delimont/ Newscom; p.595: 20-20 David Wall/Alamy; 20-22b Michael Collier; p.596: 20-24 USGS; p.597: 20-26 LOOK Die Bildagentur der Fotografen GmbH/Alamy; p.598: 20-27 NASA/Goddard Space Flight Center; 20-28 Michael Collier; p.599: 20-29 Russ Heinl/All Canada Photos/SuperStock; p.600: 20-31 Darrel Hess; p.601: 20-33 Darrel Hess; 20-34 Gonzalo Azumendi/AGE Fotostock; p.602: 20-E Kristine DeLong/Pearson Education, Inc.; 20-D XL Catlin Seaview Survey; p.603: 20-36 David Wall/Alamy; 20-37 A & J Visage/ Alamy; p.605: Bogdan Bratosin/Getty Images;

일러스트와 텍스트 크레딧

제 2 장

p.31: Figure 2-2a NASA; p.51: Figure 2-C NOAA; p.67: Table 3-A http://www2.epa.gov/sunwise/uv-index, UV Index Scale, United States Environmental Protection Agency; p.47: Nasa Earth Observatory, NASA, earthobservatory.nasa.gov; National Oceanic and Atmospheric Administration, Geostationary Satellite Server, http://www.goes.noaa.gov; U.S. Geological Survey, http://eros.usgs.gov; p.106: The Fifth Assessment Report, Intergovernmental Panel on Climate Change.

제 3 장

p.67: Figure 3-A U.S. Environmental Protection Agency (EPA).

제 6 장

p.176: United States Research Laboratory, http://www.nrlmry.navy.mil/sat_products.html

제 7 장

p.198: Table 7-3 National Oceanic and Atmospheric Administration; p.205: Figure 7-36 National Oceanic and Atmosphere Administration; p.207: National Oceanic and Atmosphere Administration; p.247: Understand Climate Change, U.S. Global Change Research Program, http://www.globalchange.gov/climate-change.

제 8 장

p.233: Figure 8-B Thomas Mote, University of Georgia/National Snow and Ice Data Center; p.247~248: From IPCC, 2014: Climate Change 2014: Synthesis Report. Contribution of Working Groups I, II and III to the Fifth Assessment Report of the Intergovernmental Panel on Climate Change [Core Writing Team, R.K. Pachauri and L.A. Meyer (eds.)]. IPCC, Geneva, Switzerland, 151 pp; page 47.; p.246: National Oceanic and Atmosphere Administration; p.247: American Geophysical Union, AGU Position Statement: Human-Induced Climate Change Requires Urgent Action, adopted by AGU December 2003, revised and reaffirmed August 2013; p.249: From IPCC, 2014: Climate Change 2014: Synthesis Report. Contribution of Working Groups I, II and III to the Fifth Assessment Report of the Intergovernmental Panel on Climate Change [Core Writing Team, R.K. Pachauri and L.A. Meyer (eds.)]. IPCC, Geneva, Switzerland, 151 pp.; page 8.

제 9 장

p.269: Figure 9-12 Sea Ice, Arctic Report Cardarctic.noaa.gov/reportcard/sea_ice.html; Figure 9-13 NASA; p.271: Figure 9-15 Generalized permafrost map of the Northern Hemisphere, United States Geological Survey, http://pubs.usgs.gov/pp/p1386a/gallery5-fig03.html; p.271: Figure 9-16b Map of Alaska showing the continuous and discontinuous permafrost zones, National Oceanic and Atmospheric Administration, http://www.arctic.noaa.gov/report13/permafrost.html; p.282: Figure 9-32 Water-level and Storage changes in the High Plains Aquifer, Predevelopment to 2013 and 2011-13, United States Geological Survey, http://ne.water.usgs.gov/ogw/hpwlms/files/HPAq_WLC_pd_2013_SIR_2014_5218_pubs_brief.pdf; p.268: Figure 9-A Great Pacific Garbage Patch, National Oceanic and Atmospheric Administration, http://marinedebris.noaa.gov/info/patch.html; p.281: Figure 9-C NASA; Figure 9-D Annual Change in Groundwater, NASA, http://earthobservatory.nasa.gov/IOTD/view.php?id=86263.

제 10 장

p.291: Figure 10-4 Carbon Cycle, NASA, http://science.nasa.gov/earth-science/oceanography/ocean-earth-system/ocean-carbon-cycle; p.292: Figure 10-5 Thirteen Years of Greening from Sea WiFS, NASA, http://earthobservatory.nasa.gov/IOTD/view.php?id=49949; p.313: NASA.

제 12 장

p.376 Figure 12-37 Soil Orders Map of The United States, Natural Resources Conservation Service Soils, http://www.nrcs.usda.gov/wps/portal/nrcs/main/soils/survey/class/maps

제 14 장

p.451: The USGS Earthquake Hazards Program/U.S. Department of the Interior | U.S. Geological Survey.

제 15 장

p.472: Oregon Department of Geology and Mineral Industries.

제 16 장

p.506: US Department of Commerce.

제 17 장

p.514: Figure 17-7 National Karst Map Project, United States Geological Survey, http://water.usgs.gov/ogw/karst/kig2002/jbe_map.html.

제 18 장

p.549: The National Drought Mitigation Center.

제 19 장

p.557: Figure 19-9 An artist's representation of the aquatic system believe is buried beneath the Antarctic ice sheet, National Science Foundation, http://nsf.gov/news/news_images.jsp?cntn_id=126697&org=NSF; p.558: Figure 19-11 A graphic showing the relative warming near Byrd Station, National Science Foundation, http://nsf.gov/news/news_images.jsp?cntn_id=126398&org=NSF; p.559: Figure 19-A First Map of Antarctica's Moving Ice, NASA, http://earthobservatory.nasa.gov/IOTD/view.php?id=51781; p.569: Figure 19-D Retreat of the Columbia Glacier, http://earthobservatory.nasa.gov/IOTD/view.php?id=84630.

제 20 장

p.605: NOAA.

찾아보기

[ㄱ]

[ㄴ]

[ㅅ]

[ㅇ]

[ㅈ]

[ㅎ]

[기타]

Darrel Hess

Darrel Hess는 1990년 샌프란시스코시립대학교에서 지리학을 가르치기 시작하여 1995~2009년까지 지구과학부 학과장을 역임했다. 1978년 버클리에 위치한 캘리포니아주립대학교(UC Berkeley)에서 학사를 마친 뒤 평화봉사단으로 2년 동안 한국의 제주도에서 교사 생활을 하기도 했으며, 미국으로 돌아온 후 작가, 사진작가, 동영상 작가로 일했다. Tom McKnight과는 조교로 일하는 대학원생으로서 인연을 맺었다. Darrel이 석사학위를 받은 후 전문적인 공동 작업이 이루어졌는데, 이 책의 제4판에서는 '학습가이드'를, 제5판에서는 '실험실 매뉴얼'을 작성하였고 이후 McKnight과 함께 작업하면서 1999년 이 책의 공동 저자 제의를 받았다. McKnight과 마찬가지로 Darrel은 바깥세상을 즐기며 특히 아내와 함께 하이킹, 캠핑, 스쿠버다이빙을 즐긴다.

Tom L. McKnight

Tom L. McKnight은 1956~1993년까지 UCLA에서 지리학을 가르쳤다. 1949년 서던메소디스트대학교에서 지질학 학사학위를, 1951년 콜로라도대학교에서 지리학 석사학위를, 1955년 위스콘신대학교에서 지리학과 기상학으로 박사학위를 받았다. McKnight은 1978~1983년까지 UCLA 지리학과 학과장을 역임했으며, 1984~1985년까지는 캘리포니아대학교에서 오스트레일리아 해외교육을 담당하였다. 또한 UCLA/시립대학교지리학연합을 설립하여 지리학과 학부생과 대학원생을 위한 기금을 거두는 업적을 남겼다. 1988년 캘리포니아지리학연합에서 '탁월한 교육자상'을 받았고 퇴임 후 UCLA의 명예교수가 되었다. 지리학의 미래 교육에 열정을 바쳤던 그는 2004년 별세하였다. 저서로는 **McKnight의 자연지리학 : 경관에 대한 이해** 외에도 *The Regional Geography of the United States and Canada, Oceania: The Geography of Australia, New Zealand,* 그리고 *the Pacific Islands, Introduction to Geography* 등이 있다.

(대표 역자 외 가나다순)

윤순옥
경희대학교 지리학과 교수

김영훈
한국교원대학교 지리교육과 교수

김종연
충북대학교 지리교육과 교수

다나카 유키야
경희대학교 지리학과 교수

박 경
성신여자대학교 지리학과 교수

박병익
서울대학교 지리교육과 교수

박정재
서울대학교 지리학과 교수

박지훈
공주대학교 지리교육과 교수

박철웅
전남대학교 지리교육과 교수

박충선
경북대학교 지리학과 강사

이광률
경북대학교 지리교육과 교수

최광용
제주대학교 지리교육전공 교수

최영은
건국대학교 지리학과 교수

황상일
경북대학교 지리학과 교수

세계 국가지도

중앙아메리카와 카리브해

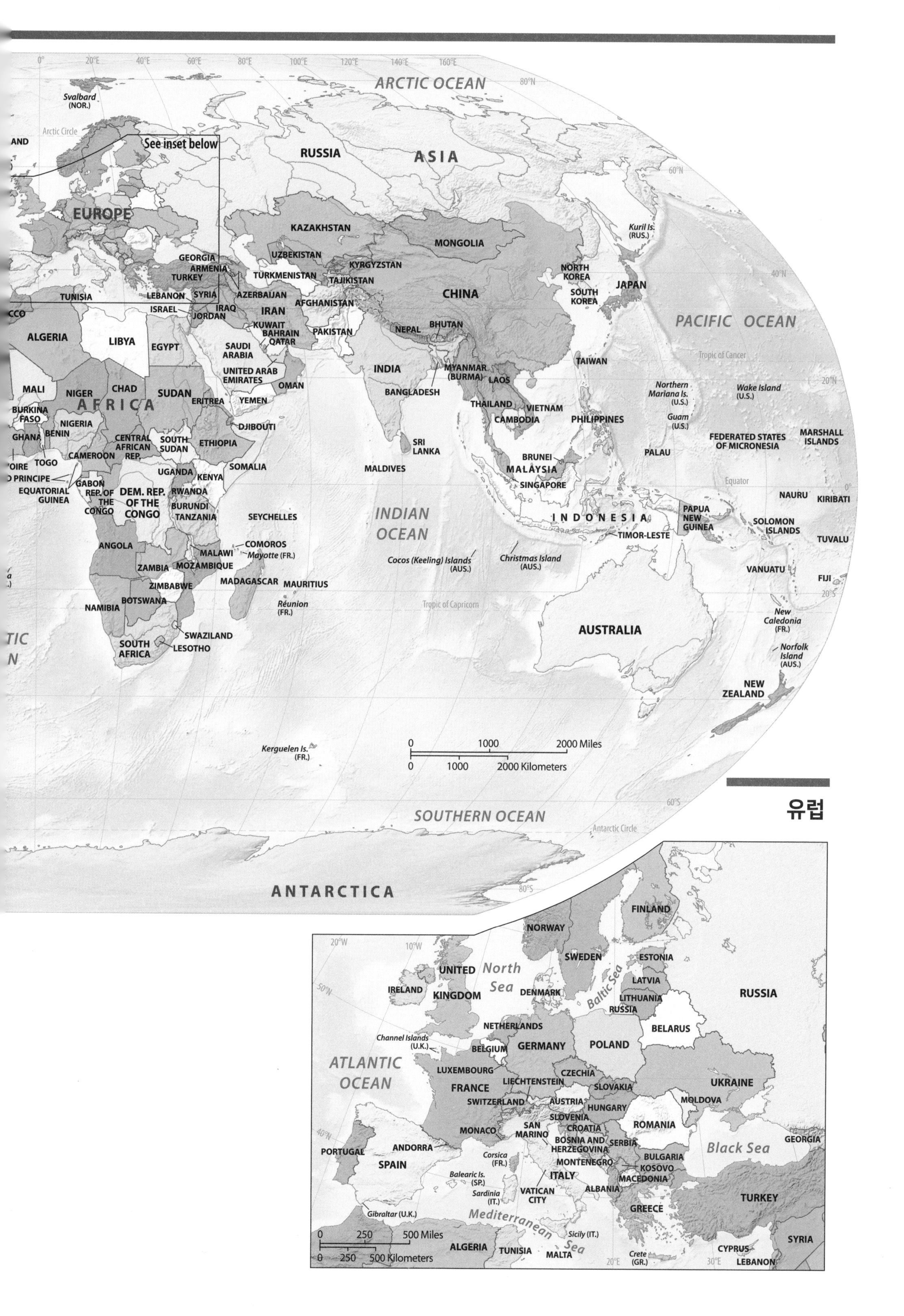

ARCTIC OCEAN
Svalbard (NOR.)
Arctic Circle
See inset below
RUSSIA
ASIA
EUROPE
KAZAKHSTAN
MONGOLIA
Kuril Is. (RUS.)
UZBEKISTAN
GEORGIA
ARMENIA
TURKEY
KYRGYZSTAN
TURKMENISTAN
TAJIKISTAN
NORTH KOREA
SOUTH KOREA
JAPAN
TUNISIA
LEBANON
SYRIA
AZERBAIJAN
CHINA
ISRAEL
IRAQ
JORDAN
IRAN
AFGHANISTAN
PACIFIC OCEAN
ALGERIA
LIBYA
EGYPT
KUWAIT
BAHRAIN
QATAR
PAKISTAN
NEPAL
BHUTAN
SAUDI ARABIA
Tropic of Cancer
UNITED ARAB EMIRATES
INDIA
MYANMAR (BURMA)
LAOS
TAIWAN
MALI
NIGER
CHAD
SUDAN
OMAN
Northern Mariana Is. (U.S.)
Wake Island (U.S.)
AFRICA
ERITREA
YEMEN
BANGLADESH
THAILAND
VIETNAM
BURKINA FASO
NIGERIA
CAMBODIA
PHILIPPINES
Guam (U.S.)
GHANA
BENIN
DJIBOUTI
CENTRAL AFRICAN REP.
SOUTH SUDAN
ETHIOPIA
SRI LANKA
FEDERATED STATES OF MICRONESIA
MARSHALL ISLANDS
TOGO
CAMEROON
PALAU
BRUNEI
UGANDA
SOMALIA
MALDIVES
MALAYSIA
GABON
KENYA
SINGAPORE
Equator
EQUATORIAL GUINEA
REP. OF THE CONGO
DEM. REP. OF THE CONGO
RWANDA
BURUNDI
NAURU
KIRIBATI
TANZANIA
SEYCHELLES
INDIAN OCEAN
INDONESIA
PAPUA NEW GUINEA
SOLOMON ISLANDS
TIMOR-LESTE
ANGOLA
MALAWI
COMOROS
Mayotte (FR.)
TUVALU
Cocos (Keeling) Islands (AUS.)
Christmas Island (AUS.)
ZAMBIA
MOZAMBIQUE
VANUATU
ZIMBABWE
MADAGASCAR
MAURITIUS
FIJI
BOTSWANA
NAMIBIA
Réunion (FR.)
Tropic of Capricorn
New Caledonia (FR.)
AUSTRALIA
SWAZILAND
SOUTH AFRICA
LESOTHO
Norfolk Island (AUS.)
NEW ZEALAND
Kerguelen Is. (FR.)
0 1000 2000 Miles
0 1000 2000 Kilometers
SOUTHERN OCEAN
Antarctic Circle
ANTARCTICA
유럽
FINLAND
NORWAY
SWEDEN
ESTONIA
UNITED KINGDOM
North Sea
LATVIA
IRELAND
DENMARK
Baltic Sea
LITHUANIA
RUSSIA
NETHERLANDS
BELARUS
Channel Islands (U.K.)
BELGIUM
GERMANY
POLAND
ATLANTIC OCEAN
LUXEMBOURG
CZECHIA
FRANCE
LIECHTENSTEIN
SLOVAKIA
UKRAINE
SWITZERLAND
AUSTRIA
MOLDOVA
HUNGARY
SLOVENIA
CROATIA
MONACO
SAN MARINO
ROMANIA
BOSNIA AND HERZEGOVINA
SERBIA
PORTUGAL
ANDORRA
BULGARIA
Black Sea
GEORGIA
Corsica (FR.)
MONTENEGRO
KOSOVO
SPAIN
Balearic Is. (SP.)
ITALY
MACEDONIA
Sardinia (IT.)
VATICAN CITY
ALBANIA
TURKEY
GREECE
Gibraltar (U.K.)
Mediterranean Sea
Sicily (IT.)
0 250 500 Miles
0 250 500 Kilometers
ALGERIA
TUNISIA
MALTA
Crete (GR.)
CYPRUS
LEBANON
SYRIA